U0158419

国家社会科学基金重大招标项目结项成果
首席专家　卜宪群

中国历史研究院学术出版资助项目

地图学史

（第三卷第一分册·上）

欧洲文艺复兴时期的地图学史

［美］戴维·伍德沃德　主编
成一农　译　　卜宪群　审译

中国社会科学出版社

审图号：GS（2021）5540 号
图字：01－2014－1770 号
图书在版编目（CIP）数据

地图学史．第三卷．第一分册，欧洲文艺复兴时期的地图学史：上、下／（美）戴维·伍德沃德主编；成一农译．—北京：中国社会科学出版社，2021．12

书名原文：The History of Cartography, Vol. 3：Cartography in the European Renaissance, Part 1

ISBN 978－7－5203－9397－3

Ⅰ．①地…　Ⅱ．①戴…②成…　Ⅲ．①地图—地理学史—欧洲—中世纪　Ⅳ．①P28－091

中国版本图书馆 CIP 数据核字（2021）第 248702 号

出 版 人　赵剑英
责任编辑　安　芳
责任校对　李　剑
责任印制　李寡寡

出　　版　中国社会科学出版社
社　　址　北京鼓楼西大街甲 158 号
邮　　编　100720
网　　址　http://www.csspw.cn
发 行 部　010－84083685
门 市 部　010－84029450
经　　销　新华书店及其他书店

印刷装订　北京君升印刷有限公司
版　　次　2021 年 12 月第 1 版
印　　次　2021 年 12 月第 1 次印刷

开　　本　880×1230　1/16
印　　张　116.5
字　　数　2981 千字
定　　价　998.00 元(上、下)

凡购买中国社会科学出版社图书，如有质量问题请与本社营销中心联系调换
电话：010－84083683

图版1　安东尼诺·萨利巴的《所有事物的新形象》(参见76页)。萨利巴的地图被限定在了宇宙的元素天球，其同心圆从地下的金属、火和水带向外扩展，通过一个由一幅大致为极投影的世界地图展示的分布着水陆的地表，延伸到对应于亚里士多德的气象理论的三个气带，并且最终延伸到了有着凤凰和火怪的火带。萨利巴的地下的宇宙志，揭示了活动的不同层面：人类采矿以及地下水、火山活动、温泉等自然现象，以及被认为是在地球的活体内生长的金属脉络的分布。在一些版本中，地球的核心被呈现为地狱，而太阳和月亮出现在地图的角落上，由此说明之外的行星空间。三个气带的现象属于宇宙志的范畴，就像阿皮亚的彗尾指向太阳的革命性图像所指明的

原图尺寸（包括文本）：56.4×81厘米。Herzog August Bibliothek，Wolfenbüttel（Kartenslg. 3，6）提供照片。

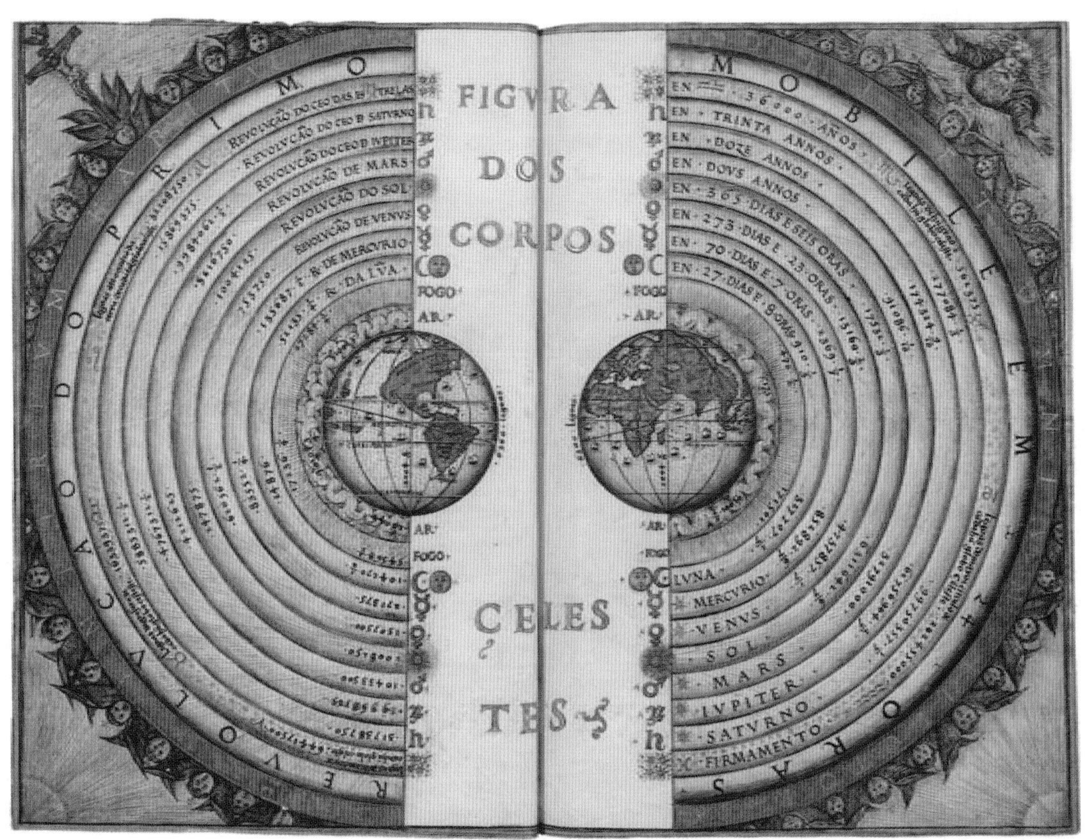

图版2　一个带有量度的宇宙（参见83页）。也许是16世纪最有成就的绘制世界机器的尺度的尝试，老巴托洛梅乌的“天体的图示（Figvra dos corpos celestes）”展示了元素地球的几何和地理，有着用云朵和火焰代表的气和火，有着每一行星的日长的7个行星天球，有着黄道十二宫的苍穹，用蓝色表示的原动天，以及红色表示的最高天。宇宙沐浴在从页面的角落散布下来的星光中，而在上部右侧有着上帝，在上部左侧则有着十字架和鸽子（圣子和圣灵），周围环绕着天使

原图尺寸：约34.3×47厘米。Bartolomeu Velho，“Cosmographia”（1568）. BNF（Res. Ge EE 266，fols. 9v－10r）提供照片。

图版3　最早的《苏菲拉丁语大全》稿本（参见105页）。这一托勒密目录的稿本以伊斯兰的al-Ṣūfī 的图示为模板绘制了星座地图。恒星被编号以对应于托勒密的目录，同时恒星的大小被分级以对应于它们的光度。在星座内的恒星的图案大致模仿了夜空中的

BNF（Arsenal MS. 1036，fol. 5）提供照片。

图版4　来自《大使们》的天球仪和地球仪的细部（参见135页）。汉斯·霍尔拜因的1533年的绘画参见图6.1

细部的尺寸：约35×35厘米和约26×26厘米。照片版权属于 National Gallery, London（NG 1314）。

图版5　圣加仑的宇宙志球仪，约1575年（参见147页）。球仪由修道院院长伯恩哈德二世为圣加仑修道院而获得。尽管支架上院长盾徽旁注明的时间为1595年，但球仪可能是更早制作的，但其出处和制作者未知。除了主要大陆的轮廓之外，还在这一球仪的海洋中绘制着大量的星座，因而将陆地天球和天体天球整合在了一起

原物尺寸：直径121厘米；高233厘米。Schweizerisches Landesmuseum, Zurich (inv. nr. DEP 846) 提供照片。

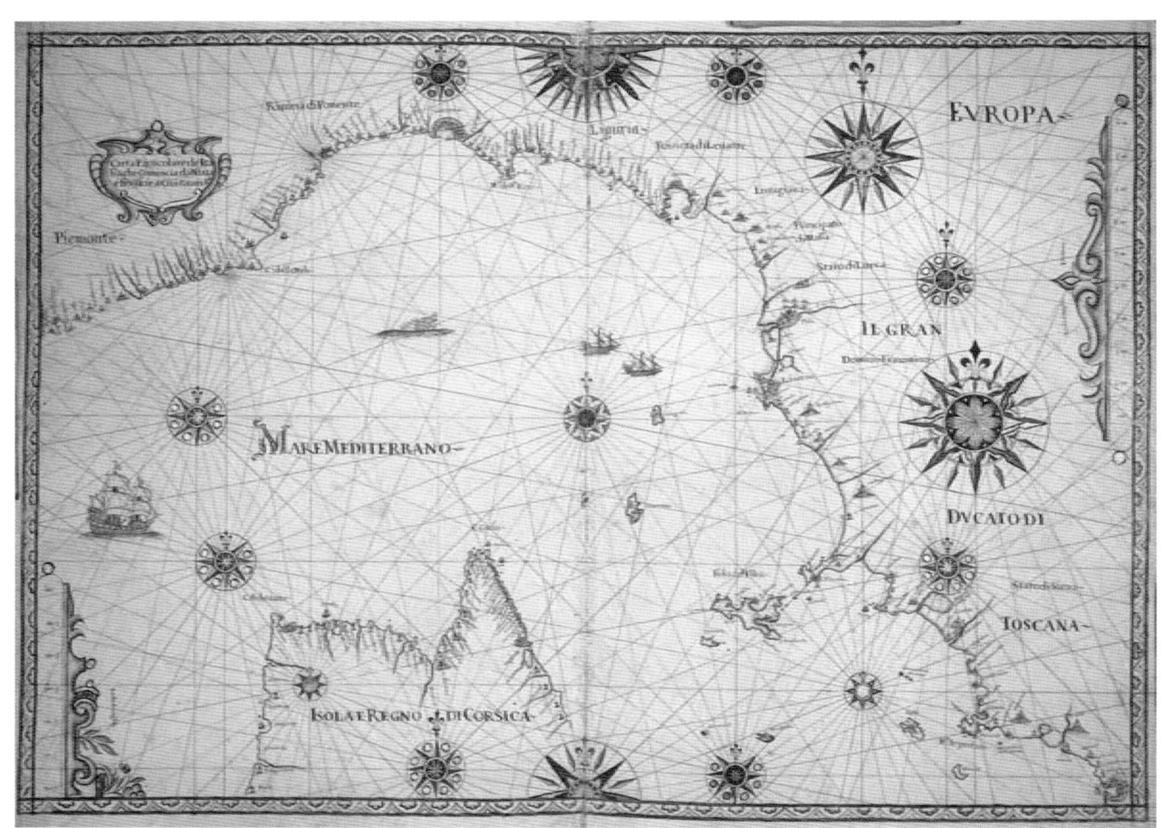

图版6　乔瓦尼·巴蒂斯塔·卡瓦利尼，大比例尺的航海图，1652 年（参见 205 页）。一幅来自来航的卡瓦利尼绘制的航海的《海洋世界的舞台》，从尼斯至奇维塔韦基亚的海岸的详细航海图

原图尺寸：57×66 厘米。Istituto e Museo di Storia della Scienza，Florence（MED G. F. 27）提供照片。

图版7 雅各布·马焦洛，地中海和大西洋的航海图，热那亚，1561 年（参见 210 页）

原图尺寸：92×125 厘米。Museo Navale di Pegli, Genoa（NIMN 3372）提供照片。

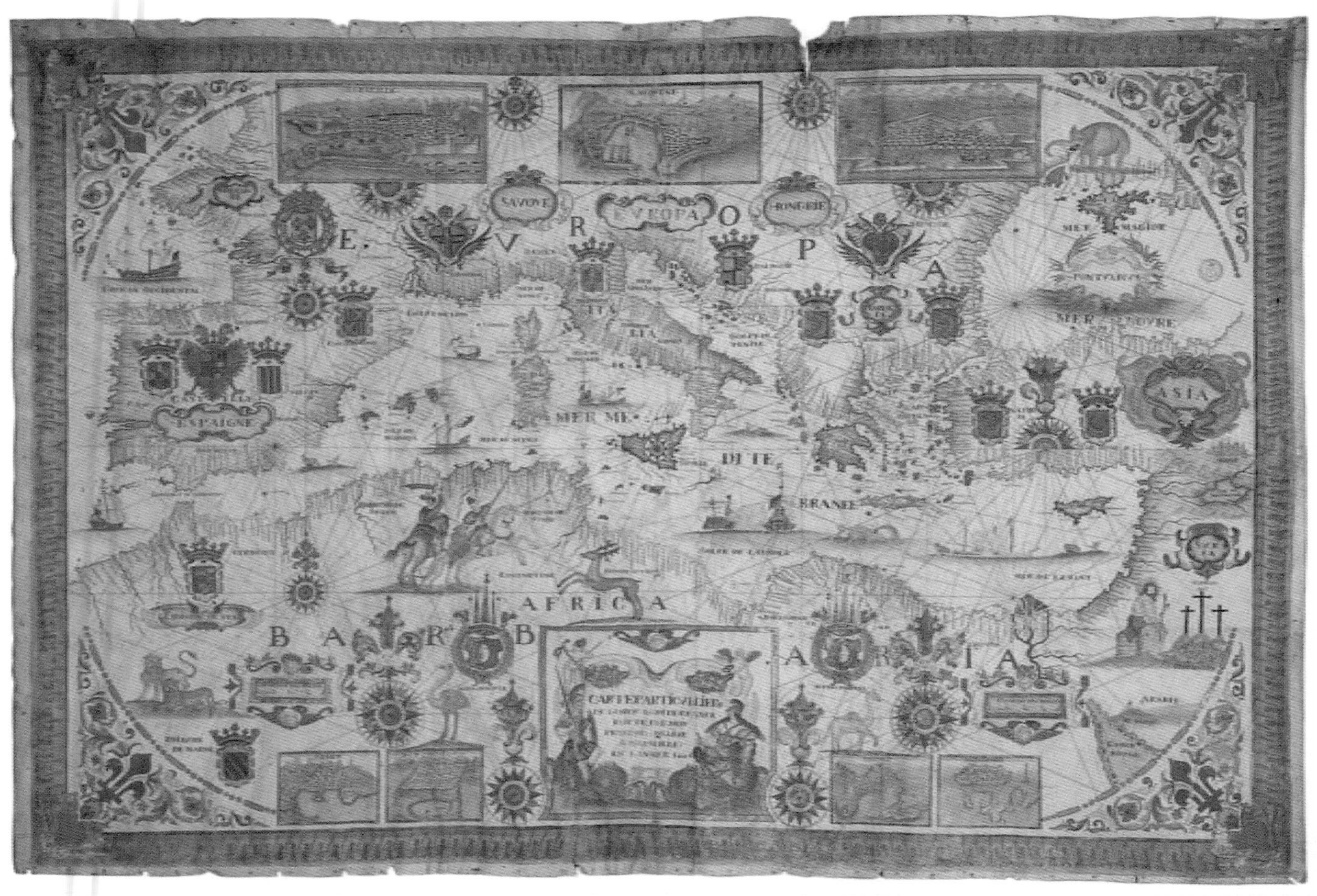

图版8　弗朗索瓦·奥利夫，地中海航海图，马赛，1664年（参见233页）

原图尺寸：88×130厘米。照片版权属于 Musée National de la Marine / Patrick Dantec, Paris（9 NA 23）。

图版 9　亨利库斯·马特尔鲁斯·日耳曼努斯，锡兰地图（参见 267 页）。地图被包括在“岛屿的图像”（约 1480—1490 年）的一些已知版本中，并且被基于托勒密的岛屿地图，其名称被保存下来（即 Taprobana Insvla Indiana）。在地图上的一段注记提到，岛屿由一个 1378 座小岛构成的群岛所环绕。亨利库斯·马特尔鲁斯显然没有制作一份原创的制图学作品。他补充了克里斯托福罗·布隆戴蒙提的有着岛屿和大陆区域地图的岛屿书，呈现为基于当时可用材料的一套综合性的普通地图集

原图尺寸：46.3×30.2 厘米。BL（Add. MS. 15760，fol. 62r）提供照片。

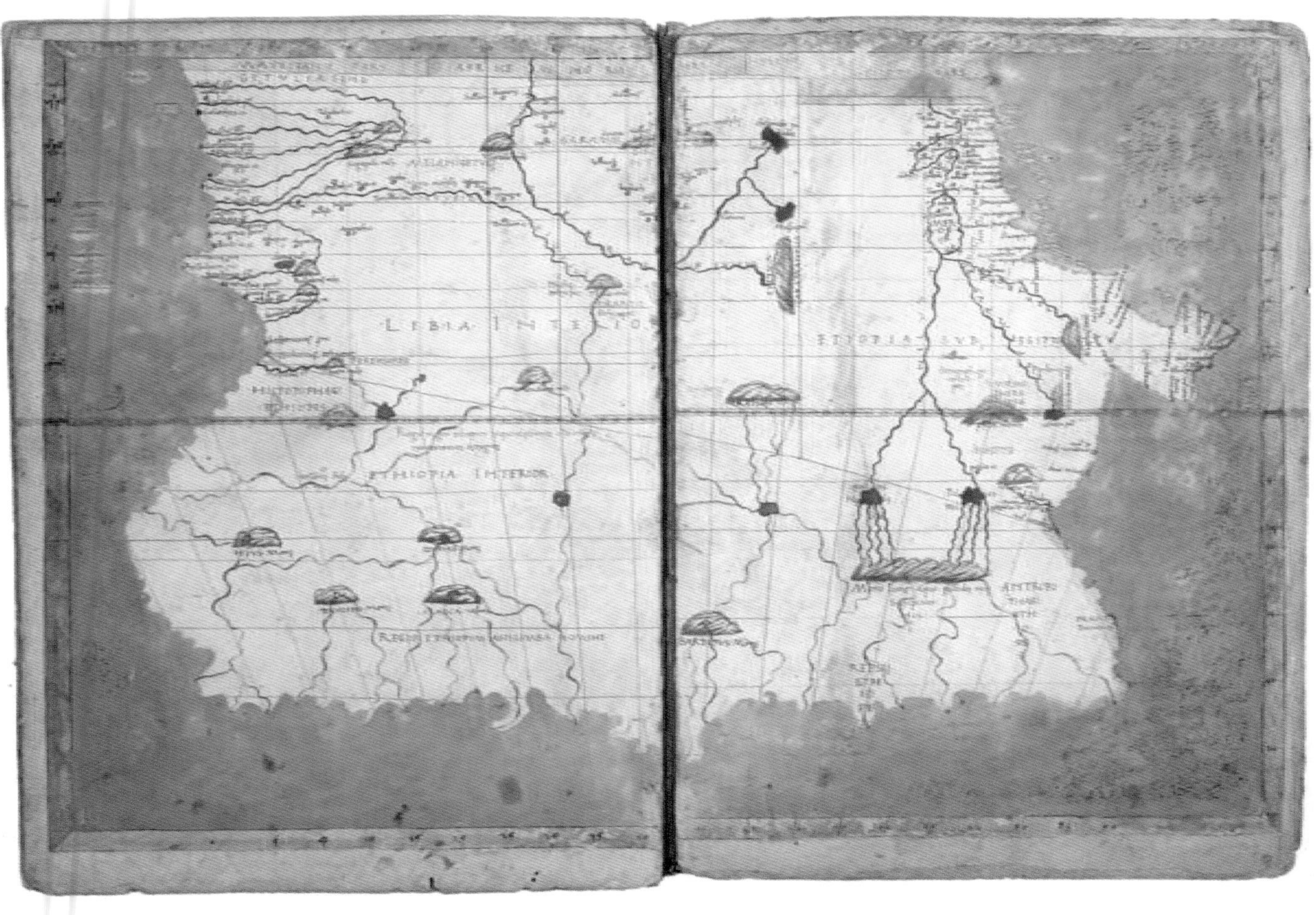

图版 10　来自维尔切克·布朗抄本的非洲的托勒密式的绘本地图（参见 317 页）

每一安装的板子的尺寸：39×28.3 厘米。John Carter Brown Library, Brown University, Providence（Acc. 31137）提供照片

图版11　来自《地理学的七日》的一个稿本的页面，[1482年]（参见323页）。弗朗切斯科·贝林吉耶里被显示在页面顶部的带有装饰的“C”中。右侧边缘的圆形中显示了来自文本不同场景的贝林吉耶里、菲奇诺和托勒密；左侧的椭圆形中描绘的都是托勒密

原图尺寸：44×31厘米。Biblioteca Nazionale Braidense, Milan (AC XIV 44, fol. 1r)。Ministero per i Beni e le Attività Culturali 特许使用。

图版 12　让·科森，正弦曲线投影的绘本世界地图，1570 年（参见 372 页）。这一投影，基于优雅的正弦曲线，是一种等面积投影，并且后来通过纪尧姆·桑松（Guillaume Sanson）和约翰·弗拉姆斯蒂德流行了大约一个世纪

BNF（Rés. Ge D 7896）提供照片。

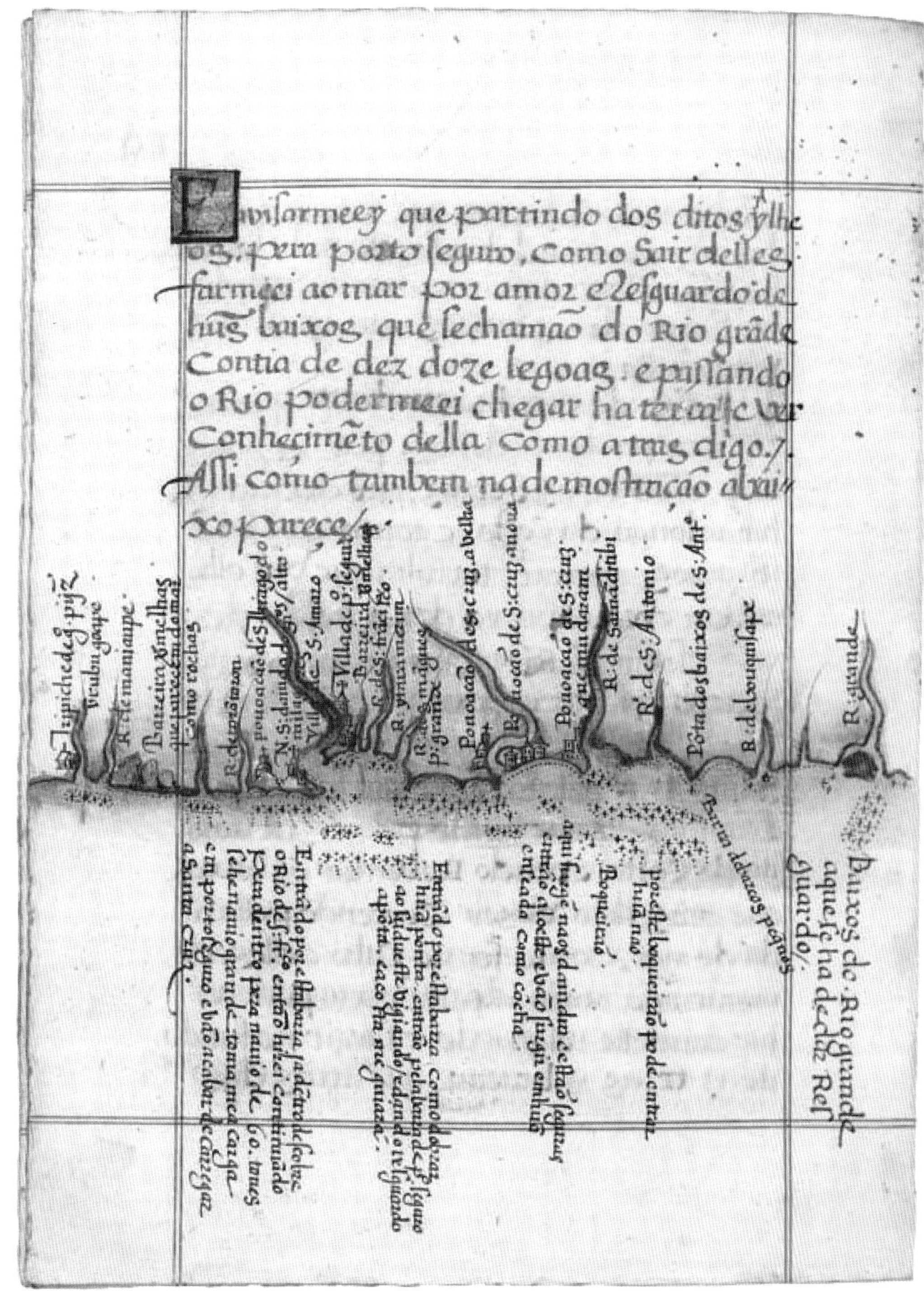

图版13　葡萄牙的航海日志，作者被认为是路易斯·特谢拉（参见462页）。来自“Roteiro de todos os sinais, conhecimentos, fundos, baixos, alturas, e derrotas que há na costa do Brasil desde o cabo de Santo Agostinho até o estreito de Fernão de Magalhães.”1500年，佩德罗·阿尔瓦斯·卡布拉尔和他的舰队在他们前往南美洲的初次航行中在这里登陆。这一对塞古鲁港附近巴西海岸的描绘，包含了三段单独的文本叙述：从“ylheos”到“塞古鲁港”的主要描述，上部；地名（与海岸呈九十度）类似于早期的波多兰航海图，中间；以及对于进入和离开港口的复杂指南（与海岸呈九十度），底部

照片Henrique Ruas, Biblioteca da Ajuda / IPPAR, Lisbon（52-XII-25, fol. 10v）特许使用。

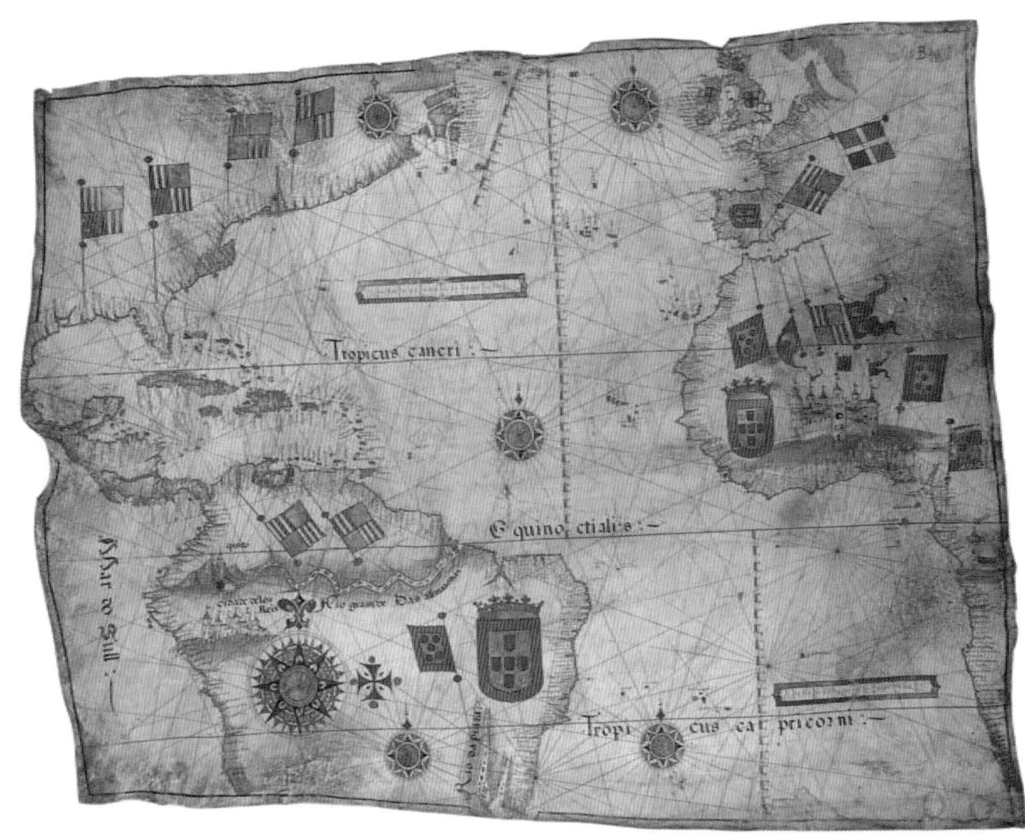

图版 14　大西洋平面航海图，1549 年之后由一位佚名的葡萄牙制图学家创作（参见 519 页）。航海图的纬度标尺突出的绘制在了大洋的中间。重要的是，这幅航海图还有着一条倾斜子午线，其位于拉布拉多海岸不远处

原图尺寸：63×88 厘米。BNF（Cartes et Plans，Rés. Ge B 1148）提供照片。

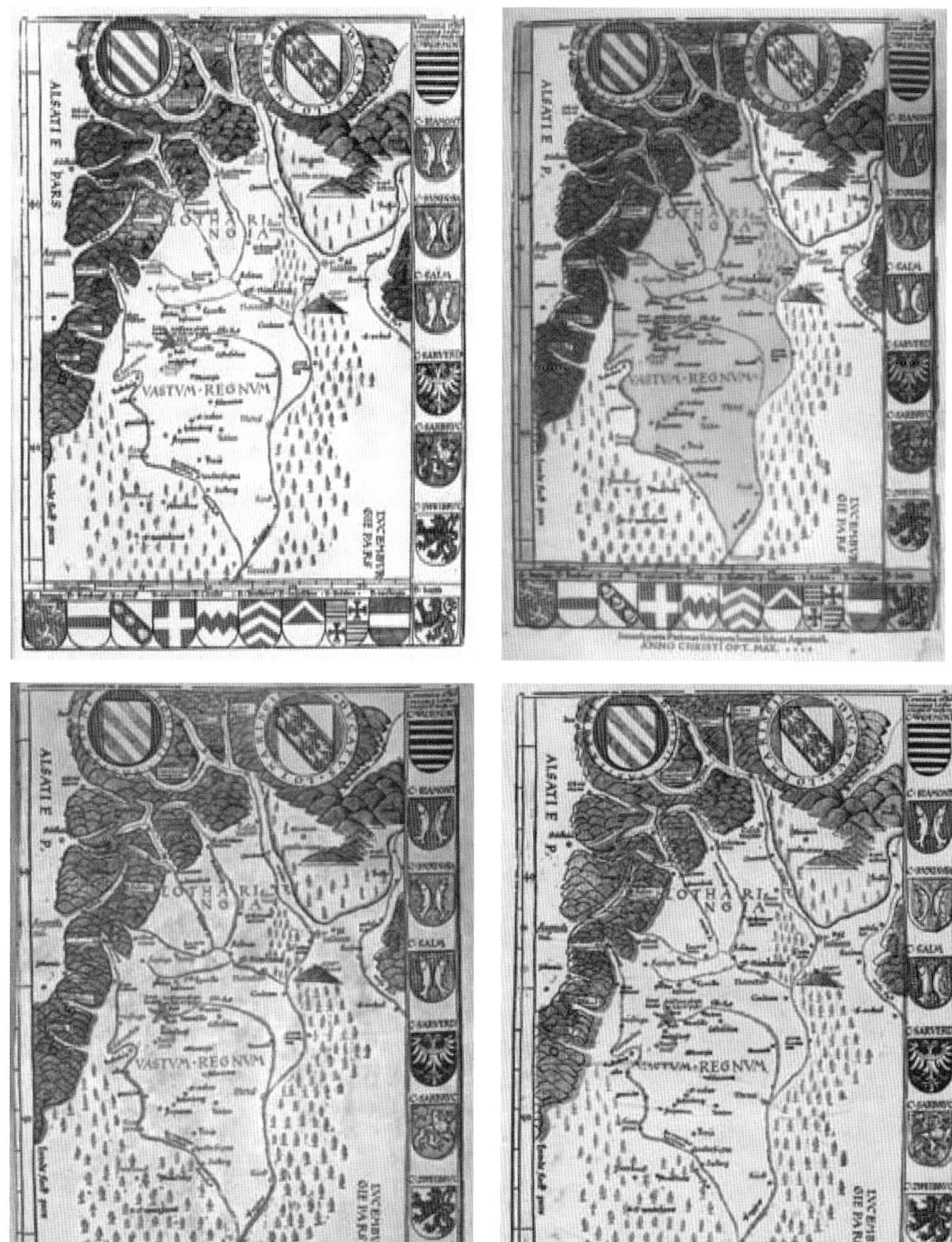

图版15　早期着色印刷品的四个例证，1513 年（参见594 页）。来自克劳迪乌斯·托勒密的《地理学指南》（*Geography*）（Strasbourg，1513）的四幅洛林地图的对比，揭示了在这一实验性的印刷品中，用于印刷的三块木版的颜色存在相当大差异（红色、黄色/棕色，和黑色）。细致的检查还揭示，三块木版的状态和内容存在细微的差异

John Carter Brown Library at Brown University, Providence（上左）；American Geographical Society Library, University of Wisconsin-Milwaukee Libraries（Rare 420 pt, pl. 47）（下左）；the William L. Clements Library, University of Michigan, Ann Arbor（Atlas N–3–A）（上右）；and the National Library of Finland, Helsinki（N. 2173）（下右）提供照片。

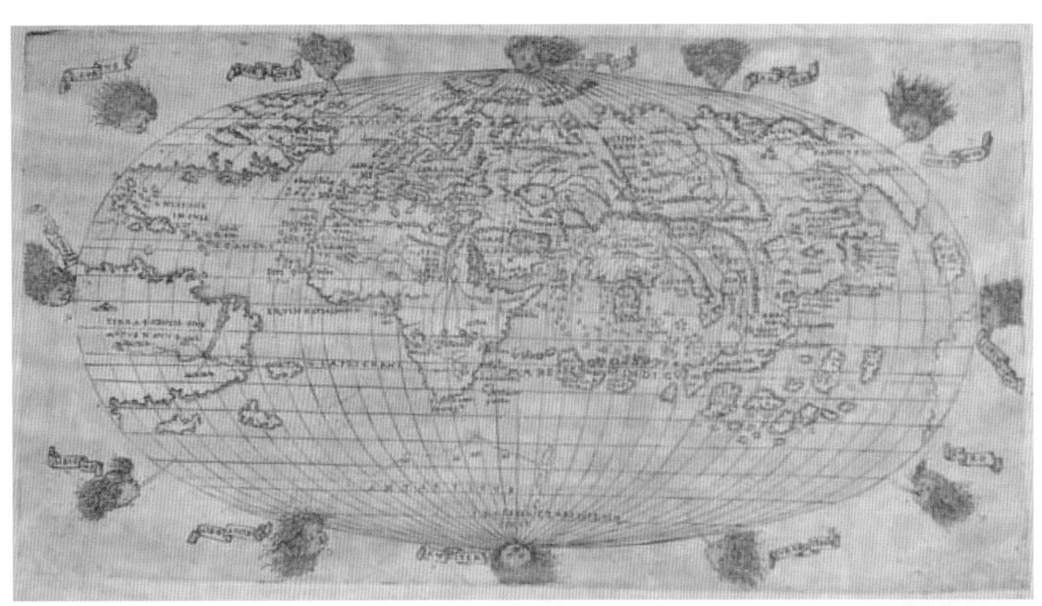

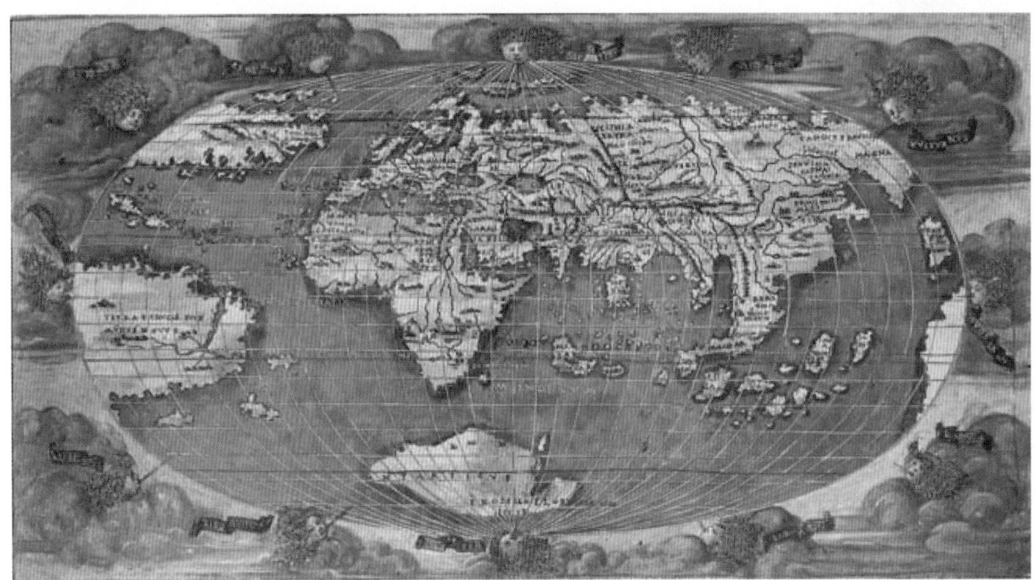

图版 16　弗朗切斯科·罗塞利卵形世界地图的两个已知的着色版本，约 1508 年（参见 604 页）。两个着色版的对比揭示，基于着色的地理内容上的差异。注意南极区域大陆的海岸线。并没有被命名为“Antarticvs”；“C”代表 Circvlvs，位于下面的例子中已经被着色的词汇之前。也可以参见图 1.3

Biblioteca Nazionale Centrale, Florence 提供照片。Ministero per i Beni e le Attività Culturali della Repubblica Italiana（上）特许使用。照片版权属于 National Maritime Museum, London（G201：1/53A）（下）。

图版 17 由雅克米纳·利弗里尼克（JACKOMINA LIEFRINCK）（LIEFRYNCK）署名的着色（参见 606 页）。有着着色家的署名的一幅地图或者标题页的与众不同的例子，在这一例子中，是卢卡斯·扬茨·瓦格纳尔的《航海宝鉴》的 1586 年版的题名页。雅克米纳（梅肯）是雕版匠汉斯·利弗里尼克的女儿

BNF（Rés. G 46）提供照片。

图版 18　伊丽莎白一世的迪奇利肖像，作者被认为是马库斯·海拉特，约 1592 年（参见 669 页）。伊丽莎白一世气势威严的形象——在她所有荣耀中的格劳丽安娜——通过屹立在她所拥有的土地上，延伸了君主与国家的转喻联系。地图本身是按照克里斯托弗·萨克斯顿的模板绘制的

原图尺寸：241.3×152.4 厘米。National Portrait Gallery，London（NPG 2561）提供照片。

图版 19　克拉斯·扬茨·菲斯海尔，狮子·比利时（参见 674 页）。怒吼的狮子·比利时的这一版本——字面，比利时的狮子——是在十二年休战（Twelve-Year Truce）期间执行的，这是西班牙和尼德兰 80 年战争中的休战期。在左侧是北尼德兰的 10 座城市的图景，这些城市是由荷兰议会和奥兰治王室实际控制的；在右侧是 10 座受到西班牙摄政王和菲利普三世控制的城市。注意右下角塌陷的盔甲，被认为是“睡着的战神”

Stichting Atlas van Stolk, Rotterdam（no. 1248）提供照片。

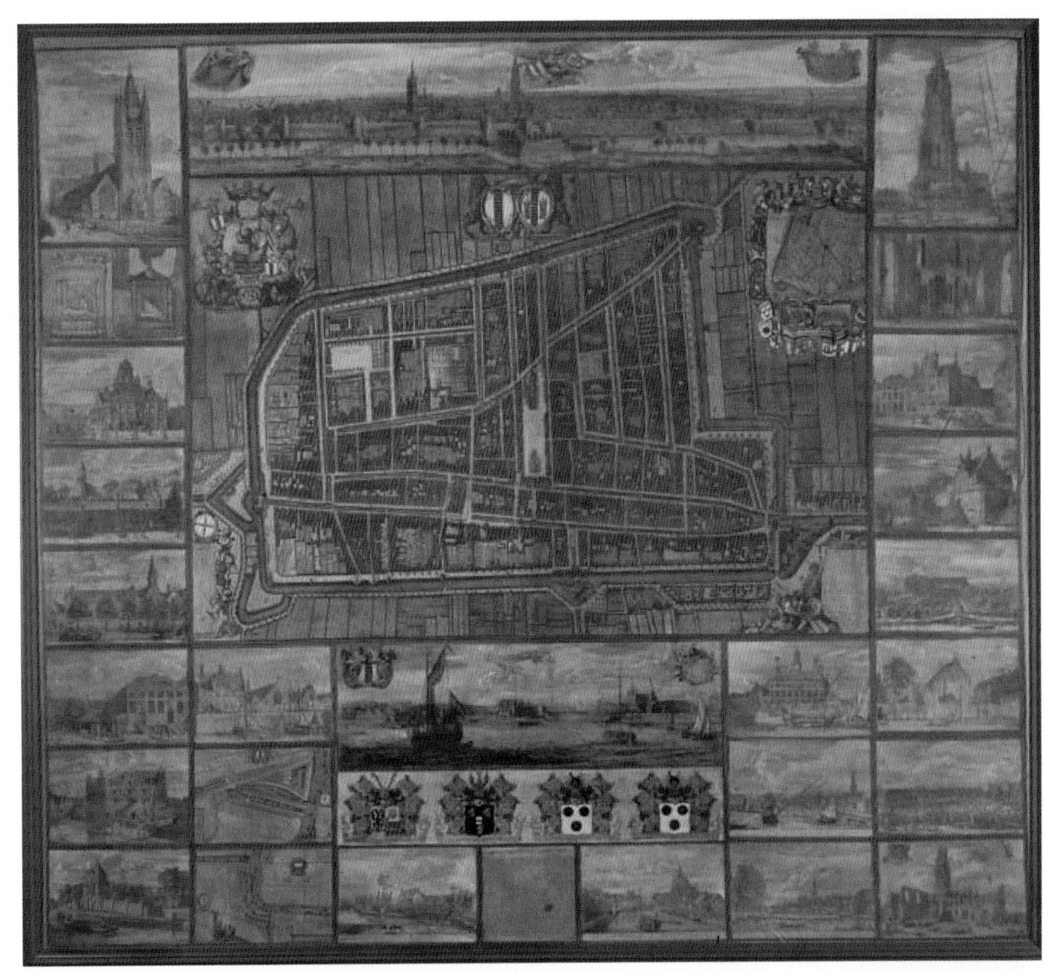

图版 20　约翰尼斯·德拉姆和科因若特·德克尔，代尔夫特，约 1675—1678 年（参见 694 页）。这一杰出的代尔夫特地图展示了作为市民积极支持的一种形式，城市图景和地图所发挥的作用。图像强调了作为海港和在陶器和纺织品贸易中有着中心地位的代尔夫特的重要性。其结合了一种立面图景（上部）和一种平面图景（中部，以及上部右侧有着一个较小比例尺的平面图），以及环绕着平面图的各种市民建筑

原图尺寸：160 × 180.5 厘米。Gemeente Musea Delft, Collectie Stedelijk Museum Het Prinsenhof (D 162) 提供照片。

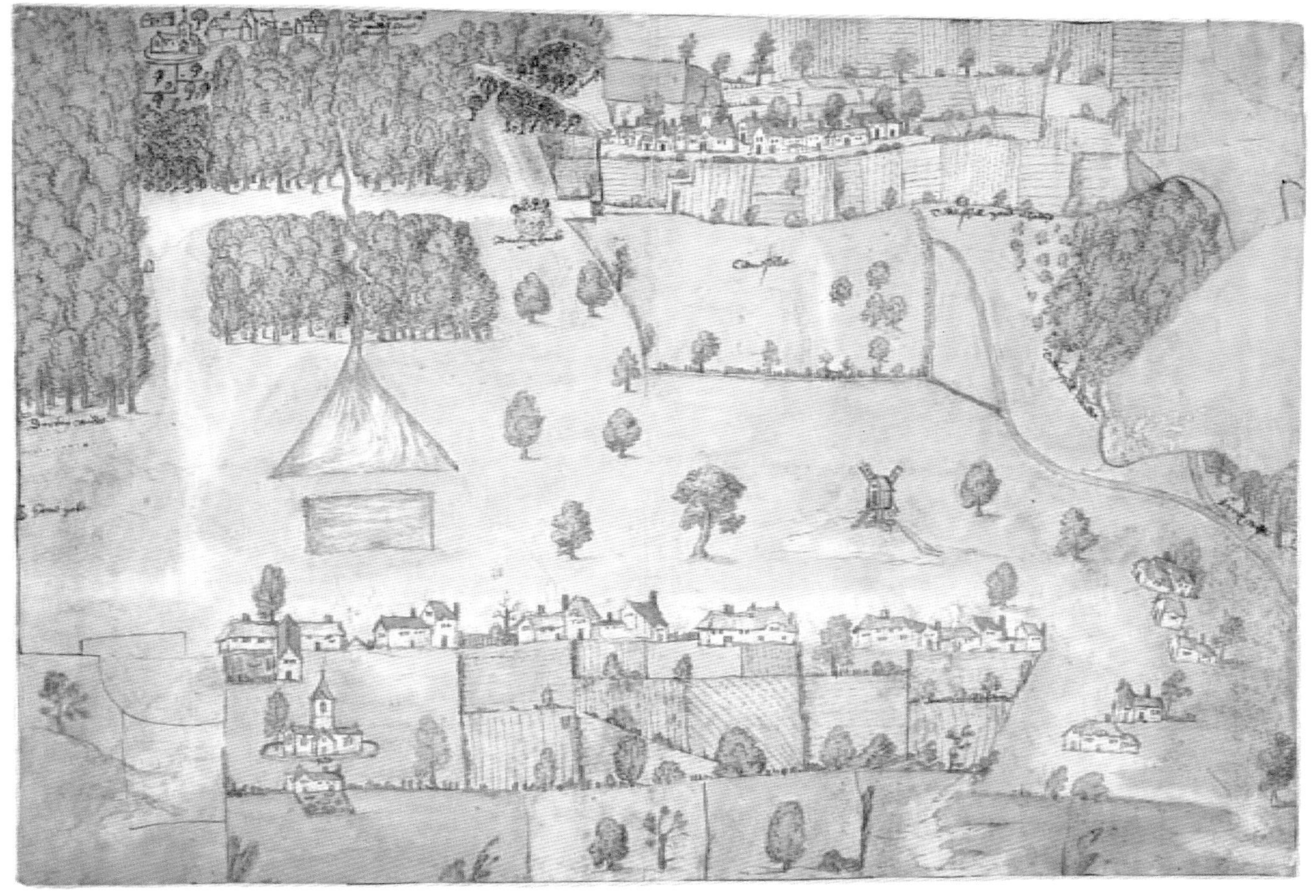

图版 21　沃顿·安德伍德，白金汉郡（参见 707 页）。地图可能是在 1564 年至 1586 年之间的某一时间制作的，用于展示在沃顿·安德伍德和拉德格舍尔社区之间存在争议的地点，这些争议源自“沃顿牧地（Wotton Lawnd）”一百英亩的公共地的所有权

Huntington Library，San Marino（Stowe Manuscripts，ST 59）提供照片。

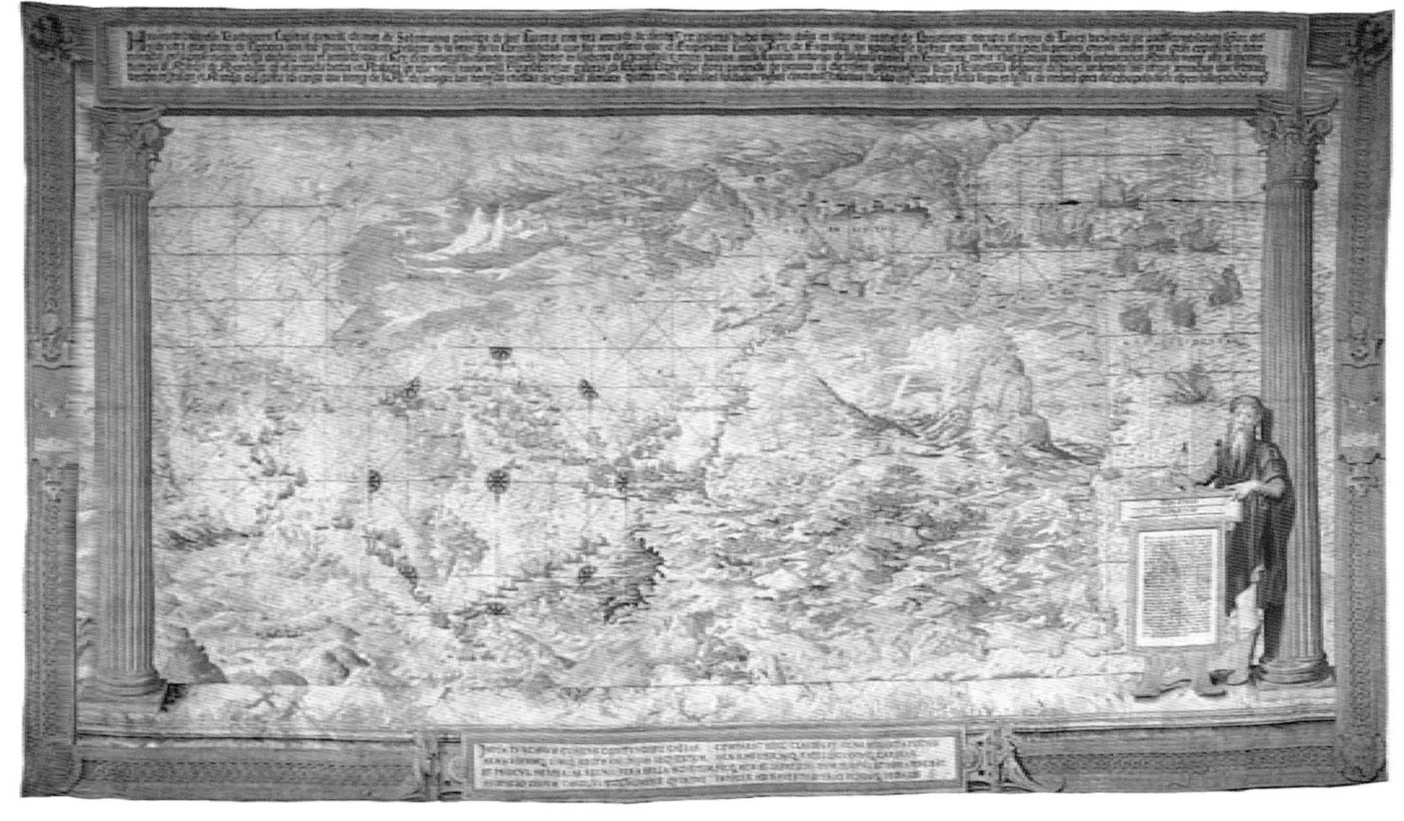

图版二　地中海盆地的挂毯地图，1549—1551 年（参见 724 页）。这是查尔斯五世最初委托制作的征服突尼斯系列的 12 幅挂毯中的第一幅，并且详细描述了他在 1535 年前往突尼斯的远征。只有由扬·科内利斯·韦尔梅耶在 1544 年/1545 年至 1550 年之间设计的 10 幅最初的图案（用木炭绘制在纸上，且叠加有水彩的全尺寸的图像），保存了下来（所有都在维也纳的 Kunsthistorisches Museum）。12 幅完整尺寸的挂毯（editio princeps）是由威廉·德帕纳玛科在布鲁塞尔从 1549 年至 1554 年间用来自韦尔梅耶的图案仿制的；10 幅，包括这幅，现在悬挂在马德里的 Palacio de Oriente 和 Armería Real

原物尺寸：520×895 厘米。照片版权属于 Patrimonio Nacional，Madrid（inv. 10005895）。

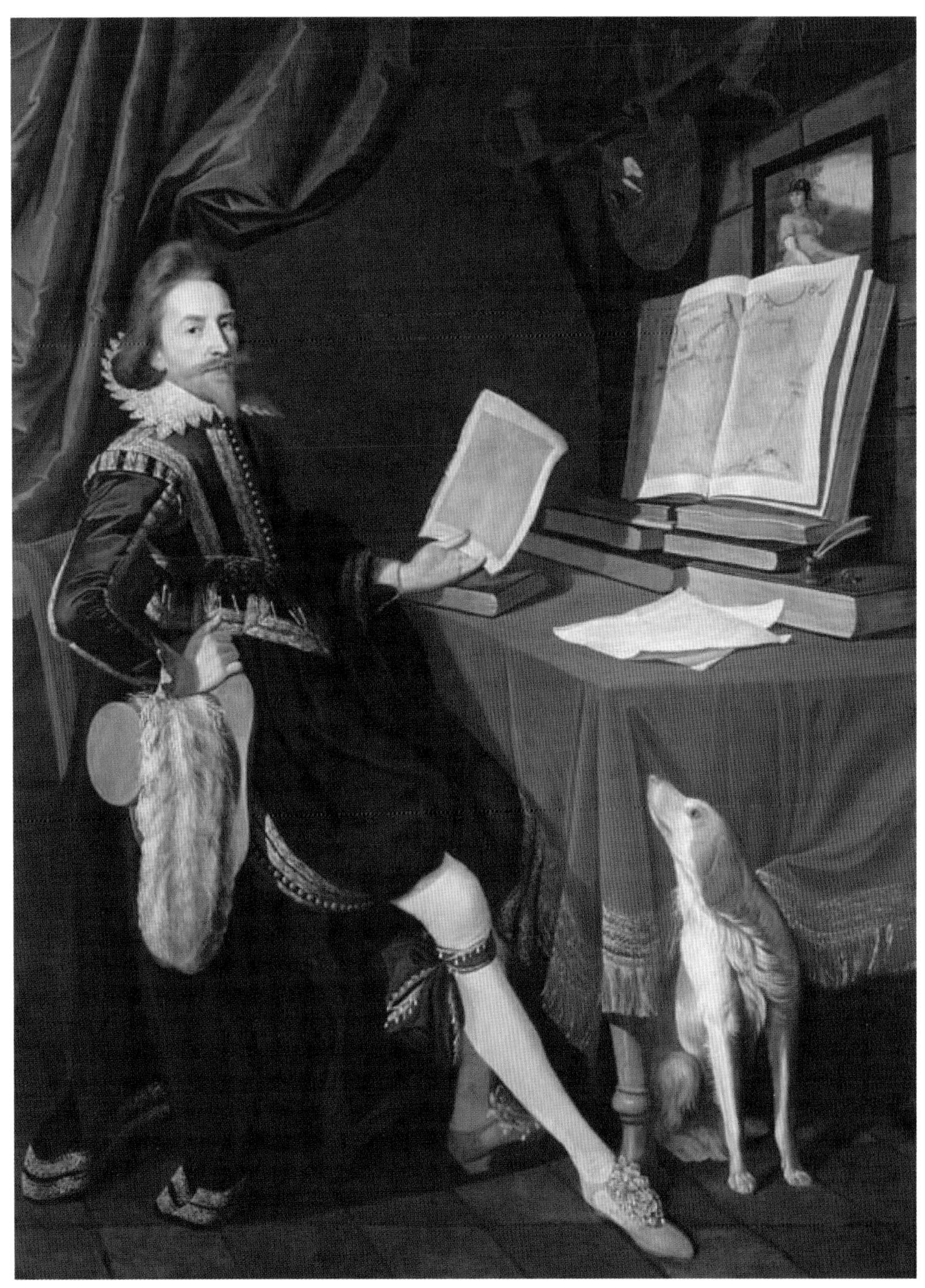

图版23　纳撒尼尔·培根的自画像，约1618—1620年（参见735页）。由英国业余画家纳撒尼尔·培根用油彩绘制在帆布上，这一画像显示作者拿着一幅图像并且与他的书籍、写作材料以及一套打开至赫马尼亚地图的亚伯拉罕·奥特柳斯地图集坐在一起

原图尺寸：205.7×153.6厘米。Private Collection / Bridgeman Art Library, New York (GRH 242121)。

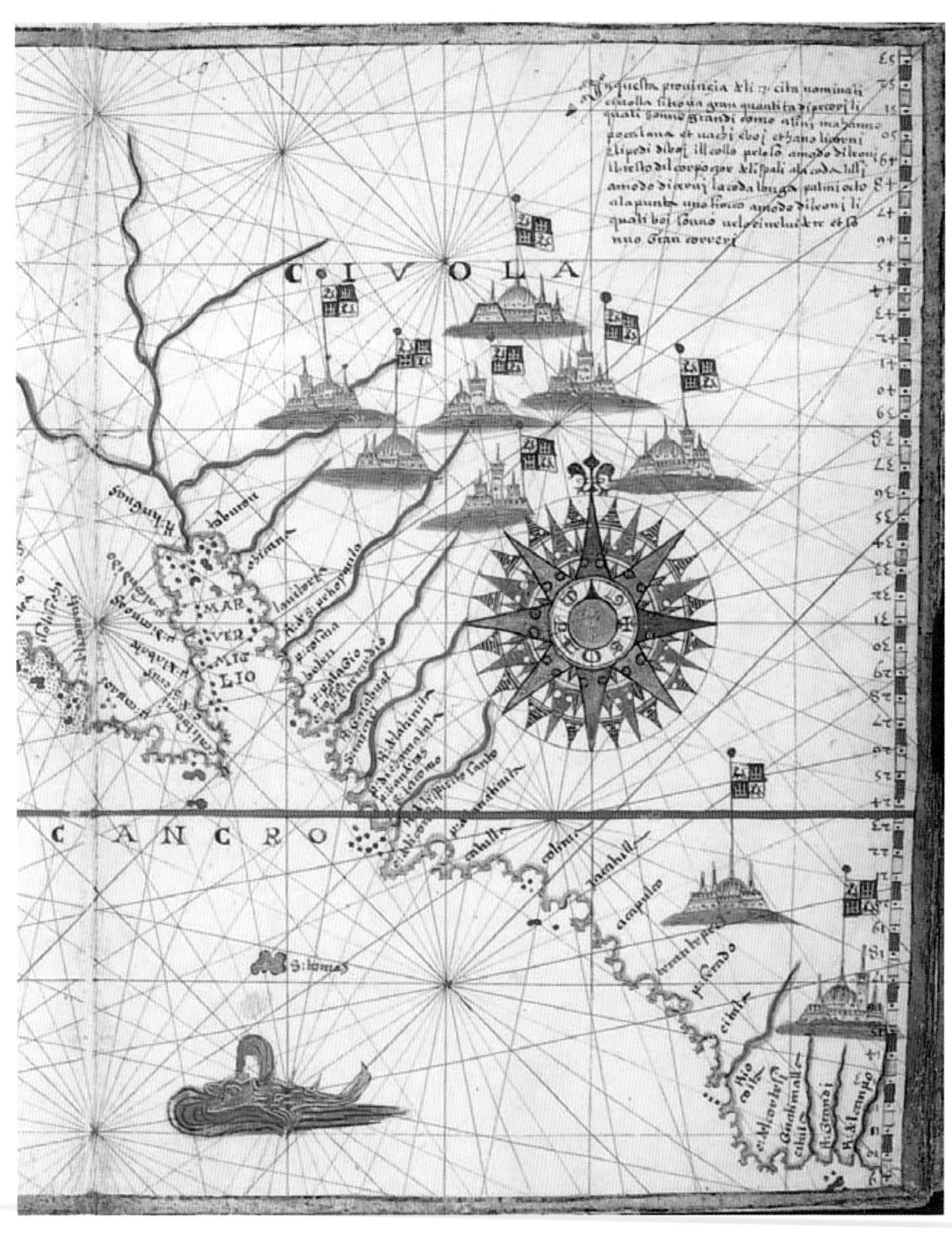

图版 24　来自约安·马丁内斯的 1578 年航海图的锡沃拉的七城（参见 743 页）

完整的原图尺寸：24 × 36 厘米；这一部分约 24 ×19.9 厘米。BL（Harl. MS. 3450，map no. 10）提供照片。

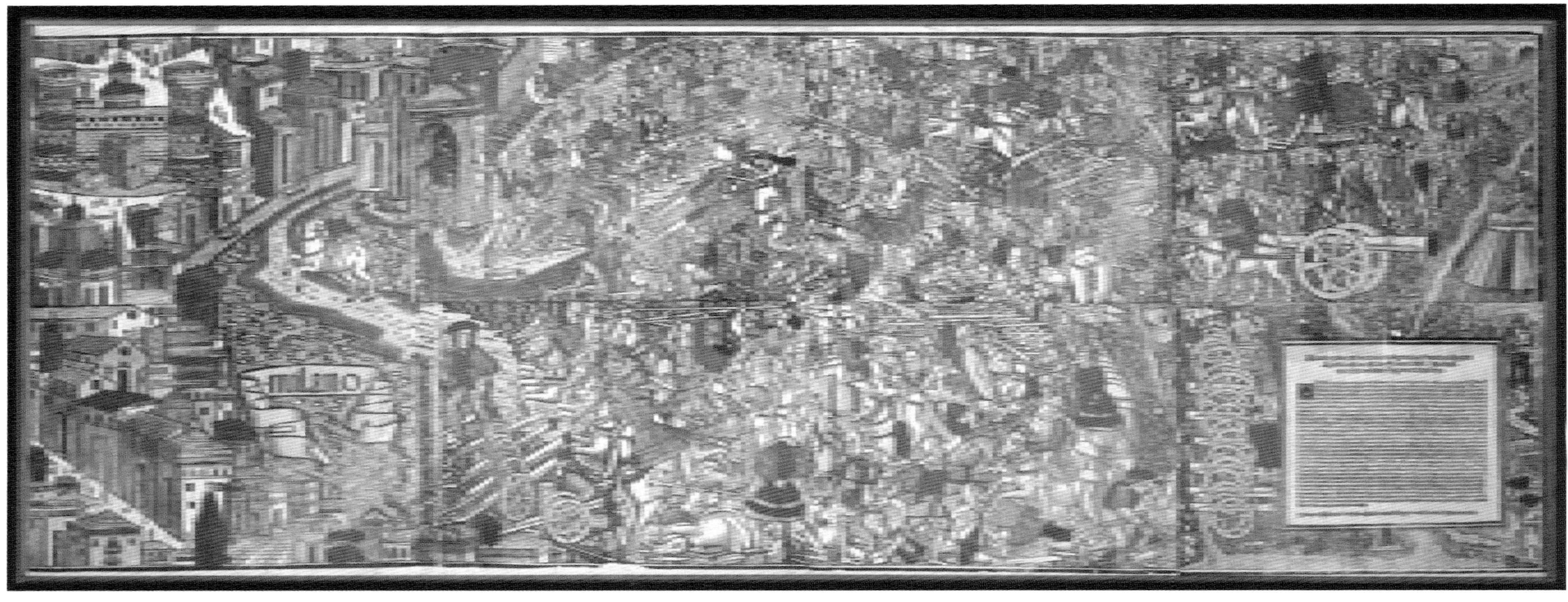

图版25　乔瓦尼·安德烈娅·瓦尔瓦索里，马里尼亚诺战役的着色木版画，约1515年（参见780页）

原图尺寸：55.5×152.5厘米。Zentralbibliothek，Zurich（inv. 307）提供照片。

图版 26　锡耶纳领土地图，1589 年，佛罗伦萨，乌菲齐宫，地理地图室（参见 811 页）。由斯特凡诺·比翁西诺设计的壁画，由卢多维科·布蒂绘制

Scala / Art Resource，New York 提供照片。

图版27　非洲地图，1573年，卡普拉罗拉，法尔内塞宫，宇宙志之厅（参见815页）。由奥拉齐奥·特里吉诺·德默里设计，乔瓦尼·安东尼奥·瓦诺西诺绘制的壁画

Scala / Art Resource, New York 提供照片。

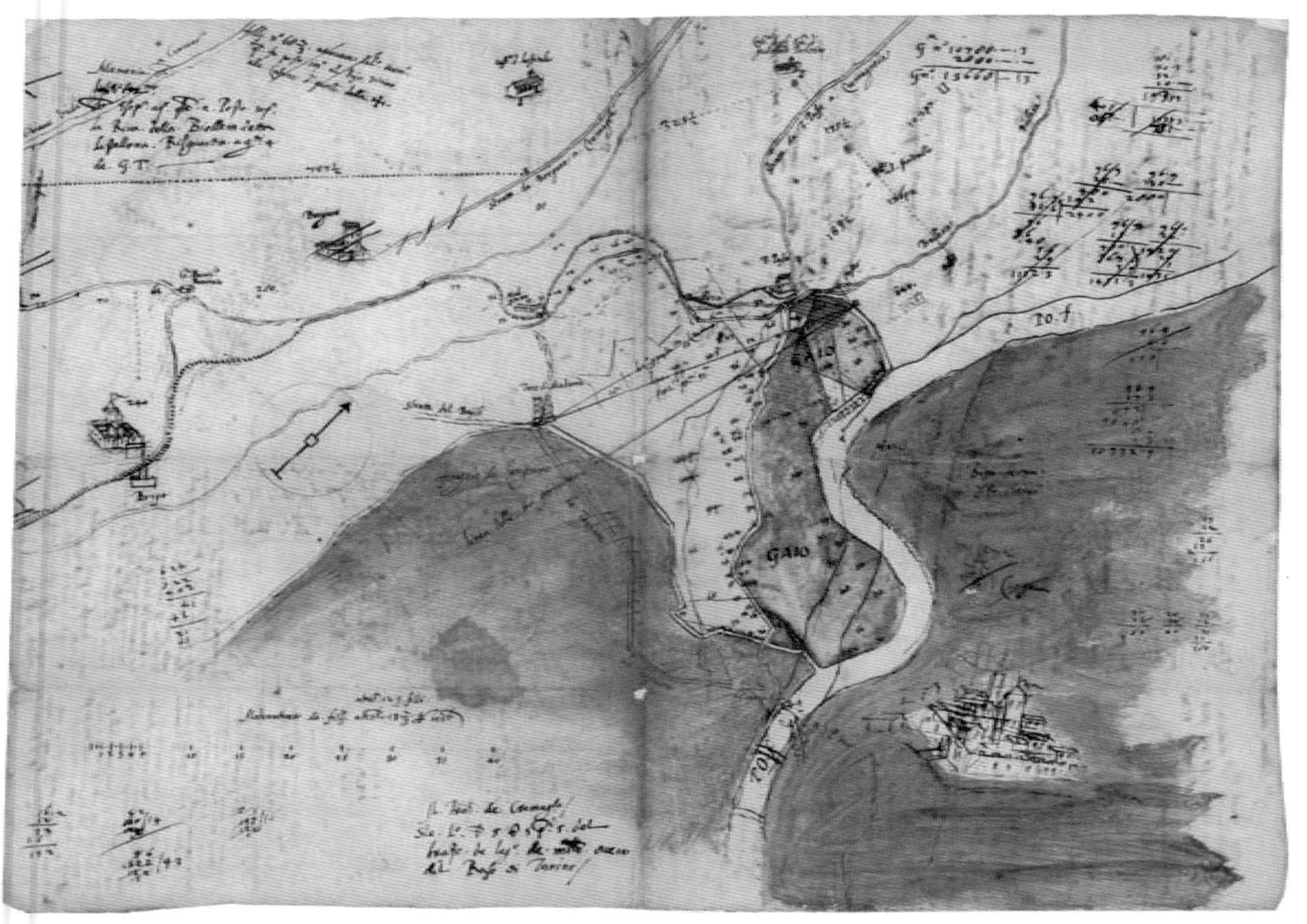

图版 28　亚历山德罗·雷斯塔和弗蒙多·雷斯塔制作的“加约”存在纠纷的领土，1575 年（参见 839 页）。亚历山德罗·雷斯塔和他的儿子弗蒙多准备了一些地图和档案去解决在被称为“加约”的土地上发生的纠纷。这幅地图是期间制作的一幅，有着明显的计算，并且只是部分着色

Archivio di Stato，Turin（Camerale Piemonte，articolo 664，fascicolo 10）提供照片。

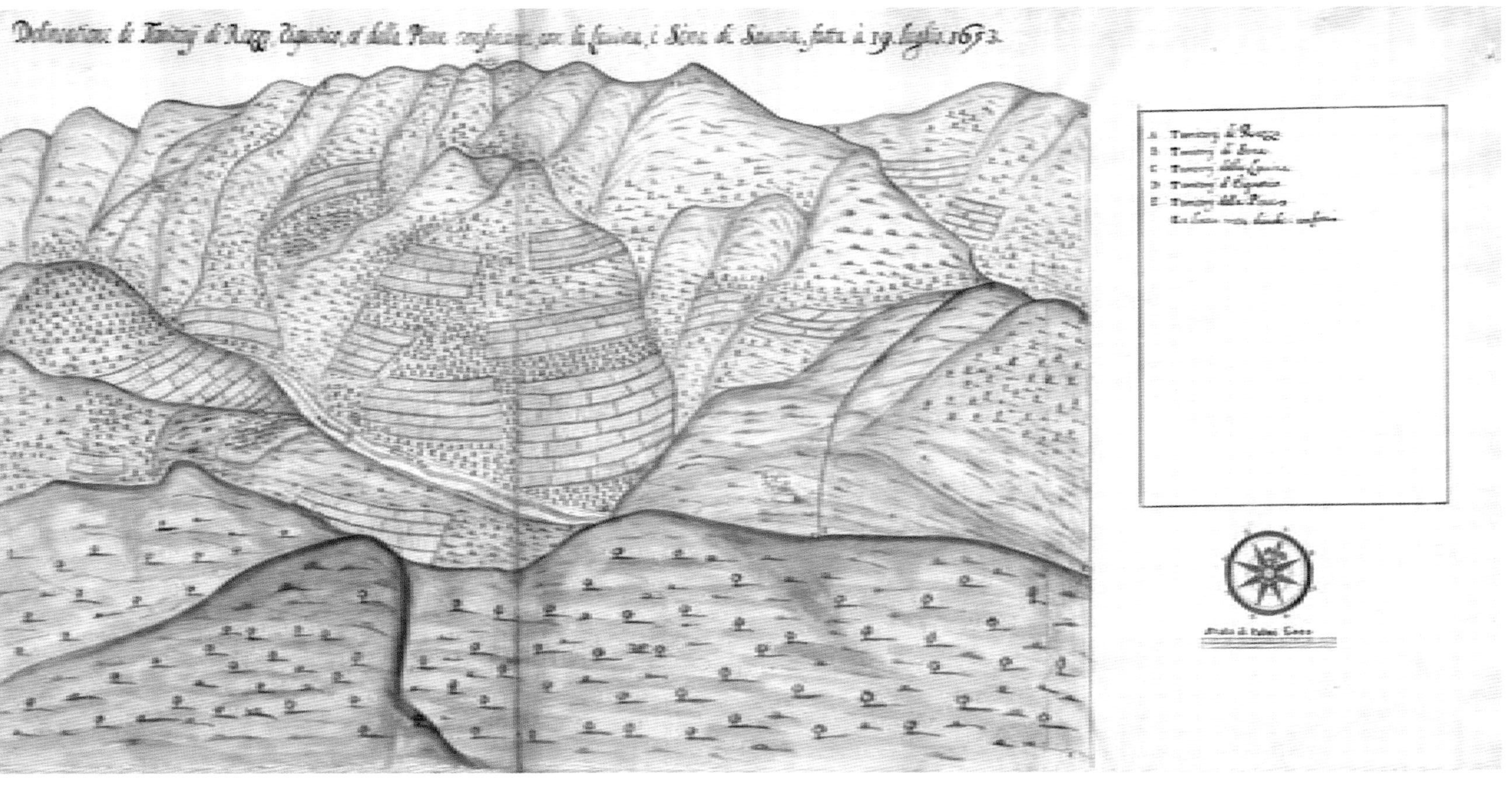

图版29　皮耶尔·玛丽亚·格罗帕洛，来自地图集A的地图，1650—1655年（参见862页）。“Delineatione de' territorij di Rezzo, Eiquetico, et della Pieue confinanti, con la Lauina è Sèna di Sauoia, fatta à 19. luglio. 1653.”

原图尺寸：43×81厘米。Archivio de Stato, Genoa (Raccolta cartografi ca 1268 - 1292, MS. 39, pl. Ⅶ) 提供照片。

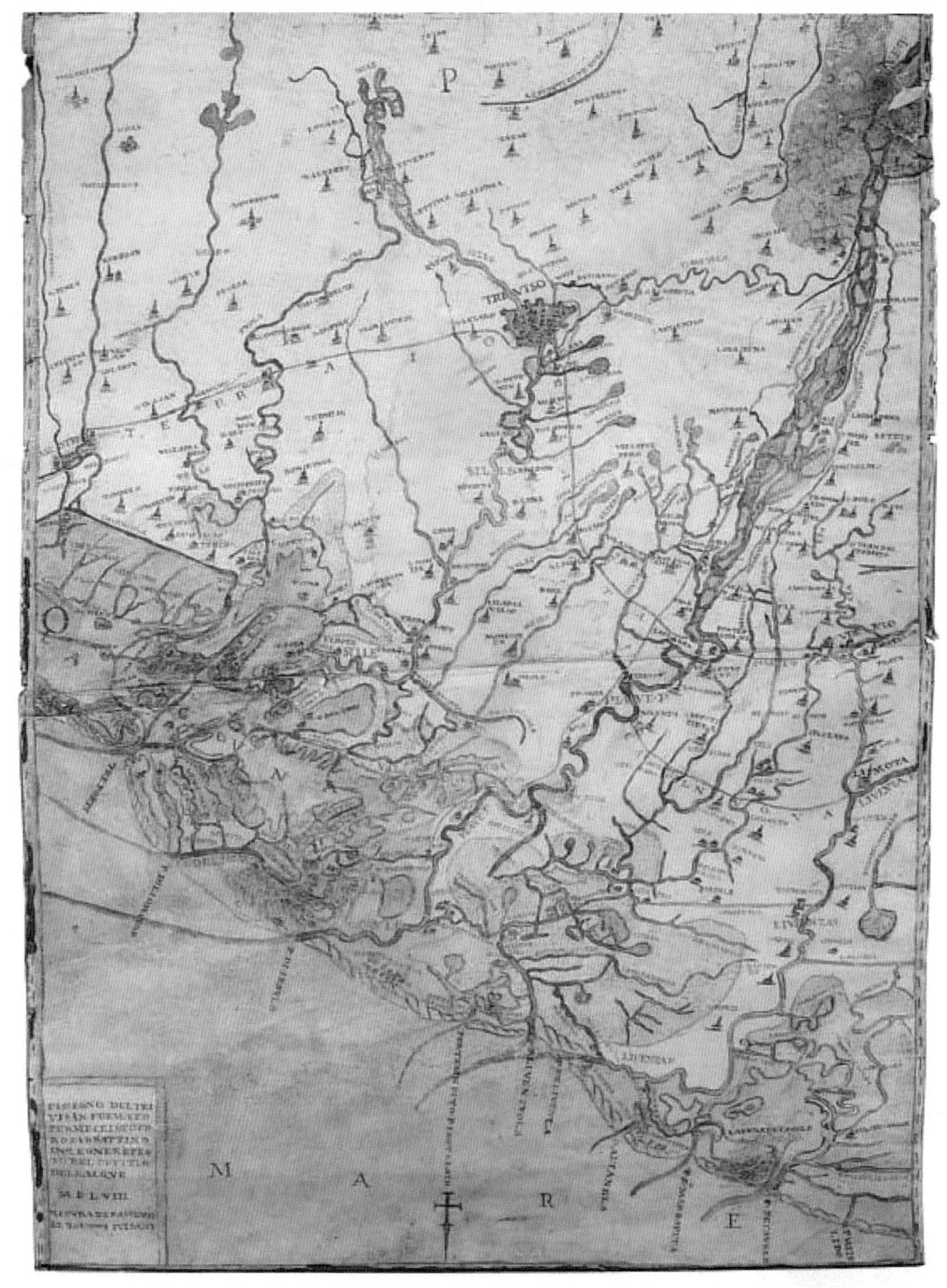

图版 30　克里斯托福罗·萨巴迪诺，“特雷维索区域地图”，1558 年（参见 882 页和图 35.6）。来自负责保护泻湖环境和水资源的威尼斯机构（Savi ed Esecutori alle Acque）的档案中的，绘制在羊皮上的水彩画和笔绘。萨巴迪诺是 16 世纪关于对潟湖以及流入其的河流的水源进行管理和控制的争论中的杰出人物。确信需要防止潟湖水资源受到淤积和其他障碍物的影响，他代表了在涉及各种利益的辩论中表达的观点之一：农业、贸易和保护潟湖和水资源的需要。由此地图不仅勾勒了威尼斯用于控制和管理特雷维索区域的水资源的项目；而且对地区中河流水系的历史知识做出了非常重要的贡献

原图尺寸：约 89.6 ×68.1 厘米。Archivio di Stato, Venice (Savi ed Esecutori alle Acque, serie Piave, dis. 5) 提供照片。

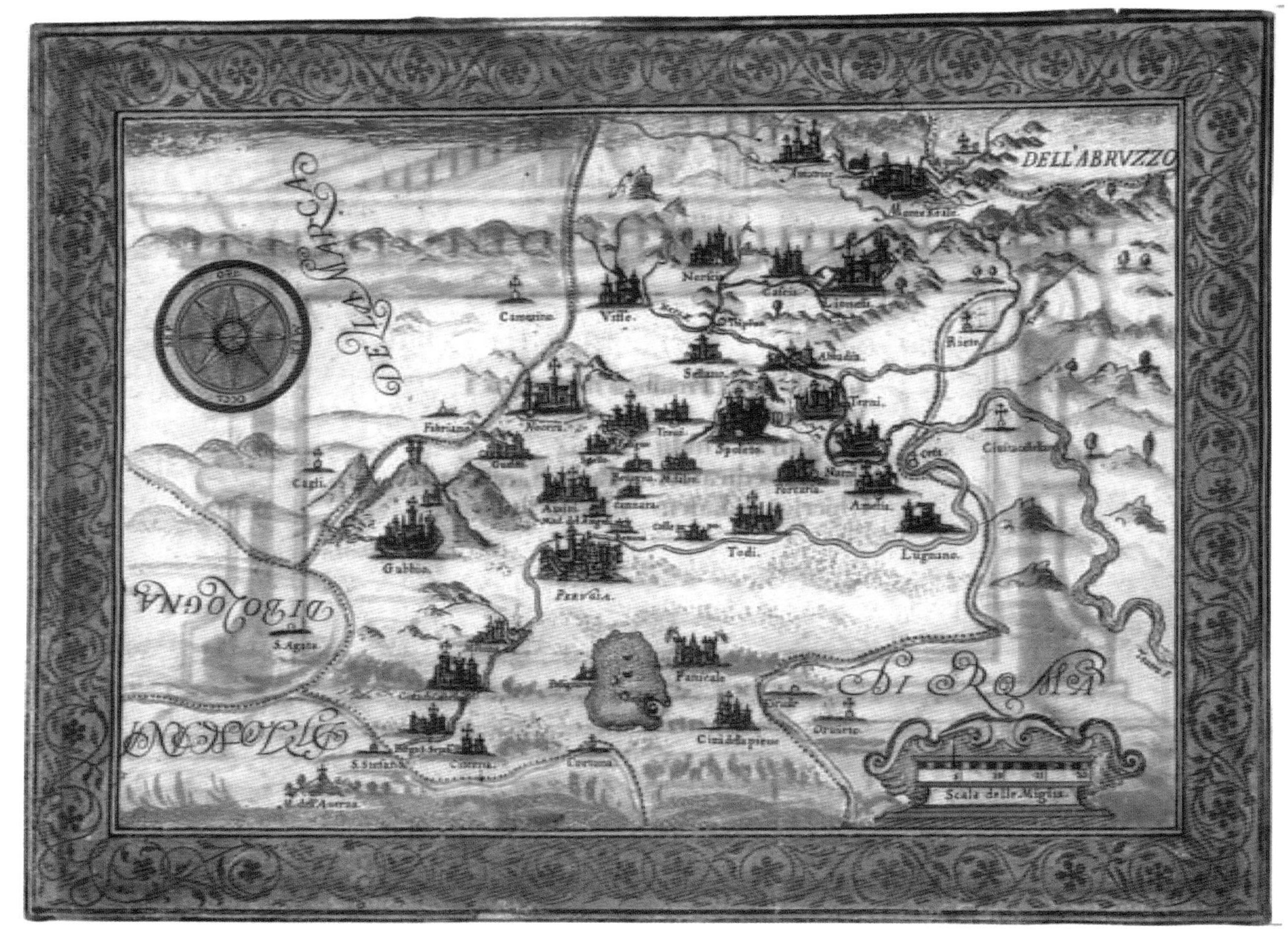

图版31　西尔韦斯特罗·达帕尼卡莱，“嘉布遣会地图”中的翁布里亚方济各会省份地图，1632年（参见925页）

原图尺寸：28.5×38厘米。Archivio dell' Istituto Storico dei Cappuccini, Museo Francescano, Rome (inv. n. 1288) 提供照片。

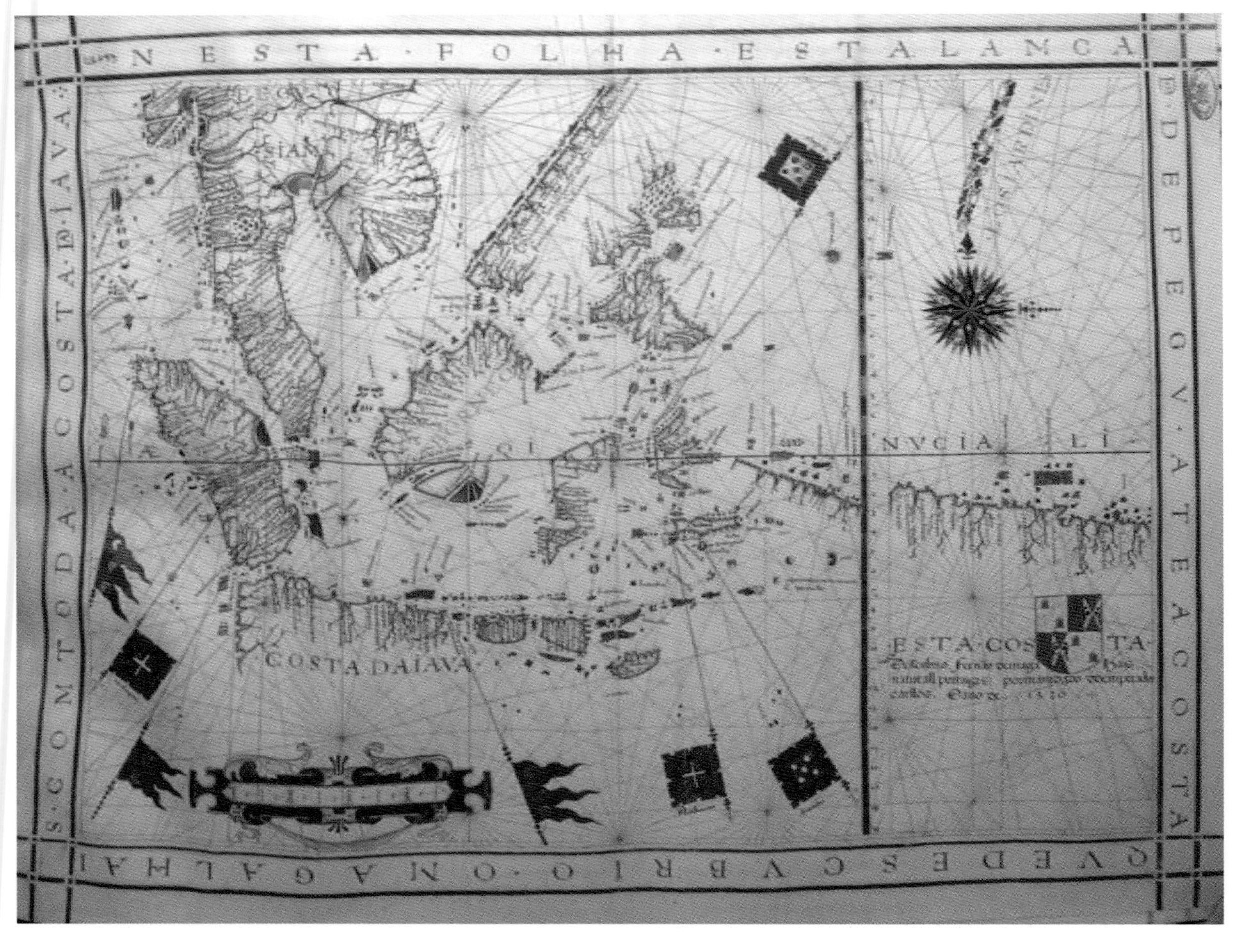

图版 32　费尔南·瓦斯·多拉多，远东的航海图，1571 年（参见 999 页）

Instituto dos Arquivos Nacionais / Torre do Tombo, Lisbon（fol. 8）提供照片。

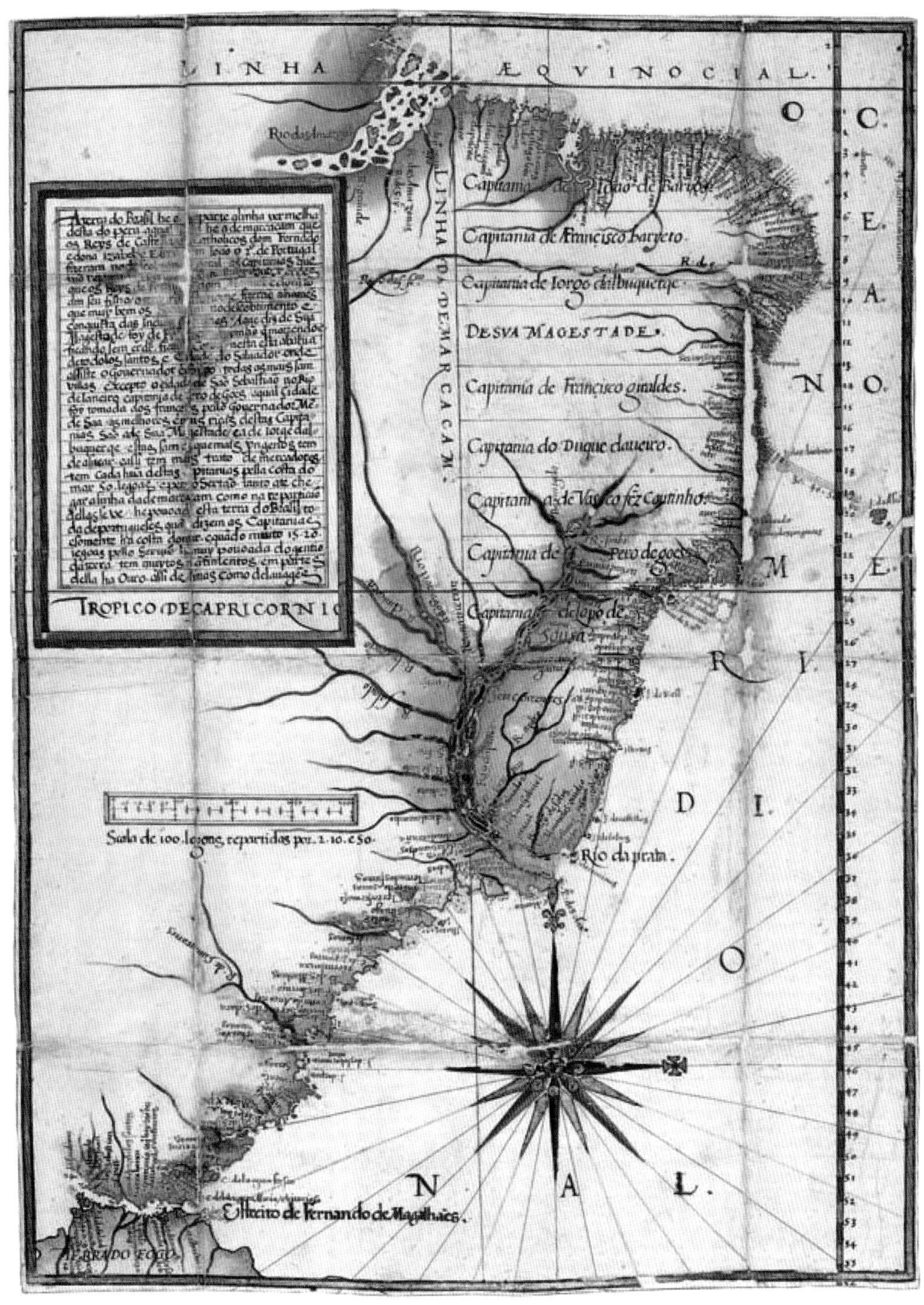

图版33　路易斯·特谢拉，巴西地图，约1586年（参见1000页）

照片 Henrique Ruas, Biblioteca da Ajuda / IPPAR, Lisbon（52 - Ⅻ - 25）特许使用。

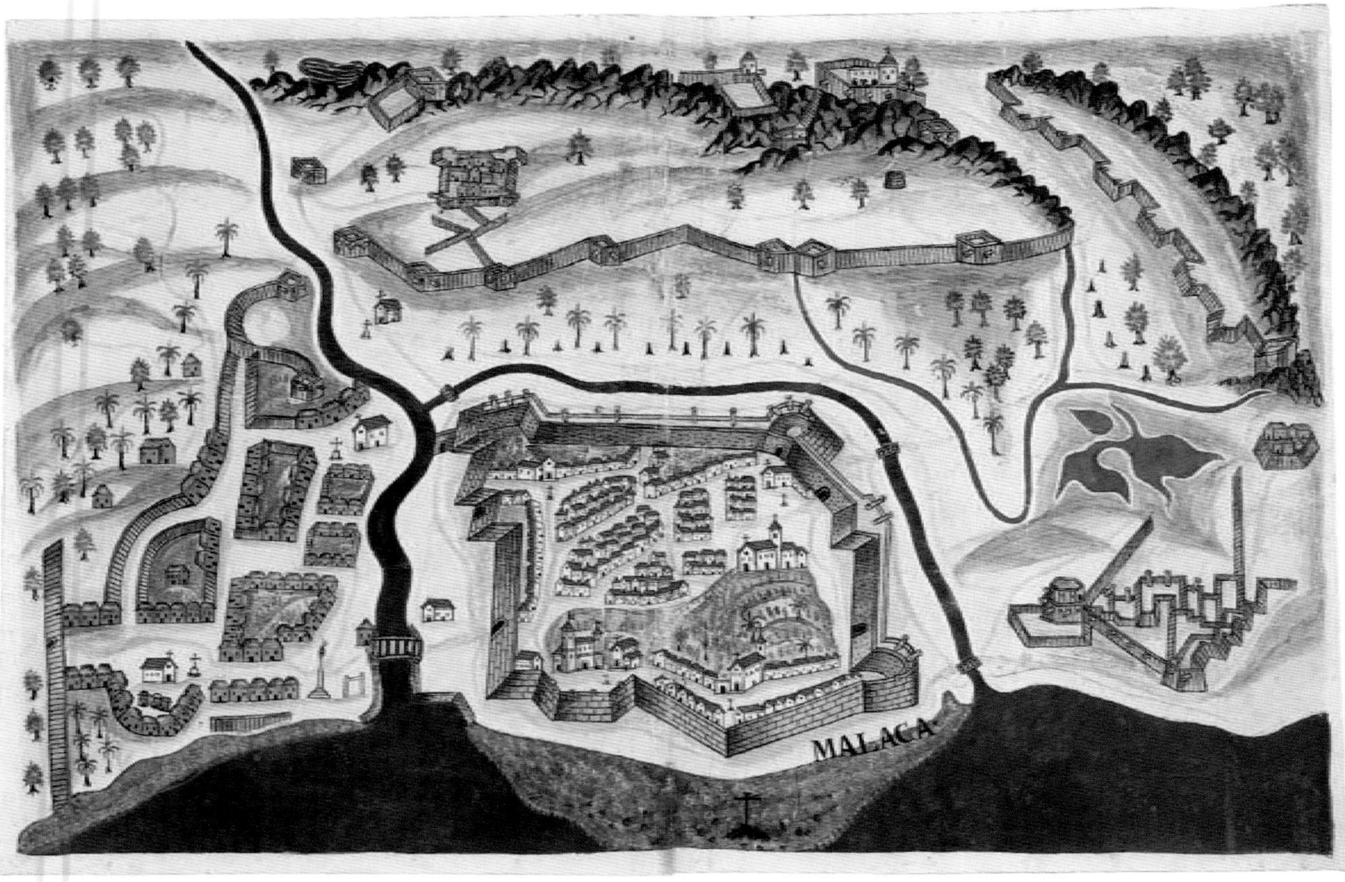

图版34 安东尼奥·波卡罗的“东印度所有堡垒”中的马六甲要塞的图景（参见1023页）

Biblioteca Pública de Évora 提供照片。

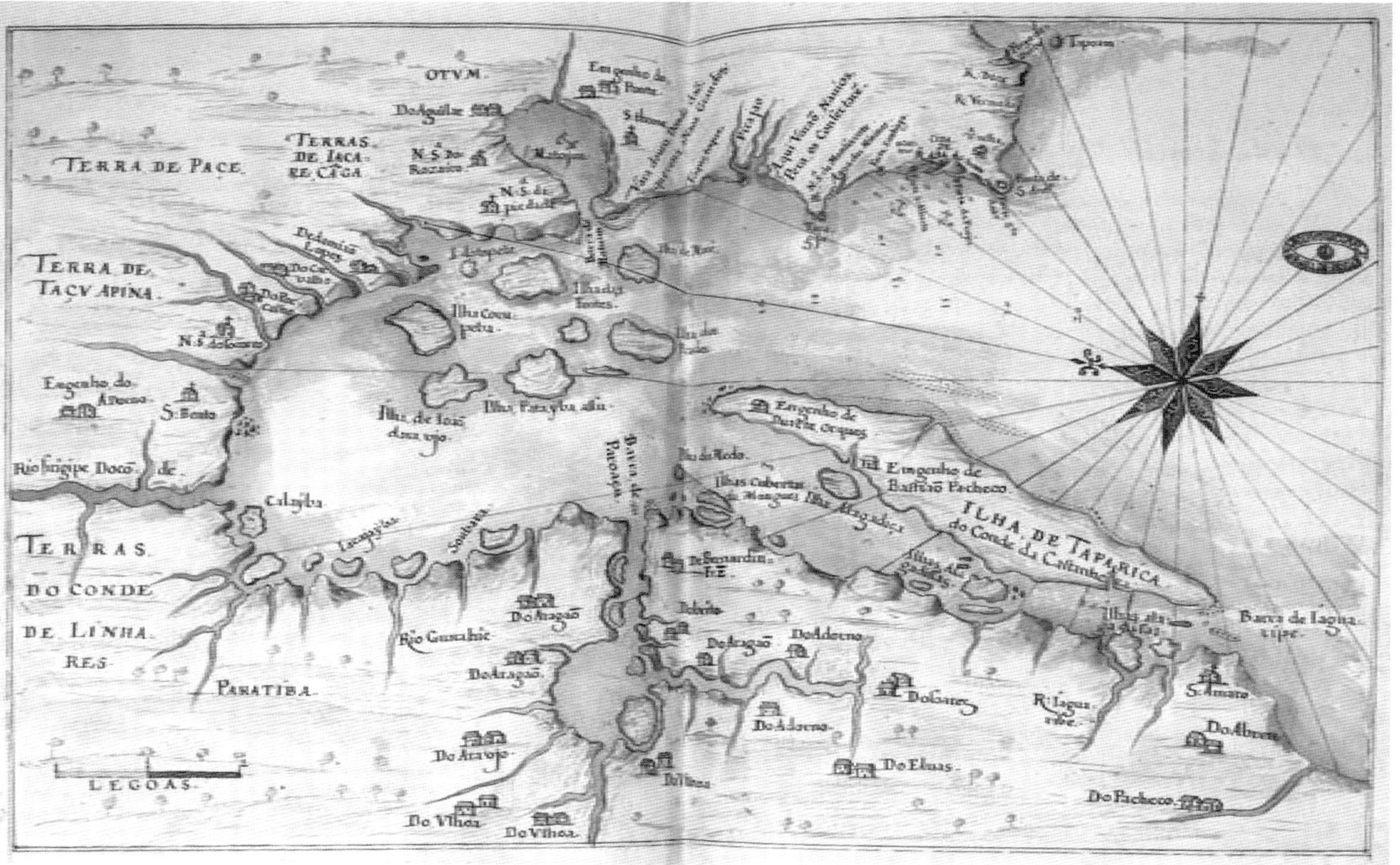

图版 35　若昂・特谢拉・阿尔贝纳斯一世，万圣湾地图（参见 1033 页）。若昂・特谢拉・阿尔贝纳斯一世的地图集 “Descripçao de todo o maritimo da terra de S. Crvz. chamado vvlgar mente o Brazil” 中的 32 幅航海图中的第 18 幅，1640 年

Instituto do Arquivos Nacionais / Torre do Tombo, Lisbon（Teixa en 1640, Casa Forte 162, fol. 56）提供照片。

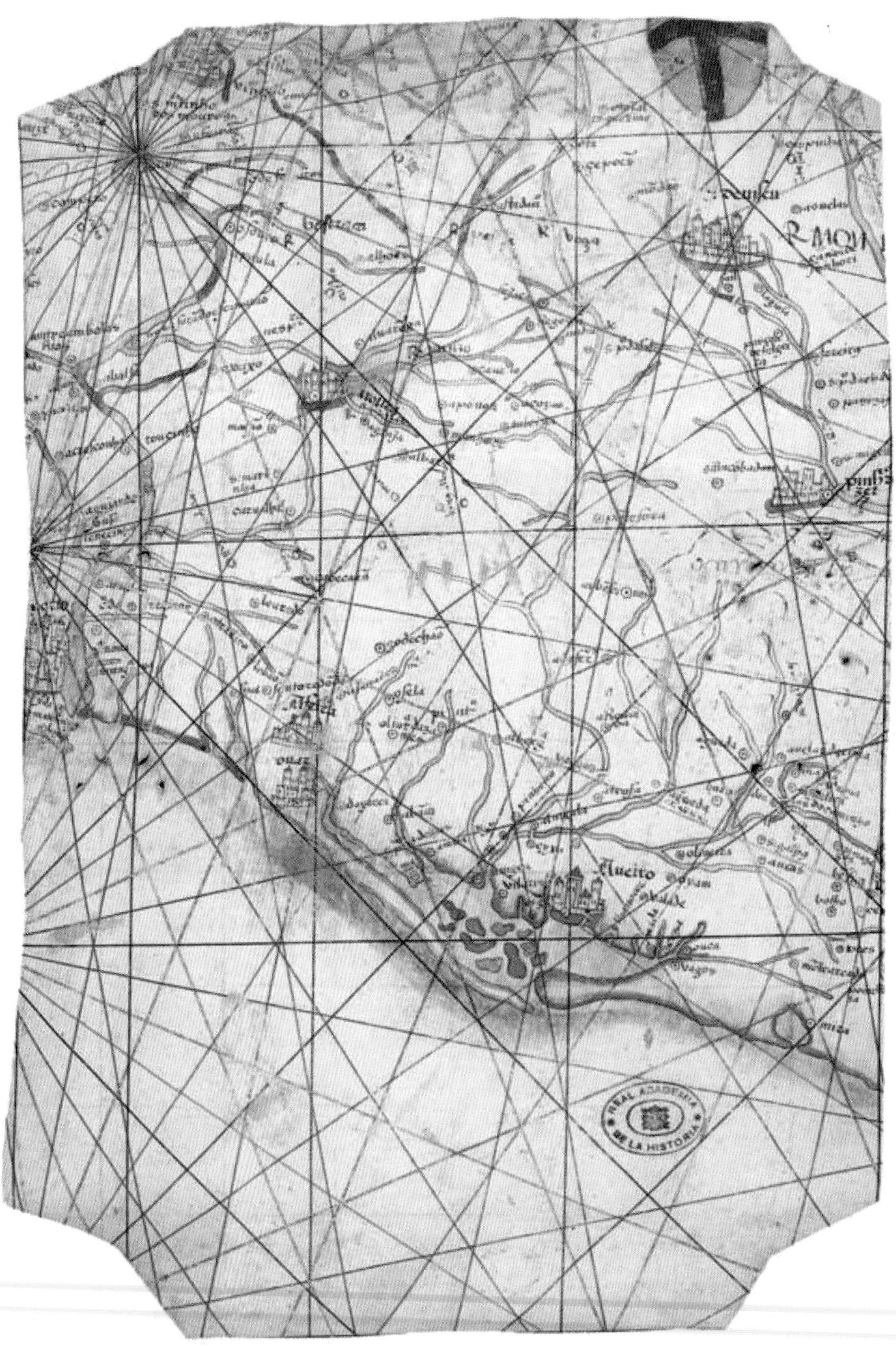

图版36　葡萄牙绘本地图的片段（参见1041页）。东在上

原图尺寸：31.5×21厘米。Real Academia de la Historia, Madrid (R. 242, Sign. C/I c 82) 提供照片。

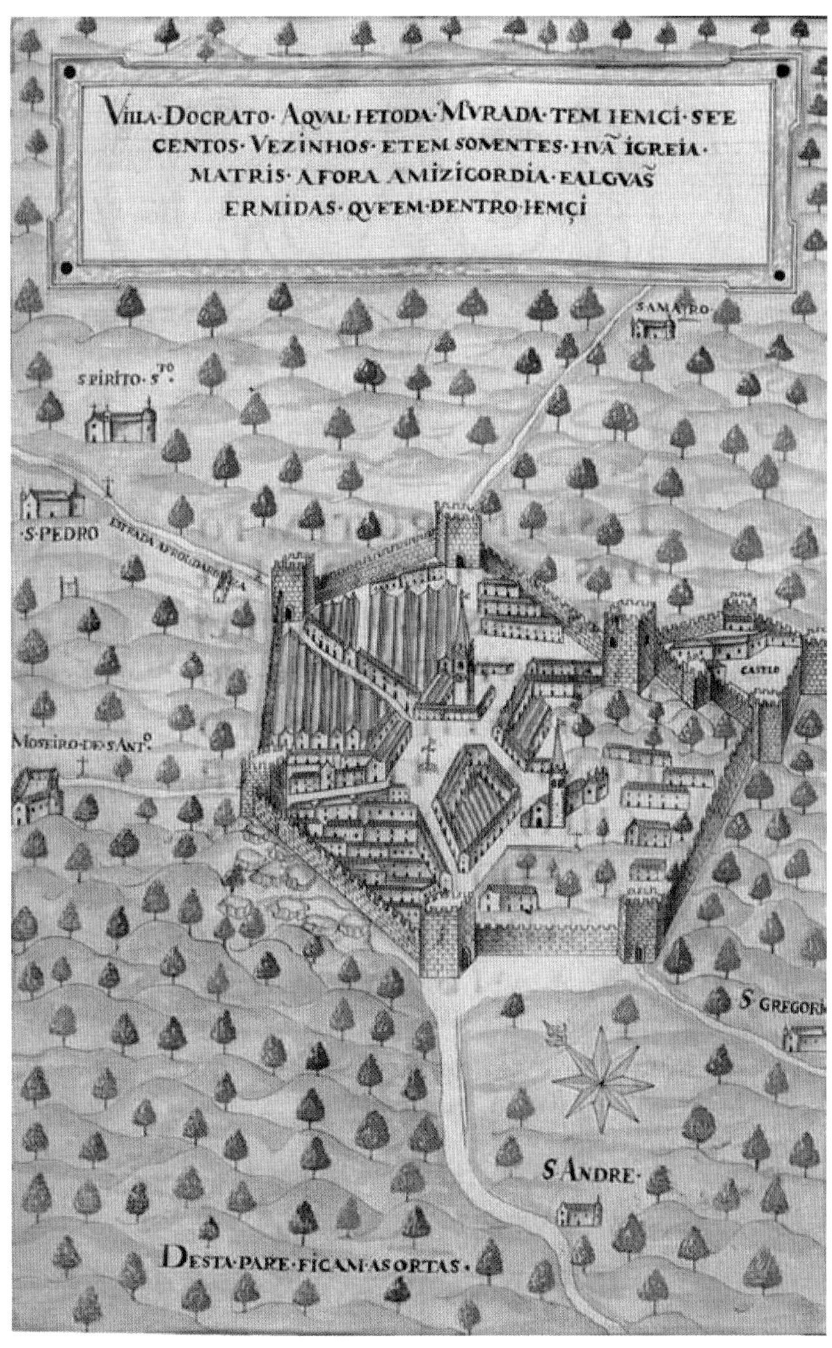
VILA·DOCRATO·AQVAL·HETODA·MVRADA·TEM·IEMCI·SE'E
CENTOS·VEZINHOS·ETEM SOMENTES·HVÃ IGREIA·
MATRIS·AFORA AMIZICORDIA·EALGVÃS
ERMIDAS·QVE'EM·DENTRO·IEMÇI
S·PIRITO·S^TO^
S·PEDRO
MOSEIRO·DE S·ANT^O^
CASTELO
S·ANDRE·
DESTA·PARTE·FICAM·ASORTAS·

图版37　佩德罗·努涅斯·蒂诺科，城镇地图（参见1051页）。来自蒂诺科的“Livro que tem todas as plantas e perfi s das igrejas e vilas do preorado do Crato”，1620年

Seminário Liceal das Missões，Cernache de Bonjardim（Cod. 427.24）特许使用。

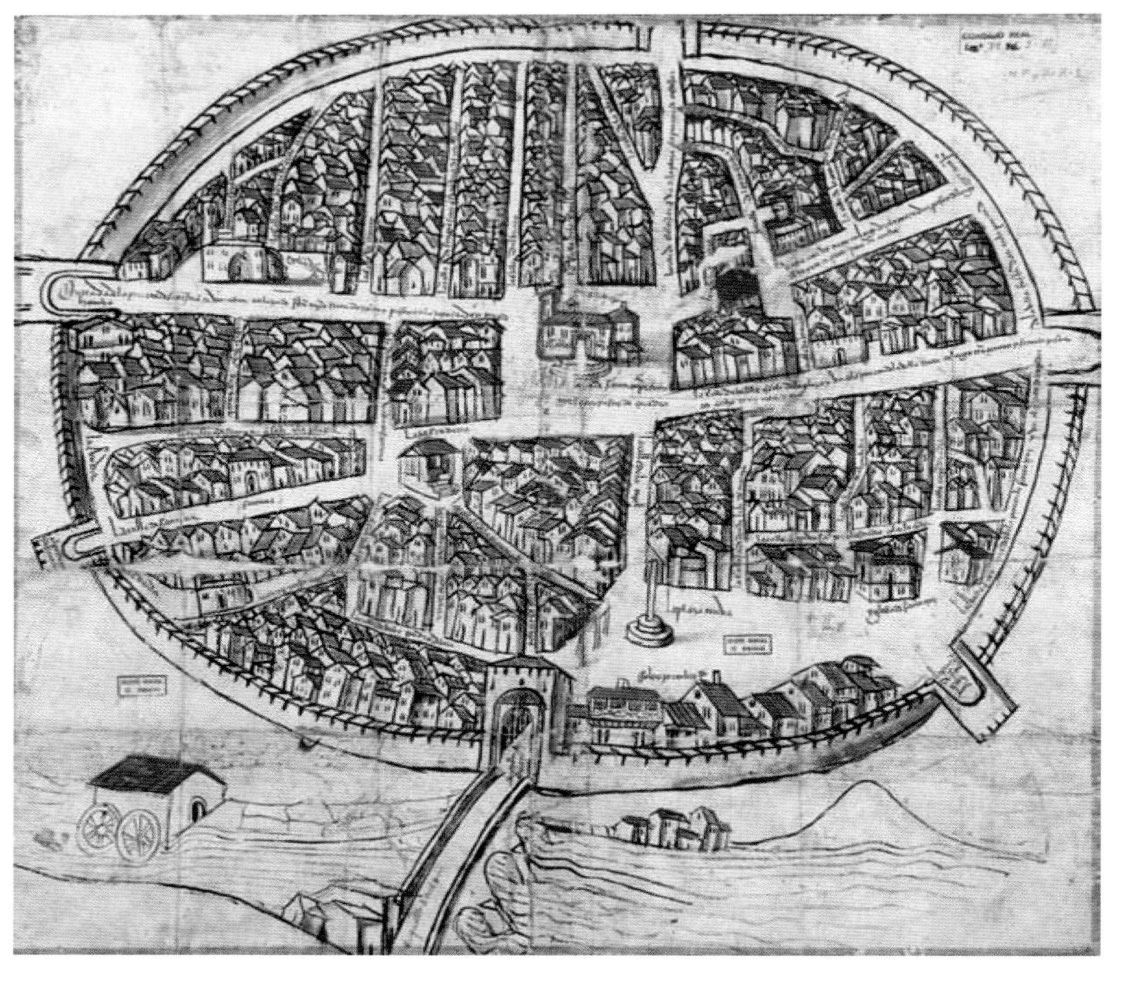

图版 38　佚名的杜罗河畔阿兰达的图景（参见 1072 页）。这幅城镇平面图是在一件诉讼案件中编绘的，模仿了欧洲其他部分同时代的平面图

原图尺寸：52.8 × 59.8 厘米。Spain, Ministerio de Cultura, Archivo General de Simancas（MPD. X－1）提供照片。

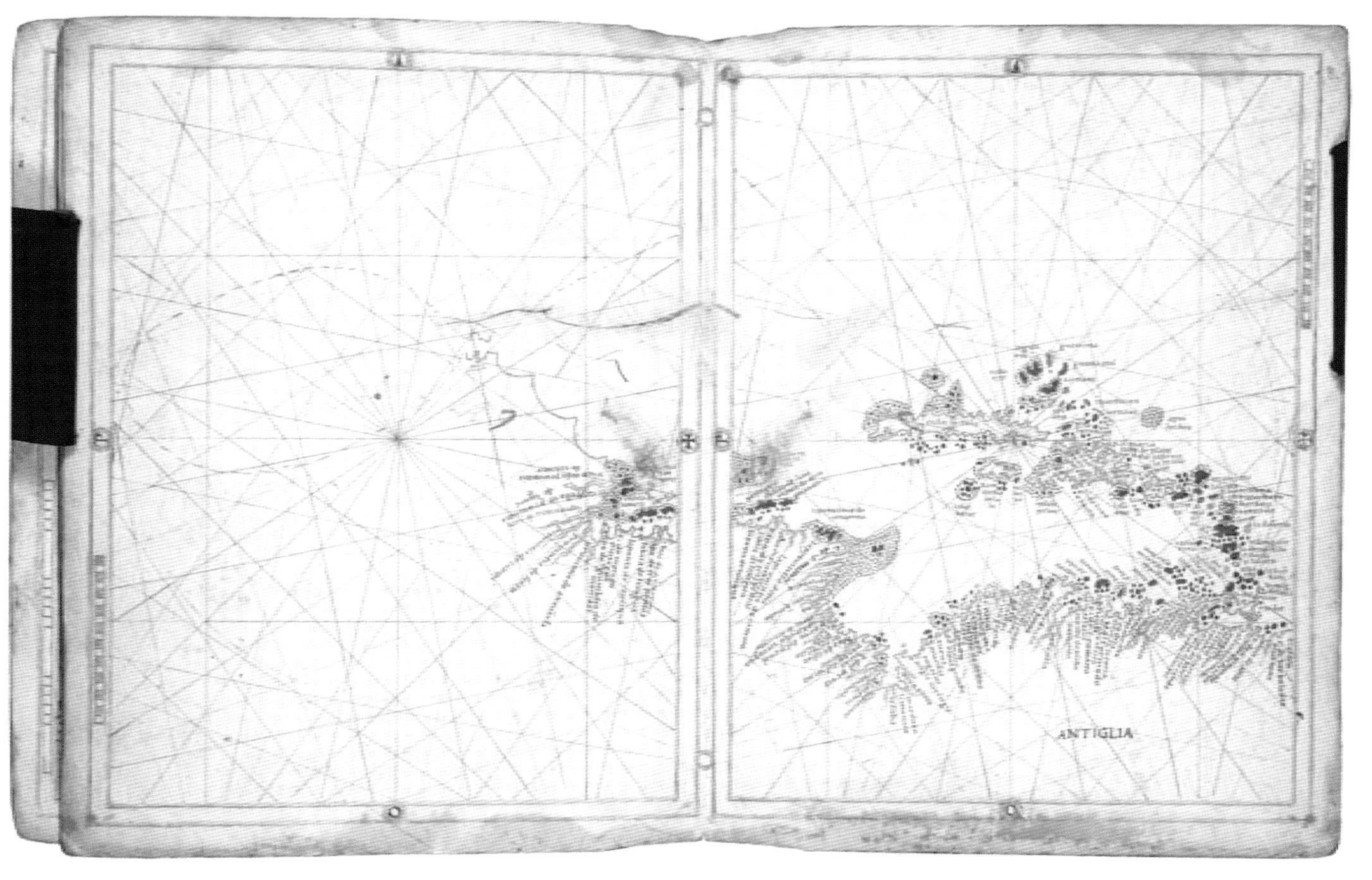

图版39　被认为是由韦康特·马焦洛绘制的佚名航海图，约1510年（参见1110页）。这一地图集中的4幅航海图（两对）涵盖了新世界。这里显示的部分涵盖了西印度群岛和南美洲的西北海岸的部分。后两页显示了大西洋，有着非洲、西欧的部分，在左页上有着拉布拉多，右页上有着非洲和南美洲的部分。注意大洋中的众多标记显示了沙洲和其他的危险。这幅航海图非常好地从韦康特·马焦洛绘制的最早的航海图进行了复制

每页的尺寸：约26.7×20.5厘米。BL（Egerton 2803，fols. 7v－8r）提供照片。

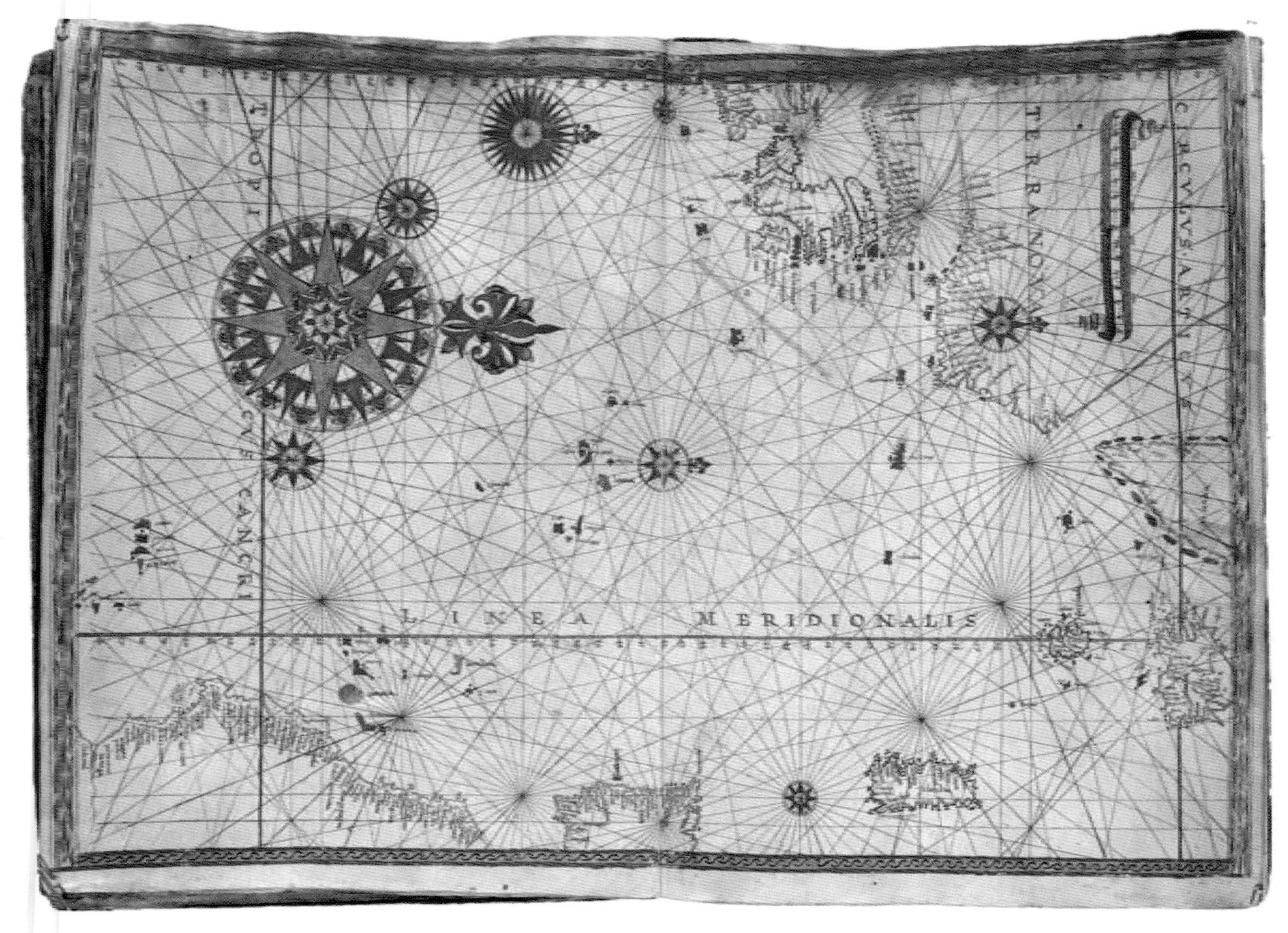

图版 40　多梅尼科·维利亚罗洛，北大西洋的航海图（参见 1136 页）。这是已知他唯一一幅显示了新世界的某部分的航海图，尽管他确实没有聚焦于那些有着西班牙利益的部分。还要注意在加那利群岛的零度经线

原图尺寸：52 × 37 厘米。Hispanic Society of America，New York（MS. K18，map no. 5）提供照片。

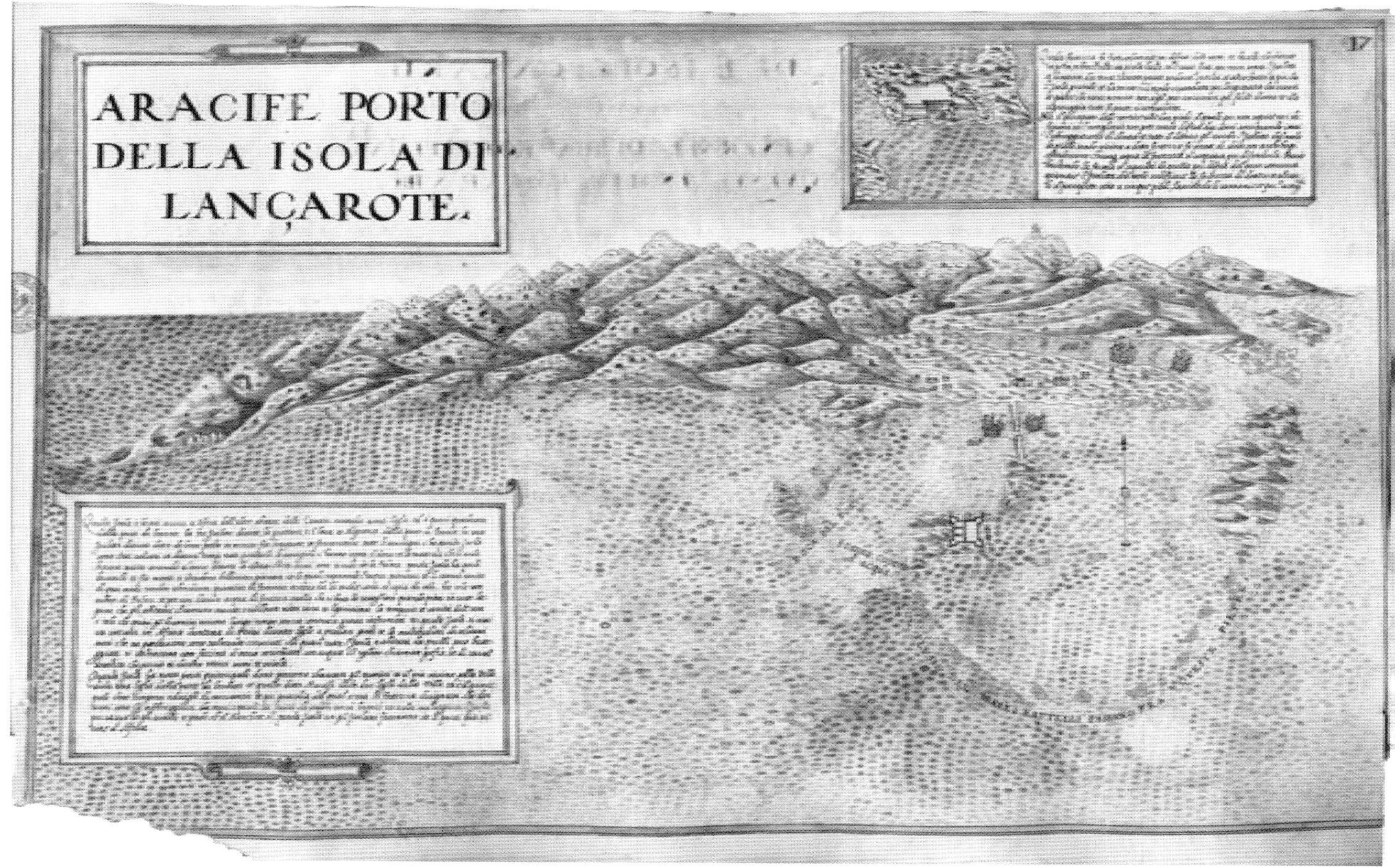

图版41　莱昂纳多·托里亚尼（LEONARDO TORRIANI）：阿拉克兰（ARRECIFE）景观图，来自其《描述》（参见1147页）。这一图版来自托里亚尼的加纳利群岛描绘性的地图集。其他图版不但详细描绘了防御工事，而且还显示了当地居民的图像；托里亚尼似乎有着广泛的兴趣，这点通过他的视觉呈现在表达了出来

原图尺寸：24.5×39.4厘米。许可授予：the Biblioteca Geral da Universidade, Coimbra。

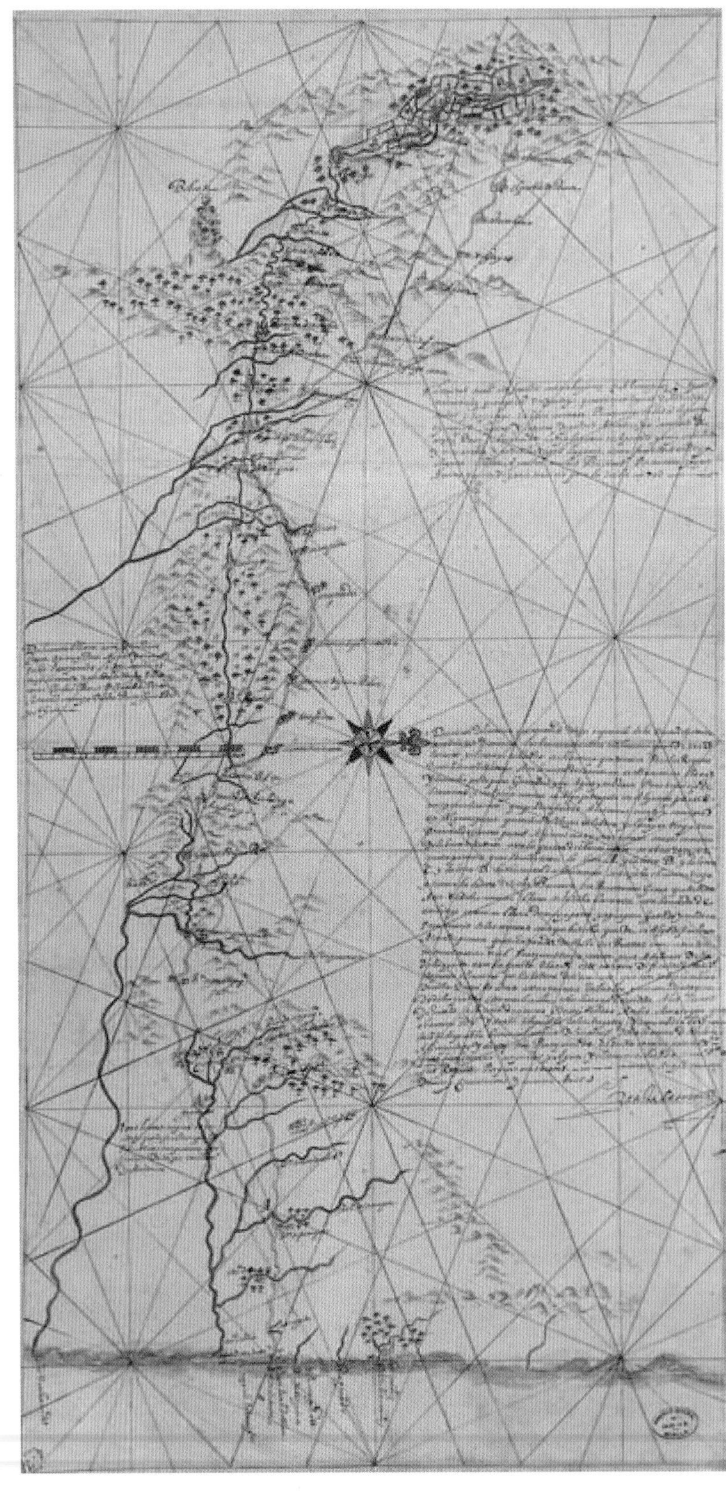

图版 42　包蒂斯塔·安东内利（BAUTISTA ANTONELLI）：《从韦拉克鲁斯到墨西哥城的路线图》，1590 年（参见 1158 页）

这幅地图是工程师在其精细描绘道路和定居点方面的典型作品，可能是为让国王和他的顾问们了解新西班牙的最具战略意义的道路之一而绘制的。

原图尺寸：81 × 41 厘米。许可授予：Spain, Ministerio de Cultura, Archivo General de Indias, Seville (MP- México, 39)。

审译者简介

卜宪群　男，安徽南陵人。历史学博士，研究方向为秦汉史。现任中国社会科学院古代史研究所研究员、所长，国务院政府特殊津贴专家。中国社会科学院大学研究生院历史系主任、博士生导师。兼任国务院学位委员会历史学科评议组成员、国家社会科学基金学科评审组专家、中国史学会副会长、中国秦汉史研究会会长等。出版《秦汉官僚制度》《中国魏晋南北朝教育史》（合著）、《与领导干部谈历史》《简明中国历史读本》（主持）、《中国历史上的腐败与反腐败》（主编）、百集纪录片《中国通史》及五卷本《中国通史》总撰稿等。在《中国社会科学》《历史研究》《中国史研究》《文史哲》《求是》《人民日报》《光明日报》等报刊发表论文百余篇。

译者简介

成一农　男，1974年4月出生于北京。2003年，毕业于北京大学历史系，获博士学位。2003年至2017年在中国社会科学院历史研究所工作。2017年至今在云南大学历史与档案学院工作，研究员，特聘教授，博士生导师。主要从事历史地理、城市史以及中国传统舆图的研究，曾主持国家社会科学基金项目两项，目前主持国家社会科学基金重大项目1项“中国国家图书馆所藏中文古地图的整理与研究”。出版学术著作7部：《古代城市形态研究方法新探》《空间与形态：三至七世纪中国历史城市地理研究》《“非科学”的中国传统舆图：中国传统舆图绘制研究》《〈广舆图〉史话》《中国城市史研究》《中国古代舆地图研究》及修订版和《当代中国历史地理学研究（1949—2019）》；出版译著5部，资料集1套；在海内外刊物和论文集公开发表论文近90篇，出版通俗读物1部，发表通俗论文20多篇。先后获得第二十一次云南省哲学社会科学优秀成果二等奖、第五届郭沫若中国历史学奖提名奖以及第八届高等学校科学研究优秀成果奖（人文社会科学）三等奖。

中译本总序

经过翻译和出版团队多年的艰苦努力，《地图学史》中译本即将由中国社会科学出版社出版，这是一件值得庆贺的事情。作为这个项目的首席专家和各册的审译，在本书出版之际，我有责任和义务将这个项目的来龙去脉及其学术价值、翻译体例等问题，向读者作一简要汇报。

一　项目缘起与艰苦历程

中国社会科学院古代史研究所（原历史研究所）的历史地理研究室成立于1960年，是一个有着优秀传统和深厚学科基础的研究室，曾经承担过《中国历史地图集》《中国史稿地图集》《中国历史地名大辞典》等许多国家、院、所级重大课题，是中国历史地理学研究的重镇之一。但由于各种原因，这个研究室一度出现人才青黄不接、学科萎缩的局面。为改变这种局面，2005年之后，所里陆续引进了一些优秀的年轻学者充实这个研究室，成一农、孙靖国就是其中的两位优秀代表。但是，多年的经验告诉我，人才培养和学科建设要有具体抓手，就是要有能够推动研究室走向学科前沿的具体项目，围绕这些问题，我和他们经常讨论。大约在2013年，成一农（后调往云南大学历史与档案学院）和孙靖国向我推荐了《地图学史》这部丛书，多次向我介绍这部丛书极高的学术价值，强烈主张由我出面主持这一翻译工作，将这部优秀著作引入国内学术界。虽然我并不从事古地图研究，但我对古地图也一直有着浓厚的兴趣，另外当时成一农和孙靖国都还比较年轻，主持这样一个大的项目可能还缺乏经验，也难以获得翻译工作所需要的各方面支持，因此我也就同意了。

从事这样一套大部头丛书的翻译工作，获得对方出版机构的授权是重要的，但更为重要的是要在国内找到愿意支持这一工作的出版社。《地图学史》虽有极高的学术价值，但肯定不是畅销书，也不是教材，赢利的可能几乎没有。丛书收录有数千幅彩色地图，必然极大增加印制成本。再加上地图出版的审批程序复杂，凡此种种，都给这套丛书的出版增添了很多困难。我们先后找到了商务印书馆和中国地图出版社，他们都对这项工作给予积极肯定与支持，想方设法寻找资金，但结果都不理想。2014年，就在几乎要放弃这个计划的时候，机缘巧合，我们遇到了中国社会科学出版社副总编辑郭沂纹女士。郭沂纹女士在认真听取了我们对这套丛书的价值和意义的介绍之后，当即表示支持，并很快向赵剑英社长做了汇报。赵剑英社长很快向我们正式表示，出版如此具有学术价值的著作，不需要考虑成本和经济效益，中国社会科学出版社将全力给予支持。不仅出版的问题迎刃而解了，而且在赵剑英社长和郭沂纹副总编辑的积极努力下，也很快从芝加哥大学出版社获得了翻译的版权许可。

版权和出版问题的解决只是万里长征的第一步，接下来就是翻译团队的组织。大家知道，在目前的科研评价体制下，要找到高水平并愿意从事这项工作的学者是十分困难的。再加上为了保持文风和体例上的统一，我们希望每册尽量只由一名译者负责，这更加大了选择译者的难度。经过反复讨论和相互协商，我们确定了候选名单，出乎意料的是，这些译者在听到丛书选题介绍后，都义无反顾地接受了我们的邀请，其中部分译者并不从事地图学史研究，甚至也不是历史研究者，但他们都以极大的热情、时间和精力投入这项艰苦的工作中来。虽然有个别人因为各种原因没有坚持到底，但这个团队自始至终保持了相当好的完整性，在今天的集体项目中是难能可贵的。他们分别是：成一农、孙靖国、包甦、黄义军、刘夙。他们个人的经历与学业成就在相关分卷中都有介绍，在此我就不一一列举了。但我想说的是，他们都是非常优秀敬业的中青年学者，为这部丛书的翻译呕心沥血、百折不挠。特别是成一农同志，无论是在所里担任研究室主任期间，还是调至云南大学后，都把这项工作视为首要任务，除担当繁重的翻译任务外，更花费了大量时间承担项目的组织协调工作，为丛书的顺利完成做出了不可磨灭的贡献。包甦同志为了全心全意完成这一任务，竟然辞掉了原本收入颇丰的工作，而项目的这一点点经费，是远远不够维持她生活的。黄义军同志为完成这项工作，多年没有时间写核心期刊论文，忍受着学校考核所带来的痛苦。孙靖国、刘夙同志同样克服了年轻人上有老下有小，单位工作任务重的巨大压力，不仅完成了自己承担的部分，还勇于超额承担任务。每每想起这些，我都为他们的奉献精神由衷感动！为我们这个团队感到由衷的骄傲！没有这种精神，《地图学史》是难以按时按期按质出版的。

翻译团队组成后，我们很快与中国社会科学出版社签订了出版合同，翻译工作开始走向正轨。随后，又由我组织牵头，于2014年申报国家社科基金重大招标项目，在学界同仁的关心和帮助下获得成功。在国家社科基金和中国社会科学出版社的双重支持下，我们团队有了相对稳定的资金保障，翻译工作顺利开展。2019年，翻译工作基本结束。为了保证翻译质量，在云南大学党委书记林文勋教授的鼎力支持下，2019年8月，由中国社会科学院古代史研究所和云南大学主办，云南大学历史地理研究所承办的“地图学史前沿论坛暨‘《地图学史》翻译工程’国际学术研讨会”在昆明召开。除翻译团队外，会议专门邀请了参加这套丛书撰写的各国学者，以及国内在地图学史研究领域卓有成就的专家。会议除讨论地图学史领域的相关学术问题之外，还安排专门场次讨论我们团队在翻译过程中所遇到的问题。作者与译者同场讨论，这大概在翻译史上也是一段佳话，会议解答了我们翻译过程中的许多困惑，大大提高了翻译质量。

2019年12月14日，国家社科基金重大项目“《地图学史》翻译工程”结项会在北京召开。中国社会科学院科研局金朝霞处长主持会议，清华大学刘北成教授、中国人民大学华林甫教授、上海师范大学钟翀教授、北京市社会科学院孙冬虎研究员、中国国家图书馆白鸿叶研究馆员、中国社会科学院中国历史研究院郭子林研究员、上海师范大学黄艳红研究员组成了评审委员会，刘北成教授担任组长。项目顺利结项，评审专家对项目给予很高评价，同时也提出了许多宝贵意见。随后，针对专家们提出的意见，翻译团队对译稿进一步修改润色，最终于2020年12月向中国社会科学出版社提交了定稿。在赵剑英社长及王茵副总编辑的亲自关心下，在中国社会科学出版社历史与考古出版中心宋燕鹏副主任的具体安排下，在耿晓明、刘芳、吴丽平、刘志兵、安芳、张湉编辑的努力下，在短短一年的时间里，完成了这部浩大丛书的编辑、排版、审查、审校等工作，最终于2021年年底至2022年陆续出版。

我们深知，《地图学史》的翻译与出版，除了我们团队的努力外，如果没有来自各方面的关心支持，顺利完成翻译与出版工作也是难以想象的。这里我要代表项目组，向给予我们帮助的各位表达由衷的谢意！

我们要感谢赵剑英社长，在他的直接关心下，这套丛书被列为社重点图书，调动了社内各方面的力量全力配合，使出版能够顺利完成。我们要感谢历史与考古出版中心的编辑团队与翻译团队密切耐心合作，付出了辛勤劳动，使这套丛书以如此之快的速度，如此之高的出版质量放在我们眼前。

我们要感谢那些在百忙之中帮助我们审定译稿的专家，他们是上海复旦大学的丁雁南副教授、北京大学的张雄副教授、北京师范大学的刘林海教授、莱顿大学的徐冠勉博士候选人、上海师范大学的黄艳红教授、中国社会科学院世界历史研究所的张炜副研究员、中国社会科学院世界历史研究所的邢媛媛副研究员、暨南大学的马建春教授、中国社会科学院亚太与全球战略研究院的刘建研究员、中国科学院大学人文学院的孙小淳教授、复旦大学的王妙发教授、广西师范大学的秦爱玲老师、中央民族大学的严赛老师、参与《地图学史》写作的余定国教授、中国科学院大学的汪前进教授、中国社会科学院考古研究所已故的丁晓雷博士、北京理工大学讲师朱然博士、越南河内大学阮玉千金女士、马来西亚拉曼大学助理教授陈爱梅博士等。译校，并不比翻译工作轻松，除了要核对原文之外，还要帮助我们调整字句，这一工作枯燥和辛劳，他们的无私付出，保证了这套译著的质量。

我们要感谢那些从项目开始，一直从各方面给予我们鼓励和支持的许多著名专家学者，他们是李孝聪教授、唐晓峰教授、汪前进研究员、郭小凌教授、刘北成教授、晏绍祥教授、王献华教授等。他们的鼓励和支持，不仅给予我们许多学术上的关心和帮助，也经常将我们从苦闷和绝望中挽救出来。

我们要感谢云南大学党委书记林文勋以及相关职能部门的支持，项目后期的众多活动和会议都是在他们的支持下开展的。每当遇到困难，我向文勋书记请求支援时，他总是那么爽快地答应了我，令我十分感动。云南大学历史与档案学院的办公室主任顾玥女士甘于奉献，默默为本项目付出了许多辛勤劳动，解决了我们后勤方面的许多后顾之忧，我向她表示深深的谢意！

最后，我们还要感谢各位译者家属的默默付出，没有他们的理解与支持，我们这个团队也无法能够顺利完成这项工作。

二 《地图学史》的基本情况与学术价值

阅读这套书的肯定有不少非专业出身的读者，他们对《地图学史》的了解肯定不会像专业研究者那么多，这里我们有必要向大家对这套书的基本情况和学术价值作一些简要介绍。

这套由约翰·布莱恩·哈利（John Brian Harley，1932—1991）和戴维·伍德沃德（David Woodward，1942—2004）主编，芝加哥大学出版社出版的《地图学史》（*The History of Cartography*）丛书，是已经持续了近40年的“地图学史项目”的主要成果。

按照“地图学史项目”网站的介绍①，戴维·伍德沃德和约翰·布莱恩·哈利早在1977年就构思了《地图学史》这一宏大项目。1981年，戴维·伍德沃德在威斯康星—麦迪逊大学确立了“地图学史项目”。这一项目最初的目标是鼓励地图的鉴赏家、地图学史的研究者以及致力于鉴定和描述早期地图的专家去考虑人们如何以及为什么制作和使用地图，从多元的和多学科的视角来看待和研究地图，由此希望地图和地图绘制的历史能得到国际学术界的关注。这一项目的最终成果就是多卷本的《地图学史》丛书，这套丛书希望能达成如下目的：1. 成为地图学史研究领域的标志性著作，而这一领域不仅仅局限于地图以及地图学史本身，而是一个由艺术、科学和人文等众多学科的学者参与，且研究范畴不断扩展的、学科日益交叉的研究领域；2. 为研究者以及普通读者欣赏和分析各个时期和文化的地图提供一些解释性的框架；3. 由于地图可以被认为是某种类型的文献记录，因此这套丛书是研究那些从史前时期至现代制作和消费地图的民族、文化和社会时的综合性的以及可靠的参考著作；4. 这套丛书希望成为那些对地理、艺术史或者科技史等主题感兴趣的人以及学者、教师、学生、图书管理员和普通大众的首要的参考著作。为了达成上述目的，丛书的各卷整合了现存的学术成果与最新的研究，考察了所有地图的类目，且对“地图”给予了一个宽泛的具有包容性的界定。从目前出版的各卷册来看，这套丛书基本达成了上述目标，被评价为“一代学人最为彻底的学术成就之一”。

最初，这套丛书设计为4卷，但在项目启动后，随着学术界日益将地图作为一种档案对待，由此产生了众多新的视角，因此丛书扩充为内容更为丰富的6卷。其中前三卷按照区域和国别编排，某些卷册也涉及一些专题；后三卷则为大型的、多层次的、解释性的百科全书。

截至2018年年底，丛书已经出版了5卷8册，即出版于1987年的第一卷《史前、古代、中世纪欧洲和地中海的地图学史》（*Cartography in Prehistoric, Ancient, and Medieval Europe and the Mediterranean*）、出版于1992年的第二卷第一分册《伊斯兰与南亚传统社会的地图学史》（*Cartography in the Traditional Islamic and South Asian Societies*）、出版于1994年的第二卷第二分册《东亚与东南亚传统社会的地图学史》（*Cartography in the Traditional East and Southeast Asian Societies*）、出版于1998年的第二卷第三分册《非洲、美洲、北极圈、澳大利亚与太平洋传统社会的地图学史》（*Cartography in the Traditional African, American, Arctic, Australian, and Pacific Societies*）②、2007年出版的第三卷《欧洲文艺复兴时期的地图学史》（第一、第二分册，*Cartography in the European Renaissance*）③，2015年出版的第六卷《20世纪的地图学史》（*Cartography in the Twentieth Century*）④，以及2019年出版的第四卷《科学、启蒙和扩张时代的地图学史》（*Cartography in the European Enlightenment*）⑤。第五卷

---

① https：//geography. wisc. edu/histcart/.

② 约翰·布莱恩·哈利去世后主编改为戴维·伍德沃德和 G. Malcolm Lewis。

③ 主编为戴维·伍德沃德。

④ 主编为 Mark Monmonier。

⑤ 主编为 Matthew Edney 和 Mary Pedley。

《19 世纪的地图学史》（*Cartography in the Nineteenth Century*）[1] 正在撰写中。已经出版的各卷册可以从该项目的网站上下载[2]。

从已经出版的 5 卷来看，这套丛书确实规模宏大，包含的内容极为丰富，如我们翻译的前三卷共有近三千幅插图、5060 页、16023 个脚注，总共一千万字；再如第六卷，共有 529 个按照字母顺序编排的条目，有 1906 页、85 万字、5115 条参考文献、1153 幅插图，且有一个全面的索引。

需要说明的是，在 1991 年哈利以及 2004 年戴维去世之后，马修·爱德尼（Matthew Edney）担任项目主任。

在“地图学史项目”网站上，各卷主编对各卷的撰写目的进行了简要介绍，下面以此为基础，并结合各卷的章节对《地图学史》各卷的主要内容进行简要介绍。

第一卷《史前、古代、中世纪欧洲和地中海的地图学史》，全书分为如下几个部分：哈利撰写的作为全丛书综论性质的第一章“地图和地图学史的发展”（The Map and the Development of the History of Cartography）；第一部分，史前欧洲和地中海的地图学，共 3 章；第二部分，古代欧洲和地中海的地图学，共 12 章；第三部分，中世纪欧洲和地中海的地图学，共 4 章；最后的第 21 章作为结论讨论了欧洲地图发展中的断裂、认知的转型以及社会背景。本卷关注的主题包括：强调欧洲史前民族的空间认知能力，以及通过岩画等媒介传播地图学概念的能力；强调古埃及和近东地区制图学中的测量、大地测量以及建筑平面图；在希腊—罗马世界中出现的理论和实践的制图学知识；以及多样化的绘图传统在中世纪时期的并存。在内容方面，通过对宇宙志地图和天体地图的研究，强调“地图”定义的包容性，并为该丛书的后续研究奠定了一个广阔的范围。

第二卷，聚焦于传统上被西方学者所忽视的众多区域中的非西方文化的地图。由于涉及的是大量长期被忽视的领域，因此这一卷进行了大量原创性的研究，其目的除了填补空白之外，更希望能将这些非西方的地图学史纳入地图学史研究的主流之中。第二卷按照区域分为三册。

第一分册《伊斯兰与南亚传统社会的地图学史》，对伊斯兰世界和南亚的地图、地图绘制和地图学家进行了综合性的分析，分为如下几个部分：第一部分，伊斯兰地图学，其中第 1 章作为导论介绍了伊斯兰世界地图学的发展沿革，然后用了 8 章的篇幅介绍了天体地图和宇宙志图示、早期的地理制图，3 章的篇幅介绍了前现代时期奥斯曼的地理制图，航海制图学则有 2 章的篇幅；第二部分则是南亚地区的地图学，共 5 章，内容涉及对南亚地图学的总体性介绍，宇宙志地图、地理地图和航海图；第三部分，即作为总结的第 20 章，谈及了比较地图学、地图学和社会以及对未来研究的展望。

第二分册《东亚与东南亚传统社会的地图学史》，聚焦于东亚和东南亚地区的地图绘制传统，主要包括中国、朝鲜半岛、日本、越南、缅甸、泰国、老挝、马来西亚、印度尼西亚，并且对这些地区的地图学史通过对考古、文献和图像史料的新的研究和解读提供了一些新的认识。全书分为以下部分：前两章是总论性的介绍，即“亚洲的史前地图学”和“东

---

① 主编为 Roger J. P. Kain。

② https：//geography. wisc. edu/histcart/#resources。

亚地图学导论”；第二部分为中国的地图学，包括7章；第三部分为朝鲜半岛、日本和越南的地图学，共3章；第四部分为东亚的天文图，共2章；第五部分为东南亚的地图学，共5章。此外，作为结论的最后一章，对亚洲和欧洲的地图学进行的对比，讨论了地图与文本、对物质和形而上的世界的呈现的地图、地图的类型学以及迈向新的制图历史主义等问题。本卷的编辑者认为，虽然东亚地区没有形成一个同质的文化区，但东亚依然应当被认为是建立在政治（官僚世袭君主制）、语言（精英对古典汉语的使用）和哲学（新儒学）共同基础上的文化区域，且中国、朝鲜半岛、日本和越南之间的相互联系在地图中表达得非常明显。与传统的从“科学”层面看待地图不同，本卷强调东亚地区地图绘制的美学原则，将地图制作与绘画、诗歌、科学和技术，以及与地图存在密切联系的强大文本传统联系起来，主要从政治、测量、艺术、宇宙志和西方影响等角度来考察东亚地图学。

第三分册《非洲、美洲、北极圈、澳大利亚与太平洋传统社会的地图学史》，讨论了非洲、美洲、北极地区、澳大利亚和太平洋岛屿的传统地图绘制的实践。全书分为以下部分：第一部分，即第1章为导言；第二部分为非洲的传统制图学，2章；第三部分为美洲的传统制图学，4章；第四部分为北极地区和欧亚大陆北极地区的传统制图学，1章；第五部分为澳大利亚的传统制图学，2章；第六部分为太平洋海盆的传统制图学，4章；最后一章，即第15章是总结性的评论，讨论了世俗和神圣、景观与活动以及今后的发展方向等问题。由于涉及的地域广大，同时文化存在极大的差异性，因此这一册很好地阐释了丛书第一卷提出的关于“地图”涵盖广泛的定义。尽管地理环境和文化实践有着惊人差异，但本书清楚表明了这些传统社会的制图实践之间存在强烈的相似之处，且所有文化中的地图在表现和编纂各种文化的空间知识方面都起着至关重要的作用。正是如此，书中讨论的地图为人类学、考古学、艺术史、历史、地理、心理学和社会学等领域的研究提供了丰富的材料。

第三卷《欧洲文艺复兴时期的地图学史》，分为第一、第二两分册，本卷涉及的时间为1450年至1650年，这一时期在欧洲地图绘制史中长期以来被认为是一个极为重要的时期。全书分为以下几个部分：第一部分，戴维撰写的前言；第二部分，即第1和第2章，对文艺复兴的概念，以及地图自身与中世纪的延续性和断裂进行了细致剖析，还介绍了地图在中世纪晚期社会中的作用；第三部分的标题为“文艺复兴时期的地图学史：解释性论文”，包括了对地图与文艺复兴的文化、宇宙志和天体地图绘制、航海图的绘制、用于地图绘制的视觉、数学和文本模型、文学与地图、技术的生产与消费、地图以及他们在文艺复兴时期国家治理中的作用等主题的讨论，共28章；第三部分，“文艺复兴时期地图绘制的国家背景”，介绍了意大利诸国、葡萄牙、西班牙、德意志诸地、低地国家、法国、不列颠群岛、斯堪的纳维亚、东—中欧和俄罗斯等的地图学史，共32章。这一时期科学的进步、经典绘图技术的使用、新兴贸易路线的出现，以及政治、社会的巨大的变化，推动了地图制作和使用的爆炸式增长，因此与其他各卷不同，本卷花费了大量篇幅将地图放置在各种背景和联系下进行讨论，由此也产生了一些具有创新性的解释性的专题论文。

第四卷至第六卷虽然是百科全书式的，但并不意味着这三卷是冰冷的、毫无价值取向的字母列表，这三卷依然有着各自强调的重点。

第四卷《科学、启蒙和扩张时代的地图学史》，涉及的时间大约从1650年至1800年，通过强调18世纪作为一个地图的制造者和使用者在真理、精确和权威问题上挣扎的时期，本卷突破了对 18 世纪的传统理解，即制图变得“科学”，并探索了这一时期所有地区的广泛的绘图实践，它们的连续性和变化，以及对社会的影响。

尚未出版的第五卷《19 世纪的地图学史》，提出 19 世纪是制图学的时代，这一世纪中，地图制作如此迅速的制度化、专业化和专业化，以至于 19 世纪 20 年代创造了一种新词——“制图学”。从 19 世纪 50 年代开始，这种形式化的制图的机制和实践变得越来越国际化，跨越欧洲和大西洋，并开始影响到了传统的亚洲社会。不仅如此，欧洲各国政府和行政部门的重组，工业化国家投入大量资源建立永久性的制图组织，以便在国内和海外帝国中维持日益激烈的领土控制。由于经济增长，民族热情的蓬勃发展，旅游业的增加，规定课程的大众教育，廉价印刷技术的引入以及新的城市和城市间基础设施的大规模创建，都导致了广泛存在的制图认知能力、地图的使用的增长，以及企业地图制作者的增加。而且，19 世纪的工业化也影响到了地图的美学设计，如新的印刷技术和彩色印刷的最终使用，以及使用新铸造厂开发的大量字体。

第六卷《20 世纪的地图学史》，编辑者认为 20 世纪是地图学史的转折期，地图在这一时期从纸本转向数字化，由此产生了之前无法想象的动态的和交互的地图。同时，地理信息系统从根本上改变了制图学的机制，降低了制作地图所需的技能。卫星定位和移动通信彻底改变了寻路的方式。作为一种重要的工具，地图绘制被用于应对全球各地和社会各阶层，以组织知识和影响公众舆论。这一卷全面介绍了这些变化，同时彻底展示了地图对科学、技术和社会的深远影响——以及相反的情况。

《地图学史》的学术价值具体体现在以下四个方面。

一是，参与撰写的多是世界各国地图学史以及相关领域的优秀学者，两位主编都是在世界地图学史领域具有广泛影响力的学者。就两位主编而言，约翰·布莱恩·哈利在地理学和社会学中都有着广泛影响力，是伯明翰大学、利物浦大学、埃克塞特大学和威斯康星—密尔沃基大学的地理学家、地图学家和地图史学者，出版了大量与地图学和地图学史有关的著作，如《地方历史学家的地图：英国资料指南》(*Maps for the Local Historian: A Guide to the British Sources*)等大约 150 种论文和论著，涵盖了英国和美洲地图绘制的许多方面。而且除了具体研究之外，还撰写了一系列涉及地图学史研究的开创性的方法论和认识论方面的论文。戴维·伍德沃德，于 1970 年获得地理学博士学位之后，在芝加哥纽贝里图书馆担任地图学专家和地图策展人。1974 年至 1980 年，还担任图书馆赫尔蒙·邓拉普·史密斯历史中心主任。1980 年，伍德沃德回到威斯康星大学麦迪逊分校任教职，于 1995 年被任命为亚瑟·罗宾逊地理学教授。与哈利主要关注于地图学以及地图学史不同，伍德沃德关注的领域更为广泛，出版有大量著作，如《地图印刷的五个世纪》(*Five Centuries of Map Printing*)、《艺术和地图学：六篇历史学论文》(*Art and Cartography: Six Historical Essays*)、《意大利地图上的水印的目录，约 1540 年至 1600 年》(*Catalogue of Watermarks in Italian Maps, ca. 1540 - 1600*) 以及《全世界地图学史中的方法和挑战》(*Approaches and Challenges in a Worldwide History of Cartography*)。其去世后，地图学史领域的顶级期刊 *Imago Mundi* 上刊载了他的生平和作品目录①。

---

① “David Alfred Woodward (1942 - 2004)”, *Imago Mundi: The International Journal for the History of Cartography* 57. 1 (2005): 75 - 83.

除了地图学者之外，如前文所述，由于这套丛书希望将地图作为一种工具，从而研究其对文化、社会和知识等众多领域的影响，而这方面的研究超出了传统地图学史的研究范畴，因此丛书的撰写邀请了众多相关领域的优秀研究者。如在第三卷的“序言”中戴维·伍德沃德提到：“我们因而在本书前半部分的三大部分中计划了一系列涉及跨国主题的论文：地图和文艺复兴的文化（其中包括宇宙志和天体测绘；航海图的绘制；地图绘制的视觉、数学和文本模式；以及文献和地图）；技术的产生和应用；以及地图和它们在文艺复兴时期国家管理中的使用。这些大的部分，由28篇论文构成，描述了地图通过成为一种工具和视觉符号而获得的文化、社会和知识影响力。其中大部分论文是由那些通常不被认为是研究关注地图本身的地图学史的研究者撰写的，但他们的兴趣和工作与地图的史学研究存在密切的交叉。他们包括顶尖的艺术史学家、科技史学家、社会和政治史学家。他们的目的是描述地图成为构造和理解世界核心方法的诸多层面，以及描述地图如何为清晰地表达对国家的一种文化和政治理解提供了方法。”

二是，覆盖范围广阔。在地理空间上，除了西方传统的古典世界地图学史外，该丛书涉及古代和中世纪时期世界上几乎所有地区的地图学史。除了我们还算熟知的欧洲地图学史（第一卷和第三卷）和中国的地图学史（包括在第二卷第二分册中）之外，在第二卷的第一分册和第二册中还详细介绍和研究了我们以往了解相对较少的伊斯兰世界、南亚、东南亚地区的地图及其发展史，而在第二卷第三分册中则介绍了我们以往几乎一无所知的非洲古代文明，美洲玛雅人、阿兹特克人、印加人，北极的爱斯基摩人以及澳大利亚、太平洋地图各个原始文明等的地理观念和绘图实践。因此，虽然书名中没有用“世界”一词，但这套丛书是名副其实的“世界地图学史”。

除了是“世界地图学史”之外，如前文所述，这套丛书除了古代地图及其地图学史之外，还非常关注地图与古人的世界观、地图与社会文化、艺术、宗教、历史进程、文本文献等众多因素之间的联系和互动。因此，丛书中充斥着对于各个相关研究领域最新理论、方法和成果的介绍，如在第三卷第一章“地图学和文艺复兴：延续和变革”中，戴维·伍德沃德中就花费了一定篇幅分析了近几十年来各学术领域对“文艺复兴”的讨论和批判，介绍了一些最新的研究成果，并认为至少在地图学中，“文艺复兴”并不是一种“断裂”和“突变”，而是一个“延续”与“变化”并存的时期，以往的研究过多地强调了“变化”，而忽略了大量存在的“延续”。同时在第三卷中还设有以“文学和地图”为标题的包含有七章的一个部分，从多个方面讨论了文艺复兴时期地图与文学之间的关系。因此，就学科和知识层面而言，其已经超越了地图和地图学史本身的研究，在研究领域上有着相当高的涵盖面。

三是，丛书中收录了大量古地图。随着学术资料的数字化，目前国际上的一些图书馆和收藏机构逐渐将其收藏的古地图数字化且在网站上公布，但目前进行这些工作的图书馆数量依然有限，且一些珍贵的，甚至孤本的古地图收藏在私人手中，因此时至今日，对于一些古地图的研究者而言，找到相应的地图依然是困难重重。对于不太熟悉世界地图学史以及藏图机构的国内研究者而言更是如此。且在国际上地图的出版通常都需要藏图机构的授权，手续复杂，这更加大了研究者搜集、阅览地图的困难。《地图学史》丛书一方面附带有大量地图的图影，仅前三卷中就有多达近三千幅插图，其中绝大部分是古地图，且附带有收藏地点，其中大部分是国内研究者不太熟悉的；另一方面，其中一些针对某类地图或者某一时期地图的研究通常都附带有作者搜集到的相关全部地图的基本信息以及收藏地，如第一卷第十五章“拜占庭帝国的地图学”的附录中，列出了收藏在各图书馆中的托勒密《地理学指南》的近50种希腊语稿本以及它们的年代、开本和页数，这对于《地理学指南》及其地图的研究而言，是非常重要的基础资料。由此使得学界对于各类古代地图的留存情况以及收藏地有着更为全面的了解。

四是，虽然这套丛书已经出版的三卷主要采用的是专题论文的形式，但不仅涵盖了地图学史几乎所有重要的方面，而且对问题的探讨极为深入。丛书作者多关注于地图学史的前沿问题，很多论文在注释中详细评述了某些前沿问题的最新研究成果和不同观点，以至于某些论文注释的篇幅甚至要多于正文；而且书后附有众多的参考书目。如第二卷第三分册原文541页，而参考文献有35页，这一部分是关于非洲、南美、北极、澳大利亚与太平洋地区地图学的，而这一领域无论是在世界范围内还是在国内都属于研究的“冷门”，因此这些参考文献的价值就显得无与伦比。又如第三卷第一、第二两分册正文共1904页，而参考文献有152页。因此这套丛书不仅代表了目前世界地图学史的最新研究成果，而且也成为今后这一领域研究必不可少的出发点和参考书。

总体而言，《地图学史》一书是世界地图学史研究领域迄今为止最为全面、详尽的著作，其学术价值不容置疑。

虽然《地图学史》丛书具有极高的学术价值，但目前仅有第二卷第二分册中余定国（Cordell D. K. Yee）撰写的关于中国的部分内容被中国台湾学者姜道章节译为《中国地图学史》一书（只占到该册篇幅的1/4）[①]，其他章节均没有中文翻译，且国内至今也未曾发表过对这套丛书的介绍或者评价，因此中国学术界对这套丛书的了解应当非常有限。

我主持的“《地图学史》翻译工程”于2014年获得国家社科基金重大招标项目立项，主要进行该丛书前三卷的翻译工作。我认为，这套丛书的翻译将会对中国古代地图学史、科技史以及历史学等学科的发展起到如下推动作用。

首先，直至今日，我国的地图学史的研究基本上只关注中国古代地图，对于世界其他地区的地图学史关注极少，至今未曾出版过系统的著作，相关的研究论文也是凤毛麟角，仅见的一些研究大都集中于那些体现了中西交流的西方地图，因此我国世界地图学史的研究基本上是一个空白领域。因此《地图学史》的翻译必将在国内促进相关学科的迅速发展。这套丛书本身在未来很长时间内都将会是国内地图学史研究方面不可或缺的参考资料，也会成为大学相关学科的教科书或重要教学参考书，因而具有很高的应用价值。

其次，目前对于中国古代地图的研究大都局限于讨论地图的绘制技术，对地图的文化内涵关注的不多，这些研究视角与《地图学史》所体现的现代世界地图学领域的研究理论、方法和视角相比存在一定的差距。另外，由于缺乏对世界地图学史的掌握，因此以往的研究无法将中国古代地图放置在世界地图学史背景下进行分析，这使得当前国内对于中国古代地图学史的研究游离于世界学术研究之外，在国际学术领域缺乏发言权。因此《地图学史》的翻译出版必然会对我国地图学史的研究理论和方法产生极大的冲击，将会迅速提高国内地

---

① ［美］余定国：《中国地图学史》，姜道章译，北京大学出版社2006年版。

图学史研究的水平。这套丛书第二卷中关于中国地图学史的部分翻译出版后立刻对国内相关领域的研究产生了极大的冲击，即是明证①。

最后，目前国内地图学史的研究多注重地图绘制技术、绘制者以及地图谱系的讨论，但就《地图学史》丛书来看，上述这些内容只是地图学史研究的最为基础的部分，更多的则关注于以地图为史料，从事历史学、文学、社会学、思想史、宗教等领域的研究，而这方面是国内地图学史研究所缺乏的。当然，国内地图学史的研究也开始强调将地图作为材料运用于其他领域的研究，但目前还基本局限于就图面内容的分析，尚未进入图面背后，因此这套丛书的翻译，将会在今后推动这方面研究的展开，拓展地图学史的研究领域。不仅如此，由于这套丛书涉及面广阔，其中一些领域是国内学术界的空白，或者了解甚少，如非洲、拉丁美洲古代的地理知识，欧洲和中国之外其他区域的天文学知识等，因此这套丛书翻译出版后也会成为我国相关研究领域的参考书，并促进这些研究领域的发展。

三 《地图学史》的翻译体例

作为一套篇幅巨大的丛书译著，为了尽量对全书体例进行统一以及翻译的规范，翻译小组在翻译之初就对体例进行了规范，此后随着翻译工作的展开，也对翻译体例进行了一些相应调整。为了便于读者使用这套丛书，下面对这套译著的体例进行介绍。

第一，为了阅读的顺利以及习惯，对正文中所有的词汇和术语，包括人名、地名、书名、地图名以及各种语言的词汇都进行了翻译，且在各册第一次出现的时候括注了原文。

第二，为了翻译的规范，丛书中的人名和地名的翻译使用的分别是新华通讯社译名室编的《世界人名翻译大辞典》（中国对外翻译出版公司 1993 年版）和周定国编的《世界地名翻译大辞典》（中国对外翻译出版公司 2008 年版）。此外，还使用了可检索的新华社多媒体数据（http：//info. xinhuanews. com/cn/welcome. jsp），而这一数据库中也收录了《世界人名翻译大辞典》和《世界地名翻译大辞典》；翻译时还参考了《剑桥古代史》《新编剑桥中世纪史》等一些已经出版的专业翻译著作。同时，对于一些有着约定俗成的人名和地名则尽量使用这些约定俗成的译法。

第三，对于除了人名和地名之外的，如地理学、测绘学、天文学等学科的专业术语，翻译时主要参考了全国科学技术名词审定委员会发布的“术语在线”（http：//termonline. cn | index. htm）。

第四，本丛书由于涉及面非常广泛，因此存在大量未收录在上述工具书和专业著作中的名词和术语，对于这些名词术语的翻译，通常由翻译小组商量决定，并参考了一些专业人士提出的意见。

第五，按照翻译小组的理解，丛书中的注释、附录，图说中对于地图来源、藏图机构的说明，以及参考文献等的作用，是为了便于阅读者查找原文、地图以及其他参考资料，将这些内容翻译为中文反而会影响阅读者的使用，因此本套译著对于注释、附录以及图说中出现

① 对其书评参见成一农《评余定国的〈中国地图学史〉》，《“非科学”的中国传统舆图——中国传统舆图绘制研究》，中国社会科学出版社 2016 年版，第 335 页。

的人名、地名、书名、地图名以及各种语言的词汇，还有藏图机构，在不影响阅读和理解的情况下，没有进行翻译；但这些部分中的叙述性和解释性的文字则进行了翻译。所谓不影响阅读和理解，以注释中出现的地图名为例，如果仅仅是作为一种说明而列出的，那么不进行翻译；如果地图名中蕴含了用于证明前后文某种观点的含义的，则会进行翻译。当然，对此学界没有确定的标准，各卷译者对于所谓“不影响阅读和理解”的认知也必然存在些许差异，因此本丛书各册之间在这方面可能存在一些差异。

第六，丛书中存在大量英语之外的其他语言（尤其是东亚地区的语言），尤其是人名、地名、书名和地图名，如果这些名词在原文中被音译、意译为英文，同时又包括了这些语言的原始写法的，那么只翻译英文，而保留其他语言的原始写法；但原文中如果只有英文，而没有其他语言的原始写法的，在翻译时则基于具体情况决定。大致而言，除了东亚地区之外，通常只是将英文翻译为中文；东亚地区的，则尽量查找原始写法，毕竟原来都是汉字圈，有些人名、文献是常见的；但在一些情况下，确实难以查找，尤其是人名，比如日语名词音译为英语的，很难忠实的对照回去，因此保留了英文，但译者会尽量去找到准确的原始写法。

第七，作为一套篇幅巨大的丛书，原书中不可避免地存在的一些错误，如拼写错误，以及同一人名、地名、书名和地图名前后不一致等，对此我们会尽量以译者注的形式加以说明；此外对一些不常见的术语的解释，也会通过译者注的形式给出。不过，这并不是一项强制性的规定，因此这方面各册存在一些差异。还需要注意的是，原书的体例也存在一些变化，最为需要注意的就是，在第一卷以及第二卷的某些分册中，在注释中有时会出现（note ＊＊），如“British Museum，Cuneiform Texts，pt. 22，pl. 49，BM 73319（note 9）”，其中的（note 9）实际上指的是这一章的注释 9；注释中“参见 pp……”，其中 pp 后的数字通常指的是原书的页码。

第八，本丛书各册篇幅巨大，仅仅在人名、地名、书名、地图名以及各种语言的词汇第一次出现的时候括注英文，显然并不能满足读者的需要。对此，本丛书在翻译时，制作了词汇对照表，包括跨册统一的名词术语表和各册的词汇对照表，词条约 2 万条。目前各册之后皆附有本册中文和原文（主要是英语，但也有拉丁语、意大利语以及各种东亚语言等）对照的词汇对照表，由此读者在阅读丛书过程中如果需要核对或查找名词术语的原文时可以使用这一工具。在未来经过修订，本丛书的名词术语表可能会以工具书的形式出版。

第九，丛书中在不同部分都引用了书中其他部分的内容，通常使用章节、页码和注释编号的形式，对此我们在页边空白处标注了原书相应的页码，以便读者查阅，且章节和注释编号基本都保持不变。

还需要说明的是，本丛书篇幅巨大，涉及地理学、历史学、宗教学、艺术、文学、航海、天文等众多领域，这远远超出了本丛书译者的知识结构，且其中一些领域国内缺乏深入研究。虽然我们在翻译过程中，尽量请教了相关领域的学者，也查阅了众多专业书籍，但依然不可避免地会存在一些误译之处。还需要强调的是，芝加哥大学出版社，最初的授权是要求我们在 2018 年年底完成翻译出版工作，此后经过协调，且在中国社会科学出版社支付了额外的版权费用之后，芝加哥大学出版社同意延续授权。不仅如此，这套丛书中收录有数千幅地图，按照目前我国的规定，这些地图在出版之前必须要经过审查。因此，在短短六七年的时间内，完成翻译、出版、校对、审查等一系列工作，显然是较为仓促的。而且翻译工作本身不可避免的也是一种基于理解之上的再创作。基于上述原因，这套丛书的翻译中不可避免地存在一些“硬伤”以及不规范、不统一之处，尤其是在短短几个月中重新翻译的第一卷，在此我代表翻译小组向读者表示真诚的歉意。希望读者能提出善意的批评，帮助我们提高译稿的质量，我们将会在基于汇总各方面意见的基础上，对译稿继续进行修订和完善，以飨学界。

卜宪群

中国社会科学院古代史研究所研究员

国家社科基金重大招标项目“《地图学史》翻译工程”首席专家

译者序

整套丛书的内容以及学术价值已经在本丛书的“中译本总序”中进行了讨论，其中当然也包括本册的内容。此处本人不想对每章的内容进行更为细致的罗列和介绍，毕竟有兴趣的读者自己会去阅读，且“一千个读者眼中就会有一千个哈姆雷特”。此处，只是想基于本人10多年来从事中国地图学史研究的经验和兴趣点，就本册中一些有可能对未来中国地图学史研究具有启发的视角、思路和观点进行介绍和评述。当然，需要强调的就是，这些“启发”也是本人所认为的，因此并不一定正确，且必然不全面。不过，本人相信毋庸置疑的就是，不同的读者都会从本册中获得一些启迪。

一 延续与变革

在长期以来的历史研究中，总是希望在原本延绵不断的历史过程中找到各种变化，并以此为基础对历史进行“分期”，比如中华人民共和国成立之后对“历史分期”的讨论，以及最近几十年来以“唐宋变革论”为代表的各种“变革论”。这里不想讨论这样的认知和这些具体研究正确与否，只是想指出，历史过程中无疑存在无穷无尽的“变化”，甚至“变革”，但在以往注意这些“变化”，甚至“变革”的同时，我们似乎忽略了与“变化”和“变革”同时存在的“延续”。简言之，在人类历史中，除非有着占据绝对优势的外力的强力干涉，否则历史过程很难存在“干干脆脆”的“断裂”；而且即使有着占据绝对优势的外力的强力干涉，但在相当的时间中依然能看到各种“延续”。

上述讨论，当然也可以应用于地图学史的研究。西方地图学史以往通常会强调随着“文艺复兴”和“地理大发现”从而在地图学领域发生的“变革”；而中国地图学史的研究则通常会强调利玛窦地图或者康雍乾测绘引发的中国地图绘制的“近代化”或者“转型”，当然近年来，一些学者将“近代化”或者“转型”的时间延后到了清代晚期或者鸦片战争之后。但这些认知无论对错与否，显然在强调“变革”和“转型”的同时，忽略了同时存在着的众多的“延续”。

《地图学史》第三册中由戴维·伍德沃德撰写的第一章“地图学和文艺复兴：延续和变革”对作为一个概念的“文艺复兴”进行了讨论。这一问题，显然已经超出了传统地图学史的研究领域，但确实是研究这一时期的地图以及地图学史所必须考虑的问题，而且这同时也是对之前和当时西方史学热点的反映，即“在20世纪70年代的‘反文艺复兴’的争论中，通常作为对伯克哈特（或者至少是对伯克哈特所说内容的一种简单化理解）的修正，这一剧变模式逐渐崩塌。争论提出了一些问题，其中包括伯克哈特所描述的这一时期多大程度上开创了现代，是否这一时期更应当被看作是过渡期，以及更为根本的，是否应当使用‘文艺复兴’这一术语”。此后，作者对历史学界关于“文艺复兴”的讨论进行了简要介绍，且在注释中列出了众多的相关参考文献。在本人看来，这一对“文艺复兴”的“研究综述”，不仅对中国地图学史的研究者，而且对国内世界史的研究者都具有借鉴意义。

虽然经过讨论，伍德沃德提出“选择‘文艺复兴’，而不是‘现代早期’作为《地图学史》本卷的标题回应了这样的观点，即归根结底‘文艺复兴’依然是一个有用的习惯术语，可以被很多人直观的理解，即使可能适用这些特点的时期因欧洲国家而异”，但随之，作者再次强调“之所以做出这一决定，完全归因于这样的事实，即没有裂缝的历史叙述很难武断的以百年为期进行分割。我们无法用某种方式将‘文艺复兴’作为一个独立存在的等待被发现的外在事实而去进行揭示。我们也不能有效、准确地确定有着直接影响的重要的事件、文献或个人。但是对于《地图学史》的本卷而言，处理大致从 1480 年延续到约 1640 年的一个时期的实用性——即使存在重要的区域差异——已经被我们的作者在撰写各自章节时的经历所证实，因为他们都进行了具有内在连贯性的叙述”。大致而言，作者倾向于强调“文艺复兴”作为一个时间概念以及作为一个代表了人们认为发生了众多“变化”的时期的概念的有效性，但其同时还强调，“因而，这一导言的剩余部分通过不仅指出文艺复兴时期发生的通常深刻的变化，而且通过指出在实践方面从中世纪保存下来的令人惊讶的延续性来试图达成一种折中。对在一个复杂的、有时不明确的抽象拼贴画中存在的延续性和变化进行讨论的好处就是，它们反对将文艺复兴过度简化为整个欧洲地图学思想在所有方面都发生了突然的和整体性的革命”，最终在结论中，伍德沃德对其所讨论的“文艺复兴”时期在地图学领域发生的“变化”和“延续”进行了归纳。在我看来，在一个时期中发生的“变化”和“延续”都是无穷无尽的，且在不同视角下，“变化”和“延续”也是相对而言的，因此该文中对“文艺复兴”地图学中发生的“变化”和“延续”的这些讨论，不仅不是定论，且也远远不够全面，答案应当是非常“开放”的。

不仅第一章如此，而且后续各章的实证研究中有时也体现了“延续”[①]，如：

第二章“中世纪晚期社会中地图的作用：12—14 世纪”提出，“地图绘制采用的形式将一直高度多元化（同时按照现代的标准可能是特质的），在未来还会持续一段时间，直至在空间的几何表示方法获得胜利之后才开始衰落。但是视觉上的丰富性，以及在一个精神宇宙中容纳多种呈现空间的方法的能力，从 12 世纪至 15 世纪以一种现在依然无法完全理解的方式共同延续着。远远不是一个已经一致化的事业，在中世纪晚期和文艺复兴早期，地图绘制和地图的用途显示出其自身丰富和无序的发展，因为其还未被修剪为 17 世纪地图学纯粹的数学的形态”。

第十一章“欧洲的宗教世界观及其对地图绘制的影响”指出，“关于托勒密的《地理学指南》的复苏及其对现代早期欧洲地图学的影响的传统叙述，没有充分解释文艺复兴时期主要是在宗教背景下起源或发挥作用的被制作的地图的那些设计和内容。文艺复兴时期有着宗教内容的地图，从它们中世纪的原型中继承了很多重要特点，但是在其他方面，它们与那

① 此处只强调“延续”，是因为一提到“文艺复兴”，我们头脑中大概率冒出的应当是各种“变化”，在这种学术背景下，强调“延续”，应当比强调“变化”更有些意义。

些原型之间存在重要的差异；它们不能简单地被视为一种消失的传统的奇怪残余。换言之，有着宗教信息或内容的地图，其历史并不经常被现代历史的分期习惯所指出或阐明；持续存在的假设，即《世界地图》（*mappaemundi*）本质上是中世纪的，而托勒密的地图本质上是文艺复兴时期的，由此导致了一种错误的和具有误导性的二分法。现在正在产生的关于从1300年至1460年过渡期的更为复杂的地图学图景，正在对这一二分法加以修正”。

以往中国地图学史谈及地图的近代转型时，往往会将问题简化为随着西方测绘技术传入，再加上社会变革产生了新的需求，由此就直接到了地图绘制的转型，这样的分析不仅忽略了对“新的需求”的深入探讨，而且更是忽略了历史的复杂性。本册中也有着对这一研究方法的批评，如我们通常会认为对于土地的管理产生了绘制准确地图的需求，但第二十八章“现代欧洲早期的地图和乡村土地的管理”就提出了相反的例证，即“尽管，在所有情况下，使用一幅地图都绝对不是不可或缺的。土地所有权可以在没有一幅地图的情况下被授予，同时在北美洲就是这样。在没有一幅地籍地图作为依据的情况下，也可以征集地产税，并且在欧洲，多个世纪中就是这样；在一些国家，它们持续被如此征收直至进入现代。土地的购买和销售；其排水和为了耕种或放牧的改良；以及其被圈占、评估和日常管理都被，并且持续被，成功的执行，在没有地图的情况下。中世纪的地产管理者在没有地图的情况下完成了这些事情，并且他们的很多后继者在整个现代早期在没有地图的情况下也如此工作”。不仅如此，作者还进一步提出文艺复兴时期土地地图的产生，确实是因为在当时产生了新的需求，但这种需求并不是更为细致的管理土地的需要，而是“因为在新的资本主义经济中，土地被视为是具有货币价值的特定面积的地块，而不是作为封建社会的权利或生产资料，由此就容易理解，为什么地主开始渴望一幅他们地产的地图，以及，随着社会变得更为商业化和金钱主义、对于社会地位的野心和好诉讼，调查员如何改良他们的技术和技巧来满足对地图的新需要，无论底层的动机是什么（财政的或者象征性的）”。

大致而言，本人同意中国地图的“近代化”或者“转型”发生在晚清时期，但不同意的是这种转型是迅速且毫无犹疑的完成的，更不同意将“近代化”或者“转型”时的阻力（也就是“延续”）看成一种错误。简言之，与中国古代地图相比，清代晚期发生的地图的“近代化”或者“转型”确实是一种“断裂”，但这一断裂的时间前后延续了近80年，甚至更久，直至光绪末年和宣统时期，中国地图才大致完成了近代化转型。且由于地图转型的背后实际上是社会、文化、知识体系众多方面的转型，因此在各方面都有着强大传统的中国，这些转型必然是痛苦和延绵不绝的，甚至延续直至今日，由此中国地图的转型也必然不可能是“一蹴而就”的，因此在变革的同时，必然存在各种“延续”。本人认为，未来这方面的研究只有更多地关注这些“延续”，可能才能更为深刻地理解“转型”。

二　地图的权威性是如何建立的?

虽然可能有多种影响因素，但不可否认的就是现代地图的权威性建立在其准确的基础之上，或者可以说现代地图之所以具有权威性，是因为其是用“科学的方法”对地表进行的准确的图形呈现。且不论这一“权威性”的基础是否正确，但很可能正是由于这一点，很多研究者将现代地图的“权威性”的这一基础推广到了古代，也即用“科学”的视角来看待古代地图，将古代地图的演化解读为是“准确”程度的不断提高，绘图方法的不断进步，这大概可以被称为是地图学史研究中的“科学主义”的视角。长期以来，中国地图学史的书写就是在这一视角下展开的。这种视角不仅约束了地图学史叙事的重点，而且也将对单幅地图的研究约束到了对地图绘制技术的解读上。

西方地图学史也曾经存在这样的倾向，这点在本丛书第一册的“序言”中进行了很好讨论，由此也影响了本丛书的撰写，且从现代看来，这一讨论以及本丛书的编写扭转了西方地图学史研究的这一倾向。对此可以参看本丛书第一卷的“序言”以及“译者序”。本册中的某些部分也对这一问题进行了讨论，如第九章“对托勒密《地理学指南》的接受，14 世纪末至 16 世纪初”中提到，“这一解读背后的依据就是在科学史的一些学派中可以发现的一种假设，即强调‘试验和经验’优于‘公认的权威’和‘书本主义’。再次，应当被再次强调的是，地图学呈现的历史不应当涉及关于进步的讨论；实际上，恰恰是进步的概念阻碍了对于事件真实过程的理解。他们应当不是真的对文艺复兴时期的学者是通过经验还是通过书籍‘发现了’世界感兴趣。他们有着一个更为底层和更为有趣的任务：去描述当他们阅读亚历山大地理学家的作品时，这些学者头脑所经历的；去表达他们所看到的这些文本和地图的研究背后的目的；以及最终，去判断结果是否符合他们的预期”，这段话非常有意思，因为在“科学主义”的视角下，显然更符合“科学”精神的来自“试验和经验”的数据或方法，显然应当优于“经典”和“权威”著作（人物），由此来自“试验和经验”的数据或者能够使得地图绘制的更为准确的具有“进步”意义的方法必然会理所当然的迅速改变了地图以及地图绘制，但这种假设并不成立。就第九章的主题而言，在“科学主义”者看来，带有大地是一个球体的思想、记录了地图投影的方法和经纬度数据的托勒密的《地理学指南》在文艺复兴时期一旦被翻译就应当被广泛传播，并必然迅速改变了地图绘制，且当时人们对于《地理学指南》的接受，看重的必然是其中先进的绘图方法。但通过本章作者帕特里克·戈蒂埃·达尔谢的分析，这种看起来“正确无疑”的推测是不成立的，即“开放性思维与封闭性思维是两个立场，在 14 世纪后半期应当划分的甚至更为清晰。对于某些人而言，托勒密应当成为一个难以逾越的模型，但是其他人则使用他的地图作为探索世界的方法，而这个世界尚未定义且正在通过在新世界的发现而被逐渐扩展。然而，这两种思想潮流在一件事情上是相同的：与‘投影’有关的问题，与一个球体应当如何被描绘在一个平面上有关的问题，而如同大多数人文主义者那样，这一问题位于他们的兴趣之外，使得《地理学指南》的主要部分依然没有发挥作用。这一状况毫无疑问归因于与此相关的较早的呈现模型的持久不变。没有人认为圆形的世界地图（*mappaemundi*）或航海图是过时的”，“值得重复的是，对于比安科和他同时代的人而言，世界地图（*mappaemundi*）与任何航海图或托勒密的《地理学指南》一样有着关于世界的真实空间的丰富信息”。

这样的例证在中国地图学史中也存在，如近现代以来中国地图学史的研究者通常将《广舆图》的广泛流传归结于其绘图方法“计里画方”带来的准确性，但通过分析可以认为，这样的认知并不成立，其在明末的流传更多的是因为其内容，而绘图方法则是次要的，且对其绘图方法推崇恰恰是近代以来的学者。

本册中的其他学者也有着近似的观点，如第十九章“文艺复兴时期的土地调查、仪器和从业者”提到，“避免用定量方法评估现代早期地图的另一个原因，在于一张图幅中比例尺的差别很大。例如，对地图制作者或顾客而言重要的行政区或城镇和城市，往往比其他地区的比例尺更大，因为与周围地区相比，在人口密集的地区有着更多值得表现的信息，而周围地区则很难引起与地图制作者同时代人的兴趣——既不是道路也不是目的地"。

回到此处讨论的主题，如果"科学性"和"准确性"不是古代地图"权威性"的来源的话，那么其"权威性"是如何确立的，或者简言之，人们是如何相信一幅地图所陈述的内容是可信的，这种内容的可信包括但不限于所绘地理要素的准确。这是一个颇有意思的问题，本册第二十七章"现代早期欧洲的城市描绘：测量、呈现和规划"对此进行了一些讨论，其中一些结论颇值得玩味，"缺乏一个拟真的客观标准或者任何验证的可能性，一幅地图的权威性最终基于其对呈现一座城市的方法的图像传统的忠诚度，而不是其记录城市实体物理事实的准确性"，"作为结果，一幅地图权威性的光环，其'真实的效果'的营造与准确性或真实性无关"。实际上，如果从日常生活的角度入手考虑这一问题，上述结论并不难理解，我们相信一幅地图图像（以及文本）的真实性，来源于各种因素，如符合我们头脑中对图像的预期，其有着学术或者国家"权威"的背书等，且同时我们大多数人都无法通过个人就可以对地图的准确性进行明确的判断。其实在这一章的作者希拉里·巴伦和戴维·弗里德曼看来，现代地图的权威性也不是建立在准确和科学基础上，即"显微镜和望远镜，两个 17 世纪科学革命的典型发明，改变了可视边界。它们将不可见的结构带入了观察领域，并且使得遥远的对象似乎近在手边。不经意地改变了比例和距离，这些仪器隐含地质疑了人类视觉的可靠性。在这些不稳定的条件下，随着视野的扩大以及人眼权威性的颠覆，抽象的地表平面图为呈现提供了令人放心的和可靠的基础。由于平面图并不与视觉体验相符合，因此其可能展现了更多的可靠性，并且被更好的装备以传达关于城市的信息"，简言之，是现代社会赋予"科学"及其方法的权威性，赐予了地图图像以"权威性"，同时由于现代社会的绝大多人凭借经验已经无法判断地图绘制的准确与否，由此只能相信地图图像上的那些"科学要素"赋予地图的"科学"的光环。

如果明白了这一点，那么也就可以重新思考我们以往研究中的一些"惯性"思维，这点在本册中有着众多展现，如：

我们通常会习惯性的认为，大航海时代带来的第一手资料必然会应用到地图绘制上，同时地图也为航海范围的不断拓展提供了基础和指南，但第三十章"16 世纪和 17 世纪早期的地图和探险"对这一线性的推测提出了挑战，其提到"场景是容易的——过于容易——想象的。探险家在他们前辈制作的地图上规划他们预想的任务。当穿过大洋的时候，他们在航海图上标出他们的进展。当看到陆地的时候，他们草绘其轮廓并且将它们转绘到地图上。当登陆的时候，他们在状况许可的情况下进行尽可能多的调查，并且对他们渗透到的内陆进行至少一次粗糙的地图学记录。当抵达家乡的时候，他们以地图的形式传递他们新获得的知识，且成为他们同时代人和后继者的指导。类似于此的事件，被现代的书籍的插图者、影片制作者和浪漫的历史'绘画家'进行了丰富的描绘，但它们是极少发生的。现代早期的地图绘制与探险之间的联系并不像基于最近的习惯所预期的那样接近或者直接"。"此外，如同这一丛书的第一卷所证实的，大量的传统文献有着积极的误导性，因为其被基于地图学家需要探险家这一冒险性的假设上。关于探险历史的著作倾向于假设一种探险与地图绘制之间的密切关系，但没有试图去验证它 。尽管在这一时期中这种联系变得越来越密切，但其总是被‘难以沟通’这一裂隙所撕裂，并被传统的障碍所打断。直到进入17世纪很久，地图上所展现的内容，依然很少能与探险家所发现的相匹配”。

同时，我们还会习惯性的认为，航海中亲身看到的，甚至进行过测量的地理要素，显然会不断改进地图绘制的准确性，但这同样是一种美好的想象，对此在第三十章中提出，“在这些环境下，科学滋润了推测。科学的兴起通常被誉为欧洲早期现代知识史的重要特征之一。然而，科学的认识论是错误的，并且观察和经历的可靠性依赖于在实践中无法保证的条件。不存在的岛屿可以被‘观察’，或者可以通过从云堤的存在或鸟的飞行或海面的外观或漂浮的物体错误地推断出来。特别是在一厢情愿的刺激下更是如此。不存在的岛屿充斥于地图，因为地图学史中被很好验证的规则：在你的航海图上有着过多的岛屿，比有着过少的地图更为安全，并且由于举出反证是困难的，因此与删除错误相比，引入推测是更为容易的。因而，随着知识的积累，岛屿的数量倍增：错误放置的岛屿被从之前地图上错误的位置复制；并且作为新的信息的结果，在地图上将它们复制于它们真实的或被验证的位置上时，通常有着新的名称”。

还有，我们经常会认为地图符号是地图“客观性”的一种展现，且很多人甚至会认为地图本身就是客观中立的，而这也是现代地图“权威性”的来源之一，但这一认知同样存在问题，第二十一章“印刷地形图上的符号，约1470—约1640年”就提出，“另外一个在整体上支撑了对地图的传统思考的概念，其尤其影响了对符号的思考，就是符号的客观性。现在被各方面所反驳，甚至在科学中，启蒙主义对绝对度量和中立观察的信仰受到了后现代主义者的挑战，他们注意到，一个地图符号，远远不是一个中立的标志，地图本身也是如此，实际上可以积极的修改我们关于现实的知识”。

总体而言，地图权威性的来源，是一个颇有意思的问题，中国地图学史的研究者尚未对这一问题进行过太多的讨论，或者这一问题可以拓展为，中国古人是如何看待地图的以及中国古人绘制地图的目的是什么？

三 地图功能和目的的多元性

可能对于现代地图绘制者或者研究者而言，地图的功能，并不是一个问题，因为在他们看来，地图的功能在于用数理方法或者所谓科学的方法来对地球地表进行图形呈现，但通过上一节的讨论，我想各位读者可能已经意识到这样的结论显然是存在问题的。道理其实也不难懂，地图首先并不是对地球表面的呈现，甚至也不像本丛书第一册J. B. 哈利和戴维·伍德沃德给出的定义那样“是便于人们对人类世界中的事物、概念、环境、过程或事件进行空间认知的图形呈现”，其首先是一件物品，一件人们可以赋予其各种功能和价值的物品，“便于人们对人类世界中的事物、概念、环境、过程或事件进行空间认知的图形呈现”只是实现这些功能和价值的方式而已。这一点在本书的不同部分都所有展现，或者说本书的众多研究展现了地图的众多功能，下面仅举出几个例子：

第六章“文艺复兴时期欧洲的球仪”提到，“那么，球仪在与更为廉价的世界地图的竞争中是如何取得如此成功的呢？或者，换言之，一架球仪能提供哪些地图无法提供的信息的呢？朝向回答这一问题的第一步就是采用不同于通常的19世纪视角的关于球仪的定义，在

19 世纪的视角中，一架球仪的价值主要是按照其球面上的地图来评价的。在本章中，球仪则被认为是一种（机械性的）呈现，其有助于对人类世界中的事物、概念、环境、过程或者事件的空间理解”。当然，我们不能从传统意义上理解“其有助于对人类世界中的事物、概念、环境、过程或者事件的空间理解”，即由此认为球仪如实地呈现了“人类世界中的事物、概念、环境、过程或者事件”，而应当理解为球仪带有各种目的或者主观性地呈现了“人类世界中的事物、概念、环境、过程或者事件”，而“有助于对……的空间理解”更应当放置在一种具有主观性的氛围中加以认知。

第九章“对托勒密《地理学指南》的接受，14 世纪末至 16 世纪初”提出，“然而，开始出现于 15 世纪 50 年代前后的奢华稿本（尤其是集中于佛罗伦萨的）主要是权力和声望的符号，一种贵族审美品位的展现，而不是一种研究工具。基于此，这些作品应当极少被阅读，与对它们进行全面描述和对它们之间的联系进行概述相比，分析它们希望满足的预期则更为有趣”，在这里地图被作为一种满足欲望和需求的“物品”来看待，这点在现代社会也是如此。

第八章“《岛屿书》，15—17 世纪”提到，“大多数 15 和 16 世纪的宇宙志《岛屿书》的稿本副本是书写在纸上的，而它们的地图并不经常是由技术熟练的缩微画画家绘制的：推测它们的读者是受过教育的男子，他们并不愿意为较高等级的带有装饰的羊皮纸付钱。然而，也存在一些显然是为那些更加挑剔的收藏者准备的”。“大多数稿本的和印刷的《岛屿书》，除了那些在最后阶段制作的，在形式上不同于用双页形式出版的教科书，后者是在一张阅读桌或大型阅读架上阅读的，并且也不同于大多数人文主义的书籍，后者为在图书馆使用而采用了四大开的形式。《岛屿书》通常以小开本的、方便携带的形式出版，其中一个原因就是考虑到它们的目的是针对一个广泛的读者群，并且有着各种用途。”“然而，某些《岛屿书》中较差的信息质量和描述性段落的完全缺乏，尤其是在早期的主题《岛屿书》中，说明它们针对的是一个范围较宽的非专业的读者群，从对古代神话和历史的地理背景感兴趣的人文主义学者，到只受过有限教育，甚至是文盲的使用者；读者范围是，所有那些希望容易获得关于古代和现代世界的奇迹、最新发现和东方奥斯曼与西方基督教之间对抗背后的阴谋的信息的人，当然主要是从图片中获得信息（以及有时只有图像，而根本没有文本）；那些对关于珍奇的流行文化感兴趣的读者，以及那些希望在他们的钱袋和他们的教育所允许的范围内，用当时认为的有必要的地理背景知识来武装他们自己的读者。”在这里，地图首先是一种“商品”，由此针对不同的受众，地图的内容、出版形式、精美程度、内容、纸张，甚至图像和文字的正确与否都是存在差异的，简言之，地图作为一种商品，其针对的受众往往决定了其众多方面。第二十二章“欧洲文艺复兴时期的地图雕版、印刷和着色技术”对此有着更为直接的表达，即“地图印刷是一种贸易，并且贸易中的底线是为了获利。尽管（或者可能因为）地图出版者在他们地图上持续的宣称，对这样一个区域的呈现而言，这个或者那个是最好的、最新的，或者最准确的，但在大多数情况下，相反的才是真实的情况；古旧的图版被一再使用，只是修改了出版者的名字或日期。因而，在加斯塔尔迪去世后很久，被认为是贾科莫·加斯塔尔迪作品的世界地图的各种版本，通常有着巨大的缺陷——有些将亚洲和非洲连在了一起，有些有或者没有一座巨大的南方大陆——持续以各种形式出现，好像他成了新的意大利的‘托勒密式’的权威”，作为商品的地图，显然获利是首要的，而内容的正确与否是服务于“获利”的。中国古代也有这样例子，如流行于明代晚期和清早期的《古今形胜之图》系列地图以及流行于清代中晚期的《大清万年一统地理全图》系列地图。

不仅如此，地图还可以服务于精神需求，或者说用来解释经典，在第十一章“欧洲的宗教世界观及其对地图绘制的影响”中，保利娜·莫菲特·沃茨阐述了地图和地理学与宗教的关系，提到“培根继续谈到，这种基本的字面意思的解读，其本身是其他精神层面理解的基础。换言之，地理学是通往圣经解释学的关键：‘没有人能怀疑，物质途径引导了精神的旅程，或者凡间的城市暗示了通往平行的精神世界的城市的精神道路的目标。因为‘位置’有着从地点到地点的有限运动的属性，以及设置了周围区域的边界。然后，如同我已经指出的那样，一种地理学的理解，不仅赋予了对我们所阅读的词汇的理解，而且准备了通往精神理解的道路。所有这些已经被圣徒的话语、行为和作品所充份验证’”。与此类似的就是，中国在文本文献中留存下来大量用于解读儒家经典的地图，如与《禹贡》有关的著作中就有着大量展现《禹贡》中所记载的山川的位置、走向以及九州的范围的地图；与《春秋》有关的著作中也存在一些地图，如《历代地理指掌图》中的“春秋列国之图”就经常被引用；此外与《诗经》有关的著作中经常出现“十五国风地理图”，以体现“十五国风”的地理分布。对于这些地图以往几乎没有研究，或者只是用与其他地图近似的方式进行了研究，但显然这些地图应当在儒家思想的背景下来进行解读。

总体而言，作为一件“物品”的地图的功能和目的是多元的，对“地表的图形呈现”则是其特性之一，且在很大程度上，功能和目的决定了对地表的图形呈现的方式；不仅如此，作为一件“物品”，除了对地表的图形呈现之外，地图还有着其他众多以往研究中被忽略的特性，如材质、印刷方式、装帧、文字、绘画等，而只有将这些特性加以考虑，我们面对的才是更为完整的地图。由此，在我看来，可能只有首先理解地图的目的和功能之后，我们才可以更为深入地理解地图。

四 地图与书籍

当前中国古代传统舆图的研究主要集中于那些绘本地图（集）和重要的刻本地图集，以及少量古籍中重要的插图，但实际上中国的古籍中有着大量以插图形式存在的地图，仅就《续修四库全书》（上海古籍出版社）、《四库全书存目丛书》（齐鲁书社）、《四库禁毁书丛刊》（北京出版社）、《四库未收书辑刊》（北京出版社）以及《文渊阁四库全书》（台湾商务印书馆）五套丛书统计（去除了上述丛书中重复收录的古籍；此后的统计数据都来源于这四套丛书），其中收录的地图多达5000余幅。虽然没有精确的统计数据，但这一数量应当可以与存世的单幅的绘本和刻本地图相媲美。不仅如此，众所周知，留存下来的宋元明时期的单幅的绘本和刻本地图数量非常有限，但与此同时，这一时期的书籍中有着大量地图，其数量应当超出了单幅的绘本和刻本地图数量，尤其是宋元时期。西方也是如此，如第二十三章“欧洲的地图出版中心，1472—1600年”就提到，“但是大量的地图，实际上大多数现代早期的地图，被作为书籍的内在部分而发行的。就像图23.1展示的，在整个时期中，很高比例的地图被包括在书籍和地图集中……”

与那些深藏于各大图书馆的绘本地图相比，这些古籍中作为插图存在的地图是易得和常见的，但数量如此庞大的古地图在以往相关资料的整理与研究中基本被忽略了，其原因一方面是古籍中的插图，大多是刻版的，其精美程度难以与绘本地图相比；另一方面传统中国古代舆图的研究大都只关注那些体现了“科学性”的看上去绘制“准确”的地图，从这一视角来看，古籍中的地图绝大多数都是示意性质的，远远谈不上“科学”。但是与绘本地图以及那些以往认为的重要刻本地图集相比，古籍中作为插图存在的地图也有着其自身的价值。一般而言，保存至今的大部分绘本地图，都是因时因事而画，具有较强的针对性，比如河工图，通常流通范围不广，且这类地图较高的绘制成本，也使得其难以被大量复制；而古籍中的地图，保存至今的大都是刻本书籍中的地图，印刷量通常较大，且收录这些地图的大都属于士大夫重点关注的经、史类著作。因此与绘本地图相比，古籍中作为插图的地图，在很大程度上代表了当时士大夫所能看到的地图。反观《地图学史》的各册，研究们几乎没有对绘本和书籍中的地图进行区分，而且确实从留存的地图来看，中国古代的绘本地图与书籍中的地图存在着密切的联系，因此今后在中国古代地图的研究中，我们必须要重视书籍中的地图。

当然，与此同时需要强调的是，书籍的文本与地图的关系可能并不像我们现代社会那样是直接和一体的，本册第二章“中世纪晚期社会中地图的作用：12—14 世纪”，通过分析就提出，“由于其将过渡地图作为单独和值得关注的一类，以及其对之前分类的简化，因此这一分类尤其有用。然而，其受到了批评，因为其延续使用了某些古典和古代晚期文本的作者的名字来命名的子类，在这些文本的中世纪稿本中将地图作为插图（例如‘伊西多尔’、‘奥罗修斯’或‘萨卢斯特’地图）。首先，这种命名法可能会产生一种误导性的印象，即所讨论的地图起源于与它们最常关联的文本，或者甚至就是文本原作者的作品。这一错误的结论掩盖了中世纪世界地图有趣的和有疑问的早期历史，中世纪世界地图中只有一些其起源似乎可以追溯到晚古，同时其他一些很可能是在中世纪早期创作的。其次，存在丰富的证据证明，尽管有着一系列特定特点的地图可能趋向于是与特定文本一起复制的，但是它们之间的联系远远不是那么确定或直接。与之相反，最近的研究强调地图从一个文本迁移到另外一个文本的频率，且强调中世纪的抄写员选择地图来展示给定著作时随意改变他们制图模板时的灵活性。例如，伊夫舍姆地图，与那些出现在雷纳夫·希格登编年史中的地图是非常相似的，但是其似乎是作为一个独立文献制作的，而不是作为一部稿本的一部分复制的。最后，关注于中世纪地图的来源，趋向于掩盖特定选择的重要性，这种选择导致了在某一特定时刻和针对某一特定目的而绘制了某一特定地图。甚至一幅现存地图的直接副本，也会因为在某种特定情况下被选择和复制，而由此获得了一系列新的含义和新的意义”，根据本人的研究，中国古代书籍中的地图也存在类似的现象，当然由于本人对这一问题尚未进行太多研究，因此只能举出一些例证。如在某些《禹贡》类书籍中，收录的地图有时候与文字对《禹贡》的阐释并不一致，甚至存在矛盾；不仅如此，有些地图甚至根本没有表现太多《禹贡》的内容，似乎是“顺手复制”的。因此，可以说，古籍中地图与文本之间一方面有着必然的联系，但这种联系可能是多元的，另一方面，两者之间似乎有时候又有着一定的独立性，即有着各自的来源和形成过程，由此也就展现了这一问题的复杂性。不过，对这一问题的探索，不仅有利于我们理解古代地图，而且有助于我们理解书籍的形成过程，以及古人对待“知识”的态度等众多地图之外有趣的方面。

本册第二章“中世纪晚期社会中地图的作用：12—14 世纪”在地图与书籍的关系方面还有着另外一个有趣的结论，即“中世纪的百科全书展示了围绕一个松散的、常见的关于世界结构和历史的主题将各种材料整合在一起的趋势。它们是研究中世纪世界呈现的最为有趣的背景之一，因为它们非常的异质性允许包含所有种类的地图，从地带图和由三个部分组成的世界地图到区域地图，从作为被单独构思的图像的地图到较大的宇宙志图表中小的T-O地图。尽管主题和材料的多样性是百科全书的特征，但它们较大的目标通常是通过人类知识的一个综合体来展示被创造的宇宙的基本一致性 。地图可以同样如同已经注意到的那样被理解为是关于单一、复杂的世界系统的不同视角——提供了不同程度的详细度”，这让我想到了中国古代类似于《三才图会》这样的充斥着各类知识且带有大量图像的“百科全书式”的著作，当然，所谓“百科全书”并非像今天的百科全书那样只是资料的汇编，而正如第二章的作者维多利亚·莫尔斯所述，“但它们较大的目标通常是通过人类知识的一个综合体来展示被创造的宇宙的基本一致性”，而现在中国地图学史的研究者面对的问题就是，我们如何理解类似于《三才图会》这样的著作及其中收录的地图和其他图像？

五 其他

本册中集中讨论了众多专题性的内容，其中不少研究视角和内容都值得未来中国地图学史研究的借鉴，受到篇幅限制，这里仅举出几例：

本册从第十二章至第十八章对地图和文学的关系进行了多方面的讨论，本人对文学及其理论非常不熟悉，因此难以展开介绍，在此引用第十二章“现代早期的文学和地图学：评论”中的一段话加以简要说明，“在过去 20 年中，在那些文学和地图学彼此重叠和提供信息的领域中，关于现代早期的研究发生了突然和急剧的发展。地图在传统上被用于支撑和展示对历史的研究，但是现在文学评论家正在对它们加以研究，以检查它们如何混合了观察和想象，而这两者对于小说和诗歌而言以及对于呈现而言，是至关重要的元素。研究者，尤其是为本卷这一部分做出贡献的八位作者，认识到印刷地图在现代早期如何为诗歌和小说的创作提供了信息。他们还看到，地图是如何屈从于理论推测，并且由此，作为结果，可以使用在文学的关键性处理中提出的方法对地图进行研究。如果，现代早期的文学——由稿本、印刷的形式以及木版和铜版插图构成的一种文本的复合体——确实可以被理解为是一种混合媒介的话，那么紧随而来的就是地图启发了文学创作。随之而来的就是，由于地图和书写作品之间的边界是流动的，因此一幅地图有的时候甚至可以被认为是一部文学作品”。

在第二十五章“文艺复兴时期图书馆和收藏品中的地图”中讨论的内容虽然非常广泛，但通过其的讨论我们可以看到地图作为一种知识载体或者知识门类在知识体系中的位置及其变化。在我的印象中，中国古代似乎只有清代宫廷编纂过少量其藏图的目录，而且在流传下来的众多的藏书楼的书目中，除记载了类似于《广舆图》这样的可以被认为是书籍或者带有大量地图的书籍之外，似乎没有记录什么地图。那么现在的问题就是，虽然中国古代“地理”属于史部和子部，但“地图”这种作为地理知识载体的物品，在中国古代的知识体系中是如何被对待的，以及为什么缺乏相关的编目？这是值得我们思考的问题，对这一问题的研究可能有助于理解古人看待地图的方式，也可能有助于理解中国古代的知识及其分类。不仅如此，在中国古代的集部书籍中收录的地图极少，不过，中国古代一些著名的地图绘制者同时也是著名的学者，如罗洪先，但在自己或者后人为他们编纂的文集中都没有收录他们绘制的地图，这似乎也是一个值得探讨的问题。

本册从第二十六章至第三十章，共有五章讨论了“地图及其在文艺复兴时期政府管理中的用途”，这是一个中国地图学史领域从未真正涉及的领域。传统中国地图学史的叙事大致只是强调《周礼》中有对地图以及掌管地图的官员的记载，由此展现了地图在国家管理中的作用，显然这样大而空的介绍，在今天看来已经没有太多的学术意义。此外，虽然近年来有学者讨论了在一些工程如治河中地图发挥的作用，但只是简单地介绍了图面上记录的与治河有关的官员、职责等内容，或者简单强调了治河过程中绘制了大量地图，但这样的分析显然并未真正将地图作为政府的管理工具之一放置在政府管理的背景下进行讨论，因此本册中这一部分的研究也是值得未来中国地图学史的研究借鉴的。

此外，在第二十二章“欧洲文艺复兴时期的地图雕版、印刷和着色技术”中还分析了地图印刷的影响，且重点强调了这种影响的“复杂性”，即“总之，地图印刷的发明对于内容、风格、读者群和环绕地图产品的社会习惯的冲击，实际上，并不经常像理论预期的那样直接和剧烈。虽然这项新技术在理论上持续得到由来自遥远地方的线人的持续反馈而产生的对新的准确性的承诺，但其对地图内容影响要小于预期，主要因为对于出版者而言，重新使用旧有的图版是更为容易和低廉的。就风格而言，尽管由于绘本、木版和铜版工具之间的根本区别，地图印刷的影响可能被认为是相当可观的，但是印刷品似乎没有导致被预期的标准化。然而，对地图读者群有着相当的影响，一个面对着地图的正在扩大的社会阶层，以及一些印刷品和地图商店作为可以交换信息中心发挥着越来越大的作用。然而，总体上，尽管我们经常可以选择例子去展示地图印刷的总体影响是相当大的，但困难的是，直至本卷所涵盖的时期结束之后很久，也难以看到一种持续性的影响”，中国地图学史的研究者似乎还没有太多地触碰到这一主题。

成一农

2021 年 7 月 1 日

目　　录

（上）

xi－xv

历史舞台

文艺复兴时期的地图学史：解释性论文

地图与文艺复兴时期的文化

宇宙志和天体制图

海图制作

文艺复兴时期地图绘制的视觉、数学和文本模型

文学和地图

技术、生产和消费

彩版目录

（本书插图系原文插附地图）

图表目录

（本书插图系原文插附地图）

缩　写

下面的缩写适用于本卷。适用于某一章的特定缩写已经被列在该章第一个无编号的脚注中。

BL 代表 British Library, London

BNF 代表 Bibliotheque Nationale de France, Paris

HC 1 代表 *The History of Cartography*, vol. 1, *Cartography in Prehistoric, Ancient, and Medieval Europe and the Mediterranean*, ed. J. B. Harley and David Woodward (Chicago: University of Chicago Press, 1987)

HC 2. 1 代表 *The History of Cartography*, vol. 2, bk. 1, *Cartography in the Traditional Islamic and South Asian Societies*, ed. J. B. Harley and David Woodward (Chicago: University of Chicago Press, 1992)

HC 2. 2 代表 *The History of Cartography*, vol. 2, bk. 2, *Cartography in the Traditional East and Southeast Asian Societies*, ed. J. B. Harley and David Woodward (Chicago: University of Chicago Press, 1994)

HC 2. 3 代表 *The History of Cartography*, vol. 2, bk. 3, *Cartography in the Traditional African, American, Arctic, Australian, and Pacific Societies*, ed. David Woodward and G. Malcolm Lewis (Chicago: University of Chicago Press, 1998) xxxix

序　言

《欧洲文艺复兴时期的地图学史》(*Cartography in the European Renaissance*) 在《地图学史》系列丛书中占有至关重要的地位。按照时间顺序，第三卷从第一卷结束的部分开始，也就是从中世纪开始叙述欧洲—地中海地区地图制作的传统。与之前各卷不同，本卷的重点在于确定地图的广泛影响力和在社会中所发挥的作用，而不是聚焦于地图的绘制。作者的数量已经从平均每卷10位增加到了64位。这一卷同样也是本系列丛书中按照地图学文化的地理格局来编排的最后一卷；根据计划，剩余各卷将是按照字母顺序组织的多层级的百科全书。

本卷篇幅巨大，主要探讨了意大利城邦（Italian States)、葡萄牙（Portugal)、西班牙(Spain)、日耳曼诸国（Germanic States)、低地国家（Low Countries)、法兰西（France)、不列颠诸岛（British Isles)、斯堪的纳维亚半岛（Scandinavia)、东中欧（East-Central Europe）和俄罗斯（Russia）的欧洲地图学传统。基于这一领域研究者的背景和兴趣，以及大量的既有文献，这种按照地理区域进行编排的方式是一种务实的决定。在为这些章节挑选33位作者的时候，我们最大程度地遵照了邀请那些居住在这些国家和充分熟悉各自语言文献的作者的准则。这一决定也证明了由此导致本卷最具挑战性的一个方面，即通过翻译导致了另外一种对解释和含义的过滤。然而，经过权衡，我们希望读者将会领略到书中各种语言文献的宝藏，而不仅仅局限于英文文献。

语言并不是唯一的障碍；处理主题的方式与英美（Anglo-America）的习惯存在很大差异，并且经常开始于一些与问题的复杂性和论点有关的有策略性的对话。最初说服我们作者认识到下述问题时存在一定的困难，这一问题就是：地图学史并不是一部特定地区如何被绘制了地图的历史，而是对各种地图绘制文化如何在不同地理中心产生的一项研究；尽管毫不奇怪的就是，区域通常由那些生活在那里的人绘制。这一强调导致了对某些人物处理上的重复，例如赫拉尔杜斯·墨卡托（Gerardus Mercator）和约翰尼斯·洪特（Johannes Honter）以及那些一生中大部分时间被放逐到其他国家的葡萄牙制图学家。

随着我们对本卷规划的浮现，很明显这一基于地理区域的组织方式难以陈述一部完整的故事，因为文艺复兴时期欧洲边界极端的流动性，尤其是当分享（和盗版）制图信息的时候。因而我们在本书前半部分的三大部分中计划了一系列涉及跨国主题的论文：地图和文艺复兴的文化（其中包括宇宙志和天体测绘；航海图的绘制；地图绘制的视觉、数学和文本模式；以及文献和地图)；技术的产生和应用；以及地图和它们在文艺复兴时期国家管理中的使用。这些大的部分，由28篇论文构成，描述了地图通过成为一种工具和视觉符号而获得的文化、社会和知识影响力。其中大部分论文是由那些通常不被认为是研究关注地图本身的地图学史的研究者撰写的，但他们的兴趣和工作与地图的史学研究存在密切的交叉。他们中包括顶尖的艺术史学家、科技史学家、社会和政治史学家。他们的目的是描述地图成为构造和理解世界的核心方法的诸多层面，以及描述地图如何为清晰地表达对国家的文化和政治理解提供了方法。

专题论文提出了地图学史中的很多重要问题，这些问题为今后文艺复兴时期地图的研究提供了议程，并且深入评估了地图学作为组织社会、政治和文化空间的方式所发挥的日益重要的作用。这些论文旨在激发思想，而不是进行事无巨细的研究，旨在反映过去 20 年地图研究中一些已经被采用的多层面的方法。它们展示了地图的权威性如何成为影响文艺复兴时期欧洲人看待和想象世界的地理布局、秩序和本质的方式的重要因素，其中“世界”不仅仅是一个被呈现的外部对象，而且是内在的人类愿望可以被进行展现的舞台。这些诠释性的论文凸显了地图可以被作为艺术品、历史证据的某种形式，以及被作为一种文本进行研究和理解的多个层面，同时它们展示了自中世纪以来的延续和变化。但是，地图的制作也是不能 xl
被忘记的：其他各章提供了关于地图如何被勘测、草绘、刻印、着色和印刷的基本的历史和书目信息，所有这些过程都影响了地图的内容。

我们不需要处理在本书第二卷中遇到的用罗马字书写（romanization）或音译的复杂问题，但是如同之前各卷那样，我们使用了美国国家地名委员会（U. S. Board on Geographic Names）来音译俄文。本卷庞大的字数以及诠释性论文与研究各国传统的各章之间的重叠也使得保持一致性成为持续不断的挑战。本卷之后所附的总索引对于查找全卷不同背景下所讨论的人名、地名、地图和主题来说是一个不可或缺的工具。我们已经对人名的拼写制定了标准；总索引中也列出了主要人物名字的不同拼写方式，以及他们的生卒年或者活跃期。我们看到的著作、稿本和地图的名称在它们出现的时候进行了转写，此外只是在原文中存在明显错误的地方加上了“[sic]（原文如此）”，然而，依然有上百余项内容我们无法一一逐字核对。我们没有考虑原文中不同的字体、字形和大写。一个特定的结果就是从大写字体转写的时候，用“v”代替了“u”。通常，结果可能看起来有些怪异。但是，其本身对于读者而言也是一个线索，即在那些情况下，我们没有使用任何“规则化”的规则。我们必须说明，这些务实的做法并不被参与本书撰写的所有学者和作者所遵从和赞同；不一致是必然存在的。

第三卷范围的扩展，以及作者数量的大量增加，已经极大地加重了《地图学史》项目组成员的负担，使得监控和强制截止时间变得更为困难，并且延误了完成的时间。论文构思和撰写的时间从数月至将近 20 年。我们对那些第一卷出版之后不久在 1987 年受到委托的作者们的耐心表示诚挚的谢意。当项目组成员将他们的精力投入第二卷的三部著作中的时候，他们经常克服极为困难的个人情况，与我们一起坚持。第二卷的三部著作涵盖了伊斯兰和南亚、东亚和东南亚以及其他非西方社会的地图制作传统。

在感谢 64 位为第三卷各章的撰写做出贡献的专家学者的同时，我同样也要代表项目组成员发言，感谢当项目进行时，作者们在工作的各个阶段接受编辑的干预时所表现的宽容大度。只有作者们才知道编辑工作以及芝加哥大学出版社（University of Chicago Press）两位匿名审读者的要求所导致的扩展、重写和修订的程度。我希望他们现在可以分享最终结果带来的荣耀。

或者是在本书规划的早期阶段，或者是在当文稿以草稿的形式完成的时候，很多学者给我们提出了宝贵的建议。他们包括参加了在 2000 年 4 月召开的会议的编务顾问们，在书的前面列出了他们的名字。在早期阶段，我们很幸运地吸引了两位历史学家，维多利亚·莫尔斯（Victoria Morse）和丹尼尔·布朗斯坦（Daniel Brownstein），两者都是加利福尼亚大学伯克利分校（University of California at Berkeley）的博士后研究人员。布朗斯坦博士对于文艺复兴时期的文化、人文主义、现代早期的知识史以及医药史有着广泛的兴趣。他对文艺复兴时期“呈现”理论的兴趣自然而然地也被应用于地图。莫尔斯博士受到训练成为一名研究中世纪的专家，对中世纪和现代早期欧洲的知识和宗教世界以及艺术史和书籍史感兴趣。她为中世纪—文艺复兴转型的研究带入了相关的卓越技巧。这两位学者的首要任务就是审查和修订第三卷的大纲，主要专注于那些介绍文艺复兴时期和各国地图学传统的论文。除贡献了自己的作品之外，他们还都负责论文的编辑和作者的招募工作。

于德·莱默尔（Jude Leimer）为第三卷做出了大量贡献，她自 1982 年之后就一直担任总编辑，并且为这一项目提供了编辑上和管理上如此严格的一致性。她不仅与芝加哥大学出版社以及作者、顾问和翻译人员联系，而且还掌管着这项工作的日常运作；而且，带着极大的智慧、坚毅和个人的友善，她同样直接监管着负责编辑校对的一支研究生助理队伍。大学的主要事务是教学，但不是所有教学都是由教授在课堂中进行的。我们研究生助理已经逐渐受到了首屈一指的目录学和图书馆工作方面的训练。基于对本卷内容的丰富经验，于德做出了对本卷获得成功至关重要的数千个日常决定。

任何体验过在大型公立大学管理一所小型办公室时所遇到的各种问题的人士，都将会意识到贝特·弗罗因德利希（Beth Freundlich）的贡献是如此至关重要。贝特在 1996 年 9 月就开始参与本项目，并且极为专业地管理着我们的金融、账目、预算、外联和办公室。在 2000 年之后的不同时期，罗塞·巴尔（Rose Barr）、扬·曼泽（Jan Manser）、特蕾西塔·雷德（Teresita Reed）和保罗·蒂尔尼（Paul Tierney）先后担任过她的助手。

在一部这种规模的著作中，插图往往花费大量时间和经费。达娜·赖布格尔（Dana Freiburger），之前是克里斯滕·奥弗贝克·拉伊塞（Kristen Over-beck Laise）和卡伦·比亚努奇·伯尼克（Karen Bianucci Bonick），通过现在所有可以使用的联络方式，在图书馆和档案馆中努力爬梳，直至全球最为偏远的角落。归因于他们的努力，我们现在可以选择质量最
xli 高的图片，并且获得了复制它们的许可。线图和参考图是由麦迪逊（Madison）威斯康星大学（University of Wisconsin）地理系（Department of Geography）制图学实验室（Cartographic Laboratory）极为专业地绘制的，这一机构是由其主任奥诺·布劳沃（Onno Brouwer）领导的，此外还有他的由毕业生和研究生助理构成的工作团队：马里卡·布劳沃（Marika Brouwer）、凯特琳·多兰（Caitlin Doran）、希瑟·弗朗西斯科（Heather Francisco）和理查德·沃辛顿（Richard Worthington）。制图学实验室还以贡献他们工作人员的时间和计算机设备的形式提供了持续不断的支持。

除了在帮助定义地图学史的范畴和方法时发挥作用之外，《地图学史》同样还意图为学者和普通读者提供一份基本的参考著作。由此带来的结果就是对参考书目的准确性给予了持续不断的关注。为本卷做出贡献的研究生助理是杰夫·贝尔纳德（Jeff Bernard）、金伯利·库尔特（Kimberly Coulter）、布赖恩·科维（Brian Covey）、马戈·克莱因菲尔德（Margo Kleinfeld）、贾森·马丁（Jason Martin）、珍妮弗·马丁（Jennifer Martin）、布伦达·帕克（Brenda Parker）、莉萨·塞韦尔（Lisa Saywell）、本·希斯利（Ben Sheesley）、彼得·索尔

谢姆（Peter Thorsheim）和杰德·伍德沃思（Jed Woodworth）。他们得到了我们学校优秀的图书馆设施和由朱迪·图伊（Judy Tuohy）领导的纪念图书馆（Memorial Library）外借部高效率的馆际互借的帮助。本卷专业的翻译是由芭芭拉·马什门特（Barbara Marshment）（荷兰语）、埃德·达尔（Ed Dahl）、金伯利·J. 克鲁斯（Kimberly J. Krouth）和玛利亚·斯洛克姆（Maria Slocum）（法语）、杰雷米·J. 斯科特（Jeremy J. Scott）（法语和意大利语）、基特·巴滕（Kit Batten）（德语）、玛丽·佩德利（Mary Pedley）（拉丁语）以及利亚姆·布鲁克伊（Liam Brockey）和玛尔塔·怀特（Martha White）（葡萄牙语）完成的。其他对我们而言非常重要的文书、计算机和图书馆方面的帮助，则是由克里斯蒂安·布伦斯特伦（Christian Brannstrom）、查尔斯·迪安（Charles Dean）、凯特琳·多兰、保罗·杰米拉（Paul Dziemiela）、达娜·赖布格尔、费尔南多·冈萨雷斯（Fernando González）、安妮·延克（Anne Jahnke）、亚涅·罗塞茨基（Jane Rosecky）和德鲁·罗斯（Drew Ross）提供的。这一丛书中高标准的索引是由玛吉·托尔里（Margie Towery）编纂的。

如果没有在本书前面“资金支持”那几页所列的众多基金会、基金资助机构、组织和个人的资金支持的话，这一需要大量资金的工作是根本无法完成的。“资金支持”中感谢了所有2006年1月本卷付印之前给予我们的慷慨馈赠。我们依然特别感谢国家人文基金会（National Endowment for the Humanities）和国家科学基金会（National Science Foundation）对《地图学史》的信任和支持。在私营机构方面，我们感谢萨卢斯·蒙迪基金会（Salus Mundi Foundation）和格拉迪丝·克里布尔·德尔玛基金会（Gladys Krieble Delmas Foundation）的支持。

在那些对《地图学史》给予捐赠的个人之中，我尤其感谢赞助者和创办者的慷慨，他们是：W. 格雷厄姆·阿拉德三世（W. Graham Arader Ⅲ）；理查德·B. 阿克维（Richard B. Arkway）；罗杰（Roger）和朱利·巴斯克（Julie Baskes）；兰德（Rand）和帕特里夏·伯尼特（Patricia Burnette）；小 A. 理查德·迪博尔德（A. Richard Diebold, Jr.）；约瑟夫·H.（Joseph H.）和莫妮卡·G. 菲茨杰拉德（Monica G. Fitzgerald）；威廉·B. 金斯贝格（William B. Ginsberg）；沃伦·埃克洛特（Warren Heckrotte）；罗伯特·A. 海伊巴格（Robert A. Highbarger）；阿瑟（Arthur）和雅内·霍尔茨海姆（Janet Holzheimer）；阿瑟·L. 凯利（Arthur L. Kelly）；诺曼·B. 利文撒尔（Norman B. Leventhal）；贝尔纳德·利斯克（Bernard Lisker）；杜安·马布尔（Duane Marble）；道格拉斯·W. 马歇尔（Douglas W. Marshall）；格伦·麦克劳夫林（Glen McLaughlin）；托马斯·麦卡洛克（Thomas McCulloch）；肯（Ken）和乔西·内本察（Jossy Nebenzahl）；埃尔汗·奥内尔（Erhan Oner）；乔治·帕克（George Parker）；布赖恩·D. 昆廷斯（Brian D. Quintenz）；杰克·L. 林格（Jack L. Ringer）；小鲁迪·L. 拉格尔斯（Rudy L. Ruggles, Jr.）；戴维·拉姆齐（David Rumsey）；罗德尼·W. 雪利（Rodney W. Shirley）；威廉·S. 斯温福德（William S. Swinford）；克拉克·L. 塔伯（Clark L. Taber）；约翰·泰勒（John Taylor）；阿尔伯特·R. 沃格勒（Albert R. Vogeler）以及其他那些匿名人士。我还要感谢艺术和扬·霍尔茨海姆基金会（Art and Jan Holzheimer），他们在2001年之后，每年支持一笔为期两个月的奖学金，用来资助优秀的研究者参与本项目，以及与威斯康星大学麦迪逊分校人文研究所（University of Wisconsin-Madison Institute for Research in the Humanities）的学者一起工作，并可以利用我们图书馆的

优秀资源。我还要感谢人文研究所以及当时的主任保罗·博耶尔（Paul Boyer），因为一个高级成员的身份使得我能在一个学术性的和支持性的环境下集中从事本项目的工作。2000 年 4 月，人文研究所主办了一次关于文艺复兴时期地图学的具有启发性的会议，即第二十四届伯迪克—瓦里研讨会。文理学院（College of Letters and Science）的地理系以及威斯康星大学麦迪逊分校的研究院（Graduate School）对本项目长期的、制度性的和资金的支持也应当得到感谢。

我非常高兴有机会能感谢芝加哥大学出版社的一些工作人员。副主管佩妮洛普·凯瑟琳（Penelope Kaiserlian），在她前往弗吉尼亚大学出版社（University of Virginia Press）之前，一直是本项目最伟大的朋友和最值得信任的顾问之一。我们非常高兴能从琳达·霍尔沃森（Linda Halvorson）在参考书方面的专业知识中获益。罗伯特·威廉（Robert Williams）为这一系列丛书进行的职业设计依然经得起时间考验。

我个人的亏欠实在太多，而且增长太快，因而难以在此一一表达，但是罗兹（Roz）、珍妮（Jenny）和贾斯廷（Justin）的爱心支持平息了这一长期项目的起起落落。

戴维·伍德沃德（David Woodward）
麦迪逊，威斯康星
2002 年 12 月

布赖恩·哈利（Brian Harley）的影响可以在《地图学史》的每一卷中看到，但是在第三卷的塑造中，戴维·伍德沃德（David Woodward）对于文艺复兴时期的洞察力和热情是异乎寻常的。我们非常悲伤，他在可以拿到这两部部头巨大的著作之前就去世了[①]。戴维去世之后，在过去两年，如果没有很多优秀人员，尤其那些地图史学家、作者的慷慨帮助的话，那么本卷是不可能完成的，此外还有回复了无以计数的 e-mail、提供了急需的建议、承担了极其复杂的翻译工作和无私地提供了他们的时间和金融资源的那些人士。他们是这一学科的
xlii 骨干，而我怎么感谢他们也不为过。这一项目同样也亏欠罗兹·伍德沃德（Roz Woodward）太多，他提供了无限的热情支持和爱，还有马修·埃德尼（Matthew Edney），他以高超的技巧和充沛的精力担任了本项目的管理者，并且推动我们向下一卷前进。

尽管戴维指导本卷超过 20 年，但他无法看到本卷的最终产品。对于因他的离世而遗漏的错误，我承担全部责任。

于德·莱默尔，总编辑
麦迪逊，威斯康星
2006 年 1 月

---

① 讣告以及戴维·伍德沃德著作的完整列表可以在 Matthew Edney, "David Alfred Woodward (1942 - 2004)," *Imago Mundi* 57 (2005): 75 - 83 中找到。

历史舞台

第一章　地图学和文艺复兴：延续和变革*

戴维·伍德沃德（David Woodward）

大约是在 1610 年，朱塞佩·罗塞西奥（Giuseppe Rosaccio）——一名佛罗伦萨 3
（Florentine）的医生和学者，其因大众化的宇宙志、托勒密（Ptolemy）的《地理学指南》（*Geography*）的两个版本、一幅 10 分幅的世界地图、地理教科书，以及对从威尼斯（Venice）前往圣地（Holy Land）的某次航行的描述而闻名——出版了一幅图像，这一图像不是通过地理的复杂性，而是通过其所蕴含的对立思想，代表了文艺复兴制图学的知识大全（图 1.1）[①]。罗塞西奥的地图在经典著作中并没有像如赫拉尔杜斯·墨卡托（Gerardus Mercator）或亚伯拉罕·奥特柳斯（Abraham Ortelius）的地图那样受到赞扬，但是此处对他感兴趣是因为他代表了 16 世纪末 17 世纪初的普通人物——一位兼职作为宇宙志的作者，并是为普通读者而写作的职业人上。本导言论述了 15 世纪中期至 17 世纪中期地图学的延续和变革，而这一图像将成为这一导言中所讨论的一些主题的试金石。这一图像的很多方面使其不可能在一个半世纪前被制作，同时其他特点对于 15 世纪中叶的读者来说又是非常熟悉的。

一位生活在 1450 年的宇宙志学者应当对罗塞西奥图像中的很多典故非常熟悉。圆形装饰物代表了亚里士多德（Aristotelian）提出的四大元素，即火、气、土和水——两个较轻的元素位于地图的上部——被标绘在世界的各个角落。用数字标识的地球的直径和周长分别为 7000 英里和 22500 英里，这归因于托勒密对于每度相当于 62.5 英里的估计。在不同纬度上有着不同影子长度的魔幻事物（fascination），它们都有着自己的小的圆形装饰物，同时在一个小的圆形图案中解释了生活在北半球的人们在面对太阳时，东方在其右手侧，而那些生活在南半球的人们则相反。两幅地图显示了气候带，其上标有赤道、回归带、南极圈和北极圈，这也没有什么好奇怪的。18 个气候带，每个宽度分别为 5 度，环绕在右侧地图的周围，并且标明了它们白昼最长那天的白昼长度，从 12 小时至 6 个月，这应当是可以理解的。在左侧的地图上，8 个古典的风头像（wind-heads）——西南风、南风和东南风被恰当地绘制为看上去近乎脱水和疾病（甚至死亡）——应当也都是非常熟悉的，周边的那些十二宫的符号也是如此。位于底部中央的托勒密地图，与当时那些流行的绘本地图有些相似，而且其中蕴含的古典地理知识对于宇宙

---

* 本章中用缩写"*Plantejaments*"来表示：David Woodward, Catherine Delano-Smith, and Cordell D. K. Yee, *Plantejament si objectius d'una història universal de la cartografia = Approaches and Challenges in a Worldwide History of Cartography* (Barcelona: Institut Cartogràfic de Catalunya, 2001)。

① Rodney W. Shirley, *The Mapping of the World: Early Printed World Maps, 1472 – 1700*, 4th ed. (Riverside, Conn.: Early World Press, 2001), 287 (No. 268).

志学者来说应当并不陌生。类似的，左下角的那些注解了理想中的地貌特征的地理和地方志术语——大陆、河流、山脉、湖泊、海湾、海洋、半岛、海角、岛屿、浅滩、礁石、平原、城市——也都不是新东西。此时在老科西莫（Cosimo the Elder）领导下的佛罗伦萨强有力的美第奇家族（Medici Family）的盾徽，也是非常熟悉的，同时盾徽上各个球形所拼出的“科西莫（COSIMO）”一词，应当也是可以理解的，即使它们所代表的大陆名称并非如此。

然而，我们1450年的宇宙志学者对这一文献的熟悉也就到此为止了。地图的结构是由经线和纬线的两个环形网格所主导的，这两个环形网格分别以赤道和中央经线（虽然无处可寻）为中心，同时地图的正方向以上端为北极。这幅地图，并不是按照某人从空中俯瞰世界的视角绘制的，而是用一种几何球形投影绘制的，使其近似于地球球形的形状。

地图上标识的名称，除托勒密地图外，使用的都是意大利方言，托勒密地图上的名称近似于拉丁语。中世纪地图在同一地图空间中显示了来源于不同历史时期的元素，但这幅地图不同于中世纪的地图，意图显示同一时代的信息。因此双半球投影地图和托勒密地图被仔细地分为当代和历史两部分。就对世界本质的看法而言，这幅地图站在了托勒密观点的对立
4 面。其解释到“这就是托勒密了解世界的程度”，实际上暗示了托勒密知道的并不多。地图

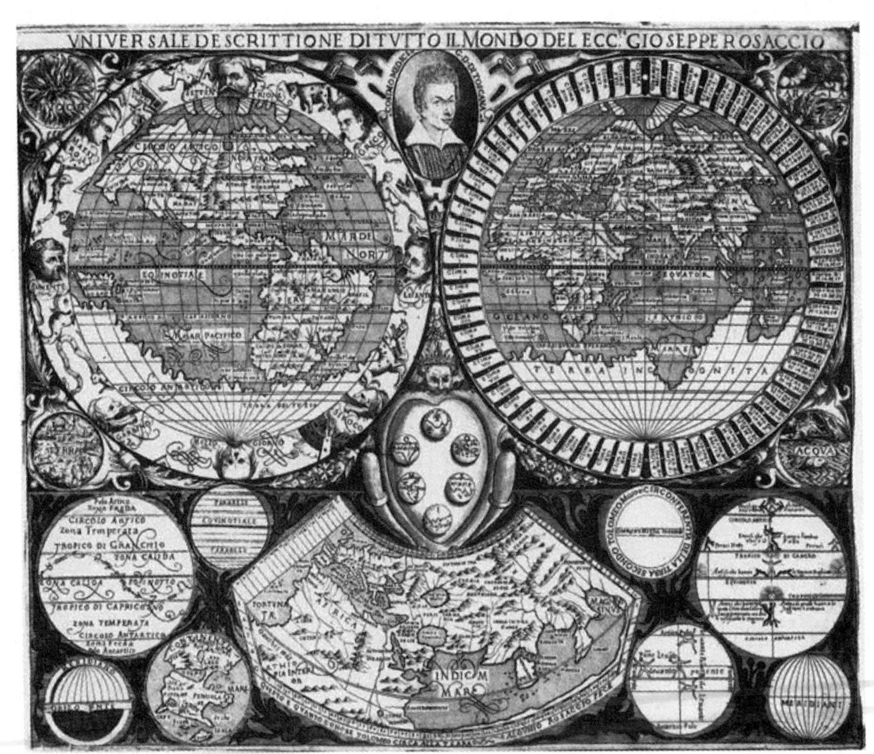

图1.1 朱塞佩·罗塞西奥绘制的世界地图和地理图示的拼图，约1610年

罗塞西奥的地理拼贴画在很多方面都很好地代表了欧洲地图学的文艺复兴。托勒密的世界与现代的两半球图完全不同，后者反映了15世纪和16世纪的地理发现。图像中的一些，例如亚里士多德关于元素的概念和托勒密对地球周长的计算，依然反映了古典知识。但是，整体目的是颂扬一种新式的地图学。拼贴画被骄傲地奉献给科西莫·德美第奇二世（Cosimo Ⅱ de' Medici），他的盾徽结合了托斯卡纳（Tuscany）和五大洲，似乎暗示着他无所不在的影响力

原铜版画的尺寸：26.5×31.3厘米。照片由Maritiem Museum，Rotterdam（W. A. Engelbrecht Collection 849）提供。

将其所处的时代与之前的那个时代分离开来，并且使其与之前的时代对立。罗塞西奥并没有将其称为“文艺复兴”（Renaissance），但是他清晰地看到他自己关于世界的地理视角与之前那个时代是迥然不同的。

但是新的地图并没有宣称知道所有事情。在南部隐约呈现了一个巨大和空白的“未知大陆（terra incognita）”。实际上地图使人联想起亨利·朗瑟洛·德拉波普兰尼尔（Henri Lancelot de La Popelinière）的《三个世界》（*Les trois mondes*，1582），其将世界分为三个相等的部分：旧世界（Old World）、新世界（New World）和南极洲（Antarctica）。虽然已经发现了很多，但是地图上无情的经线和纬线精确地指出还有哪些需要被发现，并征求新的观察以填充到经验拼图中。

最为剧烈的变化就是所知世界的范围自 1450 年之后增加了一倍多。尽管我们 15 世纪中期的宇宙志学者非常熟悉旧世界，但由欧洲前往印度和中国的海路的概念已经引起了他的兴趣。但是，左侧的半球是崭新的，同时陆地的面积被呈现的甚至要比旧世界的陆地更大，甚至在可居住的温带也是如此，这里对于如美第奇这样的商人而言是适合经济发展的。实际上，地图已经 5
被奉献给托斯卡纳大公科西莫·德美第奇二世，他年轻时候的肖像画（1610 年，他 20 岁的时候）审视着整个场景。通过将他名字“COSIMO”一词中的字母分别呈现在美第奇盾徽上大家所熟知的六个通过球形展现的五大洲和托斯卡纳中，对他进行了奉承，尽管托斯卡纳被提升成为“大洲”的等级，同时位于南方的巨大陆地被命名为“南方大陆［T（erra）Australa］”。肖像非常清晰地暗示了他的影响力不仅仅涵盖了托斯卡纳，而且很乐观地宣称已经涵盖了整个世界。应当记住，在 1610 年出版了《星际信使》（*Sidereus nuncius*）之后，科西莫二世成为伽利略·加利莱伊（Galileo Galilei）的赞助者，同时伽利略建议将木星（Jupiter）四颗最大的卫星——木卫一（Io）、木卫二（Europa）、木卫三（Ganymede）和木卫四（Callisto）——命名为美第奇星致敬科西莫。

当我们 1450 年的宇宙志学者在手中拿着这幅地图的时候，他一定会因为刻版［由阿洛伊西奥·罗塞西奥（Alovisio Rosaccio）刻版，推测他是朱塞佩的一位亲戚］和印刷的精良而感到惊讶。文本的印刷依然是一件新奇的事情，同时地图也还没有被雕版。阔页上解释性的小图示暗示着印刷品针对的是广泛的受众——不一定是学者，但却是地理学的入门者。将大量图像整合成一张概要性的阔页并且使用意大利语也证明了这一点。

罗塞西奥的地图是由有能力书写他们经历的博学的技术人员绘制的没有特定创意的数百幅地图的典型，但其为了解当时的地理文化，提供了一个窗口。其回顾了 16 世纪，似乎捕捉到了本卷中出现的很多主要的主题：就地图学的角度来看，文艺复兴是一个还没有从以往中世纪和古典权威那里解放出来的时代，但达到那种解放所必需的一些元素已经出现。本导言其余部分将较为深入地分析依然延续和发生了变革的各个方面。

作为一种概念的“文艺复兴”

“Renaissance”，按照字面的意思就是“重生”，传统上被解释为西方历史所有方面发生正面变化的一个决定性的和迅速的时期。一些 15 世纪的学者和艺术家意识到了他们所处的时代，按照马泰奥·帕尔米耶里（Matteo Palmieri，1406—1475）的说法，是“如此充满了希望和前途的一个新时代，这一时代产生的高贵而有天赋的灵魂的数量超过了在之前 1000

年的世界中所看到的，这真是让人感到欣喜”②。在他关于意大利地理和文物的论述即《意大利图像》（*Italia illustrate*）（1448—1453）中，弗拉维奥·比翁多（Flavio Biondo）可能已经确立了从公元 412 年延续至 1412 年的 1000 年是一个“中世纪（Middle Ages，media aetas）”的思想，尽管后来历史学家所选择的时间存在变动。截止到 1550 年乔治·瓦萨里（Giorgio Vasari）撰写其《艺苑名人传》（*Le vite de piv eccellenti architetti*，*pittori*，*et scvltori italiani*）的时候，中世纪艺术家与“再生（rinascità）”的“现代”艺术家之间存在极大区别的概念已经牢固地建立了起来③。

虽然很多著作和论文已经提出：术语“文艺复兴”是否有用？但这本《地图学史》不是展示争论所有方面的场所，而这种争论通常以伯克哈特（Burckhardt）1860 年的著作《意大利文艺复兴时期的文化》（*Die Cultur der Renaissance in Italien*）中展现的对文化变化的剧变模式的讨论为开端④。在 20 世纪 70 年代的“反文艺复兴（anti-Renaissance）”的争论中，通常作为对伯克哈特（或者至少是对伯克哈特所说内容的一种简单化理解）的修正，这一剧变模式逐渐崩塌。争论提出了一些问题，其中包括伯克哈特所描述的这一时期多大程度上开创了现代，是否这一时期更应当被看作过渡期，以及更为根本的，是否应当使用“文艺复兴”这一术语。

现在应当只有很少的历史学家会为下述两种观点辩护，即传统模式所持有的观点，即中世纪和文艺复兴时期是一种彻底的断裂，以及这一时期超越其他时期，是一个普遍进步发展并最终达到了我们的“现代”的时期⑤。反对将这一时期看成是“过渡期”的学者，对这种观点的反驳就是，每一个时期都可以被看成是一个过渡期；同时，尽管研究文艺复兴的历史学家回应文艺复兴尤其是一个过渡期，但他们都拒绝陈述可以判断某一时期的过渡性要超越其他时期的具体标准。另一个极端就是否认这种仅仅有 2—3 个世纪的短暂时期是有用的，并且如同勒罗伊·拉迪里（Le Roy Ladurie）提出的，从 11—19 世纪的这样一个“长时段（longue durée）”，
6 由于人口很大程度上受到农业生产的限制，因此是一个存在相对较少变化的时期⑥。很多研究中世纪的学者同意应当强调这一时期中思想的延续性，尽管他们是否真的对这一时期后半期的历史了如指掌是值得怀疑的。由于将标签“文艺复兴”看成是一种暗示，即这一时期宣告了我们现代世界的到来，因此很多历史学家用“现代早期”这一术语来取代“文艺复兴”，但不幸的是，这一术语有着相同的含义。

---

② 马泰奥·帕尔米耶里的原文出自 *Libro della vita civile*（Florence：Heirs of Filippo Giunta，1529）。

③ Wallace Klippert Ferguson, *The Renaissance in Historical Thought*：*Five Centuries of Interpretation*（Cambridge：Harvard University Press，1948），8 – 14. 关于弗拉维奥·比翁多以及术语“中世纪（Middle Ages）”的第一次使用，见 Roberto Weiss, *The Renaissance Discovery of Classical Antiquity*，2d ed.（New York：Basil Blackwell，1988），66；Denys Hay，“Flavio Biondo and the Middle Ages”，*Proceedings of the British Academy* 45（1959）：97 – 128，esp. 116 – 17；和 Angelo Mazzocco，“Decline and Rebirth in Bruni and Biondo”，in *Umanesimo a Roma nel Quattrocento*，ed. Paolo Brezzi and Maristella de Panizza Lorch（Rome and New York：Istituto di Studi Romani and Barnard College，1984），249 – 66。

④ 这一争论已经在 Ferguson，*Renaissance* 中，以及后来在由华莱士·克利佩特·弗格森（Wallace Klippert Ferguson）主编的论文集 *The Renaissance*：*Six Essays*（New York：Harper and Row，1962）中进行了很好的展示。这些论文涵盖了这一时期的政治、文化、科学、宗教、文学和艺术方面。

⑤ 参见 William J. Bouwsma 自己对在注释 8 中提到的对美国历史评论座谈会（*American Historical Review Forum*）的评价，参见其“Eclipse of the Renaissance”，*American Historical Review* 103（1998）：115 – 17。

⑥ William J. Bouwsma，“The Renaissance and the Drama of World History”，*American Historical Review* 84（1979）：1 – 15，esp. 7.

因此，术语“文艺复兴”在经历了一个不再被偏好的时期之后，现在它又复活了，尤其是在文化史领域。为其辩护的意见是，伯克哈特的贡献远远超过了他的缺点，并认为：这些批评仅仅导致了一个有弹性的辩解，以及一种认识，即历史的变革极少突然发生⑦。进一步的支持来源于意识到“文艺复兴”这一术语在通俗读物和媒体中已经被广泛使用，尤其是当涉及物质文化艺术和收藏文物的时候⑧。

选择“文艺复兴”，而不是“现代早期”作为《地图学史》本卷的标题回应了这样的观点，即归根结底，“文艺复兴”依然是一个有用的习惯术语，可以被很多人直观地理解，即使可能适用这些特点的时期因欧洲国家而异。之所以做出这一决定，完全归因于这样的事实，即没有裂缝的历史叙述很难武断地以百年为期进行分割。我们无法用某种方式将“文艺复兴”作为一个独立存在的等待被发现的外在事实而去进行揭示。我们也不能有效、准确地确定有着直接影响的重要事件、文献或个人。但是对于《地图学史》的本卷而言，处理大致从 1480 年延续到约 1640 年的一个时期的实用性——即使存在重要的区域差异——已经被我们作者在撰写各自章节时的经历所证实，因为他们都进行了具有内在连贯性的叙述⑨。

对这一时期中地图如何被构思、制作和使用的研究，通过一种新方式关注这些史学问题，提供了一个案例研究。实际上，令人惊讶的是，即使当伯克哈特强调发现世界的重要性及其与自我发现之间的关系时，他却完全忽略了地图学的这些方面，而地图学史在这两个主题中都有很多话可以说⑩。

---

⑦ Jacob Burckhardt, *The Civilization of the Renaissance in Italy*, trans. S. G. C. Middlemore, intro. Peter Gay (New York: Modern Library, 2002). 盖伊（Gay）介绍此版本时说：“经济史学家最近提出了更多反对意见，即伯克哈特对于经济实体和普通人的生活关注太少了。确实如此：自伯克哈特的时代以来，历史研究的范畴已经极大的扩展——向历史学家开放的领域，其扩展是一个永远不会中止的过程，这方面伯克哈特自己也作出了重要的贡献。”(xix)

⑧ 对于这一问题有价值的评论，参见 Paula Findlen, “Possessing the Past: The Material World of the Italian Renaissance”, *American Historical Review* 103 (1998): 83 – 114。这篇论文是“坚持文艺复兴（The Persistence of the Renaissance）”讨论小组系列成果的一部分，这一讨论小组在 20 世纪末召开会议讨论文艺复兴研究的现状。讨论小组在 1978 年鲍斯玛（Bouwsma）的美国历史学会（American Historical Association）的主席发言的 20 年后召开会议，讨论从文艺复兴是欧洲历史巨大转折点这一思想中还能抢救出什么。

⑨ 我支持 Elizabeth L. Eisenstein, *The Printing Press as an Agent of Change: Communications and Cultural Transformations in Early-Modern Europe*, 2 vols. (Cambridge: Cambridge University Press, 1979), 172 中务实的观点：“与‘文艺复兴’这一术语应当被抛弃的观点不同，我反对这种观点是因其是不受欢迎的和毫无意义的……撰写一篇对使用‘文艺复兴’这一术语进行质疑的论文，只是让可质疑术语下的参考书目膨胀而已。”类似地，盖伊在 Burckhardt, *Civilization of the Renaissance* 中直截了当地谈道：“确实有文艺复兴，它最好的名字就是‘文艺复兴’，并且它发生在文艺复兴时期。”(xix)

⑩ Jacob Burckhardt, *Die Cultur der Renaissance in Italien* (Basel: Schweighauser, 1860). 伯克哈特提到彼特拉克（Petrarch）的地理贡献是绘制了第一幅意大利地图，但是没有提及与 15 世纪后期地理发现有关的地图学。之前的聚焦于欧洲文艺复兴时期地理学和地图学的通论性著作和论文集包括：NumaBroc, *La géographie de la Renaissance (1420 – 1620)* (Paris: Bibliothèque Nationale, 1980); David Buisseret, *The Mapmaker's Quest: Depicting New Worlds in Renaissance Europe* (New York: Oxford University Press, 2003); Robert W. Karrow, *Mapmakers of the Sixteenth Century and Their Maps: Bio-Bibliographies of the Cartographers of Abraham Ortelius*, 1570 (Chicago: For the Newberry Library by Speculum Orbis Press, 1993); Frank Lestringant, *Mapping the Renaissance World: The Geographical Imagination in the Age of Discovery*, trans. David Fausett (Berkeley: University of California Press, 1994); Monique Pelletier, ed., *Géographie du monde au Moyen Âge et a la Renaissance* (Paris: Éditions du C. T. H. S., 1989); 以及 W. G. L. Randles, *Geography, Cartography and Nautical Science in the Renaissance: The Impact of the Great Discoveries* (Aldershot: Ashgate, 2000)。

渐进模式和一种被建议的折中方案

"Renaissance"一词暗示着哲学思想和实用工艺，如建筑学和医学领域古典模式的重生。对于研究地图的历史学家而言，这种变化的剧变模式似乎尤其恰当，因为这种剧变模式将寓意性的、非测量的世界地图（*mappaemundi*）认为是中世纪的，与克劳迪乌斯·托勒密在公元2世纪提出的，从公元15世纪初开始由拉丁语西方世界"重新发现"的世俗的、测量的、投影的和带有比例尺的地图相对。16世纪和17世纪地图学的文艺复兴，因而被描绘为地理学进步的一种记录，意味着对被观察地点的位置和世界自然特性的测量方法的一种进
7 步。由于这一原因，以及由于其威望所担负的民族主义的利益，地图学史的学者们发现了由这一极具吸引力的时期所提供的渐进模式。对发表在唯一致力于这一领域的国际刊物《世界宝鉴》（*Imago Mundi*）（1935－2003）中的论文的统计显示，有四分之一的论文研究的是绘制于16世纪的地图。

表1.1 **文艺复兴时期地图三个主要功能中的文本和图像**

用途	文本	图像
概述（从小比例尺到大比例尺）	宇宙志	宇宙图
	地理学	地理图
	地方志	地方地图
	地形学	地形图
海上航行	航海指南、海图志	波特兰航海图
陆地航行	旅行指南	路线图
地产管理	地产册	地产平面图
	地籍册	地籍图

当将地图看成是一种对地理探索和发现的生动记录的时候，渐进模式很容易被接受。到1600年，在刚刚超过一个世纪的时间内，欧洲的世界地图在尺寸上毫不夸张地翻了一倍，这种发展，萨顿（Sarton）将之称为"不可思议孕育的一项成就"[11]。过去常常在一个半球上表现的内容，现在则需要两个半球。欧洲在政治和道德方面对另一个半球的剥削是另一个故事，但是在一个非常短的时间内，关于世界地理知识的急剧增长是令人震惊的，同时——意识到知识通常要优于无知——是进步的一个明显标志。

另一方面，按照地图学史的视角，这一将文艺复兴时期的地图绘制作为测量学进步的观

⑪ George Sarton, "The Quest for Truth: Scientific Progress during the Renaissance", in *The Renaissance, Six Essays*, ed. Wallace Klippert Ferguson (New York: Harper and Row, 1962), 55－76, esp. 58. 萨顿将"对大地的发现"列在文艺复兴科技史的12幅小插图之首，但是他没有提到地图学。

点，通过只是关注于那些支持地理准确性进步的地图，从而遮蔽了我们的视野。为了做到这些，我们倾向于将我们今天“精确地图”的标准强加给过去的地图，通常构成了一个“伟大地图”（great maps）使其永世长存的经典文本，而所谓“伟大地图”只是符合了我们关于位置准确性的存在很大局限的概念。同样扭曲的是，对涉及地图学的政治、军事人物或学术精英的生平的关注，而将平凡的工匠或地图使用者排除在外。渐进模式的另外一个缺陷就是通过集中于那些急剧的变化或者事件（例如1409年将托勒密的《地理学指南》翻译为拉丁语），而掩盖了从14世纪至16世纪可以观察到的地图绘制习惯中的延续性。不幸的是，所有这些带有偏见的方法忽略了地图学中很多内容丰富的文化方面，例如普通民众如何看待世界以及他们在世界中的位置。

因而，这一导言的剩余部分通过不仅指出文艺复兴时期发生的通常深刻的变化，而且通过指出在实践方面从中世纪保存下来的令人惊讶的延续性来试图达成一种折中。对在一个复杂的、有时不明确的抽象拼贴画中存在的延续性和变化进行讨论的好处就是，它们反对将文艺复兴过度简化为整个欧洲地图学思想在所有方面都发生了突然的和整体性的革命。

延续

1. 文本

中世纪和文艺复兴时期之间一个令人惊讶的延续，涉及对世界进行文本描述的持续存在，而这种文本描述绝没有被相应的图像描述取代。表1.1显示了所讨论时期地图三种主要功能类别相对应的文本和图像：概述、航行和地产管理。在文艺复兴时期，在所有这些功能类别中都能找到继续使用文本的例子，例如对世界的整体描述、地方志、陆地上的旅行指南、波特兰航海图（航向）和土地调查。

在《地图学史》第一卷中，得出的观点就是中世纪的地图（*mappa*）或世界地图（*mappamundi*）一词可以被用来指称一段文本或一幅地图[12]。这一习惯延续至16世纪和17世纪，如塞巴斯蒂亚诺·明斯特（Sebastian Münster）的《欧洲地图》（*Mappa Evropae*, Frankfurt, 1537）、约翰·史密斯（John Smith）的《弗吉尼亚地图》（*A Map of Virginia*, Oxford, 1612），或托马斯·詹纳（Thomas Jenner）的《一幅全世界的地图》（*A Map of the Whole World*, London, 1668）。实际上，“地图（map）”一词隐喻的用法，不仅仅被用来表示地理描述，而且被用来表述其他活动，而这种用法甚至在今天突然爆发，比如我们几乎每天都听到中东地区和平“路线图”[13]。

相似地，“地方志（chorography）”一词可以意味着对一个小区域的一种文本或图像描述（希腊语 *khôros* = 区域或地方），与“地理学”或“宇宙志”相比，通常有着一个较大的比例尺；但是与“地形学（topography）”相比，通常有着一个较小的比例尺；所有这些术语都有着相应的文本和图像。然而，意识到在这些不同术语中，比例尺层级绝不是那么明确是非常重要的；重要的是用比例进行呈现的方法。“地方志”可以包含对一个地方和区域的 8

⑫ David Woodward, “Medieval *Mappaemundi*,” in *HC* 1: 286 – 370, esp. 287.

⑬ 参见 David Woodward, “‘Theory’ and *The History of Cartography*,” in *Plantejaments*, 31 – 48, esp. 35, n. 11 中的列表。

呈现；其范围没有局限于从某一视角可以看到的地理景观的总量。

在中世纪，最为有名的在标题中包含有“地方志（chorography）”的著作就是公元 1 世纪的庞波尼乌斯·梅拉（Pomponius Mela）的《世界概论》（*De chorographia*，译者注：按照原意应翻译为《地方志》），是对已知世界各个区域的文本描述，对于中世纪地图学的影响很小（1471 年的第一个印刷版没有包含地图）[14]。另一方面，托勒密的《地理学指南》在地方志与地理学之间划出了界线，暗示两者都是用不同尺度来描述世界的首要的图形工具，但依赖于不同的一套技术。地方志因而成为艺术家或画家定性（*to poion*）的工作，而地理学则是数学家定量（*to poson*）的工作；这些也是在亚里士多德（Aristotle）的《范畴论》（*Categories*）的第六章和第七章中可以找到的用来指称量和质的相同的术语。但是，即使在已经被认定应当对 15 世纪和 16 世纪地图发展负责的托勒密的《地理学指南》中，最初意大利人文主义者更感兴趣的是其中的文本。在 1409 年前后雅各布·安格利（Jacopo Angeli）翻译《地理学指南》的时候，地图并没有被收录在内。直至 1427 年这一著作的红衣主教纪尧姆·菲拉斯垂（Cardinal Guillaume Filastre）的版本中才包含了地图。人文主义者只是对地理文本感兴趣，例如斯特拉博（Strabo）和庞波尼乌斯·梅拉所撰写的那些文本，这些文本只有少量的地图学元素，但有着更多的文学风格。斯特拉博的《地理学》（*Geography*）在 1439 年由乔治·格弥斯托士·卜列东（George Gemistus Plethon）介绍到佛罗伦萨（Florence），但是其新奇之处并不蕴含在地图之中，而是蕴含在所包含的大量文本信息中，即使其地理内容可以追溯到公元 1 世纪。

在 16 世纪和 17 世纪，“地方志”一词文本的含义继续占据主导，并且这一含义没有因在地图图名中使用数量的增加而被排挤掉，用于地图图名的例子如迈克尔·德雷顿（Michael Drayton）的《多福之国，或，一种地方志的描述》（*Poly-Olbion*；*or*，*A Chorographicall Description*，London，1622）、威廉·卡姆登（William Camden）的《不列颠，或，一种地方志的描述》（*Britain*；*or*，*A Chorographicall Description*，London，1637），或威廉·格雷（William Gray）的《地方志；或者泰恩河上纽卡斯尔调查》（*Chorographia*；*or*，*A Survey of Newcastle upon Tine*，Newcastle，1649）等著作[15]。

类似地，古典和中世纪书写的陆地旅程指南继续成为一种可靠的找路工具，同时这些文本著作根本没有被它们的图像对应物取代。尽管我们的《波伊廷格地图》（*Tabula Peutingeriana*）是一个图像与文本旅行指南的结合品的著名例子，这是一幅其祖本可以追溯到公元 4 世纪的图像，但在中世纪时期，如何从某地前往另一地的书写指南要超越于地图之上。有人可能甚至会质疑，图像的旅行指南在道路上实际使用的程度。例如，描绘了伦敦与位于前往圣地道路上的阿普利亚（Apulia）（意大利）之间的朝圣路线的马修·帕里斯（Matthew Paris）的“条带地图（strip map）”的四个版本，其绘制可能只是作为读者纸上朝圣的工具，而不是找路的工具[16]。书写的旅行指南则更为常见。一个突出的例子就是 14 世

---

⑭ F. E. Romer, *Pomponius Mela's Description of the World* (Ann Arbor: University of Michigan Press, 1998), 20 – 21.

⑮ 对地方志与地理景观的绘画、地形景观以及小区域的地图绘制之间的历史渊源的精彩和范围广泛的哲学讨论，参见 Edward S. Casey, *Representing Place: Landscape Painting and Maps* (Minneapolis: University of Minnesota Press, 2002), 154 – 170。

⑯ Daniel K. Connolly, "Imagined Pilgrimage in the Itinerary Maps of Matthew Paris", *Art Bulletin* 81 (1999): 598 – 622.

纪布鲁日（Bruges）的旅行指南，其记载了从布鲁日到欧洲其余各处的商业路线[17]。这种书写的旅行指南在文艺复兴时期依然流行。实际上，口头的指南在今天依然流行，依赖于使用者的认知方式或者城市的街道布局和主要的结构特点。在威尼斯，问路依然会遇到这样的回答“giù il ponte e poi chiede”（下到那座桥，然后再问问），同时在纽约城（New York City）相似的说明将会提到其街道棋盘格的坐标系统。同时争论依然存在，如在汽车导航系统中是一幅移动的地图还是语音导航更为有用。

最后，文本的航海指南，在古典时期被称为 *periploi*，在中世纪被称为航海指南（portolans, *portolani*），直至 16 世纪和 17 世纪，在很多水手中依然比图像版的指南更受欢迎，尤其是在北欧水域，在那里，文本航海指南被称为海图志（rutters）。这种混乱今天依然存在，如经常在意指“波特兰航海图（portolan chart）”的时候使用术语“航海指南（portolan）”，导致某些人提议这两个术语应当都被废除[18]。按照本卷费尔南德斯—阿梅斯托（Fernández-Armesto）的观点，文艺复兴时期，在航海时，地图和海图的使用不如文本的航行指南那么频繁[19]。

2. 图像

地中海地区海图的早期发展和延续，对中世纪和文艺复兴之间地图学发展的渐进模式提出了一个合乎逻辑的图形方面的挑战。《地图学史》第一卷中坎贝尔（Campbell）对这些海图的研究由本卷的阿斯滕戈（Astengo）延续，但是将 1500 年作为两者研究的分水岭则有些武断。戈蒂埃·达尔谢（Gautier Dalché）已经令人信服地说明这类海图在 1200 年 9
前后就已经出现，虽然现存最早的海图——也就是所谓的《比萨航海图》（*Carte Pisane*）——出现的时间是在 13 世纪晚期，但在任何情况下都确实位于通常认为的“中世纪”的时期内[20]。从现存最早的例子来看，海图的结构与这一时期其他地图不同，其由罗盘方位线和垂直于海岸线书写的地名构成。尽管从 15 世纪中叶开始，罗盘方位线的数量习惯上增加了一倍，同时海图上地中海的方向在 16 世纪变化了大约 10°，但就海图上位置的准确性而言，在此后三个多世纪中变化很小。海岸周围的岩石和暗礁也是如此。除了地名的数量和具体选择的地名以及涵盖的范围超出了地中海之外，海图的风格和内容都有着丰富的弹性[21]。

文艺复兴时期发生了激进的地图学的变化，与这一受到偏爱的神话不相符的另外一种延续性就是持续使用城市倾斜或正立面的视角，而较少使用平面的或垂直的呈现方式。城市表现方式上的不同视点或几何结构，在 16 世纪大部分是实验性质的。当然，一些作者提出的，

---

⑰ P. D. A. Harvey, “Local and Regional Cartography in Medieval Europe”, in *HC* 1: 464 – 501, esp. 495.

⑱ Patrick Gautier Dalché, “D'une technique à une culture: Carte nautique et portulan au XIIe et au XIIIe siècle”, in *L'uomo e il mare nella civiltà occidentale: Da Ulisse a Cristoforo Colombo* (Genoa: Società Ligure di Storia Patria, 1992), 283 – 312.

⑲ 参见本卷第三十章，尤其是原文第 749—750 页。

⑳ 参见本卷的第七章和 Patrick Gautier Dalché, *Carte marine et portulan au XIIe siècle: Le* Liber de Existencia riveriarum et forma maris nostri mediterranei (*Pise*, *circa* 1200) (Rome: École Française de Rome, 1995)。

㉑ Tony Campbell, “Portolan Charts from the Late Thirteenth Century to 1500”, in *HC* 1: 371 – 463.

从倾斜视角朝向一种平面表现方式的简单进步并不存在[22]。源自古代到古典世界［新石器时代的岩画、巴比伦（Babylonian）的泥板文书、《罗马城图志》（Forma Urbis Romae，公元203—208）］或者来自中世纪［《圣加尔平面图》（Plan of Saint Gall，9世纪）、"大年表（Chronologia Magna）"中威尼斯的平面图（1346年之前）、锡耶纳（Siena）的港口城市塔拉莫内（Talamone）的一幅平面图（1306）］的垂直视角地图的例子雄辩地否定了这种模式。无论是在流行程度还是在成熟程度上都可以被认为是文艺复兴时期城镇表现形式巅峰之作的就是《寰宇城市》（*Civitates orbis terrarum*，1572—1618），其选择的视角是倾斜的和立面的，而不是垂直的[23]。

天体图（Celestial maps）和球仪在中世纪和文艺复兴之间同样有着一定程度的延续性，因为用于构造它们的规则没有实质上的变化。托勒密的《天文学大成》（*Almagest*）或者至少它的一个精简版，《概要》（*Epitome*），在整个中世纪和文艺复兴时期都是可用的，同时具体说明星辰位置的赤经和赤纬（right ascension and declination）的坐标在文艺复兴时期依然继续使用，尽管计算赤纬的基线从黄道（ecliptic）转移到了天赤道（celestial equator）。天体图绘制中的实际变化就是新的星辰位置的数量，其增加可能是使用了在17世纪初得到发展的望远镜的结果。

与此类似，与罗马手册式的《测量师》（*agrimensores*）存在联系的测量原则具有显著的弹性，即使它们是对地产纯粹描述性的呈现，同时使得它们自己无法被用于计算距离或面积。罗马的《测量师》可以追溯到公元4世纪和5世纪。在13世纪早期，测量开始提供面积数据，同时在保存下来的表格中给出了任意给定宽度的一英亩土地的长度。比萨的莱昂纳多［Leonardo of Pisa，斐波那契（Fibonacci）］撰写的"实用几何（Practica geometriae）"（1220），描述了如何使用一把铅垂水平仪（plumb-bob level）来找到一个斜坡的水平面，并且展示了在调查中如何使用一把四分仪。尽管我们无法从类似于斐波那契的著作中推断出其推荐的仪器是否被经常使用，但它们的出现必然反映了对土地进行描述时所必需的度量单位和技术方面的基本知识。土地测量员所使用的测量角度和一个横断面上两点之间直线距离的方法，完全局限于某些人之中。中世纪的调查手册中包括贝特兰德·博伊赛特（Bertrand Boysset）所撰写的法文论著《呈现的科学》（"La siensa de destrar"，1405）。在《河流》（"De fluminibus seu tiberiadis"，1355）中，意大利的法学家巴尔托洛·达萨索费拉托（Bartolo da Sassoferrato）描述了平面图如何可以被用来裁决关于水道划分的纠纷。15世纪中叶，莱昂·巴蒂斯塔·阿尔贝蒂（Leon Battista Alberti）描述了土地测量的很多方法，可能是基于实用手册，但同样也暗示了确定位置时使用三角测量的可能性，这一技术直到在赫马·弗里修斯（Gemma Frisius）的《用于描述地点的小册子》（*Libellus de locorum describendorum ratione*，1533）中才进行了系统论述。但是难以证明这些手册的使用范围以及它们转化为图像

㉒ Denis Wood, "Now and Then: Comparisons of Ordinary Americans' Symbol Conventions with Those of Past Cartographers", *Prologue: The Journal of the National Archives* 9 (1977): 151 – 61. 这种渐近的观点得到了 P. D. A. Harvey 的支持，参见他的 *The History of Topographical Maps: Symbols, Pictures and Surveys* (London: Thames and Hudson, 1980)。

㉓ Lucia Nuti, "The Mapped Views by Georg Hoefnagel: The Merchant's Eye, the Humanist's Eye", *Word and Image* 4 (1988): 545 – 70.

地图的情况[24]。

甚至在16世纪中期，当地面测量仪器和技术已经常见于莱昂纳德·迪格斯（Leonard Digges）的《一本名为建筑的书》（*A Boke Named Tectonicon*）或阿贝尔·富隆（Abel Foullon）的《平纬计的外观和描述》（*Vsaige et description de l'holometre*）等著作的描述时，对于调查的兴趣依然是定性的。在英格兰，尽管土地测量紧随着宗教改革（Reformation）之 10
后大量地产的转移而得以迅猛发展，但地图绘制一直落后，这种现象一直持续至16世纪末。亨利八世（Henry Ⅷ）在修筑防御工事上花费了大量资金，这些防御工事中很大一部分将要绘制地图，但是直到詹姆斯一世（James Ⅰ）统治期间，地图才被常规性的绘制以服务于市民目的，例如勾勒森林或者私人住宅的轮廓。国家之间存在不同的习惯。在17世纪，英国的测量员可能受到约翰·诺登（John Norden）和阿伦·拉思伯恩（Aaron Rathborne）教科书的影响，倾向于强调在他们的平面图中精确记录土地的使用情况、土地资源和以英亩计数的土地数量。法国的测量与此不同，更为注意描述地形景观上的建筑和它们的位置，如同在雅克·安德鲁埃·杜塞尔索（Jacques Androuet du Cerceau）的《法国建筑精粹》（*Les plus excellents bastiments de France*，1576）中那样，而对于精确计算面积和绘制地产平面图则兴趣不大[25]。

地方上的土地测量，其根源更多的来源于测量的实际需要，而不是古典学者的哲学工作。其目的在于解决挖掘隧道、土地划分、道路和桥梁建造、矿产布局、河道的开导和其他市民工程任务中的问题。其并不来源于托勒密的《地理学指南》，因为托勒密强调地方地图（地方志）不应当基于测量，而应当由艺术家来制作。而且，土地测量仪器和习惯与水文调查存在紧密联系，两者之间只存在一个关键的差异。当水文调查员可以不受惩罚地调查海岸线和海洋的时候，大部分土地测量员的工作涉及从地主那里获得穿过他们土地的许可，并要安抚当地的居民[26]。16世纪70年代，在克里斯托弗·萨克斯顿（Christopher Saxton）领导下

㉔ 参见 F. M. L. Thompson, *Chartered Surveyors: The Growth of a Profession* (London: Routledge and Kegan Paul, 1968), 33–34; Derek J. de Solla Price, "Medieval Land Surveying and Topographical Maps", *Geographical Journal* 121 (1955): 1–10; H. C. Darby, "The Agrarian Contribution to Surveying in England", *Geographical Journal* 82 (1933): 529–535; P. Pansier, "Le traité de l'arpentage de Bertrand Boysset", *Annales d'Avignon et du Comtat Venaissan* 12 (1926): 5–36; Patrick Gautier Dalché, "Bertrand Boysset et la science", in *Église et culture en France méridionale (XIIe-XIVe siècle)* (Toulouse: Privat, 2000), 261–85; and Bartolo da Sassoferrato, *La Tiberiade di Bartole da Sasferrato del modo di dividere l'Alluuioni, l'Isole, & gl'aluei* (Rome: G. Gigliotto, 1587)。莱昂·巴蒂斯塔·阿尔贝蒂的罗马平面图，尽管使用了一种极坐标系统来从一个中心点绘制距离和绘制建筑（按照相同的方式，测绘员可以划出一条横贯线），但体现出的与《地理学指南》地图中提出的直角坐标系的几何学关系则极少。实际上，阿尔贝蒂对《地理学指南》的兴趣更多地体现在将其作为一种讽刺的对象，而不是作为一种方法论的来源，因为他主要是在《对苍蝇的赞美》（*Praise of the Fly*）一书他的讽刺中提到了这一文献，其中他说到，苍蝇翅膀上美丽的图案可能启发了托勒密的地图。参见 Anthony Grafton, *Leon Battista Alberti: Master Builder of the Italian Renaissance* (New York: Hill and Wang, 2000), 244。更为可能的是，阿尔贝蒂依赖的是土地测量员的方法而不是托勒密的原则。

㉕ Renzo Dubbini, *Geography of the Gaze: Urban and Rural Vision in Early Modern Europe*, trans. Lydia G. Cochrane (Chicago: University of Chicago Press, 2002), 39.

㉖ Marica Milanesi, "La rinascita della geografia dell'Europa, 1350–1480", in *Europa e Mediterraneo tra medioevo e prima eta moderna: L'osservatorio italiano*, ed. Sergio Gensini (Pisa: Pacini, 1992), 35–59.

的英格兰和威尔士的调查，以及1568年菲利普·阿皮亚（Philipp Apian）进行的巴伐利亚（Bavaria）的调查受到了贵族的赞助，由此这种接触得到了授权。这些详细的大比例尺土地地图构成了对家乡的发现，并且对巩固政治统一的思想巩固做出了贡献[27]。如果地图的数量是衡量发现的一种尺度的话，那么如同卡罗（Karrow）指出的，在文艺复兴时期中，被“最多”发现的地方是欧洲，而不是新世界[28]。

图像延续性的最后一点就是地图的宗教功能。在宗教的世界地图（*mappamundi*）与可以被精准定位到单一时间和地点的世俗的世界地图之间没有清晰的断裂。正如沃茨（Watts）在她撰写的那章中展示的，文艺复兴时期带有宗教内容的地图不只是世界地图（*mappaemundi*）古怪的残余；此外，宗教地图属于中世纪，而世俗地图属于文艺复兴时期，这种常见的二分法可能具有误导性[29]。如果印刷注定是文艺复兴的典型特征，那么由坎贝尔列出的1472年至1500年之间在西方印制的222幅地图中，只有大约三分之一（72幅）有着古典的或中世纪早期之外的来源，如果我们将属于波特兰航海图传统以及来源于1420年克里斯托福罗·布隆戴蒙提（Cristoforo Buondelmonti）稿本的巴尔托洛梅奥·达利索内蒂（Bartolommeo dalli Sonetti）《岛屿书》（*isolario*）中的希腊群岛中的岛屿图排除在外，那么这一数字只有十分之一（23幅）[30]。16世纪，在地图上绘制的最为流行的国家可以说就是圣地。当然，在这一世纪中，绘制圣地的地图要多于绘制法兰西、西班牙或葡萄牙的地图。几乎与圣地地图数量相同的是世界地图或关于非洲大陆的地图[31]。带有宗教主题的地图不仅仅局限于关于圣地的地图；为教皇格列高利十三世（Pope Gregory XIII）绘制的梵蒂冈（Vatican）的巨大的壁画地图——尤其是在美景画廊（Galleria del Belvedere）和第三层长廊（Terza Loggia）——当将这些地图作为整体时，则被看成是对一种教会的不仅仅局限于意大利半岛而是整个世界的宗教领导权的宣言[32]。同时向那些访问罗马的朝圣者出售的数千份的印制地图；城市中出版商和印刷工所在区域帕里奥内（Parione）的地图出售者，有策略地选择位置以从出现的朝圣者那里获利。虽然这些地图中的很多都具有世俗性质，但通过服务于提醒罗马城中的朝圣者，因而一些地图有着特定的宗教目的，例如显示了罗马城中习惯上应当访问的七座教堂的地图（图1.2）[33]。

---

[27] Richard Helgerson, “The Land Speaks: Cartography, Chorography, and Subversion in Renaissance England”, *Representations* 16 (1986): 50 – 85.

[28] Robert W. Karrow, “Intellectual Foundations of the Cartographic Revolution” (Ph. D. diss., Loyola University of Chicago, 1999), 240.

[29] 参见本卷第十一章。

[30] Tony Campbell, *The Earliest Printed Maps*, 1472 – 1500 (London: British Library, 1987), 232 – 33 (table 2).

[31] Karrow, “Intellectual Foundations”, 241 – 42 and fig. 6. 2.

[32] 参见本卷第三十二章。

[33] 参见本卷原文第775—779页。

图 1.2　安东尼奥·拉弗雷伊（ANTONIO LAFRERI），罗马的七座教堂（*LE SETTE CHIESE DI ROMA*），1575 年

原图尺寸：大约 39.8×50.8 厘米。由 BL（Maps 23807.［1］）提供照片。

变化 11

1400—1472 年，在绘本时代，据估计流通有数千幅地图；1472—1500 年间，大约有 5.6 万幅地图；1500—1600 年间，达到了百万幅㉞。需要对可以用于观看的地图数量的急剧增加进行解释。当然，地图开始服务于社会中大量不同的政治和经济功能。当满足大量与公共建设工程、城镇规划、法律边界问题的解决、通商航海、军事策略和乡村土地管理有关的需求时，行政官僚机构变得更为复杂，这些功能彼此交织，同时产生了对定制地图的需求（由于这一原因，因此这些行政地图中的大部分依然以绘本的形式）。在意大利、法兰西、大不列颠等国家，区域档案的结构反映了这些甚至在今日依然存在的行政需求㉟。

此外，文本和图像之间不断变化的关系是理解观察世界的视角从主要是听觉向视觉转移的关键。德塞尔托（De Certeau）将从旅行指南向地图的转型看成是文艺复兴的标志：
“如果某人接受目前地理形式的‘地图’的话，那么我们可以看到在以现代科学话语的诞 12
生为标志的这一时期的发展过程中（也就是从 15 世纪至 17 世纪），地图已经缓慢地让其自身脱离开使其成为可能的旅行指南。”㊱ 我们已经讨论了这种流行于中世纪的地图的文

㉞ Karrow，“Intellectual Foundations”，8－9.

㉟ 详细描述参见后续各章。

㊱ Michel de Certeau，*The Practice of Everyday Life*，trans. Steven Rendall（Berkeley：University of California Press，1984），120.

本等同物，作为旅行指南、航海指南和文本的地方志一直存续到文艺复兴时期的方式。这并不是说图像的大量增加排挤了书面文本的功能，而应当是一种新的表达方式附加在了旧的之上。尽管最近对于图像地图与起到地图功能的口头或文本段落之间的姻亲关系进行了很多研究（包括本卷中关于地图和文学的部分）[37]，但是我们不应忽略文艺复兴时期空间类比和文化对象普遍重新定向的日益增长的重要性。按照翁（Ong）的观点，一本书籍现在成为一个对象而不是一本某人所说话语的记录，“更属于一个事物的世界，而不属于一个词汇的世界”，同时对于绘制地球表面的兴趣“使得这一古滕贝格（Gutenberg）时期，同时也是一个制图学和探险的伟大时代……新的世界是一个之前从未存在过的对象的世界”[38]。

这一时期地图的性质是如何变化的，这些变化的背后是什么？嵌套的时期、区域以及活动尺度都存在多重性，以及有着不同的分期的标准。例如，所确定的意大利城邦中的文艺复兴制图学的时间与英格兰存在很大差异，因此非常难以确指影响了欧洲所有部分的转型事件。尽管存在这些严重缺陷，但是确实在15—16世纪发生了根本性的变化，并且我们可以对它们进行概括。

在关于人们通过地图的方式看待和了解他们世界的三个宽泛的条目下，可以对这些变化进行讨论，这三个宽泛的条目是：（1）地图结构或图形语法内在关系的变化：内在逻辑、语言和地图各个部分或元素的排列组合；（2）地图与被观察的世界中的其来源之间的关系发生的变化，包括经验的个性化、全球化、量化和价值化过程；古典地理文本的权威性受到了侵蚀；理论与来源于直接观察的实践（量和质两方面）之间的冲突；（3）通过传播、出版、赞助以及地理知识和文化的商业化，地图与社会之间关系的变化。在某些方面，这一条目分类反映了句法的、语义的和实际功用的简化的三重系统，大致与将地图作为人工制品、呈现形式和文本进行的研究有关，尽管在本章中将会尽可能地运用符号学理论的语言[39]。

地图结构或图形语法的内在关系

多种多样的地图学的变化，可以在图形语法的主题下进行宽泛的讨论。这涉及地图的组成部分或元素被按照（1）作为一种抽象的几何变换的空间概念，（2）标注和图像元素如何在地图上进行了关联，以及（3）一种不断增长的预设，即一幅地图上表现的元素应当是同步的（时间与空间的一种分离，历史与地理的一种分离），并由此进行系统组织的方式中发生的变化。

作为抽象概念的空间

空间抽象概念的变化——从强化中央的《世界地图》（*mappaemundi*）到托勒密的各向

[37] 参见本卷第十二—十八章。

[38] Walter J. Ong, “System, Space, and Intellect in Renaissance Symbolism”, *Bibliothèque d'Humanisme et Renaissance* 18 (1956): 222 - 39, esp. 229 - 30 and 238.

[39] 这一类比在我们的三篇论文中进行了探索，参见 *Plantejaments*, “‘Theory’ and *The History*,” 31 - 48; “Starting with the Map: The Rosselli Map of the World, ca. 1508”, 71 - 90; 和 “The Image of the Map in the Renaissance”, 133 - 52。

同性结构（Isotropic Structure）的制图学——通常被称为文艺复兴地图学典型的现代性。其证据在于，15 世纪之前相对较少见到采用经纬度的陆地地图。没有使用经纬度的 13 世纪和 14 世纪欧洲陆地地图保存下来，尽管罗杰·培根（Roger Bacon）在《大著作》（“Opus maius”）（约 1265 年）中描述了一幅绘制在羊皮上，有着用小红圆圈表示的城市的地图[40]。作为比较，到 17 世纪中叶，将对经纬度的观察作为地形测量控制点的方法已经传入了法兰西。在中间的 4 个世纪中发生的变化，大致归因于 15 世纪最初 10 年中托勒密关于地图绘制的手册的重新发现。

1. 坐标

托勒密描述的——自希腊化时代（Hellenistic Times）之后用于绘制天体图——地面坐标系假设存在一个各向同性的、均质的地表，其上的抽象位置被绘制在世界地图或面积大于地方志的区域地图上。这一明显散文性陈述的意义是复杂的和广泛的。其暗示，某一地点的位置不比另外一点重要，同时几何中心与边界框架都是任意决定的，是由计算经纬度的基准线的假设所决定的。框架或是地图的边界，或者需要在地图空间与这一空间之外的外在世界 13
之间绘制一条清晰的边界。有界的均质空间的概念，同样意味着绘制于其中的对象是同时的，这一概念如同我们应当看到的，导致了历史和“现代”地图可以并且应当被作为不同的文档的思想。由于地表被作为一个均质空间来表示，那么比例和均衡也都是可能的了。这一陈述同样意味着某种从球形的球仪到平面地图的几何变形。此外，地图现在已经不再只有一个单一的视角，而是有着多重（严格地讲，是无穷多的）垂直视线的视角（垂直于地表）。

由此产生的世界和区域地图有着大量理论上的优点。由于它们广泛地基于一个有着比例的结构（托勒密没有研究在源于球形地表的平面图上使用一个绝对比例尺的问题），因此新的地点，如果它们的坐标可以使用的话，那么就可以填充在地图上，而不需要“拉伸”或者扩展地图。此外，由于这一概念首先基于一个球形的地球，而不是一个希腊人所知道的更为有限的有人居住的世界，因而在理论上，托勒密的框架适用于世界范围内的发现。这就是弗朗切斯科·罗塞利（Francesco Rosselli）（大约 1508 年）署名的看上去普通的世界地图如此重要的原因[41]。约 1507 年的马丁·瓦尔德泽米勒（Martin Waldseemüller）制作的地球仪贴面条带（Globe Gores）是一个类似的图形工具，可能是最早的如何制作一个地球仪的概念。这两幅地图都显示了某一瞬间的整个世界，通过这一方式，观看者不需要进行移动（图 1.3 和图 6.5）。这是一个人类不可能的视角，即使从空中也是不可能的，通过一种对于球形的任意的展开变形——分解图的一种——所达成的，需要读者暂时放弃单一视点这一显而易见的事实。与一个地球仪相比，罗塞利的地图对于地球的展示存在一个根本性的差异，地球仪是一个不需要球形/平面转换的有比例的世界的模型，同时假设我们将要绕着它移动或者转动它来获得一个“整体的”视角。罗塞利的地图则是需要一种不同的、高

[40] David Woodward with Herbert M. Howe, “Roger Bacon on Geography and Cartography”, in *Roger Bacon and the Sciences: Commemorative Essays*, ed. Jeremiah Hackett (Leiden: E. J. Brill, 1997), 199 – 222.

[41] Woodward, “Starting with the Map”, 71 – 90.

度构建的认知体系的新思想[42]。

托勒密地图学系统一个显著的特征就是在一个由大量经线和纬线构成的网络中将世界展现给观看者，这意味着其有系统的秩序和方向。这一编号方式是地图投影的经纬网与工匠于15世纪提出的透视体系的网格之间的一种根本性的差异。其意味着一种比例[43]。

能充分发挥托勒密范式优点的足够精准的测量方法，在经纬度的天文测量方法成为家常便饭之前都是不可用的。即使当强调天文观察比旅行记录更有优势的时候，托勒密自己也意识到通过天文方法搜集经纬度信息，尤其是通过在发生日月食时进行同时观察来对经度进行测量，是严重缺乏的（*Geography* 1.4）。陆地上东西距离的确定，在很大程度上是依赖商人的报告，托勒密引用了提尔的马里纳斯（Marinus of Tyre）的说法“通常大言不惭的夸大距离”，因而需要修订（*Geography* 1.11 –12）。至于对海洋进行的相似计算，来源很可能就是航海指南（*periploi*）[44]。

地图投影系统同样诱导读者确信地图正在按照正确的比例呈现了世界。但除非是用测量方法进行观察，否则这一确信显然放错了地方。短语“来自实际测量”将是17世纪地图质量的标志。在仔细测量之前，两点之间的距离可以通过步量大致测出；一个地点的位置可以用其与某一自然地物的关系来进行描述（例如，在两条河流的汇合处，或者从这里有条河流入海）。需要仔细测量，这种意识部分来源于商业贸易企业的出现，它们试图标准化长度和重量单位。

因此，地理坐标主要是学术性的且没有受到实际关注，直到在一块精度令人满意的钟表制作之后，可靠的测量经纬度的天文学方法才在18世纪后期变得可行。坐标和投影网格当然在15世纪和16世纪是强有力的浮夸手法，但它们背后的数据通常是有疑问的。

2. 地图和透视

展示了如何构建地图“投影”的《地理学指南》中的图示，与过去用来展示线性透视的图示之间的视觉相似性，导致了对两者之间关系的大量混淆。一位作者直接将它们的起源联系了起来，认为菲利波·布鲁内莱斯基（Filippo Brunelleschi）的透视试验恰恰发生于托
14 勒密的《地理学指南》抵达佛罗伦萨的时候[45]。争论集中于托勒密在《地理学指南》第七卷中描述的所谓第三投影，这是那本书中描述的唯一一种转换方式，其实际上是一种源自单一原点的几何投影。托勒密的目的是显示，如果通过一个浑天仪（Armillary Sphere）观看的话，那么可居住的世界看上去的样子，就像在一幅透视图中。

---

[42] 参见本卷原文第371页。

[43] David Woodward, “Il ritratto della terra”, in *Nel segno di Masaccio: L'invenzione della prospettiva*, ed. Filippo Camerota, exhibition catalog (Florence: Giunti, Firenze Musei, 2001), 258 –61.

[44] J. Lennart Berggren and Alexander Jones, *Ptolemy's* Geography: *An Annotated Translation of the Theoretical Chapters* (Princeton: Princeton University Press, 2000), 30, 62 –63, and 70 –74, esp. 72.

[45] Samuel Y. Edgerton, “Florentine Interest in Ptolemaic Cartography as Background for Renaissance Painting, Architecture, and the Discovery of America”, *Journal of the Society of Architectural Historians* 33 (1974): 274 –92.

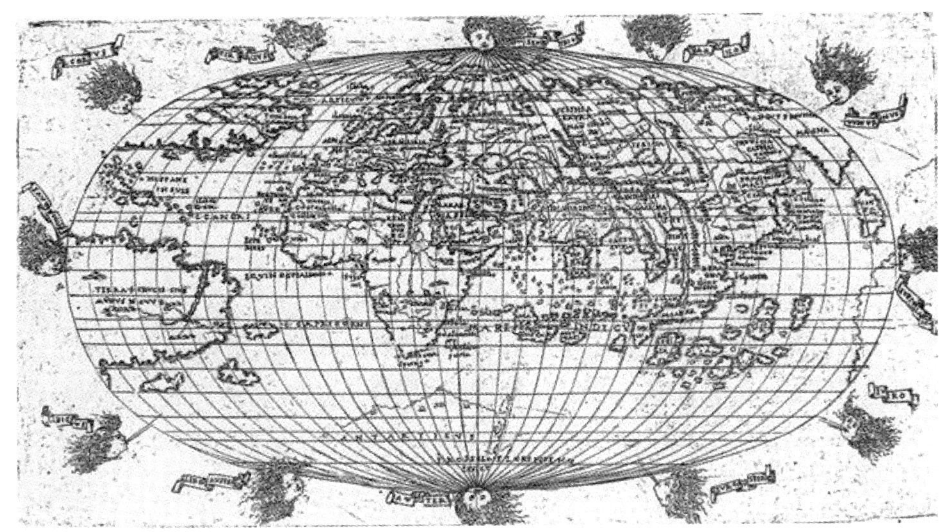

图 1.3 弗朗切斯科·罗塞利的世界地图，约 1508 年

罗塞利的卵形世界地图，尽管尺寸和雕版风格非常普通，但是标志着在对世界整体进行呈现方面发生的一个革命性变化。这是现存最早的将地球球形的所有 360°的经度和 180°的纬度投影到一个平面上的地图。因而，使阅读者可以获得一个除此之外不可能的整个地球的视角，并且让观众面对潜在发现地球上任何地方的可能性。在文献中提到了这一地图的三个副本；其他两幅分别收藏于伦敦的国家海事博物馆（National Maritime Museum），以及佛罗伦萨的国立中央图书馆（Biblioteca Nazionale Centrale）（参见图版 16）

原铜版画的尺寸：20.5×34.5 厘米。照片由 Arthur Holzheimer Collection 提供。

托勒密第三投影的建构与线性透视之间概念上的相似性具有欺骗性，但是在历史上的联系还没有得到令人信服的证明。15 世纪上半叶，人文主义者对应用于陆地上的严格的地图投影没有显示出太大的兴趣。缺乏对第三投影存在兴趣的明确证据，同时实际上其没有在《地理学指南》的一个重要稿本 Codex Urbinas Graecus 82 中进行阐明。

进一步而言，其他数学严格的透视投影，例如球极平面投影（stereographic），很早就已经在非陆地的地图绘制中使用，如用于在星盘上绘制网格（用于不同纬度的坐标网）。尽管球极平面投影与线性透视之间概念上的相似性，例如都有一个单一的原点，但在中世纪时期，球极平面投影的普遍运用并没有导致透视的发明[46]。

3. 确定中心和结构

采用系统的地图投影产生了多种多样的确定中心和框架的问题。一个投影的中心并不通常意味着，是作者的观点，或是被绘制的最为重要的特点。不同于世界地图（*mappaemundi*），在这种地图中，耶路撒冷、德洛斯（Delos）、罗马，或者其他一些圣地可能被放置于地图的中心，一幅类似于罗塞利的卵形世界地图并不以特定的地点为中心［中心位于现代索马里兰（Somaliland）的海岸外］。可以进行操纵的就是投影的视场（field of view of the projection）。由于经纬度的划分在某种程度上对地图绘制者进行了强制，因此不得不对一个投影所覆盖的区域进行仔细的计算。例如，约道库斯·洪迪厄斯（Jodocus Hondius）的两半球世界地图，被设计用来展现弗朗西斯·德雷克（Francis Drake）和托马

㊻ Woodward, “Il ritrattodella terra”.

斯·卡文迪什（Thomas Cavendish）的航行，其优点是将美洲和欧洲/非洲包含在同一半球内，这种安排方式据我所知没有重复出现在文艺复兴时期的其他双半球图中（图 10.7）。

15 16 世纪早期地图投影新颖的形状——卵形、椭圆形、双半球形、心形、双心形——可能与天文学中讲求天体完美的几何一致性的愿望是一致的。例如，乔治·阿希姆·雷蒂库斯（Georg Joachim Rheticus），由于相信 6 是一个完美的数字，因此应当存在六大行星（其因数 1、2 和 3 加起来就等于 6）。约翰内斯·开普勒（Johannes Kepler）同样假定行星的数目与几何之间存在某种联系：五种柏拉图（Platonic）正多面体加上球形[47]。列奥纳多·达芬奇（Leonardo da Vinci）和阿尔布雷克特·丢勒（Albrecht Dürer）似乎在地图投影方面也有着尝试，即将正多面体插入球形中，20 世纪的巴克敏斯特·富勒（Buckminster Fuller）在实践方面进行了回应。这些例子强调了地球地图学与天体制图学之间的一致性，这点在本卷中由德克尔（Dekker）进行了强调[48]。

地图的正方向是另外一个问题。公众经常提问，考虑到世界并没有“上”或“下”之分，那么为什么北方现在按照惯例被放在了世界地图的顶端？最为直接的回答就是，在古典时期，在意这件事情的人生活在北半球，并且在地球仪上将他们所在的半球绘制在最上面。由于托勒密告诉我们世界地图应当以地球仪为基础绘制，这使得对于这类地图正方向的认识也基于按照同样的方式，即上北。托勒密的模式最终在中世纪和文艺复兴时期的欧洲被接受作为标准，到 20 世纪其成为世界地图正方向系统中散播范围最广的，即使是在南半球。其影响力现在通常扩展到了较小区域的地图[49]。

4. 正交

另外一个与坐标系统以及随之而来的系统测量有关的结构方面的内容就是正交，我们可以将其定义为按照从一个垂直于表面的方向观察，表面上每个点所呈现的特性。在地图学语境下，这意味着是从地表的正上方观察每一个点。这一问题在讨论城市平面图和景观时是最为常见的，并且产生了一组使人迷惑的术语来描述一个城镇是从正上方、正侧面，还是从上述两者之间进行的观察（图 1.4）[50]。15 世纪和 16 世纪极少的印刷或绘本的垂直视角的平面

---

[47] George Molland, “Science and Mathematics from the Renaissance to Descartes”, in *The Renaissance and Seventeenth-Century Rationalism*, ed. G. H. R. Parkinson (London: Routledge, 1993), 104 – 39, esp. 115.

[48] 参见本卷第六章。

[49] 另外一种解释是由凯西（Casey）提出的，他认为（在 *Representing Place*, 172 中）地图的正方向之所以为北是因为“在这里发现了主磁极”。但是“主磁极”这一让人莫名其妙的观点可能来源于习俗，因此并不是原因。指南针与地球磁场相一致；它们并不“指向”任何极点。

[50] 用来表达“从正上方观察”的术语包括平面图（plan）、俯视图（plan view）、几何平面图（geometric plan）、平面图（ichnographic plan）和垂直平面图（orthogonal plan）。表达“从侧面观察”的术语包括正立面、侧面或全景（是一种长的侧面图，甚至达到了 360°）。“从上述两者之间”依赖于从一个较高的还是一个较低的视角：或是高倾斜视角或低倾斜视角。术语平面图（plan）、侧面图、图景和倾斜图使用的更普遍。当遇到如何按照比例尺表现地表元素的时候，事情就变得复杂了。平面图（*Plans*）是按照一个固定比例尺绘制的，或者至少按照一个投影允许的固定比例尺绘制的。侧面图（*Profiles*）同样有着一个一致的比例尺，如果其中的信息与观察者之间有着一个固定距离的话。倾斜视角（*Oblique views*）可能是等角（*isometric*）或透视（*perspective*）的。在透视视角中，景观中较近事物的比例比远端的要大。在等角图景中，景观中从前至后各要素的比例与从一侧到另一侧的各要素的比例是一样的。因而要避免含糊的术语“鸟瞰”或者“透视的视角”。当处理景观中不同的要素时，又出现了额外的复杂性，如道路网、建筑物或者其他地理景观的要素（例如树木、山丘）。每个要素可以从不同的视角和用不同的比例进行呈现。因而，可能一个道路网用平面表示，同时街道上的建筑则以侧面或倾斜的视角表示。

图——莱昂·巴蒂斯塔·阿尔贝蒂的被复原的《罗马城的描述》（“Descriptio urbis Romae”）、列奥纳多·达芬奇的伊莫拉（Imola）平面图、1545 年的朴次茅斯（Portsmouth）平面图的绘本、莱昂纳多·布法利尼（Leonardo Bufalini）的罗马平面图，或安东尼奥·坎皮（Antonio Campi）的克雷莫纳（Cremona）平面图——通常被赞誉为文艺复兴时期城市平面图的典型，然而描绘一座城市的常用方法是以一种倾斜的视角，在这种方式中视角要小于 90°[51]。

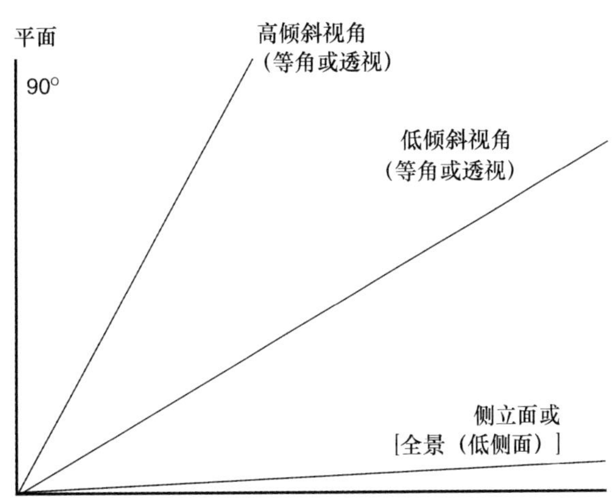

图 1.4 地图学和地理景观中使用的视角

术语“平面（plan）”“倾斜视角（oblique view）”和“侧立面（profile）”比它们下面括号中列出的其他选项更受欢迎。依赖于它们的目的，倾斜视角可以是高的或低的，并且按照等角或线性透视绘制。呈现的每个元素——街道网络、建筑或其他地理景观的特征——可以有自己的视角。

遵照 Richard L. Kagan, *Urban Images of the Hispanic World*, 1493 – 1793 (New Haven: Yale University Press, 2000), 5 (fig. 1.4)。

在这种语境下，将从单一已知视点绘制的景观（例如可能由一位艺术家从城市之外的有利位置进行观察，然后进行绘制，将其表现为如同在一个照相机暗箱中可能呈现出的样子），与按照仿佛从一个只能从场景的空中飞过才能获得的视点建构的景观，如阿姆斯特丹的科尔内利·安东尼斯（Cornelis Anthonisz）的庆祝场景，进行区分是有用的。前者通过直接观察构建了一个对空间的模仿。后者则需要一个数学的构建，以及对透视几何学的理解，在这种透视几何学中，一幅平面地图上的位置被绘制在一个透视网格中。在实践上，如同雅各布·德巴尔巴里（Jacopo de'Barbari）绘制的威尼斯的景观（1500 年），这种构建在数学上并不如理论所建议的那样严格，同时图景的不同部分使用了不同的空中视点[52]。 16

倾斜视角或者正视角同样也是一种“栩栩如生的方式”，也是在一个平坦的平面上对地

---

[51] 参见本卷第二十七章。

[52] Juergen Schulz, “Jacopo de' Barbari's View of Venice: Map Making, City Views, and Moralized Geography before the Year 1500”, *Art Bulletin* 60 (1978): 425 – 74, 以及 Francesco Guerra et al., “Informatica e ‘infografica’ per lo studio della veduta prospettica di Venezia”, in *A volo d'uccello: Jacopo de' Barbari e le rappresentazioni di città nell'Europa del Rinascimento*, ed. Giandomenico Romanelli, Susanna Biadene, and Camillo Tonini, exhibition catalog (Venice: ArsenaleEditrice, 1999), 93 – 100。

球不规则地形进行三维呈现最容易的方式[53]。在一个平面视角的地图上，山丘和谷地用三维方式是难以描绘的，这点就像呈现地形的历史所很好展示的那样[54]。可以同单位度量的晕线和等高线，在19世纪之前都运用得很少，19世纪军事和民用工程师发现在测量斜坡时它们非常有用。在文艺复兴时期，艺术家可能使用阴影或者明暗法，假设一个光源从侧面照亮了山脉，并且为它们绘制了从上方观察应该显露出的阴影。列奥纳多·达芬奇绘制的区域地图，如他的托斯卡纳历史地图，经常被用来作为例子进行展示[55]。

标注

在地图的句法中，同样可以区分地图学要素和地图学的外延要素。两者都对整幅地图的含义做出了贡献，同时其中某一项并不比另一项更为重要。地图学的要素是地图框架中或地图平面上的图形符号，同时可以经由图像概括和投影进行转换；同时地图的外延要素不受图像概括或者投影的影响，同时位于图形空间或者地图图层之外。地图外延的要素包括题名（Inscriptional Names）、标注（labels，说明文字）、图例（legends）、比例尺（scales）、定向工具（Orientation Devices）、图名（titles）、致辞（dedications）、给读者的注释（notes to the reader）、装饰要素（Decorative Items）或者关于地图性质的描述性文字。它们通常被认为是地图的辅助，因而没有得到应有的分析性关注。在视觉空间中包括词汇的愿望已经体现在了中世纪的说教和叙事绘画中，同样也是基于进行清晰沟通的需要。它们可以被推测向观看的受众大声朗读。对于规模较大的和数量不断增加的知识群体的受众而言，加入文本造成了一些问题。其中之一就是语言的选择。15世纪末和16世纪，在大多数类别的印刷地图中对于本地语言使用的增加是非常明显的，除了那些针对学者、牧师或者国际受众的地图之外，对于这些人而言，拉丁语依然是被选择的语言。拉丁语被地方语言取代，最初是在文学中，然后是在法律和行政管理领域。在地图中，语言的使用与塞巴斯蒂亚诺·明斯特的《宇宙志》（*Cosmography*）等书籍较为广阔的市场有关。除了弗朗切斯科·贝林吉耶里（Francesco Berlinghieri）的意大利韵文版和贾科莫·加斯塔尔迪（Giacomo Gastaldi）1548年在威尼斯出版的口袋版之外，拉丁语被使用于托勒密《地理学指南》的学术版本中。世界地图和岛屿地图，由于它们可能有着一个更为多语言的市场，因此依然使用拉丁语。

共时性

图形语法上的第三个变化涉及所谓的地图的“时态”——无论地图指的是过去、现在或甚至是将来。中世纪世界地图（*mappaemundi*）的时态通常涵盖一个广泛的历史时段。在绘制一个位置和一个事件之间没有很强的区别[56]。曾经在历史上非常重要但现在已经不存在

---

[53] Lucia Nuti, “The Perspective Plan in the Sixteenth Century: The Invention of a Representational Language”, *Art Bulletin* 76 (1994): 105 – 28. Nuti 讨论了16世纪平面测量地图上偏好使用的倾斜视角，因为它们是“栩栩如生的”（“ad vivum”），并且最终平面图与重叠在其上的建筑和山脉的倾斜视角图像融合在一起。

[54] Eduard Imhof, *Cartographic Relief Presentation*, ed. Harry Steward (Berlin: De Gruyter, 1982).

[55] Woodward, “Image of the Map”, 142.

[56] Evelyn Edson, *Mapping Time and Space: How Medieval Mapmakers Viewed Their World* (London: British Library, 1997), 以及 Alessandro Scafi, *Mapping Paradise: A History of Heaven on Earth* (Chicago: University of Chicago Press, 2006), 84 – 124。

的地点与当前重要的地点并列显示。地图讲述了一个故事，通常是一个非常漫长的故事。在15世纪和16世纪，由于地图集成为一个主要的流派，因此这种故事讲述者的作用在地图中依然极为重要。

在文艺复兴时期，我们看到地图上对于当前地理和历史地理呈现上的差异日益加深。由于过去被看成是不同于当前的事物，因此其成为按照自身来进行研究的对象。托勒密地图的汇编开始——以及弗朗切斯科·贝林吉耶里的《地理学的七日》（*Septe giornate dellaGeographia*）和托勒密《地理学指南》的乌尔姆版（都出版于1482年）——收录《新地图》（*tabulae novellae*）或《现代地图》（*tabulae modernae*），且与托勒密的古典地图
放置在一起[57]。到托勒密的墨卡托版于1578年出版的时候，现代地图已经消失。托勒密 17
现在已经被看成是一个历史人物[58]。地图标题中对“现代”一词的使用变得更为常见，与其同时存在的是其他一些商业化的具有吸引力的标题和短语，如“全面的”“新的”“到目前为止所有已知的”。与这些出现在图名中的词汇相伴的是那些意图让购买者确信制图者表现的是真实情况的词汇：“真实的描述”“可靠的”“极为准确的”。这一现代地图类型被有意识的构思以表现当前的地理。在地图框架中描述的信息——受到来源的限制——被假定是最新的。

在16世纪，产生了一个单独的地图类型：描述那些曾经出现过的地点的明确的历史地图。这一地图类型的根源，部分来源于15世纪意大利人文主义者对于古物的兴趣，例如弗拉维奥·比翁多，他们对罗马遗迹的热情促使他们去重建城市以往的地理情况。当罗马在1527年从查理五世（Charles V）军队的劫掠中恢复的时候，古代罗马的地图成为安东尼奥·萨拉曼卡（Antonio Salamanca）和安东尼奥·拉弗雷伊售卖的最受欢迎的物品之一，他们是移居到罗马城中印刷区的版画商，并且建立了非常成功的合伙关系[59]。相似地，圣地的历史地图描述了这片土地在《圣经》时代的样子，成为宗教改革中发行最广的地图之一[60]。在16世纪末，历史地图被搜集到亚伯拉罕·奥特柳斯（Abraham Ortelius）的《寰宇概观》（*Theatrum orbis terrarum*）中一个单独的被称为“补遗”（*Parergon*，1579－1606）的部分中[61]。现在，地图或是古代的或是现代的；我们在中世纪世界地图中看到的空间与时间的混合，已经被转化为对旧与新、历史和地理的区分。

---

[57] 贝林吉耶里中的“新”地图是法兰西、意大利、巴勒斯坦（Palestine）和西班牙的地图。乌尔姆版托勒密的“现代”地图中增加了一幅北欧地图。参见Campbell，*Earliest Printed Maps*，124－25。

[58] Claudius Ptolemy，*Tabulae geographicae*：*Cl. Ptolemei admentem autoris restitutae et emendate*，ed. Gerardus Mercator（Cologne：G. Kempen，1578）.

[59] David Woodward，*Maps as Prints in the Italian Renaissance*：*Makers*，*Distributors & Consumers*（London：British Library，1996），41－44；也可以参见原文第775—777页。

[60] Catherine Delano-Smith and Elizabeth Morley Ingram，*Maps in Bibles*，*1500－1600*：An Illustrated Catalogue（Geneva：LibrairieDroz，1991）.

[61] Jeremy Black，*Maps and History*：*Constructing Images of the Past*（New Haven：Yale University Press，1997），以及Walter A. Goffart，*Historical Atlases*：*The First Three Hundred Years*，*1570－1870*（Chicago：University of Chicago Press，2003）.

地图与被观察的世界中的其来源之间的关系

作为科学的象征的地图

对于托勒密提出的作为一种地图绘制控制点的经线与纬线交叉点的使用，与一名研究者搜集关于世界的观察资料然后将它们与自然法则的框架进行比较的过程没有什么不同。毫不奇怪的是，地图被用作现代科学的一种象征[62]。如果文艺复兴时期的“科学”意味着对于自然世界知识的追求的话，那么地图学模式建立在对其他事物的观察的累积之上[63]。暗含的就是，与同时代同僚们合作的重要性。对于16世纪的地图学而言，两个最好的例子就是塞巴斯蒂亚诺·明斯特和亚伯拉罕·奥特柳斯。在《宇宙志》（*Cosmography*）前言的结尾，当向查理五世致谢的时候，明斯特告诉我们，他依赖于与德意志之外其他国家的观察者的联系，他们基于他们掌握的当地的知识向他提供了准确和最新的信息[64]。奥特柳斯在《寰宇概观》中收录了——第一次——那些他编纂著作时参考过的地图作者的名单[65]。

使用存在很大差异的原始材料进行汇编，尼古劳斯·库萨（Nicolaus Cusanus）将宇宙志学者作为造物主，这一耐人寻味的形象提供了对这一方法的一种展示，这一形象我们发现于他去世的那一年也就是1464年撰写的《概要》（*Compendium*）中。尼古劳斯为宇宙志学者选择的象征是站在有着五座城门的城市中的一名男子的形象，五座城门代表着五种感官。通过使用这些感官，信使为他带来了关于世界的信息，而他记录信息以获得一个关于外部世界的完整记录。他试图保持所有的门都是打开的，由此不会错过通过任何特定感官搜集到的信息。当他从信使那里收到所有信息的时候，他“将其编纂进一幅
18 井然有序且按比例测量的地图中以防丢失”[66]，然后关上门，送走信使，转向地图，冥想作为存在于整个世界之前的造物主的上帝，恰如宇宙志学者存在于地图出现之前。尼古劳斯总结道，“因为他是一名宇宙志学者，因此他是世界的创造者”，一个经过仔细措辞的短语，其中传达的情绪在一个世纪之后将使得如赫拉尔杜斯·墨卡托和安德烈·泰韦（André Thevet）等宇宙志学者与教会产生纠纷[67]。尼古劳斯的故事表明了这样一个概念，即通过绘制地图，人们可能第一次看到他们可以影响事件和创造世界，同时他们有着做事情的自由，而不是被动地接受上帝规定的所有事物。这段文字更深层的含义就是意识

---

[62] Stephen Edelston Toulmin, *Knowing and Acting*: *An Invitation to Philosophy* (New York: Macmillan, 1976)，以及 David Turnbull, *Maps Are Territories*, *Science Is an Atlas*: *A Portfolio of Exhibits* (Geelong, Australia: Deakin University Press, 1989)。

[63] Edgar Zilsel, “The Genesis of the Concept of Scientific Progress”, *Journal of the History of Ideas* 6 (1945): 325 – 49, esp. 326. 齐尔塞尔（Zilsel）解释，渐进思想明确地来源于这样的概念，即“科学知识是通过一代代的探险家建立的贡献，或者修正了他们前辈的发现，从而一步步的产生的”。齐尔塞尔使用了“探险者”的比喻，但当然这确实是绘制地理探险地图的方式。

[64] Sebastian Münster, *Cosmographiae universalis* (Basel: Henri Petri, 1559), praefatio.

[65] Zilsel, in “Concept of Scientific Progress”, 344 – 45，将奥特柳斯的作者名单看成是“第一部涵盖广泛的现代科技文献的参考书目……其还表现了科学合作的现代思想”。也可以参见 Karrow, *Mapmakers of the Sixteenth Century*。

[66] Nicolaus Cusanus, *Compendium*, ed. Bruno Decker and Karl Bormann, *Nicolai de Cusa Opera omnia*, vol. 11/3 (Hamburg: Felix Meiner, 1964), 17 – 20.

[67] Cusanus, *Compendium*, 17 – 20，以及 Lestringant, *Mapping the Renaissance World*, 5 – 6。

到了世界和对于世界的呈现是完全不同的两回事。

开放的和封闭的系统

制图学者可以通过系统观察从而创造一种对于世界的呈现，可以控制纸上呈现的标记，而这些标记与现实世界中的事物存在着关联。制图学者控制着局面，如同我们从与制图学者头脑中正在产生的思想有关的那些少有的片段之一中看到的。在关于围攻阿尔吉耶斯（Algiers）的地图上，保罗·福拉尼（Paolo Forlani）向他的读者谈道："我尊重标记为 A 的意大利与西班牙相对峙的桥梁的比例关系，但是为了运用真正的地方地理学的方法将所有它的细节展现在你们眼前，我以你们所看到的（夸张）的尺寸和形态进行了呈现。"[68]

这一对呈现本身及其与世界之间的关联方式的意识，当然在中世纪并不缺乏。马修·帕里斯曾经将读者的注意力吸引到这样的事实上，即他应当以纸张允许的尺寸按照正确的比例来绘制他的不列颠地图[69]。罗杰·培根理解这样的需求，当他在 13 世纪的世界地图上用红圆圈表现城市的时候[70]。同时波特兰航海图的绘制者，这种海图如同我们看到的那样展现了中世纪和文艺复兴之间主要的连续性之一，清晰地意识到他们所创造的符号系统。那些中世纪所缺失的就是包含一种正式的图例或者图注来清晰地阐释一个符号与其所代表的事物之间的关系。例如，对于某些信息类别，波特兰航海图有着一个单一的颜色和符号系统，如使用小十字代表岩石，用点代表离岸的浅滩。一个小十字从未表示一个浅滩，但是图中没有图例。这并不是因为绘制一个图例是不可能的，而是因为没有必要。制图学家和地图预期的用户属于一个高度专业化的封闭的交流系统，涉及掌握只有极少数人知道的知识的受众；编码可以兴旺发达，但一个图例是不需要的，因为受众已经知道了编码。在一个开放系统中，其目标受众较为广泛，那么省略掉图例是非常困难的。例如，在 1544 年由彼得·阿皮亚（Peter Apian）出版的塞巴斯蒂亚诺·冯罗滕汉（Sebastian von Rotenhan）的 16 世纪 20 年代末的弗兰科尼亚（Franconia）地图中，制图学家告诉读者一个特定符号代表着一座有着主教职位的城市[71]。封闭的和开放的符号系统，对此的一个现代的比喻，就是现代导游图与航空图之间的差异，前者有着建筑物的模拟图像，预期有着较广泛的国际受众，后者有着难以理解的一组符号，针对的是那些掌握了少数人知道的知识和训练有素的受众。

这种开放的和封闭的符号系统之间的差异，类似于自然和人工语言之间的可以被察觉的差异。由于自然的图像被认为是对大自然的模拟（一条线代表着一个地平线或者其他种类

---

[68] David Woodward, *The Maps and Prints of Paolo Forlani: A Descriptive Bibliography* (Chicago: Newberry Library, 1990), 26 (map 38).

[69] Harvey, "Local and Regional Cartography", 496.

[70] Roger Bacon, *The* Opus Majus *of Roger Bacon*, 3 vols., ed. Henry Bridges (London: Williams and Norgate, 1900), 1: 300.

[71] Eila M. J. Campbell, "The Development of the Characteristic Sheet, 1533 – 1822", in *Proceedings, Eighth General Assembly and Seventeenth International Congress: International Geographical Union* (Washington, D. C.: International Geographical Union, 1952), 426 – 30, 以及 Catherine Delano-Smith, "Cartographic Signs on European Maps and Their Explanation before 1700", *Imago Mundi* 37 (1985): 9 – 29。

的边界），一种客观现实，因而它们的权威性也是外在的和类似于神的。人类创造的一种人为的呈现，如一幅有着图例的技术地图，是对这种权威的挑战，并且涉及了制图者的独立性。

地理探险和贸易

在一个日益扩展的世界中，地图绘制者独立性的一部分涉及对地理现象第一手报告的日益增长的依赖。这种对来源于个人经历的观察的依赖，通常位于传统的中世纪书本知识的对立面。中世纪书本知识中被接受的学识，有着个人之外的来源，例如《圣经》、教堂或者古代哲学家［托勒密、维特鲁维厄斯（Vitruvius）、斯特拉博、庞波尼乌斯·梅拉和大量其他
19 人］[72]。当然，经验的价值化理论在15世纪和16世纪并不是新的。其实际上是对亚里士多德提出的关于了解世界的经验方法（然而，在中世纪早期，与他关于自然史的著作的文本权威相比，其重要性要差一些）的重述。但是，这种对基于直接经验对世界进行描述的渴望，通常是一个难以企及的完美主义的理想，通过观察本身是无法达到的。因而，罗杰·培根——尽管他在《大著作》中坚持用自己的眼睛观察自然现象或者至少依赖那些亲自前往过他们所描述区域的旅行者的报告的理论的重要性——极少在他的地理学论著中使用这一方法。取而代之的是，他宁愿考虑学术权威的描述[73]。

文艺复兴时期的地图学通常与欧洲的殖民和宗教扩张联系起来[74]。地图绘制支持了一种领土的自我授权的意识，这允许宗教和政治领导人以基督教欧洲国家的名义对大面积的海外领土宣布主权。按照布赖恩·哈利的话语，“地图也是政治力量的铭文。远远不是无私欲的科学的单纯产品，它们在它们意图呈现的世界的构建中发挥了作用……地图学的力量同样是一种象征。其被用帝国或者宗教的华丽词汇进行了表达，从而作为获得土地所有权的创建仪式的一部分”[75]。这种占有仪式随着殖民权力而变化。葡萄牙人依赖描述、测量纬度的抽象方法来宣布对土地的占有。他们的论据就是他们已经提出了用于进行这些工作的技术知识，因而有权利来加以运用从而获得利益[76]。作为支持殖民主张的一种极为明显的证据形式，某些著作中对绘制地图和测量知识缺乏处理是如此的令人费解[77]。

---

[72] Anthony Grafton, *New Worlds, Ancient Texts: The Power of Tradition and the Shock of Discovery* (Cambridge: Belknap Press of Harvard University Press, 1992).

[73] Bacon, *The* Opus Majus, 295.

[74] J. H. Parry, *The Age of Reconnaissance* (Cleveland: World, 1963).

[75] J. B. Harley, *Maps and the Columbian Encounter: An Interpretive Guide to the Travelling Exhibition* (Milwaukee: Golda Meir Library, University of Wisconsin, 1990), 2.

[76] Patricia Seed, *Ceremonies of Possession in Europe's Conquest of the New World, 1492 – 1640* (Cambridge: Cambridge University Press, 1995), 115.

[77] 例如，James M. Blaut, *The Colonizer's Model of the World: Geographical Diffusionism and Eurocentric History* (New York: Guilford Press, 1993)，对于地图学的证据视而不见，尽管其封面展示了一幅有吸引力的地图，而且他的方法显然是地理学的。

探险地图学史中的一个主要主题就是，与本土地图绘制传统和空间知识的碰撞[78]。实际上，在《地图学史》第三卷至第六卷的规划中，哈利坚持“不应当分卷处理非洲、美洲、北极、澳大利亚和太平洋文化的本土地图学。他相信它们只有在与欧洲接触的语境下才能得以令人满意的阐释……哈利相信这也是唯一可以让人满意的在世界视角下展现本土居民和殖民者的差异和联系的方式”[79]。为这些地图学传统设置了单独一卷，我已经为这一决定进行了申辩，归根结底是因为这提供了一个便利的对比处理的方式[80]。尽管我们的几位作者在本卷中间接提到了这种相遇，但本书主要反映了欧洲地图文化的发展。

按照某些学者的观点，地理发现在文艺复兴的众多陈述中出现的太多了。按照孔德朗（Condren）的观点，“文艺复兴的概念与发现之间的密切关系已经保留成为几乎类似于一个口头禅，已经无助于史学编纂的严谨性”[81]。在谈到这一问题时，海（Hay）认为历史学家正在对这一观点持怀疑态度“文艺复兴的地理发现……在任何真正意义上都是这一时期新思想的产物。对于托勒密文本的新兴趣可能是有影响的——但是，我们可以认为，影响力要小于马可·波罗（Marco Polo）的作品”[82]。将发现作为其本身的目的，与这一思想相反，海断言“葡萄牙人探险背后的推动力……退一步说，是混合的；科学地图学，一种对于地理知识的无私的欲望确实存在，但同样确定存在的是服从于一种由政治、宗教和（日益增加的）商业利益主导的行动”[83]。因而，区分托勒密的文本与马可·波罗著作的不同种类的影响是非常重要的。托勒密的文本，回想起来，其主要价值并不在于作为地理信息的来源，即使他的数据在15世纪和16世纪作为典型的地理学家的产品而受到推崇。实际上，托勒密过 20
时的信息对于改革而言提供了一个反向的动力，这也是可能的。托勒密的积极影响是非常微妙的，意味着通过一种经纬度的方法对已知的有人居住的世界进行数字化——尽管存在缺陷，对希腊罗马有人居住世界之外的区域进行经过测量的估算。

另一方面，马可·波罗的书籍——甚至使人认为作者有着夸张的倾向——提供了一个关于与东方重建贸易的可能的叙事性描述。马可·波罗的旅行，是由十字军东征（1096—1270年）促使的，后者极大地扩展了众多阶层的地理视野，增加了流动性，并且养育了一种贸易和旅行的文化。

从哥伦布（Columbus）于1492年出发，至麦哲伦（Magellan）的旗舰维多利亚号

---

[78] 尤其应当参见 Walter Mignolo，“Putting the Americas on the Map（Geography and the Colonization of Space）”，*Colonial Latin American Review* 1（1992）：25 – 63；J. B. Harley，“Rereading the Maps of the Columbian Encounter”，*Annals of the Association of American Geographers* 82（1992）：522 – 36；idem，“New England Cartography and the Native Americans”，in *American Beginnings：Exploration，Culture，and Cartography in the Land of Norumbega*，ed. Emerson W. Baker et al.（Lincoln：University of Nebraska Press，1994），287 – 313；以及 David Turnbull，“Local Knowledge and Comparative Scientific Traditions”，*Knowledge and Policy* 6，No. 3 – 4（1993 – 94）：29 – 54。

[79] David Woodward，“Preface”，in *HC* 2. 3：xix – xxi，esp. xix.

[80] David Woodward，“The ‘Two Cultures’ of Map History—Scientific and Humanistic Traditions：A Plea for Reintegration”，in *Plantejaments*，49 – 67，esp. 51 – 53.

[81] Conal Condren，“The Renaissance as Metaphor：Some Significant Aspects of the Obvious”，*Parergon*，n. s. 7（1989）：91 – 105，esp. 101.

[82] Denys Hay，“Introduction”，in *The New Cambridge Modern History*：*The Renaissance*，*1493 – 1520*，ed. George Reuben Potter（Cambridge：Cambridge University Press，1961），1 – 19，esp. 2. 注意 Potter 的著作对于“文艺复兴”时间的定义。

[83] Hay，“Introduction”，2 – 3.

(*Victoria*) 于1522年返回的30年间，搜集了大量新的地理数据。欧洲人第一次认识到了美洲和亚洲之间的海洋的浩瀚。在世界地图上，不再会带着自命不凡的准确性，将西印度群岛与东印度群岛相混淆，同时美洲不得不被表现为一个单独的整体，除了那些商业头脑依然根植于卡塞（Cathay，译者注：即中国）是美洲大陆的一部分的人之外。但是这一时期地图学的记录相当缺乏，尤其是在15世纪90年代，即使归因于由于保密和销毁而造成的大量散佚。可能有10多幅关键的地图幸存了下来[84]。

地图学的全球化涉及帕里（Parry）在意识到大洋是相互连通时所说的“海洋的发现”。这涉及对关键的探险和贸易航行逐渐进行拼合，其中包括前往东方的航线和意识到美洲是第四大洲[85]。霍伊卡（Hooykaas）在其关于现代科学起源的论文中，强调地理发现的重要性：

> 当葡萄牙航海家发现赤道地区是可以居住并且有人居住，在赤道以南有着大量陆地，地球上的干燥陆地远比他们被告知的多，印度南部向“印度洋”突出的要比托勒密告诉他们的远得多，同时西非［几内亚湾（Gulf of Guinée）］的形状与古地图上所画差异甚大的时候——所有这些不仅给他们，而且给知识界以极大的震动……［弗朗西斯·培根（［Francis］Bacon）］确信带来发现的航行与新的自然史的开端相符合，而后者不可避免的必然被一种新的哲学（即科学）所追随[86]。

很多欧洲的发现是由位于印度和东南亚的亚热带地区有着巨大利润的香料贸易驱动的，尤其是胡椒粉和丁香[87]。发现了一条前往这些地区的航线，避开了跨越欧亚大陆的路线，后者被一系列处于中间的势力所控制，这在最初鼓舞了葡萄牙人和西班牙人竞相绘制他们商业利益地图，后来则主要是英国人和荷兰人。异国情调的珠宝、贵金属、以糖为代表的食品，以及类似于棉花和丝绸等材料的贸易网络在文艺复兴时期滋养了资本主义世界经济的发展，文艺复兴时期地图学的作用最近由贾丁（Jardine）和布鲁顿（Brotton）进行了强调[88]。哈里斯（Harris）得出了这样的结论，即地图学就其运用了一个长距离的网络而言，是一个“大科学”的范式。他使用了“地理知识”的概念来阐释大范围的合作是如何运作的，他通过“地理知识”来意指人工制品以及与知识的特定分支有关联的人之间的空间联系。他给出了四个例子，这四个例子都与地图学有着密切的联系：印度等地贸易署（Casa de la Contratación de las Indias）、西班牙皇家印度事务委员会（Consejo Real y Supremo de las Indias）、荷兰东印度公司（Verenigde Oostindische Compagnie，VOC）和耶稣会士（Society of Jesus）[89]。

---

[84] 后续某些章中对它们进行了全面分析。

[85] J. H. Parry, *The Discovery of the Sea* (New York: Dial Press, 1974), xii.

[86] Reijer Hooykaas, “The Rise of Modern Science: When and Why?” *British Journal for the History of Science* 20 (1987): 453 - 73, esp. 459, 470.

[87] 一个有用的归纳，参见 Harry A. Miskimin, *The Economy of Later Renaissance Europe, 1460 - 1600* (Cambridge: Cambridge University Press, 1977), 123 - 54。

[88] Lisa Jardine, *Worldly Goods: A New History of the Renaissance* (New York: Doubleday, 1996), 以及 Jerry Brotton, *Trading Territories: Mapping the Early Modern World* (London: Reaktion, 1997)。

[89] Steven J. Harris, “Long-Distance Corporations, Big Sciences, and the Geography of Knowledge”, *Configurations* 6 (1998): 269 - 304, esp. 279.

地图与社会之间的关系

印刷术

欧洲绘制地图的数量从1400—1472年的仅仅数千幅猛增到1600年的数百万幅，印刷术显然是这种迅猛增长的主要技术因素。关于印刷术在文化中的作用，艾文斯（Ivins）在其有影响力的论文中陈述道："毫不夸张，自从书写发明之后，没有任何其他发明要比可以准确地复制图形更为重要的了。"[90] 他提出，由于印刷品在很大程度上被从文物和美学的角度来看待，因而与绘画和雕像相比，它们被看成一种二流艺术。这种贬低掩盖了它们传递信息 21
的根本价值。一旦按照这一方式定义，"显然，如果没有印刷品，我们应当只会拥有极少量的我们的现代科学、技术、考古或人类学——因为所有这些迟早都依赖于由可以准确复制的视觉或图像呈现所传递的信息"[91]。作为一个例子，艾文斯引用了普林尼的叙述，即希腊植物学家没有能力传播对植物标本的准确描述。就普林尼而言，后续抄写员手中产生的各种歪曲成为复原最初原本的障碍。因而，他们放弃了图像，而选择用词汇进行描述。由于口语描述无法提供对植物的确切识别，因此这对分类和分类法造成了障碍，而只有发展出一种准确复制的方式才能将这一障碍移除。

艾森斯坦（Eisenstein）对于艾文斯关于可准确复制图像的论断，进行了深思熟虑的评论，其评论尤其受到了地图学史研究者的欢迎，因为其使用印刷地图的例子扩展了所讨论的语境。她对论题进行了如下介绍，"完全相同的图片、地图和图表可以被分散的读者同时看到，这一事实自身就构成了一种交流的革命"[92]。艾森斯坦关于印刷术在积累搜集信息方面的重要性的观点得到了奥尔森（Olson）的回应，他的关于书写和阅读的意义的通论性著作不同寻常地包含了关于地图的一个章节。按照奥尔森的观点，"从1300年之前保存下来的约600幅地图，并没有表现出朝向一个综合性世界地图的普遍发展过程。产生这种地图首要的绊脚石就是缺乏可靠的复制地图的方法，这一障碍只是随着印刷术和雕版的发明，以及一种允许整合和综合在航海发现中积累的信息的通用的、数学的参照框架的发明才能被克服"[93]。

波特兰航海图再次展示它们构成了一个不同的地图类型。波特兰航海图存在于1300年之前，但是直到16世纪晚期之后才按照海图的形式进行常规印刷，即《航海之镜》（*Spieghel der zeevaerdt*）。零星的例外就是1485年巴尔托洛梅奥·达利索内蒂（Bartolommeo dalli Sonetti）的《岛屿书》（*isolario*），少量16世纪早期的荷兰海图，乔瓦尼·安德烈亚·瓦尔瓦索雷（Giovanni Andrea Valvassore）绘制的地中海的海图（1540年），以及一幅基于迪奥戈·奥梅姆（Diogo Homem）所绘海图（1568年）的雕版。主要的世界海图，例如那些与西班牙和葡萄牙的各种贸易署存在联系的海图，依然是绘本的形式。奥尔森的论文同样忽略了这样的事实，即在中国，宋朝印制地图的多个世纪中并没有扫除"朝向一幅综合性

---

[90] William Mills Ivins, *Prints and Visual Communication* (New York: Routledge and Kegan Paul, 1953), 3.

[91] Ivins, *Prints*, 3.

[92] Eisenstein, *Printing Press*, 53.

[93] David R. Olson, *The World on Paper: The Conceptual and Cognitive Implications of Writing and Reading* (Cambridge: Cambridge University Press, 1994), 205.

世界地图的普遍发展过程”中存在的相似障碍。

印刷术的冲击通常已经在“内容传播更为广泛”的论点下进行了描述。同时这应当是部分真实的，但我们不必屈从于容易接受的观点，即印刷术的优点创造了一场立刻发生的变革。出版的概念并不依赖于印刷术；小普林尼（Pliny the Younger）提到某一文本稿本的某一版本存在数千份副本。但当被看成是信息的传递者的时候，艾文斯和艾森斯坦认为印刷图像的优势更多的在于在制作版本时可以避免受到抄写员错误的影响，而这可以被用于比较研究。当地图的编纂者手头有着很多关于地理数据的标准印刷材料的时候，这种研究必然有所获益。当来源于不同地区、有着不同比例和时代的地图在编纂地图集的后续版本时被彼此联系起来的时候，矛盾之处变得更为清晰，并且更难调和具有分歧的各种传统。正如拉图尔（Latour）所指出的，将图像并列放置的能力是非常强有力的：“没有什么比主导一个只有几平米的平面更为容易的了；没有什么会被隐藏或令人费解，没有阴影，没有‘双关语’。在政治方面，如同在科学方面，当据说某人精通某一问题或‘主宰’某一主题的时候，你通常应当查找使精通得以实现的平面（一幅地图、一个列表、一项普查、一所画廊的墙壁、一个卡片索引、一份清单），而且你将会找到。”[94]

基于地图制作的超大数量，艾文斯和艾森斯坦可能过于强调了反馈的相对重要性和比较的价值。尽管铜版印刷可以从一个图版上复制基本一致的图像，但是这些图版上的图像时常会受到损坏。地图是被盗印和粗略复制的，同时在地图的内容中不可能追溯一个清晰的“改良”或进步的反馈，当扫视一个印刷地图的图示参考书目，例如那些由雪利（Shirley）或伯登（Burden）编纂的时候，这点是很容易被证实的[95]。在此时，抄本时代存在的逐渐破败的趋势依然存在，直到图像可以被机械地复制为止，这项进步将等待 19 世纪摄影术的发明。

22 很容易假设，在发现时代，地图只有通过它们的内容或内容的欠缺才能产生一种冲击。一些人宣称，由于直到 1550 年之后，地理发现的报告才大量印刷，因为公众对它们没有兴趣[96]。其他人相信，欧洲人被新信息的新颖彻底征服——对新的植物、动物、人和实际上是一整块完整大陆的描述——以至于他们只能逐步地消化吸收。某些人提出，由于印刷地图通常并不表现前沿的新的地理信息，因此地图的印制并没有在 16 世纪产生重要的结果。16 世纪缺乏印制的航海图支持了这一观点，类似于在印制的地图上随机叠加了与底层地理信息或者任何航行功能无关的罗盘恒向线，这意味着航海的传统可能被认为更具有可靠性。人们同样也意识到这类地图的主观性。理查德·哈克卢特（Richard Hakluyt）知道葡萄牙人和西班牙人在他们官方航海地图中的相互对立的要求：“我已经警告，你主人的船只将在这里收到一幅小的世界地图或者航海图：对此，我恐怕将要让你的船只进行更多的工作，对情况加以了解之后，我才能绘制……因为这些海岸和岛屿的位置，葡萄牙和西班牙的每位宇宙志学者

---

[94] Bruno Latour, “Visualization and Cognition: Thinking with Eyes and Hands”, *Knowledge and Society: Studies in the Sociology of Culture Past and Present* 6 (1986): 1 – 40, esp. 21.

[95] Shirley, *Mapping of the World*, 以及 Philip D. Burden, *The Mapping of North America: A List of Printed Maps*, 1511 – 1670 (Rickmansworth, Eng.: Raleigh, 1996)。

[96] Lucien Febvre and Henri-Jean Martin, *The Coming of the Book: The Impact of Printing, 1450 – 1800*, trans. David Gerard (London: New Left, 1976), 278 – 82.

和导航员确实是按照他们的目的来放置的。"[97]

然而，如果我们的注意力不集中于地图的内容，而关注其作为消费品的经济作用的话，那么就产生了一个不同的图景。它们的图形形式和它们的功能对于建立一种世界的整体构想是非常重要的[98]。这种国家和大陆整体布局的构想很可能并不特别准确（一个持续至今的不仅存在于一般民众中，而且也存在于政治领导人中的局限），但是其在更多的社会阶层中产生了一种四海一家的文化。地理学同样在普通教育中成为一个重要的部分，同时制图学家的装备（测量工具、地球仪和浑天仪）成为学识的象征[99]。

"高级技工"的角色

地图史专家关注于将地图绘制作为由精英推动或者为精英——王子、军事领袖和学者——服务的一种活动，而这种趋势掩盖了这样一个关键问题，即地图学与其他实用艺术或工艺一样，在根本上是一门技术，是由工匠的一个中间阶层执行的。这些工匠——工程师、印刷工、医师、炼金术师、绘图者、领航员、雕版匠和仪器制造匠——的作用与被作为经验哲学的自然史的新形象联系在一起，并且同时与如同霍伊卡所描述的从一个有机世界向一个机械世界的转换联系在一起[100]。

我同意齐尔塞尔（Zilsel）的观点，他认为，这些技术远非只是技术那么简单，其不仅在16世纪驱动了自然哲学的发展，而且驱动了"科学进步思想"的起源。齐尔塞尔将这些工艺学家称为"高级技工"，有能力将他们亲身和实践经验撰写下来，并且用手册的形式进行出版[101]。他同样强调信息传播中行会组织解体的重要性。在行会制度之下，学徒学习一种贸易，但是不需要对其进行改进。资本主义和经济竞争刺激了技术进步。有时，手册的作者清晰地宣称他们通过出版这些手册试图推进他们同行的技术。在16世纪，不识字的工匠大师的数量少得出奇，因为这种情况通常只是作为一件新奇的事情而被提到[102]。

一位科学史学者韦斯特福尔（Westfall）进行的一项研究证实了"高级工匠"对于文艺复兴和启蒙运动有着重要作用的观点：

> 16世纪和17世纪最为发达的科学技术，也就是按照我的观点是第一门真正科学技术的，就是地图学……我想到了赫马·弗里修斯、维勒布罗德·斯内利厄斯（Willebrord Snellius）、菲利佩·德拉海尔（Philippe de La Hire）、让·皮卡尔（Jean Picard）、两位（老）卡西尼［让－多米尼克·卡西尼（Jean-Dominique Cassini）和雅

---

[97] Richard Hakluyt, *Divers Voyages Touching the Disouerie of America, and the Ilands Adiacent vnto the Same...* (London: T. Woodcocke, 1582), B4v and C3.

[98] Chandra Mukerji, *From Graven Images: Patterns of Modern Materialism* (New York: Columbia University Press, 1983), 97 – 98.

[99] Lesley B. Cormack, *Charting an Empire: Geography at the English Universities, 1580 – 1620* (Chicago: University of Chicago Press, 1997).

[100] Hooykaas, "Rise of Modern Science", esp. 471.

[101] Zilsel, "Concept of Scientific Progress", 326 and 332. 也可以参见 Molland 对 Zilsel 的评价，"Science and Mathematics", 104 – 39。

[102] Zilsel, "Concept of Scientific Progress", 331 – 32, and n. 12.

克·卡西尼（Jacques Cassini）]，以及其他一些重要性稍低的人。一种科学地图学发展中的所有重要步骤，例如三角测量的方法、通过天体观测确定纬度的方法、通过木星的卫星测量经度的方法，都来自这些人。任何一位以数学技能而闻名的人都很容易在他身上发现一些与地图学有关的琐事。在所有 630 人［《科学家传记辞典》（*Dictionary of Scientific Biography*）中所列的 16 世纪和 17 世纪的人名单］中，大约八分之一的人，或多或少与地图学有关。如果我们去除掉医生，他们与地图学的关系太小了，那么这一数
23 字就变成超过五分之一。毫无疑问，我的数据让我确信我们需要从一种与以往完全不同的方法来研究整个科学和技术问题[103]。

结　论

如果我们回到在本章开始部分介绍的罗塞西奥的 1610 年的那幅普通的阔页地图，那么我们的讨论确信，其中涉及了需要在一卷关于欧洲文艺复兴时期地图学史的著作中讨论的许多问题。罗塞西奥的拼贴画清晰地展示——即使他将所处时代的地理知识看成揭示出自古典学者以来在内容和形式上的巨大变化——依然存在很多的连续性。其中的核心就是亚里士多德的元素系统、风和气候带以及天空的圆周（回归线、黄道、天道和天极）与那些描述了地球上的位置的带之间的联系。其他的变化和连续性已经通过不同的例子进行了说明。

图形形式的地理信息通常比传统模式流行得要慢，文艺复兴地图学中巨大的变化让我们确信了这一点。从不同程度对于世界进行文本描述长期受到学者的钟爱。地图很少展示地理文本，同时那些被包括的地图经常作为一个附属物而不是用来澄清文本的含义。甚至托勒密的《地理学指南》中的地图在人文主义者中引起的兴趣也比我们设想的要慢很多，如同莱昂·巴蒂斯塔·阿尔贝蒂在讽刺托勒密地图上的经纬网、山脉和河流系统时所说明的[104]。类似于“地图（*mappa*）”和“地方志（*chorographia*）”等术语被混乱地用于指称文本或图像。那些记载海上或陆上交通线的旅行指南要比相应的图形版更受欢迎。

那些被使用的图像趋向于极为保守，并且遵从在中世纪已经建立起来的模式。波特兰航海图变化很小，而且局限于地中海，同时城市图景依然是印象主义的，缺乏基于直接观察的信息，尽管存在经常被引用的这一规律的例外情况。学术领域的天体地图和球仪依然按照托勒密《天文学大成》中规定的模式编纂，带有坐标（然而，星体位置的数量增加了，尤其是在本卷涵盖时期的末尾，当天文望远镜开始使用的时候）。尽管描述了编绘土地测量地图的方法，同时在 16 世纪的很多手册中出现了丰富的对于测量工具的描述，但是理论远远领先于实践。托勒密对于使用经纬度绘制新的观测图的理论规劝，在 16 世纪受到广泛关注，但是为了确定这些坐标所需要获得的很好的数据——尤其是经度——是另外一个问题。我们可以认为，使用地图来标绘观测内容方面的滞后，如同依然存在的地图的宗教用途。

---

[103] Richard S. Westfall, "Charting the Scientific Community", in *Trends in the Historiography of Science*, ed. Kostas Gavroglu, Jean Christianidis, and Efthymios Nicolaidis (Dordrecht: Kluwer, 1994), 1 – 14, esp. 12 – 13.

[104] 参见 Grafton, *Leon Battista Alberti*, 244。

这并不是说，在文艺复兴时期，地图学的方法和实践方面没有发生大量的变化。事实上，即地理坐标的抽象理论被接受为绘制地图的一种方法，其本身就是一个重要的变化，一个空中的、从垂直的、人类绝不可能的视角来绘制地图也是如此。确定中心、框架和正方向，这种制图学的几何视角的内在含义，在全世界公众的认知方面产生了深远的影响。

类似的，历史信息与现代信息的明确分离发生在文艺复兴时期，且偏好如下思想，即地图空间中表现的事物都应当有着相同的“时态”。这种分离毫无疑问是由古文物应当按照其自身的方式来进行研究，以及将其绘制在显然是“历史的”地图上的渴望所推动的，同时承认了用尽可能最新的信息来编绘地图的需求。

与此想法相关的是使用地图作为累积关于世界的经验数据的隐喻的概念。一旦地球经纬网的理论被接受，那么如何搜集经纬度位置来填补地理知识中的空隙就变得更为清楚了。绘制数据的这一过程成为新的自然哲学的主要假设的基础，尽管在 18 世纪将要花费更为系统的努力来搜集数据以完成一幅更为连贯的世界图景。这一问题在文艺复兴时期的欧洲要比任何其他地方，都与商业利益、殖民地扩张和改变宗教信仰的需求存在更为密切的关联；地理知识是经济、政治和社会力量的关键。

与这种新的绘制数据的方法相一致的，就是产生了一种呈现其自身及其与世界存在何种关系的意识，或者意识到世界的呈现与世界自身是两回事。这导致了更依赖于或更多考虑在地图学呈现中使用人工符号。这并没有说明一个成熟的约定俗成的符号系统的创建——这不得不等到 19 世纪初——但是呈现的复杂性需要发明地图图例和图注，以及地图绘制者与地图使用者之间的一种契约。随着可以使用的专业化地图种类的增加，开放和封闭的呈现系统 24
也变得清晰，主要依赖于潜在的读者可能掌握的技术。

地图的读者人数在地图印刷的快速发展以及商业地图贸易的快速发展的影响下不可避免的拓展，其中商业地图贸易越来越摆脱了精英人士的赞助而独立。尽管印刷的新方式在回馈和质量控制方面当然发挥了更大作用，但是与之前一个世纪相比，到 1600 年，地图流通数量的急剧增长，其影响也不能被低估，这是非常重要的。

针对中等阶层的，甚至针对较为廉价的地图类型的地图市场的扩展，传统上，工人阶级并不是地图学史研究中的对象；较多的注意力放置在地图在文艺复兴时期欧洲宫廷精英手中所发挥的作用。但现在日益清楚的是，如果我们要完全理解这一时期地图是如何被使用的话，那么新的研究需要聚焦于这些日常使用的所有可能的方面。此外，当研究文艺复兴时期的地图绘制者时，我们的注意力有时必须从众所周知的地图的伟大经典（grand canon）转移到那些类似于朱塞佩·罗塞西奥的“高级工匠”绘制的地图上，对此本卷涉及很多例子。

第二章　中世纪晚期社会中地图的作用：12—14 世纪*

维多利亚·莫尔斯（Victoria Morse）

25 中世纪已经被描述为是一个“对地图所知甚少”的时期，确实，即使考虑到可能存在的极高的损失率，现存的这一时期的地图数，也无法证明公元 5 世纪至 14 世纪之间，地图绘制和使用有着极大的数量①。这一评价被我们所知道的地图的物质生产所强化，这种生产受到手工复制、使用羊皮纸和其他昂贵的材料，以及至少延续到 13 世纪对书籍和地图的低水平的私人拥有和市场的限制②。然而，对地图生产和使用的现存证据的详细分析开始提出，与此后的历史时期或其他文化中的地图不同，虽然地图在中世纪的所有阶层中可能都不是通常的事物，但同时它们却是很重要的和——至少对于某些受众而言——熟悉的表达和沟

---

* 本章使用的缩写包括：*Géographie du monde*，代表 Monique Pelletier, ed. , *Géographie du monde au Moyen Âge et à la Renaissance*（Paris：Éditions du C. T. H. S. , 1989）；以及 *LMP* 代表 R. A. Skelton and P. D. A. Harvey, eds. , *Local Maps and Plans from Medieval England*（Oxford：Clarendon, 1986）。

① P. D. A. Harvey, “Local and Regional Cartography in Medieval Europe”, in *HC* 1：464 - 501, esp. 464. 也可以参见 Harvey “Medieval Maps：An Introduction”, in *HC* 1：283 - 85, esp. 283, 以及他的 *Medieval Maps*（Toronto：University of Toronto Press, 1991）, 7：“Maps were practically unknown in the middle ages” 中的评价。他关于这一主题的观点最近发生了变化：“我们可能只是了解极小一部分” 13 世纪英格兰绘制的世界地图（*Mappa Mundi*：*The Hereford World Map* [London：British Library, 1996], 38）。关于地图超高损失率的可能性，参见 David Woodward, “Medieval *Mappaemundi*,” in *HC* 1：286 - 370, esp. 292。

② 关于中世纪晚期对于书籍的有限拥有，参见 Pascale Bourgain, “L'édition des manuscrits”, in *Histoire de l'edition française*, ed. Henri Martin and Roger Chartier（Paris：Promodis, 1983 - 86）, 1：49 - 75, esp. 64 - 66 and 72 - 73。直至 15 世纪私人拥有地图的情况依然非常少见，对于这一观点的强调，参见 David Woodward, *Maps as Prints in the Italian Renaissance*：*Makers*, *Distributors & Consumers*（London：British Library, 1996）, 2。然而，到目前为止还没有关于中世纪地图物质生产的研究专著。可以参阅 Woodward, “Medieval *Mappaemundi*,” 318 and 324—26 中的调查和参考书目。关于赫里福德（Hereford）地图绘制的研究工作，在 Scott D. Westrem, *The Hereford Map*：*A Transcription and Translation of the Legends with Commentary*（Turnhout：Brepols, 2001）, xviii 中进行了很好的总结。对波特兰航海图的制作已经进行了较好的研究；参见 Tony Campbell, “Portolan Charts from the Late Thirteenth Century to 1500”, in *HC* 1：371 - 463, esp. 390 - 92 中的讨论和参考书目。Anna-Dorothee von den Brincken, *Kartographische Quellen*：*Welt-*, *See-*, *und Regionalkarten*（Turnhout：Brepols, 1988）, 58 - 65 中对与地图绘制相关的一些因素进行了简短的讨论。

通的方式③。

本章主要讨论中世纪晚期（大致从 12 世纪至 14 世纪）文化中地图的众多功能，以及中世纪与文艺复兴制图学之间延续和变化的一些关键领域。对当时学者们正在讨论的问题的 26
调查，主要希望达成对 15—16 世纪地图绘制者的创新，以及将他们的作品与之前绘制者的作品联系起来的非常真实的延续性的一种平衡理解。那些主要从事 14—15 世纪研究的学者认为，在中世纪晚期，地图的生产和消费反映了对于一幅地图能绘制以及应当绘制什么的理解的快速变化，这种变化依然有待于进行全面的探讨和解释④。与此同时，我们对中世纪鼎盛时期地图学的评价，随着新地图以及与其研究相关的新文本的发现，正在变得日益微妙和细致。对于中世纪地图数量的重新估算，就是由最新的学术成果引入的大量新理解中的典型。本章因而意图描述一些当前的研究方向，尤其关注有助于我们理解中世纪地图学与文艺复兴地图学之间的关系的那些方向。其目的并不在于取代《地图学史》第一卷中的那些章节，而是提供最新的进展和一些修订，更为重要的是，让读者的注意力得以集中——当开始拓展对文艺复兴地图学的研究时——在深深扎根于从 12 世纪延续至 14 世纪土壤中的那些根茎。

尽管中世纪地图过去通常被描述为复制自少量标准的模板，并且不断重复对来自古典和《圣经》材料中的信息的一种令人厌烦的混搭，但正在日益变得清晰的是，类似于所有其他地图，它们应当被理解为是一种思考的工具，以及思想交流的灵活多变的方法⑤。在中世纪，如

---

③ 无法确定保存下来的中世纪地图的数量，这归因于缺乏彻底的调查，以及对较早的目录和列表中的哪些文献可以被认为是地图的过于严格的定义。例如戈蒂埃·达尔谢记录，他统计的世界地图的数量几乎是 Marcel Destombes, ed., *Mappemondes A. D.* 1200 – 1500: *Catalogue prépare par la Commission des Cartes Anciennes de l'Union Géographique Internationale* (Amsterdam: N. Israel, 1964) 中统计数据的一倍；参见 Patrick Gautier Dalché, "De la glose à la contemplation: Place et fonction de la carte dans les manuscrits du haut Moyen Âge", in *Testo e imagine nell'altomedioevo*, 2 vols. (Spoleto: Centro Italiano di Studisull'Alto Medioevo, 1994), 2: 693 – 771, esp. 702 and n. 26，在书中，他列出了其中收录有 1 幅及 1 幅以上地图的大约 400 种抄本的清单，而 Destombes 只列出了 283 种。这篇论文已经被转载在 *Géographie et culture: La représentation de l'espace du* Ⅵe *au* Ⅻe *siècle* (Aldershot: Ashgate, 1997), item Ⅷ。至于最近的在 BNF 中的世界地图的清单，参见他的 "*Mappae Mundi* antérieures au ⅩⅢe siècle dans les manuscritslatins de la Bibliothèque Nationale de France", *Scriptorium* 52 (1998): 102 – 62, esp. 102 – 3 and 110。至少一些中世纪读者对于地图是熟悉的，这方面有趣的证据，是由绘制在萨卢斯特 (Sallust) 的历史著作边缘的地图提供的，可以推测其是由那些感觉应当有一幅与文本相配的地图的读者绘制的；参见 Evelyn Edson, *Mapping Time and Space: How Medieval Mapmakers Viewed Their World* (London: British Library, 1997), 20。也可以参见 Patrick Gautier Dalché, *La "Descriptio mappe mundi" de Hugues de Saint-Victor* (Paris: Études Augustiniennes, 1988), 88，关于读者在头脑中构建地图的能力，中世纪熟悉地图的程度，学者中对这一问题态度转变的一个生动例子就是 Lecoq: "Tucked away in the secrecy of books or exhibited on the walls of churches, cloisters, and royal or princely palaces, the image of the earth was displayed abundantly during the Middle Ages" 做出的评论；参见 Danielle Lecoq, "Images médiévales du monde", in *A la rencontre de Sindbad: La route maritime de la soie* (Paris: Musée de la Marine, 1994), 57 – 61, esp. 57。Sylvia Tomasch 认为，到 14 世纪，杰弗里·乔瑟（Geoffrey Chaucer）对于同时代的地图学有着一种复杂的评价；参见 "*Mappae Mundi* and 'The Knight's Tale': The Geography of Power, the Technology of Control", in *Literature and Technology*, ed. Mark L. Greenberg and Lance Schachterle (London: Associated University Presses, 1992), 66 – 98, esp. 68。

④ 参见原文第 44—51 页。

⑤ 这一态度与毫无疑问具有创造力的中世纪作者对于古代文献的使用形成了反差，对此进一步讨论，参见 Patrick Gautier Dalché, "Un problème d'histoire culturelle: Perception et représentation de l'espace au Moyen Âge", *Médiévales* 18 (1990): 5 – 15, esp. 6 and 12 – 15，以及 idem, "Sur l' 'originalité' de la 'géographie' médiévale", in *Auctor & auctoritas: Invention et conformisme dans l'écriture médiévale*, ed. Michel Zimmermann (Paris: École des Chartes, 2001), 131 – 43。关于从其他文献复制的地图中可能存在的原创性，参见 Danielle Lecoq *Liber floridus*in 中地图的评价 "La mappemonde du *Liber floridus* ou la vision du monde de Lambert de Saint-Omer", *Imago Mundi* 39 (1987): 9 – 49, esp. 9。对于兰伯特（Lambert）的百科全书而言，这一点由其最为全面的解释者 Albert Derolez 在 *Lambertus qui librum fecit: Een codicologische studie van de Liber Floridus-autograaf* (*Gent, Universiteitsbibliotheek, handscrift* 92) (Brussels: Paleis der Academiën, 1978) 中更为全面地进行了强调。

同在其他时期，当它们的作者基于图像和文本传统、基于经验，以及基于他们自己的思想来创造适应给定语境的个人艺术品的时候，地图可以被塑造和利用以满足特定需要。正如戈蒂埃·达尔谢强调过的，地图，类似于其他呈现形式，并没有告诉我们同时代的对于空间的感知，而是告知我们地图绘制者可以使用的精神和技术工具⑥。简言之，中世纪地图不应该被视为通往他们绘制者和使用者头脑的一扇透明的窗户，而应该作为属于特定时间和特定语境的用修辞方式构建的文献。最近的研究已经强调探索这些语境的重要性，无论是某一特定绘本的特定文本语境，或是地图被构思的较大的社会和文化背景，因为在地图所处的社会中理解给定地图的全部含义是至关重要的⑦。

研究中世纪地图的这一更为情景化和差异化的方法，其成果尤其丰硕的方面就是日益意识到这一时期之内的变化。取代一个整体性的“中世纪地图”的是，我们现在可以认识到，类似于其他文本和艺术品，在与制作地图的文化之间的复杂关系中，地图有着自己的历史。最近关注于引起变化的历史时刻的例子，其范围包括从在耶路撒冷（Jerusalem）日益被定位于世界地图中心逐渐发展的趋势中，十字军东征（Crusades）的作用，到百年战争期间伊夫舍姆（Evesham）地图中英国国家认同意识表达的逐渐增加⑧。同样地，现在可以较为容
27 易地认识出不同形式的中世纪地图，而不是将世界地图作为一种原型。其他广泛传播的地图形式——尤其是波特兰航海图，还有地方、区域和城市地图——不再被看成是中世纪之后地图发展的偏差或者先驱，而是作为同时代的地图学的表达形式，总体上有助于确定中世纪的地图体验⑨。

在我们转向中世纪和文艺复兴地图学转型的困难问题时，这一对于在中世纪时期地图形式、内容和使用方面存在变化的意识尤其有帮助。标签“中世纪”和“文艺复兴”的含义，早已受到质疑，此外还有两个时期之间变化的程度和形式。地图学史中将文艺复兴看成是现代地图学的诞生，这一趋势已经导致在这一领域中过于强调其与以往中世纪的断裂。两个时期之

---

⑥ Gautier Dalché, “Un problème d'histoire culturelle”, esp. 8. 关于作为表意符号，而不是对于空间的模仿性再现的T－O地图，参见 Pascal Arnaud, “Plurima orbis imago: Lectures conventionelles des cartes au Moyen Âge”, *Médiévales* 18 (1990): 33－51, esp. 50－51。

⑦ 关于文本语境的重要性，参见 Gautier Dalché, “De la glose à la contemplation”, 698；以及 Edson, *Time and Space*, vii－viii，稿本中发现的地图，必须要在与周围文本的关系中加以研究。关于对赫里福德地图的社会和政治语境的一项精彩研究，参见 Valerie I. J. Flint, “The Hereford Map: Its Author (s), Two Scenes and a Border”, Transactions of the Royal Historical Society, 6th ser., 8 (1998): 19－44。对这一解释的特定方面的评价，参见 Westrem, Hereford Map, xxiii－xxv, esp. n. 22 and n. 28. Victoria Morse, in “A Complex Terrain: Church, Society, and the Individual in the Works of Opicino de Canistris (1296－ca. 1354)” (Ph. D. diss., University of California, Berkeley, 1996)，对一系列来自 14 世纪的阿维尼翁(Avignon) 的罕见地图和图表的个人的、知识的和精神的背景进行了分析。更为程序性的，Marcia A. Kupfer 认为地图的含义依赖于其语境和框架，参见她的“Medieval World Maps: Embedded Images, Interpretive Frames”, *Word & Image* 10 (1994): 262－88, esp. 264。

⑧ 关于从 1100 年至 1300 年，将耶路撒冷（Jerusalem）定位于世界地图的中心的逐渐增长的趋势，参见 Woodward, “Medieval *Mappaemundi*,” 341，以及 Anna-Dorothee von den Brincken, “Jerusalem: A Historical as Well as an Eschatological Place on the Medieval Mappae Mundi”, paper presented at the Mappa Mundi Conference, Hereford, England, June 29, 1999。Von den Brincken 认定这一发展是在 13 世纪中期之后，并将地图中耶路撒冷（Jerusalem）定位于中心归因于 1244 年这一城市被穆斯林重新占领后强化的欧洲意识。关于英国认同和百年战争，参见 Peter Barber, “The Evesham World Map: A Late Medieval English View of God and the World”, *Imago Mundi* 47 (1995): 13－33, esp. 23－24。

⑨ 尤其，波特兰航海图是中世纪地图学中的非典型，或者在某种程度上是后来发展的先驱，这种想法令人惊讶的依然存在于 Robert Karrow, “Intellectual Foundations of the Cartographic Revolution” (Ph. D. diss., Loyola University of Chicago, 1999), 7 and 53 中。对于与同时代社会存在关联的地方地图的很好讨论（在这一例子中是权利的纠纷），可以参见 Rose Mitchell and David Crook, “The Pinchbeck Fen Map: A Fifteenth-Century Map of the Lincolnshire Fenland”, *Imago Mundi* 51 (1999): 40－50, esp. 40－41 and 47－49。

间毫无疑问的延续性被作为中世纪的残存而遭到忽视，同时这些中世纪的残存也让现代观察者感到惊讶，对于他们而言，中世纪末期制作的波特兰航海图和 15 世纪后期制作的托勒密地图，显然要优于一直不断被制作的地带图和世界地图（*mappaemundi*）[10]。最近的研究已经开始更为细致地分析 14 世纪和 15 世纪过渡时期的地图，勾勒出延续性并试图更为精确地从个人工艺品、思想家和社区的特定层面定义在中世纪和现代早期确实发生的变化[11]。这些研究必须与最新的工作进行比较，这些研究工作聚焦于中世纪经验中的空间呈现和控制的观念，包括法律管辖权的领土概念的发展以及量化和测量知识的变化[12]。只有通过对随着时 28

---

⑩ Tony Campbell 为 *The Earliest Printed Maps, 1472 – 1500*（Berkeley：University of California Press, 1987），1 – 4 所作的导言，是这一趋势令人惊讶的例子。15 世纪，作为获得一种关于世界及其各个组成部分概要情况的手段的世界地图，其依然持续存在的重要性，参见 Patrick Gautier Dalché，"Pour une histoire du regard géographique：Conception et usage de la carte au XVe siècle"，*Micrologus：Natura，Scienze e Società Medievali* 4（1996）：77 – 103，esp. 92，以及 idem，"Sur l'‘originalité’ de la ‘géographie' médiévale"，132，也可以参见 Edson 在 *Time and Space*，14 中对 14 世纪《初学者手册》（*Rudimentum novitiorum*）中的概图的评价。

⑪ 戈蒂埃·达尔谢对 15 世纪作为新工具的地图的准确和发人深思的评价，参见"Pour unehistoire"，esp. 100 – 103。戴维·伍德沃德认为一种"抽象、几何与和谐空间"的观念是 15 世纪地图绘制的核心，参见"Maps and the Rationalization of Geographic Space"，in *Circa* 1492：*Art in the Age of Exploration*，ed. Jay A. Levenson（Washington，D. C.：National Gallery of Art，1991），83 – 87，esp. 84。Marcia Milanesi 发现，受到托勒密《地理学指南》的影响，人文主义者的圈子中产生的已知世界的明确的、单一的图景发生了变化；参见她的"La rinascita della geografia dell'Europa，1350 – 1480"，in *Europa e Mediterraneo tra medioevo e prima eta moderna*：*L'osservatorio italiano*，ed. Sergio Gensini（Pisa：Pacini，1992），35 – 59。最近，Nathalie Bouloux 提出，人文主义者的考据学习惯产生了一种对地理准确性的新的关注，并将地理学看成是一个独立、重要的研究领域，参见 *Culture et saviors géographiques en Italie au XIVe siècle*（Turnhout：Brepols，2002），esp. 193 – 235。

⑫ 这些主题已经产生了体量巨大的最新的参考书目。中世纪晚期意大利政治空间观念的变化，对此尤其具有启发性的两项研究是 Robert Brentano，*A New World in a Small Place*：*Church and Religion in the Diocese of Rieti，1188 – 1378*（Berkeley：University of California Press，1994），和 Odile Redon，*L'espace d'une cité*：*Sienne et le pays siennois*（XIIIe-XIVe *siècles*）（Rome：École Française de Rome，1994）。也可以参见 Daniel Lord Smail's *Imaginary Cartographies*：*Possession and Identity in Late Medieval Marseille*（Ithaca，N. Y.：Cornell University Press，1999）。关于克卢尼（Cluny）教会豁免权的神圣空间的有趣发展，参见 Barbara H. Rosenwein，*Negotiating Space*：*Power，Restraint，and Privileges of Immunity in Early Medieval Europe*（Ithaca，N. Y.：Cornell University Press，1999），esp. 156 – 83。对于中世纪边界和边疆思想的相对重要性的有用评价，参见 Patrick Gautier Dalché，"De la liste a la carte：Limite et frontière dans la géographie et la cartographie de l'occident médiéval"，in *Castrum* 4：*Frontière et peuplement dans le monde méditerranéen au moyen âge*（Madrid：Casa de Velázquez，1992），19 – 31；也可以参见 Christine Deluz，*Le livre de Jehan de Mandeville*：*Une "géographie" au* XIVe *siècle*（Louvain-la-Neuve：Université Catholique de Louvain，1988），172 – 73 and 364。存在与对乡村土地的描述和感知相关的大量文献，尤其是法语的：尤其应当参看 Mathieu Arnoux，"Perception et exploitation d'un espace forestier：La forêt de Breteuil（XIe-XVe siècles）"，*Médiévales* 18（1990）：17 – 32；Bernard Guidot，ed.，*Provinces，régions，terroirs au Moyen Âge*：*De la réalité à l'imaginaire*（Nancy：Presses Universitaires de Nancy，1993）；Elisabeth Mornet，ed.，*Campagnes medievales*：*l'homme et son espace*：*Études offertes à Robert Fossier*（Paris：Publications de la Sorbonne，1995）；同时，公证文件中的空间表达，对此的杰出研究，参见 Monique Bourin，"Delimitation des parcelles et perception de l'espaceen Bas-Languedoc aux Xe et XIe siècles"，in *Campagnes médiévales*：*L'homme et son espace. Études offertes à Robert Fossier*（Paris：Publications de la Sorbone，1995），73 – 85。也可以参见 Jean Coste，"Description et délimitation de l'espace rural dans la campagne romaine"，in *Sources of Social History*：*Private Acts of the Late Middle Ages*，ed. Paolo Brezzi and Egmont Lee（Toronto：Pontifical Institute of Medieval Studies，1984），185 – 200，也发表在了 *Gli atti privati nel tardo medioevo*：*Fonti per la storiasociale*，ed. Paolo Brezzi and Egmont Lee（Rome：Instituto di Studi Romani，1984），185 – 200。在受到大学训练的哲学家中，数量和尺度观念的变化，在 Joel Kaye，*Economy and Nature in the Fourteenth Century*：*Money，Market Exchange，and the Emergence of Scientific Thought*（New York：Cambridge University Press，1998）中进行了探讨，其结论对于我们理解中世纪晚期对量化的理解以及一种对世界的几何学关系的理解的发展非常重要。Alfred W. Crosby 的 *The Measure of Reality*：*Quantification and Western Society*，1250 – 1600（Cambridge：Cambridge University Press，1997）中包括了对空间的讨论，但是对于主题的讨论过于粗略，因此无法真正理解变化是如何以及为什么发生的。中世纪对空间的哲学讨论，对此参见 Jan A. Aertsen and Andreas Speer，eds.，*Raum und Raumvorstellungen im Mittelalter*（Berlin：W. de Gruyter，1998）中的论文。关于中世纪地理学方面的想象，尤其是在文献中的表达，参见 Scott D. Westrem，ed.，*Discovering New Worlds*：*Essays on Medieval Exploration and Imagination*（New York：Garland，1991），和 Sylvia Tomasch and Sealy Gilles，eds.，*Text and Territory*：*Geographical Imagination in the European Middle Ages*（Philadelphia：University of Pennsylvania Press，1998）。Barbara A. Hanawalt and Michal Kobialka，eds.，*Medieval Practices of Space*（Minneapolis：University of Minnesota Press，2000），发表了涉及学科更为广泛的论文。

间变化的特定事例的细致研究，我们才能更为准确地看到，中世纪和文艺复兴时期之间，地图绘制的转变是如何发生的，并且可以更全面地在中世纪晚期深刻的社会和文化转型中评价其根源。

12 世纪和 13 世纪地图的作用

中世纪地图的形式可以大致分为世界地图、波特兰航海图以及地方和区域地图及平面图，这种分类提供了讨论中世纪晚期地图的作用的一个有益的出发点⑬。这些单独的传统在过去被看成是相互之间几乎是完全独立的，重要的是一些学者已经提出，中世纪没有一个区别于图示、图画和其他呈现形式的作为一个类目的“地图”的概念⑭。中世纪地图中只存在极少的“异体受精”，这一想法随着新的发现和对于中世纪地图绝对数量的新的评价而变得站不住脚⑮。然而，在很多 12 世纪和 13 世纪的著作中，类目保持着足够明确的差异，它们由此提供了一个有用的讨论框架。

世界地图：形式

很多较早的关于中世纪世界地图的学术研究集中于创造类别，其中一些相当复杂⑯。最近，趋势就是简化用来描述世界地图的类目和术语，并通过在特定语境下分析单幅地图的功能来阐释它们的含义，而不是通过在已经清晰定义的地图家族中对它们进行定位来阐释它们的含义。对中世纪世界地图类型学最为深远的修订需要重新认识两个基本的地图类型：那些采用地球的全球视角的地图，以及那些罗马晚期和中世纪思想家概念化的仅仅关注有人居住的世界（*oikoumene*）的地图，有人居住的世界由现代意义上的欧洲、北非和亚洲，尤其是小亚细亚（Asia Minor）这些区域构成⑰。

在《地图学史》的第一卷中提出的一种更为平和的修正，即将世界地图的主要类型减少到四种：由三部分构成的地图（tripartite）、地带图（zone）、由四部分构成的地图

---

⑬ 这种划分被两种对于中世纪地图的权威调查所采用：HC vol. 1，和 von den Brincken, Kartographische Quellen，其源自 Destombes, *Mappemondes A. D. 1200 – 1500*, xvii。

⑭ 对于中世纪地图传统的划分，以及中世纪缺乏一个地图概念的有力表达，参见 Harvey, “Medieval Maps: An Introduction”, 283 – 85。在 von den Brincken, *Kartographische Quellen*, 22 – 23，和 Woodward, “Medieval Mappaemundi”, 287 – 88 中有对中世纪地图术语的有用的总结。

⑮ 一个对波特兰航海图与世界地图之间相互作用的有用的简短描述，参见 Gautier Dalché, “Un problème d’histoire culturelle”, 14。

⑯ Woodward, “Medieval Mappaemundi”, 294 – 99，对世界地图分类系统的历史进行了简要叙述；也可以参见 Gautier Dalché, “Mappae mundi antérieures au XIIIᵉ siècle”, 103 – 9 中的讨论。

⑰ 例如，参见 Jörg-Geerd Arentzen, *Imago mundi cartographica: Studienzur Bildlichkeit mittelalterlicher Welt- und Ökumenekarten unter besonderer Berücksichtigung des Zusammenwirkens von Text und Bild* (Munich: Wilhelm Fink Verlag, 1984), 125，和 Gautier Dalché, “De la glose à la contemplation”, 703。两位作者都强调两种地球视角在根本上是相容的。“大洲（continents）”这一术语通常的用法指的是地图上的欧洲、亚洲和非洲，但这一用法在 Benjamin Braude “The Sons of Noah and the Construction of Ethnic and Geographical Identities in the Medieval and Early Modern Periods”, *William and Mary Quarterly*, 3rd ser., 54 (1997): 103 – 42, esp. 109 – 10 中受到批评；Braude 指出，对于中世纪的思想家而言，这些术语指的是“世界的几个区域，而不是单独的大洲”（p. 109）。

(quadripartite) 和过渡地图 (transitional)[18]。第一个类别由显示了中世纪概念化的地球有人居住的部分，也就是含蓄或者明确分为欧洲、非洲和亚洲三个区域的地图构成。这一类目的一个子类就是 T-O 地图，以概要的形式展现了三个区域和分割它们的水道——顿河 (Don) 或塔奈斯河 (Tanais)、尼罗河 (Nile) 和地中海 (Mediterranean Sea)。地带图，与此相反，采用了一种地球的全球视角，显示了被分为五个用温度确定的气候带 (*climata*) 的地球，这些气候带包括两个寒冷的极地地区，一个北温带和一个南温带，以及一个赤道带。由四部分构成的地图的类目是前面两类地图调和的产物，显示了由三个部分组成的已知世界以及赤道带以南的一个大陆。最后，也就是过渡地图，强调了 14 世纪和 15 世纪的重要发展，即世界地图开始结合了来自波特兰航海图的材料以及来自托勒密《地理学指南》中最新发现的地图的材料。

由于其将过渡地图作为单独的和值得关注的一类，以及对之前分类的简化，因此这一分
类方法尤其有用[19]。然而，它受到了批评，因为其延续使用了某些古典和古代晚期文本的作 29
者的名字来命名的子类，在这些文本的中世纪稿本中，经常将地图作为插图 [例如“伊西多尔 (Isidore)”、“奥罗修斯 (Orosius)” 或 “萨卢斯特” 地图]。首先，这种命名法可能会产生一种误导性的印象，即所讨论的地图起源于与它们最常关联的文本，或者甚至就是文本原作者的作品[20]。这一错误的结论掩盖了中世纪世界地图有趣的和有疑问的早期历史，中世纪世界地图中只有一些其起源似乎可以追溯到晚古时期，同时其他一些很可能是在中世纪早期创作的[21]。其次，有大量的证据证明，尽管有着一系列特定特点的地图可能趋向于是与特定文本一起复制的，但是它们之间的联系远远不是那么确定或直接。与之相反，最近的研究强调地图从一个文本迁移到另外一个文本的频率，且强调中世纪的抄写员选择地图来展示给定著作时随意改变他们制图模板时的灵活性。例如，伊夫舍姆地图，与那些出现在雷纳夫·希格登 (Ranulf Higden) 编年史中的地图是非常相似的，但其似乎是作为一个独立文献制作

---

⑱ Woodward, “Medieval Mappaemundi”, 295-99 and 343-58.

⑲ Edson 采用了一种基于形式特征（尤其是 T-O 地图与地带图之间的差异）和详细程度的分类方式。尽管因试图强调语境和地图的绘制目的超越于它们的形式特征而令人感兴趣，但这一系统似乎不太可能被更为普遍地使用。参见她的 *Time and Space*, 2-9。

⑳ Gautier Dalché, “De la glose à la contemplation”, 701-2 and n. 27. 戈蒂埃·达尔谢将这一误导性方法的延续归因于 Destombes, *Mappemondes A. D. 1200-1500* 编辑的有影响力的中世纪的地图目录。关于戈蒂埃·达尔谢对 Destombes 进一步的批评，参见 “De la glose à la contemplation”, 699-702, 和 “Mappae mundi antérieures au XIIIe siècles”, 105-8, 关于确定地图的作者的问题，尤其参见 107 页。Edson 在 *Time and Space*, 33 中讨论了术语 “奥罗修斯” 作为一个地图类目的问题，即其很少与奥罗修斯的《反异教史七卷》(Seven Books of History Against the Pagans) 一起出现；她对萨卢斯特的历史文本与经常说明这些文本的地图之间的复杂关系的讨论，在这方面同样非常有帮助 (pp. 18-21)。

㉑ Gautier Dalché, in “De la glose à la contemplation”, 706-8, 认为图形的 T-O 地图是中世纪早期的一项发明，尽管有人居住的世界由三部分组成的概念有着古老的起源。另一方面，罗马地图学对马修·帕里斯的不列颠地图可能产生了影响，关于这方面的讨论，参见 P. D. A. Harvey, “Matthew Paris's Maps of Britain”, in *Thirteenth Century England Ⅳ: Proceedings of the Newcastle upon Tyne Conference* 1991, ed. P. R. Cross and S. D. Lloyd (Woodbridge, Suffolk: Boydell, 1992), 109-21, esp. 111-14。

的，而不是作为一部稿本的一部分复制的㉒。最后，关注于中世纪地图的来源，趋向于掩盖特定选择的重要性，这种选择导致了在某一特定时刻和针对某一特定目的而绘制了某一特定地图。甚至一幅现存地图的直接副本，也会因为在某种特定情况下被选择和复制，而由此获得了一系列新的含义和新的意义㉓。

关于世界地图形式的最后一个问题就是，一幅地图的形式结构是否提供了其功能的线索。有人认为，地带图典型地被用来传递天文和占星术信息，同时由三个部分组成的地图倾向于，或关注于历史、人种和精神意义，或（在它们更为概要的形式中）用来作为表示地球的便捷图示㉔。部分地，这些联系来源于这样的假设，即特定的地图类型专门归属于特定的文本，不过正如我们看到的，这种思想已经受到了质疑㉕。然而，尽管在地图和文本之间存在更为多变的关系，这一点我们现在知道是典型的，尤其是在中世纪晚期，但似乎在形式与含义之间的相互关系上确实存在某些真实的东西。这方面最好分析一下奥皮西诺·德卡尼斯垂斯（Opicino de Canistris）的极端例子，他采用地带图作为建立他精神宇宙志的基础，因为其强调这种地图形式将地球作为一个更为广大的宇宙系统的一部分，位于一个星际力量网络的中心（图2.1）㉖。

世界地图：用途和背景

30 现在中世纪地图研究中的趋势不是强调来源、传承或分类的问题，而是分析功能和背景。作为这一领域日益成熟的标志，这一方法显示出地图学史正在中世纪文化史的主流中寻找自己的位置㉗。中世纪地图学的研究者必须记住，世界地图具有多种意义，是关于世界各种思想的交织、混合，构成了独特的艺术和文化的表达。因而，尽管需要尝试厘清组成单幅地图的意义的构成要素，但是必须敏锐地寻找中世纪文化中可用的类目，以及现代解释者强加给中世纪资料

㉒ Gautier Dalché，“Mappae mundi antérieures au XIIIe siècles”，107，以及 Barber，“Evesham World Map”，27－28。戈蒂埃·达尔谢在他对圣维克托（Saint Victor）的“世界地图的阐述（Descriptiomappe mundi）”的讨论中提出，他认为一种文本来源于一幅地图，在12世纪早期，很可能一幅地图被理解为是一件具有权威性的艺术品，而这种权威性通常认为是属于已经撰写的文本的。参见他的 La“*Descriptio mappe mundi*”（1988），87－115，esp. 107 and 114－15。最后，图示与和它们一起出现的文本之间的关系，对此的细致和深入的讨论，参见 Harry Bober，“An Illustrated Medieval School-Book of Bede's ‘De Natura Rerum,’” *Journal of the Walters Art Gallery* 19－20（1956－57）：64－97，esp. 84 and 88。

㉓ 因而，将地图按照“内容的时间”组织的 Woodward“Chronological List of Major Medieval Mappaemundi，A. D. 300－1460”，将圣奥梅尔的兰伯特（Lambert of Saint-Omer）的地图列在了5世纪的条目之下［认为是乌尔提亚努斯·卡佩拉（Martianus Capella）的作品］，而不是作为12世纪早期知识和文化世界的产物（按照署名），或13、14或15世纪的知识和文化世界的产物（按照后来的复制品）；参见 Woodward，“Medieval Mappaemundi”，359－67。关于历史环境对兰伯特作品的重要影响，参见 Derolez，*Lambertus qui librum fecit*。波伊廷格地图是这样一个例子，之所以吸引我们的注意，纯粹是因为它告诉了我们罗马晚期的地图学，与此同时，以往对其可能是在12世纪通过复制而保存下来的背景的研究极少。希望 Richard Talbert 即将出版的版本和评论将会对这一重要问题进行讨论。也可以参见 Patrick Gautier Dalché，“La trasmissione medievale e rinascimentale della *Tabula Peutingeriana*”，in *Tabula Peutingeriana*：*Le antiche vie del mondo*，ed. Francesco Prontera（Florence：Olschki，2003），43－52，esp. 44－47。

㉔ Arentzen，in *Imago mundi cartographica*，94，根据他对《花之书》（*Liber floridus*）地图的认识。

㉕ 参见注释3。

㉖ Morse，“Complex Terrain”，235－54.

㉗ Woodward，in“Medieval Mappaemundi”，288－90，讨论了世界地图的编纂史，以及学者日益增长的按照他们自己的方式阅读这些文献的意愿，而不是将它们认为是对地点进行几何准确呈现的错误尝试。也可以参见 Gautier Dalché 的评论，“Un problème d'histoire culturelle”，6－7。

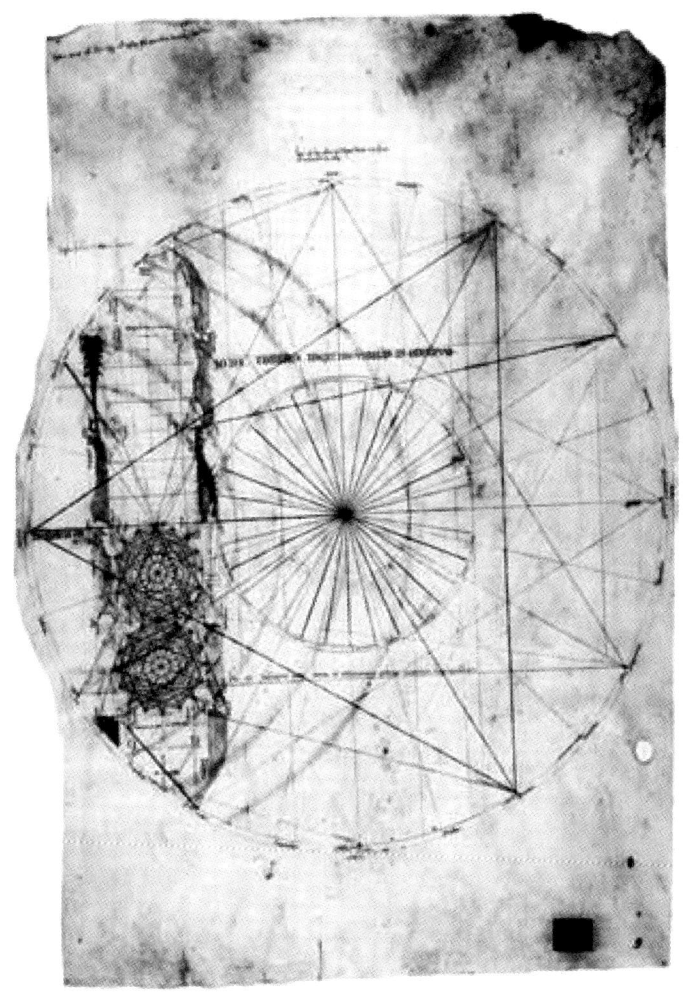

图 2.1　奥皮西诺·德卡尼斯垂斯的地带图

这一过渡地图可能绘制于 14 世纪 40 年代，采用波特兰航海图的罗盘方位线，作为有人居住的世界（*oikoumene*）的地中海地区的标志。可居住地带是由十二宫环绕的，强调其世俗的性质，同时各个地带的符号为通常的地理信息增加了一种精神层面的解释。

图片的版权属于 Biblioteca Apostolica Vaticana，Vatican City（MS. Pal. Lat. 1993，fol. 9r）。

的有帮助的那些类目。尽管下面的讨论将经常会依赖类似于“历史”或“宗教”这样的术语来讨论地图的角色和功能，但需要记住的是，一位中世纪的受众应当不会用这种方式来进行这些区分。地图制作和使用时所处的社会和文化框架是十分复杂的，实际上，我将试图指出这种复杂性中的某些内容㉘。

㉘ 中世纪缺乏一个“地理”的概念，对此有帮助的评价，参见 Patrick Gautier Dalché，“Le renouvellement de la perception et de la représentation de l'espace au Ⅻ^{e} siècle”，in *Renovacion intelectual del occidente Europeo*（*siglo* Ⅻ）（Pamplona：Gobierno de Navarra，Departamento de Educación y Cultura，1998），169 – 217，esp. 169 – 70。中世纪将学科，尤其是占星术认为是与地点相关的研究，Nicolás Wey Gómez 强调接受这样的理解，以及遵循这一理解进行研究的重要性，参见 *The Machine of the World*：*Scholastic Cosmography and the* “*Place*” *of Native People in the Early Caribbean Colonial Encounter*（forthcoming）；Natalia Lozovsky “*The Earth Is Our Book*”：*Geographical Knowledge in the Latin West ca.* 400 – 1000（Ann Arbor：University of Michigan Press，2000），6 – 34 的第一章致力于探讨“地理学的传统是如何融入当时的知识系统的”（p. 6）。

重要的是，将 12 世纪和 13 世纪的地图制作置于对理解物理世界更大的兴趣之中。这一兴趣产生于中世纪文化顶峰的很多不同领域，从阐释宇宙运行背后的自然法则的哲学和科学的努力，到对世界及其位置进行诗意描述的流行，以及到对行政和司法管辖区域的描述中发生的变化㉙。来自这一时期的世界地图受到这些较为广泛的关注的影响，同时它们明确的特征之一就是它们服务的目的和它们产生的背景的极端多样性。

中世纪地图学研究最有影响力的贡献之一就是意图用世界地图来描述时间和空间的思想。自冯登布林肯（von den Brincken）的两篇全面编年史——也就是试图在一篇作品中整合所有人类历史——与世界地图存在密切关系的具有极大影响力的论文发表之后，这些地图的一个功能就是提供被理解为人类，尤其是基督教历史的一个舞台的世界的全貌，这种观念
31 已经被广泛接受㉚。由于这种地图和编年史之间的平行关系，通常会发现，在世界地图的两翼上印刷的是，某位作者所谓的“（世界）六个年代的地标”：类似于特洛伊（Troy）和罗马（Rome）的古代城市，类似于希伯来人（Hebrews）穿过红海（Red Sea）和挪亚方舟（Noah's ark）在阿拉拉特山（Mount Ararat）上停靠的《圣经》中的事件，以及同时代的类似于圣地亚哥·德孔波斯特拉（Santiago de' Compostela）的朝圣圣地㉛。这些文献的这一研究方法有很多可取之处，并且在将中世纪地图的研究从过时地通过关注绘制它们的文化需求和态度来预测它们的目的和内容中解放出来中发挥了重要作用。然而，救赎史（Salvation History）已经被过度概括为对世界地图的一种阐释，很多时候更多的是对地图含义问题的规避而不是探索。我们需要记住两个问题。首先，基督教传统有着一个复杂的历史观、末世论和救赎过程，同时这是理解任何特定地图如何处理这些问题及其具体含义的核心㉜。其次，将人类知识和活动整合入一个创世和救赎的框架并没有以任何方式将“较低的”人类目的

㉙ 包括地图在内的那些表达了“对世界真实的热情发现”的各种体裁，对这些体裁的研究，参见 Gautier Dalché, “Le renouvellement”, 177。

㉚ 尤其应当参看 Anna-Dorothee von den Brincken, “Mappa mundi und Chronographia: Studienzur *Imago Mundi* des abendländischen Mittelalters”, *Deutsches Archiv für die Erforschung des Mittelalters* 24（1968）: 118 – 86, esp. 119 – 23, 和 idem, “ ‘... Ut Describeretur univers usorbis’: Zur Universalkartographie des Mittelalters”, in *Methoden in Wissenschaft und Kunst des Mittelalters*, ed. Albert Zimmermann（Berlin: W. de Gruyter, 1970）, 249 – 78, esp. 249 – 53。在她的 *Kartographische Quellen*, 32 中有一个对她观点的简短陈述，同时在 Woodward, “Medieval *Mappaemundi*,” 288 – 90 and n. 22 中将以地图为历史的思想追溯到了关于赫里福德地图的早期著作中。地图和历史的主题在 Edson, *Time and Space*, 18 – 35 and 97 – 144 中同样有所发展。关于时间和空间的密切关系——两者在宇宙结构中创造并以相似的方式参与到宇宙的结构中——参见 Danielle Lecoq, “Le temps et l'intemporel sur quelques représentations médiévales du monde au Ⅻ^{e} et au ⅩⅢ^{e} siécles”, in *Le temps, samesure et sa perception au Moyen Âge*, ed. Bernard Ribémont（Caen: Paradigme, 1992）, 113 – 32, esp. 115。

㉛ Edson, *Time and Space*, 100. 关于将世界地图作为“历史的聚合体或空间中发生的事件的累积清单”的描述，以及建议这种方法应当被现代制图学所采纳以更有成效地呈现地理景观的历史含义，参见 David Woodward, “Reality, Symbolism, Time, and Space in Medieval World Maps”, *Annals of the Association of American Geographers* 75（1985）: 510 – 21, esp. 519 – 20。世界地图被作为在其中可以罗列信息的框架，一个 12 世纪的例子，参见 Woodward, “Medieval *Mappaemundi*,” 347（fig. 18. 53）。也可以参见 Edson 在 *Time and Space*, 5 – 6 and fig. 1. 3 中她在世界地图分类中提出的一个名为“列表地图”的单独类目。从 von den Brincken, “Mappa mundi und Chronographia”, 162 – 67 的列表中可以很快地获得世界地图上呈现的地方感，同时，现在也可以从 Westrem, *Hereford Map* 中出版的赫里福德世界地图的传奇故事中获得。也可以参见 Danielle Lecoq, “La mappemonde d'Henri de Mayence ou l'image du monde au Ⅻ^{e} siècle”, in *Iconographie medievale: Image, texte, contexte*, ed. Gaston Duchet-Suchaux（Paris: Centre National de la Recherche Scientifique, 1990）, 155 – 207, esp. 162 中来自梅因兹［或索雷（Sawley）］的亨利（Henry of Mainz）的地图上的地名和其他名称的转录。关于名称“索雷地图”的使用，参见 P. D. A. Harvey, “The Sawley Map and Other World Maps in Twelfth-Century England”, *Imago Mundi* 49（1997）: 33 – 42, esp. 33。

㉜ Danielle Lecoq 探讨了试图表达神圣的永恒智慧和其他相关概念的类似于埃布斯托夫（Ebstorf）和普萨特尔（Psalter）地图的非现世的含义，参见“Le temps et l'intemporel”, esp. 113。

排除在外，同时救赎史也没有被认为脱离了世界的物质方面[33]。

在作为对时间和空间的呈现的世界地图的广泛功能中，世界地图可以满足各种各样更为明确的修辞学的需要。探索中世纪社会中世界地图的功能的一种方法就是分析当时在学术文化中世界本身的多重含义[34]。对物质世界的好奇塑造了 12 世纪文艺复兴的特征，而渴望将地球作为一个系统的一部分来理解则属于这种好奇的一部分。哲学家中对“机械宇宙（*machina universitatis*）”或“世界机械（*machina mundi*）”的关注，使他们去关注宇宙的内在系统以及控制这一系统的法则。地球本身的细节（*terra*，包括作为行星的地球和作为元素的土），对于他们而言，不如世界（*mundus*）的庞大机械结构能引起他们的兴趣。与这一对“世界机械”的兴趣相对的是，同样充满活力的“轻视俗世”（*contemptus mundi*）的思想，这种思想使用了一个与世界相关但不同的定义，用来将普通的世俗事务的生活与苦修的生活进行对比。“世俗”使我们联想起了术语“世代（*saeculum*，译者注，这一名词在《旧约》上用来指过去的或将来的悠远长久的时代，在《新约》中则有不同的意思，另外也有‘世俗’的含义）”，其将“人类的和时间的世界”与基督上帝的永恒的世界进行了对比[35]。这些极端之间是历史学家、朝圣者（无论是在扶手椅上，还是实际前往的）和其他旅行者的观点，对于他们来说，地上的位置和事件是重要的并且需要被记忆。

在《计算表册》（*computus*）的抄本和百科全书中，在保存很多中世纪的世界地图的同时，还保存了其他的示意图，通常是关于宇宙性质的。作为中世纪早期修道院教育的必需品，《计算表册》是用于计算基督教全年不固定的节会，尤其是复活节（Easter）的日期所需要的知识体系[36]。从对复活节的严格计算扩展出来，很多《计算表册》抄本编纂 32
了其他与时间、天堂有关的材料，以及作为中世纪科学和医学基础的天体和地球与人类

㉝ 参见 Gautier Dalché，“Le renouvellement”，178 and 204 - 5 中建议性的评论；作者提醒我们，对世界的描述没有变得那么无趣，因为它们的首要功能是提高读者关于《圣经》历史或解释的知识（p. 178）。一个来自相关学科的有用的比较就是 Bernard Ribémont 的议论，即中世纪百科全书的作者，尽管他们必然认为世界是创造的，但对探索他们所研究的自然现象的最终原因并不特别感兴趣，参见他的“*Naturae descriptio*：Expliquer la nature dans les encyclopédies du Moyen Age（XIIIe siècles）”，in *De Natura Rerum*：*Études sur les encyclopédies médiévales*（Orléans：Paradigme，1995），129 - 49，esp. 130。戴维·伍德沃德对于“中世纪世界地图”中“精神”与“真实”并置的评价，参见 *Géographie du monde*，7 - 8。比较他在“Medieval *Mappaemundi*，”334 - 37 中篇幅更长的分析。令人惊奇的是，Edson 依然对《阿恩施泰因圣经》（*Arnstein Bible*）中汇集的处理天文主题的地图和图示“被认为有着足够的宗教性以与《圣经》捆绑在一起”感到疑惑，参见 *Time and Space*，94，尤其是在她对《计算表册》及其与神职人员的文化之间的关系的长篇论述之后。参见 Gautier Dalché，“Le renouvellement”，207 and n. 82。

㉞ 我们现在对中世纪那些非精英的关于他们世界的想法所知甚少。对于期望更广泛的听众应当观看一幅世界地图的有趣证据出现于 15 世纪由贝尔纳迪诺·达谢纳（Bernardino da Siena）主持的一场布道，在布道中他要求他的听众，当他们看到“nel Lappamondo”的时候想起意大利，“nel Lappamondo”指的是锡耶纳市政厅中的世界地图。引用于 Marcia Kupfer，“The Lost Wheel Map of Ambrogio Lorenzetti”，*Art Bulletin* 78（1996）：286 - 310，esp. 288。

㉟ Edson，*Time and Space*，62 - 63. 关于术语“世代（*saeculum*）”，参见 R. A. Markus，*Saeculum*：*History and Society in the Theology of St. Augustine*，rev. ed.（Cambridge：Cambridge University Press，1988），引文在 xxii，以及 Kupfer，“Medieval World Maps”，265。

㊱ 在 Edson，*Time and Space*，58—61 中有一个对《计算表册》的技术方面进行的总结，以及在 52—96 中对《计算表册》进行的更为全面的总结。也可以参见 Arno Borst，*The Ordering of Time*：*From the Ancient Computus to the Modern Computer*，trans. Andrew Winnard（Chicago：University of Chicago Press，1993），esp. 33 - 41 and 50 - 64，和 Faith Wallis，“Images of Order in the Medieval Computus”，in *Ideas of Order in the Middle Ages*，ed. Warren Ginsberg（Binghamton：Center for Medieval and Early Renaissance Studies，State University of New York at Binghamton，1990），45 - 68，esp. 45 - 52。Wallis 认为《计算表册》“不太”被看成“是一门研究时间的科学，而是被看成一门艺术，由此将理性和人类秩序强加于时间之上”（p. 51）。

之间相互联系的理论。很多通常与《计算表册》存在联系的摘录都来源于可敬的比德（Venerable Bede）的著作，但是汇编同样还包括有古典文本以及由中世纪作者撰写的其他大量主题——包括历史——的文本，这些文本与那个时代广泛构思的思想存在着联系。此外，它们通常包含有设计用来归纳和补充文本呈现的图示，同时它们有时包含有地图㊲。这些地图可能只是作为更为复杂的图示的简单元素出现；这可能是 T – O 地图的一种普通用法，通常标有“*terra*”，这一单词可能表示，如位于一幅解释月亮对潮汐影响的图示中央的地球㊳。一些抄本同样包括更为精致的世界地图，这些地图中包含有历史和宇宙志的信息。《计算表册》已经被有说服力地描述为一种“牧师教育的组织原则”，由此，甚至随着可信度很高的表格的发展，在计算复活节的日期变成一种不太普遍需要的技能之后，这些文本依然继续被复制，甚至有时存在于在制作方面令人印象深刻的抄本中㊴。这些著作中包括的信息知识，在牧师身份的形成中发挥了作用，并且说明，至少部分牧师精英是熟悉地图和与之关联的地球和宇宙现象的图示的，并且也认识到了它们的重要性。

中世纪的百科全书展示了围绕一个松散的、常见的关于世界结构和历史的主题将各种材料整合在一起的趋势。它们是研究中世纪世界呈现的最为有趣的背景之一，因为它们非常的异质性允许包含所有种类的地图，从地带图和由三个部分组成的世界地图到区域地图，从作为被单独构思的图像的地图到较大的宇宙志图表中小的 T – O 地图。尽管主题和材料的多样性是百科全书的特征，但它们较大的目标通常是通过人类知识的一个综合体来展示被创造的宇宙的基本一致性㊵。地图可以，正如被理解为是关于单一、复杂的世界系统的不同视角——提供了不同程度的细节㊶。

地图出现在那些被设计用来服务于教学和普及功能的著作中的频率，是某位学者所谓的构成了被称为 12 世纪文艺复兴知识运动的特点的“充满激情地去发现世界的真实”的流行指数㊷。学者们寻求理解控制宇宙系统或“机械宇宙”的法则，具体方式是通过提出理由充分的

㊲ 一幅图示可以作为本书讨论的“概要的前奏”，由此强调了概念之间的关系，对此一个敏锐的说明，参见 Bober，“Medieval School-Book”，81 – 85，引文在 83。关于《计算表册》稿本中的地图，参见 Edson，*Time and Space*，72 – 96。

㊳ Arentzen，*Imago mundi cartographica*，90 – 91，关于基本 T – O 地图的象征性用法。

㊴ Edson，*Time and Space*，73，提到了 Faith Wallis，“MS Oxford，St. John's College 17：A Mediaeval Manuscript in Its Context”（Ph. D. diss.，University of Toronto，1987），610 – 39。也可以参见 Valerie I. J. Flint，“World History in the Early Twelfth Century：The 'Imago Mundi' of Honorius Augustodunensis”，in *The Writing of History in the Middle Ages：Essays Presented to Richard William Southern*，ed. R. H. C. Davis and J. M. Wallace-Hadrill（Oxford：Clarendon，1981），211 – 38，esp. 215，重印在 Valerie I. J. Flint，*Ideas in the Medieval West：Texts and Their Contexts*（London：Variorum，1988），211 – 38。

㊵ 在 12 世纪的《花之书》的例子中，丹尼尔·勒科克（Danielle Lecoq）将这一综合图像描述为一种“空间和时间的全球视角”，参见她的“La mappemonde du *Liber floridus*，”9。勒科克正确地强调了兰伯特描述的世界的美丽，现代学者依然可以在有着亲笔签名的引人注目的插图中感受到这种美丽，而且对于一位中世纪的受众来说，这种美丽来源于强烈的宇宙结构的对称性和层次性（p. 44）。也可以参见 Margriet Hoogvliet 关于大多数百科全书提供的道德解读，参见她的“*Mappae Mundi* and Medieval Encyclopaedias：Image Versus Text”，in *Pre-Modern Encyclopaedic Texts：Proceedings of the Second COMERS Congress，Groningen，1 – 4 July 1996*，ed. Peter Binkley（Leiden：Brill，1997），63 – 74，esp. 72 – 73。Flint 认为奥诺里于斯·奥古斯托度南西斯（Honorius Augustodunensis）在撰写《世界宝鉴》（*Imago mundi*）时，所讨论事项中的一部分是为了将同时代涌现的对占星术的兴趣引导到可以被神学所接受的方向，参见“World History”，esp. 223 – 24，229 – 30，and 232 – 33。

㊶ 参见原文第 28 页和注释 17。

㊷ Gautier Dalché，“Le renouvellement”，177.

理论或者仔细思索各种问题，例如存在对跖地，即在与北半球的有人居住的世界（*oikoumene*）径直相反的地方还存在一个南半球的有人居住的世界。这一问题尤其充满争论，因为存在一个可居住（和可能已经有人居住）地区的可能性将会对世界福音传播的完整性和基督教信息的完整性提出质疑，而通过一个不可逾越的炎热地带这一可居住地区被从已知世界中完全切除
了[43]。而且，运用理性思辨来理解世界受到某些人的质疑，因为由此似乎否认了全能的上帝，33
并且其是以人类自由意志为代价，给予了自然决定论以特权[44]。

然后，理解世界的科学或哲学方法，是一种存在争论的方法，需要向潜在的充满敌意的受众进行证明和解释[45]。奇怪的是，对如下地图的作用没有进行太多的探索，即在陈述这些主张的时候，这些地图经常展示了如孔什的威廉（William of Conches）的《自然哲学的对话》（*Dragmaticon philosophiae*）等著作的论点。取而代之，威廉关注于提供有帮助的视觉辅助工具，这经常被解释为是使用视觉材料帮助解释复杂问题的普遍进步的一部分；12 世纪的学者欣赏世界地图组织信息的力量，而这一点由某位作者选择根据一幅想象的世界地图（*mappamundi*）对一个随机顺序的地名列表进行分类所展示[46]。

地球作为自然力量的复杂系统中的一个点的思想是在 13 世纪提出的，尤其是考虑到星体对于尘世地点的影响力。占星术思想的这一形式，似乎已经为罗杰·培根对显示了按照经纬度定位的主要城市的图画或“图（*figura*）”的讨论提供了推动力[47]。培根在过去被认为对于地理学思想有着相当的创新，尤其是他对于使用坐标来绘制准确地呈现了世界上各个地点的图形的

㊸ 关于对规则和一个系统的关注，参见 Danielle Lecoq，“L'imagede la terre à travers les écritsscientifiques du Ⅻ^{e} siècle：Une vision cosmi que，une image polémique”，in *L'image et la science*：*Actes du* 115e *Congrès National des Sociétés Savantes*（*Avignon*，1990）（Paris：Editionsdu Comité des Travaux Historiques et Scientifiques，1992），15 – 37，esp. 16；也可以参见勒科克所说的受到相对忽视的 *rope*，ed. Jean-Philippe Genet（Paris：Éditions du Centre National de la Recherche Scientifique，1991），263 – 75，esp. 275。关于对跖地，参见 Gautier Dalché，“Le renouvellement”，192 – 95；Danielle Lecoq，“Audelades limites de la terre habitée：Des îles extraordinaires aux terres antipodes（Ⅺ^{e}-ⅩⅢ^{e} siècles）”，in *Terre à découvrir*，*terres à parcourir*：*Exploration et connaissance du monde*，*Ⅻ^{e}-XIXe siècles*，ed. DanielleLecoq and Antoine Chambard（Paris：L'Harmattan，1998），15 – 41，esp. 28 – 33；和 Woodward，“Medieval *Mappaemundi*，” 319。

㊹ Lindberg，*Beginnings of Western Science*，200 – 201；Lecoq，“L'image de la terre”，35 – 37；以及 Gautier Dalché，“Le renouvellement”，192 – 93。

㊺ 关于他们对批评者的一些回应，参见 Lecoq，“L'image de la terre”，35 – 37。

㊻ 使用世界地图（*mappamundi*）来排序地名，参见 Gautier Dalché，“Le renouvellement”，211。关于 12 世纪，设计用来组织和分析材料的复杂图像的发展，参见 Jean-Claude Schmitt，“Les images classificatrices”，*Bibliothèque de l'École des Chartes* 147（1989）：311 – 41，esp. 312 – 13，和 John E. Murdoch，*Antiquity and the Middle Ages*（New York：Scribner，1984），328 – 64。Barbara Obrist 已经对在中世纪宇宙论中占有重要地位的风图进行了研究，参见她的“Wind Diagrams and Medieval Cosmology”，*Speculum* 72（1997）：33 – 84。关于中世纪图示的重要介绍就是 Michael Evans 的“The Geometry of the Mind”，*Architectural Association Quarterly* 12，No. 4（1980）：32 – 55；也可以参见 Lucy Freeman Sandler，*The Psalter of Robert de Lisle in the British Library*（London：H. Miller，1983），和本章后面对圣维克托的休（Hugh of Saint Victor）的讨论。关于为人名列表提供了一个地理框架的“列表地图”（list maps），参见 Edson，*Time and Space*，5 – 6。基于这部对形象化进行了分析的著作，那么就很难同意戴维·伍德沃德提出的培根“他强调需要图片和地图，以便可视化景观和地方的地理，这在 13 世纪是非常不寻常的”，参见 David Woodward with Herbert M. Howe，“Roger Bacon on Geography and Cartography”，in *Roger Bacon and the Sciences*：*Commemorative Essays*，ed. Jeremiah Hackett（Leiden：E. J. Brill，1997），199 – 222，esp. 219。

㊼ Lindberg 清晰地阐释了中世纪时期“作为一组关于宇宙中物理影响的信念”的占星术与“作为预测星座运势的占星术”之间的一个重要差异，参见 *Beginnings of Western Science*，274。Wey Gómez 对于哥伦布的相遇（Columbian Encounter）及其知识背景的研究，向我们警示占星术在学术思想中为地理研究提供意义和背景时所发挥的核心作用；参见 Wey Gómez，*Machine of the World*。关于培根和阿尔贝特·马格努斯（Albert Magnus）的“地理决定论”的概念，参见 Woodward with Howe，“Roger Bacon on Geography”，210 – 11。关于占星术和地理学，也可以参见 Patrick Gautier Dalché，“Connaissance et usages géographiques des coordonnées dans le Moyen Âge latin（du Vénérable Bède à Roger Bacon）”，in *Science antique*，*science medievale*（*autour d'Avranches* 235），ed. Louis Callebat and O. Desbordes（Hildesheim：Olms-Weidmann，2000），401 – 36，esp. 432 – 33。

理解[48]。最近关于中世纪时期经纬度概念的研究，提出培根在这方面与之前的持有这方面思想的学者相比并不是一个创新者，因为他可以使用一个已经很好地建立起来的文本和技术体系，其中包括阿拉伯的科学文本和星盘使用手册的译文，它们解释了底层的理论，并且提供了经过选择的城市坐标的列表。而且，他可能知道使用由托勒密的《地理学指南》提供的用坐标来绘制地图的思想，这要感谢伊本·海塞姆［Ibn al-Haytham，海桑（Alhazen）］的《关于世界
34 构造的论著》（*Maqālah fī hay'，at al-ʿcālam*）非常著名的译本[49]。因而在一个将它们与天堂联系起来的系统中准确地确定世界上地点的位置的兴趣方面，培根并不是独一无二的。不太有名的（和无图解的）圣克劳德的威廉（William of Saint-Cloud）和费尔特雷的赫拉德（Gerard of Feltre）的著作都体现了一种将空间理解为是“完全由一组严格定义的点构成的”，就像多明我会修道士阿尔贝特·马格努斯的著作那样[50]。其本身远远不是一个使得中世纪对于地理空间的理解发生了革命性变化的触发器，托勒密使用坐标绘制世界特征的地图，这一知识是中世纪地理知识中已经被接受的部分，并且被应用于基于天文学和气候学的标准对地点进行的更为精确的分析。

之前部分所讨论过的了解物质世界的热情，在中世纪的教育学中扮演了重要角色，尤其是在加洛林王朝（Carolingian）和12世纪文艺复兴时期修道院的教学中[51]。这部分归因于12世纪《圣经》注释中对于字面意思的高度重视：理解《圣经》中描述的名字、地名和历史，被认为是研究其他意义［道德、基督论（Christological）或末世论］所必需的基础[52]。这种

[48] 戴维·伍德沃德提供了对培根在地理学思想史中地位的各种观点的研究，参见“Roger Bacon's Terrestrial Coordinate System”，*Annals of the Association of American Geographers* 80（1990）：109－22，esp. 115－18，以及 Woodward with Howe，“Roger Bacon on Geography”，215－16 and 220－21。尽管在宣布培根为一名创新者时非常谨慎，但伍德沃德在这一方面比戈蒂埃·达尔谢走得更远，后者在他的“Connaissance et usages géographiques des coordonnées”，428－32中将培根的原创贡献减少到最小。罗杰·培根《大著作》中关于地理兴趣的部分，其英文翻译现在可以在网络上找到；参见 Roger Bacon，“The Fourth Part of The Opus Maius：Mathematics in The Service of Theology”，trans. Herbert M. Howe（1996）< http：//www. geography. wisc. edu / faculty/woodward/bacon. html >。关于培根在英国地图学发展中的地位，这方面的一个简短但具有启发性的讨论，参见 Catherine Delano-Smith and Roger J. P. Kain，*English Maps：A History*（London：British Library，1999），17。

[49] 中世纪关于坐标的知识，包括托勒密《地理学指南》的影响，参见 Gautier Dalché，“Connaissance et usages géographiques des coordonnées”，以及尤其414—15页关于12世纪第二个二十五年中对这些思想的熟悉程度。对托勒密知识更为深入的研究，参见 Patrick Gautier Dalché，“Le souvenir de la *Géographiede* Ptolémée dans le monde latin médiéval（Ⅵ^{e}-ⅩⅣ^{e} siécles）”，*Euphrosyne* 27（1999）：79－106。关于培根对伊本·海塞姆的使用，参见 Gautier Dalché，“Connaissance et usages géographiques des coordonnées”，428－29。

[50] Gautier Dalché，“Connaissance et usages géographiques des coordonnées”，429－34. 戈蒂埃·达尔谢在同一篇论文中（p. 434 and n. 85）认为，阿尔贝特并没有构想绘制一幅地图来支持他的地理讨论。这是对 Józef Babicz and Heribert M. Nobis，“Die Mathematisch-Geographischen und Kartographischen Ideen von Albertus Magnus und Ihre Stelle in der Geschichte der Geographie”，in *Die Kölner Universitaätim Mittelalter：Geistige Wurzeln und Soziale Wirklichkeit*，ed. Albert Zimmermann（Berlin：De Gruyter，1989），97－110，esp. 103－9 中的观点的反驳。

[51] Gautier Dalché，*La* “*Descriptiomappe mundi*”（1988），122－23. 13世纪大型世界地图可能存在的教学背景，对此一个更为广阔的视角，参见 Marcia Kupfer，“Medieval World Maps”，269－73，同时关于对俗人的教学，参见 Mary Carruthers，*The Craft of Thought：Meditation，Rhetoric，and the Making of Images*，400－1200（Cambridge：Cambridge University Press，1998），213－20。

[52] 关于休在12世纪《圣经》注释中的地位，参见 Beryl Smalley，*The Study of the Bible in the Middle Ages*（Notre Dame：University of Notre Dame Press，1964），以及 idem，“The Bible in the Medieval Schools”，in *The Cambridge History of the Bible*，vol. 2，*The West from the Fathers to the Reformation*，ed. G. W. H. Lampe（Cambridge：Cambridge University Press，1969），197－220，esp. 216－20。休对知识组织方式的讨论，现在有译本可以使用：*The Didascalicon of Hugh of Saint Victor：A Medieval Guide to the Arts*，trans. Jerome Taylor（New York：Columbia University Press，1991）。也可以参见 Barbara Obrist 对文字注释和“真实”世界之间关系的讨论，参见她对 Gautier Dalché 的 *La* “*Descriptio mappe mundi*”（1988）的评论，刊载在 *Cahiers de Civilisation Médiévale X^{e}-Ⅻ^{e} siècles* 34（1991）：73. Barbara Obrist 的“Image et prophétie au Ⅻ^{e} siècle：Hugues de Saint-Victor et Joachim de Flore”，*Mélanges de l'Ecole Française de Rome：Moyen-Age Temps Modernes* 98（1986）：35－63，esp. 39－41，对休使用图像用来辅助理解和思考提供了一个有帮助的讨论。

修道院教育形式的支持者之一就是圣维克托的休，他的著作同样包括了很多对于地图学史而言重要的条目。休对于图像在教育和学习中可以发挥的作用很敏感，同时他的现存著作整合了范围宽泛的视觉工具，其中包括表格和圆形图[53]。就他著名的《关于诺亚的神秘方舟》(*De archa noe mystica*) 而言，他绘制了精美的挪亚方舟的图示，以帮助他教堂的同事来探索挪亚方舟这一教会和基督教救赎符号的众多含义，而他将世界地图整合了在这些图示中[54]。最近的研究还认为一篇论文《世界地图的阐述》(*Descriptio mappemundi*) 是他的作品，这篇论文描述了一幅详细的世界地图；文本可能是基于上课的讲义，其中涉及对一幅实际挂图 (wall map) 的讨论[55]。尽管没有地图或图示以及相应的文本保留下来，但是休对将地图作为对现实世界的表现以及作为教学工具的兴趣是清楚的。实际上，最近一位作者认为他在《世界地图的阐述》中的方法具有革命性，这种革命性在于，其接受一幅地图，而不是一份书写文本作为关于世界信息的权威来源[56]。

12 世纪和 13 世纪，对自然的新的系统性兴趣持反对意见者所阐释的世界观，同样也能 35
在地图中找到表达。位于都灵的圣萨尔瓦托雷 (San Salvatore in Turin) 主教教堂地板上的世界地图，已经被解释为是对这一俗世的虚荣的展示——因为其被正确地践踏在脚下——面对着由教堂上半部的装饰图案所表达的一个未来世界的希望[57]。将世界呈现为轻视的对象，这方面一个更为复杂的例子是由 12 世纪曾经出现于沙利瓦米隆 (Chalivoy-Milon) 教区教堂的世界地图提供的。库普费尔 (Kupfer) 令人信服地认为，只有将这幅地图作为教堂装饰完整规划的一部分，才能对其加以理解，这一规划生动地表现了救赎史和赋予了位于俗人之上的修道士以特权的社会结构 (这一教堂是教区修道院)[58]。世界地图位于教堂西侧的末端，世俗的教区居民进入那里时将看到这幅地图，在库普费尔的复原中，其顶端有着亚当和夏娃

---

[53] Mary Carruther 讨论了休在记忆训练时对视觉辅助工具的使用；按照她的观点，中世纪的思想家认为记忆是学习知识的关键，因此书籍的设计和教学辅助工具被适应于有效地记忆大量材料。这就是她将注意力集中在我们已经注意到作为这一时期特点的思想的视觉呈现的背景。参见她的 *The Book of Memory: A Study of Memory in Medieval Culture* (Cambridge: Cambridge University Press, 1990), 93, 231, and 253 - 57，也可以参见 Patrice Sicard, *Diagrammes médiévaux et exégesévisuelle: Le Libellus de formation arche de Hugues de Saint-Victor* (Paris: Brepols, 1993), 141 - 54，关于"视觉注释"的思想。关于休使用图像支持他的默想神学 (contemplative theology)，参见 Grover A. Zinn, "Hugh of St. Victor, Isaiah's Vision, and *De Arca Noe*," in *The Church and the Arts*, ed. Diana Wood (Oxford: Published for the Ecclesiastical History Society by Blackwell, 1992), 99 - 116。

[54] 关于休的地图，参见 Danielle Lecoq, "La 'Mappemonde' du *De Arca Noe Mystica*de Hugues de Saint-Victor (1128 - 1129)", in *Géographie du monde*, 9 - 31。西卡尔 (Sicard) 为休在 *Diagrammés médievaux* 中的作品提供了重要的背景。Carruthers 认为，休的论文描述了一幅脑海中的图像，而不是实际绘制的图像；参见 *Craft of Thought*, 243 - 46, esp. 245 - 46，也可以参见 Kupfer, "Medieval World Maps", 269。

[55] 关于将作品的作者确定是圣维克托的休，参见 Gautier Dalché, *La "Descriptio mappe mundi"* (1988), 41 - 58，关于他在教学中对地图的使用，参见该文 101—7。也可以参见他的 "*Descriptio mappe mundi* de Hugues de Saint-Victor: Retractatio et additamenta", in *L'abbaye parisienne de Saint-Victor au Moyen Age*, ed. Jean Longère (Paris: Brepols, 1991), 143 - 79。

[56] Gautier Dalché, *La "Descriptio mappe mundi"* (1988), 110 - 11："12 世纪的贡献，尤其是圣维克托的休的贡献，是为了从专属修道院的关注中去除对地图的检查，并赋予其超越于文本之上的首要地位，由此为西方的扩张创造了一种知识条件。" (pp. 126 - 27) 休通过使用地图可以得出新的地理结论，参见 pp. 113 - 15。

[57] Ernst Kitzinger, "World Map and Fortune's Wheel: A Medieval Mosaic Floor in Turin", in *The Art of Byzantium and the Medieval West: Selected Studies by Ernst Kitzinger*, ed. W. Eugene Kleinbauer (Bloomington: Indiana University Press, 1976), 327 - 56, esp. 353 - 55. 也可参见 Kupfer, "Medieval World Maps", 275 - 76。

[58] Marcia Kupfer, "The Lost *Mappamundi* at Chalivoy-Milon", *Speculum* 66 (1991): 540 - 71, esp. 565 - 71.

(Adam and Eve) 的堕落以及原罪进入世界的图像。因而，地图通过几种协调的方式发挥功能：当从西向东运动时，其是在教堂的建筑中所描绘的从原罪到救赎的整个历史进程的一部分；其同样通过图像表达了俗人的世俗生活与僧侣的与世隔绝的生活的隔离，两者都强化了后一群体的威望，并提醒他们由此带来的责任和负担以及他们的自我克制。最后，类似于很多同时代的展示了《列瓦纳的贝亚图斯的启示录》(*Apocalypse of Beatus of Liebana*) 的注释的地图，其实质上将世界表现为使徒、牧师活动的舞台[59]。在它们纪念性背景之下，对地图的这两种解读反复地说明，在确定含义时背景的重要性，同时也提醒我们任何单一艺术品潜在的广泛含义。

如同我们已经在小型的象征性的 T－O 地图的背景中看到的，在中世纪，世界地图同样可以服务于政治功能。12 世纪后期英格兰的金雀花王朝诸王 (Plantagenet kings) 的宫廷，提供了在皇家权力构建中地理学和地图学环环相扣的作用的典型例子。金雀花王朝在爱尔兰和法兰西扩张他们权力的皇家目的，与他们宫廷中对于古典和典雅文学的兴趣相伴随，由此导致了有着对地理学和地图浓厚兴趣的思潮[60]。由此产生的或者受到这一环境影响的工艺品的范围从类似于"亚历山大传奇 (Roman d'Alexandre)"(广泛流传地详细描述了亚历山大大帝功绩的浪漫史，成为那些想成为帝王者的显而易见的偶像) 等著作的稿本中的图示，到布尔格伊的博德里 (Baudri of Bourgueil) 诗作中描述的布卢瓦的阿德勒公爵夫人 (Countess Adele of Blois) 房间地板上装饰着的一幅世界地图[61]。这一地图通常被认为是一个纯粹文学上的空想，设计用来荣耀阿德勒家族联盟 (Adele's family line) 的军事胜利，并且用来赞美她所掌握的关于宇宙及其著作的广泛知识，但是其同样将地图的力量展示为一种统治者的地位和知识的符号，而且说明这样的符号对于诗作的受众而言是熟悉的[62]。

在 13 世纪的英格兰，地图的政治用途似乎已经高度发展，尽管类似于伊德里西 (al-Idrīsī) 的《进入遥远土地令人愉快的旅程之书》(Nuzhat al-mushtāq fiʾkhtirāq al-āfāq，译者注，也被译为《云游者的娱乐》)［也被称为《罗杰之书》(*Book of Roger*)］的例子，其是在 12 世纪为西西里的罗杰二世 (Roger Ⅱ of Sicily) 撰写的，同时已经佚失的与其有关的白银世界地

---

[59] Kupfer, "Lost *Mappamundi*," 566 and 569. 关于展示了贝亚图斯《启示录》注释的地图列表，参见 Woodward, "Medieval *Mappaemundi*," 360；需要注意，尽管贝亚图斯被列在了公元 8 世纪的标题之下，但很多稿本的时间是在 11 世纪后期或 12 世纪。关于其他作为教堂装饰的地图的例子（这里基于来源于贝亚图斯注释的地图），参见 Serafín Moralejo, "El mapa de la diáspora apostólicaen San Pedro de Rocas: Notas para su interpretación y filiación en la tradición cartográfica de los 'Beatos,'" *Compostellanum: Revista de la Archidiocesis de Santiago de Compostela* 31 (1986): 315－40。

[60] Nathalie Bouloux, "Les usages de la géographie à la cour des Plantagenêts dans la seconde moitié du Ⅻ^{e} siècle", *Médiévales* 24 (1993): 131－48；尤其将世界地图看成是皇家权力的符号，以及关于一位国王应当掌握他统治地区的地理知识的思想，pp. 144－48；关于牧师与皇家管理和历史著作之间的关系，参见 pp. 136－43。也可以参见 Robert Bartlett, *Gerald of Wales, 1146－1223* (Oxford: Clarendon, 1982)。David J. Corner 认为 12 世纪和 13 世纪从吉拉尔德斯·坎布雷斯 (Giraldus Cambrensis) 至马修·帕里斯的英国作家对地形学的强烈兴趣来源于威尔士；参见他的"English Cartography in the Thirteenth Century: The Intellectual Context", *Bulletin of the Society of University Cartographers* 17 (1984): 65－73。

[61] 关于《亚历山大传奇》以及其他与地理内容有关的罗曼史，参见 Bouloux, "Les usages de la géographie", 137－39；Bouloux 将地理看成一个对于罗曼史的受众而言有着相当大兴趣的主题。也可以参见 Alan Deyermond, "Building a World: Geography and Cosmology in Castilian Literature of the Early Thirteenth Century", *Canadian Review of Comparative Literature/Revue Canadienne de Littérature Comparée* (1996): 141－59, esp. 146－53。

[62] Bouloux, "Les usages de la géographie", 145, n. 53; Kupfer, "Medieval World Maps", 277；以及 Carruthers, *Craft of Thought*, 213－20。

图说明这些皇家权力和知识的表达已经被运用于其他地区[63]。使用地图作为谦卑的象征也是出于政治目的。在威斯敏斯特宫（Westminster Palace），亨利三世（Henry Ⅲ）的卧室中装饰有一幅世界地图，是整个装饰规划的一部分，这一规划被用来提高基督教王权的美德，尤其是仁慈和有节制的使用权力[64]。 36

在更为局部的范围内，对于赫里福德地图最近的一种解读强调其在追封圣徒的宗教政治、针对世俗贵族的宗教权利的强化，以及皇室与主教的权力关系中的作用[65]。按照这一观点，地图在很多细节方面满足了世俗贵族的朝圣者，加入了政治信息，这是与提供娱乐和提升道德同等重要的功能：其表现的动物和怪异的物种展现了蕴含在动物预言集中的受欢迎的贵族精神，与此同时提供了与同时代的罗曼史相似的一种地理方面的娱乐[66]。

总之，现存的与其他文本、图像和对地图的引用一起出现的世界地图的例子，见证了由戈蒂埃·达尔谢描述的对现实世界的强烈兴趣[67]。这些地图可以起到的功能的多样性，反映了中世纪文化中世界的多种含义，因为地图可以用来描述、分析、归纳和创造人类存在的基本空间的知识和感知。这些是服务于精英以及更为大众的受众——包括朝圣者、教区居民、罗曼史的阅读者——的著作，对他们而言，这些著作帮助提供了通往更为广阔的世界的视觉、知识和想象力。如同我们已经看到的，最近学术界对于地图出现的特定语境以及使用它们的方法的敏锐感知，赋予我们对于中世纪世界地图潜在含义的复杂性和微妙性的新认识，尽管这一多产时代的对于空间的感知和呈现必然还有很多未曾被揭示。

波特兰航海图

中世纪地图制作的研究依然偶尔暗示，波特兰航海图——非常准确的地中海和黑海

---

[63] 关于伊德里西在罗杰宫廷中的角色，以及他的地理著作，参见 S. Maqbul Ahmad，“Cartography of al-Sharīf al-Idrīsī”，in *HC* 2.1：156 –74，esp. 158 –60。类似于亨利二世，罗杰“希望他应当知道关于他领土的详细情况，并且用一种明确的知识加以控制”（p. 159 and n. 26）。关于埃布斯托夫地图的，我无法查阅到的著作就是 Jürgen Wilke，*Die Ebstorfer Weltkarte*（Bielefeld：Verlag für Regionalgeschichte，2001）。皇家支持地理学的其他例子就是蒂尔伯里的杰维斯（Gervase of Tilbury）的《奥托皇帝》（“Otia imperialia”，1211），是为德意志皇帝奥托四世（Otto Ⅳ）撰写的；Gervase of Tilbury，*Otia Imperialia*：*Recreation for an Emperor*，ed. and trans. S. E. Banks and J. W. Binns（Oxford：Clarendon，2002）。文本中提到了一幅附带的地图，参见 Edson，*Time and Space*，132。埃布斯托夫地图（没有佚失）的绘制，在一定程度上是基于这一文本，尽管对两部著作之间的关系依然存在争论。地图被解释为是一种与奥托之子，不伦瑞克公爵（Otto the Child，Duke of Brunswic）的统治存在某种关系的政治文献，因为绝大部分地名集中于其家族的领地，参见 Armin Wolf，“News on the Ebstorf Map：Date，Origin，Authorship”，in *Géographie du monde*，51 –68，esp. 53 –61。

[64] 在温切斯特城堡（Winchester Castle）的大厅中同样装饰着一幅绘制的世界地图，与之同时存在的还有一幅命运之轮的图像，类似于都灵的圣萨尔瓦托雷，由此让我们想起世俗权力的短暂，参见 Kupfer，“Medieval World Maps”，277 –79。

[65] Flint，“Hereford Map”。关于她对地图作者认定的批评，参见 Westrem，*Hereford Map*，xxiii and n. 23。收录在一份吉拉尔德斯·坎布雷斯作品稿本中的欧洲地图（Dublin，National Library of Ireland，MS. 700）也已经被解释为是关于宗教政治的宣言，图中罗马是英国教会运作的中心；参见 Thomas O'Loughlin，“An Early Thirteenth-Century Map in Dublin：A Window into the World of Giraldus Cambrensis”，*Imago Mundi* 51（1999）：24 –38，esp. 28 –31。

[66] 关于朝圣之旅和赫里福德地图的语境，参见 Jocelyn Wogan-Browne，“Reading the World：The Hereford *Mappa Mundi*，” *Parergon*n. s. 9，No. 1（1991）：117 –35，esp. 132 –35。Valerie Flint 在一次演讲中发挥了这些思想，这次演讲发表于 1998 年 11 月 14 日在明尼苏达大学（University of Minnesota）召开的“中世纪地图研讨会（Maps from the Middle Ages）”，题目为“地图和世俗：赫里福德的世界地图（Maps and the Laity：The Hereford *Mappa Mundi*）”。

[67] Gautier Dalché，“Le renouvellement”，177.

(Black seas) 海岸以及部分欧洲大西洋 (Atlantic) 海岸的海图——是中世纪的一个偏差[68]。这一观点最近变得更为站不住脚，因为虽然最为常见的推断认为它们起源的时间为13世纪晚期，但有观点认为其起源时间应当提早100年[69]。地理的准确性和意图——至少部分——找到正确的航线，波特兰航海图反映了一套与同时代的世界地图不同的对于目的的假设和预期：然而，必须在我们关于中世纪地图学的图景中为这些奇妙和存在问题的发明找到空间。

波特兰航海图历史的大部分属于本章后半部分的内容，因为大多数保存下来的例子来源
37 于14世纪及其之后，同时关于它们对其他地图类型的影响第一次有了清楚的证据[70]。虽然如此，依然值得中断一下来考虑12世纪和13世纪的证据能告诉我们这些海图所呈现的那些受到欢迎的地理知识。

毫不奇怪，我们拥有的航海指南和波特兰航海图存在的最早的证据，来源于学术文化与地中海贸易和航海习惯的交集。在书写下来的航路指南的例子中，最初的线索并没有出现于当地的材料中，而出现于北欧的十字军和朝圣者的编年史中，对他们而言，地中海的航行是一个异域的世界，同时他们借助航海指南作为记载未知海岸和海洋的有帮助的框架[71]。相反，《我们地中海的样子以及存在的河流之书》("Liber de existencia riveriarum et forma marisnostri Mediterranei")，已知最早可能部分基于一幅波特兰航海图的著作，完全是意大利的成就，但是，类似于刚刚提到的那些著作，是来源于学术和"实践"知识领域的信息和思想的混合产物。我们掌握的文本指出，作者以绘制一幅地图为开端，他后来为这幅地图补充了文本，以用来回应很多地方牧师对于更多历史和学术材料的需求[72]。

---

[68] Scott Westrem 评价到，"对于航海者所使用的地图的'熟悉的'现代眼光……可能是带有迷惑性的，导致我们将它们只是看成今天'现实主义'地图学的'先驱'，因而使我们偏离了它们中世纪的一些主要特质"；参见 *Hereford Map*, xxxviii n. 60。甚至坎贝尔将波特兰航海图认为是"有着早熟的准确性"，尽管在其他地方，他将这些地图描述为"中世纪生活中必不可少的一部分"，参见"Portolan Charts", 371 and 446。

[69] Campbell 在"Portolan Charts"中，提供了对于这些地图的可靠研究；关于它们的起源和编纂方法，参见 pp. 380–90。更为最近的，并且基于新证据，帕特里克·戈蒂埃·达尔谢 (Patrick Gautier Dalché) 提出了一个12世纪的时间，参见他的 *Carte marine et portulan au* XIIe *siècle*: *Le* Liber de existencia riveriarum et forma maris nostri mediterranei (*Pise*, *circa* 1200) (Rome: École Française de Rome, 1995), 1–37。关于进一步的讨论，参见本章后半部分。戈蒂埃·达尔谢同样为关于12世纪航海指南的存在提供了进一步的证据——书写的海路指南，而不是英语中按照惯例称作的波特兰航海图——参见他的"D'une technique à une culture: Carte nautique et portulan au XIIe et au XIIIe siècles", in *L'uomo e il mare nella civiltà occidentale*: *Da Ulisse a Cristoforo Colombo* (Genoa: Società Ligure di Storia Patria, 1992), 283–312, esp. 287–97。关于戈蒂埃·达尔谢倾向于称为"航海图 (*cartes marines*)"的这些地图的复杂术语，参见 Campbell, "Portolan Charts", 375, 和 Gautier Dalché, *Carte marine*, x–xi。

[70] 现存时间最早的海图是1311年的；两幅没有注明时间的海图，也就是所谓的《比萨航海图》和《科尔托纳航海图》(Cortona chart)，通常被认为的时间更早一些，可能是在13世纪末，参见 Campbell, "Portolan Charts", 404。文本中提到海图的时间要在现存的例证之前：最早的和最为著名的记载就是1270年，一艘开往达米埃塔 (Damietta) 的船只上的船员使用一张海图来试图平息风暴中法兰西国王路易九世 (King Louis IX of France) 和他率领的十字军的恐惧。参见 Campbell, "Portolan Charts", 439; Patrick Gautier Dalché, "Les savoirs géographiques en Méditerranée chrétienne (XIIIe s.)", *Micrologus*: *Natura*, *Scienze e Società Medievali* 2 (1994): 75–99, esp. 83–84；以及 idem, "D'une technique à une culture", 307–8，讨论了这一趣事存在疑问的一些方面。

[71] Gautier Dalché, "D'une technique a une culture", 287–96, esp. 296，关于对书写者和参与者而言，十字军东征经历的新奇部分，且强调航海本身作为事业的一个重要部分。

[72] Gautier Dalché, *Carte marine*, 7–16. 参阅 Tony Campbell 撰写的评论，见 *Imago Mundi* 49 (1997): 184；Campbell 对戈蒂埃·达尔谢将这幅地图确定为一幅波特兰航海图或波特兰航海图的原型表示了怀疑。

这些例子提供了学术和“实践”文化之间的相互依赖，以及来源于文化社区的思想“异体受精的”的早期证据，而这些思想在中世纪通常被认为是截然不同的[73]。知识类型的这一创造性的交互作用已经被看成是文艺复兴发展中的关键，同时，截然相反，中世纪知识社群的分离已经被作为一种对创造和创新的局限[74]。知识领域实际上依然存在着差异，但是这些例子说明了可以发生碰撞的一些背景：新生的意大利市镇强烈的自我意识的世界，受到商人文化的强烈影响，并且向任何表达公民意识的手段开放；以及十字军，北方人群体性的移出他们习惯的知识和物质领土，前往一个陌生的新的地中海世界。尽管新的发现［就像“Liber（书籍）”本身］在最近一些年不断出现，足以怀疑我们所掌握的关于这些领域的知识的程度，但按照我们现在所知道的，成为“Liber”基础的地图、航海指南和学术地理文本的相互依赖关系，在 13 世纪末或 14 世纪早期之前都不存在[75]。然而，存在的例子说明，在特定环境中，充分的交流可能而且确实发生了。

区域地图

与现存的世界地图的数量相比，从中世纪鼎盛时期保存下来的较小区域的地图——区域、城市、地产或者道路图的数量相对较少。然而，最近又发现了大量新的例子，揭示我们关于中世纪地图学这一类型的感知可能会被进一步的发现而彻底改变[76]。然而，依然真实的是，在其他时期使用一幅地图（例如对于地产所有权的描绘）完成的很多功能，在中世纪
通常大多数是通过书写的列表和描述来达成的。英格兰的《末日审判书》（The Domesday 38
Book）和数不清的关于修道院地产的清单是纯粹的文本文献，同时边界典型的是在特许状

---

[73] 这一证据被早期使用和拥有波特兰航海图的信息所强化。除了航海者和商人之外，如同我们预期的，公证人是这些海图所有者中相对较强的代表。帕特里克·戈蒂埃·达尔谢认为，他们使用这些海图来辅助起草涉及遥远地区商业投机的合同，这种商业投机需要对地中海、黑海和大西洋沿岸地理特定的和精确的理解。他还关注与这些海图在船上的用途的实际性质有关的混合证据。参见他的“L'usage des cartes marines aux XIVe et XVe siécles”, in *Spazi*, *tempi*, *misure e percorsi nell'Europa del bassomedioevo*（Spoleto: Centro Italiano di Studi sull'Alto Medioevo, 1996）, 97 – 128, esp. 109 and 113 – 24。比较 Campbell, “Portolan Charts”, 439 – 44，作者陈述道，“波特兰航海图被用于船上的证据是毋庸置疑的”，但是他同样警告要小心海图在航行中的作用（p. 439）。此外，波特兰航海图作为由靠海为生的男人构成的共同体的标志，与 16 世纪高度商业化的世界中作为印刷品的地图中普遍存在的重要的展示元素之间的有趣联系。参见 Woodward, *Maps as Prints*, 2 – 5 and 75 – 102，以及 Gautier Dalché, “D'une technique à une culture”, 311。

[74] 关于中世纪知识社区之间的边界，参见 Gautier Dalché, “Un problème d'histoire culturelle”, 12。关于来自文艺复兴本身的思想的“异体受精”，参见 Benedetto Cotrugli 的例子，他解释了商人学习人文学科和实用学科的渴望，参见他的“Della mercatura et del mercante perfetto” of 1458（被引用在 Gautier Dalché, “L'usage des cartes marines”, 111）。

[75] 至于其他例子，参见注释 111 中提到的戈蒂埃·达尔谢的论文，和 Bouloux, *Culture*。就戈蒂埃·达尔谢而言，航海指南和波特兰航海图与知识界的联系应当出现得很早，并且相对广泛，参见他的“L'usage des cartesmarines”, 109。

[76] 哈维在他的“Local and Regional Cartography”中对这一领域进行了研究，讨论了这些地图的数量和熟悉程度（pp. 464 – 65）以及进一步发现的可能性（pp. 486 – 87）。也可以参见他的 *The History of Topographical Maps*: *Symbols*, *Pictures and Surveys*（London: Thames and Hudson, 1980），以及最近一本有用的著作：Delano-Smith and Kain, *English Maps*, 8 and 12 – 18, esp. 12，关于 12 世纪地图数量的普遍增加以及英格兰的第一幅当地地图。Von den Brincken, *Kartographische Quellen*, 42 – 46，采用了与本书不同的术语对类目进行了讨论。

中通过列出相邻地块所有者的名字这种书写方式来指明的[77]。少数已知的例外来自英格兰，包括一幅13世纪早期划分的一块牧场的示意图，其中用绘制代替了对各部分大小的文本描述（图2.2）[78]。更为常见的是，道路图、区域图和城市图，以图形描绘了通常用文本描述的关系。这些地图可以告诉我们有关中世纪社会中空间的呈现形式和含义的大量信息[79]。

中世纪区域和地方地图的典型类型是旅游指南地图、类似于英格兰或巴勒斯坦的区域地图、城市平面图，以及主要来自中世纪及末期的有争议领土或者地产边界的地图。尽管马修·帕里斯编年史中存在大量地图，但绝大多数这些地图显示出单独的传统，因为其确实结合了多种地图类型，说明一名有着图形倾向的作者，除了其他类型的绘画和图表之外，可能熟悉以及从所有已知地图类目中有效使用图像的程度[80]。

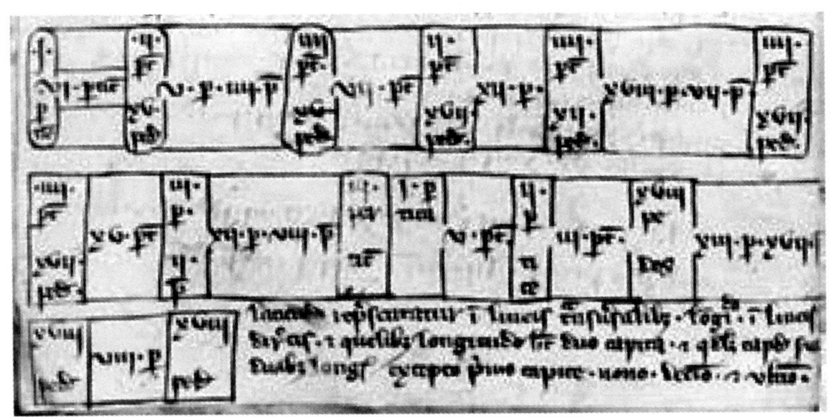

图2.2 一块牧场的划分，1208年之前。来自一份房地产契据，这幅地图显示了份地的"长度和宽度"

原图尺寸：9.1×17厘米。由 Trustees of Lambeth Palace Library, London（MS. Court of Arches Ff. 291, fol. 58v）提供照片。

---

[77] 关于公证人对于空间的表达，参见 Coste，"Description et délimitation de l'espace rural"，esp. 198－200；Monique Bourin，"La géographie locale du notaire languedocien（Xe-XIIIe siècles）"，in *Espace vécu，mesuré，imagine：Numéroen l'honneur de Christiane Deluz*，ed. Christine Bousquet-Labouérie（Paris：Librairie Honore Champion，1997），33－42；和 idem，"Delimitation des parcelles"。罗伯特·布伦塔诺（Robert Brentano）对13世纪和14世纪意大利人的纠纷和遗嘱的讨论对边界条款的解释不太具体，但是对于这些纠纷和遗嘱唤起土地被讨论、体验和想象的方式是非常有帮助的，同样重要的还有他讨论改变主教管区边界的定义的重要章节，参见 *New World*，64－142 and 276－78。关于加罗林多联画屏（Carolingian polyptich）的地理组织，参见 Gautier Dalché，*La "Descriptio mappe mundi"*（1988），123。对英国房产契据册的讨论，参见 Walker，"The Organization of Material in Medieval Cartularies"，in *The Study of Medieval Records：Essays in Honor of Kathleen Major*，ed. D. A. Bullough and R. L. Storey（Oxford：Clarendon，1971），132－50，esp. 140 and 142，在这些契据册中，档案通常按照地形组织，同时有一次，还指出了它们属于格洛斯特郡（Gloucestershire）的北部或东部。

[78] 在 Delano-Smith and Kain，*English Maps*，13－14 and fig. 2.6 中复制了地图并进行了讨论，还涉及其他一些英国早期的例子。

[79] 参见注释12中的参考书目。

[80] 哈维注意到帕里斯的"对图形呈现的普遍兴趣"与他绘制地图的旺盛创造力之间的关系；已经牢固建立的绘制示意图来解释各种概念之间关系的传统与绘制地图的推动力之间的这一联系，值得更多的研究。参见 Harvey，"Matthew Paris's Maps"，引文在121。关于示意图，参见本章后半部分。

书写的旅行指南在中世纪非常知名，并且显然既可以作为旅行者的辅助工具，也可以用于在扶手椅上的旅行，通常是为了实际的或精神上的朝圣目的[81]。只有两幅设计作为旅行指南的地图保存了下来，其中较为精致的一幅是波伊廷格地图。一幅 12 世纪或 13 世纪早期的近古（Late Antique）原作的复制件，对于这幅地图的研究通常是希望从中获得关于古代地图学的信息，或者希望了解对于再次发现这幅地图的 14 世纪德意志人文主义者而言，他们对于古代世界的兴趣是什么。然而，最为重要的是，要记住制作中世纪副本涉及的投入的时间和资源：那些由此产生的问题就是，对于找到人力和金融资本来复制这幅地图的社会而言，这幅地图的意义是什么？在对古典世界的强烈兴趣的语境中这一问题已经得到了合理的解释，而我们已经看到这一兴趣对中世纪晚期世界地图上的地名产生了影响；然而，需要更多的研究来说明这幅地图的重要性和影响力[82]。

现存的旅行指南地图的另外一个重要例子就是以各种修订本出现在帕里斯的《世界大 39
事录》（“Chronica majora”）稿本中的地图[83]。地图显示了从英格兰前往阿普利亚的路线，标出了每日的行程和显著的地形特点，如山脉、河流。为了使其适合于收录到一本编年史中，地图通过显示著名的同时代的外交远征，即 1253 年康沃尔的理查德（Richard of Cornwall）作为王位所有者前往西西里的远征，从而服务于一个历史目的，尽管地图包含来自多次旅行的信息和道路的信息[84]。

除了这些保存下来的旅行指南地图之外，旅行指南的重要性——尤其是书写的或口述的

---

[81] Harvey, “Local and Regional Cartography”, 495 - 98, esp. 495，以及马修·帕里斯在他绘制圣地（Holy Land）草图的时候使用了文本的旅行指南的证据（pp. 495 - 96）。关于中世纪找路的实例，一个有用且简短的讨论参见 Delano-Smith and Kain, *English Maps*, 142 - 45，其中没有重视任何规划工具的使用。关于一本朝圣指南的实例，参见 William Melczer, trans., *The Pilgrims' Guide to Santiago de Compostela* (New York: Italica Press, 1993)。关于豪登的罗杰（Roger of Howden）编年史中理查德一世（Richard Ⅰ）和菲利普二世（Philip Ⅱ）十字军东征的道路指南，参见 Bouloux, “Usages de la géographie”, 140 - 43，其中有对道路指南与英国十字军东征策略之间关系的评论（p. 143），还有 Gautier Dalché, “D'une technique a une culture”, 287 - 97，关于它们与航海指南的关系。

[82] 关于古代地图，参见 O. A. W. Dilke, “Itineraries and Geographical Maps in the Early and Late Roman Empires”, in *HC* 1: 234 - 57, esp. 238 - 42。在众多影印件中，参见 Ekkehard Weber, ed., *Tabula Peutingeriana: Codex Vindobonensis* 324 (Graz: Akademische Druck-und Verlagsanstalt, 1976)，其中有着一个有用的导言。Pascal Arnaud 呼吁将地图作为一件中世纪的艺术品加以关注，参见他的“Images et représentations dans la cartographie du bas Moyen Âge”, in *Spazi, tempi, misure e percorsi nell'Europa del basso medioevo* (Spoleto: Centro Italiano di Studi sull'AltoMedioevo, 1996), 129 - 53, esp. 129 - 30。哈维只是在“Local and Regional Cartography”, 495 中简要地记录了该地图中世纪的版本。关于抄写者对古物的兴趣，参见 Anna-Dorothee von den Brincken, “Mappe del cielo e della terra: L'orientamento nel basso medioevo”, also in *Spazi, tempi, misure e percorsi*, 81 - 96, esp. 85 - 86。

[83] 关于这些地图的物质形式，以及帕里斯地图最初设计作为类似于波伊廷格地图的独立的折叠地图，而不是作为一部编年史中的图示，参见 Suzanne Lewis, *The Art of Matthew Paris in the* Chronica Majora (Berkeley: University of California Press in collaboration with Corpus Christi College, Cambridge, 1987), 326 - 32。

[84] 德拉诺 - 史密斯（Delano-Smith）和卡因（Kain）将旅行指南地图解释为马修·帕里斯所知道的从英格兰至西西里的适合旅行的路线的所有资料的汇编，参见 *English Maps*, 150 - 52。关于旅行指南地图的用途，对比他们对 17 世纪约翰·奥格尔比（John Ogilby）的用途有限的条带地图的评价，以及关于约翰·奥格尔比在创造这一地图类型时可能参考了马修·帕里斯，参见第 168—170 页。Edson 将帕里斯的旅行指南地图看成是旅行者报告的汇编；不幸的是，尽管她在关于历史著作中地图的一节中展示了他的著作，但她并没有探讨建立这些地图与编年史之间的关系以及这些地图增强了编年史的含义的途径；*Time and Space*, 118 - 25，旅行者的报告在 122 页。也可以参见 Harvey, “Local and Regional Cartography”, 495 - 96。关于帕里斯著作更为广泛的地理背景，参见 Lewis, *Art of Matthew Paris*, esp. 321 - 76，关于他的地图学；用黑白两色很好复制的旅行指南地图，见第 323—364 页（figs. 204 - 12）。Lewis 讨论了将这一地图与康沃尔的理查德以及穿过意大利北部的大多数路线联系起来的证据（说明这一地图不仅仅只是记录一次远征，而是有着一个更为宽泛的地理目的），分别在第 323—324 页和第 340—342 页。关于地图的地理细节，例如可以参见 338 页。对马修·帕里斯更为通论性的介绍，参见 Richard Vaughan, *Matthew Paris* (Cambridge: Cambridge University Press, 1958)。

旅行指南——由旅行指南通常成为其他地图类型的至少一种来源的频率所展示。例如，赫里福德世界地图上的一些信息基于一本可能显示了一条对于在法国的英国商人而言非常熟悉的道路的旅行指南[85]。甚至更为实质性的就是，在创造区域地图中，旅行指南所发挥的作用。这些相互联系，在马修·帕里斯丰富的地图绘制产品中体现得更为惊人，尽管，如同当转向不列颠的早期地图时我们将要看到的，他的作品在这方面绝不是独一无二的。

帕里斯创造了大量英格兰和巴勒斯坦的区域地图，此外还有两幅体现了早期不列颠的历史地图。在这些地图中的至少三幅上，他着重绘制了旅程和交通线。历史地图中的一幅是显示了四条前罗马时代的不列颠的道路位置的草图。另一方面，七个盎格鲁-撒克逊（Anglo-Saxon）王国地图，展示了地图与另外一个重要的中世纪流派——示意图之间所存在的密切关系（图2.3）。这一地图被设计为一个圆形示意图（*rota*），按照花瓣的形状划分，是一种在学校教科书和辅助记忆的工具中常见的高度概要性的呈现形式；然而，王国则被大致准确地绘制在正确的地理位置上，由此证明我们使用的术语“地图”是正确的，即使如此，如同帕里斯注解的，岛屿椭圆形的形状被压缩成一个圆形，以融入示意图的传统习惯中[86]。

在相当详细的层面上对帕里斯英格兰地图的来源和创造进行描述是可能的，这是一种在中世纪地图学研究中非常受欢迎的方法，这要感谢哈维的研究[87]。按照他的复原，帕里斯开始的时候采用了来自一幅可能是罗马时期绘制的世界地图上的岛屿轮廓。然后他绘制了一条从多佛尔（Dover）到苏格兰（Scottish）边界的旅行线路来表现岛屿内部，围绕这一核心填充了增加的地名。他对地图进一步的修订反映了他所发现的新材料，例如提供了与河网有关
40 的材料，并且对海岸线进行了改进。总体上来说，这些地图展示了对来源于不同材料的地理信息的汇编过程是多么强有力，以及在区域地图的详细呈现中，旅行指南和世界地图可以发挥的核心作用。

尽管在少量世界地图上以令人惊讶的详细程度显示了不列颠，但其更为常见的被高度简化的形式归因于其位于被狭窄的海洋包围的欧洲边缘的尴尬位置，典型的如《世界地图》(*mappaemundi*)[88]。现存的第一幅单独表现不列颠或将不列颠作为关注焦点的地图显示了一种

---

[85] 例如，赫里福德地图整合了一份穿过法国的旅程指南和可能一份穿越德意志的旅程指南。Harvey, *Mappa Mundi*, 50 - 53，报告了 G. R. Crone，“New Light on the Hereford Map”, *Geographical Journal* 131（1965）：447 - 62, esp. 451 - 56 的工作。关于马修·帕里斯在绘制他的英格兰地图时使用了一本旅行指南，参见 Delano-Smith and Kain, *English Maps*, 45 - 46。帕里斯的巴勒斯坦地图，借鉴了与城市之间旅行距离有关的信息，这些信息通常会在一本旅行指南找到以作为地图比例尺的一种指标。参见 Edson, *Time and Space*, 121, 和 Harvey，“Local and Regional Cartography”, 495 - 98，在更广泛地讨论旅行指南与一致比例尺思想之间的关系的背景下。

[86] 示意图在中世纪教学中被大量使用来显示解析关系，并作为记忆的辅助手段。关于这些图像的多样性和用途，这方面最好的介绍就是 Evans，“Geometry of the Mind”, 32 - 55，和 Bober，“Medieval School-Book”。Carruthers 在他关于中世纪的记忆和思维模式的研究中对这些图像进行了分析，尤其是在 *Book of Memory*, 248 - 57 中；也可以参见 Madeline H. Caviness，“Images of Divine Order and the Third Mode of Seeing”, *Gesta* 22（1983）：99 - 120。在中世纪晚期诗篇集的一个优雅的例子中，使用了众多这样的示意图来进行展示，这就是 Sandler, *Psalter of Robert de Lisle*。有着大量关于科学示意图的文献，一个很好的出发点就是 Obrist，“Wind Diagrams”，及她的参考书目。Murdoch，在 *Antiquity and the Middle Ages* 中提供了一系列有用的插图。关于马修·帕里斯的带有示意图性质的地图，参见 Delano-Smith and Kain, *English Maps*, 16 - 17 and figs. 2.9 and 2.10，以及 Edson, *Time and Space*, 123 - 25 and fig. 6.8。

[87] Harvey，“Matthew Paris's Maps”, 111 - 21；哈维的发现在 Delano-Smith and Kain, *English Maps*, 45 - 46 and figs. 2.27 - 2.33 中进行了总结，这便利了将马修·帕里斯的地图与其他 12 世纪和 13 世纪的地图进行比较。

[88] Delano-Smith and Kain, *English Maps*, 40 - 48, esp. 40.

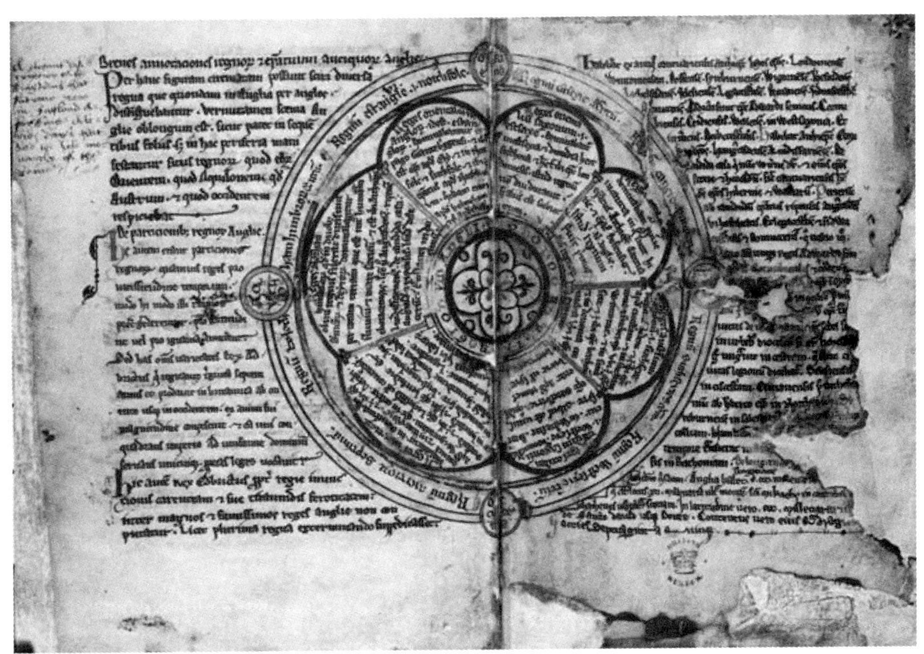

图 2.3　马修・帕里斯绘制的不列颠盎格鲁－撒克逊王国的示意性地图

地图附带的文字表明，其意图给出王国的名字并用方位基点说明它们的位置，但是其并没有在意不列颠椭圆形的形状。

地图的直径：12.5 厘米。由 BL（Cotton MS. Julius D. Ⅶ.，fols. 49v－50r）提供照片。

对于更为准确地描述不列颠群岛（the British）相互之间的关系或者与欧洲大陆之间的关系的关注，而这种准确性要超过这些简化表现不列颠的地图所允许的程度。吉拉尔德斯・坎布雷斯所撰写的关于地形和诺曼（Norman）征服爱尔兰的著作构成了一幅显示了不列颠、爱尔兰和奥克尼（Orkneys）相对位置关系的概图的背景[89]。他的另外一部关于爱尔兰的著作的稿本中收录有一幅绘制有罗马、法兰西（France）、弗兰德斯（Flanders）、不列颠、威尔士（Wales）和爱尔兰的地图（从上往下读），如同在一部旅行指南中那样，这些区域在页面上从上往下排列（图 2.4）。奥洛克林（O' Loughlin）提出，这一地理形态的图解意图强调罗马和不列颠群岛教会间的联系，同时反映了英国教职人员旅行的实际路线，并从地理层面展示了群岛和拉丁基督教世界之间联系的密切程度，与此相比，群岛看上去的边缘位置是一种错觉[90]。

选定区域的其他地图包括圣奥梅尔的兰伯特的欧洲地图（12 世纪早期），对弗兰德斯 41
（Flanders）给予了特别关注；比萨的吉多（Guido of Pisa）的意大利地图；马修・帕里斯的

[89] 吉拉尔德斯在这一地图的创作中不一定发挥了作用，这幅地图很可能是 1200 年前后复制这一抄本的抄写员增加的；参见 Delano-Smith and Kain, *English Maps*, 15 and fig. 2.7。关于吉拉尔德斯和他的历史著作，参见 Bartlett, *Gerald of Wales*；关于 12 世纪英国宫廷中的地图学思想，参见注释 60。

[90] O' Loughlin, "Early Thirteenth-Century Map," 28－31，以及 Delano-Smith and Kain, *English Maps*, 15－16。奥洛克林认为，地图的作者是吉拉尔德斯本人，或者至少是某位与他关系密切的人（pp. 32－33）；关于旅行指南和地图对这一区域地图形式的影响，他做出了具有高度提示性的评论，参见 pp. 29－32。对于地图上罗马和不列颠群岛排成一线意味着两个地点之间存在密切的教会间的联系，这一观点是有说服力的。作者进一步的评论，即地图应当通过让距离显得不太重要以有助于向罗马诉请，作者显然对教士之中关于欧洲地理的认知想象得过于天真，这些教士对于这种旅行有着丰富的有趣经历，参见 pp. 28－31。

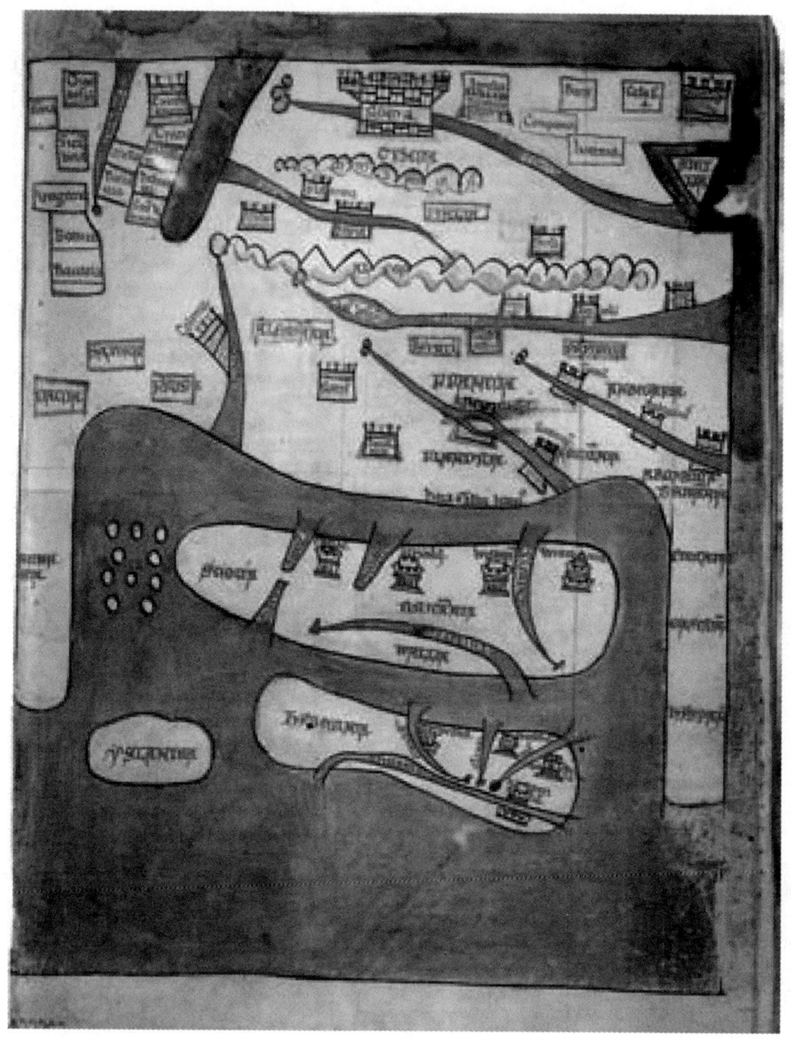

图 2.4 欧洲地图

这一地图来源于约1200年吉拉尔德斯·坎布雷斯的手稿，该书是关于爱尔兰地形的。他将爱尔兰与罗马排成一线

原图尺寸：约21.5×17.1厘米。由 National Library of Ireland，Dublin（MS. 700，fol. 48r）提供照片。

"世界地图"，几乎主要绘制的是欧洲，并且将意大利放置在中心地位（13 世纪）；以及，所谓的"热罗姆（Jerome）"的亚洲地图。后一幅地图，出现于圣热罗姆（Saint Jerome）著作的一个 12 世纪的法国稿本中，可能基于一个古代的模型，同时两幅欧洲地图可能要么有着相同的古代的来源，要么是从世界地图的细部发展而来[91]。

---

[91] Harvey, *Medieval Maps*, 71. 关于世界地图与区域地图和旅行指南之间的"姻亲关系"，参见 Woodward，"Medieval *Mappaemundi*，" 292。关于兰伯特对地方的兴趣，参见 Derolez，*Lambertus qui librum fecit*，472，和 Lecoq，"La mappemonde du *Liber floridus*，" 32。关于与收藏于伦敦的圣热罗姆的《地点之书》（*Liber locorum*）有关的地图（BL，Add. MS. 10049），以及关于比萨的吉多，参见 Edson，*Time and Space*，26－30，fig. 2. 3，and 117－18。关于非洲地图的绘制，参见 Francesc Relano，*The Shaping of Africa*：*Cosmographic Discourse and Cartographic Science in Late Medieval and Early Modern Europe*（Aldershot：Ashgate，2002）。

除了不列颠之外，巴勒斯坦是在 12 世纪和 13 世纪最为频繁被呈现的地区，尽管地图被归入不同的类目中。之前提到的圣热罗姆的“希伯来书中的名称的位置和地点（De situ et nominibus locorum hebraicorum liber）”中的 12 世纪的亚洲地图的同一页上还有一幅巴勒斯坦地图，其显示了《圣经》中的地形和地名[92]。出于对圣地地形知识的关注，使得一位 12 世纪的注释者圣维克托的理查德（Richard of Saint Victor），将他关于《以西结》（Ezekiel）的注释放置在一幅迦南（Canaan）的地图上，这幅地图显示了以色列（Israel）各部落间对于土地的划分（图 2.5）。理查德之所以在注释中使用图像，主要是因为，类似于他之前的圣维克托的休，他相信较高层次的精神解读需要被放置在一个牢固的文字和历史的基础上，而他的平面图和地图有助于提供这种基础。复杂文字描述的视觉理解，对此的关注，同样导致理查德收录了大量在《以西结》40—48 节中描述的寺院的平面图[93]。理查德可能从以色列的概图中获得了他的迦南地图的灵感，这些概图出现于所罗门·本·伊萨克［Solomon ben Isaac，拉希（Rashi）］的注释中，他是最有影响力的欧洲犹太族（Jewish）的注释者之一（图 2.6）。这些地图（它们可能实际上就是理查德地图的来源）可能非常类似于理查德的地图，但它们被设计用来显示圣地的范围，在犹太教的思想中，在这一范围内上帝的训诫具有约束力[94]。

与之前讨论的地图相比，马修·帕里斯的巴勒斯坦地图，对其最为恰当的描述就是，与其说是圣地的地图，不如说是十字军王国的地图，尤其是因为一幅阿卡（Acre）的城市平面图，这是王国的主要港口，控制着海岸线[95]。在很多方面，它们延续了从英格兰到西西里的旅行指南［阿普利亚的奥特朗托（Otranto），是一个登船前往阿卡的常用地点］。哈维提 42
出，英格兰和圣地的地图可能可以被看成是旅行指南记载的路线终点的放大版[96]。帕里斯创作地图的目的似乎是提供一个“在他关于十字军的编年史中提到的所有重要的政治和军事地点的视觉化呈现”[97]。

---

[92] Edson, *Time and Space*, 27 – 30；Edson 评价到，尽管地图已经被认为直接复制自一幅古代的地图，但是这一地图复制的时间与十字军东征是同时的，而这正是值得研究的（p. 30）。

[93] 关于平面图，参见 Walter Cahn，“Architecture and Exegesis：Richard of St. -Victor's Ezekiel Commentary and Its Illustrations,” *Art Bulletin* 76（1994）：53 – 68，esp. 58 – 59。Delano-Smith and Kain, *English Maps*, 18 and fig. 2. 12 中复制了一份 13 世纪早期英文稿本中迦南地图的一个修订版，并对其进行了简短讨论。关于作为注释者的理查德，参见 Cahn，“Architecture,” 55 – 56，以及 Smalley, *Study of the Bible*, 106 – 11。

[94] Catherine Delano-Smith and Mayer I. Gruber，“Rashi's Legacy：Maps of the Holy Land,” *Map Collector* 59（1992）：30 – 35，esp. 30 – 32. 更多的来自拉希注释的地图的图像可以在 E. Wajntraub and G. Wajntraub, *Hebrew Maps of the Holy Land*（Vienna：BrüderHollinek, 1992）中找到，尤其是两个 13 世纪的例子，2 – 5（W. 1 and W. 2）。参见 Cahn，“Architecture,” 67 – 68，关于理查德可能从拉希的一个注释中借用了他的地图的证据。

[95] Lewis, *Art of Matthew Paris*, 357.

[96] Harvey,“Matthew Paris's Maps,” 121；Lewis, in *Art of Matthew Paris*, 325 – 26，发现了旅行指南地图与巴勒斯坦地图之间的一种密切联系，提出要注意旅行指南“应当被更为准确地认为是一个从伦敦到阿卡的旅行指南，意图作为一幅包含了大约 1250—1255 年在马修视野内的大部分已知世界的政治草图或者图示”（p. 326）。

[97] Lewis, *Art of Matthew Paris*, 326.

图 2.5 划分乐土（PROMISED LAND）土地的图示，来源于圣维克托的理查德“《以西结》”。这一图像展示了《以西结》45 节的内容，其中迦南地被在以色列部落之间进行划分；中央的部分是保留给利未人（Levites）和圣庙的土地。地中海位于图像的底端，上方为东。

由 Bodleian Library，University of Oxford（Bodley MS. 494，fol. 166v）提供照片。

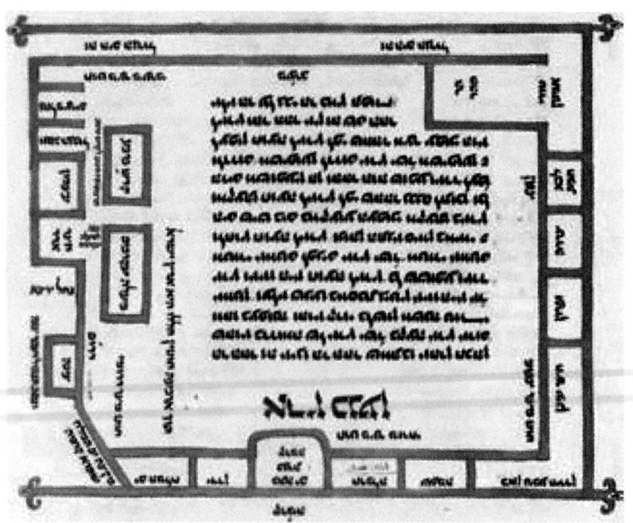

图 2.6 来自 1233 年前后所罗门·本·伊萨克（拉希）所作的《摩西五经》（PENTATEUCH）注释中的迦南地的地图

这一地图显示了利未人的出走（Exodus）以及迦南地的边界。由 Bayerische Staatsbibliothek，Munich（Cod. Heb. 5，fol. 140）提供照片。

12 世纪和 13 世纪的城市平面图通常在一个程式化的、通常为圆形的城墙的平面内显示著名纪念物的正面[98]。最为常见的就是耶路撒冷（Jerusalem）的平面图：十字军东征对拉丁基督教的想象力带来了冲击，而所谓的地点（*situs*）地图的流行正为此提供了惊人的证据（图 2.7）[99]。然而，古罗马城，从 12 世纪之后同样被用一种鸟瞰视角呈现，在一个高度程式化的城圈内显示了 7 座纪念物和地形特点。再次，这种模式主要的例外就是，马修·帕里斯的地图，这些地图表现了十字军占领下的阿卡城的一个不太理想化的形象和威尼斯的一个平面图。后一幅地图只存在于保利诺·米诺里塔（Paolino Minorita）著作的 14 世纪的副本中，

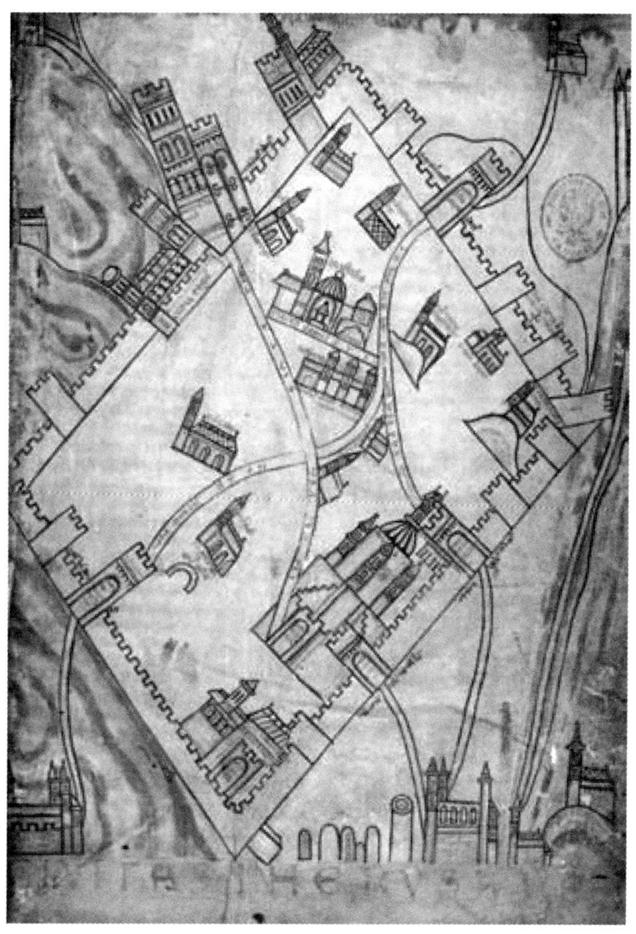

图 2.7　12 世纪 40 年代耶路撒冷的平面图（PLAN OF JERUSALEM）

通过指出十字军进入城市的地点来强化十字军东征的背景。平面图标明了主要建筑、街道和城门；城墙的形状比后来的那些平面图更为准确，后来的那些平面图倾向于使用理想化的圆形。

由 Médiatheque Municipale, Cambrai（MS. 466, fol. 1r）提供照片。

---

[98] 关于城市平面图，参见 Harvey, "Local and Regional Cartography," 473 – 78，和 Pascal Arnaud, "Les villes des cartographes: vignettes urbaines et réseaux urbains dans les mappemondes de l'occident médiéval," *Mélanges de l'École française de Rome: Moyen Âge Temps Modernes* 96 (1984): 537 – 602。

[99] Von den Brincken, *Kartographische Quellen*, 45 – 46，以及 Arnaud, "Les villes des cartographes," 561 – 72。也可以参见 Kenneth Nebenzahl, *Maps of the Holy Land: Images of* Terra Sancta *through Two Millennia* (New York: Abbeville Press, 1986), 32 中复制了一幅这种平面图并进行了注释。

但是这些副本通常被认为来源于12世纪早期的原作。这一平面图因其准确性和对于主要水道的描绘而著名；由于威尼斯直到公元7世纪尚未兴建，因此这是一个可以将罗马时期的起源排除在外的例子[100]。最后，神圣耶路撒冷的平面图出现在大量情景中，尤其是在贝亚图斯（Beatus）对《启示录》（*Apocalypse*）的注释中。这些图像让我们看到一座城市理想形象的内部，以及类似于已经提到的迦南地图，为那些《启示录》的读者提供了一个可视化的指南[101]。

43 这一时期地方地图的最后一个类目包括极少量的水道系统的草图和小块土地的草图，后者在14世纪和15世纪变得相当广泛。有两幅12世纪和13世纪水道系统的平面图和两幅土地及其边界的草图保存了下来。所有这些例子都是英国的，而且大部分清晰地显示了早期的地形地图与那些帮助清晰地表示概念之间关系的文本示意图之间存在的密切关系[102]。

最小的图示是12世纪中期的坎特伯雷大教堂（Canterbury Cathedral）修道院结构的整体平面图。艺术家展示了建筑物的正立面，但是在平面图上绘制了地下水系的流向。与大的平面图相联系的是一个显示了从正好位于修道院之外的喷泉流出的水流走向的较小的图示。这些地图的目的并不完全清楚，但是通过提供了被称为“他施工方案的一个奇观”，它们很可能意图荣耀之前的执政者的统治，而正是在其统治下这项工程得以执行[103]。

第二个水道系统地图，是为赫特福德郡的沃尔瑟姆修道院（Waltham Abbey in Hertfordshire）绘制的，这一水道系统通过多种方式被详细记录在修道院的房产地契中：对于承担的工作的描述、水道系统的说明，附带的图示，以及授权允许管道从不同所有者的地产的地下通过的特许状的汇编。对水道系统进行了描述的作者提到了平面图，特别提到就关于喷泉和地下管道的知识的留存而言，它的重要性[104]。图形非常类似于逻辑图和其他示意图：哈维推测利用一种哲学工具来描述一个水道系统的思想可能归因于马修·帕里斯在邻近的圣奥尔本斯修道院（abbey of Saint Albans）的影响力[105]。

最早的实用绘图的例证与房地产契据册——修道院和其他机构的记录簿——之间的关系，似乎是重要的和自然的[106]。房地产契据册，类似于这些地图，致力于保存关于空间的记录，通常是地产的边界，但是也包括，如同我们在来自沃尔瑟姆修道院的地图中看到的，用

---

[100] Harvey, “Local and Regional Cartography,” 478 and n. 50.

[101] Delano-Smith and Kain, *English Maps*, 11；作者注意到了这些稿本的泥金插画师呈现一座城市的不同方式，即从平面图到一座教堂的立面图。

[102] Harvey, “Local and Regional Cartography,” 470 – 71，关于与示意图之间的关系。现存时间最早的地图来自低地国家（Low Countries），时间是1307年，显示了一种对通过组织文本来反映正在被描述的空间情况的相似的注重（p. 470 and fig. 20. 6）。比较关于圣地的拉希地图，其相似地在地理方面用文本来阐释道路和地点之间的关系。参见 Delano-Smith and Gruber, “Rashi's Legacy,” 30 – 32。

[103] William Urry, “Canterbury, Kent, *circa* 1153 × 1161,” in *LMP*, 43 – 58，引文在50，以及 Harvey, “Local and Regional Cartography,” 467 – 69。也可以参见最近对于插入了这些地图的诗篇集的研究：Margaret Gibson, T. A. Heslop, and Richard W. Pfaff, eds., *The Eadwine Psalter: Text, Image, and Monastic Culture in Twelfth-Century Canterbury* (London: Modern Humanities Research Association, 1992)，包括了 Francis Woodman, “The Waterworks Drawings of the Eadwine Psalter,” 168 – 77 中的对水道系统的考古学方面的详细讨论。

[104] P. D. A. Harvey, “Wormley, Hertfordshire, 1220 × 1230,” in *LMP*, 59 – 70, esp. 64. 哈维出版了叙述性的著作，并且描述了水道系统（pp. 65 – 70）。

[105] Harvey, “Local and Regional Cartography,” 470 caption to fig. 20. 5.

[106] 关于由“思想家”和“行动者”设计的地图，以及地图的“实际应用”，参见 Delano-Smith and Kain, *English Maps*, 2。

来记忆一个复杂的、埋在地下的水道系统。我们已经注意到显示了一片牧场划分的早期地图，其同样是在一份房地产契据册中，但在其中，图像取代了对于边界的文字描述。

14 世纪之前的本地地图最后的例证就是来源于柯克斯台德修道院（Kirkstead Abbey）诗篇集中的威尔德莫沼泽（Wildmore Fen）平面图。诗篇集似乎是一个记录属于他们房产重要信息的常见载体，因而在艾德文诗篇集（Eadwine Psalter）中收录的坎特伯雷水道平面图，与修道院的房地产契据册相比不太注重权利[107]。类似于沃尔瑟姆修道院的水道地图，威尔德 44
莫沼泽地图提供了对放牧权纠纷的一段叙述以及与之配套的地图。在不同于前者的一个风格中，威尔德莫沼泽地图显示了与文本图示，以及与如关于圣地的拉希地图那样的示意性地图之间强烈的姻亲关系[108]。

公平地讲，尽管这些规模较小的地图可能在数量上相对较少，并且局限于独立的传统，但对于区域地图更为常见的是，其存在足够的数量来激发出一位类似于帕里斯的有着不同寻常的地理思想的人在他的编年史中汇编一系列令人印象深刻的地图类型。同样清楚的是，可以绘制相当准确的平面图（如威尼斯平面图的例子），但是大多数地图被绘制用来辅助理解，而不是用来以按照几何形态正确的方式来表现空间。如同德拉诺－史密斯和格鲁贝尔（Gruber）指出的，“对于在解释中使用的任何地图而言，示意图都是最为合适的风格”，这一格言应当会得到中世纪绘图者全心全意的赞同[109]。

14 世纪

14 世纪在对于地图内容的期望，行政背景下对领土地图和其他呈现形式的使用，以及关于空间及其呈现的更宽泛的态度方面发生了很多显著的发展。这些变化中的很多首先出现于意大利，但是也存在它们对欧洲其他部分产生了冲击的标志。在一些例子中，变化主要表现在特定地图种类，如地方地图的数量和使用范围的扩展上。在这一时期开始的时候，地方地图绘制数量大量增加，并且这发生于英格兰之外欧洲的一些其他部分。已经从使用者对自己地图的态度方面对其他发展进行了追溯，地图的使用者尤其关注地理信息的权威性。尽管整齐的年表分组显然是人为的，但是在 14 世纪，欧洲地图学各方面有着充分的变化和发展，以使这一时期尤其值得关注。

过渡地图

尽管依然研究的极少，但这些发展中，对于现代学术界来说，最为知名的就是结合了来源于波特兰航海图的对地中海海岸线的表示方法和世界地图（*mappaemundi*）将世界图像作为一个整体的混合的地图形态。这些过渡地图是地理世界观变化过程的重要证据[110]。人们依然期望

---

[107] 参见 Urry，“Canterbury，Kent，” 48－49，关于被放置在诗篇集中的地图所受到的严重剪裁。

[108] H. E. Hallam，“Wildmore Fen，Lincolnshire，1224×1249，” in *LMP*，71－81，附有描述了争论的文本，见 79－81。

[109] Delano-Smith and Gruber，“Rashi’s Legacy，” 32.

[110] 关于术语以及对这些地图重要性的讨论，参见 Woodward，“Medieval *Mappaemundi*，” 296－99。也可以参见 Gautier Dalché 对世界地图结合了波特兰航海图后的力量的评价，参见他的 “Un problème d’histoire culturelle，” 14；以及 Arnaud，“Images et représentations，” 148，关于传统地图的传播。

一幅地图能够描绘已知世界的整个结构，同时采用来自波特兰航海图的地中海和黑海的形象来显示这些地图的绘制者已经在意这些新的地图学形式所提供的空间准确性。这些图像进一步说明，两种地图形式绝不会被认为是不相容的。相反，按照同样的方式，各种类型的世界地图被理解为是一个较大整体的各个侧面，波特兰航海图和世界地图被看成是同一真实情况的具有同等重要性的不同视角[111]。

来自地中海的，或者由熟悉波特兰航海图的绘图者绘制的过渡地图的例子，毫不犹豫地将地中海和黑海的轮廓整合进较大的世界地图的框架中。这种简单共处的图像的一个例外就是由碎片组成的阿斯拉克（Aslake）世界地图（图 2.8）。这一地图与 13 世纪英国的世界地
45 图家族存在密切关系，尤其是普萨特尔地图[112]。然而，地图的绘制者必然在绘制保存下来的

图 2.8　阿斯拉克世界地图的细部，14 世纪

这一地图属于英国世界地图家族，但是如同这里显示的，其同样包括了来源于地中海的波特兰航海图的地名

这一细部的尺寸：大约 22.6×22.6 厘米。由 BL（Add. MS. 63841 A）提供照片。

---

[111] 帕特里克·戈蒂埃·达尔谢认为马里诺·萨努托（Marino Sanudo）为恳请新的一次十字军东征而附加了所搜集到的大量地图（其中包括一幅过渡类型的世界地图和基于波特兰航海图的地图），但在向读者显示他希望讨论的地点和战略关系时，他并没有在各类地图中进行区分，对它们平等对待，参见他的 "Remarques sur les défauts supposés, et sur l'efficace certaine de l'image du monde au XIVe siècles," in *La Géographie au Moyen Âge: Espaces penses, espaces vécus, espaces rêvés* (Paris: Société de Langue et de Littérature Médiévales d'Oc et d'Oïl, 1998), 43–55。关于马里诺·萨努托，参见本章的注释 115 和 Antony Leopold, *How to Recover the Holy Land: The Crusade Proposals of the Late Thirteenth and Early Fourteenth Centuries* (Aldershot: Ashgate, 2000)。

[112] Peter Barber, "Old Encounters New: The Aslake World Map," in *Géographie du monde*, 69–88, esp. 76–82.

地中海沿岸的那部分时，使用了一幅波特兰航海图作为模板，因为地名与海岸呈直角排列，这是对那些保存下来的波特兰航海图上的地名的准确复制。没有采用自己地图中的地中海的完整布局，英国工匠［与意大利和加泰罗尼亚（Catalan）同时代的工匠相比，其可能不太熟悉波特兰航海图］减少和改造了新信息以适应他自己的世界地图，以试图“尽可能多的将新信息与传统的世界观进行协调”[113]。

波特兰航海图与世界地图顺利结合的两个例子以及波特兰航海图在阿斯拉克世界地图中 46
更为初步的接受，说明尽管对这些地图的接触存在区域局限，但是地图绘制者在遇到新信息时，渴望将其纳入自己的目的中。甚至一位犹豫不决的北方地图绘制者也采用了一种新的激进的空间描述方式，这说明，在 14 世纪，除了较早世界地图中呈现的历史和地名信息之外，世界地图可以而且应当至少包含一些详细的地形信息。

地方和区域地图绘制中的变化

14 世纪中的第二个主要的创新领域，至少在欧洲的特定地区，就是地方地图的绘制。这些变化从地图形式的尝试，到政府和法律背景下地图使用的增加。尽管英格兰和低地国家尤其参与到这些发展中，但意大利北部是这一实验最为肥沃的温床。

如同我们在马修·帕里斯的例子中看到的，一部个人著作有时可以作为某个给定时间和地点下可使用的地图学材料范围的索引。两位意大利北部作者的著作可以发挥这一作用，体现了 14 世纪最初 10 年这一区域丰富的地图学记录。保利诺·米诺里塔，一位历史学家；奥皮西诺·德卡尼斯垂斯，一位宗教作者，都编纂了令人印象深刻的地图和相关工艺品的汇编，他们相当熟练地在他们的著作中运用了这些材料。他们都不是职业的地图学家（在这一时间和地点，这一职业正在开始发展）：然而，他们都各自意识到地图对于传递独一无二的信息以及增加文本著作解释力的力量[114]。

保利诺·米诺里塔的历史著作包含了由威尼斯地图绘制者彼得罗·韦康特（Pietro Vesconte）的作坊绘制的大量地图和平面图，其中很多都出现于保利诺的编年史和与他同时代的马里诺·萨努托的十字军东征的提议中[115]。然而，除了这一被分享的地图群体之外，保利诺的著作也包括不同来源和风格的其他地图作品。因而，它们向我们提供了可用模型的范

---

[113] Barber, “Old Encounters New,” 84 – 88, esp. 87. 参见 Gautier Dalché, “Remarques,” 44 – 45，关于对类似于“传统世界观”这样的短语的有限用途进行了犀利的提醒，然而由于语言上的精练，它们可能是必须的。

[114] 在其他人中，彼得罗·韦康特，威尼斯的地图绘制者，他的作品出现在保利诺·米诺里塔的著作中，已经被描述为第一位职业的地图绘制者。参见 Woodward, “Medieval *Mappaemundi*,” 314。

[115] 关于保利诺（和马里诺·萨努托）在 14 世纪意大利地理学文化中的地位，参见 Bouloux, *Culture*, 45 – 68。关于作为历史学家的保利诺，参见 Isabelle Heullant-Donat, “Entrer dans l'histoire: Paolino da Venezia et les prologues de ses chroniques universelles,” *Mélanges de l'École Française de Rome: Moyen Âge* 105 (1993): 381 – 442；作者提供了对保利诺生平和著作的一个便捷的介绍，以及对收录在保利诺历史著作中的绘本的简单描述（pp. 426 – 42）。也可以参见 Alberto Ghinato, *Fr. Paolino da Venezia O. F. M.*, *vescovo di Pozzuoli* († 1344) (Rome, 1951)。保利诺著作中的图示与马里诺·萨努托著作中图示之间的复杂关系，已经由 Bernhard Degenhart and Annegrit Schmitt, “Marino Sanudo und Paolino Veneto: ZweiLiteraten des 14. Jahrhunderts in ihrer Wirkung auf Buchillustrierung und Kartographie in Venedig, Avignon und Neapel,” *Römisches Jahrbuch für Kunstgeschichte* 14 (1973): 1 – 137 进行了研究，60 – 87 是专门关于地图的；这是对各种稿本的基础研究。我在这里对于保利诺著作的说明相当不严谨；Degenhart and Schmitt 提供了出现于具体稿本中的具体地图的表格（p. 105）。关于马里诺·萨努托的十字军东征的计划，最近的一项研究就是 Leopold, *How to Recover the Holy Land*。

围，以及让我们认识到作者在超出单一固定的地图群体而包括其他服务于不同目的的地图群体时的选择原则。保利诺同样对下列问题进行了很多研究讨论，这一问题就是在进行历史阐释时地理学所承担的必不可少的角色[116]。

源自韦康特作坊的地图包括一幅保存至今最早的过渡世界地图，以及巴勒斯坦地图和地中海东部地图，安条克（Antioch）、阿卡和耶路撒冷的平面图[117]。十字军东征的宣道者和历史学家的兴趣在圣地上出现重合的原因是清楚的，并且让我们想起马修·帕里斯的地图学，他绘制的地图中很多是由英国十字军东征的活动以及与耶路撒冷的十字军王国的接触所推动的[118]。通常而言，区域地图基于由波特兰航海图提供的海岸线轮廓，并在内陆地区增加了大量的细节[119]。

保利诺的地图学兴趣所关注的其他主要区域——对于这些地区他提供的地图来源于韦康特作坊之外——就是意大利。我们已经注意到了威尼斯的平面图，其可能基于一幅 12 世纪的范本[120]。此外还有一幅罗马的全页平面图，其中包含了大量城市纪念建筑和地形的细节，这幅地图可能来自大众旅游著作《美妙的罗马城》（*Mirabilia urbis Romae*）中的一幅示意
47 图[121]。最后，他把非常值得注意的意大利地图列入其中，显示了地势的起伏和半岛的水文情况。地图的轮廓来源于波特兰航海图，但是内部的细节必然来源于已经散佚的区域图；此外，类似于韦康特的圣地地图，这些地图主要基于一个网格，虽然图上没有绘制，但沿着页面边缘标示了出来[122]。

因而，保利诺的著作提出了大约 14 世纪早期意大利地图学的一些结论。首先，地图清晰地表达了两个主要兴趣：圣地和现在已经倒台的十字军国家（阿卡，基督教控制的最后一个主要中心，1291 年被穆斯林攻陷）；以及意大利半岛，在保利诺地图中被看成是一个完整的地理单元，同时对于波河（Po）下游和威尼斯的详细研究表明了作者所感兴趣的区域，而罗马的平面图则强调了古代都城的声望和在文化上的地位。其次，保利诺有着大量不同种类的地图可以用来服务于他的项目。最后一点，他与马修·帕里斯和其他中世纪的制图学家一起分享了一种便于理解的方式，通过这种方法，各式各样的地图，甚至不同起源和不同视角的地图，都可以被协调进一幅较大的某一区域的图像中[123]。

如果我们转向第二位作者和艺术家，奥皮西诺·德卡尼斯垂斯，我们发现服务于一个非

---

[116] 保利诺·米诺里塔“De mapa mundi”的序言，参见 Bouloux, *Culture*, 58 - 59。

[117] 中东部城市平面图发展了正如我们在马修·帕里斯的作品中看到的正在增加的对描绘地形的关注。它们仔细标明了街道、城墙的轮廓和主要的纪念建筑之间的彼此关系。参见 Degenhart and Schmitt, “Marino Sanudo und Paolino Veneto,” 76 - 81。

[118] 参见注释 95。

[119] Degenhart and Schmitt, “Marino Sanudo und Paolino Veneto,” 76 - 81. 关于圣地的其他区域地图，参见 Harvey, “Local and Regional Cartography,” 473 - 76, 和 Gautier Dalché, “Savoirs géographiques,” 89 - 91 and n. 4，其中有一幅圣地的草图没有被包括在哈维的调查中。

[120] 关于意大利地图的总体情况，参见 Degenhardt and Schmitt, “Marino Sanudo und Paolino Veneto,” 81 - 87，以及 Harvey, “Local and Regional Cartography,” 480 - 81。关于威尼斯，参见 Harvey, *History of Topographical Maps*, 76 - 78。

[121] Harvey, *History of Topographical Maps*, 72.

[122] Harvey, “Local and Regional Cartography,” 481. Bouloux, in *Culture*, 67，将其描述为“第一幅‘现代’意大利地图”，并且将其认为是保利诺著作中完全独立于文本的一幅地图。

[123] Bouloux, *Culture*, 68.

常不同的项目的一系列非常相似的地图。奥皮西诺并没有书写历史，也没有关注发生历史事件的地点（*loci*）。取而代之，他的工作来源于作为上帝之书（也就是《圣经》——译者注）而被创造的世界这一同样令人熟悉的思想，并由此提出的一套精致的系统，从而通过分析呈现在地图上的他生活的地点来理解和承认个人的原罪[124]。然而，对于我们的目的而言，最为重要的就是他采用的一系列地图。大致而言，他在他的两部主要稿本中围绕两种地图类型，即地带图和波特兰航海图来组织图像[125]。此外，他绘制了伦巴第（Lombardy）和波河河谷的区域地图的一些不同版本（图 2.9），以及大量帕维亚（Pavia）的城市平面图[126]。奥皮西诺的帕维亚城墙的基本轮廓以及相对于从城市南部边缘流过的提契诺河（Ticino River）的城市的朝向，即使按照现在的标准来看都是非常准确的[127]。然而，他的一些未完成的作品，将这种对于城墙的准确描述加入一个程式化的环形框架中，由此允许他将实际的帕维亚与其想象的化身连接起来[128]。这种真实和想象的混合也出现于一幅同时代的米兰（Milan）平面图中，其中环形的城墙与跨越在环绕领土周围的众多河流上的桥梁的具体细节形成了反差（图 2. 10）[129]。

奥皮西诺是一名牧师，并且在他生涯的早期作为一名泥金插画师而受到训练：在他的著作中没有任何迹象说明他自己编纂了原图。实际上，直接提到他获得关于地图知识的唯一材料，只是强调他初次看到波特兰航海图时的兴奋和新奇[130]。然而，似乎非常清楚的就是，奥

---

[124] Morse, "Complex Terrain," 186 n. 42, 关于奥皮西诺使用的将世界作为一本书的思想。对他的思想更为概要的介绍，参见 pp. 169 – 232；Victoria Morse, "Seeing and Believing: The Problem of Idolatry in the Thought of Opicino de Canistris," in *Orthodoxie, Christianisme, Histoire = Orthodoxy, Christianity, History*, ed. Susanna Elm, Éric Rebillard, and Antonella Romano (Rome: École Française de Rome, 2000), 163 – 76；和 Catherine Harding, "Opening to God: The Cosmographical Diagrams of Opicinus de Canistris," *Zeitschrift für Kunstgeschichte* 61 (1998): 18 – 39。对奥皮西诺生平和著作的有用的简介，参见 H.-J. Becker, "Canistris, Opicino de," in *Dizionario biografico degli Italiani* (Rome: Istituto della Enciclopedia Italiana, 1960 –), 18: 116 – 19。也可以参见 Denis Hüe, "Tracé, écart: Le sens de la carte chez Opicinus de Canistris," in *Terres médiévales*, ed. Bernard Ribémont (Paris: Editions Klincksieck, 1993), 129 – 58。奥皮西诺的两部亲笔手稿，是关于他使用地图和如何考虑地图的主要材料，其中一部（BAV, Pal. Lat. 1993）已经在 Richard Georg Salomon, *Opicinus de Canistris: Weltbild und Bekenntnisse eines Avignonesischen Klerikers des 14. Jahrhunderts*, vols. 1A and 1B (text and plates) (London: The Warburg Institute, 1936), pls. 1 – 37 中发表了一部分。第二部手稿（BAV, Vat. Lat. 6435）中一些经过选择的图版的最好的复制件，可以参见 Paolo Marconi, "Opicinus de Canistris: Un contributo medioevale all'arte dell amemoria," *Ricerche di Storia dell'Arte* 4 (1977): 3 – 36。

[125] Morse, "Complex Terrain," 235 – 54 关于奥皮西诺在 Pal. Lat. 1993 中对地带图的使用。他在 Vat. Lat. 6435 中对波特兰航海图的使用在第 169—232 页中进行了讨论。Bouloux, *Culture*, 39 – 42 评论了地带图在学术著作中作为一种世界图像的扩散。

[126] 奥皮西诺的当地地图和平面图由 Pierluigi Tozzi 在一系列具有洞察力的著作中进行了研究：*Opicino e Pavia* (Pavia: Libreria d'Arte Cardano, 1990)；"Il *mundus Papie* in Opicino," *Géographia Antiqua* 1 (1992): 167 – 74；with Massimiliano David, "Opicino de Canistris e Galvano Fiamma: L'immagine della città e del territorionel Trecento lombardo," in *La pittura in Lombardia: Il Trecento* (Milan: Electa, 1993), 339 – 61；以及 *La città e il mondo in Opicino de Canistris* (1296 – 1350 *ca.*) (Varzi: Guardamagna Editori, 1996)。

[127] Tozzi, *Citta e il mondo*, 46 – 47 and 89.

[128] BAV, Pal. Lat. 1993, fols. 12r, 27r, and 27v, 在 Tozzi, *Citta e il mondo*, figs. 33 – 35 中进行了复制。

[129] Tozzi and David, "Opicino de Canistris e Galvano Fiamma," 352 – 57. 戴维在这一论文中展示了一幅之前未发表的意大利地图，他将这幅地图描述为来自加尔瓦诺・菲亚马（Galvano Fiamma）的"Cronica extravagans de antiquitatibus"和他的"Chronicum maius"中的"最早的一幅罗马时期的米兰地图"。这幅地图出现在 Milan, Biblioteca Ambrosiana, cod. A275 inf., fol. 51v and fol. 93v。也可以参见 Alessandro Rovetta, "Un codice poco noto di Galvano Fiamma e l'immaginario urbano trecentesco milanese," *Arte Lombarda* 2 – 4 (1993): 72 – 78。

[130] Bouloux, *Culture*, 94 – 95，尽管他评价到"奥皮西诺・德卡尼斯垂斯 [*sic*] 的理解世界的整个系统是基于他对地中海和大西洋海岸线的形状的惊讶"，过于强调奥皮西诺的幼稚了（p. 95）。

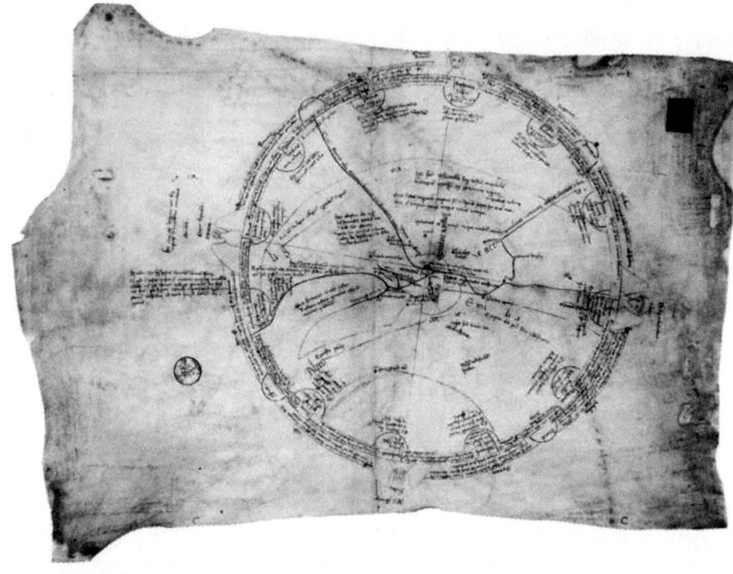

图2.9　14世纪30年代或40年代奥皮西诺·德卡尼斯垂斯的伦巴第地图

这幅地图体现了奥皮西诺在一幅地理地图上覆盖一个灵意解释的模型的技巧。在这里，他在地图中心表现了帕维亚城，用的是一个非常小的，让人无法联想到城市城墙实际轮廓的符号，并标出了环绕在城市周围的领土。他用红色精确地绘制了提契诺河和波河的河道，并且在恰当的位置书写了主要地理特征的名字。最后，地图由一个理想化的圆环框架环绕，框架上包括了福音传道者（Evangelists）的符号。

图片版权属于 Biblioteca Apostolica Vaticana, Vatican City (MS. Pal. Lat. 1993, fol. 3r)。

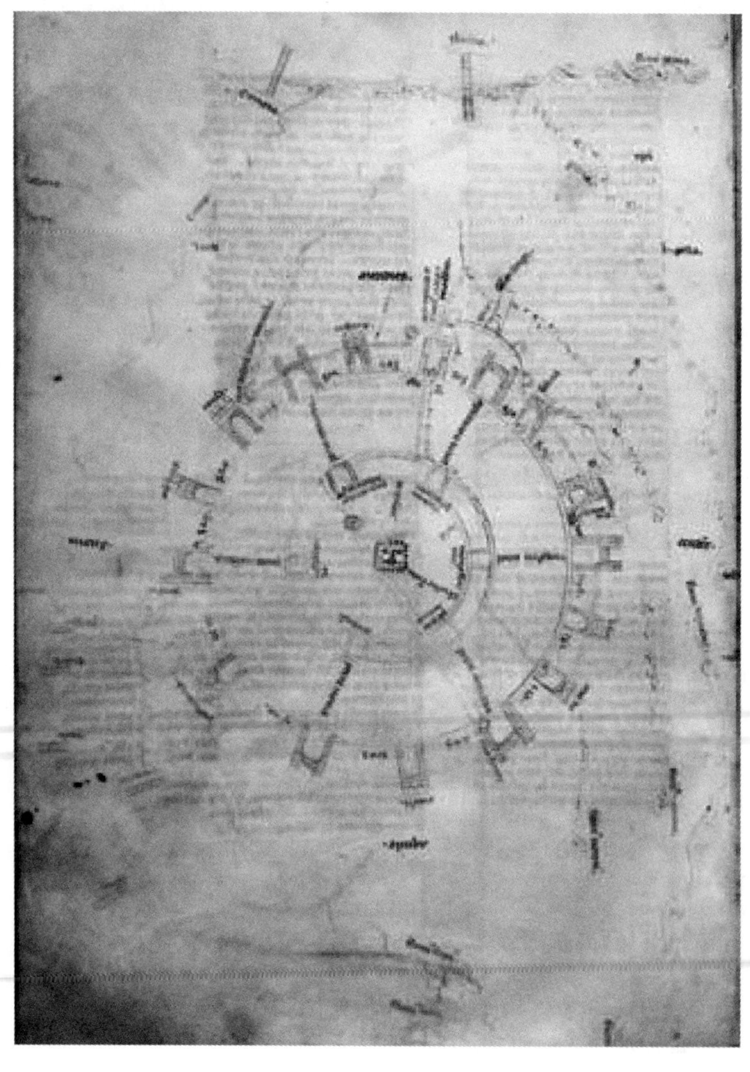

图2.10　14世纪彼得吕斯·德吉奥尔迪斯（PETRUS DE GUIOLDIS）从加尔瓦诺·菲亚马的“编年史增补（CHRONICLE EXTRAVAGANS）”中获得的米兰平面图

平面图程式化了城墙，同时给出了外墙上的塔楼与城门之间的距离。对于周围领地的描述关注于自然和人工河道及其之上的桥梁。

由 Biblioteca Ambrosiana, Milan (Codiceambr. A 275 inf., fol. 46v) 提供照片。

皮西诺对于各种地图的形式和它们的用途都非常熟悉，以及他对地理和对空间描述非常敏感
的思想，同时他相信所有种类的地图都是与他同时代的人进行交流的有效方法。我已经在其 48
他地方进行过长篇大论了，总体而言，他相信地图非常重要，是因为它们提供的非常程式化的世界图像弥合了唯物主义的人类想象力与人类更高的理性力量之间的沟壑[131]。同样的，对于奥皮西诺来说，地图是对他所在时代的精神问题的一个潜在答案，以及对于一位关注分析无信仰者以及与无信仰者战斗的牧师而言的合适工具。

总体而言，保利诺·米诺里塔和奥皮西诺·德卡尼斯垂斯的地图学著作，帮助我们确定了 14 世纪早期意大利地图学的复杂和多变的世界[132]。这是一个被波特兰航海图打上了强烈的地理学标记的世界，同样也是一个极为关注于探索地图可以帮助同时代的人了解和理解他们的世界——过去、当前或未来的——的方法的世界[133]。这一知识的两个更深层次的方面应当值得我们关注：14 世纪后期地理学思想的变化可以归因于意大利早期的人文主义者，以
及地图被要求越来越多地传达管理和司法知识。 49

在一项可以作为范本的研究中，布卢（Bouloux）追溯了意大利学者，尤其是彼特拉克提出用于地理学研究的新方法的方式。在很大程度上，彼特拉克的创新就是将文本考证的方法应用于地点：它们在空间中的正确位置成为严肃的研究主题，在这种研究中，文本和地图成为辅助工具，而地图被理解为是关于物质世界的信息的可靠来源[134]。布卢将地理学作为一个研究领域的发展，以及在地理辞典和其他研究中以字母列表形式列出地名这种趋势的增加，是使地名从传统语境中消失的使用，由此可以进一步分析地名并且以新方式将地图作为一种工具[135]。因而，对于布卢而言，14 世纪的创新中最为重要的是那些朝向文本批评的运动，“地理学之柜（*Géographie de cabinet*）”没有导向内容贫乏，而是导向了一种使空间概念化和价值化的新方法[136]。

如果我们现在转向同一时期绘制的司法管辖区的地图，那么我们会发现一个同样丰富的和具有创造力的环境。那些尤其具有思想启发性的方法的一则例子是由法学家巴尔托洛·达萨索费拉托提供的，正是通过这些方法，地图学在法律和行政背景中找到了自己的位置[137]。在记述解决以河流为边界的地产争端时，由于在那些地方，河流的侵蚀和改道增加了确定边界的难度，因而巴尔托洛采取的不寻常的步骤，就是建议绘制有争议地区的地图。他自己感到这一方法是一个新奇

---

[131] Morse, “Seeing and Believing,” 170 – 76. 我分析了他另外一部著作中所展现的他思想中的地理因素，参见我为 Opicino 的 *Book in Praise of Pavia*, trans. William North and Victoria Morse (New York: Italica Press, forthcoming) 所作的导言。

[132] 对于意大利地图学的讨论以及更多的例子，可以参见 Harvey, “Local and Regional Cartography,” 478 – 82, 以及 Annalina Levi and Mario Levi, “The Medieval Map of Rome in the Ambrosian Library’s Manuscript of Solinus (C 246 Inf.),” *Proceedings of the American Philosophical Society* 118 (1974): 567 – 94。

[133] Bouloux, in *Culture*, 106, 指出了波特兰航海图和航海指南成为 14 世纪如乔瓦尼·薄迦丘（Giovanni Boccaccio）和彼特拉克等作者的“精神武装”的程度。

[134] Bouloux, *Culture*, 106. 奥皮西诺的著作还展示了地图提供了对物质世界的真实表现的认知；正是这一点使他从他的地图中得出了结论。参见 Morse, “Complex Terrain,” 133 and 150。

[135] Bouloux, *Culture*, 223 – 35. 对比 Gautier Dalché, “Pour une histoire,” 77 – 79 and 90。

[136] Bouloux, *Culture*, 273.

[137] 关于巴尔托洛和示意图，参见 François de Dainville, “Cartes et contestations au XVe siècles,” *Imago Mundi* 24 (1970): 99 – 121, esp. 118 – 21。关于他的著作为同时代社会提供的证据，参见 Anna Toole Sheedy, *Bartolus on Social Conditions in the Fourteenth Century* (New York: Columbia University Press, 1942), esp. 185ff。关于他对视觉问题的思考，一个有趣的比较就是 Osvaldo Cavallar, Susanne Degenring, and Julius Kirshner, eds., *A Grammar of Signs: Bartolo da Sassoferrato’s Tract on Insignia and Coats of Arms* (Berkeley, Calif.: Robbins Collection Publication, 1994)。

的建议，下述两个事实展示了这一点，即一个给他以灵感的梦，以及他自己对通过示意图或地图的方式来解决与法律有关的问题持保留意见的一个介绍性陈述[138]。在他的梦中，他被他应当类似于基督或者圣徒而不顾嘲弄去做正确的事情鼓励，同时他的类似于基督的对话者向他提供了用来创作他的图像的工具。巴尔托洛依赖于基督的祈祷以授权和合法的使用一种新奇的交流工具，我们在贝特兰德·博伊赛特关于测量的著作（撰写于大约1400年）中再次看到这种模式。类似地，博伊赛特文本中的测量者从耶稣那里获得了工具，由此向读者强调他用书写方式进行记录的新奇
50 尝试的合法性，而这种尝试在之前是无法享受“一门真正的科学的尊严的”的实用工艺[139]。尽管如同我们知道的，在15世纪之前，巴尔托洛的创新都没有在地图学领域孕育出成果；在15世纪，他的著作在整个欧洲成为法律文本的标准，并且地图在地产纠纷中的运用更为常见，但是他使用图示地图来辅助他观点的灵感，在其他14世纪意大利地图绘制试验中显然并不陌生[140]。

相似地，如果我们要理解最终导致（在15世纪，尤其是16世纪）在政府管理中对于地图的使用这一转变的话，那么很多变化的起源必须要追溯到这一较早的时期。在13世纪末和14世纪初，至少在意大利的某些区域，在对司法管辖区单元的描述和感知中发生了深刻的变革。对列蒂主教辖区（Diocese of Rieti）和锡耶纳公社（commune of Siena）领土的研究，强调了这一时期在重塑当时人们想象和表达他们居住的政府管理空间的方式中的重要性[141]。尽管这些变化主要通过发生在书写文献中的变化而被引起或者传达的，但是如果我们要理解发生在中世纪末期的人们与他们环境之间的性质的根本性变化，以及那些变化如何最终导致了在政府和行政管理中对于地图的使用的话，那么我们必须要对这一时期进行一番考察[142]。

在锡耶纳的情况中，14世纪早期一种多因素的联合导致了一幅现存的地图，也就是新建城市塔拉莫内（Talamone）的平面图、一幅锡耶纳市政厅（*palazzo pubblico*）中已经散佚的世界地图，以及大量城市和乡村的详细景观的诞生[143]。这些工艺品应当在一种对了解和控

---

138 Dainville, “Cartes et contestations,” 118.

139 关于博伊赛特，参见 Patrick Gautier Dalché, “Bertrand Boysset et la science,” in *Eglise et culture en France méridionale* (*XIIe-XIVe siècles*) (Toulouse: Éditions Privat, 2000), 261 – 85，引文在第276页。对比 Alain Guerreau in “Remarques sur l'arpentage selon Bertrand Boysset (Arles, vers 1400 – 1410),” in *Campagnes médiévales, l'homme et son espace: Etudes offertes à Robert Fossier*, ed. Elisabeth Mornet (Paris: Publications de la Sorbonne, 1995), 87 – 102, esp. 89 – 90 中的评价。

140 Dainville, “Cartes et contestations,” 117 – 21. 关于16世纪的德意志的巴尔托洛，参见 Fritz Hellwig, “Tyberiade und Augenschein: Zur forensischen Kartographie im 16. Jahrhundert,” in *Europarecht, Energierecht, Wirtschaftsrecht: Festschrift für Bodo Börner zum 70. Geburtstag*, ed. Jürgen F. Baur, Peter-Christian Müller-Graff, and Manfred Zuleeg (Cologne: Carl Heymanns, 1992), 805 – 34。

141 Brentano, *New World*, esp. 81 – 141，以及 Redon, *L'espace d'une cité*。

142 关于行政管理地图的绘制，参见本卷的第35章以及 John Marino, “Administrative Mapping in the Italian States,” in *Monarchs, Ministers, and Maps: The Emergence of Cartography as a Tool of Government in Early Modern Europe*, ed. David Buisseret (Chicago: University of Chicago Press, 1992), 5 – 25。马里诺把将地图作为“一种看待世界的正常的行政管理方式”的想法在意大利出现的时间，确定在16世纪第三个二十五年之后（p. 5）。

143 关于塔拉莫内的平面图，参见 Harvey, “Local and Regional Cartography,” 488, 491, and fig. 20. 27。库普费尔重建了世界地图及其背景，参见“Lost Wheel Map”。Ambrogio Lorenzetti 的锡耶纳乡村景观是非常有名的：例如，可以参见 Randolph Starn, *Ambrogio Lorenzetti: The Palazzo Pubblico, Siena* (New York: George Braziller, 1994)。关于锡耶纳的公民艺术，以及尤其是一幅显示了其中一所臣属城镇的绘画，参见 Diana Norman, “‘The Glorious Deeds of the Commune’: Civic Patronage of Art,” in *Siena, Florence and Padua: Art, Society and Religion 1280 – 1400*, vol. 1: *Interpretative Essays*, ed. Diana Norman (New Haven: Yale University Press in association with the Open University, 1995), 133 – 53, esp. 136 – 40。

制乡村和臣属社区，对使用艺术领域的技术、土地测量的方法，以及对使用当地方言进行记录的新档案形式的兴趣不断增长的背景下被理解。按照雷东（Redon）的话，“画家、测量员和公证人对于一个现代领土国家工具的诞生做出了贡献”[144]。控制新征服的领土以及布局新城镇是锡耶纳调配这些认知资源极为重要的方面。对于新城镇帕加尼科的土地进行测量调查，可以归因于大师詹尼诺（Master Giannino）的介入，他同样负责在锡耶纳建立数学和几何学的教育[145]。城市对于培育数学研究的兴趣——尤其是在一座以其商业和银行业务而闻名的城市中——和对发展用于控制乡村的新技术的兴趣，这两者的结合说明个人、经济和政治文化以及统治工具之间的重要联系[146]。一幅来源于同时代的，展现了塔拉莫内兴建活动的平面图说明了政府统治的这些变化与行政管理地图学的发展之间的潜在关系。

在意大利之外，地图学图像在 14 世纪并不丰富，但是也显示出大量相似的特点。尽管英格兰可能在其 13 世纪的辉煌后经历了一个地图学的衰落期，但各种地图，包括数量日益增长的本地的平面图被绘制出来[147]。其中一些显示出已经具有了一种行政管理功能。不列颠的戈夫（Gough）地图，尽管其创造环境缺乏文献记载，但是其表现了一个道路网络，并标有距离，可能服务于世俗或者教会管理的某些领域[148]。类似地，舍伍德森林（Sherwood Forest）的地图可能是为林区看护人绘制的，显示了森林的边界和溪流[149]。

坎特伯雷圣奥古斯丁（Canterbury Saint Augustine）修道院的地产地图，和修道院教堂圣
坛的相关平面图是不同的，且更少现实的实用性。编年史家和艺术家，埃尔门的托马斯 51
（Thomas of Elmham），这些地图发现于他编纂的圣奥古斯丁的历史中，与马修·帕里斯一样对用视觉形式记录他的历史的某些方面有着高度兴趣。修道院土地的地图应当被看成是一幅历史地图的一部分，因为其记录了按照一头奔鹿走过的道路来分配土地的传说。托马斯还非常详细地记录了修道院的授权书的样子（它们被称为手工制作的“影印件”），以努力证明社区对于其土地和权利的要求是合理的[150]。最后，从绘制地方地图转移到世界地图，因而伊夫舍姆的地图被描述为“是令人震惊的，因为其观点和典故的时事性”：地图的绘制者比早期的世界地图绘制者更为关注于陈述 14 世纪后期英格兰的位置和地位[151]。

在欧洲大陆，从 14 世纪保存下来的地图数量相对较少。来自低地国家的最早的平面图是 1307 年的，是一个文本示意图，但附带有两面用立面形式绘制的山墙[152]。巴黎大学（University of Paris）房地产契据册中的一幅地图已经被描述为最早的试图绘制一个行政边界

---

[144] Redon, *L'espace d'une cité*, 234 and 226. 涉及的时间是 1280 年至 1320 年。比较 David Friedman 的评价，即新城镇的布局归因于大量理想化城市的形象，参见他的 *Florentine New Towns: Urban Design in the Late Middle Ages* (New York: Architectural History Foundation, 1988), 201 – 3。

[145] Redon, *L'espace d'une cité*, 170.

[146] 巴尔托洛·达萨索费拉托受到一名几何学大师的影响，这说明 14 世纪这种视觉文化教师的影响力可能值得更为深入的考察。参见 Dainville, “Cartes et contestations,” 118。

[147] 关于英国地图学的停滞不前，参见 Barber, “EveshamWorld Map,” 29。

[148] Delano-Smith and Kain, *English Maps*, 19 – 20 and 47 – 48.

[149] Delano-Smith and Kain, *English Maps*, 20. 关于其他的地区平面图，参见 *LMP*, 83 – 146，以及 Mitchell and Crook, “The Pinchbeck Fen Map,” 40 – 50。

[150] 参见 Alfred Hiatt, “The Cartographic Imagination of Thomas Elmham,” *Speculum* 75 (2000): 859 – 86。

[151] Barber, “Evesham World Map,” 13, 19 – 24，以及引文在 29。

[152] Harvey, “Local and Regional Cartography,” 470, 485, and fig. 20. 6.

的地图。地图是在法国和皮卡尔“国”（Picard “nations”）发生争端期间于 1357 年在大学绘制的，显示了两个区域间的边界，并且分析了默斯（Meuse）河作为边界标志的作用[153]。

德拉诺－史密斯和卡因将 14 世纪英格兰的地图描述为日益为脑海中的实用目的而准备的[154]。尽管这一点并不能完全解释埃尔门的托马斯的历史地图、伊夫舍姆的政治意识地图或者甚至是一系列展示了游行期间牧师位置的图示——在平面图中显示了他们剃光的头颅——但是这一观点捕捉到了中世纪后期地图学中真实存在的新奇事物，中世纪后期的地图学日益关注于描述小区域，无论是用来在争端中作为记录、用来作为请愿书或者作为工作档案的另一种形式[155]。地图不仅日益成为学术文化的一部分，而且成为控制和管理欧洲城镇和机构工作的一部分。在这一趋势的发展中，君主集权所发挥的作用在 15 世纪将变得更为清晰，但是在 14 世纪的意大利、英格兰、法兰西和低地国家已经显示出对地图的展示和论证性质的深刻认识[156]。

结　论

我们还没有完全认识到小范围，但不断增加的，发生在多个行业领域内——天文学、数学、哲学、艺术实践和组织、司法管辖权和法律、修辞学和重商主义的生活等——的变化，而这些至少导致了某些 15 世纪晚期的欧洲人通过一种强调物质空间一致性的方式来表现他们的世界（无论是主动的地图绘制者，还是被动的地图的使用者）。其他关于世界的图景已经消失了，这是一种完全错误的想法：T－O 地图依然存在，作为印刷商用于印刻的一种便利的形式，同时熟悉的圆形的“中世纪”世界地图依然作为呈现世界的各种局部或者各种细节的恰当的表现框架。当然，波特兰航海图，依然维持着作为最为准确的已知地图类型的地位，但陷入一种完全成功的技术保守主义的稳定状态，不过直到 16 世纪之前一直位于活跃贸易的中心[157]。从后见之明的角度，我们知道欧洲制图学的未来在其他地方：但是 15 世纪必然在当时人的眼中——至少在优秀的和有着良好地位的同时代人眼中——已经作为一个首要的繁荣时期出现，无论是地图类型还是地图的不同副本。

从一个欧洲范围的视角来看，地图已经开始出现于一系列不同的语境和环境中，为统治、诉讼和航海提供帮助。当然，从地域角度来看，图景依赖于你所在的地方：在英格兰、意大利北部和荷兰，地图已经变得非常常见，而在西班牙或法国南部则要少的多。这些区域差异，它们的原因，以及由于在日常实践和知识生活中对地图的知识和使用的限制因素，它们最终衰落背后的原因，将是后续各章讨论的主题。在这里，我们应当通过回顾中世纪晚期地图学的丰富而复杂的世界，从而得出如下结论，即其不断增长的能力似乎与一系列项目和社会需求相关，并与捕捉到人们一系列的想象力有关。

圣贝纳迪诺·达谢纳（Saint Bernardino da Siena）在一次布道期间，请求将世界地图挂

---

[153] Gautier Dalché, “De la liste a la carte,” 27，以及 Harvey, “Local and Regional Cartography,” 485 and fig. 20. 22。

[154] Delano-Smith and Kain, *English Maps*, 19.

[155] 关于游行，Delano-Smith and Kain, *English Maps*, 20；这些作者将地图视为实用的。

[156] Gautier Dalché, “De la liste a la carte,” 28.

[157] 参见本卷的第七章。

在锡耶纳的市政厅中，同时他如此充满信心地认为他的听众知道这是什么，以及可以对其进行观察，至少在大致的轮廓方面[158]。这一不经意的对于世界形状的求助，显示出了一种感
知，而这种感知深切地体现了地图的冲击。地图绘制采用的形式将一直高度多元化（同时 52
按照现代的标准可能是特质的），在未来还会持续一段时间，直至在空间的几何表示方法获得胜利之后才开始衰落。但是视觉上的丰富性，以及在一个精神宇宙中容纳多种呈现空间的方法的能力，从 12 世纪至 15 世纪以一种现在依然无法完全理解的方式共同延续着。远远不是一个已经一致化的事业，在中世纪晚期和文艺复兴早期，地图绘制和地图的用途显示出其自身丰富和无序的发展，因为其还未被修剪为 17 世纪地图学纯粹的数学的形态。

---

[158] Kupfer, "Lost Wheel Map," 288.

文艺复兴时期的地图学史：解释性论文

地图与文艺复兴时期的文化

· 宇宙志和天体制图

第三章　文艺复兴时期的宇宙志图像，1450—1650 年*

丹尼斯 · E. 科斯格罗夫（Denis E. Cosgrove）

作为文艺复兴时期课题的宇宙志

图形图像是将一种希腊哲学家称作“世界（*Kosmõ*）”的由天和大地构成的有序创造物 55
的思想可视化的强有力工具[①]。在文艺复兴时期，图像在重新描绘中世纪的自然哲学方面发挥了重要作用。文艺复兴时期的宇宙志可以被认为是一种“模式”，或者是决定了呈现实践的一套历史上特定的社会和技术关系[②]。围绕一种正在发展的对地球、天体和呈现空间的理解，与文艺复兴时期的宇宙志相关的社会和技术关系汇聚为绝对的和有能力的知识技巧[③]。借鉴了中世纪的先例，在 1450—1650 年间探索这种理解和技巧的实践有了很大的发展。

公元 1 世纪的庞波尼乌斯 · 梅拉关于世界地理的著作，《宇宙志；或对世界的描述》（*Cosmographia*；*sive*，*De situ orbis*），1471 年在米兰印刷，将宇宙志介绍给了西方学术界[④]。当雅各布 · 安格利在 1406 年将克劳迪乌斯 · 托勒密的*Γεωγραφιχὴ ὑφήγησις*（《地理学指南》）翻译为拉丁语的时候，选择《宇宙志》（*Cosmographia*）作为书名，即使不是很清晰，但确保了术语的含义[⑤]。安格利的选择是合理的：托勒密的文本解释了亚里士多德的（Aristotelian）宇宙——包括可生灭变化的元素世界（*mundus*），以及永恒不变的天空中的天堂（*caelo*）——在数学上是协调的。安格利还回应了托勒密对地理学的定义：包括对地球表面上陆地、海洋和地点的描述，以及对上述内容用数学方式绘制地图。15 世纪的人文主义者详细阐述和传播了

* 本章使用的缩写包括：Adler 表示 the Adler Planetarium & Astronomy Museum，Webster Institute for the History of Astronomy Astronomy，Chicago；Beinecke 表示 the Beinecke Rare Book and Manuscript Library，Yale University，New Haven；MnU 代表 Special Collections and Rare Books，Wilson Library，University of Minnesota，Minneapolis。

① 对“世界（Kosmoō）”的起源及其含义的讨论，参见 M. R. Wright，*Cosmology in Antiquity*（London：Routledge，1995）。柏拉图（Plato）的《蒂迈欧》（*Timaeus*）代表了对古希腊“宇宙（cosmos）”起源最充分的叙述。

② Matthew H. Edney，“Cartography without ‘Progress’：Reinterpreting the Nature and Historical Development of Mapmaking，” *Cartographica* 30，nos. 2 and 3（1993）：54 – 68，和 David Turnbull，“Cartography and Science in Early Modern Europe：Mapping the Construction of Knowledge Spaces，” *Imago Mundi* 48（1996）：5 – 24。

③ W. P. D. Wightman，“Science and the Renaissance，” *History of Science* 3（1964）：1 – 19.

④ 这一文本最早带有图示的出版物是 Erhard Ratdolt 于 1482 年在威尼斯印刷的，其中带有一幅木版的世界地图。

⑤ 关于意大利学术圈中“宇宙志（cosmography）”一词含义的复杂发展，参见 Marica Milanesi，“Geography and Cosmography in Italy from XV to XVII Century，” *Memorie della Societa Astronomica Italiana* 65（1994）：443 – 68。

雅各布·安格利对宇宙志进行重新定位的著作。但是他对地理地图绘制和宇宙志在语言上的融合导致了文艺复兴宇宙志中的一种持续不断的紧张，尤其是在其图像呈现方面⑥。

如果托勒密的《地理学指南》因而作为文艺复兴时期宇宙志故事的开端的话，那么伊萨克·牛顿（Isaac Newton）的《自然哲学的数学原理》（*Philosophiae naturalis principia mathematica*，1687）则代表了故事的终结，因为其最终消解了托勒密《天文学大成》中描述的宇宙系统⑦。在此期间，宇宙志成为人文主义者和经院哲学家、航海者和海图绘制者、
56 画家和建筑师、王公和商人的问题。在一个艺术与科学之间的现代差异产生之前的时代，其作为一个探询和推测的领域而繁荣，同时在其中，图像形象获得了更大的社会存在：技术上通过印刷，意识形态上则通过对宗教传统旧习的打破⑧。今天正在软化的学科界限可能鼓励对文艺复兴宇宙志的成就和失败抱有一种同情的理解。

变化的宇宙志的定义、含义和用法

在他 1570 年的《欧几里得〈几何原本〉作的数学序言》（*Mathematicall Praeface to the Elements of Geometrie of Euclid*）中，英国人约翰·迪伊（John Dee）将宇宙志定义为“对于天空以及世界元素部分的完整和完美的描述，并且它们的和谐应用以及相互对照是必要的”，而该书正撰写于宇宙志之星位于其顶点的时候。其“天空和大地被放置在一个框架中，并且有着恰当的对应”⑨。“和谐应用”，或星体和元素天球（Elemental Spheres）之间形

---

⑥ Milanesi, “Geography and Cosmography”; Antoine De Smet, “Les géographes de la Renaissance et la cosmographie,” in *L'univers à la Renaissance: Microcosme et macrocosme* (Brussels: Presses Universitaires de Bruxelles; Paris: Presses Universitaires de France 1970), 13 – 29; Frank Lestringant, “The Crisis of Cosmography at the End of the Renaissance,” in *Humanism in Crisis: The Decline of the French Renaissance*, ed. Philippe Desan (Ann Arbor: University of Michigan Press, 1991), 153 – 79; idem, *Mapping the Renaissance World: The Geographical Imagination in the Age of Discovery*, trans. David Fausett (Cambridge: Polity; Berkeley: University of California Press, 1994); Jean-Marc Besse, *Les grandeurs de la terre: Aspects du savoir géographique à la Renaissance* (Lyons: ENS, 2003), 33 – 63; Francesca Fiorani, *The Marvel of Maps: Art, Cartography and Politics in Renaissance Italy* (New Haven: Yale University Press, 2005).

⑦ 托勒密《天文学大成》中对于宇宙哲学的讨论非常有限，局限于在第一章中提供地球静止的原因。然而，托勒密的《行星假说》（*Planetary Hypotheses*）对中世纪和文艺复兴宇宙科学更大的影响在于其对行星之间距离的讨论。对宇宙志著作和绘图背后的宇宙志思想的全面讨论，参见 Edward Grant, *Planets, Stars, and Orbs: The Medieval Cosmos, 1200 – 1687* (Cambridge: Cambridge University Press, 1994)。呈现的层级组织方式——宇宙志、地理学和地方地理学——是由彼得·阿皮亚创始的一个 16 世纪的思想，同时仅仅是松散的基于大量托勒密的著作之上。参见 Peter van der Krogt, *Globi Neerlandici: The Production of Globes in the Low Countries* (Utrecht: HES, 1993), 33 – 35，和 Monique Pelletier, “Les géographes et l'histoire, de la Renaissance au siècles des Lumières,” in *Apologie pour la géographie: Mélanges offerts à Alice Saunier-Seïté*, ed. Jean-Robert Pitte (Paris: Société de Géographie, 1997), 145 – 56 中的评论。

⑧ 对于这点的讨论，参见 Wightman, “Science and the Renaissance”。Grant 讨论了自然哲学或宇宙哲学与天文学在作用方面的差异，宣称这种差异持续于整个文艺复兴时期。Grant 认为，宇宙哲学试图“描述天体的性质及其各种运动的原因……解释天体的性质，也就是，确定其是否是永恒不变和不可分割的；在其全部范围内是否同样完美，或者存在差异；其特征是否与陆地区域中的事物相似；是什么导致了它的运动，等等”（Grant, *Planets*, 37）。作为对比，天文学关注预测和确定行星与恒星的位置，其首要的工具是几何学和数学。宇宙志学家极少熟悉技术天文学，同时他们的责任包括将地球作为生灭变化的行星球体。关于 17 世纪早期伽利略的争论中，科学探究与艺术之间的密切关系，参见 Eileen Reeves, *Painting the Heavens: Art and Science in the Age of Galileo* (Princeton: Princeton University Press, 1997)。

⑨ John Dee, *The Mathematicall Praeface to the Elements of Geometrie of Euclid of Megara* (1570), intro. Allen G. Debus (New York: Science History Publications, 1975), biii.

式和结构上的对应，确定了宇宙志学者的基本假设。天球和地球的统一体，是建立在它们主要圆周的一致性基础上的几何—数学论题（这就是迪伊将宇宙志包括在他的数学实践列表中的原因）。这一论题支撑了现代词典中对于宇宙志的定义，即“描述和绘制宇宙（包括天体和地球）的普遍特点的科学”。但是“宇宙志、地理学、地方地理学和地形学的含义，在作者之间是变化不定的：它们的变动甚至影响了受人尊崇的托勒密的文本。”[10] 因而，宇宙志的次要含义就是“对宇宙或地球的普遍特征的描述或再现”[11]。

在他对西方宇宙哲学传统的详细研究中，布拉格（Brague）将宇宙志定义为“绘制或描述（graphein）某一给定时刻世界的样貌，关于其结构、其可能划分为的层级、区域等。这一描述可能，实际上应当，考虑构成世界的各种元素之间静态或动态的关系：距离、比例等，以及影响、反应等。其意味着试图揭示掌控着那些关系的规则。因而，它是一种广义的地理学，即抛开语源学，其不仅关注地球，而且关注所有可见的宇宙”[12]。这两种用法出现在了彼得·阿皮亚的《宇宙志》（*Cosmographicus Liber*）中，在该书中，宇宙志指的是对通过球形投影建立关系的宇宙和地球的数学描述，同时涉及构成尘世（sublunary sphere，月下世界）的四种元素。

但是宇宙志同样具体处理通过经纬线按照数学方式理解的地球——文艺复兴早期地图学方面的重要创新——由此允许在一个球形地球上精确地确定位置。阿皮亚的木刻版的宇宙志图示（图 3.1）中展示了差异：左侧的图像显示了由一个脱离实体的眼睛看到的地球和宇宙，显示出各种圆周的投影；右侧的图像显示了一个自立的地球仪，其陆地和海洋的地理情况被包括在一个宇宙志的圆周和子午线的网格中。宇宙志的次要含义在印刷世界地图（有时也包括地区一览图）的通用名称“宇宙志”中展现得很明显，这表明它们是根据数学原理构造的。在本章中，我主要集中于宇宙志主要含义的呈现，但是偶尔会提到清晰展现了数学地理学的世界地图[13]。

宇宙志的方法将对于天空和地球的异体同形的量化展示与描述结合了起来，使用了数学准确的地图和文本叙述。浑天仪或世界系统的图示在几何方面的优雅，掩盖了已经被长期认识到的在实证方面存在的缺陷，例如天体自转的偏心率以及土和水的不平衡分布[14]。这种紊 57

[10] Fiorani, *Marvel of Maps*, 98. 我在这里的讨论主要参考了 Fiorani 的著作。

[11] 现在的定义来源于 *Oxford English Dictionary*, 2d ed. , 20 vols.（Oxford: Clarendon, 1989）。

[12] Rémi Brague, *The Wisdom of the World: The Human Experience of the Universe in Western Thought*, trans. Teresa Lavender Fagan（Chicago: University of Chicago Press, 2003）, 3.

[13] Fiorani, *Marvel of Maps*, 100:“阿皮亚的定义在 16 世纪末依然十分流行，同时如塞巴斯蒂亚诺·明斯特、贾科莫·加斯塔尔迪、吉罗拉莫·鲁谢利（Girolamo Ruscelli）和伊尼亚齐奥·丹蒂（EgnazioDanti）等作家和地图绘制者几乎对它们是逐字逐句的采用。”

[14] Grant, *Planets*, appendix I, “Catalogue of Questions on Medieval Cosmology 1200 - 1687,” 681 - 741, 列出了 5 个世纪中 52 位作者撰写的 67 篇论文中提出的 400 个这类的问题，他将这些作者中的 23 位归入文艺复兴时期。按照涵盖的领域，这些问题被归入 4 组：作为一个整体的世界、天体领域、天体和地球领域，以及地球或月下领域。它们被进一步分组为 19 个主题。问题的风格如下，并从每组中挑选出一个问题：“是否存在永恒的运动”“星体是否对月下世界产生影响”“火是否存在于月球附近”，以及“山的产生如何能与地球的球体形状相协调?”关于土和水的不规则分布这一特定问题，参见 Grant, *Planets*, 630 - 37。

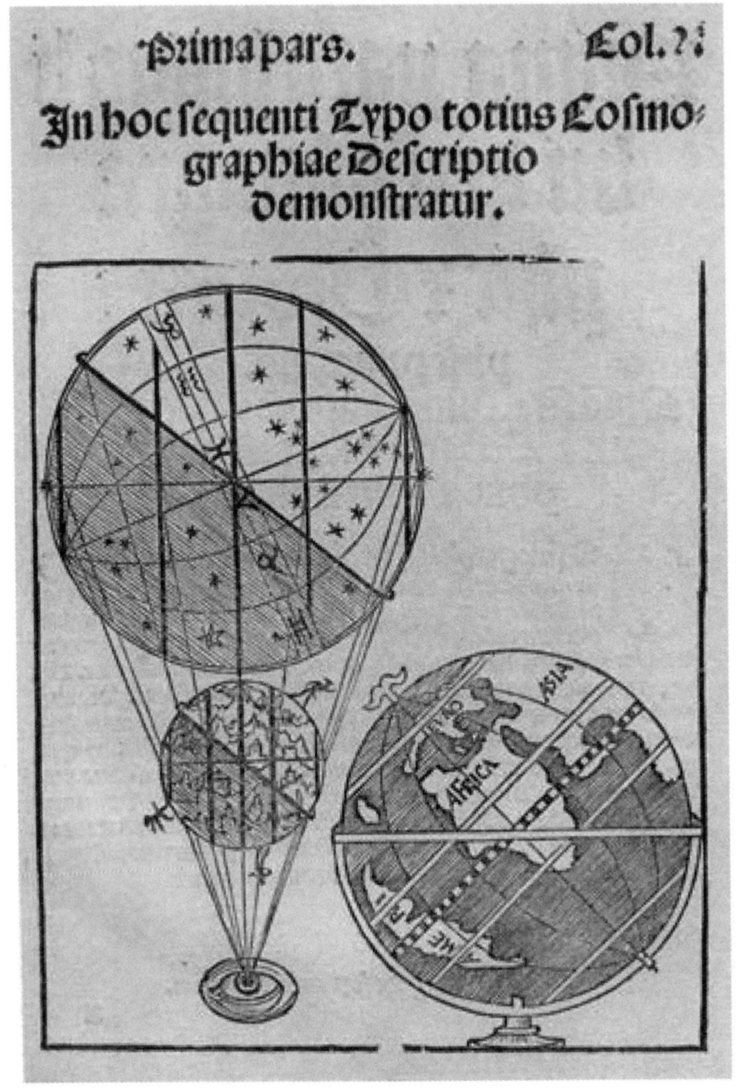

图 3.1 彼得·阿皮亚的《宇宙志》

原图尺寸：约 20.3 × 15.2 厘米。Peter Aprian, Cosmographicus Liber (Landshut, 1524), fol. 2. 由 MnU 提供照片。

乱依然是学术争论的主题，且被附加在自然哲学的图示中进行了展示[15]。随着远洋航海、天体观测和标准数据的流行，宇宙志的实证内容增加了，简单的标志符号的不足之处越来越明显。15 世纪的人文主义者对自然哲学的“根据自然规律解释自然现象而无须求助于神学论

---

⑮ 例如，来自 Albert Magnus, *Demeteoris*（Venice, 1494 – 95; Venice, 1498）印刷本的图示，显示了带有黄道和各种圆周的元素天球，使用了用来表示土、水、气和火的常用符号。这些符号也有着传统的颜色编码，很多文艺复兴时期的思想家如莱昂·巴蒂斯塔·阿尔贝蒂、列奥纳多·达芬奇和吉罗拉莫·卡达诺（Girolamo Cardano）对此进行过讨论。火是红色或者金黄色的，气是白色或蓝灰色的，水是绿色的，土是黑色或淡灰色的。图像的差异在于将土球放置在水球中的位置。1494—1495 年（威尼斯）的版本，偏心的位置，是关于协调陆地和海洋非对称分布与理论上简化的同中心的元素天球这一微妙问题的一种答案。1498 年（威尼斯）的版本中显示了同中心的配置。两个传统，即将天球绘制为偏心的和同中心的，在 15 世纪和 16 世纪中，在展示以地球为中心的宇宙时再次出现。

点的权利”的学术辩护提出质疑，模糊了分别作为物质世界和天外世界的独特认识论的理性与信仰之间的界限⑯。当“哲学论证日益被用来证实宗教教义，尤其是灵魂不朽”时，宇宙志在一个改革时代开始参与了神学争论⑰。迪伊的著作撰写于对于某种期待不断增长的时代，这一期待即是在世界机器装饰的统一性和不可思议的细节中对世界机器的清晰形象以经验性的论证和描绘，而航海使得那些不可思议的细节对于欧洲人而言变得越来越明显⑱。对于描述和展示、信仰和理性、权威和经验、统一性与多样性的多种多样的需求，在欧洲近代早期对宇宙志提出了挑战，并且最终将其边缘化为一种值得尊敬的工作，并使其被截然不同的地理学和天文学取代。然而，在 17 世纪，宇宙志的单一创世和一个神谕的原则大部分存留在了装饰性的地球仪和地图中的修辞学方法（*dispositio*）上，存留在虔诚的出版物和浮雕装饰中，以及在艺术和富有想象力的文学作品中⑲。理解文艺复兴时期宇宙志的哲学、社会和技术关系，有助于我们抓住这些正在变化的呈现习惯。 58

神学与哲学的关系

通过建立在天文和地球几何学“相互校勘”基础上的经纬度坐标，提升了描述的准确性，与此同时，托勒密的文本将世界地图引入了围绕亚里士多德自然哲学展开的哲学争论的领域中，自然哲学是亚里士多德著作预设的“核心要点”。⑳《地理学指南》受到的欢迎同样必须被放置在希腊学术在拉丁西方世界复兴的语境中，这种复兴是 1453 年之后由佛罗伦萨议会（Council of Florence）和拜占庭（Byzantine）的学者，以及 1492 年之后犹太人（Hebrew）知识从西班牙扩散的背景所引发的。《地理学指南》在这种人文主义学者的圈子中建立了一个 15 世纪中期的受众群，例如在纽伦堡（Nuremberg）的乔治·冯波伊尔巴赫（Georg von Peuerbach）或佛罗伦萨的莱昂·巴蒂斯塔·阿尔贝蒂和马尔西利奥·菲奇诺（Marsilio Ficino）。在那里，经院哲学的亚里士多德主义和托马斯·阿基纳（Thomas Aquinas）的信仰与理性的双重性屈服于如下需求，即自然主义哲学要与基督教教义保持一致，以及古典修辞学改变了通俗拉丁语和贫瘠的逻辑学。自大约 1200 年之后在欧洲可以见到亚里士多德的《物理学》（*Physics*）、《论天》（*On the Heavens*）、《论生灭》（*On Generation*

---

⑯ Jill Kraye, “The Philosophy of the Italian Renaissance,” in *Routledge History of Renaissance Philosophy*, vol. 4, *The Renaissance and Seventeenth-Century Rationalism*, ed. G. H. R. Parkinson (London: Routledge, 1993), 16 - 69, esp. 16.

⑰ Kraye, “Philosophy of the Italian Renaissance,” 37.

⑱ Stephen Greenblatt, *Marvelous Possessions*: *The Wonder of the New World* (Oxford: Clarendon, 1991).

⑲ 在古典修辞学中，“修辞学方法（*dispositio*）”是一种论据的结构和组合方式。关于人文主义和文艺复兴著作中修辞学的含义和重要性，参见 Brian Vickers, “Rhetoric and Poetics,” in *The Cambridge History of Renaissance Philosophy*, ed. Charles B. Schmitt et al. (Cambridge: Cambridge University Press, 1988), 715 - 45。朱塞佩·罗塞西奥，一位 16 世纪晚期的地图绘制者和大众宇宙志著作的撰写者，建立了宇宙志与修辞学记忆法（*arsmemoria*）之间的明确联系：“关于这一最为高贵的学科的知识以及研究，赋予每名男子就像阅读一本书那样，根据记忆讲述关于地球的全部知识的能力。” Giuseppe Rosaccio, *Il mondo e sue parti cioe Europa*, *Affrica*, *Asia*, *et America* (Verona: Francesco dalle Donne and Scipione Vargano, 1596), preface. 对罗塞西奥更为详细的讨论，参见注释 88。在记忆法和宇宙志中对于舞台隐喻的普遍使用，参见 Ann Blair 在 *The Theater of Nature*: *Jean Bodin and Renaissance Science* (Princeton: Princeton University Press, 1997), 153 - 79 中的讨论，尽管她并没有提出宇宙志地图或地图集曾被用来帮助记忆。

⑳ Norriss S. Hetherington, ed., *Encyclopedia of Cosmology*: *Historical*, *Philosophical*, *and Scientific Foundations of Modern Cosmology* (New York: Garland, 1993), 71.

and Corruption）和《气象学》（*Meteorology*），它们依然是宇宙哲学的基础文本。更为常见的是对这一文集的普及性注释，例如阿尔贝特·马格努斯的《关于天体》（*De caelo et mundo*）和最为重要的约翰尼斯·德萨克罗博斯科（Johannes de Sacrobosco）的《球体》（*Sphaera*），后者在1250年之后超过400年中成为教授自然哲学的主导教材。㉑ 与《物理学》一致，萨克罗博斯科描述了一个以地球为中心的填充着物质的世界机器：位于直线运动占据主导的月下世界（sublunar sphere）中的元素，以及位于以匀速圆周运动为特点的天体领域（celestial realms）的以太（ethereal）。亚里士多德提出的宇宙的永恒性质和他在《论灵魂》（*On the Soul*）中关于灵魂的实体和死亡的观点，长期以来就为基督徒提出了问题。对于这些，柏拉图的《蒂迈欧》提供了一种回应，而《蒂迈欧》已经在1463年至1484年之间由菲奇诺与其他柏拉图哲学的和新柏拉图学派（Neoplatonic）的文本一起进行了全文翻译。柏拉图的起源之说似乎与《创世记》（Genesis）相符，同时新柏拉图学派的灵魂通过天球上升与预言暗示的灵魂不死相一致㉒。柏拉图哲学（Platonism）在16世纪早期的新教徒（Protestant）和天主教改革者中变得流行，并且在前者中长期存在。在16世纪和17世纪，新教徒关注于通过信仰而得到救赎，其重点在于救赎的《圣经》方案的文本解读，以及强调被航海大发现所极大丰富的信仰，这种信仰就是上帝的意志在自然中显露出来，由此强化了宇宙哲学问题以及宇宙志的理论重要性。

对于亚里士多德宇宙学最为激进的挑战来自公元前1世纪的罗马诗人卢克莱提乌斯（Lucretius）。他的《论自然界》（*De rerum natura*）提出了一个由原子作为物质基本单位的宇宙，没有起源或终结，但是在形式上不断变化。对卢克莱提乌斯兴趣的复兴，自15世纪后期
59 之后就是显而易见的，例如，在美第奇宫廷中。其为后一个世纪的新斯多葛派（Neostoic）的

㉑ 关于在印刷时代萨克罗博斯科的重要性，参见 J. A. Bennett and Domenico Bertolani Meli, *Astronomy Books in the Whipple Museum*, 1478 – 1600 (Cambridge: Whipple Museum of the History of Science, 1994)。参见 Grant, *Planets*, 14 – 16，关于亚里士多德的《论天》(*De caelo*) 对于自然哲学的重要性。关于文艺复兴时期的自然哲学，参见 William A. Wallace, "Traditional Natural Philosophy," Alfonso Ingegno, "The New Philosophy of Nature," 和 Brian B. Copenhaver, "Astrology and Magic," in *The Cambridge History of Renaissance Philosophy*, ed. Charles B. Schmitt et al. (Cambridge: Cambridge University Press, 1988), 201 – 35 (esp. 225 – 31), 236 – 63, and 264 – 300, respectively; Kraye, "Philosophy of the Italian Renaissance"; Stuart Brown, "Renaissance Philosophy Outside Italy," in *Routledge History of Renaissance Philosophy*, vol. 4, *The Renaissance and Seventeenth – Century Rationalism*, ed. G. H. R. Parkinson (London: Routledge, 1993), 70 – 103；以及 Hetherington, *Encyclopedia* 中的各个条目。对于中世纪世界系统的经典研究，也即 Edward Grant 的作品的出发点，就是 Pierre Duhem, *Le système du monde: Histoire des doctrines cosmologiques de Platon à Copernic*, 10 vols. (Paris: A. Hermann, 1913 – 59)；其中 vol. 10 致力于15世纪和16世纪早期。也可以参见 Lynn Thorndike, *A History of Magic and Experimental Science*, 8 vols. (New York: Columbia University Press, 1934 – 58), esp. vols. 4 – 7，对于自然哲学家作品的引用。一些关键的文本被翻译和复制在了 Maria Boas Hall, ed., *Nature and Nature's Laws: Documents of the Scientific Revolution* (New York: Walker, 1970)。关于这里讨论的球体理论对这一时期球仪制造的影响，参见 Elly Dekker, "The Phenomena: An Introduction to Globes and Spheres," in *Globes at Greenwich: A Catalogue of the Globes and Armillary Spheres in the National Maritime Museum*, by Elly Dekker et al. (Oxford: Oxford University Press and the National Maritime Museum, 1999), 3 – 12, esp. 4 – 8。

㉒ 关于菲奇诺的著作和《秘文集》(*corpus hermeticum*) 的重要性，参见 Copenhaver, "Astrology and Magic," 280 ff。也可以参见 Thorndike, *History of Magic*, 4: 562 – 73; *Marsilio Ficino e ilritorno di Platone: Mostra di manoscritti stampe e documenti, 17 maggio – 16 giugno 1984, catalogo* (Florence: Le Lettere, 1984); Eugenio Garin, *Astrology in the Renaissance: The Zodiac of Life*, trans. Carolyn Jackson and June Allen (London: Routledge and Kegan Paul, 1976); Paul Oskar Kristeller, "Renaissance Platonism," in *Facets of the Renaissance*, ed. William H. Werkmeister (Los Angeles: University of Southern California Press, 1959), 87 – 107；以及 Frances Amelia Yates, *Giordano Bruno and the Hermetic Tradition* (London: Routledge and Kegan Paul, 1964)。

宇宙学提供了基础，与塞内卡（Seneca）的《自然问题》（*Quaestiones Naturales*）和西塞罗（Cicero）《论神性》（*De natura deorum*）的研究存在密切联系。新斯多葛派反对天球和元素天球之间存在差异，而用一种单一的、延续的，从地球延伸至最遥远星体的媒介取而代之。他们相信，在一个持续的稀释和凝缩的循环中，地球上的水上升到空气中，然后被天空中的火加热，然后凝结返回地表。他们将行星本身看作由炙热的以太（ether）构成的自我运行的智慧体㉓。在 17 世纪早期关于日心说的争论中，这些思想在伽利略的圈子中被接受，并且在奥特柳斯的《世界地图》（*Typus orbis terrarum*，1570）出版后的数十年中经常在世界地图上出现来自西塞罗和塞内卡的警句，这可能意味着在地图绘制者中对这一理论的支持。

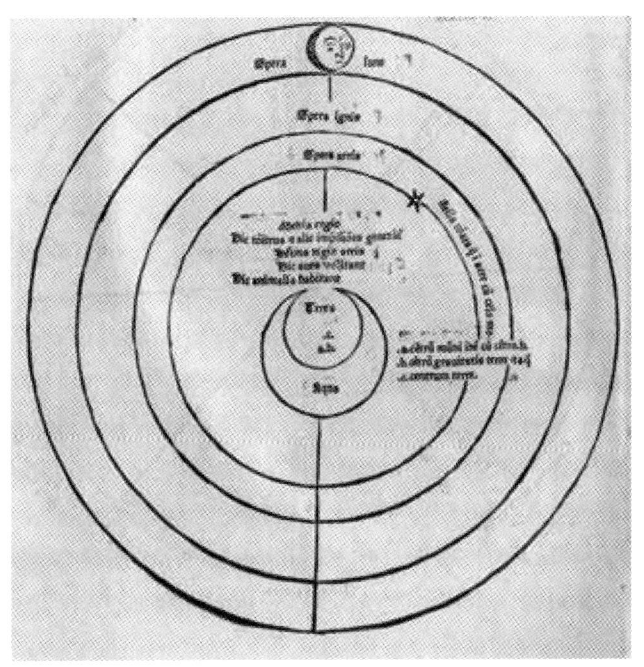

图 3.2 皮埃尔·德阿伊（PIERRE D'AILLY）的宇宙志地图

这一元素天球的图示（包括土元素球与水元素球的偏心关系），清楚地展示了早期印刷文本中宇宙志原则的模式。德阿伊的著作之所以著名，是因为哥伦布在他准备向西在大西洋中航行时曾参考过这一宇宙志著作

原图尺寸：约 23 × 23 厘米。Pierre d'Ailly, *Imago mundi et tractatus alii*（Louvain：Johann de Paderborn, 1483），5. 由 MnU 提供照片。

在行星尺度上以及在圆周运动中被观察到的不规则，会对亚里士多德—托勒密的宇宙提出进一步的质疑。哥白尼（Copernicus）重新构造的以地球为中心的激进图景，以及随之而来的对有着竞争性的世界系统的描述，产生了关于维护亚里士多德完美宇宙假说所需的天球的数量和位置的争论。在元素世界，水元素天球完全环绕着土元素天球，这一明显的错误，以及这两种元素不规则的分布同样被仔细思考。这里，同样，中世纪的反应倾向于偏心：土元素天球突出于水元素天球，由此提供了一种可能的解答，皮埃尔·德阿伊的《世界宝鉴》（*Imago*

㉓ Reeves, *Painting the Heavens*, 58 – 64.

Mundi）中对此进行了展示[24]，其中土元素天球被显示与水元素天球的圆周相切（图 3.2）。这一理论可以说明在 15 世纪的世界地图（*mappaemundi*）中展示的单一大陆的环形特征，这些世界地图包括安德烈亚斯·瓦尔施佩格（Andreas Walsperger）（1448）、乔瓦尼·莱亚尔多（Giovanni Leardo）（1452/53）和弗拉·毛罗（Fra Mauro）（1457/59）绘制的那些[25]。在瓦斯科·达伽马（Vasco da Gama）绕过好望角（Cape of Good Hope）的航行与费迪南德·麦哲伦（Ferdinand Magellan）的环球航行之间，对海洋的发现应当完全改变了这两种元素的已知分布，揭示了一个比亚里士多德理论化的或托勒密描述的更大的、更为充斥着水的，以及地理分布更为多样化的地球。作为应对措施，宇宙志处理了维持亚里士多德的元素平衡和对称的问题，同时绘制了一个日益不对称的地球。经纬网取代了大陆和海洋简单的几何图形，作为地球仪上和世界地图上秩序的标志。但是，坐标实证的不确定性使它们的呈现与科学具有等量齐观的修辞性，同时之前观念的阴影依然在如“墨瓦腊泥加（Magellanica）”等元素中留下一些痕迹，即在 17 世纪的地图上，巨大的南方大陆平衡了被扩展的北半球上陆地的规模[26]。

社会关系

宇宙志被嵌入了文艺复兴的社会世界中；按照迪伊的说法，其是“滋养大地、航海（*Nauigation*）、改变人的身体：生命、整体、疾病、创伤”的需要[27]。除了海航和医药学之外，对于社会秩序而言，宇宙志也是至关重要的：在空间中定位现象与在时间中定位事件。

在伊比利亚半岛（Iberia），宇宙志在航海中的价值是首要的，同时宇宙志学者有着不同
60 的社会和国家背景。应用数学知识对于在大西洋中的航行是至关重要的[28]。在整个 16 世纪，宇宙志学者绘制了路线、训练航海员并且更新扩展的海图，因为他们成为“与航海和探险有关的绝大多数新知识的管理者”[29]。塞维利亚贸易署的宇宙志学者中包括地图绘制者，如迪奥戈·里贝罗（Diogo Ribeiro），以及宇宙志文本的撰写者：例如阿隆索·德圣克鲁斯的《西班牙查理一世的宇宙学者阿隆索·德圣克鲁斯，世界上所有岛屿的岛屿之书》（Islario general de todas las islas del mundo por Alonso de Santa Cruz, cosmographo mayor de Carlos I de

㉔ René Faille and Pierre-Jean Mairesse, *Pierre d'Ailly et l'image du monde au XVe siècles*（Cambrai：La Médiatheque Municipale, 1992）. Rodney W. Shirley, *The Mapping of the World*：*Early Printed World Maps*, 1472 – 1700, 4th ed.（Riverside, Conn.：Early World, 2001）, 11（No. 12）中复制了德阿伊的世界地图。

㉕ 瓦尔施佩格的 1448 年地图收藏于 Vatican City, Biblioteca Apostolica Vaticana（Pal. Lat. 1362B）；参见复制件 *Weltkarte des Andreas Walsperger*（Zurich：Belser AG, 1981）。莱亚尔多的地图是 American Geographical Society 的藏品；参见 John Kirtland Wright, *The Leardo Map of the World*, 1452 *or* 1453, *in the Collections of the American Geographical Society*（New York：American Geographical Society, 1928）。关于弗拉·毛罗地图，参见注释 50。

㉖ 地球在地理上是对称的，关于这种持续存在的渴望，参见 Kirsten A. Seaver, “Norumbega and *Harmonia Mundi* in Sixteenth-Century Cartography,” *Imago Mundi* 50（1998）：34 – 58。

㉗ Dee, *Mathematicall Praeface*, biii.

㉘ Luís de Albuquerque, “Portuguese Navigation：Its Historical Development,” in *Circa* 1491：*Art in the Age of Exploration*, ed. Jay A. Levenson（Washington, D. C.：National Gallery of Art, 1991）, 35 – 39, esp. 38.

㉙ Pedro de Medina, *A Navigator's Universe*：*The Libro de Cosmographía of* 1538, trans. and intro. Ursula Lamb（Chicago：Published for the Newberry Library by the University of Chicago Press, 1972）, 12.

España）（1542）或佩德罗·德梅迪纳的《航海的艺术》（*Arte de nauegar*，1545）[30]。葡萄牙宇宙志学者包括地图绘制者迪奥戈·奥梅姆和老巴托洛梅乌，以及《埃斯梅拉尔多的对世界的描述》（“Esmeraldo de situ orbis”）（1505—1508）的作者杜阿尔特·帕切科·佩雷拉（Duarte Pacheco Pereira）[31]。宇宙志地图集较早的范例就是《加泰罗尼亚地图集》（*Catalan atlas*，1375）[32]。当法兰西和英格兰加入海洋竞争的时候，航海者以及海图和仪器制造者，如纪尧姆·勒泰斯蒂和约翰·迪伊自己将宇宙志提升作为一种帝国的科学。

盖伦派医学（Galenic medicine）强调天体对于作为微观宇宙的人体的重要影响，人体的微观宇宙受到由火和气构成的月下世界的调节；因而，配有潮汐和历法图表的、用于放血的人体形象，被放置在了《加泰罗尼亚地图集》的第一页。在意大利和德意志，对亚里士多德的研究是医学实践的预备教育，因此很多宇宙志学者作为内科医生受到训练或者进行实践，他们中有吉罗拉莫·弗拉卡斯托罗（Girolamo Fracastoro）、奥龙斯·菲内（Oronce Fine）和塞巴斯蒂亚诺·明斯特。位于帕多瓦（Padua）和莱顿（Leiden）的解剖学剧场（Anatomy Theaters）被设计为宇宙地图；在分层的按照同心圆组织的多层观察空间的中心对尸体进行展示，这是一种对其微观宇宙特性的建筑学上的表达[33]。在文本和图像中，凯撒·卡萨里诺（Caesare Caesariano）和医生让·博丁（Jean Bodin）、罗伯特·弗拉德（Robert Fludd）按照气候带和星座的位置，使用宇宙志来绘制整个国家的健康地图[34]。

在欧洲宫廷中，一名王子的健康体现了王国的情况，而在那里，宇宙志学者如塞巴斯蒂亚诺·莱安德罗（Sebastiano Leandro）、奥龙斯·菲内、贾科莫·加斯塔尔迪、安德烈·泰韦和伊尼亚齐奥·丹蒂描述和绘制了一个正在变化的世界，并且搜集、排序和试图将从地球另一端汇集的新事实与已经接受的假设进行协调。他们构建和操作历表和星历表的技巧使得他们可以

㉚ Ursula Lamb, *Cosmographers and Pilots of the Spanish Maritime Empire*（Aldershot：Variorum，1995），和 Manuel García Miranda, *La contribution de l'Espagne au progrès de la cosmographie et de ses techniques*, 1508－1624（Paris：Université de Paris，1964）。西班牙作品最为丰富的宇宙志学者就是阿隆索·德圣克鲁斯和佩德罗·德梅迪纳。圣克鲁斯，在他完成于1536年的“全史（Historia universal）”以及在“岛屿之书”中定义了由三个部分组成的层级结构，这三个部分即是宇宙志、地理学和地方地理学。参见 Mariano Cuesta Domingo, *Alonso de Santa Cruz y su obra cosmográfica*, 2 vols.（Madrid：Consejo Superior de Investgaciones Cientificos，Instituto“Gonzalo Fernández de Oviedo，”1983－84），和 Alonso de Santa Cruz, *Islario general de todas las islas del mundo*, 2 vols.，ed. Antonio Blázquez y Delgado-Aguilera（Madrid：Imprenta del Patronato de Huérfanos de Intendencia é Intervención Militares，1918）。也可以参见本卷的第40章。

㉛ 关于帕切科·佩雷拉的“埃斯梅拉尔多的对世界的描述”和葡萄牙语的更为通论性质的著作，参见 Joaquim Barradas de Carvalho, *A la recherche de la spécificité de la renaissance portugaise*, 2 vols.（Paris：Fondation Calouste Gulbenkian，Centre Culturel Portugais，1983），以及 Armando Cortesao and A. Teixeira da Mota, *Portugaliae monumenta cartographica*, 6 vols.（Lisbon，1960）；由 Alfredo Pinheiro Marques，Lisbon：Imprensa Nacional-Casa de Moeda，1987增补、重印并且加入了一篇导言。

㉜ Abraham Cresques, *El Atlas Catalan*（Barcelona：Diáfora，1975）.

㉝ Giovanna Ferrari，“Public Anatomy Lessons and the Carnival：The Anatomy Theatre of Bologna，”*Past and Present* 117（1987）：50－106；Jan C. C. Rupp，“Matters of Life and Death：The Social and Cultural Conditions of the Rise of Anatomical Theatres，with Special Reference to Seventeenth Century Holland，”*History of Science* 28（1990）：263－87. Vesalius 的 *De humani corporis fabrica*（1543）的书名页展示了这种组织方式。也可以参见 Denis E. Cosgrove, *The Palladian Landscape：Geographical Change and Its Cultural Representations in Sixteenth-Century Italy*（University Park：Pennsylvania State University Press，1993），232－35。

㉞ 将气候带与国家健康联系起来的凯撒·卡萨里诺的图示，出现在他用意大利语翻译的 Vitruvius Pollio, *De architectura libri dece*, trans. Caesare Caesariano（Como：G. da Ponte，1521）中。卡萨里诺的浑天仪和世界机器的图示基于萨克罗博斯科的文本，同时著作中还包括两幅广泛复制的作为微观宇宙的男性身体的地图。

计算耶稣诞辰（*nativities*）以及预言合点（*conjunctions*）、日月食和彗星㉟。这种表格长期以来对于那些不固定的节庆，如复活节（Easter）的复杂计算以及期待已久的最终在 1582 年成为现实的历法改革是至关重要的㊱。更为本地化的是，宇宙志学者将《地理学指南》的原则应用于绘制国家和省份的地图，由此将地方志与绘制全球地图联系起来㊲，如同伊尼亚齐奥·丹蒂在佛罗伦萨和罗马的宇宙志家具，或安东尼奥·坎皮在他 1583 年的克雷莫纳地图中使用的阿
61 皮亚的宇宙志图表所展现的。在德意志南部的人文主义者中，宇宙志在地区意识和民族意识中发挥了重要作用。如阿尔布雷克特·阿尔特多费（Albrecht Altdorfer）、扬·范艾克（Jan van Eyck）和阿希姆·帕蒂尼尔（Joachim Patinir）等艺术家发展的小型的风景镶嵌板，被描述为宇宙志，并且被认为对于描述宇宙而言，与文本相比是一种更为适当的形式。阿尔布雷克特·丢勒宣称“大地和水域，以及星辰的度量，已经可以开始通过绘画来理解”㊳。

技术关系

印刷术对于文艺复兴时期的宇宙志有着重要影响。其使得如《地理学指南》等古代文本以及更多的同时代的著作，如阿尔贝特·马格努斯的《关于天体》或德阿伊的《世界宝鉴》（*Imago mundi*），以及最为首要的萨克罗博斯科的《球体》（*Sphaera*），更容易被获得。由于容易按照一致的形式进行复制，因此这些文本可以更为容易地被评论和更新。天球和地球之间的几何学关系可以用图像展示，以及可以选择之前只是以木版图示形式传播和比较的关于数量和旋转的假说（图 3.3）。印刷文本同样可以延长那些过时的呈现的寿命㊴。随着马丁·瓦尔德泽米勒在 1507 年介绍了显示了 360°的经度和 180°的纬度、附带了有着宇宙志文本的地球仪贴面条带（globe gores），宇宙志的第二个含义，即作为对整个地球的一种描述，得到了强化㊵。在书写的宇宙志的数学的和描述的部分之外，又增加了第三个部分：印刷的世界地图。

印刷的托勒密的《星表》（tabulae）或雷吉奥蒙塔努斯（Regiomontanus）的星历表不仅仅保证了复制品之间数字数据的一致，使得学者不需要自己去对它们进行重新计算，而且其还在数量上有所保障。这对于绘制文艺复兴时期以来，在欧洲大量涌现的关于地球和星体现象的信

㉟ 关于作为文艺复兴时期欧洲宫廷经济中的文化资本的自然哲学和科学，参见 Lisa Jardine, *Worldly Goods: A New History of the Renaissance* (New York: Nan A. Talese, 1996), 333 –76, 395 –406。也可以参见 David Buisseret, ed., *Monarchs, Ministers, and Maps: The Emergence of Cartography as a Tool of Government in Early Modern Europe* (Chicago: University of Chicago Press, 1992), 和 James R. Akerman, ed., *Cartography and Statecraft: Studies in Governmental Mapmaking in Modern Europe and Its Colonies*, Monograph 52, *Cartographica* 35, nos. 3 and 4 (1998)。

㊱ Evelyn Edson, "World Maps and Easter Tables: Medieval Maps in Context," *Imago Mundi* 48 (1996): 25 –42.

㊲ 在 William Cuningham, *The Cosmographical Glasse, Conteinyng the Pleasant Principles of Cosmographie, Geographie, Hydrographie or Nauigation* (London: IoanDaij, 1559), A. iiij 的前言中，Cuningham 宣称，这一作用仅次于宇宙志学者在战争期间和防卫领土时所体现的价值，按照他所说的，亚历山大大帝（Alexander the Great）认识到，正在“习惯于通过派出他的宇宙志学者来绘制领土的地图”。

㊳ 被引用在 Christopher S. Wood, *Albrecht Altdorfer and the Origins of Landscape* (Chicago: University of Chicago Press, 1993), 46。

㊴ Elizabeth L. Eisenstein, *The Printing Press as an Agent of Change: Communications and Cultural Transformations in Early-Modern Europe*, 2 vols. (Cambridge: Cambridge University Press, 1979), 2: 510.

㊵ Shirley, *Mapping of the World*, 28 –31 (nos. 26 and 27).

62

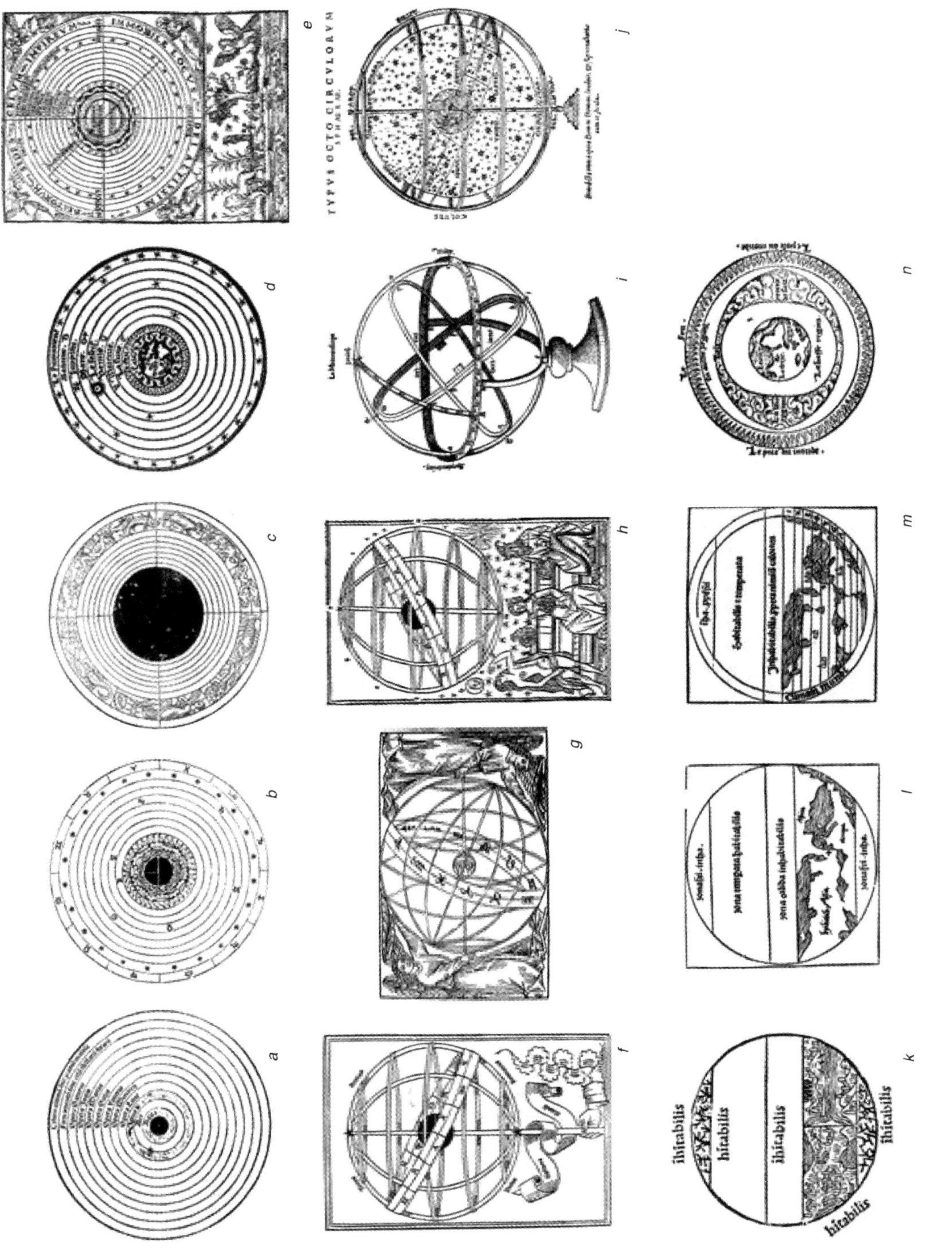

图 3.3　来源于萨克罗博斯科的《论世界之球体》（*SPHAERA MUNDI*）的三种基本的宇宙志地图。左边三列是来自萨克罗博斯科文本的摇篮本的木版图示；第四栏包含有三幅来自奥龙斯·菲内的《天堂的理论》（*La theorique des cielz*，1528）的图示，第五栏是来自巴泰勒米·德沙森纽兹（Barthélemy de Chasseneuz）的《荣耀世界的目录》（*Catalogus gloriae mundi*，1576）的宇宙图示，以及来自乔瓦尼·保罗·加卢奇（Giovanni Paolo Gallucci）的《世界的剧场》（*Theatrum mundi*，1588）的一架浑天仪的图示，由此展示了对基本图示可以进行何种程度的阐释

第一行：亚里士多德的四元素、七大行星、恒星以及原动天（*primum mobile*）的宇宙。差异在于对环绕在位于中心的用 63
黑色油墨表示的地球周围的元素空间的呈现上。在 *a* 中，它们被赋予了名称，在 *b* 中出现了传统的符号和分成三部分的地球，

在 c 中没有对它们进行区分。菲内的由水陆构成的球体（*d*）说明了地图学对陆地和海洋分布的呈现，而这在沙森纽兹（*e*）中被地球的一幅地带图取代。行星天球或者有着名字，或者用它们通常的天文学符号进行表示。第九重天通常显示了十二宫的符号。菲内用一个环绕恒星的双实线封闭了他的宇宙；同时，通过增加第九层，即在恒星与原动天之间的水晶天球，以及在最外侧增加固定的“仙境（*emperium*）”，沙森纽兹提供了一个可以囊括最大层数的亚里士多德的宇宙。彼得·阿皮亚的有影响力的宇宙地图同样延伸到了十层，但是他让第十层的最外层的边界是开放的。沙森纽兹将其封闭，并且将图像水平地分为元素领域和天体领域，同时附带有表现了被创造的世界的图景，图景中展现了富饶的地理景观，同时环绕着宇宙的四位天使标志了天体之外的世界。

第二行：萨克罗博斯科的浑天仪图示，就它们的内容而言是相对标准的，地球位于中心——可能绘制着由三部分构成的大陆（*f*）或可居住的世界（*g*）或没有划分（*h*）——五个大的环形（地平线、回归线和极圈）、分至圈（colures）、轴（在 *g* 中，不同寻常地显示了地轴和天轴）以及黄道带。在与运动有关的图像中存在明显的差异。在 *f* 中，上帝的一只手从未知的云彩（用代表气元素的传统符号表示）中伸了出来握住了“世界之球（*sphaera mundi*）”的轴；在 *g* 中，天使用手使得宇宙环绕其轴进行运动（但是，不常见的是，天使转动的是地球的轴，显然是对关于宇宙运动的亚里士多德法则的挑战），而在 *h* 中则是乌拉尼亚（Urania）的形象，一位坐着的“阿斯托诺米亚（Astronomia，译者注：即天文学）”控制着浑天仪和星盘，同时穿着类似于东方圣人的托勒密通过仪器和书籍检查着天球、太阳、月亮和星辰。这一基本图像被后来的宇宙志学者所详细阐释，例如在印刷本的德阿伊的文本中，以及最为著名的奥龙斯·菲内的文本中，在他的文本中，他用自己取代了托勒密（参见图 3.12）。菲内为他的“天体观察”使用了最为基本的浑天仪的图像，展示使用地球的经纬度来进行天文观察（*i*），而加卢奇为一幅根据观测绘制的准确星座地图使用了浑天仪（*j*）。

第三行：世界地图（*Mappaemundi*）。天球和元素天球之间异体同形的宇宙志的基本规律（一种地心说的可预言的结果），被通过后者相同元素的轴上的文字说明和前者中能看到的大圆所揭示。由此产生了被接受的五个温度带的图像（两个寒带，两个温带和一个热带）。只有温带被认为是适合居住的，而且只有北半球是已知有人居住的。萨克罗博斯科的图示（*k*, *l*, *m*）通过标记和指出北半球可居住带的已知有人居住的世界（*oikoumene*）展示了这点，具体方法或是通过一种可耕地、水体和城市的地理景观的景象，或者运用一幅粗糙的、绘制有三个大陆并用一个十字符号表示的耶路撒冷的托勒密的有人居住的世界（*oikoumene*）的地图；*m* 通过列举可居住带的七种气候对此进行了细化。菲内的 *n* 中的世界地图，处理元素天球的方式非常与众不同，通过一幅环形的绘制有被环航的非洲的世界地图（*mappamundi*）指明了水元素和土元素，同时通过一个传统的居于外层的呈环形的火圈标明了火带，但是通过将气分为三个区域，从而遵循了亚里士多德的气象学说，这三个区域即低、中和高，差异是由热和湿的相对混合造成的，因而决定了地带中出现的气候（参见图版 1）。

a, Johannes de Sacrobosco, *Sphaera mundi* (Venice: F. Renner, 1478); *b* 和 *f* (Venice: Erhard Ratdolt, 1482); *g*、*l* 和 *m* (Leipzig: Martin Landsberg, 1494); *c* 和 *k* (Paris: Johannes Higman for Wolfgang Hopyl, 1494); *h* (Paris: Henrici Stephani, 1507)。*d*、*i* 和 *n*, Oronce Fine, *La theorique des cielz* (Paris, 1528)。*e*, Barthélemy de Chasseneuz, *Catalogus gloriae mundi*... (Venice: Vincentij Valgrisij, 1576)。*j*, Giovanni Paolo Gallucci, *Theatrum mundi, et temporis*... (Venice: I. B. Somascum, 1588), 7。由 MnU (*a*); Harvey Cushing/John Hay Whitney Medical Library, Yale University, New Haven (*b* 和 *f*); Bancroft Library, University of California, Berkeley (*c*); BL (*d*、*i* 和 *n*) 提供照片；版权所有 Board of Trustees, National Gallery of Art, Washington, D. C. (*e*); University College London (UCL) Library Services, Special Collections (*g*、*h*、*l* 和 *m*); Adler (*j*); and Smithsonian Institution Libraries, Washington, D. C. (*k*)。

息以及将它们坐标化是至关重要的。在类似于哈特曼·舍德尔（Hartmann Schedel）的《编年史之书》（*Liber chronicarum*，1493）、塞巴斯蒂亚诺·明斯特的《宇宙志》（*Cosmography*，1544）或亚伯拉罕·奥特柳斯的《寰宇概观》（1570）的百科全书和地图集中展示的巨大和多样化的世界被新技术进行了如此众多的改变，由此"书写时代有墙的图书馆可以与由各代哲学家设想的封闭的宇宙联系起来"[41]。改进的对天空和地球的观察依赖于视觉和呈现技术方面发生的变化，尤其是自大约 1600 年之后。哥白尼的日心说（heliocentrism）已经成为传统形式的天文推论的一个结果，而不是新观察的结果。甚至第谷·布拉厄（Tycho Brahe）和约翰内斯·开普勒的更具有吸引力的观察也基于日常的仪器。伽利略使用新发明的望远镜，对亚里士多德的天体空间的完美性提出了激烈挑战，其揭示了月球上的褶皱、环绕木星运动的卫星以及太阳表面的黑子[42]。在元素天球上，宇宙志的一致性，被海员和学者接受和复述，"仍然是一种虔诚的愿望，只要波特兰航海图和世界地图继续平行和一致发展"[43]。托勒密的地图绘制了子午线和独立于天文测量的已居住的世界（*oikoumene*），从地理层面上挑战了天空和地球的一致性。晚期世界地图（*mappaemundi*）上的天球、罗盘方位线和网格的呈现，以及瓦尔德泽米勒、弗朗切斯科·罗塞利和其他人出版的托勒密地图与海洋世界地图的结合品，说明了技术发展如何激化了展示宇宙志的一致性的问题[44]。但是，当地图投影和海洋发现彻底改变了欧洲关于大陆和海洋的图像的同时，陆地和海洋的实际测量技术革命性的变化，直到 18 世纪对地球子午线弧长的测量、在海上准确的确定经度和三角测量的广泛使用时才得以发生。

文艺复兴时期宇宙志的历史和地理

哲学、社会和技术关系在文艺复兴时期的欧洲产生了宇宙志的历史和地理。简言之，我将宇宙志的历史以关键文本的出现为标志，组织为六个大的时期。其地理则更为复杂，在地中海、伊比利亚半岛和北欧之间；在重商主义和关注领土之间；以及在天主教和新教国家之间都存在重叠的部分。在关注宇宙志等图像之前，我将讨论这些内容以及宇宙志文本和图示之间的关系。

宇宙志的历史

其出现有助于勾勒文艺复兴宇宙志史概要的著作就是弗朗切斯科·贝林吉耶里的《地理学的七日》（1482）、马丁·瓦尔德泽米勒的《宇宙志入门》（*Cosmographiae introdvctio*， 64
1507）、塞巴斯蒂亚诺·明斯特的《宇宙志》（*Cosmographia*，1544）、赫拉尔杜斯·墨卡托为在他死后出版的《地图集或宇宙志》（*Atlas sive Cosmographica meditationes de fabrica mvndi et fabricati figvra*，1595）所作的宇宙志的界定（1569）以及罗伯特·弗拉德的《宏观宇宙与

---

[41] Eisenstein, *Printing Press*, 2: 518.

[42] Albert Van Helden, "The Invention of the Telescope," *Transactions of the American Philosophical Society*, 2d ser., 67, pt. 4 (1977): 3 – 67.

[43] Lestringant, "Crisis of Cosmography," 163.

[44] David Woodward, "Maps and the Rationalization of Geographic Space," in *Circa* 1491: *Art in the Age of Exploration*, ed. Jay A. Levenson (Washington, D. C.: National Gallery of Art, 1991), 83 – 87.

微观宇宙》(*Utriusque cosmi maioris scilicet et minoris metaphysica*, 1617)。

1. 1482 年之前

通过雅各布·安格利对托勒密著作的翻译而迅即产生的关于宇宙志的新原则，在于认识到了有希望为地理地图的绘制提供数学上安全的基础。但这并不是直接的。没有一幅绘制于其作者所在时期的地图因为有着托勒密的位置表格而保存下来[45]。实际上，作品不需要配有实际的地图，因为数字坐标系统的价值完全在于其所提供的空间信息的一致性和灵活性。位置本身缺乏相应的现代名字，因此需要语言学方面的研究。同样，波特兰航海图和航海记录涵盖了一个比古代有人居住的世界（*oikoumene*）更为广大的空间，由此挑战了古代的权威。在他的《世界宝鉴》（"Imago mundi"）（1410）中，德阿伊已经提出了对托勒密的位置和投影的纠正。到 15 世纪 30 年代，在德意志修道院和大学中，学者正在使用经过改良的日冕以及新发现的磁偏角来将托勒密的表格绘制在球体的数学投影上[46]。基于几何规律对整个球形地球的展示，由此产生的两维的地球表面的图像被命名为宇宙志。克洛斯特新堡（Klosterneuburg）修道院中的一群宇宙志学家制作了已知最早的对地名表（*tabulae*）的图形描述，尽管他们的原始作品未能保存下来。《七个气候带的宇宙志》（"cosmographia septem climatum"）是一种半圆形的半球图，同时《新宇宙志》（"nova cosmographia"）是一种对世界的圆形描述。这些进步是由尼古劳斯·日耳曼努斯（Nicolaus Germanus）、乔治·冯波伊尔巴赫和庇护二世［Pius Ⅱ，埃内亚·西尔维奥·德皮科洛米尼（Enea Silvio de' Piccolomini）］传播到纽伦堡、威尼斯、佛罗伦萨和罗马的人文主义中心的。对于古代地点和事件的数学描述以及它们与当代世界的联系，将人文主义者的兴趣吸引到了复兴和展示古希腊"简洁（*eusunopton*）"的原则——视觉的和谐形式——的现代意义上[47]。

人文主义者对托勒密的关注要超过古物研究者，这点在世纪中期在著作中使用宇宙志作为书名这一现象上表现得非常明显，这些著作将托勒密的坐标系统应用于现代的数据，而不是简单得复制原始的地名表（*tabulae*）。在这方面，波伊尔巴赫的超乎寻常的学生，雷吉奥蒙塔努斯，在校对通过天文方法确定的整个欧洲的各个位置的坐标中是重要的，这对于准确地使用他的《历表》（*Ephemerides*）是必要的，这一著作计算了 1475 年至 1506 年间的天文位置。雷吉奥蒙塔努斯完成了波伊尔巴赫的《天文学大成的节略》（*Epitome* of the *Almagest*, 1462），并且精巧地制作了新的天文观测仪器。他印刷了波伊尔巴赫的《关于行星的新理论》（*Theoricae novae planetarum*, 1474），其中有着被广为复制的将观测到的行星运动与亚里士多德的环形天球相调和的图示（图 3.4），这一调和在萨克罗博斯科的图示中被过度简化

---

[45] O. A. W. Dilke and eds., "The Culmination of Greek Cartography in Ptolemy," 以及 idem, "Cartography in the Byzantine Empire," in *HC* 1: 177 – 200 and 258 – 75, esp. 266 – 74。

[46] Dana Bennett Durand, *The Vienna-Klosterneuburg Map Corpus of the Fifteenth Century: A Study in the Transition from Medieval to Modern Science* (Leiden: E. J. Brill, 1952), 以及 Ernst Zinner, *Regiomontanus: His Life and Work*, trans. Ezra Brown (Amsterdam: North-Holland, 1990), 16 – 17。

[47] 复兴的思想是文艺复兴人文主义者将古代文本服务于现代政治组织的基础，而这一现代政治组织则建基于他们认为的支撑着古典世界的道德和政治规则之上。关于"简洁（*eusunopton*）"的古典原则，参见 Lestringant, "Crisis of Cosmography," 166 – 67。

了[48]。雷吉奥蒙塔努斯就雅各布·安格利对托勒密《地理学指南》书名的错误翻译进行了批评，对此他规划了他自己的翻译，但是其列印的数学著作清单中为托勒密的著作保留了“宇宙志”的书名。雷吉奥蒙塔努斯于 1476 年在罗马去世，可能正在从事于历法改革，但是其与天球和元素天球有关的观测方面的、数学领域的以及哲学方面的著作，对宇宙志的影响超过了半个世纪：例如在哥白尼的理论和在阿皮亚的彗星图示中[49]。

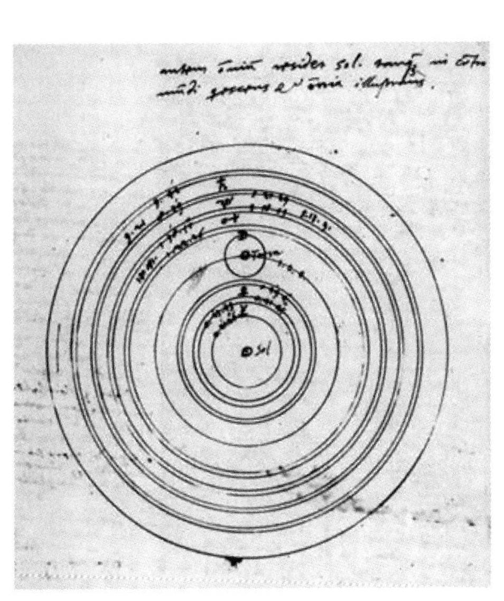

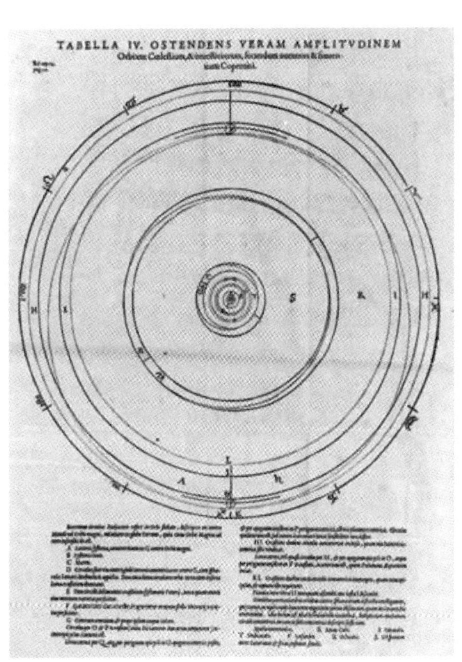

图 3.4　行星运动和天球的图示。基于亚里士多德的宇宙志和作为其基础的物理规律，在以地球为中心的宇宙中，每一行星在一个以太球中旋转。以太是天球中一种永恒不变的物质，相应的是易衰败天球中的四种元素。充实的原则决定了在这些天球之间没有空间，同时每一天球通常被认为包裹在一个水晶球体中。被观察到的地球到行星之间距离的差异产生了寻找用于支撑一系列规律的精准适合的问题，如圆周、天球宽度等值，以及充实原则，例如就像萨克罗博斯科世界系统图示所展示的那样。克雷莫纳的赫拉德（Gerard of Cremona）的《关于行星的理论》（*Theorica planetarum*），一部重要的 13 世纪对于围绕萨克罗博斯科的《球体》（*Sphaera*）经常展开争论有所贡献的著作，在乔治·冯波伊尔巴赫的《关于行星的新理论》中进行了讨论，并由雷吉奥蒙塔努斯进行了展示。世界机器的直径通常被接受的数值就是大约 4 万个地球半径。哥白尼的理论影响就是将这一规模延伸到几乎无穷大或者通过在各天球之间留下了空隙从而打破了充实的原则。虽然他自己的图示没有指出这点，但其由约翰尼斯·普拉托里乌斯（Johannes Prätorius）（左）和迈克尔·梅斯特林（Michael Maestlin）的哥白尼的图示所展示［乔治·阿希姆·雷蒂库斯，《尼古劳斯·哥白尼最早讲述的革命之书》（*De libris revolutionum Nicolai Copernici narratio prima*），1596］，即在同心的行星圆周中留下空隙。开普勒按照哥白尼的尺度绘制的天球之间的比例和间隙的图示（右）揭示了它们之间的重叠，因而它们水晶般的性质或它们的同心都是不可能的

Johannes Prätorius，*Compendosia enarratio hypothesium Nicolai Copernici*（1594），由 Universitätsbibliothek Erlangen-Nürnberg（MS. 814，fol. 92v）提供照片。Johannes Kepler，*Mysterium cosmographicum*，2d ed.（Frankfurt：ErasmiKempferi，1621），pl. Ⅳ，由 Beinecke 提供照片。

---

[48] Zinner，*Regiomontanus*，以及 Lucien Gallois，*Les géographe sallemands de la Renaissance*（Paris：Ernest Leroux，1890），1－11。

[49] Zinner，*Regiomontanus.*

在威尼斯，文艺复兴早期最为复杂的意大利宇宙志著作就是1459年为葡萄牙的阿丰索五世（Afonso V）撰写的弗拉·毛罗（Fra Mauro）的世界地图（*mappamundi*）。弗拉·毛罗认识到了托勒密宇宙志在知识方面的重要意义，并且在他的地图中评论了宇宙志的进步，但是避免使用投影。托勒密的地名表（*tabulae*）并没有涵盖弗拉·毛罗掌握了信息但缺乏坐标表格的地理空间。弗拉·毛罗的著作因而是一种描述性的宇宙志——图像和文本的，而不是数学的。其从欧洲首屈一指的重商主义城市的优越地位整理和展示了世界的多样性[50]。在这一著名的世界地图（*mappamundi*）中，宇宙志的多种含义结合了起来。地图的文本元素表明弗拉·毛罗使用了最新的资料，同时覆盖在表面上的用蓝色和金色呈现的地理景观赋予地球
65 以一种珠宝般的一致性，这也反映了宇宙志的景象。然而，宇宙志的论据被分置在陆地空间之外占据了地图角落的四个圆形中。这些圆形展示和解释了元素天球和各个天球、元素的划分以及将天球和地球统一为一体的各种大的圆环和轴，还有人间天堂。

2. 1482—1507年

《地理学指南》的抄本和根据地名表（*tabulae*）绘制的地图在意大利宫廷中作为语言学练习以及优美的事物而受到珍视。在佛罗伦萨，宇宙志被纳入柏拉图哲学的研究领域中。弗朗切斯科·贝林吉耶里，马尔西利奥·菲奇诺的柏拉图学院的一名成员，将他意大利语的富有诗意的对托勒密的描述命名为《地理学的七日》（*Le septe giornate della geographia*），同时这一著作收录了原始地名表（*tabulae*）的精良铜版[51]。贝林吉耶里将这
66 一著作置于继承于希罗多德（Herodotus）和斯特拉博的叙述和描述的地理学传统中[52]。这混淆了与宇宙志的联系，但却适合人文主义者，因为他们对风格和修辞的信仰超越了对学术逻辑的信仰。马尔西利奥·菲奇诺，当时正在翻译柏拉图的宇宙志文本《蒂迈欧》，为贝林吉耶里撰写了一篇献词性的前言。

不同于克洛斯特新堡和弗拉·毛罗的宇宙志，雷吉奥蒙塔努斯和贝林吉耶里的著作以印刷的形式出现。在1475年之前可能流通有托勒密的《地理学指南》的75种抄本，作为对比的是，到1500年估计存在1000份印刷本。很多包括了基于雷吉奥蒙塔努斯表格的现代坐标以及传统的地名表（*tabulae*）的地图学表达[53]。1471年，雷吉奥蒙塔努斯有着出版一个古代天文学和宇宙志的文本汇编的纽伦堡计划，在他去世后，这一计划由埃哈德·拉特多尔特（Erhard Ratdolt）和阿尔杜斯·马努蒂乌斯（Aldus Manutius）在纽伦堡和威尼斯继续进行，两人是数学图示和地图的木版和铜版复制品的先驱。这些大多数复制自萨克罗博斯科的《球体》、马克罗比乌斯（Macrobius）的《西庇阿之梦》（*In somnium Scipionis*）和德阿伊的《世界宝鉴》

[50] 对弗拉·毛罗地图的讨论，参见 David Woodward, "Medieval *Mappaemundi*," in *HC* 1: 286 – 370, esp. 314 – 18; Peter Whitfield, *The Image of the World*: 20 *Centuries of World Maps* (London: British Library, 1994), 32 – 33; J. A. J. de Villiers, "Famous Maps in the British Museum," *Geographical Journal* 44 (1914): 168 – 84; 以及本卷的原文第315—317页。

[51] Shirley, *Mapping of the World*, 9 (No. 9).

[52] 关于贝林吉耶里对宇宙志的解释，参见 Milanesi, "Geography and Cosmography," 445, 以及 De Smet, "Géographes de la Renaissance," 18。

[53] Cecil H. Clough, "The New World and the Italian Renaissance," in *The European Outthrust and Encounter*, *the First Phase c*. 1400 – *c*. 1700: *Essays in Tribute to David Beers Quinn on His* 85*th Birthday*, ed. Cecil H. Clough and P. E. H. Hair (Liverpool: Liverpool University Press, 1994), 291 – 328, esp. 296.

（*Imago mundi*）中的手绘图示，但是复杂性不断增加[54]。雷吉奥蒙塔努斯使用不同颜色的墨水来标出节日和黄金数字。在1493年，一群纽伦堡的学者、数学家和艺术家，由人文主义出版家哈特曼·舍德尔协助出版了《编年史之书》。运用已经确立的用于展示球体的习惯，书籍以描绘《创世记》（Genesis）中每一天的图像作为开始。这些图像构建了一个基督教化的亚里士多德的宇宙，延伸至天体之外的是天使的等级。舍德尔的宇宙图像之后则是伊甸园（Eden）的一幅地理景观和一幅托勒密的有人居住的世界（*oikoumene*）的木版地图[55]。其"日耳曼（Germania）"和北欧地图，其对马丁·贝海姆（Martin Behaim，他的地球仪，在同年是为纽伦堡的商人制作的，包含了来源于葡萄牙宇宙志学者和航海员的信息）的文本引用，以及在文本中提到的在洋海（Ocean Sea，一个用来指称大西洋的宇宙志的术语）上发现的岛屿，这一编年史可能确实被认为是一部人文主义的宇宙志。其重点在于描述和叙述，而不是数学地理学和天文学。格雷戈尔·赖施（Gregor Reisch）1503年的教学文本，《哲学珍宝》（*Margarita philosophica*），同样按照《圣经》的权威来历史化了宇宙志的材料[56]。

3. 1507—1544年

这种人文主义著作并不是正在萌发的普通地图中的宇宙志，也不是在《托尔德西拉斯条约》（Tordesillas）将世界划分为半球之后不断增加的、文本处于从属地位的地球仪或世界地图。开始认识到美洲大陆的大小，以及在1522年麦哲伦（Magellan）剩下的环球航行者返回之后，绘制出了得到识别的地球的真实大小，由此在王公、商人和学者中激发出了对宇宙志的兴趣。宇宙志偏爱的工具变成了球仪，以及一种球形投影的世界地图，它们通常附带有单独出版的或者直接印在地图上的一段解释性的和描述性的文本。用图形和文本的方式绘制新的数据，正在成为宇宙志的一种主要推动力。1508年，阿美利哥·韦思普奇（Amerigo Vespucci）被任命为西班牙（Spain）、印度等地贸易署的首席导航员，这一机构的首席宇宙志学者，是一个在地缘政治和经济意义方面有着重要性的职位。宇宙志球仪和坐标表格是16世纪20年代期间关于教皇分界线扩展到东半球的争论的核心。韦思普奇自己关于四次哥伦布航海的描述被收录在1507年马丁·瓦尔德泽米勒的《宇宙志入门》中，这一作品被撰写用以附属于一幅"立体，但同样又投影在平面上"（"both in the Solid and Projected on the Plane"）的整个世界的地图：《来源于托勒密传统的通用宇宙志：传统和阿美利哥·韦思普奇的测量等》（*Vniversalis cosmographia secvndvm Ptholomai*；*Traditionem et Americi Vespvcii aliorv qve lvstrationes*）[57]。瓦尔德泽米勒的地图、技术手

---

[54] 大量以印刷形式出现于1500年之前的宇宙志文本以缩影胶片的形式复制在了 Lotte Hellinga, ed., *Incunabula*: *The Printing Revolution in Europe*, 1455－1500（Woodbridge, Conn.: Research Publications, 1991－）中；也可以参见附带的指南，unit 3: "The Image of the World: Geography and Cosmography."（尤其是 Denis E. Cosgrove, 13—19，对印刷的宇宙志文本的评论）

[55] Shirley, *Mapping of the World*, 18－19（No. 19）.

[56] 《哲学珍宝》涵盖了所有的七艺，在鸿篇巨著的各个不同部分，以及对萨克罗博斯科《球体》印刷本中他的黄道和地球球状图案的使用，都涉及了宇宙志。在1599年之前不断定期再版，赖施的文本和图像对之后的宇宙志著作产生了巨大的影响。

[57] *Cosmographiae introdvctio cvm qvibvsdam geometriae ac astronomiae principiis ad eam rem necessariis*, 1507；复制品，英文，Martin Waldseemüller, *The Cosmographiae Introductio of Martin Waldseemüller in Facsimilie*, ed. Charles George Herbermann（1907; reprinted Freeport, NY: Books for Libraries, 1969）。瓦尔德泽米勒题目的剩余部分就是："Vniuersalis Cosmographi[a]e descriptio tam in solido q[uam] plano, eis etiam insertis qu[a]e Ptholom[a]eo ignota a nuperis reperta sunt"。关于瓦尔德泽米勒计划的知识背景，参见 Hildegard Binder Johnson, *Carta Marina*: *World Geography in Strassburg*, 1525（Minneapolis: University of Minnesota Press, 1963）。世界地图被复制作为图9.9收录在 Shirley, *Mapping of the World*, 30－31（No. 26）中。

册以及地理描述，为16世纪的宇宙志建立了一个模式。约翰尼斯·朔纳（Johannes Schöner）在
67 1515年、1523年和1533年的地球仪上附带有相似的文本[58]。单独描述了天球和地球的一对球仪，有时附带有第三个模拟了它们宇宙志关系的浑天仪，制作的数量不断增加。按照汉斯·霍尔拜因（Hans Holbein）著名的肖像画《大使们》（*The Ambassadors*，1533）的记录，拥有这种昂贵物品是宇宙志知识的社会地位的标志[59]。航海正在使得托勒密的地图绘制技术在绘制全球信息方面变得比以往更为重要，而同时又侵蚀了其在陆地和海洋图像方面的权威性。为了阅读正在形成的图景，使用者必须理解几何学规律，正是通过这些规律，天球的大圆、分至圈、轴线、极地和地平线被刻画在地球的表面[60]。实际上，在瓦尔德泽米勒著作的165页中只有62页是关于这种数字宇宙志的；文本中占据主导的则是韦思普奇的报告。然而，无论是数学宇宙志（与光学存在密切联系），还是航海员的报告，都同样强调实地观察、亲眼去观察以及通过技术仪器来确保观察的准确性。这成为宇宙志真实性的一个重要标准。球仪的尺度和宇宙志学者作为他人发现的记录者的角色，使其不可能进行实地观察。他依赖于个人报告的真实，以及依赖于他自己通过叙述将这些联系起来的能力，以及通过地图的几何学来确保这些联系的能力。

在新世纪的最初几十年，萨克罗博斯科的《球体》在宇宙志教育中所享有的垄断，正在受到新的宇宙志概要的挑战，当时地理学和航海的重要性日益突出，挑战了天文学的重要性，同时在付出浑天仪的代价的基础上，地球仪和天球仪独特的教育意义获得了重视[61]。彼得·阿皮亚1502年的《宇宙志或世界地图入门》（*Isagoge in typum cosmo graphicum seu mappam mundi*）和1522年的《声明：宇宙志的典型用途》（*Declaratio*：*Et usus typi cosmographici*），与第一次环球航行同时发生，而这两部著作是阿皮亚1524年获得巨大成功的《宇宙志》的先驱。阿皮亚，皇帝查理五世的宇宙志学者，出版了一部关于数学宇宙志的著作，比原版更为流行，而且比瓦尔德泽米勒的著作更为全面。其中包括了关于天体观测的指南和空间测量、描述的实例，意图解释附带的世界地图。文本在1529年由赫马·弗里修斯进行了编辑，截止到1609年已经用5种语言发行了33个版本[62]。尽管它们有书名，但赫马自己的1530年的《天文学和宇宙志的原则》（*De principiis astronomiae & cosmographiae*）（在随后的

---

[58] *Luculentissima quaedā terrae totius descriptio*：*Cum multis utilissimis cosmographia einiciis*.... 参见 De Smet，"Géographes de la Renaissance，" 21。

[59] John David North，*The Ambassadors' Secret*：*Holbein and the World of the Renaissance*（London：Hambledon and London，2002），以及 Jardine，*Worldly Goods*，305 – 6 and 425 – 36. 参见图6.1。

[60] 关于阅读地理地图（其原则在托勒密的定义中是数学的）和查阅地方地理图像（在其绘制中，托勒密强调绘画技巧的重要性）之间的联系，参见 Eileen Reeves，"Reading Maps，" *Word and Image* 9（1993）：51 – 65。

[61] Dekker，"Introduction to Globes and Spheres，" 6.

[62] 阿皮亚的宇宙志的出版开始于1521年的《入门》，这是对如何将球仪转绘到平面纸张上的方法的文本描述。其包含了宇宙志的一个纲要，但是确立他作为一名宇宙志学者的重要性的则是《宇宙志》（*Landshut*，1524）。他的学生赫马·弗里修斯负责出版了1529年的版本，*Petri Apiani Cosmographia*，*per Gemmam Phrysium*，*apud louanienses medicum ac mathematicum insignem*，*restituta*（Antwerp：Arnoldo Berckmano）。关于延续到17世纪初的阿皮亚手册的重要性，参见 Svetlana Alpers，*The Art of Describing*：*Dutch Art in the Seventeenth Century*（Chicago：University of Chicago Press，1983），esp. 133 – 39。关于16世纪中期大量重要的宇宙志学者的基本传记和书目信息，参见 Robert W. Karrow，*Mapmakers of the Sixteenth Century and Their Maps*：*Bio-Bibliographies of the Cartographers of Abraham Ortelius*，1570（Chicago：For the Newberry Library by Speculum Orbis Press，1993）；对阿皮亚的讨论是在第49—63页。关于很多与罗马天主教存在联系的宇宙志学者的传记信息，可以在 *The Catholic Encyclopediai* 中找到。

68

图 3.5　1550 年塞巴斯蒂亚诺·明斯特的世界系统。明斯特的《宇宙志》，类似于 60 年前舍德尔的编年史，包括了汉斯·霍尔拜因在内的很多艺术家创作的图像。其对于理论数学宇宙志的相对简短的讨论用简单的图示进行了展示。明斯特的综合的世界系统出现在这一书名页的插图中，是一幅与众不同的圆形的图像，其本身应当受到舍德尔宇宙志的影响，位于一个方形的框架中，这一框架上部的两角由天使占据，而下面的两角则由拟人的怪兽占据。划分了圆形的弧形给予了一个三维球仪的印象；三个部分展示了元素：土和气一起构成了一个处于中央的景观，位于水和火之间，同时天空由太阳和月亮的图像所表示，背景则是繁星点点的苍穹。造物主则被放置在圣光之源的位置上，位于由未知物质构成的翻滚着巨浪的云朵之中。这一图像无法归于数学的或者理论的宇宙志；其与德意志南部的镶嵌板地理景观宇宙志以及与《圣经》有关的空间呈现及其图案存在更为密切的联系，例如汉斯·卢夫特（Hans Lufft）1534 年的耶稣（Pancreator）俯瞰他的宇宙的图像，图案中部有着一个伊甸园的地理景观，这一图案出现在海因里希·施泰纳（Heinrich Steiner）1535 年在奥格斯堡（Augsburg）出版的德文版《圣经》中

原图尺寸：11.2 × 15.6 厘米。Sebastian Münster, *Cosmographei*; *oder*, *Beschreibungaller Länder*...（Basel: Apud Henrichum Petri, 1550），书名页。由 Special Collections Research Center, University of Chicago Library 提供照片。

半个多世纪中再版了 10 次）和奥龙斯·菲内的《数学原理》（*Protomathesis*, 1532）聚焦于陆地的空间[63]。赫马书名的一部分，“对球仪的使用（usuglobi ab eodem editi）”，意味着宇宙志文本依然作为理解球仪和世界地图上空间图像呈现的辅助工具。这些著作中紧随在数学部分之后的描述性宇宙志被扩展以容纳新的地理知识，而与亚里士多德气候带的几何对称相对的日益增加的不协调性，对著作知识连贯性的基础造成了威胁。

---

[63] Oronce Fine, *Orontii Finei Delphinatis*, *liberalivm disciplinarivm professoris regii*, *Protomathesis*, 四部分：*De arimetica*, *De geometria*, *De cosmographia*, and *De solaribus horologiis*（Paris: Gerardi Morrhij and Ioannis Petri, 1532）；idem, *De mundi sphaera*, *sive Cosmographia*（Paris, 1542）。1513 年的奥龙斯·菲内的萨克罗博斯科 *Mu*[*n*]*dialis sphere opusculu*[*m*]的版本出现于 1516 年，包括了 32 幅来源于威尼斯摇篮本（incunabulae）的木版。参见 Karrow, *Mapmakers of the Sixteenth Century*, 168 -90。

宇宙志图像的重点及其试图适应的正在扩大的领域，由流行的镶嵌板宇宙志或世界景观画揭示出来。例如，阿尔布雷克特·阿尔特多费的《伊苏斯战役》（*Battle of Issus*，1529），是从一个位于大地之上的较高视角绘制的地中海东部、西奈（Sinai）、红海和尼罗河的地图，可以看到无限的距离，以及甚至弯曲的球体的地平线。扬·科内利斯·韦尔梅耶（Jan Cornelisz Vermeyen）为查理五世绘制的征服突尼斯（Tunis）的绘画，1554 年由威廉·德帕纳玛科（Willem de Pannemaker）转绘在挂毯上，整合了地中海西部的类似视角[64]。16 世纪 60 年代和 70 年代，老彼得·布吕格尔（Peter Bruegel the Elder）应当复苏了这一在珠宝般图像中详细绘制物质世界的富足的传统，这些图像比出版的宇宙志更条理清晰地捕捉到了装饰与和谐的结合，而和谐则是宇宙（cosmos）思想的基础[65]。

4. 1544—1569 年

1544 年塞巴斯蒂亚诺·明斯特的《宇宙志：对所有国家的描述》（*Cosmographia*：*Beschreibu*[*n*]*g aller Lender*），作为一部历史叙述著作，结构上类似于舍德尔或赖施的著作，出现的时间是在哥白尼的《天体运行论》（*De revolutionibus orbium coelestium*）、维萨里（Vesalius）的《人体的构造》（*De humani corporis fabrica*）和尼科洛·塔尔塔利亚（Niccolo Tartaglia）的欧几里得（Euclid）《几何原本》（*Elements*）的第一部本地语言译本之后一年[66]。宇宙（秩序和体系）正在成为对自然现象进行科学观察和描绘的一个关键方式，而这些科学观察和描绘的范围从人类微观宇宙的尺度到元素球和天球的尺度。明斯特是一位路德教会（Lutheran）的医生、希伯来（Hebrew）学者、活跃的天文学家，并且是《地理学指南》一个拉丁语版本的出版者。《宇宙志》（*Cosmography*）与其说是一部附属于地球仪或地图的阐释文字，不如说是一部人文主义者的百科全书，其用文字和图片展示了上帝造物的普遍权威，这一点由其书名页的图像以及书中充斥着的奇迹（*mirabilia*）所暗示（图 3.5）。由地图（*typus*）或者世界机器的图示传达了"简洁（*Eusunopton*）"，但是明斯特，在著作的开始部分的标准定义中用简单公式表达的数学讲解，很难抵消"内容丰富的包含了对于国家、区域、城镇和岛屿进行了绚烂多彩描述的数千页"[67]。

明斯特对于地理学的强烈关注由伦贝特努斯·多多纳斯（Rembertus Dodonaeus）同时代的但商业上不太成功的著作所分享[68]。印刷的宇宙志正在面对来自第一手的探险和发现描述的汇编，例如乔瓦尼·巴蒂斯塔·拉穆西奥（Giovanni Battista Ramusio）三卷本的《航海和旅行文

---

[64] Denis E. Cosgrove, *Apollo's Eye*: *A Cartographic Genealogy of the Earth in the Western Imagination* (Baltimore: Johns Hopkins University Press, 2001), 125 – 30，和 Lisa Jardine and Jerry Brotton, *Global Interests*: *Renaissance Art between East and West* (London: Reaktion, 2000), 82 – 115。也可以参见图版 22。

[65] Walter S. Gibson, "*Mirror of the Earth*": *The World Landscape in Sixteenth-Century Flemish Painting* (Princeton: Princeton University Press, 1989).

[66] Kim H. Veltman, "The Emergence of Scientific Literature and Quantification, 1520 – 1560," http://www.sumscorp.com/articles/art14.htm，讨论了这一时期，这些著作在知识的量化和科学文化的革命中的重要性。关于维萨里著作的冲击，参见 Jonathan Sawday, *The Body Emblazoned*: *Dissection and the Human Body in Renaissance Culture* (London: Routledge, 1995)。关于明斯特，参见 Sebastian Münster, *Cosmographiae uniuersalis lib. VI*. (Basel: Henrichvm Petri, 1550); Manfred Büttner and Karl Heinz Burmeister, "Sebastian Münster, 1488 – 1552," in *Geographers*: *Biobibliographical Studies*, ed. Thomas Walter Freeman, Marguerita Oughton, and Philippe Pinchemel (London: Mansell, 1977 –), 3: 99 – 106; Karl Heinz Burmeister, *Sebastian Münster*: *Eine Bibliographie* (Wiesbaden: Guido Pressler, 1964)；以及 Besse, *Les grandeurs de la terre*, 151 – 57。

[67] Lestringant, "Crisis of Cosmography," 156.

[68] Rembertus Dodonaeus, *Cosmographica in astronomiam et geographiam isogoge*，完成于 1546 年，1548 年由 I. Loei 在安特卫普出版。

集》（*Navigazioni et viaggi*，1550 年之后）的竞争。类似于阿皮亚的手册，明斯特的著作被翻译为主要的欧洲语言并出版。第一部用英语编纂的宇宙志著作是 1559 年的威廉·卡宁哈姆（William Cuningham）的《宇宙志之境》（*Cosmographical Glasse*），而法语则是出版于 1553 年的纪尧姆·波斯特尔（Guillaume Postel）的《世界奇观之书》（*Livre des merveilles du monde*）。纪尧姆·勒泰斯蒂（Guillaume Le Testu）未出版的《普通宇宙志》（"Cosmographie universelle"）完成于 1556 年。然而，从"新世界"返回的材料不断扩充，将对它们概要性的介绍与全球的多样性和异域的差异性进行调和，越来越成为一件不可能的任务，从而这对欧洲的宇宙志学者形成了挑战。如同波斯特尔的书名"世界奇观（*Des merveilles du monde*）"所暗 69
示的，对从普林尼那里继承来的对奇怪和奇妙事物的迷恋而言，这类报道凸显了描述性宇宙志的吸引力。他 1578 年的装饰华丽的世界地图（来自 1621 年的版本），完美地传达了宇宙志将奇妙事物与数学结合起来的尝试[69]。

日心说（Heliocentricity），这被哥白尼看成是维持圆周运动一致性的宇宙哲学法则的一种方式，提供了对托勒密宇宙最为激进的挑战。哥白尼的文本由一幅有着九层天球的简单图示所展示，中心是太阳，而地球以及围绕其旋转的月亮则位于第三圈层。在《天体运行论》出版之前 10 年，数学宇宙志学者中对他思想的熟悉，在 1532 年塞巴斯蒂亚诺·明斯特撰写的《普通宇宙志图》（*Typvs cosmographicvs vniversalis*）中表现得非常明显，在书中，通常旋转着天球的天使转动着地球仪[70]。但是哥白尼系统的复杂性提供了少量超越托勒密的改进，因此日心说的证据只说服了数量有限的 16 世纪的思想家，大多数思想者则遵从 1572 年出现的超新星[71]。

5. 1569—1620 年

到 16 世纪末，宇宙志出版物追求综合的野心以及观测带来的与此相反的压力，正在逐渐破坏掉事业的一致性。神学的分化同样也对宇宙志产生了影响。特伦托（Tridentine）天主教偏好于亚里士多德的学说，同时将谨慎调查的地位提高到基于推测的自然哲学之上。仅仅如此，就可能使在新教思想家中柏拉图哲学变得更具有吸引力。两个阵营早已放弃了信仰和理性之间学术上的割裂，并且需要让自然哲学臣属于宗教教义。[72] 因而，神意安排与和谐的宇宙机械的宇宙志概念，尤其是当与新斯多葛学派（Neostoicism）或者灵魂上升朝向上帝仁爱的新柏拉图学派思想联系起来的时候，提供了逃避宗教纷争的一种方法，以及提供了一种教义解决方

---

[69] Greenblatt, *Marvelous Possessions*；波斯特尔的地图被复制作为图 47.6（细节，图 3.18），并收录在 Shirley, *Mapping of the World*, 166 – 67（No. 144）中。

[70] Shirley, *Mapping of the World*, 74 – 75（No. 67）.

[71] Hetherington, *Encyclopedia*, 92 – 99（"Copernican Revolution"），有着参考书目，和 Víctor Navarro Brotóns, "The Reception of Copernicus in Sixteenth-Century Spain: The Case of Diego de Zúñiga," *Isis* 86（1995）: 52 – 78。

[72] 这在博丁的作品（Blair, *Theater of Nature*, 143 – 46）和犹太教宇宙志学者 David Gans（André Neher, *Jewish Thought and the Scientific Revolution of the Sixteenth Century*: *David Gans* [1541 – 1613] *and His Times* [Oxford: Oxford University Press, 1986], esp. 95 – 165）中是明显的。对于为纯粹的论战性的宗教目的而使用宇宙志图像的例子，参见 Frank Lestringant, "Une cartographie iconoclaste: 'La mappe – monde nouvelle papistique' de Pierre Eskrich et Jean – Baptiste Trento（1566 – 1567）," in *Géographie du monde au Moyen Âge et à la Renaissance*, ed. Monique Pelletier（Paris: Éditions du C. T. H. S., 1989）, 99 – 120。William B. Ashworth, "Light of Reason, Light of Nature: Catholic and Protestant Metaphors of Scientific Knowledge," *Science in Context* 3（1989）: 89 – 107.

案的可能点。[73] 但是如果虔诚主义（pietism）摆脱了教义各方的极端，分裂为更偏好和谐图景的更为私人的信仰的话，那么从航海和系统的天体观测得来的观测数据冷酷无情地流入宇宙志学者的研究中，由此逐渐破坏了综合性。1569 年，在 1544 年被指控为异端的人文主义者和哲学家以及数学家赫拉尔杜斯·墨卡托，勾勒了他的一个多卷本的宇宙志的计划：这是试图调和观察科学与《圣经》知识的一种知识综合体。这一著作将包含《创世记》（*totius mundi fabrica*）、天文学、地理学以及国家的历史（*geneologicon*）。他试图融合基督教教义的福音书［《福音史的四部分》（*Evangelicae historiae quadriparta Monas*）］在 1592 年出版，是墨卡托体量巨大但未完成的宇宙志项目中《地图集或宇宙志》（*Atlas sive Cosmographicæ*）中的一个组成要素[74]。如同墨卡托的著作所阐释的，宇宙志的一致性是一种逃避，如果存在的话，那么也只有
70 通过使其各个部分分离开来才有可能。亚伯拉罕·奥特柳斯 1570 年的《寰宇概观》已经显示了一个可以选择的路线：没有涉及天球的大量地理地图的一部汇编，而天球则被看成是天文学的领域。传统的宇宙志著作继续在制作，例如乌尔巴诺·蒙特（Urbano Monte）的《论迄今为止所谓土地和位置的普遍描述》（“Trattato universale descrittione et sito de tutte le terre sin qui conosciuto”，1590），尽管保守性可能是仅有手稿而未能付诸印刷的原因[75]。

面对奥特柳斯《寰宇概观》（1570）出版的成功，以及如理查德·哈克卢特的《航海全书》（*Principall Navigations*，1589）或特奥多尔·德布里（Theodor de Bry）的《美洲》（*America*，1596）等发现报告的汇集，传统的宇宙志正在日益变得容易受到攻击。通过对天体和地球空间的实际观察所揭示的矛盾日益增加，以及宇宙志所宣称的领域，都使得宇宙志的一致性不可能只是通过一个如墨卡托的详细文本说明而加以维持。因而，1575 年安德烈·泰韦的《普通宇宙志》（*Cosmographie Vniverselle*）声称，现象的目击者的诚实超出了该书作者的旅行范围，因而他试图通过为每一现象分配通常完全是任意确定的地理坐标来确保

---

[73] 17 世纪之交，人们渴望找到一个解决神学重大分歧的方法，这一点得到了充分的证明。作为宇宙志核心的和谐概念以及新柏拉图主义的上升和天地之间的中介的思想，似乎使这一问题对宇宙学家和地理学家而言，非常有吸引力，其中包括墨卡托、奥特柳斯和洪迪厄斯。关于这一思想史，参见 Cosgrove，*Apollo's Eye*。关于墨卡托和奥特柳斯，参见 Giorgio Mangani，“Abraham Ortelius and the Hermetic Meaning of the Cordiform Projection，” *Imago Mundi* 50（1998）：59 – 83，以及 idem，*Il “mondo” di Abramo Ortelio：Misticismo，geografia e collezionismo nel Rinascimento dei Paesi Bassi*（Modena：Franco Cosimo Panini，1998）。关于墨卡托对这些思想的吸收，参见 Nicholas Crane，*Mercator：The Man Who Mapped the Planet*（London：Weidenfeld and Nicolson，2002），50 – 51 and 149 – 50。关于博丁，参见 Blair，*Theater of Nature*，147 – 48. 这些年活跃的威尼斯的利维奥·萨努，该学院的座右铭“我飞向天堂，安于上帝”。Manfredo Tafuri，*Venice and the Renaissance*，trans. Jessica Levine（Cambridge：MIT Press，1989），114 – 22. 这种上升可能意味着在地球和行星之间存在一个单一的、连续的介质，正如新斯多葛学派所指出的那样。另外，墨卡托的投影中与地图上的大圆周在路径上吻合的斜向线或斜航恒向线，描述的是一个在极点周围变得无限的螺旋线。17 世纪初，一个常见的文学构想就是将斜航恒向线（或 *cursus obliquus*）与灵魂的螺旋上升联系起来，“处于兽性的处世规矩［元素运动］和天使所描述的无休止的旋转［天体运动］之间”。Reeves，“Reading Maps，” 53.

[74] Gerardus Mercator，*Atlas sive Cosmographica meditationes de fabrica mvndi et fabricati figvra*（Duisburg：Clivorvm，1595）；英文版，*Atlas or a Geographicke Description of the Regions，Countries and Kingdomes of the World，through Europe，Asia，Africa，and America*，2 vols.，trans. Henry Hexham（Amsterdam：Henry Hondius and IohnIohnson，1636）。Lestringant，在 *Mapping the Renaissance World*，6 中使用了墨卡托的短语“宇宙志的沉思”来指这一地理学者—神学家撰写的著作体裁。关于墨卡托，参见 Marcel Watelet，ed.，*Gerard Mercator cosmographe：Le temps et l'espace*（Antwerp：Fonds Mercator Paribas，1994），和 Crane，*Mercator*。

[75] Urbano Monte，*Descrizione del mondo sin qui conosciuto*，ed. Maurizio Ampollini（Lecco：Periplo，1994）.

他的宣称[76]。这种行为使得宇宙志学者如下的宣称变得无效，即造物的多样性可以被在由数学确保的世界机器的网格中捕捉到。在学术层面，宇宙志正在开始剥离。在1580年至1620年间的英国大学，对于地球的地理描述正在与作为"研究地球及其与作为整体的各个天体之间关系"的宇宙志区分开来[77]。

16世纪晚期对于世界机器自身的争论日益增长。1573年，瓦伦提努斯·奈博达（Valentinus Naiboda）的一系列相互比较的系统，将哥白尼的图像、托勒密的宇宙以及乌尔提亚努斯·卡佩拉的绘制有水星和金星环绕太阳旋转的地心说地图并置在一起[78]。在他1576年的世界系统中，托马斯·迪格斯（Thomas Digges）扩大了地球所在天球的宽度，将元素和月亮的轨迹都容纳在内。迪格斯的符号，即使不是他绘制的，通过将固定的恒星与最高天结合在一起，包含了日心说的全部含义[79]。为了在一个以太阳为中心的宇宙中容纳行星公转的距离和速度，世界机器的规模必须延伸至几乎无限大，并且在行星与恒星之间存在巨大的虚无空间，由此逐渐破坏了亚里士多德的充实原则，因为在这一原则中不允许存在虚无空间。日心说，同样打破了托勒密的各天球的连续性和最终极的存在，如16世纪90年代的两幅图示和约翰内斯·开普勒的《宇宙的奥秘》（*Mysterium Cosmographicum*，1596），其中宣称显示了天球和它们之间间隔的真实尺寸，由此使上述现象非常明显。开普勒反映了自然哲学中的数学，偏离了适合于一个固定的和有限宇宙的欧几里得几何学，而开始朝向适合于研究无限空间中星体的运动及其之间相互吸引的阿基米德（Archimedian）数学迁移。

1588年，第谷·布拉厄的可供选择的世界系统图示，通过环绕太阳旋转的内行星，维持着地心说，而同年尼古劳斯·莱默斯（Nicolaus Reimers）在他的《天文学基础》（*Fundamentum Astronomicum*）中出版了相似的图示。在以利沙·罗斯兰（Helisaeus Röslin）的《关于造物的作品》（*De opere Dei creationis...*，1597）中，展示了五个系统，允许进行直接的视觉比较。到1600年，托勒密、哥白尼和第谷的模型对于受过教育的欧洲人来说，是促进对世界机器的广泛和强烈兴趣的熟悉且可选择的宇宙图像，其在玄学派诗歌（metaphysical poetry）——神圣和世俗的——以及在绘画、戏剧和化装舞会中作为艺术和文学场景的流行说明了这一点（图3.6）[80]。由于在科学上，天文学从地理学中独立出来，宇宙志的主张应当以图像或者宗教文本的形式持续，而宗教对于科学的关注从属于对教义的关注。

---

[76] Lestringant, *Mapping the Renaissance World*, 以及本卷的第47章。

[77] Lesley B. Cormack, *Charting an Empire: Geography at the English Universities, 1580 - 1620* (Chicago: University of Chicago Press, 1997), 98 - 110, 引文在18，以及 W. R. Laird, "Archimedes among the Humanists," *Isis* 82 (1991): 629 - 38。

[78] 奈博达（Naiboda或Nabodus）在对乌尔提亚努斯·卡佩拉关于公元5世纪的 *De nuptiis Philologiae et Mercurii libri novem* 的广泛研究的评论中发表了他的图示。这一著作，书名为 *Primarum de coelo et terra institutionum quotidianarumque mundi revolutionum, libri tres*，1573年在威尼斯出版。参见 S. K. Heninger, *The Cosmographical Glass: Renaissance Diagrams of the Universe* (San Marino, Calif.: Huntington Library, 1977), 58 - 59。

[79] 迪格斯的 *A Perfect Description of the Celestial Orbs* 文本摘编，收录在 Hall, *Nature and Nature's Laws*, 19 - 34 中。

[80] E. M. W. Tillyard, *The Elizabethan World Picture* (London: Chatto and Windus, 1943); Reeves, "Reading Maps," 52 - 55; 以及 idem, *Painting the Heavens*。

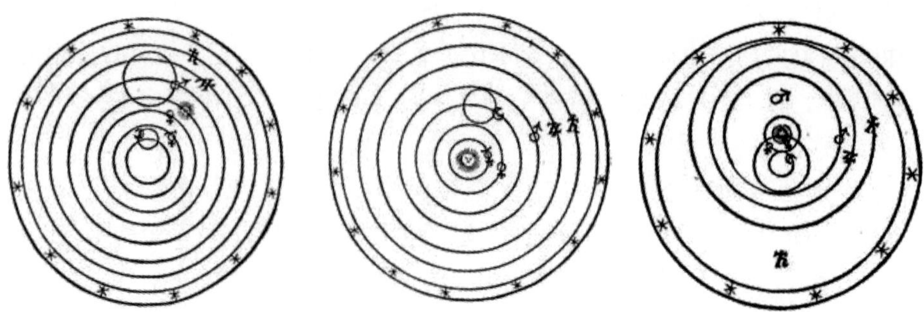

图3.6 相互竞争的世界系统。到17世纪第三个十年，托勒密的、哥白尼的和第谷的宇宙图像（从左至右）被经常性地加以对比。很多文本用简单的“科学”风格展示了这三种系统，其特点就是简洁的罗盘线、点和天文符号的图形节俭，以及缺乏装饰性的图形图像。这有助于系统之间直接的视觉对比

Helisaeus Röslin, *De opere Dei creationis*...（Frankfurt: Andra Wecheli, Claudium Marnium, and Joannem Aubrium, 1597）, 51 and 55. 由 Smithsonian Institution Libraries, Washington, D. C. 提供照片。

6. 1620 年之后

到1620年，新的光学设备，例如望远镜和显微镜，正在产生数量巨大的新的天文观察，并且正在揭示之前无法看到的物质元素内部的结构。实际检验的宣称（Autopsy's claims）超越于其他形式的权威和那些经验之上，或者试验超越于修辞之上，这些被越来越强有力的证实。这些进步强化而不是消除了宇宙志一直面对着的检验观察的问题。经度的问题依然没有解决，同时由光学仪器发现的现象只可以通过图形图像的方法而被公开。视觉的问题和图像的真实性成为开普勒和罗伯特·弗拉德之间围绕后者撰写的宏观和微观宇宙历史的《宏观宇宙与微观
71 宇宙》（*Utriusque cosmi maioris*, 1617—1626）中的形而上地图展开的争论的基础（图3.7）[81]。天体现象，例如由伽利略绘制的月球环形山的地图和由他观测到的木星的卫星，可能会进一步挑战亚里士多德—托勒密宇宙的完美与和谐的信仰，但是他们绝不会将其一扫而空。耶稣会士的天文学家，例如克里斯托夫·沙伊纳（Christoph Scheiner）、克里斯托夫·克拉维斯（Christoph Clavius）和乔瓦尼·巴蒂斯塔·里乔利（Giovanni Battista Riccioli）使用新的仪器在传统的托勒密的框架中绘制天体现象，同时月球上皱褶的披露燃起了关于圣母玛利亚纯洁概念的争论（图3.8）[82]。1613年的伽利略的太阳黑子的图像，是通过镜头直接绘制在纸上的，支持了图像的机械化可能可以保证其真实性的思想[83]。因而，在各方面，依然在社会地位上被贬斥为是机

---

[81] Robert S. Westman, “Nature, Art, and Psyche: Jung, Pauli, and the Kepler-Fludd Polemic,” in *Occult and Scientific Mentalities in the Renaissance*, ed. Brian Vickers (Cambridge: Cambridge University Press, 1984), 177–229.

[82] Robert S. Westman, “Two Cultures or One? A Second Look at Kuhn's *The Copernican Revolution*,” *Isis* 85 (1994): 79–115。也可以参见 Reeves, *Painting the Heavens*。

[83] Francesco Panese, “Sur les traces des taches solaires de Galilée: Disciplines scientifiques et disciplines du regard au XVIIe siècles,” *Equinoxe: Revue des Sciences Humaines* 18 (1997): 103–23, 以及 Mary G. Winkler and Albert Van Helden, “Representing the Heavens: Galileo and Visual Astronomy,” *Isis* 83 (1992): 195–217, esp. 211. Martin Kemp, 在 *The Science of Art: Optical Themes in Western Art from Brunelleschi to Seurat* (New Haven: Yale University Press, 1990), 169–212 中讨论了失真的图像，如克里斯托夫·沙伊纳的缩放仪或那些阿萨内修斯·基尔舍（Athanasius Kircher）在他的 *Ars magna lucis et umbrae*（Rome: Sumptibus Hermanni Scheus, 1646）中展示的图像以及他们声称的模仿。

72

图 3.7　罗伯特·弗拉德的宇宙志

原图尺寸：约 33.7 × 30.5 厘米。Robert Fludd, *Utriusque cosmi maioris scilicet et minoris metaphysica*, *physica atqve technica historia*, *in duo volumina secundum cosmi differentiam diuisa*（Oppenheim: Johann Theodor de Bry, 1617）. 由 Department of Special Collections, Kelvin Smith Library, Case Western Reserve University, Cleveland 提供照片。

图3.8 耶稣会士的宇宙志图像。图像是对17世纪相互竞争的世界系统之间的争论的贡献，然而支持圣里特和德圣柯提思1488年为萨克罗博斯科所做的标题页（参见图3.3h的一个较晚的复制品）和菲内对其的修订（参见图3.12）。这里，阿斯特莱亚（Astraea），用星辰作为其装饰，在她的左手握着浑仪，同时用她的右手向百眼的阿格斯（Argus）展示着一个天平，后者握着一个望远镜，而这一望远镜朝向太阳射出的光芒，而太阳则由一个位于环绕太阳的行星之中的小天使支撑着。天平衡量着哥白尼和里乔利系统的重量，由此表达了对后者的偏爱，同时坐着的托勒密，他自己的系统现在被弃置在阿斯特莱亚的脚边，宣称“我受到赞美，同时被改进”。在四字圣名（tetragrammaton）之下，上帝之手标识着“数量、尺度和重量”，同时最近通过使用望远镜而从科学的蒙昧之中浮现出来的各种宇宙现象，由天使高举：土星的光环、木星的卫星和颜色，月亮的环形山以及一颗彗星。图像是耶稣会士宇宙志图景的代表，在严格的观测和服从神学管理之间延伸

Giovanni Battista Riccioli, *Almagestum novum astronomiam veterem novamque complectens*, 2 vols.（Bologna：Victorij Benatij, 1651），标题页。由Adler提供照片。

械师工作的图像制作，现在被认为在自然哲学中承担着越来越重要的角色[84]。

在 17 世纪的这一背景下，宇宙志依然被用来作为表明地球和天体空间结构一致性的著作的书名，同时作为一种科学方案，宇宙志让位给在技术方面存在基本差异的地理学和天文学。

宇宙志依然作为球仪、世界地图和地图集的一种常用的名称，在约道库斯·洪迪厄斯、约安·布劳（Joan Blaeu）和温琴佐·科罗内利（Vincenzo Coronelli）为独裁君主制作的详尽著作中达到了顶峰，这些独裁君主通常将他们自己认定为两个领域的主人。这些著作，经常包含对数学宇宙志的简要归纳，装饰有球仪的图像以及源自文艺复兴宇宙志全部内容的寓意画，将它们转化为巴洛克（Baroque）珍宝馆（*Wunderkammern*）的图像对应物（图 3.9）。路易十四（Louis XIV）的一生及其统治，通过宇宙志的论说而被撰写了下来，并在凡尔赛（Versailles）的建筑、花园和装饰中加以实现。N. 加宗（N. Jaugeon）的《包含天国和尘世诸世界的全图》（*Carte generale contenante les mondes coeleste terrestre et civile*，1688），在他精心绘制的地图的正中央，使用王室的面孔来绘制季节旋涡饰纹中的太阳[85]。托马索·坎帕内 73
拉（Tommaso Campanella）的《太阳之城》（*City of the Sun*）是宇宙哲学文本乌托邦类型的一个例子，计算了路易出生时的星象。

持续存在的对以新柏拉图学派为基础的宇宙志原则的信仰，试图按照亚里士多德地心系统中基督教化的宇宙哲学对知识进行综合。新教医生罗伯特·弗拉德和耶稣会士的博学者阿萨内修斯·基尔舍（Athanasius Kircher）都出版了关于宏观宇宙与微观宇宙的关系、穿越天球的旅行、地下世界和行星对地球地理的影响的有着丰富图示的著

---

[84] E. G. R. Taylor, *The Mathematical Practitioners of Tudor & Stuart England*（Cambridge：Cambridge University Press，1954；reprinted London：For the Institute of Navigation at Cambridge University Press，1967）. Stephen Andrew Johnston，在“Mathematical Practitioners and Instruments in Elizabethan England，”*Annals of Science* 48（1991）：319 – 44 中警告对机械工匠与宫廷科学家在使用仪器和对仪器态度上的过于清晰的区分，认为从业者在“绅士与技工，主顾与工匠”之间扮演了一个重要的中介的角色，尽管他指出这种知识被局限于城市文化，且对“在乡村人口或穷苦劳工中的不识字的大多数人的影响很小”（pp. 327 and 342）。关于从业者与宗教之间的关系，参见 G. J. R. Parry，*A Protestant Vision*：*William Harrison and the Reformation of Elizabethan England*（Cambridge：Cambridge University Press，1987）。也可以参见 Pamela O. Long，“Power，Patronage，and the Authorship of *Ars*：From Mechanical Know-How to Mechanical Knowledge in the Last Scribal Age，”*Isis* 88（1997）：1 – 41，以及 Cormack 在 *Charting an Empire*，24 – 27 中的讨论，提到了相关文献。

如阿皮亚的大众宇宙志作品所使用的一种数学文本的专业人员的传统，在 15 世纪末之后是可以使用的，尤其在意大利，例如 Luca Pacioli，*Somma di aritmetica*，*geometria*，*proporzione e proporzionalita*（Venice：Paganinus de Paganinis，1494）；Francesco Feliciano，*Libro di arithmetica*[*e*] *geometria speculatiua*[*e*] *praticale*... *Scala grimaldelli*（Venice：Fracesco di Allesandro Bindoni and Mapheo Pasini，1518）；Cosimo Bartoli，*Del modo di misvrare le distantie*，*le superficie*，*i corpi*，*le piante*，*le prouincie*，*le prospettiue*，*& tutte le altre cose terrene*，*che possono occorrere a gli huomini*，*secondo le uere regole d'Euclide*，*& de gli altri piu lodati scrittori*（Venice：Francesco Franceschi Sanese，1564）；和 Silvio Belli，*Libro del misurar con la vista*...（Venice：Domenico de'Nicolini，1565）。15 世纪意大利文化中这类著作的地位，在 Stillman Drake and I. E. Drabkin，comps. and trans.，*Mechanics in Sixteenth-Century Italy*：*Selections from Tartaglia*，*Benedetti*，*Guido Ubaldo*，*& Galileo*（Madison：University of Wisconsin Press，1969）中进行了讨论。Bartoli 的书名尤其意味着这些实践数学和机械艺术被应用的领域。1570 年 Henry Billingsley 将欧几里得翻译为英文之后，在英格兰出版了相似的文本，对此迪伊撰写了 *Mathematicall Praeface*，定义和分类了数学艺术。

[85] Monique Pelletier，“Les globes de Marly，chefs-d'oeuvre de Coronelli，”*Revue de la Bibliothèque Nationale* 47（1993）：46 – 51。也可以参见 Chandra Mukerji，*Territorial Ambitions and the Gardens of Versailles*（Cambridge：Cambridge University Press，1997）；Thierry Mariage，*The World of Andre le Notre*，trans. Graham Larkin（Philadelphia：University of Pennsylvania Press，1999），27 – 46，其中列出了相关的 17 世纪法文的宇宙志文献；Denis E. Cosgrove，“Global Illumination and Enlightenment in the Geographies of Vincenzo Coronelli and Athanasius Kircher，”in *Geography and Enlightenment*，ed. David N. Livingstone and Charles W. J. Withers（Chicago：University of Chicago Press，1999），33 – 66；以及 idem，*Apollo's Eye*，166 – 75。关于 Jaugeon 的地图，参见 Shirley，*Mapping of the World*，535 and 540 – 41（No. 538），和 Whitfield，*Image of the World*，97。

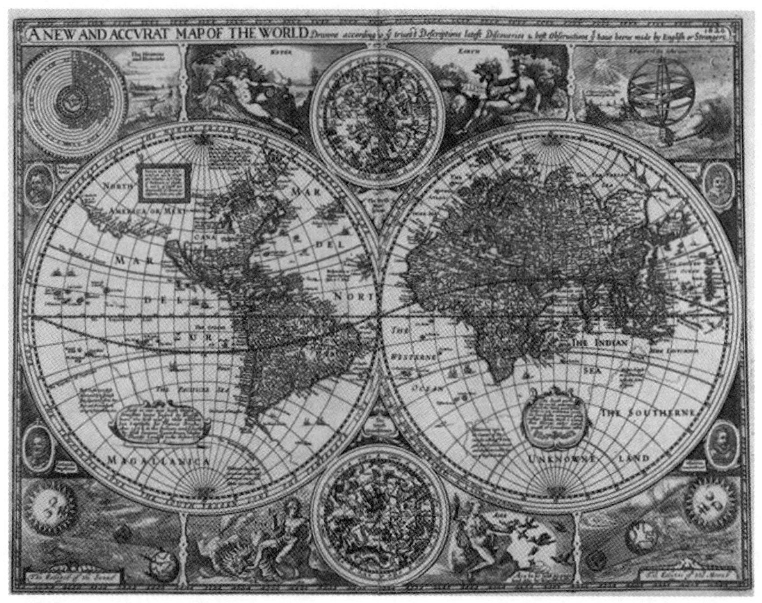

图 3.9 绘制为地图的宇宙志：约翰·斯皮德（John Speed）的世界地图，1626［1632］年。斯皮德的地图展示了整合进一幅双半球世界地图的宇宙志的碎片。空间由地球的两个半球所主导，在其上的大圆环、黄道线和大的南方大陆墨瓦腊泥加（Magellanica）保留了宇宙志的印迹。周围环绕的是熟悉的宇宙志元素，但没有文本。两个眼球状的地图绘制了北部和南部天体天空。上部的左侧是元素的世界机械和 10 层天球，其外侧的圆环是空白的。上部右侧有一只握住了浑仪的手，还有太阳和月亮的图像，此外还有一幅通过观察一艘船穿过地平线从而展示了地球的圆形的图示。下部左侧和右侧是月食和日食的图式，使用了熟悉的相交角锥的视角。背景空间由 4 种元素的拟人图像所占据。宇宙志有着国家和皇室的背景：斯皮德将他的图像与英国探险家的肖像放在了一起

原图尺寸：约 38.9×51.5 厘米。John Speed, *A New and Accvrat Map of the World*, in *A Prospect of the Most Famous Parts of the World*（London, 1632）. 由 BL（Maps C. 7. c. 6）提供照片。

作[86]。这些著作的规模和图像的复杂性，反映了在单一概念框架中包含关于这两个世界可用
74 的经验材料的体量和范围所带来的挑战。尽管这些著作没有使用宇宙志作为标题，但是其中

[86] 关于被放置在天球内并且可以通过柏拉图式的上升而在宏观宇宙空间中移动的人体微观宇宙的文艺复兴时期的观点，常被摘引的章句就是 Pico della Mirandola 的 "Oration on the Diginity of Man"（1486），其中包括这些句子："亚当，我们既没有给你固定的住所，也没有给你独自拥有的形态，也没有给你任何特殊的功能，目的在于你可以根据自己的愿望，根据自己的判断去获取和拥有你希望的任何住所、任何形态和任何功能。所有其他事物的特性都受到我们所制定的法则的限制与约束。而你将由自己来决定你特性的边界，不受任何约束，按照你自己的自由意志——我们让你听从自由意志的支配。我们把你置于世界的中心，以便你从这里更容易观察这世上的一切。我们既未确定你属于天上，也未确定你属于地下，既未确定你终有一死，也未确定你永恒不灭，以便你凭着自由意志与高尚情操——就像你的造物主一样——随心所欲地塑造你自己的形象。你将有能力堕落为低级的生命形式，那将与禽兽无异。你将有能力凭借你心灵的判断力，再生为高级的形式，那将与神灵同在。"（译者注：译文来自网络译文）Giovanni Pico dellaMirandola, *On the Dignity of Man*, *on Being and the One*, *Heptaplus*, trans. Charles Glen Wallis, Paul J. W. Miller, and Douglas Carmichael（Indianapolis：Bobbs-Merrill, 1965），3–34, esp. 4–5。

关于微观宇宙和宏观宇宙的文献是极为庞大的。一个较早的概述就是 George Perrigo Conger 的 *Theories of Microcosms and Macrocosms in the History of Philosophy*（New York：Columbia University Press, 1922）。对文艺复兴微观宇宙思想的经典叙述，参见 Ernst Cassirer, *The Individual and the Cosmos in Renaissance Philosophy*, trans. Mario Domandi（Oxford：Basil Blackwell, 1963）。其他的概述就是 Bernard O' Kelly, ed., *The Renaissance Image of Man and the World*（Columbus：Ohio State University Press, 1966），和 Allen G. Debus, *Man and Nature in the Renaissance*（Cambridge：Cambridge University Press, 1978）。Jill Kraye, "Moral Philosophy," 和 Richard H. Popkin, "Theories of Knowledge," both in *The Cambridge History of Renaissance Philosophy*, ed. Charles B. Schmitt et al.（Cambridge：Cambridge University Press, 1988），303–86, esp. 312–14, and 668–84, esp. 676–78，分别对这一主题进行了讨论。

对于地图和图示的纯理论的使用直接来源于文艺复兴早期的方案[87]。

支持着意图展示上帝神圣计划的虔诚手册的是一种相似的对于宇宙志的信仰，其结合了 75
一种简单的传统托勒密宇宙哲学的概要和一种对于地球的地理概述。朱塞佩·罗塞西奥的《苍穹和大地的舞台》（*Teatro del cielo e della terra*，1598）和弗朗切斯科·罗巴西奥利（Francesco Robacioli）1602 年用同一书名出版的著作，或者威廉·霍德森（William Hodson）的《神圣的宇宙志学者》（*Divine Cosmographer*，1640）和彼得·黑林（Peter Heylyn）的《宇宙志》（*Cosmographie*，1652），代表了存在于天主教和新教区域中的这类著作[88]。在后者中，印刷的《圣经》，其自身被认为是赎罪首要的媒介，为宇宙志地图的绘制提供了充足的机会[89]。类似的展示被发现于徽章和道德工具中。如果保守是文艺复兴晚期宇宙志的特点，那么附属于神学——在法庭、在珍宝柜，或在虔诚小册子中——是始终如一的。威廉·霍德森，书写于 1640 年，尽管讲述了一段使人厌烦的陈词滥调，但巧妙地概括了其请求，“大幅的世界地图、天体和地球的地球仪，是沉思造物主的最为令人愉悦的地理学的种类；由此我们能从上帝那里获得的，莫过于我们每日从他手中得到的最好的恩惠和福音”[90]。

宇宙志和宇宙志学者的地理学

这一对欧洲宇宙志的分析隐藏了复杂的地理模式：存在联系的学者和著作的群体，他们被按照各自宇宙志所服务的目的、北部与地中海国家之间的差异，以及天主教和新教国家之间的差异而被区分开来。同时，由于欧洲海外存在的发展，所以球仪科学本身也变得全球化了。西班牙宇宙志学家胡安·洛佩斯·德韦拉斯科（Juan López de Velasco）和安德烈斯·加西亚·德塞斯佩德斯（Andrés García de Céspedes）的《地理录》（*Relaciones geográficas*）是对西班牙美洲的详细描述和目录；在亚洲和美洲的耶稣会士在每年向罗马的汇报中都搜集了天文和地理信

---

[87] 关于弗拉德，参见 William H. Huffman, *Robert Fludd and the End of the Renaissance* (London: Routledge, 1988); Joscelyn Godwin, *Robert Fludd: Hermetic Philosopher and Surveyor of Two Worlds* (London: Thames and Hudson, 1979)；以及 Frances Amelia Yates, *Theatre of the World* (London: Routledge and Kegan Paul, 1969)。关于 Kircher，参见 Paula Findlen, *Possessing Nature: Museums, Collecting, and Scientific Culture in Early Modern Italy* (Berkeley: University of California Press, 1994); idem, "The Economy of Scientific Exchange in Early Modern Italy," in *Patronage and Institutions: Science, Technology, and Medicine at the European Court*, 1500 – 1750, ed. Bruce T. Moran (London: Boydell, 1991), 5 – 24; Joscelyn Godwin, *Athanasius Kircher: A Renaissance Man and the Search for Lost Knowledge* (London: Thames and Hudson, 1979)；以及 Cosgrove, "Global Illumination"。正如 Kemp 指出的“光学的、神秘的和神圣的敬畏非常自然地共存，作为中世纪、文艺复兴和巴洛克思想的主流，而这种共存的方式从一个现代的眼光来看是难以理解的”（*Science of Art*, 191）。

[88] Giuseppe Rosaccio, *Le sei età del mondo di Gioseppe Rosaccio con Brevita Descrittione* (Venice, 1595)，以及 idem, *Fabrica universale dell'huomo...* (1627)。在罗塞西奥出版的超过 40 种著作中，有一部朝圣指南，*Viaggio da Venetia a Costantinopoli per mare, e per terra* (Venice: Giacomo Franco, 1598)，和一幅世界地图，*Universale descrittione di tutto il mondo* [1597, 1647 年重印，并且用来自 Theodor de Bry (Shirley, *Mapping of the World*, 222 – 24 [No. 205]) 的民族志的插图作为装饰。关于罗塞西奥，参见 Giuliano Lucchetta, "Viaggiatori, geografi e racconti di viaggio dell'età barocca," in *Storia della cultura Veneta*, 6 vols. (Vicenza: N. Pozza, 1976 – 86), vol. 4, pt. 2, 201 – 50, esp. 201 – 2。Francesco Robacioli 的 *Teatro del cielo e della terra* 在 Shirley, *Mapping of the World*, 251 (No. 236) 中进行了讨论。也可以参见 Robert J. Mayhew, *Enlightment Geography: The Political Languages of British Geography*, 1650 – 1850 (New York: St. Martin's Press, 2000), 49 – 65。

[89] Catherine Delano-Smith and Elizabeth Morley Ingram, *Maps in Bibles*, 1500 – 1600: *An Illustrated Catalogue* (Geneva: LibrairieDroz, 1991).

[90] William Hodson, *The Divine Cosmographer; or, A Brief Survey of the Whole World, Delineated in a Tractate on the* Ⅷ *Psalme by W. H. Sometime of S. Peters Colledge in Cambridge* (Cambridge: Roger Daniel, 1640), 149.

息，并且在当地出版了宇宙志著作，如马泰奥·里奇（Matteo Ricci）的世界地图（1602）[91]。

在北欧存在更为开放和商业化的宇宙志，尤其是在德意志和弗兰德斯（Flanders），与在南部存在的一个更为神秘和宫廷化的宇宙志，尤其是在伊比利亚（Iberia）和意大利半岛的宇宙志之间，产生了地理上的差异。在一条沿着从阿姆斯特丹（Amsterdam）穿过德意志南部城市直至威尼斯的轴线上，一种城市—重商主义的宇宙志，与从英格兰至西班牙的大西洋（Atlantic）王国的领土国家的宇宙志之间，则存在着另外一种差异。雷吉奥蒙塔努斯、阿皮亚和赫马·弗里修斯手册的商业成功，以及广泛翻译；带有插图的舍德尔、明斯特、墨卡托绘制的宇宙志地图和地图集；以及来自如纽伦堡、威尼斯和安特卫普（Antwerp）等独立商业城市的出版家—人文主义者的，如德布里的航海资料的汇编。在这些城市中，宇宙志的材料通过商业合同自由传播，以及在独立的大学中自由传播，尤其是在路德教会改革之后，以及出版商看到了地图、教育手册、附有图示的百科全书以及航海故事中存在的利益之后。这些出版物散布在整个大陆。例如，在瓦伦西亚（Valencia）、萨拉曼卡（Salamanca）、阿尔卡拉（Alcalá）和科英布拉（Coimbra）的伊比利亚大学中推荐的文本，是阿皮亚和赫马的文本，那些萨克罗博斯科和欧几里得的文本，以及雷吉奥蒙塔努斯的托勒密的《概要》，在这些大学中，宇宙志与神判占星术（judicial astrology and perspective）一起被研究[92]。宫廷宇宙志学者工作于一个不太商业化的世界中。塞巴斯蒂亚诺·莱安德罗、伊尼亚齐奥·丹蒂、贾科莫·加斯塔尔迪和奥龙斯·菲内或伽利略·加利莱伊和约翰内斯·开普勒撰写的著作，代表了主要满足于赞助者的预测、技术或政治需要的职业生活的一个
76 侧面。在圣迪耶（St. Die），围绕瓦尔德泽米勒周围的群体是商业的和宫廷的[93]。

西班牙和葡萄牙的宇宙志学者在一种不同的背景下工作。自15世纪末之后，大多数宇宙志学者被雇用从事于国家控制下的航海和地缘政治的事务，在西班牙是在贸易署、皇家印度事务委员会和菲利普二世的数学学院（Academia de Matemáticas）。他们教育和考察领航者，检查和批准设备，研究经度问题，维护“国王标准图（*padron real*）”，并且检查水手和管理者的记录（*relaciones*）。很多由此产生的信息是秘密的，尽管秘密经常被泄露，同时伊比利亚的宇宙志也被撰写出来，例如帕切科·佩雷拉（Pacheco Pereira）的《埃斯梅拉尔多的对世界的描述》（1505 – 1508）、佩德罗·德梅迪纳（Pedro de Medina）的《宇宙志之书》（*Libro de cosmographia*，1519）以及阿隆索·德圣克鲁斯（Alonso de Santa Cruz）的《全史》（“Historia universal”）（1536）和《岛屿概览》（“Isolario general”）[94]。绝大多数这类著作一直没有出版，未能为欧洲宇宙志的主流提供养分[95]。胡安·马努阿莱·纳瓦拉（Juan Manual Navara）的《时间的

---

[91] Lamb, *Cosmographers and Pilots*; “Cosmographers in 16th Century Spain and America,” <http://www.mlab.uiah.fi/simultaneous/Text/bio_cosmographer.html>; Jonathan D. Spence, *The Memory Palace of Matteo Ricci* (New York: Viking Penguin, 1984); Cosgrove, “Global Illumination”.

[92] Ursula Lamb, “The Spanish Cosmographic Juntas of the Sixteenth Century,” *Terrae Incognitae* 6 (1974): 51 – 64; 重印在 *Cosmographers and Pilots of the Spanish Maritime Empire*, by Ursula Lamb, item V (Aldershot: Variorum, 1995)。

[93] Gallois, *Géographes allemands*, 38 – 69.

[94] Medina, *Navigator's Universe*.

[95] Ursula Lamb, “Cosmographers of Seville: Nautical Science and Social Experience,” in *First Images of America: The Impact of the New World on the Old*, 2 vols., ed. Fredi Chiappelli (Berkeley: University of California Press, 1976), 2: 675 – 86, esp. 682 – 83; 重印在 *Cosmographers and Pilots of the Spanish Maritime Empire*, by Ursula Lamb, item VI (Aldershot: Variorum, 1995)。

艺术》（“Art del Tiempo”）是一个较晚的例子，一部 1611 年日课经的抄本，安东尼诺·萨利巴（Antonino Saliba）著名的《所有事物的新形象》（*Nvova figvra di tvtte le cose*）（图版 1）被纳入其中[96]。

在法兰西和英格兰，大学的宇宙志使用了来自德意志的标准的学术文本和概述。宇宙志学者与他们意大利和哈布斯堡帝国的同行们扮演着相似的角色，可能更多的与个人的创业联系起来，如迪伊或勒泰斯蒂，他基于商业利益正在制作仪器和教育航海者，同时在宫廷中将推进航海事业作为他们各自国家帝国野心必不可少的内容。

梵蒂冈可能被认为是一个特例。教皇对于拥有全球的精神主导权的宣称，和长期以来认为的历法改革的需要，产生了对宇宙志的强烈兴趣。出版的天文表格，改良的子午线和太阳日冕仪，以及更为精确的观测和数学支持了历法的改革[97]。在整个文艺复兴时期，宇宙志在梵蒂冈都是重要的：雷吉奥蒙塔努斯在罗马度过了他的余生，而伊尼亚齐奥·丹蒂是格列高利十三世为 1582 年改革招收的唯一的最为著名的宇宙志学家，同时从其建立直至 17 世纪晚期，耶稣学院（Jesuit College）是宇宙志最为重要的学术中心。

这些地理学的群体不应当掩盖宇宙志者高度的流动性。在极端情况下，瓦尔德泽米勒停留在阿尔萨斯（Alsace），而泰韦访问了巴西（Brazil）。其中大多数人在欧洲进行了相当广泛的旅行，尤其是在大学［尤其是帕多瓦、巴黎、莱顿和博洛尼亚（Bologna）］和宫廷之间。

宇宙志著作：地图、文本和图示

在数学和描述的宇宙志之间的动态平衡，反映在了著作内部和著作之间的球仪、地图、文本和图像图示之间不稳定的关系中。这一问题由于宇宙志形而上的和象征性的联系而变得进一步复杂，尤其是在 17 世纪。

从在克洛斯特新堡（Klosterneuberg）首次尝试绘制托勒密的坐标开始，基于投影和坐标的世界或宇宙地图被赋予了宇宙志的标题。明斯特 1532 年的《普通宇宙志图》就是一个例子。在观念上，托勒密的这些地图通常在它们描述性的文字框和图像中展现了较早的《世界地图》（*mappaemundi*）的影响。因而，瓦尔德泽米勒的《新土地之图》（*Tabvla terre nove*，1513）在南加勒比（Caribbean）的一个文本框中包含了对哥伦布发现的文本描述。在其装饰性的边框中，阿皮亚的心形《普通世界地图》（*Tipvs Orbis Vniversalis*，1520）展示了浑天仪以及由此派生出的几何图形组合形成的刻度[98]。太平洋的发现使得世界地图上的空间可以服务于较长的描述性的宇宙志文本。墨卡托的革命性的《为航海准备的新的世界地图》（*Nova et avcta orbis terrae descriptio ad vsvm nauigantium emendatè accommodata*，1569）不仅包括了阐释地图投影及其用途的技术文本框，还包括记录了祭司王约翰（Prester John）传奇故事和描述恒河（Ganges River）的边饰。16 世纪晚期和 17 世纪的挂图，通常整合了对宇宙

---

[96] 另外一个萨利巴地图的例子见于 Shirley, *Mapping of the World*, 168 – 69（No. 146）。

[97] J. L. Heilbron, *The Sun in the Church: Cathedrals as Solar Observatories*（Cambridge: Harvard University Press, 1999）.

[98] Shirley, *Mapping of the World*, 51 – 53（No. 45）.

志的文本解释，以及位于大洋空白处和大陆内部空白处或地图边界之外的宇宙志的描述[99]。

当萨克罗博斯科的《球体》提供了一个模型的同时，宇宙志的手册从未形成一种标准形式。瓦尔德泽米勒在《宇宙志入门》（1507）中的数学概述，为理解九章内容以及附加
77 的韦思普奇的描述中的其地图和球仪奠定了基础。这些涵盖了（1）几何学的要素；（2）球、轴、极等的含义；（3）天体所在的圆周；（4）基于度数系统的球体理论；（5）天空和地球上的五个天体带；（6）纬度圈；（7）气候；（8）风；和（9）地球的划分以及地点之间的距离。有着关于极点、大的圆周和黄道带、气候带、基于托勒密的纬度圈、带有纬度圈和子午线的风历的五幅图示。在附录中展示了四分仪。此外，还有关于风的表格和托勒密的《地名表》（*tabulae*），但是没有地球和天球的图示或者对于行星运动、日月食、神裁占星、历法或者气象的讨论。

1524 年的阿皮亚《宇宙志》（1529 年赫马版中的《宇宙志》）将更多的空间留给了这些技术问题，因此相应地减少了留给描述性宇宙志的空间。明斯特和泰韦给予数学宇宙志较少的关注，后者的著作中只有 4 页[100]。他们关注的是描述性宇宙志，而只使用一组有限的图像来传达数学规则。帕切科·佩雷拉的《埃斯梅拉尔多的对世界的描述》和圣克鲁斯的《岛屿概览》，分别描述了海岸和岛屿，开篇是简短的关于数学宇宙志的带有插图的说明。格雷戈尔·赖施和奥龙斯·菲内在天体空间与地球空间之间更为平衡，在数学和描述宇宙志之间也是如此。拉穆西奥、哈克卢特或者德布里的航海报告汇编忽略了数学宇宙志[101]。理论上的保守，哲学—神学的宇宙志手册，例如卡宁哈姆的《宇宙志之境》（1559）或西蒙·吉罗（Simon Girault）的《世界之球》（*Globe dv monde*，1519），对于数学宇宙志的处理非常浅薄。

在图示不是必要条件的同时（很多萨克罗博斯科的《球体》的摇篮本缺乏在抄本中发现的图示），球体、浑天仪和气候以及地带都通过简单的罗盘和标尺图像的方式使人更为容易理解。到 16 世纪早期，数学宇宙志稳定的都带有图示，至少通过简单的木版画复制了在抄本中标准化的全套图示。现代著作通常与古典著作绑定在一起，产生了新的图像。因而，克雷莫纳的赫拉德的《关于行星的理论》（*Theory of the Planets*）和波伊尔巴赫的《关于行星的新理论》，展示了行星偏心圆的轨道与天球之间的关系，与萨克罗博斯科的《球体》经常一起出现。例如，1472 年的印本中，展示了一个环绕着墨印的位于中心的地球的 12 圈层的世界机器，以及一个有着地带和气候带的半球的图示。埃哈德·拉特多尔特的地理方面更

---

[99] 例如，分别参见 Shirley, *Mapping of the World*, 273 – 76 (No. 258), 336 – 37 (No. 313), 340 – 41 (No. 317), 363 – 64 (No. 340), 377 – 79 (No. 354), and 391 – 92 (No. 370) 中 Willem Jansz. Blaeu (1606 – 7), William Grent (1625), John Speed (1626), Jean Boisseau (1636), and Jodocus Hondius (1640 and 1647) 绘制的世界地图。

[100] "他（泰韦）以后应当只会暗地之中返回到（数学宇宙志），在强调缺乏内在连贯性的那些页中"（Lestringant, *Mapping the Renaissance World*, 6）。关于英格兰对数学和描述宇宙志的相关需求，参见 Cormack, *Charting an Empire*, 112 – 18。

[101] 例如，地理发现的描述性文本的汇编并不应当被称为宇宙志著作，但是它们中所包含的信息则落入宇宙志的领域中，并且被提供作为天意的证据，正如小理查德·哈克卢特在他 *The Principall Navigations, Voiages and Discoveries of the English Nation* (London: George Bishop and Ralph Newberrie, 1589) 的献词中所澄清的那样。

为复杂的 1482 年的版本，卷头插画是一个浑天仪，是一个有影响力的模板（图 3.3）[102]。

其他印刷的中世纪文本，包括新柏拉图派哲学家的著作，如普罗克洛斯的《球体》（*Sphaera*，约 1500 年）和马克罗比乌斯的《评注》（*Commentary*，1483），通常从萨克罗博斯科那里借用了它们简单的天球、气候和分带的线图。德阿伊的《世界宝鉴》（*Louvain*，约 1477 年）包括了 7 幅正页的天球、主要的圆周、天文罗盘点、月球之下的元素、地球的分区和气候带以及有人居住的世界（*oikoumene*）的图像。1500 年佛罗伦萨版的列奥纳多·达蒂（Leonardo Dati）的意大利语的流行的宇宙志韵诗中包括了日食、月食、星座、风以及对陆地的划分[103]。占星学的论文，如约翰尼斯·安格鲁斯（Johannes Angelus）的《星盘》（*Astrolabium*，1488）借鉴了这些图示，并增加了星历表和黄道带星座的图示（图 3.10）。

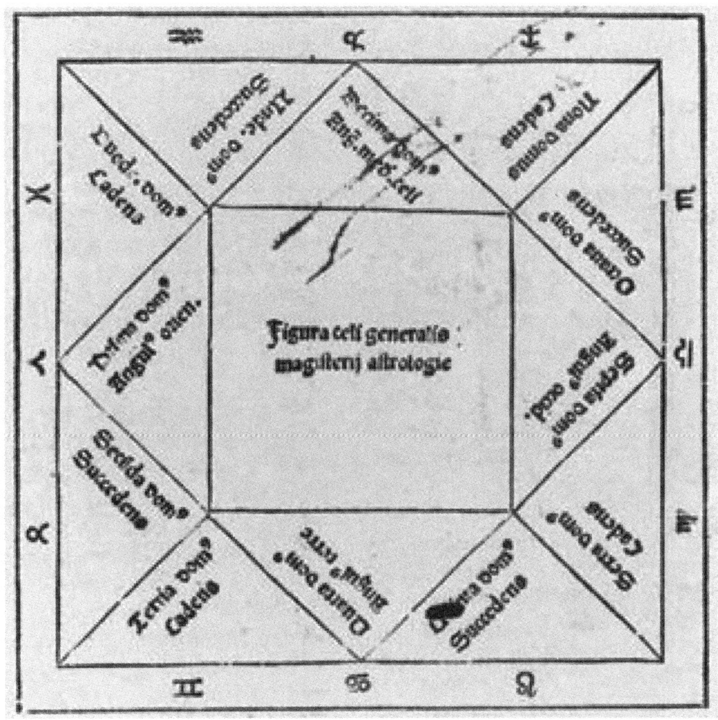

图 3.10　黄道带星座。占星术与宇宙志存在紧密联系，因为其相信天球之间影响的作用。因而，宇宙志的文本通常展示了关于生辰占星术和占星图的主要图示。一个简单的方框按照几何图形被分为 12 “宫”，同时 12 宫的符号按照每边 3 个分成 4 组。然后，每一“宫”被分配以星象所对应时刻行星所在的位置。埃哈德·拉特多尔特对天空进行了概述的解释性图示显示了占星术的威严

Claudius Ptolemy, *Quadripartitum*: *Centiloquium cum commento Hali* (Venice: Erhard Ratdolt, 1484). 由 Beinecke 提供照片。

---

[102] 例如，1491 年 1 月，由 G. Anima Mia, Tridinensis 在威尼斯出版的《球体》的版本，或者 1499 年 W. Stöckel 在莱比锡（Leipzig）出版的版本。

[103] Leonardo Dati, *La Sfera* (Florence: Lorenzo Morgiani and Johannes Petri, for Piero Pacini, ca. 1495 - 1500), 23 页的文本有着一个基于萨克罗博斯科的印刷本的浑天仪《世界之球》（*sphera mundi*）作为卷头插画，有着 16 幅简单的线图。Anthony Grafton 在 *New Worlds*, *Ancient Texts*: *The Power of Tradition and the Shock of Discovery* (Cambridge: Belknap Press of Harvard University Press, 1992), 63—69 中对其文本进行了讨论。

如果瓦尔德泽米勒的木版受到严格限制的话，那么阿皮亚的手册则有着更为丰富的插图，其中包括可旋转的轮盘和托勒密的四种投影；一个可旋转的轮盘展示了他的“宇宙志之镜”（图3.11）。阿皮亚的图像在后来的著作中被复制[104]。16世纪中期的手册使用复杂的浑天仪的图示来展示宇宙志的术语。赫马的《天文学和宇宙志的原则》（1530年，1548年增补版）是
78 一个早期的例子[105]。奥龙斯·菲内《数学原理》中的“世界地图”（*Typvs vniversi orbis*，1532）在单一图像中结合了浑天仪和行星天球（图3.12）。泰韦的《普通宇宙志》（*La cosmographie vniverselle*，1575）用一个非常奇妙的复杂的世界机器弥补了文本中数学宇宙志的

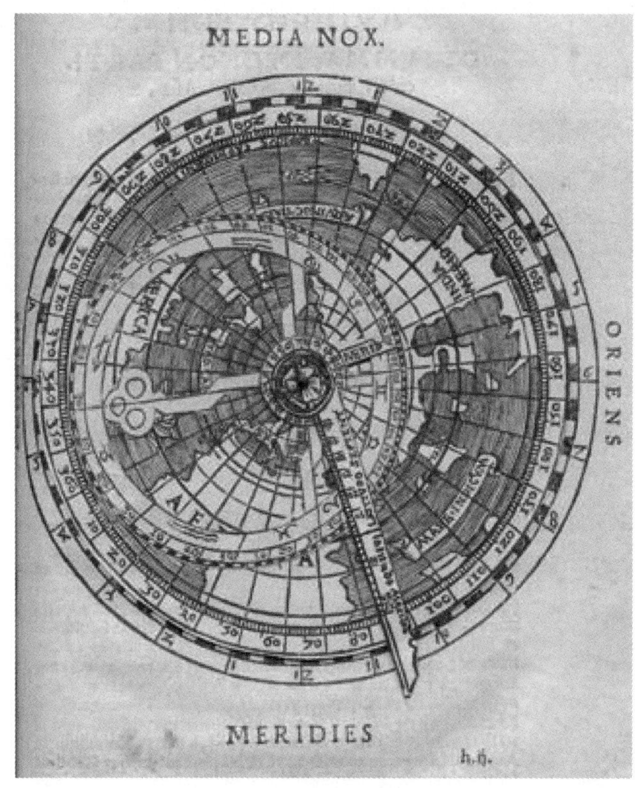

图3.11 彼得·阿皮亚的“宇宙志之镜”。阿皮亚的《宇宙志》分为两部分：第一部分，致力于数学宇宙志，重点用教学地图和图示进行展示，允许读者去进行宇宙志方面的实际训练。其中与众不同的就是阿皮亚的可旋转轮盘，其圆周和罗盘标尺可以被旋转以指向不同的方向，由此显示了行星的位置和运动。其中最为精妙的就是阿皮亚的《宇宙志之境》（*speculo cosmographico*，cosmographic glass），其被分成24个部分以允许进行一系列占星术的和钟表的计算：“因为在这一镜子中，我们可以考虑整个世界，因为其是地球的画像、图像和图片。”（引文在fol. 29）

原图尺寸：25×17 厘米。Peter Apian，*Cosmographia*（Antwerp：Gregorio Bontio，1545），fol. 28. 由MnU提供照片。

---

[104] 例如，安东尼奥·坎皮，在1583年 *Tvtto il cremonese* 中复制了阿皮亚的关于宇宙的图示和一幅极投影的地球的图示，其中有着正在使用直角仪来观测月亮和第八层天球上的恒星的宇宙志学者。这些都被复制用来对照一幅克雷莫纳省的地方地理地图以此来展示阿皮亚的宇宙志、地理学和地方地理学的层级。通过西班牙的菲利普二世的盾徽，含蓄地将宇宙的秩序奉献给君主。由阿皮亚的可旋转轮盘展示的“宇宙志之镜”是阿皮亚的《御用天文学》（*Astronomicum Caesareum*）中奢华、手工上色多达6层的版本的一个廉价、木版的版本，《御用天文学》是1540年在他的因戈尔施塔特（Ingolstadt）的私人印刷厂中为查理五世和西班牙的费迪南德而印制的。Ronald Brashear and Daniel Lewis，*Star Struck*：*One Thousand Years of the Art and Science of Astronomy*（San Marino，Calif.：Huntington Library，2001），80－87.

[105] Van der Krogt，*Globi Neerlandici*，35.

缺乏（图 3.13）。在威廉·卡宁哈姆的木版的《支撑天空的阿特拉斯》（*Coelifer Atlas*）中，在阿特拉斯的肩膀上支撑着这样一个世界机器（图 3.14）[106]。然而，墨卡托的《地图集或宇宙志》（1595），没有收录宇宙机器的图像，而是在相互竞争的世界系统的时代中收录了一幅有争议的图像。

图 3.12 奥龙斯·菲内，“世界地图”。菲内在浑天仪中包含了元素天球和天体天球（远至恒星）。菲内利用了圣里特（Santritter）和德圣柯提思（de Sanctis）1488 年为萨克罗博斯科绘制的卷首插图（一幅较晚的复制品就是 3.3*h*），尽管作者自己，现代的“沃朗塔斯（Orontivs）”，取代了作为乌拉尼亚同伴的古代的托勒密，现在位于一个散布着宇宙志仪器的景观中

Oronce Fine, *Orontij Finei Delphinatis*, ... *De mundi sphaera*, *sive Cosmographia* (Paris, 1542), before fol. 1. 由 Adler 提供照片。

---

[106] 参见 Heninger, *Cosmographical Glass*, 177 – 79 的讨论。

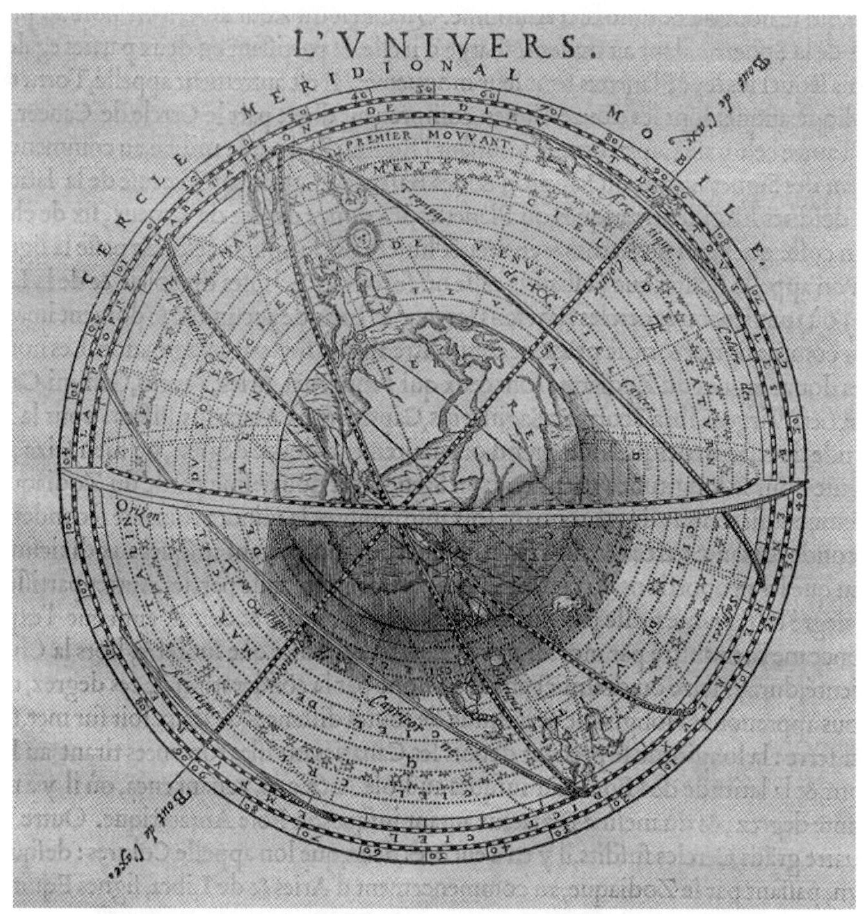

图 3.13 安德烈·泰韦,《宇宙》(*L'VNIV ERS*)。可能是所有浑天仪图示中最为精致的,泰韦的图示通过阴影的方法寻求展示每天的和季节的太阳运动,这是此后在宇宙志学者中成为兴趣焦点的光和影的先驱。作为一幅展示天球和地球一致性的详细图示,泰韦的图像在 16 世纪是无与伦比的,但是到其出现的时期,宇宙志受到其试图整合的大量新的信息以及正在出现的天文绘图与地理绘图之间差异的限制

André Thevet, *La cosmographie vniverselle*, 2 vols. (Paris: Chez Guillaume Chandiere, 1575), 1: 2a. 由 MnU 提供照片。

图 3.14　威廉·卡宁哈姆，《支撑天空的阿特拉斯》，1559 年。卡宁哈姆的宇宙志图像，他将其称为“世界的典范”（fol. 51），吸收菲内作为其基础结构，但是为天体天球增加了水晶天球和第十层天（*primum mobile*，原动天）以及黄道带的 6 个星座的符号。宇宙则由阿特拉斯的形象所支撑（他的形象类似于炼金术之王的图示）。在气和星辰的苍穹之下，被如新生发芽的树干等代表复苏的象征符号簇拥，他跪在一个由土和水构成的青翠的地理景观上，被太阳和月亮照亮。阿特拉斯支撑着世界机器的思想，起源于格雷戈尔·赖施在他的《哲学珍宝》中 1503 年的图示。文本则源自维吉尔（Virgil）《埃涅伊特》（*Aeneid*）中与宇宙志有关的一个段落

William Cuningham, *The Cosmographical Glasse*, *Conteinyng the Pleasant Principles of Cosmographie*, *Geographie*, *Hydrographie or Nauigation*（London: IoanDaij, 1559）, fol. 50. 由 Adler 提供照片。

世界机器很稳定地与宇宙生命力的思想结合在一起，是一种物质创造，浸透于在天球、行星、元素和人类之间传递的精神力量之中。宇宙哲学的纯理论方面——占星术的影响、魔法的各种形式、炼金术和新柏拉图学派的沉思——弥散在宇宙志中。除了在如卡罗勒斯·博韦卢斯（Carolus Bovillus），查尔斯·德布埃勒（Charles de Bouelles）撰写的《知识之书》（*Liber de intellectu*，1510）、弗朗切斯科·迪乔治（Francesco di Giorgio）的《和谐的全世界》（*De harmonia mundi totius*，1525），或亨里克斯·科尔内留斯·阿格里帕（Henricus Cornelius Agrippa）的《秘传智术》（*De occulta philosophia*，1531）的专业文本之外，宇宙志图像的宇宙哲学方面的含义极少是明确的[107]。当然，宇宙志家，例如迪伊、波斯特尔、弗拉德和基尔舍探讨了深奥的主题，但是其他人，例如罗伯特·雷科德（Robert Recorde），在他的《知识之堡》（*Castle*
79 *of Knowledge*，1556）中，反对这种思考。宇宙哲学的研究者对于图像给予了特殊的关注，通常将它们认为是活跃的中介者，通过它们，天体力量可以被“捕捉，然后被平息或使用”，由此图形图像在文艺复兴的文化中被严肃的对待，甚至在那些神秘科学没有直接涉及的地方[108]。

mundus，*annus* 和 *homo*（空间、时间和人类的存在）微观宇宙的图示自中世纪作者，如塞维利亚（Seville）的伊西多尔以来就是熟知的，在受到柏拉图哲学启发的伊西多尔的著作中，数字、形式和思想被认为是同义的和可交换的[109]。例如，数字 3，其从基督教的三位一体和柏拉图的拉姆达（λ）中获得了重要性[110]。其与数字 4 分享了作为物质范围的限定数字的重要性，4 列举了物质世界的元素。这些数字以及它们所附属的现象可以通过对于线条、环形、方形和矩形逐步复杂的组合而进行无限的阐述和展示[111]。几何图形因此可以代表不变的形式和对应于感官偶然世界的图案。通过对形式、字母、词汇和数字的操纵和阐释，可以通过图像解释更进一步的联系、对立、结合和对应，从而生成的创世文本的复杂解释。

宇宙志的图示因而可以将感官的偶然世界与有序宇宙知识上的完美联系起来。事实上，盖伦医药学将人体健康与占星术和气象事件联系起来，使得浑天仪成为医生的象征，并且绘制了表示宏观宇宙与微观宇宙之间关系的健康地图。希耳克雅·克鲁克（Helkiah Crooke）1631 年的《微观体格描绘：人体的描述》（*Mikrokosmografia*：*A Description of the Body of Man*）的书名页，遵从着一种可以追溯到赖施的图像传统，将男人和女人的解剖图与一幅元

---

[107] 博韦卢斯的《知识之书》是对天使和人类理性的研究，开始部分有着一副木版图像，其中圣光从上帝照耀到天使的天体国度以及人类的元素世界，然后到了物质、元素、生命和感知领域。关于阿格里帕，参见 Thorndike，*History of Magic*，5：127 - 38。

[108] Garin，*Astrology in the Renaissance*，46. 也可以参见 Ingegno，“New Philosophy of Nature，” 240 ff.，和 Stephen M. Buhler，“Marsilio Ficino's *De stella magorum* and Renaissance Views of the Magi，” *Renaissance Quarterly* 43（1990）：348 - 71。

[109] 例如，参见 Woodward，“Medieval *Mappaemundi*，” 301 - 2 and 337（fig. 18. 39）。

[110] Heninger，*Cosmographical Glass*，97 ff. Aurelius Theodosius Macrobius，*In Somnium Scipionis expositio*（Venice：P. Pincius，1500），收录了柏拉图哲学的拉姆达（lambda，译者注，希腊字母表中排序第十一位的字母）、地球的气候带等的图示，以及一幅粗糙地显示了可居住区域和不可居住区域的世界地图（*mappamundi*）的图示。Isidore of Seville，*Etymologiae*（Augsburg：Günther Zainer，1472；Strasburg：Johana Mentelin，1473）；两个版本都有着数量有限的毕达哥拉斯的四分体（Pythagorean tetrad）的木版图示。伊西多尔较短的 *De responsione mundi et astrorum ordinatione*（Augsburg：Günther Zainer，1472），在其 33 页的文本中包含有 7 幅表示元素对应关系的绘制精妙的图示。

[111] John Dee，在 *Mathematicall Praeface*，通过有序宇宙将新柏拉图学派关于穿过宇宙上升的思想与对数字的研究直接联系了起来。“因此，按照数字的特征，从所有可能的方面来说，（为了科学）知识（的完美），我们都可以同时把所有生物内在和深入的搜索和观察引向不同的顶点、性质、特征、形态：而且，（通过沉思）在精神上达到更远、更高，顶峰、超越，去掌握造物之镜，以及所有形式的原则、不可计数的所有事物的代表性数字：可见的和不可见的，人类的和神灵的，肉体的和精神体。”（j and ver.）

素图示以及一幅解剖剧场的图像结合在了一起[112]。

所有这类宇宙关系都向神秘的和炼金术的解释开放，后者在 16 世纪晚期变得流行。卡宁哈姆的《支撑天空的阿特拉斯》，展示了两种世界，有着强烈的炼金术的含义，而这也体现在了它的书名页中，尽管文本中并没有明确的炼金术的内容，不同于迈克尔·迈尔（Michael Maier）的《消逝的阿塔兰塔》（*Atalanta fugiens*，1618）或托马斯·沃恩（Thomas Vaughan）的《光是为光》（*Lumen de lumine*，1651）的那些文本，后者相似地包含了世界系统的图像。迈尔使用世界系统来展示炼金术的结合。罗伯特·弗拉德对于宏观宇宙和微观宇宙的宏大研究，《宏观宇宙与微观宇宙》（1617），省略了传统的医学和炼金术的图像。第一卷的第二册聚焦于数学，展示了设计用来预言天体运动的平面天球图。阿萨内修斯·基尔舍在检验和展示宇宙一致性的通俗和神秘的方面甚至比弗拉德更为多产[113]。基尔舍的图像跨越和超越了物质创造的偶然表象，产生了看似无限的数学的、均衡的和语言的异体同形。对于两位作者而言，图形图像成为图形的实验室，其中新柏拉图学派不易理解的和神秘的符号产生了对造物的新见解（图 3. 15）。

80

81

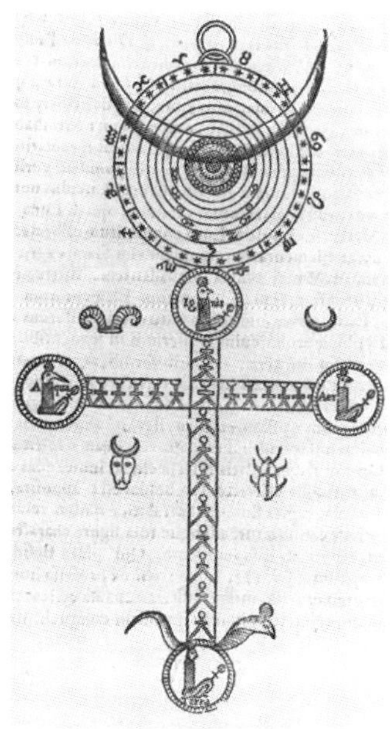

图 3. 15　《单一体象形文字》（THE HIEROGLYPHIC MONAD）。基于所有行星的和星座的符号以及主要的几何学图形的混合物，这一图像意图作为宇宙终极的象征地图。基尔舍在四元素的十字之上整合了天球（*sphaera mundi*）的圆周，增加了反映他对作为智慧源泉的赫耳墨斯（Hermetic）—摩西（Mosaic）—埃及（Egyptian）的信仰的各类象形文字。约翰·迪伊在 1561 年撰写了一篇关于这一图像的宇宙哲学的论文

Athanasius Kircher, *Athanasii Kircheri e Soc. Iesv*, *Oedipus Aegyptiacus*, 3 vols.（Rome：Vitalis Mascardi, 1652 – 54）, 2：ii, 29. 由 Beinecke 提供照片。

---

[112] 由 Martin Droeshout 雕刻的书名页，结合了宇宙志的绘图习惯和维萨里的图示。维特鲁威（Vitruvian）设计的解剖剧场、哥白尼重新绘制的宏观宇宙与维萨里的微观宇宙的身体之间的联系，在 Sawday, *Body Emblazoned*, 66 – 78 中关于维萨里《人体的构造》（1543）著名的卷头插画的评论中进行了讨论，该书中有对相关文献的一个概述。

[113] Robert Fludd, *Utriusque cosmi maioris scilicet et minoris metaphysica*, *physica atqve technica historia*, *in duo volumina secundum cosmi differentiam diuisa*（Oppenheim：Johann Theodor de Bry, 1617）. 后续各卷出现于 1619 年, 1620 年, 1621 年和 1624 年。关于弗拉德和基尔舍，参见注释 87。

82

宇宙志的图像

世界机器

16 世纪的世界机器结合了浑天仪和亚里士多德的天球。前者可以被完全模仿，同时自 16 世纪 20 年代之后频繁地与天球仪和地球仪一起出现。在大约 1440 年之后，地球仪开始按照托勒密的指导来进行制作。贝海姆的纽伦堡“苹果地球（earth apple）”是一个没有特意提到天体领域的地球。但制作球仪是宇宙志者的任务之一，尤其是在德意志和弗兰德斯。瓦尔德泽米勒、约翰尼斯·朔纳、赫马·弗里修斯和赫拉尔杜斯·墨卡托都制作了天球仪和地球仪，并配有他们宇宙志的文字。但是亚里士多德的天球并不太容易被模仿，同时在欧洲也不存在印度的宇宙志球仪的对应之物[114]。另一方面，与数学的浑天仪相比，球仪的概念特性在呈现中产生了更大的差异。当基本图示自中世纪的先例以来保持着相对一致的同时，差异反映了自然哲学内部的争论以及图像方面多种多样的惯例。

元素、天体和天体之外的领域，每一领域之中都有着进一步的划分。最为一致和稳定的（至少到 16 世纪 80 年代哥白尼的争论加剧之前）是七个行星天球的天体领域：月亮、水星（Mercury）、金星（Venus）、太阳、火星（Mars）、木星（Jupiter）和土星（Saturn）。它们的轨迹被表现为等宽的环形（在非常偶然的情况下表现为水平的）条带，由它们各自的占星学符号、金属或者古典的神灵所标示或计数。每一行星的神灵驱赶着他们的战车环绕着他们的天球行进，这一 15 世纪晚期的拉特多尔特木版画被广泛复制。从托勒密的《行星假说》中获得了行星与地球之间的实际距离，并且被天文学家广泛研究。虽然存在着偶然的例外，如老巴托洛梅乌（Bartolomeu Velho）壮观的描述，但宇宙志学者很少展示这些。亚里士多德的充实原则否认天上的天球之间存在任何空间，而行星在这些天球之内旋转。需要让行星在它们的天球内保持移动（波伊尔巴赫的《关于行星的新理论》的主题）的天文学问题和哲学假想，在宇宙志的图示中被忽略。萨克罗博斯科图示的哥白尼的新图像，以及最为重要的开普勒《宇宙的奥秘》（1597）中的图示，后者展示了天球之间没有接触，且在不同的系统之间存在巨大的距离，在挑战水晶天球的必然存在方面具有重要的意义[115]。

恒星所在的第八天球，在从阿基纳和萨克罗博斯科到里乔利的主要传统中定义为《圣经》中的苍穹，其宽度也存在问题[116]。土星的天球标定了其内侧边缘，同时其外侧标志着可感知空间的范围。这一圆周通常由星辰符号所指明，即使这些星辰围绕条带稀疏或者随机散

---

[114] Joseph E. Schwartzberg, “Cosmographical Mapping,” in *HC* 2.1: 332 – 87, esp. 352 – 58，关于南亚的宇宙志球仪。呈现宇宙时，立体的和平面的形象之间的差异所蕴含的宇宙哲学的含义，是一个开普勒相当关注的问题，并且是他关于柏拉图多面体著作的基础。西蒙·吉罗的被切开的立体球形的图像展示了一套同心球体，这代表了一个描绘宇宙球仪的罕见尝试。

[115] Johannes Kepler, *Mysterium cosmographicum*, 2d ed. (Frankfurt: Erasmi Kempferi, 1621)，被广泛的复制。参见 Fernand Hallyn, *The Poetic Structure of the World: Copernicus and Kepler* (New York: Zone, 1993), 185 – 202，和 Westman, “Nature, Art and Psyche,” 203 中的讨论。对柏拉图多面体兴趣的发展，尤其是在纽伦堡，参见 Kemp, *Science of Art*, 62 – 63, esp. 62：“纽伦堡的透视主义尤其擅长几何物体的绘画，尤其是柏拉图多面体和它们的衍生物”。按照理论，土由立方体（六面体），水由六面体，气由八面体，火由锥形（四面体），而宇宙则由十二面体表示。

[116] Hetherington, *Encyclopedia*, 79 – 81. Grant, *Planets*, 696 – 97，列出了主导这一问题的学术讨论的“关于天球和行星以及它们关系”的六个问题。

布，偶尔会试图标明星座，或者通过十二宫的标志而被分为 12 个部分。哥白尼的假说以及由天文望远镜确认的星体之间的距离将会摧毁这一天球，如同托马斯·迪格斯 1576 年的图示所预示的那样（图 3.16）。

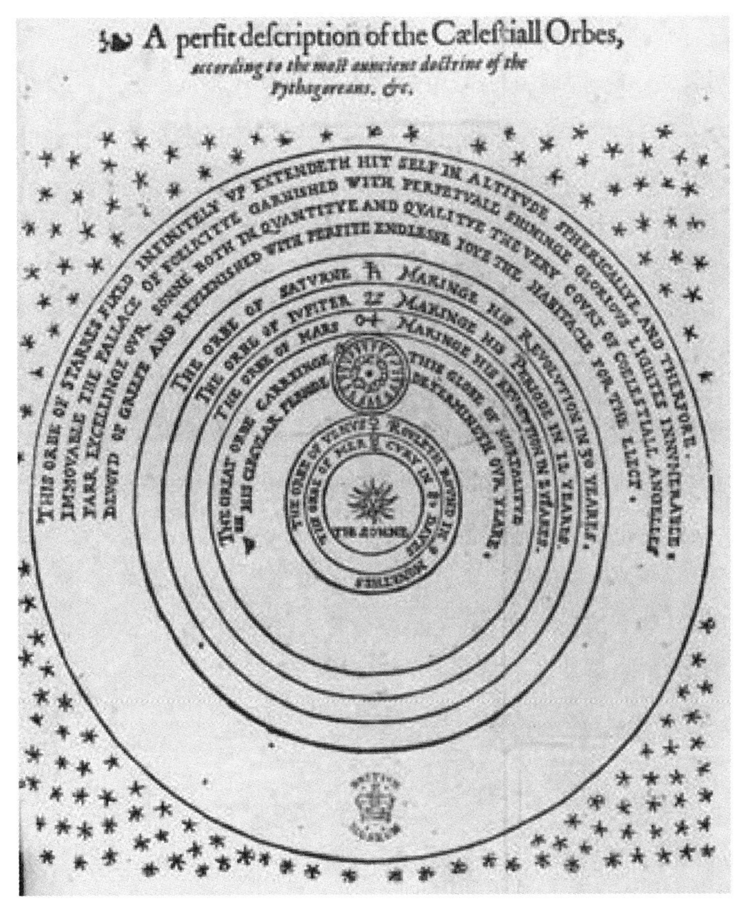

图 3.16　对天球的一个完美描述：无限的哥白尼的宇宙。托马斯·迪格斯在他父亲莱昂纳德的万年历的一个附录中解释了哥白尼的第一书，用一幅日心说的地图展示了他的信仰，这幅地图摧毁了恒星天球。最高天的寓意在迪格斯的文本中进行了清晰的阐释。他的同事，英国人威廉·吉尔伯特（William Gilbert）对于日心说的部分接受，是基于对行星自身磁性延伸的研究，这还导致吉尔伯特接受了无限延伸的星体宇宙的思想，如同在迪格斯的图示中所展示的那样，这一思想也出现在了吉尔伯特死后于 1651 年出版的《月下世界》（*De mundo sublunari*）的一幅图示中

原图尺寸：约 22 × 17 厘米。Leonard Digges，*A Prognostication of Right Good Effect...*（London，1576）. 由 BL（718. g. 52，fol. 43）提供照片。

关于恒星之外的天体存在和运动，有着不断变化的观点，这些由宇宙图示之间的差异所反映。是否苍穹的边缘由更外侧的天球所标识，而这些更外侧的天球需要考虑到苍穹中被观测到的运动，包括每日从东向西的运动以及岁差（precession of the equinoxes）。遵照萨克罗博斯科和阿尔贝特·马格努斯的观点，阿皮亚增加了两个进一步的物质天球来描述这种运动。一个封闭了恒星的水晶天球被格雷戈尔·赖施表现为在《创世记》中提到的“天穹之上的水”。第十层天球是原动力（*primum mobile*），是导致世界机器中所有转动的首要因素。奥龙斯·菲内的浑天仪图示，建立在达戈斯蒂诺·里奇（Agostino Ricci）在《第八天球的运动》（*De motu octavae sphaera*，1521）中提出的观点之上，只显示了 8 个可见的天球，以及之外的最高天（参见图 3.12），这在当时是一个小众的观点，但在世纪后期，在敏锐的实证宇宙志家中出现的更为频繁。墨卡托否定了一个原动天的存在，宣称上帝从一无所有（ex nihilo）创造了世界机器，尽管无论是他 1569 年的世界地图，还是他儿子 1587 年的世界地图（没有显示浑天仪）
83 都没有展示世界机器[117]。无论物质宇宙是由 8 个或 10 个天球构成的，其几乎不变地被一条使其与纯粹只能凭借智力理解的最高天领域分开的线条包含在其外缘之内。最高天自身被阿皮亚和赫马留作无限的空间。但是形而上学的宇宙志将其按照理论学说进行了描述。抵达了原动力（*Mens*）和三位一体的九位天使，可以被绘制在这一天体之外的空间中，如同在来源于舍德尔和弗拉德的差异非常大的图示中的那样[118]。

一些最为生动的世界机器的图示被发现于由安德烈和迪奥戈·奥梅姆（1559）以及老巴托洛梅乌（1568）编绘的葡萄牙文的描述性的地图集中（图版 2）[119]。遵循于在加泰罗尼亚地图集中已经体现的非常明显的结构，这些地图集整合了详尽的星历表和日历以及如里格工具（Regiment of the Leagues）的计算工具，这种工具是一个宇宙志的钟表轮，分别代表月的 12 个部分，以及代表着单独年份的"黄金数字"的第 13 个部分（图 3.17）[120]。巴托洛梅乌的五部分的"世界机器"由两个陆半球的单一图示构成，其抵达了水星天球（最近的行星），然后，比例尺发生了变化，抵达了金星和太阳，然后是火星、木星、土星，最后是恒星天球的锥形。对于前四个行星而言，相对大小和距离由图表上可调节的尺度和距离所指出。更远的行星则按照来源于拉特多尔特的占星术图示中呈现的它们传统的古典神灵来表示。其他对页展示了每一个行星的平行线的不同比例，以及地球距离每一星体

---

[117] 图 10.12 和 10.6。也可以参见 Shirley, *Mapping of the World*, 137 and 139 – 42（No. 119）and 178 – 79（No. 157）。

[118] 哈特曼·舍德尔按照《创世记》的记录对创世的描述，在 1493 年的《编年史之书》中通过一系列木版图像的方式进行了展示，即在上帝创造之手下亚里士多德的宇宙被一圈一圈的构建。完整的宇宙将四元素和七层天球、恒星或黄道带、水晶天球和原动力按照同心圆的方式放置在一个最高天的天球内，而最高天显示了在 9 位天使和选民中间占据了最高位置的上帝。英国医生罗伯特·弗拉德绘制了一系列描述世界机器的地图来展示他形而上的宇宙志，《宏观宇宙与微观宇宙》。在一个例子中（vol. 2, p. 219），他将那些圆周复制作为一个创世的圣灵，源自上帝，然后向下通过 *Mens*（原动力［*primum mobile*］）和 9 位天使达到恒星、行星以及元素的世界。22 个圆周都被计数并赋予了希伯来的字母数字，同时有翼的人物形象代表了这一柏拉图有序宇宙的原型。两种图示都在 Heninger, *Cosmographical Glass*, 20 and 164 中进行了展示。

[119] Cortesão and Teixeira da Mota, *Portugaliae monumenta cartographica*, vol. 2, pl. 207（map）, and 103 – 5（biography）. Bartolomeu Velho, "Cosmographia"（1568）, BNF. Velho 将他的作品描述为"真正的宇宙志原理和所有被发现土地的普遍的地理学原理：按照地球的比例布局；基于航海家的说法的它们的所有距离和高度。还有所有陆地和天体的平行纬线的比例数字：还有许多航海所需的工具及对它们的演示和说明"。对世界机器的说明涵盖了 19v – 21v。Velho 的位于他们在天空中的战车上的星神，源自在阿尔贝特·马格努斯的早期印刷品中的拉特多尔特的星神和黄道十二宫的符号。拉特多尔特的图像在摇篮本时期及其之后被用于展示大量的宇宙志和占星术的文本，例如 Abū Ma'shar, *Introductorium in astronomiam*, trans. Hermannus Dalmata（Augsburg: Erhard Ratdolt, 1489），以及 Johannes Angelus, *Astrolabium*（Augsburg: Erhard Ratdolt, 1488）。同样的图像还被在威尼斯的阿尔杜斯·马努蒂乌斯使用以展示他的 Julius Firmicus Maternus, *De nativitatibus*（Venice: Aldus Manutius, 1499）的印刷本。这些战车神的形象反映并促进了基督教历法圣像中对异教人物的广泛接受，而这种接受自 13 世纪以来一直在增长。经典研究就是 Jean Seznec, *The Survival of the Pagan Gods: The Mythological Tradition and Its Place in Renaissance Humanism and Art*, trans. Barbara F. Sessions（1953; reprinted Princeton: Princeton University Press, 1972）, esp. 37 – 83 on "the physical tradition。" Velho 的作品只有四种保存了下来。

[120] Edson, 在"World Maps and Easter Tables"中讨论了复活节表格的计算和四分体图示的计算与世界地图的长期关系。这种计算是宇宙志著作的一部分。黄金数字最早是由雷吉奥蒙塔努斯在他的 *Calendarium* 和 *Ephemerides* 中进行计算和出版的，该书在 1475 年和 1506 年之间每年印刷。黄金数字的法则由 Zinner 在 *Regiomontanus*, 350 – 51 中进行了解释。也可以参见 Evelyn Edson, *Mapping Time and Space: How Medieval Mapmakers Viewed Their World*（London: British Library, 1997）, 55 – 57。

84

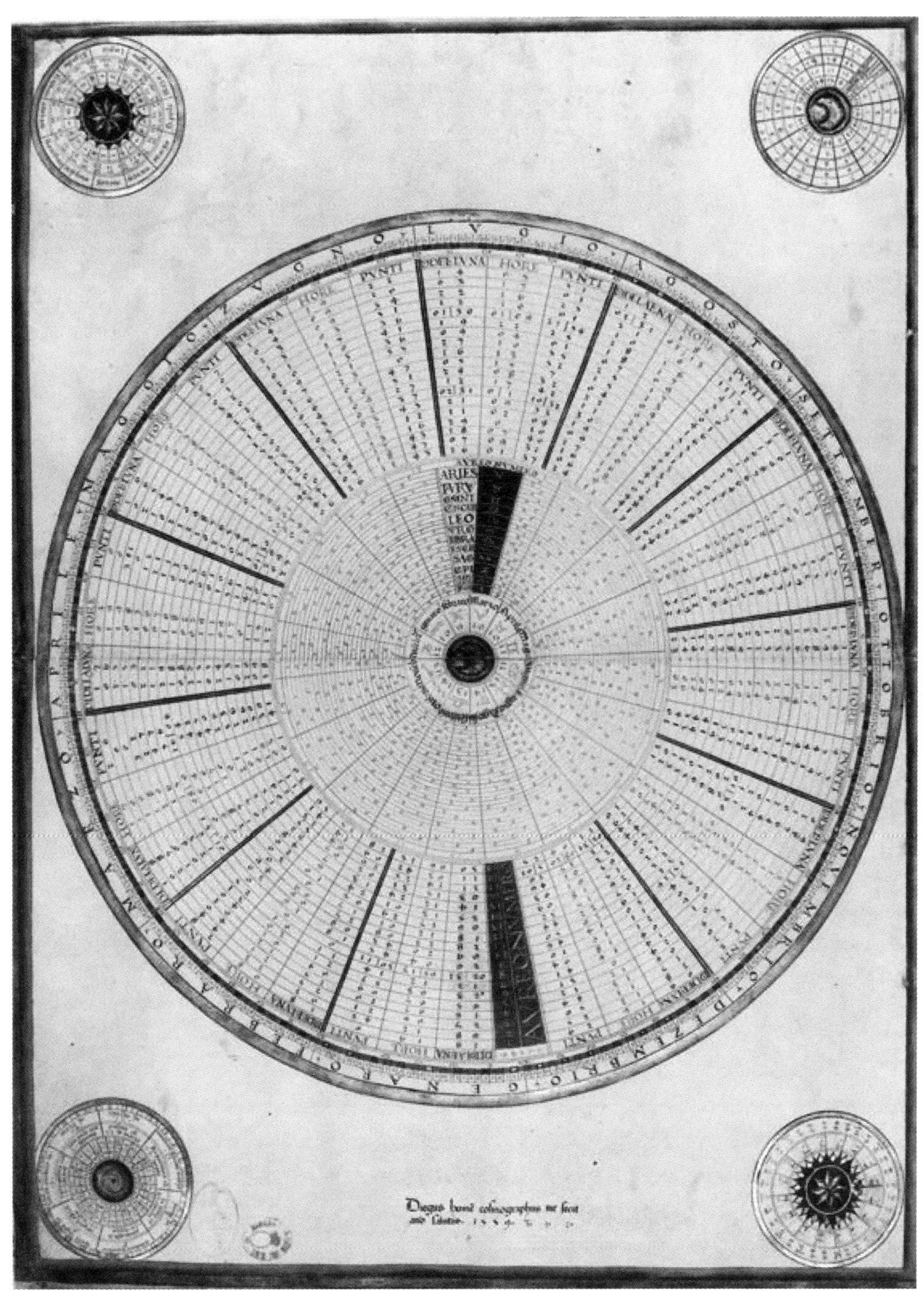

图 3.17 迪奥戈·奥梅姆的“万年月历表（PERPETUAL NOVILUNAR TABLE）”，1559 年。葡萄牙文的地图集包括了大量宇宙志的图示，其中一些与众不同。除了浑天仪、天球（附有水晶天球、最高天和黄道带），以及附带有风头像的气候带的标准图示之外，迪奥戈的世界地图集包含有一幅“万年月历表”。由 19 个同心圆环绕，这些同心圆为每个黄金数字给出对应的日期、小时和分钟，这些表格允许精确地计算月相持续的小时数和一年中每天月亮在黄道中的位置

原图尺寸：约 57.5×42.2 厘米。由 BNF（Res. Ge DD 2003，fol. 8）提供照片。

图 3.18 来源于纪尧姆·波斯特尔的《新版微型世界地图》(*POLO APTATA NOVA CHARTA UNIVERSI*, 1578) (1621 年版) 的细部。波斯特尔的极投影世界地图的侧面有两个展示了世界机器的涡形装饰：左侧（这里展示的）一架浑天仪，有着钟表仪器的部件、齿轮、四面体和一个二十面体；右侧是一个地球仪和其他多面体（整个地图复制在了图 47.6）。这些多面体说明其参考了在约翰内斯·开普勒的《宇宙的奥秘》中展示的五个柏拉图的多面体，试图通过将它们与水星、金星、地球、火星和木星测量过的行星天球联系起来，从而在以太阳为中心的宇宙中保持一个和谐的世界（*harmonia mundi*）。五个规则的多面体在很久之前就已经由新柏拉图派哲学家与四个元素联系了起来：立方体/六面体代表土；二十面体代表水；八面体代表火；锥形体/四面体代表火；而十二面体则代表作为整体的宇宙。在 16 世纪早期的纽伦堡，阿尔布雷克特·丢勒，遵从意大利新柏拉图派宇宙志学家卢卡·帕乔利（Luca Pacioli），展示了多面体，而图案引起了如让·库赞（Jean Cousin）1560 年的《透视之书》(*Livre de perspective*)（几乎可以肯定是波斯特尔的来源）、文策尔·雅姆尼策（Wenzel Jamnitzer）1568 年的《透视：常规多面体》(*Perspectiva: Corporum regularium*) 和达妮埃尔·巴尔巴罗（Daniele Barbaro）的《透视之书》(*Libro di prospettiva*，1569) 等关于透视著作的注意

整幅图片的原图尺寸：97 × 122 厘米。由 Service Historique de la Défense, Département Marine, Vincennes (Recueil 1, map No. 10) 提供照片。

天球外弯边缘和内弯边缘的不同距离。巴托洛梅乌的文本局限于一种对数学宇宙志的概述。85
开普勒的托勒密多面体的与众不同的图像（1597）被用来表示行星天球之间距离的尺度，是一种对于宇宙距离的非常不同但同样生动的表达。用复杂多面体表述概念化的宇宙，可能在宇宙志的与众不同的涡形装饰中被看到，这一涡形装饰在 1578 年纪尧姆·波斯特尔世界地图的侧面（1621）支撑着地球和天球（图 3.18）[121]。

对于元素空间的再现同样是多样的。在其最为简单的形式中，如在赖施的例子中，土是由水的线条带、云状的空气巨浪和炙热火舌环绕的一个实心圆圈。元素可以被通过颜色或者符号精细的表示，或者只是概要性的提及。通常在世界机器的一个单一的中心圆中将土和水融合在一起，意味着它们在球体中不对称的分布。阿皮亚用一个地理景观的倾斜视角来填充球体，同时其他地图则在球体中绘制了大陆或者标明了元素的名称。世界地图遵照着同样的呈现习惯，通常用代表火和气的线条、颜色或者用图标来构成地球的表面，常用的图标如用火蜥蜴、凤凰代表火，用鸟代表气，用鱼代表水。

如果球体表面的地图没有完全摆脱宇宙哲学的影响，那么地下的、空中的和炙热的领域通常依然由一个世界机器的思想所主导。亚里士多德的气象学关注地球表面和月亮天球之间的气带和火带，其中包括云的类型、降水的所有形式、风、闪电等的气候现象，以及极光和月晕。彗星和流星，其含义和位置对于预言和天文学都是至关重要的，同样位于这一领域内[122]。赖施和纳瓦拉对彗星给予了极大的关注，同时阿皮亚基于观测的准确性展示了彗尾的方向。安东尼诺·萨利巴的“宇宙志的车轮”（图版 1）主要致力于发生在亚里士多德的气元素领域中的气候现象，关于它们对人体微观宇宙影响的罗伯特·弗拉德的图像也是如此（图 3.19）[123]。萨利巴
和弗朗切斯科·罗巴西奥利（1602）分享了传统的观点，即地球的核心包括了地狱，经由但丁 87
（Dante）《地狱》（*Inferno*）的展示（图 3.20）而令人熟悉[124]。基尔舍《地下世界》（*Mundus subterraneus*，1665 年和 1678 年）中这些领域的地图将这些领域作为一个充满生命的大地的有生殖力的部分，由此没有给地狱留下空间。他的《诺亚》（*Arca Noe*，1675）更多地受到《圣经》的影响，使用了奥特柳斯的地图来绘制《圣经》中记载的大洪水退后所暴露的区域[125]。

---

[121] 参见注释 69。

[122] 在亚里士多德的《气象学》（*Meteorologia*）中被分配于火带上层的彗星的位置和含义，是在文艺复兴时期天文学家和宇宙志家中不断讨论的问题；他们最终准确地确定，类似于新星，其位于月亮天球之外，因而提供了天体领域发生变化的证据。波伊尔巴赫、雷吉奥蒙塔努斯和阿皮亚都对它们的研究做出了重要的贡献。彗星的外貌在 16 世纪的预言学中的重要性似乎超越了合点。

[123] Antonino Saliba's *Nuova figura di tutte le cose*，1582 年在 Naples 刻印。

[124] 但丁的《神曲》（*Commedia divina*）自出现之后就成为宇宙志图像的一个来源。在整个文艺复兴时期，地狱圈层的图示出现在著作的各种版本中。这些图示的选集和相关的参考指南，可以在 < http：//www. nd. edu / ~ italnet /Dante/text /Hell. html >（“Dante's Hell”）中找到。也可以参见 Giuseppe Rosaccio，*Teatro del cielo e della terra*（Venice，1598），9。Robacioli 阔页的 *Teatro del cielo e della terra*（Brescia，1602）将一幅世界地图放置在对天堂和大地的图示描述之下。不同于萨利巴的图像，圆周是按照非同心圆的方式绘制的；最内侧的圆周，也就是正好位于世界地图的北极之上，被标注为“地狱”并且包含了一幅炼狱和地狱的图片。

[125] Athanasius Kircher，*Athanasii Kircheri e Soc. Jesu Mundus subterraneus...*，2 vols.（Amsterdam：Joannem Janssonium and Elizeum Weyerstraten，1664 – 65），同样包括了大量以克里斯托夫·沙伊纳观测的太阳和月亮为基础的图像。奥特柳斯的《寰宇概观》（*Totius orbis terrarum*）中采用了大洪水之前的世界的地图，并且印制在 *Athanasii Kircheri e Soc. Jesu Arca Noe...*（Amsterdam：Joannem Janssonium，1675），158 中。除了他自己绘制的图像和地图之外，基尔舍也不加选择地使用他人著作中的图像；对于他图像来源的详细研究依然正在进行中。

86

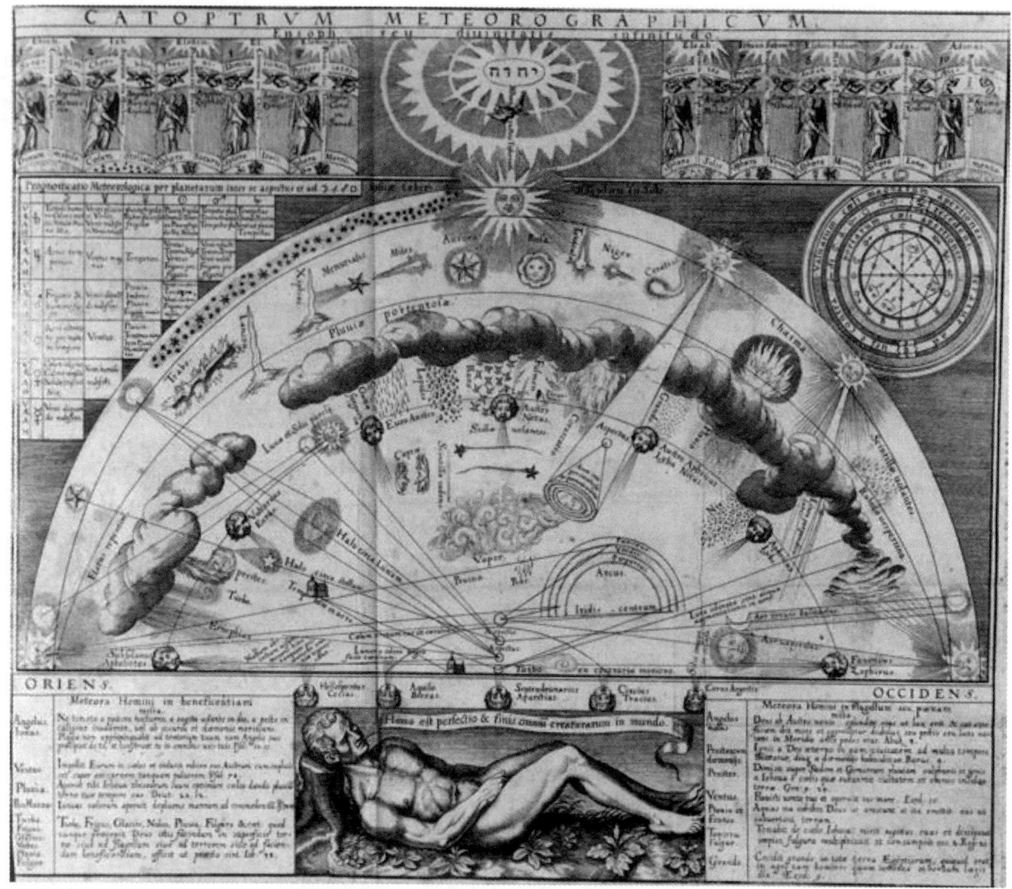

图 3.19 对应于人体微观宇宙的地图。认为人体包含了更大的有序宇宙的形式和构成要素是一种长期坚持的原则，由此为图形展示提供了相当的空间。医生罗伯特·弗拉德，他分享了帕拉塞尔苏斯（Paracelsus）的信仰，即医学的任务就是将宏观宇宙与微观宇宙达成和谐，由此致力于用大量图示来绘制微观宇宙并且描述了亚里士多德的“气候”（即气元素的区域）对人体健康的直接影响。弗拉德的气元素领域的图像，《流星学》（*Catoptrvm meteorographicvm*），类似于安东尼诺·萨利巴的图像（图版 1），并展示在了《流星》（*De meteoris*）中描述的各种可见的和不可见的气象现象。之上是四字圣名和关于神圣的锁链向下延伸到斜躺的、亚当后裔的人物身上的说明，亚当后裔陈述道：“男人是完美的，是世界上所有生物的目标。”神圣之源两侧是 10 个被分配给宇宙天球、天使和上帝的希伯来名字的镶嵌板。在气半球的左侧绘制了天文气象学的表格，而右侧则是一个关于行星的圆盘，允许预测幸运时刻，即“天堂之门”向较高的天球打开而雨可能会降下来的时刻。有益的和邪恶的流星则被分别列在展现了微观宇宙的人物形象的左右两侧

Robert Fludd, *Philosophia sacra et vere Christiana seu meteorologia cosmica* (Frankfurt: Officina Bryana, 1626). 由 Harvey Cushing/John Hay Whitney Medical Library, Yale University, New Haven 提供照片。

88

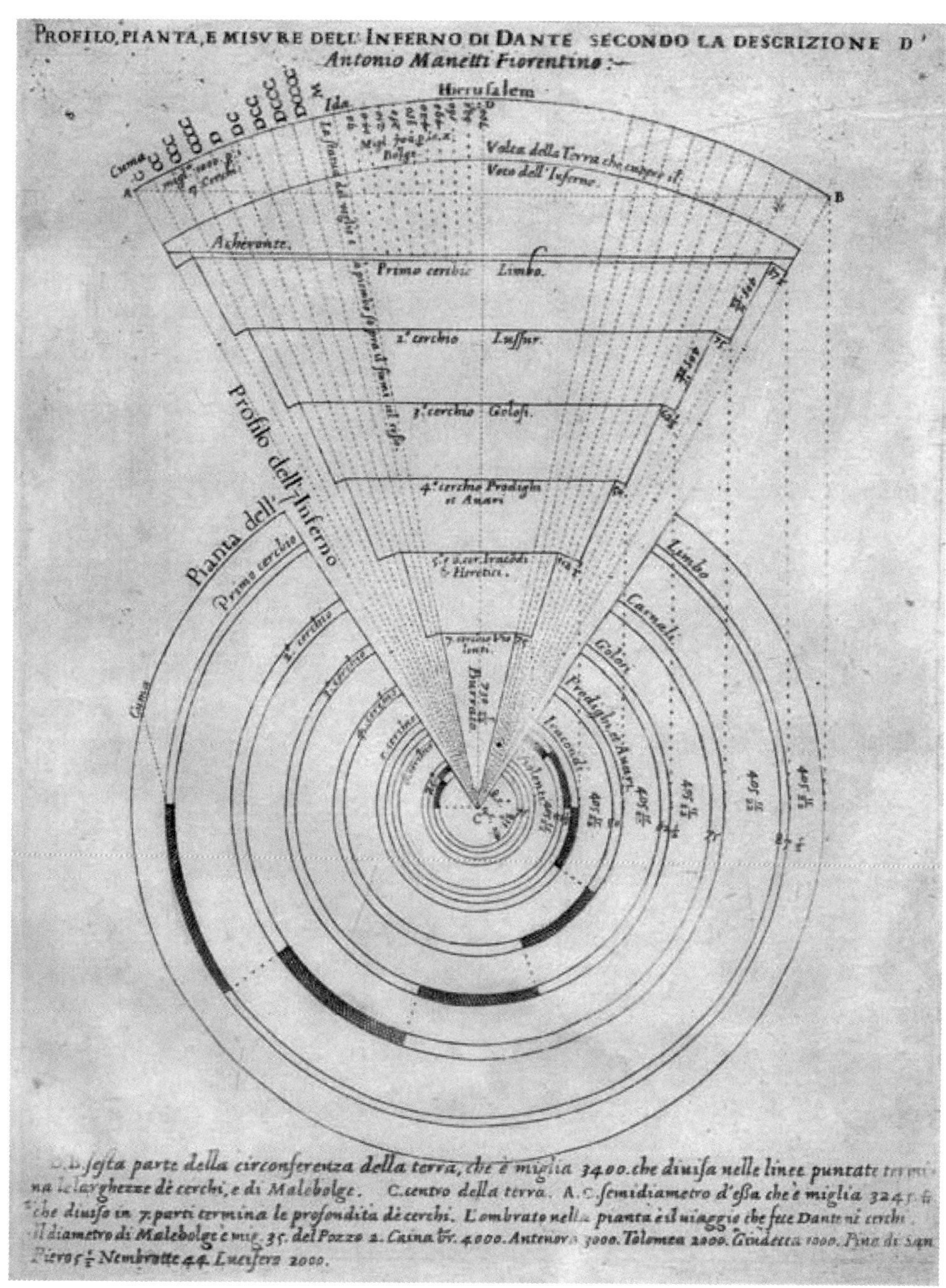

图 3.20　但丁的地狱。在但丁《地狱》中描述的七个圈层的地狱（对应于 7 层行星天球）最初在 1481 年吉罗拉莫・贝尼维尼（Girolamo Benivieni）版的《神曲》中用粗糙的木版进行了展示，在 1514 年阿尔杜斯・马努蒂乌斯的第二版以及在马努蒂乌斯和贝尔纳迪诺・达尼埃洛（Bernardino Daniello）1568 年的版本中进一步精细化。1595 年，秕糠学会（Accademia della Crusca）在其版本中使用了这一将圆周和三角形结合在一起的“科学的”雕版图像，显然受到关于经过测量的天体的宇宙志绘画的启发。在 16 世纪中，《神曲》的印刷版试图展示安东尼奥・马内蒂（Antonio Manetti）对但丁宇宙志的地点、形状和大小的研究

原图尺寸：17 × 12 厘米。“Profilo, pianta, e misvre dell'Inferno di Dante secondo la descrizione D'Antonio Manetti Fiorentino,” in *La Divina commedia... Accademici della Crusca* (Florence: Domenico Manzani, 1595), insert preceding p. 1. 由 MnU 提供照片。

相互竞争的世界系统的图像

哥白尼的《天体运行论》(1543)通过对传统天球图像的简单、有力的重绘从而进行了展示，不过其中心是太阳，而地球则位于第三天球（图3.21)。只是在1570年之后，宇宙哲学家才开始复制这种图示，开始于瓦伦提努斯·奈博达及其1573年的序列，然后在世纪末之前经由托马斯·迪格斯（1576)、第谷·布拉厄（1577—1596）和尼古劳斯·莱默斯（1588）延续[126]。以利沙·罗斯兰的《关于造物的作品》(*De opere Dei creationis...*, 1597)

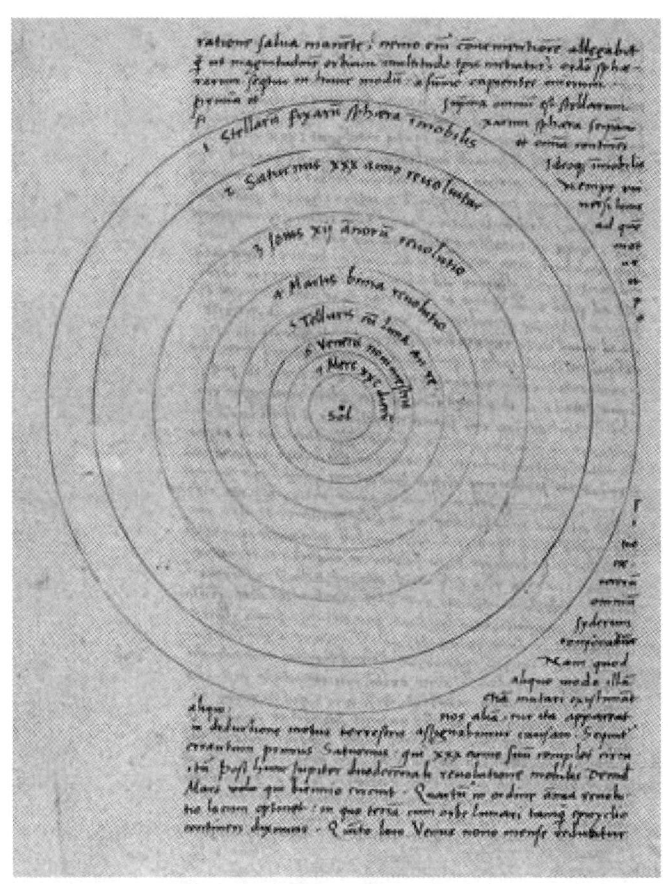

图3.21 哥白尼的以太阳为中心的宇宙志。哥白尼使用了传统的圆周，绘制了7层天球来展示他的革命性的以太阳为中心的宇宙的思想。它们从恒星天球（标为“*imobilis*”）向内记数，经过旋转的行星，如地球、两个内行星，和一个位于中心的太阳。尽管表面上是一个对宇宙的传统图像进行了稍许改动的版本，但哥白尼绘制的地图显然有效地挑战了亚里士多德的封闭、和谐的宇宙图像，绘制全球地理地图颠覆了元素对称分布的图像也是如此

原图尺寸：约28×19厘米。来源于 Nicolaus Copernicus, "De revolutionibus...," fol. 9v 的一个亲笔手稿。由 T. Duda……由 Biblioteka Jagiellońska, Cracow (MS. BJ 10000) 提供照片。

---

[126] Heninger 在 *Cosmographical Glass*, 48－51 中，讨论了不同模式的苍穹图像的含义。关于宇宙志者如赫马·弗里修斯对哥白尼日心说的反应，参见 Hallyn, *Poetic Structure*, 152－53。按照 Umberto Eco 在 *The Search for the Perfect Language*, trans. James Fentress (Oxford: Basil Blackwell, 1995) 中的观点，亨利·科尔内留斯·阿格里帕对于神秘事物的兴趣导致他得出了同样的结论：“是阿格里帕首先想到了从喀巴拉（kabbala）和勒尔（Lull）那里采用组合技术的可能性，以超越有限宇宙的中世纪图像，并从而构建一个开放和不断扩大的宇宙图像，或者一个不同的可能世界的图像。”(p. 131) 也可以参见 William Gilbert 在 *De mundo nostro sublunari philosophia nova* (Amsterdam: L. Elzevirium, 1651) 中开放宇宙的图像。

允许在视觉上直接对比托勒密的、哥白尼的和第谷的系统（图 3.6）。伽利略自己通过传统天球的方式展示了日心说（图 3.22）。让 - 巴蒂斯特 · 莫兰（Jean-Baptiste Morin）在《著名而古老的问题：地球的运动或静止。现在的方案》（*Famosi et antiqui problematis*: *De telluris motu vel quiete. Hactenus optata solutio*, 1631）中的图示，由皮埃尔 · 伽桑狄（Pierre Gassendi）1647 年的图示所继承，同时乔瓦尼 · 巴蒂斯塔 · 里乔利展示了 6 个可能的系统，其中包括他自己的（图 3.8）[127]。他们被基尔舍所复制，同时它们由文策斯劳斯 · 霍拉（Wenceslaus Hollar）为爱德华 · 舍伯恩（Edward Sherburne）翻译的马库斯 · 马尼留（Marcus Manilius）《球体》（*Sphere*）所刻版，而这仅仅是在牛顿的《自然哲学的数学原理》之前 10 年[128]。在 17 世纪的宇宙志中经常展示了可对比的世界系统，例如那些威廉 · 扬茨 · 布劳（Willem Jansz. Blaeu）的著作（他曾经于 1596 年在第谷 · 布拉厄的天文台工作，并且出版了 1000 颗星辰的天文学目录）和他的继承者[129]。约翰 · 塞列尔（John Seller）1673 年的

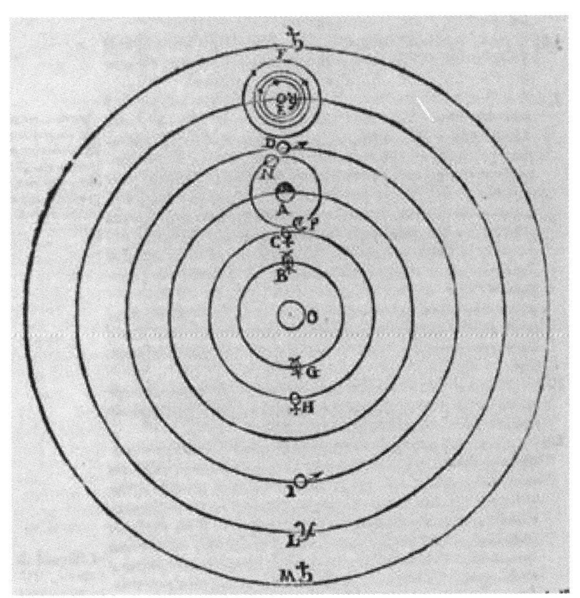

图 3.22 伽利略的以太阳为中心的图示。伽利略使用了传统的等距圆周的形式，这些圆周用字母或行星符号标识，此外还用增加的圆周来表示地球的月亮和木星的四颗卫星。在这一图示清晰风格的背后，蕴含着对于图像的直接模仿能力的认识论假设，这一假设悍然不顾作为人文主义宇宙志基础的柏拉图哲学的假设，并且部分来源于由光线通过望远镜投射在纸上所机械创造的图像，伽利略自己用这一方法来通过望远镜绘制太阳黑子

Galileo Galilei, *Dialogo... sopra i due massimi sistemi del mondo...* (Florence: Gio Battista Landini, 1632), 320. 由 Adler 提供照片。

---

[127] Westman in "Two Cultures or One?" 讨论了里乔利的图像；也可以参见 Heninger, *Cosmographical Glass*, 66 - 68。

[128] Heninger, *Cosmographical Glass*, 70 - 79.

[129] 第谷 · 布拉厄观察的结果被印制在布劳约 1598 年的天球仪中（参见图 44.39）。参见 C. Koeman, "Life and Works of Willem JanszoonBlaeu: New Contributions to the Study of Blaeu, Made during the Last Hundred Years," *Imago Mundi* 26 (1972): 9 - 16。对布劳地图出版事业更为概论性的论述，参见 Y. Marijke Donkersloot-De Vrij, *The World on Paper*: *A Descriptive Catalogue of Cartographical Material Published in Amsterdam during the Seventeenth Century* (Amsterdam: Theatrum Orbis Terrarum, 1967)。

《最新世界地图》(*Novissima totius terrarum orbis tabula*)优雅地表达了宇宙科学从理论科学向观察科学的转型(宇宙志向天文学或地理学的转型),即通过将传统的季节地理景观、十二宫的标志和主要的世界系统的图示,以及基于伽利略的观察和约翰尼斯·赫维留(Johannes Hevelius)的月球地理学而绘制的月球地图环绕在一个双半球的“平实风格”世界地图周围[130]。

宇宙志图像的道德和宗教维度

世界机器的或围绕在《世界地图》(*mappaemundi*)周围的元素天球并不可以直接容纳托勒密的已居住世界的形状。它们从世界地图中消失,直到从16世纪后半期开始流行的双半球的形式为它们新的呈现形式提供了机遇[131]。在晚期文艺复兴著作中,文本和警句使得宇宙志与宗教或道德生活的关系明确了起来,通常避免了在纳塔利斯·科梅斯(Natalis
89 Comes)的《神话》(*Mythologiae*, Padua, 1616)的一个晚期版本中出现的对古典寓意画的异教式的使用[132]。新斯多葛学派对一致宇宙的信仰鼓励了在世界地图中对来自西塞罗、塞内卡和塔西佗(Tacitus)的警句的使用,由此提示观看者,物质的世界不应当分散对神圣和永恒事务的关注。奥特柳斯的《寰宇大观》引用了西塞罗的话语:“在所有的永恒以及整个地球的大小都被显示出来了[地图上],你能认为什么样的人类事务是伟大的呢?”对于《圣经》的引用则更为常见。西蒙·吉罗的图像引用了《诗篇》(Psalm)19:“诸天述说神的荣耀,穹苍传扬他的手段”;来自《诗篇》24的段落,“地和其中所充满的,世界和住在其间的,都属耶和华”,出现于展示了赫拉尔杜斯·墨卡托的《世界历史》(*Historia mundi*, 1635)的《世界地图》之上。四字圣名、一(*unum*)和充实(*plenum*)的符号,以及上帝的神秘的希伯来名字和数字,是将造物主引入创世图像的最为常见的模式。约安·布劳的挂图《全世界的新地图》(*Nova totius terrarum orbis tabula*, 1648),其在一个生动的宇宙志的明暗场景中用光线将滚滚的云朵分开[133]。

---

[130] Shirley, *Mapping of the World*, 478 – 79 (No. 460), 和 Whitfield, *Image of the World*, 100 – 101。

[131] Nathaniel Carpenter, 在 *Geography Delineated Forth in Two Bookes* (Oxford: Iohn Lichfield and William Tvrner, printers to the famous vniversity, for Henry Cripps, 1625) 中写道“如果不使用两面或两个半球,那么就无法使用平面天球图进行表达;一个呈现了地球的东半球,另一个呈现了西半球”。被引用于 Reeves, “Reading Maps,” 54。虽然双半球世界地图的时间可以追溯到16世纪20年代——其由弗朗西斯库斯·莫纳库斯(Franciscus Monachus)在约1527年使用来呈现西班牙和葡萄牙对地球的划分——但其流行度在印刷的世界地图中的显著增加则是自16世纪90年代之后(Shirley, *Mapping of the World*, 194 ff.)。

[132] 科梅斯对于古典神灵的讨论由一个地心说的天球图所展示(显示在了一个部分为锥形的局部中),其将一个宇宙分为四个陆地天球和七个天体天球,还有一个额外的最高天来象征和拟人化异教的精神(展示在 Heninger, *Cosmographical Glass*, 173)。

[133] 这一地图存在11种副本;被研究的例子挂在 Harry Ransom Humanities Center at the University of Texas at Austin。参见 Shirley, *Mapping of the World*, 392 – 96 (No. 371), 和 Minako Deberg, “A Comparative Study of Two Dutch Maps, Preserved in the Tokyo National Museum: Joan Blaeu's Wall Map of the World in Two Hemispheres, 1648 and Its Revision ca. 1678 by N. Visscher,” *Imago Mundi* 35 (1983): 20 – 36。约安·布劳最为完整的宇宙志著作就是他的 *Atlas*, 其出现于1634年之后,有着所有主要欧洲语言的版本。其达到的最完整的形式是11卷本的 *Atlas maior*, *sive Cosmographia Blaviana*, *qvasolvm*, *salvm*, *coelvm*, *accvratissime describvntvr*, 11 vols. (Amsterdam: Ioannis Blaeu, 1662 – 65), 该书开始部分有着一段试图涵盖整个宇宙志的陈述,以及一段对于“宏观宇宙和谐”的描述,其主要处理“世界的结构,天球的特性,地球的地位及其形式和伟大”。布劳通过将宇宙志的问题分为天文学和地理学两部分而继续研究,因而在这些不同的标题下处理他的材料。参见 Johannes Keuning, “Blaeu's *Atlas*,” *Imago Mundi* 14 (1959): 74 – 89。很容易认为这些空间的对称排列及其数字(4和6)被有意识地与前面讨论过的重要的宇宙学数字3、4和6建立了联系,但是对此缺乏明确的证据。然而,位于角落中的元素和季节的组合,显著而一致。

《圣经》的历史为 17 世纪的地图提供了装饰性元素，反映了在宇宙史与宇宙志之间长期建立的关系。在创世中神的存在由两个图像传统所展示，其中一个致力于用一幅图像展示《创世记》中的每一天，另外一个传统则表现上帝自己的观察、祝福或拥抱一个完整的宇宙。六部分（Hexameral）的图示出现在很多宇宙志的文本和印刷本的《圣经》中。在明斯特的《宇宙志》、赖施的《哲学珍宝》和迈尔斯·科弗代尔（Miles Coverdale）1535 年的《圣经》中，一个被赋予人形的上帝主导着框架，他的作品包括圆周、星辰和地理景观。舍德尔将神的存在缩减为只有一只手，可能受到丢勒思想的影响，丢勒认为在创世中体现的数学和谐证明了一位至高无上的艺术家的存在。这一思想在德奥兰达（de Hollanda）的《世界各个时代的图像》（“De aetatibvs mvndi imagines”）（图 3. 23）中得以生动的实现[134]。吸收 90
了萨克罗博斯科的图示以及受到新柏拉图学派的光线和几何符号主义的启发，德奥兰达仅仅通过几何图形和颜色表现了三位一体。在基尔舍《和谐世界的诞生》（*Harmonia nascentis mvndi*）中，一个宇宙风琴的音管吹出了创世的六天（图 3. 24），而约瑟夫·莫克森（Joseph Moxon）1673 年的著作，在世界地图之上和之下平行放置了创世六日的几何图像和对人类救赎的七个时代的呈现[135]。

家长式的上帝监督着创世，这一图像与一幅天球的图像并置，或者可以说明创世七天或者可以说明神在世界中的持续存在。巴托洛梅乌斯·安杰利卡斯（Bartholomaeus Angelicus）的《论万物的秩序》（*De proprietabus rerum* ，1495）在一个天体天球的中心有着一个被簇拥为王的造物主，与物质创造分割开来，而且通过传统的翻滚的云朵符号使其无法被人的感觉感知。更为通常的是，物质宇宙占据了图像的中央，同时神则拥抱着这一宇宙或者在上面做出了姿势。这种图像可以包括元素和行星天球，或者只有元素天球，或者不同寻常地在克拉科夫的文策斯劳斯（Wenceslaus of Cracow）的“占星学导论（Introductionam astrologiaungler）”（1515）中，为气的三个领域和火带[136]。最内层的圆环通常是一个地理景观，展示了已经完成的地球的美丽，通常伊甸园中有亚当、夏娃以及四条河流，如同在汉斯·卢夫特（Hans Lufft）为 1534 年的《维滕贝格圣经》（Wittenberg Bible）绘制的图像所展示的那样。德意志的传统倾向于在偏离中心的位置绘制天球，而意大利则将它们绘制为同心的，尽管在洛伦佐·洛托（Lorenzo Lotto）对于宇宙创造的描述中（Church of Santa Maria Maggior, choir: Bergamo, 1493），偏心的作品产生了由四元素和 10 个天体的月牙构成的一个弯曲圆锥[137]。在罗伯特·

---

[134] Sylvie Deswarte, “Les ‘*De aetatibvs mvndi imagines*’ de Francisco de Holanda,” *Monuments et Mémoires* 66 (1983): 67 – 190; Jorge Segurado, *Francisco d'Ollanda: Da sua vida e obras...* (Lisbon: Ediçoes Excelsior, 1970); J. B. Bury, “Francisco de Holanda and His Illustrations of the Creation,” *Portuguese Studies* 2 (1986): 15 – 48; 和 idem, *Two Notes on Francisco de Holanda* (London: Warburg Institute, University of London, 1981)。

[135] Shirley, *Mapping of the World*, 474 – 75 (No. 457).

[136] Wenceslaus of Cracow, “Cztery sfer yelementòw,” in “Introductionam astrologia ungler” (1515/24?). 在这一 16 世纪早期的占星学文本中，气的三个领域和火带被偏心地放置在一个描绘了土和水的地理景观之上。对地球和天体天球的传统呈现，尤其是在意大利文著作中，将它们描述为是同心的，而在阿尔卑斯以北地区，偏心的地图则更为常见；传统习惯中出现这一差异的原因不是很清楚。它们可能代表了一种偏心的认识，或表明了一种从上往下俯瞰地球的视角的尝试，因此这一图像中，太阳（上帝的脸?）的光芒向下照射在地球上，其光线自然而然的反射。

[137] 关于例子，参见 Mariano Apa, *Visio mundi: Arte e scienza dal medioevo al rinascimento. Saggi e interventi critici* (Urbino: Quattro-Venti, 1986), 17 and 108。

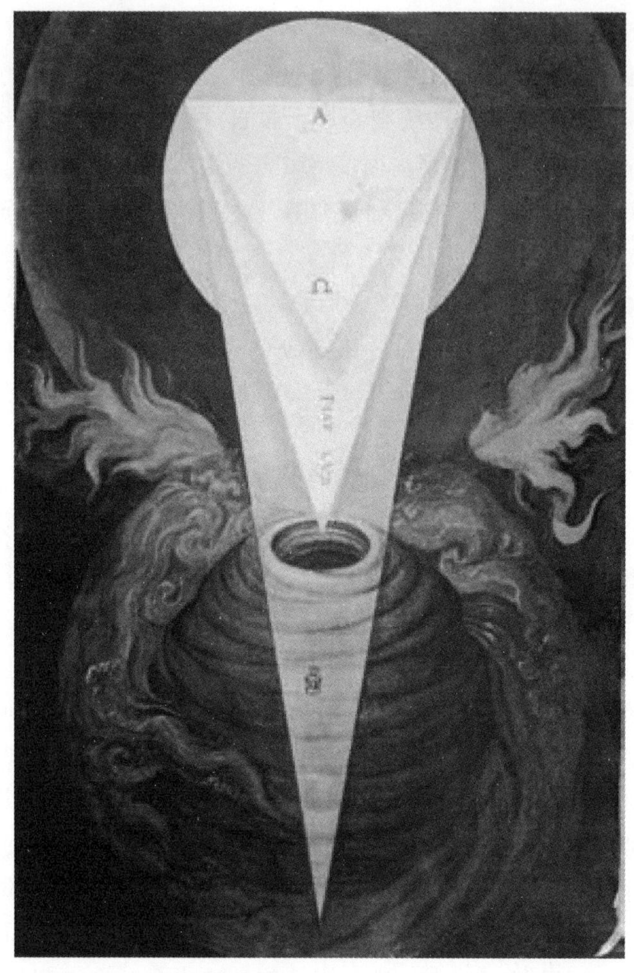

图 3.23 一个几何学的创世神话（COSMOGONY）。葡萄牙人文主义者弗朗西斯科·德奥兰达（Francisco de Hollanda）制作了由 154 幅胶水彩圣经图示组成的汇编，其中一些在用几何图形，如三角形、锥形、圆周和球形取代传统的六部分叙事呈现中有着极大的原创性。这里展示的是《创世记》中创世故事的第一天，代表着三位一体的三层的三角形，下降到物质的混乱中；圣父，标识有 A 和 Ω 的等边三角形，且被包含在一个只能凭智力理解的空间的圆周中，延伸进入一个光的等边三角形——圣子的“词汇”“要有光（*fiat lux*）”——其自身接触到了一个旋转的混乱元素的球体的外弯边。第三个三角形呈现的是“在水上行走”的圣灵，抵达了物质内侧的内弯边，并让其开始运动。我们看到水和火开始与中央天球分离。德奥兰达的元素的颜色编码：淡灰色代表土，红色代表火，绿色和白色的混合颜色代表水和气构成的混和元素。纯白色被用来代表上帝的可见光。创世的第二天和第三天，由相似的几何图像所展示，锥形扮演着神和物质世界之间的通道，而有着海洋和海岸海角的弯曲球体出现在天堂的用几何呈现的三位一体之下。德奥兰达的第四天之后掌控白天和夜晚的“两道巨光”的图像（图 3.26e 所展示的）是一个纯粹的宇宙志图像，来源于用图示展示日月食的手册。德奥兰达的主要资料似乎是萨克罗博斯科和奥龙斯·菲内著作 16 世纪中期的版本

Francisco de Hollanda, “De aetatibvs mvndi imagines” (1545 – 73), fol. 3r (1545). 由 Biblioteca Nacional, Madrid 提供照片。

图3.24　类似于风琴的有序呼吸的宇宙和谐（COSMIC HARMONY AS THE BREATH OF THE COSMIC ORGAN）。基尔舍借用了弗拉德的创世图像来将六部分组成的创世展示为不同音域的功能，将毕达哥拉斯的音乐和谐的宇宙哲学的场景基督教化为创世的支持力量，同时还展示了表现了元素领域的多样和丰富的宇宙志图案

Athanasius Kircher, *Harmonia nascentis mvndi*, in *Musurgia universalis...*, 2 vols. (Rome: Haeredum Francisci Corbelleti, 1650), 2: 366. 由Beinecke提供照片。

沃恩（Robert Vaughan）为埃利亚斯·阿什莫尔（Elias Ashmole）的《英国化学的舞台》（*Theatrum chemicum Britannicum*，1652）所作的图示中（图 3.25），传统被延续。

类似于德奥兰达，洛托《要有光》（*fiat lux*）的创新意义在于将创世与光，以及基于新柏拉图主义，与爱联系起来，这是在宇宙志图示中经常重复的主题。光的形而上学为赫耳墨斯主义者（hermeticist），如焦尔达诺·布鲁诺（Giordano Bruno），以及可能为包括哥白尼自己提供了一种朝向日心说的强有力的吸引力[138]。萨克罗博斯科的日食图示将光与锥体形态和物质联系了起来，由此稳定地将柏拉图希腊的第 11 个字母（λ）与创世光线的通路联系了起来，就像德奥兰达、弗拉德和其他图示那样（图 3.26）。基尔舍使用一个完整的文本来叙述光线的各种形式，且在他的书名页中进行了归纳（图 3.27）。圣光被认为是不受腐蚀的而且是没有颜色的。对于亚里士多德派学者而言，颜色是元素物质与生俱来的属性，同时被相同的数学和谐主导，如同物理现象那样。因而，每一种元素在宇宙志中通过一种特定的颜色所展示：气是蓝色的、水是绿色的、火是红色的或者金黄色的，而土是灰黑色的或“染”
91 有不同的颜色（也可以参见图 3.23）。乌黑色代表过渡阶段的元素。16 世纪主要的色彩理论学家和新柏拉图派哲学家，乔瓦尼·保罗·洛马佐（Giovanni Paolo Lomazzo），将圣光穿过宇宙的通路与颜色联系起来，同时可能文艺复兴后期的宇宙志地图中的颜色应当被按照象征性的方式进行理解[139]。

这种解读的先决条件是文艺复兴象征性的传统，这种传统经常使用通常被认为来源于《世界宝鉴》（*Imago mundi*）的本体论[140]。作为神圣权威的图像，宇宙地图和图示被世俗权
92 力占为己有，并且被卑微地用作沉思的符号。欧洲君主通常使用一对球仪来象征他们世俗权力的神圣来源和空间范畴。在 15 世纪后期，葡萄牙的王冠将浑天仪结合进其盾徽中，由此来标志其所声称拥有的宇宙志中的首要地位[141]。1580 年，吉罗拉莫·鲁谢利，托勒密的《地理学指南》意大利文的翻译者，还为欧洲君主出版了一本《箴言》（*imprese*）。西班牙菲利普二世的王冠是飞行在两个球仪之间的阿波罗（Apollo）的战车和座右铭“现在，照耀所有事物（Iam illustrabit omnia）”。奥地利的费迪南德（Ferdinand of Austria）有着位于一个架子上的地球仪，在其角上有着旗帜并写有“受膏者（Christo Duce）”。法兰西弗朗索瓦二世（François Ⅱ）有着两个天球以及座右铭“一个世界是不够的（One world is not enough)”，同

---

[138] 对于哥白尼日心说而言，毕达哥拉斯主义（Pythagoreanism）的重要性以及新柏拉图学派所持的关于光的宇宙哲学的重要性，参见 Waldemar Voisé，“The Great Renaissance Scholar，” in *The Scientific World of Copernicus*：*On the Occasion of the* 500*th Anniversary of His Birth*，1473 – 1973，ed. Barbara Bieńkowska（Dordrecht：D. Reidel，1973），84 – 94。

[139] 完整的讨论和指南，参见 Kemp，*Science of Art*，264 – 80。

[140] Mangani，*Il “mondo” di Abramo Ortelio*.

[141] 在一套用金、银、丝绸和羊毛为葡萄牙国王若昂三世（João Ⅲ）织成（1520 年至 1530 年间）的挂毯中的第三幅上，使用宇宙志图像来颂扬他和他的妻子奥地利的凯瑟琳（Catherine of Austria）的统治。国王夫妻两人被呈现为朱庇特和朱诺（Juno），被丰饶（Abundance）、智慧（Wisdom）、名望（Fame）和胜利（Victory）诸神赞颂。参见图 17.1。国王将手伸向位于一个中央地球之上的他的王国，而这一球体有着一个设定为 45°的中轴，转而显示了环绕非洲和印度洋的航行，并且用葡萄牙的旗帜标明了沿着海岸的地点。图片在 Jerry Brotton，*Trading Territories*：*Mapping the Early Modern World*（Ithaca：Cornell University Press，1998），17 – 23 and pl. 1 中进行了讨论和展示。其似乎是对来自公元 5 世纪的新柏拉图学派的文本 *De nuptiis Philologia et Mercurii* 中一个段落的忠实呈现，该书在整个中世纪被作为一部关于自然哲学和宇宙哲学的百科全书。参见 James Nicolopulos，*The Poetics of Empire in the Indies*：*Prophecy and Imitation in* La araucana *and* Os lusíadas（University Park：Pennsylvania State University Press，2000），208 – 9。

图 3.25　17 世纪基督教的宇宙。在其出版之后一个半世纪，《纽伦堡纪事》（*Nuremberg Chronicle*）中的舍德尔的基督教宇宙图像的影响力，在罗伯特·沃恩为阿什莫尔的炼金术文本而绘制的抽象地图的图示中表现得非常显著。一个复杂的环形的几何图形产生了三个偏心的天堂之球、尘世之球和地狱之球。天堂由各种天使和众多选民所占据，同时被一位由单一星辰所标识的有翅膀的身份不明的人物所管理。通过一个土、气和水的三种元素构成的尘世（*terrarum orbis*），魔鬼被投入最下面的充斥着火焰的圈层中。耶稣的形象俯视着宇宙，他位于世界机器之外。沃恩混杂地使用了一系列图示材料，创造了这一较晚的圣经宇宙的图像。沃恩还为 1665 年彼得·黑林的《宇宙志》设计了书名页

原图尺寸：约 19 × 13 厘米。Elias Ashmole, *Theatrum chemicum Britannicum*（London: F. Grismond, 1652）, facing 211. 由 BL（E. 653）提供照片。

93

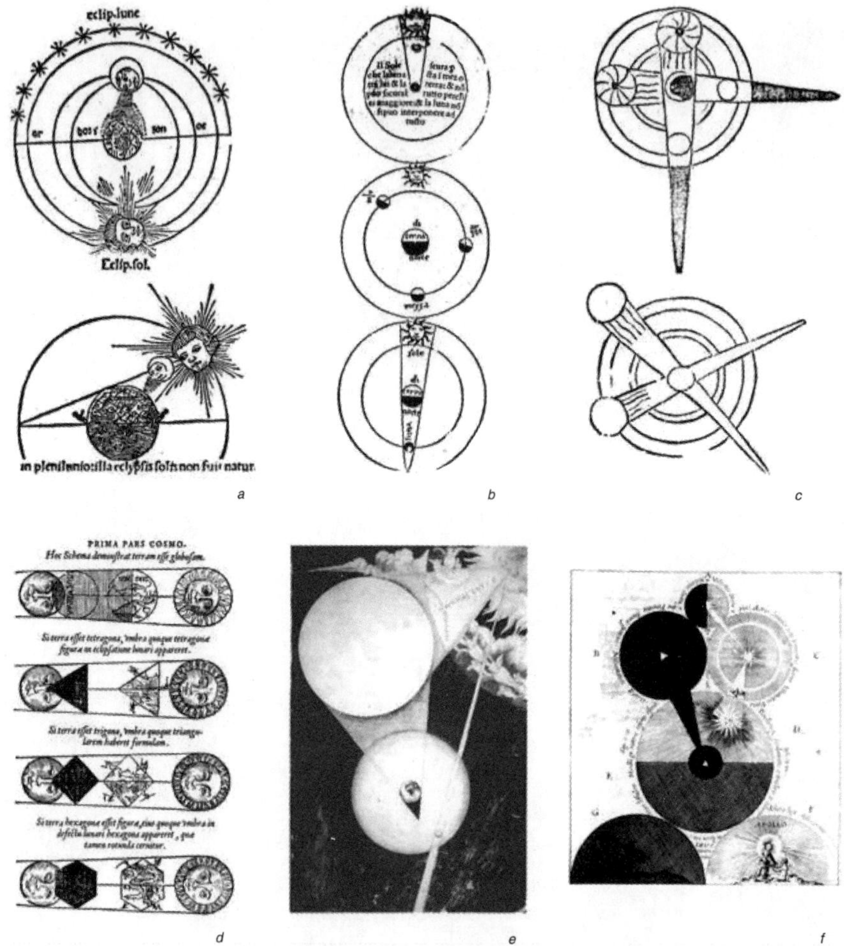

图 3.26 光和影：绘制的日月食图。六幅系列图示显示了随着宇宙志的发展，日月食图示的演变谱系，开始于早期的萨克罗博斯科的解释日食和月食的图示（*a*），然后按照顺序是丹蒂、卡克斯顿（Caxton）和阿皮亚（用投射在月亮上的阴影来证明地球的球形）的图示（*b* – *d*）。弗朗西斯科·德奥兰达清楚地采用这些图示来展示《创世记》中创世故事的第四天，这一天上帝在天空上创造了光（*e*），而罗伯特·弗拉德使用一个非常相似的图示来展示在文艺复兴晚期占据主导的宇宙哲学中光和影的法则（*f*）

（*a*）Johannes de Sacrobosco, *Sphaera mundi*（Venice：Magistrum Gullielmum de Tridino de Monteferrato, 1491）；（*b*）Leonardo Dati, *La Sfera*（Florence：Lorenzo Morgiani and Johannes Petri, for Piero Pacini, ca. 1495 – 1500）；（*c*）William Caxton, *Image du monde*（*Myrrour of the worlde*）（Westminster：W. Caxton, 1481），70a；（*d*）Peter Apian, *Cosmographia Petri Apiani per Gemma Frisium*（Antwerp：Gregorio Bontio, 1550），fol. 5r；（*e*）Francisco de Hollanda, "De aetatibvs mvndi imagines," fol. 6r（1551）；（*f*）Robert Fludd, *Medicinacatholica*, *seu*, *Mysticum artis medicandi sacrarium*（Frankfurt：CaspariRötelii and WilhelmiFitzeri, 1629 – 31）. 由 Department of Special Collections, Charles E. Young Research Library, UCLA（*a*）；the Huntington Library, San Marino（*b*）；MnU（*c*）；Beinecke（*d*）；the Biblioteca Nacional, Madrid（*e*）；and the Harvey Cushing/John Hay Whitney Medical Library, Yale University, New Haven（*f*）提供照片。

图 3.27　知识和宇宙的光芒。巴洛克对于光的物理和宇宙哲学的迷恋，被基尔舍的关于宇宙光芒的图示捕捉到。从四字圣名，神圣权威的光芒将其自己铭刻在旧约中，而基督／阿波罗，有着行星的符号，将光芒送向尘世。一道光芒，通过阿斯特莱亚/戴安娜的月亮的镜子，为世俗提供了光芒。第二道光芒进入一个望远镜中，将其自己刻写在感官上，同时第三道光芒穿过柏拉图的洞穴，暗示着纯粹冥想。基尔舍维持着宇宙志的自负，即如果神圣的爱之光穿过宇宙散布了下来的话，那么精神的净化将使得灵魂向天外领域上升

原图尺寸：26×18.7 厘米。Athanasius Kircher, *Ars magna lvcis et vmbra*, 2d ed.（Amsterdam: Joannem Janssonium, 1671），书名页。由 Beinecke 提供照片。

时代表法兰西亨利二世（Henri Ⅱ of France）的图案在宇宙图示中展示了伸向天堂（empyrium）的微观宇宙，写有词汇“世界（Orbem）”[142]。

这种自负一直持续到了17世纪。伽利略用科西莫·德美第奇二世的名字命名了木星的卫星以迎合他的赞助者。在一幅图像中，英格兰伊丽莎白一世（Elizabeth I of England）的美德在天球中穿行：从位于中心的“固定的正义”，穿过太阳（*religio*）和木星（*maiestas*）直至最高天，而环绕着最高天刻着她的名字，女王本人则像神一样怀抱着宇宙[143]。佚名的《优雅的安娜女王的天堂之路》（*Scala Coeli of the Gratious Queene Anne*）显示了丹麦（Denmark）去世的女王“在人间如同在天堂中”在月下世界安息，而一个梯子引导她的灵魂穿过十二宫朝向天使的天球[144]。阿波罗的战车穿过位于百合花形纹章之上的黄道带，勋章上的这一图案显现了路易十四对全部空间和时间的掌握，而且在为凡尔赛设计的肖像中对此展现得更为
94 具体。在为太阳王（Sun King）制作的大型球仪中，温琴佐·科罗内利展示了太阳王出生时刻的天堂和他帝国的陆地范围。

使用梯子、绳子、锁链或者其他机械的图形工具来将物质天球和天堂天球联系起来是常见的（图3.28）[145]。约道库斯·洪迪厄斯的《世界地图》（1589）在一条从天体上垂下的线上悬挂了一幅心形世界地图，这一线条由座右铭“耶和华，我们的主人，您的圣名传遍天下，这是多么让人钦佩”所环绕（图3.29）[146]。在一套1640年耶稣会的汇编中，很多徽章使用天球来讲述道德训诫。天使转动世界机器或者在两半球之上握着信仰之箭，座右铭是“一个世界是不够的（Unus non sufficitorbis）”[147]。在徽章的超级编码的宇宙中，天球的每种呈现——几何的、水晶的、三部分的世界图像，或带有经纬网的半球——可以表示具有无限可能的解释性的详细阐释，而这些阐释是在图案的文字部分被探究的（图3.30）[148]。

---

[142] Girolamo Ruscelli, *Le imprese illustri con espositioni, et discorsi* (1566; reprint Venice: F. de Franceschi, 1580). 鲁谢利同样为Venetian Accademia della Fama出版了托勒密的版本：*La geografia di Claudio Tolomeo, Alessandrino: Nuouemente tradotta di Greco in Italiano* (Venice: Vincenzo Valgrisi, 1561)，包含了一幅“新的世界地图，其中有对整个世界的一段描述”。他作为人文主义者的兴趣范畴，在洛多维科·阿廖斯托（Lodovico Ariosto）的传奇故事*Orlando Furioso... annotationi et auuertimenti & le dichiarationi*他的版本中（Venice: V. Valgrisio, 1558）中体现了出来。关于鲁谢利，参见William Eamon and Françoise Paheau, “The Accademia Segreta of Girolamo Ruscelli: A Sixteenth-Century Italian Scientific Society,” *Isis* 75 (1984): 327–42。

[143] Mario Biagioli, “Galileo the Emblem Maker,” *Isis* 81 (1990): 230–58，以及Frances Amelia Yates, *Astraea: The Imperial Theme in the Seventeenth Century* (London: Routledge and Kegan Paul, 1975), pl. 9c。

[144] 在Arthur Mayger Hind, *Engraving in England in the Sixteenth & Seventeenth Centuries: A Descriptive Catalogue with Introductions*, 3 vols. (Cambridge: Cambridge University Press, 1952–64), vol. 2, pl. 31中复制了雕版。在这些卷中复制的很多雕版画是象征性的，并且通常使用了宇宙志的图解。

[145] 吉罗拉莫·弗拉卡斯托罗将这一锁链清晰地描述为“生命（*anima mundi*）”：“那么现在，这一锁链就是我们所说的世界的灵魂，或者是上帝的赞许和意志，上帝完全弥散在宇宙中并且推动和约束所有事物，然而，移动和绘制它们，是为了被称为第一推动者的目的。” Girolamo Fracastoro, “Fracastorivs, sive de anima, dialogvs,” in *Opera omnia* (Venice: ApvdIvntas, 1584), 158v.

[146] Mangani, “Abraham Ortelius.” 从神的手上垂下的尘世的图像在17世纪被广泛使用。由威廉·马歇尔（William Marshall）刻版的，威廉·霍德森的《神圣的宇宙志学者》的书名页，就是一个例子，绘制了站在一个地球仪上的宇宙志家，而地球仪则悬挂在土元素和水元素之间。他指向气和火的区域，同时太阳和月亮被显示在两侧，向上朝着上帝之手，这只手从三位一体的圆圈中伸出，通过一根细线提着一架地球仪。座右铭是：“天、地、水都不以此为界。”

[147] *Imago primi Saecvli Societatis Iesv a provincia Flandro-Belgica eivsdem societatis repraesentata* (Antwerp: Balthasaris Moreti, 1640).

[148] Charles Moseley, *A Century of Emblems: An Introductory Anthology* (Aldershot: Scolar, 1989)，以及Elizabeth See Watson, *Achille Bocchi and the Emblem Book as Symbolic Form* (Cambridge: Cambridge University Press, 1993)。

95

图 3.28　绘制物质世界的尺度。三位一体，被表现为一个带着三重皇冠的圣父，而他被钉死在十字架上的儿子躺在他的膝盖上，代表圣灵的鸽子从他胸前放出光芒，占据着画面上部的中心，从他发出的放射形的光芒射入未知的云朵，且他被环绕的天使长赞颂。他掌控着天球和各种圆环，同时圣母（Virgin）在旁观。从上帝的右手，一道锁链通过一名天使握着的浑天仪（或反射镜?）垂下。锁链向下连接的顺序是天使、人、空中的鸟、水中的鱼以及土地上的动物和植物。在下面的圆形装饰物中是五个世界系统的图示，在这些之下是一个地狱的地底世界。人类存在的目标是在物质世界范围内上升而不是下降到兽性（参见 Pico della Mirandola 的 *Oration on the Dignity of Man*），避免堕天使的命运，堕天使从画面的右侧垂直落下

原图尺寸：25×19 厘米。Diego Valadés, *Rhetorica christiana...*（Perugia：Petrumiacobum Petrutium，1579），220，insert 2. 由 MnU 提供照片。

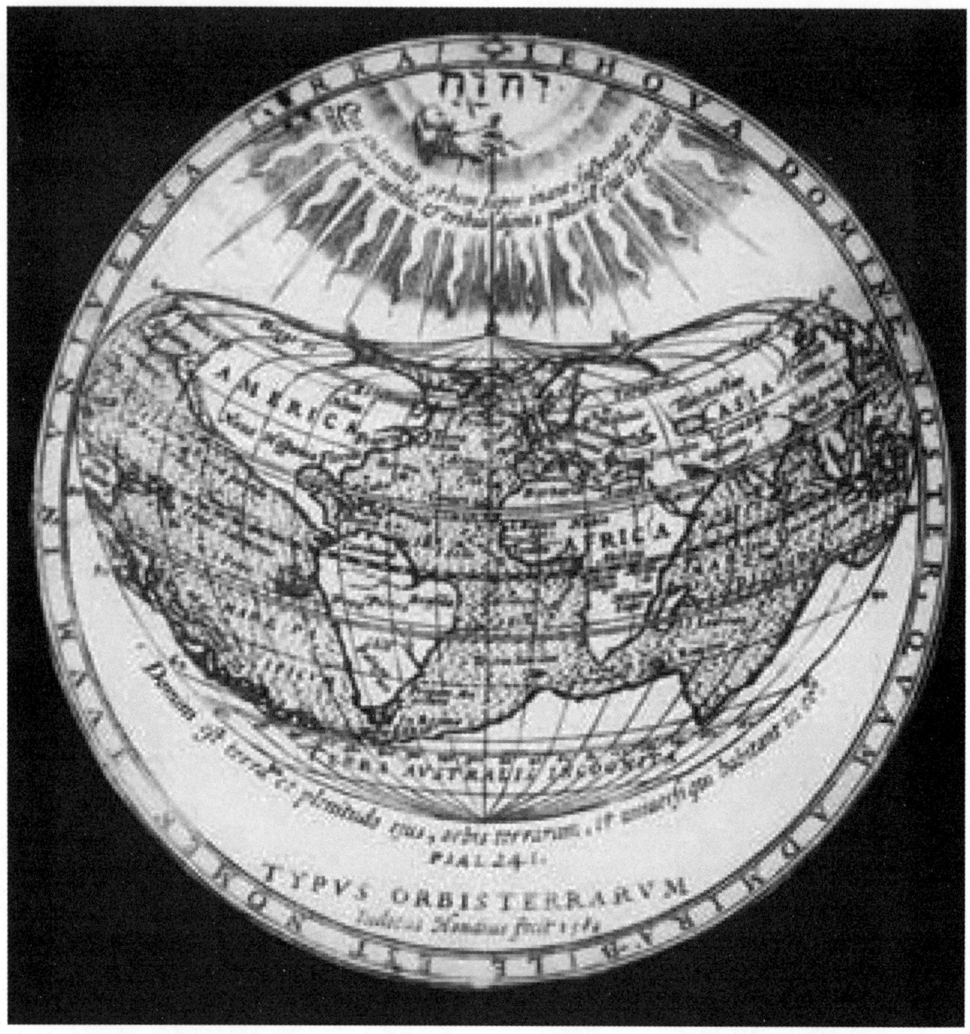

图 3.29 宇宙志的徽章：约道库斯·洪迪厄斯，《世界地图》，1589 年。地球单一半球的心形投影，通过它与圣心的宇宙志的联系，以及与贯通宇宙的流动的救赎之爱的宇宙志的联系，被赋予了古老而神秘的性质，在这里，其被悬挂在贯穿天空的线条上，而这一线条由来自《诗篇》24 的“地和其中所充满的，世界和住在其间的，都属耶和华”文字所环绕。天体天球由从四字圣名发出光的半球表示。威廉·马歇尔为威廉·霍德森的《神圣的宇宙志学者》（1634）设计的书名页使用了一个相似的思想，但是从线上垂下的是一个球仪而不是一幅世界地图

原始的直径：9 厘米。图片版权属于 National Maritime Museum，London（G 201：1/2）。

图 3.30　两个球体的象征性的地图图像。在一幅由威廉·马歇尔制作的雕版中，英国的徽章制作者弗朗西斯·夸尔斯（Francis Quarles）在地球上放置了一位为了灵感从物质［通过一袋钱币和正在睡觉的丘比特（Cupid）表示］和名望（用桂冠和文章图案代表）的诱惑转向天堂天球的诗人。在他边上，鲁特琴代表着毕达哥拉斯的音乐，正如夸尔斯的座右铭清晰表现的那样。这里，仅仅通过灵感，两个球体结合了起来

Francis Quarles, "The Invocation," in *Emblemes* (London, 1635). 由 Beinecke 提供照片。

对于墨卡托来说，宇宙志自身是一种象征性的使用："与天空相比，赐给你的这个居所的荣耀，只是暂时的，这样他就可以把那些沉溺在这些尘世和当前事物中的人的精神进行提升，使他们走的更高且朝向永恒。"[149] 作为对比，在《愚人船》（*Ship of Fools*, 1494）中，宇宙志被称为是一种"不确定的几何学"，试图限定一个世界，斯特拉博、普林尼和托勒密在这个世界中所确定的事情，被"水手日益破坏"[150]。

绘画、建筑、地理景观和文学中的宇宙志地图

宇宙志在"世界舞台"这个广泛传播的文化背景中得到了体现，通常在1550年之后在双重意义上，物质世界作为一个舞台，在这一舞台上，人类观众可能惊异于上帝的杰作；同时在双重意义上，剧场作为一个空间，其中造物的多样性可以被带入秩序和统一中[151]。奥特柳斯的书名是一个最为知名的例子，它也出现在让·博丁的宇宙志著作《普遍自然的剧场》(*Universae naturae theatrum*, 1596) 中[152]。画家、建筑家和诗人经常采用被联系起来的机械和世界剧场的宇宙志的隐喻，最为显著的是16世纪20年代和70年代的世界景观画的画家[153]。凯撒·卡萨里诺用意大利语翻译的维特鲁威·波利奥的《建筑十书》(*De architectura libri dece*)（Como, 1521），是最早有着图示的一个版本，包括了浑天仪、天球和意大利地图的雕版画[154]。绘制了隐含着宇宙志内容的不同月份和季节的图像，不可避免地受到自然哲学中占星术和预言图案的影响。斯齐法诺亚宫（Palazzo Schifanoia）中的费拉拉（Ferrara）的壁画将世俗世界年的标记绘制于十二宫符号、异教徒神学和以十字架为中心的宇宙圆周上[155]。关于天堂或末日审判的绘画和诗歌同样为宇宙志图画提供了空间，约翰·米尔顿（John Milton）的史诗对宇宙志图像进行了最为充分的发掘。宇宙志触摸到四门高级学科中的所有四艺；因而焦尔焦内（Giorgione）在自由堡中表现四艺的中楣上，或者洛托在贝尔加莫（Bergamo）展示了宇宙测量设备的中楣上，就包括了天球（*sphaera mundi*）。

世界剧场在王公们的宇宙志套间中表达得最为全面，包括球仪、浑天仪、地理的和地方志的挂图以及天文学的天花板。伊尼亚齐奥·丹蒂设计了两套这类空间，分别为佛罗伦萨的

---

[149] Gerardus Mercator, *Historia Mundi; or, Mercator's Atlas, Containing His Cosmographicall Description of the Fabricke and Figure of the World*, trans. Wye Saltonstall (London: T. Cotes for Michael Sparke and Samuel Cartwright, 1635), A3.

[150] Sebastian Brant, *Stultifera nauis...* (*The Ship of Fooles*), trans. Alexander Barclay (London: Richard Pynson, 1509). 一个标题为"Of the folysshe descripcion and inquisicion of dyuers contrees and regyons"(fol. CXXXIX) 的部分为：

那些忙于测量和理解
天空和大地以及全世界的人，
描述了每个地点的气候和民俗
他是个傻瓜，并且被指责为愚蠢
无法放下他自己的责，而他确实有着这样的蠢性，
愚弄了他的思想和智慧。

[151] Blair, *Theater of Nature*, 153–79, 以及 Mangani, *Il "mondo" di Abramo Ortelio*, 38–84。

[152] Denis E. Cosgrove, "Globalism and Tolerance in Early Modern Geography," *Annals of the Association of American Geographers* 93 (2003): 852–70.

[153] Gibson, "*Mirror of the Earth.*"

[154] Denis E. Cosgrove, "Ptolemy and Vitruvius: Spatial Representation in the Sixteenth-Century Texts and Commentaries," in *Architecture and the Sciences: Exchanging Metaphors*, ed. Antoine Picon and Alessandra Ponte (New York: Princeton Architectural Press, 2003), 20–51.

[155] 费拉拉的作品在 Yates, *Giordano Bruno*, 57 中进行了讨论；也可以参见 Valerie Shrimplin-Evangelides, "Sun-Symbolism and Cosmology in Michaelangelo's Last Judgement," *Sixteenth-Century Journal* 4 (1990): 607–44。

科西莫·德美第奇一世（Cosimo I de' Medici）和为在梵蒂冈的博洛尼亚教皇格列高利十三
世。其中为科西莫的新衣帽间设计的空间是科西莫一世宏大的象征，在房间的中央是三个球
仪（天球仪、地球仪和浑天仪），与之联系的是绘制在墙壁上的表现了世界大部分区域的地
理地图，此外还有存放公爵从世界各地搜集的珍宝、珠宝和珍异的柜子：通过空间秩序，对
有序对应的宇宙志的想象进行了三维和全面的表现。在美景画廊（Belvedere）的图案，将 96
罗马的主张映射为帝国的信仰，即其边界并不局限于陆地，而是连接了尘世和天堂，同时在
梅里迪亚纳大厅（Sala della Meridiana）有一个在概念上和实体上将地理地图、教堂历史的
图示与天文仪器和图像联系起来的画廊[156]。

拱顶或穹顶是一个放置宇宙图像显而易见的位置，由 15 世纪的艺术家，如马萨乔
（Masaccio）所挖掘，并由拉斐尔和朱利奥·罗马诺所细化。格列高利十三世的博洛尼亚厅
（Sala de Bologna）的拱顶，由奥塔维亚诺·马斯凯里诺（Ottaviano Mascherino）和洛伦佐·
萨巴蒂尼（Lorenzo Sabatini）设计，显示了星辰的图案和星座的图形，还有水平线、宇宙的
圆圈和黄道带，以及位于一座模仿了浑天仪条带的藤架之下的两位天文学家的侧面图像[157]。
最为精细的作品是风格主义者的和巴洛克的，通过实际的或者幻想的光线联系了天体空间和
地球空间。博洛尼亚和帕尔马马略卡（Palma Mallorca）的大教堂，屋顶上微小的孔径允许
一道阳光从内部空间穿过，照亮了内部的设计元素（包括丹蒂在博洛尼亚的子午线）并指
示小时和季节；安德烈亚·波佐（Andrea Pozzo）为罗马的圣伊尼亚齐奥（St. Ignazio）设计
的屋顶，在一部宇宙志的杰作中展示了从一个无限的灭点降下的信仰之光，且其由通过一面
镜子折射到四大洲上[158]。这是一种重复出现的耶稣会的修辞；其出现在一幅心形世界地图的 97
徽章中，这幅地图覆盖在一座祭坛上，从这座祭坛发出了照亮世界的信仰之光[159]。

在维特鲁威《建筑十书》（*De architectura*）的传统中，文艺复兴的建筑学论著，通过浑天仪、球仪的圆周和主要风向的图像展示了世界机器（图 3.31）。宇宙的尺度被认为是建筑和整个城市设计的基础[160]。中心平面图和穹顶的盛行，例如，多纳托·布拉曼特（Donato Bramante）

---

[156] Lucio Gambi and Antonio Pinelli, eds., *La Galleria delle Carte Geografiche in Vaticano / The Gallery of Maps in the Vatican*, 3 vols. (Modena: Franco Cosimo Panini, 1994); Florio Banfi, "The Cosmographic Loggia of the Vatican Palace," *Imago Mundi* 9 (1952): 23 – 34; Francesca Fiorani, "Post-Tridentine 'Geographia Sacra': The Galleria delle Carte Geografiche in the Vatican Palace," *Imago Mundi* 48 (1996): 124 – 48; 以及 idem, *Marvel of Maps*。关于宇宙志天花板，见 Kemp, *Science of Art*, 70 – 71；也可以参见 E. H. Gombrich, *Symbolic Images: Studies in the Art of the Renaissance*, 3d ed. (Chicago: University of Chicago Press, 1972), 109 – 18 中讨论了朱利奥·罗马诺（Giulio Romano）为贡萨加家族进行的设计。

[157] Kemp, *Science of Art*, 72. Kemp 指出"在格列高利十三世和丹蒂的头脑中……预测的科学与地图学的投影技术、天文学测量以及相关的陆地和宇宙志几何学的方法深深交织在一起的"。格列高利和丹蒂之间在宇宙志和地图学方面的关系在 Fiorani, *Marvel of Maps* 中进行了全面的研究。

[158] Heilbron, *Sun in the Church*, 以及 Kemp, *Science of Art*, 137 – 39. Kemp 对波佐成就的总结，可能代表了宇宙志的目标："幻想的要点……就是当从一个正确的位置观察的话，被扭曲的形状的混乱可以被不可思议地拼合成一种连贯的启示。"(p. 139)

[159] 在 Mangani, "Abraham Ortelius," pl. 2 中用彩色复制；也可以参见 Cosgrove, *Apollo's Eye*, 160 – 61。

[160] 安德烈亚·帕拉迪奥（Andrea Palladio）的建筑和他的文本，*I quattro libri dell'architettura*, 4 vols. (Venice: Domenico de Franceschi, 1570)，清晰地阐释了宇宙哲学的思想对文艺复兴时期建筑的影响。帕拉迪奥在 16 世纪 30 年代和 1580 年之间的职业生涯，与文艺复兴时期宇宙志的高峰相一致。关于帕拉迪奥与威尼斯宇宙志的联系，参见 Cosgrove, *Palladian Landscape*, 188 – 250。也可以参见 Rudolf Wittkower, *Architectural Principles in the Age of Humanism*, 4th ed. (London: Academy Editions, 1988)。关于理想城市，参见 Giulio Carlo Argan, *The Renaissance City* (London: Studio Vista, 1969)。

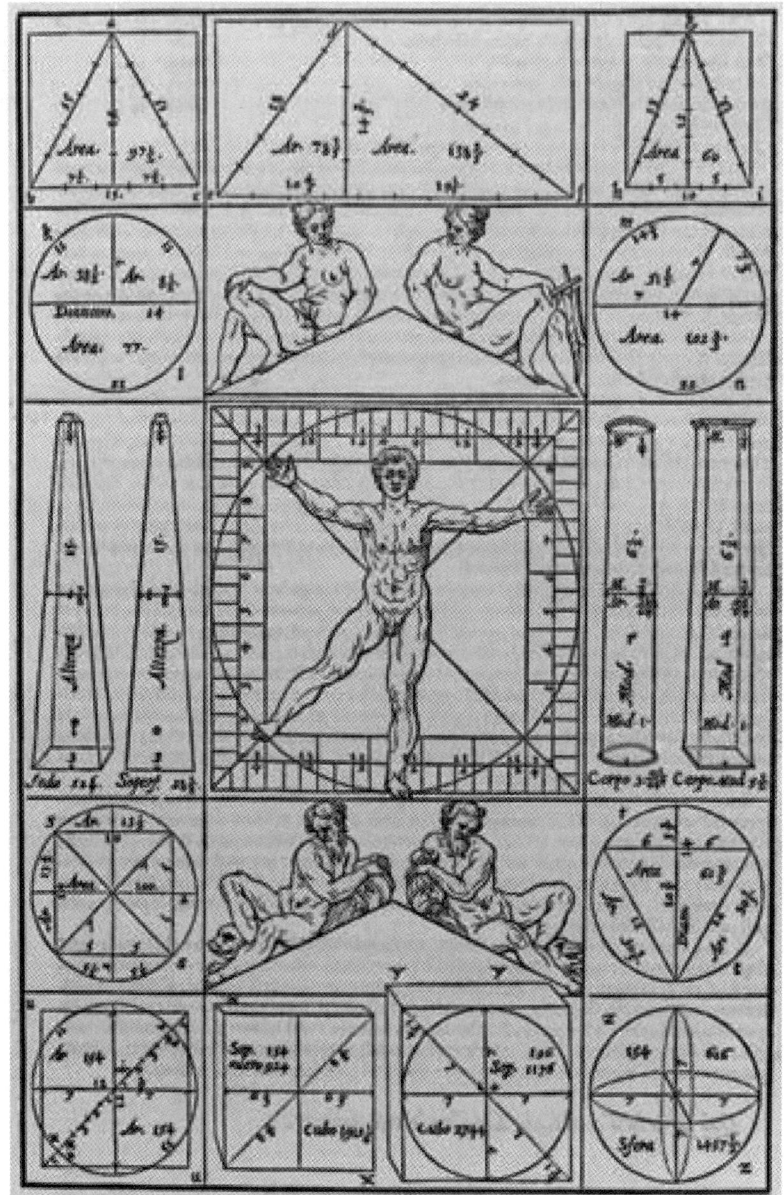

图 3.31 维特鲁威的微观宇宙。古典建筑学作者维特鲁威·波利奥（Vitruvius Pollio）著名的建议就是，直立人体不同部位的正确比例（胳膊外伸或者以不同的角度举起）精确地与人体形象的圆周和正方形相对应，而这一几何学掌控着宇宙的格局。维特鲁威的微观宇宙图示，有着中心为肚脐或生殖器的圆周和正方形，作为对于人体和各个部位：头、脚和胳膊，协调比例的讨论的开端，这可以在每部文艺复兴的建筑学论著中找到。这些图像中最为熟悉的是列奥纳多·达芬奇绘制的，但是其从 1450 年至 17 世纪中期在建筑学中再次出现，并且决定了整个文艺复兴时期的平面图、立面图和装饰性元素。斯卡莫齐（Scamozzi）的人体图被放置于一系列几何图示的中心，将微观宇宙与纯粹的形式和特定的建筑原则联系了起来。斯卡莫齐的论著同样包含了地球仪的图示，其中有着大圆、经纬网和环绕在周围的风和风玫瑰、指南针以及照准仪

Vincenzo Scamozzi，*L'idea della architettura universal*（Venice，1615）. 由 Beinecke 提供照片。

在罗马和托迪（Todi）的寺庙（*tempietti*），或米开朗基罗（Michaelangelo）的圣彼得大教堂，反映了设计师对于复制世界图像（*imago mundi*）的渴望。一般认为，宇宙志的规则主导了第谷·布拉厄的汶岛天文台（Hven observatory）的规划；由托马斯·莫尔（Thomas More）、弗朗西斯·培根和托马索·坎帕内拉构想，或由菲拉雷特（Filarete）、温琴佐·斯卡莫齐（Vincenzo Scamozzi）和塞瓦斯蒂安·勒普雷斯·德沃邦（Sébastian Le Prestre de Vauban）设计的特定的理想城市，在灵感上是宇宙哲学的，在形式上是宇宙志的[161]。

乌托邦（Utopias）与哲学著作一样大都局限于书本。在这一方面，它们与诗歌和戏剧分享了一种用词汇描绘宇宙志的传统。文艺复兴时期，世界机器在大多数欧洲国家的文学作品中是一种常见的修辞手法，尤其是在史诗中。通过史诗，国家的领土被赋予了形而上学的属性，如同他们的君主那样。例如，在路易斯·德卡莫斯（Luís de Camões）的《卢济塔尼亚人之歌》（*Os Lusíadas*）的最后篇章中，大西洋女神忒提斯（Thetis）向在著作中被描述为葡萄牙的埃涅阿斯（Aeneas）的瓦斯科·达伽马（Vasco da Gama）提供水晶天球的景象[162]。在英国文艺复兴的最后岁月中，约翰·米尔顿在一幅宇宙志中上演 98
了《失乐园》（*Paradise Lost*），这一宇宙志将世界机器移动到了伊甸园的地理景观中。在天球中移动，撒旦（Satan）接近了其中心：

> 就是用金链条悬挂在空中的这个世界，
> 好像月亮旁边一个最微细的星球。
> 他满怀愤恨，要去那儿复仇，他诅咒，
> 并在这诅咒的时辰，急忙前进。[163]

（译者注：译文引自，朱纬之译：《失乐园》，上海译文出版社1984年版，第89页）

结　论

文艺复兴时期的宇宙志在面对复杂的经验、理论和呈现的挑战时发生了演进。从西方重新发现了在世界机器的秩序与和谐中绘制一个绝对地理空间的托勒密的许诺之后，宇宙一致

---

[161] Jole Shackelford, "Tycho Brahe, Laboratory Design, and the Aim of Science: Reading Plans in Context," *Isis* 84 (1993): 211－30; Francis Bacon, *The Essays or Counsels, Civil and Moral, and the New Atlantis of Francis Lord Verulam* (London: Methuen, 1905), 147－76, esp. 169－70，关于宇宙哲学的影响；和 Tommaso Campanella, *The City of the Sun: A Poetic Dialogue...*, trans. A. M. Elliot and R. Millner (London: Journeyman Press, 1981), esp. 15－17. Campanella 的 *Realis philosophiae epilogisticae partes quatuor*（Frankfurt: G. Tampashii, 1623）实际上是基于将天赐和谐作为造物的一项原则的宇宙志文本。"apologia pro Galileo（为伽利略辩护）"被加入文本中。关于火炮、战争和地图绘制，参见 Niccolo Tartaglia, *La nova scientia... con una gionta al terzo libro*（Venice: N. de Bascarini, 1550）。

[162] 参见本卷原文464页和 Nicolopulos, *Poetics of Empire*, 221－69。Luís de Camoes, *Os Lusiadas*（1572）；参见 idem, *The Lusiads*, trans. Richard Fanshawe, ed. Geoffrey Bullough (Carbondale: Southern Illinois University Press, 1963)；及参见 Cosgrove, *Apollo's Eye*, 120 中的讨论。

[163] John Milton, *Paradise Lost*, 2 vols., ed. A. W. Verity (Cambridge: Cambridge University Press, 1929), 69 (bk. 2, ll. 1051－55).

性自身受到了来自对于天球和地球的体验的威胁。概念图像，继承于中世纪的资料，因而演进成为世界机器及其组成部分的更为复杂和有争议的图示，同时在面对观察的压力时，对宇宙的展现，通常在图示中比文本中更为显著地被弱化了。印刷术和新教使得欧洲将世界和《圣经》作为并行的文本。尽管有着观察和经验的修辞，但正在扩展的自然之书，其所需要的注释就像本地语言的《旧约》那样多。对于可感知世界偶然特性之下有着不变结构的世界机器的宇宙志的研究，在很大程度上通过图像进行了执行：测量的和数学的，符号性的和象征性的。在一个艺术与科学分离和各自发展之前的时代中，对不断扩张的有人居住世界的呈现以及对不断延伸的天空的呈现，促进了对视觉和画饰的方法和意义的批评性反思。

扰乱了文艺复兴时期宇宙志的不对称、碎片和不和谐，以及通过观察得到的大量偶然特性，与文化其他方面的扰乱同时存在：加速的贸易、铸造货币、新的地缘政治和教义冲突。在所有方面，亚里士多德的封闭空间正在被撬开，并且其表现形式的朴素和安全也受到了侵蚀。随之而来的焦虑，产生了对于一致与和谐的进一步的渴望和梦想，而为王公、炼金术者和虔诚的大众提供带来慰藉的图像的基督教宇宙志满足了这些渴望和梦想。在他们为维护单一景象而斗争的过程中，宇宙志学者收集了更多的数据，并且在更为精细的图像中将它们进行综合。但是目击者的描述以及由穿过透镜的自然光线产生的失真的图像，进一步揭示了一个跌宕起伏的创世，而创世令人难以相信的多样性无法被记录下来，即使是由文字、图示、图像和地图学挥霍无度的结合而构成的大型的巴洛克世界地图也没有做到，胡戈·阿拉德（Hugo Allard）1652 年的《全世界的新地图》就是这类地图的代表[164]。

因而，我们可以在文艺复兴宇宙志的地图、图示和文本中追溯一种正在产生的图像危机。除了是一种呈现之外，世界机器是否是其他东西？同时，其呈现所宣称的真实或者功效到底是什么？到 1650 年，观察和试验似乎正在解决这些问题，但偏好使用数学和机械的方式，而不是地图的和形而上学的方式，后两者将宇宙志局限于其一直承担的神学和道德说教的功能，但是其社会意义从此之后将更为边缘和更为不牢固。

---

[164] Shirley, *Mapping of the World*, 416 - 17 (No. 392).

第四章　文艺复兴时期的星图[*]

安纳·弗里德曼·赫利希（Anna Friedman Herlihy）

从15世纪早期至17世纪早期，星图逐渐从不精确的、通常基于中世纪稿本的装饰性描 99
述，发展到有着系统化星辰命名法的复杂的地图投影。古代技术文本，如再次引入欧洲的托勒密的《天文学大成》，与此同时还有伊斯兰的著作，如阿卜杜勒－拉赫曼·苏菲（ᶜAbū al-Ḥusayn ᶜAbd al-Raḥmān ibn ᶜUmar al-Ṣūfī）的星座地图，在这一转型中显然发挥了重要作用。到16世纪早期，随着阿尔布雷克特·丢勒在1515年出版的一对地图，最为流行的小型天体图的形式被明确地确定下来：两个半球图，南半球和北半球，使用某种类型的极投影。大约在17世纪前后，当约翰内斯·拜尔（Johannes Bayer）出版了1603年他的《测天图》（*Uranometria*）的时候，星图图集的基本形式被固定了下来，其中每一星座都有一页，同时可能还有涵盖了天空较大区域的一些半球图。

戴芬拜克的康拉德（Conrad of Dyffenbach）革命性的星图以及保罗·达尔波佐·托斯卡内利（Paolo dal Pozzo Toscanelli）最早的彗星图，标志着一种新关注的出现，即关注于比之前中世纪稿本更为准确地对夜空加以呈现。文艺复兴时期的星图产生了三个与众不同的传统：装饰性——在其中，星辰的位置并不与可观察到的星辰的布局相一致；严格的——其中星辰的位置更为准确地反映了夜空中星辰的布局，并且关注数学和科学的准确性；以及专门化的——星图有助于记录天体现象和/或新的发现，或展示星辰的实际用途。到16世纪末，装饰性的传统开始衰落，尽管其他两者在整个文艺复兴时期及其之后并存。

除了古典的和伊斯兰的科学文本之外，很多因素在文艺复兴时期星图的革命中发挥了作用。

---

* 我应当感谢埃利·德克尔（Elly Dekker），她为本章的初稿提供了价值无法衡量的反馈和评价，尤其是关于喜帕恰斯规则（Hipparchus rule），以及很多我没有意识到的参考资料。我还应当感谢 Adler Planetarium & Astronomy Museum History of Astronomy Department，其为本章的工作提供了空间、时间和参考资料。

关于术语的注释：由于对星辰的两维描述缺乏达成共识的正确术语［在可选的选项中——星/天体/天文图（star/celestial /astronomical chart），以及星/天体/天文地图（star/celestial /astronomical map）］，“star chart”和“star map”（译者注：在本章中全部翻译为“星图”）在本章中替换使用；“天体图和天文图”（“celestial and astronomical chart /map”），按照我的观点，指的是比星图更为广泛的地图类目。

本章中使用的缩写包括：*Globes at Greenwich* 代表 Elly Dekker et al.，*Globes at Greenwich*：*A Catalogue of the Globes and Armillary Spheres in the National Maritime Museum*，*Greenwich*（Oxford：Oxford University Press and the National Maritime Museum，1999），和 Adler 代表 Adler Planetarium & Astronomy Museum，Webster Institute for the History of Astronomy，Chicago。

中世纪的稿本为这三个传统创造了条件①。球仪影响了星图，提供了新的信息和艺术风格。星图同样也影响了球仪②。星盘同样在星图的革命中发挥了作用，提供了一种球极平面投影（stereographic projection）的模式。这种情况在地图学中是常见的，即制作者经常采用他们前辈的作品，无论是技术数据还是艺术风格，其中某些作品反映了突破的时刻和新传统的建立。

历史编纂学

尽管最近出版了大量针对普通受众的豪华画册③，但文艺复兴时期的星图（和实际上普100 通的星图）的研究被学术团体基本忽略④。另一方面，天球仪得到了广泛的研究⑤。在很大程度上，这是针对两维和三维材料的史学研究分离的结果。天球仪的历史已经通过对球仪的通论研究而被纳入，而在两维地图学的通史中则很少讨论天体图。这一球仪和图的划分同样也出现于普及读物中，其中宽泛的术语“天体地图学”已经被主要应用于星图，而球仪和其他种类的天体图则被纳入的十分有限。然而，偶尔的，对天体资料的学术研究则弥合了这一鸿沟⑥。

艺术史和天文学史学家已经为星图贡献了数量最多的著作，其中很多，如果不是大部分

---

① 在本章中，我试图部分弥补《地图学史》第一卷中缺乏一个对中世纪欧洲星图的完整讨论的疏忽。

② 尽管本章的主要焦点依然是星图，但在适当的情况下将球仪引入讨论中，因为两种星图形式有着相互重叠和相互补充的历史。

③ 例如，参见（按照年代顺序）：George Sergeant Snyder, *Maps of the Heavens* (London: Deutsch, 1984); Giuseppe Maria Sesti, *The Glorious Constellations: History and Mythology*, trans. Karin H. Ford (New York: Harry N. Abrams, 1991); Carole Stott, *Celestial Charts: Antique Maps of the Heavens* (London: Studio Editions, 1991); Peter Whitfield, *The Mapping of the Heavens* (San Francisco: Pomegranate Artbooks in association with the British Library, 1995); 和 Marc Lachièze-Rey and Jean-Pierre Luminet, *Celestial Treasury: From the Music of the Spheres to the Conquest of Space*, trans. Joe Loredo (Cambridge: Cambridge University Press, 2001)。

④ 存在很多例子，下面只提到了其中的少量例子：《地图学史》系列丛书在卷 1 中忽略了中世纪的星图。Leo Bagrow 在 *History of Cartography*, rev. and enl. R. A. Skelton, trans. D. L. Paisey, 2d ed. (Chicago: Precedent Publishing, 1985) 中，只在两处简短地提到了天球仪。Norman J. W. Thrower，尽管在 *Maps & Civilization: Cartography in Culture and Society*, 2d ed. (Chicago: University of Chicago Press, 1999) 中经常讨论天文学和天文学家对于绘制陆地地图的贡献，但是极少提到任何种类的天体图或天球仪，除了简短地对埃德蒙德·哈利（Edmond Halley）贡献的讨论以及对月球图稍微宽泛的讨论之外，而这一讨论开始于伽利略，以现代技术作为结尾；他仅有的两幅天体图示都是月球图。一项对 *Imago Mundi* 期刊所有各期的调查发现，只有寥寥无几的论文是关于天体地图学某一方面的，其中一半是关于天球仪的。在一份关于地图术语的相对较近的手册中，Wallis 和 Robinson 把“天文图”归入“自然现象图”中，而不是如同他们处理天球仪的方式，将它们作为一个主要的“地图类型”；Helen Wallis and Arthur Howard Robinson, eds., *Cartographical Innovations: An International Handbook of Mapping Terms to 1900* (Tring, Eng.: Map Collector Publications in association with the International Cartographic Association, 1987), 135－38。

⑤ 这一工作的大部分是在如 *Der Globusfreund* 等刊物中完成的，其在书目中附有最近的著作；例如，参见，*Globes at Greenwich* 或 Peter van der Krogt, *Globi Neerlandici: The Production of Globes in the Low Countries* (Utrecht: HES, 1993)。

⑥ 例如，参见 Zofia Ameisenowa, *The Globe of Martin Bylica of Olkusz and Celestial Maps in the East and in the West*, trans. Andrzej Potocki (Wrociaw: Zakiad Narodowy Imienia Ossolińskich, 1959); Deborah Jean Warner, *The Sky Explored: Celestial Cartography, 1500 - 1800* (New York: Alan R. Liss, 1979); Rochelle S. Rosenfeld, "Celestial Maps and Globes and Star Catalogues of the Sixteenth and Early Seventeenth Centuries" (Ph. D. diss., New York University, 1980)；以及埃利·德克尔的很多著作，尤其是“Der Himmelsglobus— Eine Welt für sich,” in *Focus Behaim Globus*, 2 vols. (Nuremberg: Germanisches Nationalmuseums, 1992), 1: 89 - 100, 和“Andromede sur les globes célestes des XVIe et XVIIe siécles,” trans. Lydie Échasseriaud, in *Andromède; ou, Le héros a l'épreuve de la beauté*, ed. Françoise Siguret and Alain Laframboise (Paris: Musée du Louvre / Klincksieck, 1996), 403－23。

的话，在本章中都会被引用。然而，1979 年之前，没有出版过关于天体地图学的专门书目⑦。确实在通史方面存在一些早期的尝试，但是这些努力受制于不准确的和通常有限的信息。例如，在他 1932 年的著作《天文图集、地图和图表：历史和概要性的指南》（*Astronomical Atlases, Maps and Charts: An Historical and General Guide*）中，布朗（Brown）断言“最早的关于天体的且显示有星座的人物图形以及用一定精度标出了每组恒星的实际地图，出现在彼得·阿皮亚的著作中”——这是在书中出现的众多严重错误之一⑧。然而，除了星图之外，布朗的著作确实包括了关于很多其他类型的天体地图学的章节，而这些类型的天体图被后来关于“天体图”或“天体地图学”的大多数通论著作排除在外。

1979 年，沃纳（Warner）撰写了《被探索的星空：天文地图学，1500 年至 1800 年》（*The Sky Explored: Celestial Cartography 1500 – 1800*）。尽管，其范畴主要局限于星图（包括专业化的星图，如彗星轨迹图）和少量重要的天球仪，但她的著作为后来的学者提供了一个正确的基础⑨。然而，尽管出现了这一根本突破性的著作，但关于星图的新的学术著作依然缺乏。无论是沃纳之前还是之后的期刊论文，都提供了关于特定制作者和主题的详细研究，但最值得注意的是那些由不同作者撰写的关于丢勒的半球图及其稿本中的雏形的论文，以及德克尔（Dekker）的大量论文；展品目录提供了大量其他地图的简短概述⑩。

中世纪和文艺复兴时期关于星体的知识和呈现 101

测量和绘制星体的位置

只有极少的中世纪的星图可以被认为在科学上是严谨的⑪。中世纪晚期的天文学家确实

---

⑦ 很多文艺复兴时期的主要著作在 Ernst Zinner, *Geschichte und Bibliographie der astronomischen Literatur in Deutschland zur Zeit der Renaissance*（1941；2d ed. Stuttgart：A. Hiersemann, 1964）中被引用；然而，这一列表没有索引，也没有按照著作类别进行组织，因此其不可能告知哪部著作中包含有天体图，除了在偶尔的例子中，即当 Zinner 注释一个条目的时候。关于中世纪和文艺复兴早期的绘本图和星座图像，参见 Fritz Saxl, *Verzeichnis astrologischer und mythologischer illustrierter Handschriften des lateinischen Mittelalters*：vol. 1，［*Die Handschriften*］*in römischen Bibliotheken*（Heidelberg：Carl Winters Universitätsbuchhandlung, 1915）；vol. 2, *Die Handschriften der National-Bibliothek in Wien*（Heidelberg：Carl Winters Universitätsbuchhandlung, 1927）；vol. 3, in two parts, with Hans Meier, *Handschriften in Englischen Bibliotheken*（London：Warburg Institute, 1953）；和 vol. 4, by Patrick McGurk, *Astrological Manuscripts in Italian Libraries*（*Other than Rome*）（London：Warburg Institute, 1966）。后两卷有着翻译为英文的系列标题：拉丁中世纪的经过彩饰的占星术和神话学手稿目录（Catalogue of Astrological and Mythological Illuminated Manuscripts of the Latin Middle Ages）。关于中世纪和文艺复兴时期的资料，也可以参见 A. W. Byvanck, "De Platen in de Aratea van Hugo de Groot," *Mededelingen der Koninklijke Nederlandsche Akademie van Wetenschappen*12（1949）：169 – 233。

⑧ Basil Brown, *Astronomical Atlases, Maps and Charts: An Historical and General Guide*（London：Search, 1932）, 13. 最为著名的 1515 年丢勒的半球图就在阿皮亚图之前，很多非常重要的绘本地图也是如此。有趣的是，布朗哀叹学术和收藏圈中对于天体地图学的普遍忽视。

⑨ 然而，沃纳的著作应当谨慎使用，因为自其出版 25 年以来，发现了更多的星图。

⑩ 有用的博物馆目录包括：*Celestial Images: Astronomical Charts from 1500 to 1900*（Boston：Boston University Art Gallery, 1985）；*Focus Behaim Globus*, 2 vols.（Nuremberg：Germanisches National museums, 1992）；Anna Felicity Friedman［Herlihy］, *Awestruck by the Majesty of the Heavens: Artistic Perspectives from the History of Astronomy Collection*（Chicago：Adler Planetarium & Astronomy Museum, 1997）；和在线目录 *Out of this World: The Golden Age of the Celestial Arts*（Kansas City, Mo.：Linda Hall Library, ongoing）, <http：//www. lindahall. org/pubserv/hos/stars/>。

⑪ 在本章中，我试图对一些作者近来提出的观点，即关于天空的科学严谨的绘本地图是常见的或普遍的，提出自己的看法。这类地图是例外，而不是惯例。无论是沃纳在 *Sky Explored*, xi，还是 Wallis 和 Robinson 在 *Cartographical Innovations*, 136 中都错误地宣称，在中世纪的星座图像中，恒星的位置通常被正确的定位。

进行了一些对天空的直接观察，尤其是对彗星和日月食，并且是基于由此确定时间的目的，但大多数天文学的学术研究在性质上是文学的和数学的，来源于对古典著作和少量阿拉伯著作的翻译，或者是基于这两类著作⑫。附带有中世纪天文学和占星术文本的很多星座图示，即使不是大部分，其中很多的意图是作为装饰性的图示，而不是一位天文学者或者研究者拿到户外与天空进行比照的东西⑬。由于在这一时期中，天文学家、占星学家、研究者和其他人极少进行天空的实际观测，因此装饰性的图片已足敷使用，即使对于如托勒密的《天文学大成》等有分量的科学文本而言也是如此。

较早的朝向绘制科学、严谨的天图的发展，其迹象出现于为数不多的来自中世纪晚期受到阿拉伯影响的稿本中。除了极少数的例外，中世纪和文艺复兴时期的地图绘制者并不观察星辰，也不直接将他们正在看到的星辰的分布草绘下来以制作一幅新的地图；取而代之的是，科学星图的绘制是一个间接观察的过程。地图绘制者或天文学家使用在一个星辰目录中列出的坐标来将星辰的位置绘制在一个地图网格中。然而，在很多情况中，他们甚至没有创造原创的地图，而是从较早的地图或球仪进行复制，忽略了星辰目录和对天空的观察。

如果在第谷·布拉厄（Tycho Brahe）出版他的星辰目录之前要绘制一幅新的星图的话，那么天文学家和地图绘制者依赖于现存的星辰目录，这些目录主要是收录在托勒密《天文学大成》中的星辰目录的不同版本，只是考虑到岁差的影响而进行了更新。这种目录通常包含有错误，这归因于不准确的岁差计算或者抄录过程中的错误或者看错了数值。本质上，中世纪的和一些文艺复兴早期的地图学家依赖于古典学者对星辰位置的观察。

到了文艺复兴早期，一些天文学家开始关注于观测天文学，同时执行了充分的观察从而确定使用一种依赖于过时资料的天文学中存在严重的问题⑭。最后，16世纪晚期，在依赖于过时的星体测量数值数百年之后，第谷·布拉厄执行了他对每颗可见星辰的位置的重新观察和测量，使用的是新的和显然更为准确的仪器，并制作了一个星辰目录，其如此重要，因此在其被印刷出版之前，就已经通过稿本的形式流通于欧洲的天球仪和星图中。必须要注意到的是，在约1660年之前，所有天文学家使用裸眼（由如照准仪、赤基黄道仪和四分仪——

⑫ 关于中世纪天文学中更多学术的和教学的内容，参见 Olaf Pedersen，"European Astronomy in the Middle Ages," in *Astronomy before the Telescope*, ed. Christopher Walker (New York: St. Martin's, 1996), 175 -86，和 Michael Hoskin and Owen Gingerich, "Medieval Latin Astronomy," in *The Cambridge Illustrated History of Astronomy*, ed. Michael Hoskin (Cambridge: Cambridge University Press, 1997), 68 -97。

⑬ 存在少数证据确凿的中世纪早期进行星辰观察的例子，其中一个与修道院在天黑之后报时的习惯有关。僧侣通过观察特定的星座来计时。16世纪，图尔的格列高利（Gregory of Tours）在他的"De cursu stellarum"中基于这一目的创造和展示了他自己的星座，尽管不清楚创造这些星座是否是一种常见的习惯，或者是一种前所未有的事情。参见 Stephen C. McCluskey, "Gregory of Tours, Monastic Timekeeping, and Early Christian Attitudes to Astronomy," *Isis* 81 (1990): 9 -22；重印在 *The Scientific Enterprise in Antiquity and the Middle Ages: Readings from Isis*, ed. Michael H. Shank (Chicago: University of Chicago Press, 2000), 147 -61。一个较晚的例子是关于使用北极星（Pole Star）和大熊座（Ursamajoris）来在夜间报时的，在维罗纳的帕西菲克斯（Pacificus of Verona）的著作中记录的时间早至844年。参见 Joachim Wiesenbach, "Pacificus von Verona als Erfind ereiner Sternenuhr," in *Science in Western and Eastern Civilization in Carolingian Times*, ed. Paul Leo Butzer and Dietrich Lohrmann (Basel: Birkhäuser, 1993), 229 -50。然而，通常而言，来自这一时期的，明确提到这种对星辰进行观测和关于星辰的写实图示是极少的。

⑭ 关于其中一些人的详细情况，参见 N. M. Swerdlow, "Astronomy in the Renaissance," in *Astronomy before the Telescope*, ed. Christopher Walker (New York: St. Martin's, 1996), 187 -230。有着一些证据证明文艺复兴早期曾经存在通过亲身观察来绘制的星图，例如保罗·达尔波佐·托斯卡内利的彗星图，这些地图的一些特点就是仔细绘制了星辰的位置。

辅助，没有望远镜）来确定天体的位置[15]。

内部与外部视角的对比，以及喜帕恰斯规则

从古代直到进入17世纪，学者将星辰想象为被放置在一个环绕地球的球体上（在哥白尼之后，其中心则为太阳系）。这产生了绘制星辰的两种可能的方式，其中一种是从球体的内部，就像从站在地球上的一个点向上仰望天空；另外一种则是从球体的外部，如同俯瞰一
个天球仪的表面。由此产生的“内部”和“外部”的视角，在观看星图时成为一个问题[16]。 102

这一问题的一个结果与在星图和天球仪上描述的图形的朝向有关。所谓的喜帕恰斯规则，由喜帕恰斯在公元前2世纪描述（尽管其可能来源于一个甚至更早的源头），规定星座的人物图形应当按照下列方式绘制，即当由地球观察的时候，图形的正面对着观察者。因而，在外部视角的星图或者天球仪上的图形应当被从背后进行描绘[17]。坚持这一规则产生了一些问题，尽管文艺复兴时期的天体地图学（无论是星图还是天球仪）中的大部分都忠实地遵照了这一规则[18]。

昼夜平分点的岁差和历元

尽管恒星彼此之间的视位置是“固定”的，结果造成了不会发生变化的星座布局；但天球相对于地球的位置在25800年中逐渐旋转一周，这归因于月亮和太阳不同的重力影响所造成的地球地轴类似于环绕一个圆锥那样进行摆动。因而，天球赤道与黄道（也就是昼夜平分点）的交叉点逐渐向西移动。岁差按照固定比率影响着天体的经度（大约每70年变化大约1°），但是天体的纬度不受影响。由此造成的昼夜平分点的岁差导致天体地图只是在一个有限的时间内对于观测目的而言是有用的。

自托勒密之后，天文学家提出了各种数值来加入天体经度中以校正岁差的影响。所有这些提出的校正都不是正确的，只是在程度上存在差异而已；因而，关于某一特定日期的星图的准确性，依赖于一名绘图者正在使用的更新过的星辰目录。这使得确定任何特定地图的历元（对应于一幅地图上的星辰位置的实际时间）变得更为复杂；其可以与地图制作的日期存在显著的差异（例如，尽管著名的丢勒等人的星图标注的时间是1515年，但它们实际表现的历元大约是1440年）[19]。确定一幅地图的历元可以帮助揭示一位地图绘制者在创作地图时可能使用的是哪种星辰目录和岁差常数；确定相似地图的历元可以帮助追溯它们的绘制者

---

⑮ 然而，望远镜自17世纪后期开始被用于观察月亮和星辰。对于古典时期、中世纪和文艺复兴时期使用的仪器的详细叙述，参见 J. A. Bennett, *The Divided Circle: A History of Instruments for Astronomy, Navigation and Surveying* (Oxford: Phaidon, Christie's, 1987), esp. 7–26。

⑯ 沃纳将这种观察星辰的方式命名为“地心的”与“外部的”，但是这种方式在后哥白尼时代呈现了潜在的混淆，因为很多地图学家绘制了“地心的”地图，尽管他们的宇宙观断然不会是地心的。德克尔则将两种不同的观察方式命名为“天空的视角”与“球体的视角”。

⑰ 关于喜帕恰斯规则更多的信息，参见 Dekker, “Andromède,” 408–9, 或 Dekker, “Der Himmelsglobus,” 92。

⑱ 约翰内斯·拜尔是一个值得注意的例外。德克尔（Dekker）将文艺复兴时期坚持喜帕恰斯规则作为一项杰出的壮举，鉴于没有现存的证据说明文艺复兴地图学家熟悉喜帕恰斯（个人联系，2002）。

⑲ 关于岁差理论以及它们与丢勒等人所绘星图的历元之间关系的一个详细解释，参见 Warner, *Sky Explored*, 71 and 74。

是否使用的是相同的星辰目录。

新的星座和天文学发现

在中世纪，星座的绘制遵照展示它们的文本——48 个托勒密的星座，44 个亚拉图（Aratus）的星座，42 个伊琪（Hyginus）的星座等[20]。在文艺复兴时期，地图绘制者制作了与任何特定文本都没有关系的星图，但是托勒密《天文学大成》的突出地位导致48 个托勒密的星座被固化作为基础。然而，就像在公元 1600 年之前绘制的任何极投影的星图中那样显著，南半球的中心包含了大范围的空白，没有任何记录（图 4.1）。这归因于地球上任何特定一点之上（除了沿着赤道之外）都只有整个天球的不完整的“段落”；一些星辰（乃至

103

图 4.1 约斯特·安曼（JOST AMMAN）绘制的天体图。这一地图展示了一个与众不同的垂直的组织方式，这一方式也出现于与之配套的陆地地图中。该图的边框，对来源于这一时期的一幅天体图而言有着不同寻常的装饰性，其中绘制了六位杰出的古代哲学家以及各种科学仪器。一些星座的艺术效果反映了约翰尼斯·洪特的那些作品，在其中很多人物都穿着衣服。然而，其他的，例如猎户座的（Orion），反映了丢勒的传统。安曼使用了一种外在的视角，并且增加了后发座（Coma Berenices）。需要注意，在南半球的中心存在一个大的空白区域；这归因于从欧洲的纬度无法看到的天空区域

Ptolemaeus, *Geographia*, *libri octo*（Cologne, 1584）. 由 John Carter Brown Library at Brown University, Providence 提供照片。

---

[20] 亚拉图星座在技术上是欧多克斯（Eudoxus）的，后者的著作已经佚失了。关于欧多克斯和托勒密的星座的有用索引，参见 Michael E. Bakich, *The Cambridge Guide to the Constellations*（Cambridge: Cambridge University Press, 1995）, 83 – 84。

星座）从来都不能被从特定纬度上看到。由于托勒密的星座是从一个地中海的纬度记载的，因此最南端的星辰被排除在外。从一个欧洲的观测点无法看到的天体的黄纬（celestial latitude）线（可视边界或不可视的边界）大致位于天球南回归线（Tropic of Capricorn）以南，具体依赖于在欧洲的准确位置。因而记录这些星辰和填补星图上空白的唯一方式就是向南旅行到更远的地方。

文艺复兴时期对于新星座的最大贡献来源于彼得·迪克兹·凯泽（Pieter Dircksz Keyser）和弗雷德里克·德豪特曼（Frederik de Houtman）的旅行，他们在16世纪90年代中期前往南半球的探险中测量了从欧洲无法看到的南部星辰的位置。彼得吕斯·普兰修斯（Petrus Plancius）将这些星辰组成了12个新的星座，并且在他与小约道库斯·洪迪厄斯（JodocusHondius Jr.）一起制作的1597/98年的球仪中第一次出版，稍后又出版于约翰内斯·拜尔1603年的图集中（图4.2）[21]。凯泽和德豪特曼的旅行是第一次记录南部星辰的系统探险，尽管在他们旅行之前，有着偶尔的对南十字座（Southern Cross）、麦哲伦星云（Magellanic Clouds，在南半球醒目可见的两个星系）和煤袋星云（Coal-sack nebula）的零星报告[22]。小的区域性的地图有时记录了这三个天体。在北部的天空中，在文艺复兴时期出现 104

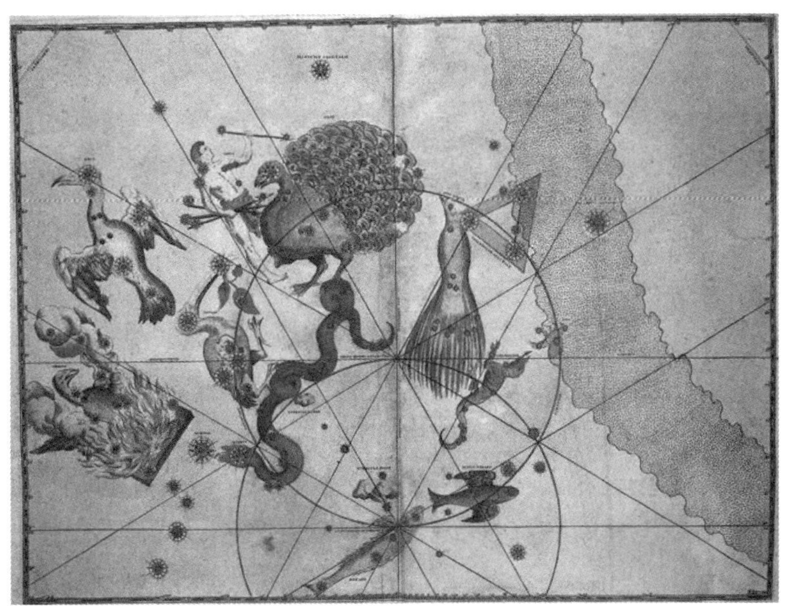

图4.2 新的南半球星座图。在普兰修斯和洪迪厄斯引入基于凯泽和德豪特曼新记录的南部星辰的星座之后不久，约翰内斯·拜尔出版了这一两维的图示。除了普兰修斯的12个新星座之外，拜尔还包括了两个麦哲伦星云（标注为“Nubacula Major”和“Nubacula Minor”），它们位于地图中部。不太清楚的是，为什么他没有为这些新星座中的星辰分配字母，就像他在他地图集的其余部分所做的那样

Johannes Bayer, *Uranometria*（1603）. 由Adler提供照片。

㉑ Elly Dekker, “Early Explorations of the Southern Celestial Sky,” *Annals of Science* 44（1987）: 439 – 70.

㉒ 参见Elly Dekker, “The Light and the Dark: A Reassessment of the Discovery of the Coalsack Nebula, the Magellanic Clouds and the Southern Cross,” *Annals of Science* 47（1990）: 529 – 60，关于记录和绘制南十字座的涉及广泛的概述。

了一些彗星和新星；它们有时被记录在天球仪和星图上，但更为常见的是构成了那些关注于这些不寻常现象的区域的时事星图的基础㉓。

在文艺复兴时期，为了使已经被记录但未定型的或位于任何托勒密的星座边界之外的星区形象化，从而创造了其他新的星座。1536 年，卡斯珀·沃佩尔（Caspar Vopel）在一个新的球仪上引入了后发座（Coma Berenices）和安提诺座（Antinous）。1589 年，彼得吕斯·普兰修斯和雅各布·弗洛里斯·范朗格恩（Jacob Floris van Langren）增加了南十字座（Crux）和南三角座（Triangulus Antarcticus），同样是在一架球仪上。1592 年，在一幅大型世界地图上作为插图的天体图中，普兰修斯创造了天鸽座（Columba）和持棒卫士座（Polophylax）。普兰修斯于 1612 年在一架与彼得·范登基尔（Pieter van den Keere）一起制作的球仪上增加了 9 个《圣经》主题的星座㉔。雅各布·巴尔奇（Jakob Bartsch）在 1624 年用他自己的雀蜂座（Vespa）取代了普兰修斯的猿人座（Apes），而伊萨克·哈伯海特二世（Isaac Habrecht Ⅱ）在他 1625 年的天球仪上引入了菱形座［Rhombus，网罟座（Reticulum）的一个早期原型］㉕。

105

作为文艺复兴时期的先驱的中世纪的星座彩饰

最早的文艺复兴时期的星座图像来源于中世纪稿本中的范本。除了少量基于伊斯兰天文学家苏菲著作的稿本和少有的平面天球图（planisphere）和类平面天球图（planispherelike）的天体描述之外㉖，来源于中世纪的星图实际上并不是地图，而是想象性质的绘画，上面有着星辰的布局，但描述的方式与天空中星辰的表现并不一致。典型的，每一星座被表现为一幅单独的绘画，尽管一些绘本中包括了一个圆形的涵盖了可见天空的天体图。在一些图示中，星辰被按照对它们位置的神话描述而被放置在星座的图形形象中，基本只是对文本的描绘而不是对天空的描绘；在其他图示中，星辰只是修饰星座图像的装饰性附件。稿本同样通常包括星座插图，但并没有使用任何星辰，而只是使用神话图像。

在整个中世纪，各种不同的天文学、占星术和神秘学文本被用星座图形图像进行了展示。附带有神秘的“亚拉图（Aratea）”的不同版本的最为古老的图像㉗，时间至少可以上

㉓ 文艺复兴时期出现在欧洲上空的彗星年表，参见 Donald K. Yeomans, *Comets: A Chronological History of Observation, Science, Myth, and Folklore* (New York: John Wiley and Sons, 1991), 405 – 19，和 Gary W. Kronk, *Cometography: A Catalog of Comets* (Cambridge: Cambridge University Press, 1999 –), 1: 260 – 347。

㉔ 普兰修斯的来源于《圣经》的星座的详细列表，参见 Warner, *Sky Explored*, 206。

㉕ 参见 Elly Dekker, “Conspicuous Features on Sixteenth Century Celestial Globes,” *Der Globusfreund* 43 – 44 (1995): 77 – 106（英文和德文），关于 16 世纪天球仪上对后发座和安提诺座（Antinous）的描绘的信息；也可以参见她的新星座的列表，其中包括这些星座是在什么时候以及由谁引入的，见 *Globes at Greenwich*, 559 – 60。

㉖ 术语“平面天球图（planisphere）”应当只被应用于基于立体投影的呈现形式的特定含义上，如在托勒密的《平球论》（*Planisphaerium*）中。对于描述了整个可见天空的很多中世纪和文艺复兴早期的地图而言，不太可能判断其所使用的投影是否意图是立体的。此外，过去，在立体投影之外的一种投影的圆形半球图通常也被称为平面天球图。在本章中，当需要一个概述性的说明词的时候，我使用术语“类平面天球图（planisphere-like map）”来描述这两种类型的圆形地图，因为它们圆周的形式，以及两者无论是可视天空的范围还是每一半球的涵盖范围都是相当相似的。

㉗ 中世纪时期使用了亚拉图天文学神话的三种主要版本。它们通常被称为拉丁语亚拉图（Aratus Latinus）、德语亚拉图（Germanicus Aratea）和西塞罗亚拉图（Ciceronian Aratea）。对不同亚拉图版本的一个很好的讨论和加洛林亚拉图（Carolingian Aratus）稿本的附有注解的列表，参见 Patrick McGurk, “Carolingian Astrological Manuscripts,” in *Charles the Bald: Court and Kingdom*, ed. Margaret T. Gibson and Janet L. Nelson (Oxford: B. A. R., 1981), 317 – 32。

溯到公元9世纪早期，同时它们作为流行文本延续直至至少17世纪（图4.3和图4.4）[28]。其他中世纪时期附有星座图形图像的图示的文本，包括伊琪的“天文诗（Poeticon Astronomicon）”、比德的“天空的符号（De signiscoeli）”［经常被称为伪贝丹目录（Pseudo-Bedan catalog）］、迈克尔·斯科特（Michael Scot）的“入门指南（Liber introductorius）”以及古代天文学家尼姆罗德（Nimrod）的天文学著作[29]。

来自中世纪早期的大多数星座图像趋向于遵从“亚拉图”早期抄本的模式，即以保留一种古典美学的方式来设计图形图像。随着时间的流逝，星座图像开始反映罗马式的（Romanesque）和哥特的风格；随着可以使用伊斯兰的关于星座的文本，特定的阿拉伯的特点开始被整合到星座图像中[30]。一些作者，例如迈克尔·斯科特收录了非典型的星座，例如帕拉贝伦座（Tarabellum）和军旗座（Vexillum），同时也有着传统亚拉图的星座（图4.5）[31]。

到13世纪晚期，出现了大量稿本，这些稿本开始倾向于采用星座各自科学严谨的地图，
其中星辰的位置反映了天空中的实际布局，尽管没有使用任何种类的地图投影。被称为
《苏菲拉丁语大全》（Sufi Latinus corpus）的著作，来源于苏菲（al-Ṣūfī）关于星座的论著，
这一著作中包括了一个完整的托勒密的星辰目录，而且有着单独星座的地图[32]。其中最早的
似乎来源于一个现在已经佚失的来自西西里的绘本（图版3）[33]；而其他的时间可以追溯到
文艺复兴早期。在《苏菲拉丁语大全》的绘本中，图形图像已经被修改以适应于一种欧洲
的美学，当然程度各有不同，但都保留有阿拉伯的肖像和风格或多或少的影响[34]。类似于苏 106
菲地图，这些描绘同样包括了用于托勒密星辰目录中的星辰编号系统，以及一个基于不同光
度的对星辰大小的划分。

㉘ 现存最早的附有图示的亚拉图为 Vienna，Österreichische Nationalbibliothek，Cod. 387（时间在809年至821年之间）；关于很多其他类似的文本，参见 Byvanck，“De Platen in de Aratea，” 204 – 33中有插图稿本的资料列表中关于亚拉图的部分。在其他二手材料中，Byvanck 为 Saxl，vol. 1，［*Die Handschriften*］*in römischen Bibliotheken*，and vol. 2，*Die Handschriften der National-Bibliothek in Wien* 引用了相关的目录页和图示。也可以参见 Alfred Stückelberger，“Sterngloben und Sternkarten：Zur wissenschaftlichen Bedeutung des Leidener Aratus，” *Museum Helveticum* 47（1990）：70 – 81；修订版发表于 *Antike Naturwissenschaft und ihre Rezeption* 1 – 2（1992）：59 – 72。

㉙ 关于数量众多的图示，参见 Saxl 4卷本的著作以及 Byvanck，“De Platen in de Aratea，” 204 – 33。对 Bede 的“pseudepigrapha”，包括对 *De signis coeli* 的讨论，参见 Charles William Jones，*Bedae Pseudepigrapha：Scientific Writings Falsely Attributed to Bede*（Ithaca：Cornell University Press，1939）。对一份迈克尔·斯科特稿本的详细研究，参见 Ulrike Bauer［Bauer-Eberhardt］，*Der Liber introductorius des Michael Scotus in der Abschrift Clm 10268 der Bayerischen Staatsbibliothek München*（Munich：Tuduv-Verlagsgesellschaft，1983）。对尼姆罗德星座图像的一个简短描述，参见 Charles Homer Haskins，*Studies in the History of Mediaeval Science*（1924，reprinted New York：Frederick Ungar，1960），338 – 41；Haskins 报告，他所讨论的两个稿本中，只有一个（MS. Lat. Ⅷ 22，at the library of St. Mark's in Venice）有图示。

㉚ 关于整个中世纪时期，星座描绘风格和肖像的变化，对此一个有用的概述，参见 Erwin Panofsky and Fritz Saxl，“Classical Mythology in Mediaeval Art，” *Metropolitan Museum Studies* 4（1933）：228 – 80，esp. 230 – 41。

㉛ Bauer，*Michael Scotus*；Franz Boll，*Sphaera：Neue griechische Texte und Untersuchungen zur Geschichte der Sternbilder*（Leipzig：B. G. Teubner，1903），439 – 49；和 Lynn Thorndike，*Michael Scot*（London：Thomas Nelson and Sons，1965），100 – 102。

㉜ Emilie Savage-Smith，“Celestial Mapping，” in *HC* 2.1：12 – 70，esp. 60. 关于《苏菲拉丁语大全》的详细信息，参见 Paul Kunitzsch，“The Astronomer Abu' l-Ḥusayn al-Ṣūfī and His Book on the Constellations，” *Zeitschrift für Geschichte der Arabisch-Islamischen Wissenschaften* 3（1986）：56 – 81，或 idem，“Ṣūfī Latinus，” *Zeitschrift der Deutschen Morgenländischen Gesellschaft* 115（1965）：65 – 74。

㉝ BNF（Arsenal MS. 1036［Bologna，ca. 1270］）. 参见 Kunitzsch，“Astronomer Abu' l-Ḥusaynal-Ṣūfī，” 74。

㉞ Kunitzsch 将它们分为四组。参见 Kunitzsch，“Astronomer Abu' l-Ḥusayn al-Ṣūfī，” 68 – 71。

图4.3　来源于亚拉图，“现象（PHAENOMENA）”的宝瓶座（AQUARIUS），手绘。图4.4展示的宝瓶座的印刷版直接来源于这一莱顿“亚拉图”稿本的祖本。大多数星辰，尤其是那些位于水流中的，仅仅只是装饰性的；然而，其他的，则符合对这一星座中星辰位置的神话描述，尽管并不符合天空中它们的实际布局

原始尺寸：17.5×15.3厘米。由 Universiteitsbibliotheek Leiden（MS. Voss. Lat. Q79，fol. 48v）提供照片。

图4.4　来源于亚拉图，《现象》，由胡戈·赫罗齐厄斯出版的印刷版的宝瓶座。对比图4.3

Aratus of Soli，*Syntagma Arateorum opus antiquitatis et astronomiae studiosis utilissimum...*，ed. Hugo Grotius（Leiden：Christophorus Raphelengius，1600）. 由 Adler 提供照片。

图 4.5　迈克尔·斯科特的帕拉贝伦座和军旗座。斯科特的"入门指南"，一部天文学和占星术的稿本，在 13 世纪至 15 世纪之间享有一定的知名度：收录有这些星座的特定抄本的时间是在 15 世纪后半叶。斯科特引入了大量不常见的、在其他天文学著作中见不到的星座。帕拉贝伦座和军旗座都位于南半天球；前者是一个锥子，而后者则是一面旗帜

由 Pierpont Morgan Library, New York（MS. M. 384, fol. 28）提供照片。

除来源于苏菲的绘本外，中世纪圆形的天体图构成了一种基本的地图类型。其中大部分绘制了与邻近星座的关系，并且在其中缺乏星辰（图 4.6）。这一类型最早的地图，位于一个"亚拉图"的稿本中，时间是 818 年，而这类星图复杂性不断变化的不同阶段的例子，直至文艺复兴早期才出现[35]。大多数包括了对回归线、赤道或黄道圆环的呈现，同时其中一些似乎使用了一种立体投影的粗糙版来进行构造[36]。其中一些分为南北两个半球；其他一些仅仅是从一个典型的欧洲所在的纬度对天空可见部分进行了描绘（从北黄极或赤道极到可视的边界）。这种地图同样在内视角和外视角之间变化。一个时间大约为 900 年的"亚拉图"稿本的一个不常见的变体，使用了一种勉强可称为赤道投影（equatorial projection）的投影方式[37]。

---

[35] Munich, Bayerische Staatsbibliothek（Clm. 210）. 关于这类星图更多的信息，参见 Saxl, *Die Handschriften der National-Bibliothek in Wien*, 19–28, 或 Savage-Smith, "Celestial Mapping," 13–17（两者都包括了这些星图与相似的伊斯兰星图之间的关系）。

[36] 关于这些星图的一个图表，参见 Savage-Smith, "Celestial Mapping," 15 and fig. 2.3。

[37] Stiftsbibliothek St. Gallen, Switzerland（Cod. Sangall. 902）. 这一稿本被绘制于 Saxl, *Die Handschriften der National-Bibliothek in Wien*, 22 中。

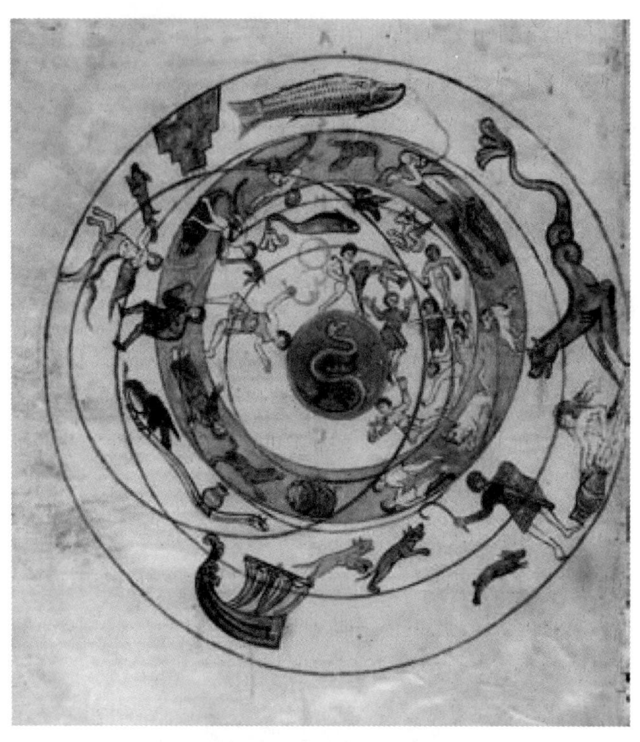

图4.6 地图显示了星座之间的大致关系，源于一个10世纪的亚拉图的稿本。这一地图，并没有显示恒星的位置，但传达了天空中星座之间的大致关系。星座按照一个内视角的方式组织，同时图形图像按照喜帕恰斯规则面对前方。地图的中心位于黄极；天赤道通过偏距圆表示

原图尺寸：37×28.5厘米；直径：约23.5厘米。由Burgerbibliothek，Bern（Cod. 88，fol. 11v）提供照片。

两维地图绘制中的进步

似乎直到15世纪早期，才出现了严谨的星图，其上绘制有网格并且恒星的位置也是准确的，尽管在欧洲，星盘早在公元10世纪就已经使用（通过摩尔人的西班牙），星盘提供了立体投影的一种模型，同时还有来自公元13世纪后期伊斯兰的和古典的文献，如苏菲的
107 和托勒密的。除了星盘之外，现存最早的有着可辨识的投影的两维星图，是出现在梵蒂冈图书馆稿本中的那些，这些稿本属于抄写员戴芬拜克的康拉德，而时间是在1426年[38]。这一稿本包含了四幅地图，绘制了数量有限的恒星，还有勾勒出轮廓的经过选择的星座（图4.7）。星辰目录的信息来源于克雷莫纳的赫拉德对托勒密《天文学大成》一个阿拉伯语

---

[38] Vatican City, Biblioteca Apostolica Vaticana (Codex Palat. Lat. 1368), 63r, 63v, 64r, and 64v. 关于这些地图的详细信息，参见Dana Bennett Durand, *The Vienna-Klosterneuburg Map Corpus of the Fifteenth Century: A Study in the Transition from Medieval to Modern Science* (Leiden: E. J. Brill, 1952), 114－17，和Saxl，[*Die Handschriften*] *in römischen Bibliotheken*, 10－15。其中两幅展示在Durand, pl. I，另外两幅则在Saxl, pl. XI。也可以参见John Parr Snyder, *Flattening the Earth: Two Thousand Years of Map Projections* (Chicago: University of Chicago Press, 1993), 9 and 29－30。

108

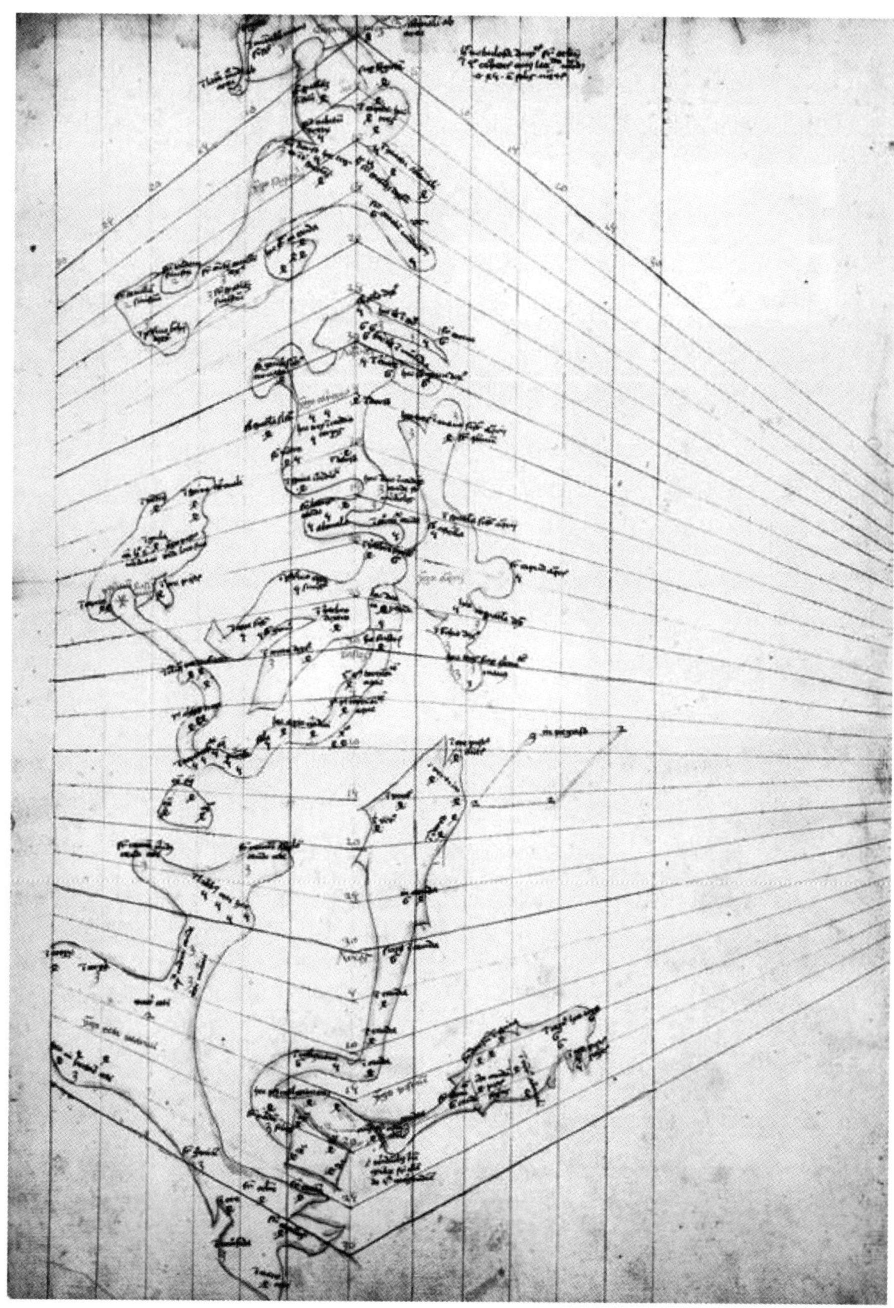

图 4.7 1426 年由戴芬拜克的康拉德绘制的梯形投影图。作为四幅现存的非星盘星图之一，这一地图奇怪地使用了梯形投影，这是一种通常应用于较小区域地图的投影。其显示了黄道的一部分［射手座（Sagittarius）、摩羯座（Capricorn）、宝瓶座和双鱼座（Pisces）］和一些环绕在周围的星座［例如飞马座（Pegasus）大正方形的星群被放置在双鱼座之上］。用与光度相对应的数字标识了星辰的位置

图片的版权属于 Biblioteca Apostolica Vaticana, Vatican City（Codex Palat. Lat. 1368, fol. 64v）。

版的拉丁语翻译；星座似乎没有受到苏菲著作的影响[39]。数字指明了星辰的位置，并且表示了它们的光度。三幅地图使用了不常见的梯形投影，这种投影可能是基于对喜帕恰斯著作的发展（通过阿拉伯文献的传输）[40]；这些地图对于其他同时代的星图没有影响。第四幅地图是一幅圆形地图，用方位等距投影（azimuthal equidistant projection）绘制，同时中心位于黄极[41]。

109 圆形的戴芬拜克的康拉德地图可能被作为后来南、北天体半球极投影地图的一个模板，例如1440年前后更为完整和详细的有时被认为是约翰内斯·冯格蒙登（Johannes von Gmunden）绘制的地图［它们是在维也纳（Vienna）制作，因而被称为维也纳地图］；维也纳绘本同样包含了每一星座的单幅地图，且有着星辰的列表[42]。维也纳地图同样使用了托勒密的星辰目录作为星辰位置的基础——每一星辰都按照托勒密的目录进行了编号。这一编号特点存在于中世纪苏菲抄本的单一星座地图中，也出现在原始的伊斯兰的苏菲稿本中[43]。尽管它们整体上是西方风格的，但维也纳地图表明了在星座图像的特定特征中阿拉伯的影响[44]。它们同样坚持着喜帕恰斯规则，忠实地从背后显示着星座，因为这些星图使用的是外视角（伊斯兰制图学家经常忽视喜帕恰斯规则，这是一个非常著名的假设）[45]。维也纳地图对很多天球仪产生了影响，其中包括那些汉斯·多恩（Hans Dorn）1480年和约翰内斯·施特夫勒（Johannes Stöffler）1493年制作的天球仪[46]。

大约在15世纪末和16世纪初，极投影星图从等距向立体投影发展，后者早在之前的几个世纪中就已经在星盘上很好地确立了起来[47]。这一朝向立体投影的变化由文艺复兴早期的下一幅现存的地图所阐释——一对南北半球的地图，时间是1503年（现在收藏于纽伦堡，因而被称为纽伦堡地图）[48]。这些平面天球图似乎来源于约1440年维也纳地图传统

㊴ Kunitzsch, "Astronomer Abu'l-Ḥusayn al-Ṣūfī," 67, n. 36. Kunitzsch纠正了Saxl的判断，即星座的风格展现了阿拉伯的影响。

㊵ Durand, *Vienna-Klosterneuberg*, 115.

㊶ Durand认为，这一投影可能有着阿拉伯的来源，可能是Abū al-Rayḥān Muḥammad ibn Aḥmad al-Bīrūnī（*Vienna-Klosterneuberg*, 116）。

㊷ Vienna, Österreichische Nationalbibliothek（Cod. 5415）. Durand将这些地图认为是1434年在萨尔茨堡（Salzburg）由"雷恩哈斯先生（Magister Reinhardus）"绘制的（*Vienna-Klosterneuberg*, 116）。关于更多的信息，参见Saxl, *Die Handschriften der National-Bibliothek in Wien*, 25 and 150–55, and pls. Ⅸ and X。

㊸ 例如Paris, Bibliothèque Nationale（Arsenal MS. 1036）。

㊹ 然而，Kunitzsch认为，它们并不是《苏菲拉丁语大全》的一部分（"Astronomer Abu'l-Ḥusayn al-Ṣūfī," 6 n. 3）。

㊺ Elly Dekker, "From Blaeu to Coronelli: Constellations on Seventeenth-Century Globes," in *Catalogue of Orbs, Spheres and Globes*, by Elly Dekker（Florence: Giuti, 2004）, 52–63, esp. 56, 以及Savage-Smith, "Celestial Mapping," 60–61。

㊻ Dekker, "Andromede," 409. 施特夫勒的球仪同样展示了伊琪星座图示的影响，同时还有一架佚名制作的球仪也受到了这些地图的影响。多恩的天球仪由马丁·拜利卡（Martin Bylica）拥有，并且在Ameisenowa, *Globe of Martin Bylica*中进行了详细的描述；关于与维也纳地图的关系，尤其参见36–41，也可以参见Savage-Smith, "Celestial Mapping," 60–61。

㊼ 在这一时间点之后，只有很少的极投影地图使用等距投影，其中最为著名的是彼得·阿皮亚、卢卡斯·扬茨·瓦格纳和约翰内斯·拜尔的地图。

㊽ Germanisches Nationalmuseum；参见*Focus Behaim Globus*, 2: 519–21，和W. Voss, "Eine Himmelskarte vom Jahre 1503 mit den Wahrzeichen des Wiener Poetenkollegiums als Vorlage Albrecht Dürers," *Jahrbuch der Preussischen Kunstsammlungen* 64（1943）: 89–150。对于这些星图和它们与一幅在16世纪末17世纪初属于维也纳大学教授康拉德·策尔蒂斯（Conrad Celtis）的目前已经散佚的天球仪以及与属于马丁·拜利卡的天球仪之间关系的英语概述，参见Ameisenowa, *Globe of Martin Bylica*, 47–55。

中的一幅地图；它们所表现的历元都为1424年，且有着相似的艺术风格和星辰编号系统，这种编号系统与托勒密目录中所使用的相一致。还可能有证据证明这一传统中至少还有一对其他的绘本地图，据说属于约翰内斯·雷吉奥蒙塔努斯（Johannes Regiomontanus），并且时间可能同样也是在约1440年的维也纳地图之前[49]。

文艺复兴早期的单独的星座图示

到15世纪初期，对单一星座的描绘已经分成两个流派：其中一个延续了中世纪的装饰性的传统，而另外一个开始以符合夜空中实际情况的方式描绘星辰的位置。两个传统似乎都受到阿拉伯地图和天球仪以及再次引入的古典作者的影响，尽管程度上存在差异。

单一星座装饰性的绘本图像开始凝聚成一个更为一致的形象，而不管它们所正在展示的具体文本[50]。反映了文艺复兴时期学者对古典时期学术重新萌发的兴趣，对于泥金装饰文本的选择范围变窄了：凯厄斯·朱利叶斯·伊琪（Caius Julius Hyginus）和德语版本的“亚拉图”占据主导地位，同时偶尔会引用其他作者的著作，如文艺复兴人文主义者巴西尼奥·达帕尔马（Basinio da Parma）的“天文学（Astronomicon）”[51]。如同中世纪较早的图示，特定星座的图形图像显现了伊斯兰的特征，但是整体美学则遵照西欧的传统。

文艺复兴早期，按照实际情况绘制天空中看到的星辰的图示相对较少，如同在中世纪稿本的例子。一些《苏菲拉丁语大全》绘本地图的时间是在文艺复兴早期[52]。其他来自文艺复
兴时期的单一星座的绘本地图，相当准确地描绘了星辰的结构，似乎在风格上并没有受到苏 110
菲地图的影响[53]。

在文艺复兴早期，与实际星辰结构相符的单一星座星图的出现，对于印刷的星座图像的影响很小。这类图示依然持续着装饰性的传统，同时伊琪和亚拉图的稿本主导性成为星座信息的来源。这证明了在那些出版物中对于星座神话感兴趣，而不是对天空观测中所蕴含的科学内容感兴趣。埃哈德·拉特多尔特首次出版了星座图示，时间在1482年，是在伊琪的《天文诗》的一个版本中。尽管没有人能确定某个特定的稿本是拉特多尔特图示的模本，但

㊾ Ameisenowa, *Globe of Martin Bylica*, 40.

㊿ McGurk, *Astrological Manuscripts in Italian Libraries*, xxi.

[51] McGurk, *Astrological Manuscripts in Italian Libraries*, xxi. McGurk 也列出了迈克尔·斯科特、卢多维克斯·德安古洛（Ludovicus de Angulo）和阿方索星表（Alphonsine Tables）的抄本，以及15世纪其他附有图示的稿本，但只列有拉丁语亚拉图和西塞罗亚拉图有限的抄本，同时没有列出加洛林亚拉图伪贝丹目录和佚名的星图目录。

[52] 例如维也纳和卡塔尼亚（Catania）地图；关于维也纳［MS. 5318（1474）］，参见 Saxl, *Die Handschriften der National-Bibliothek in Wien*, 132－41，关于卡塔尼亚［MS. 85（15世纪）］，参见 McGurk, *Astrological Manuscripts in Italian Libraries*, 10－16。

[53] 关于维也纳（MS. 5415），参见 Saxl, *Die Handschriften der National-Bibliothek in Wien*, 150－55。Saxl 对这一稿本信息的纠正，参见 Kunitzsch, “Astronomer Abu 'l-Ḥusayn al-Ṣūfī,” 67 n. 36。关于15世纪佛罗伦萨的稿本，Biblioteca Nazionale Centrale（MS. Angeli 1147 A. 6），参见 McGurk, *Astrological Manuscripts in Italian Libraries*, 33。

其图形与很多文艺复兴时期星座绘本中的图形存在相似性[54]。反之，拉特多尔特的版本成为《天文诗》和亚拉图《现象》众多有着插图的其他版本的一个模本[55]。

占星术文本，有时，也包括星座图示，尤其是关于黄道的部分。例如，拉特多尔特的1489年用拉丁语翻译的阿布·马尔萨尔·贾法尔·伊本·穆罕默德·巴尔希（Abū Mā ʻshar Ja ʻfar ibn Muḥammad al-Balkhī）撰写的*Kitāb al-qirānāt*［《合点之书》（Book of conjunctions）］的版本，其中使用了他在1485年伊琪文本的版本中的木版对黄道星座进行了展示[56]。尽管最早印刷的星座图像似乎被局限于伊琪或亚拉图的文本或来源于它们的图像，但至少出现了少量收录了一些由迈克尔·斯科特描述的异常星座的插图的著作[57]。

印刷术对于文本和图像流传的影响，使得《天文诗》和《现象》成为流行的文艺复兴时期的文本。但是直到1540年，随着亚历山德罗·皮科洛米尼（Alessandro Piccolomini）的恒星图集（稍后讨论）的出版，印刷的星座的单幅地图中的星辰位置才与夜空中看到的近似。对于稿本中星座图示的复制甚至持续至1600年，当时胡戈·赫罗齐厄斯（Hugo Grotius）详尽版本的《现象》的出版，艺术家雅各布·德盖尹三世（Jacob de Gheyn Ⅲ）对收录在一部加洛林亚拉图稿本，即莱顿“亚拉图”的图示进行了极为准确的描绘（图4.3和图4.4）[58]。

文艺复兴早期印刷的平面天球图和类平面天球图

如同最早的印刷的星座图示，其类平面天球图遵从一个较老的中世纪的模板，这一模板的时间是在15世纪早期在伊斯兰影响下形成的天体绘图进步之前。收录在之前提到的《现象》

---

[54] 例如 Vatican City, Biblioteca Apostolica Vaticana（Urb. Lat. 1358），和 Florence, Biblioteca Medicea Laurenziana（Cod. Plut. 89）；参见 Saxl with Meier, *Handschriften in Englischen Bibliotheken*, pt. 1, lvii – lviii。

[55] 例如，托马斯·德布拉维（Thomas de Blavis），一名威尼斯的印刷匠，复制了拉特多尔特著作的第二个版本（1485），在将拉特多尔特的星座图像描绘在新的木版上的时候，创造了它们的“镜像”图像。很多这些颠倒的（和艺术性粗糙的）印刷木版后来被用于安东尼乌斯·德斯特拉塔（Antonius de Strata）制作、维克托·比萨努斯（Victor Pisanus）编辑的《现象》的1488年一个版本中。天坛座（Ara）、牧夫座（Boötes）和普莱德兹座（Pleiades）被用木雕版的图像替换，推测是因为出版者缺乏这些特定的木版。对于牧夫座和天坛座的这些特定呈现偏离了标准的模式。

早期“天文诗”版本的一个不常见的例子是由 Melchior Sessa 出版的（Venice, 1512）。一个稍晚的版本是在1517年由 Sessa 和 Pietro di Ravani 出版的。很多星座的图示明显不同于那些由拉特多尔特和他的仿效者绘制的。一些恒星位置的描绘和恒星的数量被改变，以与托勒密的恒星位置保持一致（用于修订恒星数量和位置的文献并不清楚；它们与托勒密的那些非常相似，但并不完全一致），同时附有这些修改过的段落的插图反映了新的文本。当然，某些地图，例如那些为大熊座和金牛座（Taurus）绘制的，似乎反映了对夜空直接观察的影响。然而，一些星座，仿效了较早的模板，尤其是那些在空中最南部分的星座；这些星座的图示来源于拉特多尔特。

[56] 重新使用了10个木版；融合了天蝎座（Scorpio）和天秤座（Libra）图形的木版被重刻以创造两个独立的图示。

[57] Warner 提到了一个佚名的著作，*Astronomia Teutsch*, *Himmels Lauf*, *Wirckung unnd Natürlich Influenz der Planeten unnd Gestirn...*（Frankfurt, 1578），其中描绘了迈克尔·斯科特的星座帕拉贝伦座和军旗座。她推测佚名的 *Eyn newes complexions-buchlein*（Strassburg: Jakob Cammerlander, 1536）同样包含了这两个星座的图像，该书是一个附有插图的迈克尔·斯科特的文本（*Sky Explored*, 272 – 73）。

[58] Leiden, Bibliotheek der Rijksuniversiteit（MS. Voss. Lat. Q. 79）. Warner 关于德盖尹的图示来源于拉特多尔特的图像的判断是不正确的。关于莱顿“亚拉图”更多的信息，参见 Ranee Katzenstein and Emilie Savage-Smith, *The Leiden Aratea: Ancient Constellations in a Medieval Manuscript*（Malibu, Calif.: J. Paul Getty Museum, 1988），以及 Dekker, “Blaeu to Coronelli”。

的比萨努斯版本中[59]，但其可以追溯到特定的稿本来源，尽管其可能是这些模本的镜像[60]。类似其来源，类平面天球图缺乏恒星，并且只是显示了星座图形的总体布局，中心是北天极，边界则位于可视区域的边缘[61]。

阿尔布雷克特·丢勒在1515年出版了最早的科学、严谨的星图；它们来源于绘本资 111
料——或维也纳约1440年的地图或纽伦堡1503年的地图[62]。丢勒与两位数学家合作创造了这一对平面天球图：约翰尼斯·思达比斯（Johannes Stabius）绘制了坐标系，康拉德·海因福格尔（Conrad Heinfogel）定位了星辰；而丢勒则负责环绕在星辰周围的星座图形的艺术性[63]。丢勒的星图与绘本中的先辈非常相似，包括他用那些与托勒密目录中一致的数字标识星辰。如同1503年的纽伦堡地图，它们使用了立体投影。北天球地图的角落中包含了四个人物的画像（亚拉图、马尼留、托勒密和苏菲），可能涉及古典和阿拉伯作者的影响。丢勒星图影响了很多后续平面天球图和类平面天球图、单一星座的地图、专题星图和球仪的风格[64]。1537年，赫马·弗里修斯为一架天球仪几乎完全准确地复制了丢勒星图，从本质上创

---

[59] Warner, *Sky Explored*, 270.

[60] 可能的模板包括 Pierpont Morgan Library, New York（Giovanni Cinico, Naples, 1469）和 BL（Add. MS. 15819）中的绘本地图。

[61] 如同那些单一星座图像，这一地图在其他文本中被复制和重印，如 *Scriptores astronomici veteres*, 2 vols.（Venice: Aldus Manutius, 1499）。地图并不来源于拉特多尔特，就像该书中其他插图那样。

[62] Dekker 提到来源时，将其称为"一个时间为1440年的较早的绘本地图"（推测就是 Vienna Cod. 5415 地图）；参见 Dekker, "Conspicuous Features," 81。Warner 说到，来源可能是"15世纪中期，维也纳的天文学稿本中的星辰图录和天球平面图"（Vienna Codex 5415）或"1503年稿本中的天球平面图，其是由纽伦堡的一名佚名艺术家与康拉德·海因福格尔、塞巴斯蒂亚诺·思伯雷纽斯（Sebastian Sperantius）和泰奥多尔·乌尔森纽斯（Theodore Ulsenius）合作绘制"的。这是因为在星辰中存在相似的错误；参见 Warner, *Sky Explored*, 71–75，引文在74。Ameisenowa 推测丢勒的模本可能是一幅现在已经散佚的绘本星图（*Globe of Martin Bylica*, 40–44）。也可以参见将丢勒的著作与1503年的绘本平面天球图联系起来的涉及内容广泛的论文，即 Voss, "Eine Himmelskarte vom Jahre 1503"；对星图的详细描述，参见 Rosenfeld, "Celestial Maps and Globes and Star Catalogues," 154–72；以及 Edmund Weiss, "Albrecht Dürer's geographische, astronomische und astrologische Tafeln," *Jahrbuch der Kunsthistorischen Sammlungen des Allerhochsten Kaiserhauses*7（1888）: 207–20，和 Günther Hamann, "Albrecht Dürers Erd- und Himmelskarten," in *Albrecht Dürers Umwelt: Festschrift zum 500. Geburtstag Albrecht Durers am 21. Mai* 1971（Nuremberg: Selbstverlag des Vereins für Geschichte der Stadt Nürnberg, 1971）, 152–77。

[63] 三位人物各自的作用在南半球地图的署名中有着清楚的描述。

[64] 地图包括那些由欧福西诺·德拉沃尔帕亚（Eufrosinodella Volpaia）（1530）、彼得·阿皮亚（1536和1540）、卡斯珀·沃佩尔（1545）绘制的地图和一些佚名绘制的版本。按照安德烈亚·科萨里的观点，沃尔帕亚星图包括非托勒密的南半球星图。阿皮亚的原始地图，*Imagines syderum coelestium...*（Ingolstadt, 1536），在 *Astronomicum Caesareum*（Ingolstadt, 1540）中重印，作为一个可旋转轮盘（volvelle），这本著作是天文学史中的一部重要著作，其中有很多可旋转轮盘（大多数是关于行星的）。然而，与丢勒不同，阿皮亚使用了极等距投影替代了立体投影。阿皮亚还对丢勒的图形进行了些许修改，为牧夫座增加了猎狗，在波江座中增加了一个人物形象；猎狗之前已经出现在1493年约翰内斯·施特夫勒的手绘球仪中（关于这一球仪更多的信息，参见由 Elly Dekker 撰写的 *Focus Behaim Globus*, 2: 516–18 中的条目）。阿皮亚地图然后由 James Bassantin 复制到了 *Astronomique discours*（Lyons, 1557）中；参见 Warner, *Sky Explored*, 10 和 Dekker, "Conspicuous Features," 81。对阿皮亚及其著作的详细概述，包括其与伊斯兰原始材料的联系，参见 Paul Kunitzsch, *Peter Apian und Azophi: Arabische Sternbilder in Ingolstadt im frühen 16..Jahrhundert*（Munich: Bayerische Akademie der Wissenschaften, 1986）。单一星座的地图包括那些由海因里希·德西默尔（1587）和 Zacharias Bornmann（1596）绘制的。专题星图，包括那些由科尔内留斯·赫马（Cornelius Gemma）（1577年的彗星图）和撒迪厄斯·哈格修斯·埃比晗耶克（Thaddaeus Hagecius ab Hagek）绘制的地图（1572年的新星图和1577年的彗星图）。这一注释中引用的所有二维地图的进一步信息，可以在 Warner, *Sky Explored* 中找到。除了文本中提到的赫马·弗里修斯和德蒙热内特的作品之外，还包括一架由约翰尼斯·普拉托里乌斯于1506年制作的球仪；参见 Dekker in *Focus Behaim Globus*, 2: 637–38。对来自16世纪中期的6架天球仪的研究，参见 Dekker, "Conspicuous Features"，其中她使用丢勒的地图作为比较的基础。

112

图4.8 一幅类似于星盘的星图，1596 年。不仅仅是一位地图绘制者，而且还是一位仪器制作者，约翰·布莱格拉夫（John Blagrave）设计这一地图作为描述他的一项发明，即星学罗盘（Uranical astrolabe）的著作的一部分。地图的设计表现了传统星盘的网格。其同样也是一个仅仅显示了从欧洲能看到的可视天空的单一平面天球图的很好例子。需要注意，如同在这一时期可以预期的，外侧边界并不是黄道或天赤道，而是位于南回归线（Tropic of Capricorn）稍南一点的一个纬度（南回归线没有在这幅地图中标出，是因为其位于黄道坐标，而不是赤道坐标）。尽管在大多数方面，布莱格拉夫的图形风格遵从着墨卡托，但天琴座的差异很大，看上去有些类似于丢勒的模式

原图尺寸：约 25.7×25.7 厘米。“Astrolabium vranicum generale”（London，1596）. 由 BL（Harl. MS. 5935，fol. 14）提供照片。

造了沿着黄道将两幅地图融合而成的一个三维版本[65]。弗朗索瓦·德蒙热内特（François Demongenet），他在1552年和在约1560年制作了天球仪，显示出受到丢勒传统的影响，尽管他增加了一些元素，如牧夫座的猎狗、卡斯珀·沃佩尔的安提诺座，以及波江座（Eridanus）的一个人物形象等[66]。德蒙热内特的著作反过来成为在卡普拉罗拉（Caprarola）世界地图之厅（Sala del Mappamondo）中由乔瓦尼·安东尼奥·瓦诺西诺（Giovanni Antonio Vanosino）（约1575）制作的精美天体天花板的原始材料，此外也成为由众多不同制作者制作的天球仪的原始材料[67]。用一只鹰和一把小竖琴的混合形象来表现天琴座（Lyra）的方式，经由丢勒地图变得普及；这种形象的根源可以被追溯到伊斯兰的影响[68]。

即使没有更流行，但与丢勒的星图同样流行的就是约翰尼斯·洪特绘制的一对平面天球图，其最初出版于1532年[69]。洪特显然受到丢勒地图的影响，但是做出了重要的改变。他将星辰的视角从外视角转成了内视角，同时改变了艺术风格来反映一种被弱化的古典美学。113
奇怪的是，洪特使用坐标系统来构建这些星图，但这一坐标系统从当时正确的经度偏移了30°，将春分点放置在了白羊座（Aries）中。现在不清楚的是，洪特是否意图让地图表现一个古代的历元，或者是否这是一个不经意的错误。尽管对于出版的时间而言，它们的历元缺乏实用性，但这一对地图被重复出版了很多次，在1541年、1553年、1559年和1576年，当木版经由不同出版者转手的时候[70]。可能意味着这对地图很可能没有被用于严肃的科研工作，而仅仅被用来展示它们所附带的古典文本，其中包括托勒密的《天文学大成》一个版本和亚拉图的一些版本[71]。

---

[65] 唯一重要的差异就是波江座；参见 Elly Dekker, "Uncommonly Handsome Globes," in *Globes at Greenwich*, 87 – 136, esp. 87 – 91（包括完整的图片档案）；idem, "Conspicuous Features"；和 Elly Dekker and Peter van der Krogt, "Les globes," in *Gerard Mercator cosmographe: Les temps et l'espace*, ed. Marcel Watelet (Antwerp: Fonds Mercator, 1994), 242 – 67, esp. 263 – 66。

[66] 1552年的球仪贴面条带只包括了猎狗。关于德蒙热内特传统更多的信息，参见 Elly Dekker, "The Demongenet Tradition in Globe Making," in *Globes at Greenwich*, 69 – 74。

[67] 其他受到德蒙热内特影响的球仪，参见 Dekker, "Demongenet Tradition," 72。关于卡普拉罗拉天体天花板的更多信息，参见 Loren W. Partridge, "The Room of Maps at Caprarola, 1573 – 75," *Art Bulletin* 77 (1995): 413 – 44; Kristen Lippincott, "Two Astrological Ceilings Reconsidered: The *Sala di Galatea* in the Villa Farnesina and the *Sala del Mappamondo* at Caprarola," *Journal of the Warburg and Courtauld Institutes* 53 (1990): 185 – 207；和 Deborah Jean Warner, "The Celestial Cartography of Giovanni Antonio Vanosino da Varese," *Journal of the Warburg and Courtauld Institutes* 34 (1971): 336 – 37。瓦诺西诺还在梵蒂冈的博洛尼亚厅（Sala Bologna）绘制了天体天花板。

[68] 关于天琴座这一特定呈现方式更多的信息，参见 Paul Kunitzsch, "Peter Apian and 'Azophi': Arabic Constellations in Renaissance Astronomy," *Journal for the History of Astronomy* 18 (1987): 117 – 24, esp. 122, 或 idem, *Peter Apian und Azophi*, 45 – 50. 69. Warner, *Sky Explored*, 123。

[69] Warner, *Sky Explored*, 123.

[70] 1541年的再版中展现了 Claudius Ptolemy, *Omnia, quae extant opera, geographia excepta* (Basel: Henrich Petri, 1541) 中托勒密的星辰目录。在 Warner, *Sky Explored*, 123 – 26 中列出了其他再版的版本。

[71] 洪特地图对于其他很多制作者而言是灵感的来源，这些人包括亚当·杰夫吉斯（Adam Gefugius）（1565）、卢奇利奥·马吉（Lucilio Maggi）（1565）、扬·扬努洛士奇（Jan Januszowski）（1585）和西蒙·吉罗（1592）；它们似乎还影响了约斯特·安曼（1564）特定图形的风格（尽管不是整幅星图）。参见 Warner, *Sky Explored* 中各自的条目。安曼地图在 *Sky Explored*, 274 中列出，名为"Anonymous Ⅶ"；在 Rodney W. Shirley, *The Mapping of the World: Early Printed World Maps*, 1472 – 1700, 4th ed. (Riverside, Conn.: Early World, 2001), 129 and 132 (No. 113) 中列出了一幅陆地图，其中提到了对应的天体图。

15 世纪的绘本地图以及那些丢勒和洪特的地图标志着星图构建中的一种剧烈变化[72]。这些新的、科学的、严谨的地图按照赋予星辰的天体坐标位置来绘制星辰，导致了对星辰布局重要的更为准确的呈现。此外，南、北天半球的极坐标投影星图（无论是立体的还是等距的）成为地图绘制者描绘整个天体天球的典型方式，与那些只关注天空中较小部分的单一星座的地图形成了对比[73]。甚至至 16 世纪末，当地图绘制者开始使用除了丢勒和洪特之外的模式的时候，他们依然经常使用一对极坐标投影地图。例如，1590 年的托马斯·胡德（Thomas Hood）的地图，显示出了 1551 年赫拉尔杜斯·墨卡托天球仪的影响，但是保留了双半球的形式。

有时，丢勒之后的地图采用了一个较早的模式，这在绘本平面天球图和类平面天球图中经常能看到，并且很可能是受到星盘网格的影响。一幅极坐标投影地图被绘制来包括整个可见天空，而不是绘制两个表现了整个天空的地图（包括那些不可见的部分）。然而，与星盘网格相反，这些地图并不局限于最亮的星辰，还包括了星座的图形。形式产生了意义，因为在这一时期，南半球地图中部的很大部分（位于欧洲人可视边界之外）包括了大面积的空白区域，因为对最南部星辰的记录即使有的话也并不充分。彼得·阿皮亚似乎是在 1536 年第一次绘制了一幅这种类型的详细地图，此后是 1596 年的约翰·布莱格拉夫（图 4.8）；这种印刷地图在文艺复兴时期相对较少[74]。

早期的地图集

1540 年，亚历山德罗·皮科洛米尼制作了可能最早的天体图集。使用的语言是本地语言（在这一例子中，是意大利语）而不是拉丁语，皮科洛米尼试图将他的受众扩展到学术圈子之外。《星辰的确定》（*De le stelle fisse*）为每一个托勒密星座绘制了单独的地图，而且是从内视角[75]。然而，与那些绘制了较早作品的人相反，皮科洛米尼只是简单地绘制了星辰，没有使用星座形象作为装饰（图 4.9），而这是一个不同于直到 17 世纪末的地图集（尽管不是单幅地图）的特征，除了那些朱利叶斯·席勒（Julius Schiller）出版的反证（稍后讨论）。皮科洛米尼的地图缺乏网格线，并且被设计在阅读时需要使用一种使读者能确定星辰位置的仪器作为辅助[76]。他的地图集同样试图创造一个星辰命名系统；与赋予星辰数字的丢勒星图和它们绘本的先驱不同，皮科洛米尼的星图使用字母，其中最亮的恒星典型地被标识为“a”，此后按照光度的减少依次用字母标识，这与约翰内斯·拜尔在 60 多年后使用的系统相似。

在皮科洛米尼地图集之后，其他制作星辰图集的努力包括：海因里希·德西默尔

---

[72] 对这两位制图学者所使用的投影的简短讨论，参见 Snyder, *Flattening the Earth*, 22 – 23。

[73] Snyder 认为，等距投影“在极坐标天体图中的流行程度仅仅只有立体投影的一半”（*Flattening the Earth*, 29）。

[74] 参见 Savage-Smith, “Celestial Mapping,” 15，关于一幅极坐标立体投影的图示，其附属于一幅拜占庭（Byzantine）地图，后者同样有助于解释以布莱格拉夫地图为代表的延伸至可视边界的地图。

[75] 关于皮科洛米尼及其地图集的详细信息，参见 Rufus Suter, “The Scientific Work of Allessandro Piccolomini,” *Isis* 60 (1969): 210 – 22。

[76] Suter, “Allesandro Piccolomini,” 221.

（Heinrich Decimator）1587 年出版的《确定恒星和行星之书》（*Libellus de stellis fixis et erraticis*）和乔瓦尼·保罗·加卢奇 1588 年出版的《世界的舞台，及时间》（*Theatrum mundi, et temporis...*）。尽管在众多方面存在不同，但这两部很可能是独立创作的著作，虽然时间非常接近，但都使用了网格线和星座图案，同时比皮科洛米尼的地图集更容易让使用者来定位星辰的布局或者单独的星辰。德西默尔的星图似乎复制自丢勒传统中的一个较早的星图或球仪，尽管不清楚具体是哪部著作(77)。星辰似乎按照托勒密的目录来用数字编号，尽管同样也存在一些 114
差异(78)。关于星座的信息，是从大量文献资料中编辑而来的，附于每幅地图。

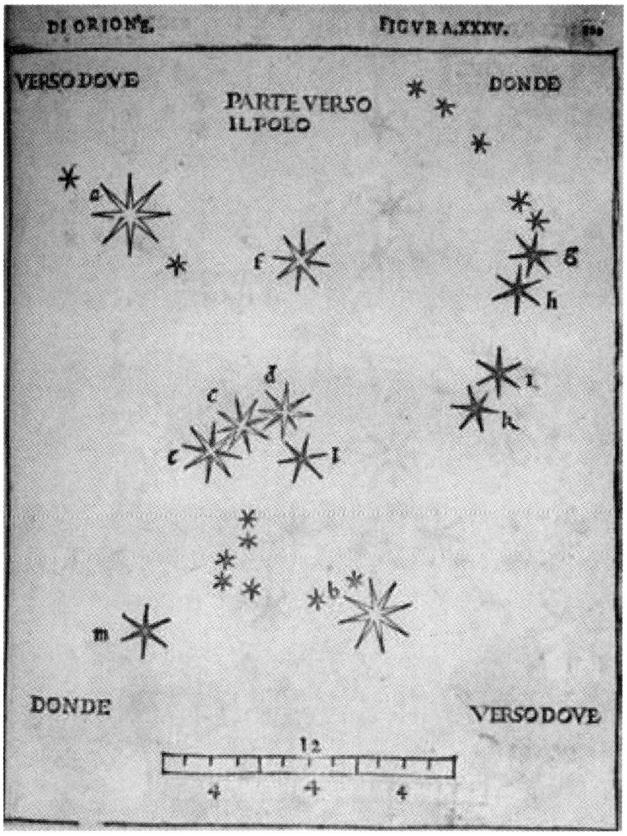

图 4.9　猎户座，源自皮科洛米尼的《星辰的确定》的第一版，1540 年。这一地图集在当时是与众不同的，因为星辰没有附上装饰性的星座图案。其可能是第一部专门针对大众读者的天体制图学著作；是用本地方言（在这一例子中是意大利语）撰写的，并且奉献给劳多米亚·福尔泰圭里夫人（Lady Laudomia Forteguerri），意图让她（和其他人）用它来自学关于星辰的知识。出版了《星辰的确定》各种语言的大量版本，由此也证明了其流行的程度。需要注意在图片的中心，三颗亮星构成了猎户座（Orion）的腰带（用 *c*，*d* 和 *e* 标出）

由 Adler 提供照片。

(77) 在德西默尔星图和丢勒星图之间存在细微的差异。例如在德西默尔星图中，天琴座缺少琴弦，而蛇夫座（Ophiuchus）的正面也差异很大。德西默尔的星图同样包含有增加了数量的网格线，类似于丢勒传统中的那些，如 Warner 的“Anonymous Ⅲ”的星图或球仪（*Sky Explored*, 271）。

(78) 例如，金牛座总共有 34 颗编号的恒星，而丢勒星图中则有 33 颗。

加卢奇的《世界的舞台，及时间》是一部综合性的关于天文学和地理学的六卷本著作，并以数量众多的可旋转轮盘而著名[79]。地图要比德西默尔的那些更为复杂。加卢奇使用一种梯形投影绘制了星图，并且比之前已经出版的任何地图都有着数量更多的网格线，以使得使用者可以从星图上更为容易阅读星辰的坐标位置。这一地图集中的星座图案极为原始，只是图案整体形状的粗糙的轮廓，它们的来源并不清楚。一些学者认为加卢奇图集是第一部“真正的”星辰图集，因为星辰大致的坐标可以通过星图本身来确定，而不需要参考一份星辰目录或其他辅助工具[80]。然而，尽管《世界的舞台，及时间》包括了一份星辰目录，但其中并没有试图按照这一目录来标识星辰，而这应当是另外一个提高实用性的特点。直到下一个世纪，所有 16 世纪意图提高实际使用价值的修改——内视角，一个星体的数字编号/命名法系统、地图网格和比例尺，被一些制图学家，如丢勒、洪特、皮科洛米尼和加卢奇所使用的——将被综合到一套图集中。

关于图像表示法和形式的趋势和变化

16 世纪和 17 世纪早期，大多数天体图的整体艺术风格展现出相当的相似性，无论它们的制作者使用的是丢勒、洪特、墨卡托，还是其他艺术风格的传统作为灵感的来源。在用于装饰星辰的精美的星座图形的艺术风格方面存在一些明显的例外。皮科洛米尼的星图，在呈现星辰时没有使用星座图形，少量大比例尺的地图采用这一斯巴达式的形式出版。1553 年，纪尧姆·波斯特尔首次绘制了一对平面天球图[81]，此后是卢卡斯·扬茨·瓦格纳（Lucas Jansz. Waghenaer），他的大众化的航海图于 1584 年第一次印刷[82]。

大多数 16 世纪的星图展示了托勒密的星座，除了伊琪和亚拉图的版本之外。然而，少量地图，开始包括由沃佩尔和普兰修斯等地图和球仪制作者所引入的新星座[83]。然而，至少
115 一幅星图，表现了之前在欧洲著作中从未看到的星座形象：彼得·阿皮亚在他的《仪器之书》（*Instrument Buch*）和《星座》（*Horoscopion*）的星图中包括了一些传统的贝杜因（Bedouin）星座[84]。

在 16 世纪中叶，极坐标投影的天体图开始作为世界地图上的小型插图（例如，参见图 3.9）。沃佩尔似乎是第一位在其大型挂图中插入这类星图的人，时间是在 1545 年。这一地

---

[79] 加卢奇的著作出版了多个版本（Warner, *Sky Explored*, 91）。

[80] 例如，参见 Warner, *Sky Explored*, xi。

[81] Guillaume Postel, *Signorum coelestium vera configuratio aut asterismus...*（Paris: Jerome de Gourmont, 1553）.

[82] Lucas Jansz. Waghenaer, *Spieghel der zeevaerdt*（Leiden: Christoffel Plantijn, 1584 – 85）；关于更多的信息和其他版本，参见 C. Koeman, *Atlantes Neerlandici: Bibliography of Terrestrial, Maritime, and Celestial Atlases and Pilot Books Published in the Netherlands Up to 1880*, 6 vols.（Amsterdam: Theatrum Orbis Terrarum, 1967 – 85）, 4: 465 – 501。

[83] 例如，后发座出现在安曼（1564 年）和扬努洛士奇（1585 年）的星图中，而安提诺座出现在一幅 1578 年的科尔内留斯·赫马关于彗星的星图中（本章稍后对此进行讨论）。

[84] 两部著作都于 1533 年在因戈尔施塔特出版。这一星图在 Savage-Smith, “Celestial Mapping,” 61 – 62; Kunitzsch, “Peter Apian and ‘Azophi,’” 117 – 24；和 idem, *Peter Apian und Azophi* 中进行了相当详细的描述。

图现在已经佚失[85]，但是贝尔纳德·范登皮特（Bernard van den Putte）在1570年重新发行的，与沃佩尔的天球仪一样，其显示了原始版本中的星图很可能沿袭了丢勒的传统，不过增加了沃佩尔的后发座和安提诺座；1570年重新发行的版本竟然包括了四个位于丢勒北半球图角落中的重要人物的镜像，尽管不知道这一特征是否出现在其原始版本中。

此后不久，欧洲所有区域的数量众多的地图制作者开始在他们的世界地图中放入相似的星图，这一传统一直很好地延续至17世纪；这些地图制作者中很多从未出版过他们自己单独的天体图[86]。从16世纪中期至17世纪末，这些地图和其他相似地图的复制本和重印本形成了至少数十种已知的插入世界地图中的星图的例子[87]。

近乎所有插入世界地图的星图都是从外视角观看天空；早期的星图遵从着丢勒的传统，而较晚的星图则按照如墨卡托、洪迪厄斯和布劳等这类地图和球仪制作者新建立的美学传统绘制[88]。只有极少数使用了一种内视角，最为著名的是约1561年的贾科莫·加斯塔尔迪的地图［但并不是他1546年地图的马泰奥·帕加诺（Matteo Pagano）1550年前后的复制品］和1582年的波斯特尔地图；两位制图者都使用洪特星图作为他们插图的资料来源。赫拉德·德约德（Gerard de Jode）的地图只包括有一幅星图，而不是一对，同时其使用的类斜轴正射投影（oblique orthographic projection）使其看上去类似于一个球形。当制图者绘制新星座的时候，他们将这些星座添加到插图中[89]。尽管小而且通常被忽视，但被包括在世界地图中的星图提供了一种获得星体信息的广泛传播的形式。在17世纪前半叶，它们的数量要超过单独发行的星图。

尽管在世界地图中流行程度占据压倒性优势的是赤道立体投影（equatorial stereographic projection），但是除南、北天半球的极投影之外，在15世纪和16世纪很少有人尝试以其他任何形式绘制反映较大天空区域的星图。赤道投影的形式在17世纪中期至末期都不太容易看到[90]。在《世界之球，包括关于天空和大地的简短论文》（*Globe du monde, contenant un bref traité du ciel & de la terre*，1592）中可以找到一个例外，这是一本由西蒙·吉罗设计用来

---

[85] 关于沃佩尔地图的抄本，参见Jerónimo Girava（1556）、Giovanni Andrea Valvassore（1558）和Bernard van den Putte（1570）；Shirley, *Mapping of the World*, 114－17（nos. 101－2），146 and 148－49（No. 123）对它们进行了描述。1556年的版本是一个非常概略的抄本，而其他两者则被认为非常接近于原作。

[86] 地图包括由贾科莫·加斯塔尔迪和马泰奥·帕加诺（约1550年）、贾科莫·加斯塔尔迪（以及其他人）（约1561年）、赫拉德·德约德（1571年）、纪尧姆·波斯特尔（1582年）、彼得吕斯·普兰修斯（1592年和1594年）、威廉·扬茨·布劳（约1608年和1619年）、小约道库斯·洪迪厄斯（1617年）、约翰·斯皮德（1626年）、Cornelis Danckerts（1628年），Jean Boisseau（1636年和约1645年）、Claes Jansz. Visscher（1638年）、梅尔基奥尔·塔韦尼耶二世（1643年）、约安·布劳（1648年），Nicolas I Berey（约1650年）和胡戈·阿拉德（约1652年）绘制的。

[87] 所有这些星图进一步的信息，可以参见Shirley, *Mapping of the World*。并不清楚加斯塔尔迪1546年的地图是否最初设计时就已经插入了天体图，就像帕加诺的副本那样；较早地图的唯一现存的副本是缺乏图框插图的证据。

[88] 与文艺复兴时期天球仪和星图有关的各种不同艺术风格的影响和发展，更多的相关信息，参见Dekker, "Blaeu to Coronelli"。

[89] 例如，之前提到的沃佩尔的例子；普兰修斯在他1592年的世界地图上第一次发表了他的新星座天鸽座和持棒卫士座，同时在他1589年的球仪上则包括了南十字座、南三角座（Triangulum Australe）和麦哲伦星云（Magellanic Clouds）。

[90] 可能在16世纪有着在世界地图中插入使用了赤道投影的天体半球的例子，尽管没有一幅这样的地图从这一时期保存下来。一幅被推测为1559年地图的1795年复制品中包含了这种星图［Shirley, *Mapping of the World*, 118－19（No. 103）］。

教授他孩子天文学知识的著作。除了包括洪特星图的粗糙复制品之外，吉罗绘制了一对赤道半球图（图4.10）。然而，它们非常粗糙，仅仅包括了图像的轮廓而没有星辰[91]。有时，制图学者同样使用赋予他们地图一种球形外观的形式；这似乎是关于彗星轨迹图最为常见的例子[92]。至于区域地图，例如那些在加卢奇《世界的舞台，及时间》地图集中的，以及一些专题地图，如彗星轨迹图，梯形投影成为最受喜爱的选择。

拜尔的《测天图》：一个未来的模式

约翰内斯·拜尔的《测天图》在星图史中开创了新局面。1603年出版于奥格斯堡，《测天图》无论是在范围，还是在艺术性方面都远远超过了之前创造的任何天体图集和天体图。亚历
116 山大·迈尔（Alexander Mair）雕版了精美的图示，但是并没有遵从某一特定星图或天球仪的模式，迈尔（推测按照拜尔的建议）似乎依赖大量不同来源作为指导[93]。它们中最为突出的就是赫罗齐厄斯的亚拉图版本，也就是拜尔所引用的。然而，一些星座来源于其他资料，同时赫罗齐厄斯的模式通常与来源于其他星座图绘图像的某些方面结合在一起，如拉特多尔特的伊琪图示和一架荷兰萨内顿（Saenredam）风格的天球仪[94]。

图4.10 早期的赤道投影天体图，1592年。西蒙·吉罗设计的这一地图，显示了赤道（用“le eqvinoctial”标识）和黄道（用“le zodiac”标识）的交叉点。唯一标出的星辰就是大熊座中的北斗星（Big Dipper）中的那些，但是推测他书中的其他星图——复制自洪特的一对极坐标投影地图——满足了展示星辰近似布局的需要

Simon Girault, *Globe du monde* (Langres: Iehan des Preyz, 1592), 37. 由Adler提供照片。

---

[91] 吉罗自己绘制了这一地图，这是值得怀疑的，因为其粗糙的艺术性、从其他制作者那里复制的历史以及在16世纪很可能存在赤道投影地图的先例，尽管没有一幅保存下来。

[92] 至于例子，1533年普鲁格纳的彗星地图在本章稍后进行了讨论。关于球形和其他类球形的投影，如斜轴正射投影的信息，参见Snyder, *Flattening the Earth*, 14–18。

[93] 这与Warner的判断不同，他认为它们严格来源于赫罗齐厄斯亚拉图的德盖尹的图示（*Sky Explored*, 18）。特定的星座图，如仙女座（Andromeda）、仙后座（Cassiopeia）、双鱼座（Cetus）和一些黄道星座确实是符合的，但其他很多则不是。

[94] 拜尔还在天琴座中整合了受到伊斯兰影响的eagle-instrument，尽管乐器部分的设计来源于赫罗齐厄斯亚拉图。关于拜尔影响的更多信息，参见Dekker, "Blaeu to Coronelli," 55–57。关于萨内顿风格更多的信息，参见"Blaeu to Coronelli," 52 and 57，萨内顿指的是扬·彼得斯·萨内顿（Jan Pietersz. Saenredam），一位约1598年的布劳天体仪贴面条带的雕版师。

很多拜尔的星座图形违反了喜帕恰斯规则。由于拜尔的图集是从内视角绘制的星辰，因此按照这一规则，装饰星辰的星座图案应当从正面进行描绘。然而，《测天图》中只有一些图案是朝前的；其他都是背对着的。这归因于拜尔对于喜帕恰斯规则的不熟悉，还是归因于体现出一种对历史先例的有意破坏，都不是很清楚。

拜尔在《测天图》中将星辰绘制在一个梯形投影上，同时星辰位置的大部分是通过第谷·布拉厄的1005颗星辰的目录来确定的，尽管这一目录在此时还没有出版，但是其存在可用的手抄本，并且已经被整合到一些球仪中。然而，对于南部天空而言，拜尔使用的是洪迪厄斯1597/98年的天球仪，其描绘的星座是依据凯泽和德豪特曼的星辰位置来构造的。在卷末，拜尔包括了第一幅最近才被绘制的南部星辰的印刷的二维地图（参见图4.2）。

拜尔最大的遗产，可能就是他在《测天图》中使用的恒星命名法系统，其至今依然用来命名大多数裸眼可见的恒星，尽管当其他天文学家开始使用拜尔的系统时，已经过去了超过半个世纪[95]。拜尔脱离了托勒密的模式，托勒密的模式使用冗长且经常含糊不清的文本来描述每颗星辰。他可能是受到皮科洛米尼系统的影响，后者用字母标识星辰，或者受到丢勒地图和之前按照它们在托勒密目录中的顺序用数字编号星辰的稿本的影响（其中包括苏菲的稿本和来源于它们的欧洲抄本）。拜尔的系统，对于大多数星座而言，用希腊字母alpha（α）标识最亮的星辰，然后按照亮度递减的顺序依次用希腊字母来标识其他星辰；当24个 117
希腊字母都用完的时候，拜尔转而使用拉丁字母[96]。

奇怪的是，《测天图》只制作了少量的抄本，可能是因为其再版了太多的版本[97]。然而，埃吉迪乌斯·施特劳赫（Aegidius Strauch）基于拜尔绘制了一个小型的口袋版星图集，《占星术简介以及使用的方法》（*Astrognosia synoptice et methodice in usum gymnastorum academicum adornata*）（Wittenberg，1659），其中缺少了网格线和命名系统，因而其更可能是设计作为一种新奇之物而不是为了实际使用。

在拜尔里程碑性质的著作出版之后，除了那些插入世界地图的小型星图之外（之前讨论的），直到17世纪中期似乎只出版了少量星图和图集[98]。在17世纪10年代出现了一些出版物：克里斯托夫·格雷博格（Christoph Grienberger）出版的附有图示的星辰目录（1612）和小约道库斯·洪迪厄斯出版的一对天体图（1616）。在这十年间出版的还有大量显示了1618年彗星轨迹的星图。格雷博格使用了球心投影（gnomonic projection）；他是第一个在大量地图中使用了这一投影的人[99]。在17世纪30年代只有一幅星图被记录了下来：一幅不太

[95] 奥斯汀·罗耶（Austin Royer）是最早的，时间是1679年；参见Warner, *Sky Explored*, 18。

[96] 拜尔标识某些星座的方法并不一致。对拜尔字母分配法的详细描述，参见Joseph Ashbrook, "Johann Bayer and His Star Nomenclature," in his *The Astronomical Scrapbook: Skywatchers, Pioneers, and Seekers in Astronomy*, ed. Leif J. Robinson (Cambridge: Cambridge University Press, 1984), 411 – 18。

[97] 关于后续版本的一个列表，参见Warner, *Sky Explored*, 19。

[98] 17世纪前半叶星图的流通情况，主要基于Warner在*Sky Explored*中对星图的调查，以及Anna Friedman Herlihy在*Star Charts of the Adler Planetarium & Astronomy Museum*（Chicago: Adler Planetarium & Astronomy Museum，即将出版）中的调查。

[99] Snyder, *Flattening the Earth*, 19. 约翰内斯·开普勒似乎第一次使用这一投影来绘制1604年（1606年）新星的天体图。Orazio Grassi在他的三幅彗星图（1619年）中也使用了这一投影。此后对于这一投影比较重要的使用似乎就是Ignace Gaston Pardies（1673）。

寻常的装饰有小型星图的手工扇子，是由梅尔基奥尔·塔韦尼耶（Melchior Tavernier）（1639）制作的[100]。在17世纪40年代，似乎没有绘制单独发行的星图和星图集。17世纪上半叶新的星图数量稀少，这可能可以部分归因于1618年至1648年三十年战争（Thirty Years War）期间学术成果的减少。

然而，17世纪20年代，出版了很多星图和一本图集。1623年，威廉·契克卡德（Wilhelm Schickard）在他的《为占星学校提供的系统天文学，旨在轻易辨识新近发现的星体》（*Astroscopium, pro facillima stellarum cognitione noviter excogitatum*）中出版了一对圆锥形的星图；该书在1655年再次出版。除了创新性的圆锥投影之外，契克卡德用《圣经》中的名字为大量传统星座命名[101]。第二年，雅各布·巴尔奇在他的《星座天文平球图的用途》（*Usus astronomicus planisphaerii stellati...*）（1624）中包括了三幅天体图。通过使用星图的新形式，巴尔奇设计了两幅正交投影（rectangular projection）地图，每一幅涵盖了黄道区域的一半，还有一幅涵盖了稍微超出北回归线（Tropic of Cancer）之外的夜空的极坐标投影星图。此外，巴尔奇收录了所有普兰修斯《圣经》主题的新星座。在一个更为传统的脉络中，伊萨克·哈伯海特二世基于他1621年的天球仪，在1628年出版了一对半球星图，1621的天球仪是基于普兰修斯的著作；这两幅地图是最早的包括了菱形座的两维地图[102]。

朱利叶斯·席勒负责了《基督教星图》（*Coelum stellatum christianum*）的出版——在拜尔的图集和约翰尼斯·赫维留的图集（1690）之间出版的最为重要的星辰图集。在他死后出版于1627年，席勒的图集实施了一个对星座全面和激进的改造。每一星座被转型为一位来自《圣经》的图形图像，同时刊刻了精美的新地图（图4.11）。没有其他制图者执行这种进行重新分配的细致工作——或者曾经执行过。然而，这些地图通常被历史学家忽略，可能是因为《圣经》的内容而被摈弃。席勒的《基督教星图》主要是对拜尔图集的一个修订，而拜尔亲自咨询了这一项目。其整合了在1603年之后出版的广泛的新材料[103]。一群学者为这一项目工作，其中包括契克卡德，他从1623年开始在他的地图中包括了很多用《圣经》内容标识的星座，还有巴尔奇，他在席勒去世之后完成了这一项目。

席勒的图集包括了51幅地图，其中49幅是以星座为中心；一些现存的星座被整合进一个较大的星群[104]。十二使徒取代了黄道星座，同时来自《新约》（New Testament）的人物形象存在于北天半球，而《旧约》（Old Testament）中的人物形象则存在于南天半球。尽管它们体现了对拜尔的内视角图集的修订，但这些地图使用了一种外视角，可能由此它们被通过一种"上帝眼光"的视角进行呈现。席勒撰写了与此对应的一部著作，《星光灿烂的基督教的穹庐》（*Coelum stellatum christianum concavum*）（出版于1627年），其在人物形象被雕刻之

---

[100] Friedman, *Awestruck*, 16. 不知道具体是梅尔基奥尔·塔韦尼耶一世（Melchior I）还是梅尔基奥尔·塔韦尼耶二世（Melchior II Tavernier）。

[101] 关于星图中使用圆锥投影的更多信息，参见Snyder, *Flattening the Earth*, 31 and 68。对于圣经星座的形成和改名缺乏研究。关于基督教对黄道的解释，参见下列详细研究：Wolfgang Hübner, *Zodiacus Christianus: Jüdisch-christliche Adaptationen des Tierkreises von der Antike bis zur Gegenwart*（Königstein: Hain, 1983）。

[102] Warner, *Sky Explored*, 104 – 5.

[103] 关于增加部分的详细情况，参见Warner, *Sky Explored*, 229 – 32。

[104] 关于圣经星座以及它们传统对应物的一个完整列表，参见Warner, *Sky Explored*, 231。

前反印了星图，导致了内视角的、只有星辰的星图（图 4.12）⑯。两幅赤道立体投影平面天 118
球图展示了完整的天空，此后在安德烈亚斯·塞拉里于斯（Andreas Cellarius）的《和谐宏观宇宙的新的通用地图集》（*Harmonia macrocosmica seu atlas universalis et novus*，1660/61）中以较大的形式再版⑯。

在 17 世纪中叶之后，由安托万·德费尔（Antoine de Fer）、梅尔基奥尔·塔韦尼耶二世和皮埃尔·马里耶特一世（Pierre I Mariette）绘制的三套地图（约 1650 年）标志着一场天体绘图活动的开端，这是受威廉·扬茨·布劳和约安·布劳著作的影响。安德烈亚斯·塞拉里于斯在《和谐宏观宇宙》中的高度装饰性的地图，可能在 17 世纪最后数十年中引发了很多这类地图的出版。

图 4.11 席勒新的圣经星座之一。朱利叶斯·席勒用圣安德鲁（Saint Andrew）取代了金牛座。V 形在传统星座中构成了公牛的角和脸，而在这里则构成了圣安德鲁所拿十字架的一半。普莱德兹座的星辰则位于人物的肩膀，从一头动物的肩膀转化为一位男人的肩膀。对比图 4.12

Julius Schiller，*Coelum stellatum christianum*（Augsburg，1627）. 由 Adler 提供照片。

(105) 反印是来自刚刚上墨的印刷品的反转图像。不是图集的所有复制品都有反印。在 Adler 的一个例子中，星辰是从外视角描绘的，尽管有着“穹庐”的书名页。此外，至少一份副本（在自私人手中）有着带有星座人物形象的地图的反印。

(106) Andreas Cellarius, *The Finest Atlas of the Heavens*, intro. and texts R. H. van Gent（Hong Kong：Taschen，2006）和 Warner, *Sky Explored*, 53–54。

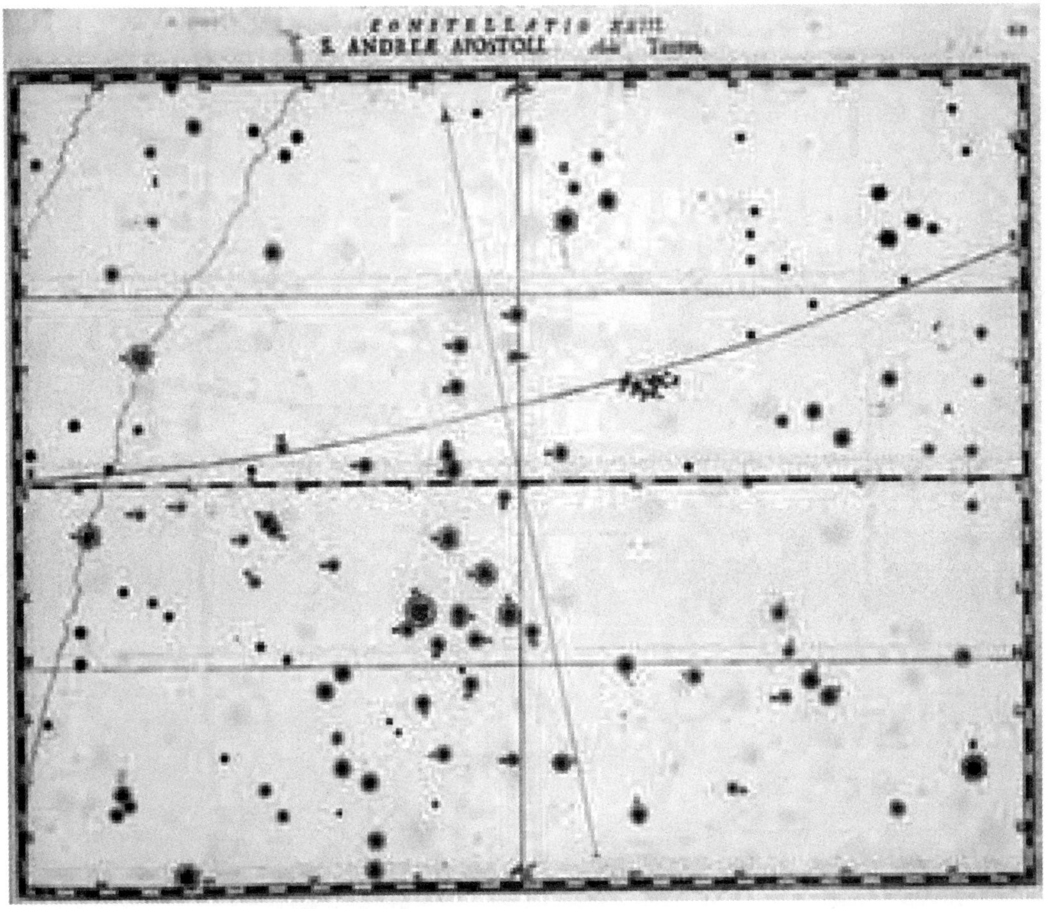

图 4.12 出版的席勒圣安德鲁座的反向印刷本。这一内视角的星图是图 4.11 的一个镜像，尽管没有绘制星座的人物形象

Julius Schiller, *Coelum stellatum christianum concavum* (Augsburg, 1627), 69. 由 Linda Hall Library of Science, Engineering & Technology, Kansas City 提供照片。

专业化的星图

在这一时期，出现了一些专业化的星图，其意图不只是绘制星辰的位置。很多描绘了天
119 文现象的位置，而其他一些则展示了新的发现。一些显示了读者如何使用依赖于星辰位置的
仪器，以及如何使用恒星本身来解决问题。与那些大比例尺的，偶尔也显示天文现象和发现
的星图和图集相反，专门化的星图构成了一个单独的类目，因为它们小的、区域的形式，以
及因为它们是关注于某些主题而不是绘制夜空的一幅普通地图，同时还有它们在子类中存在
变动的数学和科学精度标准。

在这类专门化星图中，绘制了彗星位置和/或路径的星图出现的最早，同时也是最为常见的。重要的是，一颗彗星的一幅路径图展示了一种新的地图绘制类型，即关注于绘制在天空中的运动，而不是关注于绘制天空中静态的对象。一种将彗星轨迹描绘为线性的形式，成为绘制这些现象最常见的方式，尤其是在彗星经常出现的 17 世纪。呈现彗星位置的中世纪的尝试，缺乏文艺复兴时期及其后续尝试的准确性，只有模糊提到它们在空中位

置的装饰性的星座图像[107]。除了精确的地图之外，类似于中世纪模式的彗星图示依然在整个文艺复兴时期存在[108]。

彗星图的范围，从概述性的，仅仅标有天空中特定区域的一颗彗星位置的，到专门的，显示特定日期和特定时间天空中的准确位置和路径的；在很多例子中，与彗星位置一同绘制的还有周围环绕的恒星或/和星座的位置，这些与它们征兆的意义有关。彗星地图通常包括彗尾的长度和方向；方向是占卜中的一个重要因素[109]。

现存最早的彗星图是那些由保罗·达尔波佐·托斯卡内利绘制的，他是一位来自意大利的热切的彗星观察者和记录者（图4.13）[110]。托斯卡内利的绘本星图绘制了1433年、1449—1450年和1456年以及1457年的两颗彗星的轨迹，由一系列的点构成并标有时间；这些点叠加在由恒星构成的背景上。一些星图包括了草绘的星座图案和彗尾。将这些点连在一起构成

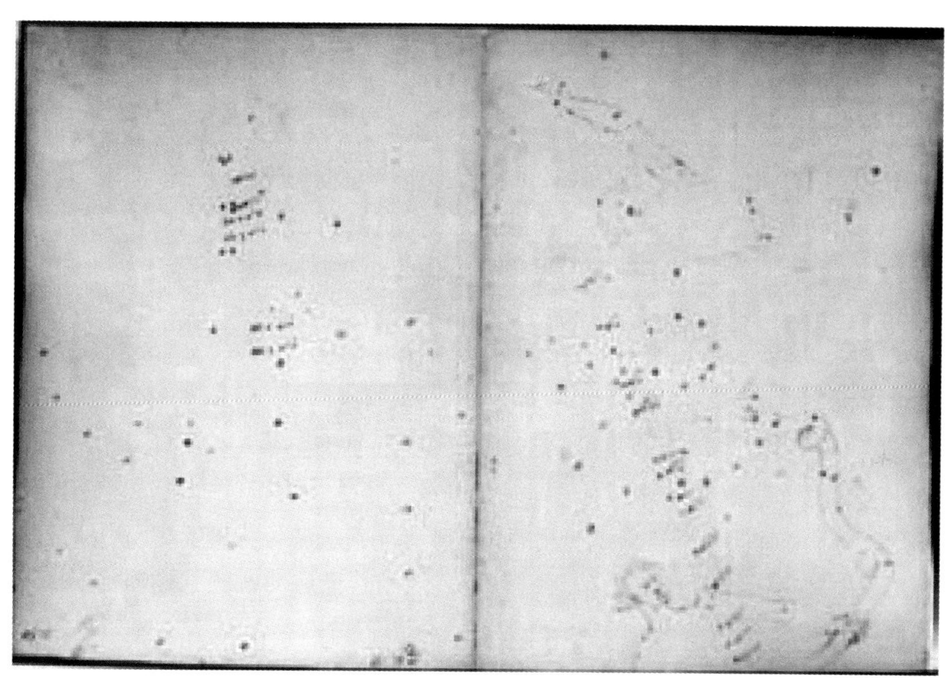

图4.13　保罗·达尔波佐·托斯卡内利绘制的彗星路径图。托斯卡内利的1449年至1450年的彗星图在一个星辰背景下清晰地显示了一个线性的发展过程（只是草绘了极少量星座图案）。给出了彗尾的长度和方向以及每次观测的时间

原图尺寸：29.8×44.6厘米。Biblioteca Nazionale Centrale, Florence (Banco Rari 30, fols. 251v－250r). Ministero per i Beni e le Attivita Culturali della Repubblica Italiana 特许使用。

---

[107] 例如，被经常复制的Bayeux挂毯（1073—83）显示了1066年彗星的局部。

[108] 例如，《纽伦堡纪事》（1493）或Diebold Schilling稿本（约1508—1513）。关于其他例子，参见Roberta J. M. Olson, "... And They Saw Stars: Renaissance Representations of Comets and Pretelescopic Astronomy," *Art Journal* 44 (1984): 216－24，和Sara Schechner Genuth, *Comets, Popular Culture, and the Birth of Modern Cosmology* (Princeton: Princeton University Press, 1997)。

[109] 基于彗星外观进行占卜，这方面的详细信息，参见Schechner Genuth, *Comets*。

[110] 关于托斯卡内利的更多信息，参见Clarisse Doris Hellman, *The Comet of 1577: Its Place in the History of Astronomy* (New York: Columbia University Press, 1944), 74－75; Jane L. Jervis, *Cometary Theory in Fifteenth-Century Europe* (Wroclaw: Ossolineum, Polish Academy of Sciences Press, 1985), 43－48；和Yeomans, *Comets*, 24－26。

120 的线条呈现了彗星的路径。托斯卡内利的星图在绘图方法上存在变化，从手绘的版本到那些使用了网格和比例尺的版本[111]。他的地图的重要性，不仅仅因为它们是最早准确绘制了彗星的地图；而且，它们同样也是除了星盘之外，在现存的两维星图中最早使用地图投影的[112]。

在类似的描绘之后出现的彗星的星图开始出现于印刷著作中之前，有大约 3/4 个世纪的空缺，尽管这可能被部分地解释为 1476 年至 1531 年之间在欧洲缺少被观测到的彗星。16 世纪 30 年代早期，在德意志出现了一种独立于意大利托斯卡内利著作的绘制彗星的传统。随着阿皮亚的《对最近出现的彗星的观察的简短报告》(*Ein kurtzer bericht der Obseruation vnnd vrtels, des Jungst erschinnen Cometen*，1532) 关于 1531 年彗星的著作的出版，促进了这一运动。作为他的证据的一部分，即彗尾通常指向远离太阳的方向，阿皮亚为题名页绘制了一幅彗星轨迹的图示。这一图示显示了彗星沿着与黄道相交的一条轨道上的九个位置，并标出了日期；此外，阿皮亚在角落展示了一名天文学家基于牧夫座的一颗恒星和狮子座 (Leo) 尾部的一颗恒星，用三角测量法来测量彗星的位置[113]。至少在 1533 年，随着尼古劳斯·普鲁格纳 [尼古拉斯·普鲁克纳 (Nicolas Pruckner)] 绘制粗糙的标出彗星正在天球表面穿过一些星座的地图的出版，彗星路径地图被用作描述随着时间的流逝而发生的位置变化的一种简洁方式 (图 4. 14)[114]。

在 1556 年的彗星之后，出现了更多的彗星路径图的例子。康拉德·利克斯森里斯 (Conrad Lycosthenes) 在他 1557 年的编年史中绘制了一幅路径地图，在一个局部的平面天球投影中显示了彗星——主要是综合了阿皮亚的彗星路径图示与 16 世纪前半期的被丢勒和洪特大众化的平面天球星图。保罗·法布里修斯 (Paul Fabricius)、阿希姆·赫勒 (Joachim Heller) 和约翰·黑本施特赖特 (Johann Hebenstreit) 也为这颗彗星绘制了路径图[115]。至于 1577 年的彗星，法布里修斯和科尔内留斯·赫马改善了之前的模式；法布里修斯不仅标明了彗星出现的日期，而且特别指出了彗尾的长度和方向，而赫马将彗星位置的标记连接了起来，并标出了由此得出的“彗星之路”的路线，强调彗星运动轨迹在性质上类似于路径。此后出现的关于 1577 年彗星的相似地图包括那些由尼古劳斯·巴塞尔 (Nicolaus Bazelius)、特奥多鲁斯·格拉米纽斯 (Theodorus Graminaeus)、哈格修斯·埃比哈耶克、迈克尔·马瑟
121 琳 (Michael Mästlin) 和莱昂哈德·特恩内瑟尔 (Leonhard Thurneysser) 绘制的[116]。彗星路径图在 17 世纪日益普及，尤其是那些 1618 年、1664 年、1665 年和 1680 年的彗星。

---

[111] 对这些星图进一步的描述以及托斯卡内利的传记材料，参见 Jervis, *Cometary Theory*, 43 – 85。

[112] 其他的应当是 1426 年戴芬拜克的康拉德的四幅地图。

[113] 阿皮亚在他的 *Practica auff das MDXXXVIIII Jar gemacht in der Löblichen hohenschul zu Ingolstadt* 中绘制了两幅相似的图示 (Landshut, 1539)，但是在准确性上都不如《简短报告》的题名页。*Practica* 的题名页显示了一颗彗星穿过狮子座，但是没有提到特定的恒星或按照日期标出每天彗星的样貌；一幅内部图示显示了正在一条与黄道近似平行的轨道上行进的彗星——在第二幅图示中，在观测位置上标记了观测的时间，如牧夫座中的一颗恒星——但是这一地图缺乏《简短报告》中那幅地图的准确性。

[114] 其他彗星路径图可能是为 1532 年或 1533 年的彗星而绘制，但我没有发现这样的证据。同样可能的是，阿皮亚并不是德意志这一形式的开创者，但是没有发现更早的印刷的彗星图。

[115] Hellman, *Comet of 1577*, 107, 108 n. 233, and 109 n. 241. 这是她提到的彗星路径图中最早的例子。

[116] 关于具体细节，参见 Hellman, *Comet of 1577*, 或 Warner, *Sky Explored*。

图 4.14 早期印刷的彗星路径地图。尼古劳斯·普鲁格纳（Nicolaus Prugner）的 1533 年的彗星地图显示其穿过了御夫座（Auriga）、英仙座（Perseus）和仙后座（尽管这一图案在风格上类似于仙女座）。缺乏托斯卡内利绘制了彗星每天位置的早期绘本星图的准确性，然而，这一地图给出了一种线性路径的感觉。彗星同样也清晰地被定位于天体领域而不是在大气范围内，尽管天文学家直到大约半个世纪之后才证明彗星确实存在于天体领域

图像尺寸：约 12.1 × 10.7 厘米。由 BL（8563. aaa. 33［2.］）提供照片。

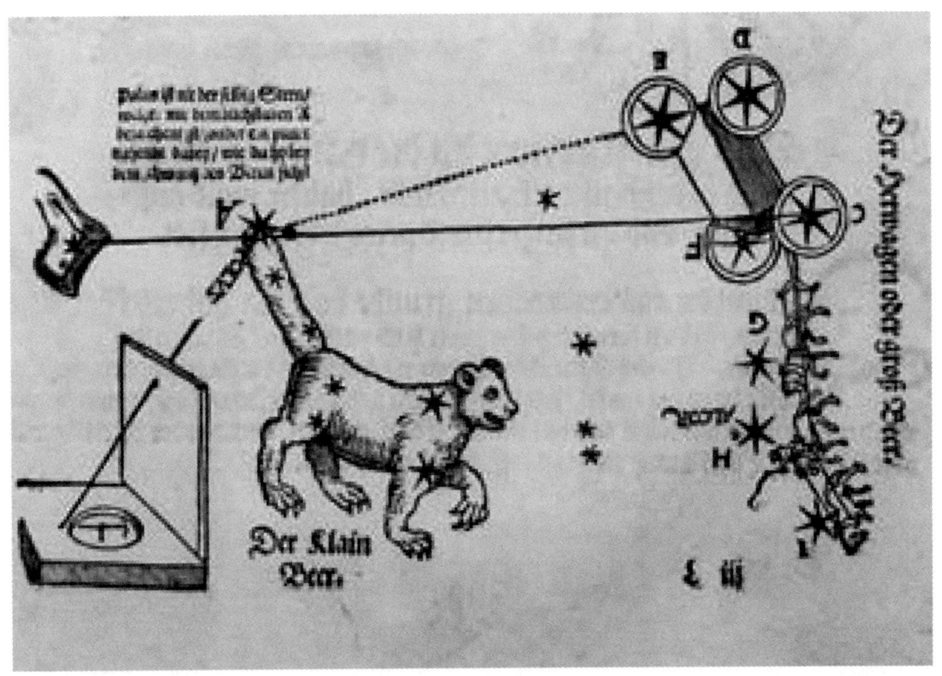

图4.15 由彼得·阿皮亚绘制的一幅北极星图。图示显示了如何使用北斗七星中的恒星作为指示标志来找到北极星。然而，大熊座被按照旧的、非托勒密的模式进行了绘制，其恒星的布局被表现为由三匹马拖曳的一辆马车。还要注意，这是较早包括了辅星（Alcor）和仙王座（Cepheus）的脚的图像。一架日冕——一种设计用来在白天使用的仪器——被奇怪地包括为这一图示的一部分；这是因为必须将一架日冕朝向北方才能正确地显示时间

Peter Apian, *Quadrans Apiani astronomicus et iam recensi nuentvs et nunc primum editus* (Ingolstadt, 1532), fol. 24v. 由 Adler 提供照片。

很多文艺复兴时期关于彗星的小册子附带有星图，这些星图展示了彗星位置与元素天球的关系，这些天球相似地居于宇宙志图示的中心。在第谷·布拉厄的革命性的决定，即彗星存在于月球之外的领域之前，它们被认为是一种大气现象。这些类型的地图显示彗星存在于气元素球之中，通常提到了基本方向、黄道或者特定的星座。其他地图在绘制彗星位置时依然采用了不同的方法，并且记录了通行的时间。1619 年巴普蒂斯特·赛萨特（Baptist Cysat）的一部有趣的著作创造了一系列这类静态图，非常类似于一个电影胶片，显示了 1618 年彗星通过不同星座的过程。

此外，新星是专业星图的一个热门话题。1572 年的仙后座新星由布拉厄、康拉德·达西波纽斯（Cunradus Dasypodius）、托马斯·迪格斯、撒迪厄斯·哈格修斯·埃比哈耶克、西普里亚努斯·利奥维纽斯（Cyprianus Leovitius）和迈克尔·马瑟琳进行了绘制。威廉·扬茨·布劳在他的天球仪上包括了 1572 年、1600 年［在天鹅座（Cygnus）］和 1604 年［在蛇夫座（Serpentarius）］的新星；他亲自观察了后两颗新星[117]。1604 年的新星同样由约翰内斯·开普勒

[117] R. H. van Gent, "De nieuwe sterren van 1572, 1600 en 1604 op de hemelglobes van Willem Jansz. Blaeu," *Caert-Thresoor* 12 (1993): 40 – 46, 以及 Van der Krogt, *Globi Neerlandici*, 493, 494, 504, 507, and 517。

绘制[118]。

专业星图的另外一个功能就是展示如何定位北极星。彼得·阿皮亚出版了这些星图的一些不同版本（图4.15）[119]，同时相似的地图出现于从关于航海的书籍到稍后几个世纪中为教授儿童天文学而撰写的书籍中。夜间使用的图表通常包括大熊座和小熊座（Ursa Minor）的地图，因为这两个星座勺状星群中的特定恒星被直接用于在夜间使用这一图表来确定时间；这种图示可以被追溯到从11世纪使用到12世纪的《夜间的时间工具》（*horologium nocturnum*）的中世纪图示[120]。其他与使用工具有关的专业化的星图则不太明显——例如，为了帮助读者定位他所设计的一些工具中使用的恒星，阿皮亚收录了一些相关星座中最亮恒星的没有坐标的地图[121]。

发现点燃了实时星图的创造力。如同之前描述的，拜尔收录了由普兰修斯提出的新的南方星座的一幅星图。包含有南十字座的图示的较早绘本和文本，尤其是那些与航海和航行发现有关的，包括由阿尔维塞·卡·达莫斯托（Alvise Cà da Mosto）（约1470年）、若昂·德利斯博阿（João de Lisboa）（1514年）、弗朗坎佐·达蒙塔博多（Fracanzio da Montalboddo）（1507年）和佩德罗·德梅迪纳（1545年）撰写的[122]。阿美利哥·韦思普奇对于南部天空，包括煤袋星云（Coalsack nebula）的观察，发表于1503年或1504年。1500年，若昂·法拉斯［João Faras，迈特雷·若昂（Maître João）］向葡萄牙国王发出的一封信中包括了一幅环绕在南极（Antarctic pole）周围的星辰的地图。较晚的由安德烈亚·科萨里（Andrea Corsali）（1516年）和皮耶罗·迪迪诺（Piero di Dino）（1519年）绘制的星图，不仅包括了恒星，而且包括了麦哲伦星云[123]。

伽利略·加利莱伊绘制了可能是所有时代中最为著名的专业星图。使用新发展的天文望
远镜，伽利略观察了不能用肉眼看到的恒星。他在《星际信使》（1610年）中出版了四幅
没有坐标的这些新的恒星群的图片：猎户座的腰带和剑，普莱德兹座（图4.16）[124]，构成猎 122
户星云（Orion nebula）的恒星以及构成鬼星团（Praesepe nebula）的恒星[125]。重要的是，伽
利略的地图不仅显示出实际存在的恒星的数量远比之前认为的更多，而且显示出星云实际上
是由大量密集的恒星集簇而成的。

---

[118] 关于这些地图更多的信息，参见Warner，*Sky Explored*。

[119] Warner，*Sky Explored*，8.

[120] 在Wiesenbach，"Pacificus von Verona，" 233 and 236中可以找到中世纪的例子。一个典型的文艺复兴的例子就是来源于Peter Apian，*Cosmographicus liber*（Landshut，1524，和大量后来的版本）的夜间图示。

[121] 例如，阿皮亚四分仪的设计包括了辅助其功能的16颗主要恒星；在他关于四分仪的图示中，恒星的编号与收录在较晚著作中的星图一致。Peter Apian，*Instrument Buch*（Ingolstadt，1533；reprinted Leipzig：ZA-Reprint，1990），以及idem，*Quadrans Apiani astronomicus et iam recens inuentvs et nunc primum editus*（Ingolstadt，1532）。

[122] 时间指的是现存最早的抄本或出版物的时间。

[123] 尽管科萨里和迪迪诺的地图是在麦哲伦航行之前，但现在通常被称为麦哲伦星云的这两个天体群（现在认为是星系），使用的是一个可能是在17世纪创造的术语。一项对最南部天空的绘图的综合性研究，参见Dekker，"The Light and the Dark"。

[124] 普莱德兹座最早的准确的单幅星图是由马瑟琳在1579年绘制的；参见Warner，*Sky Explored*，169。在马瑟琳星图之前，这一星群在伊琪和亚拉图的稿本和印刷本中经常被单独绘制。

[125] 关于这些地图的详细信息，参见Warner，*Sky Explored*，88–89。

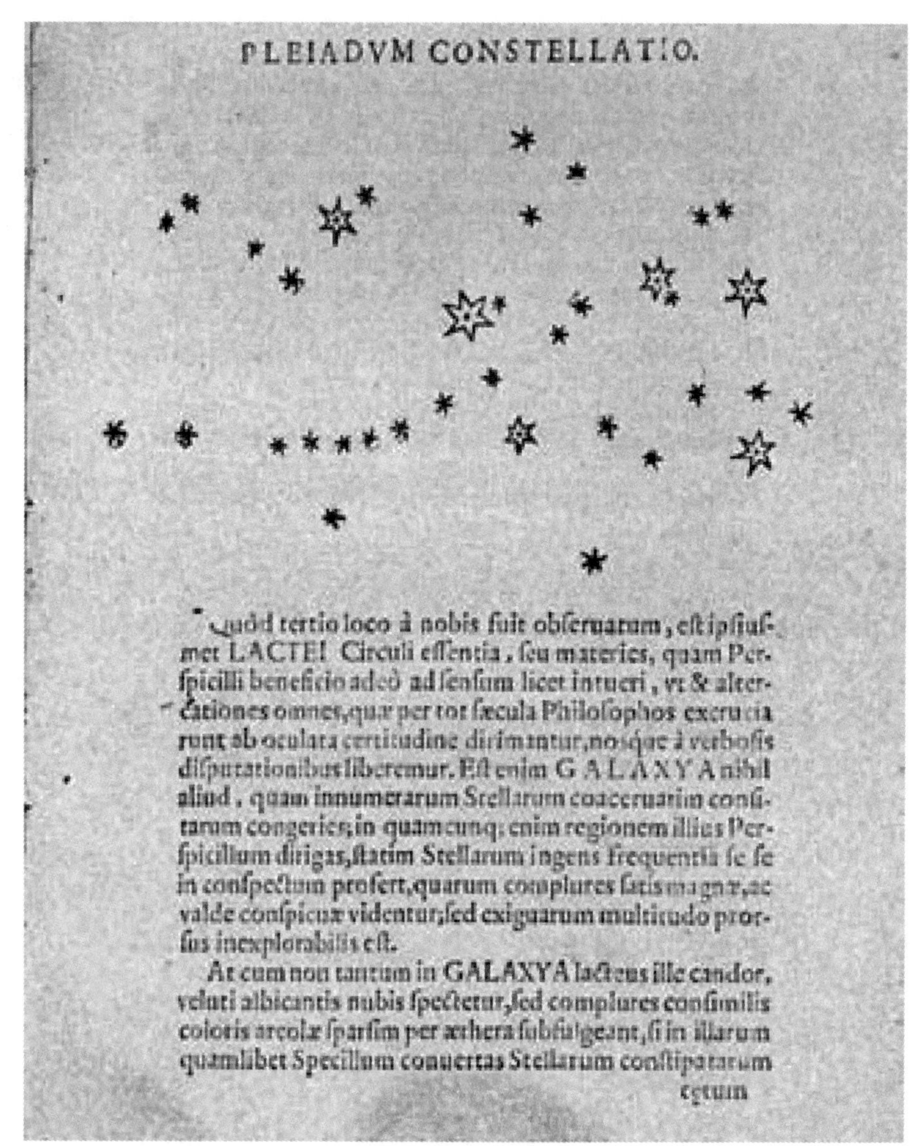

PLEIADVM CONSTELLATIO.

Quòd tertio loco à nobis fuit obſeruatum, eſt ipſiuſmet LACTEI Circuli eſſentia, ſeu materies, quam Perſpicilli beneficio adeò ad ſenſum licet intueri, vt & altercationes omnes, quæ per tot ſæcula Philoſophos excruciarunt ab oculata certitudine dirimantur, noſq; à verboſis diſputationibus liberemur. Eſt enim GALAXYA nihil aliud, quam innumerarum Stellarum coaceruatim conſitarum congeries; in quamcunq; enim regionem illius Perſpicillum dirigas, ſtatim Stellarum ingens frequentia ſe ſe in conſpectum profert, quarum complures ſatis magnæ, ac valde conſpicuæ videntur; ſed exiguarum multitudo prorſus inexplorabilis eſt.

At cum non tantum in GALAXYA lacteus ille candor, veluti albicantis nubis ſpectetur, ſed complures conſimilis coloris areolæ ſparſim per æthera ſubfulgeant, ſi in illarum quamlibet Specillum conuertas Stellarum conſtipatarum

cœtum

图4.16　伽利略·加利莱伊绘制的一幅普莱德兹座的星图。包括了这一星群中大约6颗很容易看到的恒星，以及30颗之前无法看到的但由伽利略观察到的恒星

原页面的尺寸：24×17厘米。由Smithsonian Institution Libraries，Washington，D.C.提供照片。

结　　语

随着作者和地图绘制者摆脱了对于古典学术的依赖，转而依赖于原创作品，由此带来的星图绘制的剧变是文艺复兴的标志。到1650年，星图已经牢固确立作为针对学术或教育的科学图示，而不再作为装饰性的附件。然而，在文艺复兴的开始和末期，技术局限了星图绘制者。在第谷·布拉厄之前的早期，仪器缺乏精度，而在末期，伽利略使用望远镜的观测产生了一个需要被绘制的新的恒星世界。

尽管新确立的可以观测更多恒星的能力，但到17世纪中期，还没有开发出能够帮助天文学家精确测量它们位置并绘制它们的图表的仪器。直到17世纪末，用望远镜观测到的恒星才被绘制在传统星图上。到 18 世纪初，望远镜成为绘制恒星必不可少的一部分，同时绘制望远镜观测到的数量不断增加的恒星，应当从根本上改变了星图的美学。尽管使天文学家可以更好地定位、测量进而绘制更多星图，但文艺复兴时期的星图对于这些后来的绘图工作有着一个持续的影响。星座的艺术风格随着时间发生了剧变，但是文艺复兴时期提出的星图集和平面天球图的形式延续了数百年的时间，并且继续影响着当前的制图学家。

第五章　1650年之前对月亮、太阳和行星的呈现

R. H. 范根特（R. H. van Gent）和
A. 范黑尔登（A. Van Helden）

123 约在1500年至1650年之间，地图的生产和对某一天体的呈现，必须在一个与具象艺术和媒介关联发展的较大背景中看待。印刷术的发展，最初是木版，然后是刻版，使得艾文斯所称作的“可以准确重复的图像表达”成为可能，这是科学视觉维度的一个首要条件[①]。与此同时，文艺复兴时期自然主义和艺术领域中的透视使得艺术家关注的焦点从符号的、整体的呈现转向现实的、特定的呈现（即使如此，在艺术自身中，这些新的形式依然发挥着符号的功能）。印刷术中活字的运用所导致的具象呈现的发展使得一种文本和图像新的并置成为可能，而这是这一时期自然哲学发生深刻变化的重要方面。

天文学和地理学之间的联系只是在天文学和宇宙哲学领域发生的巨大变化中的一部分，这些变化是由新仪器设备的发展所引发的，尤其是望远镜。这里，准确的观察和呈现，在关于天空性质的争论中是至关重要的，而这与从一个有限的、两层的、充实的（也即不是真空）、在字面和本质上有层级的宇宙，到一个无限的、均一的、绝大部分是真空的欧几里得的数学关系的空间的宇宙的转变并行。具有讽刺意味的是，在亚里士多德宇宙中的天体，尤其是行星，只是通过它们的亮度、颜色和运行轨道的特点区别开来，同时它们的个性源自它们所承担的符号功能，而在新的、均一的宇宙中，它们的象征意义变得毫不重要（尤其当占星术逐渐从天文学中分离出来的时候），它们获得了新的个性：土星（Saturn）不再只是一个球体；木星（Jupiter）有着光环；火星（Mars）有着一个多变的表面，类似于月亮；而金星（Venus）和水星（Mercury）则有着不同的相位。之前对占星术推理而言曾经是重要的“合”，现在被看成是改进行星理论的契机，尤其是在水星和金星穿过日面的时候。

在天文学和宇宙哲学领域发生这一变化的过程中，艺术和科学开始了互动，并且自由地相互进行借鉴。但是在艺术家与新的天文学度过了一段短暂的蜜月期之后，艺术和天文学的目标产生了差异。如果在新的天文学中，天体依然保留着少量象征价值的话，那么艺术家发现其基本没有用处，同时如果天文学家绘制的月亮地图没有如实呈现月表的话，那么他们必须提出一套与艺术毫无关系的呈现规则，例外情况就是雕刻木版的工匠通常同时是两者的

① William Mills Ivins, *Prints and Visual Communications* (Cambridge: Harvard University Press, 1953), 158 - 80, esp. 180.

大师。

最后，新的天文学越来越受到仪器设备的驱动。提高确定位置和轨道根数的准确性，越来越成为测量仪器逐步改进的问题，因此在天空中发现新奇东西成为望远镜日益强大的一个功能。如果我们将观测天空的仪器设备的变化和改进，与在早期变化中被传播的天文学知识结合起来的话，我们可以说，在 1500 年至 1650 年之间，天文学获得了一个全新的技术，这构成了这一学科持续改进的基础。

天文望远镜之前的天体呈现

在中世纪稿本的巨大遗产中，找不到天体的写实主义的呈现[②]。塞琉西（Seleucid）占星术手册中的一部分，作为一套楔形文字的表格保存了下来，后者的时间是公元前 2 世纪早期[③]，行星水星（Mercury）和木星（Jupiter）只是用简单的星辰图案来表示，同时月面则被绘制得更为详细，反映了“月亮中的男子”的巴比伦的版本。同样，在土耳其（Turkey） 124
金牛山脉尼姆鲁德山（Nimrud Dagh）顶峰的科马根（Commagene）的安条克一世（Antiochus）的“狮子”占星图中，行星水星、火星和木星被描述为恒星，同时月亮被显示为狮子座中的一轮新月[④]。

随着占星术在近东和希腊 - 罗马（Greco-Roman）世界的兴起，行星以及太阳和月亮，日益被描绘为与占星术存在联系的神灵[⑤]。这种类型的早期呈现可以在罗马的历法和天文学文献的加洛林王朝抄本中找到，例如 354 年的《历法抄本》（Codex-Calendar）[⑥] 和德语的《亚拉图》[⑦]。尤其是在中世纪和文艺复兴时期占星术的稿本中，可以发现大量这种呈现方式[⑧]。

---

② 这并不是说没有使用过这种呈现方式。然而，如果这种呈现形式存在的话，那么它们没有保存下来，或者它们在复制的过程中被简化为一种符号表达。

③ 表格［只保存了金牛座、狮子座和处女座（Virgo）的符号］在 Ernst Weidner, *Gestirn-Darstellungen auf babylonischen Tontafeln*（Vienna: Böhlau in Kommission, 1967）中发表。在 B. L. van der Waerden, *Science Awakening II: The Birth of Astronomy*（Leiden: Noordhoff International, 1974）, 81 and pl. 11，和 Hermann Hunger, Julian Reade, and Simo Parpola, eds., *Astrological Reports to Assyrian Kings*（Helsinki: Helsinki University Press, 1992）中也复制了表格。

④ Auguste Bouché-Leclercq, *L'astrologie grecque*（Paris: E. Leroux, 1899）, 438 – 39. 按照 O. Neugebauer and Henry Bartlett Van Hoesen, *Greek Horoscopes*（Philadelphia: American Philosophical Society, 1959）, 14 – 16，占星图可能的时间是公元前 62 年 7 月 7 日。

⑤ 参见 *Lexicon iconographicum mythologiae classicae*（*LIMC*）（Zurich: Artemis, 1981 – 99）: Cesare Letta, “Helios/ Sol,” vol. 4. 1, 592 – 625 and vol. 4. 2, 366 – 85; Françoise Gury, “Selene/ Luna,” vol. 7. 1, 706 – 15 and vol. 7. 2, 524 – 29；以及 Erika Simon, “Planetae,” vol. 8. 1, 1003 – 9 and 8. 2, 661 – 65 中的相关条目。

⑥ Michele Renee Salzman, *On Roman Time: The Codex-Calendar of 354 and the Rhythms of Urban Life in Late Antiquity*（Berkeley: University of California Press, 1990）.

⑦ Ranee Katzenstein and Emilie Savage-Smith, *The Leiden Aratea: Ancient Constellations in a Medieval Manuscript*（Malibu, Calif.: J. Paul Getty Museum, 1988）. 关于这一与众不同的稿本的中世纪晚期抄本，参看 Mechthild Haffner, *Ein antiker Sternbilderzyklus und seine Tradierung in Handschriften vom Frühen Mittelalter bis zum Humanismus: Untersuchungen zu den Illustrationen der “Aratea” des Germanicus*（Hildesheim: Georg Olms, 1997）。

⑧ 这一主题的经典研究就是 Jean Seznec, *The Survival of the Pagan Gods: The Mythological Tradition and Its Place in Renaissance Humanism and Art*, trans. Barbara F. Sessions（New York: Pantheon, 1953）。

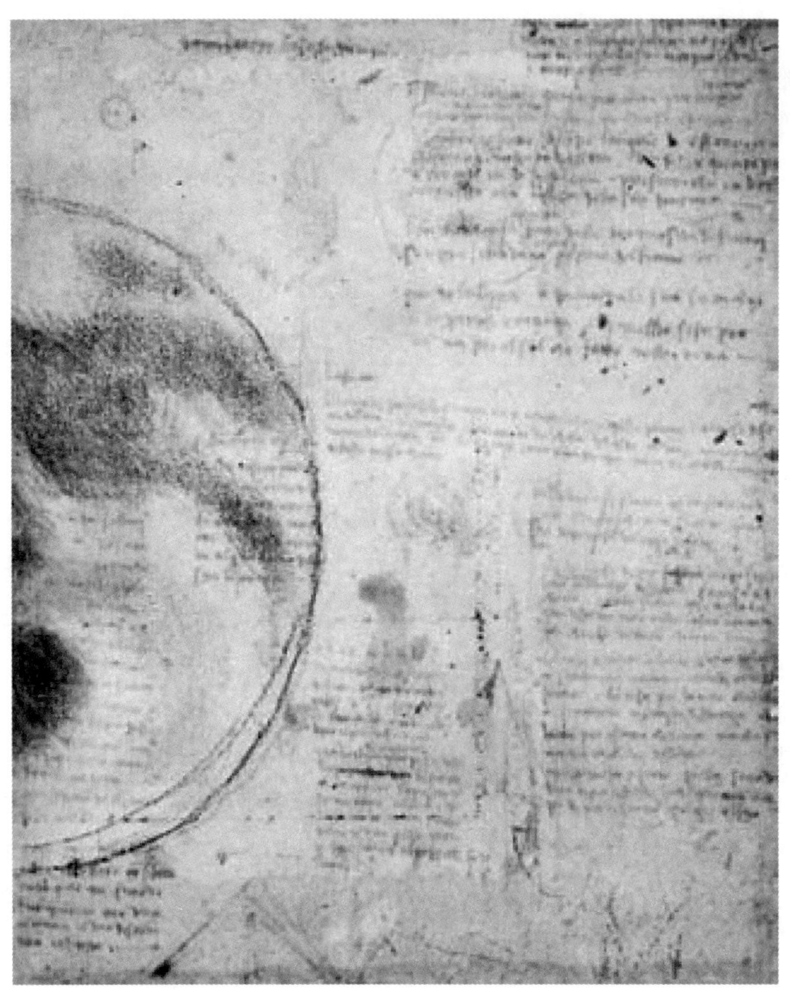

图 5.1 列奥纳多·达芬奇绘制的月亮图像。一幅月亮西半部分的图像（由一位陆地上的观察者看到的）是由列奥纳多在 1505 年至 1508 年之间绘制的。上北

月亮图像的直径：18.5 厘米。由 Biblioteca Ambrosiana, Milan（"Codex Atlanticus," fol. 674v）提供照片。

除体现了罗马类型的占星术的呈现外，一些西方的稿本还用一种更为伊斯兰风尚的方式描绘了行星神灵（水星被描述为一名抄写员，金星则为一位拿着一个弦乐的女子，火星为拿着一个砍下来的头颅的武士，木星为一位学者，而土星则为一位手持武器的多臂老人）。这些呈现来源于伊斯兰占星术传统，又在极大程度上基于巴比伦晚期的占星术传统⑨。

太阳和月亮通常用相似的象征性的呈现方式来表现。通常来说，理论上的障碍影响了观察者在天空中所看到的，因而，虽然在中世纪的天文学——宇宙哲学文献中对在太阳上看到

⑨ Fritz Saxl, "Beiträge zu einer Geschichte der Planetendarstellungen im Orient und im Okzident," *Der Islam: Zeitschrift für Geschichte und Kultur des Islamishen Orients* 3 (1912): 151–77；Anton Hauber, *Planetenkinderbilder und Sternbilder: Zur Geschichte des menschlichen Glaubens und Irrens* (Strassburg: Heitz, 1916)；和 Dieter Blume, *Regenten des Himmels: Astrologische Bilder in Mittelalter und Renaissance* (Berlin: Akademie, 2000)。

的黑子的讨论极其有限，但在其他文献中，如编年史中则可以找到对其的提及。

在月亮的例子中，尽管可以看到月亮外观中存在月相的变化，但早期人类毫无疑问地意识到这样的事实，即月面中存在黑和亮的区域是这一天体的一个永久特性。在发现的很多古代文明的各种早期传统中，黑和亮的区域被认为是在月亮上生活的生物的图形。例如，在远东，这些情况中最为著名的就是月亮中的兔子和蟾蜍[10]。大约在公元 100 年，希腊历史一哲学家海罗尼亚的普鲁塔克（Plutarch of Chaeronea）在其《在月球表面》（*De facie in orbelunae*）中对于各种关于月面的古代理论进行了详细总结[11]。在西方民间传说中，最为著 125
名的图像可能就是“月亮中的男子”，其可以在大量文献资料中看到，例如威廉·莎士比亚（William Shakespeare）的《仲夏夜之梦》（*Midsummer Night's Dream*）[12]。

已知最早的用写实主义方法对一个天体，即月亮进行的呈现，可追溯到公元 15 世纪。扬和胡贝特·范艾克（Hubert van Eyck）兄弟在他们的三幅绘画《耶稣受难记》（*The Crucifixion*，1420－1425）、《圣巴尔巴拉》（*St. Barbara*，1437）和《根特祭坛》（*Ghent Altarpiece*，1426－1432）的镶嵌板“基督的骑士”（Knights of Christ）中绘制了月面[13]。在 16 世纪最初 20 年中，列奥纳多·达芬奇绘制的一些月面图像保存在了他的笔记中（图 5.1）[14]。但是直至 16 世纪末才出现了第一次绘制月亮地图的尝试，当时以对磁铁的研究而闻名的英国医生科尔切斯特（Colchester）的威廉·吉尔伯特，在他的著作《对我们月下世界的新思考》（*De mundo nostro sublunari philosophia nova*）中包括了一幅基于肉眼观测而绘制的月亮地图，该书在他去世后于 1651 年出版（图 5.2）[15]。吉尔伯特的地图第一次包括了地形的名称，其中有“不列颠尼亚”（Brittannia）和“长岛”（Long Island）。

---

⑩ Timothy Harley, *Moon Lore* (London: Swan Sonnenschein, 1885), 以及 Ernst Hartwig, “Der Hase in der Mondscheibe,” *Veröffentlichungen der Remeis-Sternwarte zu Bamberg*, vol. 1, Anhang (1923): 2－4。

⑪ 英文翻译，参见 Harold Cherniss and William C. Helmbold, *Plutarch's Moralia*, 15 vols. (Cambridge: Harvard University Press, 1957), 12: 1－223。德文的翻译是在 Herwig Görgemanns, *Das Mondgesicht* (Zürich: Artemis, 1968)。

⑫ “这个人提着灯笼，牵着犬，拿着柴枝，是代表月亮”，William Shakespeare, *A Midsummer Night's Dream*, in *The Norton Shakespeare*, ed. Stephen Greenblatt et al. (New York: W. W. Norton, 1997), 5. 1. 134－35。在一些基督教传统中，如同但丁（《地狱》20. 126）和杰弗里·乔瑟（*Troilus and Criseyde* 1. 1024）提到的，月亮中的男子被认为代表的是该隐（Cain），也就是亚当和夏娃的儿子。在其他基督教传统中，月亮中的男子被认为指的是《旧约》中关于犹太人在安息日拾柴而受到惩罚的故事（Numbers 15: 32－36）。Charles R. Wicke, “The Mesoamerican Rabbit in the Moon: An Influence from Han China?” *Archaeoastronomy: The Journal of the Center for Archaeoastronomy* 7 (1984): 46－55; Paul-Alain Beaulieu, “The Babylonian Man in the Moon,” *Journal of Cuneiform Studies* 51 (1999): 91－99；以及 Ewen A. Whitaker, *Mapping and Naming the Moon: A History of Lunar Cartography and Nomenclature* (Cambridge: Cambridge University Press, 1999), 3－12。

⑬ Scott L. Montgomery, “The First Naturalistic Drawings of the Moon: Jan van Eyck and the Art of Observation,” *Journal for the History of Astronomy* 25 (1994): 317－20. 也可以参见 idem, *The Moon and the Western Imagination* (Tucson: University of Arizona Press, 1999), 83－97。

⑭ Gibson Reaves and Carlo Pedretti, “Leonardo da Vinci's Drawings of the Surface Features of the Moon,” *Journal for the History of Astronomy* 18 (1987): 55－58.

⑮ Suzanne Kelly, ed., *The* De mundo *of William Gilbert*, 2 vols. (Amsterdam: Menno Hertzberger, 1965)；地图在 2: 172－73 中进行了展示。也可以参见 Whitaker, *Mapping and Naming the Moon*, 10－15。

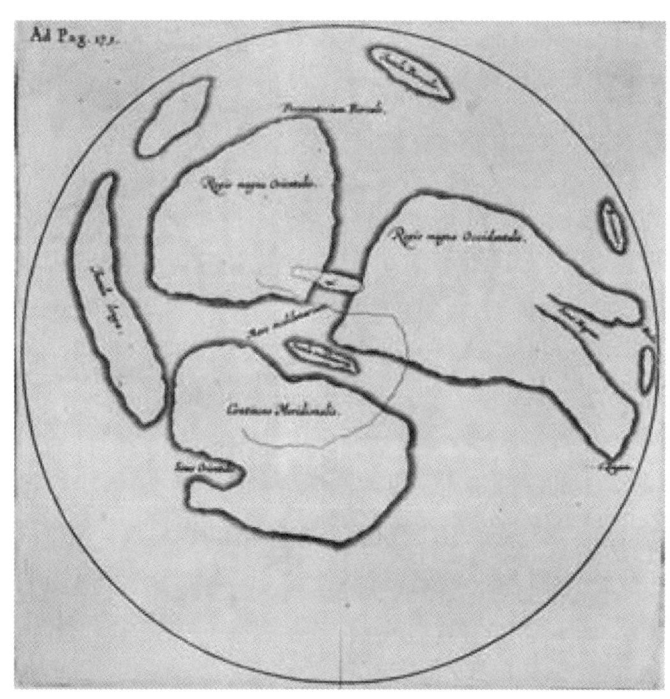

图 5.2 威廉·吉尔伯特的月亮地图。由吉尔伯特在 1600 年通过肉眼观察后绘制的满月。上北

原图的直径：约 18.5 厘米。William Gilbert, *De mundo nostro sublunari philosophia nova* (Amsterdam: L. Elzevirium, 1651), between 172 and 173. 由 BL 提供照片。

通过望远镜观察天空

当在海牙（Hague）披露其存在的一个月内，今后被称为望远镜的仪器转向了天空。在一封发表于 1608 年 10 月的信件中，关于新仪器的报告中包括了如下句子，“甚至那些过去我们肉眼看不到的星星——都被这一新仪器给揭示出来了”⑯。当其他人复制仪器的时候，他们同样将其转向了天空。在英格兰，托马斯·哈里奥特（Thomas Harriot）在 1609 年 8 月通过一架放大 6 倍的仪器观测了月亮，与此同时，在帕多瓦（Padua），伽利略·加利莱伊（Galileo Galilei）正在为威尼斯元老院（Venetian senate）制作一个大约放大 8 倍的小望远镜。在秋季，伽利略开始使用一架比其他望远镜放大倍数更大的望远镜探索天空。他在 1609 年 12 月对月亮进行了观测，1610 年 1 月开始对木星卫星以及对恒星的观测，导致了 1610 年 3 月《星际信使》（*Sidereus nuncius*）的出版⑰。

---

⑯ *Ambassades du Roy de Siam envoyé a l'Excellence du Prince Maurice, arrivé à la Haye le 10. Septemb. 1608* (The Hague, 1608), 11；在 Stillman Drake, *The Unsung Journalist and the Origin of the Telescope* (Los Angeles: Zeitlin and Ver Brugge, 1976) 中收录了这一新闻的影印本。关于望远镜的发明，参见 Albert Van Helden, “The Invention of the Telescope,” *Transactions of the American Philosophical Society*, 2d ser., 67, pt. 4 (1977): 3–67；作为 *The Invention of the Telescope* (Philadelphia: American Philosophical Society, 1977) 单独发表。

⑰ John J. Roche, “Harriot, Galileo, and Jupiter's Satellites,” *Archives Internationales d'Histoire des Sciences* 32 (1982): 9–51，和 Ewen A. Whitaker, “Galileo's Lunar Observations and the Dating of the Composition of ‘SidereusNuncius,’” *Journal for the History of Astronomy* 9 (1978): 155–69。

保存最早的月亮外观的图示是五幅水彩画，它们可能基于已经散佚的在接目镜上制作的图绘⑱。水彩画显示出伽利略非常熟练。《星际信使》中的四幅刻印的图示（加上一幅复制 126
本）被交给一位佚名的雕刻师，但是我们可以假设伽利略监督了雕刻师的工作（图5.3）。这些图示补充了《星际信使》文本的内容，在书中，伽利略认为月面是粗糙的，类似于地球的地表。伽利略夸大了某些特征，例如只是略低于中心的大斑点（环形山口），来支持他的观点，同时这些图示，尽管可辨识地描述了我们的月亮，但不应当被作为对月表的精确描绘或者地图。然而，月面学家将伽利略对月面的口头表述评论为"古怪的准确"。不清楚的
是，在他第一次尝试之后，哈里奥特是否继续了对月亮的观测，但清楚的是，他是在阅读了 127
伽利略的著作之后，才开始使用不同倍数的仪器通过望远镜对月亮进行了系列观测，同时有人认为，在他读到伽利略的著作之前，哈里奥特无法看到月面的地势起伏⑲。

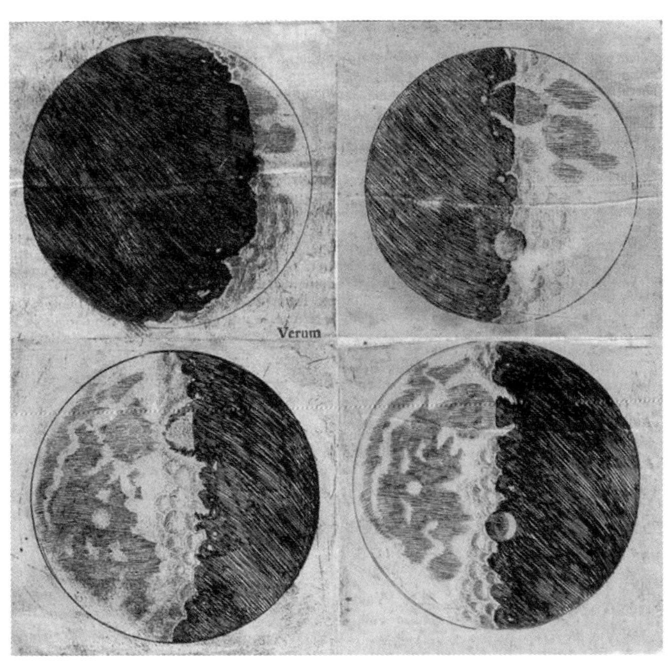

图5.3　伽利略·加利莱伊的月图（拼图）。不同月相的月亮［新月、上弦月（first quarter）、渐亏月（waning gibbous phase）和下弦月（last quarter）］，是伽利略在一架望远镜的帮助下绘制的，并且是在他的监督下刻印的。上北

每幅图像的尺寸：约9×9.5厘米。Galileo Galilei, *Sidereus nuncius* (Venice, 1610), 8r, 9v, and 10r. 由Smithsonian Institution Libraries, Washington, D. C. 提供照片。

---

⑱ *Le opere di Galileo Galilei: Edizione nazionale sotto gli auspicii di Sua Maestà il re d'Italia*, 20 vols., ed. Antonio Favaro (Florence: Barbera, 1890 - 1909), vol. 3, pt. 1, figs. 48 and 50 - 53. 保存在伽利略稿本中的水彩画可能是原图，因而是在望远镜的接目镜上绘制的。参见Elizabeth Cavicchi, "Painting the Moon," *Sky and Telescope* 82 (1991): 313 - 15。

⑲ Robert Fox, ed., *Thomas Harriot: An Elizabethan Man of Science* (Aldershot: Ashgate, 2000); Terrie F. Bloom, "Borrowed Perceptions: Harriot's Maps of the Moon," *Journal for the History of Astronomy* 9 (1978): 117 - 22; Samuel Y. Edgerton, "Galileo, Florentine 'Disegno,' and the 'Strange Spottednesse' of the Moon," *Art Journal* 44 (1984): 225 - 32; 以及idem, *The Heritage of Giotto's Geometry: Art and Scienceon the Eve of the Scientific Revolution* (Ithaca: Cornell University Press, 1991), 223 - 53。

在恒星的例子中，伽利略绘制星群以支持他的观点，即星云和银河（Milky Way）由望远镜分解为数量庞大的恒星，而这些恒星太小了以至于它们的光芒混合在一起，由此产生了星云的外观。伽利略选择了两个较大的区域，即围绕着猎户座的剑和腰带以及普莱德兹座的区域，以及两个在克劳迪乌斯·托勒密和尼古劳斯·哥白尼（Nicolaus Copernicus）的星辰目录中被认为是星云的位于猎户座头部的星云和巨蟹座（Cancer）的鬼星团⑳。甚至绘制这些小区域也是极为麻烦的，而且很容易产生错误。

在木星卫星的例子中，伽利略呈现了在1610年1月7日至3月2日之间进行的大量观察。尽管这些小的图案和伽利略用词汇进行的客观描述是重复的，但这一系列图像有着一种累积的说服力，同时后来仅凭单一图示就宣称发现了其他卫星，而这种宣称的弱点却显示了伽利略方法的高明之处。他在出版了《星际信使》之后继续观察卫星，目的在于希望能用它们在海上确定经度（这是一个从未成功过的工作，因为伽利略望远镜的视界过小），同时他试图确定卫星的周期，还首先提出了被预测的位置的表现模式，而这种模式今天依然在使用㉑。尽管是由约翰内斯·开普勒建议，并由西蒙·马里乌斯（Simon Marius）在1614年发表，但这些卫星今天的名字直到19世纪中叶之后才开始使用㉒。

在伽利略的著作中，我们同样第一次看到了行星的表面，土星（1610年）、金星（1610年）和木星（1623年）的。在每一个例子中，伽利略的发现支持了他的主要观点，即支持哥白尼的理论，而反对亚里士多德的宇宙论。月球粗糙的表面（到目前为止被解释为，归因于“更密集和更轻的部分”）逐渐破坏了天空的完美；月球和地球的相似性，帮助建立了这样的观点，即地球是一颗行星，就像哥白尼认为的那样；当通过望远镜放大的时候，恒星依然是光点（尽管更亮），而行星则被转变为一个圆盘，由此支持了哥白尼的方案中，土星与恒星之间必然存在巨大空隙的观点；木星卫星的存在，显示在宇宙中存在一个以上的运动中心；而金星的相位显示这一行星（即水星）是围绕太阳转的。只有土星令人感到困惑的外表与哥白尼的和亚里士多德的宇宙哲学各自优点的“大争论（Great Debate）”无关。这是望远镜提出的第一个新的天文学需要研究的问题。

1610年，伽利略首次用望远镜对土星进行观测。令其惊讶的是，这颗行星的外观不是一个简单的球体，而是两侧有着两个圆形“陪伴之物”的中央球体。这两者并不是他刚在木星上发现的那些月亮，因为它们看上去与中央的球体存在接触，同时形成的外观没有变化——至少就木星卫星的速率而言。在1612年，伽利略注意到，旁边的“陪伴之物”消失了，但是他自信地预言它们将会再次出现。这确实发生了，且外侧的球体慢慢地呈现出“手柄”，或柄状凸出（*ansae*）的样子。

---

⑳ 第一个“星云”实际上是没有关系的恒星的一个松散星群；现代目录中不再将其列为一个星云或者星群。参见 Galileo Galilei, *Sidereus nuncius*; *or*, *The Sidereal Messenger*, trans. Albert Van Helden (Chicago: University of Chicago Press, 1989), 60–63。

㉑ Galilei, *Opere*, vol. 3, pt. 2, and 5: 241–45.

㉒ 按照 F. W. Herschel 在他的 *Outlines of Astronomy* (London: Longman, Brown, Green, and Longmans, 1849) 的观点。也可以参见 John F. W. Herschel, *Results of Astronomical Observations Made during the Years 1834, 5, 6, 7, 8, at the Cape of Good Hope: Being the Completion of a Telescopic Survey of the Whole Surface of the Visible Heavens, Commenced in 1825* (London: Smith, Elder, 1847), 415。

这些令人迷惑的外观的问题没有很快的解决，只是随着此后数十年中由越来越多的天文学家通过望远镜进行的天文学观察，才能够获得足够的信息从而允许观察者在17世纪中期得出这些现象的周期。当“柄状突出”在17世纪50年代中期再次消失的时候，提出了很多理论来解释它们的出现（关于到这时为止印刷出版的不同外观，参见图5.4），同时1659年由克里斯蒂安·惠更斯（Christiaan Huygens）发表的解决方案最终得到了满意的验证：“土星由一个很薄的平坦的环所环绕，其并不与土星在任何地方接触，其向黄道面倾斜。”㉓

128

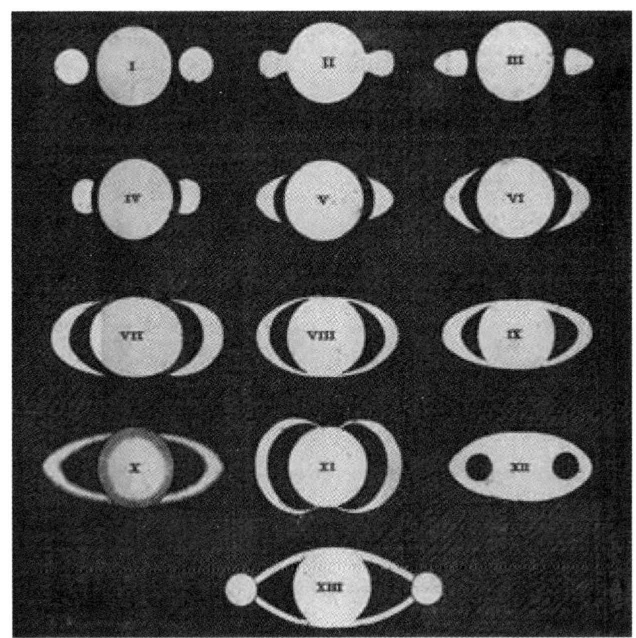

图5.4 克里斯蒂安·惠更斯绘制的土星的综合图像。由伽利略·加利莱伊（Ⅰ）、克里斯托夫·沙伊纳（Ⅱ）、乔瓦尼·巴蒂斯塔·里乔利（Ⅲ，Ⅷ和Ⅸ）、约翰尼斯·赫维留（Ⅳ－Ⅶ）、欧斯塔基奥·迪威尼（Eustachio Divini）（Ⅹ）、弗朗切斯科·丰塔纳（Francesco Fontana）（Ⅺ和ⅩⅢ）、朱塞佩·比安卡尼（Giuseppe Biancani）（Ⅻ）和皮埃尔·伽桑狄（ⅩⅢ），在1610年至1658年之间绘制的用望远镜观测到的行星土星

原图尺寸：约12.2×12.7厘米。Christiaan Huygens, *Systema Saturnium, sive de causis mirandorum Saturni Phaenomenon* (The Hague, 1659). 由John Hay Library, Brown University, Providence, Rhode Island 提供照片。

伽利略在首次通过望远镜进行的发现两年之后，在与克里斯托夫·沙伊纳关于太阳黑子性质的论战中，延续了他反对亚里士多德和托勒密的论点。尽管托马斯·哈里奥特是最早的太阳黑子的观察者，但他并没有发表他的发现。约翰·阿尔伯特·法布里修斯（Johann Albert Fabricius）和他父亲戴维，在东弗里西亚（East Frisia）的那些发现，于1611年发表，

㉓ Christiaan Huygens, *Oeuvres complètes de Christiaan Huygens*, 22 vols. (The Hague: Martinus Nijhoff, 1888－1950), 15: 299; Albert Van Helden, "Saturn and His Anses," *Journal for the History of Astronomy* 5 (1974): 105－21; 和 idem, "'Annulo Cingitur': The Solution to the Problem of Saturn," *Journal for the History of Astronomy* 5 (1974): 155－74。也可以参见 idem, "Saturn through the Telescope: A Brief Historical Survey," in *Saturn*, ed. Tom Gehrels and Mildred Shapley Matthews (Tucson: University of Arizona Press, 1984), 23－43。

但是没有引起注意[24]。克里斯托夫·沙伊纳的《关于太阳黑子的三封信》(*Tres Epistolae de maculis solaribus*)在1621年1月的出版，引发了关于这些现象的一场争论，其中太阳黑子的准确形状和对它们“出现和消失”的展示，在他与伽利略关于太阳黑子性质的争论中是至关重要的[25]。而沙伊纳通过一架装备有色玻璃的望远镜对太阳直接观察，而伽利略使用了一种投影技术，其作为一项研究工具有着巨大优势（和更为安全）。在他1613年的《关于太阳黑子以及它们特性的历史和展示》(*Istoria e dimostrazioni intorno alle macchie solari e loro accidenti*)中，伽利略奠定了对天文现象进行准确描绘的样板（图5.5)。

沙伊纳继续精练这一方法，同时在1630年，他出版了关于太阳黑子的决定性著作——《太阳》(*Rosa ursina*)，但由于紧接着发生了太阳黑子活动最小化，也就是所谓的蒙德极小期（Maunder Minimum，约1645—1715年)，因此该书直至18世纪依然是关于太阳黑子的经典著作（图5.6)。

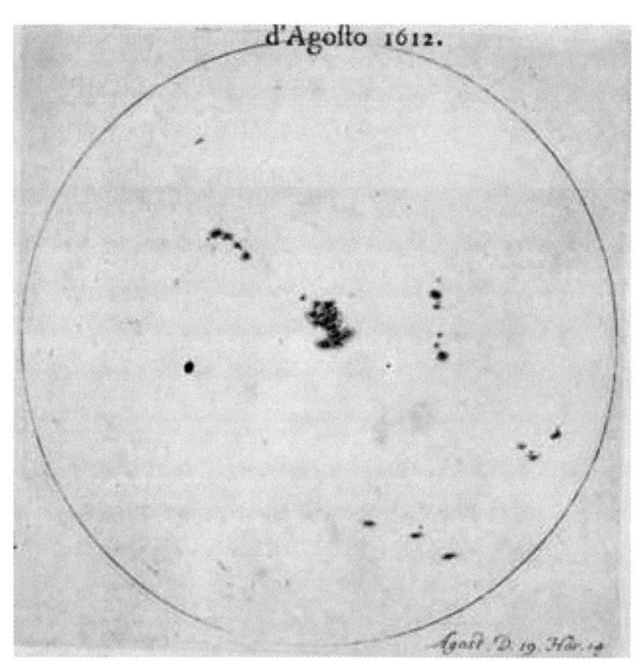

图5.5 伽利略·加利莱伊绘制的太阳黑子图。伽利略绘制的1612年8月19日下午2点的日面和太阳黑子

原图的直径：约12.4厘米。Galileo Galilei, *Istoria e dimostrazioni intorno alle macchie solari e loro* (1613), 94. 由BL提供照片。

---

[24] Johann Albert Fabricius, *Joh. Fabricii Phrysii De maculis in sole observatis, et apparente earum cum sole conversione narratio* (Wittenberg: Impensis Iohan Borneri Senioris & Eliae Rehifeldii, 1611).

[25] 沙伊纳和伽利略关于太阳黑子的著作包括在Galilei, *Opere*, 3: 369 - 508中。对于伽利略的*Istoria e dimostrazioni*的部分翻译可以在Galileo Galilei, *Discoveries and Opinions of Galileo*, ed. Stillman Drake (New York: Doubleday, 1957), 87 - 144中找到。

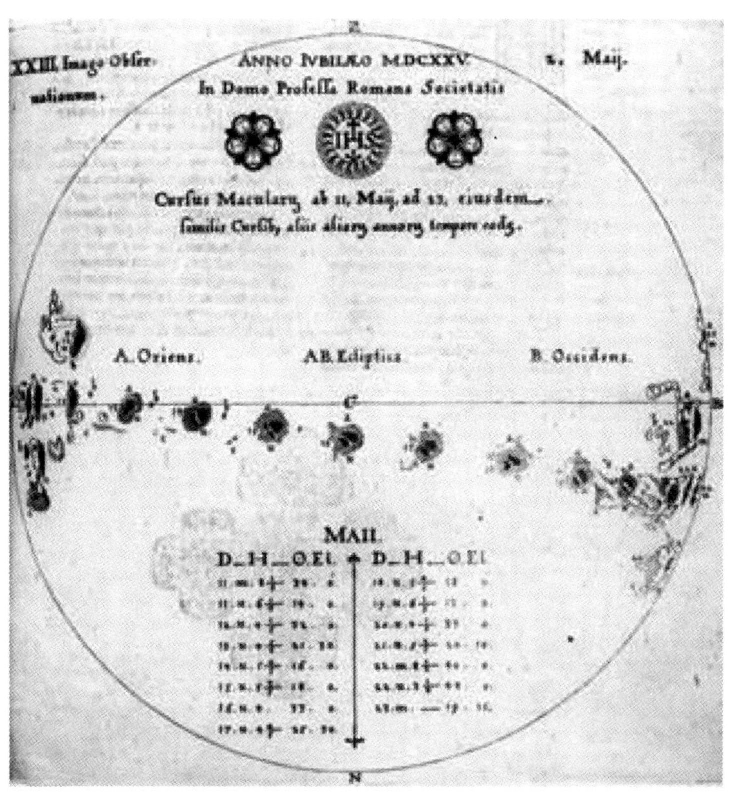

图5.6　克里斯托夫·沙伊纳的太阳黑子图绘。沙伊纳从1625年5月11日至23日对太阳黑子进行观察后绘制的复合图绘。水平线表示的黄道，而表格列出了观察的日期和时间以及太阳位于地平线上的高度

原图的直径：约21厘米。Christoph Scheiner, *Rosa ursina* (Bracciano, 1630), 211. 由BL提供照片。

但是，太阳黑子的位置和形状都是易消失的现象——没有太阳黑子会保持其形状，同时没有人可以确保在东侧边缘出现的太阳黑子就是两周前在西侧边缘消失的那个——月球的现象是永久的。伽利略在《星际信使》中进行描述的目的就是支持他的口头观点，即月面并不是
完美平滑的和球面的，而类似于地球是粗糙的和有着山脉的。同时在20年中，印刷著作中 129
对月亮的描绘反映了这一点，就像看到的那样，例如，克里斯托夫·沙伊纳1614年和朱塞佩·比安卡尼1620年出版的图像㉖。但是当关于月亮性质的论争逐渐脱离研究前沿的时候，另外一个方面则成为中心：在确定地球的经度时，对于月亮的使用。

有人认为望远镜可以在月食时，准确记录地球阴影边缘穿过月面的过程所经历的时间。如果可以具体指明准确的地方时（用天文方法决定），例如，当阴影的边缘前进穿过一个特定的点（现在被看作一个环形山口）的时候，那么可以将其与同一次月食发生时，一位天

㉖ 古代的月球二分法也是如此，当明暗界限可以平分月面的时候，一般认为，也是测量太阳和月球的地心距离比的时机。John William Shirley, *Thomas Harriot: A Biography* (Oxford: Clarendon, 1983). 关于沙伊纳和比安卡尼类似于图示的图像，参见 Christoph Scheiner and Johannes Georgius Locher, *Disquisitiones mathematicae de controversiis et novitatibus astronomicis* (Ingolstadt, 1614), 58, 和 Giuseppe Biancani, *Sphaera mundi, seu Cosmographica demonstrativa ac facili methodo tradita* (Bologna, 1620), 150。

文学家在另一个地点记录的地方时进行比较。但为了做到这一点，需要一幅标准地图，用来记录月球上重要特征的命名法或者计数系统。早在1612年，托马斯·哈里奥特制作了一张粗糙的月球地图（图5.7），但如同他其他的天文观察那样，一直没有出版。经度的确定，无论在陆地上还是在海上，成为17世纪30年代天文学研究的一个重要主题㉗。

图5.7 托马斯·哈里奥特的月球图。约1610年，哈里奥特在一架望远镜的帮助下绘制的一幅满月图。上北。数字和字母表示哈里奥特在月面上观察到的不同地形特征

原图直径：约15.1厘米。由Lord Egremont and the West Sussex Record Office, Chichester (Harriot Papers, Petworth House Archives, HMC 241/9, fol. 30) 提供照片。

在伽利略的《星际信使》出版后不久，尼古拉斯-克劳德·法布里·德佩雷斯克(Nicolas-Claude Fabri de Peiresc)，一位普罗旺斯地区艾克斯（Aix en Provence）议会的成员、人文主义者以及学术的赞助者，已经开始了一项通过一个通信网络，使用木星卫星不断变化的分布来确定经度的项目。他的“经度局（bureau of longitude）”的计划失败了，原因是卫星位置的变化太慢了，以至于无法提供所需要的精度。在17世纪30年代，与天文学家皮埃尔·伽桑狄一起，德佩雷斯克复苏了这一思想，这一时期有着在月食期间进行观测的计划。出于这一目的，他开始绘制一幅月面地图，同时观测则由在艾克斯的其他观察者接管。最终著名的雕刻师克劳德·梅朗（Claude Mellan），绘制了三幅月面的雕版图，上弦月（图5.8）、

㉗ 哈里奥特制作的两幅满月的图绘保存了下来：West Sussex Record Office, Harriot Papers, Petworth House Archives, HMC 241/9, fols. 28 and 30. 关于复制品，参见 Whitaker, *Mapping and Naming the Moon*, 18，以及 O. van de Vijver, *Lunar Maps of the XVII th Century* (Vatican City: Specola Vaticana, 1971), fig. 3。

满月和下弦月（1636—1637）㉘。这些著名的图像显示出了梅朗的技术以及艺术方法存在的 130
科学局限。梅朗按照月亮的外观进行了呈现，围绕明暗界限（月面有光亮的和黑暗区域的边界）有着最强的对比，而在边缘对比最少。满月显示了相对较少的对比，因为基本上不存在阴影。然而，观察者所需要的，与其说是一幅月亮的画像，不如说应是一幅地图。在这点上，艺术家和天文学家的目的存在着分歧。

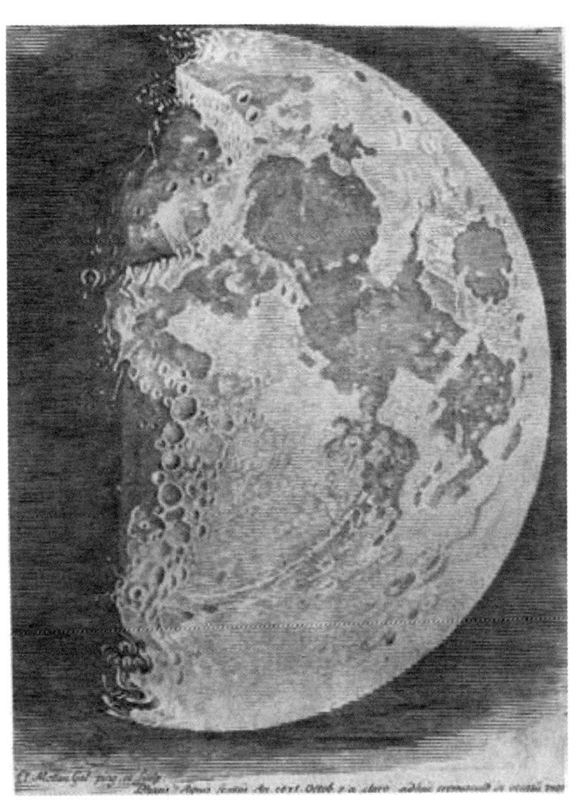

图 5.8　克劳德·梅朗的月球图。在 1636 年 10 月 7 日观察到的上弦月，由梅朗绘制和刻版。月面是从西侧照亮的（如同一位在地球上的观察者所看到的）。上北

原图尺寸：22.3 × 16.8 厘米。由 BNF（Ed. 32，P. 119 Mellan）提供照片。

最早出版的月球的科学地图是由荷兰—佛兰芒制图学家迈克尔·弗洛朗·范朗格恩（Michael Florent van Langren）绘制的，他在 1631 年被哈布斯堡国王菲利普四世（Philip Ⅳ）指定为皇家宇宙志学家和数学家㉙。他的月球图的题名为《奥地利的菲利佩在满月时绘制的发光体》（*Plenilunii lumina austriaca philippica*），尺寸大约为 39.5 厘米乘以 50.5 厘米（其中

㉘ Pierre Humbert, "La premiere carte de la lune," *Revue des Questions Scientifiques* 100 (1931): 194 - 204; idem, *Un amateur: Peiresc, 1580 - 1637* (Paris: Desclée de Brouwer et Cie, 1933), 226 - 31; Whitaker, *Mapping and Naming the Moon*, 29 - 35; 以及 Van de Vijver, *Lunar Maps*, figs. 4 - 6。也可以参见 William B. Ashworth, *The Face of the Moon: Galileo to Apollo*, exhibition catalog (Kansas City, Mo.: Linda Hall Library, 1989)。

㉙ 关于范朗格恩的最近的文献，参见 Peter van der Krogt, *Globi Neerlandici: The Production of Globes in the Low Countries* (Utrecht: HES, 1993), 263 - 71, 和 idem, "Das 'Plenilunium' des Michael Florent van Langren: Die erste Mondkarte mit Namenseinträgen," *Cartographica Helvetica* 11 (1995): 44 - 49。

131

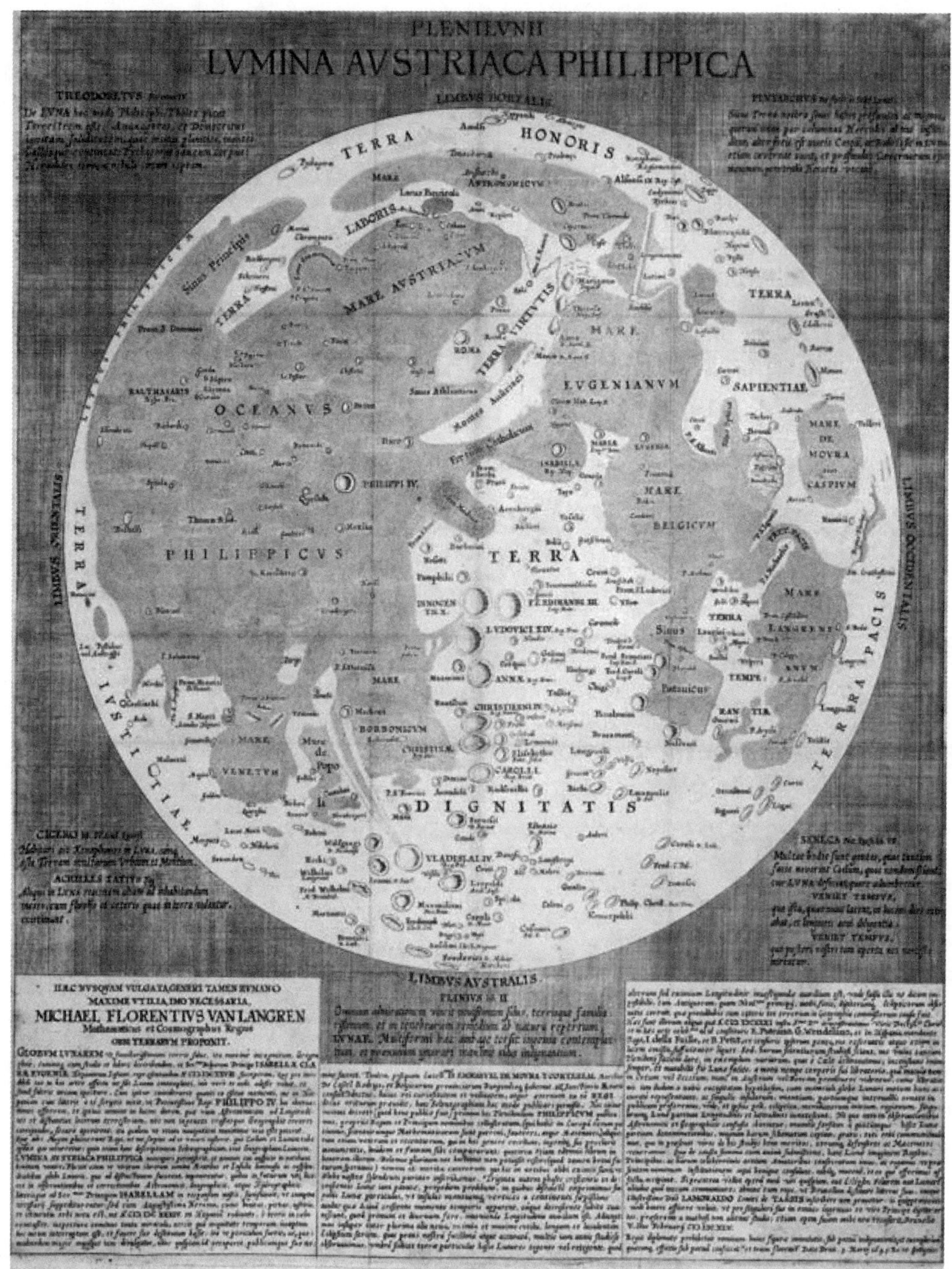

图5.9 迈克尔·弗洛朗·范朗格恩绘制的《奥地利的菲利佩在满月时绘制的发光体》，1645 年。一幅由范朗格恩绘制的带有注释的月球图，1645 年在布鲁塞尔（Brussels）出版。上北

原图尺寸：50.5×39.5 厘米（月面，35 厘米）。由 Universiteitsbibliotheek Leiden（Collectie Bodel Nijenhuis, nr. 505－10－003）提供照片。

月面的尺寸是35厘米)，在1645年出版（图5.9)[30]。

按照伽利略·加利莱伊和其他早期望远镜观察者的观点，月面上较暗的区域代表着水，范朗格恩按照它们的规模和位置，将这些地区命名为 *oceanus*（洋）、*mare*（海）、*sinus*（湾）、*lacus*（湖）或 *fretum*（峡）。月球西北角上最大的黑暗区域被称为菲利皮科斯洋(Oceanus Philippicus)，而向北扩展的部分则为奥地利海（Mare Austriacum）和王子湾(Sinus Principis)。范朗格恩的月球图上包含有322个被命名的地形特征，其中最大的区域用哈布斯堡和其他统治家族成员的名字命名，同时很多较小的区域则用著名学者和天文学家的名字命名。

17世纪上半期，传播最为广泛的地图就是由波兰（Polish）天文学家约翰尼斯·赫维留绘制的，他在1647年制作了一部规模庞大和华丽的关于月球研究的著作，《月图》(*Selenographia*)。在他早年的旅行中，赫维留在法兰西遇到了伽桑狄，同时在德佩雷斯克去
世的时候，“经度局”项目难以为继，赫维留在伽桑狄的支持和鼓励下掌控了这一项目。经 132
过对各种月相的长年观察，赫维留自己绘制和刻版了月面，并且亲自监督雕版的印制。《月图》收录了三幅大型的对满月的描绘（28厘米），分别标为P、R（图5.10）和Q，展示了当时月球制图学遇到的问题[31]。图P显示了一幅满月时通过望远镜绘制的准确图像。为了强化细节，赫维留将图像转化为了地图，R，其中一个人造的早晨的照明使得斑点（环形山）直立起来：在月食时，这些特点在对阴影锋面进行计时是最为有用的。但是同样也存在命名地形特征的问题，而赫维留使用了地球地形特征的名字，以希望避免争论。这些名字被呈现
在一个列表中，但同样也标识在了一张地图Q上，这幅地图是使用陆地制图学的惯例来绘 133
制的［同时并不是由赫维留自己刻版的，而是由赫雷米亚斯·法尔克（Jeremias Falck），一名曾经非常熟悉地图学的雕版匠制作的］。在从正在发展的天文学向已经建立的早期地图学规则的转换中，错误地呈现了大量地形特征；例如，所谓环形山的辐射纹被表现为一条山脉。赫维留的月亮命名法重新提到了月球上有着类似于地球上的地形特征的伽利略的观点。
赫维留地图使用两个交叠的圆形首次显示了超过一半的月面。同时，尽管赫维留用度数标识 134

---

[30] 月球图保存有一个亲手绘制的版本和五个印刷版。其亲手绘制的版本收藏于 Brussels, Archives Générales。关于这一版本的复制品，参见 Van de Vijver, *Lunar Maps*, fig. 7, 和 Whitaker, *Mapping and Naming the Moon*, 39, fig. 25（只命名了48个月球的地形特征）。关于收藏在 Leiden, Universiteitsbibliotheek 的副本，参见 A. J. M. Wanders, *Op ontdekking in het maanland*（Utrecht: Het Spectrum, 1950), pl. Ⅵ。关于位于 BNF 的复制品，参见 Zdeněk Kopal, *The Moon*（Dordrecht: D. Reidel, 1969), 228, fig. 15. 3; 和 Zdeněk Kopal and Robert W. Carder, *Mapping of the Moon: Past and Present*（Dordrecht: D. Reidel, 1974), 13, fig. 1. 9。关于 Edinburgh, Crawford Library of the Royal Observatory 的副本的复制件，参见 Van de Vijver, *Lunar Maps*, fig. 8; Ewen A. Whitaker, "Selenography in the Seventeenth Century," in *Planetary Astronomy from the Renaissance to the Rise of Astrophysics*, 2 vols., ed. René Taton and Curtis Wilson (Cambridge: Cambridge University Press, 1989–95), vol. 2, pt. A, 118–43, esp. 130, fig. 8. 8; 和 idem, *Mapping and Naming the Moon*, 41, fig. 26。关于在 San Fernando (Cádiz), Biblioteca del Instituto y Observatorio de Marina 的副本，参见 Julio González, "Plenilunii Lumina Austriaca Philippica: El mapa de la luna de Miguel Florencio Van Langren (1645)," *Revista de Historia Naval* 4, No. 13 (1986): 99–110。关于在 Strasbourg, Bibliothèque Nationale et Universitaire 的副本的复制品，参见 Van de Vijver, *Lunar Maps*, fig. 9, 和 Whitaker, *Mapping and Naming the Moon*, 43, fig. 27。地图最初与赫维留的 *Selenographia sive lunae descriptio* 一个副本装订在一起。

[31] Johannes Hevelius, *Selenographia, sive lunae descriptio* (1647; reprinted New York: Johnson Reprint, 1967), 以及 Mary G. Winkler and Albert Van Helden, "Johannes Hevelius and the Visual Language of Astronomy," in *Renaissance and Revolution: Humanists, Scholars, Craftsmen and Natural Philosophers in Early Modern Europe*, ed. J. V. Field and Frank A. J. L. James (Cambridge: Cambridge University Press, 1994), 97–116。

了圆周，但并没有试图划分经度和纬度。赫维留同样刻板了小的月球轮廓图，同时他使用这些轮廓图将他对月食的观察与他的通信者进行交流[32]。

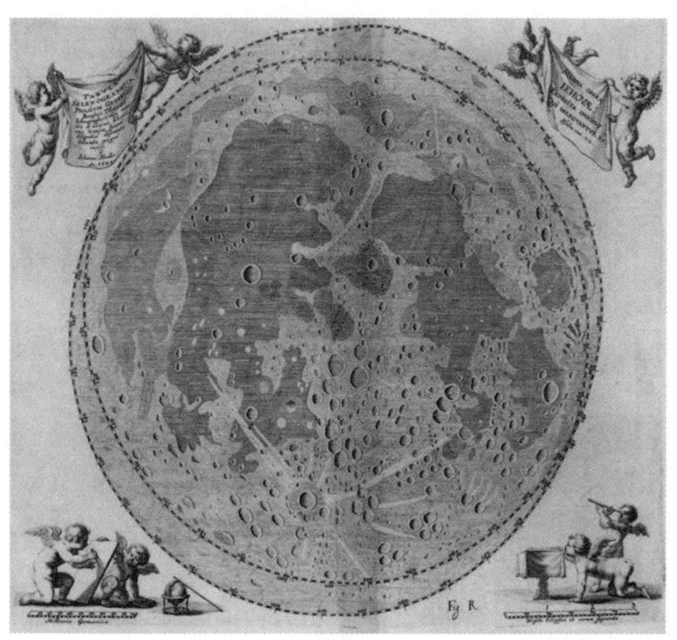

图5.10 约翰尼斯·赫维留绘制的月球图，1647年。一幅基于赫维留观察的月球图。对月面进行了写实的呈现，光线从东侧照来（即是在满月和新月之间）。上北

Johannes Hevelius, *Selenographia, sive lunae descriptio* (Danzig, 1647), fig. R (between 262 and 263). 由 Beinecke Rare Book and Manuscript Library, Yale University, New Haven 提供照片。

《月图》成为17世纪最权威的关于月球的专著[33]，同时赫维留的命名法被很多天文学家所使用，而范朗格恩的命名法，由于其与西班牙君主政体和天主教捆绑在一起，因此很快被遗忘。但是赫维留的命名法很烦琐，因为其有太多的地形特征类型：不仅有大陆、海洋、区域和海湾，还有岩石、沼泽、湿地和火山（爆发）[34]。乔瓦尼·巴蒂斯塔·里乔利，一位博洛尼亚的耶稣会士教授，在他1651年颇有影响力的关于天文学的评论和汇编——《新天文学大成》（*Almagestum novum*）中提供了一种较为简单的命名法，以取而代之。里乔利发表了由其助手弗朗切斯科·玛利亚·格里马尔迪绘制的两幅月球图，他的助手吸收了范朗格恩、赫维留和其他人的月球图，但通过他自己的观察方法进行了改良。第一幅是一幅空白地图，其上有着通过夜晚的光照从而着重强调的特征（按照范朗格恩而不是赫维留）。第二幅

㉜ Whitaker, *Mapping and Naming the Moon*, 50–57，和 Van de Vijver, *Lunar Maps*, 76 and figs. 14–17。

㉝ 有趣的是注意到，在他1673年的世界地图，《最新世界地图》中，约翰·塞列尔包括了赫维留的月球图Q和R的小的复制品。参见 Rodney W. Shirley, *The Mapping of the World: Early Printed World Maps*, 1472–1700, 4th ed. (Riverside, Conn.: Early World, 2001), 478–79 (No. 460) and XXXIX (pl. 12)。

㉞ Whitaker, *Mapping and Naming the Moon*, 45–46 and 51–56.

地图（图 5. 11）通过两个交叠的圆形（按照赫维留）的方法显示了天平动[35]的范围，同时被分为八个部分。这里，增加了里乔利提出的命名法。里乔利比赫维留使用了更少的地形特征（如大洋、海、陆地、半岛），同时用哲学家和科学家来命名较小的斑点（环形山）。哥白尼的追随者都被扔在了“风暴洋”（Oceanus Procellarum）[36]。里乔利的命名法与赫维留的命名法在 17 世纪剩余的时间中相互竞争，同时在 18 世纪取代了后者，因为其更容易使用。这也是我们今天依然使用的系统，只是进行了微小的改订和大量的增补。

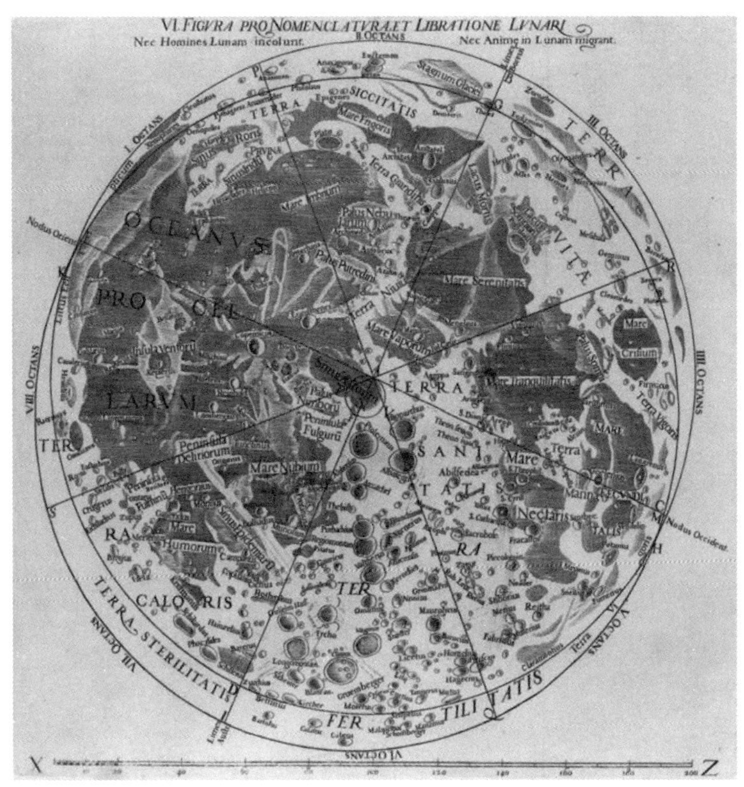

图 5. 11　乔瓦尼·巴蒂斯塔·里乔利的月球图，1651 年。一幅基于范朗格恩的赫维留地图的月球图，增加了弗朗切斯科·玛利亚·格里马尔迪（Francesco Maria Grimaldi）的观察。上北

原图尺寸：约 31. 7 × 31. 1 厘米。Giovanni Battista Riccioli, *Almagestum novum astronomiam veterem novamque com plectens*, 2 vols.（Bologna: Victorij Benatij, 1651）, 1: 2041/2. 由 Special Collections and Rare Books, Wilson Library, University of Minnesota, Minneapolis 提供照片。

结　论

到 17 世纪中期，当天体由望远镜所揭示的时候，在发展与呈现天体有关的他们自己的

㉟　归因于月球明显的“点头”，从地球上最多可以看到月面的 59%，“点头”是由月球在其椭圆形轨道上绕轴自转和陆地上观察者的位置引起的。

㊱　Giovanni Battista Riccioli, *Almagestum novum astronomiam veterem novam que complectens*, 2 vols.（Bologna: VictorijBenatij, 1651）, 1: 204 – 6; Whitaker, *Mapping and Naming the Moon*, 60 – 68; 以及 Van de Vijver, *Lunar Maps*, 77 – 78 and figs. 20 – 21。

规则方面，天文学家已经顺利前进。太阳黑子的研究已经近乎停滞，因为在现在称为的“蒙德极小期”中，这些现象十分缺乏。因而，沙伊纳的《太阳》依然是权威性的论述。在月球方面，尽管在关于使用清晨还是夜晚的光照方面依然没有达成一致（分别受到赫维留和范朗格恩的偏爱），但是里乔利的例子意味着在这一方面，从长期来看，范朗格恩应当会获得最终胜利。至于雕版，梅朗采用的、后来也由赫维留和里乔利采用的连续刀凿的方法，最后获得胜出。赫维留的通过交叠圆周呈现天平动范围的方法，同样被里乔利采用，并成为一个世纪以来主导性的技术。

望远镜聚光能力的每次增加，都出现了新发现的天体（例如，在 1655 年至 1684 年之间，土星五颗新的卫星），同时某些行星正在开始显示出表面特征（木星、火星和土星）。在最为重要的地球地图学方面，天文学测量设备的改进使人们第一次准确地确定 1 度的长度和地球的形状（直到 18 世纪中期以前，这是存在相当多争论的一个主题），同时木星卫星的蚀，第一次，提供了一个确定陆地上的经度的方便方法（尽管它们从来没有解决在海上计算经度的问题），因而成为测地学和地图学革命的核心。

第六章　文艺复兴时期欧洲的球仪*

埃利·德克尔（Elly Dekker）

导　言

1533 年，那时伦敦最著名的画家小汉斯·霍尔拜因，制作了一幅现在被称为《大使们》 135
（*The Ambassadors*）的肖像画（图 6.1）[①]。这幅绘画值得注意的一个特点就是其中描绘了大量科学仪器。在架子的顶端有一架天球仪、一架立柱表盘、一架二分冕（equinoctial dial，分成两部分）、一架时辰象限仪（horary quadrant）、一架多面表盘，以及在一本书上面的一架被称为赤基黄道仪（torquetum）的天文仪器。在架子下一层，有一架地球仪、一本关于数学的书籍、一个三角板和一个圆规、一架琴弦断裂的鲁特琴、一箱子长笛和一部赞美诗集[②]。在两名男子之间展示的物品在绘画中很少被看到。为什么它们会被包括在《大使们》中，以及它们向受众所传达的信息依然是艺术史学者争论的一个问题。无论它们的含义是什么，对于球仪制作史而言，这一对球仪出现在伦敦宫廷这种世俗环境中都是非常具有深意的。

霍尔拜因的《大使们》并不是第一幅显示了一架地球仪和一架天球仪的绘画（图版 4）。拉斐尔在 1510 年至 1511 年绘制的著名的湿壁画《雅典学派》（*The School of Athens*）的右下角，一群男子在进行一场讨论：欧几里得拿着一块石板和一个圆规，托勒密在手中拿着一架地球仪，同时第三个人物，据说是神秘的魔术师琐罗亚斯德（Zoroaster），拿着一架天球仪[③]。在对比拉斐尔和霍尔拜因绘制的球仪时，需要注意的最为重要的事情就是，拉斐尔

---

* 本章使用的缩写包括：*Globes at Greenwich* 代表 Elly Dekker et al.，*Globes at Greenwich：A Catalogue of the Globes and Armillary Spheres in the National Maritime Museum*，*Greenwich*（Oxford：Oxford University Press and the National Maritime Museum，1999）。

① 对这幅绘画及其起源最好的研究依然是 Mary Frederica Sophia Hervey，*Holbein's "Ambassadors"：The Picture and the Men*（London：Bell and Sons，1900）。也可以参见 Susan Foister，Ashok Roy，and Martin Wyld，*Holbein's Ambassadors*（London：National Gallery Publications，1997），esp. 30 – 43；应当更为细致地对待这一目录中提供的与球仪和仪器有关的信息。

② 关于算术的书是由彼得·阿皮亚撰写的，书名为 *Eyn newe und wolgegründete underweisunge aller Kauffmans Rechnung*（Ingolstadt，1527），还有一部由 Johann Walther［Walter］撰写的赞美诗集 *Geystliche gesangk Buchleyn*（Wittenberg，1525）。

③ James H. Beck，*Raphael：The Stanza della Segnatura*（New York：George Braziller，1993），88 – 89；也可以参见 José Ruysschaert，"Du globe terrestre attribué à Giulio Romano aux globes et au planisphère oubliés de Nicolaus Germanus，" *Bollettino dei Monumenti Musei e Gallerie Pontificie* 6（1985）：93 – 104，esp. 102 – 4。

绘制的那些球仪似乎并不是真实的物品，而霍尔拜因绘制的则确实是真实的④。

《大使们》非常突出的一个特点就是固定天球仪和地球仪的不同方式。霍尔拜因描绘的天球仪有着功能完整的一架球仪的所有附件。就其外观来看其模型应当是由约翰尼斯·朔纳制作的一架天球仪⑤。地球仪缺少了一个底座，而底座可以允许人们将球体设定的与使用者在地球上的位置相一致⑥。取而代之的是，地球仪被安装在一个手柄上，如同在一些早期的
136 浑天仪中观察到的那样⑦。用这一特别方式支撑的球仪没有留存下来，但我们可以假设这类球仪确实存在了较短的时间。

图6.1 《大使们》，由汉斯·霍尔拜因绘制，1533年。绘制在橡木上的油画。这一全身的肖像画是为波利西（Polisy）的丹特维尔（Dinteville）家族的城堡设计的。位于左侧的人物是法国驻亨利八世的大使让·德丹特维尔（Jean de Dinteville）；右侧的人物是他的朋友乔治·德塞尔夫（George de Selve）

原图的尺寸：207×209.5厘米。图片版权属于 National Gallery, London（NG 1314）。

---

④ 从球仪制作的角度来看，这是一件憾事。如果拉斐尔为他的球仪寻找一个模型的话，他可以选择1477年由尼古劳斯·日耳曼努斯制作的，也即在梵蒂冈可以找到的那一对；参见 Ruysschaert, "Du globe terrestre," 103。另外一架"概念上"的球仪，显示了其内部的地球的透明天球仪，是由拉斐尔在梵蒂冈他房间（Stanza）的一个角落中绘制的；参见 Kristen Lippincott, "Raphael's 'Astronomia': Between Art and Science," in *Making Instruments Count: Essays on Historical Scientific Instruments, Presented to Gerard L'Estrange Turner*, ed. R. G. W. Anderson, J. A. Bennett, and W. F. Ryan (Aldershot: Variorum, 1993), 75-87。因此可以说，拉斐尔球仪中的地图是相当写实的，同时多纳托·布拉曼特1490年至1499年绘制的描绘了德谟克利特（Democritus）和赫拉克利特（Heraclitus）的湿壁画中的地球仪上的地图也是如此。这显示出在1500年前后地球仪和天球仪都不再是罕见之物。关于布拉曼特的球仪，参见 Jay A. Levenson, ed., *Circa 1492: Art in the Age of Exploration* (Washington, D. C.: National Gallery of Art, 1991), 229。

⑤ 在 Elly Dekker and Kristen Lippincott, "The Scientific Instruments in Holbein's *Ambassadors*: A Re Examination," *Journal of the Warburg and Courtauld Institutes* 62 (1999): 93-125 中对这一归属做出了这一判断。也可以参见 Elly Dekker, "The Globes in Holbein's Painting *The Ambassadors*," *Der Globusfreund* 47-48 (1999): 19-52（用英语和德语）。

⑥ 这一地球仪模型的制作者现在还无法确定。考虑到这一地球仪缺少沿着赤道的一个比例尺，因此这一模型不太可能是由一位与约翰尼斯·朔纳有着相似声望的职业球仪制作者制作的。

⑦ *Focus Behaim Globus*, 2 vols. (Nuremberg: Germanisches Nationalmuseums, 1992), 2: 518-19 (No. 1. 17) 中展示了一个有着手柄的浑天仪的例子。

《大使们》中的地球仪同样备受关注，因为其显示了在1494年西班牙和葡萄牙通过签订《托尔德西拉斯条约》（Treaty of Tordesillas）而达成一致的将两国在全球的影响力划分为两个半球的界限。然而，在外交领域中，对于世界的划分虽然是粗暴的行为，但其是一个具有巨大政治重要性的话题，此外还导致了当时最为大胆的成就之一：第一次环绕世界的航行。

大发现的航行对于球仪的制作有着巨大的影响，正如由地球仪上地图的发展所展示的那样。天图同样最终受到了那些早期探险家搜集的新数据的影响。然而，探险本身并不能解释1500年前后两类球仪流行程度的令人震惊的增长。如果文艺复兴时期的地图学史教授了人们一件事情，那就是当时在理解各种投影时所取得的巨大进步，这些投影可以被用来将地表绘制在一个平面上。那么，球仪在与更为廉价的世界地图的竞争中是如何取得如此成功的呢？或者，换言之，一架球仪能提供哪些地图无法提供的信息呢？朝向回答这一问题的第一步就是采用不同于19世纪通常视角的关于球仪的定义。在19世纪的视角中，一架球仪的价值主要是按照其球面上的地图来评价的。在本章中，球仪则被认为是一种（机械性的）呈现，其有助于对人类世界中的事物、概念、环境、过程或者事件的空间理解⑧。只有通过这一方式观察，我们才能理解为什么“16世纪早期和中期的地理学家关注于如何最好地阐释天球与地球的关系”、为什么“通常所接受的解决方式就是配有指南的一对配套的地球和天球仪”，以及为什么“这些在大约300年中成为地理教学的主要仪器和方法”⑨。那些只是单纯对球仪绘制感兴趣的读者可以参阅附录6.1球仪列表中所引用的文献。

遗　产

中世纪的概念

在讨论古代和中世纪的遗产的时候，林德伯格（Lindberg）向他的读者解释了一种观点，即过去的学者已经被“他们自己的一个问题所主导——理解他们所生活的世界的需要，被束缚在一个继承而来的概念框架中，而这一框架定义了重要的问题并说明了回答这些问题的有用方式”⑩。然后，文艺复兴时期的学者所依赖的继承而来的概念框架是什么呢？

1500年前后对于世界结构的讨论受到限定的整体场景在图6.2中进行了展示。其来源于文艺复兴时期最为流行的教科书《宇宙志》的众多版本之一，该书最早是由彼得·阿皮亚在1524年出版的⑪。带着细微的变化，其出现于文艺复兴时期大量宇宙志的教科书中，

---

⑧ 这一定义借鉴了*HC* 1：xv－xxi，esp. xvi前言中对地图的定义。

⑨ Helen M. Wallis and Arthur H. Robinson, eds., *Cartographical Innovations: An International Handbook of Mapping Terms to 1900* (Tring, Eng.: Map Collector Publications in association with the International Cartographic Association, 1987), 26; Elly Dekker, "The Doctrine of the Sphere: A Forgotten Chapter in the History of Globes," *Globe Studies* (English version of *Der Globusfreund*) 49－50 (2002): 25－44.

⑩ David C. Lindberg, *The Beginnings of Western Science: The European Scientific Tradition in Philosophical, Religious, and Institutional Context*, 600 *B. C. to A. D.* 1450 (Chicago: University of Chicago Press, 1992), 363.

⑪ Peter Apian, *Cosmographicus liber* (*Landshut*, 1524).

并被解释⑫。下述这样的一种描述，例如，来源于1556年由英国的内科医生罗伯特·雷科
137 德撰写的《知识的城堡》（*The Castle of Knowledg*），即“整个世界是一个非常精准的球体，同时其所有主要部分也是如此，每一层天球是单独的且相互联系在一起的，行星和恒星也是如此，四大元素也不例外。它们被精巧地放置在一起，并不是一个网络中的大量圆球，而是一个球体套着一个球体，按照它们大小的顺序，开始于第八天球或者苍穹，然后逐级下降直至最后和最低的天球，也就是月球天球。在其之下是连续的四大元素：首先是火，然后是气，再往下是水，其与土元素结合在一起，如此，只有一个球体”⑬。

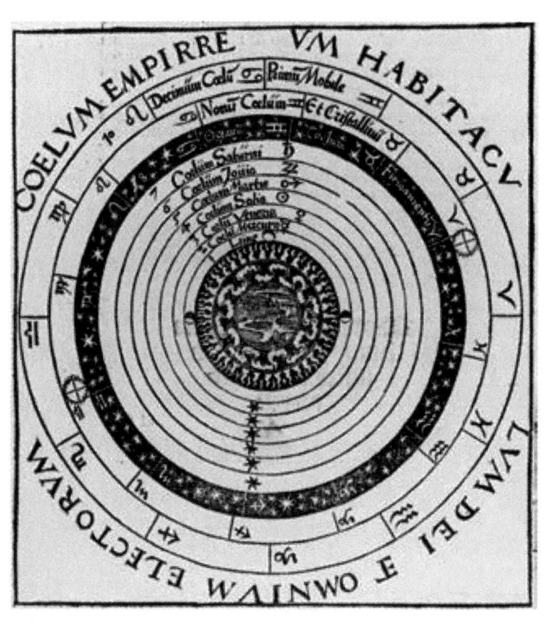

图6.2 托勒密的宇宙。来自彼得·阿皮亚《宇宙志》（*Landshut*，1524）的一个对托勒密宇宙的概要呈现。最外层的天球是最高天，居住着上帝和所有的选民；第十层天球是原动力；第九层天球，水晶天球；第八层天球，苍穹；第七层天球，土星；第六层天球，木星；第五层天球，火星；第四层天球，太阳；第三层天球，金星；第二层天球，水星；第一层天球，月亮；最后是火、气和水—土，月下世界

原图尺寸：15.4×14.3厘米。由James Ford Bell Library, University of Minnesota, Minneapolis提供照片。

这一文艺复兴时期的世界模式在很多方面与中世纪作为博雅学艺的一部分教授给学生的以及与13世纪的作者约翰尼斯·德萨克罗博斯科［霍利伍德（Holywood）或哈利法克斯（Halifax）的约翰］撰写的通俗天文学教科书《球体》中所描述的是一致的⑭。除描述了

⑫ 这方面的一个很好的评述，参见S. K. Heninger, *The Cosmographical Glass*: *Renaissance Diagrams of the Universe* (San Marino, Calif.: Huntington Library, 1977), esp. 35–38 and 41。

⑬ Robert Recorde [Record], *The Castle of Knowledge* (London: R. Wolfe, 1556), 9–10, 引自Heninger, *Cosmographical Glass*, 34。

⑭ Lynn Thorndike, *The Sphere of Sacrobosco and Its Commentators* (Chicago: University of Chicago Press, 1949), 118–26. 也可以参见David Woodward, "Medieval *Mappaemundi*," in *HC* 1: 286–370, esp. 306–7 (fig. 18.16)。

（9 个）天球系统之外，他的论著中还包含了对天球结构的描述，由于是对其主要圈层的概述，因此这一描述在多个世纪内被作为经典，并通过浑天仪进行了展示。因而，在“圈层和它们的名字”这一章中，解释了大量较大的和较小的天球。在这些不同的圈层中，有两个对于确定地球上一个地点的位置存在直接关系，且后来在球仪中被实体化：

> 在球体上有两个其他的大圆，即，子午线和地平线。子午线是一个通过世界的两极以及通过我们的天顶（也就是，我们当地地平线的天极）的大圆，且其被称为“子午线”是因为，无论一个人在哪里，以及无论是在一年中的哪个时间，当太阳在苍穹上运动抵达他的子午线的时候，对他而言就是中午。出于类似的原因，其也被称为“正午圈”。同时，需要注意，那些比其他城市位于更东方的城市有着不同的子午线。由两条子午线所截断的赤道的弧度被称为城市的“经度”。如果两座城市有着相同的子午线的话，那么它们向东和向西都有着相同的距离[15]。

因而，在中世纪对地球上一个地点的经度进行了清晰的定义，同时，尽管萨克罗博斯科自己并没有考虑确定经度的方式，但在例如 13 世纪罗伯特·艾利克斯（Robertus Anglicus）的评注中提到了一个在月食的帮助下确定经度的方法[16]。萨克罗博斯科对于纬度的定义不太直接。然而，讨论了地平线上天极的高度，同时，展示了其数值等于从赤道到天顶的距离，这一点在罗伯特·艾利克斯的评注中被清晰地认定为是一个地点的纬度[17]。因而可以当然地认为，自中世纪后期开始存在一个球体坐标的清晰概念，例如经度和纬度，尽管这类坐标并没有被用来绘制地图，而只是主要服务于天文学的目的[18]。

罗伯特·艾利克斯的《球体》，其特色之一就是对天文学基础的强调。行星极少被提到。太阳是一个例外，这也是可以理解的。尽管太阳并没有在托勒密的世界系统中占据中心的位置，但其在整个世界的勾勒中占有至关重要的地位，并且在文艺复兴的世界中也是如
此。从古典时期直至指南针的发明，太阳的升起被用来确定东方，同时其确定了地平线上西 138
方的位置，并且在正午时，太阳抵达一个地点的子午线“之下”[19]，其达到了南侧地平线之上最高的位置。托勒密天球上的不同的圈层——黄道、回归线和分至圈——只有在太阳显著的周年运动和日运动下才可以被理解。此外，对于太阳运动的理解，是理解如地带、气候和纬度圈这类地理概念的核心；从古典时期开始，测量一个地点纬度最为直接的方法就是通过测量正午太阳投射的影子的长度。因而，在讨论托勒密的世界的时候，太阳的作用当然是无法被忽视的。

按照罗伯特·艾利克斯讨论的简化的天文学理论，太阳和星辰——实际上，是除了地球之外的所有天体——都被赋予了两种运动形式。第一种，日运动，是由宇宙最外层的天球所推动的，也就是所谓的原动天（*primum mobile*），或者第一推动力。通过这一推动，太阳和

---

⑮ Thorndike, Sphere *of Sacrobosco*, 126.

⑯ Thorndike, *Sphere of Sacrobosco*, 244 - 45.

⑰ Thorndike, *Sphere of Sacrobosco*, 231.

⑱ Woodward, “Medieval Mappaemundi,” 323.

⑲ 子午线被认为是第八天球的一部分！

星辰被拉着每二十四小时环绕世界的轴一周，从东方升起，在西方落下。

另外一种运动与每日旋转的方向相反，围绕穿过黄道两极的轴转动。这一大圆之所以被称为黄道是因为，“当太阳和月亮位于那条线上的时候，发生了日食和月食”⑳。按照习惯，黄道被分为十二宫，由此白羊座和天秤座分别位于黄道与赤道或二分线之间的交叉点，二分线是由世界的两极所确定的大圆。太阳在黄道“之下的”周年运动解释了每个季节中白昼的变化，同时小圆，被称为北回归线（Tropics of Cancer）和南回归线（Capricorn），当太阳分别抵达巨蟹座或摩羯座（Capricorn）的时候，描述了太阳在夏季或冬季的日运动。

托勒密的贡献

文艺复兴时期，人文主义运动和对古典作者兴趣的复苏，极大地提高了对于天空和地球上发生的事情的兴趣。由亚历山大学派的天文学家和地理学家克劳迪乌斯·托勒密撰写的关于天文学和地理学的两部伟大古典著作——《天文学大成》（*Almagest*，《至大论》）和《地理学指南》（*Geography*），与文艺复兴时期天球仪和地球仪的制作尤其有关。这一说法的理由，通常宣称的是，《天文学大成》中包含了关于天球仪制作的最为古老的指南，同时《地理学指南》保存了关于在一个球体表面绘制陆地和海洋轮廓的最为古老的指南㉑。

然而，意识到《地理学指南》的目的肯定不是作为制作地球仪的手册是非常重要的㉒。与其说是促进了球仪的制作，不如说托勒密抱怨，与地图相比，一架球仪所提供的有限的范围，并且转而热情地阐释地图制作中涉及的数学㉓。他毫无疑问显示出更偏好地图而不是球仪。

同样重要的是要意识到，《天文学大成》其意图同样不是作为制作天球仪的手册。在《天文学大成》中描述的球仪，并不是一个普通的球仪。《天文学大成》也不是一部关于天文学的基础论著。这一著作是为“那些已经在这一领域取得一些成就的人”所撰写的㉔。对于这些读者来说，普通的球仪并无秘密可言，因为其是天文学入门研究的一个主要部分，例如，就像吉米努斯（Geminus）在公元前1世纪撰写的《现象指南》（*Introduction to Phaenomena*）等著作中所描述的那样㉕。如果真是这样的话，那么为什么托勒密在著作中包括了对一架球仪的描述？线索就是所谓的岁差，或者“昼夜平分点的移动”，这是建立在多年中恒星坐标缓慢变化基础之上的现象。在托勒密的时代，岁差是一个非常新奇的特点，对

---

⑳ Thorndike, Sphere *of Sacrobosco*, 125.

㉑ G. J. Toomer, trans. and anno., *Ptolemy's Almagest* (1984; Princeton: Princeton University Press, 1998), 404 – 7 (7.3), 以及 J. L. Berggren and Alexander Jones, *Claudius Ptolemy's* Geography: *An Annotated Translation of the Theoretical Chapters* (Princeton: Princeton University Press, 2000), 83 – 84 (1.22)。

㉒ 这可能可以解释，为什么我们不知道古代和中世纪制作的地球仪，以及为什么伊斯兰世界同样对于地球仪没有太大的兴趣。

㉓ Berggren and Jones, *Ptolemy's* Geography, 82 – 83 (1.20); O. A. W. Dilke and eds., "The Culmination of Greek Cartography in Ptolemy," in *HC* 1: 177 – 200, esp. 185 引用了相关的段落。

㉔ Toomer, *Ptolemy's Almagest*, 6 and 37 (1.1).

㉕ 关于吉米努斯，参见 O. Neugebauer, *A History of Ancient Mathematical Atronomy*, 3 vols. (Berlin: Springer, 1975), 2: 578 – 89; 也可以参见 Germaine Aujac and eds., "Greek Cartography in the Early Roman World," in *HC* 1: 161 – 76, esp. 170 – 71。

其的理解，对于《天文学大成》的主旨，也就是对太阳和行星运动的讨论是至关重要的。由于这一原因，对一个相关展示模型的描述，所谓的岁差球，被包括在了《天文学大成》中㉖。在其帮助之下，“昼夜平分点的移动”可以通过宇宙的极轴围绕黄道的旋转所模拟。从中世纪保存下来的唯一的一架球仪，时间可以追溯到1325年（附录6.1，No.1），是完全 139
遵照《天文学大成》中的描述制作的。在1444年9月对纽伦堡的一次访问中，尼古劳斯·库萨获得了这一球仪，同时获得的还有另外两个仪器和16部稿本，总共花费了38荷兰盾㉗。在这一模型中，天球被固定在黄极（ecliptic pole）上，而黄极位于一个外层球体之内，这一球体原则上由三个黄铜环构成，它们分别代表了分至圈和赤道。这一外层的球体，可以环绕通过天球仪的黄极的轴转动，代表了一个可以移动的赤道坐标网格，因为当其被旋转的时候，分至圈、赤极和赤道改变了它们的位置。通过这种方式，某人可以调整赤极的位置对应于任意的历元。外层球体原则上被固定在其赤极上的一个子午线环上，由此其——以及其所容纳的整个系统——可以旋转来展示天球通常的日运动。库萨天球仪只有外层球体的夏至的分至圈保存了下来，但是其表面上的孔洞显示出其用来表示不同的历元，其中之一代表的时间是1325年前后。在球仪制作的主流中，托勒密的展示模型没有得到遵从。作为一条原则，伊斯兰和西方的球仪被设计代表一个特定的历元，这意味着星辰的位置只是对某一特定日期而言才是正确的。

尽管托勒密对于球仪制作产生了很少的直接影响，但是他的两部著作在提供基础数据方面的冲击，如用于在球仪上绘制的地点的地理坐标和星辰在天空中的坐标，则难以估量㉘。这些数据肯定存在其缺陷。随着1406年前后托勒密《地理学指南》被翻译为拉丁语，开始了对于数据的采纳和纠正的漫长过程，对此的描述超出了本章研究的范畴。与此形成对比的是，1600年之前，伊斯兰和西方球仪制作者使用的所有星辰目录，都直接或者间接来源于发表在《天文学大成》中的托勒密的星辰目录。这种情况直到1600年前后才发生了变化，当时第谷·布拉厄基于新的观察制作了一份新的目录。

早期（被记录的）球仪

尽管存在局限和不确定性，但托勒密的《地理学指南》提供了制作一架地球仪所需要的大量数据，同时由于这一原因，最初地球仪的制作与这一著作存在密切的联系。我们听说的第一架地球仪是在一部标题为《区域和城市的距离》（“Regionum sive civitatum

---

㉖ Toomer, *Ptolemy's Almagest*, 404 –7（8.3）. 对托勒密天球最好的评注就是 Neugebauer, *Ancient Mathematical Astronomy*, 2：890 –92 and 3：1399（figs. 79 –80）；对托勒密天球的解释，参见 Dilke, “Culmination of Greek Cartography,” 181 –82，但并不正确，正如 Emilie Savage – Smith, “Celestial Mapping,” in *HC* 2.1：12 –70, esp. 43 n. 92 所注意到的那样。也可以参见 Elly Dekker, “Precession Globes,” in *Musa Musaei*：*Studies on Scientific Instruments and Collections in Honour of Mara Miniati*, ed. Marco Beretta, Paolo Galluzzi, and Carlo Triarico（Florence：L. S. Olschki, 2003）, 219 –35。

㉗ Neugebauer, *Ancient Mathematical Astronomy*, 2：578；Johannes Hartmann, “Die astronomischen Instrumente des Kardinals Nikolaus Cusanus,” *Abhandlungen der Königlichen Gesellschaft der Wissenschaftenzu Göttingen*, *Mathematisch-Physikalische Klasse*, n. s. 10（1919）. 另外两部仪器是一个星盘和一架赤基黄道仪。后者的一个例子展示在《大使们》（图6.1）架子上层的右侧。

㉘ Toomer, *Ptolemy's Almagest*, 341 –99（7.5 –8.1）；Ptolemy, *The Geography*, trans. and ed. Edward Luther Stevenson（1932；reprinted New York：Dover, 1991）, 48 –159（2.1 –7.6）.

distantiae"）的论著的副本中提到的，其原始的版本可以追溯到大约 1430 年至 1435 年。论著开始部分是制作一架地球仪的指南，但是其主要目的是描述如何制作一类名为“慕尼黑宇宙志（Munich cosmographies）”的地图[29]。这些地图所使用的坐标只有在一架真实的地球仪的辅助下才能获得。我们因而可以假设这一地球仪当时存在于维也纳。另外一架早期的地球仪是在一份 1467 年的菲利普三世（Philip the Good，“好人菲利普”）的图书馆详细目录中提到的。在所列出的物品清单中有“一个苹果形状的圆形球仪，以及一个黑色的皮盒子和一册用羊皮纸装订的题目为：对于球仪的解释（Explanation of the Globe）的纸本书，用的是法语，开始于有着子午线的第二页，以及关于东方海洋的最后一页。”[30] 这一小型球仪是指在 1400 年至 1444 年前后由一位名为奥比（Hobit）的菲利普三世的宫廷天文学家制作的，之所以如此判断是因为一张时间为 1443 年 1 月（或 1444 年 3 月 31 日）的一笔现金的收条：“给纪尧姆·奥比（Guillaume Hobit）大师，天文学家，总共 78 个金里德（*ridres*），酬谢他用三年半的时间按照托勒密的描述制作了球仪。”[31]

与所知甚少的地球仪的早期发展相比，天球仪的历史状况则要清楚得多。已经知道有三件来自古代的物品：《法尔内塞地图集》（*Farnese Atlas*）和两架最近才发现的小型天球仪，其中一架在一架日晷仪的顶部起到装饰作用[32]。而且，在大约 800 年之后，在伊斯兰世界制作了
140 很多球仪[33]。中世纪早期的关于如何制作这类球仪的论著是基于伊斯兰传统的。由古斯塔·伊本·卢加（Qustāibn Lūqaā）撰写的关于使用天球仪的论著由斯特凡努斯·阿尔诺（Stephanus Arnaldus）翻译为拉丁语，题目为《论天球仪》（*De sphaera solida*）。这一著作的一个西班牙

㉙ Dana Bennett Durand, *The Vienna-Klosterneuburg Map Corpus of the Fifteenth Century: A Study in the Transition from Medieval to Modern Science* (Leiden: E. J. Brill, 1952), 164–79. 术语“慕尼黑宇宙志”被 Durand 所使用，是因为地图基于在收藏于慕尼黑（Munich）的手稿 Bayerische Staatsbibliothek（CLM 14583）第三部分发现的宇宙志表格。关于第一架地球仪，参见本卷第十章，注释 30（pp. 372–73）。

㉚ 被引用于 Jacques Paviot, “La mappamonde attribuée à Jan van Eyck par Fàcio: Une pièce à retirer du catalogue de son oeuvre,” *Revue des Archeologues et Historiensd'Art de Louvain* 24 (1991): 57–62, esp. 58。也可以参见 Jacques Paviot, “Ung mapmonde rond, en guise de Pom(m)e: Ein Erdglobus von 1440–44, hergestellt für Philipp den Guten, Herzog von Burgund,” *Der Globusfreund* 43–44 (1995): 19–29。使用法语词汇 *pomme* 或德语词汇 *Apfel* 表示一个地球的模型，按照 Schramm 的观点，由此显示在当时，这类模型尚不普遍，并且与它们最类似的物品 *Reichsapfel*（带有十字架的金球）存在联系。参见 Percy Ernst Schramm, *Sphaira, Globus, Reichsapfel: Wanderung und Wandlung eines Herrschaftszeichens von Caesar bis zu Elisabeth II.* (Stuttgart: A. Hiersemann, 1958), 180。

㉛ 被引用于 Paviot, “La mappamonde attribuée à Jan van Eyck par Fàcio,” 59。

㉜ 例如，关于《法尔内塞地图集》，可以参见 Vladimiro Valerio, “Historiographic and Numerical Notes on the Atlante Farnese and Its Celestial Sphere,” *Der Globusfreund* 35–37 (1987): 97–126（英语和德语）；也可以参见 Germaine Aujac and eds., “The Foundations of Theoretical Cartography in Archaic and Classical Greece,” in *HC* 1: 130–47, esp. 142–43。关于其他的球仪，参见 Ernst Künzl, “Der Globus im Römisch-Germanischen Zentralmuseum Mainz: Der bisher einzige komplette Himmelsglobusaus dem griechisch-römischen Altertum,” *Der Globusfreund* 45–46 (1998): 7–153（德语和英语）；Ernst Künzl, with contributions from Maiken Fecht and Susanne Greiff, “Ein römischer Himmelsglobus der mittleren Kaiserzeit: Studien zur römischen Astralikonographie,” *Jahrbuch des Römisch-Germanischen Zentralmuseums Mainz* 47 (2000): 495–594; Alexis Kugel, *Spheres: The Art of the Celestial Mechanic* (Paris: J. Kugel, 2002)；以及 Hélène Cuvigny, “Une sphère céleste antique en argent ciselé,” in *Gedenkschrift Ulrike Horak* (*P. Horak*), 2 vols., ed. Hermann Harrauer and Rosario Pintaudi (Florence: Gonnelli, 2004), 2: 345–81。

㉝ Emilie Savage-Smith, *Islamicate Celestial Globes: Their History, Construction, and Use* (Washington: Smithsonian Institution Press, 1985)，以及 idem, “Celestial Mapping,” 42–49。

语版本（1259 年）收录在被称为《天文学知识之书》（*Libros del saber de astronomía*）的研究汇编中[34]。同时在一本被认为作者是哈来贝克的约翰（John of Harlebeke）的 14 世纪早期的文本中所讨论的《论天球仪》，也被怀疑是来源于阿拉伯文献的文本汇编[35]。

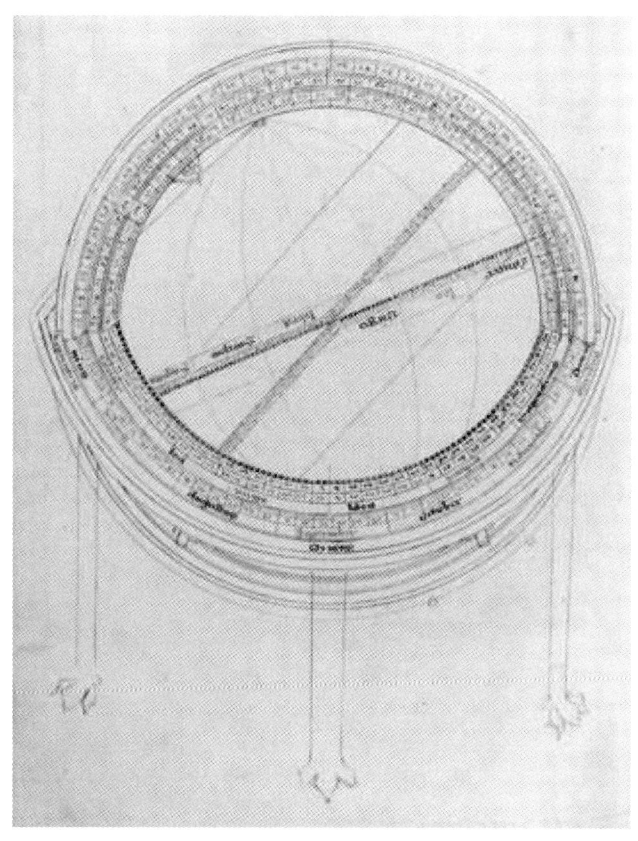

图 6.3 一架天球仪的图像（DRAWING OF A CELESTIAL GLOBE）。图像来源于一部时间为 1435/1444 年的名为“关于天球仪的组成部分（Tractatus de compositione sphæræ solidæ）”的稿本，并且被与约翰内斯·冯格蒙登的著作联系了起来

原图尺寸：29 × 21 厘米。由 Bildarchiv，Österreichische Nationalbibliothek，Vienna（Codex 5415，fol. 180v）提供照片。

西欧最早的关于天球仪制作的记录可以追溯到公元 10 世纪[36]。然而，与其在古典和伊斯兰世界的繁荣形成了对比的是，在拉丁西方世界，球仪制作根本不成功。之前提到的岁差球仪验证了这一规则的例外情况。其显示出，在中世纪时期，欧洲人的创造力被引导到制作

---

[34] Savage-Smith, *Islamicate Celestial Globes*, 21 – 22. 也可以参见 Richard Lorch, “The *Sphera Solida* and Related Instruments,” in *Arabic Mathematical Sciences*: *Instruments*, *Texts*, *Transmission*, by Richard Lorch, item XII（Aldershot: Variorum, 1995）, esp. 158。

[35] Lorch, “*Sphera Solida*”.

[36] 在一封 989 年 1 月 15 日由 Gerbert 撰写的信件中提到了一架天球仪；参见 Pope Sylvester II, *The Letters of Gerbert*, *with His Papal Privileges as Sylvester II*, trans. and intro. Harriet Pratt Lattin（New York: Columbia University Press, 1961）, 184 – 85。

星盘而不是球仪上[37]。这实际上非常令人着迷。将一个球体投影在一个平面上通常代表了一个抽象度较高的层次。理解它们需要先进的数学。诺伊格鲍尔（Neugebauer）怀疑对于设计星盘时所使用的立体投影的过多关注，有效地延缓了欧洲球面三角法的发展[38]。如果在中世纪存在球仪的话，那么这些可能就不会发生了。

图6.3显示了一幅时间为1435/1444年的关于一架天球仪的早期图像。其来源于一个稿本“关于天球仪的组成部分”，该书是由维也纳天文学院的创办者约翰内斯·冯格蒙登撰写的。在他去世后，他将他的手稿和仪器留给了维也纳大学（University of Vienna）。在他的模型中有着一个天球仪，其恰恰拥有图6.3所绘制球仪的外在特征[39]。其他记录显示，他著名的学生乔治·冯波伊尔巴赫和约翰内斯·雷吉奥蒙塔努斯也拥有或熟知天球仪的制作[40]。

141

宇宙志学家的球仪

宇宙志的原则

文艺复兴时期球仪的制作与宇宙志的原则存在密切联系，宇宙志的原则是在很多16世纪的论著中被提出的。一些作者，如意大利人文主义者亚历山德罗·皮科洛米尼，随后对萨克罗博斯科关于球仪的论著进行了概述。例如，通过在他著作第二部分中包括了第一部印刷的星图集，皮科洛米尼表达了对宇宙的天空和天文方面的强调[41]。其他作者，类似于巴塞尔大学（Basel University）的希伯来语教授塞巴斯蒂亚诺·明斯特，将托勒密关于地理学的著作作为他们的模型，并且强调俗世的和地理学的要素。明斯特对于各个国家地形的强调使他成为16世纪的斯特拉博[42]。但无论是从天文学还是地理学的观点讨论文艺复兴时期的宇宙志，都将忽略16世纪宇宙志的本质恰恰是天空和大地知识的结合。然而，在讨论这一点之前，必须要阐明一个与实际制作球仪有关的词汇。

传统上，球仪是用黄铜、银或木头制作的，这一点得到了保存下来的球仪的证实，如汉斯·多恩和马丁·贝海姆（图6.4和附录6.1，第3和4号）。用于这些所谓的手绘球仪的材料，显然是黄铜和白银，都是非常昂贵的，同时在一个球仪的表面雕刻或绘制地图的过程需要花费大量的时间。这种状况在15世纪末发生了根本性的变化，当时产生了在纸上印刷各个部分然后粘贴在球体上的思想。印刷的球仪构成了一个更为广大的通过印刷制作的仪器群体中的一部分，这些仪器是通过在木头上粘贴预先制作的纸张的各个部分来制作的。除了球仪之外的

㊲ 我们在这里触碰到了核心问题：球仪的制作可以为中世纪历史研究的主流增加点什么？可理解的是，这种研究集中于发生了什么，同时，对于为什么在中世纪没有制作天球仪的原因的探寻所作甚少！

㊳ Neugebauer, *Ancient Mathematical Astronomy*, 2: 858.

㊴ 关于仪器，参见他的遗嘱，见 Paul Uiblein, “Johannes von Gmunden: Seine Tätigkeit an der Wiener Universität,” in *Der Weg der Naturwissenschaft von Johannes von Gmunden zu Johannes Kepler*, ed. Günther Hamann and Helmuth Grössing (Vienna: Österreichische Akademie der Wissenschaften, 1988), 11 – 64, esp. 61。

㊵ Ernst Zinner, *Regiomontanus: His Life and Work*, trans. Ezra Brown (Amsterdam: North-Holland, 1990), 29, 100, and 164.

㊶ Alessandro Piccolomini, *De la sfera del mondo... De le stele fisse* (Venice, 1548)；也可以参见 Deborah Jean Warner, *The Sky Explored: Celestial Cartography*, 1500 – 1800 (New York: Alan R. Liss, 1979), 200。

㊷ Sebastian Münster, *Cosmographei, oder Beschreibung aller Länder* (Basel, 1550; reprinted [Munich: Kolbl], 1992).

通过印刷制作的仪器的例子就是《大使们》（图 6.1）中显示在架子上部的四分仪。这种仪器被包括在书籍中，其中最为著名的例子就是彼得·阿皮亚 1533 年在因戈尔施塔特用本地语言出版的《仪器之书》。与黄铜仪器相比，印刷制作的仪器和球仪要便宜很多[43]。同时，尽管特定的手绘球仪依然在为非常有钱的人制作（参见，附录 155 – 157），但新的生产方式使其为更广泛的受众服务成为可能。

图 6.4　最为古老的地球仪。这一现存的最为古老的地球仪制作的时间是 1492 年，是鲁普雷希特·科尔贝格（Ruprecht Kolberger）为纽伦堡商人马丁·贝海姆制作的，由老乔治·克劳肯顿（Georg Glockendon the Elder）绘制。其地图学是托勒密的和中世纪地图以及所谓波特兰航海图的混合物

原物尺寸：直径 51 厘米；高 133 厘米。由 Germanisches Nationalmuseum, Nuremberg（inv. no. WI 1826）提供照片。

---

[43] 地图的价格：从 1569 年直到 1593 年，克里斯托弗尔·普朗廷（Christoffel Plantijn）购买了 277 幅墨卡托的世界地图，其中 1569 年的价格从 2 荷兰盾到 2 荷兰盾 8 斯托伊弗（stuivers），然后下降到了 1 荷兰盾 10 斯托伊弗。普朗廷最初出售这些地图的价格是 2 荷兰盾 10 斯托伊弗，后来则上涨到了 3 荷兰盾。

地图集的价格：1599 年购买三卷本墨卡托地图集的价格是每本 19 荷兰盾。1587 年他出售卢卡斯·扬茨·瓦格纳的墨卡托《航海之镜》的一个副本（1585）的价格是 4 荷兰盾 10 斯托伊弗。参见 Léon Voet, "Les relations commerciales entre Gérard Mercator et la maison Plantinienne à Anvers," in *Gerhard Mercator*, 1512 – 1594: *Festschrift zum 450. Geburtstag*, *Duisburger Forschungen* 6（Duisburg-Ruhrort: Verlag für Wirtschaft und Kultur W. Renckhoff, 1962）, 171 – 232，以及 idem, "Uitgeversen Drukkers," in *Gerardus Mercator Rupelmundanus*, ed. Marcel Watelet（Antwerp: Mercatorfonds, 1994）, 133 – 49。

印刷球仪的价格：1517 年，Lorenz Behaim 支付了 2 又 1/2 荷兰盾用来购买一个直径 28 厘米的天球仪以及配套的由约翰尼斯·朔纳撰写的小册子；参见 Sven Hauschke, "Globen und Wissenschaftliche Instrumente: Die europäischen Höfe als Kunden Nürnberger Mathematiker," in *Quasi Centrum Europae*: *Europa kauft in Nürnberg*, 1400 – 1800, by Hermann Maué et al.（Nuremberg: Germanisches Nationalmuseum, 2002）, 365 – 89, esp. 365。其没有陈述球仪的固定方式，但由于黄铜是昂贵的，因此很可能球仪被固定在一个简单的木质子午线环和一个木制支架上。赫马·弗里修斯制作的直径 37 厘米的通过印刷制作的球仪，被固定在一个木制的子午线环上，1568 年普朗廷出售时的价格是一对 12 荷兰盾，也就是每个 6 荷兰盾。当球仪被固定一个黄铜的子午线环上的时候，赫马球仪的价格则上涨到了 8 荷兰盾 6 斯托伊弗。普朗廷办公室的记录显示，从 1566 年直到 1576 年，普朗廷售出了 18 对直径 42 厘米的墨卡托制作的球仪。对于这些球仪，他 1566 年的要价是每个 12 荷兰盾，到 1576 年之后增长到了每个 22 又 1/2 荷兰盾；参见 Peter van der Krogt, *Globi Neerlandici*: *The Production of Globes in the Low Countries*（Utrecht: HES, 1993）, 72 – 74。

手绘球仪的价格：1550 年前后由雅各布·施坦普费尔（Jakob Stampfer）制作的直径 14 厘米的球仪的价格为 124 荷兰盾（参见附录 6.1，第 55 号，以及图 6.8）。雅姆尼策制作的两个球仪的杯子获得了预付款 1479 荷兰盾，参见 Ursula Timann, "Goldschmiedearbeiten als diplomatische Geschenke," in *Quasi Centrum Europae*, 216 – 39, esp. 225。最后，最为昂贵的是机械驱动的天球仪，参见 *Prag um* 1600: *Kunst und Kultur am Hofe Kaiser Rudolfs II*., 2 vols., exhibition catalog（Freren: Luca, 1988）, 1: 562。

在球仪制作史中，早期球仪印刷中最为优秀和最为著名的例子与1507年由马蒂亚斯·林曼（Matthias Ringmann）和马丁·瓦尔德泽米勒出版的一本小部头的论著存在联系：《宇
142 宙志入门》[44]。与这本书一起，出版了最早印刷的地球仪贴面条带，其现在被认为是瓦尔德泽米勒制作的（图6.5和附录6.1，第8号）。在这一著作的一个折叠起来的图示的背后，作者向他们的读者解释道“我们计划在这一小册子中撰写一些对宇宙志的介绍，对于宇宙志，我们已经在一个立体的形式（球仪）以及一个平面（一幅地图）上进行了展示。当然，因为空间的限制，在立体形式中进行了相当的简化，但是在平面上则更为详细”[45]。很明显，在文艺复兴早期地图学的发展中，地球球形的思想与将球体投影在一个平面上的思想，是同等重要的。另外一套早期的球仪贴面条带在一部著作中被用来作为一种展示，其被认为是由路易斯·布朗吉耶（Louis Boulengier）制作的，并且被发现于瓦尔德泽米勒的《宇宙志入门》（附录6.1，第11号）的一个版本中。按照维泽尔（Wieser）的观点，由朔纳撰写的一部论著《对全世界的描述》（*Luculentissima quaedā terrae totius descriptio*，Nuremberg，1515），同样紧紧遵循着瓦尔德泽米勒的著作，同样也配有印刷的球仪贴面条带。两架固定的复制品和朔纳1515年前后印刷的地球仪贴面条带的一些残片被保存了下来[46]。授予了朔纳的著作以

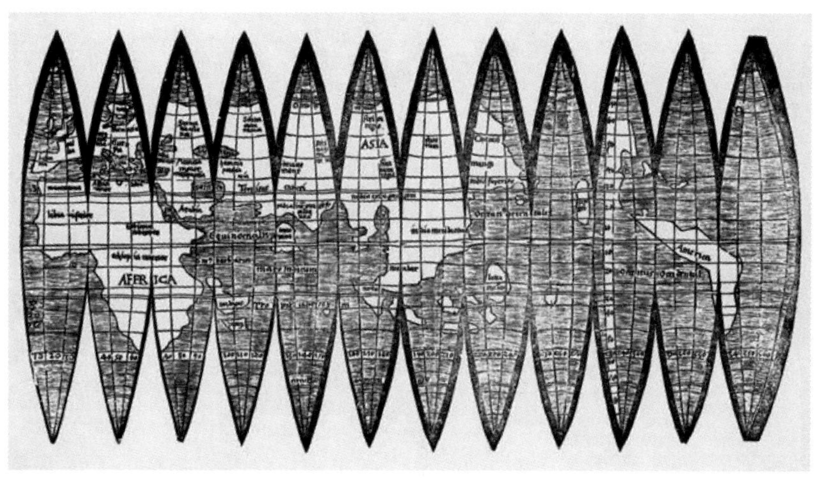

图6.5　地球仪贴面条带。为一架地球仪印刷的最早的贴面条带（木版），其被认为是马丁·瓦尔德泽米勒的作品，1507年前后

原图尺寸：24×38厘米。由 James Ford Bell Library，University of Minnesota，Minneapolis 提供照片。

---

[44] Martin Waldseemüller, *Die Cosmographiae Introductio des Martin Waldseemüller (Ilacomilus) in Faksimiledruck*, ed. and intro. Franz Ritter von Wieser (Strassburg: J. H. Ed. Heitz, 1907)，以及 idem, *The Cosmographiae Introductio of Martin Waldseemüller in Facsimile*, ed. Charles George Herbermann (1907; reprinted Freeport, N. Y.: Books for Libraries, 1969)。

[45] 译文来自 Van der Krogt, *Globi Neerlandici*, 28。

[46] 附录6.1，第13号，和 Franz Ritter von Wieser, *Magalhâes-Strasse und Austral-Continent auf den Globen des Johannes Schoner* (1881; reprinted Amsterdam: Meridian, 1967), esp. 19–28。朔纳1515年前后印刷在牛皮纸上的地球仪贴面条带的残片被保存了下来。这些残片被用来作为包含有瓦尔德泽米勒世界地图的卷宗的装订材料，现在保存在 Jay Kislak Collection of the Library of Congress。它们与附录中所列的第13号地球仪相匹配，但是呈现出一种与第23号（通过与 John R. Hébert 和 John W. Hessler 的亲切交流）所列地球仪不同的状态。

及宇宙志的球仪——“《宇宙志球仪》（cum Globis Cosmographicis）”八年的特许状——在这一例子中，同样显示了用被固定的球仪作为书籍的一幅图示[47]。朔纳是第一位用球仪贴面条带的新技术来制作印刷天球仪（图 6.6 和附录 6.1，第 12 号）的人[48]。他在纽伦堡的活动显 143
示，在亨里克斯·格拉雷亚努斯（Henricus Glareanus）1527 年的关于地理学的论著中将这一方法发表之前，球仪贴面条带的设计就已经广为人知了[49]。

印刷的球仪贴面条带被用来作为宇宙志论著中的图示之后，固定的印刷球仪的制作者开始为制作这些球仪而撰写手册。这类球仪的手册强调了涉及天文现象和地理特征的数学领域。

赫马·弗里修斯的球仪手册

最为有趣的早期球仪手册就是赫马·弗里修斯撰写的《天文学和宇宙志的原理及球仪的用途》（*De principiis astronomiae & cosmographia e decque vsu globi*），其最早于 1530 年在卢万（Louvain）出版[50]。这一手册在球仪设计的发展史中具有特殊的地位。

这一手册出现在赫马出版的彼得·阿皮亚《宇宙志》一个新版本（1529）之后一年，是应安特卫普（Antwerp）出版商鲁兰德·博拉特（Roeland Bollaert）的要求[51]。更早一些，在 1527 年，博拉特已经出版了朔纳的关于天球仪使用手册的一个版本。同时，由于朔纳无法满足他对印刷球仪的需要，因此加斯帕德·范德尔海登（Gaspard van der Heyden），卢万的一名金匠，1526/1527 年受到博拉特的邀请来制作一架新的印刷天球仪，这是在卢万出版的一系列天球仪中的第一架。如同范德尔格罗特（Van der Krogt）所展示的，这一现在已经散佚的天球仪被推定是与一架由弗朗西斯库斯·莫纳库斯［Franciscus Monachus，弗朗索瓦·德马林斯（François de Malines）］制作的地球仪一起出版的[52]。这解释了为什么博拉特

---

[47] Van der Krogt, *Globi Neerlandici*, 31.

[48] 约翰尼斯·朔纳制作的第一架印刷球仪在 Dekker and Lippincott, “Scientific Instruments” 和 Dekker “Globes in Holbein's Painting” 中进行了全方位的讨论。一套保存下来的 1515 年前后的朔纳天球仪贴面条带印刷在了纸张之上，并缺乏主要的天体大圆（图 6.6）。另一套印刷在牛皮纸上的贴面条带只有残片被保留了下来。两套都是包含有瓦尔德泽米勒世界地图的卷宗夹的一部分，现在都收藏于 Jay Kislak Collection of the Library of Congress。残片被用来作为捆绑材料。这两套球仪贴面条带表现出了不同的状态，并且都与附录中列为 24 号的天球仪存在差异（参见 Elizabeth M. Harris, “The Waldseemüller World Map: A Typographic Appraisal,” *Imago Mundi* 37［1985］: 30 – 53, esp. 38, 以及 Dekker, “Globes in Holbein's Painting,” 22 – 23）。

[49] Henricus Glareanus, *D. Henrici Glareani poeta lavreati De geographia liber vnvs* (Basel, 1527), chap. 19; 参见 Van der Krogt, *Globi Neerlandici*, 26, esp. fig. 1. 3。

[50] Gemma Frisius, *De principiis astronomiae & cosmographiae deq*［*ue*］*vsuglobi ab eodem editi*: *Item de orbis diuisione*, & *insulis*, *rebusq*［*ue*］*nuper inuentis* (Louvain, 1530); 也可以参见 Fernand van Ortroy, *Bio-Bibliographie de Gemma Frisius* (1920; reprinted Amsterdam: Meridian, 1966), 189 – 91。我使用了一个影印版: Gemma Frisius, *De principii sastronomiae & cosmographiae* (1553), intro. C. A. Davids (Delmar, N. Y.: Scholars' Facsimiles and Reprints, 1992)。这一版本的细节由 Van Ortroy, *Bio-Bibliographie*, 198—201 进行了描述；也可以参见 Van der Krogt, *Globi Neerlandici*, 75 – 77。

[51] 在 16 世纪，阿皮亚的这一著作出版了超过 40 个版本，同时大多数是由赫马编辑和扩充的。参见 Fernand van Ortroy, *Bibliographie de l'oeuvre de Pierre Apian* (1902; reprinted Amsterdam: Meridian, 1963)。如同朔纳注意到的，阿皮亚自己在 1524 年之后再未出版这一早期著作的其他版本；只是在 1562 年由他的儿子 Philipp 仔细考虑后，出版了一个新版本；参见 Christoph Schöner, *Mathematik und Astronomie an der Universitat Ingolstadt im 15. und 16. Jahrhundert* (Berlin: Duncker und Humblot, 1994), 405。

[52] Van der Krogt, *Globi Neerlandici*, 41 – 48, esp. 44.

没有出版朔纳有着天球仪的著作，《对全世界的描述》的一个新版本。在后一部论著中详细描述的地理情况不符合莫纳库斯球仪上的地图。因而，莫纳库斯在一封信中为他现在已经遗失的地球仪撰写了他自己的描述[53]。

与如同在《大使们》所描绘的那样固定在一个简单把手上的地球仪形成反差，早期地球仪的固定方式与贝海姆球仪相同——位于一个子午线环之内，而这一子午线环由一个有着地平线环的支架所支撑。同样的结构还可以在朔纳《对全世界的描述》和阿皮亚《宇宙志》书名页上所描绘的地球仪上看到[54]。因而，1530 年前后，在卢万，关于建造球仪的清晰思想有两部论述可以使用，两者都是由博拉特在安特卫普（Antwerp）印刷的：其中之一位于由朔纳制作的天球仪上，另外一个紧随朔纳之后，位于由阿皮亚制作的地球仪上。朔纳的关于天球仪的手册对赫马·弗里修斯球仪制作思想的形成有着特殊的影响，如同后者在他 1530 年球仪手册中全身心感谢的那样。然而，赫马相信，他的论述向读者提供的内容更多，这是当他解释自己球仪的用途时再次重复的一个概念。但是为了确保不会有人误解他对朔纳表示的感谢，以及表达对朔纳的尊重，他向他的读者保证："这并不是说作者的无知或我的傲
144 慢；因为通常发生的是，没有人可以做到所有事情，同时在已知事物上进行增补要比找到和发现灵感容易得多。"[55]

对其他人的思想进行"增补"，是赫马科学作品的一个特征。但是在这么做的过程中，他同样产生了重要的思想。他的球仪手册中最为著名的"增补"就是通过时钟确定经度的方法。在制作球仪时，他增加事物的习惯对于此后四个世纪中球仪的设计是至关重要的。尽管没有实物被保存下来，但他的宇宙志球仪的整体设计可以通过他的手册而被捕捉到：

> 这一球仪，或者球体，我们最近已经进行了非常仔细的设计；同时使其不仅可以容纳主要的圆周，也就是绘制在其弯曲的表面上的，例如赤道、回归线、纬线和通常球体上的其他圆周，而且在它们之间，我们还绘制了区域、岛屿、山脉和河流，并标注了名称，并且尽我们所能的认真和仔细。而且，为了阐明球仪的用途，我们在表面上分布了一些亮星，不是所有的，而是最为著名的，是对于天文学家和宇宙哲学家而言最为重要的那些恒星[56]。

---

[53] Franciscus Monachus, *De orbis sitv ac descriptione...*（Antwerp, 1526/27）. Lucien Gallois, *De Orontio Finao gallico geographo*（Paris: E. Leroux, 1890）, 87 – 105（app. Ⅲ）中复制了文本。

[54] 朔纳书名页上的一幅地球仪的图像显示在了 *Focus Behaim Globus*, 2: 672 中。阿皮亚书名页上地球仪的一幅图像显示在了 Hermine Röttel and Wolfgang Kaunzner, "Die Druckwerke Peter Apians," in *Peter Apian: Astronomie, Kosmographie und Mathematik am Beginn der Neuzeit*, ed. Karl Röttel（Buxheim: Polygon, 1995）, 255 – 76, esp. 262 中。按照 Murschel 和 Andrewes 的观点，第一个版本至少有三种不同的状态。第一种状态通过球仪图像中完整的有支架的日晷可以被识别出来。在两个较晚的状态中，只可以看到这一盘面的基座，参见 Andrea Murschel, trans. and rev., "Translations of the Earliest Documents Describing the Principal Methods Used to Find the Longitude at Sea," intro. William J. H. Andrewes, in *The Quest for Longitude: The Proceedings of the Longitude Symposium, Harvard University, Cambridge, Massachusetts, November 4 – 6, 1993*, ed. William J. H. Andrewes（Cambridge: Collection of Historical Scientific Instruments, Harvard University, 1996）, 375 – 92, esp. 379 and n. 18。

[55] Gemma, *De principiis astronomae & cosmographiae*（1553）, 29 – 30. 译文来自 Van der Krogt, *Globi Neerlandici*, 76 – 77（基于一个法文版本）。

[56] 这一描述在 Gemma, *De principiis astronomiae & cosmographiae*（1553）, 25 – 26 的文本中进行了呈现。

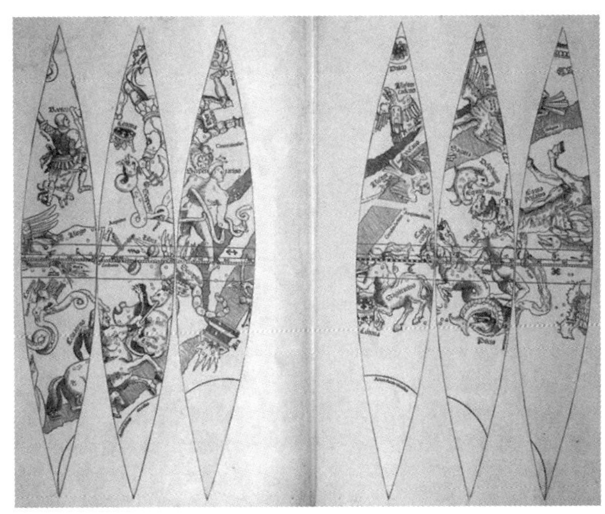

图6.6　天球仪贴面条带。为一架天球仪印刷的最早的贴面条带（木版），制作者被认为是约翰尼斯·朔纳，约1515年。贴面条带是收录有瓦尔德泽米勒世界地图的卷宗夹的一部分，瓦尔德泽米勒的世界地图曾经属于朔纳

有支架的球仪的直径：28厘米。由Kislak Collection at the Library of Congress, Washington, D. C. 提供照片。

显然，宇宙志球仪结合了三个要素：第一，浑天仪的主要圆周，如同我们在萨克罗博斯科的论著中了解到的那些；第二，地球仪本身的陆地和海洋的轮廓；第三，恒星天球，其通 145
过在球体上的陆地和海洋之间增加大量的星辰来进行表达（参见图6.7）。然而，这并不完备，因为为了充分利用球仪，还增加了大量的附件，例如子午线环、有着指针的时刻度环、一个地平线环、一个高度象限仪、一个半位圆，以及一个所谓的球形日晷仪。这些附件中的大多数是天球仪的一部分，例如朔纳制作的，从1517年之后，如同我们在《大使们》（图6.1）中所看到的，那里有一个子午线环，其顶部有着时刻度环，一个有着水平环的支架、一个高度象限仪和一个位圆。这些附件的目的是解决一系列天文学问题，例如确定一年中太阳升起和落下的时间，以及确定天空中十二宫的范围。

赫马方法中真正新颖的就是他在一架地球仪上增加了大量应当属于一架天球仪的元素，例如时刻度环和一些经过挑选的星辰。在这一过程中，他创造了一个完全崭新的仪器，将托勒密宇宙最为内层的部分［水和土元素球（terraqueous globe）］和外层的部分（星辰的八个天球和第一推动力的天球）结合在一个模型中，正如大量教科书中所描绘的那样（参见图6.2）。此外，由太阳的日运动和年运动导致的现象可以在赫马球形日冕仪的辅助下进行展示。这使得他的球仪极为适合于阐释地理，如同托勒密所理解的：

> ［在世界地图学中］，应当调查的首要事情就是地球的形状、尺度以及位置，及其
> 146 周围的事物［也就是天体］，因此有可能谈到其所被了解的部分、其有多大及其像什么，而且［由此可以确指］这一［已知部分］每一位置在天球仪的哪条纬线之下。由此，还可以确定黑夜和白天的长度，哪颗星辰达到的天顶或者哪颗星辰总是在地平线之上或之下，以及我们能与居住的主题联系起来的所有事物㊼。

图6.7　一架宇宙志球仪的描绘。这一由赫马·弗里修斯制作的宇宙志球仪的图像来源于他的《天文学和宇宙志的原则》（Louvain，1530）的题名页。图像显示地球仪装饰有星辰和大量附件，其中位于顶部有着时刻度环的子午线环是最为著名的

原图尺寸：20.5×15厘米。由 Universiteitsbibliotheek Amsterdam（Ned. Inc 347 2）提供照片。

㊼　Berggren and Jones, *Ptolemy's* Geography, 58（1.1）.

有人很可能会提出，贝海姆制作的地球仪的支架，其设计与赫马设计的支架存在极大差异（对比图 6.4 和 6.7）。然而，贝海姆的地球仪并没有一个时刻度环。一个类似于贝海姆球仪的支架背后的思想就是，由此可以将一个球仪竖立起来，使其对应于世界上某一特定城市的位置。这一“矫正”过程构成了阿皮亚在其《宇宙志》中关于球仪的简短章节的主要内容[58]。其解释了在题名页上与地球仪一起显示的仪器。

为了矫正一架球仪，需要确定四件事情。第一，球仪位于一个水平位置上（通过使用一条铅垂线）。第二，地平线对应世界的四个部分，由此子午线环对齐南北向的直线。阿皮亚描述了确定子午线的三种方法。第三，调整南北极位于地平线上的高度度数，使其等于球仪使用者所在位置的纬度的度数。第四，使用者的位置位于固定的黄铜子午线环之下，由此其天顶将与球仪上固定的地平线的天顶相一致。

贝海姆地球仪支架的基本部分，例如可动的子午线环以及固定的地平线环，可以很好地作为 1477 年在罗马制作的那对球仪的设计的一部分，其制作者是托勒密《地理学指南》的稿本最为多产的制作者尼古劳斯·日耳曼努斯[59]。按照梵蒂冈图书馆的一份 1481 年的清单，曾经在 *Pontificia*（图书馆）展出过一个“第八天球”（Octava sphere，一架天球仪）和一个“宇宙志”（Cosmographia，一架地球仪）[60]。对于我们的讨论至关重要的是，两架球仪在 1487 年的清单中再次被提到：“有着一个地平线环的球仪上有着陆地和海洋，是按照托勒密的描述绘制的。/一架显示了天体的有着南北极和黄赤交角的球仪。”[61] 这段文字显示，尼古劳斯·日耳曼努斯的球仪被固定在一个有着地平线环的支架上，可能看上去与保存下来的 1492 年的贝海姆球仪采用的是相同的方法。

到目前为止，大多数注意力都集中于贝海姆球仪表面布局的地图上。目前的地平线环是在 1510 年添加到球仪上的，同时其上的铭文告诉我们这一环应当如何被理解：“这条环被称为地平线，显示了太阳升起和落下以及十二宫。”[62] 这里，如同之前一样，太阳的运动是理
解一个球仪的重要线索。为了确定一年中太阳在黄道带上的位置，天球仪的地平线环附带了 147
与一份日历并置的一个黄道带的刻度尺，而这可以在“关于天球仪的组成部分”（1435/1444）中显示的一个支架上看到（图 6.3）。天球仪的这一特点也被赫马采用来设计他的宇宙志球仪[63]。

随着对一年中特定一天太阳在黄道带上位置的了解，全部宇宙志的问题都可以进行展示并被解决。但是为了达到这一目的，一个带有指针的时刻度环不得不添加到子午线环的顶部——正如赫马在他宇宙志球仪上所做的那样——同时不得不执行一个进一步矫正球仪的步

[58] 我使用了阿皮亚的《宇宙志》的荷兰语版本，*De Cosmographie vã Pe. Apianus*, ed. Gemma Frisius (Antwerp, 1537), xxi verso-xxij recto。

[59] 时间为 1477 年的票据中提到了球仪，其拉丁文文本参见 Ruysschaert, “Du globe terrestre,” 95 – 97；其英文译本，参见 Józef Babicz, “The Celestial and Terrestrial Globes of the Vatican Library, Dating from 1477, and Their Maker Nicolaus Germanus (ca 1420 – ca 1490),” *Der Globusfreund* 35 – 37 (1987 – 89): 155 – 68, esp. 161 – 62。

[60] Ruysschaert, “Du globe terrestre,” 97.

[61] Ruysschaert, “Du globe terrestre,” 98 (my italics).

[62] Roland Schewe, “Das Gestell des Behaim-Globus,” in *Focus Behaim Globus*, 2 vols. (Nuremberg: Germanisches Nationalmuseums, 1992), 1: 279 – 88, esp. 283.

[63] Gemma, *De principiis astronomiae & cosmographiae* (1553), 27.

骤：当通过太阳日运动进行测量的时候，指针必须设定为本地时间。这是通过如下步骤完成的，即将太阳的位置放置在绘制在球体表面上的黄道上，位于南侧的黄铜子午线环之下，并且将时刻度环的指针设定在 12 点。一旦如此设定，那么随着太阳日运动而通过某种方式产生的所有现象都可以被解释。地球仪上附加的时刻度环必然吸引了球仪制作者，因为从 1530 年直至 19 世纪末，大多数地球仪都附带有这些与时间有关的设备。

考虑到由赫马设计的宇宙志球仪背后概念的混合，一本解释其用途的手册并不是多余的。这一球仪手册的第一部分，标题为“宇宙志的原则（De principiis cosmographia）”，介绍了宇宙志的原则：天球上的圆周、地带、气候、纬线、一个地方的经度和纬度，世界不同部分的名称［热带居民（Amphiscii）、温带居民（Heteroscii）、极圈内的居民（Periscii）、对跖地（Antipodes）］、风和一些通常的概念。

这一球仪在展示天球主要圆周中的有效性很容易被看到，但是其在确定地球上某一地点的重要性最初只被天文学家接受。如二分线（或赤道）和子午线等圆周背后的概念，以及测量经度和纬度等地理坐标的方法，是天文学的。为了通过这种数学的方法找到地球上的一个地点，就必须了解太阳、月亮或星辰的运动。从这一视角看起来，就不难理解为什么球仪手册中充斥着天文学的问题，以及为什么在早期的关于宇宙志的论著中有着如此众多的设备了。同时，尽管可以通过在两个地点同时观察一次日月食来确定一个地点的经度，但对于大多数爱好者而言这依然是难以实践的，但是球仪在很大程度上克服了涉及概念方面的困难。

在球仪手册的第二部分，“全世界（De vsv globi）”中，赫马讨论了确定地球上某一位置的已知方法。同时，如同以往，他增加了一些新的方法——例如，他在时钟帮助下确定经度的著名方法[64]。著作的这一部分内容明确地支持托勒密在他《地理学指南》中主张的观点，即通过使用数学和天文学方法获得的地理数据要比那些旅行者描述中提供的数据更好[65]。15 世纪末的航海大发现使这一意识更为强烈。如同赫马解释的“很多区域的经度，尤其是那些西班牙人发现的地点，对我们来说是不确定或者是完全未知的。因为通过这些航行的风向所能确定的东西大都不明确，如同托勒密在他的《宇宙志》（*Cosmographia*）第一卷中所确认的那样”[66]。

赫马球仪手册的第三部分，也就是最后一部分，“世界的划分（De orbis diuisione）”，是一种描述性的地理学，对于这一部分的讨论超出了本章的范畴。不过很可能对于他的读者而言，这一部分是最有趣的。

宇宙志球仪的制作

由赫马·弗里修斯开创的制作球仪的宇宙志的方法，尤其得到了赫拉尔杜斯·墨卡托的追随，他同样在地球仪上增加了一组经过选择的星辰（参见图 6.10）。他的球仪因而应当被贴上宇宙志球仪的标签。其他宇宙志球仪的例子是 1550 年前后由金匠苏黎世的雅各布·施

---

[64] Gemma, *De principiis astronomiae & cosmographiae* (1553), 64 – 65.

[65] Berggren and Jones, *Ptolemy's* Geography, 28 (1.4).

[66] Gemma, *De principiis astronomiae & cosmographiae* (1553), 64；译文来自 Murschel and Andrewes, “Translations of the Earliest Documents,” 390。

坦普费尔（Jakob Stampfer of Zurich）制作的《宇宙志之杯》（*Poculum cosmographicum*），在其中，赫马的设计被应用到一个球仪形状的杯子上（图 6.8），同时所谓的圣加仑（St. Gallen）球仪（图版 5），在所有细节上都遵从了赫马的设计[67]。

图 6.8　表现为宇宙志球仪形状的一个镀银杯

杯子由来自苏黎世的一名金匠雅各布·施坦普费尔在 1550 年前后，为康斯坦茨（Constance）的市长托马斯·博拉瑞尔（Thomas Blarer）制作。博尼费修斯·阿默巴赫（Bonifacius Amerbach）于 1555 年从托马斯·博拉瑞尔手中获得，并且转而在 1564 年留给了他的朋友特奥多尔·茨温格（Theodor Zwinger）

原物尺寸：直径 14 厘米；高 38 厘米。由 Maurice Babey，courtesy of the Historisches Museum，Basel（inv. nr. 1882. 103）提供照片。

---

[67] 关于施坦普费尔，参见附录 6.1，第 55 号，关于圣加仑球仪，参见 Franz Grenacher，"Der sog. St. -Galler Globus im Schweiz. Landesmuseum，" *Zeitschrift für Schweizerische Archäologie und Kunstgeschichte* 21（1961）：66 – 78。

选择雕刻在宇宙志表面上的星辰，对于占星术的应用而言是不够充分的。赫马，以及他之后的墨卡托，为这一目的设计了一架单独的天球仪（附录 6.1，第 34 和 35 号）。与一架宇宙志球仪一起的这一天球仪的制作，使得在前者上星辰的使用在 16 世纪后的球仪
148 制作者眼中显然是多余的，因为大多数制作者将地球仪上的星辰去除了。然而，被保留下来的就是叠加上去的天球以及时刻度环。这些部分用在一年中白昼最长那天的白昼长度去解释气候和纬度时有着它们的价值，因此，直到 19 世纪，在地球仪的设计中这些部分一直被保留下来。

因此，变化就是，从文艺复兴之后，球仪制作中占据主导的结构就由一对球仪构成，每一球仪都有着固定支架之上的可转动的球体，而支架之上有着大量附件，这些附件中最为著名的是一个可以移动的子午线环、一个固定的地平线环和一个时刻度环。常见的成对球仪所展示的运动，受到托勒密世界系统中第一推动者和太阳环绕地球的周年运动所支配。在一对普通的地球仪和天球仪中，第一推动者的日运动通过环绕世界主轴的圆周的运动所反映。由于这一原因，球体通常自东向西转动，以符合托勒密的世界图景。当一架地球仪的球体被转动的时候，其或者让某一地点的地平线符合球仪的地平线，或者模拟太阳的日运动。当一架天球仪的球体被转动的时候，其模拟了星辰的日运动。太阳环绕地球的周年运动由两个设计特点所展现。黄道被展现在地球仪上（作为叠加的天球的一部分）和天球仪上（作为其所属的第八天球的一部分）。同时，一年中太阳在黄道带上的位置则通过两个球仪上的地平线环生动地展示。这些清晰地表达了球仪可以提供但地图无法提供的那些信息。

球仪的用途

“与这种技巧相结合的，是固定球仪的实用性、乐趣和愉悦，某人如果没有体验过甜头的话，是难以相信的。因为，当然，这只是因其频繁使用而使得天文学家感到愉悦，引导了地理学家，使历史学家感到确信，丰富了法学家，被文法学家所赞赏，且是指导了导航员的所有仪器之一，简言之，除了它的美丽之外，其形式对于每个人来说都具有无法形容的用途和必要性。”[68] 如果我们相信赫马·弗里修斯在他的球仪手册中表达的这一宣扬的话，那么在 16 世纪，所有职业都应当会从球仪中获益。他很可能是正确的。球仪和浑天仪经常被显示在学者和航海家的肖像画中。这些联系很快将球仪转化为一个学识和航海的象征符号。同
149 时在很多帝王和女王的绘画中，一架球仪被展示作为他们世间权力的符号[69]。基于这些观察，至少可以区分使用者的三个潜在群体：第一，参与教授和出版了关于科学著作的知识分子；第二，所谓的受到他们职业引导而有兴趣使用球仪的从业者——海员、占星家和内科医生等；第三，有钱有势的人——帝王、王公、公爵和教皇，以及他们的仆人、外交官和主教以及富有的贵族和商人。在本章的剩余部分，我将考虑这些多种多样的使用者中的少量个

---

[68] Gemma, *De principiis astronomiae & cosmographiae* (1553), 28；译文来自 Van der Krogt, *Globi Neerlandici*, 77。

[69] 对球仪象征符号意义的讨论，参见 Schramm, *Sphaira*, *Globus*, *Reichsapfel*; Catherine Hofmann et al., *Le globe & son image* (Paris: Bibliothèque Nationale de France, 1995); Jan Mokre, “Immensum in parvo—Der Globus als Symbol,” in *Modelle der Welt: Erd- und Himmelsgloben*, ed. Peter E. Allmayer-Beck (Vienna: Brandstätter, 1997), 70 - 87；以及 Kristen Lippincott, “Globes in Art: Problems of Interpretation and Representation,” in *Globes at Greenwich*, 75 - 86。

例，并且以对使用球仪作为一种象征符号的简单讨论作为总结。

教育

在大学教育中用于展示的模型，是一种不能从大学雇用专业人员教授数学、天文学和地理学的趋势中孤立出来看待的现象。在中世纪时期，每一名教师都不得不教授课程的所有部分。在学期开始的时候，课程通过抽签的方式被分配。因而，博雅学艺的教授可以由任何碰巧轮到的教师来完成。教授通常的传授方式就是向他们的学生朗读特定的教科书。如同朔纳指出的，这种制度并不鼓励教师中一种朝向专业化的趋势⑦⁰。在15世纪，这一状况发生了变化。一个职业教师的早期例子就是我们之前提到过的约翰内斯·冯格蒙登。从1414年直到1434年，他在维也纳大学教授天文学和数学，同时为了课程，他使用了大量不同的模型，其中就有一架浑天仪和一架天球仪。到了15世纪末，人文主义的冲击帮助在克拉科夫和因戈尔施塔特设立了教授数学（其中包括天文学和地理学）的专门教职。中欧的其他大学追随了这些例子⑦¹。

人文主义运动对教学领域的冲击当然可以通过很多途径感觉到。这里，理解到以下情况就足够了，即使用类似于天球仪和地球仪的仪器以帮助实现人文主义者对理解的重要性的强调。在教学中第一次使用一架地球仪的记录与康拉德·策尔蒂斯（Conrad Celtis）联系起来并不是巧合，康拉德·策尔蒂斯是著名的人文主义者，并且是1497年维也纳大学的诗文和数学学院（Collegium der Poeten und Mathematiker）的建立者。策尔蒂斯自己拥有一架地球仪和一架天球仪，两者在他的宇宙志课程中都被他用于教学⑦²。用来展示的模型也被用于因戈尔施塔特大学，1492年策尔蒂斯曾在那里开设课程，并且徒劳地试图为数学设立一个独立教职。那里的艺术学院的记录显示，在1487年，《球体》是可用的；1496/1497年有一部《论世界之球体》，而在1511年则有《球体论集》（*corpus spericum*）⑦³。同样，在德意志之外，也有证据证明在教育中使用了球仪，尽管时间非常晚。一名学生在他笔记本边缘绘制的一幅珍贵的图画，表明耶稣会牧师J. C. 布朗热（J. C. Boulenger）在1588年的课程中正在使用一架球仪（图6.9）⑦⁴。

---

⑦⁰ 参见Schöner, *Mathematik und Astronomie*, 24－96, esp. 62－63，此外，关于早期大学的通史，参见Olaf Pedersen, *The First Universities*: Studium Generale *and the Origins of University Education in Europe* (Cambridge: Cambridge University Press, 1997)。

⑦¹ 参见注释39和Schöner, *Mathematik und Astronomie*, 66－71。并不清楚冯格蒙登使用的是哪种浑天仪。大多数保存下来的早期三维模型由固定在一个手柄上的静止球体组成；晚期的球仪可以环绕一个可调节的子午线环和一个有着地平线环的支架转动，就像在西欧制作的大部分球仪所使用的那种形式。最早的这类浑天仪收藏于Museum for the History of Science, Oxford，可确定的时间大约在1425年。

⑦² Ernst Bernleithner，在"Kartographie und Globographie an der Wiener Universität im 15. und 16. Jahrhundert," *Der Globusfreund* 25－27 (1978): 127－33, esp. 128中引用了关于托勒密8卷《地理学指南》课程的一个公告："由于我教授天空和地球的球体，和古旧的地图，以及新的教义。"Bernleithner没有明确地指明他的资料。策尔蒂斯球仪的独立证据出现在他的遗嘱中，时间是1508年1月24日，发表于Conrad Celtis, *Der Briefwechsel des Konrad Celtis*, collected, edited, and with commentary by Hans Rupprich (Munich: C. H. Beck'sche, 1934), 604－9, esp. 605。

⑦³ Schöner, *Mathematik und Astronomie*, 155－56.

⑦⁴ François de Dainville, "Die Anschauungen der Globusliebhaber," *Der Globusfreund* 15－16 (1967): 193－223, esp. 196－97, fig. 58.

使用三维模型尤其能更好地理解与球面三角学有关的问题。通常而言，数学训练的缺乏对于很多人来说是理解天文学和地理学细节的障碍。例如，在一封 1581 年 3 月 3 日写给苏黎世的牧师沃尔夫冈·哈勒尔（Wolfgang Haller）的信中，墨卡托阐释他正在跟着他有声望的同胞赫马·弗里修斯学习一门关于行星理论的课程，但是这门课程对他帮助不大，因为他没有提前学习必需的几何学知识[75]。

三维展示模型的教育范畴还包括在 16 世纪发展起来的大众科学。约翰·格吕宁格尔（Johann Grüninger）1509 年出版的小册子之一，在其书名中明确地提到了这一目的：地球仪：对于世界和整个地球的解释或描述，与一个巨大球体相一致的圆形球仪，由此任何人都可以观看，即使那些没有受过高等教育的人，还有那些脚的摆放与我们正好相反的地球另一
150 端的人（*Globus Mundi*：*Declaratio sive descriptio mundi et totius orbis terrarum*，*globulo rotundo comparati ut spera solida*，*qua cuivis etiam mediocriter docto ad oculum videre licet antipodes esse*，*quorum pedes nostris oppositi sunt*）[76]。

图 6.9 J. C. 布朗热和球仪。是由耶稣会牧师 J. C. 布朗热的一名学生绘制的，绘制于 1588 年他在巴黎克莱蒙特学院（Clermont College）开设课程期间，他正在观看一架球仪并拿着一个圆规

由 BNF（Latin 10822，fol. 261v）提供照片。

[75] Gerardus Mercator，*Correspondance Mercatorienne*，ed. Maurice van Durme（Antwerp：De Nederlandsche Boekhandel，1959），166.

[76] Van der Krogt，*Globi Neerlandici*，28.

大学内外最为杰出的大众科学的促进者就是彼得·阿皮亚，他于1516年至1519年在莱比锡进行研究，此后在维也纳大学。他的全部作品中点缀着所有种类的两维和三维的木制和纸制的展示模型，以此克服数学的阻碍。一个例子就是在他1524年的《宇宙志》中描述的名为"De speculo cosmograph[iae]"（宇宙志之镜）的模型（参见图3.11）。这一纸制仪器由一个基盘、印有一幅印刷地图的可旋转轮盘，以及形状类似于星盘网格的可移动部分构成。此外，环绕北极有一个小的刻度环，其上有两个动臂，且其中一个动臂上有着纬度刻度，而且两者都可以环绕中心转动。这一仪器被包括在了著作的所有60或更多的版本中，并且16世纪的每一位博雅学艺的学生都对此应当是熟悉的。其还被添加到了萨克罗博斯科《球体》大量16世纪的版本中[77]。

在阿皮亚的纸制仪器的帮助下，可以解决大量的宇宙志问题：一旦知道一个地点的经度和纬度，那么就可以在地球上确定其位置；让学生熟知球面坐标的使用；计算出不同地点地方时之间的关系，在这种情况下仪器成为一台模拟计算机，或者确定一年中特定日期太阳出现在天顶的地点，由此解释地带的概念。在16世纪稍后，这些问题成为球仪手册标准的一部分。所谓的因戈尔施塔特的球仪贴面条带是另外一个例子，其被认为是彼得·阿皮亚制作的，时间大约是1527年，且在阿皮亚后来的关于宇宙志的著作中作为一幅图示[78]。

基于一份1585年的清单，其显示在他的一生中，阿皮亚拥有一架由约翰尼斯·朔纳制作的天球仪以及一些木制的仪器和球仪，以在教学中使用。1585年，后面这些木制仪器的状况明显很糟糕，因而被认为将它们烧掉是最好的处理方式[79]。很多文艺复兴早期的球仪在16世纪中可能都以相似的方式丢失了，例如由西班牙数学家和宇宙志学家胡安·包蒂斯塔·葛西奥（Juan Bautista Gesio）使用的球仪，他于1580年去世。在他的遗嘱中提到"一架铜质地球仪，用的很多并且已经不值钱了"，一起提到的还有"两架天球仪和一架纸的地球仪，非常破旧了，'这一仪器已经被征税并且估价非常低，因为它们磨损的太厉害了（ill treated），已经破损了，因为这一原因，它们还没有被卖掉'"[80]。

航海 151

球仪在航海中也表现出极高的使用价值[81]。从航海者开始穿越深水区的那一刻开始，产生了对于一种新的和更好的导航方式的需求。在刚进入18世纪的时候，在海洋中确定位置

---

[77] Owen Gingerich, "Astronomical Paper Instruments with Moving Parts," in *Making Instruments Count: Essays on Historical Scientific Instruments Presented to Gerard L'Estrange Turner*, ed. R. G. W. Anderson, J. A. Bennett, and W. F. Ryan (Aldershot: Variorum, 1993), 63–74.

[78] 参见附录6.1，第20号，和 Rüdiger Finsterwalder, "Peter Apian als Autor der sogenannten 'Ingolstädter Globusstreifen'?" *Der Globusfreund* 45–46 (1998): 177–86。

[79] Wilhelm Füssl, "'Vil nit werth'? Der Nachlass Peter Apians im Streit der Erben," in *Peter Apian: Astronomie, Kosmographie und Mathematik am Beginn der Neuzeit*, ed. Karl Röttel (Buxheim: Polygon, 1995), 68–79, esp. 75.

[80] Ursula Lamb, "Nautical Scientists and Their Clients in Iberia (1508–1624): Science from Imperial Perspective," *Revista da Universidade de Coimbra* 32 (1985): 49–61；重印在 *Cosmographers and Pilots of the Spanish Maritime Empire*, by Ursula Lamb, item Ⅸ (Aldershot: Variorum, 1995), esp. 56。

[81] 早期的航海史已经在文献中进行了广泛的描述。参见本卷相关各章以及引用的参考文献。关于球仪，参见 Elly Dekker, "The Navigator's Globe," in *Globes at Greenwich*, 33–43。也可以参见 David Watkin Waters, *The Art of Navigation in England in Elizabethan and Early Stuart Times*, 2d ed. (Greenwich: National Maritime Museum, 1978), 130, 140, 157, 193–97, and 207–8。

依然主要基于方向和距离，但是当在一幅地图上规划他们航迹推算的结果的时候，世界上的航海者需要理解如何将地球的球形地表投影在一个平面上。而且，在可能的情况下，他们需要发展一种按照球面的经纬度坐标来确定和检查一艘船只位置的方法。找到确定经纬度的可靠方法，这一需求对于航海者和地图绘制者来说都是一个问题。然后，不太令人感到奇怪的是，航海指南中包括了宇宙志以及对球仪用途的介绍。

为了运用新发展的航海科学，不得不学习如何通过对太阳或者北极星的密切观察来确定纬度。为了测量罗盘的磁差，必须要知道如何通过观察太阳来确定子午线，以及为了确定一个地点的经度而不得不理解日月食。此外，一名航海者需要关于球面学说以及关于太阳、月亮和星辰运动的正确知识。第一部描述了如何对太阳进行密切观察的教科书实际上结合了萨克罗博斯科的专著《球体》1488 年版的葡萄牙语译本[82]。另外一部关于球体的专著，《球体的原则》（*Tratado da sphera*，1537），扩充增加了托勒密《地理学指南》的第一卷和其他航海所感兴趣的事物，例如对罗盘方位线的讨论。该书是由科英布拉大学的数学教授佩德罗·努涅斯（Pedro Nunes）出版的，他是航海学的奠基者之一，此外，自 1529 年直至去世，他都是葡萄牙国王的皇室宇宙志学家。

尽管关于早期球仪的实际使用情况知之甚少，但至少早在 1497 年，一架由纽芬兰（Newfoundland）发明家约翰·卡伯特（John Cabot）制作的地球仪，在英格兰被记录下来[83]。所知在葡萄牙和西班牙航海圈中球仪最早出现的时间是 1518 年，当费迪南德·麦哲伦（Ferdinand Magellan）呈现关于摩鹿加群岛（Moluccas）的计划时，他解释"豪尔赫（Jorge）[赖内尔（Reinel）]……制作的各种设备中包括了一架球仪和一幅世界地图……这些工作在神父佩德罗到来的时候还没有完成，他进行了收尾工作并且正确地标定了摩鹿加群岛的位置"[84]。在探险返回的时候，制作了一架球仪（现在已经佚失），用来显示一条旅程，其将证明摩鹿加群岛位于西班牙的势力范围内[85]。按照德尼克（Denucé）的观点，这一球仪和地图成为制作其他地图学产品的模板，例如迪奥戈·里贝罗（Diogo Ribeiro）制作的那些，后者是塞维利亚贸易署的第一位官方宇宙志学家，被任命的时间是 1523 年[86]。

地球的球形成为关于找到一条穿越大洋的方法所关注的问题，同时其在航海中引入了新的思想。由此产生了一些问题，例如在球体上两点之间最短的路线是什么？或者，由一艘按照一个固定方向航行的船只绘制出的路线是什么？后者的轨迹，被称为一条罗盘方位线或斜航恒向线，在一幅普通的平面地图上并不是一条直线，也不与球仪上的一个大圆周相一致。1537 年，努涅斯对斜航恒向线进行了讨论，而这些线条在一架球仪上被绘制为一根线条，

---

⑧² Joaquim Bensaúde, *L'astronomie nautique au Portugal à l'époque des grandes découvertes*, 2 vols. (Bern: M. Drechsel, 1912 – 17; reprinted Amsterdam: Meridian, 1967), 1: 70 and 168 – 74.

⑧³ Helen Wallis, "Globes in England Up to 1660," *Geographical Magazine* 35 (1962 – 63): 267 – 79, esp. 267 – 69；也可以参见 Edward Luther Stevenson, *Terrestrial and Celestial Globes: Their History and Construction Including a Consideration of Their Value as Aids in the Study of Geography and Astronomy*, 2 vols. (New Haven: Yale University Press, 1921), 1: 53。

⑧⁴ Jean Denucé, *Magellan: La question des Moluques et la première circumnavigation du globe* (Brussels, 1911), 205 – 6；也可以参见 Stevenson, *Terrestrial and Celestial Globes*, 1: 81 – 82。

⑧⁵ Ursula Lamb, "The Spanish Cosmographic Juntas of the Sixteenth Century," *Terrae Incognitae* 6 (1974): 51 – 64；重印在 *Cosmographers and Pilots of the Spanish Maritime Empire*, by Ursula Lamb, item V (Aldershot: Variorum, 1995), esp. 55。

⑧⁶ Denucé, *Magellan*, 206.

152

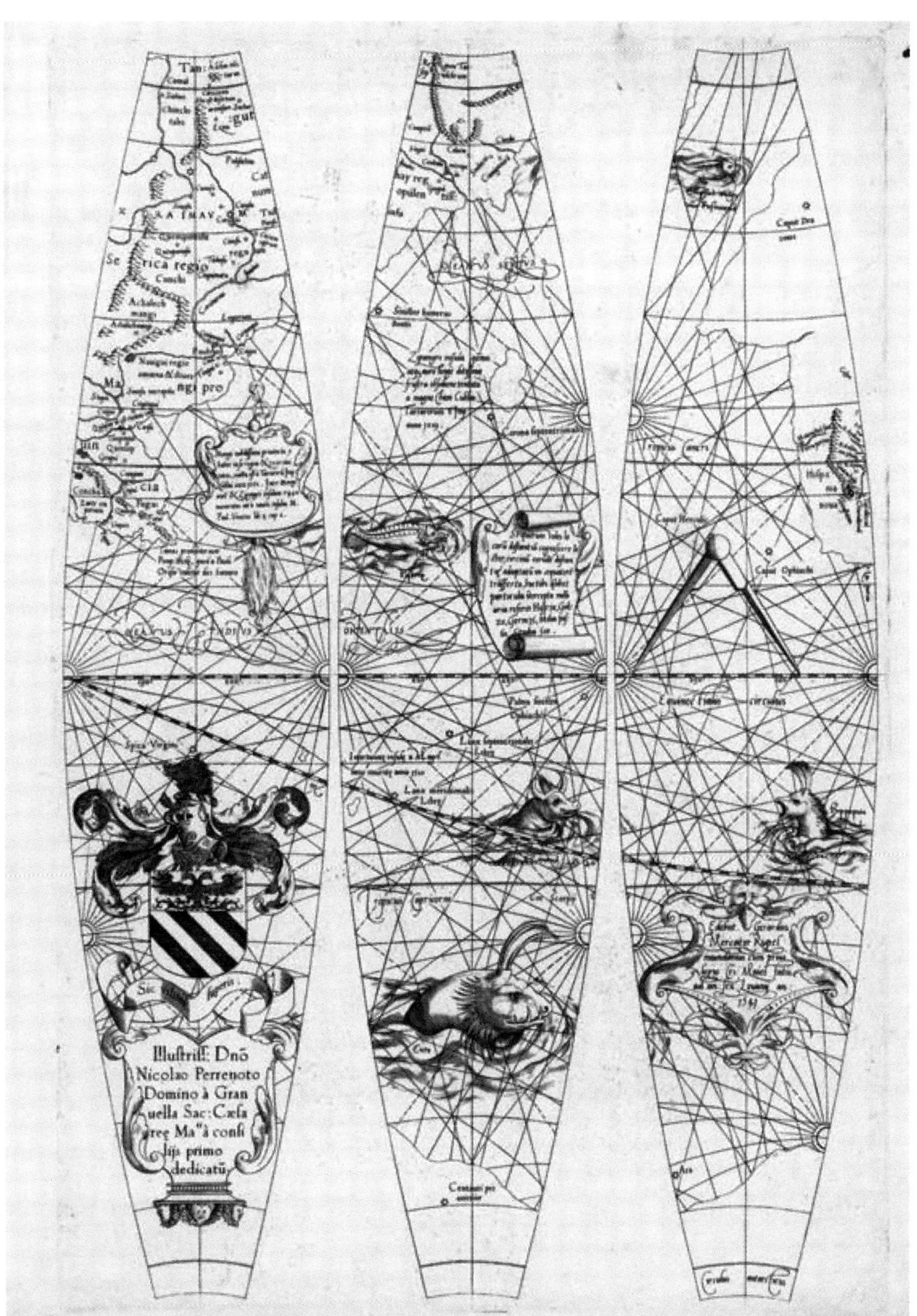

图 6.10　宇宙志球仪的贴面条带。从赫拉尔杜斯·墨卡托于 1541 年制作的一套宇宙志球仪的印刷球仪贴面条带（铜版雕刻）的原本制作的复制品。其显示了表示 32 个罗盘方向的斜航恒向线以及大量星辰（也可以参见第 1360 页）

有支架的球仪的直径：约 42 厘米。图片版权属于 Royal Library of Belgium，Brussels（Section des cartes et plans，Ⅲ t.）。

但仅仅四年后，也就是1541年，赫拉尔杜斯·墨卡托将它们呈现在了他的宇宙志球仪上（图6.10和附录6.1，第39号）[87]。在墨卡托球仪上对于罗盘方位线的描绘是最终产生了他著名的1569年世界地图“为航海准备的新的世界地图”的整个过程中迈出的第一步，这幅地图使用了现在用他的名字命名的投影方式。现在回想起来，对于航海者而言，使用这一投影绘制的地图比在球仪上呈现的斜航恒向线重要得多[88]。无论斜航恒向线的概念有多么重要，其在海上实际确定位置中发挥了很少的作用。对于沿着大圆周航行而言，球仪能提供得
153 更多。技巧就是为了船只的位置而纠正地球仪，由此船只的实际位置将会在上部，也就是顶部找到。在高度象限仪的帮助下，朝向船只目的地的航线将会随之确定。

在海上球仪的有效性，已经成为历史学家之间争论的一个问题。考虑到没有记录显示在海上实际使用球仪来确定位置，因此这一争论的解决将会不太容易。关于球仪在海上的有效性，16世纪的航海者在这一问题上存在分歧，尤其是在英格兰。威廉·伯勒（William Borough）并不建议在海上使用球仪，估计是因为操作它们实在是太难了。其他人，例如罗伯特·休斯（Robert Hues）和约翰·戴维斯（John Davis）强烈为球仪用于航海目的的优点而辩护。作为戴维斯特别热情的一个结果，1592年埃默里·莫利纽克斯（Emery Molyneux）在伦敦出版了第一对印刷的球仪[89]。在威廉·桑德森（William Sanderson）的要求下，一位出版了莫利纽克斯球仪的富裕商人和金融家，托马斯·胡德，“城市中的数学讲师（Mathematicall Lecturer in the Citie）”，撰写了一本关于如何使用球仪的专著。如同沃特斯（Waters）观察到的“对于这种专著的需求已经非常充分了，因为球仪现在，就像胡德提出的，‘出现在很多我不得不为了他们而撰写著作的人的手中’”[90]。

1587年，胡德受到城市金融家和航海事业的促进者托马斯·史密斯（Thomas Smith）和约翰·沃斯滕霍姆（John Wolstenholme）的委托，在莱登霍尔（Leadenhall）就航海中的数学应用发表公开讲座。胡德关于球仪使用的大众专著，以对话的形式撰写，两年后，也就是1594年，随着罗伯特·休斯的一本关于球仪手册的出版而黯然失色，罗伯特·休斯是一位数学家和地理学家，他参加了托马斯·卡文迪什1586年至1588年的环球航行[91]。休斯用拉丁语为那些对航海感兴趣且受过教育的读者而撰写，其中出现了关于方位线及其用途的章节，因此这是第一部关于罗盘方位线在海上的实际用途的指南。他的手册翻译为荷兰语并配

---

[87] Pedro Nunes [Nuñez], *Tratado em defensam da carta de marear* (Lisbon, 1537). 这一著作与努涅斯关于球仪的著作一起出版。也可以参见 Van der Krogt, *Globi Neerlandici*, 65－67。

[88] Heinrich Averdunk and J. Müller-Reinhard, “Gerhard Mercator und die Geographen unter seinen Nachkommen,” *Petermanns Mitteilungen*, *Ergänzungsheft*, 182 (1914): esp. 3－35 and 65－75, 和 Gerardus Mercator, *Gerard Mercator's Map of the World* (1569), intro. B. van't Hoff (Rotterdam: Maritiem Museum, 1961)。参见本卷图10.12。

[89] 关于莫利纽克斯的球仪，参见 Helen Wallis, “The First English Terrestrial Globe,” *Der Globusfreund* 11 (1962): 158－59（英语和德语），和 idem, “‘Opera Mundi’: Emery Molyneux, Jodocus Hondius and the First English Globes,” in *Theatrum Orbis Librorum: Liber Amicorum Presented to Nico Israel on the Occasion of His Seventieth Birthday*, ed. Ton Croiset van Uchelen, Koert van der Horst, and Günter Schilder (Utrecht: HES, 1989), 94－104。

[90] Waters, *Art of Navigation*, 185－96, 引文在186 and 189－90。

[91] Robert Hues, *Tractatvs de globis et eorvm vsv* (London, 1594). 一个英文译本由 John Chilmead 出版：Robert Hues, *A Learned Treatise of Globes: Both Coelestiall and Terrestriall. With Their Several Uses* (London, 1639)。这一英文译本还以 *Tractatus de globis et eorumusu: A Treatise Descriptive of the Globes Constructed by Emery Molyneux, and Published in* 1592, 为书名出版，附带有 Clements R. Markham 注释的索引和导言（London: Hakluyt Society, 1889）。

有一对约道库斯·洪迪厄斯1597年在阿姆斯特丹出版的球仪[92]。洪迪厄斯在伦敦雕刻了莫利纽克斯的球仪并且恰如其分地配上了航行的圆周。这一荷兰语译本的休斯手册，在书名之下的文本中强烈推荐在航海中使用球仪："在这一专著中，不仅为天文学、地理学以及相似的令人愉悦的艺术而对球仪的用途进行了讨论，而且主要是为了航海，对罗盘方位线和它们的使用进行了解释。"[93] 到此时，约翰·戴维斯已经出版了他的《水手的秘密》(*Seamans Secrets*)，该书同样包括了关于球仪的一章[94]。

因而，在1600年前后，用本地方言撰写的大量球仪手册可以被用来教授如何在海上使用球仪。依然，只有类似于戴维斯的技术高超的航海者成功地在确定位置方面很好地使用了球仪。大多数航海者在寻找穿越大洋的航线时偏好更为实用性的方法。结果，作为航海工具的地球仪的前景渺茫，在1650年前后走到了末路。这并不是说斜航恒向线也从球仪表面消失了。与此相反，斜航恒向线继续被包括在地球仪上，并且是象征着航海对球仪制作的重要性的图符，而不是相反情况的符号。

占星术

除了他关于天文学和地理学的名著之外，托勒密还撰写了第三部著作，其享有类似于《圣经》的权威地位：《占星四书》(*Tetrabiblos*)。在这本著作的导言中，作者解释了此后要研究的是"太阳、月亮和星辰运动彼此之间关系的各个方面"(天文学的)，以及与地球的关系(地理学的)，此外还有另外一种天文学(占星术)"在其中，我们研究，通过它们这些方面的自然特征，它们对周围事物带来的变化"[95]。

使用天球仪来寻找行动的恰当时机，或者按照14世纪早期哈来贝克的约翰提出的占星术原则来做出决定，哈来贝克的约翰批评了托勒密在《天文学大成》中对于天球仪的描述，因为他没有告知"这一仪器如何可以被变得完美，由此可以在日常中使用，例如，(找到)运道、各宫之间的平衡以及这一应用(也就是占星术)中所需要的其他事物"[96]。为了占星术的目的而使用球仪，在17世纪后半期依然流行，当时约瑟夫·莫克森在他关于球仪的专著中讨论了具体的实践[97]。然而，到此时，占星术作为一个严肃的科学主题正在衰落，同时 154
到18世纪，没有人再会听说球仪的占星术用途。16世纪最为著名的球仪制作者——约翰内斯·施特夫勒、约翰尼斯·朔纳、赫马·弗里修斯和赫拉尔杜斯·墨卡托——都运用占星术，并且通过他们天球仪的制作来对其进行促进。

---

[92] 关于洪迪厄斯的球仪，参见 Van der Krogt, *Globi Neerlandici*。

[93] Robert Hues, *Tractaet: Ofte Handelinge van het Gebruijck der Hemelscher ende Aertscher Globe*, ed. and trans. Jodocus Hondius (Amsterdam, 1597), 书名页(我的斜体字)。

[94] John Davis, *The Seamans Secrets* (London: Thomas Dawson, 1595), pt. 2.

[95] Claudius Ptolemy, *Tetrabiblos*, ed. and trans. Frank Egleston Robbins (1940; reprinted Cambridge: Harvard University Press, 1964), 3.

[96] Lorch, "*Sphera Solida*," 156.

[97] Joseph Moxon, *A Tutor to Astronomy and Geography; or, An Easie and Speedy Way to Know the Use of Both the Globes, Coelestial and Terrestrial* (London, 1659, 1670, 1674, and 1686), 122-35. 我使用了1674年奉献给 Samuel Pepys 的版本的影印件(New York: Burt Franklin, 1968)。

图 6.11 来自施特夫勒作坊的天球仪

这一球仪于 1493 年制作于约翰内斯·施特夫勒的作坊。约翰内斯·施特夫勒，一名天文学家和仪器制作者，是蒂宾根大学（University of Tübingen）的数学教授。环绕球仪的金属网格有着占星术的目的，例如用于占星

原始尺寸：直径 49 厘米，高 107 厘米。由 Germanisches Nationalmuseum，Nuremberg（inv. no. WI 1261）提供照片。

占星术是理解约翰内斯·施特夫勒制作的天球仪的关键[98]。这一球仪之所以引人注目，是因为其上增加的用来确定给定出生地点和日期的宫的工具（图 6.11）。其用途简化了准备一场占星，或决定结婚的正确时间所需要的复杂计算。施特夫勒的球仪是为康斯坦茨主教丹尼尔·齐亨德尔（Daniel Zehender）制作的，后者当然在他的占星术兴趣方面并不是孤独的。这方面的一个卓越人物就是菲利普·梅兰克森（Philipp Melanchthon），他在蒂宾根研究，而施特夫勒自 1507 年之后在这里担任数学和天文学的教授。就像在很多场合所表达的谢意，在施特夫勒的影响下，梅兰克森除获得关于天文学、数学和地理学的知识之外，还获得了对占星术的强烈信仰[99]。在 1535 年至 1545 年间，梅兰克森进行了关于《占星四书》的演讲，同时他准备了这一于 1553 年出版的讲座的拉丁语译本，同时还有阿希姆·卡梅拉留斯（Joachim Camerarius）的希腊语的第二个版本[100]。在出版了大量占星术著作的约翰内斯·施特夫勒的帮助下，据说梅

---

[98] 参见附录 6.1，第 5 号，和 Günther Oestmann（with contributions by Elly Dekker and Peter Schiller），*Schicksalsdeutung und Astronomie：Der Himmelsglobus des Johannes Stoeffler von 1493*，exhibition catalog（Stuttgart：Württembergisches Landesmuseum，1993）。

[99] Oestmann，*Schicksalsdeutung und Astronomie*，8 and 18 n. 43.

[100] Ptolemy，*Tetrabiblos*，xi.

兰克森通过占星术选择了一个非常有利的时刻作为纽伦堡预科学校［后来的梅兰克森预科学校（Melanchthon Gymnasium）］的奠基时间，在那里朔纳自1526年之后担任数学教授[101]。同时，尽管没有文献证据证明梅兰克森基于占星术的目的而使用了一架球仪，但是他与如朔纳和墨卡托等球仪制作者如此熟悉，因此几乎难以想象他不会拥有一架或者更多他们制作的球仪。

占星术同样也是赫马·弗里修斯和赫拉尔杜斯·墨卡托天球仪的背景[102]。赫马通常被认为是一名数学家、天文学家或者地理学家。然而，在他的天球仪上，他按照顺序自称医生和数学家（*medicus ac mathematicus*）。他在医学方面的交往解释了为什么赫马在他的宇宙志球仪之后一年发布了一架基于占星术应用的天球仪[103]。按照宏观宇宙/微观宇宙的元素和体液理论，医学与占星术紧密地联系起来。同时，墨卡托遵循了赫马的例子。在两个球仪上，许多恒星的占星性质已经根据行星的相应性质来标明。赫马球仪上的占星术信息包括来自14 155
世纪阿拉伯传统的数据。与此相反，墨卡托使用的数据来源于同时代，例如由阿希姆·卡梅拉留斯编辑和出版的《占星四书》的希腊语版（1535年在纽伦堡第一次出版），以及希罗尼穆斯·卡达努斯［Hiëronymus Cardanus，吉罗拉莫·卡达诺（Girolamo Cardano）］的《日历的增补》（*De supplemento almanach*）（1538年在米兰第一次出版，1543年在纽伦堡重印）。除了占星术信息之外，宫以及它们与行星的关系都被表现在了墨卡托天球仪的地平线环上。很明显的是，墨卡托的天球仪极好地满足了一名占星术学习者的需要。

在占星术中对于行星位置的使用，需要恒星准确的位置，因为行星的位置由其与1颗或2颗恒星的距离所决定。基于这一原因，墨卡托的天球仪同样被认为要优于同时代的其他天球仪，这是因为除了最新的关于恒星和行星性质的信息之外，还有按照尼古劳斯·哥白尼在他的1543年《天体运行论》中发表的新的岁差理论所确定的恒星位置。在使用这一理论的球仪制作者中，墨卡托是最早的[104]。然后，不太令人奇怪的是，墨卡托的一位好朋友，数学家、地理学家以及超自然哲学家约翰·迪伊，对于他图书馆早在1555年就拥有"赫拉尔杜斯·墨卡托制作精良的两架球仪感到非常高兴，两架球仪上有着我的改良，是关于地理学和天体学的"[105]。这些"改良"到底是什么并不清楚，但它们很可能与占星术有关。1558年，迪伊被邀请到伊丽莎白一世女王的宫廷中服务，并且被要求用占星术为她的加冕礼计算出一个合适日期[106]。

占星术非常流行，并且不仅仅局限在贵族中。纽伦堡的公民，例如人文主义者洛伦茨·贝海姆（Lorenz Behaim）和维利巴尔德·皮克海默（Willibald Pirckheimer），同样对此有很大的兴趣。1517年，出于占星术的目的，贝海姆购买了一架印刷的天球仪和一本由约翰尼斯·朔纳撰写的与之配套的小册子，为此他支付了2.5荷兰盾[107]。约翰尼斯·朔纳和阿希姆·卡梅拉留

---

[101] Thorndike, *Magic and Experimental Science*, 5: 393.

[102] 参见附录6.1，编号35和58，以及Annelies van Gijsen, "De astrologie," in *Gerardus Mercator Rupelmundanus*, ed. Marcel Watelet (Antwerp: Mercatorfonds, 1994), 220－33。概述的一个法文版本就是Marcel Watelet, ed., *Gerard Mercator, cosmographe: Le temps et l'espace* (Antwerp: Fonds Mercator Paribas, 1994)。

[103] Elly Dekker, "Uncommonly Handsome Globes," in *Globes at Greenwich*, 87－136, esp. 87－91中讨论了赫马的天球仪。

[104] Elly Dekker, "Conspicuous Features on Sixteenth Century Celestial Globes," *Der Globusfreund* 43－44 (1995): 77－106（英语和德语），esp. 79－80。

[105] Wallis, "Globes in England," 271.

[106] Eric John Holmyard, *Alchemy* (1957; reprinted Harmondsworth: Penguin, 1968), 205.

[107] Hauschke, "Globen und Wissenschaftliche Instrumente," 365.

斯的活动之前已经提到过了。占星术感兴趣的证据在1566年由数学家和天文学家约翰尼斯·普拉托里乌斯以及金匠汉斯·埃匹希科菲（Hans Epischofer）制作的一对精美的镀金球仪上是很明显的（附录6.1，第75和76号）。这些球仪是内科医生梅尔基奥尔·艾雷尔（Melchior Ayrer）订购的一组仪器中的一部分，其购买是为了服务于他医疗职业对占星术的兴趣[108]。

宫廷中的球仪

在球仪的使用者中，最后但同样重要的就是可以买得起那些壮观和充满装饰的球仪的受众。"铜的、青铜的或银的球仪"，如同吉罗拉莫·鲁谢利在他翻译的托勒密《地理学指南》中所解释的，"这些是王公愿意拥有的，精美、耐久和稀有的，应当被镀金，应当对圆环、字母、国家的轮廓进行雕刻，然后应当镀金或者镀银"[109]。

在16世纪，这类球仪确实可以在贵族的柜子和有钱商人的珍宝柜中找到。最为著名的例子就是由乔治·罗尔（Georg Roll）和约翰·赖因霍尔德（Johann Reinhold）为布拉格（Prague）的鲁道夫二世（Rudolf Ⅱ）及其兄弟恩斯特大公（Archduke Ernst）制作的由机械驱动并且嵌有珐琅的球仪[110]。这些球仪由放置在一架较大的天球仪之下的一架小型地球仪构成，此外在环绕天球仪的子午线环顶部有着一架浑天仪或一件装饰品。鲁道夫的"艺术收藏室（Kunstkammer）"［这些"珍宝柜"（cabinets of curiousities）也被称为"Wunderkammern"］中的另外一件珍宝就是用机械驱动的由飞马拖着的一架银制天球仪，其是在1579年由格哈德·艾莫斯（Gerhard Emmoser）制作的[111]。罗尔和赖因霍尔德以及艾莫斯的球仪是一个机械制造传统中的一部分，而不是地图制作传统的一部分。因此制作这类精巧的球仪所需要的技巧属于宇宙志学者世界的边缘，而工匠通常从简单的模型中复制实际的地图。例如，罗尔和赖因霍尔德以及艾莫斯的球仪，就它们的地图而言，则复制自数学家弗朗索瓦·德蒙热内特制作的简单的印刷球仪，而弗朗索瓦·德蒙热内特在球仪制作领域并不处于顶尖的位置[112]。

这些过于精致的球仪的制作者中很多是金匠。尤其贵重的是由巴塞尔的施坦普费尔（图6.8）和苏黎世的亚伯拉罕·格斯纳（Abraham Gessner）（图6.12）制作的所谓的圣餐杯或用于饮用的球仪杯[113]。在格斯纳的球仪杯中，有16只被保存了下来。所有的圣餐
156 杯都是一架地球仪，由可以分开的两个半球组成，通常由代表了阿特拉斯的人物背着。这一地球仪上部的小浑天仪（或天球仪）让使用者想起了宇宙。

在本研究的时段，皇帝查理五世控制着欧洲的大部分地区，他对于科学的兴趣通过他对出

---

[108] *Focus Behaim Globus*, 2: 637 – 45.

[109] Stevenson, *Terrestrial and Celestial Globes*, 1: 153.

[110] *Prag um* 1600, 1: 562 – 63.

[111] *Prag um* 1600, 1: 552. 关于机械球仪，参见 Hans von Bertele, *Globes and Spheres* (Lausanne, 1961)。John H. Leopold, *Astronomen, Sterne, Geräte: Landgraf Wilhelm Ⅳ. und seine sich selbst bewegenden Globen* (Lucerne: J. Fremersdorf, 1986) 对机械球仪的发条齿轮装置进行了最为详细的讨论。

[112] 参见 Elly Dekker, "The Demongenet Tradition in Globe Making," in *Globes at Greenwich*, 69 – 74。

[113] 关于施坦普费尔和格斯纳，参见 Eva-Maria Lösel, *Zürcher Goldschmiedekunst: Vom 13. bis zum 19. Jahrhundert* (Zürich: Berichthaus, 1983), 42 – 53。关于施坦普费尔的球仪，参见附录6.1，第55号；关于格斯纳的球仪，参见附录6.1，第108—9、112—14、131、139、140、153、167—68和170—74号。

图 6.12 一只形状为地球仪的镀银杯子。这只杯子是在 1587 年由苏黎世的金匠亚伯拉罕·格斯纳制作的

原物尺寸：直径 18 厘米；当组合起来的时候，高 54 厘米。由 Kunsthistorisches Museum, Vienna (inv. no. KK 1182) 提供照片。

版彼得·阿皮亚的《御用天文学》(1540) 的资助展现了出来[114]。没有档案记载查理五世拥有非常奢侈的球仪，但似乎可能的是，他有一对墨卡托的球仪，而针对这对球仪，墨卡托已经撰写了一本题目为《对地球仪、天球仪和天文环中的显著优点的声明》("Declaratio insigniorum utilitatum quae sunt in globo terrestri, coelesti, et annulo astronomico") 的手册[115]。可以肯定的是，墨卡托为查理五世制作了一架小型地球仪，并且被纳入宏大的行星钟顶部的一架水晶天球仪中。后者是由乔瓦尼·贾内利 (Giovanni Gianelli) 制作的，他是来自米兰的一名钟表匠[116]。在一封 1554 年 8 月 23 日由墨卡托写给梅兰克森的信中，墨卡托诉说他如何带着这一球仪被查理五世征召到布鲁塞尔，他是如何钦佩由超过 700 个齿轮驱动的行星钟，以及他们如何讨论了如确定经 157
度等问题[117]。现在，我们只可以猜测贾内利的行星钟的细节。其可能属于 1555 年由菲利普·因莫斯 (Philipp Immser) 与艾莫斯合作制作的类型[118]。类似于施特夫勒的天球仪 (图 6.11)，位

[114] Schöner, *Mathematik und Astronomie*, 417.

[115] Averdunk and Müller-Reinhard, "Gerhard Mercator," 35 - 40, 以及 Robert W. Karrow, *Mapmakers of the Sixteenth Century and Their Maps: Bio-bibliographies of the Cartographers of Abraham Ortelius*, 1570 (Chicago: For the Newberry Library by Speculum Orbis Press, 1993), 376 - 406, esp. 384 - 85。

[116] Peter H. Meurer, "Ein Mercator-Brief an Philipp Melanchthon über seine Globuslieferung an Kaiser Karl V. im Jahre 1554," *Der Globusfreund* 45 - 46 (1997 - 98): 187 - 96. 在 Walter Ghim 的 *Vita Mercatoris* 中，据说墨卡托"受到皇帝的命令，制作两架小型球仪，其中一架是用最纯净的水晶制作的，另一架是木头的。在前者上，行星和更为重要的星座用钻石雕刻并嵌入了闪闪发光的黄金"。A. S. Osley, *Mercator: A Monograph on the Lettering of Maps, etc. in the 16th Century Netherlands with a Facsimile and Translation of His Treatise on the Italic Hand and a Translation of Ghim's* Vita Mercatoris (New York: Watson-Guptill, 1969), 183 - 94, esp. 186. 关于 Giovanni Gianelli, 参见 Stevenson, *Terrestrial and Celestial Globes*, 1: 135 - 36。

[117] Meurer, "Ein Mercator-Brief," 193.

[118] 菲利普·因莫斯制作的有着球仪的行星钟在 Vienna, Technisches Museum für Industrie und Gewerbe, inv. No. 11. 393。其由 Oestmann 在 *Schicksalsdeutung und Astronomie*, 31—34 中进行了描述。

于因莫斯机器上部的天球仪有着一个用于确定宫的结构。因莫斯，施特夫勒的学生，自 1531 直至 1557 年在蒂宾根担任数学和天文学的教授，最初他的行星钟是意图为有着占星术头脑的普法尔茨格拉夫·奥托海因里希（Pfalzgraf Ottheinrich）制作的。然而，在钟表完成之前，公爵就去世了，因此其最终被费迪南德一世皇帝（Emperor Ferdinand I），查理五世的兄弟购得。

还曾制作过非常巨大的球仪。一架制作于 1502 年的黄铜天球仪直径达到了 69 厘米，其出处并不清楚[119]。然而，16 世纪最大的球仪，是一架直径刚好超过 2 米，被认为是由来自佛罗伦萨的伊尼亚齐奥·丹蒂制作的地球仪，制作的时间为 1567 年之后[120]。其依然装饰着科西莫·德美第奇一世大公的旧宫（Palazzo Vecchio）中的新衣帽间，这也是为他而制作的。但是，不是所有巨大球仪的制作都有着宫廷背景。由菲利普·阿皮亚和海因里希·阿布罗斯（Heinrich Arboreus）分别于 1576 年和 1575 年制作的地球仪和天球仪，直径各为 76 厘米，其目的是于 1576 年用来装饰阿尔布雷克特五世公爵（Duke Albrecht V）新建造的图书馆[121]。此外，图版 5 显示的圣加仑球仪，直径为 121 厘米，是在 1595 年由修道院院长伯恩哈德二世（Bernhard II）为他在圣加仑的修道院订购的。

作为符号象征的球仪

在他的经典著作《球体、球仪、皇权金球》（*Sphaira*, *Globus*, *Reichsapfel*）中，施拉姆（Schramm）展示，在古代，球仪作为宇宙的一种象征符号，并被用来作为神，尤其是宙斯（Zeus）的象征。用其对罗马皇帝们进行描述，由此表达他们世界范围的权力和他们神圣的愿望。这一非基督教的帝王球体通过在其顶部放上一个十字架而转化为一种基督教的真实符号。如同很多绘画表明的，基督教的球体由圣父（God the Father）和基督所承载。其同样成为神圣罗马帝国皇帝的主要象征。这一帝王球体，或者皇权金球（Reichsapfel），如同在文艺复兴时期所熟知的那样，依然呈现了中世纪附加于其上的符号象征价值，尽管对其的使用不再局限于罗马皇帝。

尽管文艺复兴时期，球仪与权力之间的联系大致遵循着在之前世纪中已经建立的模式，但世界的实际图景已经被极大地改变了。探险航海以及人文主义运动不仅创造了一种观察世界的新方式；而且其还改变了思考世间权力的习惯模式。新大陆的发现带来了新的动物和植物群落，同时在炎热地带发现了确实生活在那里的新的和陌生的民族，这一地带被古代哲学家认为是不适合居住和失控的。了解这些新区域和发现它们贸易的范围，成为商人投资的一个有价值的目标。了解新的人群以及理解生命在世界边缘是如何延续的，成为王侯和学者渴望的目标。所有这些恰好迎合了由人文主义运动开启的另外一个新世界的模式。因而开始产生一种新的文化，在其中球仪脱颖而出，在各个层面上成为一种象征符号。其导致了类似于佛罗伦萨的科西莫公爵等建造的稀奇古怪的建筑，佛罗伦萨的科西莫公爵按照乔治·瓦萨里的观点，"希望将天空和地球的所有这些事物都整合在一起，并且绝对正确没有错误，因而可以按照那些乐于这一最

---

[119] 参见附录 6.1，第 7 号，和 Adolphe Chapiro, Chantal Meslin-Perrier, and Anthony John Turner, *Catalogue de l'horlogerie et des instruments de précision*: *Du debut du XVIe au milieu du XVIIe siècle* (Paris, 1989), 116 – 21。

[120] 参见附录 6.1，第 78 号，和 Stevenson, *Terrestrial and Celestial Globes*, 1: 158 – 63。

[121] Alois Fauser, *Ältere Erd- und Himmelsgloben in Bayern* (Stuttgart: Schuler Verlagsgesellschaft, 1964), 48 – 51 and figs. 5 and 6；也可以参见 Alois Fauser, *Kulturgeschichte des Globus* (Munich: Schuler Verlagsgesellschaft, 1973), 84 – 91。

美丽的职业［宇宙志］并研究它的人的兴趣，单独或者整体上对它们进行观察和测量”[122]。

正是在这一背景下，必须理解在艺术上将球仪作为一种权力和学识以及航海的象征性符号的广泛应用。这点同样也适用于解释球仪在王侯的和资产阶级收藏者的柜子、在很多意大利的书房（*studiolo*）以及在很多大学的图书馆中的广泛存在[123]。相反地，其创造了一个全新的为学生、学者制作印刷球仪，以及为有钱人制作昂贵的手绘球仪的市场。这解释了为什么文艺复兴时期艺术家对于球仪制作的贡献可以被认为紧随传统地图和仪器制造者的成功。他 158
们共同站在今天依然繁荣的一个全新的工业基础之上。

文艺复兴的球仪：物化的人文主义

尽管萨克罗博斯科《球体》的各个版本在16世纪依然很常见，但其流行程度已经不如在中世纪[124]。随着越来越多人感觉到了托勒密《地理学指南》的翻译和航海大发现带来的冲击，其他有着地理学和航海细节的专著变得更为突出。彼得·阿皮亚的《宇宙志》只是新一代大学教科书中的一个例子。可旋转的纸制轮盘，或者有着活动部分的工作插图，构成了阿皮亚著作如此生动的一个部分，并在后续版本中由赫马·弗里修斯增加了很多，成为这种新教科书的一个常见的部分。在确定地球上某一地点的经纬度中天文现象的重要性，鼓励了仪器的设计和使用。即使文艺复兴时期最为偏于地理学的宇宙志著作，也就是塞巴斯蒂亚诺·明斯特的著作，依然证明了这一点。

这一发展的结果就是，尽管新专著的主要内容与萨克罗博斯科的《球体》相差无几，但是它们，首先对于科学有着更好的感觉，其次，它们的内容被数量更多的人理解。同样，对于旧有问题的新的解决方法——例如由约翰尼斯·维尔纳（Johannes Werner）（1514）提出的确定月亮距离的方法和由赫马·弗里修斯（1530）提出的使用钟表确定经度的方法——以及新的仪器，被增加到那些已经知道的方法中。球仪的制作和使用当然在这方面是有促进作用的。如果朔纳的下述评价是正确的话，即宇宙志和仪器制作毫无疑问是在康拉德·策尔蒂斯的圈子中教授数学时两个最为重要的主题的话，那么球仪的制作很可能应当被解释为是物化的人文主义[125]。尽管这一关于人文主义运动的论断可能似乎有所夸大，但是在这一运动中成为领头者的专业人士通过两种方式将他们自己区别开来：或者他们精通数学，因而完全可以将相关知识应用到实际，或者他们可以制作复杂的仪器和模型。16世纪是一个宇宙志的世纪，在这一世纪中绝大多数的努力都直接朝向理解从古代遗留到中世纪的那些东西。同时，所有宇宙志学者将同意休斯的下述观点：“我认

---

[122] Giorgio Vasari, *Lives of the Painters, Sculptors and Architects*, 2 vols., trans. Gaston du C. de Vere, intro. and notes David Ekserdjian (London: David Campbell, 1996), 2: 893.

[123] David Woodward, *Maps as Prints in the Italian Renaissance: Makers, Distributors & Consumers* (London: British Library, 1996), esp. 75–102.

[124] Francis R. Johnson, "Astronomical Text-Books in the Sixteenth Century," in *Science Medicine and History: Essays on the Evolution of Scientific Thought and Medical Practice Written in Honour of Charles Singer*, 2 vols., ed. Edgar Ashworth Underwood (London: Oxford University Press, 1953), 1: 285–302.

[125] Schöner, *Mathematik und Astronomie*, 257.

为证明一架球仪是最合适以及最易于表达天空和地球的形象是非常多余的，因为其与自然最为适合，也最容易被理解，也因完美而被拥有。”[126]

在16世纪，占星术依然是天文学的一个至关重要的部分，而天文学特别感觉到了获得恒星和行星准确位置的需求。由于这些原因，球仪制作者，始于赫拉尔杜斯·墨卡托，很快应用了哥白尼在1543年的《天体运行论》中发表的关于岁差的新观点。这强化了戈德斯坦（Goldstein）的观点，即在16世纪，“星空的运动在天文学领域是一个被公认的问题，然而地心说则不是”[127]。然而，如果将对哥白尼星空理论的使用看成球仪制作者遵照哥白尼关于世界整体的日心说的一个迹象的话，那么是错误的。

位于常见的托勒密球仪背后的概念的混合，只是在18世纪才受到攻击。正如乔治·亚当斯（George Adams）写到的：“尽管球仪曾经被认为是传达天文学和地理学一般概念的最好工具，然而，它们通常被用一种必然让初学者感到困惑和混乱的方式固定，同时提供给他的思想是完全错误的，并且与事物的性质是相反的。”[128] 尤其是普通球仪的设计，其是在文艺复兴时期确立的，已经受到了批评，因为按照定义

> 每个地点通常位于其地平线的天顶，同时地点和地平线通常一起移动；但是在普通的球仪上，在某一位置上，宽大的纸环是唯一的地平线，即，当地点在天顶的时候；在已经按照纬度矫正了球仪之后，你移动球仪时，宽大的纸环就不再是地平线了……好像这增加了混淆，一个圆圈布置在地球仪上来表示黄道，并且如此使用以解决普通球仪上存在的问题，尽管其使学生陷入大量的荒谬之中：因而已经在黄
> 159 道上标出了太阳的位置，同时按照纬度矫正了球仪，然后转动球体，由此太阳和地球一起有着一个日运动[129]。

这一批评标志着托勒密球仪设计传统衰落的开始。但是在它让路给现代球仪之前还需要一个世纪的时间，现代的球仪符合哥白尼的假说，即太阳是宇宙的中心，而通过地球环绕其自身地轴的转动解释了日运动[130]。这一延迟的原因是清楚的：对于理解一个可视世界而言，一架基于地心说的球仪是完美的。即使哥白尼也经常牢记在心的是

> 对于生于地球上的我们而言，太阳和月亮在移动，同时星辰巡行返回，然后再次消失在我们的视线中[131]。

---

[126] Hues, *Tractatus de globis et eorumusu*, 16.

[127] Bernard R. Goldstein, "Historical Perspectives on Copernicus's Account of Precession," *Journal for the History of Astronomy* 25 (1994): 189 –97, esp. 189.

[128] George Adams, *Lectures on Natural and Experimental Philosophy, Considered in It's* [sic] *Present State of Improvement: Describing, in a Familiar and Easy Manner, the Principal Phenomena of Nature; and Shewing, That They All Co-operate in Displaying the Goodness, Wisdom, and Power of God*, 5 vols. (London: R. Hindmarsh, 1794), 4: 197.

[129] Adams, *Natural and Experimental Philosophy*, 4: 198 –99.

[130] Elly Dekker, "The Copernican Globe: A Delayed Conception," *Annals of Science* 53 (1996): 541 –66.

[131] Nicolaus Copernicus, *On the Revolutions*, ed. Jerzy Dobrzycki, 由 Edward Rosen 翻译和注释 (London: Macmillan, 1978), 51。

附录6.1 1300年至1600年欧洲制作的球仪和球仪贴面条带的列表 160

球仪，作者[a]	时间[b]	M/P[c]	尺寸（厘米）[d]	地点[e]	参考文献[f]
1. Celestial, anonymous	Ca. 1325	M	27	Bernkastel-Kues, St. Nikolaus Hospital (Cusanusstift)	Hartmann (1919), 28–40; *Focus Behaim Globus* (1992), 2:508–9
2. Celestial, anonymous	Ca. 1450	M	17	Bernkastel-Kues, St. Nikolaus Hospital (Cusanusstift)	Hartmann (1919), 42–50; *Focus Behaim Globus* (1992), 2:509
3. Celestial, Hans Dorn	1480	M	40	Cracow, Museum of the Uniwersytetu Jagiellońskiego	Ameisenowa (1959); Zakrzewska (1965), 7–8
4. Terrestrial, Martin Behaim	1492	M	51	Nuremberg, Germanisches Nationalmuseum	Ravenstein (1908); *Focus Behaim Globus* (1992), 1:173–308 and 2:745–46; see also fig. 6.4
5. Celestial, Johannes Stöffler	1493	M	49	Stuttgart, Württembergisches Landesmuseum	*Focus Behaim Globus* (1992), 2:516–18; Oestmann (1993b); see also fig. 6.11
6. Terrestrial (Laon globe), anonymous	Ca. 1500	M	17	Paris, precise location unknown	Stevenson (1921), 1:51–52; Raemdonck (1968), 11
7. Celestial, anonymous	1502	M	69	Ecouen, Musée National de la Renaissance Château d'Ecouen	Duprat (1973), no. 210; Chapiro, Meslin-Perrier, and Turner (1989), 116–21
8. Terrestrial gores, Martin Waldseemüller	Ca. 1507	P	12	Munich, Bayerische Staatsbibliothek; Minneapolis, University of Minnesota, James Ford Bell Library	Shirley (2001), 28–29 (no. 26); see also fig. 6.5
9. Terrestrial (Hunt-Lenox globe), anonymous	Ca. 1510	M	13	New York Public Library	Stevenson (1921), 1:73–74; Yonge (1968), 81 and 82
10. Terrestrial (Jagiellonian globe), anonymous	Ca. 1510	M	7.3	Cracow, Museum of the Uniwersytetu Jagiellońskiego	Stevenson (1921), 1:74–75; Zakrzewska (1965), 8–9; *Focus Behaim Globus* (1992), 2:668–70
11. Terrestrial gores, Louis Boulengier	Ca. 1514	P	11	New York Public Library	Shirley (2001), 43 (no. 38)
12. Celestial gores, Johannes Schöner	Ca. 1515	P	28	Washington, D.C., Library of Congress	See fig. 6.6
13. Terrestrial, Johannes Schöner	Ca. 1515	P	28	Frankfurt, Historisches Museum; Weimar, Herzogin Anna Amalia Bibliothek	Kratzsch (1984), 6 and 16–17; Dolz (1994), 10–13; Glasemann (1999), 13–14
14. Terrestrial, Johannes Schöner	1520	M	87	Nuremberg, Germanisches National-museum	*Focus Behaim Globus* (1992), 2:673–74
15. Terrestial, Nicolaus Leopold of Brixen	1522	M	37	Present location unknown	Oberhummer (1926); Muris and Saarmann (1961), 73–76
16. Celestial, Nicolaus Leopold of Brixen	1522	M	37	Present location unknown	Oberhummer (1926); Muris and Saarmann (1961), 73–76
17. Celestial, anonymous	Ca. 1525	M	11	Private collection	Brink and Hornbostel (1993), 152

161

续表

球仪，作者[a]	时间[b]	M/P[c]	尺寸（厘米）[d]	地点[e]	参考文献[f]
18. Terrestrial (Green globe), anonymous	Ca. 1525	M	25	BNF	Stevenson (1921), 1:76–77; Duprat (1973), no. 211
19. Celestial (after Johannes Schöner), anonymous	Ca. 1525	M	17.5	Paris, Bibliothèque Sainte-Geneviève	Duprat (1973), no. 110 (attributes the globe incorrectly to Oronce Fine and dates it 1553); Dekker (1999b)
20. Terrestrial gores, Peter Apian	Ca. 1527	P	10.5	BNF	Shirley (2001), 50 (no. 43); Finsterwalder (1998)
21. Terrestrial, Robert de Bailly	1530	M	14	New York, Pierpont Morgan Library	Stevenson (1921), 1:105–6; Yonge (1968), 4–5
22. Celestial, Caspar Vopel	1532	M	28	Cologne, Kölnisches Stadtmuseum	Zinner (1967), 578
23. Terrestrial, Johannes Schöner	Ca. 1533	P	28	Weimar, Herzogin Anna Amalia Bibliothek	Kratzsch (1984), 6 and 18–19
24. Celestial, Johannes Schöner	Ca. 1533	P	28	Weimar, Herzogin Anna Amalia Bibliothek; London, Royal Astronomical Society (on loan to the Science Museum)	Kratzsch (1984), 6 and 20–21; *Focus Behaim Globus* (1992), 2:524–25; Lamb and Collins (1994), 20
25. Celestial (probably originally part of clockwork-driven armillary sphere), attributed to workshop of Julien and Guillaume Coudray and Jean Du Jardin	1533	M	26	Montreal, Stewart Museum	Dahl and Gauvin (2000), 38–42 and 152–53
26. Terrestrial gores, anonymous	Ca. 1535	P	35	Stuttgart, Württembergische Landesbibliothek, Nicolai Collection	Van der Krogt (1985–86), 111; Shirley (2001), 79–81 (no. 71)
27. Terrestrial (gilt globe), anonymous	Ca. 1535	M	22	BNF	Muris and Saarmann (1961), 109–10; Duprat (1973), no. 212; Fauser (1973), 64–67
28. Terrestrial (wooden globe), anonymous	Ca. 1535	M	21	BNF	Duprat (1973), no. 213
29. Terrestrial (Nancy globe), anonymous	Ca. 1535	M	15	Nancy, Musée Historique Lorrain	Stevenson (1921), 1:101–2; Duprat (1973), no. 209
30. Terrestrial (*marmor* [marble] globe), anonymous	Ca. 1535	M	12	Gotha, Schloßmuseum	Horn (1976), 13–18
31. Celestial, Caspar Vopel	1536	P	29	Cologne, Kölnisches Stadtmuseum	Dekker (1995), 95
32. Terrestrial, Caspar Vopel	1536	P	29	Tenri, Tenri Central Library	Shirley (2001), 82 (no. 73); Kawamura, Unno, and Miyajima (1990), 177
33. Terrestrial gores (fragment), Caspar Vopel	1536	P	29	Bath (UK), The American Museum in Britain	Shirley (2001), 82–83 (no. 74)

续表　162

球仪，作者[a]	时间[b]	M/P[c]	尺寸（厘米）[d]	地点[e]	参考文献[f]
34. Cosmographic, Gemma Frisius, Gaspard van der Heyden, and Gerardus Mercator	Ca. 1536	P	37	Vienna, Collection of Rudolf Schmidt (on loan to the Österreichsische Nationalbibliothek)	Van der Krogt (1993), 53–55 and 410–11; Wawrik and Hühnel (1994), 14–16
35. Celestial, Gemma Frisius, Gaspard van der Heyden, and Gerardus Mercator	1537	P	37	London, National Maritime Museum	Van der Krogt (1993), 55–57 and 411–12; Dekker (1999a), 87–91 and 341–42
36. Celestial gores, Georg Hartmann	1538	P	20	Munich, Bayerische Staatsbibliothek; Stuttgart, Württembergische Landesbibliothek, Nicolai Collection	Fauser (1964), 97; Van der Krogt (1985–86), 104
37. Celestial gores (after Caspar Vopel)	Ca. 1540	P	28	Stuttgart, Württembergische Landesbibliothek, Nicolai Collection	Van der Krogt (1985–86), 112
38. Terrestrial (crystal, part of a triumphal column attributed to Giulio Romano)	Ca. 1540	M	Ca. 5	Florence, Museo degli Argenti	Soly (1999), 488
39. Cosmographic, Gerardus Mercator	1541	P	42	London, National Maritime Museum	Raemdonck (1968); Van der Krogt (1993), 62–67 and 413–15; Dekker (1999a), 91–95 and 412–13; see also fig. 6.10
40. Terrestrial (part of an armillary sphere by Caspar Vopel)	1541	P	7	Washington, National Museum of American History	Stevenson (1921), 1:113; Zinner (1967), 579; not recorded in Yonge
41. Terrestrial (part of an armillary sphere by Caspar Vopel)	1541	P	7	London, Science Museum	Zinner (1967), 579
42. Terrestrial (part of an armillary sphere by Caspar Vopel)	1542	P	7	UK, Private collection	Lamb and Collins (1994), 80
43. Terrestrial gores, Alonso de Santa Cruz	1542	M	Parchment sheets; 79 × 144 overall	Stockholm, Kungliga Biblioteket, Sveriges Nationalbibliotek	Stevenson (1921), 1:121–22
44. Terrestrial, Eufrosino della Volpaia	1542	M	39	New York Historical Society	Stevenson (1921), 1:117–20; Yonge (1968), 62
45. Terrestrial, Caspar Vopel	1542	P	29	Cologne, Kölnisches Stadtmuseum	Private communication
46. Terrestrial (part of an armillary sphere by Caspar Vopel)	1543	P	7	Copenhagen, Nationalmuseet	Kejlbo (1995), 43–47 and 208–9
47. Terrestrial (part of an armillary sphere by Caspar Vopel)	1543	P	7	Washington, D.C., Library of Congress	Yonge (1968), 99

163

续表

球仪，作者[a]	时间[b]	M/P[c]	尺寸（厘米）[d]	地点[e]	参考文献[f]
48. Terrestrial, Caspar Vopel	1544	P	28	Salzburg, Carolino Augusteum Salzburger Museum für Kunst und Kulturgeschichte	Allmayer-Beck (1997), 141–42 and 353
49. Terrestrial (part of an armillary sphere by Caspar Vopel)	1544	P	7	Formerly in the collection of Jodoco Del Badia of Florence; present location unknown	Stevenson (1921), 1:115–16
50. Terrestrial (part of an armillary sphere by Caspar Vopel)	1545	P	7	Munich, Deutsches Museum	Fauser (1964), 137
51. Celestial, Jacob Rabus	1546	M	17	Harburg, Fürstl. Oettingen-Wallerstein'sche Sammlung	Fauser (1964), 119
52. Celestial gores, Georg Hartmann	1547	P	8.4	Munich, Bayerische Staatsbibliothek; Stuttgart, Württembergische Landesbibliothek, Nicolai Collection	Fauser (1964), 97; Van der Krogt (1985–86), 104
53. Terrestrial gores, Georg Hartmann	1547	P	8.4	Stuttgart, Württembergische Landesbibliothek, Nicolai Collection	Van der Krogt (1985–86), 103–4; Shirley (2001), 79 and 82 (no. 72)
54. Terrestrial, French, anonymous	Ca. 1550	M	12	London, National Maritime Museum	Dekker (1999a), 100–101 and 200–201
55. Cosmographic globe-cup, Jakob Stampfer	Ca. 1550	M	14	Basel, Historisches Museum	Kish (1969–71); Nagel (1995); Lösel (1983), 295e; see also fig. 6.8
56. Celestial and terrestrial (part of clockwork-driven armillary sphere by Pierre de Fobis)	Ca. 1550	M	C = 15.5 T = 8	Formerly Rothschild Collection; exhibited in Vienna, Kunsthistorisches Museum, Kunstkammer	King and Millburn (1978), 76–77; Allmayer-Beck (1997), 136 and 333; Christie, Manson and Woods (1999), 304–8; Kugel (2002), 144–51
57. Terrestrial (Lécuy or Rouen globe), anonymous	Ca. 1550	M	25.5	BNF	Duprat (1973), no. 214; for the date, see Dörflinger (1973), 95–96
58. Celestial, Gerardus Mercator	1551	P	42	London, National Maritime Museum	Raemdonck (1968); Van der Krogt (1993), 67 and 413–15; Dekker (1999a), 91–95 and 413–15
59. Terrestrial gores, François Demongenet	1552	P	Ca. 9	New York Public Library	Stevenson (1921), 1:147–48; Yonge (1968), 90; Shirley (2001), 106 (no. 93)
60. Celestial gores, François Demongenet	1552	P	Ca. 9	New York Public Library	Stevenson (1921), 1:147–48; Yonge (1968), 90
61. Terrestrial, Jacques de la Garde	1552	M	12	London, National Maritime Museum	Dekker (1999a), 199–200

续表 164

球仪，作者[a]	时间[b]	M/P[c]	尺寸（厘米）[d]	地点[e]	参考文献[f]
62. Terrestrial globe, attributed to Jacques de la Garde	Ca. 1552	M	6.2	Present whereabouts unknown	Kugel (2002), 46–49
63. Celestial (part of a planetary clock), Philipp Immser	1554/61	M	18	Vienna, Technisches Museum	Oestmann (1993b), 31–34; Allmayer-Beck (1997), 338
64. Celestial, Tilemann Stella	1555	P	28	Weissenburg, Römermuseum	Dekker (1995), 96
65. Terrestrial gores, Antonio Floriano	Ca. 1555	P	26	Rotterdam, Maritiem Museum	Van der Krogt (1984), 125–26
66. Terrestrial, Paolo Forlani	Ca. 1560	M	10	Cambridge, Whipple Museum of the History of Science	Dekker and Van der Krogt (1993), 20–21
67. Terrestrial gores, François Demongenet	Ca. 1560	P	8	Stuttgart, Württembergische Landesbibliothek, Nicolai Collection	Van der Krogt (1985–86), 107–8; Shirley (2001), 120–21 (no. 105)
68. Terrestrial, François Demongenet	Ca. 1560	P	8	Rome, Museo Astronomico e Copernicano	Calisi (1982), 70
69. Celestial gores, François Demongenet	Ca. 1560	P	8	Stuttgart, Württembergische Landesbibliothek, Nicolai Collection; Vienna, Collection Rudolf Schmidt	Van der Krogt (1985–86), 109; private communication
70. Celestial, François Demongenet	Ca. 1560	P	8	Rome, Museo Astronomico e Copernicano	Calisi (1982), 69
71. Terrestrial (part of a table clock), Jean Naze	Ca. 1560	M	6.5	Kassel, Staatliche Kunstsammlungen Kassel	Kummer (1983), 55; Mackensen (1982), 150–51
72. Terrestrial of Erik's "Reichsapfel," Cornelis Verweiden	1561	M	Not known	Stockholm, Kungliga Slottet, Husgeråds-kammaren	Schramm (1958), 145
73. Celestial (part of a planetary clock), Eberhard Baldewein and Hermann Diepel	1561/2	M	24	Kassel, Staatliche Kunstsammlungen Kassel	Leopold (1986), 61–64; Mackensen (1982), 118–21
74. Celestial, Johannes Prätorius	1565	M	28	Vienna, Sammlung des Fürsten von Lichtenstein	Allmayer-Beck (1997), 165, 166, and 345
75. Terrestrial, Johannes Prätorius and Hans Epischofer	1566	M	28	Nuremberg, Germanisches Nationalmuseum	*Focus Behaim Globus* (1992), 2:638–40
76. Celestial, Johannes Prätorius and Hans Epischofer	1566	M	28	Nuremberg, Germanisches Nationalmuseum	*Focus Behaim Globus* (1992), 2:637–38
77. Celestial (part of planetary clock), Eberhard Baldewein and Hermann Diepel	1566/7	M	29	Dresden, Staatlicher Mathematisch-Physikalischer Salon	Leopold (1986), 65–70

165

续表

球仪，作者[a]	时间[b]	M/P[c]	尺寸（厘米）[d]	地点[e]	参考文献[f]
78. Terrestrial, Egnazio Danti	1567	M	204	Florence, Palazzo Vecchio	Del Badia (1881); Muris and Saarmann (1961), 145
79. Terrestrial, Johannes Prätorius	1568	M	28	Dresden, Staatlicher Mathematisch-Physikalischer Salon	Dolz (1994), 19–21
80. Terrestrial globe inside a (clockwork) celestial globe by Christian Heiden	1570	M	T = 10.5 C = 9	Vienna, Schatzkammer des Deutschen Ordens	Leopold (1986), 76–85
81. Terrestrial, Francesco Basso	1570	M	56	Turin, Biblioteca Nazionale	Muris and Saarmann (1961), 145
82. Terrestrial globe, anonymous	Ca. 1570	M	12	Private collection	Dekker and Van Laere (1997), 13–14 (1.10); Dekker (1999a), 70, table 7.1, PCI; Kugel (2002), 50–55
83. Terrestrial globe, anonymous	Ca. 1570	M	12	Present whereabouts unknown	Dekker (1999a), 70, table 7.1, PCII
84. Terrestrial, Giulio Sanuto and Livio Sanuto	Ca. 1570	P	69	Berlin, Staatsbibliothek	Dekker and Van der Krogt (1993), 32; Woodward (1987)
85. Celestial, Giovanni Antonio Vanosino	Ca. 1570	M	95	Vatican City, Vatican Museum	Hess (1967), 407–8; *Manoscritti cartografia* (1981), 61; Dekker (1999a), 72–73
86. Celestial (part of the Strassbourg clock), Isaac Habrecht (I)	1570	M	86	Strasbourg, Musée des Beaux-Arts	Beyer, Bach, and Muller (1960); Oestmann (1993a), 92–97 and pls. 23–24
87. Celestial globe, attributed to Vicenzo de' Rossi	Ca. 1570	M	12	Present whereabouts unknown	Kugel (2002), 30–32
88. Terrestrial (part of an armillary sphere), Josiah Habrecht	1572	M	5	Copenhagen, Nationalmuseet	Kejlbo (1995), 72–75 and 190–91
89. Celestial (clockwork is lost), Eberhard Baldewein	1574/75	M	14	Vienna, Kunsthistorisches Museum, Kunstkammer	Leopold (1986), 88–92; Allmayer-Beck (1997), 324; Kugel (2002), 152–57
90. Celestial (with clockwork), Eberhard Baldewein	1575	M	33	London, British Museum (loan from a private collection)	Leopold (1986), 93–102
91. Celestial, Christoph Schissler	1575	M	42	Sintra, Palácio Nacional	Reis (1990)
92. Celestial, anonymous	1575	M	71	Rome, Biblioteca Nazionale Centrale	Fiorini (1899), 187
93. Celestial globe, anonymous	Ca. 1575	M	Not known	Angers, Museé d'Angers	Private communication
94. Terrestrial, anonymous	1575	M	71	Rome, Biblioteca Nazionale Centrale	Fiorini (1899), 187
95. Cosmographic (St. Gallen globe), anonymous	Ca. 1575	M	121	Zurich, Schweizerisches Landesmuseum	Grenacher (1961); Fauser (1973), 96 and 99; see also plate 5

续表 166

球仪，作者[a]	时间[b]	M/P[c]	尺寸（厘米）[d]	地点[e]	参考文献[f]
96. Celestial, Heinrich Arboreus	1575	M	76	Munich, Bayerische Staatsbibliothek	Fauser (1964), 50–51; Fauser (1973), 88–91; Wolff (1989)
97. Terrestrial, Philipp Apian	1576	M	76	Munich, Bayerische Staatsbibliothek	Fauser (1964), 48–49; Fauser (1973), 84–87; Wolff (1989)
98. Terrestrial gores, Mario Cartaro	1577	P	16	Chicago, Newberry Library	Shirley (2001), 160–61 (no. 137)
99. Terrestrial, Mario Cartaro	1577	P	16	Rome, Museo Astronomico e Copernicano	Calisi (1982), 70
100. Celestial, Mario Cartaro	1577	P	16	Florence, Istituto e Museo di Storia della Scienza; Rome, Museo Astronomico e Copernicano	Calisi (1982), 70 and 72; Miniati (1991), 42; Dekker (2004), 118–20
101. Celestial (with clockwork), Gerhard Emmoser	1579	M	14	New York, Metropolitan Museum of Art	Leopold (1986), 104–11
102. Celestial globe, anonymous	1579	M	44	Milan, Museo Bagatti Valsecchi	Private communication
103. Cosmographic (Murad III), attributed to workshop of Gerardus Mercator	1579	M	30	Private collection; present whereabouts unknown	Christie, Manson and Woods (1991)
104. Celestial (Murad III), attributed to workshop of Gerardus Mercator	1579	M	30	Private collection; present whereabouts unknown	Christie, Manson and Woods (1991)
105. Terrestrial globe, anonymous	1579	M	44	Milan, Museo Bagatti Valsecchi	Private communication
106. Terrestrial, anonymous (formerly attributed to Hans Reimer)	Ca. 1580	M	2.5	Munich, Schatzkammer der Residenz	Fauser (1964), 120–21; Fauser (1973), 92–95
107. Celestial, anonymous (formerly attributed to Hans Reimer)	Ca. 1580	M	2.5	Munich, Schatzkammer der Residenz	Fauser (1964), 121; Fauser (1973), 92–95
108. Terrestrial globe-cup with a small armillary sphere on top, Abraham Gessner	Ca. 1580	M	17	Present whereabouts unknown	Schmidt (1977), 18–20; Lösel (1983), 196–97p; Kugel (2002) 60–67
109. Terrestrial globe-cup with a small armillary sphere, attributed to Abraham Gessner	Ca. 1580	M	18.5	Copenhagen, Nationalmuseet	Kejlbo (1995), 103, 105–8, 188–89; Lösel (1983), 1960
110. Terrestrial, anonymous	Ca. 1580	M	24	Darmstadt, Hessisches Landesmuseum	Kummer (1980), 99–101
111. Terrestrial globe, anonymous	Ca. 1580	M	2.5	Present whereabouts unknown	Kugel (2002), 56–59

167

续表

球仪，作者[a]	时间[b]	M/P[c]	尺寸（厘米）[d]	地点[e]	参考文献[f]
112. Terrestrial globe-cup with a small armillary sphere by Abraham Gessner	Ca. 1580	M	Height, 41.5	Nancy, Musée Lorrain	Lösel (1983), 198z
113. Terrestrial globe-cup (small sphere missing) by Abraham Gessner	Ca. 1580 (a plate underneath the pedestal has 1569 engraved on it)	M	Height, 35; diameter, 15	London, British Museum	Lösel (1983), 198a1
114. Terrestrial globe-cup with a small armillary sphere by Abraham Gessner	Ca. 1580	M	17	Genève, Musée de l'Histoire des Sciences	Kugel (2002), 72
115. Celestial globe (with clockwork), attributed to Johann Reinhold	Ca. 1580	M	21	Present whereabouts unknown	Kugel (2002), 158–165
116. Celestial globe (part of an armillary sphere), anonymous	Ca. 1580	M	13.5	Nuremberg, Germanisches Nationalmuseum	*Focus Behaim Globus* (1992), 2:549; Dekker (1999a), 74 n.16
117. Celestial globe, anonymous	Ca. 1580	M	17	Present whereabouts unknown	Kugel (2002), 32–34
118. Celestial (with clockwork), anonymous	Ca. 1580	M	24	Darmstadt, Hessisches Landesmuseum	Kummer (1980), 101–3
119. Celestial, anonymous	Ca. 1580	M	51	Kaiserslautern, Pfalzgalerie	Kummer (1992), 110–11
120. Celestial (with clockwork) by Jost Bürgi	1582	M	23	Paris, Conservatoire National des Arts et Métiers (CNAM)	Duprat (1973), no. 41; Leopold (1986), 125–35
121. Celestial (with clockwork) and terrestrial, Johann Reinhold and Georg Roll	1584	M	C = 21 T = 9	Vienna, Kunsthistorisches Museum, Kunstkammer	King and Millburn (1978), 83–84; *Prag um 1600* (1988), 1:562–63; Allmayer-Beck (1997), 136 and 348
122. Celestial (with clockwork), Johann Reinhold and Georg Roll	1584	M	Not known	London, Victoria and Albert Museum	King and Millburn (1978), 84; *Prag um 1600* (1988), 562
123. Celestial (with clockwork) and terrestrial, Johann Reinhold and Georg Roll	Ca. 1584	M	C = 21 T = 9	St. Petersburg, State Hermitage Museum	*Prag um 1600* (1988), 562
124. Celestial, attributed to Giovanni Battista Fontana	Ca. 1585	P	18	Innsbruck, Schloß Ambras	Dekker (1995), 97; Allmeyer-Beck (1997), 333

续表 168

球仪，作者[a]	时间[b]	M/P[c]	尺寸（厘米）[d]	地点[e]	参考文献[f]
125. Terrestrial gores, attributed to Gerard de Jode	Ca. 1585	P	73.5	BNF	Shirley (2001), 176–78 (no. 156); Van der Krogt (1993), 253–57 and 416; see also fig. 44.44
126. Celestial (with clockwork), Jost Bürgi	Ca. 1585	M	23	Weimar, Herzogin Anna Amalia Bibliothek	Leopold (1986), 113–18; Dolz (1994), 80–81
127. Celestial (Kassel I, with clockwork), Jost Bürgi	Ca. 1585	M	23	Kassel, Staatliche Kunstsammlungen Kassel	Leopold (1986), 119–25; Mackensen (1982), 131–33
128. Celestial (with clockwork) and terrestrial, Johannes Reinhard and Georg Roll	1586	M	C = 21 T = 10	Dresden, Staatlicher Mathematisch-Physikalischer Salon	King and Millburn (1978), 85; Dolz (1994), 82–85
129. Celestial (part of armillary sphere), Petrus Aspheris	1586	M	14	London, National Maritime Museum	Dekker (1999a), 149–51
130. Celestial, Jacob Floris van Langren and his sons	1586	P	32.5	Linköping, Stifts- och Landesbiblioteket	Van der Krogt (1993), 423–24 and 429
131. Terrestrial globe-cup with a small armillary sphere, Abraham Gessner	1587	M	18	Vienna, Kunsthistorisches Museum, Kunstkammer	Allmayer-Beck (1997), 72 and 335; Lösel (1983), 196n; see also fig. 6.12
132. Terrestrial, Johann Reinhold	1588	M	10	London, National Maritime Museum	Dekker (1999a), 104–5 and 202–3
133. Celestial (with clockwork) and terrestrial, Johann Reinhold and Georg Roll	1588	M	C = 21 T = 10	Paris, Conservatoire National des Arts et Métiers (CNAM)	Duprat (1973), no. 160; *Prag um 1600* (1988), 562
134. Celestial (with clockwork) and terrestrial, Johann Reinhold and Georg Roll	1589	M	C = 21 T = 10	Naples, Osservatorio Astronomico di Capodimonte	Zinner (1967), 493; *Prag um 1600* (1988), 562
135. Terrestrial globe-cup, Lenhart Krug	1589	M	9	Steiermark, private collection	Allmayer-Beck (1997), 341; Kugel (2002), 74–77
136. Terrestrial, Jacob Floris van Langren and his sons	1589	P	32.5	London, National Maritime Museum; Rome, Museo Astronomico e Copernicano	Van der Krogt (1993), 421–22 and 429; Dekker (1999a), 397–99
137. Celestial, Jacob Floris van Langren and his sons	1589	P	32.5	London, National Maritime Museum	Van der Krogt (1993) 423–24 and 429; Dekker (1999a), 399–401
138. Terrestrial, Jacob Floris van Langren and his sons	1589	P	52.5	Amsterdam, Nederlands Scheepsvaartmuseum	Van der Krogt (1993), 430–33

169

续表

球仪，作者[a]	时间[b]	M/P[c]	尺寸（厘米）[d]	地点[e]	参考文献[f]
139. Terrestrial globe-cup with small armillary sphere on top, Abraham Gessner	Ca. 1590	M	15.5	Basel, Historisches Museum	Stevenson (1921), 1:200; Zinner (1967), 321; Lösel (1983), 197r
140. Terrestrial globe-cup with a small celestial globe on top, Abraham Gessner	Ca. 1590	M	Height 46; diameter unknown	Ribeauvillé (Rappoltsweiler Rathaus, just north of Colmar)	Stevenson (1921), 1:200; Zinner (1967), 321; Lösel (1983) 197q
141. Terrestrial and celestial, attributed to Charles Whitwell	Ca. 1590	M	6.2	London, National Maritime Museum	Dekker (1999a), 101–3 and 203–4
142. Celestial, attributed to Jost Bürgi	Ca. 1590	M	13	Formerly Rothschild Collection	Christie, Manson and Woods (1999), 302–3
143. Cosmographic (part of Ptolemaic sphere by Antonio Santucci)	Ca. 1590	M	Ca. 60	Florence, Istituto e Museo di Storia della Scienza	Miniati (1991), 104; Dekker (2004), 80–84
144. Celestial, anonymous	Ca. 1590	M	72	Kassel, Staatliche Kunstsammlungen Kassel	Mackensen (1982), 135
145. Terrestrial, Emery Molyneux	1592	P	61	Sussex, Petworth House	Wallis (1962); Van der Krogt (1993), 460–63
146. Celestial, Emery Molyneux	1592	P	61	Nuremberg, Germanisches Nationalmuseum; Kassel, Staatliche Kunstsammlungen Kassel	Mackensen (1982), 128; Van der Krogt (1993), 460–63
147. Terrestrial, Antonio Spano	1593	M	8	New York, Pierpont Morgan Library	Yonge (1968), 60 and 61
148. Celestial, Jacob Floris van Langren and his sons	1594	P	32.5	Frankfurt, Historisches Museum	Holbrook (1983), 69–73; Van der Krogt (1993), 424–26 and 429; Glasemann (1999), 15–20
149. Celestial (Kassel II, with clockwork), Jost Bürgi	Ca. 1594	M	23	Kassel, Staatliche Kunstsammlungen Kassel	Leopold (1986), 135–44; Mackensen (1982), 137
150. Celestial (with clockwork), Jost Bürgi	1594	M	14	Zurich, Schweizerisches Landesmuseum	Leopold and Pechstein (1977); Leopold (1986), 176–85
151. Celestial (part of an astronomical clock by Isaac Habrecht [I])	1594	M	Not known	Copenhagen, Rosenborg Slot	Kejlbo (1995), 77–81 and 190
152. Terrestrial (part of an armillary sphere by Ottavio Pisani)	Ca. 1595	M	8.5	Private collection	Kummer (1992), 105
153. Terrestrial globe-cup with a small armillary sphere by Abraham Gessner	Ca. 1595	M	Height, 52; diameter unknown	Plymouth, City Museum and Art Gallery	Lösel (1983), 197s
154. Terrestrial gores, Jodocus Hondius the Elder	Before 1597	P	8	Stuttgart, Württembergische Landesbibliothek	Van der Krogt (1993), 462–63

续表 170

球仪，作者[a]	时间[b]	M/P[c]	尺寸（厘米）[d]	地点[e]	参考文献[f]
155. Terrestrial, Christoph Schissler and Amos Neuwaldt	1597	M	15	London, National Maritime Museum	Dekker (1999a), 104, 106–7, and 204–6
156. Celestial, Christoph Schissler and Amos Neuwaldt	1597	M	15	Private collection; present whereabouts unknown	Private communication
157. Terrestrial, Jodocus Hondius	1597	P	35	Lucerne, Historisches Museum	Van der Krogt (1993), 464–66 and 472
158. Celestial, Jodocus Hondius	1597	P	35	Lucerne, Historisches Museum	Van der Krogt (1993), 468–70 and 472
159. Celestial gores, Jodocus Hondius	Before 1598	P	8	Stuttgart, Württembergische Landesbibliothek	Van der Krogt (1993), 462–63
160. Terrestrial, Jodocus Hondius	After April 1597	P	35	Strasbourg, Maison de l'Oeuvre Notre-Dame	Van der Krogt (1993), 466 and 471
161. Celestial gores, Willem Jansz. Blaeu	1597	P	34	Cambridge Mass., Harvard University, Houghton Library	Warner (1971); Van der Krogt (1993), 492–93 and 496
162. Terrestrial, Jacob Floris van Langren and his sons	After 1597	P	52.5	Wrocław, Muzeum Archidiecezjalne	Van der Krogt (1993), 433–34
163. Celestial, Carolus Platus	1598	M	23	London, National Maritime Museum	Dekker (1999a), 206–8
164. Terrestrial, Willem Jansz. Blaeu	1599	P	34	Rome, Biblioteca Angelica	Van der Krogt (1993), 488–90 and 495
165. Celestial, Jodocus Hondius	1600	P	35	Amsterdam, Nederlands Scheep-vaartmuseum; London, National Maritime Museum	Van der Krogt (1993), 470 and 472; Dekker (1999a), 362–63
166. Terrestrial, Jodocus Hondius	1600	P	35	Salzburg, Carolino Augusteum Salzburger Museum für Kunst und Kulturgeschichte	Van der Krogt (1993), 466 and 471
167. Terrestrial globe-cup with a small celestial globe by Abraham Gessner	Ca. 1600	M	Height, 59.5; diameter unknown	Los Angeles, County Museum of Art	Lösel (1983), 198w
168. Terrestrial globe-cup with a small celestial globe by Abraham Gessner	Ca. 1600	M	Height, 55; diameter 19	Basel, Historisches Museum	Lösel (1983), 198x
169. Terrestrial globe-cup, Christoph Jamnitzer	Ca. 1600	M	13	Amsterdam, Rijksmuseum	Van der Krogt (1984), 159–61
170. Terrestrial globe-cup with a small celestial globe on top, Abraham Gessner	Ca. 1600	M	17	Wolfegg, Schloß Wolfegg	Stevenson (1921), 1:199–200; Zinner (1967), 321; Fauser (1973), 116–19; Lösel (1983), 197v

171 续表

球仪，作者[a]	时间[b]	M/P[c]	尺寸（厘米）[d]	地点[e]	参考文献[f]
171. Terrestrial globe-cup with a small celestial globe, Abraham Gessner	Ca. 1600	M	T = 17 C = 6	Steiermark, private collection	Allmayer-Beck (1997), 335; Schmidt (1977), 17–18; Kugel (2002), 68–73
172. Terrestrial globe-cup with a small celestial globe on top, Abraham Gessner	Ca. 1600	M	17	Basel, Historisches Museum	Stevenson (1921), 1:200; Zinner (1967), 321; Lösel (1983), 197t
173. Terrestrial globe-cup with a small celestial globe on top, Abraham Gessner	Ca. 1600	M	19	Zurich, Schweizerisches Landesmuseum	Stevenson (1921), 1:200–201; Zinner (1967), 321; Lösel (1983), 198y
174. Terrestrial globe-cup with a small armillary sphere, Abraham Gessner	Ca. 1600	M	Height 49; diameter unknown	Zurich, Schweizerisches Landesmuseum	Zinner (1967), 321; Lösel (1983), 197u
175. Terrestrial gores, Joannes Oterschaden	Ca. 1600	P	17	Amsterdam, Nederlands Scheepvaartmuseum	Van der Krogt (1984), 212–13; Shirley (2001), 252 (no. 237)
176. Terrestrial, Joannes Oterschaden	Ca. 1600	P	17	London, National Maritime Museum	Dekker (1999a), 438–39
177. Celestial, Joannes Oterschaden	Ca. 1600	P	17	London, National Maritime Museum	Dekker (1999a), 439–41
178. Celestial gores, Joannes Oterschaden	Ca. 1600	P	17	Amsterdam, Nederlands Scheepvaartmuseum	Van der Krogt (1984), 213
179. Terrestrial, Christoff Schniepp	Ca. 1600	M	21	BNF	Duprat (1973), no. 187; for the date, see Wawrik (1978), 160–61
180. Terrestrial (Helmstedt), anonymous	Ca. 1600	M	90	Wolfenbüttel, Herzog August Bibliothek	Haase (1972), 57–59 and 71
181. Celestial	Ca. 1600	M	90	Wolfenbüttel, Herzog	Haase (1972), 57–59 and 71

a 这一列表并没有包括浑天仪中的小型（铜的）地球仪，只有很少的例外。例如，一个例外是卡斯珀·沃佩尔为印刷的地球仪制作的，这只是因为目前依然迫切需要一个很好的沃佩尔球仪的清单。包括在列表中的沃佩尔球仪的条目和那些弗朗索瓦·德蒙热内特球仪和球仪贴面条带的条目是暂时的，因为期待对这些制造商的产品进行确切的研究。

b 有时，旧有清单中的时间被最近的研究所修订，同时在可能的情况下，相关的出版物被包括在球仪的条目中。

c 绘本（M）和印刷本（P）。

d 文献中引用的球仪的直径可能存在很大差异。因而，除了很少的例子，列表中的数值被四舍五入。

e 作为结果，对于印刷的球仪只提供一个或两个地点。然而，在被引用的文献中通常给出了更多的地点。例如，特别提到了 National Maritime Museum 收藏的墨卡托的球仪，是因为与其他地方收藏的球仪相比，对于这对球仪的描述更为详细，但是 Van der Krogt（1993）记录了所有已知墨卡托制作的球仪的收藏地点。

f 一些球仪存在大量的文献，列表中只是提到了最近发表的一些。这一栏中的参考文献如下：

Allmayer-Beck, Peter E., ed. 1997. *Modelle der Welt: Erd- und Himmelsgloben.* Vienna: Brandstätter.

Ameisenowa, Zofia. 1959. *The Globe of Martin Bylica of Olkusz and Celestial Maps in the East and in the West.* Trans. Andrzej Potocki. Wrocław: Zakład Narodowy imienia Ossolińskich.

Beyer, Victor, Henri Bach, and Ernest Muller. 1960. "Le globe céleste de Dasypodius." *Bulletin de la Société des Amis de la Cathédrale de Strasbourg,* ser. 2, no. 7, 103–39.

Brink, Claudia, and Wilhelm Hornbostel, eds. 1993. *Pegasus und die Künste.* Munich: Deutscher Kunstverlag.

Calisi, M. 1982. *Il Museo Astronomico e Copernico*. Rome.

Chapiro, Adolphe, Chantal Meslin-Perrier, and Anthony John Turner. 1989. *Catalogue de l'horlogerie et des instruments de précision: Du début du XVIe au milieu du XVIIe siècle*. Paris.

Christie, Manson and Woods. 1991. *The Murad III Globes: The Property of a Lady, to Be Offered as Lot 139 in a Sale of Valuable Travel and Natural History Books, Atlases, Maps and Important Globes on Wednesday 30 October 1991*. London: Christie, Manson and Woods.

Christie, Manson and Woods. 1999. *Works of Art from the Collection of the Barons Nathaniel and Albert von Rothschild, Thursday 8 July 1999*. London: Christie, Manson and Woods.

Dahl, Edward H., and Jean-François Gauvin. 2000. *Sphæræ Mundi: Early Globes at the Stewart Museum*. [Sillery]: Septentrion; [Montreal]: McGill-Queen's University.

Dekker, Elly. 1995. "Conspicuous Features on Sixteenth Century Celestial Globes." *Der Globusfreund* 43–44, 77–106 (in English and German).

Dekker, Elly (with contributions by Silke Ackermann, Jonathan Betts, Maria Blyzenski, Gloria Clifton, Ann Lean, and Kristen Lippincott). 1999a. *Globes at Greenwich: A Catalogue of the Globes and Armillary Spheres in the National Maritime Museum*. Oxford: Oxford University Press and the National Maritime Museum.

———. 1999b. "The Globes in Holbein's Painting *The Ambassadors*," *Der Globusfreund* 47–48, 19–52 (in English and German).

———. 2004. *Catalogue of Orbs, Spheres and Globes*. Florence: Giunti.

Dekker, Elly, and R. van Laere. 1997. *De verbeelde wereld: Globes, atlassen, kaarten en meetinstrumenten uit de 16de en 17de eeuw*. Brussels: Kredietbank.

Dekker, Elly, and Peter van der Krogt. 1993. *Globes from the Western World*. London: Zwemmer.

Del Badia, Jodoco. 1881. "Egnazio Danti: Cosmografo, astronomo e matematico, e le sue opere in Firenze." *La Rassegna Nazionale* 6, 621–31, and 7, 334–74.

Dörflinger, Johannes. 1973. "Der Gemma Frisius-Erdglobus von 1536 in der Österreichischen Nationalbibliothek in Wien," *Der Globusfreund* 21–23, 81–99.

Dolz, Wolfram. 1994. *Erd und Himmelsgloben: Sammlungskatalog*. Dresden: Staatlicher Mathematisch-Physikalischer Salon.

Duprat, Gabrielle. 1973. "Les globes terrestres et célestes en France." *Der Globusfreund* 21–23, 198–225.

Fauser, Alois. 1964. *Ältere Erd-und Himmelsgloben in Bayern*. Stuttgart: Schuler Verlagsgesellschaft.

———. 1973. *Kulturgeschichte des Globus*. Munich: Schuler Verlagsgesellschaft.

Finsterwalder, Rüdiger. 1998. "Peter Apian als Autor der sogenannten 'Ingolstädter Globusstreifen'?" *Der Globusfreund* 45–46, 177–86.

Fiorini, Matteo. 1899. *Sfere terrestri e celesti di autore italiano, oppure fatte o conservate in Italia*. Rome: La Società Geografica Italiana.

Focus Behaim Globus. 1992. 2 vols. Nuremberg: Germanisches Nationalmuseums.

Glasemann, Reinhard. 1999. *Erde, Sonne, Mond & Sterne: Globen, Sonnenuhren und astronomische Instrumente im Historischen Museum Frankfurt am Main*. Schriften des Historischen Museums Frankfurt am Main, vol. 20. Frankfurt: Waldemar Kramer.

Grenacher, Franz. 1961. "Der sog. St.-Galler Globus im Schweiz. Landesmuseum." *Zeitschrift für Schweizerische Archäologie und Kunstgeschichte* 21, 66–78.

Haase, Yorck Alexander. 1972. *Alte Karten und Globen in der Herzog August Bibliothek Wolfenbüttel*. Wolfenbüttel.

Hartmann, Johannes. 1919. "Die astronomischen Instrumente des Kardinals Nikolaus Cusanus." *Abhandlungen der Königlichen Gesellschaft der Wissenschaften zu Göttingen, Mathematisch-Physikalische Klasse*, n.s. 10. 172

Hess, Jacob. 1967. "On Some Celestial Maps and Globes of the Sixteenth Century." *Journal of the Warburg and Courtauld Institutes* 30, 406–9.

Holbrook, Mary. 1983. "Beschreibung des Himmelsglobus von Henricus, Arnoldus und Jacobus van Langren und eines Planetariums von H. van Laun im Historischen Museum zu Frankfurt am Main." *Der Globusfreund* 31–32, 69–77.

Horn, Werner. 1976. *Die alten Globen der Forschungsbibliothek und des Schloßmuseums Gotha*. Gotha: Forschungsbibliothek.

Kawamura, Hirotada, Kazutaka Unno, and Kazuhiko Miyajima. 1990. "List of Old Globes in Japan." *Der Globusfreund* 38–39, 173–77.

Kejlbo, Ib Rønne. 1995. *Rare Globes: A Cultural-Historical Exposition of Selected Terrestrial and Celestial Globes Made before 1850–Especially Connected with Denmark*. Copenhagen: Munksgaard/Rosinate.

King, Henry C., and John R. Millburn. 1978. *Geared to the Stars: The Evolution of Planetariums, Orreries, and Astronomical Clocks*. Toronto: University of Toronto Press.

Kish, George. 1969–71. "An Early Silver Globe Cup of the XVIth Century." *Der Globusfreund* 18–20, 73–77.

Kratzsch, Konrad. 1984. *Alte Globen*. Weimar: Nationale Forschungs- und Gedenkstätten der Klassischen Deutschen Literatur in Weimar.

Krogt, Peter van der. 1984. *Old Globes in the Netherlands: A Catalogue of Terrestrial and Celestial Globes Made Prior to 1850 and Preserved in Dutch Collections*. Trans. Willie ten Haken. Utrecht: HES.

———. 1985–86. "The Globe-Gores in the Nicolai-Collection (Stuttgart)." *Der Globusfreund* 33–34, 99–116.

———. 1993. *Globi Neerlandici: The Production of Globes in the Low Countries*. Utrecht: HES.

Kugel, Alexis. 2002. *Spheres: The Art of the Celestial Mechanic*. Paris: J. Kugel.

Kummer, Werner. 1980. "Liste alter Globen im Bundesland Hessen und aus einer Sammlung in Ingelheim in Rheinhessen." *Der Globusfreund* 28–29, 67–112.

———. 1983. "Liste alter Globen im Bundesland Hessen und aus einer Sammlung in Ingelheim in Rheinhessen, 2: Teil." *Der Globusfreund* 31–32, 15–68.

———. 1992. "Liste alter Globen im Bundesland Rheinland-Pfalz der Bundesrepublik Deutschland." *Der Globusfreund* 40–41, 89–117.

Lamb, Tom, and Jeremy Collins, eds. 1994. *The World in Your Hands: An Exhibition of Globes and Planetaria from the Collection of Rudolf Schmidt*. Leiden: Museum Boerhaave; London: Christie's.

Leopold, John H. 1986. *Astronomen, Sterne, Geräte: Landgraf Wilhelm IV. und seine sich selbst bewegenden Globen*. Lucerne: J. Fremersdorf.

Leopold, John H., and Klaus Pechstein. 1977. *Der kleine Himmelsglobus 1594 von Jost Bürgi*. Lucerne: Fremersdorf.

Lösel, Eva-Maria. 1983. *Zürcher Goldschmiedekunst: Vom 13. bis zum 19. Jahrhundert*. Zürich: Berichthaus.

Mackensen, Ludolf von. 1982. *Die erste Sternwarte Europas mit ihren Instrumenten und Uhren: 400 Jahre Jost Bürgi in Kassel*. 2d ed. Munich: Callwey.

Manoscritti cartografici e strumenti scientifici nella Bibliotheca Vaticana, secc. XIV–XVII. 1981. Vatican City: Bibliotheca Apostolica Vaticana.

173 Miniati, Mara, ed. 1991. *Museo di storia della scienza: Catalogo.* Florence: Giunti.

Muris, Oswald, and Gert Saarmann. 1961. *Der Globus im Wandel der Zeiten: Eine Geschichte der Globen.* Berlin: Columbus.

Nagel, Fritz. 1995. "Der Globuspokal." In *Bonifacius Amerbach, 1495–1562: Zum 500. Geburtstag des Basler Juristen und Erben des Erasmus von Rotterdam.* Ed. Holger Jacob-Friesen, Beat R. Jenny, and Christian Müller, 83–86. Basel: Schwabe.

Oberhummer, Eugen. 1926. "Die Brixener Globen von 1522 der Sammlung Hauslab-Liechtenstein." *Akademie der Wissenschaften in Wien, Philosophisch-Historische Klasse, Denkschriften* 67, no. 3.

Oestmann, Günther. 1993(a). *Die astronomische Uhr des Strassburger Münsters: Funktion und Bedeutung eines Kosmos-Modells des 16. Jahrhunderts.* Stuttgart: Verlag für Geschichte der Naturwissenschaften und der Technik.

Oestmann, Günther (with contributions by Elly Dekker and Peter Schiller). 1993b. *Schicksalsdeutung und Astronomie: Der Himmelsglobus des Johannes Stoeffler von 1493.* Exhibition catalog. Stuttgart: Württembergisches Landesmuseum Stuttgart.

Prag um 1600: Kunst und Kultur am Hofe Kaiser Rudolfs II. 1998. 2 vols. Exhibition catalog. Freren: Luca Verlag.

Raemdonck, J. van. 1968. "Les sphères terrestre et céleste de Gérard Mercator." *Annales du Cercle Archéologique du Pays de Waas* 5 (1872–75): 259–324. Reprinted in *Les sphères terrestre & céleste de Gérard Mercator, 1541 et 1551: Reproductions anastatiques des fuseaux originaux gravés par Gérard Mercator et conservés à la Bibliothèque royale à Bruxelles.* Preface by Antoine de Smet. Brussels: Editions Culture et Civilisations.

Ravenstein, Ernest George. 1908. *Martin Behaim: His Life and His Globe.* London: George Philip and Son. With a reconstruction of the gores.

Reis, António Estácio dos. 1990. "The Oldest Existing Globe in Portugal." *Der Globusfreund* 38–39, 57–65 (in English and German).

Schmidt, Rudolf. 1977. "Katalog: Erd- und Himmelsgloben, Armillarsphaeren, Tellurien Planetarien." *Der Globusfreund* 24, 1–52.

Schramm, Percy Ernst. 1958. *Sphaira, Globus, Reichsapfel: Wanderung und Wandlung eines Herrschaftszeichens von Caesar bis zu Elisabeth II.* Stuttgart: A. Hiersemann.

Shirley, Rodney W. 2001. *The Mapping of the World: Early Printed World Maps, 1472–1700.* 4th ed. Riverside, Conn.: Early World.

Soly, Hugo, ed. 1999. *Charles V, 1500–1558, and His Time.* Antwerp: Mercatorfonds.

Stevenson, Edward Luther. 1921. *Terrestrial and Celestial Globes: Their History and Construction Including a Consideration of Their Value as Aids in the Study of Geography and Astronomy.* 2 vols. New Haven: Yale University Press.

Wallis, Helen. 1962. "The First English Terrestrial Globe." *Der Globusfreund* 11, 158–59 (in English and German).

Warner, Deborah Jean. 1971. "The Celestial Cartography of Giovanni Antonio Vanosino da Varese." *Journal of the Warburg and Courtauld Institutes* 34, 336–37.

Wawrik, Franz. 1978. "Der Erdglobus des Johannes Oterschaden." *Der Globusfreund* 25–27, 155–67.

Wawrik, Franz, and Helga Hühnel. 1994. "Das Globenmuseum der Österreichischen Nationalbibliothek." *Der Globusfreund* 42, 3–188.

Wolff, Hans. 1989. "Das Münchener Globenpaar." In *Philipp Apian und die Kartographie der Renaissance,* 153–65. Exhibition catalog. Weissenhorn: A. H. Konrad.

Woodward, David. 1987. *The Holzheimer Venetian Globe Gores of the Sixteenth Century.* Madison: Juniper.

Yonge, Ena L. 1968. *A Catalogue of Early Globes Made prior to 1850 and Conserved in the United States: A Preliminary Listing.* New York: American Geographical Society.

Zakrzewska, Maria N. 1965. *Catalogue of Globes in the Jagellonian University Museum.* Trans. Franciszek Buhl. Cracow.

Zinner, Ernst. 1967. *Deutsche und niederländische astronomische Instrumente des 11.–18. Jahrhunderts.* 2d ed. Munich: Beck.

·海图制作

第七章　地中海地区文艺复兴时期的航海图传统*

科拉迪诺·阿斯滕戈（Corradino Astengo）
（复旦大学历史地理研究所丁雁南审校）

174

导　言

中世纪的航海图满足了当时航海者的需要，这些航海者在大西洋和地中海的欧洲海岸沿着已经为人熟知起来的航线航行，这些航线在一定程度上由当地的风向和洋流的性质决定，并且其间船只看不到陆地的时间基本不会超过两三天①。然而，除了作为重要的有用工具之外，这些航海图同样也是最早地记录了大西洋探险的档案，标明了新发现的群岛和非洲海岸线逐渐展现出的特征。最终，对于海洋的征服使得通过星辰航行成为一种必须，因而纬度的——以及赤道和回归线的——标识被添加到古老的有着罗盘方位线的海图上，逐渐将它们转型为平面的带有网格的航海图，即使这些图是非等偏角的（同时因而难以满足远洋航行者的需要），将会被使用超过一个世纪②。从早至16世纪初开始，葡萄牙和西班牙有着公共团体——分别称为米纳之屋（Casa da Mina）和贸易署——负责绘制这些大型的世界航海图，这些航海图记录了每一个新的地理发现，因而定期地改变着世界的图景③。

---

* 本章使用的缩写包括：*Carte da navigar* 代表 Susanna Biadene, ed., *Carte da navigar: Portolani e carte nautiche del Museo Correr, 1318 – 1732*（Venice: Marsilio Editori, 1990）。

① John H. Pryor, *Geography, Technology, and War: Studies in the Maritime History of the Mediterranean, 649 – 1571*（Cambridge: Cambridge University Press, 1988）, 87 – 101.

② Joaquim Bensaúde, *L'astronomien autique au Portugal à l'époque des grandes deéouvertes*, 2 vols.（Bern: M. Drechsel, 1912 – 17; reprinted Amsterdam: N. Israel and Meridian, 1967）, 以及 W. G. L. Randles, "De la carte-portulane méditerranéenne à la carte marine du monde des grandes découvertes: La crise de la cartographie au XVIe siècles," in *Géographie du monde au Moyen Âge et à la Renaissance*, ed. Monique Pelletier（Paris: Éditions du C. T. H. S., 1989）, 125 – 31, esp. 128. 作者将这一变化定义为一种 *mariage contre nature*（不自然的结合）。

③ David Turnbull, "Cartography and Science in Early Modern Europe: Mapping the Construction of Knowledge Spaces," *Imago Mundi* 48（1996）: 5 – 24, esp. 7.

在地中海地区内部，船只依旧沿着同样的航线往返，在超过至少一个世纪的时间中，航运贸易没有受到海洋航线开放的负面影响。然而，变化被感觉到——尤其是在 16 世纪：商人的单层甲板的帆船逐渐消失，同时西班牙大帆船逐渐败给了数量众多的小型帆船，这些帆船经常停靠并且装载所有种类的商品（是这一地区昌盛的经济逐步扩展的很好证明）[4]。

16 世纪和 17 世纪，还是一个地中海地区内部战争持续不断的一个时期，不仅包括如杰尔巴（Djerba）和勒班陀（Lepanto）的那些大规模战役，而且包括持续不断的劫掠、小规模的冲突和海盗行径（后者导致了大范围的巡逻以保护商人的航运）。在这一状况下，对于职业航海者和相应装备的需求是非常明显的。航海路线趋向于紧靠海岸线，同时因而如此航行需要特殊的技术和能力——如同胡安·德埃斯卡兰特·德门多萨（Juan de Escalante de Mendoza）在区分沿岸航行的水手（*de costa y derrota*）和那些远洋航线的水手（*de altura y escuadria*）时所认识到的，每个群体都有着自己的技能和天赋[5]。

在超过两个世纪的时间中，地中海地区的大城市和较小的港口持续着制作绘本波特兰航海图和围绕风罗盘方位线分布组织的地图集的中世纪传统[6]。这些航海图通常是在一些小型家庭作坊中生产的；制作航海图和被用于航海的图像的传统工艺在一代一代中薪火
175 相传[7]。这些家庭作坊制作的航海图揭示了一种真实的延续感：即使前往大西洋及其以外海域之路已经打通，但地中海依然维持着其在世界的中心地位。大型世界海图非常稀少，并且局限于 16 世纪最初几十年。通常而言，由大量航海图和图集构成的产品，如同在中世纪，只是显示了地中海地区[8]；而仅仅包括了一幅小的世界航海图或只有少量篇幅是关于欧洲之外的海洋和陆地的航海地图集依然继续关注于地中海，地中海被较大的和更多数量的航海图覆盖。

---

④ Fernand Braudel, *The Mediterranean and the Mediterranean World in the Age of Philip II*, 2 vols., trans. Siân Reynolds (New York: Harper and Row, 1972 – 73), 306 – 12.

⑤ Juan de Escalante de Mendoza, *Itinerario de navegación de los mares y tierras occidentales*, *1575* (Madrid: Museo Naval, 1985), 47.

⑥ “虽然如此，绘本地图学依然繁荣；实际上，从流传至今的材料判断，我们可以说其前所未有的繁荣。其并没有由于印制地图的使用而导致需求的下降，反而数量增加了。所有这些改变就是这种地图学的特性。”Giuseppe Caraci, “Cimeli cartografici sconosciuti esistenti a Firenze,” *Bibliofilia* 28 (1927): 31 – 50, esp. 48.

术语“波特兰航海图”，尽管被一些历史学家极力避免（参见 Patrick Gautier Dalché, “Portulans and the Byzantine World,” in *Travel in the Byzantine World*, ed. R. J. Macrides [Aldershot: Ashgate, 2002], 59 – 71, esp. 59），但在这里的使用提供了来自《地图学史》系列著作第一卷的延续性。

⑦ Giovanna Petti Balbi, “Nel mondo dei cartografi: Battista Beccari maestro a Genova nel 1427,” in *Columbeis I* (Genoa: Universita di Genovà, Facoltà di Lettere, Istituto di Filologia Classica e Medievale, 1986), 125 – 32.

⑧ 诺登舍尔德（Nordenskiöld）将“通常的波特兰地区”这一词汇通俗化，这一词汇表明了在波特兰航海图中描述的和中世纪航海图中呈现的地区。其通常包括整个地中海、黑海以及红海的一小部分。大西洋的海岸线一直在变动，向南扩展到加那利群岛（Canaries），向北则扩展到“菲尼斯特雷角（Cabo Finisterre）”或丹麦的北部，完整地呈现了大不列颠，在某些例子中呈现了斯堪的纳维亚半岛南部（A. E. Nordenskiöld, *Periplus: An Essay on the Early History of Charts and Sailing-Directions*, trans. Francis A. Bather [Stockholm: P. A. Norstedt & Söner, 1897], 16 – 17 and 45）。我们选择使用“地中海地区”这一词汇来表示这一较大地理区域。

一个单一地区的航海图——例如黑海，或者亚得里亚海的——同样是少有的。因而，给予读者地中海作为一个单元的图景；不仅是一个单纯的、统一的、有着共同气候的自然地点，这一区域还被描绘为一个人类活动的共同场所，是通过精巧编制的航海路线整合在一起的一个单元。同时，这里的一个关键组成要件并不是海洋本身，而是在其间定期往返的人——尽管冲突和敌意把这一区域弄的满目疮痍，但如果给予他们一个更好地实践他们技艺和手艺的机会的话，这些人会毫不犹豫地从一个地点移动到另一个地点[⑨]。对于地图学家而言，这点尤为实际：他们在这两个世纪中，继续从一个地中海的港口迁移到另外一个，以寻找新的庇护者和顾客。然而，除了在一些非常少见的例子中，这种自由移动并没有导致他们与绘制其他区域的地图学家的深入交流。例如，在西班牙，集中于绘制新世界并且制作大型世界航海图的贸易署的地图学，与加泰罗尼亚地图学家的工作之间存在一个明显的分割，后者保持着关注于地中海的传统。在法国也能看到同样的事情，在所谓的杜波嫩特学派（École du Ponent）与马赛（Marseilles）和土伦（Toulon）的制图作坊之间存在同样明确的区分：只有极少数的地图学家从一个学派迁移到另外一个学派，将他们的注意力从地中海转移到大西洋，反之亦然[⑩]。当时地图学的这一特性说明，对于地中海航海图的讨论不应当按照国家群体来处理，而应当将它们看成是一个整体来加以研究，涵盖了在地中海的城市和港口制作的所有航海图（正如我们已经看到的，其趋向于将注意力只是集中在地中海）。

一幅航海图或者地图集是在这些港口中的一座制作的，这一事实必然已经消除了潜在的顾客对其质量的疑虑，这可能解释了为什么有线索显示地图学家经常从这些城市中的一座迁移到另外一座，但却没有选择在当时的文化中心（例如佛罗伦萨）生活和工作，且在这些文化中心他们可能会遇到更多的潜在客户。地中海地区地图学家广泛的迁移率，实际上很大程度上归因于对他们产品的更好的市场的无止境的搜寻，甚至更为重要的是更好的工作环境。这种环境通常由当地政府的政策所决定，其变化幅度很大，从直接的公共控制（导致家族的垄断权以及有才能的人被排斥而迁居他方）到一个更为开放的、自由放任的政体（偏好从外来者那里输入新的能量）[⑪]。

本章所讨论的时期，也就是 16 世纪和 17 世纪，可以被认为是由哥伦布地图（图 7.1）所开启的，并由菲利波·弗兰奇尼（Filippo Francini）1699 年的地图集所终结。前者——其

---

⑨ Braudel, *Mediterranean*, 276. 也可以参见 Alberto Tenenti, "Il senso del mare," in *Storia di Venezia*, vol. 12, *Il mare*, ed. Alberto Tenenti and Ugo Tucci (Rome: Istituto della Enciclopedia Italiana, 1991), 7–76.

⑩ 在例外情况中，我们应当提到，例如，在里斯本工作一段时间之后迁移到威尼斯的迪奥戈·奥梅姆，以及于 1642 年在马赛绘制了一本地图集的圣马洛的皮埃尔·科林。

⑪ 这就是为什么本章按照制作中心，而不是按照地图学家的家族来划分的原因，因为如果按照家族划分，那么本章有可能会变成仅仅是一个人名列表。实际上，一旦我们超越了马焦洛和奥利瓦这两个家族王朝的话，那么存在大量个体的地图学家（或者，至多是一对父子），因而最好在他们工作地点的背景下对他们进行观察。

准确的时间以及作者依然存在争论⑫——毫无疑问，其来自15世纪末和16世纪初之间的某一时刻，同时是地中海地图学转型阶段的一个很好例证，当其不得不考虑到大西洋的时
176 候：实际上，其不仅涵盖了地中海地区，而且向南延伸远至扎伊尔河［Zaire River，刚果河

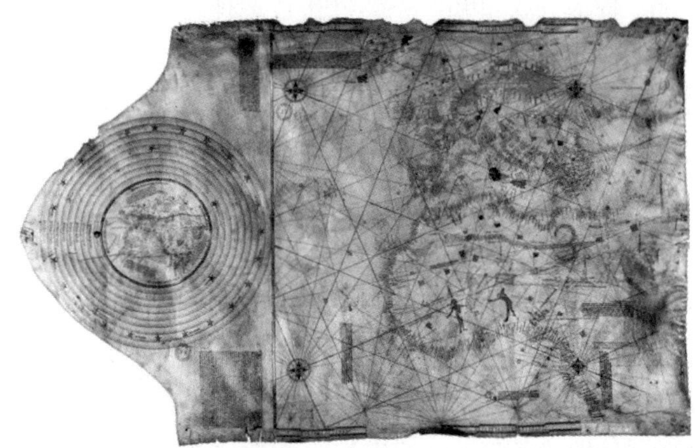

图7.1 哥伦布地图。一幅未署名的，大约在15世纪末或16世纪初绘制的无法确定具体时间的航海图。拉龙西埃（La Roncière）将其认定为是克里斯托弗·哥伦布向西班牙统治者勾勒他的探险活动的那幅地图（Charles de La Roncière, *La carte de Christophe Colomb*［Paris: Les Éditions Historiques, Édouard Champion, 1924］）

原图尺寸：70×110厘米。图片由BNF（Rés. Ge AA 562）提供。

---

⑫ 在Cairo International Geography Conference中，Charles de La Roncière将一幅未署名的航海图——（FrP1bis）——的作者认为是克里斯托弗·哥伦布（Christopher Columbus），宣称其必然就是那幅在格拉纳达（Granada）围攻期间，航海者用来说服西班牙统治者的地图。Charles de La Roncière, *La carte de Christophe Colomb*（Paris: Les Éditions Historiques, Édouard Champion, 1924）; idem, "La carte de Christophe Colomb," in *Congrès international de géographie, Le Caire, avril 1925: Compterendu*, 5 vols.（Cairo: L'Institut Français d'Archéologie Orientale du Caire pour la Société Royale d'Égypte, 1925－26）, 5: 79－83; idem, "Une carte de Christophe Colomb," *Revue des Questions Historiques*, 3d ser., 7（1925）: 27－41; 以及idem, "Le livre de chevet et la carte de Christophe Colomb," *Revue des Deux Mondes*, 8th period, 5（1931）: 423－40, esp. 432－40。学者将他的观点建立在一系列因素之上，其中最为重要的就是航海图的图例中包括了用*de ibi*取代*inde*的语法错误——这一形式，作者认为只能发现于哥伦布增加的一个批注中。然而，这并不像他宣称的那样难以找到，因为其同样可以被发现于所谓的Usodimare Letter中：参见Alberto Magnaghi, *Precvrsori di Colombo? Il tentativo di viaggio transoceanico dei Genovesi Fratelli Vivaldi nel 1291*（Rome: Società Anonima Italiana Arti Grafiche, 1935）, 31 n. 5。此后紧随而来的激烈争论涉及大量意大利学者：Roberto Almagià, "Una carta attribuita a Cristoforo Colombo," *Rendiconti della R. Accademia Nazionale dei Lincei: Classe di Scienze Morali, Storiche e Filologiche*, 6th ser., 1（1925）: 749－73; Giuseppe Caraci, "Una carta attribuita a Colombo," *Rivista Geografica Italiana* 32（1925）: 280－87; idem, "Sulla data della pretesa carta di Colombo," in *Atti del X Congresso Geografico Italiano*（Milan, 1927）, 1: 331－35; Cesare de Lollis, "La carta di Colombo," *La Cultura*, 1925－26, 749－75; 以及Camillo Manfroni, "La carta di Colombo," *Rivista Marittima* 58（1925）: 705－13。La Roncière的论断受到了严厉的批评，然后被放弃。然而，1953年，Destombes在Marcel Destombes, "Une carte interessant les études colombiennes conservée à Modène," in *Studi colombiani*, 3 vols.（Genoa: S. A. G. A., 1952）, 2: 479－87中回到了这一问题。他对Biblioteca Estense in Modena中的一幅未署名的航海图残片的研究，导致他指出这一著作与巴黎航海图之间的一些相似之处，并最终将两者的绘制者认定为是巴塞洛缪·哥伦布（Bartholomew Colombus）。最近，Pelletier认为我们不能排除作者是海军将领或他兄弟的可能性，同时Luzzana Caraci则认为航海图是15世纪末至16世纪初之间在一家意大利作坊绘制的。Monique Pelletier, "Peut-on encore affirmer que la BN possède la carte de Christophe Colomb?" *Revue de la Bibliothè que Nationale* 45（1992）: 22－25, 以及Ilaria Luzzana Caraci, "A proposito della cosiddetta 'carta di Colombo,'" in *Oriente Occidente: Scritti in memoria di Vittorina Langella*, ed. Filippo Bencardino（Naples: Istituto Universitario Orientale, 1993）, 121－47。

(Congo)]，向西则越过了大西洋上的群岛。然而，其依然显示了"七城岛（Septem Civitatum Insula)"——七座城市的神秘岛屿——同时位于羊皮纸颈部的小的圆形《世界地图》(*mappamundi*）继续反映了托勒密的世界观，同时尽管记录了巴托洛梅乌·迪亚斯（Bartolomeu Dias）探险的成果，但并没有超越中世纪地图学中的三分法（旧世界的三块大陆）的传统。另一方面，弗兰奇尼的1699年地图集（AW9）[13] 是一个视觉上令人愉悦的作
品，也是一个确定无疑的地图学风格化趋向的证据。因而，确实应当将其认为是这一延续了 177
几个世纪的地图学的古老类型的终结的象征符号。

现存的作品

保存至今的16世纪、17世纪的航海图和地图集的数量大约是来自之前两个世纪的类似著作的四倍（关于公共收藏机构中1500年至1700年地中海航海图的一个完整列表参见附录7.1）。坎贝尔统计出，来自中世纪的这类航海图的总数大约为180幅，同时，尽管确定那些绘制时间恰好在两个时期之间边界上的未署名著作的时间非常困难，但他的列表已经做到了尽可能的完备[14]。要列出现代时期最初两个世纪的著作是一件非常困难的事情。仅仅那些收藏在公共收藏机构中的作品数量就超过650种——同时，由于还有大量作品分散在数量众多的小型博物馆和图书馆中（同时其中一些因而成为漏网之鱼），因此获得一个准确的数据是不太可能的[15]。还有那些私人收藏中的航海图；再次，尽管我们知道至少有100种，但获得准确的数字也是不太可能的，因为很多收藏者不愿公布他们所拥有的藏品。我们还应当记住，一段时间以来，每年至少有三四种这类海图被公开拍卖——同时可能还有同样数量的海图私下进行转手。

按照坎贝尔的观点，现存中世纪的航海图的数量只是代表了实际制作的航海图中的一小部分。那些被用在船只上的很多航海图，最终因磨损、潮湿和海水所损坏，此外其中很多在安全的干燥陆地上所使用的，则被金匠、裁缝、胶水匠和装订商所大量毁坏，他们都渴望重新使用这些航海图的羊皮纸[16]。当然，那些在现代最初几个世纪制作的航海图也是如此。然而，有待于研究的就是，那一时期制作的航海图是否确实是中世纪时期的四倍，还是——基于某些原因——这些较晚的航海图的保存率比较高。

实际上，很可能是自16世纪后半叶之后，那些为了在船上使用的未经修饰的航海图产量逐渐下降，这些航海图在破烂之后就被直接扔掉，同时那些装饰性的航海图的产量则成比例地增长，这些航海图可能有着多种目的，但它们肯定是在陆地上使用的，并且被更为仔细地保存。倾向于小吨位的商品船运的趋势，意味着实际上不需要描述整个地中海的航海图；

---

⑬ 这一航海图（AW9）的索书号可以在附录7.1中找到，附录7.1是一个1500—1700年间在地中海的作坊中制作的绘本航海图和地图集的初步列表。

⑭ Tony Campbell, "Census of Pre-Sixteenth-Century Portolan Charts," *Imago Mundi* 38 (1986): 67 – 94.

⑮ Corradino Astengo, *Elenco preliminare di carte ed atlanti nautici manoscritti: Eseguiti nell'area mediterranea nel periodo 1500 – 1700 e conservati presso enti pubblici* (Genoa: Istituto di Geografia, 1996).

⑯ Tony Campbell, "Portolan Charts from the Late Thirteenth Century to 1500," in *HC* 1: 371 – 463, esp. 373. 下列只是从书籍装订材料中复原的大量航海图残片中的一些：ItJ1, ItMn1, ItSs1, ItBr2, and ItSv2。

在从一个港口到另外一个港口的短距离的沿岸航行中，船长和领航员的个人经验更为有用。

与此同时，购买装饰性航海图的人数出现了一个急速的增长的现象。尽管，如同这些航海图的注释所清晰说明的，它们的购买者通常是那些在海上工作的人，但这些装饰性航海图被用于实际航行的可能性是非常低的；保存至今的这类航海图没有一幅存留有这样使用的痕迹，而且在某些保存下来的航海图上的大块水渍也不一定能证明它们曾经被长时间地保存在船上⑰。实际上，基于这类水渍通常伴随有蛀洞以及啮齿动物造成的损伤，因此它们似乎暗示着在陆地上保存的疏忽而不是被使用于船上⑱。

这一时期的室内条件——以及寄生虫的行为和男人的懒惰——构成了“水手的航海图”消失的主要原因，如 1592 年，巴尔达萨雷·马焦洛（Baldassare Maggiolo）卖给唐·卡洛（Don Carlo），也就是乔瓦尼·安德烈亚·多里亚王子（Prince Giovanni Andrea Doria）的次子的地图⑲，或者科尔内利奥（Cornelio）、尼科洛（Nicolo）和科尔内利奥·马焦洛二世（Cornelio Ⅱ Maggiolo）等制作者，他们在 17 世纪是热那亚共和国（Republic of Genoa）的官方地图家。同时代档案的提及，是这些航海图唯一的蛛丝马迹⑳。

中世纪和现代早期航海图的毁坏一直持续到了本世纪（译者注：20 世纪）。在第二次世界大战的轰炸中，米兰的楚浮奇阿纳图书馆（Biblioteca Trivulziana）损失了两幅雅各布·鲁索（Jacopo Russo）绘制的航海图（时间分别是 1564 年和 1588 年之后），此外还有马泰奥·普鲁内斯（Matteo Prunes）、皮埃尔·贝尔纳德（Pierre Bernard）和约安·奥利瓦（Joan Oliva）绘制的航海图（时间分别为 1594 年、1623 年和 1634 年）。位于同一座城市中的安布罗西亚纳图书馆（Biblioteca Ambrosiana）损失了韦康特·马焦洛（Vesconte Maggiolo）1524 年的地中海航海图和他著名的两分幅的 1527 年世界航海图㉑。在同一时期，慕尼黑（Munich）巴伐利亚军事博物馆（Bayerisches Armeemuseum）损失了其收藏的所有早期航海
178 图，包括一幅萨尔瓦托·德帕莱斯特里纳（Salvat de Pilestrina）1511 年的作品和一幅时间通常被认为是 16 世纪初的未署名（可能是加泰罗尼亚）的作品。尤利奥努什·格拉菲尼亚（Julianus Graffingnia）绘制的由六幅航海图组成的地图集数十年前从马赛的圣查尔斯公共图书馆（Bibliothèque Communale St. Charles）消失㉒。很多 1940 年之前作为私人藏品提到的作品此后也都消失了：乌齐埃利（Uzielli）和阿马特·迪·S. 菲利波（Amat di S. Filippo）提

---

⑰ 比较 John Coyne, “Hooked on Maps,” *Mercator's World* 1, No. 4（1996）：20 – 25, esp. 24，图示的说明。

⑱ 这些现在被视若珍宝的物品通常并没有被它们的拥有者认真对待，这点可以从若姆·奥利韦斯制作的 1563 年的地图集中看到，Biblioteca Ambrosiana 于 1803 年购买了这一图集（ItMi2ter）：在从最初的装订上掉下来的第一对开页的右页上，不知是谁在其上写下了一些算式，并且写下了制作肉桂水的一份食谱。

⑲ Cornelio Desimoni, “Elenco di carte ed atlanti nautici di autore genovese oppure in Genova fatti o conservati,” *Giornale Ligustico di Archeologia, Storia e Belle Arti* 2（1875）：41 – 71, esp. 62 – 63.

⑳ Arturo Ferretto, “I cartografi Maggiolo oriundi di Rapallo,” *Atti della Società Ligure di Storia Patria* 52（1924）：53 – 83, esp. 74 – 82.

㉑ Paolo Revelli, “Cimeli cartografici di archivi di stato italiani distrutti dalla guerra,” *Notizie degli Archivi di Stato* 9（1949）：1 – 3.

㉒ 这一作品的签名是“Julianus Graffingnia... 1568”。因而，其应当是在马赛编绘的最为古老的航海图集。参见 J. Albanes, *Catalogue general des manuscrits des bibliothèques publiques de France：Départements-Tome* XV, *Marseille*（Paris. E. Plon, Nourrit, 1892）, 317。Marcel Destombes, “François Ollive et l'hydrographie marseillaise au XVIIe siècles,” *Neptunia* 37（1955）：12 – 16 中也提供了新闻。

到的作为弗利梅伦达伯爵（Conte Merenda of Forli）藏品之一的彼得罗·鲁索（Pietro Russo）航海图在第二次世界大战之后丢失了[23]，同时奥尔西尼的佛罗伦萨家族（Florentine family of Orsini）的藏品全部消失，并且没有留下一丝线索。

然而，也存在长期以来被认为散佚，但突然被发现的作品：被德斯摩尼（Desimoni）以及乌齐埃利和阿马特·迪·S. 菲利波提到作为位于文蒂米利亚（Ventimiglia）未命名的私人图书馆藏品的巴尔达萨雷·马焦洛航海图，在一个世纪之后作为巴黎的马可伊-巴伊（Macoir-Bailly）拍卖会的标的之一再次出现；而被普拉西多·祖拉（Placido Zurla）作为切洛蒂神甫（Abbé Celotti）的财产提到的巴蒂斯塔·阿涅塞（Battista Agnese）地图集，被瓦格纳（Wagner）宣称已经丢失，但只是在最近才被确定是之前属于洛巴诺夫·罗斯托夫斯基王子（Prince Lobanov Rostovski），而现在位于圣彼得堡（St. Petersburg）（RP2）的地图集[24]。因此其他那些被认为已经佚失的著作或许仍有希望最终再次出现。

消费者和庇护者

有些时候，航海图和图集被直接委托制作；但可能更为常见的是，制图作坊自己承担制作的费用，并希望随后能找到一位购买者。这个做法是很常见的，这一点在巴蒂斯塔·阿涅塞绘制的那些地图集中是非常清楚的。在这些地图集中，那些今后要绘制上所有者的盾徽或者纹章的框架部分或者涡形装饰都是空白的。瓦格纳列出了13部这类著作，此外还应当加上阿姆布莱斯勒地图集（Ambraser Atlas）（AW1）；数量已经足够多了，从而可以排除任何仅仅是巧合的看法[25]。此外还有其他一些第二页的右页是完全空白的地图集，这是为一个盾徽或者题写所有者的名字而准备的[26]。即使有些地图集中标着盾徽和人名，但它们也可能是在地图集被出售或者被作为礼物接受后才加上的。

就所有这些空白处而言，阿涅塞的作品为我们提供了关于他们声名显赫的购买者或受赠者的最丰富的信息。一幅地图集——有着精细的图案装饰和有着一种华丽的带有绿松石镶嵌的封皮——在其最后一页上有着查理五世的盾徽[27]；另外一套地图集不仅有着皇帝的一幅肖像画以及卡斯蒂尔（Castile）和阿拉贡（Aragon）的盾徽，而且有着以下图题“查尔斯·菲

㉓ Gustavo Uzielli and Pietro Amat di S. Filippo, *Mappamondi, carte nautiche, portolani ed altri monumenti cartografici specialmente italiani dei secoli XIII–XVII* (Rome: Società Geografica Italiana, 1882; reprinted Amsterdam: Meridian, 1967), 280.

㉔ RP2. *Bibliothequè d'un Amateur et à divers: Voyages Atlas Histoire Genealogie...7 novembre 1993* (Paris: B. Clavreuil, 1993), 29, item 133. 也可以参见 Desimoni, "Elenco di carte," 62; Uzielli and Amat di S. Filippo, *Mappamondi*, 154; Placido Zurla, *Di Marco Polo e degli altri viaggiatori Veneziani* (Venice: Giacomo Fuchs, 1818), 368; Henry Raup Wagner, "The Manuscript Atlases of Battista Agnese," *Papers of the Bibliographical Society of America* 25 (1931): 1–110, esp. 99–100; 和 Battista Agnese, *Vollständige Faksimile-Ausgabe des Portolan-Atlas des Battista Agnese* (1546) *aus dem Besitz der Russischen Nationalbibliothek in St. Petersburg*, ed. Arthur Dürst (Disentis: Desertina; Graz: Akademische Druck-u. Verlagsanstalt; Moscow: Avtor, 1993), 包括由 Tamara P. Woronowa, *Der Portolan-Atlas des Battista Agnese von* 1546 *aus der Russischen Nationalbibliothek Sankt Petersburg*, 25 所作的增补。

㉕ Wagner, "Manuscript Atlases."

㉖ 书籍第一对开页的右页通常被粘到装订的前板上。然而，如同我们将要看到的，航海地图集通常由一系列的双分幅构成，因此其更为准确的说法是第一双图幅的右半部分。

㉗ 地图集曾经属于 Baron Edmond Rothschild。参见 Wagner, "Manuscript Atlases," 61–62。

利普·奥古斯特，优秀的王子，神的恩惠（Philippo Caroli Aug. F. optimoprinc. Providentia）”，因而其应曾经作为查理送给他的儿子，即未来的菲利普二世的礼物[28]。第三套阿涅塞的地图集在一个涡形装饰上有着英国的盾徽，在另外一个涡形装饰上则有一段向亨利八世的献词——“受到神的恩典的亨利八世，英格兰、法国和爱尔兰国王，信仰的捍卫者（Henricus octavus dei gratia Angliae, Franciae et Hiberniae rex fidei defensor）”——同时，在书的封面内侧包含着装饰有一个风玫瑰的小型罗盘（有着用英文标出的名字）[29]。其他有着盾徽或者图题的著作显示了它们是以下列人物为代表的当时显赫人物的财产，如科西莫·德美第奇一世（ItFi13）；阿方索·德斯特二世（Alfonso Ⅱ d'Este），费拉拉、摩德纳（Modena）和雷焦（Reggio）公爵（ItBo11）；和加斯帕德·德科利尼海军上将（Admiral Gaspard de Coligny）（FrC1），或高等级的教士，如赫罗尼纽斯·罗孚特（Heronimus Rouffault），圣瓦斯特修道院院长（Abbot of St. Vaast）（USW1）；圣菲奥拉的红衣主教圭多·阿斯卡尼奥·斯福尔扎（Cardinal Guido Ascanio Sforza of Santa Fiora）（ItTo5）；塞巴斯蒂亚诺，梅因兹大主教（Archbishop of Mainz）[30]；和阿道夫·冯绍姆布格尔（Adolph von Schaumburg），科隆的副主
179 教（Archdeacon of Cologne）[31]。尤其应当提到的就是托马索·坎佩焦（Tommaso Campeggio），费尔特雷主教于1541年给予著名的人文主义者保罗·焦维奥（Paolo Giovio），诺切拉主教（Bishop of Nocera）的地图集[32]。其他有着如特龙（Tron）、索马贾（Sommaja）、巴尔贝里尼（Barberini）和霍恩洛厄－诺伊恩施泰因（Hohenlohe-Neuenstein）等贵族家族盾徽的地图集——这些家族很可能是在这些图集实际制作之后很久才拥有的它们。至于那些涡形装饰的装饰板是空白的航海图和图集，我们或者可以假设它们被非贵族的家族购买，或者将缺乏家族纹章解释为仅仅是疏忽的结果。

美第奇家族似乎是大量弗朗切斯科·吉索尔菲作品的所有者，后者被认为是阿涅塞的学生[33]。里卡迪（Riccardiana）地图集3616（ItFi30）的封面上有着一个未知归属的盾徽（这一盾徽在每页的左侧和右侧的装饰边框中重复出现），但现在已经知道属于科西莫一世，他将其作为一件礼物送给他的儿子弗朗切斯科［因为可以从用拉丁语撰写的玩弄词汇 *Cosmo*（有序宇宙）和 *Cosimo*（科西莫）的古怪致辞中看出］。然而，另外一套里卡迪地图集3615（ItFi29），在其标题页上有着美第奇的盾徽——可能是红衣主教费迪南德·德美第奇（Cardinal Ferdinand de' Medici）的——而另外一套（UKO8）有着分开的美第奇的和奥地利

㉘ USPo2. Wagner, “Manuscript Atlases,” 74，以及 V. A. Malte-Brun, “Note sur un Portulan donné par Charles-Quint à Philippe Ⅱ,” *Bulletin de la Société de Géographie* 11 (1876): 625–31。

㉙ V7. Roberto Almagia, *Monumenta cartographica Vaticana*, 4 vols. (Vatican City: Biblioteca Apostolica Vaticana, 1944–55), 1: 6，和 Wagner, “Manuscript Atlases,” 77–78。同样，非常难以确定这一著作是否是受到委托，或者盾徽、献词和各种风的英文名字是否是在一个较晚的阶段加上的。

㉚ 之前属于 Conte Alex Mörner (Espelunda) 的藏品。Wagner, “Manuscript Atlases,” 87. 这一巨著似乎由 Christopher Haller of Hallerstein 给予的大主教。

㉛ Harff a/Erft, Schloss-Bibliothek. Wagner, “Manuscript Atlases,” 69.

㉜ Sotheby's, *Sammlung Ludwig: Eight Highly Important Manuscripts, the Property of the J. Paul Getty Museum, London, Tuesday 6th December* 1988 *at* 11 *AM* (London: Sotheby's, 1988), 76–81.

㉝ Paolo Revelli, ed., *Cristoforo Colombo e la scuola cartografica genovese*, 3 vols. (Genoa: Stabilimenti Italiani Art Grafiche, 1937), 2: 407 and 423.

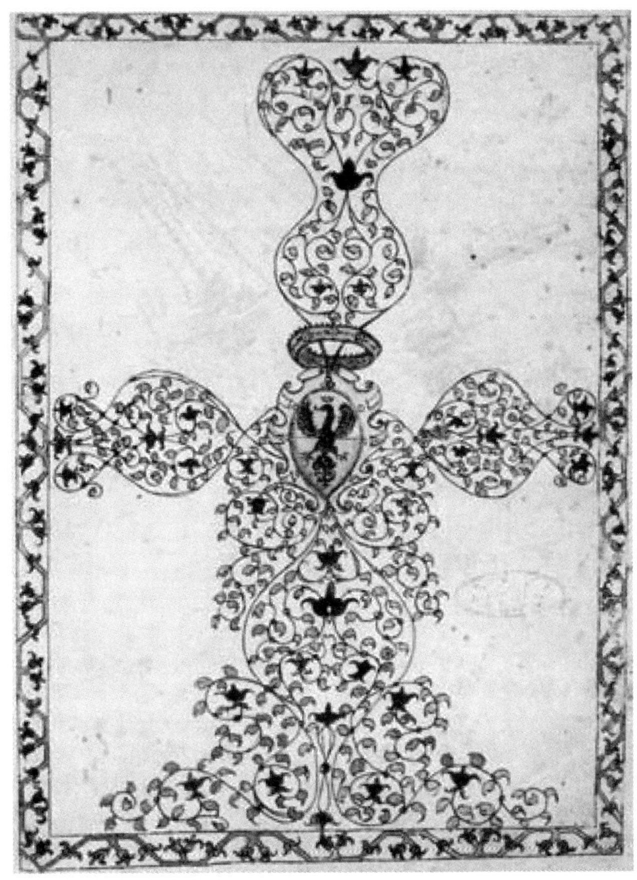

图 7.2　多里亚家族的盾徽。航海图是由弗朗切斯科·吉索尔菲（Francesco Ghisolfi）绘制的，时间是 16 世纪下半叶

原图尺寸：约 33×23 厘米。Biblioteca Universitaria, Genoa (MSS. G. V. 32, fol. 2r). 由 Ministero per i Beni e le Attività Culturali 授权。

皇室（House of Austria）的盾徽以及饰章，似乎是弗朗切斯科·德美第奇（Francesco de' Medici）与奥地利的乔安娜（Joanna）［焦万娜（Giovanna）］1565 年婚礼的结婚礼物之一[34]。我们还应当提到有着多里亚盾徽（图 7.2）的地图集，其被宣称是乔瓦尼·安德烈亚·多里亚的财产[35]。最后，还有一套地图集，其封面内侧有着一长段由其所有者安德烈亚·巴尔迪（Andrea Baldi）（FrP20）亲笔书写的评注。其时间是 1560 年 5 月 11 日，来自“li Gerbi”——因此，应当书写于西班牙的菲利普二世的基督教舰队征服杰尔巴岛的第二天。

乌齐埃利和阿马特·迪·S. 菲利波提到在科隆纳画廊（Galleria Colonna）的安科纳（Ancona）地图学家巴尔托洛梅奥·博诺米［Bartolomeo Bonomi，或博诺米尼（Bonomini）］的作品中的一幅航海图，并且据称，是在勒班陀战役（Battle of Lepanto）期间由教皇舰队的

㉞ H. P. Kraus (firm), *Fifty Mediaeval and Renaissance Manuscripts* (New York, 1958): 109–11.

㉟ ItGe2. Giuseppe Piersantelli, *L'atlante di carte marine di Francesco Ghisolfi* (*Ms. della Biblioteca universitaria di Genova*) *e la storia della pittura in Genova nel Cinquecento* (Genoa: Edizioni de "L'Assicurazione e la Navigazione," 1947), 8.

海军将领马尔坎托尼奥·科隆纳（Marcantonio Colonna）所使用的[36]。然而，这似乎只是一个家族的传说，因为这一地中海中部的航海图只不过是从一套完整航海图集中取出的一个单页[37]；其似乎在1897年被科隆纳家族的一名渴望纪念其祖先辉煌成就的成员加上了边框。这一海图的图题明确说明其绘制于安科纳，但是时间则无法识别；乌齐埃利和阿马特·迪·S. 菲利波提出的1570年，可能是由将这一海图与勒班陀战役更为密切地联系起来的渴望所促成的，然而这个日期完全是站不住脚的。然而，尽管不太可能被用于那场辉煌的战斗，但这幅航海图仍有可能自16世纪之后就被科隆纳家族拥有。如同我已经提到的，档案材料记
180 录，1592年，乔瓦尼·安德烈亚·多里亚王子的次子卡洛，委托巴尔达萨雷·马焦洛绘制了一幅“水手的航海图”和两幅“航海罗盘”（可能是两幅波特兰航海图）[38]。

由以Il Callapoda（卡拉帕达）而闻名于世的克里特岛人（Cretan）地图学家乔治·西代里（Giorgio Sideri）制作的众多作品，都有着显要人物的名字和盾徽。例子是1561年的属于“康迪的安特·卡尔博公爵［Ant. CalboDuca C（of Candy）］”（ItVe33）的航海图和1563年的属于“在克雷塔的乔瓦尼·米希尔顾问（Giovanni Michiel consigliere in Creta）”（ItVe11）的图集，而西代里的1562年的图集上则题写有“属于威尼斯的贵族埃莫家族，用于他们前往君士坦丁堡的行程（the noble Venetian family of the Emo for their passage to Constantinople）”（UKL19）。同时1646年由蒙达维奥的修道士尼科洛·圭达洛蒂（Friar Nicolo Guidalotti of Mondavio）绘制的图集被献给乔瓦尼·索兰佐（Giovanni Soranzo）骑士，“在君士坦丁堡（Constantinople）的威尼斯人社区的骑士和执法官”（ItVe7）。

在稿本著作中的这种献词可以被安全地视作用来意指地图集属于——或实际上受到接受者的委托。当献词是给如“佛罗伦萨的乔瓦尼·塔蒂先生（Signor Giovanni Tatti, fiorentino）”［在乔瓦尼·巴蒂斯塔·卡瓦利尼（Giovanni Battista Cavallini）的“海洋的世界舞台（Teatro del Mondo Marittimo）”中］这样一位隐晦人物的时候，这尤其是真实的；那些涉及更为著名名字的地图，有可能是地图学者正在试图模仿当时印刷本著作中的潮流。例如，乔瓦尼·弗朗切斯科·蒙诺（Giovanni Francesco Monno）的“真正的航海艺术（Arte della vera navegatione）”［一部关于航海的专著，波特兰航海图（*portolano*）和航海图集］有着一段给奥诺拉托·格里马尔迪二世（Onorato Ⅱ Grimaldi）的献词，但其似乎从来没有真正地属于过那位贵族，而他的“导航员和水手的导航之星（Stella guidante di pilotti e marinara）”［一部波特兰航海图（*portolano*）和航海图集］的两个副本，都是献给伊波利托·琴图廖内（Ippolito Centurione）的——但他只是将其中一部呈现给了伟大的热那亚的海军上将，另一部则自己保留[39]。

㊱ ItRo19. Uzielli and Amat di S. Filippo, *Mappamondi*, 146 and 296，以及 Francesco Bonasera, *La cartografia nautica anconetana* (*secoli* XV – XVI) (Cagli: Ernesto Paleani, 1997), 221 – 24。

㊲ 这一事实似乎进一步使得宣称其被用于勒班陀战役中的传统说法失效。因为组织和指挥这样的一次远征，毫无疑问使用一幅涵盖整个地中海的航海图（包括地中海东部）会更为有用。但这一海图的图面内容实际上结束于恰好发生了战斗的地区。

㊳ Desimoni, “Elenco di carte,” 62 – 63.

㊴ ItA1 and ItMi5. Gaetano Ferro, “L'Atlante portolanico di Guglielmo Saetone conservato ad Albissola,” *Bollettino della Società Geografica Italiana* 94 (1957): 457 – 77.

还存在我们可以追溯所有权变化链条的诸多例子。约安·马丁内斯（Joan Martines）1583 年的地图集从“英格兰的海军上将查尔斯·霍华德（Charles Howard）”转移到了“W. L. 伯利（W. L. Burghly）”［威廉·塞西尔（William Cecil），伯利男爵（Lord Burghley）］手中，然后转移到了“哈德逊湾总督（gouverneur de la Bay d'udson）查尔斯·巴伊（Charles Bailly）”手中，然后在成为某位“莫尔潘（Morpin）”的财产之前，曾在著名的探险家“皮埃尔·埃斯普里·拉迪松（Pierre Esprit Radisson）”手中，最后又返回到了拉迪松手中（USCh7）。然而，除了所有权的第一次记录之外，其他所有者都位于欧洲大陆，且距离地中海并不近，这令人感到困惑。

约安·里克佐·奥利瓦（Joan Riczo Oliva）在 1588 年绘制的航海图，似乎成为乔瓦尼·法颂尼（Giovanni Fasoni）的财产，他在 1594 年成为萨伏依公爵王室的官员[40]，同时我们无法排除其可能偶尔被用于政治——管理的目的，以及成为地理信息的一个资料来源。另一方面，由约安·奥利瓦于 1629 年在来航［Leghorn，里窝那（Livorno）］绘制的航海图，确实有着一种政治—军事目的，同时另外一幅由同一制图者绘制的厄尔巴岛（island of Elba）的航海图也是如此。这两幅航海图出现在红衣主教黎塞留（Cardinal Richelieu）置于一起的一套包含 28 幅地图的卷宗中，而他当时正在制定对地中海上的西班牙领土的攻击计划[41]。

1594 年约安·奥利瓦在墨西拿（Messina）绘制的由五幅航海图构成的地图集的第一图幅上有着以下图题“I H S Mar. / D. F. Luperçío de Arbizu / 1594”（USCh9）——因而似乎曾经属于马耳他骑士团（Order of Malta）的骑士卢佩祖奥·阿维苏（Luperzio Arbizu），他在这一年之前接管了战舰卡皮塔纳（*Capitana*）的指挥权[42]。由于这一标明所有权的图题的日期与著作绘制的时间相一致，因此其似乎很可能是阿维苏，或者自己委托绘制了这一华丽的有着图案装饰的著作，或者作为礼物接受了它（图 7.3）。

本质上，能与马耳他骑士团直接联系起来的作品的数量非常稀少。乌齐埃利和阿马特·迪·S. 菲利波提到一本未署名的由四幅航海图构成的地图集，在其厚纸板的封皮上有着马耳他十字架（Cross of Malta）——可能来自 16 世纪，这一著作当时属于一个私人图书馆（Sola-Busca-Serbelloni）[43]——那里有一部奥古斯丁·鲁森（Augustin Roussin）在马赛绘制的由六幅航海图构成的地图集，第一图幅的右页，在马耳他十字之上有着一个精美的盾徽（USB1）。

有着圣斯特凡诺骑士团（Order of Santo Stefano）十字的航海图和地图集更为常见。这些作品中的两部，我们可以确定它们所有者的骑士的名称。在彼得罗·卡瓦利尼（Pietro Cavallini）的 1676 年地图集上，我们可以读到“来自皮斯托亚的德尔·卡夫，多梅尼科·

---

[40] Stefano Grande, “Attorno ad una nuova carta nautica di Giovanni Riczo Oliva,” *Rivista Geografica Italiana* 21 (1914): 481 – 96. 这一航海图然后成为 Carlo Pangella 的财产。

[41] Tony Campbell, ed., “Chronicle for 1980,” *Imago Mundi* 33 (1981): 108 – 14, esp. 112, 以及 idem, “Chronicle for 1991,” *Imago Mundi* 44 (1992): 131 – 40, esp. 137 – 38。

[42] *Codice Diplomatico del Sacro Militare Ordine Gerosolimitano oggi di Malta...*, 2 vols. (Lucca: Salvatore e Giandomenico Marescandoli, 1733 – 37), 2: 278 – 79.

[43] Uzielli and Amat di S. Filippo, *Mappamondi*, 263.

法布罗尼神父，1676 年 4 月 1 日（Del Cav I. F. P. Domenico Fabroni di pistoia，1 Aprile 1676）”[44]，同时在一套 1688 年由同一制图者绘制的地图集中，有着一段图题“这一航海图属于骑士古列尔莫·兰弗兰基（Guglielmo Lanfranchi），陛下帆船舰队的总督”[45]。

181

图 7.3 一幅有着马耳他骑士的盾徽的航海地图集的封皮。由约安·奥利瓦绘制的地图集，其属于马耳他骑士卢佩祖奥·德阿维苏（Luperzio de Arbizu）

原图尺寸：38.8 × 25.5 *厘米。图片由* Newberry Library，Chicago（Ayer MS. Map 24）*提供*。

这类有着装饰的作品适合于贵族和骑士等级，他们可能偶尔会把这些地图带到船上，以用来制订军事策略的计划，或者只是为了他们在遵从舰长或者领航员规划的航线时手里有图可以参考。然而，我们知道属于更低微等级的水手也曾拥有过相似的航海图和地图集。“船长乔瓦尼·巴蒂斯塔·蒙塔纳罗（Giovanni Battista Montanaro）的财产”是一幅未署名的航

[44] Giuseppe Caraci，“Inedita Cartographica—I. Un gruppo di carte e atlanti conservati a Genova，” *Bibliofilia* 38（1936）：149 – 82，esp. 166 – 67.

[45] ItPi3. 这是“著名圣斯特凡诺的皮桑骑士，其在 17 世纪晚期的航海业中发挥了领导作用”。Danilo Barsanti，“Le carte nautiche，” in *Piante e disegni dell'Ordine di S. Stefano nell'Archivio di Stato di Pisa*，ed. Danilo Barsanti，F. Luigi Previti，and Milletta Sbrilli（Pisa：ETS Editrice，1989），161 – 66，esp. 166.

海图上的图题（ItVe44），同时另外一幅未署名的航海图在1603年似乎属于“克莱门特·克洛萨米诺·德阿比索拉（Clemente Corsamino d'arbisola）船长”[46]，同时在另外一套地图集的一幅图版中有着这样的声明“同时这一著作属于圣吉瓦纳·迪帕蒂诺岛（Island of San Gioana di Pattino）的尼科洛·卡纳科（Nicolo Canachi），船只的导航员”（这段话还用希腊语重复了一遍）[47]。因此，这两位船长和一位导航员都拥有地中海的航海图，即使这些地图集并不作为航海工具直接使用。当然，这并不能排除这样的可能性，即在工作的时候，他们可能使用了其他相似的航海图——这些航海图由于破损而最终毁坏了——而将这些更为精美的副本保存下来作为他们海上生涯的纪念品。

相似地，从16世纪末之后，那些拥有绘本航海图和地图集的不习惯于航海的人员群体扩展，超出了统治者、王子、贵族和教士的范畴，包括了地位更为低微的个人，他们在他们新的拥有物上书写了各种揭示性的和信息丰富的注释。例如，在一套17世纪未署名的地图集的图题“1661年，贾钦托·菲利皮（Giasinto Filippi）的财产”之后，有着另外一段文字“因为好奇而从前者处获得”（USCh16），而另外一套被认为由约安·马丁内斯绘制的地图集中包含了一段对那些发现丢失的书籍但没有将其返还的人的诅咒，以及一段承诺给那些归还者的奖励（用葡萄酒）：“布来泽·沃隆德特（Blasé Voulondet），1586年——那些找到书籍的任何人都应当将其归还给我布来泽·沃隆德特，如果他们没有归还的话，上帝将要惩罚他们，并且如果他们将其归还的话，他们将会得到葡萄酒。”（V14）

因而，非常清楚的是，可以被确定地识别出的那些航海图所有者们和购买者们是一个非常多样化的群体。这一结论似乎证明地中海的航海图已经丧失了它们作为航海工具的主要功能[48]，而它们对购买者具有吸引力是因为若干次要原因。实际上，即使这些航海图和地图集超过了50年——因而显然是过于陈旧，但这些所有者也并没有感到特别的困扰。例如，克里诺（Crino）认为大约在17世纪中期为一位圣斯特凡诺骑士制作的一个保存航海图的箱子中不仅包含了一幅1636年的普拉西多·卡洛里奥和奥利瓦［Placido Caloiro e Oliva，普拉西杜斯·卡洛里奥和奥利瓦（PlacidusCaloiro et Oliva）］绘制的航海图（ItRo9），而且还包含有一幅若姆·奥利韦斯（Jaume Olives）制作的1561年的航海图（ItRo5）以及由雅各布·马焦洛［Jacopo Maggiolo，贾科莫·马焦洛（Giacomo Maggiolo）］绘制的1561年和1567年的航海图（ItRo4 and ItRo6）。似乎有些奇怪的是，箱子的所有者保存了三幅年龄约70年的航海图，但是我们可以强调它们实际上比第四幅，也就是较晚的航海图更为准确[49]。之前提到的1552年前后的巴蒂斯塔·阿涅塞地图集曾经属于过梅因兹大主教塞巴斯蒂安
（Sebastian），在1637年由11岁的瑞典（Sweden）的克里斯蒂娜（Christina）的家庭教师送 182

[46] ItMi2bis。另外的注释告诉我们，此后地图集成为都灵的Guglielmo Ludovico Porta的财产，他在1674年至1680年间在地中海旅行为威尼斯共和国、托斯卡纳大公国和葡萄牙王室服务。

[47] UKL2，作者被以为是Joan Martines。

[48] 尽管缺乏有力的证明，但可以基于这些作品的名称来认定它们的首要功能：航海图、水手的航海图等（*carte da navigar*，*cartae pro navigando*，*cartas de marear*，etc）。

[49] 按照克里诺的观点，顾客然后委托制作了一幅更为新近的航海图——由普拉西多·卡洛里奥和奥利瓦——来弥补其他三幅地图上过时的地名信息。Sebastiano Crinò，“Un astuccio della prima meta del secolo XVII con quattro carte da navigare costruite per la Marina Medicea dell'Ordine di Santo Stefano，” *Rivista Marittima* 64，No. 2（1931）：163－74，esp. 171－72.

给了她，因其可能认为这是一个像她这样等级的人学习地理的恰当材料。另外一套阿涅塞地图集，时间稍微晚于 1545 年，1643 年被沃尔芬比特尔的奥古斯特大公（Duke August of Wolfenbüttel）购得，花费了高达 200 杜卡托（ducats）[50]。这种对珍贵地图不计新旧的兴趣，或可以很好地解释阿美利哥·韦思普奇何以为一幅 1439 年由加布里埃尔·德巴尔塞卡（Gabriel de Valseca）绘制的航海图支付了 130（或者可能为 80）金杜卡托[51]。

同样清楚的是，不同于世界航海图，涵盖了地中海地区的航海图没有发生大的变化和改动[52]。因而，一幅年代更近的地中海航海图并不比一幅多年之前的航海图具有真正的优势；实际上，其质量通常更为糟糕。

材　料

类似于它们中世纪的前辈，16 世纪和 17 世纪的绘本航海图和地图集被绘制在羊皮纸上，这是一种由技艺高超的工匠用小牛、绵羊、山羊甚至可能是兔子和猪的皮革，通过一种在多个世纪中也没有变化的漫长和复杂的工艺制作的[53]。

一张羊皮纸的两面是非常不同的：动物皮革外侧的一面是黄褐色的，并且保留有毛囊的痕迹，皮革内侧一面，基本是白色的而且很光滑，而这一侧就是地图学者通常选择来绘制航海图的。

一幅航海图可能使用了一整张皮革，其首先被修剪掉不规则的边角。表面的形状最终为大致的矩形，尽管其朝向一侧逐渐收窄（构成了所谓的颈部、舌头或脐部）。而在粗糙的一面通常固定有一个木制的圆筒，两端有两个圆形装饰，航海图环绕这一圆筒可以卷起来，并用一条缎子穿过颈部一端的两个小的平行切口系紧。极少保存至今的航海图依然还有环绕它们的原始的木制圆筒，而用这种形式保存至今的航海图的数量更少（它们展开在一个平坦表面上可以更好地保存）[54]。为了查阅航海图，人们通过紧握窄端将其展开——或者，如同

[50] GeW2。附加在这一作品的一张纸上有着下述词句：“一本地图和海图的著作，用手绘制在干净的羊皮纸上，羊皮纸的价格在马耳他为 200 杜卡托。”

[51] José María Martínez-Hidalgo, *El Museo Maritimo de la Diputación de Barcelona* ([Spain]: Silex, 1985), 90, 以及 Julio Rey Pastor and Ernesto García Camarero, *La cartografía mallorquina* (Madrid: Departamento de Historia y Filosofía de la Ciencia, “Instituto Luis Vives,” Consejo Superior de Investigaciones Científicas, 1960), 73. 对比这一数额，我们可能只能将 Alberto Cantino 为一幅由不知其名的葡萄牙地图学家绘制的著名世界海图支付的 12 杜卡托描述为是微不足道的一笔费用（Cantino 写道：“上述在葡萄牙为我绘制的航海图让我花费了 12 金杜卡托”）。

[52] 在世界航海图的例子中，对于更新的航海图的需求很可能导致了不诚实的商人修改了地图的日期。其中一个例子就是韦康特·马焦洛的世界航海图，其消失没有一丝线索：其最初的 1527 年的日期被未加修饰地改为 1587 年，但毫无疑问这给予了一个更新过的，显示了所有最新的地理发现的印象。

[53] Claudia Consoni, “La pergamena: Procedimenti esecutivi,” in *I supporti nelle arti pittoriche: Storia, tecnica, restauro*, 2 vols., ed. Corrado Maltese (Milan: Mursia, 1990), 2: 277 – 95, 和 Penny Jenkins, “Printing on Parchment or Vellum,” *Paper Conservator* 16 (1992): 31 – 39, esp. 31.

[54] 在那些依然环绕着它们最初的圆筒的少量航海图中，我们应当提到 1622 年由乔瓦尼·弗朗切斯科·蒙诺（Durazzo-Giustiniani private library in Genoa）绘制的航海图、未署名的航海图 ItBo14、1621 年由普拉西多·卡洛里奥和奥利瓦绘制的航海图（ItNa5）以及同一图书馆的另外一幅未署名的作品（It Na 15）——它们的尺寸都很小。

卡拉奇（Caraci）建议的，人们甚至可以将航海图挂在一面墙上[55]。然而，很有可能的就是，即使没有被在海上用作参考，但为了查阅，航海图也通常被展开在一个平面上。如同在中世纪航海图例子中的那样（自1330年由安杰洛·达洛托［Angelo Dalorto，安杰利诺·杜尔塞托（Angelino Dulceto）］绘制的航海图之后），16世纪和17世纪航海图的颈部通常位于左侧（如果采用上缘为北的话）。

通常认为，航海图这一凸出的部分获得其名称来源于这样的事实，即其实际上与用于制作羊皮纸的动物皮革的颈部的位置相一致。这对于早期的航海图可能是真实的，但是在16世纪和17世纪，这一狭窄的一侧不仅被切割成弯曲的形状（这让人想起传统形状），而且可能还被切割成三角形或梯形。颈部成为羊皮纸航海图的一种常规特征，当人们查阅那些由两块皮革沿着最长边合在一起制成的航海图时（例如，雅各布·马焦洛于1561年绘制的航海图，ItGe9），这一事实会变得更为清晰：这里，皮革上两处原始的颈部被切掉，而航海图的左侧被简单地切割成一个弯曲的形状。甚至还存在这样的航海图，其颈部实际上是插入主要部分的另外一小片羊皮纸，例如一幅未署名的17世纪的航海图（ItVe53）。

对比中世纪的航海图，那些16世纪和17世纪的航海图在尺寸上显示出了更大的差异
（图7.4）；最小的为40×20厘米[56]，同时最大的为222×132厘米[57]。特别应当提到的就是 183
1644年由阿尔贝托·德斯特凡诺（Alberto de Stefano）绘制的航海图：尺寸为160×80厘米，这是由六块羊皮纸缝合在一块帆布的背衬上的，因此最初目的似乎是挂在墙上（UKGr20）。在尺寸上的广泛差异揭示出，航海图现在正在失去它们的原始功能——因为特大的和特小的单幅航海图显然对于真正的水手而言是没有用的。

卷起来的航海图可能保存在帆布封套或者特殊的容器中。可能唯一保存下来的一个容器的例子就是在图7.5中显示的那个。这一外侧贴有做工精细的皮革的木制圆筒的内部，实际上被分为四个有着不同长度和直径的较小圆筒，每一个被设计用来保存一幅航海图。在盖子（一端为圆形的另外一个圆筒）之下有着四个不同的孔洞，由此每幅航海图可以滑入其相应的圆筒中[58]。制作容器的时间必然大约为最后一幅航海图制作的时间前后，而最后一幅航海图是在1636年由普拉西多·卡洛里奥和奥利瓦绘制的（ItRo9），由此让我们了解到这些档案是如何保存，或者它们是如何被准备在船上使用的。然而，储存航海图有着不同的方式。例如，1535年由韦康特·马焦洛（ItTo2）绘制的航海图被切割成两片，然后黏在固定成类似于手风琴的折页的四片平板上（图7.6）；然而，我们无法知道这是否是它们最初的固定方式。1630年由乔瓦尼·巴蒂斯塔·卡瓦利尼绘制的航海图，其奇怪的固定方式似乎从最

---

[55] Giuseppe Caraci, "La carta nautica del R. Archivio di Stato in Parma," *Aurea Parma* 21 (1937): 183–89.

[56] 这一航海图是在1622年由乔瓦尼·弗朗切斯科·蒙诺绘制的（参见注释54）。在其他小尺寸的航海图中，需要提到图7.4的17世纪未署名的法文航海图（ItBo14）、1656年由乔瓦尼·巴蒂斯塔·卡瓦利尼绘制的尺寸为55×19.5厘米的航海图（UKGr21），另外一幅没有注明日期的由卡瓦利尼绘制的尺寸为43×20厘米的作品（ItRo17）、1597年的由比森特·普鲁内斯绘制的尺寸为54×17厘米的航海图（USNY17），以及1621年由普拉西多·卡洛里奥和奥利瓦绘制的尺寸为50×20.5厘米的航海图（ItNa5）。

[57] FrP59。是一幅1654年由鲁森署名的航海图（由四片拼合在一起的羊皮纸构成），显示了地中海区域。还可以在意大利制作的那些稀少的世界航海图中找到尺寸超过200×100厘米的航海图——例如现在被称为Pesaro世界航海图（It Ps 2）或Nicolò de Caverio世界航海图（FRP2）的地图，两者的时间都是16世纪早期。

[58] Crinò, "Un astuccio," 163–74.

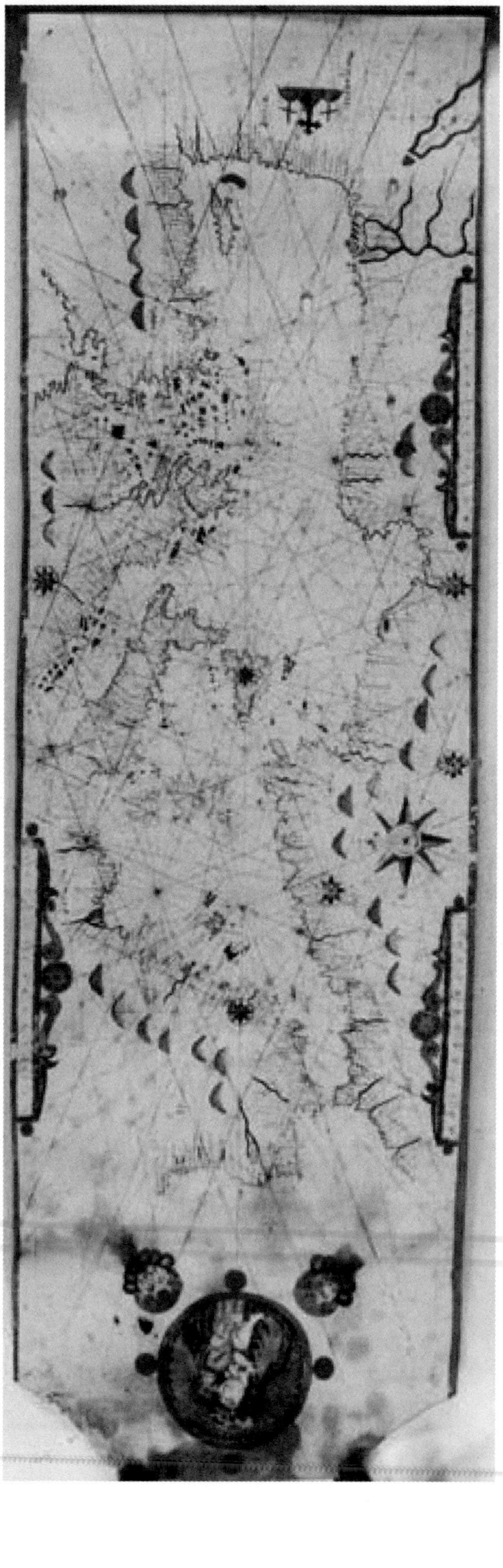

图 7.4 一幅小型的航海图。未署名的 17 世纪地中海的航海图

原始尺寸：17.7×54 厘米。图片由 Biblioteca Universitaria，Bologna（Rot. 81）提供。

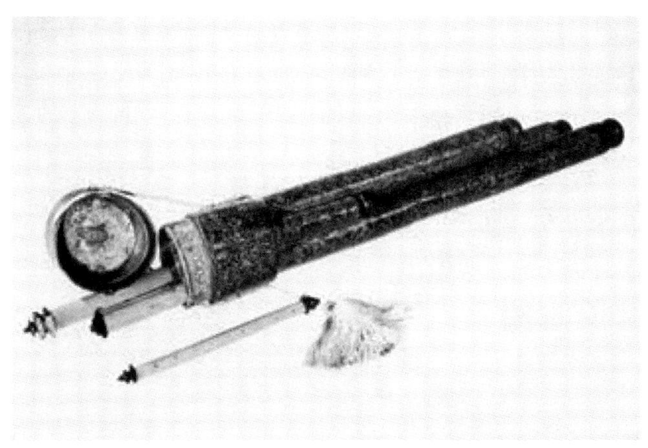

图 7.5 用于保存航海图的箱子。一个容器，木制的并有着加工精细的皮革，用来保存四幅航海图

原始尺寸：长 84 厘米，直径 12.5 厘米。图片由 Biblioteca Nazionale Centrale，Rome（Sez. Cartografia，Varia 5）提供。

初就是如此。当它进入沃尔泰拉的圭迪伯爵（Counts Guidi of Volterra）的收藏之后，按照马尼亚吉（Magnaghi）的描述，它们被粘贴在彼此在顶部交叠在一起的三块木板上。[59] 然而，基于其右侧木板背后有着一幅爱琴海（Aegean）航海图，因而这一作品更应当被看成是一部地图集[60]。

羊皮纸并不总是以皮革的形式出售，有时以切成矩形的纸张的形式出售。折叠两次或者两
次以上，由此这些构成了对页，特点就是两张白色和两张黄褐色的页面的规律变化。然而，如 184
同在航海图的例子中，对页的地图集通常绘制在羊皮纸白色的面上。这些图幅可以被在边缘装

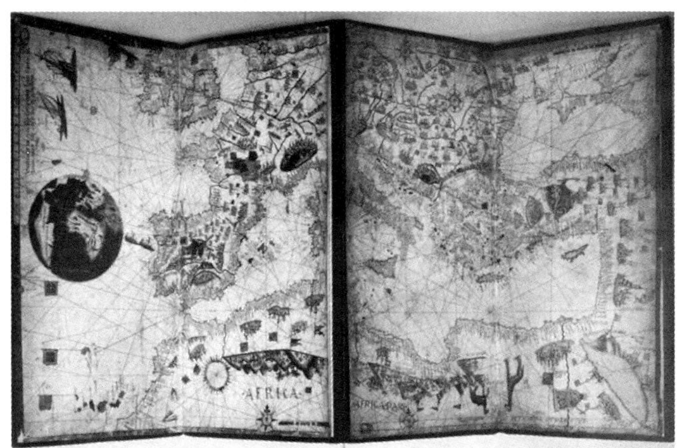

图 7.6 被粘在四片板子上的地中海航海图。韦康特·马焦洛，热那亚，1535 年

原图尺寸：分幅，45.9×43 厘米。图片由 Archivio di Stato，Turin（Corte，Biblioteca Antica，Jb. Ⅲ 18）提供。

---

[59] Alberto Magnaghi, "Carte nautiche esistenti a Volterra," *Rivista Geografica Italiana* 4 (1897): 34 – 40.

[60] 两幅 1627 年的由约安·奥利瓦绘制的涵盖了相同区域的航海图也被用同样的方式固定，由此构成了一个单独的物品（它们现在收藏在葡萄牙的私人手中）。

订起来（通常是左侧），但是对于它们来说从中间垂直折叠更为常见，对页中带有黄褐色的右页与紧接着的黄褐色的左页粘在一起。在这种方式中，所有不希望出现的褪色的页面被隐藏了起来，同时整部书——通常由有限数量的航海图构成——则被制作得更为结实和牢固。

也存在航海图被固定在背衬上的例子，由此它们被按照一种类似于手风琴的方式折叠：这方面的例子就是弗雷杜奇（Freducci）绘制的 1555 年（UKGr7）和 1556 年（ItMa2，图 7.7）的地图集以及属于加拿大的私人收藏的一部著作，其可能是未署名的，但可能是乔治·西代里的作品，因而可确定的时间为 16 世纪后半叶。

图 7.7 用类似于手风琴的方式装订的航海图集。安杰洛·弗雷杜奇（Angelo Freducci），安科纳，1556 年

原始尺寸：打开后 35 × 230 厘米。图片由 Biblioteca Comunale, Mantua（MS. 646）提供。

我还应当提到在晚期著作中出现的一个尤其值得注意的特点：尽管沿着一侧装订在一起，但是页面并不经常有着相同尺寸（即使它们显然都是同一位绘制者的作品）。这方面的例子就是一套未署名的法文地图集，其较大的页面被折叠，因此它们没有凸出于页宽之外（USCh17）。

不言而喻，书籍的装订和形式通常被改变，或者为了满足不同航海图所有者的口味，或者只是因为方便。然而，有时，可以确定是，现存著作保持了其原始的形式：例如，对于大量巴蒂斯塔·阿涅塞绘制的地图集而言这是清楚的，即其有着典型的 16 世纪的装订形式，两片深色或红色的摩洛哥皮革做成的硬封皮，其上装饰有嵌条纹样、蔓藤花纹和六瓣的花饰——一种组合，其实际上是 16 世纪最为多产的制图作坊之一的商标[61]。

---

[61] 在封皮的后板内侧通常有一个小的指南针。然而，瓦格纳提醒用封皮来确定一位未署名的作品的作者存在潜在危险。Wagner, "Manuscript Atlases," 6.

之前提到的1594年的约安·奥利瓦绘制的地图集的皮革封皮，同样非常可能是原初的，因为其有着马耳他骑士团的盾徽（其是我们所知道的第一位所有者）（USCh9）。同时在来 185
航制作的那些地图集，在其封面上依然有着圣斯特凡诺骑士团的盾徽也可以得出同样的结论。最后，我应当提到在其皮革封皮上有着精美马赛克的佛罗伦萨纹饰的三部由弗朗切斯科·吉索尔菲制作，并且所知曾属于美第奇家族某位成员的地图集，以及之前提到的值得注意的在封皮上镶嵌有绿松石的巴蒂斯塔·阿涅塞制作的图集[62]。

制 作

在航海图和地图集中，图像的一部分很可能是用铅笔绘制的。例如，在1512年由韦康特·马焦洛绘制的地图集的第一页中可以看到环绕中央的风玫瑰有着一个大圆，并且有着16个位于周边的风玫瑰（圆周上的一些用铅笔绘制的图像依然清晰可见）（ItPr2）。这一过程被马丁·科尔特斯（Martín Cortés）对一幅航海图的草图做出的解释所确证：在绘制了彼此呈90°平分的两条直线之后，“在它们相互平分的交点上，必须以其为中心绘制一个宽度等于整个航海图的圆周，其通常是用铅笔绘制的，因为它容易擦掉”[63]。

在约安·马丁内斯绘制的布雷顿斯（Braidense）地图集中，在四幅图幅上依然在中心有着清晰可见的这一大圆的痕迹（可能用一个金属工具绘制）——尽管这里，圆周意图承载的位于周边的风玫瑰缺失了。同时一套巴蒂斯塔·阿涅塞地图集（ItBo11）的所有图幅都有着一个大的双圆的刻写的痕迹，其中内侧的圆周有着风玫瑰（在陆地地图中则显然省略掉了）。因而，似乎所有图幅都是通过相同的方式准备的，而没有考虑到它们最终的目的。

然而，制图者操作的所有涉及绘制一幅航海图的顺序，在学者中依然是一个存在争论的问题。一些判断认为，首先是海岸线，然后是风向的指示，而其他判断则完全相反。在1548年由韦康特·马焦洛绘制的航海图中（ItFi20），其中有两幅图幅只有风向——按照绘制航海图时使用的轮廓而有所变化——这一事实说明风的罗盘方位线是首先被绘制的。然而，这些并不是未完成的航海图，而是解释性的图像，因而无法告诉我们关于地图学者工作时的实际顺序的任何信息。

在他的章节“航海图的构造（De la composición de la carta de marear）”中，马丁·科尔特斯认为最早被描绘的是风罗盘方位线，主要的和次要的，然后透明的纸张和“复写纸”被用来从一幅标准图（母本）上复制海岸线；他还提到，如果需要扩大或者缩小图像，可以将原图分割为大量小的方形[64]。巴尔托洛梅奥·克雷申齐奥（Bartolomeo Crescenzio）提到其他两种从一份原图进行复制的方法：第一种涉及将两块羊皮纸在一个框架上伸展，然后将其对着一道光线，由此使得描绘成为可能；第二种，被称为“pouncing（用针戳移印画稿）”，涉及用“细针”穿过海岸线，在新的羊皮纸上留下一条针孔的痕迹，然后再喷洒上

---

[62] Corradino Astengo, “La produzione cartografica di Francesco Ghisolfi,” *Annali di Ricerche e Studi di Geografia* 49 (1993): 1 -15, esp. 6 -7, 和 Wagner, “Manuscript Atlases,” 62。

[63] Martín Cortés, *Breve compendio de la esfera y del arte de navegar* (Madrid: Editorial Naval, Museo Naval, 1990), 215.

[64] Cortés, *Breve compendio*, 214 -27.

烟煤，由此留下了一条可以用笔再次描绘的清晰的黑色轮廓[65]。学者批评这两种方法是不精确和错误的源头。

对于 BL 藏品中四幅中世纪航海图的电子显微镜测试已经揭示，在其中的三幅航海图中，标明了风向的线条位于其他的标明海岸线和地名的线条之下——因而显然是首先绘制的——而在第四个例子中，难以确定位于最下层的线条为何。然而，正如坎贝尔已经指出
186 的，风向线的网络不能被用作一个用来复制——同时可以缩小或放大——图像的框架，因为它们与海岸线的位置关系，在各航海图之间存在差异[66]。

至于马丁·科尔特斯提出的 *quadratura*（划分方形）方法的使用，其唯一的线索被发现于少量且非常晚的航海图中：一幅只有半图幅的 1658 年由弗朗索瓦·奥利夫［François Ollive，弗朗切斯科·奥利瓦（Francesco Oliva）］在马赛绘制的地图集中的航海图（图 7.8）(SpBa8)，以及未署名地图集中的两幅图，这一地图集可能是由同一制图者绘制的(FrMa4)。这些确定未完成的作品——它们只表现了颜色突出的海岸线，而没有地名或者风向——被一个小的正方形的精细网格覆盖，不过这种网格与地理的子午线或纬线没有关系(显然是用铅笔绘制的，它们似乎是暂时的和可以擦除的)。让·弗朗索瓦·鲁森（Jean François Roussin）在土伦绘制的 1658 年地图集（ItMo4）同样包含一幅地中海的航海图，其上用精细的正方形网格取代了风的罗盘方位线的网络；然而，这一航海图有着地名和有着大陆名称的涡形装饰（只是少了比例尺标识和常见装饰）。因而，在这一例子中，似乎小的正方形网格并非意在擦除。考虑到这些航海图所涵盖的区域在同一地图集中已经被其他图幅所描绘（按照相同的比例尺），因此它们在作品中作为整体的功能并不是很清楚[67]。

不言而喻，未完成的航海图在我们理解它们的绘制顺序时给予我们一些帮助——即使如此，它们只是能告诉我们某位绘图者所遵守的程序，而不能告诉我们已经普遍建立的规则的相关信息。作为第一个例子，应当提到一幅未署名的航海图，其是从作为书的封皮材料中挽救出来的（图 7.9）（ItSa2）。其只显示了 8 个主要风向（用黑色），而没有表现处于 8 个主要风向之间的以及处于 16 个风向之间的次要的风向，此外还有一条被描绘的海岸线（同样用黑色），但是没有任何岛屿［除了埃维亚（Euboea）］或地名；同样还有用来包含 13 个罗盘玫瑰装饰物的圆周或一系列的同心圆。航海图绘制者似乎按照下列顺序工作：首先，绘制 8 个风向的线条，其次是陆块的轮廓，最后是装饰性玫瑰的圆周（使它们不会与海岸线重叠）。此后，他应当会继续增加其他风向线和处于 8 个主要风向之间风的风向线、地名（都是用黑色和红色），最后是 17 世纪的作品毫无疑问应当包含的装饰物。

---

[65] Bartolomeo Crescenzio (Crescentio), *Navtica Mediterranea* (Rome: Bartolomeo Bonfadino, 1602 and 1607).

[66] Campbell, "Portolan Charts," 390–91.

[67] 绘制在 1592 年的温琴佐·韦尔奇奥地图集（SpM4）第一幅图上的奇怪的航海图的目的更是难以被了解。一个黑海的"相反"的图像被绘制于这一羊皮纸褐色的一面，而这一面通常是不使用的。绘制出了完整的风向线（用黑色、红色和绿色），海岸线是用黑色绘制的，只是地名使用了黑色墨水（倒写）。黑色墨水还被用来勾勒出一个风玫瑰和两位君主的画像。

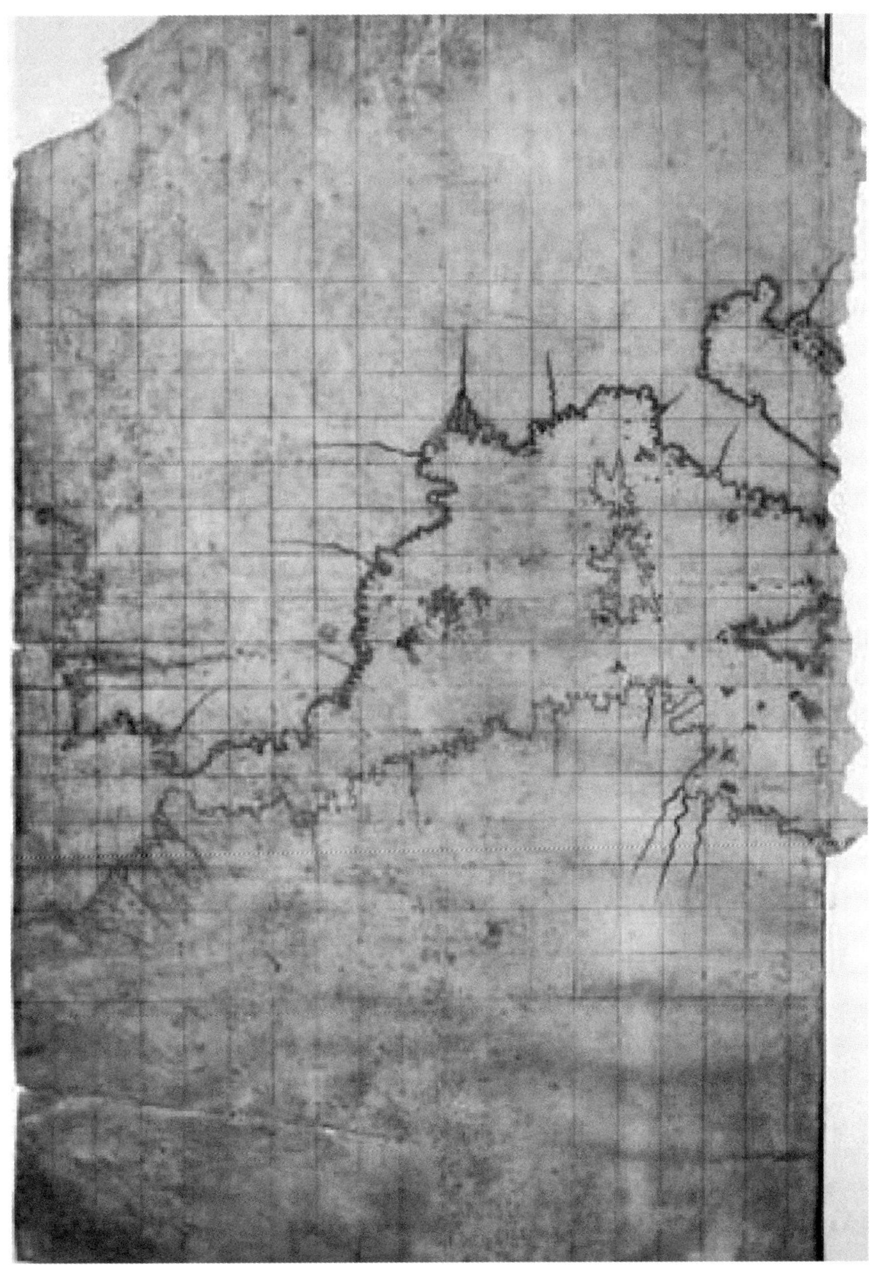

图 7.8　有着网格的地中海东部的航海图。图幅来源于一套由弗朗索瓦·奥利夫绘制的航海图集，马赛，1658 年

原图尺寸：52×34 厘米。图片由 Museu Marítim, Barcelona（inv. 10257）提供。

图 7.9 曾经用作书籍封皮的未完成的航海图。未署名的 17 世纪的地中海航海图

原图尺寸：38 × 59 厘米。图片由 Archivio Vescovile，Savona 提供。

一些未完成的航海图被装订在由罗伯特·达德利（Robert Dudley）为他的《大海的秘密》（*Arcano del mare*）准备的三卷绘本航海图中的一卷中，因而这些可能属于编纂者（GeM3，GeM4，GeM5）[68]。其中一幅完成了，且有着装饰性元素（但是没有上色），同时另外一幅只缺少红色墨水的地名。第三幅航海图非常难以解释，因为其有着一个非常少见的风向系统。其缺乏一个中心的风玫瑰，同时四个边缘在被隐藏的圆周中放置了四个风玫瑰，并由此散发出了一些风向线。地中海区域被分为四个单独的部分，每一个都有着不同的朝向。将航海图一次次地旋转 90°，则每个部分都依次与北方对齐；没有地名或者装饰性元素，但
187 是用颜色对海岸线进行了强调。由于其非常奇特，因此这一航海图必须被认为是某种试验品，而不能被认为提供了海图绘制者所采用的通常步骤的线索。

另外一幅未署名的航海图没有任何地名（ItVe19）。像往常一样，风向线用黑色、绿色和红色标出，同时海岸线（局限于地中海的东中部）用黑色墨水描绘（用绿褐色强化）。此外还有用笔勾勒的四个小的罗盘玫瑰的轮廓，此外还有第五个较大的同时更为精致的玫瑰——当然，它们所有在今后都要用鲜亮的颜色加以装饰。

此外还有一幅同一区域的未署名的航海图，没有任何装饰元素，并且只是用褐色强调了

[68] Munich, Staatsbibliothek, Cod. icon. 138, 139, and 140.

海岸线（ItVe15）。只是用黑色墨水题写了地名，而红色墨水的地名则未曾看到（尽管制图者留下了空间可以在以后增加它们）[69]。

另外一幅特别让人感兴趣的未署名航海图的时间可能是在 17 世纪初（ItVe44）。有着富有装饰性的罗盘玫瑰以及城市、各种动物和缩略图，但作品完全没有地名。这可能很好地意味着红色和黑色的沿海地名是在航海图上最后添加的东西——尽管这一例子难以充分地将这一点确立为一条通常的规则。此外还有这样的可能，即这一航海图——所有其他方面都已经完成了——离开了制图学者的作坊送往某些专家或学者的工作室，而那些专家和学者负责题
写地名，可能是用希腊文（此举并非罕见）[70]。然而，似乎有理由认为，装饰性的着色和装 188
饰性元素是在添加地图学家的签名以及完成的时间和地点之前所作的最后一步操作——尽管当然不是所有完成的作品都是有签名的[71]。

至于地图集，更有可能的是，每一图幅都是在装订成册之前完成的——即使这一普遍规则似乎与一套未署名的地图集相矛盾，这一地图集，瓦格纳带有保留态度的认为应当是巴蒂斯塔·阿涅塞的作品[72]。不仅是用于所有者的盾徽的传统的涡卷装饰没有完成（铅笔勾出的轮廓，只是部分的上墨）；此外还有大量未完全着色的图幅，以及大量添加了网格的白色的完全空白的页面[73]。相似地，之前提到的 1512 年韦康特·马焦洛绘制的地图集（ItPr2）也带来了疑问，因为第四图幅上用蓝色着色的加那利群岛（Canary Islands）在对页上留下了一个清晰的轮廓，这说明在绘画干燥之前，这本书就被合上了。然而，这些只是来自无法普遍化的孤例。

似乎清楚的就是书籍中单独的航海图必然是被绘制在已经切割成型的矩形的羊皮纸上的。因而，地图集中的航海图与那些被分成各个部分的航海图存在极大差异——例如之前提到的慕尼黑航海图（Munich chart）（GeM5）或者 1989 年 6 月 21 日在佳士得拍卖的未署名的航海图，地中海被分到六块图版上（没有任何痕迹说明这些是后来被切开并装订成册的）[74]。如同已经提到的，无论单独的航海图还是地图集中的图幅，制作的最后一个阶段，

---

[69] 其他两幅未署名的没有红色墨水地名的航海图在市场上出现：1983 年 4 月 21 日出现于索思比（Sotheby）拍卖行的 Lot 51 和 1988 年 12 月 7 日出现在佳士得（Christie）拍卖行的 Lot 54。对于后者的描述指出，尽管其没有完成，但这一航海图似乎曾经被用于一艘船只的甲板上。一幅未署名的 16 世纪威尼斯的航海图（ItVe30）让事情变得更为复杂，其只包含有一些红色墨水的地名——除了亚得里亚海（Adriatic）地区、伯罗奔尼撒半岛（Peloponnesus）和爱琴海群岛（Archipelago）的部分地区（那里发现了通常使用的黑色墨水的地名）。这证明地图学者正在遵循他自己特定的方法；然而，由于航海图属于著名的威尼斯的丹多洛（Dandolo）家族，因此其应当是一个经过深思熟虑后的选择，即只给出那些威尼斯有兴趣的地区的详细信息。

[70] 存在三幅已知的航海图和两幅地图集，其中所有地名是用希腊文书写的：FrP36、ItL2、USNY1、GrA2，以及曾经保存在沃尔泰拉的圭迪家族的 Nicolaus Vourdopolos 航海图（Alberto Magnaghi，“L'Atlante manoscritto di Battista Agnese della Biblioteca Reale di Torino，” *Rivista Geografica Italiana* 15［1908］：65－77 and 135－48）。

[71] 在著作完成时才增加图题被这样的事实揭示，即其通常包括了只能表示航海图或者地图集完成的日期。不仅如此，在雅各布·鲁索 1528 年的航海图（UKBi1）上一段较长的图题显然是被挤进两个圣人的图像中的，因此其必然是在它们完成后才书写的。参见 Roberto Almagià，“I lavori cartografici di Pietro e Jacopo Russo，” *Atti della Accademia Nazionale dei Lincei：Rendiconti Classe di Scienze Morali，Storiche e Filologiche*，8th ser.，12（1957）：301－19，esp. pl. X。

[72] USCh2. Wagner，“Manuscript Atlases，” 102.

[73] 未署名的图集 ItBe1 同样似乎也是未完成的。Gaetano Ferro，“L'Atlante manoscritto della scuola di Battista Agnese conservato a Bergamo，” *Rivista Geografica Italiana* 91（1984）：501－20.

[74] 确实，位于一块图版之上的图像重叠出现在下一块上。航海图的时间可以确定为 15 世纪末。

最为可能的就是着色和装饰。用来绘制装饰性图像、较小岛屿的背景以及对海岸线进行强调的刷子，是用捆绑在一起的青白相间的毛发（松鼠毛）制成的，切割成不同的形状，并且安装在用一根羽毛（通常是一根秃鹫毛）制成的柄上。

在航海图和地图集的图幅中，制图学家使用黑色墨水来描绘表明8个主要风向、海岸线和装饰性图像的轮廓和沿海地名的线条。这种墨水使用含铁的硫化物和溶解于雨水、醋、葡萄酒的磨细的橡木坚果制作，同时还添加有用来增加混合物稠度的阿拉伯胶。红色墨水被用来绘制16个处于16个风向之间的次要风向和大多数重要的沿海位置的名称。其是用添加有阿拉伯胶的泡入醋中的巴西木的碎屑制成的，但其还可能是用朱砂或红丹制作的。绿色墨水，地图学家用来标出8个处于8个主要风向之间的次要风向，没有在中世纪或文艺复兴的专著中提到；可以假设其是用醋稀释的硫酸铜制作的，然后还加入了阿拉伯胶。

地图学家用来进行色彩装饰、为较小的岛屿创造了作为背景的立面以及强调了海岸线的色料和黏合剂，它们的制作方式自中世纪至文艺复兴没有发生太大的变化。关于这些技术方面的信息不仅可以从众所周知的中世纪的关于这一问题的专著中获得[75]，而且也可以从两部文艺复兴时期的著作中获得：乔瓦尼·保罗·洛马佐的《论绘画的艺术》（*Trattato dell'arte della pittura*，在米兰出版于1584年）——一部"来自琴尼尼（Cennini）、阿尔贝蒂和莱昂纳德的制作以及完成的配方和混合物，并补充了新的混合物"的著作——和克里斯托福罗·索尔特（Cristoforo Sorte）的《对绘画的观察》（*Osservazioni sull apittura*，1580年出版于威尼斯）——其中，在各种事物中，作者"处理了地志学"[76]。

可用颜料的范围非常广泛，但是应当通过对大量航海图进行分析来确定各个地图学作坊实际使用的是哪些颜料。其中一项研究聚焦于马丁·贝海姆的著名的球仪，因为其绘制于羊皮纸上，使得我们去猜想，地图学家——乔治·霍尔茨舒尔（Georg Holzschuher）——使用的颜料与那些航海图使用的是相同的。分析显示，绿色是用铜绿制作的，红色来源于朱砂，而白色使用的是白铅，蓝色使用的是蓝铜矿，而黄色使用的是赭石，此外还使用了金水、白银以及各种有机着色剂。因而，没有使用更为昂贵的色料，例如孔雀石或天青石，也没有使用通过混合不同的成分而得到的着色剂[77]。

189 因此，尽管我们无法确定，但似乎清楚的是航海图和地图集中的图幅使用的也是低价的颜料。然而，详细的分析应当能更好地揭示出对于不同颜料使用的区域差异，同样也会揭示归因于同时代的地理大发现和装饰技术方面的发展而带来的新物质的使用[78]。

绘本航海图和地图集的绘制必然需要花费大量的时间：例如图题"a Kal Xbris ad Kal Maias 1646"揭示修道士尼科洛·圭达洛蒂花费了五个月的时间来完成他的图集（ItVe7）。

---

[75] 参见 David Woodward, "Medieval *Mappaemundi*," in *HC* 1: 286 –370, esp. 324。

[76] Silvia Bordini, *Materia e immagine*: *Fonti sulle tecniche della pittura* (Rome: Leonardo-De Luca Editori, 1991), 59 –60.

[77] Bernd Hering, "Zur Herstellungstechnik des Behaim-Globus," in *Focus Behaim Globus*, 2 vols. (Nuremberg: Germanisches Nationalmuseums, 1992), 1: 289 –300, esp. 298 –99.

[78] Catherine Hofmann, "'Paincture & Imaige de la Terre'. L'enluminure de cartes aux Pays-Bas," in *Couleurs de la terre*: *Des mappemondes médiévales aux images satellitales*, ed. Monique Pelletier (Paris: Seuil / Bibliothèque Nationale de France, 1998), 68 –85.

然而，这是一部业余爱好者的作品，其可能复制了普拉西多·卡洛里奥和奥利瓦相似的作品⑦⑨，因此并不能告诉我们关于非常专业的地图绘制作坊，例如巴蒂斯塔·阿涅塞作坊的生产速度（其在1542年，就我们所知，制作了完整的、有署名且时间分别为5月15日、6月某日、6月28日和9月25日的地图集）⑧⓪。

作坊、个人的产品和未署名的航海图

在讨论中世纪航海图的时候，坎贝尔警告应当反对总体性的陈述，如“没有航海图绘制者曾经独自工作”⑧①。同时，两部之前提到的著作似乎证实了在16世纪和17世纪可能存在两种制作体制：航海图可能或者由大的作坊（那里存在一定的分工）制作，或者是在别的领域谋生的某人的偶尔之作⑧②。作品的实际署名只在偶尔的情况下才实际明确表明航海图或地图集是共同努力的成果［例如，1525年由韦康特·马焦洛和乔瓦尼·安东尼奥·马焦洛（Giovanni Antonio Maggiolo）联合署名的航海图，ItPr3］。然而，即使如此，由于四年后韦康特为他的儿子乔瓦尼·安东尼奥和雅各布向元老院正式申请他们为他的合作地图学家，因而有疑问的签名可能有着一个隐含的动机：用来展示年轻人是一名羽翼丰满的助手而不仅仅是一名学徒。

相似的问题出现于在来航制作的，分别由约安·奥利瓦和乔瓦尼·巴蒂斯塔·卡瓦利尼以及乔瓦尼·巴蒂斯塔和彼得罗·卡瓦利尼署名的［分别在1636年（USCh13）和1654年（ItPr8）］地图集。基于在两个例子中，作品的时间基本上接近于相关的两位年轻地图学家的职业生涯的早期，因此似乎更可能的是，双重签名不应当被认为是老师和学生之间的合作标志，而应当是指定继承者的官方声明——因而，无法排除与此有关的地图集实际上是两者中较年长之人的作品。当查看1592年在马霍卡（Majorca）制作的，由雷诺特·巴托洛缪·德费列罗（Reinaut Barthollomiu de Ferrieros）和马泰奥·普鲁内斯署名的地图集（ItFi9）的时候，状况就是非常不同的。卡拉奇排除了费列罗只是航海图的所有者的可能性，并且提出了他是普鲁内斯助手的可能性——在这一例子中，双重签名为的是让这一航海图在潜在购买者眼里显得更为权威⑧③。

---

⑦⑨ Marcel Destombes手写的笔记。

⑧⓪ 这些分别是USNY33、GeKa1、V6和UKG1。瓦格纳将其他四套没有图题（或部分难以识别的图题）的地图集的制作时间确定为1542年。Wagner, “Manuscript Atlases,” 64–69.

⑧① Campbell, “Portolan Charts,” 429.

⑧② 卡拉奇宣称，如约安·奥利瓦和温琴佐·韦尔奇奥（Vincenzo Volcio）等地图学家——他们似乎不断地从地中海的一个港口迁移到另一个港口——可能是一名水手，当他们在一个港口长期停留期间，可以作为绘图者工作（Giuseppe Caraci, “Gio. Batta e Pietro Cavallini e una pretesa scuola cartografica livornese,” *Bollettino Storico Livornese*, anno. 3, No. 4［1939］: 380–88, esp. 385）。然而，正好相反的似乎才是真实的——尤其是对于类似于奥利瓦的人而言，他们的作品非常广泛和全面，因此只能出自一位职业地图学家之手，同时他从一座城市到另外一座城市的旅行随他定居在来航而结束。因此，似乎可能的是一位类似于约安·奥利瓦的职业地图学家，可能有我们所不知道的原因，在船只上作为水手或者领航员度过一些时间。显然，当一幅地图的作者将地图学之外的活动作为他的职业的时候（例如，担任“船长”的Guglielmo Saetone或“外科医生”的乔瓦尼·弗朗切斯科·蒙诺），才可以说是“兼职”的地图学家。

⑧③ Giuseppe Caraci, “A proposito di alcune carte nautiche della Biblioteca Nazionale di Parigi,” *Estudis Universitaris Catalans* 14（1929）: 259–78, esp. 272–73.

也存在并不是直接合作的成果，而仅仅是将不同航海图制作者绘制的图幅组织在一起然后装订起来的地图集。例如，那些由约安·里克佐·奥利瓦和巴尔达萨雷·马焦洛绘制的航海图构成的地图集（SpM8 和 SpM9），以及收录了由安东尼奥·桑切斯（António Sanches）和乔瓦尼·巴蒂斯塔·卡瓦利尼绘制的航海图的地图集（NG4），以及另外一套有着弗朗索瓦·奥利夫和奥古斯丁·鲁森航海图的图集（ItTr3 和 ItTr4）。在这些例子中，每位航海图制作者都是独立工作的，且没有离开自己的作坊，同时最终完成的航海图是在后来才被装订一起的（可能是在之后很久）。

一位航海图绘制者的作品与一位抄写员的作品之间的一个差异，在由雅各布·鲁索绘制的一幅航海图上的图题中有着清晰的表述："Iacobus russus messanensis me fecit in nobili civitate Messane anno DNI 1563 per ioanes Antonio Talamo composta amen"[84]，其清楚地区别了
190 地图学的智力任务［绘制（*fecit*）］与手工任务［综合（*composta*）］之间的差异。在这一例子中，实际绘制航海图的人员并不属于一个地图学家族的成员，也不是注定成为一位绘图者的学徒，而只是一位抄写员，他本人只是按照一个模板进行复制[85]。

学者已经认识到，至少在较为重要的作坊内，存在进一步的分工。巴尔达奇（Baldacci）提到了起草者和草绘员，但是承认由于缺乏这类作坊组织方法的知识，使我们难以得出进一步的结论[86]。坎贝尔指出，一份中世纪的有着装饰的绘本，通常是一名抄写员、一名加标题的人和至少一位画家的成果[87]。阿尔马贾（Almagià）似乎证实了这一绘图习惯的广泛性，当他研究一份未署名的航海图（V15bis）的时候，他发现抄写员省略掉了来自图例的首字母——推测将空间留给一名加标题的人或一名微图画家来填充——同时实际的首字母被一位较晚的试图完成没有完成的文本的人填补上了，只是非常粗糙[88]。同样的结论应当也可以适用于之前提到的缺少所有红色墨水地名的航海图（ItVe15）；然而，对于缺少这些字母的另外一种解释就是，那名完成黑墨水地名的抄写员或者地图学家意图用红墨水继续剩下的地名，但由于某种原因，这一工作未能进行。

一位没有经验的工人的作品应当似乎是对下述作品的最好解释，即 1512 年韦康特·马焦洛地图集的图版上没有被完全擦掉的铅笔圆圈，或者巴蒂斯塔·阿涅塞地图集（ItBo11）图幅上有着深深痕迹的双圆周。罗塞略·贝赫尔（Rosselló Verger）认为风的罗盘方位线必

---

[84] Osvaldo Baldacci, *Documenti geocartografici nelle Biblioteche e negli Archivi privati e pubblici della Toscana*, vol. 3, *Introduzione allo studio delle geocarte nautiche di tipo medievale e la raccolta della Biblioteca Comunale di Siena* (Florence: Leo S. Olschki, 1990), 71 n. 1, 和 Almagia, "I lavoricartografici," 306。

[85] 在著名的 1367 年的 Pizigani 航海图中，两个术语的含义似乎是对立的：*compoxuit* 指的是航海图的策划和设计，而 *fecit* 指的是对其进行绘制的实际工作。Giuseppe Caraci, "A conferma del già detto: Ancora sulla paternità delle carte nautiche anonime," *Memorie Geografiche* 6 (1960): 129 – 40, esp. 138 – 39.

[86] Baldacci, *Introduzione allo studio*, 71 – 72.

[87] Campbell, "Portolan Charts," 429.

[88] Almagià, *Monumenta cartographica Vaticana*, 1: 33, 34 – 35 n. 6. 应当被补充的是，这幅航海图的时间，阿尔马贾确定为是 15 世纪的弗拉·毛罗工作坊的作品，卡拉奇则认为是 16 世纪的弗雷杜奇地图学者家族中的一名成员的作品——在这一情况中，其应当属于本研究所涉及的范围。Giuseppe Caraci, "The Italian Cartographers of the Benincasa and Freducci Families and the So-Called Borgiana Map of the Vatican Library," *Imago Mundi* 10 (1953): 23 – 49.

然是由学徒绘制的[89]。然而，这一判断，只有当确定风向线通常是在海岸线之前绘制的时候才可以被接受；否则存在这样的风险，即一些没有经验的新手可能会毁掉一幅大师级绘制者刚刚完成的作品。

在较大的作坊中，学徒和专业助手，如草绘员、抄写员和微图画家的出现，可能有助于理解署名的和未署名的作品之间的关系，并且有助于解释为什么如此众多的现存航海图和地图集是未署名的。基于乌齐埃利和安德鲁斯（Andrews）列出的材料，卡拉奇计算出所有从13世纪至17世纪制作的航海图中大约有36%—38%是未署名的[90]。最近，巴尔达奇提出的数字高达60%[91]。然而，卡拉奇的估计似乎更为实际，尤其是当考虑到对从16世纪至17世纪留存下来的材料的一项调查显示，未署名的著作占到总数的40%[92]。然而，甚至卡拉奇的数字也是过高了，没有签名也不能仅仅用忘记或碰巧来解释。在很多例子中，其必然是故意的，并且是由可能并不明显的原因造成的。

在一间作坊中，只有主要的地图学家或者主要的宇宙志学家有权在一幅航海图或地图集上签名，因而其承诺的是权威性和可靠性；然而，可能的是，学徒和助手生产了另外的副本，其——恰恰因为它们是未署名的——以一个较低的价格出售。进行这种复制，可能是因为若不如此，则在当缺乏委托作品的时候，只能让作坊的员工闲着了。不能排除的是，他们已经完成了他们的学徒生涯，新人在作坊模板的基础上绘制航海图，然后将它们出售——未署名，也没有日期——给受到它们低廉价格吸引的购买者[93]。因此，本质上，未署名的作品是主要的制图作坊绘制的作品的授权或未授权的副本[94]。

当然，人们会禁不住怀疑，为什么如吉索尔菲这样如此有造诣的地图学家从未在现在被识别出是他绘制的10套图集上署名。同时，如果他的著作确实与那些阿涅塞的著作非常近似的话——非常近似，以至于雷韦利（Revelli）毫不犹豫地宣称他是阿涅塞的学生——不太可能的是，多里亚或美第奇家族只是为了省钱而购买剽窃的和二流的副本[95]。总的来说，不存在对吉索尔菲选择匿名的令人信服的解释。

对不同作坊进行的比较，同样揭示出特有的差异：尽管现在被认为来源于阿涅塞作坊的 191
作品中只有30%是实际签名的，但是在被认为属于热那亚的马焦洛家族作坊制作的航海图和地图集中这一数字则超过了90%。可能这一差异归因于这样的事实，即前者完全是一个私人作坊，而后者则是获得批准和得到授权的——简言之，部分得到国家的控制——因而可能有着一个不同的工作方式。

---

[89] Vicenç M. Rosselló Verger, "Cartes i atles portolans de los col. leccions espanyoles," in *Portolans procedents de col. lecions e spanyoles, segles XV-XVII: Catàleg de l'exposició organitzada amb motiu de la 17a Conferència Cartografica Internacional i de la 10a Assemblea General de l'Associació Cartogràfica Internacional (ICA/ACI), Barcelona*, 1995 (Barcelona: Institut Cartografic de Catalunya, 1995), 9-59, esp. 47.（罗塞略·贝赫尔的论文还以西班牙语、法语和英语发表）

[90] Giuseppe Caraci, "Di alcune carte nautiche anonime ches i vorrebbe attribuire a Girolamo da Verazzano," *L'Universo* 39, No. 3 (1959): 307-18 and No. 4 (1959): 437-48, esp. 437.

[91] Baldacci, *Introduzione allo studio*, 71.

[92] Astengo, Elenco preliminare.

[93] Caraci, "Di alcune carte nautiche anonime," 439.

[94] Baldacci, *Introduzione allo studio*, 71.

[95] Revelli, *Cristoforo Colombo*, 2: 407.

在大的和小的作坊中的合作可以很好解释，如巴蒂斯塔·阿涅塞、雅各布·鲁索和雅各布·马焦洛如此漫长的职业生涯。可能大师的学生在他去世后继续使用他的签名⑯，或者年老的大师只是限制自己签署他自己作坊绘制的作品⑰。

最后，存在这样一个问题，即用于实际的航海图是否被签名。基于这些是价格较低的副本，因此可以倾向于认为，不会；然而，由于这些航海图在船上使用，因此地图学家签名所提供的保证似乎是不可缺少的⑱。

一座大型的作坊可能拥有大量抄写员的服务——同时，甚至非职业绘图者也可能雇用一名同时也为他人工作的抄写员——因此，非常清楚的是，笔迹在确定某幅未署名的作品时提供的并不是确凿的证据。因而，不再接受德东布斯（Destombes）的论断，即当所有其他特征——尤其是海岸线的绘制——随着时间发生变化的时候，笔迹是不会发生变化的，因而可以被用来判定未署名的航海图的作者⑲。这里我们应认同卡拉奇的观点，他在显示了可以与不同的绘图者存在联系的相同的笔迹之后（或者两种可能与同一位绘图者存在联系的不同的笔迹），认为如果一个学者希望能真正确定航海图的作者的话，笔迹只是属于必须考虑的大量特征之一，这些特征还包括如海岸的轮廓、结构、地名和装饰性的细节等⑳。

技术特点：罗盘方位线、风玫瑰图、比例尺

用于16世纪和17世纪航海图中风的罗盘方位线系统，与中世纪晚期航海图中只存在微小的差别：环绕一个位于中央的通常显示了30个风向的玫瑰，沿着一个“隐藏的圆周”的

---

⑯ Almagià, “I lavori cartografici,” 313. 签名有时是由一名助手而不是主要的绘图者本人添加的，这一观点被那些后者的名字居然被拼错了的例子证明。例如，一幅地图集（ItVe13）用署名 *Baptista Palnese* 取代了 Battista Agnese，一幅航海图（FrMa1）使用 *Joan Oliva alias Arizon* 的名字取代了 Joan Oliva alias Riczo。这类错误实在不可能是由一位签署自己名字的人犯下的。

⑰ Giuseppe Caraci, “Le carte nautiche del R. Istituto di Belle Arti in Firenze,” *Rivista Geografica Italiana* 37 (1930): 31–53, esp. 39.

⑱ 为了在船上使用的，真实的——没有装饰的航海图，显然没有保存下来。然而，1567年的由雅各布·马焦洛绘制的航海图似乎有着这类工作用航海图的特点：其显示了有限的区域——利古里亚海（Sea of Liguria）和第勒尼安海（Tyrrhenian）北部——用大比例尺，没有任何装饰元素，如果排除掉比萨的缩微像的话（其很可能是后来增加上的，而且是出自他人之手）。航海图被题写和署名，但基于其是官方 *magister cartarum pro navigando*（共和国的官方绘图员）的作品，其工作坊受到热那亚共和国的批准并被授予特权，因此这一事实似乎无法成为决定性的证据。

⑲ Marcel Destombes, “Nautical Charts Attributed to Verrazzano (1525–1528),” *Imago Mundi* 11 (1954): 57–66, esp. 59–60.

⑳ “那些有着古代航海图经验的人应当非常清楚地知道，一位绘图者或者一个绘图者学派与众不同的特点通常包括这些方面的特点，绘制的（海岸线绘制和着色的方式）、参考框架的（方向线、风玫瑰、纬线、热带和/或赤道，或者‘raya’等）和比例尺的——以及图案之内或之外的装饰性或书面元素（前者包括旗帜、城市景观、统治者的画像、地理景观、动物和图例等；后者包括铭文、玛利亚或者圣徒的画像、对于比例的解释、船只的图案、水中的怪兽等）。在特定作者的有着签名的地图中，这些特征通常单调无变化的重复出现，同时尽管它们可能发生很小的变化，但它们绝不会一起消失。就如同它们是一位特定绘图者的个性或经验的根本性的部分，或者是一个特定流派惯常的特点。” Caraci, “Di alcune carte nautiche anonime,” 313.

16 个位于周边的风玫瑰（其中风向的数量可能有变化）[101]。通常，由于航海图被拉伸的形式，因此另外一个风玫瑰图可能被增加到那一圆周的左侧或右侧。在一个例子中，阿尔维塞·格拉莫林（Alvise Gramolin）的 1624 年的亚得里亚海航海图（ItVe47），航海图过长和过窄了，因此罗盘方位线系统实际上被减半了：一个风玫瑰的一半被显示在航海图的一侧，而 9 个周边的玫瑰环绕其构成了一个大的半圆。如同在较早的世纪，在地图集中可以发现变化较大的各种方案。例如，在一些图幅中只有一个中央的风玫瑰而没有周边的玫瑰（阿尔贝托·德斯特凡诺的 1645 年的地图集，UKL45），或在一些图幅中罗盘方位线只绘制在这一隐藏的圆周的内部空间中（韦康特·马焦洛的 1548 年地图集）[102]。

人们常说，罗盘玫瑰不只是一种用来填充空白空间的设计上的细节，而是航海图中的一 192
个基本元素——由于它们复制了罗盘方位点，因此使得可能可以协调使用航海图和罗盘[103]。然而，实际上，颜色编码的风玫瑰线条已经构成了对于调准航海图以及实际绘制船只航线而言所必须的认知框架。这由 1375 年的加泰罗尼亚图集——基本是在航海图的绘制诞生一个世纪之后——中所知最早的完整的罗盘玫瑰所证明，但其后的很多幅航海图并没有包含。而且，似乎那些在船上实际使用的航海图从未包含有罗盘玫瑰[104]。因此，它们的出现似乎与对珍宝柜航海图的需求的增长有直接联系，这种航海图或有着说教的目的，或根本没有航海的用处。这应当也可以解释它们在尺寸和形式上的大量变体，同时缺乏任何清晰的颜色编码。然而，基于罗盘玫瑰在阐释航海图的用途或结构中确实有着某些明显的作用，因此我倾向于不将它们与那些明显的装饰性特征放一起，而是在这里进行一些简要分析。

温特（Winter）宣称罗盘玫瑰的设计是确定绘制作坊和确定很多未署名的航海图的时间的最为重要的线索之一[105]，但是罗塞略·贝赫尔对此表示怀疑，观察到“似乎每一名作者，在每次和在每一图幅上，都试图展示圆周、点、尺子、字母、百合花饰（fleurs-de-lis）和颜色的组合……是无限的”[106]。坎贝尔，接受了罗盘玫瑰在确定航海图制作的日期和地点时是重要的观点，但是也指出温特的研究存在缺陷，因为其主要基于未注明日期的航海图（这显然对于确定其他地图的时间用处不大）[107]。实际上，所需要的是一个详尽的玫瑰图的目录，因为温特研究所附的表格中只复制了 22 个——其中只有 4 个来源于本文所考察的时间：帕

---

[101] 在马泰奥·普鲁内斯的航海图和韦康特·马焦洛的世界地图（ItFa1）中，巴尔达奇在网格中识别出了一整套的创新，并将它们描述为“几何对称方面无法解释的尝试”。然而，仔细观察则会发现实际上仅有一处明显的创新：那个看上去像新的网格，实际上是比表示主要风向的黑色线条更为突出地标明处于主要风向之间的次要风向的绿褐色线条形成的结果（部分因为它们绘制得更为浓重，部分因为它们褪色较少）。Baldacci, *Introduzione allo studio*, 38.

[102] 在这一涵盖了欧洲和地中海的地图集的所有图幅中（ItFi20），罗盘方位线的网格和地理轮廓线都位于隐藏的大圆周内部，而描绘了海洋的图幅则遵照着通常的习惯——有着延展到图幅边缘的罗盘方位线和地理轮廓线。

[103] “为了成功的找到我们的道路，仅仅有一幅地图还是不够的。我们需要一个认识的轮廓，还有找路的实际技巧，由此可以产生一个附有索引的领土图像。” David Turnbull, *Maps Are Territories, Science Is an Atlas: A Portfolio of Exhibits* (Geelong, Australia: Deakin University Press, 1989), 51.

[104] Rey Pastor 和 García Camarero 认为，随着时间的发展，这一科学工具成为一种纯粹的装饰性特征；其功能的完全丧失，由风玫瑰的尺寸和数量的增加得以证实。Rey Pastor and García Camarero, *La cartografía mallorquina*, 14.

[105] Heinrich Winter, “A Late Portolan Chart at Madrid and Late Portolan Charts in General,” *Imago Mundi* 7 (1950): 37–46, esp. 37–40.

[106] Rosselló Verger, “Cartes i atles portolans,” 47.

[107] Campbell, “Portolan Charts,” 395.

莱斯特里纳1511年、马焦洛1512年、弗雷杜奇1556年以及一幅现在位于第戎（Dijon）被认为是葡萄牙人绘制的未署名的作品。而且，对于马焦洛们所使用的两种罗盘玫瑰类型，温特收录的是不太重要且与同时代的其他设计更为相似的那一个[108]。

在另一部著作中，基于用来标识北方的符号，温特提出了一种在意大利的罗盘玫瑰和加泰罗尼亚的罗盘玫瑰之间的划分——前者中是一个钝角三角形或楔形，后者中则是一个百合花（通常浮现于玫瑰之外）[109]。加泰罗尼亚的符号据说起源于葡萄牙，而意大利的楔形（绘制在玫瑰自身圆周之内）据说直接来源于航海罗盘的盘面。然而，可以在一家制图作坊的作品中找到关于北方的这两种符号：马焦洛地图学家族（来自热那亚）在较小的玫瑰中使用百合花，而在大的玫瑰中使用楔形，同时加泰罗尼亚地图学家约安·马丁内斯似乎遵循着相反的规则。相似地，同样的首字母被用来确定六个主要风向—— Greco、Scirocco、Ostro、Libeccio、Ponente 和 Maestro（东北、东南、南、西南、西和西北）——并用一个十字形表示东方，可能指示的是耶路撒冷的位置，或者甚至是伊甸园（Garden of Eden）的位置[110]。

因此，如果没有一个完整的目录，那么我们无法建立普遍规则，而设计的复杂和严肃也无法被用作区别16世纪和17世纪加泰罗尼亚的和意大利的罗盘玫瑰[111]。然而，存在一些宽泛的按照时间顺序排列的原则：17世纪的玫瑰通常数量更多、也较大，有着更为俗丽的颜色，并且与之前的玫瑰相比，绘制得不太准确。自16世纪末开始，北方几乎毫无例外地由百合花的符号表示，其不断变大直至开始看上去有些类似于某种有着多重颜色的羽毛[112]。

193 不同于罗盘玫瑰，比例尺条通常用一种被严格规制化的形式放置在航海图上：一成不变的，其中白色和标有点的空间（每一个等于50英里）交替顺序出现，其中标有点的空间内部被分成5个短的小节（每个等于10英里）[113]。最重要的，用来强调较大空间之间的变化的符号可能存在一些细微的差异（有时，是一个圆周内的一个点，有时是有着两条垂直线的一个半圆）。学者所强调的风格上的差异不只包括比例尺本身，还包括包含比例尺的装饰性要素，其可能只是一个简单的框架、一面展开的旗帜或者一个用植物装饰的复杂要素[114]。通常而言，比例尺被沿着航海图的上方或下方放置，尽管在一些少见的情况下，其可能位于左

---

[108] 韦康特、雅各布、乔瓦尼·安东尼奥和巴尔达萨雷·马焦洛使用了两种不同的风玫瑰图：一个小的8个点的玫瑰和一种较大的由一个窄环环绕的白色圆盘。在窄环上总共标识有32个点（其中8个通过8个主要风向的首字母或符号表示）。

[109] Heinrich Winter, "On the Real and Pseudo-Pilestrina Maps and Other Early Portuguese Maps in Munich," *Imago Mundi* 4 (1947): 25-27, esp. 25-26.

[110] Giovanni Marinelli, review of *La carta nautica di Conte Ottomanno Freducci d'Ancona conservata nel R. Archivio di Stato in Firenze*, by Eugenio Casanova, *Rivista Geografica Italiana* 2 (1895): 126-28, esp. 128.

[111] 某种严肃性是巴蒂斯塔·阿涅塞作品中风玫瑰的特点，而由另外一位在威尼斯工作的外国地图家——乔治·西代里，以卡拉帕达（Il Callapoda）而闻名——绘制的航海图和图集中的那些，它们复杂的同心圆环系统的复杂性和在颜色组合中显示出的品位是值得注意的。另一方面，在很多约安·马丁内斯地图集中的玫瑰，通常是小的，有着一个单一的外环以及在内侧圆盘上标写有风向的首字母。

[112] 可参考，比如说，弗朗索瓦·奥利夫在其职业生涯后期在马赛所绘制的作品。

[113] 如同预期的，比例尺条通常不会出现在航海图集中的航海或陆地世界地图上。然而，在三幅通常代表了巴蒂斯塔·阿涅塞地图集特点的大洋的航海图中（这些航海图构成了世界航海图的一类），一个比例尺条被按照对角线放置在一个角落上：其由一系列紧邻的点和“从一个点到另一个点代表100里（miles）”的图例构成。

[114] Rosselló Verger, "Cartes i atles portolans," 46-47.

侧或右侧边缘。在地图集中，其有时呈对角线置于航海图的一个或者多个角上，并且没有包括漩涡形装饰（如同在巴蒂斯塔·阿涅塞的作品中），或被放置在两组连续的平行部分之间(如同在弗雷杜奇的航海图中)。

卡拉奇已经指出，在某些多梅尼科·维利亚罗洛（Domenico Vigliarolo）的航海图中，对比例尺进行了布局，由此四个组成部分构成了字母“M”（图7.10）——一个特征，与其他一些重要细节一起，使他能够将未署名的博尔贾诺六世（Borgiano Ⅵ）航海图（V16）确定为卡拉布里亚（Calabrian）制图者的作品成为可能[115]。如同在中世纪航海图的例子中，在本书所讨论时段中，并没有给出实际用于比例尺的测量单位的任何迹象。一个例外就是之前提到的1989年6月21日在佳士得拍卖的航海图：这一用六块图版显示了地中海的航海图，每一图版都基于一种地方上的“里（mile）”而有着不同的比例尺，同时这一变体似乎是航海图与众不同形式的主要原因[116]。

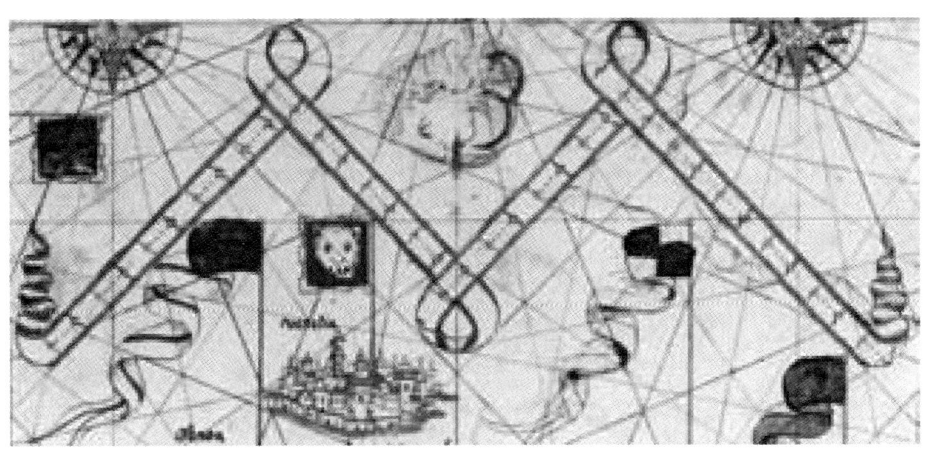

图7.10 比例尺的显示方式构成了字母“M”。由多梅尼科·维利亚罗洛绘制的一幅意大利航海图的细部，巴勒莫，1577年。(也可以参见图7.23)

细部的尺寸：约11.1×23.8厘米。图片由Map Collection, Yale University Library, New Haven（*49 1577）提供。

另外一个例外似乎就是在热那亚由弗朗切斯科·玛利亚·莱万托（Francesco Maria Levanto）于1661年至1662年绘制的绘本航海图，在18世纪被装订为一部作品：比例尺使用的是意大利里、荷兰里格和英国里格[117]。然而，基于这些作品来源于荷兰航海图，尤其是安东尼·雅各布茨（Anthonie Jacobsz.）的著作，因此它们实际上不能被分类属于地中海地图学的传统。

至于实际使用的缩小率，自中世纪以来似乎没有发生太多的变化。弗拉贝蒂

[115] Giuseppe Caraci, “Le carte nautiche anonime conservate nelle biblioteche e negli archivi di Roma,” *Memorie Geografiche* 6 (1960): 155–245, esp. 167–93.

[116] Tony Campbell, ed., “Chronicle for 1989,” *Imago Mundi* 42 (1990): 120–32, esp. 128.

[117] Durazzo-Giustiniani private library, Genoa.

（Frabetti）的研究，涵盖了16世纪和17世纪的10幅波特兰航海图，显示比率的变化可以从1∶5500000到1∶8500000[118]。然而，在地图集之间——或者甚至在一套地图集的各个图幅之间——比例尺都存在极为巨大的变化。罗塞略·贝赫尔对于西班牙图书馆和博物馆中地图集的考察揭示，地中海西部最为通常的比例尺为1∶7000000，尽管其中存在很大的变数[119]。

16世纪期间，纬度比例尺开始在地中海区域绘制的航海图中出现。这项创新，来源于西班牙，可能最早出现于两幅关于大西洋的航海图中：由奥斯曼诺·弗雷杜奇伯爵（Conte di Ottomanno Freducci）绘制的（时间约在1514年至1515年）（ItFi7），其显示的纬度是从60°N到15°S，以及1516年由韦康特·马焦洛绘制的航海图（USSM1）。从这一时间开始，纬度比例尺成为所有世界航海图和大洋航海图的一项基本特点，例如收录在巴蒂斯塔·阿涅塞地图集中的那些（其中经常也包括经度的标识）。到这一世纪的后半叶，在地中海的航海图中也给出了纬度。比例尺，通常从10°N—15°N延伸至50°N—60°N，在欧洲或非洲海岸之外的大西洋中被给出，而通常将直布罗陀（Gibraltar）放置在35°N—36°N。然而，甚至在16世纪晚期，那些没有扩展到直布罗陀之外的航海图都没有包括纬度比例尺，其显示这
194 样一种比例尺只被应用于大洋，而没有被应用于地中海（这是这两个地方使用了不同的航海技术的进一步证据，并且那些应用它们的人完全意识到了这一差异）。因而，我们可以说纬度比例尺构成了封闭的内海和开放的外洋之间的一种联系，一座将地中海的港口与世界其余部分连接起来的桥梁。

通常——如同在雅各布·鲁索的1563年的航海图中——给出的纬度比例尺被分为两个或三个部分，可能有助于将其作为一个整体插入航海图中；实际上，在鲁索航海图中，纬度比例尺的中央部分，从34°N—48°N，被挪到了右侧，由此不会遮盖大的风玫瑰（SpV1）。

诺登舍尔德藏品（Nordenskiöld Collection）中包括了一幅1568年由多明戈·奥利韦斯（Domingo Olives）绘制的航海图，其中纬度比例尺于29°N中断，同时下半部分，从14°N—29°N，相对于上半部分，即从29°N—62°N，被逆时针旋转了将近5°。按照温特的观点，这是一种非常早期的试图纠正地中海轴线通常的旋转的尝试[120]。

地中海的轴线

众所周知，在中世纪的航海图中，地中海被按照其轴线逆时针旋转了8°到10°进行了描绘。学者通常将这种移动归因于磁偏角（magnetic declination），或者是希望将航海图上指示

[118] Pietro Frabetti, *Carte nautiche italiane dal XIV al XVII secolo conservate in Emilia-Romagna: Archivi e Biblioteche Pubbliche*（Florence: Leo S. Olschki, 1978）. 显然这不是区域航海图的例子，例如温琴佐·韦尔奇奥1601年绘制的爱琴海航海图（ItBo4），其中弗拉贝蒂计算出的比例尺为1∶1500000。

[119] Rosselló Verger, "Cartesi atles portolans," 47.

[120] Winter, "Late Portolan Chart," 44 -45. 实际上，没有方法确定这一被分成两个部分的有着不同倾斜度的纬度比例尺是为了纠正地中海朝向的错误。这一目的可以通过分别放置在大西洋和地中海东部的两个不同朝向的比例尺来更有效的实现。因而，非常可能的是，这一最初的纬度比例尺是为了指出大西洋的磁偏差。

的北方与罗盘上所指出的北方相一致[121]。然而，还有观点认为，旋转归因于被视作一个三边网格的基础的两条平行纬线长度的差异[122]，或者只是简单地归因于地图学家希望将弗兰德斯和英格兰包括进矩形的羊皮纸，否则它们将会被排除在外[123]。

无论原因为何，地中海东西向轴线的偏移在整个中世纪基本没有发生变化，旋转的角度在7°到11°15′（即，一个完整的罗盘方位线）之间变化。尽管在地理大发现时代，航海知识方面取得了巨大的进步，但偏差没有得以纠正——如同可以看到的，例如，第一部大型的稿本世界航海图，尽管这部稿本扩展包括了所有最近发现的陆地，但依然用中世纪惯常的倾斜度来显示地中海。

然而，地中海轴线的偏差，似乎在由西班牙贸易署制作，赠给红衣主教乔瓦尼·萨尔维亚蒂（Cardinal Giovanni Salviati）的一幅世界航海图中被纠正。时间可能是在1526年至1527年，这一作品中，直布罗陀第一次被与克里特（Crete）和塞浦路斯（Cyprus）排成一条直线。这一排列方式同样可以在一幅大型的未署名的世界航海图，也就是现在被称为卡斯蒂廖尼（Castiglioni）的世界航海图，以及1527年和1529年由迪奥戈·里贝罗在塞维利亚制作的世界地图中看到[124]。

然而，这种变化似乎已经被地中海的制图作坊忽视，它们继续按照传统的方式描绘海洋。甚至类似于韦康特·马焦洛这样非常留意同时代地理知识进步的地图学家，依然在 195
他关于地中海的航海图中坚持将地中海的轴线逆时针旋转大约10°，然后将这一错误转移到他的大型世界航海图上——尽管他的这些作品很大程度上是基于西班牙和葡萄牙的文献[125]。

---

[121] 一个关于磁偏角的注释被发现于 Leiden Universiteitsbibliotheek codex of Maricourt's "Epistula de magnete" 的页面边缘，其时间为16世纪上半叶："注意，在正确使用［*usus directorii*］的时候，我们必须让南侧的指针向西偏移一度。同时这必然是由南部向东的一个偏差决定的，因为设备的南部缺乏划分的标记。注意，磁石或甚至用同一块磁石摩擦的针，并不直接指向极点，但是我们相信，指向南的部分稍微偏西一点，并且我们相信指向北的部分向东偏离了相同的程度。" Pierre de Maricourt (Petrus Peregrinus de Maricourt), *Opera*: *Epistula de magnete*, *Nova compositio astrolabii particularis*, ed. Loris Sturlese and Ron B. Thomson (Pisa: Scuola Normale Superiore, 1995), 53.

[122] James E. Kelley, "Perspectives on the Origins and Uses of the Portolan Charts," *Cartographica* 32, No. 3 (1995): 1–16, 以及 Jonathan T. Lanman, *On the Origin of Portolan Charts* (Chicago: Newberry Library, 1987), 23。

[123] David Woodward, 1992年10月的私人联系。

[124] 参见图30.25, 30.28, 30.29和30.30。在图例中，著名的皇家宇宙志学者（*cosmógrafo real*）解释了这一修订的原因，并显示他充分意识到对于地图学家而言，从以罗盘为基础的航海转移到天文航海带来的困难，后者必然意味着需要在基于磁北的风罗盘方位线的地图和航海图中使用朝向真正北方的子午线和纬线（参见 Randles, "La carte-portulan méditerranéenne"）。因而，他的纠正只是局限于地中海的轴线，以避免对一个已经非常熟悉的图像进行大范围的修改。

为了解释他所做的，里贝罗写到"注意黎凡特（*Levante*），我们通常谈到将其包括在直布罗陀海峡以内，按照其高度（也就是纬度）定位和放置，按照那些已经位于这一地区且获得了太阳（高度）的人的数据定位和放置；同时在剩余部分，我按照那些专门谈到某些地点的纬度的宇宙志学家的观点；同时其中的经度与在天赤道测量的并不一致，因为纬度是较小的，由于实际上从开罗到红海和从大马士革（Damascus）或耶路撒冷到波斯海（Persian Sea）存在非常小的距离，就像我所说的，在这里考虑较小的纬度是非常重要的；因此，我认为这样有着较少的便利，与让黎凡特的海域和陆地与在头脑中已经建立和想象的情况形成反差相比"。引自 Armando Cortesao and A. Teixeira da Mota, *Portugaliae monumenta cartographica*, 6 vols. (Lisbon, 1960; 有着 Alfredo Pinheiro Marques 导言和增补的重印, Lisbon: Imprensa Nacional-Casa da Moeda, 1987), 1: 93 (brackets in original)。

[125] 例如米兰的 Biblioteca Ambrosiana 的1527年的世界航海图，其在第二次世界大战的轰炸中被毁坏，或者一幅1531年的现在属于私人收藏的世界航海图。

我们同样应该记住，按照最近的研究，似乎从1300年至1500年，地中海中部磁偏角的东偏是在向东8°至10°左右，在16世纪期间，这一数据开始减少，因此在1600年减少到了4°左右，而在1650年前后降为0°，此后变成了西偏[126]。大约在16世纪中叶前后，零度等偏角线一定是经过了巴勒斯坦的海岸，而到了17世纪初，其通过的是罗得岛（Rhodes），到了17世纪中叶，已经转移到了西西里[127]。因而，使用海洋的传统呈现方式绘制的航海图不再与经验的罗盘读数相一致。

一套被认为是阿涅塞绘制的地图集，其时间应当为1543—1545年前后[128]，包含了一个有趣的细节。第五幅（图7.11），用常见的旋转方式显示了地中海东部地区，同样包含了用黑墨水标出的两个纬度比例尺：第一个是从尼罗河三角洲（Nile Delta）到塞浦路斯西端，而第二个则从迈尔迈里卡（Marmarica）海岸到克里特东海岸，而度数则都开始于31°——完
196 美地排成直线，并且两点都在非洲海岸上——而末端在两个岛屿上都是35°，即使在图上塞浦路斯比克里特显然要更北（两者相同的纬度数值，可能归因于两个比例尺上用来标识每一度数的区间长度的差异）。尽管，我们无法将这一奇怪的附加物认为是阿涅塞作坊的产品，但是笔迹毫无疑问来自16世纪。因此这一很早就试图纠正地中海地图呈现中继承而来的扭曲的作者，已经有意识地将克里特和塞浦路斯在相同纬线上排成一条直线，但是航海图中提供的错误图像似乎归因于对达米埃塔和塞浦路斯之间距离的错误计算，由此导致将岛屿定位在距离非洲海岸过于靠北的位置上。同样的信念也可以在大约20年后由巴纳多·巴龙切利（Barnardo Baroncelli）撰写的《波特兰航海图》（*portolano*）中看到，其清晰地陈述了塞浦路斯通常被显示在实际位置偏北100英里的位置上，这也就是为什么很多船只上的导航员认为他们正在前往这一岛屿，最终却抵达了埃及海岸：他们被使用的航海图误导了[129]。因此非常清楚的是，地图中的扭曲已经被注意到了，但是被归因于对地中海东部内在距离的错误计算。

---

[126] 多个世纪中磁偏角的变化已经通过对埃特纳（Etna）熔岩流的研究进行了测量。Ricardo Cerezo Martínez, "Incidencia de la declinacion magneticaen el desarrollo de la cartografia portulana," *Quaderni Stefaniani* 4 (1985): 97 - 128; Lanman, *Origin of Portolan Charts*, 27 - 30; 以及 Robert Bremner, "Written Portulans and Charts from the 13th to the 16th Century," in *Fernando Oliveira e o Seu Tempo Humanismo e Arte de Navegar no renascimento Europeu (1450 - 1650): Actas da IX Reunião Internacional de História da Nàutica e da Hidrografia* [1998] (Cascais: Patrimonia, 2000), 345 - 620。

[127] Woronowa, *Der Portolan-Atlas des Battista Agnese*, 29.

[128] USCh1. 著作在 Wagner, "Manuscript Atlases," 76 - 77 中被列为 No. XXXVI。

[129] 巴龙切利写到："记住，在航海图上，这一岛屿的定位是错误的：其应当在南边100英里左右，因为其纬度只是35°，这点我已经用星盘自己做了验证。杜姆亚特（Damiata），几乎位于一条南北直线上，位于31°，仅仅相差4°——也就是280英里——而在航海图上，塞浦路斯则距离杜姆亚特390英里。这就是为什么很多船只在杜姆亚特与罗塞托（Rossetto）之间登陆，归因于在航海图上，塞浦路斯远离他们实际位置100英里。" Sebastiano Crinò, "Metodi costruttivi ed errori nelle carte da navigare (A proposito di un gruppo di carte della Biblioteca Olschki)," *Bibliofilia* 34 (1932): 161 - 72; idem, "Portolani manoscritti e carte da navigare compilati per la Marina Medicea, I. —I portolani di Bernardo Baroncelli," *Rivista Marittima* 64 (supp. September 1931): 1 - 125; Simonetta Conti, "Un'originale carta nautica del 1617 a firma di Placidus Caloiro et Oliva," *Geografia* 9 (1986): 77 - 86; idem, "Le carte nautiche 'doppie' della famiglia Olives-Oliva," in *Momenti e problemi della geografia contemporanea: Atti del Convegno Internazionale in onore di Giuseppe Caraci, geografo storico umanista* (Rome: Centro Italiano per gli Studi Storico-Geografici, 1995), 493 - 510; 和 Corradino Astengo, "L'asse del Mediterraneo nella cartografia nautica dei secoli XVIe - XVII," *Studi e Ricerche di Geografia* 18 (1995): 213 - 37。

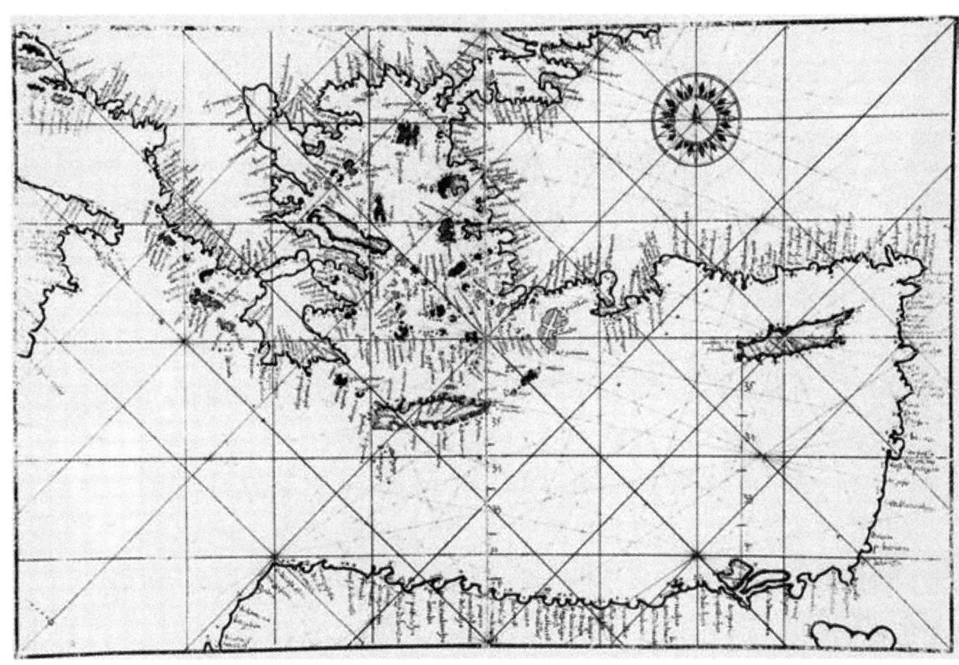

图 7.11　有着纬度比例尺的地中海航海图。来自被认为是巴蒂斯塔·阿涅塞的作品的地图集

原图尺寸：24.5×35 厘米。图片由 Newberry Library，Chicago（Ayer MS. Map 10）提供。

因而，多明戈·奥利韦斯 1568 年的航海图，以及更是如此的，安东尼奥·米洛（Antonio Millo）的 1586 年的地图集尤其让人感兴趣[130]。实际上，后一部作品，包含了现存最早的对轴线进行修正后的地中海的呈现，且将直布罗陀、克里特和塞浦路斯排列成几乎一条直线：地图学家意识到了扭曲，没有简单地通过改变塞浦路斯与非洲海岸之间的距离来修正，而是通过旋转整个地中海的轴线，从而将地中海东部和黑海向南移动来实现的[131]。沿着左侧边缘的一个纬度比例尺指出直布罗陀位于 36°N，而两座岛屿则位于 35°N——数值与今天的非常近似。这是现存的米洛的最后一部作品，而奇怪的是，其所包含的修正没有包括在他的其他作品中，这些作品的时间只是稍微早些——例如，时间为 1582 年至 1584 年的地图集（ItRo8）。无论对此的解释是什么，毫无疑问的是，稍晚的作品中发生的变化对于那些购买了航海图的威尼斯人来说必然是一件新奇的事情，他们熟悉于传统的中世纪的呈现方式。因而，错误的性质以及修订它们的方式，在威廉·巴伦支［Willem Barents（Barentsz.）］和克雷申齐奥出版的包含了对问题的清晰讨论的印刷本著作出现之前，就已经被地中海的地图学家了解了。

1595 年，科尔内利·克拉斯（Cornelis Claesz）在阿姆斯特丹出版了著名的航海家威廉·巴伦支的《地中海的航海书》（*Caertboek vande Midlandtsche Zee*），第一次向北欧的导航员提供了一幅满足了他们需要的地中海航海图。海洋的航海总图，地图学家彼得吕斯·普兰修斯的作

---

[130] GeB2. Antonio Millo, *Der Weltatlas des Antonio Millo von 1586*, commentary by Lothar Zögner (Süssen: Edition Deuschle, 1988).

[131] Corradino Astengo, "La cartografia nautica mediterranea," in *L'Europa delle carte: Dal XV al XIX secolo, autoritratti di un Continente*, ed. Marica Milanesi (Milano: Mazzotta, 1990), 21–25, esp. 25.

品，可能已经按照近似于正在南欧航海地图学中心制作的航海图的风格绘制，但是其修正了地中海轴线的偏移，并且将直布罗陀、克里特和塞浦路斯显示在几乎笔直的一条直线上[132]。

七年之后，在 1602 年，巴尔托洛梅奥·克雷申齐奥的《地中海的航海》(*Nautica Mediterranea*) 在罗马由巴尔托洛梅奥·邦法蒂诺 (Bartolomeo Bonfadino) 出版[133]。作者陈述，他对于传统航海图中的错误有着个人体验，这归因于他作为教皇舰队的帆船上的一名水道测量员（从 1588 年至 1593 年），以及 1594 年至 1595 年在其他航行中作为一名乘客或者观察员[134]。克雷申齐奥认为，磁偏角在亚速尔群岛 (Azores) 为 0°，并且从直布罗陀到地中
197 海东部逐渐且均匀地提高，最大数值达到了 1 个罗盘方位线，也就是 11°15′，大约是在安条克所在的子午线。他提议通过环绕作为固定中心的亚速尔群岛将轴线顺时针旋转 8°（这一数值被计算作为地中海磁偏角的平均值）来纠正这一错误[135]。

这一作品附带有一幅印刷的航海图，其时间为 1596 年[136]，但却是随后 1602 年出版物中详细勾勒的理论应用的结果。最终结果是一幅令人满意的航海图，虽然使用了平均值来校正对地中海轴线的旋转，而这一决定意味着对地中海东部的调整依然是不充分的。

一幅在巴塞罗那 (Barcelona) 由杰罗拉莫·科斯托 (Gerolamo Costo) 绘制的绘本航海图则走向另外一个极端：其实际向相反的方向旋转，以至于将塞浦路斯显示为位于克里特以南某一距离的位置上 (ItGe14)。尽管这一热那亚地图学家唯一现存的作品没有标明时间，但我们确实知道 1605 年科斯托从雅各布·马焦洛手中接手作为热那亚共和国官方的 *magister cartarum pro navigando*（共和国的官方绘图员），且担任这一职位直至他于 1607 年去世；同时由于官方绘图员必须要在热那亚生活和工作，因此巴塞罗那航海图的时间必然是在他被任命之前（可能是在《地中海的航海》出版之前）。

也是在 1613 年，在热那亚，乔瓦尼·弗朗切斯科·蒙诺绘制了一幅有着如下图题的航海图："一幅包含地名的正确纬度和风的强度并清除了古代错误的地中海航海图。"(ItGe16) 这一作品有着一个修订过的轴线和范围从 22°N 到 52°N 的纬度比例尺，现在将直布罗陀、克里特、塞浦路斯和尼罗河三角洲都显示在正确的位置上。同样的情况也出现在蒙诺 1622 年的航海图[137]和 1629 年的航海图 (UKL390)，以及绘制于 1633 年的展示了他的专著

---

[132] 在拉丁文的图注中提到了普兰修斯："Thalassographica Tabula totius Maris Mediterranei... A. P. Plancio"。这一图注还用荷兰语书写，但没有标明作者的名字。存在这幅航海图的赠阅本，印刷在羊皮纸上（就像在荷兰的这类作品的习惯那样），并且现在收藏在 Maritiem Museum, Rotterdam。C. Koeman, "Bibliographical Note," in *Caertboeck vande Midlandtsche Zee, Amsterdam*, 1595, by Willem Barents (Amsterdam: Theatrum Orbis Terrarum, 1970), V – XXI.

[133] Osvaldo Baldacci, "Le carte nautiche e il portolano di Bartolomeo Crescenzio," *Atti della Accademia Nazionale dei Lincei: Rendiconti Classe di Scienze Morali, Storiche e Filologiche*, 8th ser., 4 (1949): 601 – 35, esp. 607.

[134] 例如，他提到拉萨皮恩察悬崖 (cliff of La Sapientza)，在地图上被显示为位于与斯帕蒂文托角 (Cape Spartivento) 的同一纬度上，但实际上位于东方且偏向西南四分之一罗盘方位线，以及他如何已经意识到这一错误归因于磁偏角或他所谓的罗盘的"东偏"。Baldacci, "Le carte nautiche," 618 – 19。

[135] Baldacci, "Le carte nautiche," 620 – 21, 以及 Giovanni Maria Mongini, *Una singolare carta nautica "doppia" a firma di Joannes Oliva (Livorno 1618)* (Rome: Università di Roma, Facolta di Lettere e Filosofià, Istituto di Geografia, 1975), 9.

[136] *Chartam Mediterraneam... ab antiquis erroribus purgatam... Romae anno a Virginis Partu 1596. Inventor Prothei.* "Inventor Prothei" 是克雷申齐奥自己，他在前些年已经设计了这一非常奇怪的多用途的仪器。Baldacci, "Le carte nautiche," 605 – 7. 克雷申齐奥绘制的一幅绘本航海图 (FiH3)，其时间同样是 1596 年。

[137] Durazzo-Giustiniani private library, Genoa.

《真正的航海艺术》的总图和单幅的航海图（ItGe3）上。尽管他没有解释他用来修正传统错误的步骤，但蒙诺的结果则更让人感到满意。

随后，地图学家约安·奥利瓦处理了这一问题，他于1614年在墨西拿（SpP6）绘制的由15幅航海图构成的地图集，收录了比例尺存在稍微差异的两幅地中海东部的航海图。其中一幅使用了传统的中世纪的地中海轴线逆时针旋转的方式，另一幅则有着一个经过纠正的轴线（将克里特和塞浦路斯排列在同一纬度上）。在奥利瓦更为著名的1616年地图集中发现了两幅与此几乎一致的图幅，这一地图集或绘制于墨西拿或绘制于来航[138]。

按照时间顺序，然后是两幅1618年在来航绘制的航海图（图7.12）[139]。这一大的羊皮纸被分为上下两部分，其中上半部分显示了用传统的轴线旋转方式表现的地中海，而下半部分则是一个经过纠正的地中海的视角；因而可以对两者进行直接比较。两部分都有着一个纬度比例尺，同时在下半部分的纬度比例尺中显示直布罗陀海峡位于36°N；克里特位于35°30′N；同时塞浦路斯位于35°N（因而，在地中海东部有着过多的补偿）。有人已经指出，在绘制下半部分的时候，奥利瓦将上半部分的轴线顺时针平均旋转了9°，尽管从西向东，纠正值有轻微的降低；显然，这幅航海图——而不是克雷申齐奥的——代表

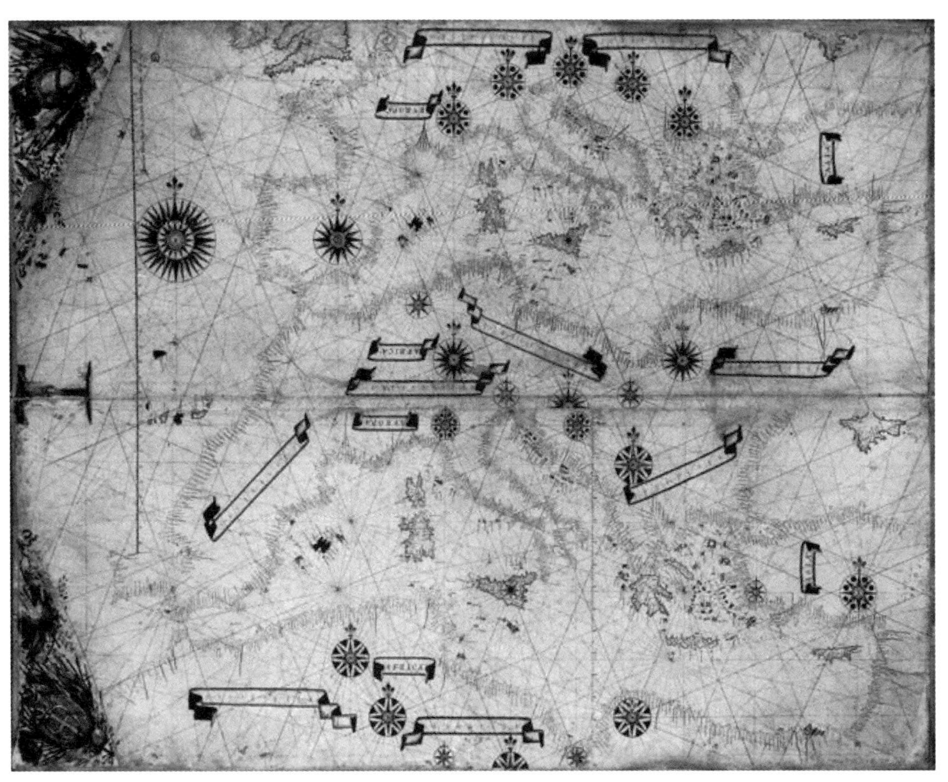

图7.12 地中海的双重航海图。约安·奥利瓦，来航，1618年

原图尺寸：72.4×92.7厘米。图片由Biblioteca Civica Gambalunga, Rimini（Manuscript Room）提供。

---

[138] ItFi34. Corradino Astengo, "L'Atlante nautico di Giovanni Battista Cavallini conservatopress oil museo di storia della scienza di Firenze," *Quaderni Stefaniani* 4（1985）：139－56, esp. 151.

[139] ItRi1. Mongini, *Una singolare*.

了普遍持有的关于地中海地区磁偏角分布的观点[140]。

约安·奥利瓦在来航的制图作坊中的继承者就是热那亚的地图学家乔瓦尼·巴蒂斯塔·卡瓦利尼，他有着丰富的作品，它们的特点就是用于表现地中海的新模式。如同在他前任的例子中的，罗盘方位线的修正似乎有些过于夸大，以至于塞浦路斯比克里特更靠南，这证明了评估误差幅度或评估当地地图学上的扭曲程度是困难的。最为著名的例子就是塞浦路斯岛，在传统航海图上的朝向是正确的，但在修订过的航海图上，其被顺时针旋转并且错误地从东向西旋转。

尽管总体上很多地图学家和水手普遍存在传统的保守主义，但以与地理北方一致的方式对地中海进行描绘，逐渐广泛散播并被接受，例如在热那亚的阿尔贝托·德斯特凡诺绘制的
198 1644 年的航海图中，其有着这样的图题“这一航海图修正了一个罗盘方位线”[141]。对于地中海轴线的修订同样也可以在马赛制图作坊绘制的作品中看到。在地中海航海图最终停止绘制之前，马赛是最晚参与地中海地图学的地点[142]。基于这一特点在 17 世纪地中海的航海图中
199 出现的频率如此之高，因此一些学者将其作为确定缺乏明确著作者的作品的时间的一条判断标准[143]。

1661 年至 1662 年，弗朗切斯科·玛利亚·莱万托绘制了一幅地中海的航海总图以及大

[140] 另外一个对地中海进行了双重描绘的例子可以在一幅 1617 年的在墨西拿绘制且由普拉西多·卡洛里奥和奥利瓦署名的航海图中找到。现在属于一个私人收藏，这一作品在 Conti，“Un'originale” 中进行了描述。它与奥利瓦的一幅 1618 年的航海图的布局非常相似——尽管并不完全相同，但是这一作品的装饰更为丰富（这是普拉西多·卡洛里奥和奥利瓦著作中的一个一以贯之的特点，其作为一位地图学家在原创性上总体缺乏，只是简单地坚持那些已经过时的模型而避免创新）。这导致 Conti 认为，从布局判断，1617 年的双重航海图必然是约安·奥利瓦的作品——可能他没有完成，后来由这一著名的绘图者家族其他成员完成并署名。

[141] UKGr20。这一作品有着这一图题“由阿尔贝托·德斯特凡诺绘制的航海图，他是高贵的城市热那亚的航海员，1655 年”。Crinò，“Metodi costruttivi,” 161。足够奇妙的是，地中海的旋转角度与同一作者 1645 年在热那亚绘制的一套小型地图集相同——这一作品曾经属于 Baron Walckenaer，现在收藏在 BL（UKL45）。通过一位在佛罗伦萨的瑞典私人收藏家，BL 从威尼斯获得了 15 世纪的绘本航海图，对此的一项有趣研究，参见 Francis Herbert，“Jacob Gråberg af Hemsö, the Royal Geographical Society, the Foreign Office, and Italian Portolan Charts for the British Museum,” in *Accurata descriptio* (Stockholm: Kungl. Biblioteket, 2003), 269 - 314。

[142] 在一套 1620 年前后绘制于马赛的地图集（USB1）中，奥古斯丁·鲁森用传统的中世纪的逆时针旋转的方式描绘了地中海；但是在左侧边缘，他给出了一个纬度比例尺，其倾斜，与轴线之间存在一个夹角——因而可能对其进行了修正。然而，向相反的方向修正的太多了：如果旋转整幅航海图，让纬度比例尺南北向的话，那么克里特和塞浦路斯大约位于北纬 35°，这大致是正确的，但是直布罗陀结束于北纬 39°，误差达到了 3°。

在 1640 年至 1665 年期间，弗朗索瓦·奥利夫也居住在马赛，他是著名的地图学家族中的另外一名成员，其可能接管了萨尔瓦托雷·奥利瓦（Salvatore Oliva）的作坊，后者活跃于 17 世纪的上半叶。基于现存超过 30 部或者由其署名或者基本确定是其所做作品（归因于明白无误的丰富的花型装饰的风格以及占据主导的橙色和绿色），弗朗索瓦必然是著作极丰的。他的航海图的绝大部分用常见的中世纪的逆时针旋转的轴线显示了地中海。然而，在职业生涯的某些时刻，这位地图学家似乎意识到了错误，并且试图进行经验修订——如同我们可以在大型的 1662 年航海图（FrP50）和 1664 年航海图（FrP61）中看到的那样。然而，在两部作品中，他对磁偏角的修订太过了。Astengo，“L'asse del Mediterraneo,” 234。

[143] 例如，温特推断，一幅未署名的航海图（SpM5），之前被认为是中世纪的，实际上来源于 17 世纪，因为其包含了对校正地中海磁偏角的一次惊人尝试：“我们一眼看去就能发现尼罗河河口要比直布罗陀海峡低！因而，意味着是对于旧的错误朝向的修订。在正确朝向中，之前提到的代表 36° 的水平直线必然从伊斯肯德仑湾（Bay of Iskanderun）以南穿过。而在这幅航海图上，它恰好位于整个线条网格的中央水平线，但是其在海湾以北的距离正好等于它应位于海湾以南的幅度！因此，这里对于错误的纠正有些过了！然而，朝向做出纠正的这一努力，不能不被认为是前进中的一步。” Winter，“Late Portolan Chart,” 43.

量的区域航海图，这些航海图此后被装订在一起形成了一册地图集[144]。这里，通过顺时针旋转来对传统轴线的矫正，似乎是通过环绕马耳他而不是环绕直布罗陀或亚速尔群岛进行的。尽管很好，但结果并不完全让人满意，而莱万托自己似乎已经意识到了很多，因为在他的航海手册《地中海之镜》（*Specchio del Mare Mediterraneo*，于1664年在热那亚出版）中，他推荐导航员更多地使用天文航海技术。然而，他的作品，完全基于在尼德兰（Netherlands）出版的材料，因此很难被认为是原创的。

实际上，所有地中海地区的地图学家都在试图纠正航海图中的扭曲，基于一个同时代的——而且，更重要的是，平均的——磁偏角的数值，但没有考虑到其随着时间和空间而发生的变化。一幅地中海地区的精确航海图，只有当使用新的不再基于方向和距离（即，航行路线），而是基于不同地点的坐标（即，天文航海技术）的测量时才有可能。基于新的测量的作品开始出现于1680年前后，奠定了现代地中海航海图的基础。

观赏特性

观赏性是这些航海图的一个重要部分，它们为贵族、主教、商人、学者和富有的藏书家而设计（图7.13）[145]。已有人指出，装饰特征可以比其他特性更有力地用来确定一幅佚名航海图的作者，或者至少确定制作它的作坊；卡拉奇自己并不否认，某人可以起草一张便于进行鉴别的这些方面的表格，尤其着重于那些不受标准的绘图习惯约束而按照自己口味自由发挥的作者绘制的航海图[146]。然而，他指出这方面需要小心谨慎，因为大量佚名的航海图是由那些显然试图模仿这种多余特性的人所仿造的。巴尔达奇进一步指出，装饰的丰富不一定有助于确定一幅佚名航海图的作者或者工作坊，因为其很有可能是后来添加的[147]。

相似地，单一地图学者作品中的装饰水平可以或按照需求，或按照委托绘制一幅特定航海图的人的经济能力，或按照对市场需求的反映而变化[148]。以两幅1624年约安·奥利瓦在来航绘制的航海图为例（CeO1和CeO2）：其中一幅只有多个罗盘玫瑰，用十字架代表的髑髅地（Golgotha）（指明了耶路撒冷的位置），以及装饰位于航海图颈部的一幅十字架上的耶稣画像，而另一幅不仅有玫瑰图和对髑髅地的描绘，而且在一个玫瑰（位于颈部）的内部题写有字母组合“IHS”、两个内部描绘有两个半球的大型玫瑰、34幅城市的缩微画以及在非洲内部有着6只动物。包含有比例尺的涡形装饰也有着变化，前者中有着一面飘动的小旗，而后者则有着精美的多个颜色的框架。然而，尽管需要必要的保留，但一项对于航海图中装饰的分析显然是重要的，但令人遗憾的是，到目前为止，这方面没有得到足够的重视。

---

[144] Durazzo-Giustiniani private library, Genoa.

[145] 定义“纯粹的装饰性”可能并不完全准确，因为其中很多（城市的缩微画和对统治者、植物、动物和旗帜的描绘）使航海图提供的信息变得完整，即使其有着与航海无关的细节。它们“为那些对欧洲国家和地中海以及其他海洋附近的亚洲和非洲国家的通常的政治信息感兴趣的人提供了地理、概述、物理、人类学和经济方面的信息”。Baldacci, *Introduzione allo studio*, 61.

[146] Caraci, “Le carte nautiche anonime,” 171.

[147] Baldacci, *Introduzione allo studio*, 60.

[148] 装饰对于航海图和地图集的价格必然有着相当大的影响。按照Rey Pastor和García Camarero的观点，“每一朵玫瑰、每一位国王、每艘船只和每只怪兽，都推高了价格”（*La cartografía mallorquina*, 14 n. 2）。

图7.13 一幅有着丰富装饰的地中海的航海图。朱利奥·彼得鲁奇（Giulio Petrucci），比萨，1571年

原图尺寸：62×93厘米。图片由Museo della Specola, Department of Astronomy-University of Bologna（inv. MdS-101）提供。

这些特性的一个总索引（最好附有图示）将会极为有用。

在16世纪期间，用一幅宗教图画装饰航海图颈部的习惯成为标准（其开始出现大约是在前一个世纪的中期）⑭⑨。巴尔达奇认为十字架、圣母玛利亚（Madonnas）和圣徒是一种对宗教信仰在地中海地区繁荣昌盛的典型表达；实际上，他进一步认为，它们是“一种天主
200 教的清晰和信心十足的宣示，尤其是意在反对流播日广的新教时”⑮⓪。无论它们背后的原因是什么，这些宗教图案所采用的最为常见的形式就是圣母玛利亚和孩子，有着变化多端的姿势和风格，其中一些可以被识别出属于某位地图学家、某个地图学家族或作坊。

热那亚地图学家韦康特和雅各布·马焦洛似乎偏好一种怀抱着儿童期的耶稣、居于王座之上的圣母，而家族的其他成员——乔瓦尼·安东尼奥和巴尔达萨雷——所呈现的怀抱着儿童期耶稣的圣母，或站着或端坐在云端之上。站立在一轮新月之上受到祝福的圣母图出现在若姆·奥利韦斯和约安·马丁内斯绘制的一些航海图的颈部⑮①，以及在很多乔瓦尼·弗朗切斯科·蒙诺的作品中。莱特的马东纳（The Madonna of the Letter），西西里一种特定的崇拜对象，通常出现在奥利瓦家族晚期一些成员绘制的航海图中，以及出现在那些墨西拿的卡洛里奥和奥利瓦家族绘制的航海图中⑮②，而温琴佐·韦尔奇奥倾向于偏好一种抱着儿童期耶稣的圣母的缩微

⑭⑨ 坎贝尔指出，1464年由彼得吕斯·罗塞利（Petrus Roselli）绘制的航海图是第一幅其中有着圣母玛利亚和孩子的缩微画的航海图，而1464年，由Nicolò Fiorino绘制的航海图则只有字母组合IHS（Campbell，“Portolan Charts,” 398）。

⑮⓪ Baldacci, *Introduzione allo studio*, 84. 与圣母玛利亚或者耶稣受难的场景相伴的圣徒是以圣尼古拉斯（Saint Nicholas）、圣克莱尔（Saint Clare）和圣约翰（Saint John）为代表的人物。

⑮① Caraci, “Le carte nautiche anonime,” 199.

⑮② Caraci, “Le carte nautiche anonime,” 205.

画，而耶稣被有着丰富装饰的矩形框架所环绕[153]。巴尔达奇已经指出，通常出现在加泰罗尼亚的马泰奥·普鲁内斯航海图图像中的是一位左臂怀抱着儿童期耶稣的站立着的圣母，而她的右手则握着一束长茎的百合花——非常类似于“我们夫人的良好行为（Nuestra Senora del Buen Suceso）”的肖像中的形象，其在马略卡岛帕尔马（Palma de Mallorca）受到崇拜[154]。

不言自明，可能归因于某个客户所表达的渴望，一位地图学家可能会选择某些他常用的宗教图像之外的某些东西。例如，雅各布·鲁索通常使用圣母和儿童的全身或者半身图像，并通 201

图7.14　热那亚的缩微画，还有着港口和灯塔（LANTERNA）。来自韦康特·马焦洛地图集中的一幅图幅的细部，那不勒斯，1512年

原图尺寸：33.5×48厘米。Biblioteca Palatina, Parma（MS. Parm. 1614）. 得到 Ministero per i Beni e le Attivita Culturali 的授权。

---

[153] Caraci, “Le carte nautiche anonime,” 200.

[154] 后者人物的右手拿着一根权杖而不是一束百合花。Osvaldo Baldacci, *La geocarta nautica pergamenacea catalanosassarese* [*Bibliotecà Universitaria di Sassari*, *MS.* 248]（Rome: Pubblicazioni dell'Istituto di Geografia dell'Universita di Roma “La Sapienza,” 1989）, 25.

常由一个圆周或一个风玫瑰所环绕，但是在他1528年在墨西拿绘制的航海图中，包括了两位身份不明的男性圣徒并且描绘了左臂环抱着儿童、右手拿着多节木棍的圣母玛利亚，她击退了一个魔鬼，而这个魔鬼正威胁着紧贴着她长袍的比例较小的人物[155]。奇怪的是，尽管极不寻常，但这一图像还出现在了一幅1571年的马泰奥·普鲁内斯在马霍卡绘制的航海图中（ItGe11）。

位于十字架上的浑身浴血的基督，在约安和弗朗西斯科·奥利瓦（Francisco Oliva）的航海图中极为常见，同时也偶尔出现在同时代的其他航海图中。有时，耶稣受难的场景也包括了圣母、玛丽·玛格达莱妮（Mary Magdalene）和圣约翰[156]。在梵蒂冈使徒图书馆（Biblioteca Apostolica Vaticana）一幅佚名的航海图中发现了这一场景的一个奇怪变体，卡拉奇认为这幅地图是多梅尼科·维利亚罗洛的作品：颈部装饰有一幅圣母怜子图，圣母在十字架脚下轻轻地摇动她死去的儿子[157]。

宗教图像在地图集中则不太常见。在它们出现的地方，它们有时是作为一种卷头插画，通常占据了第二页的整个右页（也就是，第一双页的右半部分）。这里的作品趋向于更为复杂，就像约安·里克佐·奥利瓦1580年绘制的地图集（SpM8）、约安·奥利瓦1582年的地图集（SpP5）和比森特·普鲁内斯（Vicente Prunes）1600年地图集（SpBa6）中耶稣受难的场景，或如同在约安·奥利瓦1592年地图集（SpBa3）中天使报喜的场景。

总体而言，这些图示很难反映这一时期的绘画，而与更为流行的宗教图更为接近，例如由许诺（*ex voto*）[158]。实际上，在后来的作品中——例如1639年由普拉西多·卡洛里奥和奥利瓦绘制的地图集（ItVe21）和两套佚名的地图集（ItGe5和ItGe6）——缩微画实际上是流行的宗教印刷品，只是被粘贴到羊皮纸上，因此应当可能被考虑是为表达了拥有者的宗教虔诚，而不是绘图者的。

另外一个同等重要的特征包括了城市的各种小型图像。总体上，这些是经济的、标准化的对一座城市的呈现，是显示了赋予图像一种特定的向上张力的设防城墙、一道城门、拥挤在一起的一些住宅，以及表达了繁荣和力量的少量高耸的建筑（例如塔和钟楼）的一种表意符号[159]。一条沿着图像底部的蓝色线条表明这是一座沿海城市——或者，在阿维尼翁和巴黎（Paris）等远离海岸的城市的例子中，线条可能代表着一条河流[160]。与这些城市的常规呈现同时存在的，还有非常重要的城市的更为写实的景观，整合了一个或两个用来将它们识别出来的具有特色的细节（图7.14）。早在14世纪后半叶，航海图中就包含了可以识别出来的热那亚和威尼斯的景观——前者归因于其弯曲的港口、其码头和灯塔（Lanterna），后者归因于圣马克（St. Mark）的广场和钟楼。在本章所讨论的时期内，航海图中应当也存在对
202 马赛［其旧港（Vieux Port）］和老城之上的风车、巴塞罗那［蒙锥克（Montjuic）和其标志

[155] UKBi1. 缩微画受到了严重的破坏，因而阿尔马贾被误导将其解释为显示了圣乔治正在与龙战斗（Almagià，"I lavori cartografici，" 304）。

[156] 例如，朱利奥·彼得鲁奇1571年在比萨绘制的航海图（ItBo10）即是这样的例子。

[157] V16. Caraci，"Le carte nautiche anonime，" 167–93.

[158] Caraci，"Le carte nautiche anonime，" 200 n. 由许诺（*ex voto*），对于一项许诺的回应，是地中海盆地的一种典型的艺术形式。总体上，这类图像是向现代艺术家或当地工匠委托绘制的包含了宗教题材的小型绘画，然后捐赠给教堂或寺院以向受祝福的圣母或者一名圣徒还愿。

[159] Paul Zumthor，*La Mesure du monde*：*Représentation de l'espace au Moyen Âge*（Paris：Éditions du Seuil，1993），122–24.

[160] Rosselló Verger，"Carte si atles portolans，" 27.

性的塔楼］和拉古萨（Ragusa，其设防的港口）可以识别的描绘。耶路撒冷通常可以由寺庙的穹顶以及骷髅地（Calvary）的三座十字架识别出来。

这些城市插图的风格同样大致随着地图学家和作坊有所变化，甚至在同一名地图学家的航海图之间也存在变化[161]。例如，在一幅1560年的航海图（ItVe39）中，马泰奥·普鲁内斯显示威尼斯被一道不存在的城墙环绕，而在他1578年的航海图（ItVe40）中，他依然对城市进行了充满想象的叙述，但包括了沿着有两个柱子的总督宫的广场（*piazzetta*）的真实细节[162]。

清楚的是，这些城市图像对于航海者来说毫无用处；实际上，它们总体上是倾斜俯瞰视角的，因此与从海上接近城市时某人看到的景象是不一致的。更进一步的是，给予的细节，如灯塔（Lanterna）、蒙锥克或圣马克的钟楼，非常著名，以至于它们必然无法磨灭地固定在每位航海者的头脑中。因而，图像必然只是作为一般信息——同时也作为一种填充，来愉悦读者的眼睛。为了不干扰沿着海岸不间断列出的地名的顺序，因此海洋城市实际上被描绘于内陆，完全脱离于地理环境之外，并且好似漂浮于大地之上[163]；在某些方式中，它们让人回想起中世纪和文艺复兴时期图像中被握在守护神手中的城市的立体模型。图面空间的缺乏也意味着重要的航海中心，如墨西拿[164]、那不勒斯和巴勒莫被省略了，而安科纳和罗马，两座对于贝宁卡萨（Benincasa）家族而言有着重要商业利益的城市，只是出现在1508年由安德烈亚·贝宁卡萨（Andrea Benincasa）绘制的地图集中（两幅小型插图）。与之相反，锡德拉湾（Gulf of Sidra）和几内亚湾（Gulf of Guinea）之间非洲西北部的巨大空白在雅各布·马焦洛的1561年的航海图中被填入了29幅城市图——其中大部分是想象出来的城市[165]。

在16世纪的航海图中，欧洲城市的小插图向北排列，而非洲的城市则向南排列，因而在地中海的每一侧都构成了一个镜像，而在那些17世纪的航海图中（以及尤其是在奥利瓦、卡洛里奥和奥利瓦以及卡瓦利尼家族的作品中），它们全都趋向于向西排列，因此航海图的颈部不得不朝向上方，如果要正确观看这些缩微图的话——这一事实似乎证实了卡拉奇的论断，即这一颈部是被用来将航海图挂在墙上的[166]。

框架式的城市实景可见于1620年沙拉·安布鲁瓦西（Charlat Ambroisin）的马赛地图集。沿着显示了第勒尼安海西部和西西里海峡（Channel of Sicily）的航海图的上缘的是巴勒莫、墨西拿、特拉帕尼（Trapani）和马耳他［拉瓦莱塔（La Valletta）］的图像[167]。然而，航海图并不是原创的，而是复制自威廉·巴伦支的《地中海的航海之书以及新描述》（*Nieuwe beschryvinghe ende caertboeck vande Midlandtsche Zee*）。这一将城市景观沿着航海图的边缘直线排列的习惯毫无疑问来自荷兰的挂图，并且被弗朗索瓦·奥利夫1664年的航海图采用，该图的上缘

---

[161] Caraci, "Le carte nautiche anonime," 173 n. 12.

[162] Giandomenico Romanelli, "Città di costa: Immagine urbana e carte nautiche," in *Carte da navigar*, 21－31.

[163] Romanelli, "Città di costa," 21.

[164] 然而，在1596年的约安·奥利瓦的地图集（SpM16）的卷首插图中有着一个写实的、详细的墨西拿的景观。

[165] 可以在安科纳地图学家奥斯曼诺·弗雷杜奇伯爵和罗科·达洛尔莫（Rocco Dalolmo）的作品中找到的沿着尼罗河河岸发展的开罗的大型描绘，可能是唯一有着这样规模的图像（其比威尼斯和热那亚的缩微画加起来还要大），因为有着足够的空间。Baldacci, *Introduzione allo studio*, 113.

[166] Caraci, "La carta nautica del R. Archivio di Stato in Parma," 183.

[167] FrP37. 在这一例子中，这些图像并不是城市的景观，而是城市的实际布局，并有着对细节的透视再现——完全写实地位于周围的领土中。

有着马赛、拉西约塔（La Ciotat）和土伦的插图，而下缘则有着阿尔及尔、突尼斯、的黎波里（Tripoli）和亚历山大（Alexandria，那一时期马赛船运的重要经停港口）的插图。

就像在14世纪和15世纪，城市和具有特殊重要性的地名用多种颜色的旗帜来标识。尽管早期学者的研究已经揭示，从一个纹章学的角度看来，中世纪的旗帜是非常准确的，但坎贝尔的著作对下述这样的结论提出了质疑，即它们表明了政治阵营，由此为水手提供了精确的信息[168]。在16世纪和17世纪，这些旗帜变得越发模糊和重复，通常使用直白的想象符号，如用圣饼和圣餐杯来表示耶路撒冷（如ItMi2bis），或用一个海扇壳来表示圣地亚哥－德孔波斯特拉（Santiago de Compostela）[169]，因而将它们局限于给出宗教和文化——但当然不是政治——信息。在用于标识当时正在崛起的国家的徽章中可以看到更多的细节和关注。

用不同颜色来强调海岸线的习惯依然延续，同时在17世纪中，这些颜色不仅变得更为鲜活，而且（如同在晚期的马赛航海图中）被用来标明不同的历史区域。按照一种毫无疑问来源于中世纪世界地图（*mappaemundi*）的传统，红海被标绘为红色，同时在北部有着一个空隙，其代表着出埃及的犹太人的通道。河流的三角洲和不太重要的岛屿通常用红色、蓝
203 色、绿色和金色填充，而马霍卡，例如，通常使用的是阿拉贡王室的颜色：红色和金色。罗得岛被显示为红色，同时有着耶路撒冷医院骑士团（Knights Hospitaller）的银色十字架，甚至在这座岛屿被奥斯曼土耳其（Ottoman Turks）攻陷后，也是如此绘制，因此从16世纪后半叶至17世纪末，罗得岛以及骑士团新的总部马耳他应当使用的是相同的颜色。在对希俄斯（Chios）的描绘中也能看到相似的持续，其在1566年落入土耳其人之手，但在地图中依然被显示为在一个白色背景上的热那亚的红十字符号。显然，当时必然不愿意承认基督教对于这些领土的防御失败已是定局。

统治者的形象是另外一种装饰特征，尽管对于水手而言没有实际用途，而且通常是过时的[170]。这类图像在彼得罗和雅各布·鲁索、韦康特和雅各布·马焦洛以及巴蒂斯塔·阿涅塞的作品中是相当常见的，有时也出现于普鲁内斯、奥利瓦、卡洛里奥和奥利瓦以及鲁森家族的作品中。欧洲君主被描绘为或坐在王座上，或站在一面绘制有他们盾徽的盾牌边上，而非洲或亚洲的君主则被显示坐在一张地毯或坐垫上（通常位于一座阿拉伯风格的帐篷前面）。非洲帝王部分是出于想象：例如统治着沿着尼罗河向南的地区的统治者被认为是祭司王约翰，这是一位神秘的中世纪的人物，直到16世纪末才从航海图中消失[171]。

白色空间被填充着装饰有当时主要欧洲强国旗帜的大型船只、西班牙大帆船和武装商船，就像它们鼓满风帆在大洋上纵横驰骋。在地图集中，尤其是那些17世纪的，地中海上的船只中也包括飘着宗教骑士团旗帜的大帆船。然而，这些绘画是非常基础和概要的，因此它们无法提供当时实际使用的船只类型的真实信息。

通常来说，没有海中怪兽的图像，这部分可以归因于同时代对人类有能力主宰海洋的信

---

[168] “很多应该以作为船上的奴隶而告终的基督教水手，依靠他的航海图将朋友与仇敌区别开来。” Campbell, “Portolan Charts,” 401.

[169] 位于红色背景之上的贝壳出现在某些由若姆·奥利韦斯和巴托梅乌·奥利韦斯绘制的航海图中。

[170] 例如，雅各布·马焦洛的航海图中依然有两位人物形象，代表着Re de Rossia和Re de Moscovia，当伊凡四世同时是俄国沙皇和莫斯科（Muscovy）大公的时候。

[171] 祭司王约翰依然被绘制于一幅雅各布·马焦洛1602年的航海图中。然而，时间似乎被修改过。

心（怪兽在之前多个世纪中是海洋所激发的未知恐怖的符号）。只是在两位卡瓦利尼的晚期作品中，这些图像才重新开始出现，但它们更多的是出于新奇而不是威胁，因此不仅包括大鲸鱼，而且包括塞壬和拉着海神战车的马。

北非区域包括真实的或幻想的动物，如狮子、大象、骆驼、猴子、鸵鸟、龙和独角兽的图像。这一装饰类型从16世纪后半叶开始非常普通，用来填补移除“卡雷纳（Carena）”——错误地从摩洛哥（Morocco）延伸到尼罗河的阿特拉斯山脉（Atlas Mountains）——后留下的空白。巴尔达奇已经指出，与中世纪动物寓言集中的图像相比，这些绘画更为接近古典传统，而且可以观察到，一些动物的图像在特定制图学者的作品中倾向于重复出现：例如，一只有着打结脖子的鸵鸟的形象经常出现在马泰奥·普鲁内斯的作品中[172]。

其他装饰性的内容可能包括吹风的丘比特的头像，有装饰着几何图案的框架，且有着风格化的植物或者月桂叶，或者装饰有花卉图案的弯角片和涡形装饰。同时，追求繁复迤逦的巴洛克口味随着17世纪的展开也在地图上有所体现。实际上，变化是非常多的，即使广泛存在进行复制的习惯，但要找到两幅完全一致的航海图实际上是不可能的，即使在同一绘图者的作品中也是如此。

大量其他的观赏性元素只是例外情况，例如，在1592年由约安·奥利瓦绘制的地图集（SpBa3）中装饰了三幅图幅的圆规，还有被认为是弗朗切斯科·吉索尔菲绘制的地图集中的最后一个图幅上的星盘（图7.15）（ItGe2），以及1546年巴蒂斯塔·阿涅塞的地图集（RP1）中三幅神话主题的绘画[173]。这些图示有助于让制图作坊的作品与众不同；同时可能这一特征解释了为什么绘本航海地图事业的繁荣，尽管存在来自印刷地图的竞争。在一位王子的壁橱（*studiolo*）或珍宝柜中，就像在中产阶级的平凡居所，珍奇稀见之物依然占据了一席尊荣之地。

地　名

16世纪和17世纪的著作毫无疑问证明了坎贝尔的断言，即地名是“航海图的命根子”[174]。这类名称是所有地图的一个本质特征，但对于航海图而言更是如此：它们不仅构成了与海上大众口头传统的一个关键联系，而它们正是以这种传统为基础构建的，而且它们还将航海图与波特兰航海图联系了起来（因而使得将这两种航海工具的结合使用成为可能）。然而，可能更为重要的是，地名是同时代学者和有文化的人解释一幅航海图中蕴含的地理信 204
息的关键中的关键。因而，认为地名实际上是一种装饰性的特征，同时从技术视角来看不如对海岸线的描绘那么重要的观点完全是无稽之谈[175]。

重点不在于地名的选择或者它们正确的拼写，而是它们沿着海岸排列的一个准确顺序中的次序。这一特征——超越于地理信息的准确或风罗盘方位线网络的准确——对于观察者而

[172] Baldacci, *Introduzione allo studio*, 84，以及 idem, *La geocarta nautica*, 21－22。

[173] 这三幅图像显示了阿尔戈（Argonauts）的离开、埃涅阿斯舰队逃离暴风雨并且朝向迦太基（Carthage）航行，以及两位阿特拉斯。

[174] Campbell, “Portolan Charts,” 415.

[175] Alberto Capacci, *La toponomastica nella cartografia nautica ditipo medievale* (Genoa: Università degli studi di Genova, Centro Interdipartimentale di Studi Geografici Colombiani, 1994), Ⅸ.

图 7.15 航海星盘。来自一套被认为是弗朗切斯科·吉索尔菲的作品的地图集中的一个图幅

原图尺寸：约 33 × 23 厘米。Biblioteca Universitaria，Genoa（MSS. G. V. 32）. 由 Ministero per i Beni e le Attivita Culturali 授权。

言是最为令人震惊的。地名密密麻麻的列表，每一个都垂直于海岸线书写，是航海图的本质特征。这就是阿拉伯历史学家伊本哈勒敦（Ibn Khaldūn）在他的“绪论”（*Prolegomeni*）中所提出的：“所有位于地中海两岸的国家都被写在一张图纸上，以它们实际的形式，由此确定了它们在海岸上的位置；同时从所有这些不同地点出发绘制了风向并且绘制了不同的风向，这被航海者称为 *kunbās*，而他们将这些作为他们航行的基础。”[176]

比较由约安·里克佐（别名奥利瓦）分别于 1587 年和 1588 年在那不勒斯绘制的两幅航海图上的意大利半岛的轮廓，卡拉奇计算在列出的大约 20% 的地名中存在明显不可解释的变化（尽管这些地名的总数实际上是一致的）[177]。这应当是一个例外的情况，甚至这里不存在顺序上的错误和重要的遗漏。因而，可能的是，当绘制意大利的海岸时，航海图绘制者可以使用的地名要超过图中实际可以书写的空间，因此在每一幅地图上都可以选择不同的地名。

卡拉奇还观察到，这些晚期的作品同样揭示了一种对于使信息跟上同时代航运信息的关注。这应当解释了这样的事实，即在 16 世纪下半叶以及之后的航海图中，大约 20% 至 30%

[176] 被引用于 Carlo Alfonso Nallino，“Un mappamondo arabo disegnato nel 1579 da ' Alî ibn Ahmad al Sharafî di Sfax，” *Bollettino della Reale Società Geografica Italiana* 53（1916）：721 – 36，esp. 734。

[177] Caraci，“Inedita Cartographica，” 169.

位于意大利半岛上的中世纪地名消失了⑱，同时其中列出的15%的地名是在现代早期新建的或者已经发展的港口和城镇（同时，在某些例子中，是那些因为低吨位航运的增长而获得重要性的小海湾的名字）。坎贝尔对此提出质疑，指出了卡拉奇用作其比较基础的克雷奇默（Kretschmer）的中世纪地名列表中存在大量的遗漏；按照他的观点，新增加的地名总体上仅仅占到总数的6%——但即便如此，这也不是一个可以完全忽略掉的数字⑲。

一个地方的名字可能根据航海图绘制者的国籍、使用的文献或者正在工作的地方不同而不同。清楚的是，存在一种用某人自己的语言或者方言书写至少一些地理名称的趋势，罗塞略·贝赫尔认为，当航海图绘制者（或他的抄写员）理解（或认为他理解了）原始名称的字面含义，然后试图进行翻译，但却导致混淆的时候，发生了最为严重的错误⑱。不仅如此，经常出现的拼写错误和曲解——特别是在晚期的航海图中——与对海岸线的不准确的描绘和非常拙劣的装饰性元素并存。

巴尔达奇试图对地名中的这些变化作出如下解释，即抄写员是没有接受过教育的，当抄录他们实际上无法阅读的地名时，会毫不犹豫地改变地名以适合可以使用的空间⑱。另一方面，卡 205
拉奇提出这样的思想，即抄写员和学徒很可能是根据口授而不是根据一个地名列表来书写的⑱。

总体而言，地名指的或是沿海的聚落，或是地理要素。在分析从纳博讷（Narbonne）至卡塔赫纳（Cartagena）的地中海海岸的呈现时，罗塞略·贝赫尔指出这些地理要素中超过50%是海角或岬角，这一数字似乎可以应用于整个地中海地区：对于水手而言，海角不仅是一个可以看到的明显地标，而且通常提供了安全的停泊处。他还指出，自然要素的名称，例如岬角、海湾或者河口，从未用红墨水表示过（即，从未被认为是特别重要的）⑱。然而，这一论断对于那些涵盖了他所研究区域之外地区的航海图并不适用：在乔治·西代里、约安·马丁内斯、约安·奥利瓦和弗朗索瓦·奥利夫的大量作品中，拉萨皮恩察悬崖——对于那些驶往毛登［Modon，墨托涅（Methone）］的希腊港口的人来说是一个重要的地标——被用红墨水标识。同时在其他航海图中，沿着聚落很少且彼此之间距离遥远的非洲的大西洋海岸，用红色标识了大量岬角、海湾和河流。

罗塞略·贝赫尔还指出在纳博讷和卡塔赫纳之间，在每一对红色地名之间，都有三到六个不太重要的聚落的地名，因而是用黑墨水书写的。这可能导致某人支持制图学家的目的是呈现一种特定的对称，并且因而地图的绘制部分地受到美学因素的指导；请再次留意，这一不同颜色地名的分布并不能应用于其他地区：沿着非洲海岸，通常有着一长串不间断的黑色地名，同时在利古里亚（Liguria）海岸或在亚得里亚海，则能看到两个或更多的红色地名排列在一起⑱。

作为中世纪航海图的一个明确特点的保守主义，在16世纪和17世纪变得更为显著，尤

⑱ Caraci, "Inedita Cartographica," 170.

⑲ Campbell, "Portolan Charts," 422 n. 348.

⑱ Rosselló Verger, "Cartes i atles portolans," 24.

⑱ Baldacci, *Introduzione allo studio*, 57.

⑱ Caraci, "Cimeli cartografici sconosciuti esistenti a Firenze," 50.

⑱ Rosselló Verger, "Cartes i atles portolans," 19.

⑱ 例如，在雅各布·马焦洛的航海图中，可以发现"Arbenga"（Albenga）、"Fina"（Finale）和"Nori"（Noli）挨在一起，并都是用红色书写的。

其是那些重要聚落的名称。来航首次出现于巴蒂斯塔·贝卡里（Battista Beccari）1426 年的一幅航海图[185]，并一直用黑墨水表示，延续贯穿 16 世纪上半叶，即使它早已在重要性上取代了皮萨诺港（Porto Pisano，比萨）。只是在 16 世纪的下半叶，其才用红色表示，甚至也并不总是如此：在约安·马丁内斯和巴蒂斯塔·阿涅塞的航海图中，其一直用黑色标识，而在奥利韦斯—奥利瓦的航海图中才似乎最终定为红色。

另一方面，本章所讨论时期的所有航海图持续使用红色标识奥特罗格（Altologo）和帕拉蒂亚（Palatia），这两者对应于古代的以弗所（Ephesus）和米利都（Miletus）。在 14 世纪的酋长国统治下，两者经济繁荣（归因于与威尼斯人的交易，后者在那里建立了贸易站）。但是，当在 15 世纪初被奥斯曼土耳其（Ottoman Turks）占领之后，它们进入了不可避免的衰退，因而很快成为没有重要意义的小城镇。然而，它们命运的这一剧烈变化并没有反映在地中海的航海图中。

与中世纪的趋势相反，在航海图的比例尺于 16 世纪和 17 世纪变得更大的同时，也可以看到沿着海岸线的城镇名称数量的增加[186]。例如，这点在雅各布·马焦洛 1567 年的第勒尼安海的航海图（图 7.16，ItRo6）中是很清楚的，经过计算，其比例尺大约为 1∶1000000[187]。其中尼斯（Nice）和马格拉河（river Magra）之间地名的数量几乎是雅各布的“标准”航海图中的三倍；然后，从萨尔扎纳（Sarzana）到安齐奥（Anzio）以及在撒丁岛（Sardinia），地名变得相当稀少，即使它们依然比通常情况稍微多了一点。沿着科西嘉（Corsica）海岸，地名数量的增长甚至更为显著，因为它们增长了超过六倍[188]。因而，地图学家似乎集中于那些他所熟知的和大量热那亚船运服务的沿海地区。

由韦尔奇奥在费拉约港（Portoferraio）于 1595 年绘制的爱琴海的区域航海图，是另外一个收录地名几乎两倍于通常的航海图的例子[189]，同时乔瓦尼·巴蒂斯塔·卡瓦利尼的 1652 年地图集中的三幅第勒尼安海意大利海岸的区域航海图（图版 6）收录的地名数量是地图集中地中海概图中同一海岸线上地名的三倍[190]。乔瓦尼·弗朗切斯科·蒙诺似乎遵循着一个不同的程
206 序：在他 1632 年的航海图集[191]中，标准的航海图是四幅组合起来涵盖了地中海区域的地图[192]，而地中海的总航海图则比通常要小很多，因而使得他必须要消减掉近一半的地名[193]。

---

[185] Campbell, “Portolan Charts,” 427 n. 381.

[186] Campbell, “Portolan Charts,” 421 – 22.

[187] Sebastiano Crinò, “Un astuccio,” 167. 这一航海图仅仅显示了利古里亚海和第勒尼安海的大部分，同时其几乎完全没有装饰；然而，尽管其中即使没有作为马焦洛的一种商标的热那亚的大型城市缩微图，但却有着比萨的城市缩微图（这可能是后来增加的）。

[188] 从尼斯到萨尔扎纳，在大比例尺的航海图中（ItRo6）有 77 个地名，而在用作对比的“标准”版本（ItRo4）中则有 27 个；从萨尔扎纳到安齐奥，则分别有 38 个和 31 个；在科西嘉，分别有 91 个和 14 个；在撒丁岛，分别有 47 个和 32 个。

[189] *Arcipelago de Conpasso Largo.* 参见 Sotheby's, *Printed Books and Maps: Comprising Greece, Turkey, the Middle East and other Subjects...*, 30 June 1992, 1 July 1992, and 9 July 1992 (London: Sotheby's, [1992]), 71, lot 501，今天在希腊的私人收藏中。

[190] “Teatro del Mondo Marittimo” (ItFi35).

[191] “Arte della Vera Navegatione” (ItGe3).

[192] 两幅 1613 年（ItRo16）和 1629 年（UKL39）的航海图有着近似的比例尺。

[193] 一幅在尺寸和比例尺上非常近似的作品是 1622 年的航海图 “Cosmographia ex operibus...” Durazzo-Giustiniani private library, Genoa。

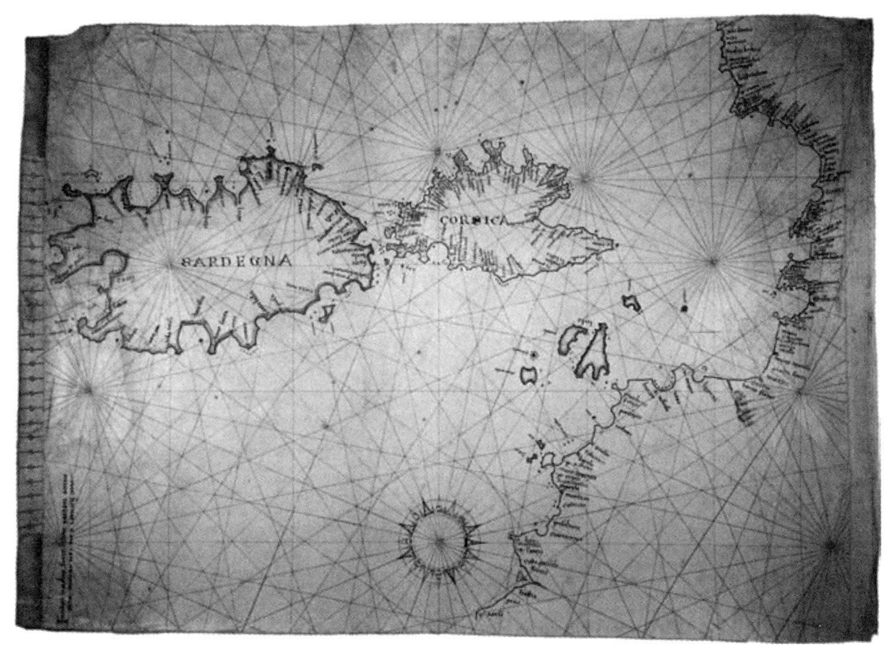

图 7.16　第勒尼安海的大比例尺航海图。雅各布·马焦洛，热那亚，1567 年

原图尺寸：66×46.9 厘米。图片由 Biblioteca Nazionale Centrale, Rome（Nautical Charts, 5）提供。

将来自一幅作为资料的航海图中的所有地名信息都包括在一幅新的航海图的海岸线上，由此产生的困难，在之前提到的将所有地名用希腊字母标识的航海图中是清楚的：抄写员，其很可能抄录自一份威尼斯的原始材料，很可能是非常没有经验的，并且没有试图将所有名称都放在正确的位置上；因而，他采用了数字，然后在航海图上缘和下缘的图例中对此进行了解释。

同样应当指出的是，通常而言，比例尺的不同并不会影响对重要城市和聚落的选择：红色地名的数字没有根本性的变化（如同在雅各布·马焦洛的例子中）或者只是轻微的变化（如同在之前提到的其他三位地图学家的例子中）。在 1661 年的弗朗切斯科·玛利亚·莱万托的地图集中有着一个例外，其中大比例尺的地中海航海图中红色和黑色的地名都要比标准的总图多出一倍[194]。

制作中心

总体上，总共大约有 20 个地中海航海图的制作中心，但是其中只有 8 个可以说存在一个或者多个永久性的制图作坊（其他中心的产品非常少，可能归因于一些后来迁居到其他
地方的地图学家在这些地点的暂居）。如同在中世纪，重要的中心都是沿海城市：马略卡岛 207
帕尔马、热那亚、威尼斯和安科纳传统的港口，此外还增加了那不勒斯、墨西拿、来航和马赛（其在这一时期有着相当大的扩展）（图 7.17）。

---

⑲ Durazzo-Giustiniani private library, Genoa.

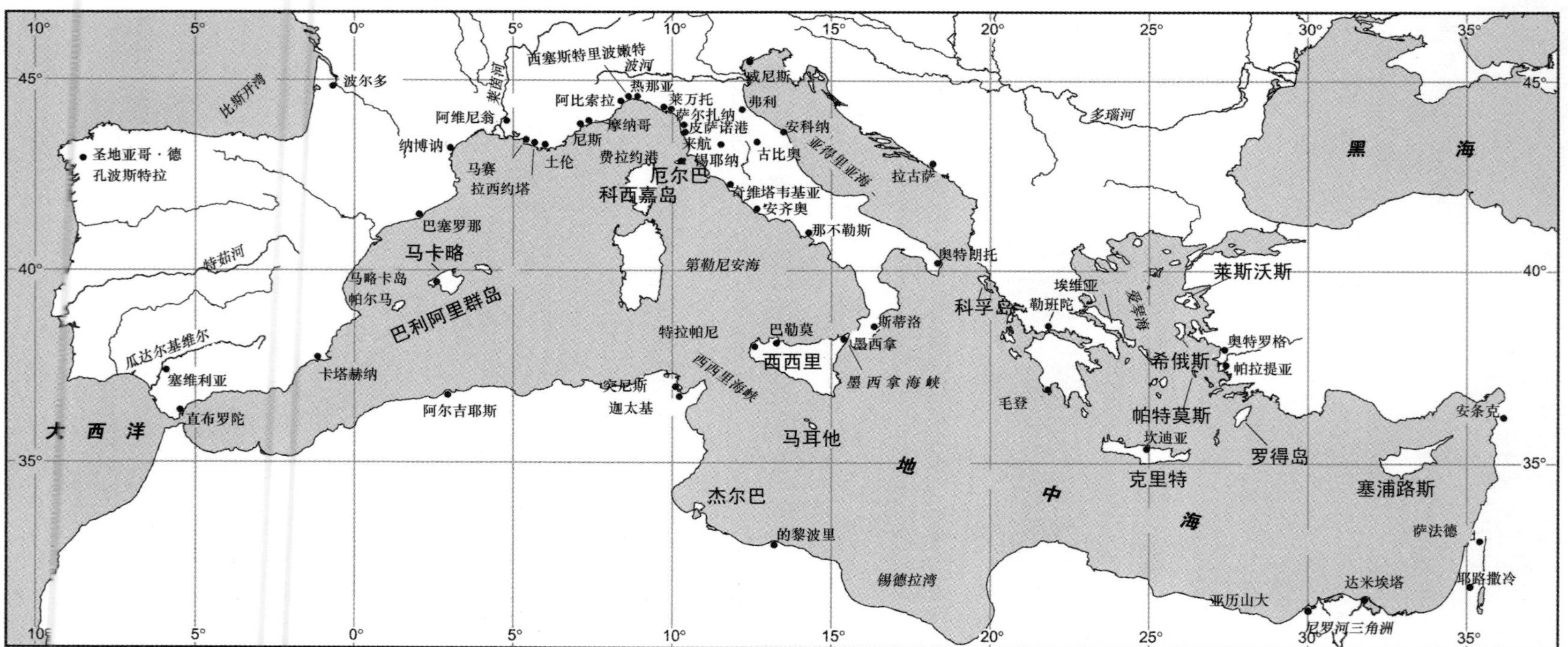

图 7.17 地中海的参考图。这一地图显示了本章提到的地点。在 16 世纪和 17 世纪有着自己作坊的 8 个最为重要的中心是马略卡岛帕尔马、热那亚、威尼斯、安科纳、那不勒斯、墨西拿、来航和马赛。其他制作航海图的地点包括巴塞罗那、土伦、阿比索拉（Abisola）、皮萨诺港、锡耶纳、费拉约港、奇维塔韦基亚（Civitavecchia）、巴勒莫（Palermo）、马耳他、坎迪亚（Candia）、亚历山德里亚（Alessandria）和萨法德（Safad）。

马略卡岛帕尔马

马略卡制图学在15世纪后半期达到了全盛期，也即在彼得吕斯·罗塞利时期，但是从16世纪初期开始走入停滞并且衰落——恰恰在此时，一个繁荣的马略卡制图学家的派别正在意大利南部工作。受到土耳其人占领地中海东部的影响，巴塞罗那城市试图将自身建立成为一个来自新世界的船运港口，但却只是吸引了贸易的极小一部分。同时从16世纪后半叶之后，受到土耳其和柏柏尔（Barbary）海盗随意劫掠的影响，加泰罗尼亚沿岸的海洋日益变得不安全，这些海盗的基地通常在阿尔及利亚（Algeria）。这一情况将更为暴露的巴利阿里群岛（Balearic Islands）变成一个基督教的前哨——这种状况似乎显然影响了地图学的发展。

在世纪之初，萨尔瓦托·德帕莱斯特里纳（可能来自意大利）在马略卡工作，在1511年和1533年绘制了两幅加泰罗尼亚风格的地中海航海图。前者，曾经被慕尼黑军事图书馆（Munich Wehrkreisbücherei）收藏，毁于第二次世界大战，并且我们只是通过普罗格（Progel）1836年的复制才对其有所了解，复制品显示其涵盖了从斯堪的纳维亚半岛南部到佛得角（Cape Verde）的一个广大地区[195]。同时，后者局限于地中海中部和西部，并且没有超出加利西亚（Galicia）和摩洛哥[196]。

1538年，巴托梅乌·奥利韦斯（Bartomeu Olives）在帕尔马工作，绘制了两幅传统的航海图（ItVe1 和 SpBa2）——已知最早的由奥利韦斯-奥利瓦-奥利夫家族成员绘制的作品，这一家族起源于马略卡（关于奥利瓦和卡洛里奥暨奥利瓦王朝，参见附录7.2）。然而，地图学家在他的家乡城市似乎不受市场青睐，并且必然此后很快移居他处：他的1552年航海图并没有给出制作的地点，但是提到地图学家的国籍（“malliorq［马略卡］”）（USNY9bis）。在“en Mallorques（马略卡人）”实际制作的最初两幅航海图中，国籍作为多余之物被省略掉了，但后续在威尼斯、墨西拿和巴勒莫绘制的地图中都给出了。

马泰奥·普鲁内斯的生涯开始于大约世纪中期。基于他作品的数量和年表，他必然在一 208
家由家族其他成员掌管的兴旺的作坊中有着举足轻重的地位。重要的是，保存下来了10多种由普鲁内斯署名的航海图（图7.18）。在1553年至1599年之间非常有规律地发布，这些航海图的装饰非常朴素，并且都局限于地中海区域[197]。巴尔达奇将三幅大型航海图残卷（ItSs1）认为是马泰奥·普鲁内斯的作品，并提出他作品中的一部分并没有署名[198]。

1581年，马特奥·格吕斯科（Mateo Griusco）活跃于帕尔马。我们对这位地图学家所知甚少，他只为我们留下了一幅损坏严重的显示了地中海盆地和大量城市景观的航海图——其中最大的是威尼斯的[199]。

---

[195] BNF, Rés. Ge AA 563. 见 Ivan Kupčík, *Münchner Portolankarten “Kunstmann I– XIII” und zehn weitere Portolankarten / Munich Portolan Charts “Kunstmann I– XII” and Ten Further Portolan Charts*（Munich：Deutscher Kunstverlag, 2000）, 124–29。

[196] SpT1. 佚名航海图 ItMa1 也被认为是萨尔瓦托·德帕莱斯特里纳的作品——尽管不太有说服力。

[197] FrP23、FrP24、ItCv1、ItFi9、ItGe11、ItSi2、ItSi3、ItVe39、ItVe40、SpM11、USW3 以及曾经保存在 Biblioteca Trivulziana（Milan）但毁于第二次世界大战期间的航海图。

[198] ItSs1. Baldacci, *La geocarta nautica*, 27.

[199] ItPr6. Mario Longhena, “Atlanti e carte nautiche del secolo XIV al XVII conservat inella Biblioteca e nell'Archivio di Parma,” *Archivio Storico per le Provincie Parmensi* 7（1907）：135–78.

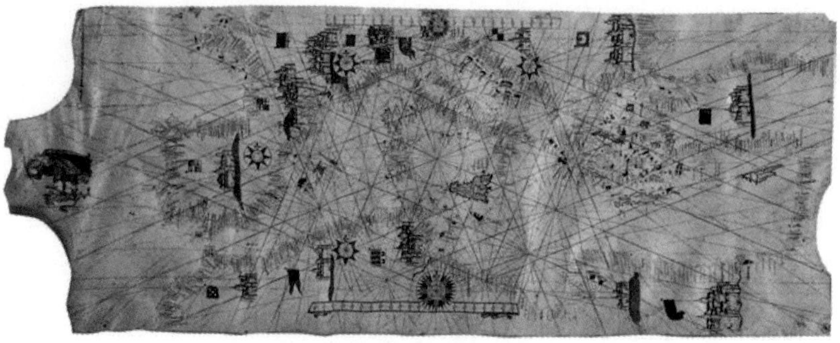

图 7.18 马泰奥·普鲁内斯绘制的地中海航海图。马略卡岛帕尔马，1571 年

原图尺寸：约 30.2 × 80.1 厘米。图片由 Museo Navale di Pegli, Genoa (NIMN 4120) 提供。

1592 年，接近于他职业生涯的结束，马泰奥·普鲁内斯与雷诺特·巴托洛缪·德费列罗合作绘制了一幅航海图。已经可以排除这样的观点，即费列罗只是委托了这幅航海图，卡拉奇认为这不能被认为是大师与学生之间合作的例证，因为费列罗的签名位于普鲁内斯的签名之前。签名的优先似乎是为了提高航海图的权威性，尽管我们无法理解为什么一名已经成名 40 年的地图学者需要这种担保——尤其是当航海图与他之前的作品没有什么区别的时候[200]。这一合作是费列罗在地图学史中唯一一次露面，由此使得这一问题变得更加扑朔迷离。

普鲁内斯署名的最后一幅航海图绘制于 1599 年（ItSi3），并且，基于他毋庸置疑的高龄，因此他必然此后不久就去世了。1597 年，比森特·普鲁内斯，我们可以认为他是马泰奥的儿子或孙子，尽管我们对此没有确凿的证据，已经在帕尔马绘制了一幅航海图（USNY17），这一作品显然是对老普鲁内斯作品的重复，但比森特必然接管了他的作坊。最为重要的是，他现存的作品总计为三幅航海图和一套地中海的地图集，其中一个对页包含了一幅对西半球的描绘，但至少已经过时 50 年了［其中北美洲与北欧连在了一起，而南海（Mar del Sur）的一部分被显示在神秘的乔瓦尼·达韦拉扎诺地峡（Isthmus of Giovanni da Verrazzano）以西］[201]。

比森特绘制最后一幅航海图的时间是 1601 年。然后是一个几乎 50 年的中断——两代人——在普鲁内斯家族成员的下一部标有时间的作品之前：其是由胡安·包蒂斯塔·普鲁内斯（Juan Bautista Prunes）在马略卡岛帕尔马于 1649 年绘制的（FrP45）。另外一位普鲁内斯，佩尔·胡安（Pere Juan）唯一现存的作品是一套 1651 年绘制的三图幅的地图集（ItCo2）和一幅署名但没有标出时间的航海图（ItVe52）[202]。此后，我们失去了这一马略卡作坊的所有线索，我们可以假设在比森特最后一部作品与胡安·比森特（Juan Vicente）和佩尔·胡安的那些作品之间几乎 50 年的间隔期间，作坊依然存在，只是绘制低价的简单的航

---

[200] ItFi9. Caraci, "A proposito di alcune carte nautiche," 272 – 73.

[201] IItGe13 和 USNY17 以及一幅私人收藏的航海图。Alberto Capacci and Carlo Pestarino, "Una carta nautica inedità attribuibile a Vicente Prunes," *Rivista Geografica Italiana* 91 (1984): 279 – 313, esp. 285 – 311. 地中海的图集是 SpBa6。

[202] Caraci, "A proposito di alcune carte nautiche," 274 – 76.

海图——正如热那亚的马焦洛作坊那样[203]。然而，普鲁内斯家族的垄断并不像在热那亚那样 209
是官方授予垄断权的结果，而是可以归因于在一个危机重重的市场中需求的匮乏。这一事实上的（*de facto*）垄断似乎被马特奥·格吕斯科的出现所确证，他可能甚至也是一位外国人，然而在他的航海图的署名中清晰地标出该图绘制于"in civitate Maioricarum（马略卡城）"（ItPr6）。

在巴塞罗那的航海图绘制似乎完全是零星发生的。在马赛、墨西拿、那不勒斯以及再次在马赛度过了漫长的职业生涯之后，应已高龄的马略卡地图学家若姆·奥利韦斯迁移到巴塞罗那，绘制了他最后一部作品：一幅时间为1571年的航海图（SpP4）和1572年的一个包含9图幅的地图集（FrV1）。

我们还知道在16世纪末和17世纪初，西塞斯特里波嫩特（Sestri Ponente）的杰罗拉莫·科斯托在巴塞罗那工作。他绘制的航海图（ItGe14）上标明年代的部分现在缺损了，但其必然是绘制于1605年之前，这一年科斯托成为热那亚共和国的官方地图学家，并且定居在这座城市。

热那亚

考虑到1448年达戈斯蒂诺·达诺利（Agostino da Noli）因其是这座城市中唯一从事这一活动的人而被授权免除特定的税收和义务，航海地图学在15世纪的热那亚难称繁荣。而该世纪的下半叶，仅有的见诸记载的地图学家的名字就是巴尔托洛梅奥·帕雷托（Bartolomeo Pareto）和阿尔比诺·卡内帕（Albino Canepa），还有来自安科纳的格拉齐奥索·贝宁卡萨（Grazioso Benincasa），据悉他曾在热那亚活跃了大约两年[204]。

可能正是这一市场条件在下一个世纪促成了一种折中体制的出现，它介于在西班牙和葡萄牙施行的制度（在那里，航海图绘制是国家组织的领域）与流行于地中海的其他主要港口的制度（那里的航海图由私人的，通常是家族经营的作坊绘制）之间。在热那亚，实际上，地图绘制依然是一种私人营生，但却被置于一种国家控制的垄断之下；其结果是，在大约150年中，城市中唯一一批地图学家就是马焦洛家族（图7.19）。

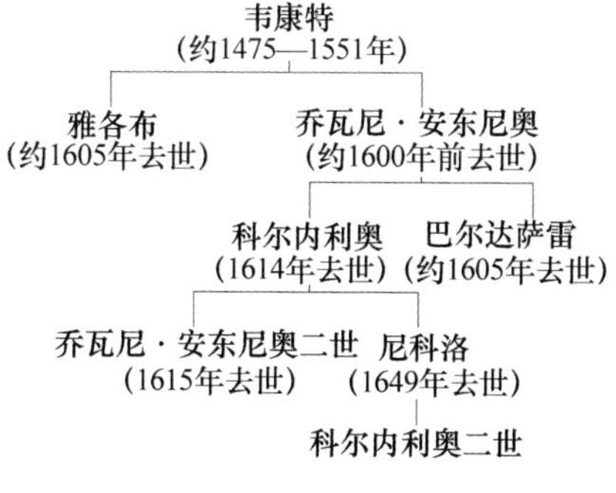

图7.19　马焦洛地图学家家族

[203] 我们还知道两幅来自一套地图集中的散页，其上有着Michel Prunes的签名，但没有标注日期或者标明制作的地点（SpP9）。

[204] 我们还有着一幅大型的，基于一个葡萄牙模板并且绘制于16世纪初的世界航海图（FrP2）。其署名为一名热那亚的尼科洛·德卡塞里奥（Nicolo de Caverio），我们除此之外对他一无所知。然而，没有特定的证据证明常见的观念，即这一著作实际上是在热那亚绘制的。

这一堪称王朝的地图学家族的奠基者是韦康特·马焦洛，他于 1475 年前后出生在热那亚，父母为雅各布·马焦洛和马丽奥拉·德萨尔沃（Mariola de Salvo）[205]。他可能是在热那亚的某个作坊度过了学徒生涯，但所有线索都已经佚失，因而后人对此一无所知。现存的他最早的作品可能是一幅在热那亚绘制的大型世界航海图，可能是在 1504 年前后绘制的（ItFa1）[206]。此后，我们知道到 1511 年的时候，他在那不勒斯顺利地工作。不过，在获得了那不勒斯的公民身份并且与一位当地女子结婚之后，他于 1518 年前后迁回了热那亚：斯波托尔诺（Spotorno）称颂总督奥塔维亚诺·弗雷戈索（Ottaviano Fregoso）招徕了一些有着“杰出头脑的人”到热那亚，其中包括“某位……韦康特·马焦洛，他以绘制地理地图和航
210 海图的技术而闻名”[207]。1519 年，韦康特被任命为共和国的官方绘图员（*magister cartarum pro navigando*）；除通过任何私人经营所能获得的收入之外，他将获得每年 100 里拉的津贴，唯一的条件就是他继续生活在城市中并且只为热那亚的利益工作。

一幅 1525 年的航海图有着韦康特和乔瓦尼·安东尼奥·马焦洛的署名（ItPr3），后者可能是地图学家的长子，此时依然是一名非常年轻的学徒。此举的目的显然是表明这位年轻人是他父亲适合的继承人，如同四年后确实发生的那样：在一项 1529 年 4 月 16 日发布的裁决中，议会将韦康特的垄断特权扩展包括了他的儿子雅各布和乔瓦尼·安东尼奥（或者只包括了一名，如果另外一位决定选择一个不同的职业的话）[208]。

几年之后——可能归因于出售在拉帕洛（Rapallo）的家族地产获得的资金以及作为一名地图学家毫无疑问的适当的收入——韦康特在莫洛（Molo）区购买了一所住宅，这是一个繁忙地区，大量与船运活动有联系的工匠——风帆制作匠、船桨制作匠、铁匠和修桶匠——在这里拥有他们的住宅和作坊。在这一时期，韦康特·马焦洛不仅绘制地中海的航海图，而且还绘制了两幅大型的世界航海图，描绘了费迪南德·麦哲伦和乔瓦尼·达韦拉扎诺航行之后的整个

---

[205] 他准确的出生时间并不清楚。然而，由于他父亲财产的分割发生在 1476 年，因此他必然是在这一时间之前出生的，但应该不是之前很久，因为他署名的最后一部作品是在 1549 年（Ferretto，“I cartografi”）。最为重要的是，我们知道由韦康特·马焦洛署名的 26 部作品。这些包括 1527 年的世界航海图和 1526 年的曾经收藏于 Bibioteca Ambrosiana，Milan 的航海图——两者都毁于第二次世界大战的轰炸。可能还可以增加未署名的航海图 USNH2；然而，对于 UKL7 的作者还存在严重的疑问。Corradino Astengo，“Der genuesische Kartograph Vesconte Maggiolo und sein Werk，” *Cartographica Helvetica* 13（1996）：9 – 17.

[206] 铭文是“ego vesconte de maiollo conpoxuy. anc Cartam de anno dominj. 1 5 4. die. Ⅷ Juny in civitatem Janua.”三个表示年份的数字之间的两个小的磨损说明，其最初必然为“. 1. 5. 4.”然而，这一并不足以解决学者之间关于时间的争论。Sebastiano Crinò，“Notizia sopra una carta da navigare di Visconte Maggiolo che si conserva nella Biblioteca Federiciana di Fano，” *Bollettino della Societa Geografica Italiana* 44（1907）：1114 – 21；Roberto Levillier，“Il Maiollo di Fano alla Mostra Vespucciana，” *L'Universo*34（1954）：956 – 66；idem，“O planisfério de Maiollo de 1504：Nova prova do itinerário de Gonçalo Coelho-Vespúcio，à Patagônia，em sua viagem de 1501 – 1502，” *Revista de Historia* 7，No. 26（1956）：431 – 40；Giuseppe Caraci，“Sulla data del Planisfero di Vesconte Maggiolo conservato a Fano，” *Memorie Geografiche* 3（1956）：109 – 28；idem，“Amerigo Vespucci，Gonzalo Coelho e il Planisfero di Fano，” *Memorie Geografiche* 3（1956）：129 – 56；idem，“La produzione cartografica di Vesconte Maggiolo（1511 – 1549）e il Nuovo Mondo，” *Memorie Geografiche* 4（1958）：221 – 89；idem，“Ancorasulla data del Planisfero di Fano，” *Memorie Geografiche* 6（1960）：89 – 126；Guglielmo Cavallo，ed.，*Cristoforo Colombo e l'apertura deglis pazi：Mostra storicocartografica*，2 vols.（Rome：Istituto Poligrafico e Zecca dello Stato，Libreria dello Stato，1992），2：643 – 47；以及 Astengo，“Der genuesische Kartograph”。

[207] Giovanni Battista Spotorno，*Storia letteraria della Liguria*，5 vols.（Bologna：Forni，1972），4：282 – 83.

[208] Ferretto，“I cartografi，”68.

已知世界[209]。绘制和装饰这些作品一定消耗了大量时间，它们无法为作者挣得大钱，因而作者考虑利用新生的印刷技术带来的机遇。因而，1534 年 4 月 11 日，在公证人贝尔纳多·乌索迪马雷·格拉内洛（Bernardo Usodimare Granello）在场的情况下，起草了一份合同委托“韦康特先生，曾用名雅各布，航海图绘制大师”为“公证人劳伦丘斯·罗姆利奴斯·索尔巴（Laurentius Lomelinus Sorba）”绘制“一幅世界地图或一幅包含了整个世界的航海图”。后者是一位著名的印刷商，他进而承诺“准备好刻印的木版”。然而，这一由大量粘贴在帆布上的印刷图幅构成的世界航海图的项目没有取得任何成果。我们可以推想，地图学家本来意图将他的作品基于 1527 年和 1531 年的世界航海图[210]。

1544 年，热那亚市议会给予韦康特的儿子雅各布每年 100 里尔的工资，让他在热那亚继续从事他在他父亲的作坊中习得的制图工艺。然而，韦康特继续绘制航海图，在他晚期的作品中，尤其值得注意的是 1548 年的地中海航海图（UKGr2），其上挤满了装饰性元素，例如盾徽、旗帜、真实的和想象的动物、船只、统治者和多种颜色的帐篷。已经指出，这些装饰中的一些似乎是被印刷在航海图上，然后再被着色的[211]——这是作坊正在试图削减成本的一个确切迹象。

现存的韦康特的最后作品是一套 1549 年 12 月 10 日完成的 4 图幅的小型地图集[212]。我们不知道他去世的时间，但那必然是在 1551 年 3 月 19 日之前，因为那时他的儿子雅各布在一幅航海图的图题中宣称自己是“库达姆（代表‘库翁达姆’，即之前的）·维斯康蒂（*condam*）[（*sic* for *quondam*）*Vesconti*]”[213]。这是现存最早的由雅各布署名的作品。其与三幅未署名的地中海航海图和一幅时间为 1592 年由托马斯·胡德署名的美洲航海图装订在一起，收录在之前提到的罗伯特·达德利为他的《大海的秘密》准备的绘本航海图册中。

作为一名共和国的官方地图学家，雅各布自己专注于地中海——同时他的航海图通常用与他父亲所使用的相同的装饰主题进行装饰——但是对于制作地图集或世界航海图没有表示出兴趣。一个例外就是一幅 1561 年的向北扩展至斯堪的纳维亚，向南扩展至几内亚湾，向西扩展至亚速尔群岛的航海图（图版 7）（ItGe9）。去掉卡雷纳山脉（其之前曾经被错误地加上）之后在撒哈拉（Sahara）地区留下的空白，用一幅小型世界航海图加以填充。对于这幅航海图，地图绘制者使用了不同的资料，而不仅仅是他父亲的作品。

雅各布似乎一直工作到 1573 年，这一年有一幅朴素的没有任何常用的装饰特征的航海图（FrP17）。然而，这与现存的他最后一部其上标明 1602 年的作品（ItMi2）之间，存在一个无法解释的 29 年的空当。然而，后者日期中的数字周围存在磨损的迹象，因此其可能被

---

[209] 前者，时间是 1527 年，收藏在 Biblioteca Ambrosiana，Milan，但是毁于第二次世界大战；后者，因为其被私人收藏，所以不太知名，时间是 1531 年。

[210] 在提出法诺（Fano）世界地图的时间是 1534 年之后，克里诺宣称，其必然是为 Lorenzo Lomellino 绘制的世界航海图（Crinò，“Notizia，”1121）。除了时间问题之外，这一作品实际上相对于 1535 年的地理知识的状况来说是过时的。关于合同，参见 George H. Beans，“Some Notes from the Tall Tree Library，”*Imago Mundi* 7（1950）：89－92，esp. 89。

[211] Campbell，“Portolan Charts，”391 n. 189.

[212] ItTr1. 由 Beussant-Lefèvre（在 1990 年 11 月 29 日）拍卖的航海图的时间可能也是同一年的——但是时间显然被更改过。

[213] GeM3. Ferretto，“I cartografi，”70，和 Corradino Astengo，“I discendenti di Vesconte Maggiolo：Una dinastia di cartografi a Genova，”*Annali di Ricerche e Studi di Geografia* 47（1991）：59－71。

211 更改过。这可能是年老的雅各布不再能从事工作，并且伪造一个时间来展示相反的情况，由此可以继续收到他每年 100 里尔的津贴的证据（实际上，这一津贴最后一次支付到他的名下是在 1605 年）。

直到 16 世纪的最后 25 年，由马焦洛家族施行的垄断迫使其他热那亚地图学家前往其他地方寻找工作[214]，但是到这一世纪末，可能归因于雅各布过于老迈的年纪，垄断似乎变得不再严丝合缝：城市中不仅有两位马焦洛家族的成员在工作，而且一幅时间为 1592 年的航海图（USCh8）显示其作者，卡洛·达科尔特（Carlo da Corte），也在那里。

正当雅各布的职业作品开始逐渐变少的时候，他的兄长乔瓦尼·安东尼奥[215]，可能在他致力于其他活动一段时间之后，在 1565 年、1575 年和 1578 年分别绘制了三幅航海图。这些航海图上都没有给出绘制地点，因此也可能是在热那亚之外绘制的。然而，可以将这种回归到地图学领域解释为乔瓦尼·安东尼奥试图确保他的某一儿子可以继任雅各布的官方地图学家这一职位——尽管当然这只不过是一种猜想。

确凿的是在紧接着的几年里，乔瓦尼·安东尼奥的儿子，巴尔达萨雷，确实绘制了航海图，作品与他父亲的非常近似，偏好一种比韦康特和雅各布的作品更为朴素的风格。通常而言，巴尔达萨雷作品的装饰特征被减少到只有少量盾徽和少量沿海城市的缩微小插图，而大型的阿拉伯风格的大帐篷和内陆城市都消失了。相似地，儿子的签名与他父亲的极为近似，“Maiolo” 中 “M” 有着一个长长的曲线——通常放在第二行的开始部分——其向上一直到 “Carta” 中的 “C” ——通常放置在第一行的开始部分。

乔瓦尼·安东尼奥的去世确实发生在 1600 年之前，这一年巴尔达萨雷开始将自己签署为“库翁达姆·乔瓦尼·安东尼奥”。儿子的最后一部作品的时间是 1605 年，而他必然是在同年去世的——可能在他年迈的叔叔雅各布去世后不久，后者最后一次取得他的年薪也是在 1605 年。至于空缺的官方地图学家的职位，科尔内利奥·马焦洛（Cornelio Maggiolo）甚至都没有被考虑，可能因为他被认为过于稚嫩，被任命的是西塞斯特里波嫩特的杰罗拉莫·科斯托，他占据这一职位直到他于 1607 年去世[216]。

在这一时刻，城市贵族安东尼奥·卡内瓦里（Antonio Canevari）向议会推荐任命了科尔内利奥·马焦洛，因为他已经从他的父亲和叔叔那里学到了地图学的技艺，达到了可以取代失能的叔叔并且绘制“不仅被所有热那亚人使用，而且也被佛罗伦萨人、罗马人、法国人、萨瓦人（Savoyards）和其他国家的人所使用的”作品的程度[217]。然而，这一建议被拒绝了，因为航运长官（Magistrato delle Galee）并没有对科尔内利奥的能力给出一个评价[218]。

申请于 1611 年再次被提交，这次成功了：船运的权威观察到“目前，我们无法找到除

---

[214] 例如，巴蒂斯塔·阿涅塞可能通常宣称他自己是 *Januensis*（热那亚人），但是他似乎曾经专门为威尼斯工作过，而雅各布·斯科托在奇维塔韦基亚和那不勒斯绘制过航海图。

[215] 雅各布有一个儿子，名字也是乔瓦尼·安东尼奥，这使问题变得更为复杂；但是他很小就去世了，使得他的父亲没有男性继承人。更为重要的是，地图学家宣称他自己为 *quondam Visconte*，因此只能是雅各布的兄长。

[216] 他唯一存世的作品有着一个难以辨认的日期，但是在巴塞罗那绘制的（ItGe14），也就是，其绘制于他被任命之前（因为官方制图员被要求居住在热那亚）。

[217] Giuseppe Caraci，“A proposito dei cartografi Maggiolo，” *Rivista Marittima* 64（1931）：236 – 38，esp. 237.

[218] 按照卡拉奇的观点，这一情况证明年轻人从未签署过他在雅各布作坊中绘制的作品，这些作品持续被按照指定的官方制图员的——真实的或伪作的——签名出售。Caraci，“A proposito dei cartografi Maggiolo，” 237 – 38.

了科尔内利奥的任何人来绘制航海图”[219]，因此议会也投票通过。显然，在这四年的间隔期中，科尔内利奥一直作为一名私人地图学家在绘制航海图，而现在可以用他自己的名字来签署其作品了。

似乎毫无疑问，在雅各布晚年，当时作坊实际上是由科尔内利奥在运营，官方制图员的正式作品几乎完全局限于航海图本身，这些航海图完全没有装饰，被设计来用于船上。同样，从科尔内利奥对于获得官方任命的渴望来看，这类航海图的市场必然非常健康。他或者他的继任者的作品没有一幅流传下来，因而我们可以假设在热那亚针对图书馆的奢华航海图的市场不存在了。

在16世纪期间，城市发生了变化：1566年希俄斯的陷落意味着热那亚丧失了他最后一个与东方贸易的前哨，此后贸易殖民地被建立在西班牙、米兰、威尼斯和其他大量城市的金融殖民地取代。舰队规模缩小，城市商人成为银行家，对于海洋和航海图几乎毫无兴趣。金钱和权力被集中于极少数家族手中，他们偏好于将他们的资金投资于购买蒙费拉（Montferrat）和波河河谷（Po Valley）的土地。

一份1612年的档案揭示，科尔内利奥依然生活在莫洛区的住宅中，继续同他两个儿子 212
从事航海图、指南针以及其他航海设备的制作。两年后他去世了，1615年他的位置由他的长子乔瓦尼·安东尼奥所接任，他收到的津贴缩水到了每年50里尔。在被任命的6个月后，他被谋杀了，当时只有19岁的弟弟尼科洛取代了他的位置。

在尼科洛管理作坊的32年的时间中，市场不可能非常繁荣，因为在1644年他不得不请求市议会更为严格地执行赋予他的垄断权以阻止“外国人”来制作或修复航海图、指南针和沙漏[220]。难以确定这些被尼科洛看成是不平等竞争的“外国人”到底是谁。他们之中不太可能包括乔瓦尼·弗朗切斯科·蒙诺，他在1613年至1642年间活跃地绘制波特兰航海图、航海专著和航海图[221]。对于这一人物我们知之甚少，但他宣称来自摩纳哥（Monaco），并将自己定义为一名外科医生[222]。一个在现代早期如此卑微的职业，与在蒙诺作品中通常卖弄的博学，以及其作品的精确和优雅形成了鲜明的对比——所有这些作品似乎都是为重要的顾客制作的［例如，蒙诺所作的集波特兰航海图、航海图集和航海专著为一体的“真正的航海艺术”（Artedella Vera Navegatione），被呈献给奥诺拉托·格里马尔迪二世，并且明显是专为向这一等级的人传授航海艺术的秘密而制作的］。马焦洛作坊制作的是更为廉价的产品，其收入应该没有受到蒙诺作品的威胁。

这一结论也适用于阿尔贝托·德斯特凡诺，一位曾在热那亚绘制了两幅作品的水手。一幅是大型的由6图幅构成的粘在一块帆布上的航海图（UKGr20）和一套小型的由14幅图幅构成的地图集（UKL45），分别作于1644年和1645年。这两幅作品都不是为船上使用而设计的。

---

[219] Cornelio Desimoni, “Nuovi documenti riguardanti i cartografi Maggiolo,” *Giornale Ligustico di Archeologia, Storia e Belle Arti* 4 (1877): 81 – 88, esp. 84.

[220] Ferretto, “I cartografi Maggiolo,” 80 – 81.

[221] ItGe3、ItRo16 和 UKL39 以及收藏于 Durazzo-Giustiniani 私人图书馆中的航海图，和曾经收藏于 Bibioteca dello Stato Maggiore della Marina, Rome 但现在不知何处的“真正的航海艺术”的复制品。

[222] Giuseppe Andriani, “La Liguria nel ‘Portolano’ di Giov. Francesco Monno (1633),” *Attidella Societa Ligustica di Scienze Naturalie Geografiche* 27 (1916): 71 – 116.

无论真相是什么，当尼科洛于1649年去世的时候，他的儿子科尔内利奥申请继任其父的职位未获成功。支付给共和国航海图大师（*magister cartarum pro navigando*）的报酬在那一年之后也停止了。显然，随着印刷航海图的出现，热那亚共和国感觉到这样一个职位已经变得不再是必需的了。

在1661年至1662年，船长弗朗切斯科·玛利亚·莱万托绘制了一些地中海的航海图，这些航海图后来被装订成为单独的一部著作[223]。这些图幅是他为1664年在热那亚出版的《地中海之镜》[224] 准备的，后者类似于蒙诺的“真正的航海艺术”，是一部集波特兰航海图、航海图集和航海专著为一体的著作。它之所以并不成功可能归因于其缺乏原创性[225]，因为它完全依赖于相似的荷兰出版物，尤其是安东尼·雅各布茨1648年于阿姆斯特丹印刷的《新的大型手册》（*Niew groot Stratesboeck*）。

这门濒临灭绝的当地工艺的最后一位人物是另外一位水手，阿比索拉（Albisola）的古列尔莫·萨埃通（Guglielmo Saetone），他制作了一份包括了5幅非常概略的地中海的绘本波特兰航海图。他的“导航员和水手指南之星（Stella guidante di pilotti e marinari）”，已知存在两个副本，被呈献给海军上将伊波利托·琴图廖内，因而萨埃通是他船队中的一艘船的舰长也并非不可能[226]。该书制作于1681年至1683年之间，当时萨埃通已经60多岁了。两个副本中较为精细的那个可能是为海军上将本人制作的（ItMi5），而另外一个则毫无疑问留在了萨埃通的身边（ItA1）。由一位富有经验的水手在年事已高的时候制作，因此这一作品或许有着一个实际意图，但其看上去更类似于一种召唤出对那些时日已久的个人冒险及其地点的回忆的视觉日记。

威尼斯

威尼斯的状况是非常不同的。在整个16世纪，尽管奥斯曼帝国在扩张，但威尼斯共和国成功地维持了其贸易路线。确实，威尼斯丧失了与亚历山大的贸易垄断权，并且废除了将一只国家大帆船舰队租借给私有商人的制度（作为一种对贸易的公共补贴的形式），但是威尼斯港在整个世纪中持续繁荣，吸引了大量外国技术人员，其中包括地图学家[227]。

从15世纪中叶之后，共和国设立了大量管理人员或者公共机构，它们在领土控制的实
213 践中广泛地使用地图。然而，似乎从没出现过一个国立的航海图绘制作坊，威尼斯也没有采用热那亚那种依赖于一家服从于国家控制的私人作坊的制度。尽管如此，必定有大量的地图

---

[223] Durazzo-Giustiniani private library, Genoa.

[224] 献给 Gio. Battista Della Rovere，这一著作是由 Gerolamo Marino 和 Benedetto Celle 印刷的，并且可以用于在作者位于 Piazza Banchi 的工作坊中出售。

[225] 然而，温琴佐·科罗内利并没有将其包括在1698年的 *Atlante Veneto* 中。

[226] Elena Strada, “Di due sconosciuti atlanti nautici manoscritti di Guglielmo Saetone,” in *Atti del XV Congresso Geografico Italiano, Torino 11 – 16 aprile 1950*, 2 vols.（Turin: Industrie tipografico-Editrici Riunite, 1952）, 2: 787 – 90.

[227] Jean Claude Hocquet, “Les routes maritimes du commerce vénitien aux XVe et XVIe siecles,” *Atti del V Convegno Internazionale di Studi Colombiani “Navi e Navigazione nei Secoli XV e XVI” Genova, 26 – 28 ottobre* 1987（Genoa: Civico Istituto Colombiano, 1990）, 579 – 605.

学家在威尼斯工作，我们可以从整个16世纪他们绘制的作品广泛看出这一点[228]。威尼斯的地图学不像其他地中海的航海图绘制中心那样是一个家族事业，也没有基于代际知识传承基础上的地图学家的王朝。这可能部分归因于这样的事实，即在本章研究的两个世纪中，几乎所有威尼斯地图学家都是外国人，被一个完全自由且缺乏垄断和控制的市场中获利的可能性吸引而来。这里的状况自然不如其他地方那么清晰，而是有更多的来来往往，并对外国人和新事物更为开放。

可能的顾客应当毫无疑问地包括城市富有的商人，他们不再亲自面对大海的危险[229]。但是，类似于莎士比亚的萨拉里诺（Solanio）[230]，他们想要能够追踪他们被运往遥远海域的货物的路线。航海图同样可以成为那些威尼斯贵族的学习工具，他们必须到海上并参加共和国与海盗之间无穷无尽的战争。但是对于航海图和地图集的兴趣可能可以简单地通过泰嫩蒂（Tenenti）所谓的“对大海的感觉”来进行解释，大海持之以恒地存在于威尼斯的艺术、文学和日常生活中[231]。不仅如此，威尼斯正在开始将他自己建立为一个对于到意大利的旅行者而言主要的目的地，由此这些精致物品的市场进一步膨胀，吸引了大量渴望享受这座城市的艺术财富和活跃文化的富有外国人。因而，在整个16世纪，威尼斯是一座外向型的城市，一个新闻和思想汇聚的贸易中心，也迅疾地欢迎来自地中海其他部分的天才。

谈到这些来自外部的天才时，首先必须包括巴蒂斯塔·阿涅塞，他本来是一位热那亚人——如同他总是在航海图上的签名中宣称的那样——但在他极为漫长的职业生涯的初期就在威尼斯工作。令人感到不解的是，我们对于这位其个性和作品主宰了16世纪地图学的人实际上所知甚少；只有从他的作品上我们才能推论出一鳞半爪。哈里斯（Harrisse）称阿涅塞为一名“非常有艺术色彩的地图学家”，并确定了其在1536年至1564年之间制作的大约39部作品；克雷奇默此后将地图集的数量提升到了54部，并且基于绘制于这一年的一部地图集的情况——由卡纳莱（Canale）、乌齐埃利和阿马特·迪·S. 菲利波以及诺登舍尔德所提到——将1527年作为阿涅塞职业生涯的开端，但随后这被证明是没有根据的[232]。

1928年，卡拉奇注意到一幅有着“Baptista Januensis f. Venetiis MCCCCCXIV［F］Julii”图题的航海图（GeW1），他毫不犹豫地将这幅图认定是阿涅塞的作品，因而将后者职业生涯

---

[228] Ugo Tucci, “La carta nautica,” in *Carte da navigar*, 9 - 19, 和 Emanuela Casti [Moreschi], “Cartografia e politicat erritoriale nella Repubblica di Venezia (secoli XIV - XVIII),” in *La cartografia italiana* (Barcelona: Institut Cartografic de Catalunya, 1993), 79 - 101.

[229] Casti [Moreschi], “Cartogràfia e politica,” 85.

[230] “萨拉里诺：相信我，老兄，要是我也有这么一笔买卖在外洋，我一定要用大部分的心思牵挂它；我一定常常拔草观测风吹的方向，在地图上查看港口码头的名字”，William Shakespeare, *The Merchant of Venice*, act 1, sc. 1, ll. 15 - 19；参见 *The Norton Shakespeare*, ed. Stephen Greenblatt et al.（New York: W. W. Norton, 1997), 1091。

[231] Tenenti, “Il senso del mare.”

[232] Henry Harrisse, *The Discovery of North America: A Critical, Documentary, and Historic Investigation, with an Essay on the Early Cartography of the New World, Including Descriptions of Two Hundredand Fifty Maps or Globes Existing or Lost, Constructed before the Year* 1536 (London: Henry Stevens and Son, 1892), 626 - 30, esp. 626; Konrad Kretschmer, “Die Atlanten des Battista Agnese,” *Zeitschrift der Gesellschaft für Erdkundezu Berlin* 31 (1896): 362 - 68; Michel-Giuseppe Canale, *Storia del commercio, deiüviaggi, delles coperte e carte nautiche degl'italiani* (Genoa: Spese, 1866), 473; Uzielli and Amat di S. Filippo, *Mappamondi*, 113; 以及 Nordenskiöld, *Periplus*, 65。

的开端提早到1514年[233]。针对反对意见，即这意味着在第一幅所知的航海图和第一套地图集之间存在一个漫长且无法解释的间隔，他指出很多现存的阿涅塞的作品是没有标注日期的，并且作为威尼斯城的新移民，在他作为地图学家的职业生涯的初期，显然不会拥有一座大工作坊，他的工作规模也应该是非常有限的。然而，在他对阿涅塞地图集的基础研究中，瓦格纳甚至没有提到第一幅航海图，而将1536年的地图集作为地图学家的第一部作品（UKL11）；尽管他承认一些没有标注日期的作品的时间可能稍微早一些[234]。克罗内（Crone）同样拒绝认为1514年的航海图是阿涅塞的作品——既是因为由此形成的其与下一部作品之间的断档，也是因为这样会将地图学家的工作生涯扩展到了整整50年[235]。最后，阿尔马贾确证了卡拉奇的观点，宣称海岸线和地名的关键特征毫无疑问是阿涅塞的，因而1514年的那幅作品是非常早的一部[236]。至于似乎长达50年的职业生涯，他指出阿涅塞的作坊可能在他本人去世后仍然继续制作航海图和地图集。

214 瓦格纳列出了68部图集——其中4部作者的归属被认为存在问题——同时在1947年增加了另外3部[237]。此后，还发现了其他一些地图集[238]。瓦格纳只是简要提到了两部传统的航海图[239]，外加之前提到的作品（GeW1）和6幅佚名的航海图，这些可以较为肯定地认为是阿涅塞的作品[240]。

如此众多的作品带来了分类方面的严重问题。克雷奇默试图将地图集按照它们图幅的尺寸分为三组，但是结果并不太具有说服力。瓦格纳，在拒绝了一种纯粹按照时间顺序的划分（因为太多的作品没有标明时间）之后，也拒绝了克雷奇默的标准，以及一种按照图集图幅

---

[233] Giuseppe Caraci, "Di due carte di Battista Agnese," *Rivista Geografica Italiana* 35 (1928): 227 – 34.

[234] Wagner, "Manuscript Atlases."

[235] G. R. Crone, "A Manuscript Atlas by Battista Agnese in the Society's Collection," *Geographical Journal* 108 (1946): 72 – 80, esp. 78.

[236] Roberto Almagià, "Una carta del 1514 attribuita a Battista Agnese," *Rivista Geografica Italiana* 56 (1949): 167 – 68.

[237] Wagner, "Manuscript Atlases"（4部存在疑问的地图集应当是在地图学大师去世后由他的助手绘制的），和 Henry Raup Wagner, "Additions to the Manuscript Atlases of Battista Agnese," *Imago Mundi* 4 (1947): 28 – 30。

[238] 在其中，应当提到 Ambraser Atlas，AW1（Otto Mazal, ed., *Ambraser Atlas*, intro. Lelio Pagani [Bergamo: Grafica Gutenberg, 1980]）；在贝尔加莫的图集，ItBe1（Ferro, "L'Atlante manoscritt odella scuola di Battista Agnese," 501 – 20）；之前由 Estelle Doheny 拥有的图集（Christie, Manson and Woods International, Inc., *The Estelle Doheny Collection... Part* Ⅱ: *Medieval and Renaissance Manuscripts* [2 December 1987] [New York: Christie, Manson and Woods International, 1987], 111 – 14，其有署名并且标明的日期是1544年2月5日，并且于1546年被 Maximilian of Burgundy 购买）；之前由 Getty Museum 拥有的未署名的地图集（Sotheby's, *Sammlung Ludwig*, 76 – 81，其似乎由费尔特雷主教托马索·坎佩焦于1541年8月8日赠予了人文主义者保罗·焦维奥）；位于苏黎世的地图集，SwZ1（Ernst Gagliardi, *Katalog der Handschriften der Zentralbibliothek Zürich*, 2 vols. [Zurich, 1931], 2: 358 – 59）；和在 St. Petersburg 的地图集，RP1（Tamara P. Woronowa, "Der Portolan-Atlas des Battista Agnese von 1546 in der Russischen Nationalbibliothek von Sankt Petersburg," *Cartographica Helvetica* 8 [1993]: 23 – 31）。

[239] ItCt1 and Biblioteca Crespi, Milan.

[240] ItPr1（Caraci, "Di due carte," 233 – 34，和 idem, "La carta nautica del R. Archivio di Stato in Parma"）；ItTs1（Giuseppe Caraci, "Cimeli cartografici esistenti a Trieste," *Archeografo Triestino* 14 [1928]: 161 – 74，实际上卡拉奇没有将其直接认定是阿涅塞的作品，但是指出航海图非常近似于地图学家使用的一个模板）；此外，还有 GeG1, FrP8, FrP9 和 FrP10（参见 Myriem Foncin, Marcel Destombes, and Monique de La Ronciere, *Catalogue des cartes nautiques sur Velin: Conservees au Departement des Cartes et Plans* [Paris: Bibliothèque Nationale, 1963], 53 – 56）。此外，大型的佚名的世界航海图 V2，显示出了与阿涅塞地图集中三幅大洋航海图非常显著的相似性，因此它们应当被认为是他的作品。

数量划分的标准。他最终采用图集的地理要素作为分类的条件，因而将作品按照一种在探索世界过程中产生的进步的自然发展为基础进行划分。瓦格纳自己认识到，这些条件并不完全令人满意，因为阿涅塞有时会重拾他之前已经放弃的地理观念［例如，将尤卡坦（Yucatan）表现为一个岛屿］[241]。

瓦格纳选择的指标是加利福尼亚半岛的形状和苏格兰的新轮廓，其不再被显示为与英格兰是分离的。根据这些指标，地图集可以被分为三组：类型一——前加利福尼亚（pre-Californian），从约 1535 年至 1541 年底；类型二——后加利福尼亚（post-Californian），从约 1542 年至 1552 年；类型三——后加利福尼亚（Post-Californian）且有着一幅新的苏格兰地图，从约 1552 年至 1564 年。这三大群组然后可以被分为用字母标识的子类，同样是基于变动中的地理呈现，因而为阿涅塞作品提供了一个全面和完整的分类。

几乎三分之一的航海图遵循一个相同的顺序，据此可以认为存在一个“巴蒂斯塔·阿涅塞的标准地图集”或基本版本（*Grundversion*）[242]。通常而言，第一图幅由一个精致的涡卷装饰所占据，其中有一个卵形空间，它或是空白或者已经包含有委托或者购买了该地图集的人的盾徽。此后是一架浑天仪、一个黄道历（zodiac calendar，通常包含有对亚里士多德—托勒密体系的呈现），以及一个太阳赤纬的表格。此后是三幅构成了一个完整的世界航海图的大洋航海图，六幅地中海地区的航海图和一幅有着等距离纬线的椭圆投影、显示了麦哲伦航线的世界地图（这一细节是所有阿涅塞作品的一个名副其实的商标）[243]。

自 1542 年起，地图集中增加了一幅大西洋的半球图，通常没有纬度或地名。1545 年以后，地图集开始不仅包括一幅意大利和亚得里亚海的航海图，而且还包括一系列瓦格纳所谓的“陆地地图”，或者更准确的是“波特兰航海图风格的陆地地图”；这些地图并没有密集的沿岸地名，而是显示了内陆地区的细节（通常完全使用绿色或黄色），同时保持了航海图的一个典型特征：风向线系统。图中描绘的国家是意大利和达尔马提亚、斯堪的纳维亚半岛、圣地、俄罗斯和鞑靼以及西班牙，而皮埃蒙特和利古里亚的地图可以被认为是一幅纯粹的陆地地图，因为其没有包含风向线。这些地图之外，有时可能会增加一幅历史地图，显示了托勒密所知道的世界，然后是地中海主要岛屿的航海—陆地地图：塞浦路斯、克里特、埃维亚、莱斯沃斯、希俄斯、罗得岛、马耳他和科西嘉，此外还有一幅伯罗奔尼撒半岛的地图。那些不列颠诸岛、托斯卡纳、埃及北部和法兰西地图 215
是纯粹的陆地地图，如同那些非洲和新世界各个部分的地图一样。后面的这些地图通常不仅给出了纬度（列在地图左侧或右侧边缘），而且还给出了赤道和经度（位于上部或下部），基于地图学家已经考虑到了不同纬度上经度长度的变化，基本确定的是他的这些地

[241] Kretschmer, “Die Atlanten,” 367，和 Wagner, “Manuscript Atlases,” 46 – 50。可以将其中尤卡坦被表现为一个半岛的 1544 年 2 月 5 日的地图集（GeD1），与 1543 年 9 月 1 日的地图集（ItVe29）进行比较，后者中尤卡坦再次被表现为一个岛屿。

[242] “Agnese, Battista,” in *Lexikon zur Geschichte der Kartographie*, 2 vols. , ed. Ingrid Kretschmer, Johannes Dörflinger, and Franz Wawrik (Vienna: F. Deuticke, 1986), 1: 5 – 6, esp. 5; Woronowa, “Der Portolan-Atlas”；以及 idem, *Der Portolan-Atlas des Battista Agnese*。

[243] Magnaghi, “L'Atlante manoscritto,” 145 – 46，和 “Agnese, Battista,” in *Enciclopedia Italiana di Scienze, Lettere ed Arti*, 36 vols. (Rome: Istituto Giovanni Treccani, 1929 – 39), 1: 898 – 99。

图并不来源于航海图，而是来源于一幅球形投影或梯形投影的印刷地图[244]。

此外还有仅仅出现了一次的地图：例如，那些极投影的（polar projection）南北半球图可以在1544年7月1日的地图集（SpM2）找到，而在贝尔加莫地图集中可以找到意大利的陆地地图，后者基于与其他图集中可以看到的意大利和达尔马提亚航海—陆地地图非常不同的一个原型。

最后，还存在非常特殊的情况，其中整个图幅被绘制了真实的图像，显然意图是为某位高贵的主顾而对作品进行的进一步的装饰。这些图像的例子包括握着世界的阿特拉斯的画像（在一套属于查理五世的地图集中）、一名从上帝那里接受地球的年轻男子的画像（在查理五世送给他的儿子菲利普二世的地图集中），以及两幅神话场景加上对两位在一起的阿特拉斯的奇异描绘——其中一位握着地球，而另一位则在对其进行测量［这些后来的场景，是某位显然是受到意大利风格主义（mannerism）影响的不知名的艺术家的作品］[245]。

按照瓦格纳的观点，阿涅塞在他的编绘工作中吸收了不同的原材料：他的世界航海图中的三幅航海图，有人认为他使用了由西班牙贸易署绘制的一幅国王标准图（类似于里贝罗的那些作品）；至于他的卵形世界地图，则可能来源于贝内代托·博尔多内的《岛屿书》和印刷版的托勒密《地理学指南》中的新地图；而至于他的航海陆地地图，则来源于各种印刷的地志地图——其中大部分在威尼斯出版[246]。

尽管没有明确的文献记载，但阿涅塞与乔瓦尼·巴蒂斯塔·拉穆西奥和贾科莫·加斯塔尔迪的联系是确切的，即使严格来说是单向的：阿涅塞借鉴了，但没有贡献任何新的东西[247]。但是，如同马尼亚吉指出的，同时代的地图学家并没有认为他的作品有任何科学价值，而他的名字也从来没有出现在这一世纪最后数十年中绘制的著名地图集的参考文献名单中[248]。然而，他的作坊确实曾享有一定程度的国际声誉，因为他的一些地图集出现在德意志，而且通常是在远离大海的城堡和宫殿的图书馆中。

在那些通过某种方式与阿涅塞存在联系的地图学家中，我们应当提到弗朗切斯科·吉索尔菲，他之所以被我们知道只是因为在一部未署名地图集（ItFi30）的最后一页上有着一首以他的名义撰写的十四行诗。这部图集以及另外10部出自同一作者之手的未署名的地图集，应当是吉索尔菲的作品[249]。

---

[244] Wagner, "Manuscript Atlases," 35.

[245] Wagner, "Manuscript Atlases," 62; Malte-Brun, "Note sur un Portulan," 626；以及 Woronowa, *Der Portolan-Atlas des Battista Agnese*, 9。

[246] Wagner, "Manuscript Atlases," 9 – 26 and 33 – 35，和 Magnaghi, "L'Atlante manoscritto," 135 – 48。

[247] Marica Milanesi，为影印版 *Atlante Nautico di Battista Agnese 1553*（Venice: Marsilio, 1990）所作的导言，13 – 17。

[248] Magnaghi, "L'Atlante manoscritto," 148 n. 1.

[249] 其中之一（FrP20）被亨利·哈里斯（Henry Harrisse）（*Discovery of North America*, 630）提到，他认为其是一套与巴蒂斯塔·阿涅塞图集同时代的仿制品。然而，在同一部作品的另外一部分，哈里斯表明他意识到了弗朗切斯科·吉索尔菲这一人物，并将他列入那些认为在美洲和亚洲之间存在一个陆桥的16世纪的地图学家的名单之中。这一信息来自Wuttke，他在佛罗伦萨检查地图集之后，发表了其作者的名字，不过他错误地将作者描述为一位有名望的球仪制造者。参见 Heinrich Wuttke, "Zur Geschichte der Erdkunde in der letzten Hälfte des Mittelalters: Die Karten der seefahrenden Völker Südeuropas bis zum ersten Druck der Erdbeschreibung des Ptolemäus," *Jahresberichte des Vereins für Erdkundezu Dresden* 2, nos. 6 – 7 (1870): 1 – 66, esp. 61。

瓦格纳将一组7套地图集，其中包括那套在里卡迪的，定义为“吉索尔菲谱系”(Gisolfo Group)[250]。尽管重复了阿涅塞的作品，但这7套图集有着不同的风格，有着不同的用色，它们每幅图幅上使用的蔓藤框架也是不同的，以及它们用意大利语地名取代了所有来源于国王标准图（*padron real*）的西班牙地名[251]。

关于吉索尔菲作品的一些进一步的信息来源于雷韦利，他将其认定是一套未署名的由10图幅构成的、为“一名多里亚王室家族的重要人士”绘制的地图集的作者[252]。雷韦利强调弗朗切斯科·吉索尔菲图幅中的装饰图案与佩里诺·德尔瓦加（Perino del Vaga）的绘画之间有着密切联系，后者在热那亚服务于安德烈亚·多里亚。他因而认为，吉索尔菲——他也是巴蒂斯塔·阿涅塞的学生——出生于热那亚并在那里度过了他工作生涯的大部分时间[253]。

瓦格纳和雷韦利已经确认吉索尔菲制作过8套地图集。最近这一数字又有所增加，一套8图幅的地图集（USCh18）、一套12图幅的地图集（UK08）和一套9图幅的地图 216
集（AW6）也被认为是吉索尔菲的作品。因而，吉索尔菲现存作品的数量为11套——它们全部未署名，无日期，也没有注明它们绘制的地点，对于制图者的确定，只是基于瓦格纳确定的关于风格、装饰和图版顺序的标准（此外，当然，还有ItFi30中的十四行诗）。

在确定吉索尔菲实际工作的地点的时候存在困难。如果我们接受他是阿涅塞的学生的话，他必然在威尼斯工作过一些时间，在那里他的杰出的同胞有着自己的作坊。但是，如果关注在一套地图集中多里亚家族族徽所代表的重要性，并且强调他的很多地图集中的装饰性元素与16世纪热那亚绘画之间的相似性的话，那么不得不认为在某一时间，他回到自己的家乡城市工作。然而，同样存在的事实是，他的三套地图集毫无疑问属于美第奇家族的成员，这说明他可能受到他们雇用而在佛罗伦萨工作[254]。然而，最后一种理论并无确凿证据，且基于吉索尔菲与巴蒂斯塔·阿涅塞之间明确的联系，我更倾向于将其纳入威尼斯地图学家之中。

吉索尔菲的作品最明显的与众不同的特征，就是他使用了不同投影的多幅世界航海图。实际上，这里用投影这个词是不恰当的，因为那些图像并没有真实的数学基础；地图学家只是简单地将他对于已知世界的绘画填入一系列不同的框架中，而这些框架反映了一个真正的

---

[250] Wagner, “Manuscript Atlases,” 45-46 and 54. FrP20, ItFi29, ItFi30, ItNa2, MM1, USPo3 和 USSM6.

[251] 在巴蒂斯塔·阿涅塞绘制的那些地图集的列表的一个附录中列出了这七套地图集，编号从69至75。瓦格纳宣称，吉索尔菲的地图集准确地遵照阿涅塞作品的轮廓，此外增加了一幅或多幅不同“投影”的、通常显示了连接到亚洲的美洲的世界地图，正如在贾科莫·加斯塔尔迪绘制的1546年的印刷世界航海图 *Universale* 中所显示的那样。

[252] ItGe2. Revelli, *Cristoforo Colombo*, 2: 407-8.

[253] Piersantelli 认为弗朗切斯科·吉索尔菲可能与 Buscarello de'Ghisolfi 属于同一个家族，后者在13世纪末，在波斯的阿鲁浑汗（Argun Khan）的宫廷中度过了很多年，并且在1292年率领一支波斯使团前往罗马、巴黎和伦敦——经过热那亚（Piersantelli, *L'Atlante di carte marine*）。

[254] H. P. Kraus, *Mediaeval and Renaissance Manuscripts*, 111.

世界航海图可能的形态[255]。因而，在这些图幅中有着一个清晰的说教的目的，这些图幅使图集更为完整和多变，以适应于不同客户的需求。至于信息的内容，在阿涅塞和吉索尔菲的地图集之间没有太大的差异。大洋的航海图以及地中海区域的航海图完全符合，只是在地名上存在一些局部差异[256]。

现存最为古老的吉索尔菲的地图集似乎保存在巴黎，它与阿涅塞的作品极为相似，以至于被错误地认为是伪造的。此后，他的作品开始有着更多的变化，增加了不同投影的世界地图，用单一的一幅世界航海图取代了三幅大洋的航海图，引入了新的和原创的装饰主题，在他职业生涯的末期还出现了一个复杂的黄道历[257]。

在16世纪期间，其他的外国地图学家也在威尼斯工作。其中包括乔瓦尼·埃克森诺多考斯（Giovanni Xenodocos），一名来自科孚岛（Corfu）的人，他是一套时间为1520年9月23日的地图集的作者，而且几乎可以确定就是在威尼斯绘制的（基于使用的地名的方言，以及城市缩微图中圣马克广场的非常真实和详细的描绘）[258]。按照贝尔谢（Berchet）的观点，目前的地图集由三幅来源于一部大型作品的三幅航海图构成[259]。这部作品，可能是不完备的，但却是地图学家留存下来的作品的全部。

有更多现存的作品可以被认为是乔治·西代里（卡拉帕达）的作品，他是一名克里特人，在那里他于1537年绘制了已知他最早的作品：一套六图幅的图集（ItVe12）。即使对于他的后续作品是在哪里制作的没有任何线索，但据信应当是在地图学家搬迁到威尼斯之后的某一时间：在他现存的绘制于1541年至1565年间的10部作品中，有相当大一部分被献给

---

[255] 除了卵形世界航海图之外，这种地图通常呈现且在某些例子中标明了费迪南德·麦哲伦的航行路线（如同阿涅塞地图集中的世界航海图那样），我们还有着一幅两半球的世界地图以及一幅由一个半球和两个半球构成的世界地图。最为有趣的是球形片段的世界航海图，这并没有发现于这一类型的其他作品中，因而误导 Wuttke 以及雷韦利相信，吉索尔菲实际制作了球仪（Wuttke, "Zur Geschichte," 61, 以及 Revelli, *Cristoforo Colombo*, 2: 408）。实际上，这里，同样，对于作品而言，没有真实的数学基础，因此如果某人试图将片段整合在一起，那么将会存在重叠和空白的区域。更为重要的是，吉索尔菲将他的世界地图分成最多9个片段，而 Henricus Glareanus（*D. Henrici Glareani poeta lavreati De geographia liber vnus* [Basel, 1527]）已经显示，在此之前的某时，需要最少12个片段才能令人满意地覆盖一个球体。吉索尔菲最为常见的形式就是8个半片段（其出现在5套图集中），同时也存在一幅5个片段的世界航海图——在其中，中央的片段覆盖了120°，剩下的4个片段两两拼合构成两侧，其中每个片段是中央片段的1/2——同时其他世界地图或分为6个或分为9个片段（每个片段分别为60°和40°）。Astengo, "Francesco Ghisolfi," 11.

[256] 总体上，如同瓦格纳指出的，地理信息似乎重复了阿涅塞的分类为1D的图集，后者的时间大致为1539年至1540年。然而，学者认为，在圣马力诺（San Marino）的图集来源于类型3，因为其将尤卡坦显示为一个半岛（尽管如此——以及所有吉索尔菲的作品——缺乏一个瓦格纳自己说的阿涅塞类型3的地图集的一个典型特征——苏格兰的新轮廓）。然而，清晰的类比不能被接受作为一种直接的师生关系的证据，尤其不适用于16世纪，因为当时剽窃成风。因此，似乎瓦格纳用这些特征来确定作品的时间缺乏真实的基础，其赋予 Riccardiana 和 Providence 地图集的时间为1546/1547，而 San Marino 作品的时间稍晚一些，同时在 Mexico City 的地图集的时间是在1546年之前（Wagner, "Manuscript Atlases"）。

[257] 芝加哥和维也纳的地图集收录了一幅与众不同的黄道图，其时间是从1580年至1600年。因而，我们可以认为，其制作不应当是在第一个日期之前的很多年，也不会晚于1584年，因为当时格列高利历的使用应当使其在所有天主教国家变成陈旧之物。然而，这只是一个不太牢靠的证据，因为地图集中的地理表可以在制作日历的多年之前就制作出来。无论真相如何，瓦格纳所提出的时间不得不提前至少10年或15年。

[258] ItVe24. Susanna Biadene, "Catalogo delle opere," in *Carte da navigar*, 39 - 125, esp. 52 - 53.

[259] Guglielmo Berchet, "Portolani esistenti nelle principali biblioteche di Venezia," *Giornaledella Marina* 10 (1866): 1 - 10, esp. 1.

了威尼斯的贵族。不同于巴蒂斯塔·阿涅塞，他的作坊，如同我们已经看到的，迎合国际客 217
户，而卡拉帕达似乎将他的注意力集中在本地贵族。

尽管卡拉帕达的作品中包括风格庄重的航海图，但他的作品通常有着精美的装饰并且关于内陆地区的细节非常详尽，通常有着其山形和水文的完整图像。在实际表现的区域方面也存在很多差异——从涵盖了整个欧洲、非洲、近东以及新世界大部分的单幅的大型地图，到大比例尺地描绘了作者的家乡克里特的单幅地方航海图。除了所有者的盾徽之外，地图集有时还包含有占据一个完整图幅的“基督”的大型花体字母组合，而图幅通常在角落上装饰有一种特殊的几何花卉设计，似乎是一种卡拉帕达的商标之类的东西。覆盖了地中海地区的航海图附带有一幅世界航海图以及一系列涵盖了大陆和（大比例尺的）一些地中海岛屿的航海陆地地图。绘制得非常细致，然而，卡拉帕达的作品都不是原创的，因为它们复制自不同的绘本和印刷本材料。1562 年的地图集（UKL19）中的世界航海图直接来源于加斯塔尔迪的《世界万象》（*Dell'Universale*，1550），1563 年地图集（ItVe11）中的美洲地图也是如此（尽管双心形投影的世界航海图来源于赫拉尔杜斯·墨卡托的 1538 年的世界地图）。航海图很明显来源于安科纳地图学家贝宁卡萨和弗雷杜奇的作品，如同我们可以从下述情况看出的，即爱尔兰的形状以及将英格兰和苏格兰分开的河道（及其典型的桥梁或节点），还有省略掉了爱琴海，由此使得地图学家可以将地中海东部与黑海在一幅航海图上连接起来。与贝宁卡萨地图学家族的联系，通过 1562 年地图集中大西洋的图幅和 1560 年的航海图（UKE1）中持续提到神秘岛屿安迪利亚（Antilia）和萨瓦加（Salvaga）变得非常清楚。同时，安杰洛·弗雷杜奇的 1555 年和 1556 年奇怪的地图集的手风琴风格的装订形式，被复制于加拿大私人收藏的一套佚名图集中，这套图集毫无疑问应该是卡拉帕达绘制的[260]。通过对一幅 1541 年的航海图的分析，拉蒂（Ratti）指出其与梵蒂冈使徒图书馆的一幅佚名航海图[261]存在惊人的相似性，阿尔马贾将后者认为出自弗拉·毛罗的作坊［因而认为是卡马尔多利（Camaldolese）地图学家一幅已经佚失的作品的副本］[262]。然而，基于此，卡拉奇此后认为 BAV 航海图是由弗雷杜奇的一名成员在安科纳绘制的[263]，如此，则卡拉帕达还可能是从一名安科纳地图学家那里复制的——因此他与弗拉·毛罗的联系应当仅仅是间接的。

尽管不断增长的印刷地图贸易以及可以使用如托勒密的《地理学指南》和塞巴斯蒂亚诺·明斯特的《宇宙志》（都有着不同版本）等的完整版，但威尼斯的绘本航海图和地图集的市场在 16 世纪下半叶必然仍保持着健康状态，因为其还在吸引大量的外来专家。在他的家乡帕尔马工作了一些时日之后，马略卡的巴托梅乌·奥利韦斯据知在威尼斯绘制了一套 1559 年的地图集（UKO1）和一幅 1562 年的航海图[264]，可能他在前往墨西拿和巴勒莫继续他

---

[260] Joan Winearls, *The Atlas as a Book, 1490 to 1900: Guide to an Exhibition in the Thomas Fisher Rare Book Library, University of Toronto, 18 October 1993 – 14 January 1994* (Toronto: University of Toronto, 1993), 3.

[261] Antonio Ratti, "A Lost Map of Fra Mauro Found in a Sixteenth Century Copy," *Imago Mundi* 40 (1988): 77 – 85. 私人收藏：Gallerie Salamon Augustoni Algranti, *Libri Antichi e Manoscritti* (24 October 1984); Christie, Manson and Woods, *Valuable Travel, Natural History Books and Atlases*, 25 April 1990 (London: Christie, Manson and Woods, 1990), 58 – 59。地图有着家族饰章和首字母签名 F. Z.，对此拉蒂确定其是 Francesco Zeno the Elder 的签名，后者是一只分遣舰队的指挥官。

[262] Almagià, *Monumenta cartographica Vaticana*, 1: 32 – 40.

[263] Caraci, "Italian Cartographers."

[264] 在伦敦索思比 6 月的拍卖上卖出。参见 Ian McKay, "Bids and Pieces," *Mercator's World* 6 (2000): 58 – 62, esp. 62。

的职业生涯前在威尼斯停留了数年。

一位更为重要的外来者是葡萄牙人迪奥戈·奥梅姆，知名的地图学家洛波·奥梅姆（Lopo Homem）的儿子。当1544年他涉及一项谋杀并且被驱逐到摩洛哥的时候，他必然已经接管了他父亲的手艺。在假释中他逃亡英格兰，在那里他似乎以一名地图学家继续工作（尽管没有一幅这一时期的航海图保存下来）。奥梅姆在1547年获得了一项皇室赦免，但我们不知道他是否返回葡萄牙，或者在职业生涯早期他是否继续在英格兰或者其他地点工作，因为他留存至今最早的作品没有说明具体的绘制地点。然而，我们肯定地知道他于1568年至1576年活跃在威尼斯，声望不俗，以至于他的一幅地中海航海图在1569年由保罗·福拉尼刻版。卡拉奇认为，他于1563年抵达了这座城市，这一年在签署自己作品的时候他开始将自己定义为“葡萄牙人”（lusitanus）（如果他是在自己家乡工作的话，这是一个没有意义的细节），而科尔特桑（Cortesão）和特谢拉·达莫塔（Teixeira da Mota）认为他早在1557年就已经在威尼斯了，这一年他绘制了已知他最早的注明时间的作品[265]。

直到今天，据信16世纪唯一在威尼斯活动的威尼斯人就是安东尼奥·米洛，在他后来的作品中他被称为“赞特的领航员”（Armiragio al Zante）和“在坎迪亚的领航员”
218 （Armiragio in Candia）。然而，在最近的一项研究中，托利亚斯（Tolias）令人信服的显示，米洛必然是在威尼斯的希腊人社区中的来自“米洛”（Milo）岛的希腊人[266]。他是一部《岛屿之书》（*isolario*）、一幅波特兰航海图、一本关于航海的专著以及一些航海图和地图集的作者。已知他最早的作品是一幅时间为1567年的地中海地区的航海图，地图学家将其描述为一本“宇宙志”（cosmographus）。诺登舍尔德还提到一幅时间为1582年的曾经收藏于BL的世界航海图[267]；但是在19世纪末，这个作品的所有线索似乎都消失了。另外一幅最近出现在市场上没有注明时间的世界航海图，署名为“安东尼乌斯·米洛绘制（Antonius Millo fecit）”，其中北美和非洲的部分损坏了，可以推测时间大约为1580年[268]，而一幅未署名的地中海中部和东部的航海图同样被认为是米洛的作品（AW7）。然而，地图学家最为重要的已知作品是两套大开本的地图集：第一部绘制于1582年至1584年，包含有23幅航海图和地图（ItRo8）；第二套，注明的时间为1586年，包含有总共14幅航海图和地图，以及28页的说明文字（GeB2）。在16世纪末，威尼斯人绘制的那时已知世界的航海图和陆地地图，对他们的地理知识给予了一个极具价值的总结。

---

[265] Giuseppe Caraci, *Tabulae geographicae vetustiores in Italia adservatae*: *Reproductions of Manuscript and Rare Printed Maps*, *Edited and Explained*, *as a Contribution to the History of Geographical Knowledge in the Period of the Great Discoveries*, 3 vols. (Florence: Otto Lange, 1926 – 32), 1: 3 – 6, 以及 Cortesão and Teixeira da Mota, *Portugaliae monumenta cartographica*, 2: 7 – 11。

[266] 而且，托利亚斯观察到，在所研究时期的威尼斯海军所列的军官名单中没有安东尼奥·米洛，而术语“*armiragio*”或“*armiraglio* (admiral)”同样被用来指称一名港口的检查员或者一名主要的领航员。列有安东尼奥·达米洛（Antonio da Milo）这一名字的一些文献将其作为专业领航员。George Tolias, *The Greek Portolan Charts*, *15th – 17th Centuries*: *A Contribution to the Mediterranean Cartography of the Modern Period*, trans. Geoffrey Cox and John Solman (Athens: Olkos, 1999), 40 – 41.

[267] Nordenskiöld, *Periplus*, 67.

[268] Christie, Manson and Woods, *Valuable Natural History and Travel Books*, *Atlases and Maps*, 25 October 1995 (London: Christie, Manson and Woods [1995]), 104.

威尼斯共和国所实践的地图学和航海的影响[269]远及曾经作为其领土一部分的爱琴海岛屿，例如在尼古劳斯·沃尔多普洛斯（Nicolaus Vourdopolos）的作品中。这位地图学家是帕特莫斯（Patmos）的本土居民，可能是一位僧侣，因为在一幅航海图中他将自己定义为一名“*lector*”（修道士的职位），并且仅是通过两幅航海图而为人所知。第一幅曾收录在沃尔泰拉的圭迪伯爵的档案中，仅仅显示了地中海东部地区，标明的时间为1608年[270]；第二幅，有署名，但没有标明时间（FrP36），显示了整个地中海（图7.20）。在两部作品中，大量地名纯粹是用希腊语对威尼斯原文进行的转录，确切地证明了其所使用的原始材料是在威尼斯制作的。这两幅航海图的作者已经被确定为是一个有着相同名字的僧侣，他于1609年在帕特莫斯的圣约翰修道院签署了一份档案[271]，因此可以推定这里就是航海图被绘制的地方。我还应当提到一套使用希腊语的未署名的地图集（ItL2），这套地图集与图7.20中的航海图存在大量相似之处，尤其是在笔迹书写和装饰特征方面；其或可认为是沃尔多普洛斯的作品。然而，另外一套未署名的希腊文地图集（USNY1）似乎

图7.20　尼古劳斯·沃尔多普洛斯绘制的地中海航海图。没有注明时间，也没有任何绘制地点的线索

原图尺寸：50×59厘米。图片由BNF（MS. suppl. Grec 1094, fol. 1）提供。

---

[269] 可能是由达尔马提亚的扎拉（Zara）的本土犹太地图学家Jehuda ben Zara绘制的作品，也可以被看成是当时威尼斯文化环境的反映。据知，他在亚历山大城绘制有两幅地图，当时这座城市经常被威尼斯的船只访问：其中一幅绘制于1497年（现在收藏于Biblioteca Apostolica Vaticana），另外一幅是在1500年（USC1）。第三幅地图在1505年绘制于加利利的萨法德（USNH1），那里有一个重要的研究中心。Almagià, *Monumenta cartographica Vaticana*，以及Arthur Dürst, *Seekarte des Iehuda ben Zara*（*Borgiano* Ⅶ）1497（Zurich: Belser, 1983）。

[270] Magnaghi, “Carte nautiche esistenti a Volterra.”

[271] Monique de La Roncière and Michel Mollat du Jourdin, *Les portulans: Cartes marines du* ⅩⅢ*e au* ⅩⅦ*e siècles*（[Paris]: Nathan, 1984), 243–44；英文，*Sea Charts of the Early Explorers, 13th to 17th Century*, trans. L. le R. Dethan（New York: Thames and Hudson, 1984）。

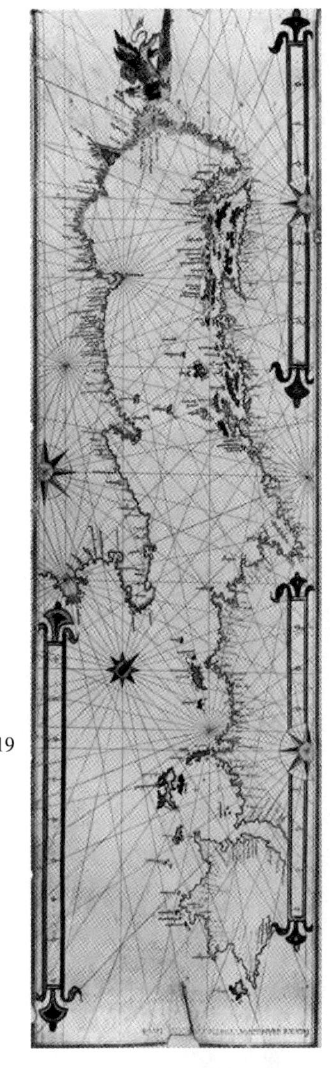

图 7.21 阿尔维塞·格拉莫林绘制的亚得里亚海航海图。威尼斯（?），1624 年

原图尺寸：82×24 厘米。图片由 Museo Correr, Venice (Port. 44) 提供。

是由另外的人绘制的，并且可能就是在威尼斯（是图中唯一一座用小插图赞誉的城市）绘制的[272]。毫无疑问，威尼斯城中有着一个大型的希腊人社区，而且威尼斯港的船只上有大量的希腊水手和导航员：实际上，1573 年在威尼斯用希腊语出版了一幅特殊的波特兰航海图，恰好这一年威尼斯与土耳其苏丹签订了一项条约，使得东方的港口重新向威尼斯的贸易开放。

但是到了 17 世纪初，威尼斯的贸易船队已经大幅度萎缩；用于贸易的产品主要使用外国船只来运输，而威尼斯贵族对于商业的兴趣越来越弱。被穆斯林海盗和乌斯科克（Uskoks）[273]围攻——以及来自拉古萨、马赛、英格兰和尼德兰贸易者的合法竞争——都让威尼斯的港口逐渐从一个国际贸易中心转为一个重要的区域贸易港口。这一变化可以在那些年的地图学中看到，地图学作品趋向于仅仅涵盖亚得里亚海和爱琴海的区域航海图，如同我们可以从在 1612 年至 1630 年间由阿尔维塞·格拉莫林绘制的作品（图 7.21）[274]或一幅未注明时间的杰罗姆·马萨拉奇（Hieronimo Masarachi）的作品（USCh11）中看到的
219 那样。其他现存的这一世纪的作品只是进行简单的复制，例如，马尔科·法索海军上将（Admiral Marco Fassoi）1669 年的航海图[275]或 1646 年由蒙达维奥的修道士尼科洛·圭达洛蒂绘制的航海图（ItVe7），要不然就只是有着少量地名的精简后的图像，作为例如加斯帕罗·特斯蒂诺（Gasparo Tentivo）的《航海研究》（“Nautico Ricercato”）等关于航海的稿本专著（ItVe22 和 USCh19）的插图。然而，在 17 世纪，城市还在吸引一个已显颓势的行业里剩余的专家，正如我们可以从马赛地图学家让·弗朗索瓦·鲁森身上所看到的。他于 1660 年至 1673 年之间在威尼斯绘制了各种航海图和地图集[276]，之后才返回土伦和马赛度过他职业生涯的剩余时间。威尼斯可能也是佛罗伦萨人菲利波·弗兰奇尼绘制在本章开头提到的小型地图集的地方，其有署名并且注明的时间为 1699 年，但是没有给出绘制地点的任何线索：六幅航

[272] 除了那些已经提到的之外，还有另外一幅希腊文的航海图。1942 年，在 Milan 由 Libreria Antiquaria Ulrico Hoepli 出售，1900 年在伦敦由 Clive Burden 再次出售，并由 Benaki Museum, Athens 购买（GrA2）。即使其不是在威尼斯绘制的话，那么也是在一个受到威尼斯影响的环境下绘制的。

[273] 在亚得里亚海从事海盗活动的达尔马提亚人。

[274] FrP38，ItVe2 和 ItVe47，以及曾经属于 Nicolo Barozzi 的爱琴海航海图（Uzielli and Amat di S. Filippo, *Mappamondi*, 189）。

[275] ItVe14 和 ItVe55。更为重要的是，Huntington Library in San Marino, California，拥有一套印在羊皮纸上的 4 图幅的地图集，是手工制作的，完成于 1679 年，作者是“Marcheto Fassoi”。

[276] FrMa5，FrP49，ItTo11，ItVe54，ItTr4，USNY31 和 USSM14。

海图中的两幅是对亚得里亚海的大比例尺的呈现，而这里依然被威尼斯共和国控制（AW9）。

安科纳

安科纳的地图学在15世纪末以格拉齐奥索·贝宁卡萨为开端，他是大量航海图和地图集的作者，也是这一世纪最为重要的地图学家之一。尽管来自一个源于古比奥（Gubbio）的贵族家庭，但格拉齐奥索与他的在家乡城市安科纳担任公职的那些亲戚不同，他成年时代的初期是作为一名船长（*padrôn de nave*）在海上度过的[277]。这一时期一个重要的遗物就是一
幅亚得里亚海、爱琴海和黑海的波特兰航海图，绘制时间大致是在1435年至1445年之间的 220
某一时期，可能当时作者依然在海上航行，因为他评价“港口和陆地的要素并不是来源于任何地图的，而是来源于目睹的直接经验”[278]。在有了25年的指挥经验之后，他的生活因为在当时非常普通的一个偶然事件发生了急剧的变化：他的船只为热那亚的海盗所捕获。放弃了大海之后，他致力于地图学，最初是在热那亚，然后在威尼斯度过了很长的时间，从这里他曾经短暂地访问过罗马和安科纳，最终在他的家乡度过了他职业生涯的最后时光（他最后署名的作品的时间是1482年，尽管我们不知道他去世的确切年代的相关信息）。他的六个儿子中只有一个，即安德里亚，追随了父亲的脚步，并且也只是在履行完了他的各种重要公职带来的职责之后，才在剩余时间中致力于地图学。他的三部已知作品的时间跨度很大：第一部，一部地图集，时间是1476年；然后是一幅1490年的航海图，另外一幅航海图则为1508年[279]。所有这些都是他父亲作品的盲目拷贝，没有对信息进行任何更新[280]：实际上，安德里亚的最后一个作品依然显示了传说中的大西洋岛屿安迪利亚和萨瓦加。

然而，安科纳还有一位全职的地图学家：奥斯曼诺·弗雷杜奇伯爵，是从1497年至1539年的许多航海图和地图集的作者。魏玛中央图书馆（Zentralbibliothek of Weimar）的一幅图题几乎难以辨认的航海图被认为是弗雷杜奇的作品之一，其严重损坏的日期注记曾被分别解读为1524年、1424年和1460年。克雷奇默不怀疑作者的认定，并支持第三种对时间的解读方法，而埃雷拉（Errera）则接受第二种解读方法，因而反对将其作为弗雷杜奇的作品[281]。阿尔马贾，就他的立场来说，倾向于接受这是地图学家的一幅早期作品，而将时间解读为非常接近1497年，因为这一年他的职业活动第一次见诸文献记载[282]。最近，巴尔达奇提出，如果将位于魏玛航海图上的时间解读为1460年的话，那么这可能是一位前任的作

---

[277] Marina Emiliani, “Le carte nautiche dei Benincasa, cartografi anconetani,” *Bollettino della R. Società Geografica Italiana*73 (1936): 485 – 510.

[278] Ernesto Spadolini, “Il *Portolano*di Grazioso Benincasa,” *Bibliofilia* 9 (1907 – 8): 58 – 62, 103 – 9, 205 – 34, 294 – 99, 420 – 34, and 460 – 63.

[279] Vl. Arthur Dürst, *Seekarte des Andrea Benincasa* (*Borgiano VIII*) 1508 (Zurich: Belser, 1984).

[280] Emiliani, “Le carte nautiche,” 488.

[281] Konrad Kretschmer, *Die italienischen Portolane des Mittelalters: Ein Beitrag zur Geschichte der Kartographie und Nautik* (Berlin: E. S. Mittler und Sohn, 1909; reprinted Hildesheim: G. Olms, 1962), 147 – 48, 以及 Carlo Errera, “Carte e atlanti di Conte di Ottomano Freducci,” *Rivista Geografica Italiana* 2 (1895): 237 – 41。

[282] Almagià, *Monumenta cartographica Vaticana*, 1: 60 – 61.

221 品[283]。然而，我应当补充，"地理信息有着清晰的中世纪的特征"，例如包含有大西洋岛屿安迪利亚——埃雷拉引用其作为这部著作不是弗雷杜奇所作的证据[284]——这一点其实无关紧要，因为这些特征在大量16世纪的航海图中普遍存在。将其作者认为是弗雷杜奇似乎是合理的，当然绘制日期需要随之调整。

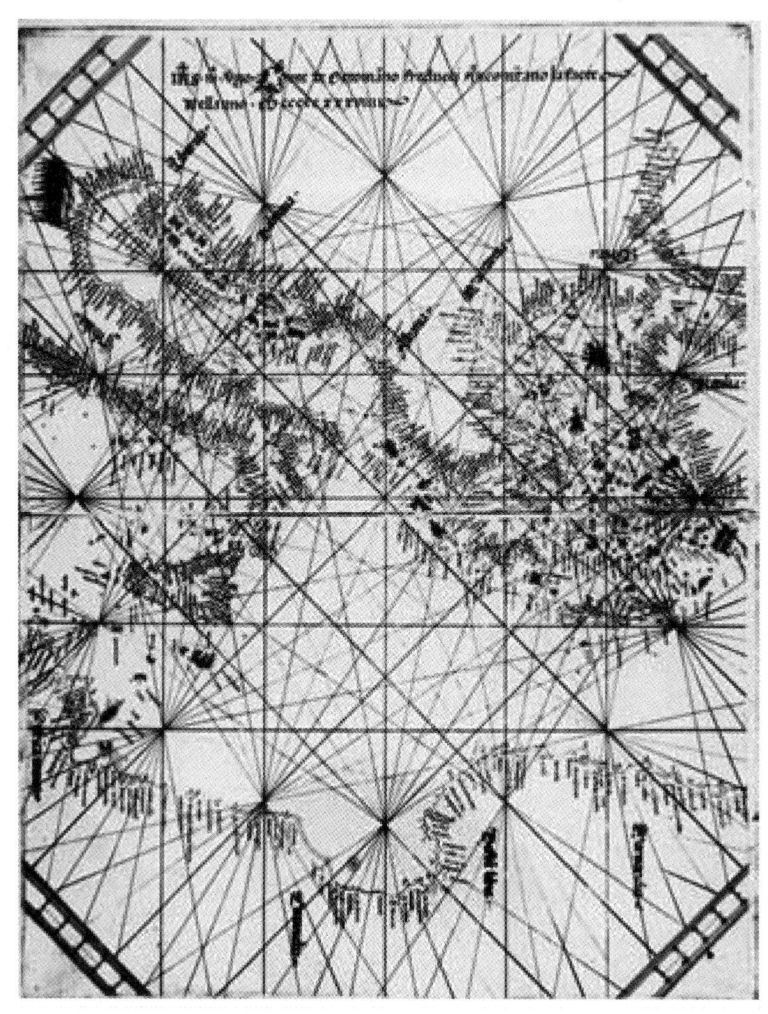

图7.22 来源于奥斯曼诺·弗雷杜奇伯爵绘制的航海图的图幅。安科纳，1539年

原图尺寸：45×35.5厘米。图片由 Biblioteca Comunale dell'Archiginnasio, Bologna（ex vetrine n. 1, tav. 2）提供。

在他超过40年的职业生涯中，弗雷杜奇绘制了大量局限于地中海地区的航海图和地图集（图7.22）。一个例外就是，在一幅大西洋航海图中，除了西欧之外还显示了地中海和非洲的部分地区，向南直至几内亚湾，北美的大片土地［从纽芬兰到佛罗里达（Florida）］和南方大陆上的巴西（Brazil）。航海图不同寻常之处在于其是使用两种不同比例尺绘制的，如

[283] Baldacci, *Introduzione allo studio*, 109.

[284] Errera, "Carte e atlanti," 240.

同我们可以从地图颈部沿着图题所列的两个比例尺看到的：旧世界所使用的比例尺大约为 1∶12000000，而新世界的比例尺则大约为 1∶6000000。图题非常清晰可读但不完整，因为地图颈部的一部分明显被去掉了，目的显然是为了去掉日期。卡萨诺瓦（Casanova）指出航海图显示的佛罗里达，发现于 1513 年，但是没有显示发现于同一年的南海，因而推论其时间必然是在这一年之后不久，大约就是 1514 年至 1515 年[285]。在回应中，卡拉奇重申了观点，即一幅航海图不一定必然按照其包含信息的时间来标明时间，尤其如果信息是与西班牙或葡萄牙的发现有关的情况下，关于后者的消息因为被视作国家秘密而往往有所滞后。他因而认为，该航海图很可能基于一个陈旧的模板，而绘制时间则可以被定在约 1527 年至 1530 年[286]。

支持这一时间的证据来源于这样的事实，即构成了弗雷杜奇自 1528 年之后大量作品的航海地图集都是基于之前一个世纪的一个模板：图幅的顺序、海岸线的图像和地名都仿自格拉齐奥索·贝宁卡萨的地图集，没有显著的改变（除了去掉传说中的岛屿安迪利亚和萨瓦加之外）。

从弗雷杜奇最后一部已知著作，即时间为 1539 年的地图集，到他的儿子安杰洛已知的第一部作品，即一幅 1547 年的航海图之间的时期中，有一幅由罗科·达洛尔莫绘制的 1542 年的航海图。他是一位安科纳地图学家，但没有留下其他现存的作品或者传记的线索。这幅航海图非常近似于贝宁卡萨家族和老弗雷杜奇的作品，包括已经基本过时了一个世纪的地理信息[287]，特别是不列颠诸岛、斯堪的纳维亚半岛和波罗的海（Baltic）的轮廓，以及对欧洲主要河流和欧洲、非洲主要山脉的描绘。

这一年表顺序，加上在格拉齐奥索·贝宁卡萨、奥斯曼诺·弗雷杜奇伯爵、罗科·达洛尔莫和最后的安杰洛·弗雷杜奇的作品中追溯到的风格上的相似性，可能导致我们认为，他们前后相继地担任一间作坊的首领（而安德里亚·贝宁卡萨，学习到了他父亲的技艺，将他的一生贡献给了公职，只是偶尔作为地图学家工作）。然而，这不过是一个并无可靠证据的理论，除了安科纳的市场必然非常有限以至于不太可能有两家或更多的作坊可以生存下来这一简单的事实之外。

安杰洛·弗雷杜奇，他在 1555 年的地图集中署名自称为弗雷杜奇伯爵的儿子，据知在 1547 年至 1556 年之间绘制了四部署名的作品（两幅航海图和两部地图集，BB2、UKGr7、ItMa2 和 ItRo10），并且被认为是另外一幅未署名的航海图的作者（UKGr4）。安杰洛·弗雷杜奇的资料来源令人惊讶的过时：例如，地图集中的四幅亚洲地图似乎是基于弗拉·毛罗的 222
1459 年世界地图中的地理知识。因此，这里我们看出安杰洛是如何工作的：他被隔绝在西班牙和葡萄牙最新的地理发现的信息之外，作为替代，他使用大量在当时已经过时的资料绘制地图集，而这依然能够满足安科纳那个过早衰落的市场之需。事实上，1532 年安科纳被置于教皇的统治之下，丧失了作为一个公社的全部独立性，但无论是从罗马来的贵族，还是

[285] Eugenio Casanova, *La carta nautica di Conte di Ottomanno Freducci d'Ancona, conservata nel R. Archivio di Stato in Firenze* (Florence: Carnesecchi, 1894), 14.

[286] Caraci, "Italian Cartographers," 25 – 26.

[287] Baldacci, *Introduzione allo studio*, 109 – 13.

教皇舰队的官员似乎都没有向城市中的地图学家委托绘制任何作品。至于巴尔托洛梅奥·博诺米在安科纳绘制的航海图，乌齐埃利和阿马特·迪·S. 菲利波将其时间确定为 1570 年，并且宣称这一作品实际上由马尔坎托尼奥·科隆纳在勒班陀战役中所使用，我们已经知道这两种看法是如何站不住脚了。

尽管格拉齐奥索·贝宁卡萨在 15 世纪的罗马工作了很短一段时间，但在永恒之城（Eternal City）绘制的唯一其他的航海图似乎是一幅 1596 年由巴尔托洛梅奥·克雷申齐奥绘制的作品，毫无疑问是他《地中海的航海》中的印刷版航海图的模板[288]。

奇维塔韦基亚在某些时间成为雅各布·斯科托（Jacopo Scotto）的驻所，他是一位出生在莱万托的利古里亚人，他在前者那里于 1589 年绘制了一幅航海图，在 1592 年绘制了一套航海图集。然而，到 1593 年他已经移居到了那不勒斯，可能是为了寻找更好的工作条件。

那不勒斯

在 16 世纪和 17 世纪，那不勒斯在基督教世界中是人口最为稠密的城市之一，有着相当大规模的外来移居人口，他们不仅提供了手工劳动力，而且提供了涉及奢侈品（航海图也算一类）生产的熟练工艺。

然而，在 16 世纪上半叶，唯一确定曾在那不勒斯工作的地图学家就是韦康特·马焦洛。他 1511 年至 1516 年生活在那里，并且与一位那不勒斯女子结了婚。他现存的来自那一时期的作品由三幅地中海航海图和两部地图集（其中显示了部分的新世界）以及一幅时间为 1516 年的世界航海图构成。后面这个是他已知在那不勒斯最后的作品，大致涵盖了与法诺航海图（ItFa1）相似的区域，而且实际上反映了该世纪之初地理知识的状况[289]。

在马焦洛返回热那亚之后，那不勒斯的地图学似乎陷入了长达几乎 50 年的停顿，尽管事实上由总督佩德罗·德托莱多先生推动的大型公共工程进一步增加了城市的繁荣。航海图的绘制随着马略卡的奥利韦斯家族来到那不勒斯而复兴，他们此后将自己的名字意大利化为奥利瓦。

我们知道 1563 年，若姆·奥利韦斯在那不勒斯，此前他先是在马赛，后又在墨西拿工作了相当长时间。基于他在那不勒斯的作品的规模，在他返回马赛（据记载他出现在那里是在 1566 年）并且在巴塞罗那结束他的职业生涯之前，他必然在这里开设了某种类型的作坊。他现存的在那不勒斯的作品，由两幅航海图和两套地图集（时间为 1563 年），以及一幅 1564 年的航海图构成，它们全都涵盖了地中海地区。当若姆离开的时候，他的儿子多明戈留了下来，但我们只是通过两幅 1568 年的航海图对他才有所了解，它们的署名在两位地图学家之间建立了清晰的关系［“马略卡的若姆·奥利夫斯大师的儿子多明戈”（Domingo filio de maistro Jaume Ollivesmallorquin）］。

1580 年，是约安·里克佐·奥利瓦职业生涯的开始，即一套可能是在他父亲的作坊绘制的署名“多明戈大师的儿子约安·里克佐，别名奥利瓦”（Joan Riczo alias Oliva figlio di

---

[288] Nordenskiöld, *Periplus*, 68.

[289] Caraci, "Vesconte Maggiolo (1511 – 1549) e il Nuovo Mondo," 249.

mastro Dominico）的地图集[290]。由总共 17 幅涵盖了整个已知世界的航海图构成，从南加利福尼亚到朝鲜，这毫无疑问是一位专业地图学家的作品[291]。现存有 5 幅约安·里克佐·奥利瓦于 1587 年至 1588 年间在那不勒斯绘制的有署名的航海图；但是在 1590 年，他似乎已经搬迁到了墨西拿，因而奥利韦斯家族的作坊关张了。

那不勒斯王国的另外一种地图学作品就是一套小型的 1574 年由阿洛伊西奥·切萨尼（Aloisio Cesani）署名的地图集，他宣称自己是“ydruntinus”，即一名奥特朗托的本土人士。尽管没有提到绘制的地点，但可以很确定地认定是在普利亚［Puglia，阿普利亚（Apulia）］绘制的，因为封皮上有着莫尔费塔（Molfetta）王子贡萨加（Gonzaga）的盾徽[292]。

接近 16 世纪末，大量地图学家——不乏外国人——在那不勒斯工作，尽管他们通常只是工作较短的时间。一位重要的人物就是来自斯蒂洛（Stilo）的卡拉布里亚修道士多梅尼科·维利亚罗洛，我们知道他于 1577 年在巴勒莫；正是在那里，他绘制了一幅航海图（图 7.23）。其他两幅相似的局限于地中海地区的航海图，似乎是于 1580 年在那不勒斯城绘制的。维利亚罗洛已经定居在那里，将他自己奉献给宇宙志和航海的研究，并且致力于设计一种可以在海上准确测量经度的仪器。在 1581 年，他写信给西班牙国王，宣称他的设计已经
成功，并且自荐前往塞维利亚，从那里开始了一次前往印度的航行以检验这一仪器[293]。获得 223
了旅行资金之后，他前往塞维利亚并且在贸易署展示了他的发明，一架搭配有用来确定磁偏角的罗盘的太阳钟。基于磁偏角在地表上的变化是有规律的这一错误的假定，他的仪器只是塞维利亚药剂师菲利佩·纪廉（Felipe Guillén）1525 年设计的磁偏角罗盘（*brujula de variacion*）的一种改进形式，与由贸易署的一名导航员罗德里戈·萨莫拉诺（Rodrigo Zamorano）呈进的一种相似的仪器的不同之处仅仅在于其允许在白天或黑夜的任何时间获得磁偏角（而不仅仅是在黎明和黄昏）。在此期间，国王的宇宙志学者（*cosmografo del rey*）桑舒·古铁雷斯（Sancho Gutiérrez）去世了。维利亚罗洛尝试获得这一享有极高声望的职位，因而进呈了大量航海图作为他能力的证据（这一职位的职责包括绘制航海图）。尽管高级导航员（*piloto mayor*）阿隆索·德查韦斯（Alonso de Chaves）和萨莫拉诺（他希望自己获得这一职位）表示反对，但意大利人获得了这一工作。然而，几年后，他返回了那不勒斯，几乎 1589 年的整整一年都在这座城市中，在那里他绘制了两幅航海图并以西班牙化的名字唐·多明戈·德维拉罗埃尔（Don Domingo de Villaroel）署名，显示它们的作者是陛下

---

[290] Vladimiro Valerio, *Società uomini e istituzioni cartografiche nel Mezzogiorno d'Italia*（Florence：Istituto Geografico Militare, 1993）, 45.

[291] 与 17 幅约安·里克佐·奥利瓦绘制的航海图装订在一起的是两幅巴尔达萨雷·马焦洛绘制的时间为 1588 年的航海图。

[292] Mario Longhena, "Atlanti e carte nautiche," 171 – 73.

[293] Cesáreo Fernández Duro, "Cartas de Marear：Las de Valseca, Viladestes, Oliva y Villarroel," *Boletín de la Sociedad Geográfica de Madrid* 17（1884）：230 – 37；Roberto Almagiá, "Un cartografo e cosmografo calabrese：Domenico Vigliarolo di Stilo," *Archivio Storico per la Calabria e la Lucania* 12（1942）：221 – 28；以及 idem, "Notizie su due cartografi calabresi," *Archivio Storico per la Calabria e la Lucania* 19（1950）：27 – 34。

的宇宙志学家[294]。在1589年年底返回塞维利亚之后，维利亚罗洛在那里一直待到1596年，这一年他与已被任命为高级导航员的萨莫拉诺发生了冲突，于是迁居到波尔多（Bordeaux），此后就杳无音讯了。

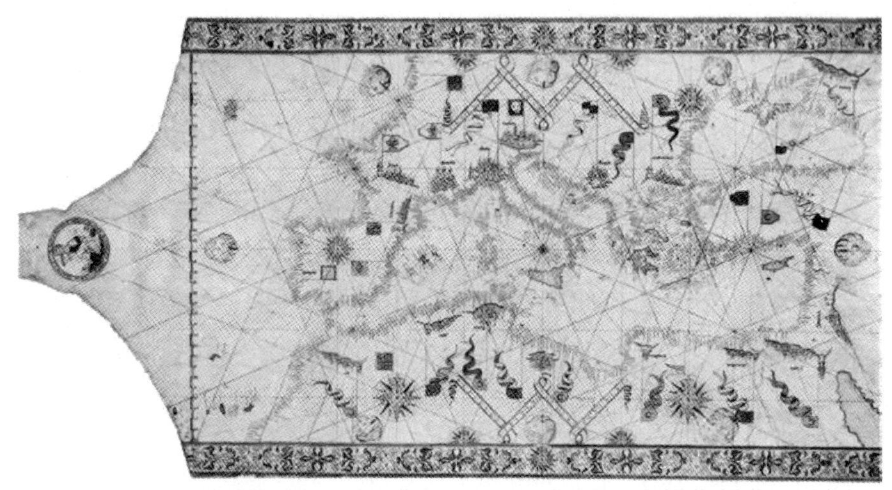

图7.23 多梅尼科·维利亚罗洛绘制的地中海航海图。巴勒莫，1577年

原图尺寸：54×84厘米。图片由Map Collection，Yale University Library，New Haven（＊49 1577）提供。

当认为那不勒斯王国在一些年中曾经有过一名官方宇宙志学家，而维利亚罗洛在前往西班牙之前曾担任过这一职位的时候，卡拉奇可能是正确的。实际上，已经在墨西拿工作超过30年的地图学家约安·马丁内斯大约在此时迁居到了那不勒斯，并且于1590年和1591年在他绘制的作品上署名“国王的宇宙志学家”。因而，似乎可以确定的是，在维利亚罗洛离开后，约安·马丁内斯继任了他的职位。

1590年，在那不勒斯还有人绘制了两部地图集：第一部，六图幅，由雅克·多塞戈（Jacques Dousaigo）署名（UKGr10）；第二部，总共四幅航海图，由海梅·多撒加（Jaime
224 Dossaiga）署名[295]。再次，似乎可以确定的假设这些地图集是同一个人绘制的，尽管我们没有关于他的其他任何信息。1593年，那不勒斯是莱万托的雅各布·斯科托（ItBo3）和拉古萨的温琴佐·韦尔奇奥的家乡；后者在他职业生涯的最后时光，也就是约1606年至1607年前后返回那不勒斯之前，曾迁居来航。

[294] 除了上文提到的航海图之外，还保存下来一套由维利亚罗洛绘制的7图幅的地图集——其中一个图幅涵盖了北美洲的大西洋海岸。卡拉奇还认为其绘制有一幅未署名的被称为Borgiano Ⅵ的航海图（V16）。Caraci，“Le carte nautiche anonime，”165–93.

[295] Christie的New York，8 October 1991，Lot 211. 参见Campbell，“Chronicle for 1991，”138。这就是乌齐埃利和阿马特·迪·S. 菲利波提到的地图集，当时掌握在私人手中。然而，地图学家的名字被写为Jaime De Ossaiga。Uzielli and Amat di S. Filippo，*Mappamondi*，292.

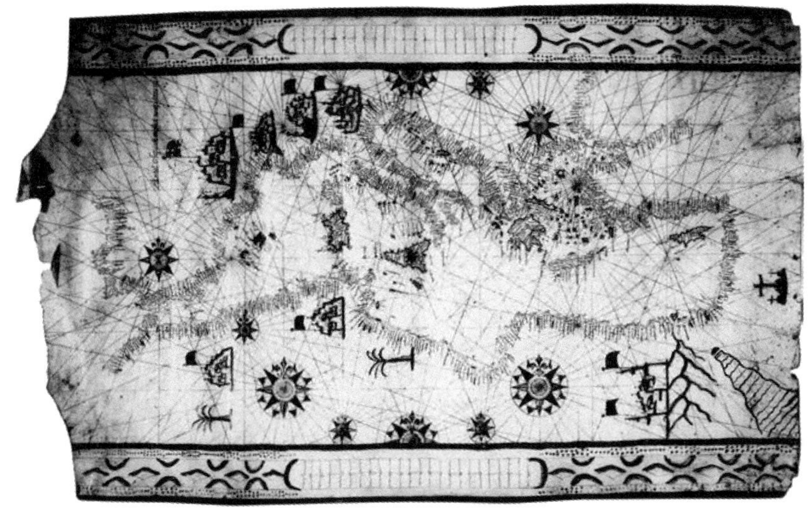

图7.24　安尼巴莱·伊姆普齐奥（ANNIBALE IMPUCCIO）绘制的地中海航海图。那不勒斯，1625年

原图尺寸：46×77厘米。图片由Biblioteca Civica，Verona（MS. 2966）提供。

从1601年到1603年，约安·奥利瓦在那不勒斯。他在墨西拿工作了很长一段时间之后，前往很多其他地中海港口游历和工作。然而，从17世纪初开始地图学出现了不可逆转的衰落。实际上，在这一时间之后，唯一现存的作品就是一幅时间为1615年的署名为塞巴斯蒂亚诺·孔迪纳（Sebastiano Condina）的航海图（ItVe5）以及1622年和1625年的两幅航海图，它们是某一位安尼巴莱·伊姆普齐奥的作品（图7.24）[29]。这年之后，似乎再也没有地图学家在那不勒斯工作。

墨西拿

因其地理中心的位置，墨西拿在16世纪和17世纪成为地中海的一座关键城市，其发展不仅基于控制了墨西拿海峡和西西里小麦的出口，而且在于其邻近人口繁盛的区域经济首府那不勒斯，以及马耳他——基督教对抗土耳其和柏柏尔海盗的前哨。实际上，通过墨西拿海峡的交通显著增加，因为西西里海峡不安全的条件，反而导致运载东方商品前往西欧的基督教船只选择这条至少是在理论上能更好地抵御海盗劫掠的路线。

由费兰特·贡萨加（Ferrante Gonzaga）创建的防御工事最终使得城市作为西班牙或者联合舰队的基地，并且经得起土耳其或柏柏尔海盗可能发起的攻击。同时，从这里，基督教舰队将会驶往勒班陀并取得胜利。因此，在1571年，对于同时代的人来说，墨西拿正位于决
定世界未来事件的中心。当然，商人船运和海军帆船的持续存在刺激了所有与大海存在密切 225
联系的商业和手工业活动的发展。

就我们所知的第一位墨西拿地图学家就是彼得罗·鲁索，他只有极少量的地图保存了下来。唯一有着非常清晰签名的是一幅看上去于1508年在墨西拿完成的航海图（SpBa1）。第

[29] 两幅航海图是ItVr3和ItVr4：较老的一幅涵盖了地中海，较晚的一幅涵盖了爱琴海。

二幅航海图，曾经是弗利的梅伦达（Merenda of Forli）贵族家族的财产（这幅航海图是从他们马耳他骑士团中的一位祖先那里继承来的），图题部分损坏，其中时间已经模糊不清了，而第三幅航海图（FrP5）的图题只有少量字母是清楚的（然而，这些字母——组合起来并且与1508年的航海图进行对比的话——足以确定这部作品的作者）[297]。另外一幅未署名的航海图（FrP6）同样可以被认为是彼得罗·鲁索的作品，尽管其损坏非常严重（其曾经被用作一位阿维尼翁公证人的登记簿的封皮）[298]。这些少量的航海图全都涵盖了地中海地区，并且可能是在一个非常短的时期内绘制的——可能只有10年左右。图题告诉我们，地图学家也是一名墨西拿的本土人，因此即使他的风格与加泰罗尼亚地图学家相近，但我们可以排除他来自巴塞罗那或马略卡。

鲁索的生意被他的儿子雅各布继承，后者留给我们时间跨度超过60年的大量作品。档案文献揭示，在职业生涯的早期，雅各布的商铺是一间棚屋（*barracha*），可能是从他父亲那里继承的，其坐落在港口区的海关码头附近。这间棚屋此后在总督的命令下被拆毁，可能因为其阻碍了海岸防御工事的现代化和加固。然而，政府在城里的另一处将其重建，以使得雅各布作为一名工匠继续从事这个具有公共重要性的手艺[299]。

雅各布现存的作品由15幅航海图和一部航海图集构成，所有都绘制于1520年至1588年间，尽管在这些日期中存在很长的间隙（最为显著的是从1570年至1588年，也就是最后的一些署着雅各布名字的航海图的年份）[300]。一个人的职业生涯能长达68年是很难解释的，因此曾有人提出存在两位同名的地图学家，尽管完全没有证据证明这一理论[301]。阿尔马贾认为，雅各布·鲁索的作坊在他去世后继续以他的名义生产航海图，晚期作品的图题是由一位已经学会了模仿鲁索笔迹的继承者加上去的。这里不应将其视作伪造，因为这个做法的主要目的只是指出作坊的渊源。为了支持这一理论，阿尔马贾指出后来的航海图在质量上较差，因而毫无疑问是某个继承者的作品[302]。

1521年的地图集（ItMo2）尤其让人感兴趣：其包含了12个图幅，不仅涵盖了地中海地区，而且包括了非洲和亚洲海岸［远至苏门答腊（Sumatra）和马六甲半岛（Malacca

---

[297] Almagià, "I lavori cartografici," 302 - 3，和 Foncin, Destombes, and La Roncière, *Catalogue des cartes nautiques*, 34 - 35。

[298] Foncin, Destombes, and La Roncière, *Catalogue des cartes nautiques*, 35 - 36.

[299] Amelia Ioli Gigante, "Le officine di carte nautiche a Messina nei secoli XVI e XVII," *Archivio Storico Messinese*, 3d ser., 30 (1979): 101 - 13, esp. 102 - 3.

[300] 我们知道三套时间为1588年的航海图。第一幅曾经属于 Biblioteca Trivulziana, Milan (Carlo Errera, "Atlanti e carte nautiche dal secolo XIV al XVII conservati nelle biblioteche pubbliche e private di Milano," *Rivista Geografica Italiana* 3 [1896]: 520 - 27, esp. 523 - 24)，并毁于第一次世界大战期间；第二幅曾经是 Conte Cittadella of Padua 的财产（Uzielli and Amat di S. Filippo, *Mappamondi*, 155 - 56）；而第三幅现在属于德意志的一个私人收藏（Thomas Niewodniczański, "Vorstellung zweier im 16. Jahrhundert gefertigter Portolane," in *Das Danewerk in der Kartographiegeschichte Nordeuropas*, ed. Dagmar Unverhau and Kurt Schietzel [Neumünster: K. Wachholtz, 1993], 185 - 88, esp. 185)。基于第三幅与第二幅的尺寸并不一致，因此第三幅必然增加到已知的雅各布·鲁索的作品名单中。

[301] E. T. Hamy, "Note sur une carte marine inédite de Giacomo Russo de Messine (1557)," *Bulletin de Géographie Historique et Descriptive*, 1887, 167 - 78，以及 Pietro Amat di S. Filippo, "Recenti ritrovamenti di Carte nautiche in Parigi in Londra ed in Firenze," *Bollettino della Societa Geografica Italiana* 25 (1888): 268 - 78, esp. 277。

[302] Almagià, "I lavori cartografici," 314.

peninsula)]，因而包括了所有托勒密所知道的沿海地区以及同时代印刷版的托勒密作品所描绘的区域。至于海岸线，鲁索似乎依赖于葡萄牙人大约10年前的材料：实际上，马达加斯加（Madagascar）的轮廓相当准确，而苏门答腊岛的轮廓则完全是臆想的。更为重要的是，地图学家似乎并没有参考大量的材料，而他对所使用的单一模板的复制实在是漫不经心，在转写和地名复制上经常发生错误[303]。然而，即使存在这些问题，这一作品确实构成了一部名副其实的地图集，其可能是基于委托而绘制的。大约在世纪中期，可能归因于繁荣的港口，一只西班牙舰队和要塞的存在，以及大量前来造访的联盟战舰，航海图和地图集的市场在墨西拿如此蓬勃，以至于其他地图学作坊开张与鲁索的作坊展开了直接竞争。

约安·马丁内斯是16世纪最为多产的地图学家之一，目前所知最早由他绘制的地图集的时间是在1556年；同时他在墨西拿一直工作到1589年他前往那不勒斯。林林总总，他现存的作品总数在30种左右，还有另外15种未署名的作品也被认为是他制作的[304]。

乌齐埃利和诺登舍尔德认为，从出生来看马丁内斯是西西里人，而科达齐（Codazzi） 226
认为他是加泰罗尼亚人，因为他的签名为“墨西拿的约安·马丁内斯”（Ioan Martines en Messina any），此后紧跟着日期，这个形式非常不同于鲁索家族的（通常用拉丁语书写），却非常类似于早期奥利韦斯的，而后者是在墨西拿工作的马略卡人[305]。科尔特桑将他列为葡萄牙地图学家，但是，然后先彻底排除了他是意大利人的可能，又承认他自己观点的弱点，并最终接受了科达齐的观点，即马丁内斯是加泰罗尼亚人[306]。

卡拉奇从一个推理上的不可能性，即马丁内斯是一位葡萄牙人开始，然后检查他作品中的地名，发现大量的意大利名称与加泰罗尼亚和马略卡的形式并存。他认为后者的存在归因于在墨西拿存在一个说西班牙语的统治阶层，马丁内斯想要在他们之中寻找可能的庇护者[307]。更为重要的是，在他的那不勒斯时期的最后作品中，地图学家实际上将他自己描述为“墨西拿人”（de Messina），因而解决了他的出生地的问题，不过这一作品曾长期不为学者所知。然而，卡拉奇并没有排除马丁内斯的家族可能有着马略卡或加泰罗尼亚的根源；实际上，他认为这个可能性非常大。

即使马丁内斯绘制了大量在单张羊皮纸上的传统航海图，但是他大部分作品由通常涵盖了整个已知世界的地图集构成。通常而言，这些地图集中包含有一幅两半球的世界地图，通常附带有一段图题，而这，类似于阿涅塞的卵形世界地图，构成了某种类型的作坊商标[308]。

---

[303] Almagià, “I lavori cartografici,” 312 – 13.

[304] Rey Pastor and García Camarero, *La cartografía mallorquina*, 101 – 18. 在通常被认为是马丁内斯的作品的未署名的作品中通常出现一幅收藏在Newberry Library的南美洲的航海图（Ayer MS. 20）；这种认识肯定是错误的，因为这幅地图显示了Le Maire Strait，而其直到1616年才被发现。

[305] Angiolina Codazzi, “Di un atlante nautico di Giovanni Martines,” *L'Universo* 3 (1922): 905 – 43, esp. 906 – 7.

[306] Armando Cortesao, *Cartografia e cartógrafos portugueses dos séculos XV e XVI* (*Contribuïção para um estudo completo*), 2 vols. (Lisbon: Edição da “Seara Nova,” 1935), 2: 207 – 36. 在他此后的著作，Cortesão and Teixeira da Mota, *Portugaliae monumenta cartographica* 中，在葡萄牙制图学家中没有提到马丁内斯。

[307] Giuseppe Caraci, “Il cartografo messinese Joan Martines e l'opera sua,” *Atti della Reale Accademia Peloritana* 37 (1935): 619 – 67.

[308] 8图幅的地图集，推测时间为1578年（UKL27），收录了三种不同的世界航海图：其中一张是平面投影的，第二幅是两半球图的，另外一幅分为球形的12个片段。Caraci, “Il cartografo messinese Joan Martines,” 630 – 32.

随着时间的推移略有变化，马丁内斯的世界地图被绘制于各种模型之上——从加斯塔尔迪的作品到奥特柳斯的作品[309]。按照科达齐的观点，涵盖地中海区域的图幅重复了一种16世纪的马略卡的模型标准：大不列颠群岛和非洲的大西洋海岸的轮廓相当新，但是海岸线的其余部分则基于之前一个世纪的模型[310]。卡拉奇倾向于同意，马丁内斯和其他在墨西拿的地图学家所使用的模型来源于马略卡，并且相对于一百年前的航海图没有进步[311]。

与新世界和亚洲有关的航海图的状况则完全不同。在这方面，原始材料似乎被局限于印刷版的航海图，这些航海图随着时间而变化，从加斯塔尔迪版的托勒密《地理学指南》（1548）中的图版到保罗·福拉尼的《对新法兰西的发现的描绘》（*Il disegno del discoperto della Noua Franza*）（1565）和墨卡托1569年的《为航海准备的新的世界地图》。只是在他职业生涯的最后几年中，当马丁内斯在那不勒斯被任命为国王的宇宙志学者（*cosmografo del rey*）时，地图学家才开始参照因他的职位而接触到未出版的西班牙和葡萄牙的文献材料来绘制地图[312]。

1557年，就在马丁内斯开设他自己的作坊之后，自称“马略卡”（malloqui）的巴尼特·帕纳德斯（Banet Panades）在墨西拿绘制了两幅航海图。他似乎已经从巴勒莫抵达了这座城市，已知他在前者时绘制了一幅航海图。然而，除了这三幅作品之外，我们对这位马略卡人一无所知，似乎他作为地图学家只活动了很短的一段时间。某位罗西也是如此，他的签名只出现在一幅1559年在墨西拿绘制的航海图上[313]。

在同一时期中，来自马略卡的奥利韦斯家族的成员们做出了与地图学存在更为密切相关的贡献。这一名副其实的王朝的首脑就是若姆，他在他所有作品中的签名都是“马略卡”（Mallorqui），由此强调了他的原籍。我们对他的学徒生涯一无所知，但他很可能是在马略卡接受的入门训练，因为他已知最早的作品是1550年在马赛绘制的，当时城市中还没有为人所知的地图学作坊，更不用说制图学学派了。1552年，他前往墨西拿，在迁移到那不勒斯之前，他在那里工作了10年，然后从那不勒斯返回到马赛，最后前往巴塞罗那。诺登舍尔德认为，若姆实际上是一名水手，在地中海港口的长期停留期间，他通过绘制航海图来补充他的收入[314]。卡拉奇不仅接受了这一假说，而且认为这可能对其他同时代的地图学家也是适用的，因为这是对他们不断迁居的唯一可信的解释[315]。然而，若姆从一个港口到另外一个港口的迁居，似乎不仅仅是可以找到的船上工作所造成的不经意的结果：从马略卡通过马赛到墨西拿，然后再次通过那不勒斯和马赛到巴塞罗那，似乎遵照着一个精确的旅行路线。当
227 然，在一个陆地旅行非常困难和危险的时期，船只是从一个港口到另外一个港口最好的方式，而对于一名公认的有能力的地图学家而言，要获得一个铺位应当毫无困难（可能用他的专业服务来换取）。

[309] Caraci, “Il cartografo messinese Joan Martines,” 661.

[310] Codazzi, “Di un atlante nautico,” 917.

[311] Caraci, “Il cartografo messinese Joan Martines,” 659 – 60.

[312] Caraci, “Il cartografo messinese Joan Martines,” 663.

[313] 卡拉奇排除了他是雅各布·鲁索的可能性。Caraci, “Le carte nautiche del R. Istituto,” 44 – 46.

[314] Nordenskiöld, *Periplus*, 65.

[315] Giuseppe Caraci, “Una carta nautica disegnata a Malta nel 1574,” *Archivio Storico di Malta* 1 (1930): 181 – 211.

图 7.25　约安·里克佐·奥利瓦绘制的地中海航海图。墨西拿，1593 年

原图尺寸：60×94 厘米。图片版权属于 Jean Bernard，courtesy of the Bibliothèque Municipale，Marseilles（MS. 2081）。

巴托梅乌·奥利韦斯像若姆一样不安分（尽管两者之间的家族关系并不能十分确定）。我们知道，他 1538 年在马略卡岛帕尔马工作[316]，但是此后某一时间他必然移居到了国外，因为在一幅 1552 年的没有说明绘制地点的作品中，他将自己描述为是马略卡人（如果他还在这座岛屿上的话，这显然是不必要的）。1559 年，他在威尼斯，然后自 1572 年起在墨西拿，在这里他稳定的绘制工作以一幅 1588 年的航海图作为终结[317]。后面这一时期他所有的航海图中都有着"在萨尔瓦多城堡的墨西拿人"（en Missinaen el castillo del Salvador）的图题，因此它们必然是在建造有西班牙人兵营的港口海岬末端的要塞中绘制的。然而，这些作品与他的其他航海图或者他同时代的那些航海图之间并没有使得它们足以区分开来的特征，因而没有证据说明它们仅限于军事用途。然而，似乎没有理由怀疑巴托梅乌在要塞中工作过，而他可能是为了显得有官方背景并在潜在主顾的眼中确立这些作品的质量，因而特意指出了是在要塞绘制的。

巴托梅乌超过 50 年的极为漫长的职业生涯非常让人感到迷惑，因为不同于巴蒂斯塔·阿涅塞、雅各布·鲁索和雅各布·马焦洛，巴托梅乌并不拥有一间规模可观的在他去世后继续独立运作的作坊。然而，他是一名职业的地图学家而不是一名用空余时间来绘制海图的水手，这可以被他主要是为他的货物寻找市场而迁移的事实证实。他同样也在为他的作品寻找某种官方支持，这可能解释了作为他职业终结的在墨西拿度过的漫长时期。

恰在巴托梅乌的职业活动接近尾声的时候，约安·里克佐·奥利瓦从那不勒斯迁居到了墨西拿。自称是多明戈的儿子（因而是若姆的孙子），他应当在停留于墨西拿的 1590 年至

---

[316] It Vel. R. Albertini, "Di due carte nauticher invenute nell'Archivio della Ca' Foscari ed esposte nel locale Laboratorio di Geografia Economica," in *Atti del XVI Congresso Geografico Italiano, Padova-Venezia 20 – 25 aprile 1954* (Faenza: Stabilimento Grafico F. lli Lega, 1955), 761 – 68.

[317] 一幅绘制于巴勒莫的航海图（USNY9），有着一个显然错误的日期；因而，不太可能确定地图学家在城市中的实际时间。

1594 年期间绘制了几幅航海图（图 7.25）。因为他在他的作品中署名为“约安·里克佐，别名奥利瓦”或“约安·奥利瓦，别名里克佐”，克里诺认为我们面对的实际上是两位不同
228 地图学家的作品[318]；而卡拉奇则否认这一点，指出副词“别名”（*alias*）意味着可以用这两个名字中的任何一个来指称这位男子[319]。他采用这一别名有可能是为了将他自己与另外一位大约同时期在墨西拿工作的约安·奥利瓦区别开来。

同一时期在同一座城市中存在两位同名的地图学家，这个可能的事实有时候让学者得出了一个相反的错误结论，将他们认为是同一个人。例如，恩里莱（Enrile）和格兰德（Grande）就是如此认为的，基于这两者的作品在内容和时间上是平行的[320]。卡拉奇认为承认两者之间存在差异——在他们作品的图题中是清楚的——是更合理的，并补充约安·里克佐·奥利瓦必然比约安·奥利瓦年长一些，而且他们职业生涯的重叠只有相当短的一段时间[321]。

约安·奥利瓦现存作品的总和超过 40 种，而我们知道他从 1592 年至 1599 年从未间断地居于墨西拿[322]。此后，他开始了一系列的游历，前往那不勒斯（1601 年至 1603 年），返回墨西拿（1606 年至 1608 年），前往马耳他（1611）和马赛（1612 年至 1614 年），再次前往墨西拿（1614），然后返回马赛（1615）。基于他迁移的不规律的模式，它们实在无法被认为是一项有组织的规划的一部分，因此我们可以认为奥利瓦是一名水手，他在 15 年左右的时间里只是偶尔从事地图学。只是当他在 1618 年最终定居来航以后，他才在余生专职绘图。他的作品通常以大量创新为标志，例如试图纠正地中海轴线的扭曲，其将奥利瓦与他同时代的人明确地区分开来。

从 1594 年至 1615 年，另外一名奥利瓦，弗朗切斯科在墨西拿工作：他有大约 10 部的作品保存了下来，其中包括一幅大型的大西洋航海图[323]，其可能是基于一幅葡萄牙的原图。两部作品有着“约安尼斯和弗朗西斯·奥利瓦兄弟”（Ioannes et Franciscus Oliva fratres）的签名[324]，因而使我们进一步了解到这一地图学家王朝家族内部复杂的关系网。其他在墨西拿工作的家族成员包括一名普拉西多·奥利瓦（Placido Oliva）[325] 和一名布拉西多·奥利瓦（Brasito Olivo），他们唯一存在的线索分别为一幅 1615 年的航海图和一套 1633 年的地图集

---

[318] Sebastiano Crinò, “Portolani manoscritti e carte da navigare compilati per la Marina Medicea, Ⅲ. —Tre Atlanti di carte da navigare inediti conservati nella Biblioteca dell’Istituto di Fisica di Arcetri (Firenze),” *Rivista Marittima* 65 (supp. November 1932): 1 – 43, esp. 11 – 12.

[319] Caraci, “Inedita Cartographica,” 162 – 63.

[320] Antonino Enrile, “Di un atlante nautico disegnato in Messina nel 1596 da Giovanni Oliva,” *Bollettino della Societa Geografica Italiana* 42 (1905): 64 – 75, 以及 Grande, “Attorno ad una nuova carta nautica”。

[321] Caraci, “Cimeli cartografici sconosciuti esistenti a Firenze,” 38 – 40.

[322] 一幅地图集标明的时间为 1582 年（SpP5）；但最后三位数字明确的是用不同于图题其余部分的墨水书写的，因此日期很有可能是伪作的，以希望让这幅地图显得更为古老。

[323] Richard Arkway, Inc., New York, brochure, 1995；地图属于一个私人收藏。

[324] FrP32. Gabriel Marcel, “Sur un portulan de la fin du seizieme siècles, par Jean Oliva, document appartenant aux collections de la Société,” *Compterendu des séances de la Sociètè de géographie et de la Commission centrale*, 1885, 396 – 400, 和 Foncin, Destombes, and La Roncièrè, *Catalogue des cartes nautiques*, 101。第二部作品曾经收藏于 Biblioteca Borromeo, Milan；参见 Errera, “Atlanti e carte nautiche,” 525 – 26。

[325] 不应当将普拉西多·奥利瓦与普拉西多·卡洛里奥和奥利瓦混淆。Caraci, “Le carte nautiche del R. Istituto,” 46 – 47, 以及 Simonetta Conti, *Una carta nautica inedita di Placidus Caloiro et Oliva del 1657* (Rome: Universita di Roma, Istituto di geografia dell’Universita, 1978)。

（ItVe6）。

从数量的角度来看，17 世纪在墨西拿的地图学是由普拉西多·卡洛里奥和奥利瓦所主导的，他留给我们 30 幅左右的作品，主要是航海图和三图幅或四图幅的地图集，绘制于 1617 年至 1665 年之间[326]。从陈旧的模板中粗陋地衍生出来，这些作品对于地理信息的依赖少于对浮华的、工艺拙劣的装饰的依赖。所显示的区域通常是地中海，不过——遵照一种由韦康特·马焦洛引入，偶尔被约安·里克佐·奥利瓦和约安·奥利瓦采用的习惯——也在羊皮纸的颈部绘有一个小的西半球（使用的仍然是过时的地理资料）[327]。后面这一特征对于航海目的并无益处，因此很明显这些晚期的地图仅仅是为对科学需求不多而对拥有一种装饰丰富、耗时甚久、手艺高超的物品更感兴趣的民众呈现基本的地理信息。

这一时期可能也是尼科洛·罗马诺（Nicolo Romano）从事工作的时期。他现存的两幅航海图，其中一幅是地中海的，另外一幅是第勒尼安海的，都是在墨西拿绘制的，时间为 1576 年。但是，这些日期被写在一个被涂掉的日期之上，而作品本身显然是 17 世纪风格的，因此非常有可能它们被更改过。

1673 年在墨西拿，乔瓦尼·巴蒂斯塔·卡洛里奥和奥利瓦（Giovanni Battista Caloiro e Oliva）签署了已知现存的他唯一一套地图集。第二年该地出现了针对西班牙统治的叛乱， 229
后者毫不留情地镇压严重破坏了港口的经济，且毫无疑问地敲响了已经摇摇欲坠的地图学活动的死亡丧钟。

至于 16 世纪和 17 世纪与墨西拿存在联系的其他中心的地图学作品，基本上可以忽略不计。我们只知道在巴勒莫绘制的三幅航海图，皆是由偶然经过此地的地图学家所作：巴尼特·帕纳德斯在 1556 年，多梅尼科·维利亚罗洛在 1577 年，而巴托梅乌·奥利韦斯时间不明，但几乎可以肯定是在他 1572 年定居墨西拿之前。

马耳他的作品更为贫乏：1574 年一名佚名的马略卡地图学家在岛上绘制了一幅航海图，1611 年约安·奥利瓦绘制了另外一幅[328]（可能在他短暂的停留期间，考虑到这个时期他似乎在不停移动）。因而，看上去很可能马耳他骑士团选择不鼓励建立一个当地的地图学作坊，同时他们在其他地方购买——尤其是墨西拿——刺激了其他地方作坊的生产。

来航

在亚历山德罗·德美第奇公爵（Duke Alessandro de' Medici）统治之下，来航开始了旧城堡（Fortezza Vecchia）的建筑工作。这是一项用来扩展现代化港口的项目，并且被科西莫一世大公继续，被弗朗切斯科所忽视，然后又由费迪南德一世（Ferdinand I）再次启动[329]。最后这位统治者不仅命令建造了可以容纳当时最大船只的外部港口，而且通过立法来鼓励引

---

[326] 实际上，最后一幅由普拉西多·卡洛里奥和奥利瓦署名的航海图的时间为 1657 年，而 1665 年的航海图只是署名为普拉西多·卡洛里奥；在这一例子中，没有理由排除他们可能是同一个人。

[327] Simonetta Conti，"Una particolaritá delle carte nautiche 'Oliva，'" in *Esplorazioni geografiche e immagine del mondo nei secoli XV e XVI*，ed. Simonetta Ballo Alagna（Messina：Grafo Editor，1994），83 – 101.

[328] Caraci，"Le carte nautiche del R. Istituto"；idem，"Una carta nautica disegnata a Malta"；以及 Rey Pastor and García Camarero，*Lacartografía mallorquina*，141。

[329] Dario Matteoni，*Livorno*（Rome：Laterza，1985）.

进熟练的工人移民，不管他们的国籍如何。

当不宽容和宗教迫害在基督教和新教国家都成为常态的特殊时期，这些措施为来航吸引到了犹太银行家和商人、英国和荷兰的导航员和船长，以及来自全部地中海地区的水手和木匠大师，对城市的发展和繁荣做出了切实的贡献。有着不受干扰地生活的保障，以及托斯卡纳商业舰队和圣斯特凡诺骑士团的海军舰队的发展所提供的机遇，为城市带来了如罗伯特·达德利、温琴佐·韦尔奇奥、约安·奥利瓦和乔瓦尼·巴蒂斯塔·卡瓦利尼等地图学家。

大公国的海军主要由大帆船构成，已经证实了其巡查海岸并且保护交通免受柏柏尔海盗袭扰的能力，但是当其参与更为广阔范围的行动时遇到了严重的挫折，以及——甚至更为糟糕的——其指挥官员的无能和懦弱通常是不可否认的[330]。因而，科西莫一世有了这样的想法，即建立了一个宗教性的骑士互助会，负责保护地中海免遭土耳其（Turks）和柏柏尔海盗的袭扰；因而，1561 年，圣斯蒂芬、教皇和殉道者的骑士的圣海上骑士团（Holy Maritime Order of the Knights of Saint Stephen, Pope and Martyr）建立了起来，并于次年在一场盛大庆典中正式就职圣职，在此期间大公自己被任命为大团长（*gran maestro*）。

位于骑士团船只上的导航员被证明是职业的，而骑士本身当然不会不精通航海艺术或者在地中海各港口之间的各条航线：他们在卡罗瓦纳宫（Palazzo della Carovana）三年的训练，涉及一门地理学课程，其中肯定包括了地图学，同时他们的理论课程得到频繁的第一手海上经验的充分支持。因而，可能是因为来自大公、圣斯蒂芬骑士团以及托斯卡纳的商业水手的需求，一个或更多的地图学作坊在 16 世纪末于来航建立起来，而这正是大多数其他地中海城市中相似的作坊正在走向衰落的时期[331]。现存的一些地图集和航海图确定地属于圣斯蒂芬骑士团，并且肯定曾被用于地理学和航海的理论课程、绘制实际的航线、策划攻击土耳其和柏柏尔海盗控制的港口和要塞的计划，或只是装饰图书馆。

早在 1592 年，拉古萨地图学家温琴佐·韦尔奇奥在来航绘制了一幅航海图，尽管从一套有着三图幅的地图集的图题中我们知道第二年他在那不勒斯工作。进一步的证据显示，1595 年，他在费拉约港[332]，然后在返回那不勒斯（1606 年至 1607 年）之前，他至少在 1598 年至 1601 年期间再次出现在来航（在那里他绘制了四幅我们已知的航海图）。他在托斯卡纳的现身似乎归因于他从一个地中海港口到另外一个地中海港口的持续游历，却无从建立一个永久性的制图作坊[333]。

230 由可能来自达尔马提亚的乔瓦尼·杰罗拉莫·萨苏伊科（Giovanni Gerolamo Sosuich）署名的未标明日期的航海图，可能是在这一时间前后绘制的。其上没有注明具体的绘制地点，但航海图可能曾为一名圣斯蒂芬骑士拥有[334]。

---

[330] Cesare Ciano, *Santo Stefano per mare e per terra* (Pisa: ETS, 1985).

[331] 并非多产的锡耶纳地图学家朱利奥·彼得鲁奇的作品似乎与圣斯蒂芬骑士团的需求并没有直接联系。据知，他绘制有一幅航海图，有着不太清楚的日期，绘制于他的家乡城镇锡耶纳（UKGr8），还有三幅 1570 年至 1571 年期间在比萨绘制的地图（ItBo10、ItMo3 和 The Map House, Cat. 1, 1988）。Gino Bargagli Petrucci, "Le carte nautiche di Giulio Petrucci," *Bullettino Senese di Storia Patria* 13 (1906): 481 - 84.

[332] 爱琴海的航海图，由佳士得在 1990 年 5 月 25 日拍卖。

[333] Mario Pinna, "Sulle carte nautiche prodotte a Livorno nei secoli XVI e XVII," *Rivista Geografica Italiana* 84 (1977): 279 - 314，和 Osvaldo Baldacci, "Le carte nautiche del raguseo Vincenzo Volcio di Demetrio," *Studi Livornesi* 3 (1988): 43 - 52。

[334] ItPi2. Barsanti, "Le carte nautiche," 162 - 64.

此后，在很长一段时间中，来航的航海图的绘制似乎陷入了一个停滞期，只是随着约安·奥利瓦在1616年前后的到来而再次开始。他来到来航的日期无法确定；我们只是知道1615年他依然在马赛，并且在1616年设计了一套没有注明绘制地点的地图集。上面的某种蓝色百合花的装饰图案的出现可能让人想到马赛，但是这一想法被平纳（Pinna）排除，他认为这个装饰图案可能是受到美第奇家族徽章的启发（地图集确实有着一段写给托斯卡纳大公的献词）[335]。因而，这部作品似乎标志着来航的奥利瓦时期的开端。或者也可以认为它是在马赛绘制的，但没有指明地点或日期，因为地图学家倾向于将其呈献给一位强大的赞助者，并且只是当这套地图集确实在1616年呈现给大公的时候，他才增加上了献词和装饰图案；这一理论得到这套航海图集与另一套1614年的墨西拿地图集相似之处的支持。无论真相如何，毫无疑问的是奥利瓦抵达来航发生在1616年前后。

因此，在环绕地中海漫游了多年之后，约安·奥利瓦最终定居在托斯卡纳（Tuscan）港口，在那里他开设了一家地图学作坊，并且在1618年至1643年间绘制了大量作品，其中很多保存了下来。还存在一套其上有着“乔瓦尼·奥利瓦，在里奥尼，1650年（Giouanne Oliva in Lionri Ano 1650）”图题的地图集（ItPo1），其意味着地图学家的生涯应当进一步扩展七年——这几乎是不可能的，当我们考虑到他已知最早作品的时间是1582年的时候。然而，对于这一图集的研究揭示，其由三幅在纸上绘制的极为粗糙的图幅构成，风格只是粗略地与约安·奥利瓦的相似。因而，到1643年地图学家必然已经非常高龄了。我们不应当忘记，1636年他将他的名字签署在一套由乔瓦尼·巴蒂斯塔·卡瓦利尼签名的地图集上，因而正式地介绍了他的继承者（在这一时刻，他可能将运营在来航的制图作坊的责任移交给了后者）。

尽管，我们知道卡瓦利尼从1635年至1656年在来航从未间断工作，但他依然是一位神秘人物。在1652年的地图集《海洋世界的舞台》（“Il Teatro del Mondo Marittimo”）中，他宣称他是一位热那亚人，并署名为“热那亚地理学家乔瓦尼·巴塔·卡瓦利尼”（Giouan Batta Cauallini Genovese Geografico），因此我们可能推测马焦洛家族对航海图、罗盘和沙漏制造的垄断驱使他放弃了他的家乡，而在来航作为一位地图学家寻找他的机遇。

总之，19种卡瓦利尼署名的作品保存了下来，而且似乎都是在来航绘制的（图7.26）。只有最后一种，现在是意大利地理学会（Societa Geografica Italiana）财产的一幅1656年的航海图，没有标明绘制的地点，但没有理由支持其是在其他地方绘制的。我们同样应该记得，克里诺将一套佚名的三图幅的地图集认为是乔瓦尼·巴蒂斯塔·卡瓦利尼的作品（ItFi8），尽管卡拉奇对这种归属提出了有根据的质疑，并认为这一图集的绘制者应当被认为是16世纪的加泰罗尼亚人[336]。然而，一套地图集的残本USNY3可能是由卡瓦利尼绘制的。由七幅显示了地中海岛屿（克里特、马耳他、西西里、撒丁、科西嘉、厄尔巴和巴利阿里群岛）的图幅加上一幅世界航海图［“世界剧场”（Tipus orbis terrarum）］构成，其保留着最初的羊皮纸封皮，只是在书脊上带有角饰。封面上是一幅罗得岛地图被撕裂的右半部分，其中我们可以看到众多所有者之一的名字：查尔斯·爱德华兹·莱斯特，19世纪中期在热那亚的美国领事（Charles Edwards Lester，American consul in Genoa），也是一位著名的古地

---

[335] Pinna, “Sulle carte,” 287 – 89.

[336] Crinò, “Tre Atlanti di carte da navigare,” 35，以及 Caraci, “Gio. Batta,” 380 – 88。

图收藏家。当他获得这一图集的时候，第一部分，也就是有着图题和日期的部分，必然已经丢失了，尽管我们可以推测整幅图集与卡瓦利尼1635年绘制的那套非常相似（世界地图几乎完全一致，但与后来图集中的世界地图存在差异）。总之，即使完全依赖于圣斯特凡诺骑士团的委托和购买，但毫无疑问卡瓦利尼掌管之下的作坊持续绘制着在数量和质量上都值得一提的作品。

1654年，乔瓦尼·巴蒂斯塔·卡瓦利尼遵照传统方式，即通过与一位彼得罗·卡瓦利尼一起署名一套三图幅的航海图集（ItPr8）来指定了继承者，我们假定后者是他的儿子（即使对此我们没有证据）。有趣的是，地中海轴线的纠正曾是乔瓦尼·巴蒂斯塔作品的一个固有特征，但它没有出现在这一地图集中，因此我们倾向于将这一作品归属于彼得罗一人。

这位中世纪航海图和航海标志绘制艺术的最后代表，现存作品总共有七套有签名的地图集，都是在1665年至1688年间在来航绘制的。可能“现存”并不适合在这里使用；1677年的一套13图幅的地图集——可能是卡瓦利尼最好的作品——曾经属于的里雅斯特（Trieste）的
231 一个私人收藏，已经消失无踪了一段时间[337]。同时我们不知道一套两图幅的1676年的图集现在在哪里，在第二次世界大战之前它曾属于热那亚的埃内斯托·贝尔托洛勋位骑士的收藏[338]。

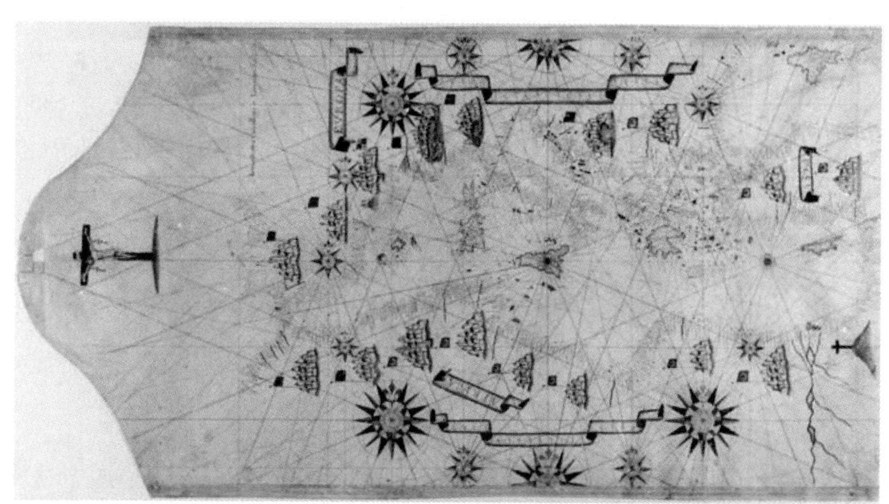

图7.26 乔瓦尼·巴蒂斯塔·卡瓦利尼绘制的地中海航海图。来航，1639年

原图尺寸：47×92厘米。图片由Società Ligure di Storia Patria，Genoa提供。

对于现存的五套地图集而言，还应当增加一幅署名为“伊莱·卡瓦利尼，在里窝那，1678年”［ill（*sic*）Cavallini in Liuorno / Anno/1678］的航海图；风格和绘制的年代说明这应当是彼得罗，而不是乔瓦尼·巴蒂斯塔的作品。然而，我不同意瓜尔涅里（Guarnieri）将未署名的八图幅的航海图集（ItFi37）认为是彼得罗的作品的观点[339]：尽管它是在1670年之前，就像可以从给科西莫三世（Cosimo Ⅲ）的献词中看到的那样，但从海岸线还是装饰特

---

[337] Roberto Almagià, “Note intorno alla dell atradizione cartografia nautica a Livorno,” *Rivista di Livorno* 5 (1958): 304–12.

[338] Caraci, “Inedita Cartographica.”

[339] Giuseppe Gino Guarnieri, *Le correnti del pensiero geografico nell'antichita classica e il loro contributo alla cartografia nautica medioevale*, 2 vols. (Pisa: Gardini, 1968–69), 1: 149.

点方面来看，这完全不同于彼得罗的作品。

这一乔瓦尼·巴蒂斯塔·卡瓦利尼的最后作品通常会被作为一种有着超过一百年历史的航海图绘制传统急剧衰落的例子。卡拉奇认为，有能力的海员将不会使用这种充满错误的粗糙作品，在其中他看到“海岸线绘制中的马虎和不精确，对当时即使最为不精确的模型的扭曲，被混淆的以及有时完全无法识别的地名，甚至经常出现的不合理的对位置的移动”。虽然它的装饰和着色，显然比航海图的科学内容更居于首要地位，但在卡拉奇看来也是“低俗而没有品位的”[340]。

然而，就像他的前辈乔瓦尼·巴蒂斯塔那样，彼得罗看上去轻而易举地就在圣斯特凡诺骑士团中为他的作品寻找到了客户，在1676年和1688年的地图集的评注中能够看出这一点。同时这一1688年的地图集，彼得罗现存的最晚一部作品，并且可能是在来航绘制的地图集的收官之作，其上的西欧甚至意大利的轮廓粗糙，但对东部和爱琴海的绘制却详细得多，那里是圣斯特凡诺骑士团参与的最后几次海战的地点（坎迪亚的防御，土耳其人和神圣罗马帝国之间的战斗，以及在伯罗奔尼撒的战役）[341]。第三幅图幅，显示了地中海东部，包含了已知最早的彼得罗·卡瓦利尼用顺时针旋转的方法纠正地中海东西轴线的传统扭曲的努力（他做得过了，最终塞浦路斯显得比克里特还要往南很多）。

232

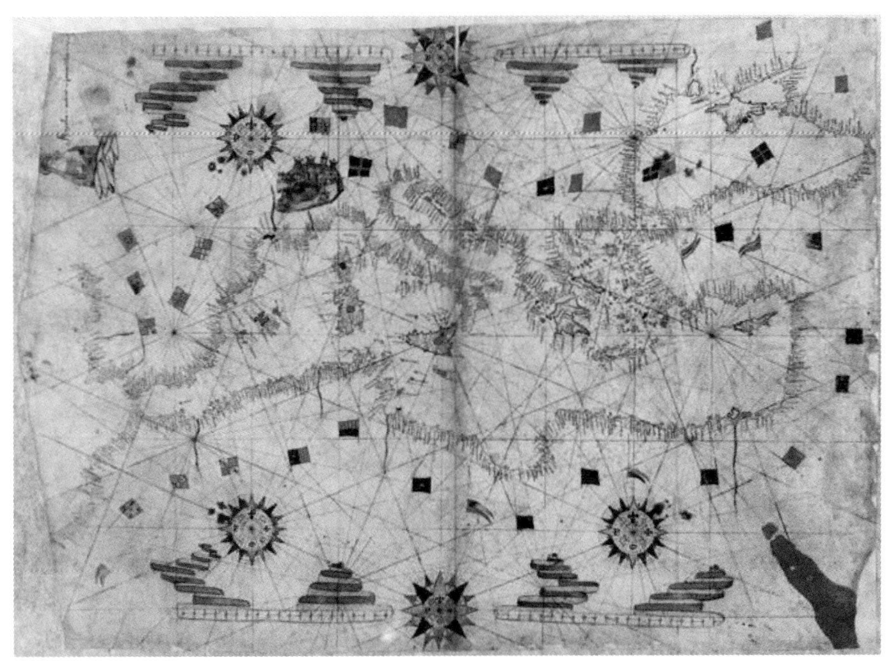

图7.27 “安格鲁斯（ANGELUS）”绘制的地中海航海图。马赛，1571年

原图尺寸：54×76厘米。Biblioteca Nazionale Centrale, Florence (Port. n. 6)．得到 Ministero per i Beni e le Attivita Culturali della Repubblica Italiana 的授权。

---

[340] Caraci, “Gio. Batta,” 386.

[341] Luciano Lenzi, “Le carte nautiche pisane dei Cavalieri di Santo Stefano: L'Atlante nautico di Piero Cavallini: Proposte di una nuova lettura,” *Quaderni Stefaniani* 4, supp. (1985): 41–61.

应当指出，约安·奥利瓦在他1614年之后的作品中已经引入了这一校正，但是乔瓦尼·巴蒂斯塔·卡瓦利尼直到1638年才将其结合到他自己的作品中，同时，如同我们已经看到的，彼得罗似乎只是到了他职业生涯即将结束时才已经意识到这点。因而，卡拉奇可能是对的，他提出来航从来没有一个知识可以从师父传授给徒弟的真正的地图学派[342]。然而，不能否认的是，来航确实曾经有着一个专业化的地图学作坊，其命运与圣斯特凡诺骑士团的命运紧密捆绑在一起，因而当骑士团不可避免地走向衰落的时候，它也曲终人散了。

马赛

类似于来航，受惠于与东方的贸易，作为一座港口城镇，在16世纪期间，马赛的地位快速增长。城市因而吸引了来自地中海其他各个港口的职业人士；这些人中有大量的地图学家，他们定居在马赛以期能为他们的作品找到一个繁荣的市场。

德东布斯提到，一部1539年的由贾科莫·a. 拉尼亚·特拉帕尼（Giacomo a Lagna Trapani）和尼古拉斯·伊佐阿尔（Nicolas Iszoard）签名和注明日期的航海图汇编是第一部在马赛制作的这类汇编，但没有给出其今天收藏地点的信息。按照德东布斯的观点，下一部在马赛制作的地图学作品是一套小型的1568年由尤利奥努什·格拉菲尼亚签名的地图集[343]。奥尔本斯（Albanes）对这一由五幅合起来涵盖了地中海区域的航海图，以及一幅世界航海图（可能是阿涅塞类型的）的作品给予了一个准确描述。位于第一图幅右页上的图题为“尤利奥努什·格拉菲尼亚在著名的马赛城创作此书，公元1568年（Julianus Graffingnia conposui thunc
233 librum in nobbili civitati Massiliae. Anno Domini 1568）”，但是我们无法核实，因为绘本似乎在前一段时间消失了[344]。

因而，署名为“安格鲁斯在马赛绘制”（Angelus me fecit marssilia）的航海图（图7.27）尤为重要。它显示了地中海的海岸线，黑海和欧洲的大西洋海岸（上至加利西亚的“c. finistera”），以及非洲的海岸（远至摩洛哥的“cauo ditto”）（ItFi22）。德东布斯宣称存在四套有着同样图题的，以及时间都在1571年至1574年间的地图集[345]。然而，我们未能追踪到这些作品，对“安格鲁斯”也一无所知。

这一时期马赛的地图学似乎很大程度上依赖于奥利瓦家族。这一王朝最初成员中的一位，若姆·奥利韦斯，1550年就已经在马赛工作了，然后迁往那不勒斯和墨西拿，再于1566年返回马赛，他最后的作品绘制于巴塞罗那，并在那里去世。三幅航海图证明了他在法国城市的存在；第一幅的图题有“在马赛的马略卡的若姆·奥利韦斯，1550年（jaume Ollives mallorqui en marsela 1550）（USW2）”，而其他两幅（USNY15和ItVe42）的时间为1566年。

家族中最为多产的成员，约安·奥利瓦，在墨西拿、那不勒斯和马耳他工作之后，来到

---

[342] Caraci, “Gio. Batta.”

[343] Destombes, “François Ollive,” 13.

[344] Albanès, *Catalogue général*, 317.

[345] Destombes, “François Ollive,” 13.

了马赛。他从 1612 年至 1615 年都停留在这里，除了曾于 1614 年短暂地在墨西拿停留过一段时间之外[346]，最终定居在来航。他在法国时期的现存作品由两幅航海图和两部地图集构成。第一幅航海图有着“在马赛城的约安内斯·奥利瓦绘制，1612 年”（Joannes Oliva fecit in civitate Marseille 1612）的图题（ItVe57），然后是 1613 年的 12 图幅的地图集（UKL37），1614 年的 10 图幅的地图集（ItNa4）和一幅 1615 年的航海图[347]。

似乎第一位专门在马赛工作的家族成员是萨尔瓦托雷·奥利瓦，他在 1619 年至 1635 年期间在那里绘制了六套地图集。其中时间最早的地图集实际上由他的两幅航海图和一幅艾蒂安·布雷蒙（Estienne Bremond）署名晚很多的航海图装订在一起构成（USSM12 和 USSM13）；其有着图题“在马赛城的萨尔瓦托雷·奥利瓦绘制，1619 年”（Salvator Oliva fecit in civitate marsiliae，Anno 1619）。此后，出现了一套七图幅（ItFi16）和一套三图幅（USCa1）的地图集（都是 1620 年），然后是三套三图幅的地图集——其中两套为 1631 年（ItVe18 和 FrP40），一套为 1635 年（FrP42）。

一套四图幅的地图集，有着“弗朗西斯·卡洛里奥·奥利瓦在马赛城于 1643 年亲自绘制（Franciscus Caloiro Oliva me fecit in civitate marsiliae anno domine 1643）”的图题（UKL43）。这四幅航海图显示了亚得里亚海、爱琴海、欧洲和非洲的大西洋海岸（从苏格兰到摩洛哥）和地中海西部，以及地中海的中部与东部。从地理学的角度来看这些航海图非常不准确，图中充斥着花型图案的装饰（绿色和橙色占据主导），而第四幅航海图还包括一个马赛的大景观图。尽管列在这里的著作，到目前为止与马略卡或墨西拿的地图学家的作品没有什么不同，但这一地图集是现存第一套展示了那些将会在马赛的航海地图学中成为特征的例证。基于风格的相似性，我们可以确定地图学家为弗朗索瓦·奥利夫（弗朗切斯科·奥利瓦），其从 1650 年之后活跃于马赛（不应当与 1594 年至 1615 年在墨西拿工作的弗朗切斯科·奥利瓦相混淆）。

现存的由马赛的弗朗索瓦·奥利夫绘制的最为古老的作品是一套五图幅的地图集，其上有着图题“弗朗西斯·奥利瓦在马赛城于 1650 年绘制”（Franciscus Oliva me fecit in civitate Marsiliae anno 1650）（UKL46）。在同一年，他绘制了一套三图幅的地图集（UKE2），而两年后他绘制了三幅航海图，今天这三幅图与让·弗朗索瓦·鲁森绘制的九幅航海图一起装订为一本地图集（ItTr2 和 ItTr3）。然后是 1658 年的一套五图幅的地图集（SpBa8）、一套四图幅的地图集（SpBi2）和一套三图幅的地图集（FrMa3），后两者都绘制于 1661 年[348]。此外还有 1659 年的一套两图幅的小型地图集，只是简单地以首字母 F. O. 署名（ItVe8），毫无疑问其应被认为是同一位地图学家的作品。

作者后半生的作品，也就是他开始将自己署名为“弗朗索瓦·奥利夫”（François

---

[346] 实际上，在同一年，约安·奥利瓦在墨西拿绘制和署名了一套 15 图幅的图集（SpP6）。

[347] 私人所有，并且保存在美国的一个收藏机构中。

[348] R. D. O. [Oldham]，“Francesco Oliva the Younger，” *Geographical Journal* 77（1931）：204 – 5，以及 Dominique Jacobi，ed.，*Itinéraires de France en Tunisie du XVIe au XIXe siècles*（Marseille：Bibliothèque Municipale，1995），128 – 33。

Ollive）之后[349]，包括两幅 1662 年的航海图（FrP48 和 FrP50）和一幅 1664 年的航海图（图版 8，FrP61），全部在矩形框架的涡形边框中装饰着富丽的盾徽、船只、动物、骑士、僧侣和城市景观。还应指出的是，在这些晚期作品中，地中海的东西轴线已经被纠正，直布罗陀、克里特和塞浦路斯几乎被排成一条直线——一个确定的弗朗索瓦·奥利夫煞费苦心地保持他的作品跟上时代的一个标志。此外，还有令人讶异的大量未署名的与奥利夫作品在风格上有着惊人相似性的航海图和地图集。这些说明他在马赛的作坊常盛不衰的多产，而航海图通常是学徒的作品。

234 在同一时期，鲁森家族的两位成员，奥古斯丁和让·弗朗索瓦正在马赛工作。尽管我们不知道他们之间的准确关系，但我们确实知道奥古斯丁是两者中较为年长的，并且已经在 1630 年工作。这一年他绘制了一套三图幅的图集，署名为"在马赛的奥古斯丁·鲁森绘制，1630 年"（Augustinus Roussinus me fecit marsciliae anno Domini 1630），包含有涵盖了地中海、爱琴海以及地中海西部加上欧洲和非洲大西洋海岸的航海图（FrMa2）。1990 年 6 月 20 日，在佳士得拍卖的一套非常相似的图集，标注的时间也是在同一年，另外两套三图幅的地图集绘制于 1633 年（FrP41 和 FrT1）。还有两幅署名但没有标明日期的作品：一套三图幅的地图集（FiH6）和一套六图幅的地图集（USB1），其并没有局限于地中海区域，而是涵盖了美洲、欧洲全部以及非洲的东西海岸（终结于马达加斯加）[350]。

还有一套署名为"鲁森，1645 年在土伦绘制"（Faict a Toullon par Roussin 1645）的三图幅的地图集[351]，和一幅大型的署名为"绘制……土伦 p/鲁森/1654 年"（faict. . . Toullon p/Roussin / 1654）的地中海航海图（FrP59）。非常难以确定这些是否是奥古斯丁或他的继承者让·弗朗索瓦绘制的，后者活跃的时间是在 1654 年至 1680 年间，并且已知从 1654 年至 1658 年间在土伦。两部作品可能是奥古斯丁绘制的，在他的职业生涯末期他可能已经迁移到了土伦，他在那里的亲戚让·弗朗索瓦可能已经从他那接管了生意。然而，对我而言，这些地图集似乎更为可能是让·弗朗索瓦自己的早期作品，他有可能决定在一个没有竞争的港口建立自己的作坊，然后故意在签名时只使用自己的姓氏，因为他希望他的作品能被与更为知名的奥古斯丁的作品混淆。

现存的可以明确认定作者为后一位鲁森的最早的作品是四图幅的地图集（ItMo4）；第三图幅的右上角有着"J. F. 鲁森，1658 年在土伦绘制"（Faict a Toullon Par J. F. Roussin / 1658）的图题，而在左上角则有一个土伦的写实的大型景观（整部图集中唯一的缩微画）。

---

[349] 对于这些，可能可以增加在萨尔特（Sarthe）一所老宅中发现的三图幅的大型地图。严重损害的图题已经被转写为"由弗朗索瓦·奥利夫绘制：马赛城的地理学家，1646 年 11 月"（Faict par moy François Ollive：Géographe de la Ville de Marseille en novembre 1646）。由于无法亲自检查这一作品，我只是简单地提出这样的建议，即地图可能是在很晚之后标明的日期——可能要晚至 1664 年。似乎比较奇怪的是，1646 年，地图学家应当亲自署名为弗朗索瓦·奥利夫（François Ollive），然后从 1650 年至 1661 年署名为弗朗西斯·奥利瓦（Franciscus Oliva），最后在 1662 年再次署名为弗朗索瓦·奥利夫（François Ollive）。

[350] USB1. E. H. ［Edward Heawood］，"An Unplaced Atlas of Augustin Roussin，" *Geographical Journal* 77（1931）：160－61.

[351] UKL50. "The Roussins as Chart-Makers，" *Geographical Journal* 77（1931）：398.

作品有着一个也能在同时代的其他地图集中找到的有意思的特征，对于相同区域[352]，在这里是地中海，用两种不同的方式显示：一种是传统的航海图，有着风罗盘方位线的网格和精美的装饰（包括大型的罗盘玫瑰），以及一个更为斯巴达的模式，没有装饰——除了三面有着大陆名称的旗帜之外——并用网格取代了风向线。第二幅航海图的目的不是很清楚，因为垂直和水平线条构成的网格并不与经纬度线对应，且没有任何标识。

让·弗朗索瓦·鲁森此后的生涯与那些同时代的到处游历的地图学家的模式相一致。首先是移居到了马赛，在那里他于 1568 年（译者注，似乎应当为 1658 年）完成了一套四图幅的地图集（ItTr2），并在 1569 年（译者注，似乎应当为 1659 年）完成了一套三图幅的地图集（FrP46）。在 1661 年，我们发现他在威尼斯，他在那里将会停留到 1673 年，总共留下了六种有着署名的航海图和地图集。1674 年，他回到土伦，在那里他绘制了一幅航海图（FrP47），然后 1680 年他在马赛，在那里他完成了他存世最晚的一部著作，一幅很有把握可以确定他是作者的航海图，即使其只有简单的签名“在马赛的鲁森，1680 年”（A marseille Par Roussin 1680）（SvS5）。

另外一个马赛地图学家族就是布雷蒙。家族最为古老的成员，艾蒂安，我们只是通过两幅爱琴海的航海图才对他有所了解，即 UKC2 和 USSM13。后者的署名为“在马赛的艾蒂安·布雷蒙绘制，1655 年”（Faict a Marseille par Estienne Bremond 1655），此后被与两幅 1619 年的萨尔瓦托雷·奥利瓦绘制的航海图装订在一起（USSM12）。还有其他这种混合地图集的例子，例如，由九幅 1664 年让·弗朗索瓦·鲁森在威尼斯绘制的航海图和三幅弗朗索瓦·奥利夫在马赛绘制的航海图构成的地图集（ItTr3 和 ItTr4），但在每个例子中，我都认为是航海图所有者做的编纂，而不是制图作坊做的。让·安德烈·布雷蒙（Jean André Bremond）通过两套五图幅地图集，分别为 1669 年（ItTs2）和 1670 年（USW10），而为我们所知。但是还有一套 1662 年的两图幅的地图集（ItMi4）以及一幅 1664 年的航海图（FrP60），两者都是简单地署名“布雷蒙”，因而可以认定是他的作品。

类似于奥利瓦 - 奥利夫和鲁森家族，布雷蒙家族的成员肯定是职业地图学家，并且可能在坐落于港口附近设备完备的作坊中工作。实际上，不同于在热那亚，那里马焦洛的垄断权将其他航海图绘制者赶出了市场，马赛似乎对于这些富有价值的工艺品有着一种特别健康的需求，因此那里生活着一批独立的工匠，可能船只的导航员和船长们，他们在空闲时间绘制航海图。这些人物中的很多人只是通过一幅存世的作品而为我们所知。

一个（用意大利文）署名为“我，埃库莱斯·o. 多里亚（Hercules o Doria），一名水手，在马赛于 1592 年 11 月 20 日绘制了上述这部著作”的九图幅的地图集尤其令人感兴趣（USPo4）。这个图题和航海图绘制者的名字相当令人费解，因此我认为这里值得回顾一下 1967 年由让内特·布拉克（Jeannette Black）提出的有趣的理论，当时他是普罗维登斯（Providence）的约翰·卡特·布朗图书馆（John Carter Brown Library）地图部的主任[353]。这 235

[352] 如同在弗朗索瓦·奥利夫绘制的 1658 年的五图幅的地图集（SpBa8）和佚名的五图幅的地图集（FrMa4）；在这些作品中，图幅上有着没有地名的网格。

[353] Jeannette Black, “Interim Report on the Doran / O'Doria Portolan Charts and Atlas”（未发表的稿本，标注的时间为 1967 年）。

位几年之前不幸去世的学者曾提到，现在保存在耶鲁大学斯特林纪念图书馆（Sterling Memorial Library）的一幅有着以下图题的航海图（用意大利文）“由我，埃德蒙·多兰（Edmund Doran），爱尔兰人，1586 年 6 月 13 日在伦敦城”以及索尔兹伯里侯爵（Marquis of Salisbury）藏品中有着如下图题（同样用意大利文）的另外一幅航海图“由我，埃库莱斯·多兰（Hercules Doran），意大利人，埃德蒙·多兰的儿子，爱尔兰人，在 1586 年 3 月 22 日于伦敦城绘制”。因此他的理论就是多兰父子都在伦敦工作，然后儿子埃库莱斯搬到了马赛，在那里他将他的姓氏改为了多里亚（其毫无疑问是一个在地中海航海圈子中更为有名的名字）。存在的奇怪之处就是，所有三部作品的图题——两部在伦敦绘制的和一部在马赛绘制的——都用的是意大利语。另外一部独一无二的作品是五图幅的署名为“在马赛，沙拉·安布鲁瓦西，1620 年（A Marseille par Charlat Ambrosin l'an 1620）”的地图集，但我们对绘图者一无所知（FrP37）。

在他关于米兰图书馆的航海图的著作中，埃雷拉提到在楚浮奇阿纳图书馆（Biblioteca Trivulziana）有着简单署名“1623 年，皮埃尔·贝尔纳德（1623. Pierre Bernard）”的另外一部作品。在指出其风格与约安·奥利瓦的作品类似之后，他提出作者是马赛的某位大师级地图学家的学徒[354]。

此外还有一套由圣马洛（Saint Malo）的皮埃尔·科林（Pierre Collin）在 1642 年于马赛绘制的六图幅的地图集（FrL1），他是一个略为有些扑朔迷离的人物；我们知道，他最终返回了布列塔尼（Brittany），并且在 1665 年陪同查尔斯·科尔伯特（Charles Colbert）对英吉利海峡（English Channel）沿岸进行了视察，然后在第二年他绘制了一幅大比例尺的布雷阿（Bréhat）岛航海图[355]。

其他单独的作品是一套两图幅的地图集（ItBo7），署名为“在马赛，托菲米·韦尼埃绘制，1679 年”（faict A Marseille Par Tropheme Vernier. Anne Domini 1679）[356]，和一幅有着破损且有着部分模糊不清的署名的航海图，其中包括“在马赛……T. 科莱（a Marseille... T. Caulet）”（作品的时间必然是在 17 世纪中期）（SwS1）。

一些仅仅涵盖了地中海区域的航海图和有着两三图幅的地图集可能一定程度上被认为是在马赛的航海图绘制者的作品，尽管它们没有标出制作的时间和地点[357]。这类作品可以在公共和私立图书馆以及博物馆中找到，也时不时地出现在拍卖行或者在旧书商的书架上，然而通常它们只是被简单地标为来自加泰罗尼亚。

---

[354] Errera, “Atlanti e carte nautiche,” 526.

[355] 现在收藏在 BNF. Mollat and La Roncière, *Les Portulans*, 266。

[356] Pietro Frabetti, “Descrizione ed illustrazione di due atlanti nautici manoscritti francesi del secolo XVII conservati presso la Biblioteca Comunale dell'Archiginnasio,” *L'Archiginnasio* 82 (1987): 77 - 91, esp. 78.

[357] 例如，未署名的五图幅的地图集 USCh17 不仅收录了四幅不同比例尺的地中海航海图，而且还包括一幅大比例尺的西西里陆地和航海图，有着下列图题“1282 年，也就是西西里的晚祷，当时法国人被杀害，他们投降了阿拉贡国王”。在最后一幅航海图中有着一个大型的马赛景观，显示了狮子湾（Golfe du Lion），进一步证实了地图集必然是在那座城市绘制的。地图被绘制在不同尺寸的羊皮纸上，然后这些羊皮纸被贴在纸板上，并装订成一册。然而，这不应当导致认为，这种汇集是地图所有者的工作——可能是在很多年之后。实际上，一部相似的图集——只有四幅地图，但是包括一幅同样的西西里地图——在 1936 年是 Gerolamo Bollo 的藏品的一部分，在那里其被卡拉奇进行了准确的研究和表述（“Inedita Cartographica,” 167 - 69），他提到“作者”时使用了单数。那部作品似乎后来被拆开以单独出售。

看起来这些普罗旺斯地图学家晚期作品的主要消费者是有钱的商人和船主，由此这就可以解释为什么地图市场环绕马赛而不是土伦发展。在来航为圣斯特凡诺骑士团绘制的航海图被用来规划对柏柏尔海盗的袭击，而这些带有大量装饰性的航海图使得它们的主人可以查找他们正在运往在地中海广泛分布的港口路途上的商品和船队。正如较早提到的，航海图在来航的单一用途意味着在骑士团衰落之后，这个城市的地图贸易进入了不景气状态而不是扩展范围到新的产品上。

另一方面，马赛对绘本航海图需求的衰落与现代法国水文地理学的诞生同时发生。1680年，让-巴蒂斯特·科尔伯特（Jean-Baptiste Colbert）将会命令对西班牙、加泰罗尼亚和普罗旺斯海岸进行系统的调查[358]；大约在同一时期，亨利·米什洛（Henry Michelot）开始印刷撰写的波特兰航海图（*portolani*），并且与让·安德烈·布雷蒙合作绘制和销售印刷的地中海航海图——不是基于传统的模式，而是基于崭新的天文观测。让·安德烈的作品被洛朗·布雷蒙（Laurent Bremond）所继续，他毫无疑问是前者的一名亲戚，并且在18世纪初期“于港口的勒布尔的角落上”（on the port at Reboul's corner）销售印刷的航海图，可能就是在艾蒂安和让·安德烈最早建立商店的房屋的位置上——这是马赛地图学贸易发展延续性的一个完美的象征[359]。

结　论

综上，16世纪和17世纪地中海地区的航海图的绘制史可以被描述为一个其中存在很多光彩闪烁的亮点的漫长黄昏。在印刷版航海图的日渐普遍，而绘本地图学家通常无法跟上水手们的新需求以及市场条件变化的情况下，这种持久力和活力显然令人惊讶。这可能是个悖论，可以认为一种基于风的罗盘方位线的航海地图学的存活，主要归因于这种航海图逐渐失去了作为航海辅助的实用目的，转而作为地理图像承担了装饰性和辅助教育的次要功能这一事实。 236

然而，这些航海图的主要功能并没有被完全忘记，因为即使当它们的主要顾客不能再用水手来描述的时候，绘制航海图和地图集的地点依然是地中海的主要港口。来源城市的名称被谨慎地标明，或许是因为潜在的购买者会将其作为比制图者的名字更为可靠的质量保证。

这些航海图的装饰性目的意味着地图学家增加了大量装饰特征，而且尽管这些必然导致质量下降，但是增加了绘制的时间，进而增加了成本。最终，这类昂贵的绘本航海图就失去了它的消费者，而这类航海图也消失了[360]。

这些航海图作为地理信息提供者的用途在16世纪尤其重要。由韦康特·马焦洛绘制的小比例尺的世界航海图和地图集以及由类似于巴蒂斯塔·阿涅塞和乔治·西代里绘制的地图集显然意图作为传达地理知识的方式，而不是作为航海的工具。然而，绘图中心与那些组织

---

[358] Destombes, “François Ollive,” 16.

[359] Laurent Bremond, *Nouvelle carte generalle de la Mer Mediterranée... sur le Port a Marseille au Coin de Reboul, 1725* (Marseille: Laurent Bremond, 1726).

[360] C. Koeman, “The Chart Trade in Europe from Its Origin to Modern Times,” *Terrae Incognitae* 12 (1980): 49 - 64, esp. 50.

了新的探险航行且这些航行带来的发现在那里被编目的城市的距离——再加上海上强国通常将探险航行的发现作为国家机密——意味着作为地图学命脉的新信息的流动最终完全停滞了。

毫无疑问，韦康特·马焦洛是所有16世纪地图学家中消息最为灵通的，可能归因于他与热那亚和西班牙的良好关系，但是他的作品并没有显示出一个持续和快速更新的过程（期间还有着一个长时间的停滞，甚至是衰退）[361]。人们会得出这样的印象，即地图学家与最新发现的信息的接触是偶尔和偶然的，并且没有广泛到使他进行必要的核实；因而特定错误长期存在，甚至倒退到显然过时的观念[362]。巴蒂斯塔·阿涅塞地图集的图版落后于时代的更多[363]。在16世纪的后半期，乔治·西代里被迫诉求于同时代的印刷地图以获取信息，他通常不加鉴别地广泛使用这类文献材料。17世纪的地图学家，例如约安·奥利瓦和乔瓦尼·巴蒂斯塔·卡瓦利尼，在继续绘制世界地图集或者在他们地中海航海图中插入一幅小型世界地图的时候，还在使用已经过时30或40年的地理信息[364]。

至于这些航海图中描绘的地中海本身，随着时间推移它们越来越聚焦于大海，然而，不仅在精确度上没有真正提高；且标准也存在实质性的下降，晚期的作品用一种粗糙的和很不准确的方式来绘制海岸线。

巴尔托洛梅奥·克雷申齐奥、乔瓦尼·弗朗切斯科·蒙诺，以及在某种程度上，弗朗切斯科·莱万托（Francesco Levanto），每个人都试图确保绘本航海图持续作为一种向由贵族构成的精英人士教授航海艺术的工具。然而，尽管他们纠正了他们航海图的轴线，使它们与正北对齐，因而使得航海图与当时被广泛应用于世界大洋的天文航海技术相适应，但他们的尝试只是略有所成。

在地中海众港口绘制的绘本航海图未能与时俱进。甚至在威尼斯、罗马和热那亚，用印刷来制作这些传统工艺品的小心尝试，也没有达成通过降低成本来增加销量的期望。实际上，这种航海图最终并不是被单一的竞争对手，而是被大量的不同产品取代，其中绘本航海图的各种功能被分割。作为一种航海的或者航海教学的设备，它们被印刷版的基于地理坐标
237 的航海图和地图集取代（其通常在地中海区域之外，由政府机构或者私人企业所制作）；而作为装饰品或者用来传递地理知识的工具，它们被在地中海区域外制作的大型的印刷本地图和地图集取代。到17世纪末，一种有着四百年历史的绘本航海图的传统走到了尽头，同时所有制作这些工艺产品的小型作坊也已经消失了。

---

[361] 卡拉奇谈到“显示了他的作品中的差异的变动和矛盾，绝没有反映我们所知道的16世纪中的地图学知识发展的各个阶段”（Caraci，“Vesconte Maggiolo（1511 - 1549）e il Nuovo Mondo，”287）。

[362] 被认为绘制于1504年的世界航海图已经反映了韦思普奇（Vespucci）的葡萄牙人航行的结果，而1516年的航海图则没有包含任何进一步的进步。奇怪的“乔瓦尼·达韦拉扎诺地峡”出现于1527年的世界航海图中，其出现在发现者自己兄弟绘制的地图的两年之前，而马焦洛一直到他职业生涯结束都继续遵循了这一错误。亚马孙河（Amazon River，Rio delle Amazzoni）的发现同样很快被记录在了1548年的图集中。

[363] Revelli，*Cristoforo Colombo*，2：405.

[364] 乔瓦尼·巴蒂斯塔·卡瓦利尼在他1652年的地图集中第一次显示了火地岛（Terra del Fuego）与未知的南方大陆（Terra Australe Incognita）之间的勒梅尔海峡（Le Maire Strait），而当时已经确定了埃斯塔多斯岛（Isla de los Estados）的岛屿特征。在同一部作品中，北美洲航海图通过将加利福尼亚描述了两次而克服了其构造的问题——一次是作为半岛，一次是作为岛屿。

238

附录 7.1　公共收藏机构的地中海航海图，1500—1700 年

这一初步的列表给出了每种绘本航海图和地图集的一个基于其现在收藏地的国家和城市的识别符号。例如，ItFi7 是保存在意大利佛罗伦萨的第 7 项。附录中包括了国家、收藏机构的名字、识别号、作者（当已知的时候）、是一幅航海图（C）还是一部地图集（A），以及其中包含航海图的图幅数量、绘制地点、时间（如果知道的话）以及编号。

奥地利					
Vienna, Österreichische Nationalbibliothek					
AW1.	[Battista Agnese]	A12①	[Venice]	16 世纪	Cod. Ser. n. 1630
AW2.	Battista Agnese	A12	[Venice]	16 世纪	Cod. 623
AW3.	[Battista Agnese]	A24	[Venice]	16 世纪	Cod. Ser. n. 12. 879
AW4.	Giovanni Antonio Maggiolo	C	[Genoa]	1565 年	Cod. Ser. n. 2. 665
AW5.	Joan Martines	C	Messina	1570 年	Cod. 365
AW6.	[Francesco Ghisolfi]	A9	?	16 世纪	Cod. 12. 925
AW7.	[Antonio Millo]	C	[Venice]	16 世纪	K Ⅲ 108. 652
AW8.	Francesco Oliva	A6	Messina	1614 年	Cod. 360
AW9.	Filippo Francini	A7	[Venice]	1699 年	Cod. Ser. n. 12. 685
比利时					
Brussels, Royal Library of Belgium					
BB1.	Bartomeu Olives	A4	Messina	1572 年	Manuscrit II 4622
BB2.	Angelo Freducci	C	Ancona	1547 年	Ⅱ 292 CP
BB3.	未署名	C②	[Venice]	16 世纪	MS. 17874
加拿大					
Montreal, Musée David M. Stewart					
CaM1.	Vesconte Maggiolo	C	Genoa	1528 年	
克罗地亚					
Dubrovnik, Muzej Dubrovač kog Pomorstva					
CrD1.	Placido Caloiro e Oliva	A4	Messina	1649 年	MDP 154
Zagreb, Hrvatski Državni Arhiv					
CrZ1.	未署名③	A7	?	16 世纪	D XVI—6
塞浦路斯					
Nicosia, Bank of Cyprus Cultural Foundation					
CyN1.	[Joan Oliva]	A1④	?	17 世纪	

① 被称为 Ambraser Atlas.

② 巴尔托洛梅奥·达利索内蒂在《岛屿书》的一部稿本中插入的亚得里亚海的航海图。

③ 馆长 Ankica Pandzic 将作者认定为迪奥戈·奥梅姆，威尼斯，约 1570 年前后。

④ 来自一套由 W. Graham Arader Ⅲ在 1985 年出售的图集中的散页的塞浦路斯海洋—陆地地图。

续表

捷克共和国					
Olomouc, Státní Vědecká Knihovna (State Resarch Library)					
CeO1.	Joan Oliva	C	Leghorn	1624 年	MV 51789
CeO2.	Joan Oliva	C	Leghorn	1624 年	MV 51799
CeO3.	Jaume Olives	A6	Naples	1563 年	Ⅱ 33
丹麦					
Copenhagen, Kongelige Bibliotek					
DK1.	Joan Oliva	C	Messina	[16 世纪?]	
239 Helsingør, Handelds-og Søfartsmuseet på Kronborg					
DH1.	[François Ollive?]	C	[Marseilles?]	17 世纪	
DH2.	未署名 (Catalan)	A2	?	17 世纪	
芬兰					
Helsinki, Helsingin Yliopiston Kirjasto, Slaavilainen Kirjasto—A. E. Nordenskiöld Kokoelmaa⑤					
FiH1.	Domingo Olives	C	Naples	1568 年	
FiH2.	Vincenzo Volcio	A3	Naples	1593 年	
FiH3.	Bartolomeo Crescenzio	C	Rome	1596 年	
FiH4.	未署名	C	?	16 世纪	
FiH5.	Giovanni Battista Cavallini	A3	Leghorn	1642 年	
FiH6.	Augustin Roussin	A3	Marseilles	17 世纪	
法兰西					
Chantilly, Musée et Château de Chantilly (Musée Condé)					
FrC1.	[Battista Agnese]	A10⑥	[Venice]	[16 世纪]	700 (1602)
Dijon, Bibliothèque Municipale					
FrD1.	未署名	C	?	[16 世纪]	MS. 550
Le Havre, Bibliothèque Municipale					
FrH1.	[Bartomeu Olives?]	A13	?	[16 世纪]	MS. 243
Lyons, Bibliothèque Municipale					
FrL1.	Pierre Collin	A6	Marseilles	1642 年	
Marseilles, Bibliothèque Municipale Saint-Charles					
FrMa1.	Joan [Riczo?] Oliva	C	Messina	1593 年	MS. 2081
FrMa2.	Augustin Roussin	A3	Marseilles	1630 年	MS. 2100
FrMa3.	François Ollive	A3	Marseilles	1661 年	MSS. 1663—1665
FrMa4.	[François Ollive]	A5	[Marseilles?]	[17 世纪]	MS. 2104
FrMa5.	Jean François Roussin	A4	Venice	1660 年	

⑤ 这些航海图和地图集在 A. E. Nordenskiöld, *Periplus*; *An Essay on the Early History of Charts and Sailing-Directions*, trans. Francis A. Bather (Stockholm: P. A. Norstedt & Söner, 1897) 中进行了描述；它们在图书馆的存在由图书馆员 Cecilia Riska 进行了证实。

⑥ 地图集被称作 "Portulan de l'Amiral Coligny"。

续表

Montpellier, Bibliothèque Interuniversitaire, Section Medecine						
FrMo1.	[Battista Agnese]	A17	[Venice]	[16 世纪]	H. 70	
Nice, Archives Départementales des Alpes Maritimes						
FrN1.	Baldassare Maggiolo	C	Genoa	1589 年		
Paris, Bibliothèque de l'Arsenal						
FrP1.	Joan Martines	A10	Messina	1582 年	MS. 8323	
Paris, Bibliothèque Nationale de France						
FrP1bis.	未署名⑦	C	?	[15 /16 世纪]	Rés. Ge AA562	
FrP2.	Nicolò de Caverio	C	[Genoa]	[16th cent.]	S. H. Archives n°1	
FrP3.	未署名	C⑧	[Genoa?]	[16 世纪]	Rés. Ge D 7898	
FrP4.	未署名	C⑨	[Genoa?]	[16 世纪]	Rés. Ge AA 567	
FrP5.	P. R. [Pietro Russo]	C	Genoa	1511 年	Rés. Ge B 2126	
FrP6.	[Pietro Russo]	C	?	[16 世纪]	Rés. Ge B 1425	240
FrP7.	Battista Agnese	A10	Venice	1543 年	Rés. Ge FF 14410	
FrP8.	[Battista Agnese]	C	[Venice]	[16 世纪]	Rés. Ge B 1134	
FrP9.	[Battista Agnese]	C	[Venice]	[16 世纪]	Rés. Ge B 9945	
FrP10.	[Battista Agnese]	C	[Venice]	[16 世纪]	Rés. Ge B 2131	
FrP11.	[Battista Agnese]	A10	[Venice]	[16 世纪]	MS. Latin 18249	
FrP12.	Vesconte Maggiolo	C	Genoa	1547 年	Rés. Ge C 5084	
FrP13.	[Jacopo Maggiolo]	C	[Genoa]	[16 世纪]	Rés. Ge D 7897	
FrP14.	Jacopo Maggiolo	C	Genoa	1563 年	S. G. Y 1704	
FrP15.	Giorgio Sideri (Il Callapoda)	C	[Venice]	1565 年	Rés. Ge D 4497	
FrP16.	Diogo Homem	A7	Venice	1572 年	MS. Portugais 45	
FrP17.	Jacopo Maggiolo	C	Genoa	1573 年	Rés. Ge B 2136	
FrP18.	Diogo Homem	A7	Venice	1574 年	Rés. Ge DD 2006	
FrP19.	Joan Martines	A7	Messina	1583 年	Rés. Ge DD682	
FrP20.	[Francesco Ghisolfi]	A10	?	[16 世纪]	Rés. Ge FF 14411	
FrP21.	[Joan Martines]	A4	[Messina]	[16 世纪]	Rés. Ge FF 16119	
Paris, Bibliothèque Nationale de France						
FrP22.	Bartomeu Olives	C	Messina	1584 年	Rés. Ge B 1133	
FrP23.	Matteo Prunes	C	Palma de Mallorca	1586 年	Rés. Ge AA 570	
FrP24.	Matteo Prunes	C	Palma de Mallorca	1588 年	Rés. Ge C 5094	
FrP25.	Domingo Villaroel (Domenico Vigliarolo)	C	Naples	1589 年	Rés. Ge B 1149	

⑦ 被称为“di Colombo”。

⑧ 地中海中部的航海图。

⑨ 爱琴海的航海图。

续表

	Paris, Bibliothèque Nationale de France					
	FrP26.	Baldassare Maggiolo	C	Genoa	1592 年	Rés. Ge C 24091
	FrP27.	Joan Riczo Oliva	C	Messina	[16 世纪]	Rés. Ge C 5095
	FrP28.	Vincenzo Volcio	C	Leghorn	1598 年	Rés. Ge C 5095
	FrP29.	Joan Oliva	C	Messina	[16 世纪]	S. G. Y 1705
	FrP29bis.	Anonymous	A7	[Venice?]	[16 世纪?]	Rés. Ge EE 5610
	FrP30.	[Salvatore Oliva?]	C	?	[17 世纪]	Rés. Ge D 7884
	FrP31.	Francesco Oliva	C	Messina	1603 年	Rés. Ge C 5093
	FrP32.	Joan Oliva and Francesco Oliva	C	Messina	[17 世纪]	Rés. Ge C 5101
	FrP33.	[Joan Oliva and Francesco Oliva]	C	[Messina]	[17 世纪]	Rés. Ge C 5092
	FrP34.	[Joan Oliva]	C	?	[17 世纪]	Rés. Ge C 5085
	FrP35.	[Joan Oliva]	C⑩	?	[17 世纪]	Rés. Ge C 9131
	FrP36.	Nicolaus Vourdopolos	C	?	[17 世纪]	MS. suppl. Grec 1094
	FrP37.	Charlat Ambrosin	A5	Marseilles	1620 年	Rés. Ge DD 2018
	FrP38.	Alvise Gramolin	C⑪	Venice?	1622 年	Rés. Ge B 550
	FrP39.	Placido Caloiro e Oliva	C	Messina	1631 年	Rés. Ge C 5098
	FrP40.	Salvatore Oliva	A3	Marseilles	1631 年	Rés. Ge D 7885/6/7
	FrP41.	Augustin Roussin	A3	Marseilles	1633 年	MS. Français 20122
	FrP42.	Salvatore Oliva	A3	Marseilles	1635 年	Rés. Ge D 7889/90/91
	Paris, Bibliothèque Nationale de France					
	FrP43.	[Salvatore Oliva]	A3	[Marseilles]	[17 世纪]	Rés. Ge DD 2007
	FrP44.	Giovanni Battista Cavallini	A2	Leghorn	1639 年	Rés. Ge DD 2019
	FrP45.	Juan Bautista Prunes	C	Palma de Mallorca	1649 年	Rés. Ge C 4616
241	FrP46.	Jean François Roussin	A3	Marseilles	1659 年	Rés. Ge DD 2022
	FrP47.	Jean François Roussin	C	Toulon	1674 年	S. H. Archives n°44
	FrP48.	François Ollive	C	Marseilles	1662 年	S. H. Archives n°43
	FrP49.	Jean François Roussin	A2	Venice	1669 年	Rés. Ge D 7893 (Ie II)
	FrP50.	François Ollive	C	Marseilles	1662 年	Rés. Ge A 850
	FrP51.	[François Ollive]	A3	[Marseilles]	[17 世纪]	Rés. Ge FF 3596
	FrP52.	[François Ollive]	A4	[Marseilles]	[17 世纪]	Rés. Ge DD 2009
	FrP53.	[François Ollive]	A2	[Marseilles]	[17 世纪]	Rés. Ge DD 2010
	FrP54.	[François Ollive]	A2	[Marseilles]	[17 世纪]	Rés. Ge DD 2012
	FrP55.	[François Ollive]	C⑫	[Marseilles]	[17 世纪]	Rés. Ge D 6589
	FrP56.	未署名	A2	[Marseilles]	[17 世纪]	Rés. Ge DD1008
	FrP57.	未署名	A6	[Marseilles]	[17 世纪]	Rés. Ge DD 2016

⑩ 爱琴海的航海图。

⑪ 爱琴海的航海图。

⑫ 爱琴海的航海图。

续表

Paris, Musée National de la Marine						
FrP58.	Vesconte Maggiolo	C	Genoa	1537 年	9 NA 24	
FrP59.	[Jean François?] Roussin	C	Toulon	1654 年	9 NA 25	
FrP60.	[Jean André?] Bremond	C	Marseilles	1664 年	9 NA 26	
FrP61.	François Ollive	C	Marseilles	1664 年	9 NA 23	
Toulouse, Bibliothèque Municipale						
FrT1.	Augustin Roussin	A3	Marseilles	1633 年	MS. 784	
Valenciennes, Bibliothèque Municipale						
FrV1.	Jaume Olives	A9	Barcelona	1572 年	MS. 488	
德意志						
Berlin, Staatsbibliothekzu Berlin Preußischer Kulturbesitz						
GeB1.	Domenico Vigliarolo	C	Naples	1580 年	Kart. F 40	
GeB2.	Antonio Millo	A14	Venice	1586 年	MS. Ham. 446	
GeB3.	Joan Martines	A14	Messina	1591 年	MS. Ham. 430	
GeB4.	未署名	C	?	[16 世纪]	Kart. 2862	
GeB5.	未署名	C	?	[16 世纪]	Kart. 13064	
GeB6.	[Battista Agnese]	A16	[Venice]	[16 世纪]	MS. Ham. 529	
GeB7.	未署名	C	?	[17 世纪]	Kart. T 301	
Dresden, Sächsische Landesbibliothek						
GeD1.	Battista Agnese	A10	Venice	1544 年	Mscr. Dresd. F 140a	
GeD2.	[Battista Agnese]	A10	[Venice]	[16 世纪]	Mscr. Dresd. F 140b	
GeD3.	DiogoHomem	A22	Venice	1568 年	Mscr. Dresd. F 59a	
Gotha, Forschungs- und Landesbibliothek						
GeGo1.	Battista Agnese	A12	Venice	1543 年	Memb. II 146	
Göttingen, Niedersächsische Staats- und Universitätsbibliothek						
GeG1.	[Battista Agnese]	C	[Venice]	[16 世纪]	Cod. MS. Mapp. 9	
Karlsruhe, Badische Landesbibliothek						
GeK1.	未署名（Catalan）	C	?	[16 世纪]	S 5	
Kassel, Gesamhochschul-Bibliothek						
GeKa1.	Battista Agnese	A11	Venice	1542 年	4°MS. hist. 6	
Munich, Bayerische Staatsbibliothek						
GeM1.	Vesconte Maggiolo	A7	Genoa	1519 年	Cod. icon. 135	
GeM2.	[Battista Agnese]	A10	[Venice]	[16 世纪]	Cod. icon. 136	242
Munich, Bayerische Staatsbibliothek						
GeM3.	Jacopo Maggiolo	C⑬	Genoa	1551 年	Cod. icon. 140 f. 80	
GeM4.	未署名	C	?	[16 世纪]	Cod. icon. 140 f. 81	
GeM5.	未署名	C	?	[16 世纪]	Cod. icon. 140 f. 83	
GeM6.	未署名	C	?	[16 世纪]	Cod. icon. 131	

⑬　这幅航海图，以及之后的两幅未署名的航海图，一幅未署名的葡萄牙文的航海图，以及一幅署名为托马斯·胡德的航海图被与罗伯特·达德利的绘本地图装订在一起。

续表

Munich, Universitätsbibliothek					
GeM7.	[Battista Agnese]	A19	[Venice]	[16 世纪]	Cim. 18
GeM8.	未署名	A4	?	[16 世纪]	Cim. 20
Wolfenbüttel, Herzog August Bibliothek					
GeW1.	Battista [Agnese]	C	Venice	1514 年	Cod. Guelf. 100 Aug. 2°
GeW2.	[Battista Agnese]	A10	[Venice]	[16 世纪]	Cod. Guelf. 4. 1 Aug. 4°
希腊					
Athens, Benaki Museum					
GrA1.	未署名	A2	[Marseilles]	[17 世纪]	26733
GrA2.	未署名（希腊）	C	?	[16/17 世纪]⑭	36215
爱尔兰					
Dublin, Trinity College					
IrD1.	Battista Agnese	A11	Venice	1544 年	K 3. 15, No. 917
意大利					
Albissola Marina, Palazzo del Comune					
ItA1.	Guglielmo Saetone	A5⑮	[Albissola]	1682—83	
Bergamo, Biblioteca Civica Angelo Mai					
ItBe1.	[Battista Agnese]	A17	[Venice]	[16 世纪]	MA 557
Bologna, Archivio di Stato					
ItBo1.	Joan Oliva	C	Messina	1599 年	Port. 1599 Arch., Malvezzi Campeggi
Bologna, Biblioteca Comunale dell'Archiginnasio					
ItBo2.	Conte di Ottomanno Freducci	A6	[Ancona]	1539 年	Vetrine: n. 1
ItBo3.	Jacopo Scotto	A7	Naples	1593 年	Vetrine: n. 2
ItBo4.	Vincenzo Volcio	C	Leghorn	1601 年	Sala XVI degli Inc.
ItBo5.	Placido Caloiro e Oliva	C	Messina	1639 年	Sala XVI degli Inc.
ItBo6.	Placido Caloiro	A6	Messina	1665 年	Vetrine: n. 7
ItBo7.	Trophème Vernier	A2	Marseilles	1679 年	Sala XVI degli Inc.
ItBo8.	未署名（法文）	A2	[Marsei-lles]	[17 世纪]	Sala XVI degli Inc.
Bologna, Museo della Specola					
ItBo9.	Banet Panades	C	Palermo	1556 年	Biblioteca
ItBo10.	Giulio Petrucci	C	Pisa	1571 年	Biblioteca
Bologna, Biblioteca Universitaria					
ItBo11.	[Battista Agnese]	A18	[Venice]	[16 世纪]	Cod. 997
ItBo12.	Placido Caloiro e Oliva	C	Messina	1622 年	Rot. 4
243 ItBo13.	Placido Caloiro e Oliva	A3	Messina	1641 年	Cod. 368
ItBo14.	Anonymous	C	?	[17 世纪]	Rot. 81

⑭ 来自 Clive Burden 的收藏。

⑮ 5 幅航海图被插入波特兰航海图“Stella guidante di pilotti e marinari”中。

续表

Bordighera, Istituto Internazionale di Studi Liguri					
ItBr1.	Joan Martines	C	Naples	1590 年	
ItBr2.	未署名	C⑯	?	[16 世纪]	
Brescia, Civica Biblioteca Queriniana					
ItBs1.	[Battista Agnese]	A10	[Venice]	[16 世纪]	Legato Martinengo I. II, 24
Cagliari, Biblioteca del Consiglio Regionale della Sardegna					
ItCa1.	Jacopo Russo	C	Messina	1549 年	
ItCa2.	Giovanni Antonio Maggiolo	C	[Genoa?]	1575 年	
ItCa3.	Joan Oliva	C	Leghorn	1522 年	
Catania, Biblioteca Regionale Universitaria					
ItCt1.	Battista Agnese	C	Venice	1562 年	MS. U. 85
Cava de' Tirreni, Museo della Badia di Cava					
ItCv1.	Matteo Prunes	C	Palma de Mallorca	1560 年	
Cefalu, Fondazione Culturale Mandralisca					
ItCe1.	[Placido Caloiro e Oliva]	A2	[Messina]	[17 世纪]	
Cortona, Biblioteca Comunale e dell'Accademia Etrusca					
ItCo1.	Joan Martines	C	Messina	1550 年	n. 100
ItCo2.	Père Juan Prunes	C	Palmade Mallorca	[17 世纪]	n. 99
Fano, Biblioteca Comunale Federiciana					
ItFa1.	Vesconte Maggiolo	C	?	1504 年	
Fermo, Biblioteca Comunale					
ItFe1.	未署名	A4	?	[16 世纪]	MS. 71
Florence, Accademia di Belle Arti					
ItFi1.	Jacopo Russo	C	Messina	1532 年	n. 10
ItFi2.	Rossi?	C	Messina	1559 年	n. 1
ItFi3.	Anonymous (maiorchino)	C	Malta	1574 年	n. 9
ItFi4.	Placido Caloiro e Oliva	C	Messina	1627 年	n. 8 bis
ItFi5.	Pietro Cavallini	A3	Leghorn	1665 年	n. 6
Florence, Archivio di Stato					
ItFi6.	Jacopo Russo	C	Messina	1520 年	Carte nautiche 12
ItFi7.	Conte di Ottomanno Freducci	C	Ancona	[16 世纪]	Carte nautiche 15
ItFi8.	Anonymous	A3	?	[16 世纪]	Carte nautiche 16
ItFi9.	Reinaut Barthollomiu de Ferrieros and Matteo Prunes	C	Palma de Mallorca	1592 年	Carte nautiche 14
ItFi10.	未署名	C	?	[16 或 17 世纪]	Carte nautiche 18
ItFi11.	Vincenzo Volcio	C	Naples	1607 年	Carte nautiche 19
ItFi12.	Placido Oliva	C	Messina	1615 年	Carte nautiche 21

⑯ 在一本书籍的封皮中发现的一幅航海图的残片。

续表

	Florence, Biblioteca Medicea Laurenziana					
244	ItFi13.	Battista Agnese	A11	Venice	1543 年	Med. Pal. 245
	ItFi14.	[Battista Agnese]	A26	[Venice]	[16 世纪]	Acq. e Doni 3
	ItFi15.	Joan Martines	C	Messina	1568 年	Acq. e Doni183
	ItFi16.	Salvatore Oliva	A7	Marseilles	1620 年	Conv. Soppr. 625
	ItFi17.	Joan Oliva	C	Leghorn	1632 年	Acq. e Doni 247
	ItFi18.	未署名	A4	?	[17 世纪]	Med. Pal. 246
	Florence, Biblioteca Marucelliana					
	ItFi19.	未署名	A4	?	[17 世纪]	MS. B. Ⅶ. 26
	Florence, Biblioteca Nazionale Centrale					
	ItFi20.	Vesconte Maggiolo	A15	Genoa	1548 年	Banco Rari 196
	ItFi21.	Olives⑰	A5	?	1564 年	Magl. XIII. 3
	ItFi22.	"Angelus"	C	Marseilles	1571 年	Port. n. 6
	ItFi23.	Baldassare Maggiolo	C	Genoa	1583 年	Port. n. 3
	ItFi24.	[Battista Agnese]	A10	[Venice]	[16 世纪]	Banco Rari 32
	ItFi25.	未署名	C	?	[16 世纪?]	Port. n. 22
	ItFi26.	未署名	C	?	[16 世纪?]	Port. n. 15
	ItFi27.	Joan Oliva	A12	Messina	1609 年	II—I—511
	ItFi28.	[Giovanni Battista Cavallini]	A4	[Leghorn]	[17 世纪]	Port. n. 4
	Florence, Biblioteca Riccardiana					
	ItFi29.	[Francesco Ghisolfi]	A14	?	[16 世纪]	Ricc. 3615
	ItFi30.	[Francesco Ghisolfi]	A15	?	[16 世纪]	Ricc. 3616
	ItFi31.	Bartomeu Olives	C	Messina	1588 年	Ricc. 3828
	ItFi32.	Placido Caloiro e Oliva	C	Messina	1629 年	Ricc. 3829
	Florence, Istituto e Museo di Storia della Scienza					
	ItFi33.	Jacopo Maggiolo	C	Genoa	1565 年	
	ItFi34.	Joan Oliva	A16	?	1616 年	Antico G. f. 25
	ItFi35.	Giovanni Battista Cavallini	A24	Leghorn	1652 年	Antico G. f. 35
	ItFi36.	未署名	A3	?	[17 世纪]	Antico G. f. 40PR
	ItFi37.	佚名 (Catalan)	A8	?	[17 世纪]	Antico G. f. 26
	Genoa, Biblioteca Civica Berio					
	ItGe1.	Jacopo Maggiolo	C	Genoa	1564 年	
	Genoa, Biblioteca Universitaria					
	ItGe2.	[Francesco Ghisolfi]	A9	?	[16 世纪]	MSS. G. V. 32
	ItGe3.	Giovanni Francesco Monno	A7⑱	Genoa	1633 年	MSS. F. Ⅶ. 4
	ItGe4.	未署名 (Catalan)	C	?	[17 世纪?]	VestiboloRari
	ItGe5.	未署名	A4	?	[17 世纪]	MSS. C. Ⅶ. 42
	ItGe6.	未署名	A3	?	[17 世纪]	MSS. B. Ⅸ. 12

⑰ 署名中只有姓氏。

⑱ 插入抄本"Arte della Vera Navegatione"中的七幅航海图。

续表

Genoa, Dipartimento di Scienze dell'Antichita e del Medioevo, Sezione di Studi Storici e Geografici						
ItGe7.	Placido Caloiro e Oliva	C	Messina	1639 年		
Genoa, Museo Navale						
ItGe8.	Banet Panades	C	Messina	1557 年	Ex Castello d'Albertis	245
ItGe9.	Jacopo Maggiolo	C	Genoa	1561 年		
ItGe10.	Joan Martines	A4	Messina	1571 年		
ItGe11.	Matteo Prunes	C	Palma de Mallorca	1571 年	Ex Castello d'Albertis	
ItGe12.	[Battista Agnese]	A1⑲	[Venice]	[16 世纪]		
ItGe13.	Vicente Prunes	C	Palma de Mallorca	1601 年		
Genoa, Palazzo Doria "del Principe"⑳						
ItGe 13bis.	Giovanni Francesco Monno	C	Genoa	1613 年		
Genoa, Società Ligure di Storia Patria						
ItGe14.	Gerolamo Costo	C	Barcelona	[17 世纪]		
ItGe15.	Giovanni Battista Cavallini	C	Leghorn	1639 年		
Gorizia, Biblioteca Provinciale						
ItGo1.	未署名（Catalan）	C㉑	?	[16 世纪]	c. geogr. n. 234	
Iesi, Biblioteca Comunale						
ItJ1.	未署名	C㉒	?	[16 世纪]		
Lucca, Biblioteca Statale						
ItL1.	[Conte di Ottomanno Freducci]	C	?	[16 世纪]	MS. 2720	
ItL2.	未署名（希腊）	A6	?	[16 世纪]	MS. 1898	
Mantua, Biblioteca Comunale						
ItMa1.	[Salvat de Pilestrina?]	C	?	[16 世纪]	MS. 1032	
ItMa2.	Angelo Freducci	A9	Ancona	1556 年	MS. 136	
Milan, Biblioteca Ambrosiana						
ItMi1.	[Battista Agnese]	A12	[Venice]	[16 世纪]	SP Ⅱ. 34	
ItMi2.	Jacopo Maggiolo	C	Genoa	1602 年	SP 11/18	
ItMi2bis.	未署名	A4	?	[16 世纪]	SP Ⅱ. 36	
ItMi2ter.	Jaume Olives	A4	Naples	1563 年	SP Ⅱ. 37	

⑲ 来自一部地图集中描绘了黑海的图幅。

⑳ 向公众开放的一个私人机构。

㉑ 一幅航海图的两个残片。

㉒ 一幅航海图的残片。

续表

Milan, Biblioteca Nazionale Braidense					
ItMi3.	Joan Martines	A5	Messina	1579 年	AG. XI. 61
ItMi4.	[Jean André?] Bremond	A2	Marseilles	1662 年	AE. XIV. 13
ItMi5.	Guglielmo Saetone	A5㉓	[Albissola]	1682—1683 年	AD. XVI. 10
Milan, Biblioteca Trivulziana e Archivio Storico Civico					
ItMi6.	[Battista Agnese]	A9	[Venice]	[16 世纪]	Cod. N. 2160
ItMi7.	Placido Caloiro e Oliva	C	Messina	1645 年	Perg. miniate n°39
Modena, Biblioteca Estense e Universitaria					
ItMo1.	未署名	C㉔	?	[16 世纪]	C. G. A. 5a. (1—2)
ItMo2.	Jacopo Russo	A12	Messina	1521 年	α. O. 3. 15
ItMo3.	Giulio Petrucci	C	Pisa	1571 年	β. A. 1. 11
ItMo4.	Jean François Roussin	A4	Toulon	1658 年	α. M. 1. 9
ItMo5.	未署名	C	?	[17 世纪]	α. M. 1. 23
ItMo6.	未署名	C	?	[17 世纪]	β. M. 1. 29
Monopoli, Archivio Vescovile					
ItMn1.	未署名（Catalan）	C	?	[16 世纪?]	
246 Naples, Biblioteca Nazionale "Vittorio Emanuele Ⅲ"					
ItNa1.	[Battista Agnese]	A25	[Venice]	[16 世纪]	MS. Ⅷ. D. 7
ItNa2.	[Francesco Ghisolfi]	A11	?	[16 世纪]	MS. Ⅷ. D. 6
ItNa3.	Jaume Olives	C	Messina	1559 年	MS. Ⅻ. D. 98
ItNa4.	Joan Oliva	A10	Marseilles	1614 年	MS. Ⅻ. D. 72
ItNa5.	Placido Caloiro e Oliva	C	Messina	1621 年	MS. XV. AA. 9 (4)
ItNa6.	Giovanni Battista Caloiro e Oliva	A4㉕	Messina	1639 年 1642—1643 年	MS. Ⅻ. D. 71
ItNa7.	Placido Caloiro e Oliva	C	Messina	1647 年	MS. XV. AA. 9 (5)
ItNa8.	[Giovanni Battista Caloiro e Oliva]	A3	[Messina]	[17 世纪]	MS. Ⅻ. D. 70
ItNa9.	未署名	A3	?	[17 世纪]	MS. XV. AA. 9 (1a—c)
ItNa10.	未署名	A3	?	[17 世纪]	MS. XV. AA. 9 (2a—c)
ItNa11.	未署名	C3㉖	?	[17 世纪]	MS. XV. AA. 9 (6—8)

㉓ 插入波特兰航海图“Stella guidante de pilotti e Marinari”中的五幅航海图。

㉔ 出自不同作者之手的两个被粘贴在一起的残片，但是现在已经被复原、分开，并且在同一框架中并置在一起。

㉕ 只有时间标为 1643 年的航海图可能是乔瓦尼·巴蒂斯塔·卡洛里奥和奥利瓦的作品。

㉖ 三幅散落的爱琴海的航海图。

续表

Naples, Biblioteca Nazionale "Vittorio Emanuele III"					
ItNa12.	未署名	C3㉗	?	[17 世纪]	MS. XV. AA. 9 (9—11)
ItNa13.	未署名	C2㉘	?	[17 世纪]	MS. XV. AA. 9 (12—13)
ItNa14.	未署名 (Catalan)	A6㉙	?	[16 世纪]	MS. Branc. Ⅱ. G. 16
ItNa15.	未署名	C㉚	?	[17 世纪]	MS. XV AA. 9 (3)
Palermo, Biblioteca Comunale					
ItPa1.	Joan Oliva	A4	Messina	1596 年	2 Qq H 225
ItPa2.	未署名	A2	?	[17 世纪]	2 Qq H 226
Palermo, Società Siciliana di Storia Patria					
ItPa3.	Placido Caloiro e Oliva	C	Messina	1638 年	
Parma, Archivio di Stato					
ItPr1.	[Battist a Agnese]	c. [Venice]			
Parma, Biblioteca Palatina					
ItPr2.	Vesconte Maggiolo	A4	Naples	1512 年	n. 1614
ItPr3.	Vesconte and Giovanni [Antonio] Maggiolo	C	Genoa	1525 年	n. 1623
ItPr4.	Jacopo Russo	C	Messina	1540 年	n. 1615
ItPr5.	Aloisio Cesani	A4	?	1574 年	n. 1616
ItPr6.	Mateo Griusco	C	Palma de Mallorca	1581 年	n. 1617
ItPr7.	Joan Oliva	C	Messina	1608 年	n. 1618
ItPr8.	Giovanni Battista and Pietro Cavallini	A3	Leghorn	1654 年	n. 1619
ItPr9.	未署名	C	?	[17 世纪]	n. 1620
Pavia, Biblioteca Universitaria					
ItPv1.	Jaume Olives	C	Messina	1553 年	Sala MS
Perugia, Biblioteca Augusta					
ItPe1.	Conte di Ottomanno Freducci	A5	[Ancona]	1512 年	MS. 2915 (1512)
Pesaro, Biblioteca e Musei Oliveriana					
ItPs1.	Vesconte Maggiolo	C	Genoa	1536 年		247
ItPs2.	未署名	C㉛	?	[16 世纪]	
Piacenza, Biblioteca Comunale Passerini Landi					
ItPc1.	Joan Oliva	A5	Leghorn	1522 年	MS. Com. 6
Pisa, Archivio di Stato					
ItPi1.	Juan Oliva	C	[Naples]	160 [3]	Dipl. Simonelli
ItPi2.	Giovanni Girolamo Sosuich	C	?	[17 世纪]	Dep. Upezzinghi
ItPi3.	Pietro Cavallini	A4	Leghorn	1688 年	S. Stefano n. 7638
Pisa, Biblioteca Universitaria					
ItPi4.	Bartomeu Olives	A11	Messina	1582 年	MS. 602

㉗ 三幅散落的地中海的航海图。

㉘ 两幅散落的欧洲和非洲大西洋海岸的航海图。

㉙ 来自 Biblioteca Bracacciana。

㉚ 地中海东部的航海图。

㉛ 著名的佩萨罗 (Pesaro) 世界航海图。

续表

Poppi, Biblioteca Comunale "Rilliana"					
ItPo1.	[Joan Oliva?]	A3	Leghorn	1650 年	Coll. MS. n. 6
Rimini, Biblioteca Civica Gambalunga					
ItRi1.	Joan Oliva	C	Leghorn	1618 年	Sala Manoscritti
Rome, Biblioteca Angelica					
ItRo1.	[Joan Martines]	A20	[Messina]	[16 世纪]	MS. 1311
ItRo2.	未署名	A3	?	[16 世纪?]	MS. 2384
Rome, Biblioteca Nazionale Centrale					
ItRo3.	Jacopo Russo	C	Messina	1535 年	Carte nautiche, 8
ItRo4.	Jacopo Maggiolo	C	Genoa	1561 年	Carte nautiche, 2
ItRo5.	Jaume Olives	C	Messina	1561 年	Carte nautiche, 3
ItRo6.	Jacopo Maggiolo	C	Genoa	1567 年	Carte nautiche, 5
ItRo7.	Diogo Homem	C	Venice	1569 年	Carte nautiche, 4
ItRo8.	Antonio Millo	A23	[Venice]	1582—1584 年	Carte nautiche, 6
ItRo9.	Placido Caloiro e Oliva	C	Messina	1636 年	Carte nautiche, 7
Rome, Biblioteca Casanatense					
ItRo10.	Angelo Freducci	C	Ancona	1556 年	MS. 4866
ItRo11.	Jacopo Maggiolo	C	Genoa	1558 年	MS. 4865
ItRo12.	Placido Caloiro e Oliva	C	Messina	1657 年	MS. 4864
ItRo13.	未署名（法文）	A4	?	[17 世纪]	MS. 468
Rome, Biblioteca Vallicelliana					
ItRo14.	[Jaume Olives?]	C	[Messina?]	[16 世纪]	
ItRo15.	未署名	C	?	[16 世纪]	
ItRo16（ItRo16 已经转移到了 Genoa；参见 ItGe13bis）					
Rome, Societa Geografica Italiana					
ItRo17.	Giovanni Battista Cavallini	C	Leghorn	[17 世纪]	
ItRo18.	未署名	C	?	[17 世纪]	
Rome, Galleria Colonna[32]					
ItRo19.	Bartolomeo Bonomi（Bonomini）	C[33]	Ancona	[16 世纪]	
Rovigo, Biblioteca dell'Accademia dei Concordi					
ItRv1.	未署名	A8	?	[16 世纪?]	MS. Silv. 182
248 ItRv2.	未署名	A4	?	[16 世纪?]	MS. Silv. 68
ItRv3.	Placido Caloiro e Oliva	C	Messina	1641 年	Senza coll.
ItRv4.	Placido Caloiro e Oliva	C	Messina	1643 年	Pergamene 304

[32] 对公众开放的一个私人机构。

[33] 来自一套展现了地中海中部的地图集中的散页。

续表

Sassari, Biblioteca Universitaria					
ItSs1.	未署名	C	?	[16 世纪?]	MS. 248
Savona, Biblioteca Civica "Barrili"					
ItSa1.	Placido Caloiro e Oliva	C	Messina	1639 年	
Savona, Archivio Vescovile					
ItSa2.	未署名	C	?	[17 世纪]	
Siena, Biblioteca Comunale degli Intronati					
ItSi1.	Rocco Dalolmo	C	Ancona	1542 年	S. V. 1
ItSi2.	Matteo Prunes	C	Palma de Mallorca	1553 年	S. V. 3
ItSi3.	Matteo Prunes	C	Palma de Mallorca	1599 年	S. V. 4
ItSi4.	未署名	C	?	[17 世纪]	S. V. 6
ItSi5.	未署名（Catalan）	C	?	[17 世纪]	S. V. 7
Turin, Archivio di Stato					
ItTo1.	未署名	A4	?	1529 年	J. b. Ⅱ. 11
ItTo2.	Vesconte Maggiolo	C	Genoa	1535 年	J. b. Ⅲ. 18
ItTo3.	Joan Martines	A8	Messina	1566 年	J. b. Ⅱ. 10
ItTo4.	未署名	A4	?	[16 世纪]	J. b. Ⅱ. 7
Turin, Biblioteca Reale					
ItTo5.	[Battista Agnese]	A12	[Venice]	[16 世纪]	MSS. Varia 115
ItTo6.	[Battista Agnese]	A28	[Venice]	[16 世纪]	MSS. Varia 148
ItTo7.	Jacopo Russo	C	Messina	1565 年	O. XVI. 4
ItTo8.	Joan Martines	A5	Messina	1586 年	MSS. Varia 165
ItTo9.	未署名	A8	[Venice?]	[16 世纪]	MSS. Varia 15
ItTo10.	[Jean François Roussin?]	C	[Marseilles?]	[17 世纪]	MSS. Varia 194 bis 1
ItTo11.	Jean François Roussin	A2	Venice	1673 MSS.	Varia 194 bis 2
ItTo12.	未署名（French）	A3	[Marseilles?]	[17 世纪]	MSS. Varia 188
ItTo13.	未署名	C	?	[17 世纪]	O. Ⅱ. 80
Treviso, Biblioteca Comunale					
ItTr1.	Vesconte Maggiolo	A4	Genoa	1549 年	MS. 425
ItTr2.	Jean François Roussin	A4	Marseilles	1658 年	MS. 1683
ItTr3.	François Ollive	A3㉞	Marseilles	1652 年	MS. 1562
ItTr4.	Jean François Roussin	A9	Venice	1664 年	MS. 1562
Trieste, Musei Civici di Storia ed Arte					
ItTs1.	未署名	C	[Venice?]	[16 世纪]	434 Ge
ItTs2.	Jean André Bremond	A5	Marseilles	1669 年	436 Ge

㉞ 3 幅与让·弗朗索瓦·鲁森绘制的 9 幅航海图装订在一起的航海图。

续表

Trieste, Museo della Fondazione "Giovanni Scaramangà di Altomonte"					
ItTs4.	Placido Caloiro e Oliva	C	Messina	1635 年	2850
ItTs5.	Anonymous	C	?	[16 世纪]	2851
Venice, Università Ca' Foscari di Venezia Biblioteca Generale					
249 ItVe1.	Bartomeu Olives	C	Palma de Mallorca	1538 年	
ItVe2.	Alvise Gramolin	C㉟	[Venice]	1612 年	
Venice, Biblioteca Nazionale Marciana					
ItVe3.	Jacopo Scotto	C	Civitavecchia	1589 年	It Ⅳ 8 = 10056
ItVe4.	Joannes Oliva	C	Messina	1599 年	It Ⅳ131 = 10083
ItVe5.	Sebastiano Condina	C	Naples	1615 年	It Ⅳ 505 = 10036
ItVe6.	Brasito Olivo	A5	Messina	1633 年	It Ⅳ 126 = 5325
ItVe7.	Nicolo Guidalotti	A4	[Venice]	1646 年	It Ⅳ 10 = 5062
ItVe8.	F. O. [François Ollive?]	A2	[Marseilles]	1659 年	It Ⅳ 183 = 5074
ItVe9.	Battista Agnese	A12	Venice	1545 年	It Ⅳ 492 = 5120
ItVe10.	[François Ollive]	C	[Marseilles]	[17 世纪]	It Ⅳ 158 = 5073
ItVe11.	Giorgio Sideri	A10	[Venice?]	1563 年	It Ⅳ 148 = 5451
ItVe12.	Giorgio Sideri	A6	Crete	1537 年	It Ⅳ 61 = 5323
ItVe13.	Battista Agnese㊱	A30	Venice	1554 年	It Ⅳ 62 = 5067
ItVe14.	Marco Fassoi	C㊲	Venice	1675	It Ⅶ 343 = 10045
ItVe15.	未署名	C	[Venice?]	[16 世纪?]	It Ⅳ 506 = 10037
ItVe16.	[Joan Martines]	A2	[Messina?]	[16 世纪]	It Ⅳ 559 = 5582
ItVe17.	未署名	A8	?	[16 世纪?]	It Ⅵ 203 = 5631
ItVe18.	Salvatore Oliva	A3	Marseilles	1631 年	It Ⅳ 528 = 8301
Venice, Museo della Fondazione Querini Stampalia					
ItVe19.	未署名	C	?	[17 世纪?]	Cl. Ⅲ, Cod. LXIII
ItVe20.	未署名	C	?	[16 世纪?]	Cl. Ⅲ, Cod. LXIV
ItVe21.	Placido Caloiro e Oliva	A4	Messina	1639 年	Cl. III, Cod. X
ItVe22.	Gasparo Tentivo	C㊳	[Venice?]	[17 世纪]	Cl. III, Cod. XXII
Venice, Museo Correr					
ItVe23.	Anonymous	C	[Venice?]	[16 世纪]	Port. 30
ItVe24.	Giovanni Xenodocos	A3	[Venice?]	1520 年	Port. 29
ItVe25.	[Battista Agnese]	A8	[Venice]	[16 世纪]	Port. 3
ItVe26.	[Battista Agnese]	A10	[Venice]	[16 世纪]	Port. 31
ItVe27.	[Battista Agnese]	A7	[Venice]	[16 世纪]	Port. 32
ItVe28.	[Battista Agnese]	A14	[Venice]	[16 世纪]	Port. 2

㉟ 爱琴海航海图。

㊱ 图集署名为"Battista Palnese"，但是其毫无疑问是阿涅塞的作品。

㊲ 亚得里亚海的航海图。

㊳ 插入波特兰航海图"Il Nautico Ricercato"中的航海图。

续表

Venice, Museo Correr						
ItVe29.	Battista Agnese	A29	Venice	1553 年	Port. 1	
ItVe30.	未署名	C	[Venice?]	[16 世纪]	Port. 35	
ItVe31.	Giorgio Sideri	C	[Venice]	1550 年	Port. 6	
ItVe32.	Giorgio Sideri	C㊴	[Venice]	1560 年	Port. 7	
ItVe33.	Giorgio Sideri	C	[Venice]	1561 年	Port. 8	
ItVe34.	Giorgio Sideri	C㊵	[Venice]	1562 年	Port. 9	
ItVe35.	[Giorgio Sideri]	C	[Venice]	[16 世纪]	Port. 33	
ItVe36.	Jacopo Maggiolo	C	Genoa	[16 世纪]	Port. 15	
ItVe37.	[Antonio Millo?]	A8	[Venice?]	[16 世纪]	Port. 39	
ItVe38.	[Joan Martines]	A7	[Messina]	[16 世纪]	Port. 38	
ItVe39.	Matteo Prunes	C	Palma de Mallorca	1560 年	Port. 20	250
ItVe40.	Matteo Prunes	C	Palma de Mallorca	1578 年	Port. 19	
ItVe41.	Jaume Olives	C	Naples	1563 年	Port. 17	
Venice, Museo della Fondazione Querini Stampalia						
ItVe42.	Jaume Olives	C	Marseilles	1566 年	Port. 18	
ItVe43.	Bartomeu Olives	C	Messina	1584 年	Port. 16	
ItVe44.	未署名	C	?	[17 世纪?]	Port. 34	
ItVe45.	未署名	C	?	[17 世纪?]	Port. 36	
ItVe46.	未署名	A9	?	[17 世纪?]	Port. 37	
ItVe47.	Alvise Gramolin	C㊶	[Venice]	1624 年	Port. 44	
ItVe48.	Placido Caloiro e Oliva	A6	Messina	1646 年	Port. 10	
ItVe49.	Placido Caloiro e Oliva	A5	Messina	1650 年	Port. 11	
ItVe50.	未署名	C	?	[17 世纪]	Port. 41	
ItVe51.	未署名	C	?	[17 世纪]	Port. 43	
ItVe52.	Père Juan Prunes	A3	Palma de Mallorca	1651 年	Port. 21	
ItVe53.	未署名	C	?	[17 世纪]	Port. 42	
ItVe54.	Jean François Roussin	A5	Venice	[17 世纪]	Port. 24	
ItVe55.	Marco Fassoi	C	Venice	1669 年	Port. 14	
Venice, Museo Storico Navale						
ItVe56.	Francesco Oliva	C	Messina	1611 年		
ItVe57.	Joan Oliva	C	Marseilles	1612 年		
ItVe58.	未署名	A4	[Marseilles?]	[17 世纪]		
Verona, Biblioteca Capitolare						
ItVr1	Jacopo Scotto	A9	Civitavecchia	1592 年	Cod. CCCXL	

㊴ 一幅航海图的三个残片。

㊵ 克里特岛的海洋—陆地地图。

㊶ 亚得里亚海的航海图。

续表

Verona, Biblioteca Civica					
ItVr2.	Jaume Olives	C	Messina	1552 年	MS. 1956
ItVr3.	Annibale Impuccio	C	Naples	1622 年	MS. 2967
ItVr4.	Annibale Impuccio	C	Naples	1625 年	MS. 2966
ItVr5.	[Placido Caloiro] e Oliva	C	Messina	1622 年	ex MS. 196
Vicenza, Biblioteca Civica Bertoliana					
ItVi1.	Placido Caloiro e Oliva	C	Messina	1627 年	
ItVi2.	Placido Caloiro e Oliva	A3	Messina	1633 年	
ItVi3.	Anonymous	A3	?	[17 世纪]	
Volterra, Biblioteca Guarnacci					
ItVo1.	Placido Caloiro e Oliva	C	Messina	[17 世纪]	C. N. 3 B. G.
日本					
Kyō to, Geographical Museum—Kyō to University					
JK1.	未署名 (French)	A2	[Marseilles]	[17 世纪]	
Tenri, Tenri Central Library					
JT1.	[Battista Agnese]	A10	[Venice]	[16 世纪]	
251 Malta					
Valletta, National Museum					
MaV1.	[Francesco Oliva]	C	[Messina]	[17 世纪]	
墨西哥					
Mexico City, Sociedad Mexicana de Geografía y Estadística					
MM1.	[Francesco Ghisolfi]	A11	?	[16 世纪]	Fondoreservado
尼德兰					
Amsterdam, Nederlands Scheepvaartmuseum					
NA1.	Vesconte Maggiolo	C	Naples	1515 年	A—817
The Hague, Nationaal Archief (formerly Algemeen Rijksarchief)					
NG1.	Jacopo Russo	C	Messina	1533 年	
The Hague, Koninklijke Bibliotheek					
NG2.	Conte di Ottomanno Freducci	A5	[Ancona]	1524 年	133 A 4
NG3.	[Battista Agnese]	A?	[Venice]	[16 世纪]	129 E 16
NG4.	Giovanni Battista Cavallini	A9㊷	Leghorn	1642	129AQ 25
葡萄牙					
Lisbon, Sociedade de Geografia de Lisboa					
PL1.	[Battista Agnese]	A9	[Venice]	[16 世纪]	14—A—12
Lisbon, Instituto dos Arquivos Nacionais/Torre do Tombo					
Pl2.	未署名 (Catalan)	C㊸	?	[17 世纪]	

㊷ 与七幅安东尼奥·桑切斯的航海图（Lisbon, 1641）装订在一起。

㊸ 在 Cabeço de Vide 发现的一幅航海图的两个残片，参见 Alfredo Pinheiro Marques, "Portolan Fragments Found in Portugal," *Map Collector* 65 (1993): 42 – 44。

续表

俄罗斯					
St. Petersburg, Saltykov Bibliothek					
RP1.	Battista Agnese	A13	Venice	1546 年	
St. Petersburg, Archive Zentralaogo Kartografitscheskogo Proisvodstva Vojenno-morskogo Flota					
RP2.	Battista Agnese	A11	Venice	1554 年	
西班牙					
Barcelona, Museu Marítim					
SpBa1.	Pietro Russo	C	Messina	1508 年	Inv. 841
SpBa2.	Bartomeu Olives	C	Palma de Mallorca	1538 年	Inv. 9796
SpBa3.	Joan Oliva	A4	Messina	1592 年	Inv. 3233
SpBa4.	[Jaume Olives?]	A2㊹	?	[16 世纪]	Inv. 10255—10256
SpBa5.	未署名	C㊺	?	[16 世纪]	Inv. 842
SpBa6.	Vicente Prunes	A5	Palma de Mallorca	1600 年	Inv. 4775
SpBa7.	Francesco Oliva	C	Messina	1615 年	Inv. 7569
SpBa8.	François Ollive	A5	Marseilles	1658 年	Inv. 10257
Barcelona, Arxiu Capitular de la S. E. Catedral Basilica					252
SpBa9.	未署名	C㊻	?	[16 世纪]	
Bilbao, Sociedad Bilbaína					
SpBi1.	未署名（Catalan）	C㊼	?	[16 世纪?]	Port. n. 7
SpBi2.	François Ollive	A4㊽	Marseilles	1661 年	Port. nn. 1—2—3—4
SpBi3.	未署名（Catalan）	C	?	[17 世纪]	Port. n. 5
SpBi4.	未署名（Catalan）	C	?	[17 世纪]	Port. n. 6
Granada, Biblioteca Historica—Universidad de Granada					
SpG1.	未署名（French）	A3㊾	?	[17 世纪]	
Madrid, Biblioteca Nacional					
SpM1.	Vesconte Maggiolo	C	Genoa	1535 年	MSS. Res. 238 bis
SpM2.	Battista Agnese	A13	Venice	1544 年	MSS. 176
SpM3.	Joan Martines	A19	Messina	1587 年	MSS. Vit. 4—20
SpM4.	Vincenzo Volcio	A4	Naples	1592 年	MSS. 17. 818
SpM5.	未署名	C	?	[17 世纪]	MSS. Vit. 4—21
SpM6.	未署名	C	?	[17 世纪]	MSS. 12. 680
SpM7.	未署名	C	?	[17 世纪]	Res. 236 bis

㊹ 从一幅地图集中散出的两个图幅。

㊺ 从一部地图集中散出的一个图幅。

㊻ 一幅航海图的残片。

㊼ 从一套地图集中散出的一个图幅。

㊽ 从一套地图集中散出的四个图幅。

㊾ 从一套地图集中散出的三个图幅。

续表

Madrid, Palacio Real					
SpM8.	Joan Riczo Oliva	A17	Naples	1580 年	MS. 1271
SpM9.	Baldassare Maggiolo	A2[50]	?	1588 年	MS. 1271
Madrid, Fundación Casa de Alba					
SpM10.	Joan Martines	A7	Messina	1577 年	
Madrid, Museo Naval					
SpM11.	Matteo Prunes	C	Palma de Mallorca	1563 年	PM－1
SpM12.	Joan Martines	C	Messina	1565 年	Coll. priv. (deposito)
SpM13.	Joan Martines	A5	Messina	1570 年	Coll. priv. (deposito)
SpM14.	未署名	C	?	[17 世纪]	Coll. priv. (deposito)
Madrid, Servicio Geográfico del Ejército					
SpM15.	Domingo Villaroel (Domenico Vigliarolo)	C	Naples	1589 年	Mapas Hist. de Europa n°297
SpM16.	Joan Oliva	A11	Messina	1596 年	Atlas n°13
SpM17.	未署名[51]	A5	?	[16 世纪]	Atlas n°1
Palma de Mallorca, Biblioteca Vivot					
SpP1.	未署名 (Catalan)	C	?	[16 世纪]	
Palma de Mallorca, Fundación Bartolome March Servera					
SpP2.	Jacopo Russo	C	Messina	1535 年	
SpP3.	Jaume Olives	C	Naples	1564 年	
SpP4.	Jaume Olives	C	Barcelona	1571 年	
SpP5.	Joan Oliva	A5	Messina	1582 年	
SpP6.	Joan Oliva	A15	Messina	1614 年	
SpP7.	Joan Oliva	C	Leghorn	1620 年	
253 SpP8.	Giovanni Battista Cavallini	A3	Leghorn	1641 年	
SpP9.	Michel Prunes	A2[52]	?	[17 世纪]	
Toledo, Biblioteca Pública del Estado					
SpT1.	Salvat de Pilestrina	C	Palma de Mallorca	1533 年	MS. 530
Valencia, Universitat de Valencia, Biblioteca General i Historica					
SpV1.	Jacopo Russo	C	Messina	1563 年	MS. 896
瑞典					
Stockholm, Riksarkivet					
SvS1.	Giorgio Sideri	A8	[Venice]	1552 年?	Skoklostersaml I, fol. 163
SvS2.	未署名	A2	?	[17 世纪]	Skoklostersaml. I, fol. 182

[50] 与约安·里克佐·奥利瓦的 17 个图幅装订在一起。

[51] 第一页上出现的人名 “Juan Ortis Valero”，似乎指的是其所有者。

[52] 一套图集中散出的两个图幅。

续表

Stockholm, Kungliga Bibliotheket, Sveriges Nationalbibliotek					
SvS3.	[Battista Agnese]	A10	[Venice]	[16 世纪]	Kartavd. Handrit. vol. 24
SvS4.	Joan Oliva	C	Leghorn	1630 年	Kartavd. Handrir. AB 50
SvS5.	[Jean François] Roussin	C	Marseilles	1680 年	Kartavd. Handrit. AB 50
Uppsala, Universitetsbiblioteket					
SvU1.	未署名	C	?	[16 世纪?]	Kartavd. Sjökartor. Europa
瑞士					
Lucerne, Staatsarchiv des Kantons Luzern					
SwL1.	未署名 (Catalan)	C	?	[16 世纪]	
SwL2.	未署名 (French)	C	?	[17 世纪]	
St. Gall, Kantonsbibliothek (Vadiana)					
SwS1.	Thomas Caulet	C	Marseilles	[17 世纪?]	MS. 341
SwS2.	未署名 (Catalan)	A7	?	[16 世纪?]	HK 2 W 4
Zurich, Zentralbibliothek					
SwZ1.	[Battista Agnese]	A14	[Venice]	[16 世纪]	MS. C—48—704
土耳其					
Istanbul, TopkapiSarayi Müzesi Kütüphanesi					
TI1.	未署名 (French)	A11	?	[17 世纪?]	
联合王国					
Belfast, Ulster Museum					
UKBe1.	[Battista Agnese]	A6	[Venice]	[16 世纪]	
Birmingham, City of Birmingham Museum and Art Gallery					
UKBi1.	Jacopo Russo	C	[Messina]	1528 年	
Cambridge, Trinity College Library					
UKC1.	Joan Martines	C	Messina	1584 年	R. 4. 50
Cambridge, Cambridge University Library 254					
UKC2.	Estienne [Bremond]	C⑬	[Marseilles]	[17 世纪]	MS. Plans 697
Edinburgh, National Library of Scotland					
UKE1.	Giorgio Sideri	C	[Venice]	1560 年	MS. 20995
Edinburgh, Edinburgh University Library					
UKE2.	François Ollive	A3	Marseilles	1650 年	MS. Dc. 1. 40.
Glasgow, Hunterian Museum					
UKG1.	Battista Agnese	A12	Venice	1542 年	Har. 38
(Greenwich) London, National Maritime Museum					
UKGr1.	Vesconte Maggiolo	C	Genoa	1546 年	N32—9210C/G. 230/1/10 MS.

⑬ Jean Michel Massing, "Two Portolan Charts of the Mediterranean in Cambridge by Joan Martines and Estienne Bremond," in *Tributes in Honor of James H. Marrow: Studies in Painting and Manuscript Illumination of the Late Middle Ages and Northern Renaissance*, ed. Jeffrey F. Hamburger and Anne S. Korteweg (London: Harvey Miller, 2006), 331 –35.

续表

(Greenwich) London, National Maritime Museum					
UKGr2.	Vesconte Maggiolo	C	Genoa	1548 年	N36—CCsup. p. 63/ G. 230：1/4 MS.
UKGr3.	[Joan Martines]	A13	[Mesna]	[16 世纪]	MS. 39—9926C/P25
UKGr4.	[Angelo Freducci]	C	[Ancona]	[16 世纪]	N39—9212C/G. 230：1/16 MS.
UKGr5.	Battista Agnese	A25	Venice	1554 年	MS. 39—9922C/P24
UKGr6.	Battista Agnese	A25	Venice	1555 年	MS. 33—9921C/P12
UKGr7.	Angelo Freducci	A9	Ancona	1555 年	MS. 58—078/P36
UKGr8.	Giulio Petrucci	C	Siena	[16 世纪]	N 32—CC1, p. 40/G. 230：1/11 MS
UKGr9.	Joan Martines	A10	Messina	1572 年	MS. 33—9925C/P6
UKGr10.	Jacques Dousaigo	A6	Naples	1590 年	MS. 36—9929C/P7
UKGr11.	未署名（Catalan）	C	?	[16 世纪]	N39—699C/G. 231： 1/1 MS
UKGr12.	Joan Oliva	A6	Messina	1592 年	MA 39—9931C/P22
UKGr13.	Anonymous (French)	A6	[Marseilles?]	[17 世纪]	MS. 37—9934C/P11
UKGr14.	Francesco [Oliva]	C	Messina	1609 年	N51—1/G. 230：1/16 MS
UKGr15.	未署名（French）	A2	?	[17 世纪]	MS. 37 9927C/P10
UKGr16.	未署名	A4	?	[17 世纪]	MS. 35—9937/P4
UKGr17.	Placido Caloiro e Oliva	C	Messina	1626 年	N 32—9216/G. 230：1/8 MS.
UKGr18.	Joan Oliva	A4㊹	Leghorn	1632 年	MS. 36 9930C/P5
UKGr19.	[Joan Oliva]	A6	[Leghorn]	[17 世纪]	MS. 33—9932C/P8
(Greenwich) London, National Maritime Museum					
UKGr20.	Alberto de Stefano	C	Genoa	1644 年	N 32—9218/ G. 230：1/14 MS.
UKGr21.	Giovanni Battista Cavallini	C	Leghorn	1656 年	MS. 37—152/P37
Liverpool, University of Liverpool Library					
UKLi1.	未署名（Catalan）	C	?	[16 世纪]	MS. F. 4. 17

㊹ 与安东尼奥·桑切斯的两个图幅（Lisbon，1633）装订在一起。

续表

London, British Library						
UKL1.	[Joan Martines]	A4	?	[16 世纪]	Add. MS. 9947	
UKL2.	[Joan Martines]	A3	?	[16 世纪]	Add. MS. 10134	
UKL3.	未署名	A3	?	[16 世纪]	Add. MS. 17048	
UKL4.	未署名	C	?	[16 世纪]	Add. MS. 17539	
UKL5.	[Jacopo Russo]	C	[Messina?]	[16 世纪]	Add. MS. 31318B	
UKL6.	未署名	A4	?	[16 世纪]	Eg. 767	255
UKL7.	[Vesconte Maggiolo]	A18	[Genoa?]	[16 世纪]	Eg. 2803	
UKL8.	Vesconte Maggiolo	C	Genoa	1520 年	Eg. 2857	
UKL9.	[Ottomanno Freducci?]	C	[Ancona?]	1529 年	Add. MS. 11548	
UKL10.	[Battista Agnese]	A7	[Venice]	[16 世纪]	Royal 14 C. 5	
UKL11.	Battista Agnese	A11	Venice	1536 年	Add. MS. 19927	
UKL12.	Jacopo Russo	C	Messina	1537 年	Add. MS. 27471	
UKL12bis.	Conte di Ottomanno Freducci	A5	[Ancona]	1538 年	Add. MS. 22348	
UKL13.	[Battista Agnese]	A11	[Venice]	[16 世纪]	Add. MS. 18154	
UKL14.	[Battista Agnese]	A14	[Venice]	[16 世纪]	Eg. 2854	
UKL15.	Jaume Olives	C	Messina	1559 年	Add. MS. 21943	
UKL16.	[Joan Martines]	A10	?	[16 世纪]	Add. MS. 9814	
UKL17.	未署名	A10	?	[16 世纪]	Eg. 2860	
UKL18.	Jacopo Maggiolo	C	Genoa	1562 年	Add. MS. 9810	
UKL19.	Giorgio Sideri	A15	[Venice]	1562 年	Eg. 2856	
UKL20.	Bartomeu Olives	C	?	1563 年	Add. MS. 37632	
UKL21.	Joan Martines	C	Messina	1564 年	Add. MS. 17540	
London, British Library						
UKL22.	Battista Agnese	A8	Venice	1564 年	Add. MS. 25442	
UKL23.	Joan Martines	A7	Messina	1567 年	Add. MS. 15714	
UKL24.	Jacopo Russo	C	Messina	1570 年	Eg. 2799	
UKL25.	Diogo Homem	C	Venice	1570 年	Eg. 2858	
UKL26.	Joan Martines	A7	Messina	1578 年	Harl. 3489	
UKL27.	Joan Martines	A18	Messina	[16 世纪]	Harl. 3450	
UKL28.	Joan Martines	A6	Messina	1579 年	Add. MS. 22018	
UKL29.	Joan Martines	A7	Messina	1582 年	Add. MS. 5019	
UKL30.	Joan Riczo Oliva	C	Naples	1587 年	Add. MS. 9811	
UKL31.	Johannes Me Lisa	C	?	1591 年	Eg. 988	
UKL32.	Joan Oliva	C	Messina	1599 年	Add. MS. 24043	
UKL33.	未署名	A3	?	[17 世纪]	Add. MS. 11549	
UKL34.	未署名	C	?	[17 世纪]	Eg. 3359	
UKL35.	未署名 (French)	A17	[Marseilles?]	[17 世纪]	K. Mar. Ⅳ. 37	
UKL36.	未署名	C	?	[17 世纪]	Add. MS. 9813	

续表

London, British Library					
UKL37.	Joan Oliva	A10	Marseilles	1613 年	Eg. 819
UKL38.	Joan Oliva	A2	Leghorn	1623 年	Eg. 2861
UKL39.	Giovanni Francesco Monno	C	Genoa	1629 年	Add. MS. 31319
UKL40.	Joan Oliva	A20	Leghorn	1638 年	K. Mar. I. 1
UKL41.	Giovanni Battista Cavallini	A2	Leghorn	1642 年	Add. MS. 19976
UKL42.	Giovanni Battista Cavallini	A6	Leghorn	1642 年	Add. MS. 22618
UKL43.	"Franciscus Caloiro Oliva"	A4	Marseilles	1643 年	Add. MS. 15125
UKL44.	Giovanni Battista Cavallini	A8	Leghorn	1644 年	Add. MS. 11765
UKL45.	Alberto de Stefano	A14	Genoa	1645 年	Add. MS. 19511
UKL46.	François Ollive	A5	Marseilles	1650 年	Add. MS. 17276
UKL47.	Pietro Cavallini	A5	Leghorn	1669 年	Add. MS. 10133
London, Admiralty Library					
UKL48.	[Battista Agnese]	A?	[Venice]	[16 世纪]	Va. 1
UKL49.	Joan Martines	A6	Messina	1579 年	Va. 3
UKL50.	[Augustin?] Roussin	A3	Toulon	1645 年	Va. 2
London, Lambeth Palace Library					
256 UKL51.	[Battista Agnese]	A12	[Venice]	[16 世纪]	38, 4 to 199
London, Royal Geographical Society					
UKL52.	[Battista Agnese]	A13	[Venice]	[16 世纪]	
UKL53.	未署名 (French)	A2[55]	[Marseilles?]	[17 世纪]	
UKL54.	未署名 (Italian)	C[56]	?	[16 世纪]	
Oxford, Bodleian Library, University of Oxford					
UKO1.	Bartomeu Olives	A5	Venice	1559 年	MS. Can. Ital. 143
UKO2.	Bartomeu Olives	C	Messina	1575 年	MS. C2: 7 (23)
UKO3.	未署名	A7	?	?	MS. Dance 390
UKO4.	[Joan Martines]	A4	?	[16 世纪]	MS. Rawlinson B 256
UKO5.	[Joan Martines]	A9	?	[16 世纪]	MS. Douce 391
UKO6.	[Battista Agnese]	A7	[Venice]	[16 世纪]	MS. Can. Ital. 144
UKO7.	[Battista Agnese]	A7	[Venice]	[16 世纪]	MS. Can. Ital. 142
UKO8.	[Francesco Ghisolfi]	A12	?	[16 世纪]	Broxb. 84. 4/R1598
UKO9.	[Placido Caloiro e Oliva]	A3	[Messina]	[17 世纪]	MS. Can. Ital. 140
美国					
Arlington, University of Texas at Arlington Library					
USA1.	[Battista Agnese]	C[57]	[Venice]	[16 世纪]	85—283 @ 50/1

[55] 西西里的航海图。

[56] 地中海东部的航海图。

[57] 一套地图集的残片。

续表

Boston, Boston Public Library						
USB1.	Augustin Roussin	A6	Marseilles	[17 世纪]	MS. F. Fr. 180	
Cambridge, Harvard College Library						
USCa1.	Salvatore Oliva	A3	Marseilles	1620 年	MA 5315 620	
Cambridge, Harvard University, Houghton Library						
USCa2.	Vesconte Maggiolo	C	Naples	1513 年	*51M—311 PF	
Chicago, The Newberry Library						
USCh1.	[Battista Agnese]	A6	[Venice]	[16 世纪]	Ayer MS. 10	
USCh2.	[Battista Agnese]	A15	[Venice]	[16 世纪]	Ayer MS. 12	
USCh3.	[Battista Agnese]	A9	[Venice]	[16 世纪]	AyerMS. 13	
USCh4.	Conte di Ottomanno Freducci	A5	Ancona	1533 年	Ayer MS. 8	
USCh5.	Antonio Millo	C	[Venice]	1567 年	Ayer MS. 15	
USCh6.	Domingo Olives	C	Naples	1568 年	Ayer MS. 16	
USCh7.	Joan Martines	A5	Messina	1583 年	Ayer MS. 21	
USCh8.	Carlo da Corte	C	Genoa	1592 年	Ayer MS. 23	
USCh9.	Joan Oliva	A6	Messina	1594 年	Ayer MS. 24	
USCh10.	Vincenzo Volcio	C	Leghorn	1595 年	Ayer MS. 25	
USCh11.	Hieronimo Masarachi	C	?	[16 世纪?]	Novacco 2R1	
USCh12.	Baldassare Maggiolo	C	Genoa	1600 年	Ayer MS. 27	
USCh13.	Joan Oliva and Giovanni Battista Cavallini	A6	Leghorn	1636 年	Ayer MS. 29	
USCh14.	Placido Caloiro e Oliva	A4	Messina	1641 年	Ayer MS. 33	
USCh15.	未署名 (Catalan)	A2	?	[17 世纪]	Ayer MS. 34	
USCh16.	未署名 (French)	A13	[Marseilles?]	[17 世纪]	Ayer MS. 11	
USCh17.	未署名 (French)	A5	[Marseilles?]	[17 世纪]	Ayer MS. 35	257
USCh18.	[Francesco Ghisolfi]	A7	?	[17 世纪]	Novacco 6 C 1	
USCh19.	Gasparo Tentivo	A4㊳	Venice	1661 年	Novacco 7 C 1	
Cincinnati, Hebrew Union College-Jewish Institute of Religion, Klau Library						
USCi1.	Jehuda ben Zara	C	Alessandria	1500 年		
New Haven, Yale University, Beinecke Rare Book and Manuscript Library						
USNH1.	Jehuda ben Zara	C	Safad	1505 年	*30 cea 1505	
USNH2.	[Vesconte Maggiolo?]	C	[Genoa?]	[16 世纪]	1980. 156	
USNH3.	Joan Riczo Oliva	C	Naples	15 [??]	*30 cea 1555	

㊳ 插入波特兰航海图“Il Nautico Ricercato”中的4幅航海图。

续表

New Haven, Yale University, Beinecke Rare Book and Manuscript Library					
USNH4.	Jaume Olives	C	Naples	1563 年	*30 cea 1563
USNH5.	Joan Riczo Oliva	C	Naples	[1587 年?]	*49 cea 1587
USNH6.	Joan Riczo Oliva	C	Messina	1594 年	*49 cea 1594
New Haven, Yale University, Sterling Memorial Library					
USNH7.	Conte di Ottomanno Freducci	A4	[Ancona]	1536 年	*49 + 1536
USNH8.	Jacopo Maggiolo	C	Genoa	1553 年	*49. 1553
USNH9.	Domenico Vigliarolo	C	Palermo	1577 年	*49. 1577
USNH10.	Joan Riczo Oliva	C	Messina	1590 年	*49. 1590
USNH11.	未署名（Catalan）	C[59]	?	[16 世纪]	*32 cea 1550
USNH12.	Vincenzo Volcio	C	Leghorn	1601 年	*49 cea 1601
USNH13.	Joan Oliva	A1[60]	Leghorn	1643 年	*11. 1643
USNH14.	未署名（French）	A1[61]	[Marseilles?]	[17 世纪]	*488. 1550
USNH15.	未署名（French）	C	[Marseilles?]	[17 世纪]	Roll Map *49. 1600
New York, Brooklyn Museum					
USNY1.	未署名（Greek）	A7	?	[16 世纪]	36. 203. 1—7
New York, Columbia University, Butler Library					
USNY2.	Joan Oliva	A5	[Messina?]	[16 世纪或 17 世纪]	
New York, Hispanic Society of America					
USNY4.	Vesconte Maggiolo	C	Naples	1512 年	K33
USNY5.	Conte di Ottomanno Freducci	C	Ancona	1524 年	K24
USNY6.	Conte di Ottomanno Freducci	A5	Ancona	1537 年	K14
USNY7.	[Battista Agnese]	A14	[Venice]	[16 世纪]	K13
USNY8.	未署名（Catalan）	C	?	[16 世纪]	K28
New York, Hispanic Society of America					
USNY9.	Bartomeu Olives	C	Palermo	[1 世纪]	K16
USNY9 bis.	Bartomeu Olives	C	?	1552 年	K34
USNY10.	[Pietro Cavallini]	C	[Leghorn]	[17 世纪]	K23
USNY11.	[Giovanni Battista Cavallini?][62]	A5	[Leghorn]	[17 世纪]	K47
USNY12.	Joan Martines	A7	[Messina]	1562 年	K20
USNY13.	Joan Martines	A5	Messina	1582 年	K31
USNY14.	Jaume Olives	A6	Naples	1563 年	K30
258 USNY15.	Jaume Olives	C	Marseilles	1566 年	K41
USNY16.	[Domenico Vigliarolo]	A7	[Naples]	[16 世纪]	K18

[59] 一幅航海图的残片。

[60] 一套图集散出的图幅（世界航海图）。

[61] 一套图集散出的图幅（爱琴海）。

[62] 一套地图集的一部分。

续表

New York, Hispanic Society of America					
USNY17.	Vicente Prunes	C	Palma de Mallorca	1597 年	K29
USNY18.	Vincenzo Volcio	C	Leghorn	1600 年	K11
USNY19.	Baldassare Maggiolo	C	Genoa	1605 年	K12
USNY20.	Joan Oliva	C	Leghorn	?	K8
USNY21.	Placido Caloiro e Oliva	C	Messina	[17 世纪]	K27
USNY22.	Giovanni Battista Cavallini	C[63]	Leghorn	1637 年	K2
USNY23.	Giovanni Battista Cavallini	A2	Leghorn	1643 年	K40
USNY25.	[Francesco Oliva and Joan Oliva]	C	[Messina]	[17 世纪]	K5
USNY26.	[Francesco Oliva]	A3	[Messina]	[17 世纪]	K21
New York, Hispanic Society of America					
USNY27.	[François Ollive]	A3	[Marseilles]	[17 世纪]	K9
USNY28.	[François Ollive]	A4	[Marseilles]	[17 世纪]	K10
USNY29.	[François Ollive]	A3	[Marseilles]	[17 世纪]	K17
USNY30.	[François Ollive]	A2?[64]	[Marseilles]	[17 世纪]	K25 e K26
USNY31.	Jean François Roussin	A2	Venice	1673 年	K48
New York, New York Historical Society					
USNY3.	[Giovanni Battista Cavallini]	A8[65]	[Leghorn]	[16 世纪]	
New York, New York Public Library					
USNY32.	[Battista Agnese]	A15	[Venice]	[16 世纪]	
New York, Pierpont Morgan Library					
USNY33.	Battista Agnese	A10	Venice	1542 年	M 507
USNY34.	[Battista Agnese]	A10	[Venice]	[16 世纪]	M 506
Princeton, Princeton University Library					
USPr1.	Jaume Olives	A?	Palma de Mallorca	[16 世纪]	Grenville Kane Coll.
Portland (Maine), University of Southern Maine, Osher Map Library					
USPl1.	Bartomeu Olives	C	Messina	1583 年	
Providence (Rhode Island), John Carter Brown Library, Brown University					
USPo1.	Vesconte Maggiolo	A10	Naples	1511 年	
USPo2.	[Battista Agnese]	A11	[Venice]	[16 世纪]	
USPo3.	[Francesco Ghisolfi]	A12	?	[16 世纪]	
USPo4.	Hercules [o] Doria	A9	Marseilles	1592 年	

[63] 在地图集上，有这样的文字“Mapa de Hieronimo de Girava Tarraconensis Milano 1567”。然而，这一作品当然有着一个非常晚的日期，而且按照我的观点，其是乔瓦尼·巴蒂斯塔·卡瓦利尼的作品。

[64] 一套图集散出的图幅。

[65] 来自同一地图集的两个残片。

续表

San Marino (California), Huntington Library					
USSM1.	Vesconte Maggiolo	C	Naples	1516 年	HM452
USSM2.	Battista Agnese	A10	Venice	1553 年	HM27
San Marino (California), Huntington Library					
USSM3.	[Battista Agnese]	A16	[Venice]	[16 世纪]	HM10
USSM4.	[Battista Agnese]	A10	[Venice]	[16 世纪]	HM25
USSM5.	[Battista Agnese]	A11	[Venice]	[16 世纪]	HM26
USSM6.	[Francesco Ghisolfi]	A11	?	[16 世纪]	HM28
USSM7.	Joan Oliva	C	Naples	1602 年	HM40
259 USSM8.	[Bartomeu Olives]	A14	[Palma de Mallorca?]	[16 世纪]	HM32
USSM9.	[Joan Martines]	A14	[Messina]	[16 世纪]	HM33
USSM10.	未署名（Catalan）	A2	[Palma de Mallorca?]	[16 世纪]	HM42
USSM11.	未署名（French）	A6	[Marseilles?]	[16 世纪]	HM34
USSM12.	Salvatore Oliva	A2[66]	Marseilles	1619 年	HM2515
USSM13.	Estienne Bremond	A1	Marseilles	1655 年	HM31
USSM14.	Jean François Roussin	A3	Venice	1661 年	HM37
USSM15.	Pietro Cavallini	A6	Leghorn	1677 年	HM38
Washington, D. C., Library of Congress					
USW1.	[Battista Agnese]	A10	[Venice]	[16 世纪]	Port. Ch. 5
USW2.	Jaume Olives	C	Marseilles	1550 年	Port. Ch. 6
USW3.	Matteo Prunes	C	Palma de Mallorca	1559 年	Port. Ch. 7
USW4.	[Joan Oliva]	A5	?	[16 世纪]	Port. Ch. 8
USW5.	Jacopo Scotto	A8	?	[16 世纪]	Port. Ch. 11
USW6.	Anonymous	C	?	[16 世纪]	Port. Ch. 12
USW7.	Anonymous	C	?	[16 世纪]	Port. Ch. 13
USW8.	Placido [Caloiro e Oliva?]	C	[Messina]	[17 世纪]	Port. Ch. 14
USW9.	Giovanni Battista Cavallini	A2	Leghorn	1640 年	Port. Ch. 17
USW10.	Jean André Bremond	A5	Marseilles	1670 年	Port. Ch. 19
USW11.	[Pietro?] Cavallini	C	Leghorn	1678 年	Port. Ch. 20
梵蒂冈					
Vatican City, Biblioteca Apostolica Vaticana					
V1.	Andrea Benincasa	C	Ancona	1508 年	Borgiano Ⅷ
V2.	未署名	C[67]	?	[16 世纪]	Borgiano Ⅱ
V3.	Conte di Ottomanno Freducci	A5	Ancona	1538 年	Borgiano XIII

[66] 与艾蒂安·布雷蒙的地图/航海图装订在一起。

[67] 世界航海图。

续表

梵蒂冈					
Vatican City, BibliotecaApostolicaVaticana					
V4.	[Battista Agnese]	A8	[Venice]	[16 世纪]	Cod. Vat. Lat. 7586
V5.	[Battista Agnese]	A7	[Venice]	[16 世纪]	Cod. Barb. Lat. 4431A
V6.	Battista Agnese	A11	Venice	1542 年	Cod. Palat. Lat 1886
V7.	[Battista Agnese]	A10	[Venice]	[16 世纪]	Cod. Barb. Lat. 4357
V7bis.	[Battista Agnese]	A10	[Venice]	[16 世纪]	Cod. Barb. Lat. 4313
V8.	未署名	A10	[Venice?]	[16 世纪]	Cod. Rossiano 214
V9.	[Bartomeu Olives]	A14	?	[16 世纪]	Cod. Urb. Lat. 283
V10.	Diogo Homem	C	[Venice?]	[16 世纪]	Cod. Barb. Lat. 4431B
V11.	[Diogo Homem]	A7	[Venice?]	[16 世纪]	Cod. Barb. Lat. 4394
V12.	Joan Martines	C	Messina	1586 年	Borgiano X
V13.	[Joan Martines]	A4	[Messina]	[16 世纪]	Cod. Urb. Lat. 1710
V14.	[Joan Martines]	A4	[Messina]	[16 世纪]	Cod. Vat. Lat. 8920
V15.	未署名	C	?	[16 世纪]	Borgiano Ⅳ
V15bis.	未署名	C	?	[16 世纪]	Borgiano V
V16.	未署名	C	?	[16 世纪]	Borgiano Ⅵ
V17.	Vincenzo Volcio	C	Naples	1605 年	Cod. Vat. Lat. 14208
V18.	未署名	C	[Venice?]	[17 世纪]	Borgiano Ⅸ
V19.	未署名	C	?	[17 世纪]	Borgiano XI
V20.	未署名	A5	?	[17 世纪]	Cod. Vat. Lat. 9339

制图学家索引 260

绘制地点索引

USNY15、USNY27、USNY28、USNY29、USNY30、USPo4、USSM11、USSM12、USSM13、USW2、USW10

墨西拿：AW5、AW8、BB1、CrD1、DK1、FrMa1、FrP1、FrP19、FrP21、FrP22、FrP27、FrP29、FrP31、FrP32、FrP33、FrP39、GeB3、ItBo1、ItBo5、ItBo6、ItBo12、ItBo13、ItCa1、ItCe1、ItCo1、ItFi1、ItFi2、ItFi4、ItFi6、ItFi12、ItFi15、ItFi27、ItFi31、ItFi32、ItGe7、ItGe8、ItGe10、ItMi3、ItMo2、ItNa3、ItNa5、ItNa6、ItNa7、ItNa8、ItPa1、ItPa3、ItPr4、ItPr7、ItPv1、ItPi4、ItRo1、ItRo3、ItRo5、ItRo9、ItRo12、ItRo14、ItRv3、ItRv4、ItSv1、ItTo3、ItTo7、ItTo8、ItTs4、ItVe4、ItVe6、ItVe16、ItVe21、ItVe38、ItVe43、ItVe48、ItVe49、ItVe56、ItVr2、ItVr5、ItVi1、ItVi2、ItVo1、MaV1、NG1、SpBa1、SpBa3、SpBa7、SpM3、SpM10、SpM12、SpM13、SpM16、SpP2、SpP5、SpP6、SpV1、UKB1、UKC1、UKGr3、UKGr9、UKGr12、UKGr14、UKGr17、UKL5、UKL12、UKL15、UKL21、UKL23、UKL24、UKL26、UKL27、UKL28、UKL29、UKL32、UKL49、UKO2、UKO9、USCh7、USCh9、USCh14、USNH6、USNH10、USNY2、USNY12、USNY13、USNY21、USNY25、USNY26、USPl1、USSM9、USW8、V12、V13、V14

那不勒斯：FiH1、FiH2、FrP25、GeB1、ItBo3、ItBr1、ItFi11、ItPr2、ItPi1、ItVe5、ItVe41、ItVr3、ItVr4、NA1、SpM4、SpM8、SpM15、SpP3、UKGr10、UKL30、USCa2、USCh6、USNH3、USNH4、USNH5、USNY4、USNY14、USNY16、USPo1、USSM1、USSM7、V17

巴勒莫：ItBo9、USNH9、USNY9

马略卡岛帕尔马：CeO3、FrP23、FrP24、FrP45、ItCv1、ItCo2、ItFi9、ItGe11、ItGe13、ItPr6、ItSi2、ItSi3、ItVe1、ItVe39、ItVe40、ItVe52、SpBa2、SpBa6、SpM11、SpT1、USNY17、USPr1、USSM8、USSM10、USW3

比萨：ItBo10、ItMo3、

罗马：FiH3

萨法德：USNH1

锡耶纳：UKGr8

土伦：FrP47、FrP59、ItMo4、UKL50

威尼斯：AW1、AW2、AW3、AW7、AW9、BB3、FrC1、Fr. Ma5、FrMo1、FrP7、FrP8、FrP9、FrP10、FrP11、FrP15、FrP16、FrP18、FrP38、FrP49、GeB2、GeB6、GeGo1、GeD1、GeD2、GeD3、GeG1、GeGo1、GeKa1、GeM2、GeM7、GeW1、GeW2、IrD1、ItBe1、ItBo11、ItBs1、ItCt1、ItFi13、ItFi14、ItFi24、ItGe11、ItMi1、ItMi6、ItNa1、ItPr1、ItRo7、ItRo8、ItTo5、ItTo6、ItTo9、ItTo11、ItTr4、ItTs1、ItVe2、ItVe7、ItVe9、ItVe11、ItVe13、ItVe14、ItVe15、ItVe22、ItVe23、ItVe24、ItVe25、ItVe26、ItVe27、ItVe28、ItVe29、ItVe30、ItVe31、ItVe32、ItVe33、ItVe34、ItVe35、ItVe37、ItVe47、ItVe54、ItVe55、JT1、NG3、PL1、RP1、RP2、SpM2、SvS2、SvS3、SwZ1、UKBe1、UKE1、UKG1、UKGr5、UKGr6、UKL10、UKL11、UKL13、UKL14、UKL19、UKL25、UKL48、UKL51、UKL52、UKO1、UKO6、UKO7、USA1、USCh1、USCh2、USCh3、USCh5、USCh19、USNY7、USNY31、USNY32、USNY33、USNY34、USPo2、USSM2、USSM3、USSM4、USSM5、USSM14、USW1、V4、V5、V6、V7、V7bis、V8、V10、V11、V18

262

附录 7.2　奥利瓦和卡洛里奥和奥利瓦王朝的成员，以及他们工作的城市和时间

巴托梅乌·奥利韦斯	
马略卡岛帕尔马	1538
威尼斯	1559—1562
墨西拿	1572—1588
巴勒莫	?
若姆·奥利韦斯	
马赛	1550
墨西拿	1552—1561
那不勒斯	1562—1564
马赛	1566
巴塞罗那	1571—1572
多明戈·奥利韦斯（若姆的儿子）	
那不勒斯	1568
约安·里克佐·奥利瓦（多明戈的儿子）	
那不勒斯	1580—1588
墨西拿	1590—1594
约安·奥利瓦	
墨西拿	1592—1599
那不勒斯	1601—1603
墨西拿	1606—1608
马耳他	1611
马赛	1612—1614
墨西拿	1614
马赛	1615
来航	约 1616—1643
弗朗西斯科·奥利瓦（约安的兄弟）	
墨西拿	1594—1615
普拉西多·奥利瓦	
墨西拿	1615
萨尔瓦托雷·奥利瓦	
马赛	1619—1635
布拉西多·奥利瓦	
墨西拿	1633
弗朗索瓦·奥利夫	
马赛	1650—1664
普拉西多·卡洛里奥和奥利瓦	
墨西拿	1617—1657
“弗朗西斯·卡洛里奥·奥利瓦”	
马赛	1643
普拉西多·卡洛里奥	
墨西拿	1665
乔瓦尼·巴蒂斯塔·卡洛里奥和奥利瓦	
墨西拿	1673

第八章　《岛屿书》，15—17 世纪*

乔治·托利亚斯（George Tolias）
（复旦大学历史地理研究所丁雁南审校）

定义和起源

263 对被称为《岛屿书》的“岛屿著作”的第一反应很可能就是惊奇和困惑。《岛屿书》并不很容易放置到我们习惯的地理文献的模式中：它们似乎反映了一种“暗地之中”的地理文化，一种曾在文艺复兴时期实验和宽容的气候中繁荣过，而如今我们已经不太熟悉的地理学。同时，《岛屿书》确实尚未在地理学的正式经典中确立自己的位置就已消失，即使在某一时期，其曾与这门学科的早期发展联系在一起。这就是为什么在关于《岛屿书》的起源方面有着如此众多的学说和论著了①。

那些已经研究了这一体裁的呈现，尤其是那些早期作品的地图学史学家，已经提出了众多解释。其中一些，将他们的分析集中于《岛屿书》的绘图学材料，将它们看成是区域岛

---

* Timothy Cullen 从希腊语翻译为英语。

本章使用的缩写包括：*DBI* 代表 *Dizionario biografico degli Italiani*（Rome：Istituto della Enciclopedia Italiani，1960 –）；*Géographie du monde* 代表 Monique Pelletier，ed.，*Géographie du monde au Moyen Âge et a la Renaissance*（Paris：Éditions du C. T. H. S.，1989）；和 *Navigare e descrivere* 代表 Camillo Tonini and Piero Lucchi，eds.，*Navigare e descrivere：Isolari e portolani del Museo Correr di Venezia*，XV – XVIII *secolo*（Venice：Marsilio，2001）。

① 本章使用的主要原创著作是 Philip Pandely Argenti，*Bibliography of Chios：From Classical Times to 1936*（Oxford：Clarendon，1940）；Andreas Stylianou and Judith A. Stylianou，*The History of the Cartography of Cyprus*（Nicosia：Cyprus Research Centre，1980）；W. Sidney Allen，“Kalóyeros：An Atlantis in Microcosm?” *Imago Mundi* 29（1977）：54 – 71；Tarcisio Lancioni，*Viaggio tra gli Isolari*，Almanacco del Bibliofilo 1991（Milan：Edizioni Rovello，1992），Paolo Pampaloni 所作的作为附录的参考书目；*Navigare e descrivere*；Evangelos Livieratos and Ilias Beriatos，eds.，*L'Eptaneso nelle carte：Da Tolomeo ai satelliti*（Padua：Il Poligrafo，2004）；和 George Tolias，*Ta Nhsol o'gia*（Athens：Olkos，2002）。《岛屿书》的历史可以在 *Géographie du monde* 中找到，尤其是开头的部分“Cartographie des Îles，”165 – 228。研究综述，参见 Frank Lestringant，“Insulaires，”in *Cartes et figures de la terre*（Paris：Centre Georges Pompidou，1980），470 – 75；idem，“Fortunes de la singularité à la Renaissance：Le genre de l'‘Isolario，’” *Studi Francesi* 27（1984），415 – 36；以及 idem，“Insulaires de la Renaissance，”Préfaces 5（1987 – 88）：94 – 99。此外，岛屿成为文献中一个受到偏爱的主题。参见 Frank Lestringant，*Le livre des îles：Atlas et récits insulaires de la Genèse à Jules Verne*（Geneva：Droz，2002），和 François Moureau，ed.，*L'île，territoire mythique*（Paris：Aux Amateurs de Livres，1989）。

屿图集的早期例子②。其他人，则主要集中于《岛屿书》的叙述材料，将它们认为是旅行文献或者反映了土耳其—威尼斯（Turkish-Venetian）在爱琴海、克里特和塞浦路斯岛的对抗的文献的一个子类目③。还有人将它们解释为文艺复兴“奇异性”的一种表示，而其他人则将它们看成是原始的旅游指南④。此外，还对在《岛屿书》中经常发现的政治内容作出各种评估⑤。

值得一提的是，这些解释（实际上，这些解释与随着其制作和使用的社区的不同而存在变化的《岛屿书》的很多功能相吻合）都是对这一变化无常的体裁言之成理的阐释，因为这一体裁在其长达三百年的生命周期中展示了如此令人惊讶的种类的多样性。这一事实被这一体裁的特质部分解释——一种某种程度上属于地理学、历史学和旅游文献以及航海手册模糊不清的边界内的体裁——并且也被地理学科固有的变移性所部分解释⑥。

习惯性的术语《岛屿书》，习惯上用来表示绘本或者印刷本的图集——无论标题、形式 264
或结构，以及无论是否包含有文本的作品——其由地图构成，其中绝大部分是关于岛屿的，但也包括大陆沿海地区的地图，且按照一种主题百科全书的形式组织⑦。早期的作者将他们的作品称为“岛屿之书”（“books of islands”）、“岛屿地方志”（“island chorographies”）或“岛屿航行之书”（“island navigations”）。拉丁语术语 *insularium* 被用于 15 世纪末之前，而意大利语 *isolario*，似乎是在 1534 年之后才开始使用。

存在大量与岛屿关联的地理学、历史学和文献学的主题著作，它们都与《岛屿书》存在密切联系。旅行者的回忆录，航海、探险和发现的编年史，宇宙志的和乌托邦的著作，以及对在岛屿上或岛屿附近发生的军事或者海上战斗的描述也通常受到《岛屿书》的影响，同时有些为它们补充了各种信息。毫无疑问，那些作品是制作《岛屿书》同样氛围的产物，同时它们通常有着一部《岛屿书》的特点。然而，它们不能被包括在这里所描述的代表作中，因为它们的每一部都与其他体裁的著作的规格和内在本质相一致。《岛屿书》是一部岛

---

② Tony Campbell, *The Earliest Printed Maps, 1472 – 1500* (London: British Library, 1987), 89 – 92; Numa Broc, *La géographie de la Renaissance (1420 – 1620)* (Paris: Bibliothèque Nationale, 1980); 和 Denis E. Cosgrove, *Apollo's Eye: A Cartographic Genealogy of the Earth in the Western Imagination* (Baltimore: Johns Hopkins University Press, 2001), 79 – 101。

③ Marziano Guglielminetti, “Per un sottogenere della letteratura di viaggio: Gl'isolari fra quattro e cinquecento,” in *La letteratura di viaggio dal Medioevo al Rinascimento: Generi e problemi* (Alessandria: Edizioni dell'Orso, 1989), 107 – 17, 以及 Laura Cassi and Adele Dei, “Le esplorazioni vicine: Geografia e letteratura negli Isolari,” *Rivista Geografica Italiana* 100 (1993): 205 – 69。

④ Lestringant, “Fortunes de la singularité”, 以及 idem, “Insulaires de la Renaissance”。也可以参见 R. A. Skelton, “Bibliographical Note,” in *Libro... de tutte l'isole del mondo*, *Venice* 1528, by Benedetto Bordone (Amsterdam: Theatrum Orbis Terrarum, 1966), Ⅴ – Ⅻ。

⑤ François-Xavier Leduc, “Les insulaires (isolarii): Les îles décrites et illustrées,” in *Couleurs de la terre: Des mappemondes médiévales aux images satellitales*, ed. Monique Pelletier (Paris: Seuil /Bibliothèque Nationale, 1998), 56 – 61, 尤其是第 57 页: “洛米蒂托斯岛之志（Liber insularum）”: “‘洛米蒂托斯岛之志’，在对爱琴海的描述的掩映之下，作为一部关于土耳其文化的专著，甚至表达了对这一文化的热爱。”

⑥ 参见 Giacomo Corna Pellegrini and Elisa Bianchi, eds., *Varietà delle geografie: Limiti e forza della disciplina* (Milan: Cisalpino, Istituto Editoriale Universitario, 1992), 尤其是 Paul Claval, “Varietà delle geografie: Limiti e forza della disciplina,” 23 – 67, esp. 43 – 67。

⑦ 一些没有地图的稿本副本或者译本《岛屿书》的存在并不影响这一定义：目前发现的以完整形式存在的《岛屿书》没有一本是不包含地图的。关于一个相似的定义，也可以参见 Massimo Donattini, “Bartolomeo da li Sonetti, il suo *Isolario*e un viaggio di Giovanni Bembo (1525 – 1530),” *Geographia Antiqua* 3 – 4 (1994 – 95): 211 – 36, esp. 211 – 12。

屿的宇宙志百科全书：一种从15世纪早期到17世纪末，在地中海区域（主要中心在佛罗伦萨和威尼斯）繁荣的特定体裁，涵盖了范围广大的知识性的、实用性的和信息方面的需求（关于这一体裁的一种分类，参见图8.8）。

《岛屿书》的根源必须要在这一时期地理学的成就中进行搜寻。古代的世界当然与岛屿存在着一种特殊的密切联系，在那时，岛屿在古代地理文献中有着突出的地位⑧。亚里士多德在《宇宙论》（*De mundo*）中，总结了古代地理学家的方法论，并提到其中一些将所有岛屿整合起来作为一个单独的实体进行对待，而其他一些人则在关于距离它们最近的大陆地区的章节中对它们进行处理⑨。

显然，我们对第一组中的地理学家比对其他地理学家更感兴趣。在他们之中有旅行者狄奥尼修斯（Dionysius Periegetes），他在他的《大地巡游记》（*Oikoumenēs Periēgēsis*）中有整整一节（450—619行）的篇幅是关于岛屿的⑩。这一著作，撰写于公元124年，是一首1186行的概要性的地理诗歌，用非常常见的术语描述了古人所知道的世界。狄奥尼修斯，是与托勒密还有提尔的马里纳斯同时代的一位人物，给出了一个在他那个时代已经过时的世界图景，但是他的诗歌在多个世纪中被作为标准的教科书。在公元4世纪首先被翻译为拉丁语，在6世纪有超过两种拉丁语译本，同时在12世纪被优斯达希斯（Eustathios）进行了全方位的注解，增加了中世纪在讲拉丁语的西方和讲希腊语的东方教授地理学时所需要的内容。这一诗歌最为突出的优点就是简单明了，用短短数语就对对象进行了解释。我们从不同材料得知，诗歌通常被熟记于心⑪。与文本的稿本一起的地图并没有保存下来。然而，文艺复兴的各种地理学文献广受狄奥尼修斯的影响（尤其是在由克里斯托福罗·布隆戴蒙提、巴尔托洛梅奥·达利索内蒂、托马索·波尔卡基，以及温琴佐·科罗内利撰写的《岛屿书》中），再加上这样的事实，即《岛屿书》的首次印刷也是以诗节的形式，由此使得如下假说更为有力，即《岛屿书》的出现是受到狄奥尼修

---

⑧ 荷马（Homer）的《奥德赛》（Odyssey）是非常早的一部神话“《岛屿书》”，同时可以认为古代学者对荷马的岛屿神话给予了极大的关注：参见 Francesco Prontera, “Géographie et mythes dans l’ ‘Isolario’ des Grecs,” in *Géographie du monde*, 169 – 79, esp. 171。关于岛屿在古希腊文献中的地位和角色，参见 Francesco Prontera, “Insel,” in *Reallexikon für Antike und Christentum*, ed. Theodor Klauser et al.（Stuttgart: Hiersemann, 1950 – ）, 18: 311 – 28。

⑨ Aristotle, *De mundo*, trans. E. S. Forster (Oxford: Clarendon, 1914), chap. 3, 392. b. 14 – 394. a. 6. 作者对地球给予了一个概要性的地理描述，他相信地球是一大块四周全都被海洋包围的陆地。然后，他对内海的岛屿进行了一番描述，此后是一个海洋的列表以及对周围海域中岛屿的描述。

⑩ Dionysius Periegetes, *Διονυσίου Αλεξανδρέως: Οικουμένης Περιήγησις*（Dionysiou Alexandreōs: Oikoumenēs periēgēsis), ed. Isabella O. Tsavarē (Ioannina: Panepistēmio, 1990). 也可以参见 Christian Jacob, “L’oeil et la mémoire: Sur la *Periegese de la terre habitée* de Denys,” in *Arts et légendes d’espaces: Figures du voyage et rhétoriques du monde*, ed. Christian Jacob and Frank Lestringant (Paris: Presses de l’Ecole Normale Supérieure, 1981), 21 – 97, 以及 Germaine Aujac and eds., “Greek Cartography in the Early Roman World,” in *HC* 1: 161 – 76, esp. 171 – 73。包括在这一群体中的还有尼多斯（Cnidus）的欧多克斯（*Die Fragmente*, ed. François Lassere [Berlin: De Gruyter, 1968]）、庞波尼乌斯·梅拉和迪奥多鲁斯·西库鲁斯（参见 Prontera, “Insel”），以及在某种程度上包括斯特拉博（*Géographie*, 9 vols., ed. and trans. Germaine Aujac, Raoul Baladié, and François Lassere [Paris: Les Belles Lettres, 1966 – 89], esp. bk. 10 中涵盖了希腊的岛屿）。一个概要，参见 José Manuel Montesdeoca Medina, “Del enciclopedismo grecolatino a los islarios humanistas: Breve historia de un género,” *Revista de Filología de la Universidad de La Laguna* 19 (2001): 229 – 53。

⑪ 参见 Jacob, “L’oeil et la mémoire,” 32 – 50, 57 – 70。

斯的作品和中世纪地理教科书的启发[12]。《岛屿书》这一有助于记忆的方面是它们在 15 世纪和 16 世纪广泛传播的主要原因[13]。

早期地理学传统（其将岛屿作为单独的实体来对待）与《岛屿书》（从布隆戴蒙提之 265
后）之间的联系，在早期佛罗伦萨人文主义的背景下正在逐渐形成。在佛罗伦萨，彼特拉克［弗朗切斯科·彼得拉尔卡（Francesco Petrarca）］和乔瓦尼·薄迦丘为对古代世界的人文主义的重新发现奠定了基础，并为学术活动的有力爆发提供了推动力，其中一个成果就是多梅尼科·西尔韦斯特里（Domenico Silvestri）的著作《岛屿》（“De insulis”），撰写于大约 1385 年至 1406 年[14]。这是一部遵循着薄迦丘的“山、树林、水源（De montibus，silvis，fontibus）”的方法论的知识广博的岛屿辞典，对于薄迦丘的著作来说是一种增补。岛屿和大量的半岛（希腊语中的术语“νησοδ”包括岛屿和半岛）在一本厚达数百页的文本中被按照字母顺序处理[15]。西尔韦斯特里的兴趣反映了 15 世纪佛罗伦萨人文主义者的学术方法：他列出了在古代和现代文献材料中找到的每一岛屿的名字，描述了地形，列出了每座岛屿的位置和大小，并列出了他参考过的所有著作的名字（大部分是古代，但也有一些中世纪旅行者的）。

体裁的诞生：佛罗伦萨，15 世纪

克里斯托福罗·布隆戴蒙提

正是在佛罗伦萨人文主义对地理学和古物的兴趣的背景下，《岛屿书》诞生了，并在 15 世纪繁荣发展[16]。这一体裁最早的例子就是由佛罗伦萨僧侣克里斯托福罗·布隆戴蒙提

---

⑫ 温琴佐·科罗内利，在他的“作者目录（Catalogo degli autori）”中，不仅提到狄奥尼修斯，而且提到优斯达希斯所做的评注。参见 Vincenzo Coronelli，“Catalogo degli autori antichi e moderni che hanno scritto e tratato di Geografia，” in *Cronologia universale che facilita lo studio di qualunque storia*，by Vincenzo Coronelli（Venice，1707），522 – 24，和 Ermanno Armao，*Il “Catalogo degli autori” di Vincenzo Coronelli：Una biobibliografia geografica del '600*（Florence：Olschki，1957）。

⑬ 参见 Christian Jacob，*L'empire des cartes：Approche théorique dela cartographie à travers l'histoire*（Paris：Albin Michel，1992），197 – 200。

⑭ 参见 Domenico Silvestri，*De insulis et earum proprietatibus*，ed. Carmela Pecoraro（Palermo：Presso l'Accademia，1955），还有 Marica Milanesi，“Il *De insulis et earum proprietatibus* di Domenico Silvestri（1385 – 1406），” *Geographia Antiqua* 2（1993）：133 – 46。必须提到 Domenico Bandini 的“De populis，de aedificiis，de provinciis，de civitatibus，de insulis”，与西尔韦斯特里的“岛屿”大致撰写于同时，按照专题顺序处理地理材料。一份“De populis”的副本包括在 Biblioteca Nazionale Marciana 的 MS. Lat. X 124（ = 3177）中，作为布隆戴蒙提的“洛米蒂托斯岛之志”的导言，这似乎确认班迪尼（Bandini）的地理学著作和布隆戴蒙提的《岛屿书》被同时代的读者认为是属于同类的。关于西尔韦斯特里和班迪尼，参见 Nathalie Bouloux，*Culture et savoirs géographiques en Italie au XIVe siècles*（Turnhout：Brepols，2002），220 – 35，和 José Manuel Montesdeoca Medina，“Los islarios de la época del humanismo：El ‘De Insulis’ de Domenico Silvestri，edición y traducció”（Ph. D. diss.，Universtidad de La Laguna，2001）。

⑮ 参见 Henry George Liddell et al.，*A Greek-English Lexicon* new ed.（Oxford：Clarendon，1940），1174（“island”）and 2092（“promontory”）。

⑯ 关于 15 世纪佛罗伦萨的人文主义和地理学，参见 Sebastiano Gentile，ed.，*Firenze e la scoperta dell'America：Umanesimo e geografia nel'400 Fiorentino*（Florence：Olschki，1992），以及 Marica Milanesi，“Presentazione della sezione ‘La cultura geografica e cartografica fiorentina del Quattrocento，’” *Rivista Geografica Italiana* 100（1993）：15 – 32。

撰写的“洛米蒂托斯岛之志”（Liber insularum arcipelagi）[17]。大约在1420年前后，其在罗得岛和君士坦丁堡出现了多个版本，而且完全符合早期佛罗伦萨人文主义的地理兴趣[18]。其可以被描述为一种对希腊岛屿进行随机组织的百科全书和古物地图集，对了解历史地理学和区域考古学最为有益[19]。

在保存下来的“洛米蒂托斯岛之志”的版本中，最为完整的版本包含了爱奥尼亚（Ionian）和爱琴海的79处地点的地图和描述：其中大多数是岛屿，一些是岛群，此外还有少量重要的沿海地方，其中包括君士坦丁堡、加利波利（Gallipoli）、达达尼尔海峡（Dardanelles）的海岸、圣山（Mount Athos）和雅典（Athens）（图8.1）[20]。作者的名字、编纂的日期以及作品的献词被编码在一个由该书76章的首字母构成的离合诗中。其中岛屿的选择和它们出现的顺序并没有受到一个严格的地理标准的掌控，它们也没有呈现出是一个经
266 由希腊水道的有可能的旅程。非常可能的是，材料是作者在旅行中逐渐汇集的。值得一提的是，一种无规律的组织方式被15世纪和16世纪众多的《岛屿书》遵循。

---

⑰ 关于布隆戴蒙提和他的“洛米蒂托斯岛之志”的文献非常广泛：例如参见 Flaminio Cornaro, *Creta sacra*, 2 vols. (Venice, 1755; reprinted Modena: Editrice Memor, [1971]), 1: 1 – 18 and 1: 77 – 109; Cristoforo Buondelmonti, *Librum insularum archipelagi*, ed. G. R. Ludwig von Sinner (Leipzig: G. Reimer, 1824)，尽管是一部不太可靠的著作；Cristoforo Buondelmonti, *Description des îles de l'archipel*, trans. Émile Legrand (Paris: E. Leroux, 1897)，是对布隆戴蒙提著作一丝不苟的极为准确的希腊语译本；以及 J. P. A. van der Vin, *Travellers to Greece and Constantinople: Ancient Monuments and Old Traditions in Medieval Travellers' Tales*, 2 vols. (Leiden: Nederlands Historisch-Archaeologisch Instituutte Istanbul, 1980), 1: 133 – 50 and 2: 384 – 94; Elizabeth Clutton, contribution in P. D. A. Harvey, "Local and Regional Cartography in Medieval Europe," in *HC* 1: 464 – 501, esp. 482 – 84; Cristoforo Buondelmonti, "*Descriptioinsule Crete*" *et* "*Liber Insularum*," *cap. XI*: *Creta*, ed. Marie-Anne van Spitael (Candia, Crete: Syllagos Politstikēs Anaptyxeōs Herakleiou, 1981); D. Tsougarakis, "Some Remarks on the 'Cretica' of Cristoforo Buondelmonti," *Ariadne* 1 [1985]: 87 – 108；和 Hilary L. Turner, "Christopher Buondelmonti: Adventurer, Explorer, and Cartographer," in *Géographie du monde*, 207 – 16。

⑱ 那些编辑了古代作者撰写的地理学作品的佛罗伦萨学者，他们对于地理学的兴趣，使得托勒密在西方广为人知，并且也将地理学作为一种更为实际的技能而被引入，参见 Thomas Goldstein, "Geography in Fifteenth-Century Florence," in *Merchants & Scholars: Essays in the History of Exploration and Trade, Collected in Memory of James Ford Bell*, ed. John Parker (Minneapolis: University of Minnesota Press, 1965), 9 – 32。也可以参见 Leonardo Rombai, *Alle origin idella cartografia Toscana: Il sapere geografico nella Firenze del '400* (Florence: Istituto Interfacoltà di Geografia, 1992)，以及本卷的第九章。

⑲ 参见 Roberto Weiss, "Un umanista antiquario: Cristoforo Buondelmonti," *Lettere Italiane* 16 (1964): 105 – 16。

⑳ 最为精简的版本并没有涵盖普利姆斯岛（islets of Polimos）、卡洛尔洛［Caloiero，安德罗斯（Andros）之外］、安提帕罗斯（Antiparos）、帕纳贾（Panagia）、卡洛尔洛［Caloiero，科斯岛（Cos）之外］或圣伊利亚斯（Sanctus Ilias），也没有涵盖埃伊纳岛（Aegina）。布隆戴蒙提的“洛米蒂托斯岛之志”的稿本传统，长期以来是一个有争议的主题。按照 Robert Weiss 的观点（参见“Buondelmonti, Cristoforo” in *DBI*, 15: 198 – 200, esp. 199），“洛米蒂托斯岛之志”最早的版本是1420年之前在罗得岛撰写的，现在已经佚失。第二个版本，同样是在罗得岛撰写的，出现于1420年。第三个较短的版本是于1422年在君士坦丁堡撰写的，而第四个版本则在1430年前后完成，包含了两幅增加的地图和与故事有关的更多的历史和神话背景信息。按照阿尔马贾、Campana 和特纳（Turner）的观点，最短的版本是最早的：参见 Roberto Almagià, *Monumenta cartographicà Vaticana*, 4 vols. (Vatican City: Biblioteca Apostolica Vaticana, 1944 – 55), 1: 105 – 7; A. Campana, "Da codici del Buondelmonti," in *Silloge Bizantina in onore di Silvio Giuseppe Mercati* (Rome: Associazione Nazionale per gli Studi Bizanti, 1957), 32 – 52；和 Turner, "Christopher Buondelmonti"。Thomov，另一方面，赞同最长的版本是最接近已经佚失的原始版本的：参见 Thomas Thomov, "New Information about Cristoforo Buondelmonti's Drawings of Constantinople," *Byzantion* 66 (1996): 431 – 53。按照 Cassi and Dei, "Le esplorazioni vicine," 212，已知不完整的副本的长版本（Vat. Chig. F Ⅳ 74 and Marc. Lat X 215）可能最接近佚失的原始版本。其只在一个副本中保持了完整的形态，是在一个瑞士（Switzerland）的收藏中。

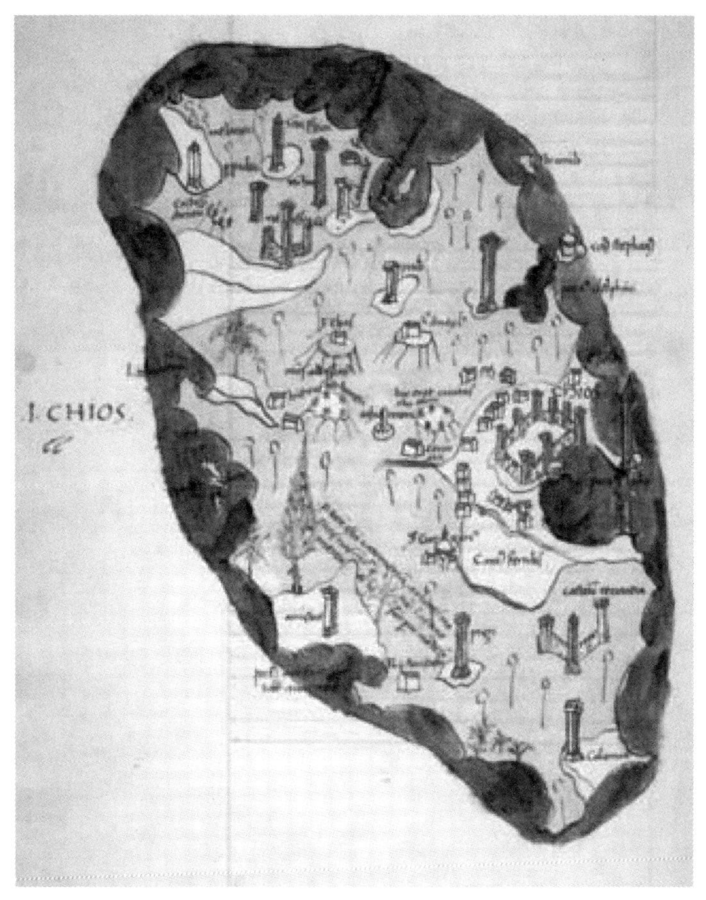

图 8.1 按照布隆戴蒙提的“洛米蒂托斯岛之志”绘制的希俄斯地图，1420 年前后。布隆戴蒙提的这一作品是所有后来《岛屿书》的模板。地图通过突出标识和确定古代的位置，以及其趋向于对岛屿的地理特征、土地使用和人类聚落的分析性研究，清楚地揭示了作者人文主义的方法。这幅地图来源于一个 15 世纪的副本。复制者忠实地遵照了文中关于着色的指示

原图尺寸：29 × 22 厘米。图片由 Gennadius Library，American School of Classical Studies at Athens（MS. 71，fol. 31v）提供。

作者的意图在文本中进行了清晰的表述：他将这部作品描述为“基克拉泽斯群岛（Cyclades）以及环绕它们的其他各种岛屿的带有插图的著作，并对古代以及直至我们现在在那里发生的事件进行描述”。文本中同样清楚的表达就是，这本著作意图在阅读时能带来愉快：“我正在将它送给你”，布隆戴蒙提在写给红衣主教奥尔西尼（Cardinal Orsini）的献词性质的“前言”中写道，“当然你感到疲劳的时候，由此可以让你的思想感到享受”[21]。

“洛米蒂托斯岛之志”符合早期的区域地理学的模式。在特性上，其是古物研究的，增补了历史和神话的事实和与其涵盖的每个地点的各方面知识有关的条目。不满足于只

[21] 焦尔达诺·奥尔西尼（Giordano Orsini），一个在希腊、法国和欧洲其他地方有着众多分支的罗马显贵家族的后代，自己是一位作者并且对地理很感兴趣。在他的图书馆中，他有着大量欧洲、亚洲和非洲不同部分的手绘地图，其中一些有着签名“Cristofor”，这导致很多学者相信，它们是布隆戴蒙提绘制的。参见编辑 van Spitael 在 Buondelmonti，“*Descriptio insule Crete*，”38 中的评价。

是给出对岛屿历史和地理的枯燥概述，作者还用对岛屿社区的有趣评价、对奥斯曼帝国扩张的思考、关于希腊衰落和奥斯曼的力量的观点[22]，以及对如土耳其人占领安德罗斯之外的卡洛尔洛岛等历史事件的精彩的文字小插图（verbal vignettes）和描述来填补他的叙述。他个人经历的故事同样被包括在内；实际上，叙述经常被对他自己在希腊水域的航海和冒险的描述打断，因此在某些地方，这本书读起来类似于一部旅行见闻录。除了少量古代作家之外，布隆戴蒙提基本没有参考什么文献材料[23]。他可能在很大程度上依赖于自己的第一手经历和他可以从水手和当地的居民那里搜集到的事实。最为可能的就是，每一章导言部分给出的完全地理方面的详细说明，例如每座岛屿的位置和大小，都来源于意大利的波特兰航海图的文本。

布隆戴蒙提的希腊岛屿的图像有些时候是无法识别的。从叙述性的描述与地图之间的
267 一致性来看，制图者和叙述者显然是同一个人。“洛米蒂托斯岛之志”中地图的来源并没有得到说明[24]。与同时代的波特兰航海图相比，地图学更像 14 世纪和 15 世纪早期绘制的地方地图，尽管已经可以确定，这些地图自身基于较早的波特兰航海图[25]。尽管如此，在布隆戴蒙提的地图与彼得罗·韦康特的小比例尺巴勒斯坦地图、保利诺·威尼托（Paolino Veneto）的意大利和近东的区域地图、马里诺·萨努托的埃及和叙利亚（Syria）的区域地图、未出版的宇宙志诗歌《球体》（*La sfera*）页面空白处的地图（时间为 15 世纪早期，作者被认为是莱昂纳多·达蒂）以及在法齐奥·德利乌贝蒂（Fazio degli Uberti）的地理学诗歌《关于世界的事实》（“Dittamondo”）的稿本中发现的地形图之间，存在一种清晰的相似性[26]。

现存的“洛米蒂托斯岛之志”稿本的时间是从 1430 年至 1642 年，主要集中在 1460 年至 1480 年[27]。这些事实可以通过两种方式之一进行解释：要么因为一些较古老的副本现在

㉒ 关于布隆戴蒙提路径的政治方面，参见 Francesca Luzzati Laganà，“La funzione politica della memoria di Bisanzio nella *Descriptio Cretae*（1417 – 1422）di Cristoforo Buondelmonti，” *Bullettino dell'Istituto Storico Italiano per il Medio Evo e Archivio Muratoriano* 94（1998）：395 – 420。

㉓ 文本中提到的古代文献之一就是托勒密的《地理学指南》，布隆戴蒙提在他自己的旅行中显然将这部作品作为一部旅行指南。例如，当撰写克里特的时候，布隆戴蒙提按照托勒密的指导自己找到了宙斯墓葬的遗迹。参见 Buondelmonti，“*Descriptioinsule Crete*，” 208。

㉔ 地图是彩色的，在导言中给出了颜色的含义：绿色表示大海，棕色表示平原，白色代表山丘和山脉。这些是 15 世纪地形图中常用的颜色。布隆戴蒙提给出了对于颜色的说明，这一事实暗示着他的受众只有有限的地图学知识。

㉕ 关于马里诺·萨努托的区域地图与航海图绘制传统之间的关系，参见 Bouloux，*Culture*，46 – 53。

㉖ 关于韦康特，参见 Harvey，“Local and Regional Cartography，” 473 – 76。关于马里诺·萨努托和保利诺·威尼托，参见 Bouloux，*Culture*，45 – 68。关于达蒂，参见 Roberto Almagià，“Dei disegni margi nali negli antichi manoscritti della *Sfera* del Dati，” *Bibliofilia* 3（1901 – 2）：49 – 55，和 idem，*Monumenta cartographica Vaticana*，1：118 – 29。也可以参见 Filiberto Segatto，*Un'immagine quattrocentesca del mondo*：*La Sfera del Dati*（Rome：Accademia Nazionale dei Lincei，1983）。关于法齐奥·德利乌贝蒂，参见 Bouloux，*Culture*，11 – 12，91 – 92，and 213 – 14；Antonio Lanza，*La letteratura tardogotica*：*Arte e poesia a Firenze e Siena nell'autunno del Medioevo*（Anzio：De Rubeis，1994），367 – 80；和 Fernando Bandini，“Il ‘Dittamondo’ e la cultura veneta del Trecento e del Quattrocento，” in 1474：*Le origini della stampa a Vicenze*（Vicenza：Neri Pozza Editore，1975），111 – 24。

㉗ 关于现存稿本的断代，参见 Almagià，*Monumenta cartographica Vaticana*，1：105 – 17，以及 Cassi and Dei，“Le esplorazioni vicine，” 223 – 27。Turner，在“Christopher Buondelmonti，” 215 中陈述，他已经确定了 58 个删节版以及 3 个足本的收藏地。她还注意到，副本的成书时间最为集中于 1460 年至 1480 年间。

已经丢失了，就像著作的原始版本那样，要么因为是在某一特定时间，尤其是在奥斯曼土耳其占领了希腊的最后一块领土之后，突然增长的公众兴趣。无论真相是什么，“洛米蒂托斯岛之志”的广泛流通以及被翻译为多种其他语言，并且由此产生了一种新的地理文献体裁，这一体裁注定变得非常流行而且以多样的形式发展。

亨利库斯·马特尔鲁斯·日耳曼努斯

在整个 15 世纪，随着越来越多的“洛米蒂托斯岛之志”稿本的制作，在原始材料方面进行了后继的改进。现代的研究已经揭示出这些改变和增补，绝大部分是在地图方面，主要是为了对其进行更新或者通过增加新的岛屿使得著作更为完备[28]。这一做法以当时的标准来看完全可以接受：进一步的例子可以在稿本传统和托勒密《地理学指南》的印刷版中发现[29]。对于“洛米蒂托斯岛之志”的增补包括一幅较大的克里特地图［来自布隆戴蒙提的“对克里特的描述”（Descriptio Cretae）］，作为对原始著作的一种补充；地中海中部大型岛屿的地图或者地中海中较小岛屿的地图；欧洲其他部分以及亚洲和非洲的岛屿地图。同时，由此《岛屿书》涵盖了一个日益扩展的区域，并且导致了亨利库斯·马特尔鲁斯·日耳曼努斯（Henricus Martellus Germanus）的作品，其按照布隆戴蒙提已经建立的模式，撰写了一部岛屿之书（佛罗伦萨，约 1480 年至 1490 年），同样包括了一幅世界地图以及众多其他岛屿（图版 9）、半岛，甚至包括了对希腊水域之外的海洋的详细说明——并不是一部区域的《岛屿书》，实际上，更近似于一部世界“岛屿图集”[30]。亨利库斯·马特尔鲁斯的“岛屿的图像（Insularium illustratum）”的现存副本是鸿篇巨著。它们被制作于羊皮纸之上，并且图示使用了黄金和青金石色。这一优美作品的编辑者显然尽每一份努力来提供愉悦和信息，且 268

㉘ 一个在 BNF 中的未知时间的副本（Rés. Ge FF 9351）。其包括了一幅新的克里特地图（最初有着四分幅，而其中第四分幅丢失了）以及西西里、撒丁岛和科西嘉岛的地图。关于抄写者的更改，尤其参见 Campana，“Da codici del Buondelmonti.”关于君士坦丁堡的平面图及其描述的增补，参见 Giuseppe Gerola，“Le vedute di Costantinopoli di Cristoforo Buondelmonti，” *Studi Bizantini e Neoellenici* 3（1931）：247－79，和 Thomov，“Buondelmonti's Drawings of Constantinople”。关于对 BNF “岛屿的图像” 副本的各式各样的其他增补，参见 Monique-Cécile Garand，“La tradition manuscrite du *Liber archipelagi insularum* a la Bibliothèque Nationale de Paris，” *Scriptorium* 29（1975）：69－76。BL 的副本（MS. Arundel 93）记录了在锡拉岛（Thíra）巨型火山口出现了一座火山岛，并注明“这一部分被淹没同时无法发现底部”：参见 F. W. Hasluck，“Notes on Manuscripts in the British Museum Relating to Levant Geography and Travel，” *Annual of the British School at Athens* 12（1905－6）：196－215，esp. 198，以及 Stylianou and Stylianou，*Cartography of Cyprus*，12。

㉙ 参见 Germaine Aujac，*Claude Ptolémeé，astronome，astrologue，géographe：Connaissance et représentation du monde habité*（Paris：C. T. H. S.，1993），165—83 和本卷的第 9 章。

㉚ 亨利库斯·马特尔鲁斯·日耳曼努斯的《岛屿书》的副本存在于 BL（Add. MS. 15760，ff. 75，ca. 1489－90）、the Universiteitsbibliotheek Leiden（Cod. Vossianus Lat. in fol. 23）、the library of the Musée Condé at Chantilly（MS. 483）、the Biblioteca Medicea Laurenziana in Florence（Cod. XXIX，25）以及 James Ford Bell Library，University of Minnesota（参见 Roberto Almagià，“I mappomondi di Enrico Martello e alcuni concetti geografici di Cristoforo Colombo，” *Bibliofilia* 42［1940］：288－311，以及 Ilaria Luzzana Caraci，“L'opera cartografica di Enrico Martello e la ‘prescoperto’ dell' America，” *Rivista Geografica Italiana* 83［1976］：335－44，esp. 336）中。关于德意志的微图画家和制图学家亨利库斯·马特尔鲁斯·日耳曼努斯，其在 1480 年至 1496 年前后在佛罗伦萨工作，参见 Arthur Davies，“Behaim，Martellus and Columbus，” *Geographical Journal* 143（1977）：451－59；Hasluck，“Manuscripts in the British Museum，” 199；Rushika February Hage，“The Island Book of Henricus Martellus，” *Portolan* 56（2003）：7－23；和 Stylianou and Stylianou，*Cartography of Cyprus*，11－12。

汇集了来自其托勒密《地理学指南》奢华版本的现代地图学材料㉛。

"岛屿"（Insularium）百科全书的方面，甚至古物搜集的方面，被这样的事实强化，即一些副本包含了冗长的古代和现代地名的对照索引。因而，《岛屿书》通过或多或少涵盖整个已知世界，逐渐从早期区域地图学的约束中解脱了出来。相同过程的证据，在1500年佚名的概略的《岛屿书》中同样非常明显㉜。

这是这一体裁发展中至关重要的转折点。随着新的环绕非洲的以及通往加勒比海、美洲大陆剩余部分以及太平洋群岛的海上航路被打通，新延伸的海岸线和岛屿群进入西方势力影响之下，由此导致欧洲人将世界理解为一个吸引人的岛屿帝国。通过相当大程度的扩展，《岛屿书》被采纳以迎合这一理解，它们中的一些扩充如此剧烈，以至于它们突破了区域地理学的限制，发展成所谓的没有条理、兼容并包的宇宙志。

黄金时代：威尼斯，16世纪

巴尔托洛梅奥·达利索内蒂

印刷术的发明为地图创造了更为广阔的公众，而这又设定了新的市场条件㉝。意大利的城邦处于发现的最前沿，而威尼斯是他们之中最为前沿的。伴随着一种繁荣的艺术和学术传统，以及岛屿帝国、繁忙的印刷屋以及不仅与地中海国家而且与欧洲大陆国家之间存在的广泛的商业网络，威尼斯共和国符合了所有成为地图学发展战略中心的条件㉞。来自威尼斯的一个摇篮本是最早的印刷的地图合集：一本由巴尔托洛梅奥·达利索内蒂［译者注：索内蒂（sonetti）的意思是十四行诗］编纂的爱琴海《岛屿书》，其是一名威尼斯船主的别名，如此称呼是因为他对岛屿的描述是以十四行诗的形式书写的㉟。巴尔托洛梅奥的《岛屿书》

㉛ 主要是 Magliabechianus MS. Lat. XIII, 16 的抄本。相关描述，参见 Joseph Fischer, ed., *Claudii Ptolemai Geographiae, Codex Urbinas Graecus* 82, 2 vols. in 4（Leipzig: E. J. Brill and O. Harrassowitz, 1932），1: 398 – 404。"岛屿的图像"的构成是：布隆戴蒙提的一套岛屿地图；地中海大型岛屿地图（塞浦路斯、克里特、西西里、科西嘉和撒丁岛）；西班牙和不列颠岛屿地图［马略卡、梅诺卡岛（Minorca）、伊维萨岛（Ibiza）和福门特拉岛（Formentera）、英格兰和爱尔兰］；东方岛屿的地图［锡兰（Ceylon）和日本］；欧洲和近东国家的区域地图［意大利、西班牙、法兰西、德意志、斯堪的纳维亚、巴尔干（Balkans）、小亚细亚（Asia Minor）和巴勒斯坦］；欧洲海岸、地中海、黑海和里海（Caspian Sea）的波多兰航海图；以及最后，一幅有着经纬度的托勒密的世界地图，通常用来自西班牙和葡萄牙的环绕非洲探险的信息进行了更新。

㉜ BL 中佚名的"Insularum mundi chorographia"（Add. MS. 23925），其在艺术性和地图学方面都要次于亨利库斯·马特尔鲁斯的《岛屿书》，由131幅欧洲、亚洲和非洲的彩色地图构成，位于四开本的71张图幅上。那些希腊岛屿来源于布隆戴蒙提的作品。参见 Hasluck, "Manuscripts in the British Museum," 200，以及 Stylianou and Stylianou, *Cartography of Cyprus*, 12 – 13。

㉝ 关于地理印刷品术对15世纪和16世纪消费心态的影响的有趣观点，可以参见 Chandra Mukerji, *From Graven Images: Patterns of Modern Materialism*（New York: Columbia University Press, 1983）。

㉞ 据估计，在这一时期，这一伟大的商人和航海家的小型共和国绘制了将近一半在意大利印制的地图，参见 Ivan Kupčík, *Cartes géographiques anciennes: Evolution de la représentation cartographique du monde, de l'antiquité à la fin du XIXe siècles*（Paris: Gründ, 1980），108。

㉟ 参见 Donattini, "Bartolomeo da li Sonetti"。书籍中没有包含标题和跋文。巴尔托洛梅奥在第一段十四行诗中使用希腊术语"岛屿游记（*periplus nison*）"来描述他的作品，即"岛屿游记中包含了67座大型的/98座以上较小的/在爱琴海发现的，供养着他们的岛屿"。关于巴尔托洛梅奥和他的作品，参见 Angela Codazzi, "Bartolomeo da li Sonetti," in *DBI*, 6: 774 – 75; Frederick R. Goff, "Introduction," in *Isolario*（*Venice* 1485），by Bartolommeo dalli Sonetti（Amsterdam: Theatrum Orbis Terrarum, 1972），V – VIII; Campbell, *Earliest Printed Maps*, 89 – 92；以及 Cassi and Dei, "Le esplorazioni vicine," 229 – 42。

是用韵文来描述地理对象的意大利传统的一部分，其中最为著名的例子就是法齐奥·德利乌贝蒂的《关于世界的事实》、莱昂纳多·达蒂的《球体》和弗朗切斯科·贝林吉耶里的《地理学的七日》。第一次印刷大约是在 1485 年，其包含了 49 幅地图（没有地名），用木版印刷，并附有韵文注释（图 8.2）[36]。

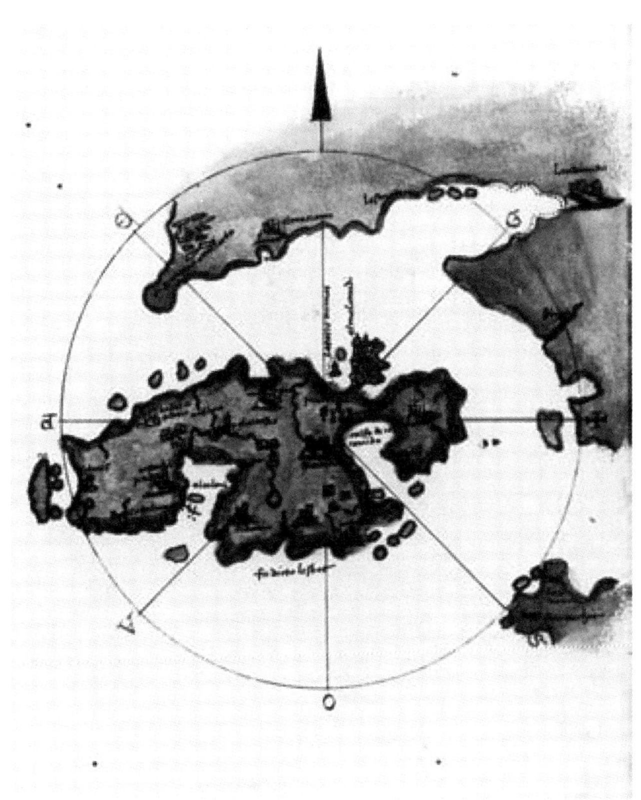

图 8.2 巴尔托洛梅奥·达利索内蒂绘制的米蒂利尼（MYTILENE）地图。巴尔托洛梅奥的作品（约 1485 年）是第一部出版的《岛屿书》，也是第一部用方言撰写的《岛屿书》。尽管其显著特点是有着一种文学的形式（著作的所有文本都是 14 行诗），但其在这一体裁中引发了一种特殊的航海传统，一种被很多著名著作遵循的传统。基于突出表现的岛上的两个封闭港湾以及对卡斯特罗（Kastro）的一种详细呈现，岛屿被更为精密的描绘，并且比之前的著作都精准。在其上清晰地标出了两个港口、壕沟及其桥梁，以及北侧港口的海塔。这一 16 世纪的稿本副本可能来自巴蒂斯塔·阿涅塞的作坊。《岛屿书》的地图是着色，并且它们有着地名和一个标有海里数字的比例尺条。巴尔托洛梅奥的原始地图没有地名或图题。在这一地图上，岛屿的南侧添加了两个聚落

原图尺寸：29.4×21.2 厘米。图片由 Biblioteca Nazionale Marciana，Venice（MS. It. Ⅸ 188［=6286］fol. 45）提供。

在导言中，巴尔托洛梅奥陈述，他在为不同的威尼斯贵族服务的过程中已经前往爱琴海 18 次，并且写到“带着罗盘……我已经多次重复踏上了每座小岛……并且带着一只尖笔”在地图中标出了每座岛屿的准确位置[37]。到目前为止，学者们已经强调了巴尔托洛梅奥对布

㊱ 《岛屿书》的第二个版本制作于 1532 年，地图使用了相同的木版，但是将地图和十四行诗印刷在同一页上，而不是像第一版那样印刷在对页上。第二版同样包括了一幅弗朗切斯科·罗塞利绘制的卵形世界地图。

㊲ 参见 Goff，“Introduction，”xii。

隆戴蒙提的借鉴，并且其中一些学者更是提出，他的原创贡献是非常少的。巴尔托洛梅奥对于布隆戴蒙提的借鉴是无法否认的。首先，他作品的概念和形式借鉴自“洛米蒂托斯岛之志”：巴尔托洛梅奥的《岛屿书》是一套爱琴海岛屿的图集，附有岛屿的草图和对每座岛屿
269 的文学描述。其次，岛屿通常按照一种相似的顺序进行处理；唯一的主要差别就是巴尔托洛梅奥开始于凯里戈岛（Cerigo），并且没有涵盖位于希腊西海岸之外的其他爱奥尼亚岛屿。最后，投影、海岸线的绘制方式，以及用来标出城镇和乡村以及地理要素的符号，是非常相似的。通过在文本最初几行中的一段密码，巴尔托洛梅奥撰写了他作品的献词，从这一方式也可以看出布隆戴蒙提的影响是显著的[38]。

然而，不是巴尔托洛梅奥著作中的所有内容都借鉴自他的前辈。每一幅岛屿地图都由一个罗盘玫瑰作为框架，其中一些（49 幅中的 11 幅）有着一个双海里的比例尺条。珊瑚礁和其他对航海有害的东西都被统一用十字标出，与波特兰航海图的通常习惯一致。相当大量的巴尔托洛梅奥地图给出了比布隆戴蒙提地图更为准确的岛屿轮廓。最后，与偏爱古代地名和倾向于使用神话色彩的插话的人文主义者布隆戴蒙提相比，巴尔托洛梅奥·达利索内蒂用一种生动的方言撰写，使用了 14 行诗的大众化的韵文形式，并且通常给出了他自己时代的地名以及对岛屿新的描述。

尽管在巴尔托洛梅奥的作品中有着一个诗歌和冒险的倾向，并且他的作品包含了对但丁和维吉尔的直接引用，而且经常运用了抒情诗体[39]，但其对于岛屿之书发展的影响，与布隆戴蒙提属于不同的类型，因为他的作品在体裁中提出了一个重要的新传统：也就是航海的《岛屿书》，其进一步的例子在整个 16 世纪屡见不鲜。巴尔托洛梅奥的作品启发了瓦伦廷·费尔南德斯（Valentim Fernandes）的葡萄牙语的《岛屿书》，“葡萄牙的岛屿和旅行”（De insulis et peregrinatione Lusitanorum），其时间是从 1506 年至 1510 年，并且保存下来了一个稿本。这一作品局限于大西洋岛屿，并且用一个罗盘玫瑰作为地图布局的框架[40]。新的《岛屿书》与葡萄牙的海外扩张联系了起来，因而脱离了传统的《岛屿书》，后者只是描绘地中海岛屿的土地。

皮里·赖斯

《岛屿书》发展的下一步将我们带到了地中海的东海岸。皮里·赖斯（Pīrī Re'īs），来自加利波利的土耳其的海军将领和航海图绘制者，同样绕过了学者布隆戴蒙提的作品和《岛屿书》稿本传统的那些继承者，取而代之依赖于巴尔托洛梅奥·达利索内蒂更偏重航海的样式。他的关于航海的稿本著作，“航海之书”（Kitāb-i baḥrīye），就准确性和详
270 细程度而言，代表了地中海地区《岛屿书》的顶峰。其同样标志着航海的《岛屿书》与

㊳ 巴尔托洛梅奥用密码的形式将作品题献给 Doge Giovanni Mocenigo (1478 – 85)，参见 Curt F. Bühler, "Variants in the First Atlas of the Mediterranean," *Gutenberg Jahrbuch*, 1957, 94 – 97, esp. 94。

㊴ 例如，在他对德洛斯遗迹 Dantesque 的描述中，以及他对岛屿上女子性欲做出的经常性的推测中。

㊵ Munich, Bayerische Staatsbibliothek, "Codex Hispanus (Lusitanus)" No. 27. 大西洋的岛屿是亚速尔群岛、马德拉群岛（Madeira）、加那利群岛、佛得角群岛（Cape Verde Islands）以及那些几内亚湾的岛屿。关于费尔南德斯和他的《岛屿书》，参见 Inácio Guerreiro, "Tradição e modernidade nos *Isolarios* ou ' Livros de Ilhas' dos séculos XV e XVI," *Oceanos* 46 (2001): 28 – 40, esp. 32 – 35。

公共的兴趣建立了联系，因为它们用奥斯曼的语言提供了专业航海者所需要的技术信息。

“航海之书”只保存下来两个版本。第一个版本，使用上较为简单和便利，编纂于 1520 年至 1521 年。其包含有 131 个条目，同时其有 23 个完整副本保存了下来。第二个版本，更为奢华的版本，意图使用于帝国宫廷［其被奉献给苏丹苏莱曼大帝（Süleymān the Magnificent)］，编纂于 1525 年至 1526 年。其包含有 219 个条目，并且有 10 个副本保存了下来[41]。“航海之书”，一种介于叙述性的波特兰航海图和《岛屿书》之间的作品，对地中海海岸和岛屿给予了非常详细的说明。其结构是叙述性的波特兰航海图的；也就是说，其准确地遵循着沿岸的海路。其对材料的处理近似于《岛屿书》，并且同样详细绘制了每座岛屿和近岸的地区，通常以一系列比例尺逐渐变大的地图的形式。

按照叙述性波特兰航海图的模式，“航海之书”文本中的段落给出了航行的方向和关于当地航行条件的事实，航行中安全和危险的航线，港口和登陆点的外观和地标，以及它们中的每一个可以为食物储备和再次补充储存品所能提供的便利。这一实用信息由作品中的关于当地历史和神话的简短的题外话所补充[42]。

总体而言，“航海之书”可以被认为是 16 世纪地中海地图学史中的一个里程碑。其宏大的规模（较长的版本长达 850 页），其丰富的图像和事实的信息，众多现存副本的艺术价值，以及毫无遗漏地涵盖了地中海海岸和岛屿，使其毫无疑问是奥斯曼土耳其对西欧文艺复兴时期航海图绘制成就回应中的一个杰出范本。可能因为其撰写所使用的语言，皮里・赖斯的作品并没有对基督教西方这一体裁的发展产生影响，在那里，《岛屿书》继续发展而没有受到这一来自奥斯曼水文地理学重要贡献的影响。在 17 世纪中期，随着航海辅助仪器的发展，所谓的加斯帕罗・特斯蒂诺的波特兰地形学在威尼斯出现[43]。这些类似于皮里・赖斯的“航海之书”，尽管它们没有直接联系，但它们为叙述性波特兰航海图提供了详细的地图学的图示。

贝内代托・博尔多内

《岛屿书》发展的下一个阶段就是针对正在扩大的读者群的出版事业：这就是贝内代托・博尔多内（Benedetto Bordone）的《世界所有岛屿之书》（*Libro... de tutte l'isole del*

㊶ 关于皮里・赖斯的参考书目是广泛的。参见 Svat Soucek, “Islamic Charting in the Mediterranean,” in *HC* 2.1: 263 - 92, with a full bibliography; idem, *Piri Reis and Turkish Mapmaking after Columbus*: *The Khalili Portolan Atlas* (London: Nour Foundation, 1996); Dimitris Loupis, “Ottoman Adaptations of Early Italian Isolaria,” *IMCoS Journal* 80 (2000): 15 - 23; 以及 idem, “Piri Reis's Book of Navigation as a Geography Handbook: Ottoman Efforts to Produce an Atlas during the Reign of Sultan Mehmed Ⅳ (1648 - 1687),” *Portolan* 52 (2001 - 2): 11 - 17。

㊷ “航海之书”的较长版本有着一段用韵诗撰写的冗长导言，是与诗人穆拉迪（Muradi）合作撰写的：其是关于航海的理论专著，其中使用航海图的技术设备和航行设备的技术指南与关于新旧世界的所有海洋的信息结合在了一起。

㊸ 关于加斯帕罗・特斯蒂诺，参见 Camillo Tonini, “ ‘... Acciò resti facilitata la navigatione’: I portolani di Gaspare Tentivo,” in *Navigare e descrivere*, 72 - 79, 以及 Leonora Navari, “Gasparo Tentivo's *Il Nautico Ricercato*: The Manuscripts,” in *Eastern Mediterranean Cartographies*, ed. George Tolias and Dimitris Loupis (Athens: Institute for Neohellenic Research, National Hellenic Research Foundation, 2004), 135 - 55。

mondo)，该书在 1528 年于威尼斯诞生[44]。其涵盖了 111 座岛屿，并且在三个部分中分别介绍了大西洋、地中海和远东的岛屿和半岛。这一著作的一个有趣的新特征就是，其包含了小比例尺的总图和整个区域的索引，复原了每幅本地地图相对的地理位置：有一幅欧洲的和一幅地中海东北部的地图，以及一幅被认为是弗朗切斯科·罗塞利所绘的卵形世界地图[45]。

随着这一作品，《岛屿书》发展到了这样一个阶段，即其作为一种体裁可以在商业上大量出版。博尔多内并没有传达他自己的第一手观察，这不同于布隆戴蒙提、巴尔托洛梅奥和皮里·赖斯，他也不是一家学术工作室的地图学家，因而可以对其他人的第一手报告进行严格的校订。他是一位占星术家，也是一位著作等身的人物，一位稿本的泥金插画师和传统的书版的雕刻者，出生于帕多瓦，并在 15 世纪末迁移到了威尼斯[46]。《世界所有岛屿之书》是
271 一部商业作品，并且通过其发行后大量的版本判断，其显然是获得了相当成功的作品[47]。

在书中的 111 幅地图中，有 62 幅是希腊岛屿的：它们受到布隆戴蒙提和巴尔托洛梅奥地图的影响，而且在大多数情况下也是复制自那些著作的，而剩下的主要是受到托勒密地图和 16 世纪早期波特兰航海图的启发[48]。贝内代托在“前言”中向他的侄子，巴尔达萨雷·博尔多内（Baldassare Bordone），“一位杰出的外科医生”致辞，这暗示着他的著作针对的是范围广泛的、非专业的读者，这些读者远离官方地理学家、王子和朝臣的世界。他还陈述道，当他与威尼斯海军一起巡逻时，他探索了他所描述的岛屿，但事情的真相是，他从未曾离开过意大利东北部。按照他自己的陈述，这部著作的目的是双重的：向水手提供有用的信息，并且向公众提供一种娱乐性的阅读材料。这意味着，他文本的段落包含着关于宇宙志和地理学的理论信息，以及来源于历史和神话的故事。

在 1528 年至 1571 年间，新的印刷版的《岛屿书》在数量上存在着下降；大多数出版者只是重新发行巴尔托洛梅奥和博尔多内的作品。另外一部撰写于这一时期，但出版要延后很多的著作就是莱安德罗·阿尔贝蒂（Leandro Alberti）的《属于意大利的群岛》（*Isoleappartenenti all'Italia*），基于作者的古典研究和他对同时代作品的阅读［尤其是那些弗拉维奥·比翁多（Flavio Biondo）的著作］而撰写的一部地理学专著，但是包含了大量亲历

---

[44] Benedetto Bordone, *Libro di Benedetto Bordone nel quale siragiona de tutte l'isole del mondo* (Venice: N. Zoppino, 1528)，关于博尔多内的生平和作品，参见 Lilian Armstrong, "Benedetto Bordon, *Miniator*, and Cartographer in Early Sixteenth-Century Venice," *Imago Mundi* 48 (1996): 65–92。也可以参见博尔多内著作影印本的导言：Skelton, "Bibliographical Note"; Massimo Donattini, "Introduzione," in *Isolario* (1534 edition) (Modena: Edizione Aldine, 1983), 7–21；以及由 Umberto Eco 在 *Isolario*, by Benedetto Bordone (Turin: Les belles Lettres, 2000), Ⅶ–Ⅺ中所做的前言。

[45] 参见 Skelton, "Bibliographical Note," Ⅸ，他在其中得出了这样的结论，即博尔多内可能购买了罗塞利的铜版。在巴尔托洛梅奥·达利索内蒂的《岛屿书》的第二版中收录了一幅由罗塞利绘制的相似的世界地图，参见本章的注释 36。

[46] 参见 Bernardini Scardeone, *Bernardini Scardeonii... De antiqvitate vrbis Patavii* (Basel: N. Episcopivm, 1560), 254，和 Myriam Billanovich, "Benedetto Bordon e Giulio Cesare Scaligero," *Italia Medioevale e Umanistica* 11 (1968): 188–256。

[47] Robert W. Karrow, in *Mapmakers of the Sixteenth Century and Their Maps: Bio-Bibliographies of the Cartographers of Abraham Ortelius*, 1570 (Chicago: For the Newberry Library by Speculum Orbis, 1993), 92–93，列出了第一版之后的贝内代托·博尔多内的《岛屿书》（*Isolario di Benedetto Bordone*）的三个版本：Venice: Zoppino, 1534; Venice: Francesco di Leno [1537?]；和 Venice, 1547。

[48] 不同于布隆戴蒙提和巴尔托洛梅奥，博尔多内偏好于绘制靠近大陆的岛屿群，他对海岸线的描绘是概略的，同时没有在任何一幅地图上标出比例尺——尽管，遵照了巴尔托洛梅奥·达利索内蒂的例子，他通常标出罗盘方位。与巴尔托洛梅奥对比，他在他的地图上书写了地名；他对城镇和乡村的标识更为简单。

者的描述[49]。其撰写于1553年之前，并且由多明我会（Dominican）修道士温琴佐·达博洛尼亚（Vincenzo da Bologna）作为阿尔贝蒂对意大利的描述，即《对所有意大利的描述》（*Descrittione di tutta l'Italia*，威尼斯，1561）的附录第一次出版，但没有地图。1568年的版本，同样是在威尼斯出版，包含了五幅地图，在一个稍晚的版本中地图增加到了七幅。

尽管在1528年至1571年之间新作品相对缺乏，但似乎《岛屿书》影响了其他相关的体裁，尤其是在威尼斯制作的绘本航海图集。在1553年至1564年间，巴蒂斯塔·阿涅塞的作坊绘制了至少五套包含了相当高百分比例的岛屿图的图集——不仅是地中海和大西洋中的较大岛屿，而且还有爱琴海中较小的岛屿[50]。

乔治·西代里［卡拉帕达（Il Callapoda）］同样在他的图集中包括了一些岛屿地图，尽管不是很多[51]。在这一时期，没有新的印刷的《岛屿书》出版，唯一已知来自这一时期原创的稿本作品就是重要的航海性质的世界《岛屿书》，其是由加泰罗尼亚宇宙志学家阿隆索·德圣克鲁斯制作的，显然意图被作为一种航海的实用指南[52]。每幅地图都由一幅罗盘玫瑰作为框架（如同由巴尔托洛梅奥和皮里·赖斯绘制的地图），并且包括了比例尺条，同时标出了纬度。尽管其书名（“世界上所有岛屿的岛屿之书……”），但加泰罗尼亚的宇宙志学家的岛屿指南比通常的《岛屿书》涵盖了更多的陆地：就其主要目的和意图而言，它是一部早期的世界地图集。尽管岛屿构成了大部分的材料，但同样还有新旧世界已知大部分地区的地图。

托马索·波尔卡基

下一部新印刷的《岛屿书》就是托马索·波尔卡基（Tommaso Porcacchi）的《世界著名岛屿》（*L'isole piv famose del mondo*），其中作为图示的地图是由雕版家吉罗拉莫·波罗

[49] 关于阿尔贝蒂，参见 Giorgio Roletto，“Le cognizioni geografiche di Leandro Alberti，” *Bollettino della Reale Società Geografica Italiana*，5th ser.，11（1922）：455－85，和 Roberto Almagià，“Leandro Alberti，” in *Enciclopedia italiana di scienze，lettere ed arti*，36 vols.（Rome：Istituto Giovanni Treccani，1929－39），2：180－81。

[50] Henry Raup Wagner，“The Manuscript Atlases of Battista Agnese，” *Papers of the Bibliographical Society of America* 25（1931）：1－110，esp. 91－98. Atlas LV，Museo Correr Port. 21，总共29幅地图中有10幅岛屿地图；Atlas LⅥ，Marciana It. Ⅳ Cod. 6＝5067，总共31幅地图中有10幅岛屿图；Atlas LⅦ，Westheimbei Augsburg，Library of Baron von Humann-Hainhofen，25幅地图中有8幅岛屿图；Atlas LⅧ，London，Quaritch Ltd.，25幅地图中有9幅岛屿图；和 Atlas LX，Laurenziana Doni 3，26幅地图中有9幅岛屿图（pp. 91－98）。参见 Almagià，*Monumenta cartographica Vaticana*，1：62－71，和 Konrad Kretschmer，“Die Atlanten des Battista Agnese，” *Zeitschrift der Gesellschaft für Erdkunde zu Berlin* 31（1896）：362－68。

[51] 参见 George Tolias，*The Greek Portolan Charts，15th－17th Centuries：A Contribution to the Mediterranean Cartography of the Modern Period*，trans. Geoffrey Cox and John Solman（Athens：Olkos，1999），esp. 100－107，184，and 186（BL，MS. Egerton 2856，其中包括了克里特、塞浦路斯和罗得岛地图），108－15 and 186－87（Marciana It. Ⅳ 148＝5451，其中有大不列颠和爱尔兰、克里特、冰岛和罗得岛地图），以及 190［加拿大，私人收藏，其中有克里特、塞浦路斯、罗得岛和海地岛（Hispaniola）的地图］。

[52] “Islario general de todas las islas del mundo por Alonso de Santa Cruz，cosmographo mayor de Carlos I de España，” Biblioteca Nacional（Madrid），Sección de Manuscritos，Códice Islario de Santa Cruz. 参见 Library of Congress，*A List of Geographical Atlases in the Library of Congress*，9 vols.，comp. Philip Lee Phillips（vols. 1－4）and Clara Egli Le Gear（vols. 5－9）（Washington，D. C.：U. S. Government Printing Office，1909－92），5：51；Leo Bagrow，*History of Cartography*，2d ed.，rev. and enl. R. A. Skelton，trans. D. L. Paisey（Chicago：Precedent，1985），其中认为作品的时间是1541年；Françoise Naudé，*Reconnaissance du Nouveau Monde et cosmographie à la Renaissance*（Kassel：Edition Reichenberger，1992）；Mariano Cuesta Domingo，*Alonso de Santa Cruz y suobra cosmográfica*，2 vols.（Madrid：Consejo Superior de Investigaciones Cientificos，Instituto “Gonzalo Fernández de Oviedo，” 1983－84）；以及 Stylianou and Stylianou，*Cartography of Cyprus*，27。

272 （Girolamo Porro）制作的[53]。这一作品是作家和地图雕版家之间合作的结果，在书名的附加部分清晰地对责任的划分进行了陈述［由卡斯蒂廖内·阿雷蒂诺（Castiglione Arretino）的托马索·波尔卡基描述，并由帕多瓦诺的吉罗拉莫·波罗雕版（*descritte da Thomaso Porcacchi da Castiglione Arretino e intagliate da Girolamo Porro Padovano...*）］。波尔卡基和波罗的著作是第一部使用了铜版雕版技术的《岛屿书》，其赋予制图学家更为清晰、准确和详细的机会，并且逐渐在印刷书籍中将自身确立为图示的标准媒介。然而，因为它们过小的尺寸和将过多的信息塞入了有限的空间中，因而波罗的地图很难解读。第一版中包括了一幅世界地图和 27 幅岛屿地图。此后是一些逐渐扩展的版本，其中大部分出版在波尔卡基和波罗去世后，到 1620 年的版本，其中累积的地图达到了 48 幅。

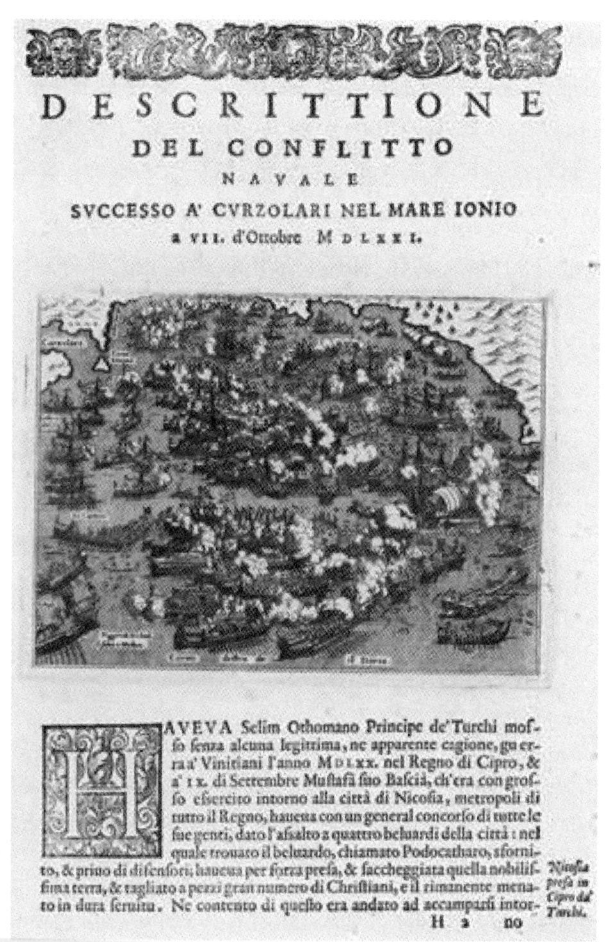

DESCRITTIONE
DEL CONFLITTO
NAVALE
SVCCESSO A' CVRZOLARI NEL MARE IONIO
a VII. d'Ottobre MDLXXI.

HAVEVA Selim Othomano Principe de'Turchi mosso senza alcuna legittima, ne apparente cagione, guerra a' Vinitiani l'anno MDLXX. nel Regno di Cipro, & a' IX. di Settembre Mustafà suo Bascià, ch'era con grosso essercito intorno alla città di Nicosia, metropoli di tutto il Regno, haueua con un general concorso di tutte le sue genti, dato l'assalto a quattro beluardi della città: nel quale trouato il beluardo, chiamato Podocatharo, sfornito, & priuo di difensori; haueua per forza presa, & saccheggiata quella nobilissima terra, & tagliato a pezzi gran numero di Christiani, e il rimanente menato in dura seruitu. Ne contento di questo era andato ad accamparsi intor-

Nicosia presa in Cipro da' Turchi.

H 2 no

图 8.3 勒班陀海战（1571 年 10 月 7 日）的描述和图示。来自托马索·波尔卡基《世界著名岛屿》（Venice，1576），地图由吉罗拉莫·波罗雕版。《岛屿书》中对主题材料的整合是 16 世纪最后几十年中这一体裁逐渐朝向信息领域迁移的结果

原始页面尺寸：约 29×19.8 厘米。图片由 BL（C. 83. e. 2，p. 87）提供。

[53] Tommaso Porcacchi, *L'isole piu famose del mondo descritte da Thomaso Porcacchi da Castiglione Arretino e intagliate da Girolamo Porro Padovano...*（Venice：S. Galignani and Girolamo Porro，1572）. 在后来的扩展的版本中，题目中增加了"*l'Aggiunta di molte Isole*"。

波尔卡基撰写的宇宙志和百科全书式风格的冗长文本，由夹杂着各种类型的地理学和人种志的信息，以及来自地方史和神话的逸闻趣事构成。这里应当被提到的就是，地图上所给出的地名并不经常与那些正文中的地名相一致，因为学术精深的波尔卡基偏好于古代的形式，而波罗使用的则是更为当代的名称。波尔卡基的“前言”非常有趣。在其中，他解释了古物搜集、宇宙志的《岛屿书》的理论概念：按照古代神话（其中所有都基于历史事实）和在古代地理学家中一致的观点，欧洲、亚洲和非洲都曾经是岛屿，他说到，而且整个世界自身也是一个被大洋的水流所环绕的岛屿，如同斯特拉博（Strabo）告诉我们、普林尼所赞同的那样。这一宇宙哲学是波尔卡基开始他自己对大多数著名岛屿进行描述的基础，他持有这样的信念，即他写的越多和越好，那么这个世界将会被更好的了解。为了让其他比他受过更好教育的人将整个世界作为一个整体进行描述：他愿意将他自己局限于岛屿，或者进一步局限于特定的著名岛屿，并且试图确定每座岛屿的位置并给出名称；测量其周长和其长度与宽度；并且说明邻近的其他岛屿，有哪些港口，岛屿的主要出产，有哪些让人感兴趣的其他景观特征，其上最早的居民是谁以及现在生活在其上的是什么人，哪些著名人物曾经来自那里，以及岛屿上有哪些城镇——简言之，每座岛屿的历史。

波尔卡基的作品同样标志着与《岛屿书》的重要偏离。作为一部岛屿方面的文选，《世界著名岛屿》忽略了空间结构方面的一致性：随着历史和人种学占据前沿，其地理越加分散。按照这一方式，波尔卡基在这一体裁中开创了岛屿之书的一种新类型，一种主题性的《岛屿书》，除了描述岛屿之外，还报告了这一区域中占据主导的政治局面，而其涵盖范围几乎全部局限于沿海地区和地中海东部（图 8.3）。这一发展与奥斯曼帝国的迅速扩张存在部分关联，与 16 世纪有插图的印刷书籍的历史演变也存在部分联系[54]。

小幅的、主题的和航海图的《岛屿书》 273

在大约 1565 年至 1575 年之间，出现了大量小型的内容混杂的《岛屿书》，其中包括城镇和要塞的图像以及岛屿地图。这些普及出版物结合了之前已经作为散页出版的材料：它们大部分相同，通常彼此之间借鉴材料，因此往往不太容易确定包含在内的未署名的铜版雕版的制作者。一本这样的著作，书名为《著名岛屿、港口、要塞和滨海地区》（*Isole famose, porti, fortezze, e terre marittime*），未标明时间，也没有署名，通常被认为是印刷商和出版商乔瓦尼·弗朗切斯科·卡莫恰（Giovanni Francesco Camocio）的作品，他是其中包含的 88 种印刷品中的 12 种的出版商，尽管扉页将多纳托·贝尔泰利（Donato Bertelli）的书店作为其出售的地点[55]。对于 BL、BNF 和威尼斯的圣马可国家图书馆（Biblioteca Nazionale Marciana）中所藏副本的研究已经显示出，在 1571 年至 1574 年间，这部著作的后续版本以佚名的作品

---

[54] 关于这一主题，参见 Roger Chartier，“La culture de l'imprimé,” in *Les usages de l'imprimè*（*XV*^{e}-*XIX*^{e} *siècles*），ed. Roger Chartier（Paris：Fayard，1987），7–20。关于印刷地图的使用和功能，参见 David Woodward，*Maps as Prints in the Italian Renaissance*：*Makers*，*Distributors & Consumers*（London：British Library，1996）。

[55] 书中标注时间最早的印刷品的时间是 1566 年，最晚的是 1574 年。地图中有 12 幅是由卡莫恰署名的；一幅是由多纳托·贝尔泰利刻版的，一幅是由 Martino Rota da Sebenico 刻版的，两幅由多梅尼科·泽诺伊（Zenoni）刻版，而 4 幅是由保罗·福拉尼刻版的。其他 68 幅是佚名的。贝尔泰利获得了卡莫恰的铜版，可能在后者去世之后（被认为是在 1575 年），参见 Rodolfo Gallo，“Gioan Francesco Camocio and His Large Map of Europe，” *Imago Mundi* 7（1950）：93–102，esp. 97。

出版，每一个版本都展示了一个不同序列的地图（图 8.4）。完整的版本由贝尔泰利出版，其上标明的时间为 1574 年[56]。其包含了 88 幅编号的地图和平面图。一个相似的地图汇编，绝大多数为希腊岛屿地图，由雕版师西蒙·平阿格蒂（Simon Pinargenti）在 1573 年汇

图 8.4 来自乔瓦尼·弗朗切斯科·卡莫恰《岛屿书》的塞浦路斯地图，约 1570 年至 1574 年。地图描绘了于 1570 年 7 月突然占领岛屿之前，奥斯曼土耳其在小亚细亚（Asia Minor）海岸的大规模的军事准备活动。这一混合的版本是众多在 16 世纪最后数十年出版的《岛屿书》之一。这些作品展示了随着奥斯曼帝国的扩展而产生的军事冲突。尽管卡莫恰只是于 1566 年在塞浦路斯出版了一幅更为精确的地图，但他更偏好在他的主题《岛屿书》中复制保罗·福拉尼绘制的岛屿地图（威尼斯，1570），后者展示了分成 11 个中世纪行政区划的岛屿。唯一附带的文本是关于地图的一个简短图例

原图尺寸：20 × 16 厘米。图片属于 Biblioteca Nazionale Marciana, Venice (RariVeneti 244 [= 25957], 69)。

---

[56] 这一副本，在威尼斯，Biblioteca Nazionale Marciana (Rari V 244 = 25957)，似乎是所有已知版本中最为全面的：参见 Gallo, "Gioan Francesco Camocio," 97 – 99。卡莫恰的《岛屿书》同样是由 Battista Scalvinoni 于 1575 年后在威尼斯出版的，参见 Stylianou and Stylianou, *Cartography of Cyprus*, 222。

集在一起，而贝尔泰利在 1568 年和 1574 年出版了相同类型的另外一种汇编[57]。

这些新的《岛屿书》非常不同于它们的前辈[58]。首先，它们不再意图为了实用目的或普通的教导：取而代之，它们提供了关于威尼斯—土耳其战争舞台的主题信息以及那里目前的形势。其次，主题是不同的。在岛屿地图之中——这些地图，顺带提及，按照随机模式排列，给读者带来了极大的混乱——某人可以找到要塞和城镇的图像以及基督教和奥斯曼军事力量之间的战斗场景[59]。再次，这些《岛屿书》不仅包含了插图，未被任何叙述打断。在平 274
阿格蒂的和贝尔泰利的地图上的唯一词汇就是标题，但是卡莫恰经常在标题的装饰框中增加一段简短的注释来给出地图所显示区域的位置和大小以及统治力量的名称。最后，在地图风格上有着值得注意的变化。在铜雕版的技术上有着改进，同时这些书籍的出版者属于 16 世纪最好的雕版者。每一岛屿现在是一个由粗糙绘制的海岸线作为框架的自我完备的、微观的地理景观，且对覆盖着林木的山丘、山谷、河流以及道路、动物和村庄、城堡、港口、船只以及修道院进行了描绘。非常常见的是，岛屿显得是未有人居住的或者是荒废的，但是有时我们看到了在从事相关活动的农夫、商人和劳工，而更为经常的是，相互作战或正在围攻城堡的一队队士兵。每件事物都有其位置，并且用一种灵活处理的比例和视角来进行描绘：这些地图中，大的物体在尺度上被缩小，而小的物品则被放大，后者带来的效果似乎就像是通过一架显微镜在观察岛屿。

在这一世纪的最后 20 年中，这一体裁中出现了一些新的样本。应当要提到的就是弗朗切斯科·费雷蒂（Francesco Ferretti），他的《岛屿书》（1580）收录了 20 幅几乎难以辨识的希腊岛屿的航海图；佛罗伦萨的朱塞佩·罗塞西奥，他将《岛屿书》的旧有风格与旅行文献的传统结合在了一起；而安东尼奥·米洛，航海图和图集的希腊制作者，其在 1575 年

---

[57] Simon Pinargenti, *Isoleche son da Venetia nella Dalmatia et per tutto l'arcipelago, fino à Costantinopoli, con le loro fortezze, e con le terre più notabili di Dalmatia* (Venice: Simon Pinargenti, 1573)、大多数署名的地图是由平阿格蒂刻版的，而剩下的则是由 Natale Bonifacio 和 Niccolo Nelli 刻版的。BNF 的副本（Ge FF Rés. 9373）收录有 51 幅未编号的地图。贝尔泰利编纂的则是这一时期典型城镇图像的汇编。三个已知副本中的每一个都有着一套不同的地图，数量从 51 幅到 68 幅。Gallo（"Gioan Francesco Camocio", 98 – 99）在第二版中记录了 68 幅印刷品（Biblioteca Nazionale Marciana, Rari V 422）：Ferdinando [Ferando] Bertelli, *Civitatum aliquot insigniorum et locor*[*um*], *magis munitor*[*um*] ..., 2d ed.（Venice: Donati Bertelli, 1574）。印刷品是由多梅尼科·泽诺尼（16）、纳塔莱·博尼法乔［Natale Bonifacio］（12）、Ferdinando Bertelli（6）、保罗·福拉尼（3）、多纳托·贝尔泰利（2）、Felice Brunello（1）和 Marino Rota [da Sebenico]（1）雕版的。作品与本章所讨论的主题有关，因为书中超过一半的印刷品是岛屿和沿岸地点的地图。

[58] 关于综合性的《岛屿书》在信息方面的功能，参见 George Tolias, "Informazione e celebrazione: Il tramonto degli isolari (1572 – 1696)," in *Navigare e descrivere*, 37 – 43。

[59] 一种一成不变的这类场景就是对勒班陀战役的展示，勒班陀被同时代的人看成土耳其向西扩张的最后界线。有时，用两幅或者更多幅的地图来对其进行展示，显示了战斗的场景、敌对双方舰队的布置以及行动的过程。卡莫恰同样有着一幅描绘了基督教徒获得的战利品的图幅（第 40）。然后就是多达四幅地图的关于塞浦路斯的部分：其中一幅是整个岛屿的，以及邻近的卡拉马尼亚（Karamania）海岸，在那里奥斯曼的军队布置着，一或二支军队围攻尼科西亚（Nicosia），而一支陆军围攻法马古斯塔（Famagusta），而海军则将其阻断。然后是一个关于达尔马提亚和爱奥尼亚海海岸部分的地图，附带有展示了围攻希贝尼克（Šibenik）的场景（*Il fidelissimo Sebenico*），发生在 1571 年 11 月 8 日的马尔加里蒂（Margariti）战役，1570 年索波特（Sopoto）的陷落，1572 年 9 月 21 日在纳瓦里诺（Navarino）发生的海战，以及在墨托涅和马伊纳（Maina）海岸外发生的其他海战等的图版。最后，还有关于君士坦丁堡的、奥斯曼军事演习和土耳其入侵匈牙利的图示。

至1590年间在威尼斯工作[60]。

安东尼奥·米洛的作品将我们带回到了只是为实际用途服务的《岛屿书》。他所书写的大约10种稿本《岛屿书》保存了下来，时间是在1582年至1591年之间（图8.5）[61]。它们通常包含有大约75幅地图以及对地中海岛屿的描述，这些构成了每一例子中著作的主体，

275 此外，米洛通常描述（但是没有地图）印度洋和加勒比海的岛屿。有时，《岛屿书》之前有一篇关于航海的专论，或有时后面附有一个简短的给出了地中海各个岛屿与其他位置之间距离的波特兰航海图的文本。需要强调的一点就是，所有米洛的地图学著作中的材料都来源于之前印刷出版的文献。他《岛屿书》中的地图基于，如果实际上不是复制的话，由卡莫恰出版的这类的主题地图，他以简化的形式进行了复制。米洛的《岛屿书》是为职业航海者使用而准备的教科书，并且有趣的是它们给我们提供了一个16世纪末海员的平均技术知识水平的一个概要图景。这些带有插图的书籍，比皮里·赖斯的“航海之书”更为简单，也比较容易理解，类似于这一时期为其他众多贸易而制作的稿本实践手册。

这些16世纪最后几十年和17世纪前几十年的航海《岛屿书》中的大部分意图为实际使用服务。它们之中最晚的一部现在收藏于威尼斯的奎里尼—斯坦帕利亚研究所（Istituto Querini-Stampalia）的图书馆。该书的时间是1645年，其是一位名为杰罗拉莫·巴西利奥（Gerolamo Baseglio），别名马拉丰（Marafon）船主的作品。其由对安东尼奥·米洛的早期《岛屿书》文本的改写和米洛地图的副本构成[62]。

大约在17世纪中期，意图作为航海实用辅助工具的航海手册的制作，开始在一个稳定的更为系统的基础上进行组织。在大陆海岸和岛屿之间的分配更为平衡，地图学更为详细，

---

[60] Francesco Ferretti, *Diporti notturni: Dialloghui familiari del Capo Franco Ferretti...* (Ancona: Francesco Salvioni, 1580)。费雷蒂的航海《岛屿书》同样通过将注意力集中在信奉基督教的国家在希腊东部遭受的失败以及提倡将它们收复，由此以一种间接的方法服务于军事目的。作者的称号为“圣斯蒂芬骑士团，弗朗切斯科·费雷蒂船长”（Captain Francesco Ferretti, Knight of the Order of St. Stephen）暗示这本书的军事特征，以及作者的职业愿望，后者在第二版中表现得更为明显，第二版1608年在威尼斯出版，书名为《军事艺术》（*Arte Militare*）。地图是由 Michiel Angelo Marrelli of Ancona 雕版的。Giuseppe Rosaccio, *Viaggio da Venetia, a Costantinopoli per mare, e per terra* (Venice: Giacomo Franco, 1598). 罗塞西奥的 *Viaggio* 副本在 Gennadius Library, Athens，收录了仅仅71幅地图，其中42幅在图版上刻有编号。罗塞西奥之前出版过一部小开本的宇宙志，书名为 *Il mondo e sue parti cioe Europa, Affrica, Asia, et America* (Florence: Francesco Tosi, 1595)。关于米洛，参见 Tolias, *Greek Portolan Charts*, 40 - 42 and 192 - 203。

[61] 米洛著作的书名存在变化，它们都非常长。其中最短的之一是 Biblioteca Nazionale Marciana 所藏《岛屿书》上的（MSS. It Cl 4 No 2 _ 5540）：“Isulario de tuto el Mare Mediteraneo Principiando dal stretto di gibiltara ouer Colone di Erchule y tuto levante ala isula de Cipro ultima ala parte di Levante: De Antonio Millo Armiralgio al Zante nel qual si contiene tute le isule dil mare mediteraneo principiando dala isula di giaviza”。

[62] Querini-Stampalia Manuscript 765: “Isulario de Gerolemo Marafon Patron de Nave Per il quale in esso si contiene tutte le isole quante si ritrova nel Mare Mediteraneo,” fol. 82. 这一《岛屿书》的工艺非常粗劣。与地图相比，文本出自一个更为没有受过教育的人之手。在21v和22r页，文本和地图颠倒了，而在28v页上地图被绘制反了。同一图书馆有着另外一部由“Girolamo Baseglio detto Marafon”制作的未完成的《岛屿书》，时间同样为1645年，只有文本而没有地图。这一副本书写的更为流畅。其由112对开页构成，其中《岛屿书》的文本占据了前面的90页，剩下的则包含了由另外一位抄写员书写的一套简要的地中海的波多兰航海指南（Querini Stampalia Manuscript 162）。参见 Anastasia Stouraiti, *La Grecia neller accolte della Fondazione Querini Stampalia* (Venice: Fondazione Scientifica Querini Stampalia, 2000), 95 - 97，以及 Giuseppe Mazzariol, ed., *Catalogo del fondo cartografico queriniano* (Venice: Lombroso, 1959), 128。一套佚名的1645年至1675年的稿本《岛屿书》属于由安东尼奥·米洛开创的传统风格。其题目为“Isollario del Mediteraneo et colpho di Venezia”，并且包含了37幅地图；参见 Martayan Lan, *Fine Antique Maps, Atlases & Globes*, catalog 29 (New York: Martayan Lan, 2001)。

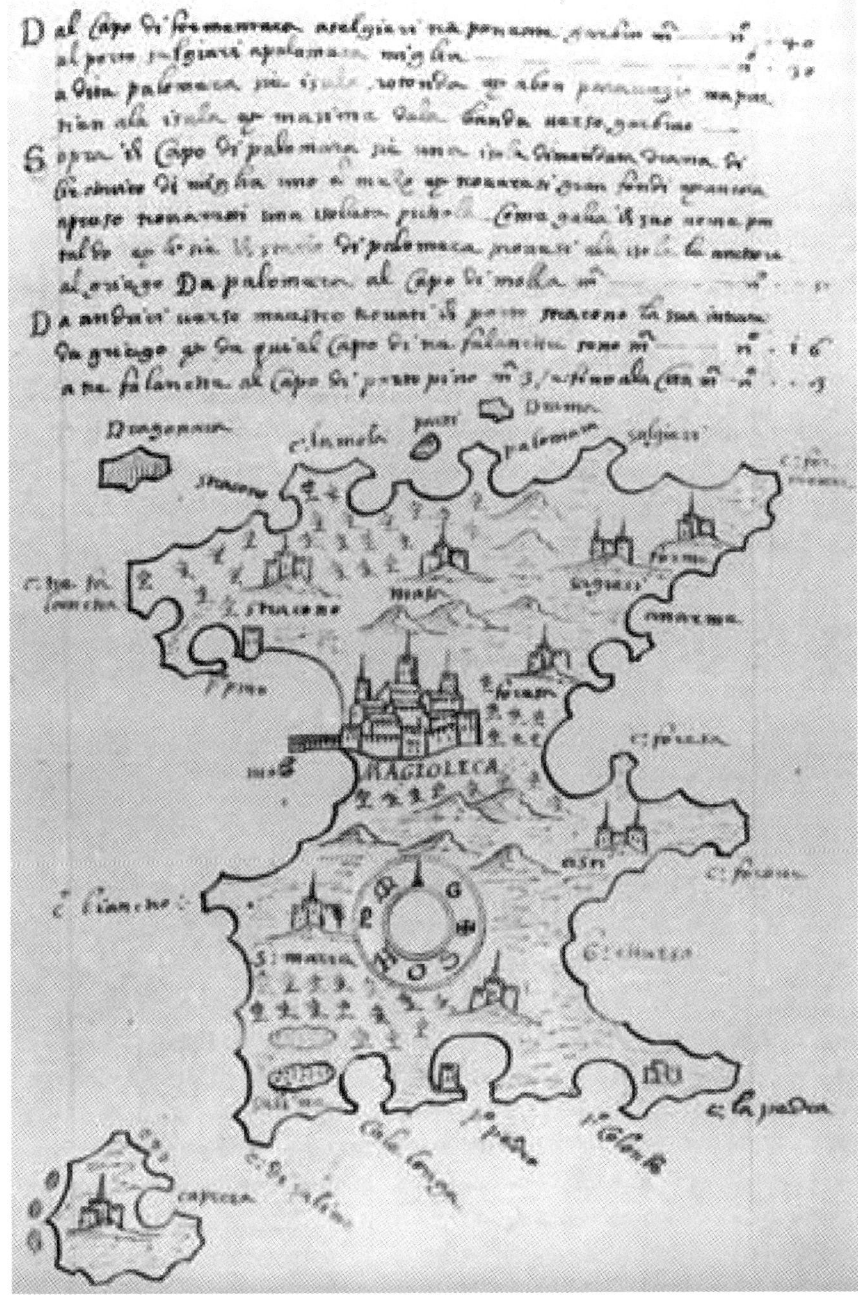

图 8.5 安东尼奥·米洛绘制的马略卡地图。从 16 世纪末之后正在流行的本地方言的和航海的《岛屿书》的一个富有特点的例子。这些《岛屿书》被局限于地中海的岛屿，并且通常附带有波特兰航海图的文本或者经过精练的航行指南［《航海的艺术》（*arte de navigare*）］。这些稿本《岛屿书》在 17 世纪中期之前不断被复制和使用

原图尺寸：30 × 20 厘米。图片由 Biblioteca Nazionale Marciana，Venice（MS. It. Ⅳ 2［ = 5540］，fol. 54r）提供。

而实用的《岛屿书》被更为复杂的航海手册取代，例如有着加斯帕罗·特斯蒂诺绘制的航海图的详细的航海手册（“portolani topografﬁ”）。还有一幅有趣的17世纪佚名的作品，尽管其拥有新体裁的所有特点，但依然在书名中被描述为一部《岛屿书》：其是“岛屿书，即对地中海岛屿的描述”（Isolario ossia descrizzione delle isole del Mediterraneo），一部冗长的（305页）和详细的波特兰航海指南[63]。地中海的海员似乎继续使用航海《岛屿书》直至18世纪末，如同我们通过一部后来编纂的相似作品所可以假设的，这是马耳他导航员安东尼奥·博格（Antonio Borg）制作的4卷的稿本《岛屿书》[64]。

安德烈·泰韦

16世纪制作的作品之一——这一时期是《岛屿书》最为系统发展和最为广泛散播的时期——是这一体裁中一个极端的和乌托邦的例子。这就是由法国宇宙志学家安德烈·泰韦编纂但未完成的“伟大岛屿”[65]。新的《岛屿书》就其概念而言是一个例外，因为其意图涵盖世界所有部分的至少263座岛屿（图8.6）。

276 尽管“伟大岛屿”从未完成，但泰韦确实在弗兰德斯的托马斯·德洛伊（Thomas de Leu）的印刷厂制作了大多数地图的图版，可能在1586年前后，也就是在他破产之前。这些地图，其中一些现在收藏于BNF，一些在雅典的根纳季斯图书馆（Gennadius Library），还有一些在BL，这使我们能很好地理解概念的宽泛度和作品的质量[66]。他对于工艺给予了很大的关注，而文本提供了大量多方面的信息。其中并非所有这些都是可靠的，但即使仅仅是空想的条目也体现了深深根植于16世纪的信仰。

泰韦，是瓦卢瓦王室（House of Valois）最后诸王的宇宙志学家，已经在他的第一部关于岛屿的著作《黎凡特宇宙志》（*Cosmographie du Levant*）中撰写了关于岛屿的内容，这是

---

[63] Siena, Biblioteca Statale, K. II. 14. 也可以参见 Konrad Kretschmer, *Die italienischen Portolane des Mittelalters: Ein Beitrag zur Geschichte der Kartographie und Nautik* (Berlin: E. S. Mittler und Sohn, 1909), 231-32。

[64] 安东尼奥·博格的《岛屿书》的一个副本收藏在BL, Add. MS. 13957-13960。

[65] “Le grand insulaire et pilotage d'André Thevet Angoumoisin, Cosmographe du Roy, dans lequel sont contenus plusieurs plants d'isles habitées, et déshabitées, et description d'icelles”，2卷的稿本，2卷分别为423和230对开页，BNF, MS. fr. 15452-15453 (fonds Séguier-Coislin; Saint Germain Français 654)。一些部分已经出版：André Thevet, “Le grand insulaire et pilotage d'André Thevet,” in *Le Discours de la navigation de Jean et Raoul Parmentier de Dieppe*, ed. Charles Henri Auguste Schefer (Paris, 1883; reprinted Geneva: Slatkine Reprints, 1971), 153-81，和 idem, “Le grand insulaire et pilotage d'André Thevet...,” in *Le voyage de la Terre Sainte*, by Denis Possot (Paris, 1890; reprinted Geneva: Slatkine Reprints, 1971), 245-309。关于泰韦的《岛屿书》，参见 F. W. Hasluck, “Thevet's *Grand insulaire* and His Travels in the Levant,” *Annual of the British School at Athens* 20 (1913-14): 59-69。Frank Lestringant 已经就泰韦的作品撰写了数部著作，包括 *André Thevet: Cosmographe des derniers Valois* (Geneva: Droz, 1991)，和 *L'atelier du cosmographe, ou l'image du monde a la Renaissance* (Paris: Albin Michel, 1991)，并且 Lestringant 编辑了 André Thevet, *Cosmographie de Levant* (Geneva: LibrairieDroz, 1985) 的一个精审版。也可以参见本卷第四十七章。

[66] 参见 Frank Lestringant, “Thevet, André,” in *Les atlas français, XVIe-XVIIe siécles: Repertoire bibliographique et étude*, by Mireille Pastoureau (Paris: Bibliothèque Nationale, Département des Cartes et Plans, 1984), 481-95；一个更为概要性的处理，参见 Karrow, *Mapmakers of the Sixteenth Century*, 536-45。对于“伟大岛屿”形式的重建，或者对于其所涵盖的任何一个区域的形式的重建，是一个相当复杂的工作。泰韦撰写了一个粗糙的文本草稿，对263座岛屿进行了描述。这些地图中，下列的保存了下来：（a）一套84幅贴在稿本纸张上的印刷版地图，（b）100幅来自BNF、根纳季斯图书馆和BL中的“伟大岛屿”的印刷地图，（c）57幅手绘地图（原始的和同时代的复制品），收藏在BNF，以及（d）160幅 Jean Baptiste Bourguignon d'Anville 于1750年手绘的副本，其中大部分地图的原本现在已经丢失了。Lestringant 编纂了一个来自“伟大岛屿”的所有现存地图的列表，除了那些在根纳季斯图书馆之外（“Thevet, André,” 487-95）。

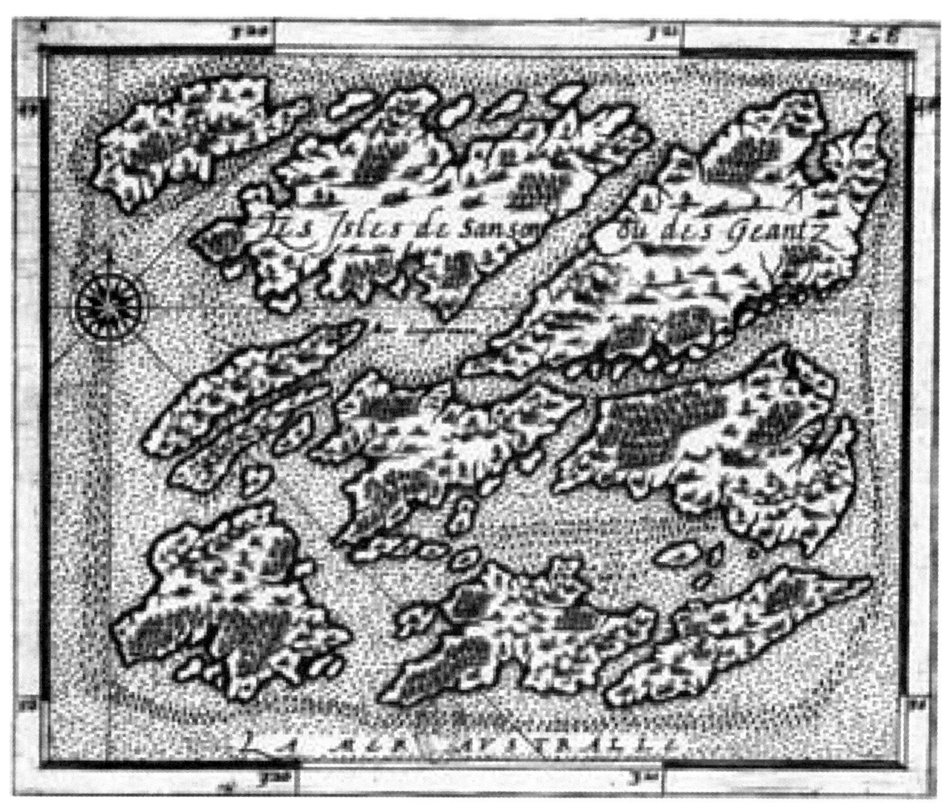

图 8.6 安德烈·泰韦绘制的福克兰群岛（FALKLAND ISLANDS）地图（按照地图的地理坐标）。来自泰韦未出版的“伟大岛屿（Grand insulaire）”（约 1586 年）的一个典型例子。宇宙志学家将岛屿称为“桑松或甘茨岛（Isles de Sanson ou des Geantz）”；将海员的故事与《圣经》的传统混为一谈，泰韦将麦哲伦舰队在 1519 年至 1520 年于巴塔哥尼亚（Patagonia）附近看到的身材相当高大的土著与《圣经》中的巨人结合了起来

原图尺寸：14.9×18.1 厘米。图片由 BNF（MS. fr. 15452，fol. 268r.）提供。

一部将幻想和神话与事实结合起来有趣的作品[67]。在他职业生涯的末期，宇宙志学家转向世界岛屿与众不同的启迪，以及作为水手故事主要内容的神话的奇思怪想（对恶魔、怪物和巨人的描述）。由于这些，他招致了其同行学者的反对；雅克-奥古斯特·德图（Jacques-August de Thou）因他耽于编写“平民手中”的著作而申斥他，而尼古拉斯·克劳德·法布里·德佩雷斯克（Nicolas Claude Fabri de Peiresc）因他使用可靠性值得怀疑的人来任意绘制地图而对他提出了批评[68]。

泰韦在一本著作中汇集数百座岛屿的雄心勃勃的思想可能对今天的我们而言不太现实，但其确实导致了由对比鲜明的元素构成的一个有趣的综合体。一方面，是古老的附带有道德教谕寓言的、零碎方法的和大众化的解释模型的宇宙志模式的传统。然后，另一方面，又存在新的趋势，其特点是学术渊博的作品和对经由智力检验的地理空间图像的偏爱。“伟大岛屿”所面对的僵局，在 17 世纪初，强化了对于变化的需要。

---

[67] André Thevet, *Cosmographie de Levant* (Lyons: I. de Tovrnes and G. Gazeav, 1554; rev. ed. 1556).

[68] 被引用在 Lestringant, *L'atelier du cosmographe*, 154。

尽管波尔卡基和泰韦做出努力将他们作品的地理视野扩展到最大，但人文主义学者依然对特定岛群感兴趣。在1591年，戴维·齐特尔（David Chytraeus），一名德意志路德教会的修士和历史学家，出版了一部描绘波罗的海岛屿的著作[69]。并不确定，这一作品是否包含了地图，以及是否其遵照了一种区域《岛屿书》的模式，例如莱安德罗·阿尔贝蒂所撰写的作品；我一直无法研究一个副本。

第二个全盛期：低地国家和威尼斯，17世纪

即使在世界地图集出现之后，《岛屿书》，那些无条理的岛屿宇宙志，依然维持着它们的动力并保留住了它们的读者。在1601年，让·马塔尔（Jean Matal）在科隆（Cologne）出版了一部概要性的世界《岛屿书》，其中有大量岛屿的综合性的地图[70]。1610年，埃吉迪乌斯·萨德勒（Ägidius Sadeler）重新发行了罗塞西奥的《旅行》（*Viaggio*），但是没有任何文本材料，而波尔卡基和波罗的《世界著名岛屿》通过一些新的和扩展的版本将其自身确立为当时的一种“畅销书”。

一种新的稿本《岛屿书》于1638年在希俄斯编纂，其作者弗朗切斯科·卢帕佐罗（Francesco Lupazolo）自1610年前后便在这一岛屿上定居[71]。其描述似乎大部分来源于第一
277 手的观察，而地图，类似于那些安东尼奥·米洛的作品，基于16世纪晚期印刷版的《岛屿书》。然而，书籍并不是非常乏味，因为其预兆了在编纂方法和材料性质上的特定变化。其延续了百科全书和古物搜集的《岛屿书》的传统，但是在文字和图示中，更多的空间被赋予了著名的和值得纪念的事物的图像，尤其是考古学和人种学方面的。51幅图示中的6幅是希俄斯、米洛斯岛（Melos）和纳克索斯岛（Naxos）上的历史遗迹和传统妇女装束的。在这一范围内，卢帕佐罗的作品宣告了在17世纪晚期流行的前往希腊和岛屿的教育旅游的开始。从现存的两部他的《岛屿书》的副本中，我们可以假设，作品是当卢帕佐罗在岛屿上担任威尼斯领事的时候，提供给西方旅行者的一份插图指南。这一认识被这样的事实强化，即他《岛屿书》的一部分被包括在了让·德泰弗诺（Jean de Thévenot）的《关于前往黎凡

---

[69] David Chytraeus, *Brevis et chorographica insularum aliquot Maris Balthici enumeratio* (Rostock, 1591). 这一著作在 Minna Skafte Jensen, ed., *A History of Nordic Neo-Latin Literature* (Odense: Odense University Press, 1995), 338 的参考书目中被提到。

[70] Jean Matal, *Insularium orbis aliquot insularum, tabulis aeneis delineationem continens* (Cologne: Ioannes Christophori, 1601).

[71] Francesco Lupazolo, “Isolario dell’arcipelego et altri luoghi particolari di Francesco Lupazolo, nel qual sivede il loro nome antico et moderno, modo di vivere, il numero delli populi, habbito delle donne, et le antichità, si come altre cose particolare fuor dell’isole, fattol’anno del S. 1638, in Scio” (BL, Lansdowne MS. 792). 第二个副本，题目为“Breve discorse e ipografia [sic] dell’ isole del archipelago composto da Francesco Lupazzolo da Casale Monferato”，时间为1638年，位于雅典的一个私人收藏；参见 Sterios Fassoulakis, “Ο Lupazolo και η Νάξος,” in Η *Νάξος δια μέσου των αιώνων*, ed. Sterios Fassoulakis (Athens, 1994), 499–513, esp. 502。参见 F. W. Hasluck, “Supplementary Notes on British Museum Manuscripts Relating to Levantine Geography,” *Annual of the British School at Athens* 13 (1906–7): 339–47, esp. 341–45。

特的航行》（*Relation d'un voyage fait au Levant...*，Paris，1664）中⑫。

出版于 17 世纪的《岛屿书》还返回到它们地理学的根源，也就是返回到爱琴海和地中海东部的大岛，克里特和塞浦路斯。在 17 世纪的下半叶，在弗兰德斯和威尼斯的印刷厂都开始制作关于希腊岛屿的新的《岛屿书》。如同之前，发展受到历史条件的影响。黎凡特商业达到了顶峰。法国人和意大利人，他们曾是地中海东部贸易的先锋，现在正面对来自荷兰商行的竞争，后者占据了最大份额。与此同时，随着威尼斯人丧失了克里特和暂时重新占据了伯罗奔尼撒半岛，长期进行的威尼斯—土耳其的军事冲突的最后阶段正在展开。再次，西欧的注意力转向希腊东部。描述性的和图示性的书籍被大量出版，而关于希腊的地理的或主题的出版物重获流行⑬。

《岛屿书》传统的复苏主要归因于同时代对于搜集的狂热。马尔科·博斯基尼（Marco Boschini），伟大的威尼斯雕版家、艺术爱好者，以及古董和艺术品的交易者，将公众的注意力吸引回了古老的岛屿百科全书上⑭。除了其他地图学作品之外，他汇编和出版了一部爱琴海的《岛屿书》（1658），这是 17 世纪中期威尼斯印刷制作的作品的精美例子，其包含了 48 座岛屿的地图和一幅爱琴海的总图⑮。

尽管我们知道博斯基尼最早的希腊地形学著作的资料来源，但他的《岛屿书》所使用的材料则依然无法确定⑯。无论如何，他的地图（或者它们所摹绘的原本）被另外一部关于爱琴海的宇宙志汇编，那不勒斯的弗朗切斯科·皮亚琴扎（Francesco Piacenza）的《岛屿

---

⑫ 参见 Fassoulakis，"Lupazolo，" 502。关于 17 世纪和 18 世纪前往希腊的旅行者，参见 David Constantine，*Early Greek Travellers and the Hellenic Ideal*（Cambridge：Cambridge University Press，1984）。这些旅行者中最为著名的人物之一就是法国博物学者 Joseph Pitton de Tournefort，他实际上于 1702 年在士麦那（Smyrna）会见了卢帕佐罗。按照 Tournefort 的认识，卢帕佐罗据说那时已经 118 岁高龄，然而他依然在那里担任威尼斯的领事。参见 Joseph Pitton de Tournefort，*Relation d'un voyage du Levant fait par ordre du Roi...*，3 vols.（Lyons：Anisson et Posuel，1717），2：133。卢帕佐罗实际上 115 岁。弗朗切斯科·卢帕佐罗（或 Lupazzoli 或 Lupassoli，字面意思就是"孤狼"）1587 年出生在 Casale Monferato，并且在 1669 年至 1720 年间在士麦那担任威尼斯的领事。关于这一少见的长寿以及他创造性的性格，参见 Sonia P. Anderson，*An English Consul in Turkey*：*Paul Rycaut at Smyrna*，*1667 – 1678*（Oxford：Oxford University Press，1989），50 – 52。

⑬ 例如，参见 Jacob Enderlin 的 *Archipelagus Turbatus*（1686），和他对 Macedonia 和 Thrace 的描述（1689）；P. A. Pacifico 对 Morea（1686）和 Negroponte 的描述（1694）；N. N.（Niccolò Nelli's?）对 Negroponte 的描述（1687）；阿尔布里齐（Albrizzi）对希俄斯的描述（1694），以及温琴佐·科罗内利撰写的关于希腊不同部分领土的论著。

⑭ 关于博斯基尼，参见 Michelangelo Muraro，"Boschini，Marco，" in *DBI*，13：199 – 202，有着一个他的作品和参考书目的列表。关于古董文化，参见 Adalgisa Lugli，*Naturalia et Mirabilia*：*Il collezionismo enciclopedico nelle Wunderkammern d'Europa*（Milan：Gabriele Mazzotta，1983）；Julius Ritter von Schlosser，*Die Kunst- und Wunderkammern der Spätrenaissance*：*Ein Beitrag zur Geschichte des Sammelwesens*（Leipzig：Klinkhardt und Biermann，1908）；Horst Bredekamp，*Antikensehnsucht und Maschinenglauben*：*Die Geschichte der Kunstkammer und die Zukunft der Kunstgeschichte*（Berlin：Klaus Wagenbach，1993）；Krzysztof Pomian，*Collectionneurs*，*amateurs et curieux*，*Paris*，*Venise*：*XVIe-XVIIIe siècles*（Paris：Gallimard，1987）。关于古董搜集与地图学之间的联系，参见 Francesca Fiorani，"Post-Tridentine 'Geographia Sacra'：The Galleria delle Carte Geografiche in the Vatican Palace，" *Imago Mundi* 48（1996）：124 – 48，esp. 140；Woodward，*Maps as Prints*，88 – 93；以及本卷中的第 25 和 32 章。

⑮ Marco Boschini，*L'arcipelago con tutte le Isole*，*Scogli Secche*，*e Bassi Fondi...*（Venice：F. Nicolini，1658）. 他的其他地图学作品，包括一套克里特的图集，*Il regno tvtto di Candia*，*delineato a parte*，*a parte et intagliato da Marco Boschini Venetiano. Al Serenissimo Prencipe e Regal Collegio di Venetia*（一个错误识别的 1645 年的第一版并不存在；现存唯一的版本是 1651 年在威尼斯出版的），达尔马提亚和阿尔巴尼亚（Albania）的地图（现在佚失）和一幅维琴蒂诺领土（Territorio Vicentino）的地图。

⑯ 马尔科·博斯基尼的 *Il regno tvtto di Candia* 是一个由 Francesco Basilicata 绘制的绘本地图集的印刷版，后者是一名在 17 世纪最初几十年中负责克里特防御工事的军事工程师。他绘制的五幅绘本图集保存了下来：Museo Correr，Portolani 4（1618）；BL，Maps，K. Top 113，104，tab. 6（1612）；Historical Museum of Crete（1614 – 26）；Biblioteca Comunale dell' Archiginnasio，Bologna，MS. A 2849（1638）；以及 Gennadius Library，Athens，GT 290。

书》作为基础[77]。后者收录了爱琴海岛屿、克里特和塞浦路斯的 62 幅地图以及相关描述。这部作品与众不同的特点就是，对于岛屿的描述尤其冗长，总共约 700 页，由此使这一作品成为一种《岛屿书》全书。文本使得我们返回到了 16 世纪的早期宇宙志著作，而地图，使用不同的投影绘制，是意大利雕版的杰出图示，极尽单幅岛屿景观缩微图的潜力。

278

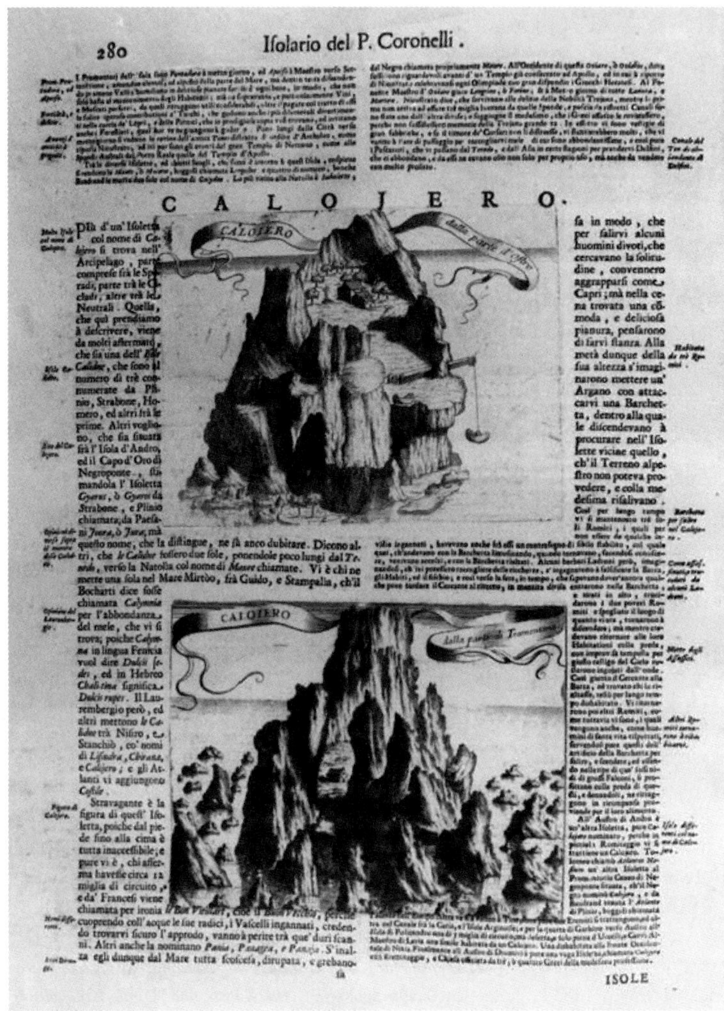
280 Isolario del P. Coronelli.

CALOJERO.

Più d'un' Isoletta col nome di Calojero si trova nell' Arcipelago, parte comprese frà le Sporadi, parte trà le Cicladi, altre trà le Neutrali. Quella, che quì prendiamo à descrivere, viene da molti affermato, che sia una dell' Isole Calidne, che sono al numero di trè connumerate da Plinio, Strabone, Homero, ed altri frà le prime. Altri vogliono, che sia situata frà l' Isola d'Andro, ed il Capo d'Oro di Negroponte, e la dimandola l' Isoletta Gyarus, ò Gyaros da Strabone, e Plinio chiamata, da Paesani Jura, ò Jura, mà questo nome, che la distingue, ne fà anco dubitare. Dicono altri, che le Calidne fossero due isole, ponendole poco lungi dal Treando, verso la Natolia col nome di Mare chiamate. Vi è chi ne mette una sola nel Mare Mirtoo, frà Guido, e Stampalia, ch'il Bocharti dice fosse chiamata Calymnia per l'abbondanza del mele, che vi si trova; poiche Calymna in lingua Fenicia vuol dire Dulcis sedes, ed in Hebreo Chalitima significa Dulcis rupes. Il Laurembergio però, ed altri mettono le Calidne trà Nisiro, e Stanchiò, co' nomi di Lisandra, Chirana, e Calojero; e gli Atlanti vi aggiungono Cofile.

Stravagante è la figura di quest' Isoletta, poiche dal piede fino alla cima è tutta inaccessibile; e pure vi è, chi afferma havesse circa 12 miglia di circuito, e da' Francesi viene chiamata per ironia il Bon Vieillard, cuoprendo coll'acque le sue radici, i Vascelli ingannati, credendo trovarvi sicuro l'approdo, vanno à perire trà que' duri scanni. Altri anche la nominano Pania, Panagia, e Pangia. S'inalza egli dunque dal Mare tutta scoscesa, dirupata, e grebanosa

fa in modo, che per salirvi alcuni huomini divoti, che cercavano la solitudine, convennero aggrapparsi come à Capri; mà nella cima trovata una comoda, e deliciosa pianura, pensarono di farvi stanza. Alla metà dunque della sua altezza s'imaginarono mettere un' Argano con attaccarvi una Barchetta, dentro alla quale discendevano à procurare nell' Isolette vicine quello, ch' il Terreno alpestro non poteva provedere, e colla medesima risalivano.

ISOLE

图 8.7 科罗内利绘制的从北侧和南侧观看的卡洛耶罗斯岛（KALOGEROS ISLET）。《威尼斯地图集的岛屿书》(*Isolario dell'Atlante Veneto*，1696)，其两大卷代表了这一体裁最后的辉煌，其有着超过 300 幅来自世界所有地区的岛屿和沿海地区的地图和景观，是独创性有限的非凡作品。使用这一双视角的卡洛耶罗斯岛（Calojero，Kalogeros）地图，科罗内利尝试对这一岛屿微观世界进行事无巨细的描绘。为了达成这一视觉效果，这位威尼斯宇宙志学家使用了来自安德烈·泰韦的《岛屿书》两幅不同的地图：北侧视角的安德罗斯的卡洛耶罗斯岛（"Caloiero d'Andros dit le bon vieillant,""Grand insulaire," vol. 2, fol. 90bis），和南侧视角的尼西罗斯的卡洛耶罗斯岛地图（"Le Caloiero de Nisaro dit Panagea,""Grand insulaire," vol. 2, fol. 56 bis）。并且参见图 47.7 和 47.8

每幅作品的尺寸：约 12.5 × 16.5 厘米。图片由 Biblioteca Nazionale Marciana, Venice (285. c. 17, fol. 188v [= p. 280]) 提供。

---

[77] Francesco Piacenza, *L'egeo redivivo ò sia chorographia dell'arcipelago*... (Modena: E. Soliani, 1688).

一个宽泛的资料来源，其中包括博斯基尼的作品，被荷兰雕版家和出版商奥尔法特·达珀尔（Olfert Dapper）用来编纂综合性的《岛屿书》（1688）[78]。这是一次有趣的出版投机，因其是在弗兰德斯出版的第一部《岛屿书》。其包含了丰富的地图学材料、城镇景观、要塞的平面图和当地服装的图像。版式不同寻常的大，同时有着极高的印刷标准。在这里，旧有的模型被现代化，而《岛屿书》正在走向朝向一种充满了地理、经济和人种学事实的区域图集发展的道路上。从其法文译本先后在阿姆斯特丹（1703）出版了两个版本判断，达珀尔的作品最终取得了商业上的成功。佛兰芒（Flemish）的印刷厂同样还生产了佩特斯（Peeters）家族的作品，其与《岛屿书》没有什么不同[79]。它们是廉价的、小尺寸的综合图集，针对的是要求不高的大众读者。 279

在《岛屿书》这部分的最后，我们要提到温琴佐·科罗内利的作品，这属于它们类型中最为精良的[80]。科罗内利的作品呈现给研究者丰富的问题，因为他作坊的作品范围非常广泛，但未经系统规划。而且，按照推测，科罗内利有着心血来潮地混合、重新组织、增补和删节材料来编纂新图集的习惯。

科罗内利的全部作品都被收集在了《威尼斯地图集的岛屿书》中，其 13 卷中包括了三部《岛屿书》。其中的第一部就是《岛屿、城市和堡垒》（*Isole*, *citta*, *et fortezze*, 1689），是用由意大利出版商在 16 世纪开创的、由奥尔法特·达珀尔复苏的传统方式编绘的两卷的综合图集，是出于商业考虑编纂的地图和图景的汇编[81]。第二部，标题为《地中海》（*Mediterraneo*），科罗内利转换为历史主题类型的《岛屿书》，这次是通过威尼斯—土耳其之间冲突的最新发展来促进的[82]。以两卷的形式出版，其中一卷是关于爱琴海的岛屿的，另外一卷是关于克里特和塞浦路斯岛的，其包含了 103 件印刷品，其中 75 幅是爱琴海岛屿的地图和景观，而其余的则是战斗的场景、纪念物和地方服饰。类似于达珀尔的作品，其受到同时代繁荣的旅行文献的插图和题材的影响。

科罗内利的第三部《岛屿书》，两卷本的《威尼斯地图集的岛屿书》（1696），一部岛屿

---

[78] Olfert Dapper, *Naukeurige beschryving der eilanden in*, *de Archipel der Middelantsche Zee*... (Amsterdam, 1688).

[79] *Description des principales Villes*, *Havres et Isles du Golfe de Venise du cotè Oriental*, *comme aussi des Villes et Forteresses de la Morée et quelques Places de la Grèce et des Isles principales de l'Archipel et Forteresses d'ycelles*..., *Mis en Lumière par Jacques Peetersen Anvers sur le Marché des vieux Souliers*, ca. 1690; *Diverse viste delle cità in Candia*, *Malta*, *come nel'Archipelago*..., *Ioannes Peeters DD.*, ca. *1664*; *Diverse Viste delli Dardaneli del Strecio come delle Città e Castelli nel'Arcipelago. Ioannis Peeters delineavit et execudit Antuerpiae. Anno 1664.* 同样，在 1713 年，Raffaello Savonarola 出版了一部 4 卷的容易携带的世界地图，主要基于 16 世纪晚期的地图学著作：*Universus terrarum orbis scriptorum*... (Padua: Frambotti, 1713)。在这一作品中复制了一些来自早期主题性《岛屿书》中的岛屿地图。

[80] 关于科罗内利的文献非常可观。例如，参见 Ermanno Armao, *Vincenzo Corone lli*: *Cenni sull'uomo e la sua vita*, *catalogo ragionato delle sue opere*, *lettere-fonti bibliografiche-indiri* (Florence: Bibliopolis, 1944); idem, *In giro per il mar Egeo con Vincenzo Coronelli*: *Note di topologia*, *toponomastica estoria medievali dinasti e famiglie Italiane in Levante* (Florence: Leo S. Olschki, 1951); idem, "*Catalogo degli autori*"; 由 Comune di Venezia 出版了纪念性的著作，*Vincenzo Coronelli nel terzo centenario dall anascita* (Venice, 1950); Clara Messi, *P. M. o Vincenzo Coronelli dei Frati minoric onventuali* (*1650 – 1950*) (Padua, 1950); *Miscellanea Franciscana* 51 (1951): 63 – 558 中关于科罗内利的论述；A. de Ferrari, "Coronelli, Vincenzo," in *DBI*, 29: 305 – 9; Dennis E. Rhodes, "Some Notes on Vincenzo Coronelli and His Publishers," *Imago Mundi* 39 (1987): 77 – 79; Donatino Domini and Marica Milanesi, eds., *Vincenzo Coronelli e l'imago mundi* (Ravenna: Longo, 1998); Massimo Donattini, *Vincenzo Coronelli e l'immagine del mondo fra isolari e atlanti* (Ravenna: Longo, 1999); 以及 Maria Gioia Tavoni, ed., *Un intellettuale europeo e il suo universo*: *Vincenzo Coronelli* (*1650 – 1718*) (Bologna: Studio Costa, 1999).

[81] Vincenzo Coronelli, *Isole città*, *et fortezze piú principali dell'Europa*... *descritte e dedicate dal P. maestro Coronelli*, *cosmografo della serenissima Reppublica di Venetia*... (Venice, 1689), Biblioteca Nazionale Marciana, 180 d 12 – 13.

[82] 参见 Armao, *Vincenzo Coronelli*, 166 – 69。

地图和景观的不朽汇编，标志着最后一次返回到一般性的《岛屿书》（图 8.7）。在导言中，科罗内利将他的作品描述为对约安·布劳图集的必要补充，而且采用了 16 世纪《岛屿书》编纂者的方法论，宣称："我们不知道岛屿的准确数字。"然而，他继续说道，"整个世界被分为岛屿，开始于四大洲，这四大洲可以被描述为大的岛屿，而结束于那些如此之小以至于不值得拥有名字而被称为岩石小岛的岛屿"[83]。

标题宣称，科罗内利的《岛屿书》包含有 310 幅地图和图示，但是在不同副本之间，数字存在变化[84]。关于他的资料来源，科罗内利提到了 96 位古代和现代地理学家[85]，包括奥尔法特·达珀尔、阿拉因·曼尼松－马莱特（Allain Manesson-Mallet）、贝内代托·博尔多内和托马索·波尔卡基。

《岛屿书》的功能和用途

科罗内利的作品将我们带到了《岛屿书》的终结时代，尽管直至 18 世纪最初数十年依然
280 出版着一些廉价的作品。在 300 年中，《岛屿书》的大部分是一种地中海地方地图学的作品。

《岛屿书》的编纂者是地中海人，其中很多——大多数是来自佛罗伦萨、威尼斯和热那亚的意大利人，但是其中也有奥斯曼土耳其人、西班牙人、希腊人和法国人，甚至还有葡萄牙人——有着对岛屿的第一手经验。他们所有都与岛屿存在某种联系：皮里·赖斯、安东尼奥·米洛、巴尔托洛梅奥·达利索内蒂和弗朗切斯科·费雷蒂都是当地的水手；弗朗切斯科·卢帕佐罗在希俄斯和土麦那度过了他漫长的一生；克里斯托福罗·布隆戴蒙提，一位佛罗伦萨人，在罗得岛度过了他一生中的绝大部分时光，并在那里去世；安德烈·泰韦和吉罗拉莫·马拉丰（Girolamo Marafon）熟悉他们所访问的地区；16 世纪和 17 世纪威尼斯的雕版师和地图学家是在希腊东部拥有比在意大利半岛更多领土的共和国的公民群体。当在他伟大的著作中进行陈述的时候，佛罗伦萨人亨利库斯·马特尔鲁斯·日耳曼努斯正在表达一个被广泛接受的观点，即早期的《岛屿书》是对"我们的地中海"或"我们的海"中岛屿的描述，而这两个词汇与古罗马的"我们的海"（*mare nostrum*）前后呼应[86]。

《岛屿书》是在随着欧洲人向东和向西扩张，其地理视野逐渐扩展的过程中，与通过经验检验逐渐获得主流地位的学术方法的发展相结合，而产生的一种特有的体裁[87]。尽管情况并不总是如此，但第一手经验的重要性被《岛屿书》的大部分编纂者们所认可，他们在"前言"中强调在他们著作中所写的每件事物都是系统的个人观察的结果。这些著作反映了一种旧的和一种新的趋势的相遇：一方面是学术上日益增长的对物质现实的兴趣，另一方面是有着寓意性的方法、用于助记的陈词滥调以及在其流行范围内的说教宇宙志的暗中永存。《岛屿书》开始将岛屿小规模的世界描述为完整的宇宙，每一个都有自己的方法、历史和地

---

⑧③ Vincenzo Coronelli, *Isolario dell'Atlante Veneto descrizone geografico-historica*, *sacro-profana*, *antico-moderna*, *politica*, *naturale*, *e poetica*. . . , 2 vols. （Venice, 1696）, vol. 1（BL, Maps C 44 f 6）.

⑧④ Biblioteca Nazionale Marciana 的副本（285. c. 17－18），是最为完整的副本之一，有着 359 幅地图和插图。

⑧⑤ 参见 Coronelli, "Catalogo degli autori," 322－24，以及 Armao, "*Catalogo degli autori*."

⑧⑥ Henricus Martellus Germanus, "Insularium illustratum. . . ," BL, Add. MS. 15760, f I.

⑧⑦ 参见 Broc, *La Géographie de la Renaissance*, 61－119，和 Lestringant, *Le livre des îles*, 24－36。

理，实际上是应用这一二元论是最好的地点。按照雅各布（Jacob）的评价，“岛屿并不是一个解除忧愁的空间”[88]。一幅岛屿地图向我们呈现出一种最小的空间单元的图景，一个可以被一下子看到的单元：地图学的可读性在此达到了顶点。我们可能补充到，对岛屿的分析性描述是一种最小的宇宙志。《岛屿书》，以及它们特殊的综合性的特性，反映了变化过程中的波动和动摇，并且体现了分裂成无关但受控的各个不同地方的一个世界[89]。

一些《岛屿书》说明了地图学对整体再现已知世界的组织问题的解决方法。它们可以被称为是早期的世界图集，由于无法有条不紊地描述宇宙，因而将它们自己局限于向文艺复兴时期的人传授他所在世界的岛屿和海岸线的范围内。波尔卡基和科罗内利意识到这一碎片化的过程，同时基于对用处理岛屿的方法来作为处理半岛、海角和海岸上其他地方的方法来判断，一些编纂者本想用这种方法涵盖整个已知世界[90]。

《岛屿书》，是在文艺复兴时期城市和海上社区中被唤起的一种对地理的新的好奇心的产物，同时又是好奇心的创造者，它们的起源被归因于 13 世纪之后欧洲扩张带来的地理思想的自由[91]。它们被与欧洲强权对地中海东部的固有利益联系了起来，而后来则与它们普遍的殖民体制联系了起来。早期的对岛屿封闭的、内向型的和自成系统的微观世界的百科全书式的兴趣，在这里通过一种明显的方式表达了出来：岛屿的微观世界，在思想上更容易被领会[92]。非常小，由此更为熟悉，并且在某人的控制之内、便于接触且便于投影在一张全图上，因此其如同吸引今天的读者那样吸引了文艺复兴时期的读者。如同巴舍拉尔（Bachelard）评价的“尽管是一扇微小、狭窄的门，但却通向整个世界。一件事物的细节是一个新世界的标志，其，类似于每个世界，拥有伟大的所有属性”[93]。

极易阅读、饶有趣味，这些作品很快被了解，并且建立了一个广泛的读者群。它们及时地调整自己以适应读者的需求，由此它们的特点被改变。到 15 世纪末，它们已经远远超出 281
了地理文献的范畴，因为它们的作者越来越关注于常识或者与当前政治形势有关的新闻。结果，《岛屿书》发展为简洁、单纯的，以及视觉上均一的“大众”地理学文本，由此进一步脱离了正式地理学的领域。非常重要的是，15 世纪和 16 世纪有成就的地理学家和地图学家始终一贯地避免了《岛屿书》[94]。

作为一种体裁的《岛屿书》的概念没有什么引人注目的，因为将知识按照主题区隔组

---

[88] Jacob, *L'empire des cartes*, 366.

[89] 参见 Lestringant, *L'atelier du cosmographe*, 189 - 92. Tom Conley，在他有趣和原创性的著作 *The Self-Made Map: Cartographic Writing in Early Modern France* (Minneapolis: University of Minnesota Press, 1996), 167 - 201 中，意图去证明“宇宙志所使用的未能成功地去解释世界的方法，导致了多产的碎片化，且暂时允许记录各种形状的差异，而没有被挪用或寓言化”(p. 169)。

[90] 按照 Akerman 的研究，地图集通过整合《岛屿书》的变革、航海指南著作和城镇景观的图集而形成。参见 James Akerman, "On the Shoulders of Titan: Viewing the World of the Past in Atlas Structure" (Ph. D. diss., Pennsylvania State University, 1996)。

[91] Pierre Chaunu 运用岛屿宇宙（*univers-îles*）的方法对 *désenclavement planétaire* 过程的分析，参见他的著作 *L'expansion européenne du XIIIe au XVe siècles* (Paris: Presses Universitaires de France, 1969）中。

[92] 关于《岛屿书》和地理学思想之间的关系，以及关于文艺复兴时期的思想运动，参见 Jacob, *L'empire des cartes*, 197 - 201, 361 - 83, 和 Conley, *Self-Made Map*, esp. 167 - 201。

[93] Gaston Bachelard, *La poétique de l'espace*, 2d ed. (Paris: Presses Universitaires de France, 1958), 146.

[94] 关于同时代学者对泰韦“伟大岛屿”敌视，参见原文第 1474 页。

织的习惯，广泛存在于中世纪和文艺复兴的学术文献中。年表、智慧书、动物寓言集、奇迹之书中长长的列表，以及后来的城镇、港口、服饰、战斗或军事编队的图像是人们习惯的专题性的百科全书式的方法[95]。

《岛屿书》显示了与那一时期其他有图示的书籍之间的密切关系：它们与针对大众读者群的有插图的通俗百科全书都遵循着同样的标准，因为它们自己是有插图的按照主题编排的资料汇编。这一趋势，文艺复兴时期好奇精神的一种典型特征，被这样的事实所强化，即《岛屿书》的很多编纂者同样出版了其他百科全书著作，而这些通常也是有插图的：这一体裁的奠基者，布隆戴蒙提撰写了《尊贵之名》（*Nomina virorum illustrum*），贝尔泰利出版了一些关于服饰的有插图的百科全书著作和城市景观的汇编，波尔卡基的一部罕见的、针对葬礼仪式史的字典，佛朗哥（Franco）的一部关于威尼斯服饰的插图著作，泰韦自己著名的肖像史的作品，以及博斯基尼的数本关于宝石和艺术品（*objets d'art*）的作品，包括一部他称作"画家的岛屿书（*isolario* of painters）"，一本包含了同时代艺术家传记的古怪的航海手册[96]。甚至安东尼奥·米洛，一位只受过少量正式教育的希腊导航员，绘制了一部有插图的罗马文物的汇编[97]。

在他们的作品中，《岛屿书》的编纂者描绘地图时使用的术语是多变和不规律的，揭示了早期地图学术语的易变特征以及这一体裁边缘化的程度。这在早期作品中是最为明显的。布隆戴蒙提将他的地图看成是附属于文本的插图，亨利库斯·马特尔鲁斯对他作品中的岛屿地图也有相同的看法，尽管他使用了更为精密的术语来定义他《岛屿书》中其他的地图学材料［例如用《世界地图》（*mappamundi*）表示托勒密的世界地图］。1500年的佚名编纂者将岛屿概图作为地方志。

16世纪和17世纪，用来表示《岛屿书》地图的占据主导的术语是那些与印刷插图有关的表达方式［"凹版"（intaglios）和"铜版"（tabulae aeneae）］。罗塞西奥将他的地图定义为地理和地方志的绘画（"disegni de geografia e corografia"）。在泰韦和皮亚琴扎的作品中，我们可以辨识出一种将《岛屿书》图示看成地图学材料的一些趋势。泰韦将他的岛屿地图命名为"平面图"，而皮亚琴扎则命名为"图像"（piante）。只有科罗内利，在17世纪末，将他《岛屿书》的地图描述为"地理图"（tavole geografiche）。

《岛屿书》的编纂者来源于不同的职业。就15世纪和16世纪所使用的定义而言，只有两位是职业的海洋地图学家，也就是皮里·赖斯和安东尼奥·米洛。如果我们将皮亚琴扎

---

[95] 参见 Jacques Le Goff, "Pourquoi le XIIe siècle a-t-il été plus particulièrement un siècles d'encyclopédisme?" in *L'enciclopedismo medievale*, ed. Michelangelo Picone (Ravenna: Longo Editore, 1994), 23–40. 关于空间感知的更为专门的著作，可以参见 Patrick Gautier Dalché, *Géographie et culture: La representation de l'espace du VIe au XIIe siècle* (Aldershot: Ashgate, 1997)。

[96] 布隆戴蒙提的作品收藏于 Rimini, Biblioteca Gambalunghiana, MS. SC-MS47。贝尔泰利还拥有一部与《岛屿书》有关的作品：Ferdinando [Ferrando] Bertelli, *Civitatum aliquot insigniorum, et locor[um], magis munitor[um] exacta delineatio...* (Venice: Ferrando Bertelli, 1568; 2d ed. Venice: Donati Bertelli, 1574)。Tommaso Porcacchi, *Funerali antichi di diversipopoli et nationi...* (Venice: [Simon Galignani de Karera], 1574). Giacomo Franco, *Habiti d'hvomeni et donne venetiane...* (Venice: Giacomo Franco, 1610). André Thevet, *Les vrais portraits et vies des hommes illustres Grecz, Latins, et Payens, recueilliz de leurs tableaux, livres, médalles antiques et modernes*, 2 vols. (Paris, 1584)；泰韦同样是法国国王珍宝馆（Cabinet de Curiosités）的管理者。马尔科·博斯基尼的书名，这一书名暗示了航海地图学对威尼斯文化的影响，是值得全文引用的：*La carta del navegar, pitoresco dialogotra un senator venetian diletante e un professor de pittura soto nome d'ecelenza e compare: Comparti in oto venti con i quali la nave venetiana vien conduta in l'alto mar de la pitura, come assoluta dominante de quelo a confusion de chi non intende el bossolo de la calamita* (Venice, 1660)。

[97] Biblioteca Nazionale Marciana, MS. It. V 52012。米洛的文物图像类似于一部有些概略的《岛屿书》的开头部分，没有附带的文本。

（主要是一名律师，但是他偶尔教授地理学）包括在内的话，有四位是宇宙志学家，其余三位是圣克鲁斯、泰韦和科罗内利。人文主义学者和古物方面的作者同样占据了编纂者中相当大的比例，但却不如缩微画画家、雕版师和其他从事图书行业的人。

按照主要特征进行分类，《岛屿书》可以被分为三个主要群体：航海的、古物—人文主义的，以及主题的（图 8.8）。然而，所有三类中都可以发现的元素，在或多或少的程度上，都存在于每一部《岛屿书》中。占据主导的航海的类别要比其余两个类别要小。这一类型的大部分作品只是处理地中海的岛屿；它们通常以稿本的形式，并且主要意图是作为水手的航行手册。人文主义的《岛屿书》，无论是稿本还是印刷本的，都是数量最多的。有时，它 282
们仅仅涵盖了希腊的岛屿，有时包括地中海的岛屿，有时则涵盖了世界范围的岛屿。为了教

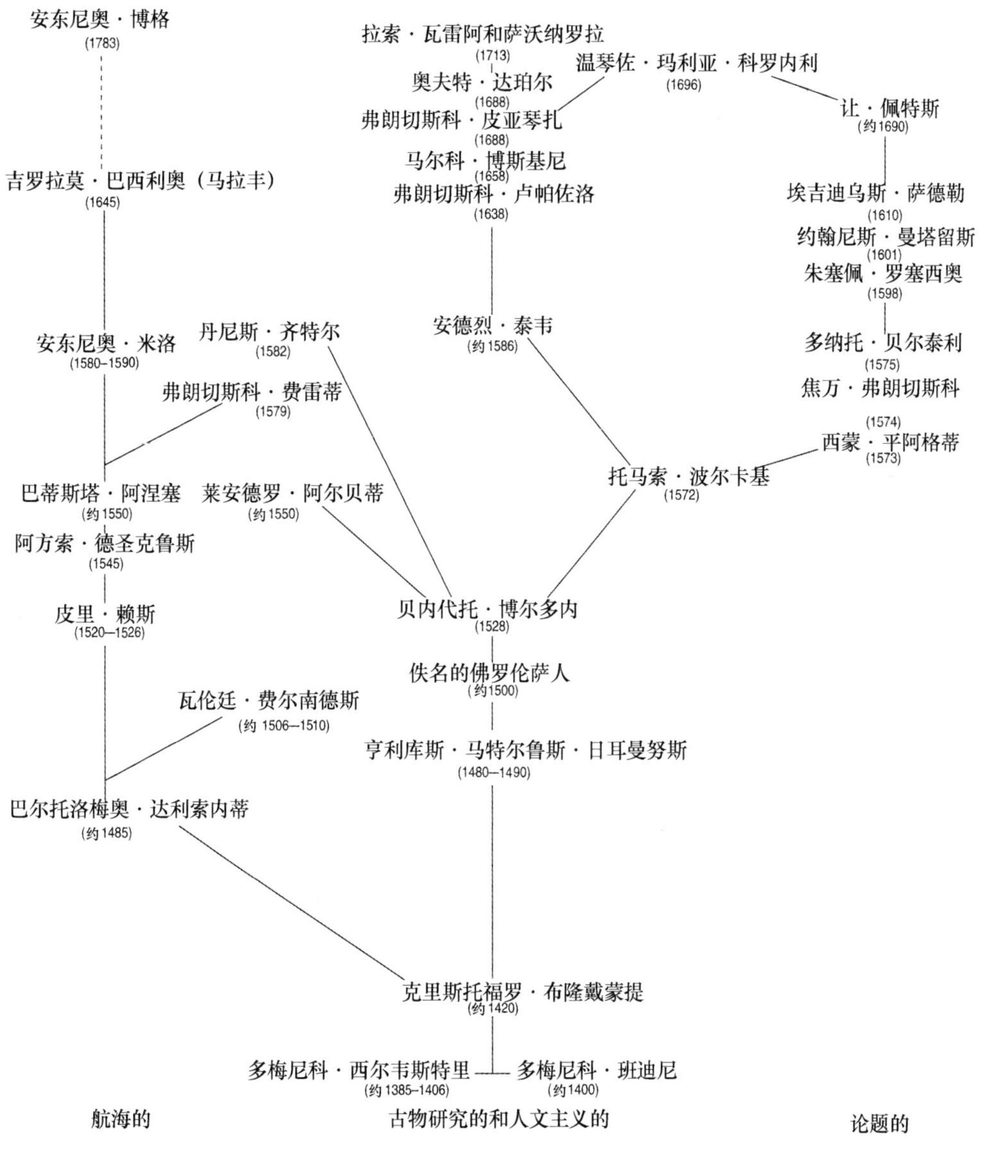

图 8.8　《岛屿书》的类型和每一类型的制作者

诲和百科全书的目的进行编纂，它们是为了作为休闲阅读，且偏离到对于神话和地方风情和新奇事情的冗长讨论。然而，历史主题的《岛屿书》，如果有的话，包含了少量的评论，同时它们广泛涉及地中海地区重要军事战役发生的时期和场景，如著名的勒班陀战役（1571）和塞浦路斯的陷落（1573）或坎迪亚的陷落，以及威尼斯人占据了伯罗奔尼撒（1648—1715 年），并且它们反映了基督教世界的希望和焦虑。

《岛屿书》在材料方面也显示出了相似点。大多数 15 世纪和 16 世纪的宇宙志《岛屿书》的稿本副本是书写在纸上的，而它们的地图并不经常是由技术熟练的缩微画画家绘制的：推测它们的读者是受过教育的男子，他们并不愿意为较高等级的带有装饰的羊皮纸付钱。然而，也存在一些显然是为那些更加挑剔的收藏者准备的。

283 大多数稿本和印刷的《岛屿书》，除了那些在最后阶段制作的，在形式上不同于用双页形式出版的教科书，后者是在一张阅读桌或大型阅读架上阅读的，并且也不同于大多数人文主义的书籍，后者为在图书馆使用而采用了四大开的形式[98]。《岛屿书》通常以小开本的、方便携带的形式出版，其中一个原因就是考虑到它们的目的是针对一个广泛的读者群，并且有着各种用途。

亨利库斯·马特尔鲁斯“岛屿的图像”是服务于贵族收藏者的需求的，因而不得不被认为是进入权力领域的人文主义的一次发展。“岛屿的图像”为王子们提供了关于世界的百科全书式的信息——其呈现历史和新奇之物。一些航海《岛屿书》同样针对的是挑剔的收藏者。“航海之书”存在两个可用的版本，其中一个更为容易获得，而另外一个则更为奢华。安东尼奥·米洛的《岛屿书》，尽管经常呈献给高等级的所有者，但也经常撰写在纸上，并且仅仅包含有基本的装饰。与此形成对比，巴尔托洛梅奥·达利索内蒂的著作以较大开本的形式重印，而且某些稿本的副本是写在纸上或羊皮纸上的[99]。较晚时期的有吸引力的《岛屿书》，包括博斯基尼、达珀尔和科罗内利的那些作品，针对的是更为挑剔的和受过教育的公众，然而，它们的内容遵照着相同的基本指导原则。在这一最后阶段中，更为久经世故的普通公众的好奇心被他们所阅读的大量旅行著作唤起，并且他们渴望带有更多插图的以及有着人种学与人类学的每一事实。由此在晚期《岛屿书》中所导致的变化是非常值得注意的，在晚期的《岛屿书》中古物搜集的方法逐渐受到信息和新的观察科学的影响。

《岛屿书》的标题非常冗长和非常详细，通常是对它们内容的归纳，类似于为供出售物

---

[98] 参见 Armando Petrucci, “Alle origini del libro moderno libri da banco, libri da bisaccia, libretti da mano,” in *Libri, scrittura e pubblico nel Rinascimento: Guida storica e critica*, ed. Armando Petrucci (Rome: Editori Laterza, 1979), 137 – 56。

[99] 例如，MS. 17. 874 (7397) of the Royal Library of Belgium, Brussels（参见 WouterBracke, “Une note sur l'*Isolario* de Bartolomeo da li Sonetti dans le manuscrit de Bruxelles, BR, CP, 17874 [7379],” *Imago Mundi* 53 [2001]: 125 – 29）; MS. ital. Ⅸ 188 (=6286) of the Marciana，其遵照一个不同的岛屿排列顺序；或者保存在 National Maritime Museum, London 的稿本，9920。在 BNF 的巴尔托洛梅奥的《岛屿书》（Cartes et Plans, Ge DD 1989）并不是一个稿本，而是这一作品着色的副本。参见 Tolias, *Greek Portolan Charts*, 192 – 96：米洛 1580 年前后呈献给 Vincenzo Morosini, procurator di Santo Marco 的《岛屿书》、1582 年呈献给 Sforza Pallavicino, “Marchese de Corte Magiore et Generale dell'Illustrissima Signoria di Venetia”，和他呈献给 Giovanni Bembo, proveditor de armada 的他 1591 年的作品。这一作品 1582 年的副本，时间是最早的，现在收藏于 Sylvia Ioannou Collection in Athens。参见 Artemis Skoutari, ed., *Γλυκεία χώρα Κύπρος: Η ευρωπαϊκή χαρτογραφία της Κύπρου* (15ος–19ος *αιώνας*), *από τη συλλογή της Σύλβιας Ιωάννου = Sweet Land of Cyprus: The European Cartography of Cyprus (15th – 19th Century) from the Sylvia Ioannou Collection* (Athens: AdVenture A. E., 2003) 的目录，172 – 73。

品所作的广告。作者或出版者在标题页或前言中的献词，通常是奉献给编纂者实际的或将来的赞助者——通常是高等级的教职人员或社会显贵或军事官员——有时是给他们的朋友和熟人，或者甚至是不知名的读者的。《岛屿书》被他们的作者表现为一种休闲读物，以及使得海员、地理学家、商人以及其他有着强烈好奇的人感兴趣的著作。当然，大部分《岛屿书》提供的东西，不同于那些航海的实用手册，非常适合于那些非专业的、渴望地理事实和着迷于冒险故事以及对新奇事物和奇迹的描述的读者。早在 1420 年，布隆戴蒙提将他的“洛米蒂托斯岛之志”奉献给红衣主教奥尔西尼，后者是第一位有名的纸上谈兵的旅行家。

然而，某些《岛屿书》中较差的信息质量和描述性段落的完全缺乏，尤其是在早期的主题《岛屿书》中，说明它们针对的是一个范围较宽的非专业的读者群，从对古代神话和历史的地理背景感兴趣的人文主义学者，到只受过有限教育，甚至是文盲的使用者；读者范围是，所有那些希望容易获得关于古代和现代世界的奇迹、最新发现和东方奥斯曼与西方基督教之间对抗背后的阴谋的信息的人，当然主要是从图片中获得信息（以及有时只有图像，而根本没有文本）；那些对关于珍奇的流行文化感兴趣的读者，以及那些希望在他们的钱袋和他们的教育所允许的范围内，用当时认为的有必要的地理背景知识来武装他们自己的读者。

这一假说得到这样的事实强化，即《岛屿书》的编纂者通常并不在意素材的质量。对于岛屿进行准确勾勒通常并不是地图学者所首要关注的。相当数量的《岛屿书》的特点就是使用一种格外粗略的方式来选择材料，有时显然是故意的。例如贝尔泰利和卡莫恰的刻版师，两者都已经展现了他们有能力绘制标志着准确和精美的新标准的岛屿地图，但在他们的《岛屿书》中却包括了更为简略，有时是显然不准确的地图，不过这些地图却是大众所熟悉的。

16 世纪末，第一套世界地图集的出现并没有宣告《岛屿书》的末日：实际上，它们在 17 世纪出现了第二个高峰，尽管地图集占据了主导地位。这一现象的原因就是，《岛屿书》的，那些“过时的和虚假变化的宇宙志”[100]，从来没有与正式的地理学和地图学进行竞争，并且由此它们没有受到朝向秩序和比例的趋势的影响[101]。实际上，早期印刷的地图集结合了 284
一些借自它们那个不太系统的前辈的特点。奥特柳斯和墨卡托出版的马赛克地图，其中包括了直接来自《岛屿书》的岛屿地图。来自《岛屿书》的材料同样也被用于当时众多的地理、历史和旅行著作中[102]。

到了 18 世纪，制作《岛屿书》的主要中心已经不可逆转地衰落了。佛罗伦萨早已丧失了其在这一联系中的战略角色，而威尼斯，居于第二位的重要中心，已经停止了活动。《岛

---

[100] Lestringant, *L'atelier du cosmographe*, 159.

[101] 实际上，亨利库斯·马特尔鲁斯和博尔多内大量借鉴了 15 世纪末和 16 世纪早期的托勒密的地图学，从中为他们的《岛屿书》借用了材料。

[102] 只是提到与希腊有关的例子，奥特柳斯在他的《寰宇概观》中包括了三幅综合地图：*Insvlarvm aliqvot maris Mediterranei descriptio*（1570），*Archipelagi insvlarvm aliqvot descrip.*（1584），以及 *Insular. aliquot Aegei Maris antiqua descrip.*（1584），而墨卡托在他的图集 *Atlas sive Cosmographicæ meditationes* 中则包括了两幅：“Candia cum insulis aliquot circa Graeciam”［克里特岛，有着科孚岛、赞特、米洛斯岛、纳克索斯岛、锡拉岛（Thíra）和卡尔帕索斯岛（Karpathos）的插图］和“Cyprus ins.”［塞浦路斯，嵌入了利姆诺斯岛（Lemnos）、希俄斯、莱斯沃斯、埃维亚、凯里戈岛和罗得岛的地图］。

屿书》成了一件过去的事情，尽管它们通过其特定方式服务的各种需求依然存在。

至于《岛屿书》的继承者，我们必须期待航海手册和旅行著作。航海手册被称为导航书，它们在17世纪中期出现，提供了关于航海实践的更为系统和分析性的指导，而与《岛屿书》所提供的百科全书式的内容相比，大量涌现的旅行文献提供的内容更多。直到18世纪末，在地中海东部旅行——以及在亚洲和美洲——被局限于熟悉的海岸地区和岛屿。17世纪和18世纪的旅行者被证明是岛屿宇宙志学家最为真实的继承者，他们编纂了有着丰富插图的，用于愉悦和教谕读者的书籍，其中提供了大量与神话、历史、自然史和人种学有关的现代的宇宙志信息。

第九章　对托勒密《地理学指南》的接受，14 世纪末至 16 世纪初*

帕特里克·戈蒂埃·达尔谢（Patrick Gautier Dalché）

14 世纪末和 15 世纪初在佛罗伦萨对托勒密《地理学指南》的翻译，通常被表现为一个将彻底改变地理空间的描绘方式的异常事件。这种观点的特点就是将思想史看成是描绘一种不断累积的进步，这一解释涉及“重新发展托勒密”的之前和之后。之前，世界地图（*mappaemundi*）建立在被描述为“神话的”“非科学的”“受到基督教教条影响”的概念基础之上；之后，则出现了一种“现代的”空间的、均质的和等方向延伸的概念，其并不基于位置而变化，并且可以被封闭在一个子午线和纬线的网格之内，而这种网格使得用科学计算的坐标来确定任何特定地点的位置成为可能①。然而，关于整个问题的这一肯定性的观点并没有受到挑战。但研究地理发现的某些历史学家已经宣称，托勒密有影响力的“错误”，实际上，阻挠了关于世界知识的进步。由《地理学指南》提出的思想——最为著名的，宣称世界上所有的海洋都被封闭在一圈陆地之中，或者印度洋为大陆所包围——应当，阻挠而不是帮助了西方的扩张。 285

非常难以调和这两种冲突的观点。事实上它们两者都是错误的。前者关注于发生在一瞬间的进步，而这一进步的产生实际上整整持续了一个世纪，并且由各种不同的相互冲突的趋势组成。经常出现的情况就是，所谓的托勒密革命（Ptolemaic Revolution）被看成发生在单

---

* 本章使用的缩略语包括：*America* 代表 Hans Wolff, ed., *America: Das frühe Bild der Neuen Welt*（Munich: Prestel, 1992）；*Cristoforo Colombo* 代表 Guglielmo Cavallo, ed., *Cristoforo Colombo e l'apertura degli spazi: Mostra storico-cartografica*, 2 vols.（Rome: Istituto Poligrafico e Zecca dello Stato, Libreria dello Stato, 1992）；*Guillaume Fillastre* 代表 Didier Marcotte, ed., *Humanisme et culture géographique a l'epoque du Concile de Constance: Autour de Guillaume Fillastre*（Turnhout: Brepols, 2002）；*Regiomontanus-Studien* 代表 Günther Hamann, ed., *Regiomontanus-Studien*（Vienna: Verlag der Österreichischen Akademie der Wissenschaften, 1980）；BAV 代表 Biblioteca Apostolica Vaticana, Vatican City; and ÖNB for Österreichische Nationalbibliothek, Vienna。

① 一个最新的例子就是 Alfred W. Crosby, *The Measure of Reality: Quantification and Western Society, 1250 – 1600*（Cambridge: Cambridge University Press, 1997）, 97 – 98。很多地图学史重复这一陈词滥调，而没有检查其是否有道理；一个全面的列表将要占据数页篇幅。

一地点——人文主义的佛罗伦萨——然后“进步”被确定为托勒密地图的逐渐完善[②]。这种对于地图学史的解读只有有限的关联。其遗忘了，对于托勒密著作的翻译及其作品的流播，并不是地图学史中的单一事件，其发生在一个知识和文化背景之下，而在这一背景中，复杂和变化的动力发挥着作用。因而，对于《地理学指南》的接受，只有在通过检验对其进行了回应的各种类型的大量论著的情况下才能被正确理解。而且，古代的著作不仅包含了一套地图——以及关于它们如何被绘制的线索——而且也包括文本，其中大部分是以一种地名列表的形式[③]。现代地图学的发展已经导致我们忽略了在地理知识的构造中这类列表的重要性，忽略了它们是排列事实的一种基本方式。对托勒密文本的解读以及对他地图的研究，在形成一种关于陆地空间结构的确定概念中共同发挥了作用。因此，如果某人要研究对《地理学指南》的接受的话，那么不能将其自身局限于地图，不能局限于列出它们被改进的方式和确定“投影”理论中的进步[④]。必须更为宽泛地在 15 世纪和 16 世纪发生作用的知识潮流的背景下对著作整体进行考虑。

286 “重新发现”托勒密，在推测其产生的革命性影响的正面和负面评价的基础方面也存在相似的错误。这一错误可以发现于雅各布·伯克哈特（Jacob Burckhardt）的论断中，即“世界的发现”是文艺复兴的时代主题之一[⑤]，这一解读背后的依据就是在科学史的一些学派中可以发现的一种假设，即强调“试验和经验”优于“公认的权威”和“书本主义”。应当被再次强调的是，地图学呈现的历史不应当涉及关于进步的讨论；实际上，恰恰是进步的概念阻碍了对事件真实过程的理解。他们应当不是真的对文艺复兴时期的学者是通过经验还是通过书籍“发现了”世界感兴趣。他们有着一个更为底层和更为有趣的任务：去描述当这些学者阅读亚历山大地理学家的作品时，头脑中所经历的；去表达他们所看到的这些文本和地图研究背后的目的；以及最终，去判断结果是否符合他们的预期。

一项对现存文献材料的研究揭示，15 世纪和 16 世纪接受托勒密的历史过程，其复杂程度要超过之前提到的导致我们去想象的讨论。《地理学指南》的翻译是一项重要的知识事件，但其是一件有着复杂历史的事件，涉及涵盖欧洲全部知识中心的不同的知识环境和不同的文化背景。实际上，这一事件的历史还没有被书写下来：全部与之相关的信息并没有被全部了解，同时与很多重要方面相关的详细的专论（例如，从现存的工作手稿中产生的各种各样的兴趣）还没有出现。确实，如对拉丁译文的关键版本等不可或缺的工具，以及对于译文本身的研究，似乎有些偏离了方向。真实的是，并不缺乏重复的著作，但是作为整体，

---

② 这一论题最早是在 Roberto Almagià, “Il primato di Firenze negli studi geografici durante i secoli XV e XVI,” *Atti della Societa Italiana per Progresso delle Scienze* 18 (1929): 60 – 80 的论文中提出的。

③ 关于托勒密原作中是否存在地图的问题，参见 O. A. W. Dilke and eds., “The Culmination of Greek Cartography in Ptolemy,” in *HC* 1: 177 – 200, esp. 189 – 90。

④ 托勒密并没有给出一个明确的投影理论；他提供了如何将一个球体转绘在一个平面上的经验描述。更为重要的是，他从未提到投影到一个圆锥上的方法，参见 Johannes Keuning, “The History of Geographical Map Projections until 1600,” *Imago Mundi* 12 (1955): 1 – 24, esp. 10。因而，谈论他的“圆锥投影”无疑是错误的。参见 J. L. Berggren, “Ptolemy's Maps of Earth and the Heavens: A New Interpretation,” *Archive for History of Exact Sciences* 43 (1991 – 92): 133 – 44。

⑤ Jacob Burckhardt, *The Civilization of the Renaissance in Italy*, trans. S. G. C. Middlemore, intro. Peter Gay (New York: Modern Library, 2002), 195 – 246.

关于问题原创的和信息量充分的研究是缺乏的[⑥]。如同时常发生的，当处理宏大主题的时候，我们所拥有的就是关于稿本的令人印象深刻的描述性著作——主要是奢华的稿本——其厚重的体量使其成为不可逾越的丰碑，一部观点和内容被无休止重复的未受到挑战的权威。实际上，除了通过对豪华稿本或印刷版的讨论之外，学者们从未处理过托勒密《地理学指南》的接受这一问题[⑦]。

然而，最近几年中，一些学者已经通过一种更为独创的和有见地的方式来对待文献，提供了对旧有问题的巧妙解决方式。例如，米拉内西（Milanesi），关注于中世纪晚期和文艺复兴初期空间呈现的问题。在得到非常少关注的著作中，她提供了对托勒密的接受这一问题的一种宽泛的轮廓，从人文主义者对著作的“发现”——由纯粹的哲学兴趣所推动——到将《地理学指南》贬低为只是一部关于陌生世界的文献[⑧]。米拉内西的观点是建立在当前研究基础之上的，当前的研究关注于接受《地理学指南》的早期，即直至德意志人文主义者维利巴尔德·皮克海默进行了新的翻译工作的时期，这一翻译于 1525 年在斯特拉斯堡（Strasbourg）出版，这是文本史上的一个重要时间。这一讨论没有评论由菲舍尔（Fischer）呈现的事实（尽管如此，其还是应当被更新），也没有探索对印刷版的研究，后者现在理所当然地应当归功于科达齐和林格伦（Lindgren）的作品[⑨]。而且，如“传统”“创新”“继承

---

⑥ 为《地理学指南》稿本的影印本所做的介绍，其主要目的似乎并不是促进学术的进步；它们通常充斥着二手的思想和事实上的错误。其他这类作品并没有超越 20 世纪上半叶历史学家的成就。例如，参见下列 4 篇论文 Germaine Aujac, “Continuità delle teorie tolemaiche nel medioevo e nel rinascimento,” in *Cristoforo Colombo*, 1: 35 – 64; *Claude Ptolemee, astronome, astrologue, géographe: Connaissance et reprèsentation du monde habité* (Paris: C. T. H. S., 1993), 173 – 78; “La *Géographie*de Ptolémée: Tradition et novation,” in *La Géographie de Ptolemee*, ed. François Robichon (Arcueil: Anthese, 1998), 8 – 20, esp. 16 – 18; 以及 “La redécouverte de Ptolémée et de la géographie grecque au XVe siécles,” in *Terre à découvrir, terres à parcourir: Exploration et connaissance du monde XIIe-XIXe siécles*, ed. Danielle Lecoq and Antoine Chambard (Paris: L'Harmattan, 1998), 54 – 73。也可以参见 Józef Babicz, “La Résurgence de Ptolémée,” in *Gérard Mercator cosmographe: Le temps et l'espace*, ed. Marcel Watelet (Antwerp: Fonds Mercator Paribas, 1994), 50 – 69。

⑦ Joseph Fischer, ed., *Claudii Ptolemaei Geographiae, Codex Urbinas Graecus* 82, 2 vols. in 4 (Leiden: E. J. Brill; Leipzig: O. Harrassowitz, 1932)。作品的大部分篇幅被用于描述 50 部左右的稿本。在几乎 500 页的篇幅中，只有 3 页（1: 488 – 90）被用于讨论托勒密的作品是如何被接受的。实际上，存在更多的《地理学指南》的稿本；尚未进行一个全面的调查和回顾。

⑧ Marica Milanesi, *Tolomeo sostituito: Studi di storia dell econoscenze geografiche nel XVI secolo* (Milan: Unicopli, 1984), 9 – 21; idem, “La rinascita della geografia dell'Europa, 1350 – 1480,” in *Europa e Mediterraneo tra medioevo e prima eta moderna: L'osservatorio italiano*, ed. Sergio Gensini (Pisa: Pacini, 1992), 35 – 59. 关于对托勒密的接受这一问题的严谨研究——或者总体上对人文主义者处理地理学的方法的严肃研究——都不能忽视 Sebastiano Gentile 的著作，尤其是他编纂的 *Firenze e la scoperta dell'America: Umanesimo e geografia nel'400 Fiorentino* (Florence: Olschki, 1992)，其对大多数现存文献进行了严格的分析。也可以参见 João Daniel L. M. Lourenço, “A descoberta dos antigos no Renascimento: O caso particular da *Geografia* de Ptolemeu,” *Euphrosyne* 27 (1999): 339 – 50。

⑨ Angela Codazzi, *Le edizioni quattrocentesche e cinquecentesche della “Geografia” di Tolomeo* (Milan: Goliardica, 1950), 和 Uta Lindgren, “Die *Geographie* des Claudius Ptolemaeus in München: Beschreibung der gedruckten Exemplare in der Bayerischen Staatsbibliothek,” *Archives Internationales d'Histoire des Sciences* 35 (1985): 148 – 239。另一方面，Henry Newton Stevens, *Ptolemy's Geography: A Brief Account of All the Printed Editions Down to 1730*, 2d ed. (1908; reprinted Amsterdam: Theatrum Orbis Terrarum, 1973)，和 Carlos Sanz, *La Geographia de Ptolomeo, ampliada con los primeros mapas impresos de América (desde 1507): Estudio bibliográfico y crítico* (Madrid: Librería General V. Suárez, 1959)，没有符合即使最低的书目著录标准，Remedios Contreras, “Diversas ediciónes de la Cosmografia de Ptolomeoen la biblioteca de la Real Academia de la Historia,” *Boletín de la Real Academia de la Historia* 180 (1983): 245 – 323 也是如此。

287 于古代的知识”“中世纪的知识”“神话”“传说”“寓言”“不一致”“经验”“经验知识”等词汇和短语被回避了。甚至尚未证明存在“描述和呈现世界的中世纪的方法”之类的事物；这一韦伯的理想类型（唯一站得住脚的观点，原则上）从未由任何历史学家提出过。最后，明确的是，一种提供了某种呈现空间的方法的文本，对其接受的历史并不能被用来描述所有现存的地图，或被用来检验15世纪和16世纪初地图学带来的所有问题。而且，我的目的是使用现存的那些时代的知识，并且为更深入地研究奠定基础。我并不关注描述地图的内容，或者拾起“理性化的进步”；我的目的是确定和区分环境，定义解读、理解和解释的模式。我在这里关心的是文化史的一个问题⑩。

从翻译到构造一种模型（14世纪末至15世纪中期）

托勒密的《地理学指南》抵达佛罗伦萨

当曼努埃尔·索洛拉斯（Manuel Chrysoloras）在1397年抵达佛罗伦萨教授希腊语的时候——受到对古典时代充满热情的科卢乔·萨卢塔蒂（Coluccio Salutati）的学者圈子的邀请——托勒密的《地理学指南》在西方并不是不被人所知⑪。其自6世纪之后未曾中断地被提到，首先是在如约尔达内斯（Jordanes）等阅读广泛的历史学家的著作中，他是《哥特史》（*Getica*）的作者；然后是在加洛林（Carolingian）关于《文献学与水银的婚姻》（*Marriage of Philology and Mercury*）的评注中；最后，从12世纪开始，是在从阿拉伯文翻译过来的天文学专著中。在13世纪和14世纪，关于占星术的专著提到，并且有时描述了这本“题目为世界的图像”的著作，而且还存在其他同样明确的引用。归因于在大量手稿中出现的这些提及，《地理学指南》在口头上是非常知名的，而著作的内容已经部分地被认为是由地名、坐标的列表以及地图构成。在所有文献中缺失的是，没有提到用来将球体绘制在一个平面之上的方法——实际上阿拉伯“中介者”对这一方法并无兴趣。《至大论》（*Almagesti*）的作者，被作为天文学泰斗的托勒密的声誉，不可能忽视使用了相同学术方法的另一部作品的价值。

1. 将《地理学指南》带到佛罗伦萨

当曼努埃尔·索洛拉斯于1400年之前某一时间开始在佛罗伦萨翻译《地理学指南》的时候，那里存在某种期待的氛围。尽管稿本抵达佛罗伦萨时的实际环境并不清楚，但除了曼努埃尔·索洛拉斯之外，有两人可能对此负有责任⑫。第一位候选人是雅各布·安格利，一

---

⑩ 一个关于完全超越了地理学和地图学史的范畴，而包含了15世纪和16世纪思想史的众多方面的主题性的参考书目，显然将会非常庞大和非常重复。更为重要的是，一些问题被在一种有些不在意对错的方式下进行处理。关于特定问题，我在这里将自己局限于给出最新的论著，在这些论著中可以找到之前出版物的内容广泛的参考书目。

⑪ Patrick Gautier Dalché, “Le souvenir de la *Géographie* de Ptolémée dans le monde latin médiéval (Ⅵ^e – ⅩⅣ^e siécles),” *Euphrosyne* 27 (1999): 79 – 106.

⑫ Sebastiano Gentile 在 “Emanuele Crisolora e la ‘Geografia’ di Tolomeo,” in *Dotti bizantini e libri greci nell'Italia del secolo XV*, ed. Mariarosa Cortesi and Enrico V. Maltese (Naples: M. d'Avria, 1992), 291 – 308, esp. 293 中运用现存的参考书目来进行一项研究分析。

位出生在佛罗伦萨附近的斯卡尔佩里亚（Scarperia）村的科卢乔・萨卢塔蒂的年轻学生[13]。1395 年，当在君士坦丁堡学习希腊语的时候，安格利认识了索洛拉斯，并且希望怂恿他前往佛罗伦萨担任希腊语教师，并大肆吹捧萨卢塔蒂以及环绕在他周围的知识分子圈子。作为这些邀请和怂恿的结果，索洛拉斯在 1397 年初来到了佛罗伦萨，并且一直停留到 1400 年，这一年他离开前往帕维亚[14]，在向西的旅程中安格利陪伴着他，后者带回了一些希腊语的稿本。在返回之后，安格利继续从事拼凑现存的希腊文本的工作；因此有可能安格利在 1400 年之前有着一部《地理学指南》的抄本。

然而，佛罗伦萨的一些其他材料认为是另外一位人文主义者将托勒密的著作带到了这座城市。在他的传记集的两个段落中，图书管理员韦斯帕夏诺・达比斯蒂奇（Vespasiano da Bisticci）将这一声誉授予了帕拉・斯特罗齐（Palla Strozzi）。韦斯帕夏诺将帕拉・斯特罗齐， 288
一个显赫贵族家族的子孙，确定为是成功怂恿拜占庭的大师索洛拉斯来到意大利的那个人，并且由此带来了大量稿本，因而刺激了希腊研究的发展：

> 佛罗伦萨对于拉丁字母有着很好的了解，但是却不了解希腊语，他［斯特罗齐］决定他应当拥有更多的希腊语［作品］；并且最后，他做了力所能及的事情，由此曼努埃尔・索洛拉斯，一位希腊人，被邀请来到了意大利，他支付了大部分的费用。马努埃洛（Manuello）以上述提到的方式来到意大利，应该感谢梅塞尔・帕拉（Messer Palla）［斯特罗齐］，那里缺乏书籍；而缺乏书籍的话，无法做任何事情。梅塞尔・帕拉前往希腊寻求大量的书籍，所有都是他自己支付的。他甚至拥有从君士坦丁堡送来的带有插图的托勒密的《宇宙志》（即《地理学指南》），此外还有普鲁塔克的《名人传》（Lives of Plutarch），柏拉图的作品，以及大量其他作者的著作[15]。

在亚历山德拉・德巴尔迪（Alessandra de'Bardi）的传记中，韦斯帕夏诺提供了进一步的细节："是梅塞尔・帕拉，他是希腊文学文化以及书籍随着马努埃莱・格里索罗拉（Manuele Grisolora）［*sic*］来到意大利的原因；他承担了大部分的费用；并且正是他出版了大量的希腊语书籍；自费，他让希腊语的《宇宙志》从君士坦丁堡来到这里；他拥有在君士坦丁堡完成的最早的副本，有着文字和图片。"[16]

因此，如果韦斯帕夏诺是可信的话，那么帕拉・斯特罗齐应当对曼努埃尔・索洛拉斯的到来负责，并且他拥有在君士坦丁堡制作的托勒密《地理学指南》有着文本和地图的

---

[13] 这一人文主义者的名字以各种拼写错误的形式出现：Angelo、d'Angiolo、d'Angeli。关于他的传记，参见 Roberto Weiss, "Jacopo Angeli da Scarperia (c. 1360 – 1410 – 11)," in *Medioevo e Rinascimento: Studi in onore di Bruno Nardi*, 2 vols. (Florence: G. C. Sansoni, 1955), 2: 801 – 27；重印在 *Medieval and Humanist Greek: Collected Essays*, by Roberto Weiss (Padua: Antenore, 1977), 255 – 77。

[14] Remigio Sabbadini, "L'ultimo ventennio della vita di Manuele Crisolora (1396 – 1415)," *Giornale Ligustico di Archeologia, Storia e Letteratura* 17 (1890): 321 – 36.

[15] Vespasiano da Bisticci, *Le vite*, 2 vols., ed. Aulo Greco (Florence: Nella sede dell' Istituto Nazionale di Studi sul Rinascimento, 1970 – 76), 2: 140, 和 Paolo Viti, "Le vite degli Strozzi di Vespasiano da Bisticci: Introduzione e testo critico," *Atti e Memorie dell'Accademia Toscana di Scienze e Lettere la Colombaria* 49 (1984): 75 – 177, esp. 99 – 100。

[16] Vespasiano, *Le vite*, 2: 476.

一个完整副本。《地理学指南》在斯特罗齐定购的书籍的开始部分就被提到，应当可能被看成由此展示了韦斯帕夏诺自己的兴趣，他是一位图书馆员，制作了大量出售给重要人物的豪华版稿本，尽管对书籍进行描述的顺序也可能揭示了佛罗伦萨人文主义者对作品的重视。

菲舍尔相信帕拉·斯特罗齐所获得的稿本是收藏在梵蒂冈图书馆中的 Urbinas Graecus 82，一部时间为 12 世纪或 13 世纪的作品。他的观点基于一个较晚的拉丁语译本的副本，一部由威尼斯贵族雅各布·安东尼奥·马尔切洛（Jacopo Antonio Marcello）送给雷涅·德安茹（René d'Anjou）的波斯语稿本，其中包含了《地理学指南》的文本。在一封 1457 年的献词性质的信件中，马尔切洛勾勒了他的礼物的背景。由此得知，德安茹渴望一幅“世界地图”（mappamundus），他与诺弗里（Nofri）讨论了问题，后者是将要完成这样一部“世界地图”的帕拉·斯特罗齐的儿子。马尔切洛然后决定完成地图，并将其与《地理学指南》的文本一起送给德安茹[⑰]。按照马尔切洛的说法，“世界地图”是从“另外一幅非常古老的世界地图”复制的，“其上有着希腊字母的图注，即使距离其制作的时间已经有 800 年，由此某些人认为其是这一技术的发明者托勒密的时代的作品”[⑱]。菲舍尔认为希腊的模型是 Urbinas Graecus 82，由此被送给雷涅·德安茹的拉丁语的副本就是 Vat. Lat. 5698，其仅由地图构成（图 9.1）[⑲]。实际上，后一版本被认为是从最古老（*vetustissimus*）的希腊抄本复制的拉丁语地图的最为古老的绘本。

这一论点的构成要素并不具有相同的说服力。可能，但并非确定的是，Urbinas Graecus 82 属于帕拉·斯特罗齐。实际上，对开页 111v 上有着以下注释：“由我，弗朗切斯科·达卢卡（Francescho da Lucha），看来”，出自同一人之手的这段话，还可以在其他稿本中找到（其中一部确定属于帕拉·斯特罗齐）。由于发现了这一细节，乔瓦尼·梅尔卡蒂（Giovanni Mercati）被引导得出这样的结论，即所有这些稿本都来自斯特罗齐的图书馆，并且在某一我们所未知的编目过程中被加上了这一注释[⑳]。这一对所有权的推测得到迪勒（Diller）的确证，其基于起草于 1431 年的帕拉·斯特罗齐图书馆的清单目录，由此也证明了菲舍尔的判断[㉑]。进一步，明显的决定性的确认来源于帕拉·斯特罗齐亲自撰写的完整的遗嘱和遗愿的出版物。其中包含有下述段落：

---

⑰ BNF, Latin 17452, fol. 1v（献词的信件）；在 Gentile, *Firenze*, 85—88 中复制并评注。信件的完整文本可以在 Henry Martin, "Sur un portrait de Jacques-Antoine Marcelle, sénateur vénitien (1453)," *Mémoires de la Sociéte Nationale des Antiquaires de France* 59 (1900): 229–67, esp. 264–66 中找到，也可以参见 Sebastiano Gentile, "Umanesimo e cartografia: Tolomeo nel secolo XV," in *La cartografia europea tra primo Rinascimento e fine dell'Illuminismo*, ed. Diogo Ramada Curto, Angelo Cattaneo, and André Ferrand Almeida (Florence: Leo S. Olschki, 2003), 3–18, esp. 7–8。

⑱ Jacopo Antonio Marcello，被引用在 Gentile, "Emanuele Crisolora," 293 n. 6.

⑲ Fischer, *Codex Urbinas Graecus* 82, 1: 180–83, 213, 290–301, and 547. 菲舍尔的分析经常由于错误的事实和轻率的推理变得缺乏说服力，这里只讨论了少量这样的例子。

⑳ Fischer, *Codex UrbinasGraecus* 82, 1: 195–201 and 537.

㉑ Aubrey Diller, "The Greek Codices of Palla Strozzi and Guarino Veronese," *Journal of the Warburg and Courtauld Institutes* 24 (1961): 313–21；重印在 *Studies in Greek Manuscript Tradition*, by Aubrey Diller (Amsterdam: Adolf M. Hakkert, 1983), 405–13。

希腊语的《宇宙志》——也就是，绘制在大羊皮纸上的地图，有着黑色皮革的护套——我也留给我的儿子，即诺弗里和乔万弗朗切斯科（Giovanfrancesco），以及我的孙子巴尔多（Bardo）和洛伦佐。这件物品，他们必须保留并且不能因任何原因出售，
因为其是马努埃洛·克里索罗拉（Manuello Crisolora）[*sic*]，一位君士坦丁堡的希腊人，289
当他于 1397 年第一次来到佛罗伦萨教授希腊语的时候，带给我的重要物品。这是在这些区域中的第一件，他将其留给了我，因此我保存了它。在意大利发现的那些其他相似的地图都来源于这幅地图。而且其中一些还流传到了意大利以外[22]。

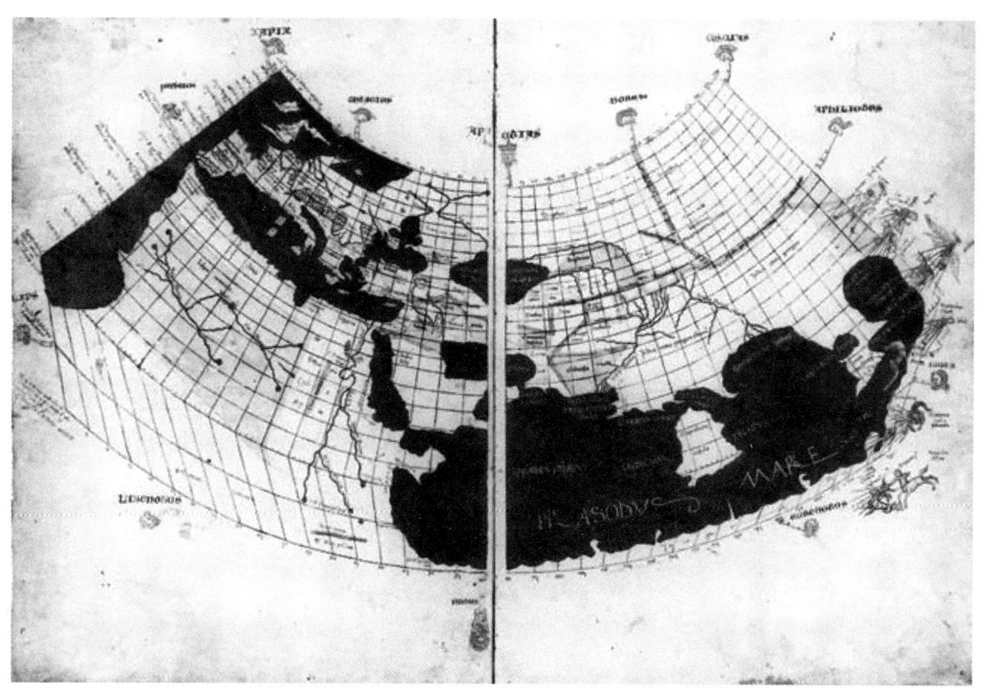

图 9.1　来自托勒密《地理学指南》15 世纪拉丁语版的世界地图

原图尺寸：57×84 厘米。图片版权属于 BAV（Vat. Lat. 5698，fols. 1v－2r）。

然而，帕拉·斯特罗齐用来描述这一《宇宙志》的短语（“绘制在大羊皮纸上的地图，有着黑色皮革的护套”）说明，他正在谈到的是一幅地图而不是一部抄本（非常难以想象其可以被装进一个黑色皮革的护套中）[23]。当我们知道曼努埃尔·索洛拉斯并不只是从君士坦丁堡带来一件物品，而且还为帕拉·斯特罗齐复制了看起来类似于一幅地图的某件物品的时候，这一怀疑被强化了，在斯特罗齐的遗嘱中对这件物品进行了描述：“另外一件类似的，出自之前提到的希腊人梅塞尔·曼纽尔（Messer Manuel）之手。对此，

㉒ 亲笔书写的文本在 Gentile，*Firenze*，88－90，以及在 Gentile 的“Emanuele Crisolora，”302—4 中被复制和评论。最新的版本是 Giuseppe Fiocco，“La biblioteca di Palla Strozzi，”in *Studi di bibliografia e di storia in onore di Tammaro de Marinis*，4 vols.（Verona：Stamperia Valdonega，1964），2：289－310，esp. 306－10 中的。

㉓ Weiss 的结论就是这些指的是一幅地图，而不是一部著作。参见 Roberto Weiss，“Gli inizi dello studio del greco a Firenze，”in *Medieval and Humanist Greek*：*Collected Essays*，by Roberto Weiss（Padua：Antenore，1977），227－54，esp. 248 n. 147。

我也将它留给我的两个儿子和两个孙子。而且，其应当最好——同时，也是我的愿望——保存着而不要出售。在其上，有着之前提到的梅塞尔·曼纽尔亲手书写的大量词汇［覆盖了］很大部分，这是他煞费苦心为我做的。对我来说，其不应当被我的儿子和孙子所出售，应当保存在家中作为对其制作者的回忆。”[24] 如果这是一部抄本，那么就很难理解帕拉·斯特罗齐通过“大量词汇”所表达的意思了——这种表达让我们想起的是一幅地图上的地名，而不是稿本的文本[25]。更为重要的是，马尔切洛自己献词的文本，使用的词汇是“mappamundo... litteris grecis inscripto”（世界地图……用希腊字母），可以被解读为只能指的是一幅世界地图，而不是一部抄本。构成 Vat. Lat. 5698 的地图因而不能被作为
290 马尔切洛送给雷涅·德安茹的《地理学指南》文本的补充。而且，Vat. Lat. 5698 已经被认为属于不同的时期——从 15 世纪上半叶至后半叶——并且其与 Urbinas Graecus 82 的直接关系依然是不清楚的[26]。

因而，帕拉·斯特罗齐的遗嘱可能指的是两件不同的物品：或者是收录有文本和地图的稿本，或者是两幅地图（其中一幅是由曼努埃尔·索洛拉斯带来的，另外一幅则是由他复制的）——同时可能没有完成，如果这就是有人对遗嘱中“大量词汇［覆盖了］很大部分”这一评价的解释的话。第二种解释通常更符合现存的文献[27]。

除了曼努埃尔·索洛拉斯和帕拉·斯特罗齐之间的朋友关系之外，斯特罗齐在他的遗嘱中用自己的表达方式揭示了他对第一部作品赋予的重要性，按照他的认识，是所有此后传播到整个欧洲的副本的源头。因此，从一开始，已经附加给著作的声望非常可能导致韦斯帕夏诺夸大了贵族斯特罗齐所起到的作用。然而，这样一种解释，并没有排除雅各布·安格利在将地图和文本从君士坦丁堡带来中所发挥的重要作用。作为一位勤勉而不是一位显赫的人物，安格利在佛罗伦萨人文主义者圈子中从来没有享有过某种讨人喜欢的声誉。应当不奇怪的是，由于涉及的是一位国王的著作，因而在将安格利应当享有的功绩转给一位其社会地位更适合于作为这一著作的拥护者的人物时，没有存在任何顾虑，需要强调的是，托勒密实际上被误认为是同一名字的希腊化时代的埃及统治者。

2. 翻译

翻译本身的实际环境更不清楚[28]。按照安格利献词的信件，索洛拉斯开始进行逐字（*ad*

㉔ Gentile, “Emanuele Crisolora,” 303.

㉕ 真蒂莱指出这样的事实，但是没有得出任何结论（“Emanuele Crisolora,” 304 – 5）。

㉖ 按照乔瓦尼·梅尔卡蒂的观点，Vat. Lat. 5698 的时间是在 15 世纪中期之前；然而稿本泥金彩饰的研究者则宣称，装饰中的特点使得作品应当属于 15 世纪后半叶（参见 Gentile, “Emanuele Crisolora,” 295—97，以及 idem, *Firenze*, 83 – 84）。真蒂莱还为菲舍尔的理论提供了新的证据：马尔切洛所写的献词谈到，《地理学指南》的文本是从“在我们之中极少的那些副本”拟定和校正的，他解读为由此说明了用 Urbinate 稿本对拉丁语译本进行了校勘，而这是作品的其他副本的源头。巴黎的稿本，就其本身而言，其页面边缘的注释基于一个希腊文本（参见 Gentile, *Firenze*, 86 – 88）。

㉗ 这是 Weiss 在“Gli inizi,” 248 中的观点。

㉘ 用于将《地理学指南》翻译为拉丁语的希腊语抄本并不是来源于——或者只是部分来源于——Urb. Gr. 82。其包含了一些索洛拉斯在第 1、2 和 7 书的边缘所作的注释，涉及了托勒密著作的理论和几何学的方法。参见 Aubrey Diller, “De Ptolemaei Geographiae codicibus editionibusque,” in *Claudii Ptolemaei Geographia edidit*, ed. C. F. A. Nobbe, reprinted with intro. by Aubrey Diller (Hildesheim: Olms, 1966), X – XV; reprinted in Aubrey Diller, *Studies in Greek Manuscript Tradition* (Amsterdam: Adolf M. Hakkert, 1983), 125 – 35, 以及 Gentile, “Umanesimo e cartografia,” 11 – 14。

verbum）的翻译——也就是，保留字面意思——并保持了原来的书名《地理学指南》[29]。还有一些与这一作品的创作相关的间接证据。在一封 1405 年由维泰博（Viterbo）寄给尼科洛·尼科利（Niccolò Niccoli）的信件中，莱昂纳多·布鲁尼（Leonardo Bruni）要求一份希腊语的文本，且附带有已经由索洛拉斯进行了翻译的部分，因为布鲁尼意图继续这一工作[30]。需要注意的是，这一要求说明，在这一时期，希腊文本在罗马教廷——布鲁尼是其秘书（*scriptor*）——并不存在。更为重要的是，我们拥有两条早期使用了《地理学指南》的希腊文本（或者可能是索洛拉斯的译文）的线索。在一封 1403 年写给多梅尼科·班迪尼（Domenico Bandini）的信件中，科卢乔·萨卢塔蒂回答了一个他的通信者曾经提出的关于卡斯泰洛城（Citta di Castello）的古代名称的问题，这一名称——与城市的声望有关——并没有被古典作家提到。萨卢塔蒂给出了佛罗伦萨的例子，一座最为著名的城市，其只是被托勒密"在他的《地理学指南》一书"中提到。随后他又讨论了海洋城市托斯卡纳的名字，因为它们出现在了《地理学指南》第四书的一个列表中[31]。被列出的地名，或多或少，对应于安格利译文中的那些。然而，这一事实并不是非常重要；更为重要的是萨卢塔蒂赋予的他所引述的作品的名称——这是对希腊语书名的准确翻译，而这不同于雅各布·安格利、曼努埃尔·索洛拉斯所引用的[32]。这是西方第一次从《地理学指南》中进行直接引用，两三年后出现了第二次。在他的"赫拉克勒斯的功绩（De laboribus Herculis）"——一部在他于 1406 年去世时尚未完成的作品——中，萨卢塔蒂顺带提及了欧克辛斯蓬托斯（Pontus Euxine）中的一个人名的正确拼写方式［Mariandyni（玛利安杜尼亚）］，并引用托勒密的第五书作为他的 291
资料来源[33]。因而，我们应当相信，很可能索洛拉斯要比雅各布·安格利和莱昂纳多·布鲁尼进行了更多的翻译——至少到了第五书[34]。然而，将单一地名作为一项证据过于不充分，因而无法通过某种方式来解决问题。萨卢塔蒂很有可能是从希腊语文本的一个副本中获得了他提到的地名。

安格利译文最后的时间可以从给教皇亚历山大五世（Alexander V）的献词中推测，后者的在位时间是从 1409 年 6 月到 1410 年 5 月[35]。然而，存在一些有着写给教皇前任格列高

㉙ Jacopo Angeli，被引用于 James Hankins，"Ptolemy's *Geography* in the Renaissance，" in *The Marks in the Fields*：*Essays in the Use of Manuscripts*，ed. Rodney G. Dennis and Elizabeth Falsey（Cambridge，Mass.：Houghton Library，distributed by Harvard University Press，1992），119 – 27，esp. 126 – 27，以及 Gentile，*Firenze*，96 – 97。

㉚ Hans Baron，ed.，*Leonardo Bruni Aretino*：*Humanistisch-philosophische Schriften*（Leizig：B. G. Teubner，1928），104 – 5. 布鲁尼应当在 1406 年 8 月两次提出了这一请求。*Leonardo Bruni Arretini epistolarum libri Ⅷ*，2 pts.（Florence，1741），pt. 2，190，和 Ludwig Bertalot，"Forschungen über Leonardo Bruni Aretino，" *Archivum Romanicum* 15（1931）：284 – 323；重印在 Ludwig Bertalot，*Studien zum italienischen und deutschen Humanismus*，2 vols.，ed. Paul Oskar Kristeller（Rome：Edizioni di Storia e Letteratura，1975），2：375 – 420，esp. 415。

㉛ Coluccio Salutati，*Epistolario di Coluccio Salutati*，4 vols. in 5，ed. Francesco Novati（Rome，1891 – 1911），2：624.

㉜ B. L. Ullman，"Observations on Novati's Edition of Salutati's Letters，" in *Studies in the Italian Renaissance*，by B. L. Ullman，2d ed.（Rome：Edizioni di Storia e Letteratura，1973），197 – 237，esp. 231 – 32 也得出了同样的结论。需要注意，Ullman 认为 Vespasiano da Bisticci 关于帕拉·斯特罗齐的作用的论断是可靠的。

㉝ Coluccio Salutati，*De laboribus Herculis*，2 vols.，ed. B. L. Ullman（Zurich：Artemis，1951），2：475. 在《地理学指南》中，Mariandyni（玛利安杜尼亚）在 5. 1. 11 中被提到。

㉞ Gentile，"Emanuele Crisolora，" 306. 真蒂莱对于萨卢塔蒂引文的来源给出了三个可能的理论：索洛拉斯的"部分"翻译，雅各布·安格利的早期作品，或者应一位学生的要求而进行的部分翻译（Gentile，*Firenze*，98）。

㉟ 如同真蒂莱指出的，时间最为古老的稿本是献给亚历山大五世的（*Firenze*，97）。

利十二世（Gregory Ⅻ）的献词的《地理学指南》的稿本[36]。菲舍尔已经提出，翻译实际上完成于1406年，不仅基于写给格列高利十二世的献词，而且基于在红衣主教纪尧姆·菲拉斯垂的一部作品中发现的证据，菲拉斯垂在将《地理学指南》引入法国的过程中发挥了重要作用。在他对庞波尼乌斯·梅拉的《对世界的描述》（*De situ orbis*）或《世界概论》的评注中，菲拉斯垂比较了罗马人提供的和在《地理学指南》中发现的世界图像，指出“在1406年于佛罗伦萨从希腊语翻译为拉丁语的托勒密的宇宙志中记录的托勒密”所做的那些事情[37]。但是菲拉斯垂拥有的两个《地理学指南》的稿本——其中之一在他自己手中——注明的时间都是1409年。因而他在庞波尼乌斯·梅拉的评注中给出的日期或者是错误的，或者是抄录者的误解[38]。

我们确实知道的是，在雅各布·安格利进行翻译的时候，他正担任罗马教廷的秘书——可能与莱昂纳多·布鲁尼（稍后讨论）同时，后者于1405年来到罗马，希望担任教皇秘书的职位（他和安格利实际上是这一职位的竞争对手）。尽管安格利强调他自己的作品与索洛拉斯逐字翻译的作品之间的差异，但他的文本揭示他并不是杰出的希腊语大师；且存在大量与理论问题有关的基本错误。这一事实应当在15世纪中很快就浮现出来，但是一项对翻译的系统批评直到15世纪70年代才在一位德意志作者的著作中出现，他就是约翰内斯·雷吉奥蒙塔努斯。奇怪的是，基于现有的与托勒密有关的（可能是过度的）参考书目，居然不存在对安格利的翻译和雷吉奥蒙塔努斯的评论的任何比较研究[39]，虽然一项将希腊文本与15世纪和16世纪的各种译本的比较，已经足以评估在当时《地理学指南》是如何被理解的。

帕拉·斯特罗齐的遗嘱，萨卢塔蒂的评注以及由莱昂纳多·布鲁尼表达的希望，都给予我们衡量在佛罗伦萨人文主义者圈子中唤起的对《地理学指南》兴趣的一些指标。这一兴趣的图像被充实，当我们查看安格利的献词中给出的进行翻译的原因的时候——评论没有被赋予对其应有的注意。安格利在开始的部分，回忆了曾出现的大量著名学者和哲学家的某些历史时期，以及在安敦尼（Antoninus）时期产生了所有数学家中最为博学的托勒密，后者在所做的各种事情中，呈现了世界的布局（“orbis situm... exhibuit”）。这一点是重要的：安格利立刻强调了作品与数学的联系。然后，他与拉丁语文本进行了比较，对于《地理学指

---

[36] Milan, Biblioteca Ambrosiana, F. 148 sup., 和 Florence, Biblioteca Medicea Laurenziana, Ashburnham 1021。关于后者，参见 Gentile, *Firenze*, 98–99。

[37] 菲舍尔在威尼斯稿本 Arch. di San Pietro H 31 中读到的这段文本。Fischer, *Codex Urbinas Graecus* 82, 1: 185–86. Edition by Patrick Gautier Dalché, “L'œuvre géographique du cardinal Fillastre († 1428): Représentation du monde et perception de la carte à l'aube des découvertes,” *Archives d'Histoire Doctrinale et Litteraire du Moyen Âge* 59 (1992): 319–83, esp. 357; 重印在 *Guillaume Fillastre*, 293–355, esp. 330（在随后的注释中，在括号中给出了重印版的页数）。如同常见的情况，菲舍尔的逻辑在很多方面需要改进。实际上，H 31 稿本是两个有着不同来源的残篇的结合：一个未注明日期的对庞波尼乌斯·梅拉的评注和一个时间为1414年的文本。由于资料汇编属于红衣主教焦尔达诺·奥尔西尼，因而菲舍尔推断，包含有对庞波尼乌斯·梅拉的评注的残篇复制于1405年至1414年间的某一时期（奥尔西尼已经在1405年6月11日提升为总主教）。

[38] Gentile, *Firenze*, 97. 乔瓦尼·梅尔卡蒂已经对菲舍尔的结论提出了一些质疑，指出在1406年，教廷并不位于佛罗伦萨；按照梅尔卡蒂的观点，庞波尼乌斯·梅拉评注中的评论来源于对一封献词信件的理解，在这封信中雅各布谈到在佛罗伦萨复兴学术。

[39] 如果排除掉 Niklas Holzberg, *Willibald Pirckheimer: Griechischer Humanismus in Deutschland* (Munich: W. Fink, 1981), 323–25 中粗略的评论的话。

南》的重要性给出了四点原因。首先，拉丁语的（文本）描述并没有教授如何构建一种可以保留每一局部与整体之间关系的象征性呈现（*pictura*）。这里，似乎产生了比例尺的概念，而安格利揭示他那个时代并不是不知道比例尺的概念，但是拉丁地理学家并没有解释如何可以按照比例尺绘制地图[40]。其次，这些地理学家只是用最为基本的方式解释了如何按照地点的方向确定它们的位置，而没有提到经度或者甚至纬度[41]。再次，他们没有显示如何按照比例构建与世界地图存在关联的区域地图。最后，他们没有提出任何关于将一个球体转绘到一 292
个平面上的技术[42]。在这里应当指出的是，在列出这些特征的时候，安格利提到的是古典世界的拉丁地理学家，而不是那些中世纪的地理学家，同时他并不是简单地忽略了这些地理学家的作品。他的要点就是对比不同的方法：拉丁语的学者绘图时更为偏向于历史（*more historicorum*），而托勒密则遵照数学的步骤。对于托勒密的科学至上的认可，并不同于宣称其有着绝对的权威；拉丁地理学家提供了托勒密没有提供的信息。

安格利的翻译为其自身设定了专门的和清晰的目的，即为向公众提供创造一幅完整和准确的世界图像的方法[43]。对翻译带来的困难的讨论，向我们提供了一些关于安格利实际上是如何看待文本的线索。他说到，存在一些非常达不到精致风格要求的晦涩的评注；同时主题主要涉及的是天球层。如果我们正确地理解了作品是如何被接受的话，那么这产生了非常重要的两点：第一，翻译者将《地理学指南》看成是实用指南的一种汇编；第二，《地理学指南》的主题是关于天体问题的。这一途径揭示了我们应当如何理解书名从《地理学指南》（*Geographia*）向《宇宙志》（*Cosmographia*）转变中的正当理由。后一术语显然没有被选择，因为，尽管其有着希腊语的起源，但对一位可以阅读拉丁语的公众来说对其应当是更为熟悉的；我们从这样的事实可以看出这一点，即布鲁尼、萨卢塔蒂、尼科利、波焦·布拉乔利尼（Poggio Bracciolini）和齐里卡斯·德安科纳（Cyriacus d'Ancona）都继续使用术语《地理学指南》（*Geographia*），即使是在译文广为传播之后。变化的更为可能的原因在于翻译者——和通常的人文主义者的圈子——看待这部著作的方式。无论我们是关注于拉丁语地理学家的作品和托勒密的文本在方法上的差异还是在内容上的相似性，都有一件事情需要思考，按照安格利的认识，读者必然不会忘记：托勒密的主张可能是关于陆地上的对象的（*terrae situs*），但它们是基于天体的。天空提供了这一著作的基础[44]。这里，翻译者的评注强调了，

㊵　或者我们应当将这一评论看成为揭示了关注于协调区域地图与世界地图？在 1992 年，这似乎是一种可能的解释，但是现在应当被放弃了。Gautier Dalché, "L'oeuvre géographique," 324 (reprint, 298).

㊶　安格利意识到了确定经度是非常困难的——"这是一个非凡的发现"——并且意识到这可以解释拉丁世界中对这一问题的沉默不语。然而，他指出他们甚至没有给出纬度。从第一点来看，我们绝对无法推导出经度理论是未知的结论：中世纪的天文学家确实对它们进行了计算。参见 Patrick Gautier Dalché, "Connaissance et usages géographiques des coordonnées dans le Moyen Âgelatin (du Vénérable Bède à Roger Bacon)," in *Science antique, science médiévale* (*Autour d'Avranches* 235), ed. Louis Callebat and O. Desbordes (Hildesheim: Olms-Weidmann, 2000), 401–36。安格利意识到了这一点，证据就是他的限定语"除了一种极为粗糙的方式"。

㊷　Hankins, "Ptolemy's *Geography*," 125–26.

㊸　然而，应当作出一项纠正：托勒密的著作被两次描述为以某种方式拥有"神圣"的注入："divinitus edidit"，"divino quodam ingenio"（他神圣的编纂，有着神圣的精神）。

㊹　除了普林尼之外——他将其定义为一部《宇宙志》（*cosmographus*），因为《自然史》（*Natural History*）的第二书——雅各布·安格利毫无疑问正在考虑的是塞内卡［《自然问题》（*Quaestiones Naturales*）］、马克罗比乌斯、乌尔提亚努斯·卡佩拉以及中世纪大学的《自然哲学》（*Philosophi Naturales*）。

对于《地理学指南》的接受如何合乎了在调查和呈现地球表面时的某种西方传统。《地理学指南》通过应用地理坐标的概念而被理解，而在12世纪和13世纪，在罗杰·培根和他同时代的天文学家和占星术家的作品中地理坐标有着主导地位：坐标精确地将天体的影响投射到月下世界。这一方法符合之前多个世纪的占星术和天文学专著中的那些方法，在这些专著中，地球表面的外观和特征依赖于占星术的影响。实际上，主要是得益于这样的思想，由此托勒密的《地理学指南》最初被了解——尽管是间接的——是在它的翻译之前很久。

3. 拉丁地图的翻译

雅各布·安格利只是翻译了《地理学指南》的文本。我们不知道他为什么没有翻译更多的内容。地图是否被认为不如文本更令人感兴趣？还是对地图的翻译被认为更为困难？必然正确的是，在之前某一时间，已经在制作地图时使用了拉丁地名。在一个无法确知的时间——可能是在1412年——瓜里诺·达维罗纳（Guarino da Verona）写到，他应当努力去为一名不认识的大领主复制《地理学指南》，即使为这一任务找到抄写员是一件非常困难的事[45]。不太可能的是，这一副本——必然是基于教师财产中的一部——包含有地图。

我们关于地图翻译的唯一信息再次来源于韦斯帕夏诺，并且不幸的是没有提到任何时间。在他关于佛罗伦萨贵族统治者中的两位成员的传记中，图书馆员强调这些人物在促成一项翻译中的重要性（但并不是唯一的）。弗朗切斯科·迪拉帕奇诺（Francesco di Lapacino）
293 是“最早的……亲手制作绘画（*pittura*）的人之一。他用希腊语制作的部分，使用希腊名称，而用拉丁语制作的部分，则使用的是拉丁语名称，而这是之前没有进行过的工作……而且在他之前没有人尝试用他的方式对其进行整理”[46]。韦斯帕夏诺补充到，地图的这一“购置”导致了大量稿本的传播。已经制作了大量奢华的绘本，因为他自己所处的地位，使他具备良好的条件来判断这一事业在商业方面的成功。图书馆员然后对涉及这一绘图学作品的第二位人物做出了几乎相同的评价：多梅尼科·博宁塞尼（Domenico Buoninsegni），其再次被认为是最早复制《地理学指南》文本和地图的人。韦斯帕夏诺强调他在“用拉丁语确定绘画（*pittura*）的顺序，如同它们现在看上去的那样”时遇到的困难[47]。这些段落揭示，那里必然已经存在从君士坦丁堡带来的希腊语稿本的完整副本，但是博宁塞尼和迪拉帕奇诺的工作主要是完成了拉丁语稿本。因而，确定作为他们工作证据的稿本以及理解进行地图翻译的环境——和意图是非常有用的。这需要对拉丁语翻译的稿本进行更为详细的研究，其详细程度需要超越目前已经进行的分析。

---

[45] “并且如果抄写托勒密的地方地理学的话，或，如同某人称作的，宇宙志的话，那么将需要劳动和努力，我将投入大量的关注，辛勤的关注和努力，由此你将可以很好的理解，按照我的看法，你的信件具有不小的权威性，而且上面提到的主人受到我最为热切的珍爱，并且对他的爱超越了普通的爱。我还拥有一些历史学家和其他人的杰出作品，如果他愿意的话，我会小心地为他抄录这些作品，然而在这里抄写员是稀缺的，并且其服务也是昂贵的。”信件的年代没有给出。编纂者认为是1412年，基于瓜里诺对他沉重的工作负担的评价；时间当然不会晚于1429年。参见 Guarino Veronese, *Epistolario di Guarino Veronese*, 3 vols., ed. Remigio Sabbadini (Venice, 1915 – 18), 1: 25 and 3: 17 – 18。这一标题的使用清晰地反映了对安格利选择的标题的批评或者漠不关心。

[46] Vespasiano, *Le vite*, 2: 375 – 76.

[47] Vespasiano, *Le vite*, 2: 406 – 7. 他补充到，由于需要钱，博宁塞尼制作了《地理学指南》的副本，他销售这些的时候毫无困难。韦斯帕夏诺的论断——以及迪拉帕奇诺作为书商的角色——被真蒂莱所发现的档案证实且在 *Firenze*, 204 中提及。

应当可能的是，少量拉丁语稿本是复制自 Urbinas Graecus 82 的。然而，其希腊语誊本之一，毫无疑问属于安东尼奥·科尔贝利（Antonio Corbelli），且有着更为丰富的后续版本，并且可以毫无疑问的被与两位翻译者的工作联系起来[48]。某些细节应当同样显示出，一组《地理学指南》的早期稿本非常接近于这一模型；例如，这一组稿本在《欧洲图四》（Europe Ⅳ）中遗漏了诺里库姆（Noricum）与潘诺尼亚（Pannonia）之间赛提乌斯山（Cetius Mons）的名字（图 9.2）（尽管这出现在 Urbinas Graecus 82 以及可能是这一稿本的拉丁语抄本的 Vat. Lat. 5698 中）[49]。显然对这些稿本中的地图的详细比较，应当可能会对问题得出一个更为精准的结论。

对地图翻译所处环境的描述是一个更为容易的问题。我们知道对此负责的两人都与一位在佛罗伦萨人文主义研究的发展中发挥了重要作用的人物存在联系：尼科洛·尼科利。还可以发现，博宁塞尼和迪拉帕奇诺与在《地理学指南》接受过程中发挥了作用的其他人物在一起：例如老科西莫·德美第奇（Cosimo de' Medici, the elder）、卡洛·马尔苏比尼（Carlo Marsuppini）、莱昂纳多·布鲁尼、波焦·布拉乔利尼和保罗·达尔波佐·托斯卡内利，以上仅是几例[50]。正是这一人文主义者群体在圣玛丽亚·德利安格利修道院（Santa Maria degli Angeli monastery）聚集在尼科利周围——这一修道院是两位翻译者经常前往的地点。在这一背景下，尼科利这一人物值得详细研究。不同于当时大多数人文主义者，他为自己设定的任务并不是模仿古典作家，而是找到理解古典作家的方式；因而，他的兴趣比那些对古代铭文、钱币和古董有着一种激情的古物搜集者更为广泛[51]。地理学很可能符合他的要求，这点可以从他葬礼上波焦·布拉乔利尼和安东尼奥·马内蒂的演讲中，以及由韦斯帕夏诺撰写的传记所显露的这位人物一致的形象上清晰地体现出来。所有三者都通过使用相同的常事强调他知识的精密性：无论被讨论的地理区域是什么，尼科利都可以比那些曾经在那里生活过的人谈论的更好[52]。韦斯帕夏诺告诉我们，尼科利拥有多种多样的地图学作品：一幅“全”图，以及意大利和西班牙的地图，他的传记作家提到这些时并不是作为他的知识的一种展示，而是与古物一起，作为他家中的装饰[53]。波焦赞誉了尼科利对希腊和罗马字母的品位，强调他心中知道所有古典的历史（*historiae*），就像他自己曾经在那些时代生活过一样。还强调了他对地理学的精通：他所知道的世界是古典时代的，来源于对拉丁和希腊作者的阅读[54]。对于尼科利来说，如果要理解受到人文主义者赞誉的那些作者的话，那么地理学是一种更好的方法。在这一精神引导之下，他着手研究了阿米亚诺斯·马尔切利努斯（Ammianus Marcellinus），后者是引用了《地理学指南》

---

[48] Florence, Biblioteca Medicea Laurenziana, Conv. Soppr. 626.

[49] BL, Harley 7182 and 7195; Milan, Biblioteca Ambrosiana, B 52 inf.; Naples, Biblioteca Oratoriana, Pil. Ⅸ, 2; Naples, Biblioteca Nazionale, V F 33; BNF, Lat. 4803 and Lat. 15184. Fischer, *Codex Urbinas Graecus* 82, 1: 316 – 31. Harley 7182 和 Biblioteca Ambrosiana 稿本出自同一人之手。所有这些，参见 Gentile, *Firenze*, 82 and 205。

[50] Gentile, *Firenze*, 100.

[51] Philip A. Stadter, "Niccolò Niccoli: Winning Back the Knowledge of the Ancients," in *Vestigia: Studi in onore di Giuseppe Billanovich*, 2 vols., ed. Rino Avesani et al. (Rome: Edizioni di Storia e Letteratura, 1984), 2: 747 – 64.

[52] Gentile, *Firenze*, 102.

[53] 因而，“全”（图），似乎更可能是一幅世界地图，而不是托勒密的一部稿本：“他有着一部精美的全图（*universale*），其上有着世界上所有的地点；其绘制了意大利、西班牙。”（Vespasiano, *Le vite*, 2: 240）

[54] Poggio Bracciolini, *Poggii Florentini oratoris et philosophi Opera* (Basel, 1538), 273.

为数不多的古典作家之一，这些引用出现在波焦在富尔达（Fulda）撒克逊修道院发现的他的一些作品的抄本中[55]。

因而，尼科利，佛罗伦萨地理学研究的推进者之一，可能对翻译《地理学指南》中的
294 地图这一想法负责。这一点还被各种材料证实。在 1423 年，当曾经属于洛伦佐·德美第奇
(Lorenzo de' Medici)，科西莫的兄弟的图书馆被出售的时候，波焦写信给尼科利，请求他为
他购买“一些来自托勒密《地理学指南》的地图”[56]。在同年的一封信件中，安布罗焦·特
拉韦尔萨里（Ambrogio Traversari）通知尼科利，某位“彼得罗”（Pietro）已经告诉他，他
295 已经花费了大量时间来校订《地理学指南》中的错误。由于无法驳倒这位彼得罗提出的主
张，特拉韦尔萨里对于尼科利没有出席表示遗憾[57]。1431 年，特拉韦尔萨里再次从罗马写信给尼科利，告诉他刚刚看到了红衣主教奥尔西尼的希腊语稿本，但这部稿本并不像他想象得那么古老[58]。而且，在其《论原初之不幸》（*De infelicitate principium*）的开场白中，波焦描述尼科利在他的图书馆中在科西莫·德美第奇和卡洛·马尔苏比尼陪同下检查《地理学指南》的一个副本[59]。所有这些似乎显示他圈子中的人文主义者将尼科利看成是这一领域的专家，并且他在哲学和历史学研究中（我们今天所谓的历史地理学）用托勒密作为这一兴趣的指导的形成中发挥了作用，而没有在将对托勒密的兴趣引导朝向一种对呈现的不同模型进行分析和批判中发挥作用[60]。然而，不应当过于强调语言学家和地图学家之间的差异，基于其希望有助于理解希腊和拉丁历史学家，因此正是尼科利实际上促进了地图的翻译。诉诸对地图的需求，实际上地图被判断作为理解古代的辅助工具，而这种需求对于我们而言应当是不言而喻的。尼科利和他的圈子显然证明了由彼特拉克和乔瓦尼·薄迦丘描述和实践的人文主义传统[61]。

---

[55] Rita Capelletto, “Niccolò Niccoli e ilcodice di Ammiano Vat. lat. 1873,” *Bollettino del Comitato per la Preparazione dell'Edizione Nazionale dei Classici Greci e Latini*, n. s. 26 (1978): 57 – 84, esp. 62 – 69.

[56] Poggio to Niccoli, 6 November 1423, in Poggio Bracciolini, *Letterea Niccolo Niccoli*, ed. Helene Harth (Florence: L. S. Olschki, 1984), 72.

[57] “我进一步询问在他离开我们的很长一段时间里，彼得罗做了什么，我从他那里了解到，他告诉我，他修正了托勒密的明显错误，这些错误大量发现于他对地球的描述中，工作非常出色。我默默地笑了起来，我希望你已经在场。因为我没有足够的学识去反驳他。尽管如此，我仍然友好的建议他谨慎行事，即［注意］他承担的是一项艰巨的任务。” Epistolarum Lib. 8, Epist. 6. Ambrogio Traversari, *Ambrosii Traversarii... Latinae epistolae... in libros XXV tributae*, ed. Petro Cannetto (Florence: Caesarco, 1759), col. 365；在 Sebastiano Gentile, “Toscanelli, Traversari, Niccoli e la geografia,” *Rivista Geografica Italiana* 100 (1993): 113 – 31, esp. 115 中被讨论的文本。Giovanni Mercati 确定这位“彼得罗”是威尼斯的人文主义者和医生 Pietro de Thomasiis（去世于 1456），其在东方进行了广泛的旅行，这可能给予他校正文本所需要的知识（Fischer, *Codex Urbinas Graecus* 82, 1: 543 – 44）。

[58] Gentile, “Toscanelli,” 114 – 15.

[59] “如同我的习惯，一旦教皇尤金（Eugenius）在初夏的时候离开城市前往佛罗伦萨，那么正午我前往尼科洛·尼科利那里，一位非常著名的人物，他的住宅对于大多数有学识的人来说是一间普通的住处，在那里我遇到了一位擅长拉丁语和希腊语文献的人，即卡洛·马尔苏比尼，还有科西莫·德美第奇……当我向他们致意的时候（如同习惯那样），他们正在查看托勒密的《地理学指南》，我与他们一起坐在了尼科利的图书馆。”（Poggio, *Opera*, 392）场景的选择被与将要处理的主题联系起来：波焦抱怨总是南来北往，这与一位凝视着地图的“扶手椅上的旅行者”的形象存在明显的矛盾。

[60] Gentile 在“Toscanelli,” 113—31 中强调了尼科利在安格利圈子中作为《地理学指南》研究推动者的这些方面。

[61] Gentile, “Toscanelli,” 117 – 18.

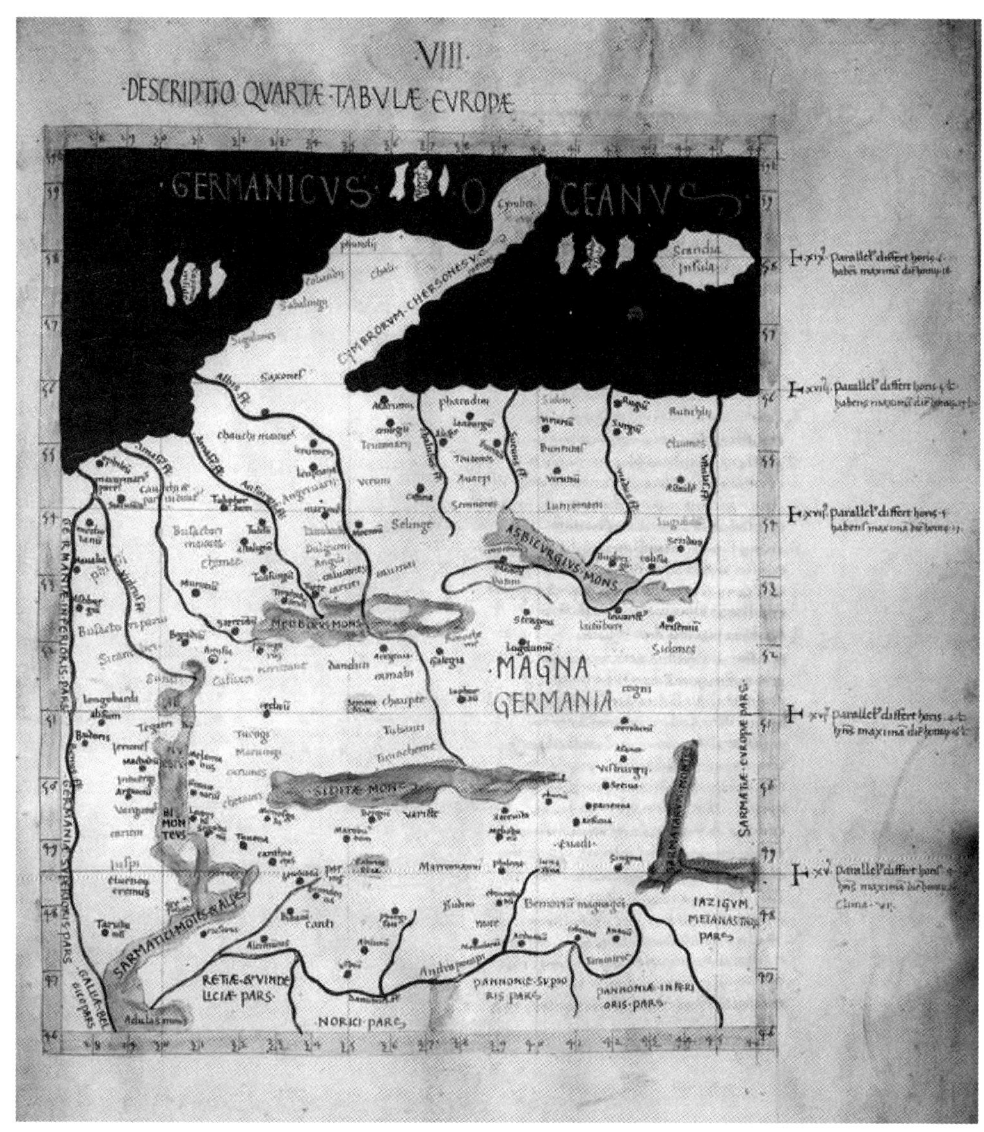

图 9.2 《地理学指南》一个拉丁语版本中的《欧洲图四》

页面的尺寸：约 37.5×31.6 厘米。BL（Harley MS. 7182，fol. 65）提供照片。

尼科洛·尼科利的圈子

托勒密作品的译本在罗马教廷有着直接和相当的影响，以及在更为先进的佛罗伦萨的人文主义者圈子中也是如此。乍看起来，萨卢塔蒂和他的助手所作的评注似乎只是由知道和理解罗马帝国的地理的渴望所驱使。如同卡西奥多罗斯（Cassiodorus）早在公元 6 世纪评注的，托勒密作品的优势归因于其信息的完整和丰富，在其列表中没有遗漏世界的任何角落[62]。因而，作品很难不吸引人文主义者，他们急切渴望向他们自己提供一个按照他们所景仰的古典文本中的描述而详细重构的世界。

这种类型的普遍兴趣显然在整个 15 世纪上半叶都是如此，并且只有提到一些例子才能

---

[62] Cassiodorus, *Cassiodori Senatoris Institutiones*, ed. R. A. B. Mynors (Oxford: Clarendon, 1937), 66.

帮助我们理解意大利的人文主义者在著作中正在寻找的是什么。在学生和职业生涯中，乔万尼·盖拉尔迪·达普拉托（Giovanni Gherardi da Prato）是一个既对学术又对技术感兴趣的人，这是一个少有的例子。他在帕多瓦于帕尔马的比亚焦·佩拉卡尼（Biagio Pelacani of Parma）指导下进行研究，接受了集中于天文学的科学训练。在研究了法学之后，他在佛罗伦萨成为一名律师和公证人。1417 年，通过他的《但丁读本》（*Lectura Dantis*），他在佛罗伦萨的“工作室”（*studio*）的重建中发挥了作用，在 1429 年也参与了城市大教堂圆顶的重建。1426 年退休前往普拉托，他编纂了《阿尔贝蒂的天堂》（“Il Paradiso degli Alberti”），这是一部对话集，其中出现了萨卢塔蒂，并且在第五书中讨论了关于佛罗伦萨的起源，主要的问题就是佛罗伦萨人是否是罗马人的后裔。为了回应由作者的老师佩拉卡尼提出的一个问题，这是关于城市名称起源的问题，文本提到，在普林尼的《自然史》中“Florentia”被写作“Fluentia”，这一拼写被佩拉卡尼认为是由于抄写员的错误造成的。在这点上，佩拉卡尼使用托勒密来确证这确有此事：“并且让我认为和作出这一判断的原因就是，在他之后的托勒密也是如此，在希腊和罗马人中他的所有作品都是最为勤奋的，在他的 *Geoglofia* [*sic*]（《地理学指南》）中对于名称和位置尤其仔细，将其称为 Florenza 而不是 Fluentia。托勒密，如果发现普林尼称其为 Fluentia，而其又是拉丁作者中最为著名的话，那么他应当也会将其
296 称为 Fluentia。”[63] 这一重要的分析，基于对两位古典作家各自时期的了解，认为在托勒密和普林尼之间没有看到本质差异，除了前一位学者被认为尤其关注于名称和地点之外[64]。在这里发现的态度与在雅各布·安格利的献词信件中所找到的，在本质上是一致的。

这一领域的先驱们之后较为年轻的一代，索佐门诺（佐米诺）·德皮斯托亚 [Sozomeno (Zomino) da Pistoia] 是一位波焦的被保护者，并且在后者前往德意志寻找古典稿本的旅程中陪伴着他；他应当后来成为帕拉·斯特罗齐儿子们的导师。一份撰写于 1460 年的索佐门诺图书馆的清单中两次提到了托勒密。一次是在《地理学指南》拉丁文文本部分的副本（在索佐门诺自己手中）中[65]以及在一份希腊文的稿本——或地图中；这一后者——“世界地图（*Mappamundus*, in menbranis, licteris Grecis, carta magnia）”——出现在列表的最后部分，在两幅意大利和圣地地图之后[66]。索佐门诺也是一部以对世界的描述为开始的年代记的作者，其明确的意图就是提供关于功业（*res gestae*）位置的更好的知识。作者补充到，他将细节留给了“托勒密、普林尼、庞波尼乌斯·梅拉和其他现在有拉丁文本可以使用的宇宙志学者”[67]。这里，再次，我们看到了同样的联系，在其中托勒密只是被描绘为居于首位者（*primus inter pares*）。这一对世界的描述——《对世界的描述的节略》（“abreviatio de

---

[63] Giovanni Gherardi, “Il Paradiso degli Alberti,” 5. 35；参见 Giovanni Gherardi, *Il Paradiso degli Alberti*, ed. Antonio Lanza (Rome: Salerno, 1975), 314。对比托勒密的《地理学指南》3. 1. 43；参见 Karl Müller, ed., *Claudii Ptolemaei Geographia*, 2 vols. (Paris: A. Firmin Didot, 1883 – 1901), 2: 348。

[64] 在他的 *Philomena* 中，盖拉尔迪称托勒密是一位“几何学天才（geomètra verace）”（1. 6. 33）；参见 Gherardi, *Il Paradiso*, 314 n. 5。

[65] BL, Harley 6855. 11；Albinia Catherine de la Mare, *The Handwriting of Italian Humanists* (Oxford: Association Internationale de Bibliophilie, 1973 –), 91 – 105 and pl. XXIe.

[66] Giancarlo Savino, “La libreria di Sozomeno da Pistoia,” *Rinascimento*, 2d ser. 16 (1976): 159 – 72, esp. 171 – 72；对比 Gentile, *Firenze*, 106 – 7，以及 idem, “Emanuele Crisolora,” 304 n. 4。

[67] BAV, Vat. Lat. 1969（时间是 1456 年），fols. Iv – IIr（索佐门诺年代记的稿本）。

situ orbis”），被用来作为他的年代记的摩德纳稿本的标题[68]——主要是基于庞波尼乌斯·梅拉的《世界概论》的一个节本，并为其——世界（*orbis terrarum*）的每一部分——增加了来源于《地理学指南》的区域列表和来自同一资料的（仅有意大利文）城市列表。

在佛罗伦萨、锡耶纳、博洛尼亚，然后在米兰从事教学工作的弗朗切斯科·费列佛（Francesco Filelfo）的作品，在这些文本中对语言学或古物学的兴趣毫无疑问更有特色。他曾经被控告用来自第二手或第三手的材料翻印了来自《地理学指南》的语录——这些似乎不太可能。在 1440 年，他利用托勒密解决了一个关于拼写的疑问[69]；在 1445 年，他的一名抄写员向他提供了一份希腊文本的稿本[70]，而在 1461 年，他批评了皮尔·坎迪多·德琴布里奥的无知和臆断［他在他对卢西亚·斯福尔扎（Lucia Sforza）的颂文中将米兰大公称为利古里亚的领导者（*dux Ligurum*）］，并且引用“最为博学的人，宇宙志学家克劳迪乌斯·托勒密”，“我们亲爱的普林尼”，以及波里比阿（Polybius）作为他的权威[71]，此外他用最近翻译的斯特拉博的作品对波里比阿进行了补充。贾科莫·布莱斯利在一封 1440 年的信中提到，在佛罗伦萨之外，《地理学指南》是如此的缺乏；在热那亚的唯一一份副本就是他自己的[72]。几年之后，在写给一位位于阿斯蒂（Asti）的通信者的信中，他通过引用普林尼和托勒密解决了一个语法问题，“我看不出有人可以去抗拒他们的权威”[73]。他的“利古里亚海岸的描述”（Descriptio orae ligusticae）可能是第一部地方志的专著（在托勒密的意义上）；然而，其几乎完全依赖于普林尼、庞波尼乌斯·梅拉、特罗古斯（Trogus）和李维。托勒密只是在微小的细节方面才被引用：莫纳库斯港（Monachus Portus，摩纳哥）的古代拼写方法和对一个名为西格斯特姆（Segestum）的地点的确定[74]。

我们距离反映了一个“现代”空间概念的地图学还有漫长的路要走，观察已经明确，没有将地理学家托勒密的再次出现看成是标志着迈向更为科学的客观的一步。但这样的一种解释，依然被看到是大量讨论托勒密著作的基础，而这是以我们自己的地图学概念为依据的判断，这一概念——如同哈利已经很好讨论的——是非常片面的，并且以意识形态为条

---

[68] Modena, Biblioteca Estense, Lat. 437, fol. 140r.

[69] Aristide Calderini, “Ricerche intorno alla biblioteca e alla cultura greca di Francesco Filelfo,” *Studi Italiani di Filologia Classica* 20 (1913): 204 – 424, esp. 385.

[70] Francesco Filelfo, *Cent-dix lettres grecques*, trans., notes, and commentary Émile Legrand (Paris: Ernest Leroux, 1892), 172.

[71] Francesco Filelfo, letter to Cicchus Calabrus, 5 March 1461, in *Epistole Francisci Philelphi*, by Francesco Filelfo (Paris, 1505), fol. 217r.

[72] “你的托勒密已经完成：可以确定的是，一方面其不可能不存在错误，另一方面这一时间也无法对其进行校正；由于我想让你认为可以在这一城市中可以找到另外一个副本，除了我所有的那一份之外。实际上，这本书，最近才翻译成我们的语言，还没有被传播；使用那一本，尽管不怎么好。” Giacomo Bracelli, letter to Andreolo Giustiniani, 2 June 1440, in *L'epistolario di Iacopo Bracelli*, by Giacomo [Jacopo] Bracelli, ed. Giovanna Balbi (Genoa: Bozzi, 1969), 30；这份信的接受者已经明确向布莱斯利提供了一部从东方带来的稿本（供他评估），或者想要他自己稿本的一个副本。

[73] 普林尼和托勒密被描述为是“非常博学的人”；托勒密据说遵从了“古代的权威”。Giacomo Bracelli, letter to Edoardo Bergognini, 21 February 1448, in *L'epistolario*, 67.

[74] Giuseppe Andriani, “Giacomo Bracelli: Nella storia della geografia,” *Atti della Societa Ligure di Storia Patria* 52 (1924): 129 – 248, esp. 234, 236. 在后一个例子中，这一认定是基于“那些遵照托勒密的测量的人”。

件[75]。语言学和地形学上的好奇心是佛罗伦萨人文主义最初对《地理学指南》感兴趣的根源；他们并没有将这部著作看成是关于地图学和几何学/光学的科学专著[76]。从这一观点出
297 发，有人必然会采用雅各布·安格利对普林尼和托勒密之间表面价值的比较。有人同样经常会忘记，在重新发现《地理学指南》的同时，意大利人文主义者正用一种新的方式来看待普林尼的《自然史》，对此同样可以在这里使用“重新发现”这一术语。一旦被看成是事实和奇闻的汇编，那么普林尼的百科全书将会被看成是对罗马帝国的一种地理描述，一部古典艺术史以及一种科学探究的典范[77]。

由此《地理学指南》本身并不具有决定性的影响力；具有决定性的是，一种正在改变人与世界之间关系的从文化的角度考察地理学和地图学的方式。然而，还应该警惕不合时宜地强调之前描述的历史地理学的古物性质，历史地理学对于古代地名的准确拼写以及它们所代表的准确位置给予了相当的关注和留意。指出对于托勒密的最初的接受并不符合某种历史叙事所提出的框架，这点是重要的，但与此同时，我们不应当通过认为人文主义者全都对地图不感兴趣或者《地理学指南》只是在一个主要关注于语法和准确拼写的人群中流传而过于强调另外一个对立面。

如同我们从尼科利、波焦，然后索佐门诺·德皮斯托亚的例子中看到的，地图最初被看成历史语言学研究的文献。而贾科莫·布莱斯利的例子给予我们更为准确地它们在最初《地理学指南》被接受中所发挥的作用的图景。实际上，布莱斯利撰写的关于托勒密的作品，来源于他对现代和古代对自己所在区域（利古里亚）边界描绘方面存在的差异的惊讶[78]。历史地理学导致了与同时代的空间描绘进行对比，因而古物研究的关注要求研究者，在某种程度上，认知他自己的空间概念。总体而言，我们不应当在对古典古物的回归与一种对当前的意识之间保持一种明确的分离。正如加林（Garin）和里科（Rico）已经指出的，这种回归可能引发了一种现代和古代之间的比较[79]。

而且，一个相当出乎意料的例子揭示，从最初开始，托勒密的地图就被与佛罗伦萨人文主义者圈子相比更为广大的公众所使用。在14世纪末以及在15世纪最初几十年中，佛罗伦萨的人们就可以听到诗人用当地习语写作的作品在阿尔诺（Arno）河畔吟诵和朗诵。这样的一位诗人就是安德烈亚·达巴贝里诺（Andrea da Barberino），他基于英雄史诗（*chansons de geste*）和骑士的罗曼史撰写了诗歌，其中充斥着对作为被分享的想象传统的一部分的地

---

[75] J. B. Harley, “Silences and Secrecy: The Hidden Agenda of Cartography in Early Modern Europe,” *Imago Mundi* 40 (1988): 57-76.

[76] Paul Lawrence Rose, “Humanist Culture and Renaissance Mathematics: The Italian Libraries of the *Quattrocento*,” *Studies in the Renaissance* 20 (1973): 46-105, esp. 56. 然而，其简略地宣称人文主义者只是简单地传播了《地理学指南》，对他的数学研究则是在一个更晚的时间。

[77] Charles G. Nauert, “Humanists, Scientists, and Pliny: Changing Approaches to a Classical Author,” *American Historical Review* 84 (1979): 72-85, esp. 75.

[78] 可能有着稍许夸张，曾经认为，这一文本包含了按照自然地理的理解对“自然区域”这一概念最早的解释 (Andriani, “Giacomo Bracelli,” 163-64)。但这忽略了这样的事实，即布莱斯利将利古里亚的边界认为是那些由古代行政区划建立的边界——在这一例子中，是Var和马格拉（Magra）。

[79] Eugenio Garin, *La cultura del Rinascimento: Profilo storico*, 3d ed. (Bari: Laterza, 1973), 46, 以及Francisco Rico, *El sueño del humanismo: De Petrarca a Erasmo* (Madrid: Alianza Editorial, 1993), 69。

点的引用。实际上，想象的旅行或者航行是骑士罗曼史的一种主题，在安德烈亚·达巴贝里诺的作品中，有着可以被认为是名副其实的文学地理的论著[80]。其中存在大量的地名，主要是在他的“可怜的盖兰”（Guerino Meschino）（15世纪10年代末/15世纪20年代初）中。两位学者宣称，安德烈亚从《地理学指南》的地图中进行了广泛的借鉴，这可能使得他成为最早使用它们的人之一。然而，由于缺乏更为详细的研究，要有把握地确定这一观点是困难的。在安德烈亚最早的罗曼史［“罗兰迪诺（Rolandino）”和“乌戈内·阿尔韦尼亚（Ugone d'Alvernia）”］中，并没有托勒密的地名。然后在“法国国王”（I reali di Francia）、“纳博尼西的故事”（Storie Narbonesi）、“巴比肯的阿奥夫”（Aiolfo del Barbicone）和“蒙塔尔巴诺的里纳迪诺”（Rinaldino da Montalbano）等作品中，出现了要少于以往所宣称的数量的地名。霍伊克霍斯特（Hawickhorst）统计有40个左右，这在数千行的诗中很难谈得上是一个重要的比例[81]。而且，与托勒密之间的一些基于推测的联系给我们留下勉强和缺乏说服力的印象，即使可能在某些例子中，《地理学指南》提供了直接的原始材料（当然没有其他这样的材料被确认）。然而，可能应当认为名称是取材于文本，而不是地图（在文本中一起出现的名称，在诗歌中也一起出现）[82]。

当我们讨论“可怜的盖兰”的时候，这些发生了变化，其讲述了阿尔巴尼亚国王的儿子在君士坦丁堡被卖给一名商人的流浪故事。因为出生不明，他向一位皇帝的女儿求婚但遭到拒绝，由此这位年轻人决定找到他的双亲，于是周游了全部的已知世界。在这里，托勒密的地名非常之多，在那些远离欧洲的地区——并且来源于在《地理学指南》文本中并不是相互紧挨的段落。例如，某人辨认出“萨格勒布拉山以及这一名为塔罗巴的城市（Monte Sagopella e queste città cioè Taloba）”（“可怜的盖兰”，chap. 177）引用了撒果颇拉山（Sagopola Mons）和塔卢巴（Talubath），即在文本中同一章的不同部分，但是在地图上（*tabula*）彼此之间邻近。298
除了只有在地图上可以观察到的并列之外，还发现了只有通过撰写时使用了地图才可以解释的错误。而且，对水文和地形描述也是基于托勒密[83]。然而，对于这些标志的一项详细检查依然无法证实安德烈亚·达巴贝里诺使用了托勒密拉丁语版中的区域地图。在文本中位置较远的地名的并置很可能归因于使用的是摘要，或这样的事实，即原始的文本仅仅只是被翻阅。被提到的彼此之间紧邻的地名中的一些，实际上，并不容易在地图上一起被读到[84]，而且出现在“可怜的盖兰”中的某些地名，似乎根本没有出现在地图上[85]。然而，似乎有一个地方可以

---

[80] Leonardo Olschki, "I 'Cantari dell'India' di Giuliano Dati," *Bibliofilia* 40 (1938): 289 – 316, esp. 299.

[81] 参见 Heinrich Hawickhorst, "Über die Geographiebei Andrea de' Magnabotti," *Romanische Forschungen* 13 (1902): 689 – 784，尤其是索引。

[82] Hawickhorst, "Geographie bei Andrea de' Magnabotti," 723 – 24 and 751.

[83] Rudolf Peters, "Über die Geographie im Guerino Meschino des Andrea de' Magnabotti," *Romanische Forschungen* 22 (1908): 426 – 505, esp. 430 – 39.

[84] 例如：“沿着被称为Consoron的山脉步行五天，在这些山脉的末端，我们抵达了一条大河，其被称为Aris，并且其发源于名为Sarip的大山峰，后者位于Monte Coronante之旁”（chap. 43，引用自 Peters, "Geographieim Guerino Meschino des Andrea de' Magnabotti," 433）。有人认为这些是 Coronus Mons（《地理学指南》6.9.3 – 5）、Arius 河（6.17.2）和 Sariphi Montes（6.10.1 and 4）。区域地图（Asia Ⅶ和Ⅸ）并没有将这些地理特征一起表现出来。

[85] 例如，在第86章：“被称为Saba的城市……这一城市非常富有，并且距离海边只有步行一天的路程，并位于三座山丘之间……另外一侧朝向被称为Possidon的海。”被引用于 Peters, "Geographie im Guerino Meschino des Andrea de' Magnabotti," 433。Posidium Promontorium 在6.7，但是没有出现在 Asia Ⅵ上。

被用来证明安德烈亚正在查看一幅托勒密的世界地图。在“可怜的盖兰”的第86章中，他提到了一个被称为托庇库·帕拉里贡（Tropico Paralicon）的海——这一名称可以被这样的事实解释，即在世界地图上，回归线（tropic）穿过了一个名为帕拉贡湾（Paragon Sinus）的海湾（在《地理学指南》6.8.7中提到）。只有假定作者确实查阅了地图才可以解释，对海湾的名称和回归线判读时的这一混淆。

由于缺乏对“可怜的盖兰”的深入研究[86]，完全排除任何一种可能性都是鲁莽的。安德烈亚还从航海图中借用了沿海地名，同时存在可能的是，他所使用的不仅有托勒密的文本，而且还有类似于由曼努埃尔·索洛拉斯引入的一幅大型世界地图，以及甚至区域地图，而这些区域地图是15世纪初对这类地图最初尝试的结果[87]。无论解释为何，都具有一些讽刺意味就是认为这部作品以人们思考和呈现空间的方式引发了科学革命，这部作品首先被用作一种外来名称的总目录，而这些外来名称可能吸引了在十字路口倾听本地诗人吟诵他们自己作品的大众的注意力。在这里提问安德烈亚对于这一材料的使用，是反映了中世纪对于百科全书的旧有嗜好，还是反映了人文主义新文化的一种真实的意识，似乎不是非常恰当[88]。同时，这是因为，与可能受到旧有的批评学派遗传下来的尖锐评判所支持的那些相反，这些骑士罗曼史的受众由佛罗伦萨所有社会阶层的人士构成的——从美第奇家族的成员，到城市商人一直往下到城市工会的工匠[89]。然而，真实的是，不同于在安德烈亚·达巴贝里诺之前的作品中找到的情况，“可怜的盖兰”的地理学是绝对精准的；地名的连续性反映了在托勒密的地图中所描述的事实。因而，对托勒密的求助，似乎受到某种渴望的驱动，即为难以确定历史时期的某位虚构人物的这些冒险设定一种真实和写实的光环，提供古代的名称——最重要的是，在亚洲和非洲，世界的遥远之地，且对同时代地名有着很少了解的那些区域——且与诗人的受众更为熟悉的那些名称一起使用[90]。这一判断的前提就是，受众有能力理解作者的意图，因而导致我们得出三个与托勒密的作品被接受有关的重要结论。首先，地名由它们的来源而得到保证——也就是，被托勒密的名声——同时这意味着，他的名声不仅仅被一个严格限定的人文主义者群体承认。其次，关于这一受众——人文主义者——托勒密的地图学和地理学最终构成了一个地名储备库。最后，这些地名的古代起源并不与同时代的地理学抵触，而且很可能对其是一种补充。

这一对地名和地名研究的兴趣是对世界上大部分主要图书馆中收藏的《地理学指南》的众多稿本的解释，这些稿本收录的仅是第二书至第七书的文本，并且没有解释地图投影、

---

[86] 这类研究应当研究，随着时间的推移，安德烈亚使用《地理学指南》的方式。

[87] 地图也不太可能有着现代地理名称，如同 Hawickhorst 在“Geographie bei Andrea de' Magnabotti,”724 中宣称的那样。

[88] 在对 Reto R. Bezzola 在“L'Oriente nel poema cavalleresco del primo Rinascimento,” in *Venezia e l'Oriente fra tardo Medioevo e Rinascimento*, ed. Agostino Pertusi (Florence: Sansoni, 1966), 495 - 510, esp. 507 - 9 中提出的观点进行批评的时候，Franco Cardini 在“Orizzonti geografici e orizzonti mitici nel 'Guerrin Meschino,'” in “*Imago mundi*”: *La conoscenza scientifica nel pensiero bassomedioevale* (Todi: L'Accademia Tudertina, 1983), 183 - 221, esp. 193 - 94 中给出了对托勒密地理学的依赖的这一解释。

[89] 传统的观点由 Gloria Allaire 在“A Fifteenth-Century Florentine Community of Readers and the Romance of Chivalry,” *Essays in Medieval Studies* 15 (1998): 1—8 中加以纠正。

[90] Bezzola, “L'Oriente nel poema cavalleresco,” 508.

没有坐标，也没有地图——实际上，没有我们所认定的文本与众不同的核心。研究这些工作 299
稿本应当是有用的，研究这些远比研究那些著名的本子更有趣，这些著名的本子中的大部分应当最终固定在某些王侯或贵族图书馆的书架上。

意大利之外：对《地理学指南》“科学”方面的兴趣

1. 法兰西的皮埃尔·德阿伊、纪尧姆·菲拉斯垂和让·夫索利（Jean Fusoris）

因而，令人惊讶的是，最初涉及“重新发现”《地理学指南》的人物似乎并不对与当时占主导的世界图像（*imago mundi*）的某些特征存在矛盾的文本的任何内容感兴趣，占主导的世界图像主要基于一种罗马地理学和中世纪旅行著作的融合。这些矛盾最终在意大利之外被解决。

《地理学指南》出现在法兰西的时间非常早，而对它的接受非常独特。这一评价的证据来源于三部知名的著作：皮埃尔·德阿伊的“宇宙志纲要（Compendium cosmographiae）”（1410/1415），其目的是向读者提供《地理学指南》导引和辅助；红衣主教纪尧姆·菲拉斯垂关于庞波尼乌斯·梅拉的评注（可能是在 1417 年），其对比了希腊地图学家和罗马地理学家的观点；以及让·夫索利关于球体的论著（1432），这是由一位天文学仪器的实际制作者撰写的著作。

《地理学指南》在巴黎被人所知很可能是在其抵达佛罗伦萨之后不久，而其在那里确实被了解是在 1415 年之前。勃艮地人（Burgundians）当时控制着首都，而在那一年，让·夫索利被英国人作为间谍而受到审判。在他的审判期间，他承认认识诺威奇（Norwich）主教，这是英国派往巴黎的大使，并且在那个场合遇到了维罗纳的彼得罗（Pietro da Verona），一位主教的亲戚，且他本人也受到了审问。夫索利应当宣称他访问主教以向他展示“一本被称为《世界地图》（Mappemonde）的书籍以及其他一些著作”[91]。非常可能的是，被选择的著作是《地理学指南》的一个副本[92]。在很久之前，在关于占星术的阿拉伯—拉丁语译著中就提到了这一书名[93]。对于那位希望助长作为藏书家的主教的欲望的人，我们对他并不是完全不了解。他的全名是维罗纳的彼得罗·萨基（Pietro Sacchi of Verona）。直至 1421 年之前，都是巴黎的一名书商和缩微画画家，萨基还是让·贝里公爵（Jean, duc de Berry）的图书馆管理员——以及一名地图学家。在一封 1425 年的信件中，尼科洛·尼科利告诉他的通信者（可能是科西莫·德美第奇），他已经在巴黎重新发现了那个绘制 *un sito di Gallia*［一幅高卢（Gaul）地图］的人的名字。这位人物就是维罗纳的彼得罗大师（Maestro Pietro of Verona），

---

[91] A. de Champeaux and P. Gauchery, *Les travaux d'art exécutés pour Jean de France, duc de Berry: Avec une étude biographique sur les artistes employés par ce prince* (Paris: H. Champion, 1894), 130, 以及 Léon Mirot, “Le procès de Maître Jean Fusoris, chanoine de Notre-Dame de Paris (1415 - 1416): Épisode des négociations franco-anglaises durant la guerre de Cent ans,” *Mémoires de la Societe de l'Histoire de Paris et de l'Ile-de-France* 27 (1900): 137 - 287, esp. 192。

[92] 那些提到这一事实的人错误地谈到一幅“《世界地图》”（mappemonde）而不是一部著作。Millard Meiss, *French Painting in the Time of Jean de Berry: The Late Fourteenth Century and the Patronage of the Duke*, 2d ed., 2 vols. (London: Phaidon, 1969), 1: 65, 以及 Gentile, *Firenze*, 105。

[93] Gautier Dalché, “Le souvenir de la *Géographie*,” 99 - 102.

而不是他最初认为的一名佛罗伦萨人[94]。

这是对在巴黎的作品的认定，如果这一假说是正确的，那么我们可以同样解释为什么在那么早的时间皮埃尔·德阿伊就开展了关于《地理学指南》的工作。德阿伊，康布雷（Cambrai）的主教，很可能在巴黎拥有一部稿本，甚至是在康斯坦茨会议（Council of Constance）之前，在那次会议上，法国的高级教士与他们意大利的同事会面。他对文本的分析有着相当的准确性，这说明他研究其很长时间了。我们知道德阿伊的"世界宝鉴（*Imago mundi*）"（完成于大约1410年）是当时所有可用地理知识的一种概要。他的"宇宙志纲要"没有准确的时间[95]；但是因为那部著作毫无疑问是作者渴望将他的"世界宝鉴"与来自意大利的新文本进行比较的结果，因此"宇宙志纲要"必然是较晚的。我们被告知，著作是作为对"之前论著的说明和补充"——也就是，对"世界宝鉴"以及其他七部德阿伊处理神学和占星术关系，以及处理调和关于数学真理的各种观点的论著的说明和补充[96]。因而，这里的讨论再次揭示了一种对于天体的兴趣。

"宇宙志纲要"只是《地理学指南》的简单概要，但其并不是完全的客观。主题的选择
300 以及作者对它们展开的方式，揭示了他是如何观察亚历山大地图学家的著作的。德阿伊作品的三个特点是清楚的：目的是作为实际阅读文本的辅助，考查了托勒密对依然存在争论的事物的陈述所提出的问题，以及对一个球体呈现在一个平面上有关的问题的讨论。

清楚的是，德阿伊已经极为仔细地阅读了文本和研究了地图。实际上，"宇宙志纲要"是对已经充分掌握的材料的再创作。第一篇论文的前15页是对《地理学指南》的地形学内容的概述，列出了沿着12个纬度坐落的位置的坐标——从大致的有人居住的世界（*oikoumene*）的边界（16°S）到图勒（Thule，63°N）。附属于坐标的是取材于塞维利亚的伊西多尔的《词源学》（*Etymologies*）中的一些地理描述，因此皮埃尔·德阿伊将列表转化为一个文本，由此使得读者可以在头脑中构思一幅图像，其中可以对不同的坐标加以组织。这一部分以对描述了26幅区域地图的第八书的一段总结作为结尾，给出了它们所涵盖的某些地点的坐标。作者补充了一个列表，给出了地图编号以及提到地点的各书。

第二篇论文关注于一种地图学呈现的构建，因而提出了一些可以在《地理学指南》中找到的东西。在再次抄录了第一书的第23章和24章——在其中，托勒密描述了世界地图中的经线和纬线——之后，德阿伊在这一23条纬线和37条经线（他选择了后者）的列表中

---

[94] T. Foffano, "Niccoli, Cosimo e le ricerche di Poggio nelle biblioteche francesi," *Italie Medioevale ed Umanistica* 12 (1969): 115–17. Stadter 认为，这封信的时间应当是1431年（"Niccolò Niccoli," 749–55）。真蒂莱则提出，我们可能可以将这一信件作为后来附属于《地理学指南》稿本的那些法兰西"现代"地图的来源。但是我们不知道关于这幅地图面貌的任何事情（Gentile, *Firenze*, 103–5）。

[95] 在他的康布雷主教的著作目录中，Salembier 确定 No. 108，"Compendium cosmographiae"的时间"可能"是1398年至1411年；然后他错误地在 No. 110，"Cosmographiae tractatus duo"中重复了这段文字：Louis Salembier, *Petrus de Alliaco* (Insulis: J. Lefort, 1886), xvii and xxiii。Buron 将文本的时间确定为1412年至1414年，而没有给出任何证据：Pierre d'Ailly, *Ymago mundi de Pierre d'Ailly Cardinal de Cambrai et Chancelier de l'Universite de Paris (1350–1420)*, 3 vols., ed. and trans. Edmond Buron (Paris: Maisonneuve Frères, 1930), 1: 111。Thorndike 在对 BL 稿本 Harley 637 的错误抄录中，指出时间为1409年：Lynn Thorndike, "Four Manuscripts of Scientific Works by Pierre d'Ailly," *Imago Mundi* 16 (1962): 157–60。然而，这一时间只是复制了译文的献词的时间。

[96] D'Ailly, *Ymago mundi*, 3: 556.

填充了地名，完成了坐标。他可能通过非常仔细地校勘了文本，制作了表格，由此他获得了一个那些有着相同经度或者相同纬度的地名列表。然而，德阿伊还使用了一幅托勒密的世界地图，他很可能早就准备好了[97]，或者是他自己制作的（基于“宇宙志纲要”中有关于地图绘制的内容，这一点无法被排除）。无论真相如何，这些部分只能是对全部文本辛劳工作的结果——揭示了从一开始《地理学指南》就受到的尊重。

在这一作品中由德阿伊提出的《地理学指南》的第二个方面是关于球体和地球的概念。德阿伊尤其对赤道地区和南温带是否可以居住这一问题感兴趣——这一问题最初是13世纪在巴黎大学的艺术学院（Faculté des Arts at the University of Paris）提出的（与对亚里士多德的评注有关）。这里，德阿伊使用了问题（*quaestio*）的传统呈现方式，并且使用了通常的权威和观点。地球上可居住地区的范围成为一个长期讨论的对象，这一讨论与来自描述地理学、来自哲学家（也就是，亚里士多德和他同时代的人），以及来自普林尼（chaps. 19—21）的那些进行了比较。没有涉及提出的论据的细节，非常重要的是要注意到，德阿伊关注于由托勒密提出的图像和其他作者提出的图像之间的兼容性。实际上，对这些其他作者进行解读的依据是罗杰·培根的“大著作”，对此德阿伊遵从着托勒密：有人居住世界在经度上延伸超过了180°。这一部分的结束部分，以一个阴影表格的方式试图调和在普林尼的《自然史》（6.211—20）、《至大论》（2.6）和《地理学指南》中描述的纬线。

最后，德阿伊专注于《地理学指南》的与众不同之处：将一个球体呈现在一个平面（*in plano*）之上的步骤。这是第一篇论文的第17章以及整个第二篇论文所论述的主题。实质上，这是对原始著作内容的重写，给出了对如果要实现一个图形（*figura*），人们不得不采用的步骤的逻辑描述，然而，没有详细叙述呈现模式的选择和使其成为可能的几何学步骤。另外一个方面，在第17章中，德阿伊提出“将一个可居住世界的地点和总体外观以一种尽可能简洁的方式绘制在一个平面上，其中标明了七个气候带，但是没有完全遵照托勒密所教授的步骤”[98]。目的是描述气候带和著名城市（*civitates famosae*），后者是天文学研究和决疑占星学（judicial astrology）的对象[99]。基于这些目的，德阿伊的世界地图，实际上与托勒密所描述的地图存在差异。纬线应当是直的，而经线是弯曲的。总体而言，这一发展回应了培根在他于1267年至1268年与“大著作”一起送给克莱门特四世（Clement Ⅳ）的地图所遵循的步骤[100]。德阿伊的结论清楚地说明了他关于托勒密文本的观点。德阿伊自己所遵循的步骤“更好并且更为容易，而且足以满足对世界上地名的需要。”[101] 实际上，因而气候带将会更宽，并且其将会更为容易地确定地点。

最为重要的是，皮埃尔·德阿伊对《地理学指南》做了非常重要的工作。尽管在雅各布·安格利的翻译中存在错误，但通过对比托勒密使用的“数学家的几何计算”与被他描述为历史

---

[97] 对于任何这些陈述都缺乏支持的证据，但Buron认为，从意大利送给德阿伊的纪尧姆·菲拉斯垂的稿本必然已经配有一幅地图（D'Ailly, *Ymago mundi*, 3：698 n. 681）。

[98] D'Ailly, *Ymago mundi*, 3：650.

[99] 对比Ernst Honigmann, *Die Sieben Klimata und die πόλεις ἐπίσημοι：Eine Untersuchung zur Geschichte der Géographie und Astrologie im Altertum und Mittelalter*（Heidelberg：C. Winter, 1929）。

[100] 可能，归因于皮埃尔·德阿伊提供的解读，因而进行了一些修改。

[101] D'Ailly, *Ymago mundi*, 3：650.

301 编纂学（*historiographi*）的方法，他理解了其与众不同的特点[102]。同时，德阿伊通过仔细阅读文本试图理解这些几何学方法。然而，他首要关注的并不是地图学的呈现。最为打动他的是，托勒密的文本与艺术学院（Faculté des Arts）所讨论的与地球上可居住区域有关问题之间所产生的矛盾。而且这一兴趣本身来源于占星学的考虑——如同我们可以从他关注于气候带的问题所能看出的。地球的表面被看成是受到天体影响的对象，而这种影响的显现依赖于地理坐标[103]。因而，制作图形（*figura*）的最终步骤就是"注意到位于其经线和纬线之上的特定地点"[104]。基于德阿伊对我们看作托勒密《地理学指南》核心内容的全部兴趣，将他关于文本的观点描述为是"现代的"的将是错误的，同时将意大利人文主义者的观点视为"陈旧的"也是如此。他关于球体坐标的概念与罗杰·培根所提议的是一样的：地球的表面并不独立于天球而存在。

纪尧姆·菲拉斯垂在纳瓦拉学院（college of Navarre）与皮埃尔·德阿伊一起进行研究，同时在同一年，即1411年成为枢机主教。毫无疑问，他们有着基本相同的世界观[105]，尽管菲拉斯垂对教义的基本问题更感兴趣。在兰斯（Reims）成为一名教士，从1393年之后，菲拉斯垂扮演了一个重要的政治角色，并且与重要的法国人文主义者，如西蒙·德克拉缪德（Simon de Cramaud）和让·德蒙特勒伊（Jean de Montreuil）有联系。然而，除了政治之外，菲拉斯垂还是一位藏书家以及地理学文本和地图学作品的爱好者[106]，同时他被要求组织修道院图书馆，这一工作也完成于1411年。在兰斯依然保存着大量菲拉斯垂的书籍。

1407年，菲拉斯垂是查尔斯六世（Charles Ⅵ）和巴黎大学派往本笃十三世（Benedict ⅩⅢ）和格列高利十二世的教廷的使团成员之一，这一使团试图弥合教皇和法国之间的分裂。在那一场合，菲拉斯垂可能旅行到了罗马，在那里使团中的一些成员居住在红衣主教奥尔西尼的住宅中；因此，他很可能听说了这一较早时期的托勒密著作的翻译工作。然而，1414年参与了康斯坦茨会议之后，在1418年，他将一份《地理学指南》的副本（没有地图）送到了他的修道院图书馆，其是具有重要意义的额外的礼物（*ex dono*）："我，纪尧姆，圣马克的红衣主教，将这本书送给兰斯教会图书馆，这本书我已经寻找了多年，其是我按照从佛罗伦萨获得的一个副本制作的。我恳求其被很好地保管，因为我认为这是法国的第一个副本。我于康斯坦茨亲手书写，时间是会议的第四年以及我们的教皇马丁五世（Martin Ⅴ）在位第四年，在耶稣纪元1418年1月。"[107] 这一段文字表明，在这一时期的意大利，副本依然很少见，而地图则依然不容易得到。

在此后几年中，菲拉斯垂对著作的兴趣应当没有减弱，而且他应当拥有了为他自己制作的另外一个《地理学指南》的副本［现在在南锡（Nancy）］，由于其中关于北欧的地图，因

---

[102] D'Ailly, *Ymago mundi*, 3：627（chap. 21）.

[103] 对比 Gautier Dalché, "Connaissance et usages géographiques," 401 – 36。

[104] D'Ailly, *Ymago mundi*, 3：650.

[105] 关于纪尧姆·菲拉斯垂这一人物，参见 Gautier Dalché, "L'oeuvre géographique," 319 – 21（reprint, 293 – 96）。

[106] 装饰有他对庞波尼乌斯·梅拉的"世界概论"的评注的首字母的世界地图（Reims, Bibliothèque Municipale, 1321, fol. 13r; Gautier Dalché, "L'oeuvre géographique,"［reprint, 309］）经常被复制——错误地——作为"中世纪"世界图像的一个例子。实际上，其绘制有着明确的目的，即将已经接受的模型与托勒密的世界图像进行对比。

[107] Reims, Bibliothèque Municipale, 1320, fol. 1r, 在 Gautier Dalché, "L'oeuvre géographique," 326（reprint, 299）中错误地将时间定为1417年。

此这一副本在各种研究中都被提到（稍后讨论）。然而，作为整体，目前尚未对这一后来的副本在托勒密作品的接受中所发挥的作用进行考察[108]。其相对较小的开本令人印象深刻（21.7×15 厘米）——这清晰地意味着其是一个工作文本，而不是一个著名的藏品——稿本的内容同样值得注意。《地理学指南》的文本之后是补充的一些地图；它们是后来的增补，这一判断来源于这样的事实，即它们被绘制在不同的羊皮纸上；这一判断还基于菲拉斯垂关于《非洲四》的如下评语："祭祀王约翰的两位使者……在耶稣纪元 1427 年，也就是复制这些地图的时候，来到阿拉贡·阿方索国王（King of Aragon Alfonso）那里，当时福克斯奥红衣主教（Cardinal of Fuxo）大人、罗马教廷的使节在场……而这位使节在我在场的情况下向教皇告了这件事情，而我就是按照希腊的模型复制了那些地图的人。"[109] 因而，这些地图的复制至少是在 1427 年之前——这一时间依然很难获得翻译过的地图（如果即使在那一时间存在这种经过翻译的地图，那么也没有被证实）[110]。每幅地图都附带有对有关区域的一段描述，在所有可能的地方使用现代的名称。最后，有一段分析性的归纳，给出了地方的古代 302
名称、它们包括的区域的现代名称、地理坐标和在那里流行的语言[111]。

因此，菲拉斯垂的主要目的就是使用《地理学指南》来理解同时代的世界，而不仅仅是古代的世界。同时地图上的工作揭示，这是由相同的关注点所驱动的。我们还有其他对托勒密地图尝试进行"更新"的证据。一部 15 世纪上半叶的德文版稿本[112]——其在其他事物中包含了皮埃尔·德阿伊的地理作品——同样由来自《地理学指南》第八书的摘要和之前未知的显示了欧洲和部分亚洲的托勒密地图构成（图 9.3）[113]。这一稿本的片段非常可能与菲拉斯垂的作品存在联系，因为它们标注有相同的时间，即 1427 年[114]。更为著名的是添加到之前提到的南锡地图集中的坐标列表和欧洲北部区域的地图[115]。在本质上，作为最早添加到托勒密稿本中的"现代地图"（*tabula moderna*），这一地图有两个与众不同的特点：斯堪的纳维亚半岛被显示为东西向延伸，同时西侧坐落着格陵兰（Greenland），通过封闭了康恩拉土姆海（Congelatum Mare）的陆地与欧洲北部连接，并且显示是由"勒格里丰"（Griffones）、"俾格米沿海居民"（Pigmei maritime）、"维尼帕蒂斯沿海居民"（Vnipedes maritime）以及卡

---

[108] Nancy, Bibliothèque Municipale, MS. 441. Gautier Dalché, "L'œuvre géographique," 326 – 29 and 372 – 83 (reprint, 299 – 304 and 345 – 55). 菲舍尔做出了一个没有根据的判断，即兰斯的稿本是基于南锡的副本复制的（*Codex Urbinas Graecus* 82, 1: 302）。

[109] Fol. 190r. Jean Blau, "Supplément du mémoire sur deu monuments géographiques conservés a la Bibliothèque Publique de Nancy," *Mémoires de la Société Royale des Sciences, Lettres et Arts de Nancy, 1835*, 67 – 105 中的拉丁文本，esp. 75; Axel Anthon Bjørnbo and Carl S. Petersen, *Der Däne Claudius Claussøn Swart* (*Claudius Clavus*): *Der älteste Kartograph des Nordens, der erste Ptolemäus-Epigon der Renaissance* (Innsbruck: Wagner, 1909), 104; Fischer, *Codex Urbinas Graecus* 82, 1: 302; 以及 Gautier Dalché, "L'oeuvre géographique," 376 (reprint, 347)。

[110] 严格地讲，1427 年，只是埃塞俄比亚使者——和地图的副本的评注出现的那一年，而不是它们最初制作的时间。

[111] 文本出版在 Gautier Dalché, "L'œuvre géographique," 372 – 83 (reprint, 345 – 59)。

[112] 参见：Patrick Gautier Dalché, "Décrire le monde et situer les lieux au XIIe siècle: L'*Expositio mappe mundi* et la généalogie de la mappemonde de Hereford," *Mélanges de l'Ecole Française de Rome: Moyen Âge* 113 (2001): 343 – 77, esp. 345。

[113] 我应当为这幅地图感谢我的同事 Jean-Patrice Boudet 和 Jacques Paviot。

[114] "这里以来自宇宙志的摘要作为终结，是为了理解重要国家、某些种类的河流和某些总督辖地，（以及）地球上某些山脉和可居住岛屿的位置，1427 年 6 月 8 日。"（fol. 170r）

[115] Nancy, Bibliothèque Municipale, MS. 441, fol. 184v – 185r. 对比 Gentile, *Firenze*, 116 – 19。

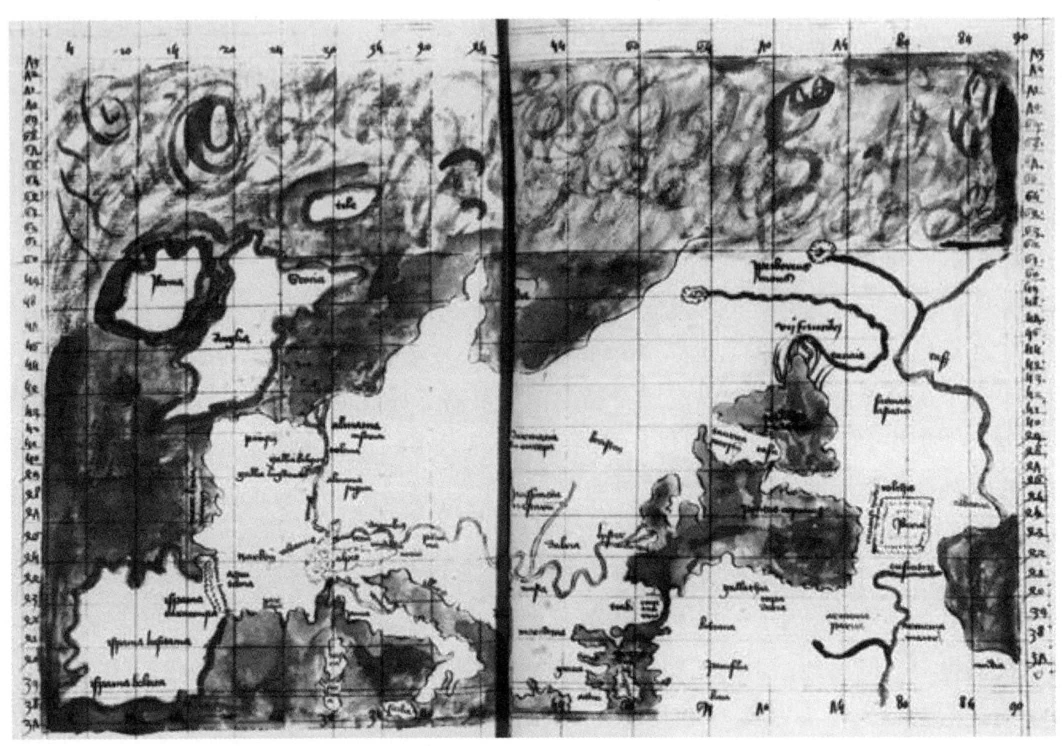

图 9.3 来自 15 世纪上半叶的德语稿本的欧洲和亚洲的一部分

由 BNF (Lat. 3123, fols. 169v – 170r) 提供。

303 累利阿（Karelia）的异教徒占据。基于错误的想象，菲舍尔宣布这是第一幅美洲的地图[116]，尽管似乎无疑的是，这一地图对于后来对北欧的地图学描绘产生了巨大的影响[117]。

在同一稿本中关于赫马尼亚（Germania）的段落（2.11）的边缘，有一段出自不同于抄写者之手的文字，是对托勒密遗漏了北欧各个区域造成的影响发表的评论：大康达努斯海（Sinus Codanus），其从普鲁士（Prussia）直接延伸到正对面的大不列颠群岛，以及位于挪威（Norway）和格陵兰岛之间的康恩拉土姆海[118]。这两个海［波罗的海和北大西洋（North Atlantic）］，实际上，第一次出现于罗马人的描述性地理学中（两者都被普林尼和庞波尼乌斯·梅拉提到）[119]。附带有第八幅欧洲地图的描述性文本重申了这一点并且总结到："由于这一原因，这第八幅地图应当被绘制的内容更为丰富；这就是为什么某位克劳迪乌斯［克劳迪乌斯·克拉乌斯］，西姆布利斯（Cimbres）［也就是，丹麦土地上的本土人］，描述了这些区域并且绘制了与欧洲相连的这些区域的一幅地图，因而总共将会有

[116] Joseph Fischer, *Claudius Clavus, the First Cartographer of America* (New York, 1911), 以及 R. A. Skelton, Thomas E. Marston, and George Duncan Painter, *The Vinl and Map and Tartar Relation* (New Haven: Yale University Press, 1965), 176 – 77.

[117] Bjørnbo and Petersen, *Claudius Claussøn Swart*, 71 – 72；坐标已知发现于另外的——显然稍晚（1425 年之后）——两部 16 世纪的奥地利稿本中，ÖNB, 3227 和 5277，只是进行过一些修订（Bjørnbo and Petersen, *Claudius Claussøn Swart*, 98ff., 168ff.）。

[118] Nancy, Bibliothèque Municipale, MS. 441, fol. 35v；文本被引用于 Bjørnbo and Petersen, *Claudius Claussøn Swart*, 104; Fischer, *Codex Urbinas Graecus* 82, 1: 303；和 Gautier Dalché, "L'œuvre géographique," 327 (reprint, 300)。

[119] 菲拉斯垂通过指出他生活在世界的南半部分解释了托勒密著作中的这一遗漏——这是在法国人的头脑中将托勒密与罗马地理学家明确区分开来的事物。

11 幅地图”[120]，附带有一个地名和坐标列表的第 11 幅地图。然而，尽管这一混合物应当位于第 10 幅欧洲地图之后，但是其实际上占据了书页中间的两个双页，并且位于关于非洲的前两幅地图之间。由于描述地图集的初始文本只提到了 10 幅“欧洲地图”（*tabulae Europae*），因此显然当菲拉斯垂知道“克劳迪乌斯”时，他增加了这第 11 幅地图，不过是在编纂该书之后（图 9.4）[121]。

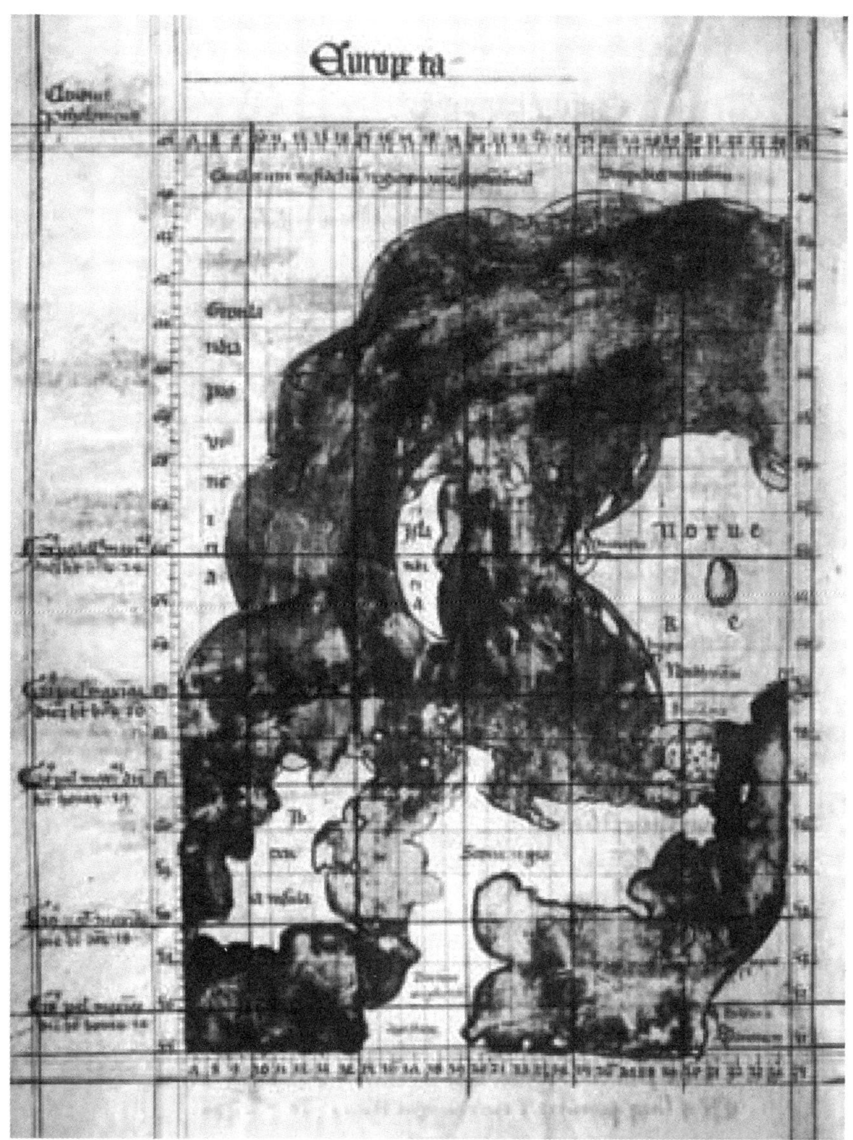

图 9.4　纪尧姆·菲拉斯垂按照克劳迪乌斯·克拉乌斯（CLAUDIUS CLAVUS）的方式绘制的北欧地图的一半。也可以参见图 60.3

这一细部的尺寸：约 14.8×11 厘米。Bibliothèque Municipale de Nancy（MS. 441［354］, fol. 184v）提供照片。

[120] Fol. 174r. Gautier Dalché, “L'oeuvre géographique,” 374 (reprint, 346).

[121] Bjørnbo and Petersen, *Claudius Claussøn Swart*, 106.

关于这一“某位克劳迪乌斯”（quidam Claudius）的某些信息已经通过出现在罗马的人文主义者为我们所知[122]。在一封1424年从波焦寄给尼科利的信中提到了某位尼古劳斯·哥特斯（Nicolaus Gothus，克劳迪乌斯·克拉乌斯），目的在于引发科西莫·德美第奇周围人员的兴趣。据说他是一位旅行了世界大部分地区的人物，并且在罗斯基勒（Roskilde，丹麦）附近的西多会修道院（Cistercian monastery）看到了李维（Livy）《罗马帝国衰亡史》（*Decades*）的一个完整副本（这一有趣的说法是在红衣主教奥尔西尼在场的情况下做出的）[123]。达内（Dane）的地图，在佛罗伦萨会议期间（大约1439年）被查阅；一个副本然后由保罗·达尔波佐·托斯卡内利所拥有，并且由乔治·格弥斯托士·卜列东进行了描述（稍后讨论）。

304 我们对这幅地图和坐标的兴趣，只是在于确定克劳迪乌斯·克拉乌斯作品的重要性以及菲拉斯垂对其兴趣的性质。毫无疑问，用于呈现克拉乌斯坐标的模板是托勒密的著作[124]。列出地名的方式和使用的描述性的词汇与在《地理学指南》的译本中发现的那些相似。地图还用于展示现代地理学家与他古代的前辈是可以匹敌的，因而他的名字——克劳迪乌斯·克拉乌斯，就出现在了作品的右侧，位于纬线一栏之上，与位于左栏之上的托勒密的名字［克劳迪乌斯·普特霍洛梅乌斯（Claudius Ptholomeus）］相对。然而，所提供的补充的地理信息不如想象中的那么具有原创性。尽管克拉乌斯的评注似乎说明他曾去过格林兰[125]，但其来源于各种旅行著作，并且来源于一本或者多本航海图（因而，斯堪的纳维亚半岛有特点的朝向）[126]。坐标是在实地确定的，这是非常不可能的；非常可能的是它们来源于地图[127]。这些带来了在15世纪大多数时间内的地图学作品的一个主要特征。主要关注使用从基于不同

---

[122] 克劳迪乌斯自己在坐标的列表中提到他的出身。他出生在 island of Fyn［菲英岛（Fünen）］，位于日德兰半岛（Jutland）以东（Nancy recension；参见 Bjørnbo and Petersen，*Claudius Claussøn Swart*，112）：“在这一岛屿的中部是城镇 Salingh，在那里作者出生于1388年9月14日日出之前2小时。”（Vienna 文本；参见 Bjørnbo and Petersen，*Claudius Claussøn Swart*，149）

[123] Poggio Bracciolini，*Poggii epistolae*，3 vols.，ed. Tommaso Tonelli（Florence：L. Marchini，1832–61），1：104. 他在10年后的一封写给廖内洛·德斯特（Lionello d'Este）的信中（2：58–59）引用了这一事实。最早得出这一认识的是 Gustav Storm，“Den danske Geograf Claudius Clavus eller Nicolaus Niger，” *Ymer* 9（1889）：129–46 and 11（1891）：13–38。存在一份李维的完整副本——伪造的——在重新发现古典文本的历史中被提到：Paul Lehmann，“Auf der Suche nach alten Texten in nordischen Bibliotheken，” in *Erforschung des Mittelalters：Ausgewählte Abhandlungen und Aufsätze*，5 vols.（Leipzig：K. W. Hiersemann，1941–62），1：280–306，esp. 282–84，以及 B. L. Ullman，“The Post-Mortem Adventures of Livy，” in *Studies in the Italian Renaissance*，by B. L. Ullman，2d ed.（Rome：Edizioni di Storia e Letteratura，1973），53–77，esp. 62。

[124] 地名的列表已经在不同阶段出版：G. Waitz，“Des Claudius Clavius Beschreibung des Skandinavischen Nordens，” *Nordalbingische Studien* 1（1884）：175–90，esp. 183–90，和 Storm，“Der danske Geograf Claudius Clavus，” 24–34。Bjørnbo 和 Petersen 是唯一给出两种修订本的一个校订版的研究者，他们还添加了完整的评注（*Claudius Claussøn Swart*，107–52）。南锡稿本中的地图经常被复制：除了本卷的图60.3之外，还有在魏茨（Waitz）和在布劳的雕版，“Supplément du mémoire，” pl. Ⅲ；d'Ailly，*Ymago Mundi*，vol. 3，pl. XXX 中有黑白的图片；而在 Gentile，*Firenze*，pl. XⅧ，以及 Gautier Dalché，“L'oeuvre géographique”（reprint，302–3）中有彩色图片。

[125] Bjørnbo and Petersen，*Claudius Claussøn Swart*，144 and 146.

[126] Storm 在“Claudius Clavus，”19 中提到布鲁日的旅行日记。关于斯堪的纳维亚半岛，Nansen 同样指出某些轮廓与美第奇地图集中的那些存在强烈的相似性。Fridtjof Nansen，*In Northern Mists：Arctic Exploration in Early Times*，2 vols.，trans. Arthur G. Chater（London：Heinemann，1911），2：256–76；也可以参见 Joseph Fischer，*Die Entdeckungen der Normannen in Amerika：Unter besonderer Berücksichtigung der kartographischen Darstellungen*（Freiburg：Herder，1902），67–70。

[127] 有些时候，克劳迪乌斯·克拉乌斯甚至被相当过分地定义为一名“数学家”，他被 Carl Enckell 在“Aegidius Tschudi Hand-drawn Map of Northern Europe，” *Imago Mundi* 10（1953）：61–64 中称为“丹麦数学家”。

原则的地图上搜集的信息来补充托勒密的图像，这一工作并不是真的意图基于他自己设定的标准来对古代地图学家进行更新。

菲拉斯垂对庞波尼乌斯·梅拉的《拉丁地理学》的解读的导言流传下来两个版本。其中第一个版本，与其他作品一起发现于作为红衣主教焦尔达诺·奥尔西尼（Cardinal Giordano Orsini）图书馆一部分的一部稿本中；另外一部，是为兰斯的教士所做，被包含在一份 1417 年在康斯坦茨复制的稿本中[128]。菲拉斯垂的“导言”由于各种原因是重要的，最为值得注意的就是对《地理学指南》的使用，以及菲拉斯垂看待和使用地图的方式，以及得出的结论。他的目的是解释两类矛盾，而这两类矛盾只有通过诉诸地图才能解决：拉丁地理学者文本内在的矛盾和那些来自与《地理学指南》进行比较而产生的矛盾。庞波尼乌斯·梅拉使用了气候带的理论，其中三个气候带被认为是无法居住的。然而，送往兰斯的附带有文字的世界地图从北极到南极将整个地球都显示为是可居住的[129]。然后，存在这样的事实，即古代的作者宣称大地是被大洋封闭的，而托勒密认为地球上所有水域都被一个单一陆块封闭。按照正在考虑的问题，托勒密关于世界的观点被通过不同的方式使用。使用的不仅仅是《地理学指南》，而且还有一幅环形的中世纪的《世界地图》（*mappamundi*），菲拉斯垂纠正了由拉丁地理学家呈现的图像（*imago*），并且显示地球作为整体是可居住的，包括埃塞俄比亚人生活的热带[130]以及托勒密定义为未知大陆的南方地带（austral zone）和冰河地带（glacial zones）[131]。

就托勒密关于大洋的观点而言，菲拉斯垂对其是否支持并不是很清晰，毫无疑问因为其产生了关于对跖地的问题。菲拉斯垂宣称，大洋是连接在一起的，并且否认了一个赤道海洋
［位于“莫迪姆带（modum zone）”］的存在，其应当为亚当的后代在全球的散布插入了一个 305
不可逾越的障碍（这一批评最早是由圣奥古斯丁提出的）。类似于罗杰·培根和皮埃尔·德阿伊，菲拉斯垂提出大洋是可以从西向东航行的，即从欧洲向亚洲航行[132]。然而，基于普林尼和庞波尼乌斯·梅拉的观点，他还宣称，大洋是可以向南航行的，从红海环绕航行至加德

---

[128] 在 Gautier Dalché，“L'oeuvre géographique” 中进行了编辑和注释。

[129] 在送往兰斯的教士的版本中，菲拉斯垂提到了三幅世界地图，其中一幅是附带有文字的世界地图，绘制在“世界概论”的首字母“O”之中（Reims，Biblioteca Municipale，1321，fol. 13r；Gautier Dalché，“L'oeuvre géographique”［reprint，309］）；在兰斯的另外两幅——一幅位于菲拉斯垂的家中，另外一幅位于教堂图书馆中（Gautier Dalché，“L'oeuvre géographique，” 356［reprint，329］）。最后一幅，绘制在“海马”皮上，并且有着枢机主教的盾徽，在 17 世纪依然保存着；参见 Guillaume Marlot，*Metropolis Remensis historia*：*A Frodoardo primum arctius digesta*，*nune demum aliunde accersitis plurimum aucta*. . . ，2 vols.（Remis：P. Lelorain，1666 – 79），2：694。没有证据支持菲舍尔的判断，即这一地图与托勒密的《地理学指南》一起被送往教堂图书馆；参见 Joseph Fischer，“Fillastre［Philastrius］，Guillaume，” in *The Catholic Encyclopedia*，15 vols.，ed. Charles G. Herbermann（New York：Robert Appleton，1907 – 12），6：74 – 75。关于“导言（Introductio）”另外的稿本，只有那部属于红衣主教奥尔西尼的，有着图形。在结尾——在“世界概论”之前——其是对已经提出的思想的总结；其是矩形的，而且基于一个托勒密的模型（BAV，Arch. di San Pietro H 31，fol. 8v，and David Woodward，“Medieval *Mappaemundi*，” in *HC* 1：286 – 370，esp. 310 and 316）。

[130] Cf. Fillastre 的 introduction，8 – 13，42；参见 Gautier Dalché，“L'oeuvre géographique，” 357 – 59 and 364（reprint，331 – 32 and 337）。尤其，这涉及皮埃尔·德阿伊在他的“宇宙志纲要”中提出的有关太阳经行的论点——这证明了《地理学指南》的这段话给他们留下了特别的印象。

[131] 菲拉斯垂的 introduction，10 和 44；参见 Gautier Dalché，“L'oeuvre géographique，” 358 and 365（reprint，331 and 337）。

[132] “因此，他们说，［大洋］实际上可以被从西向东航行，穿过与我们相对的区域，并且相反也是可行的，这是可以相信的事情，尽管我们知道其并没有被完全证实。” Gautier Dalché，“L'oeuvre géographique，” 359（reprint，332）。

海峡（Strait of Gades，直布罗陀）[133]。这一环绕非洲的航行与在托勒密世界地图中给出的世界图景相矛盾。然而，可能的是，这是仅有的一个明显的矛盾，同时菲拉斯垂反映了由托勒密的图景提出的疑问。在现存于南锡的菲拉斯垂的《地理学指南》副本中，有一个页边注强调了在译文中表达的可能性，即在某一点上海洋确实延伸到封闭的陆块以南——证明，这样的一种想法让读者（可能是菲拉斯垂自己）感到震惊[134]。

因而，采用了与皮埃尔·德阿伊相同的方法，菲拉斯垂使用《地理学指南》来完成或修改拉丁作者那里产生的世界图像，而不是将其作为过时的东西从而将其取代。然而，比较还产生了重要的方法论和认识论方面需要考虑的事项。这一点在他为庞波尼乌斯·梅拉所作"导言"的结尾表达得尤为清楚，在那里关于地球的可航行性和可居住性的结论出现在一系列对用圆形《世界地图》（*mappamundi*）来描绘海洋的非现实性方法的评价之后。指出，海洋并不经常位于已知的大陆和民族附近；其可能在某些地方深入陆块内部，同时环形的形式只是归因于比例［"过小的地点"（*loci paruitatem*）］[135]。

因此菲拉斯垂的关于庞波尼乌斯·梅拉的拉丁地理学的解读的导言，并不是对有人居住的大地的环形呈现的一种批判；如果菲拉斯垂拒绝了这一点，那么就无法解释为什么他因为展示性的目的而使用这样一幅地图，且最后提到了未知大陆。而且，其导言是对事实的分析，即一种地图学的呈现必然是武断的且基于惯例。这一点的一个证据来源于《地理学指南》南锡稿本中关于区域地图用途的指南，其提供了对区域地图和世界地图（和比例尺可能的变化）之间关系的一种解释，以及对绘制地图时使用羊皮纸和典籍形式带来的局限的技术评论[136]。

我们可以在德阿伊和菲拉斯垂对于《地理学指南》的使用中看到共同的基础。两者都主要关注于托勒密世界地图与他们从拉丁地理学家那里学到的和他们从对于环形《世界地图》研究中学到的内容之间的相容性。两者都意识到了所有地图学呈现的传统特征。可能的是，两者实际上讨论了他们对于亚历山大人的作品的观点。然而，在他们之间有着一点差异。尽管占星术的因素似乎对于德阿伊来说是至高无上的，但菲拉斯垂则致力于一种纯粹的文本的地理学讨论，考虑到呈现的内容和形式。菲拉斯垂对于托勒密的反思是一种对即将到来的事物的一种非凡的期待。然而，似乎这两者对与地图学投影相关

---

[133] Fillastre's introduction, 13 and 46；参见 Gautier Dalché, "L'oeuvre géographique," 359 and 365 (reprint, 332 and 337)。

[134] 雅各布·安格利的文本是："那块陆地的已知部分有着一个位置，因此海洋本身实际上并没有，在任何程度上，环绕［陆地］，只是除了类似于古人传统的在非洲和欧洲的 Raptum 海角土地上描述［或绘制］的部分"（7.7）；同时注释为："需要注意，海洋并不环绕已经被居住的土地，但是［托勒密］并没有拒绝［否定］这一点［即这样的事实，海洋并没有环绕已知的世界］，就［已知世界的］所有部分而言。"（Reims, Biblioteca Municipale, 1320, fol. 213v）两者出自同一人之手。

[135] Fillastre's introduction, 40 – 43；参见 Gautier Dalché, "L'oeuvre géographique," 364 – 65 (reprint, 336 – 37)。

[136] "而且，如果你希望，你将可以将那些地图与被放置在［这本书］之前的整幅地图进行比较，后者被分为 26 幅地图，由此任何区域被可以更为完整地检查，而不是仅有有限的细节。因为那些地图中的任何一幅都可以如同整幅地图那么大。"并且稍后："同样需要注意，当一幅地图有两页的时候，其必然就像被拼接起来的图像。因而两页之间的一个空白并没有什么关系。此外，应当被绘制在一面上，因为羊皮纸无法在每一面上都绘制有大海的图像，这样在图像中会有过多的湿气。由于这一原因，图像只绘制在厚羊皮纸的一面上，厚羊皮纸后来被擦拭并且变薄。" Nancy, Bibliothèque Municipale, MS. 441, fol. 162r；参见 Gautier Dalché, "L'oeuvre géographique," 372 – 73 (reprint, 345)。

问题的兴趣都没有超过佛罗伦萨的人文主义者。可能正是认识菲拉斯垂的第三位人物，首先提到了平面地图学带来的问题。

接近14世纪中期出生在兰斯的主教管区，让·夫索利是一位锡匠的儿子。他在1398年获得了医师的资格，此后在福阿里街（Rue du Fouarre）的艺术学院工作，对约翰尼斯·德萨克罗博斯科的《球体原理》（*Tractatus de sphaera*）进行过评注。1404年，夫索利被任命为兰斯的牧师会会员，毫无疑问暗示着他应当听说了他同事牧师纪尧姆·菲拉斯垂对地理学的兴趣。将夫索利与之前讨论的两位同时代的杰出人物区分开来的就是，除了成为一名学者之外，他还是一位制作和出售天文仪器的技师，他的星盘、日冕、钟表和（一架）赤道仪吸引了高贵的客户[137]。学术和专门技术的这种非同寻常的结合导致他撰写了各种与这类仪器 306
有关的文本。

例如，夫索利是一篇1432年呈交给梅斯（Metz）教士团成员的关于球体的论著的作者[138]。文本本身只不过是对萨克罗博斯科的常见评注，有着自由意志、天体的影响和灵魂穿过天球上升到天堂的思想。然而，产生了两个令人惊讶的细节：夫索利知道《地理学指南》，其在关于地球的球体形状那章的末尾进行了描述，而且他知道基于子午线的差异，日月食的时间存在变化。他写道：

> 而且在各种技术中，聪明的托勒密用来编纂一个城市的经纬度表格、编纂他的位于兰斯的圣母（Notre Dame de Reims）图书馆中的《世界地图》的著作以及编纂航海图书籍时所使用的这一技术，因为他向东方和西方派出了一些学识渊博的占星学家前往不同的城市，他们，通过上面提到的技术，第一次获得了城市的经度——也就是，那座在东方或在西方更远处的城市，并且距离多远以及多少度。此外，还通过使用星盘和其他占星术仪器，他们获得了北极星或者另外一颗恒星的高度，由此他们获得了城市的纬度……因而，他们拥有他们在地球上的准确位置。海上的岛屿也是如此，由此制作了真正的航海图[139]。

夫索利看到了菲拉斯垂所给的书籍，将其作为"《世界地图》的著作"而提到——同样的表达方式也被用于对维罗纳的彼得罗·萨基的质疑的叙述中。然而，无法确定的是，他是否可以查阅托勒密的地图，因为他提到，亚历山大的学者制作了一幅"航海图"。首先，我们可能会认为他正在表达的是一种相当古老的观点，即托勒密是一组天文学家的组织者。然而，表达方式"真正的航海图"似乎更多的是让人想起了一种设计用来传达

---

[137] 关于让·夫索利的职业和作品，参见 Emmanuel Poulle, *Un constructeur d'instruments astronomiques au* XVe *siècles Jean Fusoris*（Paris: Librairie H. Champion, 1963），和 idem, "Un atelier parisien de construction d'instruments scientifiques au XVe siècles," in *Hommes et travail du métal dans les villes médiévales: Actes de la Table ronde La métallurgie urbaine dans la France médievale*, ed. Paul Benoit and Denis Cailleaux（Paris: A. E. D. E. H., 1988），61－68。关于在这里讨论的他作品的各个方面，参见 Patrick Gautier Dalché, "Un astronome, auteur d'un globe terrestre: Jean Fusoris a la découverte de la *Geographie* de Ptolémée," in *Guillaume Fillastre*, 161－75。

[138] 这篇论文已经出版：Jean Fusoris, *Traité de cosmographie: Edition préliminaire*, ed. Lars Otto Grundt（Bergen: Université de Bergen, 1973）。我的引文来自巴黎的稿本，BNF, français 9558。

[139] BNF, français 9558, fol. 9v.

极端准确这种想法的视觉图像，而不是指他天真地假设托勒密已经制作的一种实际物品。

夫索利的论文然后继续讨论了在一个平面上描述一个球体——也就是“投影”技术：“那些希望绘制一幅准确和精确的世界地图或航海图的人应当知道，这是一种可以在一种圆形的、类似于一个球体的仪器上很好完成的东西。但是对于那些希望将其很好的绘制在一个类似于羊皮纸的平面上的人而言，那么其必然使用 *saphea*［万能星盘（universal astrolabe）］来完成。因为在这一方法中，我们可以准确的在平面上表述圆形。”[140]“将圆形描绘在平面上”是最早被记录下来的对《地理学指南》主要方面之一的反映。假定，夫索利充分仔细地阅读了《地理学指南》，以便在一个万能星盘（*saphea*）上设计出天空的立体投影，在万能星盘中子午线在极点相交，并且经线是圆形的，那么可以被看成是与托勒密的第二“投影”相似。

夫索利似乎已经确定，球形是最好的呈现方式。除了他的技艺之外，这一点使他与众不同。他陈述道，他已经制作了“一个圆球”用来展示时间随着经度而变化的“思想实验”，这一“思想实验”是其向教士团提出的[141]。有着纬线、经线、气候带的范围以及各种准确度并不明确的图像，这一球体被用来展示与海洋相对的陆地的轮廓；阿林（Arin）城，尘世的乐土；以及已知世界的东边和西边的尽头。由此，让·夫索利制作了已知最为古老的非经典版本的一架地球仪（1432）[142]。

2. *在德意志（约 1420 年至约 1450 年）*

按照到目前为止未受到挑战的事件的版本，德语国家中对托勒密的敬意应当很快导致出
307 现了一场运动，这场运动即是自杜兰德（Durand）撰写了关于这一主题的书籍之后，被称为维也纳大学和邻近的克洛斯特新堡修道院的“学派”。这一运动因为在 15 世纪第二个二十五年中在维也纳及其周边繁荣的科学研究而闻名，大部分被归因于两位人物的输入：约翰内斯·冯格蒙登，一位大学的教师；乔治·姆斯汀格（Georg Müstinger），一位修道院的院长。

阅读杜兰德的作品时，需要记住作者的明确意图是为了说明托勒密《地理学指南》被

---

[140] BNF, français 9558, fol. 9v – 10r.

[141] BNF, français 9558, fols. 12v and 13v.

[142] 到目前为止，最为古老的地球仪被认为是由天文学家纪尧姆·奥比为勃艮第公爵菲利普三世制作的，时间在 1440 年至 1444 年之间。Jacques Paviot, “La mappemonde attribuée à Jean Van Eyck par Fàcio: Une pièce à retirer du catalogue de son œuvre,” *Revue des Archéologues et Historiens d'Art de Louvain* 24 (1991): 57 – 62，和 idem, “Ung mapmonderond, en guise de Pom(m)e: Ein Erdglobus von 1440 – 44, hergestellt für Philipp den Guten, Herzog von Burgund,” *Der Globusfreund* 43 – 44 (1995): 19 – 29。对于与此矛盾的意见，参见 Marina Belozerskaya, “Jan van Eyck's Lost *Mappamundi*—A Token of Fifteenth-Century Power Politics,” *Journal of Early Modern History* 4 (2000): 45 – 84。在夫索利和勃艮第（Burgundy）的宫廷之间存在已知的联系：他的学生 Henri Arnaut de Zwolle，成为公爵的地图学家。Poulle, *Un constructeur d'instruments astronomiques*, 27; H. Omont, “Maître Arnault, astrologue de Charles Ⅵ et des ducs de Bourgogne,” *Bibliothèque de l'École des Chartes* 112 (1954): 127 – 28；和 Jean Richard, “Aux origines de l'École de Médecine de Dijon (XIVe-XVe siècles),” *Annales de Bourgogne* 19 (1947): 260 – 62。

接受的一个早期方面，由此强调了“北方人”在这一接受中所发挥的作用[143]。杜兰德勾勒了这一特定“地图学学派”发展的三个阶段，其涵盖了从 15 世纪 20 年代到克洛斯特新堡的修道院院长于 1442 年去世的这一时期[144]。第一阶段是以在没有《地理学指南》的辅助下的地图学作品的制作为特点；按照杜兰德的观点，这一学派使用可以使用的地图（世界地图和航海图），绘制了一种以使用于天体地图学中的投影为模板的方位角投影。然后，从 1430 年之后，杜兰德宣称对托勒密的研究刺激了对坐标和距离测量数据的积累，还有对与投影和原创地图制作相关问题的分析。最后，在第三个阶段，应当制作出了“第一幅中欧的地图”。事情实际上比杜兰德的解释所说的要更为复杂，其解释基于对于稿本时间和作者的推测，以及基于假设的作者与稿本之间的联系，而这些没有实际证据加以确证[145]。

我们对于在克洛斯特新堡发生的地图学活动知之甚少，当然这些地图学活动是推测出来的。修道院的记录中确实在 1422 年和 1423 年包括了关于地图（*mappa*）的各个条目[146]，而据说姆斯汀格于 1421 年在帕多瓦购买了书籍，但所谓的这些书籍中包括了《地理学指南》的论断只不过是一种推测[147]。托勒密的著作出现在克洛斯特新堡最早可以确定的时间是 1437 年，这是在维也纳的稿本副本的时间[148]。在那一稿本中，《地理学指南》没有地图，并且与各种占星术文本联系在一起，例如皮埃尔·德阿伊关于天文学和神学之间关系的作品、“Almagestum parvum”［也就是，吉米努斯（Geminus）的《现象指南》的阿拉伯—拉丁语译本］，以及“关于行星的理论”[149]。还存在《地理学指南》的另外一个稿本，其在修道院于 1442 年由康拉德·勒斯纳（Conrad Roesner）制作[150]。基于事实的这一轮廓出发，出现了一幅经过修订的图景。德语国家在接受托勒密的著作时存在一些原创性的方面，但与此同时，我们不能将这些方面定义为是一个特定“学派”的特点。

对于《地理学指南》的最初接受的证据来源于三部稿本，而它们实质上包括了同样的材料（在沃尔芬比特尔、布鲁塞尔和慕尼黑）。第一部是 1422 年之后，但是时间或出处不

---

[143] Dana Bennett Durand, *The Vienna-Klosterneuburg Map Corpus of the Fifteenth Century: A Study in the Transition from Medieval to Modern Science* (Leiden: E. J. Brill, 1952), 28 – 29. Woodward “Medieval *Mappaemundi*,” 316—17 中进行了概述。也可以参见本卷的第 10 章，378 页。

[144] 参见 Durand, *Vienna-Klosterneuburg Map Corpus*, 123—27 中的概述。

[145] 我现在正在撰写对于杜兰德著作的批评性评论。

[146] Berthold Černík, “Das Schrift- und Buchwesen im Stifte Klosterneuburg während des 15. Jahrhunderts,” *Jahrbuch des Stiftes Klosterneuburg* 5 (1913): 97 – 176, esp. 110 and 144.

[147] 例如，参见 Helmuth Grössing, *Humanistische Naturwissenschaft: Zur Geschichte der Wiener mathematischen Schulen des 15. und 16. Jahrhunderts* (Baden-Baden: V. Koerner, 1983), 77。

[148] ÖNB, 5266.

[149] 在 Otto Mazal, Eva Irblich, and István Németh, *Wissenschaft im Mittelalter: Ausstellung von Handschriften und Inkunabeln der Österreichischen Nationalbibliothek Prunksaal*, 1975, 2d ed. (Graz: Akademische Druck, 1980), 220—21 中的描述。按照格罗辛的观点，稿本中包括雷吉奥蒙塔努斯在 fols. 147r, 149v 和 161v 上的注释（Grössing, *Humanistische Naturwissenschaft*, 138）。实际上，在 fols. 147r 和 149v 之上的笔迹与他的相似；但在 fol. 161v 上的则不太清楚。另外一个在 fol. 133v 上的注释出自同一人之手，在 fol. 92r 上对第二“投影”的图解说明也是如此。至于“Trier and Koblenz”的残篇，杜兰德认为是这一抄本的一部分，参见本卷的第 1179—1180 页。

[150] ÖNB, 3162. Durand, *Vienna-Klosterneuburg Map Corpus*, 58 and 126; Grössing, *Humanistische Naturwissenschaft*, 77; 以及比较 Fritz Saxl, *Verzeichnis astrologischer und mythologischer illustrierter Handschriften des lateinischen Mittelalters*, vol. 2, *Die Handschriften der National-Bibliothek in Wien* (Heidelberg: C. Winter, 1927), 126。

明确，第二部是在科隆制作的，但是时间不明，而第三部是在 1447 年至 1451 年之间由某位弗里德里希（Fridericus）制作的，他是拉蒂斯邦（Ratisbon）的圣埃默兰（St. Emmeran）的一名僧侣。最为重要的是，这些托勒密的文本和表格的时间可能是在约 1420 年至 15 世纪中期之间[151]。

沃尔芬比特尔的稿本是最为完整的，并且似乎与原作最为接近。在《地理学指南》文本的开始部分，有大量的页边笔记，其中一些提到了《至大论》[152]。这些笔记中涉及面最为广泛的发展成占据了整个边缘的完全成熟的评注。在最初的 24 页中，有三张双页上增加了
308 作为页边笔记出自同一人之手的注释，还附带有前两种“投影”的图示[153]，以及纬线与赤道之间关系的计算方法（图 9.5）。作者在这一章中试图解释托勒密的几何计算方法，以帮助读者理解用来构建地图的方法。而且，正文之前的页面收录有度量单位的定义；地理学术语，和人口聚集地的名字（fol. 2r），绝大多数源自希腊语；同时，两个与现代城市和西欧、中欧地点有关的坐标列表，这些并不是直接来源于托勒密的（fols. 2r – 3v）[154]。两个表格中的地名被按照地理区域分成不同的部分。按照杜兰德的观点，所有坐标都来源于同样的地图，他用一种混合的方法将这一地图的构建方式拼合了起来，认为“托勒密的欧洲地图”[155]，被通过各种步骤（天文学观察和三角测量）建立了坐标的地点所填充[156]。实际上，在每一表格中，同
309 一城市出现了两次甚至三次，而且有着不同的坐标，同时并不存在真正的托勒密的坐标[157]。我们所能确定的所有内容，就是航海图可能被用来计算特定的坐标——最为著名的，就是不列颠群岛的坐标[158]。但重要的事实就是，这些地名列表被提供作为阅读《地理学指南》以及清晰理解其内容的辅助工具。特定的证据似乎说明，三部稿本中的每一部，在形式上稍有差异，都复

---

[151] 这三部托勒密的《地理学指南》的稿本被确定为：Wolfenbüttel, Herzog August Bibliothek, Cod. 354 Helmstedt (fols. 2v – 18v)；Brussels, Royal Library of Belgium, 1041 (fols. 205r – 206v)；和 Munich, Bayerische Staatsbibiothek, Clm 14583 (fols. 128v – 30r and 131v – 132v)。其他稿本可能包含了这一材料整体的某些部分：Munich, Universitätsbibliothek, 4° 746，和 Sankt Paul im Lavanthal, Stiftsbibliothek, 27. 3. 16。Clm 14783 出自弗里德里希之手，并且只给出了表格。ÖNB, 3505 和 BAV, Pal. Lat. 1375，是后来的，并且相同。

[152] 注释位于 1. 3 (fol. 6v)；1. 6. 3 (fol. 7r)；1. 10 and 12 (fol. 10r)；1. 20. 6 (fol. 13r)；1. 21 and 22 (fol. 13v)；1. 23 (fol. 14r)；和 1. 24 (fol. 14v – 15v)。

[153] 在 fol. 1v 上，有涵盖了经度 90°，纬度 40°—63°的第一“投影”模型的轮廓。

[154] Durand, *Vienna-Klosterneuburg Map Corpus*, 346 – 61.

[155] 与一幅托勒密地图的相似，这一结论显然被这样的事实强化，即杜兰德的重建使用了一种网格，而这一网格与托勒密第一种“投影”模式所使用的网格相似，但是有着相距甚远的纬线（pl. Ⅳ）。在一个较早的重建中，杜兰德使用了一种与所谓的马里纳斯投影中的网格相似的网格；参见 Dana Bennett Durand, “The Earliest Modern Maps of Germany and Central Europe,” *Isis* 19 (1933)：486 – 502。波罗的海的东北向偏移——其是作品来源于托勒密的论据之一——因而出现在第二次重建中，而没有出现在最初的重建中。至于第二次重建中出现这一变化的原因，对其进行怀疑是正常的，因为第二次重建中的变化非常便于支持他的论点。而且，杜兰德并没有解释为什么他为重建选择了表格这样一版本，即使其坐标与其他版本中的那些不同。

[156] 按照杜兰德的观点，布鲁塞尔稿本，Royal Library of Belgium, 1041, fol. 104v，包含有他宣称用来计算出坐标的“一种三角测量法”（Durand, *Vienna-Klosterneuburg Map Corpus*, 363）。然而，其所做的只是给出了各个城市之间的距离。

[157] 这与杜兰德所宣称的相矛盾，他只给出了两个例子：科隆和阿尔本加（Albenga）（它们的坐标与托勒密著作中的坐标并不一致）。

[158] Durand, *Vienna-Klosterneuburg Map Corpus*, 143.

制了关于《地理学指南》的名副其实的评注[159]，同时每一稿本都附带有补充作品，而这些作品让托勒密的说明变得完整。布鲁塞尔的稿本可能甚至提到了一幅真实地图的构建[160]。然而，三者中没有一部似乎包含了这一评注的原始文本，同时它们也没有从三者中的另外一个版本抄袭。在这些情况下，明确确定作者的名字应当有些草率[161]。

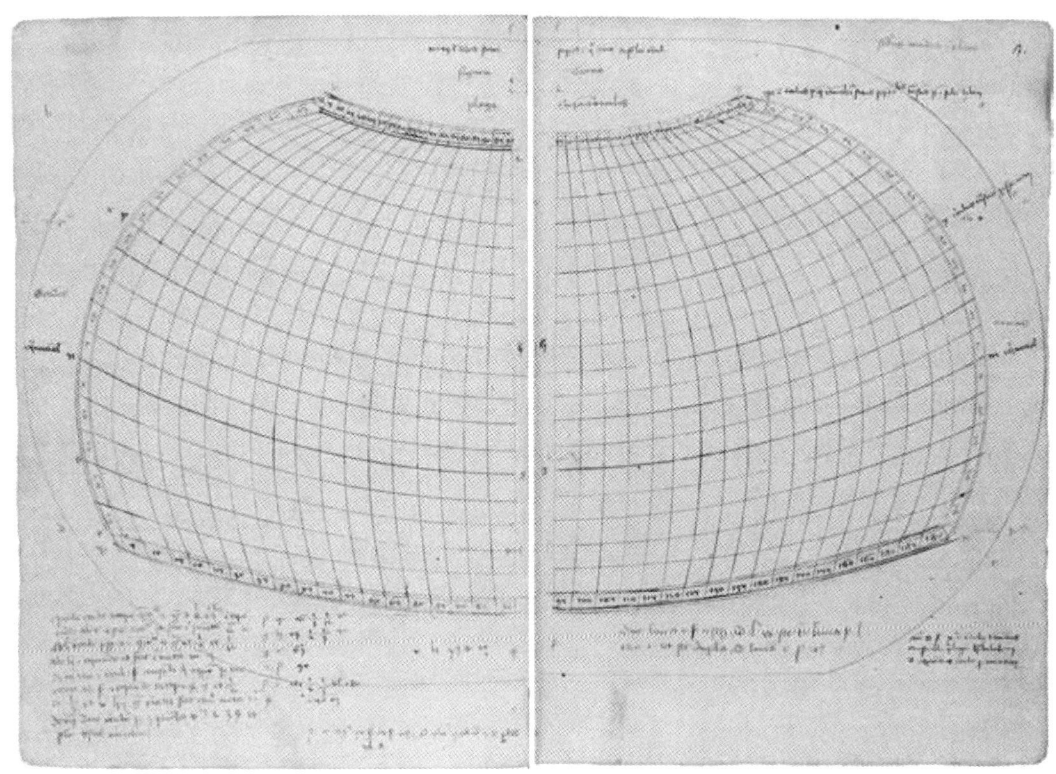

图 9.5　带有注释的托勒密的第二投影。在德意志的关于投影模式的早熟的科学著作的例证，15 世纪早期。

由 Herzog August Bibliothek，Wolfenbüttel（Helmstedt 354，fols. 16v – 17r）提供照片

---

[159] 沃尔芬比特尔稿本的 Fol. 206v 有着一种评注的常见布局，其中有来自 fol. 206v 文本的说明文字（"Et diuidatur etc.，" 1. 24. 1），其后有对构建用于"投影"第一种模式的网格的解释。

[160] 实际上，在 fol. 205v 上有一段下列文字："同样的，一旦布已经被分为四个［部分］，将布的整个宽度分成 9 部分，整个长度分成 12 个部分，那么在四分圆的北侧留下布料的九分之一，在四分圆南侧下方留下九分之二，并且如果这样的话，假定各个地方划分出来的部分是相等的。"

[161] 因为在慕尼黑的稿本中，同样的表格存在一个标题，杜兰德对其进行了转录："Illas latitudines... rescriptas per Magistrum Reinhardum"，因而他可以将整个沃尔芬比特尔的稿本认为是这位 Reinhardus 的作品，并且将其认为是 Reinhard Gensfelder of Nuremberg（Durand，*Vienna-Klosterneuburg Map Corpus*，44 – 48），以及"magister Reinhardus"，对于后者，1442 年乔治・姆斯汀格曾将纸张分配给了他。然而，将沃尔芬比特尔稿本的某些部分认为是这一人物的作品是不可能的：没有给出抄写者的名字，并且其笔迹出自不同人之手。抄写了坐标表格的笔迹不同于那些关于投影的注释的笔迹，也不同于《地理学指南》的抄写者的笔迹；将这一观点与 Durand，*Vienna-Klosterneuburg Map Corpus*，125 and 155 中得出的论断进行比较。再者，慕尼黑稿本的标题实际上是"Illas longitudines et latitudines ciuitatum et insularum inueni extra viii librum et illas rescriptas per magistrum Reynhardum"。杜兰德省略掉的词汇清楚显现了两个重新复制的表格不是 *magister* Reinhardus 的坐标。这里再次，有理由对引文被删节的原因进行质疑。最后，并没有证据说明"Reinhard" Gensfelder 将《地理学指南》引入克洛斯特新堡（Durand，*Vienna-Klosterneuburg Map Corpus*，125，以及 Grössing，*Humanistische Naturwissenschaft*，130）。

所以，不同于法兰西和意大利，德意志甚至在这一较早的时间就显示出了对《地理学指南》数学方面的兴趣，尽管这些因素留存给我们的只是一些片段。然而，依然存在的事实就是，对于《地理学指南》的兴趣依然由天文学/占星术的因素所主导，如同我们可以从慕尼黑稿本中非常有特点的副本中看到的，其最后以这样的字句作为结尾：“按照天文学的经度和纬度，这里是宇宙志第八书的结尾。”

佛罗伦萨会议和地球上可居住区域的问题（1439 年至 1441 年）

法国人德阿伊和菲拉斯垂，之前已经对他们的作品进行了分析，可以通过两件共同的事情，将他们与同时代的意大利人区别开来。这些相似性解释了为什么最初推动了翻译的环境没有成为托勒密著作“科学”方面讨论的中心。实际上，法国人都有过艺术学院的经历，在那里他们都获得了一些关于天文学和占星术的知识，这些知识来源于对约翰尼斯·德萨克罗博斯科关于球体的著作、亚里士多德的《气象学》、托勒密的《至大论》和《四书》（*Quadripartitum*）中那些处理占星地理学部分的研究，以及对从阿拉伯语翻译过来的评注的研究。因而，在最为广泛的含义上，法国应该毫无疑问更多地意识到了与宇宙志有关的问题，而且更多地注意到了对比托勒密的世界图像与由拉丁作者讲授的内容而产生的世界图像所带来的与准确有关的问题。

然而，佛罗伦萨人非常迅速地弥补了这一领域失去的阵地。如同真蒂莱（Gentile）已经展示的，尼科洛·尼科利可能被认为是接受《地理学指南》第一阶段背后的驱动力，这种接受的主要前提就是对古物搜集和语言学方面的关注。然而，在尼科利 1437 年去世后，事情似乎发生了值得注意的变化。这点可以从对关于世界遥远区域的讨论中看到——最为著名的，埃塞俄比亚——其涉及佛罗伦萨会议中的一些代表。

在他的《罗马帝国衰亡史》（Historiarum ab inclinatione Romanorum imperii Decades, 1453）中，弗拉维奥·比翁多对阿尔贝托·德萨尔泰阿诺（Alberto da Sarteano）的任务进行了概述，他是一位方济各会僧侣，曾经是瓜里诺·达维罗纳的学生[162]，并且在 1439 年接受教皇尤金四世（Pope Eugene Ⅳ）委托将一封信带给埃塞俄比亚人，以希望将教会的关怀带回给那些已经迷失的非洲人和亚洲人。这位方济各会教士在 1441 年返回，与他一起的有八名僧侣——其中四位是来自开罗的科普特人（Copts），另外四位是来自耶路撒冷的埃塞俄比亚人。后四位中的一位告诉教皇，埃塞俄比亚“几乎位于世界之外”[163]，同时作为这一宣称
310 的结果，三位枢机主教［一名意大利人、一名法国人和一名卡斯提人（Castilian）］被指定通过非常不专业的翻译人员去询问新的到来者。弗拉维奥·比翁多对他们的问题进行了一个重要的归纳：他们希望知道“他们所在区域天空的样子，其所属的气候，赤道的［位置］，白昼和黑夜长度的差异，海洋的状况以及他们古代的历史”。因而，他们关注埃塞俄比亚在世界图像（*imago mundi*）中的具体位置，这一关注不仅产生于天文学和宇宙志的因素，而

[162] Bartolomeo Nogara, ed., *Scritti inediti e rari di Biondo Flavio* (Rome: Poliglotta Vaticana, 1927), 19 – 27. 也可以参见 Gentile, *Firenze*, 168 – 70. 308。

[163] 这一短语可能归因于拉丁语翻译者的博学，其因而试图弥补比翁多提到的贫乏的语言能力（Nogara, *Scritti inediti*, 22）。

且来源于这一国家在作者们（*auctores*）所描述的古典时代世界中的样子。当埃塞俄比亚人回答道他们的国家非常广大，并且延伸远至印度的时候，他们遇到了一个事实，即托勒密，"一位非常有技巧的陆地和天空的测量者，他们在希腊人和我们中都享有极高的权威"，通过两个海湾和一个大海以及陆地的不同区域将埃塞俄比亚和印度分开。他的地图建立在这一观点的基础上，同时由枢机主教提出的反对意见不仅反映了"熟知的希腊和罗马的历史"(Romanae et Graecae historiae peritiores)，而且反映了这样的事实，即托勒密被认为是一位最高的权威。如果埃塞俄比亚人所说的是真实的话，那么我们如何解释古典时代的无知？在埃塞俄比亚人进行回答之前，比翁多通过讲述位于梅罗伊（Meroë）以南的任何地方，也就是托勒密定义为"未知的埃塞俄比亚大陆"(terra Aethiopiae incognita)，是没有人居住的，勾勒了古人这一观点的基础[164]。

大量人文主义者似乎分享了这一世界地理学和地图学的概念，将托勒密看成是一位至高无上的权威。比翁多未敢苟同，将菲拉斯垂在 10 多年前提出的观点向前推进，他写到"我们非常明确地知道，托勒密对于北方的很多事物是无知的，最为典型的就是不列颠海之外的 50 座岛屿，以及与亚得里亚海类似的海湾，其海岸是由信仰基督教的民族居住的"。那些"岛屿"是否意指格陵兰岛？无论答案如何，我们知道比翁多提到的海湾毫无疑问就是波罗的海。可能的是，他熟悉克劳迪乌斯·克拉乌斯地图（一个副本现在知道在会议期间出现在佛罗伦萨）。他从这些观察得出的结论就是，"这位托勒密，他只知道埃塞俄比亚朝向我们的很小一部分——包括在埃及之中——由此必然不了解之外的地区和国家"[165]。

比翁多不是唯一一位通过阅读古人的著作而对同时代的世界产生了好奇的人。波焦，其只是收到了尼科洛·德孔蒂（Niccolo de' Conti）的叙述，还向埃塞俄比亚人询问了尼罗河(Nile) 的源头。他的问题揭示了在同时代原始材料的基础上更新托勒密和古代地理学的一种明确尝试，以及试图通过他自己的工作来增加关于世界的知识的努力[166]。然而，正是奇里亚科·德安科纳（Ciriaco d'Ancona)，他最为清晰地显示了一种遵循托勒密的脚步的决定，因而揭示了古物搜集的兴趣与托勒密《地理学指南》的相遇可以如何导致地理学的研究。奇里亚科是一位尤其有趣的人物，因为他的背景和智力训练与那些他的人文主义朋友存在极大差异[167]。实际上，他接受的是作为一名商人的教育，并且自学了人文学（*studia humanitatis*)，从未很好地掌握希腊语和拉丁语。他曾前往爱琴海进行过多次旅行，在 1429 年至 1430 年冬季的那次中，他拜访了埃迪尔内（Andrinople)，在那里他购买了大量希腊语

---

[164] Nogara, *Scritti inediti*, 22—24 中的引文。

[165] Nogara, *Scritti inediti*, 24 中的引文。

[166] Poggio Bracciolini, *De varietate fortunae*, ed. Outi Merisalo (Helsinki: Souomalainen Tiedeakatemia, 1993), 174.

[167] 参见 Jean Colin, *Cyriaque d'Ancône: Le voyageur, le marchand, l'humaniste* (Paris: Maloine, 1981), 和 Roberto Weiss, "Ciriaco d'Ancona in Oriente," in *Venezia e l'Oriente fra tardo Medioevo e Rinascimento*, ed. Agostino Pertusi (Florence: Sansoni, 1966), 323 - 37; 重印在 Roberto Weiss, *Medieval and Humanist Greek: Collected Essays* (Padua: Antenore, 1977), 284 - 99。对奇里亚科在人文主义者中地理学兴趣发展中发挥的作用进行了冗长的讨论，参见 Giuseppe Ragone, "Umanesimo e 'filologia geografica': Ciriaco d'Ancona sulle orme di Pomponio Mela," *Geographia Antiqua* 3 - 4 (1994 - 95): 109 - 85。

的稿本，其中一部分是土耳其人掠夺萨洛尼卡（Salonica）的战利品[168]。其中之一就是《地理学指南》的一个副本，他将这本著作称为是坐标的来源（因而揭示了一种值得注意的对“数学的”兴趣，这在当时是少有的）[169]。大量奇里亚科同时代的人，对他的地理学知识进行了评论。在一封颂词（*laudatio*）形式的时间为1442年的信件中，帕多瓦的主教雅各布·泽诺（Jacopo Zeno）列出了奇里亚科撰写的作品，强调了他基于天文学知识对陆地空间布局的
311 研究[170]。另外一个重要的评论来自安东尼奥·莱奥纳尔迪（Antonio Leonardi），一位威尼斯的地图学家（本文稍后对其进行更为详细的讨论）。在一封1457年的信件中，莱奥纳尔迪谈到了奇里亚科的航行，“他漫游了几乎所有的世界”[171]。同时奇里亚科的传记作者不仅列出了他的航行，而且强调他是一个对知识有着渴望的人，“他，在世界上是孤独的，在杰出的地理学家亚历山大的克劳迪乌斯·托勒密之后……敢于去旅行，观察和探索这一世界……并且，如同我们经常从他的嘴中听到的，这一世界中位于最为遥远的大洋彼端的每件事物，并且即使远至图勒和其他世界的偏僻角落，他都亲自前往观察和检验过”[172]。

实际上，考虑到修辞方面的夸张，我们在这里所看到的是一位新的托勒密，并且随着埃塞俄比亚使者的到来，奇里亚科试图完成他为自己设定的部分任务。在此后的两个月内，他写信给教皇尤金四世通告他规划的一次非洲探险，在此期间他应当会见国王君士坦丁（King Constantine），也就那位派出使者的君主。尽管奇里亚科在之前一次的造访中未能抵达金字塔（1435年或1436年），但这一次他希望更往南从而抵达赛伊尼（Syene）、梅罗伊和尼罗河的源头。他正在规划一条路线，这条路线将把他带到阿蒙圣庙（Temple of Amun）附近，并使他可以抵达阿特拉斯和大西洋海岸，在那里他应当再次乘船返回意大利。从提到的地名才可以看出，显然这一旅行路线是用一幅托勒密的地图规划的[173]。那么奇里亚科做所有这些

---

[168] Francesco Scalamonti, *Vita viri clarissimi et famosissimi Kyriaci Anconitani*, ed. and trans. Charles Mitchell and Edward W. Bodnar (Philadelphia: American Philosophical Society, 1996), 57, 124 – 25, and 153 n. 101. Harflinger提出维也纳稿本地图上（ÖNB, Hist. Gr. 1）的笔迹，以及佛罗伦萨稿本（拉丁语）地图上（Biblioteca Medicea Laurenziana, Edili 175）的笔迹是奇里亚科的；参见 Dieter Harflinger, “Ptolemaios-Karten des Cyriacus von Ancona,” in *ΦΙΛΟΦΡΟΝΗΜΑ: Festschrift für Martin Sicherl zum 75. Geburtstag: Von Textkritik bis Humanismusforschung*, ed. Dieter Harlfinger (Paderborn: Schöningh, 1990), 225 – 36。真蒂莱已经阐释了前者中的地图是 Giovanni Scutariote 的作品，他还复制了文本；至于后者，其出自乔治·安东尼奥·韦思普奇（Giorgio Antonio Vespucci）之手（Gentile, *Firenze*, 80 – 82 and 193 – 95, 以及 idem, “Emanuele Crisolora,” 295）。

[169] 1440年，在一封附带了安科纳和拉古萨之间协定的献词性质的信件中（写给 Marino de Resti of Ragusa 的），奇里亚科提到了埃皮达鲁斯（Epidaurus）和安科纳的坐标（Ragone, “Umanesimo e ‘filologia geografica,’” 126）；安科纳的坐标也在他的“Itinerarium”中给出，在那里他提到了托勒密——定义为“著名的数学家（mathematicus clarissimus）”——在《地理学指南》中三次提到了这一地点（3. 1. 18; 40; 8）；参见 Ciriaco d'Ancona, *Kyriaci Anconitani Itinerarium*, ed. Lorenzo Mehus (Florence: Joannis Pauli Giovannelli, 1742), 41 – 42。

[170] Ludwig Bertalot and Augusto Campana, “Glis critti di Iacopo Zeno e il suo elogio di Ciriaco d'Ancona,” *Bibliofilia* 41 (1939): 370 – 71.

[171] 安东尼奥·莱奥纳尔迪，写给奇里亚科的一名学生 Felice Feliciano 的信件，时间是1457年10月5日，在 Scalamonti, *Vita*, 196中。编纂者没有认为撰写者是莱奥纳尔迪。

[172] Scalamonti, *Vita*, 26 – 27.

[173] 佛罗伦萨稿本的文本，Biblioteca Medicea Laurenziana, XC inf. 55，被部分地和不太准确地出版于 C. C. van Essen, “Cyriaque d'Anconeen Egypte,” *Mededelingen der Koninklijke Nederlandse Akademie van Wetenschappen*, *Afdeling Letterkunde* 21 (1958): 293 – 306, esp. 304 – 6。还有其他版本，在 Gentile, *Firenze*, 175—77 中被提到（佛罗伦萨稿本中信件的时间在175页被认为是1442年，在177页被认为是1441年）。

的目的是什么？毫无疑问，一个目的就是查看古代遗迹和铭文（奇里亚科是一位狂热的收藏者）。另外一个就是寻找到祭祀王约翰的国度，而当时正在寻求这一国度的帮助以抵抗穆斯林。但还存在一个进一步的理由：渴望真正遵循托勒密的脚步，并且通过实际经验来完成和改进他的著作[174]。

在托勒密世界图像的这一讨论中发挥重要作用的另外一位人物就是教师乔治·格弥斯托士·卜列东，奇里亚科与他在希腊会面，并且当在伯罗奔尼撒（Peloponnesian）城市米斯特拉（Mistra）的时候，与他一起研究了斯特拉博的《地理学》，卜列东在米斯特拉进行教学工作（我们有着希腊人基于《地理学指南》对伯罗奔尼撒的描绘）[175]。然而，这里让我们最为感兴趣的就是，来自亲笔撰写的稿本中的一段文字，这一稿本是由迪勒出版的，在其中卜列东使用托勒密来纠正斯特拉博关于有人居住的世界形状的错误[176]。我们不知道这些摘录的时间（其中的第二章的标题是希腊语Διόρθωσις），但我们知道它们是在佛罗伦萨会议之后撰写的。实际上，卜列东告诉我们，佛罗伦萨人保罗（托斯卡内利）向他展示了一幅来自戴提亚（Dateia）的一名男子的地图，其上显示了海伯尼亚（Hibernia）和不列颠群岛，图勒以及日耳曼和文登（Wenden）的海岸，斯堪的纳维亚半岛和格陵兰岛——这段描述使我们认识到，那时在佛罗伦萨克有着劳迪乌斯·克拉乌斯地图的一个副本[177]。更为重要的是，这一地图成为考虑有人居住的地球的范围的出发点。卜列东，实质上，继续了对于俄罗斯、远东和有人居住的世界西部边界的评价，这些大都来源于托勒密。

佛罗伦萨会议上有着希腊人、亚美尼亚人（Armenians）、“罗塞尼亚人”（Ruthenian）的枢机主教［基辅的伊西多尔（Isidore of Kiev）］、尼科洛·德孔蒂、埃塞俄比亚人以及来自广泛地区的使者——他们所有人应当引发了对有人居住的世界范围以及将其封闭起来的边界的讨论，对上述问题，托勒密的《地理学指南》都做出了重要贡献。当康斯坦茨会议只是关注天主教世界的时候，这一与遥远世界的相遇开启了对托勒密著作的接受的第二个阶段。让我们在这里返回到埃塞俄比亚使者对他们土地的陈述所引发的争论。“熟知的希腊和罗马的历史（Romanae et Graecae historiae peritiores）”，在比翁多的《罗马帝国衰亡史》中被提到以为托勒密的观点的辩护，且用于反对那些似乎与其矛盾的陈述，其中包括同时代的人文主义者。然 312
而，比翁多，以及波焦和奇里亚科·德安科纳，代表了另外一种人文主义的潮流，有着对一种更为批判性的方法的关注：托勒密并不是一个绝对权威，并且有理由将他的地图与当代世界的

[174] 奇里亚科宣称的来自赫拉克勒斯之柱（Columns of Hercules）的一段伪造的铭文，揭示了对他自己渴望的某种讽刺性评价：“奉献给死者的圣灵，如果你愿意的话，请阅读。我是迦太基的疯子赫里奥多鲁斯（Heliodorus），命令他们让我在世界边缘的大理石棺中不朽，这样我就可以看到是否有人为了来看我而比我更疯狂地来到这个地方。”*Corpus Inscriptionum Latinarum*，2：18 *（149 *）；参见 Roberto Weiss，*The Renaissance Discovery of Classical Antiquity*（Oxford：B. Blackwell，1969），141。

[175] 真蒂莱注意到人文主义者对斯特拉博和迪奥多鲁斯·西库鲁斯的兴趣可能是由卜列东唤起的；参见 Sebastiano Gentile，“Giorgio Gemisto Pletone e la sua influenza sull'Umanesimo fiorentino，” in *Firenze e il concilio del 1439*：*Convegno di studi*，ed. Paolo Viti，2 vols.（Florence：L. S. Olschki，1994），2：813 –32，和 idem，*Firenze*，168，意大利人文主义者质证托勒密和斯特拉博的观点的历史目前还没有进行过研究；对于斯特拉博的接受也没有得到真正的研究。

[176] Aubrey Diller，“A Geographical Treatise by Georgius Gemistus Pletho，” *Isis* 27（1937）：441 –51；重印在 *Studies in Greek Manuscript Tradition*，by Aubrey Diller（Amsterdam：Adolf M. Hakkert，1983），371 –82。对比 Gentile，*Firenze*，165 –68。

[177] Diller，“Geographical Treatise，” 443.

证据进行比较。开放性思维与封闭性思维是两个立场，在14世纪后半期应当划分得甚至更为清晰。对于某些人而言，托勒密应当成为一个难以逾越的模型，但是其他人则使用他的地图作为探索世界的方法，而这个世界尚未定义且正在通过在新世界的发现而被逐渐扩展。然而，这两种思想潮流在一件事情上是相同的：与"投影"有关的问题，与一个球体应当如何被描绘在一个平面上有关的问题，而如同大多数人文主义者那样，这一问题位于他们的兴趣之外，使得《地理学指南》的主要部分依然没有发挥作用。这一状况毫无疑问归因于与此相关的较早的呈现模型的持久不变。没有人认为圆形的世界地图（*mappaemundi*）或航海图是过时的。同时，如同我们看到的，在1432年，让·夫索利认为托勒密是一本"航海图之书"的作者，这一错误的认定最能揭示这一天文仪器制作者所持的观点，即使非常容易看出将托勒密与航海图联系起来的原因，毕竟两者都有着一种准确的呈现方式。

托勒密和其他地图学类型的对比

1. 在德意志南部和上奥地利（Upper Austria）（1450年前后）

正如我们已经看到的，在一个可能非常接近于安格利《地理学指南》译本的日期，一位德意志学者撰写了一部致力于"投影"模型的几何学的评注。知道这一人物的名字以及了解他所工作背景的某些情况应当是有趣的。尽管那是不可能的，但毫无疑问作为评注的一部分的坐标表格也出现在了由弗里德里希制作的慕尼黑的科学稿本中，弗里德里希，一位在拉蒂斯邦的圣埃默兰的僧侣，档案显示他在1445年至1464年之间从事工作[178]。这些稿本中的一部复制于1447年至1451年之间，其尤其重要，是因为其包含了关于天文学和地理学的一个文本汇编——其中包括《地理学指南》——以及后来作为杜兰德重建他称之为慕尼黑"宇宙志"和"克洛斯特新堡的中欧地图"的基础的地理坐标列表[179]。这一材料的汇集值得更为深入的研究。

形式和笔迹揭示，在这一稿本中《地理学指南》的文本是一个包含有各种疏忽——此后制作良好——以及各种读物（*variae lectiones*）的工作副本，最为重要的是，在给出坐标的

---

[178] 这一弗里德里希被杜兰德认为名字为"Amann"，其基于慕尼黑稿本 fol. 106v 上最后的注释，Bayerisches Staatsbibliothek，Clm 14504："Conscriptum per fratrem Fridericum Aman"（由修士 Fridericus 撰写的）。"Aman"被一个破折号所叠压，这说明其可能是"Amanuensis"的缩写（Grössing，*Humanistische Naturwissenschaft*，128）。基于书写的笔迹特点，同样可以解读为"Amen"，是一段文本最后一段通常的结尾。这一弗里德里希已经被确定为是在修道院记录中提到的 F. Gerhardt，参见 Bernhard Bischoff，*Mittelalterliche Studien*：*Ausgewählte Aufsätze zur Schriftkunde und Literaturgeschichte*，3 vols.（Stuttgart：Anton Hiersemann，1966 – 81），2：128 – 29。最近认为在 St. Emmeran 有两位"Friedrichs"，唯一的证据就是 Clm 14504 上的题名，参见 Elisabeth Wunderle，*Katalog der lateinischen Handschriften der Bayerischen Staatsbibliothek München*：*Die Handschriften aus St. Emmeram in Regensburg*（Wiesbaden：O. Harrassowitz，1995 – ），1：xiv。Clm 14504 和 14583 上的 Fridericus 被认为与"Fridericus Ammon de Wysenfelt"是同一人，其于1427年在 University of Leipzig 注册为 Bavarian "nation（国民）"，参见 Georg Erler，ed.，*Die Matrikel der Universität Leipzig*，3 vols.（Leipzig：Universität Leipzig，1895 – 1902），1：94。Bernleithner 已经试图将1421年作为"Fridericus de Klosterneuburg"绘制的克洛斯特新堡"中欧地图"的日期，这一地图似乎基于另外一个坐标列表，并且杜兰德将其作者认为是"Magister Reinhardus"；这一观点在各种论文中被提出，但是没有任何被引证的证据；参见，最近的，Ernst Bernleithner，"Die Klosterneuburger Fridericuskarte von etwa 1421，" in *Kartengeschichte und Kartenbearbeitung*：*Festschrift zum 80. Geburtstag von Wilhelm Bonacker*，ed. Karl-Heinz Meine（Bad Godesberg：Kirschbaum，1968），41 – 44。关于这一点，对于格罗辛（Grössing）的批评（*Humanistische Naturwissenschaft*，129 – 30）没有回应。

[179] Munich，Bayerische Staatsbibliothek，Clm 14583.

图形中。为了复制地更为迅速，弗里德里希遵循了他原创的一套惯例和符号制度[180]。文本是秩序混乱的，而《地理学指南》的一些雕版（有时包括有重复的段落）被各种类型的文本分割，最为显著的就是对四幅地图的描绘，这些很好地揭示了，作者是如何看待这类工艺品的[181]。文本产生了令人感兴趣的一个问题，“按照几何学”（*durch punkten und parten*）绘制的世界，其使得给出地点的位置成为可能，制造了一种使得统治者可以查看王国之间经济关系的有用的呈现。托勒密在地图的这一描绘中只有一种不连续的存在；他的作品被提到——与 313
“教皇奥诺里于斯（Pope Honorius）”（奥诺里于斯·奥古斯托度南西斯）的“宇宙志（Kosmagraphia）”[182]、“注释”（*Lucidarium*）和威尼斯的马克（Mark the Venetian，马可·波罗）以及帕皮纽斯·梅利斯（PaponiusMelis，庞波尼乌斯·梅拉）的作品一起——作为第一幅地图的资料之一，与各种作者的这些著作没有区别开来。对亚历山大人的唯一的另外一次的提及，就是将这些地图所显示的区域看成是有人居住的世界的范围：数字有着变化，但托勒密（其测量了南北的距离）被与亚历山大和埃库莱斯（Hercules）（他们测量了东西的距离）列在了一起[183]。最后，对于气候的提及使这些著作通常被看成与占星术存在联系。然而，我们不能推测的过多。

这一说法也适用于杜兰德试图按照在同一稿本中发现的很长的地名列表重建的“宇宙志”[184]。按照杜兰德的观点，这些列表是有助于记忆的工具或者是可以被用于重建使用源于阿拉伯的“一种方位角投影”绘制的地图的工作文档[185]。真相就是，列表中使用的坐标系统地揭示了缺乏东方的影响，且更关注于实际，其与托勒密并无关系。一个圆周或者半圆被分成30°的部分（*signa*），而每个部分（*signum*）被分为分（*minuta*）——而这就是“经度”的基础。“纬度”然后就沿着被探查的线条进行测量。无论这一系统的起源是什么，但将其描述为一种投影应当是错误的；表格被意图用来提供重建已经存在的地图的方法。为工匠或画家提供了校正、变型和准确性的说明。所有这些都明确表明了，这些提供了一种关于世界的准确图景的地图被严肃对待。然而，当为了它们的地名而使用各种材料（最为主要的就是航海图或所谓的过渡时期的地图）的同时，这些列表只是将《地理学指南》作为一个非常次要的材料来使用[186]。存在一个标题为“新宇宙志”（Nova cosmographia）的表格，其描述了一个非常大的圆形地图，其中有一些与某些数据的有效性有关的第一人称的评注，同时这一表格向读者提到一部据说包含有更为准确的信息的著作（*liber*）。而那部著作似乎并不

---

[180] fol. 131r上的列表是不完整的；在文本中，缩略语有时被“翻译”在各行之间。被提到的特征是*mons*，*montes*，*promontorium*，*insula*，*ciuitas*，*ciuitates*，*uilla*，*fluuius*，*fluuii ostia*，*emporium*，*portus*，*fons*，*fontes*，*orientalis*，*tabula*。

[181] Durand，*Vienna-Klosterneuburg Map Corpus*，371－73. 尽管与杜兰德的“宇宙志”存在一些相似性，但这些文本并不可能是对这类作品的描述；它们提到了1度的数值，用英里作为单位，但不可能与使用它们重建的地图相符合。

[182] 文本是“……世界……通过宇宙志和托勒密而被描述”。

[183] 杜兰德在提到埃库莱斯时犯了一个错误；这与赫拉克勒斯之柱（*GadesHerculis*）没有关系，而是几何学家埃库莱斯的名字，他也是斯塔德（*stadium*）的发明者。

[184] Durand，*Vienna-Klosterneuburg Map Corpus*，374－476.

[185] 据说，复制了在一份1426年稿本（BAV，Pal. Lat. 1368，fols. 63v－64r）中进行了部分描绘的天球仪的投影模式，并且在维也纳稿本中有着完整的描述，ÖNB，5415，fols. 168r and 170v. Saxl，*Verzeichnis astrologischer und mythologischer illustrierter Handschriften*，24－25 and 30。

[186] 地名和位置应当非常仔细地与那些《地理学指南》中给出的进行了比较。无论如何，杜兰德在他的重建（pls. X，XI，and Ⅻ）中给出的河流和海岸非常精确的轮廓是纯粹的异想天开；坐标的数量不允许将它们绘制得这样详细。

是《地理学指南》[187]。

而且，托勒密的著作在确定地图的结构和内容方面都没有发挥重要的作用[188]。在这里的是一个综合地图学的例子，采用了所有可以使用的资料，其中包括航海图，来改进现存的世界图像（*imago mundi*）[189]。在这一作品被绘制的背景中——一个可能的假设就是赖兴巴赫（Reichenbach）修道院，其僧侣以他们天文学著作而闻名——托勒密是一个受到尊重的名字，一位必须要提到的权威，但他依然只是各种权威之一[190]。

与这一"新宇宙志"相近的现存地图并不与这一结论相矛盾。我们可以发现对于1448年的安德烈亚斯·瓦尔施佩格地图而言，无论是在轮廓上还是在细节上，托勒密的影响都是非常不明显的，这幅地图是詹姆斯·福特·贝尔藏品（James Ford Bell Collection）中的地图学的残片，对于蔡茨（Zeitz）稿本中地图的影响也是如此[191]。瓦尔施佩格地图之下的一段文本使我们想起了慕尼黑稿本中描述性文字的形式和结构（Clm 14583）；其同样强调了几何学和距离的准确测量，同时其提到了托勒密与航海图的关系[192]。

杜兰德认为所有这些著作最终导致了一幅"中欧地图"，这幅地图标志着托勒密由此被替代和抛弃的这一过程的顶峰[193]。然而，这一逐渐和渐近的知识积累的简单化的观点建立在
314 一种对事实的操控理解的基础上。而且，之前讨论的文献使我们得出两点更为审慎的结论。首先，在15世纪的最初三分之一时期的末尾，托勒密的权威使得那些渴望尊重普遍被持有的观点的地图学家感到必须要对其进行引用，即使他们没有使用他的著作[194]。其次，在德语国家如此早就显示出来的对于准确性的关注似乎并不来源于对《地理学指南》的研究。这一综合性的地图学依然需要更为详细的研究，但是其似乎已经成为一种自发的现象，其萌发于某些艺术机构和修道院对天文学和占星术的兴趣，尤其是那些德意志南部的和上奥地利的，在那里，这种研究是最为先进的。除了"中欧地图"的问题之外，清楚的是这些地图

---

[187] 例如Durand, *Vienna-Klosterneuburg Map Corpus*, 427 and 433 – 34。

[188] Fritz Bönisch, "Bemerkungen zu den Wien-Klosterneuburg-Karten des 15. Jahrhunders," in *Kartengeschichte und Kartenbearbeitung: Festschrift zum 80. Geburtstag von Wilhelm Bonacker*, ed. Karl-Heinz Meine (Bad Godesberg: Kirschbaum, 1968), 45 – 48.

[189] 慕尼黑稿本中坐标表格的一个部分——标题为"Schyfkarten id estquarta pars descripcionis terre"（Clm 14583, fols. 300r – 312r）——来源于一幅或者多幅航海图（Durand, *Vienna-Klosterneuburg Map Corpus*, 218 – 24 and 457 – 76）。

[190] 在之前提到的圆形地图的描述中，托勒密和庞波尼乌斯·梅拉之间的联系说明了意大利人文主义的影响。

[191] 瓦尔施佩格地图是在BAV, Pal. Lat. 1362中；蔡茨稿本是在Stiftsbibliothek, Hist. Fol. 497。Konrad Kretschmer, "Eine neue mittelalterliche Weltkarte der vatikanischen Bibliothek," *Zeitschrift der Gesellschaft für Erdkunde zu Berlin* 26 (1891): 371 – 406, esp. 376 – 77 (reprinted in *Acta Cartographica* 6 [1969]: 237 – 72); Heinrich Winter, "A Circular Map in a Ptolemaic MS.," *Imago Mundi* 10 (1953): 15 – 22; John Parker, "A Fragment of a Fifteenth-Century Planisphere in the James Ford Bell Collection," *Imago Mundi* 19 (1965): 106 – 7; 以及 Scott D. Westrem, *Learning from Legends on the James Ford Bell Library Mappamundi* (Minneapolis: Associates of the James Ford Bell Library, 2000)。

[192] 参见Clm 14583中对第一幅地图的描述，Durand, *Vienna-Klosterneuburg Map Corpus*, 371 – 73。

[193] Durand, *Vienna-Klosterneuburg Map Corpus*, 273. 将这幅"中欧地图"的作者认为是某位"Magister Reinhardus"（pp. 232 – 35）是一种纯粹的猜想。更为重要的是，在确定一部著作的时间时，将《地理学指南》的使用作为一种标准导致了错误，这些错误揭示了学者先入为主的概念。因此，我们可以给予这一"中欧地图"以一个较早的日期，认为其是在——《地理学指南》被接受之前——同时，因而并未受到其影响（Bernleithner, e. g., "Die Klosterneuberger Fridericuskarte"）；或者，我们也可以给予一个较晚的日期，并且由此揭示一种超越托勒密的运动（如同杜兰德所做的那样）。在任何一种情况下，起作用的都是非历史的推理。

[194] 参见Woodward, "Medieval *Mappaemundi*," 316。

学家所使用的方法并没有产生任何学派或者追随者，毫无疑问因为托勒密的著作并没有被发现是准确的地图学呈现的关键[195]。

2. 在威尼斯：托勒密和航海图

威尼斯，一个通常被忽略的《地理学指南》的传播中心，向我们提供了从两种非常不同类型的地图学，即航海图和“世界地图”（*mappaemundi*）的相遇发展出来的事物的详细证据[196]。安德烈亚·比安科（Andrea Bianco）是一名水手，其在威尼斯的贸易帆船上多次服务，同时他作为一名地图学者的工作对我们来说是非常有名的。最为值得注意的是，他是一套 1436 年的航海图集的作者，其中显示了他对于当时可以看到各种类型的地图学呈现方式的极大开放性[197]。与一部《马尔泰罗奥方法》（*raxon de marteloio*）一起[198]，还有六幅呈现了被诺登舍尔德不同寻常地称为“普通波多兰航海图”（the normal portulan）的不同部分的航海图；一幅显示了大西洋、地中海和黑海海岸的拼合地图；一幅圆形的世界地图；以及一幅托勒密的世界地图。这一整合方式揭示出，地图集被整合在一起并不是作为航海的实际工具，而是作为一种现存知识的纲要[199]。这些地理空间的呈现方式，在价值方面没有差异；认为威尼斯地图学家的意图是对比“旧的”地理学概念与产生于对托勒密的研究和卢西塔尼亚（Lusitanian）探险航行的那些“新的”概念，应当是一种纯粹错误的想法[200]。比安科的图集是一个世界图像的并置，这些地图绝对不能被看成是矛盾的，其是相互补充的。每幅图像各自的特性都对世界知识做出了特定的贡献。

尽管比安科地图集的剩余部分是同时代的[201]，但托勒密的世界地图其并不意图作为对其他地图学呈现类型的一些暗示性的批评。不仅如此，其在那里是作为对可用地理调查工具的补充。我们应当有兴趣知道比安科是如何获得绘制这一地图所需要的绘图学技术知识的。已经得出的判断就是，这一世界地图与梵蒂冈图书馆中的一部托勒密图集中的世界地图（图 9.1）之间有着相当明显的相似性[202]。菲舍尔将后一绘本的制作者认为是帕拉·斯特罗齐的儿子诺弗里的作坊，其据说于 1458 年在帕多瓦对它进行的复制；但是可能有些老了，并且当帕拉·斯特罗齐于 1424 年被驱逐到帕多瓦的时候，他可以与帕拉·

---

[195] 由其产生的著作就是推测是由尼古劳斯·库萨绘制的地图（但是，就我看来，并没有确信的证据），地图刻版于 1491 年，地点是 Eichstätt，这一地图发现于亨利库斯·马特尔鲁斯·日耳曼努斯的稿本和埃哈德·埃兹洛布的《通往罗马的道路图》（*Rom Weg*）中（Durand，*Vienna-Klosterneuburg Map Corpus*，251－70）。

[196] 关于威尼斯人对《地理学指南》的接受的一项深入研究，参见 Angelo Cattaneo，“Letture e lettori della Geografia di Tolomeo a Venezia intorno alla metà del Quattrocento，” *Geographia Antiqua* 13（2004）：41－66。

[197] Tony Campbell，“Portolan Charts from the Late Thirteenth Century to 1500，” in *HC* 1：371－463，esp. 432－33. 1436 年的航海图在威尼斯，Biblioteca Nazionale Marciana，Ms. It. Z. 76；参见影印本 Andrea Bianco，*Atlante nautico*，1436，ed. Piero Falchetta（Venice：Arsenale，1993）。

[198] Campbell，“Portolan Charts，” 441－42.

[199] Bianco，*Atlante nautico*，10.

[200] Falchetta 认为圆形世界地图是一种“宗教”地理学和一种“道德说教”宇宙志的表达方式（Bianco，*Atlante nautico*，10）。值得重复的是，对于比安科和他同时代的人而言，世界地图与任何航海图或托勒密的《地理学指南》一样有着关于世界的真实空间的丰富信息。

[201] 由于缺乏对稿本的抄本的全面研究，因此对这一点无法完全肯定。Falchetta 只是将自己限定于一般性的注释。

[202] Gentile，*Firenze*，pl. XI. 真蒂莱宣称，比安科的平面球体图来源于一个独立于抄本 Urb. Gr. 82 的希腊模型。这同样暗示，威尼斯的海军将领（*ammiraglio*）应当可以接触到《地理学指南》的其他希腊语抄本，这些抄本或已经散佚，或者我们现在不知道；参见 Gentile，“Umanesimo e cartografia，” 9－10，也可以参见 Bianco，*Atlante nautico*，25。

斯特罗齐一起前往了这座城市[203]。无论与这些关于梵蒂冈地图集的理论有关的事实到底如何，将这一地图集与比安科的地图集进行比较并不能得出存在大量相似性的结论。例如，在对西非水文的描述上存在相当大的差异。另一方面，已经正确注意到的就是，这一世
315 界地图上的海岸线似乎是由一位航海地图学的专家绘制的。三个地中海的半岛被显示为它们在航海图中的样子；最为值得注意的是，意大利并没有被显示为在托勒密地图中那样的东西向。而且，威尼斯的副本包括有一些提到了有人居住的球体的范围的注释。给出了英里与1°的换算值（因而也有着有人居住的世界的面积和地球的周长），还有不同纬线的长度值。

由于米拉内西的著作，我们可以更为深入地研究威尼斯人对于《地理学指南》的反应[204]。一部 BL 稿本来源于意大利北部，并且时间可以确定为是在 1450 年之前（归因于水印，我们可能将其确定为是在这一世纪的第二个二十五年的某一时间）。这一文本和地图的汇编揭示了对托勒密地图学的仔细研究。然而，制作了这一稿本的人并未对与呈现模式有关的问题感兴趣。尽管他使用那些来源于其他稿本的材料进行了文字校勘，并且与他在普林尼著作中读到的进行比较，但作者根本没有在第 1 书和第 7 书中进行注释。粗糙的拉丁文和抄录中的错误揭示，作者并不是一位人文主义者，这是通过 18 幅区域地图得出的推论[205]。从托勒密那里搜集的信息，在对于遥远区域的描述中是最为明显的，而其他地区则模仿自航海图，并且与在安德烈亚·比安科的图集中看到的那些地图相似。所有这些特征导致我们将这一作品确定为是来自威尼斯的，而不是来自其他意大利北部的中心。熟悉航海地图学，作者似乎让自己从事于使用已经掌握的知识和技术方法来理解《地理学指南》的任务，因而根据他最为熟悉的地图来解释这本书。基于各个区域用现代名称取代了古代名称，他同样在对其进行更新方面做出了一些努力。因而，这是一本技术人员的著作，其尝试通过将这一著作与其他呈现类型放在一起来解决《地理学指南》带来的问题。

注意力已经集中到了一部到目前为止被遗忘的重要和有趣的稿本，这部稿本与威尼斯人对《地理学指南》的接受有关。一部用意大利语撰写的工作稿本，展示了一位可能并不是威尼斯人文主义圈子中的成员的作者，努力去理解托勒密著作最为核心的部分，即所谓的投影，并且将它们适应于 15 世纪同时期的地理学知识。这一佚名的作者翻译了《地理学指南》的大部分，尤其是理论方面的各书。这应当是最早进行的将托勒密作品翻译为地方语言的工作，是在贝林吉耶里用三韵体诗撰写的《地理学的七日》之前几年，这本书我们将稍后讨论。这一抄本包括了对“投影”理论及其实践的一个批判性分析，尤其提出将第一

---

[203] 真蒂莱将其称作“《地理学指南》拉丁文地图最古老的稿本”，这一判断还没有被证明（*Firenze*, 84）。

[204] Marica Milanesi, “A Forgotten Ptolemy: Harley Codex 3686 in the British Library,” *Imago Mundi* 48 (1996): 43 – 64.

[205] 米拉内西支持了这样的论断，即他知道天文学的论据并不具有完全的说服力：书写为 *paralellus* 而不是 *parallelus*，并不是非常重要的（Milanesi, “Forgotten Ptolemy,” 54 – 55）。区域地图如下：Ireland (fol. 12r); Tille, Scotland, and England (fol. 13r); Iberian Peninsula (fol. 15r); France (fol. 20r); Germany (fol. 23r); Italian Peninsula with islands and part of Balkans (fols. 28v – 29r); Corsica (fol. 31v); Sardinia (fol. 32v); Sicily (fol. 33v); Greece (fol. 34v); Euboea (fol. 36r); Crete (fol. 36v); the north and west coasts of the Black Sea (fol. 41v); the region east of the Caspian Sea (fol. 98r); central and eastern Asia between “Sogdii Montes” and *terra incognita* (fols. 98v – 99r); the Strait of Gibraltar and northwest Africa (fol. 99v); the Baltic and Scandinavia (fol. 100r); Eastern Europe (fols. 100v – 101r)。Milanesi, “Forgotten Ptolemy,” 45。

投影扩展到赤道以南至63°S的区域。通过这一“投影”，即所谓的 *dopea figura*，作者清晰地显示了将托勒密的方法应用于一个较大的有人居住的世界的需要。然而，这并不是唯一的创新。在抄本的剩余部分，其提供的对于有人居住的世界的地理描述不仅基于托勒密，而且基于其他古典作者［普林尼、索里努斯（Solinus）、尤利乌斯·凯撒（Julius Caesar）和塔西佗］以及一位现代旅行者（马可·波罗）。这一描述被一些概要地图所展示，在这些地图中，小十字被放置在一个小的平面球体图上，标明了有人居住的世界中的一个区域，而这一区域然后由放置在同一页上通常位于其下侧的一个放大的区域图所展示[206]。

3. 在威尼斯：弗拉·毛罗的世界地图

我们最后一个例子与之前的非常不同，然而在概念框架上与它们非常接近。这一作品是由弗拉·毛罗制作的，关于他，我们只是知道是一位穆拉诺（Murano）的圣米歇尔（San Michele）修道院的卡马尔多利僧侣，以及他绘制了各种地图。他的作品中唯一保存下来的例子就是威尼斯圣马可图书馆中的世界地图（*mappamundi*），其被推断是由葡萄牙国王阿丰索五世于1457年委托制作、1459年交付的一幅地图的副本；最近，卡塔内奥（Cattaneo）用很好的证据支持了相反的顺序，而将弗拉·毛罗地图的时间确定为在1448年至1453年之间[207]。尽管有证据揭示，弗拉·毛罗的影响非常值得注意地延伸到了16世纪，但是还没有 316
评估在意大利之外的这种影响[208]。

弗拉·毛罗的地图通常被描述为“中世纪”——或者清晰的“古代风格”——地图学最后的例子。基本上，这是一个正确的评价。这一世界地图（*mappamundi*）充满寓意性的细节，揭示了被撰写的文本与地图之间的一种密切联系，并且显然是由一种呈现关于宇宙的知识的概要的渴望所驱动——所有特点都将其置于世界地图（*mappaemundi*）的传统之中。其他学者已经聚焦于地图学家思想的独立性和他对他的材料的个人思考。他被判断为反对他那个时代的宗教和学术偏见，喜好从直接经验中搜集到真实的事实和信息，因而在他的作品

---

[206] 这一抄本（Venice, Biblioteca Marciana, It. Cl. Ⅵ, 24）需要进一步深入研究，这一研究正在由 Angelo Cattaneo 进行，他已经在“Letture e lettori della Geografia di Tolomeo,”47—55中发表了他调查的初步结果。

[207] Angelo Cattaneo, “Fra Mauro *Cosmographus Incomparabilis* and His *Mappamundi*: Documents, Sources, and Protocols for Mapping,” in *La cartografia europea tra primo Rinascimento e fine dell'Illuminismo*, ed. Diogo Ramada Curto, Angelo Cattaneo, and André Ferrand Almeidà (Florence: Leo S. Olschki, 2003), 19 - 48, esp. 29 - 30. 较早的文献包括 Roberto Almagià, *Monumenta cartographica Vaticana*, 4 vols. (Vatican City: Biblioteca Apostolica Vaticana, 1944 - 55), vol. 1, 以及 idem, “Presentazione,” in *Il mappamondo di Fra Mauro*, ed. Tullia Gasparrini Leporace (Rome: Istituto Poligrafico dello Stato, 1956), 5 - 10。在 Alfredo Pinheiro Marques, *A maldição da memória do Infante dom Pedro*: *E as origenes dos descobrimentos portugueses* (Figueira da Foz: Centro de Estudos do Mar, 1994) 中有不同的观点。还应当阅读 Luciano Tajoli, “Die zwei Planisphären des Fra Mauro (um 1460),” *Cartographia Helvetica* 9 (1994): 13 - 16。

[208] 梵蒂冈地图，BAV, Borgia V，其非常类似于圣马可的世界地图（*mappamundi*），可能是在弗拉·毛罗的作坊制作的。参见 Heinrich Winter, “The Fra Mauro Portolan Chart in the Vatican,” *Imago Mundi* 16 (1962): 17 - 28，其中地图说明文字的著录非常不准确；与论文的标题相矛盾，这并不是一幅航海图。安杰洛·弗雷杜奇绘制的航海图集中的5页，时间是1556年，也非常近似（Giuseppe Caraci, “The Italian Cartographers of the Benincasa and Freducci Families and the So-Called Borgiana Map of the Vatican Library,” *Imago Mundi* 10 [1953]: 23 - 49），乔治·西代里绘制的一幅航海图也是如此（Il Callapoda），时间为1541年（Antonio Ratti, “A Lost Map of Fra Mauro Found in a Sixteenth Century Copy,” *Imago Mundi* 40 [1988]: 77 - 85）。尽管由阿尔马贾、卡拉奇和拉蒂提出了证据，但这些作品之间的关系并不是那么简单和直接。当然其他地图必然是在弗拉·毛罗作坊制作的，否则就是从那些作品复制的。

中获得了更为确定的结果[209]。弗拉·毛罗对于托勒密权威的批判在这一相当简单的观点中发挥了重要作用；但意识到知识来源于经验，由此促使弗拉·毛罗去衡量与托勒密模型相反的经验事实，这样的判断应当更为接近实际情况[210]。然而，即使如此，我们不能过分夸大；威尼斯地图学家对于托勒密的态度远远不是那么直截了当的。

首先，必须指出托勒密是一位经常被引用的作者，而且是唯一一个被批评的名字。弗拉·毛罗正在煞费苦心地指出托勒密的错误——他的大部分常见的批评都与托勒密世界图像中的缺陷有关——关于一个特定区域的面积的错误，以及托勒密所称为的未知大陆以及甚至那些他根本不知道的地理特征（例如，波罗的海）[211]。通常，是指名道姓的批评。弗拉·毛罗关注于自古典时代之后区域名称的变化，并且为使用古代的名称将会在那些并不“博学”的人的头脑中产生混淆而感到忧虑[212]。在这一背景下，弗拉·毛罗诉诸经验也就是可以被理解了。清楚的是，对于葡萄牙人沿着非洲海岸航行的发现的著名提及——回应了可居住的世界的南部边界并没有被水封闭的错误思想——最初是直接针对托勒密的，即使没有提到他的名字[213]。但是弗拉·毛罗还表达了对托勒密著作的赞赏，接受了他关于亚洲和非洲界线的观点，并且——只是基于他的权威——忽略了一个有错误的定义[214]。即使这些可能只是细节，但它们意味着任何将弗拉·毛罗对于托勒密态度重建为直接拒绝都是过于尖锐的，这种态度必然是微妙的。弗拉·毛罗意识到了托勒密系统的优点和缺失。在他的地图北部的两段说明——朝向地图的底端，因而是显而易见的——认识到他自己的著作并不完美，同时它们还回答了那些谴责他没有“观察”托勒密的“经线和纬线”的人的批评[215]。他的反应揭示了基本的规律被遵循：如果他使用了托勒密的系统，那么他应当不得不省略掉很多托勒密不知道的区域，因为没有那里的坐标。因而，弗拉·毛罗毫无疑问比其他人更多的意识到，《地理学指南》不是一个不得更改的（*ne varietur*）模型，而是提出一种方法的促进因素。当条件（在意大利，至少）还不适合这种发展的时候，弗拉·毛罗在用航海地图学改进世界地
317 图（*mappaemundi*）的传统中没有发现矛盾之处。本质上，由此产生的作品的百科全书式的性质似乎对他而言比某些局部精密的成就更为重要。弗拉·毛罗最为清晰的批评所针对的那些人，是被他重复描述为宇宙志学者的人，对于他们，他有时在他的说明中给予了尖锐的讽

---

[209] Günther Hamann, “Fra Mauro und die italienische Kartographie seiner Zeit als Quellen zur frühen Entdeckungsgeschichte,” *Mitteilungen des Instituts für Osterreichische Geschichtsforschung* 78 (1970): 358 – 71. 给出的与可居住的和可航行的热带的概念有关的例子就是，沿着非洲海岸大西洋是否可以航行，是否可以环绕非洲航行，以及非洲的形状是什么？但是关于所有这些，弗拉·毛罗并没有说出什么不同寻常的东西。更为重要的是，似乎我们无法认定他是反对“亚里士多德的”知识的，即使他的作品反映了所有最新的对土元素球和水元素球之间关系认知方面的进步。在众多空想的判断和不充分的理论中，Marques, *A maldição da memória do Infante dom Pedro*, 184—92 尤其坚持弗拉·毛罗的“现代性”。

[210] 例如，Iwańczak，他正确地注意到，弗拉·毛罗非常尊重托勒密。Wojciech Iwańczak, “Entre l’espace ptolémaïque et l’empirie: les cartes de Fra Mauro,” *Médiévales* 18 (1990): 53 – 68。

[211] 参见由 Tullia Gasparrini Leporace 编辑的 *Il mappamondo di Fra Mauro* (Rome: Istituto Poligraficodello Stato, 1956)。错误可以在如下图版和图例编号以及抄录图例的页码（括号中的）中看到：XIV, 49 (28)；XXVII, 57 (44)；XXXI, 9 (53)；XL, 23 (62)；XLI, 27 (63)。

[212] Gasparrini Leporace, *Il mappamondo di Fra Mauro*, XXX, 89 (52); XXIII, 127 (40); XXVI, 58 (43).

[213] Gasparrini Leporace, *Il mappamondo di Fra Mauro*, XI, 2 (26 – 27).

[214] Gasparrini Leporace, *Il mappamondo di Fra Mauro*, XXIII, 51 (39), and XXVII, 68 (45).

[215] Gasparrini Leporace, *Il mappamondo di Fra Mauro*, XL, 49 (62); XLI, 21 (63).

刺性的批评。这些同时代的人，其偏见和先入之见应当被与那些质询埃塞俄比亚使者的枢机主教的偏见和先入之见进行对比，而这些人也是那些为维护托勒密的名声而辩护的人，反对在现代知识（或来源于著作，或来源于直接经验）的基础上对经典著作进行任何补充[216]。

这一通过使用航海制图学改良的"拼装"的世界地图（*mappaemundi*），绝没有使得弗拉·毛罗著作是"陈旧"的，就像不能将对托勒密世界模型的绝对信仰描述为是"现代的"。实际上，弗拉·毛罗地图毫无疑问的现代性来源于他将地图学认为是一种特殊的叙说类型。在他的说明中反复出现，他清晰地陈述道，一幅地图是全能的地图学家基于对自己能力的信心，通过操纵各种权威和新信息构建的物品，目的是建立一个关于事实的存在疑问的图像[217]。他很好地表达了这一点，当他提到从埃塞俄比亚人那里收到的地图的时候，而这些他无法包括在他的著作中，"因为那里没有自由空间的位置"[218]。与纪尧姆·菲拉斯垂40年前所做的评述一致，弗拉·毛罗的著作揭示，在《地理学指南》的接受过程中的一个本质特点：托勒密或者可以代表一个僵化的知识集合，或者可以代表一个朝向创新的开放。

4. 其他调和的努力

大量其他的没有进行很好研究的地图揭示，在整个15世纪对于托勒密地图学的运用可以有着多种形式。维尔切克－布朗（Wilczek-Brown）的稿本中只包括有地图，但是不幸的是，没有任何准确的日期。其可能来源于德意志，但是其与威尼斯存在的联系也可以得以确定。在稿本中的地图没有顾及托勒密地图中经度度数和纬度度数之间的关系。在四幅非洲地图中也有着一个完全原始的特征：赤道以外的部分被用一种梯形"投影"表示，而子午线朝向极点汇集。这幅地图似乎也存在变化。非洲本身被扩展——到纬度的大约25°——并且作为结果，在托勒密地图上描绘的事物被向南移动（图版10）。而且，非洲，其最初作为单一陆块的一部分的延伸，被纠正，因此其完全被海洋包围[219]。与其说是一位学徒的纠正（最为容易的，但不一定是最准确的解释），我在这里看到了另外一次，可能是早期的，改造地图的努力。

不是所有在威尼斯的地图学家都继续从事安德烈亚·比安科和弗拉·毛罗所进行的这种复杂的工作。在他三幅圆形世界地图（*mappaemundi*）的最后一幅中（时间是1452年），乔瓦尼·莱亚尔多似乎将一些来源于《地理学指南》的区域名称用于基于加泰罗尼亚地图学

---

[216] Gasparrini Leporace, *Il mappamondo di Fra Mauro*, X, 30 (26); XXIV, 32 (41); XXXIV, 31 (57); XXXIX, 88 (61–62).

[217] 关于作为世界的描述的掌控者的地图学家，参见 Patrick Gautier Dalché, "Weltdarstellung und Selbsterfahrung: Der Kartograph Fra Mauro," in *Kommunikation mit dem Ich: Signaturen der Selbstzeugnisforschung an europäischen Beispielen des 12. bis 16. Jahrhunderts*, ed. Heinz-Dieter Heimann and Pierre Monnet (Bochum: Winkler, 2004), 39–51。

[218] 关于地图学表达的特殊性，也可以参见弗拉·毛罗在用来表示边界的符号（点缀有树的绿线）的注释之后的评注。那些希望理解一幅地图的人，他补充道，必须用他们自己的眼睛去观察（*ad ochio*），要不就是仔细的阅读；他们必须理解风向，而且很好地掌握几何学和绘画的知识。Gasparrini Leporace, *Il mappamondo di Fra Mauro*, XL, 19 (62).

[219] 维尔切克－布朗稿本，John Carter Brown Library, Brown University, Providence, R. I.。参见 Leo Bagrow, "The Wilczek-Brown Codex," *Imago Mundi* 12 (1955): 171–74, esp. 171–72; O. A. W. Dilke and Margaret S. Dilke, "The Wilczek-Brown Codex of Ptolemy Maps," *Imago Mundi* 40 (1988): 119–24; 和 Susan L. Danforth, "Notes on the Scientific Examination of the Wilczek-Brown Codex," *Imago Mundi* 40 (1988): 125。

的对世界的描绘中[220]。大约在同一时间，一个更为具有野心和策划周密的项目，使得一位地图学家试图将来源于托勒密的数据插入一部受到圆形世界地图（*mappaemundi*）和航海制图学启发的作品中，并且填充由尼科洛·德孔蒂带到佛罗伦萨的信息。所谓的 1457 年的热那亚世界地图（*mappamundi*，“所谓的”，是因为我们对其来源一无所知）在形式上类似于杏仁（mandorlalike），必然归因于圆周在经线方向的拉伸，由此可以显示有人居住的世界在经线尺度上的范围[221]。放置于非洲海岸之外的一段铭文批评了赤道以外的未知大陆的概念，并
318 且引用庞波尼乌斯·梅拉作为关于从西班牙到印度的古代环航的经典材料[222]。地图上的各种描绘似乎来源于对托勒密地图中给出的那些描述的自由演绎，例如，非洲的水道，印度的恒河海岸以及印度半岛的末端、里海和印度河（Indus）[223]。庞波尼乌斯·梅拉和托勒密的这次结合再次成为一种人文主义环境的特征。

最后，即使圆形的世界地图（*mappaemundi*）也揭示了托勒密的影响。一幅意大利文的铜版世界地图——时间可能是 15 世纪 80 年代——将非常古老的特点（例如，位于东方的尘世的乐园的位置）与来源于综合性的世界地图（*mappaemundi*）的特点（欧洲和地中海正确的轮廓）、来源于最近的观察（南北向的里海）的事实，以及取材于托勒密的数据结合起来。尤其是在非洲的呈现上，作者似乎遵从着地理事实的两个版本：托勒密的将非洲与亚洲连接起来，这可能归因于一种看到尼罗河从尘世的天堂流出的渴望，以及来自葡萄牙人在西非海岸发现的信息，已知的最南点似乎在赤道以南 2°。总体而言，这里托勒密扮演了次要的角色，同时他的著作并没有提供呈现背后的主导原则[224]。

一幅位于 1460 年查士丁（Marcus JunianusJustinus）的“《腓力史》概要（Epitoma historiarum Philippicarum）”稿本扉页上的地图是这种改造的另外一个例子。圆形的形式使其打破亚洲和非洲之间的连接成为了可能，后者向东方的末端是在一个狭长的半岛上，其几乎抵达了邻近塔普罗巴奈（Taprobane）的一组小岛屿[225]。我们可能会提到另外一个稿本，其中包含有《地理学指南》的摘要和一个按照托勒密的标准绘制的圆形世界地图，可能是这一著作这一世

---

[220] John Kirtland Wright, *The Leardo Map of the World, 1452 or 1453, in the Collections of the American Geographical Society* (New York: American Geographical Society, 1928), 8 – 10, 和 *The World Encompassed: An Exhibition of the History of Maps Held at the Baltimore Museum of Art October* 7 *to November* 23, 1952 (Baltimore: Trustees of the Walters Art Gallery, 1952), No. 21。

[221] Florence, Biblioteca Nazionale, Port. 1.

[222] Edward Luther Stevenson 在 *Genoese World Map, 1457: Facsimile and Critical Text Incorporating in Free Translation the Studies of Professor Theobald Fischer, Rev. with the Addition of Copious Notes* (NewYork: DeVinne Press, 1912), 8 and 56 中给出的文本是不正确的。

[223] Stevenson, *Genoese World Map*, 22, 31 – 32, 34, and 57.

[224] Erich Woldan, “A Circular, Copper-Engraved, Medieval World Map,” *Imago Mundi* 11 (1954): 13 – 16. 德东布斯给出的描述是完全错误的；参见 Marcel Destombes, *Catalogue des cartes gravées au XVe siècles* ([Paris?], 1952), 90 – 91。而坎贝尔给出的则是非常准确的，但是在他对海岸线的直接观察、“中世纪的迷信”和“托勒密的规定”进行了调和的最终结论中存在一个明显的错误；参见 Tony Campbell, *The Earliest Printed Maps, 1472 – 1500* (London: British Library, 1987), 23 – 25。

[225] BAV, Ottob. Lat. 1417, fol. 2v. 地图位于开始部分，在填充有地名列表的一页的中部，并且作为查士丁的文本的一个导言。稿本中的图示可以通过题文确定时间，即 1460 年。地图可能是后来绘制的；对斯堪的纳维亚的描绘近似于 Nicolaus Germanus 在 *Vederei Classici: L'illustrazione libraria dei testi antichi dall'età romana al tardo medioevo*, ed. Marco Buonocore (Rome: Fratelli Palombi, 1996), 415, fig. 422 中复制的。

纪后半叶的一个副本，这幅世界地图显示了向南拉伸的非洲并且其与亚洲分割开来[226]。

在提到的所有例子中，托勒密都没有被作为不可以违背的模型。相反，他的地图的某些特点被通过一种可能对我们而言有些独断，但在当时必然符合特定意图的方式所选择。无论事情的真相如何，这些特点被整合进入的框架并不是托勒密的，而是一个被考虑用来揭示关于世界真相的概要，而世界地图（*mappaemundi*）通过采纳来源于航海地图学的材料而被修改。托勒密只是其他资料来源中的一种。

作为世界图像的一个模型的《地理学指南》

在他的《评论》（*Commentari*，15世纪中期）中，佛罗伦萨的艺术家洛伦佐·吉贝尔蒂（Lorenzo Ghiberti）讨论了画家安布罗焦·洛伦泽蒂（Ambrogio Lorenzetti）的作品。在对洛伦泽蒂为锡耶纳市政厅所作的装饰的描述中，吉贝尔蒂对作为作品一部分的现在已经不存在的世界地图（*mappamundi*）做出了如下评价："那里存在一部宇宙志——也就是，所有可以居住的世界。然而，没有任何托勒密的宇宙志的知识，因此并不惊奇，他的作品并不是完美的。"[227] 到15世纪中期，将托勒密的《地理学指南》看成是一种无法逾越的世界模型的潮流——这是一个我们已经在其他地方看到例证的潮流——在佛罗伦萨被没有任何保留地推进。让我们看看这一《地理学指南》的图像如何——以及在什么环境下——继续发展，以及是否存在它的任何替代品。

一种常见的模型：豪华稿本和印刷版

最初，托勒密被看成是在他自己领域和他自己的语言中最好的地理学家，这一评价丝毫没有减弱那些通常与他一起被提到的拉丁地理学家的地位。然而，逐渐地，托勒密开始位于所有其他学者之前。在15世纪后半叶，大多数服务于确立完美的《地理学指南》的思想因素都与其"科学性"和地图学内容无关，而是与这一作品受到赞扬的政治和文化条件的背景有关。首先，人们继续将作为地理学家的托勒密与有着相同名字的统治着埃及的国王相混淆。在文本的豪华稿本中，作者通常被表现出君主的特性。即使可能人文主义者没有犯同样的错误，但可 319
以追溯到天文学论著的中世纪的附属物（*accessus*）的这一思想，增强了附加给作品的权威性。由一位同样也是地理学之王的国王制作，作品成为王子们图书馆的显而易见的附属物[228]。《地理学指南》作为一种地理模型的传播还可以部分地由人文主义者试图在学术和贵族政治之间建立联系所解释，因为正是通过权力，他们的文化转型计划才能够获得最大的成功。这一有威望

[226] Paolo Revelli, *I codici ambrosiani di contenuto geografico* (Milan: Luigi Alfieri, 1929), pl. 14.

[227] Lorenzo Ghiberti, *I Commentari*, ed. Ottavio Morisani (Naples: R. Ricciardi, 1947), 38. 按照埃杰顿的观点，Ghiberti正在谈论的是Simone Martini；这与《评论》的文本相矛盾，《评论》的表达是非常清楚的。参见Samuel Y. Edgerton, *The Renaissance Rediscovery of Linear Perspective* (New York: Basic Books, 1975), 180 n. 21。

[228] Marica Milanesi, "Testi geografici antichi in manoscritti miniati del XV secolo," *Columbeis* 5 (1993): 341 – 62, esp. 343 – 46. 这一整合由翻译家、抄写员、阿拉贡的费迪南德二世国王（King Ferdinand Ⅱ）图书馆的管理员Joan Marco Cinico的*Elencho historico et cosmografo*很好地进行了展示，该书以他图书馆中的文本为基础完成于1489年之前。他是如此呈现托勒密的："托勒密（Ptolemy Philadelphe）……有着这一名字埃及的第二位国王……最为公正、非常仁慈；和慷慨；并且在占星术和其他科学方面都非常博学。"Tammaro de Marinis, *La biblioteca napoletana dei re d'Aragona*, 4 vols. (Milan: Hoepli, 1947 – 52), 1: 240。

的著作不仅被认为是一部古典地理学的百科全书，由此使得理解古人和理解他们地理知识的发展成为了可能，而且还被认为是任何对于世界正确呈现的基础。因而，所有与人文主义者存在联系的那些大贵族自然都渴望拥有一个副本[229]。

毫不惊奇，《地理学指南》非常迅速地出现在了意大利及其之外的王侯的图书馆中。受到科西莫·德美第奇的委托去绘制一幅未来围绕以尼科利汇集的图书为核心修建的美第奇图书馆的平面图，托马索·巴伦图切利［Tommaso Parentucelli，未来的教皇尼古拉五世（Nicholas V）］应当，在1444年之前的某一时间，提交了一份"清单（Inventarium）"，其中将《地理学指南》列为是数学方面必不可少的著作之一，还有《至大论》"以及由托勒密撰写的任何一部杰出著作"[230]。1451年，汉弗莱（Humphrey），格洛斯特公爵，他已经与意大利人文主义者的圈子存在联系，命令他的米兰供应商，皮尔·坎迪多·德琴布里奥（Pier Candido Decembrio），去获得各种古典拉丁文文本，其中包括"庞波尼乌斯·梅拉和托勒密的宇宙志"（Pomponium Melam et Ptolemei *cosmographiam*）[231]。如同已经提到的，1457年，威尼斯的雅各布·安东尼奥·马尔切洛将一份《地理学指南》的副本送给了雷涅·德安茹，同时在葡萄牙，在1460年和1461年，阿尔加韦（Algarve）主教阿尔瓦罗·阿方索（Alvaro Alfonso），向画家（*dipintore*）皮耶罗·德尔马萨约（Piero del Massaio）支付了三笔钱，用来购买"托勒密的"一部著作的"图版"[232]。几年之前，在1453年，宽宏大量的（Magnanimous）阿丰索五世，通过中间人安东尼奥·贝卡代利（Antonio Beccadelli，Il Panormitano），获得了一本书名为《托勒密的世界地图》（"Tolomeo ossia mappamundo"）的著作，而在1456年，一位佛罗伦萨的商人从皇家金库那里收到了"用古代文字书写在羊皮纸上的，一本名为托勒密宇宙志的著作"的款项[233]。

教学是另外一个人文主义散播的途径，知识分子希望通过作为导师提供他们的服务来影响贵族成员[234]。这应当在托勒密世界模型的传播中发挥了作用，而在教学理论的专著中经常提到对于任何全面教育而言，《地理学指南》都是重要知识的著作。例如，在他的1459年的《教学的顺序》（*De ordine docendi*）中，基于他父亲瓜里诺·达维罗纳的经验，巴蒂斯塔·瓜里尼

---

[229] 现在还没有一个系统性的研究。为了今后的研究，我们应当增加 Galeazzo Maria Sforza 在1469年获得的书目清单中的一部"Libro de la Cosmogrophya de Ptolomeo"。Elisabeth Pellegrin, *La Bibliothèque des Visconti et des Sforza, ducs de Milan, au XVe siècles* (Paris: Service des Publications du C. N. R. S., 1955), 351, No. 124。

[230] Enea Piccolomini, "Ricerche intorno alle condizioni e alle vicende della Libreria Medicea Privata dal 1494 al 1508," *Archivio Storico Italiano* 21, ser. 3 (1876): 102－12 and 282－98, esp. 105.

[231] Remigio Sabbadini, *Le scoperte de icodici latini e greci ne' secoli XIV e XV*, 2 vols., ed. Eugenio Garin (Florence: G. C. Sansoni, 1967), 1: 193 and 206.

[232] Virgínia Rau, "Bartolomeo di Iacopo di ser Vanni mercadorbanqueiro florentino 'estante' em Lisboa nos meados do século XV," *Do Tempo e da Historia* 4 (1971): 97－117, esp. 113, 和 Gentile, *Firenze*, 200－202, esp. 200。

[233] De Marinis, *La biblioteca napoletana dei re d'Aragona*, 1: 3, 2: 237, and 2: 241－42. 这两部稿本就是 El Escorial e. I. 1 (Vitrinas 19) 和 BL, Harley 7182。参见 Gentile, *Firenze*, 206。关于阿拉贡宫廷中的地理学，参见 Aldo Blessich, *La geografia alla corte aragonese in Napoli: Notizie ed appunti* (Rome: E. Loescher, 1897)。

[234] Rico, *El sueño del humanismo*, 73－75.

（Battista Guarini）强调了对于研究拉丁文诗篇来说，地理学文本中“托勒密图像”的特殊性[235]。

对托勒密的《地理学指南》的接受的叙述，很长时间都局限于对菲舍尔列出的那些奢侈稿本和印刷版的讨论（附录 9.1）[236]。然而，开始出现于 15 世纪 50 年代前后的奢华稿本（尤其是集中于佛罗伦萨的）主要是权力和声望的符号，一种贵族审美品位的展现，而不是一种研究工具。基于此，这些作品应当极少被阅读，与对它们进行全面描述和对它们之间的联系进行概述相比，分析它们希望满足的预期则更为有趣[237]。

1. 尼古劳斯·日耳曼努斯，或假装精密 320

附有《现代地图》（*tabulae modernae*）的托勒密著作的最早稿本是一位名为尼古劳斯·日耳曼努斯的人制作的，他出现在历史舞台上是在 1466 年。尽管不同的学者都试图将被提到的与制作有插图的稿本以及与印刷品和地图学有关的所有“尼古劳斯”整合成一个人，但这一人物的出身我们还是不清楚[238]。遵照真蒂莱谨慎的结论，最不可能的就是，所有这些涉及的“尼科洛·泰代斯科（Niccolo Tedesco）”可以被确定为是地图学家[239]。然而，这并未阻止杜兰德采用了这样的一个判断，而这是由文献学家约翰尼斯·特里特米乌斯（Johannes Trithemius）报告的，即这一“尼古劳斯”是一位赖兴巴赫的僧侣，然后虚构了在抵达意大利之前他的生涯，错误地认为他的创新来源于“维也纳 - 克洛斯特新堡学派”[240]。

---

[235] “然而，由此诗歌中的很多内容来源于占星术和地理学，因此对于学生而言，全面的了解《关于球体》［约翰尼斯·德萨克罗博斯科的］，查阅庞波尼乌斯·梅拉、伊琪、索里努斯、乌尔提亚努斯·卡佩拉和斯特拉博是值得的……由于这一目的，让学生熟悉托勒密的世界地图也是极为有用的，由此，在描述不同的位置时，他们可以将那幅图像放在他们心眼之前，并似乎凝视着真实的东西，就好像它们实际在那里。用任何其他方式来描述世界，通常是混乱的来源。” Battista Guarini, *De ordine docendi et studendi /A Program of Teaching and Learning*, in *Humanist Educational Treatises*, ed. and trans. Craig W. Kallendorf (Cambridge: Harvard University Press, 2002), 260 – 309, esp. 290 – 91. 也可以参见 Paul F. Grendler, *Schooling in Renaissance Italy: Literacy and Learning, 1300 – 1600* (Baltimore: Johns Hopkins University Press, 1989), 203。

[236] 如同米拉内西理由充分的观察到的，“无论他［菲舍尔］所忽略的是什么，但都已经被遗忘”（Milanesi, “Forgotten Ptolemy,” 43）——也就是说，菲舍尔忽略了主要的、所有那些揭示了与《地理学指南》的实际研究工作有关的线索的稿本。

[237] 米拉内西已经调查了稿本的装饰如何揭示了这些著作的艺术家和购买者看待托勒密的方式——显然，这一方法应当进一步发展（Milanesi, “Testi geografici antichi,” 341 – 62）。

[238] 我们可以找到在接近 15 世纪中期的时候提到的一位 Nicolaus Theotonicus，他是帕多瓦画家 Francesco Squarcione 的学生；一位“maistro Nicolo Todescho cartolaro”，他从 1452 年至 1456 年为费拉拉的缩微图画家 Taddeo Crivelli 提供画作，并且在后者的作品中提供了协助；同时印刷商尼科洛·泰代斯科，在 1474/1475 年和 1486 年之间活跃于佛罗伦萨。比较 Fischer, *Die Entdeckungen der Normannen in Amerika*, 75 – 84; Leo Bagrow, “A. Ortelii catalogus cartographorum,” *Petermanns Mitteilungen*, *Ergänzungsheft* 199 (1928): 1 – 137, and 210 (1930): 1 – 135, esp. 33 – 37; Józef Babicz, “Donnus Nicolaus Germanus—Probleme seiner Biographie und sein Platz in der Rezeption der ptolemäischen Geographie,” in *Land- und Seekarten im Mittelalter und in der frühen Neuzeit*, ed. C. Koeman (Munich: Kraus International Publications, 1980), 9 – 42; 和 idem, “The Celestial and Terrestrial Globes of the Vatican Library, Dating from 1477, and Their Maker Donnus Nicolaus Germanus (ca 1420 – ca 1490),” *Der Globusfreund* 35 – 37 (1987 – 89): 155 – 68。在确定 1477 年的记录中提到的两半球图的作者方面，没有文档提供有助的证据。

[239] Gentile, *Firenze*, 208 – 9. Maracchi Biagiarelli 的论文对我们实际所知的他的生涯进行了一个准确和恰当的归纳；参见 Berta Maracchi Biagiarelli, “Niccolò Tedesco e le carte della Geografia di Francesco Berlinghieri autore-editore,” in *Studi offerti a Roberto Ridolfi direttore de La bibliofilia*, ed. Berta Maracchi Biagiarelli and Dennis E. Rhodes (Florence: L. S. Olschki, 1973), 377 – 97。也可以参见 Lorenz Böninger, “Ein deutscher Frühdrucker in Florenz: Nicolaus Laurentii de Alemania (mit einer Notizzu Antonio Miscomini und Thomas Septemcastrensis),” *Gutenberg-Jahrbuch*, 2002, 94 – 109。

[240] Durand, *Vienna-Klosterneuburg Map Corpus*, 81 – 85 and 150 – 51.

尼古劳斯的《地理学指南》的稿本被菲舍尔分为三组，这些值得进行详细的评论[241]。它们的特点就是附加了《现代地图》（*tabulae modernae*），其数量从一组稿本到下一组稿本间有所增加。最早的地图显示了西班牙、意大利和欧洲北部（在一个来源于克劳迪乌斯·克拉乌斯的地图的版本）；然后，法兰西和巴勒斯坦［基于 14 世纪初期马里诺·萨努托的“信徒的十字架之书（Liber fideliorum crucis）”附带的一幅地图］。尼古劳斯进行了各种各样的修订，这些在他写给费拉拉公爵博尔索·德斯特（Borsod'Este）的献词的信件中带有极大夸耀地进行了呈现［自第二组之后，献词是写给教皇保罗二世（Pope Paul Ⅱ）的］。在区域地图中，尼古劳斯使用了一种“梯形投影”并带有汇聚于一点的子午线[242]；他还增加了现代地名的数量，并且用点状线显示了边界。与其查找其使用的“投影”中可以被认为是新的和原创的方面[243]，不如考虑献词——以及被献词者的反应[244]——所揭示的 15 世纪后半叶之初关于托勒密《地理学指南》的公众观点可能会更有成果。首先令人惊讶的就是尼古劳斯非常注意防止对于创新的可能的批评，以及注意回应他因为忽略或者鲁莽从而胆敢纠正“这样一位伟大的人物，其在所有人之前，发现了在地图上呈现世界上所有陆地的方法”的“鸿篇巨著”所可能遭到的责备。他所做的每件事情，尼古劳斯阐释，都与托勒密的作品的原因（*ratio*）或意图是一致的。在他的解释中，尼古劳斯将他自己描述为比托勒密自己更为托勒密，选择用“呈现地球的形式所需要的曲线和斜线［一种从两极延伸出的线条的粗糙的描述，也就是子午线］”来创建自己的区域地图。

尼古劳斯的其他创新，意图使得著作更容易被使用。通过指明具体的民族和地理特征属于哪一地区，从而使得被勾勒出边界的地图更为容易阅读；尊重地点之间距离比例的更为容易管理的形式；以及最后，现代地图，按照一定比例绘制的，注定补偿了随着时间流逝已经
321 发生的变化，增补了托勒密或斯特拉博所不知道的细节。除了这一更新（其非常有限，考虑到自翻译以来所发生的事情的话），这里重要的事情就是对古典作家所遵循的尺度真实（*dimensio certa*）和真正原因（*ratio verissima*）的保留。因而，尼古劳斯所关注的是避免任何偏离受到皇室和贵族阅读群体高度赞誉的《地理学指南》的准确性的外观。实际上，他努力强调那种精确性。博尔索·德斯特对于呈现的反应证实了这种关注。他任命乔瓦尼·比安基尼（Giovanni Bianchini）和彼得罗博诺·阿佛伽罗（Pietrobono Avogaro），在费拉拉宫廷的两位重要的天文学家/占星术家，来检查文本的正确性，并且确定“所有这些图像［地图］被用相应的尺度和［正确］命名的地点来制作”[245]。毫无疑问，尼古劳斯·日耳曼努斯是一

---

[241] Fischer, *Die Entdeckungen der Normannen in Amerika*, 78 – 80, 以及 idem, *Codex Urbinas Graecus* 82, 1: 215 – 17 and 335 – 64。关于这些修订所带来的问题，参见 Gentile, *Firenze*, 207 – 13 中的评论。

[242] 这一人物有时被称为 Nicolaus Donis，同时“投影”持续被认为是“Donnus”或“Donnis”投影。“Donnus”，实际上，只是“Dominus”的一种写法，因而并不能被用作确定一个人，即使其是一个正确的名字。至于“Donis”，这是来源于 1482 年 Ulm 版本中的一个错误。因而姓氏“Donis”是一个完全的虚构故事，因此地图学史应当彻底将其清除出去。

[243] Wilhelm Bonacker and Ernst Anliker, “Donnus Nicolaus Germanus, sein Kartennetz, seine Ptolemäus-Rezensionen und -Ausgaben,” *Schweizerisches Gutenbergmuseum / Musée Gutenberg Suisse* 18 (1932): 19 – 48 and 99 – 114.

[244] 献词的信件发表在 Fischer, *Die Entdeckungen der Normannen in Amerika*, 116 – 21，和在 Maracchi Biagiarelli, “Niccolò Tedesco,” 393 – 95 中。

[245] 由博尔索·德斯特写给 Ludovico Casella 的信，1466 年 3 月 15 日，收录在 Fischer, *Die Entdeckungen der Normannen in Amerika*, 113。

位占星术家；与《地理学指南》一起，他呈现给博尔索·德斯特一部“塔库努斯的历史（Tacuinus multorum annorum）”，其必然是一部天文表格的汇编［在 1477 年，可能是他签署了用于在“图书馆”中可以看到的某些作品的款项的一张收条，其中有着对他自己的表述，即“德国占星学家尼古拉（Ego donnus Nicholaus germanus Astrologus）”］[246]。

贵族受众期待那些他们认为的托勒密著作的标志：精确和严格。尼古劳斯·日耳曼努斯知道这一点，但是同样意识到这批受众缺乏数学知识。因而，他发现了一种在他那个时代在“大人物”中轻易获得成功的方式，迄今为止，他与大量地图学史学家分享了这一成功。除了雷吉奥蒙塔努斯（我们稍后讨论）之外，在真蒂莱之前没有人指出，尼古劳斯的解释远未能揭示出他对几何学的熟练掌握，反而暴露出对于托勒密文本的完全不理解。托勒密自己已经指出，矩形“投影”是最为适合区域地图的，“曲线和斜线”（尼古劳斯对在极点交汇的直线的粗略描绘）只能被用于世界地图[247]。而且，《现代地图》（*tabulae modernae*）并没有显示出一个新的出发点，也没有什么可以归属于它们的重要性。而且，它们只是以奢侈版的形式重复，重复了与其他地图学已经发生了一段时间的相遇。

2. 皮耶罗·德尔马萨约，或大规模生产

第二位被认为在这一故事中发挥了重要作用的人物就是皮耶罗·德尔马萨约，佛罗伦萨画家，他的贡献可能需要进行一些澄清[248]。他被认为制作了各种用区域地图（西班牙、意大利、托斯卡纳、伯罗奔尼撒、克里特和埃及）和城市地图（米兰、威尼斯、佛罗伦萨、罗马、君士坦丁堡、大马士革、耶路撒冷、开罗和亚历山大）作为插图的奢华稿本[249]。据知，他曾经作为一名画家被佛罗伦萨大教堂雇用，时间是从 1463 年至 1473 年[250]。归因于对现存记录的错误解读，他长期被认为是最早制作现代地图的人：一部《地理学指南》稿本的时间为 1456 年，而其实际的时间应当是在 1464 年或 1465 年至 1480 年之间[251]。然而，其他现存档案显示，早至 1460 年，马萨约就已经受到委托制作了“一幅托勒密的图像”[252]。在 1932 年，菲舍尔确定了四份稿本，因为有着他的签名[253]，并且自此之后，各种其他稿本中的地图也被认为是他的作品，基于或多或少可靠的间接证据，这些证据似乎表明，他于 15 世纪 50

[246] Giovanni Mercati, *Opere minori*, 6 vols. (Vatican City: Biblioteca Apostolica Vaticana, 1937 – 84), 4: 175.

[247] Gentile, *Firenze*, 210.

[248] 在 Germaine Aujac, “Le peintre florentin Piero del Massaio, et la *Cosmographia* de Ptolémée,” *Geographia Antiqua* 3 – 4 (1994 – 95): 187—209 中对稿本有一个简要的描述以及对之前研究结果的简要勾勒。

[249] 其中一个稿本增加了一幅埃迪尔内的平面图，还有另外一幅沃尔泰拉的。

[250] Mirella Levi D'Ancona, *Miniatura e miniatori a Firenze dal XIV al XVI secolo: Documenti per la storia della miniatura* (Florence: L. S. Olschki, 1962), 220 – 23.

[251] BNF, Lat. 4802. 错误起源于 Mazzatinti，与一张 1456 年的支付凭据有关；参见 Giuseppe Mazzatinti, *La biblioteca dei re d'Aragona in Napoli* (Rocca S. Casciano: L. Capelli, 1897), 107。稿本有着 Alfonso, duca di Calabria（1458—94）的盾徽。

[252] Gentile, *Firenze*, 200.

[253] BAV, Vat. Lat. 5699 and Urb. Lat. 277; BNF, Lat. 4802；以及 San Marino, Huntington Library, HM 1902. Fischer, Codex Urbinas Graecus 82, 1: 217 – 18 and 365 – 75. 关于最后一部，Ricci 赋予的数字是 1092；参见 Seymour de Ricci, *Census of Medieval and Renaissance Manuscripts in the United States and Canada*, 3 vols. (New York: H. W. Wilson, 1935 – 40), 1: 91。

年代开始作为一位地图学家生产作品[254]。然而，在这些稿本的地图之间存在细微的差异。在一些稿本中，与那些马萨约署名的稿本地图相比，在现代地图上出现了明显的“改进”（最为著名的就是意大利地图）[255]。并且甚至在明确是皮耶罗·德尔马萨约作品的稿本中，在所
322 使用的呈现技术上也存在差异。因而，似乎，画家冷静的转换模型，并且某些特征是稿本的实际购买者做出选择决定的结果。所有这些导致我们得出这样的结论，稿本都是在一家书商的店铺中制作的。有人认为，所谈到的书商必然就是韦斯帕夏诺·达比斯蒂奇，因为在某幅确定是皮耶罗·德尔马萨约稿本中的佛罗伦萨地图上，有另外一个人在上面标明了韦斯帕夏诺的住宅和花园[256]。然而，同样可能的是，马萨约有着自己的店铺，并且亲自制作地图，同时请人代工制作稿本的副本和装饰[257]。无论事实如何，马萨约的标记，或者他所工作的店铺的标记，被发现于弗朗切斯科·贝林吉耶里的稿本中。

3. 弗朗切斯科·贝林吉耶里，或者柏拉图主义的托勒密

《地理学的七日》，是由弗朗切斯科·贝林吉耶里制作的，使得我们形成了在 15 世纪 70 年代，佛罗伦萨新柏拉图主义圈子中对《地理学指南》反应的一种较为清晰的思想[258]。出生于一个贵族家庭，贝林吉耶里接受了一种人文主义的教育，并且了解希腊语。在 1460 年至 1465 年之间的某一时间，他开始用托斯卡纳的韵诗来转写《地理学指南》，作为他在一位导游的陪同下（在这一例子中就是托勒密自己）进行一次旅行的但丁模式的灵感。迄今为止，评论者未能指出，这里还有着一个更为切近的范式在发挥作用。就是在一个世纪之前，法齐奥·德利乌贝蒂已经用托斯卡纳方言撰写了一首诗，标题为《关于世界的事实》，在其中，他在另外一位导游的陪同下对世界进行了描述，这位导游就是凯厄斯·朱利叶斯·索里努斯（Caius Julius Solinus，良师益友的变化代表了对于地理学自身的文化态度的变化）。完成于 1478 年至 1482 年初之间，贝林吉耶里的作品包含了 27 幅普通的地图，再加上增补的 4 幅现代地图。其以两个稿本的形式流传至今，还有一部 1482 年的印刷本，是由某位尼科洛·陶戴斯考（Nicolo Todescho）制作的，他可能与前面提到的尼古劳斯·日耳曼努斯没有关系[259]。多年来，可怜的贝林吉耶里受到文献史学家的批评，因为他糟糕的诗文；同时还受到地图学

---

254 Florence, Biblioteca Medicea Laurenziana, XXX. 2 and XXX. 1; BNF, Lat. 8834; El Escorial e. I. 1（其可能是阿拉贡国王在那不勒斯于 1453 年和 1456 年购买的稿本之一）；和 BAV, Urb. Lat. 273（贝林吉耶里的《地理学的七日》的两幅稿本之一）；参见 Gentile, *Firenze*, 202 – 7 and 226 – 29。

255 例如，Florence, Biblioteca Medicea Laurenziana, XXX. 1. Roberto Almagià, "Osservazioni sull'opera geografica di Francesco Berlinghieri," *Archivio della R. Deputazione romana di storia patria* 68 (1945): 211 – 55；重印在 idem, *Scritti geografici (1905 – 1957)* (Rome: Edizioni Cremonese, 1961), 497 – 526, esp. 524 – 25。

256 Albinia Catherine de la Mare, "New Research on Humanistic Scribes in Florence," in *Miniatura fiorentina del Rinascimento, 1440 – 1525: Un primo censimento*, 2 vols., ed. Annarosa Garzelli (Scandicci, Florence: Giunta regionale toscana: La Nuova Italia, 1985), 395 – 600, esp. 567.

257 这一理论是由 Louis Duval-Arnould 在 "Les manuscrits de la *Géographie* de Ptolémée issus de l'atelier de Piero del Massaio (Florence, 1469 – vers 1478)," in *Guillaume Fillastre*, 227 – 44 中提出的。

258 对人物和他作品的一个概要性介绍，参见 Angela Codazzi, "Berlinghieri, Francesco," in *Dizionario biografico degli Italiani* (Rome: Istituto Della Enciclopedia Italiana, 1960 –), 9: 121 – 24。

259 如果都是“尼古劳斯·日耳曼努斯”（Nicolaus Germanus）的话，我们不明白为什么 1482 年版的地图是用正交“投影”绘制的，而没有使用以日耳曼努斯（Germanus）的名字命名的投影；参见 R. A. Skelton, "Bibliographical Note," in *Geographia: Florence*, 1482, by Francesco Berlinghieri, ed. R. A. Skelton (Amsterdam: Theatrum Orbis Terrarum, 1966), V – XIII, esp. XI。

史研究者的批评，因为他缺乏创造力。但是这一负面评价开始发生变化，因为变得清晰的是，这一作品，是由一位属于洛伦佐·德美第奇［贵族（il Magnifico）］圈子中的成员以及一位马尔西利奥·菲奇诺的柏拉图学院（Platonic Academy）的成员制作的，因而如果不基于其文化背景的话，是无法对其进行正确判断的[260]。

对比《地理学指南》的其他稿本和版本，《地理学的七日》包含了各种形式上的创新，意图使得作品更为容易被查阅。在整个文本中地图分组出现，与那些处理特定地点的段落相距很近[261]。地名，附带有坐标，在每书最后部分按照字母顺序给出，且在出现了这些地名的成组地图之前。开场白充满了菲奇诺的新柏拉图主义［实际是“讲话”（Apologus），在其中作品被呈献给乌尔比诺（Urbino）公爵，是由马尔西利奥·菲奇诺自己撰写的］。作者强调，不仅政治家，而且所有人都有着一种对与陆地有关的知识（notitia del terreno）需求，以及对使人意识到上帝杰作的知识需求。在这一点上，在祥云之上的托勒密出现在贝林吉耶里和一位不知名的朋友——毫无疑问是菲奇诺[262]——面前，并且，其被赞扬，不仅因为他的伟大，而且因为他作为天堂和尘世之间的中介角色（这清楚地表明了贝林吉耶里和他同时代的人赋予其作品的宗教意义）：

> “告诉我你是谁，如果我值得的话，
> 是上帝还是凡人，如果可以实话实说的话。”
> “我不是凡人，也不属于神圣国度，”
> 他说，“一个居民，如果对你而言，
> 我看起来神圣，那么只是因为了我揭示和教导的内容。
> 但是我来自埃及，一位亚历山大人，
> 并且我书写了关于星辰和地球的内容，
> 在安东尼的可怜的统治期间”
> “噢，托勒密，通过他，可见的世界开放了，
> 然后再关闭；我不会隐瞒这一点，
> 跟随着你，谁也不会误入歧途。
> 噢，光，噢，世界的伟大荣耀。”

这一欣喜的原因，显然可以在当时占据主导的将托勒密作为几何学大师的思想中找到。即使《地理学指南》的“数学”依然是少量的或被读者误解，但托勒密是一种图像的创造者，而这种图像通过数字复制了真实的宇宙。确实，他通常被描述为天文学家/数学家：浑 323
天仪和罗盘[263]。两部稿本首页的装饰对于这一图像的描绘更为清晰：贝林吉耶里，再生

---

[260] Rossella Bessi, “Appunti sulla ‘Geographia’ di Francesco Berlinghieri,” *Rivista Geografica Italiana* 100 (1993): 159–75.

[261] 米兰稿本 Biblioteca Nazionale Braidense, AC XIV 44 中最初的顺序，被进一步地改变以使得其适合于这类著作通常的模式。

[262] Gentile, *Firenze*, 230 and 233；这当然不是阿波罗，如同古代的批评家认为的那样（比较 Bessi, “Appunti,” 169 n. 19）。

[263] Milanesi, “Testi geografici antichi,” 353.

(redivivus) 的托勒密，被显示在了内侧边缘的三个卵形图案中，其中之一在一架诵经台上绘制了托勒密的世界地图，而另外一个正在对着被固定在三脚架上的一个球体沉思，而第三位使用一个罗盘去测量另外一个（地球）仪。在外侧边缘，三个圆形包含了在文本中提到的场景的图示：贝林吉耶里在与一位朋友进行讨论——毫无疑问就是菲奇诺——在一棵（月桂?）树下，背对着一个佛罗伦萨的背景，托勒密在一朵祥云上，同时三个人物从天空中对着大地沉思（图版11）[264]。如同可以被看到的，地图是一种与天体存在密切关系的事物。指导者然后在一次天空的旅行中陪伴着作者，这次旅行涵盖了整个有人居住的世界。

后来的作者通常强调在贝林吉耶里的地图和他的文本中存在的粗陋和错误。一些人甚至走得更远，谈到他的"愚蠢"[265]。然而，这样的价值判断最终不能告诉我们任何事情。翻译为托斯卡纳方言，对但丁和彼特拉克的大量重复，都是伟大的洛伦佐（Lorenzo il Magnifico）所要求的令人赞赏的"佛罗伦萨事物"的一部分（在此时，还正在用"粗俗的语言"对各种其他古典文本进行转写）。更为令人感兴趣的就是去研究对《地理学指南》进行的修改，而这远远超出了用韵文翻译的形式对其进行的转写[266]。实际上，我们在贝林吉耶里版本的《地理学指南》中所看到的就是一种完全的重写，其揭示了内容和方法上的创新[267]。每一区域被用名称和边界进行了显示；然后列出了沿海的地点、山脉和河流，此后是内陆的地点，居住在区域中的民族——如果空间允许的话——海岸之外的岛屿。在大量情况下，贝林吉耶里进入了历史的、神话的或者种族的题外话[268]。所使用的大量各种不同的文献资源构成了一种非常高水平的人文主义文化的概要，因而贝林吉耶里试图在地理学文本中进行整合。因而我们发现了，例如，斯特拉博的作品（最近于1458年翻译，其中各个部分随后在1469年出版）和迪奥多鲁斯·西库鲁斯（Diodorus Siculus）的作品（在15世纪50年代翻译）。然而，最令人震惊的就是，对于其他文献的使用，伴随着对地名的极为细致的现代化，这是在《现代地图》（欧洲、不列颠群岛、西班牙、法兰西、意大利和巴勒斯坦）和航海图辅助下进行的一项浩大的工作。然而结果是不均衡的，似乎在从事这一任务时，贝林吉耶里持续地引用了地图。这里，他的工作方法是我们关于托勒密正在被"斯特拉博化"（strabonized）的最早的例证——正在用满足了政治家和政客需要的一种形式进行描述[269]。作者似乎为他自己设定了撰写陆地世界的柏拉图式百科全

[264] 在 Gentile, *Firenze*, 230 and 233 中进行了详细描述。

[265] Almagià, "Osservazioni," 246, 和 Skelton, "Bibliographical Note," X – XII. 但是也可以参见 Osvaldo Baldacci, "La toponomastica 'novella' della Sardegna tolemaica nella versione in rima di Francesco Berlinghieri (1482)," *Atti della Accademia Nazionale dei Lincei, Classe di Scienze Morali, Storiche e Filologiche, Rendiconti*, 9th ser., 6 (1995): 651 – 66。真蒂莱为贝林吉耶里进行了辩护，通过宣称，他对于"个体人"缺乏兴趣，归因于他的柏拉图主义——一个相当难以令人信服的解释（Gentile, *Firenze*, 234）。

[266] 尚未对地图和文本进行充分的研究——这是一种先入为主的认识。

[267] 关于后续方面更为事实性的细节，参见 Almagià, "Osservazioni," 228 – 32。

[268] 参见贝林吉耶里写给杰姆苏丹（Sultan Cem），穆罕默德二世（Mehmed II）的儿子献词中的归纳，这出现在1484年的一份印刷本中："……处理世界的所有地点，处理已知区域、航海、山脉、河流、民族、湖泊、池塘、岛屿、水泉、荒地、城市、港口、土地和岬角；以及名称的各种变化，它们的词源以及这些原因，和［人类］的习俗和习惯，他们所厌恶的事情；以及和平和战争时期的几乎所有事情，以及值得被记住的；众多地点的人，他们因最为杰出而享有声望。"（Almagià, "Osservazioni," 222）

[269] 这一表达来自 Milanesi, "Testi geografici antichi," 358。

书这一浩大任务，其细节的精确和现代性使得读者能够一眼就理解民族、位置和天体之间的联系[270]。然而，这样一项任务在那时是不太可能的，并且这一尝试也应当没有后继者，由此揭示了试图将《地理学指南》确立为一个完美模型所达成的僵局——一个完美的模型，应当可以通过贝林吉耶里正在努力实现的更新而“焕发青春”（rejuvenated）。

在我们充分理解尼古劳斯·日耳曼努斯、皮耶罗·德尔马萨约和弗朗切斯科·贝林吉耶里地图绘制时的知识背景和材料条件之前，依然有大量工作需要去进行。最为重要的是，应该详细研究那些从属的特征（手稿，装饰等），这使得我们可以将稿本的作者认定为某位人物。依然需要完整的描述，由此使得我们不仅可以详细检查“现代”（地图）之间，甚至古代地图之间的差异。还必须做出某些基本的评价。皮耶罗·德尔马萨约的地图存在略有不同的特征，以及它们与贝林吉耶里制作的地图之间的关系揭示，马萨约更多的是一位专门从事制作地图学模型的画家，而不是一位仔细考虑其必须要使用的材料的地图学家[271]。这些奢华 324
的稿本是“生产线”的事务，并且每一部都应当在书商的架子上等待一位购买者，其解释了为什么其中一些部分完成于其他部分之前多至 10 年[272]，也解释了为什么一部未出售的稿本的装饰没有完成，以及为什么所有者盾徽的空间有时被留作空白[273]。

就新地图的外观和内容而言，令人惊讶的就是航海图被用为模型的程度[274]。这些大型绘本地图通常缺乏一个坐标网格，这样的事实应当让我们奇怪，那些正在制作——和购买——大型绘本地图的人对于托勒密到底理解了多少。这里，应当进行两种观察。呈现的基础并不是“投影”的托勒密方法；远远不是。航海图，同时代地图学最为精确和准确的形式，被用来改善托勒密《地理学指南》中的缺点和缺陷。15 世纪 70 年代和 80 年代的奢华稿本标志着一个过程的顶峰，这一过程开始于原始作品的翻译。这里，我们需要更为精确地获得如下信息，即古代地名如何确定为对应的现代地名，以及现代地图如何影响了对古代地图的理解（反之亦然）。这些是我们仍然没有进行过足够详细的具体研究的要点。

用于更新托勒密的第二种材料在航海图中，而是被发现于书写的旅行和巡游的叙述中。这里，我们比想象的更接近原始材料，基于托勒密更为广泛地关注于这类叙述而不是天文测量。对这一材料的开创性研究——使用了埃塞俄比亚的现代地图[275]——应当毫无疑问地由其他研究所追随。那幅地图的三个现存版本都存在差异或增补，由此显示没有一个版本可以成

---

[270] 整个工作的百科全书的性质甚至在写给杰姆苏丹献词中表达得更为清晰（Almagià，“Osservazioni，”233；Milanesi，“Testi geografici antichi，”357）。

[271] Gentile，*Firenze*，206 and 229.

[272] 在 BNF，Lat. 4801 的稿本中，在标题页和给博尔索·德斯特的献词之间有着 10 年的间隔；而在 Lat. 8834 中同样有着 10 年的间隔，这是由马蒂亚斯·科菲努斯（Matthias Corvinus）购买的（Milanesi，“Testi geografici antichi，”348 - 49）。

[273] Florence，Biblioteca Medicea Laurenziana，Laur. XXX. 1，fol. 1r.

[274] 除了巴勒斯坦地图，其来自马里诺·萨努托的“Liber secretorum fidelium crucis”（开始于 14 世纪初）。其《圣经》内容（其给出了对以色列部落的划分）不应导致让人们接受许多现代历史学家所用的过时的概念，并认为它是“过时”。

[275] Bertrand Hirsch，“Les sources de la cartographie occidentale de l'Ethiopie（1450 - 1550）：Les régions du la Tana，” *Bulletin des Études Africaines de l'INALCO* 7，nos. 13 - 14（1987）：203 - 36. 也可以参见 Laura Mannoni，“Una carta italiana del Bacino del Nilo e dell'Etiopia del secolo XV，” *Pubblicazioni dell'Istituto di Geografia della R. Università di Roma* 1，ser. B（1932）：7 - 12 的开创性研究。

为其他版本的基本原型[276]；因而，必然存在一个更为古老（可能是希腊语的）地图，所有三个现存副本都是从这一地图复制的。然后，它们所包含的信息在贝海姆球仪、1507 年的瓦尔德泽米勒世界地图以及 1516 年的《航海图》（*Carta marina*）中进行了归纳[277]。在这一较老的地图和文本与《地理学指南》原始地图之间存在显著的差异。例如，水文，被显示得极为准确，并且与托勒密给出的轮廓并不一致，而是对应于在乌森·匿名（Hudson Anonymous）中的地图[278]。同时，不同水道之间的区域被用大约 250 个来源于埃塞俄比亚的地名填充，揭示了阿比西尼亚（Abyssinian）地理学的直接知识。因而，可能的就是，在佛罗伦萨会议（Council of Florence）期间，可能从埃塞俄比亚人那里对地名进行了系统收集，以及从或多或少被正确理解的旅游指南中搜集了一些这类地名。

然而，清晰的就是，在操德语的世界中出现的，以及以一种不太显著的方式在伟大的洛伦佐和马尔西利奥·菲奇诺的佛罗伦萨出现的对于准确和精确的关注，是一种幻象，并且不能被接受作为"科学过程"的一种标志。这一精确性的局限性在鼓吹这种关注的作品中是清晰的。被现代化的托勒密，实际上，意味着对古典古代的地理学和地图学的改良；这并不意味着，使用托勒密的方法去构建一幅更为密切地反映了同时代的"真实"的世界图像。如果将现代地图认为仅仅是对最初的《地理学指南》的改良，那么我们实际上限制了它们的重要性。实际上，它们并不是在托勒密方法的影响下制作的，并且只是后来才与《地理学指南》相遇——在奢华的稿本副本中。我们知道，在现代地图中还存在其他尝试，这些地图并没有在文集中找到它们的位置[279]，就像我们所知道的，《地理学指南》最初已知的印刷版中（Vicenza 1475，没有地图；Bologna 1477；和 Rome 1478）没有包含现代地图。

325 **一个存在问题的模式**

《地理学指南》的影响力不能仅仅通过不断增长的奢华稿本或者印刷本的数量来测量。其他的文本使我们可以考察，作品是如何被使用以及被开发的，自 15 世纪中期之后，这些材料变得更为可用的时候。然而，这并不是列出一个提到《地理学指南》的作品详尽名单的问题。然而，存在两个基本文本，它们标志着尼科洛·尼科利周围的圈子对《地理学指南》兴趣发展的进一步阶段。这些文本之一就是弗拉维奥·比翁多的"意大利图示"（Italia illustrata），其如同我们已经看到的，活跃于佛罗伦萨会议。在 15 世纪 50 年代修订了很多

---

[276] "Egyptus novelo"（BNF，Vat. Lat. 4802，fols. 130v – 31r），"Aegyptus cum Ethiopia moderna"（BAV，Lat. 5699，fol. 125），和"Descriptio Egyptinoua"（BAV，Urb. Lat. 277，fols. 128v – 29r）。

[277] Joseph Fischer，"Abessinien auf dem Globus des Martin Behaim von 1492 und in der Reisebeschreibung des Ritters Arnold von Harff um das Jahr 1498，" *Petermanns Geographische Mitteilungen* 86（1940）：371 – 72，以及 idem，"Die Hauptquelle für die Darstellung Afrikas auf dem Globus Mercators von 1541，" *Mitteilungen der Geographischen Gesellschaft Wien* 87（1944）：65 – 69。

[278] 晚期对尼罗河的希腊语描述，其从托勒密那里获取了某些数据（Müller，*Claudii Ptolemaei Geographia*，2：776 – 77）。参见 Jehan Desanges，"Les affluents de la rive droite du Nil dans la géographie antique，" in *Proceedings of the Eighth International Conference of Ethiopian Studies*，University of Addis Ababa，1984，2 vols.，ed. Taddese Beyene（Addis Ababa：Institute of Ethiopian Studies，1988 – 89），1：137 – 44；重印在 *Toujours Afrique apporte fait nouveau*：*Scripta minora*，by Jehan Desanges，ed. Michel Reddé（Paris：De Boccard，1999），279 – 88。

[279] 除了意大利区域地图之外——其有时涵盖了相当大的区域——提到的其他地图显然不是基于托勒密模式。作为一个例子，我们应当提到弗朗切斯科·罗塞利的匈牙利地图。

次，“意大利图示”在 1453 年被奉献给尼古拉五世，然后在 1462 年被奉献给皮乌斯二世（Pius Ⅱ）。作品聚焦于地方地理学，其主要资料来源就是普林尼、庞波尼乌斯·梅拉和托勒密，后者第一次被与斯特拉博结合在一起[280]。当然，比翁多使用了托勒密的意大利地图。在讨论奥托纳（Ortona）位置的时候，他引用了不同的权威，结论就是，地图错误地将其放置在了阿特尔努斯河（river Aternus）的右侧[281]。总之，就像在这一特定段落中的，比翁多似乎将普林尼作为他最为可信赖的资料来源，可能因为他有着关于意大利的第一手知识。但是这一细节本身显示，托勒密现在已经成为当时学者的知识储备中的一部分，然而，并没有享受到不受挑战的科学权威的地位。比翁多没有试图追寻托勒密的脚步。他的描述性地理学意图让古代地名对于现代人来说是可以理解的，并且他用来构建他的意大利图像时所采用的材料是自然的和历史的，由水文地理学、道路网络和对古代省份的描述构成。

埃内亚·西尔维奥·德皮科洛米尼的《亚洲》和《欧洲》背后的工作有着相似的性质；再次，存在古代与现代资料的对比[282]。《地理学指南》提供了一种总体的轮廓、边界，由此索里努斯和斯特拉博所描述的位置特征可以被放置在其中。毫无疑问，地图而不是文本，成为信息的主要来源[283]。但是，再次，未来的皮乌斯二世没有赋予托勒密以任何特别的优越性——一位杰出的地图学家，毫无疑问，他只是众多地理学家中的一位[284]。

在历史书写和历史地理学的作品中，人文主义模式的巩固，结合印刷版本的发展而导致的可以更容易接触到作品，意味着对于《地理学指南》的这些使用逐渐散布超出了意大利，延伸到了中欧和南欧。在他的“著名的波兰王国的编年史或者年表”（Annales seu cronicae incliti regni Poloniae）（撰写于 1464 年至 1466 年之间）一书中，扬·迪乌戈兹（Jan Diugosz）将托勒密的描述作为 -部分析性著作的基本框架，这一著作试图从托勒密的列表和地图中复原现代地点的古代地名[285]。1486 年受到马蒂亚斯·科菲努斯的委托去撰写《匈牙利历史十书》（“Rerum Ungaricarum decades”），安东尼奥·邦菲尼（Antonio Bonfini）对《地理学指南》中的地图以及其他资料中的地图进行了非常通常的使用，以列出古代世界的居住地（有时与它们名称的现代对应物一起）[286]。在从 1500 年至 1504 年的阿尔贝特·克兰茨（Albert Krantz）的《北方王国编年史》（*Chronica regnorum aquilonarium*）中可以看到相

---

[280] Ottavio Clavuot, *Biondos "Italia Illustrata" —Summa oder Neuschöpfung?: Über die Arbeitsmethoden eines Humanisten* (Tübingen: M. Niemeyer, 1990), 37 and 219.

[281] Flavio Biondo, *Roma triumphans*; 参见 Flavio Biondo, *Blondi Flavii Forliviensis, de Roma trivmphante lib. X...*, 2 vols. (Basel: Froben, 1559), 1: 398g, 以及 Clavuot, Biondos "Italia Illustrata," 143 and 198。

[282] Nicola Casella, "Pio Ⅱ tra geografia e storia: La 'Cosmographia,'" *Archivio della Società Romana di Storia Patria* 95 (1972): 35–112, esp. 55, 72–73, and 83.

[283] 例如，Casella, "Pio Ⅱ tra geografia e storia," 55–56 n. 68, 67–68, and 79。

[284] 例如，他反对托勒密将小亚细亚分成八个部分，也反对斯特拉博的划分（其分配给每一民族以他们自己的区域），而偏好一种基于自然边界的划分（Casella, "Pio II tra geografia e storia," 82）。

[285] 迪乌戈兹承认，他不能确定维斯图拉河（Vistula）西侧和以西城市的托勒密的名称；编号并没有遵循《地理学指南》中的编号，并且似乎来自《欧洲四》。Jan Diugosz, *Annales seu Cronicae incliti regni Poloniae*, ed. Jan Dabrowski (Warsaw: Państwowe Wydawn. Naukowe, 1964–), 1: 113–14, 和 B. Modelska-Strzelecka, *Le manuscri tcracovien de la "Géographie" de Ptolémée* (Warsaw: Państwowe Wydawn. Naukowe, 1960), 4。按照 Modelska-Strzelecka 的说法，迪乌戈兹使用的稿本就是 Cracow, Biblioteka Jagiellońska, 7805，非常类似于 Vat. Lat. 5698，其本身可能是 Urb. Gr. 82 (Gentile, *Firenze*, 83–84) 的一个直接副本。

[286] Antonio Bonfini, *Rerum Ungaricarum decades*, ed. Margit Kulcsár and PéterKulcsár (Budapest: Akadémiai Kiadó, 1976).

似的情况[287]。在西班牙，最早采用这一方法的就是赫罗纳（Gerona）主教，胡安·马加里特·y. 保（Juan Margarit y Pau），他已经在曼图亚大会（Congress of Mantua）上会见过了比翁多和皮乌斯二世。在马加里特·y. 保的《西班牙编年史》（*Paralipomenon Hispaniae*）中，民族、河流和城市的列表采用自《地理学指南》。其他资料，包括航海图，也被使用，同时托勒密中的一些细节是相互矛盾的（即使地理学家被描述为“精湛，并且熟知所有艺术”）[288]。

在15世纪后半期的所有地理学描述中，我们可以看到托勒密作为一种具体方法的代表
326 而受到很大的尊重，这种方法伴随着使用同时代的和古代的资料。然而，在现代材料的使用以及对其评估时所使用的关键标准方面存在差异。一位著名印刷匠阿诺·德布鲁塞尔（Arnaud de Bruxelles）复制的那不勒斯稿本，提供了将所有可用的古代原始资料汇集在一起的优秀例子。包括了来自古代晚期和中世纪早期的概要（由人文主义者重新发现），乌尔提亚努斯·卡佩拉的《文献学与水银的婚姻》的七书，来自庞波尼乌斯·梅拉的材料，以及从《地理学指南》的摘录——关于可居住世界的范围，位于一架浑天仪上的已有人居住的世界的图像，以及区域地图（第7书第5章，至第8书第2章）[289]。

另一方面，当考虑到人口和古代世界政治划分的变化，以及从其他来源中获得的包括伊比利亚航海发现在内的资料的时候，一些探究精神表明他们越来越意识到托勒密世界形象带来的众多实践和理论问题。也许并不令人惊讶的是——尽管甚至这一点应当需要更为详尽的研究——聚焦于由《地理学指南》产生的问题的文本是来自威尼斯和那不勒斯的，而不是来自佛罗伦萨的。

“占星医药学”（Astrologia medicinalis）可居住世界的出发点，确实是托勒密的世界地图。“占星医药学”是由威尼斯医生和占星术家莱昂纳多·夸雷（Leonardo Qualea）在1470年至1475年撰写的。然而，对托勒密进行了矫正，夸雷的结论就是，世界的所有可居住的地带——整个已经有人居住的世界——延伸超过经度的270°，并且几乎整个非洲都是由海洋所环绕的[290]。相似地，大量的历史的和地理的百科全书是由西西里的多明我会修士编纂的，且人文主义者彼得罗·兰萨诺（Pietro Ransano）［“所有时代的编年史”（Annales omnium temporum）］通过对不同古典资料的一种批判性比较，强调了托勒密的错误，而古典

---

[287] V. A. Nordman, *Die Chronica regnorum aquilonarium des Albert Krantz: Eine Untersuchung* (Helsinki: Suomalainen Tiedeakatemia, 1936), 155.

[288] Robert Brian Tate, “El manoscrito y las fuentes del *Paralipomenon Hispaniae*,” 以及 idem, “El Paralipomenon de Joan Margarit, Cardenal Obispo de Gerona,” both in *Ensayos sobre la historiografía peninsular del siglo XV* (Madrid: Editorial Gredos, 1970), 151 – 82, esp. 137 n. 42, and 123 – 50, esp. 170。

[289] Naples, Biblioteca Nazionale, Ⅳ. D. 22 bis, fols. 112ra – 114vb; 参见 Claudio Leonardi, “I codici di Marziano Capella,” *Aevum* 34 (1960): 411 – 524, esp. 411 – 12。关于阿诺·德布鲁塞尔，从1472年至1477年在那不勒斯的印刷匠，参见 Emmanuel Poulle, *La bibliothèque scientifique d'un imprimeur humaniste au XVe siècle: Catalogue des manuscrits d'Arnaud de Bruxelles à la Bibliothèque Nationale de Paris* (Geneva: Droz, 1963)。

[290] BNF, Lat. 10264, fols. 61r – 64r. 关于稿本，参见 Poulle, *La bibliothèque scientifique*, 54 – 58, 以及 W. J. Wilson, “An Alchemical Manuscript by Arnaldus de Bruxella,” *Osiris* 2 (1936): 220 – 405, esp. 230 – 31。关于 Leonardo Qualea 的世界图像，参见 PierreDuhem, “Ce que l'on disait des Indes occidentales avant Christophe Colomb,” *Revue Générale des Sciences Pures et Appliquées* 19 (1908): 402 – 6。

文本还与现代资料进行了校勘，其中包括地图[291]。

时间为 16 世纪初的两种地理学的描述可能被作为这一传统得到巩固的标志。威尼斯人佩塞尼奥·弗朗切斯科·内格罗（Pescennio Francesco Negro）是那些“无关紧要的人文主义者”之一，其深信自己的重要性，然后花费了大部分时间来追求获得某种可以满足他的极端野心的任命。在内格罗的标题为“永恒的宇宙”（Cosmodystichia）（撰写于 1503 年至 1513 年之间）的百科全书中，致力于地理学的部分包含了仅仅是在托勒密中给出的区域的总体性描述，且简单地说明了个别地理实体的数量，以及对第一“投影”的讨论。作为托勒密作品的一个特点的坐标依然被看成与天体的影响有关——并且因而主要是关于占星术的[292]。在 1509 年，一部更为具有野心的作品，标题为“地理学”（Geographia），且被奉献给教皇利奥十世（Pope Leo X），是由费拉拉学者塞巴斯蒂亚诺·孔帕尼（Sebastiano Compagni）制作的[293]，其之前与他的叔叔安东尼奥·莱奥纳尔迪一起工作，后者是一位活跃于威尼斯和罗马的地图学家，作为意大利地图的创造者而值得关注，这幅地图装饰了在威尼斯的总督宫（在宫殿毁于 1483 年的大火之前）[294]。这两位人物标志着人文主义和地图学的完美融合，并且将关注点放在了 12 世纪初这两个“学科”相遇所带来的问题上。孔帕尼对于托勒密的著作给予了极大的信任，他的目标就是对地球进行描述，在“那些用托勒密的方式描述的事物”之后，包括了由航海发现所揭示的新奇事物，托勒密的文本和地图为孔帕尼提供了他的基本框架。无论提到的新奇事物或者 327
发现是什么，孔帕尼一直关注的是去表明托勒密已经意识到了它们，并且对它们进行了描述。因而，关于“新发现”的海岸和岛屿，他对地图学家不正确呈现的辩解就是缺乏空间[295]。古代地理学家的错误被注意到了，但是被进行了辩解[296]。然而，这并不能阻止孔帕尼通过对比托勒密的地图与航海图从而对古代地名进行了更新。非常不均衡的最终结果揭示，从这种对《地理学指南》过度崇敬的处理中，产生了什么样的可疑的文本。

---

[291] Ferdinando Attilio Termini, *Pietro Ransano, umanista palermitano del sec. XV* (Palermo: A. Trimarchi, 1915), 120 – 21; Carmelo Trasselli, “Un italiano in Etiopianel *XV* secolo: Pietro Rombulo da Messina,” *Rassegna di Studi Etiopici* 1 (1941): 173 – 202, esp. 184（作者的对于使用托勒密而带来的负面影响的观点是过时的）；和 Bruno Figliuolo, “Europa, oriente, mediterraneo nell’opera dell’umanista palermitano Pietro Ranzano,” in *Europa e Mediterraneo tra Medioevo e prima età moderna: L’osservatorio italiano*, ed. Sergio Gensini (San Miniato: Pacini, 1992), 315 – 61, esp. 329 – 33。

[292] BAV, Vat. Lat. 3971, fols. 370r – 386r；段落的结尾就是一幅“托勒密式的地图（Ptholemaei mappa）”，其复制了由埃哈德·拉特多尔特于 1482 年在威尼斯获得的庞波尼乌斯·梅拉版中的地图（Campbell, *Earliest Printed Maps*, 118 – 19）。关于内格罗，参见 Giovanni Mercati, *Ultimi contributi alla storia degli umanisti*, 2 vols.（Vatican City: Biblioteca Apostolica Vaticana, 1939），2：25 – 128，和 Carmen Lozano Guillén, “Apuntes sobre el humanista F. Niger y su obra,” in *Humanismo y pervivencia del mundo clásico: Homenaje al Profesor Luis Gil*, 3 vols., ed. José María Maestre Maestre, Joaquín Pascual Barea, and Luis Brea (Cádiz: Servicio de Publicaciones de la Universidad de Cádiz, 1997), 3：1353 – 60。

[293] Roberto Almagià, “Uno sconosciuto geografo umanista: Sebastiano Compagni,” in *Miscellanea Giovanni Mercati*, 6 vols. (Vatican City: Biblioteca Apostolica Vaticana, 1946), 4：442 – 73.

[294] 我们只有关于安东尼奥·莱奥纳尔迪生平和著作的间接证据。参见 Rossella Bianchi, “Notizie del cartografo veneziano Antonio Leonardi: Con una Appendice su Daniele Emigli (o Emilei) e la sua laurea padovana,” in *Filologia umanistica per Gianvito Resta*, 3 vols., ed. Vincenzo Fera and Giacomo Ferraú (Padua: Antenore, 1997), 1：165 – 211。

[295] BAV, Vat. Lat. 3844, fol. 174v.

[296] 关于被陆地包围的印度洋：“甚至在我们的年代，卢西塔尼亚人［葡萄牙人］，其，为了贸易，从 Olisipo［里斯本］航行出发，通过大西洋远至印度，已经发现，开放的海洋是确定的，由此我足以情不自禁的惊讶，托勒密是错误的，因为他希望空间的每一边都被陆地所环绕，就像陆地中的一个湖泊那样。”（Vat. Lat. 3844, fol. 257v）

托勒密和地理发现

《地理学指南》和大发现之间的关系，这一问题实际上只是更为广大问题的一个方面，而这一问题远不像看起来那么简单：地图在发现过程中的作用到底是什么?[297] 历史学家已经对地图进行了长时间的研究，好像它们的功能被局限于记录这类探险的结果。这导致他们去判断某幅地图是“先进的”或者“落后的”，以及某位地图学家对于创新是“开放的”或“抵制的”。然而，从文化史的角度，这是一个有待于进行个案和详细研究的领域，这些研究应准确展现了地理发现本身如何在将地图学呈现确立为是被证实的真实的对应物方面所发挥的作用。

这个问题已经被相互对比所困扰，这些对比几乎不可能有助于确切了解过去的情况。例如，注意力已经被聚焦于托勒密的地图学与航海地图学的影响的比较。前者据说没有受到新发现的影响，因为其主要的受众是博学的群体，而后者，“自己动手”的人群的产品，据说更容易接受新输入的内容，且更容易面对呈现模式所带来的问题。因而，托勒密，“在一个显然似是而非的方式中”，被宣称已经“启迪但又阻碍了科学和地图学的艺术”[298]。

相似地，对于物质空间呈现的历史叙述，趋向于用冲突“模型”来谈论——只有当人们忽视了那个时代的知识在本质上是累积性的这一事实时，这些概念才会是成立的。因而，有人质疑，托勒密“模型”引入了间隔的平行纬线和汇聚的子午线的概念，是朝向承认一个均匀弯曲的陆地和水域所迈出的第一步。这与所谓的让·比里当（Jean Buridan）和14世纪巴黎的物理学家重新启动的《圣经》——亚里士多德的模型相矛盾，并且据说暗示了从水球中浮现的一个平坦的有人居住的世界的存在，因而使得前往南半球的航行是无法想象的[299]。这样的航行，有人认为，因此证实了托勒密原则的有效性，并且导致放弃了后亚里士

[297] O. A. W. Dilke and Margaret S. Dilke, “The Adjustment of Ptolemaic Atlases to Feature the New World,” in *The Classical Tradition and the Americas*, ed. Wolfgang Haase and Meyer Reinhold, vol. 1, *European Images of the Americas and the Classical Tradition*, 2 pts. （New York：W. de Gruyter, 1994）, pt. 1, 119 – 34，以及 Angel Paladini Cuadrado, “La cartografía de los descubrimientos,” *Boletín de la Real Sociedad Geográfica*128 （1992）：61 – 152。

[298] Alfredo Pinheiro Marques, *Origem e desenvolvimento da cartografia portuguesa na época dos descobrimentos*（Lisbon：Imprensa Nacional-Casa da Moeda, 1987）, 53 – 55 and 108. 去确定这样一个矛盾的过程可能相当困难；然而，当我们看到托勒密正在被描述为某位“做出贡献，引入了大地是一个球体的思想的时候”（这一思想，在中世纪时期从未受到质疑!），这一思想被逐渐破坏了。这一观点经常被作为一种已经被接受的真理而给出（例如，在 Brigitte Englisch, “Erhard Etzlaub's Projection and Methods of Mapping,” *Imago Mundi* 48 ［1996］：103 – 23, esp. 104）。在 Anthony Grafton, *New Worlds*, *Ancient Texts*：*The Power of Tradition and the Shock of Discovery*（Cambridge：Belknap Press of Harvard University Press, 1992）, 50 中指出了这种思想是过时的。

[299] W. G. L. Randles, “Modèles et obstacles épistémologiques：Aristote, Lactance et Ptolémée à l'époque des découvertes,” in *L'humanism eportugais et l'Europe*：*Actes du XXIe Colloque International d'Études Humanistes*（Paris：Fondation Calouste Gulbenkian, 1984）, 437 – 43，以及 idem, “Classical Models of World Geography and Their Transformation Following the Discovery of America,” in *The Classical Tradition and the Americas*, ed. Wolfgang Haase and Meyer Reinhold, vol. 1, *European Images of the Americas and the Classical Tradition*, 2 pts. （New York：W. de Gruyter, 1994）, pt. 1, 5 – 76。就像在中世纪时期所使用的那样，“orbis”一词指的是有人居住的世界，从未表示平坦的概念。Randles 多次注意到的现象就是，中世纪的作者显然没有意识到他注意到的“模型”之间的矛盾，但是提供与这种主张相矛盾的事实和引文是很容易的。检查了哥伦布项目的“经院学者”可能是“亚里士多德的学派的”，但是他们知道《地理学指南》；皮埃尔·德阿伊、纪尧姆·菲拉斯垂、让·夫索利——都是在艺术学院进行的亚里士多德学派教育的产物——都是研究著作带来的宇宙志问题最早的学者。托斯卡内利，一位《地理学指南》的专家，在地图中和在送给费尔南德·马丁斯（Fernand Martins）的信件中没有使用汇聚的子午线，因为他的意图是展现欧洲和印度之间海上的联系（稍后讨论）。

多德的关于水球和土球之间区分的理论。这里可能足以简单地指出，在雅各布·安格利翻译《地理学指南》一个多世纪之前，已经存在将非洲展现为可环航的世界地图（*mappaemundi*）。

然而，让我们离开这些理论绑定的观点，去更为切近地观察实际记录的数据以及它们可以被如何进行解释。《地理学指南》和航海发现之间的关系应当从两个角度进行考察：地图 328
是否对探险的过程产生了任何影响，以及如果有影响的话，那么影响是什么？那些探险的成果如何被托勒密的地图学接受？首先，令人信服的是，对于《地理学指南》的理解，包括其新颖的方面及其存在的错误，可能孕育出了对古典和中世纪地理学的疑虑。疑虑确实在学者中激发出关于对可居住世界的范围、其形状以及标志着赤道的海洋带的存在，以及通过环游非洲到达东方的可能性的质疑。这些是让最早的评注者德阿伊和菲拉斯垂感兴趣的对象，并且在佛罗伦萨会议中被讨论。托勒密的世界地图与当时广泛流传的世界地图（*mappaemundi*）之间的矛盾，其本身就是对经验探险的智力刺激。

关于在西班牙和葡萄牙对《地理学指南》了解的程度，我们没有广泛和详细的信息[300]。这里提到地图时使用的名称很重要。很可能的就是，亨利王子（Prince Henry）周围的圈子在对非洲海岸进行探险之初就对《地理学指南》是熟悉的。阿丰索五世在1443年授予他特权的特许状中陈述，对于博哈多尔角（Capo Bojador）之外未知土地进行探险的原因之一就是“在航海图中以及在世界地图（*mapamundo*）中都没有正确绘制未知的土地”[301]。没有注释者提到，世界地图（*mapamundo*）可能指的就是托勒密《地理学指南》中的世界地图，因此与之前所有其他陈述一样，这段话被进行了武断的判断。

随着葡萄牙人日益邻近他们真正航行绕过好望角的时刻，求助于托勒密的世界观的次数就越加频繁。在1485年当他向教皇宣称他的忠诚的时候，葡萄牙大使瓦斯科·费尔南德斯·德卢塞纳（Vasco Fernandes de Lucena）使用了几乎完全是托勒密的词汇来描述葡萄牙的进展。他说到，之前一年，他们接近普拉萨海角（Prassum Promontorium），那里是阿拉伯湾（Arabian Gulf）的开始之处[302]。瓦斯科·费尔南德斯·德卢塞纳是参加佛罗伦萨会议的葡萄牙代表中的成员，在那里讨论了埃塞俄比亚以及非洲和亚洲的实际形状。按照若昂·德巴

---

[300] 在一次简短的调查中，葡萄牙历史学家 Armando Cortesão 只是处理了问题的一个方面：葡萄牙的地理发现和地图学对托勒密的影响。参见 Armando Cortesão, “Curso de história da cartografia,” *Boletim do Centro de Estudos Geográficos da Faculdade de Letras da Universidade de Coimbra* 8 (1964)；重印在 *Esparsos*, by Armando Cortesão, 3 vols. (Coimbra: Por ordem da Universidade, 1974 – 75), 2: 248 – 59。相同的目标在 Cortesão 的“Cartografia Portuguesa e a Geografia de Ptolomeu,” *Boletim da Academia das Ciências de Lisboa* 36 (1964): 388—404 中也被实现。

[301] João Martins da Silva Marques, *Descobrimentos portugueses: Documentos para a sua história*, 3 vols. (Lisbon: Edição do Instituto para a Alta Cultura, 1944 – 71), 1: 435, No. 339；最近的就是 Luís de Albuquerque, Maria Emília Maderia Santos, and Maria Luísa Esteves et al., *Portugalia emonumenta Africana* (Lisbon: CNCDP, Imprensa Nacional-Casa da Moeda, 1993 –), 1: 23, No. 1。这段话被错误地解释为，没有这些区域的地图，并且它们没有出现在任何地图上；参见 Charles Verlinden, “Navigateurs, marchands et colons italiens au service de la découverte et de la colonisation portugaise sous Henri le Navigateur,” *Moyen Age* 64 (1958): 467 – 97, esp. 474。正确的解释由 Gomes Eanes de Zurara 的“Chronique de Guinée” (1453), chap. 78 证实；参见 Gomes Eanes de Zurara, *Crónica dos feitos da Guiné* (Lisbon: Publicações Alfa, 1989), 149。

[302] 本文是从一段 *Jornal de Coimbra* 3 (April 1813): 309—23 中的摇篮本编辑的。这一海角的位置以及其他地名的错误并不太重要；托勒密的影响足以对它们加以解释，并且不需要对文本进行校正，就像 Geo. Pistarino 所作的和在“I Portoghesi verso l'Asia del Prete Gianni,” *Studi Medievali* 2 (1961): 75 – 137, esp. 110—14 中报告的那样。

罗斯（João de Barros）的说法，在1486年，当咨询他的宇宙志学家以确定祭祀王约翰王国准确位置的时候，葡萄牙国王使用了“一幅托勒密的总图”显示由探险家在非洲海岸建立的各个教区之间的距离，并且总结，环航非洲必然需要让船只绕过这一普拉萨海角[303]。第二年，派出佩罗·达科维良（Pero da Covilhã）经由陆路前往印度洋，这与巴托洛梅乌·迪亚斯进行他的航行是在同一时间。在出发之前，达科维良收到了“来自一幅世界地图的航海图”，在其上标出了祭祀王约翰的王国，以及可以抵达那里的路线，这必然是一幅出自众人之手的地图［那些使用了地理大发现史中的一项发明的人，构成了若昂二世的数学家委员会（Junta dos Matématicos）］[304]。这些人物中的一位毫无疑问就是迪奥戈·奥尔蒂斯·德卡萨迪利亚（Diogo Ortiz de Calzadilla）［或德维列加斯（de Vilhegas）］，其在不久之前刚刚评估了哥伦布提交给葡萄牙国王的提议。他直至1469年之前都是萨拉曼卡的占星术教授，并且我们知道他阅读了一份目前保存在萨拉曼卡的托勒密《地理学指南》的稿本[305]。被授予佩
329 罗·达科维良来自“一幅世界地图的”地图，意图使得测量距离成为可能，并且其特点非常可能是托勒密的[306]。因而，正如伟大的葡萄牙人的事业将要达到的目标那样，也正是托勒密的世界地图（对非洲有着正确的描绘）将要提供将东西方连接起来的完整图像。这是可以记录测量获得的距离以及记录航行过程中获得的坐标的技术工具。

随着对新世界的探险而出现的图像也是如此。如果我们检查探险家自己的作品（最为著名的克里斯托弗·哥伦布的作品）的话，我们可以看到，托勒密发挥了重要的作用[307]。哥伦布阅读了《地理学指南》并且研究了它的地图，毫无疑问使用的是1490年的版本。在一份皮埃尔·德阿伊的《世界宝鉴》（*Ymago mundi*）副本的旁注中提到，关于塔尔西（Tharsis）的，“按照字母的方式对托勒密的翻译”（translator Ptholomei in alphabet），其必然

---

[303] João de Barros, *Ásia de Joam de Barros: Dos feitos que os portugueses fizeram no descobrimento e conquista dos mares e terras do oriente, primeira década*, 4th ed., ed. António Baião (Coimbra, 1932), 83–84.

[304] 事实由1524年与达科维良在阿比西尼亚会面的某人所报道；参见 Francisco Álvares, *Verdadeira informação das terras do Preste João das Indias* [1540], new ed. (Lisbon: Imprensa Nacional, 1889), 128。

[305] Salamanca, Biblioteca Universitaria, 2495；参见 Francisco Rico, “Il nuovo mondo di Nebrija e Colombo: Note sulla geografia umanistica in Spagna e sul contesto intellettuale della scoperta dell'America,” in *Vestigia: Studi in onore di Giuseppe Billanovich*, 2 vols., ed. Rino Avesani et al. (Rome: Edizioni di Storia e Letteratura, 1984), 2: 575–606, esp. 583，用西班牙文，“El nuevo mundo de Nebrija y Colon: Notas sobre la geografía humanística en España y el contexto intelectual del descubrimiento de América,” in *Nebrija y la introduccion del renacimiento en España*, ed. Victor Garcia de la Concha (Salamanca: Ediciones Universidad de Salamanca, 1983), 157–85。

[306] 这幅地图的性质，已经由 Cortesão 进行了研究，其结论被“保密理论”弱化，这一理论使得葡萄牙历史学家可以对任何事物以及相反的事物提出观点，参见 Armando Cortesão, “A ‘Carta de Marear’ em 1487 entregue por D. João Ⅱ a Pêro da Covilhã,” *Memórias da Academia das Ciências de Lisboa, Classe de Ciências* 17 (1974): 165–75；重印在 *Armando Cortesão, Esparsos*, 3 vols. (Coimbra: Por ordem da Universidade, 1974–75), 3: 215–26。在另外一篇论文中，他认为地图的绘制者是弗拉·毛罗和托勒密，参见 Armando Cortesão, “O descobrimento da Australásia e a ‘questão das Molucas,’” in *Esparsos*, 1: 263–303, esp. 267。

[307] 并不存在关于哥伦布和制图学的有用研究，参见 Maria Fernanda Alegria, “Fontes cartográficas de Cristóvão Colombo: O mito e a realidade,” in *Las relaciones entre Portugal y Castilla en la época de los descubrimientos y la expansion colonial*, ed. Ana María Carabias Torres (Salamanca: Ediciones Universidad de Salamanca, Sociedad V Centenario del Tratado de Tordesillas, 1994), 145–64。

指的是那一版本中的字母索引[308]。按照巴托洛梅·德拉斯卡萨斯（Bartolomé de Las Casas）的观点，哥伦布对托勒密是挑剔的，并且期待他支持他自己的理论[309]。我们还知道巴塞洛缪·哥伦布（Bartholomew Columbus，类似于他们的兄弟，是一位地图学家）呈献给亨利七世（Henry Ⅶ）的一幅世界地图，时间是1488年。其内容用下述拉丁语韵文进行了总结："其［地图］证实，那些斯特拉博、托勒密、普林尼和伊西多尔所说的，尽管这些权威并不持有相同的观点。"因此，我们再次看到托勒密被简单地认为是众多古典和中世纪权威之一[310]。与此同时，克里斯托弗·哥伦布很好地意识到，他自己的提议是如何与托勒密的世界观相矛盾的。在对第四次航行的叙述中，他在两个方面批评了这个世界图景，而是支持提尔的马里纳斯提出的关于有人居住的世界延伸到卡提伽腊（Cattigara）（225°）的概念，以及埃塞俄比亚的位置远至赤道以南的概念[311]。

在哥伦布航行期间，使用两个步骤来记录和解释被发现的陆地。类似于此后追随他的那些人，哥伦布绘制地图[312]，这些毫无疑问是按照航海地图学的方法构建的（哥伦布的诉讼调查中充斥着对它们的提及）[313]。他也测量了纬度[314]。当在《副本之书》（*Libro copiador*）中对第二次航行进行描述时，他对被送给天主教国王以让他们获得关于新发现岛屿的位置以一些印象地图的制作方法进行了准确的描述。这幅地图是使用子午线和平行纬线制作的，且1度等于阿尔法罕（al-Farghānī）的数值（56又2/3英里），使得可以用"托勒密的方法"计算距离——也就是，通过计算纬度1度和经度1度之间的关系[315]。一条红色的子午线将在第一 330
次航行中发现的岛屿与后来哥伦布遇到的岛屿区别开来[316]。

---

308 现在在Seville，Bibliotheca Colombina；d'Ailly，*Ymago mundi*，2：304－6。在他拥有的书籍中有着他签名的1478年版（Christopher Columbus，*Scritti di Cristoforo Colombo*，4 vols. ［Rome：Ministero della Pubblica Istruzione，1892－94］，2：523），并且现在收藏于Real Academia de la Historia，Madrid图书馆（Incunable n° 2）。即使出自众人之手，但注释被认为是"哥伦布"的，这一观点是由Contreras在"Diversas ediciónes de la cosmografia de Ptolomeo，" 257－59中提出的。但即使对于哥伦布而言，这些注释的公开文本中的粗糙的拉丁文也显得太差了。

309 关于图勒的经度以及关于在大西洋发现的且被认为来自印度的木头，参见Bartolomé de Las Casas，*Las Casas on Columbus：Background and the Second and Fourth Voyages*，ed. and trans. Nigel Griffin（Turnhout：Brepols，1999），257 and 267。

310 Las Casas，*Columbus*，277.

311 Christopher Columbus，*Oeuvres complètes / Christophe Colomb*，ed. Consuelo Varela and Juan Gil，trans. Jean-Pierre Clément and Jean-Marie Saint-Lu（Paris：La Différence，1992），558（对于这段的法文翻译是完全不正确的）。

312 这些地图被与那些在第一次航行时携带的地图——在其上"海军将领绘制了那一海域的一些岛屿"——区别开来。这一较早的地图必然是一幅世界地图（*mappamundi*），且类似于所谓的热那亚世界地图（*mappamundi*）。对这幅地图的有用讨论以及拉斯卡萨斯是如何将其与托斯卡内利地图融合的，被发现于Christopher Columbus，*Diario del primer viaje de Colón*，ed. Demetrio Ramos Pérez and Marta González Quintana（Granada：Diputación Provincial de Granada，1995），83 and 90。有关哥伦布地图的通常的——有时富有想象力的观点可以在Jesús Varela Marcos，"La cartografía del segundo viaje de Colon y su decisiva influencia en el tratado de Tordesillas，" in *El tratado de Tordesillas en la cartografía histórica*，ed. Jesús Varela Marcos（Valladolid：Junta de Castilla y León：V Centenario Tratado de Tordesillas，1994），85－108中找到。

313 关于哥伦布绘制的地图的主题，参见William D. Phillips，Mark D. Johnston，and Anne Marie Wolf，*Testimonies from the Columbian Lawsuits*（Turnhout：Brepols，2000），75，100，and 102－3。

314 Phillips，Johnston，and Wolf，*Columbian Lawsuits*，252；d'Ailly，*Ymago mundi*，2：530（对于531页的法文翻译是错误的，就像Buron的翻译的普遍情况那样，参见Elisabetta Sarmati，"Le postille di Colombo all' 'Imago mundi' di Pierre d'Ailly，" *Columbeis* 4［1990］：23－42，esp. 35）。

315 Antonio Romeu de Armas，*Libro Copiador de Cristóbal Colón*：*Correspondencia inedita con los Reyes católicos sobre los viajes a América*，2 vols.（Madrid：Testimonio Compañía Editorial，1989），2：451－52.

316 与编辑者Varela和Gil（*Oeuvres complètes*）的宣称相反，这条红色子午线不能确定绘制平行纬线时使用的颜色。

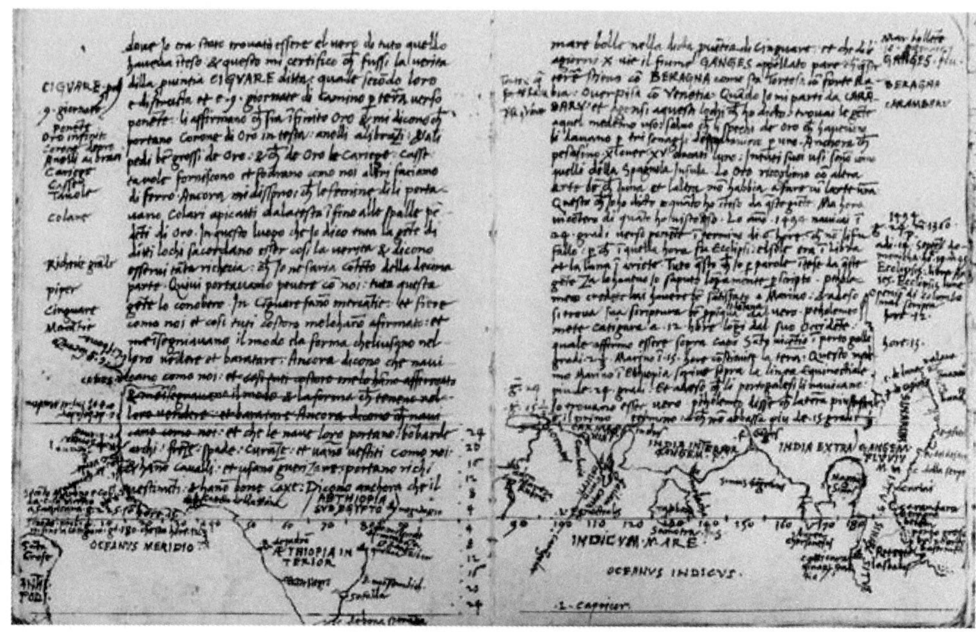

图 9.6　有着“新世界（MONDO NOVO）”的由亚历山德罗·佐尔齐（ALESSANDRO ZORZI）绘制的世界地图

每幅的原始尺寸：21.2×15.9 厘米。Biblioteca Nazionale Centrale, Florence (Banco Rari 234, fols. 56v – 57r and 60v). Ministero per i Beni e le Attività Culturali della Repubblica Italiana 特许使用。

这就是在这些发现的航行中使用托勒密的独创性。航海者可以绘制海岸的航海图，而不需要对呈现模式进行太多的思考，但是如果他希望在与已知世界的关系中确定这些海岸的位置以及让它们的位置可以被理解的话，那么他不得不诉诸“托勒密的方法”，而不顾可能在《地理学指南》中出现的内容上的错误。对于大西洋的巨大跨度而言，航海地图学是不充分的。其必须在一个地图学投影系统以及在一个平行纬线和子午线的网络中加以整合[317]。

有帮助的是，将这一《地理学指南》的理论的和实际的使用，与在圣菲会议（Santa Fé conference）期间对哥伦布提议提出的批评进行对比，按照拉斯卡萨斯的观点，批评借鉴了托勒密的权威。有人认为，亚历山大人（Alexandrine），“类似于很多其他的占星术士、宇宙志学者”，其所提到的印度与哥伦布的描述是不同的。如果大地是弯曲的，一旦某人离开上半球的话，某人不可能向上返回，就像托勒密所描述的那样[318]。这里清楚的就是，在作为世界的一个完美模型的《地理学指南》的思想——那些检查提议的人所赞成的一种思想——与作为独立于其地理内容的作品的地图学呈现之间产生了矛盾。我们没有理由去赞同拉斯卡萨斯或亚历山德罗·杰拉尔迪尼（Alessandro Geraldini）对在圣菲所汇集的学者的评价中出现的讽刺；后者只不过是尼科利、卜列东，以及所有那些在佛罗伦萨会议讨论了世界图像（*imago mundi*）的人士的远亲。

佛罗伦萨的阿美利哥·韦思普奇所采用的方法与哥伦布所采用的那些存在些许不同，并 331
且我们对此有着更为详细的了解，归因于他的信件以及他的《新大陆》（*Mundus novus*）。韦思普奇用可以在托勒密地图上标注的点来再三确定制图学方面实际存在的事物[319]。在对1499年至1500年航行的描述中，变得清楚的就是，确实是《地理学指南》被用来准确地决定了所采用的航线，而在这次航行中，他据说是作为一名导航员。如果抵达了陆地，韦思普奇就向南航行，因为“他的意图就是去看看，他是否能航行绕过托勒密称为的卡提伽腊湾的巨湾（Sinus Magnus）附近的海角”；纬度和经度使他相信，这一海角已经就在附近了。写给洛伦佐·迪皮耶尔弗兰切斯科·德美第奇（Lorenzo di Pierfrancesco de' Medici）的第二封信（1501），在其中，韦思普奇详述了他在卡布拉尔（Cabral）探险中在佛得角所知道的，这封信开始部分用一句话总结了将托勒密作品用作参考：“这里每件事情都将向阁下进行简要的叙述：并不是通过宇宙志，因为在那些船员中没有宇宙志学者或者数学家（这是一个巨大的错误），但是我将要用一种没有受到曲解的方式讲述他们所告诉我的，除了有时我使用托勒密宇宙志来对其加以纠正之外。”[320] 关于沿着南海岸航行的第一封信，以坐标的测量数据作为结尾，附带有一幅“平面地图”和一架球仪。毫无疑问，韦思普奇对葡萄牙航海家的讽刺表明，这位佛罗伦萨探险家—宇宙学家对他自己的优越感有清晰的认识（与不那么有学问的导航员不同，他读过托勒密的著作）。同时，这一优越感显然服务于让自己的描述看起来更真实的修辞学目的，而这也是韦思普奇的讲述所针对的对象，即佛罗伦萨人文主义者—重商主义氛围的典型特征。《地理学指南》到那时为止是数十年中研究的对象，并且对其

---

[317] 这是 Massimo Quaini 在“L'immaginario geografico medievale, il viaggio di scoperta e l'univers o concettuale del grande viaggio di Colombo,” *Columbeis* 5 (1993): 257–70, esp. 269 中得出的结论。这些数据并不能被作为哥伦布了解和使用托勒密的“平面直角投影”的证据；参见 Simonetta Conti, “È di Cristoforo Colombo la prima geocarta di tipo tolemaico relativa alla grande scoperta,” *Geografia* 13 (1990): 104–8。

[318] Las Casas, *Columbus*, 280–81, 以及 Alessandro Geraldini, *Itinerarium ad regiones sub aequinoctiali plaga constitutas* (Rome: Guilelmi Facciotti, 1631), 204–5。

[319] Mario Pozzi, ed., *Il mondo nuovo di Amerigo Vespucci: Scritti vespucciani e paravespucciani*, 2d ed. (Alesandria: Edizioni dell'Orso, 1993), 79, 81, and 105. 韦思普奇的航行是否就像被描述的那样实际发生——或者人们对于已发表的或稿本中的描述的信任程度这类问题——在这里显然是无关紧要的。

[320] Pozzi, *Il mondo nuovo di Amerigo Vespucci*, 74–75.

方法表示尊敬，尽管存在误解，再加上对其所提供的世界图像的完美的信任，意味着那种方法和那一世界图像已经成为用于了解新发现的手段。

威尼斯人亚历山德罗·佐尔齐的作品使得我们可以进一步去理解一种精神框架，而在这一精神框架中，托勒密的作品被与新发现进行衡量。在16世纪初期，佐尔齐复制了与在亚洲和美洲进行发现有关的文本的汇编。他文本的边缘充斥着注释和图示。例如，佐尔齐通过使用一架小的球仪，确定了1499年至1500年在南美洲海岸进行了探险的位置［在文献中被称为“帕里亚”（Paria）］，在其上有着从托勒密那里获得的陆块轮廓（尽管印度洋没有被显示为由大陆所封闭）[321]。在一个边缘图像中展示了韦思普奇的航行，在这一图像中，欧洲和非洲海岸被显示为与那些新大陆（Mundus Novus）相对，所有这些都与赤道、热带和极地有关[322]。相似地，在佐尔齐复制的哥伦布1503年7月7日的信件中草绘的三幅地图反映了调和托勒密亚洲的图景与在哥伦布第四次航行中发现的尝试（图9.6）。地图显示了在赤道上有着180°的有人居住的世界的范围。术语是托勒密式的，并且在两条注释中回顾了由托勒密和马里纳斯提出的，并由哥伦布在他自己对第四次航行的描述中总结的，对有人居住世界
332 的范围的估计[323]。这些稿本中书写的注释以及图像，反映了一座海洋城市商业圈的兴趣，在这座城市中，人们渴望那些与如何抵达新发现的陆地有关的准确信息，因而期待可以在现存的世界图像中确定这些发现的位置[324]。

托勒密地图（或者，更为通常的，托勒密的思想）还被用于解决卡斯蒂利亚（Castille）和葡萄牙在这些新发现区域中的领土纠纷。《托尔德西拉斯条约》（1494年），将“按照度数或者其他方法”确定一条距离佛得角岛屿370里格的线；零点的选择是极为重要的，托勒密的本初子午线在中世纪被纠正[325]。然而，当对这条线进行实际描绘的时候，以及天主教国王在整个王国中寻找专家的时候，出现了困难。他们转向了海梅·费雷尔（Jaime Ferrer），其长期以来就是为那不勒斯宫廷服务的珠宝商，并且已经确立了他自己作为一名宇宙志学者的声望。在一封1495年1月27日的信件中，费雷尔宣称送出了一幅“大型世界地图”，在

---

[321] Laura Laurencich Minelli, *Un "giornale" del Cinquecento sulla scoperta dell' America: Il manoscritto di Ferrara* (Milan: Cisalpino – Goliardica, 1985), 83 and fig. 72；其条目的对页的另外一个产品可以在 Columbus, Cristoforo Colombo, 2: 665 中找到。

[322] Laurencich Minelli, *Un "giornale" del Cinquecento*, 98 and fig. 83.

[323] Florence, Biblioteca Nazionale Centrale, Banco Rari 234 (olim Magl. XIII 81), fols. 56v, 57r, and 60v; Ferrara, Biblioteca Comunale Ariostea, Cl. II, 10, fol. 63v, 70v（参见 Laura Laurencich Minelli, "Il manofig scritto di Ferrara: Prime immagini del Nuovo mondo," in *Pietro Martire d'Anghiera nella storia e nella cultura* [Genova: Associazione Italiana Studi Americanistici, 1980], 241 – 53; Ilaria Luzzana Caraci, "L'America e la cartografia: Nascita di un continente," in *Cristoforo Colombo*, 2: 603 – 34, esp. 606 – 7 and *Schede*, 664 – 70, with the reproduction of fol. 60v of the Florence manuscript）. 克里斯托弗·哥伦布、巴塞洛缪·哥伦布和亚历山德罗·佐尔齐在这些草图背后的思想中所发挥的作用，引起了一场没有真正意义的学术争论（Roberto Almagià, "Intorno a quattro codici fiorentini e ad uno ferrarese dell'erudito veneziano Alessandro Zorzi," *Bibliofilia* 38 [1936]: 313 – 471, 以及 George E. Nunn, "The Three Maplets Attributed to Bartholomew Columbus," *Imago Mundi* 9 [1952]: 12 – 22）。Nebenzahl 给出的佛罗伦萨手稿的复制品不是取自原件，而是来自摹本；参见 Kenneth Nebenzahl, *Atlas of Columbus and the Great Discoveries* (Chicago: Rand McNally, 1990), 38 – 39。在 Ferrara 稿本中的地图复制在了 Laurencich Minelli, *Un "giornale" del Cinquecento*, figs. 88 and 89。

[324] 将佐尔齐描绘为一名人文主义者似乎是不准确的；他更多的是为前面提到的环境提供服务的新闻编辑者（Laurencich Minelli, *Un "giornale" del Cinquecento*, 17 – 18）。

[325] Gerald R. Tibbetts, "The Beginnings of a Cartographic Tradition," in *HC* 2.1: 90 – 107, esp. 102 – 3.

其上统治者将要看到两个半球、赤道、回归线和七个温度带[326]。这次提到了两份材料：约翰尼斯·德萨克罗博斯科的关于球体的专著，和一部费雷尔命名为“对世界的描述”作品，通过这一名称，他意指《地理学指南》[327]。这里进入费雷尔用于建立之前提到的线条的经验过程是不太重要的；实际上，他使用了马尔泰罗奥规则（procedure of marteloio），通过沿着一条风的罗盘方位线测量经度来对其进行增补和改进。重要的就是，这一步骤主要是托勒密式的。费雷尔谈到，使用从一个极点延伸到另一个极点的汇聚线，他在赤道上标记了相当于 23 度的距离。更为重要的是，他比较了不同的呈现模型，对比了航海图和托勒密地图。他发现在对他正在试图展示的原则的“数学说明”中前者是无用的。所需要的是一幅球形地图，由此我们可以将地球的球形性质纳入考虑之中，并且在其中“将每一件事物放置在其相应的位置上”。为了充分理解这一准则，费雷尔总结到，某人必须是一位宇宙志学者、数学家和水手[328]。

新的地理发现与关于世界的已有知识的逐渐整合，还可以在针对更为广泛的受众的更为成功的地图学作品中看到。无论是宣称为葡萄牙还是为卡斯提所有，新的土地很快出现在与学术有关的地图上。例如，亨利库斯·马特尔鲁斯·日耳曼努斯，制作了各种托勒密的世界地图，其上有着经纬度的度数。其中大部分是他的“岛屿”（Insularium）稿本的插图，但是现在在耶鲁大学还有着大型的纸上的手绘地图。这些作品展示了直至 1489 年的葡萄牙在非洲探险的进展，同时它们呈现的亚洲图像与那些由克里斯托弗·哥伦布提议的相似（欧亚大陆占据了世界周长的 3/4）[329]。亨利库斯·马特尔鲁斯的作品是典型的人文主义方法。与在他的《地理学指南》副本中的现代地图一起，他还给出了古典的（例如庞波尼乌斯·梅拉）以及提到了被描绘区域的中世纪文本。这是“15 世纪晚期托勒密的修订版”，其将提供一个模式，在这个模式中，在下个世纪的整个早期阶段组织了对新世界的发现[330]。

毫无疑问，托勒密式的世界地图对发现航行的整体兴趣做出了贡献。到 15 世纪末和 16 333
世纪初，世界的尽头所使用的托勒密式的地名［例如，亚洲的拉普塔海角（Rhaptum Promontorium）或卡提伽腊］是流行的——确实，是常见的——表达方式。因而，例如，在他的 1520 年的诗文《来自西方园地》（*De hortis hesperidum*）中，乔瓦尼·蓬塔诺（Giovanni

---

[326] Jaime Ferrer, “Letra feta als molt Catholichs Reys de Spanya Don Ferrando y dona isabel: Per mossen Iaume Ferrer,” in *Sentencias catholicas...*, by Jaime Ferrer (Barcelona, 1545), 没有页码。信件由 Fernández de Navarrete, *Colección de los viages y descubrimientos que hicieron por mar los españoles desde fines del siglo* XV, 5 vols. (Madrid: Imprenta Nacional, 1825 – 37), 2: 111 – 15 复制。关于海梅·费雷尔的作品，参见 José María Millás Vallicrosa, “El cosmógrafo Jaime Ferrer de Blanes,” in *Estudios sobre historia de la ciencia española*, 2 vols. (1949; reprinted Madrid: Consejo Superior de Investigaciones Científicas, 1987), 1: 455 – 78, 以及 idem, “La cultura cosmográfica en la Corona de Aragón durante el reinado de los Reyes Católicos,” in *Nuevos estudios sobre historia de la ciencia Española* (1960; reprinted Madrid: Consejo Superior de Investigaciones Científicas, 1991), 299 – 316, esp. 307 – 11。

[327] 他在他关于但丁《神曲》的评注中认为是托勒密的作品（Millás Vallicrosa, “El cosmógrafo Jaime Ferrer,” 464）。

[328] Navarrete, *Colección*, 2: 114.

[329] Roberto Almagià, “I mappamondi di Enrico Martello e alcuni concetti geografici di Cristoforo Colombo,” *Bibliofilia* 42 (1940): 288 – 311; Gentile, *Firenze*, 237 – 43; 以及 Alexander O. Vietor, “A Pre-Columbian Map of the World, circa 1489,” *Imago Mundi* 17 (1963): 95 – 96。

[330] Luzzana Caraci, “L'America e la cartografia,” 622 and 626.

Pontano）提到了"拉普塔的尽头（Prassioras）"，而在赞美瓦斯科·达伽马航行的，一部结合了诗文、古代地理学、对托勒密的抄录以及来自葡萄牙和西班牙新发现的新闻的著作中提到了"拉普塔风暴"（Rhapti procellas）[331]。这里，再次，另外一个被调查的领域就是在文本中对托勒密的提及和使用的表达方式，而这些文本并不是严格的地理学的；结果肯定会逐渐破坏人文主义者的一种旧观念，即对新发现以及由它们所引起的关于世界图像的讨论的冷漠。

随着新世界的发现，两个在目的和关注方面都存在差异的呈现模型，产生了新的问题。航海图满足了必须抵达和识别新发现的土地的航海者的实际需求。胡安·德拉科萨（Juan de la Cosa）的地图、坎蒂诺（Cantino）地图、尼科洛·德卡塞里奥地图，或者佩萨罗地图都没有涉及理论问题；确实，对于宇宙志唯一的借鉴就是对于赤道和回归线的使用。然而，从16世纪之初，学术的——必然是托勒密的——地图学正在处理三个问题：在有人住居的世界中，这些发现所处的位置；确定美洲和亚洲之间的准确关系；以及检查发现对于呈现模式的影响。只有在考察了自15世纪3/4开始阅读托勒密的方式发生的变化之后，我们才可以理解地图学家是如何处理这些问题的。

朝向一种"数学的地图学"

一个错误的问题和一个错误的开始：托斯卡内利

就像加林所注意到的，佛罗伦萨的医生保罗·达尔波佐·托斯卡内利这一人物"显现于各种回声中，而这些回声揭示了他存在于别人的生活中"[332]。他已经与文艺复兴时期最为重要的人物联系了起来，从尼科利那里学习了希腊语，并且与菲利波·布鲁内莱斯基、莱昂·巴蒂斯塔·阿尔贝蒂、尼古劳斯·库萨和约翰内斯·雷吉奥蒙塔努斯等是朋友。归因于乌齐埃利富有想象力的作品，托斯卡内利已经被认为在哥伦布提议的航行的起源中发挥了重要作用，并且通过对托勒密的批判性阅读，对地理知识的发展做出了同等重要的贡献[333]。很少有人在科学、语言和文学等不同领域因他们知识的程度而得到这样的赞扬[334]。然而，没有一个人物像这位没有可以确定为他的作品的人物一样神秘，同时没有历史重建能像持续坚持佛罗伦萨直接参与了航海发现这种论述这样武断。在无法回溯托斯卡内利的作品的那些"回声"的情况下，我只是将我自己限定在确定他在接受托勒密《地理学指南》中的作用的

---

[331] Liliana Monti Sabia, "Echi di scoperte geografiche in opere di Giovanni Pontano," *Columbeis* 5（1993）: 283 – 303.

[332] Eugenio Garin, *Ritratti di umanisti*（Florence: Sansoni, 1967）, 59.

[333] Gustavo Uzielli, *La vita e i tempi di Paolo dal Pozzo Toscanelli*（Rome: Ministero della Pubblica Istruzione, 1894）. 也可以参见 Leonardo Rombai, "Tolomeo e Toscanelli, fra Medioevo ed età moderna: Cosmografia e cartografia nella Firenze del XV secolo," in *Il mondo di Vespucci e Verrazzano, geografia e viaggi: Dalla Terrasanta all'America*, ed. Leonardo Rombai（Florence: L. S. Olschki, 1993）, 29 – 69, esp. 50 – 64，以及 idem, "Paolo dal Pozzo Toscanelli（1397 – 1482）umanista e cosmografo," *Rivista Geografica Italiana* 100（1993）: 133 – 58。

[334] 关于他的教育和背景没有准确的信息。乌齐埃利对于他在帕多瓦师从于 Prosdocimo de' Beldomandi，以及在那里遇到了尼古劳斯·库萨的论断，是纯粹的推测（*La vita*, 22 and 37）。真蒂莱显示，关于那次相遇存在另外一种可能性：从1472年至1428年在罗马（*Firenze*, 123）。

确切性质上[335]，以对所有关于他对世界呈现问题的兴趣的评论或迹象进行一个回顾作为开始。已经被提到的就是，在佛罗伦萨会议时期，托斯卡内利拥有一幅克劳迪乌斯·克拉乌斯绘制的北半球地图，其与红衣主教菲拉斯垂已经添加到他的托勒密著作的副本上的地图相似。在他关于《田园诗》（*Georgics*）的注释中，克里斯托福罗·兰迪诺（Cristoforo Landino），在对“末端的图勒”（ultima Thule）的著名线条的讨论中，提到了一个进一步证实了医生对于世界北部界限的兴趣的细节：托斯卡内利据说质疑那些来自塔奈斯源头附近地区的人[336]。在提及这一点之后，兰迪诺给出了从图勒所在的平行纬线至第71条平行纬线的白昼最长日的白昼长度，这是可以通过略读《地理学指南》中的任何地图而很容易获得的信息，并且当然不是乌齐埃利认为托斯卡内利进行了额外的计算[337]。就他而言，安东尼奥·马内蒂，在奥诺里于斯·奥古斯托度南西斯的《世界宝鉴》俗语版一个段落的一条注释中， 334
引用了“数学家马埃斯特罗·帕戈”［maestro Pag(ol)o matematico］的观点；而《世界宝鉴》处理的是世界的周长以及1英里与1斯塔德（stadium）之间的关系[338]。卜列东的提及（之前引用的），并不是唯一表明托斯卡内利对地图学有兴趣的证据。在他的“回忆录”（Ricordanze）中，佛罗伦萨贵族弗朗切斯科·卡斯泰拉尼（Francesco Castellani）提到，在1459年，他从医生那里借到了“一幅大型的世界地图（*mappamundi*），其上有说明，并且内容非常完整”，由此可以向葡萄牙国王的大使进行展示[339]。这一事实已经导致评论者认定托斯卡内利在选择一条向西前往印度的路线中发挥了重要作用；他据说，已经通过这种方式制作了这幅世界地图（*mappamundi*），这幅地图显示了可以从这一方向抵达印度[340]。然而，所有我们实际上可以确定谈及的就是，托斯卡内利在地图绘制方面的理性方法的总和，只不过是对已经有人居住的世界的界限及其尺度的兴趣，同时仔细研究了可能对这个问题的争论作出贡献的地图。没有任何证据揭示在佛罗伦萨——或任何其他地方，在《地理学指南》翻译后的数十年中，有着杰出的技术或者与众不同的能力。

两部著名的文献——Banco Rari 30稿本和附带有一幅地图的写给费尔南德·马丁斯的信件——是否使托斯卡内利的能力显得更为突出？Banco Rari 30稿本的签名页据说是他地图学

---

[335] 关于托斯卡内利生平的一个清醒的和充满信息的完整图景是由 Carmen Gallelli, “Paolo dal Pozzo Toscanelli,” in *Il mondo di Vespucci e Verrazzano, geografia e viaggi: Dalla Terrasanta all'America*, ed. Leonardo Rombai (Florence: L. S. Olschki, 1993), 71－92给出的。对他的作用的一项全面评价——由现有文献和例子的实际事实证明——是在 Gentile, “Toscanelli,” 113－31中。

[336] Cristoforo Landino, *Scritti critici e teorici*, 2 vols., ed. Roberto Cardini (Rome: Bulzoni, 1974), 2: 309. 对比 Gentile, *Firenze*, 148－50。

[337] Uzielli, *La vita*, 113－33. 托斯卡内利对埃塞俄比亚进一步的好奇，可以从一封1438年写给安布罗焦·特拉韦尔萨里的信件中（Mercati, *Ultimi contributi alla storia degli umanisti*, 1: 12－13）推论出来。

[338] “当8斯塔德等于1英里的时候；那么就是22500英里；但是数学家马埃斯特罗·帕戈告诉我，8斯塔德有时要短于1英里”；并且“由此，按照他的观点，地球周长就是22500英里，但是医生马埃斯特罗·帕戈告诉我，8斯塔德并不等于1英里”（Florence, Biblioteca Nazionale Centrale, Conv. Soppr. G II 1501, fol. 3v；参见 Gentile, *Firenze*, 151－53）。

[339] 这一段落已经发表了多次。参见 Gentile, *Firenze*, 146－48。

[340] Crinò这一武断的解释——这幅世界地图（*mappamundi*）就是所谓的热那亚地图（Florence, Biblioteca Nazionale Centrale, Portolano 1）——现在已经被拒绝。参见 Sebastiano Crinò, *La scoperta della carta originale di Paolo dal Pozzo Toscanelli* (Florence: Istituto Geografico Militare, 1941)，和 idem, *Come fu scoperta l'America* (Milan: U. Hoepli, 1943)。

作品的直接证据[341]；乌齐埃利认为在对开页254r上的四个坐标列表，是由托斯卡内利亲自计算的[342]。然而，这些列表中的两个并不是原创的[343]，而另外两个是非常普通的——因为是对度数、英里和英寻（fathom）的评论，即，在这种情况下，为位置的计算提供了来自旅行指南的数据。实际上，有着亲笔签字的材料中的大部分与各种彗星位置的计算以及它们与恒星相应位置的概要量度有关[344]。这些图表之一（fols. 253v/256r）显示了一个框架，其上在顶部和两侧（南方没有被标出）有着三条罗盘方位线，这一框架从北到南分为90度，从东到西分为180度。这一网格，出现在用于指示彗星位置的有着刻度的图页上，因而没有理由认为，其除了用于记录观察位置之外还有着其他目的[345]。即使在头脑中有着一些陆地地图学的用途，但明确的是，如同真蒂莱已经指出的，其从未被如此使用过。任何基于这一基本是空白的文献的结论都是纯粹的臆测[346]。相似地，远远不能说明出现在准确度上超出了托勒密的地图学[347]，对于彗星的观察、坐标的列表（在解决某些天文问题时是不可或缺的），以及被分为刻度的框架，只能揭示出对于占星术的关注，而这在当时的医生中是非常普遍的事情。它们出现在相邻的对开页中[348]，并且它们再次出现在稿本的剩余部分中，由此，在19世纪，托斯卡内利的Banco Rari 30的页面被分开（明确的意图就是提高它们的"科学"地位——按照现代的意识——通过将它们与那些被认为是迷信的表达的部分分开）[349]。本质上，占星术是托斯卡内利可能存在的对《地理学指南》兴趣的基础，并且提供了他对这一著作进行研究的框架。

瓦格纳使用了有着双重度数的双页，去重建托斯卡内利送给人文主义者葡萄牙修士费尔南德·马丁斯的地图。瓦格纳的重建，目前作为最令人信服的一种重建而被接受。然而，瓦格纳工作的基础就是将托斯卡内利看成是某种"复活的马里纳斯"（Marinus
335 redivivus），通过将欧洲和亚洲之间大洋的范围减少到130度——也就是，提尔的马里纳斯给出的，且受到托勒密批评的数值，从而是最早勇于挑战托勒密的权威的人[350]。这是环绕托斯卡内利编织的传奇的主要因素，显然是由他同时代人认为的他所具有的数学专长

---

[341] Florence, Biblioteca Nazionale Centrale；在 Gentile, *Firenze*, 131—36 中进行了描述和讨论。

[342] Uzielli, *La vita*, 457 – 58, 463 – 71, and 615 – 29.

[343] Hermann Wagner, "Die Rekonstruktion der Toscanelli-Kartevom J. 1474 und die Pseudo-Facsimilia des Behaim-Globus vom J. 1492," *Nachrichten von der Königl. Gesellschaft der Wissenschaften zu Göttingen*, *Philologisch-historische Klasse*, *1894*, 208 – 312, esp. 307；Garin, *Ritratti di umanisti*, 63 – 64；以及 Gentile, *Firenze*, 135.

[344] 已经指出了这些测量揭示出对于精度的新的关注；参见 Jane L. Jervis, *Cometary Theory in Fifteenth Century Europe* (Dordrecht: D. Reidel, 1985), 67 – 68。

[345] 稿本的两页上有着与彗星有关的数据，这两页被复制作为"稿本，包含了用于欧洲和亚洲之间区域制图学的有着刻度的轮廓"，但没有附上页码，这出现在一部用于颂扬佛罗伦萨的历史编纂学的目录中；参见 Brunetto Chiarelli, "Paolo dal Pozzo Toscanelli," in *La carta perduta*: *Paolo dal Pozzo Toscanelli e la cartografia delle grandi scoperte* (Florence: Alinari, 1992), 13 – 22, esp. 19 – 20。

[346] Gentile, *Firenze*, 135.

[347] 例如，Rombai, "Tolomeo e Toscanelli," 54。

[348] Garin 是最早强调了这一点的学者：将医学、占星术、天文学和地理学分开是荒谬的；显然一名医生应当对占星术感兴趣——并且因而对气候感兴趣——以可以准确地确定位置，并且准确地理解天体对陆地上事物的影响，例如疾病 (Garin, *Ritratti di umanisti*, 54 and 64)。

[349] Garin, *Ritratti di umanisti*, 50 n. 8.

[350] Wagner, "Die Rekonstruktion der Toscanelli-Karte," 236 – 37.

来证明的。然而，寻找流传至今的提及和描述，似乎送给葡萄牙修士的地图（托斯卡内利经常与他用意大利文进行讨论）根本不是必然与托勒密的方法存在联系：医生似乎将他的作品看成是从航海图（*carte nauigacionis*）获得的资料[351]。相似地，在托斯卡内利与哥伦布之间可能存在疑问的通信中，前者宣称发出的稿件被费迪南德·哥伦布称为是一幅“航海图”（“carta navigatoria”）[352]，并且被拉斯卡萨斯称为一幅“海图”（carta de marear）[353]，这一描述揭示，这两位与哥伦布同时代的人是如何看待可能甚至是虚构的一部作品的。就像之前描述的那样，这幅地图的横线和竖线用英里绘制了空间，这让人想起的是一幅有着比例尺的航海图，而不是一幅使用子午线和平行纬线构建的地图[354]。但如果完全否定该作品与托勒密的呈现方式之间的关系的话，那么也是不明智的，不过不存在疑问的就是，信件的文本中调和不同呈现模式之间差异的尝试远远不是原创的。我们已经看到了之前很早的威尼斯作品，它们显示了这样的尝试是广泛的。至于通往亚洲的海上航线是最短的论点，这已经由罗杰·培根、皮埃尔·德阿伊、纪尧姆·菲拉斯垂以及其他很多人提出了。托斯卡内利并不是一位原创的地图学家，并且这种重建所讲述的更多的是瓦格纳的能力，而不是托斯卡内利自己的[355]。

综上所述，我们可以用来自乌戈利诺·韦里诺（Ugolino Verino）的葬礼悼词的两段话来总结托斯卡内利的知识和作品：“保罗知道大地和星辰/并且对托勒密的伟大著作进行了评述。”[356] 佛罗伦萨医生对地图的兴趣以及对有人住居的世界的范围的兴趣，是在他那个时代所有学者中常见的东西，但是托斯卡内利进行了评注的“托勒密的伟大作品”是《至大论》（拉丁语书名：*Magna compositio*）。类似于与他有着相似背景的同时代人，托斯卡内利是一位占星学家。如果他确实浏览了《地理学指南》的话，那么并不会考虑其“数学”因素，而是试图理解天体对于大地上的事物的影响[357]。

《地理学指南》以及透视的诞生？

托勒密的“投影”，与在《地理学指南》的译本出现的短短几年之后，佛罗伦萨艺术家

---

[351] 至少这是我们从位于宣称地图正在被送出的文字之前的段落中可以推导出的：“尽管我知道，这是地球球形的一个结果，但我已经决定，然而，通过构造一幅可以证明所谈及的路线是存在的航海图来加以展示，由此有助于理解和便利于操作。”Henry Harrisse, *The Discovery of North America: A Critical, Documentary, and Historic Investigation, with an Essay on the Early Cartography of the New World, Including Descriptions of Two Hundred and Fifty Maps or Globes Existing or Lost, Constructed before the Year* 1536 (London: Henry Stevens and Son, 1892), 381。

[352] Fernando Colón, *Historie del S. D. Fernando Colombo: Nelle quali s'ha particulare, & vera relatione della vita, & de fatti dell'Ammiraglio...* (Venice: Francesco de'Franceschi Sanese, 1571), 8.

[353] Las Casas, *Columbus*, 264. 拉斯卡萨斯还谈到他有着由“Paulo, físico florentín”送来的且哥伦布在他第一次航行中使用的“海图”（“carta de marear”）(pp. 263 and 266)。

[354] 如果某人认为文本指的是平行纬线的话，那么“在西侧，那些斜向放置的显示了从南到北的空间”这样的用词将显得非常奇怪。

[355] Jacques Heers, *Christophe Colomb* (Paris: Hachette, 1981), 154 有着同样的结论。

[356] Ugolino Verino, *Eulogium Pauli Thusci medici ac mathematici preclarissimi*（被引用在 Gentile, *Firenze*, 156）。

[357] 我们可以引用路易十四的占星术家 Conrad Heingarten，其于1472 年在罗马。在他对于“Quadripartitum”的评注（撰写于1476 年前后）中，他向读者提到了托勒密：“并且，你可能会根据托勒密的宇宙志著作来确定这些区域。”BNF, Latin 7305, fol. 113r；参见 Lynn Thorndike, *A History of Magic and Experimental Science*, 8 vols. (New York: Macmillan, 1923–58), 4: 371。

和工程师菲利波·布鲁内莱斯基对于图像透视的发明之间的关系，是一个有时被认为已经得以明确解决的问题。某些艺术史学家宣称，托勒密的“投影”系统在这一艺术发展中发挥了基础作用。这一思想似乎最早是在 1958 年提出的，在一篇非常令人困惑的和研究水平非常糟糕的论文中，其作者的结论就是，布鲁内莱斯基寻求托斯卡内利的帮助，当他在完善透视系统中的困难时。医生然后将工匠的直觉与学者的谨慎结合起来，并且构想在圣玛丽亚·德菲奥雷的佛罗伦萨大教堂（Florentine cathedral of Santa Maria del Fiore）前部树立一个“光学盒子” ［其设计利用了他关于圆锥“投影”的知识，后者被认为类似于单眼透视（monocular perspective）］[358]。然而，正是埃杰顿（Edgerton），在 1974 年之后一系列的出版物中，最为充分地发展了这一联系，认为并不是圆锥“投影”而是托勒密的第三“投影”的模式，后者是线性透视的直接祖先[359]。实际上，在一架浑天仪上描绘有人居住的世界的步
336 骤——在这一方式中，代表了赤道和北回归线的小环并没有阻碍观察者的视线——似乎暗示着一个视点和一个视觉金字塔的存在。

必须要指出的就是，为支持这一论断而提出的论据在性质上是非常普通的。在中世纪地图学中的空间呈现——其非均质的组成部分、其视点的多样性、其主观性，其对具体性质的关注以及缺乏对距离的精确呈现——被认为受到了具有相反特点的文艺复兴空间的挑战。然而，在这些简单和无法展示的对比中，承认法国艺术史家皮埃尔·弗朗卡斯泰尔（Pierre Francastel）提出的总体思想并不困难[360]。而且，透视和《地理学指南》之间的联系被看成“文艺复兴时期的范例”的组成特征之一——“相关思想的文化群星；一个在其中科学、艺术、学者和宗教都相互交织的领域”[361]。然而所有这些只是简单地基于间接的提及、不可靠的类比以及未经证实的猜测。在理论和实践中没有提出直接联系的证据，并且一项对托勒密“投影”第三模式的分析没有解决这一关键问题，即这种呈现模式不被 15 世纪的人理解，他们中的大部分对于“投影”的步骤不感兴趣，并且，实际上，没

---

[358] Jean-Gabriel Lemoine, “Brunelleschi et Ptolémée: Les origins géographiques de la ‘boîte d'optique,” *Gazette des Beaux Arts* 51 (1958): 281 –96. Parronchi 认为这一思想是错误的；参见 Alessandro Parronchi, *Studi su la dolce prospettiva* (Milan: A. Martello, 1964), 228。非常奇怪的就是，Lemoine 的论文没有被那些后来提出了透视与托勒密存在直接联系的历史学家引用。

[359] Samuel Y. Edgerton, “Florentine Interest in Ptolemaic Cartography as Background for Renaissance Painting, Architecture, and the Discovery of America,” *Journal of the Society of Architectural Historians* 33 (1974): 275 –92; idem, *Renaissance Rediscovery of Linear Perspective*; 以及 idem, *The Heritage of Giotto's Geometry: Art and Science on the Eve of the Scientific Revolution* (Ithaca: Cornell University Press, 1991), 150 –59。Veltman 对埃杰顿提出的理论进行了一些弱化，用天文学取代了地图学；参见 Kim H. Veltman, “Ptolemy and the Origins of Linear Perspective,” in *La prospettiva rinascimentale: Codificazioni e trasgressioni*, ed. Marisa Dalai Emiliani (Florence: Centro Di, 1980 –), 1: 403 –7。

[360] Pierre Francastel, *Peinture et société: Naissance et destruction d'un espace plastique, de la Renaissance au cubisme* (Paris: Gallimard, 1965), 11 –69. 注意，埃杰顿关于细节的大量评论同样是令人怀疑的。他宣称，航海图没有对距离进行准确记述——这将让所有那些已经看到过航海图中距离比例尺的人感到惊讶；据说教皇皮乌斯二世和天主教会授予《地理学指南》以“官方批准”（official nihil obstat），犹如其是一部危险的著作；来自 Giovanni Cavalcanti 的“Istorie Fiorentine”中的一段话被截取且用不准确的方式加以引用——与其原意相反——以证明存在一种对空间的“理性”的感知。参见 Patrick Gautier Dalché, “Pour une histoire du regard géographique: Conception et usage de la carte au XVe siècle,” *Micrologus* 4 (1996): 77 –103, esp. 99。

[361] Edgerton, *Renaissance Rediscovery of Linear Perspective*, 162. 这一模糊的定义最终将透视看成一种对时代精神的简单的常规表达；参见 H. Damisch, *Les origines de la perspective* (Paris, 1974), 47ff。

有留存下来使用这一步骤制作地图的例证（无论如何，《地理学指南》的拉丁语翻译中的所有实施方案都充斥着错误）。透视的进步据说与在获取古代建筑的正视图和制作副本中对网格的广泛使用是一致的。确实，对于这样一种框架的使用被宣称揭示了一种“网格的思考方法”（grid mentality），对其而言，空间是一种均质的几何背景。在这一点上，有学者提到了托斯卡内利，以支持整个理论。乔治·瓦萨里谈到，在他于 1424 年至 1425 年返回大学的时候，托斯卡内利邀请布鲁内莱斯基去拜访他；并且后者，聆听了他关于数学的讲座，成为他圈子中的一位密切人物，并与他一起研究几何学[362]。据说，医生向工程师解释了第三“投影”的微妙之处，因而使得投影的发明成为可能。而且，归因于托斯卡内利的出现——一种真正娴熟的“网格的思考方法”（就像人们可以从他写给修士费尔南德·马丁斯的附带有地图的信件中看到的）——透视的发明应当必须与新世界的发现密切地绑定在一起[363]。

很好——除了整个场景建立在一个错误的前提之下。当他从大学返回的时候，托斯卡内利 28 岁，而布鲁内莱斯基，其作为一名建筑师的声望已经确立起来，已经 48 岁了。难以想象，一位其作品已经受到认同的人会坐下来接受一名学生的课程。而且，在圣玛丽亚·德菲奥雷进行的基础工作发生在 1413 年前后，是在瓦萨里提到的时期之前约 10 年。这一精巧的论文的作者持续地在通过类比得出的且没有建立于任何精细分析之上的论断（托勒密和透视被看成是视觉感知的新体验的一部分），与支持《地理学指南》有着直接影响的论断（这一论断没有得到任何文本比较的支持）之间游移。实际上，现在已经显示，基于现存文本很好构建的论据，即 13 世纪的光学——与经验体验——是发明透视的基础[364]。在启迪于 15 世纪萌发的图像空间的新的组织方式方面，托勒密没有起到作用。

对《地理学指南》中“数学”问题的研究

随着《地理学指南》的稿本和印刷本越来越容易获得，更多进行研究的读者意识到地图中的错误；他们焦虑于为他们自己提供一种计算坐标的方法，由此他们可以改进托勒密式的世界图像。然而，对于《地理学指南》的更新没有发生在意大利。

1. 前辈：阿米罗特斯（Amiroutzes）、波伊尔巴赫 337

随着托斯卡内利被从图像中移开，我们所拥有的在意大利发生的这种数学研究涉及一位希腊人[365]。一名重要的特拉布宗（Trebizond）家族的成员，乔治·阿米罗特斯（George Amiroutzes），其在君士坦丁堡师从于约翰·阿伊罗普洛斯（John Argyropoulos），他自己在

---

[362] Giorgio Vasari, *Le opere di Giorgio Vasari*, 9 vols., ed. Gaetano Milanesi (Florence: Sansoni, 1878 – 85), 2: 333.

[363] Edgerton, *Renaissance Rediscovery of Linear Perspective*, 120 – 23.

[364] Chastel 对透视 = 逻辑结构 = 超越的终结所进行的“简化等式”的常识观察，也适用于与埃杰顿相关的另外一个简化等式：托勒密的地图 = 空间的理性结构 = 不赋予空间以数值和意义；参见 André Chastel, “Les apories de la perspective au Quattrocento,” in *La prospettiva rinascimentale: Codificazioni e trasgressioni*, ed. Marisa Dalai Emiliani (Florence: Centro Di, 1980 –), 1: 45 – 62。关于透视的中世纪的起源，参见 Dominique Raynaud, *L'hypothèse d'Oxford: Essai sur les origines de la perspective* (Paris: Presses Universitaires de France, 1998), 165 – 66，其给出了所有必须的证据——以及一个简短的但是无法回答的批评——对埃杰顿的理论。

[365] Emile Legrand, *Bibliographie hellénique; ou, Description raisonnée des ouvrages publiés par des Grecs au dix-septième siècle*, 5 vols. (Paris: J. Maisonneuve, 1903), 3: 194 – 205. 关于阿米罗特斯的信息，我感谢我的同事 Brigitte Mondrain 的帮助。

意大利进行研究和教学，最为重要的是在帕多瓦，在那里他认识了帕拉·斯特罗齐。阿米罗特斯在科穆宁（Comnenian）王朝的宫廷中拥有重要的职位，并且陪同枢机主教约翰尼斯·贝萨里翁（Cardinal Johannes Bessarion）和卜列东出席了佛罗伦萨会议。按照克里特沃伦斯（Kritovoulos）的说法，在1461年特拉布宗陷落后，穆罕默德二世，注意到托勒密地图将世界划分为极小的部分，因而委托阿米罗特斯在一张帆布上制作一幅全图——这是学者尽其所能执行的一项任务，尽管宣称存在重重困难。最终的作品标明了方向、比例尺和距离，其附带有一部“专著”，但其内容没有被描述，并且似乎没有用希腊语保存至今[366]。然而，1514年，约翰尼斯·维尔纳在纽伦堡出版了一个《地理学指南》的拉丁语版本，包括了阿米罗特斯撰写的一部评注和专著，标题为《关于应该存在的地理学》（*De his quae geographiae debent adesse*），其可能就是附属于为穆罕默德二世绘制的地图的文本。这里的内容是纯粹数学的，并且所考虑的主要问题就是经度的偏差，对其的解决方法，对于另外两个问题的解决而言被认为是不可或缺的，一个是科学的问题，一个是实践的问题：如何确定城市之间以及世界各端之间的相对距离，以及如何为规划简洁和高效的军事行动提供方法[367]。这是15世纪唯一处理这类问题的专著，并且事实，即这一拉丁语的译本是由维尔纳在纽伦堡出版的，由此将导致我们疑虑，其内容是否为乔治·冯波伊尔巴赫和约翰内斯·雷吉奥蒙塔努斯所知。目前，我们缺乏回答这一问题的充分详细的资料。

实际上，是在德意志——那里，如同我们已经看到的，对于《地理学指南》“科学”方面的兴趣在15世纪上半叶出现——这类数学问题最早被认真地研究。两位天文学家和数学家在对托勒密作品这些方面的兴趣的发展中发挥了重要作用，尽管还没有进行相关的研究。独立的事实，即作为柯尼斯堡的约翰（John of Königsberg，以雷吉奥蒙塔努斯更为知名）的老师，1423年出生在波伊尔巴赫的乔治·安佩克（Georg Aunpeck），在此处是重要的[368]。我们对他在维也纳大学获得学位之前的情况一无所知，从那里，他在1453年作为一位艺术学硕士而出现[369]。在意大利的一个时期（1448年至1451年），可能让他有机会遇见尼古劳斯·库萨和托斯卡内利，以及费拉拉的占星术家乔瓦尼·比安基尼，博尔索·德斯特在大约15年之后委托比安基尼去验证一个托勒密版本的准确性，而这一版本是尼古劳斯·日耳曼努斯送给他的[370]我们知道，他曾经返回了维也纳，他是埃内

[366] Diether Roderich Reinsch, *Mehmet II. erobert Konstantinopel: Die ersten Regierungsjahre des Sultans Mehmet Fatih, des Eroberers von Konstantinopel 1453: Das Geschichtswerk des Kritobulos von Imbros* (Graz: Styria, 1986), 280 – 82.

[367] Facsimile of fol. Iv in Dieter Harlfinger, *Die Wiedergeburt der Antike und die Auffindung Amerikas: 2000 Jahre Wegbereitung einer Entdeckung*, exhibition catalog (Wiesbaden: In Kommissionbei L. Reichert, 1992), 116, fig. 82.

[368] Ernst Zinner, *Regiomontanus: His Life and Work*, trans. Ezra Brown (Amsterdam: North-Holland, 1990), 17 – 25; Paul Lawrence Rose, *The Italian Renaissance of Mathematics: Studies on Humanists and Mathematicians from Petrarch to Galileo* (Geneva: Droz, 1975), 91 – 92; 以及 Grössing, *Humanistische Naturwissenschaft*, 79 – 107。

[369] 他与约翰内斯·冯格蒙登的联系，以及他与克洛斯特新堡的联系纯粹是推测，只是基于些许证据：在由弗里德里希提供的欧洲中部坐标列表中出现了波伊尔巴赫的纬度。

[370] 按照在尼古劳斯·库萨在关于计算圆形面积的专著中敬献给托斯卡内利的信件中的一段话：“那部专著应当献给我们尊敬的、忠实的，优秀的大师乔治·冯波伊尔巴赫，天文学家。”（Grössing, *Humanistische Naturwissenschaft*, 256 n. 11）。

亚·西尔维奥·皮科洛米尼（Enea Silvio Piccolomini）圈子中的成员，后者当时在城市中，也是教皇派往奥地利的使节贝萨里翁的圈子中的一员。通过这些人，波伊尔巴赫熟知了人文主义思想，这解释了他为什么讲授了拉丁诗文的课程［维吉尔、尤韦纳尔（Juvenal）和奥拉塞（Horace）］，以及为什么讲授了修辞学（Rhetorica ad Herennium）非常专业的文本课程。实际上，波伊尔巴赫的文化"地位"可能会让我们感到奇怪；他是一位设计师、一位拉丁诗文的作者以及一部关于"演说或诗歌技艺的铺陈和结论（"Positio et determinatio de arte oratoria sive poetica"，1458）的专著的作者，但是他在自己感兴趣的主要领域天文学方面的教学活动很少。然而，那一兴趣领域确实在他撰写的作品中占据了主导，并且正是在其中，人们必然寻找他对《地理学指南》兴趣的起源。波伊尔巴赫主要对涉及制造日冕的理论和实际问题感兴趣，且因为发明了附带有一架罗盘的便携式日冕而受到赞誉。他还是匈牙利国王拉迪斯劳斯五世（Ladislaus Ⅴ）和弗雷德里克三世（Frederick Ⅲ）的宫廷占星术家，进行关于日月食和彗星的天文观察。所有这些活动表明 338
了关于地理坐标概念的知识[371]，并且波伊尔巴赫当然非常熟悉《地理学指南》。确实，那一作品的一个稿本可能出自他之手[372]。而且，在 1455 年，他要求弗雷德里克三世的天文学家约翰尼斯·尼希尔（Johannes Nihil）返还他一幅"地图及宇宙志"（mappa cum cosmographia），只要后者从中获得了其所需要的材料[373]。已经做出的推测就是，波伊尔巴赫自己也绘制了地图，留下了一些"保存至今的地理图像"，按照雷吉奥蒙塔努斯的说法，图像见证了他的动手能力[374]。似乎没有理由怀疑他学生的这一评论，也没有理由认为这些地图学作品仅仅是在克洛斯特新堡（Klosterneuberg）没有证据证明的停留期间获得的概图[375]。

我们应当希望知道的更多，尤其是，波伊尔巴赫对于托勒密的兴趣是否延伸到地图学呈现以及球体三角几何背后的理论概念。按照克里米提乌斯［Collimitius，乔治·坦斯特尔（Georg Tannstetter）］的观点，波伊尔巴赫的作品包括了一张表格，其显示了赤道上经度 1 度与在其他平行纬线上的 1 度之间关系的数值[376]。如果那部作品确实存在过的话，那么其似乎没有保存至今。无论真相如此，波伊尔巴赫的生涯确实似乎提供了，与对数学和科学的关注并存的，其对人文主义的和文学的兴趣的第一个具体证据。然而，

---

[371] 波伊尔巴赫少有的关于天文学的课程是关于 Orarium 的，一种有着与维也纳纬度相符的小时数的半圆。用于计算日月食的表格是为计算大瓦代恩（Grosswardein）的经纬度制作的，后者邻近维也纳（Zinner, *Regiomontanus*, 25 and 27）；波伊尔巴赫的"Compositio tabulae altitudinis solis ad omnes horas"同样与这一纬度有关。纯粹推论的就是，他还测量了布达佩斯（Budapest）的坐标（Grössing, *Humanistische Naturwissenschaft*, 104）。

[372] ÖNB, 5266.

[373] Albin Czerny, "Aus dem Briefwechsel des grossen Astronomen Georg von Peuerbach," *Archiv für Kunde Österreichische Geschichte* 72（1888）: 283 – 304, esp. 298. 编辑者将其用于约翰内斯·冯格蒙登的作品。

[374] 以一种可能揭示了方法论联系的方式，即在提及世界地图之前就提到了关于"almanach"（即天文历）的作品；参见"Clarissimi aetatis nostrae mathematici Iohannis de Monte Regio fragmenta quaedam annotationum in errores quae Jacobus Angelus in translatione Ptolemaei commisit," in Ptolemy, *Geographia*, Strasbourg 1525, fol. 1v。然而，这段话并没有显示，波伊尔巴赫从一种宇宙志中获得资料，就像 Grössing 在 *Humanistische Naturwissenschaft*, 105 中宣称的那样。

[375] Grössing, *Humanistische Naturwissenschaft*, 104.

[376] "Tabula nova proportionis parallelorum ad gradus aequinoctialis cum compositione eiusdem"（Grössing, *Humanistische Naturwissenschaft*, 266 n. 144）.

如同格罗辛（Grössing）已经指出的，甚至在波伊尔巴赫身上，人文主义和科学似乎依然并肩存在，类似于两个独立的板块[377]。将需要他的学生雷吉奥蒙塔努斯去克服两者之间的差异。

2. 雷吉奥蒙塔努斯未完成的事业

柯尼斯堡的约翰，以雷吉奥蒙塔努斯著称，对于物理空间的呈现问题的兴趣，主要是他在维也纳师从波伊尔巴赫（1450 年至 1460 年）期间所激发的。一幅来自这一时期的占星图，是为弗雷德里克三世的未婚妻，葡萄牙的莱奥诺拉（Leonora）制作的，在其中，作者使用了在《地理学指南》中给出的坐标来计算女孩出生地里斯本真正的当地时间[378]。教师和学生于 1457 年在梅尔克（Melk）再次一起观察一次蚀。雷吉奥蒙塔努斯在 1461 年继续进行了这些观察，当时他在罗马和维泰博进行关于经纬度的记录，并且在这些情况下提到了托勒密[379]。对于彗星的观察和对于行星位置的测量，需要关于观察者所在位置的纬度的知识。如果我们检视雷吉奥蒙塔努斯为乔瓦尼·比安基尼提出的问题之一的话，那么我们可以对在解决球形天文学的一些困难中使用的三角法有所了解。例如，在月食之初，两位观察者在同一时刻确定一颗星辰的高度和地平经度；基于两者之间用英里表示的距离，计算星辰的倾角，以及两位观察者的地理坐标[380]。我们还知道，除了理论问题之外，在他的整个生涯中，雷吉奥蒙塔努斯对于制造和使用天文设备感兴趣[381]。

就像在波伊尔巴赫的例子中那样——确实，我们可能说，就像在 15 世纪绝大多数的例子中——雷吉奥蒙塔努斯对《地理学指南》最初的兴趣是来源于对物理空间呈现以外的关注——来自对天文学和占星术的兴趣。他的坐标计算中的很大部分意图用于占星术的目的。他的“方位册”（Tabulae directionum profectionumque）（1467），包含了正弦、切线和太阳赤纬表格的评注，意在计算直至北纬 60 度的各纬度上的十二宫（“domus”）的划分。他的
339 《历表》包含了有着 62 座城市坐标的表格（有着用距离纽伦堡的小时数表示的经度），有着来自托勒密的德意志之外城市的坐标[382]。就像在托斯卡内利例子中的那样，雷吉奥蒙塔努斯作品的这些明确的占星术的动力（尤其是对地点的准确计算），通常由 19 世纪和 20 世纪“科学的胜利进步”的教条所主导的历史研究所掩盖。

---

[377] Grössing, *Humanistische Naturwissenschaft*, 85.

[378] Johannes Regiomontanus, “Judicium super nativitate imperatricis Leonorae, uxoris imperatoris Friderici Ⅲ,” in *Joannis Regiomontani: Opera collectanea*, ed. Felix Schmeidler (Osnabrück: Zeller, 1972), 1 – 33. 也可以参见 Zinner, *Regiomontanus*, 31 – 32，但是注意，在 1451 年，雷吉奥蒙塔努斯只有 15 岁；因此他作为一名作者是值得怀疑的，即使稿本 Clm 453 (fols. 78r – 85v) 中的文本是出自他之手（Felix Schmeidler, “Regiomontans Wirkung in der Naturwissenschaft,” in *Regiomontanus-Studien*, 75 – 90, esp. 85）。

[379] Johannes Regiomontanus, “Ioannis de Monteregio, Georgii Peverbachii, Bernardi Waltheri, ac aliorum, eclipsium, cometarum, planetarum ac fixarum obseruationes,” in *Joannis Regiomontani: Opera collectanea*, ed. Felix Schmeidler (Osnabrück: Zeller, 1972), 645 – 60, esp. 646, 652, and 655.

[380] Zinner, *Regiomontanus*, 67.

[381] Diedrich Wattenberg, “Johannes Regiomontanus und die astronomischen Instrumente seiner Zeit,” in *Regiomontanus-Studien*, 343 – 62.

[382] Lucien Gallois, *Les géographes allemands de la Renaissance* (Paris: Ernest Leroux, 1890), 8.

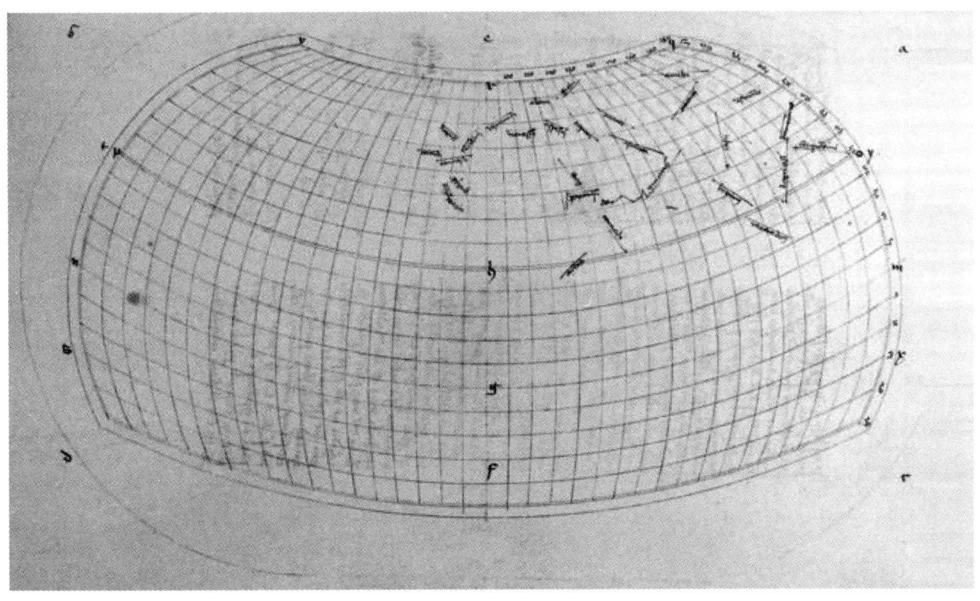

图 9.7　一个投影网格上地理信息的描摹。概图，可能是雷吉奥蒙塔努斯绘制的，稿本是属于他的

原图尺寸：约 26.9×41.3 厘米。Bildarchiv，ÖNB（5266，fol. 92r）提供照片。

然而，雷吉奥蒙塔努斯向前迈出了决定性的一步。他在维也纳的几年中，他可能复制了雅各布·安格利翻译的《地理学指南》的文本[383]。一部纽伦堡的稿本包含了一部《地理学指南》细致的复制品，附带有注释，其带有雷吉奥蒙塔努斯特点的笔迹（有些是用希腊语）；有着与处理经度之间关系的第一书相关的注释，另外一条注释是对使用了三角几何的“投影”的评论。在由他拥有的另外一部稿本中，他对《地理学指南》进行了注释并使用第二“投影”绘制了一幅世界地图，同时这幅世界地图还显示了——只是用线条和它们的名称标识——亚洲的山脉（图 9.7）[384]。

雷吉奥蒙塔努斯停留在意大利期间（自 1460 年之后），以及他与人文主义精英的联系，开放了他的思想，还导致了他对希腊语的学习。可以获得的《地理学指南》版本中存在错误，这意味着占星术家不能像他们应当喜好的那样有效地使用那一著作；这是将那一文本与希腊语原版进行比较的结果，而这一希腊语原版，雷吉奥蒙塔努斯有着对其进行一次新翻译的想法。我们应当在他科学活动的总体观点的背景下来看待这一项目——就像被揭示的，例如，在他的《原动力表格》（*Tabulae primimobilis*）前言中，该书撰写于他返回意大利之后，当时他正在最新成立的普雷斯堡大学（University of Presburg）讲课。这篇序言是支持数学（其最高形式就是天文学）与人文主义研究进行联合的名副其实的宣言。雷吉奥蒙塔努斯认为，艺术应当基于确定的准则，而只有数学可以提供这样的准则。然而，归因于稿本中的错误以及一些评述武断的性质，这些原则必须在两个互补方法的基础上重新进行提出：直接观察和对古代作品进行比较

---

[383] 这应当是 Seitenstetten 稿本，Stiftsbibliothek，fol. 56，我没有能够对其进行查阅（Zinner，*Regiomontanus*，48）。

[384] Nuremberg 稿本是 Stadtbibliothek，Cent. V 55；雷吉奥蒙塔努斯关于第一书的注释是在 fols. 19r，20r，25r，and 27r。关于“投影”的注释，是在 fol. 26r。关于雷吉奥蒙塔努斯拥有的另外一部稿本，参见 Grössing，*Humanistische Naturwissenschaft*，138。

340 性研究[385]。因而，这是首次提出了一项计划，其中既包含有文字学，又包含有批判性评估。必须要恢复基础文本的未受改动的版本，然后当必要的时候，必须使用这些文本来纠正现存的传统[386]。关于《地理学指南》本身，雷吉奥蒙塔努斯在一封信中详细阐述了他的批评性评价，这封信出现在他的《就行星理论与克雷莫纳·杰拉德的对话》（*Dialogus adversus Gerardum Cremonensem in planetarum theoricas deliramenta*）的开场白中，在总标题“对美好技艺的全面研习（Universis bonarum artium studiosis）”之下：

> 如果最早的副本通过不仔细的翻译者被错误的转写，或者被碰巧出现的最早的挨饿的抄写者改变的话，那么将发生什么？两者都可以在今天作为托勒密《地理学指南》而被传承下去的作品中看到，在这部书中，希腊作者所使用的文字结构与佛罗伦萨的雅各布斯·安格鲁斯（Jacobus Angelus）所写的短语不一致，后者弄错了词汇的意思；并且其中某些地区的地图没有保持托勒密意图呈现的样子，而是在挨饿［homo famelicus］的人手中经历了妄动。结果，一个认为自己正在研究托勒密的宇宙志的人甚至无法显现这一伟大作品最为暗淡的影子；并且，没有例外，整个世界将相信我，当我谈到，实际上，这一作品并没有传给拉丁世界的时候[387]。

这是对《地理学指南》版本最早的批评，这一文本在当时被视为制图学的最高峰。事实上，当时的《地理学指南》的每一个方面都存在某种弊端。第一书和第二书中给出的地图学的示意图充满了错误和与文本不符的地方；坐标的实际值在不同的副本中都存在差异；地图被尼古劳斯·日耳曼努斯的“挨饿的人”任意更改（也就是说，非数学上的）。还应补充的是，地图因稿本的不同而不同，因为它们是在没有参照文本的情况下复制的。

对雷吉奥蒙塔努斯采取的科学方法的钦佩，还在于他顽强地推行这些批评意见中所隐含的计划。1474 年回到纽伦堡后，他开了一家小印刷厂，并出版了一张单页的清单，列出了他打算出版的作品[388]。托勒密作品的新译本在他的科学著作（主要是古典作家的）清单中排在第三位，在波伊尔巴赫的《关于行星的新理论》和马尼留的《天文诗》之后，这两者都已经印刷；仅这一事实就已经揭示了该书作为当时流行的参考书的重要性。这个新译本的原因是，雅各布·安格利既不懂希腊语，也不懂数学。有两个人将被要求对雷吉奥蒙塔努斯的新版本进行评判：“西奥多·加扎（Theodore Gaza）……和佛罗伦萨人保罗（托斯卡内利），他在希腊语方面并非一无所知，在数学方面也很出色。”1512 年和 1522 年雷吉奥蒙塔努斯去世时留下的材料清单中，有一份“cosmographia Ptolomei scripta Incompleta（托勒密宇宙志不完整的文本）”（1512 年），可与在 1522 年提到的“Ptolomei geographia et chorographia Scripte et juxta Latinum Grecum ipsum（托勒密的地理学和地方志，

[385] Rose, *Italian Renaissance of Mathematics*, 100.

[386] Grössing, *Humanistische Naturwissenschaft*, 119 – 20.

[387] 由 Grössing 在 *Humanistische Naturwissenschaft*, 226 中复制的拉丁语版。

[388] Johannes Regiomontanus, *Hec opera fient in oppido Nuremberga Germanie ductu Ioannis de Monteregio* (Nuremberg, 1474)；复制在 George Sarton, “The Scientific Literature Transmitted through the Incunabula,” *Osiris* 5 (1938): 43 – 245, esp. 163, fig. 42；部分转写在 Gentile, *Firenze*, 162 – 63。

用拉丁语和希腊语并置书写）”相对照。被描述为不完整的手稿可能是在巴斯莱的稿本，这是一份仅有拉丁文本的工作副本，有大量的擦写，而且往往有非常完整的边注，可以与希腊文本和地图进行比较[389]。

雷吉奥蒙塔努斯列表的第二个部分，处理的是有着插图的作品，包含了西塞罗修辞的示意图（已制作）和尚未绘制的地图。这种分组方式可能会让我们觉得奇怪，但背后却有一个逻辑。这些地图包括一幅世界地图，以及（日耳曼、意大利、西班牙、高卢和希腊的）特定的地图[390]。对于后者中的每一个都构想了一个补充文本，并附有古人关于山、海、湖、河等地理特征的评论。因此，这些区域地图应被看作是对古代文本描述的整理的结果，这些文本描述将被附在制图学的成品上，以证明其真实性。实际上，这是对古典古代地理的语言学重建，而这是进一步前进的前提。因此，西塞罗修辞学的图式的存在，可以解释为它们是同一批判语言学项目的一部分，但却应用在不同的知识领域。

第三部分占据了清单的整个第二栏，涵盖了雷吉奥蒙塔努斯自己的所有作品。按照与第 341
一栏相同的安排，首先是两部几乎完成的作品（《日历》［Kalendarium］和《历表》），然后是几部与《地理学指南》有关的作品。呈现这些作品的方式让人看到了雷吉奥蒙塔努斯所追求的知识项目。

> 托勒密《宇宙志》的“大评注”，包括对仪器“气象观测仪”的制造和使用的描述，托勒密本人通过该仪器获得了其作品中几乎所有的数字。实际上，如果认为经度和纬度如此众多的数值是通过观测天象得到的，那是一个错误。更重要的是，对在平面上显示出所有可居住的世界的浑天仪的描述是清晰的，因此，所有的人——或者说几乎所有的人——都能理解它，而到目前为止，由于译者的错误，从拉丁文版本中是不可能获得理解的。针对佛罗伦萨人雅各布·安格利的译文的“小的具体评论（Small Specific Commentary）”，将送给两位审阅者（即泰奥多尔·加扎［Theodore Gaza］和托斯卡内利）[391]。

因而，“伟大的评注”（Great Commentary）的主要内容，就是《地理学指南》的技术内容[392]。雷吉奥蒙塔努斯希望阐释主要问题：如果某人希望改进地图的话，那么某人必须增加被测量的坐标的数量；然而，不太可能增加天文测量的数量。这是雷吉奥蒙塔努斯天才的技

[389] Basle, Universitätsbibliothek, O Ⅳ 32；参见 Zinner, *Regiomontanus*, 208 – 9。第一对页上的文字是：“托勒密的地理学——由文字和数字组成，就像希腊文版那样（以及增加在边缘的拉丁语）——由约翰内斯·雷吉奥蒙塔努斯亲手撰写”；然后，是约翰尼斯·朔纳的文字：“是我在纽伦堡从约翰内斯·雷吉奥蒙塔努斯图书馆的某位皮克海默那里购买的。”整理的一个例子可以在对开页 122a 上找到，其中 Bithynia 的五座城市的坐标来自三个资料：“来自费拉拉”（用希腊语）、“尼古劳斯·日耳曼努斯”和“来自伊阿［Ia，无疑是雅各布·安格利］的拉丁文［抄本?］”，而对后者的评论是“这两者是对应的”。令人吃惊的是，对这份手稿中的注释还没有进行更深入的研究。

[390] 按照巴格鲁的观点，尼古劳斯·日耳曼努斯的地图是雷吉奥蒙塔努斯的作品；参见 Leo Bagrow, “The Maps of Regiomontanus,” *Imago Mundi* 4（1947）：31 – 32。这是一种没有证据的理论，鉴于前面引用的一段话中对尼古劳斯·日耳曼努斯表达的判断（挨饿的人）。

[391] 复制在 Sarton, “Scientific Literature,” 以及被引用在 Gentile, *Firenze*, 162 – 63。

[392] 1512 年和 1522 年详细目录可能提到了这一“伟大评注”：“Commentarium In Cosmographiam ptolemei et emendationes Incompletus”（1512）可能与“Liber super cosmographiam Ptolomei”（1522）是相同的（Zinner, *Regiomontanus*, 208）。

术倾向，这导致了气象观测仪（meteoroscope）的发展，这是一种提供了用于确定坐标的简单方法的设备。他的论著《气象观测仪的构造》（De compositione metheoroscopii）以一封写给贝萨里翁信件的形式流传至今[393]。实际上，这一设备是一架有着可移动的地平线和子午线的浑天仪（由此极点可以被升起或者降低），在其中可以移动时环和赤道。一个可移动的四分之一环从地平线升到子午线的顶部，所有的圆周和环都有着刻度，并且在时环的两侧有着两个开孔[394]。这一设备使得确定某一地点相对于另一地点的经度和纬度成为可能，不过需要知道这一另一地点的坐标和用英里表示的距离。我们不知道雷吉奥蒙塔努斯是否实际建造了和使用了气象观测仪；重要之处就是，其设计是对托勒密《至大论》中给出的星盘的改造。因而，这一气象观测仪是雷吉奥蒙塔努斯所遵从的哲学方法的结果，涉及基于对古典文本的比较来改良设备的设计和制造[395]。

最为可能的就是，雷吉奥蒙塔努斯意图制作地图学呈现的不同模式的概要。实际上，值得在这里提到的他的判断中的一点就是对“投影”的第三方法的一种解释，归因于翻译的错误，这种解释完全无法被理解。

因而，人文主义学者雷吉奥蒙塔努斯对他的工作如何进行有着一个非常清晰的想法。语言学应当建立一个不存在改动的文本上，其将是可以理解的，并且因而会被进一步使用；反映应当集中在文本关于呈现模式和坐标测量的科学和技术的内容方面，而通过考虑了从关于这个主题的古典文献中可以学到的所有东西，就可以绘制出地图。重要的就是，雷吉奥蒙塔努斯没有特指他正在谈及的是古代的还是现代的地图。就他而言，它们将是正确的地图，古代的，并且然后被人文主义的现代学科进行了更新。

不幸的是，这一值得赞扬的工作没有完成，后来可能延迟完成。翻译和“伟大的评注”从未完成，尽管维利巴尔德·皮克海默对《地理学指南》的一个新翻译确实于1525年在斯特拉斯堡出现［有着一个“关于雅各布·安格鲁在翻译托勒密时所犯错误的评论片段”（Fragmenta quaedam annotationum in errores quos Iacobus Angelus in translatione Ptolemei commisit），其可能就
342 是在雷吉奥蒙塔努斯的列表中提到的“小评注”（Small Commentary）］[396]。在1514年，约翰尼

393 来自一个Karl Bopp制作的未注明日期的摇篮本，“Ein Sendschreiben Regiomontans an den Cardinal Bessarion,” in *Festschrift Moritz Cantor*, ed. Siegmund Günther（Leipzig：Vogel，1909），103－9。也可以参见Wattenberg，“Johannes Regiomontanus,” 353－54。

394 描述出现在Zinner，*Regiomontanus*，86；参见Ernst Zinner，*Deutsche und niederländische astronomische Instrumente des 11.－18. Jahrhunderts*（Munich：Beck，1956），202－3，481－82，pl. 63，No. 1，从约翰尼斯·维尔纳的版本复制的木刻版，*In hoc opere haec continentur...*（Nuremberg，1514），与摇篮本中的图像相比，其不太忠实于文本（Bopp，“Ein Sendschreiben Regiomontans,” 104）。Zinner并不知道后者。

395 杜兰德，没有看到托勒密原创的气象观测仪，假设其起源于阿拉伯——或者是通过波伊尔巴赫而学到的“第一维也纳学派”的产品（Durand，*Vienna-Klosterneuburg Map Corpus*，178）。也可以参见John David North，“Werner, Apian, Blagrave and the Meteoroscope,” *British Journal for the History of Science* 3（1966－67）：57－65，esp. 58。

396 皮克海默所使用的这一“小评注”署名的稿本，现在收藏于St. Petersburg，Library of the Academy of Sciences，MS. Ⅳ－1－937。雷吉奥蒙塔努斯批评的一个例子：“多么愚蠢和不成熟的翻译者，并且，而且，缺乏生气。”参见Ernst Zinner，“Einige Handschriften des Johannes Regiomontan（aus Königsberg in Franken），I：Drei Regiomontan-Handschriften im Archiv der Russischen Akademie der Wissenschaften,” in 100. *Bericht des Historischen Vereins für die Pflege der Geschichte des ehemaligen Fürstbistums Bamberg*, by Fridolin Dressler（Bamberg，1964），315－21，esp. 317－18。按照Holzberg的观点，这一稿本在Moscow collection of the Academy（Willibald Pirckheimer，321 and 454 n. 277）。

斯·维尔纳出版了一本著作汇编，包括了雷吉奥蒙塔努斯关于气象观测仪的论著。就像已经感受到雷吉奥蒙塔努斯的天才的其他领域，地图学将毫无疑问地享受着更为迅速的发展，如果不是因为他在 1476 年过早死亡的话[397]。

深入研究和对模式的超越（15 世纪末至 16 世纪初）

从 15 世纪末之后，在对《地理学指南》的接受上存在显著的差异。归因于大量介绍性著作的出现，地图和数学地理学的概念自身被更为广泛的受众了解，同时随着在一幅内在一致的图像内包含新的发现，世界地图的现代化，是运用着各种不同思想的一项任务[398]。然而，归因于三角学的优点，对呈现模式的思考有了新的提高。这些特征在整个欧洲并没有以同样的活力被感受到，而主要是在操德语的国家和中欧诸国中，在那里在试图更新《地理学指南》并对其进行评论的活动方面有无与伦比的水平。

法国、西班牙和意大利

在法国，在奥龙斯·菲内之前（也就是 16 世纪 30 年代），菲拉斯垂、德阿伊和夫索利对《地理学指南》的兴趣没有受到追随[399]。在伊比利亚半岛，在那里，人文主义者通过使用古代地理学追随了对权威进行解释的意大利模式（有时有着与航海图的比较）[400]，在那里，存在两个值得注意的对于《地理学指南》的研究，时间大约是在同时，然而显然是受到不同意图的启发。海梅·佩雷斯·德巴伦西亚（Jaime Pérez de Valencia），在他对《诗篇》的注释中使用了古典古代的地理学。他熟悉《地理学指南》及其地图，使用它们去显示海洋完全被山脉封闭（以质疑由那些认为水元素球和土元素球有着不同中心的学者

---

[397] Thorndike 试图否定波伊尔巴赫和雷吉奥蒙塔努斯在从“中世纪科学”向“现代科学”的迁移中发挥了任何作用。这一论点基于对传奇的反驳，按照这一传奇，葡萄牙水手使用了雷吉奥蒙塔努斯制作的《历表》中的太阳赤纬表。对于这点，他的批评是非常充分的；然而，Thorndike 的整体论点基于偏见，而这与 Pierre Duhem 的那些是同样有害的，后者也正是 Thorndike 正在试图驳斥的对象；参见 Lynn Thorndike, *Science and Thought in the Fifteenth Century: Studies in the History of Medicine and Surgery, Natural and Mathematical Science, Philosophy and Politics* (New York: Columbia University Press, 1929), 142 - 50。

[398] 在 16 世纪的地图和文本中缺乏美洲，历史学家对此经常提出的评论通常受到错误的侵染。地理学就像其他事物一样，知识的总体框架要比实际内容更为重要。而且，缺乏并不必然被解释为揭示了忽略或者漠视。导致将美洲包括在地理学作品中的过程已经被进行了充分的研究和描述。

[399] 对于宇宙志学者路易斯·布朗吉耶所知甚少，他在 1515 年至 1518 年之间在里昂（Lyons）出版了马丁·瓦尔德泽米勒的《宇宙志入门》，且将他自己冒充为作者。他的版本附带有一幅球仪贴面条带（Lucien Gallois, “Lyon et la découverte de l'Amérique,” *Bulletin de la Société de Géographie de Lyon*, 1892, 93 - 114）。关于 16 世纪早期法兰西的地理学教学，参见 François de Dainville, *La géographie des humanists* (Paris: Beauchesne et Ses Fils, 1940), 12 - 16；作者强调奥龙斯·菲内对于德意志大师的钦佩，尤其是对波伊尔巴赫的钦佩。

[400] 参见胡安·马加里特·y. 保（稍后讨论）；安东尼奥·德内夫里哈在他的 *Dictionarium oppidorum ciuitatum* (1536) 中也使用了托勒密——与斯特拉博、庞波尼乌斯·梅拉和 Lucan 一起。

提出的理论）[401]。大致在1487年至1490年，安东尼奥·德内夫里哈（Antonio de Nebrija）为宇宙志起草了一份导言，后者出版于大约1503年[402]。按照内夫里哈的观点，人文主义者判断托勒密——其是“艺术的领导者”（artis princeps）——所采用的方法优于其他所有方法，因为与“无法通过任何方式变化的天球圈层”所对应的地点的位置是明确的[403]。然而，类似于很多他同时代的人，内夫里哈认为，航海本身——航海者使用和制作的航海图——为世界图像增加了完全崭新的东西，而这一世界图像是从托勒密那里继承来的。例如，他注意到了关于被陆地封闭的印度洋的错误，且提到“庞波尼乌斯·梅拉、普林尼的权威以及葡萄牙
343 人的航行”。在这里，我们再次看到在古典文本与现代经验实践之间的平衡[404]。对古代权威的作品和现代的发现航行给予了相同程度的考虑。而且，存在这样的意识，即托勒密必须要被增补，以形成一幅真实的地图，并且确信，这一工作可以成功地进行[405]。然而，在16世纪初，无论是杜阿尔特·帕切科·佩雷拉（在其1505年前后的“埃斯梅拉尔多的对世界的描述”中），还是马丁·费尔南德斯·德恩西索［Martín Fernández de Enciso，在他1519年的《地理概要》（*Summa de geografia*）中］，在任何重要的评价过程中都没有使用托勒密[406]。

在意大利，由塞莱斯廷（Celestine）僧侣马尔科·贝内文塔诺（Marco Beneventano）制作的《地理学指南》的版本（Rome，1508）最早包含了一幅其中囊括了新世界的世界地图。命名为《全部已知世界的图像，来源于最近的观察》（*Vniversalior cogniti orbis tabula ex recentibvs confecta observationibvs*），其使用了一种等距极“投影”，从而使得展示经度的所有360度成为可能（参见图42.7）。在一封出现在《地理学指南》文本之后的信件中，著作的

[401] Jaime Pérez de Valencia，...*Expositiones in centum & quinquaginta psalmos dauidicos*...（Paris：Gilles de Gourmont，1521；第一版的时间是1484年），fols. ccxxiii – ccxxv. Pérez的展示是完全学术性的，并且揭示了对托勒密的盲目尊重；他通过坚持神圣的全能和天意进行了总结。非常有趣的就是，他被当作“包括了水陆”的球仪思想的先驱；参见Randles，“Modèles et obstacles épistémologiques，”和Víctor Navarro Brotóns，“La cosmografía en la época de los descubrimientos，”in *Las relaciones entre Portugal y Castilla en la época de los descubrimientos y la expansión colonial*，ed. Ana María Carabias Torres（Salamanca：Ediciones Universidad de Salamanca，Sociedad V Centenario del Tratado de Tordesillas，1994），195 – 205，esp. 198。

[402] Antonio de Nebrija，*Aelii Antonii Nebrissensis grammatici in cosmographiae libros introductorium*（Salamanca，ca. 1503）. 日期1498年有时被错误地给出；文本只是碰巧——在一个副本中——与一个庞波尼乌斯·梅拉的1498年的版本联系在一起。参见Virginia Bonmatí Sánchez，“El *Tratado de la esfera*（1250）de Juan de Sacrobosco en el *Introductorium cosmographiae* de Antonio de Nebrija，c. 1498，”*Cuadernos de Filología Clásica*，*Estudios Latinos* 15（1998）：509 – 13。

[403] Rico，“Il nuovo mondo di Nebrija e Colombo，”596.

[404] Rico，“Il nuovo mondo di Nebrija e Colombo，”594，以及idem，*El sueño del humanismo*，70.

[405] “但正如人们的勇气是我们时代的标志一样，将很快发生就是，他们为我们制作了地球本身的一幅真实的地图［descriptionom］，岛屿的和大陆的，这是海上沿岸航行的水手传授给我们的大部分，尤其是那些与最近发现的岛屿相对的海岸——Hispana，Isabela和其他邻近的岛屿。”这段话出现在Rico，“Il nuovo mondo di Nebrija e Colombo，”595 n. 40。“Descriptio”（描绘）在这里明确地意味着“地图”。

[406] 杜阿尔特·帕切科·佩雷拉有时不太准确地对托勒密进行了引用——关于月球上山脉的确定、好望角（Cape of Good Hope）以及被大陆封闭的印度洋——这毫无疑问导致了如下操之过急的推测，即他只是通过第二手材料才了解了托勒密；参见Joaquim Barradas de Carvalho，*A la recherche de la spécificité de la renaissance portugaise*，2 vols.（Paris：Fondation Calouste Gulbenkian，Centre Culturel Portugais，1983），1：426 – 27. 他提到“托勒密在他宇宙志的古代表格中的图像”（bk. 4，chap. 1）并且将《对世界的描述》作为《地理学指南》的标题（bk. 1，chap. 21）；参见Duarte Pacheco Pereira，*Esmeraldo de situ orbis*，ed. Damião Peres，3d ed.（Lisbon：Academia Portuguesa da História，1988），75 and 195。清楚的是，他通过地图知道了托勒密式的世界图像。然而，不存在建立于与“经验”比较基础上的反思，而在葡萄牙人对这些问题的思考中，这一点是非常重要的。

促进者——布雷西亚（Brescian）书商埃万杰利斯塔·托里诺（Evangelista Tosino）——回顾了很多人表达的对一幅新世界的地图的渴望。这是非常重要的，即这幅地图是由一位德意志人约翰尼斯·勒伊斯（Johannes Ruysch）绘制的。马尔科·贝内文塔诺增加了一个评注的文本［《世界的新的描述》（*Orbis nova descriptio*）］，其可能充满了人文主义的博学，但是同样意识到世界地图的改造——其应当需要基于英国人、德意志人、法国人、西班牙人、热那亚人和威尼斯人的航行——是当时的一项重要工作。然而，尽管马尔科·贝内文塔诺被描述为是一名数学家——他在他的版本中包括了托勒密《平球论》的一个校勘过的版本——但似乎他在这一“改造”中没有发挥重要作用。勒伊斯，其是一位航海的经验实践者，不仅将航海图而且还将 1506 年在威尼斯绘制的孔塔里尼 - 罗塞利地图（其在勒伊斯地图的整体改造中的影响力是非常清楚的）作为他的资料来源[407]。

有利的社会和文化条件的结合，解释了为什么这幅“真实地图”的主要结构应当在威尼斯进行寻找，在那里，通过海上贸易致富的贵族构成了古典作品热情的受众。在那里，在同时代的航海图基础上对托勒密的批评性评价有着一个长期的传统，可以追溯到 15 世纪第二个二十五年。保罗·达卡纳尔（Paolo da Canal），一个贵族家族的后代，是阿尔杜斯·马努蒂乌斯的朋友，并且与彼得罗·本博（Pietro Bembo）联系密切，他基于大量希腊稿本进行了一项新的翻译。申请获得一项出版的授权是在 1506 年[408]。对确立更为准确的文本的关注是晚期人文主义的一个特征（尤其是在威尼斯），并且其激发了关于古代文本的更为严谨的语言学作品[409]。当然，其并不与现代化托勒密式世界图像的渴望存在冲突，因为一个更好的翻译必然使得呈现模式向更为容易理解的方向发展。然而，保罗·达卡纳尔的早逝——据说，归因于其对《地理学指南》的繁重工作[410]——意味着这一现代化的项目没有完成。

可能的是（尽管远未证实），罗塞利 - 孔塔里尼世界地图是为了保罗·达卡纳尔的这一版而设计的[411]。工匠和雕版匠弗朗切斯科·罗塞利的生涯对我们而言是相当熟悉的[412]。作为一位 344
佛罗伦萨人，他从事与托勒密各种版本的插图相关的工作[413]，为马蒂亚斯·科菲努斯制作了一

---

[407] 按照 Armstrong 的观点，威尼斯贵族 Giovanni Badoer 将地图给予了马尔科·贝内文塔诺，后者在献词中对前者表示了感谢；参见 Lilian Armstrong, “Benedetto Bordon, Miniator, and Cartography in Early Sixteenth-Century Venice,” *Imago Mundi* 48 (1996): 65 - 92, esp. 76。然而，贝内文塔诺收到的不是地图而是一部“平球论”的稿本，一部关于立体投影的论著。

[408] Rinaldo Fulin, “Documenti per servire allastoria della tipografia veneziana,” *Archivio Veneto* 23 (1882): 162 - 63；关于他对希腊文本的兴趣——以及最为著名的，*Geographi Graeci minors*——参见 Aubrey Diller, *The Tradition of the Minor Greek Geographers* (Amsterdam: A. M. Hakkert, 1986), 22ff., 48, 98, 100。

[409] 这种语言学作品的一个例子，可能与雷吉奥蒙塔努斯的工作联系起来，这就是在 1490 年人文主义者 Aulo Giano Parrasio 的版本中对《地理学指南》的整个文本的修订，修订使用了一部希腊语稿本。参见 Michele Rinaldi, “La revisione parrasiana del testo della ‘Geografia’ di Tolomeo ed il ‘programma’ del Regiomontano,” *Rendiconti della Accademia di Archeologia, Lettere e Belle Arti*, new ser. 68 (1999): 105 - 25。

[410] F. Lepori, “Canal, Paolo,” in *Dizionario biografico degli Italiani* (Rome: Istituto della Enciclopedia Italiana, 1960 -), 17: 668 - 73.

[411] Armstrong, “Benedetto Bordon,” 76.

[412] Sebastiano Crinò, “I planisferi di Francesco Rosselli dell'epoca delle grandi scoperte geografiche: A proposito della scoperta di nuove carte del cartografo fiorentino,” *Bibliofilia* 41 (1939): 381 - 405; Roberto Almagià, “On the Cartographic Work of Francesco Rosselli,” *Imago Mundi* 8 (1951): 27 - 34（罗塞利作品的目录——这一论文假定的对象——并不是很清楚）；以及 Campbell, *Earliest Printed Maps*, 70 - 78。

[413] Gentile, *Firenze*, 229.

幅匈牙利地图，然后在他返回佛罗伦萨后，制作了一组地图，其中包括一幅模仿（如果不是直接复制的话）亨利库斯·马特尔鲁斯（1498 年之后）制作的世界地图，整合了葡萄牙人在他们向东的航行中的最新发现[414]。因而，到目前为止，这一人物没有特定的原创性，并且在马特尔鲁斯和罗塞利地图之间关于南非海岸线的差异并不能解释为归因于后者包括了新信息。然而，正是在威尼斯期间，罗塞利作为一名宇宙志学者获得了声望，并且制作了一些更为有趣的作品。在 1506 年，为乔瓦尼·马泰奥·孔塔里尼（Giovanni Matteo Contarini），罗塞利绘制了第一幅整合了哥伦布发现的世界地图，尽管依然将它们呈现为亚洲地区[415]。地图上的图注揭示了罗塞利和孔塔里尼发挥的作用。360 度的呈现形式，其是托勒密显示的 180 度的一倍，被归因于孔塔里尼的“勤勉”，其得到了罗塞利的“艺术和科学”（arte et ingenio）的辅助和帮助。地图上的另外一条图注强调了作品的科学方面，其归因于孔塔里尼所掌握的“托勒密的伟大艺术”（Ptholomea inclytus arte）以及一个新世界的存在[416]。术语的选择标志着使用理论知识去构思地图的人与使用技术能力去实际绘制地图的人之间的差异。

由罗塞利雕版的另外两幅世界地图以两个副本的形式为我们所知，并且可以将时间确定在 1508 年前后。一幅在形式上就是托勒密式的和卵形的，有着平直的纬线和弯曲的子午线；另外一幅是航海图，有着回归线、极圈，以及被一条中央子午线从中央穿过的赤道，前者每隔十度标有纬度[417]。主题是相同的：整个世界，由在北方和南方的新发现构成，两者依然被相信是亚洲的一部分。在这些作品中出现了两个令人感兴趣的特征。我们依然可以看到将托勒密与航海图进行对比的威尼斯的习惯（例如，欧洲的轮廓被基于后者），但是现在的过程似乎涉及程度更深的思辨反思。结果就是地图学呈现的两个模式中的每一种都借用了另外一者的特征。然而，两幅地图中的视点是不同的：在卵形世界地图中，中央子午线穿过了今天的亚丁湾（Gulf of Aden），而在航海图中其在佛得角群岛之外，使得圣十字之地（Terra sanctae crucis）被表现为一座岛屿，并且在地图的两侧，使得亚洲的地区显得更为延伸。我们在这里看到的并不是过时的地图，而是对呈现模式加以利用的地图，且意识到它们的传统特征。这些作品被设计用来满足精确的展示目的。

---

[414] Florence，Biblioteca Nazionale Centrale，Landau Finaly，Carte Rosselli；参见 Gentile，*Firenze*，243 – 45 and fig. 32。另外一部复制品是在 *Cristoforo Colombo*，1：522—23 中。一个涡卷装饰上有着一段说明，其中总结了这幅世界地图创造者的意图：“整个世界的一幅地图——其由海洋所封闭，有着在托勒密时代之后发现的上印度（Upper Indian），以及在我们的时代，卢西塔尼亚人［葡萄牙水手］穿越的非洲——就是这样。”一段说明中提到的日期，罗伯托·阿尔马贾认为是 1488 年而不是 1498 年，当时葡萄牙水手达到了最南端（“Cartographic Work of Francesco Rosselli，” 31）。在 Campbell，*Earliest Printed Maps*，70 中给出的地图“图名”的抄写是错误的。

[415] BL，Maps C 2 cc. 4. 参见 Edward Heawood，“A Hitherto Unknown Worldmap of A. D. 1506，” *Geographical Journal* 62（1923）：279 – 93；重印在 *Acta Cartographica* 26（1981）：369 – 85，和 Roberto Almagià，“Un planisfero italiano del 1506，” *Rivista Geografica Italiana* 31（1924）：67 – 72。一个最近的复制出现在 Luzzana Caraci，“L'America e la cartografia，” 2：614 – 15。

[416] Crinò，“I planisferi di Francesco Rosselli，” 401.

[417] Florence，Biblioteca Nazionale Centrale，Landau Finaly，Carte Rosselli，and London，National Maritime Museum，G 201：1/53A and G 201：1/53B. 关于卵形世界地图，参见本卷的图版 16 和图 1. 3。Maritime Museum 地图的复制品参见 *Segni e sogni della terra：Il disegno del mondo dal mito di Atlante alla geografia delle reti*，展览目录（Novara：De Agostini，2001），147 – 51，也可以参见 Rodney W. Shirley，*The Mapping of the World：Early Printed World Maps，1472 – 1700*，4th ed.（Riverside，Conn.：Early World，2001），32 – 33（nos. 28 and 29）。

即使它们是在佛罗伦萨雕版和印刷的，但这些地图是由一名佛罗伦萨人制作的威尼斯的作品。可能困难的就是调和他在威尼斯享受的声望与这样的事实，即罗塞利被描述为仅仅是 1506 年世界地图的执行技术人员。在他的欧几里得作品的版本中，卢卡·帕乔利应当，实际上，想起“佛罗伦萨的宇宙志学者弗朗西斯·罗塞利”（Franciscus rosellus florentinus cosmographus）是出现在他的关于欧几里得的《几何原本》第五书的讲座上的听众之一，这次讲座是在圣巴托洛梅奥（San Bartolomeo）教堂进行的［听众还包括“塞巴斯蒂安纽斯·莱昂纳杜斯”（Sebastianus Leonardus）——塞巴斯蒂亚诺·孔帕尼］[418]；马里诺·萨努托，在那些无疑意图与地图相伴的诗句中，赞扬了罗塞利的“认识之手”，后者是熟悉宇宙志学者和托勒密的[419]。然而，在他的《世界的新的描述》中，马尔科·贝内文塔诺毫无疑问正在提到的是同一位人物，当他观察，这位人物的世界地图中显示了一个开放的印度洋，而这点因“quidam”（某人；孔塔里尼？）添加了来自托勒密的与这种呈现相抵触的引文而受到了负面影响[420]。作为结果，罗塞利被定义为一名半学者，如果他的地位是技术熟练的技术人员的话，那么这个标签更适合他[421]。这个问题让我们窥探到了关于托勒密作品在威尼斯专家中可能产生的一些纠纷。

在分析 1511 年《地理学指南》的威尼斯版本时，我们必须记住，在那座城市中接受的那部作品的特定特点。如果最初在那不勒斯工作，且在那里，他的作坊在 1490 年为德阿特里·安德烈亚·马泰奥·阿夸维瓦公爵（duca d'Atri Andrea Matteo Acquaviva）制作了托勒密的一个非常原始的版本的话[422]，那么贝尔纳多·西尔瓦诺在这里应当制作了一个基于不同原则的版本。这是对文本进行细致解读的结果，以及在他的“对托勒密地理学指南的注释：为何我们的地图与此前他人绘制的地图不同，以及其他地图错误的原因及证明（Adnotationes in Ptholemai Geographiam cur nostrae tabulae ab iis quae ante nos ad aliis descriptae sunt differant，aliarumque erroris causa et demonstratio）”进行解释的结果，而后者对为什么托勒密的世界图像必须要进行更新提出了最为清晰明确的解释。西尔瓦诺注意到，托勒密使用从航海者那里收集来的信息，而且，不同的《地理学指南》的稿本给出了坐标的不同数值[423]。因而，西尔瓦诺决定去校正坐标，并且在航海图的基础上重做古代地图；因而，区域的新地图变得没有用。然而，西尔瓦诺的目标并没有被完全遵循。对于区域地图的修订依然仅仅局限在少量细节上，并且这一版本首先因为其伪心形“投影”的世界地图而众所周知，在其中，显示了新世界，并且给出了东亚和“regalis domus”［由米格尔·科尔特-雷亚尔（Miguel Corte-Real）发现的新大陆（Terra Nueva）］，但没 345

---

[418] Armstrong，“Benedetto Bordon，” 74.

[419] 被引用在 Crinò，“I planisferi di Francesco Rosselli，” 389。

[420] *Geographia*（Rome，1508），fol. 10v.

[421] Campbell，*Earliest Printed Maps*，218 – 19.

[422] BNF，Lat. 10764；被 Germaine Aujac 在“Le manuscript d'Andrea Matteo Acquaviva et d'Isabella Piccolomini，” in *La Géographie de Ptolémée*，ed. François Robichon（Arcueil：Anthèse，1998），84—87 中描述。

[423] 对这段话的一个不充分的翻译是在 Codazzi，“*Geografia*” *di Tolomeo*，69 中。对翻译进行批评需要以一个准确的希腊文本作为出发点，这点在那时已经被感受到：在罗马，1507 年，Cornelius Benigno of Viterbo，Zacharias Calliergis of Crete，Carteromachus 和其他人正在修订《地理学指南》。参见 Deno John Geanakoplos，*Greek Scholars in Venice：Studies in the Dissemination of Greek Learning from Byzantium to Western Europe*（Cambridge：Harvard University Press，1962），214 – 15。

有轮廓（表明它们的真实比例仍然存在不确定性）[424]。然而，我们可以在这一版本中看到各种各样的期待。总之，那里需要对托勒密表示尊敬，其——归因于他的方法——是提供了在其中可以对新发现加以整合的一个总体框架的唯一之人。然后，需要纠正和完成他的工作，这需要地图学家去说服两类对手：那些希望保持托勒密世界图像不受到挑战的人，以及那些相信托勒密的批评者的人。应当重要的就是有着一个关于环境的更为清晰确定的图像，在其中，这些不同的立场被捍卫，但不幸的是，我们只是间歇地捕捉到它们的一瞬间[425]，例如，在"注释"（Adnotationes）的一段评注中回顾了这样的争论[426]。实际上，贝尔纳多·西尔瓦诺为他自己设定的任务，与有些时候认为的相比，更为敏锐地反映了16世纪早期对于《地理学指南》的各种反应之间的冲突。

中欧：批评和现代化

这一时期，在法国缺乏对《地理学指南》批评性的讨论，这一情况通常由这样的事实所解释，即国家在探险航行中发挥了极少的作用。然而，我们如何解释在中欧和东欧发生的事情？他们当然在那些发现中也没有发挥更大的作用。

例如，在德意志南部，雷吉奥蒙塔努斯的去世并不意味着对托勒密作品研究的终结。研究在大量背景下继续。一种晚期的人文主义，由爱国主义者驱动的一个圈子紧密的学者，渴望去克服由古人绘制的在其中德意志受到轻视的图像；与意大利和北欧联系起来的贸易城市的网络；专门从事科学设备制造的中心，因而利用了全部范围的相关科学的专门技术——所有这些条件刺激了托勒密作品的散布和研究，在佛罗伦萨"重新发现"《地理学指南》的一个世纪后，我们可以说这一时期标志着其被接受的顶峰。

自波伊尔巴赫、尼古劳斯·冯海贝克（Nikolaus von Heybeck）和约翰·申德尔（Johann Schindel）的时代之后，纽伦堡已经作为日冕制作中心而闻名——最为著名的旅行模型，其后来附带有罗盘和地图[427]。在1474年，城市继续是一些人文主义者和技术人员继承雷吉奥
346 蒙塔努斯关于世界呈现的思想的一个地点，一种结合了实践特征（仪器制作）、对于托勒密

[424] 复制在 Cristoforo Colombo，2：728 – 29。也可以参见 David Woodward，*Bernardvs Sylvanvs Eboliensis de Vniversali habitabilis figvra cvm additionibvs locorvm nvper inventorvm*，*Venetiis MDXI = Bernardo Sylvano of Eboli*，*A Map of the Whole Habitable World with the Addition of Recently Discovered Places*，Venice 1511（Chicago：Speculum Orbis，1983），以及 Hans Wolff，"America—Das frühe Bild der Neuen Welt，" in *America*，16 – 102，esp. 64 – 65。

[425] 例如，在一封1516年从安德烈亚·科萨里写给朱利亚诺·德美第奇的信件中，有着对托勒密的关于有人居住世界范围的如下批评："托勒密没有放置这座岛屿，在许多事情上我发现他进行了缩减……参见，例如，葡萄牙人的航行如何减少且展示了他经度中存在的错误，从开始于 Sinare 的区域到他称为 Good Fortune 的岛屿。" Giovanni Battista Ramusio，*Navigazioni e viaggi*，4 vols.，ed. Marica Milanesi（Turin：G. Einaudi，1978 – 83），2：33.

[426] "此外，似乎将我们自己倡导的可居住世界的形状与所有那些由探险家最近的旅行发现并且流传至今的特征添加在一起，是一个好主意。你可能感觉到，这一轮廓与托勒密的普通地图没有什么不同，只要那些托勒密所不知道的［特征］被移除的话。我们这样做也是为了让那些谴责托勒密的人能够看到，在他的作品中，没有什么是和我们这个时代的航行和真相是不同的，只要他的旧坐标被忽略，并且认真考虑他的话语的话。"

[427] Wolfgang von Stromer，"Hec opera fient in oppido Nuremberga Germanie ductu Ioannis de Monteregio：Regiomontan und Nürnberg，1471 – 1475，" in *Regiomontanus-Studien*，267 – 89，esp. 278 – 79.

未经篡改的原始版本的关注以及数学问题（尤其是三角学）的方法[428]。正是这样一种背景，即在 15 世纪的第三个二十五年中，这一背景必然制作了那些托勒密式的地图，这些地图的遗迹现在在科布伦茨（Koblenz）和特里尔（Trier）。这些改造托勒密式的区域地图的尝试尚未得到它们应有的详细且不受先入为主的概念影响的研究[429]。

1. 康拉德·策尔蒂斯的影响

基于德意志人文主义在《地理学指南》传播中所发挥的核心作用，因此，这一部分从康拉德·策尔蒂斯以及他的圈子为开端是很合适的，即使最初看来似乎是奇怪的，即如此的重要性在这里被归属于一位其作品似乎证明了“人文主义”与“科学”之间是激烈对立的这种传统历史观点的作者。然而，策尔蒂斯的作品应当让整整一代人留下了持续的印象，这代人同时致力于数学和人文（studia humaniora），而没有看到它们之间的任何冲突。

在策尔蒂斯身上，我们可以发现 15 世纪晚期意大利人文主义与繁荣在德意志南部、奥地利和欧洲东部的科学传统的合乎逻辑的两个极端。这一“主要的人文主义者（Erzhumanist）”应当早就表达了他对《地理学指南》的兴趣[430]，当他 1480 年至 1481 年在马蒂亚斯·科菲努斯的匈牙利宫廷时，就为自己制作了一份副本[431]。在完成了他在海德堡（Heidelberg）的研究之后，策尔蒂斯访问了意大利（1487），由此他与马尔西利奥·菲奇诺的柏拉图学院建立了联系，在这一背景下，贝林吉耶里撰写了《地理学的七日》。策尔蒂斯与菲奇诺的相遇应当强化了他的信念，即数学是理解由数字和度量所掌控的被创造的世界的关键。1489 年至 1491 年，他在克拉科夫与布鲁日沃（Brudzewo）的阿尔伯特·布拉（Albert Blar）研究了数学和天文学，后者是波伊尔巴赫和雷吉奥蒙塔努斯的前学生。从 1491/1492 年之后，他在因戈尔施塔特的期间，这里已经是约翰尼斯·思达比斯和安德烈亚斯·斯蒂波利斯（Andreas Stiborius）的家乡，他应当实施了一项教学计划，在该计划中，三学科（Trivium）的主题与在其中宇宙志发挥重要作用的自然哲学联合起来。通过宇宙志，他不仅意欲通过参考星辰来测量地点的物理位置（即，坐标的建立），而且意欲对自然现象和地方地理学进行一种描述[432]。1492 年 8 月在因戈尔

---

[428] 在 Franz Machilek, “Kartographie, Welt- und Landesbeschreibung in Nürnberg um 1500,” in *Landesbeschreibungen Mitteleuropas vom 15. bis 17. Jahrhundert* (Cologne: Böhlau, 1983), 1 - 12, 和 Ruthardt Oehme, *Die Geschichte der Kartographie des deutschen Südwestens* (Constance: Thorbecke, 1961), 17—27 中的总体性讨论。

[429] Koblenz 的残片已经由 Wolkenhauer 进行了分析，其——基于内在因素——令人信服地将它们确定是在雷吉奥蒙塔努斯去世之后于纽伦堡制作的；参见 August Wolkenhauer, “Die Koblenzer Fragmente zweier handschriftlichen Karten von Deutschland aus dem 15. Jahrhundert,” *Nachrichten von der Königlichen Gesellschaft der Wissenschaften zu Göttingen, Philologisch-historische Klasse*, 1910, 17 - 47。杜兰德将它们与后来在特里尔发现的并且整体被确定为更早时间的残片联系起来（*Vienna-Klosterneuburg Map Corpus*, 145 - 59）。这里，可能有用的就是给出他方法的进一步的例证：他认识到 Wolkenhauer 确定的日期“是用最好的学术证明——拼字法、手迹和内部证据来支持的”，但是补充到“其完全错过了要点”，因为“特里尔 - 科布伦茨残片是由在 1437 年抄写了托勒密的《地理学指南》的［ÖNB, 5266］人制作的，大概是在克洛斯特新堡，例如乔治·姆斯汀格”。

[430] 这些与策尔蒂斯以及他的圈子有关的思想，我感谢 Christoph Schöner, *Mathematik und Astronomie an der Universität Ingolstadt im 15. und 16. Jahrhundert* (Berlin: Duncker and Humblot, 1994) 的细致研究。关于策尔蒂斯对地理学的关注，也可以参见 Gernot Michael Müller, *Die “Germania generalis” de Conrad Celtis: Studien mit Edition, Übersetzung und Kommentar* (Tübingen: Niemeyer, 2001)。

[431] 这就是 Oxford manuscript, Bodleian Library, Arch. Seld. B. 45；参见 Dieter Wuttke, *Humanismus als integrative Kraft: Die Philosophia des deutschen “Erzhumanisten” Conrad Celtis, eine ikonologische Studie zu programmatischer Graphik Dürers und Burgkmairs* (Nuremberg: Hans Carl, 1985), 27 and 56。也可以参见 Nikolaus Henke, “Bücher des Konrad Celtis,” in *Bibliotheken und Bücherim Zeitalter der Renaissance*, ed. Werner Arnold (Wiesbaden: Harrassowitz, 1997), 129 - 66, esp. 150。

[432] Conrad Celtis, *Panegyris ad duces Bavariae* (Augsburg: E. Ratdolt, 1492), v. 103 - 11.

施塔特进行的一次学术演讲中，策尔蒂斯向将成为管理者的受众，坚持宇宙志和地理学的实用性[433]；同时他的诗颂之一，写给布雷斯劳（Breslau）的西吉斯蒙德·夫西利厄斯（Sigismond Fusilius）的，包含了对一位年轻人应当拥有的知识的讨论，在天文学和历史学之间列出了地理学[434]。然而，清楚的是，策尔蒂斯对于地理学的兴趣，类似于他的同事思达比斯和斯蒂波利斯，主要是由对占星的关注所决定的[435]。

策尔蒂斯教学计划的第二个重要特征就是对德意志进行颂扬，在其中地理学再次发挥了
347 重要作用。遵照由塔西佗和弗拉维奥·比翁多构成的一种双重模式，策尔蒂斯意图撰写一部“德意志图示（Germania illustrate）”；他完成了关于诺林贝格（Norimberga，纽伦堡）的部分，而他的学生应当完成剩下的。

我们从他的遗嘱和通信中了解到，策尔蒂斯寻找《地理学指南》的1490年罗马版[436]；他拥有一个希腊语版，有着地图和球仪；以及他意图在威尼斯印刷一个希腊语版[437]。于1497年至1498年离开前往维也纳之后，他在那里建立了诗与数学学院（Collegium Poetarum et Mathematicorum），他受马克西米利安皇帝（Emperor Maximilian）的委托建立一所图书馆，其中也包括陆地地图和天体地图以及球仪。他在1504年撰写的一些韵文——大致是他提到旧的和新的地图的同时[438]——中宣称，他将教授关于《地理学指南》课程，用学术的和当地的语言：

> 明天，在阿波罗［在日冕上］投射出第八条阴影的之后，
> 并且在他明亮的光线散布在金色的世界上之后，
> 然而，在我的家里将开始宇宙志
> 这是伟大的克劳迪乌斯在八书中撰写的，
> 其，我，策尔蒂斯，将用三种语言展示：
> 拉丁语、希腊语和，同时，德语。[439]

---

[433] Conrad Celtis, *Oratio in gymnasio in Ingelstadio publice recitata cum carminibus ad orationem pertinentibus*, ed. Hans Rupprich (Leipzig: B. G. Teubner, 1932), 3, l. 31.

[434] “继续谈论世界各地的民族以及人们的语言和习俗，以及这些民族在地球上的位置对应于天空上的哪一部分。” Conrad Celtis, *Libri odarum quattuor*; *Liber epodon*; *Carmen saeculare*, ed. Felicitas Pindter (Leipzig: B. G. Teubner, 1937), 15, ll. 61－64。

[435] 令人感兴趣的就是指出，在马蒂亚斯·科菲努斯的宫廷占星术士 Johannes Tolhopf 写给策尔蒂斯的信件的一个注释中，编者在解释占星地理学的因素时提到了《地理学指南》，而这些因素实际上源自《占星四书》。参见 Hans Rupprich, *Der Briefwechsel des Konrad Celtis* (Munich: C. H. Beck, 1934), 111－12。

[436] Rupprich, *Der Briefwechsel des Konrad Celtis*, 57－58. 他拥有1482 Ulm版（现在在 Debrecen, Református Teológiai Akadémia Szemináriuma Könyvtár［Library of the Reformed Church］, U45），并且撰写了一些关于德意志城市的现代地名方面的注释；参见 Müller, Die “Germania generalis,” 270, 383, and pl. 9。

[437] 一封1493年来自 Johannes von Reitenau 的信件，他是 Count Georg von Werdenberg 儿子的导师，展示了《地理学指南》的吸引力和策尔蒂斯的“哲学”教学可能对他学生产生的影响：“由此，我才能让我的主人去偏好哲学原则，我向他的父亲展示了托勒密的宇宙志，并且我解释了世界的普遍位置（尽我所能）。在我向他提到在意大利印刷的我曾经与你一起看过的宏大全图之后，他渴望拥有相同的［地图］，并且坚持为了得到地图而让我写信给您。” Rupprich, *Der Briefwechsel des Konrad Celtis*, 115－16.

[438] Grössing, *Humanistische Naturwissenschaft*, 196.

[439] Conrad Celtis, *Ludi scaenici* (*Ludus Dianae—Rhapsodia*), ed. Felicitas Pindter (Budapest: Egyetemi Nyomda, 1945), 20.

托勒密的《地理学指南》，基于数字，并且用完美的秩序显示了有人居住的世界的各个部分，而这一顺序与天体的规律运动相一致，这是策尔蒂斯想得到的理想的教学手册。

真实的是，能证明策尔蒂斯对这一领域的兴趣的现存作品是有限的。例如，他的诗作，充满了在托勒密地图上发现的地点和民族的古代名称。然而，他野心勃勃的项目将有着一种深远和持久的影响。最早以《地理学指南》为蓝本的区域地图是由他的学生绘制的，或者是由那些受到他影响的人绘制的。马丁·瓦尔德泽米勒在 1513 年版的《地理学指南》中发表了三幅地图［瑞士的、上莱茵（Rhine）的和洛林（Lorraine）的］，约翰尼斯·阿文蒂努斯（Johannes Aventinus）在 1523 年发表了一幅巴伐利亚地图，而约翰尼斯·古斯平安尼鲁斯（Johannes Cuspinianus）在 1528 年发表了一幅匈牙利地图。

策尔蒂斯留下的“德意志图示”的未完成部分包括了对我们可以称之为讲德语的欧洲的历史地理的进一步研究。当时人文主义者的通信充满了对区域和民族名称知识面广泛的讨论，对此托勒密是主要的资料来源之一。在一封 1525 年写给阿尔萨斯（Alsatian）人文主义者贝亚图斯·雷纳努斯（Beatus Rhenanus）的信件中——他自己是古代文本的重要出版商以及未来的受到策尔蒂斯勾勒的项目启发的《德国研究》（*Res Germanicae*）的作者——阿文蒂努斯通过定义历史、地理和数学之间的联系来证明他自己历史作品的合理性：“历史的与众不同的特征就是关于伟大事物、区域和国家的习惯、土地的性质的，宗教、制度和法律的，一个区域新的和古代的居民的，以及帝国和王国的知识。然而，所有这些，如果缺乏对宇宙志和数学的勤奋研究的话，将是无法被了解和研究的，在厌烦了上述研究之前，你也是无法旅行的。”[440]

遵从着策尔蒂斯的领导，策尔蒂斯的另外一位朋友就是纽伦堡学者约翰尼斯·科赫洛伊斯（Johannes Cochlaeus）。在 1512 年，他出版了他的《德意志简述》（*Brevis Germaniae descriptio*），其包含了对搜集到的数据与《地理学指南》中地图之间的详尽比较[441]。这里，最后，我们看到了在维尔纳和思达比斯的作品中地图学呈现技术方面的发展，而作品，再次是策尔蒂斯教导的产品。因而，因诗文地理以及没能包括他所在时代的新的地理发现，而批评较老的学者是荒谬的。他的现代性不在于他作品中的实际内容，而在于一个项目设计，其被严格地遵从，并且产生了持续的影响。

2. 现代化：乌尔姆（1482 年和 1486 年）以及斯特拉斯堡（1513 年）的版本

当康拉德·策尔蒂斯正在完成他在匈牙利和海德堡的教育的时期中，乌尔姆（Ulm）对于《地理学指南》的传播做出了决定性贡献，在那里两个版本的出现对于阅读模式产生了强烈的影响。通过大量现存的副本判断，这两个版本必然是非常流行的。1482 年的版本是 348

[440] Beatus Rhenanus, *Briefwechsel des Beatus Rhenanus*, ed. Adalbert Horawitz and Karl Hartfelder (Leipzig: B. G. Teubner, 1886), 345. 皮克海默在为他的《地理学指南》的新翻译进行辩护时提出了相同的计划。

[441] 例如，“其城市是维也纳，过去的 Flexum，只要允许从托勒密的位置进行推测的话”，Johannes Cochlaeus, *Brevis Germanie descriptio* (1512), *mit der Deutschlandkarte des Erhard Etzlaub von 1512*, ed., trans., and with commentary by Karl Langosch (Darmstadt: Wissenschaftliche Buchgesellschaft, 1960), 116 (6.12)。

由林哈特·赫尔（Lienhart Holl）印刷的，显然没有仔细研究当地市场的容纳能力[442]，尽管在1486年，作品在约翰尼斯·雷格（Johannes Reger）的作坊，为威尼斯的出版商尤斯图斯·德阿尔巴诺（Justus de Albano）而进行了重印。

这一后来的作品存在一些著名的增补[443]。雷格所做的一个地名索引［“托勒密第八书的字母表”（Registrum alphabeticum super octo libros Ptolomei）］远远不是一个简单的字母列表。实际上，其给出了文本中的地名的参考——首次被分为两章——并且解释了使用沿着有刻度的边缘摆放的两根线条来确定地图上的地点的方法（耶路撒冷被用来作为例子）。每一地名都有着来自教父们（Church Fathers）的相关材料，而对于欧洲，则用来自希腊和拉丁作者（包括斯特拉博和庞波尼乌斯·梅拉）的材料，以及古代地名对应的现代地名。然而，这一索引的主要目的——并且因而是这一版本的整体目的——很可能会让我们感觉是“中世纪的”。这些地点提到了圣人，由此用他们的存在、殉难或死亡来颂扬这些地点。实际上，雷格将自己限制在只是简单地改编法国索恩河畔沙隆（Chalon-sur-Saône）主教让·热尔曼（Jean Germain）在1499年绘制的《精神世界地图》（*Mappemonde spirituelle*）[444]。这一版本的第二个增补就是“论世界的神奇地方”（Tractatus de locis ac mirabilibus mundi），对世界的一个描绘——有时毫无理由地将作者认为是尼古劳斯·日耳曼努斯——来源于中世纪的百科全书［塞维利亚的伊西多尔的《词源学》和博韦的樊尚（Vincent of Beauvais）的《大宝鉴》（*Speculum*）］。尽管非常有趣，但因为一种学术的偏见，即将其看成仅仅是“中世纪的”，因此在与托勒密的“现代性”对比的时候，这一“论世界的神奇地方”通常被认为是没有价值的[445]。因而，注意到下述情况是有趣的，在那时，甚至非常高层次的人文主义者都认为其足够令人感兴趣，因而对其进行全面的复制——从而悍然不顾之前对作品所下的相当轻率的判断[446]。

总之，这一雷格的《地理学指南》的版本是托勒密这一作品传播的特殊指标。对于雷格最为重要的就是其内容，与百科全书的传统、人文主义关于古典的品位和对教育作品的更

---

[442] 关于版本制作的环境，参见 Peter Amelung, *Der Frühdruck im deutschen Südwesten, 1473–1500: Eine Ausstellung der Württembergischen Landesbibliothek Stuttgart*（Stuttgart: Württembergische Landesbibliothek, 1979）, 264ff., 279–87, and 329–31。也可与参见 Karl-Heinz Meine, *Die Ulmer Geographia des Ptolemäus von 1482: Zur 500. Wiederkehr der ersten Atlasdrucklegung nördlich der Alpen*，展览目录（Weissenhorn: A. H. Konrad, 1982）。与有时提出的想法相反，尼古劳斯·日耳曼努斯在版本的准备中没有起到作用——即使这一版本是基于他的一部稿本。

[443] Michael Herkenhoff 已经用一种生动的方式对其进行了分析，在他的 *Die Darstellung außereuropäischer Welten in Drucken deutscher Offizinen des 15. Jahrhunderts*（Berlin: Akademie, 1996）, 83–91 中。

[444] 在1920年由 Fischer 在 *Die Entdeckungen der Normannen in Amerika*, 80–81 n. 3 给出了对资料来源的认定。这一信息似乎没有被后来的文献吸收。

[445] 在这一较晚的时期，这种臆想的矛盾甚至更不那么令人信服。例如，参见 Bonacker and Anliker, “Donnus Nicolaus Germanus,” 111，以及 Sanz, *La Geographia de Ptolomeo*, 91。

[446] 天文学家约翰尼斯·朔纳，类似于其他很多人，在他1482年版本的一个范本中制作了一个副本（ÖNB, Lat. 3292；参见 Amelung, *Der Frühdruck im deutschen Südwesten*, 329–31）。Rome（1490, 1507, 1508）和 Strasbourg（1513）版对其进行了复制；“德国的托勒密”使用了它。Herkenhoff 指出，这一文本流行，但发现很难接受它是“过时的”，总的来说，这个版本并没有因为其内在的旧有科学方法的存在——一个本身就是错误的判断，从而导致神学的世界图像的迅速消失（Herkenhoff, *Die Darstellung außereuropäischer Welten*, 90–91）。在托勒密式的科学的接受过程中，这些“中世纪”文本的重要性在 Margriet Hoogvliet, “The Medieval Texts of the 1486 Ptolemy Edition by Johann Reger of Ulm”, *Imago mundi*, 54（2002）: 7–18。中进行了全面和正确的重新评价。

为广泛传播的品位混合在一起——一种设计用来满足非常广泛的受众的结合。在某种意义上，作为同时代世界呈现的一种模式的托勒密的作用逐渐淡化到了背景中。正如“托勒密第八书的字母表”之前的《海洋、河流、山脉和省份区域和城市的发现和注释》（“Nota ad inveniendum regiones provincias maria flumina montes et civitates”）所指出的那样，著作所关注的是向读者介绍基督教的古代世界：“作者的意图并不是显示基督教信仰的现在状态……这样信仰就可以开始恢复已经失去的东西。”然而，这一版本的流行以及获得的成功，不仅由之前提到的现存的大量副本所证实，而且由这样的事实所证明，即在 1492 年之后，安东·科贝格（Anton Koberger），在纽伦堡，通过将雷格自己的增补添加到库存的 1482 年版中，从而对雷格提出了正式的挑战[447]。

1513 年版标志着朝向《地理学指南》的现代化迈出的更为重要的一步。在这里重温其孕育的长期过程是没有意义的；回想 1505 年前后沃萨根斯高级中学（Gymnasium Vosagense）的人文主义圈子中开始的工作就足够了，其在主教城市圣迪耶（Saint-Dié）将马丁·瓦尔德泽米勒、希腊（Hellenic）学者马蒂亚斯·林曼和洛林大公勒内二世（René Ⅱ）的秘书瓦尔特·卢德（Walter Lud）等人物聚集在一起。在林曼去世，以及一系列经济困难之后，事业是由两位斯特拉斯堡的法学家雅各布·埃斯兹勒（Jacob Aeszler）和乔治·乌贝林（Georg Übelin）完成的，然后他们被认为完成了整部著作[448]。

这一工作于 1505 年开始之初，高级中学的成员就对将韦思普奇的作品与《地理学指南》 349
的内容进行对比感兴趣。在一封写给他的朋友雅克·布劳恩（Jacques Braun）的信件中，林曼谈到，他将韦思普奇叙述的几乎每一部分都与托勒密进行了对比，他正在对后者的地图进行仔细的研究，该信后来发表在标题为《葡萄牙王国在南极附近的最新发现》（*De ora antarctica per regem portugallie pridem inuenta*，Strasbourg，1505）的他的《新大陆》（*Mundus novus*）的版本中[449]。尽管两名法学家后来试图消除他们前辈的工作的所有证据，但版本清晰地反映了这些孚日（Vosges）学者的关注。两个基本特征是突出的。首先，这是一部批评性评价的哲学作品，是深思熟虑且非常连贯的。作品背后的原则不仅在总标题中，而且在第二部分书名页背后的致辞中进行了表达。瓦尔德泽米勒和林曼使用优秀的希腊语稿本副本对翻译进行了改进。例如，我们知道，前者请求巴斯莱（Basle）的多明我会修道士在 1507 年借给他这样的一个稿本[450]，并且林曼第二年在意大利寻找另外一个稿本，其是乔瓦尼·弗朗切斯科·比科·德拉米兰多拉（Giovanni Francesco Pico della Mirandola）收藏的一部分（书中有着来自他的一封信）。因而，雅各布·安格利的翻译被部分地进行了重新加工，并且地名用它们希腊语的形式给出。版本的视觉材料方面，强调了编辑们想要将附带有旧地图的文本本身与不仅包括现代地图还包含了来

---

[447] Amelung, *Der Frühdruck im deutschen Südwesten*, 274 – 77；改造版的一个范本是在 Munich, Bayerische Staatsbibliothek, 2° Inc. c. a. 1817；参见 Lindgren,“Die Géographie des Claudius Ptolemaeus in München,”164 – 65。

[448] M. d'Avezac, *Martin Hylacomylus Waltzemüller*, *ses ouvrages et ses collaborateurs*: *Voyage d'exploration et de découvertes à travers quelques épîtres dédicatoires*, *préfaces et opuscules en prose et en vers du commencement du XVIe siècle* (Paris: Challamel Aîné, 1867; reprinted Amsterdam: Meridian, 1980), 以及 Albert Ronsin, *La fortune d'un nom*: *America*, *Le baptême du Nouveau Monde à Saint-Dié-des-Vosges* (Grenoble: J. Millon, 1991), 56 – 60。

[449] D'Avezac, *Martin Hylacomylus Waltzemüller*, 91 – 92.

[450] 其来自 Cardinal of Dubrovnik, Jean Stojkovič，他于 1443 年在巴斯莱去世；参见 Franz Grenacher,“The Basle Proofs of Seven Printed Ptolemaic Maps,” *Imago Mundi* 13 (1956): 166 – 71。

自 1486 年版的“论世界的神奇地方”资料的第二部分割裂开来。这揭示了对待［地理学王子（geographiae princeps）］作品的一个批判性的方法，而这一作品已经变成了一种“可怕的混乱”，归因于这样的事实，即其不太可能区分那些属于原作的部分以及那些归因于地名的改变和包含了现代的发现的内容的部分[451]。因而，编辑者决定将两部分区分开：“如果某人寻找更为现代的位置、航行［路线］或者名称的改变的话，那么第二部分的用地图形式给出的托勒密——即使其产生于第一部分——将给予他们最为完整的形式。这一版本，包含了这一世纪中的航行，已被编纂作为最完美的地理和水文手册。”[452] 此后的 20 幅现代地图，开始于“据水文资料绘制的示意世界地图”（*Orbis typus universalis iuxta hydrographorum traditionem*），并且包括了瑞士和上莱茵区域的地图，以及一幅洛林的地图。

这一托勒密的“加倍”——实际上，制造了第二部《地理学指南》——意图澄清来自发现航行最早时日的一场争论中描述的数据。通过在现代地图上记录来自那些航行的信息，然后在地图集的两个单独部分分别呈现现代和古代地图，编辑者向阅读者提供了调整现代以适应古代的任务和机会。实际上，这是最早的现代地图集。其结构揭示了《地理学指南》从那之后已经被构思为一种在技术上无法被超越的方法的教科书，以及一座古代事物的纪念碑，其原始的、未受到改动的形式将被重新建立。实际上，这一版本是雷吉奥蒙塔努斯自己已经进行的事业的实现。

3. 托勒密世界图像传播的日益广泛

还存在揭示了托勒密的世界图像的传播日益广泛的其他证据。在意大利，从 15 世纪中叶之后，在稿本和印刷本的非托勒密的作品中，托勒密世界地图成为有人居住的世界的一种插图——因而表明，这一图像被接受作为一种标准。相似地，在哈特曼·舍德尔极为流行的，由安东·科贝格用拉丁语和德语版在 1493 年印刷的《编年史之书》中，存在来自埃哈德·拉特多尔特的庞波尼乌斯·梅拉（Venice，1482）印刷版托勒密世界地图的简化版[453]。舍德尔书籍中的地图没有度数，并且诺亚的三个儿子被描绘在三个角落上，而第四个角落则由一段对于风的讨论所占据，这来源于塞维利亚的伊西多尔（页面的底部给出了来自同一位作者的对于分成三个部分的世界的描述）[454]。基于其在文本中的位置，地图可以被看成使用了不同的因素来表达下述两种元素的混合，即人文主义与作为 1486 乌尔姆版特色的基督教历史百科全书式的展示。若干年后，获得极大成功的一部百科全书，加尔都西会修士（Carthusian）和弗赖堡大学（University of Freiburg）的教授（在那里，他的学生包括瓦尔德
350 泽米勒和林曼）格雷戈尔·赖施的《哲学珍宝》，在“天文学的原则”（De principiis astronomiae）中包括了对地理学主题的讨论（book 7，tractatus 1），这一部分位于占星术的部

[451] 鉴于此，存在对早期版本的批评，其中现代和旧有的地图混合在一起。某些批评在 1511 年威尼斯版中被去除，在这一版本中对旧地图进行了修改。

[452] 来自 1513 年版，fol. 60v；参见 d'Avezac，*Martin Hylacomylus Waltzemüller*，230。

[453] Fols. XIIv-XIIIr；参见 Campbell，*Earliest Printed Maps*，152 – 54，以及 Herkenhoff，*Die Darstellung außereuropäischer Welten*，119 – 21。一个彩色的复制品是在 Wolff，“America，”26。

[454] 在提及大洪水（Deluge）之后，对世界进行描述是中世纪编年史的一个普遍现象。按照将其描述为“一幅折中的地图”的 Grafton 的观点，耶路撒冷位于中部，“就像在中世纪的概念化 T – O 地图中那样”（*New Worlds*，*Ancient Texts*，20），但是圣城并没有位于地图中心，然而人们选择去定义那一中心。

分之前。这些讨论涵盖了与地球的球体形状、地带和气候带（在经度和纬度上）相关的概念，以及基于庞波尼乌斯·梅拉、普林尼、斯特拉博和托勒密的对于可居住区域的一段描述。因而，宇宙科学（cosmographiae scientia）分为两个部分——一个是理论的，另外一个是描述性的——被证明是合理的，基于它对研究神圣和世俗历史做出的贡献。这里参考的框架就是《地理学指南》——首先，因为其是非洲和亚洲区域名称的来源（那些在欧洲的地名被现代化），同时，第二点，因为其提供了世界地图。然而，与此同时，模型中的不充分之处没有被略过。在连接了非洲和亚洲的陆地上，地图有着一段与图像相矛盾的图题："这里，没有土地，但是有着一个包含了令人惊讶尺寸的岛屿的海洋，而这是托勒密所不知道的。"[455]《哲学珍宝》的后续版本中存在增补和修订。例如，在1515年版中，包含了一幅木刻版的地图，《据水文资料绘制的示意世界地图》（*Orbis typus universalis juxta hydrographorum traditionem*），来自1513年版的《地理学指南》，但是存在下述差异：陆块（最为重要的，南美洲和非洲，但还有亚洲）在经度上被延伸；在东端增加了日本；没有显示风玫瑰的线条网格，即使添加了来自航海风玫瑰上的那些的风的名字；没有给出比例尺[456]。地图的性质和功能，通过一段单独的标题进行了表达"Typus universae terre juxta modernorum distinctionem et extensionem per regna et provincias"（按照现代的划分以及王国和省份的范围绘制的整个地球的一幅平面图）。经度范围可能是对可居住世界中的新世界（*novus mundus*）位置的两种可能性进行折中的结果：其是一块大陆或者是亚洲的一部分。无论解释如何，清楚的是，这幅托勒密世界地图的主要品质就是其可以被很容易地适用于各种不同目的和目标。由于其关注宇宙科学，《哲学珍宝》是朝向将地理学构建为一个与众不同的学科的普遍运动中的一部分——在这一运动中，托勒密的作品发挥了主要作用。

大约1495年至1525年，在波兰和操德语的国家中，出版了大量关于地理学的介绍性著作（表9.1），尽管，就像我表明的，还存在稿本。这一现象，在其中由策尔蒂斯勾勒的项目的影响是非常明显的，使得在大约三十年中，这些著作在地理学和地图学的发展中非常重要。被称为"德国托勒密"（German Ptolemy）的作品于1495年前后在纽伦堡出版。作者未知，但似乎是一位在克拉科夫进行研究的西里西亚（Silesia）居民。我们知道，劳伦丘斯·科菲努斯（Laurentius Corvinus）在那座城市中进行研究和教学，但他的作品是由巴塞尔人文主义者海因里希·倍倍尔（Heinrich Bebel）和埃普廷根的哈特曼（Hartmann of Eptingen）出版的。格沃古夫的约翰（John of Glogow）和约翰尼斯·德斯托布尼克扎（Johannes de Stobnicza）也是克拉科夫的教授。约翰尼斯·朔纳和彼得·阿皮亚在纽伦堡和因戈尔施塔特工作。在弗赖堡由格雷戈尔·赖施指导进行研究之后，林曼和瓦尔德泽米勒在阿尔萨斯和洛林工作，洛伦茨·弗里斯（Lorenz Fries）在完成了在维也纳的研究之后也是如此。因而列在表9.1中的作品的受众和出版者都能在波兰、巴伐利亚和中莱茵地区之间找到。

这里并不是对这些作品进行详细描述的地方，但是可以通过简单地强调它们的共性，因而确定它们在《地理学指南》被接受中所起到的作用。就像在其他类比研究中那样，在一开始

---

455 复制在Grafton, *New Worlds*, *Ancient Texts*, 57。

456 Uta Lindgren, "Wege und Irrwege der Darstellung Amerikas in der frühen Neuzeit," in *America*, 145–60, esp. 153 and 156–57. 地图被复制在了Wolff, "America," 65。

就有着方法论上的限制条件是适当的。仅仅关注于对这些文本"中世纪"的方面进行分析，且将它们与假定的"现代"进行比较，并强调"新输入知识"的缺乏，那么将完全错过这些作品的兴趣之所在和意义[457]，这些作品反映了一种非常特定的知识氛围。在这一意义上，我们在这里不能谈论对于《地理学指南》的"评注"。"德国的托勒密"构成了一种独立存在的地理学作品[458]，但如果没有被认为是地图学家的王子的《地理学指南》的话，那么这种特征是不可想象的。就像瑞士人文主义者亨里克斯·格拉雷亚努斯［格拉里斯的海因里希·罗日提（Heinrich Loriti of Glaris）］说到的，"没有人超越他［托勒密］，在天分或者勤勉方面"[459]。

反映大学地理教学的文本，在15世纪末16世纪初变得流行。意大利人文主义者可能在15世纪后半叶，已经将地理学作为一种独立对象进行教授。与此同时，在维也纳、克拉科夫、因戈尔施塔特、纽伦堡以及其他学校和大学，在地理教学中将托勒密的书籍作为其核心
352 材料[460]。孚日的鲁法奇（Rufach）的首位塞巴斯蒂亚诺·明斯特教师，康拉德·派利坎（Konrad Pellikan），在其他材料中，将他的课程基于《哲学珍宝》。他在蒂宾根在保罗·斯科里普托利斯（Paul Scriptoris）的领导下进行研究。后者毫无疑问教授关于《地理学指南》的一门课程，与塞巴斯蒂亚诺·明斯特在蒂宾根的老师和同事约翰内斯·施特夫勒一起，留下了数卷大学课程的材料，其唯一现存的部分是关于《地理学指南》前两书的评注[461]。至于格沃古夫的约翰，我们有着他的讲义的数份副本，并且克拉科夫稿本是包括了对托勒密世界地图的评论的备课作品[462]。科赫洛伊斯自己关于《地理学指南》的思想不仅可以从他的《地理学》进行解读，而且可以通过大量来自1510年前后的在科隆教学时的早期稿本的文本进行解释。对于约翰尼斯·科赫洛伊斯而言，地理学和地图学被作为试图理解古典古代的历史的学科，同时他应当在新的教学方法和材料的流行中发挥了重要作用[463]。

---

[457] 例如，Franz Wawrik 将格拉雷亚努斯的《地理学》（*De geographia*）称为是一部"提供了极少新东西的小书"。参见"Glareanus，" in *Lexikonzur Geschichte der Kartographie*, 2 vols.，ed. Ingrid Kretschmer, Johannes Dörflinger, and Franz Wawrik（Vienna：Franz Deuticke, 1986），1：268。

[458] Herkenhoff, *Die Darstellung außereuropäischer Welten*, 133.

[459] Henricus Glareanus, *D. Henrici Glareani poetœ lavreati De geographia liber vnus*（Basle，1527），G3r.

[460] 例如，在1467年，Faculty of Arts of the Vienna University 在27本关于"关于全世界的人类和历史的"著作中包括了"Cosmographia Claudii Ptolomei"；参见 *Mittelalterliche Bibliothekskataloge Österreichs*, 5 vols.（Vienna，1915－71），1：481－82. 1495年，在弗赖堡，学院购买了一幅世界地图（*mappamundi*，不是托勒密式的），并且在1499年购买了一部"cosmographia Ptolemei"；参见 Paul［Joachim Georg］Lehmann, *Mittelalterliche Bibliothekskataloge Deutschlands und der Schweiz*, 4 vols.（Munich：Beck, 1918－62），1：45。

[461] 关于《地理学指南》的这一评注来自一门从1512年3月15日至1514年7月18日讲授的课程（Tübingen, *Universitätsbibliothek*, Mc 28）；参见 Johannes Haller, *Die Anfänge der Universität Tübingen, 1477－1537：Zur Feier des 450 jährigen Bestehens der Universität im Auftragihres Grossen Senats dargestellt*, 2 vols.（Stuttgart：Kohlhammer, 1927－29），1：272ff. and 2：104－7，以及 August Wolkenhauer, "Sebastian Münsters handschriftliches Kollegienbuch aus den Jahren 1515－1518 und seine Karten，" *Abhandlungen der Königlichen Gesellschaft der Wissenschaften zu Göttingen, Philologisch-historische Klasse* 11, No. 3（1909）：1－68, esp. 21－22 and 24。

[462] Cracow, *Biblioteka Jagiellohska*, 2729；参见 Franciszek Bujak, "Wykiad geografii Jana z Giogowy w. r. 1494，" in *Studja geograficznohistoryczne*, by Franciszek Bujak（Warsaw：Nakiadgebethnerai Wolffa, 1925），63－77, esp. 65－66 and 75－76, and Mieczysiaw Markowski, "Die mathematischen und Naturwissenschaften an der Krakauer Universität im XV. Jahrhundert，" *Mediaevalia Philosophica Polonorum* 18（1973）：121－31, esp. 131. 格沃古夫的约翰还注释了《地理学指南》（1486年版）的一个副本；参见 Ludwik Antoni Birkenmajer, *Stromata Copernicana*（Cracow：Polnische Akademie der Wissenschaften, 1924），105ff。

[463] 参见他的 *Quadrivium grammatices* 的导言，被引用在 Cochlaeus, *Brevis Germanie descriptio*, 18。

表 9.1　《地理学指南》的介绍，约 1495 年至 1525 年　351

作者	题名	描述和参考文献
未知	“德国的托勒密” ［Nuremberg：Georg Stuchs，n. d. （约 1495 年）］	在 Michael Herkenhoff，Die Darstellun gaußereuropäischer Welten in Druckendeutscher Offizinendes 15. Jahrhunderts（Berlin：Akademie，1996），133—43 中进行了详细分析
劳伦丘斯·科菲努斯（Laurentius Corvinus）	*Cosmographia dans g manuductionem in tabulas Ptholomei*（Basle：Nicolaus Kesler，1496）	在 Herkenhoff，*Die Darstellun gaußereuropäischer Welten*，125—33 中进行了详细分析
马蒂亚斯·林曼和马丁·瓦尔德泽米勒（Matthias Ringmann and Martin Waldseemüller）	*Cosmographiae introdvctio*（St. Dié，1507）	复制，有着 Pierre Monat 的法文翻译，在 Albert Ronsin，*La fortune d'un nom：America，le baptême du Nouveau Monde à Saint-Dié-des-Vosges*（Grenoble：J. Millon，1991），101 - 81 中
亨里克斯·格拉雷亚努斯（Henricus Glareanus）	*D. Henrici Glareani poetœ lavreati De geographia liber vnvs*（Basle，1527；text written shortly after 1510）	Original manuscript at the John Carter Brown Library；Walter Blumer，（最初的稿本是在 John Carter Brown Library）；Walter Blumer，“Glareanus' Representation of the Universe，” *Imago Mundi* 11（1954）：148 - 49，and Edward Heawood，“Glareanus：His Geography and Maps，” *Geographical Journal* 25（1905）：647 - 54；reprinted in *Acta Cartographica* 16（1973）：209 - 16
约翰尼斯·科赫洛伊斯（Johannes Cochlaeus）	*Compendium in geographiae introductorium*（Nuremberg，1512）	文本是在他对庞波尼乌斯·梅拉的评注和他的 *Brevis Germaniaedescriptio*（1512），*mit der Deutschlandkarte des Erhard Etzlaub von* 1512，ed.，trans. 中，有着 Karl Langosch 评注（Darmstadt：Wissenschaftliche Buchgesellschaft，1960），F1a-G4a 中。完整的标题是 *De quinquezonis terrae compendium Jo. Coclei Norici in geographiae introductorium in X capitibu sconflatum*
约翰尼斯·德斯托布尼克扎（Johannes de Stobnicza）	*Introductio in Ptholomei Cosmographiam*（Cracow：Florian Ungler，1512）	内容描述是在 Uta Lindgren，“Die *Géographie* des Claudius Ptolemaeus in München：Beschreibung der gedruckten Exemplare in der Bayerischen Staatsbibliothek，” *Archives Internationalcs d'Histoire des Sciences* 35（1985）：148 - 239，esp. 181 - 83；作品有时被认为是《地理学指南》一个 Cracow 版，这是错误的；参见，例如，Hans Wolff，“Martin Waldseemüller：BedeutendsterKosmograph in einer Epocheforschenden Umbruchs，” in *America*，111 - 26，esp. 124，以及 Henry Newton Stevens，*Ptolemy's Geography*：*A Brief Account of all the Printed Editions down to* 1730，2d ed.（1908；reprinted Amsterdam：Theatrum Orbis Terrarum，1973），13 - 14，44，46，and Carlos Sanz，*La Geographia de Ptolomeo*，*ampliada con los primerosmapasimpresos de América*（*desde* 1507）：*Estudiobibliográfico y crítico*（Madrid：Librería General Victoriano Suárez，1959），260
约翰尼斯·朔纳（Johannes Schöner）	*Luculentissima quaedam terrae totius descriptio*（Nuremberg：Johannes Stuchs，1515）	关于朔纳的生平，参见 Franz Wawrik，“Kartographische Werke in der Österreichischen Nationalbibliothekaus dem Besitz Johannes Schöners，” *International Yearbook of Cartography* 21（1981）：195 - 202
彼得·阿皮亚（Peter Apian）	*Cosmographicus liber*（Landshut，1524）	
洛伦茨·弗里斯（Lorenz Fries）	*Uslegung der mercarthen oder Cartha marina*（Strasbourg：Johannes Grüninger，1525）	直至 1531 年的各种版本；现代德语的翻译，是在 Meret Petrzilka，*Die Karten des Laurent Fries von* 1530 *und* 1531 *und ihre Vorlage*，*die* “*Carta Marina*” *aus dem Jahre* 1516 *von Martin Waldseemüller*（Zurich：Neue Zürcher Zeitung，1970），116—61 中

塞巴斯蒂亚诺·明斯特的《高校指南》（“Kollegienbuch”）是一份揭示了与《地理学指南》有关的学术兴趣的范围的文献。时间是他在蒂宾根进行研究期间（1515 年至 1518 年），其不仅包含了他亲自对文本部分的抄写，还有来自 1486 年和 1513 年版的地图的他的副本以及一幅包括了新的地理发现的世界地图（*mappamundi*）。书籍的内容，以及与地理学和地图学存在联系的主题，向我们提供了关于这些学科实践的学术氛围的信息。被包括的内容有一

份附带有天文学图示的历表；从《哲学珍宝》中摘录的数学、天文学和地理学方面的内容；关于计算距离和制作天文设备的注释；天文表；来自《地理学指南》的摘录；关于占星术、人相学和放血疗法的思想的发展；以及一部编年史。这里再次看到了在托勒密的文本与地图、理论天文学、占星术、医药学以及天文设备的建造之间持续存在的关系[464]。

所有介绍都有着相同的风格，无论是否是从《地理学指南》中摘录的，并且有时作者为它们设定了存在差异的目的。劳伦丘斯·科菲努斯和亨里克斯·格拉雷亚努斯指出，这些介绍性的内容被非常清晰地向学生讲授[465]，并且这些作者——以及朔纳——勾勒了这类教学的最终意图：便于阅读古典作者和《圣经》（*Holy Scripture*）的地理知识，并且让未来的政治家做好解决关于领土主权等棘手问题的准备（后一点是托勒密的传播与所谓的现代国家诞生之间联系的一个标志）。而且，地理知识使理解占星的影响成为可能。由科菲努斯和朔纳强调，这种动机在格沃古夫的约翰留下的课程讲义的手稿中是清楚的，他的作品基本上是关于天文学和占星术的内容[466]，并且在明斯特的《高校指南》中也是清楚的。在托勒密的《地理学指南》被接受的研究中，绝不应当忽视占星术。

在表9.1中列出的所有作品，都由理论的和描述性的部分构成。理论方面几乎都是相同的：主要圆周（赤道、回归线和黄道带）、子午线和平行纬线、确定和描述地理坐标，经度度数的差异，当地的范围、气候和白昼长度的变化，如何通过使用位于有着刻度的页面边缘上的两条相互交叉的线条来在一幅托勒密式地图上找到一个地点，对风的描述，以及有时将角距离转换为直线距离。这里重要的并不是这一理论部分或多或少详细的性质，而是作者认为的其与描述部分之间的密切联系。理论被看成可以使得门外汉去理解地图——这些文本的
353 主要目的。而且，正是《地理学指南》中地图的文字描述，为学生和读者了解世界及其多样性开辟了道路。这一关注由科菲努斯在《托勒密地图》（*tabulas Ptolomei*）中他的作品的标题“提供指导手册的宇宙志”（*Cosmographia dans manuductionem*）中选择少有的词汇“manuductio（指导手册）”而反映了出来［其毫无疑问影响了为瓦尔德泽米勒的《欧洲旅程地图》（*Carta itineraria Europae*）的介绍所选择的标题《航海旅程指南中的优秀内容的指导手册》（Instructio manuductionem praestans in cartam itinerariam）］。用于这些作品的一个简单的教学策略，涉及将大陆轮廓比作动物或者日常事物。科菲努斯把欧洲比作锥体（c3v），而格沃古夫的约翰将欧洲描述为一条龙，而亚洲则是一头熊，同时显示在区域地图上的土地被看作它们身体的不同部分。然而，说教方法达到了理解之外的更多目的；对比有助于读者去抓住复杂的科学事实。例如，“德国的托勒密”通过引用全图上对应的数字来描述区域地图（图9.8），而在全图上注明了与托勒密世界地图存在差异的地方（2v－3r）[467]。

就科菲努斯而言，他描述的不是所有平行纬线，而只是那些“托勒密在他的地理学的世界地图中记录的”（a8r），并且格拉雷亚努斯解释了，为什么平行纬线被印在了边缘，而不是在

---

[464] 明斯特的《高校指南》是 Munich，Bayerische Staatsbibliothek，Clm 10691，346A；参见 Wolkenhauer，“Sebastian Münsters handschriftliches Kollegienbuch，” 13－14。

[465] 科菲努斯的宇宙志所针对的受众是那些“青春期的人”（a5r）；按照格拉雷亚努斯的观点，将从“柔弱的童年”开始学习地理学（De geographia，[Freiburg im Breisgau，1530]，A1v）。

[466] Mieczysiaw Markowski, *Astronomica et astrologica Cracoviensia ante annum 1550* (Florence: L. S. Olschki, 1990), 50－79.

[467] 这幅地图是所谓的球面投影的最早例证。只存在唯一的印刷的实例。

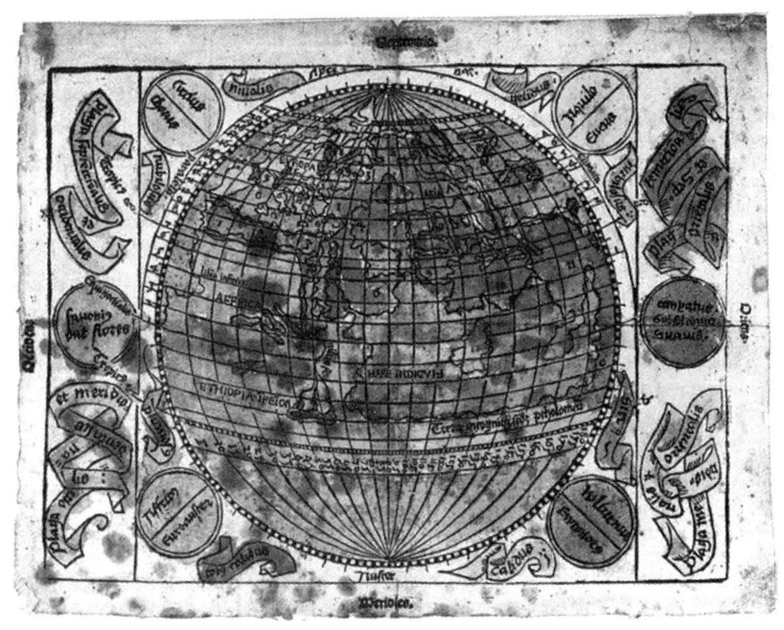

图 9.8　球面投影的世界地图。来自所谓的德国的托勒密，约 1495 年

Rare Books Division, New York Public Library, Astor, Lenox and Tilden Foundations, New York 提供照片。

地图本身上[468]。林曼和瓦尔德泽米勒的《宇宙志入门》附带有一幅地图和地球贴面条带，就像约翰尼斯·德斯托布尼克扎的《宇宙志入门》［这里，《普通宇宙志》（*Universalis cosmographia*）的两个半球］和洛伦茨·弗里斯的《解释》（*Uslegung*）那样。同时在人文主义者埃普廷根的哈特曼写给他的印刷匠海因里希·倍倍尔，一位在克拉科夫的科菲努斯的前学生的感谢信中，地图被描述为关于世界整体的知识的辅助工具："因为我们可以看到宏伟事物、各种区域、岛屿、海洋、山脉、河流，［以及］动物的名称、特征，并且我们可以相信，在其他书中找不到比这部书中更多的事物，该书揭示了托勒密地图的完整内容，并且在这些事物方面给我们相当好的指导。"[469] 对于区域的描述通常符合一种有时被定义为"传统"的方案。每一个区域被按照其范围、地形、其居民的习惯，偶尔地按照其名称的语源学确定，并且——就像在"德国的托勒密"中那样——通过坐标和白昼最长日的白昼的平均长度来确定。在讨论每一区域时，这些知识渊博的人文主义者不仅引用了古典和中世纪的地理学者，而且还对诗人和历史学家加以引用。如果将这些大量引文的出现批评为是对古典权威的盲目尊重的一种标志的话，那么这等于期望这些人文主义者放弃对《地理学指南》感兴趣的最深层原因之一，并且它们的存在并不阻碍日益增长的可观察到的托勒密式世界图像的现代化。"德国托勒密"指出，知识上是不足的——尤其是关于非洲的[470]，还有亚洲和欧洲的——并且对同时代国家的兴趣要超过对区域的古代名称的兴趣，就像我们可以从拉丁语开场白中的这些韵文中能看到的： 354

[468] "在球体上存在重复的平行线。一些确实标注了纬度的度数，同时它们被绘制在地图上，分别间隔——有时是 5 度，有时是 10 度——从赤道到极点。其他一些则标明了白昼小时数的差异……然而这些平行线没有绘制在地图上，而是沿着边缘放置。"（Glareanus, *De geographia*, D1r）

[469] Glareanus, *De geographia*, G6v.

[470] 在 Herkenhoff, *Die Darstellung außereuropäischer Welten*, 141 中被引用的例证。

克劳迪乌斯教授了绘制地图的艺术
在其中他将他那个时代知道的王国名称汇总在一起。
他提供了我们这一代人使用的名称
以及民族和已知的河流。

这里的文本似乎与劳伦丘斯·科菲努斯冲突，其不仅从索里努斯、斯特拉博、旅行者狄奥尼修斯、维吉尔、奥维德（Ovid）、卢肯（Lucan）和其他人那里进行了大量引用，而且将他自己的现代描述（用韵文，依然）限定在他有着直接经验的土地上：波兰、西里西亚和诺伊马克特（Neumarkt）。这是一个有效的充满智慧的选择，而不是一个无知学者的标志。例如，科菲努斯谈到，他已经省略了对大量岛屿的提及，包括坐落在“欧洲海岸附近以及远至大洋”的那些，因为“那些［岛屿］，不值得被注意，没有得到我们充分的调查”，这个评论可能揭示了对近期的海洋发现的意识[471]。

在1507年的《宇宙志入门》之后，存在增补托勒密的持续需求。格拉雷亚努斯的《地理学》最后一章的标题就是“托勒密之外的区域（De regionibus extra Ptolemaeum）”[472]。同时，在绘本地图边缘的评注中，他增加了他是托勒密的副本以及1507年的《宇宙志入门》，格拉雷亚努斯注意到不被托勒密所知的事物：事实，即印度洋并没有被陆地封闭，以及180度子午线和第17条平行纬线之外的区域[473]。所有这些都应该被视为不是古代与现代之间的对立的表征，而是意识到在完善球仪的全部图像时，不只是需要使用托勒密的方法[474]。相似地，在他作品的标题中，约翰尼斯·朔纳强调，古代地名“被与那些更为切近的术语混合在一起”。朔纳的前言谈到，我们必须将我们的目光更多投射到“我们时代的新贡献上”，这句话出现在1513年版的向马克西米利安的致辞中。

让托勒密面对现代航海发现，这一方法——或者这样一种对比可以达成的结果——没有比附带有《宇宙志入门》（图9.9）的大型地图更好例证了[475]。这幅地图的总体结构被设计

---

[471] Corvinus, *Cosmographia*, e4r；“Summarium in cosmographia Ptholomaei”增加到了《宇宙志》（fols. 53v－55v）中，毫无疑问归因于埃普廷根，描述了世界地图和区域地图，并且用现代地名取代了古代地名——总之，在欧洲的10幅地图上（Herkenhoff, *Die Darstellung außereuropäischer Welten*, 129）。

[472] 抄录在 A. Elter, “Inest Antonii Elter P. P. O. de Henrico Glareano Geographo et antiquissima forma ‘America’ commentatio,” *Natalicia regis Augustissimi Guilelmi II, 1896*, 5－30, esp. 17－18；重印在 *Acta Cartographica* 16（1973）：133－52, esp. 139。

[473] Eugen Oberhummer, “Zwei handschriftliche Karten des Glareanus in der Münchener Universitätsbibliothek,” *Jahresbericht der Geographischen Gesellschaft in München* 14（1892）：67－74, esp. 69－70 and 73－74；重印在 *Acta Cartographica* 7（1970）：313－24。两幅地图中的一幅被复制在了 Wolff, “Martin Waldseemüller,” 123。

[474] “因此，然而，没有人超越了托勒密的天才，并且致力于绘制世界地图，我们似乎有必要将年轻人引导到他那里，也就是引导到这个事业的来源和创造者那里。并且由此按照他的方法，抛弃了很少的事物，我们已经接触到了区域的整体轮廓，无论是旧有的或者我们时代的。”（chap. 23 in Glareanus 的 *De geographia*）并且后来：“没有包括在托勒密地图中的区域没有被这么多可靠的权威所传播，并且它们甚至没有被按照如此勤奋和艺术的方式加以描述……所有这些事物在托勒密的总图中是容易看到的。”（chap. 40）具有讽刺意味的是，格拉雷亚努斯给他的手稿添加了一幅可以被认定为“中世纪”的图像，同时也对关于不同“模式”之间冲突的理论提出了一些质疑；图像，实际上，在一个宇宙的中心显示了格拉里（Glari）城，而这一宇宙由完全同心的亚里士多德的天球组成，从土元素到最高天。Walter Blumer, “Glareanus' Representation of the Universe,” *Imago Mundi* 11（1954）：148－49, esp. 148。

[475] Martin Waldseemüller, *The Oldest Map with the Name America of the Year* 1507 *and the Carta Marina of the Year 1516*, ed. Joseph Fischer and Franz Ritter von Wieser（Innsbruck：Wagner, 1903；reprinted Amsterdam：Theatrum Orbis Terrarum, 1968）.

355

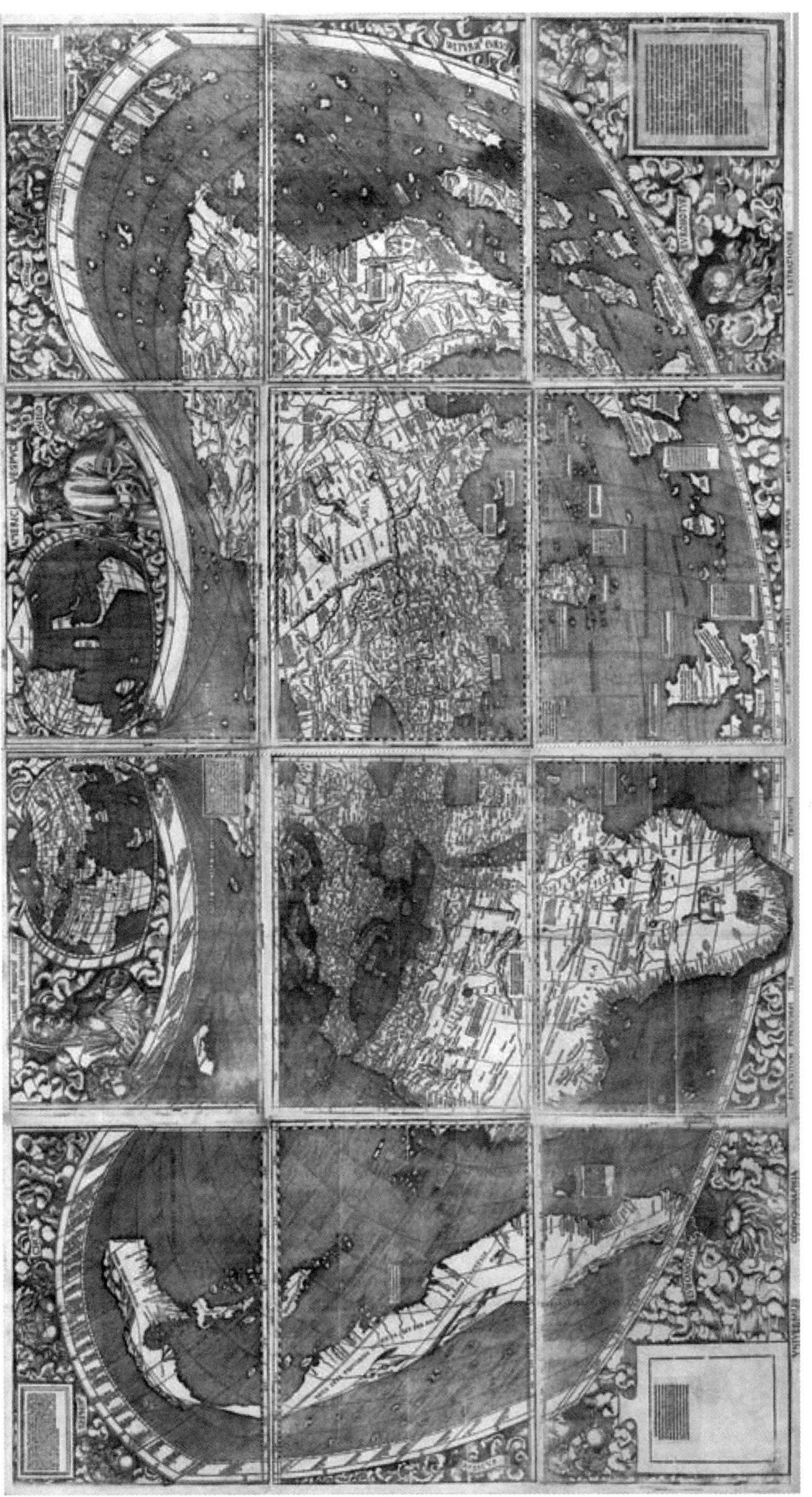

图 9.9 附带有瓦尔德泽米勒的《宇宙志入门》的世界地图，1507 年

原图尺寸：128×233 厘米。Geography and Map Division，Library of Congress，Washington，D. C.（G3200 1507. W3）提供照片。

356 用来传达对这种校对的需要。图下边缘的标题将托勒密和现代的航海者放在了同样的层次上——《基于托勒密传统的普通宇宙志与阿美利哥·韦思普奇以及其他人的发现》（“Vniversalis cosmographia secundum Ptholomaei traditionem et Americi Vespucii aliorumque lustrationes”）——并且地图被两个半球占据：在左侧，东半球，是拿着一架四分仪（用来测量天体高度的设备）的托勒密；右侧，西半球，是拿着一架罗盘的韦思普奇[476]。设备的选择绝不是偶然的：两位人物被显示在等高的立足点上，都拿着一件最能代表他的作品的设备。托勒密通过测量坐标并将它们描绘在一幅地图上而建立了他的方法；韦思普奇，使用一架水手罗盘，将同样的测量方法应用于实际目的。然而，在关于新发现的地图上包括的信息中，以及在区域地图和地方地理的描述中，显然，托勒密并不是被考虑到的唯一的资料来源。尽管托勒密的方法依然没有被超越，但是存在一种日益增长的意识，即他所制作的东西受到他那时实际可用的发现和测量方法的限制。在他的《德国研究》（1531）的献词中，贝亚图斯·雷纳努斯勾勒了他阐明德国古物的意图，但是对那些“依然梦想事物的古老状态，顽固地盯着尤利乌斯·凯撒和托勒密的人，以及无法说服他们相信事物与那些［作家］传下来的存在不同的人”表示轻蔑[477]。最为先进和原创的头脑已经相信，托勒密拥有一幅过时的世界的图像，因此我们必须要对其进行超越。

4. 托勒密的文艺复兴：新的翻译和新的“投影”

《地理学指南》翻译中的错误阻碍了对理论部分的清晰理解，这些理论部分涉及地图构建所需的呈现模式和几何学步骤。对于新的地理发现的兴趣——以及伴随着对现代化古人所形成的世界形象的关注——自然而然地导致了一种将当代的知识与托勒密进行整合的渴望。在一封1524年写给维利巴尔德·皮克海默的信件中，格拉雷亚努斯将托勒密描述为“一位非常杰出的作者，没有他的话，那么我们将对地理学一无所知”[478]。然而，对于新翻译的需求，正在受到更为坚决的压力。例如，瓦尔德泽米勒和林曼，已经通过参考原始的希腊语文本去校订文本，因为他们认为这样是恰当的。在1514年，约翰尼斯·维尔纳出版了第一书的新翻译，收录在主要关注于《地理学指南》“科学”方面的一个文本汇编中。纽伦堡人文主义者圈子中的另外一名成员，皮克海默，制作了一部1525年出现在斯特拉斯堡的新翻译，其是由约翰·格吕宁格尔（Grieninger）出版的，有着对最初的26幅地图进行了增补的24幅地图[479]。编纂者的目的就是符合语言学的严谨和数学能力的标准：“我知道”，他在一封1511年或1512年的信中写到，“其未能很好的翻译，除非其由一位不仅完全精通——确实充满激情——希腊文字，而且在数学方面学习过的人来进行，因为我已经看到很多冒险从事这一领域工作的人，但是他们大胆的努力已经悲惨的失败了”[480]。

皮克海默的翻译遵从雷吉奥蒙塔努斯设定的脉络。在文本的其他补充中，有着来自雷吉

[476] 两半球的细部复制在了 Hans Wolff, “Das Weltbild am Vorabend der Entdeckung Amerikas—Ausblick,” in *America*, 10 – 15, esp. 12 – 13 中。

[477] Rhenanus, *Briefwechsel des Beatus Rhenanus*, 385.

[478] Holzberg, *Willibald Pirckheimer*, 321.

[479] 最终，有着两幅来自1522年斯特拉斯堡版的世界地图；一幅类似于放在旧地图之前的那幅，另外一幅是 *Orbis typus universalis iuxta hydrographorum traditionem*。

[480] Holzberg, *Willibald Pirckheimer*, 319.

奥蒙塔努斯关于雅各布·安格利的评注的片段。到目前为止，存在将这一作品与两个之前翻译的详细比较。然而，霍尔茨贝格尔（Holzberg）确实强调，其揭示了皮克海默确实拥有两种不可或缺的品质——不同于雅各布·安格利，其既不掌握充分的希腊语，也不掌握充分的数学知识，也不同于维尔纳，其有时在语言上存在困难[481]。皮克海默的作品将成为直至查尔斯·米勒（Charles Müller，1883－1901）为止的所有后续翻译的基础。

在 34 页没有注明页码的纸张上，皮克海默的版本包括涵盖了两个通常让人文主义者感兴趣的区域的附录。通过提供了一种“对当代大众经常使用的一些地名的解释，主要是猜测性的解释”（Explanatio quorundam locorum，qua vulgus nostra aetate uti solet，et maxime ex coniecturis），其满足了那些热衷于现代地理的人的需要，其给出了古代名称的现代对应物［但仅仅是中欧和东欧的：例如：维尔茨堡（Würtzburg），拉丁语：Herbipolis Artaurum］。最后，其还解释了如何使用坐标去计算距离，并且给出了两个便利了球面三角几何计算的转换表，因而使得《地理学指南》的“数学”用途成为可能。不同于他的前辈，皮克海默对于校订文本没有迟疑，尤其是数字，“来自真正的数学计算”，以尊重原创作品的完整意图[482]。

在 16 世纪初，毫无疑问存在一种对《地理学指南》解读的关注点的转移，至少是在更
为先进的知识分子圈子中[483]，将托勒密首先看成是数学理论的说明者。结果，存在对于呈现 357
模式（现代称作“投影”的东西）的更为详细的研究，以及对于它们背后的数学更为详细的研究。例如，这方面的证据可以从约翰尼斯·维尔纳于 1514 年在纽伦堡出版的书籍中看到[484]。作为皮克海默的一位朋友以及策尔蒂斯的熟人[485]，维尔纳制作了一部文本汇编，如同已经被注意到的，其中包括了，阿米罗特斯对于如何计算已知球面坐标的地点之间距离的方法的解释，以及雷吉奥蒙塔努斯关于气象观测仪的论著。作为整体，汇编关注于数学地理学，并且维尔纳自己关于这一主题的作品有着重要的地位。它们包括了对《地理学指南》第一书的新翻译（有着释义和注释），关于阿米罗特斯论著的评注，以及献给皮克海默的《在一个平面上绘制世界的四书》（*Libellus de quatuor terrarium orbis in plano figurationibus*）。显然揭示了策尔蒂斯的影响，作为整体，文本意图满足一种教学的目的，并且意图针对“年轻学者”的受众（因而求助于释义）。约翰尼斯·思达比斯是策尔蒂斯在因戈尔施塔特和维也纳的同事，鼓励了出版。在所有这些作品中，维尔纳进行展示的基础和形式是由数学决定的。他使用了欧几里得《几何原本》并且选择了一种基于定理的演示和演示模式。坐

[481] Holzberg, *Willibald Pirckheimer*, 323－25.

[482] Holzberg, *Willibald Pirckheimer*, 326.

[483] 在他写给在因戈尔施塔特的布里克森（Brixen）主教和策尔蒂斯之前的一名学生塞巴斯蒂亚诺·思伯雷纽斯的致辞信中，皮克海默对那些批评了他的科学行动的人进行了回应。

[484] Werner, *In hoc opere haeccontinentur...* 关于维尔纳的地理学作品，参见 Siegmund Günther，“Johann Werner aus Nürnberg und seine Beziehungen zur mathematischen und physischen Erdkunde,” in *Studien zur Geschichte der mathematischen und physikalischen Geographie*, by Siegmund Günther（Halle：L. Nebert，1879），277－407，esp. 313－15，以及 Karl Schottenloher，“Der Mathematiker und Astronomer Johann Werner aus Nürnberg，1466－1522，” in *Hermann Grauert：Zur Vollendung des 60. lebensjahres*, ed. Max Jansen（Feiburg：Herder，1910），147－55。

[485] “主要的人文主义者”试图让他前往维也纳教授希腊语，但是维尔纳拒绝了。在同一封信中，他告知策尔蒂斯他翻译第一书的进展情况，以及建造气象观测仪的重要之处（Werner to Celtis，7 December 1503，in Rupprich，*Der Briefwechsel des Konrad Celtis*，548－49）。

标的精确计算是重要的元素。维尔纳提到了各种不同的设备和方法：气象观测仪以及还有一架“动臂观测仪”（radius observatorius）以“从地理学者进行观察的地点”测量两个地点之间的角度[486]。

关于四种在平面上对地球进行描绘的论著，是维尔纳最早对托勒密“投影”的数学基础进行检查和发展的论文。描绘中的三种是托勒密第二“投影”的修改版；它们的差异仅仅在于极点是平行线的中心，并且如同在平行线上显示的那样，度数长度的正确比例始终保持不变（而托勒密作出了武断的决定，即只是在三条平行纬线上对它们进行了呈现）[487]。所谓的心形投影的目的——毫无疑问是在思达比斯的合作下完成的，后者多次访问了纽伦堡——在一个平面上制作一个完整的球形；事实，即这一投影是等距的，在16 世纪没有被注意到[488]。

维尔纳对于这些问题的兴趣似乎纯粹是理论方面的，他没有使用这些方法去绘制地图（心形投影最早是1530 年由彼得·阿皮亚所使用，然后是1531 年由奥龙斯·菲内使用）。因而，我们应当避免将这位纽伦堡数学家看成“投影”方法中发生了“进步”的证据。比进步更为重要的是其背后的数学思想[489]，以及随之而来呈现一个空间被扩大的世界的不同观点的增加，同时这一世界的实际内容被视为正在发生根本性转变。从这一观点考虑，16 世纪早期的德意志学者实际上在呈现的不同模式中发挥了作用。我已经提到了不同的例子，对此，我将要增加在格拉雷亚努斯的工作稿本中提供的例证。约翰·卡特·布朗图书馆中的稿本包含了7 页的地图，其中包括勒伊斯世界地图的一个副本（图9.10），一幅瓦尔德泽米勒的《普通宇宙志》的缩减版，以及代表了不同观点的作品。它们澄清了，格拉雷亚努斯实际上使用了位于瓦尔德泽米勒作品顶端的托勒密和韦思普奇的半球，但是延伸了古代世界的半球囊括位于西侧的新大陆。北半球和南半球被用等距极投影显示[490]。在“德国的托勒密”中的世界地图以及由思达比斯制作的1515 年的世界地图（并且据说实际上是由阿尔布雷克特·丢勒绘制的），是“投影”模式的其他例证，其目的是用不同的和可能不太寻常的方式将球体作为一个整体进行描绘[491]。

这一对不同呈现模式的试验，可以导致对托勒密地图的有根据的批判。按照科赫洛伊斯
358 的观点，由另外一位纽伦堡居民埃哈德·埃兹洛布（Erhard Etzlaub）绘制的德国地图，显示了城市之间的距离和河流的河道“甚至要比托勒密的地图更为准确”，埃哈德·埃兹洛布

---

[486] Johannes Werner, *Noua translatio primi libri geographiæ... In eundem... argumenta, paraphrasis, in In hoc opere haec continentur...*, by Johannes Werner, dii recto.

[487] O. Neugebauer, *A History of Ancient Mathematical Astronomy*, 3 vols. (Berlin: Springer, 1975), 2: 885 -88.

[488] Keuning, “History of Geographical Map Projections,” 12.

[489] 16 世纪与投影模式有关的技术因素可以在 Rüdiger Finsterwalder, “Die Erdkugel in ebenen Bildern: Projektionen von Weltkarten vor 1550,” in *America*, 161—74 中找到。

[490] 现存于慕尼黑的《宇宙志入门》的一份副本和在波恩（Bonn）的1482 Ulm 版的副本中有着相同的概图（参见前文）。关于勒伊斯世界地图，参见 Donald L. McGuirk, “Ruysch World Map: Census and Commentary,” *Imago Mundi* 41 (1989): 133 -41, esp. 134。

[491] 关于“德国托勒密”的地图参见图9.8，也可以参见 Günther Hamann, “Die Stabius-Dürer-Karte von 1515,” *Kartographische Nachrichten* 21 (1971): 212 -23。印度洋位于地图的中心，由此欧亚大陆占据了圆形的整个表面；我们不能理解为什么一个展览目录将这一尝试称作“有些不成功”（*Focus Behaim Globus*, 2 vols. [Nuremberg: Germanisches Nationalmuseums, 1992], 2: 671，有着复制品）。

以地图学家和设备制造者而著名。他毫无疑问谈及的是埃兹洛布的《通往罗马的道路图》[492]。这一对托勒密的批评，甚至要更前进了一步。早在 1511 年和 1513 年，埃兹洛布在两架日冕的盖子上绘制了两幅描绘非洲和从赤道到北极圈的欧洲地图，给出了 132 个地名，且在纬度上只有非常些许的错误。显示在边框的纬度比例尺，实际上，是进步的，并且这两幅地图因而包括了墨卡托投影的所有特征[493]。从皮克海默在他献词信件中所谈到的他 1525 年自己作品来看，他似乎已经在规划一个新版本，在其中所有地图应当都是使用纬度逐渐缩小的原则来进行绘制的[494]。

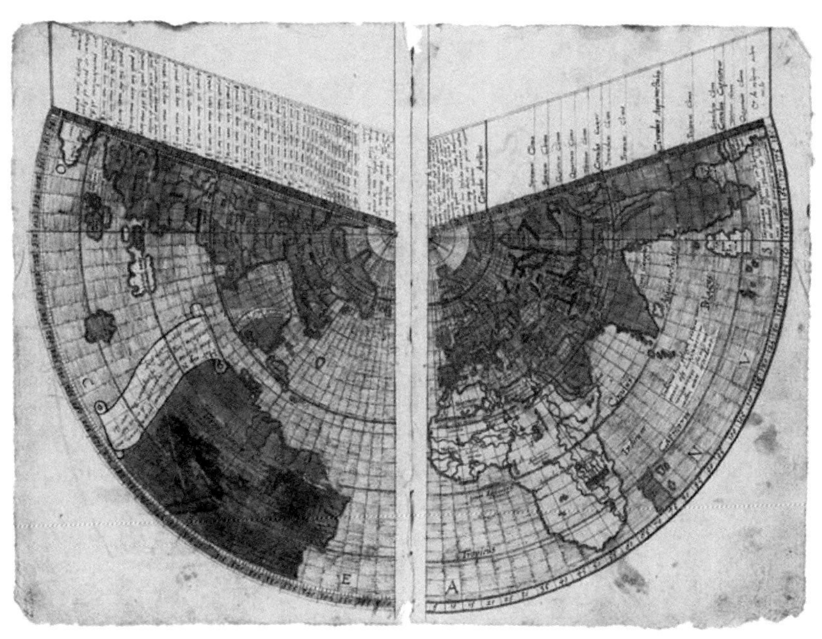

图 9.10 在格拉雷亚努斯的"地理学"中的勒伊斯世界地图的副本，约 1510 年至 1520 年。绘本
John Carter Brown Library at Brown University, Providence (Codex /Latin 1/2 - Size) 提供照片。

总 结

在很大程度上，剩下的故事是一则超越托勒密的故事，后者注定成为古代地理学的丰碑。这一过程的下一步就是德西德留斯·伊拉斯谟（Desiderius Erasmus）出版的希腊语文本 359
的至关重要的版本（Basel, 1533），并且其顶峰就是奥特柳斯的《寰宇概观》的出现[495]。

---

[492] "谁最终没有赞扬埃哈德·埃兹洛布的天才，谁的日冕仪在罗马也被寻求？确实他是一位勤劳的工匠，在地理学和天文学原理方面有着丰富的知识；他制作了一幅非常美丽的德国地图，在其上我们可以看到城市之间的距离以及河流的河道甚至要比托勒密的地图更为准确。"（Cochlaeus, *Brevis Germanie descriptio*, 90）参见 Campbell, *Earliest Printed Maps*, 59 - 67; Fritz Schnelbögl, "Life and Work of the Nuremberg Cartographer Erhard Etzlaub (†1532)," *Imago Mundi* 20 (1966): 11 - 26, esp. 13, 以及本卷的图版 44。

[493] Englisch, "Erhard Etzlaub's Projection," 104 - 6, 并且参见 *Focus Behaim Globus*, 2: 670 中的彩色复制件。

[494] A. E. Nordenskiöld, *Facsimile-Atlas to the Early History of Cartography*, trans. Johan Adolf Ekelöf and Clements R. Markham (1889; New York: Dover, 1973), 22 and 96; 参见 Max Weyrauther, *Konrad Peutinger und Wilibald Pirckheimer in ihren Beziehungen zur Geographie* (Munich: T. Ackermann, 1907), 23 - 25。

[495] Milanesi, *Tolomeo sostituito*, 18.

但是《地理学指南》的接受还提供了讨论一个涉及知识史的方法论问题的机会——确实，这正是我们通过这样的历史所了解的问题。重申我已经强调的，在这里谈论超越了"中世纪的"关于空间的概念一种进步的话，那么应当是错误的；将这里讲述的故事中的领军人物看成是挑战了传统主义者的进步知识分子，同样也是错误的。事情更为复杂。在15世纪前半叶中，托勒密的《地理学指南》受到意大利人文主义者的赞赏，而这些受到赞赏的特征并不是那些我们认为构成他的作品原创性的特征。首先，《地理学指南》被看作古代地名的概要，同时托勒密的天文学和几何学方法受到赞赏，只是因为它们保证了他提供的陈述的真实性和正确性。似乎，在当时的意大利，对他的方法没有太大的兴趣。

另外的背景——与人文主义者部分的重叠——是占星学家和医生，他们在《地理学指南》作为一种可以被用来计算星辰位置、日月食和彗星的轨道的资料来源而被接受中发挥了重要作用[496]。这些信息被认为是绘制星座和保证医疗疗效的关键。本质上，那些被我们作为天文学理论的内容，实际上，只是对一种更倾向占星术的兴趣的掩护——这是被实证主义者的偏见故意忽视的，这一偏见就是他们反对任何不属于"科学"领域的东西，且"科学"是现代意义上的。显然，我们希望获得更多关于《地理学指南》中的列表和地图如何用于此目的的直接信息。

随着15世纪的发展，出现了两种不同的态度。某些学者将《地理学指南》认为是一种"赐予"，一种不能超越的模型；其他人则意识到，托勒密方法的卓越性必然要求试图改良托勒密的世界图像。然而，文本接受的，这一阶段没有被看成是用托勒密的方法对托勒密的逐步改良。"现代"地图是在《地理学指南》之外产生的知识成果，并且在整个15世纪，区域和地方地图被绘制，以一种没有反映托勒密制定的原则的方式。对托勒密地图学进行反思的第一阶段，基于比较其他存在的地图学——主要是航海地图学（被认为是近亲），还有其延展性已被数百年的传统所证实的世界地图（*mappaemundi*）。

关于在托勒密地图所代表的世界图像与各种古代和中世纪传统中隐含的其他图像之间存在矛盾的问题，以及陆地空间结构的首要考虑因素和有人居住的世界的范围的问题，在受法国和德国大学教学影响的环境中出现得很早。并不是由发现之旅产生的新信息引起的这些比较，而是由伊斯兰土耳其（Islamic Turkey）的推进、没有任何结果的十字军的规划以及由意识到基督教世界的有限范围所导致的焦虑所引发的。后来，葡萄牙人沿着非洲海岸向南前进，然后朝向印度，对于大西洋上岛屿以及一条通往亚洲的西方航线的搜寻，使得现代化的需要被更迫切地感受到。

然而，这样的现代化被两个因素阻碍。归因于雅各布·安格利翻译的糟糕质量，因此难以理解文本中的理论解释，并且在副本之间，特定坐标的数字似乎也存在变化。托勒密的作品可能对于研究古代世界的地理而言是一种不可或缺的工具，但是在风格上，其并不具有在庞波尼乌斯·梅拉的作品中出现的被人文主义者赞赏的文采。并且，正是这一缺陷解释了，为什么在

---

[496] Kästner注意到在所讨论的时期中德国医生在地理学和地图学的发展中所发挥的作用，将文艺复兴时期的经验自然科学与他定义的"不育的"中世纪对"权威的信任"进行了对比，参见 Hannes Kästner，"Der Arzt und die Kosmographie：Beobachtungen über Ausnahme und Vermittlung neuer geographischer Kenntnisse in der deutschen Frührenaissance und der Reformationzeit，" in *Literatur und Laienbildung im Spätmittelalter und in der Reformationzeit*，ed. Ludger Grenzmann and Karl Stackmann（Stuttgart：J. B. Metzler，1984），504 –31。

整个 15 世纪中，托勒密与其他作者一起被阅读，无论是庞波尼乌斯·梅拉、索里努斯和普林尼，还是后来的斯特拉博和迪奥多鲁斯·西库鲁斯。在他翻译的致辞中，雅各布·安格利谈到，在所有这些作者的作品中，《地理学指南》都占据了重要位置，并且在很长的一段时期内，那部作品主要是作为一个仓库，由此历史学家将从中收集许多古代名字，以填补他们自己的介绍和文本。然而，真实的是，所有历史地理学都部分地依赖于同时代的地理学知识；一座城市古代名称的确定涉及对比文本、地图和实际的地理空间。并且由此可以认为，改造《地理学指南》中的地图以适应现代世界，其部分原因是纯粹对古物的关注。

现代化的决定性阶段一直没有到来，直至 15 世纪第三个二十五年，并且这是雷吉奥蒙塔努斯所提议的综合的结果——一种人文学科（*Humanistische Naturwissenschaft*）（引用格罗辛），360
其见证了确定未受改动的文本不再被看成是一场无尽的博学游戏，而被看成是对科学进步不可或缺的贡献。在德国已经存在这一方面的一些尝试，但是它们依然没有得到全面的探索。只有对杜兰德用于构建“维也纳—克洛斯特新堡地图汇编（Vienna-Klosterneuburg map corpus）”虚构的史学故事的材料进行没有偏见的研究，才能对这一领域带来新的曙光。

我们可以梦想，如果不是过早的死亡阻止了雷吉奥蒙塔努斯将其研究计划付诸实施的话，那么可能取得了什么成果。这并不是说他的工作没有达成任何结果。在康拉德·策尔蒂斯和他的追随者的影响下，其应当开花结果——总之，在纽伦堡和莱茵的德国区域。这里，事实使得我们可以去否定那些历史学家，他们基于不充分的信息和实证的偏见，提出在科学和人文主义之间存在某种矛盾，认为，两者“单独发展”，彼此之间没有任何真实的相互作用[497]。所有我们可以在 15 世纪末和在 16 世纪最初二十五年看到的伟大成就，都归因于深受古典文化影响的思想。换言之，对托勒密的“古老”和“进步”的使用是同一场文化运动，即人文主义的一部分。看待一位作者和世界的新方式的萌发，并不必然意味着之前的看待方式消亡了。尽管一些学者正在致力于地图上的精确和准确性，但其他人在他们国家历史或者全球通史的地理学导言中，依然复制庞波尼乌斯·梅拉、索里努斯、普林尼和托勒密的地图。然而，还有着涉及两方面活动的人——没有任何矛盾，而恰恰是这些矛盾导致了思路狭窄的历史学家们的争论。

世界图像的现代化和在 16 世纪早年提出的与呈现模式有关的作品，不应当被看成是将新知识结合到现存的地理图像中或多或少成功的尝试。它们不应当被看作朝向一个更为“正确的”呈现迈出的步伐，即，朝向符合我们自己的关于正确呈现的概念迈出的步伐。它们是探索性的游戏，让人们朝不同的方向发展。在所有这些中，《地理学指南》是一个逐渐落后的出发点。最后，《地理学指南》被正确理解——归因于一种正确的翻译，很快之后就是希腊文本的一种批评性版本——被观察到，然后被超越。托勒密与其说是一种正确的地图学的来源，不如说是激发了对地图学呈现的基本事实的细致考虑：一幅地图是一种描绘，其基于有疑问的、武断的和有延展性的传统。

---

497 Lucien Febvre, *Le problème de l'incroyance au XVIe siècle: La religion de Rabelais* (Paris: A. Michel, 1962), 414. 他补充道：“在来自书籍的知识和来自经验的知识之间有着很少或者没有联系”；这样的区分是简单的和错误的。我们只需要想想阿文蒂努斯的巴伐利亚地图，意图作为公国过往的历史展示，但是在经过反复的“实地”研究后才绘制完成的。

361

附录 9.1 托勒密的《地理学指南》，1475—1650 年的版本

年份	地点	语言	编纂者、雕版匠、推进者等	印制者	页数	地图[a]	参考文献[b]
1475	Vicenza	Latin	Barnabas Picardus	Herman Levilapis	142	None	A, no. 1; N, no. 2; S, no. 1; L, pp. 154–55
[1477]	Bologna	Latin	Text corrected by Hieronymus Manfredus, Petrus Bonus, Galleottus Martius, Colla Montanus, and Filippo Beroaldo;promoters: Filippo Baldinini, Giov. degli Accursi, and Ludovicus and Dominicus de' Ruggieri	Domenico de' Lapi	112	26 cp	A, no. 2; N, no. 1; S, no. 1; L, pp. 156–58
1478	Rome	Latin		Arnold Buckinck and Konrad Sweynheym	123	31 cp	A, no. 3; N, no. 4; S, no. 3; L, pp. 158–59
[1482]	Florence	Italian	Francesco Berlinghieri	Nicolo Todescho	182	31 cp	A, no. 4; N, no. 3; S, no. 4
1482	Ulm	Latin	Johann Schnitzer engraver	Lienhart Holl	183	32 wc	A, no. 6; N, no. 5; S, no. 5; L, pp. 159–65
1486	Ulm	Latin	Justus de Albano	Johannes Reger for Justus de Albano	204	32 wc	A, no. 7; N, no. 6; S, no. 6; L, pp. 165–68
1490	Rome	Latin	Reedition of Rome 1487	Petrus de Turre	169	27 cp	A, no. 8; N, no. 7; S, no. 7; L, pp. 168–70
1507	Rome	Latin	Marco Beneventano and Giovanni Cotta	Bernardinus de Vitalibus for Evangelista Tosino	193	34 cp	A, no. 9; N, no. 8; S, no. 8; L, pp. 170–73
1508	Rome	Latin	Marco Beneventano and Giovanni Cotta	Bernardinus de Vitalibus for Evangelista Tosino	209	34 cp	A, no. 10; N, no. 9; S, no. 9; L, pp. 173–75
1511	Venice	Latin	Bernardo Silvano	Jacobus Pentius de Leucho	92	28 wc	A, no. 11; N, no. 10; S, no. 10; L, pp. 175–78
1513	Strasbourg	Latin	Martin Waldseemüller, Matthias Ringmann, Jacob Aeszler, and Georg Übelin	Johannes Schott	180	47 wc	A, no. 12; N, no. 11; S, no. 11; L, pp. 183–88
1514	Nuremberg	Latin	Johannes Werner	Johannes Stuchs	68	None	A, no. 13; N, no. 12; S, no. 12; L, pp. 178–81

续表 362

年份	地点	语言	编纂者、雕版匠、推进者等	印制者	页数	地图[a]	参考文献[b]
1520	Strasbourg	Latin	Martin Waldseemüller, Matthias Ringmann, Jacobus Aeszler, and Georg Übelin Reedition of Strasbourg 1513	Johannes Schott	151	47 wc	A, no. 14; N, no. 13; S, no. 13; L, pp. 188–90
1522	Strasbourg	Latin	Lorenz Fries	Johann Grüninger	194	50 wc	A, no. 15; N, no. 14; S, no. 14; L, pp. 190–93
1525	Strasbourg	Latin	Willibald Pirckheimer and Johannes Regiomontanus	Johann Grüninger and Johannes Koberger	228	50 wc	A, no. 16; N, no. 15; S, no. 15; L, pp. 193–96
1533	Ingolstadt	Latin	Johannes Werner Reedition of Nuremberg 1514	Petrus Opilio	88	None	N, no. 18; S, no. 18
1533	Basel	Greek	Desiderius Erasmus	Hieronymus Froben	276	None	A, no. 17; N, no. 17; S, no. 17; L, pp. 196–97
1535	Lyons	Latin	Miguel Servet; used Strasbourg 1522 woodblocks	Melchior Trechsel and Gaspard Trechsel	212	50 wc	A, no. 19; N, no. 19; S, no. 19; L, pp. 197–200
1540	Basel	Latin	Sebastian Münster (maps only)	Henricus Petrus (Heinrich Petri)	221	48 wc	A, no. 21; N, no. 22; S, no. 22; L, pp. 203–6
1540	Cologne	Latin	Joannes Noviomagus	Joannes Rudemundanus	247	None	A, no. 20; N, no. 21; S, no. 21; L, pp. 201–3
1541	Vienne	Latin	Miguel Servet Reedition of Lyons 1535	Gaspard Trechsel	222	50 wc	A, no. 22; N, no. 23; S, no. 23; L, pp. 200–201
1542	Basel	Latin	Sebastian Münster Reedition of Basel 1540	Henricus Petrus	220	48 wc	A, no. 24; N, no. 25; S, no. 25; L, pp. 206
1545	Basel	Latin	Sebastian Münster Reedition, augmented, of Basel 1540	Henricus Petrus	223	54 wc	A, no. 25; N, no. 26; S, no. 26; L, pp. 207–8
1546	Paris	Greek	Desiderius Erasmus Reedition Basel 1533	Chrétien Wechel	222	None	A, no. 26; N, no. 27; S, no. 27; L, pp. 210–11
1548	Venice	Italian	Pietro Andrea Mattioli; maps engraved by Giacomo Gastaldi	Nicolò Bascarini for Giovanni Battista Pedrezano	407	60 cp	A, no. 28; N, no. 28; S, no. 28; L, pp. 211–14

363

续表

年份	地点	语言	编纂者、雕版匠、推进者等	印制者	页数	地图[a]	参考文献[b]
1552	Basel	Latin	Sebastian Münster Reedition, augmented, of Basel 1540	Henricus Petrus	311	54 wc	A, no. 29; N, no. 29; S, no. 29; L, pp. 208–10
1561	Venice	Italian	Girolamo Ruscelli; maps engraved by Giacomo Gastaldi	Vincenzo Valgrisi	128	64 cp	A, no. 30; N, no. 30; S, no. 30; L, pp. 215–19
1562	Venice	Latin	Giuseppe Moleti	Vincenzo Valgrisi		64 cp	A, no. 31; N, no. 31; S, no. 31; L, pp. 219–22
1564	Venice	Italian	Reedition of Venice 1561	Giordano Ziletti		64 cp	A, no. 33; N, no. 33; S, no. 33
1564	Venice	Latin	Giuseppe Moleti Reedition of Venice 1562	Giordano Ziletti		64 cp	A, no. 32; N, no. 32; S, no. 32
1574	Venice	Italian	Giovanni Malombra Reedition of Venice 1561	Giordano Ziletti		65 cp	A, no. 34; N, no. 34; S, no. 34; L, pp. 222–24
1578	Cologne	Latin	Maps by Gerardus Mercator, without text	Gottfried von Kempen		28 cp	A, no. 35; N, no. 35; S, no. 35; L, pp. 224–25
1584	Cologne	Latin	Arnold Mylius; maps by Gerardus Mercator, with text	Gottfried von Kempen		28 cp	A, no. 36; N, no. 36; S, no. 36; L, pp. 226–27
1596	Venice	Latin	Giovanni Antonio Magini; maps engraved by Girolamo Porro	Heirs of Simon Galignani de Karera		64 cp	A, no. 37; N, no. 37; S, no. 37
1597	Cologne	Latin	Giovanni Antonio Magini; maps engraved by Girolamo Porro Reedition of Venice 1596	Peter Keschedt		64 cp	A, no. 38; N, no. 38; S, no. 38; L, pp. 228–31
1598	Venice	Italian	Leonardo Cernoti	Giovanni Battista Calignani and Giorgio Calignani		64 cp	A, no. 39; N, no. 39; S, no. 39?
1598	Venice	Italian	Girolamo Ruscelli and Giuseppe Rosaccio	Heirs of Melchior Sessa		69 cp	A, no. 40; N, no. 40; S, no. 40
1599	Venice	Italian	Girolamo Ruscelli and Giuseppe Rosaccio Reedition of Venice 1598	Heirs of Melchior Sessa		69 cp	A, no. 41; N, no. 41; S, no. 41
1605	Frankfurt/ Amsterdam[c]	Latin/ Greek	Petrus Montanus and Gerardus Mercator	Jan Theunisz. (?) for Jodocus Hondius the Elder and Cornelius Nicolai		28 cp	A, no. 42; N, no. 43; S, no. 43; L, p. 237

续表　364

年份	地点	语言	编纂者、雕版匠、推进者等	印制者	页数	地图[a]	参考文献[b]
1608	Cologne	Latin	Giovanni Antonio Magini	Peter Keschedt		64 cp	A, no. 43: N, no. 44; S, no. 44
1616	Venice	Latin	Giovanni Antonio Magini	Heirs of Simon Galignani de Karera		64 cp	A, no. 44; N, no. 44
1617	Arnhem	Latin	Gaspar Ens	Johannes Janssonius		64 cp	A, no. 45; N, no. 45; S, no. 45
1618	Leiden	Latin/Greek	Petrus Bertius Reedition of Mercator's edition in vol. 1 of the *Theatrum geographiae veteris*	Issac Elsevier for Jodocus Hondius Jr.			A, no. 46; N, no. 46; S, no. 46
1621	Padua	Italian	Translation by Leonardo Cernoti from Giovanni Antonio Magini's Latin text	Paolo Galignani and Francesco Galignani		64 cp	A, no. 47; N, no. 47; S, no. 47; L, pp. 235–37
1624	Frankfurt		Gerardus Mercator			28 cp	S, no. 48

[a] cp = 铜版； wc = 木版

[b] A = Charles E. Armstrong, "Copies of Ptolemy's Geography in American Libraries," *Bulletin of the New York Public Library* 66 (1962): 65 – 114; N = A. E. Nordenskiöld, *Facsimile-Atlas to the Early History of Cartography*, trans. Johan Adolf Ekelöf and Clements R. Markham (1889; reprinted New York: Kraus, 1961, Dover, 1973); S = Carlos Sanz, *La Geographia de Ptolomeo* (Madrid: Libreria General Victoriano Suarez, 1959); L = Uta Lindgren, "Die Géographie des Claudius Ptolemaeus in München," *Archives Internationalesd'Histoire des Sciences* 35 (1985): 148 – 239. 也可以参见 Angela Codazzi, *Le edizioni quattrocentesche e cinquecentesche della "Geografia" di Tolomeo* (Milan: La Goliardica Edizioni Universitarie, 1950), 以及 Henry Newton Stevens, *Ptolemy's Geography: A Brief Account of All the Printed Editions Down to* 1730, 2d ed. (1908; reprinted Amsterdam: Theatrum Orbis Terrarum, 1973)。

[c] 一些副本显示了法兰克福（Frankfurt），一些显示了阿姆斯特丹，一些两者都有。

第十章　文艺复兴时期的地图投影*

约翰·帕尔·斯奈德（John P. Snyder）

365　基于应用了欧洲文艺复兴时期的地图投影的地图类型，本章主要分为四部分内容：世界地图（和地球仪）、航海图、区域地图，以及天体图。

世界地图的投影

当我们谈到一幅“世界地图”的时候，非常重要的就是区分在制作一幅地图时所知道的世界［已经被居住的世界或有人居住的世界（*oikoumene*）］与一幅有着完整的360度的经度和180度的纬度的地球的地图之间的差异。本章中出现的主题之一就是对于完整世界的地图，而不仅仅是有人居住的世界的地图的需求，如何扩展了正在发展的地图投影的选项。世界地图不得不向两个方向扩展以适应于欧洲人新的地理知识。南半球，位于赤道热带（Torrid Zone）之外的对跖地，其传统古典的位置，在15世纪被葡萄牙水手了解。最终成为新世界或美洲的西半球，对其的确认，产生于16世纪。地图可以以三种主要方式扩展：将传统的对一个半球的圆形呈现复制为两个；将整个世界通过几何投影到一个单一的几何图形

* 编者注：约翰·帕尔·斯奈德（John Parr Snyder）为《地图学史》的第三至第六卷很早就完成了他所负责的章节，由此他被鼓励将它们作为一本单独的著作出版，这本书就是 *Flattening the Earth*: *Two Thousand Years of Map Projections*（Chicago: University of Chicago Press, 1993；修订重印，1997）。在那本书的前言中，他解释了他与地图学史项目（History of Cartography Project）之间联系的历史（xvii – xviii）。

本章补充了斯奈德已经出版的著作。其目的并不是对原始文本进行归纳总结，而是将其放置在一个更为普遍的模式中重新打造，并且增加了在作者于1997年去世后出现的新信息以及参考著作。结构已经按照投影意图用于的地图的主要类型进行了修改，而不是遵循斯奈德最初的安排，其最初是按照数学类型或者可展开的表面（平面、圆锥和圆筒）安排的。读者经常会被提示去参考斯奈德的著作以获得更多的关于数学方面的细节，以及关于每种投影的特定的参考资料。图像的选择同样意图补充斯奈德的著作；它们展示了历史上的地图本身，而不是他所使用的现代的重建。

除了斯奈德的著作之外，可以使用的关于地图投影历史的一般参考书目，按照年代顺序包括：M. d'Avezac, “Coup d'oeil historique sur la projection des cartes de géographie,” *Bulletin de la Société de Géographie*, 5th ser., 5 (1863): 257 – 361 and 438 – 85，重印在 *Acta Cartographica* 25 (1977): 21 – 173; Matteo Fiorini, *Le projezioni delle carte geografiche*, 1 vol. and atlas (Bologna: Zanichelli, 1881); A. E. Nordenskiöld, *Facsimile-Atlas to the Early History of Cartography with Reproductions of the Most Important Maps Printed in the XV and XVI Centuries*, trans. Johan Adolf Ekelöf and Clements R. Markham (Stockholm: P. A. Norstedt, 1889; reprinted New York: Dover, 1973); Johannes Keuning, “The History of Geographical Map Projections until 1600,” *Imago Mundi* 12 (1955): 1 – 24; Richard E. Dahlberg, “Evolution of Interrupted Map Projections,” *International Yearbook of Cartography* 2 (1962): 36 – 54; J. A. Steers, *An Introduction to the Study of Map Projections*, 15th ed. (London: University of London Press, 1970)；以及 Ad Meskens, “Le monde sur une surface plane: Cartographie mathématique à l'époque d'Abraham Ortelius,” in *Abraham Ortelius* (1527 – 1598): *Cartographe et humaniste*, by Robert W. Karrow et al. (Turnhout: Brepols, 1998), 70 – 82。

中，例如一个矩形或一个卵形中；或者将世界分成大量小的几何片段（贴面条带），由此可以被用来制作地球仪（图 10.1）。这类似于雅克·泽弗特（Jacques Severt）提出的分类，他是一位罕见的对当时的地图投影进行了概述的作者。泽弗特按照常见的形状讨论了五种世界投影：一种是他以纪尧姆·波斯特尔命名的极方位投影（polar azimuthal projection）（参见图 47.6）、一种双半球投影（以安德烈·泰韦命名）、一种卵形投影（以贾科莫·加斯塔尔迪命名）、一种扩展的"心形投影（cordiform）"（以赫马·弗里修斯命名），以及一种矩形投影（以赫拉尔杜斯·墨卡托命名）①。

从一个半球到两个半球

古典的和中世纪的地带图通常由圆形的半球组成，其水平的平行线通常限于赤道、北极圈和南极圈、北回归线和南回归线。这样的例子就像一幅扎卡留斯·利尤斯（Zacharius Lilius）绘制的 1493 年的地带图。大约一个世纪后，基本的地带图的设计依然被阿里亚·蒙 366
塔诺（Arias Montano）在他的《来自古人的神圣的地理地图》（*Sacrae geographiae tabulam ex antiquissimorum cultor*，1571）中所使用②。

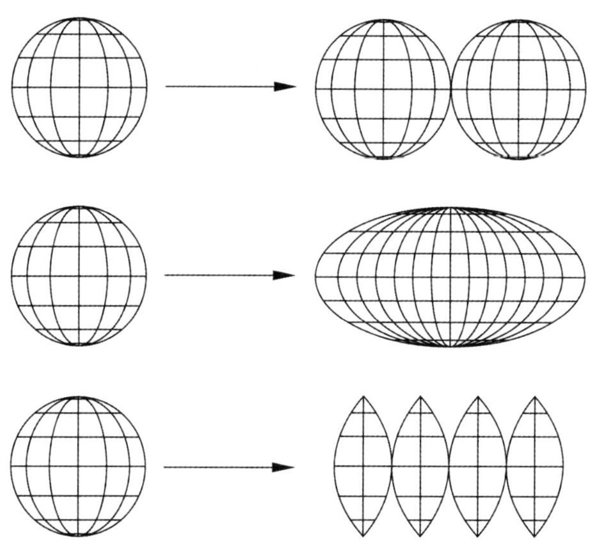

图 10.1　扩展世界地图的三种方式。在文艺复兴时期的探险之前，地图制作者只使用一个半球进行呈现，在这个半球中有着已经有人居住的世界（*oikoumene*）。对将整个球体进行投影感兴趣的地图学家有着三种选择：（1）制作两个半球；（2）将投影包含在某些几何形状，如卵形、矩形或者心形中；（3）将世界通过不同方式进行分割以制作地球仪的贴面条带

① Jacques Severt, *De orbis catoptrici: Sev mapparvm mvndi principiis, descriptione ac vsv, libri tres*, 2d ed. (Paris: Lavrentivs Sonnivm, 1598), 97–110；复制在 Chicago, Newberry Library, Case folio oGA103. S49 1598。其他与我们所研究时期同时代的著作包括 Bernhardus Varenius, *Geographia generalis, in qua affectiones generals telluris explicantur* (Amsterdam: L. Elzevirium, 1650)，和 Louis de Mayerne Turquet [Louis Turquet de Mayerne], *Discours sur sa carte universelle* (Paris, 1648)。

② Snyder, *Flattening the Earth*, 15–16.

在13世纪，罗杰·培根描述了一种使用经度和纬度数值绘制地点的方法。用这一方法制作了一幅地图，同时尽管他没有描述其绘制了一个坐标网，但从一个等距离划分的赤道和外侧的子午线来绘制地点意味着一种投影。在16世纪，出现了基于这一原则的两个半球的投影，可能与一幅由皮埃尔·德阿伊［彼得吕斯·阿利亚库斯（Petrus Alliacus）］制作的地图有关，目前已经确定了其对培根作品的兴趣[③]。一个早期的例子是由弗朗西斯库斯·莫纳库斯在约1527年制作的，在图中，赤道被等距离的标注了经度的度数，同时一个作为边界的圆周被等距标注，而这对应于纬度的平行线（图10.2）。一个更大的和更为精确的例子就是由米凯莱·特拉梅齐诺（Michele Tramezzino）在1554年出版的雕版在一个圆形铜版上的地图[④]。由安德烈·泰韦制作的泽弗特的原型地图似乎是泰韦的陆地地图，其出现在《普通宇宙志》（1575）中。

地球的近似图像被用伪球体投影（pseudoglobular projections）描绘，例如在托勒密的《地理学指南》约1495年的德文版中（参见图9.8）。然而，按照兰德尔斯（Randles）所认为的，这幅地图不是第一幅"扩展了托勒密的网格以涵盖完整的球体"的地图[⑤]。地图只显示了经度的180度。类似的木版的地球仪包括1509年（佚名）、1533年（约翰尼斯·朔纳）以及1524年的图像和稍晚的版本（彼得·阿皮亚）[⑥]。

可以扩展到两个半球以涵盖整个世界的半球投影还包括了数学上严格的方位投影[⑦]。方位投影包括正射投影、透视投影、球面投影以及方位等距投影。在这一时期，球心投影（gnomonic projection）被专用于日晷，在稍后关于日晷的部分进行讨论。

如果没有对制图网格的精确测量的话，那么就难以确定中心定位于一个距离地球有限距离上的透视半球投影与正射投影之间的差异，后者投影中心的位置是无限远的。例如，1515年阿尔布雷克特·丢勒为约翰尼斯·思达比斯建造的地球仪的投影（图10.3）已经被描述为斜轴正射投影[⑧]。然而，其更可能的是一个透视投影，因为其仅仅显示了沿着赤道经度的150°，而正射投影应当显示180°。而且，表示平行纬线的椭圆并不是相似图像（就像它们在正射投影中的那样），而是随着从北向南极移动，由于它们与水平线距离的变化，其缩短的程度逐渐减小。如果我们将丢勒的地球仪与出现作为赫拉德·德约德1571年世界地图《对整个地球的新描绘》（*Nova totivs terrarvm orbis descriptio*）的插图或福斯托·鲁赫西（Fausto Rughesi）绘制的1597年的半球图（图10.4）的正射投影进行对比的话，可以得出

③ David Woodward with Herbert M. Howe, "Roger Bacon on Geography and Cartography," in *Roger Bacon and the Sciences: Commemorative Essays*, ed. Jeremiah Hackett (Leiden: E. J. Brill, 1997), 199-222.

④ Rodney W. Shirley, *The Mapping of the World: Early Printed World Maps*, 1472-1700, 4th ed. (Riverside, Conn.: Early World, 2001), 61 (No. 57) and 109-11 (No. 98).

⑤ W. G. L. Randles, "Classical Models of World Geography and Their Transformation Following the Discovery of America," in *the Classical Tradition and the Americas*, ed. Wolfgang Haase and Meyer Reinhold, vol. 1, *European Images of the Americas and the Classical Tradition*, 2 pts. (Berlin: W. de Gruyter, 1994), pt. 1, 5-76, esp. 36.

⑥ *Globus mundi* (Strasbourg, 1509), title page; Johannes Schöner, *Opusculum geographicum* (Nuremberg, 1553), title page; Peter Apian, *Cosmographicus liber* (Landshut, 1524), title page and fol. 1v; 以及参见 Snyder, *Flattening the Earth*, 289 n. 44。

⑦ Snyder, *Flattening the Earth*, 16-29.

⑧ Snyder, *Flattening the Earth*, 17-18.

非常不同的结论[9]。

尽管球面投影最早的用途是用于星盘上的星图（参见随后关于天体图的部分），但是极投影、赤道投影和斜轴投影都在 16 世纪被使用于天体图[10]。至于极投影，子午线是直线，同时平行纬线则是同心圆，其间隔从两极开始增加。1507 年，圣迪耶的瓦尔特·卢德绘制了现存最早的基于极球面投影的世界地图[11]。格雷戈尔·赖施（1512）和彼得·阿皮亚（1524）同样使用了极视位置。1596 年，约翰·布莱格拉夫将北极视位置的球面投影用于赤道，但是添加了按照某种无法确定的投影绘制的分为四部分的南半球，既不是保形的（conformal）也不是方位角的（azimuthal），其将世界放置在了一个正方形中（图 10.5）[12]。 367

图 10.2　弗朗西斯库斯·莫纳库斯绘制的双半球地图，约 1527 年。在来自《世界的描绘》（*De orbis situ*）的书名页和第一页的这些图像中，莫纳库斯将旧世界的中心放置在印度洋，以将非洲和亚洲放在这一简单的投影中。在这一投影中，子午线被沿着赤道等距离放置。包含了新世界的半球将南美洲显示为一个单独的大陆，但是北美洲被与亚洲连在了一起

每一半球的直径：6.5 厘米。John Carter Brown Library at Brown University, Providence（F529. F819d）提供照片。

作为一种独创的投影，斜球面投影（oblique stereographic）被思达比斯推荐用于地理地图，并且由约翰尼斯·维尔纳在他 1514 年修订和部分翻译为拉丁语的托勒密的《地理学指南》中提升为四种新投影中的第四种[13]。尽管这一兴趣，斜球面投影在 16 世纪很少被用于地图，尽管雅克·德沃（Jacques de Vaulx）在 1583 年的绘本地图集中制作了中心分别位于巴黎及其对侧的一对半球图，这是一个不寻常的例子[14]。

赤道球面投影（equatorial stereographic）显然没有被用于绘制世界地图，这种情况延续至

⑨ Filippo Camerota，私人写给戴维·伍德沃德的信件，2001 年 1 月 2 日。关于地图，参见 Shirley, *Mapping of the World*, 146 – 47（No. 124）and 224 – 25（No. 206）。

⑩ Snyder, *Flattening the Earth*, 20 – 28.

⑪ Walter Lud（Gualterius Ludd）, *Speculi orbis succintissima sed neque poenitenda, neque inelegans declaratio et canon*（Strasbourg: Johannes Grüninger, 1507），在 Keuning, "Geographical Map Projections," 7 – 8 中提到。

⑫ Snyder, *Flattening the Earth*, 22 – 23，以及 Shirley, *Mapping of the World*, 212 – 13（No. 191）。

⑬ Claudius Ptolemy, *Noua translatio primi libri Geographia...*, ed. and trans. Johannes Werner, in *In hoc opere haec continentur*, by Johannes Werner（Nuremberg, 1514），包含 *Libellus de quatuor terrarum orbis in plano figurationibus*。

⑭ BNF, MS. Franç. 159, fols. 27r and v.

1542 年，这一年出版了一部由让·罗茨（Jean Rotz）撰写的稿本“航海图集”（Boke of Idrography）[15]。但是 1587 年由鲁莫尔德斯·墨卡托（Rumoldus Mercator）制作的双半球的世界地图，开创了成为 17 世纪用于东半球和西半球的最为常见的投影（图 10.6）。在出版于大约 1595 年的所谓的德雷克地图中，约道库斯·洪迪厄斯将中央子午线移动了 90°，因而欧洲、非洲和美洲可以出现在一个半球上，由此更好地显示了弗朗西斯·德雷克和托马斯·卡文迪什环球航行的路线（图 10.7）。菲利普·埃克布莱希特（Philip Eckebrecht）在 1630 年为约翰内斯·开普勒的天文学用途准备了一幅地图，其中一个半球被中央子午线劈开，然后两个部分被放置在了完整半球的两侧，后者的中心位于欧洲和亚洲（图 10.8）[16]。

方位等距投影在一幅 1426 年由戴芬拜克的康拉德绘制的不完整的和基本的星图上首次
368 出现，并且在 16 世纪中期之前出现了多次，其中包括一幅丢勒大约 1515 年的地图[17]。极投影是由等距离的纬度圈构成的，这些纬度圈的中心为极点，并且有着呈放射状的子午线。这一投影被亨里克斯·格拉雷亚努斯在大约 1510 年用于两个陆地半球，并且在 1511 年至 1524 年之间被其他很多人使用，其中包括乔瓦尼·韦思普奇（Giovanni Vespucci），其在 1524 年展示了被分成两个半圆的南半球，两个半圆以正切的方式与北半球连接在一起（图 10.9）。显然，最早绘制了整个世界的一幅北极方位等距投影地图的是路易斯·德梅宴尼·蒂尔凯

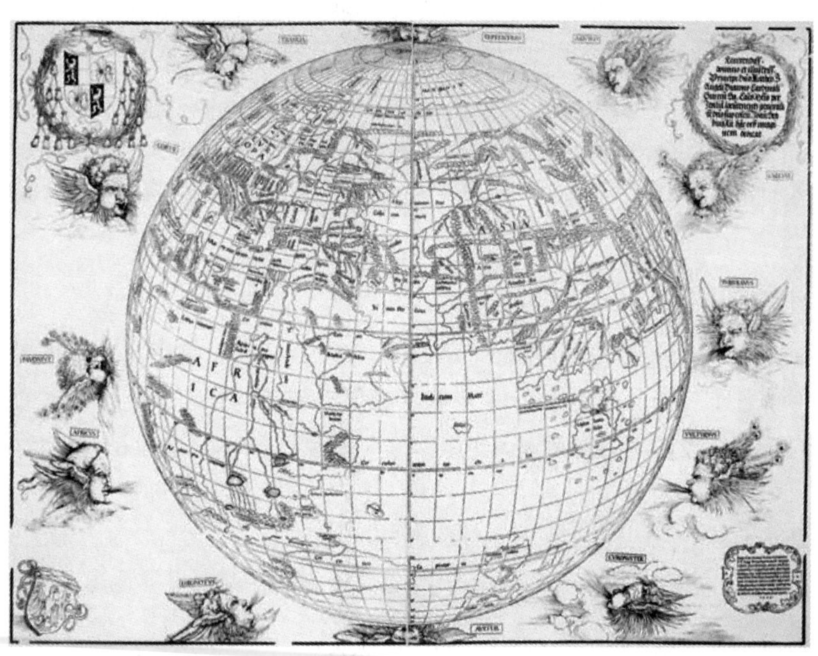

图 10.3 丢勒和思达比斯的透视投影，1515 年。这一旧世界的投影，使用了一种修改后的托勒密的呈现方式（但是没有一个封闭的印度洋），其经常被描述为一个斜轴正射投影，但是仅包含了沿着赤道的经度的 150°（而不是一种正射投影需要的 180 度），由此反驳了这一观点

原图尺寸：63.7×85 厘米。图像版权属于 Trustees of the British Museum, London (1848-11-11-8)。

---

[15] BL, Royal MS. 20 E IX.

[16] Shirley, *Mapping of the World*, 178-79 (No. 157), 208-9 (No. 188), and 358-59 (No. 335).

[17] Snyder, *Flattening the Earth*, 29-30.

(Louis de Mayerne Turquet)，时间为 1648 年，其在一部制作地图的手册中还对这一投影和其他投影进行了解释[18]。位于巴黎天文台地板上的世界地图，是在 17 世纪 80 年代绘制在上面的。

从有人居住的世界到包含了整个世界的单一的几何图形

在他的公元 2 世纪的《地理学指南》中，克劳迪乌斯·托勒密为希腊—罗马时期的有人居住的世界地图引入了两种类圆锥投影（conic-like），当时的有人居住的世界仅仅涵盖了超过地表四分之一的面积[19]。第一种投影，有着被表现为直线但在赤道断裂的子午线，以及用呈现为同心圆的弧线代表的平行纬线，被使用在《地理学指南》的很多早期稿本以及出现在最早
带有地图的印刷本中（Bologna，1477）。托勒密第二种投影，是他所偏好的，有着同心、等距 369
的弧线所代表的平行纬线，但是子午线不是笔直的而是弯曲的。在中央子午线两侧正确地标记了有人居住的世界的北侧、南侧和中间的平行纬线（分别大约为 63°N、16°25′S 和 23°50′N），纬度跨度达到了 90°。圆弧的子午线通过这三点绘制。尼古劳斯·日耳曼努斯最早在他时间约 1470 年的托勒密《地理学指南》的稿本中使用了这种投影。

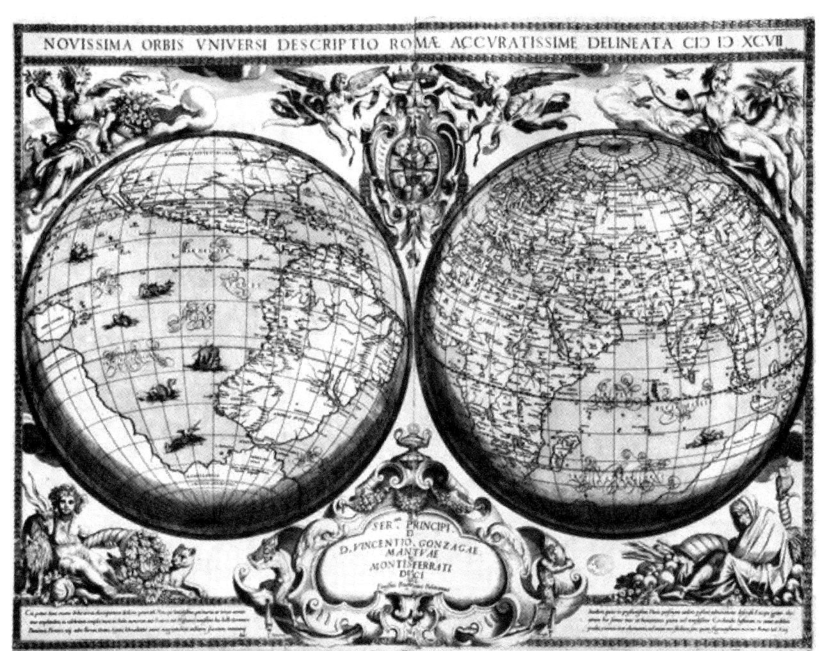

图 10.4　福斯托·鲁赫西的斜轴正射投影，1597 年。图名为《最新的对于世界的准确描绘》(*Novissima orbis vniversi description Roma accvratissime delineata*)，这一精致的结构，简洁地使光线照射在北半球的右侧以及南半球的左侧，因而强调了世界上已经被较好了解的区域

原图尺寸：约 52.8×70 厘米。BL (Maps 184. i. 1 [1]) 提供照片。

⑱ Mayerne Turquet, *Discours sur la carte universelle*，以及 Shirley, *Mapping of the World*, 397 - 98 (No. 375)；关于 Vespucci，参见 58 - 59 (No. 54)。

⑲ Snyder, *Flattening the Earth*, 10 - 14，以及 O. A. W. Dilke and eds., "The Culmination of Greek Cartography in Ptolemy," in *HC* 1: 177 - 200, esp. 185 - 88。

托勒密的投影在15世纪后期被修改以容纳欧洲在有人居住的世界之外的地理发现，但是它们依然没有涵盖整个地球[20]。乔瓦尼·马泰奥·孔塔里尼1506年的地图通过三种方式修改了托勒密的第一投影：其将子午线的跨度扩展了一倍，也就是从180°扩展到完整的360°；其将纬度延伸到了北极（显示为一个圆弧）；同时其不间断地将子午线延伸至大约35°S，同时在赤道上不存在弯曲。[21]

托勒密第二投影被修改以用于亨利库斯·马特尔鲁斯·日耳曼努斯大约1490年的地图。这幅地图显示了360°的全部经度。然而，平行子午线从北极延伸至40°S，而不是托勒密投影上的从大约63°N至16°S。马丁·瓦尔德泽米勒1507年的地图使用了一种相似的投影，除了在赤道上的断裂比在马特尔鲁斯地图上的更为突兀之外，科伊宁（Keuning）将这一差
370 异归因于受到使用的木版尺寸的实际限制[22]。托勒密《地理学指南》1511年版中的贝尔纳多·西尔瓦诺的地图，将托勒密投影的子午线延伸至球体的320°，并且显著地减小了纬度圈的半径，以使它们的中心位于北极上方约10°。

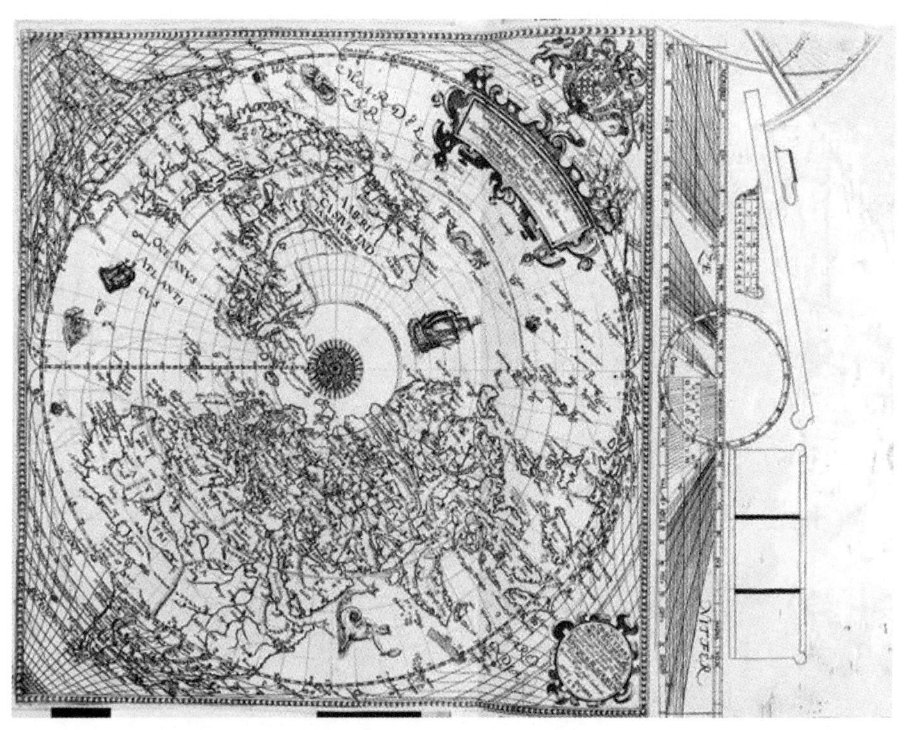

图10.5 约翰·布莱格拉夫的极球面投影，延伸成为一个正方形，1596年。这一与众不同的投影被设计作为一种数学工具，这点从刻度尺和旋转指针来看是显而易见的，其目的在于被剪切

原图尺寸：约26.5×26.5厘米（地图）。BL（Harl. 5935［15］）提供照片。

尽管托勒密只关注绘制有人居住的世界的地图，但他的通过它们的经度和纬度来描述地点位置的方案，在理论上可以被应用到全球。通过一个空间参考系，地球上的每个点都可以

[20] Snyder, *Flattening the Earth*, 29–30.

[21] Shirley, *Mapping of the World*, 23–25 (No. 24).

[22] Keuning, "Geographical Map Projections," 11，以及参见本卷的图9.9。

被绘制在一幅地图上，而在这幅地图上可以显示每一条潜在的探险路线，由此这一空间参考系的潜在价值应当是有吸引力的。这是一种优雅简洁的地理思想。但是将这一规则扩展到对整个世界进行了呈现的地图，其出现的要比我们想象得慢。

大约 1500 年，约翰尼斯·思达比斯，一位维也纳的数学教授，发明了一系列三种心形（cordiform）投影，由纽伦堡的约翰尼斯·维尔纳在 1514 年公布。所有三者在数学上都是等面积的（不同于托勒密的投影），并且被发展成一些有影响力的地图，这些地图稍后讨论。维尔纳-思达比斯的第一种投影明显没有被使用，同时第三种投影明显是由奥龙斯·菲内为了绘制一幅世界地图在 1534/1536 年使用的（参见图版 57），而这幅地图被乔瓦尼·保罗·西米尔里尼（Giovanni Paolo Cimerlini）在 1566 年复制[23]。

第二种维尔纳（或维尔纳-思达比斯）投影首先出现在一幅由阿皮亚绘制的世界地图上（Ingolstadt，1530）。其只是维尔纳-思达比斯用以显示整个世界的投影之一。其在 1531 年由菲内修订来绘制一幅双心形世界地图。按照维尔纳投影绘制了单独的南半球和北半球，并且将中心大致定位在各自的极点；两个圆弧代表了赤道，在中央子午线的部分相切。在其 371
他版本之后，菲内的双心形投影，被墨卡托用于绘制他的 1538 年的世界地图[24]。还存在一些后来的偶尔的使用，例如在 1592 的克里斯蒂安·斯根顿（Christian Sgrooten）的北半球地图，但是心形投影在 18 世纪几乎全部消失了，这时期偏好里戈贝尔·博恩（Rigobert Bonne）的投影，后者是维尔纳投影的一个更为通常的修订，这种投影在一幅陆地地图上提供了更少的角度畸变。

图 10.6　鲁莫尔德斯·墨卡托的双半球球面投影，1587 年。尽管不是这类投影最早的例证，因为其在之前已经出现在了绘本中，但鲁莫尔德斯·墨卡托的印刷本地图为世界地图确立了一种时尚，使得双半球球面投影在 17 世纪成为世界地图最为常见的投影

原图尺寸：约 28.5×51.9 厘米（地图）。BL（Maps C. 3. c. 4）提供照片。

---

[23] Snyder, *Flattening the Earth*, 33-38, 以及 Shirley, *Mapping of the World*, 77（No. 69）and 135（No. 116）。

[24] Shirley, *Mapping of the World*, 68-69（No. 63）, 72-73（No. 66）, and 83-84（No. 74）。参见本卷的图 42.14 和图 47.2。

1556 年，诺曼航海家纪尧姆·勒泰斯蒂在一部绘本海图集中通过使用六种不同的投影显示了地图学的多种功能。所使用的投影类型包括菲内的八分之一圆周投影、阿皮亚的球形投影、一种类似于阿皮亚的卵形投影，另外一种修改过的维尔纳投影，这是对斜透视进行的一种初步尝试，以及一种四瓣形的星形投影。最后一种投影，有着在北极连接在一起的以相距 90 度的子午线圆弧作为界线的花瓣形突出物，属于一种常见风格的早期例子之一，这种风格以不同的形式不断使用直至今天[25]。

卵形类型的投影类似于某些球形投影半球图的全世界的版本[26]。其绘制有着多种变体。对于几乎所有卵形投影而言，相同的就是平行纬线是等距的水平线，而弯曲的子午线在赤道上是等距的。使用卵形投影，将绘制范围扩展到整个世界（地球仪除外）的最早的一幅地图就是 1508 年前后由弗朗切斯科·罗塞利绘制的小型的卵形投影地图，其是佛罗伦萨的一名商业出版者。这一小型世界地图的重要性远远超出了其普通的外观。划分了经度的 360 度和纬度的 180 度，因而，从“地图”和“世界”的现代意义上来说，它是现存最早的世界地图。赤道和中央子午线两者都按照 10 度的网格等距离划分，同时它们长度的比例非常接近于 2∶1。罗塞利的子午线近似于椭圆形或者卵形，并在极点连接，而且几乎等距离的与每一条平行纬线切割（参见图版 16）[27]。《世界地图》（*Typus orbis terrarum*），亚伯拉罕·奥特柳斯的《寰宇概观》（1570）中的世界地图，可能是卵形投影最
372 著名的例子（参见图 44.9），但是投影与巴蒂斯塔·阿涅塞使用在大约 1540 年的一些地图上的几乎完全一致。[28]

在这一时期中出现的最后一种主要的新的全球投影就是正弦曲线投影（sinusoidal），如此命名是因为其子午线按照正弦曲线绘制。其将一些重要的性质与简单的结构结合在了一起：正确地显示了面积，同时沿着中央子午线以及沿着每条平行纬线的比例是正确的。实际上，这一投影是将极点为中心的维尔纳投影修订为以赤道为中心。

这一投影的起源有着不同的记载。1570 年，让·科森（Jean Cossin）在一幅世界地图上使用了它（图版 12），而洪迪厄斯在他 1606 年至 1609 年的墨卡托地图集某些版本中的南美洲和非洲地图上使用了这一投影。后者的使用可能是其名称之一“墨卡托等面积投影”的基础。尼古拉斯·桑松·德阿布维尔（Nicolas Sanson d’Abbeville）在大约 1650 年开始用其来绘制一些大陆的地图，而约翰·弗拉姆斯蒂德（John Flamsteed），英格兰的第一位皇家天文学家，用其——可能是好奇的，考虑其非正形——绘制星图，由此产生了其常用的名称桑松—弗拉姆斯蒂德投影[29]。

---

[25] Keuning, “Geographical Map Projections,” 23 – 24, 以及 Snyder, *Flattening the Earth*, 40。

[26] Snyder, *Flattening the Earth*, 38 – 40.

[27] David Woodward, “Starting with the Map: The Rosselli Map of the World, ca. 1508,” in *Plantejaments i objectius d’una historia universal de la cartografia* = *Approaches and Challenges in a Worldwide History of Cartography* (Barcelona: Institut Cartografic de Catalunya, 2001), 71 – 90.

[28] Meskens, “Le monde sur une surface plane,” 81 – 82.

[29] Snyder, *Flattening the Earth*, 49 – 51.

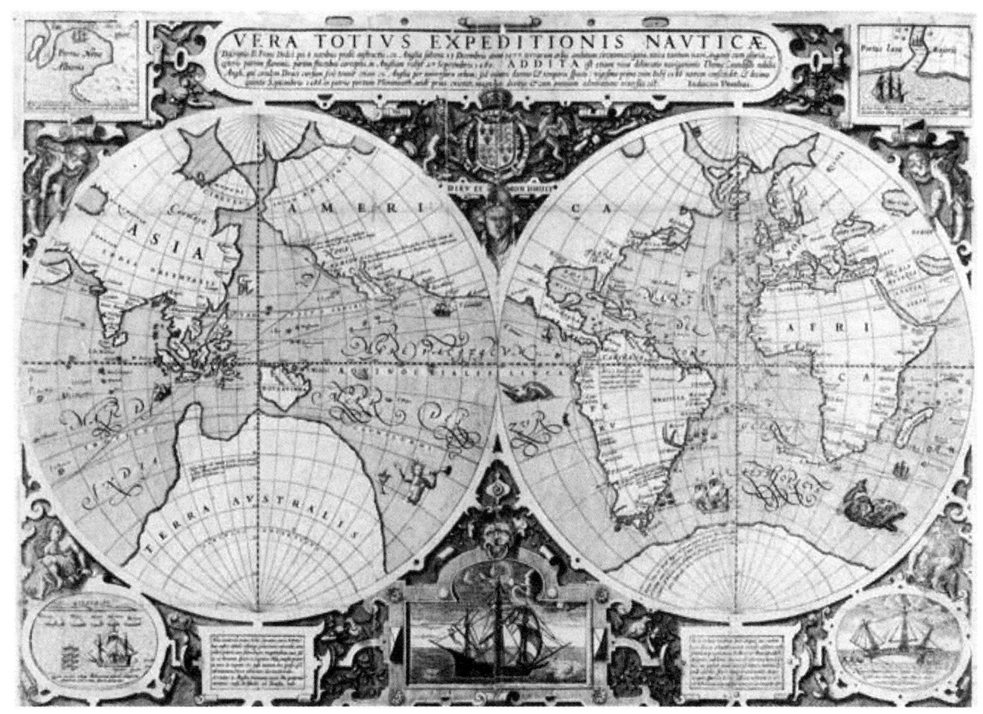

图 10.7　约道库斯・洪迪厄斯使用的双半球球面投影，约 1595 年。在显示了德雷克和卡文迪什航行的洪迪厄斯的世界地图上的半球有着与众不同的中心。放弃了传统的对旧世界和新世界的划分（参见图 10.6），洪迪厄斯将南美洲和非洲放在了同一半球上，可能是为了避免切割大西洋

原图尺寸：约 38×53.5 厘米。BL（M. T. 6. a. 2）提供照片。

地球仪贴面条带

现存最早的球仪就是马丁・贝海姆的 1492 年的球仪，尽管我们有证据知道较早的例子[30]。这些 15 世纪的球仪被直接绘制在了球形的表面，由此不需要投影。然而，从 16 世纪早期开始，印刷的球仪通常是通过在一个球体上粘贴条带制作的，而这些条带被称为贴面条带。这些贴面条带，可以有着不同的厚度，还可以从一个极点延伸到另外一个极点；或者沿着子午线，从极点延伸到赤道，通常按照 10 度或者 30 度分割，是地图投影的一种类型。现存最早的一套似乎就是那些马丁・瓦尔德泽米勒在 1507 年为一架小型球仪准备的，其由每 373

---

[30] "最早的地球仪"的问题与"著名的最早的"通常的宣称混在一起，并且因而将问题没有必要的复杂化。首先，在古典时期提到了地球仪，例如斯特拉博对于为 Crates of Mallos 制作的大型球仪的描述，以及在托勒密的《地理学指南》中间接提到的球仪。马丁・贝海姆的球仪只是被认为是现存最早的地球仪，虽然这一判断已经受到了挑战。但是中世纪晚期提到的现在已经不存在的地球仪同样需要考虑。按照 Józef Babicz 在"The Celestial and Terrestrial Globes of the Vatican Library, Dating from 1477, and Their Maker Donnus Nicolaus Germanus (ca 1420 – ca 1490)," *Der Globusfreund* 35 – 37 (1987 – 89): 155 – 68 中的描述，尼古劳斯・日耳曼努斯在 1477 年为梵蒂冈图书馆制作了一对球仪。更早的非古典时期的报告，包括纪尧姆・奥比为勃艮第公爵菲利普三世，在 1440 年至 1444 年之间制作的球仪，但是 BNF 中的一个稿本描述了由让・夫索利制作的一个更早的球仪（1432 年），是用来展示经度规则的（参见本卷第九章，注释 142）。另外一个更为不清晰地提及涉及一部被称为《区域和城市的距离》的著作，由约翰尼斯・朔纳进行了描述，其原始版本可以追溯到 1430 年至 1435 年（参见 p. 139），但是这一断代的基础存在疑问。依然需要确定夫索利和《区域和城市的距离》的"最早"地位的相关条件。

个 30 度宽，有着 10 度的网格的 12 条贴面条带构成[31]。其他一些贴面条带地图在两极被连接在一起，而不是在赤道，例如 16 世纪中期成套的贴面条带，在南北半球都是 10 度宽，其出现在一幅 1542 年由阿隆索·德圣克鲁斯制作的绘本地图，以及一幅 1555 年安东尼奥·弗洛里亚诺（Antonio Floriano）雕版的地图上[32]。

图 10.8 菲利普·埃克布莱希特制作的双半球球面投影，1630 年。埃克布莱希特在这幅地图上对双半球投影的改变，意图保存欧洲和非洲大陆的完整以及大西洋的完整，同时将太平洋分开。这幅地图上显示了来源于约翰内斯·开普勒的鲁德菲表（Rudophine Tables）的地点的位置

原图尺寸：38.5×68 厘米。BL（48.f.7）提供照片。

其他贴面条带的组织方式代表了更多的存在截断的地图投影。一幅有着弗朗切斯科·吉索尔菲风格的绘本地图（约 1550 年），有着一条涵盖了非洲和欧洲宽达 120 度的中央贴面条带，两侧则是两对每条 60 度涵盖了世界其他地区的贴面条带[33]。由乔治·布劳恩（Georg Braun）制作的另一幅地图（1574 年），被绘制在了哈布斯堡的双鹰的形状中，其中非洲、欧洲和亚洲的大部分位于投影的一个不断裂的部分中，而美洲和东亚则位于翅膀上（图 10.10）[34]。

随着时间的流逝，将球仪投影到一个多面体上的概念，开始引发了地图学家的兴趣，这
374 种多面体被作为一个平坦的纸张和一个圆形球仪之间的折中方案。丢勒提议投影到一个规则的四面体（四个三角形）、十二面体（十二个五边形）、二十面体（二十个三角形）以及其

[31] 图 6.5 和 Shirley, *Mapping of the World*, 28 – 29（No. 26）。构建这种贴面条带的一种方法由亨里克斯·格拉雷亚努斯在他的地理学手册，即 *D. Henrici Glareani poeta lavreati De geographia liber vnvs*（Basel, 1527）中进行了描述。参见 Nordenskiöld, *Facsimile-Atlas*, 71 – 75, esp. 74。

[32] 圣克鲁斯地图被复制在了 Leo Bagrow, *History of Cartography*, 2d ed., rev. and enl. R. A. Skelton, trans. D. L. Paisey（Chicago: Precedent, 1985）, pl. 65 中。弗洛里亚诺地图被复制在了 *Mapping of the World*, 113（No. 99）中。

[33] Dahlberg, "Interrupted Map Projections," fig. 2.

[34] Shirley, *Mapping of the World*, 154 – 55（No. 130）.

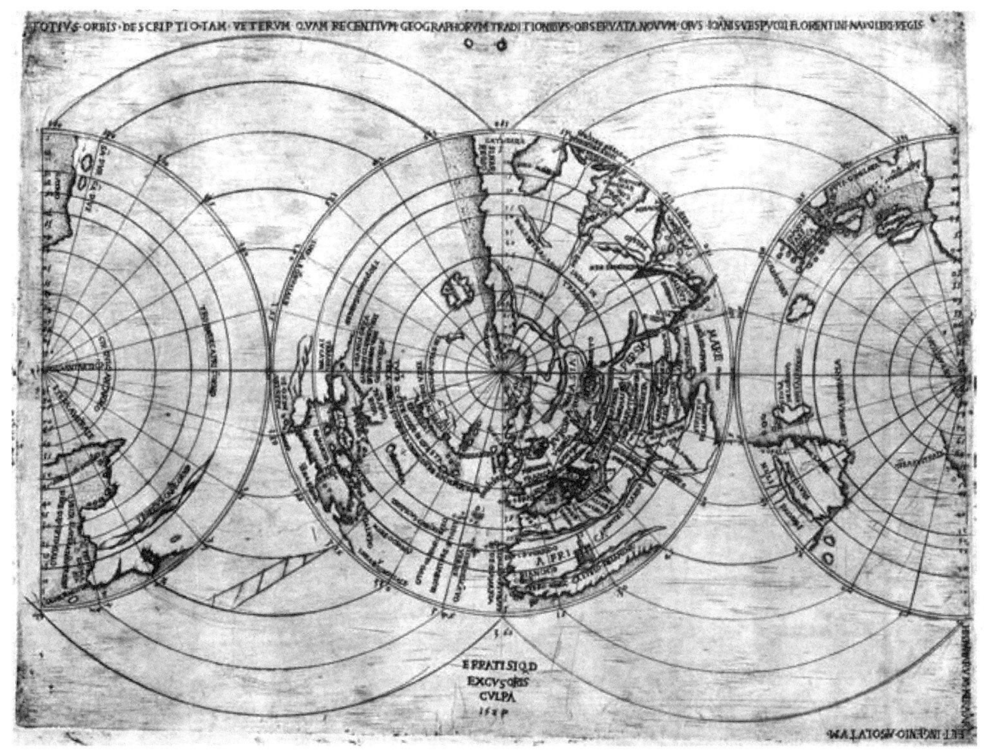

图 10.9　乔瓦尼·韦思普奇的以北极和南极为中心的方位等距投影，1524 年。在这一投影中，半球的组织方式在概念上类似于埃克布莱希特的，除了视位置是极点而不是赤道之外，同时投影是等距的，而不是球面的。由于地图的制作与巴达霍斯－埃尔瓦斯会议（Badajoz-Elvas Conference）有关，因此其目的被认为是使得在东半球和西半球上都可以看到西班牙和葡萄牙王国

原图尺寸：27.5×37.5 厘米。Houghton Library, Harvard University (51－2573 PF) 许可使用。

他立体形状上。他在一部出版于 1538 年的著作中包括了图示，但是显然没有基于这些去构建地图[35]。

地球仪的表面还可以被方便地划分为八个等边的球面三角，或者八分圆，每个部分都由赤道和两个相距 90 度的子午线所环绕。这样的一套八分圆的贴面条带已经被有争议的认为是列奥纳多·达芬奇制作的。尽管他可能已经勾勒出了这种投影的思想，如同来自 Codex Atlanticus 的提示页所显示的那样（图 10.11），但 1514 年的世界地图的草图似乎并不是列奥纳多的风格[36]。后来的 16 世纪的版本，出现在奥龙斯·菲内的《论世界之球体》(Paris, 1551）中，其中，他在每个八分圆中增加了子午线以及作为等距圆弧的平行纬线；出现在一幅 1556 年勒泰斯蒂绘制的地图中；以及在一幅 1616 年丹尼尔·安杰洛克拉托（Daniel Angelocrator）绘制的地图中[37]。

---

[35] Albrecht Dürer, *Underweysuug* [sic] *der Messung, mit dem Zirckel vnd Richtscheyt, in Linien Ebnen vñ gantzen Corporen* (Nuremberg: Hieronymum Andreae, 1538).

[36] 按照 Nordenskiöld 在 *Facsimile-Atlas*, 76－77 正确指出的，其表现出的是近似于一位职员或者抄写员的风格。

[37] Snyder, *Flattening the Earth*, 40.

海图的投影

375 尽管最初于 13 世纪绘制的地中海的海图通常没有网格，但在 16 世纪早期航海图上沿着赤道的经度和纬度的划分，以及一些子午线，说明了这是一种等矩形（equirectangular）投影。它们几乎普遍有着均匀的间隔，如同在 1529 年迪奥戈·里贝罗制作的航海图上那样，表明了对于 16 世纪的航海图而言这一投影的卓越，直至 1569 年的墨卡托投影在其产生多年之后被更为广泛接受为止[38]。

图 10.10 乔治·布劳恩的被截断的心形投影的世界地图，1574 年。被截断的地图投影的概念保留了球仪上对形状和面积的呈现，类似于地球仪贴面条带的概念，但是这里其被巧妙地操纵以符合哈布斯堡双鹰的形状

原图尺寸：86 × 100 厘米。Herzog August Bibliothek, Wolfenbüttel (Kartensammlung K 2.6) 提供照片。

平面海图是用一种投影呈现整个世界最为简单的方式，将其描绘为 360 度宽和 180 度高的矩形，其中被细分为由正方形或矩形构成的网格。托勒密将其归功于大约公元 100 年的提尔的马里纳斯，但是托勒密仅仅推荐将这一投影使用在较小区域的地图上，因为其在高纬度地区存在很大程度的失真（稍后讨论）。平面航海图代表了 16 世纪的两个完全不同的世界地图传统中的一种。一幅用这一传统编绘的地图被称为 *carta da navigare* 或 *carta marina*（航

[38] 里贝罗的航海图在图 30.29 和图 30.30 中进行了展示；墨卡托的航海图是图 10.12，还可以参见 Snyder, *Flattening the Earth*, 5 – 8。

海图）。由于叠加有一个罗盘玫瑰和放射线，从而很容易将其识别出来。另一种类型的世界地图——被称为宇宙志（*cosmographia*）、描绘（*descriptio*）或地图（*tabula*），是为学术或教育使用的。两种类型之间的差异被清晰地认识到，并且地图通常成对出现。 376

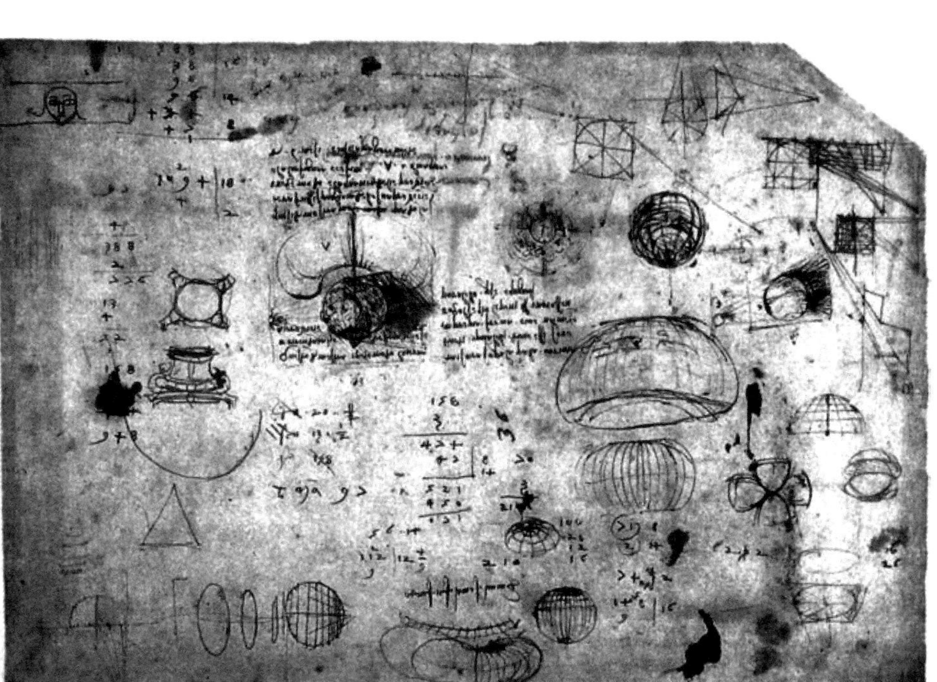

图 10.11 列奥纳多·达芬奇的地理素描。这一来自 Codex Atlanticus 的页面展示了达芬奇用地球仪贴面条带、球面投影，以及一种正射投影或者透视投影和扩展的托勒密第二投影所进行的呈现方面的试验，但是紧邻的注释令人惊讶地描述了地图的托勒密的地理内容，而不是它的数学内容

原图尺寸：20.2×28.9 厘米。Biblioteca Ambrosiana, Milan (Codex Atlanticus, fol. 521r) 提供照片。

尽管绘制于 16 世纪早期的大型绘本世界地图［阿尔贝托·坎蒂诺（Alberto Cantino）、尼科洛·德卡塞里奥等绘制］，没有划分经度和纬度的刻度（参见附录 30.1），但使用这些航海图作为一个模板的马丁·瓦尔德泽米勒的 1516 年《航海图》（*Carta marina*），划分有方格。术语“平面天球图”被通常用于描述这些大型的航海图，但是这一使用方式有着误导性。如果词汇词根的含义（一个平坦的球体）被仔细检查的话，那么术语可以被应用于所有地图投影，即试图在一个平面上呈现一个球体的表面。托勒密最初用来描述球面投影的术语 *planisphaerium*（平球），其被使用直至弗朗索瓦·德阿吉隆（François de Aguilón）在 1613 年将其命名为 stereographic（立体画法的）[39]。

毫无疑问，起源于（和自）文艺复兴时期最为著名的投影就是简单地按照发明者赫拉尔杜斯·墨卡托命名的投影[40]。其出现在他 1569 年的 18 图幅的世界地图上，这幅地图总共21 个部分，总尺寸大约为 1.3×2 米（图 10.12）。类似于等矩形投影，其有着等距离、

[39] François de Aguilón, *Opticorum libri sex* (Antwerp, 1613), bk. 6, 453 – 636, esp. 498.

[40] Snyder, *Flattening the Earth*, 43 – 49，以及 Shirley, *Mapping of the World*, 137 – 42 (No. 119)。

377

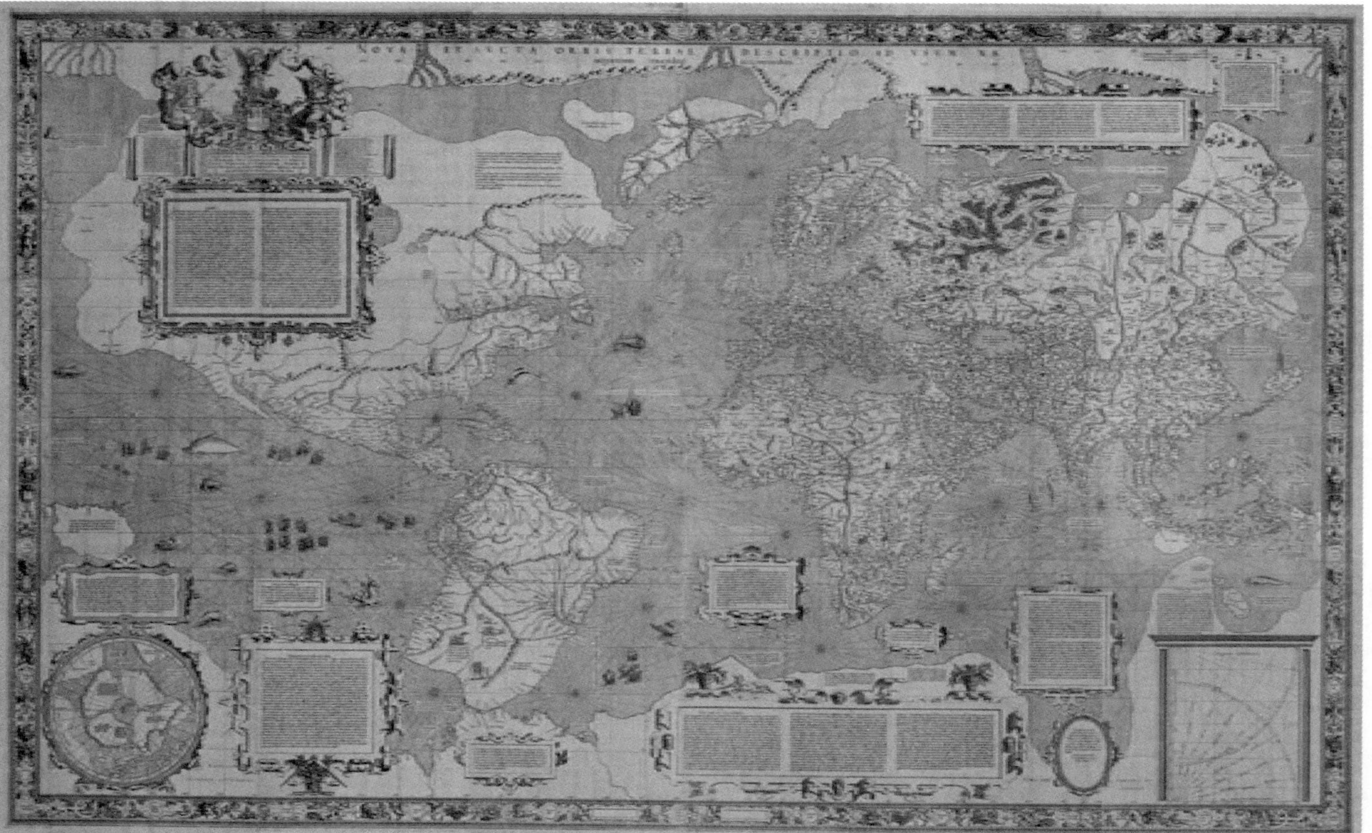

图 10.12　墨卡托投影，1569 年。赫拉尔杜斯·墨卡托制作的其上恒定的罗盘方向的线条被呈现为直线的地图，虽然已经尝试引证这一概念的先驱，但这一 18 图幅的印刷地图可以被宣称是使用了文艺复兴时期最为著名的投影绘制的。位于右下角的小的图示插图提供了这一投影结构的一个图形呈现

原图尺寸：124 × 202 *厘米*。Öffentliche Bibliothek der Universität, Basel（Kartensammlung AA 3 – 5）*提供照片*。

笔直的子午线，而平行纬线则是笔直和平行的，并且与子午线垂直。不同于等矩形投影，其有着随着平行纬线度数的增加，间距成正比例增加的平行纬线。墨卡托可能用图形方式确定了间隔，因为当时还没有发明正切表。

墨卡托发明这一投影就是为了向航行者提供一种辅助工具。等向线（loxodromes 或
rhumb lines）是直线。因而，投影对于水手而言是有价值的东西，他们可以遵循基于将地图 378
上的出发点和目的地的点连接起来的直线的方向或方位角的一条罗盘航线（按照磁偏角进行修正）进行航行。

爱德华·赖特（Edward Wright），一位剑桥大学的教授以及东印度公司的航海顾问，后来显然独立研究了墨卡托投影。在他的《航海中存在的某些错误》（*Certaine Errors in Navigation*，1599，rev. 1610 and 1657）中，包括了“纬度表（A Table of Latitudes）”，在其中，他以一分的增量提供了每条被投影的平行纬线与赤道的距离，有着现代意义上的准确对应值，精确到小数点后第四位。他的基本计算比墨卡托的图形构造要准确得多。这种精确性和准确性的结合——可能有着民族自豪感——导致了大量作者，包括埃德蒙德·哈利，将赖特认为比墨卡托更有资格成为发明者[41]。

尽管这一投影的使用开始得很慢，但彼得吕斯·普兰修斯将其使用于一幅世界地图上，由此荷兰政府在1592 年授予他12 年的专利权。在专利权于1604 年到期后，威廉·扬茨·布劳决定在1606 年至1607 年制作另外一个版本[42]。直到后来，墨卡托投影才在为包括航海在内的地理目的而绘制的世界地图中变得非常常见，而为了航海的目的直至今天依然是一种很重要的用途。推进了将投影用于地理目的，一种墨卡托无意为之的用途，我们无法忽视这样一个事实的重要性，即与接近赤道的国家相比，欧洲的真实面积被绘制的大了两倍[43]。

用于区域地图的投影

对用于涵盖了世界上较小区域的地图的投影的需求，与世界地图的投影相比存在一些不同。在较大比例尺上，关键特征，例如共形性和等值性（等面积）之间的差异可能不那么明显。因而构造的简单是至关重要的。文艺复兴时期最为常见的区域地图的投影被称为梯形投影，如此命名是因为其笔直的平行纬线和笔直收敛的子午线[44]。1426 年戴芬拜克的康拉德使用了一种原始的形式，梯形投影还出现在 15 世纪中期来自托勒密的《地理学指南》地图

---

[41] Snyder, *Flattening the Earth*, 47 –48 and n. 107.

[42] Günter Schilder, “Willem Jansz. Blaeu’s Wall Map of the World, On Mercator’s Projection, 1606 –07 and Its Influence,” *Imago Mundi* 31 (1979): 36 –54.

[43] Christa Binder and Ingrid Kretschmer, “La projection mercatorienne,” in *Gérard Mercator cosmographe: Le temps et l’espace*, ed. Marcel Watelet (Antwerp: Fonds Mercator Paribus, 1994), 192 –207, esp. 193, 以及 Mark Monmonier, *Rhumb Lines and Map Wars: A Social History of the Mercator Projection* (Chicago: University of Chicago Press, 2004)。

[44] Snyder, *Flattening the Earth*, 8 –10.

的维尔切克·布朗（Wilczek Brown）抄本中的一幅非洲中部和南部的地图[45]。尼古劳斯·日耳曼努斯在 1482 年宣称其是自己的发明，并且将其使用在了托勒密《地理学指南》的一些稿本中，最早是在 1466 年，然后是在 1482 年和 1486 年的印刷的乌尔姆版中[46]。这一投影通常是其他地图集中的区域地图的基础，包括那些奥特柳斯和墨卡托的地图集。墨卡托使用梯形投影的一种修订形式在其地图集（1585 年和 1589 年）的第一部分和第二部分绘制较大陆地的地图。在这一投影中，真实比例的平行纬线并不是外侧的那些，但它们大约是作为边界的纬度之间距离的 1/4 和 3/4，以减小整体失真[47]。

用于天体图的投影

在中世纪投入构造星盘的努力是令人震惊的[48]。努力的核心就是构建星图以将其呈现在网格之上，同时底板（tympans）上有等地平经度和地平纬线构成的线条网络，而这是天文纬度所依赖的。通过使用一种常用的极球面投影将星辰投影在了网格上，因为其是共形的，而且展现了天体相对于观察者感知的地平线的运动。球体上任何三颗星辰之间的角度与这些星辰投影在平面上而形成的相互之间的角度是相同的。而且在天球上的任何圆周，例如黄道、天赤道或天球回归线，都可以在投影上被呈现为一个圆周。球面投影的规则被喜帕恰斯，以及撰写了一部关于其使用手册《平球论》的托勒密所了解。赤道视位置的球面投影被阿拉伯天文学家托莱多的阿尔扎卡罗［al-Zarqēllo，阿扎尔奎尔（Azarquiel）］在 11 世纪应用于一架星盘的设计[49]。

球面投影的使用进入文艺复兴时期的印刷的天体图中，包括阿尔布雷克特·丢勒的南北天半球的星图（1515 年）。丢勒的网格被局限在了从中心黄极放射出的黄经的经线，但星辰
379 的位置表明使用的是球面投影。约翰尼斯·洪特在他 1532 年的一对星图的天体网格线中包括了一些小的圆周[50]。

这一时期用于星图的还有其他投影。我已经提到了弗拉姆斯蒂德对于正弦曲线等积投影的使用。威廉·契克卡德，一位来自蒂宾根的德国天文学家和数学家，是 17 世纪和 18 世纪在天体图中使用圆锥投影的那些地图学家中最早的[51]。约翰内斯·开普勒为 1606 年的一幅

---

[45] 参见图版 10。关于戴芬拜克地图，参见 Richard Uhden，“An Equidistant and a Trapezoidal Projection of the Early Fifteenth Century，” *Imago Mundi* 2（1937）：8，以及 Dana Bennett Durand，*The Vienna-Klosterneuburg Map Corpus of the Fifteenth Century*：*A Study in the Transition from Medieval to Modern Science*（Leiden：E. J. Brill，1952），pl. I。关于 Wilczek-Brown Codex，参见 O. A. W. Dilke and Margaret S. Dilke，“The Wilczek-Brown Codex of Ptolemy Maps，” *Imago Mundi* 40（1988）：119 – 24。

[46] 参见来自 1482 年 Ulm 版的尼古劳斯·日耳曼努斯写给教皇保罗二世的献词，被引用于 Nordenskiöld，*Facsimile-Atlas*，14。

[47] Johannes Keuning，“The History of an Atlas：Mercator-Hondius，” *Imago Mundi* 4（1947）：37 – 62，esp. 39.

[48] R. T. Gunther，*The Astrolabes of the World*，2 vols.（Oxford：Oxford University Press，1932）.

[49] Emilie Savage-Smith，“Celestial Mapping，” in *HC* 2.1：12 – 70，esp. 28 – 31，以及 Keuning，“Geographical Map Projections，” 8。

[50] Snyder，*Flattening the Earth*，22.

[51] Wilhelm Schickard，*Astroscopium*，*pro facillima stellarum cognition noviter excogitatum*（Tübingen，1623，Nordlingae，1655），在 Deborah Jean Warner，*The Sky Explored*：*Celestial Cartography 1500 – 1800*（New York：Alan R. Liss，1979），224 – 28 中提及和复制。

星图使用了赤道视位置的一种球心投影，并且在一部 1612 年克里斯托夫·格雷博格的地图集中为星座使用了球心投影的各种不同视位置，以及在 1619 年为他的同事奥拉齐奥·格拉西（Orazio Grassi）的一些星图使用了这一投影[52]。

图 10.13　弗朗茨·里特尔（FRANZ RITTER）的球心投影，1610 年。所有的大圆周都被呈现为直线的球心投影，经常被用于日晷。在这一例子中，中心位于纽伦堡附近，同时还整合了对地球的呈现，以显示不同地点的相对时间。从中心开始的形状的变形被引人注目地显示出来

原图尺寸：29.5×36 厘米。Newberry Library, Chicago (Novacco 2F7) 提供照片。

用于日晷的投影提供了一种专业化的例子。球心投影与日晷的设计存在直接的联系。在一架为特定纬度设计的日晷上的小时标识之间的夹角，与一个中心位于同一纬度的球心投影之上的子午线之间的夹角是一致的，从中央子午线计算，经度每间隔 15 度，那么就相当于正午之后的一个小时。为了让人们获得时间，球心投影地图首先要旋转，由此北极位于投影的中心以南，而不是以北。然后，放置日晷，使其三角形指时针的基部沿着中央子午线，而 380
其投射出的影子触碰到地图上的北极。当地的太阳时就通过太阳此时投下的影子所在的子午线表示出来了。

[52] Warner, *Sky Explored*, 135, 100, and 99, respectively.

图 10.14 埃哈德·埃兹洛布用一种"类墨卡托"投影绘制的，与一架日冕一起使用的欧洲和北非地图，1511 年。越朝向北极，平行纬线的间隔逐步增加（南位于地图的上端），导致某些作者引用这幅地图作为墨卡托投影的先驱，但是由于地图的功能是作为日晷，而不是一幅航海者使用的地图，因此任何直接的联系都是不可能的

原图尺寸：11.8×8 厘米。Germanisches Nationalmuseum, Nuremberg (WI 28) 提供照片。

文艺复兴时期的地图上很少使用球心投影，其使用显然是在 1600 年之后。一个早期的地理方面的例子就是一幅中心位于纽伦堡附近的球心投影的倾斜视位置，有着一个 5 度的网格，其出版于 1610 年（图 10.13）[53]。

埃哈德·埃兹洛布使用了一种与墨卡托投影外观相似的投影，但功能上可能不相似，在一些建造于 1511 年至 1513 年的日晷盖子上的绘制范围局限在欧洲和北非的小型地图（图 10.14）中使用了这一投影。其从赤道向 67°N 以 1 度为间隔扩展，其间隔的增加有着与墨卡托投影相似的方式。恩利施（Englisch）假定在埃兹洛布地图与墨卡托地图之间存在着一种联系，因而建议这一投影应当被称为埃兹洛布—墨卡托投影[54]。

---

[53] 发表于 Franz Ritter, *Speculum solis* (Nuremberg: Paul Fürstens, 1610), 在 David Woodward, "Early Gnomonic Projection," *Mapline*13 (1979): [1-2] 中提及和复制。也可以参见 Shirley, *Mapping of the World*, 290-91 (No. 270)。

[54] Brigitte Englisch, "Erhard Etzlaub's Projection and Methods of Mapping," *Imago Mundi* 48 (1996): 103-23.

结　论

到1500年，已经非常清楚的就是，托勒密地图的古典框架不再包含有人居住的世界以南和以西的相对半球上新的地理发现。然而托勒密的《地理学指南》确实拥有的理论种子——一套世界范围的地理坐标的系统——允许这样的转型发生。因为其是被接受的古代文本的权威，所以当《地理学指南》在14世纪末抵达西欧的时候，首先由雅各布·安格利翻译。在翻译为拉丁语时，对托勒密文本的人文主义的兴趣远远大于对地图的兴趣。

然而，到15世纪最后二十五年，《地理学指南》在带有图示的印刷书籍中是畅销的。当世界贸易超出欧洲，扩展到一个已经被环航的世界的时候，一种使用经纬度对其进行绘制的有效方法已经被学术圈理解。甚至在那个时候，对坐标系统和投影的早期兴趣被对数学计算和表达了完整和完美理想的几何形状（圆形、球体和卵形）的兴趣所进一步推动，而这种推动要超过来自对为了找路或者为了帝国的野心编订地点目录而确定地点位置的兴趣。用于编绘一幅准确绘制的地图的经验数据大部分是不可用的，这种情况延续直至在17世纪确定了大量重要天文台的位置为止，这点正如同埃克布莱希特的1630年地图所清晰呈现的那样。

这可以解释，为什么在16世纪后期之前，用于找路的普通地图（例如航海图）很少使用经纬度编绘。这由两种完全不同类型的世界地图的平行发展所展示，即航海图（*carta marina*）和宇宙志（*cosmographia*）。第一种看上去类似于一幅航海图；第二种类似于来自地理课本的世界地图。两种类型的地图是成对出版的：弗朗切斯科·罗塞利在1508年前后出售了一对，现在依然被发现在一起，同时马丁·瓦尔德泽米勒的1507年的《普通宇宙志》（*Vniversalis cosmographia*）和1516年的《航海图》是著名的大型地图的例子[55]。吸引人的假设就是这一习惯早在15世纪最后十年就产生了；可能亨利库斯·马特尔鲁斯·日耳曼努斯 381
的约1490年的大型宇宙志的航海图的某个版本有朝一日会出现。后来在托勒密《地理学指南》的各种版本以及16世纪的其他宇宙志中，这种配对非常明显。在1569年墨卡托投影中以优雅的形式实现了这两种世界地图类型的结合。其提供了一种可以用经纬度数值编绘的平面航海图。

易于建造，当然是用梯形投影绘制平面航海图和区域地图的一个重要的关注点，而这些地图继续被用于18世纪。子午线和平行纬线的经纬网完全用直线构造，尤其是在被认为是由马里纳斯和尼古劳斯·日耳曼努斯发明的投影中，仅部分地被混合采用圆弧和直线的那些投影取代，尤其是托勒密的类圆锥投影和那些改进了他设计的人所使用的投影，以及部分地被卵形和球形投影取代。直线同样还被用于墨卡托的用于航海的新投影，但其投影的用途的核心，是笔直的罗盘方位线而不是线性的网格；平行纬线之间数学上的间距是一个使问题复杂化的因素。

球面和球心投影所需要的数学，中世纪时期在天文学仪器的背景下已经被理解。等面积

---

[55] 参见 Shirley, *Mapping of the World*, 32 - 33 (nos. 28 and 29 [Rosselli]), 29 - 31 (No. 27 [Waldseemüller]), 和46 - 49 (No. 42 [Waldseemüller])，也可以参见图版16以及图1.3和9.9。

和共形的理论特性已经被以约翰尼斯·思达比斯、约翰尼斯·维尔纳、约翰尼斯·朔纳、赫马·弗里修斯和奥龙斯·菲内为代表的数学家所理解，如同具有复杂曲线的共形投影的令人困惑的各种变体所展示的那样。已经提出了精致的解决方法，同时关于特定发明的优先权的竞争（例如墨卡托投影），不仅在当时很常见，而且在今天的历史学家中依然持续。

数学依然主要基于欧几里得，正如这一时期关于投影的通论著作所展示的那样。那些制作设备的技工，例如航海家，通常并不善于数学，同时对数学的实用需求并不经常都是显而易见的。所缺失的就是通过代数方程的方法来描述投影及其性质的方法。仍然留待 17 世纪微积分的巨大发展来回应对更为基于数学的地图投影的需求。尽管现代时期所使用的主要投影类型在所讨论的这一时期的末期已经出现，但遇到了一个严重的障碍，同时需要一位莱布尼茨（Leibnitz）、兰伯特或高斯（Gauss）来将其打破。

第十一章　欧洲的宗教世界观及其对地图绘制的影响*

保利娜·莫菲特·沃茨（Pauline Moffitt Watts）

关于托勒密《地理学指南》的复苏及其对现代早期欧洲地图学的影响的传统叙述，没有 382
充分解释文艺复兴时期主要是在宗教背景下起源或发挥作用的被制作的地图的那些设计和内容。文艺复兴时期有着宗教内容的地图，从它们中世纪的原型中继承了很多重要特点，但是在其他方面，它们与那些原型之间存在重要的差异；它们不能简单地被视为一种消失的传统的奇怪残余。换言之，有着宗教信息或内容的地图，其历史并不经常被现代历史的分期习惯指出或阐明；持续存在的假设，即世界地图（*mappaemundi*）本质上是中世纪的，而托勒密地图本质上是文艺复兴时期的，由此导致了一种错误的和具有误导性的二分法。现在正在产生的关于从1300年至1460年过渡期的更为复杂的地图学图景，正在对这一二分法加以修正①。

有着一些来自这一过渡期值得注意的例子。尼古劳斯·日耳曼努斯的托勒密《地理学指南》稿本中的圣地地图［“圣地新地图（Tabula nova terrae sanctae）”］（Florence，1474）实际上是马里诺·萨努托－彼得罗·韦康特1320年地图的一个副本，后者附带有一部萨努托撰写用来呼吁一场十字军东征的冗长作品。萨努托作品的题目为“十字架信徒的秘密（Liber secretorum fidelium crucis super terrae sanctae recuperatione et conservation）”，于1321年呈现给教皇约翰二十二世（Pope John XXⅡ）。在萨努托－韦康特地图上使用的方格网，其起源并不清楚，但它们显然不是托勒密式的。日耳曼努斯确实按照托勒密的方法进行了一些改动，例如稍微调整了地图的方向并且采用了比例，但他没有从根本上改变整体设计。因而，萨努托－韦康特地图，从其最初起源的背景中淡化且与其脱离，成为15世纪与托勒密有关的资料的一部分；其出现在很多印刷本的地图集中，并且持续使用直至18世纪②。

在《编年史之书》（*Nuremberg chronicle*，1493）中的哈特曼·舍德尔的世界地图同样是

---

* 本章所使用的缩写包括：*Galleria* 表示 Lucio Gambi and Antonio Pinelli，eds.，*La Galleria delle Carte Geografiche in Vaticano / The Gallery of Maps in the Vatican*，3 vols.（Modena：Franco Cosimo Panini，1994）。

① 参见 David Woodward，“Medieval *Mappaemundi*，” in *HC* 1：286－370，esp. 314－18。

② 关于萨努托－韦康特地图及其日耳曼努斯的版本，参见 Kenneth Nebenzahl，*Maps of the Holy Land*：*Images of* Terra Sancta *through Two Millennia*（New York：Abbeville，1986），42－45 and 58－59。关于萨努托－韦康特地图中比例尺的思想以及方格网的应用，参见 P. D. A. Harvey，“Local and Regional Cartography in Medieval Europe，” in *HC* 1：464－501，esp. 496－97。关于萨努托的“十字架信徒的秘密”，参见 C. Raymond Beazley，*The Dawn of Modern Geography*，3 vols.（New York：Peter Smith，1949）3：309－19。

传统的；其用《圣经》人物闪（Shem）、含（Ham）和雅弗（Japheth）以及普林尼的怪异生物的图像作为一幅托勒密式地图的装饰（图 11.1）。收藏于威尼斯圣马可国家图书馆的弗拉·毛罗著名的 1459 年至 1460 年的世界地图（*mappamundi*），提供了一种传统技术和含义的复杂的混合物，与托勒密的地图学相比，其中很多与埃布斯托夫和赫里福德的世界地图有着更多的联系。在内容上是全面的和百科全书式的这类世界地图（*mappamundi*），揭示了从开始到结束的神圣计划的大量信息。换言之，它们的内容（以及文艺复兴时期的继承者的内容）主要是由用表示文中场景的图案或描述性的叙述构成的——也就是，地方志的——而不是用数学方法绘制地理特征和人类居住地的位置。在这些地方志中，广泛来源于不同历史时期的（以及来源于神话的非历史的世界）的事件和人物在一幅地图上并置，通过这种方式，时间不可以再与空间区分开来，而是被包含在其中③。

值得注意的是，这种在地方志和地理学之间的区分，以及与它们存在联系的技术，实际上都起源于托勒密的《地理学指南》④。当中世纪时期，托勒密的关于地理学概念的知识以及他绘制地图的技术在西欧完全消失的时候，其地方志的概念则存在，尽管在修道院以及在学术的训释传统中详细阐述的基督教的神意史学的概念将其几乎彻底转变，以致于难以被识
383 别出来。这类训释的一个有影响力的例子就是完成于 1267 年的罗杰·培根的“大著作”。

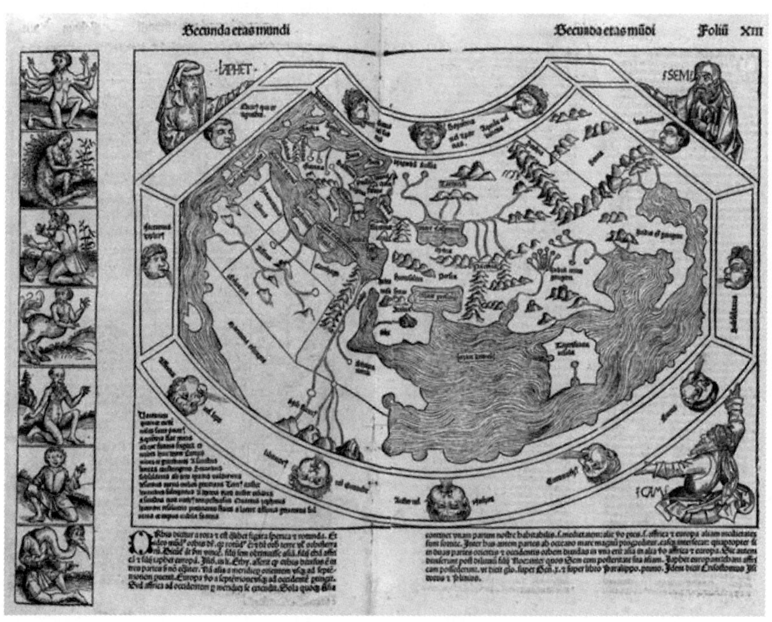

图 11.1 来自《编年史之书》（纽伦堡编年史）的哈特曼·舍德尔的世界地图，1493 年，安东·科贝格在纽伦堡出版

原图尺寸：约 44.5 × 53.3 厘米。Special Collections and Rare Books，Wilson Library，University of Minnesota，Minneapolis 提供照片。

③ 关于中世纪世界地图（*mappaemundi*）中时间和空间的并置，参见 Woodward，“Medieval *Mappaemundi*，” 290，以及 Evelyn Edson，*Mapping Time and Space*：*How Medieval Mapmakers Viewed Their World*（London：British Library，1997）。

④ Claudius Ptolemy，*The Geography*，trans. and ed. Edward Luther Stevenson（1932；reprinted New York：Dover，1991），25 – 26. 关于在一些中世纪地图中保存下来的托勒密关于地方志的概念，参见 John F. Moffitt，“Medieval *Mappaemundi* and Ptolemy's *Chorographia*，” *Gesta* 32（1993）：59 – 68。

“大著作”并不是一部难懂的或者高度原创性的著作；其重要性是因为其提供了一种广泛的和权威性的早期教会的纲要，以及中世纪权威关于哲学、语言和数学与神学之间关系的纲要。著作的第四书涉及在神学中对数学的使用，在其中，培根断言，对于地理学的理解是任何阅读《圣经》的基础：

> 整部《圣经》充满了与地理有关的段落，并且除非我们首先研究这些段落，否则无法对文本进行任何了解。《圣经》的全部过程由区域、城市、沙漠、山脉、海洋以及其他种类的地形所掌控……
>
> ……但是，如果（读者）知道它们的经度和纬度、它们的高度和深度；它们冷热、干湿变化的特性，以及冷热干湿混合产生的影响的话……如果，我说，他知道了所有这些，那么他将可以抓住《圣经》纯粹的和字面上的意思并从中获得愉悦，且可以带着自豪和信心深入到它们精神层面的意义⑤。

培根继续谈到，这种基本的字面意思的解读，其本身是其他精神层面理解的基础。换言 384
之，地理学是通往圣经解释学的关键：“没有人能怀疑，物质途径引导了精神的旅程，或者凡间的城市暗示了通往平行的精神世界的城市的精神道路的目标。因为‘位置’有着从地点到地点的有限运动的属性，以及设置了周围区域的边界。然后，如同我已经指出的那样，一种地理学的理解，不仅赋予了对我们所阅读的词汇的理解，而且准备了通往精神理解的道路。所有这些已经被圣徒的话语、行为和作品所充分验证。”⑥ 培根用来源于热罗姆（Jerome）的例子［他采用和翻译的是欧西比乌斯（Eusebius）的“关于地点”（Onomasticon），以及他对欧西比乌斯的《第二编年史》（Ⅱ Chronicles）的评注］来支持这一段落，此外还有奥里金（Origen）对《约书亚书》（Joshua）第十八章的评注，在其中他说到“不要扬着眉毛来读这一切，或者认为其只是充斥着许多正确名字的《圣经》中微不足道的一小部分。不；可以肯定的是，在这些名字中，隐藏着极为宏大的秘密，而对此，人类的言谈无法表达，人类的耳朵无法听闻”⑦。这些精神层面的理解是道德的、寓言的和神秘的。与对字面意思或历史的理解一起，它们是圣经训释学的基础，也是整个中世纪中某些《圣经》诵祷（*lectio divina*）的形式。⑧

这些多重的理解，与上帝向凡人揭示的两“书”——经文和自然中的富饶和神秘，产生了不断积累的对抗。对于培根，以及他的前辈和继承者而言，这两书是天然绑定在一起的；它们是必要的、充满信息的，且是相互完备的。为了介绍与这两书存在联系的他的中世

---

⑤ Roger Bacon, “The Fourth Part of the Opus Maius: Mathematics in the Service of Theology,” trans. Herbert M. Howe, <http://www.geography.wisc.edu/faculty/woodward/bacon.html>, 1996. 关于“大著作”的这一部分，参见 David Woodward with Herbert M. Howe, “Roger Bacon on Geography and Cartography,” in *Roger Bacon and the Sciences: Commemorative Essays*, ed. Jeremiah Hackett (Leiden: Brill, 1997), 199–222。

⑥ Bacon, “Opus maius.”

⑦ Bacon, “Opus maius.”

⑧ 基础研究就是 Henri de Lubac, *Éxégèse Médiévale: Les quatre sens de l'écriture*, 4 vols. (Paris: Aubier, 1954–64)，和 Beryl Smalley, *The Study of the Bible in the Middle Ages* (Notre Dame: University of Notre Dame Press, 1964)。

纪修辞目录，中世纪训释学的伟大学者亨利·德吕巴克（Henri de Lubac）观察到“《圣经》类似于世界”；《圣经》是“一个有着无数分支的幽深的森林”“深邃的天空”，以及“一个浩瀚无边的海洋，在其上我们进行着一次永远的满帆航行”。在关于创世的作品中，里尔的阿兰（Alain of Lille）谈到，其中的每件东西类似于一部“著作或者一幅图像，其中我们看到了我们自己”。圣维克托的休谈到，整个可感知的世界类似于“一部由上帝之手撰写的著作”；他的同行，圣维克托的理查德，观察到，构成其的所有存在，类似于象征（*figura*），不是由人类的创造力发明的，而是由神圣的意愿创立的，以便展现并以某种方式表明其隐藏的属性⑨。

鉴于这一遗产，培根宣称，即地理学是圣经训释学的基础，虽然对于一位现代读者而言，这可能是令人惊讶的，但其根本不是离经叛道的说法。同时其完全与一种传统相一致。而对于这一传统，培根介绍了如何可以从一幅包括了约旦河（Jordan River）、杰里科（Jericho）和芒特奥利韦特（Mount Olivet）平原的圣地的区域地图中抽取出文字的、道德的、寓言的和神秘解释的解读的一个例子：

> 通过研究我提到地点的一些特点，我们可以详细阐释它们在道德、寓言和神秘解释层面所蕴含的丰富含义。我们注意到，约旦河从北向南流淌到坐落在西侧的耶路撒冷以东，其距离大海（地中海）有一点距离。两者之间，在约旦河的这一侧，是杰里科，一座由其平原所环绕的城市。就是芒特奥利韦特，然后是乔萨法特谷地（Valley of Josaphat），然后就是耶路撒冷。现在圣人们告诉我们，世界在对约旦河的解释方法中得到了体现，既有象征意义的，也有河流特性的。首先，其流淌进入死海（Dead Sea），一个代表了地狱的符号；还有着很多其他原因。杰里科，按照圣人的观点，代表着肉体。芒特奥利韦特标志着精神生活的崇高，因为其自身的高度，同时虔诚的甜蜜就像那里的油一样甜美。乔萨法特谷地通过其谷地的含义标志着卑劣，“一个很低的地点”，以及存在于威严之下的真正的卑微，因为乔萨法特名字的翻译就是“在上帝的注视之下”。耶路撒冷其本身的意义就是“和平的愿景”；在其精神解释中，其指向了掌握有和平之心的圣灵。在寓言性的层面，其代表着战斗的教会（Church Militant）；类推地，代表了凯旋的教会（Church Triumphant）⑩。

那些为培根的四部分的训释提供了资料的圣人或者神圣作者就是热罗姆、奥罗修斯、卡西奥多罗斯、凯撒里亚（Caesarea）的欧西比乌斯和奥里金。他的选择并不是任意的。这些人中的每位都对关于历史是根据神意设计的基督教概念的发展做出了重要贡献，且他们都使用地图作为展示这种设计的解释性的和教诲性的工具。培根在“大著作”的这一部分中持续指出的就是，这些权威撰写的著作或者这些著作的章节之中包含了以口头描述形式出现的详细的地理信息。

---

⑨ De Lubac, *Éxégèse Médiévale*, 1：119 – 24.

⑩ Bacon, “Opus maius.” Woodward with Howe, in “Bacon on Geography,” 204，指出了这一段落的寓言性质，而与圣经训释学的模式之间并不存在清晰的联系。

这些著作中的一些似乎也包含有地图。在388年，热罗姆完成他对欧西比乌斯的《关于地点，希伯来书中的名称的位置和地点》（*Onomasticon*，*de situ et nominibus locorum hebraicorum liber*）的翻译，这是一部培根知道的著作。在他翻译的“导言”中，热罗姆描述，欧西比乌斯也设计了一幅地图；他已经将希腊语的 *kartagraphen* 翻译为地方地理学（*chorographia*），一个由托勒密发明的新词。热罗姆提到的欧西比乌斯地图的特点，其中包括了十二部落、耶路撒冷和神庙的位置。好像，《关于地点》是一幅保存下来的地图的重要 385
资料来源，这幅地图就是马代巴（Madaba）的马赛克地板地图（542—565年）；其众多地名中的大部分都可以在欧西比乌斯的著作中找到[⑪]。

对于培根而言，显而易见的就是，地图学归根结底是天文学的一个衍生物：“世界上的地点只能通过天文学来了解，由此，首先，我们必须知道它们的经度和纬度……通过观察这些［坐标］，通过感知的信息，我们认识到，这一世界的事物处于一种变动的状态，这一陈述不仅对于物质对象如此，对于精神也是如此。我们同样应当从天文学研究中理解是哪些行星掌管着人类的事物，并且是在哪个区域，因为世界的所有部分都受到了它们强有力的影响。”[⑫] 天体的创造者是一位终极的工匠、上帝。培根说到，如果没有一幅地球的图像，将不能理解这些。随后他给出了一个世界地图（*mappamundi*）扩展的描绘（*descriptio*，希腊人应当将其称为一个 *ekphrasis*），其用文字表现了在百科全书式的世界地图上描绘的大多数信息。至少一幅世界地图（*mappamundi*），大致与“大著作”是同时代的，通过用地名列表替代了常用的图形符号而呈现了这种描绘（*descriptio*）。这里，培根对于世界地图（*mappamundi*）得出的结论，与他研究圣地地图时所得出的结论相似，即“［《圣经》］的字面意思同样要求一种对于世界地理的理解；通过从其进行推论，通过与物质事物适当的比较和对比，我们可以抽取出精神意义。这是圣经训释的正确类型；如同我在之前的例子中所展示的那样”[⑬]。

培根在第四书中这一部分所正在做的就是说明与一种传统存在联系的技术，这种传统被埃斯梅耶尔（Esmeijer）称为“视觉训释（visual exegesis）”，也就是“对《圣经》的一种展示，在其中，词汇和图像习以为常的角色被扭转，由此呈现或者展示提供了非常压缩的图片形式的圣经训释，同时文本本身或者被完全忽略，或者限于解释性的说明、标题或非常短的评论”[⑭]。这种呈现或者展示，可以用这样一种方式进行设计，即它们在多个层面上发挥功能；换言之，它们提供了图像的训释，在关于经文的书面评论中发展出相似的论述模式。在某些呈现中，特定的文本和图像可以被紧密地绑在一起；其他的则是词汇和图像的复杂的

---

⑪ Nebenzahl, *Maps of the Holy Land*, 18 - 19. 对于热罗姆的著作，培根说到，“凯撒里亚的欧西比乌斯，就像热罗姆在他的著作《关于地点》中告诉我们的，是他亲自撰写的，是关于犹地亚（Judaea）的土地的，以及关于由每一部落继承下来的部分的，并且在结尾增加了一幅耶路撒冷以及那座城市中的神庙的地图［*picturam*］，并附有一段简短的评论”；被引用于 Woodward with Howe, “Bacon on Geography,” 219。关于马代巴的地图，参见 O. A. W. Dilke and eds.，“Cartography in the Byzantine Empire,” in *HC* 1：258 - 75, esp. 264 - 65。《关于地点》对时间为12世纪的被称为“热罗姆地图”的一个中世纪地图家族有着间接影响。关于这些地图，参见 Edson, *Mapping Time and Space*, 26 - 30。

⑫ Bacon, “Opus maius.”

⑬ Bacon, “Opus maius.”

⑭ Anna C. Esmeijer, *Divina Quaternitas: A Preliminary Study in the Method and Application of Visual Exegesis* (Amsterdam: Van Gorcum Assen, 1978), ix.

编织物，因而有时需要如地图集等事物的存在来完成它们的含义⑮。

例如“大著作”的文本展示了，地图被用于这种视觉训释的传统，同时它们可以由词汇、图像构成，或者是这两者的结合。这一传统的存在，在来自保利诺·威尼托的“世界图像”（De mapa mundi）的一个段落中表现得非常明显，其是在约 1320 年前后书写的，并且后来插入了他的通史“汇编，或世界上发生的事件的概要”（Compendium，seu Satyrica historia rerum gestarum mundi，1321）中：

> 如果没有一幅世界地图的话，我认为非常困难，而且不太可以想象，或者甚至难以从精神层面上把握，在《圣经》和后人的著作中，诺亚的孩子和孙辈，以及四王国（Four Kingdoms）和其他国家以及区域的内容。因而，所需要的是一幅折叠的绘制的和书写的地图［两种地图，图像和《圣经》（*mapa duplex*，*picture ac scripture*）］。你将不会认为有了一个就不要另外一个了，因为，没有文字，绘画对于区域或国家的描绘将是不清晰的；［同时］文字，如果没有绘画作为辅助，那么无法在它们的不同部分中真正标明一个区域中不同部分的边界，以使它们一目了然。⑯

在 15 世纪，恰恰是前面讨论的“大著作”的那些部分，被皮埃尔·德阿伊，以及通过他被克里斯托弗·哥伦布阅读和使用。

哥伦布

对德阿伊关于培根“大著作”各个部分的评价分析，以及对哥伦布关于它们的注释分析，展现了通过一些方法，地图可以作为与关注神意计划有关的工具，尤其是提供了来源于历史学和地理学的字面的和训释的或者语言性质的理解。在他的《世界宝鉴》（撰写于 1410 年至 1414 年之间；哥伦布使用了一部出版于 1480 年至 1483 年之间某个时间的摇篮本）的
386 开始部分，德阿伊放置了他在之前描述的视觉训释传统中正在做的东西：“世界的图像，或者将其呈现在一个实体的镜子中的对世界的图形描述，对于《圣经》阐释而言是非常有用的，对于《圣经》的阐释经常会提到其中某些部分，尤其是关于可居住地球上的地点。由于这一点，我被引导去撰写这一专著，并且尽管值得去简要和深信不疑的搜集那些已经被这一主题的作者所广泛撰写的东西。”⑰ 格兰特（Grant）引用了《世界宝鉴》的编辑者埃德蒙德·比龙（Edmond Buron）的一段话，强调了这一开篇部分是完全传统的：“这一专著的开篇部分，对于那些即使非常少关注古代的人而言也是耳熟能详的。我们不应冒险去说出德阿伊之前的按照他的同样方式描述了世界的那些作者的名字；因为由此应当需要列举数百位希

---

⑮ Esmeijer，*Divina Quaternitas*，1 – 29. 值得注意的就是，按托勒密所理解的地方志可以由图像或者词汇构成；参见 Moffitt，“Medieval *Mappaemundi*”。

⑯ 英文翻译来自 Moffitt，“Medieval *Mappaemundi*，” 60。拉丁语出版在了 Juergen Schulz，“Jacopo de' Barbari's View of Venice：Map Making，City Views，and Moralized Geography before the Year 1500，” *Art Bulletin* 60（1978）：425 – 74，esp. 452 n. 87。

⑰ Edward Grant，ed.，*A Source Book in Medieval Science*（Cambridge：Harvard University Press，1974），630.

腊、阿拉伯和使用拉丁语的作者。”[18]《世界宝鉴》的主体，表面上是附带有地图的扩展版的地方地理学（*chorographia*），其中的地图，德阿伊计划与其他一些他已经撰写的关于历史、占星术和预言之间交互关系的小品（*opuscula*）一起阅读。这些小品，其中的很多部分他是直接从“大著作”中摘录的，塑造了哥伦布的“印度群岛的事业”（Enterprise of the Indies），塑造了他的历史的启发式想象的基础，以及他认为在堕落后的时间和空间的结局中，他命中注定所要扮演的特定角色[19]。

哥伦布开始将他自己看成，尤其是在他的晚年，“基督使徒”（Christ-bearer，来源于他名字的绰号）。他确信，正在展开的神意历史的神圣计划已经带来了非凡的事件，而这些事件将他的命运与费迪南德和伊莎贝拉的命运联系了起来。按照德阿伊（他自身遵循培根的“大著作”中的各个部分以及其他资料）的观点，哥伦布宣称，离世界末日还有155年，在这期间，还有大量的预言留待实现。对于哥伦布而言，至高无上的就是收复圣地，以及向所有野蛮民族传播福音并将他们转化。他相信，他所发现的所谓“新的天堂和新的尘世”的地点，已经揭示了在约翰的福音书中预言的之前未知民族的存在：“我另外有羊，不是这圈里的。我必须把他们带来，他们会听我的声音，并且合成一群，同归一个牧人。”[20] 同时，他相信当通过向西航行抵达印度的时候，他向费迪南德和伊莎贝拉提供了一条后路，由此他们可以发动一场终极的十字军东征，并且由此实现阿拉贡君主的命运。

哥伦布意图编纂一部他称为“预言之书”（The Book of Prophecies）的著作，其应当将历史学、地理学和语言学相互交融的这一愿景呈献给他的君主。他从未完成这部著作，但是他和几个合作者在多年的时间里搜集的材料保存了下来。他们指明，其将是一部评注性的著作，是来源于《圣经》的不同段落、著名的预言和学术评注的概要[21]。

胡安·德拉科萨对于哥伦布的历史图景以及他自己作为基督使徒的图像必然是了解的，其在1500年制作了通常被认为是第一幅的新世界地图（参见图30.9）。由欧洲、亚洲和非 387 洲构成并由洋海环绕的圆盘溶解进入一个更为不确定的图像中，宛如一个“新的天堂和新的尘世”。似乎暗示了哥伦布在一封撰写于1500年的信件中提到的圣约翰的《启示录》（Revelation）。在这一段落中（“接着，我看见一个新天新地，因为先前的天和先前的地都已经过去了，海也不再存在了”），哥伦布说道：“上帝创造的新的苍穹和土地，就像圣约翰在《启示录》中写道的，（在以赛亚书所说的东西之后），他派出了自己的信使，并且向我指明了道路。”[22] 在东方，是被进行清晰描述的欧洲和非洲的大西洋海岸线以及亚洲的一部分。

---

⑱ Grant, *Source Book*, 630 n. 2.

⑲ 参见 Pauline Moffitt Watts, “Prophecy and Discovery: On the Spiritual Origins of Christopher Columbus's ‘Enterprise of the Indies,’” *American Historical Review* 90 (1985): 73 – 102; idem, “Apocalypse Then: Christopher Columbus's Conception of History and Prophecy,” *Medievalia et Humanistica*, n. s. (ser. 2) 19 (1992): 1 – 10; 以及 Adriano Prosperi, “New Heaven and New Earth: Prophecy and Propaganda at the Time of the Discovery and Conquest of the Americas,” in *Prophetic Rome in the High Renaissance Period*, ed. Marjorie Reeves (Oxford: Clarendon, 1992), 279 – 303。

⑳ John 10: 16, New English Bible.

㉑ 这一著作最好的现代版本就是 Roberto Rusconi, ed., *The Book of Prophecies Edited by Christopher Columbus*, trans. Blair Sullivan (Berkeley: University of California Press, 1997)。

㉒ Revelation 21: 1, New English Bible, and Christopher Columbus, *Memorials of Columbus; or, a Collection of Authentic Documents of that Celebrated Navigator*, ed. Giovanni Battista Spotorno (London: Treuttel and Wurtz, 1823), 224.

图 11.2 来自胡安·德拉科萨地图，作为圣克里斯托弗的哥伦布的细部，约 1500 年

完整的原图尺寸：95.5×177 厘米；这一细部：约 18.4×14.5 厘米。Museo Naval, Madrid (inv. 257) 提供照片。

在西方，是新发现土地正在浮现的形状，对此地图学家的描绘只能在少量地点有着准确性可言。胡安·德拉科萨的地图已经得到了地图学史研究者的大量关注，他们几乎完全关注于其绘制的时间和地理细节。

地图实际上被在肩膀上有着一个上帝之子（Christ child）的横跨洋海的哥伦布的尺寸过大的图像主导，就好像异教中的成为圣克里斯托弗（Saint Christopher）的巨人曾经带着上帝之子跨过一条汹涌的河流那样（图 11.2）。其似乎展示以及验证了占据了哥伦布晚年的解释性的项目。在其中，表面上表现为地理的和历史的地方志服务于更大的精神意义，地图显然继承了由德阿伊、培根以及及其他很多人塑造的视觉训释的传统。

新教的《圣经》

传统可能提供了显现和展露其他种类的地图的含义的一种方法，而这些地图直至最近之前，一直被传统的文艺复兴时期的地图学史有意忽略。例如，并不存在对地图学与新教和欧洲现代早期的天主教改革之间关系的综合性研究。然而，有迹象表明，这样的研究应当会是富有成果的。地图自 16 世纪 20 年代开始出现于《圣经》中，这与马丁·路德（Martin Luther）和罗马天主教会的分裂同时。按照德拉诺－史密斯和英格拉姆（Ingram）的重要著作，这些地图被发现于在欧洲新教改革运动蓬勃的区域——德意志、英格兰、瑞士以及低地国家印刷的《圣经》中。同时代在西班牙或意大利印刷的《圣经》中没有一部包含有地图。这些发现导致德拉诺－史密斯和英格拉姆得出这样的结论，即“《圣经》中地图的历史是宗教改革历史的一部分。包含有地图的《圣经》绝大多数都是新教的版本，或者是少量拉丁语《圣经》和数量更少的巴黎印刷的《圣经》以及多种文字对照的《圣经》中，而这些是由已知的对改革者抱有同情心或者有意去印刷改革者的文献的印刷者出版的。天主教对于《圣经》地图的兴趣似乎没有发展，直至这一世纪的最后 25 年”[23]。在新教《圣经》中的印刷地图，可以与视觉训释的已经变革的模式联系起来——尤其是，似乎，与新教强调《圣经》文字或历史解读的首要地位联系起来。

在最早用地图进行展示的 1549 年版的《新约》的扉页上，英国的新教印刷匠雷内尔·沃尔夫（Reyner Wolfe）追随着培根和德阿伊的脚步，宣称：“同时，由于宇宙志的知识是非常必要的，由此缺乏这些知识的他，无法阅读《圣经》，粗陋的历史学家也是如此，也无法阅读《新约》。对于福音派而言，描述基督的旅程，圣卢克在《使徒行传》中描述的使徒们的言行和旅程，特别是圣彼得和圣保罗的，是重要的。因而，如果某人不了解宇宙志的话，那么他将不得不跳过众多著名的事物，这些事物对他来说应当毫无乐趣。”[24] 德拉诺－史密斯和英格拉姆指出在沃尔夫的理解中“阅读《圣经》的意思不仅仅是在一幅地图上定位文本。在地中海东部的地图的标题中，印刷者解释地图的分隔符和英里的比例尺是了解圣保罗的一种方法，而不是了解测量数据的方法：‘通过用英里表示的距离，你最容易理解的是圣保罗在亚洲、非洲和欧洲通过艰苦的旅程来宣扬神的话语’，重点在于使徒传播福音的努力，而不在于地理事实”[25]。

沃尔夫的观点并不是地图必须要准确，也就是，字面意义上的，就地图学层面而言的准确；而是它们向读者呈现了《圣经》真实的或者历史的含义，如同在保林布道团（Pauline missions）这一例子中。然而，就像菲利普·梅兰克森，可能还有路德派的改革者（以及他们的印刷匠），确实显然将托勒密网格的精准与训释联系了起来。在一封时间为 1522 年 3 月 6 日的信件中，梅兰克森试图获得一幅关于圣地的托勒密式的地图（或者一幅“罗马”地图，按照他所称作的）去展示即将来临的路德对《新约》的翻译[26]。

加尔文派和路德

英格拉姆提出，将地图引入《圣经》的版本中，尤其与加尔文派（Calvin）的日内瓦 388

[23] Catherine Delano-Smith and Elizabeth Morley Ingram, *Maps in Bibles, 1500 – 1600: An Illustrated Catalogue* (Geneva: LibrairieDroz, 1991), XVI.

[24] Delano-Smith and Ingram, *Maps in Bibles*, XXV.

[25] Delano-Smith and Ingram, *Maps in Bibles*, XXV.

[26] Delano-Smith and Ingram, *Maps in Bibles*, XXII.

（Geneva）存在联系。部分而言，似乎归因于大约16世纪中期法国新教印刷匠的汇入以及由此产生的学术性多语言版本和本土语言译本的扩散。这些印刷匠之一，尼古拉斯·巴尔比（Nicolas Barbier），在他1559年的《旧约》和《新约》的法文译本中出版了《出埃及记》的、十二部落土地的、基督生活时的圣地的，以及保罗布道团的地图，并将它们称作地方地图（*cartes chorographiques*），并且说到它们是设计用来阐释文本的视觉辅助工具[27]。

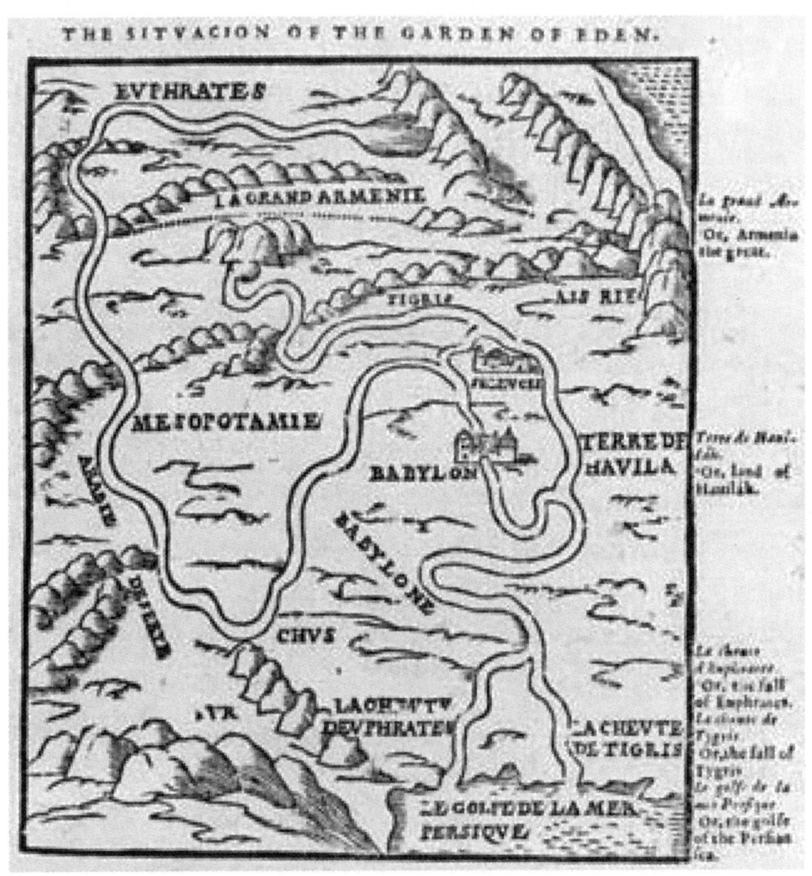

图11.3　加尔文的美索不达米亚地图。这一版本来源于1560年的《日内瓦圣经》（Geneva Bible）的第一个英文版。尽管在16世纪早期，伊甸园被定位在了宇宙的中心，但加尔文将凡间的天堂（Garden of Eden）定位在了美索不达米亚。底格里斯河和幼发拉底河由塞琉西亚（Seleucia）北部的一条支流连接在了一起，然后再次一起流入巴比伦南部，由此构成了一个大岛

原图尺寸：约10×8.6厘米。来自 *The Bible and Holy Scriptures Conteyned in the Olde and Newe Testament*（Geneva：Rouland Hall，1560）。BL提供照片。

---

[27] Elizabeth Morley Ingram，"Maps as Readers' Aids：Maps and Plans in Geneva Bibles，" *Imago Mundi* 45（1993）：29－44. 英格拉姆观察到，"巴尔比意图用他的地图去帮助读者理解文本特定部分的地理范围。在这一方式中，'地方地图'是他装入《圣经》不同部分的其他'地图'的空间方面的类似物：同时，日期、帝国、统治者和事件的文字图表，设计用来帮助读者抓住文本的时间维度。功能上作为文本展示的专门模式的两种类型的'地图'，空间和时间的，作为图像模式的补充和扩展，也被用于这一《圣经》，即一套木版的（大部分）描绘了帐幕和圣庙的装饰和平面的'图形'。在这些多种辅助工具的帮助下，巴尔比建立了一套新的相当严谨的圣经制作的标准，对象是严谨的且非学术的本土读者"（p. 30）。

这一表面上的原教旨主义，导致加尔文自己去尝试将《圣经》对于伊甸园的位置和特点的描述与出现在托勒密的《地理学指南》版本中的美索不达米亚（Mesopotamia）地图相协调。正如德拉诺－史密斯和英格拉姆展示的，加尔文的首要障碍就是命名和定位据说从天堂流出并浇灌了大地的四条河流。这些河流在传统上被认为是底格里斯河（Tigris）、幼发拉底河（Euphrates）、尼罗河和恒河。德拉诺－史密斯和英格拉姆对他的结论进行了如下描述："这些河流中的两条，底格里斯河和幼发拉底河，没有问题，但是其他两条，也就是比逊河（Pishon）和基训河（Gihon），是存在问题的，没有显而易见的现代的对应物。早期的犹太人和基督徒传统上将它们认为是另外两条已知的世界上的大河，即尼罗河和恒河。加尔文的解答使得可以通过用底格里斯河和幼发拉底河的河口定位比逊河和基训河，以及通过确定据说基训河所穿过的古实之地（Land of Cush，'Chvs'），来将伊甸园更为精确的确定位于美索不达米亚河谷附近，而不是传统认为的在埃塞俄比亚。"[28]

值得注意的是，加尔文的天堂地图最初出版的时候附带有一部注释性的著作——他对于《创世记》（1554 年）的评注——并且仅仅在数年后就被用来阐释《圣经》（图 11.3）。地图和说明是对路德在其《创世记讲义》（*Lectures on Genesis*）中对《创世记》2.8 训释的回应。

路德确实相信伊甸园曾经存在，但后来在大洪水后就消失了；而且，地表上陆地和水域的分布在大洪水之后曾发生了彻底的改变，并且不可能绘制尘世间天堂的位置或者四条从其流出的河流的地图。因而，讨论其所在的位置是没有用处的，并且路德的目标对准了奥里金、热罗姆和其他人，这些人：

> 关于某些已经不存在的东西，这是一个白痴的问题。摩西（Moses）正在撰写的是原罪和大洪水之前时间的历史，但是我们不得不谈及它们在原罪和大洪水之后的状况……当世界以及人和牛群被大洪水抹除的时候，这一著名的花园同样被抹除并且失去。因此，奥里金和其他人进行无意义的讨论是徒劳的。而且，文本同样陈述，其被一名天使守护不让任何人进入。因而，即使花园没有因为接踵而来的诅咒而毁坏，那么通 389
> 往其的道路也绝对是对人封闭的；即，其位置是无法被发现的[29]。

在他通篇关于《创世记》的演讲中，路德坚定地坚持字面或历史理解的首要地位，并且攻击所谓的寓言作家，尤其是奥里金，但是在其他作品中，他自己确实从事于寓言性的或者神秘解释的写作。

1529 年，土耳其人开始了对维也纳的围攻。这一令人震惊的入侵提高了对于末日可能很快就要来临的恐惧。在那一年的年底，汉斯·卢夫特出版了一部由改革者尤斯图斯·约纳斯（Justus Jonas）和菲利普·梅兰克森撰写的小册子，名为《但以理书第七章神遣土耳其

---

[28] Delano-Smith and Ingram, *Maps in Bibles*, XXV – XXVI. 加尔文的重新组织"在 1560 年之后经常被用于《日内瓦圣经》，只有少量的修改"。也可以参见 Alessandro Scafi, *Mapping Paradise: A History of Heaven on Earth* (Chicago: University of Chicago Press, 2006), 270 – 77。

[29] Martin Luther, *Works*, 55 vols., ed. Jaroslav Pelikan (St. Louis: Concordia, 1955 – 86), 1: 88. 也可以参见 1: 97 – 99 for his exegesis of Genesis 2: 9 – 11; Ingram, "Maps as Readers' Aids," 35; John M. Headley, *Luther's View of Church History* (New Haven: Yale University Press, 1963), 43; 以及 Scafi, *Mapping Paradise*, 266 – 70。

人施以亵渎和可怕的屠戮》（*Das siebend Capitel Danielis von des Türcken Gottes lesterung vnds chrecklicher mordeey*），其将土耳其的推进解释为但以理在第七章中提出的预言的实现。这一预言传统上被与帝国权力转移（*ranslatio imperii*）的图景联系在了一起——也就是，在一个逐渐向西的运动中，宗教、文化和政治优势从一个帝国（*imperium*）向下一个帝国转移或者重新分配，而时间上恰巧与神圣注定的神意历史的展现相一致。约纳斯和梅兰克森对这一文本的训释，由一幅呈现了土耳其前进的地图所展示——但以理之梦的第四只野兽——从亚洲朝向欧洲（图 11.4）。在 1529 年之后，路德日益吸收了经文的预言性的理解。类似于约纳斯和梅兰克森，他开始将但以理的预言（以及以西结和圣约翰的预言）作为理解同时代的人物和事件如何代表了实现德国人的历史和精神命运的关键。地图被用来展现他关于土耳其人对欧洲的威胁的一个布道[30]。

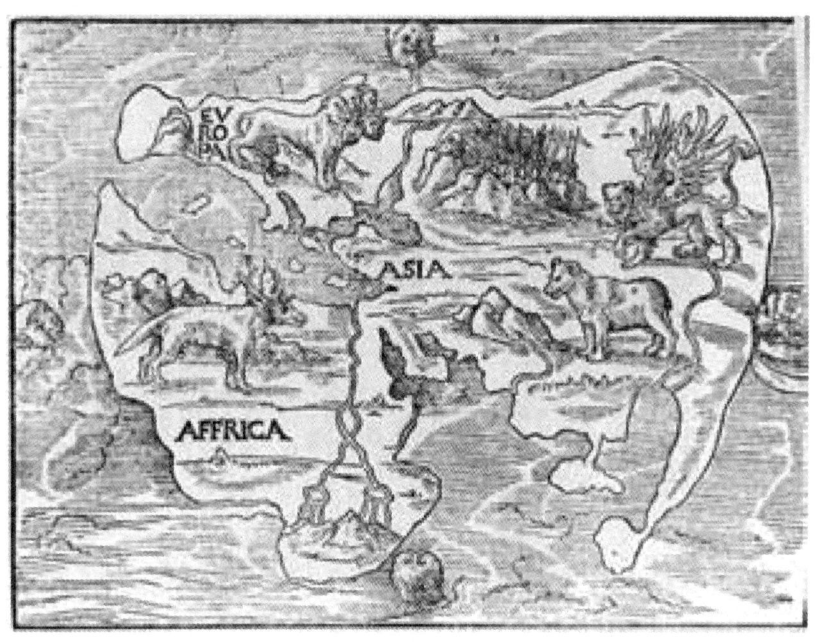

图 11.4　展示了但以理之梦的地图，由汉斯·卢夫特印刷，1530 年。这一地图来自马丁·路德的对但以理的翻译

原图尺寸：约 12.7 × 17.4 厘米。来自 Martin Luther, rans., *Der Prophet Daniel Deudsch*（Wittenberg: Hans Lufft, 530）。BL 提供照片。

路德对但以理之梦的解释，需要放置在他对神意历史的理解的较大背景下。对于路德而言，上帝曾经出现在世界历史中，并且隐藏在其后，就像在一个面具或面纱之后：

> 上帝被隐藏的行动和人类作为他的工具的反应，两者的交汇点在于面具（*larva Dei*）的思想，意味着一个面具或面纱，并且同时意味着一种精神的存在。在上帝已经

[30] Delano-Smith and Ingram, *Maps in Bibles*, 71 – 72. 他们观察到："这一地图的传播相对有限。其大部分都被发现于德语的《圣经》中，并且几乎集中在 40 年中，基本由在维滕贝格的与路德、汉斯·卢夫特存在密切联系的印刷匠所专门使用。"（p. XXVII）关于路德的末世论，参见 Headley, *Luther's View*, 240 – 57。

创造的世界上，所有生物和规则，被设计成为上帝存在的面具，但是由于在这一生命中，人无法与上帝面对面的相遇，因而面具不可能被移除。造物主隐藏在作为他的面具（*larva*）的生物或者人（*persona*）之后。上帝的疏远或恶魔的破坏，使面具变成一种精神的存在，由此 *larva* 成为一种经常浮现的面具[31]。

这一上帝隐藏的存在，使历史成为一种"神圣的游戏或假面舞会"："世界历史，或上帝通过他的全能而对其发挥作用，揭示其本身就是神圣的游戏或者化装舞会。这里，上帝永远活跃于统治者、国家和王国的起起落落中……在这种外在混乱且显而易见的无目的之下，上帝的工作通过他的面具以一种隐蔽的方式去影响对于叛逆的判断以及向他的信徒展现他的力量。"[32] 因此，换言之，世界历史同样是救赎的历史；对此，罗杰·培根和克里斯托弗·哥伦布应当有着很好的理解。然而，路德的观念，即神圣启示是被掩盖的（或者恶魔对那一启示的扭曲，因为恶魔通常是非常忙碌的），以及他相信即使在本质上不是荒诞的话，那么历史也是荒唐的，这是学者们确定为 16 世纪的艺术和文学的重要主题的一个例子，尤其是当这些媒介变得具有批评性和好争论的时候[33]。一幅被称为《新教宗世界地图》（*Mappe-* 390
monde novvelle papistiqve）的奇异地图，只有将其放置在这一主题的背景下的时候才有意义。

《新教宗世界地图》

《新教宗世界地图》于 1566 年由皮埃尔·埃斯特里奇（Pierre Eskrich）在日内瓦出版。其规模大，内容翔实，并且大量的评论或稠密分布在地图上，或围绕在地图四周（图 11.5）。对于地图内容的进一步的解释是由一个文本提供的，这一文本就是《新教宗世界地图的历史》（*Histoire de la mappe-monde papistiqve*），出版于同一时间。其作者是一位"Frangidelphe Escorche-Messes"，这是让-巴蒂斯特·特伦托（Jean-Baptiste Trento）的假名，他是一位皈依了加尔文教派的意大利人[34]。

《新教宗世界地图》只不过是一个巨大的恶魔的面具。恶魔可怕的脱节的爪子构成了地图的边框，在通常意义上来说，其实际上并不是一幅世界地图（*mappamundi*），而是由埃斯特里奇改编的塞巴斯蒂亚诺·迪雷（Sebastiano di Re）在 1557 年创造的罗马城市地图[35]。包围和支持着由教皇统治的王国的城市城墙，被放置在了恶魔的爪子之中，而这一王国被分成

---

[31] Headley, *Luther's View*, 6.

[32] Headley, *Luther's View*, 11.

[33] 有影响力的研究包括，Mikhail Bakhtin, *Rabelais and His World*, trans. Helene Iswolsky (Cambridge, Mass.: Massachusetts Institute of Technology, 1968); Natalie Zemon Davis, "The Sacred and the Body Social in Sixteenth-Century Lyon," *Past and Present* 90 (1981): 40-70; 以及 idem, "Women on Top," in *Society and Culture in Early Modern France: Eight Essays*, by Natalie Zemon Davis (Stanford: Stanford University Press, 1975), 124-51。

[34] 关于地图，参见 Krystyna Szykula, "Une mappemonde pseudomédiévale de 1566," 和 Frank Lestringant, "Une cartographie iconoclaste: 'La mappe-monde nouvelle papistique' de Pierre Eskrich et Jean-Baptiste Trento (1566-1567)," both in *Géographie du monde au Moyen Âge et à la Renaissance*, ed. Monique Pelletier (Paris: Éditions du C. T. H. S., 1989), 93-98 and 99-120。

[35] Lestringant, "Une cartographie iconoclaste," 109 and n. 41.

391

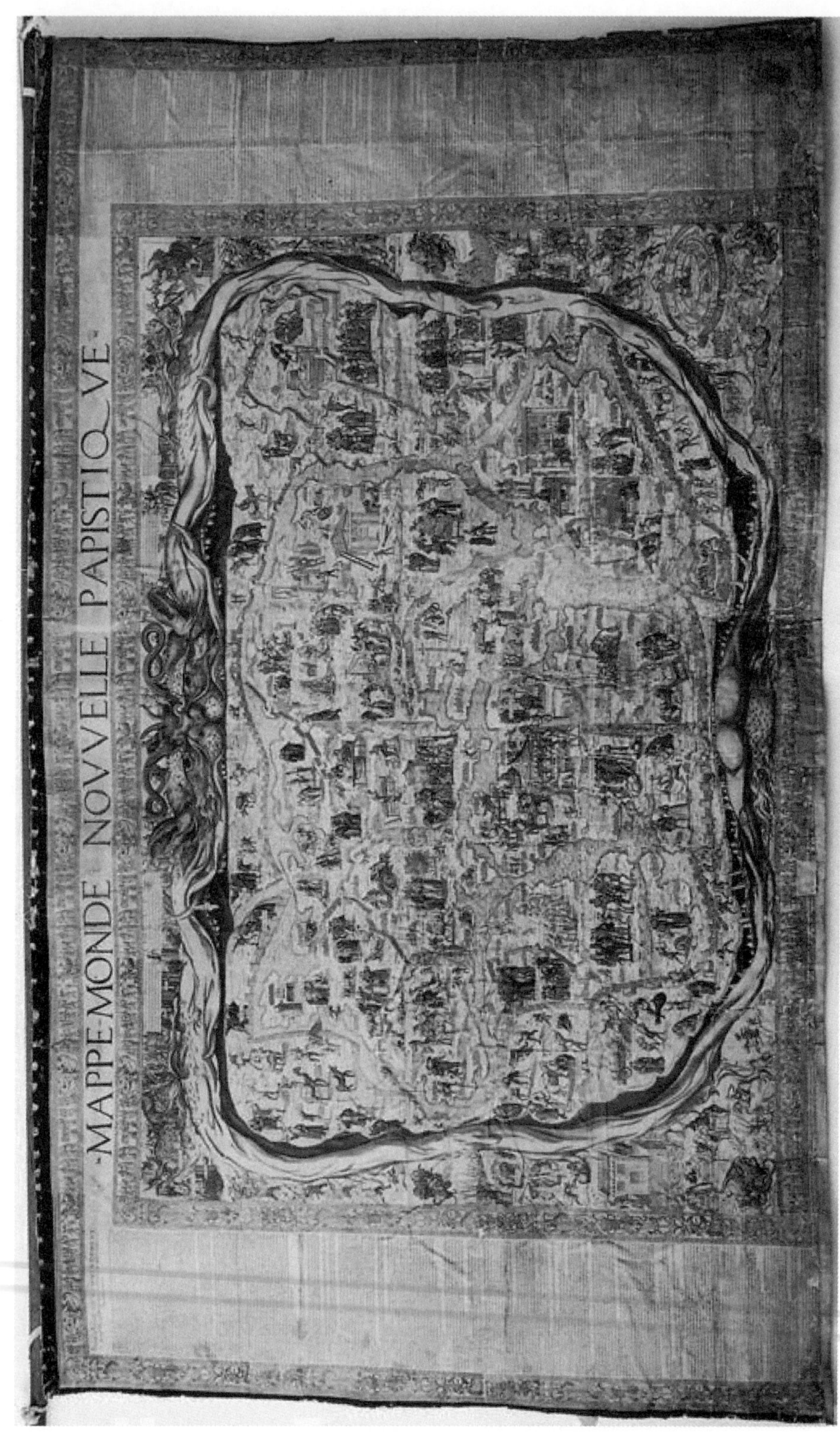

图 11.5 皮埃尔·埃斯特里奇的《新教宗世界地图的历史》

原图尺寸：135.5×241.2 厘米。Biblioteka Uniwersytecka, Wrociaw 提供照片。

19个省，都有着带有寓意的名字。这一设计的意图可能是回应路德著名“致德意志贵族公开书”（An Appeal to the Ruling Class of German Nobility as to the Amelioration of the State of Christendom），这篇文字于1520年书写在他被革出教会之前。在那一著作中，路德，将自己称为“朝廷的弄臣”（a Court-fool），而他的小册子则是“愚蠢的行为”（act of folly），号召消除罗马教廷已经在其周围树立起来的用来防止教会改革的“三道墙”：“也许我对上帝和世界欠了一笔作为愚人的债，现在我已决心，要在可能范围内，诚恳还这一笔债，做一次朝廷的弄臣。我不需要任何人替我买一头巾或给我以修道士的剃发，我都业已有了。问题就在究竟谁是真正的愚人？”㊱ 但是，如同莱斯特兰冈（Lestringant）已经指出的，还存在与这一地图设计相关的视觉和文学的其他来源。在中世纪的绘本图绘和壁画中，地狱通常被描绘为被封闭在恶魔的爪子中，同时弗朗索瓦·拉伯雷（François Rabelais）撰写了被包含在庞大固埃（Pantagruel）嘴中的一个世界㊲。

地图的内容，其被莱斯特兰冈称为一种“拉伯雷的寓言”（Rabelaisian allegory），与特伦托的《新教宗世界地图的历史》之间的关系并不经常是显而易见的，同时存在迹象表明特伦托对埃斯特里奇的地图并不完全感到满意㊳。特伦托的著作是极端的反教皇和反对西班牙的；在他《新教宗世界地图的历史》的清晰叙述中，比较了在他们各自统治的和征服的新世界中教皇和西班牙的凶残。值得注意的是，这一辩论被建立在了地图学和宇宙志的普通事物之上，这些普通事物是培根、德阿伊和很多其他人的著作的中心，并且可以追溯到马克罗比乌斯的《西皮奥之梦的评注》（*Commentary on the Dream of Scipio*）以及与其相关的地图学的传统。

特伦托以某种详细程度呈现了以下概念，即世界被分为气候带，每一气候带受到特定的星体和行星的影响。这些地带决定了居住在其中的人们普遍的身体和气质特征。而且，教皇恶魔般的王国（*regnum*）被分成数量相同的带有寓意的省，19个，西班牙在新西班牙和秘鲁的领土也是如此。两个新世界的这一镜像允许特伦托进行一系列有针对性的讽刺攻击。例如，他提出，由于巴西以及他所称为的马斯省（Province of the Mass）占有了相同的地带，由此并不是巧合的就是，那些实践圣餐（Eucharist）的圣餐礼的人实际上就是食人族，吞食

㊱ Martin Luther, *Martin Luther: Selections from His Writings*, ed. John Dillenberger (Garden City, N. Y.: Doubleday, 1961), 404.

㊲ Lestringant, "Une cartographie iconoclaste," 114 – 20, 和 Erich Auerbach, *Mimesis: The Representation of Reality in Western Literature*, trans. Willard R. Trask (Princeton: Princeton University Press, 1953), 262 – 84。

㊳ 参见 Lestringant, "Une cartographie iconoclaste," 114 – 15, 以及 Natalis Rondot, "Pierre Eskrich: Peintre et tailleur d'histoires à Lyon au XVIe siècle," *Revue du Lyonnais*, 5th ser., 31 (1901): 241 – 61 and 321 – 50。在对地图寓意性以及辩论性内容的其他研究中，值得注意的有 Franz Reitinger, "'Kampf um Rom': Von der Befreiung sinnorientierten Denkens im kartographischen Raum am Beispiel einer Weltkarte des Papismus aus der Zeit der französischen Religionskriege," in *Utopie: Gesellschaftsformen, Künstlerträume*, ed. Götz Pochat and Brigitte Wagner (Graz: Akademische Druck-u. Verlagsanstalt, 1996), 100 – 140, 以及 Dror Wahrman, "From Imaginary Drama to Dramatized Imagery: The *Mappe-Monde Nouvelle Papistique*, 1566 – 67," *Journal of the Warburg and Courtauld Institutes* 54 (1991): 186 – 205 and pls. 51 – 59 展现了弥补这一缺陷的地图的单独图版。地图的一个评述性的版本就是 Frank Lestringant, *La Mappe-monde nouvelle papistique (1566)* (Geneva: Droz, forthcoming)。

（那些基督的）血肉，就像安的列斯群岛（*Antilles*）和巴西的土著那样[39]。

392 埃斯特里奇的世界地图（*mappamundi*）并没有表现出被特伦托描述的地带，也没表现被镜像的西班牙的世界和教皇的帝国主义，但它确实描述了特伦托将教皇的领土分为 19 个具有寓意性的省。埃斯特里奇显然选择聚焦于特伦托的其他方案，其来源于路德在 1520 年写信给德意志贵族的时间，是由新教改革者分享的一个基本方案，消除了教皇所宣称的权威的和永无谬误的大厦。因而，他的地图描述了一个追溯至曾经攻击过教皇权威的约翰·胡斯（John Hus）的改革者的世系。他们由不同的世俗统治者所支持，其中包括英格兰的伊丽莎白一世。实际上，一幅印刷的世界地图（*mappamundi*）被送给了女王，并且附带有一封由“Frangidelphe Escorche-Messes”致辞的信，其中将她比作“君士坦丁二世”。但是，不同于君士坦丁时期公然的多神教和“明显的偶像崇拜”，“那时的教皇被福音书完全遮蔽，并且被基督教的名字和权威完全隐蔽和隐藏，由此无法辨识出来……但是陛下揭掉并且撕掉了这一魔鬼的面具，并使得全世界都可以看到福音书的纯洁性”[40]。这一献词性质的信件的结尾提出了一个倡议，呼吁其他世俗统治者追随伊丽莎白的开创性行动，并且在反对教皇的暴政中联合起来。

对这一规劝和世界地图（*mappamundi*）是一种带有启示性的设计。特伦托将教宗权威的摧毁作为一种预言的实现，而这一预言是在圣约翰的《启示录》（Revelation）中找到的，在那里，一位天使从天上降下来并且宣布，“巴比伦大城倾倒了！倾倒了！成了鬼魔的住处和各样污秽之灵的巢穴，并各样污秽可憎之雀鸟的巢穴”[41]。对于特伦托而言，倾倒的巴比伦代表着教皇，如同路德在他著名的著作《教会的巴比伦之囚》（*The Babylonian Captivity of the Church*）（1520）中所宣布的那样[42]。但是，按照另外一个全能的天使，即将石头抛入海中的那位（《启示录》21）的预言，倾倒的、恶魔的巴比伦应当被消灭。这一最终的《启示录》般的攻击就是埃斯特里奇的《新教宗世界地图》的核心，同时这解释了他将他的世界地图（*mappamundi*）制作为一幅城市地图的决定。

图像的冲击被这样的事实强化，即罗马最近已经在 1527 年由查理五世的帝国军队构成的联合军事力量所洗劫。塞巴斯蒂亚诺·迪雷的地图描绘了洗劫之后的重建，因此，如同莱

---

[39] Jean-Baptiste Trento, *Histoire de la mappe-monde papistiqve: Enlaquelle est declairé tout ce qui estcontenu et pourtraict en la grande table, ou carte de la mappe-monde* ([Geneva]: Brifaud Chasse-diables, 1567), 150:“所有这些之前提到的屠夫，还有那些接受了这些肉的人，类似于那些来自马斯省的人，类似于之前已经提到的这一巴西食人族的野蛮种族，他们吃人肉。这些食人族已经把一些人派到了这个国家，并且在天主教世界的各个地方都留下了他们种族的成员，由此现在存在更多的食人族，并且他们比巴西食人族更为野蛮和残忍。”参见 Lestringant,“Une cartographie iconoclaste,” 103 – 4，以及 idem,“Catholiques et cannibales: Le thème du cannibalisme dans le discours protestant au temps des Guerres de religion,” in *Pratiques et discours alimentaires à la Renaissance* (Paris: G. -P. Maisonneuve et Larose, 1982), 233 – 45。

[40] 他送给伊丽莎白的世界地图（*mappamundi*）今天在 BL（852. 1. 7）。这段被引用的话，译自 Lestringant 在“Une cartographie iconoclaste”, 114 n. 51 中的法语。

[41] Revelation 18: 1 – 2, New English Bible.

[42] Trento, *Histoire de la mappe-monde papistiqve*, 14:“除了食人族这些最早的仆人和传道者之外，他［上帝］创造了用其他方式攻击并且粉碎和破坏教皇的世界以及作为建筑师和帝国的建造者的教皇的人……同时毫无疑问，这件事情将会完成，尽管时间要稍后一些，因为其已经由使徒在《启示录》的第十八章中进行了这样的预言。”Lestringant,“Une cartographie iconoclaste,” 112 – 13 n. 45.

斯特兰冈提出的，埃斯特里奇的地图正在预言第二次，即最终的一次劫掠[43]。其他的新教印刷匠，例如卢卡斯·克拉纳赫（Lucas Cranach），使用地图将这些来自《启示录》的诗文解释为教皇制度以及罗马教廷即将死亡的预言。克拉纳赫从1493年出版于纽伦堡的哈特曼·舍德尔的《世界年代记》（*Weltchronik*）中抄袭了一幅地图，并且将其作为一部木版的名为“戴着三重皇冠的巴比伦妓女”（The Whore of Babylon Wearing the Triple Crown）的地图的底图，其展示了1522年出版于维滕贝格的路德的《九月约书》（*September Testament*）。

奥特柳斯

没有这种特定预言或者寓言性质内容的其他地图依然可以是服务于虔诚目的。这些包括那些由亚伯拉罕·奥特柳斯在《寰宇概观》中出版的地图。最近的著作提出，奥特柳斯是被称为慈爱教（Family of Love）的秘密教派的成员，这一教派在16世纪中后期在低地国家和英格兰的部分地区盛行[44]。奥特柳斯的圈子，以安特卫普和科隆为中心，显然包括印刷匠克里斯托弗尔·普朗廷、神学家贝尼托·阿里亚·蒙塔诺（Benito Arias Montano），以及哲学家尤斯图斯·利普修斯（Justus Lipsius）、纪尧姆·波斯特尔和约翰·迪伊。这一秘密教派并不是公开的新教或天主教（尽管其教义中的一些与再洗礼加派存在联系），并且非常难以精确地确定其特定的信条。

这一教派的根基似乎在于德意志和低地国家的神秘传统［并且可能在于被称为自由灵弟兄会（Brethren of the Free Spirit）的教派］，在于如《日耳曼神学》（*Theologia Germanica*）和 393
《效仿基督》（*Imitation of Christ*）的文本。如同其他同时代的秘密宗教群体，如蔷薇十字会（Rosicrucians）的教义那样，其教义显然还结合了炼金术、犹太神秘哲学和新柏拉图主义的元素。其奠基人物，亨德里克·尼克拉斯（Hendrik Niclaes）和塞巴斯蒂亚诺·弗兰克（Sebastian Franck），倡导注重个人内在修行以及与上帝的结合，在任何忏悔之外发挥作用的灵性，并且使其与同时代的新教与天主教之间教义的、政治的和制度的斗争脱离开来，采用了一种更为普遍的和平主义的视角。

慈爱教用一种新斯多葛派的观念来看待这类斗争；对于他们来说，世界是一个悲喜剧的舞台，是同时上演人类的愚蠢和人类救赎的场所。他们的态度在作为愚人的面貌的一幅世界地图的令人震惊的图像中是鲜明的，其由修饰性词汇所环绕，这些修饰性词汇让观看者想起特尔斐

㊸ Lestringant, “Une cartographie iconoclaste,” 112 – 13. 关于对罗马的劫掠及其对意大利和阿尔卑斯山以北欧洲视觉文化的影响，参见 André Chastel, *The Sack of Rome, 1527*, trans. Beth Archer (Princeton: Princeton University Press, 1983)。将罗马认定为《启示录》中的巴比伦妓女，不是新教争论者所特有的。奥古斯丁会的比特沃的希莱斯，他的宗教团体的改革者，以及是尤利乌斯二世、利奥十世和克莱门特七世信任的朋友，有时候悲哀他所在时代的罗马是“另外一个巴比伦，一名堕落的妓女”，其已经从其被设计好的命运堕落成为“神圣的拉丁的耶路撒冷”。参见 John W. O'Malley, “Historical Thought and the Reform Crisis of the Early Sixteenth Century,” *Theological Studies* 28 (1967): 531 – 48, esp. 543，以及 idem, “Giles of Viterbo: A Reformer's Thought on Renaissance Rome,” *Renaissance Quarterly* 20 (1967): 1 – 11。值得注意的是，当他于1508年前往罗马的时候，路德停留在奥古斯丁教会的社区，并且很可能在当时遇到了希莱斯。

㊹ Giorgio Mangani, in *Il “mondo” di Abramo Ortelio: Misticismo, geografia e collezionismo nel Rinascimento dei Paesi Bassi* (Modena: Franco Cosimo Panini, 1998), 85 – 146，提供了关于慈爱教的最近学术研究的一个汇总，并且证明了奥特柳斯与这一教派的关系。

的神谕，即在面对世俗的虚荣和愚蠢时，要“了解自己”[45]。换言之，对于慈爱教的成员而言，世界的剧场（*theatrum mundi*）是曼加尼（Mangani）所称作的一种“道德的象征”[46]。

这一与人类事务和冲突的脱离，来源于宇宙视角的世界剧场的远距离的内在深思所培养的对尘世的轻蔑（*contemptus mundi*）的一种形式，同样是奥特柳斯为《寰宇概观》制作的地图基础[47]。梅利翁（Melion）所恰如其分的描述为奥特柳斯“涉及（并且与其脱离的）的世界舞台（*theatrum mundi*）的新斯多葛派理想”的那些，由1587年的《寰宇概观》所例证，在其中来自西塞罗和塞内卡的引文环绕在一幅世界地图周围，这些引文让人思考，当从一个宇宙角度考虑的时候，人类事务是短暂且无意义的[48]。在一段时间内（1579年至1598年），奥特柳斯为《寰宇概观》构建了一个附录，他将其命名为《附件，或一些古代地理的地图》（*Parergon, sive veteris geographiae aliquot tabulae*）。《附件，或一些古代地理的地图》，在1595年单独出版，由描绘了来自《旧约》和《新约》的各种圣人的朝圣之旅和游历的地图构成，并且意图作为沉思的对象，作为当观看者进行灵魂内部旅行时用作指南的寓意画（图11.6）。

图11.6 奥特柳斯的《手绘保罗朝圣之旅示意图》（*PEREGRINATIONIS DIVII PAVLI TYPVS COROGRAPHICVS*），1579年

原图尺寸：约34.6×49.5厘米。来自Abraham Ortelius, *Additamentum* Ⅱ to the *Theatrumorbis terrarium* (Antwerp: C. Plantinum, 1579). BL (C. 2. c. 12, pl. 70a) 提供照片。

㊺ 本卷的图53.4。Mangani, in *Il "mondo" di Abramo Ortelio*, 265，谈到，这一地图“呈现了所有精神的和新斯多葛派的方案，它们在8世纪末和16世纪90年代之间，在奥特柳斯和利普修斯所处的环境中流传”。

㊻ Mangani, *Il "mondo" di Abramo Ortelio*, 70和参见38-84，对这一思想的起源和历史及其在15世纪的艺术、科学和宗教仪式中盛行的讨论。参见，例如Rodney W. Shirley, *The Mapping of the World: Early Printed World Maps, 1472-1700*, 4th ed. (Riverside, Conn.: Early World, 2001), 157-58 (No. 134) and 189-90 (No. 170)。

㊼ 关于在《寰宇概观》和《附件》中的奥特柳斯地图的含义和用途，参见Walter S. Melion, "*Ad ductum itineris et dispositionem mansionum ostendendam*, Meditation, Vocation, and Sacred History in Abraham Ortelius's Parergon," *Journal of the Walters Art Gallery* 57 (1999): 49-72。

㊽ Melion, "*Ad ductum itineris*," 53，以及Shirley, *Mapping of the World*, 180-81 (No. 158)。

1564年，奥特柳斯出版了一幅心形的地图，名为《全新的世界，由新的传统描绘》(*Nova totivs terrarvm orbis ivxta neotericorvm traditions descriptio*)[49]。心形是慈爱教的核心象征，同时，如同曼加尼所展示的，对其附加有丰富的含义；心形，同样，是一个世界舞台(*theatrum mundi*)，一个微观世界，在其中，激情、感官、理性和自由意志相互作用以启示个人的神性[50]。

策尔蒂斯和明斯特

德意志人文主义者和改革者正在努力复活和赞美他们的过去，对于他们而言，结合了托勒密的地理学概念和地方志概念的地图，尤其是关于意大利的地图，是必需的。德意志人文主义者康拉德·策尔蒂斯在获得修辞学教席时发布的致辞是这些努力的始发点。在他的演讲中，策尔蒂斯受到弗拉维奥·比翁多的“意大利图示”的鼓舞，呼吁复兴德意志历史的编纂，其应当确立德意志民族的美德和命运：“舍弃在希腊、拉丁和希伯来作者中对德国人的那种古老的诋毁，这些作者将我们描述为酗酒、残酷、野蛮以及有着其他与兽性和无节制相近的坏脾气。考虑到这一点……对于我们区域和我们自己国家的地形、气候、河流、山脉、古代以及民族一无所知是极为羞耻的。”[51]

尽管策尔蒂斯并未完成他的编纂一部“德国图示”(Germania illustrata)的鸿大计划，但他开创了一个时代，在这一时代中，人文主义者和地图学家在系统绘制德意志领土和地图的努力中合作。对于托勒密的地方志和地理学之间差异的研究和应用，是这一工作的核心，还有他指导地图绘制者的数学地图学的规则，以及传统上与地方志存在关联的叙事和描述模式，而地方志被用于指导受过人文主义训练的历史学家。这种结合的精神在塞巴斯蒂亚诺·394
明斯特为他的1544年版《宇宙志》所撰前言的第二部分进行了概括，名为“塞巴斯蒂安·明斯特对所有温和的地理艺术从业者的劝诫和请求(Exhortation and Plea of Sebastian Münster to all Practitioners of the Gentle Art of Geography)”：

> 我现在应当开始这一工作，希望你们中很多人将前来帮助我……
>
> ……我应当将它们(地方的和区域的地图)搜集在一起，并且将它们印刷；然后，我们应当看到我们祖先为他们的家园所征服的是哪类土地：并不是一个野蛮的、未开化的国家，而是一个天堂和快乐的花园，其中可以发现使人快乐所需要的每件事物。
>
> ……让我们每个人伸出帮助之手去完成一件工作，而在这一工作中将反映，就像一

---

[49] 本卷的图44.24；Melion，“*Ad ductum itineris*，”57；和Shirley，*Mapping of the World*，129－31 and 133 (No.114)。

[50] 参见Mangani，*Il “mondo” di Abramo Ortelio*，247－74，对于在16世纪的精神层面上，心形象征图像的重要性的讨论以及对在这一时期制作的心形地图的一个调查，也可以参见Giorgio Mangani，“Abraham Ortelius and the Hermetic Meaning of the Cordiform Projection，”*Imago Mundi* 50 (1998)：59－83。

[51] 被引用在Gerald Strauss，*Sixteenth-Century Germany：Its Topography and Topographers* (Madison：University of Wisconsin Press，1959)，20。关于由策尔蒂斯鼓励的合作，参见pp.45－5。在他的《宇宙志》出版之前，明斯特印刷了托勒密的《地理学指南》的一个新版本。Strauss将明斯特为《宇宙志》所做的“前言”描述为“完全基于托勒密的第一书”(p.169 n.13)。也可以参见他的“Topographical-Historical Method in Sixteenth-Century German Scholarship，”*Studies in the Renaissance* 5 (1958)：87－101。

面镜子，德意志的整个土地以及所有的民族、城市及其习俗[52]。

明斯特显然希望，他出版在《宇宙志》中的地图选集以及它们附带的历史——地方志，应当激发其他地图学家来加入；然而，这一项目从未完成。

在马蒂亚斯·弗拉齐乌斯·伊利里库斯（Matthias Flacius Illyricus）的指导下编纂了《教会史》（*Ecclesiastica historia*），[或《马格德堡的多个世纪》（*Centuriae Magdeburgenses*）]的新教学者的团队，同样基于策尔蒂斯和明斯特的遗产，进行了对直至公元1200年的基督教历史的重新书写，其赋予了德意志首要角色[53]。弗拉齐乌斯·伊利里库斯，其在维滕贝格与梅兰克森一起研究神学，后来在那里教学，然后又在马格德堡（Magdeburg）教学，相信教皇是敌基督（Antichrist）的以及由路德领导的改革应当恢复教会的原始教义和习惯；而原始教义和习惯应当被教宗恶魔般的机构在多个世纪中进行了系统的侵
395 蚀和蒙蔽。《马格德堡的多个世纪》引起了一群天主教徒的回应；这些中最具有广泛性和影响力的就是塞萨尔·巴罗纽斯（Cesare Baronius）的《教会编年史》（*Annales ecclesiastici*）。巴罗纽斯是菲利普·内里（Philip Neri）的一名崇敬的追随者，菲利普·内里是罗马的圣吉罗拉莫·德拉卡里塔（San Girolamo della Carita）的祈祷室的建造者；正是内里命令巴罗纽斯在16世纪60年代早期的某一时刻开始撰写《教会编年史》。巴罗纽斯的著作先后受到格列高利十三世和他的继承者西克斯图斯五世（Sixtus V）的支持。该书于1588年至1607年之间在罗马出版，共12卷，而巴罗纽斯于1607年去世[54]。

成套的地图壁画

这并非巧合，在编纂冗长的论争性的历史和地图集的同时，在16世纪后半期，为神圣和世俗用途设计的成套壁画地图逐渐扩散（对于这方面更为详细的内容参见本卷第三十二章）。重要的例子包括在佛罗伦萨的旧宫、卡普拉罗拉的法尔内塞宫（Palazzo Farnese）、帕尔马的福音书作者圣约翰修道院图书馆（Library of the Monastery of San Giovanni Evangelista）以及梵蒂冈宫的第三层长廊和地理地图画廊（Galleria delle Carte Geografiche）中的那些。这些成套的地图是由地图学家伊尼亚齐奥·丹蒂和斯特凡诺·比翁西诺（Stefano Buonsignori）为佛罗伦萨的科西莫一世大公在旧宫的私人区域设计的，是一种百科全书；按照乔治·瓦萨里的观点，拥有地图的房间“在一个地点”呈现了“与天空和陆地有关的所有事物”。天体应当被绘制在天花板上的12个区隔中，而大地则位于沿着墙壁排列的橱柜的57扇门上。地图应当由与自然和历史有关的事物

---

[52] 被引用于 Strauss, *Sixteenth-Century Germany*, 26 – 27。

[53] *Ecclesiastica historia...*, 13 pts. in 11 vols. (Basel: Ioannem Oporinum, 1559 – 74).

[54] 关于这些历史编纂学的论争，参见 Pontien Polman, *L'élément historique dans la controverse religieuse du XVIe siècle* (Gembluox: J. Duculot, 1932); Cyriac K. Pullapilly, *Caesar Baronius: Counter-Reformation Historian* (Notre Dame: University of Notre Dame Press, 1975), 50 – 66；以及 E. Machael Camilli, "*Six Dialogues*, 1566: Initial Response to the *Magdeburg Centuries*," *Archiv für Reformationsgeschichte* 86 (1995): 141 – 52。

所环绕，而这些对它们而言是本土的——植物群、动物群和统治者。这一雄心勃勃的项目开始于 1563 年，但是并未完成[55]。

大致与科西莫的书房（*studiolo*）的工作同时开始，庇护四世（Pius Ⅳ）委托绘制壁画来装饰梵蒂冈宫的第三层长廊。这一项目，目前依然不知道其作者，直至格列高利十三世任职的时候依然没有完成。由于第三层长廊是露天的，因此其壁画已经遭到了大量的毁损和扭曲，增加了解码项目内容的困难，即使是有可能的。然而，舒尔茨（Schulz）的论点，即“在其背后存在一种混合的概念”是令人信服的：

> 在穹顶上，我们看到了掌管着球体的生命力，以及对于他们神圣的荣耀而言，造物只是一种微弱的反映，且对其而言，这只是一种准备。在中楣，我们看到，首先，一个陆地和海洋的无穷无尽的景色，呈现作为对一种无处不在和无所不能的上帝的反映，然后是统治着天穹和尘世的三位一体（Trinity）的护卫者纳齐昂的圣格列高利（Saint Gregory of Nazianzus）的欣喜。在墙上，我们看到尘世的地理。显然，在这一背景之中，地理地图被有意用来展示上帝造物的浩瀚和普遍性，就像中楣上的地理景观所做到的那样，它们只在上帝所控制的物质层面而不是其精神层面对其进行了展现[56]。

这些成套的地图中的一些，例如，法尔内塞别墅（Villa Farnese）中的世界地图之厅和梵蒂冈宫中的地理地图画廊，似乎是历史编纂学争论的反映，而这些争论来自 16 世纪的宗教冲突和改革运动，同时也是酿成了弗拉齐乌斯·伊利里库斯和巴罗纽斯编纂的相互竞争的那些宗教史争论的反映。然而，这些文本和成套地图之间的关系，因而远未像在埃斯特里奇的《新教宗世界地图》和特伦托的《新教宗世界地图的历史》例子中那样清晰。

1573 年，枢机主教亚历山德罗·法尔内塞雇用了富尔维奥·奥尔西尼（Fulvio Orsini）帮助他设计一个工程来装饰他在卡普拉罗拉的宫殿中的一个大房间，并且在超过数月的时间中，奥尔西尼寻求其他一些同事的建议[57]。结果是一个有着令人惊讶的复杂性的奇观：在天花板穹顶上绘制了一幅天图；墙上则显示了欧洲、非洲、朱迪亚（Judea）、意大利、亚洲和美洲的地图，还有一幅世界地图。这些地图由绘制精美的一系列寓意画，克里斯托弗·哥伦布、马丁·科尔特斯、阿美利哥·韦思普奇和费迪南德·麦哲伦的肖像画，大陆以及朱迪亚、耶路撒冷、意大利和罗马的拟人化形象，以及其他设计作为框架。帕特里奇

---

[55] 关于这一成套地图，参见 Juergen Schulz，“Maps as Metaphors：Mural Map Cycles of the Italian Renaissance，” in *Art and Cartography*：*Six Historical Essays*，ed. David Woodward（Chicago：University of Chicago Press，1987），97 – 122，esp. 98 – 99；Vasari quotation on 99。

[56] Schulz，“Maps as Metaphors，” 107.

[57] 关于世界地图之厅（地图房间），参见以下权威研究，Loren W. Partridge，“The Room of Maps at Caprarola，1573 – 75，” *Art Bulletin* 77（1995）：413 – 44，以及 Kristen Lippincott，“Two Astrological Ceilings Reconsidered：The *Sala di Galatea* in the Villa Farnesina and the *Sala del Mappamondo* at Caprarola，” *Journal of the Warburg and Courtauld Institutes* 53（1990）：185 – 207。

(Partridge) 基于托勒密的《至大论》描述了天图，似乎“在之前的任何装饰性的成套的寓意画中都没有先例”，在其中，有着一个“宇宙的投影，没有特定的，时间和空间”。而且，天图从一个“上帝的视角”进行了呈现，也就是，俯视大地，而不是仰望天空。这一上帝
396 的视角是神意历史的一个图景，在穹顶之下的墙上，呈现了由星辰表示的神圣设计，而这些在时间和空间有限的陆地世界中决定了事件的展开[58]。

一些相互关联的图案主导了这一较低的区域。其中之一是历史进程以及向西的地理运动，在这一运动中圣职（*sacerdotium*）和帝国（*imperium*）的神圣和世俗的权力在罗马教宗制度下联合起来。西北墙上成对的朱迪亚和意大利地图的顶端是拟人化的朱迪亚、耶路撒冷、罗马和意大利的形象，说明了从圣地来到罗马教会的一种宗教的转移（*translatio religionis*）［圣职（*sacerdotium*）］，以及一种从罗马皇帝到教皇的世俗权力的交接（*translatio imperii*）（帝国）[59]。朱迪亚和意大利地图对面的世界地图，以及构成两者两翼的亚洲、美洲、欧洲和非洲地图，将这一正在展开的神意历史放置在一个全球的千禧年的背景下。对新大陆的发现和精神征服，标明了所有民族向基督教最终的皈依，这是在《约翰书》10：16 中所预言的（同样的文字激励了哥伦布），且是显而易见的[60]。法尔内塞的徽章被放置在了天图的南极、穹顶四个半圆室的每一个中，以及来源于异教神话的寓言中［通过伊琪的《传奇》（*Fabulae*）和《天文诗》（*Poetica astronomica*），后者的时间是公元 2 世纪］，说明在这一神意设计的时间和空间内正在展开的戏剧中，红衣主教家族的成员即使不是活跃的演员，那么也是被涂膏的目击者。

卡普拉罗拉的世界地图之厅可能很好地反映了由天主教改革者所要求的罗马城市和教皇制度倒数第二次的革新（*renovatio*），就像有影响力的比特沃的希莱斯（Giles of Viterbo）所要求的那样。当然，其主要主题是希莱斯神圣历史观的那些核心，他将其称为运筹的图像（*providentiae imago*），被奥马利（O'Malley）描述为“一种神意设计的俗世的实现”。对于希莱斯而言，进行了改革的罗马教会，圣职和帝国的联合，即使不是永恒的，那么也是永久实现这一俗世设计的代理者。他称罗马本身是“神圣的拉丁的耶路撒冷”；他将城市看成是耶路撒冷的转型，直至特定的地形细节都是如此[61]。当神圣计划接近完成的时候，在适当的时间，由普遍的和平与和谐（*pax et concordia*）所标志，应当是教皇领导的罗马教会的精神胜利。在这一黄金时代，异端的土耳其和犹太人应当被转化，并且向新发现的民族传授福音，在实现《约翰

---

[58] Partridge,“Maps at Caprarola,”421：“卡普拉罗拉地图是整个天穹的一种综合和准确的图示，包含了一年中的所有季节，并且基于最为权威的古代文献。其抽象的和图表的特点，被从一种上帝视角的投影所进一步强调，这种投影类似于一架天球仪，好像从外部空间看向地球。”

[59] Partridge,“Maps at Caprarola,”438 –40. 帕特里奇评价，在这些地图与那些在第三梵蒂冈凉廊的时间为 1561 年至 1564 年的地图以及那些在帕尔马的圣乔瓦尼·埃万杰利斯塔修道院图书馆的完成于 1573 年至 1574 年的地图之间存在相似性（p. 439 n. 90）。

[60] Partridge,“Maps at Caprarola,”441 –42.

[61] O'Malley,“Giles of Viterbo,”10. 关于术语 *urbs aeterna* 和 *Roma aeterna* 在 15 世纪末和 16 世纪的信件中的复苏，参见 Kenneth J. Pratt,“Rome as Eternal,”*Journal of the History of Ideas* 26 (1965): 25 –44, esp. 35 –38。

书》10：16 的过程中，将世界上的所有民族聚拢到一起[62]。

尽管其有着文艺复兴鼎盛期（High Renaissance）风格，但项目的基础结构在本质上依然是传统的。卡普拉罗拉的世界地图之厅保持了伟大的中世纪世界地图（*mappaemundi*）的所有基本成分，但是它们被展示在三维的建筑中，并且在提供了多重的、变动的解释的动态方式中进行组织和装饰。房间的信息同样直接来源于古老的中世纪的预言传统，尽管，如同经常出现的那样，其将当代的民族和事件整合到了传统中。

梵蒂冈宫中的地理地图画廊，可能是 16 世纪意大利成套墙壁地图中最为夸张的，是在 1578 年至 1581 年之间绘制的，也即在格列高利十三世任职期间（1572—1585 年）。按照早期的文献记载，建筑师是奥塔维亚诺·马斯凯里诺。画廊的墙壁由意大利不同区域地图的 32 片镶嵌板装饰，是由多明我会地图学家伊尼亚齐奥·丹蒂设计的，并且其穹顶是来自奥尔维耶托（Orvieto）的切萨雷·内比亚（Cesare Nebbia）设计的，并且由吉罗拉莫·穆齐亚诺（Girolamo Muziano）和一组绘画师团队执行的，由作为壁画的不同尺寸、形状和色调的镶嵌板构成的错综复杂的图像。最初，在位于对着入口的画廊北端有着一幅失真的图像，一面镜子，其展示了从由上面隐藏的畸变图像反射形成的圣体像[63]。

学者通常同意，画廊的项目是“后特伦托会议”（post-Tridentine）的，并且明显是反新 397
教的。然而，将墙壁和天花板的图像连接起来的全部主题没有被完全解读，并且依然非常难以理解，也许说明了冯帕斯托尔（von Pastor）曾经称作的“整体不安的印象”[64]。地图包含了大量非常详细的地理和地形信息；其中一些有着具有特定历史事件的小型插图[65]。到现在

[62] 将全面的传授福音与罗马教皇制度的改革联系在一起的希莱斯的梦想，由其他天主教改革者所分享。参见 Partridge，“Maps at Caprarola，”441 n. 101，其中提到了 Robert Bellarmine；John W. O'Malley，“The Discovery of America and Reform Thought at the Papal Court in the Early Cinquecento，”in *First Images of America*：*The Impact of the New World on the Old*，2 vols.，ed. Fredi Chiapelli，Michael J. B. Allen，and Robert L. Benson（Berkeley：University of California Press，1976），1：185 – 200；以及 idem，“Giles of Viterbo”。O'Malley 注意到，“如果早期的教会没有提供一种全面传授福音的模式的话，那么至少将其承诺扩展了当代。在这里，与 Johannine 的保证相比，来自《圣经》的词句得到了更为频繁的引用，即某天，将会‘合成一群，同归一个牧人’（John 10：16）。实际上，没有词句，如此完美地归纳了罗马改革理想的抱负”（p. 192）。Marjorie Reeves 在“A Note on Prophecy and the Sack of Rome（1527），”in *Prophetic Rome in the High Renaissance Period*，ed. Marjorie Reeves（Oxford：Clarendon，1992），271—78 中讨论了在 1527 年以后宣扬教廷和罗马教会首要地位的文本和图像的复苏。在这一方面，她指出，希莱斯最后的著作，*Scechina*，撰写于 1530 年，是由克莱门特七世（Clement Ⅶ）请求对导致劫掠的灾难性事件进行解释所促成的。

[63] 关于画廊的建造，参见 James S. Ackerman，*The Cortile del Belvedere*（Vatican City：Biblioteca Apostolica Vaticana，1954），102 – 9，以及 Ludwig Freiherr von Pastor，*The History of the Popes*，*from the Close of the Middle Ages*，40 vols.（London：J. Hodges，1891 – 1953），20：651。对众多格列高利建筑工程的研究，其中包括画廊，参见 Antonio Pinelli，“Il‘*bellissimo spaseggio*’di papa Gregorio XIII Boncompagni / The‘*belissimo spaseggio*’of Pope Gregory XIII Boncompagni，”in *Galleria*，1：9 – 71。对画廊和其中使用的地图的一个更为详细的分析，参见 Pauline Moffitt Watts，“A Mirror for the Pope：Mapping the *Corpus Christi* in the Galleria delle Carte Geografiche，”*I Tatti Studies*：*Essays in the Renaissance* 10（2005）：173 – 92。

[64] Von Pastor，*History of the Popes*，20：617. 增加了解读原始项目的难度的就是，大约在项目最初完成之后曾对墙体地图进行过增补和修复。参见 Roberto Almagiá，*Monumenta Cartographica Vaticana*，4 vols.（Vatican City：Biblioteca Apostolica Vaticana，1944 – 55），vol. 2，以及 Claudio Franzoni，“I restauri della Galleria delle Carte geografiche / The Restorations of the Gallery of Maps，”in *Galleria*，1：169 – 74。

[65] 关于这些历史插图，参见 Walter A. Goffart，“Christian Pessimism on the Walls of the Vatican Galleria delle Carte Geografiche，”*Renaissance Quarterly* 51（1998）：788 – 827。Goffart 称这些小插图是意大利历史的一种不平衡的和无代表性的选择（p. 807），观察到，它们包括“罗马历史最为沉重的灾难”（p. 809）。他总结，它们代表了一种悲观主义的或奥罗修斯（Orosian）的历史观：“似乎可能的是，奥罗修斯式的历史推理指导了画廊地图插图的设计者。穹顶的镶嵌画，以及它们的同质性，‘天国史’清晰明显的方案，要求一种‘尘世的’补充，以及尤其集中于从罗马历史中选择的场景，指向了一种对尘世激情和奋斗的完全否定的观点。”（p. 819）

为止，学者无法发现揭示选择这些事件的条件，但是他们普遍同意，尽管地图的外观可能可以被称为有着一种科学的准确性，但它们实际上是意识形态虚构的故事，意图发布神意历史的一个特定版本。[66]

当大多数学者认为有人应当对画廊项目的设计负责时，这个人的身份依然是难以捉摸的。丹蒂、巴罗纽斯和教皇的图书馆员古列尔莫·西莱托（Guglielmo Sirleto）都被提名。巴罗纽斯完成了《教会编年史》的第一卷，涵盖了教会最初的历史以及君士坦丁的时代，到1579年为止，尽管其直至多年后才出版。在甘比（Gambi）的版本中提供的与描绘在画廊穹顶上的场景有关的大量文献证明，其中相当数量的场景包含了发现于巴罗纽斯的《教会编年史》中的特定的历史和考古细节。在巴罗纽斯编纂《教会编年史》的年代，西莱托借给他了来自使徒图书馆（Apostolic Library）的著作和文件，并且阅读了著作撰写过程中的各种草稿。巴罗纽斯还从其他历史学家的著作中获益，如他的同事卡洛·西戈尼奥（Carlo Sigonio）的《西部帝国的历史》（*Historia de occidentali imperio*）和《意大利王国的历史》（*Historia de regno Italiae*）。1580年，西莱托被格列高利任命为一个学者小组的首领，这一小组中包括巴罗纽斯，他应当修订了《罗马殉道圣人录》（*Roman Martyrology*）；后来，这一职位转移给了巴罗纽斯。换言之，巴罗纽斯和西莱托在为格列高利服务中经常性的合作，并且他们使用了西戈尼奥和其他很多同事以及古老权威的作品。基于合作的这些模式，如果没有获得来自其他人的大量帮助，也没有获得来自格列高利自己的资助的话，那么他们就不太可能设计该计划[67]。

---

[66] 参见 Lucio Gambi and Antonio Pinelli，"La Galleria delle Carte Geografiche / The Gallery of Maps，" in *Galleria*，2：11－18，esp. 12："无论是这一对［意大利的］划分，还是国家被呈现的方式，都没有与文艺复兴时期意大利历史和地理的两个主要来源相协调，即弗拉维奥·比翁多的《意大利图像》（1453，first printed edition 1574）和莱安德罗·阿尔贝蒂的《意大利全国地理志》（first edition 1550，complete edition 1560）。丹蒂的划分，更多的是政治考虑，而不是地理实际，尤其是在教皇统治的省份和波河河谷中的大大小小的国家。"还要参见 Iris Cheney，"The Galleria delle Carte Geografiche at the Vatican and the Roman Church's View of the History of Christianity，" *Renaissance Papers*，1989，21－37，esp. 21："这一概念上的意大利并没有反映16世纪或者其他时期的政治实际。取而代之，其是呈现了教会认为的其家园应当的面貌的一种乐观的虚构。这是以历史记录的方式记录下来的理想。"也可以参见 Francesca Fiorani，"Post-Tridentine 'Geographia Sacra'：The Galleria delle Carte Geografiche in the Vatican Palace，" *Imago Mundi* 48（1996）：124－48，esp. 139："在梵蒂冈画廊中描绘的意大利既没有与一个地理单元相一致，也没有与一个政治单元相一致。取而代之的是，其呈现的是在教皇制度的精神和政治权威下的某个地点的乌托邦结构。"

[67] Marica Milanesi，in "Le ragioni del ciclo delle carte geografiche / The Historical Background to the Cycle in the Gallery of Maps，" in *Galleria*，1：97－123，注释："依然被有待证实的一个合理有效的假说就是，画廊的原创思想是教皇的，并且丹蒂发展了这一思想，并且将其制作到了一个图像学的方案中，可能与塞萨尔·巴罗纽斯一起……工作应当受到西莱托的监督，并且奥尔西尼同样应当参与了一个明显需要大量合作者的项目，这并没有被这一假说所排除。"（pp. 117－18）Cheney，in "Galleria delle Carte Geografiche，" 34，注释"画廊的工作毫无疑问是参加了格列高利的其他工程的那些学者进行的，并且它提供了天主教对路德版基督教历史的回应，而且比通过发表文本的方式可能更快。类似于格列高利的大多数其他成就，其是由一个委员会完成的。地图在多明我会地图学家伊尼亚齐奥·丹蒂的指导下进行，其还是历法改革委员会的一名成员。布雷西亚绘画师吉罗拉莫·穆齐亚诺负责穹顶，同时早期的文献中提到了这一团队中的大约15名画师的名字"。William McCuaig，in *Carlo Sigonio：The Changing World of the Late Renaissance*（Princeton：Princeton University Press，1989），78，谈及，在1578年，格列高利十三世委任他的朋友博洛尼亚人西戈尼奥，去撰写一部《教会史》（*historia ecclesiastica*），同时在1579年早期，西戈尼奥将该书中三书的草稿送给在罗马的西莱托去批评。他在那时停止了这一项目的工作。按照 Eric W. Cochrane，在 *Historians and Historiography of the Italian Renaissance*（Chicago：University of Chicago Press，1981），459的观点，巴罗纽斯使用了西戈尼奥的笔记。

一首名为《格列高利的行迹》(*Ambulatio gregoriana*) 的诗歌，是在1585年格列高利去世前撰写的，提供了画廊整体设计，及其与梵蒂冈宫其他公共和私人房间之间联系的关键。佚名的作者告诉读者，画廊曾经是一个公共空间，是由“为了装饰城市的”教皇建造的，同时也是一个他进行个人反思和身体放松的地点：“他建造了这一艺术作品，其激发了奇迹，而不是为了他私人的利益，也不是为了私人安全的考虑，而是为了城市的美观以及为了颂扬他持久的名望……如果时不时格列高利可以放下他沉重的责任（他的肩膀上承受着世 398
界的重量)，并且可以在一个更为干净的天空中呼吸的话，那么一次健康的呼吸几乎足以让他恢复，并且如果疲惫的他私下抓住细碎的时间进行一次散步的话，那么这是对他的服务的奖励。”[68]

画廊本身连接了梵蒂冈宫的私人和公共部分：“跟着我”，作者说道“在房间的尽头，相互对着的是两道门。其中一扇向公共部分隐藏，因为其通往教皇陛下的神圣住所，另外一扇则通常准备好迎接拜访格列高利的访客”。诗文继续说道，地图为教皇的沉思而设计；凝视着它们，有助于他完成沉思（*consideratio*）的任务——决定如何管理和统治[69]。

沉思有着一个重要的历史，其解释了很多画廊的设计和功能。这一历史根植于克莱尔沃的贝尔纳德（Bernard of Clairvaux）的专著，《关于沉思的五书：给教皇尤金的建议》(“De consideratione ad Eugenium papam tertiam libri quinque”)，这是在1148年至1153年之间为教皇尤金三世（Eugenius Ⅲ）撰写的。《关于沉思的五书》意图成为一种实践指南——一本手册——而不是一种抽象的沉思［贝尔纳德非常清楚沉思（*consideration*）和默观（*contemplatio*）之间的差异］。格列高利十三世非常了解这一文本；在进餐的时候，他已经阅读了它。格列高利对贝尔纳德的《关于沉思的五书》的热爱也被他很多前任分享；在15世纪和16世纪期间，为教皇、红衣主教和高级教士制作了作品的副本。1520年，路德，将他的专著《论基督徒的自由》(*On Christian Liberty*) 送给教皇利奥十世，谈及，他并没有“遵循圣贝尔纳德在他的著作《关于沉思的五书：给教皇尤金的建议》中的例子，这是一本应当每任教皇都应该放在心中的著作”[70]。庇护五世（Pius Ⅴ)，同样在他吃饭的时候，让人读给他听，并将其描述为“教皇们的法令”(*Decretum*)[71]。

格列高利画廊的图像，由墙壁地图组织和主导，将贝尔纳德的《关于沉思的五书》及其中世纪的和文艺复兴早期的遗产翻译为当代的——也就是，16世纪的——聚焦于教皇的两个角色的罗马的习惯用语——普世教会的牧师和教皇国（Patrimonium Sancti Petri）的暂时统治者。实际上，画廊是一间各种镜子的大厅，其中格列高利可以沉思他作为基督的尘世代理者（Vicarius Christi）的角色的各种不同方面。

在画廊地图中，特别关注于记录教皇国的领土。值得注意的是，阿维尼翁和维奈桑伯爵领地（ComtatVenaissin）都被绘制了地图。它们显示在了画廊的北端，邻近西西里，附带有

---

[68] 《格列高利的行迹》的拉丁文本出版在 Rolando Ferri, “Una ‘passeggiata in Italia’: L'anonima *Ambulatio gregoriana*/A ‘*Walk through Italy*’: The Anonymous *Ambulatio gregoriana*,” in *Galleria*, 1: 73 – 81, esp. 78。

[69] Ferri, “A ‘*Walk through Italy*,’” 79.

[70] Martin Luther, *Works of Martin Luther*, 6 vols. (Philadelphia: A. J. Holman, 1915 – 32), 2: 310 – 11.

[71] André Deroo, *Saint Charles Borromée, cardinal réformateur, docteur de la pastorale* (*1538 – 1584*) (Paris: Éditions Saint-Paul, 1963), 289.

位于左下角的颂扬性质的螺旋花饰，其中的文字为："尽管阿维尼翁的古代城市，维奈桑伯爵领地，其首都卡庞特拉（Carpentras），或者他的其他任何城镇和城市，都没有被恰当地描述为意大利的部分，但它们依然属于罗马教会，并且由于这一原因而被绘制在这里。装饰了阿维尼翁遗迹的现代建筑；跨越在罗讷河（Rhone）上的桥梁，在这里是完整的，并且其结构和600步的长度使其值得骄傲。"在弗拉米尼亚（Flaminia）（罗马涅区）地图上，一幅错视法的卷轴宣称，由格列高利十三世的符号——一条金龙——标记的地点代表了他已经为教廷（Holy See）恢复的领土。换言之，墙体地图呈现了，在作为尘世间的统治者时，教皇所统治的领土[72]。

按照冯帕斯托尔的观点，丹蒂最初是由格列高利委任来为画廊设计"整个教皇国"的地图的，并且项目然后扩展到了包括所有的意大利[73]。描绘在墙壁地图上的意大利王国（*regnum Italiae*）是想象的；尽管丹蒂的成套地图的现实主义，但其并没有呈现一种某一特定时间点上的实际的政治实体，其更是一种超越历史的模仿品。按照被称为"君士坦丁赠礼"的文献的记载，画廊的地图绘制的是罗马皇帝君士坦丁赠送给教皇西尔维斯特的土地[74]。

399 在格列高利对梵蒂冈宫殿君士坦丁厅（Sala di Costantino）进行的改造中也描绘了这些土地。在天花板的穹顶，教皇绘制了被弗雷伯格（Freiburg）称作欧洲、亚洲、非洲和意大利各省，以及西西里岛和科西嘉岛的"拟人化形象"，这些"宣布教皇的领土支配权是君士坦丁皈依基督教和他的捐赠的结果"。冯帕斯托尔出版了一部同时代的文献，其解释了穹顶壁画的象征主义，并且陈述，这一项目呈现了"君士坦丁赠礼"。换言之，捐赠被展现在了格列高利的画廊中，并且还在君士坦丁厅中以地图和拟人化地图的形式，而不是像其他早期装饰了梵蒂冈宫毗邻房间的，描绘了君士坦丁与西尔维斯特之间交易的历史时刻的壁画中的传统呈现那样——例如，位于君士坦丁厅的墙壁之一，以及在埃略多罗厅（Stanza d'Heliodoro）的[75]。

---

[72] *Galleria*, 1: 273 and 2: 197 - 203.

[73] Von Pastor, *History of the Popes*, 20: 618 - 19.

[74] Christopher Bush Coleman, *The Treatise of Lorenzo Valla on the Donation of Constantine* (New Haven: Yale University Press, 1922), 17:"因此，为了使最高的宗教职位不会堕落，且更可能被用荣耀和权力来装饰，而不仅仅是用尘世统治的尊严；看，我们放弃并弃绝了前面所说的我们最为受到祝福的教宗西尔维斯特，普世的教皇，以及我们的宫殿，正如所说的，也就是罗马城以及意大利的所有省份、地点和城市以及西部，并且我们通过这一神圣而务实的认可来裁定，他和他的继承人将控制这些地区，并且我们允许它们将继续处于神圣罗马教会的法律之下。"关于这一文本的历史，可以追溯到9世纪的伪造品，参见 Christopher Bush Coleman, *Constantine the Great and Christianity* (New York: Columbia University Press, 1914), 175 - 83. Von Pastor, in *History of the Popes*, 20: 618 - 19，注释："从包括阿维尼翁在内的事实以及由皮乌斯五世和格雷戈里十三世恢复的所有地方的事实都可以看出，那些教皇的支持者赋予教会暂时的世俗统治的想法有多么强烈。再现教皇国的最初任务会很快延伸到整个意大利。"丹蒂的墙壁成套地图，然后，出现成为行政指导下地图制作的一个例子，在16世纪晚期，繁荣于意大利，尤其是在威尼斯和罗马。

[75] Jack Freiberg, "In the Sign of the Cross: The Image of Constantine in the Art of Counter-Reformation Rome," in *Piero della Francesca and His Legacy*, ed. Marilyn Aronberg Lavin (Washington, D. C.: National Gallery of Art, 1995), 67 - 87, esp. 71. 地图的拟人化还可以在新教地图学家的作品中找到。例如，参见塞巴斯蒂亚诺·明斯特在他的1527年《宇宙志》中的欧洲的图版；Von Pastor, *History of the Popes*, 20: 652. Freiberg, in "In the Sign of the Cross," 84 n. 22，注意，铭文"捍到了基督教在帝国全境的传播"。铭文的文本出版在了 Rolf Quednau, *Die Sala di Costantino im Vatikanischen Palast: Zur Dekoration der beiden Medici-Päpste Leo X. und Clemens VII* (Hildesheim: Georg Olms, 1979), 915 - 17 中。

在南侧入口的马耳他和科孚岛的地图上，有着对基督教在马耳他（1565 年）和在勒班陀战役（1571 年）战胜土耳其人的描绘；同时利古里亚地图上有着哥伦布阐述的他在波塞冬（Poseidon）指挥的海上战车上进行发现之旅的寓言故事，这些可能预示了适当时间（*plenitude temporis*）的事件，即比特沃的希莱斯和其他基督教改革者想象的“黄金时代”的即将来临[76]。

最后的这些插曲指向了穹顶壁画的核心主题。教皇作为普世教会的牧师的图像——基督圣体（*Corpus Christi*）——构建出他人格精神方面的三重性——他是《利未记》（Leviticus）部落的继承者，他是美德的化身，最为重要的是，他是好牧人（Good Shepherd）。在穹顶的中心，是一幅描绘了《约翰书》21：15—17 的镶嵌画，这一段落叙述了耶稣死于十字架之后出现在彼得面前的时刻，并且问了他三次“约翰的儿子西门，你爱我吗?”每次，彼得都回答“是的”，同时每次耶稣都重复“牧养我的羊”。与镶嵌画相邻的是一幅表现了博洛尼亚的管辖地的地图，其附属于一幅博洛尼亚的详细的城市地图，并且由四幅镶嵌画所环绕，而博洛尼亚是格列高利十三世的出生地，这些镶嵌画提到了发生在管辖地的奇迹，并且表现了其中特定地点的场景。丹蒂的博洛尼亚的城市地图基于洛伦佐·萨巴蒂尼在梵蒂冈宫第三层长廊博洛尼亚厅制作的那幅地图。其是一个格列高利委托的壁画规划的一部分，这一规划用来颂扬他出生的城市及其郊区，完成于 1575 年。[77]

实际上，画廊在它的形象化中压缩了在超过四个世纪的时间中对教皇制度意识形态方面的逐渐的历史构建，在这一意义上，其并不是对新教改革的简单的反应。到公元 16 世纪，教皇个人的图像凝聚了非凡的、持续的象征性的力量。这一象征性的力量附属于教皇个人，是一种万花筒似的混合物，而不是一种静态和单纯的；其是被历史驱动的，并且由此经常变动。因而，其必然被放置在普罗迪（Prodi）称作的与现代早期欧洲基督教世界（*Christianitas*）存在联系的政治和宗教内爆以及与扩张相关的“文艺复兴时期教皇制度的蜕变”的背景下[78]。

总　结

总而言之，本章讨论的地图根植于宗教信仰和习俗，以及视觉训释的传统，这些深深地延伸到了过去。它们的含义同样脱离不了创造和展示它们的特定背景下的政治修辞和宣传方式。它们全部，以某种方式，呈现或暗示了与人类在堕落后的时间和空间中的救赎有关的神圣计划的展开，但是它们对于计划的理解通常是深深冲突的。在那一意义上，它们准确地反 400

---

[76] 关于对土耳其人和其他异端的胜利与基督教和教宗制度改革之间的联系，参见 John W. O'Malley, *Praise and Blame in Renaissance Rome: Rhetoric, Doctrine, and Reform in the Sacred Orators of the Papal Court*, c. 1450 - 1521 (Durham: Duke University Press, 1979), 195 - 237，在其中 O'Malley 观察到：“针对土耳其人的一次胜利，应当导致确保了传道者在某些时候提出的最终目标：所有热爱上帝之人之间兄弟般的联合，并且在一位普世传教者的领导下。因而，将完成救世主的愿望，即世界被构建为在‘一个牧羊人’下保持团结和秩序的‘一群羊’。”(p. 196)

[77] Gambi and Pinelli, *Gallery of Maps in the Vatican*, 1: 322 - 23；丹蒂的地图复制在了 2: 284；还有萨巴蒂尼的壁画是在 Carlo Pietrangeli, ed., *Il Palazzo Apostolico Vaticano* (Florence: Nardini, 1992), 163。

[78] Paolo Prodi, *The Papal Prince: One Body and Two Souls. The Papal Monarchy in Early Modern Europe*, trans. Susan Haskins (Cambridge: Cambridge University Press, 1987).

映了文艺复兴和宗教改革文化紊乱的本质。

尽管这些地图呈现的信息无法逃离历史的束缚，但它们最终的来源——上帝——超越和遮蔽了历史。他的永恒和无所不在被标记，但没有被包含在装饰了它们的图形、地点、民族和事件之中。它们提供了荒诞，有时荒谬的小插图和混合物，然而通过这些将昙花一现的时刻整合到了一种神意历史的愿景中，这种神意历史保持其力量，使其意义很好地进入了现代早期。就本质而言，绘制这种愿景地图来源于保存下来的托勒密的地方志的概念，尽管在中世纪时期其被宗教内容进行了大幅度的改造。由此，尽管他的《地理学指南》的一部分在文艺复兴时期才被重新发现，但另外一部分从未真正消失，尽管其起源已经早被忘记了。

第十二章　现代早期的文学和地图学：评论

汤姆·康利（Tom Conley）

过去 20 年中，在那些文学和地图学彼此重叠和提供信息的领域中，关于现代早期的研究发生了突然和急剧的发展。地图在传统上被用于支撑和展示对历史的研究，但是现在文学评论家正在对它们加以研究，以检查它们如何混合了观察和想象，而这两者对于小说和诗歌而言以及对于呈现而言，是至关重要的元素。研究者，尤其是为本卷这一部分做出贡献的八位作者，认识到印刷地图在现代早期如何为诗歌和小说的创作提供了信息。他们还看到，地图是如何屈从于理论推测，并且由此，作为结果，可以使用在文学的关键性处理中提出的方法对地图进行研究。如果，现代早期的文学——由稿本、印刷的形式以及木版和铜版插图构成的一种文本的复合体——确实可以被理解为是一种混合媒介的话，那么紧随而来的就是地图启发了文学创作。随之而来的就是，由于地图和书写作品之间的边界是流动的，因此一幅地图有的时候甚至可以被认为是一部文学作品。 401

现代早期书写作品的大部分从古典和中世纪的资料中获得灵感，同一时期的地图有着多种起源的资料和变体。地图和文本都属于图像修辞学的传统，而这些在其早期阶段都继承了稿本时代和印刷文化的遗产。细致的分析趋向于展示，地图如何透露了意识形态——这里定义为一种对社会进程的想象呈现——通过一种通常与那些文学相同的方式。当文学和地图学，大致从 1470 年至 1640 年，在一个超过 170 年跨度的时间段内被一起处理的时候，它们揭示了迫切需要进行更为密切的比较检查的共同特征。

这一部分的作者们已经准确地展示了，在六个非常不同的国家，地图学和文学被紧密地交织在一起。他们记述了文学受到地图学直接影响的方式，并且注意到，从古版书（incunabulum）的诞生直至巴洛克（Baroque）时代，存在着一种从世界的宇宙志呈现向地形的或一元的呈现的转移。他们注意到《岛屿书》（*isolario*）出现的重要性，其中，在文学中，如同在地图学中，世界因它的多样性而受到赞赏，并且被认为是各种奇异的汇聚。他们同样注意到一种忧郁静默的表达，其与在撰写于地图集成型时代文学中的，文学史学家所谓的“巴洛克”感性的要旨有着共同特质。他们都说明了寓意的如下共同基础，即在寓意中，《世界的剧场》或“世界的舞台”，成为上演世界历史及其居民的怪癖和命运的地点。在随后的评述中，我应当借鉴他们的结论，以便确定现代早期文学和地图学的一些广泛融合的线索。

空间的体验和制造

本卷这一部分的作者们确认，在印刷文化中，文学和地图学将有创造力的幻想与科学混合在一起。他们相信，在他或者她寻求将已知和未知世界的总和放置到印刷形式中时，这些作者类似于地图学家。他们同样坚持，在这一时代中，作家和地图学家在希望不仅是抄录，而是更为果断地去制造反映了世界和他们自己风格和特征的空间时，有着一个共同的目标。空间，定义了他们工作的物质对象——在其上被雕版了一个木版图像、一个印刷的诗文的纸张，构成了一个宇宙志的话语和图像的作品集——以及他们正在描述或计划表达的内容。来源于远洋旅行的地图和报告是新的体验的成果，是那些导致了已经扩展的航行的物质障碍的结果，而正如人类学家克劳德·列维-斯特劳斯（Claude Lévi-Strauss）指出的，这些航行增加了不可预见的智力和道德困境。对于向东或向西的旅行者而言，每件事物都是神秘的。我们现在提问，在他第一次航行的后期，哥伦布如何描述他所看到的在加勒比海（Caribbean Sea）畅游且它们圆圆的脸在波浪中上下起伏的美人鱼的？或者为什么被植物学家后来确定为是木棉树的树木，在书中和地图中最早被绘制为在枝头上悬挂着带有羊毛的羊？这些航行者正在从事于“向人类提出的一次彻底的冒险”。他们的旅行都是向外的，朝向新的地点，
402 还有向内的，朝向体验本身，也就是，去面对死亡和未知[①]。由此看来，在文本和地图中制造的空间，必然同样被理解为物质、具象和精神共存的语域[②]。

作者基于真实性而构造世界，在其中，印刷的论说描述了观察者从遗留而来的资料或体验中注意到的东西。这些小说并没有经常在编年史或地图中找到可靠的相关事物，但是，它们被通过论述和示意的手段，基于科学和方法进行描绘。洛多维科·阿廖斯托的《疯狂的奥兰多》（*Orlando furioso*）中的男女英雄在世界上旅行，而这一世界的范围是在最近版本的托勒密《地理学指南》中界定的，但是与亚历山大地理学家的作品相矛盾，他们的世界是一个在其中话语在不同地点制造了同时发生的事件的世界。弗朗索瓦·拉伯雷令人发笑的史诗中的巨人将作者在图赖讷（Touraine）出生地附近的公共地点转变到了神秘空间中，转变成获得了地形特征的镶嵌结构。威廉·莎士比亚舞台的范围可以同时是一个世界地图或一个地方地点，在其中，设定了人类的命运。米格尔·德塞万提斯的《堂吉诃德》（*Don Quijote*）中的西班牙贵族以及他矮胖的桑乔·潘扎（Sancho Panza）在拉曼查骑行，用他们的旅行解开地理景观之谜，就像一位地形测量员和他的助手被派去测量这一区域那样。路易斯·德卡

---

① Claude Lévi-Strauss, *Tristes Tropiques* (Paris: Plon, 1955), 81–82. 这一翻译以及随后其他的都是由我进行的。体验，其“由死亡产生的”(*ex-perire*)，是 Montaigne 的 *Essais*（1580, 1588, 1595）的主题；参见 Michel de Montaigne, *Essais*, 2 vols., ed. Maurice Rat (Paris: Garnier, 1962), esp. “De l'exercitation”(1: 405–17) and “De l'expérience”(1: 516–78)。

② 将空间、文学和地图绘制结合考虑的参考书目是相当可观的。文学和社会领域的评论性著作是 Maurice Blanchot, *L'espace littéraire* (Paris: Gallimard, 1955), translated by Ann Smock as *The Space of Literature* (Lincoln: University of Nebraska Press, 1982); Gaston Bachelard, *La poétique de l'espace*, 2d ed. (Paris: Presses Universitaires de France, 1958), translated by Maria Jolas as *The Poetics of Space* (New York: Orion, 1964; Boston: Beacon, 1994); 以及 Henri Lefebvre, *La production de l'espace* (Paris: Anthropos, 1974), translated by Donald Nicholson-Smith as *The Production of Space* (Oxford: Blackwell, 1991)。尤其相关的是 Paul Zumthor, *La Mesure du monde: Représentation de l'espace au Moyen Âge* (Paris: Éditions du Seuil, 1993) 中关于地图学和诗意空间的章节。

莫斯（Luís de Camões）的《卢济塔尼亚人之歌》（*Os Lusíadas*）中的水手，沿着非洲西海岸航行，在诗文中详述了某些人不太可信的行为，那些人在他们朝向锡兰（Taprobana）向南向东时，胆敢在热带沸腾的海洋中航行。

这些作者和其他人从古典和中世纪材料中搜集关于世界的信息，而这些材料包括旅行文学、地图学和编年史。他们整合他们的材料来建造一个自包容的世界；他们因而属于这样的一种传统，即在其中，作者被作为用他或她自己的方式构造小说的地图学家。人文主义作家，类似于地图学家，感觉到了他们所撰写的作品的冲动，或在他们受到训练和发展的社会环境中绘制了一个表示他们自己的优势和主观性的标志[3]。

现代早期作品中的地理想象，由哥伦布发现的奇观和不可思议之物所标志。同样被意识到的就是，其获得了一种新的自主权，而这一自主权的获得来源于印刷的和可机械复制的形式所拥有的优势。对于作者、旅行家和地理学家而言，空间体验（*experience of space*）是无法被充分用语言表达或者绘制在地图上的内容。然而，其依然是他们工作的一个重要组成部分。无论是有创造力的作家还是地图学家都诞生在空间中，空间是一种连续体，位于他们之前，并且然后导致他们去思考他们所生活的世界的性质。对于现代早期的灵魂而言，地球上的陆地和水域验证了造物的美丽，同时成为由此人类创造新世界的原材料。

无论作家还是地图学家都从一种通过五种感官而被体验的空间来塑造他们的作品[4]。那些被放置到罗盘方位线和坐标网的结构或印刷字符中的内容增加了空间的经验，验证了那些补充了已知世界的空间和地点的存在。一位评论者注意到，文学诞生于地理学，只要作家在他们的作品中包含反思“［他们］日复一日地在其上行走的，他们在其上睡觉和做梦的地面”。其还包括，“我们从窗户，沿着我们旅行的路径看到的广阔而狭窄的地平线，或者让我们绊倒的地上的裂缝”[5]。空间的体验来源于描述了不仅与世界表面接触， 403
而且也与其地图学图像的表面接触的感知的那些语言。由于印刷的地图为现代早期的作者带来了新奇和活力，而这些作者将它们吸收到了他们的创作中，地理学和文学可能确实在这一时期比此后的时代中有着更为密切的关系，这是地图不仅仅是一个完全科学的对象的时刻。对于作者而言，地图提供了对它所呈现的空间以及它的构成形式、图形和个人语言的体验。在这些作品中，某些作者通过对物质世界的继承和直接印象来渗透地

---

③ Cynthia Jane Brown, in *Poets, Patrons, and Printers: Crisis of Authority in Late Medieval France* (Ithaca: Cornell University Press, 1995)，研究了古版书时代的两代诗人如何通过他们的作品和签名的印刷品来追求地位。结论可以延伸到同时代的地图学家。

④ 哥伦布在他第一次航行中，通过他的想象对新世界的发现进行了再创造，列维－斯特劳斯回忆了旅行者是如何注意到飞鱼和海鸟宣布了航行的结束。但是尤其是通过味道，最原始的感觉，航海者的鼻子第一次体验到了空间，“森林的微风与温室的气味交替，植物王国的精髓，这种新鲜的感觉如此集中，以致它被转化成让嗅觉陶醉的味道”（Lévi-Strauss, *Tristes Tropiques*, 83－84）。五种感官都与地图学相关：参见戴维·伍德沃德为本卷所做的“导言”（第一章），在其中讨论了尼古劳斯·库萨的有着五座城门的城市。

⑤ Frank Lestringant, *Le livre des îles: Atlas et récits insulaires de la Genèse à Jules Verne* (Geneva: Droz, 2002), 21. 沿着一条相似的脉络，Casey 断言，地理景观和地图构成了一种“紧密的推理”，在其中，作品中的和图像中的一幅世界的图像，既是避难所也是展望：避难所，因为其拥有已知和未知的区域；展望，因为其需要体验、解释和活动，而这些对于撰写小说和历史以及绘制地图和地理景观而言是至关重要的。Edward S. Casey, *Representing Place: Landscape Painting and Maps* (Minneapolis: University of Minnesota Press, 2002), 273－75.

图学形式。他们间接提到了地图，但是他们还在其书写作品中整合了与地图学实践存在联系的空间构成模式。

物质性：作为地理景观的文本和地图

现代早期的地图学和文学杰作的虚拟空间，是从作者和地图学家生动的想象力中创造出来的，他们混合、扭曲和延伸了继承而来的表达种类和模式。作者探索了他们媒介的物质特征，并且地图学家也是如此，他们对投影和绘制的模式和风格进行了试验。在很多地图和文本中，可以发现他们对媒介的物质特质的一种意识。不仅提及其上标记了他们符号的纸张，他们还制作了拥有他们话语意义的作品的图像形式。地图和文本通常泄露了用于制作它们的方法的证据。它们展现了制作它们的话语的、图形的和形象的元素。作为结果，赋予了印刷文献和地图基本特征的材料史，成为今天其美学吸引力的一部分，其中它处于图像（无论是口头的还是图像的）、印刷品（无论是字符还是装饰物）以及页面空间（无论是空白的还是印有内容的）的动态平衡中。地图学家、编辑者和作者有着相同的习俗，并且对它们进行了广泛的开发，尤其是在从古版书时代延伸到了地图集时代的印刷文化的阶段中。

那个时代的诗人和作者经常在一个地理景观和一张印刷事物的纸张之间进行类比。小丘、耕地、森林和经过清除的土地，被设想正在从印刷形状的组合和设计中涌现出来。在他们的眼中，作品在阅读时传达了含义，但是当观看纸张表面的时候，其可以与一幅地图上印刷的地形差异、线条和名称相结合。用大写表示的字母，尤其是地名和人名的出现，而字母和线条的"边缘"暗示了语言和已知事物的局限。

在一种相同的方式中，现代早期的文学在其主人公的旅行中描述了地理景观。将地理景观与一幅地图和一段文本的类比，被建立在这样的规则基础上，即其是分层的，并且必须被作为一种沉淀的表面而被看到和阅读，其上充斥着山丘和谷地、湖泊和潟湖、道路和森林。文本和地图都组织了读者和观众的目光。一段文本，米歇尔·德塞尔托（Michel de Certeau）观察到，"长期以来被认为是一种图像。16 世纪的印刷版是示意符号和图像的系统。字母的特质以及它们在纸张上的组织，被认为既是图示，也是含义和方向的系统"。他补充到，导致了一种对未知的体验，当一名观察者"对只是隐喻性的，或者说是转喻性呈现的某些东西着迷。所看到的就是当观看时对其一无所知的某个整体的一部分，即指的是一系列非常古旧的、基本的和不公正的图像……犹如相信某人正在观看某些东西，我们同样持续的被那些我们自己不知道的东西所观看，或者被一则对其来说我们更是目击者而不是作者的故事所观看"⑥。

在想起《米勒地图集》（*Miller Atlas*，1519）中的巴西地图或者来自迪耶普学派（Dieppe School）的航海图的时候，塞尔托暗示，红色墨水的效果——用于标注海岸线上的地名，桅杆上有着纹章的旗帜，以及甚至在穿戴着盔甲的男人的注视之下装载着原木的图皮

⑥ Alain Carbonnier and Joël Magny, "Michel de Certeau," interview in *Cinéma* 301 (January 1984), 19 – 21, esp. 19 – 20. 在这一方式中，一种隐喻性的呈现应当是一幅地图，同时一种换喻的呈现应当是一首诗或者一段描述。

南巴（Tupinambá）的肉色调——是艺术家在地图上进行描绘的物质证据：巴西木被切割、运输，并且被装载到位于码头或者正在全速朝向海岸行使的紧邻的船只上。对他而言，《米勒地图集》的观看者在地理景观中看到和读到了使地图成为物质对象的工业和操作。不同于后来的将对如何制作了它们的呈现进行的解释隐藏起来的那些文本和图像元素的地图和文本，这一地图集倾向于在其自身之上记录“使其诞生的历史操作”⑦。作为一条通用规则，可以说，类似于中世纪时期的地图和文学，那些现代早期的地图和文学展示了它们媒介的物理性质，并且使其成为它们设计的一部分。

地形与变迁

与地图学存在关系的大量现代早期的文学，提出了彼得·阿皮亚象征性重写托勒密《地理学指南》开头文字的难题。将对世界地图的构造，与艺术家对人脸完整肖像的描绘进行对比（其由阿皮亚展示在了轮廓中，坐着的人向左看并且朝向一幅封闭在一个框架中的世界地图），就像城市景观的描绘被比作对眼睛或耳朵的描绘一样： 404

> 地图学……也被称为地形学，［因为］其仅仅占用了它们自己的某些地点或者特定位置，而没有与地球上的环境进行某些对比或者存在相似。由于其带来了所有东西，并且一丝不苟的包含在他们的地点中，就像城市、海港、民族、国家、河道以及少量如住宅、塔楼和其他相似事物的东西。同时，其目的是通过对一些特定地点的比较来实现的，如同一位画家希望去呈现一只眼睛或者一只耳朵⑧。

阿皮亚的类比恳请观看者捕捉部分与整体之间的一种张力，但是部分不必然适合任何预定的顺序。世界被看成是单一事物的一个总和，这些单一事物可能聚集于一座城市的异质外观上，或者聚集于一个大洋中散布的岛屿和大陆的不对称中。同时，地理学家被暗示为上帝，同时画家的画像被放置于地球仪的旁边，因而被认为是地志学家。

后者也可能是作家，如果在地形或地理的图形意义上使用“描述”一词的话——一种科学，按照新教徒作者—地图学家安托万·杜皮内特（Antoine Du Pinet）的说法，即“用于特定地点的鲜活呈现，而不需要关心其所描述的地点的测量数值、比例，以及依赖性……如果不是一位优秀的画家，那么没有人可以成为一名优秀的地图编织者”⑨。在作品和地图

---

⑦ Michel de Certeau, *L'invention du quotidien*, 1: *Arts de faire*, new ed., ed. Luce Giard (Paris: Gallimard/Folio, 1990), 178. 塞尔托补充，作为最终在这些呈现中胜出的地图，“殖民于空间，缓慢地消除了使其产生的实践的图像装饰法。由欧几里得几何，然后由描述的、几何学方法的转变，构成作为抽象地点的一种正式整体，［地图］成为一个‘舞台’”。图 30.21 中对来自《米勒地图集》的世界地图进行了展示。

⑧ Peter Apian, *Cosmographie* (Paris, 1551). 这一段落的一个细致的解读是由 Lucia Nuti in “Le langage de la peinture dans la cartographie topographique,” in *L'oeil du cartographe: Et la représentation géographique du Moyen Âge à nosjours*, ed. Catherine Bousquet-Bressolier (Paris: Éditions du C. T. H. S., 1995), 53 – 70, esp. 54 – 55 提供的。

⑨ Antoine Du Pinet, *Plantz, pourtraits et descriptions de plusieurs villes et forteresses, tant de l'Europe, Asie, Afrique que des Indes et des Terres Neuves* (Lyons: Ian d'Ogerolles, 1564), xiv, cited by Monique Pelletier in *Cartographie de la France et du monde de la Renaissance au Siècle des lumières* (Paris: Bibliothèque Nationale de France, 2001), 21.

学图像中，描绘了地点和国家空间的新图景。作为哥伦布发现的结果，这些新图景与隐含的世界的分裂和多元化有很大关系，同时其他当地和国家的方言被认为是定义了地点和民族的鲜活的语言，而与那些希腊和拉丁祖先的权威下的地点和民族相比，这些地点和民族获得了更好的优越地位。

在地图编制中，出现了一种困境，在这一困境中，个人处于与有着未确定边界的一个宇宙相对立的关系中。因而，如同泰奥多尔·卡齐（Theodore Cachey）所展示的，描述了彼特拉克在沃克吕兹（Vaucluse）的漫游的地图和文本的删节，证实了一种有着空间和地理价值的新文学的自我意识。在亚历山德罗·维卢泰洛（Alessandro Vellutello）版本的《粗俗作品》（*Le volgari opera*，1525）中的一幅地形图，将文本与确定诗人作品的附属物的位置和他前往法国南部的旅程隐含的探索关联起来。对于亨利·特纳（Henry Turner）而言，约翰·多恩（John Donne）的“地图学的盲目崇拜”传达了将诗人的身体与空间联系起来的一种自我意识，空间定义了个人以及其所认为他应当是的人。同时对于尼尔·萨菲尔（Neil Safier）和伊尔德·门德斯·多斯桑托斯（Ilde Mendes dos Santos）而言，卡莫斯描述了瓦斯科·达伽马生平的史诗，赞同通过幻想性的探险家的肖像来描绘自然的一种愿景。在每一个例子中，作者面对着阿皮亚的象征提出的困境：地志学家越是寻求在史诗中描绘一个国家的整体空间［无论是《卢济塔尼亚人之歌》，还是1572年皮埃尔·德·龙萨（Pierre de Ronsard）的1572年的《法兰西亚德》（*Franciade*）］，那么碎片的影响、关于主题的一个有限视角的影响，以及不适于更大或可靠的自我包含的图像中的独特事物的影响就越大。

地志学家——无论是作者还是地图学家——发现了地面空间非凡的多样性，其可以被通过超出视觉之外的方式进行描述。地形允许空间“去思考和呼吸”，换言之，去“部署一种暂时性”[10]，并且使体验和想象可以用古典和现代地理学家的方式发现新的地点。因而，很多作者和诗人使用了方言，与此同时，他们在作品中引入了一种强烈的地图学的冲动和一种新的空间意识。就像南希·布扎拉（Nancy Bouzrara）关于法国的作品所显示的，同时代的空间被珍视，其中它们被看成是绘图于古典过往之上。阿希姆·杜贝拉（Joachim Du Bella）的抒情和讽刺的十四行诗中对于废墟的品位，弗朗索瓦·德贝勒福雷（François de Belleforest）在他的《普通宇宙志》中基于加布里埃尔·西梅奥尼（Gabriele Simeoni）的奥弗涅（Auvergne）地图［描绘了凯撒和韦辛格托里克斯（Vercingetorix）的战役］对蓬迪加尔（Pont du Gard）的赞美和评论，或者米歇尔·德蒙泰涅（Michel de Montaigne）在《散文》（*Essais*）中一幅无时间限制的记忆图像中对罗马和巴黎的拼合：在每一者中都盛行着一种苦乐参半的味道。显而易见的是对历史地理的亲和力，其中语言和人类行为嵌入欧洲土壤中。但对于这些作家来说，新的语言和地理意识都是以拉丁语和希腊语文本为基础的，而这两者没有与他们语言和空间的直接体验相契合。人文主
405 义者努力模仿的古代模式，类似于托勒密区域地图的早期版本，而这种模式需要为一个扩展的世界而进行调整和修改。

地形，一个在其中地图学和文学的路径相互交叉的领域，提出了对“相同”或“自我”

[10] Lestringant, *Livre des îles*, 31.

以及变化的直接和令人信服的感觉。谁以及什么是他者，以及他者——其成为一个陌生者，一种假定的异教徒，新发现土地上的居民——是如何召唤划定自我边界的？当跨洋旅行的冲击开始被吸收的时候，问题被提出。地方的和国家的空间是在一个不断扩大的世界的背景下建立的，并且是在基于带有插图的旅行说明、宇宙志、世界地图和城市景观而提出的更广泛的和令人不安的视角下建立的［乔治·布劳恩和弗兰斯·霍根伯格（*Frans Hogenberg*）的《寰宇城市》（*Civitates orbisterrarum*）显示了城市是如此不同以及无法像它们在早期编年史中的那样被缩小为一幅通常的木版图像］。随着方言文学的增长，对当地的谈话和生活方式产生了一种敏锐的感觉。作者可能在这里看到和感受到的东西，并不存在于旅行者关于整个世界的旅行报告中所记录的地方。当地志学者将某一地理和文化场景与另外一处区别开的时候，未知事物成为他绘制的“奇特之物”。

在他的论文，即现代早期经典中的第一份伟大的人种志文献《食人族》（*Des cannibals*）中，蒙泰涅是一位与众不同的冷静的人种学家。在其他文献中，他关注于塞巴斯蒂亚诺·明斯特在他的《世界的宇宙志》（*Cosmographia universalis*）（1544 年）中对未知文化的历史编纂，这本著作在不同语言中被扩展为众多版本，并且在其中有着印刷的城市图景和地图。但是蒙泰涅并没有对其丰富且多样的创造性给予赞扬；对于新发现，他使用讽刺的方式来接近中立的观点。他摈弃了宇宙志学者扭曲的透镜和过度紧张的风格，以欢迎地方知识的拥有者，他们将帮助他解决来自美洲的相互冲突的报告。他们还将帮助他去获得对于他自己社会背景的更好了解。反映在蜿蜒穿过他的家乡加斯科尼（Gascony）的多尔多涅河（River Dordogne）中，他观察到，在地理景观中，其变迁和蜿蜒的河道如此不稳定（这是如此的不熟悉，然而又是熟悉的），由此其标志着一个变得乱七八糟的世界，以及超越了他知识范围的地点。从论文中密切的、确实被绘制了地图的某个场所，他试图获得世界大部分的图像：“当我考虑这样的印象，即我的多尔多涅河朝向它下沉的右岸移动，同时在 20 年中，其已经抬高了那么多，并且冲刷掉了很多建筑基础的时候，我清楚的看到，这是一个非凡的搅动；因为，如果其一直沿着这样的河道延伸，未来也是如此的话，那么世界的面貌应当被彻底颠覆。”奇异性，其最近成为宇宙志的描述性辞典的一部分，导致散文家主张，需要地形志学者去对他们曾经去过的地方进行详细描述[11]。这一主张，通过他的暗示，即这些详细描绘了他们心目中所知空间的专家，可能就是在他文章中欢迎的食人族，因而泄露了一种遮遮掩掩的讽刺。

在所有事物中，地形学是现代早期文学和地图学的一个典型特征。在 1550 年至 1630 年之间，对于“他者”的发现代表了一种与未知之间不稳定的关系。人种学者面对着相异，他们新的“每日祈祷书”，如同列维 - 斯特劳斯称呼它们的[12]，采用了包括且提到了地图的书籍形式的独特之物。在其中有安东尼奥·皮加费塔（Antonio Pigafetta）对他和费迪南德·麦哲伦一起进行的环航的描述；宇宙志学者明斯特也是托勒密的《地理学指南》的一个版

⑪ Montaigne, *Essais*, 1: 234.

⑫ Lévi-Strauss, *Tristes Tropiques*, 38. 他指的是 Jean de Léry, *Histoire d'vn voyage fait en la terre dv Brésil*, *avtrement dite Amerique* ([La Rochelle]: Pour Antoine Chuppin, 1578), translated by Janet Whatley as *History of a Voyage to the Land of Brazil, Otherwise Called America* (Berkeley: University of California Press, 1990)。

本的编辑；安德烈·泰韦，服务于三位国王的地图学家和宇宙志学家，其创作了一部内容宽泛的《岛屿书》(*isolario*)；阿隆索·德圣克鲁斯，西班牙地图学家和一部早熟的《岛屿书》(*Islario*) 的作者；以及让·德莱里 (Jean de Léry)，新教旅行家，其"纠正了"泰韦对在里约热内卢 (Rio de Janeiro) 湾的维莱加格农 (Villegagnon) 殖民地的描述。神秘、幻想和真实唤起了民族、植物群落和动物群落的图像，这种图像将关于已知事物的知识，与缓解了对变异的恐惧的幻想相结合，由此描绘了新世界及其生活方式。片段的和地方性的描述，在整合了图像、地图和文本性事物的书籍中成为奇妙的事物。一些文学作品成为不凡的事物以及怪兽、奇异和令人惊讶的事物的著作。其遗产在于奇怪的方式，这种方式不允许想象脱离细致的观察和经验的描述。在散布在世界地图上的海洋和陆地中的植物群落和动物群落中发现了其地图学的产物。

《岛屿书》和文学的形式

地形意识在《岛屿书》中找到了一个开放性的容器，这是一种在15世纪至现代早期流行的与众不同的地图学和文学的形式。其最早的表达是在克里斯托福罗·布隆戴蒙提的《群岛的岛屿之书》("Liber insularum archipelagi"，1420)，该书是对爱琴海岛屿的描述，很快就出现了超过60种稿本的副本，并且启发了巴尔托洛梅奥·达利索内蒂的《岛屿书》
406 (Venice，1485)，这是与《群岛的岛屿之书》相近的印刷品[13]。索内蒂的著作将一个松散编织的旅行叙事和地方志并置，大部分以十四行诗的形式，并与爱琴海群岛中各岛屿的木版图像相对应。用波特兰航海图的形式绘制，并且在其中设置了带有主要方向和地中海风向的符号的罗盘方位线，这些地图说明的就是，十四行诗同样是一个片段的——然而，独立存在的——形式，描述岛屿的文字与一幅绘制了岛屿的地图并置，同时十四行的文本同样应当有着基本方向，并且就像一幅水手的航海图那样，是一个研究对象。就像并置的诗文和岛屿地图所说明的，如果描述了邻近土地的诗文可以同样被以触摸的方式阅读的话，那么在这种方式下，由此读者的眼睛沿着哥特字体的锯齿边缘徘徊于字符和空隙之间，同样的目光也可能追寻发生在海岸线上的事件。

十四行诗和岛屿的复合单元暗示着未来的叙事文学是从孤立的事件或遭遇中建立起来的。在他的1528年的《岛屿书》中，贝内代托·博尔多内，利用了新的信息，增加了来源于加勒比岛屿的和一幅与威尼斯图像对位的墨西哥城 (Temistitan) 的图像。他在他的木版周围环绕了地理方面的散文，这些散文开始类似于一篇旅行文学作品。骑士精神之岛的主题成为与骑士精神有关的著作中的情节结构的一种模型［我们可以增加，《高卢的阿玛迪斯》(*Amadis de Gaula*)，16世纪最为流行和有影响力的作品之一］。爱情和冒险散文汇编使得这些作品、以流浪汉为主题的小说和塞万提斯 (Cervantes) 小说的伊比利亚和法国读者着迷。这些作品的感伤之旅形成于地面上事件发生的地方，而正是作者和编辑将这些事件串联起来以绘制附带的插图（在题名页、在文本主体中的木版画，甚至在

⑬ 参见本卷的第八章以及 Elizabeth Clutton 在 P. D. A. Harvey, "Local and Regional Cartography in Medieval Europe," in *HC* 1: 464 – 501, esp. 482 – 84 中的贡献。

《高卢的阿玛迪斯》第八卷的一幅南北美洲的地图中），其通过提示读者他们位于感伤小说中的一个虚拟的群岛之上而发挥了地图学的功能。塞万提斯让堂吉诃德（Don Quijot）盲目出发去追寻他的骑士冒险，让他的主角喜欢以《高卢的阿玛迪斯》的模式撰写的作品，这说明了对现代早期小说产生影响的岛屿之书的影响范围。对于西蒙·皮内特（Simone Pinet）而言，塞万提斯的杰作，敲响了骑士罗曼史的死亡丧钟，但仅仅是通过一种与地图学的更为深入的联合。《堂吉诃德》（*Don Quijote*）的两个部分都由孤立的偶遇构成。小说包含了地图学和地图学家的讽刺，而且还在拉曼查（La Mancha）中谋划了似曾相识的，甚至是地下空间的情节。

岛屿书属于并且可能隐含造就了一种模式化结构的传统，其中包括诗文汇编、旅行记录、史诗漫画、个人论文、宇宙志和短故事[14]。产生于一幅地图或者一幅地形图像与一段文本的并置的是，形态和形式多样的文学。它们最初通过添加和累积的方式生长，而这是现代早期写作的主要方式。作者增加新的材料和信息，但是缺乏缩减或删减的思想。他们构思了开放性的作品，而这些作品随着那些撰写和编辑了它们的作者的命运而变化。

在这一方面，一系列叙述了精神追求和地理追求的诗歌的汇编，《坎佐涅雷》（*canzoniere*），具有极大的影响力。如同泰奥多尔·卡齐观察到的，当亚历山德罗·维卢泰洛在他的彼特拉克的版本（1525年）中插入一幅法兰西南部的地形图的时候，诗人对于劳拉（Laura）的热爱，在对激情的描述（在文本中）和对地点的依恋（在诗文和地名与地图的关系中）之间移动。读者倾向于将每一首十四行诗——表达一个充满激情的时刻、一种回忆、一个愿望，或一次多情的行程中的沉思——定位到一个地理景观中，这一地理景观构造了一个更广泛的叙述性故事，而这一故事则遵从一个强化了路线的地图设计[15]。

在维卢泰洛的版本中，思想和渴望的探求牵涉了寓意和地理学。不仅如此，地图包括了旺图山（Mont Ventoux），被风吹拂的顶峰主导着沃克吕兹，彼特拉克登上了这座山来获得一个地理景观最初的宏大视角[16]。因而，同样，龙萨（Ronsard），如同南希·布扎拉指出的，遵循了一个相似的模式，当他在他的《奸情》（*Amours*，1552—1556）中的一些十四行诗中将自己描述为属于假定的一代地志学家的时候，其中对于他在图赖讷的家乡的描述，出现在了他多情 407

⑭ Jeanneret 通过注意到排列方式、一种允许从旧有形式中产生出新形式的空间秩序，从而提出了这一观点。参见 Michel Jeanneret, *Perpetual Motion: Transforming Shapes in the Renaissance from da Vinci to Montaigne*, trans. Nidra Poller (Baltimore: Johns Hopkins University Press, 2001)。

⑮ 戴维·伍德沃德将"强化路线"的地图与"均衡"和"中心增强"的地图相对。一幅均衡的地图对其划分为网格的表面上的任一点赋予了相同的数值，同时一幅中心增强的地图［例如，中世纪的世界地图（*mappamundi*）］将眼光吸引到了中心区域。在一个由点或情节地点组成的视觉叙事中，强化路线的地图的观看者（例如巴蒂斯塔·阿涅塞的世界地图，其上绘制了麦哲伦环球航行的路线）遵循一条绘制于空间上的或跨越了绘图空间的轨迹。这种类型学在文学文本的建构中是平行的。参见 David Woodward, "Roger Bacon's Terrestrial Coordinate System," *Annals of the Association of American Geographers* 80 (1990): 109－22。莱斯特兰冈展示了，形状近似于 Charles Estienne 1550 年的 *Guide* 的一幅路线图，是如何从地名的序列中产生的；参见 Frank Lestringant, "Rabelais et le récit toponymique," in his *Écrire le monde à la Renaissance: Quinze études sur Rabelais, Postel, Bodin et la littérature géographique* (Caen: Paradigme, 1993), 109－28。

⑯ 按照 Broc 的观点，彼特拉克攀登山峰标志着文艺复兴地理学中的一个决定性的时间。诗人的航行是在这样一个时刻出现的，即此时托勒密《地理学指南》的观点可以被同时感觉和看到，参见 Numa Broc, *La géographie de la Renaissance (1420－1620)* (Paris: Bibliothèque Nationale, 1980), 82 and 211。

的旅行指南和地理发现中。杜贝莱（Du Bellay）对罗马遗迹的不朽的描述，与《遗憾》（*Regrets*，1558）中他的安热万（Angevin）出生卑微的美丽形成了对比，基于模块化的结构，构成了有时是孤立的地理景观或者它们自己遗迹的图像的总和。埃德蒙·斯潘塞（Edmund Spenser）应当很快就将杜贝莱同时代的《罗马的古代》（*Antiquitez de Rome*）翻译为了英语，其中一首诗（第20首）扩展了一种地图的自负。

地图学和情感

如同亨利·特纳中肯的说法，对于所有这些作者而言，诗文中或者与诗文有关的地图的图像是它们宣读者的情感或者品行的指标。被赋予的形式设计——*dizain*（译者注，十行诗节）、挽歌、颂歌或十四行诗——成为一种图形形状，其通过与地图学形式的联合，“表达了无形的想法、品质或精神状态”⑰。当在文献中，情感状态与地理空间的呈现存在联系的时候，那里就产生了美学的和政治学的体验。通常在一种将作者的名字和生活附加于相关位置的自传体的模式中，作者颂扬（或诋毁）一个区域，而这一区域是被生活、被想象和被调查的。这里，过程类似于地图学家在他们的地图和图例上指出他们出生地时所做的，或者类似于作者当他们宣称他们标记的个人世界对于他们自己来说是独一无二时所做的。作者将他们的名字嫁接到他们诗文中的核心位置或者轴线上，是为了在塑造环绕在文本和地理周围的空间的至关重要的起源上，将他们自己译成密码并不朽。而地理被用情绪化的术语进行了描述⑱。作者们为他们的由一个激情时刻所标志的虚构故事——通常是遇到了“另一个人”，其有着诗人情色对象的名字——并且继续构建关于它和环绕它的他们的作品，而选择一条轴线、一个转折点。其可以将他们自己的名字或者他们家乡的地名转化为一把能开启对作品的视觉和空间分析的万能钥匙。

作为结果——这一部分所有章节的作者的作品的汇聚点——众多文学的创作成为“语言地图”，因为可以从它们的形式与它们内容的关系中看到词汇地图学。内容涉及在国境内外新的语言和地理空间的发现，同时形式通常使用图解的方法——例如受到托勒密的《地理学指南》印刷本中的地图、文本和地名索引的组织方式启发的网格和地名辞典——去开拓印刷修辞学的空间性⑲。读者很快发现，一种地理学多样性的意识，不仅向属于新的文学计划和经典的作品提供了信息，而且还向早期地图学的概要著作——那些哈特曼·舍德尔、让·勒迈尔·德贝尔热（Jean Lemaire de Belges）、约安内斯·布洛姆斯（Joannes Boemus）、塞巴斯蒂亚诺·明斯特、乔瓦尼·巴蒂斯塔·拉穆西奥、约安内斯·拉维西斯·特克斯特

⑰ 本卷中的原文第412页。

⑱ 作者易于构建一段文本和一部作品，就如同一名人文主义地图学家所做的那样。奥龙斯·菲内，注意到丹维尔，在填充地形之前（城市、河流和地形），先绘制一个点，然后通过这一点绘制经线和纬线，然后再开始绘制一幅法兰西的地图，参见 François de Dainville, “How Did Oronce Fine Draw His Large Map of France?” *Imago Mundi* 24 (1970): 49 – 55。

⑲ 在“System, Space, and Intellect in Renaissance Symbolism,” *Bibliothèque d'Humanisme et Renaissance* 18 (1956): 222 – 39 中，Walter J. Ong 记述了在现代早期文学中流行的用图解表示想象的方式。概要推理的肇始，其取代了修辞的西塞罗法则中的记忆术，趋向于使得语言成为一种视觉模式的工具，即，其可以被补充，在巴洛克地图学的初期成为一种共鸣。这一观点在 Ong 的 *Ramus, Method, and the Decay of Dialogue: From the Art of Discourse to the Art of Reason* (Cambridge: Harvard University Press, 1958) 中得到了发展。

(Joannes Ravisius Textor) 以及其他很多人——提供了信息，他们由此从中吸取了神话的和事实的材料[20]。

在他们的感情记录中，最为重要的就是从对世界的欢欣和敬畏，到不安、恐惧，甚至忧郁的情感表达的范围，因为在个人的空间经验与接收到的与其有关的信息之间存在深渊。尼尔·萨菲尔和伊尔德·门德斯·多斯桑托斯记述了《卢济塔尼亚人之歌》代表了"从扩展转变为内化：从远离欧洲的大陆和文化的实际发现，到隐喻在家乡中方向的丧失"的方式[21]。空间体验成为由地图启发但无法完全替代的内容。作为幻影，它们更多的是证明了纸面上的荣耀，而不是真正的征服或统治。对于泰奥多尔·卡齐而言，讽刺的是，岛屿书，一种始于威尼斯的意大利的发明，导致在意大利很少或者没有文学的发展。他认为，意大利的地图产品没有刺激产生一种意在将国家各个部分整合在一起的文学。可以那么说，托尔夸托·塔索（Torquato Tasso）史诗的忧郁气质应当同样展现在一个更为广泛的图景中，在其中地图绘制和国家野心萎靡不振的命运是相关的。西蒙·皮内特表示，对于塞万提斯而言，408
旅行是向内的并且被赋予了忧郁的性质。确定无疑的是，莎士比亚晚期的和伟大的戏剧《暴风雨》(*The Tempest*) 的地图学的讽刺，将地理图像的扩张转化为一个创造性的不安的空间以及焦虑于词汇与世界之间的关系[22]。

接近16世纪末和17世纪早期，一种地图学的忧郁被表现在将它们想象的旅行基于从地图学材料中搜集信息的作品中。忧郁在"世界舞台"的发展和散播中是有传染性的，"世界舞台"这一表示方法最早是从皮埃尔·波阿斯图乌（Pierre Boaistuau）的《世界剧场》(*Théâtre du monde*)（1558）开始流传的。这一著作为法国公众翻译了马泰奥·班戴洛（Matteo Bandello）的意大利短篇故事，并且在第三章"罗密欧·蒙泰基奥和朱列塔·卡普列塔的悲惨故事"("L'histoire tragique de Romeo Montecchio & Giulietta Capelletta") 中讲述了一个故事，而莎士比亚很快就会利用其撰写他的戏剧。波阿斯图乌试图通过向阿尔卑斯山以北的听众引入一种新的类型，即"悲剧故事"，来丰富法文的文学经典[23]。但是在书名中"剧场"(*Théâtre*) 的出现尤其值得注意。这是在亚伯拉罕·奥特柳斯将其赋予他的图集的名字《寰宇概观》之前，而其原因与为读者掌握而设想的沉默奇观这样的意识不无关系。《寰宇概观》在1571年被翻译为荷兰语，标题为 *Theatre oft Toonneel des Aerdtbodems*；在1572年翻译为德文，标题为 *Theatrum oder Schawplatz des Erdbodems*；在1572年翻译为法文，标题为 *Théatre de l'univers*；然后在1588年为西班牙读者翻译为 *Theatro de la tierra universal*；后来，在1606年，翻译为 *The Theater of the Whole World*。在1570年的第一个拉丁语版本之后，其

---

[20] Terence Cave 在他的 *Pré-histoires II*：*Langues étrangères et troubles économiques au XVIe siècle*（Geneva：Droz, 2001），27－101 中创造了术语"语言—地图"（language-map），由此显示，对不同语言的敏感在现代早期的文本中是如何发展的，尤其来源于一种地图学的动力，其伴随着对在欧洲大陆上使用的各种方言的迷恋。Timothy Hampton，在他的 *Literature and Nation in the Sixteenth Century*：*Inventing Renaissance France*（Ithaca：Cornell University Press, 2001），109－49 中提出使用"文本地理学"将国家空间与地形呈现联系起来。Ricardo Padrón，在 *The Spacious Word*：*Cartography*, *Literature*, *and Empire in Early Modern Spain*（Chicago：University of Chicago Press, 2004）通过对西班牙叙事作品的阅读也得出了一个相似的观点。

[21] 本卷中的原文第466页。

[22] Louis Marin, *Des pouvoirs de l'image*（Paris：Seuil, 1992），169－85.

[23] Tom Conley, "Pierre Boaistuau's Cosmographic Stage：Theater, Text, and Map," *Renaissance Drama* 23（1992）：59－86.

成为最早的法文地图集，即莫里斯·布格罗（Maurice Bougereau）的《法兰西的舞台》（*Le theatre francoys*，1594）的范本。对于所有这些标题而言，最为至关重要的就是作为剧场的世界的空间、政治和文学。

作为文本和地图集的《世界的剧场》

奥特柳斯地图集的成功大部分归因于同样在文学中可以看到的模块化结构，但是在新的标题下，读者或者观众被邀请去掌握宇宙学的整体和多样性的地方呈现[24]。世界被列表显示，且按照与记忆术符合的方式记录，在整体上对地理性质进行了展示。新的地图集是话语的空间排列的一种组织形式，通常与地图学的模型相配合，由此以 *Theatrum* 或 *Theatre* 为书名的著作与奥特柳斯联系在了一起。它们带有这样的目的而被出售，即让视觉和文本组件本身保持其主题的普遍记忆。地图集的读者被想象拥有一个特权的位置，在这一位置，在随意打开的书籍的对页之前，他们可以穿过整个世界旅行，而不需要迈出步伐。有理由相信，从地图集的结构中产生了假想航行的虚构故事，这样的一种文学类型，将主导后来多个世纪的创作[25]。

在当《寰宇概观》取代了托勒密的《地理学指南》的这一历史时刻，地图集的设计和
409 寓意的文学实践彼此给对方以新的解释。遵从奥特柳斯范式的地图集的标题页，在它们的设计中运用了寓意的策略。题名页将欧洲展现在了她的王座上，在她手中握有权杖和地球仪，而亚洲和非洲则分别位于两侧，他们所站位置之旁是左侧和右侧的廊柱（图 12.1）。之下躺着美洲，缺乏活力，毗邻于麦哲伦，后者是位于一个花岗岩基座上的由标致的头和无手臂的肩膀构成的人物塑像。美洲握着一个有着胡须的受害人的头颅（因而是欧洲人）。在旋涡花饰的顶部，一个独立而无所不能的欧洲的化身形象，与下面似乎是肉体涣散的幻像形成鲜明对比[26]。下方的，在奥特柳斯的寓意画的西半球的野蛮人，与上半部东半球的高贵（但呆滞和缺乏魅力）的人物形象形成了鲜明的对比。

㉔ Ann Blair, *The Theater of Nature*: *Jean Bodin and Renaissance Science* (Princeton: Princeton University Press, 1997), 153 – 79, esp. 174 – 75.

㉕ Jacob 注意到，在奥特柳斯英文版的前言中，读者被看作一名想象出来的会飞的人，在翻页的时候，其从一个大陆飞往另外一个大陆；参见 Christian Jacob, *The Sovereign Map*: *Theoretical Approaches in Cartography throughout History*, trans. Tom Conley, ed. Edward H. Dahl (Chicago: University of Chicago Press, 2006), 75 – 76。Mangani 注意到，奥特柳斯地图集是通过记忆和冥想从而获得沉思的对象的，参见 Giorgio Mangani, *Il "mondo" di Abramo Ortelio*: *Misticismo, geografia e collezionismo nel Rinascimento dei Paesi Bassi* (Modena: Franco Cosimo Panini, 1998)。通用记忆可以在 Christofle de Savigny 的速记图示中看到，在其中，一幅奥特柳斯的世界地图被节点包围，而这些节点连接到从包含他作品的标题 "Géographie" 的卵形图形发散出的线条。用图示展现在 Rodney W. Shirley, *The Mapping of the World*: *Early Printed World Maps*, *1472 – 1700*, 4th ed. (Riverside, Conn.: Early World Press, 2001), 181 – 82 (No. 159) 中；也可以参见 Henri-Jean Martin, ed., *La naissance du livre moderne*, *XIVe-XVIIe siècles* (Paris: Editions du Cercle de la Librairie, 2000), 272。

㉖ 奥特柳斯的寓意画成功的历史，在 Catherine Hofmann, " 'Painoture & Imaige de la Terre': L'emluminure de cartes aux Pays-Bas," in *Couleurs de la terre*: *Des mappemondes médiévales aux images satellitales*, ed. Monique Pelletier (Paris: Seuil / BibliothequeNationale de la France, 1998), 68 – 85, esp. 74 – 75 中进行了展示。

图 12.1　来自亚伯拉罕·奥特柳斯的《寰宇概观》的题名页，1570 年

Universiteitsbibliotheek Amsterdam（1802 A 14）提供照片。

寓意画和乌托邦

在一篇关于中世纪晚期地图学的开拓性论文中，舒尔茨认为，在 1500 年之前，无论他们的看法如何注重实际，但地图从未是他们绘制的地点的索引性的呈现[27]。在大多数地图学文献中，一个道德化的媒介服务于宗教寓意的目的。被道德化的地理学很好地延伸到了现代早期，而在现代早期，地图被转型为一种科学的或逻辑的对象。文学也是如此，不同之处在于，通过寓意的手段，索引性呈现的虚伪和扭曲被纳入作为其的美德和权力。随着文学成为一种默读的对象，其被逐渐填满了空间的和形象的寓意，而对于这些，它在道德化地图学的传统中发现了灵感。

---

[27] Juergen Schulz, "Jacopo de' Barbari's View of Venice: Map Making, City Views, and Moralized Geography before the Year 1500," *Art Bulletin* 60 (1978): 425 – 74.

"旅行马车"（Des coches），蒙泰涅晚期的《散文》之一，是一个突出的例子。为了处理美洲发现的后遗症，蒙泰涅提供了一种空想，将其中两个半球的图像让位给世界末日的愿景。为了谴责伊比利亚在南美洲进行劫掠所造成的影响，作者诉诸语言、地图学和图形类型学去展望一次天启，在其中黑色传奇（Black Legend）的邪恶将得到一次公正的报应：

> 我们的世界刚刚发现了另外一个世界……与其自身同样广大、充实、富有，然而如此崭新和新生，由此其依然正在学习它的 a、b、c。仅仅 50 年前，其并不知道字母、重量、比例、衣服、田地和葡萄。它仍然是赤裸的，在照顾之下生活，并滋养着大自然的美德。如果我们对我们结局做出了好的推断，并且这就是本世纪的年轻诗人［卢克莱提乌斯］，当我们自己将处于黄昏的时候，这样的一个另外的世界被显露出来。宇宙将陷入瘫痪之中；成员之一将枯萎，而另外一位则将精力充沛。我恐怕，通过我们的传染病，我们将刺激它的衰落和瓦解，并且我们将代价高昂的将我们的观点和艺术出售给它[28]。

一种道德化的地理学，与新世界对立的旧世界，被赋予了地图学的潜伏状态。在文本中，力量在空间和话语张力中被放置在对立面，通过这种张力，憔悴的枝干的形象与男性的和有活力的形象并置。被暗示的是，新世界，其形象位于文本的左侧（想象的，可能，作为一个半球），将超越于右侧之上。蒙泰涅的寓言与对奥特柳斯模型的处理有关，也与一种被寓意化的地理景观的习惯有关[29]。他绘制了对应于新发现的大陆的欧洲的空间图示，新发现的大陆被赋予了一个隐喻的时间，而这是一个由普遍历史标志着的基督复临的时间。一个半球的堕落和死亡，让位给另外一个半球的生长。

时间尽头的幻像验证了整理圣经类型学以支持一则寓言的空间的或者示意性束缚的方法。蒙泰涅的关于基督复临的观点或者关于被分割的世界的观点来源于《圣经》，一种原材料，类似于很多宇宙志的材料，其中地图在很大程度上为了公众使用而制作。在其他材料中，《圣经》中的地图记录了但以理的四王国（Four Kingdoms）以及它们象征性的野兽（参见图 11.4）[30]。随着其在 16 世纪中被复制和复苏，当使用岛屿书的传统和相互对比的新世界
410 和旧世界的寓言的时候，先知的先见之明成为众多先见之明的象征。同样的道理，伊甸园及其河流的地图（参见图 11.3）或者《出埃及记》（Exodus）的场景不仅为《圣经》提供了关于航行和遭遇文学的信息，还为小说和讽刺提供了幻想的信息。

这一传统中的一幅至关重要的地图和文本，如同弗朗茨·赖廷格（Franz Reitinger）在他关于德文文学和地图学的信息量巨大的论文中指出的，就是《新教宗世界地图》（Geneva，1566），这是一部 24 页的由皮埃尔·埃斯特里奇制作的讽刺作品，这是一位在日

---

[28] Montaigne, *Essais*, 2: 341.

[29] Erwin Panofsky, in *Early Netherlandish Painting: Its Origins and Character*, 2 vols.（Cambridge: Harvard University Press, 1953）, 1: 205 – 46，表明 Van Eyck 兄弟在寓言性术语中绘制了地理景观。近似于蒙泰涅，这一系统流行于特奥多尔·德布里的图像和地图中对地理发现的呈现上。

[30] Daniel 7; Catherine Delano-Smith and Elizabeth Morley Ingram, *Maps in Bibles, 1500 – 1600: An Illustrated Catalogue*（Geneva: LibrairieDroz, 1991）, 71 – 72.

内瓦和里昂为大量《圣经》和文学作品制作了地图和图示的雕刻匠（参见图 11.5）。盯着观察者的一只巨大野兽的下颚骨中含着（或者野兽正在呕吐）一幅罗马和世界的图像，似乎其被天主教会和它的使者掠夺。漂浮在猛兽嘴中的世界，受到新教武士微不足道的军队攻击，他们很多骑在马背上，其他的则步行，他们向敌人发射火炮（在其桶上印有“神圣之言”），或者投掷手榴弹（被绘制为《圣经》）到设有城墙的防御工事上。作品的框架由一个作为边框的文本图说构成，其解释了按照地图绘制的图像内所展现的疯狂。图幅附带有一段较长的位于相同标题下的文本，这是由让－巴蒂斯特·特伦托以雅名“Frangidelphe Escorche-Messes”（Fringidelphe Mass-Ripper）撰写的，并且印刷在“La ville de Luce nouvelle”（新光之城）中。

作品涉及一个充满争议的世界，在其中，在宗教战争的中期，地图和文学都被运用到设计用于讽刺和煽动争斗的新形象上[31]。《新教宗世界地图》讲述了很多关于虚构的“舞台”的事情，在其中讽刺作者将文本和地图材料用于计算出已知世界扭曲的终结。作为一幅激发了暴力的寓意性地图，它站在马德莱娜·德斯库代里（Madeleine de Scudéry）的《国家的航海图》（*Carte du pays de tendre*）的对立面，使得高雅和温和的强调路线的航海图，在下一世纪将被作为同一作者庞大的《克莱利亚》（*Clélie*）的指南，并且成为文学沙龙的产品，其间接质疑了工程师和大学教师对科学和军事地图学所投入的价值观。寓意性地图以及它在宝贵（précieux）的世界中不可能但合乎逻辑的对应物，证明了一种传统，在其中，为了各种创造性的和政治目的，幻想和讽刺调动了地图学和文学[32]。

在现代早期欧洲的寓意地图的来源中，不可否认存在着托马斯·莫尔的《乌托邦》（*Utopia*）。附带于 1516 年版本中的（以图解的形式）以及存在于 1518 年版本中的（存在于一幅木版画中，包括了人物以及使岛屿显得好像是悬挂在主要港口附近航行的船只上方的纹章彩饰）城市及其岛屿的地图，被用于确保一个地点没有被基于想象来描述。对于欧洲读者而言，莫尔的文本成为一个真实存在的位置，由此可以对乌托邦加以思考，因而这是创造力或文学想象可以发挥政治影响力的地点。亨利·特纳厘清了文本和地图对英文作品的冲击，这一点南希·布扎拉在她对拉伯雷和文本地图学的处理中进行了回应。只要乌托邦的作品肯定和质疑了图像的权威，那么想象地点的地图形象，在一种对话机制中展现了，任何一种“乌托邦”的呈现都存在被质疑的可能。如同在象征性的结构中，地图允许作品的文本

㉛ 参见本卷第十一章的讨论。对于这一重要地图的研究的数量正在增长：Natalie Zemon Davis, “The Sacred and the Body Social in Sixteenth-Century Lyon,” *Past and Present* 90 (1981): 40–70; Frank Lestringant, “Une cartographiei conoclaste: ‘La mappe-monde nouvelle papistique’ de Pierre Eskrich et Jean-Baptiste Trento (1566–1567),” in *Géographie du monde au Moyen Âge et à la Renaissance*, ed. Monique Pelletier (Paris: Éditions du C. T. H. S., 1989), 99–120; Dror Wahrman, “From Imaginary Drama to Dramatized Imagery: *The Mappe-Monde Nouvelle Papistique, 1566–67*,” *Journal of the Warburg and Courtauld Institutes* 54 (1991): 186–205; 以及 Frank Lestringant, “L'histoire de la *Mappe-monde papistique*,” *Comptes Rendus des Séances de l'Année —L'Académie des Inscriptions & Belles-Lettres* (1998): 699–730。Lestringant 在他的 *Livre des îles*, 263–91 中将文学类比语境化。

㉜ 从斯库代里的《国家的航海图》，布鲁诺建立了他的《情绪地图集》（*Atlas of Emotion*）的概念逻辑。对于布鲁诺而言，感情或情感的运动与地图学之间的关系在很大程度上决定了现代艺术、电影和文学；参见 Giuliana Bruno, *Atlas of Emotion* (New York: Verso, 2002), 225–45。Peters 探索了斯库代里作品中的寓意性的和空间的方法，参见 Jeffrey N. Peters, *Mapping Discord: Allegorical Cartography in Early Modern French Writing* (Newark: University of Delaware Press, 2004), 83–116。

去被质疑，地图也是如此[33]。乌托邦混杂的形状也标志着，在相互交织的文本和地图的传统中的结合，这一传统中应当很快包括徽章和城市景观的文学，以及包含在文本中的地图学图像，以为了强调它们的结合，并且使得它们的解释在多个方面都是领先的。

结　论

可以那么说，在地图的发展和繁荣中——在印刷的作品之中和在与文本材料的并列之中——欣赏和阅读文学的方式产生了巨大的变化。字母和词汇被理解为它们与表面之间拥有
411 了空间关系，而表面被网格化的或者被赋予了隐含的地图学价值。在诗歌和话语中出现的地图，倾向于赋予作品一种基本方向和空间的感觉。

沿着相似的脉络，对航行的叙述，倾向于通过印刷作品或者在印刷作品内将阅读变成冒险。即使英雄的和喜剧的史诗，《坎佐涅雷》，内在旅行和内省的论著，旅行的叙述和冥想，以及十四行诗、颂诗和短篇故事的汇编作品，在它们的生命期中从未被称为文学作品，在我们时代对它们文学身份的认定，归因于它们与印刷的和有插图的书籍的命运相一致，后者作为一种媒介，在其中，地图广泛传播并且为了信息的目的而被放置。由地图学所改变的作品有着混合的和混杂的形式。有时它们是带有它们作者特有标记的抽象世界，而在其他时候，它们是现代早期的地图绘制和印刷文化固有的更广泛的空间表述的一部分[34]。

下面的六章展现了众多的文学传统是如何通过与地图学重要和迅速的接触而成型的。这些章节证明了文学的不同模式——通过将目光放在世界地图、地形图、城市景观、岛屿之书和寓意投射上，由作者的想象而创造——生成了被我们理解为现代作品的基础的大部分内容。

---

[33] Isabella Pezzini 注意到，大量想象的地图学和文学在这些著作的最初两个版本中有着一个基本模型；参见她的 "Fra le carte: Letteratura e cartografia immaginaria," in *Cartographiques*, ed. Marie-Ange Brayer (Paris: Réunion des Musées Nationaux, 1996), 149–68, esp. 151。她使用 Louis Marin, *Utopiques: Jeux d'espace* (Paris: Minuit, 1973)，作为分析的支撑。

[34] 参见 Aude Le Dividich, "La libération de l'oeil: De la schématisation géographique à la symbolique mathématique," in *La naissance du livre moderne: XIV*^{e}–*XVII*^{e} *siècles*, ed. Henri-Jean Martin (Paris: Editions du Cercle de la librairie, 2000), 328–40。

第十三章　近代早期的英国文学与地图绘制，1520—1688 年[*]

亨利·S. 特纳（Henry S. Turner）

诗歌：术语与含义

在英语中，用“地图”（map）这一术语表示对地表的二维图形呈现，这种现代技术意 412
义上的用法，至少可追溯到1527 年，尽管这一词汇的主要含义在16 世纪和17 世纪的诗歌和戏剧中很少出现，不过有着如下事实，即自1600 年起，地图、地球仪以及地图集已是寻常之物；地理知识在绅士、政客及文人的精神生活中占据了核心位置；而关于绘制地理学、水文学和天文学形式的地图所需的数学原理，迅速凝聚成对现代科学的显著追求①。对伊丽莎白时代的诗人而言，“地图”在众多的寓意中，起到的是奇喻作用，所有这些寓意都与概略、象征、肖像、反映或摘要的作用是一致的：它以凝练的形式，唤起一种囊括情绪状态、抽象特性，或是形而上学的思想的视觉图像。如同其他术语，“地图”比喻性的用法暗示了图示或其他有着框架的视觉图像内在的空间维度，但这种空间感对于这个术语主要的模仿或交流的功能而言，仍然是次要的。因而对尼古拉斯·布雷顿（Nicholas Breton）而言，“宗教是神圣而纯洁的预言……一幅庄严的地图，一个神圣的标志”②；对弗朗西斯·萨比耶（Francis Sabie）的后堕落论诗篇《亚当的抱怨》（*Adam's Complaint*，1596）中的亚当而言，夏娃是一位“确定的模范，真正的人物，完美的地图/是使所有人类堕落的未来的罪孽”③，而对迈克尔·德雷顿的马蒂尔达（Matilda）而言，相比之下，则是“自然的图像，幻想的

---

* 本章使用的缩写包括：*Literature*, *Mapping* 代表 Andrew Gordon and Bernhard Klein eds. , *Literature*, *Mapping*, *and the Politics of Space in Early Modern Britain*（Cambridge: Cambridge University Press, 2001）；*Playing the Globe* 代表 John Gillies and Virginia Mason Vaughan eds. , *Playing the Globe*: *Genre and Geography in English Renaissance Drama*（Madison, N. J. : Fairleigh Dickinson University Press, 1998）。

① 《牛津英语词典》引用了在 Richard Hakluyt 的 *Divers Voyages Touching the Discovery of America*（1589）中的1527 年 Robert Thorne 的信件，尽管 John Rastell 在他1520 年的幕间节目 *The Nature of the Four Elements* 中使用了类似于地图的道具，Humanyte 和 Studyous Desire 带着一幅承载着世间万物的“地图”进入，随后他们又参照这幅“地图”，对这个世界的国家、人民和海洋进行了描述。参见 Richard Helgerson *Early Modern Literary Studies* 4.2 特刊3（1998）的“引言”：1. 1 - 14，<http: //purl. oclc. org/emls/04 -2/intro. htm>。这期特刊包括关于文艺复兴时期文学和地图学的有用的参考文献，以及数篇有价值的论文。由于受字数限制，我将我这些注释中的引文限制在原始材料以及与地理、地图和文学直接相关的二手研究上，并尽可能提供进一步的参考书目。

② Nicholas Breton, *The Vncasing of Machivils Instructions to His Sonne*: *With the Answere to the Same*（London, 1613）, Gr.

③ Francis Sabie, *Adams Complaint*: *The Olde Worldes Tragedie*（London, 1596）, B2r.

展现，／极乐园（*Elisium*）的地图，不夜的伊甸园”[4]。这一术语同样也有典型的诗歌例证：亚历山大·加登（Alexander Garden）不仅在他布雷顿的道德寓意诗篇中，描绘了作为“苦难的见证和地图/病痛进入了他的贫穷”的“一位诚实的穷人”，而且他对所有“地图”的肖像（portraits）有所比较，诸如那些由“洪迪厄斯（Hondius）之手”绘制的，寓意读者需要更加严谨地学习道德教诲[5]。伊丽莎白·格里姆斯顿（Elizabeth Grymeston）为她儿子撰写的几种诗歌意象和冥想之一的“耻辱之物的故事”，是一个暗淡的“忧虑的纪念碑，耻辱的地图，／不幸的镜子，艰苦的境地，／时间的记录，名誉的污染”[6]。类似的固定表达——“美丽的地图”“美德的地图”“荣誉的地图”“悲痛的地图”“耻辱的地图”——不论在诗歌还是戏剧中，都很好地沿用到了17世纪：托马斯·基德（Thomas Kyd）、克里斯托弗·马洛（Christopher Marlowe）、乔治·查普曼（George Chapman）和约翰·弗莱彻（John Fletcher）都使用了奇喻的传统象征意义，虽然克里斯托弗·马洛和威廉·莎士比亚在一些情况下已将地图纳入实用技术工具的范畴加以使用（正如我下面要讨论的）。

在十四行诗、挽歌和颂歌中，地图奇喻作为发言者内心情感或道德状态的一个指示；再次，视觉或图形符号的概念表达了一种无形的想法、品质或精神状态。比如布莱恩斯滕（Bryanston）的托马斯·罗杰斯（Thomas Rogers），利用了这一术语的现代地图学的含义，
413 但在他为赫特福德伯爵夫人弗朗西丝（Lady Frances）所作的挽歌中，又将地图归入传统的象征用法：那些“像尤利乌斯·凯撒般去测量，／中心圆中宽敞的氛围/为王国捕鱼并掠夺财富”应取代为“注视我悲伤表情的地图，／一个人类悲哀的真实宇宙”，因为与死亡的必然性和永恒性相比，俗世的征服显得微不足道[7]。富尔克·格雷维尔（Fulke Greville）和菲利普·悉尼（Philip Sidney）爵士在约定俗成的诗义中使用了这种图像，前者用来描述发言者与格雷丝（Grace）的疏远（“孤单狂喜中流放出死一样生活的地图”）[8]，后者的阿斯托菲尔（Astrophil）通过口语表达的自我揭示，是远比其他情人使用的彼特拉克的幻想更有效的图像［“我可以说出我的感受，这感受和他们一样，／但是想想我展示的所有我的状况的地图，／颤抖的声音流露出的，是我对斯特拉（Stella）的真爱”］[9]。《被释义的所罗门的智慧》（*The Wisdome of Soloman Paraphrased*，1597）中的托马斯·米德尔顿（Thomas Middleton），利用一个典型十四行诗的构思变化，巧妙地囊括了它象征意义的范围：它不再是揭示了发言者情感的面部，而是他情人的面部，她的尴尬愧羞变成了一面他从中看到反照了其自身罪过的镜子：“她是我的镜子，我的象征，我的形态，我的地图，／我行动的轮廓，我思考的模型，／我生命中的特征，我欢乐的财富。”[10] 在重叠的意义中，诗人们或

---

④ *Matilda*, in *The Works of Michael Drayton*, 5 vols., ed. J. William Hebel (Oxford: Basil Blackwell, 1931), 1: 217. 120-21.

⑤ Alexander Garden, *Characters and Essayes* (Aberdene, 1625), “一位诚实的穷人”, 52, 以及“致读者”, 08；又见于献给 Alexander Gordon 先生，A3r。

⑥ Elizabeth Bernye Grymeston, *Miscelanea*, *Meditations*, *Memoratiues* (London, 1604), D4v.

⑦ Thomas Rogers, *Celestiall Elegies of the Goddesses and the Muses* in *Celestiall Elegies of the Muses* (London, 1598), “Qvatorzain 6: Erato,” C3v.

⑧ *Poems and Dramas of Fulke Greville*, 2 vols., ed. Geoffrey Bullough (Edinburgh: Oliver and Boyd, 1939), 1: 134-80.

⑨ *Astrophil and Stella*, in *The Poems of Sir Philip Sidney*, ed. William A. Ringler (Oxford: Clarendon, 1962), 6. 12-14.

⑩ Thomas Middleton, *The Wisdome of Solomon Paraphrased* (London, 1597), chap. 9, verse 11, Mr.

许将创作本身看作口语“地图”，是为了塑造一个道德或宗教教训，文本作为镜子的惯常比喻的一个变体，是文艺复兴时期文艺理论中普遍存在的现象。迟至1635年，在他第二本关于徽章的书籍上给詹姆斯公爵和多塞特（Dorset）伯爵夫人的献词中，乔治·威瑟（George Wither）仍用“地图”一词作为徽章的同义词；威瑟将他的书作为一种“无害的娱乐”，如果他们“询问/那些是何物，代表了什么，/在地图，或徽章中，他们就看到了”，它将“使他们心灵倾向于神韵”⑪。

然而，伊丽莎白时代大部分的主要诗人极少或从未提及地图，这一事实再次强调了诸如约翰·多恩这样詹姆士一世时期诗人详细阐述地理学和地图学寓意的新奇之处：例如，不论是托马斯·怀亚特（Thomas Wyatt）、萨里郡伯爵亨利·霍华德（Henry Howard），还是乔治·赫伯特（George Herbert），都没有用过地图的奇喻。至少有一位与多恩同时代的人，塞缪尔·丹尼尔（Samuel Daniel），明显地不信任地图，并在他的《捍卫韵文》（*Defense of Ryme*）中提出了告诫（约1603年）：

> 我们一定不能将过往时间的宏大进程，看作人们从绝顶高山俯视辽阔国土，也绝不是从某一或者特殊位置看到的真实的自然以及他们所看到的领土的地表。我们不应该认为，在地图上看到了一个我们熟知地区的粗浅轮廓，就狭隘地认为知道了它本身的特征和位置。或读了一部史书（其只不过是一种人造的地图，没有告诉我们真正的物质和环境，就像水手看到的他从未见过的海岸的航海图，往往是经由别人眼睛的臆测之物），我们就立即认识了全世界，可以确定无疑地判断时代、人物和风俗，就像真实就是那样⑫。

如前所述，悉尼在其诗歌中仅用过一次传统的地图的奇喻，即在《阿斯托菲尔和斯特拉》中（st. 6），在十四行诗91中他把对斯特拉的手、脸颊或嘴唇的一瞥，比作是“木质地球仪一般的灿烂外表”（l. 11），因为每个“片段”都是她丰满、无与伦比的美丽的符号和标志，是多恩重临其“爱情进展”的图像。斯潘塞也只用过一次地图的奇喻，在他翻译的阿希姆·杜贝莱（Joachim Du Bellay）的《罗马的古代》（*Antiquiez de Rome*，1558）和《罗马的废墟》（*Ruines of Rome*，1591）中，第26首十四行诗的结尾，将绘图员或画师的铅笔、木匠的尺和规，与诗人的“高风亮节”及享有“盛名”的力量之间进行了精巧的比喻：仅仅是“罗马”之名本身，成为“古代的情节……清楚地显示”，反过来成为“包含了整个大千世界的地图”⑬。此外，正如奥鲁奇（Oruch）所观察到的，斯潘塞的诗歌往往遵循古典修辞学传统，由此“对地貌的描写基本上是一个比喻，而金石学家和历史学家与他相比，关

---

⑪ George Wither, *A Collection of Emblemes, Ancient and Moderne* (London, 1635)，第二书的题词，在62之后。

⑫ Samuel Daniel, *Elizabethan Critical Essays* 中的 *A Defence of Ryme*，第2卷，ed. G. Gregory Smith (Oxford: Clarendon, 1904), 2: 356 - 84, esp. 370. 22 - 35；Bernhard Klein 部分引用了这段话：*Maps and the Writing of Space in Early Modern England and Ireland* (Houndmills, Eng.: Palgrave, 2001), 91。

⑬ The *Yale Edition of the Shorter Poems of Edmund Spenser*, William Ormaet al. (New Haven: Yale University Press, 1989), 400. 362 - 64.

注的是这一主题本身”[14]。

甚至如同本·琼森（Ben Jonson）这样有学问、有意识地接受新知识的诗人，也极少援引地图：在《快乐与美德的调和》（*Pleasure Reconciled to Virtue*）（1618）的“歌咏阿特拉斯”（Song to Atlas）中出现和使用的这种图像，是对这一术语地图学的和象征意义的结
414 合的使用,[15] 尽管他“写在科里亚特的莽言之上的某些的诗句”（Certaine Verses Written vpon Coryats Crvdities）称赞科里亚特，因其特别的端庄得体的，将他自己的旅行转化进叙事，考虑“到每一特殊的英里，/通过他的书的尺度，他风格的尺码”[16]，以及他在《魔鬼是头驴》（*The Devil Is an Ass*，1616）中对设计者们尖锐的讽刺，指出他们使用的数学计算和“测量”（2.1.52），就如同米尔（Meer）行会成员寻求适合排水的沼泽地，以及菲茨－多特尔（Fitz-Dottrell）在“地图”中寻找“有什么特征”一样（2.3.38－39），最后冠以“淹没土地的公爵”的标题［比经纪人英金（Ingine）的“绿色土地”更有帮助］[17]。据记载，琼森对建筑和几何学有兴趣（在思维或象征及其应用层面皆是如此），他使用“破碎的指南针”作为个人标记，他在格雷沙姆（Gresham）学院的住所居住时，可能熟悉威廉·吉尔伯特和其他人提供的前科学知识［其影响明显地体现在1632年的戏剧《魅力女士》（*The Magnetic Lady*）中］，因而在他的著作中我们可能会发现他对地图学工具和技术的明显兴趣[18]。

然而，并不是所有伊丽莎白和詹姆士一世时期中对于地理景观的诗歌化处理，都能被称作“地图学的”，即使这一术语作为一种文学描述符号保留了特殊性。浪漫的、多变的、寓言性的地理景观往往与在地图上的呈现是对偶的，例如一些批评家们争论的《仙后》

---

⑭ Jack B. Oruch, “Topographical Description,” in *The Spenser Encyclopedia*, A. C. Hamiltonet al.（Toronto: University of Toronto Press, 1990）, 691－93, esp. 692.

⑮ “因此，年老的阿特拉斯，打开你的衣袍/从你宽广的胸怀，发出亮光，/这样人们或许会读到你神秘的地图/所有的线条/和所有的符号/来自皇室的教导……” *Ben Jonson*［*Works*］, 11 vols., ed. Charles Harold Herford, Percy Simpson, and Evelyn Mary Spearing Simpson（Oxford: Clarendon, 1925－63）, 7: 487.218－23; cf. Jonson's ode to Lady Venetia Digby, *Underwood* LXXXIV, 9.196（*Ben Jonson*, 8: 288）.

⑯ *Ungathered Verse* XII, 9－10（*Ben Jonson*, 8: 379）.

⑰ “克罗兰（*Crowland*）的全部/是我们的，妻子；这沼泽，从我们这里，在诺福克，/到林肯郡遥远的边界！我们已然看过它了，/并且整个地测量过它；通过这把尺子！这最富有的土地，热爱，我的王国！” 2.3.49－53（*Ben Jonson*, 6: 198）。亦参见 Epigram CVII 中用一只在地图上跳跃的跳蚤形象，讽刺一位夸夸其谈的士兵旅行者，“To Captayne Hvngry”（*Ben Jonson*, 8: 68－69），以及讽刺那些“只知基督教（Christendome）的州，不知其地”的政治家：“/然而他们有了现场的地图，并将它们买下，/就理解了它，像大多数商人那样”，参见 Epigram XCII, “The New Crie,” 8－10（*Ben Jonson*, 8: 58－59）。

⑱ 尤应参见 A. W. Johnson 搜集到的证据，*Ben Jonson: Poetry and Architecture*（Oxford: Clarendon, 1994）；同时参见 D. J. Gordon, “Poet and Architect: The Intellectual Setting of the Quarrel between Ben Jonson and Inigo Jones”, *The Renaissance Imagination*, ed. Stephen Orgel（Berkeley: University of California Press, 1975）, 77－101。Barbour 认为，琼森可能已经参考了带有 John Pory 英文翻译的 Leo Africanus 出版的 *Geographical Historie of Africa*（1600）上的非洲地图，然而正如 Barbour 指出的，尼日尔河（Niger）和尼罗河使用的是它们象征性的联系，对琼森来说，似乎没有什么特别的地形学意义。参见 Richmond Barbour, “Britain and the Great Beyond: *The Masque of Blackness* at Whitehall,” in *Playing the Globe*, 129－53, esp. 132－34。最近批评家们重新发现了琼森“On the Famous Voyage”中的污秽的城市地形，Epigram CXXXIII（*Ben Jonson*, 8: 84－89），一次通过伦敦下水道的讽刺诗式的旅行；参见 Andrew McRae, “‘On the Famous Voyage’: Ben Jonson and Civic Space,” in *Literature, Mapping*, 181－203，及参考文献。

（*Faerie Queene*），特别是在对照《失乐园》中详细的地形资料的时候（正如我随后要讨论的）[19]。欣欣向荣的当代山水风景流派，例如田园诗和牧歌，以及接踵而至的乡居诗，往往通过非常完善的经典惯例，表示它们核心的地形对象，而显著不同于地图的抽象化、系统化和定量的空间[20]。安德鲁·马弗尔（Andrew Marvell）提供了最明显的例子：当他以“天堂的中心，大地的环绕，/天国的唯一地图”作为《关于阿普尔顿别墅》（*Upon Appleton House*，1651）的结尾的时候，这一形象仍然主要取决于地图奇喻的传统的象征功能，作为诗歌象征的形而上的相似，而不是测绘或是地形地图的，尽管可以发现，在其他诗中，马弗尔明显更强调在同时代地图集中找到的测绘图和景观图[21]。

诗歌：新的发展 415

如同悉尼、琼森、斯潘塞或马弗尔的有差异的使用所表明的，“地图”这一术语的传统象征意义已经开始渗入其作为地理呈现工具的现代技术意义中，以及其他与测绘和地图学相关的技术词语的含义中，例如“绘制地图”、示意图、图解，或测量图；“模型”，用于木质地球仪以及图像和其他制品，如悉尼的《阿斯托菲尔和斯特拉》（*Astrophil and*

---

⑲ 包括在《仙后》（4. 11）中的 Thames 和 Medway 著名的婚姻，其中的 Berger 和 Klein 具有宇宙论、修辞的和神话，而不是地图学的特征，其叙事可追溯至 William Harrison、威廉·卡姆登和 John Leland 的叙述，而不是克里斯托弗·萨克斯顿或类似的图像文献，虽然 Berger 引用了斯潘塞给哈维的信，指出亡佚的 *Epithalamion Thamesis* 可能更偏向于地图学；参见 Harry Berger, *Revisionary Play: Studies in the Spenserian Dynamics* (Berkeley: University of California Press, 1988), 210 – 11，以及 Bernhard Klein, “Imaginary Journeys: Spenser, Drayton, and the Poetics of National Space,” in *Literature, Mapping*, 204 – 23，及 idem, *Maps and the Writing of Space*, 164 – 70。亦参见 Wyman H. Herendeen, “Rivers,” *The Spenser Encyclopedia*, A. C. Hamilton et al. (Toronto: University of Toronto Press, 1990), 608，提出了一个类似的解读，但也指出诗中的这一段是“真实地理闯入的罕见例证”；关于这一传统更宽泛的讨论，参见 Wyman H. Herendeen, *From Landscape to Literature: The River and the Myth of Geography* (Pittsburgh: Duquesne University Press, 1986), esp. 117 – 339；以及 Joanne Woolway Grenfell, “Do Real Knights Need Maps? Charting Moral, Geographical, and Representational Uncertainty in Spenser's *Faerie Queene*,” in *Literature, Mapping*, 224 – 38。但是参见 Rhonda Lemke Sanford, *Maps and Memory in Early Modern England: A Sense of Place* (New York: Palgrave, 2002), 27 – 52，强调了文章的地图学方面，以及 Wayne Erickson, *Mapping the "Faerie Queene": Quest Structures and the World of the Poem* (New York: Garland Publishing, 1996)。

⑳ 除了其他人之外，还可参见 James Turner, *The Politics of Landscape: Rural Scenery and Society in English Poetry, 1630 – 1660* (Oxford: Basil Blackwell, 1979); Chris Fitter, *Poetry, Space, Landscape: Toward a New Theory* (Cambridge: Cambridge University Press, 1995); Andrew McRae, *God Speed the Plough: The Representation of Agrarian England, 1500 – 1660* (Cambridge: Cambridge University Press, 1996), esp. 262 – 99; Bruce McLeod, *The Geography of Empire in English Literature, 1580 – 1745* (Cambridge: Cambridge University Press, 1999), 76 – 89；以及 Sanford, *Maps and Memory*, 75 – 97，认为琼森的“To Penshurst”反映了财产调查的惯例，就像 John Scattergood 在他的“National and Local Identity: Maps and the English 'Country-House' Poem,” *Graat* 22 (2000): 13 – 27 中的那样。

㉑ *The Poems and Letters of Andrew Marvell*, 2 vols., ed. H. M. Margoliouth (Oxford: Clarendon, 1927), 1: 96. 767 – 68；亦参见“Upon the Hill and Grove of Billborow” (ca. 1650)，正如 Scattergood 所说的，只是强调了地图学呈现的不足，此外还有 Emilia Lanyer 的“Description of Cookeham” (1611)，接受了皇家，特别是英国皇家的职务，采用了地图学的眼光：这幢房屋的“景象会使国王的眼睛愉悦：/十三个郡出现在你的眼前，/欧洲无法承受更多的喜悦”（引自 Scattergood, “National and Local Identity,” 17）。

Stella 91）；“航海图”（card），是用于航海目的的航海图[22]。斯潘塞在《仙后》中对后者使用了三次，盖恩（Guyon）与“惊涛骇浪中的导向好手”相比，失去了他“坚实”的视野，“他的航海图（card）和罗盘指引了他的眼睛，/他漫长征途的能手”[23]；在这里，技术工具成了内心和形而上的道德指南针的象征，指引着盖恩的旅程［“*所以盖恩*失去了他信赖的向导”必须依赖“自我价值和赞美值得尊敬的行为”模式（2.1，5）］。同样，当布里托马特（Britomart）形容她自己“*没有*罗盘，*没有*航海图”时［3.2.7.7，斜体由我添加；又见对菲舍尔（Fisher）的船的描述，“随波而行，没有航海图（card）也没有帆”（2.8.31.2）］，这一形象表明缺乏明确的目的或自觉的道德原则，或者至少缺乏仍在形成中的原则。但最值得注意的是，斯潘塞将地图作为技术工具的使用，出现于一个抒情诗的语境中，即在《对爱尔兰现状的看法》（*A View of the Present State of Ireland*，约1595—1596）中，欧多克斯打断他的话语引申出“爱尔兰地图”，说明他对加强领土人口复兴和景观改造的建议；这一时刻和这一景象的文本作为一个整体，是伊丽莎白时代的学者对爱尔兰进行殖民的特别兴趣，这是一个迅速扩大的领域，写出了一些对地图学和文学呈现之间关系的最富有创新意义的分析[24]。

同时，迈克尔·德雷顿的《构想》（*Idea*，1599）的十四行诗 44，或许提供了如何将象征的和地图学的含义在爱情诗的背景中结合起来的一个典型范例，以及将图像和相关的术语“模型”联系起来的范例：“尽管我的笔努力使你不朽，/时间的法则在我的脸上留下线条和皱纹，/在那里，在我所有苦难的地图上，/是我耻辱世界的模型”（2：332.1－4）。德雷顿在他早期的《马蒂尔达》（*Matilda*，1594）中曾利用了相同的图像；在这两个例子中，地图的奇喻混合了人脸上忧虑的表情；图像地图或航海图的图像和用标尺绘制的线条；以及诗人整齐而字斟句酌的诗句[25]。这两个例子与莎士比亚《十二夜》（*Twelfth Night*，1601）中玛利

---

[22] 我在 Henry S. Turner，“Plotting Early Modernity”中更详细地讨论过这些术语，见 *The Culture of Capital：Property，Cities，and Knowledge in Early Modern England*，Henry S. Turnered.（New York：Routledge，2002），85－127，和 idem，*The English Renaissance Stage：Geometry，Poetics，and the Practical Spatial Arts，1580－1630*（Oxford：Oxford University Press，2006）。

[23] Edmund Spenser，*The Faerie Queene*，ed. A. C. Hamilton（London：Longman，1977），2.7.1－2，6－7.

[24] 此外，参见 Rudolf Gottfried，“Irish Geography in Spenser's *View*，” *ELH* 6（1939）：114－37；Bruce Avery，“Mapping the Irish Other：Spenser's *A View of the Present State of Ireland*，” *ELH* 57（1990）：263－79；David J. Baker，“Off the Map：Charting Uncertainty in Renaissance Ireland，” *Representing Ireland：Literature and the Origins of Conflict，1534－1660*，ed. Brendan Bradshaw，Andrew Hadfield and Willy Maley（Cambridge：Cambridge University Press，1993），76－92；Julia Reinhard Lupton，“Mapping Mutability；or，Spenser's Irish Plot，”亦见于 *Representing Ireland*，93－115；Bernhard Klein，“The Lie of the Land：English Surveyors，Irish Rebels and *The Faerie Queene*，” *Irish University Review* 26（1996）：207－25；idem，“Partial Views：Shakespeare and the Map of Ireland，” *Early Modern Literary Studies* 4.2，special issue 3（1998）：5.1－20，<http：//purl.oclc.org/emls/04－2/kleipart.htm>；idem，*Maps and the Writing of Space*，esp. 61－75 and 112－30；John Breen，“Spenser's ‘Imaginatiue Groundplot’：*A View of the Present State of Ireland*，” *Spenser Studies* 12（1998）：151－68；Mercedes Maroto Camino，“‘Me thinks I See an Evil Lurk Unespied’：Visualizing Conquest in Spenser's *A View of the Present State of Ireland*，” *Spenser Studies* 12（1998）：169－94；McLeod，*Geography of Empire*，32－75；以及 Mark Netzloff，“Forgetting the Ulster Plantation：John Speed's *The Theatre of the Empire of Great Britain*（1611）and the Colonial Archive，” *Journal of Medieval and Early Modern Studies* 31（2001）：313－48，有完整的参考书目。

[25] “看看这些表情，这些忧虑的完美地图，/我苦难的最真实的镜子，/皱纹中书写着忧愁。”（*Works of Michael Drayton*，1：224.379－81）

亚更富喜剧感的微笑处在同一时期，她把马伏里奥（Malvolio）的微笑和皱纹与“新绘制的印度群岛地图”相比较[26]。批评家们认为这明显参考了基于 1569 年赫拉尔杜斯·墨卡托投影，爱德华·赖特在理查德·哈克卢特的《重要的航海》（*Principal Navigations*）中出版的世界地图《对水文的描述》（*Hydrographiae descriptio*，1599）[27]。虽然像德雷顿一样，莎士比
亚在几年之前还完全以传统的方式使用图像，不论是“十四行诗 68”（约 1595），其中脸颊 416
是“过往时光的地图”，还是在《卢克丽丝受辱记》（*Rape of Lucrece*，1594）中，卢克丽丝的脸是“遭受深刻印记的地图/强烈的不幸，与泪水一起铭刻”[28]。在他《构想》的第一首十四行诗的用词中（第一次出现于 1619 年版），提出了一个对旅行的扩展的隐喻，德雷顿认为后续的整个片段不仅是简单地“讲述他的［即德雷顿的；他是 l. 1 中的“优秀海员”］发现/他的遭遇如何，看到了什么国度，/从他出发的港口远航”，而且是：

> 遵循他罗盘的指引，他掌舵航行，
> 时东，时西，时南，时北，
> 如何最近地前往地点，
> 经过了哪座大陆的岬角，
> 他经过陌生的海湾和海峡，
> 在最平静的地方却天气大变，
> 冒险经过了哪些礁石……（2：311. 35 and 6 - 12，斜体由我所加）

这一顺序保证了由基本方位所引导的爱的前进的视觉感。约翰·多恩写给“T. W. 先生”的几首书信体诗文中的一首在象征意义上将诗歌本身，指作“我苦难的严谨地图”[29]，但目前来看，这是多恩最经常使用的意象，通过将它们习以为常的，甚至是老生常谈般的意义与它们作为工具和航海技术的功能结合，他的作品非常成功地使地图、地球仪和罗盘产生新的形而上的奇喻；在多恩这里，我们最清晰地看到，不论是伊丽莎白时期地图学呈现变化所带来的真正的新颖感，还是它对诗歌创作的逻辑和思维习惯影响方式上的新颖感，都产生了对地图、航海图和仪器技术方面的新兴趣，而这在下个世纪将变得更为明显[30]。

㉖ William Shakespeare, *Twelfth Night; or What You Will*, 3. 2. 66 - 68, in *The Norton Shakespeare*, ed. Stephen Greenblatt et al.（New York: W. W. Norton, 1997）, 1768 - 1821, esp. 1798.

㉗ 参见 C. H. Coote, “Shakspere's ‘New Map,’” *New Shakspere Society Transactions*, ser. 1, No. 7（1877 - 79）: 88 - 99; J. D. Rogers, “Voyages and Exploration: Geography: Maps,” in *Shakespeare's England: An Account of the Life & Manners of His Age*, 2 vols.（Oxford: Clarendon, 1916）, 1: 170 - 97, esp. 173 - 74；以及 John Gillies 在 *Shakespeare and the Geography of Difference* 中的讨论和参考书目（Cambridge: Cambridge University Press, 1994）, 41, 47, and 50。

㉘ William Shakespeare, “Sonnet 68,” l. 1，和 *Rape of Lucrece*, ll. 1712 - 13，皆见于 *Norton Shakespeare*, 1945 - 46, 1945; 641 - 82, 679。又见于卢克丽丝熟睡时金发随呼吸的起伏，这表现“死亡地图中生命的胜利”（l. 402, p. 651）。

㉙ *The Poems of John Donne*, 2 vols., ed. Herbert Grierson（Oxford: Oxford University Press, 1912）, 1: 206. 8.

㉚ 对比 Samuel Rowlands 的 *Looke to It: For, Ile Stabbe Ye*（London, 1604）中的“Gluttone”，其中明确借鉴了早期地图雕版的绘制特点——人物有着“像地图上北风图像那样的脸庞”（E2v）——或是 Robert Heath 在他的 *Clarastella: Together with Poems Occassional, Elegies, Epigrams, Satyrs*（London, 1650），“Occasional Poems”，14 中的“在一幅因意外地落入水中而被损坏的世界地图上”。

多 恩

关于多恩所使用的地图和地图学图像的学术知识，集中于他在1596年与埃塞克斯第二任伯爵罗伯特·德弗罗（Robert Devereux）前往加的斯（Cadiz），以及1597年与沃尔特·雷利爵士前往亚速尔群岛航海和远征海外的经历，而且可能会启发他的地图和书籍主要有：1568年汉弗莱·科尔（Humfrey Cole）的主教圣经（Bishops' Bible）中的圣地地图；中世纪的由三部分构成的地图（也称为T－O地图）；1595年约道库斯·洪迪厄斯的旧版世界地图（"Drake Broadside Map"）；贝尔纳多·西尔瓦诺（Bernardo Silvano）的心形投影地图（1511年）；奥龙斯·菲内的（1531年和1536年），或是赫拉尔杜斯·墨卡托的心形投影地图（1538年）；以及《水手之镜》（*The Mariner's Mirror*，1588）中特奥多尔·德布里雕版的罗盘的图像，尽管罗盘的图像在徽章书籍中很常见，在这一时期的地图中也随处可见，包括那些在克里斯托弗·萨克斯顿的1579年地图集或约翰·斯皮德的《大不列颠帝国的舞台》（*Theatre of the Empire of Great Britaine*，1611）中的。[31] 一些批评家认为，多恩的诗具备了地图投影的具体技术问题：在"告别：禁止哀悼"（A Valediction：Forbidding Mourning）中，围绕着斜角、螺旋线，有"反常"或"斜航"的问题；在"爱情的进展"（Love's Progress）和"好的明日"（The Good-Morrow）中都提到了双半球立体投影；在"告别：哭泣"（A Valediction：Of Weeping）、"在病中，赞美上帝，我的上帝"（Hymn to God，My God，in My Sickness），或是《紧急情况下的祈祷》（*Devotions upon Emergent Occasions*）的第四冥想中，提到了在将二维地图学呈现转换为三维地球时隐含的扭曲，反之亦然[32]。

417 特别是"赞美上帝"，一些学者观察到，表明在多恩的创作中，将近代地图学惯例的新奇性从较早的宇宙论和学术传统的残留中分离出来是困难的；对多恩而言，地图学的

---

[31] Robert L. Sharp, "Donne's 'Good-Morrow' and Cordiform Maps," *Modern Language Notes* 69 (1954): 493－95; William Empson, "Donne the Space Man," *Kenyon Review* 19 (1957): 337－99; Robert F. Fleissner, "Donne and Dante: The Compass Figure Reinterpreted," *Modern Language Notes* 76 (1961): 315－20; John Freccero, "Donne's 'Valediction: Forbidding Mourning,'" *ELH* 30 (1963): 335－76; Marvin Morrillo, "Donne's Compasses: Circles and Right Lines," *English Language Notes* 3 (1966): 173－76; Donald K. Anderson, "Donne's 'Hymne to God My God, in My Sicknese' and the T-in-O Maps," *South Atlantic Quarterly* 71 (1972): 465－72; Stanton J. Linden, "Compasses and Cartography: Donne's 'A Valediction: Forbidding Mourning,'" *John Donne Journal* 3 (1984): 23－32; Jeanne Shami, "John Donne: Geography as Metaphor," *Geography and Literature: A Meeting of the Disciplines*, ed. William E. Mallory and Paul Simpson-Housley (Syracuse: Syracuse University Press, 1987), 161－67; Graham Roebuck, "Donne's Visual Imagination and Compasses," *John Donne Journal* 8 (1989): 37－56; Eileen Reeves, "John Donne and the Oblique Course," *Renaissance Studies* 7 (1993): 168－83, 及全部参考文献; Howard Marchitello, *Narrative and Meaning in Early Modern England: Browne's Skull and Other Histories* (Cambridge: Cambridge University Press, 1997), 68－74; Lisa Gorton, "John Donne's Use of Space," *Early Modern Literary Studies* 4.2, special issue 3 (1998): 9.1－27, <http://purl.oclc.org/emls/04－2/gortjohn.htm>; Shankar Raman, "Can't Buy Me Love: Money, Gender, and Colonialism in Donne's Erotic Verse," *Criticism* 43 (2001): 135－68; 以及 David Woodward, "The Geographical Imagination of John Donne"（未出版手稿，提交给了 Logos Society, University of Wisconsin-Madison, November 2000), 5－6。

[32] Reeves, "John Donne"; Roebuck, "Donne's Visual"; 但是参见 Woodward, "Geographical Imagination," 5 和 10－12。

关注既是末世的，又是分析的[33]。这样的例子还见于“对哈灵顿勋爵兄弟的忠告：致贝德福德的伯爵夫人”（Obsequies to the Lord Harrington's Brother：To the Countess of Bedford）中，在这里多恩用对死去的哈灵顿（Harrington）勋爵灵魂的诗意冥想活动，使得“此地成为我天国的地图”（1：271. 13—14），并用地图奇喻历史与永恒、特殊与普遍、人间与天国、唯物与形而上、微观与宏观、个人灵魂与上帝的交叠。在多恩的作品中，地图学与地理想象的其他用途拥有更为长久的相似：在“上床（Going to Bed）”中，发言者是这位情人的“美国！我新发现的土地”的探险家（1：120. 27）；在“好的明日”中，“航海者”和“地图”的重要性，被情人唯我论、占有欲和膨胀的经历所否定（1：7. 12—14）；同时在“爱情的进展”（1：116—19）中，情人的鼻子是两个太阳之间的子午线，使得脸颊像半球，嘴唇如同加那利群岛（Canary Islands）（Ⅱ. 47—53）。当发言者转移方向从地上向情人身上移动时，脚就成了“寻找那里”的“地图”（II. 74—75），一种“象征”（I. 79）以及在朝上亲吻“中心部分”过程中的向导（I. 36），同时一个只能被描述成地图学恋物癖的典型例子，如词汇作为地图的替代词，地图代替了脚、脚代表了嘴、嘴代表了钱包、钱包代表了生殖器，所有这些在诗中自始至终中都用一个忸怩的、随意转变的指示词“这个”所代指（I. 38）。

米尔顿

多恩之后，地图学和 17 世纪诗歌之间最重要的融合出现于约翰·米尔顿的作品中，他对地理的兴趣有据可查。在《失乐园》（1667 年）中，它可能在细节上展示了文学创作活动与参考地图集、旅行日志、史书等许多具有精美地图的出版物之间的直接关系[34]。在他的

---

[33] 参见“The Dampe,”“当我死的时候，医生不知道为什么，/……我的朋友们好奇/将把我切开研究每一部分”（1：63. 1 - 3）；关于这一时期地图绘制和解剖学的更多知识，参见 Caterina Albano，“Visible Bodies：Cartography and Anatomy,” in *Literature*, *Mapping*, 89 - 106；对多恩科学知识更宽泛的讨论，参见 Marjorie Hope Nicolson，“The ‘New Astronomy’ and English Imagination,”在她的 *Science and Imagination*（Ithaca：Cornell University Press，1956），30 - 57；Charles M. Coffin, *John Donne and the New Philosophy*（New York：The Humanities Press，1958），esp. 175 - 94；Majorie Hope Nicolson, *The Breaking of the Circle：Studies in the Effect of the “New Science” upon Seventeenth-Century Poetry*（New York：Columbia University Press，1960）。

[34] 参见 Elbert N. S. Thompson，“Milton's Knowledge of Geography,” *Studies in Philology* 16（1919）：148 - 71；Allan H. Gilbert，“Pierre Davity：His ‘Geography’ and Its Use by Milton,” *Geographical Review* 7（1919）：322 - 38；idem, *A Geographical Dictionary of Milton*（New Haven：Yale University Press，1919）；George Wesley Whiting, *Milton's Literary Milieu*（Chapel Hill：The University of North Carolina Press，1939），esp. 94 - 128；Robert Ralston Cawley, *Milton and the Literature of Travel*（Princeton：Princeton University Press，1951）；Harris Francis Fletcher, *The Intellectual Development of John Milton*, 2 vols.（Urbana：University of Illinois Press，1956），1：355 - 84，esp. 367 和 384；McLeod, *Geography of Empire*, 137 - 46；以及许多注释，David Masson ed.，*The Poetical Works of John Milton*, 3 vols.（London：Macmillan，1874），以及 A. W. Verity, ed.，*in Paradise Lost*, 2 vols.（Cambridge：Cambridge University Press，1929）。对米尔顿更广泛的科学知识的讨论，参见 Kester Svendsen, *Milton and Science*（Cambridge：Harvard University Press，1956），以及 Catherine Gimelli Martin 在最近两篇文章中的讨论和参考文献，“‘What if the Sun Be Centre to the World?’：Milton's Epistemology, Cosmology, and Paradise of Fools Reconsidered,” *Modern Philology* 99（2001）：231 - 65，是早期的研究者认为米尔顿支持地心说的修正，以及 idem，“‘Boundless the Deep’：Milton, Pascal, and the Theology of Relative Space,” *ELH* 63（1996）：45 - 78，认为米尔顿的史诗地理学依赖于无限空间的观点，类似于 17 世纪典型的和谐宇宙的数学概念。

论文《论教育》（*Of Education*，1644）中，米尔顿推荐学生阅读庞波尼乌斯·梅拉、老普林尼、凯厄斯·朱利叶斯·索里努斯和托马斯·吉米努斯（Thomas Geminus）等经典作家的著作，同时阅读现代地理学家的著作，例如皮埃尔·德阿维蒂（Pierre d'Avity）［特别是他的《世界各国》（*Les Estats du Monde*，1614）］的原著，但不是简单地获得地理信息，而是将它作为语言训练的一个组成部分。[35] 在阅读时，这些学生应该“学习所有的现代作家，地球仪和各种地图的使用，先学习旧的名字；接着学习新的”，[36] 应该练习“三角学仪器科学，以及相关的防御设施的建造、建筑学、工程学或导航学”，以及“获取……建筑师［,］工程师、水手、解剖学家……的有益经验……”[37] 即使在1652年完全失明之后，米尔顿仍继续购买地图集，并在1656年写信给他在意大利的朋友彼得·亨巴赫（Peter Heimbach），抱怨亨巴赫为他购买的一套多卷大地图集的价格——130弗罗林：“由于我的失明，绘制的地图几乎是无用的，我用失明的双眼测度真实的球体，我担心我越是买这书，就越为我的损失感到悲哀。我请求你再为我寻找……在整部著作中有多少卷，以及布劳和扬森（Jansen）这两
418 个版本哪个更为完整和准确。”[38] 考利（Cawley）和怀特（Whiting）都认为米尔顿查阅了约翰内斯·扬松纽斯的《新地图集》（*Novus atlas*）的1649年至1659年版，指出这是米尔顿《失乐园》中风的列表的来源（bk. 10，699 – 706）[39]。

关于米尔顿地理知识的讨论主要集中在三个领域：他自己的现代地理的习作，《莫斯科大公国简史》（*A Brief History of Moscovia*，1682）；《失乐园》中亚当对世界的引人注目的调查（bk. 11，370 – 411）和米尔顿在诗中建构他诗的明喻时使用的诸多地形细节；以及《复乐园》（*Paradise Regained*）中撒旦（Satan）在山上对基督的诱惑（bk. 3，269 – 321 and bk. 4，25 – 80）。在《莫斯科大公国简史》中米尔顿赞扬地理学研究“有益且怡人”，并介绍了英格兰对俄国的探索及与波罗的海诸国的贸易[40]；这些记述紧跟理查德·哈克卢特的《重要的航海》（*Principal Navigations*，1598）和塞缪尔·珀切斯（Samuel Purchas）的《珀恰斯漫游》（*Purchas His Pilgrimes*，1625）搜集的材料，并宣扬这是“从几位亲历者的著作中搜集来的”[41]。《失乐园》中亚当目睹的壮观世界的景象和《圣经》的历史（bk. 11），显示了米尔顿史诗叙事的聚焦技术，它将读者的知识与神圣的、普世视角的观察活动联系起来，完美地与同时代的地图学科技结合起来，例如亚当和迈克尔“攀登/在神的幻象中”，前往“一座/天堂中最高的山峰，从它的顶部/地球的半球，清晰可见，/延伸到前景最广阔的范围”，亚当的“眼睛可以掌握任何地方的一切/那些古代和现代著名的城市”（bk. 11，376—86）。米尔顿在这里采用的正是此前曾建议他学生的

---

[35] *Of Education*, in *The Complete Prose Works of John Milton*, 8 vols., ed. Don M. Wolfe et al. (New Haven: Yale University Press, 1953 – 82), 2: 390 – 92 及注释。

[36] Milton, *Complete Prose Works*, 2: 389.

[37] Milton, *Complete Prose Works*, 2: 392 – 94.

[38] Milton, *Complete Prose Works*, 7: 494 – 95.

[39] Cawley, *Literature of Travel*, 123; Whiting, *Milton's Literary Milieu*, 101 – 2, 121 – 22; Thompson, "Milton's Knowledge," 167.

[40] Milton, *Complete Prose Works*, 8: 474.

[41] Milton, *Complete Prose Works*, 8: 476; 参见 Thompson, "Milton's Knowledge," 151 – 55, 以及 Cawley, *Literature of Travel*, 42 – 64。

"新旧名称"的技术，将帝国当代的地形测量学和贸易与《圣经》历史中亚当随后的见闻并列起来[42]。在原始文本拼写和词语位置的基础上，米尔顿的批评家和编辑们都提供了令人信服的米尔顿著作来源的观点，考利特别强调彼得·黑林1652年或1657年的《宇宙志》，[43] 怀特指出亚伯拉罕·奥特柳斯的《寰宇概观》的1606年版[44]，而维里蒂（Verity）强调墨卡托《地图集》（1636—1638年）的亨利·赫克瑟姆（Henry Hexham）英译本；维里蒂认为后者也是《黎西达斯》（*Lycidas*）的一个重要来源，注意到这首诗仅在墨卡托版的一年后就发表了[45]。米尔顿的地形细节描写的其他可能来源，包括约翰·珀里（John Pory）1600年翻译的莱奥·阿弗里卡纳斯（Leo Africanus）的《对非洲的描述》（*Description of Africa*），附有地图[46]；威廉·卡姆登《不列颠》中的地图（拉丁文初版于1607年，英文初版于1610年），《黎西达斯》也参考了后者[47]；以及塞缪尔·珀切斯的《坡恰斯漫游》（1625年）[48]。

圣地的地形向米尔顿提出了特别的困难，因为亲历者的陈述只能提供当代的细节，对他而言更为重要的《圣经》事件并没有细节上的证据；正如珀切斯评论的，"现在这些地点在地球上难以找到，但却变成人们大脑中的常见地点，因而将他们引入好奇的寻找当中"[49]。或许出于这个原因，米尔顿强调迈克尔用"小米草和芸香"清除了亚当的"视觉神经"，由此洞察他"甚至最深层的内心景象"，并"强迫"亚当"闭上眼睛"（bk. 11, 414—19），由此视觉遵循的是精神，而不是经验。他对位于天堂的——其在伊甸园的位置（bk. 4, 208—14）及其无与伦比的美丽（bk. 4, 268—85）——的描述，米尔顿参照了1568年主教《圣经》或其他几部稍晚的《圣经》中的天堂和伊甸园地图；在奥特柳斯1606年版的《寰宇概观》中，有一幅迦南地图和一幅亚伯拉罕漫游的航海图，类似于迈克尔的叙述（bk. 12, 135—46）；以及一幅雷利的《世界历史》（*The History of the World*，1614）中的地图[50]。他关于巴勒斯坦的地理知识的其他重要来源，包括托马斯·富勒（Thomas Fuller）的《圣战的历史》（*The Historie of the Holy Warre*，1639）和《登比斯迦山眺望巴勒斯》（*A Pisgah-Sight of*

㊷ 参见 Cawley, *Literature of Travel*, 132。

㊸ 尤其应参见 Cawley 对在《失乐园》（4. 280—84）中天堂花园的对比描述的分析，指出 Heylyn 的非洲地图绘制了赤道，由此其正位于 Mount Amara 上，并且注意到在同一幅地图上莫桑比克与阿拉伯的相对位置，因而解释了 bk. 4, 159 - 63 中的"东北"风（*Literature of Travel*, 70）。

㊹ Whiting, *Milton's Literary Milieu*, 94 - 128, esp. 119 - 26；亦参见 Thompson, "Milton's Knowledge," 149 - 50, 164, and 166 - 67, 以及 Cawley, *Literature of Travel*。

㊺ Verity ed. , *Paradise Lost*, 2：382 n. 353, 以及 Whiting, *Milton's Literary Milieu*, 23 - 24, 35, 96, 106 - 7, and 110。但是考利引证了 Heylyn 和 Ortelius 中的其他可能的来源以及 *Literature of Travel*, 93—96 中的学术成就；亦参见 Thompson, "*Milton's Knowledge*," 165。

㊻ Cawley, *Literature of Travel*, 114, 注意到米尔顿的摘录簿证明他知道这部著作。

㊼ Whiting, *Milton's Literary Milieu*, 101 - 2 和 104 - 7。

㊽ Cawley, *Literature of Travel*, 97, 再次引证了米尔顿信书中的证据。

㊾ 转引自 Thompson "*Milton's Knowledge*," 157。

㊿ 参见1568年主教《圣经》中的地图，位于 Genesis 2 之后，Numbers 33：46, Joshua 19, 2 Maccabees, 和 Acts；亦参见 Whiting, *Milton's Literary Milieu*, 15, 22, 108 和 n. 37, and 111 - 12；Cawley, *Literature of Travel*, 110（引证了15—16世纪圣地地形的可能的其他来源），113 - 14, 123；以及 Thompson, "*Milton's Knowledge*," 159 - 60。

Palestine，1650）[51]，理查德·诺尔斯（Richard Knolles）的《土耳其通史》（*Generall Historie*
419 *of the Turkes*），[52] 同时乔治·桑迪斯（George Sandys）的《安诺·多米尼已经开始的旅程的叙述》（*Relation of a Journey Begun An*：*Dom*：*1610*，1621），作为“耶稣基督诞生的清晨”和《力士参孙》（*Samson Agonistes*）以及《失乐园》的来源[53]。

戏剧

约翰·吉利斯（John Gillies）指出地图集和舞台的本质概念是接近的，“剧场”和“地球”；1570—1640 年是英国戏剧文学产出的顶峰；1606 年亚伯拉罕·奥特柳斯《寰宇概观》英译版的“前言”，事实上，提出它的地图是一种简化为图形形式的戏剧演出：在“放置在我们眼前的地图上……我们看到了事情，或是看见了事情何以然，就如同它们正在进行着”[54]。托马斯·德克尔（Thomas Dekker）同样认为舞台和地图之间有基本的相似性，他的《旧幸运》（*Old Fortunatus*，1599）“前言”中有一个恳求，使人想起莎士比亚的《亨利五世》（*Henry V*，1599）中的合唱段落，但却更明显地显露出地图学的痕迹：

> 而这个小圆周必须直立，
> 为了大片土地的影像，
> 许多的王国，千里万里，
> 这里应当被测度：我们缪斯的恳求，
> 你的思想来帮助贫乏的艺术，并允许，
> 我可以作为合唱者为她的演出效劳，
> 她乞求你的原谅，为了灵魂而送我外出，
> 当诗文的规则不再呼叫，
> 但既然故事需要……[55]

马洛、莎士比亚、琼森、托马斯·海伍德（Thomas Heywood）、弗朗西斯·博蒙特（Francis Beaumont）和约翰·弗莱彻、理查德·布罗姆（Richard Brome）、威廉·德阿弗南（William D'Avenant）和约翰·德莱登（John Dryden）的戏剧就是最明显的例子，它们表明新地理学对各种类型的现代早期剧作家和观众都产生了影响，从罗马喜剧到浪漫剧，

---

[51] 参见 Thompson, "*Milton's Knowledge*," 157 - 58 and 166；Whiting, *Milton's Literary Milieu*, 102 and 115 - 17；以及 Cawley, *Literature of Travel*, 109 - 10, 她还在 *A Pisgah-Sight*（p. 112）中，将 bk. 1, 457 - 63 中堕落之神的通道，追溯至富勒犹太偶像的版画，指出富勒同书中的“Map of Benjamin”，展示了雅各布关于天使降临和天国之路的梦，与米尔顿在 bk. 3, 510—15 中的叙述十分类似（p. 123）。

[52] Thompson, "*Milton's Knowledge*," 156 - 57, 以及 Cawley, *Literature of Travel*, 128。

[53] 参见 Verityed.，*Paradise Lost*, 2：383 nn. 392 and 396 and 2：645 - 46 nn. 143 and 144；亦参见 Cawley, *Literature of Travel*, 102 - 8。

[54] “致尊敬的读者”，转引自 Whiting, *Milton's Literary Milieu*, 97。

[55] *The Dramatic Works of Thomas Dekker*, 4 vols.，ed. Fredson Bowers（Cambridge：Cambridge University Press, 1953），1：115，"Prologue", 15 - 23.

从宫廷假面剧到复仇悲剧，从历史剧到冒险剧。这种“地图学的想象”，如同吉利斯所说的那样，在两个层次上尤为明显：戏剧形象炫目的异国情调，从马洛笔下的帖木儿（Tamburlaine）、巴拉巴斯（Barabas）和巴尔塔扎尔（Balthazar），到莎士比亚的奥塞洛（Othello）、夏洛克（Shylock）和卡利万（Caliban），海伍德的穆利克（Mullisheg）或是博蒙特以及弗莱彻的法拉蒙（Pharamond），热血的西班牙国王菲拉斯特（*Philaster*，1608—1610 年）；以及舞台上大量地理背景的置换，极少使用固定场景，使用相同的设施代表英格兰和法国，威尔士和塞浦路斯，丹麦和摩洛哥，并且在单独的一部戏剧中经常使用灵活的表演布景结构来并置遥远的地点，就如同印刷地图册一样[56]。在更为地方层面的方面，约翰·马斯顿（John Marston）、托马斯·米德尔顿、托马斯·德克尔使得伦敦的“城市喜剧”声名大噪，琼森通过将“公民”与真实城市空间的物理位置结合，而不是简单地与某种感觉或习以为常的物体结合，给予了当代城市经验的象征形式，观众可以从那一时期伦敦的地图、景观和编年史中识别出这些城市中的位置空间，例如铜版地图（1550 年代）、所谓的阿格什（Agas）地图（1560 年代）；约翰·诺登（1593）或乔治·
布劳恩和弗兰斯·霍根伯格（1572 年）的地图；安东·范登·韦恩加尔德（Antoon van 420
den Wijngaerde，1543）、诺登（约 1600 年），或克拉斯·扬茨·菲斯海尔（Claes Janz. Visscher，1616）的全景画；以及约翰·斯托（John Stow）的《伦敦调查》（*Survey of London*，1598）。获得这一时期伦敦城市化知识的过程，与在其中“城市”作为概念实体可以被描述为一种知识对象而产生形式和图像的过程不可分离，它经常相互冲突的自我

[56] 这是一个迅速发展的研究领域：在其中，参见 Mary B. Campbell, *The Witness and the Other World: Exotic European Travel Writing, 400 – 1600* (Ithaca: Cornell University Press, 1988), esp. 123 – 54; Ania Loomba, *Gender, Race, Renaissance Drama* (Manchester: Manchester University Press, 1989); Stephen Greenblatt, *Marvelous Possessions: The Wonder of the New World* (Chicago: University of Chicago Press, 1991); Jeffrey Knapp, *An Empire Nowhere: England, America, and Literature from Utopia to The Tempest* (Berkeley: University of California Press, 1992); Emily C. Bartels, *Spectacles of Strangeness: Imperialism, Alienation, and Marlowe* (Philadelphia: University of Pennsylvania Press, 1993); Gillies, *Geography of Difference*; Frank Lestringant 具有影响力的 *Mapping the Renaissance World: The Geographical Imagination in the Age of Discovery*, trans. David Fausett (Berkeley: University of California Press, 1994); Jean E. Howard, "An English Lass amid the Moors: Gender, Race, Sexuality, and National Identity in Heywood's 'The Fair Maid of the West,'" in *Women, "Race," and Writing in the Early Modern Period*, ed. Margo Hendricks and Patricia A. Parker (New York: Routledge, 1994), 101 – 17, 以及该文集中的其他论文; Jyotsna G. Singh, *Colonial Narratives / Cultural Dialogues "Discoveries" of India in the Language of Colonialism* (New York: Routledge, 1996); Jerry Brotton, "Mapping the Early Modern Nation: Cartography along the English Margins," *Paragraph* 19 (1996): 139 – 55; idem, *Trading Territories: Mapping the Early Modern World* (Ithaca: Cornell University Press, 1998); Lisa Jardine and Jerry Brotton, *Global Interests: Renaissance Art between East and West* (Ithaca: Cornell University Press, 2000); Michael Neill, " 'Material Flames': The Space of Mercantile Fantasy in John Fletcher's *The Island Princess*," *Renaissance Drama*, n. s. 28 (1997): 99 – 131; 以及 Marina Leslie, "Antipodal Anxieties: Joseph Hall, Richard Brome, Margaret Cavendish and the Cartographies of Gender," *Genre* 30 (1997): 51 – 78; Daniel J. Vitkus, "Early Modern Orientalism: Representations of Islam in Sixteenth-and Seventeenth-Century Europe," in *Western Views of Islam in Medieval and Early Modern Europe: The Perception of Other*, ed. David R. Blanks and Michael Frassetto (New York: St. Martin's, 1999), 207 – 30; idem, "Trafficking with the Turk: English Travelers in the Ottoman Empire during the Early Seventeenth Century," in *Travel Knowledge: European "Discoveries" in the Early Modern Period*, ed. Ivo Kamps and Jyotsna Singh (New York: Palgrave, 2001), 35 – 52, 以及该文集中的档案和论文; Shankar Raman, *Framing "India": The Colonial Imaginary in Early Modern Culture* (Stanford: Stanford University Press, 2001)。

定义被检查、调和或从属于彼此[57]。

在一些伊丽莎白时期和詹姆士一世早期的戏剧中，真实的地图或航海图可能作为道具出现在舞台上；这些都是剧情叙事发展的组成部分，在戏剧更大的诗歌结构和意识形态的剧目中充当了隐含的或象征性的元素。例如，在莎士比亚戏剧（1605 年至 1606 年）的开场中，利尔（Lear）使用一幅地图分割了他的王国，这看起来更像是具有工具方面的便利性，但随着他的行为预先策划的本质变得越发清晰，地图将它自己表现为一个精确计算的修辞方面的支柱，为明显具有战略性和偏见性的行为提供中立、客观和平等的外观。在这一幕的尾声，这幅地图像一面歪曲的镜子，暴露出利尔的贫穷和善于经营——一幅极度狡猾和充满背叛的肖像，如果我们将它与莎士比亚的《亨利五世》（1596 年至 1597 年）中的其他“分场景”并置，在这些分场景中，霍茨波（Hotspur）和反叛者们使用地图划分他们预期的版图，他们有关河流的文字转换成为对英格兰国家及其政治空间的一种象征性重塑[58]。以类似的方式，马洛的帖木儿的愿望就是通过宣称他将按照自己的想象来重新塑造世界，就像在一面地图学的镜子中那样，来进行征服：

我会反驳那些盲目的地理学家
他们把世界分成三个区域，
不包括我想追逐的区域
用这支笔把它们缩小到地图上，
号令各省、各城、各镇
按照我的名字和你的，扎诺克利特（Zenocrate）。
这里，在大马士革，我想说的是
垂线将从这里开始。[59]

---

[57] 尤应参见 Brian Gibbons, *Jacobean City Comedy*, 2d ed. （New York: Methuen, 1980）; Steven Mullaney, *The Place of the Stage: License, Play and Power in Renaissance England* (Chicago: University of Chicago Press, 1988); Lawrence Manley, *Literature and Culture in Early Modern London* (Cambridge: Cambridge University Press, 1995), esp. 212 – 93 和 431 – 77; Jean E. Howard, "Competing Ideologies of Commerce in Thomas Heywood's *If You Know Not Me You Know Nobody, Part* Ⅱ," *The Culture of Capital: Property, Cities, and Knowledge in Early Modern England*, ed. Henry S. Turner (New York: Routledge, 2002), 163 – 82; Sanford, *Maps and Memory*, 99 – 138; Janette Dillon, *Theatre, Court and City, 1595 – 1610*: Drama and Social Space in London (Cambridge: Cambridge University Press, 2000); 以及 Fran C. Chalfant, *Ben Jonson's London: A Jacobean Placename Dictionary* (Athens: University of Georgia Press, 1978)。

[58] 见本卷第 720 页。吉利斯在他的 *Geography of Difference*, 45 – 47 and 65 – 67，以及他的 "Introduction: Elizabethan Drama and the Cartographizations of Space," in *Playing the Globe*, 27 – 41 中讨论了莎士比亚参考其他的地图或类似地图的文本。关于利尔国王的地图学，参见 Frederick T. Flahiff, "Lear's Map," *Cahiers Élisabéthains* 30 (1986): 17 – 33; Philip Armstrong, "Spheres of Influence: Cartography and the Gaze in Shakespearean Tragedy and History," *Shakespeare Studies* 23 (1995): 39 – 70; Henry S. Turner, "King Lear Without: The Heath," *Renaissance Drama*, n. s. 28 (1997): 161 – 93; Garrett A. Sullivan, *The Drama of Landscape: Land, Property, and Social Relations on the Early Modern Stage* (Stanford: Stanford University Press, 1998), 92 – 123; Bruce Avery, "Gelded Continents and Plenteous Rivers: Cartography as Rhetoric in Shakespeare," in *Playing the Globe*, 46 – 62; Klein, *Maps and the Writing of Space*, 95; 以及 John Gillies, "The Scene of Cartography in King Lear," in *Literature, Mapping*, 109 – 37。亦参见三本关于 *Cymbeline* 中的空间的读物: Georgianna Ziegler, "My Lady's Chamber: Female Space, Female Chastity in Shakespeare," *Textual Practice* 4 (1990): 73 – 90; Glenn Clark, "The 'Strange' Geographies of Cymbeline," in *Playing the Globe*, 230 – 59; 以及 Sanford, *Maps and Memory*, 53 – 71。

[59] Christopher Marlowe, *Tamburlaine the Great*, *Parts* 1 *and* 2, ed. John D. Jump (Lincoln: University of Nebraska Press, 1967), 1: 4. 4. 73 – 80.

这一段落，以及帖木儿在第二部分结束时的大段演讲（5.3.126－60），其中他提到了地图，并用来勾勒他征服的空间顺序，这些已被批评家们在评论现代早期的地理想象时大量引用，从西顿（Seaton）展示了马洛遵从着奥特柳斯写给格林布拉特（Greenblatt）的信件的早期文章中对戏剧开创性的历史主义分析，举例证明当时时代的扩张精神，到最近巴托洛维奇（Bartolovich）基于现代早期的原始积累和后现代的全球化的视角对戏剧的马克思主义者的讨论[60]。

诗学与地图：早期现代社会与知识语境

近二十年来，批评家们开始更加明确地关注地图和文学文本之间，不仅在形式上，还包括在思想上的共同前提，以及关注于这些不同种类的文化产品嵌入的历史条件，但是在关于具体的方式上还有讨论的余地。这些方式中，在这一时期，一种“绘制地图”的文化和文 421
学想象或“发明”的文化可能已经互相启示。在这方面，两个研究领域可能特别富有成效：对同时代社会网络的分析以及对阅读习惯的研究。文人、雕版师和数学工作者之间的社会关系并非非同寻常，无论是在大学还是在伦敦，在格雷沙姆学院或是在法庭，就像科马克展示的那样；在像曾短暂教过悉尼的约翰·迪伊那样的人的家里或是私人图书馆里；或仅仅是在草地上、工场中，以及应用数学活动的其他场所：1584 年，悉尼本人开始监管多佛港的防御工作，在那里他向英国的数学工作者托马斯·迪格斯、托马斯·贝德韦尔（Thomas Bedwell）以及外国的工程师咨询关于提出的解决方案的“制图”或图示[61]。加布里埃尔·哈维（Gabriel Harvey）拥有并注释了几部英国作者的著作，其中包括迪格斯、托马斯·布伦德维尔（Thomas Blundeville）、约翰·布莱格拉夫、航海者威廉·伯恩（William Bourne），以及格雷沙姆的数学讲师托马斯·胡德的；许多私人朋友将他介绍进了伦敦工具制作者的圈子，而他似乎对此已经熟知。在他的《旁注》（*Marginalia*）中，哈维写道尽管他的朋友埃德蒙·斯潘塞“对地球仪和星盘并非全然无知”，但他“对天文规律、图表和仪器毫无经验”，并抱怨“成为肤浅的人文主义者对诗人而言是不够的：他们必须是精湛的艺术家，以及好奇的宇宙学者”，为他们的天文学知识，挑选了杰弗里·乔瑟、约翰·利德盖特（John

[60] 参见 Ethel Seaton, “Marlowe's Map,” *Essays and Studies by Members of the English Association* 10 (1924): 13－35，以及 idem, “Fresh Sources for Marlowe,” *Review of English Studies* 5 (1929): 385－401; Stephen Greenblatt, *Renaissance Self-Fashioning from More to Shakespeare* (Chicago: University of Chicago Press, 1980), 193－221; Crystal Bartolovich, “Putting *Tamburlaine* on a (Cognitive) Map,” *Renaissance Drama*, n. s. 28 (1997): 29－72，及参考文献；Garrett A. Sullivan, “Space, Measurement, and Stalking Tamburlaine,” *Renaissance Drama*, n. s. 28 (1997): 3－27; Klein, *Maps and the Writing of Space*; John Gillies, “Marlowe, the *Timur* Myth, and the Motives of Geography,” in *Playing the Globe*, 203－29, esp. 205, and 225; idem, *Geography of Difference*, 52 和 56－57；以及 Mark Koch, “Ruling the World: The Cartographic Gaze in Elizabethan Accounts of the New World,” *Early Modern Literary Studies* 4.2, special issue 3 (1998): 11.1－39, <http: //purl.oclc.org/emls/04－2/kochruli.htm>, on Marlowe's *Dr. Faustus*。

[61] 关于迪伊，参见 William H. Sherman, *John Dee: The Politics of Reading and Writing in the English Renaissance* (Amherst: University of Massachusetts Press, 1995)；关于英国地理学，参见 Lesley B. Cormack, *Charting an Empire: Geography at the English Universities, 1580－1620* (Chicago: University of Chicago Press, 1997)；关于悉尼在多佛，参见 Turner, “Plotting Early Modernity,” 104－5，以及 idem, *English Renaissance Stage*, chap. 3。

Lydgate）和菲利普·悉尼爵士［“星象”（Astrophilus）］。[62]

其次，哈维的注释表明，悉尼、迪伊、斯潘塞、琼森和米尔顿这些人的阅读习惯都是混杂且可以比较的，并且他们浏览地图、航海图、经文上的附图、历史、古典文学和演说、伦理学和政治学论文，以及对成为这些受过教育的人文主义者们的私人课程的文学作品和翻译有着共同的爱好。在《行政官之书》（*The Boke Named the Gouernor*，1531）中，托马斯·埃利奥特这样描写世界地图：

> 快乐是什么？花一个小时注视那些领土、城市、海洋、河流和山峰，古老生活方式中的价值并非欢乐和追求：注视丰富多彩的人群、野兽、花朵、鱼类、树木、水果和香草，这是多么不可思议的乐趣？要知道人们绅士般的方式及条件，他们的本性，在一间温暖的研究室或者书房中，没有盲目或旅行的痛苦和漫长路途的危险，这是多么不可思议的乐趣？我可以说，对于一位睿智的绅士而言，没有什么会比在自己的屋内注视世界的一切能产生更多的乐趣的了[63]。

罗伯特·伯顿（Robert Burton）在他的《忧郁的解剖》（*Anatomy of Melancholy*，1621）中也有同感：

> 我想，任何一个人在地图前观看时都是十分愉悦的……航海图、地形的划分，看那，好像所有遥远的省份、城镇、世界上的城市，和受他研究所限从未到达过的地方，计程仪和罗盘测量了它们的高度、距离，检查了它们的位置……现在能有什么更大的欢乐，能比观看那些精美的奥特柳斯、墨卡托、洪迪厄斯等绘制的地图更甚呢？研读布拉努斯（Braunus）和霍根贝格斯（Hogenbergius）出版的这些城市的书籍吗？阅读麦琪纳斯（Maginus）、明斯特、埃雷拉、拉埃特、米拉（Merula）、波特努斯（Boterus）、莱安德·阿尔伯塔斯（Leander Albertus）、卡姆登、莱奥·阿费尔（Leo Afer）、阿德利米乌斯（Adricomius）、尼克·吉尔贝努斯（Nic. Gerbelius）的那些细腻的描述吗？[64]

伯顿自己“从不旅行”，他写道，“但是在地图或航海图中，我不受羁绊的思想自由地阐述，就像宇宙学研究曾经带来的乐趣那样”（1：4）；查普尔（Chapple）已经证明，通过提供一个适应于心理和大地发现的概要或剖面视角，地图学也为伯顿本人的方法论提供了一种象征[65]。“恰当地分析这一幽默”，他在“前言”中写道，“穿过我们小宇宙的所有成员，

---

[62] 引自 *Gabriel Harvey's Marginalia*, ed. G. C. Moore Smith (Stratford-upon-Avon: Shakespeare Head Press, 1913), 162；亦见于 211—12。

[63] Thomas Elyot, *The Boke Named the Gouernour*, 2 vols. , ed. Henry Herbert Stephen Croft (1883; reprinted New York: Burt Franklin, 1967), 1: 77 - 78, 亦见于 1: 44—45; cited by Klein, *Maps and the Writing of Space*, 86。

[64] Robert Burton, *The Anatomy of Melancholy*, 5 vols. , ed. Thomas C. Faulkner, Nicolas K. Kiessling, and Rhonda L. Blair (Oxford: Clarendon, 1989 -), 2: 86 - 87; Anne S. Chapple in "Robert Burton's Geography of Melancholy," *Studies in English Literature* 33 (1993): 99 - 130, 以及 Klein, *Maps and the Writing of Space*, 87。

[65] Chapple, "Geography of Melancholy," 103 - 4; 亦见于 Albano, "Visible Bodies"。

如同艰巨的任务……找出一个圆形的求积法，东北方的溪流和海湾，或是西北通道，以及最为有意义的发现……未知的南方大陆（*Terra Australis Incognita*）"，"承担这项任务，我希望我不会犯大错或是失礼，如果一切都考虑完备，我可以为自己辩护，使用乔治乌斯·布拉内斯（*Georgius Braunus*）作为例证，他……被对图像和地图、预测与制图的乐趣的发自内心的爱所吸引……写下广大的城市舞台"[66]。

奥特柳斯《寰宇概观》(1606) 英文版前言认为地图集非常适合于阅读历史，因为著名 422
的事件通过空间的定位可以被更好地理解；托马斯·埃利奥特爵士在《行政官之书》中提倡了相同的做法，悉尼则在致他的朋友爱德华·丹尼（Edward Denny）的信（1580）中再次推荐，建议在阅读奥特柳斯时，一只手中是"萨克罗博斯科和瓦勒留斯（Valerius），或任何其他的地理学"，另一只手利用数学工具进行绘制几何学"图案"的实践[67]。半个多世纪后，米尔顿仍建议他的侄子爱德华·菲利普斯（Edward Phillips）将萨克罗博斯科作为天文学的指导[68]。有理由认为悉尼正在推荐的是一种练习的标准结合，这一方面是因为正如上文所引用的，塞缪尔·丹尼尔似乎一直反对这种严格的练习，但也是因为理查德·马卡斯特（Richard Mulcaster）在他为年轻学生开设的有影响的课程《基础》(*Elementarie*，1582）中，包括了绘画和阅读、写作、歌唱和音乐，因而他坚信，绘画对"合格的工人"是实用的，以便从事"建筑、绘图、工程、雕刻，所有的模具、所有的车床……此外学习用天文学、几何学、地图学、地形学和其他类似的学问去使用它们"[69]。在写作和文本分析的范畴内，都需要在这一时期常见的包括逻辑和修辞传统主题在内的个人知识，而这些现代早期学生最基本的知识的程序，在某种意义上通常是空间化的：这一直都是记忆术的本质，并在彼得吕斯·拉米斯（Petrus Ramus）的作品（1515 年至 1572 年）中被进一步强调，即通过将文本和主题分解为图表、树状图和几何图形来实现空间分析思维[70]。拉米斯主义者（Ramist）的

---

66 Burton, *Anatomy of Melancholy*, 1: 22 – 23；对于由 Jean de Gourmont 雕版的如同在人脸上描绘的所谓伯顿的 *Fool's Cap Map*（1575；见 fig 53.4）中"忧郁的世界"的分析，参见普尔的详细讨论（包括参考书目），Chapple, "Geography of Melancholy," 114 – 19，以及 Richard Helgerson, "The Folly of Maps and Modernity," *Literature, Mapping*, 241 – 62, esp. 243 – 49。伯顿的态度在理查德·布罗姆的戏剧 *The Antipodes*（1636）中找到了一个讽刺的形式，其中 Peregrine，一个非常痴迷阅读曼德维尔游记的角色，因婚姻不完美而陷入忧郁的精神状态，被通过面具表演而到达地球背面的奇特旅行治愈，在那里完全相反的社会秩序迫使他唯我论的空想破灭。

67 参见 Turner, "Plotting Early Modernity," 105。

68 Gilbert, "Pierre Davity," 324.

69 Richard Mulcaster, *The First Part of the Elementarie*...（London, 1582）, 58.

70 关于一系列学者用于分析的、辩论的或创造的，且源于亚里士多德、西塞罗、昆体良等人的逻辑分类和修辞主题的文学的传统主题、场所，或套语，参见 Joan Marie Lechner, *Renaissance Concepts of the Commonplaces*（New York: Pageant Press, 1962）；Mary Thomas Crane, *Framing Authority: Sayings, Self, and Society in Sixteenth-Century England*（Princeton: Princeton University Press, 1993）, 12 – 38；Rosemond Tuve, *Elizabethan and Metaphysical Imagery: Renaissance Poetic and Twentieth-Century Critics*（Chicago: University of Chicago Press, 1947）, 258 – 381, esp. 331 – 55；idem, "Imagery and Logic: Ramus and Metaphysical Poetics," *Renaissance Essays from the Journal of the History of Ideas*, ed. Paul Oskar Kristeller and Philip P. Wiener（New York: Harper and Row, 1968）, 267 – 302；Walter J. Ong, *Ramus, Method, and the Decay of Dialogue: From the Art of Discourse to the Art of Reason*（Cambridge: Harvard University Press, 1958）；Sister Miriam Joseph, *Rhetoric in Shakespeare's Time: Literary Theory of Renaissance Europe*（New York: Harcourt, Brace and World, 1962）；Frances Amelia Yates, *The Art of Memory*（Chicago: University of Chicago Press, 1966）；Lisa Jardine, *Francis Bacon: Discovery and the Art of Discourse*（Cambridge: Cambridge University Press, 1974）；以及 Peter Mack, "Humanist Rhetoric and Dialectic," *The Cambridge Companion to Renaissance Humanism*, ed. Jill Kraye（Cambridge: Cambridge University Press, 1996）, 82 – 99。

方法实际上在剑桥大学上演的戏剧《去帕纳斯的朝圣之旅》(*The Pilgrimage to Parnassus*，约1598年）中被称为“绘制地图（mapp)”，它在某种程度上讽刺了加布里埃尔·哈维，因为他已成为一个拉米斯思想的支持者⑦。

因此，当悉尼在《为诗辩护》(*An Apologie for Poetrie*，约1579年至1583年，1595年出版）中认为“因此，为了在历史中寻找真相，他们满载虚假而去，在诗中寻找故事小说，他们将叙事用于有利可图地发明的图像化的地形平面图（groundplot)”，我们可以看到“groundplot”(或“groundplat”，同一年的Ponsonby版中词汇的变体）不仅是悉尼本人处理仪器和技术制图的工程问题的经历，还是拉米斯主义分析的空间化的技术，以及是逻辑辩论的传统主题和修辞创作——所有这些文本都试图定义具体的“诗意的”、“发明的”或“文学的”作品，并迅速将其作为规范(72)。对悉尼来说，“groundplot”已经成为阅
423 读或批判性反思的工具，联系着智力分析活动和推着读者前进，其“地图”的证据、寓意性的航海图，或哲学的概念加诸于单独的“地方”上，在时间上感知它们，但却在记忆中根据空间形式用图表表示它们，或甚至根据地图集或地形测量的模式整理它们。正如悉尼1590年的《阿尔卡迪亚》(*Arcadia*）的开篇中，斯特芬（Strephon）向克拉努斯(Claius）宣称的那样，凝视着乌拉尼亚离开的地点，“这里我们觉得，这个地方永远覆盖在我们的记忆中，这个地方永远给我们日趋衰弱的记忆以新的热情……因为这个地方让我们想起那些事情，那些事情也化为地点，记忆着更好的事情”(73)。

结论：早期现代地形诗学的分析

现代的评论界直到最近才开始恢复现代早期作家们承认的地形学和语言“文本”之间在基本的模仿和想象方面的一致性。如果很多地理学家现在将地图，主要作为社会科学的定量和指示工具，而不是作为具有鲜明伦理意义和世界观的符号学的或思维的方式的话，那么在广泛地域范围内工作的文学评论家们，现在发现了一种不可或缺的方法，即把文本

(71) 参见 *The Pilgrimage to Parnassus in the Three Parnassus Plays* (*1598 - 1601*), ed. J. B. Leishman (London: Ivor Nicholson and Watson, 1949), act I, Philomusus 称呼 Studioso，一个哈维的角色：“但是，只要通过各种方式和错误的路径，我们就能看到这种奇怪的东西/那么我们首先必须经历的是什么？”Studioso 答道：“我们首先必须要旅行的土地（就像年老的 Hermite 告诉我们的）就是逻辑。我已经得到了 lacke/ Setons 的地图来帮助我们走向和穿过这一国度。这一土地就是，按照他的描述，非常类似于威尔士，充满了崎岖的山地和深深的峡谷。在这一国度还存在两个强盗，名为属和种，他们抓住了真正产生于他们的名为发明的人。”John Seton 的 *Dialectica*（1545年，及众多以后的版本）是一部受欢迎的逻辑教材，为哈维这样的拉米斯主义改革者所青睐；参见 Charles B. Schmitt, *John Case and Aristotelianism in Renaissance England* (Kingston: McGill-Queen's University Press, 1983), 18 n. 17 and 29 - 40，以及 Wilbur Samuel Howell, *Logic and Rhetoric in England*, *1500 - 1700* (New York: Russell and Russell, 1961), 238 - 40。悉尼本人在 Saint Bartholomew Day 中去世的前几周在巴黎遇见了拉米斯，并与许多英国拉米斯主义者保持着友谊，包括加布里埃尔·哈维、Abraham Fraunce 和 William Temple，后者在1585年成为他的秘书；关于 Ramus，参见 Walter J. Ong, “System, Space and Intellect in Renaissance Symbolism,” *The Barbarian Within and Other Fugitive Essays and Studies* (New York: Macmillan, 1962), 68 - 87，以及 idem, *Ramus*。

(72) Philip Sidney, *An Apologie for Poetrie*, in *Elizabethan Critical Essays*, 2 vols., ed G. Gregory Smith (Oxford: Clarendon, 1904), 1: 148 - 207, esp. 185；参见 Forrest G. Robinson, *The Shape of Things Known*: *Sidney's "Apology" in Its Philosophical Tradition* (Cambridge: Harvard University Press, 1972), 122 - 28，以及 Ong, *Ramus*, 38 和 302。

(73) *The Countesse of Pembrokes Arcadia* (1590), *The Complete Works of Sir Philip Sidney*, 4 vols., ed. Albert Feuillerat (Cambridge: Cambridge University Press, 1922 - 26), 1: 6 - 7.

集合在一起，构成一个复杂的“诗意的”地理。亨利·勒菲弗（Henri Lefebvre）、加斯顿·巴舍拉尔（Gaston Bachelard）、米歇尔·德塞尔托、路易斯·马丁（Louis Marin）和米歇尔·富科（Michel Foucault）等人的工作在这一课题中有特别的影响力，并为地理学和文学领域的学者提供了共同的理论参照点[74]。直到最近，地理学家们研究了“地图”如何作为一种“文本”发挥功能，他们比文学评论家们在研究“文本”——尤其是传统文学研究的诗歌、戏剧或叙事文本——如何作为一种地图发挥了功能方面稍快了一些[75]。在结论中，我将提出一些进一步分析的方向。

---

[74] Henri Lefebvre 的 *La production de l'espace*，初版于 1974 年，由 Donald NicholsonSmith 译作 *The Production of Space*（Oxford：Blackwell，1991），在引起了文学评论界的关注之后，又在地理学家的作品中大量传播，特别是 David Harvey，*The Condition of Postmodernity*：*An Enquiry into the Origins of Cultural Change*（Oxford：Blackwell，1990）；Edward Soja，*Postmodern Geographies*：*The Reassertion of Space in Critical Social Theory*（London：Verso，1989）；和 Derek Gregory，*Geographical Imaginations*（Oxford：Blackwell，1994）。Lefebvre 的著作被证明有特别的影响力，他首先区分了“空间的呈现”（“科学”的空间：那些规划图、航海图和地图，通常由权力中心制作，依赖于几何学和数学的组织原则，追求实证的客观性，提出了量化的视觉图像和抽象的空间概念）、“呈现的空间”（“文化”的空间和意义：想象、象征、思想、场所和典型的文学、绘画、神话，或其他传统的或“发明的”形式的空间，以及通过现象学的、心理的或情感的方式，这些空间和地方的被感知、理解和生活），以及“实践的空间”（社会的空间：制度性组织的生活习惯和模式，既有自觉性又有潜在的习惯，使社会群体、政治实体或生产方式形成结构）。其他开创性的理论文本，包括 Gaston Bachelard，*The Poetics of Space*，trans. Maria Jolas（New York：Orion，1964）；Michel de Certeau，*The Practice of Everyday Life*，trans. Steven F. Rendall（Berkeley：University of California Press，1984）；Louis Marin，*Utopics*：*Spatial Play*，trans. Robert Vollrath（Atlantic Highlands，N. J.：Humanities Press，1984）；以及 idem，*Portrait of the King*，Martha trans. M. Houle（Minneapolis：University of Minnesota Press，1988）。并参见 Louis Marin 主编的论文集，*On Representation*，trans. Catherine Porter（Stanford：Stanford University Press，2001），特别是第 6 和第 12 章；Michel Foucault，“Questions on Geography，” *Power/ Knowledge*：*Selected Interviews and Other Writings*，*1972 – 1977*，ed. and trans. Colin Gordon（New York：Pantheon，1980），63 – 77；idem，“Space，Knowledge，and Power，” trans. Christian Hubert，*The Foucault Reader*，ed. Paul Rabinow（New York：Pantheon，1984），239 – 56；idem，“Different Spaces，” *The Essential Works of Foucault*，*1954 – 1984*，vol. 2，*Aesthetics*，*Method*，*and Epistemology*，ed. James D. Faubion，trans. Robert Hurley et al.（New York：The New Press，1998），175 – 85。

[75] 在地理学家中，J. B. Harley 通过他的地图学作品在文学研究中有着巨大的影响；参见他的论文集 *The New Nature of Maps*：*Essays in the History of Cartography*，ed. Paul Laxton（Baltimore：Johns Hopkins University Press，2001）。亦参见 Arthur Howard Robinson and Barbara Bartz Petchenik，*The Nature of Maps*：*Essays Toward Understanding Maps and Mapping*（Chicago：University of Chicago Press，1976）；Denis Wood and John Fels，*The Power of Maps*（New York：Guilford，1992）；以及 Denis Wood，“Pleasure in the Idea / The Atlas as Narrative Form，” *Atlases for Schools*：*Design Principles and Curriculum Perspective*，R. J. B. Carswellet al.，Monograph 36，*Cartographica* 24，No. 1（1987）：24 – 45。同样有趣的有 E. H. Gombrich，“Review Lecture：Mirror and Map：Theories of Pictorial Representation，” *Philosophical Transactions of the Royal Society of London*，Series B，270（1975）：119 – 49，一个涉及从文艺复兴到 20 世纪地图生产的感知和认识论问题的详细讨论；Eileen Reeves，“Reading Maps，” *Word & Image* 9（1993）：51 – 65，对文艺复兴时期人文主义者的研究，注意到地图作为“航海图或‘阅读之物’”，他们看待文学文本的方式，以及不同类型的视觉文化的性别含义，一直贯穿到 19 世纪；以及 Valerie Traub，“Mapping the Global Body，” *Early Modern Visual Culture*：*Representation*，*Race*，*Empire in Renaissance England*，ed. Peter Ericksonand Clarke Hulse（Philadelphia：University of Pennsylvania Press，2000），44 – 97，关于文艺复兴时期地图的种族和性别形象的讨论。随后有影响的著作有 Richard Helgerson，*Forms of Nationhood*：*The Elizabethan Writing of England*（Chicago：University of Chicago Press，1992），特别是第 3 章，Gillies，*Geography of Difference*，这些注释中引用的大部分研究开始走向我所谓的地形学；特别参见 Klein，*Maps and the Writing of Space*，以及分别由 Gillies 和 Vaughan（*Playing the Globe*），以及 Gordon 和 Klein（*Literature*，*Mapping*）主编的论文集，Tom Conley 的工作在这个方向走得更远；特别参见 *The Self-Made Map*：*Cartographic Writing in Early Modern France*（Minneapolis：University of Minnesota Press，1996）；同上，“Putting French Studies on the Map，” *Diacritics* 28，No. 3（1998）：23 – 39；idem，“Mapping in the Folds：Deleuze Cartographe，” *Discourse* 20（1998）：123 – 38。我要特别感谢在 2002 届 Wisconsin-Madison 大学春季毕业研讨会“想象的地形/早期现代的地形学”上帮助我澄清本章所讨论的许多观点的学生们。

424 如果我们在阿瑟·霍普顿（Arthur Hopton）的“一种艺术，由此我们被教会了描述任何特定的地方”[76] 之后定义“地形”，或是在乔治·帕特纳姆（George Puttenham）的“描述……任何真实的地方”或任何“伪造的地方”或“你将在诗文能见到的”[77] 或虚构的创作之后定义“地形学”，我们或许可以将地形学定义为使用任何图像方式对地方进行的呈现——包括写作、绘画、制图——特别是在那些更为约定俗成的表达形式中。这显然包括各类文本（“文学”或其他），但也包括图像或插图甚至建筑和纪念碑等建造物，当这些被视为具有连贯的符号结构和交流功能的“文本”时，尤其是当它们以图形或口头描述的图形形式实现时。1604 年，由本·琼森、托马斯·德克尔和工匠斯蒂芬·哈里森（Stephen Harrison）分别描述的献给在登基日进入伦敦城的詹姆斯一世的歌曲、演讲和拱门，为后者提供了绝好的例子；在这里，我们遇到了关于地形学的有着异乎寻常复杂性的例子，尤其是因为“文本”存在于三个非常不同的版本中，每种都有着明显不同的进行模仿的惯例，且意味着不同的政治态度。

地形诗学必须被理解为在两个不同层面上同时运行的操作。它的功能首先在语意的、符号的，或象征性的层面，地方的文本呈现中的“艺术性”或形式化冲动的层面。此处地形诗学描述了特定的方式，在这种方式中，任何给定的文本将地方的呈现整合到这一时期的各种不同类型、主题或风格模式的典型的解释性惯例中，并且形成了现代早期文学和艺术的理论的核心。它包括词汇问题（表达、发音、相关术语组、语言学），意义的问题（例如，引用和“意义”的模仿推测，或对用不同的符号编码如何在任何给定的文本中代表地点，以及这些不同的符号编码展现在诗歌、舞台呈现或叙事散文之间的这些差异的方式的推测），以及对更大尺度的意义单位的分析，诸如图标、图像，或思维序列（在文本中作为特别饱满的意义元素的地点；使用多重地点去提出更大的“主题”或论点）。

然而，第二点，也是更为宽泛的，地形诗学表示了，在给定的社会或时期及其制度性的结构的典型的更大的话语网络中，地点的表现或构成：我们可以在其思想方式上称谓这种地形诗学。这个层次包括但不限于语意或象征的层次，只要意识形态的呈现总是通过更狭隘的正式惯例来运作，而这些正式惯例构造了任何给定的文本并赋予其意义，并赋予某些地点以现成的意义，而这些意义可以被确认、挪用、挑战等。在其意识形态模式中构建地形诗学的元素和组合法则显然是相当复杂的，依赖于任何特定历史时刻的权力和知识领域的组合，以及依赖于其产生的任何文本和社会之间超定的关系；对于这些关系的分析，至少在过去的 20 年间，是新历史主义和文化唯物主义文学评论的主要焦点。

因此，地形诗学的文学的例子，包括任何以特别显著、集中或复杂符号的方式表现地方的作品，以及将地点作为构成各种思想和文化脚本的重要组成部分。那些采用与地图学呈现技术最相似的正式惯例的文本将特别重要。这些文本惯例将包括任何客观化、抽象化、简化或是理想化的技术，其中主要包括：

---

[76] Arthur Hopton, *Speculum Topographicum: or the Topographicall Glasse* (London, 1611), B; cited by Stan A. E. Mendyk, "*Speculum Britanniae*": *Regional Study, Antiquarianism, and Science in Britain to 1700* (Toronto: University of Toronto Press, 1989), 22. 尤应参见霍普顿关于地方志和古文书的讨论，3 – 101。

[77] George Puttenham, *The Arte of English Poesie*, ed. Baxter Hathaway ([Kent, Ohio]: Kent State University Press, 1970), 246.

1. 构成框架的或构成一个具象领域边缘的技术，或将它与被假定为参考的对象或世界分开的技术；

2. 一种参照符号模式，它假定文本框架内的指示符与其外部的对象或世界之间的对应是一对一的关系；

3. 一种原始的经验态度，以客观的方式传播与世界有关的信息已成为作品的正式惯例的重要组成部分，如强调描述要优于叙述行为的写作方式；

4. 强调观看或观察是理解关于世界的客观信息的专属模式；

5. 与此同时，一种明确依赖人工预测和模型来呈现肉眼无法获得的信息的分析态度： 425
也就是说，难以被读者直观理解的太大（大陆、海、大洋）、太小（晶体或分子结构）、太遥远（恒星、行星）、太隐蔽（机械元件或身体器官、地层、室内房间）或过于抽象（社会、经济或生理过程）的对象，这有助于他或她理解它们的行为[78]。

都显示了有着一个或多个这样特点的现代早期的文本，可能形成了一个备选方案，用于分析地图的形式和意识形态的惯例如何影响了虚构的或富有想象力的作品。

最好的例子无疑是托马斯·莫尔爵士的《乌托邦》（1516 年，英译于 1551 年），通过许多细节证明：拉丁文版附加的雕版地图，用图形的测量数据或概貌构成了叙述的框架；莫尔自己附加的叙事框架遭遇到了拉斐尔，并随后通过拉斐尔的记述形成了乌托邦本身的框架；叙述和直接调查这座岛屿的经验性、描述性的模式之间的震荡，通过对话透露给读者，深入房间内部，甚至进入乌托邦的心理学中；英国当代的社会和经济问题的建模与分析，首先是通过对话，接着通过投影、置换和倒置的乌托邦本身的地图学叙述；并且精心设计的自我指代，使人们注意到其自身的诡计，和莫尔以意识形态批判的形式表现出的自己的社会分析行为[79]。

在文学、景观和地图绘制的关系方面，一些最有成效的研究途径，集中于民族认同问题，特别是在赫尔格森（Helgerson）的开创性分析之后，其对英格兰伊丽莎白时代的“写作”的分析，以及对地图绘制和测绘在一个明确的空间化国家概念形成时起到的至关重要的作用的分析。在这方面，迈克尔·德雷顿的《多福之国》提供了文本的景观视野，这是与众不同的地图学的典型范例，因为正如克莱因（Klein）指出的，德雷顿不仅在每首诗的三十个诗节之前整合了郡和河流的地图，而且使用测绘的技术性语言来建构他的叙述声音[80]。在第 19 诗节中英国探险家和他们行程的庆典上，德雷顿敦促他冥想“准确显示/它们如何排列，又如何直接流动”（Ⅱ. 15 – 16），他同时借鉴多种地图学惯例：经验主义的准确性和指涉关系，化具体特性为抽象符号的抽象方法（“这些”和“那些”作为代词等价于图

---

[78] 参见 John Pickles, “Texts, Hermeneutics and Propaganda Maps,” *Writing Worlds: Discourse, Text, and Metaphor in the Representation of Landscape*, ed. Trevor J. Barnes and James S. Duncan (New York: Routledge, 1992), 193 – 230, 特别是 217 页，以及 Klein, *Maps and the Writing of Space*, 41。

[79] 参考 Marin, *Utopics*; idem, *Portait of the King*, 169 – 92; idem, *On Representation*, 87 – 114 和 202 – 18; Fredric Jameson, “Of Islands and Trenches: Neutralization and the Production of Utopian Discourse,” *The Ideologies of Theory: Essays 1971 – 1986*, 2 vols. (Minneapolis: University of Minnesota Press, 1988), 2: 75 – 101; 以及 Françoise Choay, *The Rule and the Model: On the Theory of Architecture and Urbanism*, ed. Denise Bratton (Cambridge: MIT Press, 1997)。

[80] 参见 Klein, *Maps and the Writing of Space*, 150 – 55; McRae, *God Speed the Plough*, 253 – 61; 以及 Helgerson, *Forms of Nationhood*, 139 – 47。

示符号或测量单元)，以及对以方向（“如何直接流动”)、位置和元素间相互关系（“这些如何排列”）为标志的空间维度的兴趣。专注于俄罗斯旅行的安东尼·詹金森（Anthony Jenkinson)（1557 年至 1558 年）的部分，用观看的重申动词（“注释”“测量”“调查”“观看”“看”)，将一系列地名串在一起［迪纳（Duina）河口、沃尔莱德（Volgad)、莫斯科、巴克特里亚（Bactria)、博格霍斯（Boghors)］，在二十行中不少于十一次；这首诗的实质就变成了通过读者虚拟的观看活动联系起来的宏大全景。

识别现代早期地形诗学的显著特征，还有很多工作要做，许多文本在这一方面值得进一步推敲：人们只需想一下斯潘塞的布利斯（Bliss）的鲍尔（Bower)，或是《仙后》第 2 书的序言，将仙灵之地（Faerie Land）比作未发现的秘鲁、亚马孙或弗吉尼亚；想一下哈克卢特的旅行不断扩大的版本，托马斯·哈里奥特用精美的插画对弗吉尼亚探险队的详细叙述，雷利对几内亚的叙述，或者更晚的阿芙拉·贝恩（Aphra Behn）的《奥罗诺科》(*Oroonoko*, 1688)，所有这一切都取决于浪漫散文的惯例，以及对地形的经验性描述；回想一下马弗尔的《百慕大》（“Bermudas”）或“致他羞怯的情人”，这在雷利、多恩、墨卡托或奥特柳斯之前是无法想象的；想一下约翰·哈尔（John Hall）对地图集的颂扬，而他轮椅上的“家庭旅行”，是多恩和马弗尔的幻想的衍生物；想一下罗伯特·赫里克（Robert Herrick）在旅行中致他兄弟的诗，“乡村生活”；想一下地理上精致的散文乌托邦和约瑟夫·哈尔（Joseph Hall）反乌托邦的《新世界的发现》(*Mundus alter et idem*, 1605)，都附有虚构地图，或是托马斯·纳什（Thomas Nashe）的《伦泰恩—斯塔弗》(*Lenten Stuffe*, 1559)，一部精心制作的人文主义地方地图学的讽刺，或是想一下威廉·沃纳（William Warner）的诗歌史，《阿尔比恩的英格兰》(*Albions England*)，或是《同一座岛屿的历史地图》(*Historicall Map of*
426 *the Same Island*, 1586 年和以后众多的版本)[81]。最后，文艺复兴诗人使用地图图像的频率或在诗歌创作中对真实地图的参考，仅仅是地图学的创新对同时代作家影响的一个宽泛的测度，因为持续存在的海外贸易和发现的地理方面的隐喻和类比，在 16 世纪和 17 世纪是如此普遍，由此形成了这个时期最具特色的特征之一。

---

[81] 关于约翰·哈尔的“Home Travll”，参见他的 *Poems by John Hall* (Cambridge, 1646), 47；关于约翰·哈尔、地图绘制和其他地理的讽刺，参见 Robert Appelbaum, “Anti-geography,” *Early Modern Literary Studies* 4. 2, special issue 3 (1998): 1 - 17, <http://purl. oclc. org/emls/04 - 2/appeanti. htm>；关于纳什的地方制图学的讽刺，参见 Henry S. Turner, “Nashe's Red Herring: Epistemologies of the Commodity in *Lenten Stuffe* (1599),” *ELH* 68 (2001): 529 - 61。

第十四章　近代法国的地图学与文学

南希·布扎拉和汤姆·康利（Nanay Bouzrara and Tom Conley）

在对地理学和文艺复兴主要研究的评论的结语中，努马·布罗克（Numa Broc）坚持文学作品是从摇篮本时代到17世纪初世界地图学观念革命的最好证明。他认为，弗朗索瓦·拉伯雷、米歇尔·德蒙泰涅、威廉·莎士比亚和米格尔·德塞万提斯的作品，显示了地理学及其空间呈现如何造成了继承下来的文学体裁的转型。他暗示地图学对法国文学的触及尤深，因为作者大都是人文主义者，都与地图以及它们的制作者有所接触或存在联系。他们对地图的熟悉，对其作品的想象和设计产生了相当大的影响①。

地图学对法国文学的影响是多方面的。首先在15世纪和16世纪，法国一直是稿本文化的中心；因此，当印刷书籍占据优势时，它们从带有彩饰的稿本的流行风格和形式中获得灵感②。艺术家和印刷商之间的合作，催生了有着复合对象的作品，有着插图的印刷文本通常用手工着色，从而催生了实验性的和新奇的事物。为稿本绘制地形景观的画家，就像在绘画和彩饰的国际风格（International Style）传统中的地理景观中所看到的那些，包括具有林堡（Limbourg）兄弟［保罗、让和赫尔曼（Herman）］和让·富凯（Jean Fouquet）水准的艺术家。在“贝里公爵的豪华时祷书”（Très riches heures du Duc de Berry）中，包括了林堡兄弟在一个环形中绘制的罗马的详细地图。富凯的微型城市景观及周边乡村的画作，出现在《骑士时代》（Heures d'Étienne Chevalier）一书及其他稿本中。在这些及其他作品中，可以强烈地感受到一种原始的地图意识③。

地图学对法国文学产生影响的第二个相关原因，就是16世纪30年代初期至60年代枫丹白露（Fontainebleau）学派的活动。为了使王国成为世界羡慕的对象，瓦卢瓦君主弗朗索瓦一世（François I，1515—1547年在位）招募杰出的意大利雕刻家、木工和画家们［列奥

---

① Numa Broc, *La géographie de la Renaissance* (*1420 - 1620*) (Paris: Bibliothèque Nationale, 1980).

② 在 *Early Netherlandish Painting: Its Origins and Character*, 2 vols. (Cambridge: Harvard University Press, 1953) 中，埃尔温·帕诺夫斯基（Erwin Panofsky）强调了15世纪绘画和彩饰的国际风格在法国的兴盛。在他的 *Renaissance and Renascences in Western Art*, 2 vols. (Stockholm: Almquist and Wiksell, 1960) 中，帕诺夫斯基认为意大利人最有可能经历了一个复兴，因为在15世纪，通过古典视角的重生，获得了一种新的与古典时代的历史距离感。James S. Ackerman 在对米兰大教堂的设计史进行研究后认为，当时法国更多的是哥特式风格：*Distance Points: Essays in Theory and Renaissance Art and Architecture* (Cambridge: MIT Press, 1991)。

③ 参见 Millard Meiss, *French Painting in the Time of Jean de Berry: The Limbourgs and Their Contemporaries*, 2 vols. (New York: G. Braziller, 1974)，以及 François Avriled., *Jean Fouquet: Peintre et enlumineur du XVe siècle*, exhibition catalog (Paris: Bibliothèque Nationale de France, 2003)。

纳多·达芬奇、罗索·菲奥伦蒂诺（Rosso Fiorentino）、弗朗切斯科·普里马蒂乔（Francesco Primaticcio）、尼科洛·德尔阿巴特（Nicolò dell'Abate）等］翻新皇家住宅，用与异教徒和古典神话有关的肖像进行新的装饰④。他在枫丹白露的画廊成为一个创新的典型，这些创新不仅是在绘画和浮雕上，而且也在七星诗社（Pléiade）创作的诗歌上，七星诗社是一群博学的作家，他们塑造自己的作品，就像去模仿他们在这些新空间中看到的光怪陆离的景象。枫丹白露的图书馆收藏有大量的稿本，工匠们用复杂几何形状的皮革覆盖着它们。对阿宰勒里多（Azay-le-Rideau）、舍农索城堡（Chenonceau）、布卢瓦和其他卢瓦尔（Loire）河岸城堡的设计和重建，见证了它们从坚固的城堡向皇家地产的转变。它们的布局和花园的设计，与地图制作的艺术密切相关⑤。

428 第三个原因是在弗朗索瓦一世赞助下的，由诗人和艺术家发起的广泛的人文主义活动。在他们中盛行一个愿望，即在一种方言之下凝聚单一的民族国家——法国，由此鼓励利用图画、建筑和地图学的形式进行文学实验。人文主义者在1510年至1540年间发动了一场“战争”，以为确实作为法国后裔的作家和作者建立一种文化遗产。他们通过通俗的口语赞扬自己的国家，使得对法国边境内外的地理遗产的认识深深嵌入读者和听众的脑海中。在这种氛围下，托勒密的《地理学指南》被人们认识并传播。作为学术地图学的基础，其地名表为诗人提供了与在他们诗句中复活的神话和诗歌一起出现的地名。

第四，在弗朗索瓦一世的委托下，海洋旅行和探险给法国带来了一些独特的新世界的图像。乔瓦尼·达韦拉扎诺、费迪南德·麦哲伦和雅克·卡蒂尔的旅行报告很快被放置在地图上。位于诺曼底（Normandy）北部海岸港口的迪耶普（Dieppe）学派，影响了熟悉他们的航海图的作家们⑥。文本资料和图像中的新信息很快被吸收到旅行作品的新模式中。有两次探险值得注意。尼古拉斯·杜兰德·维莱加格农（Nicolas Durand Villegagnon）在里约热内卢湾嘴的科利尼要塞（Fort Coligny）这一适中的新教徒的定居点，和雷涅·古莱纳·德劳多尼尔（René Goulaine de Laudonnière）的佛罗里达东海岸的移民团体，这两次失败的殖民，产生了与“相遇”有关的人种志的早期材料。这些冒险活动的相关文献，由雕版师和制图师特奥多尔·德布里［出生于列格（Liège），随后工作于斯特拉斯堡和法兰克福］绘制了插图。他为新教徒读者绘制的《次要的航行》（Lesser Voyages）系列铜版画（1598—1628年），在新世界“相遇”的栖息地的场景中包括了地图。

第五，鲁昂（Rouen）、巴黎和里昂都是文化中心，在那里活跃流通着大量航海和制图

④ 关于枫丹白露的影响以及印刷书籍中的创新，参见 Henri Zerner, *L'art de la Renaissance en France: L'invention du classicisme*（Paris: Flammarion, 1996）。插图书籍的丰富如 Ruth Mortime, comp., *Catalogue of Books and Manuscripts*, pt. 1, *French 16th Century Books*, 2 vols.（Cambridge: Belknap Press of Harvard University Press, 1964）所展示的，该书是任何关于16世纪法国地图学和文学的作品的基本参考文献。

⑤ 参见 Anthony Blunt, *Art and Architecture in France, 1500 - 1700*（Harmondsworth, Eng.: Penguin, 1953）。Zerner, in *L'art de la Renaissance*，研究了枫丹白露学派书籍的封面。Thierry Mariage, in *The World of André Le Nôtre*, tran. Graham Larkin（Philadelphia: University of Pennsylvania Press, 1999），认为法国的城堡和花园受到地图学的影响，有观点认为 Hilary Ballon 在16世纪末也从事纪念建筑和空间的设计工作：*The Paris of Henri Ⅳ: Architecture and Urbanism*（New York: Architectural History Foundation, 1991）。

⑥ 迪耶普学派的作品收录在 Michel Mollat and Monique de La Roncière, *Sea Charts of the Early Explorers: 13th to 17th Century*, trans. L. Le R. Dethan（New York: Thames and Hudson, 1984）。

方面的信息。投资者出资的在南美的海外贸易，由此产生了巴西木这种获利颇丰的商业。法国商人和翻译人员的网络从巴西的海岸线延伸到内陆地区⑦。当1551年鲁昂的公民领袖为亨利二世访问城市而准备一个皇家入口的时候，艺术家和工匠们建造了一个巴西及其民众的类似于伊甸园的（Edenlike）景观。空间中充斥着异国情调的树木，长屋模仿了图皮南巴人建造它们的方式，男人和女人们在棕榈树间的吊床上休息，当地人穿着印度人的羽毛装束划着独木舟⑧。这一都市中心臆测了它们从1535年雅克·卡蒂尔（Jacques Cartier）第一次前往加拿大到17世纪早期塞缪尔·德尚普兰（Samuel de Champlain）的那些旅行中学到的东西。北美海狸，第一次在迪耶普学派的地图中出现时，伴随着的是对它内侧毛皮如饥似渴地寻求。在欧洲大部分地区，毡帽的商业活动很快发展并持续到17世纪。在宇宙志中，与在加拿大的接触和新的贸易有关的记录被绘制成地图。在尚普兰完成对圣劳伦斯（St. Lawrence）河口的土地和土著人的调查之前，北方的新土地已经成为一个文学话题⑨。

巴黎及其大学是彩饰匠、艺术家和画家的中心。作为弗朗索瓦一世创立的自由大学——法兰西学院（The Collège de France），是被任命为第一位皇家数学教授的人文主义地图家奥龙斯·菲内——同时也是翻译家、编辑和作家工作的地方。16世纪中期以前，在里昂的画家中有让·德图尔内斯（Jean de Tournes）和纪尧姆·鲁耶（Guillaume Rouillé），精通带有插图的书籍，而这些书籍中填充了由通晓地图学方法的法国艺术家制作的木版。他们为诗歌、散文、历史和概要书籍绘制景观画和城市图景。在16世纪40年代，木版上地图学的图像偶尔被嵌入它们的文本块中⑩。

第六，宗教战争并没有阻碍有关地图学的写作，正如在16世纪最后40年的剧烈消耗导致的 429
惨淡的经济图景所显示的那样。辩论文集、杂志（*mazarinades*）、小册子和类似于“剧场”和“尼普斯的（menippean）讽刺”的语录［皮埃尔·德龙萨发明的谩骂诗，后来被阿格里帕·德奥比涅（Agrippa d'Aubigné）利用］，其中描述和绘制有漫画图像，一些还有内战的地图学资料。纳瓦拉的国王亨利四世于1594年继承王位，随后在1598年签署了《南特敕令》（Edict of Nantes）并结束了战争。在作者中，亨利四世以视觉（*un visuel*）而闻名，是一位有天赋的视觉思想家，他利用地图取得了军事上的胜利，战胜了装备更好、规模更大的天主教对手。他培养了一批军事专家，国王的工程师（*ingénieurs du roi*），目的是改善国家边境地区的防御。他们的职责包括绘制

⑦ 由Jean de Léry进行的Claude Lévi-Strauss对*Histoire d'un voyage faicten la terre du Brésil*（1578）的访谈介绍，ed. Frank Lestringant（Paris：Livre de Poche，1994），5－14。

⑧ 皇室入口的插图见于*Cest la dedvction du somptueux ordre plaisantz spectacles et magnifiqves theatres*（1551）；facsimile ed.，*L'Entrée de Henri II à Rouen 1550*，ed. and intro. Margaret M. McGowan（Amsterdam：Theatrum Orbis Terrarum；New York：Johnson Reprint，1970）. Gayle K. Brunelle，in *The New World Merchants of Rouen*，*1559－1630*（Kirksville，Mo.：Sixteenth Century Journal Publishers，1991），迪耶普学派地图的贸易所代表的经济基础设施的文献。

⑨ Robertval的故事见于Marguerite de Navarre的*Heptaméron*，发生在加拿大。而且这些片段在André Thevet的*La cosmographie vniverselle*（1575）的地图中被绘制为插图。尚普兰的地图和在随后17世纪的寓意地图的文学维度由Jeffrey N. Peters整理，*Mapping Discord*：*Allegorical Cartography in Early Modern French Writing*（Newark：University of Delaware Press，2004）. 关于海狸贸易，参见Cornelius J. Jaenen，ed.，*The French Regime in the Upper Country of Canada during the Seventeenth Century*（Toronto：Champlain Society in cooperation with the government of Ontario，1996）；Bruce G. Trigger，*Natives and Newcomers*：*Canada's 'Heroic Age' Reconsidered*（Kingston：McGill-Queen's University Press，1985）；以及James Axtell，*Natives and Newcomers*：*The Cultural Origins of North America*（New York：Oxford University Press，2001）。

⑩ *Mappe-monde novvelle papistiqve*是模板。参见pp. 390－92，figure 11.5，和本卷第十二章注31（原文第410页）。

定居点平面图、地形图和城市景观图。后者对17世纪早期的科学和哲学文献产生了影响，其中混合了工程学、哲学和逻辑学的个人语言和插图。

从这些原因出发，在逻辑上，对现代早期法国地图学和文学的评价可以遵循两条探究的途径。因为很多文学作品来自与地图相同的资料和地点，所以对主要的地图学家如何与文学创作联系起来的推测是十分重要的。相反，通过对文学经典的解译可以看出地图如何内化于新的流派和风格，这些新的流派和风格从15世界晚期延续到笛卡尔（René Descartes）的现代文学和哲学的奠基之作《演讲的方法》（*Discours de la méthode*，1637）的完成。

作为作家的地图学家

奥龙斯·菲内在地图学领域的重要性得到了证实[11]。作为一名翻译家、数学家和工程师，从1517年到1555年，他在有插图书籍的制作方面不断进行创新。他的作品丰富，遍及从乔治·冯波伊尔巴赫的天文学专著（1516年），到菲内对数学、占星术、宇宙志和太阳计算的介绍。他的《数学原理》（1532年）是插图书籍史上的重要作品（其中包括一幅法国地图），在文学方面产生了非凡的反响。在这部作品的教学文本和插图中，除了他的拉丁版《欧几里得几何》（*Euclid Geometry*）外，还发现了以诗歌形式存在的测量尺度。翻译者是一位地理学家，一位致力于用一副圆规打造自己语句，以获得文体的清晰和平衡的作家。对比菲内拉丁文的《世界之球》（*De mundi sphaera*，1542）和它的法文版 *Le sphère du monde*（1551年），展现出优雅简洁的技术性散文，其不仅可以传达知识，而且还可以将装饰性元素引入语句和印刷文本中。对比其他使用了科技词汇（逐字地、专业术语）的作家的散文，它堪称典范，其他作家作品的读者需受过通俗法语的训练，否则将不能以其本身的语言领会科学概念。菲内的文本和地图被列入有着科学风格的大师的那些作品中，其价值可以与让·马丁（Jean Martin）对维特鲁威·波利奥无与伦比的翻译（1547）比肩，后者中包括风格主义者让·古戎（Jean Goujon）的插图，以及菲利贝尔·德洛姆（Philibert Delorme）在他的《建筑学第一卷》（*Premier tome de l'architecture*，1567）中的插图，后者是用清晰的法语撰写的带有插图的科技手册[12]。

菲内的作品引发了非常强烈的悖论。他诗歌的寓意框架基于属于16世纪30年代的数学模型，在那些年中他制作了心形地图。在16世纪50年代，诗歌的影响，与新兴的七星诗社的风格的影响相比似乎过时了，但与此同时，它们预示了科学风格的诗歌将会在17世纪早期占据优势。《世界之球》的末尾，在一幅法国南部的木版地图的呈现和一段如何绘制心形地图的解释之后，菲内附加了一节赞颂七艺（the seven liberal arts）的冗长颂词，在其中特别强调了数学。其以一种简洁的尺度书写，有着改革家克莱芒·马罗（Clément Marot）和吟游诗人让·帕尔芒捷（Jean Parmentier）温和说教的痕迹。他撰写的赞颂欧几

---

⑪ Robert W. Karrow, *Mapmakers of the Sixteenth Century and Their Maps: Bio-Bibliographies of the Cartographers of Abraham Ortelius, 1570* (Chicago: For the Newberry Library by Speculum Orbis Press, 1993), 168–90，指出菲内是当时欧洲无可否认的伟大的地图学家之一，是一位定义了数个世纪的法国作品的地理学家。亦参见 Robert Brun, *Le livre français illustré de la Renaissance: Étude suivie du catalogue des principaux livres à figures du XVIe siècle* (Paris: A. et J. Picard, 1969)。

⑫ 关于德洛姆的重要性，参见 Zerner, *L'art de la Renaissance* 的结论。

里得的回旋诗，作为卡罗勒斯·博韦卢斯（查尔斯·德布埃勒）出版的他的《有关几何学技艺和实践的有益而独特的著作》（*Liure singulier & vtil*, *tovchant l'art et pratique de geometrie*, 1542）中的花押，与此类似，菲内的诗歌通过示意图的形式进行教学。菲内在很大程度上坚持支持一个旧模式，而这种模式预示了未来语言的数学化，以及通过地图学投影而展现的机械文学，这方面典型的就是笛卡尔。如果法国文学的古典时代是基于亚里士多德和欧几里得的话，那么奥龙斯·菲内仍旧是其化身之一，按照一种“围绕”着他的文本，着眼于图像的形式和几何学的方式。读者被他作品的图形方面吸引，这方面以他的单、双心形世界地图以及在1531年和1536年被雕版在木板上的法国地图为标志。观察者识别出了微小的署名，这些署名用离题的图像设计的画谜和符号形状雕琢在 430
作品上。

纪尧姆·波斯特尔是历史学家们所知的充满神秘启示的深奥作品，以及旨在描述普遍的拯救与救赎的带有寓意的建筑历史地理学的作品的作者。纪尧姆·波斯特尔是一位博学者和宇宙学家，他撰写的白话文题为《世界奇观，主要是来自印度群岛和新世界的令人钦佩的东西》（*Des merveilles du monde*, *et principalement des admirable choses des Indes et du Nouveau Monde*, 1553）。沿着他的《全书》（*De universitate liber*, 1552）脉络发展，它讲述了陆地（北方）和水域（南方）在地球上的创造和分布。对波斯特尔而言，上帝放置在地表上的奇迹，旨在引起人们的注意。它们应当立即成为告知创世过程的原则的可见和可理解的符号。据佩尔蒂埃（Pelletier）的分析，波斯特尔的这种方式不同于其他的历史地理学家，后者只考虑地球的奇迹“本身，并使之成为不寻常的和值得赞叹的东西”[13]。他进一步推进，寻找创世秩序的法则和一个普世的基督教世界的寓意，由此其中一个球体的表面，即旧世界，将折叠到另一个世界，即新的世界之上[14]。文本的寓言在他的《新版微型世界地图》（*Polo aptata nova charta universi*）（第一版，已佚，1578）中有相应的视觉对应物，一幅基于极投影的两半球世界地图（参见图47.6）。这幅有着丰富插图和注释的地图是一种罕见的视觉和科学作品，波斯特尔用地图学的方式塑造了他关于世界初始及其最终救赎的著作。

波斯特尔世界地图的子午线经由巴黎，平分了非洲大陆的上部。波斯特尔写道，这条子午线如此绘制，是因为巴黎“比其他任何地方都拥有更多知识渊博的人”[15]。他对这座城市的眷顾显露出，一种认为该国是世界上具有特殊地位的地区的意识。作为知识生产中心的国家中的地点，这种感觉，表现在他的作品和一幅法国地图（1570）上，此后又由彼得吕斯·普兰修斯展现在莫里斯·布格罗的《法兰西的舞台》（1594）中。国家空间、国家语言和国家遗产，都被纳入这位作家和地图学家的寓意和科学中。

寓意是让·德古尔蒙二世（Jean Ⅱ de Gourmont）手法的特点，他是波斯特尔世界地图木版的雕刻匠。古尔蒙是在印刷商克里斯托弗尔·普朗廷商店工作的一位印刷品销售员，最出名的是将一张傻瓜的脸绘制成了一幅世界地图的形状（参见图53.4）。一个拟人化的“空

---

⑬ Monique Pelletier, *Cartographie de la France et du monde de la Renaissance au siècle des Lumières* (Paris: Bibliothèque Nationale de France, 2001), 14.

⑭ Frank Lestringant, "Cosmologie et mirabilia à la Renaissance: L'exemple de Guillaume Postel," 在他的 *Écrire le monde à la Renaissance*: *Quinze études sur Rabelais*, *Postel*, *Bodin et la littérature géographique* (Caen: Paradigme, 1993), 225 – 52。

⑮ 引自 Pelletier, *Cartographie de la France*, 12。

虚的虚荣”以拉丁文出现在弗兰德斯，在脸部有着一幅被截断的心形地图，并且其主要在法国，在巴黎，在那里显示的是一幅微型的奥特柳斯世界地图。它把讽刺地图学与文学上相似的倾向联系在一起。肖像风格源自传道书中常见的说教，人形地图的设计目的是使地图学的图形紧盯着观者，而后者希望可以不受阻碍地凝视着投影。地图激发了虚荣心，这是当作家们在思考好奇心的力量时开拓的论题。后者一方面需要关于世界的任何知识和经验，但另一方面，它篡改了上帝造物的秘密。同样的张力标志着一种调和的作品类型，许多出现在16世纪中期以后，致力于探索“自然的秘密”。

伴随着不可思议的效果，古尔蒙的图像转化成了彼得·阿皮亚著名的寓意，在16世纪的大部分时间里给予诗人和准地理学家以启发，即将人类脸部的肖像比作世界地图，将城市景观比作孤立的眼睛或耳朵[16]。阿皮亚的类比通过让观者寻求识别地图的部分和整体之间的关系，从而确认了好奇心的本质。古尔蒙的人格化表明，这可能是虚荣使然。两者的比较表明，类比法这种人文主义写作的基本原则，是如何在地图上利用讽刺来捍卫理性的方式中受到质疑的。然而，傻子和世界地图之间的类比被用来否定类比的价值。图像的智慧在于图片中存在大量地图的纪念物。拉丁版地图的心形框架使得框架底部相交的两弧像是在苦笑。这个鲁莽之人顶部的钟，像是由一条赤道带固定住的行星球体，傻子木杖端头的球体［刻有Vanitas vanitatum et omnia vanitas（虚幻的虚幻，凡事皆是虚幻）］似乎是另一个世界，两者都是或不是一个世界。

米歇尔·德蒙泰涅在他冗长又高深的地理学论文《虚幻》（De la vanité）中利用了同一类型的双重束缚，在其中他对虚幻的写作采用了顽皮喜悦的方式，似乎把他的自传写成了旅行日记，即他对在1580年至1581年前往意大利的航行中所见的欧洲空间的个人体验。通过关于虚幻作品的虚幻来讽刺其自身，这篇文章成为地理学经验的一种描述：蒙泰涅在一开始
431 就观察到“我已选择了一条不断且没有劳苦［痛苦］的道路，我将一直前往，直至有着纸和墨的世界”“谁会没有注意到这些呢?”[17]

蒙泰涅的问题总结了在旅行文本地图、“强化路径”的文本模式中构想的大量文学地图，“强化路径”的文本就是曾经的旅程录（*itineraria*）以及冒险与遭遇的故事。在他的一部被众多人文主义者所知的作品《诗论》（*Poetics*）中，亚里士多德认为好的文学作品不是从心理而来，而是从人们的行为、活动和力量而来的，而男人和女人们将这些行为、活动和力量应用到世界中。法国作家通过旅行指南和旅程录（*itineraria*）的优点意识到了这一原则，而这些旅行指南和旅程录是当地图学家将地名放置在地形图上时所使用的。例如查尔斯·艾蒂安（Charles Estienne）的《法国的道路指南》（*Guide des chemins de France*，1552），一本关于地名和道路的书籍，在墨卡托绘制法国地图时曾作为参考。[18] 艾蒂安的旅行指南可以追溯到海路图（*routier*）、调查员的地图和记录（例如雅克·西尼奥的那些），以及对值得注意的地点的描述［在吉尔·克洛泽特（Gilles Corrozet）和桑福里安·尚皮耶（Symphorien

---

⑯　参见本卷原书第404页。

⑰　Michel de Montaigne, *Essais*, ed. Albert Thibaudet（Paris：Gallimard, 1950）, 1057.

⑱　参见 Bonnerot 关于他对查尔斯·艾蒂安版本的评论的导言, *La Guide des chemins de France de 1553*, 2 vols. , ed. Jean Bonnerot（1936；Geneva 重印：Slatkine, 1978）, 以及 Frank Lestringant, “Suivre La Guide,” in *Cartes et figures de la terre*（Paris：Centre Georges Pompidou, 1980）, 424 –35。

Champier）的口袋本手册中]，同时它向前可以推到弗朗索瓦·德贝勒福雷的《普通宇宙志》（1575 年）和莫里斯·布格罗的法国地图《法兰西的舞台》（*Le theatre francoys*，1594）。

旅行指南是许多文学作品的范例或参考形式，包括弗朗索瓦·拉伯雷的《庞大固埃》（1532—1533 年及 1542 年），这是一部有着各种地理和社会冲突的作品，而这些地理和社会冲突组成了一位王子的教育或“制度”，而这位王子恰好是位非常温和的巨人。它还采用了心理地理学的形式，绘制了区域的类型和特征，这种形式出现在查尔斯·艾蒂安和让·利埃博（Jean Liébault）流行的《农场和养殖场》（1564 年第一版）中，后者是一本严谨的乡村生活手册，其从地理学家们那里获得了材料。这部作品很快得到了扩充和翻译。它成为一种流派的典型，囊括了制图学、实用知识、地形学、园林设计、地质学和被改良的意识形态。它包括了一种区域心理地理学的要素，扩展了亚里士多德的《物理学》，在后者中认为人类的肤色是以他们生活和劳作地带的纬度为标准的。它描述了当雇用来自不同地区的员工时，家庭的好父亲所必须考虑的东西，性情与民族是有关系的：

> 诺曼人想维持和平，而皮卡尔人激情澎湃。真正的法国人［来自法兰西岛（Ile-de-France）］敏捷而有创造力，但除非他必须这样时才会努力去做。你可以在敏感的布良人（Bryais）和愚蠢的布良人之间做出选择。利穆赞人（Limousin）谨慎又节俭，但是你如果不小心的话，他会比你占有更多的利益。加斯科涅人（Gascons）激情而急躁。傲慢的普罗旺斯人（Provencal）厌恶被命令。普瓦特万人（Poitevin）好讼，而奥弗纳特人（Auvergnac）可经受时间和金钱的考验；但如果他意识到你有所收获的话，那么他也会尽其所能去争取。安热万人、图朗格瓦人（Tourangeois）和芒索人（Manceau）对金钱敏锐、刻薄和狡猾。沙尔特兰人（Chartrain）、博瑟伦人（Beauceron）和索洛尼奥斯人（Solognois）勤劳、平和、整洁而保守……父亲和家庭以及聘请的监工必须考虑所有这些从最差的到最好的情况……；考虑到土地是多样的，并考虑到那些人尤其喜欢适合他们的事情，由此有一些人比其他人更适合某件事情⑲。

对于艾蒂安来说，人的性格可归结为地理原因。在其话语和风格中可以感觉到人文主义地图学的印迹。

不能说很大程度上默默无闻但影响深远的地图学家让·若利韦（Jean Jolivet）有写作的天赋，但他的地图确实与新生的地理文学有着不同寻常的关系。若利韦制作的法国木版地图，是奥龙斯·菲内在 1560 年、1565 年和 1570 年作为“高卢人的描述”发表的作品的风格⑳，此前它还出现在奥特柳斯的《寰宇概观》的各版本以及布格罗的《舞台》中。1545 年，他绘制了两幅地形图，一幅是关于圣地的，另一幅是关于贝里的，后者使得弗朗索瓦一世的妹妹，玛格丽特·德纳瓦尔（Marguerite de Navarre），艺术、天才小说家和诗人的女资

---

⑲ Charles Estienne and Jean Liébault, *L'agricvltvre et maison rvstique* (Paris, 1572), fol. 11r.

⑳ 参见图 48.3；在 Karrow, *Mapmakers of the Sixteenth Century*, 321—23 中若利韦的条目；和 François de Dainville, “Jean Jolivet's ‘Description des Gaules,’” *Imago Mundi* 18 (1964): 45 - 52。

助者，了解了她国家空间的性质㉑。她可能将她的经历和见闻写进了她未完成的《七日谈》（*Heptaméron*，1559）中，这是一部建立在保利娜（Pauline）的爱和慷慨的准则上的名著，而爱和慷慨是整合到了皇室政治图像中的意识形态的两个元素㉒。讲述者和听众参与的七十二个故事和讨论充斥着传说、凌乱的事实和经文。小说中的3/4发生在法国，总体上形成了一幅拼贴起来的图案，印证了国家的地理多样性。如果若利韦的地图出现于《七日谈》的结构中的话，那么在使得圣保罗（Saint Paul）、《诗篇》和雅歌（Song of Songs）促进了地理
432 学的好奇心方面，它们与16世纪30、40年代人文主义地图制作者的呼吁是协调的。纳瓦尔的女王对在福音原则基础上进行改革的高卢（Gallican）教派的赞成，立刻提供了与法国的文本地图或语言地图相联系的情感地理的基础。若利韦出现在玛格丽特的世界里，意味着政治、宗教和地理学的呈现是密切相关的。

三位国王的宇宙学者：安德烈·泰韦

宇宙学家安德烈·泰韦丰富的作品融合了文学和地图学。“三位国王的宇宙志学者”［亨利二世、查尔斯九世（Charles Ⅸ）和亨利三世］开创了直接使用地图学材料且可以被恰当地称为文学的东西。他的第一部主要出版物，《黎凡特宇宙志》（*Cosmographie de Levant*，1554），讲述了作者前往东方的旅行，并记录了他沿途发现的之前未曾见过的事情、民族、怪事和“异常”。基于贝尔纳德·冯不来梅巴赫（Bernard von Breydenbach）的《圣地之旅》（*Peregrinatio in Terram Sanctam*）（1486年第一版；1488年在法国里昂出版；随后在1517年在巴黎重新编订，以混入对一次从未发生过的十字军东征事件的兴趣，并包括了一幅圣地地图和另两幅张奥龙斯·菲内的木版）的模型，泰韦的著作是微型宇宙志的一个片段：由贝尔纳德·萨洛蒙（Bernard Salomon）制作了精美的插图并加入优雅的字体，是在图书馆范围内进行旅行和参观的对象。木版本身，在作品的流动中，就是“异常”或“孤立”的用图像呈现的岛屿，不断地为支持人类获得新的和奇异地点的视觉经验的需求而辩论。读者随着杂乱的汇集了来自无数文本和地图学图像的散文的流动而游弋或奔走，由此发现，异国情调的泰韦的优势恰恰在于书籍本身的形式。

同样的构建方式贯穿了两卷本的巨著《普通宇宙志》（1575），这是一部包含了作者1556年对瓜纳巴拉（Guanabara）短暂的新教徒殖民地维莱加格农短暂但有效的访问的记录纲要。丰富的民族志材料，改写并修正了《法国的南极，或称美洲的特点》（*Les singularitez de la France antarctique*, *autrement nommée Amerique*，1557年末）的材料，在其中，泰韦提供了被列维-斯特劳斯称作法国“人类学家的日经课”的首要要素：一种将接收到的关于新世界的事实和奇怪的印象、观察和幻想结合在一起的文本㉓。对于新教徒让·德莱里而言至关重要的一部著作《在巴西土地上航行的历史》（*Histoire d'un voyage fait en la terre du Bresil*,

---

㉑ Pelletier, *Cartographie de la France*, 18.

㉒ 参见 Anne-Marie Lecoq, *François Ier imaginaire*: *Symbolique et politique à l'aube de la Renaissance française* (Paris: Macula, 1987)，其通过国王统治早期（1515—1525年）宫廷诗人的福音派的渗透，研究了艺术的生产，形象化和公共事件。

㉓ Lévi-Strauss, interview-introduction to *Histoire d'un voyage*, 5.

1578 年和 1580 年），泰韦的记录同样提供了材料，即蒙泰涅对在他的论文《食人族》（Des cannibales）中图皮（Tupi）生活的重新评价，是人类学史上最早的有过量度的民族志文献之一。[24]

泰韦构思他的文字以进行说明。他的同样是两卷本的雄心壮志的《杰出人士的真实感知和生活》（*Les vrais pourtraits et vies des hommes illustres*，1584），是一种人文的岛屿书（*isolario*）或古典和现代早期显要人物的“名人录”。引人注目的概要给予了国王和地图学家与新世界部落酋长一样的等级。文本中插入了木版和铜版画，以使每幅肖像都类似于岛屿的图像，其相关的特征可能需要作为地图进行研究。眼睛受邀在画面中漫游，以便获得一种相面术的感觉，其充实了环绕在周围的散文中的传记式描述。使这种类型的综合性作品成为可能的想象，可以在未完成的杰作“大岛与导航”（Le grand insulaire et pilotage）中找到，其中汇集了超过 200 幅岛屿的铜版，每幅既是真实的又是想象的，也是一个似乎没有边界的世界的汇编。这些图像包括一个群岛，一个形状和形式各异的有着弯曲花纹的世界，但泰韦的死亡阻断了它的大规模发行流通[25]。

泰韦描述性的以及往往是衍生性的作品，有着自己的风格和署名，与地图学家尼古拉斯·德尼古拉（Nicolas de Nicolay）出版的作品以及加布里埃尔·西梅奥尼附带有最早的一幅印刷的奥弗涅（Auvergne，1560）地图的对话的法文版存在差异[26]。在撰写记录了前往东方的旅行印象的重要文献《东方漫游和航海的前四书》（*Les quatre premiers livres des navigations et peregrinations orientales*，1568）之前，尼古拉曾将佩德罗·德梅迪纳的《航海的艺术》（*Arte de navegar*）翻译成法文（1553 年出版）。在关于当地男人和女人们的服饰方
面，它比泰韦的《黎凡特宇宙志》显得更为真实，提供了详细的描述和丰富的插图[27]。这部 433
著作属于过渡类型的作品，通过坚持一种诙谐的语言来支持它的描述，而这是泰韦认为的关于世界的“第一手”经验的基础。作为曾绘制过苏格兰群岛的地图学家（大概是个间谍），尼古拉也是一位地图制作者和一位作家。他制作的贝里地形图，修订了若利韦绘制的图像，收集了后来在穆兰城堡（Chateau de Moulins）毁于火灾的一套地图汇编。他的旅行记录由于地图的存在，有了一个象征方面的光环。

㉔ Montaigne, *Essais*, 239 - 53.

㉕ Frank Lestringant 撰写了很多关于泰韦的作品：*André Thevet: Cosmographe des derniers Valois*（Geneva: Droz, 1991）；idem, *Le livre des îles: Atlas et récits insulaires de la Genèse à Jules Verne*（Geneva: Droz, 2002）；idem, *L'atelier du cosmographe ou l'image du monde à la Renaissance*（Paris: Albin Michel, 1991），英文版，*Mapping the Renaissance World: The Geographical Imagination in the Age of Discovery*, trans. David Fausett（Berkeley: University of California Press, 1994）. Karrow, *Mapmakers of the Sixteenth Century*, 529 - 46，材料非常广博，Lestringant 的“Thevet, André” *Les atlas français, XVIe-XVIIe siècles: Répertoire bibliographique et étude*, by Mireille Pastoureau（Paris: Bibliothèque Nationale, Département des Cartes et Plans, 1984），481—95 中的材料也是如此。

㉖ Karrow 为尼古拉和西梅奥尼撰写的条目是英文的标准导言（*Mapmakers of the Sixteenth Century*, 435 - 43 and 525 - 28）。

㉗ 尼古拉不是第一个这么做的人。François Deserps 出版了他的 *Recueil de la diversité des habits qui sont de present en usaige tant es pays d'Europe, Asie, Affrique et Illes sauvages*（Paris, 1562），英文，*A Collection of the Various Styles of Clothing Which Are Presently Worn in Countries of Europe, Asia, Africa and the Savage Islands: All Realistically Depicted, 1562*, ed. and trans. Sara Shannon（Minneapolis: James Ford Bell Library, distributed by the University of Minnesota Press, 2001）。该作品从关于徽章的著作（诸如 Hans Holbein 的）中取材，而作为插图的材料很可能来源于绘本地图。

相比之下，加布里埃尔·西梅奥尼制作了一幅详尽的历史地图，题为《多维尼亚的图像》（*La Limagna d'Overnia*），复原了凯撒的《高卢战记》（*De Bello Gallico*）中记载的凯撒和韦辛格托里克斯之间进行的战役。西梅奥尼是研究法国境内古罗马遗址的考古学家。在受雇于克莱蒙特主教纪尧姆·迪普拉（Guillaume Duprat）时，他绘制了一幅可以看到战役中发生的一系列事件的地图［战斗沿着阿列河（Allier）进行］，并将事件按字母编码，且与这幅地图附带的一篇教学对话相一致，这段教学对话发生在地理学家（可以在地图中的小丘上看到）和一个渴望学习法国国内这一地区历史的学生之间。这幅木版图像在贝勒福雷（Belleforest）的《普通宇宙志》中被再次利用，很快经过简化在铜版上重绘，收入奥特柳斯的《寰宇概观》（1570）。值得注意的是，这幅地图插入了一个相当新颖的文学体裁，即教学和哲学对话，而这一题材在与伊拉斯谟和拉伯雷有联系的法国人文主义者中得到青睐[28]。

第一部法国地图集的环境和文本

莫里斯·布格罗本质上不是一位真正的地图学家，但是作为第一部法国地图集《法兰西的舞台》（Tours，1594）的编辑，他对他的时代以及以后三代人的地图文学产生了强烈的影响。这部地图集受到奥特柳斯的启发，被设想为新教徒亨利四世的事业服务，以赢得他得到萨利奇（Salic）法律保障的统治法国的法律权利，并获得王位。这本薄薄的地图集是一部综合资料集，包括三幅法国地图和十五幅地形景观——一些是新的，一些来自赫拉尔杜斯·墨卡托和奥特柳斯——像《寰宇概观》那样固定在条带上。这部著作也以一种特殊的方式，即一种文学文献，提供机会让亨利看到他的国家，并利用地理图像来对其区域进行管理。布格罗用他亲自撰写的颂诗为导言润色，这些与其他图尔（Tours）市民所撰写的放在了一起，其中包括一首贝劳德·德弗维尔（Béroalde de Verville）（当时是图尔的教士）的颂歌，这首颂歌激励纳瓦拉的王子前进，认为法国应该在 *un roy*，*une loy*，*une foy*（一个国王，一套法律，一种信仰）之下。

地图背面上细碎的文字抄袭自地方志和《普通宇宙志》（1575），是布格罗的天主教的仇敌弗朗索瓦·德贝勒福雷的作品，其中将大量区域描述剪切然后粘贴到地图两侧的文字栏中。一张对页的限制，要求编辑对内容丰富的宇宙志散文加以削减，以适应地图的背面。因而，这样被叠加在印刷的论说上的地图更为简洁醒目，这是后来与古典理想联系起来的特征。然而，有一幅地图是例外情况：在图赖讷这个布格罗的公众最为熟悉的地区，其地图的背面，文字扩展到两页对开的纸上，包括了与近来的《梅尼普斯讽刺文……巴黎现状》（*Satyre menippée... des estats de Paris*，1594）相关的历史和政治的讽刺作品。为了他的版本的装饰带，布格罗从雅梅·梅特耶（Jamet Mettayer）那里购买了装饰字母和装饰图版，后者是《讽刺文》的出版商，纳瓦拉的亨利的狂热支持者。

《讽刺文》是一部荒诞的辩论集和综合性的剧场，是由一批知识分子的温和派撰写

㉘ Desiderius Erasmus 的 *Moriae encomium*（1509 年）是 Rabelais 的 *Tiers liure des faicts et dictz heroïques du noble Pantagruel*（1546 年）和 Louise Labé 生动的 *Debat de folie et d'amour*（1555 年）中唇枪舌剑的一个样板。西梅奥尼的创新是用对话和地图塑造了近代的“地理课程”。

的，以嘲讽天主教神圣联盟粗暴的计划，这一计划通过西班牙公主（Infanta）的包办婚姻，将粗鲁且不称职的马耶纳（Mayenne）公爵查尔斯，推上法兰西的王座。通过对未来的国王亨利在图尔主政时的优势地位的环境以及对未来可能性的设计，《讽刺文》用文字展现了《法兰西的舞台》的政治倾向。这部地图集的目的正是利用地图展示亨利能做到的事情，与此同时，还代表一旦国王继位，整个法国及其各省也会随之统一起来。像地图集一样，《讽刺文》的高潮随着市民德奥布雷（d'Aubray）充分而令人信服的长篇大论而到来，这个普通的法国人通过对亨利所掌握的法国地形学方面的知识的赞扬，赞美了国家的地理㉙。

布格罗的地图集在阅读方面是一种冒险。它的文本优美地泄露出编辑的犹豫和雄心，其去把握一部国家地图集的含义，并使用来源混杂的材料塑造它，且使它们融为一体。散文中 434
发现了查尔斯·艾蒂安著作中的材料，但也有对乡村的局部描述，尤其是关于河流的，它们被显示为是法兰西的精华、力量和美丽。地图学史学者已经证实，布格罗地图集的影响从1594年延续到1630年，一直延伸到勒克莱尔（Leclercs）的法国地图集㉚。作为文学作品，这部地图集有着一种巴洛克的风格，诞生于地理作品与一个政治和宗教激烈冲突时期之间的关系中。由于它展现了从皮卡第（Picardy）和布洛涅（其地图抄袭自尼古拉斯·德尼古拉绘制的原本）到东部和南部，因此这套地图集变成了一部河流地图集：一部从卢瓦尔的源头到其南特附近的南部河口的河流地图集。对法国河流的广泛赞美凸显了水道的商业价值；将它与当时小说中对河流的处理进行了比较，比如奥诺雷·德于尔费（Honoré d'Urfé）的《阿丝特蕾》（*L'Astrée*，1596—1612），在其中，河流——尤其是虚构的利尼翁（Lignon）河——成为在田园乌托邦中获得或者失去蜿蜒曲折的爱情的地方㉛。

作为地图学家的作家

如果地图学家们的文字可视为文学，那么那些有创造力的作家是否可被视作潜在的地图学家？答案在两个条件下是肯定的。首先，他们的作品应被看作受到地图的直接影响。作家是否有着地图学的流畅性？他们是否在印刷作品中使用地图，以作为附带于文字的插图，或者在描绘或描述一幅地图上的他们世界的某种文风中使用地图？如果是这样，阿尔珀斯（Alpers）所谓的地图学的“冲动”，在作品和地图的关系中可以被感知到了㉜。其次，他们的作品必须使用一种空间修辞学，由此邀请读者在语法（词汇或字母的顺序或疏密）中辨

㉙ 对这个未完成项目的历史的详细叙述，见于 Francois de Dainville，“Le premier atlas de France：*Le Théatre françoys* de M. Bouguereau—1594，” in *Actes du 85ᵉ Congrès National des Sociétés Savantes*，*Chambéry-Annecy 1960*，*section de géographie*（Paris：Imprimerie Nationale，1961），3 – 50，重印于 *La cartographie reflet de l'histoire*，François de Dainville（Geneva：Slatkine，1986），293 – 342。

㉚ Pastoureau，*Les atlas français*，295 – 301.

㉛ 参见 Frances Amelia Yates，*Astraea*：*The Imperial Theme in the Sixteenth Century*（London：Routledge and Kegan Paul，1975），一部研究寓意以辨别是哪些因素将国家政治与田园联系起来的著作。

㉜ Svetlana Alpers，*The Art of Describing*：*Dutch Art in the Seventeenth Century*（Chicago：University of Chicago Press，1983），其中一节作为“荷兰艺术中的地图学冲动”出现在 *Art and Cartography*：*Six Historical Essays*，ed. David Woodward（Chicago：University of Chicago Press，1987），51 – 96 中。

别由绘图点或甚至尚未成熟的地图学网格生成的表面张力或图案。可以通过绘制在居于底层的地图学的或建筑的平面图上配置单词和字母的位置和方式来研究文本。如果散文是回应地图流畅性的条件或地图用途的证据的一种模型的话，那么诗歌将是回应空间修辞学的条件的更合理的矩阵。

一方面，散文，尤其是宇宙志学者的散文，会倾向于一种写画（ekphrasis）的形式，这是一幅图像的文字描述，在这种情况下可以是地图学的。文本描述了作者的见闻，且在忽略了地图的时候，对作者的见闻进行了记录。其结果是丰富的而且经常是复杂的描述，是根据接受到的信息以及与在文本中相邻的地图进行协调而建构出来的。另一方面，诗歌往往倾向于使用地图的空间修辞，以在它的“双关语”或“核心语”中创造视觉图案，视觉图案与谈话的明确意义进行对话[33]。在对他们写作方式的评论中，诗人遵循着摇篮本时代，将他们脉络的端点，在字面意义上比喻为地理学的边界或边缘、基础、地点、位置，或一座建筑的基础[34]。其诗歌的角落被想象成檐口或一个关键词放置的点，以为了通过在句子中绘制到其他词语或字母的隐藏的视线或看不见的罗盘，与其他的词汇相联系。这样，一首诗就可以被标绘甚至被导航。诗歌通常是作为话语和口头图像来写作的，它是一个协调了字词的词汇和视觉维度的实体。

三种风格与时刻

现代早期的法国盛行三种文学的地图学风格。第一个产生于人文主义作家对宇宙志和《圣经》地理学的接纳。弗朗索瓦·拉伯雷正是其中一员。他出生于图赖讷的希农（Chinon）附近，是方济各会的成员，受过内科医生的训练，之后他在16世纪30年代早期撰写的喜剧史诗成为畅销书。在与德西德留斯·伊拉斯谟的通信中，他称宇宙志对于那些想了解世界复杂性的人来说，是最有用的一门学科。1534年，他为他的老师让·杜贝莱（Jean Du Bellay）编辑了巴尔托洛梅奥·马利亚尼（Bartolomeo Marliani）的《罗马地形》（*Topographia Romae*）。让·杜贝莱是一位红衣主教，弗朗索瓦一世的顾问，而弗朗索瓦一世是一位准备前往罗马的高级教士。拉伯雷的前两本著作《庞大固埃》和《加甘图阿》（*Gargantua*），显示出熟悉托勒密《地理学指南》的迹象。主人公追求的是尽可能了解整个
435 世界。对于他们虚构旅行的描述遵循了旅程录（*itineraria*）的顺序，并且经常是与托勒密的

---

[33] Michael Riffaterre，在他的 *Semiotics of Poetry*（Bloomington：Indiana University Press，1978）中，用从语言学家 Ferdinand de Saussure 那里借来的核心语一词，替换了双关语（一个关键词，其字符散布在一个句子中）的概念。核心语是一个出现在“文字中的明显可见”的内核，被视为和解读为“表面特征”，表明文本被感知的方式通常意味着有着比它所阐释含义更多的内容。

[34] 在他的 *Art poétique françois*（1548）中，Thomas Sebillet 将诗的行列比作建筑石材，必须按照基础进行组织，也就是与诗的基础（*assiette*）相一致。它后来采用同样的修辞手法来描述诗句行列的形状和象征性的力量。参见 Thomas Sebillet，*Art poétique françois*，in *Traités de poétique et de rhétorique de la Renaissance*，ed. Francis Goyet（Paris：Librairie Générale Française，1990），37 - 183，特别是第62页和104页。

地名录近似的地区列表㉟。

地图成为英雄们在他们中间，在图赖讷，以及超越了法国边界，对世界进行发现的背景。《庞大固埃》的第八章采用了加甘图阿写给儿子的信的形式：父亲建议庞大固埃研究希腊文、拉丁文、古巴比伦文和阿拉伯文，以便理解“用这些文字进行撰写的那些作者的宇宙志”。他建议男孩成为地形学者和地志学者，“这样你可以知道每一海洋、河流和小溪中的鱼；知道在空中、在所有树林、灌木丛和丛林中的所有鸟类，大地上所有的草，所有隐藏在深渊中的金属，整个东方和米迪（Midi）的宝石：这些你可能无一不知”㊱。下面一章的文本变成了一幅“语言地图”，其中不同的语言并置在一起。庞大固埃遇到了未来的另一个自我——巴奴日（Panurge），陷入了艰难的境地，其用十四种语言乞讨金钱以养活自己憔悴的身体。在列举之后，庞大固埃和巴奴日发现法语是他们共同的语言。

拉伯雷的最初两部著作（1532—1533 年和 1534—1535 年）对发现和感受不断扩大的世界边界散发出热情。它们通过哥伦布的发现带来的隐性知识，说明了在对世界空间的评价中的一场革命。这些作品是开放式的，它们承诺将引导去揭示新的地理秘密和新的冒险。在《庞大固埃》的结尾，叙述者承诺将会撰写一本新书描述巴奴日将如何“穿过恰卢斯（Caspian）山脉，横渡大西洋，击败食人族，征服珍珠岛；他如何娶了被称为祭祀王约翰的印度国王的女儿”㊲。《庞大固埃》的最后几句话扩展了小说的范围，像新版的托勒密的《地理学指南》一样，在其中将新区域的地图添加到紧邻被扩展的世界地图的旧模型中。

拉伯雷后一代人的第二种风格，以皮埃尔·德·龙萨的诗歌为标志。龙萨是 16 世纪中期自称七星诗社的诗人团体的领袖，他力求使地形学成为他的任务的优点，以在国内和欧洲丰富和扩大白话法语的力量。这一项目的设计要求他（与他的“组织”的成员一起）向世界表明，他们来自区域或地方，总体上构成了一个更大的法国。他 1552 年和 1553 年的《爱》（*Les amours*）对彼特拉克进行了散漫的模仿，在其中，地理景观的描述占据了优势，由此诗歌本身就证明了诗歌的形式和方案，由此诗文类似于一幅图画或者地形，其形式是可以被解读的㊳。

龙萨与地图学家们有着松散的联系。他为安德烈·泰韦的宇宙志著作写了颂诗，在《诱惑的话语》（*Discours de misères de ce temps*，1562）和其他地方，他包括了偶尔对新世界及其民族的提及。诗歌本身是地图绘制推动力最清晰的标志，与七星诗社的文化意旨相一致。所有成员都从象征性的诗或者诗文图像中获取灵感，它们 1532 年第一次在法国发行，

㉟ Frank Lestringant, “Rabelais et le récit toponymique,” in his *écrire le monde à la Renaissance*: *Quinze études sur Rabelais*, *Postel*, *Bodin et la littérature géographique*（Caen: Paradigme, 1993）, 109 - 28，在其中显示了旅行指南（例如艾蒂安的）如何塑造了 *Pantagruel*（1532）的叙述。在 *The Self-Made Map*: *Cartographic Writing in Early Modern France*（Minneapolis: University of Minnesota Press, 1996）, 157 - 63 中，Tom Conley 列举比较了 *Gargantua*（33 章）与托勒密的《地理学指南》的名字和地点的顺序。

㊱ François Rabelais, *Œuvres complètes*, new ed., ed. Mireille Huchon（Paris: Gallimard, 1994）, 244 - 45.

㊲ Rabelais, *Œuvres complètes*, 336.

㊳ 关于这些地图与诗文的关系，参见这一部分的引言，即本卷第十二章，注 15（原文 406 页）。将龙萨的诗文作为草图和原始地图学作品，由此对其进行的图像解读，可参见 Tom Conley, *The Graphic Unconscious in Early Modern French Writing*（Cambridge: Cambridge University Press, 1992）, 70 - 115，以及 idem, “Putting French Studies on the Map,” *Diacritics* 28, No. 3（1998）: 23 - 39。

当时学者和作家翻译并印刷了安德烈亚·阿尔恰蒂（Andrea Alciati）的《徽章之书》（*Emblematum liber*）。相关的文字和图像通常包括从地图学家的个人语言那里借来的符号标记。因此，七星诗社的语言往往是神秘的，充满了不可思议之事，充斥着属于国家秘密的秘密空间和地点的符号。

第三种类型的地图学和文学作品，以个人散文的形式出现，是随着蒙泰涅的《散文》（1580 年两卷本，1588 年的三卷本，以及在 1592 年，作者去世后的版本，其中包括了 1588 年之后他已经墨印为私人副本的笔记和增补）的出版而开创的风格。蒙泰涅是一个地方贵族的儿子，母亲是受到西班牙宗教裁判所（Spanish Inquisition）迫害的难民家庭的一员，在 16 世纪 50 年代早期，蒙泰涅是一位在佩里格（Périgueux）实习的律师，宗教战争扰乱了他的家乡博尔德莱（Bordelais）和加斯科尼。

《散文》可以看作是一座政治的、诗歌的和自传体的群岛。其章节标题的表示部分的特质［“转移（De la diversion）”“旅行马车”“体验（De l'experience）”等］——表明它们是故意间隙处理了被想象为相遇的地点和被反映的主题。现在，地图再次鼓舞了他们，有时是通过间接的暗示，而在其他时间，则是通过平衡了地点标记（以一种突然的、通常是锯齿
436 状的或“并列”的方式表明，读者通常处于一段由引文构成的充满了秘密的晦涩难懂的文本中）与在一个主题中迷失或随波逐流的动力（使读者产生意外，或有机会与未知的东西接触）：不受标准观点的影响或与之脱离，世界可以被发现为是崭新的和全新的。

蒙泰涅设计他的散文，由此每一卷的中心点可以被看作是沿着几何的、地理的和散漫的轴线。他章节的顺序或间隔，同时遵循着一种潜在的地图学的和寓意的设计。每卷中文章的数量都是单数（第一卷 57 篇；第二卷 37 篇；第三卷 13 篇），通过减去中间的一章，似乎每个单元都可以分成两个“半球”（28 篇、18 篇和 6 篇）。第一卷的第一版，“艾蒂安·德拉博埃西的二十九首十四行诗（Vingt et neuf sonnets d'Etienne de La Boëtie）”正好是第 29 章，它将整体一分为二，分成两个相等的部分，每边 28 个单元。为写作时已故的朋友艾蒂安·德拉博埃西而写，其是十四行诗假定的作者，而这些十四行诗被编入章节并且与章节的数字逐一匹配。该卷的中心点接近第 28 章，而这一章是关于友谊的。在这篇文章中，蒙泰涅回忆起他是如何与这位已故的同伴产生友谊的。这种处理在作者的世界里促进并迎来了“食人族”（第 31 章）。寓意的空间因素，确实将新世界放置在这一卷的中心附近。同样，第 7 章也就是第三卷的中间一章，“论伟大［之中］的不便”（De l'incommodité de la grandeur），对国王的审判提出了一些看法，国王坐在国家的中心；之后是对西班牙在新世界的酷虐行为的残酷记录，即“旅行马车”，是散文家公开承认的“食人族”的姊妹篇。

文章就这样以多重的中心和边缘为特征。文本需要被如此阅读，仿佛它是一幅描述作者构思过程的地图，同时它的每一章节——单元，在著作模块化的构思中，形成了独立的或局部的整体。在对形式的选择方面可以感知到岛屿书的遗产，而形式将随着作者而变化，作者与他的作品是同体的，因为他与作品生活在一起并对其进行写作。《散文》在冗长而曲折的章节“雷蒙·德塞博德的道歉”（Apologie de Raimond de Sebonde）中，包含了对托勒密的间接提及，这一章，在对人类理性局限的无情攻击中，颠覆了存在的巨大束缚。“食人族”似乎是受到当城市在 1551 年为亨利二世准备皇室通道时，流传在鲁昂的消息的启发而写作的文本，因他们对世界的扭曲呈现而告诫宇宙志学者；散文作家希望民族志能与地域的描述

相吻合。在一个标志性的时刻，他声称，“我们需要地形学家们详细描述他们所在的地方”[39]。因此，从16世纪末开始，一种民族志调查的传统建立起来，其基于以旅行记录和地图学资料的形式带给公众的证据。

结　论

拉伯雷、龙萨和蒙泰涅的作品包含了三种地图学风格。拉伯雷的早期作品以喜剧史诗的模式，追踪着在旧世界和新世界的发现和相遇的旅程。托勒密的地图固属于作品，奥龙斯·菲内的人文主义地图学也是如此。拉伯雷提出了一种空间，在其中，作家和地图制作者开拓了印刷文化的新优点。龙萨属于这样一代人，在这一代人中，法国民族的地形以地图和文字为标志。他渴望同时规划一次诗意的旅行，使他所在的地方空间与他的国家以及与地理和神话融为一体。随着蒙泰涅，文章成为一个空间体验被内化的地方。他通过从自画像和怀疑转向讽刺和自传的文本形式，来描绘对灵魂的探查。他的读者在与世界的关系中发现了一种新的、令人信服的有着激情的对自我的地图绘制。

贝劳德·德弗维尔和笛卡尔这两位法国现代早期的作家继承了文学和地图学的体验。贝劳德，博学者、炼金术士、图尔的教士，在区域城市和日内瓦两地之间移居，写作了一首出现在布格罗的《法兰西的舞台》“前言”中的颂诗。他还创作了一部巴洛克式的聚餐（convivium），《到达的方式》（*Le moyen de parvenir*，约1612），其中一百名以上的客人聚集在桌子旁高谈阔论，互相调情、聊天、闲扯。参加会餐的人员有地图学家奥龙斯·菲内，甚至在交谈中还有让·若利韦的幽灵。这部冗长的著作，一片刺耳的喧闹声，传达了来自法国各地的故事，其中包括象征意义的副标题——世界地图（*mappemonde*）。就像古尔蒙的面部被塑造成世界地图的傻瓜的图像，贝劳德引诱读者在他的作品中看到，将多样的世界压缩为单一图像的努力是徒劳的。贝劳德对人类创造的全部时空滑稽而讽刺的概要，在其自身的构建过程中展现了出来[40]。在结论中（如果那里有结论的话），叙述者诉诸了畸形，这是透视 437
的系统性的视觉扭曲的艺术，可追溯到汉斯·霍尔拜因，并与投影的地图学模式有关，而畸形说明了他如何将支离破碎的词汇和图像组合起来。作为科学和真实而被采用的地图学的秩序将被抛入文学的混乱中。

在作品中对于迷失的恐惧，对于失去个人的视觉和哲学态度的恐惧，对于将一个单词误解为图像的恐惧，是笛卡尔的《演讲的方法》（1637）中的症状，这是一部继承了现代早期法国地图学和文学体验的作品。最初，作为他的折光学（包括畸形）和流星研究的前言，这部作品的第一次出版是未署名的。为了避免受到天主教的责难，他可能省略了他的名字，作者将他的作品比作戏剧的一幕，可以暗示着一幅图画、一幅肖像、一个网格或一幅地图。它也相当于一个“剧场”，在其中，他讲述了一则“寓言”（被理解为一段有着插图的文本、

[39] Montaigne, *Essais*, 242.

[40] 最近的评论是 Michael J. Giordano, “Reverse Transmutations: Béroalde de Verville's Parody of Paracelsus in *Le moyen de parvenir*: An Alchemical Language of Skepticism in the French Baroque,” *Renaissance Quarterly* 56 (2003): 88 - 137。关于贝劳德，参见 Michel Jeanneret, *A Feast of Words: Banquets and Table Talk in the Renaissance*, trans. Jeremy Whiteleyand Emma Hughes (Chicago: University of Chicago Press, 1991), 228 - 55。

一个笑话或一个小故事），其描绘了一名哲学—几何学家的知识旅程。

在著作的中心点，即其六个章节中的第三章和第四章之间，叙述者指出，他暂定的行为准则是他方法的基础，不管他是处于军队保护下的欧洲繁华都市的家中，还是置身偏远地区，这些都是一样的。无论在哪个地方，他都会让自己像置身偏远沙漠一样独立而孤僻（*aussy solitaire et retiré que les desers les plus escartez*）。在平面景观的地理图形中有着题文，通过字谜和透视的诡计，他本人的名字——*des... cartes*，逐字地从地图中浮现出来。笛卡尔因此成为那种他所赞赏的有能力在平原上规划新城市的工程师（*ingénieur*）。笛卡尔的工程师也可能指的是亨利四世、路易十三和红衣主教黎塞留雇用的国王的工程师（*ingénieurs du roi*），他们重绘法国国家的边界，翻新防御设施。笛卡尔在现代哲学和文学史中，总结了最早的官方杰作中这些活动中微不足道的和战略性的设计。它也证明了在 140 年的热情发明中，地图学与文学之间确实存在密切的关系。

第十五章　欧洲德语区的文学地图[*]

弗朗茨·赖廷格（Franz Reitinger）

现代早期的地图被各种各样的文本包围穿插着。地图学图像与地图上的地理文本之间的 438
密切关系，归因于地图的混合媒介的结构，以及其早期出现在历史著作、旅行报告或地方志描述背景下。文学以其他类型的文本为基础。史诗、戏剧和诗歌，本质上是书写的形式；然而它们中也由图像所包围和穿插。到 15 世纪为止，地理学领域和文学领域之间存在直接联系的点很少。但是存在一个公分母，就是地图学和文学共享了一种基督教世界的概念。文学绝不仅仅意味着文本的生产，正如地图学绝不意味着只是印刷品的生产那样。两者都涉及现实的概念。现代早期的主要思想是属于基督教世界的①。然而，正在进行的分化过程使得将如宗教、科学和艺术等不同形式的感知协调一致变得越来越困难。

地图学和文学之间的相互吸引产生了一种新的体裁：文学地图，它既可以是图形的，也可以是文本的。虽然地理地图关心的是地球的表面，但文学地图使用地图学呈现的技术来描绘宗教、政治、社会、道德和心理的事实或地理之外的其他事物。在 16 世纪，对地图学的迷恋稳步增长，并在几次浪潮中触及文学世界。起初，地图渗透到格言和隐喻性的话语中。后来，作者们按照地图学模型来构建自己的文学作品，并撰写他们自己的地图。现代早期的地图学也面临着相当大的怀疑，这是对任何新的和强有力的工具经常出现的反作用，因此是衡量其成功的尺度。这解释了这样一种总体趋势，即并没有过多地将地图视为增强定位的工具，而是作为一个迷宫般的世界的象征符号。

总体上看，1470—1650 年间是文学地图学的形成时期。正是在这个时期，虚构的、讽刺的、寓意性的地图被创造出来。然而，文学地图仍然没有连续性的产出，由此可以对其整理出简明扼要的类型学。位于当时图像制作的边缘，而且仍旧数量稀少，这些地图只有在进一步发展的 17 世纪末才充分发挥其重要性②。

乌托邦小说

德语区最伟大和最著名的文学地图肯定是约翰·巴普蒂斯特·霍曼（Johann Baptist

* 我感谢 Nova Latimer-Pearson 对英语更复杂方面的建议。

① Michael Schilling, *Imagines Mundi*: *Metaphorische Darstellungen der Welt in der Emblematik* (Bern: Lang, 1979).

② Franz Reitinger, "Discovering the Moral World: Early Forms of Map Allegory," *Mercator's World* 4, No. 4 (1999): 24 – 31.

Homann）的《乌托邦详表：有关新近发现的荒诞世界，或通常广为人知但从未有人见识的极乐天国，或近来虚构的可笑国度的图表》（*Accurata Utopiae Tabula*：*Das ist der Neu-entdeckten Schalck-Welt oder des so offt benannten*，*und doch nie erkannten Schlarraffenlandes Neu erfundene lächerliche Land-Tabell*），这是为 17 世纪的艺术经销商和出版商丹尼尔·丰克（Daniel Funck）印制的，同时还有一本综合的解释性著作——《对非常罕见的乌托邦陆地地图的解释》（*Erklaerung der wunder-seltzamen Land-Charten Utopiae*），由军官约翰·安德烈亚斯·雪纳布林（Johann Andreas Schnebelin）于 1694 年编制③。《对非常罕见的乌托邦陆地地图的解释》的“前言”指向了托马斯·莫尔、雅各布·比德曼（Jakob Bidermann）和约瑟夫·哈尔等文学来源，他们“将世事变迁拆解进几幅小地图中”④。这位作家对前人的参考，说明他对到 17 世纪末为止的文学地图及其最著名的倡导者的历史已经有了一个清晰的认识。

托马斯·莫尔对乌托邦岛的虚构性叙述于 1516 年在欧洲大陆印刷，有着一个作为一幅地图出现的木版标题，而这幅地图与其说是视觉方面的结果，不如说存在于制造者的头脑中。这幅木版是由汉斯·霍尔拜因的兄弟安布罗修斯（Ambrosius）为 1518 年的巴塞尔版制作的，且赢得了特别的声誉。书籍和图版放弃了在尼古劳斯·库萨为最新的世界发现的地理学范式绘制的《宇宙之环》（*Circulus universorum*，1488）中仍然有效的上帝普遍秩序的中世
439 纪范式⑤。莫尔和他的出版商因此建立了一种先例，在这种先例中，视觉呈现的非关系模式，诸如尼古劳斯·库萨或哈特曼·舍德尔作品中的宇宙志航海图变得过时且深奥⑥。当中世纪的垂直排列和分层设置的集成方案被推翻的同时，按照比例绘制的地图、顶部俯瞰的平面图和其他相关的呈现方式得到了越来越多的关注⑦。

尽管莫尔本人反对其《乌托邦》的一个英文译本，但一部德文本还是在 1524 年付印了。第一幅名不虚传的可称为乌托邦岛的地图，是最早的德文乌托邦的一部分，1553 年的《欢乐共和国的纲要》（*Commentariolus de Eudaemonensium Republica*），由阿尔萨斯的拉丁语教授卡斯帕·西林（Caspar Stiblin）制作⑧。有着图题《马卡利亚和厄戴蒙地图》的双页木

---

③ Franz Reitinger, “Wie ‘akkurat’ ist unser Wissen über Homanns ‘Utopiae Tabula’”（论文发表在 11. Kartographiehistorisches Colloquium, Nuremberg, 19 – 21 September 2002），以及 idem, ed., *Johann Andreas Schnebelins Erklärung der Wunderselzamen Land Charten UTOPIÆ aus dem Jahr 1694*［*Das neu entdeckte Schlarraffenland*］，新版.（Bad Langensalza：Rockstuhl, 2004）.

④ Johann Andreas Schnebelin, *Erklaerung der wunder-seltzamen Land-Charten Utopiae*...（［Nuremberg］，［1694?］），preface.

⑤ Nicolaus Cusanus, *De coniecturis*（Strassburg, 1488）; reprinted as idem, *Mutmaßungen*, ed. and trans. Winfried Happ and Josef Koch（Hamburg：Felix Meiner, 1971）. 亦参见 Iñigo Bocken, “Waarheid in beeld：De conjecturele metafysica van Nicolaus Cusanus in godsdienstfilosofisch perspectief”（Ph. D. diss., Katholieke Universiteit Leuven, 1997）。

⑥ Hartmann Schedel, *Liber chronicarum*（Nuremberg, 1493）；重印为 *Weltchronik*：*Kolorierte Gesamtausgabe von 1493*, ed. Stephan Füssel（Cologne：Taschen, 2001）, frontispiece。

⑦ Franz Reitinger, “Die Konstruktion anderer Welten,” in *Wunschmaschine*, *Welterfindung*：*Eine Geschichte der Technikvisionen seit dem 18. Jahrhundert*, ed. Brigitte Felderer, exhibition catalog（Vienna：Springer, 1996）, 145 – 66.

⑧ 虽然他在 1553 年完成了这一工作，但西林等了两年才把手稿送到他在巴塞尔的出版商约翰尼斯·欧泊因努斯那里；Caspar Stiblin, *Commentariolus de Eudaemonensium Republica*（Basel 1555）, ed. and trans. Isabel Dorothea Jahn（Regensburg：S. Roderer, 1994）。参见 Luigi Firpo, “Kaspar Stiblin, utopiste,” in *Les Utopies à la Renaissance*（Brussels：Presses Universitaires de Bruxelles, 1963）, 107 – 33；Ferdinand Seibt, “Die Gegenreformation：Stiblinus 1556,” *Utopica*：*Modelle totaler Sozialplanung*（Düsseldorf：L. Schwann, 1972；reprinted Munich：Orbis, 2001）, 104 – 19；Adolf Laube, Max Steinmetz, and Günter Vogler, *Illustrierte Geschichte der deutschen frühbürgerlichen Revolution*（Berlin：Dietz, 1974）, 370 – 71；Michael Winter, *Compendium Utopiarum*：*Typologie und Bibliographie literarischer Utopien*（Stuttgart：J. B. Metzersche, 1978）, LVIII 以及 38 – 40；Bernhard Kytzler, “Stiblins Seligland,” in *Literarische Utopie-Entwürfe*, ed. Hiltrud Gnüg（Frankfurt：Suhrkamp, 1982）, 91 – 100；以及 Manfred Beller, “Da ‘Christianopolis’ a ‘Heliopolis’：Città ideali nella letteratura tedesca,” *Studi di Letteratura Francese* 11（1985）：66 – 84。

刻画（图 15.1），作用相当于书尾页，在某种程度上与标题页的作用类似。这幅木刻是博学的巴塞尔出版商约翰尼斯·欧泊因努斯（Johannes Oporinus）的贡献，他与当时一些最杰出的地图学家有着联系。欧泊因努斯不仅印刷了托勒密《地理学指南》的一个版本，还印刷了很多其他其中有着地图的历史和文献学书籍，其中一些被亚伯拉罕·奥特柳斯继续用作模板[⑨]。由于霍尔拜因的卷首插画是为莫尔的《乌托邦》所作的，因而《马卡利亚和厄戴蒙地图》作为所描述的乌托邦现实的补充证据，将西林的“纲要”（Commentariolus）”的主题带到了读者的眼前。不再作为一部欺骗性的诗歌，莫尔和西林最后都成为小说和虚构旅行报告的先驱，而欺骗性的诗歌在卢奇安（Lucian）的《维拉历史》（*Vera historia*）中已经成为独立的流派。

图 15.1 《马卡利亚和厄戴蒙地图》（MACARIAE ET EUDAEMONIS TABELLA），双页的木版画

原图尺寸：约 13.1 × 13.9 厘米。Caspar Stiblin, *Commentariolus de Eudaemonensium Republica* (Basel: Johannes Oporinus, 1555), 120 – 21。Bayerische Staatsbibliothek, Munich (Asc. 4752) 提供照片。

⑨ Martin Steinmann, *Johannes Oporinus: Ein Basler Buchdrucker um die Mitte des 16. Jahrhunderts* (Basel: Helbing & Lichtenhahn, 1967); Frank Hieronymu, ed., *Griechischer Geist aus Basler Pressen*, exhibition catalog (Basel: Universitätsbibliothek Basel, 1992), 411 – 12, 421 – 24, 431 – 40; 以及 Carlos Gill y, *Die Manuskripte in der Bibliothek des Johannes Oporinus: Verzeichnis der Manuskripte und Druckvorlagen aus dem Nachlass Oporins anhand des von Theodor Zwinger und Basilius Amerbach erstellten Inventariums* (Basel: Schwabe, 2001)。

现代早期地图学想象力最显著的，就是奥特柳斯的《乌托邦地图》（*Utopiae typus*，1595），其是应雅各布·莫纳乌（Jakob Monau）和瓦肯菲尔（Wackenfels）的约翰尼斯·马托伊斯·沃克尔（Johannes Mattheus Wackher）的请求而制作的[10]。自 16 世纪 70 年代以来，奥特柳斯一直与在布拉格的帝国议员莫纳乌和瓦肯菲尔的沃克尔关系良好[11]。虽然奥特柳斯
440 的史学兴趣使他很少青睐于文学虚构，但他还是相信他与两位西里西亚人（Silesians）的关系足够重要，并促使他遵从他们的幻想。莫纳乌和沃克尔分享了奥特柳斯对加尔文主义的强烈同情，并充当他的保护人。他们资助了在奥特柳斯文学作品的附录中出版的地志学作品，正如奥特柳斯和其他人将作品敬献给他们所展现的[12]。三个人一起通过将他们的姓氏印刷在有着地志学名称的乌托邦地图上而使他们不朽，由此也显示了他们多年培植的友谊，并且为奥特柳斯的《友人图册辑》（*Album amicorum*）提供了进一步的文献证据[13]。

作为一种私人纪念印刷品，这幅地图是 19 世纪早期浪漫主义时期类似地图的先驱，那时正在培育英雄般的友谊[14]。乌托邦地图学的论证法建立在应用了否定条件的地形学名词上，如“没有地方”“不可察觉”以及“没有水”，以通过一种与已知世界的倒置关系而产生距离感[15]。这些语言上的手法使得奥特柳斯和他的朋友，将他们一生中恶劣的政治和宗教环境转化为一种理想社会的图像。地图上虚构的地点变成了一个虚拟的“站点”，使志同道合者可以通过一个媒介彼此接触，甚至可以在很远的距离上保持联系，这类似于今天我们访问网站时所经历的。虽然物理距离遥远，但这些朋友们却通过他们刻在奥特柳斯地图上的名字而彼此接近。事实上，原版的复制品传到了德国。其中一个是珀舍尔（Poeschel）描述的，这是一位来自莱比锡的学者，他在莫尔小说的 1518 年版中发现了地图[16]。

讽刺文学

莫尔的同胞约瑟夫·哈尔的例子更为复杂。哈尔后来成为英国国教（Anglican Church）的领袖人物，在他还是剑桥大学的学生时就写下了《新世界的发现》。《新世界的发现》开

---

⑩ Abraham Ortelius, *Utopiae typus* (Antwerp, 1595).

⑪ Cécile Kruyfhooft, “A Recent Discovery: *Utopia* by Abraham Ortelius,” *Map Collector* 16 (1981): 10 – 14; Reitinger, “Die Konstruktion,” 151; Giorgio Mangani, *Il “mondo” di Abramo Ortelio: Misticismo, geografia e collezionismo nel Rinascimento dei Paesi Bassi* (Modena: Franco Cosimo Panini, 1998), 132 和 fig. 45; 以及 M. P. R. van den Broecke, “De Utopia kaart van Ortelius,” *Caert-Thresoor* 23 (2004): 89 – 93。

⑫ Piotr Oszczanowski and Jan Gromadzki, eds., *Theatrum Vitae et Mortis: Graphik, Zeichnung und Buchmalerei in Schlesien 1550 – 1650*, trans. Rainer Sachs, exhibition catalog (Wrociaw: Muzeum Historyczne, 1995), 36, 64, 107, 以及 Mangani, *Il “mondo” di Abramo Ortelio*, 96, 132, 134, 145 n. 112, 240, 以及 271 n. 30。

⑬ Abraham Ortelius, *Album amicorum*, ed. Jean Purayein collaboration with Marie Delcourt (Amsterdam: A. L. Gendt, 1969), 47 和 72。

⑭ Franz Reitinger, *Kleiner Atlas der österreichischen Gemütlichkeit* (Klagenfurt: Ritter, 2003), 62 – 64.

⑮ 在他发表在《乌托邦》（*Utopia*）上的致 Petrus Aegidius 的信中，托马斯·莫尔解释了地名的含义；这封信第一次出版于 1517 年的巴黎版。关于莫尔与 Aegidius 的联系，参见 Klaus J. Heinisched, ed., *Der utopische Staat* ([Reinbeck bei Hamburg]: Rowohl, [1966]), 13 – 16, esp. 15, 以及 Peter Kuon, *Utopischer Entwurf und fiktionale Vermittlung: Studien zum Gattungswandel der literarischen Utopie zwischen Humanismus und Frühaufklärung* (Tübingen: Science & Fiction, 1985), 123 – 27。

⑯ Johannes Poeschel, “Das Märchen vom Schlaraffenlande,” *Beiträge zur Geschichte der Deutschen Sprache und Literatur* 5 (1878): 389 – 427, esp. 425.

头处有一幅总图，四章中每一章的前面都有一幅专门的地图，是目前所知的具有道德说教意义的讽刺地图集的最早例子。该书在德国的影响一直持续到 18 世纪，与它在作者的祖国英国的命运形成鲜明对比，在那里他的清教徒的敌人在很大程度上阻碍了它的流通。即使在 1605 年的第一版中，出版商将作为出版地的伦敦替换成了一个外国地名“Francofvrti”，以强调他对哈尔的《新世界的发现》出现在一年一度的法兰克福书市的承诺[17]。

在早期阶段，美因河畔法兰克福（Frankfurt am Main）的市民拒绝教皇的圣像崇拜，而偏好于新教对《圣经》原文的信仰。法兰克福作为国际图书贸易中心的崛起，源于被赋予的自由城市的特权。法兰克福的战略地位增强了莱茵河沿岸许多城市中心的印刷和出版的重要性[18]。因此，看到曾经出版的猛烈反天主教的《新教宗的世界地图》（*Mappe monde novvelle papistiqve*）这一最早的地图寓意画，被列入 1566 年的第一个印刷博览会名录，是毫不奇怪的。通过法兰克福，《新教宗的世界地图》抵达了如波兰和西里西亚等遥远国度的宗教改革团体[19]。

当 1605 年至 1606 年哈尔的《新世界的发现》在书市上展出时，法兰克福已成为加尔文主义的中心，并且反对罗马教廷的宗教宣传印刷品的出版不再受到明确的限制。1606 年至 1607 年的拉丁文第二版的印刷商，法兰克福的威廉·安东尼乌斯（Wilhelm Antonius）曾为哈瑙（Hanau）附近的宗教改革法庭服务。安东尼乌斯与海德堡大学（University of Heidelberg）有密切关系，出版了很多源自英国的法律和宗教作品。1613 年，格雷戈尔·温特莫纳特（Gregor Wintermonat）在莱比锡的书市上展示了德文版的哈尔的讽刺文学（图 441
15.2）。与弗朗索瓦·拉伯雷非凡的作品一样，任何将充满如此丰富的典故和新创造的著作翻译成另一种语言的尝试，只能是一种再创作[20]。温特莫纳特的《现在的新世界和旧世界》（*Die heutige newe alte Welt*）与其说是对哈尔作品的简单翻译，不如说是一种改写。对德国忏悔节（Shrovetide）戏剧的回忆和对“极乐世界”（Schlaraffenland）——传说中农夫的乐园，那里废置所有的劳作，食欲被即刻满足——的大众化叙述，为一个充满私欲和公共罪恶的世界提供了一个真正的记录模式，由此其超越了原文[21]。尽管对地名及其隐含意义的戏谑处理对于德国文学而言并不是完全未知的，但《现在的新世界和旧世界》还是开启了一种新的

⑰ Joseph Hall, *Mundus alter et idem* (Francofvrti [London], 1605).

⑱ Dieter Skala, “Vom neuen Athen zur literarischen Provinz: Die Geschichte der Frankfurter Büchermesse bis ins 18. Jahrhundert,” in *Brücke zwischen den Völkern: Zur Geschichte der Frankfurter Messe*, 3 vols., ed. Rainer Koch, exhibition catalog (Frankfurt: Historisches Museum, 1991), 2: 195 - 202.

⑲ 参见图 11.5。现存的三本《新教宗的世界地图》的复制品，有两本收藏于东德和波兰。参见 Franz Reitinger, “‘Kampf um Rom’: Von der Befreiung sinnorientierten Denkens im kartographischen Raum am Beispiel einer Weltkarte des Papismus aus der Zeit der französischen Religionskriege,” *Utopie: Gesellschaftsformen, Künstlerträume*, ed. Götz Pochat and Brigitte Wagner (Graz: Akademische Druck- u. Verlagsanstalt, 1996), 100 - 140。正是由于 Peter H. Meurer 的“Cartographica in den Frankfurter Messekatalogen Georg Willers von 1564 bis 1592: Beiträge zur kartographiegeschichtlichen Quellenkunde I,” *Cartographica Helvetica* 13 (1996): 31 - 37, esp. 32，使我们知道这些复制品是如何通过日内瓦传入东欧的。事实上，《新教宗的世界地图》列入书市名录强调了法兰克福不仅作为一个地方的销售点，同时作为一个国际流通中心的重要性。

⑳ 这也适用于 1609 年的 John Healey 的第一次英译。参见 Joseph Hall, *The Discovery of a New World*, tran. John Healey ([London]: Imprinted for Ed. Blount and W. Barrett, 1609)。

㉑ Elfriede Marie Ackermann, “*Das Schlaraffenland* in German Literature and Folksong: Social Aspects of an Earthly Paradise, with an Inquiry into Its History in European Literature” (Ph. D. diss., University of Chicago, 1944).

可能性㉒。

在英国的空位期，哈尔被关押在伦敦塔，随后被驱逐出他的教区。甚至约翰·米尔顿也支持激进的清教徒势力，将哈尔的作品贬低为幼稚的作品。与逃亡至荷兰相比，哈尔更喜好在国内的流放。然而，他的《新世界的发现》与托马索·坎帕内拉的《太阳之城》（*Civitatis solis*）和弗朗西斯·培根的《新大西岛》（*Nova atlantis*）等杰出作品一样，在乌得勒支重印。新版本中的地图比以前版本更小，由老练的彼得·范登基尔雕刻，他与他的姐夫，地图出版商约道库斯·洪迪厄斯，作为荷兰独立战争的难民，被迫在英国生活了一段时间㉓。

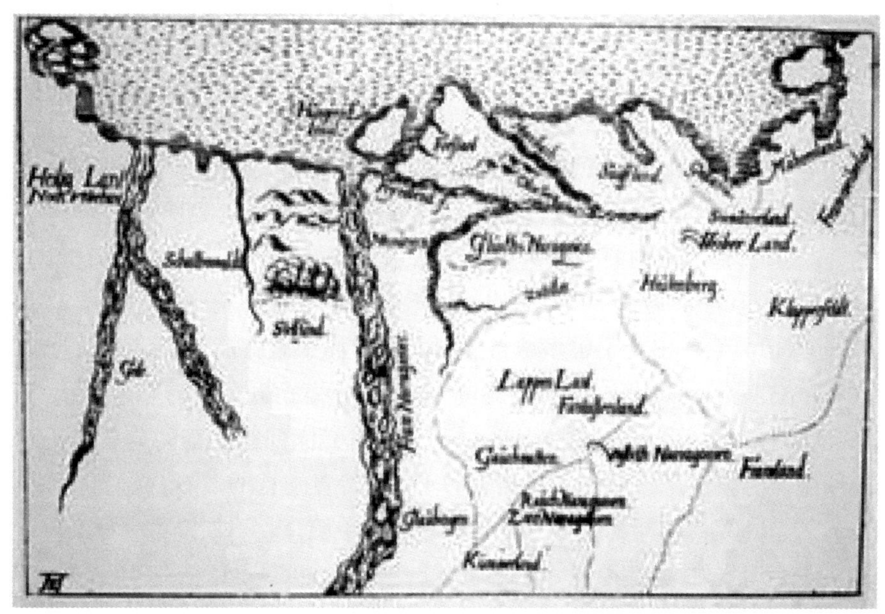

图 15.2 《斯卡帕姆之地》（*SCHLAMPAMPENLAND*）。画押字匠 FHS（sc.）雕版

原图尺寸：8.5 × 13 厘米。Joseph Hall, *Utopiæ pars II*: *Mundus alter et idem*: *Die heutige newe alte Welt*, trans. Gregor Wintermonat（Leipzig: Henning Grossen des Jüngen, 1613）。Newberry Library, Chicago 提供照片。

灵修书

从克里斯托弗·哥伦布时代之后开始的一连串的伟大发现，弗朗西斯·培根和伽利略·加利莱伊新的科学方法，以及赫拉尔杜斯·墨卡托和其他人发展出的构造地图的新技术等都

㉒ 1400 年，Heinrich Wittenwiler 在他的"Ring"中广泛使用了口语地名。参见 Heinrich Wittenwiler, *Heinrich Wittenwilers Ring*: *Nach der Meininger Handschrift*, ed. Edmund Wiessner（Leipzig: Philipp Reclam, 1931），以及 Eckart Conrad Lutz, *Spiritualis fornicatio*: *Heinrich Wittenwiler, seine Welt und sein "Ring"*（Sigmaringen: Jan Thorbecke, 1990）, 216 and 376。

㉓ 关于这位雕版匠，参见"Keere（Kaerius）, Pieter van den,"in *Lexikon zur Geschichte der Kartographie*, 2 vols., ed. Ingrid Kretschmer, Johannes Dörflinger and Franz Wawrik（Vienna: Franz Deuticke, 1986）, 1: 407 –8；关于出版商 Johannes van Waesberge，参见 Adriaan Marinus Ledeboer, *Het geslacht van Waesberghe*: *Eene bijdrage tot de geschiedenis der boekdrukkunst en van den boekhandel in Nederland*, 2d ed.（Gravenhage: Martius Nijhoff, 1869）。

促使地图学家转变了对世界的总体印象。在地图学家的图像中，耶路撒冷、罗马和人间天堂等这类神圣之地被边缘化，世界不再享有一个信仰的中心。从此，地图可能在地形学意义上是正确的或错误的，但它不再传达任何实质性的真理。被忏悔的战线分割，德语国家尤其关心现代地图的功能美学，因而试图从地图学中找到更深刻的意义。

德国新教改革中具有领导地位的理论家菲利普·梅兰克森，已经将地理学想象为“通往上帝的最佳途径”（*primum iter ad Deum*），或是通往神圣体验的首要途径。在地理学的帮助下，他认为描述上帝的旨意是可能的。因此，他将地理学作为维滕贝格和其他路德教大学的课程，并在他的教学中使用壁挂地图。[24]

为了使世界的新概念与《旧约》的神圣著作相一致，第一部《路德圣经》包含了地图，宗教改革的《圣经》很快就遵循了这一先例[25]。它们很快就演变成所谓的《神圣地理学》（*Sacrae geographiae*）大汇编[26]。这种神圣地理学的早期实例之一就是海因里希·宾廷 442
（Heinrich Bünting）的《圣经行程录》（*Itinerarium Sacrae Scripturae*，1581）。宾廷的比喻性地图使用室女座、一匹有翅膀的马或一片三叶草的形象，将德意志帝国的鹰、荷兰的狮子或其他政治地图学的徽章转化进入基督教文学的领域[27]。

三十年战争（Thirty Years War）爆发之前毫无希望的忏悔论战，在公共生活和宗教行为的总体改革方面提出了最初的虔诚派的尝试。寻找神学苛刻而枯燥的争论的替代方案，改革派的拥护者支持信仰的各种视觉形式和比喻性的演说，包括寓意，以及甚至最近重新发现的尼普斯的讽刺文学体裁及其混合的文本类型、虚构的情节和尺度的变化[28]。逐渐减小的教会的神圣权力，与不断增加的对精神安慰的需求成反比，而后者是人生旅途和朝圣途中可以依

㉔ Hanno Beck, *Geographie: Europäische Entwicklung in Texten und Erläuterungen* (Freiburg: Karl Alber, [1973]), 90; idem, *Große Geographen: Pioniere, Außenseiter, Gelehrte* (Berlin: Dietrich Reimer, 1982), 45; Uta Lindgren, "Die Bedeutung Philipp Melanchthons (1497 - 1560) für die Entwicklung einer naturwissenschaftlichen Geographie," *Gerhard Mercator und seine Zeit*, ed. Wolfgang Scharfe (Duisburg: Walter Braun, 1996), 1 - 12; 以及 Peter H. Meurer, "Ein Mercator-Brief an Philipp Melanchthon über seine Globuslieferung an Kaiser Karl V. im Jahre 1554," *Der Globusfreund* 45 - 46 (1997 - 98): 187 - 96。

㉕ Engelbert Kirschbaum, ed., *Lexikon der christlichen Ikonographie*, 8 vols. (Rome: Herder, 1968 - 76), 4: 523 - 24; Catherine Delano Smith and Elisabeth Morley Ingram, *Maps in Bibles, 1500 - 1600: An Illustrated Catalogue* (Geneva: Librairie Droz, 1991); 以及 Wilco C. Poortman and Joost Augusteijn, *Kaarten in Bijbels* (16^{e} - 18^{e} *eeuw*) (Zoetermeer: Boekencentrum, 1995)。

㉖ Benito Arias Montano, *Pars Orbs. Sacræ geographicæ Tabulam ex antiquissimorum cultorum, familiis a Mose recensitis* (Antwerp, 1571); Abraham Ortelius, *Geographia sacra* (Antwerp, 1598); Charles Vialart, *Geographia sacra sive notitia antiqua episcopatuum ecclesiae universae* (Paris, 1641); Samuel Bochart, *Geographia sacra*, 2 vols. (Caen, 1646; 2d ed. Caen, 1651); 以及 Georg Horn, *Accuratissima orbis antiqui delineatio sive geographia vetus, sacra & profana* (Amsterdam, 1653)。亦参见 Zur Shalev, "Sacred Geography, Antiquarianism and Visual Erudition: Benito Arias Montano and the Maps in the Antwerp Polyglot Bible," *Imago Mundi* 55 (2003): 56 - 80。

㉗ Matthias Burgklechner, *Aquila Tirolensis: Quatuor Ordines Comitatus Tirolis*, ed. Eduard Richter (Vienna, 1902; reprinted Innsbruck, 1975); H. A. M. van der Heijden, *Leo Belgicus: An Illustrated and Annotated Carto-Bibliography* (Alphen aan den Rijn: Canaletto, 1990); idem, "Heinrich Bünting's *Itinerarium Sacrae Scripturae*, 1581: A Chapter in the Geography of the Bible," *Quaerendo* 28 (1998): 49 - 71; 以及 idem, *Keizer Karel en de leeuw: De oorsprung van de Nederlandse kartographieen de Leo Belgicus* (Alphen aan den Rijn: Canaletto, 2000)。

㉘ 对尼普斯讽刺文学更精确的定义，参见 Werner von Koppenfels, "Mundus alter et idem: Utopiefiktion und menippeische Satire," *Poetica: Zeitschrift für Sprach- und Literaturwissenschaft* 13 (1981): 16 - 66, esp. 24 - 29。

赖的基本叙事模式[29]。迷宫可怕的形象让位给对共同的“礼仪仪式”的叙述，比如进入公共生活、逃离公民社会、返回和回家、内省和改宗。改革派的一个突出成员是符腾堡（Württemberg）的神学家约翰·瓦伦丁·安德烈亚（Johann Valentin Andreae），他的《圣经》旅行寓言和对一个基督教共和国的乌托邦的描述，有意识地效仿了托马斯·莫尔的传统[30]。他的《祖国的旅行者的错误》（*Peregrini in patria errores*，1618）、《基督的子民，或匡正往日的迷途》（*Civis Christianus*，*sive peregrini quondam errantis restitutiones*，1619）和《基督教共和国的描述》（*Reipublicae Christianopolitanae descriptio*，1619）用相似的主题互相补充。然而，只有最后一本书包含了一幅平面图或地图：在对精神取向的传统形式的挑战中，当安德烈亚对当时的“新发现”（Nova reperta）进行关键性的测试时，地图学与其他现代发明没有达到他的期望[31]。

在寓言中，安德烈亚讲述了一个敏感的年轻人渴望踏上前往幸福的皇家城堡（Royal Stronghold of Happiness）的崎岖道路。这个青年认为他需要：

> 听到那些人的建议，他们可能知道前方的路。许多人满怀信心地帮助他计划路线，这些人包括幻想他们享受到了天堂的品味的哲学家、政治家、僧侣、隐士，甚至魔术师和梦想家。在来自各方面的路线地图的包围下，这位年轻人终于出去旅行了。但是，这是一场灾难！他经常把自己撞得鼻青脸肿，经常迷路，还经常陷入歧途！然后他诅咒所有坐在椅子上的向导，因为他们的自负，胆敢追寻只有上帝知道的天堂和人间的如此众多的道路[32]。

从1628年起，波西米亚教师和改革家扬·考门斯基（Jan Komenský），更著名的是他的拉丁名字约翰·阿莫斯·科梅纽斯（Johann Amos Comenius），试图通过信件联系安德烈亚，乞求对方承认自己是他的“学生和儿子”[33]。科梅纽斯曾就读于加尔文教派的黑博恩（Herborn）大学，在那里他经约翰·海因里希·阿尔施泰德（Johann Heinrich Alsted）了解到了由树状谱系的方式提供系统化知识的图像学方法，这最初是法国理论家彼得吕斯·拉米斯［皮埃尔·拉梅（Pierre Ramée）］提出的，由阿尔施泰德的导师沃尔夫冈·拉特克

---

[29] Wolfgang Harms, *Homo viator in bivio*: *Studien zur Bildlichkeit des Weges*（Munich：Wilhelm Fink，1970）.

[30] 对比 Max August Heinrich Möhrke, *Johann Amos Komenius und Johann Valentin Andreä*, *Ihre Pädagogik und ihr Verhaltnis zu einander*（Leipzig：E. Glausch，1904）；Harald Scholtz, *Evangelischer Utopismus bei Johann Valentin Andreä*：*Ein geistiges Vorspiel zum Pietismus*（Stuttgart：W. Kohlhammer，1957）；Richard van Dülmen，“Johann Amos Comenius und Johann Valentin Andreae：Ihre persönliche Verbindung und ihr Reformanliegen，” *Bohemia*：*Jahrbuch des Collegium Carolinum* 9（1968）：73 – 87；以及 Martin Brecht，“Johann Valentin Andreae：Weg und Programm eines Reformers zwischen Reformation und Moderne，” *Theologen und Theologie an der Universität Tübingen*，ed. Martin Brecht（Tübingen：J. C. B. Mohr，1977），270 – 343。

[31] Johann Valentin Andreae, *Menippus*, *sive Dialogorvm Satyricorum centvria*, *inanitatvm nostrativm specvlvm*（Strassburg，1617），192，以及 Uta Bernsmeier，“Die Nova Reperta des Jan van der Straet：Ein Beitrag zur Problemgeschichte der Entdeckungen und Erfindungen im 16. Jahrhundert”（Ph. D. diss.，Universität Hamburg，1984）。

[32] Andreae, *Menippus*, bk. 2, chap. 3, 31.

[33] 对比 Johann Amos Comenius, *Das Labyrinth der Welt und andere Schriften*, ed. Ilse Seehase（Leipzig：Reclam，1984），290。亦参见 van Dülmen，“Johann Amos Comenius，” 75 n. 12。他的要求表明科梅纽斯接受安德烈亚的父亲角色。

(Wolfgang Radtke) 改进。阿尔施泰德对地理学也有明显的兴趣[34]。

1620 年，帝国军队在波西米亚对新教徒联盟的战争遭到了毁灭性的失败，导致了三十
年战争一系列血腥的战役。作为随后的宗教清洗的受害者，科梅纽斯到莫拉维亚贵族领袖泽 443
罗廷（žerotín）的卡雷尔（Karel）城堡寻求避难。远离骚乱之后，科梅纽斯描绘了一幅最早的莫拉维亚（Moravia）地图，从而肯定了他的保护者对权力和爱国主义的主张。与此同时，他完成了一部讽刺现代早期社会及其不同阶层的文学手稿，题为“Labyrint světa a ráj srdce”（世界的迷宫和心灵的天堂）。这一作品效仿了约翰·瓦伦丁·安德烈亚的新拉丁语的旅行寓言《祖国的旅行者的错误》，对此科梅纽斯加上了一段自传性的处理[35]。来自之前布雷斯劳的泽罗廷图书馆的一幅水彩画放置在作者的手稿之前，展现了作为这本书的内容和设计的视觉缩影的一幅圆形地图（图 15. 3）。

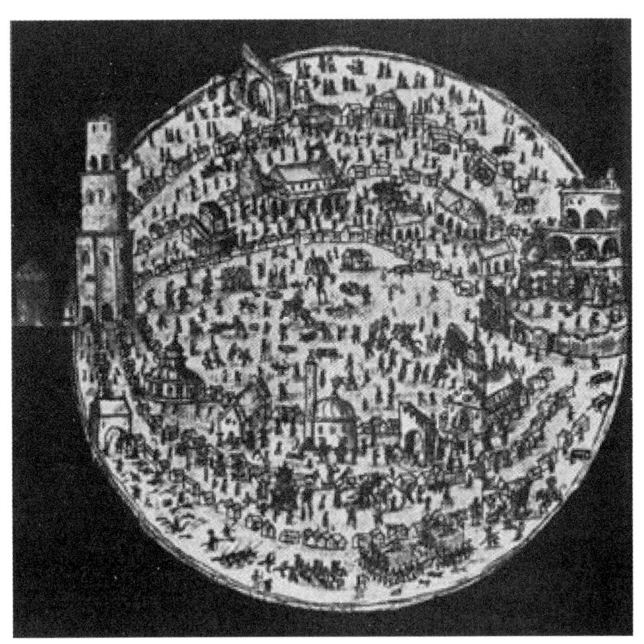

图 15. 3 《世界的迷宫》(LABYRINTH OF THE WORLD)，1623 年。约翰·阿莫斯·科梅纽斯的手稿“世界的迷宫和心灵的天堂”中的水彩画，Brandýs nad Orlici (Brandeis an der Adler)，1623，9

Národní Knihovna České Republiky, Prague 提供照片。

作为一位普通的学者和地理学家，科梅纽斯没有重新回到现有地图，而是着手创造一幅他自己的地图，以在书的开头描绘第一人称的叙述者的愿景。事实上，为了寻找一个无忧无虑的生活，在寻找一个地方的最高点以便描绘周围区域的全景时，这位年轻人做了一个土地测量员会做的事情。他爬上一座高塔，由此让他的眼睛穿越一座被不可逾越的黑暗环绕的

[34] Friedrich Adolf Max Lippert, *Johann Heinrich Alsteds pädagogischdidaktische Reform-Bestrebungen und ihr Einfluss auf Johann Amos Comenius* (Meissen: Klinkicht, 1898).

[35] 参见 Hermann Ferdinand von Criegern, *Johann Amos Comenius als Theolog: Ein Beitrag zur Comeniusliteratur* (Leipzig: Winter, 1881), 344ff。

444

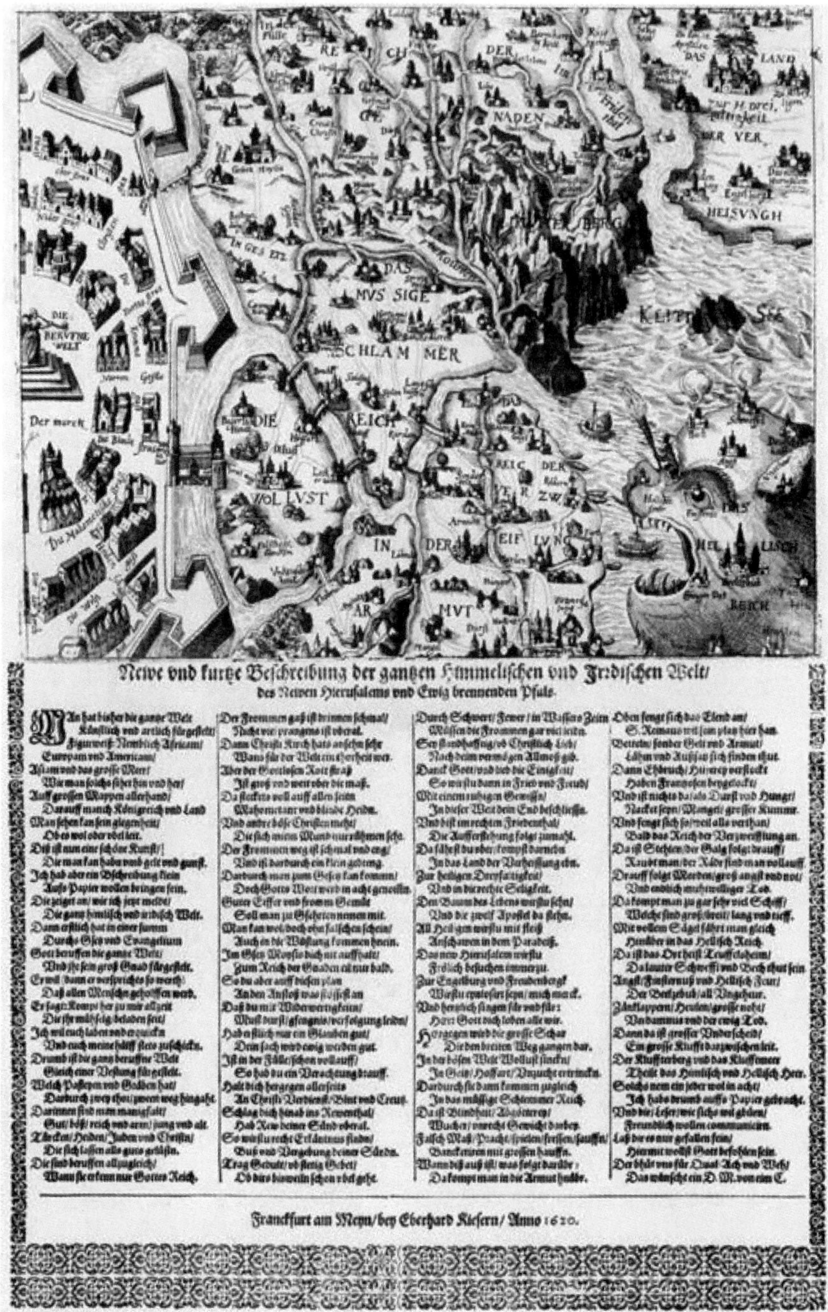

图 15.4 《关于整个天国和尘世、新耶路撒冷及永远在燃烧的罪恶之地的简要新描述》(*NEWE UND KURTZE BESCHREIBUNG DER GANTZEN HIMMELISCHEN UND IRIDISCHEN WELT*, *DES NEWEN HIERUSALEMS UND EWIG BRENNENDEN PFULS*)。埃伯哈德·基泽雕版（Frankfurt，1620），有插图的宽幅印刷品

Germanisches Nationalmuseum, Nuremberg (HB 25040, maps 1336a) 提供照片。

巨大城市。除了其他场景之外，他从上面看到的不单是一幅图景。它符合这本书的大纲、其主要概念、梗概和最后的缩影，受到 17 世纪的文学理论概念主义（Concettism）的强烈鼓舞[36]。从东方开始，他审视了两座后续的“生命”和“职业选择”之门，在那里人人都抽取了自己的命运之签。每一侧都有三条街道，都代表着社会中较高和较低的地位，它们包围着世界的集市，而那里阶级壁垒被暂时抬起。“好运城堡”（Citadel of Good Fortune）（*Arx fortunae*）原来和“智慧要塞（Fortress of Wisdom）”一样是具有欺骗性的。最后，这位年轻人在这套等级系统中看到的所有事物都使他恐惧。面对即将到来的死亡，为了精神上的寄托，他转而寻求“内心的居所”[37]。科梅纽斯的著作在 18 世纪之前只是被莫拉维亚人所知，18 世纪的一种德语译本使其更为广泛的流通成为可能[38]。

有插图的宽幅印刷品

宗教范式渗透到社会的各个方面。亚伯拉罕·奥特柳斯与安特卫普的“慈爱教”宗教社团的亲密关系绝不是此类唯一的例子。当像安德烈亚这样的神学家仍然继续抵制地图学家关于世界的新观念的同时，宗教信仰业已成为公众辩论的开放领域，在其中参与者乐意欢迎现代生活的成就。在雕刻匠和印刷品出版商埃伯哈德·基泽（Eberhard Kieser）的宗教信仰、图像制作和地理学兴趣交织的事业中，这一新方式是显而易见的。1623—1632 年间，基泽出版了 17 世纪最成功的有着插图的地形学著作之一。他内容广泛的《哲学—政治学的宝库》（*Thesaurus philo-politicus*）以独特的方式将徽章书籍与地形景观书籍的特征结合起来。基泽自己对图像类别混合的喜好，在他的先辈与他的后代的代沟之间搭起了桥梁。他的父亲是一位新教传教士。然而，他的小儿子安德烈亚斯（Andreas）成为一名军人，并且职业生涯是作为一名地图学家为符腾堡王室服务。1680—1687 年间，安德烈亚斯用 280 幅平板仪的图 445
幅拼合完成了一套林业地图集[39]。

在基泽的一生中，他受到了地图学和宗教这两个不同领域的影响，这或许有助于解释基泽为什么最早用德语创作了地图寓意画。虽然埃伯哈德·基泽本人只制作了很少的地图，但他还是与测绘人员和地图雕版师们发展出了亲密的家庭关系[40]。他于 1609 年娶了官方测量员埃利亚斯·霍夫曼（Elias Hoffmann）的女儿，成为法兰克福的公民，而霍夫曼绘制了法兰克福及近郊的第一幅地图。霍夫曼的大女儿是多才多艺的画家和雕刻匠菲利普·乌芬巴赫（Philipp

---

㊱ Susan Rae Gilkeson Figge, “The Theory of the Conceit in the Seventeenth Century German Poetics and Rhetoric” (Ph. D. diss., Stanford University, 1974).

㊲ Milada Svobodová, *Katalog českých a slovenských rukopisů sign. XVII získaných Národní (Universitní) knihovnou po vydání Truhlářova katalogu z roku 1906* (Prague: Národní Knihovna, 1996), 67–69.

㊳ Johann Amos Comenius, *Übergang aus dem Labyrinth der Welt in das Paradies des Hertzens* (Leipzig: Walther, 1738)，以及 idem, *Comenius' philosophisch-satyrische Reisen durch alle Stände der menschlichen Handlungen* (Berlin: Horvath, 1787)。

㊴ 对比 Joachim G. Leithäuser, *Mappae Mundi: Die geistige Eroberung der Welt* (Berlin: Safari, 1958), 364。

㊵ Leithäuser, *Mappae Mundi*, 364，以及 Klaus Eymann, “Ein Schatzkästlein wird geöffnet: Der Zeichner, Kupferstecher, Verleger und Drucker Eberhard Kieser, Frankfurter Publizistik in der ersten Hälfte des 17. Jahrhunderts,” *Spessart* 9 (1984): 2–13, esp. 7 and 12。

Uffenbach）的妻子，她支持霍夫曼的作坊，并向市议会提供地图学材料[41]。

在改革派军队和受命于伯爵帕拉丁·弗雷德里克（Palatine Frederick）的他们的英国盟友失败之际，基泽在神秘的卡斯珀·施文克费尔德（Caspar Schwenckfeld）和基泽的合作者及后来的朋友马托伊斯·梅里安（Matthäus Merian）的教导下寻求安慰。1611 年，基泽设计了《精神迷宫》（*Geistlich Labyrinth*），作为他的《关于整个天国和尘世、新耶路撒冷及永远在燃烧的罪恶之地的简要新描述》（图 15.4）的核心[42]。基泽的《关于整个天国和尘世、新耶路撒冷及永远在燃烧的罪恶之地的简要新描述》是救赎的完全成熟的地形学的最早实例。大概是在 1620 年作为新年印刷品出版，这幅地图以基督徒的朝圣旅行作为主旨。

图 15.5 《塞贝斯图表》（*TABULA CEBETIS*），课程地图（*CARTA VITAE*）。雕版在两图幅上。菲利普斯·加尔按照弗兰斯·弗洛里斯的设计（Antwerp，1561）

原图尺寸：约 45.4 ×59.7 厘米。Ashmolean Museum，Oxford 提供照片。

1561 年，菲利普斯（菲利普）·加尔［Filips（Philipp）Galle］给“《塞贝斯图表》”（Tabula Cebetis）中按照弗兰斯·弗洛里斯（Frans Floris）设计雕版的一幅插图加上 *Carta*
446 *vitae*（课程地图）的标题（图 15.5）。加尔第一次利用了“carte（地图）”这个词，因为他认为由菲利波·贝罗尔多（Filippo Beroaldo）等人从古代的记述中重新发现的古希腊哲学家底比

[41] Fritz Wolff, “Elias Hoffmann—Ein Frankfurter Kartenzeichner und Wappenmaler des 16. Jahrhunderts,” *Zeitschrift des Vereins für Hessische Geschichte und Landeskunde* 94 (1989): 71 – 100.

[42] Werner Hofmann, ed., *Zauber der Medusa: Europäische Manierismen*, exhibition catalog (Vienna: Löcker, 1987), 374, fig. 86.

斯（Thebes）的塞贝斯（Cebes）的教学图像，是一种地图[43]。《塞贝斯图表》（Cebes Tablet）向入门者展示了如何在贯穿这三个圆环的旅途中获得道德和科学的知识，以达到位于一座高山顶部的人类幸福的拱门（arch，源自拉丁语 *arx*，要塞）。

基泽将《塞贝斯图表》的主要方案整合到他的地图中，从而转变了图表最初的设定。将“普通生活的入口”（Introitus ad vitam commune）转变成一名基督教徒从“被访问”之城的离去，基泽让预言的教义成为他地图的中心主题。他叙述了宽窄两种路径的《圣经》图像，以将 *Die Wollust*（荒淫）之域的异教徒快乐的伦理与 *Im Gesetz*（法律）之域基督徒的责任感进行对比[44]。加尔文主义的经济伦理导致基泽去相信，在贫穷（*Armut*）之域遭受的贫穷，只是来源于其居民值得怀疑的生活方式。在无所事事的享乐王国（mussige Schlammer Reich）的核心，霍曼的极乐世界的中心位置是被预期的。在基泽阔页的下半部分有四列用打油诗进行的解释。

寓意书籍

不到十年之后，基泽的单页印刷品就由扎卡里亚斯·海恩斯（Zacharias Heyns）在一个荷兰语版中出版了[45]。海恩斯 1629 年的《萨利希的路标》（*Wegwyser ter Salicheyt*）是荷兰最早的寓意地图。像他的同事彼得·范登基尔一样，海恩斯成长在安特卫普一个著名的地图和地图集制造商的家庭，彼此密切相关。早年间，海恩斯作为克里斯托弗尔·普朗廷公司的图书销售代理人在法兰克福活动。在与一位德意志商人的女儿结婚后，海恩斯成为阿姆斯特丹第一位书籍和地图出版商，他的名字出现在法兰克福书市的登记簿上[46]。即使基泽的单页印刷品不是海恩斯的作品的一部分，那么这个印刷品也可能已经通过在法兰克福郊区的长期流亡后，从西班牙尼德兰移居到北部省份的大量加尔文教徒难民中的某人，传播到了下莱茵地区（Lower Rhine）[47]。

作为竞争的加剧，以及地图集制作日益专门化趋势的结果，扎卡里亚斯·海恩斯放弃了他的地图生意，于 1606 年从阿姆斯特丹移居兹沃勒（Zwolle）。兹沃勒被称为是“共同生活兄弟会（Brethren of the Common Life）”的虔诚运动的核心地区。作为各种修辞学团体的领

㊸ Reinhart Schleier, *Tabula Cebetis; oder, "Spiegel des Menschlichen Lebens / darin Tugent und untugend abgemalet ist"* (Berlin: Mann, [1973]), 14, 图 40.

㊹ 对比 William A. Coupe, *The German Illustrated Broadsheet in the Seventeenth Century*, 2 vols. (Baden-Baden: Librairie Heitz, 1966 -67), 1: 36 and 207 and 2: 262 and pl. 136, 以及 Eymann, "Ein Schatzkästlein," 7。

㊺ Ernst Wilhelm Moes and C. P. Burger, *De Amsterdamsche boekdrukkers en uitgevers in de zestiende eeuw*, 4 vols. (Amsterdam, 1900 -1915; 重印于 Utrecht: HES, 1988), 4: 277 -79, 以及 Harms, *Homo viator*, 136。

㊻ Hubert Meeus, "Zacharias Heyns: Een leerjongen van Jan Moretus," *De Gulden Passer* 66/67 (1988 -89): 599 -612; 同上, "Zacharias Heyns, uitgever en toneelauteur: Bio-bibliografie met een uitgave en analyse van de Vriendts-Spieghel" (Ph. D. diss., Katholieke Universiteit Leuven, 1990); 以及 idem, "Zacharias Heyns: Een 'drucker' die nooit drukte," *De Gulden Passer* 73 (1995): 108 -27。

㊼ Eduard Plietzsch, *Die Frankenthaler Maler: Ein Beitrag zur Entwickelungsgeschichte der niederländischen Landschaftsmalerei* (Leipzig: Seemann, 1910; reprinted Soest: Davaco, 1972); idem, *Die Frankenthaler Künstlerkolonie und Gillis van Coninxloo* (Leipzig: Seemann, 1910); 以及 Martin Papenbrock, *Landschaften des Exils: Gillis van Coninxloo und die Frankenthaler Maler* (Cologne: Böhlau, 2001)。

导和诗人，海恩斯开始用象征性风格制作他自己的文学作品，不久即普遍流行起来。24 岁的时候，他已经为他父亲的朋友奥特柳斯的《友人图册辑》创作了一幅视觉游戏。海恩斯称赞这位地图学家是"des werelts Wegwyser"（世界的向导），因为"如同基督的美德指引我们前往天堂那样，奥特柳斯是我们在人间的向导"[48]。

海恩斯最后的出版物是《萨利希的路标》，他将其设想为他的《道德的象征》（*Emblemata moralia*）的续篇[49]。海恩斯在德意志的移民圈中结识的诗人约斯特·范登冯德尔（Joost van den Vondel），为其增添了富有诗意的题词。海恩斯将他的《萨利希的路标》放置于由安德烈亚·阿尔恰蒂的《徽章之书》（1531）创立范式的以图像为基础的诗歌体裁的传统中。《徽章之书》在奥格斯堡第一次印刷，包含作为一幅"pictura（图像）"的单幅地图[50]。阿尔恰蒂与他的畅销书一起，为未来的象征文学打开了局面，尽管并未为他的地图主题奠定基础。海恩斯的《萨利希的路标》确实是罕见的早期的寓意画册，其中地图的作用十分突出。然而，正确地说，《萨利希的路标》中的地图并不起到寓意的作用。在书的开始，作为毕达哥拉斯的字母而为人文主义者所知的 upsilon（希腊语中的第二十个字母）的图案，暗示了作品基本主旨的两条路线——前往美德的正直、狭窄而艰难的道路，以及前往罪恶的宽阔又舒适的道路——在折叠的地图上徐徐展开。

447

新的开始

三十年战争标志着地图学生产的明显下降，特别是文学地图的产量。在那一时期的带有插图的宣传宽幅印刷品上，地图偶尔出现作为由拟人代理者执行的象征性情节的一部分，在这些情节中它们被描绘为人工制品去代表就像粪便或呕吐物那样的领土的损失[51]。尽管地图学图像本身继续是完全的地理地图，因此仍然无法触及讽喻、虚构和讽刺。

战后，作者需要重新评估地图学向艺术和文学开放的具象的可能性。乔治·菲利普·哈斯多夫（Georg Philipp Harsdörffer），就像他那个时代的其他作者那样了解文坛，为文学界如何接受地图学提供了可靠的证据。在他的《女性对话游戏》（*Frauenzimmer Gesprächspiele*，1641—1649）中，哈斯多夫搜集整合了所有种类的象征性诗文，以检验它是否适合作为一种精致的消遣。在第二书的第六十五场谈话中，他讨论绘画地图大厅的设计，其类似于保存在

---

[48] Jan van Dorsten and Alistair Hamilton, "Two Puzzling Pages in Ortelius' 'Album Amicorum,'" *Times and Tide*: *Writings Offered to Professor A. G. H. Bachrach*, ed. Cedric C. Barfoot, F. H. Beukema and J. C. Perryman (Leiden: University of Leiden, 1980), 45 - 53.

[49] Zacharias Heyns, *Emblemata*, *Emblemes chrestienes et morales*: *Sinne-Beelden streckende tot Christelicke Bedenckinghe end eLeere der Zedicheyt* (Rotterdam: Pieter van Waesberge, 1625).

[50] Andrea Alciati, *Emblematvm libellvs* (Augsburg, 1531; 2d ed. Paris: Wechsel, 1535), 109. 阿尔恰蒂提供了一幅北意大利的地图，以讨论米兰的首任公爵在意大利其余部分的影响。在警句和描述中，他认为利古里亚海和亚得里亚海之间土地在政治上的分裂，可以看作是这位公爵的"坟墓"，或者说我们应当说，遗产。令现代读者惊讶的是，这幅地图仅包括维罗纳以南、罗马以北的土地，这是当时意大利的中心地带。关于现代版本，参见 *Emblematvm libellvs* (Darmstadt: Wissenschaftliche Buchgesellschaft, 1980), 228。

[51] Siegfried Kessemeieret al., eds., *Ereignis Karikaturen*: *Geschichte in Spottbildern*, *1600 - 1930*, exhibition catalog (Münster: Landschaftsverband Westfalen-Lippe, 1983), figs. 23 and 42.

萨尔茨堡大主教宅邸的阿尔卑斯山以北独一无二的例子。[52] 然后哈斯多夫通过“现存字母顺序有意义的换位”（sinnreiche Verwechslungen）的方法，将读者的注意吸引到用真实地名制作字谜地图的方法上[53]。作为这种文学过程的一个例子，他提到了约翰·比塞尔（Johann Bissel）的小说《伊卡利亚》（*Icaria*），该书出版于帕拉丁公爵弗雷德里克五世（Frederick V）被宣布为非法的余波中，他的国家随后被巴伐利亚吞并，而在小说中，上巴拉丁（Upper Palatinate）则变质成一片想象的土地。作者的地图学方法不仅通过标题中伊卡洛斯（Icarus）神话人物来体现，而且还体现在卷首的伊卡利亚的印刷地图上[54]。

直到17世纪60年代末期，德语国家才能重新恢复战前有希望的努力。这些新的开始伴随的心理转变，从科梅纽斯后来的著作中能最为清晰地看到，他在生命的尽头，丧失了对人心孤独的信仰，因为他从《世界的迷宫》（*Labyrinth der Welt*）进行了可能的退避，并认为人心本身是一个迷宫[55]。巴拉丁神学家约翰·克里斯托夫·萨尔巴赫（Johann Christoph Salbach）在他的结论中甚至更进一步，认为“每个人自己都有一个王国”[56]。萨尔巴赫从英国作家那里翻译了几种虔诚的著作，其中的《基督教陆地地图和海洋的比较》（*Christliche Land-Karte und Meer-Compaβ*，1664）强调了禁欲主义圈子对地图学重新燃起的兴趣。在这里，“陆地地图”（Landkarte）的概念第一次以德语呈现在文学著作的标题上。在“序言”中，萨尔巴赫指出：“作为流浪者，在陆地上旅行，每天，甚至每小时，都从他的包中掏出地图，试图保持通向祖国的正确的大道和小路，且为了不踏入不安全的歧途，每一个经历过这世界的惊涛骇浪和荒漠的真正基督徒，动身前往永远安全的港湾和永恒幸福的避风港时，如果他想远离危险的悬崖、流沙、海盗和谋杀的地狱陷阱的话，都不会让他的眼睛从心灵的罗盘和地图上有丝毫转移。”[57] 萨尔巴赫的“精神地图”为读者提供了魔鬼毫无掩饰的意图的替代品，即“我们……根据他的航海图去管理我们的小船和朝圣之旅”。

鉴于作为一种救赎之路的方案的加尔文派地图的功能，天主教的地图学支持教会对俗世事务的防御姿态，对“肉体的欲望、世俗的行为和邪恶思想”抱有特别的执念[58]。雅各布·比德曼的《迭戈·贝尔纳迪尼的乌托邦》（*Utopia Didaci Bemardini... seu Sales Musici*）就是

---

[52] Roswitha Juffinger, “Die ‘Galerie der Landkarten’ in der Salzburger Residenz,” *Barockberichte* 5–6（1992）: 164–67.

[53] “因为它很容易增加和继续其他人的发明，人们可以将一位贵族引导到壁挂地图，由此城市、小镇和其他地点的名称，通过对其字母有意义的换位，就可能变成一番陌生的景色。” Georg Philipp Harsdörffer, *Frauenzimmer Gesprächspiele*, 8 vols.（1644–［1657］；重印于 Munich: K. G. Saur,［1990–93］）, 2: 94。

[54] Johann Bissel, *Icaria*（Ingolstadt, 1637; 2d ed. Allopoli, 1667）；参见 Hans Pörnbacher, *Literatur in Bayerisch Schwaben: Von der althochdeutschen Zeit bis zur Gegenwart*, exhibition catalog（Weissenhorn: A. H. Konrad, 1979）, 108–9 and 112。

[55] Johann Amos Comenius, *Unum necessarium*（Amsterdam, 1668）；德语版，*Das einzig Notwendige*, trans. Johannes Seeger, ed. Ludwig Keller（Jena: Diederichs, 1904）, 23–43, esp. 28–29；对比 idem, *Das Labyrinth der Welt*, 254。

[56] Johann Christoph Salbach, *Christliche Land-Karte und Meer-Compaß. Das ist: Göttliche, Sittliche H. Betrachtungen und Gedancken, worinnen dem Christlichen Pilgrim... gezeiget wird wieer sich für Gefahren vom Satan, der Welt, seines Fleisches und deß Todes, hüten solle, damit er nicht verführet werde, und deß sicheren Ports verfehle*（Frankfurt: Daniel Fievert, 1664）, 5.

[57] Salbach, *Christliche Land-Karte*, “Zueignungsschrift,” iii；对比 Edgar C. McKenzie, comp., *A Catalog of British Devotional and Religious Books in German Translation from the Reformation to 1750*（Berlin: Walter de Gruyter, 1997）, 241.

[58] ［Bernardus Clarevallensis?］, “Meditationes piissimœ: De cognitione humanæ conditionis,” *Patrologia Latina*, 217 vols.（Paris, 1844–55）, 184: 485–508, 引文在503页；对比 Andreas Wang, *Der “miles christianus” im 16. und 17. Jahrhundert und seine mittelalterliche Tradition: Ein Beitrag zum Verhältnis von sprachlicher und graphischer Bildlichkeit*（Bern: Lang, 1975）, 105–37.

448 后者的一个典型例子。作为奥格斯堡的耶稣会大学1600—1603年间的一位教师，剧作家为他的修辞学课程写作了一部有趣的故事集，以将他学生的注意力从阿普列乌斯（Apuleius）和彼得罗纽斯（Petronius）这样的古典作家的有害阅读上转移过来。虽然故事形形色色，但比德曼将它们通过一个叙事框架结合在一起，在这一框架中，作者——其通过变位作为第一人称叙述者迭戈·贝拉地尼（Didacus Bemardini）出现——在他的酒吧报告了他和朋友前往基迈里亚（Kimmeria）及其首都乌托邦。基迈里亚被描绘成永久黑暗的土地，居住着黑皮肤的人，他们废除了一切艺术和科学，且只是被"酗酒、暴食和玩乐"的生活法则支配[59]。

几个版本的《迭戈·贝尔纳迪尼的乌托邦》显示地图学在17世纪下半叶获得了成功。在其作者死后仅仅30年，1670年版的卷首包含了一幅在物理形态上被描绘为悬挂式卷轴或窗帘的地图，其可打开以显示下缘后面的风景。以法国的原型为依据，这种分段的地图学空间令人想起"世界的剧场"（Theatrum mundi）的现代概念，使读者将地图集视为在其上有着已知四大洲的宏大入口的平台，首先作为拟人化的图像，之后作为地图学的图像[60]。

比德曼的《乌托邦》不仅是一系列耶稣会反乌托邦的序曲[61]。多亏有比德曼的书，文学地图在巴洛克式的标题页和图解中确实经历了一个重大突破。从此以后，地图寓意画将成为巴洛克视觉文化的鲜明特色。当寓意的、讽刺的和道德教训的地图的制作进一步向东传播到莱比锡和德国南部时，对地图学呈现持消极立场的天主教作家转而对寓意地图有着积极的兴趣。

到1714年，比德曼的《乌托邦》已经历了几次重印，所以这本书和卷首插图在约翰·巴普蒂斯特·霍曼的有生之年一直在更新。地图制作者霍曼从天主教改宗新教，其中职业原因更重于宗教原因。在他的《乌托邦详表》中，霍曼将双重宿命的宗教改革地图学的传统与世俗腐化的天主教地图学融合起来。如前所述，对乌托邦地图进行了广泛解释的作者（可能是约翰·安德烈亚斯·雪纳布林），在他的模型中列出了比德曼。然而在他的《对非常罕见的乌托邦陆地地图的解释》的"前言"中，他感到有义务从他的前辈及其宗教辩论的倾向中分离出去，这样他就可以宣布自己的严格公正。通过将自己放置于忏悔政治之上，他推动了文学因素的发展，直至将文学地图不可挽回地从它对宗教范式的依赖中解放出来。

结　论

几个世纪中，基督教世界囊括了整个西方人类的经验。在16世纪初，基督教世界在两个方面发生了变化。第一，随着宗教改革，基督教的生活领域变成了个人为救赎而挣扎的命

---

[59] Jakob Bidermann, *Utopia Didaci Bemardini, seu... Sales Musici, quibus Ludicra Mixtum & Seria Literatè ac Festivè Denarrantur* (Dillingen, 1640), bk. 3, 84; 对比 Winter, *Compendium Utopiarum*, 68; Pörnbacher, *Literatur in Bayerisch Schwaben*, 104; Thomas W. Best, "Bidermann's *Utopia* and Hörl von Wätterstorff's *Bacchusia*," *Daphnis* 13 (1984): 203 - 16; Margit Schuster ed., *Jakob Bidermanns "Utopia": Edition mit Übersetzung und Monographie*, 2 vols. (Bern: Peter Lang, 1984), 1: 50 - 51, 以及 Walter E. Schäfer, Review of *Utopia*, by Jacob Bidermann, *Arbitrium: Zeitschrift für Rezensionen zur germanistischen Literaturwissenschart* 3 (1986): 272 - 73。

[60] Roger-Armand Weigert and Maxime Préaud, *Inventaire du fonds français: Graveurs du XVIIe siècle* (Paris: Bibliothèque Nationale 1939 -), 11: 148, fig. 265.

[61] 例如，Giovanni Vittorio Rossi, *Evdemia libri VIII* (1637; Cologne, 1645), 以及 Giulio Clemente Scotti, *Monarchia Solipsorum* (Venice, 1645), 1663年译成德语。

中注定或自由的表演场。第二，随着新的发现和探险，基督教生活被暴露在已知经验与新近经验的紧张关系中。

当惊叹于最新的地理发现让位给不断增长、蔓延的“有人居住的世界”（*oikoumene*）的正在变化的图像的同时，地图学正处于把自己确立为呈现地表的先进技术的过程中。长期以来，一种神秘的科学将语言学与神学联系起来，在宗教战争引发政治危机的背景下出现了地图学，并产生了一个新的全球视野，赋予欧洲国家一个无所不在的现代生活的象征。尽管如此，新与旧之间的关系还没有确定。地图学仅仅是代表已知事物的另一种方式，还是引领了一种完全不同的世界观？它是否引发了旧事物的扩张、改变，甚至是一个新的开始？

当世界的形象发生变化时，基督教的遗产逐渐分裂为神话的、历史的和精神的：经历了改革的神学和地理学都攻击世界的神话图像是虚构的。它们也都努力重建其历史的一面。只有地图学家的世界的物质面貌似乎逃避了基督教的精神真理。正是这种最初状态，导致德意志哲学家如埃哈德·魏格尔（Erhard Weigel）和戈特弗里斯·威廉·莱布尼茨（Gottfried Wilhelm Leibniz）以两个对立的世界进行思考——可见的与不可见的，物质的与道德的[62]。他们的世界不再是经文的反映，尽管它们还不是斯诺（Snow）“两种文化”意 449
义上的文化领域[63]。相反，它们是形而上学的范畴，因为莱布尼茨认为它们之间的互相联系非常类似于肉体和精神之间的联系。然而，17 世纪哲学的心理物理学的平行论，无论我们今天看来多么的难以理解，但都提供了一个合适的理论背景，将地图学的范围扩大到自然界以外，并扩展到人类的思想，而不会存在重新陷入之前神话世界观的危险[64]。

17 世纪哲学的类似于身体—灵魂结构的双重世界概念应用的一个主要范围是古典修辞学。阐述比喻性谈话的双重性质的任务，传统上被赋予了基督教演讲家和作家，例如西林和安德烈亚，他们受过处理有不同层次意义的复杂文本和图像的训练。这些人是第一批使用地图学语言以绘制现代早期精神图像的人。其他人，如基泽，卷入了印刷和出版市场的增长。地图制作是一个尤其错综复杂的领域，需要来自差异极大的不同背景的人实践图像印刷的整个步骤。作家、艺术家，以及有着不同利益和追求的商人，或主或次地，可能会有地图寓意的品味，当他们接受的三学科和四学科的学校教育中，有三门是修辞学的，四门是哲学艺术的时候，这种品味将会更多。在变化的氛围中，地图学给作者以新的相关信息。地图进入文学领域的主要原因是它从看得见的世界中创造距离，以及提供更综合性的和透明的图景的能力。文学地图学允许一个世界折射进另一个世界，不仅勾勒出地球的形状，而且辨认出那些保持王国运转的力量，即其居民的热情和动机。

---

[62] “就如同将人体认为是一个小世界，整个人类都被一个奇怪的世界包围着，这世界可以被称作 Moralem Mundum，或文明世界”；参见 Erhard Weigel，*Wienerischer Tugendspiegel*（Nuremberg，1687），29。关于短语“Moralische Welt（文明世界）”在 Erhard Weigel 的 1674 年的 *Arithmetische Beschreibung der Moralweisheit* 的使用，参见 Wolfgang Röd，“Erhard Weigels Lehre von den entia moralia，” *Archiv für Geschichte der Philosophie* 51（1969）：58－84，esp. 70－74。

[63] C. P. Snow，*The Two Cultures and the Scientific Revolution*（New York：Cambridge University Press，1959）.

[64] “如果物质世界中存在的第一原则是使其尽可能完美，这就是道德世界的首要目标……应尽可能广泛地传播最大的幸福”；参见 Gottfried Wilhelm Leibniz，*Die philosophischen Schriften von Gottfried Wilhelm Leibniz*，7 vols.，ed. C. I. Gerhardt（Berlin：Weidmann，1875－90），4：462。莱布尼茨对“物质世界（Monde physique）”和“自然界（Mondenaturel）”的选择被培根的“知识世界（Monde intellectual）”和“可感知的世界（Monde sensible）”的双重概念采用。

制图师能够将他的知识传达给他无法接触的领域，从而使得文学地图为寓意、讽刺文学和虚构的旅行报告增添了明显的新价值[65]。

与欧洲其他大多数国家相比，德语国家的文学创作为地图学活动提供了广阔的基础。德语文学地图的形式和内容出人意料地丰富。它们从根本上是宗教的、个人的，以及道德的，涵盖了从精神的到讽刺的和说教的范围。由于建立了政治上和知识上的联系，改革派作家和出版商们不仅受到了来自英国的推动，而且也转而对荷兰最早的文学地图产生了相当大的影响。总的来说，它们提供的例子足以为 1670—1750 年间德语寓意地图全盛期的到来奠定基础。

---

[65] 除了文学寓言的可比拟的接触之外，现代早期哲学的两个世界在历史中找到了比较的终点。在学院传统中，地理学一直被认为是历史学的一部分。18 世纪晚期之后开始发生的从历史学到天文学和应用数学的明确转变，标志着一个时代的终结，此后，现代地图学在很大程度上脱离了它的人文源头。

第十六章 文艺复兴时期意大利的地图与文学

小特奥多雷·J. 卡切（Theodore J. Cachey JR.）

在彼特拉克1367—1368年的《旧时的信件》（*Letters of Old Age*）的一封信中，他观察 450
到，虽然旅行增加了他关于事物的一些经验和知识，但旅行使他远离了研究，从而减少了他的文学知识。事实上，如果不是因为他害怕失去读书的时间，无论是海上的艰难险苦，还是别的巨大危险，都没有阻止他的旅行，甚至“前往世界的尽头，去中国和印度……和塔普罗巴奈最遥远的土地”。但后来彼特拉克发现了一个待在家里就能满足他旅行和求知的尤利西斯式渴望的新奇技术：“因此，我决定不通过船或马或双脚，经过漫长的旅行前往那些土地，而是把大量时间花在小小的地图上，通过书籍和想象力，由此在一个小时的时间里我就可以前往那些海岸，并且只要我愿意，还可以多次前往……不仅毫发无损，而且不知疲倦，不仅身体健康，而且荆棘、石块、泥巴与尘土也不会磨损我的鞋子。”①

14世纪彼特拉克对在地图上虚拟旅行愉快的颂扬，也许是现代文学史上最早的，代表了他的人文主义的一种有特点的表达，而这植根于从重新发现的古典资源以及诗人自己的旅行经历中得到的新的地理知识。很明显，这一时期见证了最早的大西洋的发现，而正是在这一时期，彼特拉克表现出很强的同时代的地图学意识，特别是关于现代的波特兰航海图的意识，并可能与当时的一些顶尖地图学家有直接接触，包括威尼斯的比萨加尼（Pizzigani）家族②。彼特拉克赋予了地理学和地图学知识以权威，文艺复习时期他的那些人文主义继承者们也是如此，其中包括弗拉维奥·比翁多（“意大利图像”，1453）和莱安德罗·阿尔贝蒂［《意大利全国地理志》（*Descrittione di tutta Italia*，1550）］，后者可以被认为是最早的意大利现代地图的作者③。

150多年后，1518年，在一个更为重大的地理和技术转型的高峰，意大利文艺复兴时期最伟大的诗人，洛多维科·阿廖斯托表示，他的第三部讽刺文学中的一段，显然受到了彼特拉克的启发，他自己对旅行的抵制以及作为其解毒剂的被唤起的在地图上的虚拟旅行：“让

---

① Francesco Petrarca, *Seniles* (9.2)；参见 idem, *Letters of Old Age*: *Rerum senilium libri*, 2 vols., trans. Aldo S. Bernardo, Saul Levin, and Reta A. Bernardo (Baltimore: Johns Hopkins University Press, 1992), 1: 329。

② Friedersdorff 首先假设彼特拉克在帕尔马与比萨加尼的接触，参见 Franz Friedersdorffed, and trans., *Franz Petrarcas poetische Briefe* (Halle: Max Niemeyer, 1903), 140-41。

③ 关于据称彼特拉克丢失的意大利地图，是为那不勒斯的 King Robert 制作的，据埃斯特家族的档案记载该图一直存在到1601年，参见 Roberto Almagià, *Monumenta Italiae cartographica* (Florence: Istituto Geografico Militare, 1929), 5。

想流浪的人流浪。让他目睹英格兰、匈牙利、法兰西和西班牙。我满足于居住在我的家乡。我曾看到托斯卡纳、伦巴第和罗马涅，将意大利分割开的山脉，以及将她锁在其内的山脉，以及洗涤了她的两个大海。对我而言，这足够了。用不着向一个旅店老板付钱，我就会和托勒密一起去探索地球剩余的部分，无论世界是和平还是处于战争状态。当天空闪烁着闪电的时候，不需要发誓，我将在所有的海洋上航行，以图作舟，比乘船更加安全。"④

对彼特拉克和阿廖斯托而言，地图使诗人和文学学者的想象力在家中就建立起全世界知识和艺术的版图。最终，地图上的旅行在意大利成为文学补偿的一种典型形式。在文艺复兴时期，没有实现任何形式的国家政治统一，可以说，在迅速发展的现代早期的殖民征途史中，意大利却滞留在了国内。但地图上的虚拟旅行，代表的仅仅是在意大利关于文学的地图学革命的影响的复杂和宏大的未经探索的问题的一个方面。虽然数百年的学术研究致力于文艺复兴时期文学与大发现和地图学之间的联系，但很少注意到同时代地图制作对意大利文学产生的影响。在法国和英国，这个话题有了更为清晰的图景，在这两个国家，地图学与文学之间的联系已作为对产生了现代殖民民族国家的整体文化重新评估的一部分而受到重新关
451 注，然而在意大利，类似的学术研究寥若晨星⑤。除了一些经过选择的文本和作者的孤立研究之外，尚未有综合性的研究。

然而，对于欧洲而言，意大利的文学系统在 15 世纪（Quattrocento，文艺复兴初期）和盛期（High Renaissance）与现代地图学的联系和反应，尤其丰富、多样、具有影响，特别是受克劳迪乌斯·托勒密的《地理学指南》引进和影响的启发，彼特拉克虽然不知道这部著作，但穿过其中的地图，阿廖斯托和他的英雄们进行了旅行。在更广泛的欧洲背景下，意大利是托勒密著作大致占支配地位时期的文学与地图学互动的中心。这一时期，也就是 16 世纪中叶之前的时段，现代发现和探险以及伟大的现代地图集出现，使得托勒密的《地理学指南》成为历史上过时的博物馆作品⑥。随着在现代早期和全球化方面，意大利在欧洲现代史历程中越来越边缘化，意大利的文学与地图学之间的交互作用变得不那么重要。吉罗拉莫·鲁谢利在他 1561 年的托勒密译本（有着从贾科莫·加斯塔尔迪的早期版本中复制的地图）中，哀叹意大利地图学著作的水平不佳，对此他归因于意大利的王公们被意大利战争困扰而无法重视对学科的培养，因而忽略了地图学⑦。虽然鲁谢利的观点片面且富于修辞色

---

④ Lodovico Ariosto, *The Satires of Ludovico Ariosto: A Renaissance Autobiography*, trans. Peter DeSa Wiggins (Athens: Ohio University Press, 1976), *Satire* 3. 55 – 66 (p. 61).

⑤ 参见本卷原文第 419 页，注释 56，特别是 Richard Helgerson, *Forms of Nationhood: The Elizabethan Writing of England* (Chicago: University of Chicago Press, 1992)；关于现代早期的法国，参见 Tom Conley, *The Self-Made Map: Cartographic Writing in Early Modern France* (Minneapolis: University of Minnesota Press, 1996)。

⑥ 参见本卷第九章的讨论，其处理这一主题直到 1525 年皮克海默的译本在斯特拉斯堡出版。亦参见 Marica Milanesi, *Tolomeo sostituito: Studi di storia delle conoscenze geografiche nel XVI secolo* (Milan: Unicopli, 1984)，提供了文艺复兴时期对托勒密的《地理学指南》的接受的权威概括。托勒密权威的丧失，在伊拉斯谟文本的语言学版（1533）出现之后可以被感知到，在伟大的地理学家（塞巴斯蒂安·明斯特、贾科莫·加斯塔尔迪、赫拉尔杜斯·墨卡托、乔瓦尼·安东尼奥·马吉尼）出版了他们的《地理学指南》的版本之后，变得昭然若揭。奥特柳斯的《寰宇概观》（1570）也完全放弃了托勒密。参见 Amedeo Quondam, "(De)scrivere la terra: Il discorso geografico da Tolomeo all'Atlante," in *Culture et société en Italie du Moyen-âge à la Renaissance, Hommage à André Rochon* (Paris: Université de la Sorbonne Nouvelle, 1985), 11 – 35。

⑦ Claudius Ptolemy, *La Geografia di Claudio Tolomeo, Alessandrino: Nuouemente tradotta di Greco in Italiano*, trans. Girolamo Ruscelli (Venice: Vincenzo Valgrisi, 1561), 26 – 27.

彩，但他指向了16世纪下半叶意大利的局势与那些新兴民族国家之间的差异，在那些国家中，已经培养出了地图与文学之间新的近代的合作，并在整个文学体系中得以体现；例如，小说的地图学维度一直是最近关注的焦点，而这种体裁直到19世纪才在意大利有所发展[8]。

简要回顾文艺复兴时期意大利地图与文学之间的历史关系，可以展示这一最初剧烈互动的轨迹，这种互动在文艺复兴盛期达到高潮，之后又衰落了，虽然它提出了潜在的切入点和未来研究的前景。这些中的一些可以被与托勒密《地理学指南》拉丁文译本的散播联系起来，拉丁语译本的制作由曼努埃尔·索洛拉斯开始，由雅各布·安格利大约于1409年完成[9]。文化创新的范畴从文艺复兴时期地图数量的急剧增加，到"全新的文艺复兴的透视的感知心理学"，托勒密的直接影响曾被认为是这一系列文化创新中的一个驱动因素，然而通过最近的学术研究，托勒密的直接影响被大大减少和变得微妙了[10]。

例如，托勒密的《地理学指南》传播渗透到了意大利文学界，特别是佛罗伦萨的人文主义者的文学界，这在历史上是有据可查的[11]，但托勒密的方法被发现实际应用于莱昂·巴蒂斯塔·阿尔贝蒂当时对罗马古物学研究做出前卫的地图学贡献的《罗马城的描述》（约1450年创作）中，这一推测则是有疑问的。有人认为，阿尔贝蒂在罗马城市研究中应用的地图学方法部分来源于托勒密，因为阿尔贝蒂熟悉托勒密的《地理学指南》[12]。阿尔贝蒂使 452
用了最早在他的《数学的游戏》（"Ludi rerum mathematicarum"）中描述的一种测量设备，其类似于一架星盘。以卡皮托林（Capitoline）为参照点，阿尔贝蒂将测绘仪器运用在地面上而不是在天上，以在《罗马城的描述》中提供一组表格和地图坐标，这与托勒密的那些类似。阿尔贝蒂意图用这些数据创建一幅罗马众多重要遗迹位置的精确地图。然而，阿尔贝蒂的平面图，其采用的极坐标系绘出的是从一个中心点出发的建筑的距离和方位，与《地理学指南》中为地图提出的平面坐标系几乎没有几何学上的关系[13]。此外，卡尔波（Carpo）

---

⑧ 关于地图和现代小说，参见 Franco Moretti, *Atlas of the European Novel, 1800 – 1900* (London: Verso, 1998)。关于对 Moretti 观点的评论，参见 David Harvey, "The Cartographic Imagination," in *Cosmopolitan Geographies: New Locations in Literature and Culture*, ed. Vinay Dharwadker (New York: Routledge, 2001), 63 – 87, esp. 86 n. 10。

⑨ 参见本卷第九章，以及 Sebastiano Gentile, "Emanuele Crisolora e la 'Geografia' di Tolomeo," *Dotti bizantini e libri greci nell'Italia del secolo* XV, ed. Mariarosa Cortesi and Enrico V. Maltese (Naples: M. d'Avria, 1992), 291 – 308。

⑩ 后一论题由 Samuel Y. Edgerton 最为充分地发展，例如在 *The Renaissance Rediscovery of Linear Perspective* (New York: Basic Books, 1975), 91 – 105，引文在 92，以及 idem, "Florentine Interest in Ptolemaic Cartography as Background for Renaissance Painting, Architecture, and the Discovery of America," *Journal of the Society of Architectural Historians* 33 (1974): 274 – 92。对于这一论题的评论，参见本卷第九章专门讨论了这个问题的部分，其得出的结论是："就15世纪萌发的图像空间的新的组织方式而言，对此托勒密没有起到启迪作用。"（原文第336页）

⑪ 参见 Sebastiano Gentile, ed., *Firenze e la scoperta dell'America: Umanesimo e geografia nel '400 Fiorentino* (Florence: Olschki, 1992)，以及最近的，本卷第九章对尼科洛·尼科利的圈子的讨论。

⑫ 最新研究是 Anthony Grafton, *Leon Battista Alberti: Master Builder of the Italian Renaissance* (New York: Hill and Wang, 2000), 239 – 47, esp. 244。参见 Luigi Vagnetti, "Lo studio di Roma negli scritti Albertiani," in *Convegno internazionale indetto nel V centenario di Leon Battista Alberti* (Rome: Accademia Nazionale dei Lincei, 1974), 73 – 140，以及 Leon Battista Alberti, *Descriptio urbis Romae: Édition critique, traduction et commentaire*, ed. Martine Furnoand Mario Carpo (Geneva: Droz, 2000)。

⑬ 戴维·伍德沃德提出了这一点并补充，"阿尔贝蒂对《宇宙志》的兴趣似乎主要在于作为讽刺的对象，而不是方法论的来源，因为他对这篇论著的主要提及，出现在他的讽刺文章 *Musca* 中，他说苍蝇翅膀上美丽的图案可能启发了托勒密的地图"；参见他的"Il ritratto della terra," *Nel segno di Masaccio: L'invenzione della prospettiva*, ed. Filippo Camerota, exhibition catalog (Florence: Giunti, Firenze Musei, 2001), 258 – 61，引文在261。

还告诫应反对夸大托勒密与阿尔贝蒂之间的谱系或因果联系，因为它们对于印刷术之前的条件的反应都是独立的，在印刷术之前，文本可以可靠地传递，但地图不能。像他之前的托勒密一样，阿尔贝蒂把地图转化成一个字母序列，也就是我们今天所说的“数字的”，为了应对印刷术出现前的地图复制的“相似”法的不可靠（也就是说，当时的地图是手工复制的）。对卡尔波来说，《罗马城的描述》不需要一幅地图，并且意图作为一幅地图的“数字”替代品⑭。事实上，没有地图保存下来，如果曾经为附带于文本而制作了一幅的话，尽管现代学者根据阿尔贝蒂的表格重建了一幅。

卡尔波描述为阿尔贝蒂的“仇视意象”（iconophobia）的东西，是对斯特拉波和托勒密在古典时期所遇到的复杂图像的绘本传播所固有的相同限制的回应。事实上，正如卡尔波指出的，古罗马地图学赋予作为独一无二的范例而被创造的图形记录以特权（雕刻在大理石上，绘制在墙壁上，或刻在金属上），其并不意图被重制，甚至复制。因此，无论是地理描绘的经验主义的描述性传统（斯特拉博），还是系统的或计算的传统（托勒密），都是由古典地理学家发展的，以克服图形复制技术的物质限制⑮。在文艺复兴时期，地理描述的古典的描述性传统仍然存在，它们阻碍了地图和文本之间整合的趋势，甚至在促进了结合了文本材料的地图形式的视觉知识的积累、传播和扩散的印刷时代也是如此。

另一方面，从文学角度来看，阿尔贝蒂的《罗马城的描述》和托勒密的《地理学指南》一样，构成了一个纯粹的元地图学的话语，不包括对罗马的地点或者纪念建筑的描述以及任何叙事性的方面。从文学的角度看，库翁达姆（Quondam）曾称作托勒密“模糊性”的东西，代表了意大利白话文学试图与托勒密的《地理学指南》妥协的重大障碍⑯。事实上，在15世纪后半叶，将托勒密与宇宙志诗文的本土传统结合起来的明确尝试，碰到了托勒密“模糊性”的浅滩。

15世纪，地图学与文学相互作用可证实的最突出的例子，就是弗朗切斯科·贝林吉耶里的《地理学的七日》（1460—1465年间开始，1478—1482年完成），是对托勒密进行诗歌化“翻译”的尝试。由但丁的《三韵体诗》（*terza rima*）和一整套添加了四幅现代地图（意大利、西班牙、法国和巴勒斯坦）的托勒密地图组成，贝林吉耶里的诗通过对但丁的《神曲》和法齐奥·德利乌贝蒂的《关于世界的事实》的模仿，代表了将托勒密翻译成旅行见闻的文学风格的尝试。贝林吉耶里以扮演了诗人但丁和法齐奥的角色而出名，托勒密是但丁的向导维吉尔以及法齐奥的向导索里努斯。尽管有着受尊敬的赞助人以及具有权威的新柏拉图主义的文化协会，但这部作品取得的“成功非常之小，即使是在一个见证了托勒密的爆炸性重生的时间”⑰。而且，其可以被描述为“文化类型学和交流编码的一种矛盾的和意

⑭ Mario Carpo, “*Descriptio urbis Romæ*: *Ekfrasis* geografica e cultura visuale all'alba della rivoluzione tipografica,” *Albertiana* 1 (1998): 121 –42, esp. 127.

⑮ Carpo, “*Descriptio urbis Romæ*,” 140 –42.

⑯ Quondam, “ (De) scrivere la terra,” 15.

⑰ Angela Codazzi, “Berlinghieri, Francesco,” in *Dizionario biografico degli Italiani* (Rome: Instituto della Enciclopedia Italiana, 1960 –), 9: 121 –24, 引文在123。这首诗附有马尔西利奥·菲奇诺的“讲话”，这是呈现给乌尔比诺公爵费代里科·达蒙泰费尔特罗（Federico da Montefeltro）的作品；参见 Paolo Veneziani, “Vicende tipografiche della *Geografia* di Francesco Berlinghieri,” *Bibliofilia* 84 (1982): 195 –208, esp. 196 –97。第二本幸存的豪华抄本是为米兰的洛伦佐·德美第奇准备的，Biblioteca Nazionale Braidese, AC XIV 44；两部抄本都在 Gentile 的 *Firenze*, 229—37 中进行了描述。

见尚未统一的混合”[18]。

当地图史学家继续从对托勒密的摘要重述和接受方面评价作品的同时，从文学史的角度而言，贝林吉耶里的《地理学的七日》标志着托斯卡纳传统的地理—宇宙志诗文的杰出传统的终结，这一传统中，除了但丁和乌贝蒂之外，还包括像莱昂纳多·达蒂的《球体》这样的作品。贝林吉耶里对托勒密失败的“翻译”，标志着这种特殊体裁的过时[19]，尽管经过 453
一个世纪的忽视之后，洛伦佐·德美第奇和他的圈子在当时努力恢复本土的托斯卡纳文学传统。例如，他们支持一系列文化上有声望的佛罗伦萨文学作品，包括克里斯托福罗·兰迪诺1481年对但丁《神曲》新柏拉图主义的评论，其由同一位印刷商，尼科洛·泰代斯科（Niccolò Tedesco）印刷成了大开本对页的豪华版，而他还出版过贝林吉耶里的《地理学的七日》[20]。

在第一次印刷时，兰迪诺（Landino）的评论预示了对但丁的评论有了新的重要的地图学的分支。在某种程度上受托勒密的《地理学指南》的启发，并经由佛罗伦萨数学家、建筑师和抄写员安东尼奥·马内蒂开拓，对但丁地狱的“地点、形态和测量”的研究，强烈地吸引了但丁的评论家和插图绘制者，包括亚历山德罗·维卢泰洛（1544）和伽利略·加利莱伊（1598），直到文艺复兴末[21]。马内蒂从同样的佛罗伦萨的学术和技术环境中涌现出来，这一环境产生了乔万尼·盖拉尔迪·达普拉托的《阿尔贝蒂的天堂》（*Il Paradiso degli Alberti*），菲利波·布鲁内莱斯基的圣玛丽亚·德菲奥雷圆屋顶的平面图，以及保罗·达尔波佐·托斯卡内利对天文学、大地测量学和地理学的研究。马内蒂是15世纪前半叶和后半叶之间本土人文主义历史过渡人物的代表：他翻译了但丁的《帝制论》（*Monarchia*），写作了“布鲁内莱斯基的生活”和《胖木匠的故事》（“Novella del grasso legnaiuolo”），其被认为是这种体裁的意大利文学杰作。他对但丁的地志学研究，在佛罗伦萨引起广泛讨论，可能受到了布鲁内莱斯基的启发（乔治·瓦萨里形容布鲁内莱斯基投入大量时间研究但丁的“地点和测量”）[22]，反映了当时地图学革命的数学方面及其对文学系统的影响。通过兰迪诺在他1481年《神曲》的开头部分的简要综述，以及其去世后通过在两本小书中虚构的对谈录，它们经由这种间接的形式流传至今，而吉罗拉莫·贝尼维尼将对谈录附加在他的1506年佛罗伦萨版（Giunti）的但丁诗集中，而这一诗集代

---

⑱ Quondam, “(De) scrivere la terra,” 15.

⑲ 关于尝试在某种程度上调和了由托勒密《地理学指南》造成的地图学和地理学知识革命的本土传统，其早期的相关表达有 Guglielmo Capello 关于法齐奥·德利乌贝蒂的《关于世界的事实》的“Ferrarese commentary (1435 – 37)”，由 Marica Milanesi 在“Il commento al *Dittamondo* di Guglielmo Capello (1435 – 37)”, in *Alla corte degli Estensi: Filosofia, arte e cultura a Ferrara nei secoli XV e XVI*, ed. Marco Bertozzi (Ferrara: Università degli Studi, 1994), 365—88 中进行了研究。

⑳ 参见 Berta Maracchi Biagiarelli, “Niccolò Tedesco e le carte della Geografia di Francesco Berlinghieri autore-editore,” *Studi offerti a Roberto Ridolfi direttore de La bibliofilia* (Florence: L. S. Olschki, 1973), 377 – 97。

㉑ 对这种传统的详细勾勒，参见 Thomas B. Settle, “Dante, the *Inferno* and Galileo,” in *Pictorial Means in Early Modern Engineering, 1400 – 1650*, ed. Wolfgang Lefèvre (Berlin: Max-Planck Institut für Wissenschaftsgeschichte, 2002), 139 – 57。

㉒ Giorgio Vasari, *Le opere di Giogio Vasari*, 9 vols., ed. Gaetano Milanesi (Florence: Sansoni, 1878 – 85), 2: 333. 参见 Franz Reitinger, “Die Konstruktion anderer Welten,” in *Wunschmaschine, Welterfindung: Eine Geschichte der Technikvisionen seit dem 18. Jahrhundert*, ed. Brigitte Felderer, exhibition catalog (Vienna: Springer, 1996), 145 – 66, esp. 148 – 49。

表了马内蒂思想的最佳来源㉓。

贝尼维尼的第一书致力于基于几何学的相对复杂的数学计算，并且基于对但丁本人在《地狱》最后六章提供的测量数值进行的推断，且他的第二书中讨论了一系列的 *disegni*（或地图）㉔。马内蒂在对谈录的第一部分声称，为了绘制地狱的地图，不仅要对文本非常熟悉，而且需要通晓几何学和天文学，“并关注托勒密的‘Mantellino’［托勒密的第一圆锥投影，形状类似一个‘斗篷’］的宇宙志和航海图，因为它们是相辅相成的”㉕。通过托勒密对耶路撒冷和库马（Cuma）位置坐标的计算，马内蒂开始描绘其下但丁的地狱所在的地表部分。接着，马内蒂追溯了但丁朝向位于地球中心的撒旦下降的过程，其也是从库马经由有人居住的世界（*oikoumene*）地表，向东到耶路撒冷的旅程。例如，他借助对文本和这些地图学坐标的引用，提出但丁和维吉尔在《地狱》（14.94－138）中进入了克里特的地下，在那里，维吉尔描述了克里特的老人（Old Man of Crete）。

第二书展示了地图（或 *disegni*）的使用如何代表了马内蒂方法的基本部分。代表了最早的印刷的但丁的地狱地图，并且由此也是一种本土传统的开端，在这一系列中的一幅有趣的《世界地图》（*mappamundi*），尽管不调和，然而将新世界知识的发现与但丁的全球图案结合起来，这种图案显示了耶路撒冷和位于对跖地的珀加托里山（Mount Purgatory），以及位于耶路撒冷之下的地狱（图 16.1）。贝尼维尼传播了他的 1505 年至 1506 年的但丁的版本，与此同时，很多佛罗伦萨人在伪韦斯普奇（pseudo-Vespuccian）的“阿美利哥·韦思普奇的关于他四次航行中新发现的岛屿的信（Lettera delle isole nuovamente trovate in quattro suoi
454 viaggi）”中了解到了新世界的发现。但丁的小说与托勒密的地图科学的真实和新发现之间关系的本质，在贝尼维尼的说明以及马内蒂思想的插图中仍然没有结论。这种解决方案的缺乏是文学与当时开始出现的真理的科学次序之间张力的症候。在 16 世纪末，伽利略介入了关于但丁的地狱的“地点、形态和测量”的争论，他为马内蒂的理论辩护，反对维卢泰洛的批评，在我们今天的角度看来这一定显得非常不协调。然而，这段插曲证明，这一时期佛罗伦萨文化中坚持不懈的融合和模糊托斯卡纳特有的科学和文学权威。这毫无疑问归因于托斯卡纳文学传统及其奠基人但丁享有的持续的声望㉖。

㉓ 关于吉罗拉莫·贝尼维尼对谈录的现代版，以及伽利略的介入，参见 Ottavio Gigli，ed.，*Studi sulla Divina commedia di Galileo Galilei*，*Vincenzo Borghini ed altri*（1855；重印于 Florence：Le Monnier，2000）。维卢泰洛的“descrittione de lo Inferno”第一次出现在他对《神曲》的评论中（1544）。

㉔ Girolamo Benivieni，*Dialogo di Antonio Manetti*：*Cittadino fiorentino circa al sito*，*forma*，*& misure del lo infero di Dante Alighieri poeta excellentissimo*（Florence：F. di Giunta，［1506］）. 关于但丁最初意图的有一个有趣的解释，即当他为较低层的地狱提供了明确的测量数据的时候，他所持的是有意识的戏谑的态度（例如，*Inferno* 29.8－10，30.84－87，31.58－66，和 31.112－14），而正是通过较低层的地狱，文艺复兴时期的地狱地图学家推测了他们的计算，参见 John Kleiner，*Mismapping the Underworld*：*Daring and Error in Dante's "Comedy"*（Stanford：Stanford University Press，1994）。

㉕ Benivieni，*Dialogo di Antonio Manetti*，4v.

㉖ Dante Della Terza，“Galileo，Man of Letters，” *Galileo Reappraised*，ed. Carlo Luigi Golino（Berkeley：University of California Press，1966），1－22.

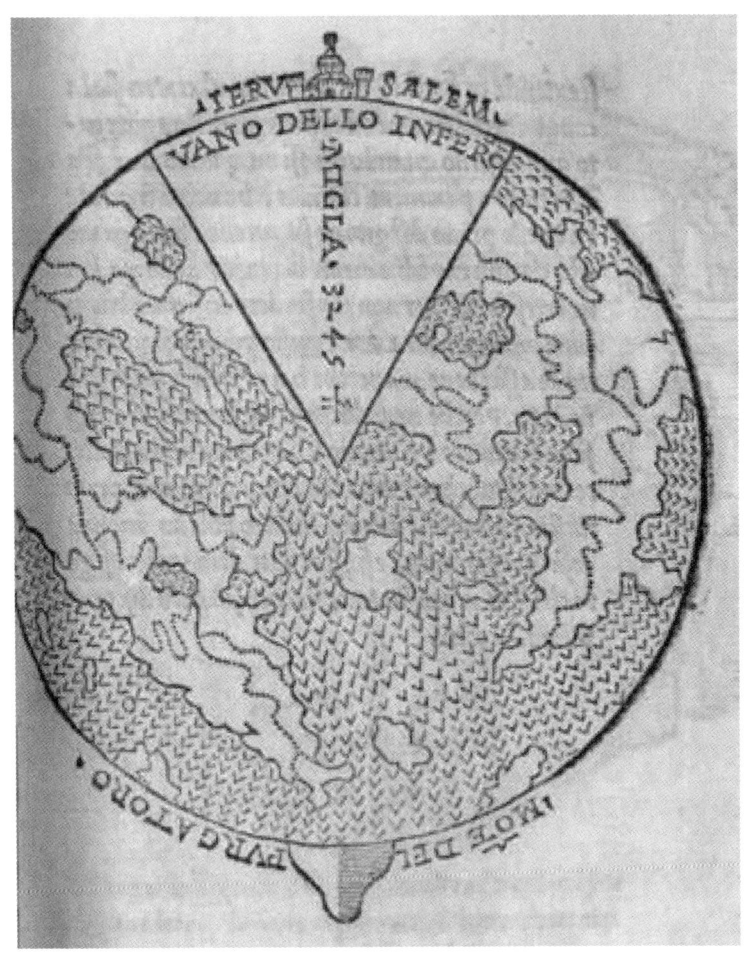

图 16.1　但丁的地狱地图，1506 年。对跖地圆周西部边缘的半岛状凸起（而不是通常典型的完全包围地球的海洋），很可能意在表明与英国和葡萄牙探险家在北方以及葡萄牙和西班牙探险家在南方的发现相应的新世界的发现

Girolamo Benivieni，*Dialogo di Antonio Manetti：Cittadino fio retino circa al sito，forma，& misure del lo infero di Dante Alighieri poeta excellentis simo*（Florence：F. di Giunta，[1506]），Division of Rare and Manuscript Collections，Cornell University Library，Ithaca 提供照片。

在他 1544 年的但丁版中，维卢泰洛的 16 世纪中期反对马内蒂理论的争论，最终刺激了佛罗伦萨学院的反应，并导致伽利略的干预。但维卢泰洛的极度成功以及彼特拉克有影响力的版本和评论要先于争论几十年。由乔瓦尼·安东尼奥·尼科利尼·达萨比奥（Giovanni Antonio Nicolini da Sabbio）于 1525 年在威尼斯出版，维卢泰洛的作品是出现的第一部彼特拉克诗歌的现代评论。它包括的一幅彼特拉克的普罗旺斯地图，常常在随后的版本中被重印（图 16.2）。这幅维卢泰洛放置在他评论开始部分的普罗旺斯区域地图，受到 1506 年贝尼维尼版和 1515 年奥尔代恩（Aldine）版但丁地图大获成功的直接启发，奥尔代恩版中也包括了一幅仿效贝尼维尼的受马内蒂地图学设计启发的但丁地狱的综合地图。对他而言，维卢泰洛引入普罗旺斯地图以展现他的涉及劳拉出生地和诗人爱上她的地点的论据，同时这一地点“被称作沃克吕兹的这一谷地的地点、形态和测量”，就像马内蒂对但丁的《地狱》的讨论由兰迪诺和贝尼维尼命名一样[27]。但是，与经验调查无法获得的明显的虚构空间的“地点、形态和测量”（sito，forma e misura）不同，维卢泰洛绘制的是真实的地理版图的地图。

维卢泰洛的普罗旺斯地图代表了地图学与意大利文学的关系史中值得注意的片段，特别是考虑到之前提到的人文主义“仇视意象的”地理学作品的背景。这一描述性的人文主义地理学作品脉络的典范案例，是莱安德罗·阿尔贝蒂 1550 年的《意大利全国地理志》。在弗拉维奥·比翁多 15 世纪的“意大利图示”的传统中，《意大利全国地理志》明显没有用地图进行展示，即使当时印本地图已十分流行，且在地理文学、岛屿书和地图集中也很常见。与岛屿书（*Isolarii*）造成的预期存在明显的矛盾，甚至阿尔贝蒂的《属于意大利的群岛》，作为他对意大
455 利的描述的附录而撰写的，第一次于 1550 年由多明我会教士温琴佐·达博洛尼亚在博洛尼亚出版时，最初也没有地图。与这种以莱安德罗·阿尔贝蒂为典型的意大利人文主义地理学作品抵制地图的脉络相比，洛多维科·圭恰迪尼（Lodovico Guicciardini）卓越而独特（在意大利的背景中）的角色就越发突出，因为他的《对全部荷兰的描述》（*Descrittione di tutti i Paesi Bassi*）（Antwerp，1567、1581、1588）包括了很多地图和城市景观。很明显，圭恰迪尼并不是一位专业作家或传统的人文主义者，而是一位生活在大都市安特卫普的佛罗伦萨前爱国者[28]。印刷术使机械地复制地图成为可能。并早在维卢泰洛的彼特拉克的版本时，将文本和地图放在一起的机会显然吸引了更具创新性的意大利文化的作家和领域。

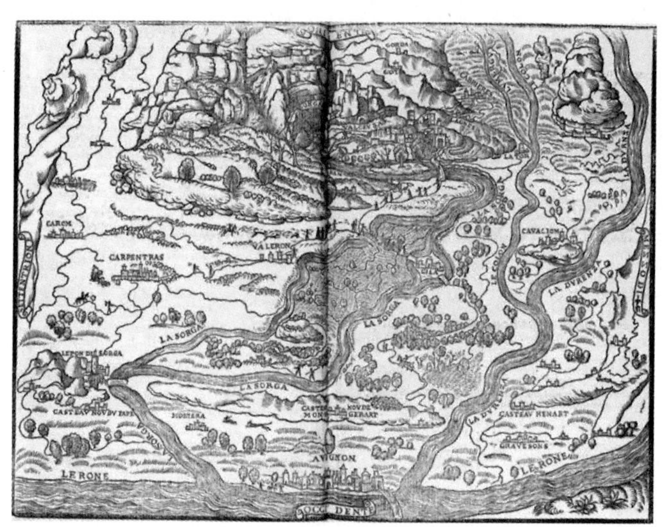

图 16.2 亚历山德罗·维卢泰洛的普罗旺斯地图，1525 年

原图尺寸：约 20×26.8 厘米。Francesco Petrarca, *Le volgari opere del Petrarcha con la espositione di Alessandro Vellutello da Lucca*（Venice：Giovannni Antonio da Sabbio & Fratelli，1525）. BL（C. 47. g. 20）提供照片。

[27] Francesco Petrarca, *Le volgari opere del Petrarcha con la espositione di Alessandro Vellutello da Lucca*（Venice：Giovanni Antonio da Sabbio & Fratelli，1525），f. BB2. 关于对维卢泰洛的评论的讨论以及传记重建，参见 William J. Kennedy，*Authorizing Petrarch*（Ithaca：Cornell University Press，1994），45－52；Roland Arthur Greene 曾简短地讨论过这幅地图，*Post-Petrarchism：Origins and Innovations of the Western Lyric Sequence*（Princeton：Princeton University Press，1991），195－96。

[28] 关于圭恰迪尼，参见 Dina Aristodemo，“La figura e l'opera di Lodovico Guicciardini，”以及 Frank Lestringant，“Lodovico Guicciardini，Chorographe”，皆见于 *Lodovico Guicciardini（1521－1589）：Actes du Colloque international des 28，29 et 30 mars 1990*，ed. Pierre Jodogne（Louvain：Peeters Press，1991），19－39 and 119－34。

维卢泰洛实际上在威尼斯的人文主义精英圈子里是相对边缘的，但他与威尼斯印刷界［其中最重要的图书出版商之一，马尔科利尼（Marcolini），出版了维卢泰洛有大量插图的但丁的1544年版］的联系密切，充分弥补了这个不足。维卢泰洛将对威尼斯人文主义的权威领袖彼得罗·本博的赛罗主义（Ciceronianism）论争的态度，与对地图的市场潜力拥有极好认识的本博的豪华版的彼特拉克（1501）[29] 结合起来。根据他对彼特拉克的生活和时代的研究，他对《坎佐涅雷》的诗歌秩序进行了重新编排，通过这种方法，维卢泰洛的普罗旺斯 456
地图甚至在语言学中找到了更深的灵感。维卢泰洛对诗人拉丁文书信的研究，表明彼特拉克热情奔放的小说源自一种传记的维度，使它能够在空间上——在地理上和地图学上——定位彼得拉克。维卢泰洛对彼特拉克的"地域化"，代表了对彼得罗·本博在他的《通俗语言的叙述》（*Prose della volgar lingua*，Venice，1525）和《诗句》（*Rime*，Venice，1530）中建立的意大利文艺复兴时期彼得拉克主义的纯粹修辞模式的一种替代，预示着新世界的彼得拉克主义在空间和地域上朝向跨大西洋的延伸[30]。

然而，在意大利的背景中，正是在骑士文学中，文艺复兴时期，托勒密和现代地图学进行了最充分的文学整合，以安德烈亚·达巴贝里诺晚期的散文浪漫小说为开端，至阿廖斯托的《疯狂的奥兰多》达到巅峰。作为在托斯坎本土散文中的一套雄心勃勃的骑士浪漫故事系列而得到承认的诗歌作者（*cantatore*）和编纂者，安德烈亚·达巴贝里诺最近作为意大利早期对英雄史诗的改编与文艺复兴时期史诗名作之间重要的缺环而出现在学术界[31]。部分地受到了托勒密的刺激，安德烈亚在他最流行的作品"可怜的盖兰（Guerino Meschino）"（15世纪10年代末或20年代初）中，也在普通尺度上受到了地图学的启发，"可怜的盖兰"被描述为安德烈亚地图学博学的顶峰[32]。盖兰为寻找自己的出身而进行的遍及已知世界的旅行，在人文主义历史编纂学和"受到人文主义研究（*studia humanitatis*）塑造的新的思维习惯"的影响下，被用现实的地理学术语进行了构建[33]。例如第44章，在东方的旅行中，这位英雄遇到了"另一个伟大的王国，其被称作寒冷的西里卡（Sirica），那里有条被称为包静（Bausticon）的大河，在河的这一岸，盖兰看到了三座城市，其中一座名曰奥图里科塔（Ottoricota），第二座是奥森纳（Orsona），第三座是索拉纳（Solana）"[34]。这些地名出现在《地理学指南》的相同章节中（6.16），安德烈亚描述的位置，与其在Tabula Ⅷ（图八）亚洲（Asiae）中出现的相符，这有力地表明安德烈亚参

[29] Francesco Petrarca, *Le cose volgari*, ed. Pietro Bembo (Vinegia: Aldo Romano, 1501).

[30] 参见 Gino Belloni, *Laura tra Petrarca e Bembo: Studi sul commento umanistico-rinascimentale al "Canzoniere"* (Padua: Antenore, 1992), 58 – 95。对"跨大西洋彼特拉克主义"的叙述，参见 Roland Arthur Greene, *Unrequited Conquests: Love and Empire in the Colonial Americas* (Chicago: University of Chicago Press, 1999)。

[31] 参见 Gloria Allaire, *Andrea da Barberino and the Language of Chivalry* (Gainesville: University of Florida Press, 1997)。

[32] Allaire, *Andrea da Barberino*, 17. 亦参见本卷原文第297—298页；Heinrich Hawickhorst, "Über die Geographie bei Andrea de' Magnabotti," *Romanische Forschungen* 13 (1902): 689 – 784；以及 Rudolf Peters, "Über die Geographie im Guerino Meschino des Andrea de' Magnabotti," *Romanische Forschungen* 22 (1908): 426 – 505。

[33] 参见 Paul F. Grendler, "Chivalric Romances in the Italian Renaissance," *Studies in Medieval and Renaissance History* 10 (1988): 59 – 102，注71。

[34] 这个例子来自 Peters, "Über die Geographie," 430 – 31。

457

图 16.3 来自阿廖斯托的《疯狂的奥兰多》的地图

原图尺寸：约 16.5 × 9.8 厘米。Lodovico Ariosto, *Orlando furioso* (Venice: Vincenzo Valgrisi, 1556), 161. BL (C. 12. e. 12) 提供照片。

考了一幅托勒密的地图。

当安德烈亚在"可怜的盖兰"中对《地理学指南》的使用有待于更专业的研究来确定其精确程度的同时（例如，安德烈亚的地图参考托勒密的地名清单到何种程度，受阅读地图（*tabula*）或托勒密世界地图的启发到何种程度），但很明显的是，"可怜的盖兰"的地理学是极其精确的，反映了托勒密地图中对现实的描述[35]。与对旅行的旧有的简短叙述相比（"他们骑了很久由此他们抵达"），当历史学和地理学关于真实的新准则，以及地理学和科学的发展开始影响到传统虚构文学领域的时候，安德烈亚利用地理为虚构文学增添逼真的效

㉟ 参见本卷原文第 297—298 页。

果，并不断赋予其更多的权威。安德烈亚·达巴贝里诺在“可怜的盖兰”中对地图学的应用，显然反映了地图学和文学交汇的一个的初始时刻：受人文主义者对托勒密《地理学指南》的接受的刺激，这种混合甚至发生在马内蒂采用托勒密的方式对但丁地狱的测量数据进行调查的前夕。

但正是洛多维科·阿廖斯托最好地说明了现代地图学和托勒密对意大利文艺复兴盛期文学的丰富影响。他伟大的前辈马泰奥·玛丽亚·博亚尔多（Matteo Maria Boiardo）死于克里斯托弗·哥伦布的发现仅仅两年之后。博亚尔多未完成的《热恋的奥兰多》（*Orlando innamorato*）因此早于美洲的发现和探险带来的地理学知识的革命[36]。在另一方面，阿廖斯托的《疯狂的奥兰多》以三次改编的形式出版（1516 年、1521 年和 1532 年），可以说，不仅在文学上，而且通过这种在他的第三部讽刺文学中描述的在地图上旅行的方式，代表了意大利文艺复兴盛期，文学对发现和探险的反映，以及对费拉拉和意大利在近代欧洲历史上日益边缘化的一种文化补偿（图 16.3）[37]。

1413 年，尼科洛·德斯特三世（Niccolò Ⅲ d'Este）组织了一次前往圣地的国家朝圣作为巩固政治权力的手段，从那时起，费拉拉人经常寻求与同时代地图学和旅行最先进的领域保持联系。例如，在 1435 年，博尔索·德斯特委托对乌贝蒂的《关于世界的事实》进行了托勒密式的更新。代表哥伦布发现的最早的地图学记录的地图，由埃尔科莱公爵（Duke Ercole）的特使阿尔贝托·坎蒂诺于1502 年从葡萄牙走私到费拉拉，也许是费拉拉宫廷深深地参与到同时代的探险和地图制作的最著名的例子[38]。然而，重要的是要记住，费拉拉对于这些发展而言是极为边缘的。在广义的文化意义上，埃斯滕塞（Estense）地理学知识和地图学的培养，代表了应对费拉拉空间和政治边缘化的挑战的重要手段。在 16 世纪最初的几十年，在意大利半岛五个主要国家政权的背景下，费拉拉的地位变得越来越脆弱，当时半岛陷入意大利战争，被法国和西班牙帝国争霸的愿望撕裂。这些战争和意大利“危机”总体而言对意大利文学系统都有明显的影响，特别是阿廖斯托的《疯狂的奥兰多》，包括它的空间维度。因此，非常重要的就是，虽然阿廖斯托在诗文的最初两个改编本中没有提到发现和探险，但他不仅意识到了它们，而且受到了它们的启发；他把他英雄的旅程建立在这些发现和探索之上，并且使用了对他而言在费拉拉可以利用的丰富的地图学资料。

㊱ Michael Murrin 发现，“［博亚尔多］对他的地理学是认真的，把他的奇迹放置在地图上”。关于在此处无法进一步讨论的博亚尔多和地图学问题的最早定位，参见 Michael Murrin，“Falerina's Garden，” in *The Allegorical Epic*：*Essays in Its Rise and Decline*（Chicago：University of Chicago Press，1980），53 –85，esp. 74 –79，引文在 75 页。

㊲ 阿廖斯托史诗的地图学特征和灵感，也由来自 16 世纪中期前后的与诗歌存在联系的插图传统进行了表达，特别是在其中一些插图背景中有着托勒密风格的地图的 Vincenzo Valgrisi 版本中。Valgrisi 还是鲁谢利编辑的托勒密《地理学指南》（1561）重要版本的出版商。对诗文插图传统的地图学方面，用一种初步的、具有一些误导性方法进行了表达（其强调的是 Valvassori 而不是 Valgrisi）的是 Enid T. Falaschi，“Valvassori's 1553 Illustrations of *Orlando furioso*：The Development of Multi-Narrative Technique in Venice and Its Links with Cartography，” *Bibliofilia* 77（1975）：227 –51。Denis E. Cosgrove 在“Mapping New Worlds：Culture and Cartography in Sixteenth-Century Venice，” *Imago Mundi* 44（1992）：65 –89，esp. 81 –82 中提出了类似的观点。

㊳ 参见 Gabriele Nori，“La corte itinerante：Il pellegrinaggio di Niccolò Ⅲ in terrasanta，” in *La corte e lo spazio*：*Ferrara estense*，3 vols.，ed. Giuseppe Papagno and Amedeo Quondam（Rome：Bulzoni，1982），1：233 –46，以及 Claudio Greppi，“Luoghi e miti：La conoscenza delle scoperte presso la corte ferrarese，” in *Alla corte degli Estensi*：*Filosofia*，*arte e cultura a Ferrara nei secoli XV e XVI*，ed. Marco Bertozzi（Ferrara：Università degli Studi，1994），447 –63。

例如，鲁杰罗（Ruggiero），这位英雄旅行经过的全世界被进行了充分的地图学细节的描述，以揭示他沿着与哥伦布相同的路线从北回归线穿过大西洋。他经过阿尔西纳（Alcina）的岛屿，那里的西班古（Cipangu）—日本（Japan）（哥伦布航行意图朝向的对象），被推测依据的是马可·波罗以及当时的地图学呈现[39]。然而，鲁杰罗继续环航了整个地球，穿过了亚洲，于1516年在不可思议的角鹰兽（hippogryph）的肩膀上轻松地超过了哥伦布——这一年正是费迪南德·麦哲伦的探险船队历史性的环球旅行返回的六年之前。事实上，可以说阿廖斯托的地理幻想，类似于马和狮鹫（griffin）的不可能的后代，有时被作为
458 诗人艺术和想象的精神文学的代表，同样位于自然世界和诗意的幻想之间：它源于以当时的地图学为代表的地理真实[40]。像安德烈亚·达巴贝里诺一样，阿廖斯托利用地图满足他复杂的受众对地理真实的要求。但是，受到同时代的发现和探险精神的刺激，阿廖斯托继续在他的诗中提出虚拟旅行的奇迹，而这些奇迹胜过甚至超越了那些发现和探险的历史旅行。

因此，阿廖斯托承认历史的发现和征服是延迟的，这是十分重要的，在1532年第三次也就是最后的编写本附加的一段中（15. 18 - 36），回应了最近的1529年查理五世在博洛尼亚的帝国加冕礼，而这一仪式确认皇帝的疆土不仅覆盖了意大利，还覆盖了一个人尽皆知的“日不落”帝国。在第15篇中，阿廖斯托歌颂新世界的帝国征服者，尤其是墨西哥的征服者埃尔南·科尔特斯（Hernán Cortés），而不是意大利人哥伦布或其他发现和探险的英雄和浪漫的探险家。多洛斯拉（Doroszlaa）已经确认了两幅现代化的托勒密地图，1507年马丁·瓦尔德泽米勒的和1506年孔塔里尼-罗塞利的，它们精确表现了阿斯托尔福（Astolfo）所经历的旅程中的遥远西部（15. 16 - 17）。多洛斯拉甚至认为，当安德罗尼克（Andronica）向阿斯托尔福预言新世界的征服，并且描述“神圣十字架和帝国的旗帜，我知道插在翠绿的海滩上”（15. 23）的时候，阿廖斯托正在描述的新世界就像在坎蒂诺地图中看到的那样，有深绿色的海滩，飘扬着卡斯提人的旗帜，就像在那些相似海滩的背景下提到“神圣十字架”，而这些可能来自一幅现代的标记着新发现土地即“圣十字的土地，也即新世界”（Terra Sancte Crvcis sive Mvndvs Novvs）的托勒密的世界地图（*mappaemundi*）[41]。

基于他访问人间乐园期间，福音传道者约翰对阿斯托尔福的简短描述（35. 1—29），揭示了阿廖斯托对赞助者的幻想的破灭，读者应该能猜测到在阿廖斯托对西班牙的发现和征服迟来的承认中所包含的含蓄的争议元素。事实上，阿廖斯托将这一附加物结合在他对诗人最

㊴ 阿廖斯托在《疯狂的奥兰多》的创作中对地图的使用，已由 Alexandre Doroszlaï 进行了研究，见于 *Ptolémée et l'hippogriffe: La géographie de l'Arioste soumise à l'épreuve des cartes*（Alessandria: Edizioni dell'Orso, 1998）；关于鲁杰罗的周游世界，参见 45 - 73。亦参见 Alexandre Doroszlaï et al.，*Espaces réels et espaces imaginaires dans le Roland furieux*（Paris: Université de la Sorbonne Nouvelle, 1991）。

㊵ 当他在《疯狂的奥兰多》4. 18 第一次介绍角鹰兽的时候，阿廖斯托坚持狮鹫和马的不可思议的后代是真实的：“空洞的小说不是由魔法知识造就的，/但自然是巫师骑行的马：/他的那匹由格里芬和母马生下的；/高高的角鹰兽。在翅膀、鹰嘴和翎毛之上。/四足之形如其父；/其余之处如其母。/即使在 Riphœan 之山也难得一见，/脱离冰封海洋的束缚孕育而成”；参见 Ludovico Ariosto, *The Orlando Furioso*, 2 vols.，William Stewart Rose 译（London: George Bell and Sons, 1876 - 77），1: 53。Ascoli 看到“阿廖斯托（如何）把角鹰兽直接放置在自然世界和诗意的幻想之间，作为一种显示两者之间想象力的所有调和是多么模棱两可的方法”。参见 Albert Russell Ascoli, *Ariosto's Bitter Harmony: Crisis and Evasion in the Italian Renaissance*（Princeton: Princeton University Press, 1987），256。

㊶ Doroszlaaï, *Ptolémée et l'hippogriffe*, 45 - 61，引文在 58 页。关于瓦尔德泽米勒和坎蒂诺地图，参见图 9. 9 和 30. 10。

奇妙旅行的叙述当中——由阿斯托尔福骑着角鹰兽的英国骑士实现。这在它的陆地维度内达到顶点，在第 33 篇，根据基于托勒密新地图中伊比利亚部分中的“极为精确”的路线（33. 97—98），而旅行的非洲或“埃塞俄比亚”部分的地理，则源自中世纪的世界地图（*mappaemundi*）以及波特兰航海图，包括加泰罗尼亚世界（埃斯滕塞）地图（约 1450 年）和达洛托航海图（1325—1330 年）[42]。最终，阿斯托尔福从鹰身女妖（harpies）的瘟疫中解救了塞纳珀（Senàpo）的埃塞俄比亚王国，并在第 34 篇的绪言将鹰身女妖比作入侵意大利的外国人。受热那亚地图学的启发，阿廖斯托确定塞纳珀的国王是祭祀王约翰[43]。

在想象的文学术语中，阿廖斯托的地图学的征服，因此呈现了与其他更为历史的征服旅行和地图的政治用途的对比或者并置。阿廖斯托对地图的使用，如同多罗斯洛伊（Doroszlai）所展示的那样，代表了对埃斯滕塞文化力量的肯定，而其沿着在费拉拉的轨迹发展，当然在费拉拉，地图显然有一个不同于其服务于查理五世或弗朗索瓦一世，甚至最终的伊丽莎白一世宫廷的功能。由于意大利和意大利宫廷在发现和征服时期变得逐渐边缘化，以及文艺复兴盛期的意大利战争，随后的意大利史诗证实了阿廖斯托预示性地图的与众不同的文学用途：地理视野的缩小和随之发生的地图学灵感的减少。托尔夸托·塔索在他的《耶路撒冷的解放》（*Gerusalemme liberata*）中，通过消除卡洛和乌巴尔多前往女巫的阿尔米达（Armida）岛的奇妙旅行的地中海之外的部分，而将美洲排除在外。受皮加费塔对麦哲伦环球航行的描述的启发，在诗文的第 15 篇的早期草稿中，塔索起初将这个岛定位在巴塔哥尼亚的海岸之外。通过将情节转移到幸运（Fortunate）群岛［加那利群岛］，塔索的诗文的范围有效地局限在陈旧的托勒密有人居住的世界（*oikumene*）的最西部[44]。

意大利的骑士传统例证了文艺复兴盛期达到顶峰的地图学和文学合作的相同的发展脉 459
络。随后的衰退，通过将地图、旅行叙述和地理描述结合到《岛屿书》或“岛屿之书”中，同样使得由意大利文艺复兴产生的“地图”文学这一独特体裁的历史与众不同。由在 15 世纪最初几十年撰写的《群岛的岛屿之书》（包括七十九座岛屿的航海图）的人文主义者、佛罗伦萨的高级教士克里斯托福罗·布隆戴蒙提发明，“岛屿之书”的稿本将人文主义的旅行作品和可追溯到彼特拉克的文物研究，与现代地图学中的发展，特别是波特兰航海图结合起来[45]。这一时期，这一体裁成为一种文学和文化转型独立的晴雨表，有两个因素导致了同时

㊷ Doroszlaaï, *Ptolémée et l'hippogriffe*, 95 – 119, esp. 99.

㊸ 对“Senàpo imperator della Etïopia”（33. 102）和祭祀王约翰（33. 106. 7—8）的认定，最早是由热那亚的地图学家做出的。例如，达洛托航海图包括这样的图说：“Scias quod Ethiopia habet imperatorem qui nominatur Senap id est Servus Crucis。”参见 Enrico Cerulli，“Il volo di Astolfo sull'Etiopia nell'*Orlando furioso*,” *Rendiconti della R. Accademia Nazionale dei Lincei*, 6th ser. 8（1932）: 19 – 38，引文在 27 页。

㊹ 参见T. J. Cachey, *Le Isole Fortunate*: *Appunti di storia letteraria italiana*（Rome:“L'Erma” di Bretschneider, 1995）, 223 – 83。关于意大利文学系统中爱情小说与史诗之间的紧张关系以及对小说起源的讨论，参见 David Quint，“The Boat of Romance and Renaissance Epic,” *Romance*: *Generic Transformation from Chrétien de Troyes to Cervantes*, ed. Kevin Brownlee and Marina Scordilis Brownlee（Hanover, N. H.: Published for Dartmouth College by the University Press of New England, 1985）, 178 – 202。意大利史诗文学系统后来内爆的例子，如 Tommaso Stigliani 的 *Mondo nuovo*（1617），由 Marzio Pieri 进行了勾勒，参见“Les Indes Farnesiennes: Sul poema colombiano di Tommaso Stigliani,” in *Images of America and Columbus in Italian Literature*, ed. Albert N. Mancini and Dino S. Cervigni（Chapel Hill: University of North Carolina, 1992）, 180 – 89。

㊺ 更为全面的讨论，参见本卷第八章。亦参见 Elizabeth Clutton 在 P. D. A. Harvey，“Local and Regional Cartography in Medieval Europe,” *HC* 1: 464 – 501, esp. 482 – 84 中对岛屿书的贡献。

代学者对这一体裁的迷恋：独一无二的文化因素的汇合，导致了在 15 世纪和文艺复兴盛期，在同时代托勒密的《地理学指南》影响下，这一体裁的“发明”及其基本独立的发展进程㊻。例如，岛屿书的“现代性”，由其背离了抵制地图的体裁的早熟所标识，而对地图的抵制是以比翁多的“意大利图像”为代表的描述性的人文主义地图作品的特点。在从稿本到印刷书籍的过渡中，以及在 15 世纪末和 16 世纪初期的发现和探险的刺激下，从文学的角度，甚至在更广泛的欧洲背景下，岛屿书经历了非常具有成效的剧烈变化。巴尔托洛梅奥·达利索内蒂最早的印刷岛屿书（约 1485 年）以“corona”或循环十四行诗的形式，表达了布隆戴蒙提的爱琴海主题：它显示地图学和文学之间有创造力的换位，这与当时在贝林吉耶里的《地理学的七日》中的相遇是类似的㊼。

然而，威尼斯的印刷文化，很快促使岛屿书朝着椅上旅行文学（和地图集的先驱）的百科全书体裁的转型。威尼斯微型画画家、书籍彩饰者和出版商贝内代托·博尔多内的 1528 年的《世界所有岛屿之书》试图向读者提供一个对“世界上所有的岛屿”的虚拟导览㊽。这部作品在欧洲人中引起了反响，形成了被定义为所谓现代早期法国的“地图”文学——最主要是通过它对弗朗索瓦·拉伯雷和安德烈·泰韦的影响㊾。与作为印刷书籍的其“百科全书式的”发展同时，岛屿书，作为第一手的旅行记录，在它原始的外观下获得了完全的表达，同时这些旅行记录附带有作为补充的安东尼奥·皮加费塔稿本《岛屿书》中的岛屿航海图，这些是在 1522—1525 年间编纂的，被称为“第一次环球旅行的报告”（Relazione del primo viaggio attorno al mondo）㊿。皮加费塔的书讲述了环球航行亲历的磨难和艰难，包括 22 幅描绘了菲律宾和摩鹿加群岛的手绘的岛屿航海图。对彭罗斯（Penrose）来说，在旅行文学的记录中，这部书可与哥伦布的日记和瓦斯科·达伽马的航海日志媲美，而加尔恰·马克斯（García Márquez）在其非凡的现实主义中发现了“我们今天小说的种子”(51)。

然而，尽管在意大利文艺复兴盛期，岛屿书在海外产生了文学方面的重要影响，但它随

㊻ 关于“岛屿书”的一个更具启发性的讨论，及其对“岛屿文学”的贡献，参见 Tom Conley，“Virtual Reality and the Isolario,” in *L'odeporica = Hodoeporics：On Travel Literature*，ed. Luigi Monga，vol. 14，*Annali d'Italianistica*（Chapel Hill：University of North Carolina，1996），121 – 30；亦参见 Frank Lestringant，*Mapping the Renaissance World：The Geographical Imagination in the Age of Discovery*，trans. David Fausett（Berkeley：University of California Press，1994）。

㊼ 一个最近的版本，参见 Bartolommeo dalli Sonetti，*Isolario*，有着 Frederick Richmond Goff 的导言（Amsterdam：Theatrum Orbis Terrarum，1972）。

㊽ Benedetto Bordone，*Libro... de tutt el'isole del mondo*，*Venice*，1528，附有 R. A. Skelton 的导言（Amsterdam：Theatrum Orbis Terrarum，1966）。参见 Lilian Armstrong，“Benedetto Bordon，*Miniator*，以及 Cartography in Early Sixteenth-Century Venice，” *Imago Mundi* 48（1996）：65 – 92。

㊾ 参见 Conley，*Self-Made Map*，167 – 201。

㊿ 参见意大利语修订本，Antonio Pigafetta，*Relazione del primo viaggo attorno al mondo*，ed. Andrea Canova（Padua：Antenore，1999）；以及 idem.，*The First Voyage around the World（1519 – 1522）：An Account of Magellan's Expedition*，ed. T. J. Cachey（New York：Marsilio，1995），以及 T. J. Cachey，“Print Culture and the Literature of Travel：The Case of the Isolario，” paper presented at Narratives and Maps：Historical Studies of Cartographic Storytelling，the Thirteenth Kenneth Nebenzahl，Jr.，Lectures in the History of Cartography，Newberry Library，Chicago，October 1999。

(51) 参见 Gabriel García Márquez's 1982 Nobel lecture，作为“The Solitude of America”，*New York Times*，6 February 1983，sec. E，p. 17 发表。Boies Penrose 在他的经典研究：*Travel and Discovery in the Renaissance*，1420 – 1620（Cambridge：Harvard University Press，1952），157 和 302 中谈及了皮加费塔。

后在意大利文学中几乎没有发展，尽管作为一种地图学书籍的类型，这种体裁延续到17世纪末[52]。因此，岛屿书命运的起伏，展现了意大利肥沃的文化环境对文学和地图学之间的关 460
系进行了创新，而这种创新对欧洲和世界文学产生了影响。与此同时，岛屿书在意大利的发展，尤其反映了这座半岛在现代早期殖民地世界产生过程中的逐步边缘化。

---

[52] 随着 Tommaso Porcacchi 的 *L'isole piv famose del mondo*（1572），意大利岛屿书趋向于将它们的视野局限在爱琴海。参见本卷原文第276—279页。

第十七章 呈现海上胜利的地图绘制与帝国的魅力：文艺复兴时期的葡萄牙文学

尼尔·萨菲尔和伊尔德·门德斯·多斯桑托斯
(Neil Safier and Ilda Mendes dos Santos)

461 17世纪中叶，当耶稣会士安东尼奥·维埃拉（António Vieira）编纂他的布道文和预言册时，大大小小的地图如烟雾般从他激扬文字的背后涌现出来。世界正在燃烧——或者终将被点燃，如果维埃拉的读者不曾留意他预言性的警告的话——并且地图成为这场人间大火的草料，一个包含并描述未来事物形状的工具，但最终会在天启烈焰中毁灭。会有一天，当"世界［将会成为］一片灰烬"，维埃拉在他的"在复临的第一个星期天的讲道（Sermão da primeira dominga do Advento）"（1650）中写道，那时，"在这美丽而伸展的地图上，空无一物，只有灰烬，［世界上］宏伟之物的余烬，见证我们曾经的浮华"①。在他的《未来的历史》（*História do futuro*）中，维埃拉利用地图学的比喻作为一种新的历史作品的核心寓意：以一幅"惊人地图"的形式展现的预言和千禧年主义的幻景，这一地图从现在延续到未来，随着世界的终结而终结。地球——及其呈现——成为维埃拉方案的核心特征，其中上半球代表过去，下半球代表未来，"每个半球的中间……时间的地平线……从那一点……我们将发现新的地区和居民"②。但在同一文本中，维埃拉使用地图学的隐喻去描述手相术，以及人类手掌的地形："在这样小小的一幅地图上，平整光滑如人手掌，手相师不仅发明了明晰的线条和特征，而且提升并划分了山脉。"③ 然后，对维埃拉而言，地图可以从伸展至无限的一套世间地图集收缩成手掌大小的地方志。地图学图像的灵活尺度允许根据修辞瞬间的需要而扩展或收缩隐喻，同时地图材料的适用性——从人的皮肤到燃烧的余烬——给演说者塑造和操纵象征性姿态以无限的范围。

在维埃拉的时代，在遍及世界的葡语区的传教士和商人中，有着地图学含义的文学图像和语言工具的流行是不足为奇的。维埃拉从这一时代的语言发展中继承了他的地理词汇，这是一个地图的用途只不过是具象的时代——这是一个航海航行的发现极度依赖地图和航海图

---

① António Vieira, *Os Sermões*, ed. Jamil Almansur Haddad (São Paulo: Edições Melhoramentos, 1963), 97.

② António Vieira, *História do futuro*, 2d ed., Maria Leonor Carvalhão Buescu (Lisbon: Imprensa Nacional-Casa da Moeda, 1992), chap. 1, 51.

③ Vieira, *História do futuro*, chap. 1, 49.

的时代——由此激发了编年史家和剧作家、宇宙画家和插画家，诗人及其赞助人的想象。受到这些图像力量的影响，以及受到他自己在大西洋两岸切身经历的影响，维埃拉手持地图和地图学隐喻作为修辞的权杖，以促进他自己的改变宗教信仰的目标。维埃拉的布道使我们能够更全面地反映现代早期地图学与文化之间的关系，特别是在这种情况下，从葡萄牙文艺复兴的文学中进行借鉴。在他的作品中，维埃拉引用了各种各样的地图：让葡萄牙领航员在天涯海角与陌生海域中成功航行的实际的航海图，在一个日趋经验主义的时代反映对《圣经》理解的文化地图，以及通过理解人类身体而将宏观和微观视觉整合的身体地图。维埃拉是一个既有语言又有行动的人，他围绕从当时时代吸取的思想，创立了一种巴洛克式的论述，而这是一个重新定义了天文的、地理的和图像的空间的时代，引起人们对世界的体量和规模以及人类在其中的地位的怀疑。那个时代的文学反映了人类观察、绘制和转变自然世界的能力不断增长的信心，但也流露出对这些成就的极限的深深不安。信心和不确定性之间的张力，必胜信念与绝望之心之间的张力——至少部分地归因于已知的地理、科学与哲学边界的破坏——在地图柔顺、易燃的图像中甚至发现了一种比喻性的共鸣：世界图像（*imago mundi*）仍然能够被操控和改造，以适应正在不断扩大的世界的文化需求。

文艺复兴时期的文学受到葡萄牙的影响，其存在主要通过其在陆地和海上广泛的殖民活动，以及通过其丰富多彩的地图学［世界地图（*mappaemundi*）、地方志和地图集］、被广泛 462
翻译的游记，以及通过遍及欧洲的广泛的文学体裁而被证实，而上述这些地图学、游记的翻译和文学体裁，又探索和颂扬了卢西塔尼亚在扩展欧洲海外征服的边界的先锋作用。葡萄牙的海上航行，开始于1415年对塞乌塔（Ceuta）的占领，在15世纪和16世纪亦不减弱，把发现和启示的主题带入文学辞典，渗透到文艺复兴的作品中，并使作家们对在一个其地平线以惊人速度变化的世界中的旅行、发现和文化差异提出新的问题。文艺复兴时期的葡萄牙文学尤其被移置的思想震撼：无论是通过朝圣、探险、主动的漫游或被迫的流放，旅行的标题包含了感知和支配新空间、新地点和新民族的各种方式，从而迫使葡萄牙人对主体以及他或她与外在世界的关系进行审视。

在对于葡萄牙文化认同的这一检视中，“印度群岛”的思想起到了核心作用。不只是一个地理位置，印度群岛代表了在其中两种冲突的观念共存的道德和社会空间：一方面，世界地图的重构导致了葡萄牙人国家的胜利；另一方面，随着海外扩张，葡萄牙将陷入迷恋的迷惘之中，反映了人类欲望的贪婪和虚荣。这两极代表了经常被污染的文学体裁的两个极端，这些文学体裁出现在葡萄牙，反映了如下新的经验，这些经验的范围从海外扩张的史诗叙事到沉船叙事中更具反思性的、暴烈的流派，“启应祷文”，前者以来自印度之路（*carreira da índia*）的记述为典型，其代表了作为神圣天意化身的对地图学图像道德的和终极的英雄式的使用，后者则悲观地让人想起海洋的威胁和困境，并最终挑战了“在殖民主义的典范行为者的叙述中显而易见的帝国霸权主义的观点”④。与路易斯·德卡莫斯的史诗杰作《卢济塔尼亚人之歌》（*Os Lusíadas*）和在东亚一带徘徊的具有异国情调的费尔南·门德斯·平托（Fernão Mendes Pinto）的《朝圣》（*Peregrinação*）并存的葡萄牙文本，表达了从田园般的情

④ Josiah Blackmore, *Manifest Perdition: Shipwreck Narrative and the Disruption of Empire* (Minneapolis: University of Minnesota Press, 2002), xx - xxi, 引文在 xxi。

感主义到犹豫和错误的情感，所有这些都使用地图和地图学形象，去表达日益扩张的海洋帝国的愿望与欺骗。

归而复始的旅程：航海日志和对帝国诗意的颂扬

在一些早期的航海日志（*roteiros*）中，这些文本特征也被与海岸线和港口的草图结合起来（图版 13）。这种题材最古老的证据——"制定航线之书"（Este livro he de rotear）——被包括在"瓦伦廷·费尔南德斯手稿"（Manuscrito Valentim Fernandes）中，该文本汇集了对非洲海岸线和岛屿的描述，以及一些来自戈梅斯·埃亚内斯·德祖拉拉（Gomes Eanes de Zurara）编年史的片段，他撰写了最早的前往非洲的葡萄牙探险的报告⑤。由宇宙志学家与精通海洋之人（比如领航员、海员）合作撰写的航海日志，作为其他文艺复兴时期指南的海洋版而出现，而文艺复兴时期的指南构建了博学者与外行人之间的对话，引导读者在知识和经验的基础上，安全地穿过神秘的世界。词汇通常是技术性的和高度视觉化的，但接近最早的诗歌形式——列表和目录——以成为航海的清单，而其后来转型成虚构的叙述。

这些早期的叙述将导航员的形象放置在海洋叙述的重要地位，并且导航员的知识建立在实践经验的基础上，而不是书本知识基础上，这也成为一个文学上的老生常谈的话题。杜阿尔特·帕切科·佩雷拉在他的"埃斯梅拉尔多的对世界的描述"中将经验歌颂为"万事之母"（madre de todas as cousas），同时他将海上航行构想为揭示新的地理景观和新的地理概念，而这种构想也融入曼努埃尔一世统治时期的胜利者的历史之中⑥。事实上，曼努埃尔的头衔也是一个地名的绕口令："以上帝的意志，葡萄牙……非洲……阿尔加韦的国王，几内亚之领主，征服者，埃塞俄比亚、阿拉伯、波斯和印度航海与贸易之主。"在历史学家若昂·德·巴罗斯撰写的骑士小说《荣光的世界》（*Clarimundo*，1520）中，葡萄牙的历史，是一份从非洲到印度洋其所征服的城市目录，被呈现作为对整个地球的默思⑦。1516 年，加西亚·德雷森迪（Garcia de Resende）将宫廷诗收集成一部歌谣集，《歌集》（*Cancioneiro geral*），其中抒情的传统形式与对新土地和进行征服的国王的颂扬混合在一起，一个诗歌朗诵形式的地名索引成为抒情的冗词集，而整部著作最终也由这些抒情的冗词构成⑧。经验和
463 地理学由此聚集在一起，作为一种新的文学冲动的基石，支撑着 16 世纪的帝国宏愿。

在雷森迪的歌谣集中，一首老迪奥戈（Diogo Velho）创作的短篇揭示了史诗传统的最早踪迹，并最终为卡莫斯和其他人所继承：抒情的咏唱，赞美被发现的新世界及其被置身于葡萄牙国王的统治之下。这些文本是将航海指南和世界地图（*mappamundi*）的辞典变换成诗歌体的尝试，它们也代表着将葡萄牙人的力量与其在地理上感知世界的独特能力联系起来的企图：

---

⑤ Valentim Fernandes, *O manuscrito "Valentim Fernandes"* [约 1506 – 10]（Lisbon: Editorial Ática, 1940）。

⑥ Duarte Pacheco Pereira, *Esmeraldo de situ orbis*, ed. Joaquim Barradas de Carvalho（Lisbon: Fundação Calouste Gulbenkian, Serviço de Educação, 1991）.

⑦ João de Barros, *Crónica do imperador Clarimundo* [1520], 3 vols.（Lisbon: Sá de Costa, 1953）.

⑧ Garcia de Resende, *Cancioneiro Geral de Garcia de Resende*, ed. Cristina Almeida Ribeiro（Lisbon: Editorial Comunicação, 1991）.

这些新事物
对我们来说变得如此明显
没有其他人见过
我们现在所处的世界。
一切皆被发现。⑨

加西亚·德雷森迪在1545年以韵文编年史的形式扩展了这部地图学的叙述，《色彩缤纷的历史》(*Miscelânea e variedade de historias*)，其中，新发现的土地上的地名和物产，以准新闻叙述的形式发送给读者，而他们因此能够在纸上目睹发现的动态过程：

另一个世界的发现
我们到来，进而发现
直到那时还不能确定：
它听起来还是令人吃惊
现在所知已经确定；
有什么不寻常的事情
是印度和尤卡坦（Yucatán）的世界
还在中国、巴西或秘鲁，
异想天开与英勇无畏的事迹有多少
发生
一个永无止尽的过程
多么伟大的人们
多么伟大的旅程
多么伟大的国王，多么富有
多么古怪的风俗
什么民族，又是什么国度⑩。

像很多其他人一样，这段文字赞扬了地理大发现中的皇权，以一种航海日志的形式描述了从里斯本到达地球的各个角落的路线：几内亚和马尼孔戈（Manicongo）、贝宁（Benin）、好望角、印度、中国、摩鹿加群岛、爪哇、马拉巴尔（Malabar）、苏门答腊、暹罗、霍尔木兹、果阿、加尔各答（Calcutta）、锡兰、暹罗、德里（Delhi）和埃塞俄比亚。通往东方的海路成为一种文学主题，沿途的站点是用于创建新诗歌语言的韵律单位。葡萄牙文学最著名的史诗采用了这些旅程录，将其转换成独立的抒情作品，一个统一的愿景，而这便是路易

⑨ Resende, *Cancioneiro Geral*, 268.

⑩ Garcia de Resende, *Miscellanea e variedade de historias*, *costumes*, *casos*, *e cousas que emseu tempo aconteceram* [1554] (Coimbra: França Amado, 1917), sts. 50 - 51 (pp. 20 - 21).

斯·德卡莫斯荣耀与歌唱的责任，通过葡萄牙海洋灵感的诗意和地理的魅力，表达了整个国家的帝国功业。

路易斯·德卡莫斯的抒情史诗（1524？—1580 年）

路易斯·德卡莫斯的《卢济塔尼亚人之歌》（*Os Lusíadas*）出版于 1572 年，为 16 世纪初在葡萄牙流行的与帝国和探险有关的各种思想，提供了一个综合和统一的框架。在第十章的一首叙事诗中，卡莫斯以威严的诗节叙述了瓦斯科·达伽马的海洋冒险和开创性的航行，并放置于 12 世纪以来葡萄牙历史的大背景之下讲述。通过宣扬葡萄牙国王和英雄们的光荣事迹，卡莫斯歌唱了国家的美德，瓦斯科·达伽马的旅行成为未来探险和未来国家行为的诗歌的母本。

地理图像，通常是球仪或球体的形式，构成了卡莫斯文学兵工厂的重要元素，被用来使过去富有生气，且将历史成就转换成其他征服和未来探索的蓝图。《卢济塔尼亚人之歌》径直采用了航海日志的词汇表和地图图像。海岸与岛屿，海角与海岬，港口与有墙要塞，都通过航海地名的大量涌现而联系起来，提供了海洋的现实主义，这使读者置身于海水的泡沫和海洋的冒险故事中。在第五章，当瓦斯科·达伽马前往海岸的时候，使用“叫作星盘的新仪器”，在“我们自己发现的遥远土地上”确定他的位置，他用这些测量太阳高度的仪器“在世界地图上测量他们的位置”。然后，他依靠世界的这一地图学图像，作为一种精神和方向的向导，前往“无人踏足过的土地”[11]。在这首诗之前，在马林迪（Malindi）的非洲之王面前，达伽马用一幅欧洲边界地图介绍他自己和他的使命，而地图向他的主人径直描述了从地中海到拉普兰（Lapland）的次大陆的形象。地图成为了达伽马进行文化交流的通货：一种描述欧洲文明古典而基本的神话框架，一幅允许他在他地图学图案的顶端对他的祖国进行展示的拟人的肖像画：

正是在这里，欧洲顶点上的顶点
卢西塔尼亚王国，
陆地的终结，海洋的起点，
464 菲比（Phebus）在那里的海底安眠。
这是我心爱的土地[12]。

事实上，拟人化的地图学在卡莫斯的史诗中自始至终都存在。在卡莫斯故事的中点，瓦斯科·达伽马和他的船员遇到了阿达马斯托（Adamastor），一种“外表坚硬”的丑陋生物，其被上帝惩罚，被命令永远待在——或者更确切地说，作为——好望角。他从海上带有恳求地警告葡萄牙人，不要越过他巡逻和化身的海角，通过解释他实际上是被古代宇宙志学者忽视的一个地理特征，怪物向达伽马和他的船员这样介绍自己：

---

⑪ Luís de Camões, *Os Lusíadas*, canto 5, 25－26. 参见 Luís de Camões, *Os Lusíadas*, ed. and intro. Frank Pierce (Oxford: Clarendon, 1973)。

⑫ Camões, *Os Lusíadas*, canto 3, 20－21，引文在第 20 首诗。

我就是那巨大而隐秘的海角
你们所谓的风暴角
托勒密、庞波尼乌斯、斯特拉博或是
普林尼，或是其他人都不知道我。
正是在这里，我终结了非洲海岸
在这个海角之上，前所未见
向南极延伸
而且你的鲁莽是极大的冒犯⑬。

这种对不考虑历史演变的地理特征的文本揭示，使读者通过达伽马及其船员的体验，参与了地图学的显现。诚然，巴托洛梅乌·迪亚斯早在近十年之前就已绕过了好望角。但这种对达伽马的勇敢行为的文学叙述——用不为托勒密、庞波尼乌斯·梅拉、斯特拉博和普林尼等古典权威所知的秘密知识进行调味——将两大洋在非洲顶端的图形上的融合，诗意地写入地图学史的文学编年中。它类似于亨利库斯·马特尔鲁斯·日耳曼努斯雕刻在他 1489 年地图上的在非洲大陆底部出现的小航道，第一次明确显示了印度洋和大西洋之间的海上联系。

但是地图和地球仪最有说服力的证明出现在最后一章，在那里居住在 Ilha dos Amores（爱之岛）的海之女神，仙女忒提斯，向瓦斯科·达伽马展示了一系列包含在一架大型球仪内部的辉煌的同心球体。船长和他的船员在一片“绿宝石和红宝石”的野外遇到这一发光的特异景象，其是明确标志着进入神域的入口的视觉比喻。这些宝石还使人想起斑驳、辉煌、类似于宝石的岛屿，这些岛屿装饰了波特兰航海图和这一时期的其他地图，比如那些《米勒地图集》或费尔南·瓦斯·多拉多（Fernão Vaz Dourado）的地图。但浮动的球仪占据了舞台的中心位置，并将在诗中被惊呆的观看者带入了一种情绪高涨的状态：“在这里，一个球体向他们漂来，一个半透明的球体，明亮的光线从中心透出它的表层。不可能知道是什么样的材料创建了它，但这颗球仪在神的布置下明确由若干球体构成……统一、完美，几乎像创造它的原型一样自立。”⑭

当达伽马凝视着它的时候，他陷入了深深的感动，在好奇与震惊中站立着不知所措。然后女神说：“这个图像，有着缩小的尺寸，我给你……这样你就会知道走哪条路，你想前往哪里，它就会引导你去哪里。”⑮

忒提斯用这个球仪作为一种视觉装置，向达伽马和他的团队展示了卡莫斯写作之时已完成的发现，作为她对葡萄牙人未来遭遇和探险的预言。忒提斯描述的一系列天球遵循了托勒密系统的秩序，通过若干层各种各样的移动圆盘展示天文现象，这些圆盘分别代表周日、春秋分和岁差的运动。但对陆地的描述极为接近在《米勒地图集》和赖内尔王朝同时代的地图中找到的顺序⑯。从基督教欧洲到尼罗河的发源地，从亚丁湾和红海到波斯和“辉煌的印

⑬ Camões, *Os Lusíadas*, canto 5, 50.

⑭ Camões, *Os Lusíadas*, canto 10, 77 – 79.

⑮ Camões, *Os Lusíadas*, canto 10, 79 – 80.

⑯ Fernando Gil and Helder Macedo, *Viagens do Olhar: Retrospecção, visão e profecia no Renascimento português* (Porto: Campo das Letras, 1998).

度海岸”，文中遵循着一条从东方扩展到西方的地图学旅程录，终结于“伟大的土地……由发光的矿石华丽地制成，那里的金属，色如阿波罗之金发”⑰。忒提斯因而描述了一个世界，在卡莫斯写作之时，这一世界的发现和探索的过程还在继续，展示给站立在她面前的凡人的是一颗尚未成型且能够变型的地球仪的形状。

朝圣之旅的大与小、远与近

在费尔南·门德斯·平托的《朝圣》的例子中，它展示的不是整个地球，而是一种地方志——一系列中国海岸及内地的文字描述，通过门德斯·平托对他前往东方旅程的荒诞叙述揭示出来。关于门德斯·平托真的去过他描述的这些地方的可能性，仍然是个问题，然而大多数学者还是认为他极不可能做这些事情。就像洛雷罗（Loureiro）已证明，地图学文献可能在《朝圣》的论述中起了基本作用⑱。门德斯·平托使用的地图可能是路易斯·豪尔赫·德巴尔布达［Luís Jorge de Barbuda，卢多维科·乔治（Ludovico Giorgio）］的“中国新
465 图”（Chinae，olim Sinarum regionis，noua descriptio），其在1584年出版于亚伯拉罕·奥特柳斯的《寰宇概观》。巴尔布达反过来可能使用了中国的地图，以构建他自己的地图学图像，因为当时“新的描述”已经产生，葡萄牙人获得了大陆内部的直接知识。事实上，欧洲第一幅中国地图以对广阔的内陆河网的描绘为特征，并且可能向门德斯·平托提供了在16世纪中国的地理景观上可能进行的游历的图形理解。因此，葡萄牙文学依靠同时期的来源于中国地方志的宇宙志，去在一个被扩展的世界中确定其虚构的描述。

亚洲地图学的流传使得门德斯·平托和巴尔布达这些人去创造文本，这些文本描述了现代早期欧洲探险的详细的地理方面，这一地图学的扩展也出现了更为黑暗、更内部的一面，其反映在这一时期弗朗西斯科·德萨德米兰达（Francisco de Sá de Miranda）及其他作家的作品中。萨德米兰达通过确定它们对葡萄牙的解构性影响，抒情地询问新地图的变革力量。认为地图学知识导致了葡萄牙人扩展到边界之外，且这些知识用所谓的“印度的味道”（fumos da India）怂恿着他们，萨德米兰达警告说，这个表面上灿烂的新技术，可能最终导致葡萄牙民族失去其独特的文化身份。烟雾缭绕的香气与肉桂的香薰，以及各式各样的香料散落在果阿的大街小巷，最终到达里斯本，成为地图学的罗盘方位线的感官补充，隔着遥远的空间将两地连接。“这星球的其他部分/其他天球的其他部分/上帝迄今为止隐藏的部分”，当萨德米兰达歌颂这盛景之时，他仍然担心这种对香料和新土地的热情将导致感官的奴役：“所有这些印度的甜蜜/都使我为葡萄牙感到担心。”⑲

撰写这些反扩张主义的歌词时所依据的背景，是地理上无常的主题。当在文艺复兴时期的世界，葡萄牙人是公认的技术熟练的导航员和有才华的地图制作者的时候，在自己的土地上，他们似乎失去了自己的方位。贝尔纳丁·里贝罗（Bernardim Ribeiro）在他的《绍达德

---

⑰ Camões, *Os Lusíadas*, canto 10, 139.

⑱ Rui Manuel Loureiro, *Fidalgos, missionários e mandarins: Portugal e a China no século XVI* (Lisbon: Fundação Oriente, 2000).

⑲ 参见 Francisco de Sá de Miranda, *Obras completas*, 3d ed., 2 vols. (Lisbon: Sá da Costa, 1960), 2: 35 和52。

之书》(*Livro das Saudades*) 中表达了这种地理的困惑感，他描写了一个被强行从家中带走的年轻女孩："当我还年轻，是个小女孩的时候，被从我父亲的家中带走，带向一块遥远的土地：不管是什么原因，我还年轻，对其不了解。"⑳ 她谬误之旅的一系列故事构成了组织原则，里贝罗的叙述正是围绕这一组织原则而形成的。同样的，在他的第二首田园诗中，里贝罗描述了方向冲突和失去朝向这一思想带来的肉体和精神上的困惑：

迷失并背井离乡，
我将何所为？亦将何所去？
惆怅
在远离家乡的异乡
我寻求着慰藉㉑。

在这些及其他的文本中，葡萄牙因其扩展的地理漫游而成为"世界的剧场"，被最为经常地呈现在田园诗中，而这些田园诗让人想起葡萄牙乡村特有的风景和地点。例如，克里斯托旺·法尔康（Cristóvão Falcão）的田园诗《克里斯法尔》(*Crisfal*，1543/1546)，讲述了牧羊人克里斯法尔，与牧羊女玛利亚（Maria）之间的爱情故事。为代表克里斯法尔对失去的爱的寻找，叙述者依靠了一个经典的母题——梦境序列——在其中，克里斯法尔发现他自己被强大的海风吹起，使他高悬在伊比利亚半岛之上：

发现自己在这个地方，
我垂下眼睛去看地面，
我痛苦的所在
山谷和山峰
于我并无二致㉒。

俯瞰大地，克里斯法尔从宇宙志学者的视角看到了世界，看到了他身下一幅巨大的葡萄牙地图。接下来的诗节形成了由叙述者的眼光连接起来的叙事岛屿，从塔古斯（Tagus）前往埃什特雷拉山（Serra da Estrela）的羊肠小道，到蒙德古河（Mondego）河岸通向洛尔（Loor）山的道路。但即使这些令人熟悉的地理特征的令人心安的出现，也无法弥补他爱情的丧失，其依然隐藏在视野之外，当克里斯法尔围绕着地球旋转，绝望地努力寻找玛利亚的时候。

从超凡的天堂到肉体的物质，安德烈·法尔康·德雷森迪（André Falcão de Resende）将浪漫的朝圣的思想转变成一次内在的旅行，将自己描述为"在我自己土地上的朝圣者"。

⑳ Bernardim Ribeiro, *Obras completas*, 4th ed., 2 vols. (Lisbon: Sá da Costa, 1982), 1: 1.

㉑ Ribeiro, *Obras completas*, 2: 57.

㉒ Cristóvão Falcão [被认为的作者], *Trovas de Crisfal*: *Reprodução facsimile da primeira edição*, 有着 Guilherme G. de Oliveira Santos 进行的研究 (Lisbon: Livraria Portugal, 1965), 48 (v. 29, 281 - 85)。

雷森迪的《微观宇宙志；或者小世界》（Microcosmographia；ou，Pequeno mundo）是一首抒情的作品，分三章，描述了“人体的小世界”[23]。如果克里斯法尔从位于高空之上的一种骑
466 士的透镜观看世界，那么雷森迪的“小世界”的叙述者则下降进入人体的实体之中。与克里斯法尔一样，雷森迪的叙述者带领我们进入梦境的序列，但这一次我们发现自己在一座想象的花园——一座人间天堂——那里有一个声音或向导，引导读者进行对一座城堡的肉体和精神的发现。用来象征人体的这一比喻，赋予隐藏在视野之外的东西以知识的特权：人体中的器官和对身体最本质的理解。之后，循着身体各部分和器官的旅程——头、胸、胃、心、肝、血、眼、舌、唾液——文本代表了人生的挽歌，也是基于这些拟人地图学的道德训诫：随着时间的流逝，如果不被更高的力量引导，灵魂也将腐朽。

结　论

文艺复兴时期葡萄牙文学中对地图学图像的使用，并不总是必胜主义者的和易扩张的。当卡莫斯的《卢济塔尼亚人之歌》应得的赞誉被湮没在这一时期葡萄牙文学竞争性的喧嚣中的时候，我们已经看到了由地图学概念所强调的一种平行运动的无可否认的存在，这种地图学概念赋予了内在的叙事以超越于全球化范式之上的特权，而这标志着从扩张到内化的转变：从远离欧洲的大陆和文化的实际发现，到困坐家中隐喻性地迷失方向。弗朗西斯科·德萨德米兰达、贝尔纳丁·里贝罗、克里斯托旺·法尔康和安德烈·法尔康·德雷森迪，在散文中用梦境与妄想、地图学的隐喻和地图，作为印度群岛的感官和物质诱惑的文化对应物。这些旅行或多或少地揭示了奥德赛式的（Odyssean）轨迹，在葡萄牙重返欧洲时，其引导着葡萄牙并且努力在后扩张时代的世界中找到自己的一席之地。

维埃拉对地图焚后余烬的召唤，即我们本章开始时的图像，显示了一个扩张的世界以及地理学语言的爆发，在多大程度上进入了现代早期的语言的储藏柜中。地图，作为一种灵活的文学工具，揭示了其自身，而这种工具可以描述从帝国扩张和宗教启示，到文化遭遇和人体的各种现象。地球仪上的线条成为隐喻性的交叉点，在那里，时间、地理和文化观念可以对应与交融。类似于16世纪的葡萄牙快帆船，这些文学形象也在全球范围内纵横交错，遍及这个更大的葡萄牙帝国，通过他们的旅程获得新的意义，且在被撰写的文学中像新发现的岛屿那样涌现。

但文艺复兴时期葡萄牙的地图不仅是问答讲授和哲学思维的隐喻性工具：它们也是帝国君主及其爪牙瓜分帝国的物质对象。偶尔，在帝国的谈判中直接使用地图创造了对于我们在本章进行观察的地图的文学表达而言有价值的语言。像博扎·阿尔瓦雷斯（Bouza Álvarez）显示的那样，在哈布斯堡家族统治西班牙60年后，葡萄牙于1640年成功起义，使得加斯帕尔·德古斯曼（Gaspar de Guzmán），奥利瓦雷第三伯爵和他的幕僚们对它们自己的政治困惑寻求一种地图学的回应。随着佩德罗·特谢拉·阿尔贝纳斯（Pedro Teixeira Albernaz）的伊比利亚地图（约1630年）铺在他们的案头，他们瘫坐在国王菲利普四世的阿尔瓦雷斯塔

[23] André Falcão de Resende，“Microcosmographia”，手稿保存于Biblioteca Nacional，Lisbon，n. d.（in－8. Res. 34452）。

467

图 17.1　“由朱诺和朱庇特守护的地球（EARTH PROTECTED BY JUNO & JUPITER）”，约 16 世纪 30 年代。挂毯。出自乔治·韦茨勒（Georg Wezler）的作坊，可能由贝尔纳德·范奥利（Bernard van Orley）设计，作为所谓的《球体》（*Spheres*）系列的一部分。挂毯将若昂三世和奥地利的凯瑟琳描绘成朱庇特和朱诺，站在地球仪的两边，代表 1494 年《托尔德西拉斯条约》确立的葡萄牙在东方的统治权。权杖的图像以及与中间地球仪同中心的发光球体，令人想起卡莫斯的史诗《卢济塔尼亚人之歌》中的文字

原图尺寸：344 × 314 厘米。照片版权属于 Patrimonio Nacional, Madrid（inv. 10005825）。

中哑口无言，徒劳地“在纸上”寻找葡萄牙，“仿佛它已如烟飘逝了”㉔。显然，维埃拉使用的激烈隐喻，已被甚至更早期的政客和臣僚使用，当他们试图统治遥远的土地，维持对他们新组建的海外帝国的控制的时候。

但是传教士的教会同样使用地图来划分和征服非基督教世界。葡萄牙成功脱离西班牙 15 年后，维埃拉应当把握了这种地图人为制作的观念，当他试图优雅地鼓励他所在的教会组织见习修士，去接受日益增长的来自海外的职位分配的时候。1655 年在皇家卡佩拉（Capella Real）布道时，在他的“在四旬期的第三个星期天的讲道”（Sermão do terceiro domingo da Quaresma），耶稣会士列举了这一世界上幅员最广的君主国对传教士教会的地理挑战：“这么多的王国，这么多的国家，这么多的省份，这么多的城市，这么多的城堡，这么多的大教堂，这么多的人，在非洲、在亚洲、在美洲……在巴西、在安哥拉（Angolas）、在果阿、在摩鹿加群岛、在澳门……正是在这些地方，[国王] 需要最忠实的仆人和最善良

㉔ 被引用在 Fernando J. Bouza Álvarez, *Portugal no tempo dos Filipes: Política, cultura, representações (1580 - 1668)* (Lisbon: Edições Cosmos, 2000), 185 - 205, esp. 187。Felipe Pereda and Fernando Marías, eds., *El Atlas del rey planeta: La "Descripción de España y de las costas y puertos de sus reinos" de Pedro Texeira* (1634) (Madrid: Nerea Editorial, 2002).

的力量。”[25] 一连串外国地名的背诵让人想起加西亚·德雷森迪诗意的《杂记》(*Miscelânea*)，维埃拉使用被包含在世界地图中的地理学知识，去鼓励教会的传教士们敢于走出自己偏狭的局限。为此，他借鉴《圣经》的哈巴谷（Habakkuk）寓言，哈巴谷同意前
468 往狮穴中为丹尼尔（Daniel）取食，尽管他从未亲眼见过巴比伦。维埃拉以修辞学的形式提出了一个挑战，而其中心是一幅地图：“如果除了塔古斯河，你从未见过大海；如果除了在地图上，你从未目睹世界；如果除了突尼斯的挂毯，你从未见证战争，那你怎么敢统治战场、海洋，乃至世界呢?”[26] 在维埃拉责问式的散文中，地图变成了更大的传教计划的障碍，地图是这样一幅图像，其可能导致耶稣会士将他们的信任建立在浅薄的书本知识上，而不是建立在通过掌控大地和海洋而得来的实际经验上。

维埃拉对突尼斯挂毯的引用提到了一个非凡的艺术作品系列［《征服突尼斯》(*The Conquest of Tunis*)］，其流行于哈布斯堡西班牙和葡萄牙的宫廷中。由荷兰艺术家扬·科内利斯·韦尔梅耶设计，由查理五世委托以记录他 1535 年讨伐突尼斯的战功，后来在 1549—1553 年间由威廉·德帕纳玛科执行，这些对地理和军事征服双重胜利的精致描绘，在整个 16 世纪成为伊比利亚人权力的符号。挂毯中的一幅，也就是系列中的第一幅，是一幅战争舞台的透视图：一幅地中海盆地的地图（参见图版 22）。弗兰斯·霍根伯格制作了这些场景中一些的蚀刻画，随后他将其用作他与乔治·布劳恩从 1572 年开始出版的城市景观的模型[27]。葡萄牙皇室宫廷艺术的品位和赞助的模式，像若尔丹（Jordan）揭示的那样，在很大程度上由家庭意识形态的问题所推动，特别是查理五世的宫廷所面对的[28]。葡萄牙的玛利亚，曼努埃尔一世和奥地利的莱昂诺尔（Leonor）的女儿，收集了 1555—1560 年间在弗兰德斯制作的《征服突尼斯》系列的复制品。她宫廷中的一位诗人——路易斯·德卡莫斯，可能目睹过这些挂毯悬挂在玛利亚从她母亲那里继承的奢华的庄园中。

但是，有另一组皇家挂毯有着特别强大的地图学事项，这些可能给卡莫斯和围绕在葡萄牙公主周围的核心宫廷作家提供了球仪和地图的灵感，而球仪和地图渗透到文艺复兴时期葡萄牙文学创作的各个层面。这就是所谓的《球体》系列，被认为在 16 世纪 30 年代已经创作，并在 16 世纪的大部分时间里悬挂在葡萄牙皇室的住宅中。题为“由朱诺和朱庇特守护的地球”的挂毯，是对最近宣称的海洋帝国的葡萄牙霸权的有力的视觉陈述，这一帝国从里斯本绕过好望角延伸到印度洋的外缘（图 17.1）。所呈现的胳膊在庞大球仪两侧延伸人物形象，被认为代表了奥地利的凯瑟琳和若昂三世，他们在曼努埃尔一世的统治之后于 1521—1557 年统治葡萄牙。显示了国王和王后声称对一个由看不见的像空气一般的绳子悬挂的发光的球体享有主权，而球体上遍布的白色旗帜象征葡萄牙对遥远土地的统治。这一地

㉕ António Vieira, “Sermão do terceiro domingo da Quaresma,” *Sermoãs*, 16 vols., by António Vieira (São Paulo: Editora Anchieta, 1944 - 45), 1: 495 - 49.

㉖ Vieira, “Sermão do terceiro domingo da Quaresma,” 1: 502. 被引用在 Bouza Álvarez, *Portugal no tempo dos Filipes*, 185。

㉗ Hendrik J. Horn, *Jan Cornelisz. Vermeyen: Painter of Charles V and His Conquest of Tunis*, 2 vols. (Doornspijk: Davaco, 1989), 1: 130 - 31.

㉘ Annemarie Jordan, “Portuguese Royal Collecting after 1521: The Choice between Flanders and Italy,” in *Cultural Links between Portugal and Italy in the Renaissance*, ed. K. J. P. Lowe (Oxford: Oxford University Press, 2000), 265 - 93.

理主权的强有力的图像，不禁让人想起了《卢济塔尼亚人之歌》第十章出现的闪耀的球体。确实，这一系列作品的其他现存的挂毯上还显示了浑天仪——曼努埃尔一世的象征——以及由阿特拉斯（Atlas）和赫拉克勒斯各自肩负的天球。装饰了里斯本皇宫的这一系列的球形呈现，作为葡萄牙君主政体的隐喻象征，反映了其在地理和宇宙图像上的中心位置。但也许更重要的是，它们代表了地图和球仪在海外帝国的锻造中起的真正效用。这些地图在葡萄牙文学中的存在，不论是真实的还是隐喻的，说明了它们的表达力量，它们物质的和语言上的灵活性，以及作家和修辞学家塑造这些图像以适应他们自己目的的能力。无论是在皇宫墙壁上悬挂、在行省隐蔽的沙龙中宣布，或是在殖民地布道团的讲道坛上布道，地图及其隐喻，在葡萄牙庞大海运帝国的诗歌、布道和史诗文学中，遍布了全球，从而获得了新的意义。

第十八章　近代西班牙的文学与地图学：语源与推测*

西蒙·皮内特（Simone Pinet）

469 当堂吉诃德开始大战风车的时候，地图和地图绘制已在伊比利亚世界的许多领域——行政管理、后勤与外交——取得了很大的发展①。现代早期西班牙文学中关于文学与地图学的探究，汇集于米格尔·德塞万提斯的《堂吉诃德》。与堂吉诃德在伊比利亚半岛上的漫游相比，回到骑士传奇的英雄时代，以及它的神秘地理学，在作者看来这尤为具有讽刺意味，当考虑到作者是一位在军事战役中（包括勒班陀之战，一场可以在很多地图和海军图景见到的战斗，以及他囚禁在阿尔吉耶斯，有着可比较的地图学的共鸣）受伤的老兵，也可能对地图学有所了解的时候。

出版于1615年的《堂吉诃德》第二部分第六章是关于这种关系以及对于后面大部分内容都适用的格言的一个确定的证明。在他拯救困境中的少女，以及匡扶颠倒世界的奇幻旅行痛苦地失败之后，这位游侠此后至少十多年仍然怀抱冒险的梦想。烦恼于堂吉诃德第三次离家出走寻找骑士冒险的意图，他的管家威胁这位自诩为游侠骑士的人。她会请求上帝与国王找出一种方法让他待在原地。她要求知晓国王的宫廷里是否有骑士。堂吉诃德回答说，宫廷中存在骑士，这是有充分理由的，因为他们服务于伟大国王的仪仗、皇家威严的排场。为什么，管家又问道，"你，堂吉诃德怎么不是其中之一呢？"他的回答，延续到这一章的剩余部分，是对骑士精神最清楚的辩护（尤其是其中一个来自文学作品）。但也是一个对朝臣的诽谤，一个对王国最有用的左膀右臂的辩护，以及，从这个意义上说，对塞万提斯本人这样的士兵来说，是对正义、行政和经济的呼吁。它清楚地表达了对建立在英雄主义和骑士精神类型基础上的诗学的讨论，表达了对荣誉和阶级、道德、虚构以及追求真理的质疑。这种广泛话题的出发点是一个地图学的参考，其中这位西班牙贵族向他的管家指出，朝臣查阅地图，而它们正是由骑士在他们的旅行中制作的。通过在他们涉足过的地表上留下足迹的方法，他们成为在他们的旅行中带有地图的某种人物。对他的管家，堂吉诃德反驳道：

---

* 本章使用的缩略语包括：*Obra completa* 代表 Miguel de Cervantes, *Obra completa*, 3 vols., ed. Florencio Sevilla Arroyo and Antonio Rey Hazas (Alcalá de Henares [Spain]: Centro de Estudios Cervantinos, 1993–95)，以及 *Obras de Lope de Vega* 代表 Lope de Vega, *Obras de Lope de Vega: Obras dramáticas*, rev. ed., 13 vols. (Madrid: Tip. de la "Rev. de Arch., Bibl., y Museos", 1916–30)。

① 参见本卷第三十九章。

> 骑士不能都耽在朝廷上，在朝廷上侍卫的，不能——也不必都是游侠骑士。世界上得有各种各样的骑士。尽管都是骑士，却大不相同。朝廷上的骑士只耽在自己屋里，不出宫廷的门槛，不花一文钱，不知寒暑饥渴的苦，看看地图就算周游世界了。可是我们这种货真价实的游侠骑士得受晒、受冻，风里雨里、日日夜夜，或步行或骑马，一脚一个印地踏遍世界。和我们交手的敌人不是纸上画的，是使真刀真枪的真人。②

在这里，塞万提斯有着与后来的科日布斯基（Korzybski）相似的观点，类似于博尔格斯（Borges）的关于“严谨的科学”的著名小说，在其中，一位皇帝的地图学家们，以1∶1的比例绘制了一幅帝国的地图，但无论在经济、政治、文学或哲学方面，地图都不等同于它所表现的领土。③ 堂吉诃德不是在简单地对现实提出主张；相反，他瞄准的是更大的小说领域中的物质世界。地图学在这里不是一种对象，甚至不是一种工具，而是一种复杂的操作，去通过对诗学和呈现力的反思，质询小说中真相的位置。

西班牙在文艺复兴时期地图学中的角色，以不断演化和矛盾的现象为特征：14 世纪 470
以来的波特兰航海图的马略卡（Majorcan）作品引发的进步；水手的经验和发现使这项技术的发展更进一步；贸易署对精确地图的流通加以控制；以及查理五世、菲利普二世和菲利普四世等一些君主对西班牙帝国地图学发展的兴趣。西班牙的宗教改革和反改革削弱了地图制作者、编辑者和审查者的活动；与此同时，北方国家不断发展的印刷工业，使西班牙的地图产品黯然失色，且其商品迅速在其他国家传播。因此，从美洲殖民化的角度来看，公众的地图学意识已经渗透并在伊比利亚文化中扎根，但有着看似荒谬的延迟。具有历史讽刺意味的是，亚伯拉罕·奥特柳斯的《寰宇概观》在西班牙的成功是真实且持久的。从贯穿《堂吉诃德》的对地理学和地图学的众多提及中地图的存在来看，它对文学的影响清晰可见。

这一时期西班牙的文学实践与这一发展是相伴行的。深谙政治和宗教之间的冲突，这一时期创造性的想象不仅产生出西班牙最璀璨的革命性文体、风格和主题的范例，从费尔南多·德罗贾斯（Fernando de Rojas）的《塞莱斯蒂娜》（*La Celestina*，1499）到佩德罗·卡尔代罗内·德拉巴尔卡（Pedro Calderón de la Barca）的《人生一梦》（*La vida es sueño*，1636），而且还催生出从诗学到历史学等领域的一系列反思，这发生在我们今天称为的西班牙的黄金年代。文学无疑记载了地图学所涉及的政治、宗教、社会和经济等所有复杂的问题。但它也与地图学在发展、技术和关注的事务方面进行了互鉴，借鉴了话题并直接地参考，对流派进行模仿以及在态度方面有着重叠。在下文中，我提出了一系列联系了西班牙地图学和文学的活动。描述、修饰和推测的各个方面，都通过这一时期最著名的作品来表现。

---

② Miguel de Cervantes, *Don Quijote de la Mancha*, 2 vols., ed. Francisco Rico (Madrid: Crítica, 1998), 1: 673.（译者注：译文引自杨绛译《堂吉诃德》第六章，人民文学出版社 1983 年版，第 44 页）

③ Alfred Korzybski, *Science and Sanity: An Introduction to Non-Aristotelian Systems and General Semantics*, 2d ed. (1933; Lancaster, Pa.: International Non-Aristotelian Library Publishing, Science Press Printing, distributors, [1941]), 58, 以及 Jorge Luis Borges, "On Exactitude in Science," in *Collected Fictions*, trans. Andrew Hurley (New York: Penguin, 1999), 325。

这一时期的大量文学作品，加上西班牙文学评论中对这一地图学脉络的少量研究，开辟了一个方兴未艾的研究领域[④]。

词源：隐喻和字面用法

西班牙文学中对地图的提及可追溯到阿方索十世（Alfonso X）时期（1221—1284 年），《亚历山大之书》（Libro de Alexandre，约 1250），或《胡安曼娜诗集》（Juan de Mena，1411—1456）。文献中第一次提到拉丁语世界地图（*mappamundi*）［《世界地图》（mappamundi）］是在佚名的《世界的相似》（Semejança del mundo，约 1223）中，且这一词汇在各种作品的西班牙语中被用作 *mapa mundi*，如佚名翻译的雅克·德维特里（Jacques de Vitry）的《东方的历史》（Historia orientalis，约 1350），胡安·费尔南德斯·德埃雷迪亚（Juan Fernández de Heredia）于 1396 年翻译的马可·波罗之书，以及佩德罗·洛佩斯·德阿亚拉（Pedro López de Ayala）翻译的李维的《建城以来史》（Ab urbe condita，约 1400）[⑤]。在 16 世纪的前 25 年，mapa（"地图"）作为一个彻底的卡斯提语名词，其使用量激增，出现在新世界的编年史和神秘主义、诗歌、叙事和戏剧作品中。黄金时代文学使用的两个术语涉及地图：综合性的 *mapa* 和 *carta*。后者用于指代一种地图学类型，*carta de marear* 或航海图。《卡斯提语和西班牙语的宝库》（*Tesoro de la lengua castellana o española*，1611）和《权威辞典》（*Diccionario de autoridades*）［原名是《卡斯提语辞典》（*Diccionario de la lengua*

④ 近年来西班牙文学研究中关于空间性的最著名的研究，是 Walter Mignolo 的 *The Darker Side of the Renaissance: Literacy, Territoriality, and Colonization*, 2d ed.（Ann Arbor: University of Michigan Press, 2003）。亦参见 Ricardo Padrón 的 *The Spacious Word: Cartography, Literature, and Empire in Early Modern Spain*（Chicago: University of Chicago Press, 2004）。从西班牙—美洲艺术史的视角，参见 Barbara E. Mundy, *The Mapping of New Spain: Indigenous Cartography and the Maps of the Relaciones Geográficas*（Chicago: University of Chicago Press, 1996）。关于君主对地图学的兴趣，参见 Geoffrey Parker, "Maps and Ministers: The Spanish Hapsburgs", in *Monarchs, Ministers, and Maps: The Emergence of Cartography as a Tool of Government in Early Modern Europe*, ed. David Buisseret（Chicago: University of Chicago Press, 1992）, 124 – 52。

⑤ Enrique Jiménez Ríos, ed., *Texto y concordancias de Biblioteca Nacional de Madrid MS. 3369, Semeiança del mundo*（Madison: Hispanic Seminary of Medieval Studies, 1992）, fol. 150r; Jacques de Vitry, *Traducción de la "Historia de Jerusalem abreviada"*, ed. María Teresa Herrera and María Nieves Sánchez（Salamanca: Universidad de Salamanca, 2000）, chap. XCI; Marco Polo, *Libro de Marco Polo*, trans. Juan Fernández de Heredia, ed. Juan Manuel Cacho Blecua（Zaragoza: Universidad de Zaragoza, 2003）, fol. 108r; 以及 Livy, *Las Décadas de Tito Livio*, 2 vols., trans. Pedro López de Ayala, ed. Curt J. Wittlin（Barcelona: Puvill Libros, 1982）, 1: 223。"*Historia de Jerusalem*" 和 *Libro de Marco Polo* 可在线获取 Real Academia Española, Banco de datos（CORDE）, Corpus diacrónica del español at <http://www.rae.es>。*mappamundi* 一词后来被 Alfonso Fernández de Palencia 用作 *mappa mundi*（1490）；参见他的 *Universal vocabulario en latín y en romance*, 2 vols.（Madrid: Comisión Permanente de la Asociación de Academias de la Lengua Española, 1967）, 1: cclxv。作为 *mapa del mundo*（世界地图）它大约在 1400 年至 1425 年出现在 Latini 的 *Livres dou tresor*；参见 Brunetto Latini, *Text and Concordance of the Aragonese Translation of Brunetto Latini's Li livres dou tresor: Gerona Cathedral, MS 20-a-5*, ed. Dawn Prince（Madison: Hispanic Seminary of Medieval Studies, 1990）, fols. 3r and 48v。亦参见 Joan Corominas, *Diccionario crítico etimológico castellano e hispánico*, 6 vols.（Madrid: Editorial Gredos, 1980 – 91）, 3: 836, s. v.。"mapa." 这个名词在这一时期在阴性和阳性之间摆动，有时显然指明了不同的含义。

castellana），1726］，这两部辞典定义了这一时期文学与地图学呈现所使用的术语[⑥]。*Mapa* 和 *carta* 的定义见证了地图技能中的变化。两部辞典使用“描绘”（description）作为 *carta* 和 471 *mapa* 定义的核心。都将 *carta de marear*（航海图）包括到 *carta* 一系列的其他含义中（例如，作为扑克牌意义的 *cartas*，以及它的常见含义，“信件”），都从物质层面定义了 *mapa*，由此这些定义将 *carta de marear* 降格为 *mapa*，作为一种特殊的地图类型。然而，《权威辞典》的定义比《卡斯提语和西班牙语的宝库》的更长也更精确，引入了技术元素并提供了作者和引文的参考。《权威辞典》扩展了 *mapa* 的定义，从词源扩大到距离的测量方法，以及基于它们被绘制于的表面和它们描述的范围，到对地图分类的讨论。通过在从圣徒传到科学论文等作品的引用，技术术语数量倍增。对文学话语的直接引用，是这一术语不同含义的文献记录。*Mapa* 作为总结了事物的一种状态的书写文本，而对此，《权威辞典》将其与一个拉丁文修辞的对应物，*descriptio brevis*（简要描述）关联起来，而这是这些含义中的第一个。第二个是作为一个隐喻的 *mapa*，指的是“在其脉络中的任何杰出的和异乎寻常的事物”，这是一个特定于这一时期的隐喻，通过辞典与表达为“ornatus（修饰）”的修辞学再次发生了联系[⑦]。修饰与描述紧密相连，成为地图学和文学的共同基础。

在黄金时代的经典中，地图很快就成为散文和诗歌中的描写对象。造型描述（Ekphrasis），一个指代对图像的口头描述的术语，在不同文学体裁中被“描绘”地图的作家所使用。口头地图似乎是作为修饰的和/或描述的地图最明显的例子。在加西拉索·德拉维加（Garcilaso de la Vega）的《第三牧歌》（*Egloga tercera*）的一系列造型描述中，对尼舍（Nise）挂毯的描述，讲述了是如何对塔霍（Tajo）河的河道进行描绘的。这条河被“画在”挂毯上，读者/观看者的目光循着它，穿过由它沐浴的西班牙的部分，在山间流转，在地上蜿蜒，经过了一系列的古建筑和正在工作的水磨。将挂毯当作一幅地图来阅读，经由将故事片段编制在一起的“情节”与段落中最后诗节诗句之间的互动而增强[⑧]。显然，在这些段落中，描写和修饰，是将文学和地图学密切关联起来的共同点。

戏剧亦非造型描述不可渗入的领域。在塞万提斯《训诫小说集》（*La entretenida*）的第三幕，一段活泼的对话由一系列地图学的双关语组成，使用了地理学的术语和地名，在其中，交换最终会产生一幅地图，该地图由一系列以其产地的地区或城市命名的葡萄酒组

---

⑥ Sebastián de Covarrubias Orozco, *Tesoro de la lengua castellana o española*（1611; Barcelona: S. A. Horta, 1943）. Covarrubias 使得这一术语可以被替代，将 *descrevir* 定义成“用笔叙述或标记一些地点或事件，如同绘画那样生动。描写这种叙述，或写作或勾画，作为对行省的描述或地图”。《卡斯提语和西班牙语的宝库》有很多地名词条。那些西班牙语的，突出了它们的本土来源，并与其他来源进行了比较，如来源于普林尼、斯特拉博、安东尼奥·德内夫里哈、亚伯拉罕·奥特柳斯和庞波尼乌斯·梅拉的。对于外国地名，通常《卡斯提语和西班牙语的宝库》参考的是奥特柳斯（引用了不下 50 次）。没有考虑其他来源，以对术语例如 *marinero*（水手），*piloto*（领航员），*rumbo*（方向）和 *derrota*（路线）提供更多信息。*Diccionario de la lengua castellana...*, 6 vols.（Madrid: Francisco del Hierro, Impresor de la Real Academia Española, 1726 – 39）；多次重印，开始于 1963 年，标题是 *Diccionario de autoridades*。这些变化可能与对于摩鹿加群岛的经度、政治和地图学问题的讨论有关，通过它参考的文本，这些被收录到 *Diccionario de autoridades*。所有的翻译都是我做的。

⑦ *Diccionario de autoridades*, 4: 492 – 93, s. v. “mapa.”

⑧ Garcilaso de la Vega, *Poesías castellanas completas*, ed. Elias L. Rivers（Madrid: Castalia, 1986）, 201 – 3. 正是第四位也即最后一位仙女在《第三牧歌》的 193—264 诗篇中描述了尼舍的挂毯。

成[⑨]。同样，在塞万提斯的中篇小说《玻璃硕士》（*El licenciado Vidriera*）中，他用意大利的葡萄酒绘制了一幅地图，接着是一幅西班牙地图，“在不使用任何魔术的情况下描绘了现在的情况，并且就像绘制在地图上那样，是真实并正确的”[⑩]。对塞万提斯来说，“地图”在这里类似于一个错觉的游戏、一个把戏、一种小聪明或智力游戏（ingenio）。在他的“模范故事”中展示的大部分内容，完全可以被视作一场跨越西班牙帝国的旅程。

主人公的故事开始于西班牙，并渡海去意大利（途经科西嘉和土伦），接着他穿过意大利通过陆路前往罗马，在那里，他评论了古迹、街道和建筑。他接着去了那不勒斯和西西里（注意各地所见之物，或验证已知的事情），又去了威尼斯，然后暗示他去了特诺奇蒂特兰（Tenochtitlán）[替米斯汀（Temistitan）或墨西哥城]。塞万提斯富有想象力的对两座城市进行的比较，与贝内代托·博尔多内（1528 年）以及托马索·波尔卡基（1572 年）的岛屿书的设计是符合的，精巧地将其包括了新大陆的岛屿和城市[⑪]。博尔多内把威尼斯，这座众岛环绕的城市，放置在与特诺奇蒂特兰对等的位置上，后者是一座被一汪环形水域和周围的陆地环绕的岛屿城市。地图学的设计解释了惊奇的感觉[⑫]。弗兰德斯人接着来到威尼斯，然后
472 这位主人公又返回萨拉曼卡（途经法国），在那里他将遇到后来毒死他，然后将他（即使只在他的脑海里）变成玻璃硕士（Licenciado Vidriera）的女人[⑬]。从帝国的视野——西班牙和意大利，通过威尼斯的美洲——到通过萨拉曼卡，对一座城市，字面上的国度的凝视，这一运动可被视为一个从世界地图到城市地图的跨越。它不仅在其设计中包含了作为补充的威尼斯和墨西哥城；它使用并改编了彼得·阿皮亚著名的类比，在这一比拟中，将宇宙志与一个人的肖像（画的或“描述的”）进行对比，以说明地志学如何与一幅城市景观类似，是对孤立的眼睛或耳朵进行的描绘[⑭]。

在洛佩·德维加（Lope de Vega）的戏剧《流氓》（*El abanillo*）的第一幕，三个角色通过将其比作一头公牛而谈论西班牙的形状。谈话者们然后提到了西班牙的自然边界及其范围，其产物及其分割成的“部分”[塔拉戈纳（Tarraconense）、伯埃齐克（Baetica）、卢西塔尼亚]。完成了这一比较性旅游的角色，被授予“勇敢的宇宙学家”的称号。他们的对话

---

⑨ Miguel de Cervantes, *La entretenida*, in *Obra completa*, 3: 762.

⑩ Miguel de Cervantes, *El licenciado Vidriera*, in *Obra completa*, 2: 647 –79, 引文在 652。

⑪ 关于《岛屿书》（*isolario*），参见本卷第八章。

⑫ “从那里，在安科纳上船，他前往威尼斯，一座如果科隆不降世便不会有与之匹敌的城市：感谢上天和伟大的征服了墨西哥的赫南多·科尔特斯（Hernando Cortés），使得有事物在某种程度上可以与伟大的威尼斯抗衡。这两座名城的街道是相似的，街道都是水：一座是欧洲的，对古代世界的赞美；一座是美洲的，对新世界的颤栗。”Cervantes, *El licenciado Vidriera*, 2: 654。亦参见 Frank Lestringant, *Le livre des îles: Atlas et récits insulaires de la Genèse à Jules Verne* (Geneva: Droz, 2002), 111 –23，作者在这里遍历岛屿书的传统以追溯类似之物，与塞万提斯有惊人的相似之处。

⑬ 塞万提斯的其他口头地图已在这个脉络中进行了解释，例如《堂吉诃德》中著名的流浪者地图，塞万提斯在其开场白中已提及了它：*El ingenioso hidalgo Don Quijote de la Mancha*, 6 vols., ed. Diego Clemencín (Madrid: Aguado, 1833 –39), vi –xxxix。亦参见 Francisco Rodríguez Marín, ed., *Don Quijote de la Mancha*, rev. ed., 10 vols. (Madrid: Ediciones Atlas, 1947 –49), 1: 129 n. 13。

⑭ 彼得·阿皮亚的《宇宙志》在西班牙翻译并印刷出版，即 *Libro dela Cosmographia de Pedro Apiano, el qual trata la descripcion del mundo, y sus partes, por muy claro y lindo artifício, aumentado por el doctissimo varon Gemma Frisio...* (Enveres: Bontio, 1548)。阿皮亚的对比似乎培育了在本章其他部分将会涉及的造型描述/肖像的问题。我感谢汤姆·康利为我提供了该参考文献。

接着描述了巴塞罗那⑮。从世界地图到地方志再到城市地图的运动在此处又重演了，直接预见了对诗学的讨论，再次说明了地图学对黄金时代文学的自我反思而言，是何等至关重要。

对西班牙文学遗产的仔细考察表明，它的地图学推动力确实无处不在。流浪者体裁也不例外。它与城市和区域地图学密切相关，只要其伴随着流氓（*pícaro*）的移置。它在等级结构和关系的网格中也可以看到，特别是通过语言的表达，从《托梅斯的导盲犬》（*Lazarillo de Tormes*，1554）到马特奥·阿莱曼（Mateo Alemán）的《古斯曼·德阿尔法拉切》（*Guzmán de Alfarache*，1599），以及弗朗西斯科·克韦多（Francisco de Quevedo）的《流氓》（*El buscón*，1626）⑯。塞万提斯的堂吉诃德及其穿过西班牙中部的可验证的旅程——除了巴拉塔里亚岛（Insula Barataria）以外——反映了全面了解这个国家的渴望，这与当时西班牙君主的事业是并行的。关注伊比利亚和旧大陆的目光虽然不曾间断：然而只要有任何机会，美洲就会出现在视域之内。有时是通过涉及的一个角色，有时是一句谚语，其他则是地理方面的。⑰ 它们每次的发生都泄露了阿尔珀斯所谓的地图学的"冲动"，后者在这里可以作为在文学形式中是与生俱来的而被理解⑱。在前往印度群岛的路上（甚至在塞维利亚，即将登船），各种体裁都涉及了一种正在发展的地图学文化。

史诗题材是明显的候选。在阿隆索·德埃尔西利亚（Alonso de Ercilla）的《阿劳加纳》（*La Araucana*，1569）中，体裁暗示了地图，在它们的基础上构建了精致的隐喻，并通过提及它们，来筛分其描述和讨论⑲。与史诗有密切联系的众多作品，从《地理录》（*relaciones*）和《编年史》（*crónicas*）一路到例如阿尔瓦·努涅斯·卡韦萨·德巴卡（Alvar Núñez Cabeza de Vaca）的《毁灭》（*Naufragios*，1537）和卡洛斯·德西根萨·y. 贡戈拉（Carlos de Sigüenza y Góngora）的《阿隆索拉米雷斯的不幸》（*Infortunios de Alonso Ramírez*，1690）⑳，以及期间丰富的历史著作。旅行见闻，诸如鲁伊·冈萨雷斯·德克拉维霍（Ruy González de Clavijo）的《帖木儿的大使》（*Embajada de Tamorlán*）和佩德罗·塔富尔（Pedro Tafur）的《幸运之旅》（*Andanças é viajes*），应当在严格的地图学线索中对它们进行研究，特别是在与《知识之书》（*Libro del conosçimiento*）的关系中，这是一部地图学、文学和纹章学的混合物，正与本研究所涉时期之前的时期相对应（约 1350 年）㉑。最后，巴尔塔萨·格拉西安

---

⑮ Lope de Vega, *El abanillo*, *Obras de Lope de Vega*, 3: 4 – 5.

⑯ 关于涉及的城市地图学，即使没有具体的一个文学体裁，参见 Richard L. Kagan, *Urban Images of the Hispanic World, 1493 – 1793* (New Haven: Yale University Press, 2000)。

⑰ 参见 Diana de Armas Wilson, *Cervantes, the Novel, and the New World* (Oxford: Oxford University Press, 2000)。

⑱ Svetlana Alpers, *The Art of Describing: Dutch Art in the Seventeenth Century* (Chicago: University of Chicago Press, 1983).

⑲ 参见 Padrón, *Spacious Word*, 尤其是关于史诗和帝国的想象。

⑳ 除了这些，最壮观的例子是 Felipe Guamán Poma de Ayala 的安第斯风格的世界地图。参见 Kongelige Bibliotek, Copenhagen 网站，< http://www.kb.dk/elib/mss/poma/ >, pp. 1001 – 1002, 以及 Guamán Poma 的描述，pp. 1000 and 1003。彼得·马特（Peter Martyr）对墨西哥湾的描述也十分有趣。参见 Rolena Adorno and Patrick Charles Pautz, *Álvar Núñez Cabeza de Vaca*, 3 vols. (Lincoln: University of Nebraska Press, 1999), 3: 241, 243, 以及 273 – 74。我感谢 Rolena Adorno 提供的这些参考文献。亦参见 William Gustav Gartner, "Mapmaking in the Central Andes," *HC* 2.3: 257 – 300。

㉑ *Libro del conosçimiento de todos los rregnos et tierras et señorios que son por el mundo, et de las señales et armas que han*, 复制本（Zaragoza: Institución "Fernando el Católico," 1999），包括对 María Jesús Lacarra、María Carmen Lacarra Ducay 和 Alberto Montaner Frutos 手稿的研究。亦参见 *El Libro del conoscimiento de todos los reinos* (*The Book of Knowledge of All Kingdoms*), ed. and trans Nancy F. Marino (Tempe: Arizona Center for Medieval and Renaissance Studies, 1999).

(Baltasar Gracián) 的作品，在现代性的另一面平衡了它本身，可以在有着共同空间的地图学和哲学线索中加以理解[22]。

473 "地图"这个词本身的使用，记录在这一时期各个文学流派中。塞万提斯在字面意义上使用该词，可见于他的中篇小说《血的力量》和《吉普赛姑娘》(*La gitanilla*)[23]，戏剧《阿尔及尔的浴场》(*Los baños de Argel*)，以及《堂吉诃德》[24]。洛佩·德维加在他的很多戏剧中在字面意义上使用该词。[25] 在《在角落的恶棍》(*El villano en su rincón*) 中，国王问道："这有什么关系？有什么美丽/可以比得上宫廷？/在哪幅地图上可以找到/更多样的绘画？"[26] 同一作者作品中的十四行诗也有着地图学的修饰，收录在米格尔·德马德里加尔 (Miguel de Madrigal) 收集的海难诗中："领航员丢弃了地图和罗盘/厌倦了风与浪的斗争。"[27] 在他的历史寓言《克里斯托弗·哥伦布发现的新世界》(*El Nuevo Mundo descubierto por Cristóbal Colón*) 中，洛佩·德维加交替使用 *carta* 和 *tablas*[28]。通过使用了 *mapa*，路易斯·德贡戈拉 (Luis de Góngora) 在他的《深深的孤独》(*Soledad primera*) 中的第 194 诗节中预告了，在跨越第 366—502 诗节中的一个长长的地图学段落；弗朗西斯科·克韦多在他的讽刺诗中也使用了这一术语[29]。

卡尔代罗内使用的"地图"几乎总是伴随着形容词 *breve* (概要的)，让人想起在其被称作"神圣戏剧"(*autos sacramentales*) 的很多宗教戏剧中作为总结的地图的隐喻，例如在《真神潘》(*El verdadero dios Pan*) 中 ("和什么/礼仪的代表，/如同袖珍的地图，/世界囊括其中")[30] 通常这些用法被同时开发出的"航海图""宇宙志"和"描述"等词替代或重

---

[22] Alban K. Forcione, "At the Threshold of Modernity: Gracián's *El Criticón*", 其阐述了宇宙志、哲学、政治、宗教和诗学，以及 Jorge Checa, "Gracián and the Ciphers of the World", both in *Rhetoric and Politics: Baltasar Gracián and the New World Order*, ed. Nicholas Spadaccini and Jenaro Talens (Minneapolis: University of Minnesota Press, 1997), 3 – 70 和 170 – 87.

[23] Miguel de Cervantes, *La gitanilla*, in *Obra completa*, 2: 439 – 509, 引文在 443 页。

[24] 《堂吉诃德》经常以某种方式被与地图学扯上关系。这一时期的地图，以及为骑士的旅程特别绘制的地图，经常被参考以核实其数据，并被经常印在各个版本的《堂吉诃德》中。必须记录与出现的单词相比不太明显的参考或者类似。例如，《堂吉诃德》中讲述的逸事与奥特柳斯的《寰宇概观》中讲述的是相同的，这由 Rodríguez Marín 记录在他的版本的《堂吉诃德》中，5: 298 n. 1。

[25] 例如，Lope de Vega, *Las burlas veras*, ed. S. L. Rosenberg (Philadelphia, 1912), 43; idem, *La noche toledana*, in *Obras de Lope de Vega*, 13: 95 – 132, 引文在 123 页; Lope de Vega, *El piadoso aragonés*, ed. James Neal Greer ([Austin]: University of Texas Press, 1951), 116; 以及 idem, *El duque de Viseo* (Madrid: Reproducción Fotográfica de la Real Academia, 1615), vol. 51, pt. 6, p. 151, 在其他例证之中。

[26] Lope de Vega, *El villano en su rincón*, act 2. 826 – 29. 除非另有说明，所有提及的剧本都可以在网上找到，*Teatro Español del Siglo de Oro: Base de datos de texto completo*, copyright © 1997 – 2004 ProQuest Information and Learning Company, all rights reserved, <http: //teso. chadwyck. com/>。

[27] Miguel de Madrigal, *Segunda parte del Romancero general y flor de diversa poesía* (Valladolid, 1605), fol. 192 v.

[28] Lope de Vega, *El Nuevo Mundo descubierto por Cristóbal Colón*, ed. Jean Lemartinel and Charles Minguet ([Lille]: Presses Universitaires de Lille, [1980]). 我在本章后文中对该剧作了评论。编者对地图学的评论和注释非常有用。

[29] Luis de Góngora, *Soledades*, ed. Robert Jammes (Madrid: Castalia, 1994), 239 and 271 – 99. Quevedo 讽刺诗集 v. 3 的 Sonnet 519; poem 736, v. 127; and poem 703, v. 37, 使用了 *mapamundi*, 这是我在这一时期发现的这一词汇的唯一一次出现。Francisco de Quevedo, *Poesía original completa*, ed. José Manuel Blecua (Barcelona: Planeta, 1996).

[30] Pedro Calderón de la Barca, *El verdadero dios Pan*, *Obra scompletas*, 2d ed., 3 vols. (Madrid: Aguilar, 1991), 3: 1243. Calderón 使用该词的神圣戏剧，是他的 *Obra scompletas* 收录的 *La viña del señor*, 3: 1481; *Los alimentos del hombre*, 3: 1611; *El divinoJasón*, 3: 64; 和 *El valle de la zarzuela*, 3: 721。

叠，以表示“地图”的含义㉛。洛佩使用了这个词的所有含义。他在《勇敢的科多韦斯·瓦莱罗索·佩德罗》（*El cordobés valeroso Pedro Carbonero*）中利用“地图”作为对世界的隐喻，且在《阿劳干的征服》（*Arauco domado*）的献词中，他将自己的作品在简洁的描述或概括意义上称为地图㉜。在同一段中，他将自己的“地图”与绘画和透视画进行了比较，强调两者中使用的等级系统使得简短但真实历史的呈现成为可能。在《流氓》中，洛佩使用“地图”作为进行了化妆的女人面部的隐喻，暗指表面，或也可能指的是面部的线条，而其可以对比他在《维塞奥公爵》（*El duque de Viseo*）（“其皮肤，好像一幅地图/似乎在不均等的片段/显示了水和土地的符号”）和《绅士的奇迹》（*El caballero del milagro*）（“所有的衣服都是借来的，东缝西补，比地图上的线条还多”）中使用的“地图”一词㉝，对洛佩来说，对地图的材料和视觉特征的强调尤为重要，但它也出现在克韦多将秃头与世界地图（*mappamundi*）的对比上：“有着世界地图（*mappamundi*）般的秃头，/由一千条线穿过，/有着地带和平行的/使它们出现了皱褶的道路。”㉞ 沿着这些脉络的是洛佩的《直至朋友的死亡》（*El amigo hasta la muerte*）中的迷宫：“我将退出这幅魔法地图/来到街道的灯光下。”在洛佩的《由不知到已知》（El saber por no saber）中运用了作为生活的概括的地图，并且在《莱尔马的布尔戈斯》（*La burgalesa de Lerma*）中作为这一类型事物中显著且奇异的例子㉟。他在《其过错的迹象》（*En los indicios, la culpa*）中使用了 *carta* 的多重含义，那里一位邮差据说他有自 474
己的航海图，并将友谊与在《直至朋友的死亡》中的发现事业进行比较，其中一个角色据说是其朋友的航海图㊱。

对于洛佩·德维加加以运用的地图学而言，新世界帝国尤其重要。《克里斯托弗·哥伦布发现的新世界》开始于哥伦布对赞助人的寻找，结束于他从美洲返回。一部混合了喜剧和宗教的戏剧，这部戏剧间接引述或参考了那时的历史任务和情节，例如弗朗西斯科·洛佩斯·德戈马拉（Francisco López de Gómara）、贡萨洛·费尔南德斯·德奥维多（Gonzalo Fernández de Oviedo）、埃尔西利亚和卡韦萨·德巴卡，将这些汇集于它第一幕数量庞大的地

㉛ 例如，Lope de Vega 的 *La noche toledana*, act 2. 851 和 act 3. 396；*El Nuevo Mundo*, act 1. 71 – 81, act 1. 109 – 12，以及 act 1. 145 – 54；*La hermosura de Angélica* 和 *El abanillo*，皆收录于 *Colección de las obras sueltas*: *Assi en prosa, como en verso*, 21 vols., ed. Francisco Cerdá y Rico (Madrid: Imprenta de A. de Sancha, 1776 – 79), 2: 196 and 3: 10; *Arcadia*, act 3. 820 和 1143；以及 Cervantes 的 *Pedro de Urdemalas*, *Obra completa*, 3: 881。

㉜ Lope de Vega, *El cordobés valeroso Pedro Carbonero*, ed. Marion A. Zeitlin (Madrid: Gráficas reunidas, 1935), 24，以及同上，*Arauco domado*, in *Obras completas de Lope de Vega*, vol. 9 (Madrid: Turner, 1994), 749 – 848，尤其是 751。

㉝ Lope de Vega, *El abanillo*, in *Obras de Lope de Vega*, 3: 10; idem, *El duque de Viseo*, act 1. 567 – 69；以及 idem, *El caballero del milagro*, act 2. 733 – 35。提及的可能是罗盘方位线，应该与贸易署的地图有关，通常描绘了不止一个 *rosa de los vientos*（风向线玫瑰），每个都有 32 条罗盘方位线。在《绅士的奇迹》中，洛佩·德维加再次在地图学的方面提到了他自己的作品；参见致 Pedro de Herrera 的信。之前提到的阿皮亚比喻的存在，似乎在洛佩·德维加对化妆品的暗示中更引人注目。亦参见 Angus Fletcher, *Allegory*: *The Theory of a Symbolic Mode* (Ithaca: Cornell University Press, 1964)。

㉞ Quevedo, *Poesía*, poem 703, vv. 37 – 40. 洛佩·德维加和克韦多的面部与地图的类比，是在 Jorge Luis Borges 的 *El hacedor* 的后记之前（1960；Madrid 重印：Alianza Editorial, 1972）。

㉟ Lope de Vega, *El amigo hasta la muerte*, act 3. 1076 – 77; idem, *El saber por no saber*, act 3. 1055 – 56；以及 idem, *La burgalesa de Lerma*, act 2. 474（“简单地说，你能在这里找到一切事物的一幅地图”）。

㊱ 参见洛佩·德维加，*El amigo hasta la muerte*, act 2. 418—24 中的交易：“arlaja：你为他服务的目的是什么？guzmán：我吗？arlaja：是的。guzmán：一幅航海图，/他船上的哥伦布，/通过我他可以预见，/他必将穿过的土地。”亦 idem, *En los indicios, la culpa*, in *Obras de Lope de Vega*, 5: 275。

图学元素中，显示了洛佩了解并意识到了地图学领域中的争论。中世纪世界地图（*mappamundi*）的由三部分构成的世界被与哥伦布的理论进行了对照，同时航海图与地图，欧几里得与托勒密，罗盘、陆地地带、分至线、极点，以及对跖地（antipodes），皆在剧中出现。关于地图学的讨论，概述于第661—684段的哥伦布的独白中，随后又被主人公在与他自己“想象”的对话中加以重复。正是她让他相信自己的猜测，或地图正在引导着他：它们显然是建立在地图学的空间和位置逻辑基础上的虚构的可能之事㊲。

如果地图学的学科和对象本身进入了黄金时代文学的辞典的话，那么制作者及其工具也是如此。领航员们比比皆是，尤其是在海难主题中，首先出现在编年史和诗歌中，后来出现在寓言小说中，例如巴尔塔萨·格拉西安的《评论家》（*El criticón*）（1651）。宇宙志学者则出现在塞万提斯的《堂吉诃德》、安东尼奥·德格瓦拉（Antonio de Guevara）的《马库斯·奥勒留的金书》（*Libro áureo de Marco Aurelio*）和洛佩的《基督的洗礼》（*El bautismo de Cristo*）中㊳触发了一系列隐喻的“磁针（*brúxula* 或 *brújula*）”则是进入了文学词汇表的最流行的工具㊴。“*Norte*”，表示“方向”“过程”或“引导”等意义时，常用于这一时期的标题中，例如弗朗西斯科·德奥苏纳（Francisco de Osuna）的《北方之国》（*Norte de los estados*, 1531）和弗朗西斯科·德蒙松（Francisco de Monzón）的《北方白痴》（*Norte de Ydiotas*, 1563）㊵。“*Brúxula*”最早出现在古铁雷斯·迭斯·德盖姆斯（Gutierre Díez de Games）的《维多利亚时代》（*El Victorial*）中，并作为工具出现，或至少是一种隐喻，为卡尔代罗内的《灵魂和丘比特》（*Psiquis*, *y Cupido*）和贡戈拉的《深深的孤独》指引方向（“因此，勤奋他的脚步/这年轻人催促，/测量这距离/用如缎的步伐，/修正（尽管迷雾寒冷）/在灯光之下，/他的针指向北方”）。㊶ 然而，*brúxula* 还意味着“小盒子”、“洞”或“一只火器的瞄准

㊲ Lope de Vega, *El Nuevo Mundo*, act 1. 661 – 839.

㊳ *Don Quijote* (1998 ed.), vol. 1, prologue, p. 15; vol. 1, chap. 47, p. 550; and vol. 1, chap. 29, p. 870.（两次，桑乔和堂吉诃德讨论托勒密）托勒密也被引用作“Tolomeo”，见 vol. 1, chap. 47, p. 548，将书中的骑士精神与地图中没有出现的东西联系起来：“什么样的心态，如果不是完全野蛮无知，能心平气和地阅读一座载满骑士的高塔在海上航行，就像船舶顺风航行，今天看见太阳在伦巴第落下，明朝看见它从祭祀王约翰的土地上升起，或其他托勒密没写过、马可·波罗也没看过的壮观景象?”亦参见 Antonio de Guevara, *Libro áureo de Marco Aurelio*, in *Obras completas*, ed. Emilio Blanco, vol. 1 (Seville, 1528; Madrid 重印: Turner, [1994 –]), chap. 3, 31 – 36，以及 Lope de Vega, *El bautismo de Cristo*, in *Biblioteca de autores españoles*, vol. 157, ed. D. Marcelino Menendez Pelayo (Madrid: Ediciones Atlas, 1963), 82。

㊴ *Brújula* 和 *compás* 的重复在西班牙语中表示不同的工具，由此增加了翻译的难度。*Compás* 有多重含义，其中最常见的意思是“节奏”，在这一时期广泛使用，因此地图学意义的识别是极其复杂的。我已经完全相信它在洛佩的《克里斯托弗·哥伦布发现的新世界》中仅仅作为一种工具的意义被使用，在那里它不仅被提及，而且是哥伦布的一个工具。*Astrolabio*（星盘）这个更老的术语位于第二位。我没有记录过它的使用，但它在，例如《堂吉诃德》(1998 ed.) 中出现过：“如果我这儿有 *astrolabe* 测量一下北极的角度，就知道走了多少路。”(vol. 2, chap. 29, p. 870)

㊵ 事实上，这些似乎在一系列重新制作的讽刺文中依然是中世纪 *speculum principi* 体裁的替代物。又见于单体诗，例如克韦多的 *Aguja de navegar cultos*（灵感来自 Góngora 的 *Soledades*）、克韦多的 *Juguetes de la niñez* (Madrid, 1631)；参见 Francisco de Quevedo, *Obras festivas*, ed. Pablo Jaural de Pou (Madrid: Editorial Castalia, 1981), 127 – 30。亦参见 Jacinto Segura 的 *Norte crítico* (Valencia, 1733; 重印于 Alicante: Instituto de Cultura “Jean Gil-Albert”, Diputación Provincial de Alicante, 2001)，以及后来的 Antonio Pérez 的 *Norte de príncipes* (Madrid, 1788)。

㊶ Gutierre Díez de Games, *El Victorial*, ed. Juan de Mata Carriazo (Madrid: Espasa-Calpe, 1940), 136 (chap. 50). Calderón, *Psiquis*, *y Cupido*, *Obras completas*, 3: 374. 贡戈拉在他的 *Soledad primera* 使用的 *aguja*，见于 *Soledades*, 215, vv. 77 – 82。

具”，最后这个在《权威辞典》中宣称的意义在18世纪被废弃，由 *mira* 一词取代[42]。然而，*mirar por brújula*（用指南针查找）的“在罗盘中看到”的象征性含义，在“看了一眼”，甚至“猜测”的方向上被成倍地放大。卡尔代罗内在《弥撒的奉献》（*La devoción de la Misa*）中使用了它，像贡戈拉在《各种浪漫》（*Romances varios*）中做的那样，塞万提斯也用过
它[43]。洛佩使用过名词和相关的动词，*brujulear*。特别有趣的是 *brújula* 与另外的具有地图学 475
内涵的词汇 *carta* 的组合。在那段时期，*brujulear por carta*，这一短语的意思是猜一张游戏中的牌[44]。这两个词在地图含义中的作用是重要的，因为它们与通过一幅航海图的方法来找到方向联系起来，特别是航海图。《权威辞典》将 *brujulear* 的这一隐喻用法与另一个修辞术语联系起来，即表示“conjecture（推测）”的拉丁语。这是另一种手法，由此文学与地图学的路径彼此交错，在此时确立了小说的可能性条件。

推　测

甚至是对地图引用的详尽介绍，也难以给我们确定地提供某一特定文献中某一地图传播的情况。我们也不应该认为，空间概念发生了直接的转变，而这种空间表达了一种通过地图的网格空间展现出来“现代”的心态。无论如何，空间和时间的紧密联系仍然可以在通常的表达中被记录，这在今天所有的西班牙语国家经常发生，即以空间作为时间的图形。然而，文艺复兴时期的大量引用证明，大多数作者对地图的使用是一般意义上的，而不是技术意义上的。西班牙的读者和观众们，无论是在朝廷上，还是在大街上，也是如此。此外，地图学术语的隐喻性使用和类型的演变，例如导航员或宇宙志学者，在诗文和剧场中，正在讲述文学在地图学中发现其自身表达方法的途径。

本章的推断既没有历史的确定性，也没有某一作者对地图实物确切知识的文献记录。这些任务大部分仍有待完成。对文学与地图学之间一系列共享方法的研究，可遵循第三条调查的线索——这些共享方法，即我已经指出的描述、修饰，特别是推测。在这些文献中，朝向地图和地图制作有一个连续的姿态，对我而言似乎由此可以在诗学的论战中识别地图学和文学：小说的真实的性质及其与历史的关系。

在上面提到的文献中，地图还有另一个令人费解的用途。它可以解释为轻视、怀疑，甚至对地图的否定，是字面意义的，而且还是隐喻的——地图的使用被认为是耍花招和欺骗的

---

[42] *Diccionario de autoridades*, 1: 692－93, s. v. “bruxula.”

[43] 塞万提斯使用 *brújula* 的方法是多样的：“从我用罗盘宣布的事实”，见于 Miguel de Cervantes, *Viaje del parnaso*, ed. Miguel Herrero García（1614; Madrid: Consejo Superior de Investigaciones Científicas, Instituto “Miguel de Cervantes”, 1983）, 236, v. 360；“从近处听到和看见，而不是通过罗盘猜测，就像通过一个洞看到”，同上，*Novelas ejemplares*, 2 vols., ed. Juan Bautista Avalle-Arce（Madrid: Castalia, 1982）, 2: 199；以及“这个 Auristela 的 Argos，几乎不让我们用罗盘猜测她脸上的神色”，见于 *Los trabajos de Persiles y Segismunda*, in *Obras completas de Miguel de Cervantes Saavedra: Edición de la Real academia española, facsimile de las primitivas impresiones...*（Madrid: Tip. de la Revista de Archivos, Bibliotecas y Museos, 1917－）, vol. 6, fol. 70。参见 Calderón, *La devoción de la misa*, in *Obras completas*, 3: 258，以及 Francisco de Quevedo, *Historia de la vida del buscón*, ed. Américo Castro（Paris, New York: T. Nelson and Sons, [n. d.]）, 269。

[44] 例如，Cervantes, *El juez de los divorcios*, act 1. 183－86（“我要在众目睽睽之下使用它们，而不是通过罗盘”），以及 Luis de Góngora, *Sonetos completos*, ed. Biruté Ciplijauskaité, rev. ed.（1969; Madrid: Castalia, 1985）, 270（sonnet XVI）。

工具，正如“猜牌”这个隐喻清楚地表明的那样[45]。沿着这些脉络的另一种评价是将地图视为魔术的一种形式[46]，或其他推测的形式。联系到模仿（imitatio）的问题，以某种方式对现实的再现，除了整体之外，是将地图的编绘与小说的写作联系起来的东西。小说是这一时期诗学论战的中心。它一方面是来自戈马拉和奥维多这样的道德家恶意攻击的对象，另一方面又因其缺乏真实性倾向而受到胡安·德瓦尔德斯（Juan de Valdés）或阿隆索·洛佩斯·平切诺（Alonso López Pinciano）的文学评论家的攻击。最好的例子是骑士小说的体裁。平切诺将骑士体裁称为是一系列的异类、愚蠢，洛佩在《克里斯托弗·哥伦布发现的新世界》中，在描述哥伦布的地图时，通过梅迪纳塞利公爵（Duke of Medinaceli）的嘴也说出了相同的话：“哥伦布：看看这一旅程录。梅迪纳塞利：哪个？哥伦布：这个。梅迪纳塞利：多么可笑的愚蠢！看来你的脑子出了毛病！西多妮娅（Sidonia）：哦，野心家！你还有什么不敢往上画的？”[47]

可以认为塞万提斯同意对地图和骑士小说的一视同仁和否定，特别是当我们想起西班牙文艺复兴时期最著名的提到地图的例子，就是本章开头堂吉诃德答复他的管家的话。在塞万提斯那里，显然，强调的是“真实”，关于土地及其直接经验的，反对使用地图作为一种把戏，他在《玻璃硕士》的段落中重提此事，在其中通过两者的葡萄酒来描述西班牙和意大利。然而，塞万提斯作品中所有其他提到地图的地方，其措辞都是否定形式：它们是地图上没有的东西：“这位骑士是一位勇敢的国王的儿子，我不知道是哪个王国，因为我相信它不应该出现在地图上”，“世界上的一切事物，这个饥饿的问题可能会促使人们去思考那些不在地图上的事情”，“法官：你叫什么？教堂看守人：特里斯坦（Tristan）。法官：老家哪里？教堂看守人：它不在地图上”。甚至塞万提斯使用 *cosmografía*（宇宙志）这个词时，他也使用的是这个意思：“最后成为某个王国的国王/没有哪部宇宙志可以显示。”[48] 不可忽视
476 的事实是，塞万提斯的地图学术语经常出现在对诗学讨论的语境下。地图是对现实的呈现，但不是详尽无疑的，它不能解释一切或每个地方。简言之，地图和它所代表的实际都不等于真实。因此建议对地图制作的含义进行修改：地图的领域不是实际的，但是真实，若不借助于虚构，那么对其的呈现也无从实现。这种现实不等于真实的思想，可以在下列作者那里看到，如洛佩·德维加的《克里斯托弗·哥伦布发现的新世界》中，哥伦布的虚构地图；塞万提斯通过很多精心设计的 *dérives*（工具），在他似乎复制的西班牙地理景观上进行练习。对卡尔代罗内来说，所有的地图都是对天地万物的缩减（他经常使用的表达），但总存在从地图中逸出的可能性：“如果你从这一极点逃脱，/它如此隐蔽，那些人/不知道其名字/即使地图也不知道。”[49]

---

[45] 有很多这样的作品，从奥特柳斯到庞波尼乌斯·梅拉，被放置在宗教审查的索引中，其强调文学与帝国、宗教和政治的重叠。

[46] 回顾塞万提斯的 *La gitanilla* 中魔术把戏和地图之间的联系，或参见 Juan Ruiz de Alarcón, *La prueba de la promesa y El examen de maridos*, ed. Augustín Millares Carlo（Madrid：Espasa Calpe，1960），act 3. 2690 –95，那里，魔术可以让人原地不动看到成千上万的陌生土地。

[47] Lope de Vega, *El Nuevo Mundo*, act 1. 391 –97. *derrota*（路线）的第二个含义“失败”是不可译的。

[48] 塞万提斯，在他的 *Obra completa*，来自 *Don Quijote*，1：221；*La gitanilla*，2：442 –43；*Los baños de Argel*，act 1. 807 –09；以及 *Pedro de Urdemalas*，act 3. 1060 –61。

[49] Calderón, *El divino Jasón*, in *Obras completas*, 3：64.

地图学与文学不仅与可相互核实的背景或可比较的主题存在关联，而且在结构上也是如此，在常用的哈利称之为一种修辞学的操作中也是如此[50]。这些操作可以帮助我们根据文学类型质询地图学中的结构发展。塞万提斯对现代小说建构中的情节重建，就像他将与骑士精神有关的书籍的“岛屿”主题，从一个背景转换成《堂吉诃德》中的结构，这是一个很好的例子。这种文学的重建可与岛屿书（*isolario*）到地图集的发展一起被记录。由于现代体裁的小说和地图集在各自的起源中执行的一系列操作，因此地图学与文学之间的关系不仅提供了历史分析的证据，也提供了对观众科学知识的洞察，也提供了体裁和诗学问题的可能发展脉络[51]。

描述、修饰和推测是修辞和认知的方法，它们不仅将地图学和文学联系在一起，而且也将它们与其他学科联系在一起。无论是地图还是文学文本，都常常在如下关系中被审视：作为描述的形式，它们与历史的关系，以及它们作为修饰成分与美学的关系。推测作为一种方法，似乎将自己定位在一座浮动的岛屿上，以执行一种知识的行为，同时推测是文学和地图学参与哲学、探求真实的场所。也许正是推测作为一种方法的力量，得到了弗朗西斯科·克韦多的信任，导致在他去世的前一年，通过他的签名授权庞波尼乌斯·梅拉的《古代世界的地理和历史概要》（*Compendius geográphico i historico del orbe antiguo*）的西班牙语翻译，而这是一部他曾认为是危险的书。

---

[50] J. B. Harley, “Text and Contexts in the Interpretation of Early Maps,” 和 “Maps, Knowledge and Power,” 皆见于 *The New Nature of Maps: Essays in the History of Cartography*, ed. Paul Laxton (Baltimore: Johns Hopkins University Press, 2001), 33 – 49, esp. 36 – 37, esp. 51 – 81, esp. 53 – 55。

[51] 岛屿倾向于成为地图学和文学之间的结构性联系的中心，从歌本（*cancionero*）诗到骑士小说，再到格拉西安。这一论点更详细的阐述，参见 Simone Pinet, “Archipelagoes: Insularity and Fiction in Medieval and Early Modern Spain” (Ph. D. diss., Harvard University, 2002)。

技术、生产和消费

第十九章　文艺复兴时期的土地调查、仪器和从业者*

乌塔·林德格伦（Uta Lindgren）

引言：1450 年的状况

在 1450 年前后的时期中，对于地理景观完整的地图学描述，既没有模型，也缺乏方法。477
在 15 世纪上半叶，居住在德意志南部修道院和维也纳大学的学者们参与了托勒密《地理学指南》的集中研究，特别是对坐标的计算和收集①。学者们不同的活动、方法和仪器，在弗里德里希的两部惊人的慕尼黑抄本中得到了强调②。但人们不可能只凭借坐标就绘制出大比例尺的地图。尽管《地理学指南》的地图让人文主义者们神魂颠倒，但当在古代德意志地图上既找不到他们的出生地，也看不到周围地区的时候，他们就失望了。阿尔贝特·马格努斯和罗杰·培根在 13 世纪提出的绘制高质量地图的呼吁，不可能简单地通过计算坐标来实现。还必须填充在地图上位于有着或多或少已知正确坐标的③城镇之间的地区（欧洲参考地图，参见图 19.1）。

为了理解这种缺失的意义，我们必须从更大的社会和更为科学的背景开始。自 11 世纪以来，关于数学、天文学，甚至地理学的知识，随着大学的创建，已经在欧洲传播开来。1400 年后，速度大大提高：1400 年存在 28 所大学，而到下一个百年，已创建了另外 11 所。

---

* 本章使用的缩写包括：IMSS 代表 Istituto e Museo di Storia della Scienza, Florence; *Copernicus* 代表 Uwe Müller, ed., 450 *Jahre Copernicus "De revolutionibus": Astronomische und mathematische Bücher aus Schweinfurter Bibliotheken* (1993; reprinted Schweinfurt: Stadtarchiv Schweinfurt, 1998); *Kursächsische Kartographie* 代表 Fritz Bönisch et al, *Kursächsische Kartographie bis zum Dreiβigjährigen Krieg* (Berlin: Deutscher Verlag der Wissenschaften, 1990 –); *Philipp Apian* 代表 Hans Wolff et al, *Philipp Apian und die Kartographie der Renaissance*, 展览目录（Weiβenhorn: A. H. Konrad, 1989）; *Rechenbücher* 代表 Rainer Gebhardt, ed., *Rechenbücher und mathematische Texte der frühen Neuzeit* (Annaburg-Buchholz: Adam-Ries-Bund, 1999)。

① Dana Bennett Durand, *The Vienna-Klosterneuburg Map Corpus of the Fifteenth Century: A Study in the Transition from Medieval to Modern Science* (Leiden: E. J. Brill, 1952).

② Munich, Bayerische Staatsbibliothek, Clm 14583 and 14783. 参见 Armin Gerl, "Fridericus Amman," *Rechenbücher*, 1—12, 特别是 1—2。

③ Uta Lindgren, "Die Geographie als Naturwissenschaft? Wie Albertus Magnus ein Forschungsdesiderat begründete," in *Köln: Stadt und Bistum in Kirche und Reich des Mittelalters*, ed. Hanna Vollrath and Stefan Weinfurter (Cologne: Böhlau, 1993), 571 – 87. 关于培根，参见 David Woodward, "Roger Bacon's Terrestrial Coordinate System," *Annals of the Association of American Geographers* 80 (1990): 109 – 22, 以及 idem with Herbert M. Howe, "Roger Bacon on Geography and Cartography," *Roger Bacon and the Sciences: Commemorative Essays*, ed. Jeremiah Hackett (Leiden: Brill, 1997), 199 – 222。

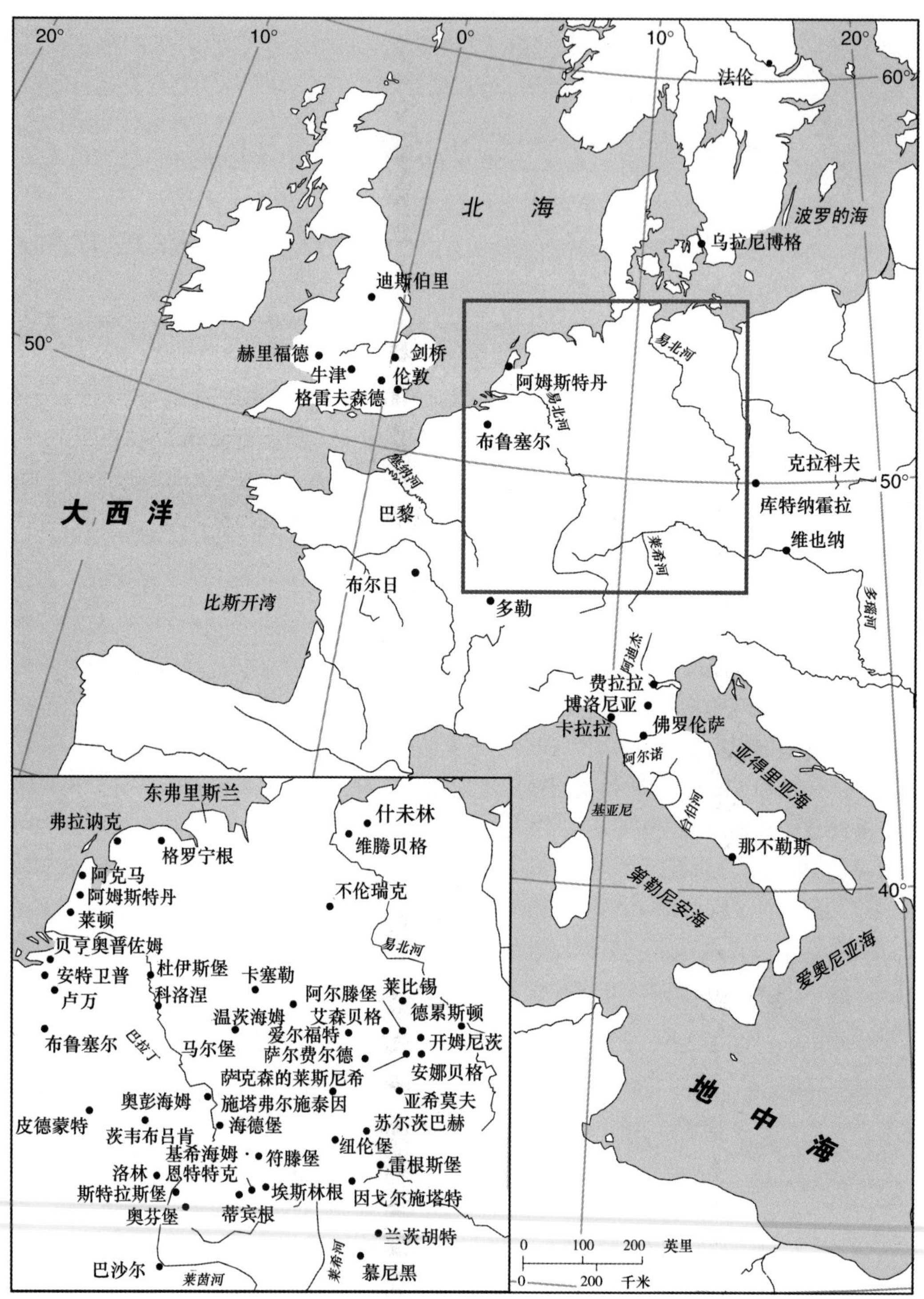
北 海
大西洋
比斯开湾
波罗的海
法伦
乌拉尼博格
迪斯伯里
赫里福德
剑桥
牛津
伦敦
格雷夫森德
阿姆斯特丹
布鲁塞尔
易北河
克拉科夫
库特纳霍拉
巴黎
维也纳
莱希河
布尔日
多勒
多瑙河
费拉拉
博洛尼亚
卡拉拉
佛罗伦萨
阿尔诺
亚得里亚海
基亚尼
那不勒斯
第勒尼安海
爱奥尼亚海
地中海
东弗里斯兰
弗拉讷克
格罗宁根
什未林
维腾贝格
阿克马
阿姆斯特丹
莱顿
不伦瑞克
贝亨奥普佐姆
安特卫普
杜伊斯堡
科洛涅
卡塞勒
阿尔滕堡
莱比锡
卢万
温茨海姆
艾森贝格
德累斯顿
布鲁塞尔
马尔堡
爱尔福特
开姆尼茨
萨尔费尔德
萨克森的莱斯尼希
安娜贝格
奥彭海姆
施塔弗尔施泰因
亚希莫夫
皮德蒙特
茨韦布吕肯
海德堡
苏尔茨巴赫
基希海姆
符滕堡
纽伦堡
洛林
恩特特克
雷根斯堡
斯特拉斯堡
埃斯林根
因戈尔施塔特
奥芬堡
蒂宾根
兰茨胡特
巴沙尔
莱茵河
慕尼黑
0 100 200 英里
0 200 千米
20°
10°
0°
10°
20°
60°
50°
50°
40°

图 19.1 欧洲参考地图

尽管他们没有直接参与到科学生活中，但教皇和君主授予了特权。公民的儿子和低等级的贵族阶层支持大学生活。这些社会团体基本上得益于教育的普及，特别是可以由此获得更高的社会等级。每位学者都必须教授大学基础课程，包括博雅教育，特别是数学和天文学。从图书馆中保存的相应增加的中世纪晚期的科学手稿中，我们可以看到科学教育巨大增长的一个方面。

这一时期另一个值得研究的方面就是匿名实用手册的流行，有着最初是供商人（算术）、建筑师和建筑业（几何学）以及航海者（天文学）使用的科学的和数学的内容。对这些实用手册的需求来源众多：日益增长的城镇中的富裕市民和牧师，例如佛罗伦萨、科隆、伦敦、巴黎和布吕格（Brugge）；商人；希望使用这些手册，以确保航海安全的君主们。这些人想用壮丽的教堂建筑装饰他们的城镇，并教育他们的子嗣们，懂得交换商品的计算方法和航海的艺术。

在所有社会阶层中都很强烈的这种知识增长的另一动力就是：通过占星术了解未来的愿望。星占需要关于星座的，以及关于感兴趣的个体的准确时间和地理坐标的良好知识。后者不能从一幅地图上获取，而必须从实际位置中自行确定。后来，可以从占星术中收集地理坐标集，正如早在16世纪彼得·阿皮亚所做的那样。中世纪晚期的实用手册，在重要性方面，478
难以与欧几里得、波伊提乌（Boethius）或托勒密的著作匹敌，但在大学和城镇学校中都在讲授它们。其中部分内容对地图学非常有用，由此加剧了15世纪对更好的地图的渴望。因此，我们可以说，学者们已经对地理景观进行地图学描述准备好了充分的科学基础。而君主们的兴趣则是在随后的16世纪才产生出来。[4]

1550年，塞巴斯蒂亚诺·明斯特写道："对万事万物的测量，必须使用三角测量。"虽然这听起来像一名学生的回忆，但问题是：这个基本原则是何时在何地形成的？[5] 这无据可查。我们可能会想到维也纳，1462—1464年，约翰内斯·雷吉奥蒙塔努斯在那里开始撰写一部纯粹的数学论著，这是关于从希腊罗马时代晚期之后就应用于天文学的三角函数的[6]。然而，三角函数只是三角测量的基础之一。证据表明，其他的，例如欧几里得的《几何原本》，大约自1120年以来，在西方的拉丁语区就可以使用了[7]。另一方面，罗马土地测量师（*agrimensores*）使用的方法并不是明斯特格言的来源。罗马土地测量师最初的职能是确定新建城镇和军营的界限和布局，以及给参战老兵分配土地，而不是探究将地球表面，特别是山区地表，缩减到球体的几何表面上，而这正是地图学的基础。

---

④　参见本卷第二十六章。

⑤　Sebastian Münster, *Cosmographei; oder, Beschreibung aller Länder* (Basel: Apud Henrichum Petri, 1550; reprinted [Munich: Kolb], 1992), XXVIII.

⑥　Johannes Regiomontanus, *De triangulis omnimodis libri quinque* (Nuremberg, 1533). Leo Bagrow 在"The Maps of Regiomontanus," *Imago Mundi* 4 (1947): 31 – 32 中认为雷吉奥蒙塔努斯已计划自行出版地图；亦参见 Ernst Zinner, *Regiomontanus: His Life and Work*, trans. Ezra Brown (Amsterdam: NorthHolland, 1990), 55 – 60，特别是56；Uta Lindgren, "Regiomontans Wahl: Nürnberg als Standort angewandter respektive praktischer Mathematik im 15. und beginnenden 16. Jahrhundert," *Anzeiger des Germanischen Nationalmuseums* (2002): 49 – 56；以及 Ernst Glowatzki and Helmut Göttsche, *Die Tafeln des Regiomontanus: Ein Jahrhundertwerk* (Munich: Institut für Geschichte der Naturwissenschaften, 1990)。

⑦　Menso Folkerts, "The Importance of the Latin Middle Ages for the Development of Mathematics," *Essays on Early Medieval Mathematics: The Latin Tradition* (Aldershot: Ashgate, 2003), item I，特别是 p. 6。

1472 年，约翰内斯·施特夫勒在新建的因戈尔施塔特大学开始了他的研究，许多来自维也纳的大师也前往那里进行授课，而我们从施特夫勒那里获得了与测绘实用几何相关的课程的最早资料。其他后来成为地图学家的学生们也来到维也纳，即使维也纳的数学和天文学研究最初的盛期早已过去，而第二次盛期还未到来⑧。或许维也纳大学配得上被称为是实用几何学及其构成要素三角学的诞生地的美誉。

在他的《数学的游戏》中（约 1445 年），莱昂·巴蒂斯塔·阿尔贝蒂描述了土地调查的一些程序，比他在《罗马城的描述》中描述得更为详细。在解释了实用几何学的不同步骤，例如计算一座塔的高度或河流的宽度之后，阿尔贝蒂让读者制作一架至少一布拉恰（*braccia*）宽（60—70 厘米）的圆形仪器，然后将圆周分成 12 等份，12 份中每一份又分成 4 份，完成后，这个圆总共分成了 48 份（称之为度），然后将每度分为 4 分。阿尔贝蒂认为可以将这一仪器进行如下使用。观测者选择一处高而平坦之地，从那里可以看到很多地标，例如钟楼和塔楼，然后将仪器平置于地面。接着，他立于仪器之后两布拉恰远（120—140
479 厘米），持铅垂线逐一对准地标，使之与仪器中心及地标重合，并记录铅锤线与仪器上度和分的刻度相交的位置，由此测量出地标的方向。然后观测者依次在每个地标上重复这个步骤，包括测量他曾站立过的地方。这样他就能确定一系列三角形的比例，如图 19.2 所示。

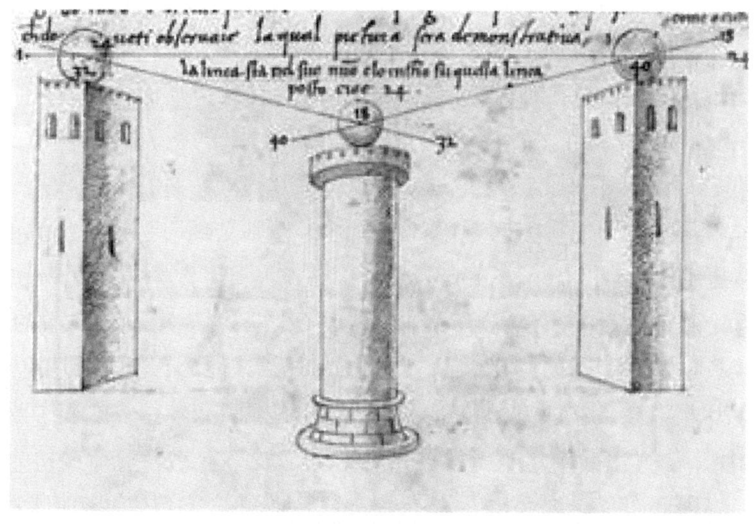

图 19.2 阿尔贝蒂的大地测量法，约 1445 年。出自其《数学的游戏》。一个有度、分刻度的用于测量方位的圆盘。通过地标之间的已知距离，例如城堡后部的两座方形塔楼，以及两个角度，阿尔贝蒂就能计算出从每座塔到第三座塔，以及可能无法接近的点的距离，在本例中，是一座圆塔

原图的宽度：11.3 厘米。Houghton Library, Harvard University (MS. Typ. 422/2) 许可使用。

⑧ Kurt Vogel, "Das Donaugebiet, die Wiege mathematischer Studien in Deutschland," 以及 idem, "Der Donauraum, die Wiege mathematischer Studien in Deutschland," both in *Kleinere Schriften zur Geschichte der Mathematik*, 2 vols., ed. Menso Folkerts (Stuttgart: F. Steiner Verlag Wiesbaden, 1988), 2: 571–73 以及 2: 597–659, 以及 Christa Binder, "Die erste Wiener Mathematische Schule (Johannes von Gmunden, Georg von Peuerbach)," in *Rechenmeister und Cossisten der frühen Neuzeit*, ed. Rainer Gebhardt (Freiberg: Technische Universität Bergakademie Freiberg, 1996), 3–18。

阿尔贝蒂认为这种后视法，类似于航海家用于引导船舶沿特定风向航行的技术（“sino a qui una nave avessea navicare”），但这个说法并不完全清楚。要缩放整个三角形，只有一边的已知（经过测量的）长度是必须的。阿尔贝蒂随后描述了确定较远距离的方法，例如，费拉拉和博洛尼亚两城之间的距离。关于大地测量的程序，他显然了然于心，其原理就是三角测量的那些⑨。

完全独立于阿尔贝蒂、施特夫勒以及维也纳大学的活动，15 世纪的最初 30 年，在德意志南部建立了许多计算学校（*Rechenschulen*）。虽然主要关注于讲授商业算术，但它们也教授一些几何学的基础，例如，可用于建筑工业的那些。通过这些计算学校，数学原理广泛散播。在其他技能中，这些学校讲授如何制作天文仪器；学者们再也不需要自己动手制作仪器，因为现在有专业的仪器制造匠。

大地测量

天文学方法

托勒密在《地理学指南》第一卷中解释的各种基本地图学原则的归纳，直到现代早期仍具有重要的意义⑩。托勒密描述了正确的天文方法，但没有将它们用于确定地理经度。取而代之，在奥古斯都皇帝统治下测量的道路距离，使他陷入了混乱之中。虽然在托勒密传统中，以及通过对托勒密定义的使用，穆斯林学者未能绘制出精细的地图，但他们最早的天文观测和使用的方法——也即，仪器——中的精确标准，在 10 世纪为欧洲学者所知，进而成为欧洲的典范。

然而，方法本身并不能创造出可靠的地图。由于欧洲人口稠密，地理景观结构多样，欧洲学者面临着一项需要进行大量工作的任务。除了基于托勒密的方法绘制地图的客观困难之外，在中世纪的最后四个世纪，人们的兴趣千差万别，国家之间的差别也很大，这也阻碍了学者们的工作。第一次绘制测绘地图的努力——我们对它是如何完成的知之甚少——诞生于 13 世纪的波特兰航海图，而它最初仅限于表现地中海地区和黑海沿岸。由于托勒密《地理学指南》的影响，天文观测绝对优先于地理观测。一个地点的地理纬度是根据天文北极的高度计算的。为了计算地理经度，需要在不同地点同时进行几次月食观测，并且所有进一步的几何观察都适用于由此获得的固定点。这些地理坐标被输入表格中，并添加到地球仪和地图中。所有其他的观察都不具有几何性质。

15 世纪，《地理学指南》广为传播，对其方法的解释变得尤为重要，尽管这些信息多少有些稀少。在学者活跃于数学领域的那些国家，如德意志、意大利、法国、英格兰、西班牙 480
和葡萄牙，地理坐标表已被编制并改进。通过极高计算纬度的方法在数学上是正确的。彼

⑨ Leon Battista Alberti, “Ludi rerum mathematicarum,” in *Opera volgari*, 3 vols., ed. Cecil Grayson (Bari: Gius. Laterza & Figli, 1960 - 73), 3: 131 - 73 和 3: 352 - 60. 亦参见 Pierre Souffrin, “La *Geometria pratica* dans les *Ludi rerum mathematicarum*,” Albertiana 1 (1998): 87 - 104。

⑩ Ptolemy, *Geography*, 1.4.

得·阿皮亚在《宇宙志》中解释了这种方法，该书通过其众多的再版而影响深远[11]。阿皮亚解释了通过观测正午太阳高度获得纬度时所需进行的调整[12]，这是一种托勒密承认需要改进的方法[13]。尽管与阿皮亚同时代的奥龙斯·菲内提出了一个更进一步的方法，涉及引入某些恒星的升降，但基于太阳观测的方法仍然非常流行[14]。塞巴斯蒂安·明斯特讨论了两种方法，但没有成功阻止未经修正的太阳高度法继续使用。在随后的几个世纪里，这一方法在用于测量地理纬度时，其数值的准确性往往要远远低于用于测量地理经度时获得的数值[15]。

基于月食的经度计算是非常不准确的，原因在于月食的时间长短以及无法准确的计算其开始和结束的时间。尽管12世纪拉丁语国家的一些学者知道伊斯兰国家通过同时观察月球相对于邻近恒星的位置，计算两地经度差的天文学方法（月球角距法），但在文艺复兴早期的宇宙志著作中却没有提到它[16]。

在1524年《宇宙志》的最早版本中，阿皮亚只推荐了确定经度的月食法[17]，但在1540年之后的版本中他引入了月球角距法。两名观测员必须在开始观测之前确定他们地方时的差异。不过，第二名观测员可由一份月球表（星历表）代替，正如在阿皮亚的文本中解释的。奥龙斯·菲内在他1530年的《宇宙志之书》中只涵盖了月食法，[18] 但后来，在单独发行的《宇宙志之书》中，他用在星历表中表示中央位置的一幅图示，解释了对比月亮子午线运动（当月亮经过观测者所在经线的时候）的方法[19]。另一方面，塞巴斯蒂安·明斯特在他1550年版《宇宙志》中只描述了月食法，其中一个有趣的差异

[11] Peter Apian, *Cosmographicus liber* (Landshut, 1524)；此处引用自1540年安特卫普版，*Petri Apiani Cosmographia*, chap. Ⅷ, fol. Ⅹ。

[12] Apian, *Cosmographia*, chap. Ⅸ, fol. Ⅺ.

[13] Ptolemy, *Almagest*, 3.4–9.

[14] Oronce Fine, *De cosmographia*, 1530（出版于1532年，作为其 *Protomathesis* 的第三部），fol. 146 v；参见 idem, *Orontii Finei Delphinatis, liberalivm disciplinarvm professoris regii, Protomathesis: Opus varium, ac scitu non minus utile quàm iucundum...*, four parts: *Dearimetica, De geometria, De cosmographia, and De solaribus horologiis* (Paris: Impensis Gerardi Morrhij et Ioannis Petri, 1532)，以及未经变动的意大利语译本，*Opere di Orontio Fineo del Delfinato divise in cinque Parti: Arimetica, Geometrica, Cosmografia, e Oriuoli*, trans. Cosimo Bartoli (Venice, 1670)。

[15] Boleslaw Szczesniak, "A Note on the Studies of Longitudes Made by M. Martini, A. Kircher, and J. N. Delisle from the Observations of Travellers to the Far East," *Imago Mundi* 15 (1960): 89–93，以及 Uta Lindgren, "Wissenschaftshistorische Bemerkungen zur Stellung von *Martinis Novus Atlas Sinensis (1655)*," in *Martino Martini S. J.* (1614–1661) *und die Chinamission im 17. Jahrhundert*, ed. Roman Malek and Arnold Zingerle (Sankt Augustin: Institut Monumenta Serica, 2000), 127–45, esp. 130。

[16] Juan Vernet Ginés, "El nocturlabio," in *Instrumentos astronómicos en la España medieval: Su influencia en Europa* (Santa Cruz de la Palma: Ministerio de Cultura, 1985), 52–53，以及 Ernst Zinner, *Deutsche und niederländische astronomische Instrumente des* 11.–18。*Jahrhunderts* (1956; Munich: H. C. Beck, 1979), 164. 亦参见 Gerald R. Tibbetts, "The Beginnings of a Cartographic Tradition," 以及 David A. King and Richard P. Lorch, "Qibla Charts, Qibla Maps, and Related Instruments," both in *HC* 2.1: 90–107, esp. 103 n. 67, and 189–205。J. L. Berggren 完成并发表了基础的研究，见于 *Episodes in the Mathematics of Medieval Islam* (New York: Springer, 1986)，以及 E. S. Kennedy and H. M. Kennedy 的 *Geographical Coordinates of Localities from Islamic Sources* (Frankfurt am Main: Institut für Geschichte der Arabisch-Islamischen Wissenschaften an der Johann Wolfgang Goethe-Universitat, 1987)。

[17] Apian, *Cosmographia*, fol. XVI.

[18] Fine, *De cosmographia*, fol. 145v.

[19] Oronce Fine, *Orontij Finei Delphinatis, ... De mundi sphaera, sive, Cosmographia...*，最早于1542年出版于巴黎；我使用的是稍后的版本（Paris: Apud Michaelem Vascosanum, 1555), fol. 48v–49v。

是，观测者应使用在同一夜间设置为地方时的时钟[20]。

大约在同一时间（1547 年），赖纳·赫马（Reiner Gemma）［埃尔德斯坦（Edelsteen）］，通常被称为赖纳·赫马·弗里修斯（Reiner Gemma Frisius，亦即弗里斯兰的），提出了一种在旅行时计算经度的新方法，即使用设置成出发点当地地方时的便携式时钟，再与目的地的地方时进行比较[21]。他指出了这种技术的有限价值，因为当时可用的机械钟非常不精确，必须用大型的可以精确地运行一天的水钟或沙钟进行校正。从 11 世纪起，地方时一直在使用星辰钟或夜间定时仪[22]。伽利略建议利用木星卫星食相变换的经度测量法，但没有在实践中获得成功[23]。认为地球的磁性可以用来测量地理经度也是一种错觉。然 481
而，16 世纪后半叶在地磁领域进行了更多的研究，强烈希望它能提供一个令人满意的方法[24]。阿萨内修斯·基尔舍在 17 世纪中期仍在鼓吹这种想法[25]。

彼得·阿皮亚在一幅扩大的坐标表上列举了 50 多个巴伐利亚城镇的经纬度[26]。与其他没有对个别区域进行充分记录的表格相比，显示了测量结果存在差异的程度（表 19.1）。天文测量的固定点是绘制现代地图的基础。这些点之间的地理特征通过各种不同的方法在地图学层面上进行了确定。这些方法越来越多地借鉴了几何学原理。

表 19.1 **来自四张坐标表的经纬度值及其与现代值的差异***

同经度之地据明斯特，1550 年	现代值		奥龙斯·菲内，1541 年		约翰内斯·施特夫勒，1518 年		彼得·阿皮亚，1524/1540 年		托勒密的《地理学指南》（Ulm，1482 年）	
	经度	纬度	经度	纬度	经度	纬度	经度	纬度	经度	纬度
巴塞尔	7°36′	47°33′	29°45′	47°45′	0h 8m	48°	24°22′	47°41′	28°	47 $\frac{1}{2}$°
斯特拉斯堡	7°35′	48°35′	30°15′	48°45′			24°30′	48°45′	27 $\frac{1}{2}$°	48 $\frac{3}{4}$°

[20] Münster, *Cosmographei*, XXXⅢ.

[21] Reiner Gemma Frisius, *De principiis astronomiæ et cosmographiæ*, *deq*[*ue*] *vsu globi ab eodem editi*: *Item de orbis diuisione*, *& insulis*, *rebusq*[*ue*] *nuper inuentis*（1530；Paris，1547），引自安特卫普版（1584），239。关于作者名字的正确形式有不同意见；我使用的是赖纳·赫马·弗里修斯（Reiner Gemma Frisius）。

[22] Vernet Ginés, "El nocturlabio," 以及 Zinner, *Deutsche und niederländische astronomische Instrumente*, 164。

[23] Emil Bachmann, *Wer hat Himmel und Erde gemessen?*: *Von Erdmessungen*, *Landkarten*, *Polschwankungen*, *Schollenbewegungen*, *Forschungsreisen und Satelliten*（Thun：Ott，1965），86.

[24] Hans Gunther Klemm, "*Von der Krafft und Tugent des Magneten*": *Magnetismus-Beobachtungen bei den humanistischen Mathematikern Georg Hartmann und Georg Joachim Rheticus*（Erlangen：Hans Gunther Klemm，1994），以及 Giovanni Battista Della Porta, *Magiæ natvralis libri viginti*（Frankfurt：Apud Andreæ Wecheliheredes，Claudium Marnium & Ionn. Aubrium，1591），引用自德译本，*Magianaturalis*；*oder*，*Haus- Kunst- und WunderBuch*，2 vols.，ed. Christian Knorr von Rosenroth（Nuremberg，1680），bk. Ⅶ，chap. XXXVⅢ，961–63. 这种方法很快在英国得到使用；E. G. R. Taylor 提到了它与托马斯·迪格斯（约 1579 年）、威廉·伯勒（1581）和 Robert Norman（1581）有关，见于 *The Mathematical Practitioners of Tudor & Stuart England*（1954；reprinted London：For the Institute of Navigation at the Cambridge University Press，1967），324–25。

[25] Athanasius Kircher, *Magnes siue de arte magnetica opvs tripartitvm*（Rome：Ex typographia Ludouici Grignani，1641），504–6："Modus faciendi Mappa[m] Geographico-Magneticam"（制作地理磁场地图的方法）。此前基尔舍曾解释了如何在海中通过他的磁偏角表来确定地理经度。

[26] Apian, *Cosmographia*, fol. XXXⅢ r/v.

续表

同经度之地据明斯特，1550 年	现代值		奥龙斯·菲内，1541 年		约翰内斯·施特夫勒，1518 年		彼得·阿皮亚，1524/1540 年		托勒密的《地理学指南》（Ulm，1482 年）	
	经度	纬度	经度	纬度	经度	纬度	经度	纬度	经度	纬度
凯撒斯劳滕（Kaiserslautern）	7°47′	49°27′					24°44′	49°22′		
科布伦茨	7°36′	50°21′					23°56′	50°25′		
明斯特/威斯特法伦（Westfalen）	7°37′	51°58′	32°00′	52°05′	0h 6m	51°	24°08′	52°00′		
格罗宁根	6°35′	53°13′	29°50′	53°15′	0h 10m	53°	22°54′	53°16′		

* 塞巴斯蒂安·明斯特在他 1550 年《宇宙志》的拉丁版和德语版中认为，被列出的这六座城镇在同一经度上，现代值证实除了格罗宁根（Groningen）之外，它们的经度值确实比较接近。然而，在菲内、施特夫勒、阿皮亚和托勒密的坐标表中，这些城镇的经度值差异很大。菲内、阿皮亚和托勒密的推算的起始点是加那利群岛。施特夫勒的出发点是蒂宾根（那里时间的 1 分钟等于弧度的 15 分）。现代值起始于格林尼治。

陆地的方法：土地测量员、几何学家和地图学家

1. 理论著作

在大致相同的时间，地图制作的希腊化时代的天文学方法，在罗马人的土地测量师的技术中有着对应的陆地方面（土地测量）的技术，虽然两种方法在 15 世纪末期以前从未结合起来。罗马土地测量师技术的特点是它们可以被用于面积的计算。从几何学上讲，这种方法依赖于将所有地区想象为易于构造的正方形和矩形的组合。三角形的面积则无法计算。还讨论了其他话题的这些罗马土地测量师的文本作品，在中世纪时期被了解，并被抄写和传播。在 14 世纪，律师巴尔托洛·达萨索费拉托在台伯河灾难性的洪水过后，利用罗马土地测量师的知识规范新形成的河谷的土地所有权[27]。土地测量领域最重要的著作，凯厄斯·朱利叶斯·伊琪的“论限制条件（De limitibus constituendis）”（约公元 100 年），在 16 世纪被复制
482 了 11 次[28]。理查德·伯尼斯（Richard Benese）的《所有土地的测量方法》（*The Maner of Measurynge All Maner of Land*）于 1537 年在伦敦出现，再次讨论了罗马土地测量师的方法[29]。

---

[27] Bartolo da Sassoferrato, “Tractus Tyberiadis o de fluminibus,” 1355, 以及 Fritz Hellwig, “Tyberiade und Augenschein: Zur forensischen Kartographieim 16. Jahrhundert,” in *Europarecht*, *Energierecht*, *Wirtschaftsrecht*: *Festschrift für Bodo Börner zum 70. Geburtstag*, ed. Jürgen F. Baur, Peter-Christian Müller-Graff, and Manfred Zuleeg (Cologne: Carl Heymanns, 1992), 805 –34, esp. 805 –7.

[28] Menso Folkerts and Hubert Busard, *Repertorium der mathematischen Handschriften* (即将出版)。

[29] Sarah Tyacke 和 John Huddy, *Christopher Saxton and Tudor Map-Making* (London: British Library Reference Division, 1980), 18; Richard Benese, *This Boke Sheweth the Maner of Measurynge of All Maner of Lande*, *as well of Woodlande*, *as of Lande in the Felde*, *and Comptynge the True Nombre of Acres of the Same*. *Newlye Inuented and Compyled by Syr Rycharde Benese* (Southwark: James Nicolson, 1537); Valentine Leigh, *The Moste Profitable and Commendable Science*, *of Surueying of Landes*, *Tenementes*, *and Hereditamentes* (1577; reprinted Amsterdam: Theatrum Orbis Terrarum, 1971); 以及 Taylor, *Mathematical Practitioners*, 168 和 312。

然而，没有发现这些方法被用于地图的制作。事实上，测量员满足于对基于欧几里得《几何原本》的实用几何学的依赖，并因而基于三角测量的目的而使用三角学的原理。在15世纪末之前，没有在土地测量的背景中提到过欧几里得，目前还不知道谁应对这一转变负责。塞巴斯蒂亚诺·明斯特关于实用三角测量的课程出现在这一进程的中期。明斯特作为希伯来语研究的教授，不能被视为起始者，但他是一个起作用的传播者。

没有人和明斯特一样清楚地表达过三角测量是决定性的首选方法的想法。他可能从他在蒂宾根的导师约翰内斯·施特夫勒那里学到的这些，尽管他描述的这些技术不是都能在施特夫勒于1513年由雅各布·科贝尔（Jakob Köbel）在奥彭海姆（Oppenheim）第一次出版的实用几何学巨著《论几何测量》（*De geometricis mensurationibus rerum*）中找到[30]。之后在这些小册子中使用的个案例子有很大差异，但很少谈及所采用的原理。也许大量的例子更多的是与小册子寻求商业上的成功有关。施特夫勒在他作品中用大量的例子解释了如何计算不可达地点的距离。三角形的一边必须用尺子（*pertica*）来量，也必须对角度进行观测。书中给出的大多数例子都基于相似三角形的比例或关系，以及三法则（*Regeldetri*）的使用。施特夫勒还使用雅各布照准仪的一个变体解释了一些例子，这一仪器的长杆和横杆大致是分离的，他强调必须仔细地选择测量员的位置以使其适合于计算。最后一个例子则是基于使用有着“umbra versa”（反影线）和“umbra recta”（影线）的阴影方形的。这些例子假设存在余切函数的知识，即使它们没有使用角度值。这样做的好处是消除了当人们使用当时的简单设备测量角度时一个可能的误差源。

1522年，雅各布·科贝尔出版了施特夫勒几何学的德语版[31]。使用阴影方形的例子未在第一版出现；在作为遗作的1536年的第二版中，它们被包括了进来[32]。科贝尔的作品使得经过改进的雅各布照准仪流行起来，且解释了作为一种轴承装置的镜子的作用。

这种现代早期的三角测量法得名于在土地测量中使用三角形。它由不同的几何元素组合而成：（1）基于欧几里得《几何原本》中的三角法的教义；（2）三角函数的使用，在已知一条边和一个角时，可以确定直角三角形的各边；（3）从上述一个或两个来源推论出的各种实用法则。

彼得·阿皮亚用三角形覆盖了非常大的区域[33]他编制了一张表格，由此当人们从赤道开始向外旅行时，从中可以获得纬线1度的长度[34]。在他如何计算图林根（Thüringia）的爱尔福特（Erfurt）和加利西亚的圣地亚哥－德孔波斯特拉之间距离的第一个例子中，他推荐使用一架球仪。他能从中读出坐标。阿皮亚的其他例子沿着相同的线索发挥作用：用已知坐标计算两个位置之间的距离。然而，阿皮亚用平面三角学，用正弦表计算了耶路撒冷和纽伦堡

---

[30] Stöffler 的 *De geometricis mensurationibus rerum* 与他的 *Elvcidatio fabricœ vsvsqve astrolabii* 被装订在一起（Oppenheim：Jacobum Köbel，1513）。

[31] Josef Benzing，*Jakob Köbelzu Oppenheim*，*1494－1533*：*Bibliographie seiner Drucke und Schriften*（Wiesbaden：Guido Pressler，1962），60和70页。

[32] Jakob Köbel，*Geometrei*，*vonn künstlichem Messen vnnd Absehen allerhand Hȯhe...*（Frankfurt，1536）．这部小册子12个版本的最后一版出现于1616年；引用自1608年版，Geometrey，*von kůnstlichem Feldmessen vnnd Absehen allerhandt Hȯhe...*（Frankfurt：S. Latomo，1608）。

[33] Apian，*Cosmographia*，fol. XVIII v－XXII.

[34] Apian，*Cosmographia*，fol. XVIII v.

之间的距离，但并没有考虑球形的问题。在每种情况下，他都处理了一个经过系统计算的例子，而没有对方法做出解释。

奥龙斯·菲内已经注意到施特夫勒在其《论几何测量》（1513）中解释的测量不可达地点的方法㉟。在菲内的1530年的《论几何学》（*De geometria*）中，他解释了一系列使用了较小距离的例子，在这些例子中无法对一个三角形的一边进行直接测量，因而必须进行计算，例如，位于水的另一侧可见塔的高度，或是井的深度㊱。在几何上，他使用了适当选择的三角形的比例。在很多情况下，他使用欧几里得的方法，在一定程度上使用三角函数。在每种
483 情况下，至少要测量一个距离，有时则需要计算三个距离㊲。在一些例子中，他构建了一个大的几何样方，其边长大约1米，且被作为参考长度。在别处他用自己的平视高度作为参照。这些例子中，角度值没有起作用。除了几何方形之外，菲内还使用了几何象限仪，即一个内接有正方形和铅锤的象限仪，一个基于施特夫勒几何杆（*baculus geometricus*）的雅各布照准仪，以及一面放置在恰当位置的镜子㊳。菲内开创了一种结合方式，在其中应当执行这些测量和计算步骤。后来，在他的《世界之球》中，他用一整章的篇幅讨论地图的制作，以法国地中海海岸的一幅大约为10厘米×10厘米的地图为例㊴。

赫马于1533年出版了一部土地调查方法的著作，其在1540年后与阿皮亚《宇宙志》的后续版本一同印刷㊵。这部作品的目的是解释如何借助土地测量，建立某个特定地区的地图。它包含了与天文学及陆地原则有关的信息，以及必要的仪器㊶。《宇宙志》出版了很多版本，还被译成西班牙语、法语和佛兰芒语。还有一些佚名的版本和冠以其他作者名字的版本。这部作品成了16世纪、17世纪地图和仪器制造者们最常用的工作手册。

赫马最重要的例子，涉及通过使用从特定视点测量的角度，来确定布鲁塞尔和安特卫普附近城镇的位置（图19.3）㊷。为测量角度，赫马使用了一架罗盘、一个四等分的圆盘（每部分进一步分成90度）、一架照准仪和一张记录每座城市观测结果的圆纸㊸。在每座观测塔的顶部，他首先使用罗盘去确定子午线并正确地为圆盘标定方向；然后他用圆盘和照准仪瞄准每一座远方的城镇，并把每个方位都画在一张纸上，纸的中心代表观测塔。在家里，他将这些圆形的纸放在一张较大的纸上，正确地确定它们的朝向，并将方位线延伸到直至它们相交，从而确定每座城镇的位置。他可以很容易地通过移动两个圆盘，将其拉近或移远，来改变地图的比例尺；实际的比例可以通过一个观测点和一个地标之间被测量的距离来确定。在

㉟ Eberhard Knobloch, “Oronce Finé: Protomathesis,” in *Copernicus*, 188 – 90.

㊱ Fine, *De geometria*（其 *Protomathesis* 的第二部分）, fol. 49v – 76v。

㊲ Fine, *De geometria*, fol. 72.

㊳ Fine, *De geometria*, fol. 72.

㊴ Fine, *De mundi sphaera*, bk. 5, chap. 6, fol. 53v – 54v: “De constructione chartarum chorographicarum.” In *De Cosmographia*（1530），一幅法国边界地区的草图说明地图制作已变得更为广泛（bk. 5, chap. 7, fols. 154 – 55）。

㊵ Reiner Gemma Frisius, *Libellvs de locorum*...（1533; Antwerp, 1540）.《宇宙志》发行过的版本数量已不可能搞清楚，尽管它至少有60个版本，这部分是因为很多译本上只印有新的出版者的名字，而没有它真正作者的名字。我们只知道直至在17世纪依然出版有重印本。我使用的版本是1540年版。

㊶ Uta Lindgren, “Johannes de Sacrobosco: Sphera volgare novamente tradatto,” in *Copernicus*, 221 – 22.

㊷ Gemma Frisius, *Libellvs de locorum*, fol. XLVIII v. 进一步的讨论参见本卷原文第1297—1298页。

㊸ Gemma Frisius, *Libellvs de locorum*, fol. XLVII v: “Index cum perspicillis aut pinnulis.”

其他例子中，两地的距离已知，所需要的是用一副圆规绘制圆周，交点则表示这两个地点的位置。这些观测被不断重复，直到整个省份或临近地区被调查完毕。这种技术的使用，使得赫马距离发明测量员的平板仪只有一步之遥，如果他将一种仪器和（可替换的）纸结合起来使用的话，那么他就会发展出这种技术。

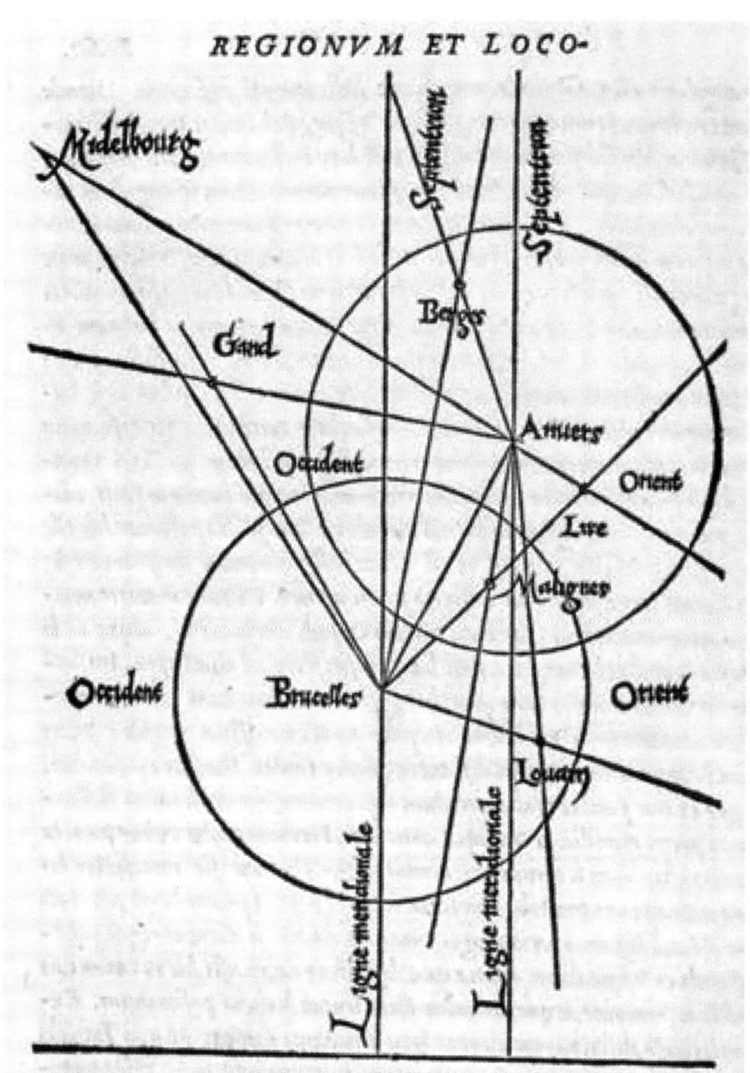

图 19.3　布鲁塞尔和安特卫普周边地区的三角测量。赫马在布鲁塞尔和安特卫普的塔楼获得了周围城镇的方位，接着在纸质圆盘上绘制出它们的方向，此后，他将这些纸张放在一起。然后他延长这些线直到它们相交，从而确定这些远距离地点的位置

原始尺寸：15.5 × 11 厘米。取自 Reiner Gemma Frisius，*Libellvs de locorum*...（Paris，1553），60v. Universiteitsbibliotheek Leiden（20077，A16）提供照片。

484

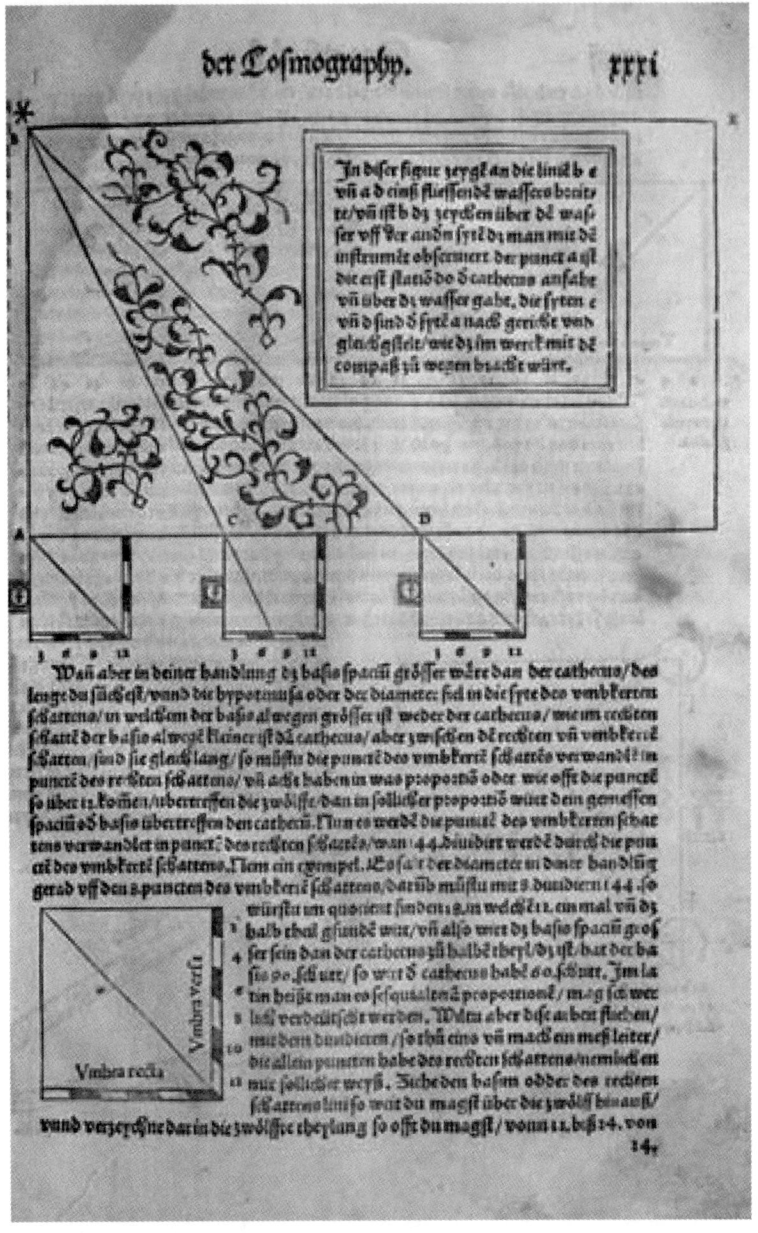

图 19.4 几何样方和启发式教育的模型，1550 年。阴影方形（左下）是三角函数的图形表示；“umbra recta（影线）”代表余切。为确定莱茵河未知的宽度（AB 左上），明斯特沿着河边确定了 C、D 两点，由此影线表示六个单位（其全长的一半）或十二个单位（相当于其全部长度），相应地，AB 也等于 AC 或是 AC 的两倍

原图尺寸：约 31.2 × 19.2 厘米。Sebastian Münster, *Cosmographei; oder, Beschreibung aller Länder*... (Basel: Apud Henrichum Petri, 1550), 31. Special Collections Research Center, University of Chicago Library 提供照片。

赫马自豪于他的方法所达到的精度，在长达 100 德国里（约 750 公里）的距离上，不会出现任何显著的误差[44]。在计算更长的距离或更大的区域时，使用磁罗盘针来确定子午线所

[44] Gemma Frisius, *Libellvs de locorum*, fol. LIIII.

造成的问题可能会产生影响。精度最重要的因素是基线的测量，彼得·阿皮亚对此给出了指示[45]。

塞巴斯蒂安·明斯特的《宇宙志》自1544年开始在德意志是可用的，其解释了可以确定一个三角形未知长度各边的三种方法。这些都可以在他以托勒密的作品为基础的对地图学基本术语的解释中找到[46]。在前两个例子中，测量了两个角及其连接基线。这些数值——按照比例缩小——被转移到纸上。三角形的第三个角是由两边的交点构成的。这一角点和观察者的基点之间所需要的距离，现在可以从图像中取得。这种解决问题的图形方法在中世纪其他地区并不少见，但在土地测量中却难得一见[47]。虽然在原则上是正确的，但明斯特却遇到了各种实际的不准确性。在第一个例子中，从奥芬堡（Offenburg）到巴塞尔和坦恩（Thann）的距离过大，以致于无法精确地确定方位。明斯特使用的测量角度的仪器，除了其中还包含磁罗盘针之外，基本类似于赫马使用的。在他第二个例子中，使用的仪器是一架三角仪（一架三条臂的仪器，也被称为*Dreistab*），上面有两个测量角度的装置和一只罗盘。磁罗盘的使用，就像赫马那样，以确定子午线，从而计算出其他的角。第二个例子适用于比例。

关于他的第三个例子，明斯特使用了几何方形（阴影方形），其两侧标有“影线”和“反影线”，正如施特夫勒在他作品中描述的那样，以在不实际测量任何角度的情况下确定两个三角形共有的长度（图19.4）。在明斯特的例子中，未知的长度是巴塞尔附近莱茵河的宽度；沿着河岸移动，并用照准仪重复测量与影线对应的方形的方位，他确定了影线的值是 485
6个和12个单位（总计12个单位）的那些点，由此他沿着河岸移动的距离即是河流宽度的一半或等于河流的宽度。由于他没有实际测量任何角度，也没有在计算中使用表格来确定一个余切，因此明斯特很巧妙地消除了可能的误差源。

1574年，伊拉斯谟·赖因霍尔德（Erasmus Reinhold），一位来自萨尔费尔德（Saalfeld）的医生和天文学家，同时也是来自维滕贝格的同名的数学和天文学家的儿子，出版了他的《关于土地测量和边界的报告》（*Bericht vom Feldmessen und vom Markscheiden*）[48]。除了通过一

㊺ Apian, *Cosmographia*, fol. XVII, 亦参见 Köbel, *Geometrey*. Uta Lindgren, “Astronomische und geodätische Instrumente zur Zeit Peter und Philipp Apians,” in *Philipp Apian*, 43 – 65，特别是50。

㊻ Münster, *Cosmographei*, XXI. 1544年德语版比1550年版大大缩减。明斯特关于大地测量问题的作品，参见 Uta Lindgren, “Kosmographie, Landkarten und Vermessungslehre bei Sebastian Münster,” in *Sebastian Münster (1488 – 1552): Universalgelehrter und Weinfachmann aus Ingelheim*, ed. Gabriele Mendelssohn, exhibition catalog ([Ingelheim]: Historischer Verein Ingelheim, 2002), 27 – 39.

㊼ Matthias Schramm, “Ansätze zu einer darstellenden Geometrie bei Schickhard,” in *Wissenschaftsgeschichte um Wilhelm Schickard*, ed. Friedrich Seck (Tübingen: J. C. B. Mohr [Paul Siebeck], 1981), 21 – 50, esp. 21 – 25. 16世纪，“测地学”一词的意思是土地调查或土地测量，而不是应用数学的分支，应用数学用于确定地球表面大部分地区的形状和面积，以及地球整体的形状。参见 John Dee, “Mathematicall Praeface,” in *The Elements of Geometrie of the Most Auncient Philosopher Evclide of Megara*, by Euclid, trans. Henry Billingsley (London: Printed by Iohn Daye, 1570), a. iij 封底：“这些技艺……是测地学的技艺，或是大地测量。”然而，由于它的现代意义遵循第二个定义，因此在这里避免使用这一词汇。

㊽ Herbert Wunderlich, *Kursächsische Feldmeßkunst, artilleristische Richtverfahren und Ballistik im* 16. *und* 17. *Jahrhundert: Beiträge zur Geschichte der praktischen Mathematik, der Physik und des Artilleriewesens in der Renaissance unter Zugrundelegung von Instrumenten, Karten, Hand- und Druckschriften des Staatlichen Mathematisch-Physikalischen Salons Dresden* (Berlin: Deutscher Verlag der Wissenschaften, 1977), 24 – 32，以及 Erasmus Reinhold, *Bericht vom Feldmessen und vom Markscheiden* (Erfurt, 1574)。

张用于计算从 1 到 4000 的数字的平方根的平方表而对基本计算进行介绍之外，他还解释了依赖于相似三角形以及可以通过使用三法则（Regeldetri）以及通过对关系或比例的计算来解决土地测量问题的常见例子。这部著作，类似于其他的教学书籍，又回到了欧氏几何的领域。赖因霍尔德还向读者介绍了利用他提供的正弦值表进行三角测量以解决测量问题的可能性。这里，重点是，基于已经被测量的角度，计算一个三角形的边长及其面积。赖因霍尔德所需的仪器是一把量尺、一根测距绳和一架“有着罗盘的”测角仪——配备磁罗盘和照准仪的一个大圆盘。有了这些，在 10 分钟之内就能测出角度。

所有上述作者都将三角测量纳入地图的制作过程中。当维勒布罗德·斯内利厄斯在他的《荷兰的埃拉托斯特尼》（*Eratosthenes Batavus*）中试图沿着一条子午线测量经线圈 1 度的长度时，他有一个不同的目标[49]。他的基点是贝亨奥普佐姆（Bergen op Zoom）和阿尔克马尔（Alkmaar）。在位于两者间的莱顿附近的一个地方，他测量了一条短基线。工作从这条基线展开，他开始在两侧设置三角形网络，并测量了其中所有的三个角，以计算其他两边的长度。他使用的仪器是一架大型象限仪。计算方法（用正弦函数确定边长）没有在他的报告中进行描述，但他对所需要的精确持有信心[50]。他发觉这项工作非常麻烦，并通过谈及结果是“为了公众利益”而证明他的坚持不懈[51]。不幸的是，其测量结果过短，1 度只有 107 公里，而不是 111 公里。对于土地测量而言，斯内利厄斯描述的这种三角形网络的方法，与阿皮亚和赫马的作品相比，是否更有影响力，存在各种争论。

在他去世前几年，威廉·契克卡德在他的《指南》（*Kurtze Anweisung*）中撰写了制作地图的教程，并向缺乏经验的旅行者们解释他们如何报告信息，才能使他们和其他人远离漫长而艰难的旅程[52]。这部作品是名副其实的知识教学、个人经验和解释的混合。作为范本，契克卡德提到了塞巴斯蒂安·明斯特、埃吉迪乌斯·楚迪（Aegidius Tschudi）、戴维·塞尔茨林（David Seltzlin）、沃尔夫冈·洛齐乌什（Wolfgang Lazius）、乔治·桑德纳（Georg Sandner）、塞巴斯蒂亚诺·冯罗滕汉、约翰尼斯·梅林格（Johannes Mellinger），以及巴托洛梅乌斯·斯库尔特图斯（Bartholomäus Scultetus）等人的技术，所有这些人都“按照几何原理绘制地图”[53]。但事实上，这只对斯库尔特图斯来说是事实，而且契克卡德还漏掉了菲利普·阿皮亚[54]。契克卡德错误地声称赫马使用的分成 360 度的圆盘的方法太不精确[55]。取而代之，他建议使用一个更简单的设备，将表盘上的圆周多次分割直到分成 96 份，然后增加有着照准仪的指针和磁针罗盘[56]。然后他使用了赫马（在他的安特卫普、

㊾ Willebrord Snellius, *Eratosthenes Batavus*: *De terrœ ambitus vera quantitate* (Leiden, 1617).

㊿ Snellius, *Eratosthenes Batavus*, 169 – 70.

(51) Snellius, *Eratosthenes Batavus*, 171.

(52) Wilhelm Schickard, *Kurtze Anweisung wie künstliche Landtafeln auβ rechtem Grund zu machen und die biβ her begangne Irrthumb zu verbessern, sampt etlich new erfundenen Voertheln, die Polus Hoehin auffs leichtest und doch scharpff gnug zu forschen* (Tübingen, 1669), 9.

(53) Schickard, *Kurtze Anweisung*, 1.

(54) 关于巴托洛梅乌斯·斯库尔特图斯，参见 Werner Stams, “Bartholomäus Scultetus—Kartenmacher und Bürgermeister in Görlitz,” *Mitteilungen/Freundeskreis für Cartographica in der Stiftung Preussischer Kulturbesitz e. V.* 14 (2000): 26 – 35。

(55) Schickard, *Kurtze Anweisung*, 14.

(56) Schickard, *Kurtze Anweisung*, 16.

布鲁塞尔的案例中）提出的方法。

契克卡德描述了第三种方法，这种方法基于蒂宾根之内及其周边的已知距离的表格。利用一对圆规，他绘制了在相应位置相交的圆周。这不是一个精确的技术，因为据悉契克卡德表格中的距离仅仅以小时为单位。在坐标的计算方面，契克卡德只进行了部分的解释，应当只能作为三角测量点之间距离太远时的第二选择[57]。

由于斯内利厄斯没有考虑到地图的制作，因此他的《荷兰的埃拉托斯特尼》没有提供
任何相关的指导，丹尼尔·施纹特（Daniel Schwenter）在他的《无人制作的几何仪器》 486
（*Ohne einig künstlich geometrisch Instrument*）中明确考虑了民用和军用建筑以及地图学的田野测量问题，作为施纹特的《几何学的新习惯》（*Geometria practica nova*）的第二部分发行（1617；2d ed. 1623）；以及《门苏拉·普拉托里亚纳》（*Mensula Praetoriana*），作为施纹特的《几何学的新习惯》的第三部分发行（1626）。施纹特的作品中包含大量的例子，说明了如何用三角测量计算不可到达的土地。

除了在《门苏拉·普拉托里亚纳》中提到的所有例子之外，还有测量一块土地面积的一个完整例子[58]。为了做到这一点，施纹特爬上了大量的塔，用磁罗盘确定了一条子午线，然后针对每一个位置，在他测量桌上都放置了一张新的纸张，并记录地区中每一个重要地标的方位。这与赫马在布鲁塞尔和安特卫普使用了观测点的例子中讲授的技术相同，但在这里是它的一种扩展形式。将所有的纸张拼接在一起的工作是在室内完成的，恰如赫马所做的那样，将其制成一幅大的纸张，从而使方位线延伸直至它们的交点。

刚才详述的各种作品的特点是彼此相对独立的以及独创性的，即使它们最终采用了相同的三角测量的方法。许多作品都是以这些为基础的[59]。对比当时的已知地图，我们必须承认

---

[57] Schickard, *Kurtze Anweisung*, 18 –21.

[58] Daniel Schwenter, *Mensula Praetoriana*：*Beschreibung deβ nutzlichen geometrischen Tischleins*, *von dem Mathematico M Johanne Praetorio S. erfunden*（Nuremberg, 1626）, 84 –90.

[59] Marco Mauro 于 1537 年出版了一部作品，乍一看似乎是约翰尼斯·德萨克罗博斯科的“球体”（13 世纪上半叶）的意大利文译本，但其的扩充表明它深受阿皮亚的《宇宙志》影响，而后者中有着赫马所作的附录；参见 Marco Mauro, *Sphera volgare novamente tradotto*（Venice：Zanetti, 1537）, 以及 Lindgren, “Johannes de Sacrobosco,” 221。科西莫·巴尔托利（Cosimo Bartoli）沿袭了奥龙斯·菲内，但也参考了阿尔布雷克特·丢勒、赫马·弗里修斯、菲利普·阿皮亚、约翰内斯·施特夫勒和乔治·冯波伊尔巴赫的作品；参见 Cosimo Bartoli, *Del modo di misvrare le distantie*, *le superficie*, *icorpi*, *le piante*, *le prouincie*, *le prospettiue*, *& tutte le altre cose terrene*, *che possono occorrere a gli huomini*, *secondo le uere regole d'Euclide*, *& de gli altri piu lodati scrittori*（Venice：Francesco Franceschi Sanese, 1589）, 早期版本于 1559 年和 1564 年出版于威尼斯。亦参见 *La corte il mare i mercanti*：*La rinascita della Scienza. Editoria e società. Astrologia*, *magia e alchimia*（［Milan］：Electa Editrice, 1980）, 以及 Eberhard Knobloch, “Praktische Geometrie,” in *Maβ*, *Zahl und Gewicht*：*Mathematik als Schlüssel zu Weltverständnis und Weltbeherrschung*, ed. Menso Folkerts, Eberhard Knobloch and Karin Reich, exhibition catalog（Weinheim：VCH, Acta Humaniora, 1989）, 123 –85, 特别是 130 –31。Giovanni Pomodoro, in *Geometria prattica*（Rome：Giovanni Martinelli, 1603）, 沿袭了 Euclid（Knobloch, “Praktische Geometrie,” 144 –45）, William Bourne（Tyacke and Huddy, *Christopher Saxton*, 23, 以及 Taylor, *Mathematical Practitioners*, 176）以及 Leonard Digges（Leonard Digges, *A Geometrical Practise Named Pantometria*［London, 1571］; R. A. Skelton, *Saxton's Survey of England and Wales*：*With a Facsimile of Saxton's Wall-map of 1583*［Amsterdam：Nico Israel, 1974］, 24 n. 38；以及 Taylor, *Mathematical Practitioners*, 166 –67）也是如此。尽管从标题来看，保罗·普菲津（Paul Pfinzing）的 *Methodus Geometrica*（1589）也属于这一类，但他的方法不是数学的，而且他的作品强调了仪器。普菲津给出的解释非常碎片化。

地图学家和测量师在理论知识和教育方面与地图学实践方面存在的差距。这并不意味着对地图的需求很少。相反，文艺复兴时期的君主们对表现其疆土的地图学呈现产生了更多的兴趣。例如，菲利普·阿皮亚的例子被很好地记录[60]。符腾堡的克里斯托夫公爵（Duke Christoph），乌尔里希公爵（Duke Ulrich）之子，将施特夫勒召唤到蒂宾根大学，在他的堂兄，巴伐利亚的阿尔布雷克特五世公爵，于1554年前来拜访时，骄傲地展示他国家的地图。阿尔布雷克特被送到彼得·阿皮亚那里，在后者的儿子菲利普·阿皮亚的陪同下接受科学教育。这一经历激起了阿尔布雷克特对地图的浓厚兴趣，他将菲利普·阿皮亚送到克里斯托夫那里，审阅符腾堡地图，并确定他是否可以创作一幅类似的巴伐利亚地图。被他看到的一切蒙蔽，菲利普·阿皮亚返回并报告他可以用一种“宇宙志的方法”轻易地超越符腾堡地图，因为符腾堡地图只不过是一幅绘画。因此，他接受了巴伐利亚地图著名的委托，于1563年完成了尺寸5米×5米的手绘地图，随后在1568年制作了一幅尺寸为1.7米×1.7米的木版印刷地图。

文艺复兴的统治者们对于获得好地图方面的兴趣是多种多样的。君主国疆域的形象化往往使君主对其范围有着更好的理解。知识促进了更好的财政控制和预算规划。它还具有军事用途，特别是允许对特定的距离和地理景观绘制实际的平面图。就司法问题而言，更好的知识有助于澄清所有权，并允许君主有理由宣布拥有主权所带来的最珍贵的特权，即狩猎。

另一个导致地图学理论和执行之间存在差距的因素，与地理景观本身的需求有关。测量员的户外工作既艰苦又危险。菲利普·阿皮亚在为他的地图进行遍及巴伐利亚的测量工作时，只有二十几岁，并且他选择只在夏天进行这项工作，而冬天则在因戈尔施塔特大学任教。他弟弟蒂莫托伊斯（Timotheus）协助他的工作，但在工作结束前不久坠马而亡[61]。赫拉
487 尔杜斯·墨卡托在1563年他50岁时还为了他的地图在洛林（Lotharingen）进行测绘。完成地图之后，他身染重病，且恢复得很慢。他再也没有返回到户外工作中，而是派他的儿子和孙子代替。斯内利厄斯抱怨户外工作条件的艰苦，而明斯特和契克卡德甚至都没有想过由自己完成这项工作。明斯特写信请求获得信息，契克卡德曾为指导那些进行户外工作的人撰写了一本小册子。在18世纪，彼得·阿尼什（Peter Anich）完成这项工作后死于衰竭。这些因素的组合——文艺复兴时期君主地图需求的增加和大地测量工作对身体的挑战——开始解释了地图学理论因实际实践而变得复杂的方式。

2. 测量矿山的方法

采矿业的土地测量和立桩标定所有权从1300年开始进行。最古老的采矿权，例如库特纳霍拉（Kutná Hora）［Kuttenberg（库滕贝格）］的那些，明确解释了矿山测量过程的法律意义。然而，只是从16世纪起，矿产的绘画、草图或素描才被保存下来。1529年在埃尔茨（Erzgebirge）（萨克森）出现了菲希特尔贝格（Fichtelberg）山的带有矿产边界的全景式素描[62]，1534年出现了库特纳霍拉附近矿井的平面图[63]。16世纪和17世纪早期所有的呈现都

---

[60] Gertrud Stetter, “Philipp Apian 1531 – 1589: Zur Biographie,” in *Philipp Apian*, 66 – 73, 特别是 70, and 205。

[61] Stetter, “Apian,” 71.

[62] Hans Brichzin, “Augenschein-, Bild- und Streitkarten,” in *Kursächsische Kartographie*, 1: 112 – 206, esp. 137.

[63] Jan Urban, “Alte böhmische Bergbaukarten,” *Der Anschnitt* 22, No. 4 (1970): 3 – 8, esp. 4.

非常风格化。与在地面上可以核实距离的土地调查地图的情况不同，在这些矿产调查的例子中，不可能进行现代的核对，因为这些矿产已无法进入。适用于土地测量的标准，不能适用于在现代早期进行的矿产测量。所采用的方法提醒人们更应注意同一时间出现的法律地图（稍后讨论）。

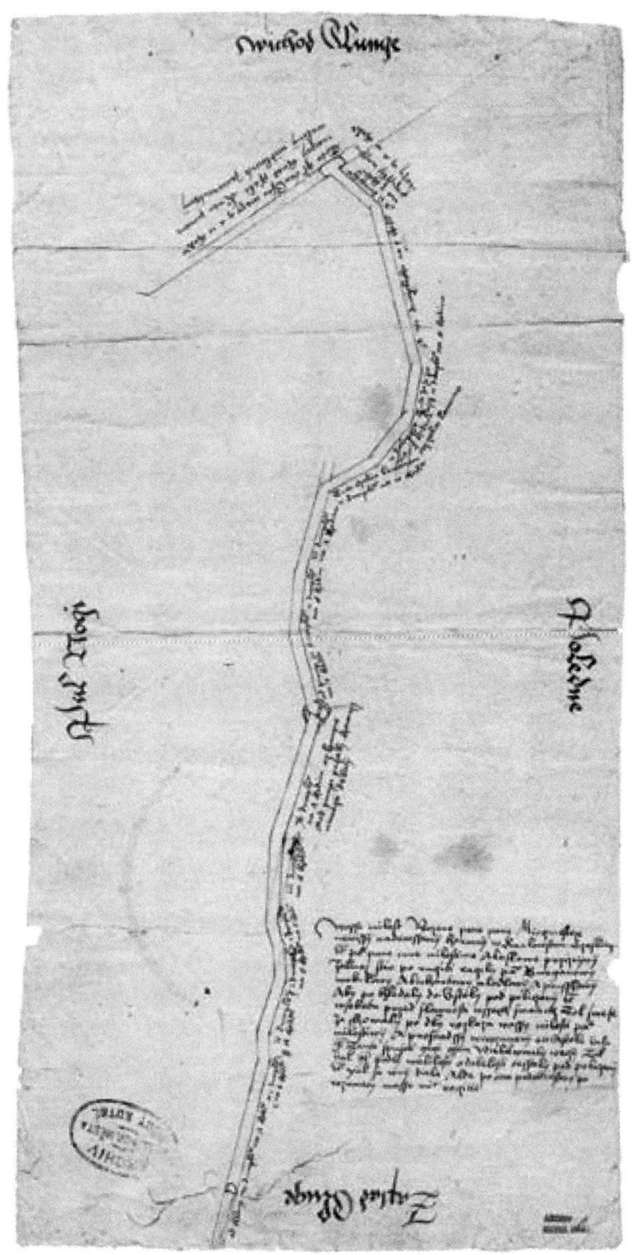

图 19.5　保存下来的最古老的波希米亚附近的库特纳霍拉（库滕贝格）矿山的草图，齐克蒙德·普拉谢克（ZIKMUND PRÁŠEK）绘，1534 年。这幅示意图只描绘了巷道的一个维度，并辅以口头的补充

原图尺寸：41 × 20.5 厘米。State Regional Archives in Prague-State District Archive in Kutná Hora (Kuttenberg) (Collection of Documents of Mining and Mint Offices, Nr. 147) 提供照片。

施纹特的《无人制作的几何仪器》中，在两种矿山测量方法中包含了几何学的技术，并结合了斜坡和地下的测量[64]。再次，施纹特以相似三角形为开端，并只提到了欧几里得。这两个例子不是为地图制作而设计的，而是作为与挖掘矿井或隧道有关的辅助决策工具（图 19.6）。

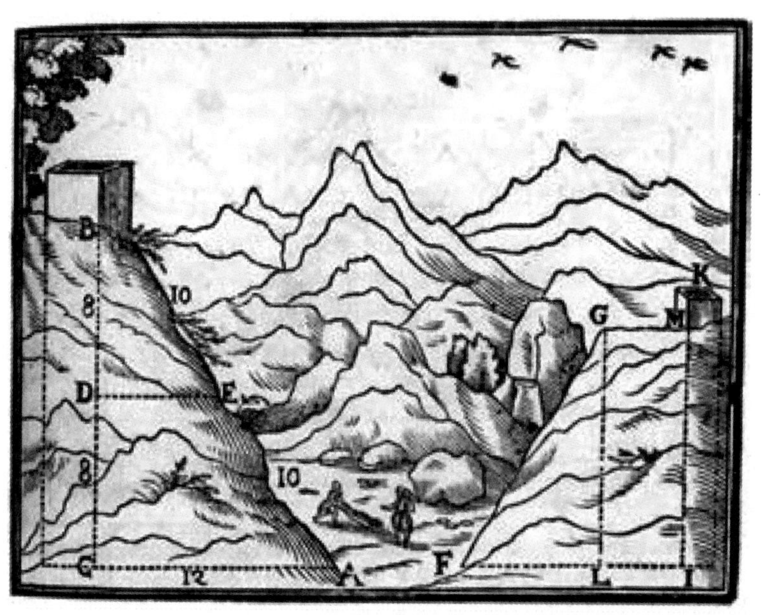

图 19.6 矿山测量的方法，1617 年。示意图显示了垂直矿井的设计和山体斜坡

原图尺寸：约 8.6 × 11.2 厘米。Daniel Schwenter, *Ohne einig künstlich geometrisch Instrument allein mit der Meßrute und etlichen Stäben das Land zu messen*，这是他的 *Geometriapractica nova* 的第二部分（Nuremberg, 1617）, 65. BL（717. f. 7. [4]）提供照片。

乔治·阿格里科拉（Georg Agricola）研究神学，后来研究医药，1527 年成为萨克森银矿区的中心亚希莫夫（Jáchymov）[圣约阿希姆斯塔尔（St. Joachimsthal）] 的城镇医生。从 1533 年起，阿格里科拉四次担任开姆尼茨（Chemnitz）的镇长。他出版了几本有关矿物学和地质学的著作。阿格里科拉的主要作品——《矿山》（*Vom Bergwerck*），与萨克森的采矿
488 和地质有关，其中有一幅关于一个铁角支架和一个安装在有钟摆指针的圆形框架内的象限仪的示意图（图 19.7）[65]。它描绘景观的方式，使人们猜测它一定是在斜坡上使用的。文中没有提到这一点；它只提到一个磁罗盘、绳子和在地下使用的书写工具。阿格里科拉没有解释任何使用方法。

[64] Daniel Schwenter, *Ohne einig künstlich geometrisch Instrument allein mit der Meßrute und etlichen Stäben das Land zu messen*, 2d ed.（Nuremberg, 1623）, 76 – 80.

[65] Georg Agricola, *Vom Bergkwerck*, commentary by Hans Prescher（Basel, 1557; reprinted Weinheim: Acta Humaniora der VCH, 1985）, CV.

图 19.7　矿山测量仪器，1557 年。一架带铅锤的大型象限仪，被安装到一个圆形的框架中，由此可以测量坡度

原图尺寸：约 22.6×14.3 厘米。Georg Agricola, *Vom Bergwerck* (Basel, 1557), fol. CV. BL (443. h. 6 [2]) 提供照片。

伊拉斯谟·赖因霍尔德 1574 年的《关于土地测量和边界的报告》中有一些例子使用了两个独立的系统：第一个，使用了基于欧几里得的相似三角形；第二个，使用了正弦表或影线表[66]。因此他建议在土地测量中使用这些同样的方法。除了测量杆和水平仪之外，他还使用了其他仪器，例如一架带有集成罗盘的象限仪、一根观测管（代替照准仪）和一个“池液位”，即固定有一条铅垂线的划分有刻度的半圆。由于地下照明有限，因此实践中的三角测量能达到什么程度是值得怀疑的。这也是使用“数学测量箱”的一个案例，这是由德累斯顿艺术收藏室（Dresden Kunstkammer）的托比亚斯·沃尔默（Tobias Volckmer）制作的一

[66] Wunderlich, *Kursächsische Feldmeßkunst*, 25 – 32.

种精密数学仪器，对此在1591年撰写了一系列的操作指南[67]。其中包括用于矿山测量业务的说明[68]。

3. 城镇和城市测量

自16世纪以来，在城镇和城市测量中采用了几何学技术。奥古斯丁·希尔施沃格
489 （Augustin Hirschvogel）使用了1547年赫马绘制维也纳平面图所用的方法[69]，而据猜测，约翰·范德尔科尔皮（Johann van der Corput）在杜伊斯堡（Duisburg）也使用了相同的方法[70]。目前尚不清楚，雅各布·桑特纳（Jakob Sandtner）究竟是如何创作的非常精确的立面城镇模型，但它们的质量强烈地表明了对三角测量的使用。他在1568年和1574年之间制作了五个这样的巴伐利亚城镇模型。桑特纳坚持索求一纸书面授权，以（从高处）观察因戈尔施塔特设防城市[71]。

采用的仪器

在保存于德累斯顿、佛罗伦萨和卡塞勒（Cassel）等地的艺术收藏室（Kunstkammern）藏品中的仪器，以其多用途和制造的精度震惊了现代的测量者[72]。以这些仪器为起点来复原它们的功能会带来相当大的困难。如果我们从测量手册和仪器的示意图开始，分析就会变得更容易，更接近于测量者的现实。然而，原则上，没有一种土地测量方法依赖于某一特定的仪器。

在土地测量中使用的仪器被用于执行三项任务：测量时间、测量距离和测量角度，包括确定一个位置的方位。其他的辅助设备是磁罗盘、平板仪、星历表[73]，以及测量者的助手。

---

[67] Wunderlich, *Kursächsische Feldmeßkunst*, 104 – 8.

[68] Wunderlich, *Kursächsische Feldmeßkunst*, 114.

[69] Karl Fischer, "Augustin Hirschvogels Stadtplan von Wien, 1547/1549, und seine 'Quadranten,'" *Cartographica Helvetica* 20 (1999): 3 – 12, 以及 idem, "Stadtpläne und Veduten Wiens im 16. Jahrhundert," in *8. Kartographiehistorisches Colloquium Bern 3. – 5. Oktober 1996: Vorträge und Berichte*, ed. Wolfgang Scharfe (Murten: Cartographica Helvetica, 2000), 185 – 90。

[70] Günter von Roden, *Duisburg im Jahre 1566: Der Stadtplan des Johannes Corputius* (Duisburg-Ruhrort: Werner Renckhoff, 1964), 以及 Joseph Milz, "Der Duisburger Stadtplan von 1566 des Johannes Corputius und seine Vermessungsgrundlagen," *Cartographica Helvetica* 11 (1995): 2 – 10。

[71] Alexander Freiherr von Reitzenstein, *Die alte bairische Stadt in den Modellen des Drechslermeisters Jakob Sandtner, gefertigt in den Jahren 1568 – 1574 im Auftrag Herzog Albrechts V. von Bayern* (Munich: Georg D. W. Callwey, 1967).

[72] Anthony Turner, *Early Scientific Instruments: Europe 1400 – 1800* (London: Sotheby's Publications, 1987); Gerard L'Estrange Turner, *Elizabethan Instrument Makers: The Origins of the London Trade in Precision Instrument Making* (Oxford: Oxford University Press, 2000); Mara Miniati ed., *Museo di storia della scienza: Catalogo* (Florence: Giunti, 1991); J. A. Bennett, *The Divided Circle: A History of Instruments for Astronomy, Navigation and Surveying* (Oxford: Phaidon, Christie's, 1987); A. W. Richeson, *English Land Measuring to 1800: Instruments and Practices* (Cambridge: Society for the History of Technology and M. I. T. Press, 1966); 以及 Edmond R. Kiely, *Surveying Instruments: Their History* (1947; reprinted Columbus, Ohio: Carben Surveying Reprints, 1979)。

[73] 约翰内斯·施特夫勒继续使用雷吉奥蒙塔努斯的星历表直到1556年。赖因霍尔德计算了星历表并于1551年重新出版，开普勒也在这一讨论时期内的1624年做了这些事情；参见 Johannes Stöffler, *Ephemeridum reliquiae Ioannis Stoefleri Germani, superadditis novis usque ad annum Christi 1556 durantibus Petri Pitati Veronensi Mathematici...* (Tübingen, 1548); Erasmus Reinhold, *Prutenicae tabulae coelestium motuum* (Tübingen, 1551); 以及 Johannes Kepler, *Tabula Rudolphina* (Ulm, 1627)。

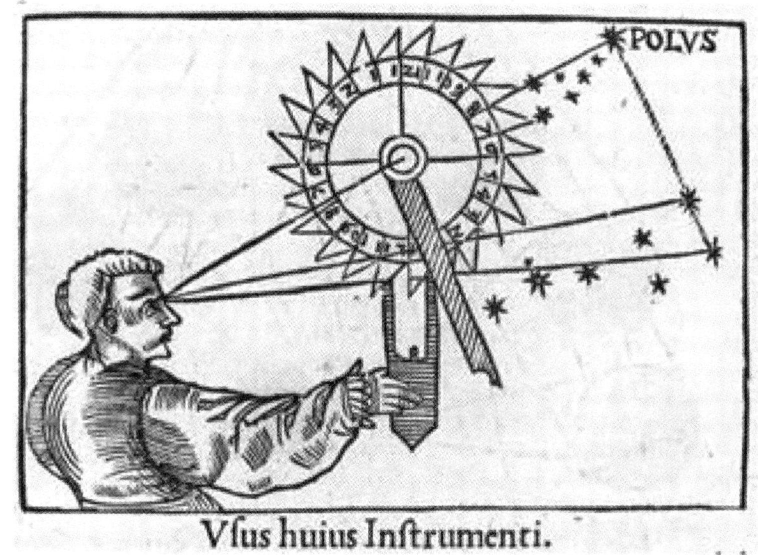

图 19.8 阿皮亚的《宇宙志》中的星历钟（夜间），1540 年。夜晚的天空可以作为一架时钟，因为小熊星座的恒星显然以一个恒定的方式环绕北极星运动。大熊星座的指极星——总是与北极星位于一条直线上的两颗恒星——是这只天文钟的针。天文钟的夜间再现和校准：观测者从圆周中心的一个孔中观察北极星，移动仪器的臂盖住指极星，然后从臂的刻度位置读出地方时。引自 Peter Apian，*Petri Apiani Cosmographia*，ed. Reiner Gemma Frisius（Antwerp，1540），fol. XLVIv. BL（531. g. 10［2］）提供照片

测量时间

为了确定经度坐标，有必要确定观察者所在的地方时。要做到这一点，伊斯兰学者开发了采用环绕北极的小熊星座和大熊星座的日轨道的仪器。这种星体钟也被称为夜间定时仪，于 11 世纪末之后在基督教西方使用[74]。这是可以在彼得·阿皮亚关于仪器的著作（1533 年）的扉页插图中看到的仪器之一。阿皮亚还在其《宇宙志》中描绘和描述了该仪器（图 19.8；图 19.9 是另一个例子）[75]。

1547 年，赫马指出了便携式机械钟，也就是怀表，对于确定经度的基本意义[76]。由于效率低下，为了发挥作用，它们必须不断地被检查，所以它们在实践中的运用或多或少是不切实际的。当人们意识到天空以每小时 15 度的速度移动，即四分钟一度、四秒一分的时候，精确的重要性是显而易见的。水钟和沙钟更可靠，但不幸的是，它们一般不是便携的。为了能够从一个日晷上读到正确的时间，人们做出了一个尝试，试图将太阳运动的季节差异纳入 490
刻度盘本身（图 19.10 和 19.11）[77]。即使太阳的运动得到了充分研究，但这种刻度盘对数学

---

[74] Vernet Ginés，"El nocturlabio."

[75] Apian，*Cosmographia*.

[76] Gemma Frisius，*De principiis astronomiæ*，chap. XIX，239.

[77] 阿皮亚将白杨树叶的形状应用于他的几何设计：Peter Apian，*Instrument Buch*（1533；重印于 Leipzig：ZAReprint，1990），以及 Lindgren，"Astronomische und geodätische Instrumente，" 44 –45。

家来说仍然是一项艰巨的任务⑱。作为这些问题的结果，在测量的背景下，很少使用日晷来精确测量时间。

图 19.9 英国的夜间定时仪，约 1600 年。该仪器的修正尽量减少了观测误差，而观测误差源于小熊星座围绕北极星的日和年运动，以及北极星并不真正标记着北极

原物尺寸：直径 7.7 厘米。Franca Principe, courtesy of the IMSS (inv. No. 2500) 提供照片。

图 19.10 太阳象限仪，17 世纪。天文学家试图设计出日晷盘或太阳象限仪，以便将太阳弧线一年四季的稳定变化纳入考虑。另外一个问题是找到准确的南北方向，以校准仪器；这需要一根长杆或一面日晷，将其固定在象限仪上部的洞里

原物尺寸：最大半径 5.5 厘米。Franca Principe, courtesy of the IMSS (inv. No. 3251) 提供照片。

---

⑱ 关于巴托洛梅乌斯·斯库尔特图斯，参见 Uta Lindgren, "Bartholomaeus Scultetus: Gnomonice De Solariis," in *Copernicus*, 265 – 66, 以及 Zinner, *Deutsche und niederländische astronomische Instrumente*, 532。关于 Johannes Hommel，参见 Uta Lindgren, "Johannes Hommel: Gnomonik (1561)," in *Copernicus*, 348, 以及 Zinner, *Deutsche und niederländische astronomische Instrumente*, 388。关于 Andreas Schöner，参见 Karin Reich, "Andreas Schöner: Gnomonice", in *Copernicus*, 264 – 65, 以及 Zinner, *Deutsche und niederländische astronomische Instrumente*, 527 – 28。关于约翰尼斯·朔纳，参见 Zinner, *Deutsche und niederländische astronomische Instrumente*, 528 – 29。

491

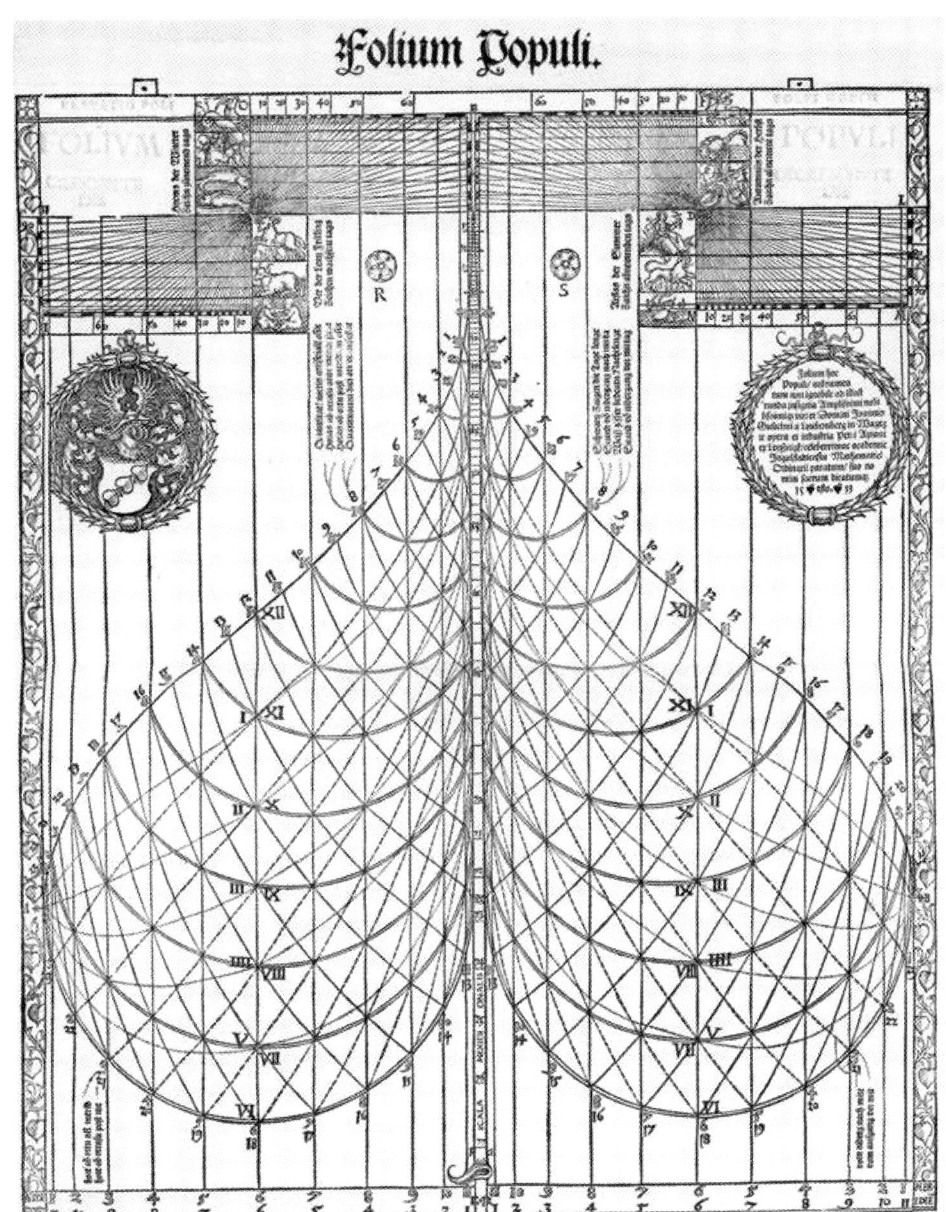

图 19.11 杨树叶片形状的日晷，1533 年。阿皮亚为这一日冕绘制了插图，其使用，需要一根可调节的由三部分组成的日规，以将纬度和月份纳入考虑

原图尺寸：31 × 24.5 厘米。Peter Apian, *Instrument Buch* (Ingolstadt, 1533). Beinecke Rare Book and Manuscript Library, Yale University, New Haven (Shelfmark QB85 A63) 提供照片。

测量距离

在最简单的例子中，雅各布·科贝尔和彼得·阿皮亚开始解释如何步测距离[79]，塞巴斯蒂安·明斯特建议把他从巴塞尔到坦恩的基线所涵盖的时间转化成英里。因此，对于土地测量的目的而言，获得的结果不可能特别准确。用于测量数米距离的绳子，由于其下垂，因而不是很好的测量仪器。链子也没那么好，因为即使有几个强壮的助手在工作，但其巨大的自重造成的松弛也不能完全避免[80]。用测量杆可以得到更精确的结果，尽管当时它们是用木头制作的，而其长度随着天气变化而略有变化[81]。这是造成误差的一个微小原因。对于短距离而言，人们使用有时用金属制成的测量棒或尺子[82]。易于使用且相对准确的测量数英里距离的仪器，可能是里程表。这些马车上的机械测量装置可追溯到古代晚期的工程师和建筑师维特鲁威·波利奥[83]。萨克森的奥古斯特一世（August I）在 1584 年从老克里斯托夫·特雷希斯特（Christoph Trechsler the Elder）那里收到了一只镀金的黄铜里程表，是安装在旅行马车上的精细制造的装置[84]。当为三角测量而测量一段有用的路程时，马车不能沿着任何街道行驶，而是必须经过长的、笔直的路程或横跨一片大的（可能仓促收割过的）田地。

因此，这种精密装置用于测量的可能性受到严重的限制。然而，它显然可以用于其他用途，例如，测量两个或两个以上城镇之间的距离。

492 ### 角度测量

1. 传统仪器

传统上，角度测量只是在天文学研究中意义重大。这在 15 世纪中发生了变化。自 16 世纪以来，它在土地测量中的应用已经在教学手册中进行了描述。

当彼得·阿皮亚在 1533 年发表他的《仪器之书》时，最重要的仪器，即象限仪、雅各布照准仪（或十字照准仪）和几何样方，像用于天文学和航海那样，对于土地测量也是有用的。这种双用途也被居住在纽伦堡的成功的作家和仪器匠人们实践，例如乔治·哈特曼（Georg Hartmann）和约翰尼斯·朔纳[85]。但是早期的土地测量，类似于航海，不需要天文学那样精密而复杂的仪器。直到 16 世纪中叶，土地测量师们还在用自己独特的方法制作自己的仪器。在某些情况下，还会考虑重量。因此，在户外工作期间不想为自己增加负担的测量员更倾向于使用轻型仪器，也就是有着用木材制成的照准仪的设备。

象限仪是一个四分之一的圆盘，在其中某一臂上安装有照准仪，在圆心点悬挂着铅锤[86]。甚

---

⑦9 Lindgren, “Astronomische und geodätische Instrumente,” 50.

⑧0 Lindgren, “Astronomische und geodätische Instrumente,” 53.

⑧1 Lindgren, “Astronomische und geodätische Instrumente,” 52.

⑧2 Wunderlich, *Kursächsische Feldmeβkunst*, 21 – 22.

⑧3 保存于德累斯顿的数学—物理学沙龙。Lindgren, “Astronomische und geodätische Instrumente,” 54.

⑧4 Wunderlich, *Kursächsische Feldmeβkunst*, 60 – 63.

⑧5 Hans Gunther Klemm, *Georg Hartmann aus Eggolsheim (1489 – 1564). Leben und Werk eines fränkischen Mathematikers und Ingenieurs* (Forchheim: Ehrenbürg-Gymnasium, [1990])，以及 idem, *Der fränkische Mathematicus Johann Schöner (1477 – 1547) und seine Kirchehrenbacher Briefe an den Nürnberger Patrizier Willibald Pirckheimer* (Forchheim: Ehrenbürg-Gymnasium, 1992)。

⑧6 Zinner, *Deutsche und niederländische astronomische Instrumente*, 203 – 7.

至托勒密也描述过象限仪[87]。在中世纪，对于某些工作领域而言，这比星盘更受青睐，因为它的刻度尺与完整的圆形仪器成比例。撒马尔罕（Samarkand）的乌卢格·贝格（Ulugh Beg）[88] 和乌拉尼博格（Uraniborg）的第谷·布拉厄[89]的大型墙壁式象限仪是众所周知的。为了计算月亮与某一恒星之间的距离，只需要度数的刻度。在土地测量中，象限仪特别适合于确定高度，因为垂线显示了角度[90]，而人们可以用配有指针的象限仪来更好地观察水平角度。

雅各布照准仪被设计用来测量地平线和某星辰之间的夹角。这种想法可以追溯到喜帕恰斯（公元前190—前120年），但其在中世纪由利维·本格尔松（Levi ben Gerson）（1288—1344年）改进[91]。在彼得·阿皮亚的《宇宙志》中可以找到与其生产和使用有关的非常清晰的指南[92]。有了这些，任何人都可以自己制造和使用仪器。然而，制造精细划分的刻度需要相当多的技巧。该仪器除了测量角度之外没有其他功能[93]。由于其结构简单，使用方便，因而雅各布照准仪被广泛使用。菲内的几何杆（*baculus geometricus*）甚至更为简单，却只有粗糙的刻度。

几何样方自11世纪以来一直被用于测量角度[94]。人们可以在彼得·阿皮亚的《仪器之书》的扉页上看到它被应用于这一功能。在对它的描述中，阿皮亚特别提到在距离计算时对它的使用[95]。当他使用它时，它只是一个正方形的框架，而其他作者则有一个正方形的木板。至少有两边被分成尽可能多的单位；阿皮亚把他的分成一千个单位。位于一个角上，固定有可移动的臂，即调节器。这一条状物以及至少一边，安装有一架照准仪。这些设备的边长长达一米左右。

2. 确定某一位置的方位

除计算角度和测量距离外，这种几何方形还与磁罗盘结合使用，在土地测量中用于对方位的观察。使用赫马应用的方法和平板仪，就不再需要计算任何角度。最后，几何样方的一项特殊功能，影线方形，也可被用于基于水平阴影（余切）功能的测量方法。塞巴斯蒂安·明斯特在他的《宇宙志》中已清楚地解释了这一点（图19.4）。理论方法往往是不容易被识别出来的，因为它们通常是在不解释其背后数学原理的情况下进行实例的计算[96]。

不伦瑞克（Brunswick，Braunschweig）的仪器匠托比亚斯·沃尔默在1608年制造了一台几

---

87 Ptolemy, *Almagest*, 1.12.

88 Stephen Finney Mason, *Geschichte der Naturwissenschaft in der Entwicklung ihrer Denkweisen*, trans. Bernhard Sticker (1953; reprinted Stuttgart: Alfred Kroner, 1961), 125.

89 J. R. Christianson, *On Tycho's Island: Tycho Brahe and His Assistants, 1570 - 1601* (Cambridge: Cambridge University Press, 2000), 118 - 19.

90 Apian, *Instrument Buch*, Ciii verso-Civ verso; Lindgren, "Astronomische und geodätische Instrumente".

91 Zinner, *Deutsche und niederländische astronomische Instrumente*, 207 - 10; Fritz Schmidt, *Geschichte der geodätischen Instrumente und Verfahren im Altertum und Mittelalter* (1935; reprinted Stuttgart: Konrad Wittwer, 1988), 328; 以及 Kiely, *Surveying Instruments*, 194 - 206。

92 Apian, *Cosmographia*, fol. XV v - XVI v.

93 Zinner, *Deutsche und niederländische astronomische Instrumente*, 223 - 25.

94 Zinner, *Deutsche und niederländische astronomische Instrumente*, 187 - 91.

95 Apian, *Instrument Buch*, Cii verso.

96 Wunderlich, *Kursächsische Feldmeßkunst*, 67 - 79.

493 何四分仪（*quadratum geometricum*）（图 19. 12）[97]。由于重量，它配备了三脚支架。人们尝试通过增加一些设备，将这台象限仪转换成通用仪器，有时是尝试将其转换成可移动的仪器。

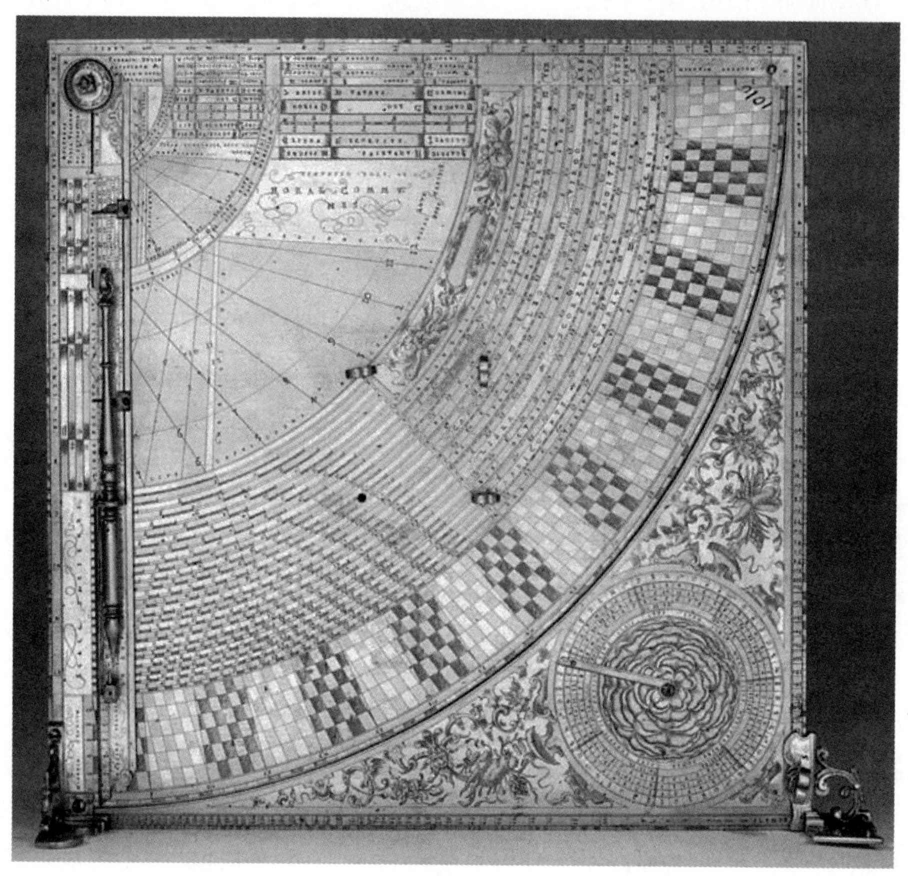

图 19. 12　托比亚斯·沃尔默制作的作为通用仪器的镀金样方，1608 年。此样方（影线方形）结合了有着多种刻度的象限仪，在其空余的角落中，在一侧有一架磁罗盘，而在另外一侧则有一个游标。这是一架复杂的仪器，它不仅揭示了磁北极和真正的北极、太阳的等时和不等时（威尔士）、月亮时，甚至还可以进行每日星象的计算

原物尺寸：36×36 厘米。Franca Principe，courtesy of the IMSS（inv. No. 2465，1495）提供照片。

在文艺复兴时期，三角仪（又名 *Dreistab*）被广泛用于测量，尽管它很少得到天文学和
航海界的垂青[98]。其传统可追溯到古典时代。在现代早期，它经常被修改，通过在枢纽点上
增加完整的圆来计算角度，以及在侧面加上磁罗盘以获取南北的方位。在两个支点上转动的
494 所有三个臂，被进行了线性的分割。此装置在基于欧几里得的三角测量中具有多种功能，见
于塞巴斯蒂亚诺·明斯特、丹尼尔·施纹特和其他人的作品（图 19. 13 和 19. 14）。

---

[97] 佛罗伦萨的 The Medici Stanza delle Matematiche 获得了这台仪器。Miniati，*Museo di storia*，27 和 29，pl. 27。

[98] Schmidt，*Geschichte der geodätischen Instrumente*，193，369－81，pl. XXIV，figs. 4 和 7。Kiely 致力于该仪器的研究，但假定其有着特殊的三角函数功能。对实用几何的论著的研究表明，所有的仪器都没有严格地依赖于一种数学方法，参见 Kiely，*Surveying Instruments*，220－24。

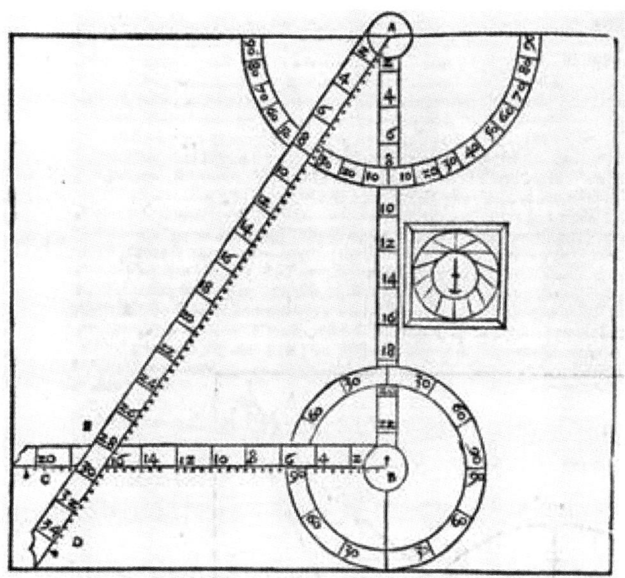

图 19.13 明斯特的有着量角器和磁针罗盘的三角仪（*DREISTAB*），1550 年。三角仪（*Dreistab*）的设计（由三根测量杆组成的仪器）有相当粗略的刻度。上方的枢轴是一只有着 10 度间隔的量角器，下方的枢轴则以 30 度为间隔；磁罗盘沿着位于中间的测量杆放置，用于确定所取角度的南北方向

原图尺寸：约 12 × 13.9 厘米。Sebastian Münster，*Cosmographiae uniuersalis*（Basel：Apud Henrichum Petri，1550），24. BL（566. i. 14）提供照片。

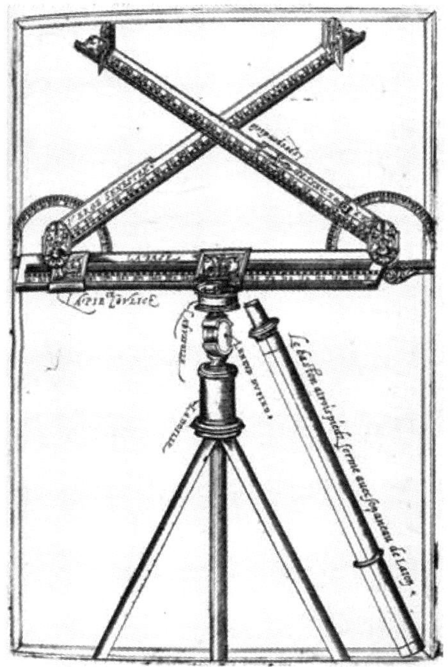

图 19.14 丹弗里斯（DANFRIE）的三角仪（*DREISTAB*）的草图，1597 年。此三角仪的测量杆和量角器上有着精确的刻度。其中一个测量杆，有着量角器，甚至可以在导轨上移动；每根测量杆上都有照准仪

原图尺寸：约 15.2 × 10.2 厘米。Philippe Danfrie，*Déclaration de l'vsage du graphometre*（Paris，1597），pt. 2，p. 11. BL（531. g. 7）提供照片。

契克卡德三角仪的特殊特征是三臂连接在一起构成一等边三角形[99]。契克卡德在测量杆的末端固定照准仪，并沿着侧边放置了可活动的照准仪。他想用切线表中的值来划分必要的刻度。然而，他忘记提到，他需要绘制一个三角形的高度作为一条导线，因为只有基于这条导线他才能确定正切的值。然后他就可以将线延伸到三角形的一边。在实践中只有最精确的角度计算才会带来良好的制图效果，而此仪器能否在实践中有明显的优势，尚未被证实，因为这种装置没有得到广泛的应用。契克卡德声称他的三角仪比一个同样大的圆盘要轻。

另一个传统，也可追溯到古典时期，即使用两根旋转臂，并且见于明斯特和莱昂哈德·祖伯勒（Leonhard Zubler）的描述[100]。德累斯顿艺术收藏室拥有一个由卢卡斯·布鲁恩（Lucas Brunn）和老克里斯托夫·特雷希斯特于1609年制作的有着两根测量杆的精确制作的仪器（*Zweistab*）[101]。该仪器配有精细划分的刻度以及用于准确定位的千分尺滑块。

还有一个有着古典源头的仪器，在现代它被称为经纬仪（theodolite），它显然吸引了15
495 世纪以来的仪器匠人，但并未用于实践（图19.15）[102]。可以通过齿轮在水平面和垂直面上转动的这种装置，由亚历山大的埃龙（Heron）最早进行了描述（约公元前100年），冠以角度仪（*dioptra*）之名。在15世纪，它因其可以进行旋转，被称为赤基黄道仪（*torquetum*）[103]，由此在德语口语中，它被称作*Türkengerät*（土耳其设备）。由于它的多用途性，马丁·瓦尔德泽米勒称其为“多用途测量设备（*polimetrum*）”[104]。在18世纪，当望远镜代替照准仪被固定在仪器上之后，它第一次成为一种广泛使用的精密仪器。

3. 创新（新仪器）

虽然，在仪器从传统到现代的转变中，很难确定一个明确的转折点，但文艺复兴时期，在仪器市场中提出思想的意愿和创造性是惊人的，尽管许多被誉为创新的改变并没有改变传统仪器的结构和应用。例如，考虑一下圆周扇形尺寸的增加。菲利普·阿皮亚设计了一台仪器，“三协”（*Triens*），其尺寸比一台象限仪要大[105]。托马斯·吉米努斯发明了一种联合象限仪，有双倍的尺寸，用木质连接件，其扩展可超过180°[106]。然而，趋势是试图将整个圆周减少至可用的最低限度（角度和尺寸）：六分仪减少到了60°，八分仪减少到了45°。这些工具

---

[99] Schickard, *Kurtze Anweisung*, 14.

[100] Wunderlich, *Kursächsische Feldmeßkunst*, 140, 以及 Arthur Dürst, *Philipp Eberhard (1563 - 1627) & Leonhard Zubler (1563 - 1611): Zwei Zürcher Instrumentenmacher im Dienste der Artillerie (Ein Beitrag zum Zürcher Vermessungswesen des frühen 17. Jahrhunderts)* (Zurich: Kommissionsverlag Beer, 1983)。

[101] Wunderlich, *Kursächsische Feldmeßkunst*, 131 - 32, 135.

[102] Zinner, *Deutsche und niederländische astronomische Instrumente*, 191 - 92. “theodolit”一词可能来自莱昂纳德·迪格斯，他是类似于埃龙、雷吉奥蒙塔努斯和瓦尔德泽米勒那样解释一架仪器的首位英国人，所不同的是他的仪器缺少齿轮，不能移动到所有的位置，也不能倾斜。参见 Taylor, *Mathematical Practitioners*, 167; Kiely, *Surveying Instruments*, 180 - 84; 以及 Richeson, *English Land Measuring*, 61 - 64。

[103] Johannes Regiomontanuset al., *Scripta clarissimi mathematici M. Ioannis Regiomontani, de Torqueto...* (Nuremberg, 1544; 重印于 Frankfurt am Main: Minerva, 1976), 以及 Lindgren, “Astronomische und geodätische Instrumente,” 49。

[104] 瓦尔德泽米勒于1515年为格雷戈尔·赖施完成了示意图。参见 Lindgren, “Astronomische und geodätische Instrumente,” 61。

[105] 参见 Zinner, *Deutsche und niederländische astronomische Instrumente*, 163 - 64, 在计时仪器之下。

[106] 今存于 Museo di Storia della Scienza, Florence; 参见 Miniati, *Museo di storia*, 32 and 33, pl. 55, 以及 Turner, *Elizabethan Instrument Makers*, 12 - 23。

图 19.15　英国经纬仪，1590 年。奥古斯丁·赖瑟（Augustine Ryther）的经纬仪可以垂直（这里的半圆作为量角器发挥作用）和水平（圆形的功能也是作为量角器）旋转，其中心有一个磁罗盘。其顶部天平上装有照准仪，影线方形被整合在圆形中

*原物尺寸：直径 23.5 厘米。*Franca Principe, courtesy of the IMSS（inv. 240）*提供照片。*

从 16 世纪的后二十五年起［早期案例是卡塞勒的约斯特·布吉（Jost Bürgi）］[107]，在航海上获得了成功[108]，在土地测量中也得到使用。

环形设备代表了一个根本性的创新，因为其更小的尺寸使得它们作为旅行仪器是有用的（图 19.16）。赫马的天文环（*Usus annuli astronomici*）标志着这一发展的开始，其在 18 世纪获得了成功[109]。它们既是测量仪器，又是太阳钟，但精度通常有限。

创新也可以在发展观测管以代替照准仪的领域看到。考虑到在仪器上施加的大量想法，令人惊讶的是，视觉并没有更早地被确认为是一个问题。虽然 16 世纪的矿山测量仪器上使 496

---

[107] Zinner, *Deutsche und niederländische astronomische Instrumente*, 268 – 76.

[108] Miniati, *Museo di storia*, 14 和 15, pl. 75.

[109] 赫马的天文环（*Usus annuli astronomici*）第一次出现于 *Petri Apiani Cosmographia, per Gemmam Phrysium*（Antwerp, 1539）。此发明归功于约翰尼斯·思达比斯；参见 Zinner, *Deutsche und niederländische astronomische Instrumente*, 539。根据泰勒的说法，该环形仪器也是一些英国测量员和学者的最爱，包括 William Buckley、Ottuel Holynshed 以及 John Dee，参见 Taylor, *Mathematical Practitioners*, 314 – 15 and 318。

用了观测管，但直到 1555 年才被描述用于土地测量。正是阿贝尔·富隆的平纬计（*holomètre*）[110]，一架有观测管的台状设备（图 19.17 和 19.18），启发了菲利佩·丹弗里斯（Philippe Danfrie）在 1597 年制作了他的量角器（*graphomètre*）[111]。其他类型的观测器具是于 16 世纪初在瑞士使用的目标盘和信号火，使得在远距离上更易辨认所需的点[112]。测量员在德国的地理景观中发现了丰富的可以瞄准的目标，其中包括教堂的尖顶和其他的塔楼。

图 19.16　赫马的环形天文仪器。天文环由三个刻有度数的金属环组成，从 1 度到 90 度，代表圆环的四分之一。这些刻度允许在夜间观测星辰和月亮，也支持各种各样的土地测量。一个内环上的两根刺状物的阴影使观测者能够在确定太阳高度时眼睛不受到伤害。一圈绳子可以让观测者在他所在的纬度上把圆环悬挂起来（本例中是 55 度，显示的是赫马的大学所在的城镇，卢万）

细部的尺寸：约 10.1 × 10.1 厘米。*Petri Apiani Cosmographia*, *per Gemmam Phrysium*（Antwerp, 1540）, fol. LIIII. BL（531. g. 10［2］）提供照片。

---

[110] Abel Foullon, *Descrittione*, *e uso dell'holometro*（Paris, 1555; Venice, 1564 and 1584），以及 *La corte il mare i mercanti*, 146。

[111] Philippe Danfrie, *Déclaration de l'vsage du graphometre*（Paris, 1597）; *La corte il mare i mercanti*, 146; Turner, *Early Scientific Instruments*, 253; 以及 Koenraad van Cleempoel, *A Catalogue Raisonné of Scientific Instruments from the Louvain School, 1530 – 1600*（Turnhout: Brepols, 2002）, 205。

[112] Otto Stochdorph, "Abraham（v.）Höltzl（1577/78 – 1651）: Ein Tübinger Kartograph aus Oberosterreich（Bericht），" in *4. Kartographiehistorisches Colloquium Karlsruhe 1988*, ed. Wolfgang Scharfe, Heinz Musall and Joachim Neumann（Berlin: Dietrich Reimer, 1990）, 221 – 23, esp. 223, 以及 Arthur Dürst, "Der Zürcher Kartograph Hans Conrad Gyger（1599 – 1674）und sein Werk," in *6. Kartographiehistorisches Colloquium Berlin 1992*, ed. Wolfgang Scharfe（Berlin: Dietrich Reimer, 1994）, 139 – 51, esp. 145。

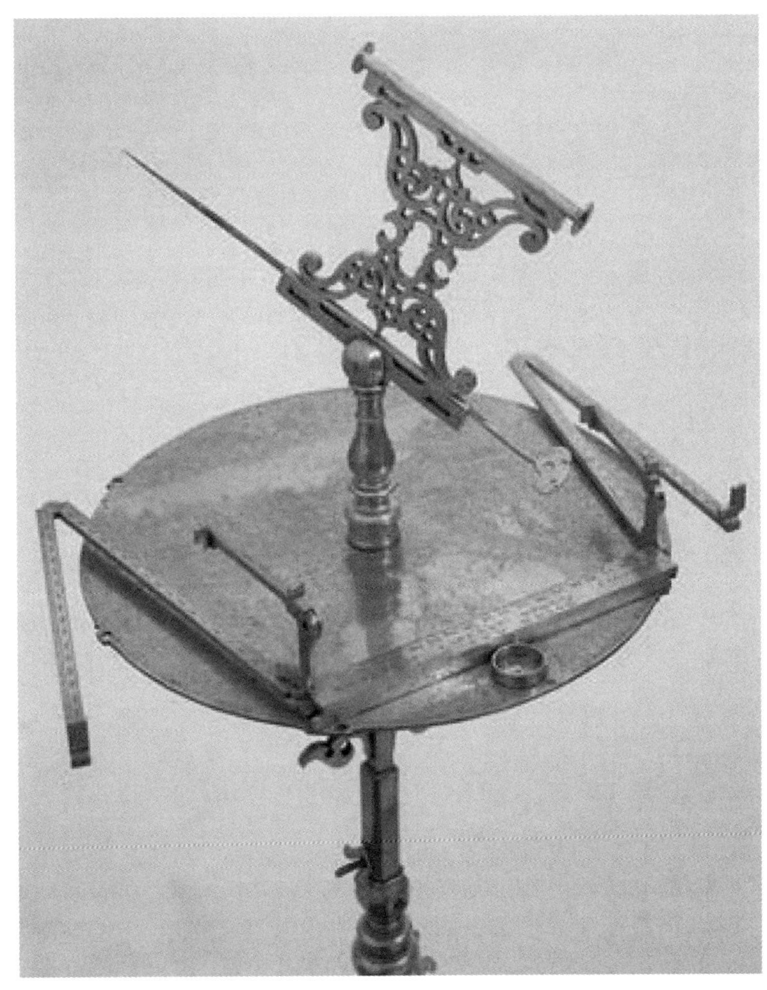

图 19.17　一架多功能仪器上的观测管，1557 年。在这架多功能仪器的顶部，它的制造者巴尔达萨雷·兰奇（Baldassarre Lanci）固定了一个观测管，在下方尖锐指针的额外辅助下可以进行更好的观测。带有观测装置的圆台上刻有野外调查的图像

三脚架高度：139 厘米；圆台的直径：30 厘米。Franca Principe, courtesy of the IMSS (inv. No. 152, 3165) 提供照片。

一幅由让·德梅利耶（Jean de Merliers）1575 年绘制的插图，显示了在一根链条的帮助下进行测量的过程，人们可以在前景上看到一个瞄准设备，而其使得获取一个位于远方的地点的方位变得容易（图 19.19）[113]。一架木质象限仪水平地立于测量者眼睛的水平线上。木头中刻了四条直直的沟槽，各自相距 45 度。象限仪中内接了一个圆，四条凹槽在其中点汇合 497
在一起（为什么一定有四个这样的凹槽，而不是只有一个或两个，尚不清楚）。该仪器像观测管一样引导观测者的视线，赖因霍尔德在他的山地象限仪上用它取代了常规的“瞄准孔”（照准仪）[114]。绝大多数仪器没有这种瞄准具。

---

[113] Lindgren, "Astronomische und geodätische Instrumente," 53.

[114] Wunderlich, *Kursächsische Feldmeßkunst*, 28.

图 19.18 兰奇仪器（图 19.17）的细节

中心孔半径：15 厘米。Franca Principe 拍摄，IMSS（inv. No. 152，3165）提供。

4. 磁罗盘

塞巴斯蒂安·明斯特在他测量课程开始的时候使用了磁罗盘，这归因于其作为测量角度的工具的圆形形状，但后来他认为较大的半圆或圆盘更适合这项任务。尽管如此，他在他所使用的所有仪器中都整合了磁罗盘。这一设备用于识别南北方向，而由此测出所有其他的角度。这种方法会导致由磁偏角所产生的问题。对于相互靠近的方位来说，这并没有什么影响，因为角度总是基于相同的方向线，即使它并不完全是南北向的。但当将此方法，就像赫马和施纹特推荐的平板仪那样，用于更大的未调查地区时——我们必须假设这发生了——磁偏角的变化会带来后果。关于这一点，在测量的著作中都没有提到，尽管 14 世纪时人们已经知道了磁偏角的变化[115]。

498 一段时间内，这种偏差被无视了，16 世纪，人们推测最终可以找到磁偏角与地理经度之间的联系，由此这将使确定经度变得更为容易。这种猜测首先可以在乔瓦尼·巴蒂斯塔·德拉波尔塔（Giovanni Battista Della Porta）的著作《磁论》（*De magnete*）中读到，尽管德拉波尔塔没有宣称自己是这一思想的创始人[116]。德拉波尔塔是一位人文主义者，在进行了广泛旅行之后，于那不勒斯创办了一个学院。《磁论》是他的主要作品《自然魔法》（*Magia Naturalis*）的一部分，后者是他于 1557 年首次出版的一本小册子，接着在 1589 年有了一个更长的版本。《自然魔法》的大部分内容是关于炼金术和魔法的，但关于磁学的长篇章，是对同时代知识的有趣陈述，其间充斥着一些流行笑话。关于磁偏角和经度的观点被阿萨内修

---

[115] Battista Agnese, *Portulan-Atlas München*, *Universiäatsbibliothek*, *cim 18*, *Farbmikrofiche-Edition*, "Untersuchungen zu Problemen der mittelalterlichen Seekartographie und Beschreibung der Portulankarten", Uta Lindren (Munich: Ed. Lengenfelder, 1993), 12 and 14 – 15, 以及 Klemm, "*Von der Krafft und Tugent des Magneten.*"

[116] Della Porta, *Magiœ natvralis*; 亦参见 Uta Lindgren, "*De Magnete*," *Morgen-Glantz* 13 (2003): 137 – 47。

斯·基尔舍进一步详述，而他显然在罗马教授的也是这些[117]。荷兰水手，尤其是北大西洋水域的水手，很早就在表格中记录了磁偏角。例如，人们可以找到阿德里安·梅修斯（Adriaan Metius）印刷的这些辅助工具；阿德里安·梅修斯是一位医生和数学家，与第谷·布拉厄一起在弗拉讷克（Franeker）、莱顿和丹麦学习，但后来也是通过基尔舍，于1598年成为弗拉讷克大学的数学教授[118]。

塞巴斯蒂亚诺·卡伯特撰写了一篇关于北大西洋磁偏角的评论，附加在对美洲的描述中[119]。在16世纪的一些葡萄牙世界地图上，显示了一条倾斜的长条，表明北大西洋的磁针不是指向北方，而是指向西北方[120]。

图19.19　用一架瞄准仪器和链条进行测量，1575年。瞄准装置（右），刻在木板上的直槽取代了照准仪。悬挂在杆上的链条需要很强壮的助手，因为链条的重量引起的下垂会阻碍对直线距离的精确测量

原图尺寸：约15.1×15.2厘米。Jean de Merliers, *La practique de geometrie descripte et demostree...* (Paris, 1575), fol. Aiij. BL (529. i. 30) 提供照片。

---

[117] Kircher, *Magnes*, 461 – 506; Osvaldo Baldacci, "The Cartographic Validity and Success of Martino Martini's Atlas Sinensis," in *Martino Martini geografo, cartografo, storico, teologo: Atti del Convegno Internationale*, ed. Giorgio Melis (Trent: Museo Tridentino di Scienza Naturali, 1983), 73 – 88, esp. 84 – 85；以及 Lindgren, "*Martinis Novus Atlas Sinensis*," 128。

[118] Adriaan Metius, *Geometria practica* (Franeker, 1625); Uta Lindgren, "Adriaan Metius: Nieuwe Geographische Onderwysinghe," in *Copernicus*, 277 – 78；以及 Kircher, *Magnes*, 446 – 52。梅修斯在天文学、地理学和航海领域的出版物广为传播，并被译成数种语言。我还应该提及的是威廉·吉尔伯特，他撰写了 *De Magnete magneticisque corporibus et de magno magnete telluve Physiologia nova* (London, 1600)。他从德拉波尔塔那里进行了借鉴，并影响了基尔舍。参见 Heinz Balmer, *Beiträge zur Geschichte der Erkenntnis des Erdmagnetismus* (Aarau: H. R. Sauerländer, 1956), 149 – 63。

[119] Sebastian Cabot, *Declaratio chartae novae navigatoriae domini Almirantis* ([Antwerp], 1544)，以及 Uta Lindgren, "Trial and Error in the Mapping of America during the Early Modern Period," in *America: Early Maps of the New World*, ed. Hans Wolff (Munich: Prestel, 1992), 145 – 60, esp. 152 n. 15。

[120] Heinrich Winter, "The Pseudo-Labrador and the Oblique Meridian," *Imago Mundi* 2 (1937): 61 – 73，以及 E. G. R. Taylor, "Hudson's Strait and the Oblique Meridian," *Imago Mundi* 3 (1939): 48 – 52。

5. 平板仪

测量员的平板仪可以将方位的角度或者方位的方向直接添加到纸上。丹尼尔·施纹特最早将其作为几何仪器进行描述；他称之为 *geometrisches Tischlein* 或 *mensula Praetoriana*，因为他认为他的阿尔特多夫（Altdorf）大学的老师和教授，数学家约翰尼斯·普拉托里乌斯（Johannes Pratorius）大约在 1590 年发明了它（图 19.20）[121]。这是一个由木质样方架组成的便携设备，有一个安装在三脚架上的坚固框架。样方架中安装着磁罗盘，在框架的一侧有一把安装在导轨上的可移动的尺子。此外，还包括一个几何绘图装置，但它当然没有被固定在一个位置上。样方架的表面覆盖着用于绘制方位的纸。

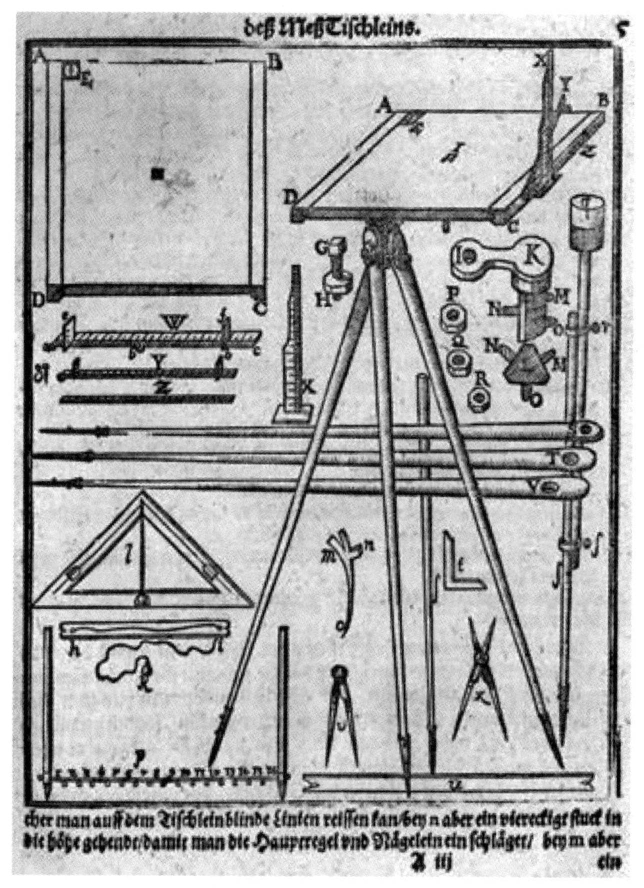

图 19.20 测量员平板仪的构成。平板仪需要一个三脚架，这里描绘的三脚架被固定在其组件中。平板本身由一个有着框架的板子以及位于某一角上的磁罗盘组成，并且框架上有一个可移动的窥孔。窥孔可以沿着平板的一侧移动，也可以上下移动。框架上有一个线性的刻度尺。所有添加的几何设计设备都可以自由移动

原图尺寸：14.5 × 11.6 厘米。Daniel Schwenter, *Geometria practica nova* (Nuremberg, 1641), bk. 3, p. 5. Houghton Library, Harvard University (Shelfmark GC6 Sch 982 B641g) 许可使用。

---

[121] Schwenter, *Mensula Praetoriana*；亦参见 Georg Drescher, "Wolfgang Philipp Kilian: Johannes Praetorius," in *Copernicus*, 142 – 43，以及 Menso Folkerts, "Johannes Praetorius (1537 – 1616) —Ein bedeutender Mathematiker und Astronom des 16. Jahrhunderts," in *History of Mathematics: States of the Art*, ed. Joseph W. Dauben et al. (San Diego: Academic Press, 1996), 149 – 69。

没有命名普拉托里乌斯为发明者，也没有给装置命名，保罗·普菲津是一位纽伦堡贵族，早在1589年就对测量仪器进行了介绍，并对其应用进行了评价[122]。然而，往往比普菲津的文字包含更多信息的是他的插图（图19.21和19.22）。人们对他的言语不准确感到奇怪，这可能是由于缺乏修辞技巧造成的，但肯定不是因为缺乏专业知识。这部著作原封不动地于1598年重印。同一时期，还有对平板仪的另一种描述，见于西普里安·卢卡（Cyprian Lucar）的《名为卢卡尔·索拉斯的专著》（*A Treatise Named Lucar Solace*，1590）[123]。 499

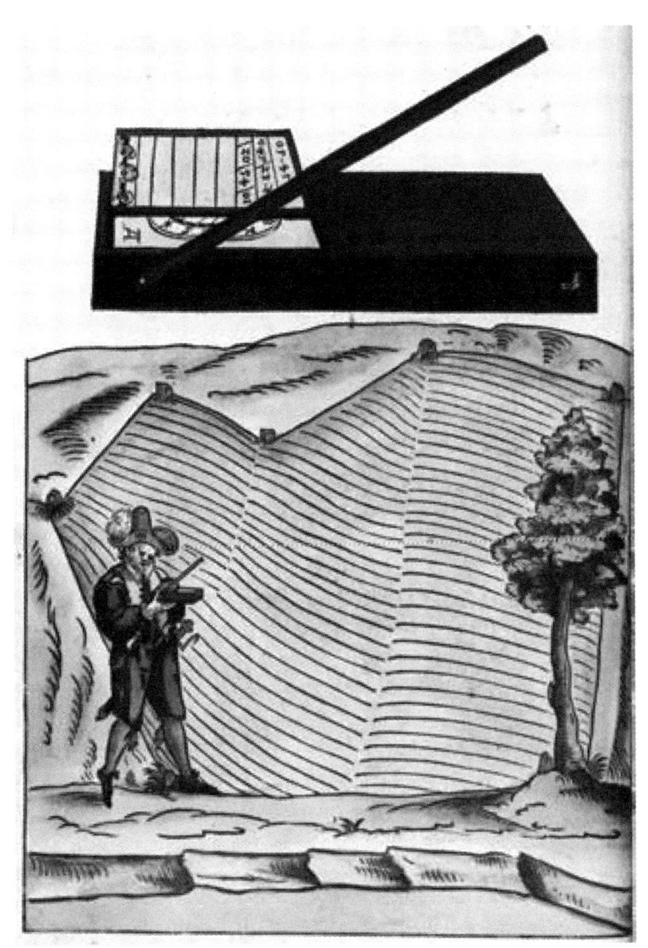

图19.21 测量员平板仪的前身，1598年。测量员拿着一个带有磁罗盘的长方形木质平板，一个可上下移动的简单的窥孔，还有足够的空间做笔记

原图尺寸：24.3×17.8厘米。Paul Pfinzing, *Methodus Geometrica* (Nuremberg, 1598). Houghton Library, Harvard University (fGC5. P4806. 598m) 许可使用。

---

[122] Paul Pfinzing, *Methodus Geometrica*, *Das ist*: *Kurtzer wolgegründter unnd außführlicher Tractat von der Feldtrechnung und Messung* (1589; 重印于 Neustadt an der Aisch: Verl. für Kunstreprod. Schmidt, 1994), XXVII ff。普菲津谈到一个"在Richtscheidt的条目"。

[123] Richeson, *English Land Measuring*, 77–81; Taylor, *Mathematical Practitioners*, 328和330; 以及Kiely, *Surveying Instruments*, 230–34。Kiely不清楚德国的传统，但假设英国很少使用平板仪。在欧洲大陆，这种仪器在几个世纪中获得了巨大成功。

图 19.22 使用普菲津的平板，1598 年。测量员对一位作为观测员安坐的老者解释他的平板仪。这里，他的平板和施纹特的相同，有一个可移动的窥孔（图 19.20）。在窥孔上安装有磁罗盘和一根刻度尺

原图尺寸：22.3×15.3 厘米。Paul Pfinzing, *Methodus Geometrica* (Nuremberg, 1598). Houghton Library, Harvard University (fGC5. P4806.598m) 许可使用。

1607 年，瑞士工程师莱昂哈德·祖伯勒出版了一本关于平板仪的应用和建造的小册子，名为《地方地理学的设备》(*Instrumentum Chorographicum*)[124]。他把平板仪的发明归功于他的同胞，数学家菲利普·埃伯哈德（Philipp Eberhard）。

平板仪的起源似乎可以追溯到 16 世纪中叶。没有人声称自己是平板仪的发明者，但似

[124] Dürst, *Philipp Eberhard*, 22–24.

乎有好几个平板仪之父。赫马使用过类似的装置，但没有注意到这是一个新的和非常实用的工具。也许他是从阿尔贝蒂的绘图装置那里得到的灵感，并用自己的方式使用它。同样，莱昂纳德·迪格斯用他的“地形仪”的背面绘出了观测到的方位，它似乎类似于一架平板仪[125]。早在1552年，奥古斯丁·希尔施沃格描述了一种装置，其必然与平板仪非常相似： 500
他谈到用六种不同的象限仪，来记录他的维也纳城市平面图[126]。这六种象限仪实际上由六张纸构成，这些纸张（一张接一张地）安装在一个固定的盘子上，其上有磁针、有着照准仪的刻度尺和一节绳子[127]。特别有趣的是，事实上其瞄准装置是直立的，这让人想起普菲津最早的一个装置，而他相当随意地称之为一架罗盘[128]。

测量员和地图制作者如何获取他们的知识

本节实际上介绍的是关于实用几何学和测量方面作品的一些重要作者的科学背景，尽管其中有些人在理论辩论中也很活跃。关于通过天文学方法确定地理坐标的知识，停留在中世纪晚期的天文学水平；其可以在大多数讲授四艺的大学中学到。正在讲授的天文学基础来自约翰尼斯·德萨克罗博斯科的《论世界之球体》，其本身也没有比老普林尼的两卷《自然史》进步多少[129]。这就解释了执迷不悟的现象，例如，关于用月食确定经度的过时而不合适的方法。由于其他领域的研究者通常以他们最近发现的知识而自豪，因此对这个问题而言，那么最新的发现就是月球角距法。

在他被1472年新成立的因戈尔施塔特大学录取三十多年后，约翰内斯·施特大勒撰写了他关于实用几何的小册子[130]。施特夫勒学习了三年，不久之后，回到家乡贾斯汀根（Justingen）［布劳博伊伦（Blaubeuren）附近］接任了当地的教区牧师，在那里待了三十年[131]。当1511年施特夫勒撰写他的几何学小册子时，他刚刚成为——在符腾堡的乌尔里希公爵的敦促下——蒂宾根的数学教授。在施特夫勒那里，塞巴斯蒂安·明斯特在蒂宾根发现了一位讲授实用几何的教师，更特别的是，他还讲授土地测量[132]。在当时，学生们必须先在文学系取得学士学位，然后才能转到其他系。算数、几何、天文（以及音乐）是四艺基础课程的一部分。数学天文学 501
学习究竟贯彻得如何，很大程度上取决于教师。但那些在因戈尔施塔特开始讲授几何学的教师

---

[125] Kiely, *Surveying Instruments*, 230 – 31.

[126] 奥古斯丁·希尔施沃格的指南没有标题；它们存在于一些手稿中，例如，Vienna，Österreichische Nationalbibliothek, Cod. 10.690。

[127] Fischer, “Hirschvogels Stadtplan von Wien,” 8. 据记载，希尔施沃格使用了六种象限仪，这使得与阿尔贝蒂、赫马、普菲津、施纹特等人和那些主张使用平板仪的人运用的装置略有不同。

[128] Pfinzing, *Methodus Geometrica*, fig. preceding XIX.

[129] Lindgren, “Johannes de Sacrobosco,” 221，以及 Eberhard Knobloch, “Johannes de Sacrobosco... Sphaera,” in *Copernicus*, 224 – 25。

[130] Zinner, *Deutsche und niederländische astronomische Instrumente*, 543 – 45，以及 Ruthardt Oehme, *Die Geschichte der Kartographie des deutschen Südwestens* (Constance: Jan Thorbecke, 1961), 139 – 41。

[131] Christoph Schöner, *Mathematik und Astronomie an der Universität Ingolstadt im 15. und 16.* Jahrhundert (Berlin: Duncker und Humblot, 1994), 191 – 94，特别是193 n. 20。

[132] Karl Heinz Burmeister, *Sebastian Münster: Eine Bibliographie mit 22 Abbildungen* (Wiesbaden: Guido Pressler, 1964), 10.

们没有留下名字。

施特夫勒的《论几何测量》只涵盖了欧几里得《几何原本》的很小一部分，但它处理的是土地测量师、建筑师或工程师可能需要的实际例子。具体而言，三角学的介绍显然是施特夫勒在因戈尔施塔特学习时完成的。后来他喜欢回顾他在因戈尔施塔特学习的时光，但他没有表露出在那些日子里他对数学有任何特殊的兴趣。文学系的导师是从维也纳聘请的大师们，数十年前，在维也纳发展出一个著名的数学天文学学派，乔治·冯波伊尔巴赫和约翰内斯·雷吉奥蒙塔努斯皆是其中一员[133]。

雅各布·科贝尔是一位莱茵河畔奥彭海姆的受过人文主义教育的出版商和政治家[134]。他在海德堡取得了法学学士学位，并于1490年在克拉科夫大学学习数学和天文学。1492年他回到巴拉丁（Palatinate），印刷了很多施特夫勒的作品。他的实用几何学不是他自己的作品；他在德意志只出版施特夫勒的作品。

彼得·阿皮亚来自萨克森的莱斯尼希（Leisnig），比施特夫勒小43岁[135]。他在1516—1519年在莱比锡大学学习，随后又在维也纳学习了两年，并于那里在1521年获得学士学位。莱比锡是来自萨克森的学生的第一选择（也包括雷吉奥蒙塔努斯），但维也纳也很有吸引力。阿皮亚的导师尚不知是谁，虽然他的数学著作与维也纳学派，特别是与雷吉奥蒙塔努斯的关于三角学的著作有联系[136]。从1526年直到他生命的终结，他一直占据着因戈尔施塔特大学的数学和天文学教席，在那里他转移并延续了他在兰茨胡特（Landshut）创办的印刷所。

1513年，约翰·朔伊贝尔（Johann Scheubel）离开基希海姆·恩特特克（Kirchheim unter Teck）前往维也纳求学[137]。12年后，他在莱比锡大学入学并获得学士学位。1535年，他被蒂宾根录取，于1540年获得硕士学位，开始讲授几何学的课程，并于1550年成为欧几里得常任教授。一幅埃斯林根（Esslingen）城市边界示意图（1556—1557年）和一幅符腾堡地图（1558—1559年）归功于他的工作，这两幅地图都不是基于数学天文学原理绘制的。

奥龙斯·菲内比阿皮亚大一岁[138]。他从他父亲那里学习了数学的初级课程，他的父亲是布里昂松（Briancon）的一位医生。父亲早逝后，他来到了巴黎纳瓦拉学院（Collège de Navarre）。由于他的专业兴趣在于数学和天文学，因此他很快就离开了，并考上了巴黎大学，在那里的文学系获得了学士学位。1518年至1524年，他被关进监狱，可能是因为一次

---

[133] Schöner, *Mathematik und Astronomie*, 192; Vogel, "Das Donaugebiet"; Günther Hamann, "Regiomontanus in Wien," 以及 Paul Uiblein, "Die Wiener Universität, ihre Magister und Studenten zur Zeit Regiomontans," both in *Regiomontanus-Studien*, ed. Günther Hamann (Vienna: Verlag der Österreichischen Akademie der Wissenschaften, 1980), 53–74 und 395–432, 以及 Helmuth Grössinged., *Der die Sterne liebte: Georg von Peuerbach und seine Zeit* (Vienna: Eramus, 2002)。

[134] Benzing, *Jakob Köbel.*

[135] Zinner, *Deutsche und niederländische astronomische Instrumente*, 233–34, 以及 Hans Wolff, "Im Spannungsfeld von Tradition und Fortschritt, Renaissance, Reformation, und Gegenreformation," in *Philipp Apian*, 9–18, esp. 16–17。

[136] Menso Folkerts, "Die Trigonometrie bei Apian," in *Peter Apian: Astronomie, Kosmographie und Mathematik am Beginn der Neuzeit*, ed. Karl Röttel (Buxheim: Polygon, 1995), 223–28.

[137] Ulrich Reich, "Johann Scheubel (1494–1570), Wegbereiter der Algebra in Europa," in *Rechenmeister und Cossisten der frühen Neuzeit*, ed. Rainer Gebhardt (Freiberg: Technische Universität Bergakademie Freiberg, 1996), 173–90.

[138] Adolphe Rochas, *Biographie du Dauphiné* (1856; 重印于 Geneva: Slatkine Reprints, 1971); Leo Bagrow, *Meister der Kartographie*, rev. ed., ed. R. A. Skelton (Berlin: Safari, 1963), 487; 以及 Knobloch, "Oronce Finé," 188。

失败的占星。从1525年直到去世，他一直在巴黎占据数学的教席。虽然他的测量仪器与施特夫勒的类似，但目前还不清楚施特夫勒的作品是巴黎大学课程的一部分，还是菲内在自己的阅读中看到了施特夫勒的作品。

赖纳·赫马·弗里修斯在格罗宁根上学，在卢万大学不知姓名的教师那里学习，并获得医学博士学位[139]。后来他成为一位教授，在卢万的医学系任教。早在16世纪30年代，他就指导赫拉尔杜斯·墨卡托学习天文仪器和地球仪的构建[140]，并指导了英国宇宙志学者约翰·迪伊[141]。

在16世纪初，低地国家对数学天文学问题的兴趣一定非常大。当阿皮亚的《宇宙志》（1524年）第一次出现在兰茨胡特时，赫马只有16岁。事实上，在同一年，该书在安特卫普再版，显示了它在当地被接受的程度。从1529年起，阿皮亚的作品上出现了赫马的评论和补充文字。从16世纪下半叶起，对航海方法和辅助设备的兴趣在低地国家广泛传播，这 502
些技术的数学和天文学基础通常与地图学凭借的原理相同。赫马的兴趣不在于钻研数学基础，他的贡献在于激发了大地测量实践领域的方法和仪器。

另一所强调科学研究和教学的荷兰大学在莱顿。维勒布罗德·斯内利厄斯在这里继承了他父亲鲁道夫的数学教席[142]。阿德里安·梅修斯在他之前也在莱顿和弗拉讷克学习，于1598年在弗拉讷克成为数学教授[143]。他的手册也被阿尔特多夫在其他地方使用，直到18世纪仍然被翻译和传播[144]。除了数学之外，课程还包括土地测量、航海、军事工程和天文学。

菲利普·阿皮亚延续了因戈尔施塔特的传统[145]。他最早由父亲和一位私人教师进行教育。1537年，公爵10岁的比菲利普略为年长的儿子阿尔布雷克特（后来巴伐利亚的阿尔布雷克特五世），每天被送到彼得·阿皮亚那里学习宇宙志、地理学和数学。18岁时，菲利普被送去游学，由此使得他前往了斯特拉斯堡、多勒（Dole）、巴黎和布尔日（Bourges），在他父亲去世前不久，他于1552年从布尔日回国。他被选为他父亲教席的继任者，并在1554年被授予绘制巴伐利亚地图的任务。到1516年，占据了每年夏季几个月的调查最终完成

---

[139] Zinner, *Deutsche und niederländische astronomische Instrumente*, 320–21; Marcel Watelet, "De Rupelmonde à Louvain," in *Gérard Mercator cosmographe: Le temps et l'espace*, ed. Marcel Watelet (Antwerp: Fonds Mercator Paribas, 1994), 72–91, esp. 75–79；以及 Van Cleempoel, *Catalogue Raisonné*, 9–11。

[140] Watelet, "De Rupelmonde à Louvain," 76–79，以及 Elly Dekker and Peter van der Krogt, "Les globes," in *Gérard Mercator cosmographe: Le temps et l'espace*, ed. Marcel Watelet (Antwerp: Fonds Mercator Paribas, 1994), 242–67, esp. 243。

[141] Bagrow, *Meister der Kartographie*, 186，以及 Tyacke and Huddy, *Christopher Saxton*, 21。

[142] Christianson, *Tycho's Island*, 358–61.

[143] Knobloch, "Praktisches Geometrie," 137–38，以及 Uta Lindgren, "Adriaan Metius: Institutiones Astronomicae & Geographicae," in *Copernicus*, 252。

[144] Herbert J. Nickel, *Joseph Sàenz de Escobar und sein Traktat über praktische und mechanische Geometrie: Eine Anleitung zur angewandten Geometrie in Neuspanien (Mexiko) um 1700* (Bayreuth: Universität Bayreuth, Fachgruppe Geowissenschaften, 1998), 27 n. 49.

[145] Stetter, "Apian," 70.

（阿皮亚在冬季的几个月从事教学）[146]。

菲利普·阿皮亚因宗教原因不得不两次退离教席。1569 年他不仅必须要离开因戈尔施塔特，而且还要彻底离开巴伐利亚，因为他拒绝发誓信仰《特伦托会议信纲》（Tridentine profession of faith）。同年，他成为蒂宾根大学的天文学和几何学教授。1583 年他拒绝在协和信条（Formula of Concord）上签字，被迫离开大学，但仍被允许住在蒂宾根，并于 1589 年在当地去世。

阿皮亚是继施特夫勒和朔伊贝尔之后蒂宾根大学的第三位数学家，他从根本上改进了地图。阿皮亚的继任者是迈克尔·梅斯特林，自 1580 年起成为蒂宾根的教授，曾是阿皮亚的学生[147]。他后来成为约翰内斯·开普勒和威廉·契克卡德的老师。梅斯特林在 1597 年至 1602 年的另外一名学生是奥地利人亚伯拉罕·冯赫尔茨尔（Abraham von Holtzl），他大约在 1620 年制作了一幅朔伊布申行政区（Schwäbischen Kreis）的地图[148]。

契克卡德曾在蒂宾根学习，并于 1631 年被任命为数学教授，成为梅斯特林的继任者，同时从 1619 年起他还是希伯来语教授[149]。他是蒂宾根第五位有着地图学兴趣的数学教授。1624 年，因为对现有的地图不满，他开始对符腾堡的土地进行系统记录。在他因瘟疫早逝之后，据说 13 幅地图最后完整的图纸已经送到阿姆斯特丹进行印刷。只有 8 幅表现蒂宾根和周边地区的图幅保存至今[150]。

伊拉斯谟·赖因霍尔德（去世于 1574 年）是在维滕贝格的同名的于 1553 年 42 岁时英年早逝的天文学家的儿子，鲜为人知[151]。他来自图林根的萨尔费尔德[152]，在那里他的儿子也从事医生行业。他可能是在维滕贝格的父亲那里学习的。关于赖因霍尔德，我们已经介绍了前面提到的小册子，以及阿尔滕堡（Altenburg）和图林根的艾森贝格（Eisenberg）政区的地图。

锡根（Siegen）的地图学家蒂勒曼·斯特拉（Tilemann Stella）在前往马尔堡（Marburg）之前，也在维滕贝格学习了两年。在 1546—1551 年之间，他回到了维滕贝格和科隆，之后他被召唤到什未林，充当梅克伦堡公爵的宫廷数学家和地理学家，肩负着确定边界的特殊责任。从 1582 年直到 1598 年去世，他住在茨韦布吕肯（Zweibrücken）的莱茵河畔的巴拉丁伯爵（Count Palatine bei Rhein）的宫廷中。1560 年，他从维也纳的圣斯特凡大教堂（St. Stephan's Cathedral）的塔楼上对这座城市的大多数主要地理要素进行了角测量。他

---

[146] Rüdiger Finsterwalder, *Zur Entwicklung der bayerischen Kartographie von ihren Anfängen bis zum Beginn der amtlichen Landesaufnahme* (Munich: Verlag der Bayerischen Akademie der Wissenschaften in Kommission bei der C. H. Beck'schen Verlags buchhandlung, 1967), 20 – 23.

[147] Richard A. Jarrell, "Astronomy at the University of Tübingen: The Work of Michael Mastlin," in *Wissenschaftsgeschichte um Wilhelm Schickard*, ed. Friedrich Seck (Tübingen: J. C. B. Mohr [Paul Siebeck], 1981), 9 – 19.

[148] Stochdorph, "Abraham (v.) Höltzl," 222 – 23.

[149] Zinner, *Deutsche und niederländische astronomische Instrumente*, 500 – 501.

[150] Werner Stams, "Die Anfänge der neuzeitlichen Kartographie in Mitteleuropa," in *Kursächsische Kartographie*, 37 – 105, esp. 88.

[151] Wunderlich, *Kursächsische Feldmeßkunst*, 19 – 20.

[152] Fritz Bönisch, "Kleinmaßstabige Karten des sächsisch-thüringischen Raumes," in *Kursächsische Kartographie*, 1: 207 – 47, esp. 245.

只是在日记中吐露了这一点。他的地图作为油画绘制在帆布上；它们未被复制，其准确性也未经深入研究[153]。

丹尼尔·施纹特从1602年起在阿尔特多夫大学学习数学，这里是约翰尼斯·普拉托里 503
乌斯麾下的纽伦堡领土的一部分[154]。作为一名曾就读于苏尔茨巴赫（Sulzbach）学校的学生，他对几何学显露出特别的兴趣，并且在所有其他学科中，从1543年学习了希尔施沃格的几何学。1608年，他成为阿尔特多夫的希伯来语教授，1628年获得数学教席。后来成为雷根斯堡（Regensburg）会计教师的乔治·文德勒（Georg Wendler），曾在阿尔特多夫在施纹特的继任者阿布迪亚斯·特鲁（Abdias Trew）（从1636年起成为数学教授）门下学习，撰写了一些实地地形训练方面的东西，在这一过程中他和特鲁从附近的山上观测阿尔特多夫并实施测绘[155]。

奥古斯丁·希尔施沃格来自纽伦堡，在他父亲法伊特（Veit）那里成为玻璃画学徒[156]。关于他的学校教育我们一无所知，但似乎清楚的是，他后来的成就表明，他一定至少加入过纽伦堡众多计算学校（*Rechenschulen*）中的一所[157]。1543年，他发表了一部《几何学》（*Geometria*），特别关注了透视的思想[158]。1547年，在完成其他地图学工作之后，他根据测量数据编绘了一份维也纳城市平面图。1552年，他正在撰写关于他使用的几何学方法和各种工具的作品[159]，最后在维也纳获得了“数学家”（Mathematicus）的荣誉头衔[160]。在纽伦堡时，他一定对纽伦堡的仪器匠和他们的产品非常熟悉；这些指南中包含了对平板仪的现知最早描述之一。由于希尔施沃格从未宣称自己是这一设备的发明者，因此可以假定他是从纽伦

---

[153] Christa Cordshagen, “Tilemann Stella—Ein Leben für die Kartographie,” in 9. *Kartographiehistorisches Colloquium Rostock 1998*, ed. Wolfgang Scharfe (Bonn: Kirschbaum, 2002), 13 - 20. 关于斯特拉爬上圣斯特凡大教堂的塔楼，参见 Fischer, “Augustin Hirschvogels Stadtplan von Wien,” 8。关于蒂勒曼·斯特拉（Stolz），亦参见 Leo Bagrow, “A. Ortelii catalogus cartographorum,” *Petermanns Geographische Mitteilungen*, Ergänzungsheft 199 (1928): 1 - 137, with plates, and210 (1930): 1 - 135, esp. 70 - 77; Peter H. Meurer, *Fontes cartographici Orteliani: Das “Theatrum orbis terrarum” von Abraham Ortelius und seine Kartenquellen* (Weinheim: VCH Acta Humaniora, 1991), 244 - 47; Gyula Pápay, “Aufnahmemethodik und Kartierungsgenauigkeit der ersten Karte Mecklenburgs von Tilemann Stella (1525 - 1589) aus dem Jahre 1552 und sein Plan zur Kartierung der deutschen Länder,” *Petermanns Geographische Mitteilungen* 132 (1988): 209 - 16, esp. 209; idem, “Ein berühmter Kartograph des 16. Jahrhunderts in Mecklenburg: Leben und Werk Tilemann Stellas (1525 - 1589),” in *Beitrage zur Kulturgeschichte Mecklenburgs aus Wissenschaft und Technik* (Rostock: Wilhelm-Pieck-Universitat Rostock, Sektion Geschichte, 1985), 17 - 24, esp. 19; Stams, “Anfänge der neuzeitlichen Kartographie,” 83 - 84 nn. 308 以及 309; Bönisch, “Kleinmaßstäbige Karten,” 237 - 41; 以及论文集 *Tilemann Stella und die wissenschaftliche Erforschung Mecklenburgs in der Geschichte* (Rostock: Wilhelm-Pieck-Universitat Rostock, 1990)。

[154] Folkerts, “Johannes Praetorius,” 159.

[155] Menso Folkerts, “Georg Wendler (1619 - 1688)”, in *Rechenbücher*, 335 - 45, esp. 152.

[156] Fischer, “Hirschvogels Stadtplan von Wien”; idem, “Stadtpläne und Veduten Wiens”; 以及 Andreas Kühne, “Augustin Hirschvogel und sein Beitrag zur praktischen Mathematik,” in *Verfasser und Herausgeber mathematischer Texte der frühen Neuzeit*, ed. Rainer Gebhardt (Annaburg-Buchholz: Adam-Ries-Bund, 2002), 237 - 51。

[157] Adolf Jaeger, “Stellung und Tatigkeit der Schreib- und Rechenmeister (Modisten) in Nürnberg im ausgehenden Mittelalter und zur Zeit der Renaissance” (Ph. D. diss., Friedrich-Alexander Universitat Erlangen-Nürnberg, 1925).

[158] Augustin Hirschvogel, *Ein aigentliche und grundtliche anweysing in die Geometria* (Nürnberg, 1543); Fischer, “Hirschvogels Stadtplan von Wien,” 3; 以及 Kühne, “Augustin Hirschvogel,” 239。

[159] Fischer, “Hirschvogels Stadtplan von Wien,” 8, 以及本章注释126。

[160] Kühne, “Augustin Hirschvogel,” 240.

堡获得的这些知识，并将其带到了维也纳。

保罗·普菲津也来自纽伦堡，在那里他是一名商人[161]。1562 年他 8 岁时，开始在莱比锡学习——位于阿尔特多夫的大学直到 1575 年才建校——1594 年，他用自己制作的地图集——以及自己制作的其他地图——展示了他的家乡[162]。普菲津地图的准确性尚待研究。据研究，他是所研究时期中唯一将地图学作为一种嗜好的地图学家。

虽然出生在温茨海姆（Windsheim），且在那里长大，但塞巴斯蒂安·库尔茨（Sebastian Kurz）后来却前往纽伦堡成为一名教师。他只进入过温茨海姆的计算学校，后来一度在短时间内成为该校的校长[163]。1617 年他出版了一部《几何原理》（*Tractatus geometricus*），而其在 1616 年已经翻译了一部关于测量实践的著作［《土地测量的实践》（*Practica des Landvermessens*）］以及来自荷兰的对仪器的描述。《土地测量的实践》（原名 *Practijck des lantmetens*）的作者是莱顿的测量师扬·彼得斯·道（Jan Pietersz. Dou）[164]。

在 16 世纪和 17 世纪，绝大多数撰写了与测量学有关的作品的作者都曾在大学学习，并且成为大学教授。然而，正如从最后两个例子中所看到的，大学不是这些作者唯一的教育途径。亚伯拉罕·里斯（Abraham Ries），是来自施塔弗尔施泰因（Staffelstein）的计算教师
504 （*Rechenmeister*）和数学家亚当·里斯（Adam Ries）最为天才的孩子，其曾在莱比锡大学注册过，但可能从未真正就读过[165]。亚伯拉罕受到他父亲的教导，且在 1559 年父亲去世后，接手了埃尔茨的安娜贝格（Annaberg）计算学校的管理，以及选侯的记录员（矿产股份拥有人）办公室。1559 年，他制作了一幅基于他自己实施测绘的过山区域（Obererzgebirgischen Kreis）的地图，1575 年他制作了另一幅沃特兰区域（Vogtländischen Kreis）的地图。这两个地区都是萨克森新增加的领土。里斯实施测量的主要目的是确定新行政区的面积。亚伯拉罕·里斯可能制作了一架有着星盘的基本形式的镀金的多用途仪器，其被保存在选侯的艺术收藏室中，且直到 1874 年都可以在那里看到。

在同一个学校的还有来自安娜贝格的卢卡斯·布鲁恩[166]。后来他曾在莱比锡和阿尔特多夫（在普拉托里乌斯指导下）学习，获得了硕士学位。他制造精密仪器，很可能是可调螺

---

[161] Ernst Gagel, *Pfinzing*: *Der Kartograph der Reichsstadt Nürnberg* (*1554 – 1599*) (Hersbruck: Im Selbstverlag der Altnürnberger Landschaft, 1957), 2, 以及 Peter Fleischmann, introduction to *Das Pflegamt Hersbruck*: *Eine Karte des Paul Pfinzing mit Grenzbeschreibung von 1596*, by Paul Pfinzing (Nuremberg: Altnürnberger Landschaft e. V. in collaboration with the Staatsarchiv Nürnberg, 1996)。

[162] Gagel, *Pfinzing*, 4. 普菲津的 1594 的地图集（71 厘米 ×51 厘米）是一册没有正式名称的手绘和经过设计的地图。参见 Peter Fleischmann, *Der Pfinzing-Atlas von 1594*: *Eine Ausstellung des Staatsarchivs Nürnberg anlässlich des 400 jährigen Jubiäaums der Entstehung*, exhibition catalog (Munich: Selbstverlag der Generaldirektion der Staatlichen Archive Bayerns, [1994]), 以及 Hans Wolffed., *Cartographia Bavariae*: *Bayern im Bild der Karte*, exhibition catalog (Weiβenhorn, Bavaria: A. H. Konrad, 1988), 60。

[163] Kurt Hawlitschek, "Sebastian Kurz (1576 – 1659): Rechenmeister und Visitator der deutschen Schulen in Nürnberg," in *Rechenbücher*, 257 – 66, esp. 257 和 259.

[164] Hawlitschek, "Sebastian Kurz," 265.

[165] Hans Wuβing, *Die Coβ von Abraham Ries* (Munich: Institut für Geschichte der Naturwissenschaften, 1999), 以及 Peter Rochhaus, "Adam Ries in Sachsen," in *Adam Rieβ vom Staffelstein*: *Rechenmeister und Cossist* (Staffelstein: Verlag für Staffelsteiner Schriften, 1992), 107 – 25。

[166] Zinner, *Deutsche und niederländische astronomische Instrumente*, 266, 以及 Wunderlich, *Kursächsische Feldmeβkunst*, 130 – 35。

旋微测仪的发明者。1619 年，他成为德累斯顿艺术收藏室的“监督员（Inspektor）”，1625 年，他出版了《实用欧几里得原本》（*Euclidis Elementa practica*）。

在测量手册作者的大学背景方面，尼古劳斯·莱默斯是一个彻彻底底的例外，他来自迪特马申（Dithmarschen）著名的名门望族“德贝伦斯（de Baren）”［乌尔苏斯（Ursus）］⑯⑦。他在 18 岁才第一次学习阅读和写作，但由于天赋异禀，他在 1573/1574 年被挑选出来，为南石勒苏益格—荷尔斯泰因（Schleswig-Holstein）的丹麦总督海因里希·冯兰曹（Heinrich von Rantzau）服务。兰曹的工作之一是调查地产，这是针对税收目的而进行的一项任务，对此，面积的仔细计算是非常重要的。测量是否真的导致了地图的绘制，尚不得而知，但至少有这种意图，因为在 1583 年，莱默斯印刷了一本测量手册，他将其命名为《大地测量学》（*Geodœsia Rantzoviana*），其中描述了古代罗马土地测量师的职责，以及对田地面积的测量⑯⑧。

虽然各种三角测量和天文学方法是用于测量土地的主要手段，但还有一些古代罗马土地测量师方法，不过在 16 世纪末期以前，在德国很少见到第二种测量土地的方法。然而，其在《基础地理学》（*Fundamentum geographicum*）一书中是非常明显的，卡斯珀·道滕代（Caspar Dauthendey）在他死前不久的 1639 年出版了这部关于地图制作的教学手册。⑯⑨ 他讲授几何学和地理学，且在他自己数学观测的基础上，绘制并出版了不伦瑞克的地图。在他的作品中，他抱怨，在三十年战争期间造成破坏之后，土地测量比以往任何时候都更加重要，但期间存在各种困难。他特别指出，野外调查员缺乏基本素质，是由于缺乏适当的几何学知识，而有些地位颇高的几何学家却畏于开展测量工作。因此，他建议给野外调查员提供更好的几何教育⑰⓪。这里我们看到了两个正在完全独立使用的术语：野外调查员和几何学家。

中世纪的德意志帝国由一个 *Personenverbandsstaat*（联盟国家）构成，特权和权力与占有的土地无关，而是授予个人的。因此，田地测量在古代传统中没有什么意义。

在英国，“测量员”的职业早已为世人所知，其法律利益来源于修道院解散后大规模的土地分配。测量员的任务是管理并监管大片土地，由此关于土地范围的基本情况是必须的。出于这一原因，人们发现图像的呈现——依赖于质量、比例和形式——可以被视为地图⑰①。克里斯托弗·萨克斯顿和约翰·诺登都主要是“测量员”，同时也忙于制作地图⑰②。我们对萨克斯顿受到的教育知之甚少。作为一名年轻人，大约从 1554—1570 年，他是迪尤斯伯里（Dewsbury）牧师约翰·拉德（John Rudd）的仆人，可能从他那里接受的训练。为了获得制作地图的信息，拉德本人在 1561 年间作了旅行，但我们对他使用的方法一无所知，并且拉

---

⑯⑦ Dieter Launert, *Nicolaus Reimers* (*Raimarus Ursus*): *Günstling Rantzaus—Brahes Feind* (Munich: Institut für Geschichte der Naturwissenschaften, 1999).

⑯⑧ Launert, *Nicolaus Reimers*, 134 – 45.

⑯⑨ Fritz Hellwig, "Caspar Dauthendey und seine Karte von Braunschweig," *Speculum Orbis* 2 (1986): 25 – 33, esp. 26.

⑰⓪ Hellwig, "Caspar Dauthendey," 30.

⑰① Tyacke and Huddy, *Christopher Saxton*, 24, 以及 Ifor M. Evans and Heather Lawrence, *Christopher Saxton: Elizabethan Map-Maker* (Wakefield, Eng.: Wakefield Historical Publications and Holland Press, 1979)。

⑰② Frank Kitchen, "John Norden (c. 1547 – 1625): Estate Surveyor, Topographer, County Mapmaker and Devotional Writer," *Imago Mundi* 49 (1997): 43 – 61.

德的地图也没有保存下来。据推测，萨克斯顿同他一起旅行[173]。大约直到1587年，萨克斯顿一直是某人的仆人，这使他的生活方式与那些德国的地图制作者完全不同。从1587年起，他作为一名“测量员”为自己工作。

505

测量与地图的联系

在本章中，我们只能从当时极少的记录中得知这一时期制作众多地图所使用的方法和仪器。在许多情况下，对于一幅地图，精确的定量研究能比现代或更早的赞扬和批评告诉我们更多。然而，并非所有的地图都适合分析其精确性。由于缺乏应该将什么比例设置为上限的详细说明，因此显然，对于世界地图或大陆地图而言——尽管它们之间存在明显的差异——它们与现代早期天文几何学测量之间的关系仍是存在问题的。在此期间制作的普通地图，如法国、意大利和日耳曼帝国等较大国家的地图，不应列入讨论。这些国家中没有一个在现代早期进行过领土方面的测量，而且有着可靠坐标的位置也数量太少。巴伐利亚，当时向北仅仅到多瑙河，向西到莱希河（Lech），是欧洲大陆上在16世纪基于天文学和几何学方法绘制过地图的最大的国家。所有其他的宣称精准制作的新地图，表现的都是较小的区域。只有牢记这一背景，才有必要考虑精度的问题。只有这样，上文提到的测量技术和仪器与地图本身之间联系的问题才能被提出。

在较大的地图学汇编中保存了地理绘图甚至绘画，对于这些，进行精度的分析既不可能，也无必要。它们是现代早期作为一种给定景观的视觉证据（*Augenschein*）而制作的[174]。例如，一位由法院委托的宣誓过的绘图员，应当捕捉涉及土地法律纠纷的状况，由此法院可以不必亲自核查地点，也不必依赖涉及当事人带有偏见的信息，就可获得对情况的印象。绘图员绘制的表现地理景观的图案并不意图作为一种平面图，但往往有多个变化的视角，因此缺乏几何基础。其他的“地图”，例如塞巴斯蒂亚诺·明斯特的《宇宙志》中的那些，省去了几何基础以及网格系统的布局方式。我们不能将准确性的标准用于这些草图。

准确的问题在变化的景观中也是个问题。例如东弗里斯兰（Ostfriesland），在现代早期这片有人居住的区域，只是围绕一片广袤荒野的一个非常狭窄的环[175]。远处是大海，在当时，其只是被作为一个确切的边界。天文学家戴维·法布里修斯（David Fabricius）在1589年和1592年绘制的地图，被数学家乌博·埃马缪斯（Ubbo Emmius）在1595年极大地改进了，但1625年的几次强风暴潮使他的成果大半成为徒劳[176]。1627年，约翰·康拉德·马斯

---

[173] Tyacke and Huddy, *Christopher Saxton*, 24.

[174] Hans Vollet, “Der ‘Augenschein’ in Prozessen des Reichskammergerichts—Beispiele aus Franken,” in 5. *Kartographiehistorisches Colloquium Oldenburg 1990*, ed. Wolfgang Scharfe and Hans Harms (Berlin: Dietrich Reimer, 1991), 145 –63.

[175] Arend W. Lang, *Kleine Kartengeschichte Frieslands zwischen Ems und Jade: Entwicklung der Land- und Seekartographie von ihren Anfängen bis zum Ende des 19. Jahrhunderts* (Norden: Soltau, 1962), 29 –33 and 41 –46。

[176] Bagrow, *Meister der Kartographie*, 486 –87, 以及 Menso Folkerts, “Der Astronom David Fabricius (1564 –1617): Leben und Werk,” *Berichte zur Wissenschaftsgeschichte* 23 (2000): 127 –42。

丘勒斯（Johann Conrad Musculus）在他的堤坝地图中记录了巨大损失[177]。尽管有测量的经验，但他从来没有达到像埃马缪斯和法布里修斯那样的质量。

避免用定量方法评估现代早期地图的另一个原因，在于一张图幅中比例尺的差别很大。例如，对地图制作者或顾客而言重要的行政区或城镇和城市，往往比其他地区的比例尺更大，因为与周围地区相比，在人口密集的地区有着更多值得表现的信息，而周围地区则很难引起与地图制作者同时代人的兴趣——既不是道路也不是目的地。克里斯托弗·萨克斯顿的英国地图就是这样。然而，这些比例尺的变化并没有造成萨克斯顿的英格兰和威尔士地图集中呈现的区域的普遍扭曲。对大约 60 座城镇坐标的矢量分析表明，地理纬度总体上得到了很好的测量。在经度方面，康沃尔和威尔士向西伸得太远，但其他方面都非常优秀，即使在不同方向上存在差异。正如斯凯尔顿所说，人们想知道这个结果是否是基于天文观测，因为精确度不可能是巧合[178]。

今天，我们不仅可以肯定地回答这个问题，而且从这一精确度出发，我们还可以说出其使用的方法。因为在时间上，月食法在精准确定月全食的开始和结束的时间时存在 506
20—30 分钟的误差，而其在一个特定的纬度上，代表着经度的 5°—8°，如果萨克斯顿使用了这种方法，那么其误差的分布要大得多。萨克斯顿不可能从任何其他人那里获得坐标。1574 年——萨克斯顿在地面上开始搜集信息的同年——威廉·伯恩发布了一系列坐标，只有伦敦的值相对准确；其他城市，例如赫里福德、牛津、剑桥，以及伯恩（Bourne）的老家格雷夫森德（Gravesend），皆与萨克斯顿的值差异很大[179]。在这种背景下，萨克斯顿的墙壁地图上为什么包括了框架比例尺，并以 10 分为间隔，就变得很清楚了。相对于阿皮亚使用天文学方法去确定点，且应用三角测量给他的《巴伐利亚图集》填充单一比例尺，萨克斯顿选择与周围区域相比，更详细地描绘城镇，使之具有相应的比例尺差异，所以很难想象萨克斯顿会进行精确的陆地测量，他或多或少地依据了赫马的几何学方法，即使在威尔士，他被授予了通行证，得到了进入塔楼、城堡、制高点和小山的许可，由此可以看到大地的轮廓[180]。1587 年之后，萨克斯顿从事地产调查；他最后一部已知作品完成于 1608 年[181]。

萨克斯顿的同代人，“测量员”约翰·诺登留下了一系列的地图，遗憾的是没有留下他使用的方法的资料。如同萨克斯顿的墙壁地图，约翰·诺登地图的精确性也未得到研究。诺登不同于萨克斯顿之处在于，地图的制作一度是他选择的专业目标，但由于薪酬得不到保证，他不得不放弃[182]。他看重他的地图使用者确定两座城镇之间距离的能力。但人们也难以

---

[177] Albrecht Eckhardt, “Johann Conrad Musculus und sein Deichatlas von 1625/26,” in 5. *Kartographiehistorisches Colloquium Oldenburg 1990*, ed. Wolfgang Scharfe and Hans Harms (Berlin: Dietrich Reimer, 1991), 31–40, esp. 37–39. 对比 Dagmar Unverhau, “Das Danewerk in der *Newen Landesbeschreibung* (*1652*) von Caspar Danckwerth und Johannes Mejer,” in *Das Danewerk in der Kartographiegeschichte Nordeuropas*, ed. Dagmar Unverhau and Kurt Schietzel [(Neumünster): Karl Wachholtz, 1993], 235–57, esp. 236–249 的相似问题.

[178] Skelton, *Saxton's Survey*, 8–9.

[179] W. L. D. Ravenhill, “As to Its Position in Respect to the Heavens,” *Imago Mundi* 28 (1976): 79–93, 特别是 82。

[180] Tyacke and Huddy, *Christopher Saxton*, 32.

[181] Tyacke and Huddy, *Christopher Saxton*, 46.

[182] Kitchen, “John Norden,” 46–48.

据此就他所使用的方法得出什么结论。

军事工程师罗伯特·莱思（Robert Lythe）于1567—1570年在南爱尔兰进行了测绘工作，他在这些工作的基础上绘制了一幅没有坐标的地图[183]。人们从他的作品中难以了解他使用的方法。他主要乘船游历了爱尔兰的河流，并且推测测量了经纬度；他无法从船上获得陆地测量所必需的概观[184]。他明确承诺按照“宇宙学的规则”工作。因此，人们对他地图上缺少坐标而感到惊讶。然而，他确实大致每5英里进行一次测量，向英国政府提供了得到极大改观的陆地水文知识[185]。

为了了解关于某一地区的更多情况，萨克斯顿、诺登和莱思都使用的方法之一，就是寻求当地向导的陪同和协助，请他们提供聚落的名称、河流的流向、树林和森林[186]。这一定大大加快了这种测量旅行的速率。这些“测量员”的地图和草图——据现有认识——表明了一种注意细节的意愿，揭示了这些呈现背后的一种与众不同的目的，而这与从区域地图更泛化的风格中推测出来的目的是不同的。

工程师们在意大利某些部分（例如威尼斯）的灌溉和排水平面图与区域地图之间，也存在类似的区别[187]。专门从事这项工作的所谓专家（*periti*），有着官方的限定条款和清晰定义的指示。他们不需要受过任何特殊的几何学方面的训练，正如来自威尼斯的艺术家和工程师克里斯托福罗·索尔特的经验所显示[188]。从1556—1564年，再从1589—1593年，他是普通专家（*perito ordinario*），在这个角色下，他制作了大量灌溉和排水系统的图像。1570年后，他为边界部（Camera ai Confini）工作，绘制威尼斯附近阿尔卑斯边境地区的地图。另一位专家，贾科莫·加斯塔尔迪，出生于皮埃蒙特，在1550—1556年忙于进行阿迪杰（Adige）河的测量工作[189]。这些非常大规模的平面图甚至没有使他自己出版的地图产生任何直接的进步。加斯塔尔迪本人如何不切实际地展现了威尼斯陆地上的水系，其中一个例子是他死后不久出版的一幅以帕多瓦为中心的没有标题的地图[190]。

边界的确立也对佛罗伦萨大公国起到了重要作用。佛罗伦萨的国家档案馆（Archivio di Stato）有一个单独的部门，边界档案部（Archiviodei Confini），在其收藏品中，有10幅大型对开页的地形图[191]。在一幅1643年的地图中，卢尼贾纳（Lunigiana）［Carrara（卡拉拉）北部］被——完全不切实际地——展现，似乎其边界是由环绕着一个宽谷盆地的山脉

---

[183] J. H. Andrews, “The Irish Surveys of Robert Lythe,” *Imago Mundi* 19 (1965): 22 - 31.

[184] Andrews, “Irish Surveys,” 24.

[185] Andrews, “Irish Surveys,” 24.

[186] Tyacke and Huddy, *Christopher Saxton*, 32, 以及 Skelton, *Saxton's Survey*, 9.

[187] Denis E. Cosgrove, “Mapping New Worlds: Culture and Cartography in Sixteenth-Century Venice,” *Imago Mundi* 44 (1992): 65 - 89, esp. 67 - 75.

[188] Cosgrove, “Mapping New Worlds,” 72.

[189] Cosgrove, “Mapping New Worlds,” 74.

[190] 出版于威尼斯，1569年。参见 Valeria Bella and Piero Bella eds, *Cartografia rara: Antiche carte geografiche, topografiche e storiche dalla collezione Franco Novacco* (Pero, Milan: Cromorama, 1986), 102.

[191] Mario Tesi ed., *Monumenti di cartografia a Firenze (secc. X- XVII)*, exhibition catalog (Florence: Biblioteca Medicea Laurenziana, 1981), 36 - 41.

构成的[192]。这种呈现风格可追溯到罗马传统，其中山脉可以被想象为构成了边界，而这从未在任何欧洲的山地地区被采用过。然而，详细的地形知识并不一定能导致现实的区域地图。托斯卡纳（Toscana）地图，在图框上绘有网格，并以直到1646年还被各种各样的出版商作为铜版重印的吉罗拉莫·贝尔阿尔马托（Girolamo Bell'Armato）1536年的木版为基础，但它显示的台伯河（Tiber）和阿尔诺河由基亚纳（Chiana）河连接起来，这是错误的[193]。事实上，今天非常肥沃的基亚纳山谷在当时是一片可怕的沼泽区，在18世纪下半叶，著名的数学家和工程师埃万杰利斯塔·托里切利（Evangelista Torricelli）和温琴佐·维维亚尼（Vincenzo Viviani）主持建造的运河第一次将它排干。基亚纳山谷虽然在地形上属于台伯河水系，但现在一部分水体已经由马埃斯特罗运河（Canal Maestro）流入了阿尔诺河。距离真实情况更远的是列奥纳多·达芬奇的托斯卡纳地图，尽管其引人注目的现代风格非常具有说服力。这里，基亚纳山谷被呈现为一个有着两个膨胀处的长湖，整体上像一只张开翅膀的鸟[194]。 507

虽然意大利小国林立的状况可能阻碍了地图制作所需信息的记录，但西班牙和葡萄牙从1580年起在西班牙皇室之下联合了大约70年，却有着相反的处境[195]。这两个国家在政治上没有分裂，而且从15世纪下半叶以来，还攫取到非洲、东亚和美洲极为庞大的沿海地区。这对测量员和地图学家而言意味着一个巨大的任务。西曼卡斯总档案馆（Archivo General de Simancas）中有大量海港的平面图，是反映这一全球化力量的一面镜子[196]。这里，同样——就像在意大利——我们看到灌溉工程和系统的平面风格的草图与各省取得了某些成功的地图并置在一起。

在干旱的西班牙，在许多地方规划并且建造了灌溉运河。令人印象深刻的是埃布罗（Ebro）河谷的阿拉贡帝国运河（Acequia Imperial de Aragón）的设计[197]。它由查理五世发起，主要部分在菲利普二世时期完成，最终在18世纪完成。现存的16世纪和17世纪的平面图各有不同。菲利普二世和他的父亲查理五世一样，对数学和天文仪器非常感兴趣，1582年，他将葡萄牙的若昂·巴普蒂斯塔·拉旺哈（胡安·包蒂斯塔·拉巴纳）召集到新成立的数

---

[192] "Carta della Lunigiana e degli Stati confinanti, delineata nel 1643," Archivio dei Confini Ⅶ, 47, Archivio di Stato, Florence；亦参见 Tesi, *Cartografia a Firenze*, 40, pl. XXXⅢ，以及 Uta Lindgren, "Die Grenzen des Alten Reiches auf gedruckten Karten," in *Bilder des Reiches*, ed. Rainer A. Müller (Sigmaringen: Jan Thorbecke, 1997), 31 – 50, esp. 39 和 41.

[193] 地图的标题是 *Tusciae elegantioris Italiae partis...*；参见 Bella and Bella, *Cartografia rara*, 140 – 41.

[194] Windsor Royal Library, nos. 12277 and 12278r. *La corte il mare i mercanti*, 165（有错误的档案信息）; Carlo Zammattio, "Mechanics of Water and Stone," in *Leonardo the Scientist* (New York: McGraw-Hill, 1980), 10 – 67，特别是23；以及 Leonardo da Vinci, *I manoscritti e i disegni di Leonardo da Vinci...: I disegni geografici conservati nel Castello di Windsor* (Rome: Libreria dello Stato, 1941), pls. 12 和 14 以及本章的图 36.5。

[195] Gonzalo de Reparaz Ruiz, "The Topographical Maps of Portugal and Spain in the 16th Century," *Imago Mundi* 7 (1950): 75 – 82.

[196] *Felipe II: Los ingenios y las máquinas*, exhibition catalog [(Madrid): Sociedad Estatal para la Conmemoración de los Centenarios de Felipe Ⅱ y Carlos Ⅴ, 1998], 136 – 183.

[197] Felipe II: *Los ingenios*, 234 – 237.

学学院[198]。菲利普二世死后，拉旺哈为其子菲利普三世效力。1607 年，他被委派完成阿拉贡（Aragón）王国的测绘和地图绘制任务。因此，在 1610—1611 年，他在田野中。也许这段时间太短了；将其描绘的水系与一幅现代地图大致比较一下，就能看出拉旺哈地图的不足。这幅地图于 1619 年在马德里印刷，被认为是 17 世纪最辉煌的成就之一。菲利普遂委托他人绘制一幅整个西班牙的地图。1566 年，宇宙志和数学教授佩德罗·德埃斯基韦尔（Pedro de Esquivel）开始了田野工作。接替他的是迭戈·德格瓦拉（Diego de Guevara），最终由埃斯科里亚尔的建筑师胡安·德埃雷拉（Juan de Herrera）完成[199]。这部作品的目的一定是内部管理。

值得注意的是，当时的人评价地图的几何学和天文学原理的方式。如果我们看到一幅平凡的成果（即，现存的地图），应该考虑到测量人员的实际热情——而不是标准或报告。这里只有一个典型例子：安德烈亚斯·布鲁斯（Andreas Bureus）是在成立于 1628 年的瑞典土地调查局（Lantmäterikontoret）任职的第一位测量员和地图学家[200]。在理论的标准和实际执
508 行之间也存在巨大的差异。他的达拉纳（Dalecarlia）省地图（［包括法伦（Falun）城］，基于测量和当地的知识，是作为边界争端的结果而制作的。从质量的角度来看，他的地图超越了帝国许多的法定地图，但它很少能满足现代的精确要求，由此与实际情况进行比较是多余的[201]。

结　论

可以确定哪些关于文艺复兴时期土地测量理论和实践的一般性主题？最重要的一点是，实践远远落后于理论。尽管——如同明斯特简洁地表述的——“对万事万物的测量，必须使用三角测量”，但在 15 世纪、16 世纪和 17 世纪早期，确实很少有地图建立在三角测量的基础上。欧几里得用相似的三角形测量不可达地点位置的古典测量方法，在古典和中世纪的市政工程中被长期使用，以解决隧道的校准或河流宽度等测量问题，这些原则在一些测量仪器中也被采用，如象限仪和样方架。但三角测量的应用——其中一个点可以用一条已知的边和两个已知的角来确定——虽然是一个简单的概念，但似乎直到 15 世纪才被阿尔贝蒂和雷

---

[198] Reparaz Ruiz, “Maps of Portugal and Spain,” 82, 以及 José Luis Casado Soto, “João Baptista Lavanha: Descripción del reino de Aragón,” in *Felipe II: Un monarca y su época. Las tierras y los hombres del rey*, exhibition catalog [（Madrid）: Sociedad Estatal para la Conmemoración de los Centenarios de Felipe II y Carlos V, 1998], 233.

[199] 这部作品很可能保存在埃斯科里亚尔图书馆的被称为“埃斯科里亚尔地图集”的作品中。参见本卷第三十九章，特别是图 39.12 和 39.13；Carmen Líter and Luisa Martín-Merás, in to *Tesoros de la cartografía Española*, 展览目录［（Madrid）: Caja Duero Biblioteca Nacional,（2001）］的导言, 35 – 48, esp. 38; Casado Soto, “João Baptista Lavanha,” 38; 以及 *Felipe II en la Biblioteca Nacional*（Madrid: Ministerio de Educación y Cultura, Biblioteca Nacional, 1998）, 75.

[200] 关于被授予了 General-mathematicus 头衔的布鲁斯，参见 Ulla Ehrensvärd, Pellervo Kokkonen, and Juha Nurminen, *Mare Balticum: 2000 Jahre Geschichte der Ostsee*（Helsinki: Verlags-AG. Otava, 1996）, 119 and 198, 以及 Ulla Ehrensvärd, *Sjökortet Gav Kursen* [（Stockholm: Kungl. Bibl.）, 1976], 7. 关于瑞典的土地测量，参见 Fritz Curschmann, “Die schwedischen Matrikelkarten von Vorpommern und ihre wissenschaftliche Auswertung,” *Imago Mundi* 1（1935）: 52 – 57; Nils Friberg, “A Province-map of Dalecarlia by Andreas Bureus（?）,” *Imago Mundi* 15（1960）: 73 – 83; 以及本卷第六十章。

[201] Friberg, “Province-map of Dalecarlia,” 73 – 74. 亦参见 Fritz Bonisch, “The Geometrical Accuracy of 16th and 17th Century Topographical Surveys,” *Imago Mundi* 21（1967）: 62 – 69.

吉奥蒙塔努斯表达清楚，而且直到赫马 1533 年的论文，它才在测量的语境中得到充分的解释。在 16 世纪，尽管有大量手册试图解释三角测量的原理，但通过使用平板仪或者其某种前身——例如赫马的重叠绘制的圆周——对于图形解决方案的偏好，似乎已经超过了使用正弦和正切函数的三角法。这并不奇怪，因为使用平板仪是一种非常优雅和直观的方法，可以直接在纸上生成按比例缩小的景观模型。

除了三角测量在实际应用中的不足之外，按照天文学方法确定坐标，在地图编制中的缺乏也是惊人的。虽然文艺复兴时期所了解的很多的地图制作原则是基于天文学的应用，如用坐标确定恒星位置，但在地面背景下经度测量的不精确性使得这种方法不切实际。因此，明斯特请求行政公务人员和其他学者为他的《宇宙志》提供信息以编制地图，但没有产生任何来自天文观测的经纬度信息。由于在大比例尺地图中缺乏大地测量控制，因而手绘的测量地图与用于公布的区域地图之间缺乏对应关系。因此，在与水文管理相关的贾科莫·加斯塔尔迪的大比例地图中找到的位置信息，未能在以他的名义编绘的比例尺较小的区域地图上找到。

大量的理论家是有数学背景的学者和大学教师，从有影响力的约翰内斯·施特夫勒开始，他的关于实用几何学的论著在 16 世纪初被数位作者进行了修订。在 16 世纪后期，更多的英国业余数学从业者或德意志的计算教师（*Rechenmeister*）加入其中。欧洲各地对这些学者和从业者的服务需求各不相同。他们中的很多人在普通大学的四艺课程的背景下讲授实用几何，而其他人，如菲利普·阿皮亚，主要是在王室的赞助下进行测量工作。与土地所有权有关的法律权利的差异，也影响了对土地测量的需求。

正如现存的来自这一时期的地图——除了极少数例外（例如菲利普·阿皮亚和克里斯托弗·萨克斯顿的地图）——不能作为主要的资料以表明系统的调查和三角测量的使用，现存的测量仪器也不能可靠地指出可能采用的方法或它们可能实施的精确度。许多仪器的设计是为了展示制造者的聪明才智，而不是直接使用，因为它们往往过于复杂，以至于测量人员无法理解。因此，尽管经纬仪的前身早已出现，例如多用途测量设备（*polimetrum*）和赤基黄道仪（*torque tum*），但直到 18 世纪该仪器才得到广泛使用。

总而言之，土地测量的理论与实践之间整体上缺乏对应，这反映了文艺复兴时期地图学总体上的一个相似的滞后现象，但在能够进行足够精确的观测之前，当时已经提出了编绘地图的现代方法。直到 18 世纪，观测实践才赶上数学理论。

第二十章 文艺复兴时期的航海技术和习惯*

埃里克·H. 阿什（Eric H. Ash）

509 西班牙宇宙志学者马丁·科尔特斯，在向他关于这一主题的1551年的指导手册的读者介绍航海艺术时，将航海称为一个人可以进行的“最为困难的事情”之一。航海，其被科尔特斯简单地定义为“从一个地方到另一个地方，通过水路去旅行或者航行”，本质上不同于陆地旅行，同时后者“通过标记、符号和界限来决定和了解”，而经由海上的旅行是“不确定的和未知的”，因为在大海上缺乏稳定的参考点。“因而这些航行变得如此困难”，他写到“通过文字或写作来使其被理解是很难的”。为了摆脱在散文中解释这样一个具有挑战性的艺术所面对的困难，科尔特斯转向航海地图学作为展示他课程的一种方法：“人们为了展示这一点而进行的最好的解释或指导，那就是在航海图上进行绘制。”①

在现代早期进行的大量探险航行，以及最终由此产生的长距离的贸易网络，需要并促进了古代导航艺术的一些质变。中世纪的导航员依赖于他们对航行路线的基于个人的熟悉，以找到他们的道路，而现代早期的探险家没有相似的经验的参考框架去在陌生的水域中引导他们，同时穿越大洋的导航员没有路标来在外海协助他们②。为了帮助他们在大洋中确定位置，导航员开始依赖恒星作为他们的主要参考点，并基于这一目的，在海上携带有各种简化

---

* 本章使用的缩略语包括：*HPC* 代表 Armando Cortesão，*History of Portuguese Cartography*，2 vols.（Coimbra：Junta de Investigações do Ultramar-Lisboa，1969－71）。

① Martín Cortés，*Breue compendio de la sphera y de la arte de nauegar con nuevos instrumentos y reglas...*（Seville：Anton Aluarez，1551），以及 idem，*The Arte of Nauigation...*，*trans. Richard Eden*（London：R. Jugge，1561），fol. lvi. For a facsimile reprint，参见 Martín Cortés，*Arte of Navigation*（1561），intro. David Watkin Waters（Delmar，N. Y.：Scholars' Facsimiles and Reprints，1992）。

② 一些历史学家，尤其是 Waters，将现代早期的航海从业者分为两类，对此他们通常分别被称为导航员和航海者。按照这一区分，导航员将他们的技艺仅仅基于当地的、以经验为基础的知识，而航海者被理解为掌握了数学、天文学，由此允许他们在缺乏导航的个人经验的水域中导航和航行。参见 David Watkin Waters，*The Art of Navigation in England in Elizabethan and Early Stuart Times*（London：Hollis and Carter，1958），3－5。这一差异在现代早期的文献中确实有着一些基础；例如，Richard Eden，在他1561年的 Cortés 的 *Arte of Nauigation* 的译文的前言中，对那些可以在任何地方航行的人与那些只能在浅水、河流和海湾等他们非常熟悉的水域航行的人进行了严格区分。尽管他没有区分他的术语［fol.（C. iv verso）-CC. i］。然而，从历史的角度来看，严格的区分总是存在问题；Pablo E. Pérez-Mallaína 和 Alison Sandman 做了很多工作去展示导航员——航海者的二分法可以更为有用地考虑为航海知识和经验的一种连续的谱段（参见此后的引文）。对于本章，我选择使用“导航员”来指称所有的航海从业者，无论他们使用的技术如何。

的天文设备③。然而，在他的船只上指出位置，只是现代早期导航员面对的挑战之一；他还不得不决定，他操纵他的船只去哪里，以抵达他意图的登陆点。对此，他求助于对中世纪波特兰航海图的各种现代早期的改编，一种允许地中海的导航员（理论上）去计算罗盘首向和在航海图上描绘两点之间距离的设备。随着欧洲导航员引导他们的船只前往地球的所有角落，航海地图学被改变以满足他们正在变化的需求。

中世纪的导航技术

就像科尔特斯指出的，航海旅行最大的困难之一，就是经常在无法参考固定地标的情况下进行航行。在缺乏道路、路径、客栈、符号和其他航海线索的情况下，找到位置和决定意在的路线可能是一个棘手的问题。当然，对于较短的航行而言，最为简单的和最为明显的解决方式，就是停留在能看到海岸线的范围内，并且只是沿着从一个港口到另一个港口的海岸 510
线；然而，这一策略带来了大量的不利情况和危险。对于较长的航行而言［例如，从威尼斯到亚历山大，或者从挪威到冰岛（Iceland）］，一条沿岸的路线通常是不切实际的或是不可能的，而糟糕的天气和浅水同样可能使近岸航行成为旅行最为危险的道路，导致船只在礁石、浅滩搁浅，而其他障碍物通常在看到时则为时已晚。因而，更快和更为安全的策略，就是让船只到更远的海域，那里的航线可以更为直接，水下的危险更少，而且还有更多的机动空间④。

然而，在远离海岸的地方，导航员被迫依赖除了固定地标之外的方法，来找到、保持和确定他预定的航线。无论被选择的路线如何，中世纪的航海艺术通常牢固地基于一位导航员的个人经验。好的导航员是一位有着丰富经验的人，其多年航行在所有他惯常的路线，并且在被允许亲自掌握船只之前，记忆了如何从某一特定港口前往另一港口⑤。除了关于当地的潮汐、水流和危险的全面知识之外，每位导航员在保持他的航线时所需要的信息的两个关键组成部分就是方向和距离：他必须知道沿着哪个罗盘首向航行，以及大致沿着那一首向航行多远才能抵达他的目的地。通过首向和距离航行的这种方法被称为航迹推算，尽管它容易出

---

③ 然而，天文导航仅仅提供了在海上确定位置这一问题的一个受到限制的解决方案；当太阳和星辰都被用于确定纬度的时候，直至18世纪中期，都不太可能在船只上计算经度。所有位置的计算依然在某种程度上依赖对船只沿着一个特定方向已经航行的距离的估计，就像后文解释的那样。

④ J. B. Hewson, *A History of the Practice of Navigation*, 2d rev. ed.（Glasgow: Brown, Son and Ferguson, 1983）, 1 – 3; Waters, *Art of Navigation*, 3 – 7; E. G. R. Taylor, *The Haven-Finding Art: A History of Navigation from Odysseus to Captain Cook*, new aug. ed.（New York: American Elsevier, 1971）, 4；以及 Frederic C. Lane, "The Economic Meaning of the Invention of the Compass," *American Historical Review* 68（1963）: 605 – 17, esp. 607. 对于在引入磁罗盘和航海图之前，沿岸航行的实际范围，航海史学家有着不同意见。Hewson 和 Waters 都指出，曾经有一个航行的标准方法，而 Taylor 和 Lane 认为，水手一直对离陆地太近的航行所带来的危险保持警惕。

⑤ Waters, *Art of Navigation*, 3 – 7 and 495 – 96. 导航的现代艺术，尽管局限于特定的河流和港口的内部水道，依然是通过非常相似的方式学习的。对导航及其被教授和学习的方法，参见 Mark Twain, *Life on the Mississippi*（Boston: James Osgood and Company, 1883）中杰出和迷人的现代描述。

现一些误导性的误差，但其也代表了中世纪导航员最为安全和最为有效的引导他的船只的方法⑥。

一旦在海上，通过参考偶尔进行的对陆上的观察（尤其对于地中海的导航员而言，极少会几天之内看不到陆地），或者通过追溯天文线索：北极星的方向或者正午太阳的方位，当它们抵达最高点（最南端）的时候，导航员在首向航行时可以监视首向，以确保他身后的一条笔直的航迹。通过在海上的长期经验获得的感觉，或者通过测量他的船只与一些漂浮的泡沫或者杂物相对的速度，由此进行推断，他可以估计他的船只已经沿着一个给定首向航行的距离。一种可能早在15世纪就使用的方法涉及将木片扔到水里，然后记录（用一个小型沙漏或者通过背诵一段有着简单韵律的句子）它们在船体两点之间漂浮所花费的时间，而两点之间的距离是已知的。然而，可能在一个数学换算表的帮助下，甚至一位不懂数学的导航员都可以计算出沿着他行驶的航线的船只的速度，并且估算他预计的登陆时间⑦。后来的导航员使用圆木和绳索帮助他们估算船只的速度；这一设备由一段沉重的捆绑有长绳的圆木构成，通常绳子在固定间隔的地方打结，并且缠绕在一个手动绞盘上。一名水手将圆木抛出甲板，同时另外一位水手按照固定时间间隔放松绳子，通常是半分钟，使用一个沙漏计时。然后当圆木被卷上来的时候，测量被放松的绳子的长度。知道了绳子的长度和流逝的时间，然后一位计数的导航员通过一个简单的比率，就可以计算出他船只的速度⑧。然而，对圆木和绳子最早的描述是于1574年在英格兰写下的，由此可能在一个较早的时期其并不为导航员所用⑨。

在整个中世纪，地中海导航员的知识——由不同港口之间的首向和距离以及关于潮汐、水流、盛行风向、危险的浅滩和关键地标的重要信息构成——传统上由总导航员传递给他们的学徒。在他可以独自被托付以船只、船员和货物的安全之前，每位胸怀大志的导航员必须
511 在一位更有经验的良师益友的监督之下，不断重复航行他的路线⑩。一些受过良好教育的导航员开始以文本的形式记录和汇编他们储存的知识，为了作为学徒教育的辅助工具，以及当他们航行在不太熟悉的路线上的时候，作为一种对他们自己有帮助的提示工具。在意大利文中将这样一种书写的档案称为波特兰航海图（*portolano*），在法国被称为 *routier*；英文将后者

---

⑥ David Watkin Waters, "Reflections upon Some Navigational and Hydrographic Problems of the XV th Century Related to the Voyage of Bartholomew Dias, 1487 - 88," *Revista da Universidade de Coimbra* 34 (1987): 275 - 347; idem, "Early Time and Distance Measurement at Sea," *Journal of the Institute of Navigation* 8 (1955): 153 - 73; idem, *Art of Navigation*, 36 - 37; E. G. R. Taylor, "The Sailor in the Middle Ages," *Journal of the Institute of Navigation* 1 (1948): 191 - 96; idem, "Five Centuries of Dead Reckoning," *Journal of the Institute of Navigation* 3 (1950): 280 - 85; idem, *Haven-Finding Art*, 122; J. E. D. Williams, *From Sails to Satellites: The Origin and Development of Navigational Science* (Oxford: Oxford University Press, 1992), 21 - 40; 以及 Hewson, *Practice of Navigation*, 178 - 225.

⑦ James E. Kelley, "Perspectives on the Origins and Uses of the Portolan Charts," *Cartographica* 32, No. 3 (1995): 1 - 16, esp. 12 n. 11. 尽管这一方法在17世纪和18世纪的荷兰水手中流行，但没有证据说明，其在这一时间之前被实际使用；参见 J. A. Bennett, *The Divided Circle: A History of Instruments for Astronomy, Navigation and Surveying* (Oxford: Phaidon, 1987), 31, 以及 W. E. May, *A History of Marine Navigation* (Henley-on-Thames, Eng.: G. T. Foulis, 1973), 109.

⑧ Bennett, *Divided Circle*, 31.

⑨ 描述出现在 William Bourne, *A Regiment for the Sea...* (London: Thomas Hacket, 1574), 42 - 43.

⑩ Waters, *Art of Navigation*, 3 - 7.

误写为词语“rutter”（航迹图）（图 20.1）[11]。这样的航行数据汇编可能自古以来就被很好地使用，但是在中世纪晚期，它们在地中海变得流行。这样的作品，最初以稿本的形式，后来以印刷品的形式的扩散，从 14 世纪之后，主要在地中海的导航员中流行[12]。

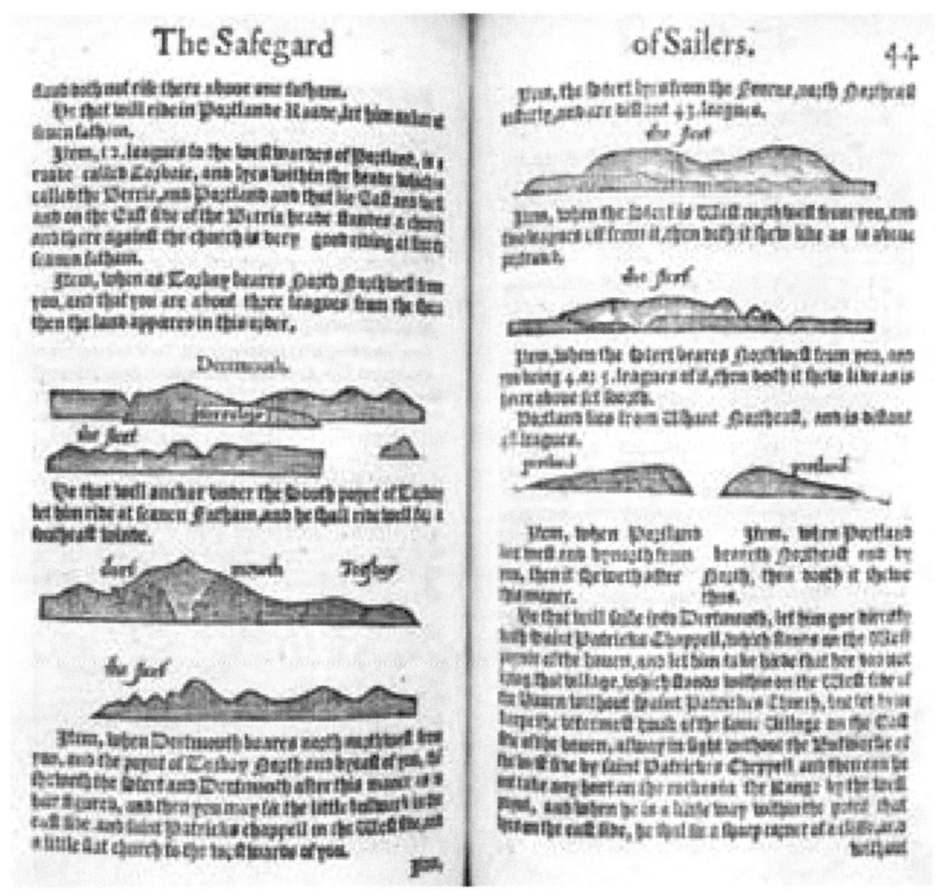

The Safegard of Sailers.

44

图 20.1　来自《水手的守卫》（*THE SAFEGARDE OF SAYLERS*）一书的航迹图的典型页面，1590 年。尽管这是一部被出版的著作，但大多数航迹图以稿本的形式流传。这一作品只不过是包含了导航员认为可以由此引导他船只的罗盘首向、估计的距离和对海岸线和地标特征的粗糙描述的汇编

*原始页面尺寸：约 19×12.1 厘米。*Cornelis Anthonisz.，*The Safegarde of Saylers*，*or Great Rutter...*，trans. Robert Norman（London：Edward Allde，1590）. BL 提供照片。

⑪　David Watkin Waters，*The Rutters of the Sea：The Sailing Directions of Pierre Garcie. A Study of the First English and French Printed Sailing Directions*（New Haven：Yale University Press，1967）；idem，*Art of Navigation*，11－14；Taylor，*Haven-Finding Art*，89－148；以及 Hewson，*Practice of Navigation*，16－21。

⑫　在同一时期中，航迹图在北海和波罗的海水手中并不常见（尽管并非不知道），可能因为那些导航员并不完全依赖于航迹推测的航行技术。相反，由于环绕北欧的海洋是相当浅的，因此在那一区域的导航员学会了使用他们的铅和绳子进行航行。通过用牛油涂覆铅锤的底部，并将其绑在绳子上扔到船外，导航员不仅可以确定水深，而且可以确定他船只之下海床的情况。一位有经验的导航员然后可以解释这一信息以确定他在海上与目的地之间的相对位置，并且由此引导他的船只；本质上，他使用海床的条件和深度作为引导他航线的替代性的水下地标。参见 Taylor，*Haven-Finding Art*，131，以及 Lane，“Invention of the Compass，”611。

现存最早的航迹图，被称为“罗盘航行”（Lo compass da navigare），是用意大利方言撰写的，注明的时间为1296年，尽管其可能代表了一个甚至更早的、现在已经佚失的祖本的修订版。这一小型的稿本列出了整个地中海和黑海港口之间的距离和罗盘方向，以及水深、停锚地和识别前往不同港口的路线的地标⑬。尽管作品的主要部分致力于距离海岸线很近的海道，但其还包括描述了超过200条长距离的、远洋航线的信息，在这些航线上，导航员将看不到陆地。令人惊讶的是，兰曼（Lanman）证明，较长的、外海的路线在它们对罗盘方向和距离数据的描述上是至今最为准确的。兰曼认为，因而，早期的航迹图就准确性而言，对于导航员喜欢的外海航行来说是最有用的，因为其更为安全和更有效率⑭。

除了保持他的首向和航行距离之外，导航员还不得不尽力去校正航行的“噪音”。通过保持一条笔直的尾迹来维持固定的首向，或者通过依赖可能在数天内被云朵遮蔽的天文参考点，这些已经是足够困难的了；类似于背风漂移、潮汐水流、令人不悦的风和暴风雨等现象甚至可以将最为细致的导航员推离他意在的航线之外数里格⑮。到中世纪晚期，如果他们迷失方向，地中海上的导航员有两种设备来帮助他们维持航线或者返回到航线上。两者中的第一个是磁罗盘⑯。尽管罗盘的发明者被认为是中国人、阿拉伯人以及地中海的和北大西洋的
512 欧洲人，但其准确的起源依然是一个谜，并且在不同的海洋民族中独立发展并非不可能。在欧洲背景中，最早提到水手使用一个磁针作为定位北方的方法，是由一名英国的奥古斯丁（Augustinian）僧侣亚历山大·尼卡姆（Alexander Neckam）写下的，时间是12世纪晚期⑰。

最早的罗盘只不过是刺穿了一片漂浮在一碗水上的软木或稻草的一根磁化的针，其中磁针自由地旋转以指向北方。然而，这样一个设备，在海中颠簸的船只上的用途应当非常有限。在14世纪的某一时间，磁针被附加上一个被称为compass fly的环形卡片上，其上描述了各种风向；fly和磁针整合在一起，然后被放置在一个枢轴上，并且存放在一个保持平衡的盒子中以减少风和船只运动的影响⑱。到16世纪末，盒子本身被固定在船只的船身上，并且用一条线标记（被称为新水手线），这条线显示了船头的方向，使导航员可以同时知道

---

⑬ E. G. R. Taylor, “The Oldest Mediterranean Pilot,” *Journal of the Institute of Navigation* 4 (1951): 81 – 85; idem, *Haven-Finding Art*, 102 – 9 and 131 – 36; Waters, *Art of Navigation*, 11 – 14; 以及 Hewson, *Practice of Navigation*, 16 – 21. Bacchisio R. Motzo, “Il compasso da navigare, opera italiana della metà del secolo XIII,” *Annali della Facoltà di Lettere e Filosofia della Università di Cagliari* 8 (1947): 1 – 137。

⑭ Jonathan T. Lanman, *On the Origin of Portolan Charts* (Chicago: Newberry Library, 1987), 19 – 21.

⑮ 潮汐水流对于北大西洋的水手而言是一个相当大的问题，但是在地中海范围内则是一个相对较小的问题；参见 Waters, “Reflections,” 301 – 6。类似地，猛烈的风暴对于在夏日航行的地中海导航员而言并不是一个常见的威胁；参见 Lane, “Invention of the Compass,” 606 – 8。

⑯ 关于欧洲磁罗盘的早期历史，参见 Barbara M. Kreutz, “Mediterranean Contributions to the Medieval Mariner's Compass,” *Technology and Culture* 14 (1973): 367 – 83; W. E. May, “The Birth of the Compass,” *Journal of the Institute of Navigation* 2 (1949): 259 – 63; idem, *Marine Navigation*, 43 – 107; G. J. Marcus, “The Mariner's Compass: Its Influence upon Navigation in the Later Middle Ages,” *History* 41 (1956): 16 – 24; Lane, “Invention of the Compass”; Taylor, *Haven-Finding Art*, 89 – 102; Hewson, *Practice of Navigation*, 45 – 51; 以及 Waters, *Art of Navigation*, 21 – 35。

⑰ Taylor, *Haven-Finding Art*, 95 – 96; May, *Marine Navigation*, 45 – 53; idem, “Birth of the Compass,” 259 – 61; 以及 Kreutz, “Mediterranean Contributions,” 368 – 69. Kreutz 在她的论文中建议，中世纪欧洲版本的罗盘可能是受到古代对磁性的宗教用途的影响（pp. 378 – 83）。

⑱ May, *Marine Navigation*, 50 – 51, 以及 Hewson, *Practice of Navigation*, 49 – 51。

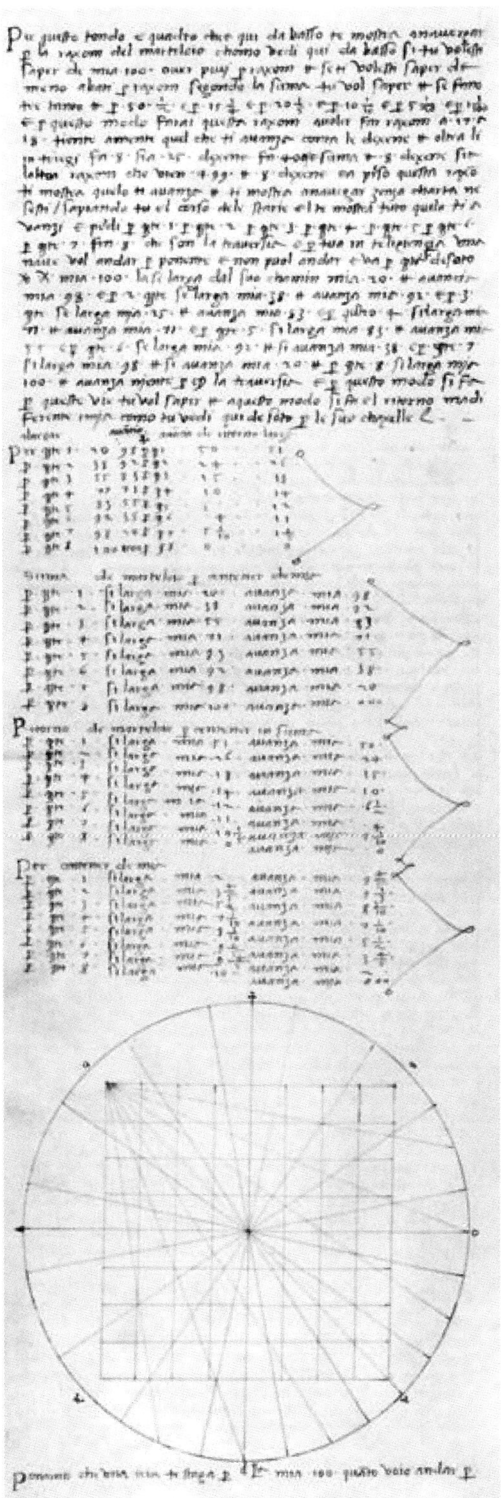

图 20.2　一部稿本《马尔泰罗奥表格》（*TOLETA DE MARTELOIO*）的局部

原图尺寸：约 41.8 × 14.5 厘米。BL（Egerton MS 73，fol. 47v）提供照片。

北方的位置以及他船只的首向相对于北方的航向⑲。罗盘显然为导航员在保持他的航线时提供了大量的便利，因为他不再依赖于干净的天空或者不经常能看到的陆地来获得他的方向。磁罗盘使得他可以带着更大的信心去引导他的船只沿着任何方向航行，当然如果风和气候允许的话⑳。

当然，风和气候并不经常允许这样容易、直接的航行；通常一名导航员被迫离开他意在的航线数里格以利用风向等便利条件。到 13 世纪末，导航员可能随身携带一部《马尔泰罗奥表格》以使他返回到他选择的路线。《马尔泰罗奥表格》实际上是一套早期的三角函数表和几何学图示，设计用来告诉导航员，他离开他最初的航线有多远，以及在一个
513 给定首向下，他应当航行多远以回到原来的航线（图 20.2）。只要他能够掌握船只的实际航行的航向和距离（如果他被一场暴风吹离了航线，就不一定能做到了），导航员可以通过表格来大致确定他的位置以及如何返回到他希望所在的位置㉑。然而，使用这样一张表格所需要的数学涉及乘法和除法，并且很可能超出了大部分中世纪导航员的数学能力，这一点我稍后将返回讨论。

最后，当在中世纪的航迹图、磁罗盘和《马尔泰罗奥表格》帮助下可以相当容易的进行远洋航行的同时，它们还使地中海的导航员更有信心地冒险前往外海，到中世纪晚期，导航员已经有另外一种新工具来协助他们：航海图。尽管它们准确的起源依然模糊，但是中世纪航海图的发展显然已经被与航迹图的用途密切地联系起来，航迹图在今天通常被称为“波特兰航海图”，来自意大利语代表航迹图的词语“portolano”㉒。虽然并不能完全确定导航员是如何使用他们的航海图的，但毫无疑问的就是，波特兰航海图确实构成了中世纪晚期导航员标准设备中的一部分，至少是在地中海的范围内。早自 1279 年的同时代的引用表明，航海图已经在海上的船只中普及了，并且到 14 世纪末，一些地中海的航海权威当局有着法令，每艘船只上必须携带至少两幅航海图㉓。

---

⑲ Bennett, *Divided Circle*, 29.

⑳ Lane 认为，地中海航行的性质被磁罗盘的引入而彻底改变，由此其在经常阴云密布的冬季月份变得可以航行，而之前的导航员在没有通过天文观察检查他们的航向的情况下是无法航行的（“Invention of the Compass,” 606 - 10）。然而，在北海，水手显然依然偏好在任何可能的时候通过观察太阳和星辰进行航行，甚至在罗盘引入之后；参见 Lane, “Invention of the Compass,” 611 - 13，和 Marcus, “Mariner's Compass,” 20。

㉑ E. G. R. Taylor, “Mathematics and the Navigator in the Thirteenth Century,” *Journal of the Institute of Navigation* 13 (1960): 1 - 12, esp. 10 - 12; idem, *Haven-Finding Art*, 117 - 21; Waters, “Reflections,” 320 - 27; Luís de Albuquerque, “Instruments for Measuring Altitude and the Art of Navigation,” in *HPC*, 2: 359 - 442, esp. 434 - 39; 以及 Tony Campbell, “Portolan Charts from the Late Thirteenth Century to 1500,” in *HC* 1: 371 - 463, esp. 441 - 43.

欧洲人在推测航迹中对《马尔泰罗奥表格》的使用与伊斯兰导航员在印度洋中使用的 *tirfa* 航行技术令人惊讶的相似，后者被用于确定他们前往的港口的北南向位置。然而，《马尔泰罗奥表格》几乎可以确定在西欧是通过天文学家基于阿拉伯三角法和天文表派生的，尽管准确的传播方式依然未知。参见 Taylor, “Mathematics and the Navigator,” 10 - 12; Aḥmad ibn Mājid al-Sa'dī, *Arab Navigation in the Indian Ocean before the Coming of the Portuguese*, trans. Gerald R. Tibbetts (London: Royal Asiatic Society of Great Britain and Ireland, 1971), 299 - 312; David A. King, “On the Astronomical Tables of the Islamic Middle Ages,” in *Islamic Mathematical Astronomy*, by David A. King (Brookfield, Vt.: VariorumReprints, 1986), item II; 以及 E. S. Kennedy, “The History ofTrigonometry,” in *Studies in the Islamic Exact Sciences*, by E. S. Kennedyet al. (Beirut: American University of Beirut, 1983), 3 - 29, esp. 3 - 5。

㉒ Campbell, “Portolan Charts,” 381 - 84，以及本卷的第七章。

㉓ Campbell, “Portolan Charts,” 439 - 40.

波特兰航海图最有可能作为包含在地中海航迹图中的航海指南的辅助，并且可能被用于规划和跟踪长距离的航行，在这期间，导航员通常位于无法看到陆地的位置。按照这一理论，航海图对两个相对遥远的港口之间的空间的视觉表述，应当允许导航员，比仅仅使用包含在他的航迹图中的被估测的距离和首向，带有更大的准确性和信心去引导一条外洋的航线㉔。使用波特兰航海图绘制任何给定路线的最佳的航迹推算路线，导航员首先不得不在航海图上定位他最初的港口以及他的目的地，并且绘制一条它们之间的直线。然后，使用一对圆规，他可以使用包含在航海图中的罗盘方位线和距离的比例去确定他将在两点之间保持航行时相应的罗盘首向，以及估算沿着他选择的首向他不得不航行的距离。

波特兰航海图，然后，代表了相当的进步，超越了基本的航迹图；而航迹图只是包含了或多或少有限的特定航海数据的列表，而航海图可以被应用得更为广泛。一幅很好的波特兰航海图无非对任何给定航线最相关的两个关键信息的高度通用的视觉表示：距离和航向。这对大量不同的航线都是适用的，仅仅受到在其中描述的港口数量的限制。使用一根铅笔和一对圆规，一位有着地图学思想的导航员可以使用他的航海图去确定包含在航海图中的任何两点之间的距离和首向，而不仅仅是那些列在他的航迹图中的。他还可以用其去规划一条比他的航迹图推荐的更为直接的或者便利的外海航线，因为很多航迹图主要集中于沿岸路线。波特兰航海图因而是一个非常简明的方式，可以尽可能有效地记录和呈现大量航海信息，“最好的解释或指示”，就像科尔特斯写到的㉕。

不幸的是，没有人确切地知道，波特兰航海图是否通过这一方式实际用于海上。保存下来的航海图通常缺乏铅笔的痕迹以及与航海有关的潦草记录，而如果导航员曾经使用它们去确定和保持他们船只穿越外海的航线的话，那么这些应当期待是可以在它们之上发现的。可能的是，保存下来的航海图只是为了限于陆地的收藏者的消费而制作的，而不是为了参与实际工作的导航员制作的，并且当损坏的时候，用于实际工作的航海图都被丢弃了。另外一种可能情况就是，导航员可能工作于誊录的副本以保存他们昂贵的航海图，并且当用它们完成了工作的时候，则将誊录本抛弃掉。在任何情况下，同时代的参考明确地表明，一些航海图 514
被带到了海上，并且在规划和保持长距离的、外海的推测航迹的航线中，意图作为实际的航海工具而使用。而且，甚至在较短的沿岸航行中，一幅航海图可能在提供关于相对位置和特定地标的顺序以及海上危险时是有用的，尽管这一类型的用途不一定要求以任何方式对航海图进行标记㉖。

大洋中的航行

尽管在规划整个欧洲南部、北非和黎凡特的港口之间的航线时，波特兰航海图可能给予了中世纪晚期的导航员以更大的自由、控制和信心，但早期的航海图通常对于在地中

㉔ Lanman, *Origin*, 19 – 21.

㉕ Cortés, *Arte of Nauigation*, fol. lvi.

㉖ Campbell, “Portolan Charts,” 440 – 46; Kelley, “Origins and Uses”; 以及本卷的第七章。

海之外的航行不太有用[27]。某人在直布罗陀海峡（Straits of Gibraltar）之外冒险得越远，那么航海图信息可能就更为质量不一和不太可靠。在13世纪晚期和14世纪早期，当热那亚和威尼斯商人的船只冒险进入北海并且在非洲西海岸探险的时候，意大利地图学家逐渐将那些海岸线结合到他们的波特兰航海图中[28]。然而，在大西洋中的航行提出了新的挑战，这些是地中海的导航员没有面对过的，并且他们传统的波特兰航海图并没有被设计来协助他们。

地中海的波特兰航海图的第一个严重缺陷，可以通过葡萄牙水手14世纪中期在大西洋中的探险而展现出来。随着葡萄牙人对非洲海岸进行了系统的探险，受到他们著名的航海者亨利王子（Prince Henry the Navigator）的支持和鼓励[29]，他们发现了一系列位于北大西洋的具有战略位置的小岛，包括加那利群岛、亚速尔群岛和马德拉群岛[30]。为了从他们的发现中获得完全的利益，葡萄牙人决定在这些岛屿上殖民；但是，这转而需要葡萄牙水手去定位，并且不断地返回到那里。传统的波特兰航海图设计用来针对通过推测航迹进行的航行，可能在地中海有限的范围内效用良好，因为在那里，某人极少在几天内看不到陆地；但是在外海，更远距离的旅行以及没有任何可以用于航海参照的地标，仅仅用磁罗盘的推测航迹被证明是非常不可靠的，并且不适合在无边的大海中确定小岛这样精妙的任务。

为了补充他们更为传统的航海知识，葡萄牙人提出了一种用于在海上确定他们船只位置的新技术：天文观察[31]。为了导航而查看天空的思想对于海员而言当然不是新的，依赖星辰作为找到他们航向的一种方法，是在磁罗盘被引入之前很久（并且应当在此后很长时间内）。然而，葡萄牙人的创新，就是使用星辰作为确定观察者在地表的位置的方法，这是一种之前只有通过与陆地有关的参照点，或者通过航迹推测的传统习惯对航行距离的粗略估计才成为可能的事情。

在15世纪后半叶，葡萄牙导航员学会了使用两种古代天文学家工具的简化版：四分仪和星盘。到1500年，两种仪器被天文学家使用了多个世纪，并且是以它们最为高度发展的

---

[27] 参见本卷的第七章。

[28] Waters, "Reflections," 286，以及 Boies Penrose, *Travel and Discovery in the Renaissance, 1420 - 1620* (Cambridge: Harvard University Press, 1952), 241 - 45。

[29] 绰号"航海者"，直至19世纪之后才被用于亨利王子，当时是因为 Richard Henry Major 的作品，*The Life of Prince Henry of Portugal, Surnamed the Navigator, and Its Results* (London, 1868; reprinted London: Frank Cass, 1967) 而流行。确实，最近的历史编纂重复地指出，当亨利可能鼓励了葡萄牙人的大西洋探险的时候，他从未自己进行过探险航行，并且可能有着很少的关于航海技术的知识和理解，而这些是他被假定应当如此热切支持的；参见本卷的第三十八章；W. G. L. Randles, "The Alleged Nautical School Founded in the Fifteenth Century at Sagres by Prince Henry of Portugal, Called the 'Navigator,'" *Imago Mundi* 45 (1993): 20 - 28；以及 Bailey W. Diffie and George D. Winius, *Foundations of the Portuguese Empire, 1415 - 1580* (Minneapolis: University of Minnesota Press, 1977), 113 - 22。

[30] 关于一种彻底的，即使有点片面的，对早期葡萄牙大西洋探险以及这一时期航海和地图学创新的处理，参见 *HPC*, 2: 52 - 108；也可以参见 Diffie and Winius, *Portuguese Empire*, 123 - 43。

[31] 葡萄牙人可能得到了一位马略卡（Majorcan）宇宙志学者的帮助，他被称为"Master Jacome"，其通常被认为是 Jafuda Cresques，是马略卡宇宙志学者和地图学家 Abraham Cresques 的儿子，尽管这并不确定；参见 *HPC*, 2: 95 - 97，以及 Diffie and Winius, *Portuguese Empire*, 115 - 18。

形式，它们被设计用来帮助天文学家进行大量复杂的计算[32]。两者的设计都是数学的——天文学家星盘的核心通常包括一个天体的立体投影——并且需要相当的数学知识才能去使用。它们大部分的基本功能完全超出了进行实践的导航员的数学理解；但是在那时，导航员不太需要天文学家复杂的数学计算。导航员所需要的就是简单的天体观测的方法——测量太阳或 515
北极星在地平线之上的高度——而他们使用的设备被有效地精简去执行那一功能。在下个世纪中，整个欧洲的导航员采用和学会了使用这些水手的新设备，并且在16世纪，他们在他们的武器库中增加了第三个设备：直角照准仪，可能改造自阿拉伯天文学家的 *balestilha* 或 *khashaba*，其在印度洋上由导航员使用（图20.3）[33]。

每一种测量高度的设备都有自己的优点和缺点，并且导航员意图在不同的任务中偏爱其中一种[34]。四分仪原则上是最容易使用的设备。其由1/4的圆环、从0°到90°的刻度，一对沿着一边的瞄准器，以及在其顶点上附带的铅锤构成（图20.4）。观察者沿着瞄准器边缘来定位需要观察的星辰，从圆周向顶点注视，而一名助手按照铅锤与划分有刻度的圆周的交叉点记录仪器倾斜的角度。四分仪的主要弱点来源于，不得不保持海上观察点的垂直稳定。对于观察而言，其适用于在陆地上使用（例如，在确定一个港口或者海角的纬度的时候），但是非常难以在一艘移动的船只上进行准确的使用；由于这一原因，大部分导航员喜欢依赖其

㉜ 星盘和四分仪的早期历史有些模糊不清。星盘当然是一种希腊人的发明，并且在9世纪之前被阿拉伯天文学家所采用。阿拉伯人将其发展为一种极为复杂的数学工具，由此，他们还演化出了天文学家的四分仪。在10世纪，两种仪器的使用传播到了南欧的天文学家中，然后在11世纪抵达了北欧。参见 Emilie Savage-Smith，"Celestial Mapping，" in *HC* 2.1：12－70，esp. 24－28。

㉝ 在他们西欧的同伴之前很久，在整个印度洋上航行的阿拉伯和波斯导航员学会了参照天体高度进行航行，使用如 *khashaba* 等的仪器进行他们的观察。这一设备可能由一块附带有一条按照固定间隔打有绳结的绳子的木板构成。导航员拿着木板，由此其边缘大致同时触碰到了地平线和被测量高度的星辰，然后从板子上将绳子拉到眼睛的位置。然后，绳子上绳结的数量被用于计算星辰的高度，以及因而确定了观察者的北南向位置。这一设备的简化版最为可能的是将绳结放在绳子的固定位置上，而不是彼此之间等间距，由此每一个绳结代表了一个给定位置的北极星的高度。参见 Mājid al-Sa'dī，*Arab Navigation*，317－19；Marina Tolmacheva，"On the Arab System of Nautical Orientation，" *Arabica*：*Revue d'Études Arabes* 27（1980）：180－92；James Prinsep，"Note on the Nautical Instruments of the Arabs，" 以及 H. Congreve，"A Brief Notice of Some Contrivances Practiced by the Native Mariners of the Coromandel Coast，in Navigating，Sailing and Repairing Their Vessels，" both in *Instructions nautiques et routiers arabes et portugais des XVe et XVIe siècles*，3 vols.，trans. and anno. Gabriel Ferrand（Paris：Librarie Orientaliste Paul Geuthner，1921－28），3：1－24，esp. 1－8，and 3：25－30，esp. 26－28；以及 V. Christides et al.，"Milāḥa，" in *The Encyclopaedia of Islam*，11 vols. plus supplement，glossary，and indexes，ed. H. A. R. Gibb et al.（Leiden：E. J. Brill，1960－2004），7：40－54，esp. 51。

尽管欧洲的直角照准仪的早期版本很可能是基于伊斯兰的航海设备，例如 *khashaba*（Taylor，*Haven-Finding Art*，166，and Waters，*Art of Navigation*，53－54），但葡萄牙人在很久之前就发展出了他们自己的使用水手星盘进行天文航海的技术，独立于当他们在1498年与印度洋水手接触而受到的直接的伊斯兰的影响。在地中海的阿拉伯水手不太可能是在葡萄牙的这样的技术的来源，因为他们似乎在地中海上航行时对于天文航海方法的采用，与南欧的竞争者一样缓慢（参见 Christides et al.，"Milāḥa，" 46－50）。相似的，显然葡萄牙水手的简化的天文学设备并不直接来源于伊斯兰，而更可能来源于西方天文学家的设备（例如，参见 Taylor，"Mathematics and the Navigator，" 5－6，在其中，作者描述了比萨的莱昂纳多对四分仪的简化）。

㉞ 关于对现代早期在海上用于测量高度的设备，更为详细的讨论，参见 Jean Randier，*Marine Navigation Instruments*，trans. John E. Powell（London：John Murray，1980）；Alan Stimson，*The Mariner's Astrolabe*：*A Survey of Known*，*Surviving Sea Astrolabes*（Utrecht：HES，1988）；Alan Stimson and Christopher St. J. H. Daniel，*The Cross-Staff*：*Historical Development and Modern Use*（London：Harriet Wynter，1977）；Bennett，*Divided Circle*，27－37；May，*Marine Navigation*，119－54；Hewson，*Practice of Navigation*，73－98；以及 Waters，*Art of Navigation*，39－77。

图 20.3 瓦格纳的《航海之镜》的题名页，1584—1585 年。题名页描述了大量常见的现代早期的航海设备，包括四分仪、星盘、直角照准仪、圆规和罗盘，所有这些在每一侧从上到下分别进行了描述。每个男性人物（在标题的两侧）都拿着一根绳子和铅垂

原图尺寸：37 × 24 厘米。Lucas Jansz. Waghenaer, *Spieghel der zeevaerdt* (Leiden: Christoffel Plantijn, 1584 – 85). James Ford Bell Library, University of Minnesota, Minneapolis 提供照片。

516 他两种设备。而且，因为观察者必须要凝视他正在试图测量高度的对象，因此四分仪对于观察恒星更为有用，而不太适合用于太阳㉟。

水手的星盘被应用到海上可能是在四分仪之后不久。其是一种非常基本的、基于古代天文学家版本的结构上的变体，只不过由一个有着刻度的圆环与一个旋转照准仪构成。而天文学家的星盘是一个实心的圆盘（在其上刻有星图、日历和计算表格），海上版本的内部是镂空的，由此风不会很容易地使其转动或者摇摆；由于同样的原因，其通常在底部加重（图 20.5 和 20.6）。为了进行观察，观测者通过在顶部的一个环来垂挂这一设备，通过安装在照准仪的两个观测器对对象进行观察。然后记录照准仪穿过圆环圆周上的刻度尺的角度。如果他愿意，他甚至可以将仪器旋转，并且使用在圆环另一侧复制的刻度来重复进行观测，以核

㉟ Waters, *Art of Navigation*, 46 – 47.

The Seamans Secrets.

Of the Quadrant.

A Quadrant is the fourth part of a circle, containing 90. degrees, and repreſenteth the diſtance betweene the Horizon and Zenith, being an excellent inſtrument vpon the ſhore, to performe any Aſtronomicall obſeruations, but for a Seaman it is to no purpoſe: and although there may be very much written of the commodious and excellent vſes of the Quadrant, yet not being an apt inſtrument for Sea obſeruations, it ſhall be from my purpoſe to write further thereof, and therefore the onelye laying downe of his forme may at this preſent ſuffice.

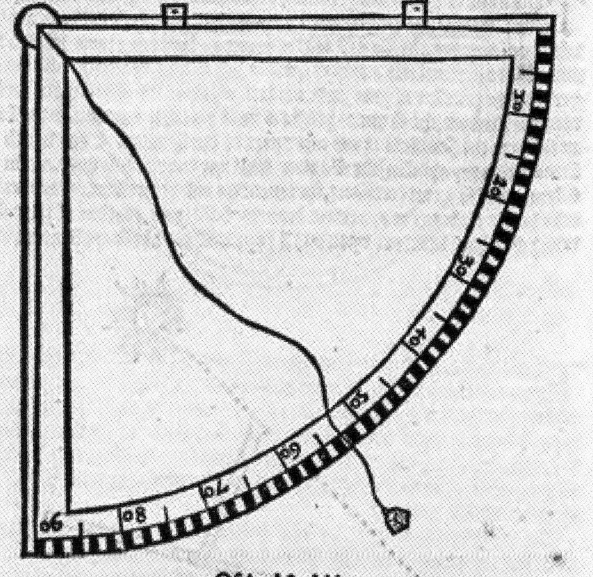

Of the Astrolabie.

AN Aſtrolabie is the repreſentation of a great circle, containing foure quadrants, or 360. degrees, which inſtrument hath been in long vſe among Seamen, and is an excellent inſtrument being rightly vnderſtodde and ordered, but ſith the vulgare Aſtrolabie with his vſe is to euery Seaman ſufficiently knowne, it ſhould be vaine labour for me to lay downe his vſe and demonſtration: therefore by his forme it ſhall ſuffice to expreſſe him.

Ther

图 20.4 对一架 16 世纪晚期的水手四分仪的描绘

原页面尺寸：18.7×14 厘米。John Davis, *The Seamans Secrets*...（London: Thomas Dawson, 1595）, MI verso. BL 提供照片。

验他最初的测量。尽管星辰的观察是可能的，但需要从上部悬挂设备，由此使其与四分仪或直角照准仪相比显得累赘。然而，星盘对于观察太阳而言尤其是有用的，尤其是在那些太阳高度很高的时候（就像在正午），因为由此不需要观察者去凝视太阳。取而代之，他可以简单地悬挂设备，让太阳光线通过一个观测器，准确地照射在另一个观测器的小孔上，然后读出沿着圆周的照准仪的交叉点的角高度（图 20.7）[36]。然而，就像在四分仪的例子中那样，可能非常难以在海上一艘颠簸船只的甲板上保持星盘的稳定和垂直，尤其是在大风的时候。

[36] Waters, *Art of Navigation*, 55–56.

图 20.5 一架西班牙制造的典型的水手星盘，1563 年。这一大小适合的设备是从其天文学的相关设备按比例缩小的

原始直径：19.8 厘米。照片版权属于 Musée des Arts et Métiers—CNAM，Paris / Photo Pascal Faligot— Seventh Square（inv. 3864 – 1）。

517

图 20.6 一架天文学者的平仪（PLANISPHERIC ASTROLABE）。在这一例子中，是来自 16 世纪佛兰芒的模型

原件直径：16 厘米。照片版权属于 Christie's Images Ltd.，1992。

图 20.7 某人使用一架水手星盘测量太阳高度的图示

Pedro de Medina, *Regimie[n] to de nauegacio[n]: Contiene las cosas que los pilotos ha[n] e saber para bien nauegar...* (Seville: Simon Carpintero, 1563), fol. xv verso. Beinecke Rare Book and Manuscript Library, Yale University, New Haven 提供照片。

最后，直角照准仪由两个垂直交叉的部件构成，通常用木头或象牙制作，其中较短的可以沿着较长的自由滑动。观察者将长杆的末端放在他的眼角，将其指向被测量的星辰，然后来回滑动交叉叶片（保持垂直），直至其一端似乎碰到了地平线，而另一端碰到了星辰。然后，紧紧握住交叉叶片保持在原位，观察者从标在长杆上的刻度读出星辰在地平线上的角高度（图 20.8）。直角照准仪对那些在低纬度的对象最为有用，因为在测量较高的纬度时，难以同时看到交叉叶片的两个端点。其对太阳的观察也是困难的，因为，就像在四分仪的例子中一样，观察者必须直接凝视他正在观测的对象。通过在交叉叶片的末端附加一片黑色的玻璃，或者用交叉叶片盖住太阳，并计算纠正量，很多水手弥补了这一缺陷，但是过程实际上依然非常困难。直角照准仪在晚上没有太大用处，因为在夜间观测海洋上的地平线非常困难；因而它最适合在黄昏前后进行恒星的测量。然而，这一设备的最大优点就是其在一艘移动的船只上非常容易使用，且有着一定准确度，因为其更为容易保持在一个稳定的垂直位置上。16 世纪末，英国探险家约翰·戴维斯发明了一种修订版，称为反向高度仪，其允许观察者进行太阳的观察，即背对着太阳，使用太阳的影子去标明其高度（图 20.9）[37]。

---

[37] Waters, *Art of Navigation*, 53–55 and 205–6.

图 20.8 某人使用一架直角照准仪测量天体高度的图示

Pedro de Medina, *Regimie*[*n*]*to de nauegacio*[*n*]: *Contiene las cosas que los pilotos ha*[*n*] *e saber para bien nauegar*... (Seville: Simon Carpintero, 1563), fol. xxxv verso. Beinecke Rare Book and Manuscript Library, Yale University, New Haven 提供照片。

一旦导航员测量了一个给定天体的高度，那么他可以使用这一数据确定他自己在地球南北方向上的位置。最初，信息仅仅是相对的；导航员使用天体观察找到的只是与另一个已知位置
518 的相对位置，例如里斯本的港口。早期的四分仪，实际上，没有角度数的标识，而是标明了北极星在不同已知地点的高度。最终，导航员学会了将这一天体高度的差异转换为直线距离。一旦一位导航员知道了他所考虑的港口与他现在位置之间北极星的高度差，那么他可以将那一数值乘以一个固定的英里数（直线距离由纬度的 1°代表），因而计算出距离所讨论的港口的南北向距离。纬度作为某人在球体上的几何位置，且不需要参考其他的固定地标，这一概念，在 15 世纪之前，并不是导航员世界观的一部分。随着他们沿着非洲海岸向南深入，葡萄牙导航员的观察可以不再依赖北极星，因为其消失在地平线之下。1485 年前后，他们学会了使用太阳在正午的高度和所讨论日期的太阳赤纬来计算他们的位置㊳。沃特斯认为，这一在天体参考点上的

㊳ 因为太阳的周年路径，被称为黄道，并不与赤道平行，因而除了两个昼夜平分点（当黄道与赤道交叉的时候）之外的每一天，太阳都位于赤道以北或以南一个已知的角距离。在测量他的南北向位置的时候，由于赤道是导航员的几何参照点，因而在他的测量中必须考虑太阳距离其的位置。

转移，导致导航员认为航行时只是使用星辰，而不使用通过与陆地有关的参照点的方法——换言之，从几何的角度，而不是从一个与已知港口的直线距离的角度来考虑纬度[39]。

图 20.9 一架象牙的反向高度仪，英国，1690 年。17 世纪模型的典型。由 Thomas Tuttell 制作

照片版权属于 National Maritime Museum, London (neg. No. D4504)。

这种观测的用途，在满足葡萄牙海员最迫切需求的效用方面是显而易见的：导航员不再仅仅依赖于通过磁罗盘进行的航迹推测来指引他们的船只前往大西洋中难以找到的岛屿。相反，曾经被定位过的岛屿，最初的发现者可以使用天文观测去确定其北南向的位置。当其他 519
导航员试图返回同一位置的时候，他们可以遵照一条将他们带到岛屿所在纬度的航线，位于他们目的地以东或者以西数里格。他们然后可以使用磁罗盘维持一种固定向东或者向西的航线，然后必然抵达他们最终的目的地[40]。如果他们在沿途偏离了他们意图的纬度，进一步的天文观察将警告他们，并且告诉他们如何纠正问题；到 16 世纪早期，导航员的设备包括一套告诉他们必须沿着不同罗盘首向航行多远以增加或者减少他们船只纬度 1°的表格[41]。

㊴ Waters, "Reflections," 327 - 29. 也可以参见 E. G. R. Taylor, "The Navigating Manual of Columbus," *Journal of the Institute of Navigation* 5 (1952): 42 - 54, esp. 45 - 46。事实，即太阳赤纬表被按照与赤道的关系而不是一个更为平常的参照点进行计算，例如一个特定的港口，由此可以支持沃特斯的一个新的、基于几何的世界观的论点。

㊵ Luís de Albuquerque, "Astronomical Navigation," in *HPC*, 2: 221 - 357, esp. 221 - 28.

㊶ Waters 认为，这些表格只是中世纪《马尔泰罗奥表格》更为专门版本的简化（"Reflections," 323 - 27）。

一旦导航员学会了以角度测量的方式测量和考虑他们在地球上的位置，那么他们很快就开始用角度的方式记录他们的位置和路线。对于地图学家而言，下一个符合逻辑的步骤就是，在他们绘制航海图的时候，采用这类测量数据。早期的波特兰航海图主要是通过对不同点之间直线距离的粗糙估计来编绘的。来自天文观测的纬度数值通常更为准确，并且最终开始代替传统的在地图学家头脑中的直线距离，作为地球上某一位置的真正定义和决定因素（至少在北南方向上）。葡萄牙地图学反映了这一变化：包括了一个纬度标尺的最早的波特兰航海图是由葡萄牙人在15世纪后期或者16世纪早期制作的，并且开始被称为平面航海图（图版14）[42]。在地图学上，将纬度作为位置的一个标志的思想并不是新的；古代的宇宙志学者，最为著名的克劳迪乌斯·托勒密，已经将世界雕刻在一个经度线和纬度线的网格状图案中，这一网格内的所有点都通过一个双坐标系统的方式来定位。但是到中世纪，这一技术在西欧被遗忘，直至随着托勒密的《地理学指南》在15世纪的恢复和流行而在知识圈子中被重新发现。直到15世纪末期的葡萄牙探险，这一思想才被应用于实际制图和航行。

这一看待（和航行）世界的新方法，其激进的创新性值得被强调：地图学家，和那些使用他们航海图的导航员，不再仅仅用直线距离和方向来看待世界；他们开始从更为几何的角度来对其加以理解，也就是按照角距离。然而，大部分导航员没有立刻采纳这一变化；甚至在整个17世纪，他们的绝大多数继续对通过经纬度进行航行持怀疑态度，主要是因为他们缺乏一种准确的在海上确定他们经度的方法，并且还因为世界范围内港口的经纬度数据通常是不准确的。而且，对于绝大部分航行而言，它们主要沿着已经非常成熟的路线，而对此，传统的航行方法依然足够充分。然而，沿着给定目的地纬度航行的基本技术被证明对于远距离的跨洋航行是最为有用的，并且也是哥伦布依赖于向西找到一条通往亚洲的香料市场的航线的方法[43]。

早期以地中海为中心的波特兰航海图的第二个局限就是它们未能考虑到罗盘的磁偏角。这一现象，首先发现于15世纪，但在现代早期未能被很好地理解，这涉及指南针固有的特点，即其指向的通常是偏离真正北方的一个位置。偏差来源于这样的事实，即地球的磁极并不完美地对应于其地理/天文的极点。罗盘磁差本身也不是固定不变的；其范围从0°到超过20°，或者在真正北极以东或以西，并且甚至在同一地理位置上，归因于地球磁场的持续变化，在长时期中也会发生变化[44]。在使用严重依赖于磁测向作为航迹推测的航行方法的时候，罗盘偏差可以导致严重的混乱；同时基于罗盘观察而编绘的航海图，带来了同样的混乱。

在地中海，磁偏角给中世纪的导航员带来了不太大的困难，部分因为在这一时期其对这一区域的影响是相对温和的（可能偏东9°—11°）。更为重要的是，由于所有中世纪的航迹图和航海图都与（和可能编纂时使用了）未纠正的罗盘度数一起使用，因而它们没有将磁

[42] 在1485年前后，葡萄牙地图学家可能开始制作这类航海图，尽管所有保存下来的最早的样本最为可能是制作于1500年至1510年之间的。参见 W. G. L. Randles, "From the Mediterranean Portulan Chart to the Marine World Chart of the Great Discoveries: The Crisis in Cartography in the Sixteenth Century," *Imago Mundi* 40 (1988): 115 – 18; Campbell, "Portolan Charts," 386; Waters, *Art of Navigation*, 67; 以及 *HPC*, 2: 216 – 19。

[43] Waters, *Art of Navigation*, 76.

[44] Waters, *Art of Navigation*, 24 – 26, 以及 Taylor, *Haven-Finding Art*, 172 – 91。

偏角的未知影响考虑在内。错误因而是一致的，导致了罗盘、航迹图和航海图彼此都是相同的[45]。但是在长距离的航行中，例如哥伦布和约翰·卡伯特的跨洋探险，这一现象的影响变 520
得更为显著，因而对于导航员而言，更具有破坏性。对北极星的观察在航海中重要性的增长，通常使得更加注意到这样的事实，即天体观察和罗盘观察通常并不一致。

宇宙志学者、罗盘制作者以及水手发明了大量方法去纠正罗盘磁偏角。最简单地涉及将罗盘指针重新附加到其底盘上，由此其对于某人的家乡港口和邻近水域都是指向正北的。对于沿着著名路线的短途航行而言，这一解决方案应当是足够的，但是在相对未知的水域中，其通常可能导致严重的问题。很多地图学家改变了他们的航海图去校正罗盘和天体观察之间的差异，在这一个过程中，牺牲了他们航海图内在的一致性。例如，一些地中海的航海图，在它们东西两侧的边缘使用了不同的纬度标尺，它们彼此相差大约5½°。大西洋航海图有时采用一种更为激进的方法，在距离第一条赤道大约20°的地方描述了第二条赤道，创造了被称为斜子午线的东西（图版14）。这样的航海图被公认在规划跨越大西洋的航线中是无用的，但这并不是它们的目的；它们意图为沿着欧洲和北美海岸航行服务，假设，导航员从一个大陆到另外一个大陆将简单地遵从单一的一条纬线[46]。

这些地图学中的矛盾在整个16世纪和17世纪都存在，尽管它们受到了那些要求导航员仔细测量整个航程中的罗盘偏差，以及地图学家使用他们的数据来相应地更正航海图的宇宙志学者的严厉批评。英国人威廉·伯勒在他1581年的书籍《对罗盘偏差的讨论》（*A Discours of the Variation of the Cumpas*）中，特别坚持对于测量和记录罗盘偏差的需要，并描述了这样做的几种技术。最为简单的技术涉及一种新的设备，一种磁偏差罗盘，只是一架有着附加在其上的日晷的罗盘（图20.10）。导航员应该在正午准确地检查罗盘方向，即当太阳位于他所在位置的正南（或者正北，如果他在南半球的话）的时候。投射在日晷上的影子应当指向几何的北（或南），同时阴影和罗盘方向之间的角度差异应当就是那一位置的磁偏角。尽管大量有着数学头脑的探险家确实进行并记录了这样的观察，但这一设备并不容易在一艘移动的船只之上使用，并且其似乎没有被现代早期绝大部分导航员所使用。

传统的波特兰航海图有另外一种严重的局限，其导致它们对于在更为极端的纬度（超过40°，南或北）的航行是无用的；它们没有考虑子午线的交会。尽管历史学家对构建最早的地中海波特兰航海图所使用的投影方式（如果有的话）存在分歧[47]，但他们都含蓄地假设

---

[45] Taylor, *Haven-Finding Art*, 172, 以及 Waters, *Art of Navigation*, 76。

[46] Waters, *Art of Navigation*, 67 – 70. 参见本卷的第七章。

[47] 为了寻求确定早期波特兰航海图所使用的投影，地图学史家试图将一个经纬网强加在那些没有证据表明是用这种几何基础数据编绘的航海图上。某些研究者，包括兰曼（*Origin*, 2），认为最早的航海图是按照一种方形网格图案创建的，同时其他学者则证明，使用的是一种矩形的网格。诺登舍尔德和Clos-Arceduc甚至认为，在墨卡托投影之前一个多世纪就出现了对这一投影雏形的使用，尽管是偶然的，因为它们采用了直线的斜航恒向线，而这是墨卡托投影最为著名和重要的特征；参见A. E. Nordenskiöld, *Periplus: An Essay on the Early History of Charts and Sailing-Directions*, trans. Francis A. Bather (Stockholm: P. A. Norstedt & Söner, 1897), 16 – 17, 以及A. Clos-Arcedu, "L'énigme des portulans: Etude sur la projection et le mode de construction des cartes à rhumbs du XIVe et du XVe siècle," *Bulletin du Comité des Travaux Historiques et Scientifiques, Section de Géographie* 69 (1956): 215 – 31, esp. 217 – 28. 然而，大多数地图学家现在同意，尽管早期的波特兰航海图通常暗示了一种网格状的平行纬线和经线的模式，但在它们的创作中没有刻意使用连贯的投影。后来的航海图，那些明显整合了经度和纬度标尺的，通常使用了方形网格或者平面投影，这是由葡萄牙人在15世纪末发明的。参见Campbell, "Portolan Charts," 385 – 386。

（甚至当它们没有明确画出）了一个由平行经线和纬线构成的矩形网格图案。在一些情况下，后来的使用者甚至增加了这样的线条到原本并不拥有这样线条的较旧的航海图上。在16世纪早期之后，一旦纬度刻度成为大洋的波特兰航海图一个常见特征的话，那么平行子
521 午线的假设也变得更加刻意和根深蒂固。然而，平行子午线导致了地图学上一种困难，原因在于在三维的地球地表（航海图所意图对其进行尽可能有用的呈现）上，子午线朝向两极汇聚。将它们呈现为平行的线条，迫使地图学家去延伸和扭曲他们在航海图上描绘的海岸线。对于接近赤道的区域，扭曲是微小的，但是随着向北或向南延伸，扭曲逐步变得糟糕。作为结果，在赤道以北或以南50°以上的海岸线被延伸得几乎无法被识别，并且肯定超出了导航员依靠它们规划航线的能力。

对于西班牙和葡萄牙导航员而言，问题并不那么严重。在建立了他们前往新世界和东印度的赤道的贸易路线之后，伊比利亚人很少让他们的船只在任何方向上超出赤道40°，并且他们的平面航海图对于他们航行的区域而言已经足够了。然而，北欧的探险家，面对非常不同的状况。例如，由于不列颠诸岛全部位于50°平行纬线以北，英国的水手已经开始在一幅平面航海图有用的能力范围之外进行他们的航行。而且，在他们试图发现一条通往有利可图的亚洲香料市场的北方路线的过程中，英国探险家经常让他们的船只在16世纪后半期航行至北纬70°以北，这是一个甚至没有出现在大部分平面航海图上的区域。由此，英国的宇宙志学者努力找到一种对于他们的导航员有些用处的地图学的解决方案。

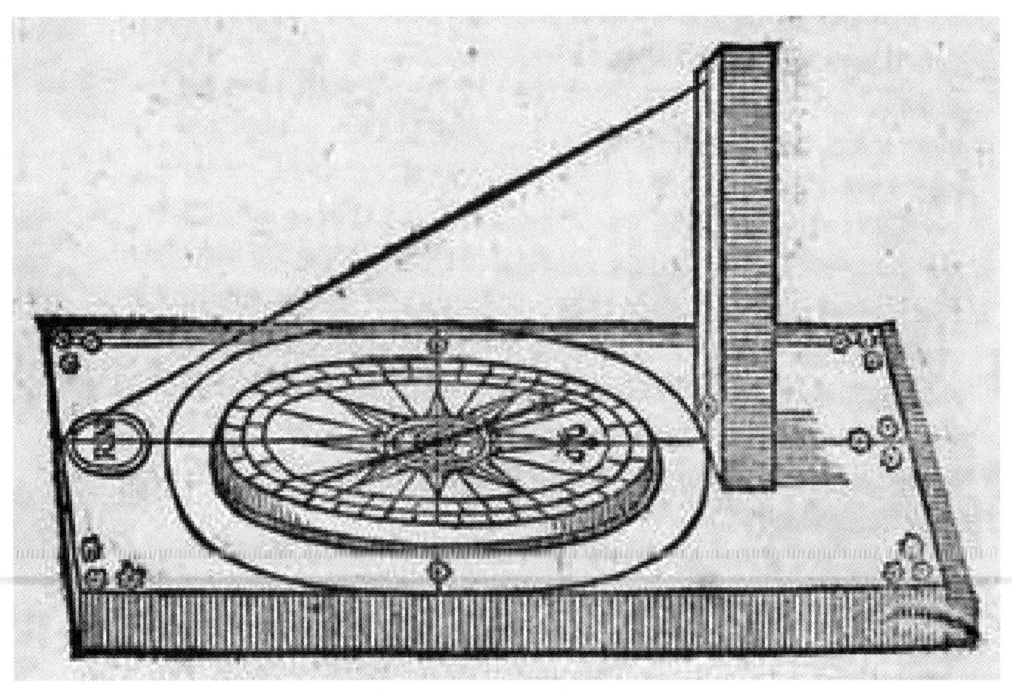

图 20.10 一个简单的存在偏差的罗盘

原图尺寸：约6.5×10.6厘米。William Borough, *A Discovrs of the Variation of the Cumpas...*, pt. 2 of Robert Norman, The Newe Attractiue: Containyng a Short Discourse of the Magnes or Lodestone... （London: Ihon Kyngston, 1581）, Bi verso. BL提供照片。

英国数学家爱德华·赖特的一个创新就是将墨卡托投影应用于航海地图学上。尽管赫拉尔杜斯·墨卡托的1569年的世界地图是一幅使用依然用他的名字命名的投影清晰构建的地图，但赖特宣称其独立创造了数学解决方案，并且首次将其改造以用于航海；墨卡托的世界地图的比例尺太小了，无法被应用于在海上规划准确的航线[48]。墨卡托投影伟大的创新就是其维持了平面航海图的纬度线和经度线的平行网格的模式，但是其改变了纬度线之间的间距，由此它们朝向两极逐渐扩大[49]。因而维持了任何给定纬度上的经度1°的直线距离的比率，从而补偿了这样的事实，即在较高纬度地区经度线将会逐渐汇聚，但是在航海图上并没有如此显示。作为结果，较高纬度的海岸线依然被描绘得远远大于它们在三维球体表面上所应呈现的样子，但是在任何给定纬度，它们的相对比例被保持，并且所有参考点的位置都符合天文学的观察。

赖特将墨卡托投影应用于航海的另外一个主要优点就是，通过航迹推测规划准确的航向通常变得容易。在一幅普通的平面航海图上，每条罗盘方位线都代表一条恒定的罗盘首向。罗盘方位线通常被描绘成一条直线，因而它们以一个恒定的角度与每条平行子午线交叉。然而，在一个球形表面，其上有着稳定的逐渐汇聚的子午线，一条罗盘方位线不可能是笔直的，而实际上应当呈螺旋的形式朝向一个或两个极点[50]。在一个平面航海图上呈现一个球形表面的几何学的暴行，因而创造了一种航海悖论：遵照一条罗盘首向并不能导致一条笔直的航线，这是在规划较长距离的航行中可能带来麻烦的不精确性。然而，在赖特的航海图上，对纬度每度直线距离比率的保持，意味着罗盘方位线可以被作为直线准确的描绘。因而导航员可以仅仅使用一条直尺来计算两点之间真正的罗盘首向[51]。

然而，甚至在墨卡托投影的航海图上依然有着像它们的平面前辈那样相同的缺陷：海岸线的扭曲朝向两极变得逐渐严重，因而水手在很高纬度阅读和使用航海图变得非常困难。对于英国（和后来的荷兰）探险家参与度日益增加的极北地区的航行而言，需要一种完全新型的航海图：极投影。不是使用赤道作为其主要参考点，且随着逐渐远离赤道，海岸线逐渐增加的扭曲，极投影将地球的一个极点（在英格兰，通常是北极）放置在航海图的中心。纬度线被投射作为同心圆，极点位于它们的中心，而子午线被描绘为这些圆形的半径。极投影并不是没有扭曲；某人距离位于中心的极点越远，赤道地区的海岸线显得就越扭曲和被截断。然而，极投影在更为传统的航海图最为薄弱的地区是最为准确的：在对较高纬度的海岸线描绘的准确性和按比例描述方面（图20.11）。英国地图学家，尤其是著名的博学家约翰·迪伊，在16世纪后半叶的大部分时间里试验了极投影。迪伊宣称发明了这一投影，事 522
实上，将其称为他的"矛盾的罗盘"（paradoxall compass）；他可能没有意识到西班牙人曾对相似种类的投影进行过试验，目的在于创造南美洲最南端更为准确的航海图[52]。无论如何，早在1576年马丁·弗罗比舍（Martin Frobisher）第一次前往纽芬兰航行的时候，英国探险家确实已经开始携带了极投影航海图。

---

[48] Edward Wright, *Certaine Errors in Navigation...* (London: Valentine Sims, 1599), opp. ¶¶¶；也可以参见 Waters, *Art of Navigation*, 215, 223。

[49] 从数学角度来说，在一幅墨卡托投影的航海图上，任何两条纬线之间的间距，与所讨论线条的割线成正比。

[50] 这一影响在16世纪初由著名的葡萄牙宇宙志学者佩德罗·努涅斯发现；参见 Waters, *Art of Navigation*, 71 – 72。

[51] Waters, *Art of Navigation*, 223 – 24.

[52] Waters, *Art of Navigation*, 209 – 12.

图 20.11 **北大西洋的一幅极投影航海图。航海图描绘了 1631 年卢克·福克斯（Luke Fox）发现一条通往亚洲的西北通道的尝试。福克斯选择使用了一种环极投影来描绘他航行的路线，他写到，“否则，其他的投影无法对其进行包含，且会出现不合理的差异”**（A2 verso）

原图尺寸：约 31.8 × 44 厘米。Luke Fox, *North-West Fox*; *or*, *Fox from the North-West Passage* (London: B. Alsop and T. Fawcet, 1635)，航海图插入在前言和第一章之间。BL（G.7167）提供照片。

航海训练：学习和实践

在多个世纪中，航海的艺术仅仅通过海上多年的直接个人经验被教授和学习。在整个中世纪，成功的航海完全依赖于导航员关于他航行路线的私人知识——他依赖用于导航的地标；风向、潮汐和他不得不抗争的潮流；以及他们可能预计遇到的水下危险。这就是只有通过在涉及的航线上，在一位经验丰富的总导航员的密切监督和指导下进行多次航行才能学会的信息类型。传统上，成为一名导航员所需要的额外训练（在一般水手知识和技巧之上）是非正式的向少量年轻水手开放的，这些年轻水手在海上显示出特定的智能和前途，并且表达了对学习这门艺术的兴趣。成为一名导航员的激励是比较大的；作为船上的官员之一，在
523 每次航行中，导航员比通常的水手能获得更多的收入，并且最具有野心的导航员有时可以找到冲破阻碍进入较高官员等级的机会[53]。

---

[53] 关于现代早期水手、导航员和官员的来源和训练，参见 G. V. Scammell, "Manning the English Merchant Service in the Sixteenth Century," *Mariner's Mirror* 56 (1970): 131 – 54; Kenneth R. Andrews, "The Elizabethan Seaman," *Mariner's Mirror* 68 (1982): 245 – 62；以及 Pablo Emilio Pérez-Mallaína Bueno, *Spain's Men of the Sea*: *Daily Life on the Indies Fleets in the Sixteenth Century*, trans. Carla Rahn Phillips (Baltimore: Johns Hopkins University Press, 1998), 63 – 98 and 229 – 37.

在现代早期，胸有大志的导航员在海上的训练，通常在比以往更为正式的情况下组织和完成，以往基本就是通过由男孩家庭协商达成的冗长的学徒生涯。很多商人，尤其，看到将一名年轻儿子或者侄子培养成可靠的和值得信任的船长是有利可图的，且通常知道一些有经验的官员愿意接受学徒以使雇主满意[54]。在英格兰，商业公司有时甚至要求训练他们船上的初级官员，以确保技艺娴熟的导航员的稳定供应。在他 1553 年写给莫斯科公司（Muscovy Company）雇用的水手的指示中，英国最早的联合股份贸易公司的首席导航员塞巴斯蒂亚诺·卡伯特（Sebastian Cabot）规定"培养船上的男孩［gromals（grummets）］[55] 和青年侍从，根据值得称赞的命令和在海上的用途，学习航海的知识，以及对他们而言重要的内容"[56]。

尽管对于一名年轻导航员的成功而言，海上的长期经验毫无疑问是至关重要的，然而，这也限制了可以被教授的东西。运营一艘现代早期的帆船是一件非常复杂的工作，需要持久的注意力以及所有船员的劳动。学徒导航员必然学会所有需要知道的关于潮汐和风向、桅杆和操纵方面的知识，但是大部分人没有时间去研究更多的学问和不太立即有用的项目，例如读书和数学[57]。不是每艘船必然都有懂得足够文学和数学知识的人来教授他们；甚至在高级官员中，不会书写的人也有着令人惊讶的数量，甚至难以签署他们的名字[58]。训练具有处理一些更复杂的新导航仪器和技术所需知识的导航员，因此产生了一些悖论。最有天才的和经验的水手，被定义为那些花费了他们一生大部分时间在海上的人，因而有着很少或者没有机会去获得更为正式的教育，而这是充分掌握数学和天文航行更为理论的方面所必需的。而且，基于经验的教育同样趋向于高度的保守和抵制甚至重要的创新。毕竟，学徒仅仅可以学习那些他的导师所能很好理解以教授给他的知识。将新的技术和工艺引进传统的和保守的航海艺术中，因而需要在学徒制度本身之外的某种干预的推动。

在西班牙和葡萄牙，对于额外的航海指南的需要导致官方建立了正式的训练中心。在 15 世纪晚期，葡萄牙里斯本的印度之屋（Casa da Índia）开始雇用大量宇宙志学者负责制作、校正和批准由印度之屋雇用的导航员所使用的航海图和航行指南书籍。我们也有理由假设，宇宙志学者可能还涉及教授葡萄牙导航员如何使用他们正在提供的基于数学的新技术。

---

[54] Scammell, "English Merchant Service," 139 – 46，以及 Andrews, "Elizabethan Seaman," 256 – 58。

[55] 而最初的解读"gromals"，在 Oxford English Dictionary 中只是大致与这一词语匹配的条目就是"gromaly""gromel""gromil""grummel"，所有这些都被列为"gromwell"的隐含的形式，这是一种有着坚硬的石头般种子的植物。然而，"Grummet"，被定义为"一名船上的男孩；一名客舱中的男孩；构成每艘船只船员一部分所需要的男孩，正式的由五港（Cinque Ports）提供"［Oxford English Dictionary, 2d ed., 20 vols.（Oxford：Clarendon, 1989）, s. v. "grummet"］。这显然是卡伯特所使用的术语最为可能的意思。

[56] Cabot, "Ordinances, instructions, and aduertisements of and for the direction of the intended voyage for Cathaye. . . ," in *The Principall Navigations, Voiages and Discoveries of the English Nation*, by Richard Hakluyt, 2 vols.（Cambridge：Cambridge University Press, 1965）, 1：259 – 63, esp. 260.

[57] Pérez-Mallaína Bueno, *Spain's Men of the Sea*, 78 – 79.

[58] 现代早期的识字率，在历史学家中是一个长期存在的有争议的问题。使用来自贸易署诉讼案件的档案，并且特别审视来自 798 名水手的所必须的签名的存在与否，Pérez-Mallaína Bueno 认为 79% 的普通水手和大致 50% 的初级官员不知道如何签署他们的名字。令人惊讶的是，对于 17% 的船长和 26%（假设得到了执照）的导航员也是如此（*Spain's Men of the Sea*, 229 – 31）。基于签署某人名字的能力并不一定表示实际的读写能力，我们可能推测，真正的不识字率甚至更高。

然而，对于历史学家而言，知道更多的是由西班牙塞维利亚的贸易署经营的宇宙志学校。开始于1508年，西班牙的印贸易署雇用了他自己的宇宙志学者的团队负责训练、检查和授权所有为伟大的西班牙舰队或商业船队的航行服务的导航员。就像他们葡萄牙的同伴那样，他们还被假设检查和批准所有在西班牙出售的航海图和航海设备[59]。

当在船上的时候，通过贸易署进行的训练最初是非正式的。基于贸易署的首要官员之一，
524 总导航员（pilot major）负责检查和授予所有在西班牙舰队中的导航员的执照，自然而然，他成为那些希望通过考试的人的指导的来源，同时，他的学生通常为了特权而支付给他一小笔费用。然而，随着时间的流逝，以及部分是避免总导航员既作为获得收入的指导者，又作为胸有大志的导航员的考察者的内在的利益冲突，贸易署制定了一种正式的讲座课程教授基本的天文学、宇宙志和数学，以及实际的导航技巧。讲座由贸易署雇用的某位宇宙志学者提供，并且是所有希望参加总导航员考试的水手所需要的。当然，在海上的经验依然是至关重要的；在参加讲座之前，一位未来的导航员必须提供他已经在海上度过了多年的证明，有着他意在航行的航线的全部经验知识，并且已经掌握了航海艺术的一些更为基本的技术。贸易署的讲座意在作为有天分的和有经验的水手的经验训练的补充，向他们提供更为理论化的指导，而这些是大多数人在海上没有机会获得的[60]。

其他国家，渴望分享西班牙和葡萄牙通过他们主导的全球贸易和殖民帝国所获得的巨大财富，希望通过模仿如贸易署等机构来复制他们的成功。斯蒂芬·伯勒（Stephen Borough），一位英国导航员因他在16世纪50年代北冰洋的探险而闻名，在他从北冰洋返回后，在西班牙的贸易署作为一位嘉宾度过了数年的时间，并且对西班牙航海的敏锐性表达了极大的尊重。在返回英格兰之后，他在16世纪60年代早期领导了一支小型的“十字军”去建立一个在英国的一位总导航员（可能意识到他将是这一职位最有可能的候选人）之下的相似的训练和授权机构。尽管伯勒未能创建一个英国版的贸易署，然而他对伦敦区域的导航员的训练产生了重要的影响，直至他1584年去世[61]。他的梦想没有随他而去；托马斯·胡德的伦敦数学讲座（1588—1592）用本地方言进行，并且讲授与实际有关的数学主题，包括航海的艺术。他们由伊丽莎白的枢密院（Elizabethan Privy Council）正式要求，并且由伦敦城的市议员资助，市议员中很多是繁荣的商人，对英国商业航海的福祉有很大的经济利益关系[62]。后来讲座在建立于1598年的格雷沙姆学院（Gresham College）中提供，持续了英语数学教育的传统，且聚焦于实际工作。

除了正式的指导之外，16世纪出版了大量航海的实践手册，在它们教学的复杂性、数学内容以及对实际航海习惯的关注上存在很大的变化。这些指导手册中最早的是由葡萄牙宇宙志

---

[59] Clarence Henry Haring, *Trade and Navigation between Spain and the Indies in the Time of the Hapsburgs* (Cambridge: Harvard University Press, 1918), 35 – 39 and 298 – 316, 以及 Waters, *Art of Navigation*, 62. 还可以参见本卷的第四十章。

[60] Ursula Lamb, "The Teaching of Pilots and the *Chronographía o Repertório de los Tiempos*," in *Cosmographers and Pilots of the Spanish Maritime Empire*, by Ursula Lamb (Brookfield, Vt.: Variorum, 1995), item Ⅷ; Alison Sandman, "Cosmographers vs. Pilots: Navigation, Cosmography, and the State in Early Modern Spain" (Ph. D. diss., University of Wisconsin, 2001), 92 – 211; Haring, *Trade and Navigation*, 298 – 305; 以及 Taylor, *Haven-Finding Art*, 174.

[61] Eric H. Ash, *Power, Knowledge, and Expertise in Elizabethan England* (Baltimore: Johns Hopkins University Press, 2004), 87 – 134, 以及 Waters, *Art of Navigation*, 103 – 8 and 513 – 14。

[62] Ash, *Power*, 135 – 85, 以及 Waters, *Art of Navigation*, 185 – 89。

学者维齐尼奥（José Vizinho）在15世纪80年代编纂的，被称为“星盘和象限仪的指南”（Regimento do astrolabio e do quadrante）。现存最为古老的印刷版［现在称为《慕尼黑手册》（*Manual of Munich*）］是在1509年出版的，并且包括了确定太阳和北极星高度的指南、用于“提高极点”（增加某地纬度）1°的规则、一张日历和太阳赤纬的表格，以及约翰尼斯·德萨克罗博斯科《论世界之球体》的译本[63]。“星盘和象限仪的指南”在16世纪中期由佩德罗·德梅迪纳和马丁·科尔特斯的作品所追随，两者是西班牙贸易署的宇宙志学家，其手册非常流行；两者都被翻译为其他语言并且经常被重印[64]。其他手册很快随之出现，在整个欧洲撰写和出版，越来越以数学为导向。所有这些手册事实上的一个关键特征就是关于航海图的使用（并且有时包括关于构建）的部分；例如，科尔特斯和英国人威廉·伯恩（William Bourne），对如何制作和使用传统的平面航海图给予了非常清晰的指导[65]。类似于航海图本身，这些地图学的章节日益变得复杂。托马斯·胡德，在出版他在伦敦的一些演讲时，扩展和精细化了伯恩的指南[66]，而英国探险家约翰·戴维斯实际上通过使用一架地球仪，向他的读者介绍了数学导航的精妙之处[67]。爱德华·赖特，在他1599年的指南手册中，解释了墨卡托投影航海图的用途及其 525
数学构建[68]。这些作者中的很多，包括胡德、戴维斯和赖特，在他们的手册中包括了北大西洋的实际航海图，用于计算示例，也可能用于海上的航行实践。

数学航海：理论和实践

数学复杂性的逐渐增加，以及16世纪和17世纪航海手册复杂性的增加产生了一些重要的问题。新的基于数学的导航技术，在海上的导航员对此能吸收和使用多少？他们为了数学创新而放弃传统方法和指导的意愿有多强？他们的数学能力是否足以允许他们使用新的技术？为了充分使用宇宙志学者提供给他们的新的航海图和设备，导航员需要关于算术、几何学和三角几何学的工作知识，并且有能力从一艘移动的船只的甲板上进行准确和精确的天文学观察。然而，在1600年，一般的水手并不必然掌握甚至最为基本的算术计算，更不用说三角几何了。

不太清楚的是，所有16世纪的航海图手册的作者是否意图让他们的作品被航海的从业者所阅读，而后者中大部分无论如何都是不认字的。一些手册，例如那些科尔特斯和伯恩的，似乎齐心协力，将复杂的材料呈现给一个相对来说不太有知识的、重视实际的读者群。然而，其

---

[63] M. W. Richey, “Navigation: Art, Practice, and Theory,” in *The Christopher Columbus Encyclopedia*, 2 vols., ed. Silvio A. Bedini et al.（New York: Simon and Schuster, 1992）, 2: 505–12, esp. 509. 也可以参见 Luís de Albuquerque, “Portuguese Books on Nautical Science from Pedro Nunes to 1650,” *Revista da Universidade de Coimbra* 32（1986）: 259–78。

[64] Pedro de Medina, *Arte de nauegaren que se contienen todas las reglas, declaracions, secretos, y auisos, q[ue] a la buena nauegacio[n] son necessarios, y se deue[n] saber...*（Valladolid: Francisco Fernandez de Cordoua, 1545），以及 Cortés, *Breuecompendio*。

[65] Bourne, *Regiment for the Sea.*

[66] 例如，就像在 Thomas Hood, *The Marriners Guide, a short dialog that Hood published as a supplement to his edition of Bourne's Regiment for the Sea...*, new ed., corrected and amended by Thomas Hood（London: Thomas Est, 1592）。

[67] John Davis, *The Seamans Secrets...*（London: Thomas Dawson, 1595）.

[68] Wright, *Certaine Errors.*

他的，例如威廉·伯勒关于校正罗盘磁偏角的短篇的专论，尽管宣称意图是让“所有渴望在他们职业中得到发展的水手和旅行者”使用[69]，但可能实际上是仅仅针对一小群技艺熟练的数学家的读者群。例如伯勒，经常只是通过数字引用来自欧几里得《几何原本》的定义和定理，并且同样假设他的读者完全掌握球面三角几何，而这是在一个大部分水手依然发现长除法超出了他们能力的时代（图 20.12）。还有其他作者，例如托马斯·胡德和托马斯·布伦德维尔（Thomas Blundeville），在他们作品中采用的风格和语调，通常似乎更适合于伊丽莎白的伦敦宫廷和绅士阶层，而不是居住在船舱中的任何实际的航海从业者[70]。

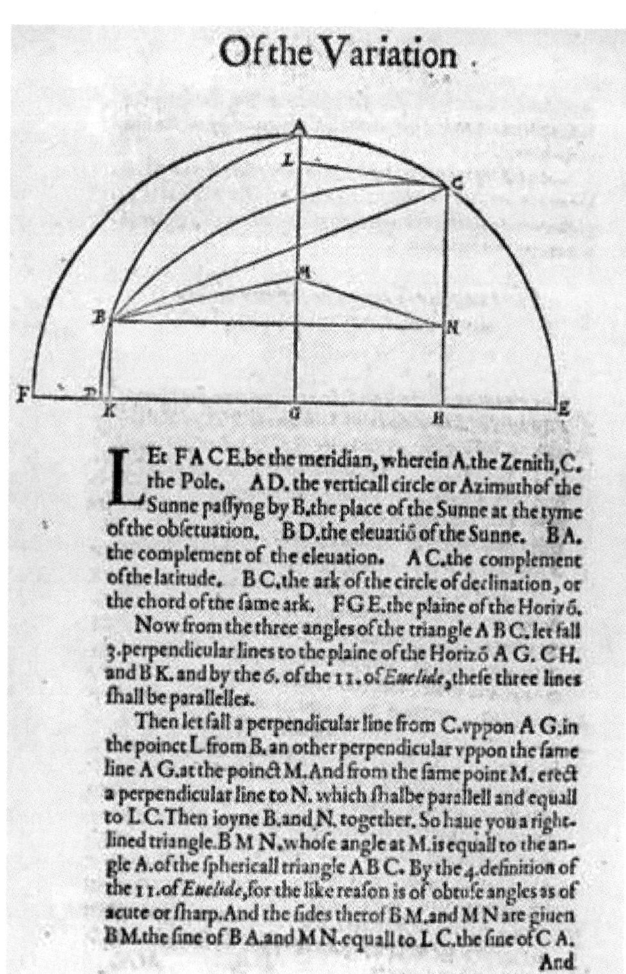

Of the Variation.

LEt F A C E. be the meridian, wherein A. the Zenith, C. the Pole. A D. the verticall circle or Azimuth of the Sunne paſſyng by B. the place of the Sunne at the tyme of the obſeruation. B D. the eleuatiō of the Sunne. B A. the complement of the eleuation. A C. the complement of the latitude. B C. the ark of the circle of declination, or the chord of the ſame ark. F G E. the plaine of the Horizō.

Now from the three angles of the triangle A B C. let fall 3. perpendicular lines to the plaine of the Horizō A G. C H. and B K. and by the *6.* of the 11. of *Euclide*, theſe three lines ſhall be parallelles.

Then let fall a perpendicular line from C. vppon A G. in the poinct L. from B. an other perpendicular vppon the ſame line A G. at the poinct M. And from the ſame point M. erect a perpendicular line to N. which ſhalbe parallell and equall to L C. Then ioyne B. and N. together. So haue you a right-lined triangle. B M N. whoſe angle at M. is equall to the angle A. of the ſphericall triangle A B C. By the 4. definition of the 11. of *Euclide*, for the like reaſon is of obtuſe angles as of acute or ſharp. And the ſides therof B M. and M N are giuen B M. the ſine of B A. and M N. equall to L C. the ſine of C A.

And

图 20.12 威廉·伯勒《对罗盘偏差的讨论》中的一个典型页面，1581 年

原始页面尺寸：约 17.9 × 11.5 厘米。William Borough, *A Discovrs of the Variation of the Cumpas...*, pt. 2 of Robert Norman, *The Newe Attratiue: Containyng a Short Discourse of the Magnes or Lodestone...* (London: Ihon Kyngston, 1581), Dii. BL 提供照片。

---

[69] William Borough, *A Discovrs of the Variation of the Cumpas...*, pt. 2 of Robert Norman, *The Newe Attractiue: Containyng a Short Discourse of the Magnes or Lodestone...* (London: Ihon Kyngston, 1581), iij verso.

[70] Thomas Blundeville, *M. Blvndevile His Exercises, Containing Sixe Treatises* (London: John Windet, 1594).

实际上，很多现代早期航海手册的作者似乎并不关注航海实际，而是出于自身考虑更关注数学的复杂性。一些作者除了作为旅行者（即使他们确实曾经前往过大海）之外，从未前往过大海，并且他们建议的创新中的一些应当在船只上是永远不可行的。航海手册所针对的受众的明显的多样性产生了这样的疑惑，即有多少实际的导航员可以，或者意图，去学习手册的作者声称要教授的课程。数学家和宇宙志学者是否正在将他们的作品呈现给那些在海 526
上使用它们的人，或者他们是否只是互相交谈，而水手却保持着他们一直使用的同样老式的做法？

在考虑这样一个问题时，我们必然首先区分两种不同类型的导航员：探险家和一艘普通商业船只上的导航员。在大部分欧洲国家的航海史中，事实上所有有着良好记载的现代早期的航海都有着某类特殊地位：通常，导航员正在首次冒险进入一个特定区域。他们的航海需求因而比一般的导航员大很多。除了在一个未知的和未绘制过航海图的海域中有能力确定他们船只的位置和引导它们的航线之外，探险还被期待能仔细描绘他们前往的地点以及他们是如何抵达那里的，由此航行可以被重复，如果其被证明有利可图的话。对于这类航行的准备记录，通常描述购买了昂贵的航海设备，有时还有对于航行的导航员的特定指示[71]，但是对他们任务的不寻常的需求，使得将这种预防措施推广到在同一时期内进行的每一次商船航行中是不明智的。绝大部分导航员继续准确地遵照相同的贸易路线，而这是他们的前辈已经遵照了数十年或数个世纪的，同时他们继续学习所有他们必须知道的知识，即通过多次重复的经验体验的传统方法。因而对于陆地上的数学家和宇宙志学者提出的天文和数学发明，普通商人船只的导航员是否对它们有着任何的迫切要求是个问题。

幸运的是，促使航海发明的贸易署和其他机构的官僚特征偶尔使得历史学家可以听到，导航员用他们自己的话语谈及关于他们发现的最为有用的训练类型，以及用于海上的各种技术的适用性。贸易署的宇宙志学者与他们训练和考察的导航员通常彼此是不一致的，并且这种矛盾有时提供给导航员一个少有的表达和记录他们对从事的艺术的观点的场合。例如，桑德曼（Sandman）考察了 16 世纪在贸易署的宇宙志学者和导航员之间发生的大量关于贸易署提供的航海训练的正确性质的争论。宇宙志学者试图说服导航员去改变他们在海上的传统习惯，并且将航海看成一种基于理论的、数学的科学，而不仅仅是一门经验手艺[72]。

然而，当导航员在整个世纪保持了保守立场的同时，桑德曼展示，他们在海上的实际做法随着时间的推移发生了重大改变，但这一事实被其保守的言辞遮蔽。尽管他们从未接受宇宙志学者提出的数学要求，但在数十年中，导航员默默地重新定义了什么才意味着成为一位有着良好训练的导航员。他们的重点依然牢固地基于实践经验而不是理论训练，但是实践经验的含义被逐渐拓展包括很多天文学和地图学技术，而这是宇宙志学者长期以来强迫他们采纳的[73]。基于西班牙导航员关于实践经验的可塑性的概念，我们可以确定地总结，至少航海

㉑ 例如，就像在 Hugh Willoughby 的和 Richard Chancellor 的 1553 年的俄罗斯北极探险那样，或者马丁·弗罗比舍的 1576—1578 年前往纽芬兰的航行那样。每次航行的赞助者，为导航员购买了特定的航海设备，同时，船只的主人和导航员收到了来自英国宇宙志学者和数学家的航海指示，其中包括约翰·迪伊的。参见 Ash, *Power*, 87 - 134。

㉒ Sandman, "Cosmographers vs. Pilots," 92 - 211.

㉓ Sandman, "Cosmographers vs. Pilots," 289 - 90.

艺术的更为基本的数学方面的进步最终进入了船上。这样一个结论由威廉·伯恩同时代的陈述（1580 年），即关于新技术在 16 世纪英国导航员中的采纳，所证实：

> 我在这二十年中已经知道，他们是船只的主人，他们嘲弄和嘲笑对于航海图的使用，以及对北极星的观察，说到，他们不关心他们的羊皮，因为他可以更好地在一个板子上进行记录。
>
> 并且当他们获得纬度的时候，他们应当使用他们观察星辰和太阳的设备，并且应当询问他们是否稳定地看到了它们。因此，*现在判断他们的技术时，应当考虑到在航海中这两者是主要的事项*[74]。

另外，当很多导航员没有那么保守，以至于会考虑改变他们的习惯去结合有用的数学创新的同时，对于哪些创新对其目的是最有用的，他们通常对此有着很强的观点。例如，天文学观察和带有纬度标尺的航海图的使用，在西班牙商人船队中成为标准习惯，但是对于罗盘磁偏角的纠正，对于宇宙志学者而言则是一个更为困难的推销工作。重视实际的导航员，通常喜好最为简单的和最为基本的方法，例如改变罗盘指针，由此罗盘应当在家乡水域标明真
527 正的北方。贸易署的宇宙志学家严厉批评了这样的方法，认为在理论上是错误的，但是他们喜好进行仔细的磁性和天文观察并且由此计算偏差的方法，从而迫使导航员携带额外的设备，并且执行大量观察工作和复杂的计算。双重纬度标尺和倾斜子午线的航海图的使用，让问题在 16 世纪 40 年代变得严重。宇宙志学者将这些创新攻击为只不过是一种辅助——按照自然规律是不可能的，而数学上是不正确的，现实中的粗心大意，是导航员没有真正理解它的艺术的基本理论基础的标志。对于他们而言，导航员太不关心数学和对现实的准确反映，而只是关注于他们的安全和易于使用。导航员认为，对于他们而言，继续使用两种标尺的航海图，要比让他们去担心纠正一种混乱和不容易理解的现象要更为容易。他们要求宇宙志学者去允许他们保存他们长期以来习惯的航海图，而且他们已经学会了依赖它们[75]。

总　　结

由于现代早期的水手很少留下他们在海上活动的个人记录，因此，对于历史学家而言，非常难以将他们在引导他们船只从一个港口到另外一个港口时使用的仪器和技术准确地拼合起来。我们从船只的清单目录上得知，在一位现代早期导航员的基本设备中，航海图是日益常见的组成部分，并且导航员通常被期待拥有一幅以上的任何给定航线的航海图[76]。我们从

---

[74] William Bourne, *A Regiment for the Sea* (London: T. East, 1580), B. ij verso, emphasis added.

[75] Alison Sandman, "Mirroring the World: Sea Charts, Navigation, and Territorial Claims in Sixteenth-Century Spain," in *Merchants & Marvels: Commerce, Science, and Art in Early Modern Europe*, ed. Paula Findlen and Pamela H. Smith (New York: Routledge, 2002), 83 – 108; Ursula Lamb, "Science by Litigation: A Cosmographic Feud," in *Cosmographers and Pilots of the Spanish Maritime Empire*, by Ursula Lamb (Aldershot: Variorum, 1995), item Ⅲ; 以及 Pérez-Mallaína Bueno, *Spain's Men of the Sea*, 232 – 37。

[76] Campbell, "Portolan Charts," 439 – 43.

类似于塞维利亚的贸易署的指导课程中得知[77]，以及从很多致力于这一主题的在西欧出版的航海手册无以数计的版本中的很多章节中得知[78]，导航员被期待知道如何使用（甚至制作）他们的航海图。然而很多保存下来的航海图自身的样本可能导致历史学家去质疑它们在海上的实际使用，因为它们中的大部分没有曾经被用于规划一条航线的标记或者物理符号[79]。导航员自己证实，他们不能并且没有依赖于贸易署官方为他们航行而准备的航海图，尽管这些看似保守的导航员不反对使用航海图表本身，而只是反对使用来自贸易署的他们认为不准确的和难以使用的航海图[80]。不同的导航员，从填充了现代早期商船船员中的大部分等级的缺乏读写和数学能力的导航员，到有着数学天赋的导航员，以及如约翰·戴维斯和威廉·伯勒等的宇宙志学者，他们拥有的数学能力和天分存在相当差异，这使问题变得更加复杂。

尽管我们可能永远无法完整地重建早期的现代航海习惯，尤其是航海图在海上的使用情况，然而我们肯定的是，大部分导航员确实在船上带有至少一些航海图；按照比例描绘了大的、开放的航海空间的航海图可能便利于规划较长的、远洋的航线，在航行于这样的航线期间，导航员无法求助于陆地上的参考点；航海习惯中的进步（例如引入天文观察去确定船只的位置）对于航海地图学的发展有重要的影响；同时，现代早期海上探险者所面对的困难，产生了一系列航海的和地图学的挑战，其中大部分最终被数学家和宇宙志学者克服，而无论大部分同时代的重视实际的导航员是否有能力充分利用他们最为复杂的解决方案。

---

[77] Haring, *Trade and Navigation*, 298 – 304，以及 Sandman，“Cosmographers vs. Pilots”。

[78] 例如 Cortés, *Arte of Nauigation*, fols. lvi-lxl verso and lxxx verso-lxxxi，以及 Bourne, *Regiment for the Sea* (1574), 49 – 51。

[79] Campbell, “Portolan Charts,” 443 – 44.

[80] Sandman, “Mirroring the World,” 以及本卷的第四十章。

第二十一章　印刷地形图上的符号，约 1470—约 1640 年*

凯瑟琳·德拉诺-史密斯（Catherine Delano-Smith）

528 虽然多个世纪以来，符号被用于在地图上记录和传达信息，但是从来没有标准术语去表达它们①。文艺复兴时期，地图符号用拉丁语或者具有多重意义的地方普通词汇来描述，如“marks”“notes”“characters”或“characteristics”。多数情况下，它们根本就没有称谓。1570 年，约翰·迪伊曾谈到地图上正在被“描述”或“呈现”的特征②。一个世纪后，奥古斯特·卢宾（August Lubin）也曾间接提到符号是雕刻师们通过不同的“标志”来“区分”地点的一种方式③。

今天，地图学家和地图史学家不加区别地把地图符号描述为 signs 或 symbols，尽管词语“symbol”在大多数地图学背景下是不恰当的。符号学家和哲学家则更为遵守规定。例如，弗思（Firth）谈到符号有着“某种无用性”——“一种‘象征符号的’（symbolic）示意形

---

* 致谢：我们非常感谢 British Academy，因其对一项长期研究的费用以及对摄影的资金资助。我还因为两项研究资助，而感谢 Newberry Library，Hermon Dunlap Smith Center。我还要感谢 Richard Oliver 的协助，在完成记录图幅的早期阶段，他的协助有着无比的价值。就某些学术关键点上的帮助，我应当在多年中感谢很多人，尤其是 Peter Barber，Tony Campbell，Paul Harvey，Markus Heinz，Francis Herbert，Roger Kain，Jan Mokre，Ludvík Mucha，Günter Schilder，René Tabel 和 Franz Wawrik。我最要感谢的是 University of Wisconsin Cartographic Laboratory，因为其协助从提交的原材料中创建了模型；以及因图 21.7 清晰的副本而感谢 Alessandro Scafi。我还要对各图书馆阅读室的所有工作人员表示感谢，他们一直非常友善地满足我对地图和早期书籍的超大规模的要求。

本章使用的缩略语包括：*Plantejaments* 代表 David Woodward，Catherine Delano-Smith，and Cordell D. K. Yee，*Plantejaments i objectius d'una història universal de la cartografia = Approaches and Challenges in a Worldwide History of Cartography*（Barcelona：Institut Cartogràfic Catalunya，2001）。本章提到的很多地图在本卷的其他章节中被展示和/或讨论，这些可以通过总索引找到。

① 在本章中，使用的是词语“符号”（sign），而不是“象征性符号”（symbol）。识别出了地图符号的两个基本类目：抽象符号（地图上代表着地面上地理特征的几何形状）和图像符号，后者的大量变体来源于基于单一符号的构成、透视和风格的各种排列组合。

② “地理教学的方式，由此……城市、城镇、乡村、堡垒、城堡、山脉、林地、河流、溪流的位置……可以被描绘和设计［在地图上］……并且以可能对我们而言最恰当的方式呈现”。参见 John Dee，*The Mathematicall Praeface to the Elements of Geometrie of Euclide of Megara*（*1570*），intro Allen G. Debus（New York：Science History Publications，1975），Aiiii。

③ Augustin Lubin，*Mercure geographique*；*ou*，*Le guide du curieux des cartes geographiques*（Paris：Christophle Remy，1678），134：“雕版匠仔细地将这些城镇与其他的区分开来，将一个双十字放在大主教教区之上，将一个单十字放在主教教区之上。”委婉的说法一直延续到 18 世纪。John Green 解释，“海岸通过一个浓厚的描影而被得知，海都是白色的。河流被用黑色蛇形线进行标记，有时则使用双线。湖泊由不规则的内侧有着描影的线条所注记”。参见 *The Construction of Maps and Globes*（London：Printed for T. Horne，1717），9。

态”，并不像符号（sign）那样“能立即获得具体的效果”④。但是，即使是在这些领域里，也不是所有将规则引入两个词语的运用中的尝试都获得了成功；埃科（Eco）将在技术辞典中定义“symbol”的尝试评价为“哲学术语史上最可悲的时刻之一”⑤。哈利将sign和symbol之间的差异应用到了埃尔温·帕诺夫斯基（Erwin Panofsky）的艺术作品的第一、第三层意义上，而伍德沃德将地图学符号系统的性质在本卷以及其他地方进行了反映，除了这两者之外，大部分地图学家和地图学史研究者对他们使用的词汇并不太在意⑥。一本有影响力的绘图术语手册没有提供对symbol的完全定义，不加区分的——然后在另外一个令人迷惑的标题，即“常用符号”（conventional sign）之下——在“Symbolism”（象征主义）的章 529
节中滥用signs和symbols，但实际上处理的是地图符号⑦。在一份地图学术语的国际词汇表中，由于语言的差异导致定义变得复杂⑧。一些现代作者简单地回避了这一问题。当鲁滨逊（Robinson）和佩切尼克（Petchenik）在语言和［地图］图像关系的背景下讨论象征主义（symbolism）的时候，他们完全回避了用于地图的词语“sign”；取而代之，他们提到了“呈现技术”以及“统一的图像元素”来表示地图学家口中的“地图标记”⑨。在大多数地图学教科书中，词语“symbol”被用于表示一种地图符号，但未受到批评⑩。

当“常用符号”被用于前现代背景中的时候，语义学上的混乱进一步加深。在19世纪初期之前，还没有发现使用那一术语的证据。1802年的法国，地理与战争总局（Dépôt de la Guerre）开始了一项工作，确定“简化和统一地图中用各种符号表达地形变化的方法”，在其报告中使用了这一术语，这一工作勇敢地朝向用于展示被作为“常规符号”（Signes

---

④ Raymond William Firth, *Symbols: Publicand Private* (London: Allen and Unwin, 1973), 74 - 75，被赞许性地引用在Umberto Eco, *Semiotics and the Philosophy of Language* (London: Macmillan, 1984), 132中。

⑤ Eco, *Semiotics*, 130. 关于20世纪中那些Fernand de Saussure的追随者与Charles Sanders Peirce的追随者之间关于语言哲学争论的总结，参见David Woodward, "'Theory' and the History of Cartography," in *Plantejaments*, 31 - 48, esp. 39 - 41 and n. 19. 在社会人类学中（人种学）中，一个连贯的“象征符号系统”（symbol system）的概念是研究不同文化的核心；参见Clifford Geertz, *The Interpretation of Cultures: Selected Essays* (New York: Basic Books, 1973), 17 - 18, 46 - 47, 208 - 9, and 215 - 20.

⑥ J. B. Harley, "Texts and Contexts in the Interpretation of Early Maps," in *From Sea Charts to Satellite Images: Interpreting North American History through Maps*, ed. David Buisseret (Chicago: University of Chicago Press, 1990), 3 - 15, republished in J. B. Harley, *The New Nature of Maps: Essays in the History of Cartography*, ed. Paul Laxton (Baltimore: Johns Hopkins University Press, 2001), 31 - 49, esp. 36 - 37 and 47 - 48; Woodward, "'Theory' and The History of Cartography"；以及伍德沃德所作的本卷的导言。

⑦ Helen Wallis and Arthur Howard Robinson, eds., *Cartographical Innovations: An International Handbook of Mapping Terms to 1900* (Tring, Eng.: Map Collector Publications in association with the International Cartographic Association, 1987).

⑧ *Multilingual Dictionary of Technical Terms in Cartography* (Wiesbaden: F. Steiner, 1973), 88 - 89 and 92 - 93. 辞典是在Commission II of the International Cartographic Association的主席E. Meynen指导下编纂的。

⑨ Arthur Howard Robinson and Barbara Bartz Petchenik, *The Nature of Maps: Essays toward Understanding Maps and Mapping* (Chicago: University of Chicago Press, 1976), 52 and 57, respectively.

⑩ 例如，参见，Arthur Howard Robinson et al., *Elements of Cartography*, 6th ed. (New York: John Wiley and Sons, 1995), 11，以及依然被广泛使用的David Greenhood, *Down to Earth: Mapping for Everybody* (New York: Holiday House, 1944), 75（后来的版本在标题*Mapping*下出版）。

conventionels）的雕版前进[11]。直到那时，法国地图学家，如塞萨尔－弗朗索瓦·卡西尼·德蒂里（César-François Cassini de Thury）依然用他们文艺复兴时期前辈们的方式间接提到，"为了选择模型，［雕版匠们］不得不遵守树林、河流［以及］……区域的结构"[12]。在德意志，约翰·乔治·莱曼（Johann Georg Lehmann）正在以传统方式使用标记（Zeichen）[13]。威廉·西伯恩（William Siborne）在将莱曼的论著翻译为英语的时候，他选择用词语"sign"表示莱曼的标记（Zeichen）[14]。

在前现代印刷地形图的背景下，存在一种常用符号的概念，这只是关于地图符号的神话之一，其不过是丰富了现代读者对地图符号的偏见，特别是对文艺复兴时期和整个地图学史而言。本章中呈现的证据对这一神话进行了反驳。其还提出证据来反驳大量其他长久以来被珍视的错误概念。这些将在后续的段落中进行简要概括。

大量的神话构成了关于地图符号的现代作品的基础。其中之一就是，文艺复兴时期的地图符号是理性而有序的，不同于中世纪符号的艺术性和混乱无序。这并不是事实，远远偏离了地图本身。正如本章将要展示的，文艺复兴时期的符号远远没有标准化。例如，认为在亚伯拉罕·奥特柳斯的地图中看到了一致性的现代作者，必然也看到了其他特征——或许是字母的风格，或许是漩涡形装饰以及船只和海怪的插图[15]。他们肯定没有仔细检查符号或者考虑文艺复兴时期的出版经济。在文艺复兴时期，利润是通过雇用最廉价的劳力去制作奢侈的副本而产生的，而不是通过雇用一流的绘图师和工匠们去思考如何将来源地图上的不同符号均匀化为单一规范而产生的，漫不经心地对资料进行复制和再复制过程中有时会造成复制品与原本大相径庭，这种情况是对这一策略的充分表现[16]。

另外一个悠久的神话坚持认为，印刷术的引入导致了文艺复兴时期地图视觉效果的根

---

⑪ *Mémorial du Dépôt Générale de la Guerre, imprimé par ordre du ministre: Tome II, 1803 - 1805* et *1810* (Paris: Ch. Picquet, 1831), 1 - 40 and pls. 3 - 21. François de Dainville, *Le langage des géographes: Termes, signes, couleurs des cartes anciennes, 1500 - 1800* (Paris: A. et J. Picard, 1964), 58, 同样引用 1802 年这一任务的作品，以作为术语 *signes conventionels*（通用符号）的第一次出现。

⑫ César-François Cassini de Thury, *Description géométrique de la France* (Paris: J. Ch. Desaint, 1783), 18.

⑬ Johann Georg Lehmann, *Darstellung einer neuen Theorie der Bezeichnung der Schiefen Flächenim Grundriss oder der Situationzeichung der Berge* (Leipzig: J. B. G. Fleischer, 1799).

⑭ William Siborne, *Instructions for Civil and Military Surveyors in Topographical Plan-Drawing* (London: G. and W. B. Whittaker, 1822), 23 - 24 and pl. 4. Eila Campbell 认为，正是莱曼"首次尝试［在德意志］制定用于描述地理景观大量特征所需要的一套完整的象征性符号（symbols）"，并且重制了莱曼的一个雕版；参见 Eila M. J. Campbell, "Lehmann's Contribution to the Cartographical Alphabet," in *The Indian Geographical Society Silver Juiblee* [*sic*] *Souvenir and N. Subrahmanyam Memorial Volume*, ed. G. Kurian [Madras: Free India Press, 1952], 132 - 35 and fig. 2。

⑮ 对克里斯托弗·塔桑（Christophe Tassin）法兰西地图集中的地图进行评价时，Pastoureau 注意到："然而，在字母的圆形、装饰有怪异的人物形象的涡卷装饰，以及海上的船只中，技艺是同质的。归因于这些特征，［地图］可以一目了然。"参见 Mireille Pastoureau, *Les atlas français, XVIe-XVIIe siècles: Répertoire bibliographique et étude* (Paris: Bibliothèque Nationale, Département des Cartes et Plans, 1984), 437。相似的，那些认为印刷术带来了标准化的人没有提到地图符号；例如，参见 Elizabeth L. Eisenstein, *The Printing Press as an Agent of Change: Communications and Cultural Transformations in Early-Modern Europe*, 2 vols. (Cambridge: Cambridge University Press, 1979), 1: 80 - 88。

⑯ 就像在表示古物的符号所展示的那样。在图 21.53 中，对比了来自墨卡托的弗兰德斯地图（1540）和西梅奥尼（Simeoni）的奥弗涅（Auvergne）地图（1560）的符号与它们 17 世纪的副本上的符号。

本变化[17]。同样，这种观点难以找到支撑的证据。与中世纪的地图相似，非图形符号被应用 530 在文艺复兴时期的地图上，中世纪描绘地理景观特征的方式持续为大多数文艺复兴时期的图像符号提供了基础。比较中世纪绘本地图和文艺复兴时期的印刷地图，两者上的符号不断强调了连续性，从这个时期到另外一个时期没有变化，这一结论并不奇怪，因为通常新的总是建立在旧的基础上（图21.1）[18]。事实上，早期印刷书籍的直接目标就是尽可能模仿的与原来的稿本看起来接近，也没有证据能说明对印刷地图采取了不同的态度[19]。从文艺复

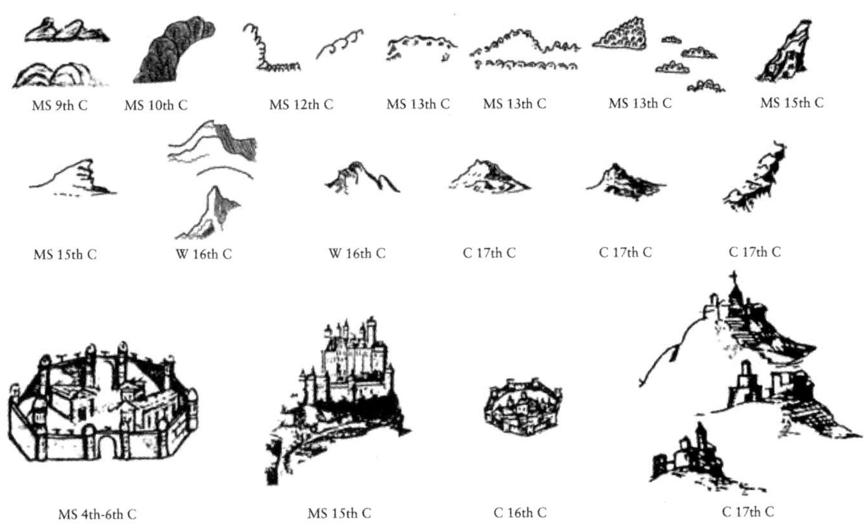

图21.1　从绘本到印刷的连续性。前两行显示了一些来源于9—17世纪的经过选择的绘本（MS）和印刷本（W = 木版；C = 铜版）的山形符号；第三行显示了来自6—17世纪早期（1617）的聚落符号

⑰ Skelton提到一种"受到技术和商业创新影响而产生的知识革命"；参见R. A. Skelton, *Decorative Printed Maps of the 15th to 18th Centuries* (London: Staples Press, 1952), 5。一种类似对印刷术作用的强调，参见Elizabeth L. Eisenstein, *The Printing Revolution in Early Modern Europe* (Cambridge: Cambridge University Press, 1983)，以及idem, *Printing Press*。然而，单一的技术创新可以被看作文化和社会经济全方位变革的根源，这一观点已经受到了广泛的挑战，更不用说是一种"催化剂"的观点了。

⑱ E. D. Hirsch，在*Validity in Interpretation* (New Haven: Yale University Press, 1967), 104，指出"使用旧类型作为新类型的基础的倾向"。重新使用和改编的习惯同样适合于Lévi-Strauss的"bricolage（用各种不同现成材料进行的构筑）"的概念；参见Claude Lévi-Strauss, *The Savage Mind* (Chicago: University of Chicago Press, 1966), 16 – 33. Bricoleur的原则就是"通常用'在手边的任何东西'去做"(p. 17)。

⑲ 马丁提到了一部弥撒用书的两个副本，一个是在1482年印刷的，另一个依然是稿本的形式，"是真正的双胞胎"，难以彼此区分开来（两者都在Lyons, Bibliothèque Municipale）；参见Henri-Jean Martin, *The History and Power of Writing*, trans. Lydia G. Cochrane (Chicago: University of Chicago Press, 1994), 231。也可以参见Adrian Wilson, *The Nuremberg Chronicle Designs: An Account of the New Discovery of the Earliest Known Layouts for a Printed Book. The Exemplars for the Nuremberg Chronicle of 1493* (San Francisco: Printed for the members of the Roxburgh Club of San Fransisco and the Zamorano Club of Los Angeles, 1969)，和Sandra Hindman, "Cross-Fertilization: Experiments in Mixing the Media," in *Pen to Press: Illustrated Manuscripts and Printed Books in the First Century of Printing*, by Sandra Hindman and James Douglas Farquhar [(College Park): Art Department, University of Maryland, 1977], 101 – 56, esp. 102。也可以参见Lilian Armstrong, "Benedetto Bordon, Miniator, and Cartography in Early Sixteenth-Century Venice," *Imago Mundi* 48 (1996): 65 – 92。

兴时期的初期至末期，地图符号先绘制在纸上，摹写或复制在木版或者铜版之上，然后
531 再徒手雕刻。在地图印刷的早期，可能已经少量尝试过试用某些标志的现成工具⑳。当现成的印章后来被一名土地测量员用于他手绘地图的全部图形标志的时候，其背景就是，目的是节省他的劳动量，而不是标准化地图上的符号；据说，在这方面，很多被压印的聚落符号随后被用手工个性化㉑。

最后，应当提到笼罩在地图符号史之上的其他两个神话，尤其是在较为古老的文献中的。存在这样的思想，即从一块木版上印刷的符号与那些从一块铜版上印刷的是不同的。维尔纳（Verner）提出“材料的性质对地图学家可以［在木版地图上］呈现的数据的总量和种类强加了严格的限制”，并且木雕版限制了地图制作者的表达能力㉒。斯凯尔顿（Skelton）声称，“随着16世纪铜版雕刻技术的成熟，旧有的符号变得精细和精致”，尽管他没有拿出任何证据来支持这一论断㉓。然而，通过查看本章所呈现的印刷地图符号，将很快否认莱纳姆（Lynam）的陈述，即“地图雕版匠的艺术和品味，用干净的常用符号取代了手绘图像”㉔。最后的神话，同样与本章所呈现的证据相矛盾，就是与一块木版相对的铜版较大的尺寸，允许地图制作者使用其展示更多的信息。相反，那些因少有的丰富的地理内容和使用的地图符号的范围而受到注意的很多地图是木版的㉕。简言之，每当

---

⑳ 在尼古劳斯·库萨的欧洲的艾希施泰特地图（1491）上的图像的城镇符号可能是这样一次试验的例子。通常认为，这些是使用“10—20次冲压”而形成的；参见 Tony Campbell, *The Earliest Printed Maps, 1472 - 1500* (London: British Library, 1987), 44 and 46 (fig. H); ibid., “Portolan Charts from the Late Thirteenth Century to 1500,” in *HC* 1: 371 - 463, esp. 391 n. 189; David Woodward, “The Study of the Italian Map Trade in the Sixteenth Century: Needs and Opportunities,” in *Land und Seekarten im Mittelalter und in der frühen Neuzeit*, ed. C. Koeman (Munich: Kraus International, 1980), 137 - 46, esp. 142 - 43；以及 Robert W. Karrow, *Mapmakers of the Sixteenth Century and Their Maps: Bio Bibliographies of the Cartographers of Abraham Ortelius, 1570* (Chicago: Speculum Orbis Press, 1993), 132 - 35。按照 Karrow 的观点，冲压机可能来自罗马，在那里它们被用于1478年版托勒密的著作，用于艾希施泰特地图，然后返回罗马于1507年再次使用。

㉑ 1625年，Paulus Aretinus 将13种印章，可能是木制的，用于 Zábřeh 城镇所在地产的一幅地图上，以代表不同种类的聚落和水井，如同 Karel Kuchař在一张名为“Dodatek k Aretinové mapé Zábřezshého okoli z roku 1623”新年卡片上所解释的那样，这一卡片由现在已经不存在的 Cabinet pro Kartographii čsav / Cartographic Cabinet of the Czechoslovakia Academy of Sciences (1960) 出版。我非常感谢 Ludvík Mucha 送给我了这一四页的小册子的影印件，以及确定出版的细节。关于阿雷特努（Aretinus）地图进一步的细节和关于同一时期来自英格兰的例子，参见 Catherine Delano-Smith, “Stamped Signs on Manuscript Maps in the Renaissance,” *Imago Mundi* 57 (2005): 59 - 62。

㉒ Coolie Verner, “Copperplate Printing,” in *Five Centuries of Map Printing*, ed. David Woodward (Chicago: University of Chicago Press, 1975), 51 - 75, esp. 51；也可以参见 Franz Grenacher, “The Woodcut Map: A Form-Cutter of Maps Wanders through Europe in the First Quarter of the Sixteenth Century,” *Imago Mundi* 24 (1970): 31 - 41。

㉓ Skelton, *Decorative Printed Maps*, 11.

㉔ Edward Lynam, “Period Ornament, Writing and Symbols on Maps, 1250 - 1800,” *Geographical Magazine* 18 (1945): 323 - 26, esp. 324. 然而，在本章讨论的符号中发现了少量“干净的常用符号”。

㉕ 例如，Pieter van der Beke (Flanders, 1538)、奥劳斯·马格努斯（Olaus Magnus）（航海图，1539）、欧福西诺·德拉沃尔帕亚［Roman Campagna（罗马农村）地图，1547］、让·若利韦（Jean Jolivet）（France, 1560）和菲利普·阿皮亚（Bavaria, 1568）绘制的地图。相对较少的有着突出的内容范围的铜版地图，包括 Marin Helwig 的西里西亚地图（1561）、保罗·法布里修斯的莫拉维亚（Moravia）地图（1569）、Nicholas Christopher Radziwill 的立陶宛（Lithuania）地图（1613）、Jubilio Mauro 的萨比纳（Sabina）地图（1617）和若昂·巴普蒂斯塔·拉旺哈的阿拉贡地图（1620）。

相同的地图以木版和铜版存在的时候，我们就发现在地图的内容或者在其被描绘的方式上，它们之间没有差异[26]。

标准化的缺乏

即使有技术因素鼓励了文艺复兴时期地图符号的一致性，但也不存在有组织的机制去引导地图制作者为地形图选择和使用符号。不存在地图学家的手工行会、职业机构或者商业公司，去为航海图起草规则或者发布指导[27]。没有任何谈到对地图符号进行了研究的专论或者普通的教导性专论保存下来。相反，在文艺复兴时期的文化风气中，任何威胁要遏制地图制作者如他所认为的那样对景观特征进行表达的自由，都会违背个人负责的人文主义的文化。532
可以假设，那些最终对将每幅地图推向市场负责的人，应当焦虑于确保产品在一个广泛的社会范围内的可销售性，但是没有任何证据表明，人们有意识地努力去确保地图应当被所有人容易理解，更没有证据表明存在符合任何模型的符号，或者在某一地图制作者制作的地图上，或者在不同的地图制作者制作的那些地图上。似乎也不算什么大问题的就是，相邻的图幅是由雕版师用不同方式表示地理特征的图版印刷的（图21.2）。简言之，现代地图学家的概念，即在整幅地图上，“地图制作……需要一定程度的象征符号的一致性和重复”或者“标志的代码必须要一致”，这在文艺复兴时期的地图上是找不到的[28]。

状况直至1693年都没有改变，当时一部关于调查以及地形和海上地图的小型制作指南的作者警告，通常不太容易去知道地图制作者的意图：他说到，符号“是任意的，并且……每位［地图制作者］都按照他自己的意愿去使用它们”[29]。20年后，另外一位作者抱怨，当他那个时代的地理学家通常使图像符号“代表他们意图重点表示的事物的时候”，其

㉖ 对比 Wolfgang Lazius 的匈牙利（1556）和奥地利（1561）地图，并且参见本卷的第六十一章。也可以参见 Wolfgang Lazius, *Karten der Österreichischen Lande und des Königreichs Ungarnaus den Jahren 1545 – 1563*, ed. Eugen Oberhummer and Franz Ritter von Wieser（Innsbruck：Verlag der Wagner'schen Universitäts-Buchhandlung, 1906）。匈牙利地图是令人钦佩的清晰的木版地图，其是由 Michael Zimmermann 制作的；奥地利地图是从一块由 Lazius 自己蚀刻的地图印刷的［Florio Banfi, "Maps of Wolfgang Lazius in the Tall Tree Library in Jenkintown," *Imago Mundi* 15（1960）：52 – 65, esp. 57］。尽管每幅地图有着不同的视觉冲击，并且绘制某些特征的方式在风格上存在差异（例如，聚落符号中的有角的或圆形的建筑），但符号的基本构成、透视和符号风格基本相同。关于用两种媒介印刷的一幅地图的例子，参见贾科莫·加斯塔尔迪的皮埃蒙特地图，其首次作为一幅木版出现在1555年（推测由马泰奥·帕加诺在威尼斯刻印），尺寸为52.5厘米×76.0厘米，然后在第二年作为一幅由法比奥·利奇尼奥（Fabio Licinio）雕版的铜版（同样是在威尼斯），尺寸减少到了37.8厘米×50.1厘米；参见 Karrow, *Mapmakers of the Sixteenth Century*, 228。

㉗ 在英格兰，William Leybourn（Leybourne），*The Compleat Surveyor: Containing the Whole Art of Surveying of Land*（London：Printed by R. and W. Leybourn for E. Brewster and G. Sawbridge, 1653）最早提供了关于绘本地产地图，其图名以及例如盾徽、比例尺和罗盘玫瑰等主要附属特征应当如何被强化的一个模式，但是没有提到庄园和其他建筑物，树篱、林地、耕地、牧场和悬崖是如何被描绘的。一个较早的荷兰的稿本手册，来自代尔夫特，是为地产调查员准备的，在1554年或1555年由某位 Pieter Resen 编绘，同样规定了牧场的颜色应为绿色和可耕种（“充满了黑点”），但是假设，调查员知道如何描绘“篱笆、树木、道路、小径和住宅”，这些大致绘画般地显示在了地产调查上；参见 Peter van der Krogt and Ferjan Ormeling, "16e-eeuwse legendalandjes als handleiding voor kaartgebruik," *Kartografisch Tijdschrift* 27, No. 4（2001）：27 – 31。

㉘ Elizabeth M. Harris, "Miscellaneous Map Printing Processes in the Nineteenth Century," in *Five Centuries of Map Printing*, ed. David Woodward（Chicago：University of Chicago Press, 1975）, 113 – 136, esp. 114.

㉙ Jacques Ozanam, *Méthode de lever les plans et les cartes de terre et de mer, avec toutes sortes d'instrumens, & sans instrumens*（Paris：Chez Estienne Michallet, 1693）, 176.

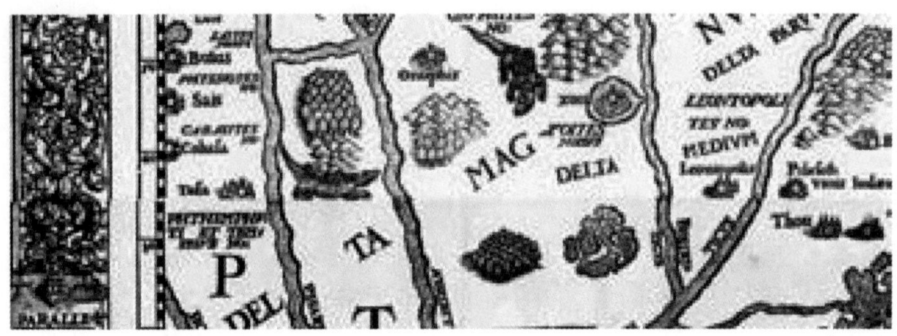

图 21.2 标准化的缺乏。蒂勒曼·斯特拉（Tilemann Stella）的圣地的木版地图最早的状态（1557），相邻的图版是由不同的工匠雕刻的，他们使用的河流描影的表示方法存在明显差异

细部尺寸：约 9 × 27 厘米。Öffentliche Bibliothek der Universität, Basel（Kartensammlung AA 104）提供照片。

他类型的符号被赋予“那些能取悦他们的任何事物”，而他希望“所有都应当有着相同的含义”[30]。这样的不一致性确实就是在整个文艺复兴时期的印刷地形地图中找到的。例如，一个小的不封闭的圆圈，可以被用于作为一个位置的点（一个由此两个聚落之间的距离可以被测量的点）或者代表一座首府城市、一座有着教区教堂的村庄、一座没有教区教堂的村庄，或者铁矿。相似的，一个伊斯兰的新月形标志可以表示土耳其在匈牙利占据的地点、法国的有着议会的城镇，或者英国的市镇。

当没有对符号的含义进行解释的时候，这种符号学上的无政府状态使现代研究者的任务变得非常困难。绝大部分文艺复兴时期的地图甚至没有带有一个短字的图例，并且更少的就是附带有一个解释性的图页或者小册子[31]。甚至在提供了一个图例的地方，定义超过五六个条目都是少有的情况。菲利普·阿皮亚的巴伐利亚地图（1568）的 14 个条目的图例，卡斯帕·亨内贝格尔（Caspar Henneberger）在他普鲁士（1584）地图上的 18 个图形符号和 9 个字母编码的图例，在整个时期中都是突出的例外（图 21.3）。

标准化意味着在每幅地图上以相同的方式使用相同的符号，去代表相同的地理特征，至少是在相同类型的地图上。其还提供了一个衡量“好”和“坏”的做法的标准[32]。文艺复兴时期印刷地图中标准化的缺乏适用于整个时期，适用于为了地图集而制作的地形图和单独制作的地图，并且适用于地图制作者和地图雕版匠。16 世纪 70 年代，克里斯托弗·萨克斯

---

[30] M. Bouchotte, *Les règles du dessein et du lavis* (Paris: Chez Claude Jombert, 1721), 100. 最早对地图符号进行详细叙述的论文之一就是 Lubin, *Mercure geographique*。

[31] 1600 年之前，存在赋予地图符号以含义的 7 种不同方法，对此的叙述，参见 Catherine Delano-Smith, “Cartographic Signs on European Maps and Their Explanation before 1700,” *Imago Mundi* 37 (1985): 9 – 29。

[32] 按照 Charles Altieri, “An Idea and Ideal of a Literary Canon,” in *Canons and Consequences: Reflections on the Ethical Force of Imaginative Ideals*, by Charles Altieri (Evanston: Northwestern University Press, 1992), 21 – 47, first published in *Critical Inquiry* 10 (1983): 37 – 60, 标准化通过建立最佳作品的典范而使得理想制度化。Altieri 还注意到，被接受的汇编，或者标准，作为“一种语法——将人们暴露于一系列理想态度的制度手段……强化某套特定社会价值观的手段”（p. 27）。在现代地图学中，标准化是理所当然的事情。显然的假设就是，［好的］现代地图必须遵循必不可少的模式，Alan M. MacEachren 在他现代地图学的权威性分析的索引中的“标准化”标题下只有一个条目，*How Maps Work: Representation, Visualization, and Design* (New York: Guilford, 1995), 510。

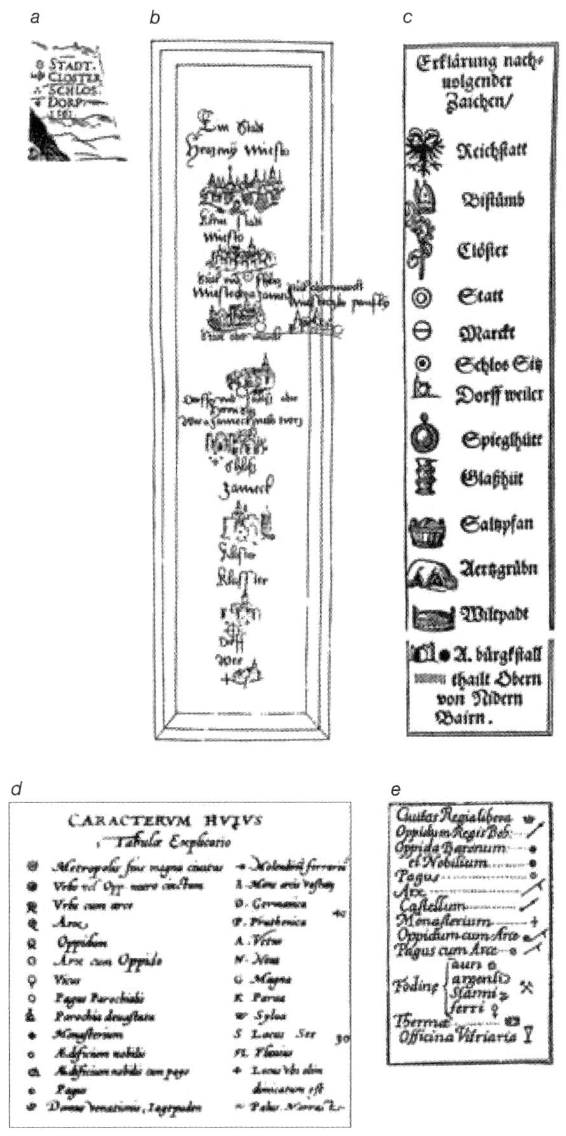

图 21.3　一幅地图上对符号的解释。(a) 马丁·黑尔维希 (Martin Helwig) 的不引人注意但至关重要的，附加在他的西里西亚地图 (1561) 上的图形符号的 4 种编码的图例。(b) 在保罗·法布里修斯的莫拉维亚地图的最终版上 (1569) 用捷克语和德语书写的几乎无法理解的图例。法布里修斯使用了黑尔维希的编码，增加了两种他自己的：有着一个位置点的同心圆代表第一类目 (设防城镇)，同时一个简单的环形代表第三类 (有着一座市场的城镇)。(c) 菲利普·阿皮亚在他巴伐利亚地图上的 14 个条目的图例 (1568)。(d) 卡斯帕·亨内贝格尔在他普鲁士地图 (1584) 上的对 18 个图形符号和 9 种字母编码的解释，这幅地图由奥特柳斯在同年出版。(e) 保卢斯·阿雷特努 (Paulus Aretinus) 在他波希米亚 (Bohemia) 地图上的经过编码的符号 (1619)

顿独自工作，在 5 年的时间里编绘了 34 个县郡的地图。我们不知道，当交付雕版的时候，他的每幅草图看起来是什么样子，或者他的一致性如何，但是对有着雕版匠名字的 22 幅地图的检查得出了结论㉝。在它们之中，6 位可以识别出来的雕版匠只用两种不同的方式给大

㉝ 关于萨克斯顿的数据，来源于 Ifor M. Evans and Heather Lawrence, *Christopher Saxton, Elizabethan Map-Maker* (Wakefield, Eng.: Wakefield Historical Publications and Holland Press, 1979), 18 – 19 and 39。

海上色，但他们在 7 个不同的山丘标志中使用了五种不同风格的描影，并且通过五种不同的
533 方式使公园符号风格化。雷米吉乌斯·霍根贝格（Remigius Hogenberg）在 9 幅地图上使用两种风格的公园符号，同时莱纳茨·特伍德（Lenaert Terwoort）在他的一幅地图上完全忽略了给山丘描影，而在另外一幅地图上则使用了平行线相交构成的阴影，在另外一幅上则使用垂直线条，所有这三幅地图都是在大约一年内绘制的。其他地图制作者在他们雕刻匠的手中也没有更好的表现。在 1560—1570 年，雕版匠保罗·福拉尼在不同地图制作者制作的 11 幅地图上署名㉞。在这些地图上，山丘符号在两幅地图上被在左侧描影，而在其他地图上则在右侧描影；在两幅地图上，用相交的平行线取代直线用于山丘的描影；在某些地图上，山丘符号的形状是有尖角的，有或者没有陡峭的平面，并且在其他地图上则是呈阶梯形的（图 21.4）。在他雕版的大部分地图上，福拉尼仅仅使用了一种或两种植物符号，包括用一种特

图 21.4 雕版匠的不一致。保罗·福拉尼作品的两个例子，都是有署名的：上图，来自他的萨伏依地图（1562）；下图，来自他的圣地地图（1566）

㉞ 参见 David Woodward, *The Maps and Prints of Paolo Forlani: A Descriptive Bibliography* (Chicago: Newberry Library, 1990)。

殊的树形符号代表广大的草地，但是在他自己的伦巴第地图上（1561），他使用他所知道的每种类型的植物符号。要解释不同处理背后的原因是不容易的。可能的就是，与他仅仅作为一名雕刻匠的地图相比，福拉尼对他自己编绘的地图投入了更多的关注。

就像我们从偶尔的例子中看到的，当一幅保存下来的手绘本可以与印刷版进行比较的时候，与他们的雕版匠相比，地图制作者并没有更多的一致性。威廉·史密斯的绘本是高度优雅、清晰和详细的[35]。然而，他的雕版匠喜欢用自己的风格工作，而不是摹绘史密斯的每个细节[36]。例如，在史密斯的伍斯特郡地图中，他的相当矮胖、矩形的图形的聚落符号被雕版匠［被认为是汉斯·沃特尼尔（Hans Woutneel）］转化为高的、纤细的、圆形的塔楼（图21.5），尽管沃特尼尔的一些改变是建设性的而不是装饰性的，例如当他补充了丢失的位置点和重新定位了一些史密斯错误放置的符号的时候[37]。但是，如果对史密斯所有12幅郡地图进行相互比较的话，那么就不会认为应将注意到的差异归责于某位雕版匠。我们发现一些地图有着某类的边界，而其他的则有两类；一些地图有五类聚落，而其他的则有六七类；并且某些地图其上所有聚落都有着位置点，而一些则只是最大的聚落有位置点，或者完全省略掉了[38]。每幅地图都有不同风格的边界。 534

可能会认为，当地图制作者独自工作的时候，对地图内容的选择和对地图符号的描绘的不可预知性是可以理解的，但是相同的状况也可以发现于地图集中的地图上。在这里，确实是可以预期的，存在这样一个背景，即在其中，地图集的制作者对于选定包含在特定项目中的地图的内容和外观既有控制权也有兴趣。然而，从奥特柳斯之后，证据只能支持这样的理论，即标准化并不是一个文艺复兴时期的理想，而现代的评论家误导了对此的预期[39]。除了这样的事实，即印刷的图幅非常适合，在装订书籍的封面之间不需要额

㉟ 在一个少有的小疏忽中，威廉·史密斯将一个位置点混淆地放置在一个教区教堂的上面，而不是在下面。史密斯的大量手绘草稿保存下来。他的柴郡（Cheshire）的巴拉丁（Palatinate）县的地图有三个版本：小型的插图（18厘米×23厘米），在他撰写的该郡的文本描述的folio 131，时间为“1585年9月”（BL，Harleian MS. 1046），以及两个准备用于雕版的草图［BL，* Maps C. 2. cc. 2（12），ca. 1585，和Oxford，Bodleian Library，MS. B. Rawl. 282］。还有他的斯塔福德郡（Staffordshire）地图的雕版匠的草稿，1599年［Oxford，Bodleian Library，（E）C. 17. 55（45）］；赫特福德郡地图的草稿，1601年，纠正为1602年［BL，* Maps C. 2. cc. 2（13）］；沃里克郡（Warwickshire）地图的草稿，1603年［BL，* Maps C. 2. cc. 2（14）］以及Worcestershire的草稿，1602年［BL，* Maps C. 2. cc. 2（15）］。一幅纽伦堡周围区域的地图，标题为“A Breef Description of the Famous and Beautifull Cittie of Norenberg”（1594）存在三个副本：第一幅在London，Lambeth Palace，MS. 508；第二幅在纽伦堡；第三幅，一个迄今未记录的例子，最近由BL购买，Add. MS. 78167。参见Catherine Delano-Smith and R. J. P. Kain, *English Maps: A History*（London: British Library, 1999），186－88。

㊱ 在很长时间中，七幅印刷于1602—1630年的史密斯的郡地图，被认为是佚名的；例如，参见，Edward Heawood, *English County Maps in the Collection of the Royal Geographical Society*（London: Royal Geographical Society, 1932），4－5 and 11－13。

㊲ 然而，沃特尼尔忠实复制了史密斯的地理细节，只是用他自己的方式来呈现树木。另外一位工作于史密斯的赫特福德郡地图的雕版匠，带来了大致相似的效果。史密斯绘制的修道院符号有面向西的山墙，由此在印刷后，每一教堂将正确地朝向东方，并且在脊线正中有着一架带衬线的十字架。雕版师忽略了衬线，并且将十字架移动到山墙末端。

㊳ 史密斯地图上的修道院没有位置点。尽管，除了切斯特（Chester）城的一座女修道院和赫特福德郡—埃塞克斯（Essex）边界埃塞克斯一侧的一座孤立的女修道院之外，只是在萨里郡（Surrey）地图上显示了修道院。史密斯在选择在每幅地图上显示的附加信息有时是不一致的：例如，在萨里郡地图上是灯塔、水磨坊和风车，但是在赫特福德郡地图上有着战役地点，而没有风车。

㊴ 关于将现代价值观应用于前现代地图上的趋势，参见Catherine Delano-Smith，“The Grip of the Enlightenment: The Separation of Past and Present,” in *Plantejaments*, 283－97。

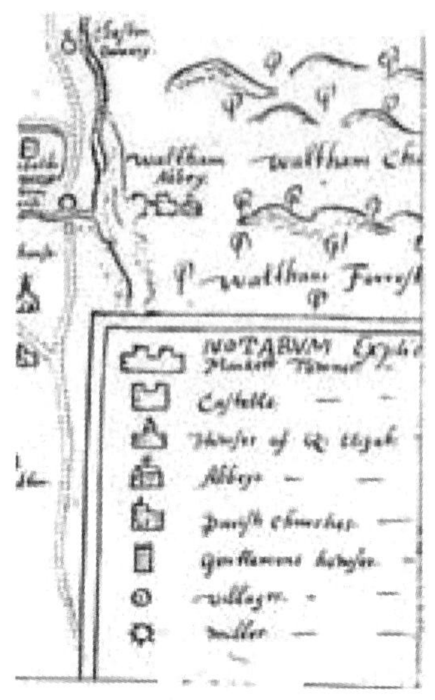

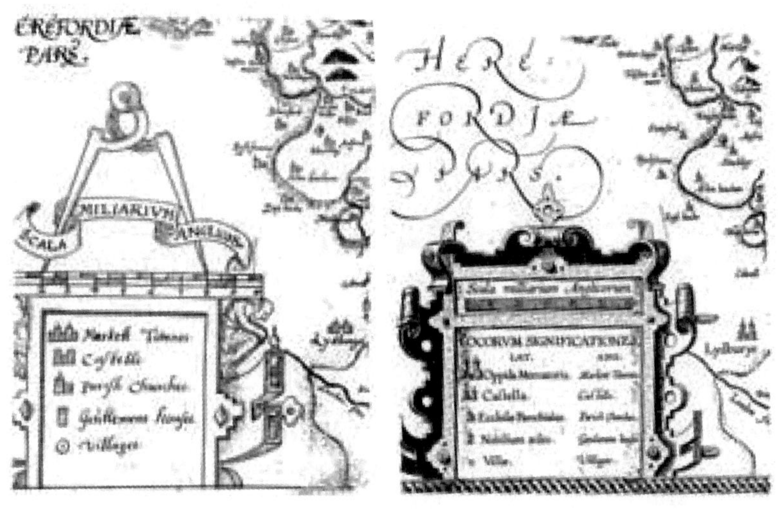

图 21.5 雕版匠的处理。手绘本，时间为 1620 年（上左），和印刷版，时间为 1603 年（上右），皆为威廉·史密斯（William Smith）的赫特福德郡地图。下方的是史密斯的 1603 年的伍斯特郡（Worchestershire）地图，手绘本（下左）和印刷版（下右）。

外的折叠，以及语言是完全相同的之外，无论奥特柳斯地图，还是文艺复兴晚期的其他地图
535 集的地图都背离了任何一致性政策。我们可能经常性地阅读过，对于下述影响的评论，即“在他的 1570 年的《寰宇概观》中，安特卫普的亚伯拉罕·奥特柳斯的杰出成就在于他的标准化和合理化了地图汇编的出版”，无论这些判断的基础是何种标准，都不能包括对地图图像的符号或其他方面的分析[40]。我们发现，在一致性和同质性方面，奥特柳斯《寰宇概观》的每种测量值实际上得分都很低。

---

[40] Karrow, *Mapmakers of the Sixteenth Century*, xxx.

《寰宇概观》（1570）最早的版本包含了69幅印刷在53图幅上的地图，其中11幅被排除在进一步的考虑之外[41]。除了沿着中心向下之外，没有图幅被折叠，并且每幅地图都是印刷的，独自或者多幅地图一起印刷在同一尺寸的纸张上。语言使用的都是拉丁语，包括书籍的开场白。除了这些方面之外，剩下的就是多样化。地图的形状并不都是四边形的；三幅是卵形的。两幅地图通过一种错视画的效果加以呈现，就像叠加在另外一幅地图和图景之上的卷轴。稍微多于2/3的地图为上北；其他的正上方为南、东或西。一些地图根本没有给出正方向；而其他的地图上，词语［北（septentrio）等］可能被使用，而在少量地图上，提供了一个罗盘玫瑰。在一半的地图上有经纬度坐标，在4幅地图上只有纬度坐标（在一个例子中，取而代之标明了气候带），而在其他地图上则什么都没有。只有10幅地图缺少一个比例尺条，但是在13幅地图上比例尺条给出了多至4种的不同单位。5幅地图有来自祖本地图的图例，但是至少在4幅地图上，呈现在来源地图上的图例被忽略[42]。最后，当仔细审视地图符号的时候，我们发现，它们实际上，与那些在可能有着40年之久历史的来源地图上的是一致的，并且没有试图同质化，即使是使用的符号类型。例如，聚落符号，在绝大部分地图上完全是图像的，但在剩下的地图上，它们是抽象和图像的混合，同时抽象符号趋于占据主导。

奥特柳斯的地图被认为是由一个人雕版的，即弗兰斯·霍根伯格（Frans Hogenberg）[43]。如果有其他雕版匠参与其中，那么对于奥特柳斯而言，也不难决定他寄予厚望的整部作品的一个蓝图。可以说他做到了，但只是在对于边界的处理上，使用了不少于25种不同的图案。实际上，奥特柳斯强调，他对原始的范本没有进行什么改变，除了让它们变得更为可读之外，并且没有事物——“没有，从来没有如此小的事物”——被忽略掉。显然，奥特柳斯并没有寻求一致性。无论是他希望保留原始地图的“韵味”，因为复制每一个符号要比重新创建要迅速和便宜很多，还是，更为可能的是，对他或者周围的任何人来说，根本不会发生的就是，符号或其他任何事物应当被标准化。他所述的目标，仅涉及创造特定类型的人工制品的便利性，即一部将主要是区域的大量地图装订在一起的书籍[44]。

奥特柳斯同时代的人与后继者的行为之间没有区别。赫拉德·德约德大约一半的地图在

---

[41] 通过2002年的私人联系，按照Robert W. Karrow的观点，被广泛引用的总共70幅地图（也由Karrow，*Mapmakers of the Sixteenth Century*，5提供）代表了一种计算错误。《寰宇概观》包含了5幅总图（1幅世界地图和4幅大陆的地图）、作为一个双页的6幅小的岛屿图，还有作为另外一个双页的2幅岛屿图，57幅区域地图，总共69幅地图（译者注：似乎总数为70幅地图）。5幅总图和6幅小的岛屿地图没有被包括在百分比的计算中。

[42] 一个图例包括了7个条目，另外的则有1个条目；其他的有3或4个条目。忽略了图例的地图，例如来源于菲内的Galliae地图（1525）、罗滕汉的弗兰科尼亚地图（1533）以及代芬特尔的布拉班特（Brabant，1536）和海尔德兰（Gelderland，1543）地图。在约翰尼斯·克里金1567年的萨克森（Saxony）地图的奥特柳斯版（1570）中，一个图形图例被附加在地图上以取代原来的用单独图幅给出的描述性图例。在其他例子中，作者原来的图例被通过某种方式修改，但修改通常是较小的，例如显示的条目数量或陈述。

[43] Karrow，*Mapmakers of the Sixteenth Century*，5.

[44] 奥特柳斯解释，他意识到，有些人缺乏购买他们国家所有可用地图的途径，而其他人，尽管“非常愿意出钱”，但在家中却没有空间去“打开”大型地图。这些人，他希望他们欣赏他提供的来查阅“包含在一页”中的他们国家的单幅地图的机会；参见Abraham Ortelius，*Theatrum orbis terrarum... The Theatre of the Whole World*（London：Iohn Norton，1606），dedication。奥特柳斯可能还受到了他的朋友安特卫普的商人Gilles（Egidius）的影响，后者习惯于使用地形图来计算他的货物必须途经的距离以及它们的风险。Hooftman告诉奥特柳斯，他希望可以掌握处理各种尺寸的地图的便利方式；参见Karrow，*Mapmakers of the Sixteenth Century*，4。

《寰宇概观》中都有对应物，都是从奥特柳斯使用的原图直接复制的，或者复制自奥特柳斯的版本，但是德约德的《世界宝鉴》（*Speculum*，1578）中的地图比那些在奥特柳斯《寰宇概观》中的有更少的一致性[45]。纬度和经度有时被给出，少量地图有比例尺，同时更少的地图有图例。如果德约德的地图显得有序和清晰可读的话，那么这是因为原图上的山丘符号和树木的符号被在数量上大幅度减少或者完全消除。赫拉尔杜斯·墨卡托，编绘和草绘了他地图集中的所有地图，并且自己雕版了其中一些，还复制了他的来源地图而没有将符号调整为他自己的风格[46]。他出版的地图集的第一部分［*Tabulae geographicae Galliae*，*Belgii Inferioris et*
536 *Germaniae*（高卢、比利时低地和德意志的地图），1585］包含了51幅地图。在这些地图上，海洋可能是点彩的、点啄状的、云纹的或波纹的；山丘符号从小的三面的、有着类似于圆形的冠部或者点状冠部的鼹鼠丘，到大型的、多褶皱的符号，类似于在他的施蒂里亚（Stiria）和瑞士地图上的那些；并且高原区域的范围可能通过紧密放置在一起的山丘符号或小丘的散布来表示，同时有五幅地图根本没有显示地形。墨卡托的聚落符号都包含了一个位置点和一个地名的指示物，但是在一些地图上所有符号都是图像的，而在其他地图上，图像符号与抽象符号混合在一起；在某些地图上，符号的风格是概要性的，在其他地图上则是自然的；同时，有时它们被用立面显示，有时是透视的。当大多数地图区分了两个级别的聚落的时候，其他的则显示了三个级别的聚落。

当老约道库斯·洪迪厄斯继承了墨卡托地图集的图版的时候，推测他在重印之前对它们进行了自由的修改，但是他的墨卡托地图集的版本受到了批评，因为缺乏墨卡托原来汇编的“和谐和至关重要的努力”[47]。加布里埃尔·塔韦尼耶一世（Gabriel Ⅰ Tavernier）被给予了一项任务，即简单地制作莫里斯·布格罗（Maurice Bouguereau）的地图集《法兰西的舞台》（*Le theatre francoys*，1594）每幅原图的一个副本，由此丹维尔（Dainville）注意到的“统一”的缺乏是可以被预期的[48]。对于现代的头脑而言，最令人惊讶的就是这样的事实，即17世纪前半叶，没有一家大型的荷兰印刷房——那些老约道库斯·洪迪厄斯、亨里克斯·洪迪厄斯（Henricus Hondius）、约翰内斯·扬松纽斯（Johannes Janssonius）和布劳家族的（威廉·扬茨和约安）——尝试通过引入我们今天与商业化大规模生产的规模经济联系起来的标准化来进行流水线生产。然而，如同已经注意到的，文艺复兴时期的事情是非常不同的，并且节约成本采取的是雇用大量相对工资很低的抄写工对图像进行复制的形式。不太经济的就是训练雕版匠到这样的程度，即由此每人都可以负责作出涉及将原图之上的符号转换为用于新地图的不同符号

[45] R. A. Skelton, “Bibliographical Note,” in *Speculum Orbisterrarum*: *Antwerpen*, *1578*, by Gerard de Jode (Amsterdam: Theatrum Orbis Terrarum, 1965), Ⅴ – Ⅹ, esp. Ⅷ.

[46] 墨卡托可能在雕版方面得到了来自弗兰斯·霍根伯格和他自己的孙子 Johannes Mercator 的一些帮助；参见 R. A. Skelton, “Bibliographical Note,” in *The Theatre of the Whole World*: London, 1606, by Abraham Ortelius (Amsterdam: *Theatrum Orbis Terrarum*, 1968), Ⅴ – ⅩⅧ, esp. Ⅵ，以及由 Nicholas Crane 撰写的英语的墨卡托的传记，*Mercator*: *The Man Who Mapped the Planet* (London: Weidenfeld and Nicolson, 2002), 255。

[47] 这一责备出现于 Skelton 的“Bibliographical Note,” in *Theatre of the Whole World*, Ⅹ.

[48] “这些不同的档案复制时的精确性解释了汇编所缺乏的统一性”；参见 François de Dainville, “Bibliographical Note/Note Bibliographique,” in *Le théatre françoys*: *Tours*, 1594, by Maurice Bouguereau (Amsterdam: Theatrum Orbis Terrarum, 1966), Ⅵ – ⅩⅢ, esp. Ⅵ. Bougureau 的地图集由 8 幅来自奥特柳斯《寰宇概观》的、4 幅来自墨卡托《高卢、比利时低地和德意志的地图》的地图，3 幅已经流传的单独图幅的地图，以及仅仅 3 幅完全新的地图构成。存在 13 种不同的边界风格。

的决定。直到文艺复兴末期，被复制的地图通常保留着最初的地图制作者或者雕版匠赋予它们的形式。在这一时期的最后数十年中，新编绘的地图依然遵照着可以追溯至中世纪的传统。

符号上的不一致性可能是常态，同时，现代意识中的常用符号不存在于文艺复兴时期的地形地图上，但是在专业地图中，状况则不同。在这些地图上，可能我们所谓的“惯用符号”（customary signs）传递了关键的信息，以一种符合既定的——即使没有记录的——做法。惯用符号对于运营的成功是至关重要的。就像众所周知的，安全的航海依赖于对自然危险的清晰和明白的标记，同时从最早保存下来的航海图开始，十字被用于警告航海者岩石的存在，并且用点彩标明危险的沙滩[49]。然而，除了这一基本规则之外，显然令人惊讶的是，一致性比可能预期的要缺乏。一项关于早期航海图符号的研究发现，在1800年之前的地图上有基本十字符号的“35种变体和装饰物”，同时还发现，“通常而言，荷兰趋向于使用大量岩石符号的变体（在一些作品中多至8种），而在法国和英国使用至少1或2种类型的岩石符号”[50]。尽管在16世纪前半叶的荷兰航海图上有标明这些符号含义的新趋势，但这些符号继续被互换和随意地使用[51]。在被认为有影响力的卢卡斯·扬茨·瓦格纳的专著和海图集中，岩石符号的变体，“并没有支持沃特斯（1958）得出的结论，即《航海之镜》影响了航海图上岩石符号的标准化”[52]。

难以追溯惯用符号口头流传的历史。一个线索来自汉弗莱·吉尔伯特爵士（Sir Humphrey Gilbert）在16世纪末写给托马斯·贝文（Thomas Bavin）的详细指示。贝文，一位被指定陪同计划中的1582年或1583年吉尔伯特前往北美洲探险的导航员，被给予了一个他应当在他的航海图上使用的“特定标记”（particuler marckes）的列表（图21.6）[53]。不太清楚的是，吉尔伯特是如何获得关于“标记”（marckes）的知识的，以及他是不是从另 537
外一位权威那里获得的，他自己是否受过使用它们的训练，以及是不是他正在促使贝文对它们进行常规的使用，或者甚至在英国，在航海图制作者中提供这种指示作为一种常规做法的程度。在塞维利亚的贸易署，保持国王标准图（padrón real）的目的之一就是“确保［新发现］的知识的标准化，由此可以消除航海图中的错误和非一致性”，同时在他们被认

㊾ 《比萨航海图》，现存最早的航海图，尽管时间仅仅是在13世纪末之前一点，但使用了四种类型的十字符号去代表不同类型的礁石带来的危险。韦康特航海图最早将沙滩与礁石一起显示。参见 Campbell，“Portolan Charts，” 378 n. 68 and pl. 30. 在印刷的航迹图上，不存在这些航海图上的符号。

㊿ Mary G. Clawson，“The Evolution of Symbols on Nautical Charts prior to 1800”（M. A. thesis，University of Maryland，1979），24.

(51) Clawson，“Evolution of Symbols，” 25，提到了 Lucas Jansz. Waghenaer，*Spieghel der zeevaerdt*（Leiden：Christoffel Plantijn，1584 – 85），in English，*The Mariners Mirrour*（London，1588）；参见 David Watkins Waters，*The Art of Navigation in England in Elizabethan and Early Stuart Times*（London：Hollis and Carter，1958）。

(52) 关于在瓦格纳之前，以及包括瓦格纳在内的荷兰航海图，参见 Arend W. Lang，*Seekarten der Südlichen Nord und Ostsee：Ihre Entwicklung von den Anfängen bis zum Ende des 18. Jahrhunderts*（Hamburg：DeutschesHydrographischesInstitut，1968）。

(53) 吉尔伯特前往北美洲的探险最终没有发生，而且已知没有可以与这些指示联系起来的地图。通常认为，威廉·伯勒，未来的海军委员会（Navy Board）的牧师，负责定义地图标记；参见 E. G. R. Taylor，“Instructions to a Colonial Surveyor in 1582，” *Mariner's Mirror* 37（1951）：48 – 62。也可以参见 David B. Quinn，ed.，*New American World：A Documentary History of North America to* 1612，5 vols.（New York：Arno，1979），3：239 – 44。

为合格之前，西班牙导航员被迫受到正式的训练[54]。难以想象，在训练中不涉及任何关于航海图上的符号及其含义的内容。然而，似乎没有任何与生产印刷地形图相关的正式的制度或学徒制，并且对文艺复兴时期印刷地形图上的地图符号的研究，不得不处理的是地图“符号”，并且这些根本不是惯用的，而是依然不太常见的符号。

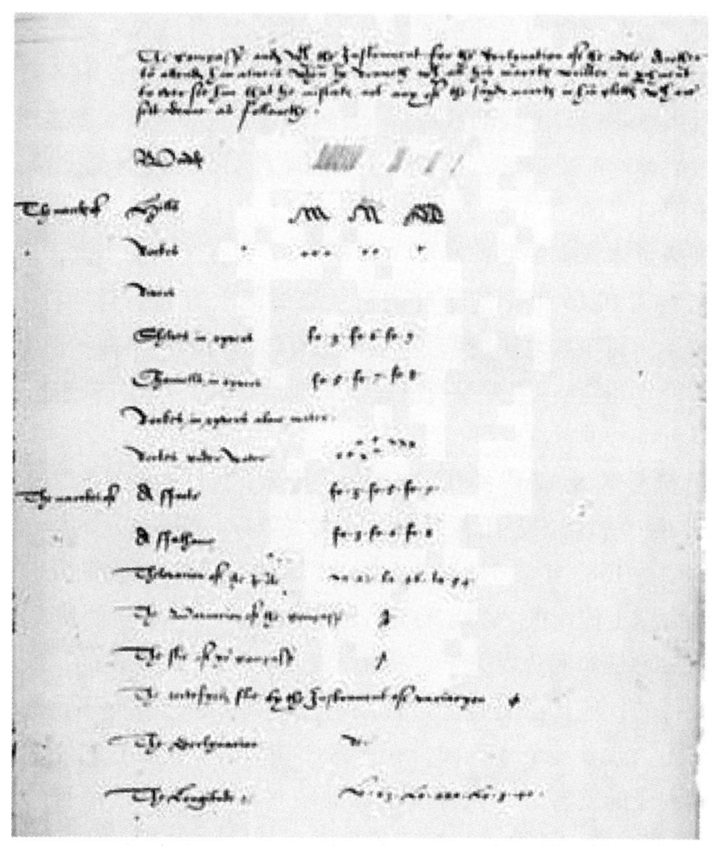

图 21.6 给调查员的指示。汉弗莱·吉尔伯特爵士给托马斯·贝文的指示，因预期于 1582 年或 1583 年对北美进行的勘查探险而发布，其中包括贝文将用于他的航海图上的一系列符号列表。前三种符号将被分别用于标注林木、山丘和地上的岩石。没有指出代表河流的符号，但是后两个条目标明，如何用英尺给出河流河道的斜坡和深度。遗漏了代表水面之上的岩石的符号，而代表水下岩石的符号是散布的十字架。列表中剩下的是关于将被撰写在地图上的信息：用英寻（fa）表示的深度；纬度和经度；通过“磁差设备”确定的罗盘磁差（flie）；以及赤纬

原图尺寸：约 33×20.8 厘米。BL（Add. MS. 38823，fol. 2）提供照片。

[54] David Turnbull，“Cartography and Science in Early Modern Europe：Mapping the Construction of Knowledge Spaces，” *Imago Mundi* 48（1996）：5 – 24，esp. 7 – 14（引文在 p. 7）；Alison Sandman，“An Apologia for the Pilots' Charts：Politics，Projections，and Pilots' Reports in Early Modern Spain，” *Imago Mundi* 64（2004）：7 – 22；和本卷的第四十章。

较老文献中的地图符号

基于对于一幅地图的目的而言，地图符号有着核心地位，但非常显著的就是，迄今为止关于它们的历史可以说的并不多。可以理解的是，现代地图学的从业者认为他们的目标是"制作有效的地图"，很少有时间去从事比较符号学的研究[55]。至今关于地图符号历史的文献仅仅包括两项实质性的研究：1946年，地理学家艾拉·M. J. 坎贝尔（Eila M. J. Campbell），完成了她的大学论文，标题为"地图学象征符号的历史"（The History of Cartographical Symbols）（就像她那么称呼它们的一样），以及1964年法国历史学家弗朗索瓦·德丹维尔（François de Dainville）出版的《地理学的语言》（*Le langage des géographes*）[56]。尽管坎贝尔 538

---

[55] 引用自MacEachren, *How Maps Work*, 310。通常被描述为一种地图学词语的发展，少量对此有所提及的地图学家中有Erwin Raisz, *General Cartography*（New York: McGraw-Hill, 1938）。Raisz，其通过符号展现的地图历史的开篇摘要被从第二版中删除（1948），这一摘要开始于混乱的前提条件，"去在地图上绘制地表的重要特征，我们不得不对它们进行程式化"（p. 118）。也可以参见A. G. Hodgkiss, *Understanding Maps: A Systematic History of Their Use and Development*（Folkestone: Dawson, 1981），39－49. 类似于Mark Monmonier的*How to Lie with Maps*（Chicago: University of Chicago Press, 1991），Wood对早期地图符号的讨论，对他的概括所基于的例子的不同时期、文化、背景和类型漠不关心；参见Denis Wood with John Fels, *The Power of Maps*（New York: Guilford, 1992），143－54. Wood和Fels关于认知发展的皮亚杰（Piagetian）的观点，导致他们寻求土著地图上的符号与现代北美学龄前儿童和学童所绘制的符号之间的相似关系；参见Denis Wood and John Fels, "Designs on Signs: Myth and Meaning in Maps," *Cartographica* 23, No. 3（1986）: 54－103。

[56] Eila M. J. Campbell, "The History of Cartographical Symbols, with Special Reference to Those Employed on Maps of a Scale of Less than 1∶50000"（M. A. thesis, University of London, 1946），以及Dainville, *Le langage des géographes*. 因让她妹妹的论文可以让我使用，我们对Peter Campbell教授表示感谢。坎贝尔受到战争和战后主要文献可用性方面的一些限制。她发表了三篇与她论题有关的短文："The Development of the Characteristic Sheet, 1533－1822," in *Proceedings, Eighth General Assembly and Seventeenth International Congress: International Geographical Union*（Washington, D. C.: United States National Committee of the International Geographical Union, 1952），426－30；"Lehmann's Contribution to the Cartographical Alphabet"；以及"The Beginnings of the Characteristic Sheet to English Maps," *Geographical Journal* 128（1962）: 411－15。

一些地图学史研究者完全忽略了地图符号，例如G. R. Crone, *Maps and Their Makers: An Introduction to the History of Cartography*（London: Hutchinson's University Library, 1953）。其他包括敷衍性的评价，例如：Herbert George Fordham, *Maps: Their History, Characteristics and Uses*（Cambridge: Cambridge University Press, 1921），46－51；R. A. Skelton, "Decoration and Design in Maps before 1700," *Graphis* 7（1951）: 400－413（in English, Dutch, and French）；idem, *Decorative Printed Maps*, 10－13；以及Lloyd Arnold Brown, *The Story of Maps*（1949; reprinted New York: Dover Publications, 1979），175－76 and 284－85. Anna-Dorothee von den Brincken, in "Die Ausbildung konventioneller Zeichen und Farbgebungen in der Universalkartographie des Mittelalters," *Archiv für Diplomatik* 16（1970）: 325－49，关注于中世纪世界地图（*mappaemundi*）上颜色的重要性。

少量通常较短的，研究某类符号的论文，包括对来自文艺复兴时期的例子的顺带提及，或者关注于单一类型地图上的符号。这类研究中著名的例子包括Lynam, "Ornament, Writing and Symbols"；C. Koeman, "Die Darstellungsmethoden von Bauten auf alten Karten," in *Land-und Seekarten im Mittelalter und in der frühen Neuzeit*, ed. C. Koeman（Munich: Kraus International, 1980），147－92；以及Eduard Imhof, *Cartographic Relief Presentation*, ed. Harry Steward（Berlin: De Gruyter, 1982），1－13。少有的对文艺复兴时期某位地图学家所使用符号的研究，参见Ian Campbell Cunningham, ed., *The Nation Survey'd: Essayson Late Sixteenth-Century Scotland as Depicted by Timothy Pont*（East Linton: Tuckwell Press, 2001）中的论文。

Emanuela Casti最近的研究，*Reality as Representation: The Semiotics of Cartography and the Generation of Meaning*, trans. Jeremy Scott（Bergamo: Bergamo University Press, 2000），几乎完全关注于对经过选择的16世纪地图的一种后现代主义的解释。哈利将"个体符号"放置在地图图像分析的相同层次上，就像埃尔温·帕诺夫斯基的"由个人艺术主题构成的主要或自然对象"，但是对于它们作为地图标记则所说甚少，而是关注于它们的符号学解释：参见Harley, "Texts and Contexts," 47。哈利图像学的方法来自Erwin Panofsky, *Meaning in the Visual Arts: Papers in and on Art History*（Garden City, N. Y.: Doubleday, 1955）。

的陈述聚焦于18世纪“比例尺小于1∶50000”的地形地图，但实际上，她所处理的地图范围广大，并且令人遗憾的是，她敏锐的言论在当时未能得到应有的广泛关注。丹维尔引人注目的原创性作品，也没有产生方法论上的影响。这可以由这样的事实加以解释，即丹维尔的兴趣不在于地图史本身，而是在于为历史服务的作为工具的地图。《地理学的语言》被明确地表达为是那些需要一种“地理术语的历史词汇表”的历史学家和地理学家的指南，而不是作为1500—1800年间地图符号的系统阐述[57]。评价丹维尔的术语，其词汇表是非常有用的，至少将同时代专论中的引文与对相关符号的复制结合起来的方式。丹维尔引用的地图范围很广，包括英国、德意志和意大利的以及法国的地形图，但是他的搜集是不系统的，并且他对于16世纪和17世纪初期的涵盖相对欠缺，并且他经常未能充分确定被复制的样本。作为一种对地图符号的研究，丹维尔书籍的用途有限。然而，除了一部较早书籍中的与法文教会地图上的符号有关的章节之外，《地理学的语言》依然是唯一出版的与欧洲现代早期地图上的符号历史直接有关的作品[58]。

关于早期地图符号的20世纪的论著的弱点（就像现在看到的那样）就是潜在的实证主义以及用进化论的术语重写这些符号历史的倾向。地图符号的历史几乎一成不变地被呈现为渐近的顺序，从简单向复杂的进步，从粗糙到精细的发展，以及从图像到惯例。丹维尔自己总结道，存在“一种明确的进步，在所有国家中，被反映在了用准确的［地图学］语言的尝试中的进步”[59]。福德姆（Fordham）直接使用了丹维尔的术语，当他断言“存在一种对不适合的符号的逐渐消除，以及‘最为适合的保存下来’，由此制造了一种一成不变的一致性——地图学中非常本质的内容，而地图学现在是一种准确的和高度发达的科学”的时候[60]。将地图符号与地图类型合并，哈维试图将整部地图史整合到一个简单的象征性图像——调查的序列中[61]。英霍夫（Imhof）着眼于单一的发展顺序，说明了所有地图上地形的呈现，而无关类型[62]。然而，地图自身没有提出支持这一线性的至少有着一些进步的地图符号的历史模式的证据。如同我们可以讲述的，从最早的时期开始，抽象符号和图像符号都被使用，同时在它们的关键特点方面没有变化[63]。

其他未经证实的关于地图符号性质的思想，正在被证实很容易被动摇。例如，存在完美
539 或理想符号的概念。这被认为“显然是再现我们视觉形象的图像”，并且被习惯用于解释，

---

[57] Dainville, *Langage des géographes*, vii.

[58] François de Dainville, *Cartes anciennes de l'Église de France*: *Historique*, *répertoire*, *guide d'usage* (Paris: J. Vrin, 1956), esp. 200 – 210. 就像《地理学的语言》强调的重点在于17世纪及其之后的地图。

[59] Dainville, *Langage des géographes*, 325.

[60] Fordham, *Maps*, 50.

[61] P. D. A. Harvey, *The History of Topographical Maps*: *Symbols*, *Pictures and Surveys* (London: Thames and Hudson, 1980), esp. 9 – 10 and 14.

[62] “这是发展到15世纪末的图形形式”；参见Imhof, *Cartographic Relief Presentation*, 3。

[63] 坎贝尔注意到：“当运用象征性符号的序列……研究发现，没有发生从原始到先进——从写实到惯常——的简单演变”；参见Campbell, “History of Cartographical Symbols,” 2。丹维尔在《地理学的语言》中展现的符号等级，充满了文艺复兴之后的例子，但是对于所有的变化而言，在他的材料中不可能看到1500—1800年间的任何中断。关于史前的地图符号，参见Catherine Delano-Smith, “Cartography in the Prehistoric Period in the Old World: Europe, the Middle East, and North Africa,” in *HC* 1: 54 – 101, esp. 59 – 60。

为什么“图像的象征性符号经常被地图学家使用，以及依然在使用”[64]。一个相关的思想就是，一种“自然”符号，其含义被认为可以直观地理解，与那些其含义有着正式说明或指南的传统（或者惯常）符号相对。因而，对于劳伊斯（Raisz）而言，“一种好的象征性符号就是不需要通过图例就能识别出来的那种”[65]。劳伊斯的原则似乎赋予了图像符号特权。布朗最初同意，将图像符号描述为“完全独立于话语的”，但随后提醒他自己“一个象征性符号无法向那些缺乏其所代表的事物的经验的人呈现其含义”[66]。鲁滨逊类似的警告还有，“图例对于大部分地图而言是自然而然不可或缺的，因为它们提供了各种被使用的象征性符号的解释”[67]。另外一个在整体上支撑了对地图的传统思考的概念，其尤其影响了对符号的思考，就是符号的客观性。现在被各方面反驳，甚至在科学中，启蒙主义对绝对度量和中立观察的信仰受到了后现代主义者的挑战，他们注意到，一个地图符号，远远不是一个中立的标志，地图本身也是如此，实际上可以积极地修改我们关于现实的知识[68]。

对文艺复兴时期印刷地形图的分析

本章分析和讨论的符号基本都来源于约1470年至约1640年间制作的印刷地形图。关注这一特定类型的地图有着多种原因。第一，初步的研究显示，文艺复兴时期的印刷地图主要使用的是与它们绘本的前身本质上相同的符号。第二，印刷的普通参考地图在16世纪占据主导，并且后续的地图生产的程度是任何其他时期的任何其他地图都无法比拟的。第三，作为一种典型的文艺复兴时期的创造，普通的印刷地形图容纳了时代的习惯、价值和风气。世界地图在比例上太小，只能承载有限的范围和数量的地理信息，或者只是允许部署最为例行公事的符号。相反，单一区域、郡或者省的一幅地图给予地图制作者足够的空间去通过无限多的符号描绘所涉及的地理景观。

当前研究的首要任务就是记录在现代早期印刷地图的样本上发现的符号，以及为在本章之后图表中展示的分析而获得图像[69]。目的就是创造一种来自它们原始状态的单一类型

---

[64] Skelton, *Decorative Printed Maps*, 10. 斯凯尔顿没有明确他评论的来源，也就是Raisz, *General Cartography*, 118。

[65] 参见Raisz, *General Cartography*, 118，在其中，一段话被用斜体字强调。

[66] Roger Brown, *Words and Things* (Glencoe, Ill.: Free Press, 1958), 58 - 59. Brown使用了词语“象形图”（pictogram）。

[67] Arthur Howard Robinson, *Elements of Cartography*, 2d ed. (New York: John Wiley and Sons, 1960), 238。这一段落在第六版中做了稍许更新、扩展性的重写，但意思是相同的：“图例或者符号表对于大部分地图而言是不可或缺的，因为它们解释了象征性符号、信息来源以及制作地图时使用的数据的处理方式”；参见Robinson et al., *Elements of Cartography*, 336。

[68] 现代和早期基本的主观性是布赖恩·哈利的主要关注之一；参见Harley, *New Nature of Maps*。与符号存在联系的，尤其参见J. B. Harley, "Maps, Knowledge, and Power," in *The Iconography of Landscape: Essays on the Symbolic Representation, Design and Use of Past Environments*, ed. Denis E. Cosgrove and Stephen Daniels (Cambridge: Cambridge University Press, 1988), 277 - 312；重印在Harley's *The New Nature of Maps: Essays in the History of Cartography*, ed. Paul Laxton (Baltimore: Johns Hopkins University Press, 2001), 51 - 81, esp. 69 - 70. 地图符号创造性的作用也被很多作者注意到，如Richard Helgerson, in *Forms of Nationhood: The Elizabethan Writing of England* (Chicago: University of Chicago Press, 1992), 147，以及MacEachren, in *How Maps Work*, v。

[69] 在20世纪80年代后半期，所有记录都被完成，大部分是在纸张上，当图像扫描还不普遍的时候。出发点是Roberto Almagià, *Monumenta cartographica Vaticana*, 4 vols. (Vatican City: Biblioteca Apostolica Vaticana, 1944 - 55), vol. 2。我应当感谢Richard Oliver，因在编纂记录纸的过程中他提供的帮助，还应感谢British Academy对摄影提供的资金资助。

地图上的符号的均质数据库。对于通常由于散佚，其最早状态不再存在的地图，取而代之使用其第二状态，只要有充分理由接受它代表了原始状态，并且图版或者雕版的任何改变都没有对符号产生影响。直至17世纪30年代和40年代，原图的副本通常被排除在外，但除了地图集中的地图，因为在这一时期很难发现完全新的印刷的区域地图，或者也难以发现不是为某一荷兰商业印刷作坊的地图集而制作的地图。为了尽量减少对单一地图制作者作品的过度表达，因此不试图包括那些产量极为丰富的地图制作者的每幅地图，如贾科莫·加斯塔尔迪甚至克里斯托弗·萨克斯顿的。对单独的地图集进行单独分析，并且只是通过它们地图中经过选择的一小部分而呈现在通用数据库中。关于副本，原始地图以及后续序列的复制品被详细地列在附录21.1（以及以缩略的形式在本章的图表）中。尽全力确保地理、年代和媒介的合理分布。因而，在这一时期前半期中木版地图的优势（约1470—约1560年）以及在后半期中铜版地图的优势，可以被作为对状况如
540 实反映，而不是一种带有偏颇的样本。符号的记录执行了多年，并且在附录21.1中列出的242幅地图仅仅代表了本章研究的所有印刷地形图中的一部分。

第二项任务就是考虑符号所能呈现的是哪些特征：换言之，就是地图的内容。呈现在所讨论的地图上的被分为三大类的地理特征，为地图内容的分析提供了一个有用的框架，即“必要的”（essentials）、“细节的”（details）和“额外的”（extras）。第一个类目必要的地理信息就是在最为基本的层级上定义了区域的地形：其（相关的）海岸线、湖泊和河流、植被、政治边界和聚落。第二个类目描述或提供了这些基本特征的细节。因而，河口的水可以与那些在大海中的水区别开来，而沙质海岸与悬崖海岸是不同的，山丘和高原与山地也是不同的，沼泽区别于森林，内部边界不同于外部边界，以及核心聚落不同于孤立的聚落。第三个类目包含了额外的，完全可以选择的特征[70]。发现于文艺复兴时期地图上的这类额外信息的例子，包括物质环境的各个方面，例如定期冻结的海面的范围，河流的流向以及季节性的或地下的水流，以及最近被淹没的土地的位置，但是这些附加特征的绝大部分与经济（例如矿产资源、工业活动、土地利用）、历史或者古物有关。一个文艺复兴时期印刷地图上的全部地理内容的简单列表给出了这样的印象，即所有类目中，文艺复兴末期的地图要比文艺复兴初期的地图有更多特征。到1640年，超过70种单独的地理特征被显示在一幅地图上[71]。这一总数与在克劳迪乌斯·托勒密的《地

[70] 这些可选择的特征被称为“偶然的”，在 J. H. Andrews, “Baptista Boazio's Map of Ireland,” *Long Room* (Bulletin of the Friends of the Library of Trinity College, Dublin) 1 (1970): 29 – 36 中。Andrews 观察到，“从16世纪开始，这类信息稳定地减少，但没有完全消失：甚至 Ordnance Survey 标明了 Oliver Goldsmith 的出生地”（informal lecture notes on the history of cartography, No. 5, ca. 1976）。涉及的注释出现在 Pallas, County Longford, on sheet 98 of the oneinch Ordnance Survey map of 1857，尽管这样的事实，Goldsmith 可能没有出生在他父亲的家里，而是在他祖父在 Elphin, Roscommon 的家中。

[71] 当与1885年的英国地图上据说被“描绘的”总共1148个对象进行比较的时候，在整个文艺复兴时期制作的地图上显示的特征的总数显得暗淡无色；参见 George M. Wheeler, *Report upon the Third International Geographical Congress and Exhibition at Venice, Italy, 1881* (Washington, D. C.: U. S. Government Printing Office, 1885), 85 – 145。Wheeler 的类目包括：“自然特征”（140条）、“商业和交通方式”（自然的或改良的）（331条）、“农业”（71条）、“制造业”（65条）、“矿产”（18条）、“特殊军事目的的”（63条）、“纯粹技术的”（53条），以及“各方面的”（142条）。技术的条目，例如比例尺、坐标、罗盘玫瑰和其他方向的指示物，被从我们的统计中去除，但是1885年地图上剩下的内容可以被再划分为表达“基本”地理信息的（20%）、“详细”信息的（57%）和“偶然”信息的（23%）。

理学指南》的早期印刷本和绘本地图上发现的14种左右的特征形成了对比。需要记住的就是，最终的总数是一个集合。没有一幅文艺复兴时期的印刷地图携带有在1470—1640年间呈现的以及本章描述的全部特征中的大部分。“细节的”和“额外的”绝大多数被发现于为数不多的文艺复兴时期的印刷地图上。

对于文艺复兴时期地图符号研究的第三个阶段，我们将面对符号本身，以及文艺复兴时期地图内容被呈现的方式。尽管，从开始，定义一个地图符号的视觉特征以能够进行对比是非常重要的。三个关键的视觉特征位于当前分析的核心：一个符号的构成、其透视及其符号风格。剥去不必要的，一个地图符号是线或点的集合，并且其构成就是这些大量的线或点被组织或者融合成型的方式，例如，一个环形或者圆圈。自古以来，所有图形符号的两种主要构成方式就是图像的和非图像的。非图像的地图符号由几何图形——三角形、方形、圆形、星形——和抽象或特定的，例如那些用于化学的标记构成。几何形状从最早期开始就与图像符号一起被用作地图符号[72]。作为一条原则，非图像符号通常在数量上要超过图像符号[73]。然而，两种类型的符号的相对流行程度可能有时会变动。因而，我们发现，在拜占庭抄本的托勒密《地理学指南》地图上的聚落符号都是图像的，而那些地图的拉丁抄写员则用非图像符号替代。这意味着，在《地理学指南》最早的印刷版地图上，有着非图像的聚落符号，这是一个可以选择的习惯，而不是引入了一种创新。图像符号在它们的构成中变化很大。一个复杂的地点符号——例如，代表一座首府城市——可能由数十条单独的线条构成，这是一个木版雕刻匠或者雕版匠在工作时应当都会意识到的事实。所有符号的总体尺寸，非图像的 541

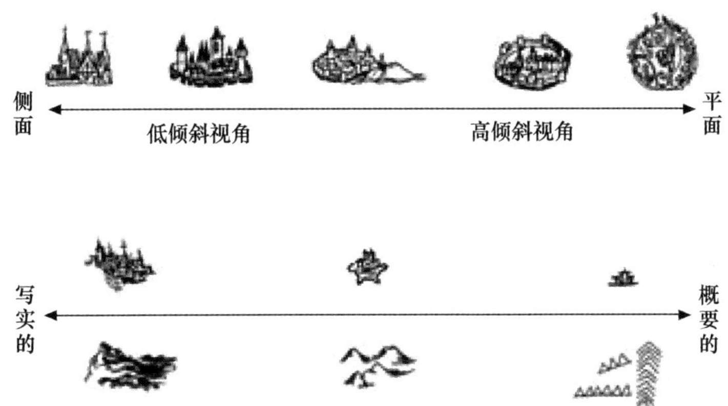

图21.7　图像符号中的透视和风格。地图符号可以被呈现（上排）为，就好像从地平面一侧看过去（立面图），好像从一个高视点看去（低或高斜角），或者好像从上面看去（平面）。地理景观特征可能被进行写实的、自然主义的概要呈现（下行）（有些逼真）

---

[72] Delano-Smith, “Cartography in the Prehistoric Period.”

[73] 马修·帕里斯13世纪50年代的旅程地图是完全图像的，除了一个特定符号之外，其含义在相邻的文本中进行了解释：“在上面的这个标志㊀上，绘制了船只，这个标志是通往阿普利亚的阿卡的航线。也就是，远至奥特朗托，这是威尼斯海上的在阿普利亚的城市，其距离阿卡最近”，被引用在 Suzanne Lewis, *The Art of Matthew Paris in the Chronica Majora* (Berkeley: University of California Press in collaboration with Corpus Christi College, Cambridge, 1987), 325，翻译自 Cambridge, Corpus Christi College, MS. 26, fol. Iii 的稿本；在稿本 BL, Royal MS. 14. C. Ⅶ, fol. 4 上的词句，只有些许不同，但符号是一样的。

和图像的，都可以被改变去创造任一符号的一系列不同的尺寸；限制因素是确保不同尺寸之间彼此容易区分的问题（这与事实通常相去甚远）。

一个［图像］符号的第二个特征就是其呈现的透视（图21.7，上排）。类似于之前的中世纪的艺术家，现代早期的地图制作者不得不决定每一个地理特征将从何种角度被绘制——无论从垂直、倾斜或者水平位置看过去那样被显示。在文艺复兴时期的地图上发现了这三种透视[74]。无论是物质的还是人造的特征都可以被从不同视点描绘，并且意在的角度通常是明显的。尽管偶尔，由于一个图像符号被高度风格化，因此可能难以确定意在的透视方式以及难以去理解符号，除非在地图上有着标签或者在一个图例中对特征进行了解释[75]。

第三个特征，符号风格，也被应用于图像的而不是抽象的符号。在地图符号的背景中，符号风格指的是与构成符号的线条的旋转和旋涡的艺术性，或用于填充它的颜色等相比，更为基本的东西。符号风格关注构成符号的线条的概括化程度。一个现实主义的符号试图模拟在地理景观中实际看到的，而风格化的或者概要性的符号则是视觉上简化的符号，在其中构成符号的线条数量被减少到最为基本的程度（参见图21.7，下）[76]。符号风格与艺术风格的长期混淆可能导致了这样的思想，即铜版雕版代表着地图制作史中的进步。仔细观察，通常被引用的某些铜版地图的“精致的艺术”被证明仅仅与整幅地图的艺术存在联系——作为印刷品的地图——而不是与地图学的基本要素，如地图上符号的构成或者透视存在联系[77]。

文艺复兴时期，地图制作者和雕版匠可以使用的图像符号的范围几乎是没有限制的。除了构成、透视、风格和尺寸的不同组合之外，一个密码或编码（丹维尔的 *signe annexe*）有时被增加到聚落符号中[78]。选择的范围，以及每位文艺复兴时期地图制作者似乎都遵循自己的偏好程度，使得试图定义地图符号的类型变得不现实，除了最为基本方面之外。

---

[74] Skelton, in *Decorative Printed Maps*, 11，错误的陈述，“被地图制作者使用的象征性符号的历史显示了一种日益朝向垂直视点的趋势”。

[75] 恰当的例子就是一个E形符号被 Jonas Scultetus（Glatz, 1626）用于代表圆木堰；参见图21.49。

[76] 鲁滨逊和佩切尼克建议，术语“模拟”代表了这类高度风格化的呈现；参见 Robinson and Petchenik, *Nature of Maps*, 61 –67. Casti, in *Reality as Representation*, 51 –53, esp. 52 (fig. 3)，在选择的过程中，试图区分“复杂性的破坏”和“复杂性的中和”。没有提供地图符号风格的一个清晰的定义，Jacques Bertin, *Semiology of Graphics*: *Diagrams*, *Networks*, *Maps*, trans. William J. Berg（Madison: University of Wisconsin Press, 1983）也是如此。参见 Catherine Delano-Smith, “Smoothed Lines and Empty Spaces: The Changing Face of the Exegetical Map before 1600,” in *Combler les blancs de la carte*: *Modalités et enjeux de la construction des saviors géographiques*（*XVI*^e- *XX*^e *siècles*）, ed. Jean-François Chauvard and Odile Georg，在 Isabelle Laboulais-Lesage 指导下（Strasbourg: Presses Universitaires de Strasbourg, 2004）, 17 –34。

[77] 有时候据说，一幅雕版地图更精细的风格在图版上增加了显示地理信息量的空间，但如前所述，目前的分析表明，文艺复兴后期的铜版地图趋向于承载更少的信息，而不是更多。还有常见的假设就是，风格上的整洁反映了其他方面的准确。这可能恰恰不是事实，如同 Wright 在他的评价中指出的“精美、清晰的外观，这是绘制精良的地图所呈现出的，由此使其带有一种可能应该或可能不应该具有的科学可信性的氛围”；参见 John Kirtland Wright, “Map Makers are Human: Comments on the Subjective in Maps,” *Geographical Review* 32（1942）: 527 –44, esp. 527. Taylor，以及后来的坎贝尔，还注意到，对于一些后来的16世纪和17世纪地图的简朴整洁而言，对地形的呈现“几乎是没有意义的”；参见 E. G. R. Taylor, “A Regional Map of the Early XVIth Century,” *Geographical Journal* 71（1928）: 474 –79, esp. 474，以及 Campbell, “History of Cartographical Symbols,” 139。

[78] Dainville, *Langage des géographes*, 222.

印刷地形图上的符号

在这里呈现的符号的顺序没有遵从现代地图学的习惯，而是回应了在文艺复兴时期所熟知的托勒密的地理学。因而，在代表了自然特征的符号之后，在转向聚落的符号之前，我们考虑那些代表了边界和领土的符号。与此同时，尊重了现代地理学家对于自然和人造的区分，因此我们没有对代表了所有水体特征的符号进行讨论，而是在经济地理的背景下讨论， 542
代表了与对水的人类使用存在联系的那些特征的符号，并且将代表了地理景观中的历史要素的符号留到了最后。文本中引用的地图的时间，尽可能是每种地图的最早印本。不是所有在文本中引用的地图或者列在附录中的地图都被展示在了图表中。然而，所有在附录21.1中被确定的地图都与图表所使用地图有着相同的缩写。

水体符号

1. 海洋符号

总体而言，空荡荡的海洋中被填充了水波纹图案。有时那里有船只、鱼和海中怪兽的小插图。到这一时期末，商业地图集出版者通过对海洋不加装饰和不绘制阴影而节约成本。在着色地图上，色调反映了特定季节的海洋[79]。图21.8中复制了地图上对远海进行呈现的大量不同方式，从中可以看出，在文艺复兴晚期的地图上可以发现密集和稀疏的呈现形式，就像在早期地图上那样[80]。符号的主要类型涉及线条（波折的或者连续的）和点（点彩）。可 543
以以模拟的方式使用任何一种类型的符号。均匀应用点状的和紧密且不连续的线条制造了一个相对平静的海洋，其表面仅仅被最为轻柔的风所打破，但是一些地图制作者（或者他们的雕版匠）选择将较短的线条转型成波浪，或将较长的线条扭曲成剧烈卷曲的曲线，由此好像绘制了最为狂暴的海洋。徒手绘制的点画的特征是点的大小、形状和分布得不均匀。尽管，偶尔的，点画是排列一致的，就好像使用了一根尺子作为引导[81]。有时，短线，尤其由荷兰雕版匠绘制的，排列为曲折的或者云纹的图案。其他海洋符号是有特征的，例如贾科莫·加斯塔尔迪的西西里地图（1545）上粗大的弯曲，或者雅各布·齐格勒（Jacob Ziegler）圣地地图（1532）上的华丽的涡卷。

2. 海岸线和悬崖的符号

地图制作者通常通过沿海线性的晕线，在朝海的一侧标记一条将陆地与海洋区分开的线条，并且在16世纪70年代之后，几乎每个人都是那么做的（图21.9）。密集在一起的短的、笔直的线条与海岸的线条呈直角雕刻。在某些地图上，线条依然保持水平，甚至在那些海岸改

---

[79] 被使用的颜色通常是蓝色、亮绿色，或者就像在安德烈亚斯·瓦尔施佩格1448年的世界地图上的那样，绿色（viridis）代表夏季的海洋，而灰色、暗绿色和黄色则代表冬季的。关于在绘本地图上着色的海洋的选编，参见Dainville, *Langage des géographes*, 100。

[80] 风格化的变体使其难以被更为准确地确定。

[81] 一些雕版匠在使用凿子创造点画的点时比其他人更为系统。两位雕版匠显然负责了克里斯托弗·萨克斯顿的多塞特郡地图（1575）上的点彩。那位工作于地图右半部分的雕版匠在间隔规则的线条间制造了点，但是他的同事在地图另一侧的工作要无序得多，并且他的线条是密实的。他们的工作在Portland Isle以西结合起来。

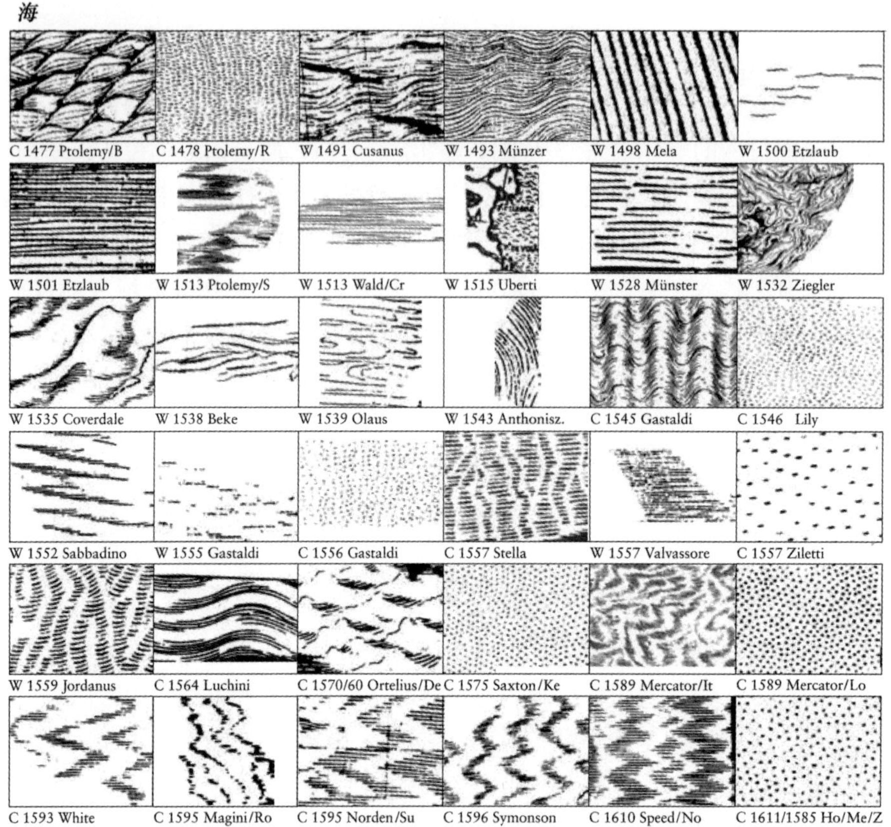
海
C 1477 Ptolemy/B
C 1478 Ptolemy/R
W 1491 Cusanus
W 1493 Münzer
W 1498 Mela
W 1500 Etzlaub
W 1501 Etzlaub
W 1513 Ptolemy/S
W 1513 Wald/Cr
W 1515 Uberti
W 1528 Münster
W 1532 Ziegler
W 1535 Coverdale
W 1538 Beke
W 1539 Olaus
W 1543 Anthonisz.
C 1545 Gastaldi
C 1546 Lily
W 1552 Sabbadino
W 1555 Gastaldi
C 1556 Gastaldi
C 1557 Stella
W 1557 Valvassore
C 1557 Ziletti
W 1559 Jordanus
C 1564 Luchini
C 1570/60 Ortelius/De
C 1575 Saxton/Ke
C 1589 Mercator/It
C 1589 Mercator/Lo
C 1593 White
C 1595 Magini/Ro
C 1595 Norden/Su
C 1596 Symonson
C 1610 Speed/No
C 1611/1585 Ho/Me/Z

图 21.8 海洋符号。关于这些符号来源的地图的详细情况，参见附录 21.1

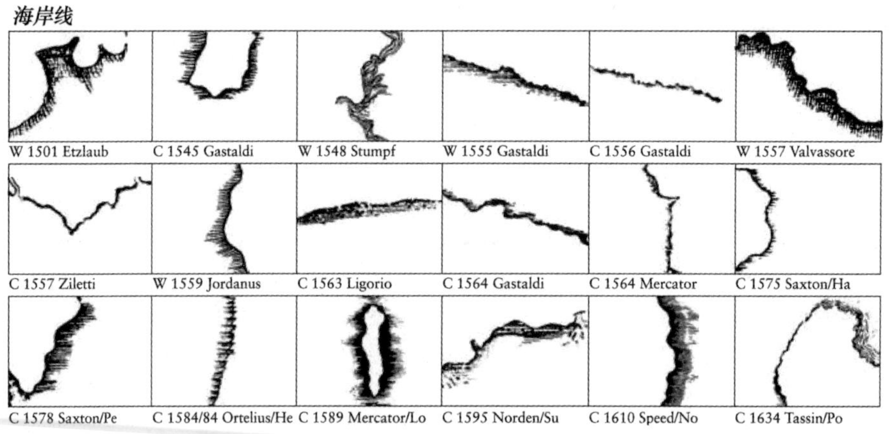
海岸线
W 1501 Etzlaub
C 1545 Gastaldi
W 1548 Stumpf
W 1555 Gastaldi
C 1556 Gastaldi
W 1557 Valvassore
C 1557 Ziletti
W 1559 Jordanus
C 1563 Ligorio
C 1564 Gastaldi
C 1564 Mercator
C 1575 Saxton/Ha
C 1578 Saxton/Pe
C 1584/84 Ortelius/He
C 1589 Mercator/Lo
C 1595 Norden/Su
C 1610 Speed/No
C 1634 Tassin/Po

图 21.9 海岸线符号。关于这些符号来源地图的详细信息，参见附录 21.1

变了方向的地方也是如此。构成晕线的线条，其长度存在相当的变化。在某些地图上，长和短的线条，或者不同浓密度的线条，构成了一个规则的图案。偶尔情况下，晕线切穿了被用于表示海的描影的水平线，制造了交叉影线的小块(82)。水线，与海岸线平行的线条，强调了岸线，没有被发现于文艺复兴时期的地图上；卢宾报告，雕版匠不喜欢绘制它们的工作(83)。在这一时期的早期或晚期，悬崖只是有时被显示，且不可避免的是图像的（图21.10）。在托勒密《地理学指南》的地图上，清晰地标记了海角，或者通过线性的描影，或者通过显示一座深入海中的山脉，但是在后来的地图上，只是标有海岸线上地点的名称。

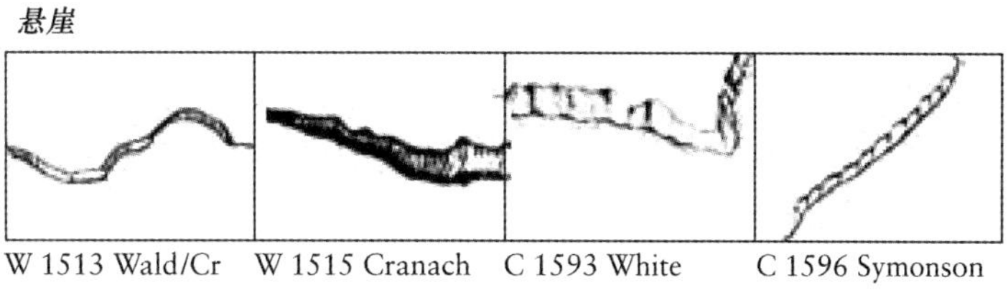

图21.10　悬崖符号。关于这些符号来源地图的详细信息，参见附录21.1

3. 岩石、浅滩、河口和其他海洋特征的符号 544

某些海洋特征在陆地上是清晰可视的，同时可能由于这一原因，它们也出现在一些印刷地形图上。在其他情况中，它们可能复制自一幅用作材料的航海图，或者——就像在科尔内利·安东尼斯的情况中的，一位航海图制作者自己——根据习惯进行补充（Caerte van Oostlandt，1543）。图21.11显示了采用自航海图的代表岩石的高度风格化的符号如何被图像符号所取代，而这些图像符号是在针对日常使用而绘制的地图上的(84)。在巴普蒂斯塔·博阿

(82) 我们注意到其上存在沿着海岸线的交叉影线的三幅地图都是木版的：埃兹洛布的*Lantstrassen*，1501年；Lazarus的匈牙利地图，1528年；以及瓦尔瓦索雷的弗留利（Friuli）地图，1557年。Alfred W. Pollard, in *Fine Books*（New York: Cooper Square Publishers, 1964），115，认为，最早对于交叉影线的使用是Bernhard von Breydenbach的*Peregrinatio in Terram Sanctam*（Mainz，1486）中的木版插图。

(83) “确实，只有很少的雕版匠系统地遵循了陆地形状，用水波纹线条勾勒出陆地，他们在雕版我的一些地图的时候将遇到麻烦；其最为厚重的线条距离陆地最近，其他的随着与陆地的距离而成比例的变得纤细。雕版的这一方法，对于海洋的呈现是最好的。由于工作时间太长以及太困难，因而雕版匠不愿意那么做”；参见Lubin, *Mercure geographique*, 248，还被Dainville在*Langage des géographes*, 99中提到。绘制平行于海岸的线条到19世纪早期成为标准习惯；参见Lynam, “Ornament, Writing and Symbols,” 326。

(84) 科尔内利·安东尼斯在地图上解释了他使用点“勤勉地”标识危险的泥泞地点，用十字标识离岸的岩石；参见在Lang, *Seekarten der Südlichen Nord- und Ostsee*, pl. I. Anthonisz中的复制件。将他的地图称为“chartam hanc regionum orientalium”，因而一些地图史学者认为指的是一幅航海图，例如，Johannes Keuning, in “Cornelis Anthonisz.,” *Imago Mundi* 7（1950）: 51－65, esp. 52，然而，地图显然是一幅丹麦和北海以东土地的地形图，基于此而被奥特柳斯用于《寰宇概观》（1570）。

马丁·瓦尔德泽米勒在他的世界地图上（1507）放置了一个十字来代替在沙质浅滩上的点，可能出于迷信的恐惧，可能只是对危险的通常的警告；1525年，洛伦茨·弗里斯在他复制的瓦尔德泽米勒的欧洲地图（1511）上放置了十字，如此远离非洲海岸，以至于一位现代研究者疑惑，弗里斯是否知道它们的含义；参见Hildegard Binder Johnson, *Carta marina: World Geography in Strassburg, 1525*（Minneapolis: University of Minnesota Press, 1963），70。皮得罗·科波（Pietro Coppo）在他的小型不列颠群岛地图（1524—1526年）上将代表岩石和沙地的符号颠倒了，在这一地图上，Dogger堤岸的沙地和北海其他的浅滩被用十字标识。然而Adriaen Veen在他安东尼斯地图缩小的复制品上（Oostlands，1613）增加了另外的符号（一个在每个角上都有一个点的十字，代表永久沉没在水下的危险）。

里奥（Baptista Boazio）的爱尔兰地图上（1599），礁石被用自然风格引人注目地绘制。就像在航海图上，沙地和浅滩趋向于通过模拟自然特征纹理的精细的点画而被显示在地图上。

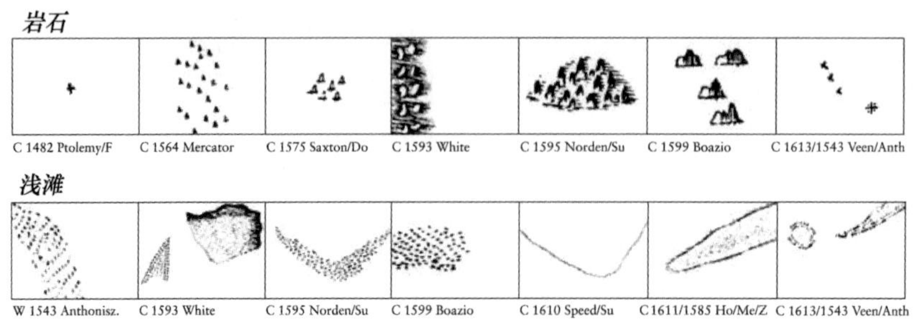

图 21.11 岩石和浅滩的符号。关于这些符号来源地图的详细信息，参见附录 21.1

到 16 世纪中叶，与小冰期（Little Ice Age）有关的风暴和潮汐大浪频率的激增和严重的程度，以及土地利用的增加和河流盆地上游森林的砍伐，都导致了广泛而日益频繁的洪水、沼泽的扩大，海港和河口沙子和淤泥的沉积，尤其是在欧洲周围位置较低的海岸[85]。地图制作者意识到了那些变化，并且其中很多人将它们标识在他们的地图上。雅各布·范代芬特尔（Jacob van Deventer）确定了 1530 年的圣菲利克斯日（Saint Felix Day）在泽兰（Zeeland）的大浪中沉没在水中的土地（和村庄）（1560）；安东尼斯标明了在威悉河（Weser River）河口显然出现的淤泥和沙子复杂的布局模式（1543）；并且巴普蒂斯塔·博阿里奥（1599）对爱尔兰南部可能造成河口封闭的沙嘴赋予了名称[86]。在法国南部，皮埃尔—让·邦帕尔（Pierre-Jean Bompar）（1591）描绘了大量的淤泥正在被罗讷河的支流带入里昂湾[87]。

主要河口的危险水流已经通过在海岸线之外的河流线条的延续且延伸到海中加以显示
545 （参见图 21.12）。更不寻常的是，奥劳斯·马格努斯（1539）描绘了冰封的波罗的海；在一个糟糕的冬季中，这一大海可以被完全冰冻[88]。在他的书籍中，奥劳斯提醒他的读者，在他的地图上，“描绘了北方地区”，他标明了在挪威湾（Norwegian）海岸之外的勒斯特（Röst）

---

[85] 关于文艺复兴时期气候条件的变化，参见 Jean M. Grove，The *Little Ice Age*（London：Methuen，1988），以及 H. H. Lamb，*Climate*：*Present*，*Past and Future*，2 vols.（London：Methuen，1972－77），2：423－73。

[86] 在米凯莱·特拉梅兹诺的墨卡托的弗兰德斯地图的副本（1555）上，整个区域被标记为“沉没”（submersa）。尽管 40 年后第二次大洪水，Borssele 的重新逐渐出现被记录在雅各布·范代芬特尔的 Brabant 和 Gelderland 地图的较晚版本中（Ortelius，1570；Mercator-Hondius，1611），尽管 Honte River 以南大量受到洪水影响的区域依然在水面之下。参见 Audrey M. Lambert，*The Making of the Dutch Landscape*：*An Historical Geography of the Netherlands*，2d ed.（London：Academic Press，1985），113 and 190－91。

[87] 自 16 世纪 60 年代中叶之后，普罗旺斯的气候条件明显恶化。土地侵蚀的加速导致了下游的洪水，1587 年，罗讷河下游永久性改道。邦帕尔对不仅来自罗讷河而且对来自如瓦尔河等较小河流的河水宣泄的强调，是对现实的一种反映。

[88] 奥劳斯·马格努斯讲述，在 1323 年，波罗的海如何“被最为严酷的寒冷所冰封，由此其可以从位于 Lübeck 的海岸步行到丹麦和普鲁士，并且可以在冰上适合的地点建立宿营地”；在“1399 年的整个冬季，霜冻的土地和海洋如此坚硬，以至于人们可以从 Lübeck 到 Stralsund 城镇以及从那里穿越丹麦，而鞋都是干的”；同时，“在 1423 年，这样一种无可匹敌的、从未听闻的冰冻持续了整个冬季，由此马夫可以非常安全地从普鲁士的 Gdansk 到 Lübeck 穿行，然后从 Mecklenburg 跨过大海直至丹麦，并且在冰上住宿”。参见 Olaus Magnus，*Description of the Northern Peoples*，*Rome* 1555，3 vols.，ed. Peter Godfrey Foote，trans. Peter Fisher and Humphrey Higgens，其注释来自 John Granlund 的评注（London：Hakluyt Society，1996－98），1：59－60。注意，奥劳斯只是简单地将他的地图称为他的“地图”或他的“Gothic map”，而从未称为航海图（*Carta marina*）。

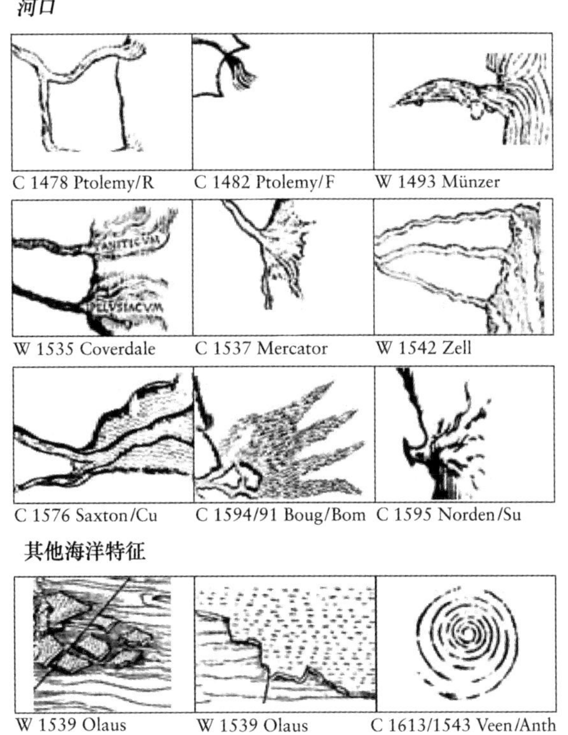

图21.12　代表河口和其他海洋特征的符号；关于这些符号来源地图的详细信息，参见附录21.1

岛和罗弗敦群岛（Lofoten）之间“大的深渊，或者旋涡”，其被认为比自古代以来就与希拉（Scylla）和卡里布迪斯（Charybdis）联系起来的墨西拿海峡中的更危险[89]。

水文符号

1. 内陆湖泊的符号

从大约16世纪中期之后，湖泊通常被用与大海相同的方式标记（图21.13），尤其是在铜版地图上，在其上点画的湖泊与点画的大海相匹配。较早时期，它们通常是被区别对待的，通常用水平线绘制或者通过用尺子绘制的两岸之间的线条表示[90]。阿皮亚的基于大小来对湖泊进行不同描影的习惯（巴伐利亚地图，1568），后来受到了卢宾的支持，但是不一定在此期间被遵从[91]。少量地图制作者试图将外海与沿岸潟湖（咸水湖）区分开来，或者将沿

---

[89] Olaus Magnus, *Description of the Northern Peoples*, 1：100－101. 奥劳斯将显示在他地图上的旋涡命名为“Carabdi”。神秘的联系持续：在 Matthäus Greuter 的 *L'Italia*（1657），西西里旋涡依然被标注为“Caridi”和“Scilla”。参见 Roberto Almagià, *Monumenta Italiae cartographica*（Florence：Istituto Geografico Militare，1929），pl. LXV，sheet 12。

[90] Dainville, in *Langage des géographes*, 153－54，提出，沿海的潟湖（étangs）按照水深被描影。在乌贝蒂的伦巴第地图上（1515），连续的和密集的不规则线条填充了费拉拉以东的潟湖，而大海被用短的有着尖顶的斑点，类似于水波纹，所标志。

[91] 卢宾建议雕版匠像处理那里有着空间的大海那样去处理湖泊的轮廓，且对它们完全填充阴影（“它们被完全用平行的点状线填充”）；参见 Lubin, *Mercure geographique*, 304－5，还被 Dainville, *Langage des géographes*, 154 引用。

海潟湖与内陆（淡水）湖区分开来。挑选出来的人工湖（因工业用途通过堤坝建造的那些）是例外，通常由在堤坝一端的直线展现出来[92]。偶尔也会标出一个湖泊的堤岸[93]。

2. 河流符号

河流在现代前期印刷的地形图上被呈现为一个简单的、通常连续的，但粗细可能存在变化的线条，或者作为双线（图 21.14）。第二条线可能与河流河道的长度保持大致一致，或者在上游逐渐变成单线。在很多最早的印刷地图上，每条河流的源头——一个泉水，基于古典神话——可能被突出地用一个环形（就像在中世纪地图上那样）标识，这一习惯可能还被发现在 16 世纪晚期的地图上，例如巴托洛梅乌斯·斯库尔特图斯（Bartholomäus Scultetus）

546

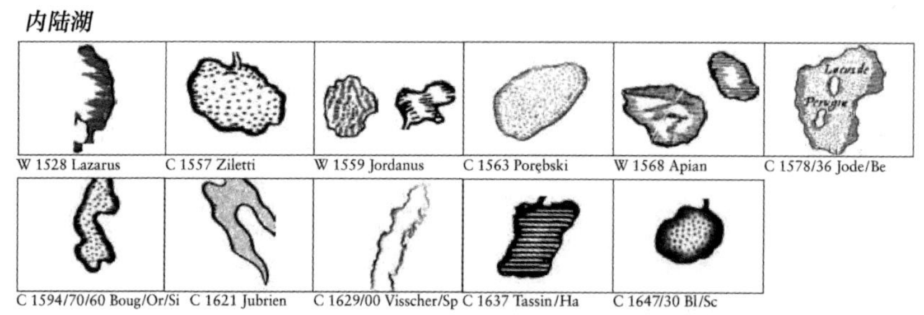

图 21.13 内陆湖泊的符号。关于这些符号来源地图的详细信息，参见附录 21.1

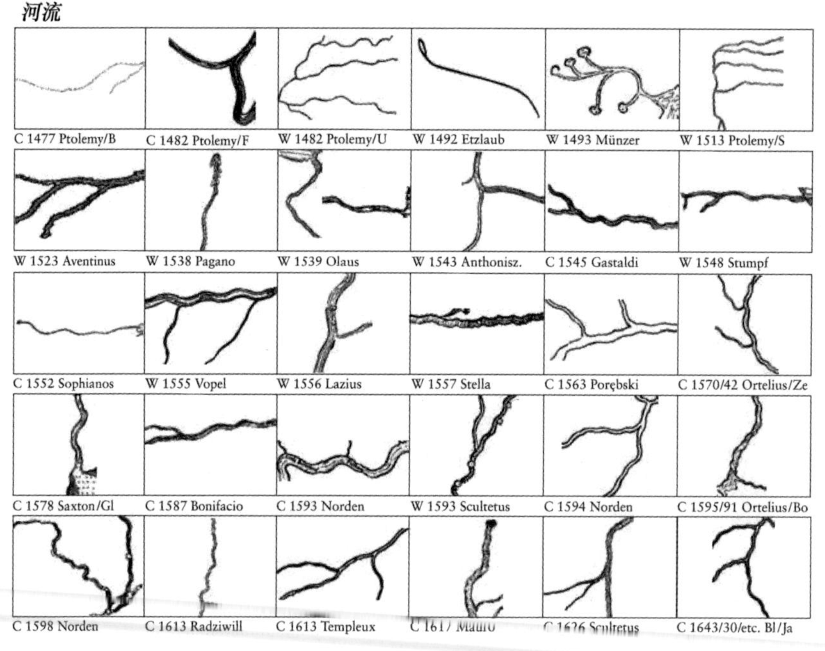

图 21.14 河流符号。关于这些符号来源地图的详细信息，参见附录 21.1

---

[92] 例如，巴托洛梅乌斯·斯库尔特图斯的上卢萨西亚的木版地图（1593）以及 Jean Jubrien 的 Rheims 主教教区的铜版地图（1623）。

[93] 例如，Simeoni, *Auvergne*（1560），在那里，整幅地图用透视方法呈现。在墨卡托的欧洲地图（1554）上，每座湖泊北部的交叉影线给出了水体被悬崖遮蔽的印象。

的上卢萨西亚（Upper Lusatia）（1593）地图[94]。马泰奥·帕加诺（1538）挑选出不同的特征加以强调，阿尔卑斯高山水源汹涌的水流，在他的地图上以类似倒鱼鳞状的图案表示。

代表一条河流的线条之间的空间可以被留成空白，就像在世纪上半叶的众多地图上的那样，或者填充有纵向的径流线（连续的、不连续的或者两者的混合）、横断线，或者点画。一些地图制作者继续在内陆上使用海域的描影来表明潮汐到达的范围［安东尼斯、奥斯特朗德（Oostlandt），1543；菲利普·西蒙森（Philip Symonson），肯特，1596］。那些将一条河流的支流与其主干区别开来的地图制作者通常是少数。偶尔的，一位地图制作者标明了一条深深下切的河流的陡岸。乔瓦尼·安德烈亚·瓦尔瓦索雷在河流两侧使用了短的、弯曲的线条达成相似的效果（弗留利地图，1557），并且弗朗索瓦·德拉纪尧蒂尔（François de La Guillotière）的粗粗的饰有荷叶边的线条可能意图代表同样的特征（L'Isle de France，1598）。一个可选择的方式就是加重河流一侧的线条。最为通常的技术就是使用垂直影线，尤其是在用透视方法描绘区域的地图上，例如纳塔莱·博尼法乔的阿布鲁齐（Abruzzi）地图（1587）。

3. 其他水文特征的符号

偶尔也有地图制作者将注意力集中于当地水文的特定特征或特点（图21.15）上。威廉·史密斯在他的萨里郡地图（1602）上，使用了颠倒的Cs的线条——模拟、假设类似于巨穴的地下河道——标记了莫尔河（Mole River）的地下部分，但没有解释符号的含义[95]。格里奥·帕伦蒂（Gellio Parenti）使用虚线而非实线，并且在河流名称上增加了字母*FS*（*Fiume secci*，或干涸的河流——“那些……当下雨的时候开始流淌”，作为在图例中的解释），在他的斯波莱托（Spoleto）地图（1597）上将季节性河道与长年的水流区分开来。亚伯拉罕·法贝尔（Abraham Fabert）通过一个箭头标明了摩泽尔河（Moselle）流淌的方向（梅斯地图，1605）。一个代表了人工河道，如运河或排水渠的特定符号并不是必需的，因为这些已经通过线条的笔直和角度识别出来。因而，克里斯蒂安·斯根顿（Christiaan Sgrooten，1573）通过直线网格的方式标明了新开垦的土地，就像乔瓦尼·安东尼奥·马吉尼（Giovanni Antonio Magini）在他意大利地图上做的那样（1608）。

547

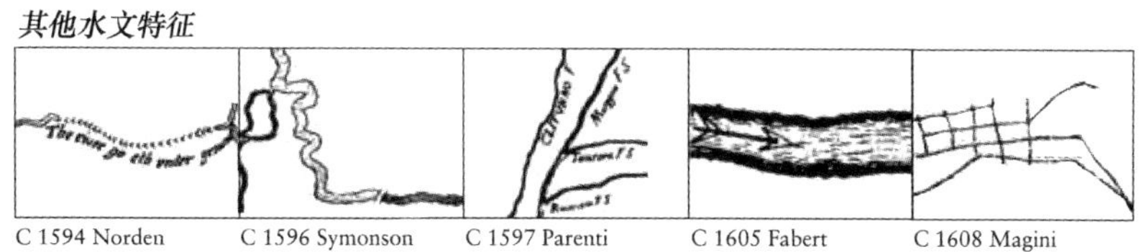

图21.15　其他水文特征的符号。关于这些符号来源地图的详细信息，参见附录21.1

---

[94] 16世纪末，代表源头水泉的环形还被作为标记（例如，Scultetus, *Upper Lusatia*, 1593），并且卢宾注意到，湖泊可以作为河流的源头，在*Mercure geographique*, 305中。

[95] 可能的是，这一特征也是流行的热门话题，并且史密斯期望他的地图的购买者能识别出，而不需要进一步的评注。在Edmund Spenser的诗*The Faerie Queene*（1596）中提到过：“鼹鼠，就像一个笨拙的鼹鼠，他/他的路径仍然在地面下，直到Thamis其才流出”，参见Edmund Spenser, *The Faerie Queene*, ed. A. C. Hamilton（London: Longman, 1977），4.11.32（p. 514）。

悬崖符号

在托勒密的《地理学指南》中，列出了世界的主要山脉，还有它们的坐标。然而，与古典时期相比，中世纪对于山脉并没有更多的考虑，除了作为障碍之外，对其没有任何内在的兴趣。在文艺复兴早期，类似的，在印刷地图上没有特别关注于对悬崖的各个方面进行数学上的准确呈现[96]。与此同时，对于地理景观的恰当呈现则是被预期的。保罗·法布里修斯被他同时代的人指责，因为在他的莫拉维亚地图上缺乏山丘符号（1569），由此意味着一个平坦的地理景观，而“那里应当有山脉”[97]。

1. 山丘和山脉的符号

549 如同在图 21.16 中反映的，文艺复兴时期，在显示山丘和山脉的方式中的变化很少。选择从垂直视角和水平视角对高地进行呈现，涉及不同的重点。在被想象的视点是来自上方的时候，符号强调的是作为整体的高地区域的范围，以及区域中每一地点的位置及其与周围环绕的线条的关系。在使用水平视角的地方，地图制作者从外侧对高地进行视觉化，就像从周围环绕的低地或者从一个正面的有利位置，并且重点在于高度和天际线。在理论上，外部视角的优点更多。每座山脉的立面可以被单独描绘，其两翼可以通过阴影塑造出一种悬崖的幻像，同时立面可以分成等级以传达相对的尺寸和高度。将山丘标志组合在一起，也可以给出高地地区的性质及其主要的高原、山脊、深深的裂谷、山谷和峡谷的合理印象。立面符号无法提供的就是对每座山丘范围的清晰标识，其也无法被用于在高地区域内用数学正确的相对位置放置其他特征。鸟瞰的山丘符号，在那里等值线被在一侧描影以给出一种高原的效果，可能被看成将两种透视方式进行结合的尝试，就像在 15 世纪晚期的印刷地图上的那样[98]。

立面山丘符号可以追溯到史前时代，并且它们的构成依然未变[99]。在文艺复兴时期的印刷地形图上，就像在早期绘本中，立面山丘和山脉符号结构上的唯一变化就是存在或者缺少一条横穿底部的线条。那些在图 21.16 中展示的符号中的大约 1/3 缺乏这样一条封闭线。当一个不完整的立面被着色之后，就像在中世纪的绘本地图上那样，被绘制的区域的范围封闭了符号。如果这种“被绘制的”和“线状的”地图符号之间的视觉差异很重要的话，那么文艺复兴时期的地图制作者和雕版匠应当确保，所有符号的轮廓通过雕刻的线条被完全封闭，但他们没有那么做[100]。在

---

[96] 如同在早期，在文艺复兴时期，山脉被切穿，当需要的时候，但是除此之外都被忽略。在很多情况下，对于详细呈现高地的尝试将导致过于拥挤和不可辨识，牺牲了与日常生活中更直接相关的特征（例如河流和聚落）。

[97] Karel Kuchař, *Early Maps of Bohemia*, *Moravia and Silesia*, trans. Zdeněk Šafařík (Prague: Ústřední Správa Geodézie a Kartografie, 1961), 36.

[98] 例如，参见 Gabriel Capodilista（1475）和克劳迪乌斯·托勒密（1477）绘制的地图。Hodgkiss 在 *Understanding Maps*, 42 中提到，他将那些看成 15 世纪末山丘平面呈现的开端，当“地图制作者开始用平面方式呈现山丘，顶部空白，并且在斜坡周围雕刻上垂直的描影……［由此］，第一次，给出一个相当准确的山脉的长度和宽度的印象变得可行”。他的描述似乎指的是我们的鸟瞰式的山丘符号。

[99] 参见 Delano-Smith, “Cartography in the Prehistoric Period,” 71 – 74 中的例子。

[100] 这一思想是由戴维·伍德沃德在“The Image of the Map in the Renaissance,” in *Plantejaments*, 133 – 52, esp. 146 – 47 中提出讨论的，即“从绘画向线状的转型”区分了中世纪和文艺复兴时期的地图，这种认知被证明是站不住脚的。首先，中世纪的图示并不比一幅印刷地图有更少的线性。第二，在任何时期，只要颜色被用于填充线条之间的空间或——在绘画地图，而不是在着色的情况下——被作为线条，那么其不仅作为边界线而成为绘画区域的边缘，并且在那些缺失一条绘制的、绘画的、切割的或者雕刻的线条的地方，使得图形完整。

山丘和山脉 548

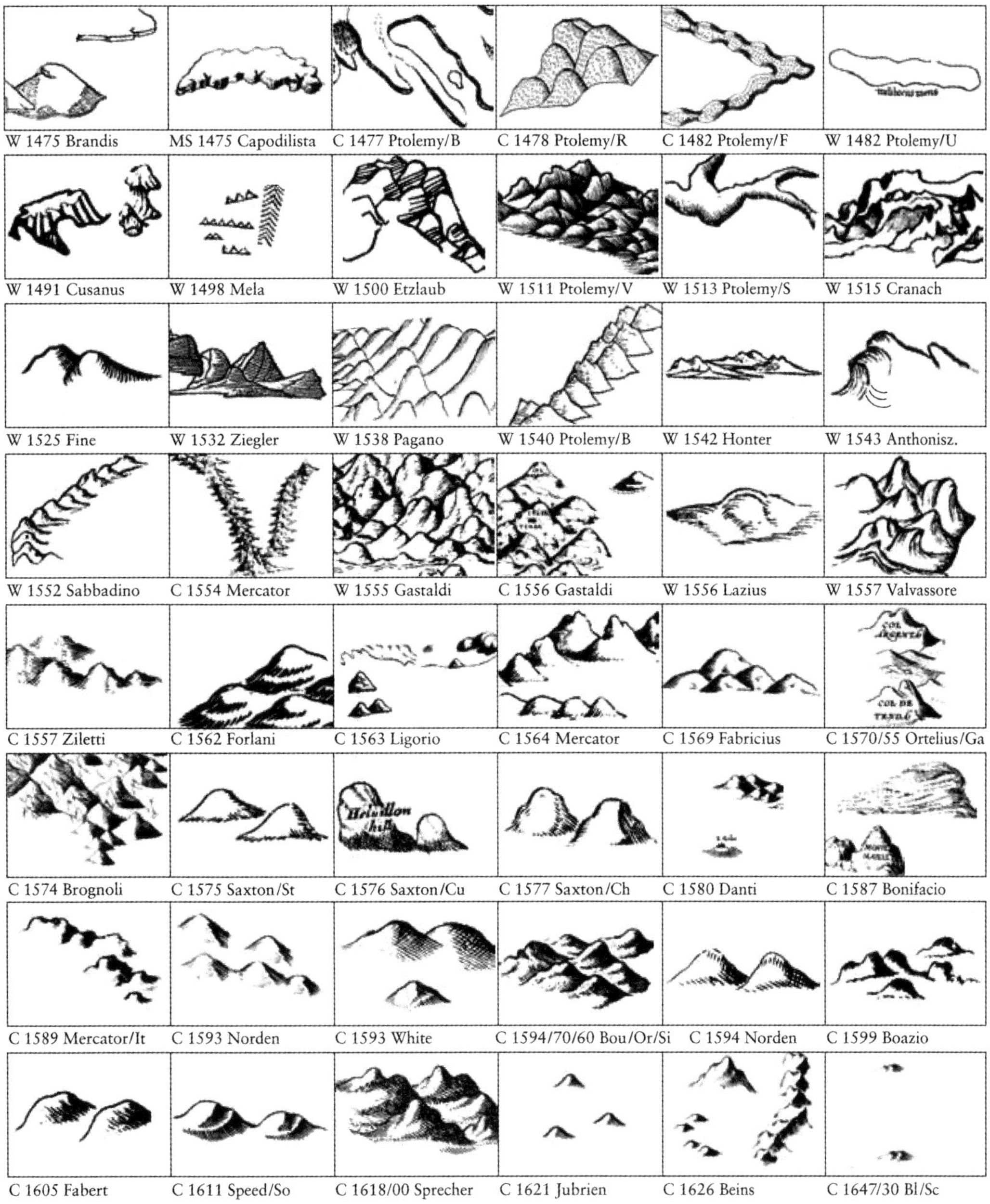

W 1475 Brandis	MS 1475 Capodilista	C 1477 Ptolemy/B	C 1478 Ptolemy/R	C 1482 Ptolemy/F	W 1482 Ptolemy/U
W 1491 Cusanus	W 1498 Mela	W 1500 Etzlaub	W 1511 Ptolemy/V	W 1513 Ptolemy/S	W 1515 Cranach
W 1525 Fine	W 1532 Ziegler	W 1538 Pagano	W 1540 Ptolemy/B	W 1542 Honter	W 1543 Anthonisz.
W 1552 Sabbadino	C 1554 Mercator	W 1555 Gastaldi	C 1556 Gastaldi	W 1556 Lazius	W 1557 Valvassore
C 1557 Ziletti	C 1562 Forlani	C 1563 Ligorio	C 1564 Mercator	C 1569 Fabricius	C 1570/55 Ortelius/Ga
C 1574 Brognoli	C 1575 Saxton/St	C 1576 Saxton/Cu	C 1577 Saxton/Ch	C 1580 Danti	C 1587 Bonifacio
C 1589 Mercator/It	C 1593 Norden	C 1593 White	C 1594/70/60 Bou/Or/Si	C 1594 Norden	C 1599 Boazio
C 1605 Fabert	C 1611 Speed/So	C 1618/00 Sprecher	C 1621 Jubrien	C 1626 Beins	C 1647/30 Bl/Sc

图 21.16　山丘和山脉符号。关于这些符号来源地图的详细信息，参见附录 21.1

现代早期的印刷地形图中，山丘符号被以各种方式应用：独自的或者在底部彼此相连构成一个链条；叠压或者聚集在一起（叠盖）并且涵盖了广泛的区域；或者以自然主义的或者以概略的风格绘制[101]。

从他们的自然主义的山丘标志（有时也来自相关文献）的真实性可以清楚地看出，中世纪的艺术家被迫去从自然复制，并且在必要的时候将一堆合适的石头作为模型，与此类似，文艺复兴时期的某些地图制作者也在使用他们在田野中制作的草图[102]。在其他地图上，山丘形状显然是想象的，例如耶罗尼米斯·科克（Hieronymus Cock）的类似花椰菜的山丘轮廓（皮埃蒙特地图，1552）。然而，在绝大部分的地图上，立面符号仅仅是概念性的。这些“鼹鼠丘”或“塔糖”的轮廓可能是尖的或圆形的、锥形的、三面的，或者在轮廓上是光滑的，或者可能是台阶状的或者阶梯状的，但是与现实的实际形态、比例或分布都没有太多的关系。确实，透视的小把戏可能偶尔被用于传递额外的想法。例如，认为，墨卡托在他的以北为正方向的圣地地图（1537 年）的前景中描绘的山脉，是那些在地图中部和上部的山脉高度的两倍，由此将前景中的乐土描绘为“遥远且充满生机”，与人口稀少的西奈沙漠（Sinai Desert）形成对比，并且“有着高耸天际的拜占庭的尖顶”[103]。经常被提到的就是，萨克斯顿对山丘进行夸大以表明他用作视点的那些山丘。不太那么含糊的，例如巴托洛梅乌斯·斯库尔特图斯在山丘符号的顶部放置了一个小圆圈去标明一座“著名的”山丘，就像在他的上卢萨西亚地图（1593）的图例中解释那样。尽管，通常从立面的山丘符号的大小能读出的只不过是它们“按照被呈现的地理景观和顶峰的通常高度”而变化，并且“传达了一种地形的而不是提供了关于每个顶峰的位置和高度的准确信息”的概念[104]。

立面山形符号的大部分通过描影而给予了至少一种三维形状的印象。常见的描影是线性影线的形式。这由沿着每个山丘轮廓的两个或更多组的长或短的（或两者）划线构成，或
550 者，可选择的，在一侧或另一侧有着描影。一个流行的观点认为，因为“明智的绘画家通常工作时灯光是在左侧”，因此山丘的描影通常位于右侧[105]。这可能是通常的规则，但是并不缺少描影在左边的例子[106]。有时，交叉影线被用于山丘描影，或者独自，或者与线性阴影一起，作为一种强化透视错觉的方式[107]。有时用点画来取代线条，尤其是在地形相对平缓的区域的地图上，如奥特柳斯版本的弗朗索瓦·德拉纪尧蒂尔的《法兰西的岛屿》（*L'Isle de*

---

101 三角形通过风格上的简化，为助记或教学辅助功能提供了必要的视觉冲击效果。例如，参见 Pierre Garcie, *Le grand routier*（Rouen, 1531）中海岸的立面。

102 琴尼尼还建议艺术家用一种“好的风格”去绘制山脉，并且“让它们看上去自然”；参见 Cennino Cennini, *Il libro dell'arte*, 2 vols. , ed. and trans. Daniel V. Thompson（New Haven: Yale University Press, 1932 – 1933）, 2: 57。

103 Crane, *Mercator*, 88

104 Evans and Lawrence, in *Christopher Saxton*, 32，没有对萨克斯顿地图不同的雕版者在这一方面的作用进行评价。

105 Lynam, “Ornament, Writing and Symbols,” 324。传统的假设就是，大部分木版雕刻匠和铜版雕刻匠都是右撇子，同时那些将山丘的描影涂在“错误”一侧的极少数人因而是左撇子。在对这一解释进行推测时，应当记住，雕版匠应当工作于一个镜像的图案。为了制作一个符号右侧的描影，他应当在铜版上将描影雕刻在符号的左侧。无论如何，这个论据作为对山丘符号的描影在右侧的趋势的解释是不可信的。

106 萨克斯顿的雕版匠在英国和威尔士（Welsh）的 34 幅郡地图中将 3 幅的描影放在了左边。

107 不同于用于海岸符号中的交叉影线，山丘符号中的交叉影线在文艺复兴时期中持续；参见 Norden, *Surrey*（1594），和 White, *Isle of Wight*（1593; published by Speed in 1611）。据认为，约翰·格吕宁格尔 1527 年重新发行的瓦尔德泽米勒的世界地图上的交叉影线是众多“新特征”之一；参见 Miriam Usher Chrisman, *Lay Culture, Learned Culture, Books and Social Change in Strasbourg*, 1480 – 1599（New Haven: Yale University Press, 1982）, 140。然而，参见 Pollard 在 *Fine Books*, 115 中提到的在 Breydenbach 的 *Peregrinatio in Terram Sanctam* 中的图示上的交叉影线，被引用在注释 82。

France）（1598）。

平面图景的山丘符号被应用于一些托勒密《地理学指南》的绘本以及15世纪的区域地图上，如威廉·韦伊（William Wey）的圣地地图（1462）。它们也被用在1482年的Ulm版《地理学指南》的地图上，但是此后在印刷地图上不太普遍，除了埃哈德·埃兹洛布的神圣罗马帝国（Holy Roman Empire）地图（1501）。通过一个平面图景的符号标识高地区域范围，这一原则持续地被偶而观察到存在于专家的绘本地图上，然而，值得注意的是，那些是为了一种军事背景的使用而创造的。例如，约翰·罗杰斯（John Rogers），亨利八世的军事测量员之一，使用一条“正式的线条”标记他的布洛涅（Boulogne）邻近土地地图（1547）上的斜坡的断裂，但没有其他类型的山丘符号[108]。经常说到的就是，立面符号比平面图景的符号更容易被识别，因为它们符合一般地图使用者的个人经验。可能不是偶然的就是，在埃兹洛布在他的神圣罗马帝国地图上使用平面图景符号的前一年，他在一幅注定要流传的地图上使用了立面符号，即1500年的《通往罗马的道路图》（*Rom Weg*）。

2. 陡坡、火山和沙丘的符号

一些文艺复兴时期的地图制作者比其他人对于地貌剖面的细节有着更为敏锐的眼光。河谷阶地和陡坡表面，由一种非正式风格的影线所描述，是马丁·瓦尔德泽米勒的斯特拉斯堡版托勒密《地理学指南》的两幅新地图上的一个令人惊讶的特征（1513）（图21.17）[109]。密集的短线分别在法兰西和洛林的地图上标明了巴黎盆地的陡坡以及莱茵河谷中冲积阶地的陡坡[110]。在他的海德堡地区的地图（1528）上，塞巴斯蒂安·明斯特还使用弯曲的影线勾勒莱茵河道的侧面。很久之后，在一幅实际上避免绘制地形的地图上，克里斯托弗·塔桑使用了相似的弯曲影线代表沿着卢瓦尔（Loire）北侧的陡峭山谷的悬崖［奥尔良（Orléanais）地图，1634］。

托勒密只是简单地将火山描绘为山脉，埃特纳火山在绘本地图中以及在最早的印刷版的《地理学指南》（1477、1478）中被用这种方式显示。然而，至于1482年的Ulm版，在新的和旧的地图上，在山丘符号上添加了生动的火焰（参见图21.17）。瓦尔德泽米勒在他的《地理学指南》的版本中，对于埃特纳的描述是最为生动的：火焰在山顶跳跃，就像火山弹在空气中飞滚（1513）[111]。沙丘被作为极小的山丘对待（图21.18）。沿着尼德兰西海岸或者波罗的海南海岸延伸的巨大沙丘在尼古劳斯·库萨的艾希施泰特（Eichstätt）地图（1491）上通过大量极小的未绘制描影的立面山丘符号的方式进行了表示。

---

[108] BL, Cotton MS. Augustus I, ii, 77. 复制在 *The History of the King's Works*, 6 vols., by Howard Montagu Colvin et al.（London: Her Majesty's Stationery Office, 1963 - 82）, vol. 3, pl. 40。

[109] 在 *Darstellung einer neuen Theorie* 中，坎贝尔赞扬了莱曼的定义，即晕线是现代的、“科学的”习惯，即在其中每条线之间的线段长度、线条的粗细和间隔与斜坡成比例。坎贝尔还指出，莱曼的想法由军事指挥官的需求所占据，并且“由于斜坡大于45°的地面不适合机动，因此他只处理0°至45°的斜坡”；参见 Campbell, “History of Cartographical Symbols,” 106。

[110] Taylor 在“Regional Map”中分析了描绘在这些地图上的地形细节，认为信息是第一手观察或“调查”的结果。

[111] 关于来自15—19世纪地图上的埃特纳符号的选集，参见“Mount Etna and the Distorted Shape of Sicily on Early Maps,” *Map Collector* 32（1985）: 32 - 33 and 56。

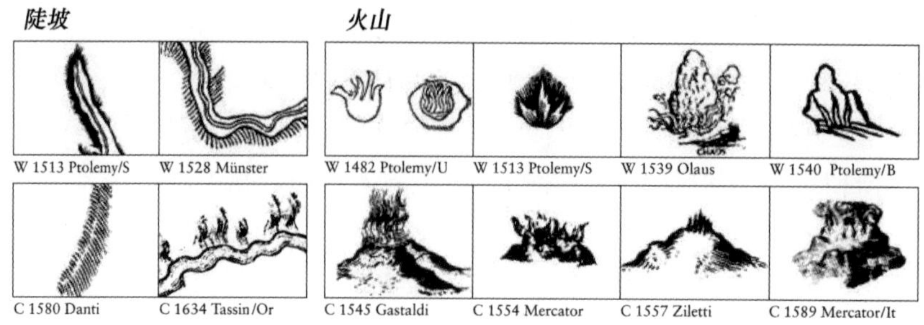

图 21.17 陡坡和火山的符号。关于这些符号来源地图的详细信息，参见附录 21.1

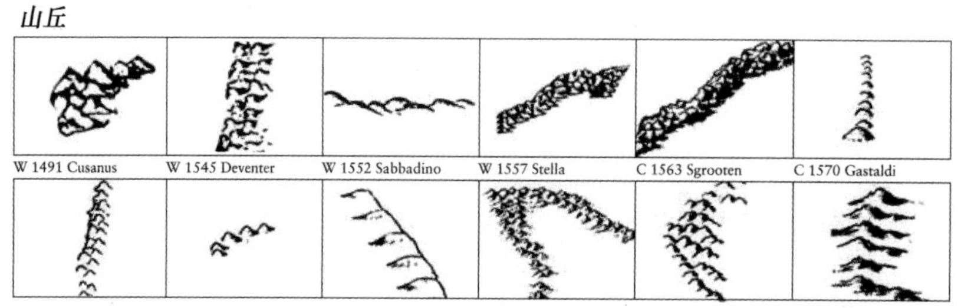

图 21.18 山丘符号。关于这些符号来源地图的详细信息，参见附录 21.1

印刷地图上的山脉和山丘符号之间的区域是被完全留成空白，还是至少部分地填充有某种种类的基线，可能是一个经济问题。托勒密的早期印刷版的出版者，按照 16 世纪后
551 期和 17 世纪前半叶的商业地图印刷匠的方式，趋向于不试图给地面加以描影。单独的地图制造者（他们的地图是 16 世纪印刷地形图的绝大多数）非常可能增加基线或者植被到山丘和山脉区域之间的其他空地上。排列成圆丘的短线，以及不规则的波折线被不加区别地使用，无论土地是否可能主要是草地还是耕地[112]。通常而言，一种可能正确的认识就是，文艺复兴早期比晚期要对自然环境有着更大的兴趣。在早期印刷的托勒密地图上发现了代表山丘或者其他地形的 8 种不同的符号，但是到 16 世纪末，在商业地图出版商正在发行的地形图上，只有一个不规则的和稀疏散乱的形状不正确的和大小微不足道的立面山形符号。在这些地图集的很多地图上，根本没有显示地形。例如，让 · 勒克莱尔（Jean Ⅳ Leclerc）和克里斯托弗 · 塔桑的法兰西地图集（分别为 1619 年和 1634 年）中的地图有接近一半没有地形，除可能填充了地图的一个角落或沿着地图边缘的其他空白区域之外。支持一些评论者认为的，他们在文艺复兴时期绘制的地图中看到的地形的“发展过程”“合理的发展”或者“系统转变”的证据是非常难以找到的[113]。

---

[112] 例如，参见阿皮亚的巴伐利亚地图（1568）和拉旺哈的阿拉贡地图（1620）。这一信息类目没有在图表中进行展示。

[113] 在其他研究中，参见 Denis Wood, “Now and Then: Comparisons of Ordinary Americans' Symbol Conventions with Those of Past Cartographers” (paper presented at the 7th International Conference on the History of Cartography, Washington, D. C., 7 – 11 August 1977)，在相同题目下出版的一个版本，是在 *Prologue: Journal of the National Archives* 9 (1977): 151 – 161 中。词汇“合理的发展”被发现于 David J. Unwin 对 *Cartographic Relief Presentation*, by Eduard Imhof, *Bulletin of the Society of University Cartographers* 17 (1984): 39 – 40 的评论中。

植被符号

森林和林地，类似于沼泽，通常被认为有着经济上的重要性，但是与此同时，是军事行
动和旅行的主要障碍。托勒密提到了大量森林，并且显示在《地理学指南》的地图上。树 552
木和森林被突出描绘在中世纪的绘画和装饰中。然而，一些文艺复兴时期的印刷地形图提供
的只是地理景观中树木存在的象征性迹象[114]。

文艺复兴时期的地图制作者从中世纪和罗马时代继承了代表了欧洲植被的丰富的图像词汇。可以说，与现代读者相比，当时人不太可能混淆不同术语的植物学、地理学和法律内涵，以及不同类型植物的不同“状态”。今天，一般的说法，术语“林木”（wood）和“森林”（forest）通常表示一种浓密树立的树木，有着或多或少密集接触的树冠。然而，在中世纪，以及在现代早期的大部分时间中，整个欧洲，这两个词语有着非常不同的法律内涵：“森林”指的是脱离普通法的土地（即“外面的”），传统上为皇室或者贵族使用[115]。在经过数个世纪的开采之后，很多森林今天没有太好的树木，但在文艺复兴时期应当不会如此。

1. 树木的符号

现代早期印刷地形图上的树木被以图像的方式展示，有风格化的立面符号。如图21.19所示，符号构成方式中存在相当的变化。一些地图制作者强调一颗树木的结构，在单一的树干上使用或多或少的水平线，且朝向顶部长度减少，就像塞巴斯蒂亚诺·明斯特在他的海德堡毗邻地区的地图（1528）和欧洲地图（1536）上的有特点的“瓶刷”“圣诞树”或者“电线杆”的符号。其他地图制作者模仿树冠的圆形轮廓。一些则单独绘制树木，以此代表林木或森林的主要区域，而其他人则将符号聚集在一起。一些雕版匠，例如福拉尼，使得他们的树木符号仅仅成为象征符号，看上去更像是草地而不是一棵树或者灌木，且通常比毗邻的城镇符号大些。安德烈亚·波格拉斯基（Andrea Pograbski）（波兰地图，1569）用一个连续的线条划定了森林外缘的边界，就像强调森林内部的黑暗与周围开放的农场之间的差异，但是在其他地图上，森林区域周围的封闭线条或篱笆尤其标明了其法律边界。萨克斯顿用这样的方式标明了阿什当森林（Ashdown Forest）[肯特、萨塞克斯（Sussex）、萨里和米德尔塞克斯（Middlesex）地图，1575年]，以及皮克森林（Peak Forest）[德比郡（Derbyshire）地图，1577年]，但仅仅通过名称来标识其他森林[例如肯特、萨塞克斯、萨里和米德尔塞克斯地图上的温莎森林（Windsor Forest），1575年，以及同一年的汉普郡（Hampshire）地图上的东比尔森林（Forest of E[a]st Bere）]。作为对比，没有边界的麦克尔斯菲尔德森林（Forest of Macclesfield）（柴郡地图，1577），没有包含单独的树的符号。

---

[114] 森林和林地在地方层级上进行了调查和绘图，以试图评估木材资源，而地图以绘本形式存在。16世纪国家海军的创建，导致了对森林的过度砍伐，以及适合木材的短缺。

[115] 来自拉丁语*foris*。拉丁语中表示林地的词是*silva*。

553

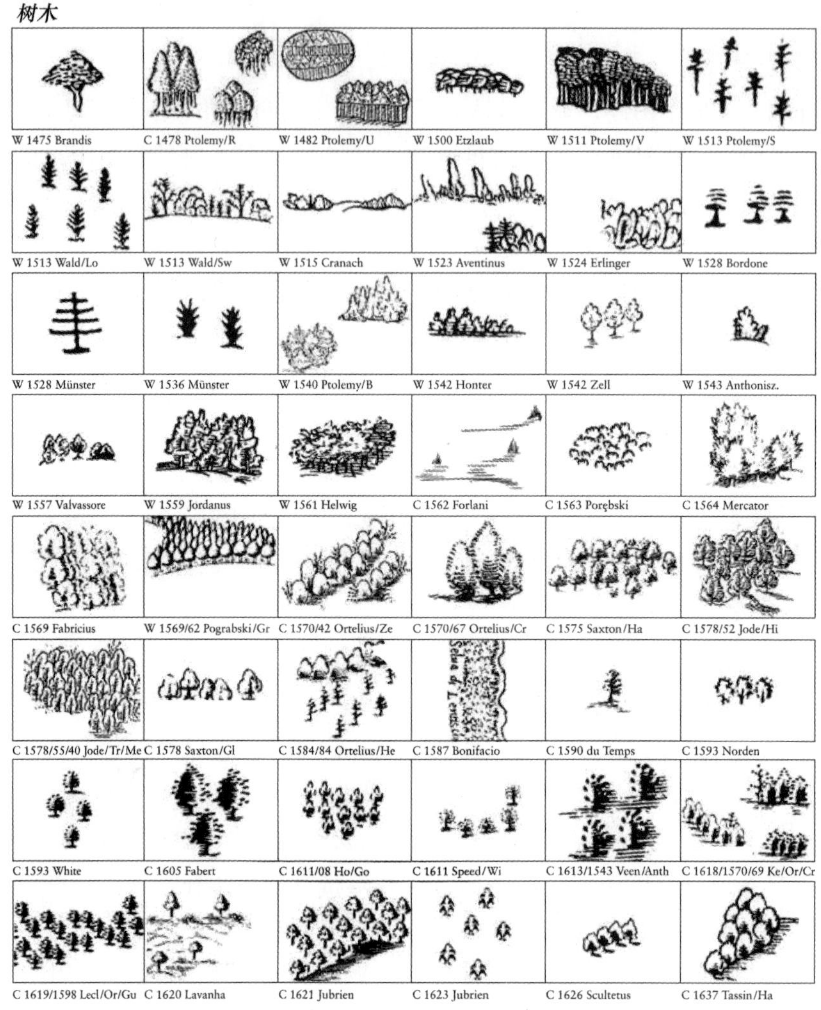

图 21.19 树木符号。关于这些符号来源地图的详细信息，参见附录 21.1

一幅地图可以包含超过一种风格的树木符号。用不同符号旨在区分落叶林和针叶林的程度是有争议的。地图上不同符号分布的位置，可以与已知的当地的生态史进行对比，就像在蒂莫西·庞特（Timothy Pont）的苏格兰区域地图中（约 1596—约 1624 年）的情况，但显示出来两者之间的关系是脆弱的[116]。在显示了欧洲大陆大部分的多山区域的地图上，如果两种类型的符号只是在少量地图上被一起使用不是事实的话，那么可以说，两种主要树木符号类型的混合被作为主导物种随着朝向和高度不同而变化的提示物。只是偶尔的，似乎可以确定特定的种类。明斯特在他《地理学指南》（1540）中的“旧”地图上描绘了枣椰树，并且

---

[116] T. C. [Christopher] Smout, "Woodland in the Maps of Pont," in *The Nation Survey'd: Essays on Late Sixteenth-Century Scotland as Depicted by Timothy Pont*, ed. Ian Campbell Cunningham (East Linton: Tuckwell, 2001), 77 - 92. 很多庞特的地图后来由威廉·扬茨·布劳所使用；参见 Jeffrey C. Stone, "Timothy Pont: Three Centuries of Research, Speculation and Plagiarism," in *The Nation Survey'd*, 1 - 26, esp. 16. 对 Lazarus 的树木符号也做出了相似的评论（参见他的匈牙利地图，1528），但是未能公正地对待当时区域中森林的范围；参见 György Balla, "Other Symbols on Lazarus's Maps," in *Lazarus Secretarius: The First Hungarian Mapmaker and His Work*, ed. Lajos Stegena, trans. János Boris et al. (Budapest: Akadémiai Kiadó, 1982), 87 - 88。

似乎在斯堪的纳维亚（奥劳斯·马格努斯，1539）和波希米亚［彼得·范登基尔（Petrus Kaerius），1618］地图上有落叶松属植物，在一幅罗马农村地图上［欧福西诺·德拉沃尔帕亚（Euphrosinus Vulpius），1547］有柏树，而在一幅弗里斯兰（Friesland）、尼德兰地图（雅各布·范代芬特尔，1545）上有柳树。甚至更为偶尔的，显示了有特殊意义的独树。让·若利韦描绘了一棵标志着四省会议的榆树［贝里、波旁（Bourbonnais）、奥弗涅（Auverge）和利穆赞（Limousin）］，并在符号旁边的一个注释中对此进行了解释（法兰西地图，1560），并且萨克斯顿挑选出的在威尔特郡（Wiltshire）的一棵孤立的山顶树，他（或他的雕版匠）在多塞特郡（Dorset）地图上（1575）将其称为"林顿梣树"（Ringhtons Ashe），而在威尔特郡地图上（1576）将其称为"金斯顿梣树"（Knigtons Ashe）。

2. 沼泽符号

没有树木的植被形式，例如荒地、草地和灌木丛（garigue 或 maquis）即使曾经被区别的话也非常少见，并且在现代早期印刷地形图上（图 21.20），沼泽是最为常见的、被描述 554
的没有树木的植被形式[117]。在拉丁语版的托勒密《地理学指南》中，沼泽被称为 *paludes*［例如塞古拉沼泽（Paludes Thiagula），现在的贾浦克湖（Lake Jalpuk），在多瑙河（Danube）南侧分支的两条支流之间］。在博洛尼亚版的《地理学指南》（1477）中，利比亚（Libyan）沙漠的淤泥被按照沼泽的方式点画[118]。到 16 世纪中期，几乎所有欧洲地图制作者都意识到了广泛存在的对持续的和侵蚀性沼泽的抱怨。在一个多世纪之后，卢宾致力于在地图上显示沼泽地，因为它们对于旅行者而言太不方便了[119]。

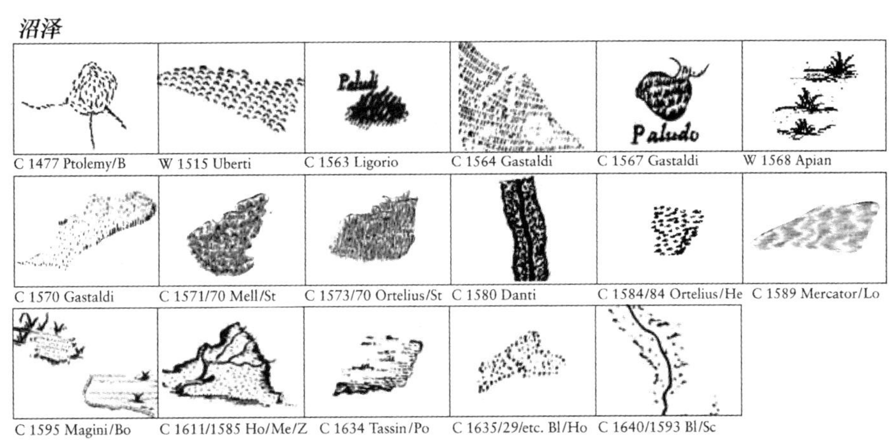

图 21.20　沼泽符号。关于这些符号来源地图的详细信息，参见附录 21.1

沼泽通常被用图像符号呈现，但偶尔是用抽象符号表示。在前者中，沼泽植物弯曲的叶子或者芦苇弯曲的茎上厚重的头部被清晰地描绘在一些地图上，但是在其他一些地图上则更为风格化。海因里希·采尔（Heinrich Zell）的符号，由三四条短的垂直线构成，

---

[117] 在被研究的大约 1/5 的地图上显示有沼泽。在一些地图上，显示了没有树木的沼泽（例如，Gastaldi，*Padua*，1568；Magini，*Romagna*，1597）。

[118] 例如，在非洲的第三幅地图上的 *Cleartus palus*（marsh of Cleartus）。

[119] "在此之间不可能进行旅行"；参见 Lubin，*Mercure geographique*，306。

其下有一条或两条水平线，类似于现代的常用符号（普鲁士地图，1542）。卢宾后来解释了这一符号："沼泽被雕版为小的平行的破折线，有小的垂直的短线，就像在表示芦苇。"[120] 卢克·安东尼奥·德利乌贝蒂（Luc Antonio degli Uberti）使用了另外一种高度风格化的沼泽符号（伦巴第地图，1515）。由短的、向下弯曲的线条构成，其传达了一种发达的和相对干燥的沼泽丘状表面的形象。然而，另外一个变体就是伊尼亚齐奥·丹蒂对不太著名的基亚纳大道（Val de Chiana）沼泽底部的呈现［佩鲁贾（Perugia）地图，1580］，使用的是小的环形符号的方式，由此也暗示了一个生态发达和相当繁盛的植被，而不是一个芦苇丛湿地[121]。为了呈现在加斯塔尔迪的帕多瓦地图上的波河三角洲的沼泽（1568），雕版匠吉罗拉莫·奥尔贾特（Girolamo Olgiato）使用了他的雕版工具，用向下的刺戳运动以产生一种密集的芦苇河床的效果。所有这些最潮湿的沼泽往往通过抽象符号来表现：水平或者倾斜排列的成排的虚线，或者在平静的水中模仿植物群的小群的水平破折号。地图制作者改变他们的习惯：1595 年，在他的博洛尼亚地图上，马吉尼使用一种曲折符号来表示这样的湿地，但两年后，在他的罗马涅地图上，取而代之选择了长排的垂直的破折线。在托勒密的地图上，沼泽有时仅仅被通过词语 *paludes* 或者其相应的方言加以注释，就像在由加布里埃尔·西梅奥尼（Gabriele Simeoni）绘制的（1560）奥弗涅地图的奥特柳斯版（1570）上。

555 **代表边界的符号**

整体上，人文地理特征在文艺复兴时期的地图上占据了主导，尤其是从大约 16 世纪 30 年代或 40 年代之后。地理学的一个最为基本的方面就是领土。按照其所属的部落，或者含蓄的，按照其所位于的领土，托勒密列出了每一个城镇。在现代早期的欧洲，中世纪马赛克式的封建公国和城市共和国正在被塑造成民族国家，并且伴随着民族性的产生，由此产生了对政治边界的新关注。这一过程是缓慢的，并且欧洲很大部分（除了建立时间较长的英格兰和匈牙利）在本卷所关注的时期中依然保持着政治的碎片化。当在意大利依然有 18 个国家的时候，大约在德意志有 300 个，在欧洲其他部分，宗教、经济和政治因素的相互作用促进了民族的巩固，以及领土和它们外部边界的确定。

然而，本章讨论的大多数地图反映出对国家事务的关注相对较少。一个原因就是这些普通地图意图为公众所使用，而对他们而言，外部边界是较少直接获得关注的；晚至 1678 年，卢宾报告，他看到了"城镇，其居民并不知道他们在哪个省份中"[122]。对于这些地图使用者而言，将不存在勾勒由地图图名所确定的区域的需要。而且，并不是经常容易知道在一幅地图上显示的是什么。1563 年，海尔德兰（Gelderland）当局阻止克里斯蒂安·斯根顿出版他的省份地图，直至他纠正了在对省份边界呈现中的错误为止[123]。

---

[120] Lubin, *Mercure geographique*, 306.

[121] 关于时间是 1502 年的列奥纳多·达芬奇的基亚纳大道沼泽地图的彩色复制品，参见 Martin Clayton, *Leonardo da Vinci: One Hundred Drawings from the Collection of Her Majesty the Queen*，展览目录（London: The Queen's Gallery, Buckingham Palace, 1996），97，以及在 99 页上的细部。

[122] Lubin, *Mercure geographique*, 50.

[123] 斯根顿的地图现在佚失了；参见 Karrow, *Mapmakers of the Sixteenth Century*, 481。

1. 代表政治边界的符号

在地图上最为简单和最少有争议的确定一个政治单元而不需要环绕其绘制一条线的方法，就是以适合于领土状况的字母的大小和风格来命名，或者，就像已经注意到的，在标题中确定所涉及的单元。另外一个方式就是在托勒密《地理学指南》的绘本地图上使用的系统，即，按照其所属的单元来对城镇编码[124]。这些编码中的一些出现在早期印刷的地图上，就像1482年佛罗伦萨版的第五幅欧洲地图。最为常见的就是第三种方式，让政治单元中心所在的地方代表整个领土。例如，教会教区的边界，从未在现代早期的印刷地图上被呈现。取而代之，村庄符号被在图例中描述为标志着一个“教区”。其他在领土方面进行定义的功能也可以通过这种方式加以展现。蒂勒曼·斯特拉在他的曼斯费尔德（Mansfeld）郡地图（1561年；1570年雕版）上的特定聚落符号旁放置一个星号去标识其是一个地方治安官或 *amptman*（现代的 *amtmann*）的所在地。

然而，另外一种标明一个政治单元的方式就是使用颜色。本章中没有对颜色讨论的太多，因为几乎所有地图都被印刷为黑白（著名的例外就是瓦尔德泽米勒的1513年的洛林的实验性地图）。甚至当一幅祖本地图是着色的时候，后来的版本很可能是非着色的［就像克劳迪斯（Claudianus）在他1518年的波希米亚地图上显示路线的明斯特版本］，或者被着以不同的颜色。对于政治单元的确定，着色具有方便的不精确的优点（假设着色者没有遵从——就像在17世纪的荷兰地图集中的地图那样——印刷的边界线）。一条宽的彩色线条可以朝向单元边界的方向变得浅淡，或者，就像在埃兹洛布1500年的《通往罗马的道路图》地图上那样，进入了山脉或者森林中。1528年，拉萨鲁斯（Lazarus）用一条黑色的点状线，以及将在土耳其人统治的部分涂上黄色和将在基督徒控制下的部分涂成粉红色从而将匈牙利分割开。

甚至是在这一时期的后半部分，当可以在3/4的地图上发现某类边界的时候（图21.21），少量地图包含了超过两个层级的边界。在包括内部边界的地图上，内部边界使用的线条并不必然与外部边界的线条有任何不同[125]。出于明显的原因，很少使用连续的印刷线条来代表边界，而那些在《博洛尼亚地理学》（*Bologna Geography*）地图上的（1477），必然制造了相当的混乱，因为在那些地图上，河流被用虚线的方式显示[126]。除了这样少有的例外之外，印刷地形图上的边界线通常用不连续的线条显示。这些可以由点（刺）、短的垂直线，或者由虚线构成。加斯塔尔迪提到在他的皮埃蒙特地图的木版上（1555），使用了作为 556
“小点”（*p*［*u*］*ntifini piccoli*）的短的垂直线，尽管只是在1556年的铜版上，线条确实是由小点构成的。点状线和虚线似乎被用手雕版而不是用穗状齿轮制作，并且冰凿频繁的猛戳导致了三角形点，尤其是在16世纪后半叶；例如，在图21.21中，参见来自克里斯托弗·萨克斯顿的柴郡地图（1577）和约翰·诺登的米德尔塞克斯的地图（1593）的线条。

---

[124] 关于托勒密的符号，参见O. A. W. Dilke, *Greek and Roman Maps* (London: Thames and Hudson, 1985), 158－59。这些编码中的一些出现在早期的印刷地图上。

[125] 在1574—1610年间的四位主要的英国郡地图的制作者之中，有两位用不同线条去区分外部和内部的边界（威廉·史密斯和约翰·斯皮德），而另外两个则没有（克里斯托弗·萨克斯顿和约翰·诺登）。

[126] 在托勒密《地理学指南》的早期版本中，曾经仅仅使用一条实线（Rome, 1478）；在其他版本中，其被用于与第二个（较低）领土层级进行比照（Ulm, 1482; Strasbourg, 1513）。

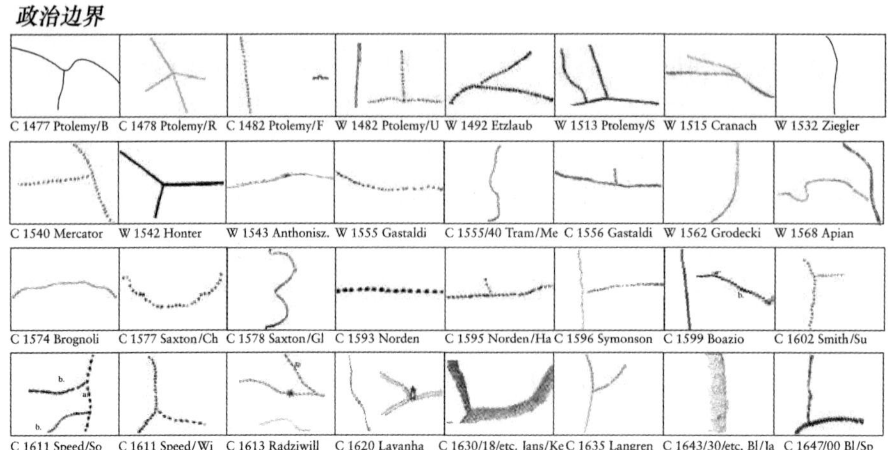

图 21.21 政治边界符号。关于这些符号来源地图的详细信息，参见附录 21.1

根据需要发明了其他边界线的形式。沃尔夫冈·维斯森伯格（Wolfgang Wissenburg, Wyssenburger）使用了一种类似于绳子的符号（由在平行线中插入的倾斜影线构成）去限定他圣地地图（1538 年）中历史上的部落边界。在他的 1568 年地图上，菲利普·阿皮亚使用了一种垂直影线的深色条带标示上巴伐利亚和下巴伐利亚之间的边界，与用于表示构成下巴伐利亚的各个地产之间边界的虚线有明显的区别（参见图 21.21）[127]。1599 年，博阿里奥使用了小的密集的一套圆圈代表爱尔兰各郡的边界[128]。拉齐维尔王子（Prince Radziwill）使用一条虚线作为他立陶宛地图（1613）上的所有边界的基础，并且将其变细以代表内部进一步的划分，还增加了圆形和星形以将之前的边界与新的区分开来[129]。若昂·巴普蒂斯塔·拉旺哈［João Baptista Lavanha，胡安·包蒂斯塔·拉巴纳（Juan Bautista Labaña），1620］在两个或者更多的王国的边界与阿拉贡王国的边界相交的地方绘制了矗立着的石柱[130]。

存在疑问的就是，近代早期印刷地图上描绘边界线方式的变化反映了对它们态度的变化。尽管，有趣的是，注意到，范登基尔使用一条单虚线标识波希米亚的边界，扬松纽斯不
557 仅增加了第二条虚线，而且还有一条朝着外侧边缘变淡的宽宽的点画带（1630/18），似乎

---

[127] 在阿皮亚地图的着色副本上，单独地产的偏远部分被与它们所属的地产着以相同的颜色。关于（缩小的）带有颜色的复制品，参见 Hans Wolff, et al., *Philipp Apian und die Kartographie der Renaissance*，展览目录（Weißenhorn: Anton H. Konrad, 1989），77 – 99。

[128] 博阿里奥地图还显示了安德鲁斯所描述的“一条曲线，被作为领土边界的方式雕版”；参见 Andrews，“Boazio's Map,” 32。然而，“对于这条线的大部分线段而言，这条线对应于自然和政治地理的未知特征”，并且安德鲁斯总结，其必然表明了某些非常不同的东西，例如他正在使用的不同资料的一些限定。也可以参见 J. H. Andrews, *Shapes of Ireland: Maps and Their Makers, 1564 – 1839*（Dublin: Geography Publications, 1997），82（fig. 3.10）。

[129] 标有星号的部分标明了在 1569 年通过 Act of Union 丧失了领土之后，同时代大公国的边界；参见 Karol Buczek, *The History of Polish Cartography from the 15th to the 18th Century*, trans. Andrzej Potocki（1966; reprinted Amsterdam: Meridian, 1982），60。

[130] 安德鲁斯将这些标记称为：“连接符号”；参见 J. H. Andrews, *Plantation Acres: An Historical Study of the Irish Land Surveyor and His Maps*［（Belfast）: Ulster Historical Foundation, 1985］，118。英国各郡地图的制作者在标明“shire-meres”，即在两个或者更多的郡的边界汇合点上的石头标记时，复制了萨克斯顿的符号，并且他们彼此之间也相互复制。

是为了强调[131]。当威廉·扬茨·布劳在1643年复制地图的时候，他去掉了平行线，只保留了点画带。

2. 语言边界的符号

在文艺复兴时期的印刷地形图上，非政治边界线的一个少有的例子就是由巴托洛梅乌斯·斯库尔特图斯在他的上卢萨西亚地图（1593）上显示的语言边界（图21.22）。斯库尔特图斯已经标明了省份的边界（用一条由三角形和倒三角形交替构成的线条）以及格利茨（Görlitz）城市领土的界线（使用一条连续的沿着内侧有着影线的线条）。他地图上的第三种边界线区分了主要由讲德语的人居住的区域和那些讲温德语（Wendish）的人居住的区域。

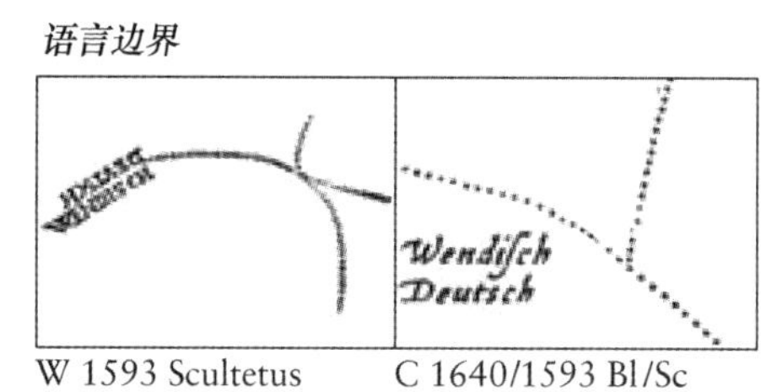

图21.22 语言边界符号。关于这些符号来源地图的详细信息，参见附录21.1

聚落的符号

在人文地理中，聚落是最为重要的，由于倾向于阐释被显示的地点的性质，聚落符号一直是所有地图标记中最复杂的。在理论上，一个地点只是需要被定位在地图上，但实际上，聚落通常被通过某种方式排列等级或者赋予性质。聚落分类的不太准确可以让同时代的人感到混乱。法布里修斯因这方面的错误以及他在莫拉维亚地图（1569年）上对高地的描绘而受到责备。一个世纪后，卢宾报告，帕莱（Palaisseau，一座巴黎附近的城镇的居民）非常愤怒，因为他们的城镇在地图上仅仅被显示为一个村庄[132]。

超过90%的地图显示了超过一个类目的聚落。然而，这类等级划分中涉及的条件，通常并不清晰。行政地位意味着城市、城镇和村庄之间的差异。在有市场、修道院或者城堡的地点，通常会标明功能。当地名被描述为有城墙的（“封闭的”）或没有城墙的（“开放的”）时候，给出了聚落的形态。与今天相比，这些标准在现代早期不是互相排斥的。有这些额外信息的基本的地点符号并不是新鲜事物；在中世纪托勒密的《地理学指南》的绘本地图中，地名符号的变化显然与在文本中确定的三个聚落等级相匹配：*illustria oppida*（主要

[131] 扬松纽斯还提供了内部边界，由一条两侧为影线条带的绘制精细的点状线构成。扬松纽斯的地图被包括在他的以及洪迪厄斯版的墨卡托的1636年的地图集中。在1567年或1568年的祖本地图上，Criginger没有显示边界线。奥特柳斯只是增加了地图东北角上的一小部分边界。范登基尔保留了奥特柳斯的版本，但是扬松纽斯在相当大程度上重新组织了地图，改变了代表聚落的符号，用抽象符号取代了奥特柳斯提供的经济活动的文本细节（在图例中进行了解释），完成了波西米亚的外部边界，并且插入了内部的区划。本章中提到的17世纪荷兰地图集中的地图的地图学目录的细节和缩略图大小的复制件，参见Peter van der Krogt, *Koeman's Atlantes Neerlandici*（'t Goy-Houten: HES, 1997 - ）。

[132] Lubin, *Mercure geographique*, 141.

558 城镇）、*secunda oppida*（次级城镇）以及 *tertia oppida*（三级城镇）[133]。

中世纪《地理学指南》地图的编绘者，或者抄写员，同样通过在地点符号附近增加一个黑点或者小的十字，去留意区分根据天文数据定位在地图上的聚落，由此使得它们与那些被插入的地点相对。很多文艺复兴时期的地图制作者延续了这一习惯，使用一个位置点来定位一个聚落的准确位置——由此可以进行距离测量的点——有时标明这是不是用通过天文观察确定的坐标绘制的。在他的海尔德兰地图的图例中（1543），雅各布·范代芬特尔宣传了差异，即“为避免你被欺骗，所有没有这个符号⊙的地方都是那些我们不希望给出确切位置的地方，因为我们并不总是可以得到它们的准确位置”。然而，他继续说道，后者“与它们真正位置的差异，要少于那些在本图之前出版的地图中［标识］的最好的”[134]。无论如何，所有地点都被如此处理；大约1/4的地图对于任何聚落类目都没有位置点，并且在大约一半
559 地图中，位置点被证明只被用于那些被选择出来的类目，且在这一时期末变得更为常见。一些地图制作者在聚落符号上增加了一条短线，来指向那些相互关系不太明显的地名。这一习惯似乎开始于16世纪早期［例如，其被乔治·埃林格（Georg Erlinger）使用，1515年］，但最为一以贯之的拥护者就是墨卡托，他在他图集的一条说明中提请读者对此加以注意（1589）。

位置点在构成上存在变化。其可能是一个小的开放的圆圈，一个包含有一个点或者“孔”（prick）的圆圈，或者只是一个点而没有圆圈。位置点的放置同样存在变化。通常而言，大部分情况下，其被整合到图像元素中，但有时，其在外部，或者紧邻，或者偶尔的，相当分离，就像在约翰尼斯·阿文蒂努斯的巴伐利亚地图（1523）上那样[135]。在安东尼奥·坎皮的克雷莫纳领土地图上（1571）（参见图21.23），点被放置在每个聚落符号特点突出的拱形门道的中央。在一个小的圆圈被用作符号本身的地方，圆圈还标明了位置。

1. 代表核心聚落的符号

在现代早期的印刷地图上，结构最为复杂的符号就是代表了核心聚落的图像符号：城市、
560 城镇、村庄和小村（图21.23）。这些符号的变化范围，从视觉上简单的、基于一个平坦圆形的抽象符号——不同尺寸的圆圈，或者同心圆（通常两个或三个，有时有中心点）——到详细的图像符号。很少使用一个圆形之外的其他几何形状，尽管瓦尔德泽米勒在他的洛林地图上

---

[133] 由 Joseph Fischer, “Die Stadtzeichen auf den Ptolemäuskarten,” *Kartographische und schulgeographische Zeitschrift* 7, pts. 3 and 4（1918）：49 – 52，从罗马的绘本中识别出了三个聚落等级（Urb. Graec. 82）。*Florence Geography*（1482）中的一些古典地图用三角形和圆形代表了较高的和较低的层级。一幅最近重新发现的来自公元前1世纪的纸草地图，确定，在《地理学指南》的中世纪地图上使用了概要图像的地点符号的古代形式；参见 Bärbel Kramer, “The Earliest Known Map of Spain（?）and the Geography of Artemidorus of Ephesus on Papyrus,” *Imago Mundi* 53（2001）：115 – 20。

[134] 由 N. Horton Smith and Alessandro Scafi. 翻译自拉丁语，参见 Bert van't Hoff, *De kaarten van de Nederlandsche provinciën in de zestiende eeuw door Jacob van Deventer*（The Hague：Martinus Nijhoff, 1941），map 1. 也可以参见 Günter Schilder, *Monumenta cartographica Neerlandica*（Alphen aan den Rijn：Canaletto, 1986 – ），1：80。

[135] 不常见的放置位置可能导致混乱。在拉萨鲁斯的匈牙利地图（1528）上，位置点通常被放置在图像元素的上部，而不是下部，由此位置点显然有一个完全不同的功能。在一个符号上方的不完美的圆形有可能被错误地认为是用于同一幅地图上的标识土耳其人占领地点的伊斯兰新月符号。

使用了矩形（1513）[136]。直至大约 1560 年，1/4 的地图上只有抽象符号。后来，当单独使用抽象符号变得不常见的时候，这些符号继续被与图像符号一起使用作为一种扩展符号学词汇的方法。几乎不可避免的就是，最小的或最为简单的圆圈被保留以代表一幅特定地图上最为底层的聚落。在视觉谱系的另一端是图像符号。仅仅使用图像符号代表聚落似乎是最为常见的，在从 1530—1560 年的 30 年中，3/4 的地图没有抽象的聚落符号。

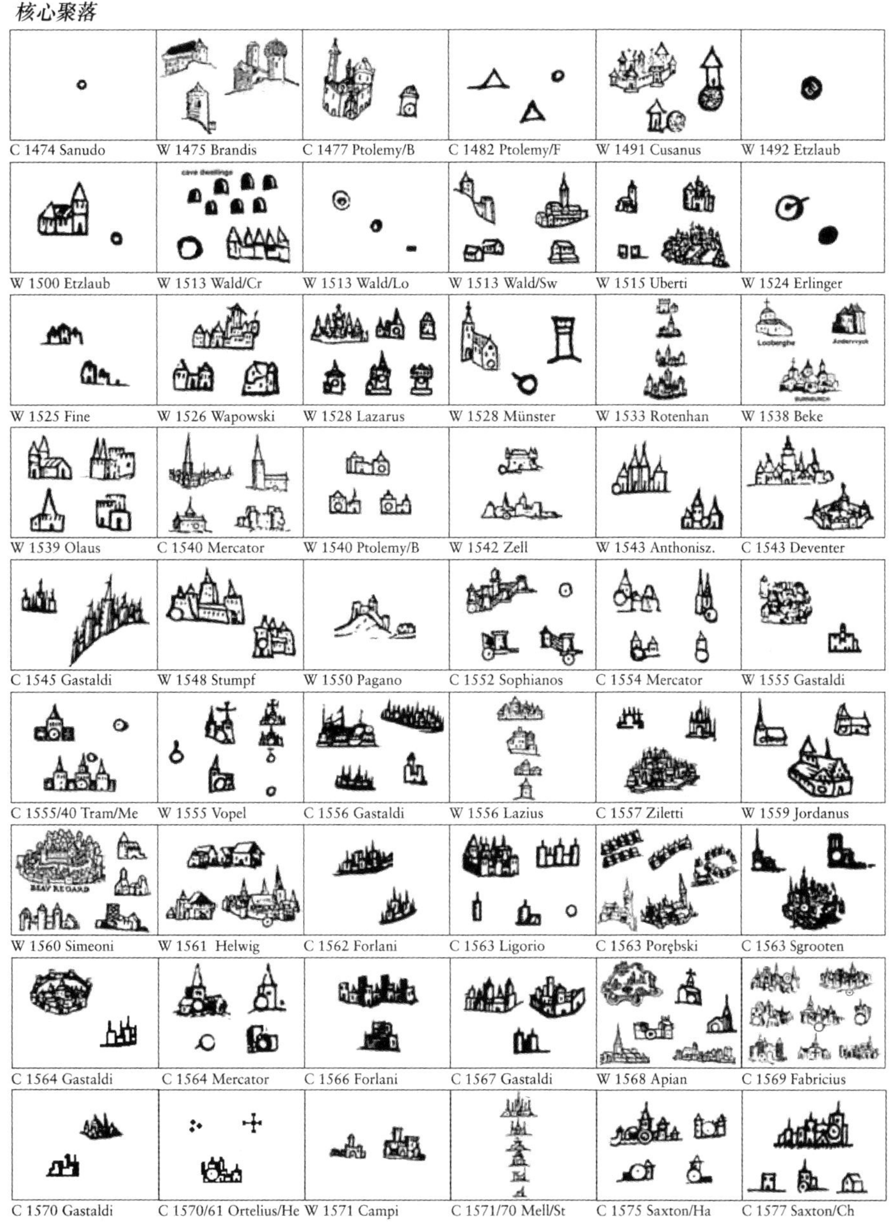

[136] 波斯和阿拉伯地图制作者传统上使用范围更为广大的几何符号（平面矩形、有一个山形末端的矩形，小的圆形、大的圆形和分段的圆形等）。关于他们区域地图上的聚落；例如，参见 Yūsuf Kamāl（Youssouf Kamal），*Monumenta cartographica Africae et Aegypti*，5 vols.（Cairo，1926 – 51），3：587 – 615，reprinted in 6 vols.，ed. Fuat Sezgin（Frankfurt：Institut für Geschichte der Arabisch-Islamischen Wissenschaften an der Johann Wolfgang Goethe-Universität，1987），3：170 – 98 中的中世纪地中海区域地图。

续图

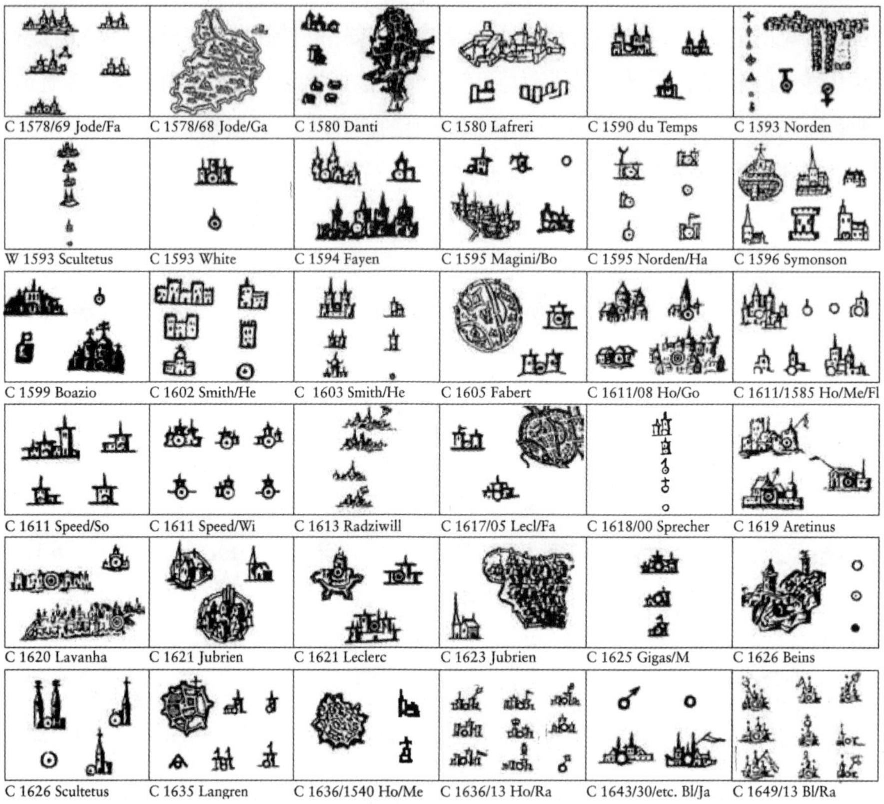

C 1578/69 Jode/Fa	C 1578/68 Jode/Ga	C 1580 Danti	C 1580 Lafreri	C 1590 du Temps	C 1593 Norden
W 1593 Scultetus	C 1593 White	C 1594 Fayen	C 1595 Magini/Bo	C 1595 Norden/Ha	C 1596 Symonson
C 1599 Boazio	C 1602 Smith/He	C 1603 Smith/He	C 1605 Fabert	C 1611/08 Ho/Go	C 1611/1585 Ho/Me/Fl
C 1611 Speed/So	C 1611 Speed/Wi	C 1613 Radziwill	C 1617/05 Lecl/Fa	C 1618/00 Sprecher	C 1619 Aretinus
C 1620 Lavanha	C 1621 Jubrien	C 1621 Leclerc	C 1623 Jubrien	C 1625 Gigas/M	C 1626 Beins
C 1626 Scultetus	C 1635 Langren	C 1636/1540 Ho/Me	C 1636/13 Ho/Ra	C 1643/30/etc. Bl/Ja	C 1649/13 Bl/Ra

图 21.23 核心聚落符号。关于这些符号来源地图的详细信息，参见附录 21.1

当某位制作者寻找增加他们词汇范围的方式的时候，图像的地点符号被用所有方式进行改造。一个方法就是改变构成符号的元素的数量（建筑、塔或尖塔，或墙体）。另外一种方式就是改变这些元素的组织方式，由此它们可以被发现整齐地对齐或者被放在一组。第三种变体就是从一个整个地点都可以由此被呈现的角度或者透视的方式（参见图 21.7）。可能的排列数量众多，但是可以将文艺复兴时期聚落符号的四种主要类型总结如下。

（1）立面的聚落符号（其中单一的建筑，或者最多两个或三个被整齐地排列为一行，且被简单地勾勒出来）。

（2）透视的聚落符号（在其中，一组建筑，每一个都用立面的方式绘制，被不规则地放置，由此给出了一种纵深的感觉）。

（3）鸟瞰的聚落符号（在其中，一组建筑被从一个倾斜视角描绘，高视角或者低视角，由此给予了一个深入城镇或城市的受限的图景）。

（4）平面图或者平面图式的聚落符号（在其中，整个聚落被描绘，好像从正上方往下俯瞰）。

总体而言，可以公正地说，第一个类目在整个时期中是常见的，但是其在 17 世纪的地图集中的地图上成为代表最大的核心聚落的主要符号类型；鸟瞰的透视符号主要被用于 16 世纪 60 年代之后；同时，在 17 世纪之前，基本没有使用真正的平面图。作为一种警告，尽管，必须要说的就是，通常不太可能判断，是否存在任何系统的有意的层级排列，特别是在

16世纪中叶以后的意大利铜版图上。

对基本信息——一个聚落被定位的地点，及其相对的重要性——添加了一系列潜在的无限的细节。额外的信息，或者通过采用描绘了所涉及的细节的图像元素（例如，一道封闭城墙的存在），或者通过附加一个密码到小插图上来传达。通常两种方法都被一起使用。此外，用于地名的字母的不同尺寸或者风格确认了图像的信息。拉纪尧蒂尔《法兰西的岛屿》地图的奥特柳斯版上（1598），只有通过地名的格式才能将其与两种相似的图像符号区别开来[137]。

16世纪最为多产的地图学者并不关注对地点的写实性绘制，并且通常正是那些仅仅绘制了有限数量地图的人，才花了最大的努力去将他们地图上显示的定居点赋予特性。波瑞博斯基（Porębsk）的奥斯威辛公国（duchy of Oświęcim）地图［奥斯威辛（Auschwitz）地图，1563］（参见图21.23），之所以与众不同，是因为其将不久之前的德国殖民地的线性村庄（angerdorf，即以广场为核心的村庄）与绿色的村庄（围绕一个核心空间组织的村庄）区分开来的方式，也是因为将其与没有清晰布局的紧密的核心区分开来的方式。其他地图制作者仅仅选择最大的中心进行忠实的绘制，就像阿皮亚绘制的巴伐利亚地图（1568）。毫无疑问，为了尽可能如实地显示佩鲁贾城市，丹蒂从一个高倾斜视角对其进行了展示，因而揭示了其布局的主要特征（佩鲁贾地图，1580）[138]。巴托洛梅乌斯·斯库尔特图斯对于格利茨城市做了相同的事情（上卢萨西亚地图，1593）。在17世纪，用完整的平面图显示主要中心的情况越来越普遍。1635年，迈克尔·弗洛朗·范朗格恩通过这一方式标明了所有布拉班特（Brabant）城镇。与此同时，有着一种正在增长的时尚，尤其是在商业的荷兰产品上，即在区域地图的周围添加城镇平面图的插图，与此同时，在符号内部本身显示城市布局的详细情况的需求减少，因而避免了，就像 561
福德姆注意到的，“由于在地图上极度夸大城镇所带来的荒谬”[139]。

尽管对于现代早期的地图制作者而言，完全可以在每幅地图上去创建一个完整序列的聚落符号，但其优点很少被利用。在文艺复兴时期的印刷地形图上，聚落符号的平均数量在本书所研究的整个时期中持续保持在3—4种之间[140]。直至16世纪80年代，在我们的样本地图上标注的最大数量的聚落符号是8种（法布里修斯的1569年的莫拉维亚地图）（参见图21.3*b*）。亨内贝格尔为其普鲁士地图（1584）设计了14种聚落符号（参见图21.3*d*），但这必须被视为一种例外情况。法布里修斯和亨内贝格尔在一个图例中有帮助地确定了他们的聚落符号，但是没有提供解释，因此通常难以去确定地图制作者分类背后的理由。这没有阻止现代研究者试图找到符号中的一种模式，一些学者比另外一些更为谨慎。坎贝尔对中世纪英格兰和威尔士的戈夫地图（约1360年）上的聚落符号的分析，导致她敢于认为，虽然在大教堂和城墙城镇的一些符号中可以看到一些可识别的东西，但这些对于较小的地点是不适用

---

[137] 在拉纪尧蒂尔的地图（1598，1619）上，两种类型的图像符号（立面的和透视的）被通过用于代表地名的大写和小写字母进一步区分开来，由此总共有4种符号。

[138] 伊尼亚齐奥·丹蒂对佩鲁贾的呈现模仿了他父亲对城市的测量。在*Le scienze matematiche ridotte in tavole*（Bologna，1577）中，丹蒂提到了“佩鲁贾城市的地图编制，带有周围的乡村，由我的父亲Giulio Danti制作，在其中绘制了完整的平面图……自然而然，有每条街道和住宅，以及其他事物”；关于意大利文本，参见Thomas Frangenberg，“Chorographies of Florence：The Use of City Views and City Plans in the Sixteenth Century，” *Imago Mundi* 46（1994）：41－64，esp. 55，以及64 n. 88。

[139] Fordham，*Maps*，49. 在英格兰，诺登在他1595年的萨塞克斯地图上包括了Chichester郡镇。

[140] 160幅地图的样本被用于计算聚落序列的平均数，但是在其中1/4（24%）地图上的序列，对于分析而言，不存在足够的差异（如果有的话）。

的。注意到，“最为通常使用的象征性符号就是一座铺有地板的住宅”，以十几种不同的方式呈现在地图上超过300次（通常基于被描述的门和窗户的数量），她仔细地避免在这种差异中看到任何重要性[141]。相反，基于他对约翰·斯皮德的威尔士各郡的印刷地图的研究，伯德（Bird）确定，斯皮德已经“为每座城镇建立了复合的象征性符号，与他从某一有利位置看上去的有着视觉上的相似性”，并且认为“为了描述……基于他看到它们时，对这些城镇地位的判断”，斯皮德系统地运用不同尺寸的塔楼代表与实际的教堂、城堡之间的关系，以及他有时增加的第三种主导建筑，如一座修道院[142]。

后来，20世纪的批评理论鼓励其他地图史学家将一种意识形态的重要性注入对聚落符号的解读中。符号在图例中被解释的顺序以及没有被解释，被看成重要的。图例确实产生了问题，这是事实。一个疑惑就是，为什么墨卡托在他的欧洲地图（1554年）中只是解释了四种与教会有关的符号，并且没有区分四五类核心聚落，为什么城堡被放在塞巴斯蒂亚诺·冯罗滕汉的弗兰科尼亚地图（1533）图例中的首位，以及为什么“一座主教城镇”（a Bishopes towne）——爱尔兰主教的所在地——位于博阿里奥图例（1599）的首位[143]。然而，答案确实在于每幅地图创造的环境和原因之中。在为了针对大众销售而制作的，约翰·诺登的和威廉·史密斯的英格兰各郡的地图上，列表似乎是合理的，但不一定在政治上是严谨的。最大的单元，市镇，被列在图例的首位，然后是其他主要的世俗地点，按照人口规模和建成区范围的降序：教区（意味着村庄和小村）、皇家乡村住宅（城堡、贵族宅邸、绅士的住宅）、宗教地点（著名的修道院）以及工业特征（矿产）。

在现代早期的印刷地形图上，一个点被用来代表有墙城镇，尤其是在欧洲大陆上。对于旅行者和那些每天早晨离开城镇在周围田野耕种的人而言，在夜间关闭的城镇大门是至关重要的[144]。城墙很容易用一种图像符号显示：例如，斯库尔特图斯（1593），简单地在其图像符号的基础上增加了一个概要性的条带来代表有墙城镇和城市（参见图21.23）。其他地图制作者对图像元素进行编码。亨内贝格尔（1584）将位置点转型为用在圆圈中的大黑点去标识“周围有着城墙的城镇或城市”。另外，由一座城堡防御的地点也被挑选出来，尤其是在大陆地图
562 上[145]。马丁·黑尔维希（1561），以及在他之后的保罗·法布里修斯（1569），在一个三角形中

---

[141] Campbell, “History of Cartographical Symbols,” 179. 坎贝尔对于菲利普·西蒙森的肯特地图（1596）上的聚落符号的分析没有产生更为坚实的结论。显示了有一个尖顶而不是一个塔的教堂符号的历史可靠性，在每个例子中都需要档案和实际情况的证实。

[142] Alfred John Bird, “John Speed's View of the Urban Hierarchy in Wales in the Early Seventeenth Century,” *Studia Celtica* 10 - 11 (1975 - 76): 401 - 11, esp. 407 and 404.

[143] 哈利评价，“不仅这些地图强调了对在社会整体中作为一个机构存在的教会权力的感知，而且它们还记录了教会本身之中的空间层级和宗派冲突”；参见 Harley, “Maps, Knowledge, and Power,” 70（关于博阿里奥，参见70）。哈利认为（在本作者之后），诺登在他的英国各郡的地图上忽略了“主教教区”（Bishop's Sees），是诺登狂热的反天主教偏见的直接结果；参见 J. B. Harley, “Silences and Secrecy: The Hidden Agenda of Cartography in Early Modern Europe,” *Imago Mundi* 40 (1988): 57 - 76, esp. 67 (fig. 4) and 75 n. 84。然而，关于博阿里奥和诺登绘制的有“城堡”和之前修道院所在地的地点的地图，参见 J. H. Andrews, “John Norden's Maps of Ireland,” *Proceedings of the Royal Irish Academy 100*, sect. C (2000): 159 - 206, esp. 181。

[144] Noël de Berlemont, *Colloquia et dictionariolum septem linguarum*, *Belgicœ*, *Anglicœ*, *Teutonicœ*, *Latinœ*, *Italicœ*, *Hispanicœ*, *Gallicœ* (Antwerp: Apud Ioachimum Trognœsium, 1586).

[145] 据估计，中世纪的西欧可能有7.5万—10万座城堡（1.4万座被列在操德语的领土上），并且数字应当在文艺复兴时期没有本质的差异；参见 M. W. Thompson, *The Decline of the Castle* (Cambridge: Cambridge University Press, 1987), 4。一般认为在英格兰和威尔士有大约1700座城堡。

安排了三个点作为代表一座有堡垒的城镇或村庄的符号的符号附件（*signe annexe*）。保卢斯·阿雷特努［冯埃伦费尔德（von Ehrenfeld）］在图像符号上添加了一个带有羽毛的箭标识一座设防聚落（*castellium*），并用一根带有三角旗的长矛标识由一座堡垒（*arx*）保护的聚落（1619）[146]。在17世纪，当聚落依然保留着高倾斜视角的时候，一座堡垒可以被以完整的平面图的形式显示，就像在法贝尔的梅斯主教教区地图（1605）中的那样。

现代地图的使用者并不期待在一幅普通地形图上找到通过功能而被分类的城市中心，但是在现代早期，特定的经济方面是值得引起注意的。允许开设定期集市的一张特许状不仅可以造成一座聚落兴起和衰落之间所有的差异，而且属于同时代人被建议"记在脑海中"以知道"那些旅行、［和］派遣出信使……所需要的"信息种类[147]。一座市场的存在，经常通过一座市镇的特定符号标识，或者通过一个附加符号或者代码标识。克劳迪斯使用一个颠倒的大写的"C"（波希米亚地图，1518），阿皮亚使用一个有横梁的圆圈（巴伐利亚地图，1568），而法布里修斯则是在一个平面圆形上放置三个点（莫拉维亚地图，1569）。当明斯特在他1545年的《宇宙志》中为他的克劳迪斯地图的副本提供图例的时候，他正确地将颠倒的"C"标识为一座市场（*Ein marckt*），但是在同一年出版的他的托勒密《地理学指南》的同一幅地图上，则将其标识为没有城墙的镇（*Oppidum non muratum*）[148]。更偏好于抽象符号的诺登，通常使用一个有着从边缘向外放射的四个辐条的圆圈来表示市镇[149]。当他确实为他的汉普郡地图（1595）使用了一种风格化的图像符号的时候，他在教堂的尖顶上放置了一个小的朝上的半圆，这一符号对于他的英国读者而言毫无疑问是熟悉的，但是对于大陆的读者，尤其是被奥斯曼占据的欧洲的读者而言，可能会被误认为代表了一个伊斯兰的新月符号。

实际上没有尝试在图像聚落符号中表现地方风格。瓦尔德泽米勒在克里特地图（1513）中描绘了穴居人的住宅，为清晰起见将它们作了标识，并且柯菲奥·尼古劳斯·索菲亚诺斯（Corfiote Nikolaos Sophianos）在希腊地图（1552）中标明了土耳其人清真寺的礼拜塔。在法布里修斯的符号（1569）中可能会看到一些典型的莫拉维亚的球茎形的教堂尖塔，还有克里斯蒂安·范阿德雷希姆（Christiaan van Adrichem）［克里斯蒂安纳斯·安德里奇纽斯（Christianus Adrichomius）］（1593）绘制的圣地地图上的巴勒斯坦的平坦和穹顶的屋顶。但

---

[146] 奥特柳斯在《寰宇概观》（1570）版本中他的地图上保留了黑尔维希的编码。在法布里修斯图例中的双语标签（德语和捷克语），由 Kuchař在 *Early Maps of Bohemia*, 36 中抄录和翻译为"设防城镇"（fortified town）、"城镇"（town）、"小型的庄园城镇"（small manorial town）（有着一个市场）、"村庄和城堡或堡垒"（village and castle or fortress）、"城堡"（castle）、"修道院"（monastery）和"村庄"（village）。

[147] 引用自 Martin Helwig, *Erklärung der Schlesischen Mappen* (1564), translated by Kuchař, *Early Maps of Bohemia*, 50.

[148] Sebastian Münster, *Cosmographia*, 2d ed.（Basel, 1545）, No. xvii, 以及 Claudius Ptolemy, *Geographia universalis* (Basel, 1545), No. 45。我感谢 Ruthardt Oehme，在明斯特对克劳迪斯符号的解释方面给我提供的帮助。

[149] 然而，在诺登的绘本康沃尔地图上，市镇被用图像符号呈现，由环绕一座教堂广场的四座建筑组成。关于地图的影印件，参见 John Norden, *John Norden's Manuscript Maps of Cornwall and Its Nine Hundreds*, ed. and intro. W. L. D. Ravenhill (Exeter: University of Exeter, 1972)。诺登在他撰写的叙述中为他的符号提供了一个图例；参见他文本的首次印刷版，*Speculi Britanniæ Pars: A Topographical and Historical Description of Cornwall* (London: Printed by William Pearson for the editor, and sold by Christopher Bateman, 1728), facing sig. Aa。图例被从 Bateman 版的现代影印件中去掉；参见 John Norden, *Speculi Britanniæ Pars: A Topographical and Historical Description of Cornwall* (Newcastle-upon-Tyne: Frank Graham, 1966)。

总的来说，无论所描绘的地区如何，西欧的建筑风格都占主导地位。[150]。

2. 代表孤立聚落的符号

托勒密仅仅列出了主要的人口中心。文艺复兴时期的地图制作者不仅包括村庄，而且包括孤立聚落的专门条目。总体而言，所显示的内容，反映了欧洲不同国家的历史地理的情况。在英格兰和威尔士，亨利八世于16世纪30年代之后对修道院的清洗造成的封建制度的衰落和可用土地数量的急剧增加，导致了乡村地理景观和国家社会结构的巨大变化。从新世界涌入的财富，也对绅士和贵族占有孤立的乡村庄园的能力做出了贡献，这些庄园设立在范围广大的园地之中，且被如萨克斯顿、诺登和斯皮德等地图制作者所描绘。萨克斯顿仅仅显示了园地，但由于16世纪最后几十年的繁荣开始体现在老庄园的“大改造”中，因而他的继承者将住宅包括在了园地符号中[151]。后者被作为一个通过立柱围栏勾勒的近似于圆形的符号标明，但是符号在它们的细节上有巨大的变化（图21.24）。在萨克斯顿的地图上，围栏可以具有上部围栏或下
563 部围栏，也可以仅有支柱、有围栏且无支柱，或有支柱但无围栏[152]。不同于萨克斯顿，诺登通过一种叠加在住宅之上的百合花纹章的方式，确定了属于王室的园地[153]。他还努力确定乡村住宅的一些等级，从“普通人的住宅”到“有着最好收入的人的住宅”（汉普郡地图，1595），以及从“贵族住宅”“骑士、绅士等的住宅”到“伊丽莎白女王的府邸和宫殿”（米德尔塞克斯地图，1593）。威廉·史密斯尽管按照职业是一位管理纹章的官员，其应当对于社会等级的准确性感兴趣，但只是有时区分了“伊丽莎白女王的府邸和住宅”或“国王的宅邸和住宅”［萨里郡地图，（1602—1603）］与“绅士的住宅”（赫特福德郡地图，1602）或“普通人的住宅”（埃塞克斯地图，1602）。诺登和史密斯都在一个图例中解释了他们的符号。

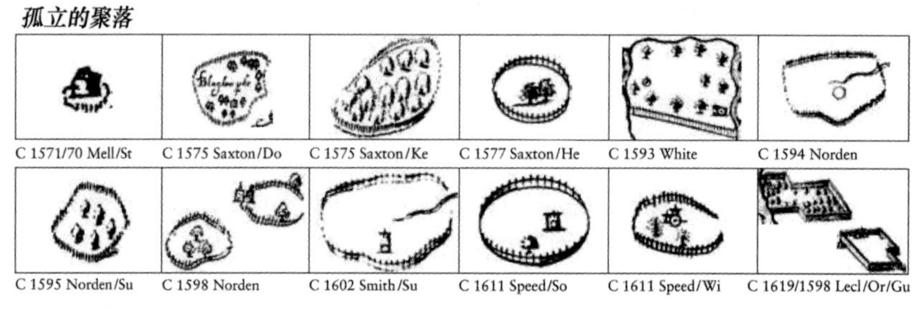

图21.24 孤立的聚落符号。关于这些符号来源地图的详细信息，参见附录21.1

[150] Johnson在*Carta marina*，71中注意到，在洛伦茨·弗里斯版的瓦尔德泽米勒世界地图上（1525）“城镇有墙体、塔楼和城门，并且是阿尔萨斯城市的缩小版，它们在梅利（Melli）和埃塞俄比亚的非洲王国，或者在南亚的卡利卡特（Calicut）和穆尔富力（Murfuli）……各处的城镇，只有麦加（Mecca）的没有类似西欧城镇的外观”。

[151] 短语“大改造”（Great Rebuilding）是W. G. Hoskins的；参见他的*Provincial England: Essays in Social and Economic History*（London: Macmillan, 1963），131－480。

[152] 符号可以被看成传统的，来源于用于中世纪绘本地图上的符号，或者只是简单的模拟。例如，被显示在舍伍德森林地图上（约1430）的园地；参见M. W. Barley, “Sherwood Forest, Nottinghamshire, Late 14th or Early 15th Century,” in *Local Maps and Plans from Medieval England*, ed. R. A. Skelton and P. D. A. Harvey（Oxford: Clarendon, 1986），131－39，esp. 132（pl. 10）。

[153] 在米德尔塞克斯（1593）和萨里郡（1594）地图的图例中，诺登的描述解读为“女王的住宅”。这一词语在1603年之后不得不改为“国王的宅邸”（例如，由William Kip为威廉·卡姆登的不列颠地图雕版的版本，1607）。

被设置在公园土地上的乡村住宅是一种英国特色的现象[154]。大陆上，在那里城堡和堡垒预示了封建主义和城邦政治持久的控制，甚至在那里，这些被从明显的军事性建筑转化为更为富丽堂皇的建筑，一点也不同于在地图上发现的英国乡村住宅，除了斯特拉在曼斯费尔德地图（绘制于 1561 年）上标明的“贵族宅邸”（Nobleman's houses）之外。斯特拉的地图雕版于 1570 年，当弗兰斯·霍根伯格采用了通常的通过赋予建筑一个上弯式的屋顶而风格化的聚落符号的时候（两侧有建筑的位置点）。在拉纪尧蒂尔的《法兰西的岛屿》地图（1598）上占据主导性地绘制了两座贵族园地以及它们的城堡（châteaus）：万塞讷（Vincennes）和马德里。后者，今天只是在布洛涅林苑（Bois de Boulogne）中有一个名字，是在 1525 年由弗朗索瓦一世（François Ⅰ）建造的[155]。

印刷的区域地图上通常没有描绘农民的鄙陋住房。尽管，由于一些原因，在斯特拉的曼斯费尔德郡地图（1570）版本（1571）上，约翰尼斯·梅林格（Johannes Mellinger）改变了蒂勒曼·斯特拉的一些村庄符号显示牧羊人的小屋（*Scheferty*）（参见图 21. 24），并在图例中对符号作了解释。为了他《寰宇概观》（1573/70）中的地图，奥特柳斯重新使用了斯特拉的铜版，由此，无论是梅林格的符号还是他的图例都没有被显示。

3. 修道院的符号

现代早期，在大陆欧洲，修道院依然是乡村区域重要的人口中心和经济活动中心，并且通常在地图上被标识为一个单独的聚落类目（图 21. 25）[156]。一些地图制作者，通常在聚落符号上增加了一个密码。1538 年，在他的弗兰德斯地图上，彼得·范德尔贝克（Pieter van der Beke）（由墨卡托在 1540 年所遵循）使用字母将修道院与那些受俸牧师的，那些为男士修建的建筑以及那些为女士修建的建筑区别开来（A. M. 、P. M. 、A. F. 、P. F. ）。类似地，丹

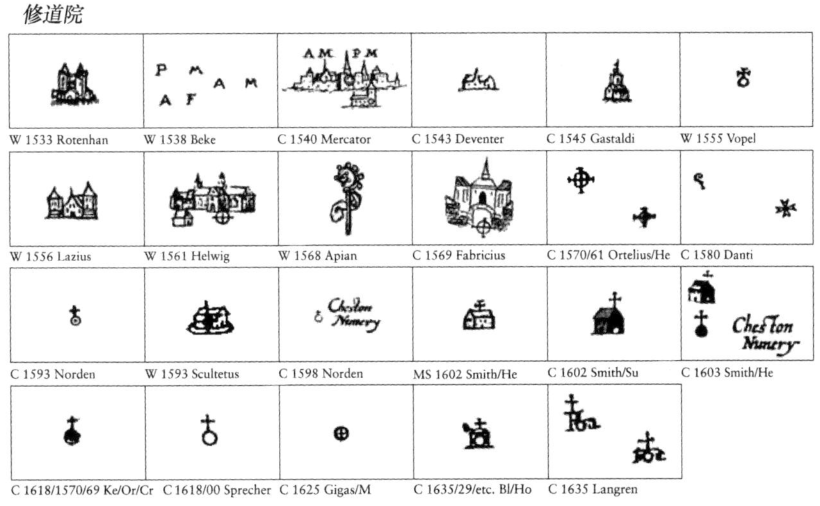

图 21. 25　修道院的符号。关于这些符号来源地图的详细信息，参见附录 21. 1

---

[154] 就像丹维尔同样注意到的，*Langage des géographes*, 325。

[155] 马德里的城堡，其位置现在是在巴黎的布洛涅林苑，是由弗朗索瓦一世在帕维亚战役（1525）后建造的，并且据说是作为提醒他曾被囚禁在西班牙的马德里而命名的。万塞讷城堡从 13—18 世纪是一座皇家宅邸。

[156] 修道院在被考察的大约 1/4 的地图上标注。

蒂在他的佩鲁贾政区地图上（1580），或者毗邻或者在相关聚落的中心使用一个权杖（代表属于圣公会的修道院）或者一个马耳他十字（代表属于军事骑士团的那些），或者孤立地在郊野中放置一个修道院的符号，具体视情况而定。约翰尼斯·迈克尔·吉加斯（Johannes Michael Gigas）［（吉甘蒂斯 Gigantes）］，在他的明斯特教区地图上（1625），通过在通常的聚落符号旁放置一个骑士团名称的缩写形式来标明特定的骑士团（例如 Or. Ben 代表 Ordo Benedictus）。

4. 代表废弃村庄的符号

564 小村和村庄的衰落——或者，就像通常情况，人口的减少——通过共同田地的圈占和通过牧场替代耕地，是欧洲文艺复兴时期被广泛感到的一个社会不公正的现象[157]。在英格兰和威尔士，16 世纪晚期，作为私人园地的景观美化和乡村别墅重建的结果而对村庄的迁徙或消除，使得一个长期存在的问题恶化。斯特拉（1571/70）用一个代表了村庄或城镇的常见图像符号的幽灵版，标明了消失的村庄（*wusterdorff*）。在他的普鲁士地图上（1584），亨内贝格尔确定了废弃聚落的三种不同类目（图 21.26）：废弃状态的村庄（*parochia devastate*）、被放弃的山顶城堡（*mons arcis vastate*）和缩减的地点（*locus ubi olim dimicatum est*）[158]。在由奥特柳斯、布劳和扬松纽斯出版的地图版本上，亨内贝格尔的非图像符号基本没有被修改。在英格兰，在他生前出版的三幅地图上（他的米德尔塞克斯地图，1593 年；萨里郡地图，1594 年；汉普郡地图，1595），诺登显示了“衰落的地点”，在每种情况下都使用了抽象符号。在汉普郡地图上，

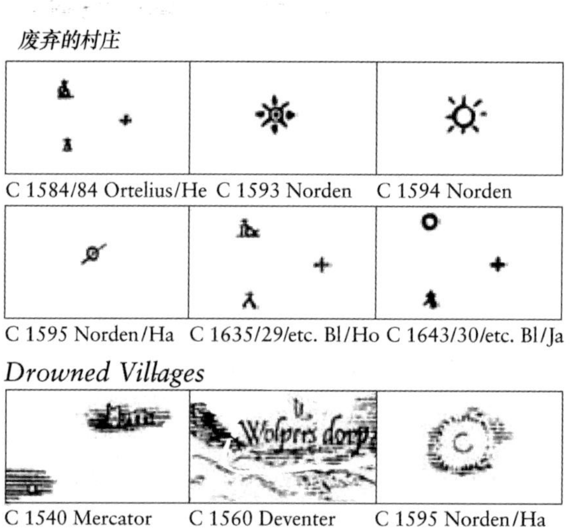

图 21.26 废弃村庄的符号。关于这些符号来源地图的详细信息，参见附录 21.1

[157] 关于一个综合性的，即使有些陈旧的综述，参见 *Villages désertés et histoire économique*, *XIe-XVIIIe siècle* (Paris: S. E. V. P. E. N., 1965）中的区域性的论文。关于英格兰和威尔士，参见 M. W. Beresford and John G. Hurst, eds., *Deserted Medieval Villages* (London: Lutterworth Press, 1971)。

[158] 我有些随意的翻译强调了亨内贝格尔对于完全遗弃的遗址和缩减了规模的位置之间的区别，对应于当前在历史地理学和考古学领域的做法。

他还使用一个顶部有着十字的圆形，记录了“曾经属于僧侣的地点”。

在一些现代早期的印刷地形图上，也对被淹没的村庄进行了描绘。在墨卡托的弗兰德斯地图（1540）上，通过在水中间标记模糊的村庄符号，标明了在1523年被淹没在洪水中的村庄。在英格兰，很多村庄和一些城镇自中世纪之后被大海吞没了，包括城镇邓尼奇 565
（Dunwich）、萨福克（Suffolk），只有村庄布鲁姆希尔（Broomhill）、萨塞克斯——在1287年被波浪吞噬——由诺登（1596）选出进行了标注[159]。诺登的抽象符号是符合逻辑的：通过放置一条穿过圆心的线条来删除空心圆。

代表生活的宗教方面的符号

在现代早期的欧洲，难以忽略的就是，教会和国家的行政层级。每一聚落对作为领主的上述两者中的一个或另一个表示忠诚，并且向两者交税。罗马教会在理论上臣属于皇权，但到了文艺复兴时期，教皇的教会财产实际上已自治，尽管通过宗教改革，其霸权被打破。北欧和西北欧的大部分到16世纪中期已经改奉新教，并且在1534年，英国国王亨利八世断绝了与罗马的关系，且成为英格兰新教的首脑。很多地图制作者和印刷匠有强烈宗教信念，通常（类似于墨卡托）有相当的人身危险。然而，毫不奇怪，这些人中的一些个人信仰在这一时期的地图上体现出来。

1. 告解室的符号

尽管在宗教改革期间和之后，对于告解的事情有极大的兴趣，但只有少数地图制作者在他们的地图上显示了对告解的拥护（图21.27）。1518年，作为波西米亚兄弟会的联盟（Unity of Bohemian Brotherhood）的一位领导成员，克劳迪斯在一幅地图上使用一种图像符号来确定

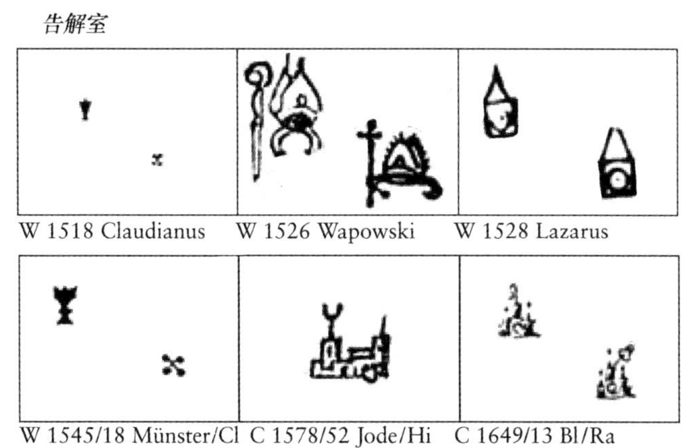

图21.27　告解室的符号。关于这些符号来源地图的详细信息，参见附录21.1

[159] 城镇布鲁姆希尔、萨塞克斯，前者位于老温切尔西（Old Winchelsea）和拉伊（Rye）之间，当Rother River在1287年2月的暴风中改变河道的时候，小镇消失了。曾经繁荣的温切尔西运河港口的城镇居民最终被迫同意迁移到新的位置；参见M. W. Beresford, *New Towns of the Middle Ages: Town Plantation in England, Wales, and Gascony* (1967; reprinted Wolfboro, N. H.: A. Sutton, 1988), 15。

在波西米亚遵循了胡斯派［Ultraquist（Hussite）］仪式的地点，而用另外一种图像符号来表示附属于罗马的地点（分别为圣彼得的钥匙和圣杯），但这幅地图几乎可以肯定是为了特定目的，而不是作为该国的普通地图而制作的。在拉萨鲁斯的匈牙利地图上（1528），一些地点符号被削去了尖顶，似乎正在表示告解的差异。在另外一幅地图上，描述了主教穿着的不同风格的头饰的图像符号被用于对告解进行区分。在贝尔纳德·瓦波斯基（Bernard Wapowski）的波兰地图（1526）和拉齐维尔的立陶宛地图（1613）上，在天主教管辖之下的地点通过这种方式与那些臣属于东正教（Orthodox Church）权威下的地点区分开来。

2. 教堂地位的符号

与告解相比，争议较少的就是每一聚落中主要教堂的地位。教会的等级是描绘一座聚落的第三种最为常见的方法（在世俗等级和位置之后），并且在样本中超过一半的地图上被进行了标记（图 21.28）。使用了各种工具——例如，埃林格的主教教区地名的首字母大写（神圣罗马帝国地图，1515）——但最为常见的系统就是使用特定的图像符号或者编码。图像符号趋向于描绘一座教堂（有尖顶或者没有），在一侧或者两侧有建筑，类似于那些奥龙斯·菲内使用的，其在他的法兰西地图（1525）的图例中，还解释了哪种符号代表了大主教的管区，哪种代表了主教的管区。一种常见的编码形式就是用一个双十字来表示大主教管区，用单十字（或者，就像在加斯塔尔迪的地图上的，一根权杖）表示主教管区[160]。精确使用哪种形式的十字架或符号放置的方式几乎没有一致性。在墨卡托的英格兰和威尔士的地图上（1564），十字架有些时候从图像符号的底部垂下，而不是在其上耸立，同时，同样类型的十字被不加区分地用来代表南欧的天主教教堂、希腊和巴尔干的东正教会，以及北欧和英格兰、威尔士的新教教堂（1554）。墨卡托在他的欧洲地图上（1554）增加了两种其他形式的十字，一个标志着在罗马的教皇（*pontifex Romanus*）所在地，另外一个标志着宗主教区
566 （patriarchal sees）[161]。有一次，狂热的加尔文派（Calvinist）的诺登在他的郡地图上提到了主教管区（米德尔塞克斯地图，1593），符号只是出现在图例中，但是在地图上没有与任何地点联系起来。相反，除了一幅地图之外，他不仅在他所有的地图上标识了“教区”（意思是有一座教区教堂的地点），而且还在他的所有地图上——并且独特地——标识了偏远教区的小教堂（chapels-of-ease）（参见图 21.28）[162]。

---

[160] Dainville，在 *Langage des géographes*，222 中认为，新教和天主教大主教管区和主教管区通过在后者的十字架上缺乏上半部分加以区分，但是作为他的例证的地图并不那么明确，并且我在文艺复兴时期的地图上没有注意到任何这样的符号。

[161] 四个宗主教区是安条克、亚历山大、君士坦丁堡和耶路撒冷。地图上使用了四种类型的十字架，但是在简短的图例中没有定义其他符号。

[162] 在诺登七幅郡地图上，无论是手绘的还是保存下来的早期印刷版，只有米德尔塞克斯地图（1593）和赫特福德郡地图（1598）去掉了“小教堂”（chapels），或者，就像它们在汉普郡地图上（1596）那样被特别称为“偏远教区的小教堂”（chapels-of-ease）。

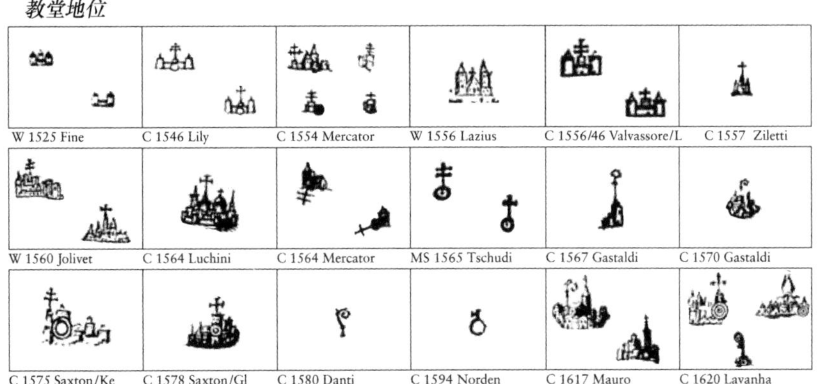

图 21.28　教堂地位的符号。关于这些符号来源地图的详细信息，参见附录 21.1

法律符号

统治权的问题可能是非常重要的，尤其是在欧洲大陆。这一时期宗教的和政治的巨大变动，可能强调了，就像有时被说明的那样，对世袭的敏感性，而世袭是与新获得的社会等级相对的，同时，事实依然是，土地保有权的费用以及其他费用必须支付给一位领主。墨卡托对于从他的地图集上去掉了这类信息而感到抱歉——“我非常希望去做的一件事情，但又是不可能的，就是准确地列举和标明王公贵族的所在地”——并且建议他的读者提供丢失的信息，但是这一时期的其他地图制作者包括了这类信息[163]。

1. 领主和城市领主的符号

土地保有权的符号被用来标明一个完整区域的统治权，或者它们可以被指定给每一个聚落（图 21.29）。它们很少被解释，毫无疑问的假设就是，纹章应当会被识别出来[164]。一个被应用于整个行政区的符号需要大胆的设计，最好是大型的，并且放置在与其相关的区域中心附近的突出位置上。通常的习惯就是使用一个王冠代表在国王或皇帝直接控制下的地点，个人的徽章被用于确定某位男爵的统治权，同时用主教王冠或者一根权杖标明宗教的统治权。因而，1515 年，在他的意大利地图上，雅克·西尼奥将教皇的两把交叉钥匙的符号放在了罗马之上，而美第奇的百合花纹章被放置在了佛罗伦萨上，将旗帜放置在了热那亚和威尼斯之上。特殊的是，克劳迪斯使用小型的王冠和简单的有花纹的盾饰在他们自己的、没有使用表示相关聚落的任何符号的地图上，标明 37 处帝国的和 53 处男爵的波西米亚聚落
(1518)[165]。通过稍微不同的方式，帕伦蒂在一个有子标题的分类列表中也提供了信息，列表 567
印刷在一个插页中，即按照字母顺序，显示了他的斯波莱托地图上（1597）所有相关聚落

[163] 1595 年拉丁语的英文翻译，“［如果］你愿意通过标明这类地点、他们的所在地、名称和等级，自己去协助校订贵族的政治秩序的话，那么这将是你的功劳”，来源于 Gerardus Mercator, *Atlas*; *or*, *A Geographicke Description of the Regions*, *Countries*, *and Kingdomes of the World*, *through Europe*, *Asia*, *Africa*, *and America*, 2 vols., trans. Henry Hexham (Amsterdam: Henry Hondius and IohnIohnson, 1636), vol. 2, “An Advise for the Use of Maps,” in the preliminaries to the section on France.

[164] 在附带的小册子中，瓦尔德泽米勒确定了他的世界地图（1507）之上的每一个符号；参见 Delano-Smith, “Cartographic Signs,” 14，以及全文的翻译，参见 24。

[165] 克劳迪斯地图的数据来自 Kučař, *Early Maps of Bohemia*, 11–15。克劳迪斯是文艺复兴时期少有的不使用任何代表聚落符号的地图制作者之一，这些聚落通过占有权、告解，以及一座市场或城堡的存在等属性来被绘制。严格地讲，克劳迪斯的地图是专题图的早期例证。

的名称。范德尔贝克长长的信号旗和大号角（弗兰德斯地图，1538 年）是故意引人注目的，因为他寻求给相关权力者留下印象，但是几乎一个世纪后，王冠和主教王冠被拉旺哈用于他的阿拉贡地图上（1620），与范德尔贝克的同样夸张。

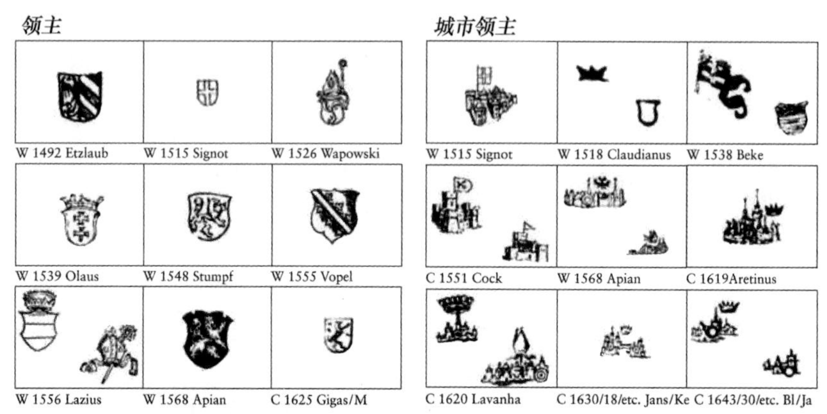

图 21.29 领主和城市领主的符号。关于这些符号来源地图的详细信息，参见附录 21.1

2. 绞刑架的符号

文艺复兴时期，欧洲管辖权中一个高度公开的方面就是道路旁的绞刑架，其通常被放置在领土的边境上，经常是成组的（图 21.30）。塞巴斯蒂亚诺·明斯特在他的海德堡周围行政区的地图上（1528）显示了两种类型的绞刑架。阿皮亚使用的两种符号，其中一种与明斯特所使用的相似；另外一个（标记为 *galach*）描绘的是一个有三根支柱的结构（巴伐利亚地图，1568）。按照丹维尔的说法，支柱的数量标志着地方法院的地位：高等级的地方法院由两根支柱表示，而男爵和公爵的绞刑架则可以有三根至八根支柱[166]。然而，

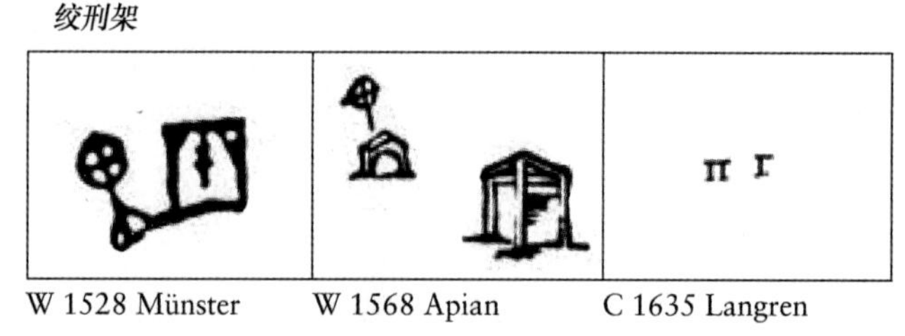

图 21.30 绞刑架的符号。关于这些符号来源地图的详细信息，参见附录 21.1

[166] 丹维尔似乎尤其关注于这组符号，尽管他很少谈及 1640 年之前的样本；参见 François de Dainville，"Le signe de 'justice' dans les cartes anciennes，" *Revue Historique de Droit Français et Étranger*，4th ser.，34（1956）：111 – 114，以及 idem，*Langage des géographes*，301 – 302。威廉·史密斯（William Smith）在切斯特的城市围栏之外标记了一个简单的两个支柱的结构，这出现在他极为详细的城市绘本平面图上，时间为 1580 年，其展示了他约 1585 年的 "Description of the County Palatine of Chester"（Oxford，Bodleian Library：the text is Rawlinson MS. 282；城市平面图和图景以及柴郡地图现在收藏在 Rawlinson MS. 282*，fol. 3）。

在本章作为样本的地图中没有记录超过四根支柱的符号[167]。

3. 代表议会所在地的符号

符号还被用于标明与政府有关的一些方面（图 21. 31）。若利韦描述了他用伊斯兰新月
作为标明旧政权的法国省议会召开会议的地点的符号（法兰西地图，1560），但是他选择这
一符号背后的原因并不清楚[168]。丹维尔用以表明各种管理层级的符号，持续使用至文艺复兴 568
之后的地图上[169]。在斯特拉的曼斯费尔德地图（1571）的副本上，梅林格用一个星号加以
代替。

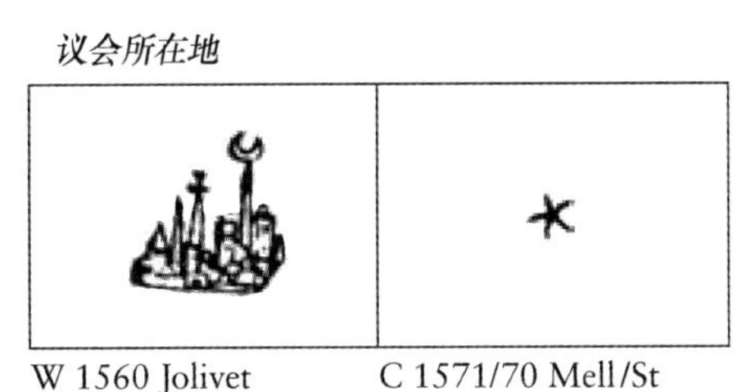

图 21. 31　代表议会所在地的符号。关于这些符号来源地图的详细信息，参见附录 21. 1

代表运输和交通的符号

就像在讨论道路符号的开场白中丹维尔注意到的，在现代早期的地图上极少显示道路[170]。地图在 1800 年之前通常不被用于寻找道路，同时仅仅是在文艺复兴时期才开始被经常用于作为路线规划的辅助工具[171]。道路应当没有被认为是普通地图上的重要信息，甚至可能对于被用于军事背景下的地图而言也是如此。那些定期在他们职业或者职责所在的道路上旅行的人，应当由对他们旅行行为负责的机构进行指示，并且他们会得到一份旅行指南。鉴于地图作为不重要的旅行辅助工具，因此在超过一半的被分析的地图上发现了各种与旅行相关的细节，这可能是未曾预期到的，值得重视的是，此处记录的大部分特征仅偶尔被描绘，并且由相对较少的地图制作者提供。在文艺复兴时期，印刷的地形图主要直接针对的是普通的地图读者，而不是定期的或者职业的旅行者。

---

[167] 1585 年，当威廉·史密斯在他的切斯特城的绘本平面图中包括了一个绞刑架符号［在位于 Boughton（鲍顿）的城门外］的时候，他描绘了一个类似于明斯特的简单结构，但是没有一个吊挂的图像；参见 "A Description of the County Pallatine of Chester," Oxford, Bodleian Library, Rawlinson MS. B. 282, fol. 2。

[168] 在地图的漩涡形装饰上给出了若利韦的 "Advertissement" 或者图例，即 "为了便于知道省份和古代议会所在的首府；以及大主教管区、主教管区、城镇、山脉和河流；你将可以看到每一个都被写在其所在地点上，议会有麦加的新月，大主教管区有一个双十字，主教管区有一个简单的十字；这将足以让你明白相关的信息"。因帮助我从在巴黎的原本上进行了抄录，我对 Catherine Hofmann 表示感谢。François de Dainville, in "Jean Jolivet's 'Description des Gaules,'" *Imago Mundi* 18 (1964): 45 - 52，没有对这些符号进行任何提及。

[169] Dainville, *Langage des géographes*, 299。诺登使用统一的符号来表示汉普郡的市镇（1596）。

[170] "一个最为引人注目的事实就是：直至 17 世纪末，只有少量地图显示了道路路线"：Dainville, *Langage des géographes*, 261。

[171] 参见 Delano-Smith and Kain, *English Maps*, 142 - 178，以及 Catherine Delano-Smith, "Milieus of Mobility: Itineraries, Road Maps, and Route Maps," in *Cartographies of Travel and Navigation*, ed. James R. Akerman (Chicago: University of Chicago Press, 2006), 16 - 68。

1. 路径的符号

道路被标识在附录 21.1 中列出的不少于 10 幅地图上[172]。典型的符号就是用一系列或多或少均衡的有间隔的点呈现一种直线量度单元（图 21.32），就像埃兹洛布在 1500 年关于他的《通往罗马的道路图》地图中的解释："穿过日耳曼国家通往罗马的道路被用小点绘制，每个小点代表一个普通德国英里。通过这一方式，道路（*weg*）被用每英里一个点从克拉科夫（Krakow）、但泽（Danzig）、罗斯托克（Rostock）、里伯（Ribe）、吕贝克（Lübeck）、不来梅（Bremen）、乌得勒支（Utrecht）、纽波特（Nieuport）和马尔堡（Marburg）显示——在每种情况下，都是通往罗马的最近和最好的路线（*weg*）。"[173] 瓦尔德泽米勒还在他的《欧洲旅程地图》（1511）中包括了大量路线，这幅地图，其标题和附带的小册子，显然被期待服务于路线规划[174]。在克劳迪斯的波西米亚地图上，在印刷的点上进行了绘制，由此形成了黄综色线条。当明斯特在 1545 年复制克劳迪斯地图的时候，他去掉了点和线条[175]。

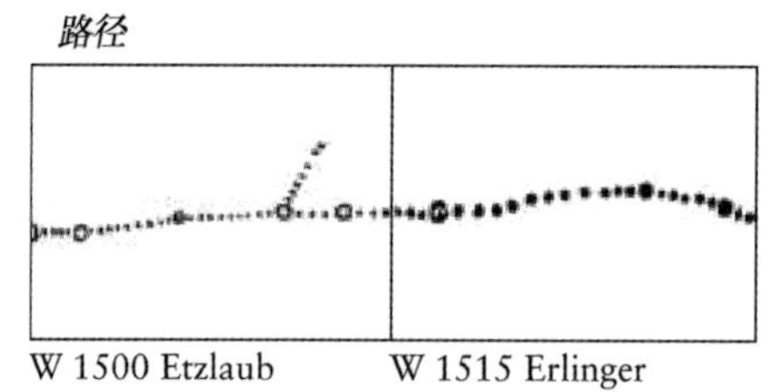

图 21.32 路径符号。关于这些符号来源地图的详细信息，参见附录 21.1

2. 道路符号

569 不同于路径，道路是在地表有实体的和可见的。它们构成了一种结合了当地的步行道和小径，以及处于复杂交通网络中的国家和国际大道的一种层级网络。在现代早期的印刷地形图上，没有任何接近综合性网络的东西。取而代之，文艺复兴时期的地图制作者通常选择显示道路的单一层级，通常是大道（图 21.33）。在丹蒂的佩鲁贾行政区的地图（1580）上，显示的道路是那些从中心地，也就是佩鲁贾城本身放射出的。偶尔标明了相互连接的交叉道路，就像在欧福西诺·德拉沃尔帕亚非常详细的罗马农村地图（1547）、阿皮亚的巴伐利亚

---

[172] 抽象的路线和实际道路之间的差异，对于理解地图在早期旅行中的作用是至关重要的。在 Wallis and Robinson, *Cartographical Innovations*, 63 – 64 中，两个术语，尽管被单独索引，但被一起用可以互换的词语进行了描述。这在大部分关于地图和旅行的文献中是真实的；然而，参见，Delano-Smith and Kain, *English Maps*, 142 – 178，以及 Delano-Smith, "Milieus of Mobility"。

[173] 译文来自 Herbert Krüger, "Erhard Etzlaub's *Romweg* Map and its Dating in the Holy Year of 1500," *Imago Mundi* 8（1951）：17 – 26, esp. 22。注意 Krüger 将 "*weg*" 无差别地翻译为"道路"（对此，埃兹洛布，在他 1501 年的道路图上使用的是 *lantstrassen*）和"路线"（route），由此反映了术语普遍的混乱；一个更好的翻译应当为 "way"。也可以参见 Dainville, *Langage des géographes*, 259 – 260，关于法语词语，*voie*、*route* 和 *chemin*，只有最后一个表示的是一条 "road"（道路）。以 "Register" 开头的解释性注释的德文文本，在 Herbert Krüger, "Des Nürnberger Meisters Erhard Etzlaub älteste Straßenkarten von Deutschland," *Jahrbuch für fränkische Landesforschung* 18（1958）：1 – 286, esp. 17 – 18 中被完整地给出。

[174] 词语"旅行指南"（*itineraria*）的含义在附带的小册子中解释为："首先……给出了这一旅行指南地图，去看看各个地点之间彼此距离多远。"（译文来自 Delano-Smith, "Cartographic Signs," 24 – 25）

[175] Kuchař, *Early Maps of Bohemia*, pl. 1a – b.

地图（1568）和一些诺登的地图，以及模仿他的史密斯的英国郡地图。其他的地图制作者仅仅包括了一段孤立的道路。在吉加斯的没有道路的帕德博恩（Paderborn）地图上（1625），绘制了一个孤立的交叉点，标为“Creutzwech”，但是没有加以解释。

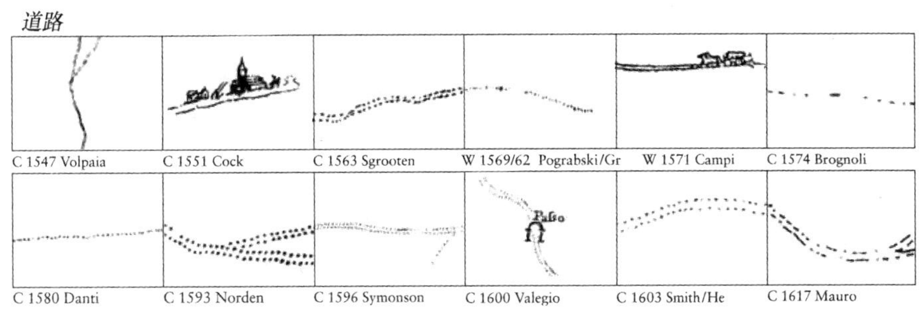

图21.33　**道路符号。关于这些符号来源地图的详细信息，参见附录21.1**

通常呈现道路的方式就是两条平行线。有时添加有步行者或者骑手的小插图，好像可以由此确定地图符号含义[176]。道路线条可以加上点。通常，相同的符号被用于整幅地图上，但是阿雷特努在他的波西米亚地图（1619）上使用两种符号来表示道路；对于其中一种，他使用了不规则高度的垂直线条（就像去说明一种过度使用的下沉的轨道），而对于另外一种，标识为“新的”，他使用常见的虚线。在阿皮亚的巴伐利亚地图上（1568），有短的、宽的小径的四个样本（图21.34*a*－*d*），其中一种几乎肯定是表明一种建成的堤道（*b*），但其他三种显然为某种道路或者轨道，但是如果没有额外的证据，则难以解释[177]。一些可能与

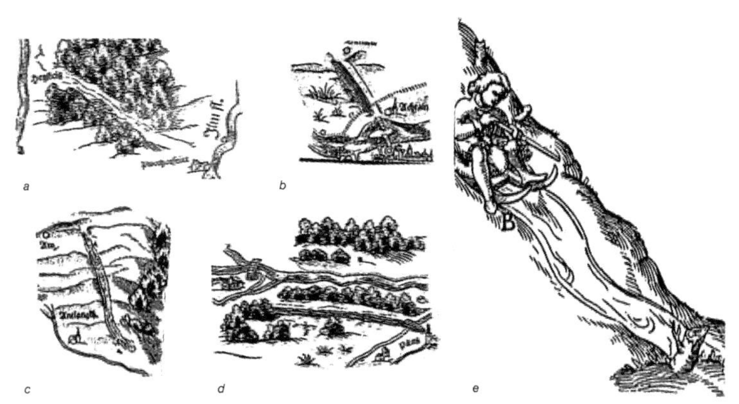

图21.34　**难以理解的地图符号**

如果没有提供图例的话，一些地图符号难以被理解。左侧（a-d）的细部，来自菲利普·阿皮亚的巴伐利亚地图（1568；sheets 10, 11, 16, and 18），似乎代表了特定类型的小径、堤道，并且可能雪橇或木材由此被滑下。右侧（e）是来自乔治·阿格里科拉（Georg Agricola）的《矿冶全书》（*De re metallica*, Basel, 1556）bk.6的一块木板的细部，在这一例子中，显示了矿工如何使用装载有货物的雪橇，或者在夏季将开采出来的矿石运输到山下，这是对阿皮亚地图上一些符号可能的解释。

[176] 在由Hieronymus Cock雕版的帕尔马周边地区的地图上（1551），聚落被道路一分为二，显示出逼真的细节。

[177] 一种描影被用于表示一条在沼泽谷地底部之上的堤道，另外一种在一侧有着编制的篱笆，第三种穿过一座森林并且在一个末端写有词语“*Hensteig*”（陡峭的路径），第四种显然穿过高低起伏的开放田野，并且在每一端都有一个指示物；分别参见sheets 11，18，10和16。

工业活动有关，比如伐木，其中被伐倒的原木习惯上被滚到山下的一条溪流或者湖中以进行水运；或者采矿业，其中装载有矿石的木制货车或者雪橇与矿石一起（就像在图 21.34e）很可能被滑到山下。山路很少被赋予一种特殊的符号，除了瓦尔泰利纳地图（1600）的佚名的编绘者，其使用标签“*passo*”标志每个关口，并且使用平行虚线去表示关口两侧水流源头之间小径的连续，尽管没有标识其余的道路或者任何其他的道路。

3. 桥梁符号

托勒密没有提到桥梁，同时在《地理学指南》印刷版的新地图上发现的那些是文艺复兴时期增补的(178)。与道路相比，它们被更为通常地呈现在 16 世纪和 17 世纪的地形图上（图 21.35），在那里，它们意图是去标明最为可靠的渡口。在 17 世纪晚期，卢宾同意，“最为有用的一件东西就是给出了所有桥梁的地图”，但是警告他的读者不要“相信［地图的］标志通常都是绝对可靠的”，因为他本人对显示在一幅地图上的，但不存在或断裂的桥梁感到不便(179)。可能，同样，地图制作者只是标明了他们知道的桥梁。在丹蒂的奥尔维耶托行政区
570 的地图上（1583），城市毗邻地区密集的桥梁与较远的周围乡村中相对稀疏的桥梁之间的对比，可以展示这样的趋势。在其他地图上，清晰的是，标识了主要河流上的桥梁，但是支流上的桥梁则没有，就像在塔桑的奥尔良地图（1634）的情况。很少的情况就是，与一条道路相连的一座桥梁。例外情况包括一些诺登的和史密斯的英国各郡的地图，以及毛罗的萨比纳地图（1617）。

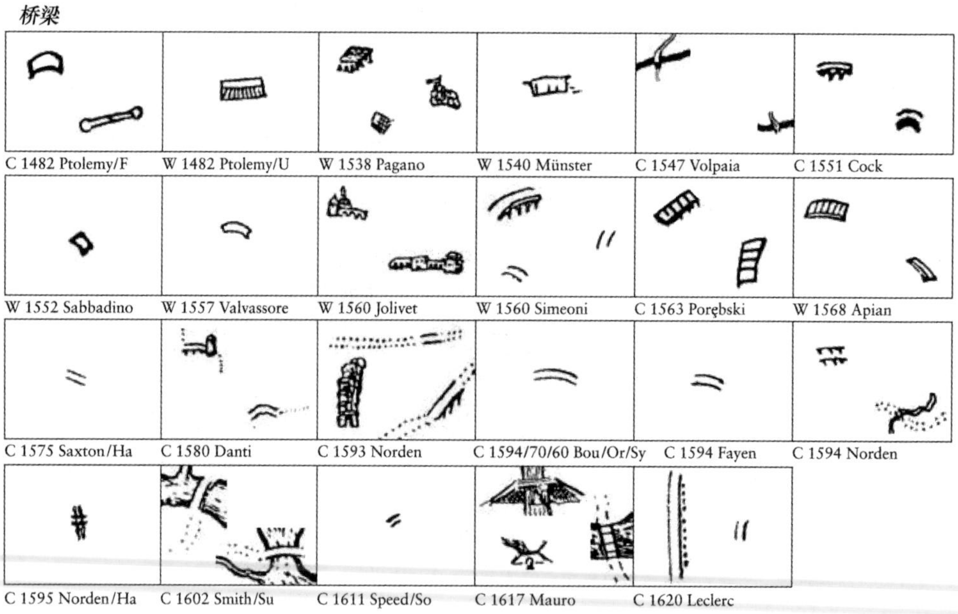

图 21.35 桥梁符号。关于这些符号来源地图的详细信息，参见附录 21.1

---

(178) 桥梁被仅仅显示在“新”地图上，例如，在佛罗伦萨 1482 年版和 Ulm1482 年版的欧洲（Gaul）的第四幅地图上。

(179) 卢宾还保证亲自制作这样一幅地图，如果没有受到其他委托的阻止的话，在 *Mercuregeo graphique*，301 中。

不同的符号被用于表示桥梁，范围从抽象的一对短的平行线，到详细的对塔楼和建筑物、护栏、码头、券拱以及分水杆的整个复杂建筑的描绘。桥梁的线条可以是笔直的，并且有或者没有锐角的末端，或者它们可能有些弯曲，其中一条线比另外一条要粗一点，就像表明水面之上的栏杆或者桥梁的高度。券拱有时通过一条装饰有荷叶边的线条或者简单的一系列的点或者短线来说明。木制桥梁通过模拟厚木板的横断线来与石桥区分开来。不谨慎的风格化导致了一个类似梯子的标志，而不是桥梁，就像在波瑞博斯基的奥斯威辛地图（1563）上那样。还有已经提到的阿皮亚的巴伐利亚地图（1568）沼泽之上的堤道。

4. 浅滩和渡口的符号

我们可能推想，浅滩和渡口因为过于常见了，因此在同时代的地形图上不值得被收录进去，即使在那里有容纳它们的空间。因而，尽管萨克斯顿在他英格兰和威尔士的郡地图上显示有超过2000座桥梁，但地图上只包括少量的渡口[180]。有时，穿越河流的一条道路的延续暗示存在渡口，就像偶尔通过词语“渡口”（ferry）或“浅滩”（ford）所证明的那样。在其他地图上，用一个图像符号来代表，最为写实的就是，通过固定在两侧岸上的木立柱上的一根木杆或一根绳子，一名船夫渡过河流，就像在博尼法乔的（1587）地图（图21.36）上那样。即使如此，渡口，在意大利半岛的亚得里亚海一侧通过重要的南北向道路（地图上未显示）运送旅行者，被标识为“*scafa*”，以免引起疑问。概略风格的相同的渡口符号，已 571 经被用于西梅奥尼的奥弗涅地图（1560），并且后来出现在邦帕尔的普罗旺斯地图（1591），以及布格罗和奥特柳斯版的邦帕尔地图（分别为1594年和1595年）上。在这些地图上，符号被简化为一个半月形，并且在其上有一根向上的杆子和一根短的横杆，这一形式与6世纪的马代巴马赛克地图（图21.37）上的那些有令人惊讶的相似性[181]。

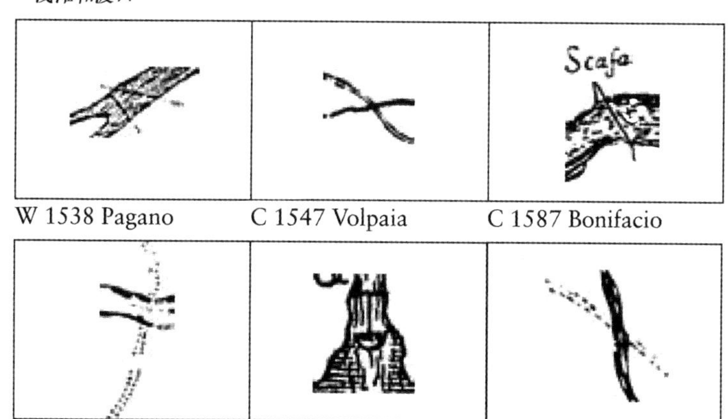

图21.36　浅滩和渡口符号。关于这些符号来源地图的详细信息，参见附录21.1

[180] 跨越特伦托河的渡口，其由在伦敦和英格兰北部之间的Great North Road上的旅行者使用，被标志在林肯郡的地图上（1576）。

[181] 邦帕尔显示了至少三座渡口，两座是在下罗讷和位于瓦尔河口的*bac de Saint-Laurent*。

图 21.37 渡口符号的两个例子。这些渡口符号来自马代巴的巴勒斯坦的马赛克地图（542—562 年）以及来自皮埃尔－让·邦帕尔的普罗旺斯地图（1591），后者在 1619 年由于格·皮卡尔（Hugues Picart）从亚伯拉罕·奥特柳斯的版本（1594）重新雕版。马代巴的符号（左）采用自 John Wilkinson, trans., *Jerusalem Pilgrims before the Crusades* (Warminster, Eng.: Aris and Phillips, 1977) 的扉页

5. 代表烽火和灯塔的符号

在一些地图上增加的混杂的细节中有如内陆的烽火和沿海的灯塔等地标（图 21.38 和 21.39）。英格兰有维持国家范围的灯塔网络以作为普遍的报警系统和用于召集军队的长期传统。到 16 世纪 70 年代，当与西班牙的政治关系正在变得糟糕并且对于入侵的恐惧正在增
572 加的时候，萨克斯顿在他的郡地图上使用了两种类型的图像符号来标明一些烽火，两者都揭示了建筑的不同类型，一种是单一的高耸的柱子，另外一种是顶部有一个装有易燃材料的篮子的三脚架，两者都有一架可以用于攀登的梯子[182]。当诺登将符号缩减为三条细的垂直线，就像在他的汉普郡地图（1595）上的那样的时候，他不得不在体例中解释其含义。斯特拉的内陆的 *warte* 或者瞭望塔（曼斯费尔德地图，1570），以及奥劳斯·马格努斯的沿海的烽火或者灯塔（航海图，1539），似乎是坚固的石头建筑。它们同样必须要进行解释，即使它们没有被与其他结构相混淆[183]。

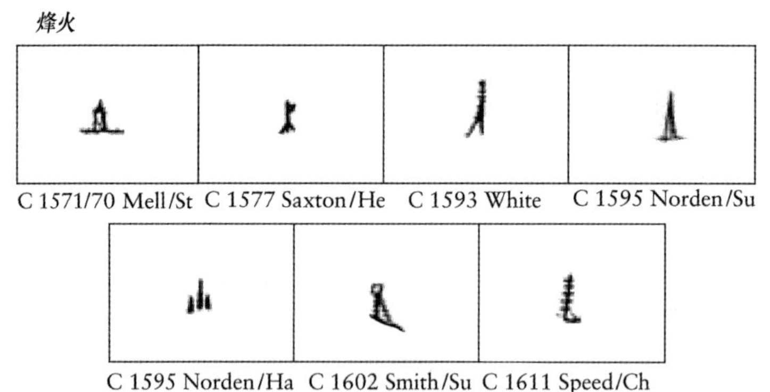

图 21.38 烽火符号。关于这些符号来源地图的详细信息，参见附录 21.1

[182] William Lambarde, *A Perambulation of Kent: Conteining the Description, Hystorie, and Customes of that Shyre*, increased and altered by the author (London: by Edm. Bollifant, 1596)，包含一幅显示了整个肯特郡范围内的烽火网络的地图。

[183] 斯特拉在地图的图例中包括了瞭望塔的符号。奥劳斯·马格努斯没有在他的地图上标明灯塔，但后来在他的 *Description of the Northern Peoples*, 2: 602, esp. 604－5 中对它们进行了描述。

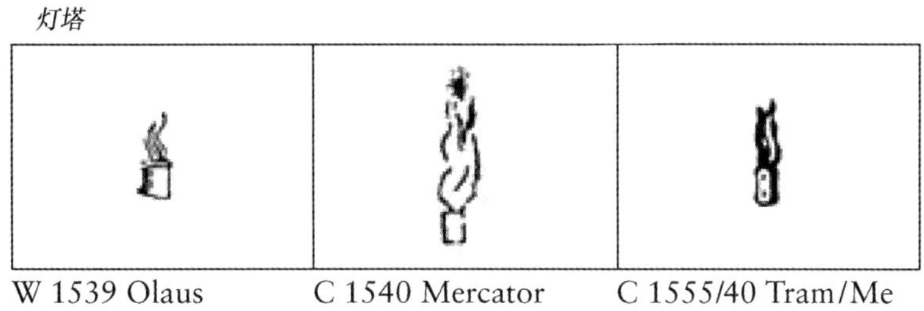

图21.39　灯塔符号。关于这些符号来源地图的详细信息，参见附录21.1

6. 代表锚地和旅店的符号

在一幅意在用于内陆的地形图上标明锚地和旅店（图21.40），难以被认为提供了主要的地理信息，并且确实很少在文艺复兴时期的地形图上找到这类符号。在奥劳斯·马格努斯的《航海图》（1539）上，代表锚地的符号的存在，连同对当地领主固定在岩石上的铁环的描绘，为在挪威的充满岩石的西海岸寻求庇护的船只提供了安全的泊位，由此反映了一位献身于区域的历史学家的折中主义。奥劳斯还描绘了在封冻的波罗的海冰上的住宿点或者旅店。这些似乎让人感到困惑，因为20年后，在他的书籍中，奥劳斯重复了这一符号以作为一种插图，并且解释"尽管1539年期间，这一图像被绘制以及印刷在威尼斯大主教辖区（Patriarchate）的我的哥特地图上，并且涵盖了波罗的海海岸以外海域的很长一段，但并没有对其进行详细的解释以使其通俗易懂"[184]。他然后继续给出了相似的住宿点的结构和用途的说明。在温琴佐·卢基尼的《安科纳的边界》（*Marca d'Ancona*）地图（1564）和阿皮亚的巴伐利亚地图（1568）上发现了相似的旅店的符号，但是在其他地方很少[185]。

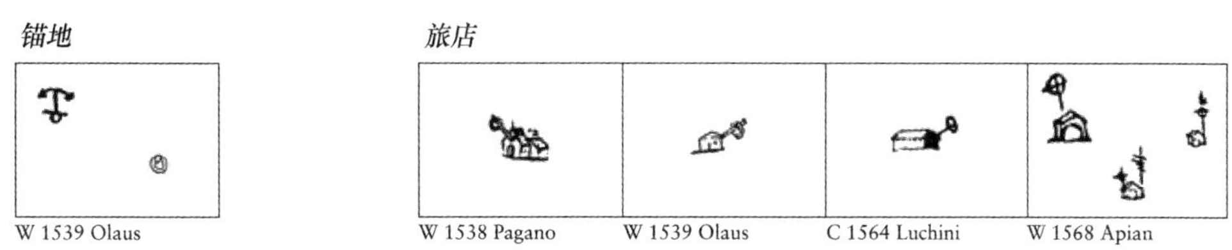

图21.40　锚地和旅店的符号。关于这些符号来源地图的详细信息，参见附录21.1

7. 内陆航行和船运航线的符号

可航行的河流对于贸易和旅行而言是重要的交通干线，并且一名现代早期的地图制作者不会认为有必要确定可航行的河段。然而，在西北欧的低地，河流和运河被与一些主要的贯穿大陆的贸易干线联系起来，并且偶尔被呈现（图21.41）。在弗兰德斯，范德尔贝克在漩

[184] Olaus Magnus, *Description of the Northern Peoples*, 1: 59.

[185] 关于在英格兰对客栈符号的使用，参见 Peter Clark, *The English Alehouse: A Social History, 1200 - 1830* (London: Longman, 1983), 29 and pl. facing 176。符号没有被用于瑞典，这一认识来自对 bk. 1, chap. 26, of Olaus Magnus, *Description of the Northern Peoples*, 1: 86 的评论。

涡形装饰中解释，在他的国家地图（1538）中那些标有名称的河流是可航行的。在布拉班特地图上，代芬特尔提请注意河流上的星号，这些星号应该表明每条河流可以从此开始航行的地点（1536）[186]。并不太远，在德意志，吉加斯告诉他的明斯特地图（1625）的使用者，利珀河（Lippe River），罗讷河的一条左岸支流，可航行至利普施塔特（Lippstadt）。在范朗格恩的布拉班特地图（1635）上，以平面图的方式呈现了运河上的水闸。

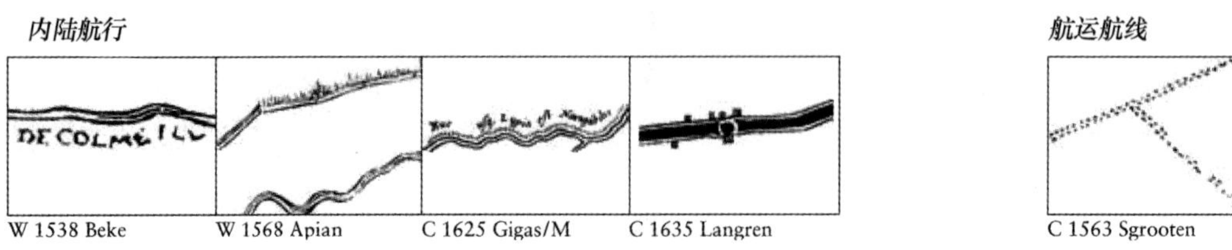

图 21.41 内陆航行和航运路线的符号。关于这些符号来源地图的详细信息，参见附录 21.1

8. 距离线的符号

在一个当算术仅仅最近才被引入大学课程中，以及只是在学校中被初步讲授的时期，
573 计算距离对于大部分人而言并不是一件容易的事情。一些地图制作者认为其增加了他们地图的吸引力和有用性，由此在他们地图上包括了地点之间距离的信息。这可以通过多种方式达成（图 21.42）。在一些地图上，就像已经注意到的，路线被通过表示英里数的点标识。在另外一些地图上，使用用尺子绘制的线条将被选择的成对的地点连接起来，并且在线条附近、在线条之上或者之下标注了英里数。后一种技术并不是新的；距离线已经被用于中世纪的地图上，就像在英格兰和威尔士的戈夫地图（约 1360），还有在 15 世纪早期的意大利[187]。并不知道出现这些线条的每幅地图的更多的目的和背景，因而难以了解为什么它们被增加，特别是当在本次调查中遇到的呈现在地图上的网络通常是孤立的并且范围有限的时候[188]。更为频繁的是，从中心点向地图上或者地图之外的其他点放射出的距离线条，同时它们的出现可以被简单地看作向普通读者提供尽可能多的信息。在维斯森伯格的圣地地图上（1538），从耶路撒冷放射出的线条，尽管它们仅仅在朝向地图边缘的地方被标识以避免与地图上已经过于拥挤的信息重叠。在克里斯托福罗·索尔特的布雷西亚区域的地图（1560）上，线条给出了从布雷西亚出发的距离。在斯特拉的圣

---

[186] 图例为："至于可以航行的河流，被如此绘制，*"，并且继续没有标点至下个条目（从一个有点的圆形至下一个圆形的距离的量度）。给出了一个解释，因为地图上的标记是小的和少的，并且彼此之间距离遥远，否则它们的含义是不清晰的。我感谢 Günter Schilder 的翻译。

[187] 戈夫地图是在 Oxford，Bodleian Library，MS. Gough Gen. Top. 16。参见 Edward John Samuel Parsons，*The Map of Great Britain circa A. D. 1360，Known as the Gough Map：An Introduction to the Facsimile*（Oxford：Printed for the Bodleian Library and the Royal Geographical Society by the University Press，1958）。被提到的意大利地图是一幅伦巴第地图，现在收藏于 BNF，Ge. C. 4090；参见 Almagià，*Monumenta Italiae cartographica*，pl. Ⅷ（1）。

[188] 乌贝蒂在他的地图上显示了大量战役地点，并且被选择的地点之间的距离信息可能应与当时法国和意大利的敌意有关。关于地图的总体情况，参见 Peter Barber，"The Maps，Town Views and Historical Prints in the Columbus Inventory，" in *The Print Collection of Ferdinand Columbus（1488 –1539）*，2 vols.，by Mark McDonald（London：British Museum Press，2004），1：246 –62。

地地图（1557）和阿皮亚的巴伐利亚地图（1568）上，通过在地图的装饰边界中给出距离以及它们对应的地名，完全避免了对线条的需要[189]。

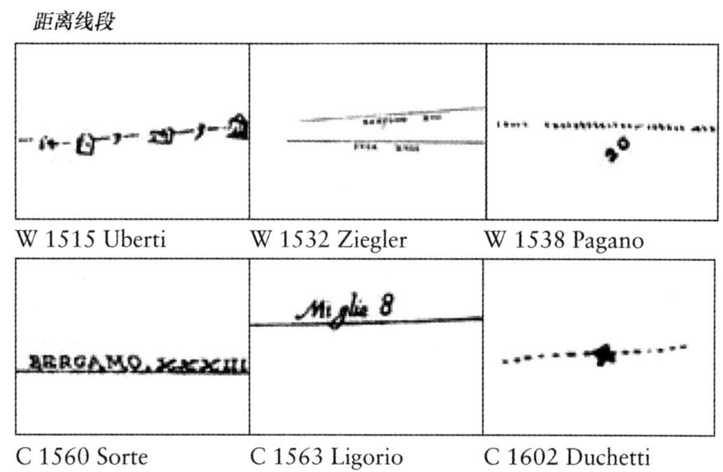

图21.42　距离线段的符号。关于这些符号来源地图的详细信息，参见附录21.1

代表农业、狩猎和渔业的符号

农业对于现代早期欧洲大约90%的居民而言是通常的谋生手段。甚至大型城市也在有 574
墙环绕的区域内包含有可耕种和放牧的地块，而且所有城镇都由田地所环绕。除了少数区域之外（例如西班牙的阿拉贡和阿拉贡统治的意大利南部），占据主导的农业类型就是混合农业。就像在树木的例子中，农业是一种过于通常的活动，因此没有被记录在印刷地形图中，除了在那些有着与众不同的特点而值得被注意的地点。葡萄园的存在经常被北方地图制作者所注意。因而奥特柳斯在他自己版本的约翰尼斯·克里金（Johannes Criginger）的波西米亚地图上（1570）将注意力集中到了波西米亚葡萄栽培的北方界线（由范登基尔在1618年复制），他的信息来自明斯特的《宇宙志》（1545），并且在地图上注释到“这些山丘标志着葡萄园的北方边界”。在南欧，那里的葡萄园是常见的，只有沃尔帕亚（1547）描述了一个孤立的，并且可能在当地重要的封闭区域，标记有“vigna”（葡萄园）。

所有符号都是图像的，尽管通常是风格化的。可耕地由代表了犁耕地或单独条块土地的边缘的线条标识（图21.43）。线条可能是虚线和实线。它们通常弯曲，以此显示被耕种的条块田地的反向S形的特点，就像在斯特拉的曼斯费尔德地图（1570）上那样。在一些地图上，显示了一块田地或者两种站立的谷物。可耕地的压力导致了广泛的扩展耕地区域的尝试。在南欧，沼泽被在任何可能的地方复垦，通常是通过淤灌（积水）的过程。用一个粗略草绘的虚线网格的方式［罗维戈（Rovigo）地图，1595］，马吉尼呈现了波河三角洲南侧的复垦区域，并且在他的阿普利亚地图（1620）上用一种相似的方式显示了孤立的内陆的

[189] 有着距离信息的边框被从斯特拉的圣地地图（1559）的第二次印刷中移除：BNF，Port. 205（568）；参见在Kenneth Nebenzahl, *Maps of the Holy Land: Images of Terra Sancta through Two Millennia* (New York: Abbeville, 1986), 76 - 77中的复制件。

方案。在北欧，复垦的主要区域是低地国家的开拓地。另外，没有特殊的符号被用于地图上；排水渠和运河之间夹角的接合部，对景观的性质而言，是充分的指示物。葡萄园只是偶尔通过一种自然性质的符号显示，类似于沃尔夫冈·洛齐乌什（Wolfgang Lazius）的一堆葡萄和超大的叶子（1556）（图 21.44）。

可耕地
W 1542 Zell
C 1547 Volpaia
C 1571/70 Mell/St
C 1595 Magini/Ro
C 1605 Fabert
C 1611/08 Ho/Go

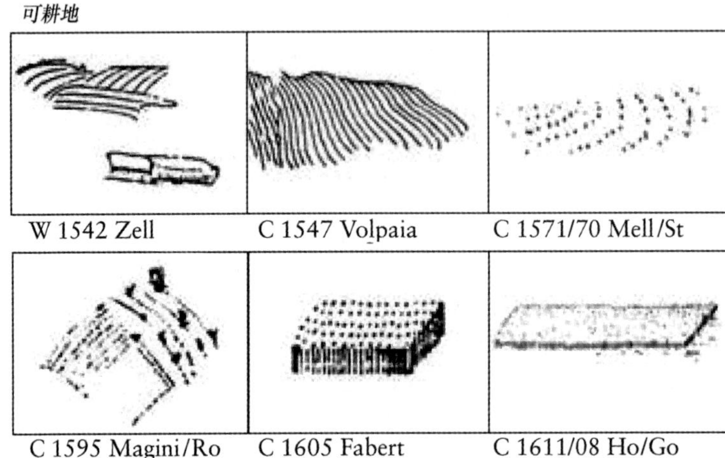

图 21.43　可耕地符号。关于这些符号来源地图的详细信息，参见附录 21.1

葡萄栽培
W 1556 Lazius
W 1561 Helwig
W 1568 Apian
C 1605 Fabert
hic
colles sunt vine
is consiti
C 1611/08 Ho/Go
C 1617/05 Lecl/Fax
C 1618/1570/69 Ke/Or/Cr
C 1627 Comenius

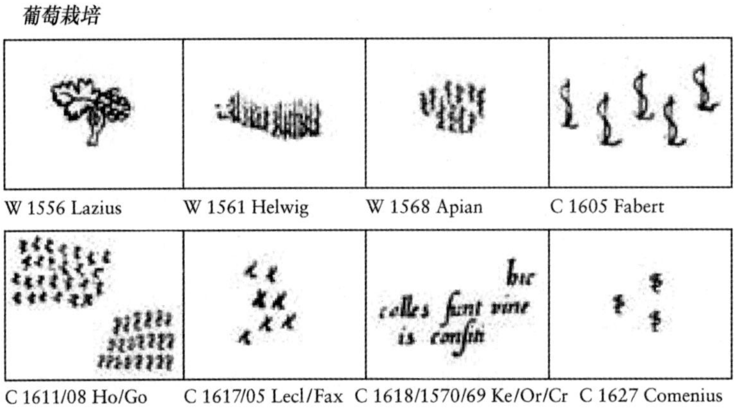

图 21.44　葡萄栽培的符号。关于这些符号来源地图的详细信息，参见附录 21.1

更为常见的就是回应了中世纪装饰的各种风格化的形式，模仿藤蔓绕着柱子的方式。当为勒克莱尔的地图集（1617）而对法贝尔的梅斯地图（1605）进行复制的时候，法贝尔的一棵被严重修剪的作物优雅缠绕的 S 形茎，被一个更为风格化的符号所取代，在其中，葡萄的茎只不过是短短的一根线，微微地弯曲，并成一定角度向下，穿过了表示用于支撑的柱子的垂直线[19]。

---

[19] 洛齐乌什和法贝尔的符号被明斯特用于他的 1550 年的拉丁语版和德语版的《宇宙志》（Basel，1550）中；例如，参见德文版中的 p. dccxxvii 的一串葡萄的木版插图，以及在 p. dcclii（folded）的周围有葡萄园的海德堡。插图在不同版本中并不一致，并且 Dainville，*Langage des géographes*，327（fig. 47）从在 p. 558（拉丁文版）的弗赖堡的图景复制了另外一种自然主义风格的符号和风格化的符号。生长在篱笆上的葡萄被呈现在明斯特的维森堡（Wissemburg）图景中（pp. 466 – 67，拉丁语版），并且在文本的图示中非常详细，但是这一形式在被分析的地形图中没有被注意到。

狩猎和渔业很少在地图上被注意到（图21.45）。狩猎的动物有时被分散地绘制。1569年，波格拉斯基在他的版本的瓦基·格罗德茨基（Waciaw Grodecki）1562年的波兰地图上添加了一个狩猎的场景。在布劳版本的亨内贝格尔的普鲁士地图（1635）上，森林狩猎小屋通过一个狩猎号角来呈现。可以作为鱼堰的建筑被显示在塔桑的布洛奈（Boulonnais）地图（1637）上。奥劳斯·马格努斯与众不同的有丰富图像的斯堪的纳维亚国家地图（1539）记录了在地上、在海中以及在冰上的所有形式的狩猎和钓鱼。例如，已经被准备好用于运输的成捆的鱼被以相当逼真的形式描绘。

575

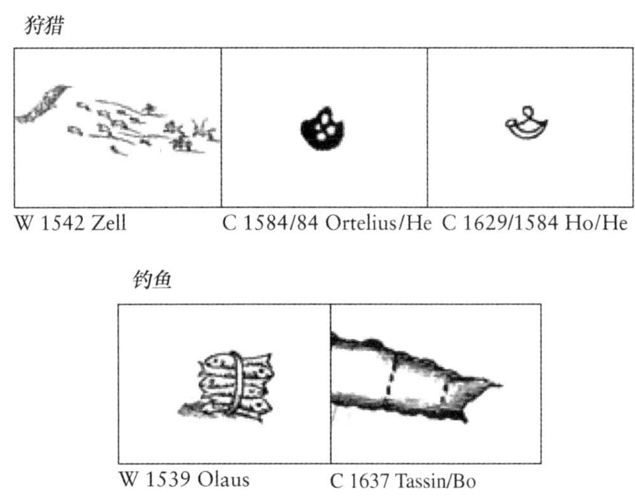

图21.45　狩猎和钓鱼的符号。关于这些符号来源地图的详细信息，参见附录21.1

自然资源工业的符号

文艺复兴时期是欧洲工业历史上的一个繁荣时期。到15世纪末，旧有的矿业区域再次恢复了生机，并且此后，正在开发新的区域。在中欧，大型经营者正在取代或吸收分散的农民单位，导致新的采矿乡镇的发展：波西米亚的约阿希姆斯塔尔［Joachimsthal，亚希莫夫（Jáchymov）］，1521年的地图制作者约翰尼斯·克里金出生在那里，仅仅在五年之前成为一个正在繁荣的矿业营地[191]。在16世纪中，矿产丰富的埃尔茨（Erzgebirge）的产量使得德国在欧洲的金矿、银矿、铜矿和锡矿产量中居于几乎垄断的地位。最好的镜子不再来自意大利，而是来自东欧的森林，在那里手工工厂是由德意志商人企业家引入的[192]。盐矿是在英格兰西北部和中欧开采的矿藏，或者南欧在自然条件下从盐水中蒸馏，或在北方从通过人工加热的锅中蒸馏[193]。如同卢宾在1678年评论的，盐矿工作是非常“有用和非常令人惊讶的，因此无法被地理

[191] Georg Agricola, *De re metallica* (Basel, 1556)；关于一个有插图的现代译文，参见 *De re metallica*, trans. Herbert Hoover and Lou Henry Hoover (New York: Dover, 1950), vii。

[192] 背后有铅的新式的平面镜子，其生产在15世纪早期始于威尼斯的穆拉诺岛；参见 Clifford T. Smith, *An Historical Geography of Western Europe before 1800* (London: Longmans, 1967), 364 -65。

[193] 阿皮亚（1568）在Schoellnperg（Marktchellenberg）附近显示了一个呈线性的地理特征，在那里坐落着位于萨尔茨堡附近的盐矿区，因而被认为地图呈现的是一条从矿藏运输盐水到城镇中的管道线（推测用于加工）。我感谢Jan Mokre的翻译工作。

学家所忽视”，并且他责备地理学家没有找到关于它们的更多的东西，并且没有把它们放在地图上，尽管它们被呈现在我们样本中的一些地图上（图 21.46）[194]。总体而言，在现代早期的地形图上记录了一些不同种类的工业活动，还尚未包括在奥劳斯·马格努斯的著名地图上的那些。然而，与人文或自然地理学的许多其他非基本特征一样，呈现任何一种活动的地图的比例都很小[195]。

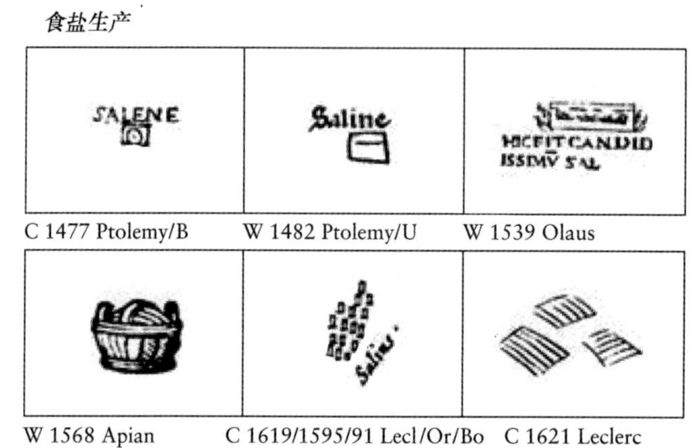

图 21.46 食盐生产的符号。关于这些符号来源地图的详细信息，参见附录 21.1

托勒密已经注意到了波西米亚的铁矿，并且在他第四幅欧洲地图上对其用词语进行了表示（*ferri minera*，*minera ferri*），无论是在绘本还是印刷版上（例如，1477 年、1478 年和 1513 年）（图 21.47）。普罗旺斯的盐田没有在《地理学指南》中被提到，只是在 15 世纪增加到博洛尼亚（1477）、佛罗伦萨（1482）和乌尔姆（1482）版中新的第三幅欧洲地图上。由于缺乏广泛用于工业活动的传统的地图学词汇表，因此当需要的时候，文艺复兴时期的地图制作者使用抽象的和图像的形式，或者发现或者构建符号。这通常是一种冒险，因为一种不熟悉的符号，或者一种未曾预期的信息类目，可能不会被识别出来，并且工业符号并不是最需要被识别出来的。当一种工业被在一幅地图上显示不超过一两次时，一个标签就足够
576 了，就像在托勒密地图上的波西米亚铁矿。萨克斯顿还提到了在切达峡谷（Cheddar Gorge）之下的 12 座（缩绒）工厂（Somerset，1575）。甚至当他给予矿藏以一种图形符号的时候，他也对它们进行了标注，例如，在萨默塞特（Somerset）的“cole pits”，以及在坎布里亚郡

[194] Lubin, *Mercure geographique*, 307 – 8.

[195] 在操德语的土地上，对工业特征进行描绘的诱发因素已经被描述为人文主义者“新出现的去描绘他们自己国家的热情”和“一个真诚的感觉，即使是有些图谋的、爱国的热情的话”；参见 Gerald Strauss, *Sixteenth-Century Germany: Its Topography and Topographers* (Madison: University of Wisconsin Press, 1959), 6 – 7. 日耳曼区域的自然财富和奇迹被认为值得夸耀为一种针对法兰西和意大利等国家的反驳，后者的罗马建筑和艺术的壮丽遗产使得他们成为与众不同的“有文明的”。Strauss 还指出了德国人对新地图的热情，因此新地图将纠正托勒密地图上的错误，而且还将纠正：“我们自己的同胞，[他们在地图上] 在描述德国的土地时，做出的这样笨拙的错误，而这种错误即使是埃及人也不会做的更糟”，并指出这对国家没有好处（p. 10）。

（Cumbria）的产金属的“矿藏”（mynes）[196]。类似地，在丹蒂的佩鲁贾地图上（1580）的一群点，如果不附带解释文字，即这些是他父亲所发现的赭石采石场的话，那么对于外在者而言将传达不了任何信息。也需要标签以避免误解。当法贝尔（1605）使用一种普通的村庄符号来表示一片制瓦工坊的时候，他不得不将给它们贴上“tuileries”的标签（图21.48）。然而，在让·德拜因的多菲内（Dauphiné）地图（1626）上，在毗邻法国的阿尔卑斯城镇夏博尼雷斯（Charbonières）的地方，没有这样的解释去阐明星形符号的重要性。夏博尼雷斯由加工铁的工厂所环绕，并且与烧炭联系起来，就像地名所反映的那样，并且我们可以推测，这个不寻常的符号是为了引起对首位萨伏依公爵出生地夏博尼雷斯城堡的关注。

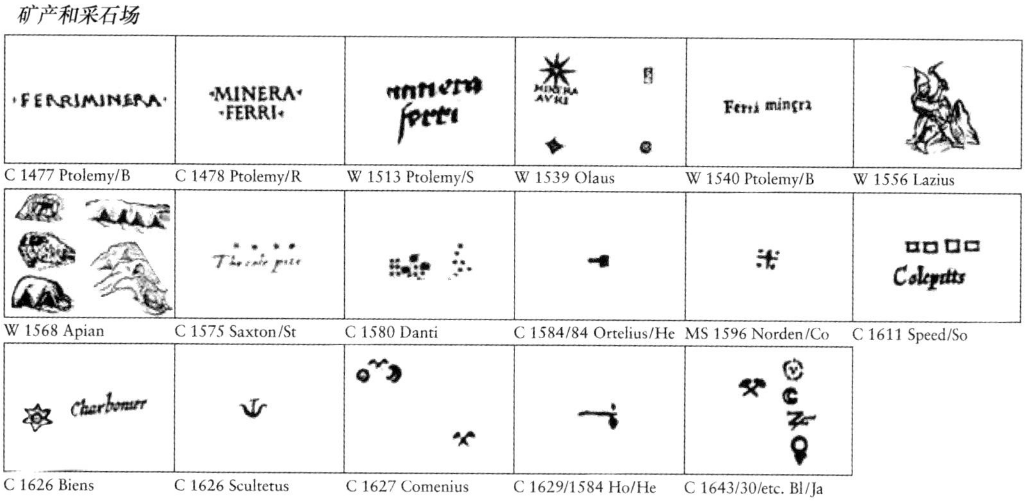

矿产和采石场
·FERRIMINERA·
·MINERA·
·FERRI·
minera
ferri
MINERA
AVRI
Ferri minera
C 1477 Ptolemy/B
C 1478 Ptolemy/R
W 1513 Ptolemy/S
W 1539 Olaus
W 1540 Ptolemy/B
W 1556 Lazius
Colepitts
W 1568 Apian
C 1575 Saxton/St
C 1580 Danti
C 1584/84 Ortelius/He
MS 1596 Norden/Co
C 1611 Speed/So
Charbonier
C 1626 Biens
C 1626 Scultetus
C 1627 Comenius
C 1629/1584 Ho/He
C 1643/30/etc. Bl/Ja

图21.47　矿产和采石场的符号。关于这些符号来源地图的详细信息，参见附录21.1

制造业
Tuilleries
C 1547 Volpaia
W 1568 Apian
C 1605 Fabert
Tuillerie
Tuilleries
C 1611/08 Ho/Go
C 1617/05 Lecl/Fa
C 1627 Comenius

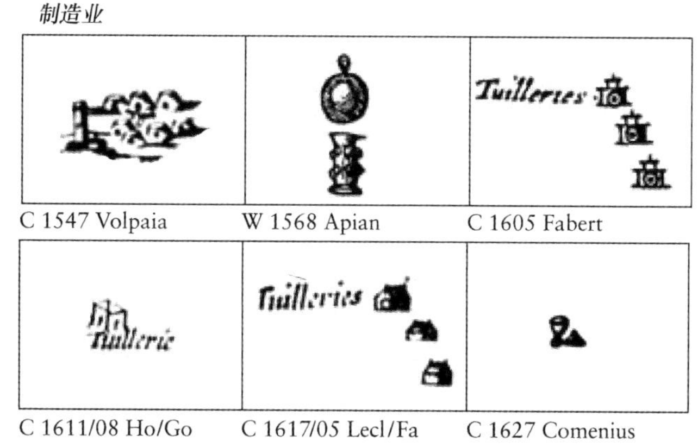

图21.48　制造业的符号。关于这些符号来源地图的详细信息，参见附录21.1

---

[196] Somerset地图（1575）以及Cumberland和Westmoreland地图（1576）。坎布里亚郡的矿藏，其生产金、铜、银和铅，已经在1359年之后由德国人生产。16世纪中期，由一位来自奥格斯堡居于领导地位的资本家家族的Fuggers掌管；参见Francis John Monkhouse，“Some Features of the Historical Geography of the German Mining Enterprise in Elizabethan Lakeland，” *Geography* 28（1943）：107－13。

在频繁显示了特定工业资源或活动的地图上，相关的符号通常在一个图例中加以解释。奥劳斯·马格努斯（1539）通过星形、矩形、方形和圆形符号（参见图 21.47），显示了金、银、铜和铁矿的加工活动，并且在地图的漩涡形装饰的文本中给出了它们的含义[197]。阿皮亚的镜子加工和玻璃加工业的图像符号，在他的巴伐利亚地图（1568）的图例中突出地给予了解释。与众不同的符号，例如斯特拉（1570）使用星形符号代表了曼斯费尔德区域的精炼工业，以及约纳斯·斯库尔特图斯（Jonas Scultetus）代表了煤矿（一个采矿者的营地，并不是对任何人都是熟悉的）的符号，以及在他的格拉茨（Glatz）的地图上（1626）代表了原木的堰（用 E 形）的符号（图 21.49），当然需要解释。当然，不是所有的工业符号都被解释。巴托洛梅乌斯·斯库尔特图斯（1593）和保卢斯·阿雷特努（1619）显然认为，他们设计的代表铸造、冲压水池、精炼加工的图像符号应当容易被识别出来（图 21.50）。当一些地图制作者在 16 世纪末开始使用炼金术士的符号的时候，在地图上对它们进行标识是必要的。

577

图 21.49 原木符号。关于这些符号来源地图的详细信息，参见附录 21.1

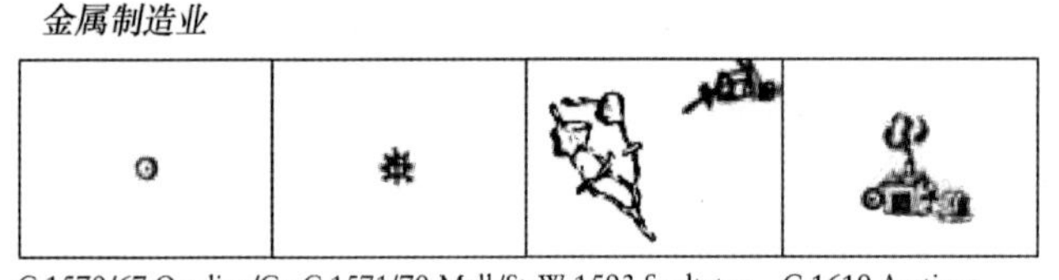

图 21.50 金属制造业符号。关于这些符号来源地图的详细信息，参见附录 21.1

风车在农业生产中被广泛使用，例如谷物碾磨以及毛织物的缩绒，并且是一种极为常见的地理景观特征，因此不值得被显示在大部分地图上。那些被显示的（图 21.51）必然是著名的地标或者有一些特定的地方重要性。图像符号通常充分详细表明了不同建筑类型。除了在荷兰的开拓地和在英格兰东部的沼泽地之外，用于将水提起的风车依然相对较少，并且没有赋予它们以不同于主要被用于织物缩绒的水磨的任何特殊符号。诺登在他大部分地图上用一种呈现了用于表示铲斗的投射线条的轮子的风格化符号来标明这样的风车[198]。

自然温泉（thermae）在罗马时代被开发，但是托勒密没有提到一处，也没有被显示在

[197] 金矿有时在地图上会带有标签。

[198] 纺织业在欧洲是最为重要的工业。大部分纺织是在城镇中进行的，但是在英格兰，至少是毛织品的缩绒在 16 世纪大部分迁移到了乡村，以便于使用水力。弗兰德斯、伦巴第和加泰罗尼亚是三个主要的织品制作区域。参见 Norman John Greville Pounds, *An Economic History of Medieval Europe*, 2d ed. （London: Longman, 1994）, 303 – 14。

《地理学指南》的旧地图中。然而在艾克斯莱班（Aix-les-Bains）的浴场被描绘在添加到佛罗伦萨1482年版的区域的新地图上（以立面图的形式），以及在1482年的乌尔姆版本上（图21.52）。后来的，文艺复兴时期的地图制作者趋向于使用木质浴缸来表示温泉，以及在图例中对符号加以解释（洛齐乌什，1556；阿皮亚，1568）。

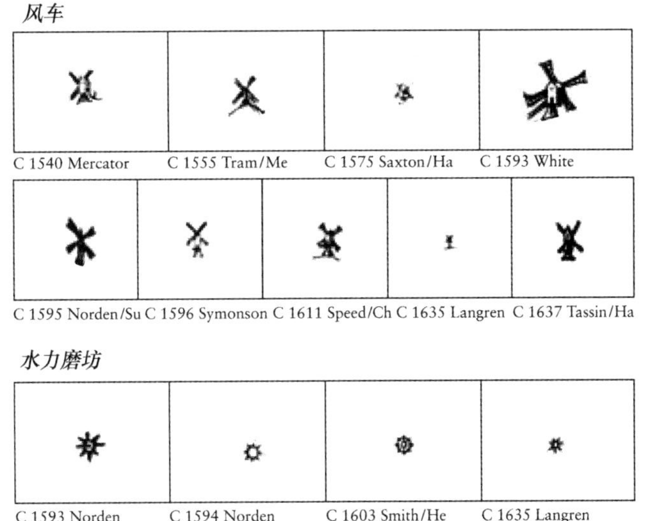

图21.51　风车和水力磨坊符号。关于这些符号来源地图的详细信息，参见附录21.1

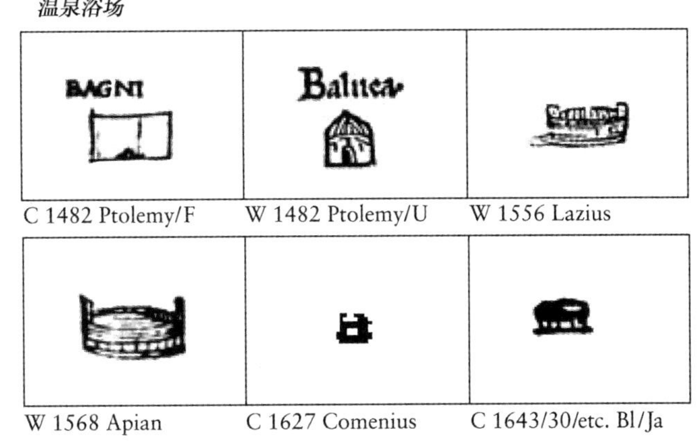

图21.52　温泉浴场符号。关于这些符号来源地图的详细信息，参见附录21.1

古代遗迹的符号

文艺复兴时期很多的印刷地形图至少显示一个历史特征（图21.53）。托勒密提到了神话和历史遗址，例如赫拉克勒斯之柱（Pillars of Hercules）和标志了亚历山大大帝对亚洲征服的范围的祭坛，而且这些都被以图像形式描绘在《地理学指南》的早期印刷本中，就像它们在绘本地图中那样。显示在现代早期印刷地形图上的很多古典纪念物在地理景观中依然突出，其他的则只是通过古代文献和地方传统而被得知。呈现在一幅地图上的特征的范围，正如我们现在所预期的，是有选择的：史前竖立的石头和圆形石（或木）柱状物的建筑，例如斯通亨奇（Stonehenge）；罗马之前的山丘堡垒的遗址（*oppida*），例如奥弗涅的格尔戈维亚（Gergovia），以及罗马时期的城镇；意大利的希腊时期的神庙，就像在梅塔蓬图姆
578 （Metapontum）的；以及罗马的建筑，例如水渠、图拉真（Trajan）的跨越多瑙河的桥梁，以及在英格兰北部的哈德良（Hadrian）长城。文艺复兴时期，我们现代的历史意识萌发，且通过古物研究兴趣的不断增长，这同样被反映在了普通地形图上，以及那些如索菲亚诺斯的希腊地图（1552）上，这类地图更倾向于专门表达古物(199)。在他的奥弗涅地图上（1560），西梅奥尼的字母图例描绘了与高卢首领韦辛格托里克斯（Vercingetorix）成功地在公元前52年抵御了尤利乌斯·凯撒的战役有关的故事。在包含地图的书籍中对相关联的事件进行了解释，由此我们可以发现原因，例如，为什么描绘了阿列河（Allier）上的断桥(200)。类似地，阿文蒂努斯在1523年绘制的表现古代的和同时代的巴伐利亚的聚落的地图，如果没有附带他对他所使用的黑点的说明图页，那么应当是无法被了解的，这些黑点或者有一个图像聚落符号或者是单独的，以将那些依然是城镇和那些在他的时代仅仅是村庄（或者完全废弃）的古代遗址与“现代”城镇和村庄区分开来。1570年，奥特

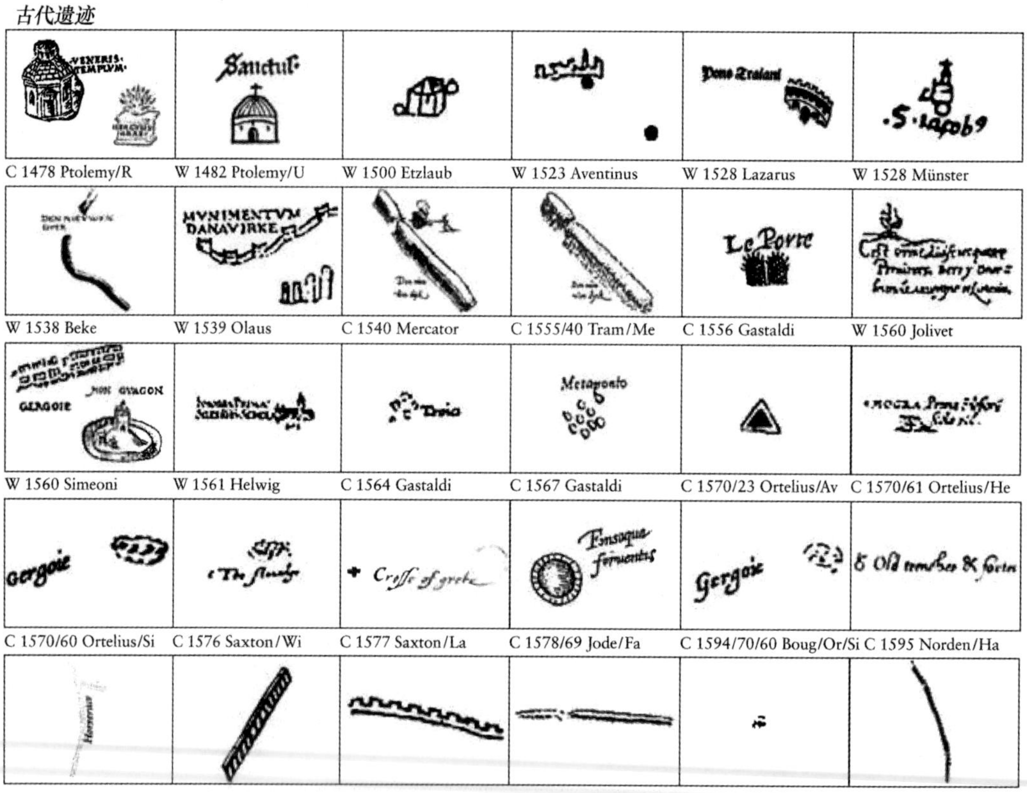

图21.53 古代遗迹的符号。关于这些符号来源地图的详细信息，参见附录21.1

(199) George Tolias, “Nikolaos Sophianos's Totius Graeciae Descriptio: The Resources, Diffusion and Function of the Sixteenth-Century Antiquarian Map of Greece,” *Imago Mundi* 58 (2006), 150–82.

(200) Gabriele Simeoni, *Le sententiose imprese, et dialogo del Symeone* (Lyons: Gugliamo Roviglio, 1560)，地图被插入其中。在文本的p. 160，作者阐述了桥梁（在地图上用D标识）如何被高卢人摧毁以阻止罗马人过河。

柳斯尊重了阿文蒂努斯对旧的和新的遗址的区分，但是通过将阿文蒂努斯的黑点封闭在一个三角形中使得符号更容易被遵从，并且将更为需要的解释从一个单独图页转移到了地图本身上[201]。不是所有历史特征都必然来自古典时代。黑尔维希是一位校长，毫不怀疑，这就是他 579
对在他的西里西亚地图上（1561）描绘“西里西亚的第一所学校的”并注明时间966年的兴趣来源。

通常的习惯就是以图像的方式标明古代遗迹和其他特别的特征，但是抽象符号同样也被使用。斯根顿，他警告地图使用者，古代地点的准确位置通常是“模棱两可的和不确定的”，并将它们与其他地点区分标识[202]。战役地点通常被用文字记录并且通过描绘了在战斗中相互面对面的武士方阵的图像符号所标识。拉萨鲁斯使用一种图像符号来表示莫哈奇（Mohacs）战役（1526年8月29日），但是通过一个抽象符号（在黑色圆圈上的一个白色十字），强调了匈牙利国王路易二世（Louis Ⅱ）死亡的地点。十字被作为表示战役的符号，就像在16世纪后期的图像符号那样，尽管个别的地图制作者不一定在他们选择的符号上具有一致性。诺登在他的米德尔塞克斯地图（1593）上用一个十字标识了战役地点，但是五年后，在他的赫特福德郡地图上，使用一个图像符号来标识一个战役地点［巴尔内特（Barnet）］，并用十字符号标识另外两个。在他的安茹地图（1585）上，墨卡托使用带有衬线的十字来表示蒙贡杜尔（Montcontour）战役的地点，但是在奥特柳斯的第二《增补》（*Additamentum*）（1579）中的利奇尼奥犹太人区（Licinio Gueto）的地图上，这一地点只是被用文本注释。

选择很多这种单独的符号，或是因为它们的时事性，或者因为它们是同时代文化的一部分。然后，很多，对于后代而言，应当只有些许重要性。当然，后来的雕版者显示了对符号不充分的关注，因为符号通过后续的复制变得无法被识别。例如，墨卡托对新堤坝（*Den nieuwen dijck*，the New Dyke）（1540）（参见图21.53）的清晰阐释，首先被范德尔贝克显示在了他的弗兰德斯地图上（1538），此后通过几乎所有墨卡托地图的衍生地图或副本逐渐退化，直到在洪迪厄斯的版本中（1611年和1636年）被缩减为无意义的线条[203]。

结　论

本章讨论的地图源自三个不同的制作背景。第一，有些地图是由个人编制的，这些人可能与地图制作甚至印刷品的制作没有任何关系。如果我们使用这个术语不过分的话，那么这

---

[201] 关于阿文蒂努斯的单独图页的解释，参见由 Joseph Hartmann，*Aventins Karte von Bayern*，*MDXXIII*（Munich：Geographische Gesellschaft in München，1899）发表的影印件。关于奥特柳斯的阿文蒂努斯地图的版本（1570），被给予名称的罗马地点被用大写字母表示，旧和新之间的视觉差异通过使用加粗的三角形取代了点而由此变得明显，而解释——“残留的古代城市被因而标明”——被突出绘制在地图的漩涡形装饰中。

[202] 斯根顿的“模棱两可的和不确定的”（ambigua & incerta）地点通过一个点和单一的圆圈标识（没有使用被用于其他地点的双圆和三个圆形），就像在地图右下角的图例中的解释那样；参见在 Nebenzahl，*Maps of the Holy Land*，82－83中的复制品。奥特柳斯显然忽略了在他所采用的地图中的斯根顿的区分（1584）。

[203] 其他历史符号退化的例子可以在对格尔戈维亚的高卢城镇的描绘中看到，在那里，尤利乌斯·凯撒的围攻在公元前52年被韦辛格托里克斯击退，并且在11世纪的 Montgâçon 的环形平台，及其教堂，都被西梅奥尼绘制在了他的奥弗涅地图（1560）上；参见图21.53。

些人是“业余人士”。奥特柳斯所使用的地图，其中1/3制作者的一生中，显然只不过绘制了一幅地图，最多两幅，然而在16世纪3/4的时间里，一个特定区域最早的印刷地形图往往是其中一位业余爱好者的工作[204]。第二，存在由众多产品丰富的个人制作的地图，这些人还自己经营，但同时在一个水平结构的出版业中，与一个广泛的、松散的有组织的相关工艺的网络存在联系——雕版匠、印刷匠、供应者、着色者。第三，地图集中的地图，其在17世纪早期开始几乎完全主导了地图的制作，并且其单独销售或者装订在书籍中销售。这样的地图只是偶尔才是新的；绝大部分是复制品[205]。

收录在16世纪和17世纪最初数十年中制作的地图集中的地图，它们最令人惊讶的特征，除了缺乏在本章之初注意到的标准化之外，就是朝向极简主义的趋势。理性化意味着不浪费金钱于对符号的重新设计上，而这些符号是在旧有的例证中找到的，但是改变了漩涡形装饰，并且重新安排了它们在地图上的位置，以及更新了献词、日期和署名。甚至作为“核心”的地理信息都倾向于被省略而不是增加。在塔桑地图集，即《法兰西所有省份的普通地图》（*Les cartes generales de toutes les provinces de France*）（1634）中超过1/4（27%）的地图，根本没有显示地形，只是偶尔在地图边缘附近的空白处散布着一些山丘符号，1/4的地图没有显示植被，并且1/4的地图没有标注边界。地图内容的精致同样是极简的。少量的细节表明了聚落的核心地位，例如，仅仅区分了两种或者最多三种聚落类别。“额外的”信息被最终认为是不必要的信息，并且几乎被省略。使得塔桑的以及相似地图集中的地图在知识上的贫乏更为明显的就是，存在着视觉的温和；地图符号是小的，即使没有用草字小写，并且在海中的空白区域几乎消失。就外表的整洁而言，与之前的地图和不是专门为一部地图集制作的地图上的符号相比，符号的构成、透视或符号风格，没有更多的一致性。

总体而言，在约1470—约1640年间出现在印刷地形图上的特征，其范围的增加并不是
580 累积的，就像已经注意到的，也没有对所有三种地图内容类目（主要的、细节的和额外的）产生同等的影响。全部增量中的3/4归因于来自地图内容第二个类目的增加，以及主要特征的精致化，尤其是那些人文的，而不是自然地理的。只有新增加内容的1/4代表了新的“额外的”，或者偶发的信息，其中大部分是某位地图制作者的工作，或者稀疏分散在由不同地图制作者制作的几乎不到10幅的地图中。这些特征中的一些，例如最早的西里西亚学校［显示在黑尔维希的西里西地图（1561）上，并且由奥特柳斯复制，1570］，或者在埃普瑟姆丘陵（Epsom Downs）的赛马场（史密斯，萨里郡地图，1602年）是与众不同的。与文艺复兴初期相比，文艺复兴末期，在提供符号的解释方面也不存在更多的标准化。普通的自然特征，例如林地和山丘，在图例中几乎从未被鉴别，并且我们疑惑的是，当其由彼得·斯滕特（Peter Stent）在17世纪后半叶重新发行的时候，在诺登的汉普郡地图的图例中增加“林地”和“河流”背后的原因到底是什么。

当一名文艺复兴时期的地图制作者需要一种新符号的时候，他有大量的选择。他可以通

---

[204] 数据来自Karrow, *Mapmakers of the Sixteenth Century*。这些成就中的一些代表了主要的制图学工作（阿皮亚的25分幅的巴伐利亚地图，1568），其他的只不过是单幅的完全是对业余人士家乡区域的描述（Jubilio Mauro的萨比纳地图，1617）。

[205] 例如，本章中引用或者展示的，复制的顺序在附录21.1中进行了归纳。

过模仿他在田野中看到的从而创造一种符号，并且，例如，使用一条有短的垂直影线的线条代表峭壁或者悬崖，就像瓦尔德泽米勒于1513年在他的斯特拉斯堡版的托勒密《地理学指南》中的巴黎盆地（Paris Basin）、洛林和法兰西地图那样。或者他可以从一个非制图学的资料中获得一幅图像，就像沃尔夫冈·洛齐乌什所做的，当他在他的匈牙利地图（1556）上需要一个代表金属矿的符号的时候。不太确定的就是，洛齐乌什用作他的图像符号的模型到底是什么，但是他矿工图像与同时代图示中显示的矿工相似，例如那些在塞巴斯蒂亚诺·明斯特的《德国宇宙志》（*German Cosmography*）和乔治·阿格里科拉的《矿冶全书》中的[206]。或者，最后，地图制作者可以通过增加密码或者编码，扩展他们现存的图像符号的范围，就像马丁·黑尔维希在他的西里西亚木版地图（1561）上所作的那样。黑尔维希的四种编码由点、圆圈和十字构成，并且由法布里修斯模仿，其在莫拉维亚地图（1569）上增加了两种以上这样的符号，并且由奥特柳斯在他精简版的黑尔维希的地图（1570）上保留了下来[207]。然而，就像已经注意到的，通过增加一个密码来扩展由小插图传达的信息范围，从而对图像地图符号进行编码的思想并不是文艺复兴时期新产生的。

对于荷兰印刷工坊的所有市场力量而言，商业地图的生产没有完全熄灭私人的或者小规模的原创。创造一幅区域地图作为该地区的肖像的旧有传统，传达了现代地理学家和历史学家所说的个性化，这点仍然可以被找到[208]。如弗朗切斯科·瓦莱吉奥的瓦尔泰利纳地图（1600），由克劳迪奥·杜凯蒂［克劳德·迪谢（Claude Duchet）］雕版的锡耶纳地图（1602），拉旺哈的阿拉贡地图（完成于1616年，印刷于1620年），以及范朗格恩的布拉班特地图（1635）等，在其上，延续了这样一种有着良好根基的传统，即符号将区域的自然地理景观及其聚落模式、经济、社会结构和历史信息传达给使用者。为商业地图集出版者设计的地图有一个不同的目的。对于奥特柳斯而言，地图集开始作为一种针对商人的便利的参考工具[209]。对于墨卡托而言，地图集是世界地理和宇宙志的一种意识形态的阐释工具。对于布劳家族而言，地图集是另外一些东西：被拥有、欣赏和被认为最有价值的商品。

在现代早期印刷地形图上使用的符号，其历史，传达了大量的关于地图上所描绘区域的过去的地理信息和社会信息。在本章所评论的二百年左右的时期中，其还反映了地图在不同时间和不同环境下，被它们同时代人所接受、感知和使用方式的变迁。然而，在符号本身中没有记录下任何根本性的变化。

---

[206] 关于德国土地上的矿业的有插图的部分最早被包括在1550年的塞巴斯蒂亚诺·明斯特的 *Cosmographiae universalis lib. Ⅵ*.（Basel：Apud Henrichum Petri，1550），dxxvii 的拉丁语版中。乔治·阿格里科拉的关于采矿和矿物的完整和有着插图的作品，*De re metallica*，1556年在巴塞尔出版；关于矿工的图像，参见 pp. 72，73，90，and 170。

[207] 黑尔维希地图上的图例提供了附带有图像符号的抽象符号的重要性的唯一线索。奥特柳斯从三种符号中省略了图像元素，并且仅仅使用编码作为抽象的地点符号。对于法布里修斯和黑尔维希的地图和复制品的讨论，参见 Kuchař，*Early Maps of Bohemia*，33 – 37（pl. 7a – b）and 49 – 56（pl. 11a – b）。

[208] 地理学的区域的"个性化"的思想，其起源于法国历史学家 Jules Michelet，被20世纪的法国和英国地理学家和历史地理学家所广泛采用。这一概念在 Jules Michelet，*Historie de France*，new rev. and aug. ed.，19 vols.（Paris：C. Marpon et E. Flammarion，1879 – 84），1：1 and 2：189 中进行了充分的讨论。

[209] 参见本章的注释44。

581

附录 21.1 用于对地形图上的符号进行分析的地图

每幅地图的载体通过下述方式表示：I 代表铁版，C 代表铜版，W 代表木版，或者 MS 代表绘本。条目的剩下部分确定了地图、最初的作者和后续的摹绘者或者出版者。当这些地图中的一幅的细部被显示在图表中的时候，在每一条目的第一行中对日期、名称和缩写用加粗字体表示，以对应于图表中细部下方给出的信息。

MS 1462 Wey

William Wey，Palestine 地图（约 1462），Berkshire，Eng.，Eton College。

C 1474 Sanudo

Marino Sanudo 的 Palestine 地图，*Liber secretorum fidelibus de crucis*（Venice，ca. 1320），复制作为托勒密的《地理学指南》（Florence，1474）中的一幅“新”地图。

W 1475 Brandis

Lucas Brandis 的 Palestine 地图，*Rudimentum novitiorum*（Lübeck，1475）。

MS 1475 Capodilista

Gabriel Capodilista 的 Palestine 地图，“Itinerario di Terra Sancta”（1475）。

C 1477 Ptolemy/B

Bologna 版的托勒密《地理学指南》（1477）。

C 1478 Ptolemy/R

罗马版的托勒密《地理学指南》（1478）。

C 1482 Ptolemy/F

佛罗伦萨版的托勒密《地理学指南》（1482）。

W 1482 Ptolemy/U

Ulm 版的托勒密的《地理学指南》（1482）。

W 1491 Cusanus

Nicolaus Cusanus，称为 Eichstätt 地图的中欧地图，可能设计于大约 30 年前，但可能直至 1491 年才雕版。

W 1492 Etzlaub

Erhard Etzlaub，纽伦堡周围地区的地图（1492）。

W 1493 Münzer

Hieronymus Münzer，北欧和中欧地图，以及世界地图，在 Hartmann Schedel，*Liber chronicarum = Die Schedelsche Weltchronik = The Nuremberg Chronicle*（1493）中。

W 1498 Mela

佚名的已知世界地图，出现在 Pomponius Mela 版的 *Cosmography*：*Cosmographia Pomponii oum figures*（Salamanca，1498）中。

W 1500 Etzlaub

Erhard Etzlaub，*Das ist der Rom Weg...*（Nuremberg，1500）.

W 1501 Etzlaub

Erhard Etzlaub, *Das seyn dy lantstrassen durch das Romisch reych...* （Nuremberg, 1501）.

W 1511 Ptolemy/V

威尼斯版的托勒密《地理学指南》(1511)。

W 1511 Waldseemüller

Martin Waldseemüller, *Carta itineraria Europae*, 2d ed. （Strasbourg, 1520）.

W 1513 Ptolemy/S

Strasbourg 版的托勒密《地理学指南》(1513)。

W 1513 Wald/Cr

Martin Waldseemüller 的 Crete 地图，他的托勒密《地理学指南》版本中的“新”地图之一（Strasbourg, 1513)。

W 1513 Wald/Fr

Martin Waldseemüller 的 France 地图，他的托勒密《地理学指南》版本中的“新”地图之一（Strasbourg, 1513)。

W 1513 Wald/Lo

Martin Waldseemüller 的 Lorraine 地图，他的托勒密《地理学指南》版本中的“新”地图之一（Strasbourg, 1513)。

W 1513 Wald/Sw

Martin Waldseemüller 的 Switzerland 地图，他的托勒密《地理学指南》版本中的“新”地图之一（Strasbourg, 1513)。

W 1515 Cranach

Lucas Cranach the Elder 的六块图版的圣地地图，可能是在1508—1518年间某个时间制作的，但是这里给出的日期是最为可能的。一个接近但是非常精简的副本被包括在由 Christoph Froschauer the Elder 出版的《圣经》版本（Zurich, 1525）中。

W 1515 Erlinger 582

Georg Erlinger, Das heiling Römisch reich mit allen landstrassen (Nuremberg, 1515).

W 1515 Signot

Jacques Signot 的1495—1498年的绘本地图（“Code Signot”)，被印刷作为 *La carte d'Italie*，并且出版在 *La totale et vraie descriptiõ de tous les passaiges, lieux et destroictz par lesquelz on peut passer et entrer des Gaules es Ytalies...* （*Paris*, 1515)。基于1494年的一幅绘本地图（London, British Library, MS. Egerton 619)。

W 1515 Uberti

Luc Antonio degli Uberti, *Lombardia*. 可能早在1515年制作，但是直至1525年才出版。

W 1518 Claudianus

Nicolaus Claudianus, Bohemia 地图（Nuremberg, 1518)。

W 1522 Ptolemy/S

Lorenz Fries 版的托勒密《地理学指南》(Strasbourg, 1522)。

W 1523 Aventinus

Johannes Aventinus, *Obern und Nidern Bairn* (Landshut, 1523)。由 Georg Apian 刻版。

W 1524 –26 Coppo

Pietro Coppo, British Isles 地图，来自 *Sum*[*m*]*a totius orbis* ([Pisano], ca. 1524 –26)。

W 1524 Erlinger

Georg Erlinger, *Lage der deutschen und aller angrenzenden Länder* (Nuremberg, 1524) .

W 1525 Fine

Oronce Fine, *Nova totius Galliae descriptio* (Paris, 1553), 从 1525 年的原版印刷。

W 1525 Ptolemy/S

Strasbourg 版的托勒密《地理学指南》(1525)。

W 1526 Wapowski

Bernard Wapowski 的 *Polonia* (Cracow, 1526)。

W 1528 Bordone

Benedetto Bordone，英格兰和威尔士地图（威尼斯，1528)。

W 1528 Lazarus

Lazarus, *Tabula Hungariae...* (Ingolstadt, 1528) .

W 1528 Münster

Sebastian Münster, Heidelberg 郊区的地图，在他的 *Erklerung des newen instruments der sunnen* (Oppenheim, 1528) 中。

W 1532 Ziegler

Jacob Ziegler, Palestine 地图，在他的 *Qvae intvs continentvr* (Strasbourg, 1532) 中。

W 1533 Rotenhan

Sebastian von Rotenhan, *Das Francken Landt chorographii Franciae Orie*[*n*]*talis* (Ingolstadt, 1533) .

MS 1534 Gasser

Achilles Pirmin Gasser, Algäu 的绘本地图 (1534)。Basel, Öffentliche Bibliothek der Universität, MS. AA 128。

W 1535 Coverdale

在 Miles Coverdale 翻译的 *Holy Bible* (Cologne?, 1535) 的一些副本中的圣地地图。

W 1536 Bell'Armato

Girolamo Bell'Armato (Jérôme Bellarmato), *Chorographia Tvsciae...* (1536) .

W 1536 Deventer

Jacob van Deventer, *Dvcatvs Brabantiae* (Antwerp, 1536), 从在 Antwerp 的原版重印，1558。

W 1536 Münster

Sebastian Münster 的 *Mappa Europae*，来自他保存下来的小册子 *Eygentlich fürgebildet aussgelegt und beschribenn* (Frankfurt, 1536)。

C 1537 Mercator

Gerardus Mercator, *Amplissima Terrae Sanctae* (Louvain, 1537).

W 1538 Beke

Pieter van der Beke, *De charte van Vlandren* (Ghent, 1538).

W 1538 Pagano

Matteo Pagano, *La vera descriptione de tvto el Piedmente* (Venice, 1538 – 39).

W 1538 Wissenburg

Wolfgang Wissenburg, *Descriptio Palestinae nova* (Basel, 1538).

W 1539 Olaus

Olaus Magnus, *Carta marina* (Venice, 1539).

C 1540 Mercator 583

Gerardus Mercator, *Vlanderen. exactissima* [*Flandriae descriptio*] (Louvain, ca. 1540).

W 1540 Münster

Sebastian Münster, *Rheniet*（在4幅地图中），1540。

W 1540 Ptolemy/B

Sebastian Münster版的托勒密《地理学指南》(Basel, 1540)。

W 1542 Honter

Johannes Honter，来自他的 *Rudimenta cosmographica* (Kronstadt, 1542) 的地图 (Germany, Palestine和Syria)。由Honter刻版。

W 1542 Zcll

Heinrich Zell, Prussia地图 [(Nuremberg?), 1542]。

W 1543 Anthonisz.

Cornelis Anthonisz., *Caerte van Oostlandt*。最初印刷于1543年，但只保存在1560年的一个版本中，然而，其可能是从原版印刷的（由Anthonisz刻版）。

C 1543 Deventer

Jacob van Deventer, *Geldria* (1543).

C 1544 Gastaldi

Giacomo Gastaldi, *La Spaña* (Venice, 1544).

W 1545 Deventer

Jacob van Deventer, *Frieslandt* (Antwerp, 1559)，可能从1545年的原版重印。

C 1545 Gastaldi

Giacomo Gastaldi, *Isola della Sicilia* (1545)，可能由Gastaldi雕版。

W 1545/18 Münster/Cl

Nicolaus Claudianus的1518年的Bohemia木版地图的Sebastian Münster版，其在1545年由Münster增补到《地理学指南》中，且（有着稍微不同的图例）增补到 *Cosmography* 中。

C 1546 Lily

George Lily, *Britanniae insulae quae nunc Angliae et Scotiae regna continet cum Hibernia adiacente nova description* (Rome, 1546).

MS 1547 Rogers

John Rogers, Survey Ⅱ of Boulogne (1547). BL, Cotton MS. Aug. I. ii. 77.

C 1547 Volpaia

Eufrosino della Volpaia, Roman Campagna 地图（Venice?, 1547）。

W 1548 Stumpf

Johannes Stumpf, *Gallia oder Frankenreych*, 在他的 *Gemeiner loblicher Eydgnoschafft Stetten, Landen vnd Völckeren Chronick*（Zurich, 1548）中。

W 1550 Pagano

Matteo Pagano, *Tuto el côtado di Zara e Sebenicho* (Venice, ca. 1550).

C 1551 Cock

佚名地图，*Genvina descriptio totius ditionis Parmenensis*，由 Hieronymus Cock 雕版，推测在 Antwerp 印刷，并且时间为 1551 年。

C 1552 Cock

佚名地图，*Nova descriptio regionis pedemontanae*，由 Hieronymus Cock 雕版（Antwerp, 1552）。

W 1552 Sabbadino

Cristoforo Sabbadino, Padua and the Lower Trivignia 周围地区的地图（约 1552）。

C 1552 Sophianos

Nikolaos Sophianos 的木版 *Totius Graeciae descriptio*（Basle: Johannes Oporin, 1545）。只是最近才通过 1552 年在罗马由 Sophianos 自己印刷的铜版而被人所知，可能使用的是被用于现在已经佚失的版本的图版（Rome, 1540 – 42）。

C 1554 Mercator

Gerardus Mercator, 欧洲地图（Duisburg, 1554）。由 Mercator 雕版。

W 1555 Gastaldi

Giacomo Gastaldi, *Il Piamonte*（Venice, 1555）。推测由 Matteo Pagano 雕版。

C 1555/40 Tram/Me

Gerardus Mercator 的 Flanders 地图（1540）的 Michele Tramezzino 版。1555 年在威尼斯印刷。

W 1555 Vopel

Caspar Vopel, Rhine 地图（Cologne, 1555）。

584 **C 1556 Gastaldi**

1555 年 Piedmont 木版地图的 Giacomo Gastaldi 的精简的铜版副本（Venice, 1556）。由 Fabio Licinio 雕版。

W 1556 Lazius

Wolfgang Lazius, *Regni Hvngariae descriptio vera* (Vienna, 1556).

W 1556/46 Valvassore/L

Giovanni Andrea Valvassore 的版本，*Britanniae insulae quae Angliae et Scotiae regna continet cum Hibernia adiacente nova descriptio*（Venice, 1556），George Lily 的 1546 年铜版地图。

C 1557 Stella

Tilemann Stella, *Itinera Israelitarvm ex Aegypto* (Wittenberg, 1557; second state, 1559).

W 1557 Valvassore

Giovanni Andrea Valvassore, *La vera descrittione del Friuli*, *& patria*, 1557 年在威尼斯重印，可能基于 Gregorio Amaseo 在 1511 年制作的一幅稿本地图。

C 1557 Ziletti

Regno di Napoli 的佚名地图，由 Giordano Ziletti 在 1557 年雕版。

W 1559 Jordanus

Marcus Jordanus, Holstein 省的地图，*Holsatiae* (Hamburg, 1559)。

C 1560 Deventer

Jacob van Deventer, *Zelandia. Zelandia inferioris*, *Germaniae pars* (Antwerp, 1560) .

W 1560 Jolivet

Jean Jolivet, *Nouvelle description des Gaules* (Paris, 1560) .

W 1560 Simeoni

Gabriele Simeoni, *La Limagna d'Overnia* [Auvergne] (Lyons, 1560) .

C 1560 Sorte

Cristoforo Sorte, Brescia 领土的地图 (Venice, 1560)。

C 1561 Forlani

Paolo Forlani, *Lombardia* (Venice, 1561) .

C 1561 Gastaldi /A

Giacomo Gastaldi, *Il desegno della seconda parte dell'Asia* (Venice, 1561) .

C 1561 Gastaldi /I

Giacomo Gastaldi, *Italia* (Venice, 1561)。由 Fabio Licinio 雕版。

W 1561 Helwig

Martin Helwig, Silesia 地图 (Breslau, 1561)。H. Kron 刻版。

I 1561 Lazius

Wolfgang Lazius, Austria 地图 (Vienna, 1561)。Lazius 自己在铁版上蚀刻了 11 幅省级地图。

C 1562 Forlani

Paolo Forlani, *Descrittione del Ducato di Savoia* (Venice, 1600)。经过细微改动后从 1560 年 Forlani 最初雕版的图版重印；1562 年再次重印。

C 1562 Gastaldi

Giacomo Gastaldi, Russia 地图 (Venice, 1562)。可能由 Paolo Forlani 雕版。

W 1562 Grodecki

Waciaw Grodecki 在 1557 年制作的波兰地图，但是直至大约 1562 年才在 Basle 印刷。

C 1563 Ligorio

Pirro Ligorio, *La nova descrittione di tutta la patria del Friuli* (Rome, 1563)。由 Sebastiano di Re 雕版。

C 1563 Poreębski

Stanislaw Poreębski, Duchy of Os'wieęcim ([Auschwitz], 1563) .

C 1563 Sgrooten

Christiaan Sgrooten 的 *Nova celeberrimi dvcatvs Geldriae* (Paris, 1563), 只存在一件 1610 年从原版制作的印刷品。

C 1564 Gastaldi

Giacomo Gastaldi, ... *Provincia di Natolia* (Venice, 1564)。Sebastiano di Re 雕版。

C 1564 Luchini

Vincenzo Luchini, *La Marca d'Ancona* (Rome, 1564) .

C 1564 Mercator

Gerardus Mercator, *Angliae*, *Scotiae & Hibernie nova descriptio* (Duisburg, 1564) .

C 1565/40 Jode/Me

Gerardus Mercator 的 1540 年的 Flanders 地图的 Gerard de Jode 版 (Antwerp, 1565)。

585 **MS 1565 Tschudi**

Aegidius Tschudi, 约 1565 年的 Switzerland 的手绘地图。意图作为他的 1538 年地图的修订版, 但是从未出版。

C 1566 Forlani

Paolo Forlani (被认为), *La nvova et esatta descrittione de la Soria*, *e della Terra Santa* (Venice, 1566)。

C 1567 Criginger

Johannes Criginger 的 Saxony 地图, 其原始状态并不清楚。但可能是由 Balthasar Jenichen 雕版的佚名的 *Chorographia nova Misniae et Thvringiae* (1567), 被认为是基于这幅地图。

C 1567 Gastaldi

Giacomo Gastaldi, *La descriptione dela Pvglia* (Venice, 1567) .

W 1568 Apian

Philipp Apian, *Bairische landtaflen* [Bavaria] (Munich and Ingolstadt, 1568) .

C 1568 Gastaldi

Giacomo Gastaldi, Padua 和 Treviso 领土的地图 (1568)。

C 1569 Fabricius

Paul Fabricius, Moravia 地图 (Venice, 1569)。

W 1569/62 Pograbski /Gr

Andrea Pograbski 的 *Pars sarmantiae Evropae* [Poland] (Venice, 1569), 是 Waciaw Grodecki 的波兰地图的修订版 (1562)。

C 1570/50 Forlani /Pa

Matteo Pagano 1550 年的 Zara 木版地图的 Paolo Forlani 版, 这里称作 *La uera & fidele discrittione di tutto il Contado di Zara & Sebenico* (Venice, 1570)。

C 1570 Gastaldi

Giacomo Gastaldi, *La nova descrition della Lombardia* (Rome, 1570)。由 Giorgio Tilman 雕版。Gastaldi 在 1559 年被授予了一项垄断权，但是 1570 年是这样一幅地图可以被证实的最早时间。

C 1570/23 Ortelius/Av

Johannes Aventinus 1533 年 Bavaria 木版地图（1523 年原版的修订版）的 Abraham Ortelius 版（1570），这里称为 *Typus Vindeliciae sive utrivsque Bavaria*。

C 1570/67 Ortelius/Cr

Johannes Criginger 1567 年 Saxony 地图的 Abraham Ortelius 版（1570），这里称为 *Saxoniae*, *Misniae*, *Thvringiae*。

C 1570/68 Ortelius/Cr

Johannes Criginger 1567 年或 1568 年的 Bohemia 地图的 Abraham Ortelius 版（1570），这里称为 *Regni Bohemiae descriptio*。

C 1570/60 Ortelius/De

Jacob van Deventer 1560 年的 Zeeland 地图（或者 1546 年的原版）的 Abraham Ortelius 版（1570），这里称为 *Zelandicarvm insvlarvm exactissima et nova descriptio*。

C 1570/55 Ortelius/Ga

Giacomo Gastald Piedmont 木版地图（1555）的 Abraham Ortelius 版（1570），这里称为 *Pedemontanae vicinorvmqve regionvm*。

C 1570/61 Ortelius/He

Martin Helwig 1561 年的 Silesia 木版地图的 Abraham Ortelius 版（1570），这里称为 *Silesia typvs descriptvs*。

C 1570/40 Ortelius/Me

Gerardus Mercator 1540 年的 Flanders 地图的 Abraham Ortelius 版（1570），这里称为 *Flandriae*。

C 1570/60 Ortelius/Si

Gabriele Simeoni 1560 年的 Auvergne 木版地图的 Abraham Ortelius 版（1570），经过了相当修改，并且被称为 *Limaniae topographia*。

C 1570/42 Ortelius/Ze

Heinrich Zell 1542 年 Prussia 木版地图的 Abraham Ortelius 版（1570），这里称为 *Prussia descriptio*。

C 1570 Sgrooten

Christiaan Sgrooten 的 *Noua descriptio amplissimae Sanctae Terrae*（1570），是 Peter Laicksteen 在 1556 年他访问 Palestine 后草绘地图的重制。

C 1570 Stella

Tilemann Stella 的 *Mansfeldiae*, *Saxoniae totius* 被绘制于 1561 年，但只是在 1570 年才由 Frans Hogenberg 雕版。

W 1571 Campi

Antonio Campi, *Tvtto il Cremonese et soi confini et sua diocese*, 1571；1583 年重印，可能是基于原版。

586 **C 1571/70 Mell /St**

Tilemann Stella 的 Mansfeld county 地图（1570）的 Johannes Mellinger 版（Jena, Germany, 1571）。

C 1573/69 Ortelius/Fa

Paul Fabricius 1569 年 Moravia 地图的 Abraham Ortelius 版（1573），这里称作 *Moraviae*。

C 1573/70 Ortelius/St

Tilemann Stella 1570 年 Mansfeld 地图的 Abraham Ortelius 版（1573）。

MS 1573 Sgrooten

Christiaan Sgrooten, "Ducaus Geldriae et Cliviae," 来自 Sgrooten 1573 年的 Germany and the Low Countries 地图集。

C 1574 Brognoli

Bernardino Brognoli, Verona 领土的地图（Venice, 1574）。可能由 Paolo Forlani 雕版。

C 1575 Saxton /Do

Christopher Saxton, Dorset 郡的地图（1575）。

C 1575 Saxton /Ha

Christopher Saxton, Hampshire 郡的地图（1575）。由 Lenaert Terwoort 雕版。

C 1575 Saxton /Ke

Christopher Saxton, Kent, Sussex, Surrey and Middlesex 郡的地图（1575）。由 Frans Hogenberg 雕版。

C 1575 Saxton /St

Christopher Saxton, Somerset 郡的地图（1575）。由 Lenaert Terwoort 雕版。

C 1576 Saxton/Cu

Christopher Saxton, Cumberland and Westmoreland 郡的地图（1576）。由 Augustine Ryther 雕版。

C 1576 Saxton /Du

Christopher Saxton, Durham 郡的地图（1576）。由 Augustine Ryther 雕版。

C 1576 Saxton /Li

Christopher Saxton, Lincolnshire and Nottinghamshire 郡的地图（1576）。由 Remigius Hogenberg 雕版。

C 1576 Saxton /Wi

Christopher Saxton, Wiltshire 郡的地图（1576）。由 Frans Hogenberg 雕版。

C 1577 Saxton/Ch

Christopher Saxton, Cheshire 郡的地图（1577）。由 Francis Scatter 雕版。

C 1577 Saxton /De

Christopher Saxton, Derbyshire 郡的地图（1577）。

C 1577 Saxton /He

Christopher Saxton，Hertforshire 郡的地图（1577）。由 Nicholas Reynolds 雕版。

C 1577 Saxton /La

Christopher Saxton，Lancashire 郡的地图（1577）。由 Frans Hogenberg 雕版。

C 1577 Saxton /Yo

Christopher Saxton，Yorkshire 郡的地图（1577）。由 Augustine Ryther 雕版。

C 1578/36 Jode/Be

Girolomo Bell'Armato 1536 年的 Tuscany 木版地图的 Gerard de Jode 版（Antwerp，1578）。

C 1578/69 Jode/Fa

Paul Fabricius 1569 年的 Moravia 地图的 Gerard de Jode 版（1578）（Antwerp，1578）。

C 1578/68 Jode/Ga

Giacomo Gastaldi 1568 年的 Padua and Treviso 区域地图的 Gerard de Jode 版（1578）（Antwerp，1578）。

C 1578/52 Jode/Hi

Augustin Hirschvogel 1552 年的 Hungary 木版地图的 Gerard de Jode 版（1578）（Antwerp，1578）。

C 1578/55/40 Jode/Tr/Me

Michele Tramezzino 版（1555）的 Gerardus Mercator 1540 年 Flanders 地图的 Gerard de Jode 版（1578）（Antwerp，1578）。

C 1578 Saxton /Gl

Christopher Saxton，Glamorgan 郡的地图（1578）。

C 1578 Saxton /Pe

Christopher Saxton，Pembrokeshire 郡的地图（1578）。

C 1579 Ortelius/Gu

Licinio Gueto 的 Anjou 地图的 Abraham Ortelius 版（1579），*Andegavensium ditionis vera et integra descriptio*，1579 年。

C 1580 Danti

Egnazio Danti，Perugia 领土的地图（Rome，1580）。由 Mario Cartaro 雕版。

C 1580 Lafreri 587

佚名地图，*Regno di Napoli*，由 Antonio Lafreri（Antoine Lafréry）出版（Venice，1580）。

C 1583 Danti

Egnazio Danti，Orvieto 领土地图（Rome，1583）。

C 1584/84 Ortelius/He

Caspar Henneberger 的 Prussia 地图，1584 年在 Mulhouse 绘制，在同一年中由 Abraham Ortelius 使用，图题为 *Prussia regionis Sarmantiae Europae...*。

C 1585 Mercator/An

Gerardus Mercator，*Aniov*（Duisburg，1585）。来自他地图集的第一部分，*Tabulae geographicae Galliae*, *Belgii inferioris et Germaniae*。

C 1585 Mercator/Br

Gerardus Mercator, *Brabantia*, *Gvlick et Cleve* (Duisburg, 1585)。来自他地图集的第一部分, *Tabulae geographicae Galliae*, *Belgii inferioris et Germaniae*。

C 1587 Bonifacio

Natale Bonifacio, *La provincia ulteriore d'Abruzzi* (Rome, 1587)。由 Nicola van Aelst 雕版。

C 1589 Mercator/It

Gerardus Mercator, *Italia* (Duisburg, 1589)。来自 Mercator 的地图集 *Italiae*, *Slavoniae*, *et Graeciae tabulae geographicae* 的第二部分。

C 1589 Mercator/Lo

Gerardus Mercator, *Ramandiola cum Parmensi Ducata* (Duisburg, 1589)。来自 Mercator 的地图集 *Italiae*, *Slavoniae*, *et Graeciae tabulae geographicae* 的第二部分。

C 1589 Strubicz

Matthias Strubicz, *Magni ducatus Luthuaniae*, *Livoniae*, *et Moscoviae descriptio*, in *Varmiensis episcopi Polonia*; *siue*, *De origine et rebvs gestis Polonorvm libri XXX*, by Martin Kromer (Cologne, 1589)。可能由 Gerardus Mercator 雕版。

C 1590 Bonifacio

Natale Bonifacio, 圣地地图 (Rome, 1590)。

C 1590 Du Temps

Jean du Temps, *Description du pais Blaisois* (Tours, 1590)。由 Gabriel I Tavernier 雕版 (Tours, 1594)。

C 1591 Bompar

Pierre-Jean Bompar, *Accvratissima Patriae Provinciae descriptio* (1591)。由 Jacques de Fornazeris 在 Lyons 或 Turin 雕版。

C 1592 François

Isaac François, Tourraine 地图 (Tours, 1592)。由 Gabriel I Tavernier 雕版 (Tours, 1594)。

C 1593 Adrichem

Christiaan van Adrichem, *Situs terrae promissionis*, 在他的 *Theatrum Terrae Sanctae et biblicarum historiarum* (Cologne, 1590) 中。

C 1593 Norden

John Norden, Middlesex 地图, 来自他的 *Specvlvm Britanniae*: *The First Parte an Historicall*, *& Chorographicall Discription of Middlesex* (London, 1593)。

W 1593 Scultetus

Bartholomäus Scultetus, *Lusatiae Superioris* [Upper Lusatia] (Görlitz, 1593)。由 Scultetus 雕版。

C 1593 White

William White 的 Isle of Wight 地图，现在散佚，绘制于约 1593 年，但是地图由 John Speed 在 1611 年出版，显然忠实于原图，至少在相关的符号方面。

C 1594/91 Boug/Bom

Maurice Bouguereau 版的 Pierre-Jean Bompar 的 Provence 地图（1591）。

C 1594/79/79 Boug/Or/Gu

Abraham Ortelius 版（1579）的 Licinio Gueto 的 Anjou 地图（Tours，1579）的 Maurice Bouguereau 版（1594）。由 Gabriel Ⅰ Tavernier 雕版。

C 1594/70/60 Boug/Or/Si

Abraham Ortelius 版（1570）的 Gabriele Simeoni 1560 年 Auvergne 木版地图的 Maurice Bouguereau 版（1594）（Tours，1594）。由 Gabriel Ⅰ Tavernier 雕版。

C 1594 Fayen

Jean Fayen，*Totius Lemovici*［Limousin］（Tours，1594）。由 Gabriel I Tavernier 雕版。

C 1594 Norden

John Norden，*Surrey*（London，1594）。由 Charles Whitwell 雕版。

C 1595 Magini /Bo

Giovanni Antonio Magini，*Territorio Bolognese*（Bologna，1595）.

C 1595 Magini /Ro 588

Giovanni Antonio Magini，*Polesino di Rovigo*（Bologna，1595）.

C 1595 Norden /Ha

John Norden，*Hamshire*（London，1595）.

C 1595 Norden /Su

John Norden，*Sussex*（London，1595）。由 Christopher Schwytzer（Switzer）雕版。

C 1595/91 Ortelius/Bo

Abraham Ortelius 版的 Pierre-Jean Bompar 1591 年 Provence 地图，*Provinciae*，*Regionis Galliae*，1595 年在 *Additamentum Quinta* 出版，尽管地图上标明的时间为 1594 年。

MS 1596 Norden/Co

John Norden，用于 *The Generall Description of Cornwall*（一幅郡图以及 9 幅 Hundreds 的地图）的草图。Cambridge，Trinity College，MS. 0. 4. 19。

C 1596 Symonson

Philip Symonson，*Kent*（1596）。Charles Whitwell 雕版。

C 1597 Magini

Giovanni Antonio Magini，*Romagna*（Bologna，1597）.

C 1597 Parenti

Gellio Parenti，Spoleto 领土的地图（1597）。

C 1598 Norden

John Norden，*Hartford shire*（London，1598）。William Kip 雕版。

C 1598 Ortelius/Gu

Abraham Ortelius 死后出版的 François de La Guillotière 的地图，*L'Isle de France*：*Parisiensis agri descrip*，绘制于同一年。

C 1599 Boazio

Baptista Boazio，*Irelande*（London，1599）。Renold Elstracke 雕版。

C 1600 Sprecher

Fortunat Sprecher von Bernegg，*Alpinae seu Foederatae Rhaetiae*（Venice，ca. 1600）.

C 1600 Valegio

Anonymous，*Disegna della Valtellina ey svoi confini*（Venice，ca. 1600）。Francesco Valegio 雕版。

C 1602 Duchetti

Siena 和行政区的佚名地图，由 Claudio Duchetti 雕版（Rome，1602）。

MS 1602 Smith /He

William Smith，Hertfordshire 郡的地图［（London），1602］（绘本上注明的最初的时间，后来被划掉，并且为了印刷更新为 1603 年）。

C 1602 Smith /Ex

William Smith，county of Essex 地图［（London），1602］。Hans Woutneel 雕版。

C 1602 Smith /Su

William Smith，Surrey 郡的地图［（London），1602 or 1603］。

C 1603 Smith /He

William Smith，Hertfordshire 郡的地图［（London），1603］。

C 1603 Smith /St

William Smith，Staffordshire 郡的地图［（London），1603］。

C 1603 Smith /Wa

William Smith，Warwickshire 郡的地图［（London），1603］。

MS 1603 Smith /Wo

William Smith，Worcestershire 郡的地图［（London），1603］。

C 1603 Smith /Wo

William Smith，Worcestershire 郡的地图［（London），1603］。

C 1605 Fabert

Abraham Fabert，*Description du Pays Messin*［Metz］（1605）.

C 1608 Magini

Giovanni Antonio Magini，*Italia nuova*（Bologna，1608）.

C 1610 Speed/No

John Speed，Northumberland 郡的地图（London，1610）。

C 1610 Speed/Su

John Speed，Sussex 郡的地图（London，1610）。由 Jodocus Hondius the Elder 雕版。

C 1611/08 Ho/Go 589

Jacques Goulart 1608 年的 *Chorographica tabula Lacus Lemanni* 的 Jodocus Hondius the Elder 版（1611）。

C 1611/1585 Ho/Me/Fl

Jodocus Hondius the Elder 版（1611）的 Gerardus Mercator 的 Flanders 地图，在 Mercator 的地图集 *Tabulae geographicae Galliae*，*Belgii inferioris et Germaniae*（1585）第一部分。

C 1611/1585 Ho/Me/Z

Jodocus Hondius the Elder 版（1611）的 Gerardus Mercator 的 Zeeland 地图，在 Mercator 地图集 *Tabulae geographicae Galliae*，*Belgii inferioris et Germaniae*（1585）的第一部分。

C 1611 Speed/Ch

John Speed，Cheshire 郡的地图（London，by 1611）。

C 1611 Speed/Ha

John Speed，Hampshire 郡的地图（London，by 1611）。Jodocus Hondius the Elder 雕版。

C 1611 Speed/So

John Speed，Somerset 郡的地图（London，by 1611）。

C 1611 Speed/Wi

John Speed，Wiltshire 郡的地图（London，by 1611）。

C 1613 Radziwill

Prince Nicholas Christopher Radziwill，*Magni ducatus Lithuaniae*（Amsterdam，1613）。地图可能是由 Thomas Makowski 绘的，但由 Hessel Gerritsz 雕版。

C 1613/1543 Veen /Anth

Adriaen Veen，*Nautius Sueciae*（Amsterdam，1613）。复制自 Cornelis Anthonisz 的 *Oostlandt*（1543），并且由 Jodocus Hondius the Elder 雕版。

C 1616 Templeux

Damien de Templeux，*Carte de pays de Champaigne*（Paris，1616）.

C 1617/05 Lecl /Fa

Abraham Faber 1605 年 Metz 地图的 Jean Ⅳ Leclerc 版（Paris，1617）。

C 1617 Mauro

Jubilio Mauro，*Sabina*（Rome，1617）。由 Giovanni Maggi 雕版。

C 1618/1570/69 Ke/Or/Cr

Ortelius 版（1570）的 Johannes Criginger 1569 年 Bohemia 地图的 Pieter van den Keere 版。Van den Keere 的地图，被称为 *Regni Bohemiae nova descriptio*，1618 年在 Amsterdam 由 Van den Keere 雕版。

C 1618/00 Sprecher

一幅 Fortunat Sprecher von Bernegg 的 *Rhaetiae* 地图（约 1600 年）的精准复制品，1618 年由 Nicolaas van Geelkercken 雕版。主要差异之一在于对山丘和山脉的描绘。

C 1619 Aretinus

Paulus Aretinus，*Regni Bohemiae nova et exacta descriptio*（1619）.

C 1619/1595/91 Lecl/Or/Bo

Jean Ⅳ Leclerc 的 Abraham Ortelius 版（1595）的 Pierre-Jean Bompar 1591 年 Provence 地图的副本，现在被称为 *Provinciae*, *regionis Galliae*, *vera/exactissimaq* [*ue*] *descriptio* (Paris, 1619)。由 Hugues Picart 雕版。

C 1619/1598 Lecl/Or/Gu

Abraham Ortelius 版的 François de La Guillotière 1598 年的 Île-de-France 地图的 Jean Ⅳ Leclerc 版（1619）。由 François van den Hoeye 雕版。

C 1619 Templeux

Damien de Templeux, *Description de Beauvaisois* (Paris, 1619).

C 1620 Lavanha

João Baptista Lavanha, Aragon 地图（Zaragoza，完成于 1616 年），只是出版于 1620 年早期。由 Diego de Astor 雕版。

C 1620 Leclerc

佚名，*Carte du pais Loudunois*，注明的时间为 1620 年。由［H.］Piquet 为 Leclerc 的地图集雕版。

C 1620 Magini

Giovanni Antonio Magini, *Puglia* (Bologna, 1620).

C 1621 Jubrien

Jean Jubrien, *Carte de pais de Retelois* [Rethel] (Paris, 1621)。由 Hugues Picart 雕版。

C 1621 Leclerc

佚名，*Carte du pais d'Aunis et gouverme*[*n*]*t de La Rochelle* (Paris, 1621)。由［H.］Piquet 雕版。

C 1623 Jubrien

Jean Jubrien, *Carte du pays et diocèse de Rheims* (Paris, 1623).

590 **C 1625 Gigas/M**

Johannes Michael Gigas (Gigantes), *Monasteriensis Episcopatus* (Amsterdam, ca. 1625).

C 1625 Gigas/P

Johannes Michael Gigas, *Episcopatus Paderbornensis*，可能出版于约 1625 年。

C 1626 Beins

Jean de Beins, *Carte et description generale de Dauphine* (Paris, 1626).

C 1626 Scultetus

Jonas Scultetus, *Geographica descriptio comitatis Glacensis* [Glatz] (Breslau, 1626).

C 1627 Comenius

Johann Amos Comenius (Komenský), *Moraviae nova* (Amsterdam, 1627)。Abraham Goos (Kuchar, 1961) 雕版。

C 1629/1584 Ho/He

Caspar Henneberger 1584 年 Prussia 地图的 Jodocus Hondius the Elder 版（1629）。

C 1629/00 Visscher/Sp

Fortunat Sprecher von Bernegg 约 1600 年的 *Rhaetae* 地图的一个 Claes Jansz. Visscher 的精确副本（1629）。

C 1630/18/etc. Jans/Ke

Johannes Janssonius 版（1630）的 Pieter van den Keere 版（1618）的 Abraham Ortelius 版（1570）的 Johann Criginger 1567 年或 1568 年的 Bohemia 地图。

C 1631/1570/60 Bl/Or/Si

Abraham Ortelius 版（1570）的 Gabriele Simeoni 1560 年的 Auvergne 木版地图的 Willem Jansz. Blaeu 版（Amsterdam，1631）。

C 1634 Tassin/Or

Christophe Tassin，*Carte du duché d'Orleans*（Paris，1634）.

C 1634 Tassin /Po

Christophe Tassin，*Carte generale de Poictou*，*Xaintonge Angoulemois et pays d'Aulnix*（Paris，1634）.

C 1635/29/etc. Bl /Ho

Jodocus Hondius the Elder 版（1629）的 Caspar Henneberger 的 Prussia 地图的 Willem Jansz. Blaeu 版（1635），Henneberger 的地图由 Abraham Ortelius 在 1584 年出版。

C 1635 Langren

Michael Florent van Langren，Brabant 地图的第一和第二部分（Amsterdam，1635）。

C 1636/1540 Ho/Me

Gerardus Mercator 的 Flanders 地图（1540）的 Henricus Hondius 版（Amsterdam，1636）。由 Henricus Hondius 雕版。

C 1636/13 Ho/Ra

Nicholas Christopher Radziwill 的 1613 年的 Lithuania 地图的 Henricus Hondius 版（Amsterdam，1636）。

C 1637 Tassin /Bo

Christophe Tassin，*Boulonnois*，*Pontieu Artois...*（Paris，1637）.

C 1637 Tassin /Ha

Christophe Tassin，*Hainault*，*Cambrensis et chastellenie de Douay*（Paris，1637）.

C 1638/1593 Bl /Sc

Bartholomäus Scultetus1593 年的 Upper Lusatia 木版地图的 Joan Blaeu 版（Amsterdam，1638）。由 Joan Blaeu 雕版。

C 1643/30/etc. Bl /Ja

Willem Jansz 和 Joan Blaeu 版（1643）的 Johannes Janssonius 版（1630）的 Pieter van den Keere 版（1618）的 Abraham Ortelius 版（1570）的 Johannes Criginger 1569 年的 Bohemia 地图。

C 1647/30 Bl /Sc

Jonas Scultetus 的约 1630 年的 Lower Silesia 地图的 Joan 和 Cornelis Blaeu 版

(Amsterdam, 1647)。

C 1647/00 Bl /Sp

Joan Blaeu 版（1647）的 Fortunat Sprecher von Bernegg 的 *Alpinae seu Foederatae Rhaetiae* (Venice, ca. 1600)。

C 1649/13 Bl /Ra

Joan Blaeu 版的 Nicholas Christopher Radziwill 的 1613 年的 Lithuania 地图（Amsterdam, 1649)。

第二十二章　欧洲文艺复兴时期的地图雕版、印刷和着色技术*

戴维·伍德沃德（David Woodward）

一般的技术因素

本章试图回答关于文艺复兴时期地图如何被雕版、印刷和着色的各种类型的问题。本 591
章的开始部分处理的是地图印刷的发展史，在欧洲的背景中其何时以及为什么出现，以及这一背景与东亚的背景存在何种差异。其回答了，当印刷它们的时候，是什么导致了地图的特殊性，并且谈到了与其他雕版和印刷品贸易之间的关系。本章证明了，如何选择以及为什么选择了某些技术，并且展示了不同的技术如何影响了地图学内容。其说明，当与一幅手绘地图或者相关绘制媒介进行比较的时候，印刷地图中语义上的变化是可以被辨别的。然后，提供了关于16世纪和17世纪早期印刷地图着色的方法和文献的指南。最后，试图勾勒出地图印刷技术的发展对文艺复兴时期出现的地图类型和制作它们的贸易结构的主要影响。

从一个不平坦的表面印刷图像，并不是需要某一创造性的炉火带来的特别具有创新或困难的活动。尽管已经很好地证明了随着纸张的传播，中国对欧洲的影响①，但中国地图印刷的发明与西欧地图印刷的发明之间的联系现在被认为是不密切的，部分因为在每一区域其有不同的功能。在中国，从中国的行政和教育官僚机构中的石块和木板上获得拓印品的功能，非常不同于公元1400年前后在欧洲街道上流传的基督教圣徒和《圣经》故事的着色的印版书籍的商业目的。在中国没有以欧洲那样的方式发展出一种独立的地图贸易，因为并不存在可识别的专业化市场。中国的地图不可避免地与书写的稿本、印刷的文献和绘画存在联系。按照余定国（Yee）的说法，中国的地图贸易是一个“产生于错觉的主题”②。

在15世纪最后25年中，地图开始在欧洲印刷，尽管“最早的印刷地图”的概念并

---

* 本章使用的缩略语包括：*Five Centuries* 代表 David Woodward, ed., *Five Centuries of Map Printing*（Chicago: University of Chicago Press, 1975），以及 *Plantejaments* 代表 David Woodward, Catherine Delano-Smith, and Cordell D. K. Yee, *Plantejaments i objectius d'una història universal de la cartografia = Approaches and Challenges in a Worldwide History of Cartography*（Barcelona: Institut Cartogràfic de Catalunya, 2001）。

① Dard Hunter, *Papermaking: The History and Technique of an Ancient Craft*（New York: A. A. Knopf, 1943）.

② Cordell D. K. Yee, "The Map Trade in China," in *Plantejaments*, 111 – 30.

不是一个特别有用的概念[3]。然而，将一幅地图图像雕刻在一个表面上，并由此获得拓印或印刷品的想法是较为古老的。在中国，唐宋时期，地图通常被雕刻在石碑上，意图用于复制[4]。李约瑟（Needham）将“任何文化中最为古老的印刷地图”确定为制作于大约1155 年的《地理之图》（*Dili zhitu*，Geographical map），这一说法比其听起来要复杂得多以及混乱得多[5]。去查看这样的神话是如何被构建的，是非常有帮助的。第一，李约瑟只是复制了地图的西半部分，而其完整的标题是“十五国风地理之图”（Geographic map of fifteen［states］in the Guofeng［*a section of the Book of Songs*］）（图 22.1）[6]。第二，其中收录有这幅地图的百科全书《六经图》（*Illustrations for the Six Classics*）第一次印刷的日期通常
592 被记录为 1165 年，而不是 1155 年。第三，在同一百科全书中发现了另外一幅地图，“文武丰镐之图”（Map of Feng［yi］and Hao［jing］of［Kings］Wen and Wu）[7]。两者都绘制于 1131—1162 年间，并且在 1165 年首次以木版印刷。第四，印刷的初版没有保存下来，由此能做出的最为准确的陈述就是，《六经图》保存下来的最早印刷在纸张上的印本是在

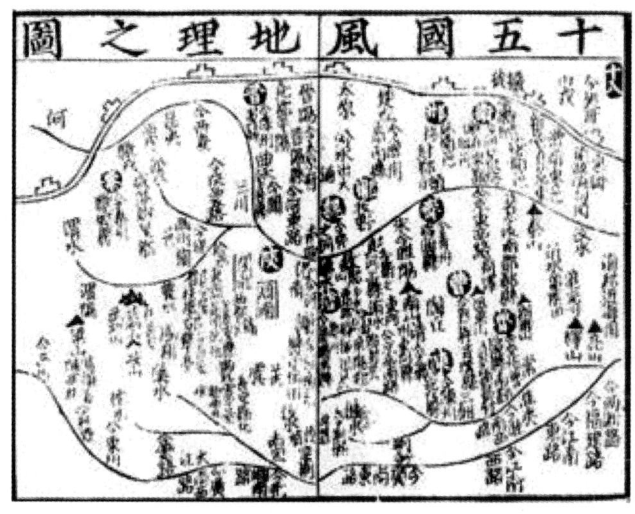

图 22.1 中国较早的印刷地图“十五国风地理之图”（Geographical map of the fifteen［states］in the Guofeng［*a section of the Book of Songs*］）。**宋版《六经图》**（*Illustrations for the Six Classics*）

原图尺寸：10×13.4 厘米。北京：文物出版社许可使用。

---

③ Arthur Howard Robinson，“Mapmaking and Map Printing：The Evolution of a Working Relationship，”in *Five Centuries*，1－23. 选择 1472 年 11 月 19 日，作为在塞维利亚的伊西多尔的 *Etymologiae* 初刊本中印刷的小型 T－O（由三部分构成的地图）世界地图的日期，作为围绕主题“地图印刷的 5 个世纪”（Five Centuries of Map Printing）的专题讨论会的引论，现在回顾起来已经过时了。地图印刷中很多更为有价值的事件发生在 15 世纪 70 年代，包括两套全部铜版的地图集的印刷。

④ Cordell D. K. Yee，“Reinterpreting Traditional Chinese Geographical Maps，”in *HC* 2.2：35－70，esp. 46－50.

⑤ Joseph Needham，*Mathematics and the Sciences of the Heavens and the Earth*，vol. 3 of *Science and Civilisation in China*（Cambridge：Cambridge University Press，1979），549 and fig. 227. 其还复制在 Norman J. W. Thrower，*Maps & Civilization*：*Cartography in Culture and Society*（Chicago：University of Chicago Press，1996），31（fig. 3.3）。

⑥ 曹婉如主编：《中国古代地图集》3 卷（文物出版社 1990—1997 年版）中的第 1 卷，图 103。

⑦ 曹婉如主编：《中国古代地图集》第 1 卷，图 104。

宋朝制作的（公元960—1279年）。另外一个现存的来自这一时期的工艺品就是《历代地理指掌图》（Easy-to-use maps of geography through the dynasties），一套有44幅地图的地图集，显示了行政区划的历史发展、分野的占星术的概念，以及山川的自然地图[⑧]。地图集可能是在1098—1100年间编绘的，但保存下来的版本的准确印刷时间未知。因而，为了避免工艺品实际日期的混乱，更为粗略的陈述就是，很多在宋代印刷在纸上的地图保存了下来，所有这些都比西方木版地图出现的时间要早。

地图印刷是一种专门化的活动，其需求通常不同于那些书籍印刷。在地图印刷的初创时期（就技术而言是从1500年开始），这些需求中最为重要的就是，容易进行纠正、介质保持细节的能力（这是与技术图示的印刷和印刷品共同分享的要求），以及字体和划线结合的灵活性[⑨]。后来，这些约束条件与音乐作品的印刷共享[⑩]。

这些要求是本卷所涵盖时期的印刷地图的两种主要方法之间竞争的核心：凸印（通常是木版）和凹印（铜版或者蚀刻，或者有时两者的结合）（图22.2）。凸印和凹印之间的基本区别——印刷表面的形式和材料，需要专门的墨水，以及使用不同的印刷机——通常被在其他地方进行描述[⑪]。关于地图印刷和区域描述的专门著作可以提供文献的入门

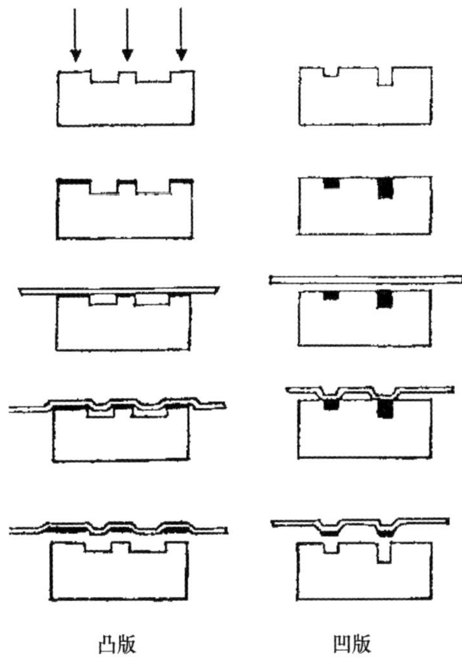

图22.2 凸版与凹版。凸版和凹版图形印刷技术的对比，显示了墨水、印刷表面和纸张之间的关系

⑧ 曹婉如主编：《中国古代地图集》第1卷，图94－101。

⑨ Robinson, "Mapmaking and Map Printing," 1－23.

⑩ David Woodward, "Maps, Music, and the Printer: Graphic or Typographic?" *Printing History* 8, No. 2 (1986): 3－14.

⑪ Arthur Mayger Hind, *An Introduction to the History of Woodcut, with a Detailed Survey of Work Done in the Fifteenth Century*, 2 vols. (London: Constable, 1935); idem, A *History of Engraving & Etching, from the 15th Century to the Year* 1914, 3d ed. (London: Constable, 1927); Felix Brunner, *A Handbook of Graphic Reproduction Processes* (Teufen, Switz.: A. Niggli, 1962); 以及 Bamber Gascoigne, *How to Identify Prints: A Complete Guide to Manual and Mechanical Processes from Woodcut to Ink Jet* (New York: Thames and Hudson, 1986).

指南⑫。

凹印和凸印之间的差异通常是容易区分的。在凸印的过程中，图版，通常是中等粒度的彻底风干的硬木，例如核桃木、樱桃木、榉木、白蜡木、枫树或野苹果木，但大部分是梨木，被
593 雕刻，由此将被印刷的区域呈现为浮雕，并且在纸上产生了被压制的线条。这些压痕通常可以在地图背后感觉到。较大的图版是由带有榫眼的木条构成的；保存下来的1500年由雅各布·德巴尔巴里绘制的威尼斯图景的图版，提供了一个很好的例子。这一图景被雕刻在梨木的六块母板上，每一母板由多条构成，通过蝶状榫卯固定在一起，并且被粘合。这些条块按照质地纵向切割。在每一母板背后有两条横木拧入榫眼，由此提供了额外的稳定性（图22.3）⑬。

图22.3 雅各布·德巴尔巴里木版的偶数页，1500年

如那些用于印刷雅各布·德巴尔巴里的6分幅的威尼斯景观的大型木版，由有蝶状榫卯的按照其质地切割的厚木板构成，并且用横木加固。各个部分的接合在印刷品上很难被观察到

原始尺寸：约66×99厘米。Museo Correr, Venice提供照片。

---

⑫ *Five Centuries*, and Mireille Pastoureau, *Les atlas français XVIe – XVIIe siècles: Répertoire bibliographique et étude* (Paris: Bibliothèque Nationale, Département des Cartes et Plans, 1984); Günter Schilder, *Monumenta cartographica Neerlandica* (Alphen aan den Rijn: Canaletto, 1986 –); David Woodward, *Maps as Prints in the Italian Renaissance: Makers, Distributors & Consumers* (London: British Library, 1996)；以及Mary Sponberg Pedley, *A Taste for Maps: Commerce and Cartography in Eighteenth-Century France and England* (Chicago: University of Chicago Press, 2005).

⑬ Giuseppe Trassari Filipetto, "Tecnica xilografica tra Quattrocento e Cinquecento: 'Il nuovo stile,'" in "*A volo d'uccello*": *Jacopo de' Barbari e le rappresentazioni di città nell'Europa del Rinascimento*, ed. Giandomenico Romanelli, Susanna Biadene, and Camillo Tonini, exhibition catalog (Venice: Arsenale Editrice, 1999), 53 – 57；也可以参见86和138。

通常在木版（woodcut）和木口木刻（wood engraving）之间进行区分，在前者中，凿子和平刀被用于在木头上切割厚木板（图 22.4）；在后者中，刻刀和雕刻刀被用于一块颗粒较细的硬木的横切面上（图 22.5）。在本章所涵盖的时期中，用于地图的木口木刻是不常见的，因为需要将大量的木片铆合在一起从而形成大的图版。技术直至 19 世纪才成熟，当其被证明是一种动力印刷机进行印刷时所需要的耐久的凸印技术的时候。

图 22.4　凿子和木板

凿子是最为通常用于在木头或者"在厚木板上"沿着质地进行切割的工具。图示来自 Van Plaat tot Prent: *Grafiek uit stedelijk*, *technisch benaderd*, 展览目录（Antwerp: Stad Antwerp, 1982），14。

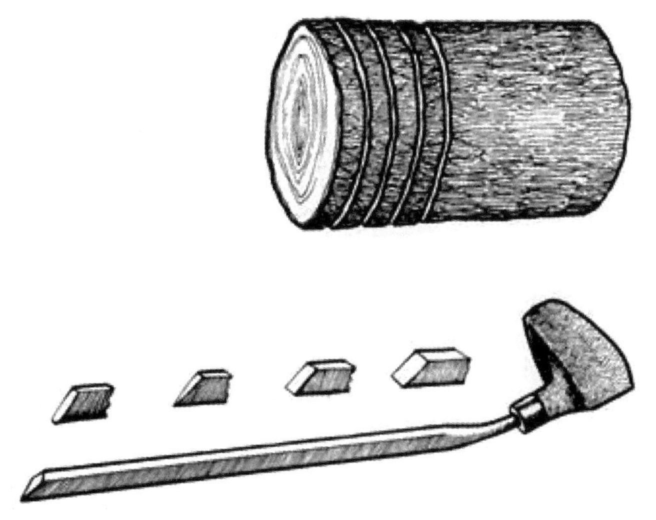

图 22.5　雕刻刀和木材的横切面

来自 Van Plaat tot Prent: *Grafiek uit stedelijk*, *technisch benaderd*, 展览目录（Antwerp: Stad Antwerp, 1982），16 的图示。

木版技术的优势如下：不需要印刷机，因为图像可以通过类似于拓印的方式获得；可以使用现存的普通的图版印刷机；图版在印刷时可以带有相同形式的活字：同时图版是耐久的，由此可以在发生严重的损害之前，获得很多图像。然而，用刀或凿子在木材中雕刻出精细曲线本身就比较困难。一位17世纪早期的手册的作者写到，与用黄铜相比，用木头工作是更为令人讨厌和困难的，因为必须切割两次以去掉木片[14]。更容易被看到存在不规整，如
594 宽度不一致的线条和棱角。由于字母非常难以被雕刻在这样一个媒介上，因此凸版的文字部分或者立体印刷的图版通常被固定在木板上[15]。分层颜色的印刷涉及将一个平坦的表面转化为线条和点。如在最突出的早期实例中所示，通过使用木块未切割的表面，可以在木版上将平面颜色描绘为立体的——1513年斯特拉斯堡版的托勒密《地理学指南》中的洛林区域地图。尽管其在技术上是可能的（并不像铜版那样），这一实验性的技术与手工着色相比并不具有竞争优势（图版15）。

在凹印技术中，线条被雕刻进铜版、黄铜版以及其他可以工作的金属中。墨水被从图版的凹槽中挤出“竖立”在纸上；这些线条在地图表面上可以像突脊一样被感觉到。一幅铜版雕刻的作品还可以通过铜版本身在其边缘的压痕识别出来（所谓的图版印痕），而这通常可以在地图表面上看到，或者在其背面感觉到。在很多情况中，这一图版压痕将被修饰掉，但是其他特征，以及由此产生的线条的精致性，通常使其与凸版印刷区分开来。

铜的成本是相当高的。为了省钱，地图和印刷品有时被雕刻在一块铜版的两面，而图版通常被重复用于其他功能，例如复制绘画，或者融化去制作其他物品。一些作品提供了来自不同区域和不同时期的比较成本数据，但是由于货币和工资的价值是不断变化的，因此进行比较是困难的[16]。16世纪前期，铜矿通常来自匈牙利和蒂罗尔（Tirol），大部分是在奥格斯堡的富格尔（Fugger）家族的控制之下。铜矿被提纯，然后形成铸块、粗棒、粗糙的锤打过的板子或大板子，而雕刻师可以通过剪切机对它们进行切割[17]。大约在16世纪中期，开始使用一种卷绕铜版的新方法，由此与手工击打的材料相比，可以避免在铜板表面产生更多的缺陷[18]。

为了去掉缺陷，卷绕的铜版被用一把刀子或者刮刀进行刮削、刨平、磨光和抛光。手册强调了高度抛光表面的重要性，推荐使用软栗木炭和各种石头，如浮石，且仔细地避免在黄铜上出现刮痕，因为每个非常小的刮痕都将显示在最终的地图上。铜版被用橄榄油、粉笔和磨光机

---

⑭ John Bate, *The Mysteries of Nature and Art in Foure Severall Parts*, 2d ed. (London: Printed for Ralph Mabb, 1635), 232.

⑮ David Woodward, “The Woodcut Technique,” in *Five Centuries*, 25 – 50.

⑯ Pastoureau, *Les atlas français*; Woodward, *Maps as Prints*; Pedley, *Taste for Maps*; Johannes Dörflinger, “Time and Cost of Copperplate Engraving Illustrated by Early Nineteenth Century Maps from the Viennese Firm Artaria & Co. ,” in *Imago et Mensura Mundi: Atti del IX Congresso Internazionale di Storia della Cartografia*, 3 vols. , ed. Carla Clivio Marzoli (Rome: Istituto della Enciclopedia Italiana, 1985), 1: 213 – 19; Francesca Consagra, “The De Rossi Family Print Publishing Shop: A Study in the History of the Print Industry in Seventeenth-Century Rome” (Ph. D. diss. , Johns Hopkins University, 1992); 以及 Markus Heinz, “A Research Paper on the Copper-Plates of the Maps of J. B. Homann’s First World Atlas (1707) and a Method for Identifying Different Copper-Plates of Identical-Looking Maps,” *Imago Mundi* 45 (1993): 45 – 58.

⑰ Michael Bury, *The Print in Italy, 1550 – 1620* (London: British Museum Press, 2001), 29.

⑱ Woodward, *Maps as Prints*, 24 – 25.

擦洗干净[19]。一部17世纪的手册推荐使用一顶海狸帽并用（鞍）油抛光铜版，以及一块良好的油石，磨光一侧并且避免出现小孔[20]。但当铜版被放在一边的时候，不可避免地会出现擦痕；对于历史学家而言，积极的一面就是，擦痕有时提供了书目方面有用的证据[21]。

为了将信息转移到铜版上，雕刻师在铜版上铺一层薄薄的蜡，通常是用一片羽毛。他然后雕刻图像或者印刷品，涂上清漆使其变得透明，然后将图像或印刷品表面朝下放置在蜡版上，将主要的线条描摹在下面的蜡上。或者图像可以被印制（pounced），通过这种方法，沿着线条扎出孔洞，然后摩擦有颜色的粉笔，将细末通过孔洞。或者还可以使用作为中介的图 595
纸，在背后用红色或者黑色的粉笔涂写，由此可以用于将图像描摹在铜版上。意大利语中的动词 *calcare*（用粉笔）的含义因而可以被延伸为进行模仿；因而，*calcografia* 的意思就是雕版。关键的线条同样可以用无胶的墨水着墨，然后直接转移到蜡上[22]。一旦放置了主要线条，那么细节就可以通过手工直接复制在铜版上。字母、边界、矩形的标题框以及经纬线网格可以用一把雕刻针轻轻地描写或者划出。

在17世纪之后的手册和二手作品中，详细描述了地图的铜版雕刻技术。最早的和最为著名的综合性手册，是由亚伯拉罕·博塞（Abraham Bosse）撰写的[23]，构成了直至18世纪的一些译作和版本的基础[24]。可以得出的事实就是，这一技术直至19世纪都进化得很少，除了对于技术细节的提及之外[25]。铜版雕刻匠的工具，雕刻刀或者凿刀，是精致的，并且依赖于非常小的压力，因为其被拿在大拇指和食指之间，而刀柄轻轻地放在手掌中（图22.6）。其比木版雕刻师的刀子更容易用于描摹弯曲的线条。实际上，用弩钢制作的一把弯曲的雕刻刀或者较短的雕刻刀被用于雕刻字母和微小的细节（图22.7）[26]。

雕版匠将铜版放在装满沙子的小皮垫上，按照需求对其进行转动，由此一条线条的走向就从雕刻匠那里直接放射出去。一块上油的被磨尖的石头——通常是来自黎凡特的高质量的大理石——被准备好用于磨尖雕刻刀[27]。手册中的提示包括如何能看到被雕刻的线条："当你雕刻一条线条的时候，在你的海狸皮上滴一点油，然后在线条上摩擦，因为通过这种方式你

---

⑲ Schilder, *Monumenta cartographica Neerlandica*, 6：17 - 19. 信息基于一本 Adriaen Schoonebeck（1661 - 1714）撰写的雕版手册的稿本，他是一位工作于俄罗斯的荷兰雕版匠，该书保存在 Library of the Academy of Sciences, St. Petersburg（PIB 154）。

⑳ Bate, *Mysteries of Nature*, 226 and 229.

㉑ David Woodward, "The Forlani Map of North America," *Imago Mundi* 46（1994）：29 - 40，在那里，其显示了如何可以仅仅基于擦痕而认定北美的福拉尼地图（1565—1566年）的两个印本。

㉒ Bury, *Print in Italy*, 14.

㉓ Abraham Bosse, *Traicté des manieres de graver en taille dovce svr l'airin：Par le moyen des eaux fortes, & des vernix durs & mols*（1645；reprinted Paris：Union, 1979）.

㉔ 例如，William Faithorne, *The Art of Graveing, and Etching, Wherein Is Exprest the True Way of Graueing in Copper*（London：Willm. Faithorne, 1662）；John Evelyn, *Sculptura；or, The History, and Art of Chalcography and Engraving in Copper*（London：Printed by J. C. for G. Beedle and T. Collins, 1662）；以及 Domenico Tempesti, "I discorsi sopra l'intaglio," 1680.

㉕ Coolie Verner, "Copperplate Printing," in *Five Centuries*, 51 - 75；Leslie Gardiner, *Bartholomew：150 Years*（Edinburgh：J. Bartholomew, 1976）；Roy J. L. Cooney, "Chart Engraving at the Hydrographic Department, 1951 - 1981," *Cartographic Journal* 23（1986）：91 - 98；以及 Conor Fahy, *Printing a Book at Verona in 1622：The Account Book of Francesco Calzolari Junior*（Paris：Fondation Custodia, 1993）。Fahy 描述了一个 Francesco Calzolari Jr. 的 *Musaeum* 与制作有关的账簿。

㉖ Bate, *Mysteries of Nature*, 228.

㉗ Woodward, *Maps as Prints*, 25.

图 22.6 握住一把雕刻刀（工具需要非常小的压力，拿在拇指和食指之间）

原图尺寸：约 10.5 × 12.1 厘米。Denis Diderot and Jean Le Rond d'Alembert, *Encyclopédie* (Paris: Briasson, 1751), tome 5, pl. Ⅲ (section headed "Gravure")。BL (Rar 034.1, Plates, Tome 5) 提供照片。

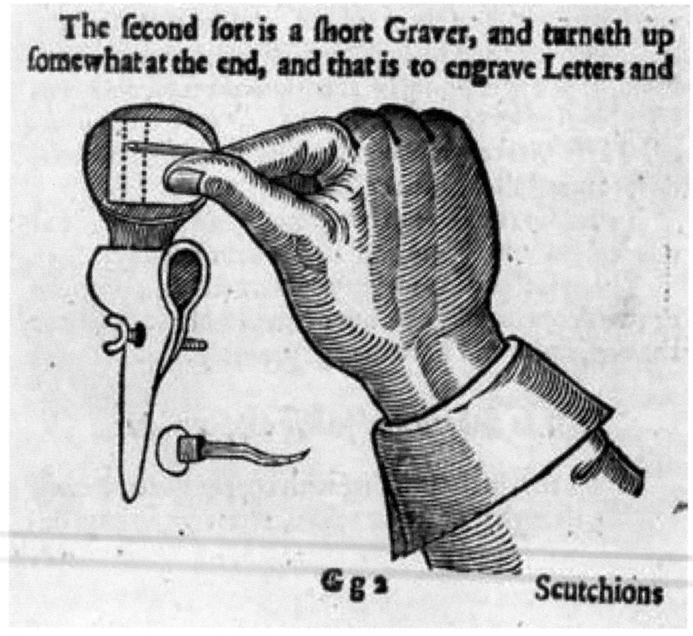
The ſecond ſort is a ſhort Graver, and turneth up ſomewhat at the end, and that is to engrave Letters and

图 22.7 曲形雕刻刀（用于雕刻精细的曲线和字母的专业化雕刻刀，可以用弩钢制作）

原图大小：7.5 ×8.5 厘米。John Bate, *The Mysteries of Nature and Art in Foure Severall Parts*, 2d ed. (London: Printed for Ralph Mabb, 1635), 227. BL (C.122.e.18) 提供照片。

596

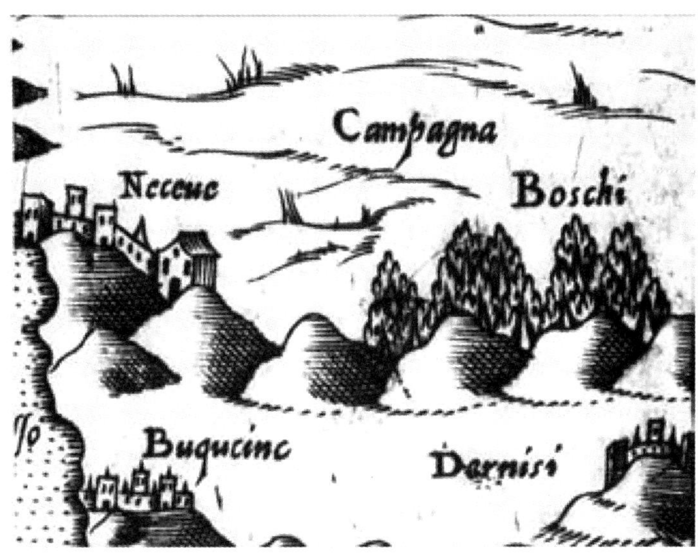

图 22.8　蚀刻和雕版之间的对比

蚀刻和雕版可以通过观察线条和字母的特征区分出来，不同之处来源于使用工具的种类。在上方的例子中，线条和字母显然是用一把有着圆头的笔制作的；小写字母“g”尤其展现出了圆角字符，同时代表了水的短短的蚀刻标记展现了圆形末端。相反，下方的例子是用一把雕刻刀进行的雕刻，可以从线条的逐渐变细的末端和字母缺乏圆角的风格看出来。蚀刻（上）来源于乔瓦尼·弗朗切斯科·卡莫恰的欧洲墙壁地图（Venice，1573）。雕版（下）来源于一幅扎拉和塞贝尼科（Sebenico）的孔塔多的保罗·福拉尼的地图（Venice，1570）

原始尺寸（上）：约 5×5.2 厘米。James Ford Bell Library，University of Minnesota，Minneapolis 提供照片。

原始尺寸（下）：约 5.3×6.0 厘米。Newberry Library，Chicago（Novacco Collection 2F205）提供照片。

将能更好地看到线条……但是在蜡烛光下进行工作的时候，在位于铜版的纸张与蜡烛之间，你必须放上一杯清水（由此其可以投射出更好的光线）。”[28]

对16世纪60年代保罗·福拉尼作坊产量的一系列计算使我们可以估计每日雕刻的面积大约为170平方厘米[29]。速度显然应当依赖于雕版的密度和复杂的程度。伯里（Bury）引用了对于蚀刻的各种估计，范围从每日170—210平方厘米，或者基于一份1580年的混合了蚀刻和雕版的契约，每日估计为52—65平方厘米[30]。由于较高的数字是有理由达成的，因此很可能的是，一种劳动分工是有效的，即福拉尼雕刻字母，而学徒被委托负责更为简单的细节。席尔德（Schilder）从一份1630年雕版匠埃弗特·西姆文斯·哈默斯特（Evert Sijmonsz. Hamersveldt）和萨洛蒙·罗吉尔（Salomon Rogiers）与出版商亨里克斯·洪迪厄斯和约翰内斯·扬松纽斯之间的契约得出结论，即必然执行了一种劳动分工以达成与每日雕版和蚀刻154平方厘米相近的数字[31]。

蚀刻是一项专门化的凹印技术，使用于地图的程度有限，因为其缺乏线条和字母所要求的精细（图22.8对比了蚀刻和雕版）。但是其风格上的多功能性以及速度，使其被很好地用于装饰细节，这些细节通常在主要的雕刻工作完成之后进行蚀刻[32]。肖内贝克（Schoonebeck）的专著尤其关注于蚀刻。图版被覆盖上一层蜡质的蚀刻基底，其用点燃的蜡烛的烟黑染黑，以提供蜡和用于蚀刻的铜版之间的一种对比。其他细节包括使用有刻度的蚀刻针，使用氯化铁作为蚀刻的腐蚀液，改进的和更少毒性的替代物就是硝酸或者盐酸[33]。印刷阶段的任务包括将纸张弄湿、加热、着墨以及清洁图版，并且进行实际印刷。这些中，最为耗费时间的工作就是着墨。

木版印刷的墨与那些用于凸版印刷的是相同的。其由某些种类的油或者清漆（亚麻籽或胡桃）混合灯黑构成。16世纪的笔名为“阿莱西奥·皮耶蒙泰塞”（Alessio Piemontese）的作者建议，增加“松香的烟”以使其变得黏稠，更多的油使其变得更具有流动性[34]。铜版的墨，则是另一方面，使用葡萄色（用碳化的植物性物质制作的炭）替代了灯黑。这使墨
597 变得坚硬和浓稠，并且使图版更容易被清洁。如果灯黑被用于一张铜版的话，那么将导致图版灰色的色调和线条[35]。制作木版的木头和墨的成本必然要比那些制作铜版的及其墨的成本低廉很多，因为它们几乎没有被提到。尽管在1653年的罗西商店的清单中提到了将近80公升印刷的墨，但是没有给出价格[36]。

---

[28] Bate, *Mysteries of Nature*, 229–30.

[29] Woodward, *Maps as Prints*, 24 and n. 65.

[30] Bury, *Print in Italy*, 44.

[31] Schilder, *Monumenta cartographica Neerlandica*, 6: 25–26.

[32] David Woodward, “Paolo Forlani: Compiler, Engraver, Printer, or Publisher?” *Imago Mundi* 44 (1992): 45–64.

[33] Schilder, *Monumenta cartographica Neerlandica*, 6: 25–26.

[34] Alessio Piemontese, *The Secretes of Maister Alexis of Piemont: By Hym Collected Out of Divers Excellent Aucthors* (Oxford: Atenar, 2000), 116.

[35] Colin H. Bloy, *A History of Printing Ink Balls and Rollers, 1440–1850* (London: Evelyn Adams & Mackay, 1967), 以及 Annette Manick, “A Note on Printing Inks,” in *Italian Etchers of the Renaissance & Baroque*, ed. Sue Welsh Reed and Richard W. Wallace (Boston: Museum of Fine Arts, 1989), xliv–xlvii.

[36] Consagra, “De Rossi Family,” 533–62, esp. 558.

由于着墨是瓶颈，由此，可以被同时进行的任何任务都是有利的。需要花费大约 20 分钟的时间去给大约 2000 平方厘米的一块图版着墨。由此，对于一家印刷厂而言，非常难以想象，可以在一天中印刷超过大约 30 件这一尺寸的印刷品㊲。小型图版，例如那些为 1548 年威尼斯版的托勒密《地理学指南》准备的，可以锁在四个架子上，并且可以立刻进行印刷㊳。

印刷的发展依赖于纸张的可用性，而纸张自 13 世纪之后在欧洲作为用于保持记录的牛皮纸的廉价替代物使用的日益增加。早期的纸张制作中心是法布里亚诺（Fabriano）、奥弗涅和德国南部㊴。用于凸印技术的纸张，无论是活字的还是木版的，都有相似的厚度。厚纸，例如那些被用于威尼斯的巴尔巴里城镇图景的，更适合于大型的图幅，因为其更为耐久。纸张的尺寸和每种尺寸的名称随着国家和时期而变化。表 22.1 试图从不同资料归纳纸张的尺寸和它们每令（500 张）的成本。

表 22.1　**每令（500 张或 20 *Quaderni*）纸张的尺寸和成本（高质量的）**

	Imperiale 70 ×50 厘米（3500 平方厘米）	*Reale* 61 × 44 厘米（2684 平方厘米）	*Mezzana* 51 ×34 厘米（1734 平方厘米）；*Communi* 53 ×35 厘米（1835 平方厘米）	*Foolscap* 45 ×31 厘米（1395 平方厘米）	*Piccoli*（1173 平方厘米）
1476—1486 年			£ 68s		£ 22s
1476 年		£ 9	£ 510s		£ 36s － £ 4
约 1500 年	£ 18.6	£ 10.85			
1562 年					57 斯库多 £ 3.87
1579 年			£ 4.5		
1589 年			.58 –.70 斯库多 £ 3.94 –4.76		
1592 年			.80 斯库多 £ 5.44		
1619—1622 年				£ 6.33 –7.2 威尼斯里尔	
1650—1660 年	2.5 斯库多? £ 17	1.5 斯库多? £ 10.2			

图版通常在滚压机上排成纵排连续工作（图 22.9），当印刷工将一幅图版通过印刷的同时，另外一幅图版正在被着墨。在印刷之后，图幅被悬挂在一根绳子上晾干，然后通常被放

㊲ Domenico Tempesti, *Domenico Tempesti e I discorsi sopra l'intaglio ed ogni sorte d'intagliare in rame da lui provate e osservate dai più grand'huomini di tale professione*, ed. Furio de Denaro (Florence: Studio per Edizioni Scelte, *1994*), 166；某人可以一天印刷 50 件"大的印刷品"。

㊳ Conor Fahy, "The Venetian Ptolemy of 1548," in *The Italian Book, 1465 – 1800*: Studies Presented to Dennis E. Rhodes on His 70th Birthday, ed. Denis V. Reidy (London: British Library, 1993), 89 – 115. 意大利的综合地图集通常包含一次印刷的两个图版的页面。

㊴ Hunter, *Papermaking*; E. J. Labarre, "The Sizes of Paper, Their Names, Origin and History," in *Buch und Papier*: *Buch kundliche und Papiergeschichtliche Arbeiten*, ed. Horst Kunze (Leipzig: O. Harrassowitz, 1949), 35 – 54; E. J. Labarre, *Dictionary and Encyclopaedia of Paper and Paper-making* (Amsterdam: Swets & Zeitlinger, 1952)；G. Thomas Tanselle, "The Bibliographical Description of Paper," *Studies in Bibliography* 24 (1971): 27 – 67; Irving P. Leif, *An International Sourcebook of Paper History* (Hamden, Conn.: Archon, 1978)；以及 Renzo Sabbatini, "La produzione della carta dal XIII al XVI secolo: Strutture, tecniche, maestricartai," in *Tecnica e società nell' Italia dei secoli XII – XVI* (Pistoia: Presso la sede del Centro, 1987), 37 – 57.

置在一个书帖压紧机上将褶皱弄平。晾干印刷品以及将它们在书帖压紧机上进行挤压显然并
598 不是一件花费时间或者困难的工作，只需要一位支付最少工资的学徒就很容易做到[40]。挤压增加了平版印刷的相似性，或者在背面出现了其他地图的印记，并且水印和平版印刷的证据的结合，被用于重建在同一家印刷商店一起被用于印刷的图版[41]。这一证据还显示，在意大利综合地图集印刷史的早期（在16世纪60年代），通常的习惯就是按照要求印刷地图和地图集（为一名顾客印刷），而不是制作地图的印数。然而，来自17世纪的清单，解释了印刷品的实际库存[42]。

图22.9 凹印滚筒印刷机

滚筒印刷依赖于一种不同于凸版印刷的螺旋印刷机的动作，提供了对图版和纸张的强大的压力，当它们通过滚筒的时候。注意在着墨之前正在加热铜版的学徒

原图尺寸：约25.3×15.5厘米。Vittorio Zonca, *Novo teatro di machine et edificii per uarie et sicure operationi* (Padua: P. Bertelli, 1607), 76. BL (1261. b. 21) 提供照片。

---

[40] Robert Dossie, *The Handmaid to the Arts*, 2 vols. (London: Printed for J. Nourse, 1758).

[41] 参见下列戴维·伍德沃德撰写的作品："New Tools for the Study of Watermarks on Sixteenth-Century Italian Printed Maps: Beta Radiography and Scanning Densitometry," in *Imago et Mensura Mundi: Atti del IX Congresso Internazionale di Storia della Cartografia*, 3 vols., ed. Carla Clivio Marzoli (Rome: Istituto della Enciclopedia Italiana, 1985), 2: 541–52; "The Analysis of Paper and Ink in Early Maps: Opportunities and Realities," in *Essays in Paper Analysis*, ed. Stephen Spector (Washington, D. C.: Folger Shakespeare Library, 1987), 200–21; "The Correlation of Watermark and Paper Chemistry in Sixteenth Century Italian Printed Maps," *Imago Mundi* 42 (1990): 84–93; 以及 "The Evidence of Offsets in Renaissance Italian Maps and Prints," *Print Quarterly* 8 (1991): 235–51。

[42] Consagra, "De Rossi Family."

为了估计一块铜版可以制作多少幅图像，我们最好的资料来源就是维托里奥·宗卡（Vittorio Zonca），他在40年后写到：对于一块铜版而言，最小的数字就是1000印，经过修版，最大的数字为2000印。对于蚀刻而言，宗卡引用500幅作为最小数字，1000幅作为最大数字[43]。后来的估计显示了比这些高出很多的数字[44]。

从资金成本、间接费用、原材料以及手工和职业劳动力的各种数字，可以估算出，出售的印数的利润平衡点是一次定购110—220幅。要保证一定的利润，那么需要售出250—300幅[45]。然而，必须强调，任何为这一时期的地图贸易制作一个成本模式的尝试屈服于太多的限制条件。这是这样一个时期，即当时不太可能在像一件印刷品这样小而短暂的物品上放置一种公认的价值[46]。应当在他们的成本中囊括很多建立在易货基础上的经济，尤其是学徒和手工工人，还有住宿的价格。而且，印刷商店的所有者签订交换图版和印刷品库存的合同，或者可能允许顾客赊欠，以及由此有像银行一样的能力[47]。16世纪的通胀也相当程度地贬低了顾客的购买力，以及改变了当地货币对应于金银的价值。

正在改变的木版和铜版的风格及它们对地图印刷的影响：线条、字母和颜色

地图是依赖于线条、字母，偶尔还有颜色结合的特殊种类的图像，由此对它们的生产具有
了与众不同的技术局限。这一部分调查了这三种元素，以及技术如何改变了所研究时期地图印 599
刷的风格。我们已经看到，如何通过它们的风格和物理特征而对凹印和凸印技术加以明确的区分。因此，技术也部分地导致地图中风格的变化。

线条

如果在15世纪后半期，印刷地图的数量是一个合理的指标的话，那么凸版和凹版的方法被大致相等地使用[48]。并不是其中一者发展为另外一者。技术的选择基于可用的工匠和专业于其中一者的印刷工场。一些用途，例如较小的书籍图示，要求在一家普通的印刷厂中存在与那些书籍页可以一起使用的木版。其他的则需要一种较大的形式，以及一种表达性的绘画风格，可以更为容易地通过雕刻刀或者凿子实现。在印刷史中，有一些证据说明，在15世纪晚期发展了一种模仿铜版雕版表现力的木版风格。在通常的印刷品制作中，朝向这一被帕诺夫斯基称作“新风格”的成功转型，导致了两个结果：其使得木版达成了与铜版相同水平的精细和详细程度，并且模糊了进行复制的雕刻师与艺术雕刻师之间的差异。帕诺夫斯

---

[43] Vittorio Zonca, *Novo teatro di machine et edificii per uarie et sicure operationi* (Padua: P. Bertelli, 1607), 78.

[44] Woodward, *Maps as Prints*, 49.

[45] Woodward, *Maps as Prints*, 52.

[46] David Landau and Peter W. Parshall, *The Renaissance Print: 1470 - 1550* (New Haven: Yale University Press, 1994).

[47] Leonardas Vytautas Gerulaitis, *Printing and Publishing in Fifteenth-Century Venice* (Chicago: American Library Association, 1976), 5 - 6.

[48] Tony Campbell, *The Earliest Printed Maps, 1472 - 1500* (Berkeley: University of California Press, 1987)。关于16世纪，参见本卷的第二十三章。

基将这一转变追溯到了阿尔布雷克特·丢勒的作品，他的《德西德留斯·伊拉斯谟》(*Desiderius Erasmus*) 闻名遐迩，因为可以用黑线有效地表达广泛的形式和自然对象，“而不需要用颜色装饰”[49]。

丢勒的新风格与以前的木版不同之处在于，其渲染光线和阴影的方法，以及表面的纹理和有可塑性的形式。较早的作品在“一系列僵硬，冷漠的笔画”或者融合成“模糊一团”的笔画中表达了形态[50]，而在新风格中，丢勒“透过木版的线条、阴影和晕线，去表达类似于由顺高尔（Schongauer）雕刻刀制作的长且有弹性的地形。它们在长度和宽度上是可变的，学会了从装饰和表现的角度来看曲线，并且最为重要的，它们获得了膨胀和渐缩的能力，以表达有机的紧张和放松”[51]。

这种改变了视觉条理的观点是由艾文斯在他有影响力的作品《印刷术和视觉交流》(*Prints and Visual Communication*) 中提出的[52]。艾文斯将马尔坎托尼奥·拉伊蒙迪 (Marcantonio Raimondi) 定义为一种新的表达形式方法的先锋，基于他自己对（即，抄袭）丢勒的木版和雕版作品进行复制的经验。艾文斯认为拉伊蒙迪设计了“一种并不是穿过一个表面的光线的阴影，也不是一系列的局部的纹理，而是由其之下的东西形成的凸起和空洞。无论如何，其足以接近于地形测量图中那种熟悉的图像”[53]。

地图似乎如此依赖于界定了特征和区域的简单线条，由此线条的表达能力可能似乎不再是一个问题。但如果这是真实的话，那么我应当不可能区分雕刻师风格之间的差异，并且所有地图应当表现得一致，但这显然不是事实。

在三维中对特征进行描绘，线条的表达能力是极为相关的。这不仅包括陆地表面的立面，而且包括大量其他需要带有深度进行呈现的标志和图像。在平面图中描绘三维的困难，通常导致艺术家偏好一种倾斜的或者鸟瞰的视角，例如用“一种栩栩如生”的方式描绘如城镇或地理景观等特征[54]。由此，丢勒的新风格的表达能力对于地图和其他木版而言有相同的重要性。

旧风格和新风格之间的差异就像帕诺夫斯基所表达的，即，其一是用一把刀子雕刻的木版，而另外一者是用一把小的凿子雕刻的木版。丢勒可能主张使用后一种工具，即埃塞尔因(*Eiselein*)[55]，尽管可能的是，丢勒自己是否雕版过图版现在是有争议的。凿子的行为与铜版雕刻师的凿刀是类似的；在需要平滑的呈现三维的时候，凿子可以描绘弯曲的平行晕线，无论是用于一座建筑、山脉，还是用于如风头像等象征性的元素。

艺术史学家通常将被绘制的表面与外缘线，在概念上区别为根本不同的图形表现形式。中世纪的绘画用一种“描述性”的方式进行表达，在其中，表面、颜色和被绘制的纹理占

---

[49] Erwin Panofsky, *Albrecht Dürer*, 2 vols. (London: Humphrey Milford, 1945), 1: 44.

[50] Panofsky, *Dürer*, 1: 47.

[51] Panofsky, *Dürer*, 1: 47.

[52] William Mills Ivins, *Prints and Visual Communication* (Cambridge: Harvard University Press, 1953).

[53] Ivins, *Prints and Visual Communication*, 66. 从后一句，我推测，他意指等高线或者晕线。

[54] Lucia Nuti, “The Perspective Plan in the Sixteenth Century: The Invention of a Representational Language,” *Art Bulletin* 76 (1994): 105 – 28.

[55] William Mills Ivins, “Notes on Three Dürer Woodblocks,” *Metropolitan Museum Studies* 2 (1929 – 30): 102 – 11.

据了主导。一些作者看到了对地理景观描绘的转变，在其中，对象在一个抽象的有序空间中定位且建立联系。这样一种技术被描述为类似于一种“绘制地图的推动力”[56]，并且意味着 600
使用描述性的外缘线来传达技术信息[57]。在艺术上有时假定在文艺复兴时期和巴洛克（Baroque）时期之间有着一种逆转。杰伊（Jay）归纳了海因里希·韦尔夫林（Heinrich Wölfflin）的分析，将巴洛克风格定义为一种“绘画的、后退的、柔和焦点的、多重的和开放的”风格，而不是文艺复兴的“清晰、线性、立体、固定、平面、封闭”的风格[58]。

当描述地图的时候，对涂画（painting）和制图（drawing）之间的差异也进行了区分。在家庭清单中，将意图作为住宅装饰的湿壁画的地图描述为“被涂画的”，而那些被绘制或者雕刻以传达技术信息的则更可能通过使用术语“描绘”（*descriptio* 或 *tabula*）来描述[59]。

这一思想可以暂时假定为，线条通过铜版和木版雕刻家使用的工具而获得了特权，并且在地图绘制中尤其可以注意到这样的转变。一幅地图的功能之一就是作为技术展示的一种形式，其解释了自然世界如何被以最少歧义的方式在空间中构造。技术制图的目的就是解释事物是如何工作的。它们依赖于工匠的技巧去向观看者展示，通常隐藏在视线之外的是什么；一个杰出的例子是由列奥纳多·达芬奇提出的展示了各个组成部分之间复杂交互作用的爆炸图所提供的[60]。技术制图依赖于线条以及去解释那些线条的含义的文本标签的抽象力量。测量图和它们的标签需要一种准确的和被简化的媒介。除了复制的技术困难之外，涂画不适合于这一工作，因为被绘制了颜色的小块带有广泛的含义，使得它们意图呈现的数据具有了歧义。

字母

注释的作用在地图学中是重要的。非常难以想象没有文本注释的那些地图，或者用口头表达来代替文本。图像的其他类型，例如纪念性的或者教学性的图画，在印刷术之前很久就附带有注释，但是印刷地图需要很多名称、标签、图题和说明性的图例，以及文本。这些注释提供了地图很多最为重要的富有信息的特征，因为标签和文本对于地图印刷方法的选择有一种深入影响[61]。作为一种地理特征的技术图示，地图依赖于大量的地名标签。

雕刻家和印刷匠提出了特有的方法解决在木头和铜上描写字母的问题。他们有创造力的努力通常产生令人感兴趣的新奇的和有特色的，且能与特定雕刻家联系起来的风格。

雕刻家遇到的困难在木版中特别尖锐，因为地图上的地名需要小的字母，尤其是15世纪后半期在意大利正在变得时髦的圆角的、人文主义风格的，而这并不适合于木雕匠的刀子或者甚至一把小凿子的方的、笔直的线条。这一困难的一个著名例子可以在乌尔姆版的托勒

[56] Svetlana Alpers, *The Art of Describing*: *Dutch Art in the Seventeenth Century* (Chicago: University of Chicago Press, 1983), 119–68.

[57] David Woodward, “The Image of the Map in the Renaissance,” in *Plantejaments*, 133–52, esp. 147.

[58] Martin Jay, “Scopic Regimes of Modernity,” in *Vision and Visuality*, ed. Hal Foster (Seattle: Bay Press, 1988), 3–23, esp. 16.

[59] Woodward, *Maps as Prints*, 119–21 n. 12.

[60] Don Ihde, *Postphenomenology*: *Essays in the Postmodern Context* (Evanston: Northwestern University Press, 1993).

[61] David Woodward, “The Manuscript, Engraved, and Typographic Traditions of Map Lettering,” in *Art and Cartography*: *Six Historical Essays*, ed. David Woodward (Chicago: University of Chicago Press, 1987), 174–212.

密《地理学指南》（1482）中找到，在其中，雕刻师阿姆斯海姆（Armsheim）的约翰·施尼策尔（Johann Schnitzer），有意识地试图模仿其所进行复制的尼古拉斯·日耳曼努斯（Nicholas Germanus）稿本的圆角的手绘风格（图 22. 10）[62]。

图 22. 10 木版地图上的字母。这一例子显示了在地图上使用一把木工刀雕刻小字母的困难。圆角的风格意图模仿其所抄自的稿本。来自乌尔姆版的托勒密《地理学指南》（1482）的未着色的世界地图

细部尺寸：约 3×8. 8 厘米。BL 提供照片。

很多雕刻匠和印刷者转而寻求某些形式的印刷术来解决小字母的问题。金属活字，类似于木版的表面，已经有凸起，因而可以与木版结合起来。通常使用三种方法。印刷匠的活字可以锁定在一种有间隔材料的形式中，并且作为单独的黑色或者彩色墨水的图版叠印在木版的线条细节上。这一技术是 18 世纪标准字模技术的先驱，在这种技术中，专门铸造的活字可以与线条和地图符号所在部分的凸版印刷结合起来[63]。或者活字可以用有特殊榫卯结构的插槽插入木版中，这是一项木匠的杰出壮举，当动力铣和榫眼机器可以使用的时候，其在 19 世纪的木版雕刻中变得较为容易[64]。

对于木版雕刻匠而言，最为天才的解决方法就是将地名放置在一个活字页中，并由此制作一个铸模，然后从铸模铸造一块薄的金属版。可以从这一后来被称为图版的铸版上切割出
601 各种名称，并且其片段被黏合到木版中特别刻出的洞中。从 16 世纪 30 年代到 60 年代，这一技术在巴伐利亚南部被广泛用于与塞巴斯蒂安·明斯特以及彼得·阿皮亚和菲利普·阿皮亚存在联系的地图上，但是毫无疑问，其可以被追溯到 16 世纪早期甚至 15 世纪晚期（图 22. 11）[65]。

---

[62] Martha Tedeschi, "Publish and Perish: The Career of LienhartHolle in Ulm," in *Printing the Written Word: The Social History of Books, circa 1450 – 1520*, ed. Sandra Hindman (Ithaca: Cornell University Press, 1991), 41 – 67, esp. 45.

[63] Elizabeth M. Harris, "Miscellaneous Map Printing Processes in the Nineteenth Century," in *Five Centuries*, 113 – 36.

[64] Woodward, "Woodcut Technique," 25 – 50.

[65] David Woodward, "Some Evidence for the Use of Stereotyping on Peter Apian's World Map of 1530," *Imago Mundi* 24 (1970): 43 – 48, esp. 46.

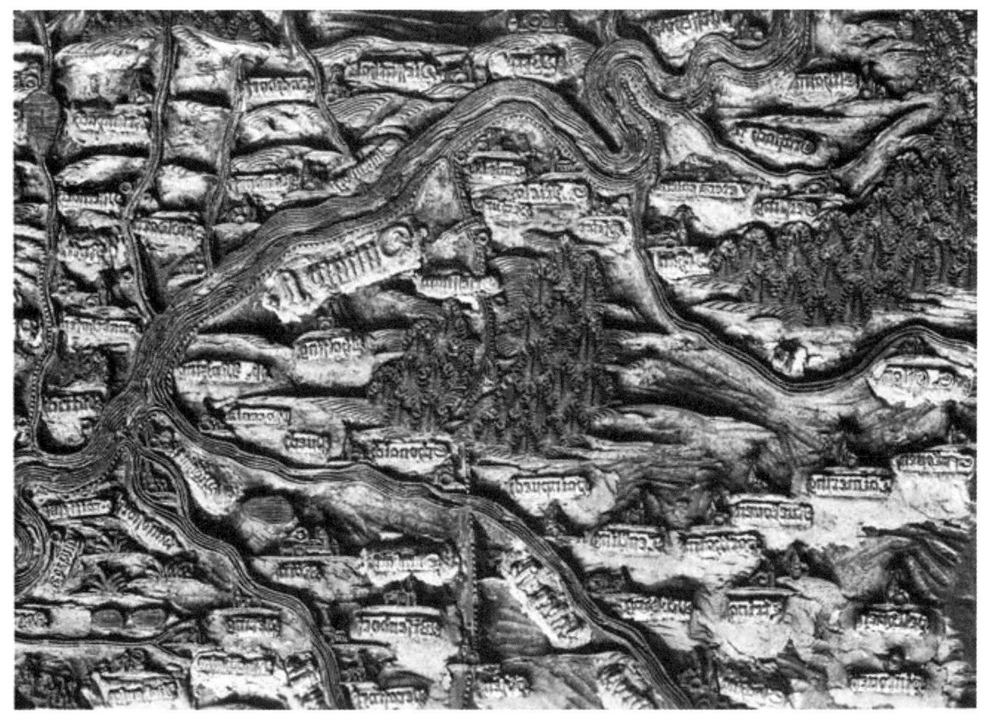

图 22.11　原始木版其上有凸版字母的图版

保存下来的用于印刷菲利普·阿皮亚的 24 分幅的巴伐利亚地图（1568）的原始木版，使我们有着难得的机会去重建涉及用于地图字母的凸印图版的技术。可以清晰地看到图版和将它们放置在木版上的胶泥

原图尺寸：约 12.7×16.9 厘米。Bayerisches Nationalmuseum, Munich (upper left corner of sheet 11) 提供照片。

在凹版上处理字母非常困难，但并不像在木版中的那样棘手。遵循大致相同方向延伸的线条同时被雕刻，随着图版的转动，线条的走向总是远离雕刻匠。雕版的行为因而是流畅、优雅以及和谐的，工匠的工作与媒介是相呼应的。该技术适用于草书斜体文字风格，这种字体被称为尚书院草体（*cancellaresca*），是 15 世纪的梵蒂冈大法官法庭提出的。字体成为意大利书法手册的基础，如洛多维科·德利阿里吉（Lodovico degli Arrighi）、焦万巴蒂斯塔·帕拉蒂诺（Giovambattista Palatino）和乔凡尼安托尼奥·塔利恩特（Giovanniantonio Tagliente）的，并且在尼德兰被采纳，尤其是被赫拉尔杜斯·墨卡托采用，其在 1540 年出版了一本名为《拉丁文字》（*Literarum latinarum*）的手册[66]。紧密、流畅和优雅的尚书院草体字体被很好地应用于地图，并且由线条的风格所补充，导致使用它的地图看起来比使用插入活字的木版地图更像一个有机的整体。

在铜版上使用同类的字模，必然获得一种更为实用的美学。习惯涉及将字母压制到一幅铜版上，使用定制的反向的冲压机。通常被用于有字母和数字的黄铜的天文学和测量设备，冲压机被较早用于铜版地图的印刷。欣克斯（Hinks）首先注意到，罗马版的托勒密《地理

---

[66] A. S. Osley, *Mercator: A Monograph on the Lettering of Maps, etc. in the 16th Century Netherlands with a Facsimile and Translation of His Treatise on the Italic Hand and a Translation of Ghim's* Vita Mercatoris (New York: Watson-Guptill, 1969).

学指南》(1478)全部使用了冲压机[67]。当新的地图在1507年增加到罗马版中的时候,冲压机显然被再次使用,但是某种尺寸的大写字母"O"的冲压机在那时显然已经丢失了,因此其被用于雕刻城镇圆圈符号的冲压机所取代[68]。

尽管冲压机通常在16世纪中被用于意大利地图,但按照我的知识,它们没有被用于弗兰德斯或尼德兰。北方的雕版师没有接触到相似的字母冲压机,或者他们手雕版的技巧可以足够有效。一些北方的雕版师在符号方面使用冲压机,例如在约安·布劳的《大地图集》(Atlas maior)中地图上城镇的圆圈,由此同样可能的是,雕版中冲压活字的使用被认为是不优雅的,或者不被认为是省力的捷径。

在手写体的情况中,手工雕刻的字母在地图学的风格中是一种个性的指示器。其特质使
得确定雕版匠成为可能。例如,手工雕刻的字母构成了两项对雕版匠保罗·福拉尼的研究的
602 基础,这位雕版匠制作的地图中很多是未署名的[69]。同时,通过字母风格的证据,博尔施
(Boorsch)确定了弗朗切斯科·贝林吉耶里版的托勒密《地理学指南》(1482)中地图的雕
版匠[70]。当然还可以去做进一步的工作,即对用于地图字母的冲压机进行编目,并且与用于
科学设备的冲压机建立关联,由此可以建立两者之间的联系。

颜色

考虑到颜色在地图学中的核心地位,以及这一主题在那些受到地图美学吸引的人中产生兴
趣,令人惊讶的是,对颜色在文艺复兴时期地图上的使用没有通论性的历史叙述。甚至通常在
详细的技术描述方面可以依赖的,且对立体呈现的历史方面进行了非常广泛研究的埃克特
(Eckert),也很少有关于这一主题的历史材料,甚至在他关于地图的美学和逻辑的部分也是如
此,在这两个部分,他解释了地图上使用"自然"颜色的逻辑[71]。我们因而不得不对这一主题
603 只能进行相当简短和概要性的提及,其中大部分依赖于约翰·史密斯1705年的绘画手册[72]。来
自当代学者最近最为充分的研究中包括那些埃伦斯韦德(Ehrensvärd)、拉内(Lane)、佩尔蒂

[67] A. R. Hinks, "The Lettering of the Rome Ptolemy of 1478," *Geographical Journal* 101 (1943): 188 -90.

[68] Tony Campbell, "Letter Punches: A Little-Known Feature of Early Engraved Maps," *Print Quarterly* 4 (1987): 151 -54, 以及 Hinks, "Lettering," 189。

[69] David Woodward, *The Maps and Prints of Paolo Forlani: A Descriptive Bibliography* (Chicago: Newberry Library, 1990), 以及 idem, "Forlani Map of North America"。

[70] Suzanne Boorsch, "Today Florence, Tomorrow the World—Or Vice Versa: The Engravings of Francesco Rosselli" (paper presented at the Renaissance Society of America, Scottsdale, Ariz., 2002), 以及 idem, "The Case for Francesco Rosselli as the Engraver of Berlinghieri's Geographia," *Imago Mundi* 56 (2004): 152 -69。

[71] Max Eckert, *Die Kartenwissenschaft: Forschungen und Grundlagen zu einer Kartographie als Wissenschaft*, 2 vols. (Berlin: Walter De Gruyter, 1921 -25), 2: 732 -41.

[72] John Smith 的"Art of Painting"在1676年之前有大量进行了修订的印刷本: *The Art of Painting Wherein Is Included the Whole Art of Vulgar Painting* (London: Samuel Crouch, 1676), 和 *The Art of Painting in Oyl* (London: Samuel Crouch, 1687 and 1701)。但是关于地图着色最早出现于 chap. 21, 93 -108, 在第四次印刷中(London: Samuel Crouch, 1705), 标题为 *The Art of Painting in Oyl... to Which Is Now Added, the Whole Art and Mystery of Colouring Maps, and Other Prints, with Water Colours*。关于地图着色的部分由 Raymond Lister 在 *How to Identify Old Maps and Globes* (London: G. Bell, 1965), 37 -39 中引用,并且由 Lloyd Arnold Brown 在 *The Story of Maps* (Boston: Little, Brown, 1949), 178 -70 中进行了讨论,引用的是1769年版。

埃（Pelletier）和卡罗的[73]。

这些研究通常区分了颜色作为一种美学补充的用途，与传递地理信息的用途之间的差异。确实，早在约翰·史密斯1705年的手册中就已经对这一差异进行了区分。同样经常提出的就是，颜色最早被用于地图只是为了美学，并且然后逐渐演化为区分信息类目的功能性用途。通常会引用的就是伴随着风格变化，从厚实的水粉画到薄的水彩画。此外，在地图"装饰性的"非地理学的方面——盾徽、标题的涡卷装饰或者象征性的场景——与地图坐标框架中的核心地理信息之间经常被加以区分。亨利·皮查姆在1634年写道："如果你列出的话，你可以画一些裸体的男孩，在山羊、鹰、海豚等动物上骑着他们的纸卷或泡沫鞘玩。在你的自己发明之后，公羊头部的骨头上挂着一串珠子和缎带、猿猴、聚宝盆、狗等。画上牛奶，樱桃，以及任何一种野外的植物或葡萄酒，还有一千个这样的空闲的东西，这样在这里你不能太过幻想。"[74] 其含义是"闲置玩具"的艺术，与地理信息科学有很大的不同，并且是地理信息的辅助。哈利在1989年认为应当放弃这样的二分法，但是又有所犹豫[75]。在他的关于文艺复兴时期的地图着色的章节中挑战了这一二分法之后，霍夫曼（Hofmann）紧接其后的就是关于启蒙运动的一章，其标题是"寻找意义的颜色"（Color in Search of Meaning）[76]。

一些学者在一幅早期地图上可能错误地确定为"装饰性的"元素的，实际上是整幅地图内在的一部分。通常这些附带的地图学元素[77]，例如对盾徽的着色，依赖于非常精准的着色惯例，以使得它们可以被地图的赞助者所接受。史密斯强调了用黄色、红铅色或者深红色给地图边缘以及地图周围的度数的方形指示物着色的惯例的重要性，"只有这三种颜色能很好地服务于这一目的"[78]。

在17世纪的一些着色手册中强调了着色在显示地理信息中的作用。手册建议了可以用于不同地理特征的颜色。例如，萨尔蒙（William Salmon）推荐可以用下列适合的颜色表示道路："红的和白铅色，以及各种黄铜色；用红棕色给其上阴影。"[79]

---

[73] Ulla Ehrensvärd, "Color in Cartography: A Historical Survey," in *Art and Cartography: Six Historical Essays*, ed. David Woodward (Chicago: University of Chicago Press, 1987), 123 – 46; Christopher Lane, "The Color of Old Maps," *Mercator's World* 1, No. 6 (1996): 50 – 57; Monique Pelletier, ed., *Couleurs de la terre: Des mappemondes médiévales aux images satellitales* (Paris: Seuil / Bibliothèque Nationale de France, 1998); 以及 Robert W. Karrow, "Color in Cartography," in *Atlas sive Cosmographicae meditationes de fabrica mundi et fabricate figura, Duisberg, 1595*, by Gerardus Mercator, CD – ROM (Oakland: Octavo Editions, 2000), 24 – 29.

[74] Henry Peacham, *The Compleat Gentleman: Fashioning Him Absolut in the Most Necessary and Commendable Qualities, concerning Minde or Body, That May Be Required in a Noble Gentleman* (London: Constable, 1634), 64.

[75] J. B. Harley, "'The Myth of the Great Divide': Art, Science, and Text in the History of Cartography" (paper presented at the Thirteenth International Conference on the History of Cartography, Amsterdam, 1989); J. B. Harley and K. Zandvliet, "Art, Science, and Power in Sixteenth-Century Dutch Cartography," *Cartographica* 29, No. 2 (1992): 10 – 19; 以及 David Woodward, "The 'Two Cultures' of Map History—Scientific and Humanistic Traditions: A Plea for Reintegration," in *Plantejaments*, 49 – 67。

[76] Catherine Hofmann, "'Paincture & Imaige de la Terre': L'enluminure de cartes aux Pays-Bas," in *Couleurs de la terre: Des mappemondes médiévales aux images satellitales*, ed. Monique Pelletier (Paris: Seuil / Bibliothèque Nationale de France, 1998), 68 – 85.

[77] David Woodward, "'Theory' and The History of Cartography," in *Plantejaments*, 31 – 48。附带的地图学元素是辅助但重要的元素，且不受图形概括或者在地图图形空间之外的投影的影响。

[78] Smith, *Art of Painting in Oyl* (1705 ed.), 104 – 5.

[79] William Salmon, *Polygraphice; or, The Art of Drawing, Engraving, Etching, Limning, Painting, Washing, Varnishing, Colouring, and Dying* (London: E. T. and R. H. for Richard Jones, 1672), 211.

是否给一幅地图着色的问题有美学的和民族的维度。某组地图，例如16世纪的意大利雕版地图，通常并不着色。其他的，例如两个乌尔姆版本的托勒密《地理学指南》（1482年和1486年），很少发现未被着色。假设意大利地图没有着色，那么由此它们良好的雕版工艺将不会被抹去，然而，记录了至少一个有同时代的着色的综合性地图集的例子[80]。那些制作了托勒密的乌尔姆版的人正在试图模仿一种绘本，由此，在这一背景下，在这一风格中的着色更有意义[81]。平均而言，一幅未着色地图或地图集的价格大约是着色版的2/3。

亚伯拉罕·奥特柳斯提供了最为经常被引用的地图着色家的例子，并且甚至他关于颜色的美学观点也充满矛盾。从1540年之后，职业地图着色家（*afsetter van carten* 或 *caertafsetter*）出现在Saint Luke（安特卫普的圣卢克）行会的登记簿中。1547年，在奥特柳斯20岁的时候，在行会中被列为一名“地图着色者”（afsetter van carten）。他持续被克里斯托弗·普朗廷认为是一名“地图绘制者”（paintre de cartes）。从早年开始，奥特柳
604 斯还从事书籍、印刷品和地图，以及可能（就像他父亲那样）“古物”的贸易[82]。尽管他的职业生涯开始是作为一名地图着色家，但在1595年，奥特柳斯在一封写给在伦敦的侄子雅各布·科尔（Jacob Cool）［雅各布斯·库柳斯·奥尔特努斯（Jacobus Colius Ortelianus）］的信中表达了对未着色地图的偏爱：“萨卢特［威廉］·卡姆登［Salute (William) Camden］为了我。在一个月或者两个月之后，我将收到我《寰宇概观》第五个‘增补’，并且你将拥有修订的以及增加了17幅地图的《寰宇概观》，作为一件礼物。你要求一个着色的副本；但是按照我的观点，未着色的版本是更好的；你自己决定。”[83] 在此后的一个世纪中，亚伯拉罕·博塞描述了最早的印刷品中值得重视的一种品质，即不同的黑线与非常白的纸张之间的鲜明对比；他相信颜色的缺乏强化了这一美感[84]。

一幅地图的着色的和未着色的印本的对比，清晰地表明了这里讨论的一些观点。对比在图1.3和图版16中的已知弗朗切斯科·罗塞利制作的世界地图的三个印本。如同我们可以从未着色的印本中看到，这幅地图中主导的地图学元素是由精细的铜版雕刻的线条构成的。在有着稍微着色的印本的例子中（用浅绿色和浅红色着色），颜色的图层如此单薄，以至于使得之下的线条可以清晰地显示出来。大陆南侧的海岸线是通过用笔手工延伸的，但是颜色没有增加任何重要信息。在第三个例子中（用蓝色、绿色、灰色、白色、红色和金色着色），如此厚重地使用了树胶水彩，由此遮挡了下面的线条。而且，在被雕刻的轮廓上增加了颜色信息，由此，其用途绝不是作为附属物，而是增加了信息。现在完成了南方大陆的实验性的北侧海岸线，使其成为一个完整的大陆，并且增加了名称

---

[80] Rodney W. Shirley, “A Rare Italian Atlas at Hatfield House,” *Map Collector* 60 (1992): 14 – 21.

[81] Tedeschi, “Publish and Perish.”

[82] Léon Voet, “Abraham Ortelius and His World,” in *Abraham Ortelius and the First Atlas: Essays Commemorating the Quadricentennial of His Death, 1598 – 1998*, ed. M. P. R. van den Broecke, Peter van der Krogt, and Peter H. Meurer ('t Goy-Houten: HES, 1998), 11 – 28, esp. 15.

[83] Abraham Ortelius, *Abrahami Ortelii (geographi antverpiensis) et virorvm ervditorvm ad evndem et ad Jacobvm Colivm Ortelianvm... Epistvlae...* (1524 – 1628), ed. Jan Hendrik Hessels, Ecclesiae Londino-Batavae Archivum, vol. 1 (1887; reprinted Osnabrück: Otto Zeller, 1969), 613 – 14, letter 261, 4 January 1595.

[84] Bosse, *Traicté*.

"Boca del drago"。在未着色的例子中的黑色线条的线性语法，与在树胶水彩的例子中被绘制了颜色的表面形成了对比。它们的风格如此不同，因此难以想象它们都来源于同一块铜版；确实，树胶水彩的版本被误认为是一幅绘本地图[85]。

是否一幅历史时期的地图应当或者不应当被用现代色彩着色，这是一个伦理性的问题。这种做法目前是如此广泛，以至于被公开撰写发表[86]。就像拉内提出的，"如果一个人为了娱乐或者装饰而搜集地图，有着吸引力的新着色的地图将是适合的。然而，如果他带着更为严谨的历史学的目的追求一份收藏的话，那么新的着色是不合适的。如果他为了投资而正在进行搜藏的话，那么更应当谋求原始的颜色（尽管在很多情况中，新的着色是可以被接受的）"[87]。

道德层面引起了对贴上的标签的真实性的关注，是否一位买家应当被告知地图在最近被着色。某些人士对地图选择的早期颜料的工艺或配色方案感兴趣，对他们而言，道德问题转化为历史真实的问题。如果很好的现代着色提高了一幅地图的销量的话，就像拉内建议的，那么有意义的就是，着色家应当署名并标明工作的日期，或者至少提供可以传递这一信息的记录。如果以后会产生问题的话，那么这一习惯将消除任何不确定性，并且如果需要通过颜料分析去确定着色的日期的话，那么由此应当节约了大量的时间。

这导致了在历史时期的地图上进行着色的第三种途径——一位纸张保护者的观点。由于历史上的颜料可能对纸张产生有害影响，因此，对地图着色的研究有时将着色作为一种化学保护问题来关注[88]。这一方法对于历史可信性的研究也有很大价值，尤其是去确定，着色是最近的还是古代的时候。这类研究信息的历史来源在很大程度上依赖于制作颜料的稿本和印刷本手册[89]。文艺复兴时期，在包含针对医学疾病的药方的"秘密"或"神秘的"书籍中，通常包括了一个关于彩色颜料的研磨以及雕刻等图形艺术的部分。颜料的配方大部分抄自中世纪的流行稿本，例如著名的12世纪的"绘图要点"（Mappae clavicular）[90]。最早的和最为流行的印刷文献之一就是《"阿莱西奥·皮耶蒙泰塞"的秘
密》，其在1555年和1556年出现在意大利，且被编辑超过20次，并且很快被翻译为其他 605

[85] David Woodward, "Starting with the Map: The Rosselli Map of the World, ca. 1508," in *Plantejaments*, 71 - 90.

[86] 来自包括了对 Ivan and Rosemary Deverall: "The Art of Colouring," *Map Collector* 11 (1980): 40 的作品进行了描述的一份期刊中的随机样本；Clifford Stephenson, "The Mechanics of Map Collecting," *Map Collector* 22 (1983): 24 - 28；以及 Victor Edwards, letter to the editor, *Map Collector* 24 (1983): 48。

[87] Lane, "Color of Old Maps," 57.

[88] 例子包括：Bèla G. Nagy, "The Colorimetric Development of European Cartography" (master's thesis, Eastern Michigan University, 1983); Fei-Wen Tsai, "Sixteenth and Seventeenth Century Dutch Painted Atlases: Some Paper and Pigment Problems," in Conference Papers, Manchester 1992, ed. Sheila Fairbrass (London: Institute of Paper Conservation, 1992), 19 - 23, esp. 21; 以及 Nancy Purinton, "Materials and Techniques Used for Eighteenth-Century English Printed Maps," in *Dear Print Fan: A Festschrift for Marjorie B. Cohn*, ed. Craigen Bowen, Susan Dackerman, and Elizabeth Mansfield (Cambridge: Harvard University Art Museums, 2001), 257 - 61。

[89] R. D. Harley, *Artists' Pigments, c. 1600 - 1835: A Study in English Documentary Sources*, rev. ed. (London: Archetype, 2001), 以及 Cassandra Bosters et al., eds., *Kunst in kaart: Decoratieve aspecten van de cartografie*, 展览目录 (Utrecht: HES, 1989), 95 - 129。

[90] Lynn Thorndike, "Some Medieval Texts on Colours," *Ambix: The Journal of the Society for the Study of Alchemy and Early Chemistry* 7 (1959): 1 - 24.

欧洲语言[91]。阿莱西奥的身份被认为是吉罗拉莫·鲁谢利，1564 年威尼斯版托勒密的《地理学指南》的作者，其被公认为秘方的来源之一，并在地图学界众所周知[92]。我们知道奥特柳斯和赫拉德·德约德都读过《“阿莱西奥·皮耶蒙泰塞”的秘密》。

在 16 世纪中期之后，关于绘画和装饰的手册在英格兰尤其流行，并且尽管早期的手册并不包含地图着色的直接参考，但是很多应用是相似的[93]。在 1583 年为理查德·托希尔（Richard Tottill）印刷的佚名专著，是英格兰最早的包含了关于如何用盾徽进行装饰的指南的印刷品，而其涉及的问题和技术可以被看作与那些地图着色的问题和技术类似[94]。另外一部就是理查德·海多克（Richard Haydocke）1598 年英译本的洛马佐的《绘画艺术论》（*Trattato dell'arte de la pittura*）[95]，其同样没有直接提到地图着色。

在一份 1610 年的测量手册，威廉·福金厄姆（William Folkingham）的《测量方法的概要或者缩略》（*Fevdigraphia*）中，第一次发表了与地图着色相关的特定信息。福金厄姆解释了如何在一幅测量地图上给不同元素着色：

> 绘图的技巧中包括补充和区隔。
>
> “补充”包括 Flie（罗盘玫瑰）或者多个罗盘玫瑰，比例尺和罗盘、日历、字符、颜色等。
>
> 罗盘玫瑰位于等向线中，是被分成 8 个、16 个或者 32 个相等的部分，可以拓展以展现地图的子午线和海岸线……［他然后解释了确定子午线的方法］。
>
> 比例尺和罗盘不是必需的，并且可以用果实或肖像来装饰……［他在各种事物中列出了适用于耕地、牧场、草地、荒地、树林、水域和海洋的颜色］。
>
> “区隔”是用古代的植物或奇异之物镶边的图形或者空白，其中可能对证据或其他备忘录进行了缩略。这些可能在平行四边形、方形、圆形、卵形、月牙形中设计出来……基于习惯进行规划和设计。
>
> 在这个标题下，也可以用顶饰和垂饰来表现领主的盾徽。并且这些带有比例尺、图版和日历的区隔，必须被放置在方便的空间和空白的地方[96]。

这些手册 17 世纪的各种版本的扩散证明了应用水彩画工艺的重要性，它们被称为水彩绘画（limning，limming）或上色（washing）。Limning 最初的含义是装饰手稿或者盾徽（词语的

---

[91] Piemontese, *Secretes of Maister Alexis.*

[92] John Ferguson, “The Secrets of Alexis: A Sixteenth Century Collection of Medical and Technical Receipts,” in *Proceedings of the Royal Society of Medicine* 24 (1931): 225–46.

[93] Harley, *Artists' Pigments*, 1–14.

[94] *A Very Proper Treatise, Wherein Is Breefely Set Foorth the Art of Limming* (London: Thomas Purfoote, the assigne of Richard Tottill, 1583).

[95] Giovanni Paolo Lomazzo, *A Tracte Containing the Artes of Curious Paintinge, Caruinge, Buildinge*, Written First in Italian, trans. Richard Haydock (Oxford: Ioseph Barnes for R H [Richard Haydock], 1598).

[96] W. Folkingham, *Fevdigraphia: The Synopsis or Epitome of Svrveying Methodized* (London: Printed for Richard Moore, 1610), 56–58. “Tricking” 或 “tricking out”，指的是绘制出一个轮廓，经常通过字母指出哪种颜色应该用于填充空间，尤其被用于纹章。

词根是“*lumine*”)，尤其是使用金或银。但是到17世纪末，其含义演变为用水彩绘画[97]。

给地图着色的业余消遣被认为是比微型绘画更低的职业，就像爱德华·诺格特(Edward Norgate)的稿本手册所揭示的[98]。诺格特陈述：“在这本颜色目录中，我［诺格特］故意忽略了Brazill Verdigreece Orpiment Rosett Turnsole Litmus Logwood和其他不值得提到名字的人……确实更为适合那些用水彩给印刷品着色或者给地图着色，然后被允许进入我们公司的人。”[99]

17世纪的稿本针对的是有贵族教育背景的广泛的受众，回应了文艺复兴时期意大利的思想，即绘画和绘制的能力是统治阶层的核心。约翰·史密斯写到，水彩画“对于绅士而言，是一种杰出的再创造，同时对于欣赏地图知识的人来说也是如此”[100]。在英格兰尤其有影响力的就是亨利·皮查姆(Henry Peacham)的《用笔绘画的艺术》(*The Art of Drawing with the Pen*, 1606)，其在1622年作为《完美的绅士》(*The Compleat Gentleman*)再次出现，在其中，皮查姆表达了他的观点，即地图着色在帮助孩子记忆国家所在位置时，是一项教育工具：“因此对于手的练习，确实加快了对于心灵的指导，并且与其他任何事情相比都更能 606
增强记忆。”[101]皮查姆的1634年版，在他去世的那年出版，增加了关于“水彩绘画(limming)”的更多的信息[102]。他的书籍，在世纪晚期，由约翰·贝特(John Bate)[103]，还有其他人大量复制在如《笔和铅笔的优点》(*The Excellency of the Pen and Pencil*)(图22.12)、《完美的学院》(*The Complete Academy*)[104]，萨尔蒙的《多产的作家，阿尔伯特·丢勒的修订》(*Polygraphice*, *Albert Durer Revived*)，以及约翰·史密斯的《油彩中的绘画艺术》(*Art of Painting in Oyl*)中。一部向绅士教授地图着色的书籍的销售力，通过在“阿尔伯特·丢勒修订”的副标题［《一本关于绘制、着色、染色或者上色地图和印刷品的著作》(*A Book of Drawing*, *Limning*, *Washing*, *or Colouring of Maps and Prints...*)］中突出包含了这一活动而得以证实，尽管在其书中没有找到关于这一主题的信息。在同一部关于着色的书中对丢勒名字的引用，展示了大陆艺术传统的力量，尽管丢勒自己从未撰写过一部。

---

[97] Salmon, *Polygraphice*; *Albert Durer Revived*; *or*, *A Book of Drawing*, *Limning*, *Washing*, *or Colouring of Maps and Prints*; *and the Art of Painting*, *with the Names and Mixtures of Colours Used by the Picture-Drawers. With Directions How to Lay and Paint Pictures upon Glass... Also Mr. Hollar's Receipt for Etching*, *with Instructions How to Use It* [*etc.*] (London: H. Hills, 1675)。萨尔蒙将“水彩绘画(limning)”定义为“用水彩的一门艺术，我们致力于用生活中的每件事物来模仿自然”(p. 123)。

[98] Edward Norgate, *Miniatura*; *or*, *the Art of Limning*, ed. Jeffrey M. Muller and Jim Murrell (New Haven: Paul Mellon Centre for British Art by Yale University Press, 1997).

[99] Norgate, *Miniatura*, 59. 也可以参见R. K. R. Thornton and T. G. S. Cain, eds., *A Treatise Concerning the Arte of Limning by Nicholas Hilliard*, *Together with a More Compendious Discourse concerning ye Art of Liming by Edward Norgate* (Manchester: Carcanet Press, 1992)。

[100] Smith, *Art of Painting in Oyl* (1705 ed.), 93.

[101] Henry Peacham, *The Compleat Gentleman*: *Fashioning Him Absolute in the Most Necessary & Commendable Qualities concerning Minde or Bodie That May Be Required in a Noble Gentleman* (London: Francis Constable, 1622), 65.

[102] Peacham, *The Compleat Gentleman* (1634)；第十三章的标题是“Of Drawing and Painting in Oyle.”

[103] Bate, *Mysteries of Nature.* 由于皮查姆没有包括关于雕版的部分，因此，贝特必然从其他地方获得了那一主题的信息。

[104] *The Excellency of the Pen and Pencil*, *Exemplifying the Uses of Them in the Most Exquisite and Mysterious Arts of Drawing*, *Etching*, *Engraving*, *Limning*, *Painting in Oyl*, *Washing of Maps & Pictures*: *Also the Way to Cleanse Any Old Painting*, *and Preserve the Colours* (London: Thomas Ratcliff and Thomas Daniel for Dorman Newman and Richard Jones, 1668)，以及*The Complete Academy*; *or*, *A Drawing Book*, 2d ed. (London: R. Battersby for J. Ruddiard, 1672)。

图 22.12　显示了地图着色的题名页

题名页上的图示显示了绘制世界地图的一位着色家和一名地理景观艺术家

原图尺寸：约 14.8 × 8.7 厘米。*The Excellency of the Pen and Pencil...*（London：Thomas Ratcliff and Thomas Daniel for Dorman Newman and Richard Jones，1668）. BL 提供照片。

在尼德兰，地图着色职业在 16 世纪很好地确立起来。我们已经提到了奥特柳斯与贸易的关系，但是克里斯托弗尔·普朗廷公司的档案揭示，除了那些奥特柳斯的和他的两个姐妹之外，还有 10 多名地图装饰者：彼得·德拉克克斯（Pieter Draeckx）（其为普朗廷着色了超过 100 幅地图，大部分是墨卡托的），还有梅肯·利弗里尼克（Mynken Liefrinck）［小雅克米纳（Jackomina）的装饰者］，雕版匠—印刷匠汉斯·利弗里尼克（Hans Liefrinck）的女儿。作为一位着色家，她署名着色了 1586 年的卢卡斯·扬茨·瓦格纳的《航海宝鉴》（*Speculum nauticum*）（图版 17）的一个本子的题名页[105]。但是在尼德兰，最早的关于着色的

---

[105] Hofmann，"Paincture & Imaige de la Terre，" 69.

专论，直至1616年才出版，这就是赫拉德·特尔布吕根（Gerard ter Brugghen）的《着色艺术之书》（*Verlichtery Kunst-Boeck*）。艺术史学家葛定思（Goedings）将特尔布吕根认定为画家小马库斯·海拉特（Marcus Gheeraerts the Younger），就是所谓的女王伊丽莎白一世的迪奇利（Ditchley）画像的作者[106]。16世纪，低地国家其他的重要手册是由威廉·格雷（Willem Goeree）撰写的。在法兰西，胡贝特·戈蒂埃（Hubert Gautier）解释了被送往法国皇室的地图和平面图是如何被着色的[107]。

地图雕版和印刷术的冲击

这一部分意在勾勒地图雕版和印刷技术对文艺复兴时期地图产品的影响，对读者类型变化的影响，以及对从业者的社会结构的影响。在关于将印刷厂作为一种变革因素的划时代的艾森斯坦的作品之前，关于印刷术影响的研究缺乏一种完整的解释，过于强调交流材料的大 607
量增加带来的影响[108]。这些早期的研究还忽略了图像印刷，尤其是地图印刷，因而无法为地图史学家提供一些指导。艾森斯坦的书籍，相反，是地图史学家的主要读物，尤其是那些研究文艺复兴时期的，因为其比较了整个时期的图像和凸版印刷的影响，并且提出了用于讨论的重要的新问题。在这里对它们进行讨论的顺序，基于我评论艾森斯坦著作的论文[109]。

印刷术对地图内容的影响

通过印刷术对地图内容进行修改的任何方式，都不会产生立即的影响。在这一意义上，状况类似于那些被印刷的科学书籍；主要的例子就是尼古劳斯·哥白尼1543年的《天体运行论》。这是金格里奇（Gingerich）研究的对象[110]。为了他的《宇宙志》，塞巴斯蒂安·明斯特请求国外的联系者送给他最新的城镇景观图和区域地图，尽管对于这一方法已经进行了很多研究，但是地图的质量和它们的范围，必然让我们对他的系统的有效性表示犹豫。《世界的新的描述》，从1544年开始，是地图收藏者喜好的地图；因为其异乎寻常的错误，尤其是在韦拉兹尼亚海（Verrazzanian Sea），因此其成为这方面的一个例子；无法确定宣称的就是，这幅地图是否结合了来自实地旅行者的最新信息。如果我们列出地图的各种资料来源的话，那么可以认为，从1475年至1525年，印刷地图的主要资料就是托勒密的《地理学指南》，尽管到那个时期末，费迪南德·麦哲伦环球航行舰队的维多利亚号（*Victoria*）已经返回了西班牙，带回了关于太平洋宽度的知识，以及关于美洲大陆位置的知识。

讨论的第二个问题就是印刷术在世俗和神圣背景中，或者在科学和圣经传统中的相对作

---

[106] 参见本卷的图版18，和 Bosters et al., *Kunst in kaart*, 112.

[107] Henri (Hubert) Gautier, *L'art de laver; ou, Nouvelle manière de peindre sur le papier, suivant le coloris des desseins qu'on envoye à la cour* (Lyons: T. Amaulry, 1687).

[108] Elizabeth L. Eisenstein, *The Printing Press as an Agent of Change: Communications and Cultural Transformations in Early-Modern Europe*, 2 vols. (Cambridge: Cambridge University Press, 1979).

[109] David Woodward, *Review of The Printing Press as an Agent of Change*, by Elizabeth L. Eisenstein, *Imago Mundi* 32 (1980): 95–97.

[110] Owen Gingerich, *The Book Nobody Read: Chasing the Revolution of Nicolaus Copernicus* (New York: Walker, 2004).

用。艾森斯坦认为，在宗教改革运动（Protestant Reformation）中，印刷材料大量广泛散布到人口中新的部分，是印刷术对宗教生活的影响的一个主要特征。另外，她认为，印刷工厂对科学革命的主要影响并没有很快加速新的科学思想的传播。而且，其保持准确性和忠实于原本的能力正在增加，而这是印刷术和雕版对科学的重大贡献，且其中还包括地图学领域。在这方面，艾森斯坦遵循了艾文斯的关于准确的、可重复的图像表达的著名观点，即由此使得对广泛分散的对象的理性比较和分类成为可能[111]。

尽管没有直接涉及艾文斯，但约翰最近挑战了这一印刷媒介的“固定性”的思想，其宣称，至少在书籍背景下，与作用于有能力准确的比较相似论著的“科学家”的理想模型所能说明的相比，书籍的影响力更具有流动性和特殊性[112]。尤其，约翰质疑了艾森斯坦选择第谷·布拉厄作为模型的例子，指出第谷控制了他自己的印刷厂和造纸厂，因此是非常不典型的，并且在任何情况下，最终他无法完全控制他实验报告的及时性和准确性。约翰提出，更为可能的是，现代早期印刷术中的盗版和窃取的模式，给予作者对他思想的产品和影响力以有限的控制。

然而，对于艾森斯坦而言，她的作品尤其使用了图形的例子，甚至地图学的印刷品，而这是约翰没有直接加以处理的。拉图尔的论文也是如此，他将地图印刷的重要性看成在于移动的、不变的和平面的工艺品数量的大幅度增加，这种工艺品可以以一种适当的价格被复制和散布。拉图尔特别提到了印刷地图的力量，即可以将完全不同来源的图像和用不同比例尺绘制的图像结合成新的资料汇编的能力。他强调了地图在理解比例的概念中的重要性：“甚至比例的概念也不可能被理解，如果在头脑中没有一段图题或一幅地图的话。”[113] 手中握有地图，他说到，由于“光学一致性”，人们可以理性地操纵地理世界[114]。

艾森斯坦提议将亚伯拉罕·奥特柳斯作为通过他与全欧洲学者的联系从而成功地对反馈进行了重述的例子，这也是令人信服的。通过这一方法，奥特柳斯扩大并且改进了——主要的——他的《寰宇概观》，以及他在著作前面的著名的作者列表，由此在建立他所囊括的地图的权威性中强调了作者的明确作用。然而，将这一例子推而广之可能是不明智的。尽管在理论上，看起来似乎通过可以使用的地图原本而最终阻止地图的衰退，但这并没有立即发
608 生。地图印刷是一种贸易，并且贸易中的底线是为了获利。尽管（或者可能因为）地图出版者在他们地图上持续地宣称，对这样一个区域的呈现而言，这个或者那个是最好的、最新的，或者最准确的，但在大多数情况下，相反的才是真实的情况；古旧的图版被一再使用，只是修改了出版者的名字或日期。因而，在加斯塔尔迪去世后很久，被认为是贾科莫·加斯塔尔迪作品的世界地图的各种版本，通常有巨大的缺陷——有些将亚洲和非洲连在了一起，有些有或者没有一座巨大的南方大陆——持续以各种形式出现，好像他成为新的意大利的“托勒密式”的权威。

艾文斯、艾森斯坦、拉图尔和约翰在解释印刷对某个给定问题的实际效果方面的一个共

[111] Ivins, *Prints and Visual Communication.*

[112] Adrian Johns, *The Nature of the Book: Print and Knowledge in the Making* (Chicago: University of Chicago Press, 1998).

[113] Bruno Latour, "Drawing Things Together," in *Representation in Scientific Practice*, ed. Michael Lynch and Steve Woolgar (Cambridge: MIT Press, 1990), 19–68, esp. 56.

[114] Latour, "Drawing Things Together," 44–47.

同点就是相信工匠经验的力量。拉图尔对此进行了特别的论述："对我而言，似乎最为强有力的解释就是，那些最能产生最大影响的就是将写作和图像技巧考虑在内的技术。它们是材料的和平凡的，因为它们如此实际、如此平凡、如此谦逊以及如此易得，由此它们没有得到注意。它们中的每一个都摒弃了宏大的方案和概念的二分法，并用简单的修订来取代它们，而对采用的修订方式，人群之间使用纸张、符号、印刷品和插图来进行争论。"[115]

印刷术对风格的影响

直观地说，我们可能假设，类似于可以大量准确复制图像一样深刻的图像革命，应当导致地图风格更为标准化，在其中，一种特定的符号代表一种特定的地理特征。同样来自直观的思想，即木版技术——由于其内在的粗糙和较低的文本分辨率——应当导致特定的木版"风格"，而这应当与有精细分辨率的铜版或者凹印的风格存在显著的区别。

基于德拉诺-史密斯在本卷第二十一章呈现的经验证据，我已经批判性地考察了这些假设。基于大量的例子，她的结论说明，印刷术的发明并不直接对符号惯例负责，因为后者直至15世纪之后很久都没有发展，而正是在15世纪，印刷术这样的技术开始使用。直至18世纪末和19世纪初，随着军事绘图机构的样式图表的出版，标准化惯例的思想被充分地确立，而这些思想来源于对符号的含义达成特定一致意见的一些会议。到那时，铜版已经确定为被选择的雕版媒介，而这一地位很快受到了平版印刷术的挑战，后者建立了一整套新的技术和符号化的复杂方案。

然而，存在的问题就是，那些习惯于观看大量来自文艺复兴时期的古代地图的人，通过观察线条类型和字母风格提供的线索，通常可以区分木版和铜版地图。因而，在通用的图像风格——对此印刷术有一种直接的和显然的影响——与对地图学符号标准化的特定影响之间需要进行区分，而地图学符号显然没有太多的巨大变化。

印刷术的一个清晰的影响就是，地图变得不那么色彩丰富。绘本时代，在那时，大型地图通常是被绘制的，很容易使用黑色墨水或者彩色进行着色。当地图开始被印刷的时候，木版或者铜版通常使用黑色墨水，同时，过程依赖于手工着色家来增加颜色。很多本子依然保留着黑色和白色，尤其是在意大利的地图贸易中，在那里，雕版的精良被认为提供了足够的装饰。直至19世纪，着色难以被与印刷品相协调，并且，甚至其非常昂贵，因为不得不为每种颜色准备一块不同的平版印刷的石头。印刷的彩色地图的样本在那之前是数量稀少的，并且通常是没有被广泛采纳的试验的结果。这一困难可能部分地解释了，16世纪晚期印刷航海图较晚的出现。波多兰航海图需要着色，其使用红色和黑色来代表海港地名的不同类目，而这难以被新的雕版技术所掌握。也许是在模仿这种风格，1511年威尼斯版的托勒密《地理学指南》地图以红黑色印刷。关于地图的内容，该书受到了导航员地图的影响；可能导航员地图对它们的风格也有一种相似的影响。

印刷术对地图字母风格的影响在很多方式中是违反直觉的。我们可能预期凸版印刷活字字体的使用——用于木版的铅版印刷的凸版和用于铜版雕刻的孔洞——都对地图中字母惯例的使用做出了贡献。但是当用于地形图的字母规则在18世纪末和19世纪开始出现的时候，

[115] Latour, "Drawing Things Together," 21.

一个被选择的模型是在铜版雕刻中发展出的高效的斜体字，其转而是从稿本草体发展而来的。排印只是在20世纪末才在地图中普遍，这时调整尺寸、间距和放置的数字方法使地图学的应用更加灵活多样。

609 **印刷术对地图阅读群体变化的影响**

地图和艺术品所有权模式的一种剧烈变化发生在15世纪和16世纪之间。与原版艺术品相比较的印刷品的低廉价格，使得中产阶级可以享受之前由贵族专享的收藏中的消费主义[116]。一种刚刚萌芽的地图贸易于16世纪初在佛罗伦萨建立起来。到16世纪60年代中期，印刷地图贸易已经成熟，并且由一个市场所驱动，而这一市场足够充分，因此可以从欧洲主要地图出版中心——罗马、威尼斯、安特卫普和阿姆斯特丹获取大量的地图和印刷品。这些地图在传播关于地理发现的新信息方面可能不是前卫的，因为大部分贸易是以受到严密控制的官方绘本的形式出现的。然而，大部分衍生的印刷地图可供公众使用，就像地理印刷品一样，提供了一种主题的和非正式的信息来源，可能对普遍世界观的形成产生了影响，尤其是在一个当古典地图学的内容正在被一种“现代”地理学所取代的时期，而“现代”地理学整合了新发现。购买地形和地理印刷品的急速增长的兴趣，至少必然表明，在16世纪后半叶，地图的概念可以被广泛传播，尽管难以记录其内容或含义被消化的程度。

家庭清单目录提供了那些购买印刷地图的社会阶层的证据，尽管这些证据是稀缺的和利用不足的。这些通常是为所有者的资产而编纂的，并且偶尔列出了挂在所有者家中墙壁上的印刷品和地图[117]。虔诚物品，突出了所有者的虔诚，毫不奇怪在列表中占据了主要位置，但是通常也出现了与地理有关的物品。一个经常出现的对象就是“对世界四个部分的描述”，这说明了，对大陆地图的展示可能反映了拥有者自己的世界性地位，精通世界范围的贸易问题，或者反映了所有者获得的教育程度。总体而言，清单目录揭示，在16世纪和17世纪的意大利和尼德兰购买地图的是富有阶层，无论他们是商人、律师、收藏者、艺术爱好者、学者，还是更为稀少的，主教和教区牧师。但是偶尔提到贸易人士对这类艺术品的拥有，这是令人感兴趣的。安德烈亚·巴雷达（Andrea Bareta），一位羊毛工，在更为容易预期的神圣主题的呈现物品中，拥有四大陆的地图，而装饰书籍工匠加斯帕罗·塞吉兹（Gasparo Segizzi）拥有24幅地图和印刷品[118]。

好像要迎合新的阶层，以及将从经典地理学权威那里独立出来的主张放在首位，地图的标题和图例说明开始使用地方语言，而不是拉丁语，经常遇到的例外就是世界地图和岛屿地图。前者可能使用拉丁语以投资于一个比单一国家更为广泛的市场。然而，岛屿地图惯常使用拉丁语，这更加难以解释，不过可能反映了这样一个观点：即世界的岛屿在教皇的管辖之下。

---

[116] Chandra Mukerji, *From Graven Images: Patterns of Modern Materialism* (New York: Columbia University Press, 1983).

[117] Federica Ambrosini, "'Descrittioni del mondo' nelle case venete dei secoli XVI e XVII," *Archivio Veneto*, 5th ser., 117 (1981): 67–79; Günter Schilder, *Monumenta cartographica Neerlandica* (Alphen aan den Rijn: Canaletto, 1986–), vols. 6 and 7; 以及 Catherine Delano-Smith, "Map Ownership in Sixteenth-Century Cambridge: The Evidence of Probate Inventories," *Imago Mundi* 47 (199): 67–93.

[118] Woodward, *Maps as Prints*, 80.

印刷术对地图出版习惯的影响

艾森斯坦认为，凸版印刷品对于打破社会屏障有强有力的影响。她建议，在印刷匠的办公室中，我们应当发现从事智力活动的人与从事实际工作的人在一起，由此，出版工场成为一种学术社团的中心。至于地图出版，论据有细微差异；习惯可能有异乎寻常的变化。存在这样的证据，即佛罗伦萨和罗马的图像印刷品商店成为讨论和启发智力的焦点。弗朗切斯科・罗塞利，其在地图贸易中居于先锋地位，当然进入了知识分子圈子中，并且在他访问威尼斯期间被称为一名“宇宙志学者”。相似地，16 世纪 50 年代早期的报告表明，米凯莱・特拉梅齐诺、安东尼奥・萨拉曼卡和安东尼奥・拉弗雷伊在罗马的帕里奥内书商街区的商店，是对他们库存中的关于古代罗马的印刷品感兴趣的考古学家和古物爱好者常去的地方[119]。当然，在那里，地图学家和/或雕版匠同样是牧师、古物爱好者或者学者，就像在马丁・瓦尔德泽米勒、赫拉尔杜斯・墨卡托或亚伯拉罕・奥特柳斯的例子中的那样，出版公司应当提供了一种学术的氛围。但是值得怀疑的是，保罗・福拉尼、乔瓦尼・弗朗切斯科・卡莫恰，或多梅尼科・泽诺伊（Domenico Zenoi），16 世纪 60 年代在威尼斯的雕版匠，是否有适合于他们进入学术社交场合中的知识能力。他们的名字几乎从未出现在他们的地图之外（甚至不在威尼斯国家的档案中），除了（在卡莫恰和泽诺伊的例子中）当他们违反了威尼斯议会颁布的违禁品法令的时候。我们也不知道贾科莫・加斯塔尔迪，其是威尼斯知识精英 610
中的著名成员，经常光顾地图雕版商店的程度，尽管他的名字对于雕版匠显然是非常熟悉的，因为其被在他们地图的标题中经常提到。因而，我们可能猜测，出版社作为一个社会熔炉的整体图像，不应当总是适用于地图及印刷品售卖者的店铺（*bottega*）。

总之，地图印刷的发明对于内容、风格、读者群和环绕地图产品的社会习惯的冲击，实际上，并不经常像理论预期的那样直接和剧烈。虽然这项新技术在理论上持续得到由来自遥远地方的线人的持续反馈而产生对新的准确性的承诺，但其对地图内容的影响要小于预期，主要因为对于出版者而言，重新使用旧有的图版是更为容易和低廉的。就风格而言，尽管由于绘本、木版和铜版工具之间的根本区别，地图印刷的影响可能被认为是相当可观的，但是印刷品似乎没有导致被预期的标准化。然而，对地图读者群有相当的影响，一个面对地图的正在扩大的社会阶层，以及一些印刷品和地图商店作为可以交换信息中心的越来越大的作用。然而，总体上，尽管我们经常可以选择例子去展示地图印刷的总体影响是相当大的，但困难的是，直至本卷所涵盖的时期结束之后很久，也难以看到一种持续性的影响。

后　记

自从 1975 年《地图印刷的五个世纪》（*Five Centuries of Map Printing*）出版之后，在本章中指出的一些专门化的研究已经增加了我们关于地图雕版、印刷和着色的知识。这些研究基于档案证据，并且来源于艺术史学家和印刷史学家以及地图史学家。尽管这些研究主要处

[119] Woodward, *Maps as Prints*, 42 – 43.

理的是文艺复兴之后的时期，因而可能与本章关系不大，但凹版雕刻技术在 16 世纪和 19 世纪之间的相对稳定，使得某些发现可以被投射回本章所讨论的时期。本章的主要意图就是将读者引导到最近 25 年中积累的文献上。这一领域首要迫切解决的就是搜集关于雕版、纸张、着色和地图出版成本的更多的档案证据，由此可以积累一个可靠的成本模型。在这里提供的表 22. 1，是为了比较纸张的成本和尺寸，仅是可实现内容的一个提示。

第二十三章　欧洲的地图出版中心，1472—1600 年

罗伯特·卡罗（Robert Karrow）

从地图印刷开始出现到 17 世纪初，提供这一时期中地图出版的地理特征的任何尝试，都必须符合碎片化的和异类的数据。首先，也是最为重要的就是，需要注意到，对这一时期中的地图进行书目方面的研究是几乎不能完成的任务。对 16 世纪印刷地图的系统调查的初步尝试确定了几乎 1100 种图名[①]。最近出版的成果，包括 16 世纪有限群体的地图学家的地图清单，列出了大约 2000 种印刷地图[②]。因此在尝试对地图制作中心进行任何概述之前，似乎需要尝试以某些方法建立更为实质性的地图学参考文献的数据集。基于来自现存的已经出版的目录和地图学参考文献信息的积累，这一工作完全是综合性的。 611

数据来源

文献目录和地图学参考文献以注意效率的方式进行选择，也就是在尽可能限制来源的同时，尽可能地积累规模最大的档案。在卡罗的研究中进行了描述的地图被输入一个数据库中，而其他文献与此进行比较，并且以此为基础增加其他数据。对一些其他文献进行了全面的调查；它们被逐条进行检查，并且对那些不存在于数据库中的任何地图都制作了条目。这些来源是：巴格鲁（Bagrow）的打字版的列表；科尔曼（Koeman）的《尼德兰地图集》（*Atlantes Neerlandici*）；在赫尔辛基（Helsinki）的诺登舍尔德（Nordenskiold）藏品目录；在科隆出版的莫伊雷尔（Meurer）的地图集目录；图利（Tooley）的 16 世纪意大利地图集中的地图列表；莫伊雷尔的《奥特柳斯的制图学资料来源》（*Fontes cartographici Orteliani*）；坎贝尔的《早期印刷地图》（*Earliest Printed Maps*）；帕斯图罗（Pastoureau）的法国地图集的目录；以及未出版的打字版的纽伯利图书馆（Newberry Library）意大利雕版地图的诺瓦科藏

① Leo Bagrow, "Gedruckte Karten des 16. Jahrhunderts," Berlin, 1933. 打字本的复印本是在 Newberry Library, Chicago；原本的收藏地点未知。

② Robert W. Karrow, *Mapmakers of the Sixteenth Century and Their Maps*: *Bio-Bibliographies of the Cartographers of Abraham Ortelius*, 1570 (Chicago: For the Newberry Library by Speculum Orbis Press, 1993).

品（Novacco Collection）目录③。总体上，这些资料描述了在1601年之前超过7000幅的印刷地图和图景，由此凝练出了最为基本的目录信息④。

因而，建立的数据库提出了一些必须记住的限制。第一，除了2000幅在卡罗的《十六世纪的制图学家》（*Mapmakers of the Sixteenth Century*）中描述的大部分地图之外，这些地图都没有被亲自检查；取而代之，数据库依赖于其他研究者进行的描述。第二，这些描述自然而然地展示了它们风格和方法上，它们用来描述所展示区域的方法上，判断给予未注明时间的地图的
612 日期的方法上，以及它们总体准确性上的广泛差异。第三，在编纂它们时所依据的基本原则方面，各种描述之间存在变化：一些是地图学的参考目录，它们的编纂者试图在规定的限制内进行完整的描述，而其他的则是特定收藏的目录，因而没有要求对它们的描述必须要穷尽。第四，对于构成了一幅"地图"的定义存在变化。例如，坎贝尔，没有描述城市图景，而米克维茨（Mickwitz）和米耶卡瓦拉（Miekkavaara）将图景与一些小型的宇宙志图示一起列出，而其他人则将其认为只是位于地图学的边缘。大部分文献确实包括了城市和城镇图景，并且我们也遵循他们的范式，通过增加列在他附录中的以及吕克尔（Rücker）《纽伦堡纪事》的图景列表来对坎贝尔的条目进行增补⑤。第五，需要决定如何计算给定地图出现的次数。例如，很多最早出版在1570年的亚伯拉罕·奥特柳斯的《寰宇概观》中的地图，在1601年之前重印了24个不同版本。这些中的一幅是查尔斯·德莱斯克吕斯（Charles de l'Escluse）绘制的西班牙地图；其应当被计算为地图出版物的一个例子，还是24个例子？这里采用的解决方案就是，仅计算从某个木版或铜版印刷的地图的最早的形式。在这一决定严格地限制了研究中的地图数量的同时，其优点在于，强调了地图学创造力的水平，而不仅仅只是强调印刷品。人们还可以确信拥有一个更为完备的数据库，因为认定从特定图版或者木版印刷的地图，要比认定从那些图版或木版印刷的地图的所有形式要容易。当然，基于编纂的综合性形式，严格的判断是必需

---

③ Karrow, *Mapmakers of the Sixteenth Century*; Bagrow, "Gedruckte Karten"; C. Koeman, *Atlantes Neerlandici: Bibliography of Terrestrial, Maritime, and Celestial Atlases and Pilot Books, Published in the Netherlands up to 1880*, 6 vols. (Amsterdam: Theatrum Orbis Terrarum, 1967 – 1985); Ann-Mari Mickwitz, Leena Miekkavaara, and Tuula Rantanen, comps., *The A. E. Nordenskiöld Collection in the Helsinki University Library: Annotated Catalogue of Maps Made up to 1800*, 5 vols., indexes by Cecilia af Froselles-Riska, vols. 5.1 and 5.2 (Helsinki: Helsinki University Library, 1979 – 1995); Peter H. Meurer, *Atlantes Colonienses: Die Kölner Schule der Atlaskartographie, 1570 – 1610* (Bad Neustadt a. d. Saale: Pfaehler, 1988); R. V. Tooley, "Maps in Italian Atlases of the Sixteenth Century, Being a Comparative List of the Italian Maps Issued by Lafreri, Forlani, Duchetti, Bertelli, and Others, Found in Atlases," *Imago Mundi* 3 (1939): 12 – 47; Peter H. Meurer, *Fontes cartographici Orteliani: Das "Theatrum orbis terrarum" von Abraham Ortelius und seine Kartenquellen* (Weinheim: VCH, Acta Humaniora, 1991); Tony Campbell, *The Earliest Printed Maps, 1472 – 1500* (London: British Library, 1987); 以及 Mireille Pastoureau, *Les atlas français, XVIe-XVIIe siècles: Répertoire bibliographique et étude* (Paris: Bibliothèque Nationale, Département des Cartes et Plans, 1984). Koeman 的 *Atlantes Neerlandici* 的一个新版正在编订中：Peter van der Krogt, *Koeman's Atlantes Neerlandici* ('t Goy-Houten: HES, 1997 –)，但是在撰写本文的时候，原版更为全面。

④ 数据库提供了每幅地图的19种信息：（1）日期，（2）主要的作者，（3）第二作者或者编辑者，（4）显示的主要区域（用来自 Library of Congress G Schedule 的数字代表），（5）显示的次级区域（Library of Congress 的数字），（6）显示的主要区域的名称，（7）显示的次级区域的名称，（8）地图简要的标题，（9）地图区域的地理坐标，（10）语言，（11）绘本还是印刷本，（12）印刷技术，（13）尺寸，（14）页或分幅的数量，（15）单独出版还是作为著作的一部分，（16）出版的国家，（17）出版的城市，（18）出版者，（19）资料来源。

⑤ Campbell, *Earliest Printed Maps*, 219 – 22 (appendix 1D, "Excluded Entries: Town Plans and Views")，以及 Elisabeth Rücker, *Die Schedelsche Weltchronik: Das größte Buchunternehmen der Dürer-Zeit* (Munich: Prestel, 1973)。

的；书目描述通常对于下述情况是不清楚的，两幅地图是不是单独的产品，或者它们是否代表了另外一幅地图后来的出版、印行或者印刷品。

最后一个限制条件与早期地图的保存率有关。斯凯尔顿充满信心地断言，由于它们笨拙和脆弱的形式，“直至 16 世纪甚至更晚，早期地图的耗费或损失，比任何其他种类的历史文献都要严重”⑥。存在大量的早期地图，在其他文献证据中验证了它们的存在，但是其现在没有副本存世（这些被包括在数据库中）。相似地，大量记录在数据库中的地图只是存在 1 个或 2 个副本。斯凯尔顿的评价针对的是单独出版的地图，但是大量的地图，实际上大多数现代早期的地图，被作为书籍的内在部分而发行的。就像图 23.1 展示的，在整个时期中，很高比例的地图被包括在书籍和地图集中。在仅仅 10 年中，也就是 16 世纪 70 年代（1561—1570 年），确实单独出版的地图的数量（稍微）多于那些出版在书籍中的，而那些大部分是意大利的“拉弗雷伊类型”（Lafreri type）的雕版地图，其几乎通常保存在专门的地图集中⑦。一本书的硬封面为许多早期的地图提供了避难所，否则这些地图可能被磨损、蹂躏而遭到破坏，并且这确实产生了这样的问题，即图 23.1 是否代表了实际情况。单独出版的地图毫无疑问在代表数量方面是不足的。

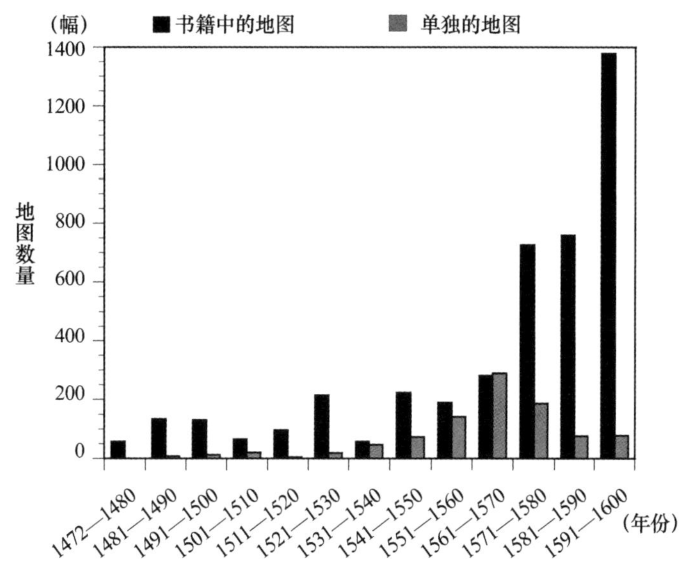

图 23.1 单幅的地图与出现在书籍中和地图集中的地图数量的对比，1472—1600 年

尽管存在这些限制，但可以认为包含在数据库的中“集合性的目录”构成了在 1601 年之前出版的地图最为综合性的列表。当整理以消除绘本地图和重复的条目，并分离出地图的首次出现（也就是木版或铜版的最早的印刷品）的时候，数据库中条目的总数被减少到大约 5500 条。这构成了下文大部分分析的基础。

⑥ R. A. Skelton, *Maps: A Historical Survey of Their Study and Collecting* (Chicago: University of Chicago Press, 1972), 26.

⑦ Karrow, *Mapmakers of the Sixteenth Century*, 230 n.

按照地图学类型对地图制作进行分析

研究数据库包括了几种不同的地图学类型的例子，区分了真正的地图、天体图、宇宙志图示和球仪。后三个类目构成了总数中极少的百分比，仅仅有 40 个条目；就图 23.2 的目的而言，都被分类作为地图。数据库中大约 15% 的条目，或者是透视图或者是立面图，在图 23.2 中被归类在一起。有两个十年，在图像制作中是至关重要的：15 世纪 90 年代，随着《纽伦堡纪事》的出版，以及 16 世纪 70 年代，当《寰宇城市》两卷中的第一卷出现的时候。

613

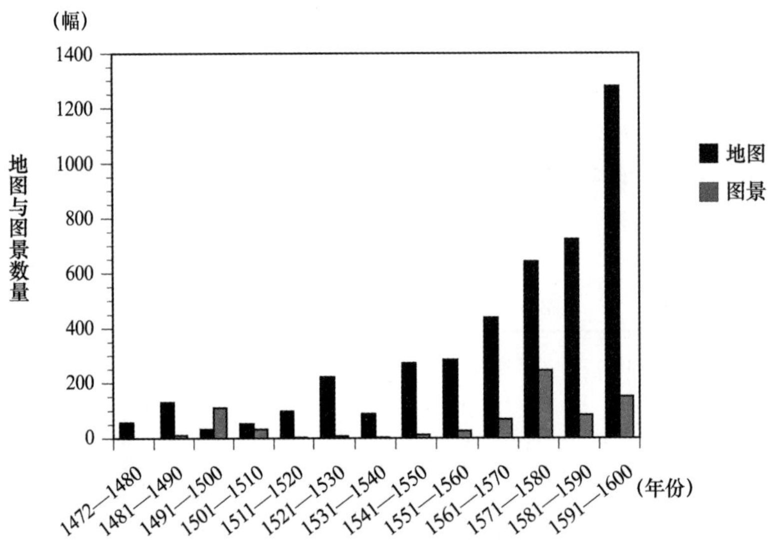

图 23.2 地图与图景数量的对比，1472—1600 年

按照印刷技术对地图制作的分析

包括在这一研究中的地图或者是木版的或者是凹印印刷的。除了极少量通过蚀刻技术制作的凹印地图之外，所有凹印地图都是铜版雕版的。在本研究所涉及的最初 10 年中，铜版雕版（在托勒密《地理学指南》的博洛尼亚和罗马版中）是主要的复制地图的技术（图 23.3）。然而，铜版雕版在此后的 80 年中落后于木版，虽然有时只是轻微的，但是有时总体上差异极大（没有凹印地图可以确定是 16 世纪 10 年代或 20 年代的）。当铜版雕版最终超越了木版的时候，变化是突然的和决定性的。在 16 世纪 50 年代，所有地图中有 73% 是木版的。在后来的 10 年中，百分比完全颠倒过来：有 73% 是雕版的。此后在 16 世纪 80 年代，木版地图的百分比下跌到了仅有 3%。在 16 世纪 90 年代，稍微上升到了 9%，归因于奥特柳斯的一个节略版，《世界之境》（*Le miroir du monde*），其在 1598 年由扎卡里亚斯·海恩斯（Zacharias Heyns）出版于阿姆斯特丹[⑧]。

---

⑧ 关于奥特柳斯的《寰宇概观》节略版的发展，参见 Koeman, *Atlantes Neerlandici*, 3: 71 – 72, 以及 Karrow, *Mapmakers of the Sixteenth Century*, 13。

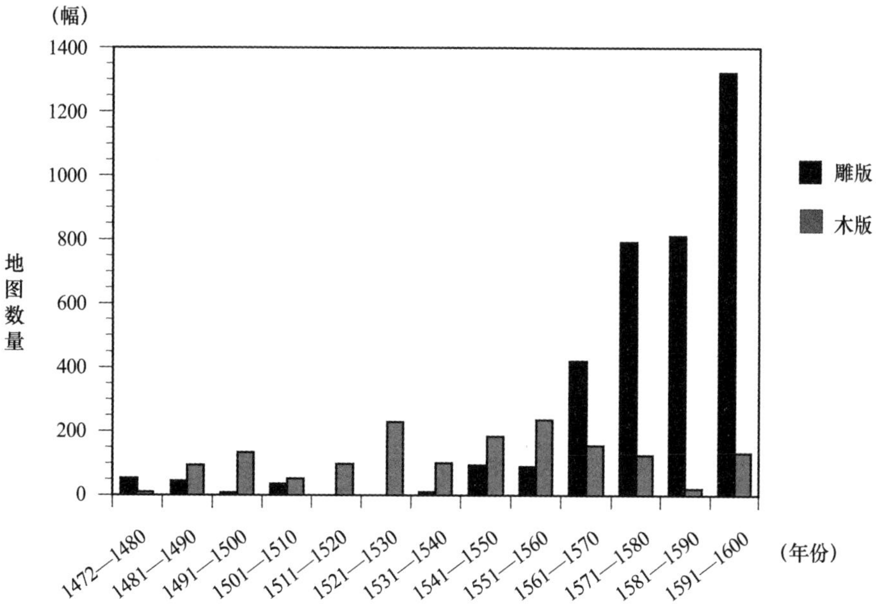

图 23.3　1472—1600 年雕版地图与木版地图数量的对比

通常被声称的是，木版大部分是北欧的现象⑨。在大幅纸张的印刷品和地图的情况中，这毫无疑问是事实。如同图 23.4 显示的，所有单幅的木版地图中的 3/4 是在德意志、法兰 614
西、低地国家和瑞士印刷的。当我们将地图制作作为整体进行考察的时候，也将书籍中的地图包括在内，图 23.4 揭示了一个非常不同的故事：意大利是最大的木版地图的来源地。

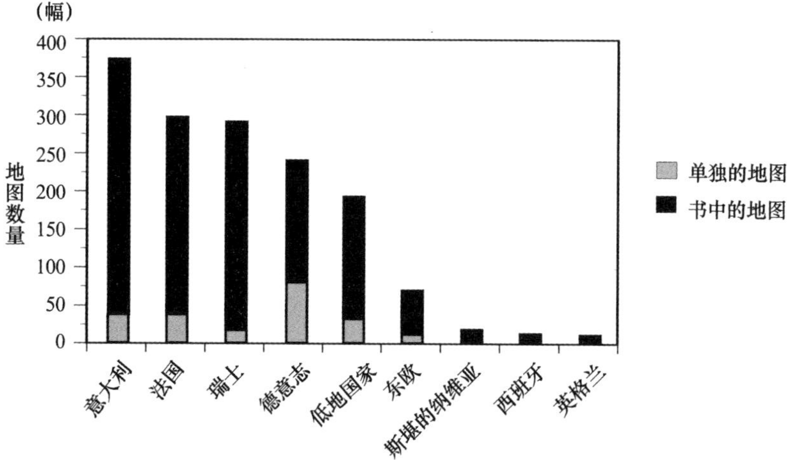

图 23.4　1472—1600 年按照区域展示的木版地图和图景的制作

⑨　David Woodward, *Maps as Prints in the Italian Renaissance: Makers, Distributors & Consumers* (London: British Library, 1996), 32.

以十年为单位对地图制作进行的分析

图 23.5 显示了从 1462 年到 1600 年欧洲地图印刷的地理分布。图 23.6 至 23.9 和 23.11 至 23.19 按照十年显示了相同数据。圆形渐增图的尺度在所有地图中都是相同的，由此以便于比较。所有十年都以 1 年作为开始，同时以 1 年作为结束；例如，标明为“1561 年至 1570 年”的十年，包括出版于 1561 年 1 月至 1570 年 12 月之间的地图。在我的文本中，为了简要，我将这一十年称作“1560s”（16 世纪 60 年代）[⑩]。

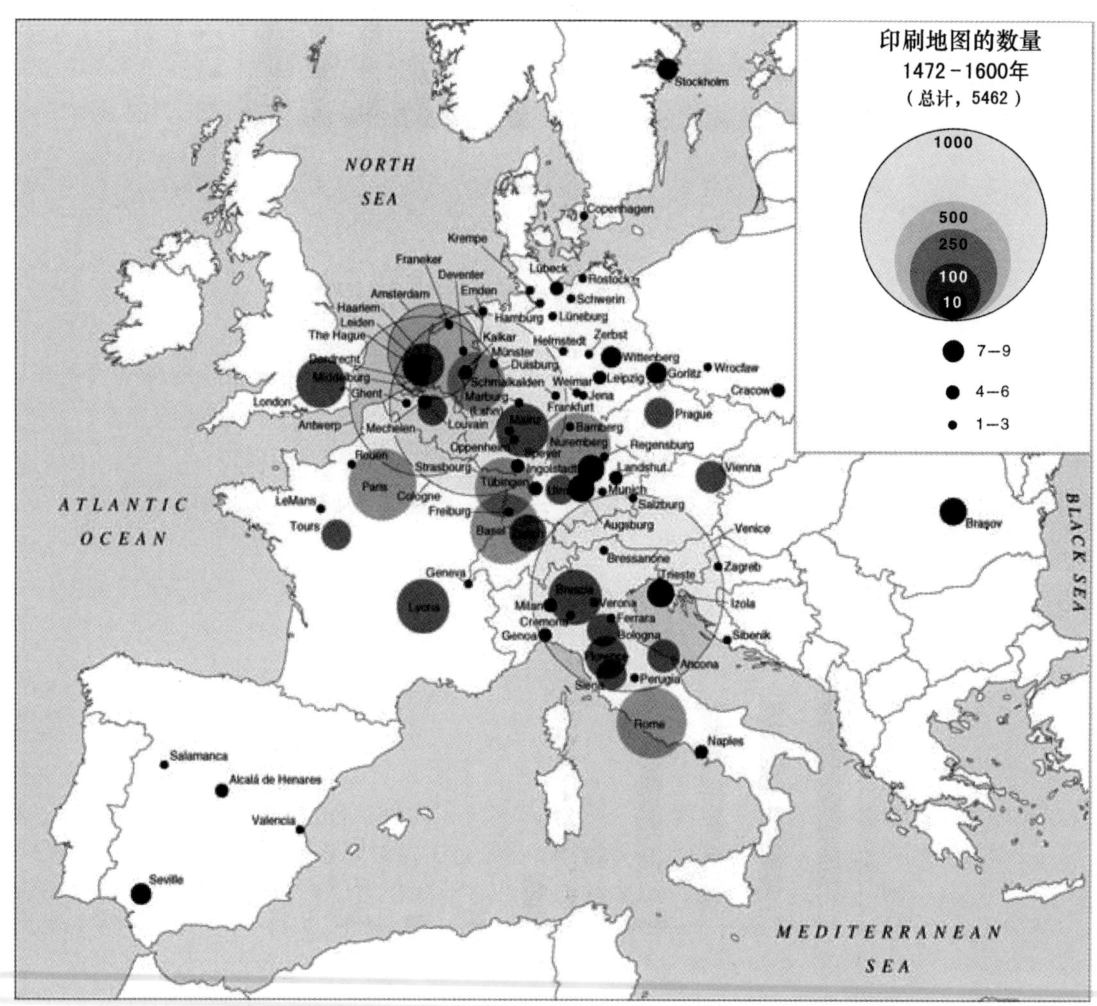

图 23.5 印刷地图的制作，1472—1600 年（图中地名对应的中文，参见下表）

⑩ 我定义十年的这一方法的决定，尽管似乎是出乎意料，但基于这样的原则，即我们的计数开始于 1，而不是 0。印刷史学家习惯于从带有 1 的年开始计算一个新时期。因而印刷术的初期（15 世纪）包括了 1500 年 12 月印刷的东西。

Alcalá de Henares	埃纳雷斯堡大学	Mediterranean sea	地中海
Amsterdam	阿姆斯特丹	Middeburg	米德堡
Ancona	安科纳	Milan	米兰
Atlantic ocean	大西洋	Munich	慕尼黑
Augsburg	奥格斯堡	Münster	明斯特
Basel	巴塞尔	Naples	那不勒斯
Black sea	黑海	North sea	北海
Bologna	博洛尼亚	Nuremberg	纽伦堡
Brascia	布拉斯夏	Oppenheim	奥彭海姆
Brasov	布拉索夫	Paris	巴黎
Bressanone	布雷萨诺内	Perugia	佩鲁贾
Cologne	科隆	Prague	布拉格
Copenhagen	哥本哈根	Rome	罗马
Cracow	克拉科夫	Rostock	罗斯托克
Cremona	克雷莫纳	Rouen	鲁昂
Deventer	代芬特尔	Salamanca	萨拉曼卡
Dordrecht	多德勒支	Salzburg	萨尔茨堡
Duisburg	杜伊斯堡	Schmalkalden	施马尔卡尔登
Emden	埃姆登	Schwerin	什未林
Ferrara	费拉拉	Seville	塞维利亚
Franeker	弗拉讷克	Sibenik	希贝尼克
Frankfurt	法兰克福	Siena	锡耶纳
Geneva	日内瓦	Speyer	施派尔
Ghent	根特	Stockholm	斯德哥尔摩
Holzberg	霍尔茨贝格尔	Strasbourg	斯特拉斯堡
Ingolstadt	因戈尔施塔特	The Hague	海牙
Izola	伊佐拉	Tours	图尔
Jena	耶拿	Trieste	的里雅斯特
Kalkar	卡尔卡尔	Tübingen	蒂宾根
Krempe	克伦珀	Ulm	乌尔姆
Landshut	兰茨胡特	Valencia	瓦伦西亚
Le Mans	勒曼	Venice	威尼斯
Leiden	莱顿	Verona	维罗纳
Leipzig	莱比锡	Vienna	维也纳
London	伦敦	Warsaw	华沙
Louvain	卢万	Weimar	魏玛
Lübeck	吕贝克	Württemberg	符腾堡
Lüneburg	吕讷堡	Zagreb	萨格勒布
Mainz	梅因兹	Zerbst	采尔布斯特
Marburg	马尔堡	Zurich	苏黎世

首先，对这些以十年为单位的分析做出一些一般性的评论。由于数据库中的很多地图没有标明日期，因此，日期通常是由进行了研究的目录和地图学书目的编纂者赋予的。当最初的编纂者不愿意冒险赋予一个日期的时候，我们也不得不那么做。赋予的日期可能被按照，
例如“约 1560 年”或者“1555 年?”输入。但是为了进行分析，使用了单一的日期，由此 615
上述两例中的地图将分别被按照制作于 1560 年和 1555 年计算，因而两者都制作于 16 世纪 60 年代。

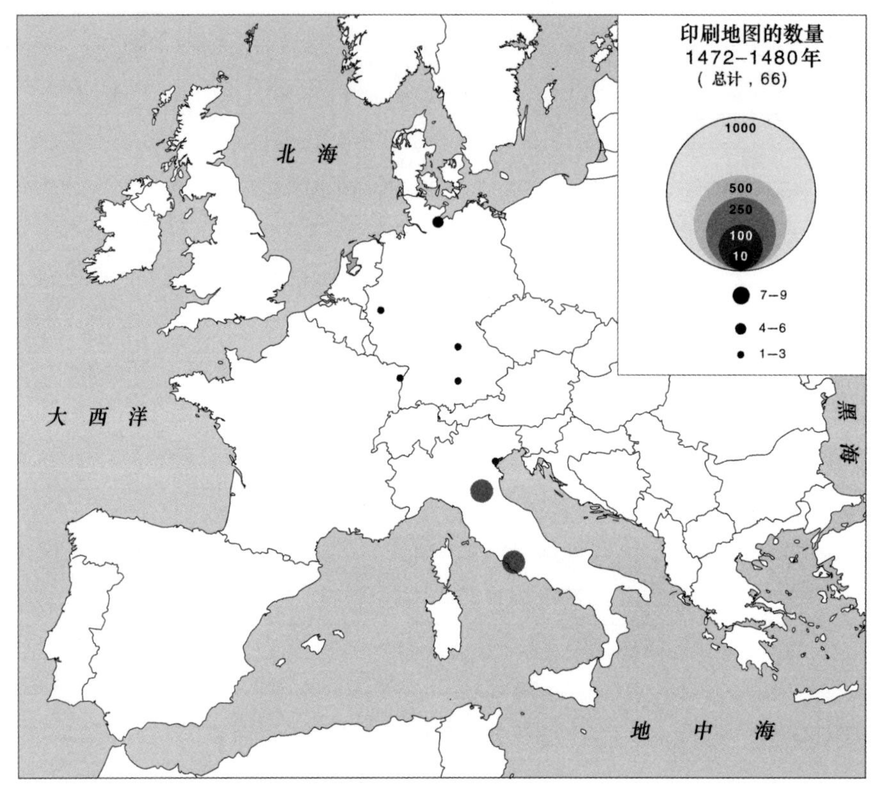
印刷地图的数量
1472–1480年
（总计，66）
1000
500
250
100
10
7–9
4–6
1–3
北 海
大 西 洋
黑 海
地 中 海

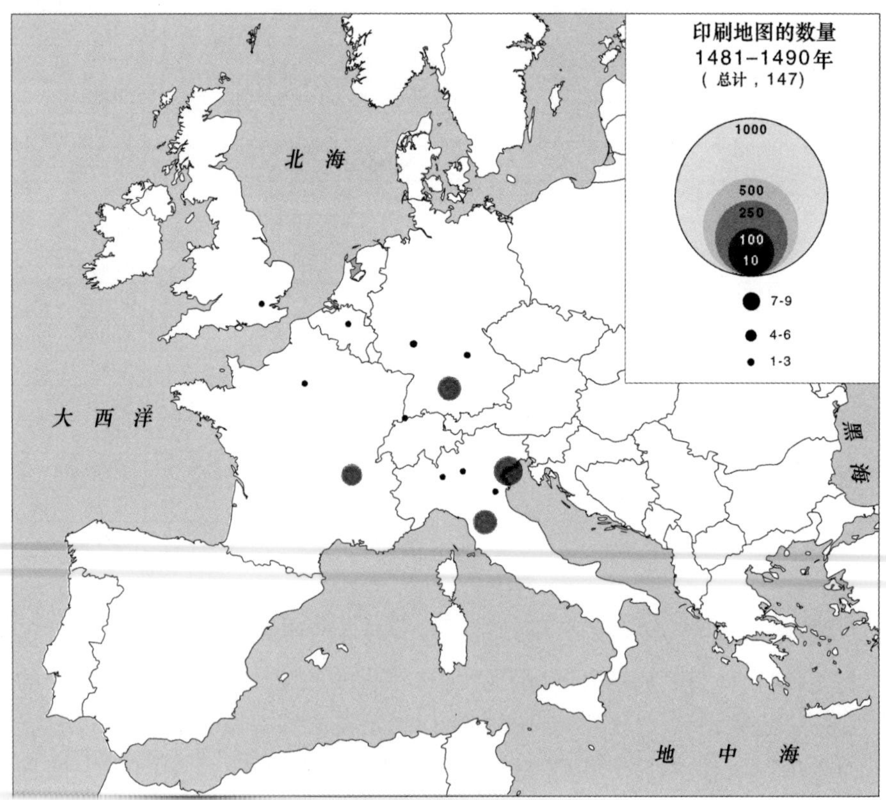
印刷地图的数量
1481–1490年
（总计，147）
1000
500
250
100
10
7-9
4-6
1-3
北 海
大 西 洋
黑 海
地 中 海

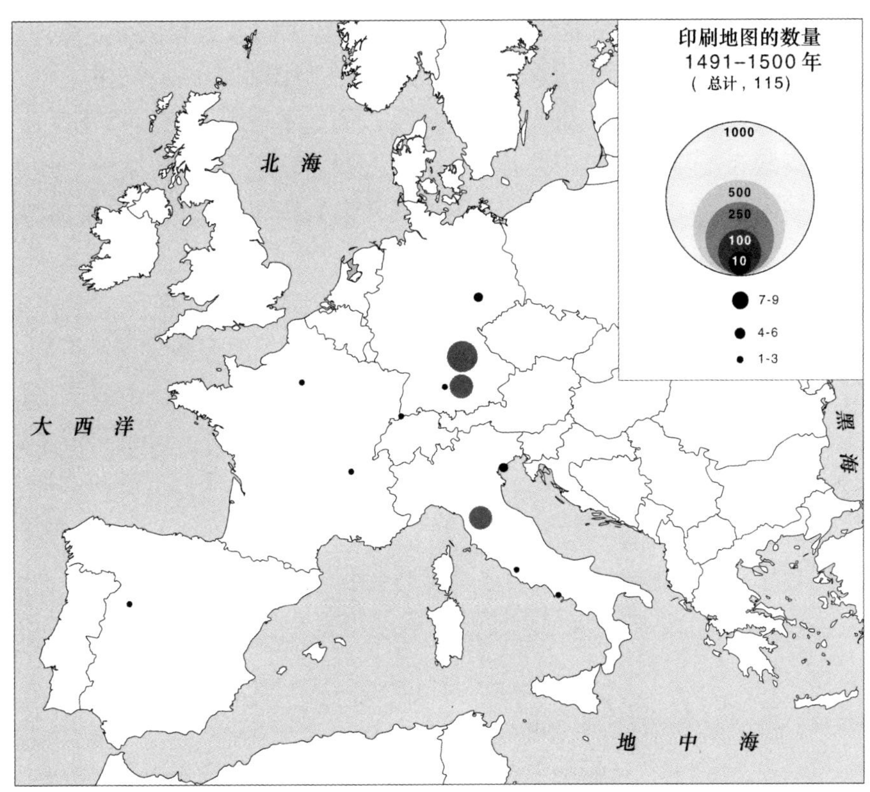

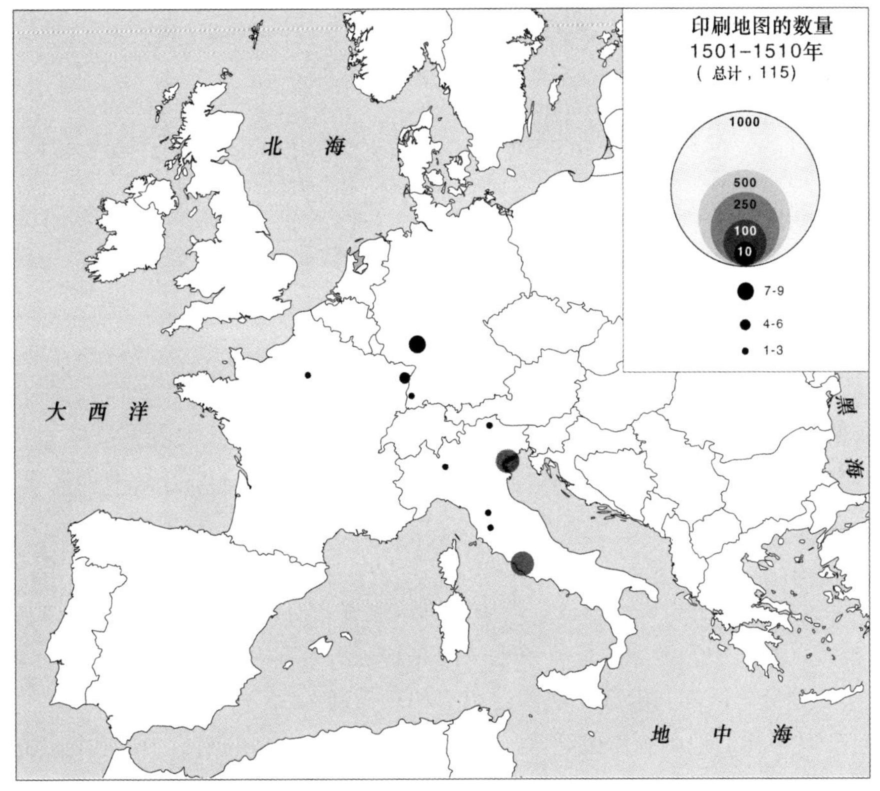

图23.6至23.9　印刷地图的制作（1472—1510年）

书籍印刷和出版通常主要是城市的活动，集中于较大的城镇和城市。出现在书籍中的地图有很高的比例，由此这确保了这一模式也出现在地图制作的情况中。此外，甚至除了书籍制作之外，地图的制作还需要专门的技巧，例如木版的雕刻，以及专业化的设备，例如被磨光的铜版和滚压机，而相关技术和技巧不太可能在较大的城镇之外被发现。专业化的技巧和技术很可能不仅聚集在城市中，而且聚集在那些城市中公司的较小群体中。因此，结果，作为地图主要制作者的城市最终可以简化为一小部分（通常只有一两个）专门从事制图工作的出版商。而且，由于这些地图学产品如此倾向于集中在书籍和地图集中，因此，实际上，令人印象深刻的一组地图可能代表了单一出版商制作的一本书。

因而，在地图印刷的最初十年中，代表两个最大的中心博洛尼亚和罗马的圆圈，实际上，代表了托勒密《地理学指南》1477 年版和 1478 年版的地图，分别是由多梅尼科·德拉皮（Domenico de'Lapi）和阿诺尔德·巴金科（Arnold Buckinck）出版的（图 23.6）。吕贝克的圆圈代表了 1475 年的《初学者手册》（*Rudimentum novitiorum*）中的两幅地图，而奥格斯堡的圆圈代表了最早印刷的地图，塞维利亚的伊西多尔的《词源学》（1472）中小型的 T－O 地图。第二年在斯特拉斯堡印刷的法兰西最早的地图，是在《词源学》的另外一个版本中。

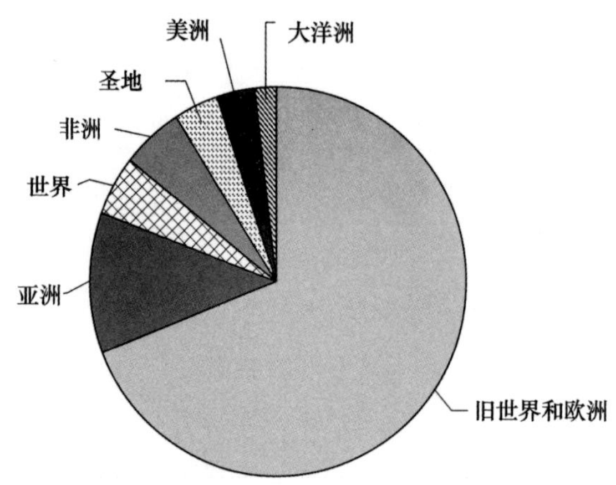

图 23.10 地图所描述的区域，1472—1600 年

616 至 15 世纪 80 年代，三个最大的圆圈基本代表了托勒密的《地理学指南》的乌尔姆版和佛罗伦萨版（都在 1482 年）以及巴尔托洛梅奥·达利索内蒂的《岛屿书》的 1485 年的维也纳版（图 23.7）。较小的圆圈包括了贝尔纳德·冯·不来梅巴赫（Bernard von Breydenbach）的《圣地之旅》（*Peregrinatio in Terram Sanctam*）的梅因兹版和里昂版（1486 年和 1488 年）中的地图和 6 幅图景。产品的总数超过之前 10 年的一倍多。我们已经看到了一种总体模式，在其中，地图制作集中于从西北到东南穿越大陆的一个条带中，包括了低地国家、瑞士、德意志西部和南部、法兰西东部和意大利。

15 世纪 90 年代的地图制作由通常被称为《纽伦堡纪事》的哈特曼·舍德尔的《编年史之书》的纽伦堡和奥格斯堡的木版（1493 年和 1496 年）所主导（图 23.8）。作为当时有最为丰富的插图的书籍，纽伦堡版包含了超过 1000 种木版插图，其中很多可以确定为城市图景。很多图示是纯粹想象的，并且很多被使用了超过一次，由此，其中被确定为城镇景观的

97 种刻版中，只有 33 种是实际地点的图景，而剩下的 64 种“幻想的”图景是从仅仅 17 种不同的木版印刷的。只有两幅地图和真实的图景被记录在这一清单中。在纽伦堡制作产品的总数，由于埃哈德·埃兹洛布制作的单幅地图（1492 年和 1500 年?）以及有着 12 座城镇的图景景观的一张阔页（约 1497 年）而膨胀。西班牙首次进入我们的视野中，这是一幅小型的木版世界地图，出版在萨拉曼卡，是在庞波尼乌斯·梅拉的《世界概论》的一个版本中（1498 年）。这显然是第一幅在西班牙雕版的地图，尽管并不是最早在那里印刷的。这个差异来源于同年早些时候在萨拉戈萨（Saragossa）出版的不来梅巴赫的作品的一个版本，但是由于其是用木版印刷的，而这一木版最早是为 1486 年的梅因兹的初版（*editio princeps*）准备的，而且由于数据库中只包括一块给定木版或者图版最早的印刷品，因此，萨拉戈萨在这里没有作为地图出版的中心。这十年中制作的地图总数低于 15 世纪 80 年代 20%，似乎，最初驱动出版托勒密的经典的推动力已经得到满足（在 1491 年之前出现了 7 个带有地图的版本），因此对于地图的要求也暂时得以满足。

16 世纪的最初 10 年代表了印刷地图出版的一个更为灾难性的衰落（图 23.9）。1510 年之前 20 年的低迷时期是相当令人困惑的。某人可能很好地预期，大发现时代，当已知世界的范围几乎扩大了一倍的时候，应当对新地图的制作产生了显著的影响。但这显然不是实际情况（图 23.10），并且实际上，在所研究的整个时期中，对于“旧世界”的地图学的兴趣远远超过对新世界的兴趣。意大利是最为活跃的，主要的中心是在罗马（1507 年版的《地理学指南》）和威尼斯［贝尔加莫人雅各布·菲利波·福雷斯蒂（Jacopo Filippo Foresti da Bergamo）的《过去所有历史的反映》（*Nouissime hystoria* [*rum*] *omnium repercussiones*）（1503），有 26 幅城镇图景］。德意志，在被考虑的时期中，施派尔（Speyer）第一次也是唯一一次出现，作为不来梅巴赫《圣地之旅》的彼得·德拉赫（Peter Drach）版的家乡（1502）。然而，尽管数量不多，但我们开始看到一些真正的地图学的创新。马丁·瓦尔德泽米勒的球仪和墙壁世界地图出现在斯特拉斯堡（或者，可能性小些的，在圣迪耶，距离大约 85 公里），而意大利提供了由乔瓦尼·马泰奥·孔塔里尼和贝内代托·博尔多内绘制的重要地图。

16 世纪最初 10 年，由在威尼斯［由贝尔纳多·西尔瓦诺（Bernardo Silvano）编辑，1511］和斯特拉斯堡（由瓦尔德泽米勒编辑，1513 年）出版的托勒密《地理学指南》的版本所主导（图 23.11）。现在熟悉的尼德兰—意大利轴线通过在塞维利亚、瓦伦西亚和克拉科夫出版的地图和图景而稍微有所延伸。

在 16 世纪 20 年代制作的大量地图可以被追溯到由洛伦茨·弗里斯出版的《地理学指南》的版本（斯特拉斯堡，1522 年），以及贝内代托·博尔多内的《岛屿书》（威尼斯，1528 年）（图 23.12）。威尼斯东侧的圆圈标志着伊斯特里亚（Istria）的伊索拉（Isola），在那里，皮得罗·科波出版了一系列地图，现在只是知道有一个副本，时间是 1524 年。这十年还标志着在班伯格（Bamberg）、热那亚、因戈尔施塔特、兰茨胡特（Landshut）、奥彭海姆（Oppenheim）、雷根斯堡（Regensburg）和萨格勒布（Zagreb）出现了印刷地图，除了其中两座城市之外，所有这些都被证明是短暂的，在 1601 年之前不再重新出现作为地图制作中心。按照总数，16 世纪 20 年代代表地图制作的一个尖峰。在一项最近的对早期书籍制作的定量研究中，16 世纪 20 年代出现了用本地语言出版的书籍数量的一个相似的尖峰，这一

617

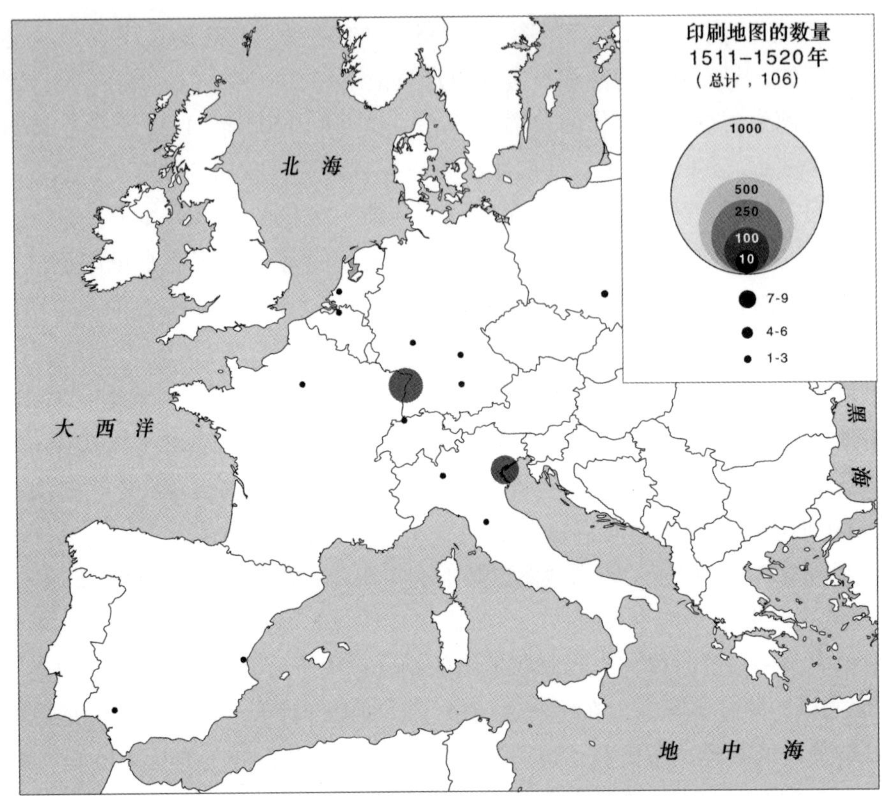
印刷地图的数量
1511–1520年
（总计，106）
1000
500
250
100
10
7-9
4-6
1-3
北海
大西洋
黑海
地中海

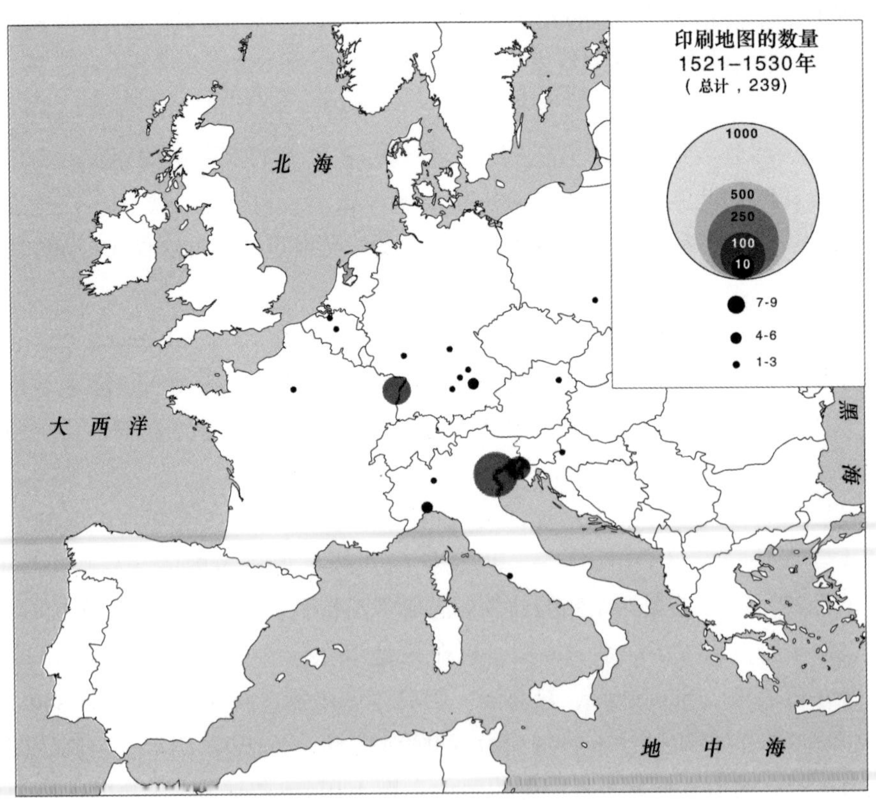
印刷地图的数量
1521–1530年
（总计，239）
1000
500
250
100
10
7-9
4-6
1-3
北海
大西洋
黑海
地中海

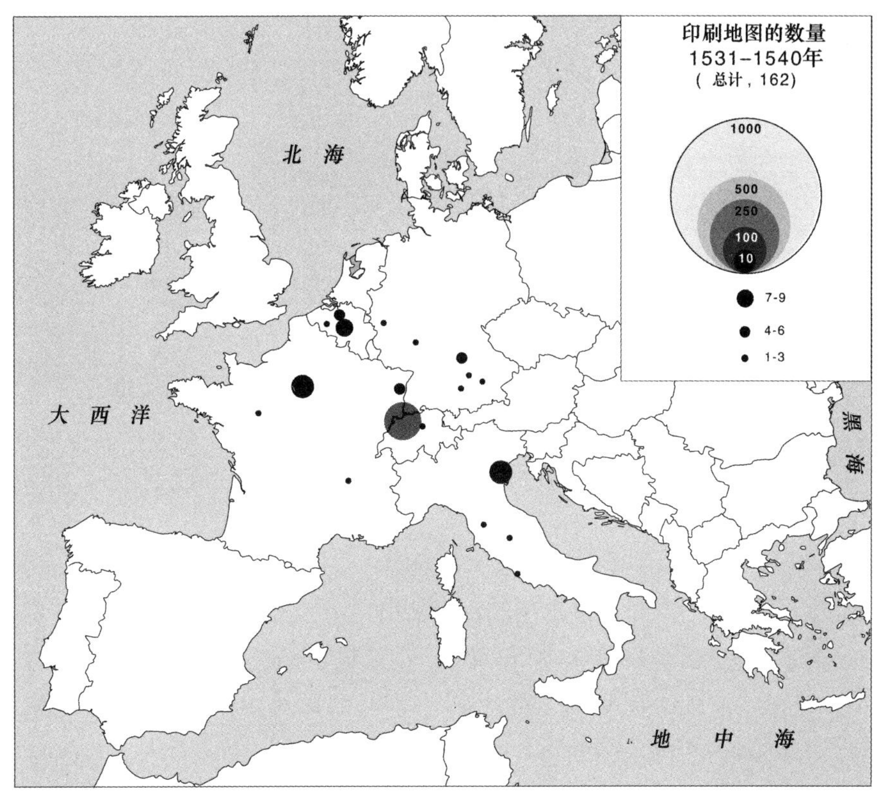

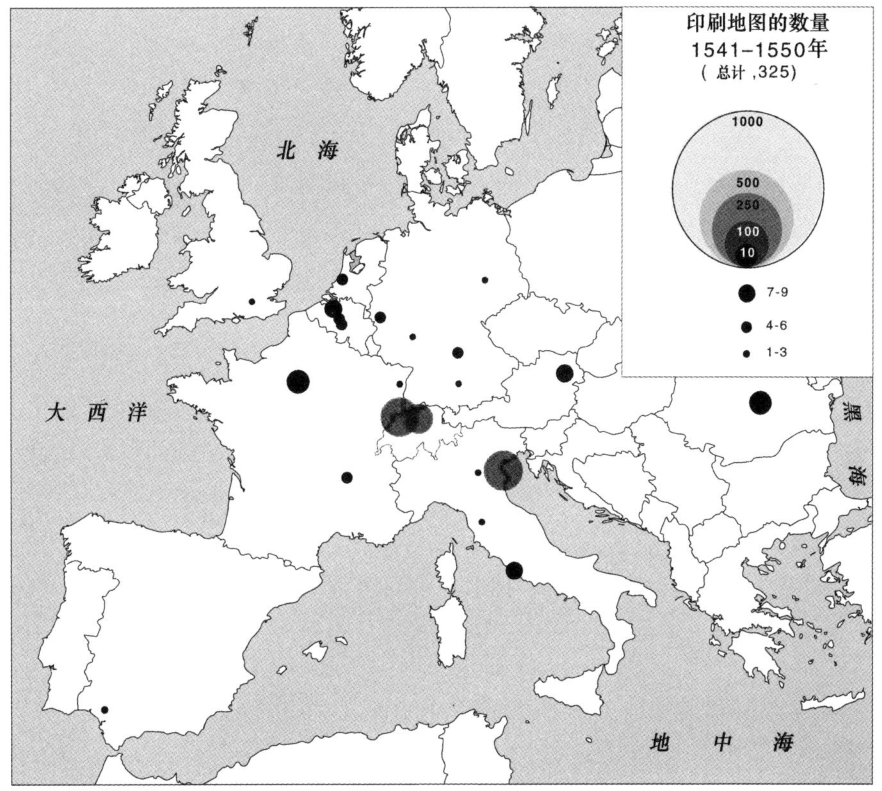

图 23.11 至 23.14　印刷地图的制作（1511—1550 年）

现象，至少在北欧，似乎与宗教改革运动的开端存在联系[11]。弗里斯和博尔多内的作品都是用当地方言撰写的，但两者对于本地出版物与地图制作增加之间的任何联系而言都不是充分的证据。这个异常可能可以由这样的事实进行最为简单的解释，即博尔多内的书籍中有 111 幅地图，代表了迄今为止最大的、单一的地图学资料。

16 世纪 30 年代的地图，由在巴塞尔制作的产品所主导，在那里，印刷匠海因里希·彼得（Heinrich Petri）开始了他与塞巴斯蒂亚诺·明斯特的长期联系，在 1540 年最早出版的是托勒密《地理学指南》较晚的版本（图 23.13）。明斯特用 21 幅他自己设计的现代地图增补了 27 幅托勒密的地图，而这些木版地图，在另外 88 年中，重复出现在托勒密《地理学指南》的各个版本中以及明斯特自己的《宇宙志》中。在巴黎，木版出版商克雷蒂安·维切尔（Chrétien Wechel）和热罗姆·德古尔蒙（Jérôme de Gourmont）是活跃的，而在威尼斯，是马泰奥·帕加诺和乔瓦尼·安德烈亚·瓦尔瓦索雷，而在卢万，我们看到了加斯帕德·范德尔海登、赫马·弗里修斯和赫拉尔杜斯·墨卡托的早期作品。产品的总量要比之前十年少了很多。

就数量而言，16 世纪 40 年代的地图制作大致可以由四部作品的出版得以解释：在巴塞
618 尔，明斯特的《宇宙志》（1544 年和 1550 年）；在威尼斯，贾科莫·加斯塔尔迪的托勒密《地理学指南》的版本，其中有 34 幅现代地图（1548）；以及在苏黎世，约翰尼斯·洪特的《世界的描述》（*Rudimenta cosmographica*，1546）和约翰尼斯·施通普夫（Johannes Stumpf）的被称为瑞士编年史（*Swiss Chronicle*）的《可爱的联邦各城、各邦和人民的通史纪年》（*Gemeiner loblicher Eydgnoschafft Stetten, Landen vnd Völckeren Chronick*，1548）（图 23.14）。总体而言，这些作品占这十年中制作的地图的一半以上。大部分生产发生在西北—东南轴线上，但是也存在两个著名的例外：维也纳，在那里出现了由沃尔夫冈·洛齐乌什和奥古斯丁·希尔施沃格（Augustin Hirschvogel）制作的地图，而在遥远的克朗斯塔特（Kronstadt）的德意志殖民地［现在的罗马尼亚（Romania）的布拉索夫（Brasov）］，洪特在 1535 年建立了一家前卫的印刷商店。

正是在 16 世纪 50 年代，安特卫普第一次出现作为尼德兰—意大利轴线的西北端点，在其产品中，书籍中的地图和单独的地图各占一半（图 23.15）。在纪尧姆·盖鲁尔的《欧洲历史的缩影》（*Epitome de la corographie de l'Europe*）［巴尔塔扎尔·阿尔努莱（Balthazar Arnoullet），1553］的力量之下，里昂依然存在。法兰西的第二大城市是异端出版的温床，而宗教法庭（Inquisition）的阴影降落到两部里昂印刷的制图学产品上。一位西班牙学者，米格尔·塞尔韦特（Miguel Servet），因为在 1531 年出版了一部否定三位一体的书籍而受到宗教法庭的刑责。用化名生活在里昂，他在 1535 年出版了托勒密《地理学指南》的一个版本，在 1541 年又出版了第二版[12]。这些都增加了罪名，因为在圣地地图之后的文本责难了

---

[11] Uwe Neddermeyer, *Von der Handschrift zum gedruckten Buch: Schriftlichkeit und Leseinteresse im Mittelalter und in der frühen Neuzeit, quantitative und qualitative Aspekte*, 2 vols.（Wiesbaden: Harrassowitz, 1998）, 2: 698 – 705.

[12] 1541 年版实际上出版在维也纳，在里昂以南不远处。这两个版本都没有被包括在这一研究的数据库中，因为它们的印刷是对 1522 年斯特拉斯堡木版的再次使用。

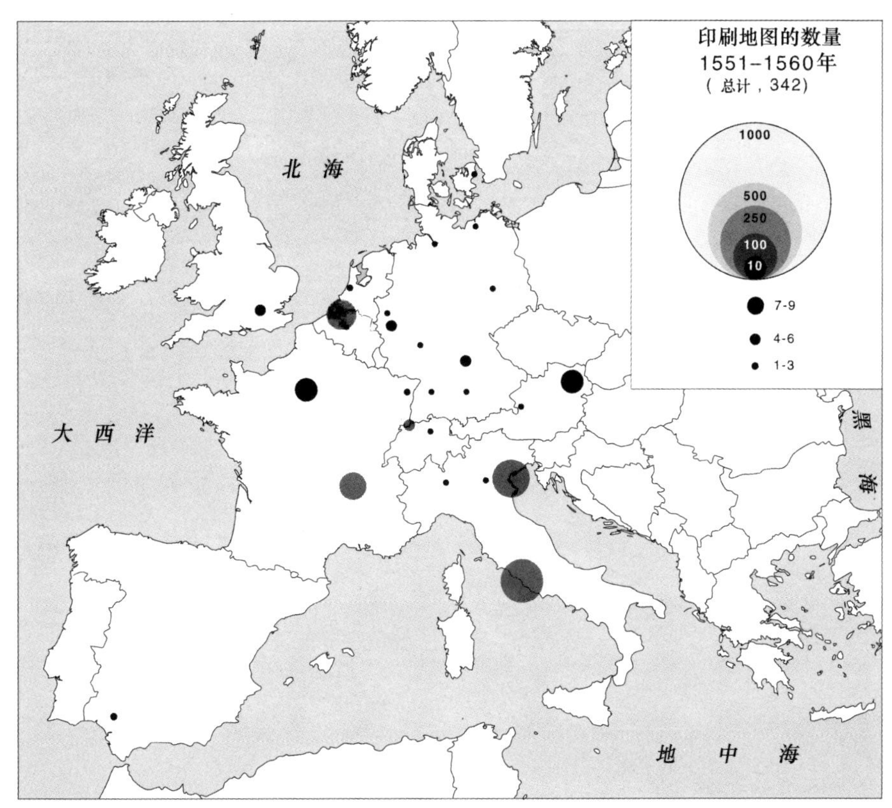
印刷地图的数量
1551-1560年
（总计，342）
1000
500
250
100
10
7-9
4-6
1-3
北 海
大 西 洋
地 中 海
黑
海

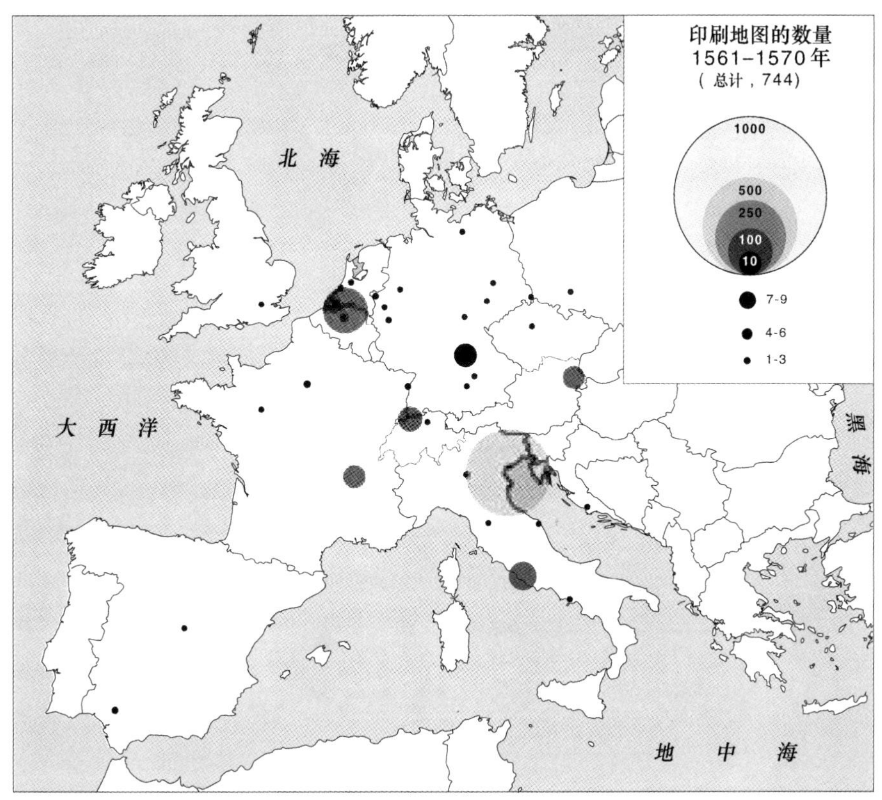
印刷地图的数量
1561-1570年
（总计，744）
1000
500
250
100
10
7-9
4-6
1-3
北 海
大 西 洋
地 中 海
黑
海

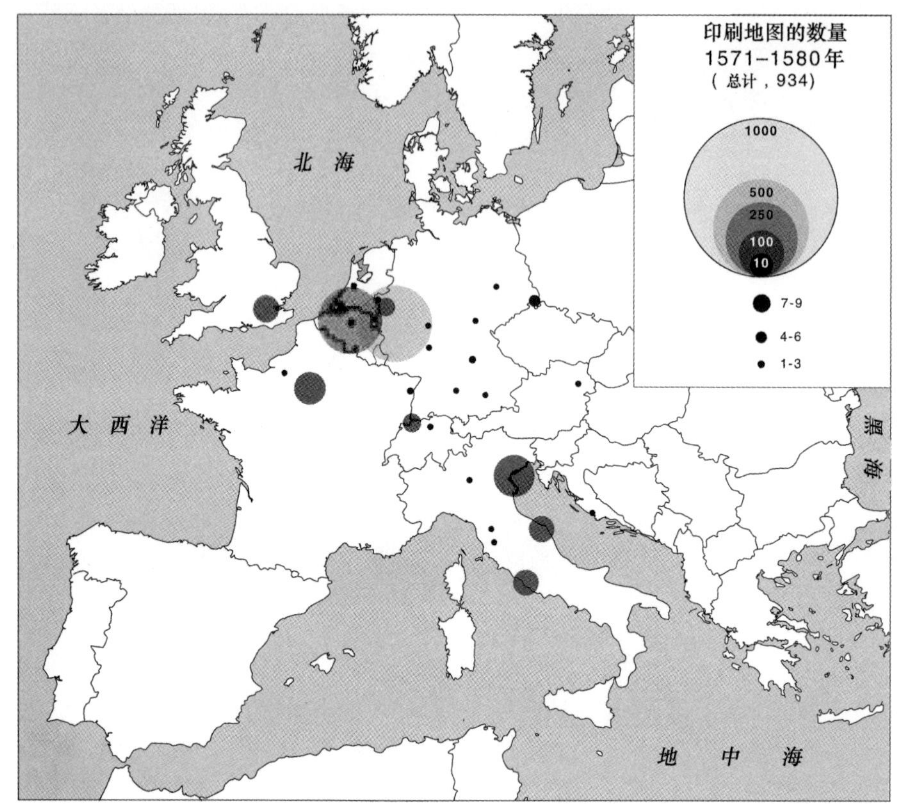

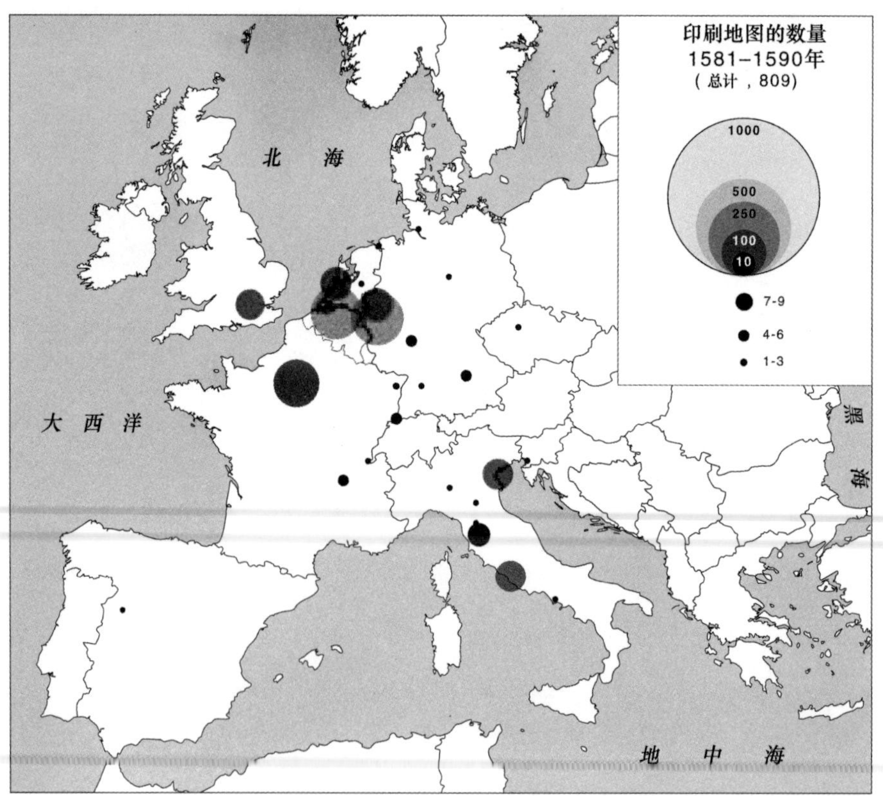

图 23.15 至 23.18 印刷地图的制作（1551—1590 年）

巴勒斯坦的富饶（尽管文本未经修改地采用了 1522 年的洛伦茨・弗里斯版）。然后在 1553 年，塞尔韦特让他的《复兴基督教》（*Christianismi restitutio*）由盖鲁尔（Guéroult）和阿尔努莱出版。他们对异端的支持使得阿尔努莱被投入监狱，而迫使盖鲁尔逃离，由此消除了规划中的他们的《欧洲历史的缩影》的可能性[13]。有 178 幅新地图，或者刚刚超过这十年中制作的地图数量的一半，意大利开始了其在欧洲地图贸易中的主导地位，并在下个十年中达到了顶峰。 619

由于我们将 16 世纪 60 年代考虑为结束于 1570 年 12 月，因而这十年包括奥特柳斯的《寰宇概观》第一版中的 70 幅地图，《寰宇概观》是所谓最早的现代地图集，以及是一部标志着地图学出版开始向低地国家迁移的著作（图 23.16）。但这只是运动的开始，因为 16 世纪 60 年代依然是意大利占据主导的十年。这十年中在欧洲出现的所有新地图中的 62% 是在意大利出版的，其中大部分是在威尼斯。除了分别大约为 400 幅和 120 幅地图的威尼斯和安特卫普之外，其他中心衰落，变得不太重要。只有 5 座其他城市在十年中制作的地图超过了 10 幅。同时，区别于其他地方牢固确立的模式，几乎 2/3 的意大利地图是单独的出版物。

在 16 世纪 70 年代，重心决定性地迁移到了西北欧（图 23.17）。安特卫普是奥特柳斯《寰宇概观》的很多增补地图的来源；也是被称为“概要”的最早的口袋本《寰宇概观》的来源；以及是赫拉德・德约德绘制的一套大型地图集的来源。但是安特卫普的光芒依然被科隆所掩盖，在那里，乔治・布劳恩的城镇平面图和图景，以及弗兰斯・霍根伯格的《寰宇城市》占据了 300 多幅地图中的大部分。尽管是在德意志，而不是在低地国家，但科隆属于安特卫普的地图学轨道；科尔曼认为《寰宇城市》主要是一种尼德兰的产品[14]。

新地图的总数在 16 世纪 80 年代轻微下降，但是这难以被解读为对地图兴趣的衰落：十年中，《寰宇城市》及其 6 个版本的极为流行保证了比以往更多的地图被放置在公众面前。图 23.18 清晰地显示了地图制作相当彻底地向低地国家的迁移，对此我们应当包括相邻的科隆和杜伊斯堡（Duisburg）。四座城市——安特卫普、莱顿、科隆和杜伊斯堡——总共制作了这十年中所有新地图的 64%。伦敦的产品包括了克里斯托弗・萨克斯顿地图集中的地图。巴黎令人印象深刻的展示是一个异类，归因于别具一格的安德烈・泰韦的“伟大岛屿”（1586），一部宏大的且大部分是手稿的著作，已知只有一个副本，但是这一副本中包括了 84 幅为作品而雕版的地图。这些地图中的一些已知存在于其他副本中，但就通常意义而言，似乎泰韦的地图从未真正出版。

这一研究的最后十年，从 1591 年至 1600 年，产品中包括了超过 1300 幅新地图，无疑是研究时期中数量最大的（图 23.19）。其中大部分（几乎 30%）是在科隆出版的，按照莫伊雷尔的记录，其出现作为 16 世纪最后 30 年中欧洲最大的地图中心之一[15]。它也是有着超过一或者两家出版地图的商铺的城市。贝尔特拉姆・布赫霍尔茨（Bertram Buchholtz）、马蒂

---

⑬ 关于这一插曲更多的信息，参见 László Gróf, “Burned for His Beliefs: The Story of Michael Servetus,” *Map Collector* 21 (1982): 8 - 12。

⑭ 科尔曼将其包括在他的 *Atlantes Neerlandici*, 2: 10 - 25 中。

⑮ Meurer, *Atlantes Colonienses*.

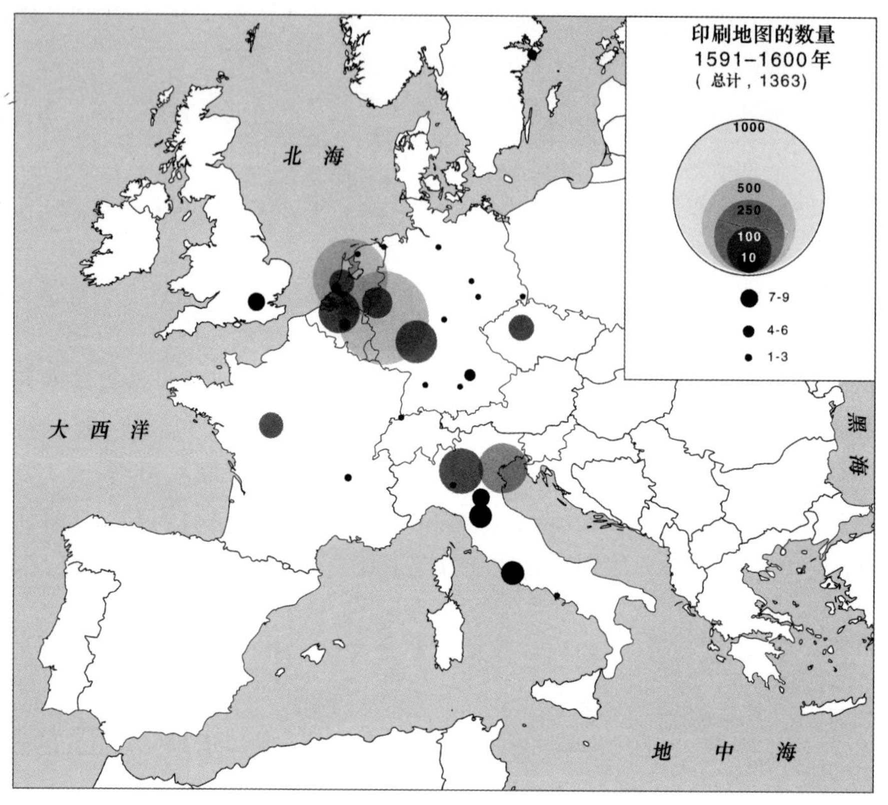

图 23.19 印刷地图的制作（1591—1600 年）

亚斯·夸德（Matthias Quad）、兰伯特·安德烈（Lambert Andreae）、彼得·凯谢特（Peter Keschedt）、约翰·克里斯托弗尔（Johann Christoffel）、戈特弗里斯·冯肯彭（Gottfried von Kempen）和科尔内留斯·祖托尔（Cornelius Sutor）在这十年中至少出版了一套科隆的地图集。科隆的地图集大部分是较小的形式，且是高度衍生的，但是它们毫无疑问对于公众的地图阅读产生了极大的影响。16 世纪 90 年代中，其他较大的故事，就是在十年中的最后时期，阿姆斯特丹突然出现成为一个主要的地图出版中心。荷兰首都应当在此后的世纪中成为主导，但其在 16 世纪 90 年代已经是一位主要的演员，在产品总量中占大约 1/5，大部分集中于巴伦支·朗亨尼斯（Barent Langenes）和扎卡里亚斯·海恩斯的地图集（都是 1598
620 年）⑯。同时，在南方，意大利有一定的展现，大约占产品总量的 22%，在很大程度上归功于在布雷西亚出版的《寰宇城市》的意大利语缩简本（1598）和两部威尼斯的出版物：托勒密《地理学指南》的一个版本（由乔瓦尼·安东尼奥·马吉尼编辑，1596 年）和彼得罗·贝尔泰利（Pietro Bertelli）的《意大利城市景观图册》（*album of Italian city views*, 1599）。

⑯ Langenes 的 *Caert-thresoor* 的 1598 年第一版的题名页将 Middelburg 作为出版的地点，但标明其是由科尔内利·克拉斯为在阿姆斯特丹出售而制作的。Peter van der Krogt 确定，真正出版的地点是在阿姆斯特丹（私人联系，2001 年 10 月 6 日）。

按照区域对地图制作进行分析

就像图 23.20 清晰展示的，在 1601 年之前，意大利、德意志和低地国家在印刷地图中占据了主导。总体而言，这三个区域占到了新地图制作总量的 80%。在所有三个区域中，存在很好发展的国际贸易，并且它们的出版商有助于提供对地图的一种来自大陆的需求。法兰西和瑞士可能是唯一其地图在他们边界之外有着一定影响的其他国家。剩下的区域（英格兰、东欧各国、西班牙和斯堪的纳维亚）只是有着非常有限的影响。他们的产品都是为了本土消费而生产的，所有四个区域被结合起来，成为图 23.21 中的一个标题“其他”(Others)。在那幅图表中，每一区域的生产被展示在堆叠的层级中，开始是在底部的产量最为丰富的区域（意大利），而其他区域按照重要性增加的顺序依次覆盖在其上。

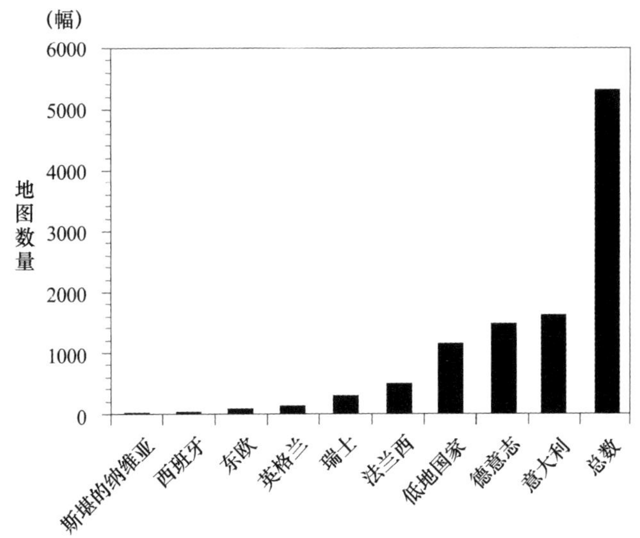

图 23.20　按照区域显示了地图制作的总数，1472—1600 年

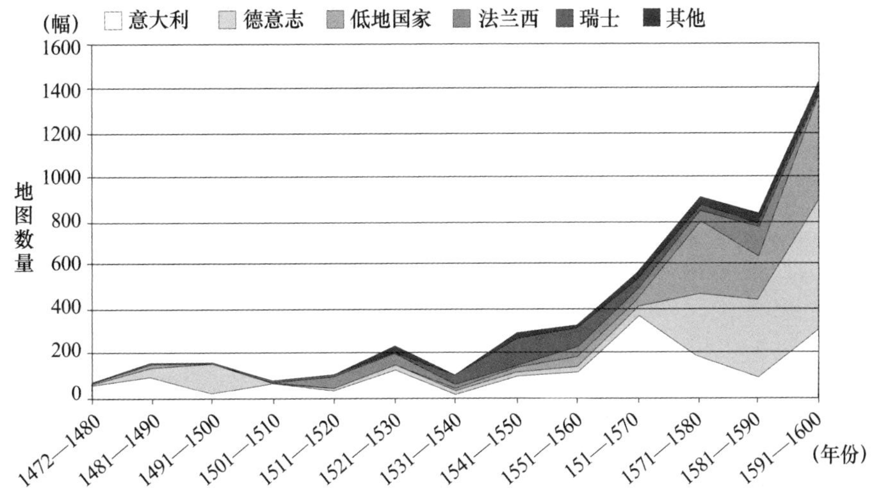

图 23.21　按照区域和十年展示的地图制作的情况，1472—1600 年

621
结　论

将这一分析局限在对给定地图第一次出现上，我们，如同表明的，强调地图学的创造力，而不“仅仅是印刷品”。但是我所称为的“地图学革命”的最终胜利依赖于这一令人兴奋的印刷品，即这里分析的5500幅地图乘以数百的系数。对现代早期在世界上流行的地图的总数进行估计是极为困难的，但数字显然是非常大的。如果5500种地图的每一种的一个版本仅仅印刷了250份（毫无疑问是一个很低的平均数，因为我们知道很多版本有1000幅或者更多的副本），那么我们正在谈论的就是在1600年有超过130万幅地图，而在1500年则只有大约6000幅。

也许可以通过将这些被估计的地图的数量与被估计的欧洲人口数字进行对比，从而获得地图相对流行率的一个更清楚的概念。1500年，每1400人有一幅地图；到1600年，每7.3人拥有一幅地图。但是在这些计算中的欧洲人口数字包括了斯堪的纳维亚、东欧和南欧，以及俄罗斯直至乌拉尔地区（Urals）。如果我们将对比限制在欧洲的文化核心地带，毕竟那里生产了超过90%的地图（并且，推测，大部分地图都留在那里），那么数字将更为令人惊讶：1500年每720人拥有一幅地图，1600年每4人拥有一幅地图⑰。

这些数字，尽管它们非常粗糙，但标志着欧洲人意识中地图潜力的巨大变化。可以看到的是，中世纪的一个居于边缘的类型，不可能被任何人，而只是被少数学者所了解或使用，而现在变成普通的事物，成为一种来自任何行业的普通欧洲人都认可和使用的东西。这一变化如此显著，由此，将其称为一场革命并不夸张⑱。

---

⑰ 人口数字来自 Colin McEvedy and Richard Jones, *Atlas of World Population History* (New York: Facts on File, 1978), 18. 第一个对比基于 McEvedy and Jones 的英格兰和威尔士、法兰西、比利时和卢森堡（Luxembourg）、低地国家、德意志、瑞士、奥地利和意大利的数字（分别在 pp. 43, 56, 63, 65, 69, 87, 89 和 107）。

⑱ 最后两段来自我的论文，只是经过稍微的修订，Robert W. Karrow, “Intellectual Foundations of the Cartographic Revolution” (Ph. D. diss., Loyola University of Chicago, 1999)。

第二十四章　文艺复兴时期作为教育工具的地图*

莱斯利·B. 科马克（Lesley B. Cormack）

导　言

在现代早期的欧洲，地图是正式和非正式教育的一部分，尽管这两种教育发挥着不同 622
的功能，并且有着不同的地位。当语法学校和大学的制度性课程越来越看重地理学的同时，地图被看成有用的，只是因为它们的展示功能；非正式的市场驱动力以及赞助者支持的教育则将地图知识垄断为绅士或商人所必需的。在这一时期不断增长的就是，那些掌握权力的人将地图看成帝国的、商业的和艺术的重要对象，并且这鼓励了一种依赖于他们赞助的非正式的教育制度将地图引入教育中。这一时期的人文主义者、教育理论家，弥合了非正式的和正式的教育类目，并且依赖于他们主要的拥护者和支持资源，强调或者忽视作为教育学工具的地图。在现代早期，地图作为一种重要的教育文本的成功，最应当归功于新的宫廷赞助者的结构，以及企业家中的数学从业者，而不是更为传统的和制度性的教育结构。

地理、宇宙志和地图

从语法学校开始，正式的和非正式的教育制度都对地球和宇宙的研究有一些兴趣。当正式的制度性的课程强调地理学，尤其是斯特拉博的作品的同时，那些遵循更为非正式的研究程序的学生则更倾向于对地图加以考察。因而，大地的研究被分为不同的学科：更为普遍的宇宙志、地理学和地图。在 16 世纪，地理学正在发展为一个不同于较老的宇宙志的学科。

---

* 本章使用的缩略语包括：*Henrician Age* 代表 Alistair Fox and John Guy, *Reassessing the Henrician Age: Humanism, Politics, and Reform, 1500 – 1550* (Oxford: Basil Blackwell, 1986)；*Jesuits* 代表 John W. O'Malley et al., eds., *The Jesuits: Cultures, Sciences and the Arts, 1540 – 1773* (Toronto: University of Toronto Press, 1999)；以及 *Universities in Early Modern Europe* 代表 Hilde de Ridder-Symoens, ed., *A History of the University in Europe*, vol. 2, *Universities in Early Modern Europe (1500 – 1800)* (Cambridge: Cambridge University Press, 1996)。

尽管两个术语都被继续使用，有时是可替换的，但是一种差异正在不断增长①。宇宙志，按照约翰·迪伊宣称的"在一个框架中将天体和地球进行比较"，需要"天文学、地理学、水文学和音乐"才能完成②。另外，地理学"研究如何用各种各样不同的形式（就像球体、平面或者其他），使得城市、城镇、村庄、堡垒、城堡、山脉、林木、港口、河流、溪水等其他事物的位置，在我们地球的表面……可以被描述和设计"③。换言之，当宇宙志的对象是地球及其与作为整体的天体之间的关系，且将地球作为宇宙内在部分而绘制图像的同时，地理学有一个较窄的关注，尤其集中于地球本身④。

地理学可以被分成三个子学科，即数学地理学、描述地理学和地方志，就像我在其他地
623 方讨论的那样⑤。与数学地理学有关的就是地图绘制的实践艺术，尽管地图制作者非常依赖于正式和非正式的知识转移的学徒制度，并且更少地依赖于理论或模式的任何系统发展⑥。地图可以被，而且已经被用于教育背景中，而对制作它们所需的绘图传统或技能没有太大的兴趣或考虑。

现代早期的教育

教育在现代早期的欧洲是一个迅速变化的制度。在这一时期之前，教育大部分与教会有关。大部分学校受到教会的资助，并且很多学校校长是牧师。从 15 世纪中期之后，对于教育的世俗兴趣开始逐渐增加，首先是在意大利，后来是在整个欧洲。受教育的目的不仅仅是获得教会中的一个职业；政府官员、秘书的职位，以及最终的绅士文化和赞助者的可能性都为达到某种层次的教育水平提供了新的刺激。与此同时，宗教改革运动为教育和读写能力制造了新的推动力，因为新教徒支持个人和本地方言是《圣经》阅读的重要性，还因为天主

① Frank Lestringant, *Mapping the Renaissance World: The Geographical Imagination in the Age of Discovery*, trans. David Fausett (Cambridge: Polity, 1994)。Lestringant 认为，安德烈·泰韦从事于这一宇宙志较老传统的工作，试图描述整个世界，并且使用所有可用的资料去达到这一点。在 16 世纪 80 年代泰韦生命的末期，Lestringant 认为，他正在工作于一种过时的类型，因为受到更多关注的地理学正在开始接管这一领域。

② John Dee, *The Mathematicall Praeface to the Elements of Geometrie of Euclid of Megara (1570)*, intro. Allen G. Debus (New York: Science History Publications, 1975), esp. b. iij recto。这一区分，由托马斯·布伦德维尔在 *M. Blvndevile His Exercises, Containing Sixe Treatises* (London: John Windet, 1594), pt. 2 中进行了重复，并且后来由 Nathanael Carpenter 在 *Geography Delineated Forth in Two Bookes* (Oxford: Iohn Lichfield and William Tvrner, Printers to the famous Vniversity, for Henry Cripps, 1625), A1r 中重复。

③ Dee, *Mathematicall Praeface*, a. iiij recto.

④ 对于这一进入 18 世纪的转变的讨论，参见 Roy Porter, "The Terraqueous Globe," in *The Ferment of Knowledge*, ed. G. S. Rousseau and Roy Porter (Cambridge: Cambridge University Press, 1980), 285 – 324。

⑤ Lesley B. Cormack, "'Good Fences Make Good Neighbors': Geography as Self-Definition in Early Modern England," *Isis* 82 (1991): 639 – 61.

⑥ 地图学直至 18 世纪之前都没有发展成一门学科。参见 Matthew H. Edney, "Mapping Eighteenth-Century Intersections of Scientific and Cartographic Practices" (paper presented at the History of Science Society Annual Meeting, Vancouver, 2001); Thomas R. Smith, "Manuscript and Printed Sea Charts in Seventeenth-Century London: The Case of the Thames School," in *The Compleat Plattmaker: Essays on Chart, Map, and Globe Making in England in the Seventeenth and Eighteenth Centuries*, ed. Norman J. W. Thrower (Berkeley: University of California Press, 1978), 45 – 100; 以及 Tony Campbell, "The Drapers' Company and Its School of Seventeenth Century Chart-Makers," in *My Head Is a Map: Essays & Memoirs in Honour of R. V. Tooley*, ed. Helen Wallis and Sarah Tyacke (London: Francis Edwards and Carta Press, 1973), 81 – 106。

教教会部分地通过教育策略做出了回应[7]。因而，教育成为人口中更为迫切的需要之物[8]。

英格兰提供了这些发展的一个非常好的例子[9]。在16世纪期间，进入管理部门和公共职业的机会越来越频繁地由正式教育提供，而不是由家庭的学徒制度提供。对于有野心的人而言，在通往其顶峰的道路上，识字和大量学科的知识被看作有着越发重要的特性。因而，越来越多的绅士和商人家庭首先将他们的儿子送去学校，然后送到牛津或剑桥，在那里，他们将会遇到正确的人，并且通过他们的研究而获得对他们需要管理的世界的一种共同理解。由于在现代早期大学中这一人口统计方面的变化，正式课程所提供的内容通常由其他学习课程所增补或者包含在内[10]。最近的关于欧洲大学的学术研究已经确认，这一英国的例子是典型的，尽管存在区域差异[11]。在北方大学和一些南方的大学中，趋势就是有绅士和商人背景的新一批学生群体对于进入大学有不同的动机，同时这些趋势使更多学科更容易与更多精英学生注定要进入的政治和社会世界联系起来。

正规教育在一些不同场合进行，并基于能力和特定范围的年龄在不同层次上进行。早期
的读写训练经常在家中进行。在那些可以承受失去他们年轻孩子的劳动力的家庭中，无论是
男孩还是女孩，都可以由此接受教育。例如，托马斯·埃利奥特爵士（Sir Thomas Elyot）认 624
为，孩子应当在家庭中由妇女进行教育直至7岁，由此，他们在那么小的时候应当不会与恶

⑦ 在教育的演变中，新教信仰的作用，存在重要的不同意见。参见 Arthur Francis Leach, *English Schools at the Reformation, 1546–8* (1896; reprinted New York: Russell and Russell, 1968)，其宣称新教信仰在英格兰的重要性。Nicholas Orme, *Education and Society in Medieval and Renaissance England* (London: Hambledon Press, 1989)，不同意 Leach 的观点，也不同意 Jo Ann Hoeppner Moran, *The Growth of English Schooling, 1340–1548: Learning, Literacy, and Laicization in Pre-Reformation York Diocese* (Princeton: Princeton University Press, 1985)，并显示了两方面的复杂性。Willem Frijhoff, "Patterns," in *Universities in Early Modern Europe*, 43–110，显示了天主教和新教大学在16世纪欧洲的繁荣，尽管北方大学的发展要比南方的好很多。

⑧ 存在众多关于中世纪和文艺复兴时期的教育史研究，包括 Philippe Ariès, *Centuries of Childhood: A Social History of Family Life*, trans. Robert Baldick (New York: Knopf, 1962); Joan Simon, *Education and Society in Tudor England* (Cambridge: Cambridge University Press, 1966); William Harrison Woodward, *Studies in Education during the Age of the Renaissance, 1400–1600* (Cambridge: Cambridge University Press, 1906); Paul F. Grendler, *Schooling in Renaissance Italy: Literacy and Learning, 1300–1600* (Baltimore: Johns Hopkins University Press, 1989); 以及 Anthony Grafton and Lisa Jardine, *From Humanism to the Humanities: Education and the Liberal Arts in Fifteenth-and Sixteenth-Century Europe* (Cambridge: Harvard University Press, 1986). 关于这一时期逐渐增加的识字率，参见 R. A. Houston, *Literacy in Early Modern Europe: Culture and Education, 1500–1800* (London: Longman, 1988)。

⑨ 在 Lawrence Stone, "The Educational Revolution in England, 1560–1640," *Past and Present* 28 (1964): 41–80 中对此有最为精彩的描述。关于一个更为精细的方法，参见 James McConica, "The Rise of the Undergraduate College," in *The History of the University of Oxford, vol. 3, The Collegiate University*, ed. James Mc-Conica (Oxford: Clarendon, 1986), 1–68. Rosemary O'Day, in *Education and Society, 1500–1800: The Social Foundations of Education in Early Modern Britain* (London: Longman, 1982)，考虑的是正在进入学校的人士及其数量的论据，结论是，尽管 Stone 夸大了情况，但总体的入学量有显著的增加，尤其是绅士和商人。

⑩ Mark H. Curtis, in *Oxford and Cambridge in Transition, 1558–1642* (Oxford: Clarendon, 1959)，认为，我们应当考察教导系统，并且考察一种针对对学士学位不太感兴趣的学生量身定制的课程。Robert Gregg Frank 在 "Science, Medicine and the Universities of Early Modern England," *History of Science* 11 (1973): 194–216 and 239–69 中认为，我们应当在为高级学位，如硕士学位的预备课程中寻找科学和其他学科。也可以参见 Hugh F. Kearney, *Scholars and Gentlemen: Universities and Society in Pre-Industrial Britain, 1500–1700* (London: Faber, 1970)。

⑪ Roger Chartier and Jacques Revel, "Université et société dans l'Europe moderne: Position des problèmes," *Revue d'Histoire Moderne et Contemporaine* 25 (1978): 353–74，以及 Maria Rosa di Simone, "Admission," in *Universities in Early Modern Europe*, 285–325, esp. 299.

魔接触[12]。此后是小学的训练，是在被称为幼儿或 ABC 学校的学校中[13]。这些学校教授字母和用方言进行阅读。书写很少被包括进来，因为读和写被看成非常不同的和不相关的技巧，其中阅读是优先和主要的。用于这一水平的初级课本通常以圣经为基础；同时涉及其他少量主题。正如保罗·格伦德勒（Paul Grendler）指出的"在初级水平上没有发生教育的革命"[14]。因而，没有任何证据说明在这一早期教育中包括了地理信息或阅读地图和构建地图。

对于那些在这一层级获得成功的学者，以及对于那些家庭经济上能够支持七至十一岁没有工作的人来说，语法学校是合理的下一步。这些学校有明确的性别区分（偶尔由妇女教授的初级学校并不是如此）[15]，且被称为语法学校，是因为它们教授拉丁语法。拉丁语通过死记硬背、布道时的记录以及书面和口头练习的严格制度进行教授[16]。尤金·金根（Eugene Kintgen）认为，阅读作为一种非线性的技术而被教授，因此，理解概念的阅读并不比对片段信息的阅读更为重要[17]。语法学校的学者正在学习提升和维持他们在社会层级中的地位而不是独立的或具有批判精神的思考，由此，与获得技能相比，被涵盖的主题并不重要，尽管阅读的对象倾向于宗教的或者人文主义的作品[18]。

最后，对于学生中非常少的比例而言，大学是最终且合理的一步。大学在中世纪已经作为牧师的一种训练基地而得以发展。在 15 世纪中，增加了律师和医生的职业训练。在 16 世纪，尤其是在北欧和新教的欧洲，大学课程变得更为折中。学生开始进入大学且不需要意在担任三种职业中的任何一个，同时课程扩展反映了一个不断增加的付费学生团体的更为普通的、世俗的和世间的兴趣[19]。

当男孩可以从始至终地通过它不断继续的时候，这一精致的教育制度可以很好地开展工作。不幸的是，这是很少存在的情况。在现代早期的欧洲，男人和女人的主体，从未进入过学校，并且那些进入学校的，也不太规律[20]。尽管去揭示这一时期的识字率的尝试被普遍认

---

⑫ Thomas Elyot, *The Boke Named the Gouernour* (London: Tho. Bertheleti, 1531), 18r – 20v. 关于早期教育，参见 Ralph A. Houlbrooke, *The English Family, 1450 – 1700* (London: Longman, 1984), 146 – 49。

⑬ David Cressy, *Literacy and the Social Order: Reading and Writing in Tudor and Stuart England* (Cambridge: Cambridge University Press, 1980), 35 – 37, 以及 Houston, *Literacy in Early Modern Europe*, 12 – 22. 很多历史学家已经对这一时期儿童的地位进行论争，其中包括学校教育重要性的增长。论争开始于 Philippe Aries；最近的对论争情况的合理陈述，是由 L. J. Jordanova 在 "Children in History: Concepts of Nature and Society," in *Children, Parents, and Politics*, ed. Geoffrey Scarre (Cambridge: Cambridge Univerity Press, 1989), 3 – 24 中提供的。

⑭ Grendler, *Schooling*, 142; Houston, *Literacy in Early Modern Europe*, 23 – 25; 以及 Houlbrooke, *English Family*, 149 – 51.

⑮ Sara Heller Mendelson and Patricia Crawford, *Women in Early Modern England, 1550 – 1720* (Oxford: Clarendon, 1998), 321 – 27. 也可以参见 Houston, *Literacy in Early Modern Europe*, 73 – 75。

⑯ 参见 Houston, *Literacy in Early Modern Europe*, 56 – 61, 关于欧洲的故事；O'Day, *Education and Society*, 43 – 60, 以及 Orme, *Education and Society*, 16 – 21, 在英国的背景中对此进行了确认。

⑰ Eugene R. Kintgen, *Reading in Tudor England* (Pittsburgh: University of Pittsburgh Press, 1996), 58 – 139.

⑱ Grafton and Jardine, *Humanism to the Humanities*, 1 – 28.

⑲ Walter Rüegg, "Themes," 以及 L. W. B. Brockliss, "Curricula," both in *Universities in Early Modern Europe*, 3 – 42, esp. 3 – 14, and 563 – 620, 以及 O'Day, *Education and Society*, 70 – 100。

⑳ Cressy, *Literacy and the Social Order*, 28 – 29.

为是不准确的，但其显示人口中不超过10%—15%是有读写能力的[21]。当然，这掩盖了一种广泛的差异；一些欧洲城镇有超过90%的男性识字率，并且在城市中，富人和年轻成年男子很可能要比女子、农民、穷人或者年长者更可能掌握阅读能力[22]。在这样一种状况下，可能会认为，地图对于缺乏阅读能力的社会而言，是一种完美的教育资源，但是只有当地图可以被看到的时候才是如此。但这是困难的，因为公开的地图是稀少的，并且最早直至16世纪晚期之前，印刷地图是不常见的，尤其对于弱势群体更是如此，并且地图是非常昂贵的。

依然，重要的（尽管很少）少数人受过良好的教育，并且在现代早期数量持续增加，这些受过良好教育的人掌握着社会、政治和经济权力。此外，一些男人和女人是自学的，或者在他们的一生中基于非正式的基础继续他们的教育。针对教育的这一不断增长的市场，例如大学等机构为那些对不授予证书的职业感兴趣的人设计了不太正式的课程[23]。其他种类的 625
学院在全欧洲蔓延去迎合那些渴望得到专业学习的人[24]。自学课本变得越来越流行，同时教育出版者，无论是人文主义者，还是其他的如数学的从业者，通过个人的课程和书籍，开始销售他们的教育产品[25]。因而，在这一现代早期，全欧洲的管理阶层中教育的地位发生了变化，尤其是在北欧和西欧，同时因而对受过教育的顾问和信息本身的需求也发生了变化。在这一环境下，被研究的对象的推定用途变得重要，并且地图和地理学非常适合这一模式。

教育理论

开始于15世纪，一个新的教育者群体开始实践和传播新的教育理论，强调通往美好生活的古典和世俗的途径。从维罗纳的瓜里诺·瓜里尼（Guarino Guarini）到英格兰的梅里奇·卡索邦（Meric Casaubon），受到人文主义思想鼓舞的人们开始为管理者和绅士提出一种新的训练场。他们都是受到政治和宗教需要推动的，并且都被迫洽谈赞助关系，以为了作为教育者生存下去，最初是在传统的大学结构之外，后来是在那一体系之内。当他们提出了他们的研究课程的时候，由于希望吸引顾客和学者，因此很多强调地理或者地图知识的重

㉑ Houston, in *Literacy in Early Modern Europe*, 116 – 54，认为读写能力随着地理、年龄、性别和其他人口统计学因素而有巨大的变化。Grendler展示，在1587年，威尼斯的识字率为23%（Grendler, *Schooling*, 46）。对识字率思想的批评以及为什么我们坚持去测量它，参见Jonathan Barry, "Literacy and Literature in Popular Culture: Reading and Writing in Historical Perspective," in *Popular Culture in England, c. 1500 – 1850*, ed. Tim Harris (London: Macmillan, 1995), 69 – 94。

㉒ Houston, *Literacy in Early Modern Europe*, 130 – 54.

㉓ Stone在"Educational Revolution,"和Curtis在*Oxford and Cambridge*中对这一非正式的课程存在争议。在"Undergraduate College"中，McConica宣称，这些研究与那些与学位有关的研究一样严格，这一结论得到了我从Lesley B. Cormack, *Charting an Empire: Geography at the English Universities, 1580 – 1620* (Chicago: University of Chicago Press, 1997)找到的与地理学有关的内容的支持。

㉔ Frijhoff, "Patterns,"以及Olaf Pedersen, "Tradition and Innovation," both in *Universities in Early Modern Europe*, 43 – 110 and 451 – 88, esp. 465 – 66.

㉕ 关于自学书籍逐渐流行的一个例子，参见Miriam Usher Chrisman, *Lay Culture, Learned Culture: Books and Social Change in Strasbourg, 1480 – 1599* (New Haven: Yale University Press, 1982)。关于数学从业者，参见Lesley B. Cormack, ed., *Mathematical Practitioners and the Transformation of Natural Knowledge in Early Modern Europe* (in preparation)，尤其是Lesley B. Cormack撰写的章节，"Mathematical Practitioners and the Scientific Revolution: The Zilsel Thesis Revisited."也可以参见E. G. R. Taylor, *The Mathematical Practitioners of Tudor & Stuart England* (Cambridge: Cambridge University Press, 1954)，以及Edgar Zilsel, "The Sociological Roots of Science," *American Journal of Sociology* 47 (1942): 544 – 62, esp. 552 – 55。

要性。

历史学家已经宣称，在至少三个世纪中，人文主义是文艺复兴时期的知识运动㉖。这些历史学家提出，人文主义强调异教的过去的重要性，因为其优美的拉丁语和希腊语，以及因为其对人类状况的深入审视。那些遵从这一知识途径的人拒绝了烦琐哲学迂腐的苛责，偏好三学科而不是四学科，并且是在教室和王公宫廷中，而不是在大学，也不是为了天主教教会而进行他们的活动。

这一解释在最近50年中已经被极大地修订。当语法和修辞，尤其是用拉丁语的，被人文主义学者明确强调的同时，他们与烦琐哲学的争斗现在可以被看作更为制度性的而不是学术性的㉗。人文主义者不是自由表达的激进捍卫者，就像他们曾经被认为的那样。如同格拉夫顿（Grafton）和贾丁所展现的，人文主义的教育学，意图通过死记硬背教授古代的拉丁文文本，同时学校校长对于学生解析一段句子的能力更感兴趣，而不对他们通过这样的研究揭示任何新知识的能力感兴趣㉘。例如，瓜里尼，通过强调顺从而不是创新来训练良好市民。布什内尔（Bushnell）最近反对这一纪律严格的和惩罚的傅柯式（Foucauldian）模式，宣称，学校老师在作为家长的附属的职位上，通常是他们学生的社会下层，进行惩罚和威胁的机会可能比被认为的要少㉙。大多数人文主义者强调教授时要有熟练的技巧，并且通过游戏和玩耍，而不是用笞鞭作为促进学习的工具。因而，这些教育者引入的主题意图是去吸引潜在的学生和他们的家长，而不是被用作一种惩戒工具。同时，吕格（Rüegg）认为，只是在17世纪晚期，人文主义才成为大学课程中的固化内容。在那之前，人文主义者正在探索古代思想与现代应用之间的交互作用㉚。

那些撰写了方法和课程的很多人文主义者提到了需要教授地理材料，尤其是在理解来
626 自罗马时期的文献或《圣经》的段落的背景下㉛。例如，卡索邦将圣经地理学看成是训释分析重要的组成部分，并且展示，地理学知识在发现“君士坦丁赠礼”（Donation of Constantine）是伪造的过程中是必要的部分㉜。然而，这是地理学的一个相当不太重要的用途，并且通常根本没有提到地图。

㉖ Anthony Goodman and Angus MacKay, eds., *The Impact of Humanism on Western Europe* (London: Longman, 1990).

㉗ Rüegg, "Themes," 34; Charles B. Schmitt, *John Case and Aristotelianism in Renaissance England* (Kingston: McGill-Queen's University Press, 1983); Alistair Fox, "Facts and Fallacies: Interpreting English Humanism," in *Henrician Age*, 9–33; 以及 Jerry Brotton, *The Renaissance Bazaar: From the Silk Road to Michelangelo* (Oxford: Oxford University Press, 2002), 62–91.

㉘ Grafton and Jardine, *Humanism to the Humanities.*

㉙ Rebecca W. Bushnell, *A Culture of Teaching: Early Modern Humanism in Theory and Practice* (Ithaca: Cornell University Press, 1996), esp. 73–116.

㉚ Rüegg, "Themes," 34–41.

㉛ 例如，参见，Richard Pace, *De fructu qui ex doctrina percipitur* (*The Benefit of a Liberal Education*), ed. and trans. Frank Manley and Richard S. Sylvester (New York: For the Renaissance Society of America by Frederick Ungar Publishing, 1967)，或者，晚些的，Henry Peacham, *The Compleat Gentleman: Fashioning Him Absolute in the Most Necessary & Commendable Qualities Concerning Minde or Bodie That May Be Required in a Noble Gentleman* (London: Francis Constable, 1622)；皮查姆期望他“完美的绅士”去学习地理和地图学。参见 Grafton and Jardine, *Humanism to the Humanities*, 以及 Curtis, *Oxford and Cambridge*, 269。

㉜ Meric Casaubon, *Generall Learning: A Seventeenth-Century Treatise on the Formation of the General Scholar* [1668], ed. Richard Serjeantson (Cambridge: RTM Publications, 1999), 104.

16 世纪前半叶，在教育中，教育改革者开始向与地理学研究和地图使用有关的两个不同方向转变。当更为人文主义倾向的教育学作者只是提到需要理解地理学的同时，那些更为依赖宫廷、精英或者商业赞助者的作者，则开始强调文科教育的重要性以及年轻绅士学习地理、航海和军事艺术的重要性，其中包括地图的使用。在《教师》（*The Scholemaster*，1570）中，当他向理查德·萨克维尔爵士（Sir Richard Sackvill）提出关于他儿子教育的建议的时候，罗杰·阿沙姆（Roger Ascham）强调，对于成功地进行管理以及个人的满足而言教育的重要性㉝。相似地，埃利奥特强调了国家潜在管理者需要接受大量的教育。在一本旨在赢得亨利八世喜好的书籍中，埃利奥特建议“将一名儿童培养为成年人的教育/其在公共场合中是具有权威的”应当包括“对托勒密古代地图/在其中绘制了世界的全部”的理解以及“对宇宙志的展示”，并不是通过旅行而是通过阅读：“我不知道有什么样的情趣能比在他的房子里看到世界所包括的每件事情能获得更多的快乐的了。”㉞

埃利奥特可能是“他这代人中最为杰出的人文主义学者”㉟。他对那些注定要参政的人的教育建议是新教理想主义和政治权宜之计的有趣混合。在他的一生是一系列不成功的赞助标的的同时，他在《统治者》（*The Gouernour*）中的建议就是古典的和道德的哲学是必须要学习的，并用于为国家的服务中㊱。学者需要参与世界中，鉴于这一明确的信息，埃利奥特对于宇宙志和地图的兴趣旨在应用它们。埃利奥特主张引入托勒密的地图（在对于球体的理解被接受之后）“由此准备让孩子去理解历史”㊲。这样的历史和这样的地图，对于渴望地位和权力的人而言是必需的。

对古代文学最为感兴趣的教育者，将地图看成理解历史和地理的工具，就像埃利奥特所宣称的那样。确实，在他们的建议中通常不可能区分这些活动。例如，在 1517 年撰写了《文科教育的益处》（*The Benefit of a Liberal Education*）的理查德·佩斯（Richard Pace），其陈述，托勒密和斯特拉博，通过他们的地理学研究，为这一文科教育提供了重要的贡献。他宣称，“通过这些人的艺术，在我们的时代，葡萄牙人发现了锡兰”㊳。随后继续讨论了文本、地图和旅行的相对优点：“但是无论谁将地理科学带入心中，或者不得不去在全世界旅行（这是极为不快乐的、困难的和昂贵的），或者他不得不通过阅读斯特拉博的作品，其就像大地一样宽广，并且其本身就是一个世界——并且用希腊语，因为翻译是极为糟糕的。除非上述这些似乎需要更短的时间，否则你必须去做的就是：去研究被俗称为世界地图

㉝ Roger Ascham, *The Scholemaster or Plaine and Perfite Way of Teachyng Children, to Understand, Write, and Speake, the Latin Tong* (London: Iohn Daye, 1570), Bj recto, ff.

㉞ Elyot, *Boke Named the Gouernour*, 15v and 37r－37v.

㉟ Alistair Fox, “Sir Thomas Elyot and the Humanist Dilemma,” in *Henrician Age*, 52－73, esp. 52.

㊱ Fox 展示，埃利奥特未能成功地估量政治气候，宣称，埃利奥特是“过于道德的，而不是一位马基雅维利（Machiavel），同时过于软弱，因而不能成为一位烈士”（Fox，“Sir Thomas Elyot,” 62）。关于类似的一则故事，涉及埃利奥特的一段不同文本，参见 Constance Jordan, “Feminism and the Humanists: The Case of Sir Thomas Elyot's Defence of Good Women,” in *Rewriting the Renaissance: The Discourses of Sexual Difference in Early Modern Europe*, ed. Margaret W. Ferguson, Maureen Quilligan, and Nancy J. Vickers (Chicago: University of Chicago Press, 1986), 242－58.

㊲ Elyot, *Boke Named the Gouernour*, 37r.

㊳ Pace, *De fructu*, 109.

［*mappaemundi*］的地球仪的草图。”[39] 然而，在佩斯对绅士教育的冗长讨论中，只是此处提到了地图或者地球的研究。乔治·布坎南（George Buchanan）也是如此，其教授了米歇尔·德蒙泰涅（Michel de Montaigne）和苏格兰的詹姆斯六世（James Ⅵ），强调了地理学和历史，而不是地图或航海图[40]。

胡安·路易斯·维韦斯（Juan Luis Vives），一位西班牙人文主义者，由阿拉贡的凯瑟琳所雇用，受到德西德留斯·伊拉斯谟教育方法的极大影响，提出了一种重要的教育方法[41]。两者都致力于教授拉丁语法，通常通过基督教文献，作为一种教授男孩的方法（偶尔也有女孩），让他们作为活跃的基督教公民和管理者占有一席之地。与伊拉斯谟相比，维韦斯更对自然感兴趣，伊拉斯谟则害怕由外部世界导致的娱乐。因而，维韦斯与伊拉斯谟的不同之处在于，其建议阅读那些专门将自然著作解释为对《圣经》和宗教作品的补充的作者的著作[42]。在《关于教育》（*De tradendis disciplinis*，1531）中，维韦斯致力于为学校课程的每个阶段选择恰当的文本。就熟悉拉丁语和希腊语的学生的水平而言，维韦斯表明，是研究斯特
627 拉博和地理学的时间了，“让［学生］还考虑托勒密的地图，如果他可以得到一个校勘过的版本的话。让他添加我们［也就是西班牙］国民在东方和西方边界的发现”[43]。维韦斯倡导让学生参与和使用那些可能会让他感兴趣的资料的重要性；他将地图看作一种重要的教育辅助工具，因为它们将抓住学生的好奇心。

在他为教授伊丽莎白的守卫提出的提议中，汉弗莱·吉尔伯特爵士回应了这些较早的意见。吉尔伯特是在伊顿（Eton）和牛津受的教育，然后一生致力于航海和寻找西北通道[44]。在不成功地尝试殖民纽芬兰而死于海上之前，他确认对于那些积极参与国家及其事业中的人而言，需要一种更为实际的教育。在旨在获得宫廷赞助的提议中，他强调需要数学和航海教育。在被雇用的教师中，吉尔伯特包括了两位数学家：一位教授如何理解宇宙志、天文学和航海，另外一位则教授地图和航海图的艺术[45]。埃利奥特和吉尔伯特都强调帝国的目标和共和国的价值，在其中，地图和航海的研究占据了重要地位[46]。

㊴ Pace, *De fructu*, 109.

㊵ 关于布坎南的生平，参见 George Buchanan, *The History of Scotland*, 4 vols., trans. James Aikman（Glasgow：Blackie, Fullarton, 1827），1：ix－lxxix。

㊶ G. H. Bantock, *Studies in the History of Educational Theory*, 2 vols.（London：George Allen and Unwin, 1980－84），1：106－114.

㊷ Erasmus 在 *On Copia of Words and Ideas*（1512）中建议，用修辞学描述一个地点的重要性，但是其并不意味着地图，或者甚至不必是对真实地点的描述。Juan Luis Vives, *On Education*, 被引用在 Simon, *Education and Society*, 110－11。

㊸ Juan Luis Vives, *De traden disdisciplinis*；参见 *Vives*：*On Education*, trans. and intro. Foster Watson（Cambridge：Cambridge University Press, 1913），169。

㊹ E. G. R. Taylor, *Tudor Geography*, *1485－1583*（London：Methuen, 1930），122－23.

㊺ Humphrey Gilbert, *Queene Elizabethes Achademy*, ed. Frederick James Furnivall（London：Early English Text Society, 1869），4－5.

㊻ 但如 Markku Peltonen 等历史学家，在 *Classical Humanism and Republicanism in English Political Thought*, *1570－1640*（Cambridge：Cambridge University Press, 1995）中支持，在16世纪晚期，人文主义者持激进的共和主义的兴趣，但那些有着清晰的教育提议，其中包括在课程中纳入地图和航海的所有人都偏好可靠的和真正的分层权力结构。参见 Fox, “Facts and Fallacies”；idem, “English Humanism and the Body Politic,” in *Henrician Age*, 34－51；以及 Fritz Caspari, *Humanism and the Social Order in Tudor England*（Chicago：University of Chicago Press, 1954），关于人文主义者本质的保守主义。Brotton 认为，人文主义者基本上是务实的和精通现实政治的（*Renaissance Bazaar*, 90－91）。

托马斯·布伦德维尔，一位诺福克（Norfolk）的绅士以及为绅士撰写教育论著的大众作者，甚至更为确信，宇宙志、航海和地图是任何一位年轻绅士的教育所必需的部分。布伦德维尔是数量正在增长的撰写通俗著作的数学从业人员中的一员，并且使用书籍作为他私人数学课程的广告[47]。在《他为年轻绅士准备的练习，包括六篇论文》（*His Exercises, Containing Sixe Treatises*，... ［*for*］*Yoong Gentlemen*）（1594）中，布伦德维尔仔细地解释了，数学艺术对于任何对地球感兴趣的人来说都是必需的，无论是为了利益还是为了乐趣。他以两篇关于算术的专论开篇，他宣称，是为尼古拉斯·培根爵士（Sir Nicholas Bacon）的女儿伊丽莎白·培根（Elizabeth Bacon）撰写的，他说到“我为她尽可能地将这一算术著作写得平实和简单”[48]。然后，他增加了关于宇宙志原理的第三篇专论，首先是天体的，然后是地球的。第四篇专论考察了地球仪和天球仪的使用。这包括了彼得吕斯·普兰修斯的关于普通地图的长长一节。第五篇中，布伦德维尔解释了星盘的使用，最后，包括一篇关于航海的长长的专论（图 24.1），其中包括如何确定经纬度。整合在一起，这一研究过程，对于那 628
些对数学艺术感兴趣的人而言相当典型，有对各种理解球仪的方法的重要展示，在其中，地图和制作地图有重要作用。有趣的是，没有展示地图，并且实际上，普兰修斯的关于地图的一节如果没有图示的话，那么意义并不大。某人必然假设，这一专论的撰写是作为地图的增补，且单独出版，这是在 18 世纪之前地理学家大量使用的一种类型[49]。布伦德维尔的著作非常流行，在 17 世纪出现了多个进一步的版本。

亨利·皮查姆，撰写于 1622 年，向绅士推荐布伦德维尔的解释，即寻求地理知识或对地图的理解是成为“一名完整的绅士”的必需[50]。皮查姆建议他的读者应当非常熟悉宇宙志、地理学和地图，“就像一位在遥远土地上的陌生人，在没有一位向导的情况下，也不会因对将要前往的那些地方的无知而感到困惑，且还会感觉愉悦；在历史迷宫中惊叹不已：宇宙志，第二位阿里亚德妮（Ariadne），带着足够的线，以让你不至于迷惑”[51]。

按照皮查姆的编辑者，G. S. 戈登（G. S. Gordon）的观点，16 世纪 90 年代在剑桥的三一学院（Trinity College），皮查姆“在悬挂的地图上花费了大量时间，就像霍布斯（Hobbes）在牛津那样”[52]。换言之，皮查姆实践了他所鼓吹的；他要求使用地图和地理描述，因为他自己已经在大学学到了它们。

很多人文主义者和教育家因而对在教室或者私人指导中使用地图确实感兴趣。那些正确地被标识为数学从业者的教育者，将这些地图放置在一个包括了算术、几何、天文学和航海

㊼ David Watkin Waters, *The Art of Navigation in England in Elizabethan and Early Stuart Times* (London: Hollis and Carter, 1958), 212 – 15. “Blundeville, Thomas,” in *The Dictionary of National Biography*, 22 vols. (1921; reprinted London: Oxford University Press, 1964 – 65), 2: 733 – 34, 以及 Tessa Beverley, “Blundeville, Thomas (1522? – 1606?),” in *Oxford Dictionary of National Biography*, 60 vols. (Oxford: Oxford University Press, 2004), 6: 345 – 46. 布伦德维尔最为著名的是 *The Fower Chiefyst Offices Belonging to Horsemanshippe* (London, n. d. ca. 1560s)。关于数学从业者，参见注释 83。

㊽ Blundeville, *Exercises*, A5r.

㊾ Anne Godlewska, *Geography Unbound: French Geographic Science from Cassini to Humboldt* (Chicago: University of Chicago Press, 1999), 37. Blundeville 在 *Exercises*, 246r – 78v 中描述了地图。

㊿ Henry Peacham, *Peacham's Compleat Gentleman*, 1634, intro. G. S. Gordon (Oxford: Clarendon, 1906), 71.

51 Peacham, *Compleat Gentleman*, 55.

52 G. S. Gordon, “Introduction,” in Peacham, *Compleat Gentleman*, v – xxiii, esp. vii.

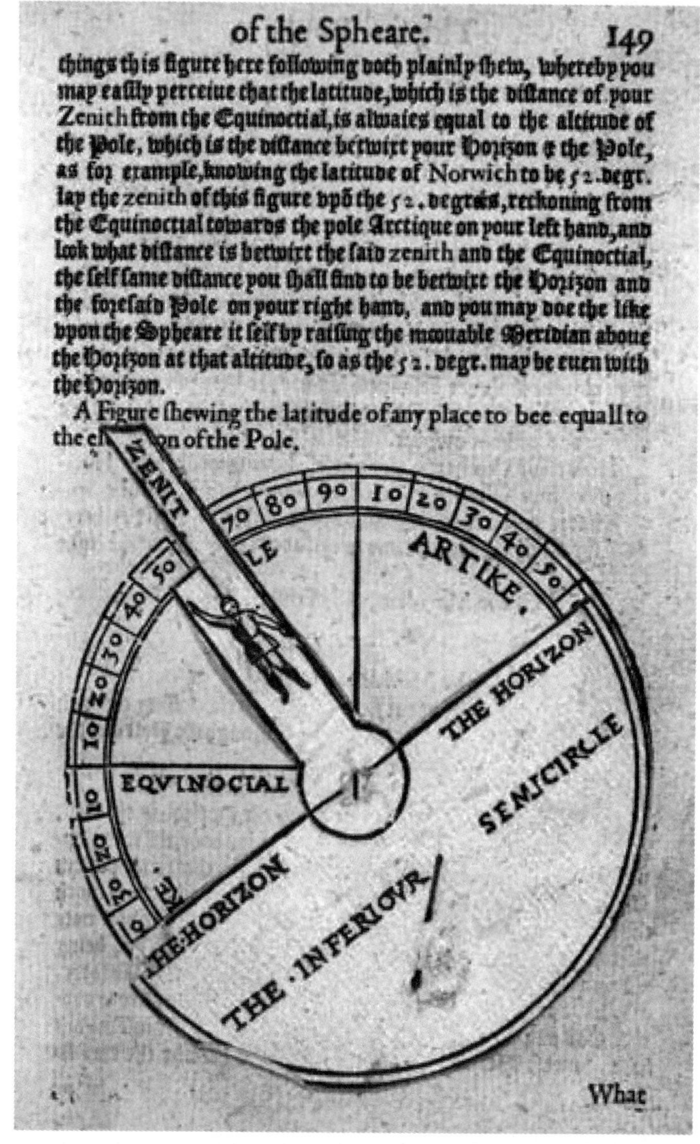
of the Spheare.　149

things this figure here following doth plainly shew, whereby you may easily perceiue that the latitude, which is the distance of your Zenith from the Equinoctial, is alwaies equal to the altitude of the Pole, which is the distance betwixt your Horizon & the Pole, as for example, knowing the latitude of Norwich to be 52. degr. lay the zenith of this figure vpō the 52. degrees, reckoning from the Equinoctial towards the pole Arctique on your left hand, and look what distance is betwixt the said zenith and the Equinoctial, the selfsame distance you shall find to be betwixt the Horizon and the foresaid Pole on your right hand, and you may doe the like vpon the Spheare it self by raising the moouable Meridian aboue the Horizon at that altitude, so as the 52. degr. may be euen with the Horizon.

A Figure shewing the latitude of any place to bee equall to the el[illegible]on of the Pole.

What

图 24.1　来自布伦德维尔的《练习》的可旋转轮盘

可旋转轮盘被包含在布伦德维尔的关于航海艺术的著作的章节中。其命名为“The Shape or Figure of the Rectifier of the North Starre”。

Thomas Blundeville, *M. Blvndevile His Exercises*, *Containing Sixe Treatises* (London: John Windet, 1594), 149. Houghton Library, Harvard University 许可使用。

的课程中。那些有更多人文主义倾向的人则将地图和地理学看成研究历史和军事艺术的一种辅助工具。所有人都同意掌握一些地理和解释地图的能力对于绅士或者贵族的公共生活是必需的。

相应的实践

学校

当我们从理论转向实践的时候，教育史成为一个更为推测性的主题。与学校中每日发生的事情有关的直接证据很少，由此，历史学家经常使用教育理论家所说的话[53]。这一方法近些年受到了认为日常教育有不太高贵的性质、现代早期学校有混乱的结构和学校校长的社会劣等的历史学家的挑战[54]。换言之，语法学校的教学相当务实地教导男孩那些与拉丁语基础有关的各种各样的能力。课程并不是意图创造原创性思想，而是鼓励去发展有组织的基督教生活。然而，由于学校老师通常依赖于地位较高的父母的赞助，因此他们寻找途径以获得他们的费用，管理措施更多的是鼓励而不是严格的纪律。

在这一以拉丁语为基础的课程中，似乎除了对文献段落的解释之外，地图或地理学知识的空间很少[55]。虽然没有在语法学校中获得一席之地，但这一关于世界的知识在两种可选择的地点被研究：在大学［包括高级耶稣会学校（Jesuit schools）］中，地理知识被认为价值高于地图，以及在企业的和制度之外的结构中，地图被给予了相当的强调。

耶稣会学校

16 世纪和 17 世纪欧洲最为重要的新的教育制度是由耶稣会发展的。耶稣会（Society of Jesus），建立于 1540 年，迅速在全世界建立了数百所学校，并配备了人员（图 24.2）。这些学校被设计来教授教义问答书和虔诚，但很快就扩展提供全部课程。基于旅行和地理学对耶稣会的重要性，我们不出预料地发现，耶稣会运营的学校和研究机构教授关于地球及其居民的知识，并且它们应当在这一任务中使用了地图。

虽然伊格内修斯·洛约拉（Ignatius Loyola）最初没有将他的组织构想作为一种教学宗教团体，但教育非常快就成为耶稣会的责任。使用富有的和有权力的赞助者的私人捐赠，耶稣会建立学校并且提供免费的教导作为他们对抗宗教改革的任务的一部分[56]。他们的第一所 630
学校可以认为是从 1543 年之后在果阿（Goa）由弗朗西斯·泽维尔（Francis Xavier）经营的，同时第一所欧洲的学校是 1546 年在瓦伦西亚开办的，是在甘迪亚（Gandia）公爵弗朗西斯·博尔贾（Francis Borgia）的私人赞助之下。此后有来自不同天主教中心的开办耶稣会学院的持续需求，而这一需求耶稣会无法用受过训练的人员来满足。到 17 世纪中叶，在全世界至少有 650 所耶稣会学院[57]。

这些学校遵循非常相似的制度和课程模式。较低层次的，模仿语法学校，教授语法、博爱和修辞，而较高水平的（与本科“会堂”有相同的方式，现在被纳入大学）则有辩论术、

---

[53] 例如，Caspari, *Humanism and Social Order*; Simon, *Education and Society*; 以及 Arthur B. Ferguson, *The Articulate Citizen and the English Renaissance* (Durham: Duke University Press, 1965)。

[54] 例如，Grafton and Jardine, *Humanism to the Humanities*; Ariès, *Centuries of Childhood*; *Grendler, Schooling*; 以及 Bushnell, *Culture of Teaching*。

[55] Grafton and Jardine, *Humanism to the Humanities*, 14.

[56] 参见基础性的著作，François de Dainville: *La naissance del'humanisme moderne* (Paris: Beauchesne et Ses Fils, 1940); *La géographie des humanistes* (Paris: Beauchesne et Ses Fils, 1940); 以及 *L'éducation des Jésuites* (*XVI*ᵉ-*XVIII*ᵉ *siècles*) (Paris: Les Éditions de Minuit, 1978). 也可以参见 Peter Robert Dear, *Discipline and Experience: The Mathematical Way in the Scientific Revolution* (Chicago: University of Chicago Press, 1995), 32, 以及 Grendler, *Schooling*, 364 – 370。

[57] Grendler, *Schooling*, 373, 以及 Steven J. Harris, “Mapping Jesuit Science: The Role of Travel in the Geography of Knowledge,” in *Jesuits*, 212 – 40, esp. 224。

629

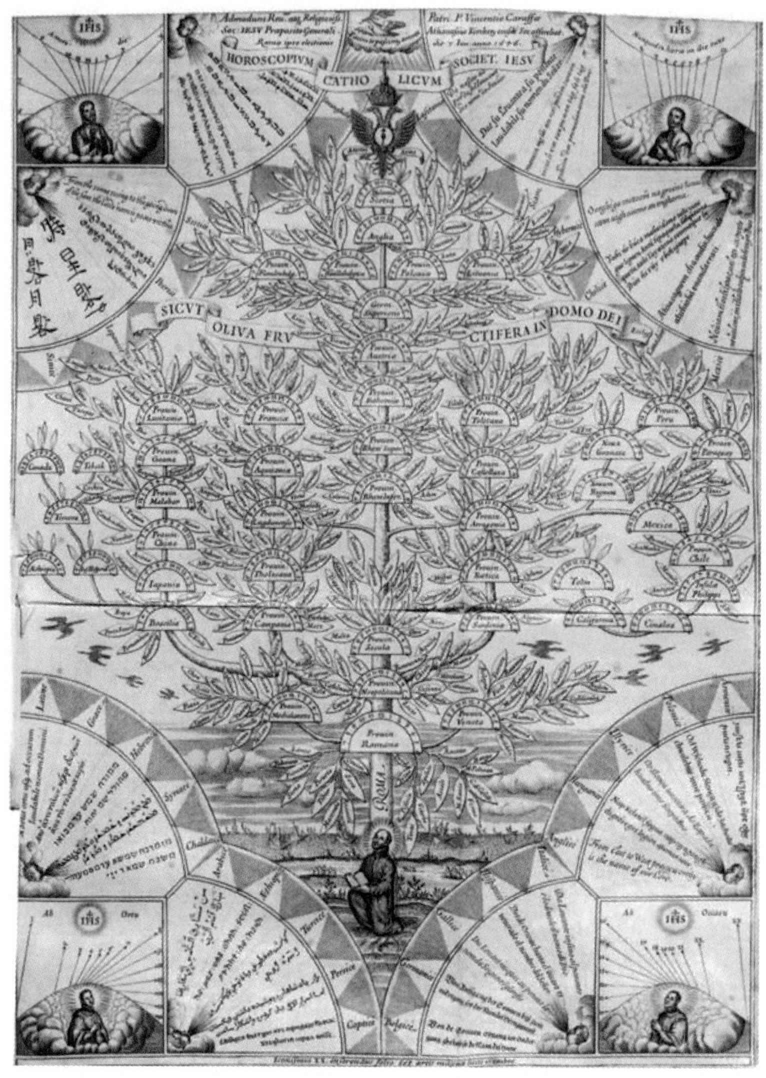

图 24.2 伊格内田树（IGNATIAN TREE），1646 年

标题“Horoscopivm catholicvm Societ. Iesv”，这一雕版作品被发现于基尔舍关于光的专著中。树木代表了按照时间顺序分出的协助机构和省份，耶稣会学院城镇的名称位于树木的叶子上

Athanasius Kircher, *Ars magna lucis et vmbrae*（Rome: Sumptibus Hermanni Scheus, 1646）. Special Collections and Rare Books, Wilson Library, University of Minnesota, Minneapolis 提供照片。

哲学、学术哲学、希腊语、希伯来语，以及在 1590 年之后，数学[58]。就像在其他地方的情况，较低层次的学校更为关注拉丁语语法，而不是地理或者地图。较高级的课程提供了更多关于地图构建和使用方面的知识，以及地理学知识，尤其是在克里斯托夫·克拉维斯数学方面的创新之后。克拉维斯成功的斗争使数学成为课程的一部分（是哲学的一部分）；其被纳

[58] Grendler, *Schooling*, 365. 格伦德勒认为，这些学校接管了之前 15 世纪人文主义的教育模式，没有本质的变化。然而，结果影响深远，因为耶稣会的免费教育实际上消灭了独立的意大利学校，并且确立了教会教育的旧模式（pp. 364 – 77）。这由 Marc Fumaroli 在“The Fertility and the Shortcomings of Renaissance Rhetoric: The Jesuit Case,” in *Jesuits*, 90 – 106 中进行了确认。关于会堂的消亡，参见 McConica，“Rise of the Undergraduate College”。

入耶稣会的官方课程1599年的《学习规划》(*Ratio studiorum*)中。克拉维斯及其同事在这一标题下包括了数学，一种伪亚里士多德式的类别，包括球面天文学、地理学、调查和数学设备[59]。尽管没有历史学家证明，在耶稣会教育项目的这一部分中包含了地图，但似乎可能的是，使用和讨论过地图。

耶稣会逍遥学派的性质意味着，其成员目睹并且描述了世界的大部分以及实际上未知的部分。耶稣会送回家乡的信件和描述数以千计；在这一时期，几乎每一位欧洲的主要自然哲学家都与海外耶稣会士通信。1540—1782年间，耶稣会的成员出版了近800种地理学和自然史方面的作品[60]。这一信息必然与耶稣会学院的学生所共享。地理学在《学习规划》中被命名为一门学习科目，并且更为经常地在修辞学指导者的支持下教授，或者与历史学结合起来，而不是作为一个单独的学科(subject)[61]。同样，我们没有迹象说明，地图是这一从东向西的信息洪流的一部分。耶稣会士制作地图，并且可能的是，他们用地图展示他们的训诫。然而，只有很少的证据支持这一点。

因而，到17世纪，地理学是耶稣会士高级学校课程中确定的一部分，就像更为普遍的在欧洲大学中那样。然而，尽管旅行与耶稣会士之间的密切关系，但没有强有力的证据说明，地图是那一课程的重要部分。耶稣会学院以教授欧洲的社会精英和政治精英而骄傲，并且这些人对于用绘制地图来呈现世界越来越感兴趣。耶稣会士还教授重要的数学从业者，如笛卡尔(René Descartes)。然而，在我们可以得出下述结论之前，需要更多的研究，这一结论就是，就这一教学宗教团体更大的教学目的和方法而言，地图不仅仅是一种附带因素。

大学

相反，我们知道，地理学是现代早期大学正式和非正式课程的一个重要组成部分。在研究的最好的例子中，即牛津和剑桥，地理学在很多学院和大学更为通常的正式艺术课程中占有一席之地[62]。没有关于在大陆的大学中地理学兴趣的可比较的研究，尽管初步的工作说

---

[59] Dear, *Discipline and Experience*, 32 – 36。也可以参见 Rivka Feldhay, "The Cultural Field of Jesuit Science," in *Jesuits*, 107 – 30, esp. 109 – 19. 对克拉维斯的一个更为完整讨论，参见 James M. Lattis, *Between Copernicus and Galileo: Christoph Clavius and the Collapse of Ptolemaic Cosmology* (Chicago: University of Chicago Press, 1994)。

[60] Harris, "Mapping Jesuit Science," 213 – 15.

[61] Dainville, *L'éducation*, 439。对《学习规划》本身的一个讨论，参见 Allan P. Farrell, *The Jesuit Code of Liberal Education: Development and Scope of the Ratio Studiorium* (Milwaukee: Bruce, 1938)。Godlewska 认为，地理学在18世纪依然在耶稣会学院中进行教授 (Godlewska, *Geography Unbound*, 26)。

[62] Cormack, *Charting an Empire.* 关于大陆的状况，Fletcher 和 Deahl 提供了大学研究的一个重要参考书目，其显示对大学实际教授内容的研究落后于对制度史的研究；参见 John M. Fletcher and Julian Deahl, "European Universities, 1300 – 1700: The Development of Research, 1969 – 1979," in *Rebirth, Reform and Resilience: Universities in Transition, 1300 – 1700*, ed. James M. Kittelson and Pamela J. Transue (Columbus: Ohio State University Press, 1984), 324 – 57。L. W. B. Brockliss, *French Higher Education in the Seventeenth and Eighteenth Centuries: A Cultural History* (Oxford: Clarendon, 1987)，是一个著名的例外，考察了真实的讲座和研究课程。然而，在他的论文"Curricula"，一个最近的对欧洲大学的学术研究的评述中，Brockliss 将历史学和地理学作为一个主题，并且实际上没有提到地理学 (pp. 575 – 78)。非常需要这样的研究，因为只有进行比较性研究，我们才能在一个迅速变化的教育制度的背景中，理解整个欧洲的状况，并且确定地理研究和地图学之间的关系，以及与帝国主义、宗教和国家的关系。

631 明，至少在法兰西、西班牙和尼德兰的大学中，学生和教师对地理学感兴趣。这些大学的学生还更为非正式地阅读地理学文本，共同拥有大量的地理和地图学书籍。地图是大学提供的不太正式的部分，尽管它们还由大学学生和机构所拥有。地图并不是主要用来满足课程需要的，但是被通常用于数学地理学的研究以及对《圣经》、古典和同时代历史的展示。另外，当地图阅读和地图制作并不是地理学课程的基础的同时，那些在地图绘制中从事某类职业的人，例如英格兰的托马斯·哈里奥特和爱德华·赖特，西班牙的佩德罗·努涅斯，以及低地国家的赫拉尔杜斯·墨卡托，当在大学时候，从地图中学习，并且学习地图[63]。

16 世纪和 17 世纪，课程改变以满足新的学生和新的职业期望等需要的时候，地理学进入现代早期大学的课程中，尤其是在英格兰[64]。作为从对作为宇宙一部分的世界的普遍兴趣发展而来的主题，即一项被更为准确地称为宇宙志的研究，发展成地理学科，其主要集中于政治社会，并且由对知识的和实践的关注所驱动。地理学的主题是地球及其居民，一个让那些很快参与到世界中的学生日益感兴趣的领域。在牛津和剑桥的正式课程中，地理学的存在得到了大学和学院法规的确认[65]。例如，剑桥的爱德华法令（Edwardian statutes）指示，算术、几何和《宇宙志》应当在文学学士课程的第一年被研究。后来，1619 年，当亨利·萨维尔爵士（Sir Henry Savile）在牛津大学建立几何学和天文学的萨维尔（Savilian）教职的时候，他指示，土地测量应当作为几何学教授职责的一部分而被教授，同时天文学教授应当教授地理学和航海[66]。大多数学习地理的学生都遵循艺术学位的法定要求。

有地理倾向性的学生的学术生涯模式显示了关于早期现代大学的两个重要结论。第一，地理学是在剑桥和牛津的大部分年轻人受到的正式教育的一部分。地理学研究因而被那些按照课程学习的严谨的学生所鼓励和追求，无论他们规划的职业是在教会中、学院中还是在其他地方。第二，那些致力于一种更为活跃的政治生活的人，那些作为普通人和普通大学生拥入学院的"新人"，依然倾向于追求正式的艺术课程，即使他们并不打算获得学位。因而，这些年轻人的引入，有助于修订现存的课程，加入与他们的生活更为直接相关的主题，但同时继续坚持更为严格的 4—7 年的艺术课程。在北欧的大学中也基本如此，因为它们同样经历了这一人口统计学意义上的变化，有相似的社会和文化含义[67]。例如，在法兰西，地理学在多数大学中被教授，同时教授们研究世界其他部分的政治、物理、经济和文化[68]。

在理解研究的内容而不是仅仅其标题的努力中，历史学家开始检查书籍所有的状况。大

---

[63] Pedersen, "Tradition and Innovation," 466，以及 Nicholas Crane, *Mercator: The Man Who Mapped the Planet* (London: Weidenfeld and Nicholson, 2002), 36 – 45。

[64] Pedersen 认为，欧洲大学课程中航海和地图学的缺乏，显示了大学采纳环绕在它们周围的创新的失败（Pedersen, "Tradition and Innovation," 465）。在大学教授的地理学与在不太正式的基础上学习航海和地图制作之间的差异是有意义的。

[65] Mordechai Feingold, *The Mathematicians' Apprenticeship: Science, Universities and Society in England, 1560 – 1640* (Cambridge: Cambridge University Press, 1984), 23 – 44，以及 Cormack, *Charting an Empire*, 27 – 31。

[66] James Heywood, comp., *Collection of Statutes for the University and the Colleges of Cambridge* (London: William Clowes and Sons, 1840)。关于拉丁文本，参见 John Lamb, ed., *A Collection of Letters, Statutes, and Other Documents from the Manuscript Library of Corpus Christi College* (London: J. W. Parker, 1838), 125。也可以参见 Curtis, *Oxford and Cambridge*, 116 – 17.

[67] Rüegg, "Themes," 5 – 8.

[68] Brockliss, *Higher Education*, 154 – 55.

部分历史学家查验完整的图书馆的列表，而凯瑟琳·德拉诺－史密斯和我则更为明确地检查地理书籍和地图所有权状况[69]。1550—1650 年，牛津和剑桥的学生，以及学院的图书馆，拥有大量数学地理学和地图学的文本。例如，托勒密的《地理学指南》和庞波尼乌斯·梅拉的《对世界的描述》的多个副本在每十年中被拥有的情况。塞巴斯蒂安·明斯特的《宇宙志》，一部更为描述性的地理书籍，而且有一个重要的数学地理学的小节（包括地图），在整个时期中存在多个副本。在多年中，古典地理学文献，以及彼得·阿皮亚的《宇宙志》和明斯特的相应章节的稳定拥有表明，在 16 世纪早期已经在前哥白尼的框架中奠定了数学地理学的基础。阿皮亚的著作结合了宇宙志理论、地图绘制技术的基本指南以及欧洲和后来新世界国家和区域的地图。托勒密《地理学指南》的持续存在，尽管作为数学地理学分支 632
一个牢固的古典基础，但并不意味着对古代或者过时的思想的一种盲目崇拜。不同于阿皮亚的或明斯特的书籍，这两者在大量版本中基本是相同的，托勒密的作品在每位新的编辑者手中被修订，通常使用了最新发现的和经过调查的地球上的各个部分的地图。可能的是，整个时期中对托勒密的持续兴趣，展示了已经确立了最优秀的大地测量学创造者的工作的坚实基础，以及满足了对世界所有部分新揭示出的信息的好奇心[70]。

地图和地图集在整个时期持续流行。除了托勒密和明斯特的旧有标准之外，甚至可以在新的信息，如那些亚伯拉罕·奥特柳斯和墨卡托的创新地图集中寻找。奥特柳斯持续的和重要的存在，与墨卡托地图集的拥有的增长结合起来，表明了焦点从可能有着现代改写的托勒密地图轻微地转移到确实新颖和创新的地图集上。这尤其如此，因为奥特柳斯和墨卡托的地图集在后来的版本中有显著的变化。尽管通常不可能去了解，在这些地图列表中提到的是哪一版本，但至少可能的是，后来的这些地图收藏，拥有的是当时的而不是之前的版本。对于地图的兴趣是非常明显的，这展现在 1600 年和 1610 年拥有奥特柳斯《寰宇概观》的 5 个副本，在 1610 年列表中出现了墨卡托地图集的 4 个副本，以及在 1620 年拥有墨卡托、奥特柳斯和洪迪厄斯的球仪和地图集的多个副本[71]。

在课程中是如何使用这些地图的？地理学在这一时期变得更加专业化，从数学地理学、描述地理学和地方志三个子学科的发展中可以看出。数学地理学在早期是一种最为通常的地理学类型，但到 1620 年，描述地理学在大学及其之外变得更为流行。地图被用于所有这三个地理学领域，尽管有不同的方法。学院的数学地理学处理最为根本的地图的构建，因为其学生对球面三角感兴趣，因而对将三维投影到二维感兴趣。虽然大学的学生没有自己构建地图，但这一研究对于社会的、行政目的的地图制作的普及提供了帮助，而通过让大学中的人熟悉地图和地图投影的概念已经开启了这种普及[72]。

---

[69] Catherine Delano-Smith, "Map Ownership in Sixteenth-Century Cambridge: The Evidence of Probate Inventories," *Imago Mundi* 47 (1995): 67 - 93, 以及 Cormack, *Charting an Empire*, esp. 24 - 46 and 106 - 116。

[70] Cormack, *Charting an Empire*, 112 - 14。德拉诺－史密斯发现托勒密和明斯特在她的剑桥调查中是最为流行的地图作者（"Map Ownership," 76 - 77）。

[71] Cormack, *Charting an Empire*, 112 - 14.

[72] Peter Barber, "England Ⅱ: Monarchs, Ministers, and Maps, 1550 - 1625," in *Monarchs, Ministers, and Maps: The Emergence of Cartography as a Tool of Government in Early Modern Europe*, ed. David Buisseret (Chicago: University of Chicago Press, 1992), 57 - 98, esp. 58. 也可以参见 P. D. A. Harvey, *Maps in Tudor England* (Chicago: University of Chicago Press, 1993)。

这一时期地图绘制技术的发展，聚焦于将实际的海岸线和国家领土的坐标和测量数据翻译在适合航海者和政府官员使用的航海图上，而大学中的数学地理学将球仪想象为一种理论结构，由一个准确的坐标网格和地理特征构成，其需要使用准确的数学公式。两者是交互作用的，但是阅读或者撰写数学地理学专著的作者中只有相当少的人为了谋生而绘制地图和航海图。描述地理学向学生提供了一种他们自己国家和世界剩余部分的图景，由此提高了他们的职业期望并且影响了他们对于更为广大的世界的态度。描述地理学有时使用地图作为图示，尽管令人震惊的是，很多重要的描述地理学的作者，例如哈克卢特，在他们出版的描述中几乎没有地图[73]。实际上，地图更为通常被说明性地用在历史或者《圣经》的背景中，就像卡索邦宣称的那样。最终，地方志，对地方地点的研究，开始使用大量的地图。然而，大部分经常由牛津和剑桥的学生拥有和阅读的地方志文本，几乎完全由文本描述构成，例如至少威廉·卡姆登的《不列颠》（*Britannia*）的早期版本几乎都是文本，而不是由克里斯托弗·萨克斯顿的地图构成的[74]。

对学生备忘录的一项调查向我们显示，偶尔学生会对地图绘制或航海的主题感兴趣，无论是在正式课程结构之内还是之外。例如，尤利乌斯·凯撒爵士（Sir Julius Caesar），一位在牛津的学生，后来伊丽莎白一世统治时期的海军法官，在16世纪70年代开始在牛津编纂一部备忘录，并且在他一生中持续对其进行增补。他使用了一部印刷的备忘录，《札记大全》（*Pandecte locorum communium*）（1572）。这部著作包含了有颂歌的题名页，在整部书籍中有栏外标题，并且在结尾处附有索引，而书的主体则为了拥有者的使用而留成空白[75]。令人感兴趣的是，在宗教和道德主题的优势地位之中，有大量航海的、地图绘制的和地理的标
633 题，凯撒显然在他一生中都将它们保留在他的这一备忘录中；他的第一个条目是1577年他19岁的时候在牛津的玛格达伦厅（Magdalen Hall）撰写的，而最后一个条目的时间是在1636年，在他去世前不久[76]。在这一笔记本中，他记录了一生中的引文、引用语和思想。相对而言，他似乎在专门用于神学和数学的页面上说得不多，但是笔记本中关于地理学和航海图的部分则反而被填写得密密麻麻。确实，凯撒增加了一些有“宇宙志、地理学”的栏外标题的手写页面[77]。他引用了所有重要的地理学作者，包括托勒密、墨卡托、斯特拉博和普林尼。他在船只的护养和设计条目下讨论了航海，并在如“英格兰奇迹”等条目中加入了

---

[73] Richard Hakluyt, *The Principal Navigations, Voiages, Traffiqves and Discoueries of the English Nation*, 3 vols. (London: G. Bishop, R. Newberie and R. Barker, 1598 – 1600). 也可以参见 Giovanni Battista Ramusio, *Delle navigationi et viaggi*, 3 vols. (Venice: Giunti, 1550 – 59); Pietro Martire d'Anghiera [Peter Martyr], *De orbe nouo* (Compluti: Michaele[m] d[e] Eguia, 1530); 和 José de Acosta, *De natvra novi orbis libri duo* (Salamanca: Guillelmum Foquel, 1589)。

[74] William Camden, *Britannia* (London: R. Newbery, 1586), 以及 Christopher Saxton, [*Atlas of England and Wales*] (London, 1579)。也可以参见 Cormack, *Charting an Empire*, 191 – 192。

[75] "Sir Julius Caesar's Commonplace Book," BL, Add. MS 6038. 其由 L. M. Hill 在 *Bench and Bureaucracy: The Public Career of Sir Julius Caesar, 1580 – 1636* (Stanford: Stanford University Press, 1988) 中描述了相关的一些政治和宗教细节。尽管 Moss 解决了备忘录整体印刷的问题（为个人的增补留有空白），但她没有提到有栏外标题这一形式，并且书籍的大部分左侧留有空白。参见 Ann Moss, "Printed Commonplace Books in the Renaissance," in *Acta Conventus Neo-Latini Torontonensis*, ed. Alexander Dalzell, Charles Fantazzi, 以及 Richard J. Schoeck (Binghamton, N. Y.: Medieval and Renaissance Texts and Studies, 1991), 509 – 18.

[76] Hill, *Bench and Bureaucracy*, 6.

[77] "Sir Julius Caesar's Commonplace Book," 348r.

地方志的内容[78]。虽然凯撒主要对地图绘制并不感兴趣，但他的备忘录向我们显示，地理学和地图学进入了大学课程，并且鼓励一些学生在他们的一生中去追求这些主题。

现代早期，大学对地图学和地图绘制最为重要的贡献，可能并不来源于在课程中对这些主题的讲授，而是通过训练那些注定从事地图学和宇宙志职业的人，以及通过在有数学倾向的个人之间建立的联系。类似于在努涅斯例子中，在1529年成为西班牙国王的皇家宇宙志学者之前，佩德罗·努涅斯加入萨拉曼卡大学。在转向赫马·弗里修斯不太正式的数学训练之前，墨卡托在卢万研究神学[79]。此外，数学地理学和地图的研究鼓励在大学之内和之外的大量志同道合的个人的小圈子。最初在大学会面，有地理学倾向的人建立了联系和社团，而这些将很好地延续到他们接受艺术教育之后。这些联系帮助将学院和实践人员联系起来，并且有助于将地理学科转化为一门需要整合理论和实践来解释世界的互动的学科。类似于赖特和哈里奥特的人，在大学接受训练，并从他们学生时代开始对地图和地理学感兴趣，进入更为政治化的顾客圈子中，并且开始在更为实践的团体中提出关于地图和数学的新思想。

数学从业者和地图

当地图和地理学研究被明确用于大学和学校背景中的时候，在耶稣会士圈子之内和之外，它们对于那些亲自或者通过现场实践来获得知识的人而言是更为重要的。对于作为数学从业者销售他们的教育服务的人，以及对于他们的赞助者，无论是商业公司，如东印度公司或荷兰东印度公司，还是富有的（或者胸有大志的）绅士和贵族而言，尤其如此。独立的教育者，依赖于付款和顾客，强调他们可以告知的信息的有用性，并且对于贸易、航海和高层政治而言，地图被认为其用途不断增加[80]。随着掌管治理和投资的人变得更加习惯阅读和解释地图，地图日益被看成信息和美丽的一种来源[81]。数学从业者因而作为可以解释地图绘制的秘密以及对于地球的理解的教育者来出售他们的服务。

布伦德维尔提供了这一类目的教育者的重要例子。通过他的书籍，他提出了年轻绅士的一套教育程序，并且将这本书用作他未来的个人指导和仪器著作的广告。他作为一名独立的数学从业人员进行了推销。布伦德维尔宣扬了地图制作和航海技巧的用途，即对于那些希望"通过海路进行旅行的（人）而言，他们因而需要航海的艺术，而除非他们首先掌握了数学，否则任何人要充分掌握航海的艺术都是不可能的"，此外还要掌握布伦德维尔出版物中剩余的信息。他补充到"我确实渴望要求所有年轻的绅士去获得这些我写的小册子，而不用他们感谢我所撰写的这本小书，因为如此，我已经感到我所做的工作得到了感谢"[82]。

---

[78] "Sir Julius Caesar's Commonplace Book," 409v and 250r.

[79] Pedersen, "Tradition and Innovation," 466.

[80] 参见 Katherine Neal, "The Rhetoric of Utility: Avoiding Occult Associations for Mathematics through Profitability and Pleasure," *History of Science* 37 (1999): 151 – 78; Barber, "England Ⅱ"; 以及 Jerry Brotton, *Trading Territories: Mapping in the Early Modern World* (Ithaca: Cornell University Press, 1998), 关于地图绘制的一些政治方面的用途。

[81] 地图在富有的荷兰商人的个人和经济生活中的作用，对此的重要讨论，参见 Svetlana Alpers, *The Art of Describing: Dutch Art in the Seventeenth Century* (Chicago: University of Chicago Press, 1983)。

[82] Blundeville, *Exercises*, A4v. 布伦德维尔较早的主题是基于古典马术的模式，这表明他针对的受众是由绅士构成的，并且基于所能感知到的需求，他可以将他的手伸向不同的自助项目。

数学从业者是最早出现在现代早期欧洲的有科学倾向的人群中的一个相对较新的类
634 别[83]。数学是从自然哲学中分离出来的一个研究领域，并且那些对数学问题感兴趣的人通常将这些研究与实际应用，如火炮、防御工事、航海和测量联系起来[84]。这些数学从业者在现代早期变得更为重要，并且在关于自然的研究转型以包括测量、试验和应用的过程中提供了一个必要因素[85]。它们不断增长的重要性是正在变化的经济结构、正在发展的技术和宫廷等新的政治化的知识空间的结果，并且因而展示了"科学"中的变化与重商主义和民族国家的发展之间的关系。数学从业者宣扬他们知识的用途，这种言辞鼓励了那些寻求这种信息的人认为它是有用的[86]。当他们使用和解释地图并且推动他们的学生也那么去做的时候，他们正在宣称这样的工具的用途。在这些过程中，地图有时被看作新信息的实际的和重要的来源。

数学从业者在各个不同领域拥有专业知识。例如，伽利略关于物理学和望远镜的早期作品是在数学领域获得赞助的一次成功尝试[87]。笛卡尔对他教授数学和物理学的能力进行了宣传。西蒙·斯泰芬（Simon Stevin）宣称他作为一位数学从业者的地位，有航海和调查的专业知识[88]。威廉·吉尔伯特认为他关于地球的磁性成分的更大的哲学论证对于航海有实际应用价值。很多从业者，例如托马斯·胡德和爱德华·赖特，清晰地展现了对地图绘制和航海的兴趣。

16 世纪 80 年代，胡德，一位受过大学训练的数学讲师，于伦敦在托马斯·史密斯爵士（Sir Thomas Smith）坐落在格雷斯教会街（Gracechurch Street）的家中教授数学地理学和航海。他之前曾经进入剑桥的三一学院，1578 年在那里获得了学士学位，并且在 1581 年得到了艺术硕士学位[89]。胡德在伦敦的讲师职位是由史密斯爵士设立的，他是一位商人，后来东

---

[83] 带有一些修订，这里，我采用泰勒在 *Mathematical Practitioners* 中对数学从业人员中更接近实践的群体的重要分类。对于这些重要人物的更为现代的研究，参见 J. A. Bennett, "The Mechanics' Philosophy and the Mechanical Philosophy," *History of Science* 24 (1986): 1 – 28，以及 Stephen Andrew Johnston, "Making Mathematical Practice: Gentlemen, Practitioners and Artisans in Elizabethan England" (Ph. D. diss., University of Cambridge, 1994)。

[84] Mario Biagioli, "The Social Status of Italian Mathematicians, 1450 – 1600," *History of Science* 27 (1989): 41 – 95.

[85] J. A. Bennett, "The Challenge of Practical Mathematics," in *Science, Culture, and Popular Belief in Renaissance Europe*, ed. Stephen Pumfrey, Paolo L. Rossi, and Maurice Slawinski (Manchester: Manchester University Press, 1991), 176 – 90. Thomas S. Kuhn, in "Mathematical versus Experimental Traditions in the Development of Physical Science," *Journal of Interdisciplinary History* 7 (1976): 1 – 31, reprinted in Thomas S. Kuhn, *The Essential Tension: Selected Studies in Scientific Tradition and Change* (Chicago: University of Chicago Press, 1977), 31 – 65，提供了声称数学和自然哲学有不同历史的早期尝试。参见 Cormack, "Mathematical Practitioners"，对数学从业者在这一时期科学转型中的作用进行了充分的讨论。

[86] 在"Rhetoric of Utility"中，Neal 讨论了使数学显得有用的一些尝试。

[87] 当然，一旦伽利略成功地获得了某位赞助者的表态，尤其是佛罗伦萨的美第奇的宫廷，他就将他数学从业者的根源隐藏起来，并且成为一位有着更高地位的自然哲学家；参见 Mario Biagioli, *Galileo, Courtier: The Practice of Science in the Culture of Absolutism* (Chicago: University of Chicago Press, 1993)。

[88] Ivo Schneider, "The Relationship between Descartes and Faulhaber in the Light of Zilsel's Craft/Scholar Thesis" (paper presented at the Zilsel Conference, Berlin, 1998); in *Reappraisals of the Zilsel Thesis*, ed. Deiderick Raven and Wolfgang Krahn (Philadelphia, forthcoming)。当然，笛卡尔受到的是耶稣会士的训练（Dear, *Discipline and Experience*, 33 – 34）。

[89] 关于托马斯·胡德的传记材料可以在 Taylor, *Mathematical Practitioners*, 40 – 41; Waters, *Art of Navigation*, 186 – 89; "Hood, Thomas," in *The Dictionary of National Biography*, 22 vols. (1921; reprinted London: Oxford University Press, 1964 – 65), 9: 1164；以及 H. K. Higton, "Hood, Thomas (bap. 1556, d. 1620)," in *Oxford Dictionary of National Biography*, 60 vols. (Oxford: Oxford University Press, 2004), 27: 938 – 939 中找到。

印度公司的总督，并且意图教育那些海外投机者，可能也就是弗吉尼亚公司（Virginia Company）的雇员，这一公司的探险活动是由胡德负责的。现在并不清楚受众的构成，尽管从他开场白的语气来看，胡德似乎正在与他的数学同事和商业赞助者交谈，而不是他坚持认为需要训练的水手谈话[90]。胡德讲座的内容也是未知的，但与副本装订在一起现在收藏于 BL 的专论表明，他强调航海技术、设备、天文学和几何学——所有这些，他应当是在剑桥的时候学习的[91]。

赖特，当时最为著名的英国地理学家，同样是在 16 世纪 80 年代在剑桥受到的教育，直至世纪末依然在那里，只是在 1589 年与坎伯兰伯爵（Cumberland）一起前往亚速尔群岛进行了简短的旅居[92]。1599 年，赖特从荷兰语翻译了西蒙・斯泰芬的《船位测寻术》（*De* 635
havenvinding）[93]。在这一著作中，斯泰芬宣称，磁偏角可以被用作航海的辅助工具，以代替对经度的确定[94]。他制作了磁偏角的表格，记录了用已知的磁偏角作为寻找港口的方法，以及确定磁偏角的方法。在他的翻译中，赖特要求在世界尺度上对罗盘磁偏角进行系统观察，"由此，我们可能会得出那样的确信，那些掌管船只的人应当会在他们航行中知道他们应当前往的纬度和磁偏角（它应该代替尚未确定的经度）"[95]。

当然，对测量上的更为准确的要求，应当导致更好的航海图和地图的绘制。不幸的是，赖特的方案并没有完全成功。到 1610 年，在他的《航海中存在的某些错误》的第二版中，赖特构建了一幅罗盘磁偏角的详细的航海图——但是他对他关于使用磁偏角来确定经度的论断变得更为犹豫[96]。

赖特最大的成就是《航海中存在的某些错误》（1599），他对现代航海问题的评价以及对数学解决方法的需求。在这本书中，赖特首次用数学方式解释了墨卡托的地图投影，提供了一种对涉及的几何以精致的欧几里得的证明。他还出版了一张每度的子午线部分的表格，

---

[90] Thomas Hood, *A Copie of the Speache: Made by the Mathematicall Lecturer... at the House of M. Thomas Smith* (London, 1588; reprinted Amsterdam: Theatrum Orbis Terrarum, 1974), A2r, ff.

[91] Thomas Hood, *The Vse of the Two Mathematicall Instruments, the Crosse Staffe... and the Iacobs Staffe* (London, 1596; reprinted Amsterdam: Theatrum Orbis Terrarum, 1972)，以及 idem, *The Making and Use of the Geometrical Instrument, Called a Sector* (London, 1598)。胡德写信给伯利男爵请求获得用于这次讲座的资金，并且表明意图对 40 位船长进行数学艺术方面的训练。然而，并不清楚的是，他是否获得了经费（BL, Lansdowne MS. 101, fols. 56 - 58）。

[92] 作为这次航行的结果，爱德华・赖特撰写了 *The Voiage of the Right Honorable George Erle of Cumberland to the Azores* (1589)，其后来由理查德・哈克卢特印刷，*Principal Navigations*, vol. 2, pt. 2, 155 [misnumbered as 143] - 166，后者给其所加的副标题是"由杰出的数学家和工程师爱德华・赖特撰写"。Marie Boas Hall, *The Scientific Renaissance, 1450 - 1630* (New York: Harper and Brothers, 1962), 204; Waters, *Art of Navigation*, 220; 以及 John William Shirley, "Science and Navigation in Renaissance England," in *Science and the Arts in the Renaissance*, ed. John William Shirley and F. David Hoeniger (Washington: Folger Shakespeare Library, 1985), 74 - 93, esp. 81，都引用这次前往亚速尔群岛的旅行作为赖特生涯的转折点，即他的"通往大马士革的道路"的经验，因为这用图形术语说服他需要对整个航海理论和步骤进行完全的修订。

[93] Simon Stevin, *The Haven-Finding Art*, trans. Edward Wright (London, 1599; reprinted Amsterdam: Theatrum Orbis Terrarum, 1968)；参见 Taylor, *Mathematical Practitioners*, 336。

[94] Stevin, *Haven-Finding Art*, C2. Bennett 在"Practical Mathematics," 186 中将磁偏角与经度之间的关系作为科学革命重要的领域之一。

[95] Edward Wright 在 Stevin, *Haven-Finding Art*, B3r 中的前言，以及 Waters, *Art of Navigation*, 237。

[96] Edward Wright, *Certaine Errors in Navigation, Detected and Corrected* (London: Felix Kingst[on], 1610), 2P1r-8r，以及 Waters, *Art of Navigation*, 316.

其使得地图制作者可以构建子午线网格的精确投影，并且提供了地图构建的直接指导[97]。同时使用这一方法，他构建了他自己的地图。赖特的作品是对墨卡托投影最早的真正数学的描述，并且使英国数学家首次在欧洲数学地理学中成为先锋人物。其所宣称的和要求的理论数学家和实际导航员之间的密切沟通也是同样重要的。

大约在世纪之交，赖特从剑桥前往了伦敦，在那里，他成了一名数学和地理学的教师。17 世纪早期，他据说成为威尔士王子亨利（詹姆斯一世的长子）的老师，这一宣称由他《航海中存在的某些错误》的第二版在 1610 年奉献给亨利而得以强化[98]。由于成为亨利的老师，赖特“在一些德国工匠的帮助下，为殿下制作了一架大型球仪；这一球仪是用弹簧的方式制作的，不仅呈现了整个天球的运动，而且显示了特定的日月系统，它们的圆周运动，以及它们的位置，彼此发生蚀的可能性。在其内部是通过齿轮和小齿轮工作的，可以运行 17100 年，如果球仪可以保持那么长时间的运动的话”[99]。

大约 1612 年，赖特被任命为亨利王子的图书馆馆长，但是亨利在赖特可以任职之前就去世了[100]。1614 年，赖特由东印度公司总督托马斯·史密斯爵士任命向公司讲授关于数学和航海的内容，工资是每年 50 英镑[101]。存在一些关于赖特是否实际上进行了这些讲座的推测，因为他在第二年就去世了。赖特一生都在教授、撰写和研究关于地图构建和航海的问题。他的一生和工作标志着地图与教育的非正式途径之间的重要联系。

胡德、赖特和斯泰芬以及其他大量数学从业者都对理论和实际问题之间的相互联系感兴趣，且通过作为教育者为军队、王公、贵族和商业公司服务而谋生。在此过程中，他们鼓励绘制世界地图，并鼓励对现有地图的必要使用。由于他们适合于一种新的和非正式的教育体系，因此他们可以引入创新性的材料，由此捕捉到了新的强有力的和受过教育的社会群体的兴趣。他们可以非常迅速地回应需求，由此毫不惊奇的是，我们在这一非正式的教育背景中找到了作为教育工具的地图的最大用途。

教育中的地图的思想内涵

教育中地图的使用，无论是正式的还是非正式的，影响了欧洲人认识环绕在他们周围世界的方式。他们开始提出了一种空间和地点的意识，由此塑造了他们的自我认知以及他们的
636 政治、法律和军事行动。进一步，地图的用途和信息改变了学者思考自然世界的方式。在

---

[97] Edward Wright, *Certaine Errors in Navigation...* (London: Valentine Sims, 1599), D3r-E4r, 以及 Taylor, *Mathematical Practitioners*, 336。

[98] Wright, *Certaine Errors in Navigation* (1610), ＊3r-10v, X1 – 4; 参见 “Wright, Edward,” in *The Dictionary of National Biography*, 22 vols. (1921; reprinted London: Oxford University Press, 1964), 21: 1015 – 17, esp. 1016, 以及 A. J. Apt, “Wright, Edward (bap. 1561, d. 1615),” in *Oxford Dictionary of National Biography*, 60 vols. (Oxford: Oxford University Press, 2004), 60: 437 – 38. 也可以参见 Thomas Birch, *The Life of Henry Prince of Wales, Eldest Son of King James I* (London: Printed for A. Millar, 1760), 388 – 89。

[99] “Mr. Sherburne's Appendix to His Translation of Manilius, p. 86,” 被引用在 Birch, *Life of Henry*, 388 – 89, esp. 389 n. g.

[100] Roy C. Strong, *Henry, Prince of Wales and England's Lost Renaissance* (London: Thames and Hudson, 1986), 212.

[101] Waters, *Art of Navigation*, 320 – 21.

16 世纪和 17 世纪通过地图的教育学用途而被播种的很多种子，将在 18 世纪结果，与此同时，对地图及其内容的日益熟悉开始改变现代早期知识、政治和意识形态生活的很多方面。

对地方、国家或世界尺度的地图的熟悉，帮助欧洲人提出了一种认同意识。正如温特尔（Wintle）提出的，文艺复兴时期的地图帮助构建了欧洲的思想，与基督教世界的早期概念相对[102]。世界地图开启了帝国主义的过程，将世界定义为被征服的，以及被体验和被控制的异国的“另类”。国家地图给予它们的观察者以一种他们自己的国家认同的意识，同时，那些拥有或者理解地方地图的人开始通过他们自己的位置来定义他们自己[103]。

统治和拥有土地的精英开始提出了一种对地图的理解，或者，如同巴伯（Barber）的标识，“地图意识”——一种按照地图学方法进行思考的能力，并且将草图作为阐明问题的方法[104]。这种理解开始渗透并改变了很多法律、政治和军事程序，尤其是在 1580 年之后。在关于土地所有权和头衔的争论中，宫廷日益将地图作为一种法律证据的合法来源[105]。为了日常管理的目的，意大利诸国、英格兰、法兰西和哈布斯堡领土上的管理者都开始使用地图。相似地，那些领导军事战役的人开始运用地图知识以及对地图的理解[106]。国家外交谈判，例如 16 世纪早期西班牙和葡萄牙之间关于摩鹿加群岛的争议，日益包括了地图制作者和地理学家的专业知识[107]。

无论是大学内还是大学外的学者的一种日益增长的地图意识，影响了新的解释系统的提出。新世界的发现推动了一种对古代知识的重新评价，而对绘制地图和理解地球的实践兴趣鼓励自然哲学家在他们新的科学研究中包括了对地球的研究[108]。18 世纪对地球形状的调查，意图证明牛顿的预言，可能仅仅是因为在 17 世纪，自然哲学家和数学家开始用一种新的方式来检验地球。在现代早期的教育体系中，地图和球仪的使用是朝向这些重要调查迈出的必然的第一步。

---

[102] Michael Wintle, “Renaissance Maps and the Construction of the Idea of Europe,” *Journal of Historical Geography* 25 (1999): 137 - 65. J. R. Hale, 在 *The Civilization of Europe in the Renaissance* (London: HarperCollins, 1993) 中同样宣称，对地理和地图的研究帮助创造了欧洲。

[103] Anthony Pagden, *Lords of All the World: Ideologies of Empire in Spain, Britain and France, c. 1500 - c. 1800* (New Haven: Yale University Press, 1995); John Gillies, *Shakespeare and the Geography of Difference* (Cambridge: Cambridge University Press, 1994); Lesley B. Cormack, “Britannia Rules the Waves? Images of Empire in Elizabethan England,” in *Literature, Mapping, and the Politics of Space in Early Modern Britain*, ed. Andrew Gordon and Bernhard Klein (Cambridge: Cambridge University Press, 2001), 45 - 68; Richard Helgerson, “The Land Speaks: Cartography, Chorography, and Subversion in Renaissance England,” *Representations* 16 (1986): 50 - 85; 以及 idem, *Forms of Nationhood: The Elizabethan Writing of England* (Chicago: University of Chicago Press, 1992)。对 16 世纪地图使用的一个总体评价，参见 David Buisseret, *The Mapmaker's Quest: Depicting New Worlds in Renaissance Europe* (New York: Oxford University Press, 2003)。

[104] Barber, “England Ⅱ,” 58.

[105] Barber, “England II,” 以及 Harvey, *Maps in Tudor England. William Brandon, in New Worlds for Old: Reports from the New World and Their Effect on the Development of Social Thought in Europe, 1500 - 1800* (Athens, Ohio: Ohio University Press, 1986), 认为私有财产和社会主义的思想来源于欧洲人与新世界民族的相遇。

[106] David Buisseret, ed., *Monarchs, Ministers, and Maps: The Emergence of Cartography as a Tool of Government in Early Modern Europe* (Chicago: University of Chicago Press, 1992).

[107] Brotton, *Trading Territories*, esp. 119 - 50.

[108] Anthony Grafton, *New Worlds, Ancient Texts: The Power of Tradition and the Shock of Discovery* (Cambridge: Belknap Press of Harvard University Press, 1992); David Livingstone, *The Geographical Tradition: Episodes in the History of a Contested Enterprise* (Oxford: Blackwell, 1992), 32 - 62; 以及 Cormack, “Mathematical Practitioners”。

结　论

我们关于现代早期教育中地图和地球研究的地位的知识依然是非常粗糙的。更多的工作需要去做，尤其是关于欧洲大学的、数学从业者以及耶稣会士的重要角色的。清楚的是，地图和地理知识是文艺复兴时期教育制度的一部分。地图大部分被用于正式教育的更高级的水平中，尽管很多人文主义教育者建议应当在一个更早水平的教育中使用它们。然而，在非正式的教育背景中，地图的使用以及兴趣是最为普遍的。对于企业的数学从业者及其学生而言，地图提供了一种有吸引力的、实际的和创新性的教育工具。随着越来越多的男性，偶尔也有女人，开始意识到地图的时候，球仪的概念以及他们在其中的位置也发生了改变。这是一个漫长的发展过程，并且就像欧洲人的大部分从未进入学校一样，欧洲人的绝大部分也从未看过一幅地图。但是逐渐的，通过逐渐增长的对教育和读写能力的强调，以及通过耶稣会士产生的对地理的兴趣和帝国主义国家的兴起，地图变得更令人熟悉。到 18 世纪末，地图和地图绘制成为统治的重要工具，也是几乎所有科学工作的内在部分，因而牢固地在教育体系中扎根。

第二十五章　文艺复兴时期图书馆和收藏品中的地图*

乔治·托利亚斯（George Tolias）

本章的目的就是强调文艺复兴时期对地图而言显然边缘但广泛的一些学术性用途——与 637
地图的搜集、展示和研究存在联系的用途。根据现有证据，本章考察了地图作为视觉记忆辅助工具的作用；然后，追溯了文艺复兴时期，图书馆和收藏品中地图存在和组织的方式；最后，考察了现代早期人文主义文化中地图的象征功能和学术上的用途。

作为记忆辅助工具的地图

尽管文艺复兴时期已经被描述为“手册的时代”，一个“在寻求普遍规范性原则和永久价值方面不知疲倦的［时期］，然后这些被降低为宽泛的说教方案”，并且尽管其确实为我们遗留下大量的描述了工艺和技术，且解释了每一工艺和技术的特点、方法和实用性的书籍，但是除了测量或者航海手册之外，16 世纪中叶之前的关于地图艺术的作品没有保存下来①。文献的沉默可能归因于地图在宽泛类型上的差异，它们制作者宽泛的兴趣和动机，以及它们用途的多样性。然而，这一多样性说明，绘制地图是一种向不同社会、教育程度和职

---

* 本章的研究于 2001—2002 年在 Arthur and Janet Holzheimer Fellowship 的帮助下才成为可能，这是由 Institute for Research in the Humanities of the University of Wisconsin, Madison 授予的奖学金，并且还应当感谢研究所的成员在这项工作早期阶段给予的评论。我尤其幸运的是可以使用《地图学史》项目的资源，并且应当对项目成员一贯给予的有价值的帮助表示衷心的感谢。自然而然，因他的鼓励和慷慨的建议，我最为发自内心的感谢应当献给戴维·伍德沃德。

本章使用的缩略语包括：*Ortelius* 代表 Robert Karrow et al., *Abraham Ortelius (1527 – 1598): Cartographe et humaniste* (Turnhout: Brepols, 1998)；*Merchants* 代表 Pamela H. Smith and Paula Findlen, eds., *Merchants & Marvels: Commerce, Science, and Art in Early Modern Europe* (New York: Routledge, 2002)；*Monarchs, Ministers, and Maps* 代表 David Buisseret, ed., *Monarchs, Ministers, and Maps: The Emergence of Cartography as a Tool of Government in Early Modern Europe* (Chicago: University of Chicago Press, 1992)；*Origins of Museums* 代表 O. R. Impey and Arthur MacGregor, eds., *The Origins of Museums: The Cabinet of Curiosities in Sixteenth- and Seventeenth-Century Europe* (Oxford: Clarendon, 1985)；以及 *Tous les savoirs* 代表 Roland Schaer, ed., *Tous les savoirs du monde: Encyclopédies et bibliothèques, de Sumer au XXIe siècle* (Paris: Bibliothèque Nationale de France / Flammarion, 1996)。

① Luigi Firpo, *Lo stato ideale della controriforma: Ludovico Agostini* (Bari: Laterza, 1957), 引文在 245。哈利注意到了这一缺失，当他写道：“文艺复兴时期新的地图学落后于较为古老的绘画艺术，尽管对艺术主题存在广泛的理解，例如附加在单一符号和拟人形象上的多重含义，由此类似于 Cesare Ripa 的 *Iconologia*（1593）的辞典被认为是解释多重视觉设计含义的必需品”的时候；参见 J. B. Harley, “Meaning and Ambiguity in Tudor Cartography,” in *English Map-Making, 1500 – 1650: Historical Essays*, ed. Sarah Tyacke (London: British Library, 1983), 22 – 45, esp. 35 – 36。

业环境的代表开放的活动。文艺复兴时期的地图学是一个似乎并不属于任何通常的划分方式的领域，其产品似乎被普遍接受为用于记忆被记录在空间上的数据的有用工具。

地图有助于记忆，在对于这一特征的普遍接受方面，一个有趣的早期证据来自尼古劳斯·库萨，在 1464 年的关于接受知识的一则“寓言故事”中，其将制作地图用作展示认识过程的一种隐喻。宇宙志学者站在一座有墙城市的中心，在那里，他搜集和记录所有由通过代表了五官的五座城门进入城市的信使带给他的数据。然而，他编纂了“对呈现在他自己城市中的整个可感知的世界的描述”，并且最终“他将其［描述］编纂到了一幅组织有序并且按照比例测量的地图中，以免丢失”[②]。

寓言大体上同意了斯特拉博对制作地图作为记忆重建过程的看法[③]。然而，事实上，即库萨使用地图作为一种隐喻，以帮助他的读者理解重建知识的过程以及保存和传递知识的最
638 佳方式，由此确认了对地图功能的普遍接受。库萨的寓言还验证了，对于其他感官而言，视觉至高无上的地位。铭记和交流知识的方法不是口头的——并不是被用文本或者演讲加以传递并且通过用心学习加以保存的一段陈述——而是视觉的，一种新的交互作用的图形的视觉呈现。迄今为止，将不同的数据、地点、事件和现象交织在一起的地图保持了单独的解释模式和相互关联，而这些解释模式和相互关联除此之外将是不可见的[④]。

1570 年，约翰·迪伊在他的欧几里得《几何原本》英文译本的前言中，归纳了文艺复兴时期的学者对地图性质和用途的典型观点，如下：

> 地理学研究如何用各种不同的形式（球体、平面或其他方式），描述或绘制出城镇、要塞、城堡、山脉、树林、港口、河川、溪流等的方位（有时是以整个地球为范围，有时只呈现特定的某一部分），根据实际的情况按照比例，以最清楚、恰当的方式呈现。大多数人都觉得，这门学问时时刻刻带来无尽的乐趣，也带来种种有用之物。有些人用它来装饰自己的厅堂、起居室、寝室、藏画室、书斋、图书室。有些人是为了明白过去历史上发生的事情，如战役、地震、大火或其他类似的事件，借此得知事件发生的地点、附近的地区，与我们现在的距离，以及其他相关的情势。另有些人，急着想要

② Nicolaus Cusanus, *Compendium*, ed. Bruno Decker and Karl Bormann, vol. 11/3 of *Nicolai de Cusa Opera omnia* (Hamburg: Felix Meiner, 1964), 3 and 17 – 20；由 Victoria Morse 翻译，History of Cartography Project, hand-printed broadsheet No. 7 (1999)。

③ Strabo, *Géographie*, 9 vols., ed. and trans. Germaine Aujac, Raoul Baladié, and François Lasserre (Paris: Les Belles Lettres, 1966 – 89), vol. 1, pt. 2, p. 92. 也可以参见 Christian Jacob, "Géographie et culture engrèce ancienne: Essai de lecture de la description de la terre habitée de Denys d'Alexandrie" (Ph. D. diss., Ecole des Hautes Études en Sciences Sociales, Paris, 1987), 610. 关于西方人文主义者对斯特拉博的“重新发现”，参见 E. B. Fryde, *Humanism and Renaissance Historiography* (London: Hambledon, 1983), 72 – 76。

④ 参见 David Turnbull, "Cartography and Science in Early Modern Europe: Mapping the Construction of Knowledge Spaces," *Imago Mundi* 48 (1996): 5 – 24, esp. 7. 关于地理学的视觉和助记功能以及托勒密《地理学指南》的影响，参见 Lucia Nuti, *Ritratti di città: Visione e memoria tra Medioevo e Settecento* (Venice: Marsilio, 1996), 23 – 29；关于古希腊地图学的助记功能，参见 Christian Jacob, "Inscrivere la terra abitata su una tavoleta: Riflessioni sulla funzione delle carte geographiche nell'antica Grecia," in *Sapere e scrittura in Grecia*, ed. Marcel Detienne (Rome: Laterza, 1989), 151 – 78；以及关于 14 世纪，学术领域意大利地图学的助记功能，参见 Nathalie Bouloux, *Culture et savoirs géographique sen Italie au XIVe siècle* (Turnhout: Brepols, 2002), 62 – 67 and 101 – 4.

> 看看土耳其人的广大领土、莫斯科大公国的辽阔疆域，或是地球上基督教信仰所到的小小范围。我说小小，是跟基督教尚未传播到的区域比起来。还有一些人，是为了到远方的国度去旅行，或为了得知别人的旅行经验。总而言之，为了种种的目的，许多人爱好地图、航海图和地球仪。至于这些工具的使用，则需要一本专著才能详尽介绍。[5]

尽管迪伊从一开始就认识到地图以类比的方式总结和可视化了地理知识，但他提到的地图的大部分功能和用途并不与实际目的存在联系。确实令人瞩目的是，迪伊，皇室的数学家和地理学家，是天文学和航海教科书的作者，一位关于英国殖民扩张的顾问，一位发现新的海上贸易路线的探险的规划师，但没有认识到地图对于一个国家统治者的潜在用途[6]。按照迪伊的观点，16世纪后期，地图被主要认为是艺术娱乐和教学的手段。他首先提到，地图用于装饰走廊、研究室、图书馆和其他房间的美学功能[7]。然后，他承认了它们对于古物研究而言的参照价值：那些对过去感兴趣的人可以定位重要事件，如战役、地震和气象现象的位置。然后，就是地图的道德用途和政治用途。传播了红衣主教加布里埃尔·帕莱奥蒂（Cardinal Gabriele Paleotti）的观点[8]，或者直接对柏拉图加以引用［其记录了苏格拉底（Socrates）使用一幅地图向阿尔西比亚德斯（Alcibiades）展示，后者所如此骄傲的土地相对而言是如何之小］，迪伊断言，他同时代的人使用地图将广大的俄罗斯帝国和奥斯曼土耳其（Ottoman Turks）帝国与西欧各小国进行比较。这一陈述还暗示了一定程度上潜在的政治用途，但是迪伊实际上没有提到政治用途。最后，几乎是顺带，他提到了与旅行存在联系的地图，但是这里，重点在于实际用途和认识用途之间有着相同的重要性。他说到，地图被用于规划旅程以及用于更为充分地理解已经出版了相关描述的以往的旅行。

对于文艺复兴时期受过教育的精英而言，地图显然是美学享受和知识的来源。这一对待地图学材料的态度并不是新的。如同戈蒂埃·达尔谢已经展示的，地图自加洛林文艺复兴以来就被研究和展示[9]。这种做法从15世纪初开始就扩大并获得了新的重要性：在文艺复兴 639
的黎明时分，与其他古物和选集一起，古物学者正在对地图进行研究和展示[10]。展示地图的潮流似乎已经在16世纪初确立为一种时尚。早在1510年，保罗·科尔泰西（Paolo Cortesi）描述了一位红衣主教理想的住宅，说到，其应当装饰有地图以及珍奇和自然奇迹的图像。这样的图像是强烈的“博学快乐”的来源，同时锐化了智慧和在头脑中印记了知识[11]。

一幅地图是视觉语言的专业化形式，也是类推思维的工具。如同哈利评论的，在其他各

---

⑤ John Dee, *The Mathematicall Praeface to the Elements of Geometrie of Euclid of Megara (1570)*, intro. Allen G. Debus (New York: Science History Publications, 1975), Aiiii.（译者注：本段翻译来自黄嘉音《地理想象与文学明喻——近代西方地理学对弥尔顿的影响》《中南大学学报（社会科学版）》2015年第1期，第191页）。

⑥ 关于迪伊，参见权威著作 E. G. R. Taylor, *Tudor Geography, 1485 – 1583* (London: Methuen, 1930), esp. 75 – 139。

⑦ 关于展示印刷图像的时尚，参见 Roger Chartier, *The Cultural Uses of Print in Early Modern France*, trans. Lydia G. Cochrane (Princeton: Princeton University Press, 1987)。

⑧ 本章稍后对帕莱奥蒂进行了讨论。

⑨ Hugh of Saint Victor, *La "Descriptio mappe mundi" de Hugues de Saint-Victor*, ed. Patrick Gautier Dalché (Paris: Études Augustiniennes, 1988), 91 – 95.

⑩ 例如，尼科洛·尼科利的例子，其在本章后面会提到。

⑪ Paolo Cortesi, *De Cardinalatu* (Castro Cortesio, 1510), fol. 54r – v.

种事物中，一幅地图作为助记工具，也就是说，一种与空间有关的数据的记忆储存库。地图的这一功能在没有印刷术的社会中有特定重要性⑫。然而，在16世纪，通过印刷方法，地图的大量制作，至少在早期，显然精确地传播了地图的这一助记功能，并且与此同时，扩展了其应用的领域⑬。

现存的证据显示了文艺复兴时期受过教育的精英是如何考虑地图的。现代早期的制图学似乎与之前的习惯存在关联，同时与刚刚显露的现代主义的某些基本思考过程存在联系。我们这里关注的现象主要与文化过程的系统化和强化存在联系，并且与当时的技术进步存在部分联系，值得注意的是印刷术的发明。地图用途的扩展和多样化与文艺复兴时期的百科全书主义、视觉文化的建立和图像旧有的助记功能的必然强化存在联系。地图似乎已经被整合进了文艺复兴时期重构知识的广大计划中，并且因而似乎在百科全书主义和作为文艺复兴时期好奇心的博学的构建中发挥了作用。而且，地图的传播和它们用途的增加，与古物研究者对收集和通过实证检验数据的兴趣有关，与对历史地理学和地形学的全面调查有关。

古物研究者的方法赋予16世纪的百科全书主义一种与众不同的基调。古物研究者启发并且鼓励了搜集古代钱币、碑铭和古物、与众不同的自然物品，和其他珍玩的品味——一种从他们的图书馆和画室延伸出并且滚雪球般在全欧洲蔓延的品味，且发展为一种社会现象。古物爱好者和他们的方法论将地理学与历史学联系在一起，并且培育了对地方和区域历史以及宏大地形的研究，范围扩展到了对神圣之地和虔诚历史的研究，并且使用图像（对纪念物、钱币和碑铭的呈现，还有地图、平面图和图像）作为他们交流的工具⑭。

随着地理视野的拓展，以及由此，知识视野的拓展，所有种类的新事实需要被整合到认知系统中。新发现的国家、地理景观、动物群落和植物群落，以及发明，都需要对旧有遗物的一种综合性的重新评估⑮。一种新的，贪得无厌的百科全书主义正在出现，在其目标中，科学和古物，呼吁对数据进行有系统的和经验主义的重新检查。

新事实的洪流以及旧的和新的信息通过印刷字句的迅速传播凸显了世界知识中的危机。旧有的知识系统无法应对⑯。16世纪通过朝着积累大量数据、助记系统的复兴以及分类知识

---

⑫ 参见 J. B. Harley, "The Map and the Development of the History of Cartography," in *HC* 1: 1 – 42, esp. 1.

⑬ 关于作为数据储存库的印刷地图的功能，参见 Christian Jacob, *L'empire des cartes: Approche théorique de la cartographie à travers l'histoire* (Paris: Albin Michel, 1992), 82 – 94, esp. 89。

⑭ Arnaldo Momigliano, *The Classical Foundations of Modern Historiography*, trans. Isabelle Rozenbaumas (Berkeley: University of California Press, 1990), 80 – 108; Zur Shalev, "Sacred Geography, Antiquarianism, and Visual Erudition: Benito Arias Montano and the Maps in the Antwerp Polyglot Bible," *Imago Mundi* 55 (2003): 56 – 80; 以及 Christopher S. Wood, "Notation of Visual Information in the Earliest Archaeological Scholarship," *Word & Image* 17 (2001): 94 – 118。

⑮ 关于16世纪知识的更新，参见 Anthony Grafton, *New Worlds, Ancient Texts: The Power of Tradition and the Shock of Discovery* (Cambridge: Belknap Press of Harvard University Press, 1992)。关于新发现的事实带来的冲击以及文艺复兴时期社会的反应，参见 Lisa Jardine, *Worldly Goods: A New History of the Renaissance* (New York: W. W. Norton, 1996)。关于多维度的百科全书式的好奇及其社会经济含义，参见 *Merchants*。

⑯ 参见 Françoise Waquet, "*Plus ultra*: Inventaire des connaissances et progrès du savoir à l'époque classique," in *Tous les savoirs*, 170 – 77。

新方法的转向，来应对这个前所未有的信息过剩所造成的问题[17]。在地中海西部、德意志和低地国家的大型贸易城市中，开始形成了一个搜集的巨大网络，首先集中在图书馆、工作室 640
和画廊，以及后来在珍品陈列室、宇宙志的舞台、珍宝馆，来自全欧洲的大量好奇者来到这些地方去检查物品以及新的珍奇之物的证据[18]。

在理论上，地图和收藏品都是相同前景的表现，并且有很多共同的特征。地图是一种世界的百科全书和清单目录[19]。尤其是世界地图和球仪，附带有它们图像的装饰品，成为与珍品展示柜服务于相似目的的缩微世界。1531 年，托马斯·埃利奥特爵士，在《统治者之书》（*The Boke Named the Gouernour*）［尼科洛·马基亚韦利（Niccolò Machiavelli）的《君主论》（*Il principe*）和巴尔达萨雷·卡斯蒂廖内（Baldassare Castiglione）的《侍臣论》（*Il libro del cortegiano*）的英文对应物］中，显示了地图所有者的愉悦："在一小时内看到这些领土、城市、海洋、河流和山脉……有着如此的乐趣，而这些是在一位老年人的一生中极少可以去被旅行和追求的；看到民族、野兽、家禽、鱼类、树木、水果和草药的多样性，带来了那么令人难以置信的喜悦：去了解各民族的礼仪方式和生活条件，他们天性的多样，并且是在一个温暖的学习室或客厅中，而没有海洋的危险或漫长而痛苦的旅程的危险：我无法讲述，在自己的房子里能看到世界各地的一切东西，对于一位高贵而机智的人而言，没有什么能比这可以获得更多的快乐的了。"[20]

现代早期的新奇之物中最为重要的是视觉。在威尼斯、法兰克福、安特卫普以及其他地方，通过印刷术，制作并且广泛传播了大量图像。与传统的宗教、政治、职业和教诲图像一起，地理学印刷品（地图、图景、"地方场景"、城镇和村庄、动物群落和植物群落等的图像）稳定地获得了基础[21]。城市社会很快就习惯于接受视觉信息，并且保持着对越来越多的图像的需求。正是在这一潮流中，我们看到了唯物主义早期形式的一些迹象[22]。地图、图示

---

⑰ 关于 16 世纪视觉的地方记忆与修辞传统之间的关系，参见 Patricia Falguières, *Les chambres des merveilles* (Paris: Bayard, 2003), 67 – 68。关于中世纪的助记系统，参见 Mary Carruthers, *The Book of Memory: A Study of Memory in Medieval Culture* (Cambridge: Cambridge University Press, 1990)。关于 16 世纪的助记系统，参见经典著作：Frances Amelia Yates, *The Art of Memory* (Chicago: University of Chicago Press, 1966)，以及 Paolo Rossi, *Logic and the Art of Memory: The Quest for a Universal Language*, trans. Stephen Clucas (Chicago: University of Chicago Press, 2000)。也可以参见 Lina Bolzoni, *The Gallery of Memory: Literary and Iconographic Models in the Age of the Printing Press*, trans. Jeremy Parzen (Toronto: University of Toronto Press, 2001)，关于 16 世纪通过助记进行学习所带来的影响，该文提出了很多新的见解，而通过助记进行学习为收集和好奇心的领域开辟了新的视野。

⑱ 在由 Impey and MacGregor 编辑的经典著作 *Origins of Museums* 出版之后，关于早期收藏的文献在最近一些年中已经极大地扩展了。

⑲ Christian Jacob, "La carte du monde: De la clôture visuelle à l'expansion des savoirs," *Le Genre Humain* 24 – 25 (1992): 241 – 58, esp. 257. 也可以参见 Maria Luisa Madonna, "La biblioteca: *Theatrum mundi e theatrum sapientiae*," in *L'abbazia benedettina di San Giovanni Evangelista a Parma*, ed. Bruno Adorni (Milan: Silvana, 1979), 177 – 94。

⑳ Thomas Elyot, *The Book Named the Governor*, ed. S. E. Lehmberg (London: Dent, 1962), 35，以及 Peter Barber, "England Ⅰ: Pageantry, Defense, and Government: Maps at Court to 1550," in *Monarchs, Ministers, and Maps*, 26 – 56, esp. 31。

㉑ 关于有插图的印刷著作，参见 Roger Chartier, *Lectures et lecteurs dans la France d'Ancien Régime* (Paris: Éditions du Seuil, 1987)，以及 Christian Jouhaud, "Imprimer l'événement: La Rochelle à Paris," in *Les usages de l'imprimé (XVe – XIXe siècle)*, ed. Roger Chartier (Paris: Fayard, 1987), 381 – 438. 关于对在文明史中图像作用的重新评价，参见经典著作 Francis Haskell: *History and Its Images: Art and the Interpretation of the Past* (New Haven: Yale University Press, 1993). 也可以参见 David Woodward, *Maps as Prints in the Italian Renaissance: Makers, Distributors & Consumers* (London: British Library, 1996)。

㉒ Chandra Mukerji, *From Graven Images: Patterns of Modern Materialism* (New York: Columbia University Press, 1983).

和各种视觉辅助工具已经在重建一个可验证的自然图像中发挥了作用[23]。

1544 年，红衣主教加布里埃尔·帕莱奥蒂，后特伦托会议天主教改革的一位核心人物，出版了一部关于正确使用图像的论文，宣称要在这些新的行为模式中发现异教的元素。红衣主教表达了对近来洪水般涌入的图像材料的保留态度，强烈批判了在肖像、徽章、星象图像中对虚荣、魔法和暴力的强调，以及对血腥战役和暴力场景的展现。但并不是所有图像都激怒了他的狭隘性，因为促进宗教奉献的那些图像，以及作为自然科学、地理和技术研究的助记工具的图像，得到了他的信任和赞扬[24]。

最令人感兴趣的就是去考察哪种视觉认知辅助工具被红衣主教帕莱奥蒂认为是合法的。地图是数量最多的视觉助记工具（*potendosi con questo mezo conservar meglio nella memoria*）。红衣主教接受天文图和地图，尽管天文图被与当时广泛传播的占星术的习惯联系起来[25]。

对地图所具有的带来启示和辅助记忆的特性所持有的信心，在文艺复兴时期对记忆术感兴趣的背景下获得了充分的重要性。将图像与记忆联系起来是非常古老的。Mnemosyne（记忆）是希腊缪斯女神（muses）的母亲，并且，卡拉瑟斯（Carruthers）最近的研究显示，中世纪的知识分子将记忆视为一种在图像中进行思考的通用工具[26]。15 世纪和 16 世纪，这一联系在文艺复兴记忆术（*ars memoriae*）的背景下被强化。广泛使用的和流行的助记技术对于古典的、中世纪的和现代早期的修辞学、逻辑学的和魔法的传统而言是常见的，通过创造基于逻辑联系的人工的记忆体系，意图改进他们使用者的记忆。如同罗西对其的描述，记忆的艺术是“概念
641 机制的发展，一旦启动，其就可以通过自身‘发挥作用’，以相对独立于个别作品的方式，直至某人达成一种‘总体知识’，这将可以使人去阅读宇宙的伟大著作”[27]。

按照一本古典罗马修辞学教科书的说法，人工记忆依赖于被附加到记忆场所的记忆图像这一原理[28]。“图像有着在头脑中固定思想、词汇和概念的任务”[29]。对记忆图像和记忆场所的精神回归提出了一系列相关的思想、想法和争论，而演讲者正是围绕这一系列相关思想、想法和争论构建他的演讲的。这本教科书中陈述，一个记忆场所是有能力在其自身中包含其他事物的东西，同时一幅记忆图像是那些我们希望在头脑中保留的事物的呈现。按照这一逻辑，一幅地图是一个记忆场所，而用图像或词语的形式呈现的对象（城镇、山脉、海洋、河流、湖泊、森林等）是记忆图像[30]。

㉓ 参见 Pamela O. Long, “Objects of Art / Objects of Nature: Visual Representation and the Investigation of Nature,” in *Merchants*, 63 – 82。

㉔ Gabriele Paleotti, *De imaginibus sacris et profanis* (Ingolstadt: David Sartorius, 1544), 意大利文, *Discorso intorno alle imagini sacre et profane* (Bologna, 1582), fols. 170v – 71。

㉕ 然而他拒绝了解剖学图示。这种排除，可能可以通过他提到公共学院承认的科目而得以解释（*queste cose, che sono permesse che nelle academie publiche si leggano*）。

㉖ Mary Carruthers, *The Craft of Thought: Meditation, Rhetoric, and the Making of Images, 400 – 1200* (New York: Cambridge University Press, 1998), 以及 idem, *Book of Memory*.

㉗ Rossi, *Art of Memory*, 5.

㉘ “Rhetorica ad C. herennium”，一部佚名的著作，曾经认为作者是西塞罗。参见 Harry Caplan, trans., *Ad C. herennium: De ratione dicendi* (*rhetorica ad herennium*) (Cambridge: Harvard University Press, 1954), 以及 Rossi, *Art of Memory*, 6 – 11。

㉙ Rossi, *Art of Memory*, 27.

㉚ 参见 Jacob, *Empire des cartes*, 233 – 35。

在着手构建人工记忆体系的理论论著中发现了很多对地图、地图制作过程和地图学描述的提及。在16世纪，朱利奥·卡米洛·德尔米尼奥（Giulio Camillo Delminio）和亚历山德罗·墨脱里尼（Alessandro Citolini），使用了它们时代的一个常识（就像库萨所做的那样），使用宇宙志舞台的隐喻的变体（即使他们实际上没有相信其操作的可行性）构建启发了人工记忆的系统。在他的《记忆的舞台》（*Tipocosmia*，1561）中，墨脱里尼提供了常见的地图学和助记术系统的有特点的示例。为了向他的读者传授记忆术，他首先使用了珍宝柜的隐喻以分析和片段的方式呈现所有数据，然后转换为幻术家的宇宙志大厅的比喻，最后转换到地图集的隐喻[31]。

文艺复兴时期对记忆术的普遍渴望，可以在“世界舞台”的概念中发现其最为完整的显现，16世纪后半叶提出了很多关于“世界舞台”的提议[32]。这些助记的舞台，一种百科全书式的收藏的有趣变体，有着具有野心的分类系统，意图包括当时已知的关于天体宇宙、自然和人类的所有事实。组织的基本系统是宇宙哲学（基于4种元素）或者占星术（遵从黄道带上十二宫的顺序和特征，以及与它们关联的气候带）。大部分舞台从未超出于纸面的憧憬——辉煌的思索阶段——但是基于地图的范例存在一定数量的物化，并且对计划的范围给出了一些想法[33]。文艺复兴时期对知识逻辑结构和数字的全能的信仰——即使受到星辰的启发——是广泛的，且有着重大的深远意义[34]。

在16世纪后半叶，印刷的地图集被赋予了来源于助记舞台的和包容一切的收藏的标题。亚伯拉罕·奥特柳斯的《寰宇概观》间接提到百科全书式的收藏和人工记忆的手册，同时，赫拉尔杜斯·墨卡托的地图集提到了神话中的毛里塔尼亚（Mauritania）国王，大地（Ge）的儿子，和太阳（Helios）的孙子，一位占星术士和哲学家，其登上了他王国中的最高峰观看和理解世界。地图绘制和收藏遵循着并行的方法论，并且被理解为彼此相关的。

确实，地图绘制和收藏汇聚于文艺复兴时期的记忆术（*ars memoriae*）。对于文艺复兴时期的助记系统和收藏之间关系的研究，博尔佐尼（Bolzoni）总结到：

> 16世纪伟大收藏的非凡存在，极大地扩大了隐喻的潜力，并使之按照字面意思被接受：记忆，由艺术辅助且使其成为可能，成为宝库的实际房间，这是独特的藏品被存

㉛ 墨脱里尼的助记系统基于建筑模型。通过穿过六间房间的导览的方式（一次相当迂腐和无聊的旅行），主人向来访者介绍所有知识的分支。在建筑的第七个和最后的房间中，来访者在他们面前看到了一个他们进入的巨大球体。在其中，他们看到天体都环绕着他们，并且地球位于中间，在其上每件事物都被具有吸引力的呈现且组织有序。最后，主人带着来访者前往他的研究室，并且向他们展现了一部整个世界都被组织在其中的宏大书籍，有着河流、动物和植物——“这是他们曾经看到过的最为完整的花园”。参见 Bolzoni，*Gallery of Memory*，243，以及 Alessandro Citolini，*La tipocosmia*（Venice，1561），546 – 51.

㉜ 参见经典著作 Frances Amelia Yates：*Theatre of the World*（Chicago：University of Chicago Press，1969）；也可以参见最近的著作，Ann Blair，*The Theater of Nature*：*Jean Bodin and Renaissance Science*（Princeton：Princeton University Press，1997）。

㉝ 参见本卷的第三十二章，和 Juergen Schulz，“Maps as Metaphors：Mural Map Cycles of the Italian Renaissance，” in *Art and Cartography*：*Six Historical Essays*，ed. David Woodward（Chicago：University of Chicago Press，1987），97 – 122。

㉞ 伊丽莎白时代的诗人带有讽刺意味地总结了盛行的气氛：“至于子午线和平行纬线/人们已经编制出了一个网格，并且将这一网格/投射到了天堂上，并且现在它们是他自己的。/因而勉为其难地爬上山丘，或者辛苦工作/为了去前往天堂，我们让天堂来到我们身边。/我们突飞猛进，我们排列星辰，并且是在它们的运转中/它们内容的多样性服从于我们的步伐。”参见 John Donne，*The First Anniversarie*：*An Anatomie of the World*（London，1621）。

> 放的地点……记忆的技术因而在词汇、图像和对象之间轻松移动，令人感兴趣，因为它们正在保证不同层面现实之间的最大可翻译性，并且激发——并且控制——了一种“变态”的变化无常的游戏㉟。

642 在这一游戏中，地图似乎具有主导地位。奥特柳斯在《寰宇概观》的前言中指出，它们如何帮助我们记忆我们在地理学和历史学著作中所读到的，归纳了地图的助记功能：“并且当我们通过这些地图来了解我们的世俗世界，或者因而获得了关于地理学的一些适当知识的时候，无论我们将要阅读什么，这些地图被放置，因为它是我们眼前确定的镜子，它将更长时间留在记忆中，并给我们留下更深刻的印象：由此意味着传递给我们那些现在我们确实获得的我们所读到的一些成果。”㊱

地图的收藏和组织

地图和图书馆

作为视觉的记忆辅助工具——为了归纳、列表显示和有序地展现各种各样的数据——地图出现在了图书馆、档案馆和收藏品中。如同斯凯尔顿指出的，“在 15 世纪意大利的私人图书馆的动态形式中，在文艺复兴时期书籍世界的中心，地理学和地图学有着显著的份额，即使我们还无法指出一个特定的地图收藏”㊲。尽管最近的研究提供了在王公或者修道院图书馆中地图存在的证据，时间可以早至加洛林王朝的文艺复兴时期㊳，但地图所有权自 15 世纪之后一直存在。早在 15 世纪的最初数十年，就已知红衣主教焦尔达诺·奥尔西尼在他佛罗伦萨的图书馆中，拥有大量涵盖了欧洲、亚洲和非洲不同部分的地图，就像尼科洛·尼科利和索佐门诺·德皮斯托亚后来在同一座城市中拥有的那样。尼科利提供了早期古物学家使用地图的有趣例子，因为他不仅研究他拥有的地图，而且将它们与他的古物一起展示在他住宅的墙上㊴。费拉拉宫廷图书馆中的地图，是一个不同的例子。那里，统治家族对于地图的兴趣反映了学术的和国家的关注点。费拉拉的博尔索·德斯特和埃尔科莱·德斯特（Ercole d'Este）有一些地图学的精致作品，并且成为地图制作者尼古劳斯·日耳曼努斯的重要赞助者㊵。一些地图已经被认为

㉟ Bolzoni, *Gallery of Memory*, xxiv.

㊱ Abraham Ortelius, *Theatrum orbis terrarum... The Theatre of the Whole World* (London: Iohn Norton, 1606)；影印版，*The Theatre of the Whole World: London, 1606*, intro. R. A. Skelton (Amsterdam: Theatrum Orbis Terrarum, 1968)。

㊲ R. A. Skelton, *Maps: A Historical Survey of Their Study and Collecting* (Chicago: University of Chicago Press, 1972), 38.

㊳ 参见 [Leo Bagrow], “Old Inventories of Maps,” *Imago Mundi* 5 (1948): 18–20。

㊴ 参见 Fiorentino Vespasiano da Bisticci, *Le Vite*, 2 vols., ed. Aulo Greco (Florence: Nello sede dell'Istituto Nazionale di Studi sul Rinascimento, 1970–76), 2: 240。

㊵ 值得提到的是，一些奥尔西尼的地图有签名“Cristofor”，这使得一些专家相信，它们是由克里斯托福罗·布隆戴蒙提绘制的；参见 Emil Jacobs, “Neues von Cristoforo Buondelmonti,” *Jahrbuch des Archäologischen Instituts* 20 (1905): 39–45，以及 Cristoforo Buondelmonti, “*Descriptioinsule Crete*” *et* “*Liber Insularum*” *cap. XI: Creta*, ed. Marie-Anne van Spitael (Candia, Crete: Syllogos Politstikēs Anaptyxeō s Herakleiou, 1981), 38. 关于尼科利的藏品，参见 B. L. Ullman and Philip A. Stadter, *The Public Library of Renaissance Florence: Niccolò Niccoli, Cosimo de' Medici and the Library of San Marco* (Padua: Antenore, 1972), 110–12；关于博尔索·德斯特和埃尔科莱·德斯特的藏品，参见 Skelton, *Maps*, 39–40。关于在 Sozomeno da Pistoia 图书馆中的地图，参见 Giancarlo Savino, “La libreria di Sozomeno da Pistoia,” *Rinascimento*, 2d ser., 16 (1976): 159–72, esp. 171–72。

是历史的遗物。来自帕拉·斯特罗齐的遗嘱（1462 年）的证据如此众多：由曼努埃尔·索洛拉斯在 1398 年送给他的克劳迪乌斯·托勒密《地理学指南》的副本，然后他留给了帕拉·斯特罗齐的继承人，并且有清晰的指示，即其将被保存作为家族的传家宝[41]。

主要是学术性的，但还有国家关注，这就是洛伦佐·德美第奇［贵族（il Magnifico）］展示和搜集的地图的特征。1512 年，洛伦佐财产清单中包括了 21 幅地图，大部分是绘制的，其中 13 幅装饰了公爵缮写室的房间[42]。相似的拥有地图的动机可以在曼图亚宫廷中看到。如同我们从旧的清单中知道的那样，伊莎贝拉·德斯特·贡萨加（Isabella d'Este Gonzaga）的图书馆不仅包含有关于地理学的书籍，而且还有“新岛屿”的地图，两部《岛屿书》，以及一架地球仪。这些中的最后一件是一架在梵蒂冈图书馆中的地球仪（可能是由尼古劳斯·日耳曼努斯在 1477 年建造的那一架）的复制品，其是伊莎贝拉作为一种珍玩而订购的[43]。

在北欧和中欧，统治者、贵族和学者很快遵从意大利的领导。例如，在法兰西，亨利四世的战争大臣，苏利公爵［duke of Sully，马克西米利安·德贝蒂讷（Maximilien de Béthune）］，是一位热情的地图的收集者，一种反映了公共和私人关注的占有[44]。在英格兰，643
在皇家收藏中存在地图，尤其是来自亨利八世时代的，并且其中一些可能由他的后继者获得[45]。我们从皇室不动产清单目录中得知，亨利八世搜集了相当多数量的地图和平面图，并且使用它们去装饰他宫殿中的各个房间，尤其是在白厅和格林尼治中的[46]。实际上，那些房间中的一些几乎完全被用地图装饰，以至于达到了这样的程度，即它们可以被描述为最初的“地图室”[47]。这一趋势在爱德华六世（Edward Ⅵ）统治期间获得了动力，他“让他自己几乎无时无刻都被地图和平面图所环绕”[48]。进行展示的一些地图有中世纪样本的历史价值，并且一些是礼物，同时其他的，描述了在英格兰发生过的战斗、城市和城镇以及英格兰拥有的领土，由此用以强调国王的声望并打动他的来访者。相似的目的主导了用从奥特柳斯的

---

[41] Sebastiano Gentile, “Emanuele Crisolora e la ‘Geografia’ di Tolomeo,” in *Dotti bizantini e libri greci nell'Italia del secolo XV*, ed. Mariarosa Cortesi and Enrico V. Maltese (Naples: M. d'Avria, 1992), 291 – 308, esp. 302 n. 33.

[42] 参见 Woodward, *Maps as Prints*, 120 – 21，那里，在清单中提到的地图按照房间列出，还有 Marco Spallanzani and Giovanna Gaeta Bertelà, *Libro d'inventario dei beni di Lorenzo il Magnifico* (Florence: Associazione Amici del Bargello, 1992), 6, 21, 26 – 27, 33, and 53。

[43] 关于球仪，参见 Robert W. Karrow, *Mapmakers of the Sixteenth Century and Their Maps: Bio-Bibliographies of the Cartographers of Abraham Ortelius, 1570* (Chicago: For the Newberry Library by Speculum Orbis Press, 1993), 256. 伊莎贝拉最初定购了两架球仪（一架地球的和一架天球的），但是当她发现天球仪将花费她 200 杜卡托，而地球仪则只需要 20—25 杜卡托的时候，她就只让后者来满足她自己了；参见 Alessandro Luzio and Rodolfo Renier, “La coltura e le relazioni letterarie di Isabella d'Este Gonzaga,” *Giornale Storico della Letteratura Italiana* 34 (1899): 1 – 97, esp. 37。除了奇闻逸事之外，这一故事的重要性在于，其说明了，与制作地球仪相比，制作一架天球仪是非常困难的事情，涉及更为专业化的工艺和艺术技巧或更昂贵的材料。

[44] David Buisseret, “Les ingénieurs du roi au temps de Henri Ⅳ,” *Bulletin de la Section de Géographie* 77 (1964): 13 – 84, esp. 80.

[45] Barber, “England I,” 27.

[46] 参见 Helen Wallis, “The Royal Map Collections of England,” *Revista da Universidade de Coimbra* 28 (1980): 461 – 68。

[47] 参见 David Starkey, ed., *The Inventory of King Henry Ⅷ: Society of Antiquaries MS 129 and British Library MS Harley 1419* (London: Harvey Miller for the Society of Antiquaries, 1998 –)。

[48] Barber, “England I,” 42.

《寰宇概观》中挑选出来的地图装饰菲利普二世的正殿的决定。对它们的展示意图让皇家的来访者记住西班牙帝国的广大和力量。

图书馆中通常包含带有地图的书籍。托勒密《地理学指南》的数十种稿本副本和印刷本，《岛屿书》的稿本和印刷本，绘本的波特兰航海图地图集，以及后来旨在为学者和高官的图书馆而制作的印刷的地图集[49]。德意志的古物学家、外交官、政治家和经济学家奥格斯堡的康拉德·波伊廷格（Konrad Peutinger）有一个葡萄牙航海图的收藏，以及著名的11世纪或者12世纪罗马道路地图的副本，该图现在以他的名字命名[50]。博学的百科全书编纂者伊萨克·福修斯（Isaac Vossius）；安德鲁·佩尔内（Andrew Perne），剑桥的彼得豪斯（Peterhouse）的主管；古物学家和政治家罗伯特·科顿爵士（Sir Robert Cotton）；以及枢机主教马修·帕克（Archbishop Matthew Parker）都在他们的图书馆中拥有一些杰出的地图，就像伊丽莎白女王的财务大臣威廉·塞西尔爵士（伯利男爵）那样[51]。

威廉·塞西尔爵士是一个令人感兴趣的例子，有以下几个原因。首先，他的收藏属于少量保存至今的地图收藏之一。其次，他的收藏在古物领域结合了公共的和私人的用途：他在由克里斯托弗·萨克斯顿制作的地图集（被称为伯利－萨克斯顿地图集）中的英格兰地图上的一些注释是关于地方历史的，而覆盖了他住宅墙体的地图则揭示了他对收藏的痴迷，同时这一痴迷也被如下事实所揭示，即他通常随身携带一幅劳伦斯·诺埃尔（Laurence Nowell）绘制的不列颠诸岛的绘本地图[52]。海军大臣塞缪尔·佩皮斯（Samuel Pepys）的地图收藏，其图书馆包含了大量地形平面图和航海图，推测旨在用于公共和私人用途[53]。斯凯尔顿引用了来自佩皮斯日记的一段典型文字来证实佩皮斯对地图的极度重视，以及他对他图书馆中混乱情况的重视："极其麻烦，甚至在我的睡梦中，在我的思绪中……斯皮德的编年史和地图，还有瓦戈纳（Waggoner）的两个部分，以及一部航海图著作，我认为我已经将

---

[49] 这可以从16世纪、17世纪的绘本航海图和地图集的献词中推断出来。同样的推断可以来自博物馆和图书馆当前的目录，其中系统地记录了地图和地图集最早所有者的名字，例如在威尼斯的 Biblioteca Nazionale Marciana 和 Museo Correr。

[50] Skelton, *Maps*, 41 – 42.

[51] 参见 Dirk de Vries, "Atlases and Maps from the Library of Isaac Vossius (1618 – 1689)," *International Yearbook of Cartography* 21 (1981): 177 – 93; Catherine Delano-Smith, "Map Ownership in Sixteenth-Century Cambridge: The Evidence of Probate Inventories," *Imago Mundi* 47 (1995): 67 – 93; Colin G. C. Tite, *The Manuscript Library of Sir Robert Cotton* (London: British Library, 1994); *Sir Robert Cotton as Collector: Essays on an Early Stuart Courtier and His Legacy*, ed. C. J. Wright (London: British Library, 1997); 以及 Kevin Sharpe, *Sir Robert Cotton, 1586 – 1631: History and Politics in Early Modern England* (Oxford: Oxford University Press, 1979)。关于帕克的地图，参见 Skelton, *Maps*, 41 – 42；而关于塞西尔，参见 R. A. Skelton and John Newenham Summerson, *A Description of Maps and Architectural Drawings in the Collection Made by William Cecil, First Baron Burghley, Now at Hatfield House* (Oxford: Roxburghe Club, 1971)，以及 J. B. Harley, "The Map Collection of William Cecil, First Baron Burghley, 1520 – 1598," *Map Collector* 3 (1978): 12 – 19。

[52] 参见 Victor Morgan, "The Cartographic Image of 'The Country' in Early Modern England," *Transactions of the Royal Historical Society*, 5th ser., 29 (1979): 129 – 54, esp. 147 – 48; William Brenchley Rye, *England as Seen by Foreigners in the Days of Elizabeth & James the First* (London: Allen and Unwin, 1865), 44 – 45；以及1592年 Lansdowne 首任侯爵威廉·佩蒂爵士（Sir William Petty）的证词，被引用在 Gwyn Walters, "The Antiquary and the Map," *Word & Image* 4 (1988): 529 – 44, esp. 531。

[53] 关于佩皮斯地图收藏的古物学方面，参见 Sarah Tyacke, "Samuel Pepys as Map Collector," in *Maps and Prints: Aspects of the English Booktrade*, ed. Robin Myers and Michael Harris (Oxford: Oxford Polytechnic Press, 1984), 1 – 29。

它们非常仔细地放置了，以至于我们不记得它们在哪里了。”[54]

相似的例子实在太多了，因此无法一一提到，因为在16世纪和17世纪中，地图和航海图在受过教育人士的图书馆中是核心物品。有时，尽管并不经常，地图被认为是一个收藏中的单独部分。少量这样的例子之一就是安德鲁·佩尔内的图书馆。在这一图书馆的清单目录中（他意图捐给彼得豪斯的3000卷），27图幅的地图中的26图幅被列在一个单独的部分，644
尽管一些地图集与书籍混合在了一起[55]。相似的态度在低地国家盛行。科尔曼提到属于布莱德罗科男爵（lords of Brederoke）的50幅地图的收藏，装饰了贝特斯坦城堡（Batestein Castle）的房间。还提到了在莱顿和阿姆斯特丹的私人图书馆中存在地图和地图集，例如那些让·德克兹·德布鲁克霍夫（Jan Dirksz. Van Brouckhoven）、阿留金·彼得（Alewijn Petri）和阿德里安·波夫（Adrian Pauw）的[56]。另外的例子就是维利乌斯·范艾塔（Viglius van Aytta）的收藏，他是枢密院的佛兰芒主席（Flemish president of the Privy Council，尼德兰的西班牙议会），在去世之前，他制作了他图书馆和私人文件的一个详尽目录[57]。他的地图目录，这是他留给他在卢万建立的学院图书馆的，编纂于1575年。其列出了大约200种地图，大部分是印刷的，但有一些手绘在羊皮纸上的地图，以及为一位萨伏依公爵制作的6幅低地国家的挂毯地图[58]。

在16世纪，对于地图，尤其是印刷地图的需求飞速发展。意大利、德意志和低地国家的地图出版机构正在为学者和收藏者，以及地图被运输到的欧洲所有大城市的批发中心而搜集地点。典型的例子就是罗马的特拉梅齐诺家族、萨拉曼卡家族和拉弗雷伊家族；纽伦堡的凯耶莫克斯（Caymox）家族；安特卫普的普朗廷家族[59]。对地图兴趣的增长在法兰克福书市（Frankfurt Book Fair）同样是明显的，在那里，地图出版商亲自出现或者派遣代理者去代表他们；从1571年之后，地图在书市的目录中有自己的部分[60]。

在这两个世纪中，地图学在文艺复兴百科全书主义的构造中所发挥的作用，由上奥地利的温瑟姆城堡（Schloss Windhag）文艺复兴晚期的约阿希姆·恩茨弥勒图书馆，也就是温德

---

[54] 1666年9月19日；参见Skelton, *Maps*, 44 – 45。

[55] 参见Patrick Collinson, David McKitterick, and Elisabeth Leedham-Green, *Andrew Perne: Quatercentenary Studies*, ed. David McKitterick (Cambridge: Published for the Cambridge Bibliographical Society by Cambridge University Library, 1991)，以及Delano-Smith, “Map Ownership”。

[56] C. Koeman, *Collections of Maps and Atlases in the Netherlands: Their History and Present State* (Leiden: E. J. Brill, 1961), 19 – 33.

[57] 参见E. H. Waterbolk, “Viglius of Aytta, Sixteenth Century Map Collector,” *Imago Mundi* 29 (1977): 45 – 48，以及Antoine De Smet, “Viglius ab Aytta Zuichemus: Savant, bibliothécaire et collectionneur de cartes du *XVI*ᵉ siècle,” in *The Map Librarian in the Modern World: Essays in Honour of Walter W. Ristow*, ed. Helen Wallis and Lothar Zögner (Munich: K. G. Saur, 1979), 237 – 50。

[58] Koeman, *Collections*, 19 – 35; the inventory, *Regionum, locorumque descriptiones, seu, ut vulgo vocant chartarum catalogus, secundum ipsorum situationem, conscriptus mense augusto 1575*，被重印在［Bagrow］, “Old Inventories of Maps,” 18 – 20. 范艾塔的收藏大部分由西欧和北欧的区域地图构成。

[59] 参见Roberto Almagià, *Monumenta cartografica Vaticana*, 4 vols. (Vatican City: Biblioteca Apostolica Vaticana, 1944 – 55), 2: 115 – 20，以及Jean Denucé, *Oud-Nederlandsche kaartmakers in betrekking met Plantijn*, 2 vols. (Antwerp: De Nederlandsche Boekhandel, 1912 – 13)。

[60] Bernhard Fabian, ed., *Die Messkataloge des sechzehnten Jahrhunderts: Faksimiledrucke*, 5 vols. (Hildesheim: G. Olms, 1972 – 2001), 1: 365.

哈格图书馆（*Bibliotheca Windhagiana*）的内容和装饰进行了很好的展现[61]。其包含了地图、平面图、球仪的丰富收藏，并且在图书馆的天花板上绘有精美的绘画装饰，包括了托勒密、奥特柳斯、墨卡托、克里斯托弗·哥伦布和阿美利哥·韦思普奇的肖像。

在图书馆的整体组织中，地图学的位置及其与各种知识分支的关系，反映在了书架放置的方式和图书馆使用的分类习惯上[62]。人们可以通过注意书籍被搁置或编目的方式，对之前的主题分类进行一些推测[63]。在所有王公图书馆中的例子众多，无论是在地中海国家的还是在北欧的。在佛罗伦萨，通过尼科洛·尼科利和老科西莫·德美第奇（Cosimo de' Medici the elder）联合的开创行动，在15世纪建立起一个早期的公共图书馆。那里有地图和有插图的地理学书籍，主要是托勒密《地理学指南》和同时代的宇宙志作品的稿本副本，例如弗朗切斯科·贝林吉耶里的，被分类在历史部分[64]。在费拉拉的德斯特公爵的图书馆中，地图学作品和包含地图的书籍——在它们之中有一幅亚历山德罗·阿廖斯托（Alessandro Ariosto）承诺的《世界地图，陆地的地形》（*mappamundi*，*Topografia terrae*）的一个副本，以及来自宇宙志诗文《球体》和《关于世界的事实》的摘引，其用地图作为图示——被放置在历史和旅行书籍的旁边[65]。

在法兰西的查理五世的皇家图书馆中，加泰罗尼亚地图集被列在两部有彩饰的稿本历史著
645 作之间[66]。他的继承者查尔斯六世的图书馆目录，保留了该部分，因为其增加了马可·波罗旅行描述的副本[67]。一位书籍的爱好者以及艺术的赞助者，让·贝里公爵的图书馆，列出了五幅地图。这些地图被分类在总体知识的前科学的书籍目录中，其中主要包含历史著作，还包括了航海和探险的叙述，以及关于医药、天文学和宇宙志的书籍[68]。最后，被列在菲利普三世，勃

---

[61] 这一伟大的图书馆及与其在一起的艺术收藏室，现在已经不能被看到。恩茨弥勒唯一的女儿，继承了他的财产，摧毁了整座建筑，并使用材料去建造一座女修道院。对房间和藏品的一个描述可以在 *Topographia Windhagiana* 中找到，其最早出版作为私人资助的 Matthäus Merian 的 *Topographia Provinciarum Austriacarum*（Frankfurt am Main, 1649）的补遗，出版了三个版本。尽管恩茨弥勒是一位人文主义者的儿子并且受到了良好的教育，但他是一位自力更生的人，其生活方式在很多方面是新风格的。在为哈布斯堡家族服务的过程中，他获得了财富和头衔，主要是通过迫害新教教徒，并且他盗用了后者的财产。参见 Eric Garberson, "Bibliotheca Windhagiana: A Seventeenth-Century Austrian Library and Its Decoration," *Journal of the History of Collections* 5 (1993): 109 – 28.

[62] 关于图书的分类，参见 Henri-Jean Martin, "Classements et conjonctures," in *Histoire de l'édition française*, 4 vols., ed. Henri-Jean Martin and Roger Chartier (Paris: Promodis, 1983 – 86), 1: 429 – 57.

[63] 参见 Ian Maclean, "The Market for Scholarly Books and Conceptions of Genre in Northern Europe, 1570 – 1630," in *Die Renaissance im Blick der Nationen Europas*, ed. Georg Kauffmann (Wiesbaden: Harrassowitz, 1991), 17 – 31。

[64] Ullman and Stadter, *Public Library of Renaissance Florence*, 110 – 12.

[65] Giulio Bertoni, *La Biblioteca Estense e la coltura ferrarese ai tempi del Duca Ercole I (1471 – 1505)* (Torino: Loescher, 1903), 102, 184 – 85, and 261.

[66] Jean de Mandeville 的"Le livre des merveilles du monde"，以及另外一部有精美彩饰的稿本"Histoire universelle depuis la création jusqu'à la mort de César"。参见 Léopold Delisle, *Recherches sur la librairie de Charles V, roi de France, 1337 – 1380*, 2 vols. (Amsterdam: Gérard Th. van Heusden, 1967), 1: 275 – 78。

[67] Delisle, *Recherches sur la librairie*, 1: 276 – 77.

[68] Delisle, *Recherches sur la librairie*, 2: 252 – 55. 贝里公爵收藏中的地图如下："Une bien grande Mappamonde, bien historiée, enroolée dans un grant et long estuy de bois" (cat. No. 191); "Une Mappamonde escripte et historiée, en un grant roole de parchemin" (cat. No. 192); "Une Mappamonde, en uns tableaux de bois longués, fermans en manière d'un livre" (cat. No. 193); "Une autre Mappamonde, en un roolle de parchemin dedans un estui de cuir" (cat. No. 194); 以及"Une Mappamonde de toute la Terre sainte, peinte sur une toile en un grand tableau de bois" (cat. No. 195)。

良第公爵图书馆的目录中的（1420）是两幅世界地图（*mappaemundi*），这两幅地图被与一部动物寓言集和《独角夫人传奇》（“Roman de la Dame à la Licorne”）放在了一起[69]。

私人图书馆明确提供了更为可靠的关于所有者的兴趣和对收藏的态度的线索。一些出版的私人图书馆的目录，时间大部分是在16世纪，通常包含了基于语言和书籍形式的分组，但是一些目录是按照主题编排的。一所相当大的私人图书馆（包含了大约2000个稿本和印刷书籍的题目）就是西班牙藏书家唐·迭戈·乌尔塔多·德门多萨（Don Diego Hurtado de Mendoza）的图书馆，其中包含了大部分在威尼斯获得的书籍。在威尼斯的时候，门多萨是西班牙大使。当他于1575年去世的时候，他的藏品运往了在埃斯科里亚尔的西班牙皇家图书馆。门多萨图书馆的部分目录保存了下来，但是其仅仅包含了神学、哲学和数学书籍。列在这一片段中的书籍题目中有关于占星术和宇宙志的作品，还有托勒密《地理学指南》的一部稿本和六部印刷版，稿本附带有地图图示[70]。奢华的装订表明在藏品中给予了斯特拉博、约翰内斯·雷吉奥蒙塔努斯、彼得·阿皮亚、西蒙·格里诺伊斯（Simon Grynaeus）、约翰内斯·施特夫勒、奥龙斯·菲内和纪尧姆·波斯特尔的作品以突出地位[71]。

尽管西班牙皇家图书馆中的地图和宇宙志书籍被图书馆目录的编纂者包括在“数学”（Mathematics）的标题之下[72]，但佛兰芒知识分子和政治家菲利普斯·范马尼克斯的图书则不是这样，其是一个按照主题分类的私人图书馆目录的有趣例证。范马尼克斯的收藏，由大致1600种书籍构成，在他去世的1599年因出售而被编纂了目录[73]。这是知识分子的实用参考的图书馆，而不是爱书者的收藏，并且其反映了在16世纪最后数十年中低地国家知识界的兴趣。内容的大部分是印刷书籍，分类在五个标题之下：神学，医药，历史，哲学、几何学、数学和诗歌，音乐。其中一个全部由稿本构成的一小部分，不考虑它们的对象，全部遵照这些主题目录。所有关于地理学对象的印刷书籍被包括在历史部分中，同时所有关于天文学的印刷书籍是在哲学、几何学、数学和诗歌的内容广泛的目录中。范马尼克斯的图书馆包含了一些托勒密《地理学指南》带有作为图示的地图的版本，以及奥特柳斯和墨卡托的地图集，还有乔治·布劳恩和弗兰斯·霍根伯格的城市地图集。

在低地国家的图书馆中，地图集和带有地图的地理著作通常被分类在“历史”（*Historici*）的标题下。这在乌得勒支图书馆的目录（1608）和莱顿大学图书馆的目录（1619）中是明显的。出现在阿姆斯特丹市民图书馆目录（1612）中的一个有趣的特点就是：在历史地理学中定义古物研究新方向的努力中，在“数学哲学”（*Mathematici Polyhistores*）的标题之下，目录编纂者列出了地图集（那些墨卡托和奥特柳斯的）、宇宙志著作［那些塞巴斯蒂安·明斯特、安德烈·泰韦和弗朗索瓦·贝勒福雷（François Belleforest）的］，以及关于古代地理学的作品［奥特柳斯的《地理百科》（*Thesaurvs*

---

[69] Georges Doutrepont, *Inventaire de la "librairie" de Philippe le Bon* (1420) (Geneva: Slatkine Reprints, 1977), 140 – 41.

[70] 关于在门多萨收藏中的托勒密《地理学指南》的稿本和印刷本，参见 Anthony Hobson, *Renaissance Book Collecting: Jean Grolier and Diego Hurtado de Mendoza, Their Books and Bindings* (New York: Cambridge University Press, 1999), 187 – 88 (printed) and 243 (manuscript)。

[71] 在1671年蹂躏了埃斯科里亚尔的大火中，完整的目录被摧毁；参见 Hobson, *Renaissance Book Collecting*, 88 – 89。

[72] 可能是 Benito Arias Montano，自1576年之后，菲利普二世的图书馆馆长。

[73] *Catalogue of the Library of Philips van Marnix van Sint-Aldegonde*, intro. G. J. Brouwer (Nieuwkoop: B. de Graaf, 1964).

geographicvs）和威廉·卡姆登的《不列颠》][74]。

法兰克福书市的书籍列表提供了文艺复兴时期欧洲从1564年之后书籍流通和分类的有价值的证据[75]。这里再次声明，地理学和地图学的作品最初被包括在历史部分中，但是在1571年，类目被改名为“历史和地理”（History and Geography），尽管历史著作在数量上远远超过了关于地理学主题的作品。在最早发行的法兰克福的书目列表中，除了地图集和包含
646 有地图的地理学或宇宙志著作之外，还有着一些单独的地图。例如，1565年，有一幅围攻马耳他的主题地图和一幅奥特柳斯的埃及地图[76]。1577年，历史和地理部分包括了两架球仪——一架地球仪和一架天球仪——尽管存在这样的事实，即天文学作品通常被列在“哲学和数学”（Philosophy and Mathematics）的标题之下[77]。

开始于1571年，这些目录的另外一个有趣的特征就是偶尔出现一个新的类别：有插图的印刷书籍。被列在标题“若干铜板图，及其他附有众多插图的小册子”（*Typi Aliquot Aenei, Aliique Libelli Picturas Tantum Continentes*）之下的是一些带有插图的印刷书籍和大量地理学、历史学和宗教主题的单独的雕版作品，地图在其中占有优势地位。最早的雕版作品的列表（1571年）由五部作品构成，其中三部是与威尼斯—土耳其战争有关的主题地图［在索波特的以及在马尼（Mani）和塞浦路斯的战役地图，在罗马印刷］；另外两部是关于一位魔鬼附身的隐士的德文印刷品，以及在罗马印刷的基督徒和穆斯林的家谱表[78]。第二年（1572年），有更多的雕版作品：在纽伦堡由巴尔塔扎·耶尼兴（Balthasar Jenichen）印刷的10幅主题地图，同样是关于威尼斯—土耳其战争的，以及当地服饰、家族谱系和宗教场景的大量肖像和图像[79]。在1573年，雕版作品的题目得到了一个冗长的只是列出地图的附录的补充。这一有价值的文献列出了84幅在威尼斯印刷的地图，并且按照它们是否被着色分为两个类目[80]。

由图像印刷品构成的部分，并没有像在法兰克福目录中的其他条目中的那样有规律地出现。其对印刷品描绘的最为频繁以及包括了最大数量印刷品的年份是大约1570—1575年，这是印刷地图学史中的一个至关重要的时期；此后，其零星地出现直至1600年，在这一时间这一系列结束。而且，在这一条目中包含的条件是不明确的。奥特柳斯的《寰宇概观》的版本是在历史和地理部分，而对同一作品连续的补充以及由托马索·波尔卡基和吉罗拉莫·波罗撰写的《世界著名岛屿》（*L'isole più famose del mondo*）则被列在雕版作品中。后一类目的逐渐形成，预示着按照不同类型的特征进行分组，这种分组并不是通过主题而是通过

---

[74] Koeman, *Collections*, 24–25.

[75] 这些列表，其很快发展为书市的官方目录，被书商奥格斯堡的Georg Willer搜集和出版。到目前为止已经出版涵盖了1564—1600年的5卷本。参见Fabian, *Die Messkataloge*。

[76] 参见Fabian, *Die Messkataloge*, 1：62。

[77] 选择两架球仪非常可能是受到赋予它们的标题的影响，其强调它们与墨卡托和奥特柳斯地图存在联系：*Globi recentissimi Geographicus & Astronomicus, quorum ille ad postremum Ger. Mercatoris mappam & theatrum Ortellii, hic verò ad neotericorum Astronomorum calculum magna diligentia accomodatus est. Auctore Io. Ant. Baruicio. Coloniae Agrippinae.* 参见Fabian, *Die Messkataloge*, 2：255。

[78] Fabian, *Die Messkataloge*, 1：365.

[79] Fabian, *Die Messkataloge*, 1：442–43.

[80] 参见Fabian, *Die Messkataloge*, 1：532–35，以及Leo Bagrow, “A Page from the History of the Distribution of Maps,” *Imago Mundi* 5（1948）：53–62。67幅地图被列为“白色”，并且还有17幅被列作是着色的。

制作技术来定义的。在雕版作品类目中的作品通过各种不同的方式联系在一起：它们由相同的艺术家雕版，并且通常结合了相同的材料；服饰、肖像和宗教或历史对象，例如对耶稣的呈现或者古代世界的七大奇迹，通常被发现作为印刷地图上的装饰[81]。而且，地图、肖像和家族谱系在同时代的藏品中被结合在一起。

最后一个在文艺复兴时期用于组织地图的秩序的线索，被发现于关于组建图书馆的指南和参考书目中——那些沙尔捷（Chartier）恰当地描述为“没有墙壁的图书馆”的作品[82]。这一作品类型的古代根源可以追溯到文本作品的伟大收藏，其最早出现在古典晚期，并且在中世纪迅猛发展。然而，参考书目的形式，被认为从15世纪晚期开始，是为了响应印刷书籍的迅猛供应而形成的。

这里不是详述这类作品的历史的地点，其在早期阶段并没有遵从一致的方法论[83]。很多不同的系统被认为基于各种各样的标准，并且提出了广泛的分类方法[84]。这里得出的结论就是，地理学著作，包括地图，通常被认为是历史部分的分支，很少被单独分类。在康拉德·格斯纳（Konrad Gesner）的分类方案中，地理学紧随在历史之后[85]。这两个学科，还有魔法和工程学（*artes illiteratae*），被一起分组为“科学技术的准备和装饰”（*artes et scientiae praeparantes et ornantes*），因此区别于天文学和占星术，而后者，与音乐、几何学和算术一起，被分类为“技术和知识所需要的数学”（*artes et scientiae praeparantes Necessariae Mathematicae*）。

1550年，安东尼奥·弗朗切斯科·多尼（Antonio Francesco Doni）为意大利书商和读者的使用提出了一种分类方案。在这一基本按照字母顺序排列的系统中，主题的分组仅仅出现 647
在附录中，在那里列出了由拉丁文翻译为意大利文的作品，并且宇宙志作品在那里被作为历史部分的一个子目对待[86]。约翰尼斯·特里特米乌斯（为德意志提出了目录学）、约翰·贝尔（John Bale）（为不列颠）以及弗朗索瓦·格鲁达·拉克鲁瓦·杜梅因（François Grudé La Croix du Maine）和安托万·杜韦迪埃（Antoine Du Verdier）（为法兰西）提出了相似的系统[87]。在这些系统中，地图和地理学的或地图学的作品通常被列在历史部分或者被列在历史之后的一个单独的部分，但是没有一个固定的规则。在1598年由菲利贝尔·马雷沙尔

---

[81] 一个典型的例子就是在1630年之后的威廉·扬茨·布劳地图集之前的世界地图。

[82] 参见 Roger Chartier, *Culture écrite et société: L'ordre des livres, XIVe – XVIIIe siècle* (Paris: A. Michel, 1996), 107 – 31。

[83] 参见 Maria Cochetti, *Repertori bibliografici del cinquecento* (Rome: Bulzoni, 1987), 以及 Marc Baratin and Christian Jacob, eds., *Le pouvoir des bibliothèques: La mémoire des livres en Occident* (Paris: Albin Michel, 1996)。

[84] 参见 Martin, "Classements et conjonctures"; Chartier, *Culture écrite et société*; Claude Jolly, ed., *Histoire des bibliothèques françaises*, 4 vols. (Paris: Promodis-Éditions du Cercle du Librairie, 1988 – 92), vol. 2; Theodore Besterman, *The Beginnings of Systematic Bibliography* (London: Oxford University Press, 1935); 以及 Luigi Balsamo, *La bibliografia: Storia di una tradizione* (Florence: Sansoni, 1984)。

[85] Konrad Gesner, *Pandectarum sive Partitionum universalium Conradi Gesneri Tigurini, medici & philosophiae professoris, libri XXI* (Zurich, 1548)。其之前是 *Bibliotheca universalis*, 一部出版于1545年的1264页的宏大的对开著作，在其中，按照作者的字母顺序排列了作品。

[86] Antonio Francesco Doni, *La Libraria del Doni Fiorentino: Nella quale sono scritti tutti gl'autori vulgari con cento discorsi sopra quelli...* (Venice, G. G. de' Ferrari, 1550).

[87] Johannes Trithemius, *Catalogus illustrium virorum Germaniae* (Mainz, 1495); John Bale, *Illustrium maioris Britanniae scriptorum...* (Ipswich, 1548); François Grudé, sieur de La Croix du Maine, *Premier volume de la Bibliothèque du Sieur de la Croix du Maine...* (Paris: A. l'Angellier, 1584); 以及 Antoine Du Verdier, *La bibliothèque d'Antoine du Verdier...* (Lyons: B. Honorat, 1585).

(Philibert Mareschal) 编纂的法文的目录学指南中将地图和所有宇宙志、地理学和地形学作品分类在数学的文科 (*arts libéraux*) 中：简言之，是在"几何学"(Geometry) 之下[88]。实际上，地图和包含有地图的书籍占据了这一部分中书籍的大部分：在列出的 57 部作品中，18 种是地图和印刷地图集或者包含有大量地理材料的书籍[89]。

地图和地理学材料通常被作为历史的部分，或者至少是历史的附属物。然而，马雷沙尔并不是唯一脱离这一标准的人。我们还要提醒自己迭戈·乌尔塔多·德门多萨收藏的书籍被编目的方式，或者约翰·迪伊的例子，其将地图学与地理学等同起来，并且在他的图书馆中有大量的地图。迪伊遵照这一新的系统的分类方案，将地理学、地方志和水文学放在了"数学和科学"的标题之下，作为应用几何学的子目 ["几何学，通俗的：其教授测量技术"(Geometrie, *vulgar*: *which teacheth Measuring*)][90]。

迪伊的科学分类将我们带到了文艺复兴时期百科全书主义的非常核心的问题上：对艺术和科学井然有序的分类[91]。由于对于文艺复兴时期的学者而言，世界是一个受到相互密合的关系掌控的不可分割的整体，因此分类系统必须是全球性的和普遍的[92]。16 世纪最伟大的思想家之一彼得吕斯·拉米斯 (Petrus Ramus)，提议了一种新的分类方法，影响了所有欧洲人的思想[93]。拉米斯的方案将地形学、地方志、水文学和占星术分类作为宇宙志的分支，宇宙志被呈现为最为重要的学科，并且与历史学和几何学区分开来，后两者都被看成次级学科[94]。

之前引用的例子说明了一种在文艺复兴时期地图的性质和功能方面一种变动的状态。这被归因于文艺复兴时期地图制作和使用之间的分离。地图学和历史学之间的联系，就像迪伊在他书籍中注意到的，似乎初看起来是奇怪的。这或许可以解释为地图学复杂的性质，地图学一方面涉及搜集数据并且对它们进行严格检查的学术的、古物的过程，另一方面，则是在一幅地图上组织数据的数学过程。至于目录学理论和实践之间的分歧，应当可以通过图书馆常见的个人特征和每座图书馆独有的鲜明特征来解释，更不必说如书籍的装订和形式等纯粹的实际因素。而地图集和相似的作品（托勒密的《地理学指南》、《岛屿书》、波特兰航海图

---

[88] Philibert Mareschal, *La guide des arts et sciences*: *Et promptuaires de tous livres tan tcomposez que traduictsen François* (1598; reprinted Geneva: Slatkine Reprints, 1971).

[89] 除奥特柳斯的《寰宇概观》、塞巴斯蒂亚诺·明斯特的《宇宙志》以及布劳恩和霍根伯格的《寰宇城市》的法文译本之外，几何部分包括了地球仪；一幅百合花形状的世界地图；由 Bonaventure Brochard 和 Guillaume Postel 制作的巴勒斯坦地图；一幅 Lézin Guyet 的安茹地图；一幅 Macé Ogier 绘制的 Le Maine 地图；以及一幅 Nicolas de Nicolay 制作的 Orkneys 的航海图；法兰西和加利西亚的地图；一幅 Estienne de Lusignan 制作的塞浦路斯地图；一幅 Pierre Rogier 制作的 Poitou、Rochelois 和 Îles Marines 的地图以及其他地图。参见 Mareschal, *Guide des arts et sciences*, 34 - 41。

[90] 按照 Dee, *Mathematicall Praeface* 附录中的"Sciences, and Artes Mathematicall"的分支图。

[91] 参见 Philippe Desan, *Naissance de la méthode Machiavel*, *La Ramée*, *Bodin*, *Montaigne*, *Descartes* (Paris: A. G. Nizet, 1987)。

[92] 参见 Cesare Vasoli, *L'Enciclopedismo del Seicento* (Naples: Bibliopolis, 1978)，以及更为简洁的，Jean-Marc Chatelain, "Du Parnasse à l'Amérique: L'imaginaire de l'encyclopédie à la Renaissance et à l'Age classique," in *Tous les savoirs*, 156 - 63。关于知识分类系统的传播，参见经典著作 *Eugenio Garin*: *L'educazione in Europa* (1400 - 1600): *Problemi e programmi* (Bari: Laterza, 1957)。

[93] 参见 Rossi, *Art of Memory*, 97 - 102，以及 Walter J. Ong, *Ramus*, *Method*, *and the Decay of Dialogue*: *From the Art of Discourse to the Art of Reason* (Cambridge: Harvard University Press, 1958)。

[94] Petrus Ramus, *Dialectique de Pierre de La Ramée* (Paris: A. Wechel, 1555)，以及 Christophe de Savigny, *Tableaux accomplis de tous les arts libéraux* (Paris: Frères de Gourmont, 1587).

集等）构成了书籍收藏不可或缺的部分，印刷的单幅地图则不是如此。那些地图被列在印刷匠、出版商和书商的目录中，但是此后消失得毫无踪迹，因为从它们被悬挂在墙上的那一刻起，它们不再与图书馆中的其他印刷文献一起进行编目从而被列在收藏目录中。

地图和收藏

在古物爱好者的图书馆和研究室（*studii*）中发展出了对古物、艺术作品和自然物品的
有组织的收藏，其被称为珍宝柜或者 *Wunderkammern*[95]。对收藏的一种痴迷，就像人类的好 648
奇心一样古老。波米安（Pomian）描述和分析了文艺复兴时期古物学者的好奇心导致了博物馆和知识宝库的前身诞生的方式[96]。导致它们形成的需求与中世纪遗产密切相关，它们与新兴的现代主义的运作之间也是如此。古物的搜集——自然的、珍贵的、稀奇的和有价值的对象——被看作一种理性解释和文化分类的辅助工具。当然，它们还拥有材料价值和教育价值，并且它们还是强化其所有者个人声望的地位的象征[97]。

尽管这些收藏的分类系统是有特性的，由它们所有者的兴趣和学识所决定，但可以在每个收藏中识别事物的某些基本类别。遗物和传家宝的类别包括，珍宝柜从较早的宝库继承下来的神圣的和其他有价值的物品、提供了艺术享受的事物、按照它们本质增进了知识——主要是过去的，但也有现在的——和知识对象的物品[98]。收藏者物品的后两个类目包括地图、航海图、平面图和球仪以及其他图像和科学设备。

珍宝柜在16世纪后半叶出现于意大利；它们的目的就是“产生一种和谐的景象，由此能够同时唤起或者想起全部的艺术和自然”[99]。一个早期的珍宝柜——非常早期的之一——就是佛罗伦萨旧宫的新衣帽间，被称为“地理地图的房间”（Room of Geographical Maps）[100]。科西莫·德美第奇一世的这一发明背后的思想就是将王公的财宝库，与肖像走廊和他的部分

---

[95] 关于这一主题的参考书目是广泛的。参见下列经典的通论性著作：Julius Ritter von Schlosser, *Die Kunst- und Wunderkammern der Spätrenaissance: Ein Beitrag zur Geschichte des Sammelwesens* (Leipzig: Klinkhardt and Biermann, 1908)，意大利语，*Raccolte d'arte e di meraviglie del tardo Rinascimento*, trans. Paola Di Paolo (Florence: Sansoni, 1974)；Adalgisa Lugli, *Naturalia et Mirabilia: Il collezionismo enciclopedico nelle Wunderkammern d'Europa* (Milan: G. Mazzotta, 1983)，法语（扩展），*Naturalia et Mirabilia: Les cabinets de curiosités en Europe*, trans. Marie-Louise Lentengre (Paris: A. Biro, 1998)；还有 *Origins of Museums*。至于一个全局性的视角，参见 Giuseppe Olmi, "Théâtres du monde, les collections européennes des XVIe et XVIIe siècles," in *Tous les savoirs*, 272–77。

[96] Krzyszt of Pomian, *Collectionneurs, amateurs et curieux: Paris, Venise, XVIe–XVIIIe siècle* (Paris: Gallimard, 1987)，英文，*Collectors and Curiosities: Paris and Venice, 1500–1800*, trans. Elizabeth Wiles-Portier (Cambridge, Eng.: Polity Press, 1990)。也可以参见 Krzyszt of Pomian, *Des saintes reliques à l'art moderne: Venise-Chicago, XIIIe–XXe siècle* (Paris: Gallimard, 2003)。

[97] Merchants, and Giuseppe Olmi, "Science-Honour-Metaphor: Italian Cabinets of the Sixteenth and Seventeenth Centuries," in *Origins of Museums*, 5–16.

[98] 参见 Alain Schnapp, *La Conquête du passé: Aux origines de l'archéologie* (Paris: Éditions Carré, 1993), 205。关于收藏的历史类型学，参见 Pomian, *Des saintes reliques*, 333–55。

[99] Laura Laurencich Minelli, "Museography and Ethnographical Collections in Bologna during the Sixteenth and Seventeenth Centuries," in *Origins of Museums*, 17–23, esp. 19.

[100] 参见 Jodoco Del Badia, *Egnazio Danti: Cosmografo e Matematico e le sue opere in Firenze* (Florence: M. Cellini, 1881)，以及 Egnazio Danti, *Le tavole geografiche della Guardaroba Medicea di Palazzo ecchio in Firenze*, ed. Gemmarosa Levi-Donati (Perugia: Benucci, 1995)。

古物收藏在一起，转化为一座博学者的大厅。关于对概念和整个项目目的的详细描述，我们有乔治·瓦萨里的证词：新衣帽间毫无疑问是一个早期的珍宝柜[101]。其珍贵的物品被保存在橱柜中，而在这些橱柜的门上绘有地图。天图和地图还被绘制在天花板上，在它们之下房间四周的墙壁上绘有星座。星座和橱柜门上的地图之间的空间被用三百名最近五个世纪的著名人物的画像以及地图所涵盖区域的古代统治者的半身像所填充。地图周围是绘制了地图所涵盖区域的本土的动物和植物的绘画。悬挂在地板和天花板之间的特定架子上的是由洛伦佐·德拉沃尔帕亚（Lorenzo della Volpaia）为洛伦佐·德美第奇制作的著名的天文钟，其显示了行星每日的运动，还有两架球仪（一架地球仪和一架天球仪）。球仪上的符号向观察者指出了被描绘在房间周围的国家和星座。

宇宙志学者伊尼亚齐奥·丹蒂被委托去“按照缩微画的形式，［绘制］托勒密的地图，所有都进行了准确测量，并由最新的权威，用准确的航海图和它们的测量数据和度数比例尺，进行了校正……由此放置了所有的地名，古代的和现代的”[102]。丹蒂花费了 12 年的时间工作于新衣帽间——从 1563—1575 年，只是在科西莫大公去世之后——并且制作了 30 幅地图。工作由斯特凡诺·比翁西诺继续，其在 1576—1586 年间绘制了 19 幅地图。一位佚名的艺术家，可能是比翁西诺的一名学生，绘制了极地区域的另外 4 幅地图[103]。瓦萨里在这一“发明”中看到了实验宇宙志
649 的应用：“这一来自科西莫大公的奇异发明，科西莫大公希望将曾经的以及天上和地上的所有这些事物放在一起，绝对准确且没有错误，由此根据那些因喜欢这个最美丽职业而学习它的人的乐趣，有可能将会对它们进行单独或整体的观察并且进行测量。”[104]

新衣帽间中的地图收藏是一个与众不同的百科全书式的构造，整合了寓意性的书房（*studiolo*）和前科学时代的珍宝柜的特征[105]。新衣帽间开启了意大利文艺复兴时期成套的壁画地图的绘制，但它与其他的作品是不同的，它将物品的收藏与一个虚拟宇宙志的“剧场”组合起来，或者更具体地说，是这样的一个剧场，即宇宙志大厅的地图学的版本[106]。那些崇高的冥想场所让人想起新柏拉图式文学通过神秘启示启蒙知识的过程，它们与我们的主题有关，因为地图是其最直接的应用之一[107]。

柏拉图的关于存在唯一真理的思想——独一无二的、包括一切的，并且同时是人类智慧可以接触到的——是文艺复兴时期现代主义的中心原则之一。其应用数量众多，延伸到哲学、艺术、文学和科学领域。知识氛围影响了使用地图的方式。在 16 世纪，拥有和展示宇

---

[101] “殿下，在瓦萨里的指导下，建造了相同尺寸的一座新大厅……并且这一大厅，四周都用印刷品装饰，有 7 布拉恰（braccia）高，有丰富的胡桃木的雕刻，为了在它们中储藏他所拥有的最为重要、珍贵和美丽的事物。”参见 Giorgio Vasari, *Lives of the Most Eminent Painters, Sculptors & Architects*, 10 vols., trans. Gaston du C. de Vere (London: Macmillan and Warner, Publishers to the Medici Society, 1912 - 15), 10: 28。

[102] Vasari, *Lives*, 10: 28.

[103] Ettore Allegri and Alessandro Cecchi, *Palazzo Vecchio e i Medici: Guidastorica* (Florence: Studio per EdizioniScelte, 1980), 309 - 12.

[104] Vasari, *Lives*, 10: 29 - 30.

[105] Almagià, *Monumenta cartografica Vaticana*, vol. 3. 关于书房（*studiolo*）及其建筑、装饰和功能，参见 Wolfgang Liebenwein, *Studiolo: Storia e tipologia di uno spazio culturale*, ed. Claudia Cieri Via (Modena: Panini, 1988)。

[106] 参见本卷的第三十二章；Schulz, “Maps as Metaphors”；以及 Francesca Fiorani, “Post-Tridentine ‘Geographia Sacra’: The Galleria delle Carte Geografiche in the Vatican Palace,” *Imago Mundi* 48 (1996): 124 - 48。

[107] 这类文献最为典型的例子之一就是 Francesco Colonna, *Hypnerotomachia poliphili*，最早在 1499 年出版于威尼斯。

宙志地图在意大利（尤其是威尼斯）变得广泛。存在的证据就是地图涵盖了广泛的主题范围，但是大部分的世界地图和天体地图，不仅被展示在公爵宫殿中和贵族的府邸中，还被展示在受过有限教育并且拥有有限资产的人的家中，甚至在底层工匠的家中。对在意大利（还有在威尼斯的黎凡特人拥有的东西中）展示和拥有地图的最近研究，揭示了众多的例子，其中在16世纪和17世纪早期，贵族、教会人士和中产阶级市民用球仪和世界地图装饰他们的廊柱门廊、画室和研究室[108]。

在英格兰，宇宙志的装饰似乎被相当普遍地用于公共典礼上。地理学和天体的地图以及宇宙志的主题，例如四元素或者黄道带上的十二宫被绘制在了为宴会或者纪念重要事件的庆典而竖立起来的临时建筑的天花板上。1527年英格兰和法兰西之间签署了一项和平条约，在之后举行的庆典上，小汉斯·霍尔拜因绘制了两幅带有光荣战役场景的地图，并且在天花板上，皇家天文学家贡献了一幅“被海环绕的陆地”（the hole earth environed with the sea）[109]。

在尼德兰，地图学服务于相似的目的；受过教育的精英没有脱离人文主义传统和随之而来的基督教新斯多葛派的观点[110]。荷兰商人和商业权贵对由地图涵盖对象的实用方面更感兴趣，但是低地国家的知识分子显然是热切的博学的追寻者，并且使用和传播其符号[111]。阿姆斯特丹的市政厅，甚至一些私人住所的大理石地板，其上有世界地图的马赛克，同时地球仪和天球仪被放置在豪宅的廊柱门廊中作为装饰品（就像在威尼斯）。低地国家的地图学装饰一个与众不同的特征，就像可以预期的那样，就是偏好荷兰或尼德兰七省联合共和国（Seven United Provinces）的地图，其反映了对该地区复杂的领土争端的广泛关注。

工作室、珍宝柜和*Kunstkammern*，通常被用寓意性的宇宙志场景装饰[112]。在概念上，这些场景保留了它们与宇宙志的新柏拉图式的象征主义的联系，而后者被天球仪和地球仪的无处不在和明显的存在所唤起，但它们呈现了一种获得知识的更为实际的尝试[113]。地图现在被整合到了收藏中，就像它们在科西莫·德美第奇一世的新衣帽间中那样，但不是成为中心主题和展览品，新衣帽间在这方面是例外情况。较早的研究考察了在沃尔芬比特尔的不伦瑞 650

---

[108] 参见 Isabella Palumbo-Fossati, “L’Interno della casa dell’artigiano e dell’artista nella Venezia del Cinquecento,” *Studi Veneziani* 8 (1984): 109–53; Federica Ambrosini, “ ‘Descrittioni del mondo’ nelle case venete dei secoli XVI e XVII,” *Archivio Veneto*, ser. 5, 117 (1981): 67–79; 以及 Woodward, *Maps as Prints*, 80–84. 关于16世纪克里特的地图收藏和展示，参见 Stephanos Kaklamanis, “Η χαρτογράφηση του τόπου και των συνειδήσεων στην Κρήτη κατά την περίοδο της Βενετοκρατίας” in *Candia/Creta/Κρήτη* (Athens: Cultural Foundation of the National Bank of Greece, 2005), 47–49。

[109] Barber, “England I,” 30，和 Sydney Anglo, *Spectacle, Pageantry, and Early Tudor Policy* (Oxford: Clarendon, 1969), 211–24.

[110] 参见有趣的原创性的研究，Giorgio Mangani, *Il “mondo” di Abramo Ortelio: Misticismo, geografia e collezionismo nel Rinascimento dei Paesi Bassi* (Modena: Franco Cosimo Panini, 1998)。

[111] 关于荷兰地图绘制的实用方面，参见 K. Zandvliet, *Mapping for Money: Maps, Plans and Topographical Paintings and Their Role in Dutch Overseas Expansion during the 16th and 17th Centuries* (Amsterdam: Batavian Lion International, 1998)。

[112] 参见 Thomas DaCosta Kaufmann, *The Mastery of Nature: Aspects of Art, Science, and Humanism in the Renaissance* (Princeton: Princeton University Press, 1993), 174–96, esp. 181–84。

[113] 在珍宝柜的图像呈现中经常可以看到球仪。例如，参见 S. Speth-Holterhoff, *Les peintres flamands de cabinets d’amateurs au XVIIe siècle* (Brussels: Elsevier, 1957) 的研究。地图和地图集，以及地球仪和天球仪，只是在两幅由 François Francken II 制作的绘画中被看到：Un cabinet d’amateur in Madrid, Prado (pl. 11)，和 *Les Archiducs Albert et Isabelle dans un cabinet d’amateur* in Baltimore, Walters Art Gallery (pl. 12)。值得提及的是，这些绘画中的图像描绘了相同的收藏；它们之间唯一的区别就是在来访者的构成上。在其他关于收藏的图像中只能看到天球仪和地球仪。

克－吕讷堡（Brunswick-Lüneburg）大公，萨克森的艺术收藏室的收藏，以及萨克森选侯奥古斯特一世（August Ⅰ）和波兰的奥古斯特二世（August Ⅱ）［奥古斯都鼎力王（Augustus the Strong）］搜集的地图，后者在1701年建立了一所早期的地图室。这些研究将地图的收藏与印刷地图供应的增加联系起来[114]。最近的研究揭示出，在红衣主教希皮奥内·贡萨加（Cardinal Scipione Gonzaga）的藏品、慕尼黑的巴伐利亚公爵的艺术收藏室、奥地利的恩斯特大公和奥地利的费迪南德二世大公的收藏、威尼斯的托马索·兰戈内（Tommaso Rangone）的收藏（其向公共开放）、乌利塞斯·阿尔德罗万迪（Ulisse Aldrovandi）的研究室，以及富格尔的收藏中有丰富的地图学材料[115]。

慕尼黑艺术收藏室中的地图学材料显然主要是为了百科全书式的目的而汇集的，尽管与国家的认同联系起来。很多藏品与巴伐利亚的区域有关。在地板上的是巴伐利亚五座首要城市的模型，是家具师雅各布·桑特纳（Jakob Sandtner）在1568—1574年间制作的。在它们旁边的是菲利普·阿皮亚制作的巴伐利亚地图的印刷图版（1568），这是对整个巴伐利亚进行了详细调查的伟大项目的一份历史文献。这些展示品由国家中伟大家族、城市、城镇和修道院的盾徽所环绕[116]。

在王公的收藏中，就像在属于高官、军队或海军的高级官员以及顶层的殖民地官员的藏品中那样，地图反映了它们所有者等量的、私人的和公共的兴趣。这一特征在德意志诸国和在西班牙统治下的区域，从地中海中部到伊比利亚半岛和低地国家中是最显著的。

典型的例子可以在萨克森王公的收藏中看到，对地图学的兴趣被认为证明了作为一名管理者及统治者的杰出。在奥古斯特一世艺术收藏室中的工具和设备的收藏中，包含有大量的道路图和地形图，大部分是关于萨克森的。奥古斯特对于测量有浓厚的个人兴趣。他从克里斯托弗·席斯勒（Christoph Schissler）、托马斯·吕克特（Thomas Ruckert）、克里斯托弗·特雷希斯特（Christoph Trechsler）、乌尔里希·克利贝尔（Ullrich Klieber）和宫廷工程师瓦伦丁纳·坦（Valentine Than）那里定购了里程表和计步器，并亲自对其中的一些进行了改良。当在萨克森旅行的时候，他自己进行了地形测量，并且保留了与测量有关的问题的数学笔记[117]。科学仪器是他收藏的一部分（442件，占总数的4.5%）。“大量的四分仪、球体、球仪、天文钟、罗盘、沙漏、成套的几何学设备和所有种类的测量设备，都放在桌子上”，

---

[114] Skelton, *Maps*, 41以及46，以及Viktor Hantzsch, ed., *Die Landkartenbestände der Königlichen öffentlichen Bibliothek zu Dresden: Nebst Bemerkungen über Einrichtung und Verwaltung von Kartensammlungen*（Leipzig: O. Harrassowitz, 1904）, 3－27。

[115] 参见Woodward, *Maps as Prints*, 88－93; Michael Bury, "The Taste for Prints in Italy to c. 1600," *Print Quarterly* 2（1985）: 12－26; Peter W. Parshall, "The Print Collection of Ferdinand, Archduke of Tyrol," *Jahrbuch der Kunsthistorischen Sammlungen in Wien* 78（1982）: 139－84, esp. 180－81; Giovanni Astegiano, "Su la vita e le opere di Tommaso da Ravenna," *Bollettino del Museo Civico di Padova* 18（1925）: 49－70 and 236－60; Cristiana Scappini, Maria Pia Torricelli, and Sandra Tugnoli Pattaro, *Lo studio Aldrovandi in Palazzo Pubblico（1617－1742）*（Bologna: CLUEB, 1993）; 以及Eva Schulz, "Notes on the History of Collecting and of Museums in the Light of Selected Literature of the Sixteenth to the Eighteenth Century," *Journal of the History of Collections* 2（1990）: 205－18。

[116] Lorenz Seelig, "The Munich Kunstkammer, 1565－1807," in *Origins of Museums*, 76－89, esp. 83－84.

[117] 参见Bruce T. Moran, "Science at the Court of Hesse-Kassel: Informal Communication, Collaboration and the Role of the Prince-Practitioner in the Sixteenth Century"（Ph. D. diss., UCLA, 1978）, 194－95。

清楚地表明，测地学、天文学和占星术位于奥古斯特的主要兴趣之中[118]。

对技术和天文学存在兴趣的证据还可以在布拉格的鲁道夫二世的收藏中看到[119]。当1637—1642年在维也纳的时候，为神圣罗马帝国服务的宫廷数学家和金匠汉斯·梅尔基奥尔·沃尔克马尔（Hans Melchior Volckmair），为费迪南德三世（Ferdinand Ⅲ）的收藏，制作了一套完整的科学设备，其中包括数学表格、比例圆、地图、测量设备，以及日晷[120]。相似的目的，由莱加斯斯（Leganés）首任侯爵唐·迭戈·费利普·德古斯曼（Don Diego Felipe de Guzmán）藏品中的地图和测量设备所展现，其是西班牙炮兵中的将军。他收藏的内容显然是那些被认为与教育有关的辅助工具："众多的有抽屉的写字桌和柜台，非凡的时钟和奇异的镜子、球仪、球形，数学和几何学设备，充满技艺地在大桌子上组织，所有都服务于指导年轻人关于数学和火炮的知识"[121]。

在印刷品和绘画收藏中展示的对地图的个人认知的特征更为明显，甚至当藏品属于王公 651
的时候。相关的一个典型例子就是西班牙的菲利普二世在埃斯科里亚尔的印刷品收藏。尽管西班牙王室拥有重要的地图，但菲利普二世的印刷藏品仅仅包含少量地图。然而，这一藏品是令人感兴趣的，因为其证实了地图在形成具有古物倾向的艺术收藏中的作用。地图被包括在展示了罗马和其他意大利城市的考古地形的画册的开始和末尾。

在正在讨论时期中最后形成的藏品中包括那些巴尔贝里尼家族的，其主要聚焦于古物和精美的艺术品。巴尔贝里尼藏品的各种清单目录的时间涵盖了17世纪上半叶。地图被列在了红衣主教马费奥·巴尔贝里尼（Cardinal Maffeo Barberini）藏品的1623年的清单目录中，这是在他选举为教皇后，在他继位前编纂的。目录是详细描述新教皇的兄弟卡洛·巴尔贝里尼（Carlo Barberini）实际的和可移动的财产，而这些将在卡洛去世后由教皇继承。其列出了大约70种地理和主题地图，一套奥特柳斯的地图集，以及城市和城镇的图景，其中一些是着色的和加有框架的。所有这些占据了清单中的一个部分[122]。枢机主教弗朗切斯科·巴尔贝里尼（Cardinal Francesco Barberini）藏品的清单目录，17世纪最为重要的古物和艺术品的收藏，其清楚表明的就是，艺术爱好者正在将他们收藏的热情扩展到地图上。1626—1636年的清单目录，揭示了一个稳定增长的收藏，我们知道从最初的总数45幅地图（1626—1631年）上升到1631—1636年的130幅[123]。在弗朗切斯科·巴尔贝里尼的地图中，突出的是地形平面图、欧洲国家的区域地图，重点在于天主教的领土（意大利、西班牙、法兰西、低地国家和爱尔兰），一些大型的墙壁地图和一些区域地图集。令人感兴趣的是，可以看到

---

[118] Joachim Menzhausen, "Elector Augustus's *Kunstkammer*: An Analysis of the Inventory of 1587," in *Origins of Museums*, 69 – 75, esp. 71 – 72.

[119] Eliška Fučíková, "The Collection of Rudolf II at Prague: Cabinet of Curiosities or Scientific Museum?", in *Origins of Museums*, 47 – 53, esp. 49.

[120] Rudolf Distelberger, "The Habsburg Collections in Vienna during the Seventeenth Century," in *Origins of Museums*, 39 – 46, esp. 45 n. 29.

[121] 按照 Vicente Carducho, *Diálogos de la pintura*, 1633；被引用在 Ronald Lightbown, "Some Notes on Spanish Baroque Collectors," in *Origins of Museums*, 136 – 46, esp. 137。

[122] Marilyn Aronberg Lavin, *Seventeenth-Century Barberini Documents and Inventories of Art* (New York: New York University Press, 1975), 69 – 70.

[123] Lavin, *Barberini Documents*, 84 and 119 – 24.

一个国家的地图被如何放置在国家统治者的肖像和家族树的旁边（有时是掺杂在其中）。

与图书馆相比，在收藏中更容易注意到这一时期分类系统的可变性。这可以部分地归因于物品的广泛范围，以及大部分收藏的个人特征，其反映了每位收藏者的兴趣，但还是因为收藏的习惯有时是相当新的。收藏者并没有经过很好打磨的分类系统，但在他们的图书馆中则有分类系统的参考书目。

关于如何组织和运营收藏的提议，包含这方面内容的最早的文本——最早的博物馆学的手册，实际上——是塞缪尔·奎克尔伯格（Samuel Quicchelberg）撰写的《容纳宇宙所有媒介与杰出影像的广大剧场之题词或标题》（*Inscriptiones vel tituli the atri amplissimi*），一部出版于1565年的65页的小册子[124]。这一小册子将其自身推荐给读者作为一部存在于德意志和意大利的主要收藏的指南，并且同时，作为构建和组织新的收藏的手册。

奎克尔伯格，一位来自安普卫特的医生，是约翰·雅各布·富格尔（Johann Jakob Fugger）的图书馆馆长。当奎克尔伯格是巴伐利亚的阿尔布雷克特五世公爵的私人医生的时候，他可能很好地被吸引到图书馆事业中，而这是由公爵在1563—1567年间建立的各种收藏。他的《题词或标题》相当于提议了一个全面的分类系统，用于有分类和子类的内容广泛的收藏，例如一所图书馆和一个印刷品的收藏，而印刷品的收藏被视为世界的视觉缩影，同时被作为追求经验知识的一种工具[125]。

收藏中的物品被分为5个类目，每一个又再分为10或11个子类。地图被放置于5个类别的2类：类目1，其由与收藏者以及与其家族历史有关的个人物品构成，以及类目5，在一定程度上是类目1的重复，其涵盖了展品可以被用于更好地理解世界的不同方法[126]。在两种情况中，地图被与历史和历史的图像纪念物，例如肖像、家族树、盾徽和纹章图案联系起来。

奎克尔伯格的系统使情况像之前那样混乱。大多数收藏是个人的，并且在多年中逐渐增
652 长，由收藏者的研究和特殊兴趣所塑造，且它们的分类方案因而是基于经验制定的[127]。因而，有理由假定，奎克尔伯格的指导方针没有在细节上被所有收藏者所采纳或者遵从。可能他建议中的大部分主要是在由一名馆长主管的收藏（那些王公和平民模仿他们的统治者以希望获得更高的社会地位和声望）中被遵从[128]。在那些例子中，馆长应当可以参考某些种类的参考书籍以为他的一些决定找到正当理由。

---

[124] Samuel Quicchelberg, *Inscriptiones vel tituli theatri amplissimi, complectentis rerum universitatis singulas materias et imagines eximias*...（Munich: Adam Berg, 1565）.

[125] 关于奎克尔伯格及其作品，参见 Elizabeth M. Hajós, "The Concept of an Engravings Collection in the Year 1565: Quicchelberg, *Inscriptiones vel tituli theatri amplissimi*," *Art Bulletin* 40（1958）: 151 – 56, esp. 152 – 53; Schulz, "History of Collecting"; Horst Bredekamp, *La nostalgie de l'antique: Statues, machines et cabinets de curiosités*, trans. Nicole Casanova（Paris: Diderot, 1996）, 37 – 40；以及 Bolzoni, *Gallery of Memory*, 236 – 44。

[126] Woodward, *Maps as Prints*, 92. Horst Bredekamp 的类目5的解读不同于 Hajós 的。奎克尔伯格的系统是混杂的，但是他组织藏品的方法似乎将收藏者、他的家族史和他的环境作为世界的微缩来对待。这应当解释了类目1和类目5的关系和重复。

[127] Laura Laurencich Minelli, "L'indice del Museo Giganti: Interessi etnografici e ordinamento di un museo Cinquecentesco," *Museologia Scientifica*1, nos. 3 – 4（1984）: 191 – 242.

[128] 参见 Mark A. Meadow, "Merchants and Marvels: Hans Jacob Fugger and the Origins of the Wunderkammer," in *Merchants*, 182 – 200。

用来形成和组织一个艺术品收藏的更为简单的和更为实际的系统，是在1587年由加布里埃尔·卡尔提马克特（Gabriel Kaltemarckt）为萨克森的克里斯蒂安一世（Christian Ⅰ）选侯提出的。卡尔提马克特的提议在它们的范围上要保守得多，仅仅涉及了一个艺术收藏室的形成。卡尔提马克特提供了在艺术品收藏中应当呈现其作品的所有艺术家的一个列表，从古代的到现代时期的，按照国家排列。在他的备忘录的末尾，他提到了40位雕版匠的名字，他们“获得了伟大的名望”，其中包括一些地图出版者：安东尼奥·拉弗雷伊、安东尼奥·萨拉曼卡、马里奥·卡塔罗、马蒂诺·罗塔（Martino Rota）和约翰内斯·萨德勒（Johannes Sadeler）[129]。

16世纪晚期，亚伯拉罕·奥特柳斯的古物收藏[130]，是出版新产品的源泉，一个现代标准化地图的系统性收藏，一部今天意义上的地图集。这是一个在整个15世纪和16世纪的大部分时间中延续的缓慢过程，涉及托勒密《地理学指南》最早的稿本副本，然后是印刷版（有结合了新发现的增补的地图）的制作，稿本的波特兰地图集和一些《岛屿书》，尤其是那些亨利库斯·马特尔鲁斯·日耳曼努斯的（约1490）、贝内代托·博尔多内的（1528）和阿隆索·德圣克鲁斯的（1545）。在16世纪60年代中期，过程进入了一个更为成熟的阶段。那就是出现了在罗马制作的应对来自客户订单的拉弗雷伊类型的综合性意大利地图集。它们之后就是奥特柳斯的地图收藏[131]。奥特柳斯，一位收藏家和古物学家以及一位地图学家，拥有我们正在研究的文化氛围的大部分属性。1570年，他印刷了他的《寰宇概观》，一部由弗兰斯·霍根伯格雕版的地图汇编，引用了87位绘制了这些地图的地图学家[132]。所有地图都是从奥特柳斯自己广泛的地图收藏中挑选出来的。

地图学材料的功能和用途

象征性功能

哈利将国家利益看成地图收藏形成背后的推动力[133]。关于这一认定，存在无可争议的丰

---

[129] 参见 Barbara Gutfleisch and Joachim Menzhausen, “ ‘How a Kunstkammer Should Be Formed’: Gabriel Kaltemarckt's Advice to Christian I of Saxony on the Formation of an Art Collection, 1587,” *Journal of the History of Collections* 1 (1989): 3 – 32。

[130] 关于奥特柳斯，他对古物的兴趣，他的收藏以及他的作品，参见多位作者撰写的 *Ortelius*。同样有趣的是 Mangani, *Il “mondo” di Abramo Ortelio* 的研究，其展示了在16世纪最后数十年中神秘的和政治的因素在低地国家中发挥的决定性作用。也可以参见 Tine Meganck, “Erudite Eyes: Artists and Antiquarians in the Circle of Abraham Ortelius (1527 – 1598)” (Ph. D. diss., Princeton University, 2003)。

[131] 参见James R. Akerman, “On the Shoulders of Titan: Viewing the World of the Past in Atlas Structure” (Ph. D. diss., Pennsylvania State University, 1991); Hosam Elkhadem, “La naissance d'un concept: *Le Theatrum orbis terrarum* d'Ortelius,” in *Ortelius*, 31 – 42; David Woodward, “Italian Composite Atlases of the Sixteenth Century,” in *Images of the World: The Atlas through History*, ed. John Amadeus Wolter and Ronald E. Grim (New York: McGraw-Hill, 1997), 51 – 70; 以及本卷的第三十一章，尤其是31.2。

[132] 《寰宇概观》在1570年版中包含了53幅地图，在1571年拉丁语版中包含了64幅，在同年的荷兰语版中是67幅，在1573年版中是70幅地图，1592年版中108幅，1595年版中115幅，1612年版中167幅。关于《寰宇概观》的一个详细的题录，参见 M. P. R. van den Broecke, *Ortelius Atlas Maps: An Illustrated Guide* ('t Goy-Houten: HES, 1996). 关于《寰宇概观》的版本，参见 Peter van der Krogt, “The Editions of Ortelius' *Theatrum Orbis Terrarum and Epitome*,” in *Abraham Ortelius and the First Atlas: Essays Commemorating the Quadricentennial of His Death, 1598 – 1998*, ed. M. P. R. van den Broecke, Peter van der Krogt, and Peter H. Meurer ('t Goy-Houten: HES, 1998), 379 – 81. 关于地图学家的详细列表，参见 Karrow, *Mapmakers of the Sixteenth Century*。

[133] “大部分地图图书馆将它们的诞生和发展归因于，汇集了同时代地图的工作副本以作为国家管理的政治和军事工具、作为地图学家工作坊中的原材料、作为国家探险和发现的记录、作为贸易和殖民地化的工作文档，以及作为图像艺术的范例，或者在天文图例子中，为了占星术的实践。”(Harley, “Development of the History of Cartography,” 8)

富证据，即大量的地图拥有——换言之，对地图的搜集——被与自文艺复兴时期以来的公共兴趣联系起来；相关的例子包括西班牙贸易署的地图收藏[134]，和在15世纪末之前建立的葡萄牙水文局（hydrographic service，Armazém）的收藏[135]；如那些富格尔和韦尔泽（Welsers）等的国际商业公司，显示出的对地图的兴趣[136]；由马蒂亚斯·科菲努斯，匈牙利国王发起的
653 项目[137]；以及由都铎（Tudor）、瓦卢瓦和哈布斯堡君主发起的相似的项目[138]。

然而，王公图书馆和收藏中的地图学材料的功能必须被谨慎考虑[139]。王公的收藏并不经常与书目和收藏家的行为是一致的，因为其与赞助的过程有关，而且与此同时，反映了君主的私人兴趣和公共的关注。尽管统治者对与新发现有关的地图以及对陆地测量技术的兴趣，确实说明，除了好奇之外，他们在头脑中有对国家经济和战略的考虑，但现有的证据并不支持这样的假说，即在16世纪早期之前，统治者使用地图作为国家治理的工具[140]。

而且，这样的事实，即地图服务于公共目的，并不一定意味着，其被公开使用，因为任何可能服务于国家的事物通常被保持秘密状态，并且其使用受到了限制[141]。这归因于相当多的已知的地图学方面的间谍活动[142]。另外，在学术圈中，地图通常被集体使用，就像在本文讨论时期中的大多数学术活动那样：1450—1650年间学者间的通信证实了对地图的一种浓厚的兴趣。大量这样的信件保存下来，它们显示，学者们紧随那一领域当时的发展。在学习环境中，那些对主题有兴趣的人士可以自由地分享思想、信息和材料。

当地图的公共用途处于起步阶段时，私人和半私人的用途占据了主导[143]。在文艺复兴时期后期，地图学家和出版者代尔夫特（Delft）的弗洛里斯·巴尔萨萨斯（Floris Balthasarsz.）制作了区域地图（1609年和1611年），其中插入的文本表述了它们的用途。由迪伊提到的用途被放在了第一位：地图促进知识，训练记忆力，为对历史的领悟提供了基础，帮助人们规划旅

---

[134] 参见 Ricardo Cerezo Martínez, *La cartografía náutica española en los siglos XIV, XV, y XVI* (Madrid: C. S. I. C., 1994)，以及 Alison Sandman, "Mirroring the World: Sea Charts, Navigation, and Territorial Claims in Sixteenth-Century Spain," in *Merchants*, 83-108。

[135] 参见 A. Teixeira da Mota, "Some Notes on the Organization of the Hydrographical Services in Portugal before the Beginning of the Nineteenth Century," *Imago Mundi* 28 (1976): 51-60。

[136] 关于在哈布斯堡的地图收藏，参见 Skelton, *Maps*, 41-42。

[137] 奥斯曼土耳其劫掠了马蒂亚斯·科菲努斯形成的收藏，由此我们对于他所拥有的地图的数量或质量缺乏一个明确的看法。据了解，他搜集了威尼斯的波特兰航海图，并且在他的宫廷中给予了弗朗切斯科·罗塞利一个职位，当后者居住在那里的时候，绘制了大量地图和航海图。参见 Florio Banfi, *Gli albori della cartografia in Ungheria: Francesco Rosselli alla corte di Mattia Corvino* (Rome: Accademia d'Ungheria, 1947)。

[138] *Monarchs, Ministers, and Maps.*

[139] 关于王公的不同角色，文学和艺术的赞助者，文艺复兴时期的收藏者，参见 Antoine Schnapper, "The King of France as Collector in the Seventeenth Century," *Journal of Interdisciplinary History* 17 (1986): 185-202。

[140] David Buisseret, "Introduction," in *Monarchs, Ministers, and Maps*, 1-4，以及 Monique Pelletier, *Cartographie de la France et du monde de la Renaissance au siècle des Lumières* (Paris: Bibliothèque Nationale de France, 2001), 45-47。

[141] 参见 J. B. Harley, "Silences and Secrecy: The Hidden Agenda of Cartography in Early Modern Europe," *Imago Mundi* 40 (1988): 57-76。

[142] 例如，参见，由博尔索公爵和埃尔科莱·德斯特派遣到佛罗伦萨和伊比利亚半岛的使团，以寻找与新的洲际海上航路的发现有关的秘密地图，Henry Harrisse, *Les Corte Real et leurs voyages au Nouveau-monde* (Paris: E. Leroux, 1883), 69-158. 也可以参见 Teixeira da Mota, "Hydrographical Services in Portugal" 中与葡萄牙政府采取的禁止非法出口地图的措施有关的信息。

[143] 参见本卷的第二十六章。

行并且理解宇宙的性质。弗洛里斯·巴尔萨萨斯还列出了一些用途，在这些用途中，地图可以应用于国家的行政管理，例如编纂土地登记册和收税，还可以应用在商业中，以及在公共工程中[144]。当然，公众对地图用途的看法有所变化，鉴于弗洛里斯·巴尔萨萨斯提到的地图可以作为国家管理工具的能力。然而，学术用途依然被列在首位，并且数量更多：研究现在和过往，为旅行者提供指导，并且提供教导。

地图展示的社会功能不能被忽略。对地图的展示意图强化它们所有者的地位和声望：让人注意到，他们的国际主义、他们的爱国主义、他们对人文主义和古代的兴趣、他们的富裕、他们与殖民贸易的关系，以及他们对现代技术和最新地理知识的了解[145]。与此同时，对球仪、天图和世界地图的展示意图说明，他们进入了学术的高雅圈子中，属于新柏拉图主义的高水平的圈子，并且接触到了绝对的知识。

地图展示的社会的、象征性的功能对于地图的艺术质量和材料价值产生了冲击。王公、高官和显要人物，以及那些环绕在他们周围人，或者试图模仿他们的人，通常拥有和展示有价值的地图。地图出现在了收藏中（即使它们最初并不是为了这一目的而被制作的），归因于它们的艺术品位和杰出的工艺水平[146]。被奢侈地绘制在木材或羊毛或者丝绸挂毯上的地图，通常是被委托的并且是被呈现给统治者和高官的[147]。当它们并不是特别为了某位王公的收藏而定购的时候，奢华的 16 世纪和 17 世纪的波特兰航海图主要意图为了藏书家和收藏者
而制作，如由葡萄牙的曼努埃尔一世国王（King Manuel Ⅰ）委托的洛波·奥梅姆的波特兰 654
地图集，而这一地图集最终进入了凯瑟琳·德美第奇（Catherine de' Medici）的收藏中，又如弗朗切斯科·吉索尔菲的由格里福尼（Grifoni）家族的一名成员作为送给弗朗切斯科·德美第奇礼物而订购的地图集[148]。地图、地图集和球仪，同样是王公的收藏和珍宝馆所需要的，归因于它们材料的高质量：例如，奢华的有着插图的托勒密《地理学指南》的副本，制作在羊皮纸上，并且使用珍贵的如黄金或者青金石等材料。其他的地图被呈现或者搜集，归因于它们的奇异：存在巨大的地图集，将墙壁地图装订在其中，例如一套由约翰·毛里茨·范纳绍（Johan Maurits van Nassau）呈现给勃兰登堡（Brandenburg）选侯弗里德里希·威廉（Friedrich Wilhelm）的，时间大约在 1660 年，或者一套被称为“克伦克地图集”（Klencke Atlas）的图集，这是由阿姆斯特丹的商人在 1660 年呈送给英格兰的查尔斯二世的[149]。地图同样令人感兴趣，因为用于制作它们的珍贵材料，例如那些雕版在木头、青铜或

---

[144] 参见 K. Zandvliet, "Kartografie, Prins Maurits en de Van Berckenrodes," in *Prins Maurits' kaart van Rijnland en omliggend gebied door Floris Balthasar en zijn zoon Balthasar Florisz. van Berckenrode in 1614 getekend*, ed. K. Zandvliet (Alphen aan den Rijn: Caneletto, 1989), 20 – 21。

[145] Woodward, *Maps as Prints*, 85, 以及 Zandvliet, *Mapping for Money*, 210 – 12.

[146] 参见 Helen Wallis, "Sixteenth-Century Maritime Manuscript Atlases for Special Presentation," in *Images of the World: The Atlas through History*, ed. John Amadeus Wolter and Ronald E. Grim (New York: McGraw-Hill, 1997), 3 – 29。

[147] 参见 Hilary L. Turner, "The Sheldon Tapestry Maps: Their Content and Context," *Cartographic Journal* 40 (2003): 39 – 49.

[148] 奥梅姆的地图集，称为《米勒地图集》（Miller Atlas），现在收藏在 BNF, Cartes et Plans (Rés. Ge D 26179, DD 583, and AA 640)。吉索尔菲的地图集有宇宙志的献词“对于您，弗朗切斯科，世界的装饰，我们提供了世界”；其在 Florence, Biblioteca Riccardiana (Ricc. 3616)。

[149] 弗里德里希·威廉的地图集在 Berlin, Staatsbibliothek（参见图 44. 33）。《克伦克地图集》是在 BL。第三套巨大的地图集，是从尼德兰由 Christian I, Duke of Mecklenburg 订购的，在 Rostock, Universitätsbibliothek。

者金属上的[150]。地图作为文艺复兴时期奢侈品市场的一部分，对此有着大量例证。它们的所有者拥有并且展示它们，由此去提请他人注意他们卓越和与众不同的社会地位[151]。

在同时代的地形图或地理地图与家谱表的结合中，一种象征性的政治功能正在发挥作用。在一个封建社会的背景中，这是一个相对普通的习惯。领土至上和家族谱系交织在一起，因为世系决定了继承权并且使统治者的统治权变得合法。一些特定区域的地图——一位世袭地主的地产或者一位世袭统治者的领土——附带有涉及的统治者或权贵的家族树。例如，伯利男爵的奥特柳斯地图集中的丹麦地图有丹麦皇室的世系表，并且在他的萨克斯顿地图集中的北安普敦郡（Northamptonshire）地图上有所有当地大家族的家族树[152]。

在奎克尔伯格的分类系统中，关于收藏者的专门部分包括收藏者来自或者拥有的区域的地图和平面图，以及与他或者他的家乡领土有关的家族树。除了与收藏者的来源地直接相关的情况之外，在其他某些情况下，同样的分类系统显然也是适用的，如同弗朗切斯科·巴尔贝里尼的收藏目录中材料的组织方式所提供的证据那样，在其中，皇室的家族树被与欧洲国家的区域地图列在了一起[153]。

历史编纂中的用途

虽然地点与他们世系的所有者之间的联系不需要解释，但这并不适用于文艺复兴时期在图书馆和收藏的历史部分中对于地图学和地理学的囊括，同时也不适用于作为历史工具的地图的最终用途。这不仅是一种常见的习惯，而且也是文艺复兴时期的一种理论见解。1545年，彼得·阿皮亚规定，地理学的研究对于历史传记的学生而言是重要的，同时在1570年，我们发现名言“地理学是历史学的眼睛”（Geography is the eye of history）出现在亚伯拉罕·奥特柳斯的《寰宇概观》的开篇中[154]。这一著名的陈词滥调，以不同形式一再重复直至今天，但作为其前提的就是，地理空间是人类活动的舞台[155]。

地理学与历史学的融合可以追溯到很久之前。对于空间和时间的人类体验的重建在同时代的观察者头脑中以某种方式交叉在一起，或者至少有证据指向了那个方向。一个例子就是由科西莫·德美第奇一世在旧宫的新衣帽间中建立的宇宙志的和认知的“舞台”，其还制造了一种体验历史的大厅的感觉，其呈现了重要的历史事件和它们的自然背景的概观，以及掌控它们的宇宙哲学的力量。当费迪南德·德美第奇，弗朗切斯科的继承者，询问关于他的前

---

[150] 关于当它们的盖子被放上之后，成为地球仪或宇宙志球仪的半球形银杯，参见 Monique de La Roncière and Michel Mollat du Jourdin, *Les portulans*: *Cartes marines du XIIIe au XVIIe siècle* (Fribourg: Office du Livre, 1984), 22；以及本卷的第六章，尤其是图6.8和6.12。

[151] Jardine, *Worldly Goods*.

[152] 参见 Peter Barber, “England II: Monarchs, Ministers, and Maps, 1550 – 1625,” in *Monarchs*, *Ministers*, *and Maps*, 57 – 98, esp. 76.

[153] 关于奎克尔伯格所提出的分类系统以及巴尔贝里尼的收藏，参见本章之前的讨论，尤其是注释122至125。

[154] Peter Apian, *Cosmographia* (Antwerp: Gregorio Bontio, 1545), introduction，以及 Abraham Ortelius, *Theatrum orbis terrarum* (Antwerp, 1570), 1. 格言“地理学是历史学的眼睛”（historiae oculus geographia）还出现在 Ortelius 的 *Parergon* (1592) 的题名页中。

[155] 例如，参见约安·布劳为他的 *Le grand atlas* (Amsterdam, 1663) 所做的导言，还有 Conrad Malte-Brun, *Géographie universelle de Malte-Brun*: *Revue*, *rectifiée et complètement mise au niveau de l'état actuel des connaissances géographiques*, 8 vols. (Paris: Legrand, Troussel et Pomey, Libraires-Éditeurs, [1864?]), 1: 12。

任依然进行的项目的那些情况的时候，安东尼奥·卢皮奇尼（Antonio Lupicini）对新衣帽间进行了如下描述，其是一位参与了历法修订的数学家和工程师：

> 第五个［科西莫的项目］是建造一所幻象的大厅；在这一设施的每一部分，将可以看到亚历山大大帝、尤利乌斯·凯撒，以及其他英勇武士的所有著名事迹，还有特 655
> 洛伊和迦太基的陷落以及其他相似的毁灭行动；以及在这些故事之下展示的每一省份的所有种类的陆地动物，以及在建筑的中楣上展示的所有最为著名的重要人士的画像，其中大部分在今天已经完成了。同时在路面上将放置一个对应于天花板的区域，其中将有各种道德故事。这就是有着高尚品味的图像所正在显示的，而来访者应当认为在这一大厅中无法再看到更多的东西。然而，在一个给定点，这些故事将消失，同时整个建筑的宇宙志将被按照托勒密展示的顺序揭示出来：环绕两个球仪，穹顶将展示行星运动的圆周，一架天球仪和一架地球仪，每一个直径都有3.5布拉西亚（*bracia*），其出现在从路面上耸立的一个基座上，弗拉·伊格内修斯（Fra Egnatio）绘制了一架，也就是我自己保存的那架[156]。

历史，及其说教和道德功能，被设想作为一种宇宙志的“比喻”，这毕竟是其功能性的基础。宇宙志，作为天文学（或占星术?）与地理学的一种混合物，提供了历史的分类系统和方法论的样板。这一观点似乎在16世纪后半期广泛散布。

历史学和宇宙志之间的联系是赫拉尔杜斯·墨卡托规划的基础，就像在为整个项目进行计划的六个阶段所表明的那样。这是一个哲学体系，其从世界的创世开始描述直至作者自己的时代，一个包含了直至那个时间为止的所有墨卡托的活动和主动性的系统：

> 由此，当我正在思考对整个世界的描述的时候，项目的结构和秩序需要我应当首先处理世界的创造和构成整体的各个部分的安排；然后，是天体的位置和运动；第三，它们的性质，它们的演化以及它们运转的交互作用，以进行更为准确的占星术的研究；第四，元素；第五，世界及其区域的描述；第六，从世界之初开始的统治者的世系，到人民的移居和陆地上最早的居民以及发现时代和对古代的调查。由于这是事物的自然秩序，其容易展现事物的原因和起源，并且是真正知识和智慧最好的指导[157]。

在这一博学的百科全书式的程序中，地图和地理知识代表了总和的1/6，而历史则是另外的1/6。墨卡托继续编纂和出版一部世界的编年史，以及福音书故事的编年史的修订版[158]，

---

[156] 安东尼奥·卢皮奇尼为费迪南德·德美第奇所做的报告，时间为佛罗伦萨1587年10月27日；被引用于Del Badia, *Egnazio Danti*, 28–29。

[157] Gerardus Mercator, *Galliae tabulae geographicae* (Duisburg, 1585), fol. 1.

[158] Gerardus Mercator, *Chronologia: Hoc est, temporum demonstratio exactissima ab initio mundi usque ad annum Domini M. D. LXVIII...* (Cologne: Arnold Birckmann, 1569), 以及 idem, *Evangelicae historiae quadripartita monas: Sive harmonia quatuor evangelistarum, in qua singuli integri, in confusi, impermixti & soli legi possunt, & rursum ex omnibus una universalis & continua historia ex tempore formari* (Duisburg, 1592).

并且他将历史和地图学［他恰当地将其称为卡斯托耳（Castor）和波吕丢刻斯（Pollux）］看作通往知识的两条相互补充的道路。

给予历史一种全局范围和结构的渴望，弥散于伟大的古代百科全书式著作的遗产之中。历史与地理的融合是普林尼方法论的基础，也是在他的著作影响下产生的汇编作品的基础，从盖乌斯·朱利叶斯·索里努斯（Gaius Julius Solinus）的《博学者》（*Polyhistor*）到塞维利亚的伊西多尔的汇编，贯穿于中世纪[159]。而且，对斯特拉博《地理学》的重新评价说明了在相同的方法论脉络中的解决方法，因为其解决了 15 世纪和 16 世纪历史编纂学者所面对的某些关键问题，例如历史叙述的空间化问题和尺度的问题——换言之，与事件的地理背景和历史材料区域分布相关的问题[160]。因而，通史的作者被引导将历史和地理综合起来[161]。在其他人之中，埃内亚·西尔维奥·德皮科洛米尼和沃尔泰拉的拉法埃莱·马费伊（Raffaele Maffei），致力于历史编纂的应用，在其中地理学不仅提供了进行构造的方法论和结构性的
656 画布，而且还是叙述的主要对象之一[162]。在 16 世纪，地理学和通史之间的最终联系在塞巴斯蒂亚诺·明斯特的《宇宙志》（1544）中得以充分发展。

这一联系随着很多讨论和辩论而建立起来[163]。1561 年，弗朗索瓦·博杜安（François Baudouin）的《通史的编纂》（*De institvtione historiæ vniversæ*）出版[164]。在其中，博杜安讨论了主要的方法论问题，将历史学与地理学区分开，并且着手重新定义世界历史的总体特点（完整的范围和主题的完整）。在这一作品中，他承认“世界地理”，也就是宇宙志的典范和方法论价值，但是他拒绝历史学作为地理学的附属地位[165]。另外一位历史编纂学的理论家，可能也是 16 世纪中最为重要的理论家之一，就是让·博丁，其意图在现代方法论的原则上

---

[159] Gaius Julius Solinus, *Collectanea rerum memorabilium*, ed. Theodor Mommsen (Berlin: Weidmann, 1895), 和 Isidore of Seville, *Traité de la nature*, ed. Jacques Fontaine (Bordeaux: Féret, 1960)。关于它们对中世纪地图学的影响，参见 David Woodward, “Medieval Mappaemundi,” in *HC* 1: 286 – 370, esp. 299 – 302。

[160] 关于斯特拉博的《地理学》的作用，参见 E. B. Fryde, *Humanism and Renaissance Historiography* (London: Hambledon, 1983), 55 – 82, 以及 Germaine Aujac, *Strabon et la science de son temps* (Paris: Les Belles Lettres, 1966)。

[161] 参见 circumstantial study by Marie-Dominique Couzinet, *Histoire et méthode à la Renaissance: Une lecture de la* Methodus ad facilem historiarum cognitionem de Jean Bodin (Paris: J. Vrin, 1996), esp. 225 – 67 (“Le Statut de la Géographie dans le processus de Connaissance”)。

[162] 沃尔泰拉的拉法埃莱·马费伊的作品（*Commentariorum urbanorum XXXVIII libri*）和埃内亚·西尔维奥·皮科洛米尼的历史地理学的作品，是处理所有区域及其历史的宏大作品。马费伊著作的构成如下：基于斯特拉博的精神和托勒密脉络的描述性地理学的第一卷；关于伟大人物的生平及其业绩的第二卷，按照编年史的顺序以及基于普鲁塔克的精神；以及第三卷，致力于“艺术”，主要是基于普林尼的精神，对自然史的详细展示。关于皮科洛米尼，参见 Nicola Casella, “Pio II tra geografia e storia: La ‘Cosmografia,’” *Archivio della Società Romana di Storia Patria* 95 (1972): 35 – 112。

[163] 参见 Jean-Marc Mandioso, “L'histoire dans les classifications des sciences et des arts à la Renaissance,” in *Philosophies de l'histoire à la Renaissance*, ed. Philippe Desan (Paris: Corpus des Oeuvres de Philosophie en Langue Française, 1995), 43 – 72。

[164] François Baudouin, *De institvtione historiæ universæ* (Paris: Wechelum, 1561). 关于博杜安以及他的历史作品，参见 Donald R. Kelley, “Historia Integra: François Baudouin and His Conception of History,” *Journal of the History of Ideas* 25 (1964): 35 – 57, 以及 idem, *Foundations of Modern Historical Scholarship: Language, Law, and History in the French Renaissance* (New York: Columbia University Press, 1970), 116 – 148。

[165] 他提到了普鲁塔克，后者得出了相同的结论；参见 Plutarch, *Vies, tome 1, Thésée, Romulus, Lycurgue, Numa*, 3d ed., rev. and corr., ed. and trans. Robert Flacelière, Emile Chambry, and Marcel Juneaux (Paris: Les Belles Lettres, 1993)。

对历史进行组织[166]。博丁，其在拉米斯指导下研究，同样考虑到宇宙志及其全球方法的核心地位[167]。他注意到，历史编纂学与地理学的话语经常同时存在，在历史编纂学的原始资料和教科书中包括“历史—宇宙志学者”撰写的书籍，并且强调通过气候带来组织历史材料的逻辑[168]。

16 世纪关于历史编纂学的模式和方法的争论是一个有趣的研究领域，并且已经吸引了现代学者的注意[169]。我们需要记住的就是，作为这些理论过程的结果的地图的特定作用。历史学和地理学是两种叙述的和助记的艺术，都被表达在图像中，而地图，作为一种对空间的概要性呈现，是一种简明的、结构性描述的例子。博丁，遵从地理是“图像”（tabulae）的模式，提出了如下思想，即编纂编年史图表，且使用两者的结合来对历史有更为充分的理解[170]。阿诺尔德·梅尔曼（Arnold Mermann），同样，在调查世界所有部分的基督教传播的编年史中，致力于使用一种类似于地理学图表的编年史图表：“一张图表，由此（只是从一幅地理地图，某人就可以识别出省份、城市、城堡、河流等）每个人都可以确定在哪个时期，哪个门徒或使徒，最终在哪位教皇，以及在哪位皇帝或者国王或者王公统治期间，每一省份或者民族接受了基督信仰。”[171]

一幅地图，一种清晰、系统、完整和详细呈现数据的理想方式，既是作为一种概要，同时也是作为一种助记工具。塞巴斯蒂亚诺·明斯特应当同意这一点，因为他在他的历史和地理学的概要中包括了地图，确信它们作为记忆辅助工具的极大的有效性[172]。

按照文艺复兴时期理论家的观点，地图是历史解释的关键：它们提供了历史事件的框架，同时展示了它们的尺度。它们同样是可靠的，归因于它们的数学建构，以及随之而来的它们使得使用者可以检查历史叙述的准确性。如同博杜安提出的，“在宇宙志、地理学或者地方志中，我们不会像在年代学中那样容易犯错误，每件在地图上表达的事物是如此生动”[173]。

在博杜安的话语中，地图呈现了事实“sur le vif”，同时，约翰·迪伊谈到，地图以一

---

[166] Jean Bodin, *Methodus ad facilem historiarum cognitionem* (Paris: Martin le Jeune, 1572), 法语, *La méthode de l'histoire*, trans. Pierre Mesnard (Paris: Les Belles Lettres, 1941)。

[167] Ramus, *Dialectique*, 145 – 46, 以及 Bodin, *La méthode*, 287 – 99。

[168] 参见博丁的历史学家列表（*La méthode*, 369 – 87）。那些他分类为“历史—宇宙志学者”的是斯特拉博、庞波尼乌斯·梅拉、Pausanias、拉法埃莱·马费伊和塞巴斯蒂亚诺·明斯特。在历史的参考书目中，他还列出了 15 世纪和 16 世纪的大多数古物学家以及一群“各式各样的历史学家”（*historici rerum variarum*），其中包括 Athenaeus、埃利亚努斯、John Tzetzes, Laonicus Chalcondyles、凯厄斯·朱利叶斯·索里努斯、Valerius Maximus、普林尼和“Suidas”［指的是 10 世纪的百科全书 Suidae（Suda）Lexicon 的不知名的作者］。也可以参见 Frank Lestringant, *Écrire le monde à la Renaissance: Quinze études sur Rabelais, Postel, Bodin et la littérature géographique* (Caen: Paradigme, 1993), 277 – 289。

[169] 参见 Couzinet, *Histoire et méthode* 的详细分析，有着参考书目，以及在 Marie-Dominique Couzinet, “Fonction de la géographie dans la connaissance historique: Le modèle cosmographique de l'histoire universelle chez F. Bauduin et J. Bodin,” in *Philosophies de l'histoire à la Renaissance*, ed. Philippe Desan (Paris: Corpus des Oeuvres de Philosophie en Langue Française, 1995), 113 – 45 中的归纳。

[170] Bodin, *La méthode*, 12.

[171] Arnold Mermann, *Theatrum conversionis gentium totius orbis* (Antwerp: Ch. Plantin, 1572), “Ad lectorem”; 被引用在 Blair, *Theater of Nature*, 171.

[172] Sebastian Münster, *Cosmographiae universalis* (Basel, 1552), 13 (chap. 17).

[173] Baudouin, *Institvtione historiœ universœ*, 98.

种“生动的”方式展现了地理学。这是它们首要的优点之一。亚伯拉罕·奥特柳斯在其《寰宇概览》的导言中，同样肯定了地图将历史视觉化的能力：“阅读历史确实有着非常大
657 的快乐，并且确实如此，当地图被放置在你眼前的时候，我们可以把握住正在发生的事物或者它们发生的地点，似乎它们在这一时间出现和正在进行。”[174] 这是感悟一幅图像的基本过程，就像阿恩海姆（Arnheim）理解的那样；唯一的区别就是，在这里，我们进行处理时，并没有使用之前记录在记忆中的图像的视觉回忆，而是通过对它们的地理背景的回忆来激活被记忆的历史知识[175]。对一幅“现代”地理地图的观看，自发地创造了一幅精神的历史地图。

古物研究的用途

被绘制了地图的空间的历史性，寻找这种独特看法背后的动机，我们被引导进入古物研究者令人惊讶的世界中[176]。古物研究者在 14 世纪出现在意大利，并且到 16 世纪，已经在欧洲牢固地确立了他们的地位。那些学者的兴趣与他们的数量一样存在变化，同时古物研究者依然等待着他们的历史学家[177]。对于本章的目的而言，古物研究者的研究对象——无论是对古代或者对更为切近的过去感兴趣——可以被描述为一种对文明的特征和性质、其起源及其发展的系统的和经验性的调查。古物研究者也有一些实践应用，例如更为准确地确定物品和事件的时间，对王朝变革和权力斗争的确认，以及新产生的民族认同的历史合法性。

从 14 世纪末之后，古物研究者的好奇心显然受到这些动机的鼓励。然而，博学的乐趣是不明确的。那些因为他们自己的利益而对物品有一种热爱；渴望与建立一座城市或一个机构的模糊的、被遗忘的环境有关的知识；或者对度量制度的历史、气象现象，以及地震有着喜好的人，很容易忽视他们的初衷，并将这些作为他们自己的最终目的[178]。尽管如此，这里我们所关注的是这样的事实，即研究地理文献和图解的古物研究的方法对这两者都产生了相当的影响。

---

[174] Ortelius, *Theatrum*, fol. 1r.

[175] “一种感知行为从未是孤立的；这只是无数的类似行为的脉络中最为切近的阶段，在过去执行并在记忆中幸存下来……因而，广泛意义上的感知必然包括精神图像及其与直接的感官观察的关系”；Rudolf Arnheim, *Visual Thinking* (Berkeley: University of California Press, 1997), 80。

[176] Momigliano, *Classical Foundations*；也可以参见 Arnaldo Momigliano, “Ancient History and the Antiquarian,” *Journal of the Warburg and Courtauld Institutes* 13 (1950): 285 – 315，以及 Anthony Grafton, *Bring Out Your Dead: The Past as Revelation* (Cambridge: Harvard University Press, 2001)。

[177] 当面对古物研究者的时候，历史编纂学的历史学家感到的不安，在 Eric W. Cochrane, *Historians and Historiography in the Italian Renaissance* (Chicago: University of Chicago Press, 1981) 中是明显的。与传记和神圣史学一起，古物研究者的追求被作为一种副业，“横向的学科”之一。在刚好超过 20 页（pp. 423 – 44）的篇幅内，Cochrane 试图解决古物研究可以对历史学编纂学作出哪些贡献的问题，以及其与历史编纂学可以分享哪些内容，以及哪些是不能分享的问题。那些撰写了关于古物方面内容的人士，其中大部分是艺术史和考古学的学者：参见 Francis Haskell and Nicholas Penny, *Taste and the Antique: The Lure of Classical Sculpture, 1500 – 1900* (New Haven: Yale University Press, 1981)；Pirro Ligorio, *Pirro Ligorio's Roman Antiquities*, ed. Erna Mandowsky and Charles Mitchell (London: The Warburg Institute, 1963)；以及 Schnapp, *La Conquête du passé*。

[178] Momigliano, *Classical Foundations*, 62 – 63.

古物研究者的地理学追求有着深深的根源。甚至在古代，地理描述的古典结构，《大地巡游记》（*periegesis*），被重新塑造服务于学术研究的兴趣。帕夫萨尼亚斯（Pausanias）和地理学家—旅行者，例如波莱莫内（Polemon）和普林尼，是有学识的向导，按照地理秩序描述所见和珍奇的事物。尽管中世纪的百科全书确实给出了一些关于古代地形的信息，同时"《美妙的罗马城》"（*mirabilia*）确实相当系统地描述了古代的遗迹，但古物研究者的追求被局限在中世纪，似乎没有对知识结构产生影响。

古物研究在佛罗伦萨由彼特拉克、乔瓦尼·薄迦丘和他们圈子中的成员所复苏。在这一复苏中，乔瓦尼·唐迪·达尔欧尤罗格（Giovanni Dondi dall'Orologio）采取的最初步骤，由弗拉维奥·比翁多的系统工作所追随，其奠定了文艺复兴时期古物研究的模式[179]。比翁多最早的书籍之一就是对罗马制度的研究，另外一部则处理罗马的地形，而第三部则是对意大利地形和考古方面的描述[180]。追寻马库斯·特伦修斯·瓦罗（Marcus Terentius Varro）的步伐，比翁多回答了"谁做了哪些，在哪里以及什么时候？"[181] 在方法论的问题上，他的方法建在了三个主要支撑之上：宏大的地形、地理描述以及对所讨论的文明的分析性呈现[182]。在历史和地理的边缘，诞生了一种新的人文主义艺术。

在整个欧洲存在大量的学者，他们回应了比翁多的历史学和地形学的方法论，并且每人都按照自己的方式，为他们自己采用了这一方法论。在意大利以及其他地方，在新的方法开花结果之前并没有花费太多的时间，尽管果实并不经常是相同的。

在古物方法论的背景下，地理和地图有很多以及不同的用途。最为重要的就是历史地形 658
学和地方史，古物研究最为流行的两个领域。关于古物兴趣的历史专著被构建在一个地理框架上，并且被进一步划分为处理制度、传统习惯、纪念物等的部分[183]。而且，地图在古物学的产品中占很大比例[184]。

与地图结合的视觉证据，其古物学用途的一个例子，是由西班牙的埃斯科里亚尔的菲利普二世的印刷品收藏提供的。这一收藏的形成和组织主要是埃斯科里亚尔图书馆馆长

---

[179] 关于佛罗伦萨医生乔瓦尼·唐迪及其研究，参见 Roberto Weiss, *The Renaissance Discovery of Classical Antiquity*, 2d ed.（New York: Basil Blackwell, 1988）, 51 - 53。

[180] 参见 Biondo's "Roma triumphans"（1459）, "Roma instaurata"（1446）, 以及 "Italia illustrata"（1453）。

[181] 被引用在 Schnapp, *La Conquête du passé*, 145。

[182] 参见 Schnapp, *La Conquête du passé*, 145, 以及 Ligorio, *Pirro Ligorio's Roman Antiquities*, 13 - 15。

[183] 遵照比翁多的例子，皮罗·利戈里奥（Pirro Ligorio）在 1553 年出版了一部对罗马地形的描述，以及后来关于其他区域的相似著作，同时埃内亚·西尔维奥·德皮科洛米尼，除了他的作为范本的宇宙志之外，还撰写了一部波西米亚的历史（1475）以及其他关于德意志诸国和东欧各国的著作。相似的作品包括 Polydore Vergil 的 *Anglicae historiae*（Basil, 1534）, Hector Boece 的 *Scotorum historiae*（[Paris], 1527）, Lucio Marineo 的 *De rebus Hispaniae memorabilibus*（[Madrid], 1533）, Olaus Magnus 的 *Historia de gentium septentrionalium*（Basil, 1567），和 William Camden 的 *Britannia*（London: R. Newbery, 1586）。

[184] 克里斯托福罗·布隆戴蒙提绘制了一幅克里特的考古地图（约 1415），以及在 1420 年引入了此后在 15 世纪、16 世纪和 17 世纪繁荣的作为古物研究的《岛屿书》。1432 年，莱昂·巴蒂斯塔·阿尔贝蒂为绘制一幅罗马平面图提出了一种数学概念。其他的地图紧随其后，有时单独出版，有时为了被包括在书籍中，例如 Nikolaos Sofianos 绘制的希腊历史地图（1540）、皮罗·利戈里奥绘制的罗马地图（1552）、克里斯蒂安·斯根顿绘制的古代巴勒斯坦的地图（1570），以及亚伯拉罕·奥特柳斯绘制的罗马帝国的地图（1571），这些代表了地图学领域中古物研究的一些成功。进而，在他们的很多书籍中通常包含地图，就像莱安德罗·阿尔贝蒂的 *Description of Italy*（从 1568 年之后）、Jean Chaumeau 的 *Histoire de Berry*（1566），以及贝尼托·阿里亚·蒙塔诺的《圣经》的多语版（1569 - 72）。

贝尼托·阿里亚·蒙塔诺的工作，他是位古物学和圣经学者，这一收藏依然非常令人感兴趣主要有多个原因：第一，因为其整体保存下来；第二，其是一个非常大的收藏（大约 7000 种印刷品）；第三，因为其按照主题分组的方式组织[185]。在收藏中的 36 种图像集中只有 3 种包含有地图；那三种是关于意大利（尤其是罗马的）古物的，同时地图被用于标题页或末页[186]。

古物爱好者和那些受到其方法影响的人为了他们的历史研究将地图作为工具。远至 15 世纪，古物研究已经或多或少地依赖托勒密的《地理学指南》。《地理学指南》的文本发挥了重要作用，其大部分由地名列表构成，并且有地理坐标。在托勒密的列表的帮助下，古物爱好者可以确定或者研究在文献中命名的古代遗址的位置，或者用相应的现代地名来确定它们[187]。同时代的地图，通过作为一种补充工具满足了相同的需求：古代地图和现代地名的索引。

附带有文字的地名索引在古物研究主题中的作用已经被进行了深入的研究。这些列表假设来自相同的需要，这些需要启发了维比纽斯·西奎斯特（Vibius Sequester）公元 5 世纪的地理学辞典：随着关于古代世界的知识的褪去，理解古代文献正在日益变得困难[188]。接近 14 世纪末，问题变得更为严重，如同可以从古代和现代术语学（包括地名）的大量比较研究中推断出来的，彼特拉克、薄迦丘以及他们圈子中的成员在那个世纪最后数十年从事这方面的工作[189]。他们编纂的列表与其他 15 世纪和 16 世纪编纂的比较列表相关，并且受到托勒密《地理学指南》的影响，托勒密《地理学指南》使它们有着一种更为系统化的特征[190]。这样的作品在 16 世纪广泛销售，并且继续被使用直至 18 世纪，甚至更晚一些。

地名索引的类型学特征依然缺乏明确的定义。一些是散页形式的，一些是小册子形式，
659 而其他的是包含有冗长的带有注释的地名论文的庞大卷帙。在某些情况中，它们涵盖了一个相对较小的区域，而另外一些，则涵盖了一个较大的区域。它们被出版，有着自己单独的书名，同时也作为以古物为主题的著作的附录。很多这样的作品被撰写和出版，而通过系统性

---

[185] Mark P. McDonald, "The Print Collection of Philip II at the Escorial," *Print Quarterly* 15 (1998): 15 – 35。有同样庞大数量的印刷品收藏的是奥地利大公（archduke of Austria）费迪南德二世的，位于 Schloss Ambras，包含了更多的地图，但是没有对收藏的内容进行分类；参见 Parshall, "Print Collection of Ferdinand," 180 – 81。

[186] Albums 28 – I – 7, 28 – I – 14, and 28 – I – 18. 参见 McDonald, "Print Collection of Philip Ⅱ," 28 – 29。

[187] 参见本卷的第九章。

[188] Vibius Sequester, *De fluminibus, fontibus, lacubus, nemoribus, paludibus, montibus, gentibus per litteras libellus*, ed. Remus Gelsomino (Leipzig: B. G. Teubneri, 1967)。条目之后通常跟着一个简短的参考文献。

[189] Giovanni Boccaccio, *De montibus, silvis, fontibus, lacubus, fluminibus, stagnis seu paludibus, de diversis nominibus maris* (Venice: Wendelin of Speier, 1473). 也可以参见 Giovanni Boccaccio, *Dizionario geografico: De montibus, silvis, fontibus, lacubus, fluminibus, stagnis seu paludibus*, ed. Gian Franco Pasini, trans. Nicoló Liburnio (Turin: Fògola, 1978); Domenico Silvestri, *De insulis et earum proprietatibus*, ed. Carmela Pecoraro (Palermo: Presso l'Accademia, 1955); Marica Milanesi, "Il De *Insulis et earum proprietatibus* di Domenico Silvestri (1385 – 1406)," *Geographia Antiqua* 2 (1993): 133 – 46；以及 Domenico Bandini, "Fons memorabilium universi," *Biblioteca Apostolica Vaticana*, Pal. Lat. 923, manuscript ca. 1370. 关于早期的地名列表和地理学辞典的作用，参见 Bouloux, *Culture et savoirs gèographiques*, 223 – 34。

[190] 例如，在他的"Chronicon"中，Sozomeno da Pistoia 的区域地名列表借鉴了托勒密的《地理学指南》，BL, Harley MS. 6855. 11；参见 Sebastiano Gentile, ed., *Firenze e la scoperta dell'America: Umanesimo e geografia nel '400 Fiorentino* (Florence: Olschki, 1992), 106。

的研究，应当有可能编纂一部详细地涵盖了整个旧世界的全集[191]。应当提到奥特柳斯制作的地名索引，其出版作为《寰宇概观》的一个附录，为奥特柳斯的作品增添了历史地图集的特性。经过扩展，其被收录于《寰宇概观》的后续版本中，标题为《地理学异名录》（*Synonymia geographica*），并且列出了从古代至 16 世纪使用的名称。这一历史地名辞典在《寰宇概观》的后续版本中被扩充，并且在 1578 年单独出版[192]。1587 年，作品的最终版赢得了同时代学者的赞誉[193]。

这些地名的对比列表的实际特征由这样的事实所标志和强化，即它们通常与所涉及的地方的一幅地图或一部历史著作一起出版。在古物学方面，这些列表成为地层研究的工具，将一幅现代地图转化为一幅历史地图。这些列表的使用在技术意味上是考古学的；一位古物学家试图揭示出交错的时间层面背后的过去，由此他可以在时间深度中阅读现代地图。地图有作为表格的能力，而这一能力的间接扩展，改变了地图的认识模式，并且导致地图学早期主题性（但非典型）用途的发展[194]。

奥特柳斯《副业》（*Parergon*）的出版完成于 1595 年[195]。这是一部有古物学背景的调和主义的作品，并且可以适当地被描述为西方世界中最早的纯粹的历史地图集[196]。渐渐地，古物学研究与地图学和地形学建立了直接的联盟[197]。从 17 世纪中期之后，历史地理学和地图学成为古物学方法论表达和应用的主要领域之一。这一混合的学科，介于历史学和地理学之

---

[191] 例如，由 Nikolaos Sofianos 出版的古代和现代的地名表（*Nomina antiqua et recentia urbium graeciae descriptionis a N. Sophiano Iam Aeditae. hanc quoq*［*uae*］*paginam*, *quae graeciae urbium*, *ac locorum nomina*, *quibus olim apud Antiquos Nuncupabantur*, *n. d.*）；为贾科莫·加斯塔尔迪的西西里地图编纂的古代和现代地名索引（1545）；不列颠群岛的古代和现代地名列表被包括在了保罗·焦维奥的 *Descriptio Britanniae*, *Scotiea*, *Hyberniae*, *et Orchadvm*（Venice: M. Tramezinum, 1548）；Orazio Toscanella 的 *I nomi antichi e moderni delle provincie*, *regioni*, *città*, *castelli*, *monti*, *laghi*, *fiumi*, *mari*, *golfi*, *porti*, *& isole dell'Evropa*, *dell'Africa & dell' Asia*（Venice: F. Franceschini, 1567）中；还有由 Jean Baptiste Plantin 出版的关于瑞士的相似作品，*Helvetia antiqua et nova*（Bern: G. Sonnleitner, 1656）。

[192] 第一部地名索引的选集是由亚伯拉罕·奥特柳斯出版的，在 Arnold Mylius 的协助下：*Antiqva regionvm*, *insvlarvm*, *vrbium*, *oppidorum*, *montium*, *promontorium*, *sylvarum*, *pontium*, *marium*, *sinuum*, *lacuum*, *paludum*, *fluviorum et fontium nomina recentibus eorundem nominibus explicata*, *auctoribus quibus sic vocantur adjectis...*，作为 *Theatrum orbis terrarum*（Antwerp, 1570），fols. b. iir – o. iv 的附录。列表逐渐扩展：在 1573 年版中，内容扩展了一倍，标题为 *Synonymia locorum geographicorum...*，并且在 1578 年，用 1000 个新地名进一步丰富了冗长的列表，并进一步修订，且作为 353 页的独立卷帙出版，*Synonymia geographica*, *sive popvlorvm*, *regionvm*, *insvlarvm*, *vrbium*, *opidorum*, *monium*, *promontoriorum*, *silvarum*, *pontium*, *marium*, *sinuum*, *lacuum*, *paludum*, *fluviorum*, *fontium*, *& c...*（Antwerp: Christophori Plantini, 1578）。

[193] 最终版以新的更大的形式发行，标题为 *Thesaurvs geographicvs...*（Antwerp: Plantijn, 1587）。关于利普修斯对这一作品的反映，例如，参见尤斯图斯·利普修斯写给亚伯拉罕·奥特柳斯的信件，时间是 1587 年 7 月 6 日，在 Jeanine de Landtsheer, "Abraham Ortelius et Juste Lipse," in *Ortelius*, 141 – 52, esp. 144. 关于这一作品书目形式的描述，参见 C. Koeman, *Atlantes Neerlandici*: *Bibliography of Terrestrial*, *Maritime*, *and Celestial Atlases and Pilot Books Published in the Netherlands up to 1880*, 6 vols.（Amsterdam: Theatrum Orbis Terrarum, 1967 – 85），3: 25 – 83，以及 Gilbert Tournoy, "Abraham Ortelius et la poésie politique de Jacques van Baerle," in *Ortelius*, 160 –67, esp. 162 –63。

[194] 参见 Arthur Howard Robinson, *Early Thematic Mapping in the History of Cartography*（Chicago: University of Chicago Press, 1982）。

[195] 《副业》的前三幅地图被包括在《寰宇概观》1579 年版中，有托勒密的地名列表（*Nomenclatur Ptolemaicus*）。对《副业》的描述，参见 Liliane Wellens-De Donder, "Un atlas historique: Le *Parergon* d'Ortelius," in *Ortelius*, 83 –92。

[196] 参见 Jeremy Black, *Maps and History*: *Constructing Images of the Past*（New Haven: Yale University Press, 1997），2 – 10，以及 Wellens-De Donder, "Un atlas historique"。

[197] 关于不列颠古物研究与地图学之间联系的发展，参见 Walters, "Antiquary and the Map"。

间，随着菲利普·克卢弗（Philipp Clüver）的《普通地理学导论》（*Introductio in universam geographiam*）的出版，获得了实质内容、权威和持久性，且该书为其奠定了理论基础[198]。

在本书所研究的时期中（1450—1650 年），历史学和地图学通过各种方式正在进行融合。现代意义上的历史地图——也就是，显示了一个地点在过去情况的地图——在 15 世纪和 16 世纪出版。托勒密《地理学指南》，在 15 世纪佛罗伦萨学者的眼中，是一套公元 2 世纪的历史地图集，就像其在墨卡托眼中那样，在他的 1578 年版本中，墨卡托清除了其中存在的后来的补充，并将其恢复到原来的形式[199]。然而，历史地图学的作品仅仅代表了在所讨论时期中制作的地图的一小部分，并且甚至是发现于同时代的图书馆和收藏中的地图的更小
660 部分，在这些图书馆和收藏中，主体是同时代的地图，或者混合的“历史化的”地图，其中旧的和新的数据混杂在一起。就像奥特柳斯在他《寰宇概观》的前言中承认的，“有时，当场景确实需要时候，并且地方允许，在某些地方的现代和常见的名字之上，我们可以增加古代作家提到的但现在一般不为所知的古代名称……由此我希望其将成为取悦古代历史和古物的阅读者等所有人的事物”[200]。

这一简短的总结，目的就是将注意力吸引到文艺复兴时期受过教育的精英对地图的使用上，以及探索现代早期学术追求中地图学的功能。本章的目的不是指出文艺复兴时期另外一种两极分化的例子，一种在博学的圈子和科学的圈子之间的对立。人文主义者和科学家共同参与了一种对可视化、图表化以及组织知识表现出冲动的文化，并且要找到拥有这两种能力的人绝不困难，在阿姆斯特丹的市民图书馆的“数学哲学”部分中对这种情况进行了富有说服力的展现。地图广泛传播的学术的、历史编纂学的和古物学的用途不应当被认为是一种对进步的约束，因为这些努力构成了现代化诞生一个必要条件：它们服务于历史和地理意识的形成；它们还鼓励经验证据的概念化，促进了自由思想以及批判性的方法论。

---

[198] Philipp Clüver, *Introductio in universam geographiam, tam veterem, quam novam, multis locis emendata* (Leiden, 1629), 以及 Walters, “Antiquary and the Map,” 531.

[199] Ptolemy, *Tabulae geographicae: Cl. Ptolemei admentem autoris restitutae et emendate*, ed. Gerardus Mercator (Cologne: G. Kempen, 1578)，在 1584 年、1605 年和 1619 年重新发行。

[200] Ortelius, *Theatrum*, fol. 1v.